工程建设国家级工法汇编

（2007～2008 年度）

中　册

住房和城乡建设部工程质量安全监管司
中国建筑业协会　　主　编

中国建筑工业出版社

工程建设国家标准汇编

（2007—2008 年度）

中 册

中国建筑工业出版社

目 录

中 册

塔式建（构）筑物钢筋混凝土悬空结构施工工法

GJEJGF046—2008

南通建工集团股份有限公司

易兴中　李光　邱海兵　王金峰　陈建清

1. 前　　言

悬索结构具有经济、结构形式多样、布置灵活、能满足大跨度的需要等特点，越来越多地应用到桥梁和房屋建筑之类永久性结构中，但其施工难度一般很大，需要大量的临时支撑结构来满足悬索结构的建造需要。由于悬索结构在荷载作用下要产生较大的变形，呈现明显的几何非线性特征，一般工程技术人员将其归类为柔性结构，因而在模板支撑施工技术领域应用非常狭窄。对于工业或国民经济基础项目的塔式构筑物，由于其使用工艺与功能上的特殊需要，其高空设计布置厚重钢筋混凝土悬空结构；在筒式民用建筑中由于其功能或结构稳定性要求，中庭上空布置有高空大跨钢筋混凝土悬空结构；这类悬空钢筋混凝土结构，布置高度高、自重荷载大，其模板支撑结构设计与布置，传统上采用高支架模板支撑体系或钢桁架支撑系统，以压或压弯构件控制设计，其施工难度大、施工成本高、施工周期较长、不安全因素较多；与刚性模板支撑系统空间安全稳定性密切相关的剪刀撑、侧向支撑一般仅作为构造措施，理论计算上较模糊，较易被施工人员所忽视，布置亦相当困难。

近年来，南通建工集团在复肥造粒塔内径18m、悬空74.97m钢筋混凝土喷淋装置层结构施工中以及在民用建筑八角形中庭悬空95.3m、跨径18.128m～23.518m高空大跨钢筋混凝土顶盖结构的施工中开展了施工技术创新，将悬索结构体系成功应用于悬空支模施工中，所形成的塔式建（构）筑物钢筋混凝土悬空结构施工工法，工艺新颖、技术先进，具有明显的社会和经济效益。"悬空结构模板支撑体系施工工艺创新"QC成果荣获了全国工程建设优秀QC成果奖，形成了"造粒塔悬空结构模板支撑体系"（专利号：ZL200820116327.5）、"可调钢筋拉索装置"（专利号：ZL200920035940.9）、"可调、可卸式钢筋拉索装置"（专利号：ZL200920035942.8）、"预埋式可调式钢筋拉索装置"（专利号：200920035941.3）等四项国家实用新型专利；"空间悬索结构式模板支撑平台的施工方法"申请国家发明专利（申请号：200910025443.5），工法的关键技术通过了省级鉴定，达到了国际先进水平，填补了模板支撑施工技术领域空白。

2. 工 法 特 点

2.1 本工法突破了塔式建（构）筑物中高空大跨钢筋混凝土结构传统的高架支模或桁架支模方式，采用螺纹钢筋拉索（承力索）环向吊拉中心刚性环筒，结合搁置平面轮辐式钢构架，形成空间悬索结构式模板支撑平台，通过合理的设计与施工工艺措施，实现适宜的刚度、良好的强度与稳定性能，满足塔式建（构）筑物高空大跨钢筋混凝土悬空结构模板支撑施工使用，充分体现高大支模安全性与经济性的良好结合，其失效过程呈现优越的延性特征。

2.2 空间悬索结构式模板支撑平台的水平钢梁与钢管斜撑组合成的钢构架（简易桁架），形成上部结构模板支撑受力基座，兼作平台稳定构件，与承重拉索一起，保证了支撑平台体系的空间安全稳定性能，简易桁架上的侧向水平支撑构件可简单地得到布置，实现了在施工过程中极端不利荷载作用下的模板支撑体系安全可靠性。

2.3　本工法将空间悬索钢结构式模板支撑平台合理划分构件制作单元，安装用索与承力索分离设置，分步骤实施安装，装配成一体，最终形成空间悬索钢结构式模板支撑平台；每步骤安装的构件自重均较轻，每步骤安装后形成的临时支撑体系，均成为适用于下道工序安装人员安全操作使用或后步骤安装构件的临时支撑平台结构，提供了安装过程所需安全作业空间，保证了安装质量。

2.4　支撑平台的主要构件间节点构造均采用装配式，充分体现临时支撑结构所需便于安装与拆除这一重要特性，做到安全、简便、快速。

2.5　通过索力监测及套筒扭紧力矩的调控，对模板支撑平台体系实施适宜的预应力，有效改善支撑平台的强度、刚度及空间稳定性能；通过对平台支座钢筋混凝土构件的局部配筋加强，及采取钢筋可调拉索对平台支座的卸载变形协调措施，确保了支撑荷载有效传递至承力可靠的建筑物钢筋混凝土构件内。

3. 适 用 范 围

本工法适用于塔式建（构）筑物结构中悬空高度不小于 20m 的高空、大跨钢筋混凝土结构的施工，同时适用于塔式建（构）筑物结构中悬空刚性安全施工隔离平台或悬空结构施工用操作平台的布置。

4. 工 艺 原 理

为满足塔式构筑物及筒式建筑物中高空大跨钢筋混凝土悬空结构的施工需要，利用塔式建（构）筑周边钢筋混凝土结构作为支撑体，辅助采用必要的吊装工具，将钢结构刚性环筒、水平钢梁构件、钢管斜撑构件、螺纹钢筋拉索（承力索）、钢梁及斜撑水平侧向支撑等构件通过合理分步组装程序，高空装配成一体，对承力索实施适量的预应力，形成一种适用于厚重钢筋混凝土悬空结构施工使用的空间悬索结构式模板支撑平台；在平台上部铺设固定木方及胶合板，实现上下安全施工隔离防护；然后在平台上搭设模板支架，完成悬空钢筋混凝土结构施工；按照模板支撑体系安装的相反步骤，实现安全拆除。空间悬索结构式支撑平台见图 4-1、图 4-2 所示。

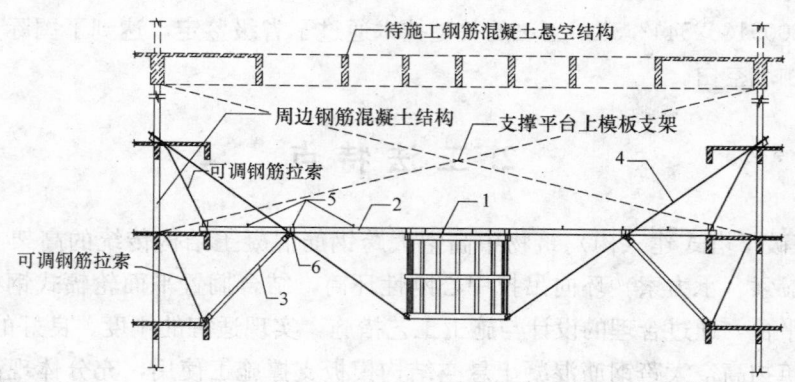

图 4-1　空间悬索结构支撑平台立面示意图

1—钢结构刚性环筒；2—水平工字钢梁构件；3—钢管斜支撑构件；

4—螺纹钢筋拉索；5—钢梁侧向支撑构件；

6—斜撑上节点处侧向支撑

图 4-2 空间悬索结构支撑平台空间透视图

5. 施工工艺流程及操作规程

5.1 工艺流程
本工法的工艺流程见图 5.1。

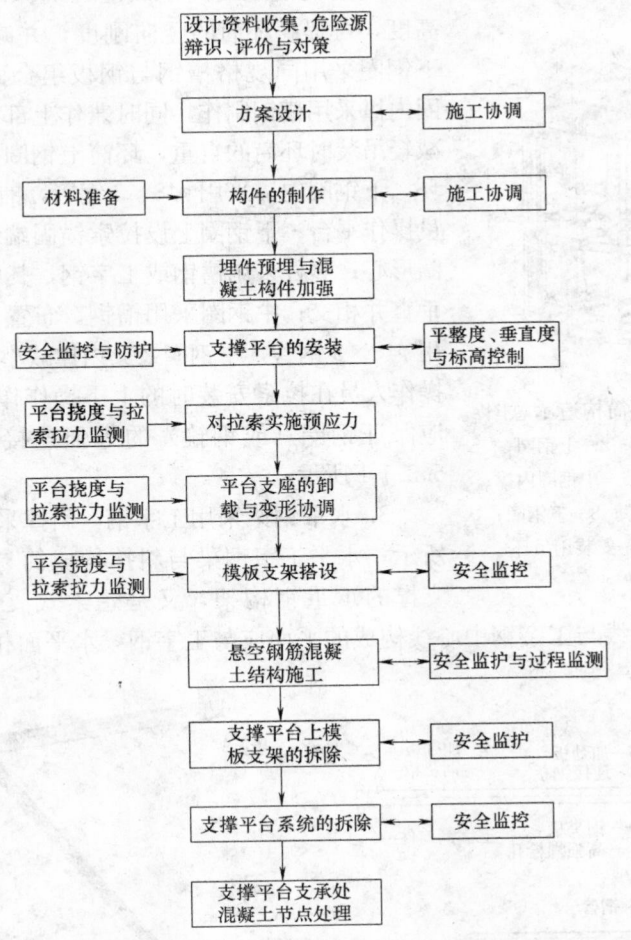

图 5.1 塔式建（构）筑物钢筋混凝土悬空结构施工工艺流程图

5.2 施工设计要点
5.2.1 悬索结构式支撑平台系统设计时应充分考虑施工过程中各复杂工况条件，确保其在均衡荷载条件下及在极端不均衡荷载工况条件下均具有可靠的强度、稳定性能；应保证中心刚性环筒的刚度，通过各种不利工况条件的有限元分析，控制简易桁架、拉索材料的品种、规格与数量、预应力状态，以及其有机组合的技术经济对比分析，来实现悬索结构式模板支撑平台满足厚重钢筋混凝土施工所需适宜的刚度。

5.2.2 应对构成悬空结构模板支撑系统一部分的永久结构进行承载能力验算，必要时对钢筋混凝土构件进行配筋加强，及采取卸载与变形协调等控制措施。

5.2.3 宜采用计算机模拟仿真技术，模拟施工过程，优化施工方案，充分考虑到施工过程操作的简便性与安全性，尽量做到减少悬空作业量、降低危险源数量及风险等级。

5.2.4 施工设计方案实施前须通过相关专家的方案评审论证，严格履行审核、审批程度，并取得工程设计师的认可。

5.3 操作要点

5.3.1 构件的制作

1. 本工法的空间悬索结构式模板支撑平台主要由中心钢结构刚性环筒、水平工字钢梁构件、钢管斜撑构件、螺纹钢筋拉索、水平工字钢梁上翼缘平面上工字钢侧向水平支撑及斜撑上节点处（水平工字钢梁下翼缘处）侧向水平支撑等构件组成。应根据本工法规定、施工设计及相关标准规范要求进行制作并验收。

2. 中心刚性环筒是体系平衡、稳定的中心环节，其由上钢圈内撑、上钢圈、上钢圈处安装用吊环、竖杆、中钢圈内撑、中钢圈、下钢圈内撑、下钢圈、下钢圈处拉索锚固端装置、下钢圈处安装用吊环等部件组成，对称焊接组合成的刚性体。在周边混凝土结构承载能力确保的前提下，适当减小环筒的高度，可提高环筒的竖向刚度，并减小环筒的自重。上钢圈与下钢圈采用同规格槽钢与钢板组合而成；上钢圈为压环，上钢圈内撑采用槽钢制作，同时兼作上部结构模板支撑基座构件，为减轻吊装时环筒的自重，环筒上钢圈内撑宜后安装；下钢圈为拉环，下钢圈内撑采用φ48×3钢管，铺板后形成承力索安装时的人员操作平台；下钢圈上设拉索锚固端装置，拉索中心线通过下钢圈形心；竖杆采用槽钢或工字钢，其中心线与上下钢圈中心线应垂直并相交；中钢圈采用槽钢，布置于竖杆外侧，中钢圈内撑采用φ48×3钢管，中钢圈及其内撑减小了竖杆的长细比，同时方便操作人员在拉索安装时的上下操作作业。中心刚性环筒制作时，应保证钢圈（或钢箍）的等强连接。中心刚性环筒构造如图5.3.1-1所示。

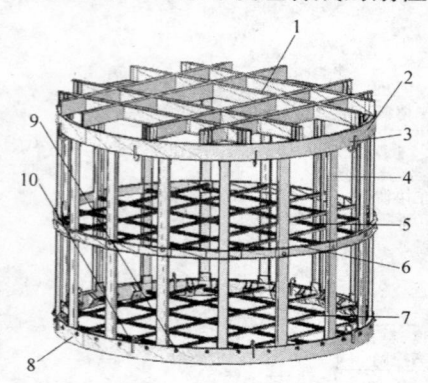

图 5.3.1-1　中心刚性环筒构造示意图
1—上钢圈内撑（后安装）；2—上钢圈；3—安装用吊环；4—竖杆；5—中钢圈内撑；6—中钢圈；7—下钢圈内撑；8—下钢圈；9—拉索锚固端装置；10—安装用吊环

3. 水平钢梁采用工字钢，斜撑采用钢管制作，如图5.3.1-2所示；水平工字钢梁与斜撑构成简易桁架，既是上部结构模板支撑的承重钢构架，又是悬索式支撑平台的稳定构件，如图5.3.1-3所示；斜撑中心线与工字钢中心线构成的平面应与工字钢梁水平面相垂直。

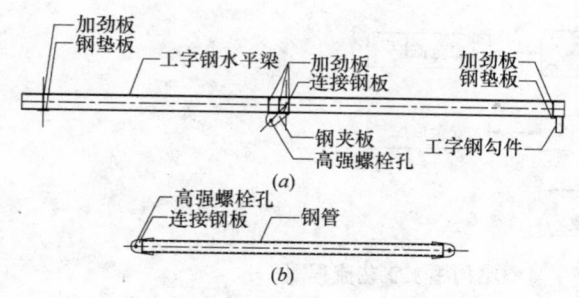

图 5.3.1-2　简易桁架构件
(a) 水平工字钢梁构件；(b) 钢管斜撑构件

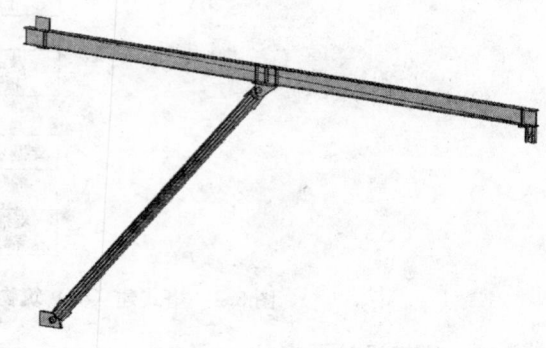

图 5.3.1-3　简易桁架空间示意

1）水平工字钢梁与钢管斜撑节点采用高强度螺栓铰节点，如图 5.3.1-4 所示。为保证斜撑的侧向稳定性能，应在该节点处工字钢梁上翼缘及下翼处布置水平侧向支撑。

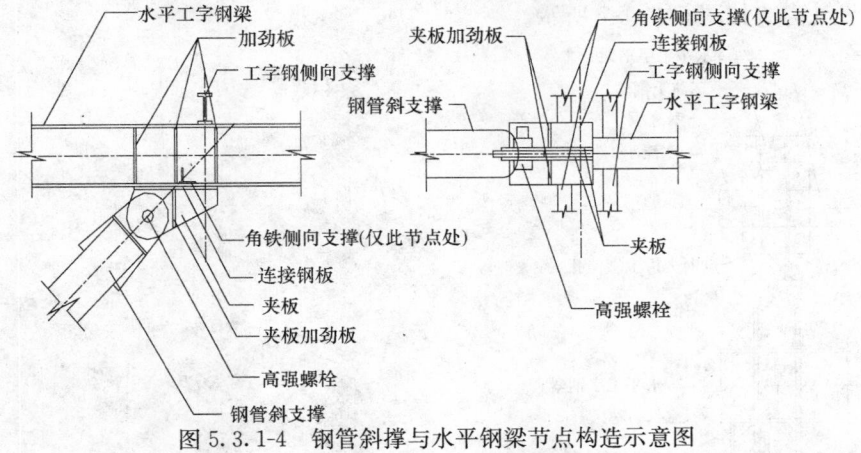

图 5.3.1-4　钢管斜撑与水平钢梁节点构造示意图

2）斜撑与钢筋混凝土结构支座节点，采用高强度螺栓铰节点，斜撑与钢筋混凝土梁支座埋件通过夹板现场焊接连接，与剪力墙支座穿墙螺栓连接，如图 5.3.1-5 所示。穿墙螺栓墙节点处夹板与混凝土墙的接触面应打磨平整。

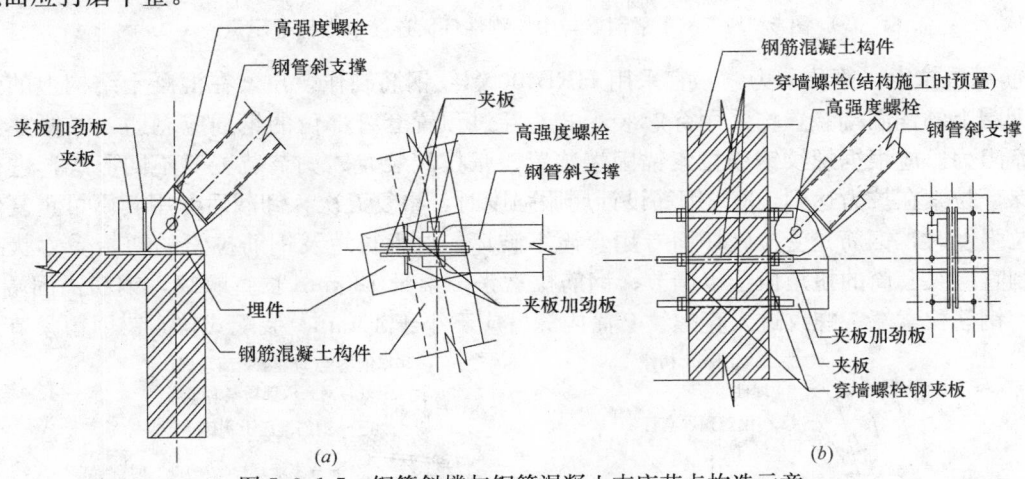

(a)　　　　　　　　　　　　　*(b)*

图 5.3.1-5　钢管斜撑与钢筋混凝土支座节点构造示意

（a）适用用于梁支座；（b）适用于剪力墙支座

3）水平钢梁与混凝土结构支座埋件采用现场焊接连接节点，如图 5.3.1-6 所示。制作时应与钢管斜撑支座安装的位置相协调。

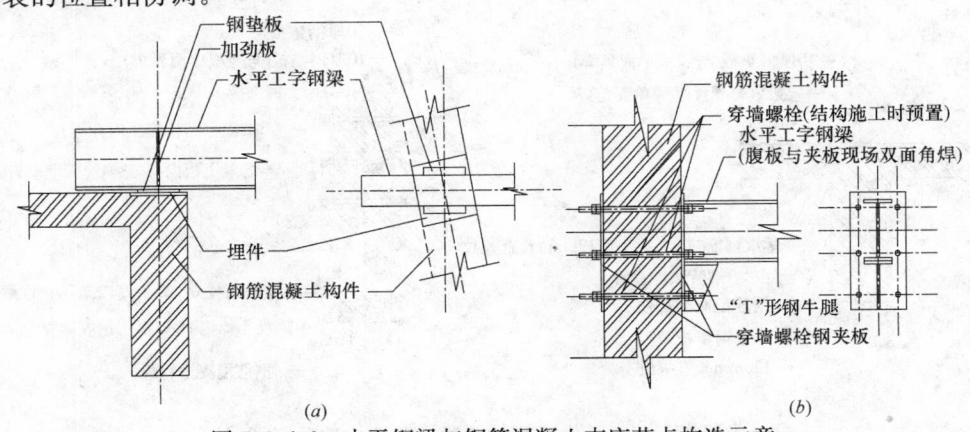

(a)　　　　　　　　　　　　　*(b)*

图 5.3.1-6　水平钢梁与钢筋混凝土支座节点构造示意

（a）适用用于梁支座；（b）适用于剪力墙支座

4）水平钢梁与环筒上钢圈连接采用装配式铰结点。水平钢梁端头设工字钢勾件勾住上钢圈，通过"U"形普通螺栓及夹板与上钢圈夹紧，形成了水平方向主要可承拉、侧向稳定的铰支座，以减小上钢圈压环负担，其节点构造如图 5.3.1-7 所示。

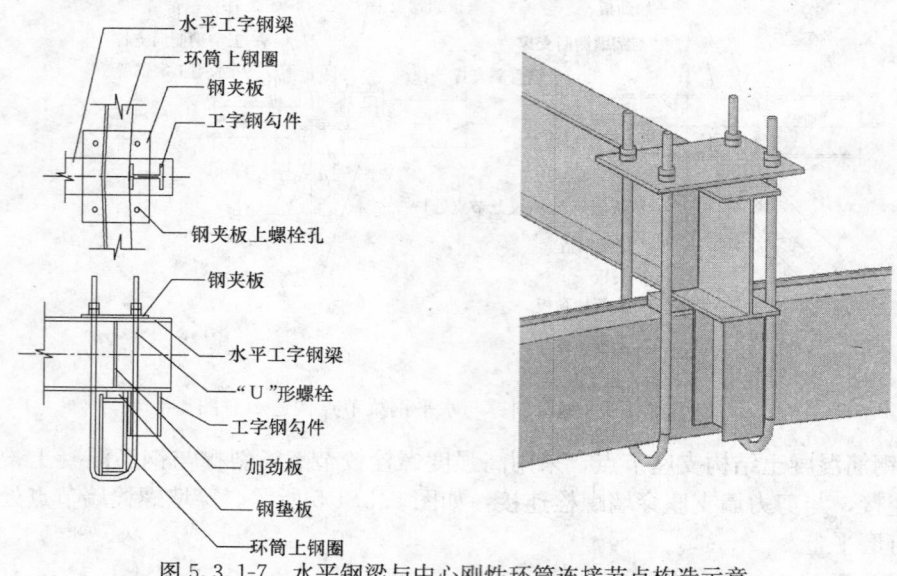

图 5.3.1-7　水平钢梁与中心刚性环筒连接节点构造示意

4. 钢筋承重拉索（简称承力索）宜采用 HRB400 螺纹钢筋制作，拉索在混凝土结构上的张拉端装置及在下钢圈上的锚固端装置均采用穿芯装配式，穿过预置套管部位的钢筋应剥肋，方便穿索并减少套管内的摩阻力。应根据螺纹钢筋拉索锚固端装置、张拉端装置、调节装置等不同形式，进行检验试验检测，保证拉索在拉力达到 100％钢筋设计屈服强度时，重复五次，卸载后专用套筒可重复使用，在超过其抗拉强度时，钢筋先受拉破坏而专用套筒不破坏。拉索长短及钢筋拉索的初始受力状态通过扭矩扳手控制直螺纹套筒的扭矩值予以调节；钢筋拉索张拉索设 120mm 长直螺纹，钢筋锚固端设 80mm 长直螺纹，钢筋拉索端头螺纹进入直螺纹套筒内深度应不小于 40mm。装配式拉索锚固锁紧节点装置方

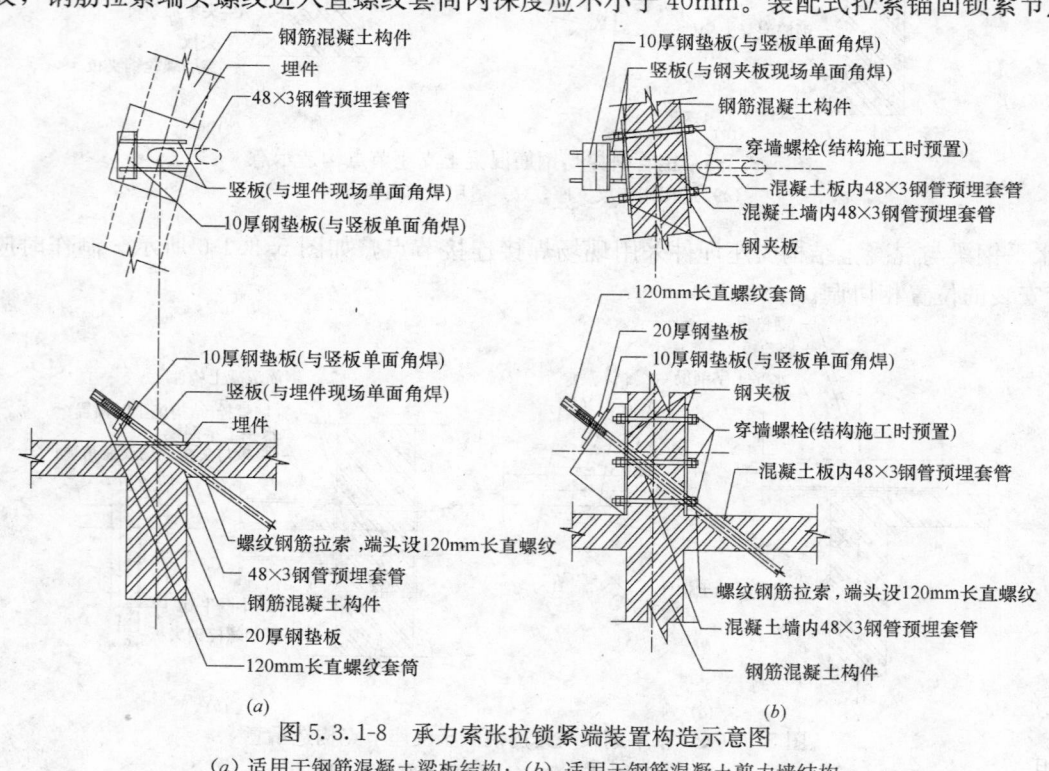

图 5.3.1-8　承力索张拉锁紧端装置构造示意图
（a）适用于钢筋混凝土梁板结构；（b）适用于钢筋混凝土剪力墙结构

便了拉索的安装与拆除，保证了拉索的直线受力，亦保证了节点受力的最佳状态及其受力分析的清晰可靠性。拉索张拉锁紧端装置及锚固端装置如图 5.3.1-8、图 5.3.1-9 所示。

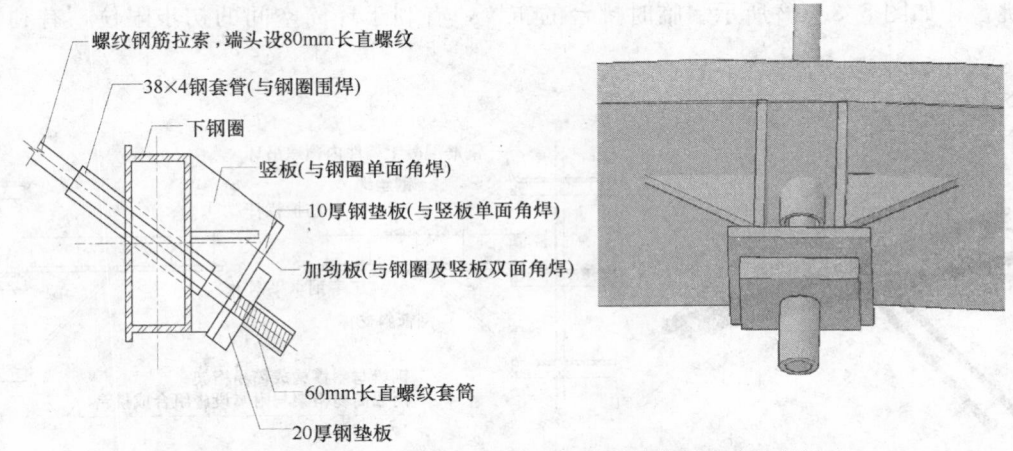

图 5.3.1-9　承力索在环筒下钢圈处锚固端装置构造示意图

5. 应根据施工设计方案制作好安装用稳定索以及安装用承重索。安装索采用 HPB235 钢筋制作，匹配卸扣接长或连接构件吊环，匹配花篮螺丝调节松紧度；吊环应依据深化设计要求、根据环筒中心线均匀对称布置在环筒上、下钢圈上以及周边受力可靠的钢筋混凝土结构内。安装用索构造如图 5.3.1-10 所示。

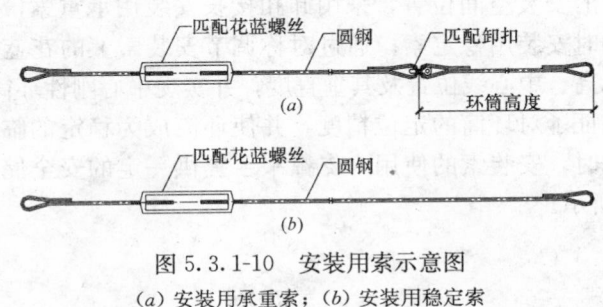

图 5.3.1-10　安装用索示意图
(a) 安装用承重索；(b) 安装用稳定索

5.3.2　施工预埋与混凝土构件加强

混凝土结构施工时，应严格按施工方案设计位置要求，进行埋件、吊环、套管的预埋；装配式埋件的穿墙螺栓孔，宜采用匹配钢套管，利用钢夹板及螺栓，在钢筋混凝土结构施工时预置穿墙螺栓孔，保证其相对位置的精确性；并根据施工设计要求，对相应支座混凝土构件进行配筋加强，预留卸载与变形协调拉索设施。

5.3.3　支撑平台的安装

1. 组成空间悬结构式模板支撑平台的构件应沿环筒中心线对称布置；应将支撑平台系统合理划分构件制作单元，分步骤实施安装，每步骤安装后形成的临时支撑体系，均应成为适于后步骤安装人员安全操作使用或后步骤安装构件临时支撑平台结构，最后装配成一体，对承力索实施适宜的预拉力，形成空间悬索钢结构式模板支撑平台；平台安装前，应在支撑平台下部空间铺设安全平网，平网应采用双向距不大于 6m 的钢丝绳网承托。

2. 支撑平台安装顺序为：挑台安装→吊装中央环筒、采用安装索就位→对称安装承重钢筋拉索→对称安装简易桁架→安装简易桁架侧向水平支撑及环筒上钢圈内撑→水平工字钢梁上铺设木方，木方上铺订胶合板→支撑体系检查调节→验收。安装过程中应做好安全防护与监护、以及过程监测工作。其安装过程主要内容如下：

1) 平台安装第一步：安装挑台

以相邻两组简易桁架根据其设计尺寸位置组合成一体，工字钢梁上布置钢管扣件拦杆，吊装固定于钢筋混凝土结构上相应支座位置，端头采用两组斜拉钢丝绳斜拉固定于钢筋混凝土结构预埋吊环内，从而形成适用于操作人员操作使用的安全挑台，挑台结构如图5.3.3-1；左右对称各布置一个临时操作挑台，如图5.3.3-2所示。临时挑台的布置，有利于环筒空间的初步限位，有利于环筒的安装。

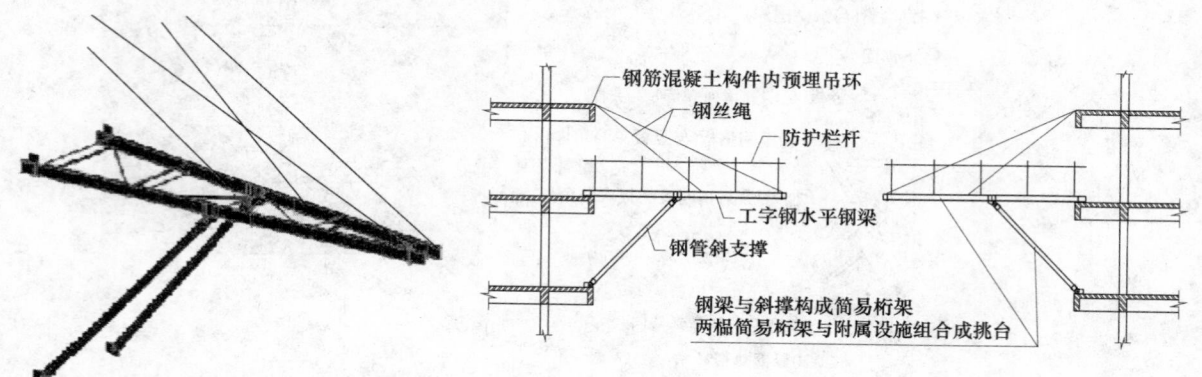

图5.3.3-1 挑台空间示意图　　　　图5.3.3-2 平台安装第一步（安装挑台）示意图

2) 安装第二步：安装中心刚性环筒

环筒吊装前，准备好临时安装用承重索、安装用稳定索及其连接配件，环筒吊装时，将安装用承重索的环筒高度段下端与环筒下钢圈吊环匹配卸扣连接，并临时固定于上钢圈上；环筒吊装至位置后，根据挑台位置初步定好环筒的安装空间位置，采用卸扣接长安装用承重索，挂于周边钢筋混凝土结构相应的吊环上，然后安装临时安装用稳定索；通过对称调节安装索上的花蓝螺丝结合水准仪及经纬仪监测控制中心刚性环筒的标高、中心线位置及其垂直度，并实现中心刚性环筒 $2L/1000～3L/1000$ 的起拱。安装索的设置，有效保证了对环筒的定位精度，并使环筒成为稳定的临时受力平台，为承力索安装提供了安全操作空间。同时，安装索的使用为支撑平台提供一定的安全储备（整体设计时不考虑）。如图5.3.3-3、图5.3.3-4所示。

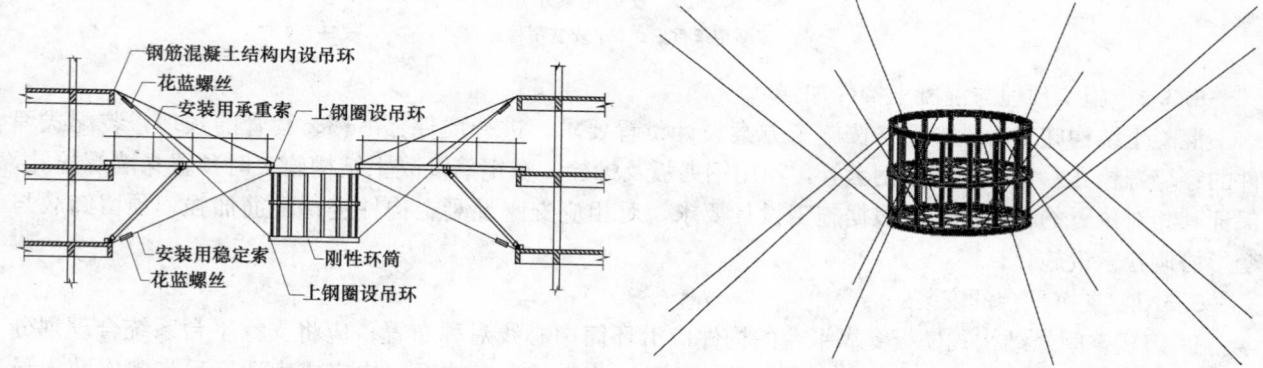

图5.3.3-3 平台安装第二步（安装中心刚性环筒）示意图　　　图5.3.3-4 安装索临时固定环筒后空间效果图

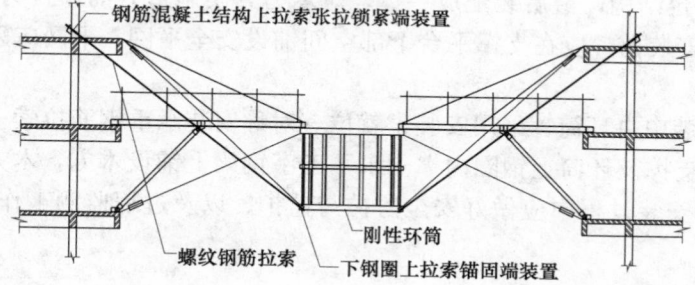

图5.3.3-5 平台安装第三步（安装承重拉索）示意图

3) 安装第三步：安装螺纹钢筋承重索（承力索）

依靠临时固定的环筒，作为支撑平台，对称安装承力索，先安装环筒上的锚固端装置，后对称安装张拉锁紧端装置；宜根据承力索的位置与规格的不同，选择典型拉索，各安装一套拉索拉力检测仪，以撑握拉索拉力与套筒拧紧扭矩的关系，通过扭矩控制承力索的初始拉力。承力索的安装，保证了后序简易桁架安装的安全可靠性。如图 5.3.3-5 所示。

4）安装第四步：安装简易桁架

简易桁架应对称安装。安装时，上下支座安装位置应协调，应先将水平工字钢梁贴紧并勾住环筒上钢圈，先安装斜撑支座，后根据斜撑支座位置安装水平钢梁支座，保证水平钢梁中心线与斜撑中心线组成的平面与水平面相垂直，偏差应不大于 3mm。水平工字钢梁与钢管斜撑构成的平面轮幅式钢构架支撑结构适于上人操作布置简易桁架上的侧向支撑。如图 5.3.3-6、图 5.3.3-7 所示。

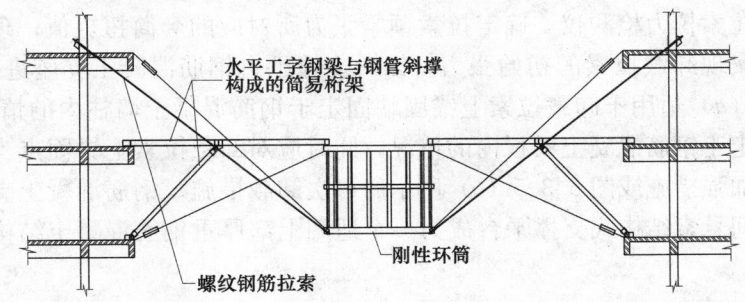

图 5.3.3-6　平台安装第四步（安装简易桁架）示意图

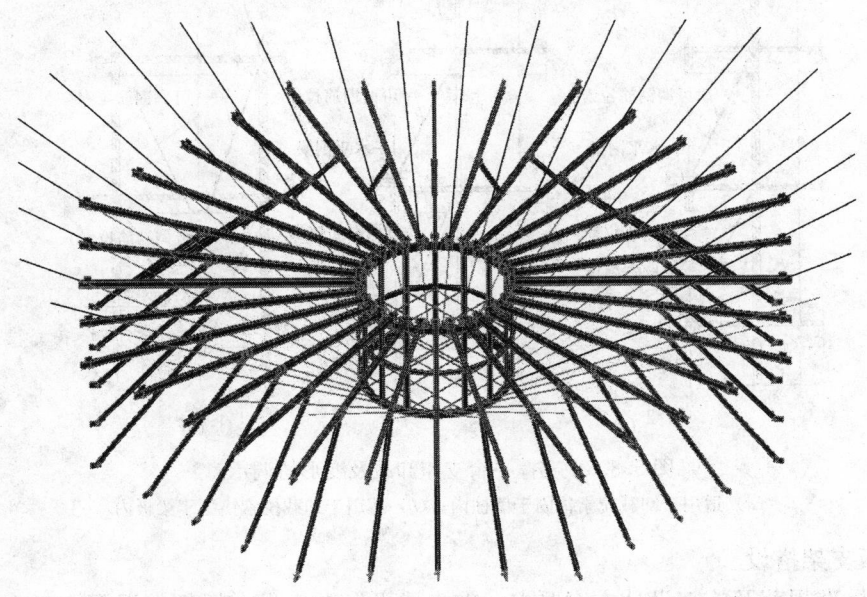

图 5.3.3-7　简易桁架安装后空间效果图

5）安装第五步：安装简易桁架上的侧向支撑及中心刚性环筒上钢圈内撑

如图 5.3.3-8 所示。此步骤完成，整体形成了空间悬索式钢结构模板支撑平台。在其钢构架平面上铺设固定木方及胶合板，实施封闭，形成上下安全施工刚性隔离平台，预防高空坠物伤害事故的发生。

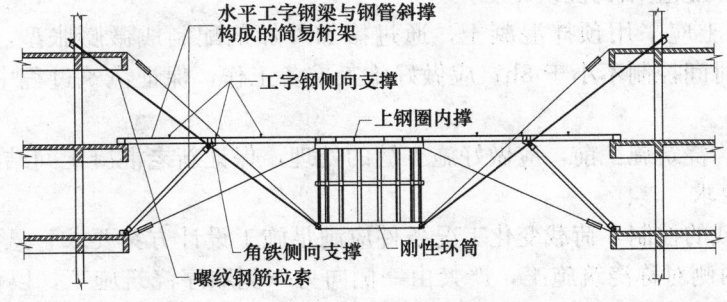

图 5.3.3-8　平台安装第五步（安装侧向支撑及上钢圈内撑）示意图

5.3.4 对拉索实施预应力

通过拉力检测仪对典型承力索拉力的监测，推定出各规格拉索套筒的扭紧力矩对应的近似扭矩——拉力曲线，确定施工方案设计所要求各拉索预应力所对应套筒扭矩值，对拉索对称实施适宜的预应力。拉索预应力的实施改善了整体支撑平台体系的刚度、强度及稳定性能，提高了轮幅式钢构架的承载能力。

5.3.5 平台支座的卸载与变形协调

应根据施工设计方案要求，对支撑平台钢筋混凝土支座进行卸载与变形协调。操作前，应在试验室或在施工现场采用拉索拉力检测仪，确定拉索预紧张力所对应的套筒扭矩值；现场采用专用扭矩扳手，通过控制扭矩，实现卸载拉索的初始张力，以对支撑平台钢筋混凝土支座进行卸载与变形协调。如图5.3.5所示，图（a）适用于卸载拉索上锚固端固定于钢筋混凝土墙柱内的情况，图（b）适用于卸载拉索上锚固端固定于钢筋混凝土梁板内的情况，此时应对卸载拉索上锚固点支座梁进行校核与验算，采用必要的配筋加强措施或图5.3.5（b）所示的再次卸载措施。钢筋混凝土支座构件的卸载与变形协调的完成，使空间悬索结构式支撑平台成为一个适用上部厚重钢筋混凝土结构施工的完整支撑平台体系。

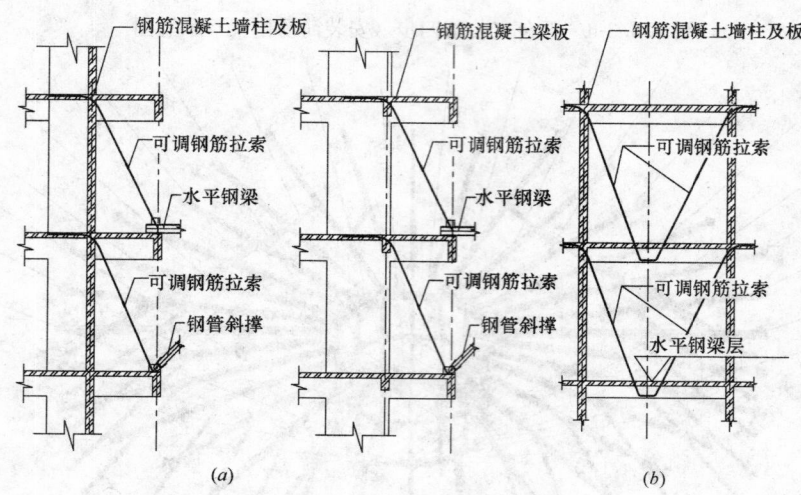

图5.3.5 支撑平台支座卸载及变形协调示意
（a）适用于卸载拉索锚固于墙柱内；（b）适用于卸载拉索锚固于梁板内

5.3.6 模板支架搭设

应根据相关标准规范及施工设计方案要求，在支撑平台上搭设布置钢筋混凝土悬空结构模板支撑，模板支架应有足够的强度、刚度和稳定性；支撑立杆应支承在水平工字钢梁上、工字钢侧向支撑上或工字钢垫梁上，以保证模板支撑立杆荷载有效传递至简易桁架或环筒；钢管扣件支撑系统中所采用的扣件应保证100%合格，扣件拧紧扭矩值控制在50～55N·m间；支架应按两步两跨范围与周边钢筋混凝土结构刚性拉结。

5.3.7 钢筋混凝土悬空结构浇筑施工

1. 悬空结构混凝土应采用预拌混凝土，通过掺加外加剂配制成微膨胀型，坍落度控制在14～16cm，混凝土的初凝时间控制不小于8h；应做好施工准备工作，保证浇筑过程中混凝土的连续供应，避免施工冷缝的产生。

2. 悬空混凝土结构浇筑施工前，应做好施工缝的处理，保证新老混凝土间结合严密，界面间抗剪承载能力应符合设计要求。

3. 应做好施工荷载的控制，荷载变化工况条件应满足施工设计方案要求。悬空混凝土的浇筑应对称浇筑，宜由中心向两侧对称浇筑施工，严禁由一侧向另一侧顺序浇筑施工，以保证混凝土浇筑时的荷载作用在支撑平台上呈基本对称布置。

4. 根据气候条件确定合适的保湿、保温的养护方法，做好混凝土终凝后的养护工作，养护时间不少于 14d。

5.3.8 支撑平台上模板支架的拆除

钢筋混凝土悬空结构混凝土强度达到设计强度的 100% 后，方可拆除悬空结构下模板支架。可利用模板支撑平台作为安全施工隔离平台，进行悬空结构顶棚部位及支撑平台上空周边的装饰与安装施工。模板支架拆除时，应根据"先支后拆"、"由上至下"的顺序，将拆除下的模板及支架杆件传递至悬空结构顶平面，或水平方向传递至转运平台，及时吊运至堆放场地，严禁将拆除下的材料直接抛置于支撑平台上。

5.3.9 支撑平台的拆除

在空间悬索结构式支撑平台上部相关作业完毕，模板支架拆除并清理完成，支撑平台下部做好安全防护与监护工作后，即可采用塔吊或卷扬机等吊装设备及辅助工具，拆除支撑平台。拆除顺序应严格按照支撑平台安装相反的步骤，确保后拆的平台构件组成的临时结构体系成为先行拆除构件安全可靠的支撑平台体系或安全操作空间。拆除作业应对称进行，拆除下的装配式节点处小型构配件，应采用工具袋装袋，及时传递至安全堆放位置。

5.3.10 支撑平台支承处混凝土节点处理

应根据建（构）筑功能及使用要求，依据相关标准规范及工程设计要求，做好钢筋混凝土结构上的螺栓套管、拉索套管孔洞的封堵与防水工作，做好埋件等铁件露明处的防锈蚀及防腐处理。

5.3.11 过程监测

做好施工过程的监测，与施工设计计算数值相比较，及时反馈指导设计与施工，保障施工安全，是本工法应用的重要一环。悬索结构支撑平台安装过程中，在中央刚性环筒竖杆上粘贴标尺，对称设置 4～8 个平台挠度监测点，并在剪力墙或框架柱上依环筒中心线对称设置两个水准参照点；上下钢圈间设垂线，布置四个均布对称的平台垂直度监测点；在拉索张拉端装置上，按不同规格尺寸与受力特点归类，选择典型拉索，各布置一套拉索拉力检测装置。通过承力索拉力的现场检测，推定与其对应的扭矩值关系，确定满足施工设计方案要求所对应的拉索预应力套筒扭矩值；并通过试验室或现场拉力检测仪检测，确定平台支座卸载变形协调拉索套筒预紧拉力所对应的扭矩值。施工过程中，应做好支撑体系环筒垂向挠度变形监测、环筒的垂直度变化监测、拉索拉力监测，推测支撑体系的安全状况，以验证施工设计方案的正确性与支撑系统的安全可靠性，为本工法工艺的进一步推广应用提供准确的参考数据。主要过程监测内容如表 5.3.11 所示。

施工过程监测项目一览表　　　　　　　　　　　　　　　　　表 5.3.11

序号	监测项目	测量仪器	监测频率	监测目的
1	环筒垂向挠度变化	DS1 水准仪	混凝土浇筑期间 1 次/h，其余 1 次/d	掌握支撑荷载的分布与变化对支撑平台的影响
2	环筒的垂直度变化	J2 经纬仪	混凝土浇筑期间 1 次/h，其余 1 次/d	掌握支撑荷载的分布与变化对支撑平台的影响
3	拉索拉力	拉索拉力检测仪	混凝土浇筑期间 1 次/h，其余 1 次/d	确定拉索预张拉力扭矩值，掌握施工过程荷载的分布与变化对拉索受力的影响

6. 材料与设备

本工法无需特别说明的材料，所使用主要机具设备如表 6 所示。

机具设备一览表　　　　　　　　　　　　　　　　　　　　表6

序号	机 具 名 称	单位	数量	使 用 用 途
1	交流电焊机	台	2	钢构件制作与安装
2	直流电焊机	台	1	钢构件制作
3	氧气、乙炔设备	台套	2	钢构件制作与切割
4	空气等离子切割机	台套	1	钢构件制作与切割
5	台式钻床	台套	1	钢板钻孔
6	切割机	台套	1	钢构件切割
7	40T-M 及以上规格塔吊	台	1	材料运输、吊装
8	5t 卷扬机	台	2	拆除作业时使用（塔吊无法使用时）
9	直螺纹及套筒加工设备	台套	1	拉索及套筒制作使用
10	对讲机	对	4	指挥、指令传输
11	DS1 水准仪	台	1	平整度检测，标高控制，挠度监测
12	J2 经纬仪	台	1	安装定位检测，垂直度监测
13	40—100N·m 扭矩扳手	只	2	扣件及穿墙螺栓松紧度检测
14	80—320N·m 扭矩扳手	只	2	拉索安装及张力调节
15	120—480N·m 扭矩扳手	只	2	拉索安装及张力调节
16	拉索拉力检测仪	套	6	拉索拉力检测（不同规格拉索各设一套）
17	温度计	只	2	环境温度检测，拉力校正，变形分析

注：一般钢筋混凝土施工用机具与设备按常规配备，本表未列入。

7. 质 量 控 制

7.1 本工法必须遵照执行的标准、规范有：

7.1.1 《建筑结构荷载规范》GB 50009；

7.1.2 《钢结构设计规范》GB 50017；

7.1.3 《混凝土结构设计规范》GB 50010；

7.1.4 《建筑施工扣件式钢管脚手架安全技术规范》JGJ 130；

7.1.5 《钢结构工程施工质量验收规范》GB 50205；

7.1.6 《混凝土结构工程施工质量验收规范》GB 50204；

7.1.7 《混凝土质量控制标准》GB 50164；

7.1.8 《建筑施工模板安全技术规范》JGJ 162。

7.2 空间悬索式模板支撑平台的施工质量允许偏差按表 7.2 执行。

空间悬索结构式模板支撑平台施工质量允许偏差　　　　　　　　　表 7.2

序号	项　目			规定值或允许偏差(mm)	检查方法与频数
1	构件制作	环筒	钢圈外径	±5	用钢尺检查
2			钢圈平整度	±3	用水平尺及水准仪测量
3			上下钢圈外径相对偏差	±3	用钢尺检查
4			环筒高度	±3	用钢尺检查
5			环筒(中心线)垂直度	$h/1000$，且不大于 5	用靠尺及经纬仪测量
6			竖杆　位置	±3	用钢尺检查
7			竖杆　垂直度	$h/1000$，且不大于 5	用靠尺及经纬仪测量
8			安装吊环位置	±5	用钢尺检查
9			拉索套管　相对位置	±3	用钢尺检查
10			拉索套管　中心线	±2	用钢尺检查
11		构架	构件平直度	±3	拉线并用钢尺检查，全数
12			侧向弯曲失高	1/1000 且不大于 5	拉线并用钢尺检查，全数
13			构件对合中心线偏差	3	观察并用钢尺检查，全数
14		承力索	端头螺纹长度	0～+5	用钢尺检查，全数
15			钢筋端头剥肋长度	≥200	按设计图尺寸，端头伸出预置套管长度不小于 200mm，用钢尺检查，全数

序号	项 目			规定值或允许偏差(mm)	检查方法与频数
16	预埋	安装索吊环位置		±20	用经纬仪及钢尺检查
17		承力索套管位置		±15	用经纬仪、水准仪、钢尺检查
18		埋件位置		±20	用经纬仪及钢尺检查
19		埋件穿墙螺栓孔相对位置偏差		±2	用钢尺检查
20		卸载索预埋位置		±30	用经纬仪、钢尺检查
21	安装	挑台	端头拱度	0.002L～0.003L	用水准仪检查
22			位置偏差	±10	用经纬仪检查
23		环筒	标高(拱度)	0.002L～0.003L	用水准仪检查
24			中心位置	±20	用经纬仪检查
25			垂直度	$h/1000$，且不大于5	用经纬仪检查
26					
27		构架	位置 环筒处	±5	观察，全数
28			位置 结构支座处	±20	观察，全数
29			构件对合中心线偏差	3	全数吊垂线，用钢尺检查
30		承力索	拉索螺纹进入套筒深度	≥40	全数用钢尺检查
31			实施预应力时扭紧力矩	±10N·m	全数用扭矩扳手检查
32	支撑平台系统最大挠度			不大于 $L/1000$	检查施工设计方案，并结合施工过程挠度监测推算、复验

注：h 为环筒设计高度；l 为钢构架（简易桁架）跨度；L 为支撑平台的跨径或跨度。

7.3 质量控制措施

7.3.1 应根据具体工程特点，根据本工法工艺要求进行深化设计，严格遵循审核、审批确认程序，并严格按照本工法工艺程序及批准的施工设计方案组织实施。

7.3.2 本工法所使用的机具、材料等除特别说明外，均应满足相关规范、标准要求，所使用辅材或配件应与主构件相匹配。

7.3.3 应根据施工设计方案及相关标准规范要求进行钢结构构件制作与安装，构件的拼接、接长应保证等强连接；一般角焊焊缝均按二级焊缝外观质量要求验收；装配式节点连接板、夹板、钢垫板上的普通螺栓孔或穿索孔、高强螺栓孔等均应采用钻成孔；所有螺栓及套筒连接节点处应采用匹配垫片拧紧，普通螺栓应采取双螺帽防松措施，所有支座节点应全数检查，保证100%合格。

7.3.4 施工过程中应做好检测试验及施工记录工作。

8. 安 全 措 施

8.1 认真贯彻"安全第一，预防为主"的方针，建立项目安全生管理网络，落实安全生产责任制度，明确各级人员的职责；须充分识别危险源，并认真做好危险源评价，制定有效的危险源控制措施与方案，并组织实施。

8.2 施工现场的布置应符合防火消防、防坠落、防触电、防机械伤害、防高空坠物等相关安全规定与要求，各种安全标识应布置齐全。严格执行动火作业管理制度，专人监护，每次作业完毕及时清理现场；施工现场的临时用电严格按照《施工现场临时用安全技术规范》JGJ 46 的有关规定执行，临时用电线路采用 TN-S 系统，按分路控制、分级管理的三级配电、二级保护的原则，采用橡胶绝缘电缆、架空布置；应做好临时防护，防止高处坠落或坠物，高处作业应严格执行《建筑施工高处作业安全技术规范》JGJ 80 相关规定要求，支撑平台下部应采用有双向间距不大于6m钢丝绳网承托保护的安全平网，支撑平台上应铺板封闭；机械吊装作业应严格执行相关安全操作规程，专人指挥、专人监护。

8.3　施工前应做好交底工作，明确本工法构配件制作、安装、使用及拆除过程中关键安全控制点；所有操作人员应持有有效的操作工种证，并经岗前培训教育合格，方可上岗；操作人员必须戴好安全帽、系好安全带、穿防滑鞋，人员上下必须走专用通道。

8.4　本工法安装、使用、拆除等全过程应设专人指挥、监护，并设置安全警戒标志；严禁夜间进行支撑体系的安装与拆除作业。

9. 环 保 措 施

9.1　贯彻执行"遵守法规，文明施工，维护环境"的环境管理方针，建立施工现场文明施工管理网络，制定各项文明施工管理制度，明确各级人员的职责；充分辨识与评价环境因素，落实环境因素管理与控制措施方案。

9.2　施工现场内外整洁，通道通畅，排水系统齐全、有效，污染废弃物堆处置得当，物料堆放有序，施工人员衣容整洁，做到操作落手清。

9.3　优先选用先进的低噪声环保设备，对机械切割等产生较大噪声的场所应采取隔声处理措施，最大限度地降低噪声干扰，同时尽可能避免夜间施工。

10. 效 益 分 析

10.1　本工法突破了传统的高空大跨钢筋混凝土结构的常规高支架支模或桁架支模方法理念，有效将悬索承力结构创新应用到塔式建（构）筑物悬空钢筋混凝土结构支模施工中，以较小的资源代价，满足了高空大跨悬空钢筋混凝土结构支模系统所需的适宜的刚度、良好的强度和空间安全稳定性能，实现了高大支模的安全性与经济性的良好结合，具有优异的推广应用价值。因而具有显著的经济效益和社会效益。

10.2　本工法尽可能应用工程施工中可周转使用的材料，采用新颖的装配节点构造和合理的安装工艺，具有轻巧、快速、便于安装与拆除的特点，充分保障了施工安全，保证了施工质量，与常规的高架支模或桁架支模相比，大大减少了危险源数量，降低了风险程度等级，实现了危险源的简单可控制性，有效降低了风险控制成本、劳动强度及对材料的消耗，达到了绿色施工效果。因而本工法具有显著的安全保障效益及良好的经济效益和环保效益。

图 11.1　造粒塔悬空结构示意图

11. 应 用 实 例

11.1　应用实例 1

由南通建工集团股份有限公司总承包施工的无锡金马化肥尿基复合肥改造项目，其年产 20 万 t 尿基复肥造粒塔，内径 18.0m，塔高 91.5m，钢筋混凝土剪力墙结构，在造粒塔悬空 74.97m 标高处布置有钢筋混凝土喷淋造粒层悬空结构，如图 11.1 所示，其悬空高度高、自重荷载大，施工难度极大。在尿基复肥造粒塔悬空结构施工过程中施工单位开展了技术创新，突破了传统的高架刚性模板支撑理论局限，采用了工艺新颖、技术先进的悬空结构施工工法；该工程喷淋层悬空结构施工由 2006 年 6 月 20 日开始深化设计至

2006 年 8 月 10 日悬索结构支撑平台拆除结束，总历时 71d，支撑平台用钢量 45kg/m²；资源投入与支撑费用控制在施工设计方案预算范围之内，与投标施工方案相比取得 15 余万元人民币的直接经济效益，工程质量优良。整体尿基复肥改造项目一次性生产运行成功，得到业主方、监理方及当地建筑行业管理部门的好评。

11.2 应用实例 2

由南通建工集团股份有限公司总承包施工的上海振华港机长兴岛基地陆域扩建工程接待中心工程，框支剪力墙结构，地下 1 层，地上 29 层，总建面积 33000 余平方米。该工程一层设中庭，由一层至设备层（MF 层）为八角形中庭上空，周边由剪力墙结构向内设悬挑 1700mm 的内走廊，中空八角形中庭内切圆直径 18128mm、外接圆直径 19622mm，含悬挑走廊八角形中庭内切圆直径 21528mm、外接圆直径 23518mm；在中庭顶、MF 层上标高 95.3m 标高位置，设计布置了钢筋混凝土井字梁厚重悬空结构，如图 11.2 所示。在钢筋混凝土悬空结构施工过程中，采用了本工法工艺，取得圆满成功，

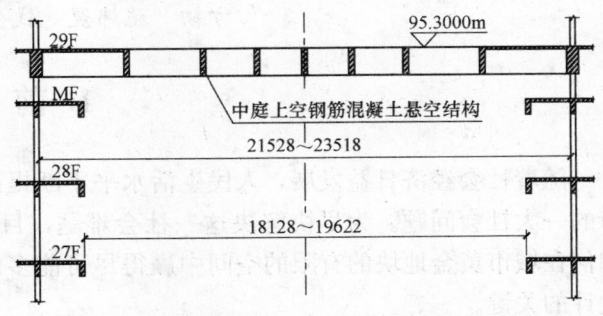

图 11.2 八角形中庭上空悬空结构布置示意图

从 2008 年 10 月 20 日开始支撑平台吊装至 2008 年 11 月 26 日悬空结构混凝土浇筑完毕，总耗时 38d，空间悬索结构式支撑平台用钢量约 50kg/m²，根据过程监测数据，混凝土浇筑期间支撑系统挠度变化为 2.7～3.8mm，整体模板支撑系统挠度值为 4.9～6.4mmmm，未见环筒垂直度变化，工程施工质量优良。

双向不同预应力现浇混凝土空心楼盖施工工法

GJEJGF047—2008

苏州第一建筑集团有限公司 广州市建筑机械施工有限公司

方韧 施炜翌 钱全林 李健 李洪育

1. 前　　言

随着社会经济日益发展，人民生活水平不断提高，家庭汽车已进入平常百姓家，而停车难成为城市的一大社会问题。为尽快解决这一社会难题，目前城市建设中大量建筑都带有地下或地面停车库，如何在城市黄金地块的有限的空间中赢得尽可能多的使用空间，并且将项目成本有效地降低成为结构设计的关键。

自 2002 年起，现浇空心楼盖结构技术开始在工程中应用，作为一种新的施工工艺，其在缩短施工工期、降低楼面荷载减少结构自重、节约工程成本等方面体现了独特的优势。作为国家级火炬计划、建设部科技成果重点推广项目，其后又通过不断的技术革新，结合了无粘结与有粘结预应力技术，使其在大开间、大跨度、大空间、大荷载方面的优势更加突出。但是由于双向不同预应力现浇混凝土空心楼盖结构施工时所涉及的工序多，施工难度大，各工序间如何科学安排、合理穿插来达到缩短施工工期的目的成为该施工工艺的关键。苏州第一建筑集团有限公司与相关单位合作，将该施工工艺的各工序流程进行有效组合，并在多个工程上进行了 PDCA 循环，形成了一套科学合理、规范可行、安全可靠的施工流程，并使施工质量得到有效控制。

2. 工 法 特 点

2.1　双向不同预应力现浇混凝土空心楼盖施工工艺主要通过合理选择各工序切入点，将模板工程、钢筋工程、薄壁管安装、预应力、水电安装、混凝土工程等根据本工艺的特殊要求科学组合，使整个工艺施工顺序有条不紊，同时施工质量能得到有效控制。

2.2　工法的构造原理是设计通过将预应力技术与现浇混凝土空心楼盖技术的结合，达到减轻建筑结构自重、增加柱跨长度、提高室内净空高度、改善保温节能和隔声性能、降低工程造价的目的。通过双向不同预应力不仅提高了无梁楼盖的高跨比，而且能减小超长结构因温度应力和混凝土收缩应力所引起裂缝的可能性。

3. 适 用 范 围

本工法主要适用于各种填芯材料的现浇混凝土空心无梁楼盖，单向、双向无粘结预应力或横向有粘结、纵向无粘结现浇混凝土空心楼盖的工程施工。

4. 工 艺 原 理

双向不同预应力现浇混凝土空心楼盖是一种通过高强薄壁管埋芯成孔，结合预应力施工技术而形成一种结构设计形式。而该种结构形式的施工需根据设计要求确定空心楼盖的填芯材料，在熟悉设计图纸的基础上，通过计算确定无梁楼盖的模板支设、钢筋绑扎、水电安装、空心管安装、预应力工程的施工方案，在合理安排各分项工程的介入点后，严格每一工序的质量、进度控制点，在科学的分析各工种特点及相互关系、要求的基础上做出合理安排，最大限度的实现各工序之间的流水，达到缩短工期，节省成本、提高质量的目的。双向不同预应力现浇混凝空心楼盖结构型式见图4。

现场实样布置示意图

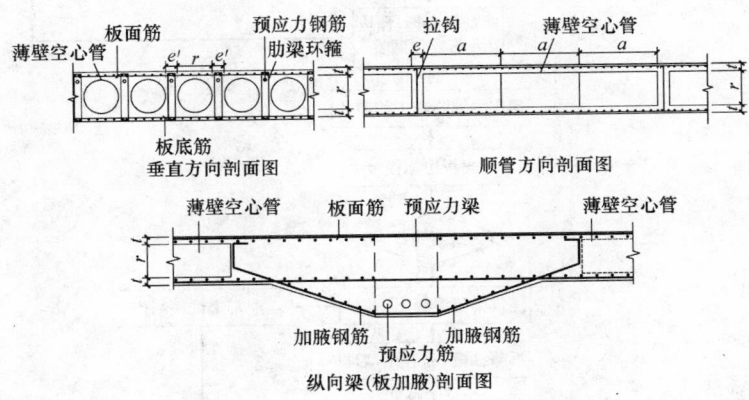

图4　双向不同预应力现浇混凝土空心楼盖结构型式示意图

5. 施工工艺流程及操作要点

5.1　施工工艺流程

承重排架及模板系统的计算、设计和支设→各关键部位的定位放线→有粘结预应力部分施工（非预应力筋绑扎及有粘结钢绞线布设）→板下部及肋梁钢筋的绑扎→水电安装管线预埋→无粘结预应力部分施工→薄壁空心管安装（排管定位放线、底层钢筋抗浮固定、安装空心管、抗浮固定）→面层钢筋的绑扎→楼层隐蔽工程验收→混凝土浇筑→预应力张拉→模板拆除。

双向不同预应力现浇混凝土空心楼盖结构施工工艺流程详见图5.1。

5.2　操作要点

5.2.1　作业条件

1. 根据设计图纸、《现浇空心楼盖结构技术规程》CES 175：2004及《无粘结预应力混凝土结构技术规程》JGJ/T 92、《预应力混凝土用钢绞线》GB/T 5224等相关技术要求进行图纸熟悉，并组织相关各专业技术人员、班组长进行工序安排、技术交底工作。

2. 正式施工以前，完成施工翻样图，其中主要包括预应力曲线翻样、薄壁空心管排管翻样、模板和承重排架的设计与计算、相关预埋件的翻样与制作。

3. 完成预应力材料和薄壁空心管摘料和采购，并组织进场的材料验收、复试工作。

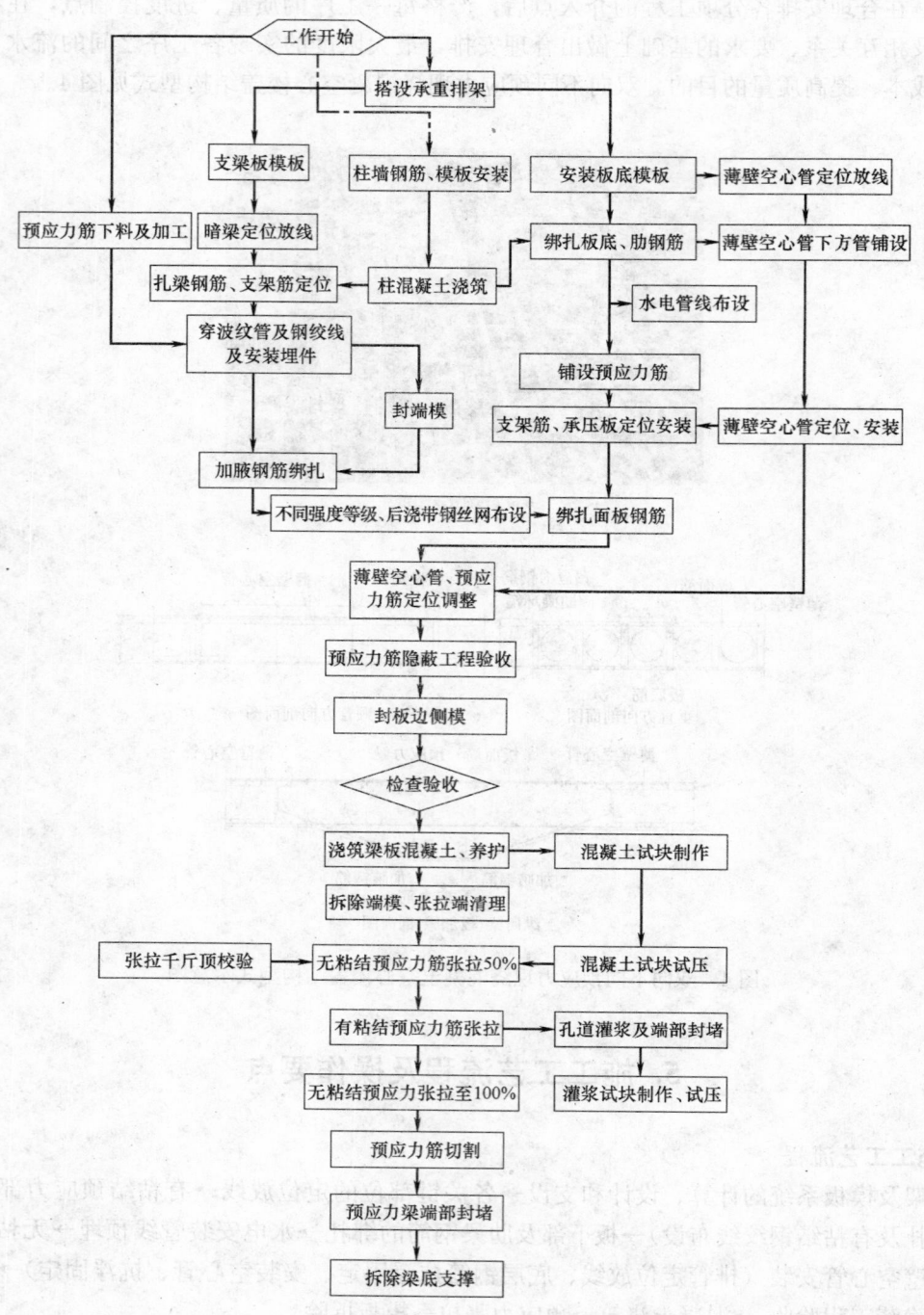

图 5.1　双向不同预应力现浇混凝土空心楼盖结构施工工艺流程图

5.2.2　模板工程

1. 单向、双向无粘结预应力现浇空心楼盖结构一般均为大面积的无梁楼盖型式，而横向有粘结、纵向无粘结现浇混凝土空心楼盖则有预应力大梁，因此在模板设计过程中主要应针对楼板、大梁进行设计计算。

2. 排架立杆间距设计时应结合大梁排架支撑立脚间距进行排脚，宜取相同值，以避免间距不等造成水平杆无法拉通，影响排架的整体稳定性。

3. 一般无梁楼盖的厚度较大，承重架的立杆高度要根据设计的层高确定，现有钢管尺寸如不能满足要求，为此可采用支撑螺旋调节器。支撑螺旋调节器构造见图 5.2.2。

4. 梁、板模板采用多层胶合板，40mm×90mm 方木作次楞，ϕ48×3.0mm 钢管作主楞，钢管、扣件系统作支撑，钢管水平、斜向支撑加固，每跨内剪刀撑不少于二道，每道水平拉杆步高为@1.6m，扫地杆距地 200mm，步高根据层高来决定，但不宜大于 1600mm。模板排架支撑施工应严格执行《建筑施工扣件式钢管脚手架安全技术规范》JGJ 130—2001。

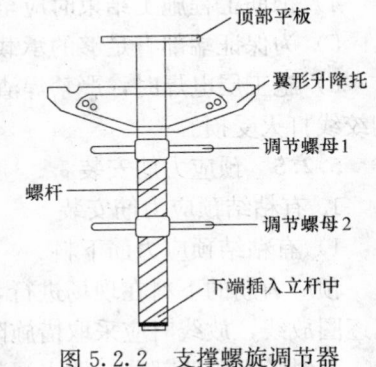

图 5.2.2　支撑螺旋调节器

5.2.3　定位放线

1. 在完成顶板模板支撑并验收合格后需进行模板面的定位放线工作，以加强对薄壁空心管和预应力位置的控制。

2. 放线过程中应确保空心管间距及其与暗梁、墙、柱之间的间距符合设计要求，空心管与梁、墙净空距离为 50mm，与预留孔洞净空距离为 100mm。

3. 安装的预埋水电管线、电线盒也需同时标出，并以满足避让空心管位置为原则。当无法避开时可更换小尺寸空心管来避让安装管线。

4. 当遇有粘结预应力梁时，同时要按设计图预应力筋中心线坐标严格定位。先把曲线坐标定位在梁侧模上，对于最高点、最低点及端部预应力筋的坐标，实际施工时由于钢筋叠厚问题，可能达不到设计要求的保护层厚度，现场施工时可会同设计、监理根据实际情况放样决定。

5. 模板面定位放线方法详见图 5.2.3 所示。

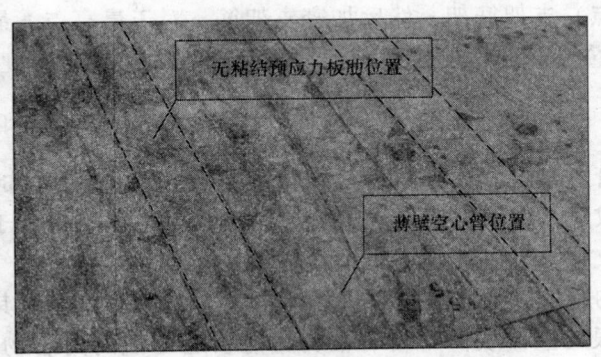

图 5.2.3　模板面定位放线示意

5.2.4　非预应力钢筋工程

1. 钢筋堆放

施工板面钢筋时，临时堆放位置宜选择截面为矩形相对稳定的暗梁面，并在堆放部位加垫模板，以便保护好钢筋位置。严禁将调运的钢筋放在预应力大梁上或薄壁空心管上。

2. 非预应力钢筋安装次序

为保证各工种合理搭接，避免工序交叉过程中造成不必要的返工，钢筋绑扎必须按整个楼盖结构的工艺流程安排先后绑扎次序：

有粘结预应力大梁钢筋安装→底板、暗梁钢筋安装→肋梁钢筋安装→面板钢筋安装。

3. 非预应力钢筋安装

原则上非预应力筋制作及绑扎时应避让波纹管及端部锚垫板或预应力筋位置，并对非预应力钢筋做适当调整，以避让预应力筋位置和保证预应力筋矢高。特别是预应力梁与柱节点等钢筋密集部位，由于大量的梁锚固钢筋在柱钢筋位置交汇，将会使预应力喇叭管的安装十分困难，有时无法保证喇叭管的位置，因此普通钢筋的位置要调整，同时柱筋位置也要做适当调整。

钢筋绑扎完毕后应随即垫好梁的保护层垫块，以便于预应力筋标高的准确定位。

应先绑扎预应力梁的钢筋笼，再绑扎其他非预应力梁的钢筋，可给后续预应力施工留出时间。

布置钢绞线的箍筋隔档中净距应大于 120mm，相应位置的柱筋间距应不小于 100mm 以使波纹管能够通过。

4. 楼板钢筋工程

1）绑扎钢筋时，应按照模板上确定的钢筋位置进行施工，以保证无粘结预应力筋坐标位置的正确，若有矛盾时，应在规范允许或满足使用要求的前提下调整普通钢筋的位置，必要时应与设计人员商定后确定；

2）绑扎柱筋时应考虑预应力筋能顺利通过。钢筋交叉问题，施工时可会同有关人员商讨处理；

3）绑扎楼板上层钢筋时，不得影响预应力筋的正确位置；

4）钢筋工程施工结束时应全面检查预应力筋并作记录存档，发现问题及时处理；

5）为保证端部有足够的承载力，必要时增加端部构造钢筋；

6）施工层电焊时，严禁焊渣碰到钢绞线，以防止将无粘结预应力筋的塑料皮烧坏，或造成有粘结钢绞线打火受损。

5.2.5 预应力筋安装

1. 有粘结预应力筋安装

1）有粘结预应力筋下料

预应力筋的下料在现场进行，应在平整、光滑的场地进行。预应力筋可以用盘架放线，也可用人工逐圈放线，放线时应采取措施防止预应力筋弹出伤人。

下料长度分两部分：埋入混凝土长度可放样或计算确定；两端的工作长度由千斤顶型号和锚固体系决定。下料应用砂轮机机械切割，不得使用电弧或气割，切口与钢绞线垂直，当为一端张拉时需制作固定端挤压锚。下料切割后应及时在钢绞线上贴上标签，标明其长度、编号及使用部位。然后捆卷成盘，盘径不小于2m，运至工地现场下垫模板，分类堆放妥当。

2）支架筋定位

按设计图预应力筋中心线坐标在梁箍或梁侧模上严格定位。先把曲线坐标定位在梁环箍上，考虑了波纹管外围直径后，再定出钢筋支架位置。根据图纸中预应力筋中心的曲线标高，以预应力筋底面为准，在箍筋上焊控制点（最高点、最低点和反弯点）支架筋架，然后加密支架筋。对于最高点、最低点及端部预应力筋的坐标，实际施工时由于钢筋叠厚问题，可能达不到原设计要求的保护层厚度，现场施工时可会同监理根据实际情况放样决定。

3）波纹管放置

图 5.2.5-1 波纹管的放置

波纹管进场后应进行严格的检验及保护。波纹管搬运时应轻拿轻放，不得甩抛或在地上拖拉，吊装时吊点不得少于两个。波纹管平时应堆放在干燥、防潮、通风、无腐蚀性气体和介质的屋内。金属波纹管进场时应有合格证。进场时其外观应逐根检查，表面不得有油污、能引起锈蚀的附着物、孔洞和不规则的折皱，咬口无开裂及脱扣，无砂眼现象。波纹管及支架的安装详见图5.2.5-1。

金属波纹管的连接方法：主管的连接用大一号接管套接，接管每段长250mm左右，顺波纹管的螺旋与主管套接。接缝处用塑料胶带纸粘贴几道，波纹管应密封良好，接头严密，

不得漏浆。波纹管主管伸出承压板预留孔，接缝处用塑料胶带纸粘贴几道，波纹管应密封良好，接头严密，不得漏浆。详见图5.2.5-2。

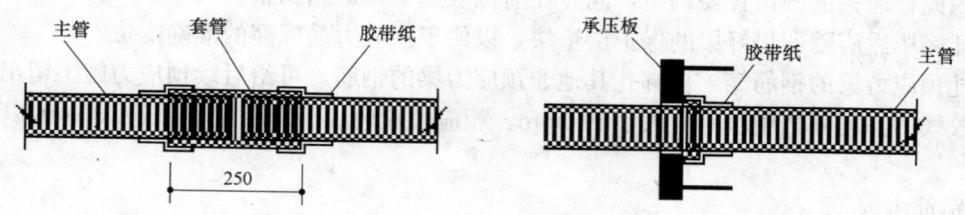

图 5.2.5-2 金属波纹管连接示意图

4）有粘结预应力筋铺设

在铺波纹管敷设的同时穿钢绞线。穿束时钢绞线端部套一"炮弹头"形穿束器，遇阻时可边穿边转动，不得来回抽动。穿束后应检查工作长度是否满足要求调整和更换。外露钢绞线应用塑料纸袋包

裹保护，防止污染。施工中敷设的各种管线不应将波纹管的位置改动。预应力筋的外露长度应预留足够，波纹管的末端应与锚垫板相垂直，锚垫板后预应力筋应有不小于300mm的直线段。

5）有粘结预应力灌浆嘴（出气孔）的安装

有粘结预应力孔道灌浆嘴（出气孔）位置分别安放在大梁孔道的最高点和最低点。安装方法见图5.2.5-3。注浆管伸出梁面300～400，管内插一圆钢，长度为略高出铁管口，管口用胶带纸封好，以免铁管折扁、堵塞。

6）有粘结预应力张拉端安装

有粘结预应力可采用一端或两端张拉，而张拉端锚固体系常规由锚环、夹片、承压板、网片筋等组成。预应力锚具进场时必须具有生产厂家的产品出厂证明或质量保证书，并经有资质的检测机构，按照国家标准《混凝土结构工程施工及验收规范》GB 50204—2002及《预应力筋用锚具、夹具和连接器》GB/T 14370—2000要求进行检测，合格后方可使用。锚具张拉端构造见图5.2.5-4、图5.2.5-5。

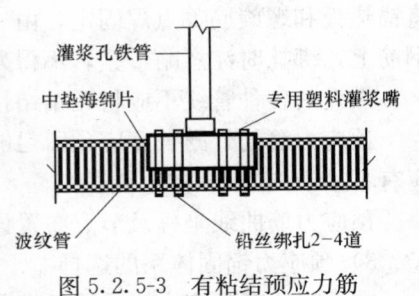

图5.2.5-3　有粘结预应力筋
灌浆孔做法示意图

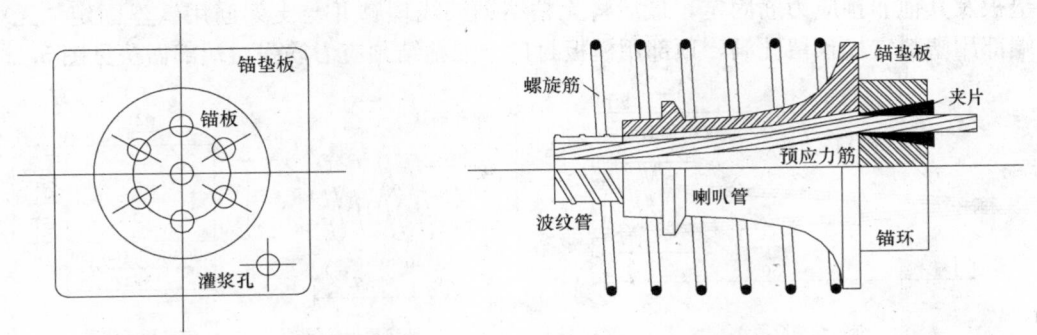

图5.2.5-4　有粘结预应力锚具张拉端做法示意图

图5.2.5-5　有粘结预应力锚具张拉端做法实样图

2. 无粘结预应力筋安装

1）无粘结预应力筋下料

无粘结预应力采用两端张拉，钢绞线的下料与有粘结钢绞线下料基本相同。

2）无粘结预应力筋铺设

材料检查：铺设前应检查预应力筋外套有无破损，如有破损用塑料胶布封裹，封裹应严密、牢固、不漏浆。

铺设方法：先按照预应力筋平面布置位置铺设钢绞线（暂时不固定）；而后铺设空心管，管子固定后再调整预应力筋并绑扎固定。

从一端将无粘结预应力筋逐根穿入，另一端从螺旋筋和承压板孔部位穿出。再安装一端张拉端，将锚垫板和螺旋筋等点焊固定，由一端向另一端整理平顺不扭绞并依次将无粘结预应力筋绑扎在定位钢筋上，绑扎时注意略带紧，不得死扎凹陷，以免增大张拉预应力筋的摩阻力。

敷设的各种管线不应将无粘结预应力筋的位置改动。

预应力筋的外露长度应预留足够，无粘结预应力筋的末端应与锚垫板相垂直，锚垫板后预应力筋应有不小于 300mm 的直线段。

预应力筋曲线坐标及节点布置详图等，施工中应准确放样，经有关单位确认后方可施工。

3）预应力锚固体系的选择

本工程所有预应力均采用两端张拉，张拉端锚固体系由锚环、夹片、承压板、螺旋筋或网片筋等组成。

4）预应力锚固安装

锚垫板安装时按施工图纸尺寸定位，并用短钢筋架立与非预应力筋电焊固定，螺旋筋紧贴锚垫板后，并与垫板及其他非预应力筋固定，最后将无粘结钢绞线理顺并与支架筋用铁丝固定。无粘结预应力筋张拉端部用塑料穴模预留孔洞，顶部用模板封口。无粘结预应力筋张拉端部做法见图 5.2.5-6。

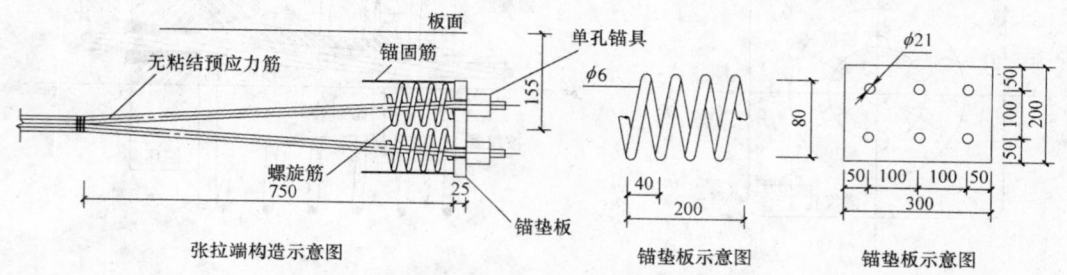

图 5.2.5-6　无粘结预应力筋张拉端部做法示意图

5.2.6　薄壁空心管的施工

薄壁空心管的验收、堆放及吊运

1. 薄壁空心管的排管图翻样

薄壁空心管施工前，必须根据设计图纸中每块楼板的平面尺寸、施工缝位置、预留预埋、薄壁空心管的排布方向和生产厂家生产的薄壁空心管标准长度，进行排管设计，每层绘制一张薄壁空心管排管图。然后，依据排管图提出薄壁空心管加工计划。委托薄壁空心管生产厂家进行加工（非标准长度的薄壁空心管要单独定做）。

2. 薄壁空心管的堆放与吊运

在薄壁空心管运至施工现场后，作业人员根据薄壁空心管长度分别堆放，以便于管理和使用。薄壁空心管储存、搬运时必须水平放置，严禁立放，以免管端被损坏。否则在浇筑混凝土时，混凝土流入管内，不但浪费材料、增加自重，而且改变设计构造。

应尽可能避免或减少薄壁空心管到场后的临时堆放与二次搬运。薄壁空心管应按规格型号分类平卧叠层堆放，沿管段长度方向的两外侧应用木枋垫楔限位，以防其滚滑，叠堆两端头应各留有不少于800mm 宽的通道。薄壁空心管在施工现场的叠放层数应符合表 5.2.6 的规定。薄壁空心管叠堆后应作储放标识，并应明显警示禁止人员攀爬管堆，严禁用缆绳直接绑扎薄壁空心管进行吊运。

薄壁空心管现场叠放允许高度一览表　　　　　　　　　　　　　　　　　　　　　表 5.2.6

薄壁空心管径(mm)	≤200	200～300	300～400	＞400
容许叠层	≤8	≤6	≤4	≤3

3. 薄壁空心管安装

当完成楼板下排钢筋及肋间钢筋施工后即可逐条逐块进行薄壁空心管的安装。

4. 薄壁空心管的调整、固定

薄壁管被吊至安装楼层排放前须对其外观完好情况作逐根检查。对管壁及管端堵头破损不超过所规定标准，而有可能漏入混凝土物料者，均需进行封补、填塞，然后方可入模。缺损严重超标者不得使用。

同一排薄壁空心管安放必须保持顺直，要拉通线调整，两排管之间间距要符合设计要求。在浇筑混凝土时，由于薄壁空心管自重轻，会产生较大浮力，所以必须做好薄壁空心管的固定，否则会造成管上浮，把楼板上排钢筋顶起，发生质量事故。空心管固定方法见图 5.2.6 所示。

薄壁空心管一般采用双层固定法进行抗浮安装，即在板底钢筋绑扎完成后，首先利用电钻在胶合板上钻孔，再用铅丝将该部分钢筋与模板及支撑系统固定，铅丝应连接在模板下的钢管支撑上，铅丝一定要拉直拉紧，以便有效抵抗上浮力，避免产生向上位移。绑扎密度每平方米不少于 3～4 个点，在空心管摆放到位后，再用铅丝将管子绑牢在下层钢筋

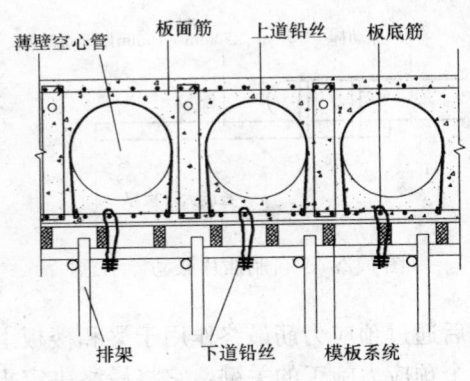

图 5.2.6　空心管固定方法示意图

上。所用铅丝的直径、数量应通过经验公式计算确定。固定薄壁管施工过程中，应在管顶随铺垫木板作保护，不容许直接踩踏薄壁管。调整对线，保证薄壁管之间及管与暗梁、墙、柱之间的间距符合设计要求，并将管垫至设计标高。抗浮固定应根据薄壁管径等条件，在施工方案中作具体计算设定。抗浮固定必须牢固可靠，不得利用空心楼盖内钢筋作抗浮用。

5. 薄壁空心管施工注意事项

1) 薄壁管下的预留水电线管盒应按线预埋，为减少其对楼盖断面的削弱，管线盒宜尽可能布置在管间肋位置。与薄壁管相交的埋管宜采用钢管，预埋管交叉点应布置在管间肋处。竖向穿板管且先预埋套管。必要时预埋管线部薄壁管可断开或在薄壁管管身锯缺口并堵填，让出管线位置。放线排布薄壁管时，如设计未作要求，宜将其与最靠近的梁、墙钢筋的净间距调为 50～70mm，与预留孔洞的净间距调为 50mm。

2) 薄壁空心管的固定钢筋焊接一定要牢固，防止浇筑混凝土时管子上浮。

3) 薄壁空心管的固定铅丝形状为"∩"，施工时严禁做成"∧"状，以免影响预应力筋的坐标位置；同时考虑到铅丝在浮力作用下会被拉伸，从而使空心管产生少量上浮。空心管和下层钢筋绑在了一起，空心管上浮会影响钢筋的保护层。所以施工时需预留空心管和下层钢筋的上浮量，以抵消不可避免的小量上浮所带来的尺寸偏差。

4) 薄壁空心管的布置一定要按施工图的规定留出直线空隙，保证预应力筋沿管缝直线布置。

5) 混凝土振捣时严禁振动棒振击空心管，防止破坏，如不慎受损后，必须及时封堵处理。可采用专用胶带进行封补、填塞，孔洞较大的可在孔内塞入塑料布、水泥包装袋等对钢筋、混凝土无害的材料，外表面再进行封补。

5.2.7 薄壁空心管空心楼板混凝土浇筑

1. 钢筋及预应力隐蔽验收、薄壁空心管固定验收合格后，方可浇筑混凝土。混凝土采用预拌泵送混凝土，坍落度为 160mm 左右。当楼层无法使用汽车泵而需采用混凝土布料机浇筑时，混凝土泵管支架须放置在胶合板或其他材料的垫板上，严禁直接放置在薄壁空心管上，以免刺破薄壁空心管。

2. 混凝土施工时，先浇筑梁部位，后浇筑板部位。每块板的混凝土要分两步浇筑完成。首先，将每块板的全部薄壁空心管肋部混凝土下料至 2/3 高，使用插入式混凝土振捣棒仔细振捣，振捣间距为 300mm。所有肋部都必须按规定间距振捣，不得漏振，将空心管下空气全部排除干净，使管下混凝土振捣密实。所有肋部混凝土浇筑振捣完后，即可将剩余板厚的混凝土浇筑到设计标高，并对肋部混凝

上进行两次振捣，最后使用混凝土平板振捣器振捣板面混凝土。使用振捣棒振捣时，对同一部位连续振捣时间不得超过3min，以免损坏薄壁空心管。

3. 在板面混凝土振捣完成2h后，对楼板进行找平、抹压、拉毛。对留在楼板下的拉接铁丝，在底模拆除后，用角磨机沿板底割除，板底几乎看不出铁丝痕迹，混凝土观感质量好。

4. 施工缝（后浇带）的留设：对平行于薄壁空心管部位的施工缝，应留设在肋部；对垂直于薄壁空心管部位的施工缝，应根据薄壁空心管排版图把施工缝留设在管端都。施工缝部位不允许出现薄壁空心管外露的现象，以避免薄壁空心管被损坏，影响施工质量。

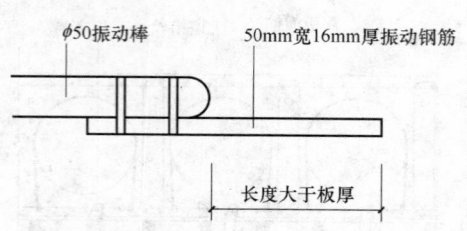

图5.2.7　自制插片振动棒示意

5. 混凝土浇筑时暗梁处可采用普通振动棒振捣，其余可采用30mm的小直径振捣棒或改装的插片振动器进行混凝土振捣，见图5.2.7。

5.2.8　预应力张拉

预应力筋张拉是通过张拉机械将力作用于预应力筋上，然后通过预应力筋最终作用于梁和楼板上，从而在梁和楼板中建立起预应力。因此，预应力筋张拉是整个预应力施工的关键，它将最终决定板中预应力值的大小。因此，施工时务必精心施工，确保工程质量。

1. 张拉设备准备

张拉设备有油泵、千斤顶及配套的限位器、变角器等。张拉前应将油表、千斤顶配套标定，其标定状态应与工作状态一致，压力表直径不宜小于150mm，其精度不应低于1.5级；标定张拉设备用试验机或测力计的精度不得低于2%。

2. 张拉端清理

在浇筑混凝土后一定时间，混凝土达到能拆端模的强度，先拆除张拉端部模板，派人清理端部，对无粘结预应力筋剥去锚垫板外的塑料套管。逐根检查张拉端是否符合要求，锚垫板上与锚环接触部位的混凝土是否清理干净等，并检查锚垫板后混凝土质量，如有空洞现象应在张拉前修补，然后安装锚具。

3. 张拉顺序

一般先张拉板，后张拉梁；先张拉中间施工段，后张拉两边施工段；当为双向无粘结预应力时应先短向，后长向。当预应力数量较多时，施工时应采取2套以上张拉设备，按照平面情况对称原则进行张拉。对于两端张拉的预应力筋，可以采用对称同步张拉，也可采用一端张拉一端补拉的形式。

4. 张拉程序

根据工程的不同特点和特殊性，对张拉这一关键施工环节，在施工过程中应及时与设计单位进行沟通、探讨，必要时应进行相关测试。以便最后确定预应力张拉方法。预应力张拉时还必须进行局部张拉反拱测量，以避免出现反拱。

5. 预应力张拉数据

张拉以控制应力为主，并辅以伸长值校核。

张拉控制应力为：

$$\sigma_{con}=0.7f_{ptk}(\text{N/mm}^2) \tag{5.2.8-1}$$

式中　σ_{con}——张拉控制应力值；

f_{ptk}——钢筋强度标准值（N/mm²）；

理论伸长值可按下式分段计算各曲线的伸长值后叠加：

$$\Delta L=\int_0^{L_T}\frac{P_je^{-(Kx+\mu\theta)}}{A_p\cdot E_s}dx=\frac{P_jL_T}{A_p\cdot E_s}\cdot\frac{1-e^{KL_T+\mu\theta}}{KL_T+\mu\theta} \tag{5.2.8-2}$$

式中　K——考虑孔道（每米）局部偏差的摩擦系数；0.0030/0.0040（有/无粘结）；

L_T——从张拉端至计算截面的孔道长度；

P_j——预应力筋的张拉力（kN）；

A_p——预应力筋的截面面积（mm²）；

E_s——预应力筋的弹性模量（N/mm²）；

μ——预应力筋与孔道壁的摩擦系数；0.30/0.08（有/无粘结）；

θ——从张拉端至计算截面曲线孔道部分切线的夹角。

6．操作要点

1）张拉前安装锚具前必须把端部埋件清理干净，先装好锚板，后逐孔装上夹片。

2）安装张拉设备时，千斤顶张拉力的作用线应与预应力筋末端的切线重合。

3）张拉时，要严格控制进油速度，回油应平稳。

4）张拉过程中，应认真测量预应力筋的伸长，并作好记录。

5）实测伸长值与计算伸长值之差应在$-6\%\sim+6\%$范围内，否则应停止张拉，待查清原因并采取相应措施后方可继续张拉。

6）张拉时采用限位方法来控制锚具回缩量，λ不超过$6\sim8$mm。

7．孔道灌浆及端部封堵

1）在确认张拉无误后，应尽快对有粘结预留孔道进行灌浆，并对端部多余钢绞线切割处理，锚具夹片外钢绞线外露量不小于30mm，对预应力外露锚具进行封堵处理。

2）孔道灌浆应注意事项

预应力孔道灌浆前，应保证孔道通顺、湿润；灌浆应采用不低于32.5级的水泥，水灰比0.4～0.45，3h的泌水率为2%，稠度为14～18s，不得掺入含氯化物等对预应力筋有腐蚀作用的外加剂；水泥浆应搅拌均匀，在梁端灌浆孔采用压力灌注，在进入灌浆泵前浆需过筛，压力宜控制在0.6MPa左右30s，灌浆应缓慢连续进行，不得中断。灌满孔道后，待泌水管排净空气、喷出浓浆后堵塞泌水管，并持压片刻；灌浆后还应持续对补浆孔进行人工补浆，排出泌水，直至浆面不下降为止；灌浆的同时应留设一组水泥浆试块，养护28d留作竣工资料。

3）锚具封堵

张拉灌浆结束后应及时将多余钢绞线切掉，锚具封头为同标号细石混凝土，封锚节点应根据设计蓝图确定。

5.2.9 劳动组织

双向不同预应力现浇混凝土空心楼盖施工属多工种作业，涉及放线工、模板工、钢筋工、水电工、薄壁管安装工、预应力工、混凝土工等，根据工作量的大小，各操作界面需要相应的人员进行流水施工，且宜保证操作的连续性。劳动力组织见表5.2.9。

劳动力组织概况表　　　　　　　　　　　　　　　表5.2.9

序　号	工作项目	工　种	人　数	阶　段
1	测量放线	放线工	5	准备阶段
2	模板支撑	模板工	60	主要施工阶段
3	钢筋绑扎	钢筋工	50	
4	电管预埋、套管预留	水电工	20	
5	薄壁管安装、固定	薄壁管安装工	12	
6	预应力筋预埋	预应力工	15	
7	混凝土浇筑	混凝土工	40	
8	预应力张拉	预应力工	10	张拉施工阶段

6. 材料与设备

6.1 结构模板

模板板材选用高强度本松胶合模板，方木选用 40mm×90mm 落叶松方木，支撑系统采用 φ48×3.0 钢管扣件系统。

6.2 结构钢筋

1. 材料应符合国家有关标准要求，钢筋进场应有出厂质量证明书或试验报告单，钢筋表面或每捆（盘）钢筋应有标志。钢筋进场时，应按炉罐（批）号及钢筋直径分批检验。依据规范要求，同炉罐号、同规格、同直径的钢筋每 60t 为一检验批量；如果一次进场钢筋不足一个批量，也应作一个批量进行检验。

2. 外观检查：钢筋进场时应随机抽样进行外观检查，钢筋的表面不能有裂纹，结疤及带有颗粒状或片状老锈，会影响到钢筋在混凝土中的握裹力，所以此类钢筋不能在工程中使用。

3. 钢筋的检验：进场钢筋在外观检查合格后，必须进行其力学性能检验。在一批钢筋中采用随机方法取出两根钢筋，先切除端部，然后在每根钢筋上截取两个试件进行拉伸和冷弯试验。当试验结果中有一项不合格时，应再从同一批钢筋中取双倍数量的试件，重新作力学性能试验。如果试验结果全部合格，则该批钢筋叛定为合格；如仍有一个试件不合格，则该批量钢筋应被判定为不合格钢材，应立即清除出场，以免错用给工程造成隐患。

6.3 薄壁空心管

薄壁空心管到场后应进行检验，检验项目包括：

1. 批量、规格；

2. 材料出厂合格证；

3. 填写验收记录点验结果以批为单位，做好记录，并与出厂合格证一并归档保存，作为质量追溯的依据；

4. 薄壁空心管材料要求详见表 6.3-1、表 6.3-2、表 6.3-3。

薄壁空心管尺寸允许偏差一览表　　　　　　　　　　　　　　　　表 6.3-1

项 目	允 许 偏 差	项 目	允 许 偏 差
长 度	±15mm	壁 厚	±2mm
直 径	±8mm	堵头平整度	±8mm

薄壁空心管物理力学性能要求一览表　　　　　　　　　　　　　　表 6.3-2

项 目	性 能 要 求	项 目	性 能 要 求
线密长度 kg/m	≤15.0	饱水(24h)抗压线荷载 kN/m	≥0.75
吸水率%	≤12.0	抗振动冲击	插入或振动器靠管振动 1min 不裂缝
抗压线荷载 kN/m	≥1.0 静载不破裂		

薄壁空心管外观质量要求一览表　　　　　　　　　　　　　　　　表 6.3-3

项 目	指 标	项 目	指 标
飞边、毛刺、贯通裂纹、堵头裂纹	无	蜂窝气孔直径不大于 5～30mm 深度 2～3mm	不多于 3 处
管壁、堵头穿孔	无		

6.4 预应力材料

预应力钢绞线截面尺寸及力学性能应满足表 6.4 要求。

钢绞线截面特征及力学性能表

表 6.4

抗拉强度 (N/mm²)	公称直径 (mm)	公称面称 (mm²)	最小破坏荷载(kN)	1%伸长时最小荷载(kN)	最小延伸率 (%)	1000H 最大松弛率	
						70%F	80%F
1860	15.2	140	260.7	234.6	3.5	2.5	3.5

6.4.1 预应力钢材的检验

钢绞线出厂时应有质量证明书，每盘上应挂有标牌，进场时应按下列规定检验：

1. 外观检查

应在使用过程中逐盘进行，其钢绞线表面不得有裂纹和机械损伤，允许有轻微的浮锈，但不得有明显的麻坑。外包层完好，油脂饱满。

2. 力学性能试验

从每批中任取 3 盘的钢绞线各取一个试样进行拉伸试验，要求抗拉强度 $f_{ptk} \geqslant$ 设计值（一般为 1860N/mm²），延伸率 $\delta \geqslant 3.5\%$。如有一项试验结果不符合标准要求，则该批钢绞线为不合格品，应加倍取样复检，如仍有一项不合格，则该批钢绞线判为不合格品或逐盘检验，取用合格品。

6.4.2 预应力锚具的进场验收

预应力锚具进场时必须具有生产厂家的产品出厂证明或质量保证书，并经有资质的检测机构，按照国家标准《混凝土结构工程施工及验收规范》GB 50204—2002 及《预应力筋用锚具、夹具和连接器》GB/T 14370—2000 要求进行检测，合格后方可使用。

1. 外观检查

使用过程中应逐个检查夹片有无裂纹及齿形有无异样，不合格品不得使用。

2. 硬度检查

3. 锚固性能检查

组装件静载锚固性能试验，由厂家提供试验报告。如较为重要的工程，除所有锚具各项性能均应达到规定要求，且应达到 I 类锚具要求，即 $\eta_a \geqslant 0.95$，$\varepsilon_u \geqslant 2.0\%$。预应力夹片锚具在张拉端的内缩量按照规范要求应不超出 6~8mm。

6.5 混凝土材料

所使用的混凝土坍落度宜为 160mm 左右，坍落度不宜过大，否则浇筑过程中将增加混凝土对薄壁管的浮力，石子粒径为 5~31mm，砂为中砂。

6.6 主要机具

电钻、钢筋钩子、活络扳手、锤子、砂轮机、手持切割机、油泵、千斤顶、交流点焊机、磨光机、拐角器、灰浆泵、振动棒等。

7. 质 量 要 求

本工法执行的有关标准和规范有：

《建筑工程施工质量验收统一标准》GB 50300—2001；

《混凝土结构工程施工质量验收规范》GB 50204—2002；

《无粘结预应力混凝土结构技术规程》JGJ/T 92；

《预应力混凝土用钢绞线》GB/T 5224；

《无粘结预应力筋专用防腐润滑脂》JG 3007；

《预应力筋用锚具、夹具和连接器》GB/T 14370；

《预应力混凝土用金属螺旋管》JG/T 3013；

《现浇混凝土空心楼板结构技术规程》CES 175：2004。

7.1 保证项目

本工艺中所使用的钢筋、钢管、薄壁空心管、预应力钢绞线、预应力锚具等各种材料的各项技术指标必须满足有关标准所规定的要求。

1. 无粘结预应力筋的涂包质量应符合无粘结预应力铜铰线标准的规定。

2. 预应力筋进场时，应按现行国家标准《预应力混凝土用钢绞线》GB/T 5224 等的规定抽取试件作力学性能检验，其质量必须符合有关标准的规定。

3. 预应力筋用锚具、夹具和连接器应按设计要求采用，其性能应符合现行国家标准《预应力筋用锚具、夹具和连接器》GB/T 14370 等的规定。

4. 孔道灌浆用水泥应采用普通硅酸盐水泥，其质量应符合规定。孔道灌浆用外加剂的质量应符合规定。

检查方法：检查产品合格证，原材料复试，现场抽样检测。

7.2 基本项目

节点构造、薄壁空心管位置、预应力筋曲线位置，应全部符合设计要求。

7.2.1 预应力筋使用前应进行外观检查，其质量应符合下列要求：

1. 有枯结预应力筋展开后应平顺。不得有弯折，表面不应有裂纹、小刺、机械损伤、氧化铁皮和油污等；

2. 无粘结预应力筋护套应光滑、无裂缝、无明显榴皱；

3. 预应力筋用锚具、夹具和连接器使用前应进行外观检查，其表面应无污物、锈蚀、机械损伤和裂纹；

4. 应力混凝土用金属螺旋管的尺寸和性能应符合国家现行标准《预应力混凝土用金属螺旋管》GB/T 3013 的规定，预应力混凝土用金属螺旋管在使用前应进行外观检查，其内外表面应清洁，无锈蚀，不应有油污、孔洞和不规则的格皱，咬口不应有开裂或脱扣。

检查方法：观察检查。

7.2.2 薄壁空心管固定应牢固，无破损；外层板接缝应填塞密实，不应出现干缩裂缝。

检查方法：观察检查。

7.3 允许偏差项目

双向不同预应力现浇空心楼板安装质量验收要求详见表 7.3。

双向不同预应力现浇空心楼板安装质量验收要求　　　　　　　　　　　　　　　　　　表 7.3

薄壁空心管		
检 测 内 容	允许偏差值（mm）	检测工具
薄壁空心管长度	0～－20	钢尺
薄壁空心管外径	±3	钢尺
薄壁空心管端面垂直度	5	钢尺
薄壁空心管平直度（侧弯曲）	5	钢尺
薄壁空心管不圆度	5	钢尺
径向抗压荷载	≥1000N	堆载、磅秤
安装位置和定位措施	±10	钢尺
区格中内模的整体顺直度	3/1000 且不应大于 15mm	钢尺
区格板周边和柱周围楼板实心部分的尺寸	应满足设计要求；±10	钢尺
预应力		
检测内容	允许偏差值（mm）	检测工具
截面高（厚）度（m） $H \leqslant 300$	±5	钢尺
截面高（厚）度（m） $300 < H \leqslant 1500$	±10	钢尺
截面高（厚）度（m） $H > 1500$	±15	钢尺

预应力		
检测内容	允许偏差值(mm)	检测工具
锥塞式锚具	5	钢尺
后张法预应力筋锚固后的外露部分宜采用机械方法切割,其外露长度要求	不宜小于预应力筋直径的1.5倍,且≥30mm	钢尺
灌浆用水泥浆的水灰比	≤0.45	
搅拌后3h泌水率,且不应大于3%	≤2%	
应能在24h内泌水性	全部重新被水泥浆吸收	
灌浆用水泥浆的抗压强度	≥30N/mm²	留试件

8. 安 全 措 施

8.1 参加施工作业的人员,必须遵守安全生产纪律,佩带工作证并正确戴好安全帽进入施工现场,在作业中严格遵守安全技术操作规程的有关规定,安全上岗,不违章作业,不擅离工作岗位,不乱串工作岗位,严禁酒后作业,并按规定穿衣着鞋,正确使用、保管个人安全防护用品。

8.2 立体交叉作业时,各专业工种,要礼貌用语,互相谦让,发生矛盾及时反映及协调,教育工人遵守规章制度。施工过程中使用的移动小型电动工具,必须满足施工临时用电规范规定。

8.3 装卸材料要轻拿稳放,材料放置要整齐有序,便于施工,脚手架上严禁超载堆放,必须满足脚手架设计活载要求。

8.4 预应力筋开盘时,应防止钢绞线弹出伤人;张拉时应有专人统一指挥,张拉期间闲杂人不得围观;操作人员应站在千斤顶两侧工作,沿预应力筋轴线上不得站人,防止预应力筋断裂伤人;锚具与其他机具设备防止高空坠落伤人;张拉用脚手架应牢固可靠,周围应有防护栏杆;现场应有专职的电工负责预应力施工用电;施工时应注意屋面上空的高压线,严禁用钢筋架立电线。张拉时张拉地点上下垂直方向严禁其他工种同时施工。

8.5 要按施工顺序做好技术交底和按图纸施工,不得自作主张,野蛮施工。

9. 环 保 措 施

9.1 施工期间开展创建文明施工活动,降低施工噪声,努力做到施工不扰民。

9.2 施工垃圾严禁随意抛撒造成扬尘,施工现场垃圾要及时清运,清运时适量洒水减少扬尘。

9.3 施工现场设专人管理车辆物料运输,车辆驶出现场前,将车辆槽帮和车轮冲洗干净,防止带泥土上路和遗撒现象发生。

9.4 施工现场应遵守《建筑施工场界噪声限值》规定的降噪声限值,制定降噪制度。施工现场提倡文明施工,建立健全控制人为噪声的管理制度,尽量减少人为大声喧哗,以增强全体施工人员的自学意识,保证达到规定的噪声限值。

9.5 严格控制作业的时间,晚间作业按规定办理夜间施工证。并应尽量采取降噪措施。牵扯到强噪声的加工作业,应尽量放在工厂完成,减少因施工现场加工制作产生的噪声。

9.6 在施工过程中应尽量选用低噪声或备有消声降噪的施工机械,以减小噪声污染。加强现场环境噪声的长期监测,采取专人监测,专人管理的原则,凡超过噪声限值规定的,要及时对施工现场噪声超标的有关因素进行调整。

9.7 施工过程中多余的薄壁空心管应分类归堆装袋,回收或处理。

9.8　液压千斤顶和油泵要防止液压油外漏，污染环境。

10. 效 益 分 析

双向不同预应力现浇混凝土空心楼盖结构施工工艺在同跨度、同净空高度的条件下，较一般实心混凝土楼盖能有效减少土方开挖量、降低单位面积的耗钢量、减少混凝土用量，节约了自然资源和高能耗产品的消耗；间接的起到了促进环保的目的。同时通过预埋薄壁空心管，楼板内形成不对流的空气隔热层，隔断了室内外不同温度的相互影响，具有建筑节能的效果；从而产生更大的经济效益和社会效益。

11. 工 程 实 例

11.1　苏州科技大厦工程南广场地下室顶板双向不同预应力现浇混凝土空心楼板施工

11.1.1　工程概况

苏州科技大厦工程南广场地下汽车库设计为现浇钢筋混凝土框架结构体系，共地下 2 层，地下一层层高为 5.050m，二层层高为 3.850m。地下室顶板厚度为 250mm，板面标高为−1.60m。轴线（F3）～（F12）/（FA）～（FN）之间的地下室顶板为现浇预应力空心板 $h=650mm$。设计沿 FD、FG、FK 布置了截面为 900mm×1400mm 的三根有粘结预应力大梁，预应力大梁两侧 3m 范围混凝土采用 C50，其余均为 C40 混凝土；沿数字轴线方向布置了 φ450GBF 管并在管间设置了无粘结预应力钢绞线。结构平面布置详见图 11.1.1。

11.1.2　施工情况

1. 我们从模板排架设计开始将各专业人员集中起来共同研究设计图纸，并排出了工艺流程图，成立了 QC 小组，落实各专业人员职责到人，认真编制施工方案，提交专家评审并根据专家意见进行修改。

2. 对各操作人员进行书面和现场的技术交底工作，强调各专业、各工序的不同插入点和插入时间，绝对禁止无序的蛮干，以杜绝因各专业的配合不协调而影响施工质量和进度。

3. 严格实行工序的"三控制要求"，认真进行自检、互检、交接检。现场技术员、质量员要严把质量关，认真进行专职检。

4. 在整个施工过程中间我们重点监控了无梁楼盖的排架规范搭设、平板模板的支撑平整度控制、钢筋绑扎的先后次序、GBF 管的安装质量和抗浮加固、预应力穿筋和节点构造以及张拉、混凝土浇筑质量等质量控制点，确保了整个工艺的施工科学合理、规范可行、安全可靠。

5. 苏州新区科技大厦工程双向不同预应力现浇混凝土空心楼盖结构共计使用 GBF 空心管 6000 多米，有粘结预应力 11t，无粘结预应力 79t，施工时间 45d（未含预应力张拉），取得了较好的效果，得到设计单位、业主单位和有关各方的认可。

6. 整个双向不同预应力现浇混凝土空心楼盖施工过程及混凝土浇筑前完成情况见图 11.1.2 照片所示。

11.2　结果评价

苏州第一建集团有限公司针对双向不同预应力现浇混凝土空心楼盖设计结构型式，在接到该工程后，即把它列为 2007 年度公司施工工法课题，开展了科研活动，通过调查研究，技术分析，组织专家研讨，在认真编制专项施工方案的基础上，实施过程中进行了 PDCA 循环，攻克了技术难关，形成了双向不同预应力现浇混凝土空心楼盖结构施工工法。该施工工艺将该各工序流程进行有效组合，列出了各工序的主要质量控制点，形成了一套科学合理、规范可行、安全可靠的施工流程，并使施工质量得到有效控制。随着设计对该结构型式的推广，这一施工工艺具有广阔的应用前景。

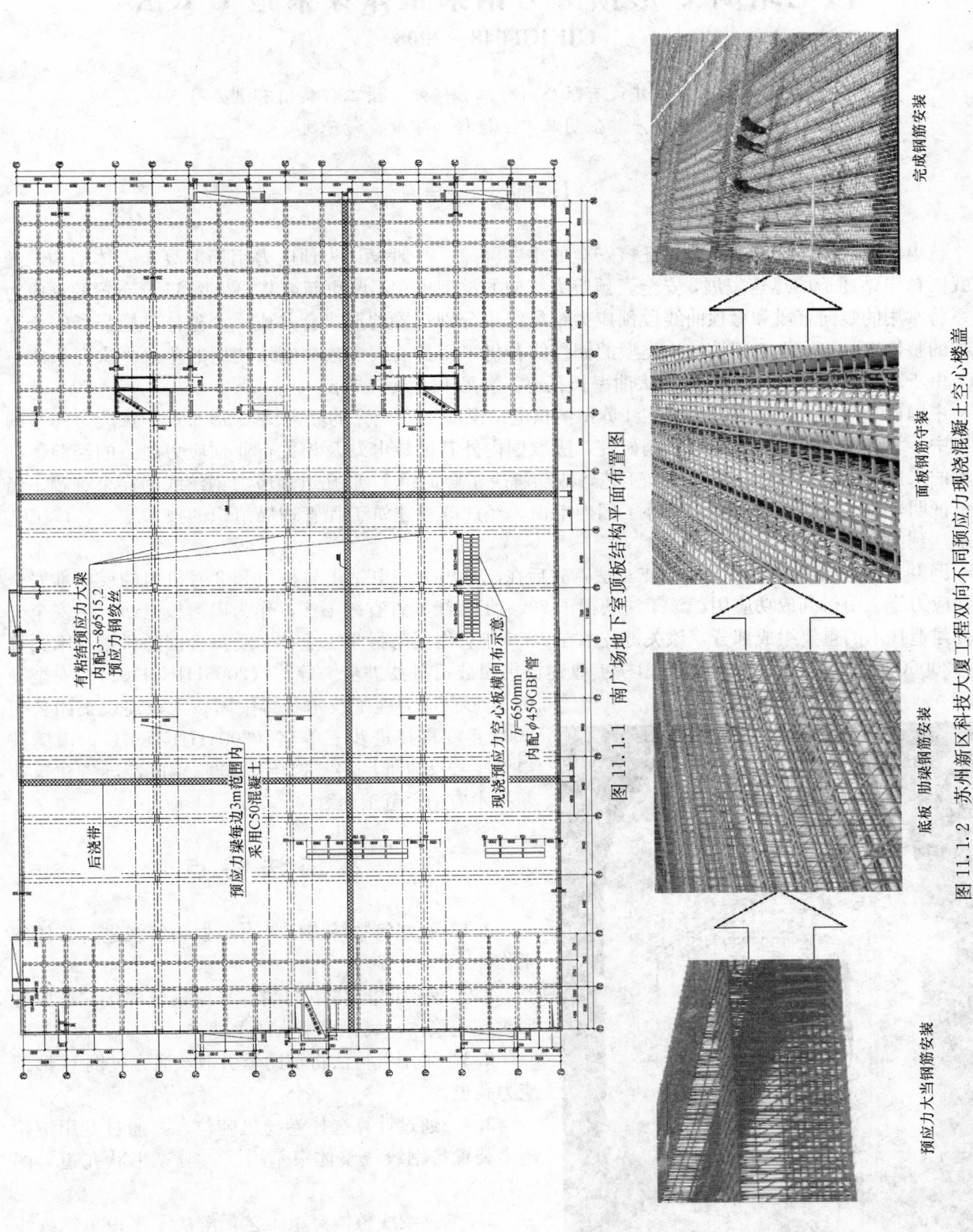

图 11.1.1 南广场地下室顶板结构平面布置图

完成钢筋安装

面板钢筋守装

底板 肋梁钢筋安装

预应力大当钢筋安装

图 11.1.2 苏州新区科技大厦工程双向不同预应力现浇混凝土空心楼盖

核电站倒 U 形预应力钢束整体穿束施工工法

GJEJGF048—2008

中国核工业华兴建设有限公司　江苏华能建设工程集团有限公司

崔正严　张明皋　王德桂　丁健　董德文

1. 前　言

核电站反应堆厂房安全壳是保证核安全的重要屏障，一般设计为预应力钢筋混凝土壳体结构。随着我国核电站建造的迅速发展，安全壳预应力结构的类型也在不断更新，其中呈倒 U 形布置的预应力体系将常用的竖向直段和穹顶曲线段预应力钢绞线束分别布置的形式合并成一个整体，增强了安全壳结构的整体性和安全性，但该结构类型的钢绞线若仍采用目前大多数核电站使用的单根多次穿束的方法，由于无法穿过呈倒 U 形布置的大曲率长孔道，满足不了施工要求。

中国核工业华兴建设有限公司在江苏田湾核电站反应堆安全壳的竖向倒 U 形布置的预应力体系的施工中，与各方专家和技术人员共同研究，吸取国内外其他核电站及相关行业预应力施工的经验，创造性的采用了钢绞线整体穿束的施工工艺，成功解决了竖向倒 U 形孔道预应力钢绞线的穿束难题。经查新证明，该工艺的成功应用，填补了国内空白。经江苏省建筑工程管理局组织的技术鉴定，该工艺技术达到国内领先水平。

倒 U 形预应力钢束整体穿束施工工法，先后在江苏田湾核电站 1 号机组和 2 号机组的反应堆安全壳预应力施工中得到成功应用。该工法获得了 2008 年度江苏省省级工法；作为田湾核电站双层安全壳综合建造技术的重要组成部分，该关键技术在 2005 年获得国防科学工业技术委员会国防科学技术二等奖（2005GFJ2015-1）；2003 年获中国核工业建设集团公司科技进步一等奖（2003HJKJJ102）；安全壳倒 U 形预应力施工技术获得中国核工业建设集团公司 2005 年度科技进步三等奖（2004HJKJJ301）；田湾核电站 1 号反应堆厂房被授予"2004 年度江苏省建筑业新技术应用示范工程"。

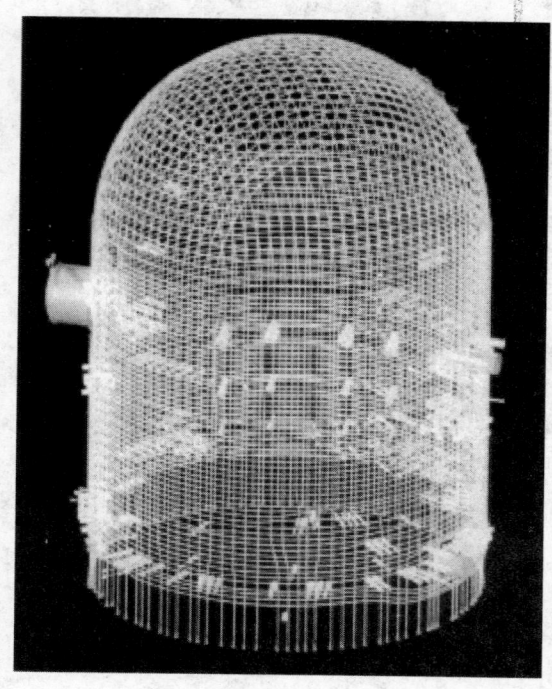

图 2.4　安全壳倒 U 形预应力钢束布置图

2. 工法特点

2.1　在建筑物结构体外对单根钢绞线进行整体编束作业。

2.2　钢绞线整体束的端部采取错开焊接，形成锥形柔性连接体，确保穿束头的柔性。

2.3　采用气梭法将辅助牵引钢丝绳穿过倒 U 形预应力孔道。

2.4　通过计算选择卷扬机吨位，并通过专用滚轮链串装置将钢绞线整体束牵引穿过复杂形状孔道（图 2.4）。

2.5　钢绞线整体穿束工艺，解决了多根单钢绞线在倒 U 形复杂孔道中穿束难题。

2.6　整体穿束工艺，保证了钢绞线在孔道内的顺直和松弛度，减少预应力钢束在张拉时应力的损失，降低了钢绞线之间的应力偏差。

2.7 与单根钢绞线多次穿束工艺相比，具有节约时间、提高工效、满足核电建设节奏不断加快的需求的优点。

3. 适用范围

本工法适用于同类型核电站安全壳预应力钢束施工，同时也为其他领域空间结构相似、形状复杂和长孔道内预应力钢束施工提供参考。

4. 工艺原理

4.1 利用穿束机将钢绞线逐根穿入固定在建筑物结构体外的钢导管中，在导管出口端的焊接平台上整理钢绞线，将钢束端头焊接成整体，形成锥形柔性穿束头。

4.2 将栓有辅助钢丝绳的特制绳梭置入待穿束孔道的一端，利用压缩空气推动绳梭使辅助钢丝绳穿过倒 U 形孔道，然后将辅助钢丝绳与大吨位卷扬机上的主牵引钢丝绳相连，再通过小型卷扬机牵拉辅助钢丝绳使主牵引钢丝绳通过倒 U 形孔道。

4.3 将主牵引钢丝绳与锥形柔性穿束头连接，利用大吨位卷扬机通过专用滚轮链串装置将钢绞线束整体牵引通过倒 U 形孔道。

5. 施工工艺流程及操作要点

5.1 施工工艺流程（图 5.1）

5.2 操作要点

5.2.1 牵引设备选型

牵引钢绞线束的卷扬机型号需通过计算确定，考虑在穿束头到达穹顶最高点处为最不利情况时的牵引力。所需牵引力 F 应大于钢绞线重量和摩擦阻力之和，可按下式计算：

$$F \geqslant W(1+f)k \qquad (5.2.1)$$

式中　F——牵引力；

　　　W——钢绞线总重；

　　　f——摩擦系数，取 0.16～0.19；

　　　k——裕度系数，取 1.1～1.4。

5.2.2 设备机具定位和安装

主要设备机具的布置，应根据穿束工艺对各设备机具的使用要求安装到相应的位置。

5.2.3 编束导管安装、导向滑轮及滑轮组安装、焊接平台安装

1. 编束导管安装

使用薄壁钢管加工编束导管，导管长度、弧度及数量应根据工艺要求确定。

2. 导向滑轮及滑轮组安装

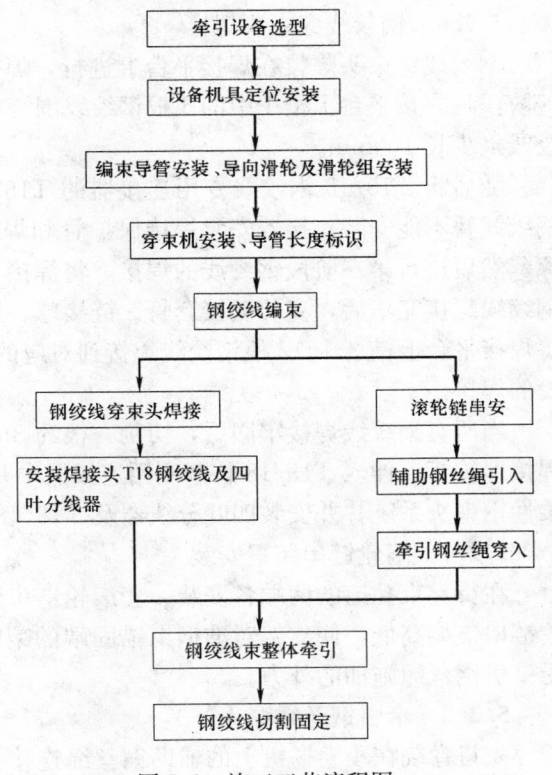

图 5.1　施工工艺流程图

导向滑轮组安装在靠近卷扬机，方向与卷扬机钢丝绳释放方向相同。

3. 焊接平台安装

焊接平台的位置视钢束的长度改变而定，从穿束机处切割位置起开始测量的钢束长度应标注清楚，调整编束导管长度以使焊接平台安装在正确的位置，在入口和出口方向，调节编束套管的标高与焊接平台标高一致。

5.2.4 钢绞线穿束机安装和导管长度标识

钢绞线穿束机安装在预定的位置并固定（图 5.2.4）。解线盘和穿束机之间应安装一段 PN10 聚乙烯套管以保护钢绞线。

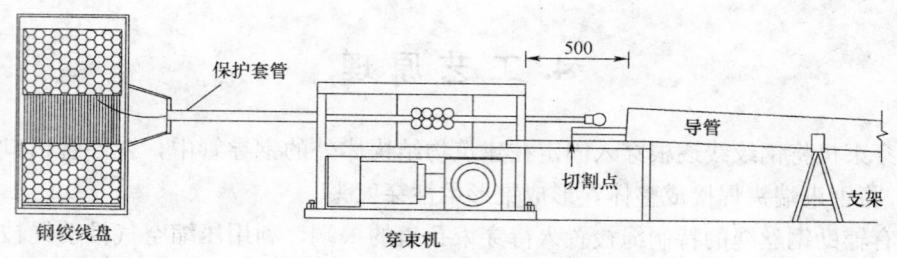

图 5.2.4 穿束机安装布置图

导管安装在廊道内墙上之后，应从钢束切割位置起，在导管上标出距离，这样便于确定钢束的长度。距离应沿着套管中线测量并标记在墙上，可每隔 5m 做一个标记，并在数字下面用箭头来表示穿束方向。穿束位置改变时，应使用不同的颜色重新标记。

5.2.5 钢绞线编束

利用穿束机将待穿钢绞线束的钢绞线逐根穿入编束管道中，每根钢绞线的长度应按照预先标定的计算长度标点进行定位和切割，全束钢绞线逐根穿束完成后，在位于编束管道末端的焊接平台上进行整理，整理时应按照钢绞线单根穿束时在管道末端形成的自然位置关系，逐层将钢绞线置入焊接平台的相应槽中。

5.2.6 钢绞线穿束头焊接

钢绞线穿束头焊接在焊接平台上进行，焊接分为 5 个阶段（以 55 束钢绞线穿束头的焊接为例）。第一阶段将焊接平台上槽 1 中的 6 根钢绞线围绕在一根中心钢绞线上进行焊接，中心钢绞线比外围 6 根钢绞线最少长 100mm。

随后将 T15/18 钢绞线专用连接器的 T15 一端安装在焊接第一阶段的中心钢绞线上，另一端 T18 钢绞线暂不能安装；接着安装焊接保护管和焊接护套，焊接护套与专用连接器之间至少确保有一定间隙；然后进行第二阶段钢绞线的焊接，将焊接平台上槽 2 中的 12 根钢绞线焊接到焊接护套上。当 12 根钢绞线焊接完毕后，安装链接套管、链接球、第二个链接套管和焊接护套；然后进行第三阶段的焊接，将焊接平台上槽 3 中 12 根钢绞线焊接到对应的焊接护套上。按照同样的步骤，进行后面第四、第五阶段的焊接。

当所有钢绞线焊接牢固后，切割一根约 3m 长的 T18 钢绞线并将其一端磨成钝边，并用此端穿过焊接保护管，伸入 T15/18 特制专用连接器中并使用专用工具将其卡紧。然后将焊接保护管拆除，形成柔性钢束头系统，并安装四叶分线器及 T18 专用连接卡具，以连接大吨卷扬机钢丝绳连接头。

5.2.7 滚轮链串装置安装

在待穿束孔道的两端各安装一套滚轮链串装置。滚轮链串装置支架上安装有螺杆千斤顶以调节滚轮链串支架高低，使支架对准钢束锚固端的喇叭口，并与廊道顶板紧密接触，以保证链串组能稳定承受牵引钢丝绳施加的外力。

5.2.8 牵引钢丝绳穿入

先将卷绕在小卷扬机上的辅助钢丝绳连接在橡皮绳梭的尾部，将橡皮绳梭系统置入待穿束孔道中并固定，连接压缩机气管，开动空压机并控制一定压力，橡皮绳梭借助气体压力穿过孔道到达另一端，同时便将辅助钢丝绳牵引出孔道。

将辅助钢丝绳沿滚轮链串和滑轮组穿行，并与卷绕在大吨位卷扬机上的牵引钢丝绳绳端连接，启动小卷扬机使牵引钢丝绳通过待穿束孔道到达钢绞线束焊接编束头的位置。

5.2.9 钢绞线束整体牵引穿束

在牵引前应确保大吨位卷扬机、两个滚轮链串及焊接平台等处操作人员的通讯联络设备的畅通，并对穿束头、滚轮链串、大吨位卷扬机、牵引钢丝绳、滑轮组和所有导管进行检查。确认无误后将牵引钢丝绳与编好的锥形柔性钢束头可靠连接在一起，启动大吨位卷扬机并缓慢提升拉力，当钢束头已抬起并向前移动 1m 时，停止牵引，检查钢束头与机具设备及各接头处的连接是否牢固正常，如无滑动现象则可在低速状态下继续牵引钢绞线束进入导管。

在牵引钢束通过孔道过程中，采用专用润滑剂润滑钢束，以减小摩擦，确保钢束牵引顺利流畅。当穿束头到达滚轮链串时，监测其通过喇叭口和灌浆连接件的情况，若正常通过后则可增大卷扬机牵引速度；当钢绞线在出口端出现时，应降低卷扬机速度且时刻注意两端钢绞线长度，检查最短一根钢绞线是否到达规定的预留长度位置，当两端钢绞线长度符合设计要求时停止牵引。

拆除 T18 专用连接卡具和滚轮链串，在标识处切割钢绞线束，并按工艺要求的方法将整束钢绞线进行固定。

6. 材料与设备

6.1 主要材料

本工法的主要材料性能和质量必须满足设计要求，主要材料的规格见表6.1。

主要材料规格表　　　　　　　　　　　表 6.1

序　号	项　目	规　格	备　注
1	钢绞线	标定直径：15.7mm 断面面积：150±3mm²	钢绞线技术参数和设计要求一致
		每米质量：1.17kg/m	
2	薄壁钢管	φ165×2.9	

6.2 机具设备

本工法采用的主要机具设备见表6.2。

主要机具设备表　　　　　　　　　　　表 6.2

序号	设备名称	型号	单位	数量	备　注
1	双速穿束机	MP2V	台	2	带有导管固定支架
2	解线盘		台	6	自制
3	大吨位卷扬机	20t(按计算定)	台	1	300m 钢丝绳
4	小卷扬机	2t(按计算定)	台	1	300m 钢丝绳
5	直流焊机	ZX300	台	2	
6	钢束穿束头焊接台		台	1	自制
7	空压机	10m³	台	1	
8	绳梭发射装置		套	1	自制
9	钢束穿束头组件		组	按需要	每组包括：绞接部件、T18 钢绞线接头、T18 钢绞线、中心定位器、焊接护套、球接头、T15/18 接头、焊接保护管
10	滚轮链串装置		套	2	自制
11	钢丝绳导向滑轮组		套	1	自制

7. 质 量 控 制

7.1 质量控制标准

7.1.1 工程施工必须遵照《核电厂质量保证安全规定》HAFOO3 的要求进行施工质量的控制。

7.1.2 钢绞线除按设计要求的指标外，还要按《预应力混凝土用钢绞线》GB/T 5224 要求进行检验。

7.1.3 钢绞线和钢构件的焊接，须满足《建筑钢结构焊接技术规程》JGJ 81 的相关要求。

7.1.4 本工法专项控制要求：

1. 穿束位置准确，穿束顺序符合设计要求；

2. 钢绞线焊接时，中间钢绞线长度大于外围钢绞线；

3. 两根钢绞线之间焊接长度满足相应的设计要求；

4. 焊接护套和专用连接器应保证一定间距；

5. 钢绞线束露出锚固端喇叭口的长度应符合设计要求。

7.2 质量控制技术措施

7.2.1 编制施工质量计划，严格按照质量计划进行控制。

7.2.2 钢绞线供应商必须经过评审合格方可供货，材料质量和性能等均须满足设计要求。

7.2.3 材料进场时，对材料的型号、规格、质量指标、包装等进行检查验收，对于需要进行现场试验检测的材料，应进行复检，不合格的材料不得使用。材料储存要按相应的工作程序执行。

7.2.4 计量器具精度必须满足设计规定的等级，且按照相应要求进行定期校验和检查；机具设备严格按照程序和设备操作说明书使用。

7.2.5 从事预应力施工人员都需经过专业技术培训，考核合格后方可上岗作业。焊工必须经过培训合格并持证上岗。

7.2.6 对作业人员进行相应操作的安全技术交底和指导，以保证操作人员熟练掌握工艺流程和操作方法。施工中严格遵守工作程序规定。

7.2.7 用穿束机逐根将钢绞线穿入编束管时，应控制好钢绞线穿入时的长度尺寸，在编束前认真复核孔道长度。

7.2.8 在钢绞线束的穿入端安装滚轮链串，保证钢绞线束能过渡平缓，采取润滑措施减少穿束时的额外阻力，避免钢绞线束受损伤。

7.2.9 大吨位卷扬机、定向轮采用专用锚固件固定，每完成一束钢绞线的穿束工作后，重新检查锚固件固定螺栓是否有松动现象，如有必须进行加固。

8. 安 全 措 施

8.1 认真执行国家有关安全生产的法律法规和公司相关安全管理程序的要求。

8.2 施工操作人员必须经过三级安全教育方可上岗，施工前做好安全交底和危害辨识工作。

8.3 进入现场的人员必须佩戴好相应的安全防护用品。

8.4 根据预应力施工的特点，编制专项安全防护措施，施工中严格执行。

8.5 对操作人员定期进行身体检查，不符合高空作业要求者不得登高作业。

8.6 钢绞线穿束施工时，应设置安全防护区，并派专人看护，严禁无关人员进入施工区内。

8.7 卷扬机、穿束机等专用机具设备，必须有专人负责保管，定期检查、维护，保证机具设备的安全可靠，严格按安全操作规程操作，严禁违章作业。

8.8 施工时，要保证通讯畅通，统一指挥。

8.9 钢束进出口端 5m 范围内，非操作人员不得进入或通行，操作人员应站在滚轮链串装置侧后方。

8.10 采用压缩空气穿橡皮绳梭时，要在管道的另一侧用钢丝笼接收绳梭，压缩空气排出前，管道出口一侧不得站人。

8.11 橡皮绳梭在出口端堵塞时，不能用增加气体压力的方法将其推出，应用专用工具将其拖出。

8.12 穿束作业前要认真检查穿束头焊接是否良好，各连接处是否连接牢固。

8.13 待穿束孔道两端滚轮链串组应严格按照规定的位置和方向进行安装，并与廊道的顶底板紧密接触。

8.14 穿束过程中，发现设备故障、通讯中断或其他原因不能正常作业时，应立即停止穿束，切断设备电源，按操作程序处理完毕后方可进行下一步工作。

8.15 卷扬机使用前要认真检查其固定是否牢固，卷扬机钢丝绳要正确安装在滑轮组中，穿束过程要随时检查钢丝绳的磨损情况，不符合要求时必须立即更换。

8.16 穿束过程中应密切注意卷扬机牵引力的变化，如遇牵引力突然增大的情况，应立即暂停牵引，检查分析原因，在确认无异常卡滞的情况下方可继续牵引。

8.17 所有导管和传动装置要固定牢固，安排专人定期检查。

8.18 钢束穿完后，应立即用专用锚固锁定件进行固定。

8.19 设置通风设备，保证作业环境空气流畅，焊接产生的废气及时排出。

8.20 机具设备使用完后应切断电源，关闭配电箱并上锁。

8.21 现场配备足够的灭火器材，严禁违章动火，禁止吸烟。

9. 环保措施

9.1 严格执行国家和地方关于环保的政策和有关规定，加强对施工人员的环保意识教育，制定相应的环保措施和保护环境的规章制度。

9.2 施工过程中，合理布置施工区域，现场材料、机具设备实行定置化管理，做好标识，保证施工场地整洁、文明。

9.3 机具设备维护时，应将零配件放置在隔油布上，防止漏油污染环境。施工中的机械废油、润滑剂、焊条等进行专门管理与回收。

9.4 钢绞线切割产生的铁屑应及时清理，并集中存放和回收。

9.5 钢束润滑时，应采取覆盖措施防止润滑剂污染结构和设备。

9.6 加强对设备的润滑和维护，减少噪声污染。

9.7 施工产生的废料和垃圾采用垃圾斗收集，定期运到场外指定区域。

9.8 通信工具使用的废旧电池不得随意丢弃，集中回收处理。

9.9 不得在施工区域内进食和乱扔其他杂物。

9.10 每天施工结束后要清理现场，做到文明施工。

10. 效益分析

10.1 本工法的成功开发与应用，不仅解决了倒 U 形预应力钢束的穿束难题，保证了施工质量，同时开创了该技术在核电站施工中的先例，填补了国内空白。通过工程实践，验证了该工艺的可靠性和先进性，为类似工程施工提供了理论依据和实践经验，取得了良好的社会效益。

10.2 该工法具有创新性，且实用性强，可推广应用于其他领域类似空间结构复杂的预应力工程，该工法关键技术的推广，对我国预应力施工技术的发展和提高会起到一定推动作用。

10.3 传统的核电站安全壳竖向预应力钢束均设计为竖向垂直的两段加穹顶一段，共三段，而倒U形钢束虽然增加了穿束的难度，但减少了锚固端数量，减少了施工环节，减少了穿束次数，因此能够节省材料，可以缩短工期10d，节约800工日。

10.4 倒U形钢绞线穿束工艺，减少了施工工序，节约工期的同时还相应地节约了能源，减少了废料的产生，产生了一定的环保效益。

10.5 倒U形钢束整体穿束作业，主要在廊道内部操作，而常规的竖向穿束作业通常在穹顶高空作业，因此本工法可减少高空作业时间，有利于保证安全施工。

11. 应用实例

11.1 江苏田湾核电站1号机组反应堆厂房

江苏田湾核电站是中俄两国在核能领域开展的高科技合作项目，也是我国"九五"计划的重点核电建设工程之一。厂址位于江苏省连云港市。一期工程建设2台单机容量106万千瓦的俄罗斯AES-91型压水堆核电机组，采用国际上成熟的核电技术完成的改进型设计，在安全标准和设计性能上具有起点高、技术先进的特点，年发电量达140亿千瓦时。

田湾核电站反应堆厂房安全壳采用双壳结构，内壳采用预应力钢筋混凝土结构，高50.2m，筒身内径22m，壁厚1.2m，穹顶半径22m，壁厚1m。预应力体系为55C15后张拉体系，钢束呈倒U形布置，结构复杂，施工难度大，技术要求高。1号核岛工程于1999年10月20日正式开工。中国核工业华兴建设有限公司作为核岛工程主承包商，在1号机组反应堆安全壳厂房预应力体系施工中，结合以往施工经验，与中外专家和广大技术人员一起，通过技术攻关，开发出倒U形预应力钢束整体穿束施工工法，解决了壳体结构整体穿束空间结构复杂、施工工序多等工程难点，2002年5月首次在1号机组反应堆厂房的预应力施工中成功开发与应用，整体穿束550t钢绞线，保证了施工质量，各项指标均满足设计要求，受到各方的肯定，降低了工程造价、缩短了工期，保证了施工安全。应用工程见图11.1。

11.2 江苏田湾核电站2号机组反应堆厂房

2003年8月在田湾核电站2号机组反应堆安全壳厂房倒U形钢束整体穿束施工中，本工法通过总结在田湾核电站1号机组施工中的经验和不足，再次成功应用。在2号机组反应堆厂房应用中，穿束550t，工期比1号机组又提前5d，该工法不仅得到进一步验证，其关键技术还得到了进一步完善，效益更加明显。应用工程见图11.2。

图11.1 首次应用本工法的田湾
核电站1号机组反应堆厂房

图11.2 应用该工法的田湾
核电站2号机组反应堆厂房

高层建筑结构转换层叠合施工工法

GJEJGF049—2008

中博建设集团有限公司　江苏中兴建设有限公司

叶启华　王勇

1. 前　言

随着国家经济发展，采用剪力墙结构型式的高层建筑逐渐普及，城市中心地带大量临街建设项目被规划为高层商住综合楼，下部数层作为商铺、上部作为住宅或办公楼使用。根据不同使用功能的需要，一般设计成：下部大跨度框支结构、上部框剪结构，在上下交接处设置结构转换层，将上部竖向荷载传递至下部框架柱。

转换层作为上部结构的基础，其截面一般较大，转换层钢筋混凝土自重较大，自重超过常规结构重量，这种超重结构在未达到设计强度以前，下部结构一般承受不了上部转换层的重量，给模板及支撑体系的施工带来较大的困难。通常的施工方法是搭设数层乃至延伸到结构底板的连续支撑体系，利用下部数层结构及房屋底板和地基的承载能力来分担转换层巨大的自重和施工荷载。但对位于楼层较高，且截面特大的转换层梁，采用连续支撑的施工方法既不经济又占用大量空间。对于特别巨大的结构转换层，可以采用叠合施工工法。

2. 工 法 特 点

2.1 将结构转换层大梁采取二次叠合施工方法，可利用转换层大梁第一次浇筑后形成的结构体系，共同承受整个结构转换层重量及施工荷载，减少荷载向下传递。

2.2 可大幅减少结构转换层施工过程中传递给下部楼层结构的承重荷载，保证下部结构安全。

2.3 可简化结构转换层施工过程中的模板支撑体系，减少周转材料和人工的投入。

2.4 保证上部结构竖向构件插筋位置准确。

2.5 可有效降低结构转换层梁大体积混凝土的温控难度，保证转换层结构质量。

2.6 降低施工成本。

3. 适 用 范 围

适用于高层建筑工程截面高度大于1.5m的高空结构转换层梁的施工。

4. 工 艺 原 理

4.1 根据转换层的结构特点，选取受力构件中和轴部位留置水平施工缝，将转换层梁分解为上、下两个施工部分分段施工形成叠合梁。首先施工下部施工段（第1施工段），待该结构段养护到具备一定强度，能够承担自重及上部施工段（第2施工段）施工荷载后，进行水平施工缝以上结构段混凝土浇筑，由第1施工段结构和支撑体系共同承担结构转换层自重和第2施工段施工荷载，完成整体结构转换层施工。

4.2 叠合梁板施工是利用先前施工的下部施工段和梁板模板支承系统一同承受竖向荷载，并能够有效减少单次施工荷载。

4.3　与整体一次浇筑梁板相比，叠合梁因受到水平施工缝滑移面的影响，其抵抗变形能力虽然相对较差。但水平施工缝摩擦力越大，其受力特性越接近整体现浇梁板。

5. 施工工艺流程及操作要点

5.1　工艺流程

施工准备→搭设支撑架→绑扎框架柱钢筋骨架→封框架柱模板、支设框架梁板底模板→浇筑框架柱混凝土→绑扎框架梁第 1 施工段钢筋骨架及箍筋→管线布设→封框架梁第 1 施工段侧模板→加固支撑架→浇筑第 1 施工段混凝土→第 1 施工段养护、测温→绑扎框架梁第 2 施工段纵筋和后浇段上部钢筋网片→封框支梁第 2 施工段侧模板→上部结构竖向构件插筋→拆除部分支撑架→浇筑第 2 施工段混凝土→第 2 施工段养护、测温→拆模（注：水平施工缝以下为第 1 施工段，水平施工缝以上为第 2 施工段）

5.2　操作要点

5.2.1　施工准备

施工准备包含技术准备、材料机具准备、现场准备几方面。

1. 技术准备

制定结构转换层专项施工方案，详细计算设计模板支撑体系、确定水平施工缝留设部位和第 1 段养护时间。采用结构转换层叠合施工方法报设计单位审核认可。当施工总荷载大于 $10kN/m^2$，或集中线荷载大于 $15kN/m^2$ 时，其方案还需组织专家论证审查。

2. 根据结构转换层专项施工方案，提前安排周转用料、模板紧固件及施工机具设备的进场、验收、存放。

3. 在转换层下层结构楼面上，弹出框架柱等竖向构件边线、框架梁边线，并根据结构转换层专项施工方案，放出支撑体系竖向杆件定位线，作好技术工人配备及各项交底工作，布设安全防护装置。

5.2.2　模板、支撑架

1. 模板、支撑架设计

模板采用通用性强的 18mm 防水胶合板、50mm×100mm 方木以及 φ14 对拉螺杆制作。梁板下支撑搁栅采用 50mm×100mm 方木，支撑架采用 φ48mm×3.5mm 无缝钢管及可调托撑搭设扣件式满堂架。

第 1 施工段浇筑混凝土和第 2 施工段浇筑混凝土两个工况进行设计荷载及组合，见表 5.2.2-1、表 5.2.2-2。验算逐个构件模板、支撑架配件的强度、刚度、稳定性，保证模板、支撑架的安全性能。工况 1 按照现浇混凝土结构进行验算，工况 2 应扣减第 1 施工段构件荷载。

荷载类别及编号　　　　　　　　　　　　　　　　　　　　　　　　表 5.2.2-1

类别	工况 1		工况 2	
	名　称	编号	名　称	编号
恒载	模板结构自重	㊀1	剩余模板结构自重	㊀2
恒载	第 1 施工段混凝土重量	㊁1	整体转换层结构混凝土自重	㊁2
恒载	第 1 施工段钢筋重量	㊂1	整体转换层钢筋重量	㊂2
活载	第 1 施工段人员及设备荷载	㊃1	第 2 施工段人员及设备荷载	㊃2
活载	振捣混凝土时产生的荷载	㊄1	振捣混凝土时产生的荷载	㊄2
恒载	新浇混凝土对模板侧面的压力	㊅1	新浇混凝土对模板侧面的压力	㊅2
活载	倾倒混凝土时产生的荷载	㊆1	倾倒混凝土时产生的荷载	㊆2

高层建筑结构转换层叠合施工工法

荷载组合 表 5.2.2-2

项 次	项 目	荷载组合	
		计算承载能力	验算稳定性
1	工况1模板的底板及支架	㊀1+㊁1+㊂1+㊃1+㊄1	㊀1+㊁1+㊂1
2	工况1框支梁侧模	㊅1+㊆1	㊅1
3	工况2模板的底板及支架	㊀2+㊁2+㊂2+㊃2+㊄2	㊀2+㊁2+㊂2
4	工况2框支梁侧模	㊅2+㊆2	㊅2

框支梁加肋区按支撑处截面荷载计算，第2施工段模板杆件间距布设参照第1施工段选取。杆件间距可采用插入法选取。

模板及支撑架设计后，尚应验算下层楼面承载能力，不足时应对其下加设临时支撑并继续向下楼层传递荷载进行验算，直至满足承载力要求。

2. 支撑架搭设

首先搭设转换层梁板支撑钢管架，控制架体位置和标高，绑扎框架柱钢筋并封闭框架柱模板，按结构转换层专项施工方案的模板支撑架设计摆放支承横杆并用扣件与架立钢管架固定，然后搭设支撑立杆及横向连杆，为防止扣件滑移，支撑架搭设时，支承横杆和立杆采用双扣紧固。

根据《扣件式规范》进行模板支撑体系的承载力和稳定性验算，验算结果及模板支撑体系的各项搭设参数见图 5.2.2-1、图 5.2.2-2、图 5.2.2-3。

支撑立杆全部采用整根钢管，不得使用扣件接长，顶部采用可调支托支承横杆，避免扣件承受竖向荷载造成扣件滑移降低架体承载能力，大横杆采用双扣件固定。

因立杆间距小，操作空间狭小，搭设支撑立杆及横向连杆时应自中心向外围搭设。横向连杆既保证架体整体性，同时控制支撑立杆的长细比，对支撑立杆承受轴心压力、抵抗压杆失稳具有重要作用，因此横向连杆必须按设计搭设。支撑立杆与横向连杆间用十字扣件连接。

单杆支撑立杆传递的竖向荷载较大，为避免结构转换层下面的楼面结构局部冲压破坏，在支撑立杆下平铺 50mm×100mm 方木并加垫 100mm×100mm×10mm 钢板支垫，将荷载均匀传递至下层结构面。

框支梁支承立杆及横向连杆搭设完毕后，应在每跨设置剪刀撑进行加固，完成支撑架体搭设。然后进行框架梁及厚板的底模板铺设。

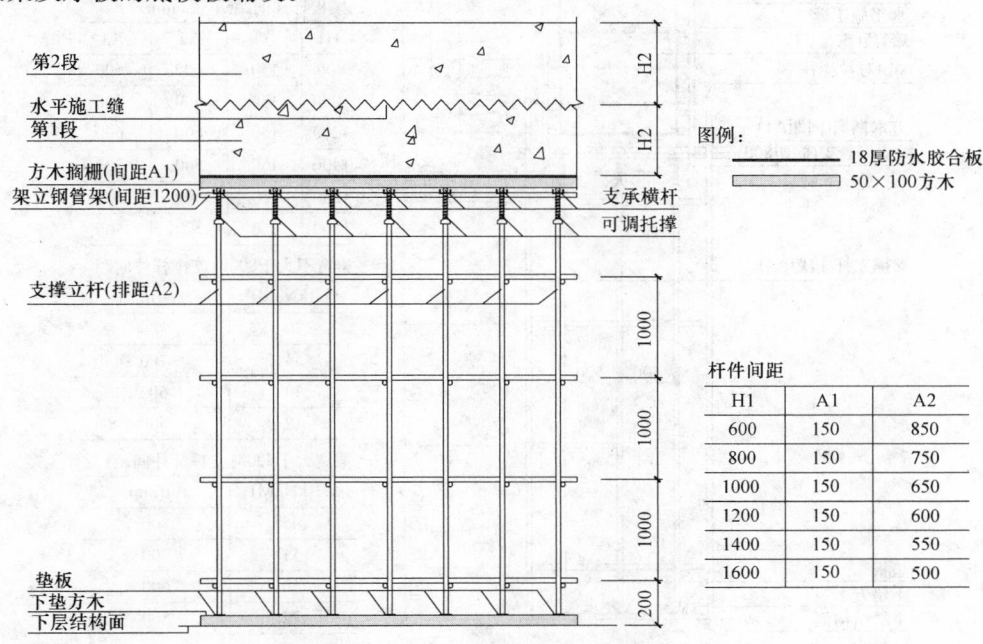

图 5.2.2-1 厚板模板支撑体系示意图

1369

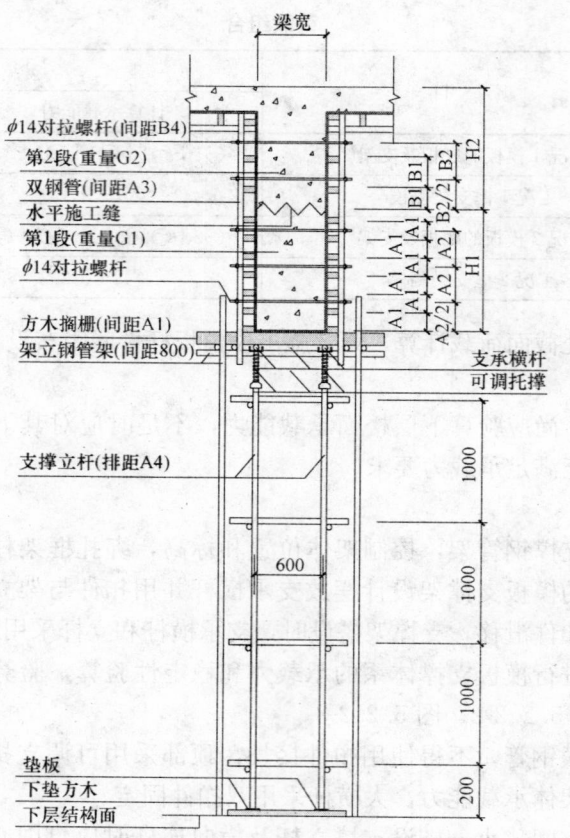

图 5.2.2-2　框支梁宽不大于 800 时模板支撑体系

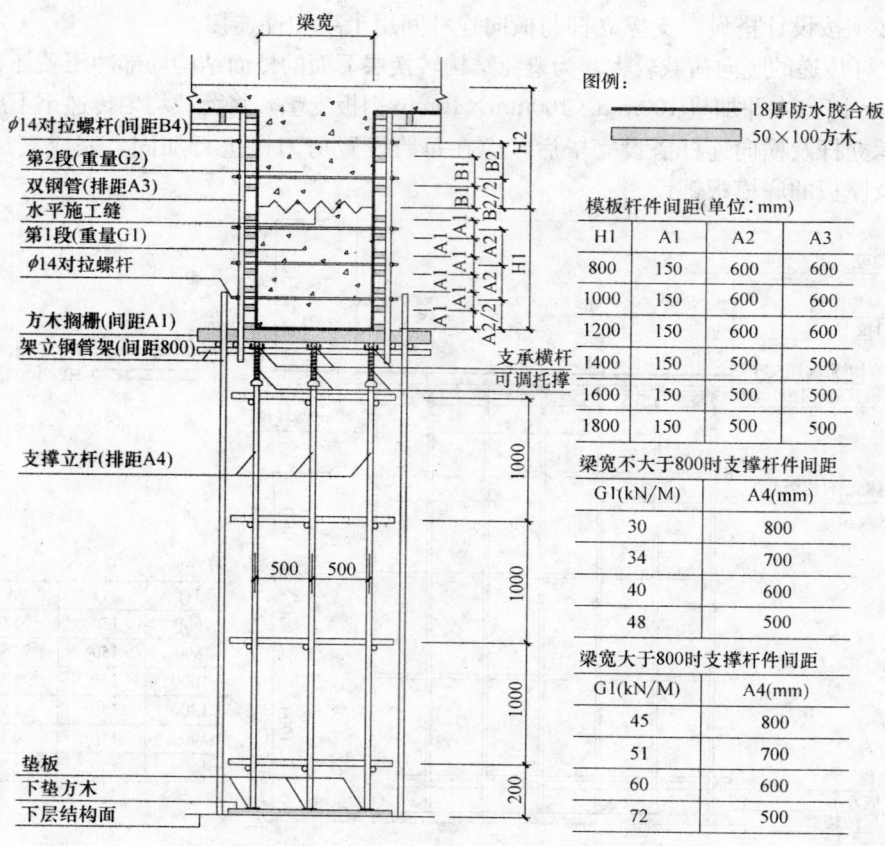

图例：
———— 18厚防水胶合板
▨ 50×100方木

模板杆件间距（单位：mm）

H1	A1	A2	A3
800	150	600	600
1000	150	600	600
1200	150	600	600
1400	150	500	500
1600	150	500	500
1800	150	500	500

梁宽不大于800时支撑杆件间距

G1(kN/M)	A4(mm)
30	800
34	700
40	600
48	500

梁宽大于800时支撑杆件间距

G1(kN/M)	A4(mm)
45	800
51	700
60	600
72	500

图 5.2.2-3　框支梁宽大于 800 时模板支撑体系

5.2.3 底模板铺设

按结构转换层专项施工方案设计的间距，在支承横杆上摆放固定 50mm×100mm 方木搁栅。框架梁加肋区梁底搁栅摆放时，为防止浇筑混凝土时造成搁栅滚动，在搁栅之间应加设木楔嵌固搁栅，形成整体固定于支承横杆上。框架梁及厚板底模钉固在方木搁栅上。

底模板铺设后，搭设临时钢管支架，固定框架梁锚入框架柱内插筋，浇筑框架柱混凝土。

5.2.4 框架梁钢筋骨架绑扎

框架梁纵筋直径大，数量多，其重量足以将箍筋压曲变形，所以在框架梁钢筋骨架绑扎时应安排专项临时固定措施，分批就位安装钢筋。

1. 搭设临时钢管支架。支架立杆设于下层结构楼面上或厚板底模上，上道水平杆高度按框架梁上部第一排纵筋的底标高进行控制，下道水平杆高于框架梁底纵筋位置 300 处。支架见图 5.2.4-1、图 5.2.4-2、图 5.2.4-3。

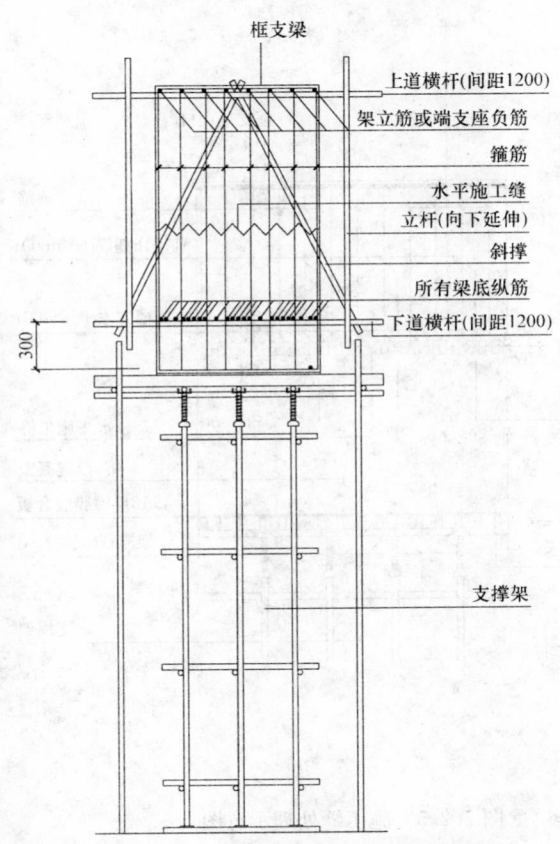

图 5.2.4-1 搭设临时支架摆放钢筋

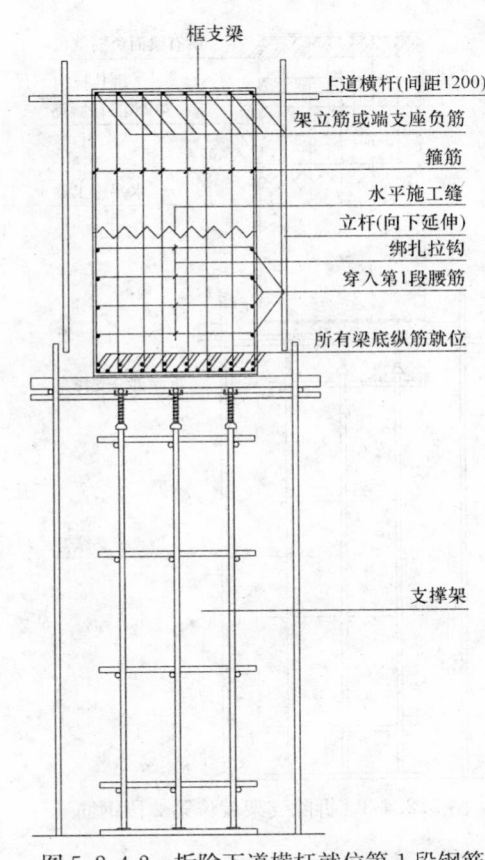

图 5.2.4-2 拆除下道横杆就位第 1 段钢筋

2. 将框架梁底部纵筋摆放在临时支架下道横杆上。

3. 固定框架梁端支座负筋及架立筋。

4. 套箍筋。

5. 拆除临时支架下道横杆，框架梁底部纵筋就位，保护层采用 φ14 钢筋设于箍筋下端。

6. 第 1 段穿腰筋，绑扎"S"拉钩。

7. 封闭第 1 段框架梁侧模板，浇筑第 1 段混凝土。

8. 第 1 段混凝土养护 7d 后，拆除临时支架，安装就位框架梁负筋，第 2 段穿腰筋，绑扎"S"拉钩。

9. 封闭第 2 段框架梁侧模板，第 1 段混凝土养护达到设计强度后（满足转换层整个荷载）浇筑第 2 段混凝土，浇筑第 2 段混凝土前，应对下部支撑进行检查以防止支撑架件出现松动情况。

5.2.5 水平施工缝处理

上下两段在水平施工缝的结合质量是提高结构转换层整体性的关键部位，整体性越好，结构转换层在荷载作用下的变形越小，承载能力越高，因此要采取有效措施加大水平施工缝的粗糙度，增强上下两段之间的摩擦力和结合性能。

第 1 段混凝土浇筑前，在水平施工缝处按 200mm 间距均匀固定 50mm×100mm 方木，其摆设垂直于框架梁跨方向和厚板短跨方向，埋入水平施工缝以下 50mm。第 1 段混凝土终凝前取出方木，使水平施工缝形成锯齿形状，增强施工缝处磨擦性能。第 2 段施工前，将施工缝表面浮浆清理干净。

第 1 段混凝土浇筑时，在施工缝处均匀插入 $\phi16$ 双向间距 600 插筋，插筋长度为 2 倍锚固长度，插入下层混凝土内 1 倍锚固长度，增强上下段结合性能和抗剪能力。

施工缝处理见图 5.2.5。

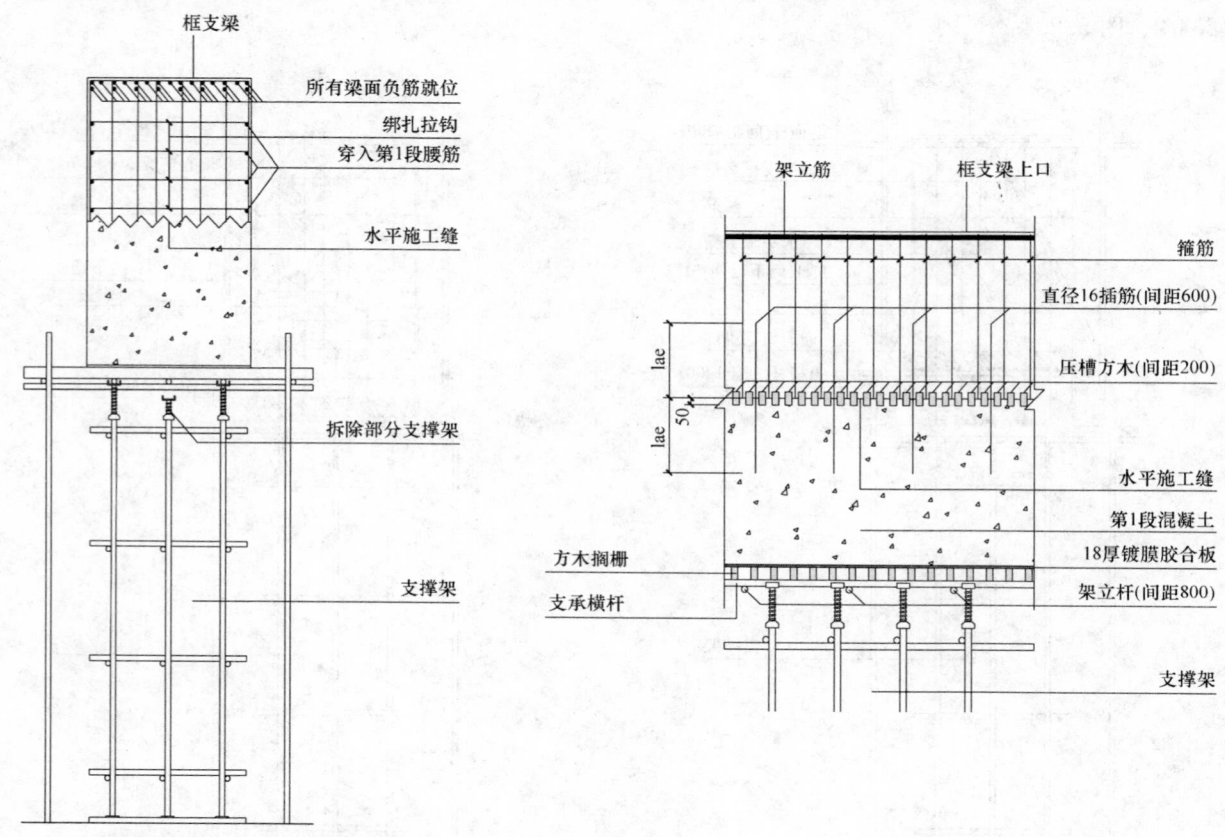

图 5.2.4-3　拆除支架就位第 2 段钢筋

图 5.2.5　施工缝处理示意图

5.2.6 大体积混凝土养护

结构转换层构件尺寸巨大，虽按叠合法施工分为上下两层，但通常其构件分段尺寸仍属于大体积混凝土范畴。因此，仍应按大体积混凝土施工方法进行控制，对原材料选用和配合比、混凝土运输和浇捣方法、养护等进行有效控制。同时，应对先期浇筑的尺寸较大构件进行底模、侧模、中心部位和混凝土表面进行等时距测温，以信息化技术控制保温养护措施，使混凝土内外温差控制在 25℃ 以内，确保不出现损害结构的温度裂缝。

第 1 段混凝土浇筑后，尚有框支梁上段钢筋骨架伸出施工缝以上，采用双层塑料薄膜在梁面标高处及转换层外围进行包裹，形成保温棚进行保温保湿养护。

第 2 段混凝土浇筑后，表面平整，仅有上部竖向构件插筋，采取常规的塑料薄膜加双层草袋进行保温保湿养护。

养护期间，转换结构侧模板暂不拆除，必要时可加捆草袋加强保温。

5.3 劳动组织

涉及工种包括：架子工、木工、钢筋工、混凝土工、水电工、起重工、机操工等专业工种和其他辅助作业人员。

对各专业工种应进行详细的技术交底，支撑架等特殊工艺应先做样板然后大面积铺开。架子工要充分掌握支撑架的搭设方法和顺序，留设加固检修通道，以及钢筋临时支架的搭拆顺序和标高，做好临边安全防护；木工应掌握与其他工种穿插作业的顺序，以及分段加固组装件的密度和节点要求；钢筋工应了解分段绑扎顺序，尤其是框架梁钢筋骨架的绑扎，尽量减轻第1段施工时临时支撑架所承受的钢筋重量，为第2段混凝土浇筑提供振捣和水平施工缝处理的操作空间，框架梁钢筋骨架内适当焊制钢筋支架，保证第2段施工时临时支架拆除后钢筋骨架位置准确无变形；混凝土工应掌握浇筑大体积混凝土的施工要点，做好斜面分层多点振捣，保证混凝土的密实性，控制浇筑面标高，做好施工缝的处理，做好混凝土的养护工作；水电工应了解转换结构层的施工顺序，合理安装孔洞和管线的预留预埋工作；其他工种应做好材料、机具、配件的运输和保养等配合工作。

各工种作业人员数量根据结构转换层规模及专项施工方案确定。

6. 材料与设备

结构转换层按照普通钢筋混凝土楼面施工用材料和设备采用。

结构转换层所用钢筋、直螺纹连接套筒、焊条、混凝土、预埋水电管线按工程设计图纸采用。粗直径钢筋一般采用直螺纹连接进行接长，混凝土采用水化热较低的矿渣水泥并配制成微膨胀混凝土。

使用的周转材料包括：18mm厚防水胶合板、50mm×100mm方木、φ14对拉螺杆、φ48mm×3.5mm无缝钢管、扣件、可调顶托、100mm×100mm×10mm钢垫板、蝴蝶卡和塑料套管以及铁丝、钢筋扎丝、木楔等其他配件、养护用塑料薄膜和草袋等。其用量根据结构转换层专项施工方案计算确定。

施工机械和工具包括：塔式起重机等垂直运输设备、普通木工台锯和工具、钢筋套丝机械和普通加工机械以及绑扎工具、混凝土运输泵送振捣机具、水电预埋机具、照明线路及灯具、发电机、水泵管线等。其用量根据结构转换层规模及专项施工方案确定。

7. 质量控制

7.1 材料质量控制

结构转换层所用钢筋、焊条、直螺纹连接套筒应符合《钢筋混凝土热轧带肋钢筋》GB 1499国家标准、《钢筋焊接及验收规程》JGJ 18、《钢筋机械连接通用技术规程》JGJ 107等规定。混凝土原材料及配合比应符合《硅酸盐水泥，普通硅酸盐水泥》GB 175、《普通混凝土用碎石或卵石质量标准及检验方法》JGJ 53、《普通混凝土用砂质量标准及检验方法》JGJ 52、《混凝土拌合用水标准》JGJ 63、《用于水泥和混凝土中的粉煤灰》GB 1596、《混凝土外加剂》GB 8076、《混凝土外加剂应用技术规程》50119、《普通混凝土配合比设计规程》JGJ 55。

木制模板应符合《混凝土模板用胶合板》GB 17656—1999标准，方木规格50mm×100mm。

支撑架用钢管采用φ48mm×3.5mm无缝钢管，扣件应符合《钢管脚手架扣件》GB 15831—2006，可调托撑型号KTF-60。

7.2 支撑体系及结构验算

验算包括模板、支撑架配件的强度、刚度、稳定性。同时，叠合梁施工方案应取得设计单位的同意。

7.3 施工质量

《混凝土结构工程施工质量验收规范》GB 50204—2002。

钢管支架的立杆和横杆间距、剪刀撑设置、垫板及撑托固定、扣件紧固以及方木搁栅间距、模板组装及对拉螺杆间距按照专项施工方案进行控制。

支撑架的质量应遵守《建筑施工扣件式钢管脚手架安全技术规范》JGJ 130—2001、J84—2001 的相关规定，模板、钢筋及混凝土施工质量符合《混凝土结构工程施工质量验收规范》GB 50204—2002。

混凝土浇筑前，制定应急预案，配备千斤顶等应急工具。

混凝土浇筑后加强测温、养护工作，模板的拆除满足构件强度要求及温控要求，做好拆除的模板及支撑杆件的堆码转运，控制料堆荷载低于楼层承载能力。

7.4 质量检查验收

作用于支撑钢管的荷载包括梁模板自重荷载，施工活荷载等。

1. 荷载的计算

计算钢筋混凝土梁自重（kN/m）：q_1；

计算模板的自重线荷载（kN/m）：q_2；

计算活荷载为荷载标准值与振捣混凝土时产生的荷载（kN）：P。

2. 方木楞的支撑力计算

主要计算：均布荷载 q 和集中荷载 p 最大弯矩考虑为静荷载与活荷载的计算值最不利分配的弯矩 M、截面应力，最大挠度考虑为静荷载与活荷载的计算值最不利分配的挠度和最大变形 v。

3. 支撑钢管的强度计算

计算支座反力 R_A 支座反力；计算中间支座最大反力 R_{max}；计算最大弯矩 M_{max}；计算最大变形 V_{max}；计算截面应力 σ。

4. 梁底纵向钢筋计算

纵向钢筋只起构造作用。

5. 扣件抗滑移的计算

纵向或横向水平杆与立杆连接时，扣件的抗滑承载力按照下式计算（《建筑施工扣件式钢管脚手架安全技术规范》JGJ 130—2001、J84—2001）：

$$R \leqslant R_c$$

其中　R_c——扣件抗滑承载力设计值，取 8.0kN；

　　　R——纵向或横向水平杆传给立杆的竖向作用力设计值；

单扣件抗滑承载力的设计计算不满足要求，可以考虑双扣件。

6. 立杆的稳定性计算

立杆的稳定性计算公式：

$$\sigma = \frac{N}{\phi A} \leqslant [f] \tag{7.4-1}$$

式中　N——立杆的轴心压力设计之，它包括：横杆的最大支座反力 N_2 和脚手架钢管的自重 N_2；

　　　ϕ——轴心受压立杆的稳定系数，由长细比 $i=$ 查表得到；

　　　i——计算立杆的截面回转半径（cm）：$i=1.58$；

　　　A——立杆净截面面积（cm²）：$A=4.89$；

　　　σ——钢管立杆抗压强度计算值；

　　　f——钢材抗压强度设计值。

如果完全参照（《建筑施工扣件式钢管脚手架安全技术规范》JGJ 130—2001、J84—2001）不考虑高支撑架，由公式（7.4-2）或（7.4-3）计算

$$l_0 = k_1 u h \tag{7.4-2}$$

$$l_0 = (h+2a) \tag{7.4-3}$$

　　　k_1——计算长度附加系数，取值为 1.163；

　　　u——计算长度系数，参照（《建筑施工扣件式钢管脚手架安全技术规范》JGJ 130—2001、J84—

2001）表 5.3.3；u＝1.70；

a——立杆上端伸出顶层横杆中心线至模板支撑点的长度；a＝0.30m；

如果考虑到高支撑架的安全因素，适宜由公式（7.4-4）计算：

$$l_0 = k_1 k_2 (h+2a) \tag{7.4-4}$$

k_2——计算长度附加系数，取值为 1.042。

计算出的立杆稳定性必须满足要求。

模板承重架应与剪力墙或柱的支撑体系连成整体。

施工过程中，专职质检人员跟班检查，逐道工序进行验收，控制工序质量满足施工方案及验收规范要求。

对叠合部位水平施工缝处理要做到重点控制，确保结合面粗糙并且密实。

上层结构施工前，放线核验上部竖向构件插筋位置及预埋件、预留孔洞位置。模板拆除后核验转换层构件尺寸、观感，检查构件有无裂缝等质量缺陷。对作为钢筋骨架的钢筋垫铁进行防锈处理。会同设计、监理单位进行专项检验。

8. 安 全 措 施

转换层与普通钢筋混凝土楼板相比，具有层高大、构件大、重量大的特点，其施工工序复杂，所用周转材料多、作业人员多。因此，转换层梁叠合施工过程中，除在安全教育、安全交底、安全检查及安全验收制度方面满足常规施工安全要求外，还应在以下方面进行特别加强管理。

8.1 转换层的层高大，人员操作属高空作业，对外围护架的下层结构楼面及外架立面应采用硬质封闭措施，防止物品坠落伤人。

8.2 转换层支撑体系所用杆件及配件数量巨大，在吊运周转料时，应做好调度安排，控制吊运数量、楼面堆放点、堆放荷载，保证下层楼面结构安全。

8.3 模板铺设后，支撑架杆密度大，应在荷载相对较小处设置人行通道，加强下层施工照明，确保加固、检查人员安全。

8.4 混凝土浇筑过程中应均匀布料，控制施工荷载，避免模板及支撑体系超载使用，防止垮塌事故。

8.5 专职安全员全过程进行巡查现场，按照施工方案及《建筑施工安全检查标准》JGJ 59—99 要求进行安全检查、验收。

9. 环 保 措 施

9.1 施工材料应及时回收利用，不得乱丢乱弃。

9.2 施工现场的强噪声的施工机械，施工作业尽量安排到白天施工。浇筑混凝土时应选用低频低噪声的混凝土振捣器。

9.3 尽量减少人为的大声喧哗，增强全体施工人员防噪声扰民的自觉意识。

9.4 严格控制作业时间，尽量安排到白天作业；晚间作业时间如超过 22：00 时，尽量采用噪声小的机械施工。

9.5 混凝土浇筑完成后将剩余的混凝土回收用于施工现场道路或场地的硬化，及时将泵管冲洗干净。

9.6 所有工序要做到工完场清、料清；钢筋头、小块模板要回收利用。

9.7 现场要做好防尘降尘的措施，对出入现场的混凝土搅拌车驶出工地前要冲洗干净，不能将尘土带出到市政道路。施工现场道路采用混凝土地面、并随时洒水，防止道路扬尘。

9.8 施工现场排水：污水经化粪池（卫生间出来的污水）、隔油池（食堂出来的污水）处理后接入雨水系统，雨水经三级沉淀池沉淀后接入市政排水系统。

10. 效 益 分 析

采用叠合法进行高空结构转换层施工，简化了模板支撑体系，极大地减少了周转材料和人工的投入。一般能降低模板支撑的直接措施费用一半以上，并且减少了单项工程占用的周转材料，控制了工程成本规模。

而且，分层浇筑转换层起到了化大为小的作用，简化了大体积混凝土质量控制措施，有效降低转换层保温降温措施费用。

另外，将转换层分层施工，能够提前进行第一段混凝土的浇筑，与一次浇筑方法相比，操作难度大为降低，对上部竖向构件插筋位置的控制都十分有利。

11. 应 用 实 例

11.1 武汉市鹏程国际工程，地下2层，地上30层，在六层楼面设大型梁板复合式转换层，一区转换层平面面积1600m²，转换层的层高为5.8m，最大转换梁截面1.6m×2.5m（梁加肋部位截面1.6m×4.8m），转换层梁高度1.5m，采用叠合施工法，取得良好效果。转换层梁结构无爆模现象，尺寸准确，观感良好，未出现有害裂缝。该工程于2005年11月竣工投入使用，结构安全，使用功能正常。

11.2 临沂市南坊新区金颐社区还建楼工程地下1层、地上19层，是一座集商业、住宅于一体的综合楼，在五层的转换层结构施工中应用了叠合施工技术。该工程自2006年完工至今使用良好。

11.3 银海雅苑B座工程，地下一层，地上33层，裙楼2层，在七层的转换层结构施工中应用了叠合施工技术。该工程自2006年5月完工至今使用良好。

蜂巢芯楼盖工程施工工法

GJEJGF050—2008

中建四局第六建筑工程有限公司　福建建工集团总公司

白蓉　徐健　银庆国　叶海龙　周子璐　蔡玮琦

1. 前　　言

蜂巢空心楼盖由 GBF 蜂巢芯、现浇钢筋混凝土纵、横肋和框架梁组成，形成传力明确的现浇混凝土双向网格肋型楼板，与暗梁、扁梁或明梁共同形成空间结构体系，是将受力性能最好的工字梁与蜂窝结构原理运用到水平建筑结构体系中，突破了国内外传统的结构模式，创造了力学性能更加合理，技术效果更好的新型楼盖体系。通过工程施工实践，总结形成本工法。

2. 工 法 特 点

2.1　在板厚不变的情况下，蜂巢空心楼盖的空心度率是同等厚度实心板的 50%～70%，楼板自重比管状空心楼盖降低了 25%；同等厚度情况下比实心板跨度可做得更大，含钢量更低，可节约材料、节约工期、降低劳动强度，造价更加经济。

2.2　可实现大开间无梁或大开间无次梁的效果，在公用建筑中实现无梁、有梁无次梁、无柱帽、自由吊挂、灵活分隔，隔声节能的功能优势。

2.3　蜂巢空心楼盖的肋间距离比密肋楼盖更加密，运用于人防工程中其受力性能明显优于密肋楼盖。

3. 适 用 范 围

本工法适用于大垮度和大荷载、大空间的多层和高层住宅；需灵活间隔或经常改变使用用途的建筑；图书馆、停车场、商场、超市、博物馆、影剧院、展览馆以及人防工程。

4. 工 艺 原 理

蜂巢芯作为力学性能优良的永久置于楼盖结构中的空腔模构件，通过其底板与现浇密肋锚固联结，使蜂巢芯与现浇钢筋混凝土密肋楼盖结构形成难以分割的整体，共同受力。见图 4。

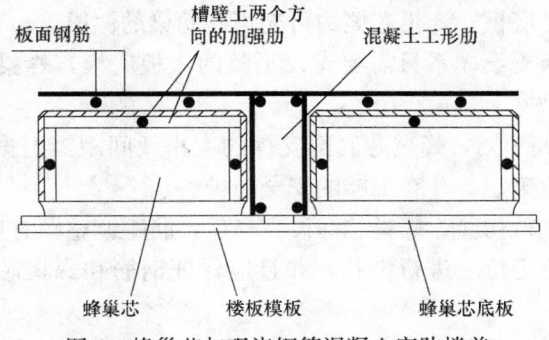

图 4　蜂巢芯与现浇钢筋混凝土密肋楼盖

5. 工艺流程及操作要点

5.1 工艺流程

工艺流程见图5.1。

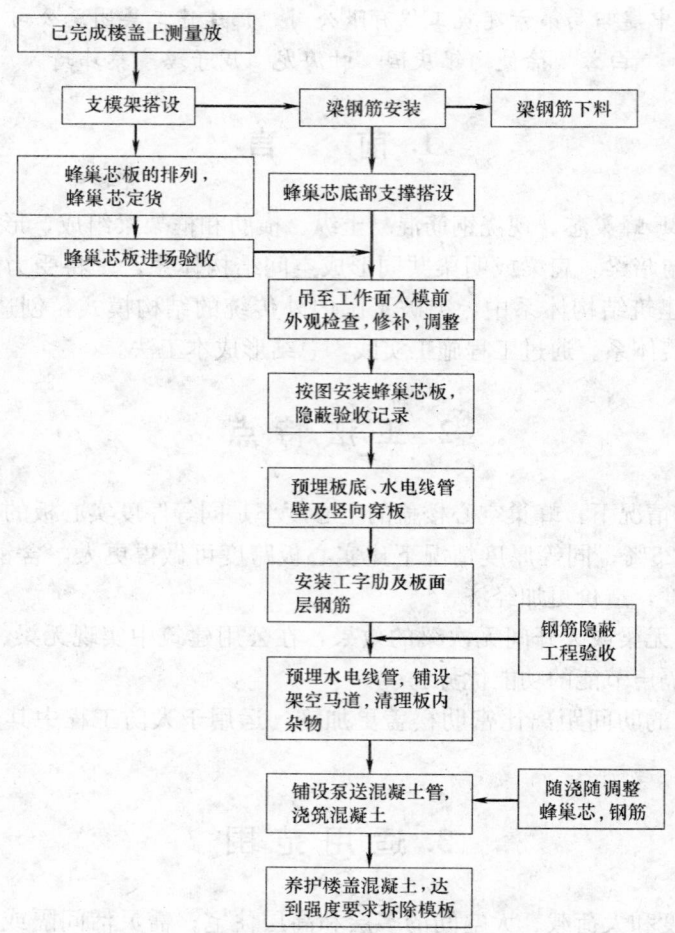

图 5.1 蜂巢芯楼盖施工工艺流程图

5.2 施工操作要点

5.2.1 模板与钢筋施工

根据楼盖的设计总厚度、暗梁的宽度与平面具体位置作恒载取值，进行竖向和侧向稳定计算和板面竖向支撑架抗冲切计算设计模板、龙骨与支撑体系。

由于蜂巢芯底部的翼缘部位可充当底模，为节省模板和劳动力只需支设蜂巢芯块间的空隙（密肋梁的底部）及框架梁柱交接处底模，蜂巢芯侧边可充当密肋梁的侧模。

当建筑不做吊顶时，模板支设体系只需要支设平整的大板底模，蜂巢芯与模板用预留在翼缘上的铁丝绑扎牢固。

模板应双向或单向起拱0.25%，蜂巢芯底部支撑的大小及间距需根据蜂巢芯、上部浇筑混凝土重量及施工荷载综合考虑计算后确定，并有足够的安全防护。

钢筋安装完毕后，必须进行初验，蜂巢芯铺设完毕后，肋距调整顺直后再摆放钢筋。

肋梁钢筋应在预埋接线盒定位后进行绑扎，并且应保证钢筋和蜂巢芯之间有足够的混凝土保护层（图 5.2.1）。

5.2.2 蜂巢芯吊运和堆放

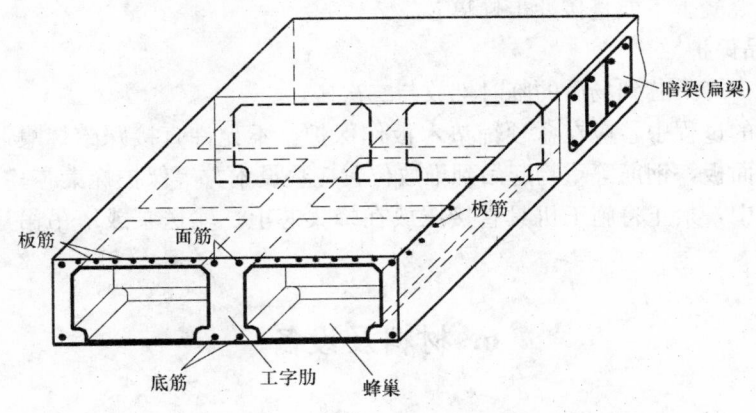

图 5.2.1　蜂巢芯施工构造图

蜂巢芯的堆放场地应坚实、平整、洁净。

蜂巢芯应按规格型号分类平卧叠层堆放，堆放高度不宜大于 2m。堆放处应作标识，禁止人员攀爬、踩踏。

吊运蜂巢芯板时，采用吊笼（箱）吊运，并且一次吊运 1～6 个。严禁用缆绳直接绑扎蜂巢芯进行吊运。

蜂巢芯被吊至安装楼层后，应及时排放，不宜再叠层堆放。

5.2.3　蜂巢芯的安装（图 5.2.3）

根据现场尺寸进行排列蜂巢芯板设计，根据板区格的大小定制各种尺寸，其余则采用 $\phi150～\phi300$ 的圆管配套。

安装蜂巢芯时，保证板模上无垃圾，有垃圾时应及时清扫干净。

调整对线，保证蜂巢芯之间及蜂巢芯与暗梁、墙、柱之间的间距符合设计要求。

蜂巢芯在跨边不合模数处安装蜂巢芯板或相应的圆管配件。梁边采用圆管配件或摆放不下蜂巢芯配件时，可按结构要求设置构造钢筋，作为混凝土实心区。

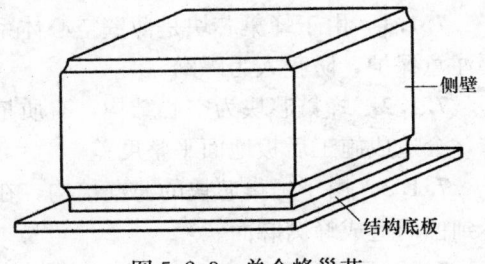

图 5.2.3　单个蜂巢芯

蜂巢芯及板筋摆放完毕后，应用 14 号钢丝将蜂巢芯顶部吊钩与面筋连接。蜂巢芯块结构底板宽出翼缘部分相互板块直接紧密贴合，并且在翼缘上预留的钢丝可与模板绑扎牢固（模板穿孔绑扎，每块蜂巢芯每边两个绑点），可以更有效地防止在混凝土浇筑时蜂巢芯块的上浮。

5.3　**浇筑混凝土**

5.3.1　泵送混凝土的水平管、转向接头、布料口支座或运输混凝土物料小车通道应在蜂巢芯上架空安装、铺设。

5.3.2　浇筑混凝土时，应安排适量的木工与钢筋工，随浇筑作业及时修补、调整蜂巢芯与钢筋的位置。

5.3.3　浇筑混凝土蜂巢芯楼盖时，宜采用小型插入振动器振捣，不得将振动器直接触压蜂巢芯进行振捣。面层采用 500W 以下的小功率平板振动器振捣。

5.3.4　混凝土浇筑完成后，上部支模架应待混凝土达到终凝后再进行铺设，支模架立杆下加设垫板。

5.3.5　在浇筑混凝土时，如遇现场蜂巢芯变型过大或破损，应及时采用支护挡板措施，用以抵抗混凝土对蜂巢芯的压力，以蜂巢芯盒内不进混凝土为准。

5.3.6　混凝土浇筑过程中禁止将施工机具直接压在蜂巢芯上。若采用塔吊运输混凝土，吊斗下应铺设模板减缓冲力，混凝土不能直接冲击蜂巢芯。

5.4 蜂巢芯成品保护

尽可能避免或减少蜂巢芯到场后的临时堆放与二次搬运。

安装固定蜂巢芯的过程中，应在盒顶铺垫木板作保护，不允许直接踩踏蜂巢芯。不允许将扣件等重物直接抛至蜂巢芯面板，钢筋等重物起吊到堆放位置应垫设木方等保护蜂巢芯。

混凝土浇筑过程中，禁止将施工机具直接压放在蜂巢芯上。输送泵或塔吊吊运混凝土时，都应铺设模板减缓冲力。

6. 材料及设备

6.1 材料

模板：其规格、种类符合施工及设计要求。

木枋：其规格符合设计要求。

支模架系统：钢管、扣件等支模架搭设材料。

蜂巢芯结构系统：根据设计尺寸要求提供的蜂巢芯块，钢筋、混凝土等，钢筋混凝土现浇板结构体系。

6.2 设备：塔吊、混凝土浇筑机械、振动棒、钢筋工程施工机具等。

7. 质量控制

7.1 蜂巢芯板施工质量控制要点

7.1.1 由于蜂巢芯块是薄壁空心体系，中部能承受的压力最小，在堆放和搬运以及施工过程中需要注意保护，防止人为踩踏。

7.1.2 蜂巢芯块为空心结构，有质量轻的特点，在浇筑混凝土的过程中容易上浮，不采取有效措施，会造成施工后板地面平整度差。

7.1.3 由于蜂巢芯块的薄壁结构，在混凝土浇筑振捣时不能直接接触蜂巢芯块，因此要防止振捣不到位而造成蜂窝麻面。

7.2 保证项目

7.2.1 钢筋、模板施工质量符合《混凝土结构工程施工质量验收规范》GB 50204—2002 要求。模板、支模架等须达到设计强度及刚度要求。

7.2.2 混凝土施工按《混凝土强度检验评定标准》的规定取样、制作、养护和试验，强度符合设计要求及评定标准。

7.2.3 钢筋材料必须符合质量验收规范要求。

7.3 基本项目

7.3.1 混凝土施工振捣密实，无露筋和缝隙、夹层、裂缝。

7.3.2 钢筋施工钢筋缺扣、松扣的数量不超过绑扣数的 10%，绑扎接头应符合施工规范的规定，搭接长度不小于规定值。

7.3.3 模板施工的模板接缝宽度应符合规范要求，模板与混凝土的接触面应清理干净，并采取防粘结措施。

7.3.4 同钢筋混凝土施工质量验收规范要求。

7.3.5 蜂巢芯块规格按设计要求选取，蜂巢芯板块允许误差见表 7.3.5。

7.4 蜂巢芯块保护措施

7.4.1 堆放中，选择平坦的地面堆放，堆放高度不要超过 2m。

蜂巢芯板块允许误差 表 7.3.5

序号	项目内容	设计要求	允许偏差值	备注
1	蜂巢芯间距		±12mm	
2	蜂巢芯两块平行	平行	±15mm	
3	相邻蜂巢芯最大高差	平整	±20mm	
4	蜂巢芯与墙、柱、梁间距		±15mm	

7.4.2 安装固定蜂巢芯的过程中，应在盒顶铺垫木板作保护，不容许直接踩踏蜂巢芯。

7.4.3 混凝土浇筑过程中，禁止将施工机具直接压放在蜂巢芯上。

8. 安 全 措 施

8.1 施工过程中必须严格按照项目安全管理条例进行施工，模板工程施工及钢筋工程施工同钢筋混凝土结构施工工艺安全措施要求。

8.2 蜂巢芯楼板混凝土施工时，振动棒不能直接接触蜂巢芯进行振动。

8.3 楼板混凝土浇筑完成后，上部支模架应待混凝土达到终凝后再进行铺设，支模架立杆下必须加设垫板，并应对垫板进行抗冲剪验算。

8.4 施工时，不能长期踩踏在蜂巢芯板块的中间部位，应该尽量避免踩踏蜂巢芯，无法避免时，踩踏在蜂巢芯块四周加有加强钢筋的部位。

8.5 当发现蜂巢芯已经变形或破损时，必须马上换掉破损和变形的蜂巢芯板块。如有人踩踏坏蜂巢芯板，要小心将脚拿出，不要过急或过猛。

9. 环 保 措 施

9.1 施工过程中严格遵守国家和地方政府下发的有关环境保护的法律、法规和规章，加强对施工现场废弃物的处理，减少噪声污染。

9.2 按设计和板块分区要求及需用量定制蜂巢芯块等材料。没有使用的蜂巢芯块和破损的蜂巢芯块可以退回蜂巢芯块生产工厂，实现了蜂巢芯废品的重复利用。

9.3 混凝土输送泵的冷却水及清洗运输车的污水经集水坑或沉淀池后处理好方可排入市政污水管道或者回收用来洒水降尘。

10. 效 益 分 析

10.1 与普通梁板结构相比，蜂巢芯楼板支、拆模板施工简便，节约工期达 50%。

10.2 与一般的钢筋混凝土框架结构相比，土建工程费用大大降低，减少钢筋、水泥、模板高能耗材料 5%～10%，可降低楼盖总造价超过 10%。

10.3 由于这种楼板完全平整，无须吊顶，减少了吊顶施工、更新等经常性的开支，同时提高了楼层的净空高度。

10.4 楼盖中封闭的空腔结构可大大减少噪音的传递，有效地克服了上下楼层间的撞击噪声干扰，特别是它封闭的空腔结构减少了热量的传递，使隔热、保温性能得到显著的提高，对于采用空调的建筑来说，大大降低了采暖和制冷费用，建筑节能等社会效益显著。

11. 应 用 实 例

11.1 蜂巢芯在长沙 BOBO 天下城工程应用情况

BOBO 天下城 2～5 号楼位于长沙市芙蓉南路，南靠湖南省政府新区，是集大型超市、商业娱乐和高品质住宅小区于一体的商住综合楼。

本工程总建筑面积123059.91m²，其中地下37091.21m²，地上为82700.24m²，建筑总高度为98.500m。BOBO天下城2～5号楼地下负一层局部采用了现浇混凝土蜂巢芯空心楼板，板厚为300mm。

BOBO天下城2～5号楼开竣工日为2006年3月至2008年1月，在施工中没有出现返工现象，施工层楼板平面控制度均在允许范围以内，板面没有出现蜂窝、孔洞、麻面和裂缝现象。一次验收合格率达到100%。施工时只铺设了楼板底模，模板施工面积约为1220m²，节约模板500m²，施工工期仅为4d，工期节约率达到50%以上。施工时节约钢筋材料，仅面筋和暗梁需要施工钢筋；施工简便，节约劳动力。其经济效益为11.18万元。

11.2 蜂巢芯在沈阳北华城工程应用情况

沈阳市铁西区兴工北街北华城项目包括4栋高层、2栋多层、1个地下车库，总筑面积为71812m²。其中：1号楼33层、2号楼32层、3号、4号楼18层。1号、3号、4号为住宅；1号、3～4号裙房为商业网点，地下部分为设备用房及地下停车库；2号楼使用功能为商务酒店，地上32层、地下1层，总建筑高度101m，地震设防烈度7度，耐火等级一级，3～30层采用GBF蜂巢芯空心楼盖，空心楼板施工总面积达16089.34m²，蜂巢芯楼板施工质量合格，板面没有出现蜂窝、孔洞、麻面和裂缝等缺陷。

11.3 蜂巢芯在淮南市中级人民法院法庭审判楼工程中的应用情况

淮南市中级人民法院法庭审判楼工程总建筑面积20520m²，建筑总高度72.9m，为地下1层、地上18层的框剪结构。三层楼面采用蜂巢芯楼板，应用面积为2700m²。蜂巢芯楼板工程质量合格，得到甲方和监理的一致认可，淮南市中级人民法院法庭审判楼工程获得安徽省优"黄山杯"工程。

型钢与φ48钢管组合支模工法

GJEJGF051—2008

浙江省东阳第三建筑工程有限公司　合肥工业大学

刘志宏　完海鹰　谢建民　吴勇民　蔡向东

1. 前　　言

随着国民经济的发展，建筑功能和造型对于建筑结构的要求越来越高，大体积的厚板和大截面（实腹）梁在现浇钢筋混凝土结构中出现得越来越多，相应地带来了施工中的重荷模板支撑难题。对于这些结构荷重很大的模板支撑工程，采用传统的φ48钢管架体难以满足承载力和稳定性的要求。为杜绝模板坍塌，各地对超重超高模板架体采用φ48钢管架体亦作了限制。为解决此难题，提出采用工程常用的型钢作为竖向受力立杆，用φ48钢管作为水平约束的组合型支模体系。该技术在合肥市中心医院医技楼大体积板（板厚1.3m、2.5m）、乐清金世天豪大酒店工程大跨度预应力梁（梁截面尺寸650mm×1700～2000mm）、龙泉市行政中心等工程中多次实践，取得良好效果。实践及工程监测证明该体系结构合理、安全可靠、技术先进、经济适用，符合节能、节材、安全、环保要求。采用的关键技术经科技查新尚无应用先例，为首创，2008年11月通过了安徽省科学技术厅科技成果鉴定，已获国家专利（专利号：ZL200820118931.1）。经过对该技术应用的总结提炼，形成本工法。

2. 工 法 特 点

2.1　结合工程结构设计对支模架体的特殊要求，采用型钢与φ48钢管组合支模架体，可以满足大荷载支模体系的强度、刚度和稳定性要求，受力合理、安全可靠。

2.2　采用型钢（如C16槽钢、I14工字钢）取代φ48钢管作为超重结构支模架的立杆，可以在保证安全可靠的同时大大降低立杆的密度和纵横拉杆的数量，主要材料为型钢和φ48钢管，取材方便、施工工艺成熟、安装快捷。型钢（槽钢或工字钢）在支模架体拆除后，依然可以用作建筑物悬挑外架的悬挑梁，继续周转使用。整个模板支撑体系中基本没有专用材料，经济适用、安全可靠，符合节材、节能环保、安全文明施工要求。

2.3　在型钢立杆上按照固定步距焊接好水平方向的"耳杆"（即在型钢柱上焊接两个水平方向的短钢管，其中主"耳杆"采用嵌入方式与型钢连接，增加可靠性，两根钢管竖向高差53mm），通过扣件连接纵横向水平杆件，形成一个稳定的支模架体系，避免现场焊接。同时架体步距设置满足规范要求，架体搭设方便，仍按《建筑施工扣件式钢管脚手架安全技术规范》JGJ 130—2001操作，工艺成熟，施工质量易于保证。

2.4　在立杆底部的钢板上预留螺栓孔，形成可调支座，将型钢立柱顶调至方案标高。柱底灌入低强度等级混凝土，形成临时支座，使得架体更加安全可靠，同时对支模高度在一定范围内的变化适应性更强，亦利于后期架体拆除。

3. 适 用 范 围

本工法适用于大荷载的现浇混凝土结构（如转换层大梁、超厚楼板、预应力大梁等）支模架施工，也适用于高支模架的施工。

4. 工 艺 原 理

4.1 本工法采用竖向承载能力及刚度远优于 ϕ48 钢管的型钢（取材于外挑脚手架的常用型钢）作为重荷模板支撑系统的立杆来直接承受上部竖向荷载，同时在型钢立杆上按照固定步距焊接好水平方向的"耳杆"（即在型钢柱上焊接两个水平方向的短钢管，两根钢管竖向高差 53mm），见图 4.1。通过扣件连接纵横向水平杆件及剪刀撑，形成一个稳定的支模架系，对支撑系统提供整体性连接和水平约束。

图 4.1 耳杆连接器实样图

4.2 型钢立杆底部的钢板上预留螺栓孔，通过调节螺栓调节立杆的竖直高度，将立杆顶部调至方案标高，再在上方铺设型钢主梁、次梁、木楞、模板。在模板支撑系统架设、调整标高完成后，在型钢立杆的底座周围围合模板，灌入早强低强度等级混凝土，形成临时支座。待混凝土强度达到模板支撑设计计算要求的强度后，即可在上方浇筑大体积混凝土。

4.3 拆模时，先将底部低强度等级混凝土临时支座剔除，通过可调螺栓将整个架体下调，使架体与楼板分离，然后依次从上往下分块拆除木楞、次梁、主梁、联系杆、立杆。

5. 施工工艺流程及操作要点

5.1 工艺流程
5.1.1 支模架设计工艺流程（图 5.1.1）
5.1.2 支模架施工工艺流程（图 5.1.2）

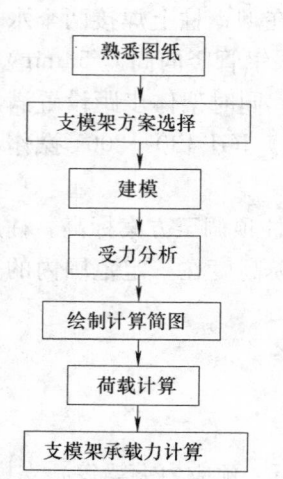

图 5.1.1 支模架设计工艺流程图

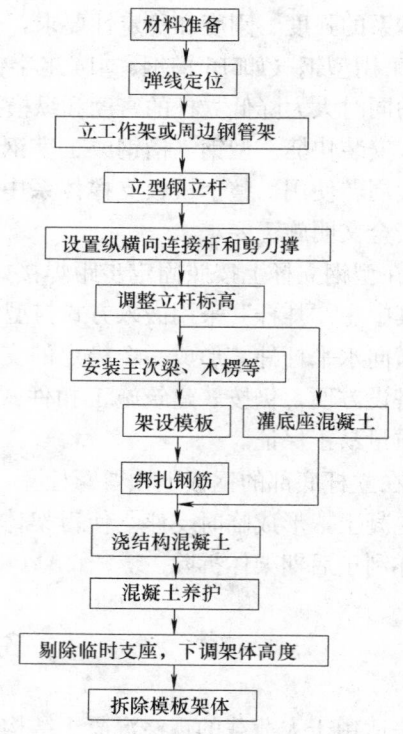

图 5.1.2 支模架施工工艺流程图

5.2 设计及施工要点

5.2.1 支模架体的设计

1. 支模架立杆的设计

支模架立杆采用型钢，立杆的间距根据建筑结构的布局和荷载情况进行设计。设计的立杆间距均指最大间距，实际施工排布时不超过设计的立杆间距。

2. 支模架主次梁、木楞等设置

根据实际荷载及选材可由以下组合：型钢主梁＋型钢次梁＋木楞＋模板或者型钢主梁＋密排钢管＋方木＋模板，以安全经济为原则。

3. 支模架基础部分的处理

1）支模架位于地下室顶板或楼板上时，考虑设计工况下的上部所有荷载，对地下室顶板或楼板的承载力要求通过计算确定。若不满足，利用临时钢支撑加固楼板，临时钢支撑在支模架拆除后方可拆除。

2）支模架座于自然地面时，须对表面土层夯实，铺设碎石层并硬化，对地基土层承载力要求通过计算确定。设计依据《建筑结构荷载规范》GB 50009—2001、《建筑地基基础设计规范》GB 50007—2002。

4. 支模架的其他加固措施

整个支模架在其外侧周边和内部设置剪刀撑，并设置与周边墙柱的拉结，作为刚性侧向约束。设置的要求和依据按照《建筑施工模板安全技术规范》JGJ 162—2008 执行。

5.2.2 支模架体的计算

1. 支模架的受力方式：板上的均布荷载由木模板传递至方木楞，然后依次经过型钢次梁、主梁传递给型钢立杆承担，计算模型见图 5.2.2-1。

2. 设计依据：《建筑结构荷载规范》GB 50009—2001、《钢结构设计规范》GB 50017—2003、《建筑施工扣件式钢管脚手架安全技术规范》JGJ 130—2001、《建筑地基基础设计规范》GB 50007—2002、《建筑施工安全检查标准》JGJ 59—99、《建筑施工模板安全技术规范》JGJ 162—2008。

3. 荷载计算：支模架所承受的荷载组合及荷载取值按照《建筑施工模板安全技术规范》JGJ 162—2008 的规定采用。

4. 支模架计算

1）立杆的稳定性计算

立杆的稳定性根据《建筑施工扣件式钢管脚手架安全技术规范》JGJ 130—2001 中 5.3.1 条公式进行

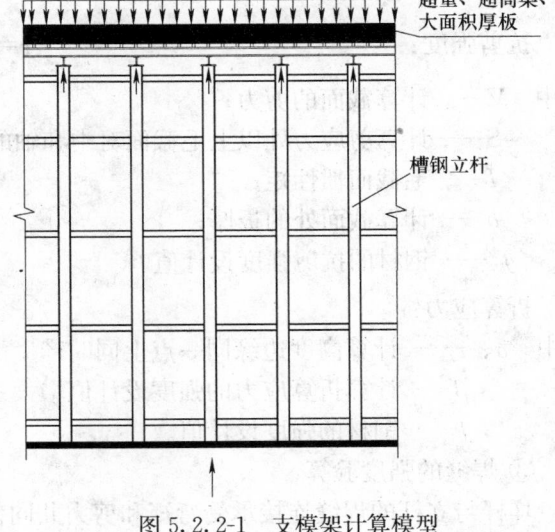

图 5.2.2-1 支模架计算模型

计算：
$$\frac{N}{\varphi A} \leqslant [f] \qquad (5.2.2-1)$$

式中 N——立杆的轴心压力设计值（kN）；

A——立杆净截面面积（cm²）；

φ——轴心受压立杆的稳定系数，由长细比 l_0/i 查表得到；

i——计算立杆的截面回转半径（cm）；

l_0——计算长度（m），按《建筑施工扣件式钢管脚手架安全技术规范》JGJ 130—2001 第 5.3.3 条计算；

$[f]$——型钢立杆抗压强度设计值（N/mm²）。

2）耳杆连接器的计算

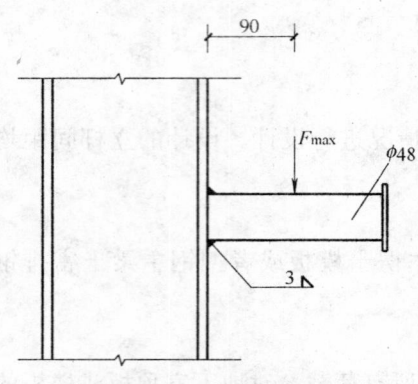

图 5.2.2-2 耳杆与立杆连接的
构造和受力

杆采用 $\phi 48$ 钢管，预先焊接在立杆的指定位置处，再通过扣件与周围的纵横杆连接成整体。耳杆与立杆连接的构造和受力见图 5.2.2-2，采用 Q235 号钢，手工焊，E43 型焊条，焊脚尺寸 $h_f = 3mm$。按照《钢结构设计规范》GB 50017—2003 中的相关规定，对耳杆连接器中的扣件抗滑力、耳杆强度、焊缝强度等进行验算。

① 扣件的抗滑力验算

由单根立杆的竖向承载力 N 及立杆安装的垂直偏差 Δ（取值按《建筑施工扣件式钢管脚手架安全技术规范》JGJ 130—2001 中规定的最大允许偏差），可得单根立杆偏差产生的水平力 $F = \dfrac{N\Delta}{l}$，再考虑荷载的最不利组合，即在多根立杆同向偏差作用的情况下，得到最大水平力 F_{max}。此时，F_{max} 应小于扣件的最大抗滑承载力 $[F] = 8kN$。

② 耳杆的强度验算

耳杆的受力如图 5.2.2-2 所示，计算简图可近似简化成一端固定的悬臂杆，对其强度进行验算。根据《钢结构设计规范》GB 50017—2003 中 4.1 节的公式进行强度计算：

抗弯强度：
$$\frac{M_x}{\gamma_x W_{nx}} \leqslant f \tag{5.2.2-2}$$

式中　M_x——绕 x 轴的弯矩；

　　　W_{nx}——对 x 轴的净截面模量；

　　　γ_x——截面塑性发展系数，按《钢结构设计规范》GB 50017—2003 表 5.2.1 采用；

　　　f——钢材的抗弯强度设计值。

抗剪强度：
$$\tau = \frac{VS}{Ib} \leqslant f_v \tag{5.2.2-3}$$

式中　V——计算截面的剪力；

　　　S——计算剪应力处以上毛截面对中和轴的面积矩；

　　　I——毛截面惯性矩；

　　　b——计算截面处的板厚；

　　　f_v——钢材的抗剪强度设计值。

折算应力：
$$\sqrt{\sigma^2 + 3\tau^2} \leqslant \beta_1 f \tag{5.2.2-4}$$

式中　σ、τ——计算高度边缘同一点上同时产生的正应力、剪应力；

　　　β——计算折算应力的强度设计值增大系数，$\beta_1 = 1.1$；

　　　f——钢材的强度设计值。

③ 焊缝的强度验算

耳杆与立杆的焊缝连接承受弯矩和剪力共同作用，计算简图近似如图 5.2.2-2。根据《钢结构设计规范》GB 50017—2003 中 7.1.3 条中的公式进行强度计算：

弯矩引起的应力：
$$\sigma_f = \frac{My}{I} \tag{5.2.2-5}$$

剪力引起的应力：
$$\tau_f = \frac{V}{A_f} \tag{5.2.2-6}$$

由 σ_f 和 τ_f 共同作用：
$$\sqrt{\left(\frac{\sigma_f}{\beta_f}\right)^2 + \tau_f^2} \leqslant f_f^w \tag{5.2.2-7}$$

式中　σ_f——由弯矩引起的应力；

　　　τ_f——由剪力引起的剪应力；

　　　M——弯矩设计值；

y——焊缝的重心位置；

I——焊缝的惯性矩；

V——剪力设计值；

A_f——焊缝的总计算面积；

f_f^w——角焊缝的强度设计值；

β_f——正面角焊缝的强度设计值增大系数：对承受静力荷载和间接承受动力荷载的结构，$\beta_f=1.22$；对直接承受动力荷载的结构，$\beta_f=1.0$。

5. 支模架顶部的梁、木楞、模板等验算

支模架顶部的梁采用型钢作为纵（横）向梁，木楞放置于型钢梁上，再上铺模板，见图5.2.2-3。根据受力情况分别对梁、木楞进行验算。

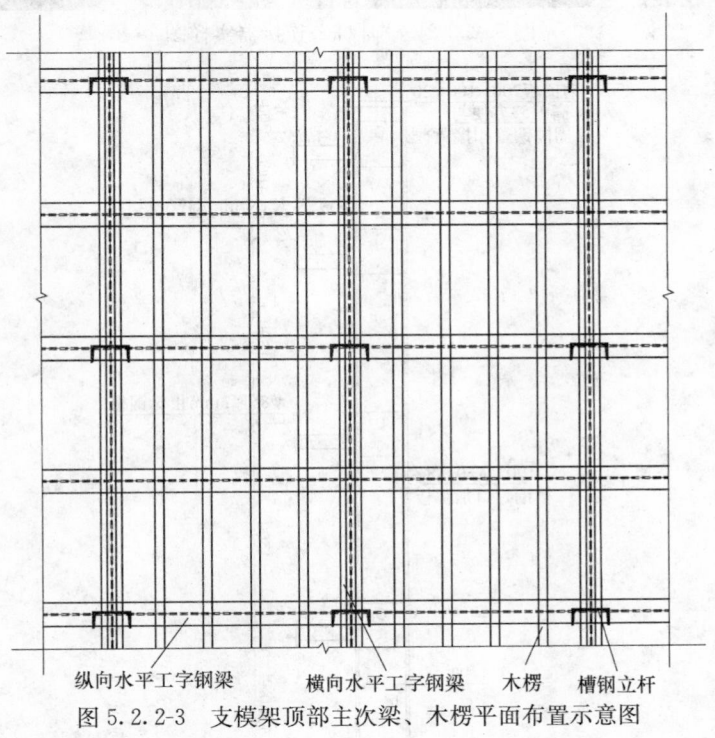

纵向水平工字钢梁　　横向水平工字钢梁　　木楞　　槽钢立杆

图 5.2.2-3　支模架顶部主次梁、木楞平面布置示意图

5.2.3　支模架体的施工

1. 材料准备

材料准备包括型钢立杆和型钢主、次梁的预制场加工，条件有限也可外委加工。型钢的现场加工图见图5.2.3-1。

型钢立杆的预制场加工具体做法：将型钢立杆按照固定步距（如步距为1.5m，即在距底端200，1700，3200，4700等位置）在型钢立杆底端、中部和上端分别焊接两根水平方向的短钢管作为耳杆，且这两根钢管竖向高差53mm，以方便与周围钢管的扣件连接。主"耳杆"与型钢采用嵌入方式连接，见图5.2.3-2。最后在型钢立杆的两端部焊接 $200\times200\times10$ 底垫板以及 $200\times100\times20$ 顶封板。型钢立杆加工图见图5.2.3-3。

型钢主、次梁的预制场加工做法是：次梁与主梁在搁置点处均须加焊肋板，保证局部翼缘稳

图 5.2.3-1　型钢立杆的现场加工图

定，该部分预先加工制备，以减少现场焊接。主梁的肋板布置示意图见图 5.2.3-4。

图 5.2.3-2 "耳杆"连接器实样图

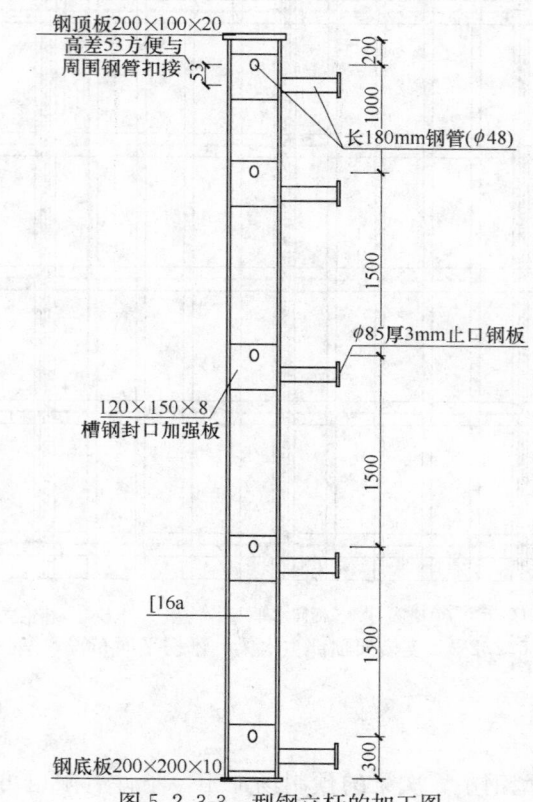

图 5.2.3-3 型钢立杆的加工图

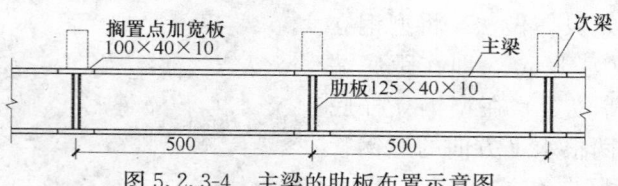

图 5.2.3-4 主梁的肋板布置示意图

2. 弹线定位

支模架搭设前按支模架搭设平面布置图所示位置弹出型钢立杆的定位线，保证安装准确到位。

3. 支模架架体的搭设

支模架的搭设包括两个部分：型钢立杆的安装和纵横水平向杆件、剪刀撑的安装。整个搭设采用逐排和逐层搭设的方法，其水平纵横向杆件、剪刀撑应紧随立杆的安装及时设置。具体做法如下：先把型钢立杆吊装入位，并在下方 200mm 高度处设置扫地杆；然后在整个支模架的每一排每一层通长连续设置水平纵横向杆件，水平纵横向杆件与型钢立杆采用扣件连接，使立杆与纵横向杆件形成一个整体；整个支模架在其外侧周边和内部采用φ48钢管设置剪刀撑，并设置与周边墙、柱的拉结，作为刚性侧向约束。立杆与水平纵横向杆件连接节点详图见图 5.2.3-5。

图 5.2.3-5　立杆与水平纵横向杆件连接节点实样

4. 支模架顶部的梁、木楞、模板的搭设

支模架顶部的梁、木楞、模板的搭设包括两个部分：先用"可调底座"调整立杆顶标高，再安装梁、木楞、模板等。具体做法如下：在型钢就位初步固定后，通过"可调底座"的调节螺栓调节型钢立杆的竖直高度，将立杆顶调至方案标高，"可调底座"的做法见图 5.2.3-6；再在上方铺设横向水平型钢梁（主梁），主梁上方铺设纵向水平型钢梁（次梁）。连接处的主次梁搭接与主梁加强示意图见图 5.2.3-7。次梁放好后，再铺设木楞，木楞上铺设模板。立杆标高调整到位后，即可在型钢立杆的底座周围围合模板，灌入早强混凝土，形成临时支座。待混凝土强度达到设计计算强度后，方可浇筑大体积混凝土。支模架的型钢支撑构造见图 5.2.3-8。

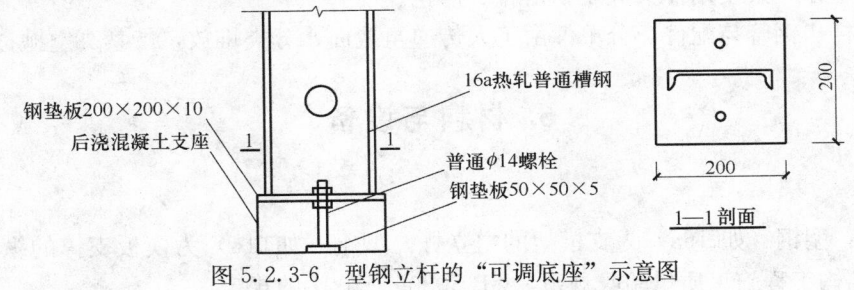

图 5.2.3-6　型钢立杆的"可调底座"示意图

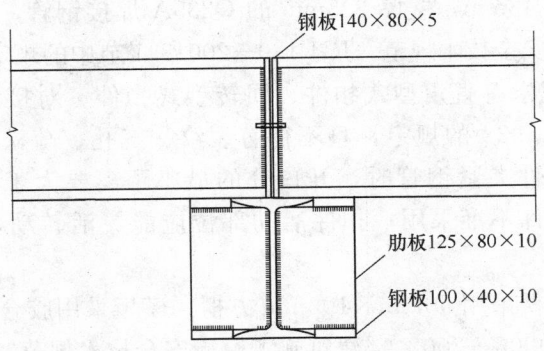

图 5.2.3-7　连接处的主次梁搭接与主梁加强示意图

5.2.4　支模架体的拆除

1. 支模架构件根据设计要求和施工工艺确定拆除步骤。

2. 在上部混凝土强度达到设计强度后拆除下部支模架。

3. 拆除支模架按先中间后四周或者先四周后中间的对称方式的原则进行。

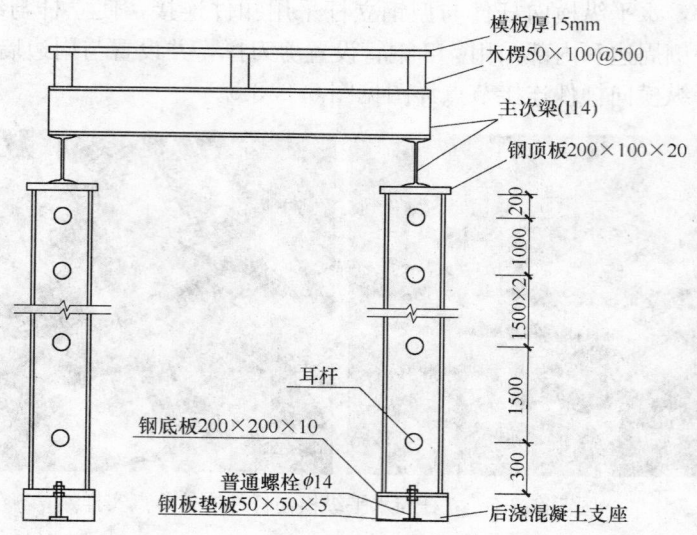

图 5.2.3-8　型钢支撑示意图

4. 支模架拆除：

1）支模架的拆除按施工方案的总体拆除顺序要求确定拆除时间；拆除时在统一指挥下，按后装先拆、先搭后拆的顺序组织拆除工作。

2）凿除"可调底座"的混凝土垫层，使支模架与板底分离，下调架体标高，而后将木楞、次梁、主梁依次拆下。

3）拆除支模架时，施工操作层铺设脚手板，工人系好安全带。

4）拆除工作中，严禁使用榔头等硬物击打、撬挖。

5）拆下的立杆、钢管与配件，分单件由工人传递至地面，分类堆放，严禁高空抛掷。

6. 材料与设备

6.1　材料

6.1.1　型钢：型钢（如[16a）为支模架的主立杆，型钢（如工14）为模板支撑的纵横向水平钢梁，其质量符合《钢结构工程施工质量验收规范》GB 50205—2001 的规定。

6.1.2　钢管：采用外径 48mm，壁厚 3.5mm 的 Q235A 焊接钢管，其质量要符合现行国家标准《建筑施工扣件式钢管脚手架安全技术规范》JGJ 130—20018.1 节中的规定。

6.1.3　扣件：扣件的规格有直角型式扣件、回转型式扣件、对接型式扣件三种，其材质应符合《钢管脚手架扣件》GB 15831 的规定，且不得有裂纹、气孔、疏松、砂眼等铸造缺陷。扣件应与钢管的贴面接触良好，扣件夹紧钢管时，开口处的最小距离要大于 5mm。凡严重锈蚀、变形、裂缝、螺栓螺纹已损坏的扣件不准采用；扣件活动部位应能灵活转动，旋转扣件的两旋转面间隙应小于 1mm。

6.1.4　木楞、模板：木楞采用 50mm×100mm 方楞，模板采用胶合板，其质量符合《木结构工程施工质量验收规范》GB 50206—2002、《建筑施工模板安全技术规范》JGJ 162—2008 的规定。

6.1.5　可调螺栓：普通螺栓 C 级，螺栓直径为 M14，钢材 Q235，其螺杆、螺帽的质量要符合国家标准规定，可采用混凝土工程对拉螺杆，两次利用。

6.2　机具设备

6.2.1　施工用的机具设备：起重机（或塔吊）、交流电焊机、扳手等。

6.2.2　检测用的仪器：水准仪、经纬仪等。

6.3 劳动力

支模架所需操作人员主要有：架子工、电焊工、电工、机操工、普工。劳动力数量根据实际工程量进行安排。架子工、电焊工、电工、机操工等特殊工种必须持证上岗。整个支模架施工过程的劳动组织安排见表6-3。

劳动力组织安排表 表6.3

序号	名称	人数安排	职责
1	工程负责人	1	全面负责
2	技术负责人	1	负责施工技术
3	施工员	1	负责工程施工
4	资料员	1	现场资料管理
5	测量员	1	现场测量、放线
6	架子工	按需	支模架搭设
7	电焊工	按需	型钢耳杆、加劲肋焊接
8	电工	1	现场用电
9	机操工	1	起重机操作

7. 质量控制

7.1 质量控制标准

7.1.1 本工法施工质量应符合《钢结构工程施工质量验收规范》GB 50205—2001 和《建筑施工扣件式钢管脚手架安全技术规范》JGJ 130—2001、《建筑施工模板安全技术规范》JGJ 162—2008 等的有关规定。模板的成型质量要符合《混凝土结构工程施工质量验收规范》GB 50204—2002 的规定。模板安装允许误差见表 7.1.1。

现浇结构模板安装的允许偏差及检验方法 表 7.1.1

项目		允许偏差(mm)	检验方法
轴线位置		5	钢尺检查
底模上表面标高		±5	水准仪或拉线、钢尺检查
截面内部尺寸	基础	±10	钢尺检查
	柱、墙、梁	+4，−5	钢尺检查
层高垂直度	不大于5m	6	经纬仪或吊线、钢尺检查
	大于5m	8	经纬仪或吊线、钢尺检查
相邻两板表面高低差		2	钢尺检查
表面平整度		5	2m靠尺和塞尺检查

注：检查轴线位置时，应沿纵、横两个方向测，并取其中的较大值。

7.2 施工质量控制措施

7.2.1 型钢焊接工程质量控制

1. 放样

放样时，必须根据工件形状、大小和钢材规格尺寸，合理进行套裁，做到合理用料，节约钢材，提高材料利用率。放样划线时，必须用尖锐的划针、尖细的石笔、细粉线。用石笔划线时，线条宽度不得大于 0.5mm，用粉线打时，线条宽度不得大于 1mm。下料划线时预留加工余量。

2. 焊条的选用

对材质为 Q345B 的材料选用 E50 型焊条，对材质为 Q235B 的材料选用 E43 型焊条。

3. 清理和检验

焊接完毕，应清理焊缝表面的溶渣，自检焊缝的外观质量，进行焊接检验。除按要求进行外观检查外，如有二类焊缝则应进行 20% 的超声检查。最后，焊接应满足《钢结构设计规范》GB 50017—2003，焊缝的外观缺陷应达到《焊缝质量等级及缺陷分级》所示标准。

4. 构件外形尺寸检查

以上内容完成后，应对构件外形尺寸作全面检查。当焊接检验合格后，应对构件由于焊接而产生变形的部位进行校正。

7.2.2 支模架体工程质量控制

1. 使用前，型钢、钢管、扣件的检验

型钢、钢管、扣件使用前，按照有关规定对型钢、钢管、扣件质量进行见证取样，送法定检测机构检测，检测批按不同厂家、不同型号和规定的批量划分，原则上型钢、钢管、扣件不少于一个检测批。

1）型钢的材质、性能及质量应符合《钢结构工程施工质量验收规范》GB 50205—2001 的规定，项目部门按规定进行检查、验收，且达到规范规定的质量要求。

2）钢管表面平直光滑，没有裂缝、结疤、分层、错位、硬弯、毛刺和深的划道，不自行对接加长，明显弯曲变形不超过《建筑施工扣件式钢管脚手架安全技术规范》JGJ 130—2001 的规定，并做好防锈处理。

3）扣件的材质应符合《钢管脚手架扣件》GB 15831 中 Q235 的规定，且不得有裂纹、气孔、疏松、砂眼等铸造缺陷。扣件应与钢管的贴面接触良好，扣件夹紧钢管时，开口处的最小距离要大于 5mm。扣件活动部位应能灵活转动，旋转扣件的两旋转面间隙应小于 1mm。扣件螺栓不出现滑丝，其拧紧扭力矩为 50～60N•m，并不小于 40 N•m。

2. 使用中，支模架架体的检验

支模架体组装完毕后，由公司组织进行下列各项内容的验收检查，办理相关手续和书面检查、验收记录。

1）按照《建筑施工扣件式钢管脚手架安全技术规范》JGJ 130—2001 和《建筑施工模板安全技术规范》JGJ 162—2008 的规定对下列几项进行验收检查：

① 杆件的设置和连接，连墙件、支撑等的构造是否符合要求；

② 地基是否积水，底座是否松动，立杆是否悬空；

③ 扣件拧紧力矩是否符合要求；

④ 安全防护措施是否符合要求；

⑤ 是否超载。

2）按照《钢结构工程施工质量验收规范》GB 50205—2001 的规定对下列几项进行验收检查：

① 对构件的外形尺寸作复查；

② 检查紧固件连接，检查承载力、构造是否符合设计要求。

8. 安 全 措 施

8.1 架体搭设人员必须是经过按现行国家标准《特种作业人员安全技术考核管理规则》GB 5306 考核合格的专业架子工。

8.2 搭设架体人员必须戴安全帽、系安全带、穿防滑鞋。

8.3 架体的构配件质量与搭设质量，应按规范的规定进行检查验收，合格后方准使用。

8.4 作业层上的施工荷载应符合设计要求，不得超载。不得将缆风绳、泵送混凝土的输送管等固定在脚手架上；严禁悬挂起重设备。

8.5 当有六级及六级以上大风和雾、雨、雪天气时应停止架体搭设与拆除作业。雨、雪后上架作业应有防滑措施，并应扫除积雪。

8.6 架体的搭设施工、安全检查与维护，应按《建筑施工扣件式钢管脚手架安全技术规范》JGJ 130—2001 第 8.2.2～8.2.5 条的规定和《建筑施工模板安全技术规范》JGJ 162—2008 第 8 章 "安全管理" 的规定进行。安全网应按有关规定搭设或拆除。

8.7 在架体使用期间，严禁拆除任何杆件。

8.8 不得在架体基础及其邻近处进行挖掘作业，否则应采取安全措施，并报主管部门批准。

8.9 在架体上进行电、气焊作业时，必须有防火措施和专人看守。

8.10 工地临时用电线路的架设及脚手架接地、避雷措施等，应按现行行业标准《施工现场临时用电安全技术规范》JGJ 46 的有关规定执行。

8.11 搭拆施工时，地面应设围栏和警戒标志，严禁非操作人员入内。

9. 环 保 措 施

9.1 学习环境保护法，执行当地环保部门的有关规定，组织环境调查，掌握环境状态。

9.2 将施工场地和作业限制在工程建设允许的范围内，合理布置、规范围挡，做到标牌清楚、齐全，各种标识醒目，施工场地整洁文明。

9.3 建立环保工作自我监控体系，采取有效措施控制人为噪声污染。

9.4 施工现场设加工区时，型钢切割等加工机械优先选用先进的环保机械，同时尽可能避免夜间施工。

9.5 模板支撑体系的材料运输车辆的车厢确保牢固、密闭化，严禁在装运过程中沿途抛、漏，工地道路用混凝土硬化，出入口设置通畅的排水设施，并派专人冲洗运输车辆轮胎，保持出入口通道的整洁。

10. 效 益 分 析

超重荷载的大面积厚板、大截面梁等结构的承重支模架采用型钢与φ48钢管组合支模架体，经过工程实践，具有良好的社会效益和经济效益。

10.1 型钢与φ48钢管组合支模架体整体构架可靠性好，承载能力大，搭设灵活，施工效率高。型钢作为立杆，充分发挥了其力学性能，提高支模架的稳定性，大大减少立杆和相应的纵横钢管、剪刀撑密度；钢管作为水平纵横向连接杆件和剪刀撑，可以减少架体的自重，现场架体安装无须焊接。

10.2 本工法取材于现场的外挑脚手型钢、钢管以及扣件，避免额外型钢材料投入，与全部采用型钢支模相比，成本大大降低。整个支模架体系采用钢管脚手架操作工艺，工艺成熟，施工周期短，安装成本低廉。拆模后，主要材料均可回收周转或用于其他分部工程，符合国家降耗减排的政策。

10.3 本工法采用型钢与φ48钢管组合支模架体，将工程施工由大量的现场工作转入预制与现场相结合，避免了发生大量、长时间的场地占用，加快了工期，使得场地易于布置，工程进度快，有利于文明施工，各种资源能较好地利用，节约了大量现场人工、材料等费用。

11. 应 用 实 例

型钢与φ48钢管组合支模工法于 2003～2004 年应用于龙泉市行政中心工程；2008 年应用于合肥市中心医院医技楼工程和乐清金世天豪大酒店工程。

11.1 合肥市中心医院医技楼工程

11.1.1 工程概况

合肥市中心医院医技楼工程位于合肥市滨湖新区徽州大道与紫云路交叉口东北角。医技楼放射机房面积 13.9m×40.96m（569m²），顶板板厚有 2.5m 和 1.3m 两种，结构层高 8.1m，结构净高 6.5m。结构混凝土 C35（密度不小于 23.5kN/m³），混凝土浇筑方量约 2400m³。放射机房的地下室平面图见图 11.1.1。

11.1.2 该工程的施工重点和难点

由于使用功能的特殊性，机房顶板厚度较大，层高较高，2.5m 厚顶板总载约 92kN/m²，因而顶板的模板支撑系统为超荷超高支模架，模板支承的强度及支撑系统的稳定尤其重要。同时方案的确定应兼顾到支模架的搭设便利、后期的拆除外运方便及减少一次性投入等因素，力求达到安全、质量、效

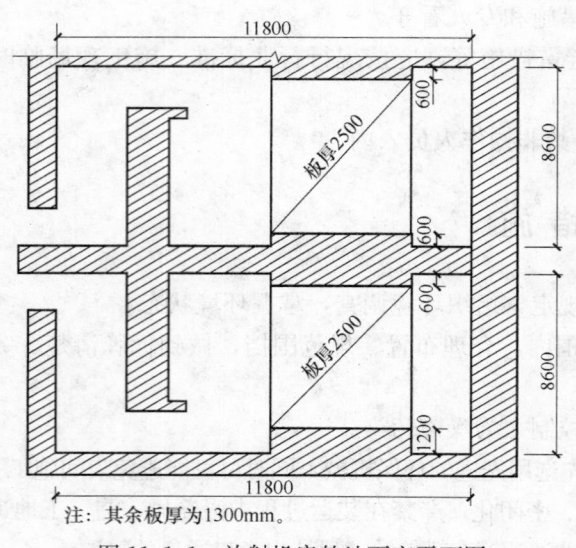

注：其余板厚为1300mm。

图11.1.1 放射机房的地下室平面图

益的最佳结合点。

11.1.3 支模架体的搭设

为保证该超厚超高支模架体系有足够的强度、刚度和稳定性，采用型钢和 φ48 钢管组合支模架体搭设，施工时间为 2008 年 5 月。采用槽[16a 作为立杆，步距 h＝1500mm（第一步为 1800mm，地面 300mm 高度处设置扫地杆），立杆纵距 1000mm，横距 1000mm。每个步距处加设纵横向的水平钢管，内部设置剪刀撑，每层高度范围内及水平间距为两个步距处设置刚性连墙件，与周边墙体顶紧，作为刚性侧向约束。支模架上部采用 I14 作为主次梁，梁上铺设 50mm×100mm 木楞，间距为 200mm，上铺 15mm 厚模板。支模架搭设平面示意图和支模架搭设现场分别见图 11.1.3-1～图 11.1.3-3。

11.1.4 施工中的监测

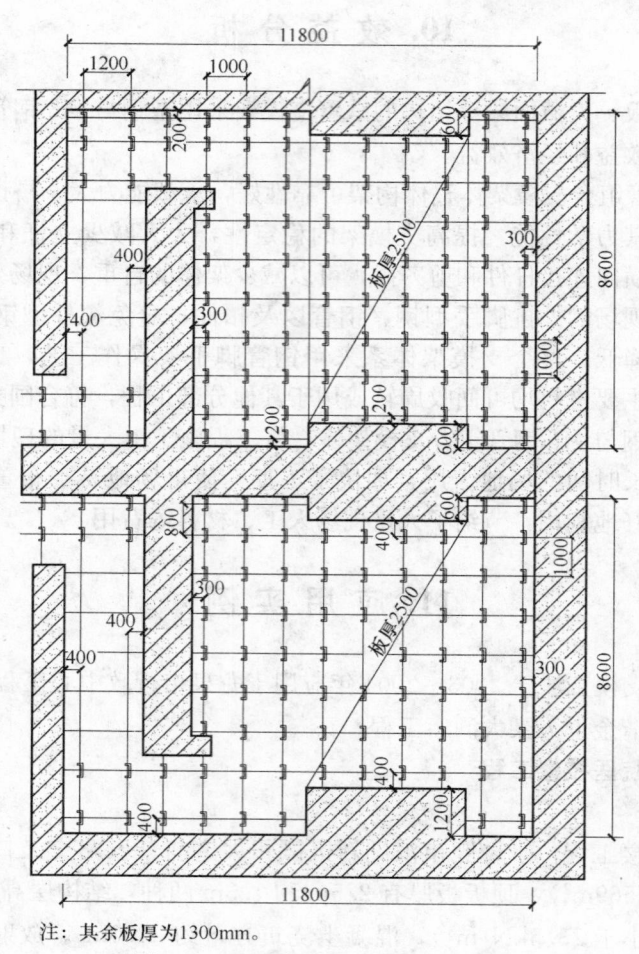

注：其余板厚为1300mm。

图11.1.3-1 支模架搭设平面示意图

施工过程中，委托有资质单位，对该支模架体系进行了监测，监测分为位移的监测和应力应变的监测。

本次监测共布置了 53 个测点，分别布置在主型钢立杆、耳杆、纵横杆以及主梁处。在顶板浇筑全过程中，对整个支模支撑系统的各种杆件的应变、挠度进行了监控，实测数据表明架体安全可靠。

11.2 乐清金世天豪大酒店工程

乐清金世天豪大酒店工程地处温州乐清市中心区 Ah-6 地块。该工程裙房四层设有一个跨度为 25.5m、总共可容纳 500 人的宴会厅，总高度为 11.5m，结构设计中采用了 4 根 650×1700～2000 的后张法预应力大梁，跨度 25.5m，梁底模板支撑架高度为 9.85m。

图 11.1.3-2 支模架搭设现场

图 11.1.3-3 合肥市中心医院医技楼工程型钢与
φ48 钢管组合支模

为使支模体系有足够的强度、刚度和稳定性，确保安全，该区域采用型钢与 φ48 钢管组合支模，型钢只布置于梁下模板支撑，施工时间为 2008 年 8 月。经计算，受力和变形都满足规范的要求，工程实施效果良好，见图 11.2。

11.3 龙泉市行政中心工程

龙泉市行政中心工程总建筑面积为 33639m²，结构形式为框架结构，该工程会议中心三楼为 450 人会议室，顶部为全空的框架梁承重结构，上部为钢筋混凝土斜屋面，支撑屋面的柱子由主梁承重。主梁尺寸为 500mm×2200mm，净高度 8.1m。

该梁截面尺寸大、高度高、跨度大，支模架搭设相当困难，梁下采用型钢与 φ48 钢管组合支模施工方法，施工时间为 2003 年 7 月，保证了支模体系的整体稳定、安全，见图 11.3。

图 11.2 乐清金世天豪大酒店工程型钢与
φ48 钢管组合支模

图 11.3 龙泉市行政中心工程型钢与
φ48 钢管组合支模

反力墙与反力台座加载孔加工与安装工法

GJEJGF052—2008

福建省九龙建设集团有限公司　福建省闽南建筑工程有限公司

林爱花　张党生　陈旗　陈文福　林彧婷

1. 前　言

工程结构实验室中，反力墙与反力台座是进行各种结构材料、结构构件和结构系统的拟静力或拟动力试验的重要设施。预埋于反力墙与反力台座混凝土中的加载孔，误差控制严格。对加载孔的加工和安装质量进行控制，将是保证反力墙与反力台座施工质量的关键。

在福州大学工程结构实验室的反力墙与反力台座加载孔加工和安装之前，公司技术中心组织技术攻关和方案论证，设计了系列专用模具，用于加载孔的加工和安装。减少了加载孔的加工和安装误差，保证了加载孔的施工质量，并形成"反力墙与反力台座加载孔加工和安装施工工法"，该工法是反力墙与反力台座施工技术国家发明专利的核心组成部分。该工法已在工程中成功应用，技术可靠，操作便利，效益明显，符合节能环保，具有推广应用价值。

2. 工法特点

2.1　该工法针对反力墙与反力台座精度要求高、误差控制严格的特点而制定。设计了系列专用模具，包括加载孔焊接成型模具、校正模具、安装模具以及配套的组合支架，用于加载孔的加工和安装。采用加载孔焊接成型模具和校正模具，能有效控制加载孔的加工误差；采用加载孔安装模具，可有效减少加载孔的安装误差。

2.2　以往多采用加载孔加工后单件安装，或者多件整体焊接并吊装就位，误差调整后，再进行钢筋和预应力筋的施工。这些施工方法难度大，返工多，效率低。本工法设计的系列专用模具，用于加载孔的加工和安装，使钢筋和预应力筋可同时交叉施工，加快了施工进度，保证了加载孔的安装质量，节约了资金和劳动力的投入。避免了以往反力墙与反力台座施工中普遍存在的施工效率低，质量保证困难的突出问题。

2.3　目前国内拟建大型反力墙与反力台座较多。本工法的成功应用，为拟建类似项目提供重要参考，具有推广应用价值。

3. 适用范围

适用于工程结构实验室中，反力墙与反力台座加载孔的加工和安装的施工。

4. 工艺原理

设计了系列专用模具，用于加载孔的加工和安装，使加载孔可成批加工和安装，显著提高加载孔的加工和安装速度，有效减少加载孔的加工和安装误差，达到确保质量，节约成本，提高效益的目的。

5. 施工工艺流程及操作要点

5.1　工艺流程

5.1.1　加载孔加工工艺流程（图5.1.1）

5.1.2 反力台座加载孔安装工艺流程（图 5.1.2）

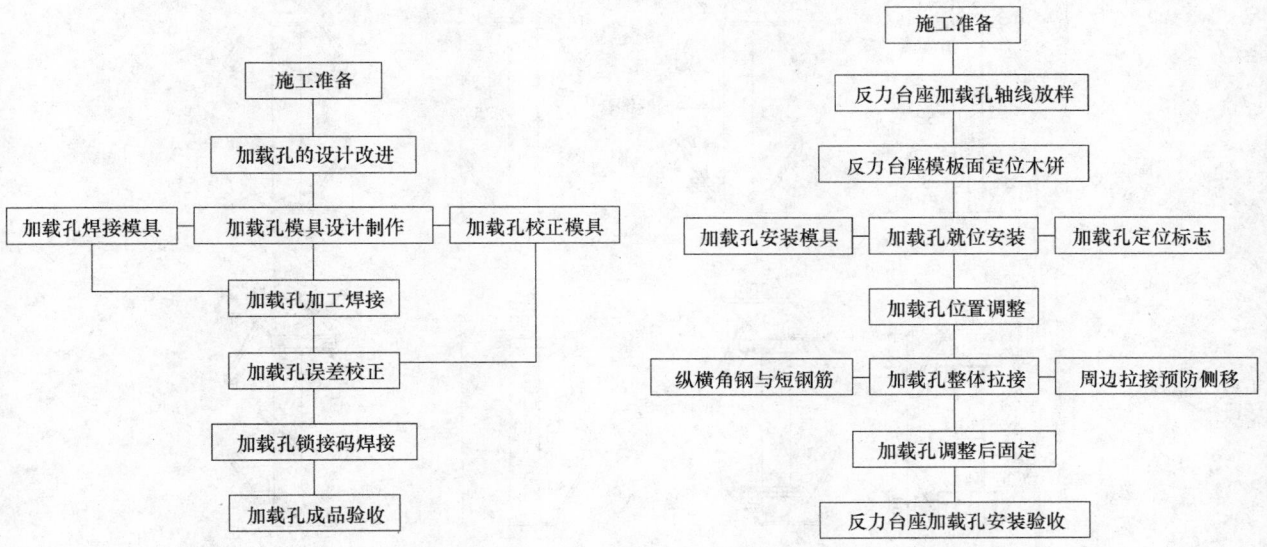

图 5.1.1　加载孔加工工艺流程　　　　图 5.1.2　反力台座加载孔安装工艺流程

5.1.3 反力墙加载孔安装工艺流程（图 5.1.3）

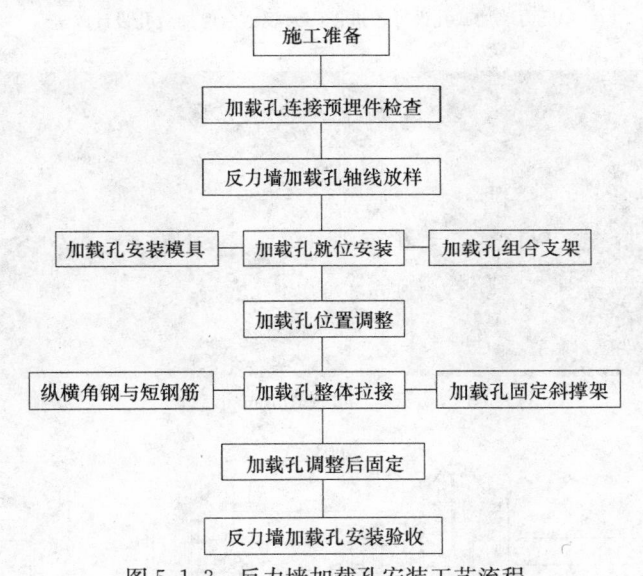

图 5.1.3　反力墙加载孔安装工艺流程

5.2　操作要点

5.2.1 反力墙与反力台座加载孔加工操作要点

1. 施工准备工作

1）在加载孔上预先焊接锁接角码，以便通过等边角钢把加载孔整体固定，减少加载孔的位移偏差，保证加载孔准确定位。

2）确定加载孔加工和安装的误差控制指标，具体要求：加载孔的长度，两端头钢板的平行度，锁接角码的相互平行或垂直度，以及加载孔中心与两端头钢板的垂直度误差均应小于 0.3mm。

3）确定加载孔焊接模具和校正模具的制作精度，具体要求：焊接模具定位卡槽的平行或垂直度误差小于 0.3mm（图 5.2.1-1）；校正模具的校正柱与校正板的垂直度误差小于 0.3mm，校正柱直径偏差小于 0.3mm（图 5.2.1-2）。

2. 加工操作要点

1）把加工好的端头钢板卡在加载孔焊接成型模具的定位槽中，旋转螺杆端头把钢板卡紧后，方可

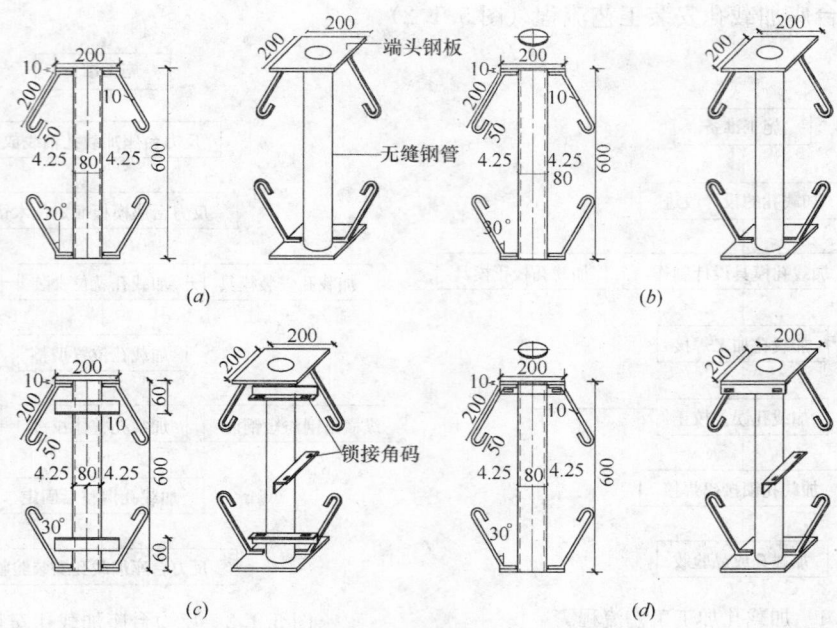

图 5.2.1-1 加载孔设计与改进示意图

(a) 反力墙加载孔设计样式；(b) 反力台座加载孔设计样式；
(c) 反力墙加载孔设计改进；(d) 反力台座加载孔设计改进

图 5.2.1-2 加载孔成品示意图

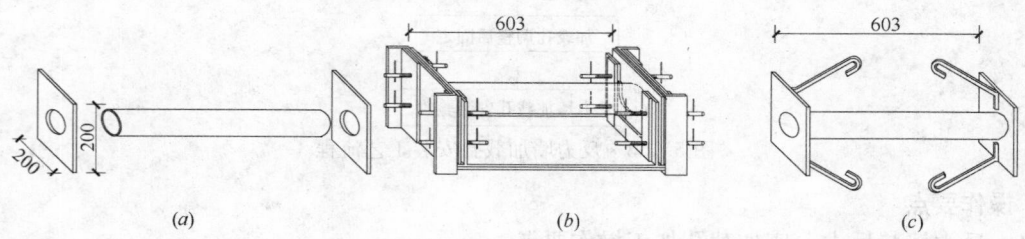

图 5.2.1-3 加载孔焊接加工

(a) 加载孔焊接前；(b) 加载孔焊接模具；(c) 加载孔焊接后

进行施焊作业。先交叉点焊定位，分多次对称焊接成型，以减少焊接变形（图 5.2.1-3）。

2）利用加载孔校正模具，对加载孔进行垂直度校正。校正作业时，要检查加载孔端头钢板与校正板之间是否紧密，如有间隙应校正，确保孔中心与两端头钢板的垂直度符合要求。最后利用车床修平端头钢板，合格的加载孔长度偏差均应小于 0.3mm（图 5.2.1-4）。

5.2.2 反力台座加载孔安装操作要点

1. 施工准备工作

1）确定反力台座加载孔安装模具的制作精度，具体要求：安装模具的平整度偏差小于 0.3mm，安装模具孔中心距离偏差小于 0.3mm，安装模具孔径误差小于 0.3mm。

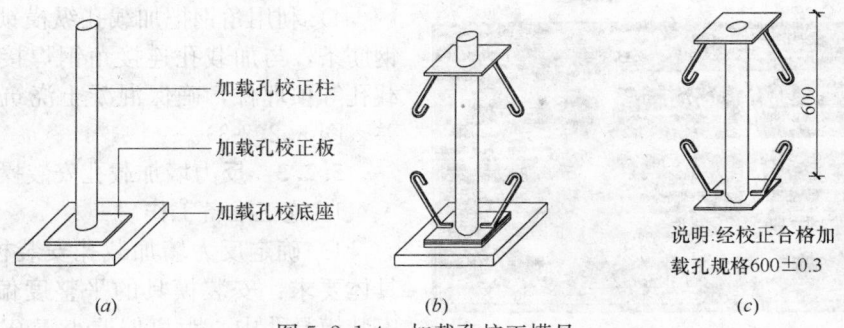

图 5.2.1-4 加载孔校正模具

(a) 加载孔校准模具；(b) 加载孔校准作业；(c) 校正后合格加载孔

2）反力台座加载孔安装前，对反力台座模板和支撑体系的强度、刚度和稳定性复核，进行荷载模拟受力试验（可采用与拟浇筑钢筋混凝土等质量的砂袋进行堆载试验，掌握反力台座模板各项控制指标在堆载的变化，为误差控制提供依据）。

2. 安装操作要点

1）进行反力台座加载孔轴线放样，加载孔定位标志设置于反力台座剪力墙位置，加载孔定位标志是安装加载孔的固定参照，也是加载孔轴线放样和复测，安装时检测加载孔的同心度和加载孔端头钢板平整度的参照（图 5.2.2-2（c））。

2）利用加载孔安装定位模具，在模板面进行木饼定位，加载孔下端卡在木饼上，可确定加载孔下端端头钢板的精确位置（图 5.2.2-1）。

图 5.2.2-1 用定位模具在模板面定位木饼

3）利用定位模具，确定加载孔上端的平整度；利用定位塞子，确定加载孔的同心度（图 5.2.2-2）。

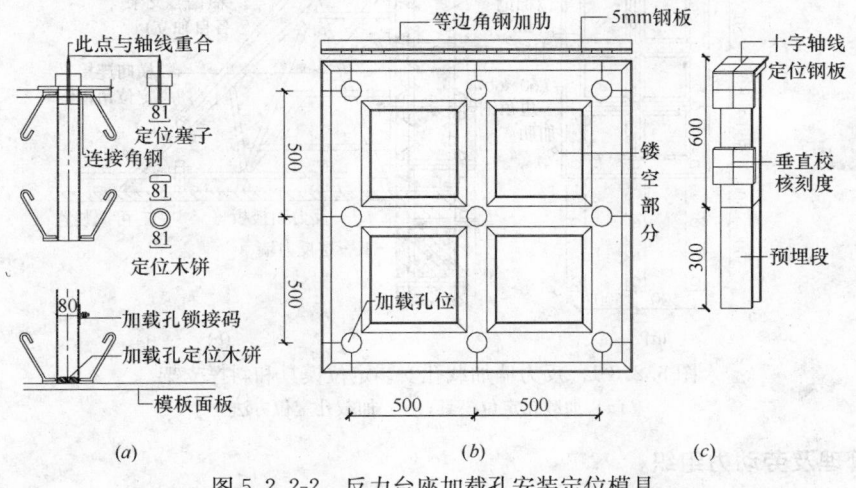

图 5.2.2-2 反力台座加载孔安装定位模具

(a) 加载孔与模板连接；(b) 加载孔定位模具；(c) 加载孔定位标志

图 5.2.2-3　反力台座加载孔安装定位模具

4）利用角钢把加载孔纵横锁接，并适当利用钢筋条，与加载孔连接角钢焊接，进一步加固加载孔等预埋件，确保混凝土浇筑过程中无位移偏差（图 5.2.2-3）。

5.2.3　反力墙加载孔安装操作要点

1. 施工准备工作

1）确定反力墙加载孔安装模具的制作精度，具体要求：安装模具的平整度偏差小于 0.3mm，安装模具孔中心距离偏差小于 0.3mm，安装定位模具孔径误差小于 0.3mm。

2）加载孔组合支架的设计、验算和制作。要求加载孔组合支架具有足够强度、刚度和稳定性；安拆方便，调校快捷。

3）按施工进度搭设反力墙加载孔安装用操作脚手架，通过加载孔设置连墙拉接点。

2. 安装操作要点

1）利用测量设备、线锤和斜撑组合支架附带可调装置配合作业，进行加载孔安装定位模具的垂直度调整，线锤应与加载孔安装定位模具上的垂直标记线重合；水平校核时，激光找平线应与水平标记线重合（见图 5.2.3-1）。加载孔安装时应从中间开始，往两边流水作业，先安装第一组加载孔，再平移安装模具，进行下一组加载孔安装。

2）加载孔定位后纵横向用角钢整体锁接，并利用钢筋条与加载孔上的锁接角码焊接。纵向角钢下端与预埋角钢焊接，上端与临时斜撑支架固定，组成上下两端固定，无转动，无侧移，具有足够强度和刚度的加载孔组合支架。经过验算的加载孔组合支架能满足模板安装的需要，在反力墙混凝土浇捣过程中不会产生位移偏差。这套组合支架用于加载孔安装，配合加载孔安装模具，用于加载孔的定位和调整；另一套组合支架用于加载孔安装之后的整体固定，以满足模板体系的受力需要（见图 5.2.3-2）。

3）加载孔安装检验合格后，方可进行反力墙的模板安装。反力墙模板通过加载孔临时固定组合支架、外侧模板可调斜撑、内侧水平可调支撑、模板内侧紧贴加载孔端头钢板、对拉螺栓的拉结等一系列措施，形成一拉一顶的整体支撑体系，保证反力墙模板的平整度、垂直度和整体稳定性（图 5.2.3-3）。

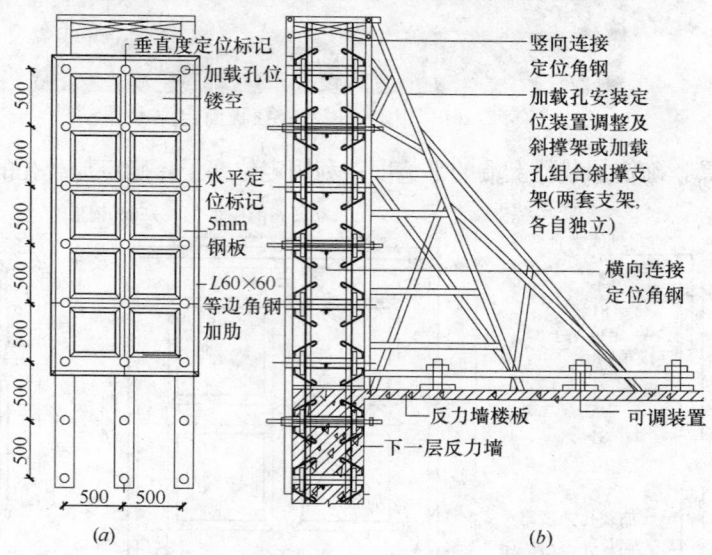

图 5.2.3-1　反力墙加载孔安装定位模具和斜撑支架
(a) 加载孔定位模具；(b) 加载孔定位方法

5.3　施工管理及劳动力组织

5.3.1　施工管理

图 5.2.3-2　反力墙加载孔安装定位模具

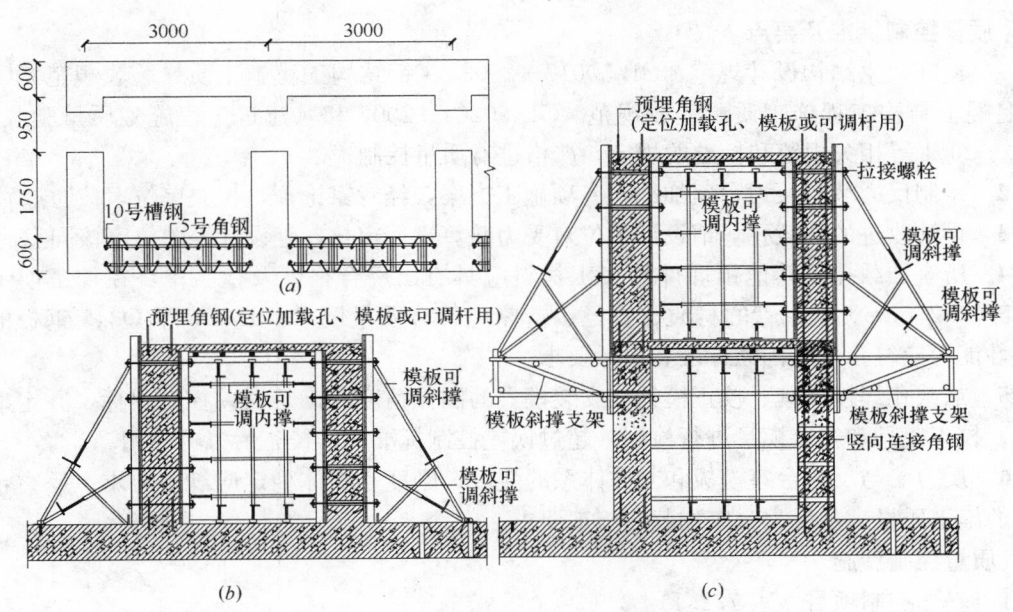

图 5.2.3-3　反力墙木模板支撑体系
(a) 反力墙剖面 (局部)；(b) 一层反力墙模板支架；(c) 二层以上反力墙模板支架

完成反力墙与反力台座加载孔的方案（包括反力墙与反力台座模板和支撑体系等配套方案）的编制、论证、审核、交底等工作。

在实施前组织专家论证，广泛征求各方意见，加强与建设、设计和监理等单位的协调配合。反力墙与反力台座加载孔的加工和安装过程，项目技术负责人应全程跟踪指导；反力墙与反力台座加载孔安装过程，应由项目经理统一指挥。

5.3.2　劳动力组织

以完成第二层 25.6m 反力墙为例，加载孔安装定位可安排 2 班从中间往两边作业，每班配备 8 名熟练钳工。其他工种各 1 班：包括架子工 6 名，钢筋工 12 名，预应力钢筋工 12 名，混凝土工 12 名，杂工 4 名，技术、施工、质量、安全的监督管理人员各 2 名。

6. 材料与设备

6.1 材料

加载孔材料主要由 $\phi88.5\times4.25mm$ 的无缝钢管，12mm 厚的 Q345 钢板，$\phi10mm$ 的钢筋等加工而成。加载孔焊接成型模具、校正模具、安装模具采用 Q345 钢板加工。模具加肋部分采用 L50×5mm 等边角钢。反力台座加载孔临时拉接采用 L50×5mm 等边角钢，反力墙加载孔临时斜撑组合支架由 $\phi48\times3.5mm$ 钢管和 L50×5mm 等边角钢组成。

6.2 机具设备（表 6.2）

主要施工机具设备表　　　　　　　　　　　　　　　　　表 6.2

序号	设备名称	用途
1	经纬仪	反力墙与反力台座测量放线
2	水准仪	反力墙与反力台座测量放线
3	铅垂仪	反力墙垂直度放线
4	车床、冲床、铣床	加载孔加工
5	电焊机、切割机、冲击钻	加载孔加工和安装
6	游标卡尺、卷尺和线锤	辅助测量和检测

7. 质量控制

7.1 质量控制标准及要点

7.1.1 遵守《钢结构设计规范》GB 50017—2003、《钢结构工程施工质量验收规范》GB 50205—2001、《混凝土结构工程施工质量验收规范》GB 50204—2002 和《建筑工程施工质量验收统一标准》GB 50300—2001 等相关规范和标准的规定，严格进行质量控制。

7.1.2 编制反力墙与反力台座加载孔专项施工方案，经专家论证，相关单位审核通过后实施。

7.1.3 设计改进的加载孔，请设计单位对受力验算进行审核，经设计等单位审核同意后实施。

7.1.4 所有加载孔及其他预埋件的加工材料应具有出厂合格证及检验单，在加工前组织质量验收。$\phi88.5\times4.25mm$ 无缝钢管的材质、直径、壁厚应符合质量要求；12mm 厚 Q345 钢板的品种、规格，焊接性能等应符合现行国家标准和设计要求。

7.1.5 加载孔焊接模具、校正模具和安装模具的制作精度应满足误差控制目标，并定期对加载孔焊接模具、校正模具和安装模具进行检测，超过误差控制标准的，校正后方可使用。

7.1.6 反力墙与反力台座模板和支撑体系的强度、刚度和整体稳定应满足要求。反力台座模板和支撑体系的施工质量满足反力台座加载孔施工要求。

7.2 质量控制措施

7.2.1 基本控制项目（表 7.2.1）

质量检查的基本控制项目表　　　　　　　　　　　　表 7.2.1

控制项目	质量要求	检验方法
反力台座加载孔上部端头钢板平整度	≤1.5mm	2m 靠尺
反力墙加载孔正面端头钢板平整度	≤1.5mm	2m 靠尺
反力台座平整度	平整度误差≤2.5mm	2m 靠尺
反力墙垂直度	15m 高渐变误差≤10mm	线锤、铅垂仪
加载孔轴线偏差	≤1.5mm	通线

7.2.2 偏差控制项目（表 7.2.2）

现场安装检查的偏差控制项目表　　　　　　　　　　表 7.2.2

项目	允许偏差（mm）	检验方法
加载孔成品	各种指标≤0.5mm	游标卡尺、直尺、三角板
安装模具	各种指标≤0.3mm	游标卡尺、直尺、三角板
组合支架	各种指标≤0.5mm	全站仪、铅锤仪、线锤

8. 安 全 措 施

8.1 贯彻"安全第一，预防为主"的安全控制方针；杜绝生产过程中的安全事故，保证人员健康安全和财产免受损失。

8.2 严格按照各项安全法规、《施工现场临时用电安全技术规范安全技术规范》JGJ 46、《建筑机械使用安全技术规程》JGJ 33 安全技术规程的规定组织施工，施工前应编制有针对性的应急预案。

8.3 对作业人员进行安全知识教育，做好安全技术交底，掌握安全操作规程，严禁违章作业。

8.4 施工现场临时用电采用 TN-S 接零保护系统，严格要求使用五芯电缆配电，系统采用"三级配电两级保护"，实行"一机一闸一漏一箱"制度，配电箱进出线设在配电箱下端。

8.5 高处施工作业前，检查安全设施是否牢靠；所用工具材料严禁投掷，确保施工安全。

9. 环 保 措 施

9.1 严格执行《建筑施工现场环境与卫生标准》等规范的绿色施工要求，建立健全工作制度：每星期召开一次"施工现场环境保护"工作例会，总结前一阶段的施工现场环境保护管理情况，布置下一阶段的施工现场环境保护管理工作。建立并执行施工现场环境保护管理检查制度。

9.2 每星期组织一次由文明施工和环境保护管理负责人参加的联合检查，对检查中所发现的问题，开出"隐患问题通知单"，各施工班组在收到"隐患问题通知单"后，应根据具体情况，定时间、定人、定措施予以解决，项目部有关部门将监督落实问题的解决情况。

9.3 防止施工噪声污染施工现场提倡文明施工，建立健全控制人为噪声的管理制度。避免人为的大声喧哗，增强全体施工人员防噪声扰民的自觉意识。选用低噪声或备有消声降噪设备的施工机械。

9.4 废弃物管理施工现场设立专门的废弃物临时储存场地，废弃物应分类存放，对有可能造成二次污染的废弃物必须单独储存，设置安全防范措施且有醒目标识。废弃物的运输确保不散撒、不混放，送到政府批准的单位或场所进行处理、消纳，对可回收的废弃物做到再回收利用。

9.5 严格遵守社会公德、职业道德和职业纪律，妥善处理周围的公共关系，与工地周边的有关社区单位搞好合作，积极开展共建文明活动，树立良好形象。

10. 效 益 分 析

预埋于反力墙与反力台座混凝土中的加载孔数量多，福州大学工程结构实验室的反力墙与反力台座加载孔共计 3000 多套，加载孔预埋间距均为 500mm。以往多采用加载孔加工后单件安装，或者焊接组合成整体后吊装就位，再进行钢筋和预应力筋的施工，这些方法易造成工期拖延，人工、材料和机械等综合费用的增加，质量控制难度大。使用加载孔焊接成型模具、校正模具和加载孔安装模具后，加载孔可成批的加工和安装，精度好、效率高。设计制作加载孔加工和安装的系列模具，一次性投入的费用小于使用模具所节约的人工、材料和机械等综合费用，经济效益显著。

目前国内拟建反力墙与反力台座较多。本工法的成功应用，为拟建类似项目提供重要参考，具有推广应用价值。

11. 应 用 实 例

11.1 工程实例

福州大学工程结构实验室，建筑面积 5670m²，是目前国内已投入使用的规模最大的工程结构实验室之一。其中的反力墙分长度为25.6m和12.6m两部分，高度均为15m的空腹结构。预埋于反力墙混凝土中的加载孔1798个，单孔最大水平推力为5000kN；预埋于反力台座混凝土中的加载孔1216个，单孔抗拔能力为5000kN。

11.2 施工情况

通过设计制作系列模具，使加载孔可成批的加工和安装。反力墙加载孔从中间安装，先安装好第一组加载孔后，平移加载孔安装模具，往两边流水作业。在施工过程中及时总结经验，改进施工工艺，提高了加工和安装质量，加快了施工进度。

11.3 施工评价

在福州大学反力墙与反力台座加载孔施工管理过程中，由于较好的控制了加载孔的加工和安装质量，使反力墙与反力台座的表面平整度误差小于1.5mm；反力墙（15m高）垂直度偏差小于10mm；加载孔同心度误差小于1.5mm，加载孔轴线偏差小于1.5mm，满足了设计和使用要求，实现了误差控制目标，并取得了较好的技术效益、经济效益和社会效益（图11.3）。

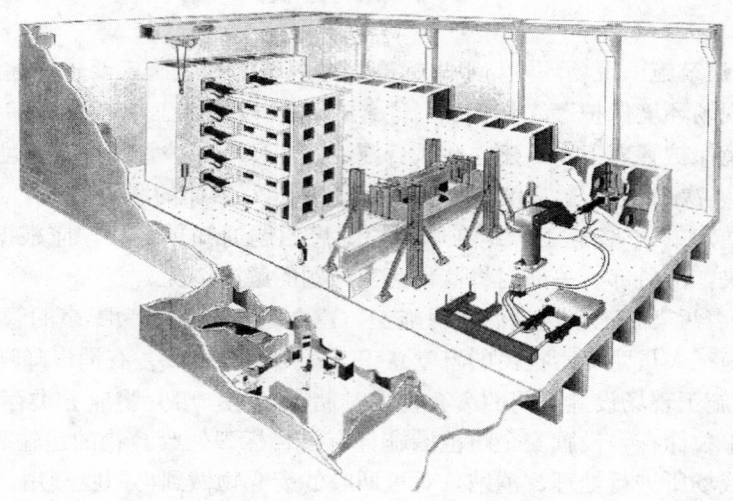

图11.3 结构实验室（试验中的反力墙与反力台座）

纤维石膏空心大板复合墙体结构体系施工工法
GJEJGF053—2008

山东省建设建工（集团）有限责任公司

烟建集团有限公司

田杰　黄启政　陶敬生　黄兴桥

孙国春

1. 前　　言

随着近年来国家对墙体材料改革步伐的不断加快，以实心黏土砖为主要建筑材料的城市建设时代已经结束，按照建设节约型社会、大力推广"四节一环保"的绿色施工做法，走可持续发展之路，取而代之的将是以各种轻质、高强、节能为主的新型墙体材料。这些新型墙体材料正在向大型化、标准化、工业化、多功能化的方向发展，生产和应用技术不断更新，产品结构更加趋于合理。以石膏为主体的绿色建材也越来越受到建筑业的关注。

山东建工集团为适应国家墙体改革需要，在国内建筑市场广泛深入调研的基础上，从澳大利亚引进了以石膏为主要原材料的纤维石膏空心大板生产线，并联合山东建筑大学进行了科技创新和技术攻关，在纤维石膏空心大板（12000×3000×120）孔腔内全部灌注免振捣自密实细石混凝土，通过钢筋与圈梁连接成一个整体，形成纤维石膏空心大板复合墙体结构体系，承受整个建筑的荷载。这一研究课题已于2006年8月通过了山东省建设厅组织的专家鉴定，认定该成果处于国内领先水平，并被山东省建设厅批准为地方技术导则在全省推广。由该课题形成的纤维石膏空心大板复合墙体结构体系的施工工法2007年被评为山东省省工法，该工法技术先进，具有明显的社会效益和经济效益。

2. 工法特点

2.1 该体系采用大板安装，施工速度快，墙面接缝少，裂缝少。

2.2 由于大板为工厂化生产，施工现场湿作业少，建筑垃圾少，施工现场清洁、文明。

2.3 纤维石膏空心大板空腔内采用免振捣混凝土，无噪声、节能环保。

2.4 墙体与现浇楼板采用同一内脚手架，既减少了工序穿插，又避免了在墙体上打孔留眼，从而提高施工速度、加快了工期，更好的保证墙体工程质量。

3. 适用范围

该体系适用于层高不大于3.6m、建筑高度不大于22m、层数不大于6层、抗震设防不大于8度的建筑工程。

4. 工艺原理

以纤维石膏空心大板为墙体的基本构件，在其空腔内浇筑免振捣细石混凝土，同时在与楼地面相交处设以构造钢筋相连，从而形成墙体承重构件。纤维石膏空心大板作为墙体的一部分，既充当了墙体混凝土的模板，又充当墙体装饰面层。所以，墙板的施工是本工法的重点。

5. 施工工艺流程及操作要点

5.1 施工工艺流程（图 5.1）

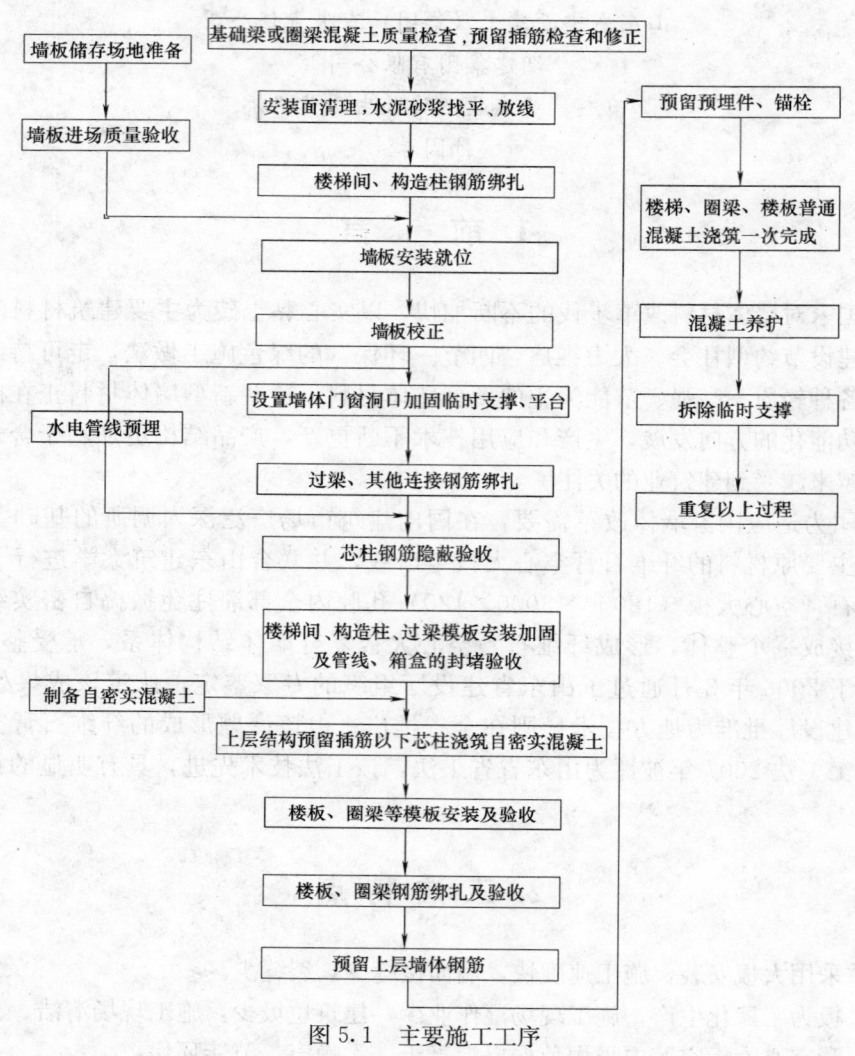

图 5.1 主要施工工序

5.2 操作要点

5.2.1 纤维石膏空心大板安装

墙板安装前先要复核墙体边线尺寸，门窗洞口位置等；检查混凝土基层表面平整度及界面清理情况；核对插筋的规格、尺寸、位置以及墙板的编号等内容。

墙板吊装时，每个小组配置一个吊装机器、一套吊装工具，指挥1人、安装夹具2人、固定校正墙板4人，共7个工人。吊装时按事先安排好的顺序进行，后台的两人先用吊装工具——提拉夹将速成墙板夹住，当风力在四级以上时用安全带固定；墙板吊起后直接落到安装位置上方10cm时先停一下，对墙板进行精确定位后，对安装工程的管、线、盒等时行保护后再缓缓下落。墙板的边缘要与弹线重合，同时校合门窗口的位置，特别是外墙洞口竖向对齐。要检查垂直度，符合要求后利用内脚手架固定墙板，松开提拉夹吊装下一块墙板。外墙洞口上下偏移量、墙面垂直、平整度等项目应按装饰工程质量标准进行检验。固定墙板时，每块墙板至少有两个加固点，长度超过8m时再增加一个固定点，固定墙板可以直接用脚手架的水平杆，钢管与墙板加一块垫板，防止破坏墙板。

墙板安装工程应符合表 5.2.1 的规定。

墙板安装允许偏差 表 5.2.1

项次	项目	允许偏差(mm)	检验方法
1	垂直度	2	用 2m 工程质量检测尺
2	阴阳角方正	2	用直角检测尺
3	接缝高低差	1.5	用直角检测尺
4	表面平整	3	用 2m 工程质量检测尺
5	轴线位移	3	钢尺检测
6	标高	4	水准仪

5.2.2 模板安装

纤维石膏空心大板安装完成后，先将门窗洞口切割出来，然后把洞口两侧及顶面、墙板相交处以及墙板根部进行模板支护处理。由于墙体浇筑免振捣混凝土，模板受到的侧压力较小，所以洞口支护较为简单，加上档板和支撑即可；速成墙板的根部可以在浇筑混凝土前用 1：2 水泥砂浆将缝隙填死。本工法中模板安装的重点在墙板相交处的节点以及圈梁模板。模板加固太紧易损坏墙板边缘，松了又会导致墙板外涨。

墙体模板安装完成后可直接进行现浇板的模板安装，这与砖混等结构施工顺序不同，但施工方法相同，这里就不在叙述。

5.2.3 填充墙板空腔混凝土

墙板空腔内应浇筑免振捣细石混凝土，按照设计要求其配合比必须由试验室配制，采用 5～10mm 石子，坍落度宜为 18～22cm。

墙板空腔内的混凝土应分两次浇筑，第一次浇至 1.2m 左右高度，在没达到初凝时再浇筑上半部分。由于混凝土从高处下落时会产生很大的侧压力，所以在浇筑混凝土时，严禁将料斗内混凝土直接倾倒到墙板空腔内，另外应安排专门人员用橡皮锤轻击墙板表面检查是否有气堵等混凝土不密实现象，同时观察墙板是否有鼓胀现象情况。

混凝土浇筑完成后，表面应进行压实，在混凝土初凝前根据上一层墙板的安装情况进行插筋。插筋不能太早，否则钢筋会下沉位置偏移。

5.3 劳动力组织（表 5.3）

劳动力组织情况表 表 5.3

序号	单项工程	所需人数	备注
1	管理人员	6	
2	技术人员	3	
3	墙板安装人员	7	
4	钢筋工	20	
5	模板工	30	
6	混凝土工	10	
7	杂工	5	
	合计	81	

6. 材料与设备

6.1 本工法采用纤维石膏空心大板为基本构件，其他材料同框架或剪力墙结构。

6.2 主要机具、设备见表 6.2。

主要机具、设备表 表 6.2

序号	设备名称	规格型号	数量	备注
1	塔机	QT30	2 台	
2	对焊机	UN-100	1 台	
3	输送泵	HB-801	1 台	
4	切断机	GJ5Y-32	1 台	

续表

序号	设备名称	规格型号	数量	备注
5	弯曲机	GJ7-40	1台	
6	圆盘锯	MJ104	1台	
7	平刨机	MB503	2台	
8	电焊机	BX-300	2台	
9	振动棒	HZ-50	2个	
10	切割机		1台	
11	吊装夹具		1个	

7. 质量控制

7.1 工程质量控制标准

7.1.1 墙板的外观质量应符合表7.1.1的规定。

墙板外观质量规定 表7.1.1

项次	项目	质量要求
1	外表面平整度	3mm
2	缺棱（长不大于50mm，深不大于10mm）	不超过3处
3	掉角（不大于50mm×50mm）	不超过3处
4	空腔凸鼓、缺损	无缺损
5	空腔错位	不大于8mm

7.1.2 墙板的几何尺寸允许偏差应符合表7.1.2的规定。

纤维石膏空心大板几何尺寸允许偏差 表7.1.2

项次	项目		允许偏差（mm）
1	截面尺寸	长度	±10
2		宽度	±3
3		厚度	±3
4	侧向弯曲		$L/2000$ 且 $\leqslant 15$，L 为单块板长度

7.1.3 墙板安装的允许偏差应符合表5.2.1的规定。

7.1.4 自密实混凝土的配合比设计、施工应符合国家规范和相关标准的规定。

7.2 质量保证措施

7.2.1 墙板出厂前要对其进行质量检验，不合格的产品不得运至施工现场。材料进场后，现场要检验其合格证及尺寸规格，合格后存放到指定场地。

7.2.2 墙板存放场要有排水防雨措施。

7.2.3 墙板吊装要要注意保护墙板，避免与固定好的墙板或脚手架等坚硬物体碰撞。

7.2.4 加固墙板用的木方表面刨光，圈梁模板所用竹胶板要保证表面不得有翘、变形等缺陷。

7.2.5 浇筑墙板空腔内混凝土时，要派专人检查自密实混凝土的各项指标，对门窗洞口等侧面混凝土的密实性要加强检查。

7.2.6 墙板空腔内混凝土浇筑完成后应根据下一层墙板布置情况及时插筋。

8. 安全措施

8.1 认真贯彻"安全第一，预防为主"的方针，根据国家有关规定、条例，结合施工单位实际情况和工程的具体特点，组成专职安全员和班组兼职安全员以及工地安全用电负责人参加的安全生产管理网络，执行安全生产责任制，明确各级人员的职责，抓好工程的安全生产。

8.2 施工现场按符合防火、防风、防雷、防洪、防触电等安全规定及安全施工要求进行布置，并完善布置各种安全标识。

8.3 各类房屋、库房、料场等的消防安全距离做到符合公安部门的规定，室内不得堆放易燃品；严格做到不在木工加工场、料库等处吸烟；随时清除现场的易燃杂物；不在有火种的场所或其近旁堆放生产物资。

8.4 脚手架的搭拆必须符合规定要求，脚手板要铺满、绑牢，不得超载，拆模板、脚手架时，应用专人监护，并设警戒标志。

8.5 施工现场的临时用电严格按照《施工现场临时用电安全技术规范》JGJ 46—2005 的有关规范规定执行。

8.6 电缆线路应采用"三相五线"接线方式，电气设备和电气线路必须绝缘。

9. 环 保 措 施

9.1 成立对应施工环境卫生管理机构，在工程施工过程中严格遵守国家和地方政府下发的有关环境保护的法律、法规和规章制度，加强对工程材料、设备、废水、生产生活垃圾、弃渣的控制和治理，遵守有防火及废弃物处理的规章制度，做好交通环境疏导，充分满足便民要求，认直接受相关单位的监督检查。

9.2 将施工场地和作业限制在工程建设允许的范围内，合理布置、规范围挡，做到标牌清楚、齐全，各种标识醒目，施工场地整洁文明。

9.3 设立专用排水设施，对生产、生活产生的废水、废液做好无害化处理后排放。

9.4 定期清理固体废弃物，墙体下脚料要运回工厂做回收利用。

9.5 采取有效地降低施工噪声措施，同时避免在雨雾天气间施工。

9.6 对施工场地道路进行硬化，并在晴天经常对施工道路进行洒水，防止尘土飞扬，污染周围环境。

10. 效 益 分 析

10.1 该体系的主要构件——纤维石膏空心大板是以石膏为主体的墙体材料，而石膏可回收循环使用，是公认的绿色建材。我国石膏资源为世界之最，尤其是化学石膏（工业脱硫石膏、磷石膏等）的大量堆放，不仅占用土地，而且污染环境。无论从生态建筑、环境保护、节约土地的角度，还是以资源开发和化学石膏变废为宝的综合利用来看，该墙体都是一种应该大力发展的绿色建材，是替代黏土砖和大体积砌块的理想墙材。

10.2 该石膏墙材的最终水化物是二水硫酸钙（$CaSO_4 \cdot 2H_2O$），遇到火灾时，只有等其中的两个结晶水全部分解完毕后，温度才能从其分解温度 140℃ 的基础上继续上升。分解过程中产生的大量水蒸气幕对火焰的蔓延还起着阻隔的作用。根据试验结果，二水硫酸钙中结晶水的分解速度约为每 6mm 厚 15min，可见其耐火性能特别优越。此外，石膏建材的多孔结构赋予了它一定的柔韧性，使其高温下的热胀、冷缩小，在火灾中不易崩裂、坍塌。

10.3 该墙板具有可呼吸功能，这来源于石膏的多孔性。这些孔隙在室内湿度大时，可将水分吸入；反之，室内湿度小时又可将孔隙中的水分释放出来，自动调节室内湿度，使人感到舒适。

10.4 轻质高强、大板安装，施工便捷；表面平整、无需抹灰，大大减少湿作业，减少施工工序，改善文明施工程度。

10.5 墙体厚度为 120mm，与其他类型建筑相比可减少结构面积约 60%，社会效益和经济效益可观。

10.6 墙体加固与现浇板支撑采用同一脚手架，避免了重复施工。

10.7 墙板空腔内可安装管线，减少墙体的剔凿及二次填补，缩减工序、避免污染。

10.8 工厂化生产切割、工地现场机械化拼装，从而节省劳动力，降低劳动强度，提高了施工速度，有力地推动了建筑产业化进程。

11. 应 用 实 例

11.1 天津康华里住宅楼

11.1.1 工程概况

工程建筑面积约 3800m²，地上 6 层，层高 3.1 米，建筑总高度 19.95m。条形基础，纤维石膏空心大板空腔内填充 C25 免振捣细石混凝土作为竖向承重墙体，C25 现浇混凝土楼板。

装饰工程采用初装修，塑钢窗、木门，水泥地面。

11.1.2 施工情况

本工程墙板吊装采用专业吊装队伍，吊装速度约 700m²/台班。采用 1 台塔吊进行吊装作业；墙体空腔及现浇楼板均采用商品混凝土。

工程于 2005 年 1 月开工，2005 年 11 月竣工，总工期为 310d，其中主体工程历时 50d。

11.1.3 工程检验

在进行装饰施工前，施工、监理及有关单位对主体工程进行初步验收，墙体表面观感较好，尺寸偏差项目实测值达到一般抹灰标准。墙体空腔内混凝土密实，回弹强度达到 C25 以上，符合设计要求。

11.2 青岛市北胶州湾新产业基地—服务中心（办公区）

11.2.1 工程概况

工程建筑面积约 5100m²，地上 3 层，层高 3.3m，建筑总高度 11.4m。条形基础，纤维石膏空心大板空腔内填充 C25 免振捣细石混凝土作为竖向承重墙体，C20 现浇混凝土楼板。

11.2.2 施工情况

本工程墙板吊装采用专业吊装队伍，吊装速度约 800m²/台班。由于施工面积较大，采用两台塔吊进行吊装作业；墙体空腔内及现浇楼板均采用商品混凝土。

主体工程于 2006 年 6 月 10 日开始，于 2006 年 7 月 15 日结束，历时 35d。

11.2.3 工程检验

在进行装饰施工前，施工、监理及有关单位对主体工程进行初步验收，墙体表面观感较好，尺寸偏差项目实测值达到一般抹灰标准。墙体空腔内混凝土密实，回弹强度达到 C25 以上，符合设计要求。经质检站、设计院、监理及建设单位综合验收，工程达到主体优质标准。

11.3 山东建工工业园别墅工程

11.3.1 工程概况

该项目为纤维石膏空心大板复合墙体结构体系推广应用示范工程，由两座单体别墅组成，总建筑面积约 700m²，地上 2 层，层高 3.0m，建筑总高度 6.75m。条形基础，纤维石膏空心大板空腔内填充 C25 免振捣细石混凝土作为竖向承重墙体，C20 现浇混凝土楼板。

工程采用精装修，塑钢窗、实木免漆门；高档磁砖地面、大理石串边；橱房及卫生间墙面贴 200×300 内墙砖至顶棚；外墙采用聚苯板薄抹灰保温系统，刷外墙胶漆，阳角粘贴蘑菇石护角。

11.3.2 施工情况

本工程墙板吊装采用专业吊装队伍，吊装速度约 800m²/台班。采用汽车吊进行吊装作业；墙体空腔内及现浇楼板均采用商品混凝土。

工程于 2006 年 10 月开工，2007 年 5 月竣工，历时 220d。其中主体工程于 10 月 20 日开始，于 11 月 10 日结束，历时 21d。

11.3.3 工程检验

在进行装饰施工前，施工、监理及有关单位对主体工程进行验收，墙体表面观感较好，尺寸偏差项目实测值达到一般抹灰标准。墙体空腔内混凝土密实，回弹强度达到 C25 以上，符合设计要求。

玻璃钢外模异型混凝土结构施工工法

GJEJGF054—2008

河南省第一建筑工程集团有限责任公司

河南国基建设集团有限公司

胡伦坚 王虎 王明远 周忠义 江学成

1. 前　言

现代建筑造型趋向于美观和复杂，设计中经常出现大型异型现浇混凝土结构构件。如河南省体育中心体育场工程计分牌为现浇混凝土结构，形似半个切开的橄榄立起放置，采用钢骨混凝土骨架，外壳为 80mm 厚清水混凝土外涂金属氟碳漆装饰，结构外形要求模板为立体弧面，曲面空间定位复杂。采用普通的钢、木模板无法完成计分牌三维曲面外壳的混凝土成型。

玻璃钢外模异型混凝土结构施工工法是一种采用玻璃钢模板作为异型混凝土结构外模，普通胶合板作内模的施工方法。该项技术由河南省第一建筑工程集团有限责任公司研究开发，并首先应用于河南省体育场橄榄形计分牌施工。采用此项技术的"河南省体育场施工技术研究"于 2003 年 7 月由河南省科学技术厅组织鉴定，鉴定意见认为具有国内同类施工技术领先水平。采用此项技术的"玻璃钢外模异型混凝土结构施工技术"于 2005 年 6 月由河南省科学技术厅组织鉴定，鉴定意见认为该项技术居国内领先水平。采用该技术的"河南省体育中心体育场工程"项目获郑州市人民政府颁发的郑州市科技进步二等奖和河南省人民政府颁发的河南省科学技术进步二等奖，并通过了建设部科技示范工程验收。"河南省体育场施工技术研究"获河南省建设厅颁发的 2004 年河南省科学技术进步一等奖，又获 2005 年华夏建设科学技术三等奖。

工法关键技术已申请发明专利"大型异型混凝土壳体玻璃钢外模的成型方法"（专利号：200810049552.6）和"混凝土大型异型薄壳结构体的施工方法"（专利号：200810049551.1），其中"大型异型混凝土壳体玻璃钢外模的成型方法"已被授予发明专利权。

河南省第一建筑工程集团有限责任公司根据施工经验编制本工法，工法已于 2007 年被评为河南省省级工法。

2. 工 法 特 点

工法能有效解决施工图只给定了异型混凝土结构的控制尺寸、没有给出异型混凝土结构外部各点的空间坐标和控制方程，从而给模板制作和支设带来的困难，确保异型混凝土结构外形光滑圆顺，保证了异型混凝土结构的外观效果。与传统模板工艺相比，本工法可降低外模板制作费用 20%～30%，经济效益显著。采用本工法施工异型混凝土结构，具有工效高和浇筑成型的构件表面光滑整洁等特点，能完成异型混凝土结构三维曲面外壳的混凝土成型，可顺利解决异型混凝土结构无法用钢、木模板成型达到设计要求的施工难题。

3. 适 用 范 围

本工法适用于大型三维空间异型混凝土结构的施工。

4. 工艺原理

该项技术中玻璃钢外模是利用不饱和聚酯树脂和玻璃丝布，按照拟浇筑构件外形胎模成型的分块组装模板。遵循施工中现场放样和方便施工的思想，在施工现场按设计给定尺寸制作 1：1 土质胎模，做到表面修整成型好的胎模与异型混凝土结构外形控制尺寸吻合，并经设计确认后现场制作玻璃钢外模。按外模支设部位，在胎模表面用玻璃丝布和不饱和聚酯树脂分层铺贴成型外模面层，技术处理后将型钢骨架包裹，形成玻璃钢外模。采用胎模成型的玻璃钢外模板吊装后定位分块组装，完成异型混凝土结构三维曲面外壳的混凝土成型。通过在异型混凝土结构外部混凝土中掺加水泥基防水材料并特别注意了相容性问题，有效解决了异型混凝土结构外壳抗渗漏的难点。

5. 施工工艺流程及操作要点

5.1 施工工艺流程

模板设计→胎模成型→玻璃钢外模制作→异型混凝土结构模架搭设→玻璃钢外模就位固定→结构钢筋绑扎→内模支设→异型结构混凝土浇筑→混凝土养护→拆除模板→表面装饰→模架拆除。

5.2 操作要点

5.2.1 模板设计

模板设计的目的是确定合理的模板构成和支设方案。

支设方案应包括：模架搭设方法，外模支设部位和方法，内模支设部位、顺序和方法（图 5.2.1 是一个空间曲面的模板支设方案）。

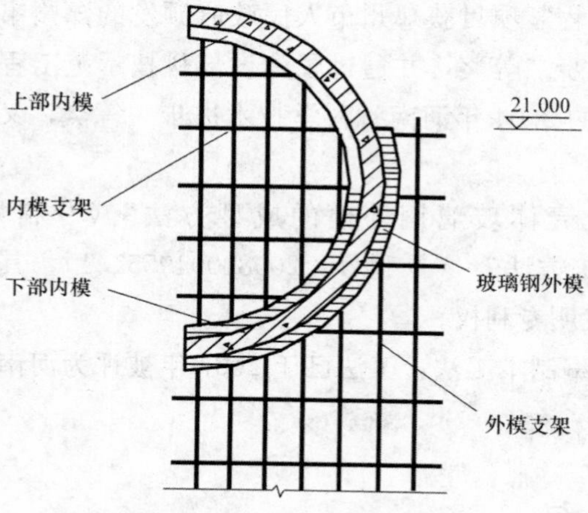

图 5.2.1 模板支设示意图

内、外模板的板面厚度、骨架规格、间距应根据受力情况进行设计。

5.2.2 胎模成型

在现场按施工图给定的异型混凝土结构外形控制尺寸做出 1：1 的土胎模，土胎模表面用 120 砖平铺一层，然后用 1：2 水泥砂浆粉光，表面修整成型好的胎模与异型混凝土结构外形控制尺寸吻合。胎模成型后的外形和尺寸需经设计确认后方可进行下道工序施工。

5.2.3 玻璃钢外模制作

1. 按外模支设部位，在胎模表面用玻璃丝布和不饱和聚酯树脂分层铺贴成型外模面层。

2. 面层树脂表干后，按分块方案在外模面层背面布设型钢骨架和支架。然后，再用玻璃钢将型钢骨架包裹，形成玻璃钢外模。

3. 当玻璃钢完全固化后，按外模分块将玻璃钢外模从胎模上取下，并编号存放。

5.2.4 模架架体搭设

在异型混凝土结构设计位置搭设模架，模架要有利于玻璃钢外模的安装、固定和拆除，尚应兼顾结构表面装饰操作。

5.2.5 外模就位固定

先将外模分段高度算出并标在钢管模架竖杆上，然后按编号用吊车将外模吊至安装位置临时固定。一组外模吊装完毕后，进行外模拼缝和平顺调整，并认真校验模板的对称性，合格后，将外模焊牢在模架竖杆上。

5.2.6 结构钢筋绑扎

外模安装固定后，可以开始结构钢筋绑扎。钢筋绑扎时应注意不得损伤外模。绑扎异型混凝土结构下部外壳钢筋时，要按间距600×600留置φ12钢筋马凳作内模支撑。

5.2.7 内模支设

内模采用木模，分上、下两部份支设。

下部内模在下部外壳钢筋绑扎后进行。便于浇筑混凝土的部位，可以一次安装到位；不便于浇筑混凝土的部位，应随混凝土浇筑分段敷设。

上部内模在下部结构混凝土浇筑完成后支设，由于没有外模为依托，应使用全站仪对内板定位后再进行模板支设。模板支设完成后，也应认真校验内模的对称性。

5.2.8 混凝土浇筑

异型结构混凝土宜采用料斗浇筑。下部结构混凝土坍落度140～180mm，与壳体内模安装分段同步进行浇筑。上部结构混凝土坍落度50～80mm，浇筑混凝土之前应间隔1m设一个标高（壳体厚度）控制点，混凝土浇筑应从两端向中间对称进行，以减小对模板的水平推力。当在混凝土中掺加水泥基防水材料进行渗漏处理时，应在与所选水泥、外加剂的相容性试验合格后施工。

5.2.9 混凝土养护

异型混凝土结构的外壳应在混凝土初凝后使用养护液涂刷养护，养护时间不少于21d。

5.2.10 拆除模板

异型结构混凝土强度达到设计强度后，可以拆除模板。模板拆除后，应及时对混凝土表面缺陷进行修正，以便表面装饰施工。

6. 材料与设备

6.1 主要材料（表6.1）

主要材料表   表6.1

序号	材料名称	用途
1	玻璃丝布	形成玻璃钢外模模板
2	不饱和聚酯树脂	形成玻璃钢外模模板
3	角钢	为玻璃钢外模模板提供骨架支撑
4	木胶合板	形成异型混凝土结构内模板
5	升降头	形成异型混凝土结构模架支撑
6	φ48普通脚手架管	形成异型混凝土结构模架支撑
7	扣件	形成异型混凝土结构模架支撑
8	水泥基防水材料	对异型混凝土结构外表面进行防渗漏处理
9	养护液	对异型混凝土结构进行表面涂刷养护

6.2 主要施工机具设备（表6.2）

主要施工机具设备表   表6.2

序号	机具设备名称	单位	数量	用途
1	全站仪	台	1	定位校正
2	吊车	台	2	吊运玻璃钢外模
3	电焊机	把	10	钢筋焊接
4	金属切割机	台	1	玻璃钢外模制作
5	电锯	把	2	内模制作
6	混凝土搅拌机	把	2	混凝土搅拌
7	混凝土运输车	个	1	混凝土运输
8	混凝土吊斗	把	5	混凝土吊运

续表

序号	机具设备名称	单位	数量	用途
9	振动棒	台	2	混凝土振捣
10	铁锹	个	5	混凝土摊铺
11	抹子	把	5	混凝土收面
12	扳手	台	1	模架支架安装
13	钢卷尺	台	1	尺寸调整和定位
14	线锤			位置调整
15	縻毛帚	把	5	清理混凝土表面
16	刷子	把	10	涂刷水泥基防水材料和养护剂

7. 质 量 控 制

7.1 质量控制标准

7.1.1 异型混凝土结构施工质量执行《混凝土结构工程施工质量验收规范》GB 50204 的有关要求。

7.1.2 主控项目

1. 安装模板及其支架时，基础应具有承受上部荷载的承载能力。支架的立杆应对准，并铺设垫板。

检查数量：全数检查。

检验方法：对照施工技术方案逐点目测观察。

2. 结构混凝土的强度等级必须符合设计要求。用于检查结构构件混凝土强度的试件，应在混凝土浇筑地点随机抽取。

检验方法：检查施工记录及试件强度试验报告。

3. 混凝土运输、浇筑及间歇的全部时间不应超过混凝土的初凝时间。

检查数量：全数检查。

检验方法：观察，检查施工记录。

4. 底模及其支架拆除时的混凝土强度应符合设计要求。

检查数量：全数检查。

检验方法：检查同条件养护试件强度试验报告。

7.1.3 一般项目

1. 玻璃钢外模板表面要求平整光滑，其允许偏差应符合表 7.1.3-1 的规定。

玻璃钢外模板表面允许偏差及检验方法 表 7.1.3-1

项次	项目	允许偏差(mm)	检验方法
1	总长度	±2	钢尺检查
2	板面厚度	±1	钢尺检查
3	表面圆顺平整度	3	用 2m 样板及塞尺检查

2. 模板安装允许偏差应符合表 7.1.3-2 的规定。

模板安装允许偏差及检验方法 表 7.1.3-2

项次	项目	允许偏差(mm)	检验方法
1	轴线位置	3	钢尺检查
2	模板标高	±5	水准仪、钢尺检查
3	截面内部尺寸	±4	钢尺检查
4	相邻板面高差	2	钢尺检查
5	表面圆顺平整度	5	用 2m 样板和塞尺检查

3. 异型混凝土结构不应有影响结构性能、使用功能和外观的尺寸偏差，外观偏差应符合表 7.1.3-3 的规定。

结构尺寸允许偏差及检验方法 表 7.1.3-3

项次	项目	允许偏差（mm）	检验方法
1	轴线位置	5	钢尺检查
2	标高	±10	水准仪、钢尺检查
3	截面内部尺寸	±5	钢尺检查
4	表面圆顺平整度	8	用 2m 样板和塞尺检查

7.2 质量保证措施

7.2.1 熟悉设计意图，合理编制模板支设方案。

7.2.2 认真制作胎模，加强与设计单位的沟通，及时进行胎模修正，并注意胎模的对称性和表面圆顺平整度。

7.2.3 玻璃钢外模制作应保证板面的厚度，注意型钢骨架与玻璃钢板面结合牢固。

7.2.4 外模就位安装时，应使用样板将模板矫正平顺后再进行固定。内、外模支设完成后，应认真校验模板的对称性。

7.2.5 混凝土浇筑时，应注意控制壳体厚度，减小混凝土的水平推力。掺加水泥基防水材料前，应确认相容性试验合格。

7.2.6 拆除模板后，应认真进行混凝土表面的修正。

8. 安 全 措 施

8.1 所有机械操作之前，应先进行空载试验，检查运转中安全防护措施、机具件是否牢固，操作人员应做好自我劳动保护。

8.2 施工人员必须戴好安全帽，2m 以上作业必须系好安全带及安全扣。

8.3 施工人员身体健康，无高血压、心脏病等不适合高空作业的疾病。不准酒后上岗，不准带病作业。

8.4 施工人员认真学习安全操作规程，提高安全意识，重点狠抓违章操作的现象，坚持做到每道工序有安全交底。

8.5 电器设备使用前进行检查，电源线使用前进行摇测，有故障的设备及破皮、漏电的电源线必须修好后使用。电路控制严格按照一机一闸一保护进行控制。施工中所有电动机具均应安装检验合格的漏电保护器。

8.6 施工作业面上码放材料按 150kg/m² 计算，不准超荷堆放，防止破坏结构。施工作业面边防护立杆间距不大于 500mm，立杆间绑扎双层防护安全网，防护水平杆间距不大于 400mm。

9. 环 保 措 施

9.1 材料运输车辆严格管理，不超载、不遗洒、不扬尘，文明驾驶，遵守交通法规。

9.2 板材切割在地面进行，施工时注意减少扬尘，完工后将材料堆码整齐，工作现场清理干净，电器设备及工具回收入库，锁好电源闸箱。

9.3 现场散落的模板废料应回收集中，供再生后重复利用。

9.4 分段浇筑混凝土时注意对已完成混凝土面的保护，混凝土施工注意工完料清，保证施工现场的清洁。

9.5   施工现场设置沉淀池和通入城市下水道的排水管道，冲洗混凝土泵车的水须经沉淀后方可排入下水管道。

9.6   加强施工现场环境噪声的长期监测，采取专人负责监测和管理，及时对施工现场噪声超标的有关因素进行调整。

10. 效 益 分 析

10.1   能按设计意图完成施工图不易表达的三维空间异型混凝土结构模板制作难题。

10.2   与木制定型外模板相比，可降低外模板制作费用20%；与钢制定型外模板相比，可降低外模板制作费用30%。参考《河南省建筑和装饰工程综合基价》（2002）有关内容，以河南省体育中心体育场工程计分牌施工为例，三维曲面外壳计分牌木模板制安费合计：40万元，采用专用胎模成型玻璃钢模板费用为：23.1万元，共节约木成材27.9m³，节约人工制安费30%，节约费用为：40－23.1＝16.9万元，经济效益明显。

10.3   采用该项技术施工异型混凝土结构，能确保异型混凝土结构外形光滑圆顺，达到设计要求的外观效果。由于异型混凝土结构多体现建筑装饰性效果，社会效益明显。

11. 应 用 实 例

11.1   河南省体育场是一座5万座的综合体育设施，建筑面积69153m²。在体育场南端设有一座总高25.1m的橄榄型计分牌（图11.1-1），计分牌箱体东西长44m，高11.1m，北立面为椭圆形。计分牌面向赛场，整体形似半个切开的橄榄球侧立在高14m的支筒上。计分牌采用钢筋混凝土结构，80mm厚钢筋混凝土外壳。计分牌内分三层，用作设备机房（图11.1-2）。两个支筒内均设钢筋混凝土楼梯，外壳为清水混凝土外涂金属氟碳漆装饰。2002年利用玻璃钢外模异型混凝土结构施工工法指导施工，使混凝土建造的橄榄型计分牌达到了金属外壳的效果，经过近6年的使用，未发现任何裂缝、渗漏现象。

图 11.1-1   橄榄形计分牌外形示意图

11.2   郑州宇通客车股份有限公司综合楼工程总建筑面积20960m²，建筑高度89.9m，屋面设计上采用混凝土异型结构，构造复杂，具有相当的施工难度。施工中针对屋面混凝土异型结构应用了"玻璃钢外模异型混凝土结构施工工法"，采用地胎模成型制作的玻璃钢模板，按照拟浇筑构件外形胎模成型进行分块组装，完成了屋面不规则异型混凝土结构外壳成型的方法。施工后的宇通客车综合楼工程屋面异型混凝土结构外观光滑整洁，表面达到了清水混凝土效果，使用至今屋面异型混凝土结构无任何质量问题。

11.3   郑州市博物馆工程总建筑面积12770m²（图11.3），屋面采用异型混凝土结构，施工难度较

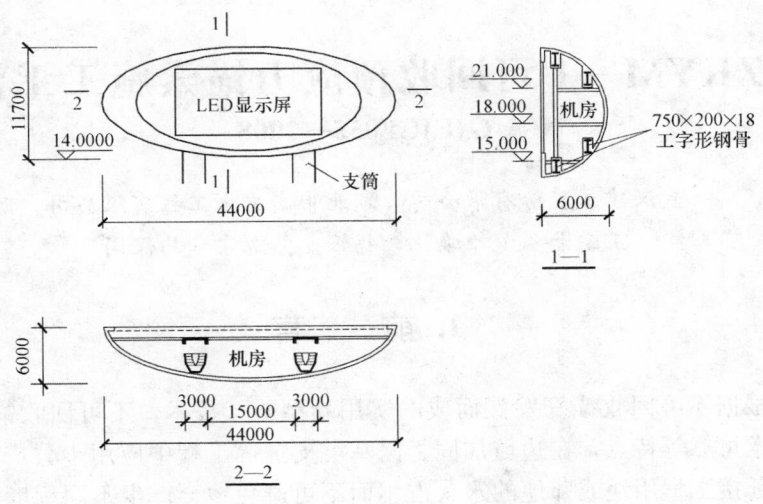

图 11.1-2　计分牌结构示意图

图 11.3　郑州市博物馆效果图

大。施工中采用了"玻璃钢外模异型混凝土结构施工工法"指导施工，施工后屋面异型混凝土结构外观光滑整洁，表面达到了清水混凝土效果，达到了突出建筑韵味的目的，得到了社会各界人士的一致认可。

ZKYM—1可回收预应力锚索施工工法

GJEJGF055—2008

武汉建工股份有限公司　湖北中南岩土工程有限公司

王爱勋　龙雄华　李锡银　熊源宗　马保同

1. 前　　言

可回收锚索是根据不可回收锚杆发展而成的实用新型施工技术。不可回收锚杆由于其经济适用、操作工艺简单、技术可靠等特点，在边坡加固、深基坑支护等工程中应用十分广泛。但由于不可回收锚杆因对施工场区邻接工程用地或邻地的永久占用而不可避免地会产生不同程度的破坏性影响及产权纠纷，因而不可回收锚杆的局限性越来越明显，特别是在城市建设中，由于建设用地日趋紧张，深大基坑越来越多，不可回收锚杆的设计技术参数也越来越高，锚杆长度超出建筑用地红线范围的事情时有发生，对建设彼邻用地的影响也日趋加大，甚至引发纠纷。因此，不可回收锚杆的使用已受到限制，可回收锚索正是为适应这一新形势而快速发展起来的实用新型施工技术。

目前可回收锚索的型号有多种，ZKYM—1型（定阈锁固定式可回收锚索）可回收预应力锚索是目前应用效果较好的新型技术，该技术于2006年经过了湖北省建设厅的科技成果鉴定，并取得国家专利，专利号为ZL2006 2 0098679.3。

2. 工 法 特 点

2.1　ZKYM—1型可回收预应力锚索使用的杆芯材料是高强度钢绞线，钢绞线的规格、型号根据锚索抗拔力的大小而定。

2.2　ZKYM—1型可回收预应力锚索成品率达到98%以上，加工制作速度快、简单。

2.3　通过对杆芯材料应力、应变的监测，可以及时掌握锚索的实际工作状态，便于采用信息法指导施工。

2.4　ZKYM—1型可回收预应力锚索利用钢绞线与挤压套之间的摩擦力产生抗拔力，可根据改变钢绞线与挤压套之间的摩擦系数来调节自身抗拔力，满足设计和实际工作中的各种需要。

2.5　ZKYM—1型可回收预应力锚索杆芯具有可靠的回收性。回收时，先用穿心千斤顶将锚索脱套，然后用人工就可将钢绞线回收，回收后的钢绞线可再次使用，具有"节约、环保"的特点，市场推广及使用价值较高。

3. 适 用 范 围

ZKYM—1型可回收预应力锚索可广泛用于临时性边坡加固，及与支护桩排联合使用的深基坑支护工程。

4. 工 艺 原 理

ZKYM—1型可回收预应力锚索是利用钢绞线与挤压锚套之间的摩擦产生抗拔力，在外力未达到钢绞线与挤压锚套之间的抗拔力时，充填于钢绞线外的注浆体与土体产生摩擦作用，形成锚杆的抗拔力，注浆体与土体之间的摩擦力对土体产生挤压变形，提高土体承压能力，使土体形成一定宽度和厚度的连续压缩带，从而达到加固土体的作用，见图4。通过改变钢绞线与挤压锚套之间的摩擦力来调节锚杆的抗拔力，使锚索产品系列化，达到设计所要求的抗拔力。

钢绞线回收时，先用穿心千斤顶将钢绞线脱离挤压锚套，钢绞线脱离挤压锚套后，钢绞线与注浆体间的连接破坏，土体压缩带逐渐消失，钢绞线与注浆体之间的摩擦力迅速衰减，钢绞线即可拔出。

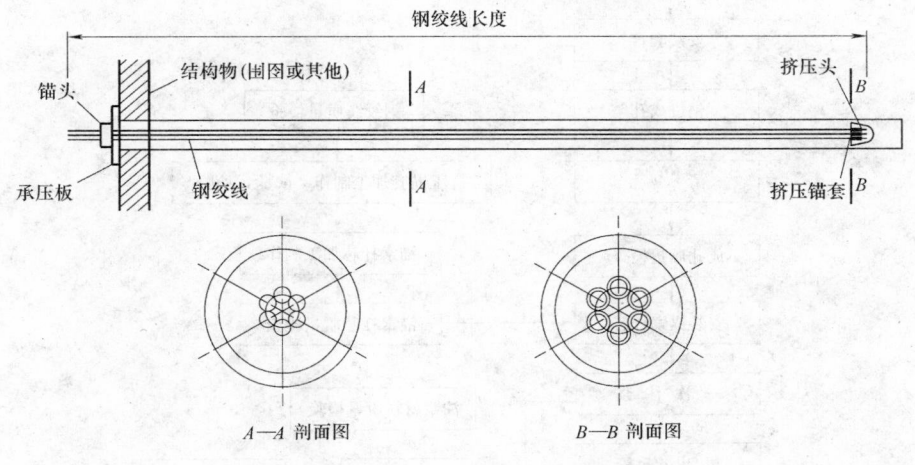

图4 ZKYM—1型可回收锚索模型图

5. 施工工艺流程及操作要点

5.1 施工工艺流程
ZKYM—1型可回收预应力锚索的施工工艺流程如图5.1所示。

5.2 操作要点
5.2.1 施工前的调查及准备
1. 认真阅读、核实设计文件，详细研究设计内容、设计要求、地层条件和环境条件，掌握设计意图。

2. 对于地下水位较高的场地，应调查地下水状态及水质条件，并查明地下水对锚索施工的影响，提出相应的止水措施，以防孔壁坍塌和注浆液稀释。

3. 施工前，要对锚索施工区域内的管线及地下构筑物进行调查，以防影响或破坏管线及地下构筑物，必要时，提出排除和防护处理等措施。

4. 宜取三组锚索进行钻孔、注浆、张拉与锁定、回收的试验，确定施工工艺和施工设备的适宜性。

5.2.2 钻进成孔
1. 钻孔设备进入施工现场前后，要对设备的型号、规格等进行检查，确保设备完好，并对设备性能进行确定，确保钻孔设备能力满足设计要求。

2. 钻进设备就位前，需对锚索位置进行测定，保证钻机定点水平误差不大于50mm，垂直误差不大于100mm，确保锚索在同一水平线上，以免影响围图安装。

3. 钻进设备就位时，需对钻孔工作面进行清理，确保钻机安装达到"正、平、稳、固"要求，使钻机钻进后不摇摆、不移位。

4. 钻进设备就位后、钻进前，要检查钻杆的倾斜角度，其误差不得大于±2°，确保倾斜角度符合设计及规范要求。

5. 钻进设备就位后、钻进前，要对钻头尺寸进行检查，其实测尺寸不得小于设计孔径20mm，以确保成孔直径满足设计要求。

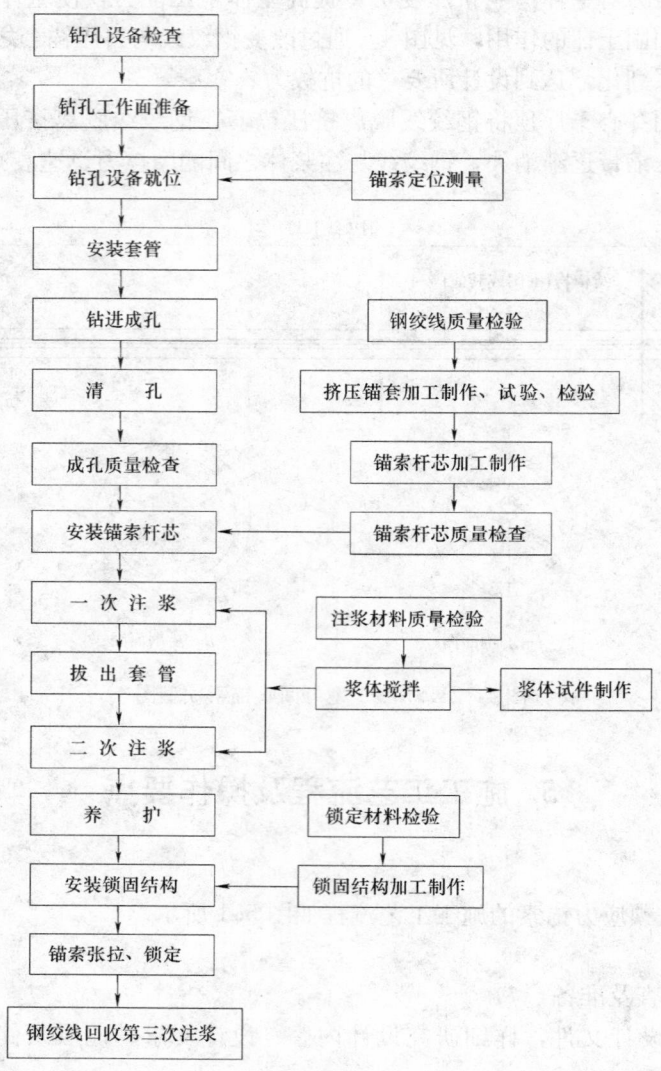

图 5.1 ZKYM—1 型可回收预应力锚索施工工艺流程图

6. 钻进方法应根据地层性质和钻机性能确定。目前常用的钻进方法有长螺旋干钻、冲击回转挤密钻进、冲洗液全面钻进、振动潜孔锤冲击回转钻进等。各种钻进方法的适用地层条件可参考表 5.2.2 进行。

锚索孔钻进方法适用地层   表 5.2.2

钻 进 方 法	地 层 条 件
长螺旋干孔钻进	黏性土、粉土层、砂质土层、粒径小于 5mm 的砂层、淤泥质土层
冲击回转挤密钻进	黏性土中的可塑、软塑、硬塑、淤泥质土层、粉土、砂质土、粒径小于 50mm 砾石土层
冲洗液全面回转钻进	黏性土、粉土、砂质土、砂层、风化岩层及各类基岩地层
振动潜孔锤冲击回转钻进	风化岩层、基岩地层、粒径大于 50mm 砾石土层

注：钻孔成孔时，尽量少用或不用冲洗液，能用清水则尽量用清水，以免使用清洗液后在孔壁上留下的泥皮和残留液减弱锚索的锚固力。

7. 钻进成孔至设计孔深后（成孔深度比设计钢绞线长度深 300～500mm）要及时清孔，检查验收时，应符合《锚杆喷射混凝土技术规范》GB 50086—2001 及设计要求。

5.2.3 清孔

清孔通常采用清水（或高压气），直至孔口流出清水为止，清孔后的成孔质量要确保钢绞线能顺利安装，并达到设计要求。

5.2.4　钢绞线杆体加工制作及安装

1. 钢绞线杆体加工制作前，先对钢绞线进行质量检验，符合设计要求后方可进行杆体加工制作，加工制作应由有经验的厂家在技术人员的指导下进行。

2. 按设计长度截取钢绞线，截取长度应比设计锚索有效长度长 1.0～1.5m，便于回收。

3. 钢绞线杆体端部安装挤压套，安装挤压前，应根据锚索设计要求，应对挤压套与钢绞线之间的摩擦力进行试验，符合设计要求后，方可批量制作。

4. 沿钢绞线轴线方向每隔 1.0～1.5m 设置一个对中支架，使钢绞线杆体居中，并用铁丝扎紧成束，无粘结段钢绞线外套耐油 PE 塑料管，内涂黄油。

5.2.5　锚索安放

1. 安放锚索前，应检查孔壁是否有垮塌现象，如有垮塌，应重新进行钻孔。

2. 安放时，应防止锚索扭曲、弯曲，注浆管、排气管随锚索一同放入孔内，注浆管端部距孔底宜为 50～100mm，锚索放入角度应与钻孔角度保持一致，锚索外端部应露出锁定结构物长度不小于 1000mm。安放时，可采用偏心夹管器、推进器与人工相结合的方式，平顺缓缓推进。推送时，严禁上下、左右抖动、来回扭转和串动。

3. 如需锚索应力进行监测，应将应力监测器具按监测要求安装在锚索上。

4. 杆体安放后不得随意敲击，不得悬挂重物。

5.2.6　注浆

1. 注浆前，应对注浆材料进行检验，检验合格后，方可投入使用。

2. 水泥砂浆材料选择

注浆材料：可回收锚索通常采用水泥砂浆和水泥浆。

水泥：应采用强度等级不低于 32.5 的普通硅酸盐水泥，其氯盐总含量不应超过 0.15%。

水：饮用水均可作为拌合水。

砂：宜采用中砂，使用前应过筛。

外加剂：常用有早强剂、减水剂、膨胀剂和抗泌剂，可根据需要合理选用。常用外加剂及掺量见表 5.2.6。

水泥浆常用外加剂　　　　表 5.2.6

外加剂名称	名　称	掺量（重量百分比）	说　明
早强剂	三乙醇胺	0.02%～0.05%	加速水泥硬化,提高早期强度
减水剂	木质素磺酸钙	0.2%～0.3%	降低拌合用水量,增大流动性
膨胀剂	铝粉	0.005%～0.02%	膨胀量可达15%
抗泌剂	纤维素醚	0.2%～0.3%	相当于拌合水的0.5%,起防泌作用

3. 水泥砂浆液的配制

1）水灰比宜为 0.4～0.5。

2）当浆体为水泥砂浆时，灰砂比为 1:1～1:2，且砂子粒径不得大于 2mm。

3）二次高压注浆材料宜选用纯水泥浆。

4. 注浆

1）注浆浆液应搅拌均匀，随搅随用，浆液应在初凝前用完，并严防石块、杂物混入浆液。

2）注浆开始和中途停止较长时间后再注浆时宜用水或稀水泥浆润滑注浆泵和注浆管。

3）孔口溢出浆液或排气管停止排气时，可停止注浆。

4）从注浆管注入拌合好的水泥浆或水泥砂浆，从孔底开始，直至孔口溢出浆液，注完后静置待凝。

5）二次注浆时，应在锚索锚固段界面上设置隔离塞，注浆压力不宜低于2.5MPa。

6）一次注浆和二次注浆时均应按规范要求留下试件，以对浆体强度进行检验。

5.2.7 锚索张拉、锁定

1. 张拉与锁定应在注浆后孔内水泥浆液完全固结并达到设计强度时进行。实际施工时，水泥浆中宜加早强剂，以促使水泥浆提前凝结。

2. 锚索在张拉前必须把承压支撑构件面整平，将台座、锚具安装好，与锚索方向垂直。

3. 安装前应对千斤顶和电动油泵进行标定，按标定的数据进行张拉。张拉前，检查油泵各阀门的工作情况、油路的畅通情况。

4. 锚索张拉应按一定顺序进行。锚杆张拉顺序，应考虑邻近锚索的相互影响。

5. 正式张拉前，应取20%的设计张拉荷载，对其进行预张拉1～2次，使锚索钢绞线完全平直。

6. 锚索张拉分四级进行，每级按设计值的20%进行，初始值为设计值的10%，每级稳定后进行下一级张拉，最后一次张拉值为设计值的80%，稳定时间为30min，然后进行锚头锁定，锁定值为设计值。整个张拉过程张拉值：0—10%—20%—40%—60%—80%—设计锁定值。

7. 锁定作业严格按规范及设计要求进行，使用设计要求锚具。锚索锁定后，如发现有明显应力损失，应进行补偿张拉。

5.2.8 锚索回收，第三次注浆

1. 在锚索上先安装锚环，在锚索锁定结构物（冠梁、围囹或他形式的结构物）上垫托板，托板上安装穿心千斤顶，千斤顶应配加长支座，千斤顶前应设置安全防护板。

2. 利用千斤顶逐根将钢绞线从挤压锚套中拔出约100mm后，再卸下锚环，利用绳—索连接器将钢绞线与钢丝绳相连，改用卷场机或人力将钢绞线拉出。

3. 收后的钢绞线应作防锈处理，经检测合格后可重复使用。

4. 钢绞线抽出后，立即进行第三次注浆防止塌孔造成地面下沉。

5.3 劳动力组织

单根锚索施工的劳动力组织情况见表5.3。

劳动力组织情况表 表5.3

序号	工作内容（单项工程）	人数	备注	序号	工作内容（单项工程）	人数	备注
1	管理人员	6		5	注浆	5	单根锚索
2	锚固钻孔	3	单台设备	6	锚索锁定	4	单根锚索
3	挤压套加工制作	4	单根锚索	7	锚索回收	5	单根锚索
4	锚索安装	3	单根锚索				

6. 材料与设备

6.1 主要材料

ZKYM—1型可回收预应力锚索的主要材料为钢绞线。钢绞线的质量必须符合国家标准《预应力混凝土用钢绞线》GB/T 5224—2003、设计要求和施工规范的规定，有出厂合格证和质量证明书，并经复检合格。注浆用水泥及砂须经检验合格。

6.2 主要施工机械

6.2.1 钻孔机械

其设备性能如表6.2.1所示。

常用锚固孔钻机技术性能 　　　　　　　　　表6.2.1

序号	型　号	产地	技 术 参 数		
			钻孔角度(°)	直径(mm)	深度(m)
1	YTM—87	河北	0～90	100～200	30～60
2	土星—88L	河北	0～90	100～200	50
3	岩芯钻机(XY—4、XJ—100/150/200)	河北	0～90	100～200	50～80
4	SGZ—Ⅲ	杭州	0～90	100～200	40
5	DYY—50	长春	0～90	100～200	50

6.2.2　注浆设备

其主要技术性能如表6.2.2所示。

注浆泵性能规格 　　　　　　　　　表6.2.2

型　号	工作压力(MPa)	排浆量(L/min)	适用条件	产地
ZTGZ—60h10	6～21	60～180	高压注浆	辽宁锦西
HB6—3	<1.5	<50	水泥砂浆	济南
UBJ2(挤压式)	<1.5	<30	水泥砂浆	杭州
BW200/50	<5	10～200	高压水泥净浆	无锡

6.2.3　张拉锁定设备

张拉设备采用穿心式千斤顶,其主要型号及性能如表6.2.3所示。

千斤顶主要型号及性能 　　　　　　　　　表6.2.3

型　号	张拉力(kN)	张拉行程(mm)	工作油压力(MPa)
YC—15	150	250	50
YC—60	600	150	40
YC—60A	600	200	40
YL—60	600	150	40
YCL—120	1200	300	50
YD—200	2000	400/500	66.5
YDG—400	4000	300/400	50
YC·YCT—300	3000	400/500	50
YZ—85	850	250/300/400/500/600	46

7. 质 量 控 制

7.1　锚索的设计及施工工艺技术参数必须经锚索基本试验确定,正式施工时须桉试验锚索施工技术参数进行。

7.2　锚索试验及监测

7.2.1　试验锚索的数量不得少于3根,试验所用的锚索结构、施工工艺及所处的工程地质条件应与实际工程所采用的相同。

7.2.2　试验最大的试验荷载不宜超过锚索钢绞线标准值的0.9倍,试验加载装置的额定压力必须大于试验力,反力装置在最大试验荷载作用下应保持足够的强度和刚度。

7.2.3　试验应用分级循环加、卸荷载法,起始荷载可为计划最大荷载的10%,加荷等级与锚头位移测读时间按《锚索喷射混凝土支护技术规范》GB 50086—2001规定。

7.2.4 锚索破坏的标准

1. 后一级荷载产生的锚头位移增量达到或超过前一级荷载产生位移的2倍时；

2. 锚头位移不稳定；

3. 锚索拉断。

7.2.5 试验锚索宜按循环荷载与对应的锚头位移读数列表整理，并绘制锚索荷载—位移曲线。

7.2.6 锚索极限承载力取破坏荷载的前一级荷载，在最大试验荷载下未达到规定的破坏标准时，锚索极限最大承载力取最大试验荷载值。

7.3 锚索质量验收

7.3.1 检查锚索质量必须做抗拔力试验，当设计变更或材料变更时，应加做一组，每组不少于3根。

7.3.2 锚索质量的合格条件为：

1. 同批次锚索抗拔力的平均值不小于锚索设计锚固力；

2. 同批次锚索抗拔力的最小值不小于锚索设计锚固力的90%。

7.3.3 锚索抗拔力不符合要求时，可用加密锚索予以补强。

7.3.4 当设计对锚索有特殊要求时，可增做相应试验。

7.3.5 验收时，还应检查锚索长度、间距和方向，均应达到设计要求。

挤压套锁固力必须经试验合格。

1. 锚杆水平方向孔距误差不应大于200mm，垂直方向孔距误差不应大于100mm；

2. 钻孔底部的偏斜尺寸不应大于锚杆长度的3%；

3. 锚固孔深不应小于设计长度，应大于设计长度的10～50mm。

7.4 锚索定位及误差必须符合《锚杆喷射混凝土支护技术规范》GB 50086—2001要求。

7.5 锚索的张拉及锁定锚具质量必须符合《预应力用锚具、夹具和连接器》GB/T 14370—2000要求。

7.6 注浆时留下的浆体试件应经检测试验并合格。

7.7 注浆设备及千斤顶的油压表每半年须经有法定资质的单位校检合格。

8. 安 全 措 施

认真贯彻落实安全第一、预防为主的方针，严格按照《建筑施工安全检查标准》落实安全措施。

8.1 制定设备安全防护措施，ZKYM—1型可回收预应力锚索主要用于临时支护工程，加强对临坡岸设备及施工人员的安全防护。

8.2 制定临时用电方案，确保用电安全。

8.3 加强对支护工程周边建物及管线的安全稳定监测。

8.4 制定应急抢救预案，备好各类应急抢救物资，加强对临时支护工程安全稳定监测，按信息法要求指导施工，确保临时支护工程安全。

9. 环 保 措 施

采用本工法应对施工扬尘、污水及废弃物采取措施进行处理。

9.1 锚固孔钻进施工时，对产生的泥浆应合理进行处理。

9.2 搅拌水泥浆或水泥砂浆时，应采取措施对场区扬尘进行空气净化。

9.3 回收后的钢绞线应及时净化处理，对废弃钢绞线应合理处置。

10. 效 益 分 析

ZKYM—1 型可回收预应力锚索施工技术是一种实用新型的施工技术，通过武昌火车站西广场地下空间开发项目深基坑支护工程、武汉市美景苑项目深基坑支护工程、武汉美术馆改扩建工程基坑支护等三个项目的实施效果分析，效果显著。

10.1 经济效益：与传统的土层锚杆相比，ZKYM—1 型可回收预应力锚索仅一次使用可节约钢材 40%～60%，具有明显的价格优势，随着钢绞线重复使用次数的增多，其单次使用成本将更低。

10.2 社会效益：ZKYM—1 型可回收预应力锚索不仅解决了锚杆应力空间问题，而且减少了地下结构体对周边邻地的影响，特别在深基坑支护工程中，与传统的土层锚杆相比，该技术具有不可替代性，其社会效益明显。

11. 应 用 实 例

11.1 武昌火车站西广场地下空间开发项目深基坑支护工程

该项目位于武汉市武昌站西广场内，本工程基坑最大长度为 253m，最大宽度为 88.5m，最大开挖深度 10.8m，基坑西侧紧邻武昌中山路，东侧为武昌火车站高架桥，临中山路相邻一侧基坑安全等级为一级，其他三侧安全等级为二级。

本基坑工程施工条件复杂，设计采用桩锚、喷锚、土钉墙及放坡的组合形式，其中临中山路剖面段采用桩锚（锚索）支护，转角部位加钢支撑，支护桩采用钻孔灌注桩，局部双排桩，冠梁顶部设计采用土钉支护，桩间设置三排锚索。锚索采用 ZKYM—1 型可回收收预应力锚索，钢绞线型号为 $1×7\phi S15.20$，长度为 12～21m，锚索拉力设计值 274kN，锁定值为 178kN，锚索总工作量为约 6600m。

该项目于 2007 年元月正式开工，2007 年 4～5 月进行了三根试验性锚索施工及试验，均达到设计要求；8 月锚索全部施工完全毕，11 月该项目基坑支护工程进行了验收，锚索各项目技术参数均达到设计要求，锚索施工效果良好。

11.2 武汉美景苑深基坑支护工程

武汉建工股份有限公司于 2006 年 9 月～2008 年 12 月期间承担美景苑工程施工任务，该工程的基坑面积 9872m²，周长约 480m，开挖最大深度 14.5m，设计采用自然放坡，分段放坡挂网喷射混凝土结合排桩，放坡结合锚杆、桩锚的支护方式。支护桩为人工挖孔桩，在 31m 标高处设置一道 ZKYM—1 型可回收锚索，锚索间距 2.4m，锚索长度 16～17m，采用 $1×7\phi S15.2$，施工过程中基坑水平位移沉降均在设计要求允许范围之内，2007 年 1 月该基坑正式验收合格。

11.3 武汉美术馆改扩建工程基坑支护工程

2006 年 11 月～2008 年 11 月期间，武汉建工股份有限公司承建武汉美术馆改扩建工程，该工程扩建部分基坑开挖面积约 1200m²，开挖最大深度 11m，基坑采用桩锚支护，支护桩为钻孔灌注桩，锚索采用 ZKYM—1 型可回收锚索，杆芯材料为 $1×3\phi S15.24$ 钢绞线，设计锚索长度为 12～15m，基坑于 2007 年 1 月正式开工，施工过程中基坑水平位移及沉降均在设计要求允许范围之内，施工各工序质量全部合格。2007 年 4 月该项目基坑正式验收合格。

建筑结构喷射混凝土施工工法

GJEJGF056—2008

山河建设集团有限公司　湖南省第六工程有限公司

程秋明　林中茂　汪敏　廖宏

1. 前　　言

受施工场地作业面、结构形式以及施工工效的影响，施工中采取常规支模、浇筑混凝土的施工工艺往往工效低、质量差、进度缓慢，结合现场实际情况因地制宜地选用喷射混凝土施工技术往往会取得意想不到的效果。主要部位表现在狭窄空间须单侧支模的混凝土、结构加固改造、钟楼、仿古建筑的大坡度屋面等。正对上述问题，我们通过研究、试验，改变了以往传统思维习惯，对相关技术进行了多项研究，将在采矿、隧道等中应用较多的喷射混凝土发展引用到建筑结构中来，并通过了多项工程实际检验，工艺切实可行，工效明显提高、质量有保证，经济效益显著。

2. 工 法 特 点

2.1 改变浇筑混凝土的传统思维，对混凝土浇筑方式进行创新。

2.2 因地制宜解决作业条件差、作业空间小、工效低、质量不稳定、安全隐患大等缺点。

2.3 在工程施工中推广应用的价值明显。

3. 适 用 范 围

本工艺适用作业条件差，模板支设困难，混凝土浇筑难度大的混凝土施工。如竖向单侧支模、原有结构截面加大、坡屋面结构、构造柱等混凝土施工。

4. 工 艺 原 理

针对作业条件差、操作困难、安全隐患大、工效低、质量无法保证等缺点，转变混凝土结构施工的传统模式，通过对混凝土原材料进行合理选择、控制，外加剂与水泥相容型试验，配合比的设计、确认，借助混凝土喷射机械，以压缩空气做动力，将按比例进行进行拌合的拌合料经高压管道高速输送并喷射到受喷面上凝结硬化成混凝土，从而达到优质、高效、经济地完成混凝土结构施工任务。

5. 施工工艺流程及操作要点

5.1　工艺流程（图 5.1）

5.2　操作方法

5.2.1　施工准备

1. 配合比设计

喷射混凝土的配合比设计应根据原材料、混凝土的技术条件和设计要求等通过试配优选，施工过程中材料变更时须重新进行配合比设计，并报监理审核。

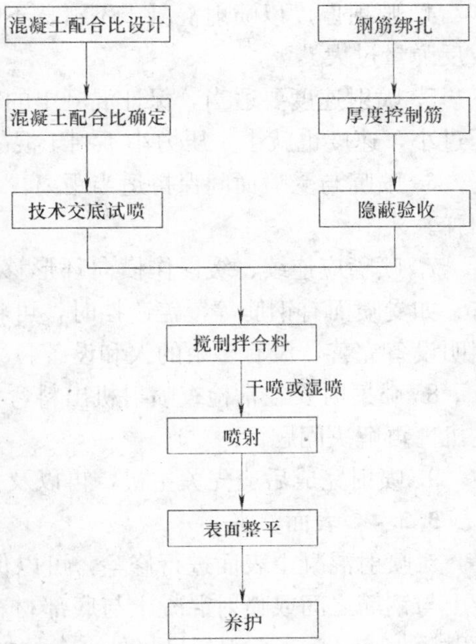

1）水泥

强度等级不应低于 32.5 级，硅酸盐水泥或普通硅酸盐水泥与速凝剂相容性好、能速凝、早强、快硬、后期强度较高等特性，优先选用。

2）砂

采用坚硬耐久的中砂或粗砂，细度模数宜大于 2.5，含水率宜控制在 5%～7%，含泥量不得大于 3%。砂过细会增加喷射混凝土干缩变形，同时易产生粉尘，恶化施工环境。

3）石子

卵石或碎石均可，施工中以卵干石为好。卵石对设备及管路磨蚀小，碎石针片状多，管路易堵塞。骨料的最大粒径不大于 20mm，骨料级配要连续，含片状颗粒不大于 15%，含泥量小于 1%，骨料级配对拌合物的可泵性、通过管道的流动性、在喷嘴处的水化、对受喷面的粘附及表面密度和经济性有较大影响。当使用碱性速凝剂时，不得使用含有活性二氧化硅的石材。

4）速凝剂

速凝剂种类较多，在使用前须与所用水泥进行相容性试验和水泥净浆凝结效果试验，掺有速凝剂的水泥净浆必须满足：具有良好的流动性，不得出现急凝；初凝时间不大于 5min，终凝时间不大于 10min。应根据水泥品种、水灰比等，通过试验确定速凝剂的最佳掺量，使用时准确计量。

5）水

与普通混凝土要求相同，符合《混凝土用水标准》JGJ 63 规定。

6）外掺料

外掺料能够改善喷射混凝土的工作性能，降低水化温度，增进后期强度，提高耐久性等。如工程需要掺加外掺料时，掺量应根据试验来确定。常用的外掺料有粉煤灰和硅粉，掺加硅粉可以提高混凝土强度。

7）水泥用量宜控制在 350～400kg/m³，灰骨比即水泥与骨料之比，应根据施工工艺的不同采用不同的骨灰比。采取干法喷射施工时，水泥与砂、石之重量比宜为 1∶4～1∶4.5；采取湿法喷射施工时，水泥与砂、石之重量比宜为 1∶3.5～1∶4.0。砂率宜控制在 0.45～0.6；水灰比干法喷射施工水灰比宜控制在 0.40～0.45；湿法喷射施工水灰比宜控制在 0.42～0.50；坍落度是评价混凝土流动性、粘聚性和保水性的重要指标。当采取湿法喷射施工时，应进行坍落度检测，坍落度宜控制在 8～12cm。

2. 喷射前设置控制喷射混凝土厚度标志，一般采用埋设钢筋头做标志，间距双向为 1～2m 为宜。

3. 隐蔽验收合格，具备混凝土浇筑条件。如基层清理干净、埋件埋设准确等。

4. 检查和试运转机具、水电和设备，确保施工顺利进行。

5. 人员熟悉操作规程和安全规定。

5.2.2　拌合料搅拌

搅拌时间应通过现场搅拌确定，并应较普通混凝土规定的搅拌时间长 1～2min。湿喷时采用先干拌后加水的方式，干拌时间不应小于 1.5min，搅拌时间不小于 3min。

5.2.3　喷射

1. 喷射时采用分段、分片、分层进、自下向上的方式进行，分段长度不宜大于 6m。

2. 分段喷射时，上次喷射时应预留斜面，斜面宽为 250mm 左右为宜，下次喷射前应用清理浮砂、石并为湿润不积水状态。

3. 分层喷射时，后一层应在前一层凝结前进行，终凝后参照施工缝的方法进行。

图 5.1　施工工艺流程图

4. 喷射厚度以喷射混凝土不滑移不坠落为宜，即不能应厚度过大而影响粘结力，也不能太薄而造成反弹量过大。

5. 喷射速度要适当，保证混凝土的密实性能。风压过大，喷射速度也过大，回弹量也就越大；风压过小，速度也就小，压力小不利于混凝土密实，从而影响混凝土的强度和抗渗透性能。

6. 喷嘴与受喷面间保持适当距离，1.2m左右为宜，喷射角度尽可能接近90°，以保证压实和减少回弹。

7. 喷嘴应连续、缓慢作横向环形移动，喷头垂直于喷面作螺旋状移动，转动直径约为300mm左右。如受喷面有钢筋等覆盖遮挡时，可将喷嘴适当倾斜，不小于70°进行喷射。施工区域要通风良好，照明设备完善，没有多余的人和设备。

8. 喷射时要经常检查喷射机出料弯头、输送管和管路接头，有问题及时处理。管路堵塞时须先关主机，再解决问题。

9. 喷射完成后应先关主机，再以及关闭计量泵、振动棒、风阀，再清洗机内、管线残留物。

5.2.4 表面整平

对喷射混凝土表面进行修整，可以保证混凝土结构强度和耐久性，但施工时注意不得影响喷射混凝土与钢筋之间或喷射混凝土与底部材料之间的粘结，使混凝土内产生裂缝。在混凝土初凝后（一般喷射后15～20min）用刮尺将外多余的材料清理，然后再用喷浆或抹灰浆找平。

5.2.5 养护

喷射混凝土的含砂率高，水泥用量也相对较多并掺有速凝剂，其收缩变形必然要比灌注混凝土大。在喷射混凝土终凝2h后，应即进行喷水养护，养护时间不得少于14d。冬期施工喷射混凝土作业区的气温不应低于+5℃，拌合料进入喷射机时的温度不能低于+5℃，气温低于+5℃不得洒水养护。

5.2.6 注意事项

1. 认真做好技术交底，严格遵守操作规程。

2. 原材料须经过试验，质检、监理部门进行进场检验，不合格材料一律不得进场。

3. 喷射作业前做好人员、机具、物质、技术、测量、试验、运输等准备工作。

4. 使用速凝剂前应做与水泥的相容性试验及水泥浆凝结效果试验，初凝时间不大于5min，终凝时间不大于10min，采用其他外加剂或几种外加剂时也应做相应的性能试验和使用效果试验。

5. 施工时对喷射作业环节的喷层厚度、喷层与手喷层之间的粘结情况、喷射中的技术参数等严格把关。

6. 喷射机的操作可影响回弹、混凝土的密实性和料流的均匀性。要正确地控制喷射机的工作风压和保证喷嘴料流的均匀性，因此施工前要做好技术交底和试喷。

7. 混凝土喷和后抗拉强度和粘结强度都很低，一旦喷射混凝土的自重大于其与受喷面的粘结强度时，即出现下垂及脱落，因此，需要分层喷射，前后层喷射的间隔时间为2～4min，一次喷射厚度以喷射混凝土不滑移，不坠落为度。

8. 在相对封闭、空气流通不畅的的施工环境应采用湿式喷射法进行。

5.2.7 干（潮）、湿式喷射混凝的性能对比见表5.2.7。

干（潮）、湿式喷射混凝的性能对比表 表5.2.7

方式	适合场合	优点	缺点
干（潮）	各种场所，但混凝土强度达不到高强度等级	设备便宜，宜维修	人为因素多，粉尘、反弹多
湿式	各种场所，特别时高强度等级混凝土	可用于商品混凝土且稳定；回弹、粉尘少	设备成本高，重量大

5.3 劳动组织

目前国内主要采用干（潮）式喷射机进行混凝土喷射，人工上料、人工握枪喷射，每班喷射手应至少配置2人以上，进行轮换及辅助施工。

6. 材料与设备

6.1 材料

水泥、砂、石子、外加剂、水、外掺料等。

6.2 设备

空压机、搅拌机、喷射机、运输车辆、木抹子、托线板等。

7. 质 量 控 制

7.1 喷射混凝土的原材料与混合料的检查应遵守下列规定。

7.1.1 每批材料到达工地后,应进行质量检查与验收,速凝剂的性能应符合《喷射混凝土用速凝剂》JC 477 规定。

7.1.2 混合料的配合比及称量偏差,每班至少检查一次,条件变化时,应及时检查。

7.1.3 混合料搅拌的均匀性,每班至少检查两次。

7.2 检查喷射混凝土的抗压强度应遵守下列规定。

7.2.1 喷射混凝土必须做抗压强度试验;当设计有其他要求时,还应增做相应性能的试验。

7.2.2 检查喷射混凝土抗压强度所需试块应在工程施工中制取。试块数量,每喷射 50～100m³ 混合料或小于 50m³ 混合料的独立工程不得少于一组,每组试块不应少于三个;当材料或配合比变更时,应另作一组。

7.2.3 喷射混凝土抗压强度系指在一定规格的喷射混凝土板件上,切割制取边长为 100mm 的立方体试块,在标准养护条件下养护 28d,用标准试验方法测得的极限抗压强度乘以 0.95 的系数。

7.2.4 喷射混凝土同组立方体试块应在同一个喷射混凝土板件上制作,对有明显缺陷的试块应予舍弃。

7.2.5 抗压强度试验时,加荷方向应与试块喷射成型方向垂直。

7.2.6 对于喷射混凝土强度试件,应采用大板切割法制取;不具备条件时可采用边长 150mm 的立方体无底试模,在其内喷射混凝土制作试件,试件成型的喷射方向与屋面结构方向向对应,喷射混凝土试件的龄期为 28d。当对强度有怀疑时可用回弹法进行检验,也可以在喷射点采用钻芯取样法随机抽取制作试件做抗压强度。

8. 安 全 措 施

8.1 健全安全生产管理体系和日常监督、检查、整改制度,加强入场和专项安全教育。

8.2 搭设双排钢管脚手架,作为施工期间的外部操作兼防护架。操作层设防护栏杆、踢脚板,并慢铺脚手板,外侧满挂密目安全网。

8.3 喷射混凝土时,操作人员须带好安全帽、防尘口罩、防尘工作服、穿好雨鞋、带好橡胶手套。

8.4 喷射手按技术较低要求控制好风压、喷射距离,避免回弹料伤人。

8.5 电线线路绝缘皮完好,开关应装在固定闸刀盒内;施工中,应定期检查电源线路和设备的电器部分,确保用电安全。

8.6 观察已喷射面的质地变化,有无滑动现象,特别是坡屋面施工。

8.7 喷射结束后要及时清洗喷射机及管路,避免堵管高压伤人。

8.8 喷射混凝土施工作业中,应经常检查出料弯头,辅料管和管路接头等有无磨薄、击穿或松脱现象，发现问题及时处理，设备外露的传动部分必须设置保护罩。

8.9 处理机械故障时，必须断电、停风，向设备送电、送风前，应通知有关人员；发现堵管时，应立即停风关机。

8.10 用压风疏通管路时，工作风压不得超过 0.4MPa。喷射手应紧按喷头，其前方严禁站人。

8.11 施工操作人员的皮肤应避免与速凝剂等刺激性物质直接接触；非施工作业人员不得进入正进行喷射混凝土施工的作业区。

9. 环保措施

9.1 操作人员应佩戴防尘面罩等劳保用品。

9.2 喷射混凝土作业区的粉尘浓度不应大于 10mg/m³。施工中应定期测定作业区的粉尘浓度。测定次数每 10 个喷射作业班不得少于一次。

9.3 在相对密闭的环境应采用湿式喷射方法，同时注意加强通风。

10. 效益分析

与传统工艺相比，喷射混凝土施工工法在具有较高的经济效益和社会效益。

10.1 与传统施工方法相比，简化了程序，工艺可操作性强，大大降低了劳动力强度，还可以节省外侧模板。

10.2 喷射混凝土施工工效高，施工速度加快。

10.3 解决了现场作业条件差、空间小等困难，把复杂问题简单化，大大提高安全系数，减少安全维护措施费用。

10.4 作业面在操作困难时质量无法保证，质量隐患大，通过该工艺能有效保证质量。

11. 工程实例

结合工程难点和特点，通过详细方案论证、精细施工部署，在大坡度屋面结构及地下室施工中我们采用喷射混凝土施工工艺，在保证质量的前提下取得了非常好的经济效益。与常规的施工方案相比，在周转材料、减少混凝土输送的搭设和租赁费用上，节约成本约 20 万元，工期提前 10d，同时降低了安全隐患，节约安全措施费用 10 万元。

11.1 御景名门工程

由湖北金运置业有限公司开发的御景名门工程位于武昌雄楚大街北侧，结构形式为框架剪力墙；建筑面积 6.1 万 m²；建筑层数 31 层，地下室 1 层；建筑层高为标准层层高 3m；开、竣工日期分别为 2006 年 7 月 18 日和 2008 年 3 月 20 日。本工程地下室剪力墙长度 300m 均采用了喷射混凝土施工工法，节约了成本，提高了工效。

11.2 汉府·国际公馆工程

由湖北九通置业有限公司投资开发的汉府·国际公馆工程位于汉口江汉区台北一路南侧，结构形式为框架剪力墙；建筑面积 7.5 万 m²；建筑层数为地上 31 层，地下室 2 层；建筑层高：地下二层高 3.4m，地下一层高 4.2m，裙房一层高 5.1m，裙房二层高 3.9m，裙房三层高 5.3m，裙房四层高 4.2m，塔楼层高 3m；开、竣工日期分别为 2006 年 4 月 1 日和 2008 年 8 月 20 日。本工程地下室 4000m² 剪力墙混凝土施工采用本工法。

11.3 南国明珠一期工程

南国明珠一期工程位于武汉市汉阳区陶家岭，结构形式为框架结构；建筑面积 3.2 万 m²；建筑层数 12 层，地下室一层；建筑层高为标准层层高 3m；开、竣工日期分别为 2006 年 7 月 30 日和 2007 年 6 月 30 日。该项目斜屋面混凝土（300m³）施工采用了本工法。

钢筋混凝土桁架转换层结构施工工法

GJEJGF057—2008

湖南长大建设集团股份有限公司　中国建筑一局（集团）有限公司

张文祥　李天成　罗斌　玉小冰　杨旭东

1. 前　　言

当前建筑正在向多功能、综合用途发展。在高层建筑中，上部楼层往往需要满足住宅、办公、宾馆等小开间的轴线布置要求，下部则需要满足商店、酒楼等较大跨度的柱网空间要求，因此当下部楼层竖向结构体系或形式与上部楼层的差异较大，或者上、下楼层竖向轴线错位时，则在结构改变的楼层布置转换层。结构转换层在建筑物中起"承上启下"的作用，既是下部结构的"顶板"，又是上部结构的"基础"，在整个建筑物结构体系中，起到至关重要的连接作用。钢筋混凝土桁架转换层结构以其明确和合理的受力特点、节省材料用量和跨越更大的空间等优越性，而使其具有广泛的应用前景。由湖南省长大建设集团股份有限公司承建的长沙市东方·新世界工程所采用的钢筋混凝土桁架转换层结构，施工中针对桁架特点，采取了一系列技术措施和施工方法，取得了明显的成效（具体详见"11 应用实例"）。

2. 工 法 特 点

2.1　采用钢筋混凝土桁架转换层结构施工，较之梁式转换层大梁施工，施工方法更为便捷、安全、可靠。

2.2　本工法针对钢筋混凝土桁架转换层结构体系上下弦杆、斜杆、竖杆、主次梁等杆件断面尺寸大，形状不规则，自重大，钢筋分布密集，施工难度大等特点，在桁架支撑体系、高流态混凝土浇筑等关键技术优化了施工实施方案和工序控制过程，加强了科学管理，确保了钢筋混凝土桁架转换层结构体系的施工质量。

2.3　由于钢筋混凝土桁架转换层结构施工荷载大，对模板支撑体系要求高，本工法充分利用转换层的支撑体系承载能力，保留了转换层下至少两层支模架不拆，并增加多层剪刀撑、斜撑等技术措施，确保了工程质量，提高了工效，降低了工程成本。

3. 适 用 范 围

本工法适用于设置有结构转换层的工程。

4. 工 艺 原 理

4.1　根据设计要求从施工角度对一次性整浇方案进行了可行性研究论证，明确采用桁架下弦杆与转换层底板梁板整浇，桁架腹杆一次整浇，上弦杆与转换层顶板梁板整浇的三次浇筑方法。

4.2　通过对不同坍落度混凝土的模拟工况试验研究，确定混凝土的坍落度与其抗压强度的关系，并借鉴其他工程高流态混凝土成功的施工经验，确认采用高流态泵送混凝土施工工艺技术。

4.3　针对桁架结构荷载大、跨度大、结构层高大的特点，按高支模体系对施工方案进行了计算、复核、论证和对施工过程进行严格控制。

4.4 针对高流态混凝土施工特点和桁架杆件构件多、形状不规则、构件尺寸难保证的特点，因此采用带模养护等混凝土抗裂措施。

5. 施工工艺流程及操作要点

5.1 施工工艺流程（图 5.1）

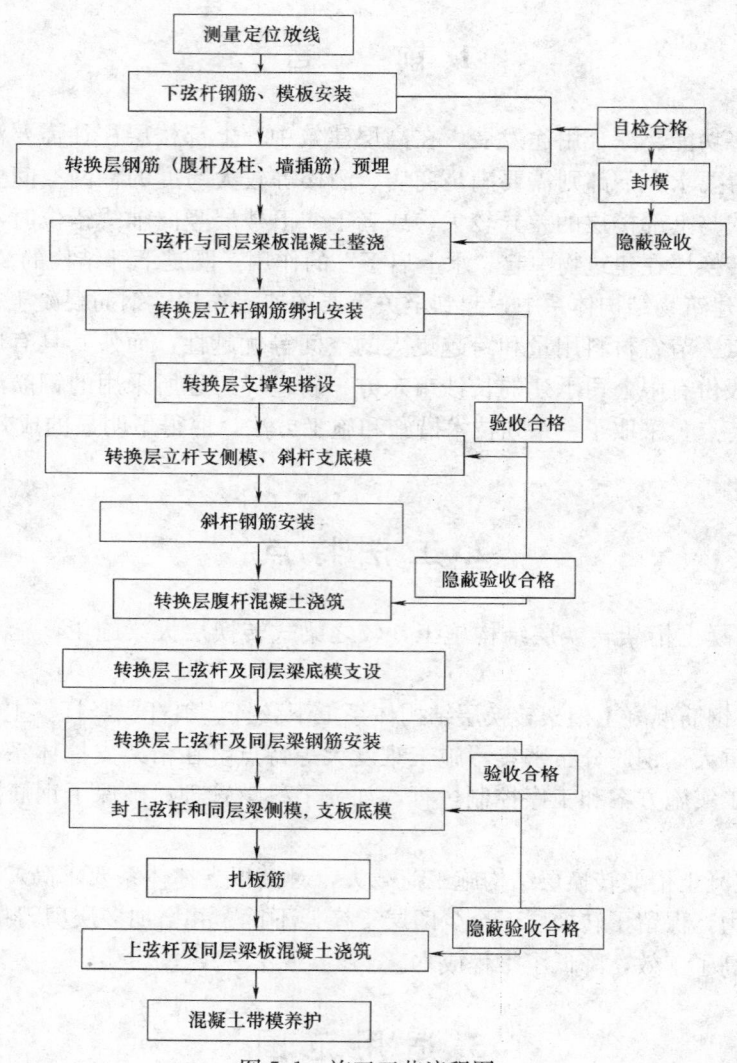

图 5.1 施工工艺流程图

5.2 施工操作要点

5.2.1 下弦杆钢筋、模板安装

下弦杆钢筋、模板安装与其同层结构梁板的钢筋、模板同步进行。需要注意的是，由于下弦杆钢筋直径粗，且数量多，节点处钢筋密集。因此，在进行下弦杆钢筋安装时要做到步步有复核，确保无误后方进行下一步施工。

5.2.2 转换层钢筋预埋（立杆、斜杆及柱、墙插筋）

在下弦杆钢筋骨架安装基本到位之后，即用测量仪器准确放出转换层立杆、斜杆、其他柱、墙等需预埋的构件及钢筋的位置和尺寸，按要求进行预埋；复核无误后进行刚性固定。

5.2.3 下弦杆混凝土施工

下弦杆混凝土与其所在层结构混凝土同时进行浇筑。桁架下弦杆混凝土按高流态自密性混凝土进行施工控制（具体见 5.2.7 桁架混凝土施工）。

除了要确保结构混凝土强度达到设计要求之外，还应特别注意节点处混凝土应在其初凝后终凝前进行拉毛处理，以保证转换层混凝土浇筑时与前次混凝土结合良好。

5.2.4 桁架支模架搭设

1. 转换层下层支模架支撑体系的利用

由于桁架转换层结构自重大，其支撑体系应充分考虑桁架下弦杆、腹杆（立杆、斜杆）、上弦杆、其他柱、墙和梁板自重荷载以及施工荷载，因此除了充分利用转换层本层的支撑体系承载之外，还必须保留转换层下至少两层满堂支模架不拆，并增加各层的剪刀撑和斜撑，在梁下适当加设可调节支撑。

2. 转换层桁架支撑体系的确定

转换层桁架支撑体系按高支模体系进行控制，须编制专项施工方案，经计算确定，由施工单位技术部门和企业技术负责人审核签字，并经过专家专题论证通过后方可进行施工。

3. 下层支模架支撑体系构造要求

1）满堂支模架加设剪刀撑和斜撑，纵横向间距不应超过 4.5m。

2）梁下加设可调支撑，每跨设置 3～5 根；有桁架立杆的位置，在每处立杆对应部位加设 1 根固定支撑或 2～4 根可调支撑；并用钢管拉结成一个整体。

4. 桁架支撑体系构造要求

1）水平支撑杆的设置

① 水平支撑杆沿高度方向间距不应大于 1400mm。

② 在靠近杆顶和杆脚处，用水平连杆双向拉固，扫脚杆下紧塞木枋，以减少集中应力。

2）立杆的设置

① 横向立杆（沿宽度方向）在紧靠梁（斜杆）的两侧每侧设 1 根、梁（斜杆）下再设置 1～3 根（即每排 3～5 根）。其中，梁（斜杆）宽度 1000mm 以上（含 1000mm）的设 3 根，宽度 800～1000mm（含 800mm）的设 2 根，宽度在 800mm 以内的设 1 根。

② 梁（斜杆）下每排立杆纵向间距不超过 500mm；板下立杆纵横向间距均不超过 800mm。

③ 梁下的支撑立杆，应使用整根通长钢管；若需要两根竖向连接，只能采用"一"字扣件对接，禁止采用"十"字扣件连接。对接扣件应交错布置，两根相邻立杆的接头不应设置在同步内，同步内隔一根立杆的两个相隔接头在高度方向错开的距离不宜小于 500mm；同一步内立杆的对接率应≤25%。

3）附加支撑的设置

每跨跨中并排设置两根固定支撑或者沿梁纵向按间距不超过 1500mm 设置可调支撑，同时用钢管将可调支撑纵横拉结成一个整体。

5. 桁架转换层支撑体系的加固要求

为提高模板支承体系的整体稳定性和抗倾覆能力，支撑体系应按以下要求加固：

1）沿立杆高，纵横布置不少于四道水平杆（其中一道扫脚杆，一道用于搁置组合梁底模，一道用于搁置组合板底模）并互相连接为一个整体。

2）在梁底的立杆间纵横方向上加设剪刀撑，在纵向连续设置，横向（梁断面方向）每隔 3000mm 左右设一道。

3）由于立杆单根承受荷载较大，为避免应力集中而对支撑层产生冲切破坏，因此宜在立杆下垫槽钢（或者木枋、模板等）。如采用槽钢，则槽口朝上，立杆立于槽口内，两边用木塞塞紧。

6. 支撑体系的验算

桁架支撑体系验算应包括以下内容：

1）立杆稳定性验算；

2）扣件防滑验算；

3）转换层下支承楼板承载力验算。

5.2.5 桁架模板施工

1. 模板体系选择

由于桁架构件尺寸规格较多、杆件断面尺寸大，形状不规则，故宜采用专用（一次性）模板进行施工。

2. 模板安装顺序

1）竖向构件（如立杆、柱、墙等）模板安装应待钢筋安装到位，检查确认无误并清理干净之后予以封闭。

2）水平及斜向（下弦杆、上弦杆、斜杆及其他梁板等）构件模板安装，应先安装底模，再进行钢筋绑扎、安装，待钢筋安装完毕并检查确认无误后封闭侧模；板底模可与梁底模同时安装，但板筋宜待下弦杆或上弦杆以及其他梁钢筋全部安装完毕并验收合格后再予以安装。

3. 桁架弦杆底模铺装时，按设计和规范要求起拱。

4. 由于采用高流态自密性混凝土进行桁架混凝土浇筑，故对模板接缝处用防水油布粘贴牢固，确保浇筑混凝土时不漏浆。

5.2.6 桁架钢筋施工

桁架钢筋安装须满足设计和有关规范要求。桁架梁、杆、柱受力主筋宜优先采用直螺纹连接。

5.2.7 桁架混凝土施工

为保证桁架混凝土施工质量，本工法施工采用高流态自密性混凝土进行施工。具体应做到以下几点：

1. 在浇筑自密实混凝土前，应确认模板的安装符合设计要求；充分考虑流动性混凝土对侧模的侧向压力作用。

2. 控制混凝土的浇筑距离：浇筑点间的水平距离不宜大于 5m，垂直自由下落最大距离不宜大于 2.5m；在混凝土浇筑过程中，对钢筋密集部位（尤其是桁架节点处），可在模板外部作适当的敲击。

3. 混凝土施工采用泵送方式，全面分层连续一次性推进施工，严禁混凝土接合面出现施工冷缝。为了避免出现施工冷缝或离析现象，宜在模板侧面设适量间接振捣点，派专人在模板外侧面轻击振捣。

5.2.8 桁架混凝土养护

1. 混凝土浇捣完毕，带模保湿养护 7～10d。

2. 在混凝土终凝后（一般为浇筑后 12h 左右）开始进行混凝土养护，保持混凝土面和（或）模板始终处于湿润状态。

3. 侧模拆除后在梁侧、柱侧、杆侧等满挂麻袋并浇水养护，保持麻袋始终保持湿润状态；混凝土养护时间不少于 14d。

4. 承力构件底模拆除时间必须以试块抗压强度数据为依据。

5.2.9 自密性混凝土与普通混凝土结合面的处理

1. 水平结合面的处理：在浇筑后次混凝土前，必须将结合面拉毛。一般是在前次混凝土浇筑完毕初凝时即进行拉毛处理。

2. 竖直结合面的处理：结合面处采用密目钢丝网进行分隔，避免不同类型混凝土相互串合。

6. 材料与设备

6.1 材料要求

6.1.1 自密性混凝土

1. 原材料

1）水泥：P.O42.5 普通硅酸盐水泥；计量允许偏差为±1%。

2）粗骨料：采用 5～20mm 连续级配卵石，针片状含量＜10%；计量允许偏差为±2%。

3）细骨料：采用中砂，为河砂，含泥量＜1％；计量允许偏差为±2％。

4）掺合料及外加剂：粉煤灰等级不低于二级，外加剂减水率不低于20％；计量允许偏差为±1％。

2. 混凝土

1）强度等级：C40～C50混凝土。

2）坍落度：混凝土坍落度控制在240～270mm之间，坍落度中边高差≤20mm。

3）混凝土配合比（参考数据），见表6.1.1-1、表6.1.1-2。

C40自密性混凝土配合比（kg/m³）　　　表6.1.1-1

水泥 P.O42.5	中砂	卵石(5～20mm)	水	粉煤灰	外加剂
420	810	840	190	125	16.5

C45自密性混凝土配合比（kg/m³）　　　表6.1.1-2

水泥 P.O42.5	中砂	卵石(5～20mm)	水	粉煤灰	外加剂
435	750	880	186	128	17.5

6.1.2 钢筋直螺纹连接套筒

由于桁架受力筋直径均较粗，为保证质量，受力筋接头均采用机械连接，优先采用直螺纹连接方式。材料进场时，必须满足以下要求：

1. 套筒进场时，必须对连接套筒进行检查验收，要求套筒必须有产品合格证，其表面不得有影响性能的裂缝、节疤等缺陷，尺寸应符合要求。

2. 连接套筒及端部无油污、铁锈等杂物（质）。

3. 逐个检查钢筋端头螺纹的外观质量，用手将套筒拧进钢筋端头，看是否过松或过紧，检查螺纹的深度是否符合要求。

4. 检验合格后的端头螺纹戴上保护套或拧上连接套筒，按规格分类堆放。

5. 同一施工条件下同一批材料的同等级别同等规格接头，以500个为一验收批进行验收，每一个验收批现场随机抽取3个试件做单向拉伸试验。

6.1.3 其他材料要求

钢筋混凝土桁架转换层结构所需的其他材料要求与普通钢筋混凝土受力构件的要求一致，均需满足设计和有关规范的要求。

6.2 施工机具设备要求

本工法所采用的机具设备主要如表6.2所示。

主要机具设备表　　　表6.2

序号	名　称	数量	单位	型　号	备　注
1	全站仪	1	台		
2	水平仪	1	台	DS3	
3	经纬仪	1	台	J2	
4	镝灯	2	盏	3.5kW	
5	塔吊	2	台	5013(臂长50m)	
6	混凝土输送泵	1	台	HBT-80	
7	钢筋切断机	1	台	GQ40-A 型(3kW)	
8	钢筋成型机	1	台	GC40-1 型(3kW)	
9	闪光对焊机	1	台	UN-100 型(100kW)	
10	直流电焊机	10	台	AX-320×1 型(14kW)	
11	插入式振动器	8	台	其中 4 台 φ50,4 台 φ30 型	振捣普通混凝土
12	平板式振动器	3	台	通用产品	振捣普通混凝土
13	木工设备	2	套	通用产品	

7. 质 量 控 制

7.1 质量控制标准

7.1.1 钢筋混凝土桁架转换层结构施工质量控制标准，严格执行《混凝土结构工程施工质量验收规范》GB 50204—2002。

7.1.2 支模架搭设技术要求、允许偏差与检验详表见表7.1.2。

支模架搭设技术要求、允许偏差与检验附表　　　　　　　　　　　　　　　　表7.1.2

项次	项　目		技术要求	允许偏差（mm）	示意图		检查方法与工具
1	立杆垂直度	最后验收垂直度20～80mm	—	±100			用吊线和卷尺
		支模架允许水平偏差（mm）					
		搭设中检查偏差的高度（m）	允许偏差（mm）				
		$H＝2$	±7	±7	±7		
		$H＝10$	±20	±25	±50		
		$H＝20$	±40	±50	±100		
		$H＝30$	±60	±75			
		$H＝40$	±80	±100			
		$H＝50$	±100				
		中间档次用插入法					
2	间距	步距		±20mm			钢板尺
		纵距	—	±50mm			
		横距		±20mm			
3	纵向水平杆高差	一根杆的两端	—	±20mm			水平仪或水平尺
4	纵向水平杆高差	同跨内两根纵向水平杆高差		±10mm			水平仪或水平尺
5	双排支模架横向水平杆外伸长度偏差		外伸500mm	−50mm			钢板尺
6	扣件安装	主节点处各扣件中心点相互距离	$a≤150mm$	—			钢板尺
		同步立杆上两个相隔对接扣件的高差	$a≥500mm$	—			钢卷尺
		立杆上的对接扣件至主节点的距离	$a≤h/3$	—			
		纵向水平杆上的对接扣件至主节点的距离	$a≤l_0/3$	—			钢卷尺
		扣件螺栓拧紧扭力矩	40～65N·m	—			扭力扳手
7	剪刀撑斜杆与地面的倾角		45°～60°	—	—		角尺

7.2 质量保证措施

7.2.1 混凝土抗裂措施

1. 混凝土带模保湿养护7～10d，侧模拆模后构件两侧满挂麻袋保湿养护，连续养护时间不少于14d，养护期间保证混凝土始终处于湿润状态；底板拆除时必须以现场留置的试块的抗压强度为拆模依据。

2. 优化混凝土配比

在混凝土内部掺入高效减水剂，减少用水量；减少水泥用量，降低混凝土水化热引起的温度收缩应力。

3. 增加抗裂钢筋

当梁宽度≥500mm且高度≥1500mm时，在梁箍筋外侧增加φ6.5@50×50mm抗裂筋。

7.2.2 钢筋施工质量控制

1. 钢筋进场时严格验收材质，同时严格把关下料、制作、绑扎等工序，严格按设计、规范要求执行。

2. 梁筋安装时，严格控制垂直度，防止侧移，扎筋前须搭设好支撑架（高出梁面300mm），扎筋时边扎边吊线校正（与木工、架子工配合进行）。

3. 事先确定梁筋的摆放顺序及绑扎顺序，谨防漏筋，注意柱、斜杆、立杆及主次梁节点处钢筋绑扎顺序，严格按交底要求执行。

4. 桁架预埋插筋，在其他结构钢筋施工时即用测量仪器准确定位再后进行安放并刚性固定，在该层结构混凝土施工前再次进行复核确认无误后方可进行混凝土浇筑。

5. 安排专人护筋。护筋的重点部位是立杆、斜杆、墙、柱等钢筋预埋部位，避免其在混凝土浇筑过程中移位。

7.2.3 混凝土质量控制

1. 混凝土生产过程中严格按配合比进行计量控制，并经常检测砂、石含水量，对配合比用水量进行严格控制。

2. 现场随时检测混凝土质量，确保混凝土无离析、泌水现象；混凝土入模前坍落度控制在240～270mm之间；从出料口至现场入模前的时间段内，混凝土坍落度损失不超过20mm。

3. 加强对混凝土输送设备的检查，确保设备运转正常，确保混凝土施工过程中不出现施工冷缝。

4. 加强节点钢筋密集区的混凝土浇筑的监控，确保混凝土密实。

5. 混凝土浇筑过程中，有专人护模、护筋；混凝土养护由专人负责。

7.2.4 模板、钢筋及混凝土保护

1. 护模的重点部位为节点部位和跨中位置。浇捣混凝土时派专人负责观察模板及支撑体系，发现异常立即采取措施。

2. 浇捣混凝土时注意保护钢筋，一是防止板筋踩蹋，二是防止受力筋偏位。

3. 楼板混凝土在硬化前，防止上人踩踏；梁、板底模拆除时，必须以试块试压数据为依据，并由施工员下达书面通知。

8. 安全措施

8.1 现场施工作业人员必须戴好安全帽、系好安全带。

8.2 支模架的构配件质量与搭设质量，应按规定进行检查验收，合格后方准使用。

8.3 作业层上的施工荷载应符合设计要求，不得超载。泵送混凝土输送管不得固定在支模架上。

8.4 混凝土输送泵立管必须搭设立管支架，且立管架必须与支模架分开，不得连结使用。水平管不得直接搭在支模架上，应铺设架板支撑水平管。水平泵送的管道敷设线路应接近直线，少弯曲，管道及管道支撑必须牢固可靠，且能承受输送过程所产生的水平推力；管道接头处应密封可靠。

8.5 加强支模架的安全检查与维护，进行支模架检查、验收时应按方案要求及规范规定进行。

8.6 搭拆支模架时，应设围栏和警戒标志，并派专人看守，严禁非操作人员入内。

8.7 在浇筑混凝土时，派专人观察模板及其支撑系统情况。若发现模板变形、渗浆等情况时，应立即停止泵送，组织人员进行整改，并防止产生施工冷缝。

8.8 泵送混凝土时，操作人员应远离管口，防止混凝土突然冲出伤人。

8.9 支撑体系或模板拆除前须经过申请批准，必须以拆模试块抗压强度试验报告出示的数据为依据，并有项目部施工技术人员签发的拆模通知单方可开始拆模。

9. 环保措施

9.1 搅拌站和现场严格进行噪音控制。噪声排放严格执行《城市区域环境噪声标准》GB 3096—93 和《建筑施工场界噪声限值》GB 12523—90。

9.1.1 合理进行现场布置，噪声大的加工场地和设备在满足使用的前提下尽量远离居民区和办公区布置。

9.1.2 针对噪声大的加工场地和设备采取封闭式围护措施。

9.1.3 合理安排施工工序，噪声大的工序尽量避免在夜间或休息时施工。

9.1.4 定期对施工场界噪声进行检测，发现超标立即采取措施进行控制。

9.2 搅拌站和施工现场废水排放严格执行《污水综合排放标准》GB 8978—1998 和《污水排入城市下水道水质标准》CJ 3082—1999。

9.2.1 现场设置沉淀池，施工污水经处理达到排放标准后分别排入指定的市政管网。

9.2.2 沉淀池派专人定期清理，同时定期对现场排放水水质进行检测，确保符合排放要求。

9.3 施工现场固体废弃物严格执行《生活垃圾填埋污染控制标准》GB 16889—1997。

9.4 场外运输按要求办理相关手续，采用规定车辆进行运输，避免沿途洒落；出工地现场的搅拌车、运输车辆进行清洗，避免污染场外环境和城市主干道。

10. 效益分析

10.1 以钢筋混凝土空腹桁架作为结构转换层，相当于在框架中设置一个水平加强层，可降低水平荷载作用下结构顶点位移，降低截面弯矩，使结构具有更大的刚度，从而可以跨越更大的跨度。工程实践结果表明，采用钢筋混凝土桁架式转换层结构，相对于梁式转换层结构，施工更便捷、安全、可靠；相对于钢桁架转换层结构，由于使用过程中无需进行维护和保养，因而造价更低廉和结构耐久性更好。

10.2 以已建成的东方·新世界工程为例，仅从以下几个方面考虑，即节省了直接工程造价：1. 节省混凝土：940m³×265 元/m³＝249100 元；2. 节省钢材：115t×3950 元/t＝447930 元；3. 支承体系等措施费用多投入约 15 万元。三项合计，共节省工程造价 54.7 万元。若采用钢筋混凝土梁式转换层结构，按估算，转换层大梁截面尺寸至少需达到 1800×3500mm 方可满足要求，而采用桁架结构，只有少量构件截面尺寸为 1600×2300mm，其他的则小于这个尺寸，大大减小了构件截面尺寸和荷载负担，从而使施工操作更简便，也更为安全。

10.3 由于钢筋混凝土桁架结构不仅具有桁架的优越性，而且具备钢筋混凝土梁的优越性，因此钢筋混凝土桁架转换层结构具有广泛的应用前景。

11. 应用实例

长沙市东方·新世界工程，转换层桁架梁平面及立面详图如图 11-1、图 11-2 所示。

11.1 工程概况

该工程位于长沙市左家塘繁华地段，地下 2 层，地上 31 层，一、二层为商场，层高分别是 5.8m、4.4m，由 1 号、2 号、3 号三栋塔楼组成；建筑总高度为 99.8m，总建筑面积 132838m²；转换层以下为钢筋混凝土框架核心筒体结构，柱网尺寸以 12m×12m 为主；转换层以上为钢筋混凝土剪力墙结构。转换层位于第三层，采用现浇钢筋混凝土混合空腹桁架，层高 4.75m，转换层底板厚 200mm，顶板厚280mm。桁架下弦主梁断面尺寸有 1600mm×1000mm、1200mm×1000mm、1000mm×1000mm 三种

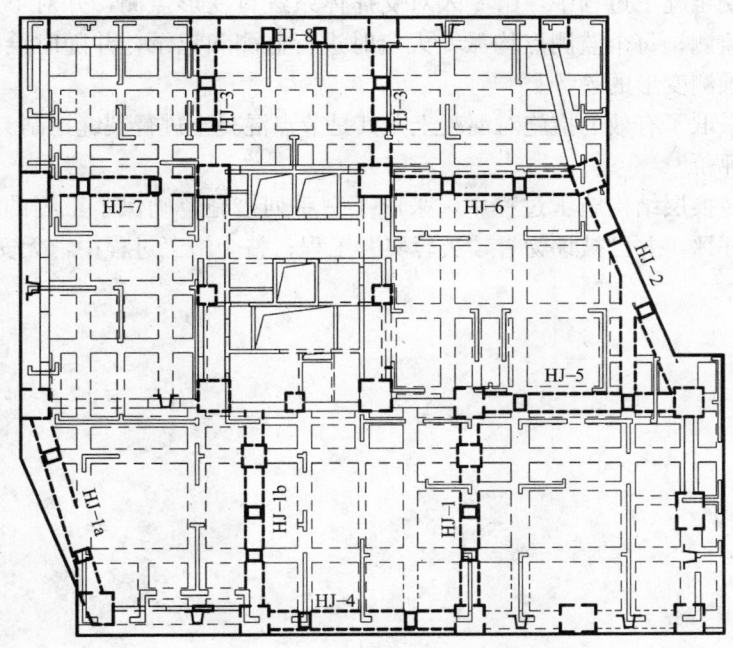

图 11-1　转换层桁架结构平面示意图

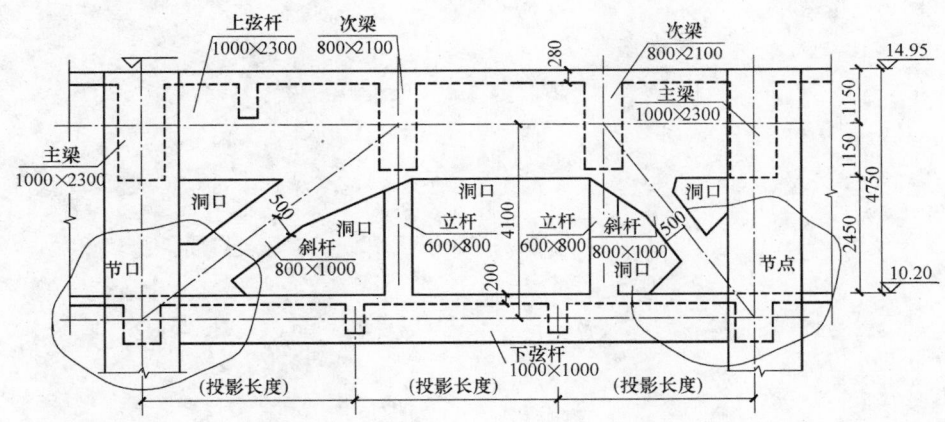

图 11-2　转换层桁架结构立面示意图

规格：桁架上弦主梁断面尺寸有 1600mm × 2300mm、1200mm × 2300mm、1000mm × 2300mm、1000mm × 2100mm 四种规格；次梁断面尺寸有 1000mm × 2100mm、800mm × 2100mm、800mm × 1800mm；立杆断面尺寸 600mm × 800mm；斜杆断面尺寸有 1000mm × 1400mm、800mm × 1200mm、800mm × 1000mm；混凝土强度等级均为 C40（局部用 C45 混凝土）。

11.2　施工情况

11.2.1　桁架主梁、斜杆的钢筋数量多且钢筋直径较粗（如 HJ-6 上弦主梁受力筋为 36φ28 ＋ 12φ32）；所有桁架梁、斜杆、立杆纵向钢筋连接设计要求为锥螺纹连接，后来考虑到直螺纹连接较之锥螺纹连接易于控制接头质量和质量稳定性较好，故改用了钢筋直螺纹连接方式。

11.2.2　采用预拌混凝土，现场由两台混凝土输送泵和一台塔吊负责混凝土运输，三班连续作业。

11.2.3　混凝土模板支撑体系经过反复计算、复核，并经专家论证确认可行后方进行施工。

11.2.4　混凝土养护实行带模保湿养护 7～10d，拆模后于构件两侧满挂麻袋保湿养护，养护时间不少于 14d。

11.2.5 桁架混凝土施工过程中，由专人对支撑体系进行变形监测，并对下层支撑楼面梁板的挠度变化进行动态跟踪监测；每个监测点均派专人定时进行监测和记录，并随时绘制其变形量与时间的关系曲线，及时分析预测变形的趋势。

11.2.6 施工中采取了有效的措施对混凝土尤其是节点混凝土进行裂缝控制。

11.3 施工结果评价

钢筋混凝土桁架转换层结构施工过程中，采取了一系列措施，确保了工程的顺利完成。工程完工后得到了参建各方的好评，并已被评为省"芙蓉奖"工程；整个施工过程中，无安全生产事故发生。

高层建筑分段渐变翻搭悬挑式外脚手架施工工法

GJEJGF058—2008

广东省建筑工程集团有限公司　广州市建筑集团有限公司

李福伟　陈建航　黄瑛鹏　刘金刚　马穗杰

1. 前　　言

随着我国经济的快速发展，高层建筑的数量越来越多，建筑外立面的造型也呈复杂多样的变化。对于建筑物外边平面尺寸分别向内向外渐变的扭变外形，目前传统使用的整体拉吊卸荷或悬挑卸荷式外脚手架及附着式升降外爬架等施工工艺均难以满足建筑施工用外脚手架的要求，如何安全、经济地搭设此类建筑的外脚手架成了施工中需要解决的难题。

中国对外贸易中心投资兴建的广交会琶洲会展综合楼工程，总建筑面积 87553m²，其中地下 2 层，地上裙楼 4 层、塔楼 41 层，建筑总高度 177.30m，结构体系采用钢框架—混凝土核心筒结构。为满足建筑造型的需要，塔楼每个结构楼层四周均设有造型飘板结构，其中东西飘板结构外边缘宽度随楼层由下往上分别向内向外渐变，尺寸变化总幅度达 3073～3698mm，形成扭变的立面造型，见图 1。

图 1　综合楼立面图

广东省建筑工程集团有限公司通过技术攻关，取得了"高层建筑分段渐变翻搭悬挑式外脚手架施工技术"这一新颖、先进的技术创新成果，并通过了广东省建设厅的技术成果鉴定，技术达到国内领先水平。同时，形成了高层建筑分段渐变翻搭悬挑式外脚手架施工工法，并获评为广东省省级工法。本工法技术中的《高层建筑分段渐变悬挑式外脚手架》于 2008 年 10 月申请了国家实用新型专利（申请号为 200820202997.9）。本工法通过分段渐变悬挑解决了建筑物外形扭曲、平面尺寸变化引起的外脚手架难以搭设的技术难题，同时分段悬挑翻搭解决了高层结构施工外脚手架耗用材料量大的问题。本工法针对高层建筑平面尺寸变化的外脚手架搭设具有明显的推广应用前景，社会效益和经济效益显著。

2. 工 法 特 点

2.1 在建筑结构上分段采用不同悬挑尺寸承力结构，在承力结构上搭设外脚手架，悬挑承力结构采用挑拉式，即型钢挑梁与斜拉钢丝绳形成的共同承力结构。

2.2 根据建筑结构外立面扭曲变化特点来确定脚手架的分段层数及悬挑渐变尺寸，一般分段高度为 5～8 层（高度不宜大于 25m），每段各层结构外边缘变化总值不宜超过 800mm。

2.3 外脚手架通过分段变化悬挑承力架的悬挑尺寸，每段外脚手架两端均取段内各层建筑中最大悬挑尺寸作为悬挑承力架的悬挑定位尺寸，满足段内各层边缘悬挑尺寸逐层变化的要求，使各段外脚手架始终可用最简便的直线型搭设施工方法；分段翻搭施工又将超高的外架分为若干段相对独立架体，可灵活的进行拆除翻搭，在提高了外脚手架的安全性的同时，大大地减少了周转材料的投入，从而降低了施工成本。

2.4 为保证结构施工的连续性，上下段悬挑架的承力型钢及立杆位置错开 50～100mm 设置，下段架体在上段架体未搭设阶段需向上搭设 1 层高度的单排防护架作为上段架体承力层施工的临时安全围护设施。

2.5 解决了其他形式外脚手架无法适用外立面扭曲变化的高层建筑施工用外脚手架的技术难题。
分段渐变翻搭悬挑脚手架剖面示意见图 2.5。

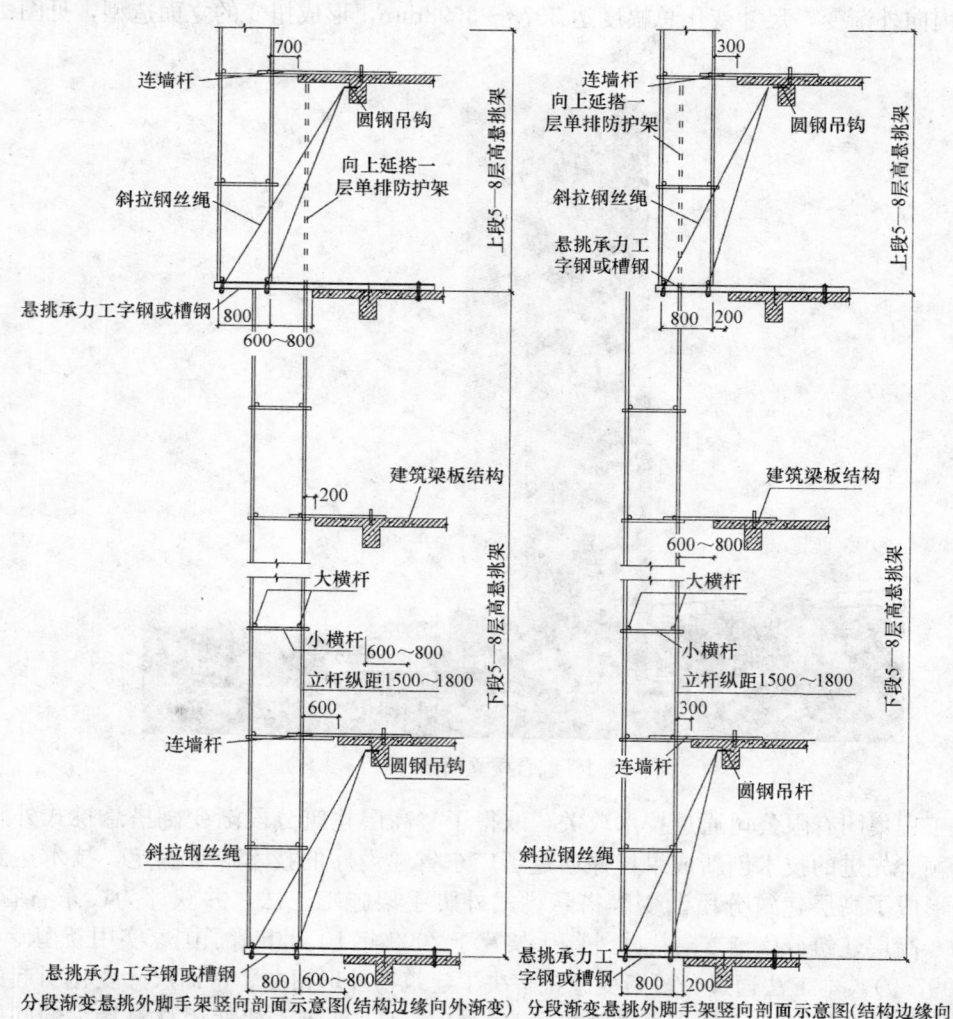

图 2.5　悬挑架剖面示意图

3. 适用范围

适用于外边平面尺寸分别向内向外渐变、外立面扭曲变化的高层建筑施工用外脚手架搭设。

4. 工艺原理

通过悬挑承力结构将外脚手架的荷载传递到建筑结构上，避免外脚手架一次搭设过高而导致外脚手架结构承载力不足或稳定性能的下降。

由于悬挑脚手架通过悬挑承力结构将整个高层外脚手架多次分段向建筑结构卸荷传力，分段的外脚手架结构自成体系，因而分段悬挑脚手架不仅能够满足不同高度的外脚手架的搭设需要，还可根据施工的实际需要进行相对独立的拆除和翻搭。

利用悬挑承力结构分段渐变的形式，通过分段变化悬挑承力结构的悬挑尺寸，满足段内各层悬挑尺寸分别向内向外变化的要求，使各段外脚手架始终可用最简便的直线型搭设施工方法，完全满足了建筑平面尺寸伸缩、外立面扭曲变化时的外脚手架搭设施工需要。

5. 施工工艺流程及操作要点

5.1 施工工艺流程

确定分段层数及分段悬挑承力架的悬挑尺寸→第一段首层结构施工、悬挑承力结构预埋件施工→安装第一段悬挑承力型钢→第一段（5层高）钢管架体搭设2层时安装斜拉钢索→第一段悬挑脚手架搭设5层顶部时上延搭设一层高单排内防护架→第二段首层结构施工、悬挑承力结构预埋件施工安装→第二段悬挑承力型钢→第二段钢管架体搭设2层同时安装斜拉钢索→逐层拆除第一段钢管架体向上翻搭→完成第二段架体搭设→循环向上分段搭设。

施工工艺流程图见图5.1。

5.2 操作要点

5.2.1 确定架体分段层数及型钢悬挑渐变尺寸

分段渐变翻搭悬挑脚手架施工前必须做好架体分段层数及型钢悬挑渐变尺寸的设计，设计主要考虑以下内容：

1. 根据结构设计图纸对各层平面结构边缘伸缩尺寸进行计算、统计，按各层平面结构边缘伸缩尺寸变化累加值初步确定分段层数，一般每段各层结构外边缘累加变化总值不宜超过800mm。

2. 根据初步分段层数确定结构边缘的最大悬挑尺寸作为悬挑钢梁的最大悬挑尺寸，按照初步分段的架体荷载情况对型钢挑梁与斜拉钢丝绳形成的共同承力结构进行承载力验算，从而最终确定外脚手架的分段层数。悬挑外脚手架的分段层数一般为5~8层（高度不宜大于25m）。

3. 设计分段层数时，应在确保架体与建筑结构承载和使用安全的前提下，尽量增加每段的层数，以减少整个

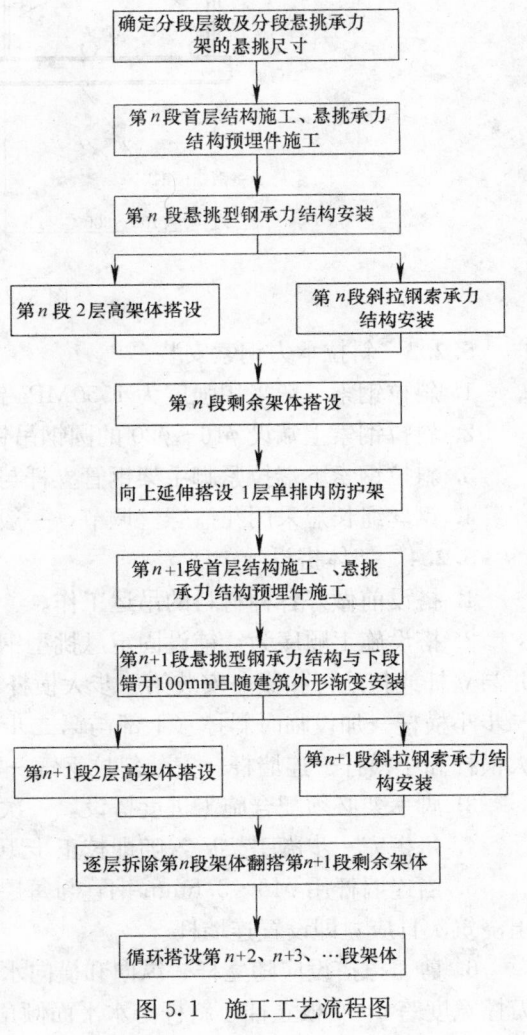

确定分段层数及分段悬挑承力架的悬挑尺寸

↓

第n段首层结构施工、悬挑承力结构预埋件施工

↓

第n段悬挑型钢承力结构安装

↓

第n段2层高架体搭设 ← 第n段斜拉钢索承力结构安装

↓

第n段剩余架体搭设

↓

向上延伸搭设1层单排内防护架

↓

第n+1段首层结构施工、悬挑承力结构预埋件施工

↓

第n+1段悬挑型钢承力结构与下段错开100mm且随建筑外形渐变安装

↓

第n+1段2层高架体搭设 ← 第n+1段斜拉钢索承力结构安装

↓

逐层拆除第n段架体翻搭第n+1段剩余架体

↓

循环搭设第n+2、n+3、…段架体

图5.1 施工工艺流程图

外架的搭设、翻搭次数。

5.2.2 悬挑承力型钢安装

1. 按建筑平面悬挑飘板两端边缘宽度一边伸长一边缩短尺寸的变化，确定分段两端边缘的最大悬挑尺寸作为悬挑钢梁的最大悬挑尺寸，按外脚手架钢管立杆间距不超过1800mm确定悬挑钢梁的间距，绘制各分段外脚手架平面图。

2. 型钢需按脚手架设计的平面布置及大样进行加工、制作，型钢可根据实际情况选用工字钢或槽钢，若如使用槽钢，应在钢管立杆、楼层结构支锚点部位的槽钢内增设加劲肋板，加劲肋板可采用8mm厚钢板焊接。

3. 楼板浇筑前要做好型钢支点、内端部支座锚固钢筋或穿楼板套管的预埋施工，楼板结构薄弱部位应增设加强配筋暗梁构造。

4. 悬挑型钢需按照平面布置图的尺寸进行铺设，型钢支点及内端部支座需做好固定型钢施工，确保型钢锚固牢固。

5. 悬挑型钢外端部需做好固定架体立杆和斜拉钢索的短钢筋定位和焊接施工。

6. 悬挑承力型钢大样示意见图5.2.2。

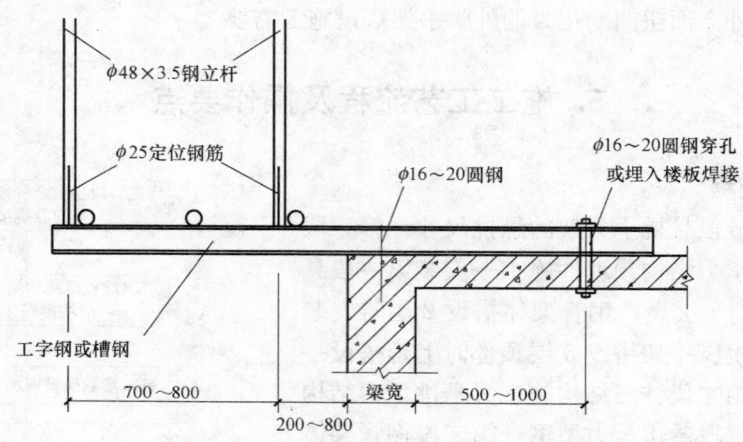

图5.2.2 悬挑承力型钢大样图

5.2.3 斜拉承力钢索安装

1. 斜拉钢索一般采用强度为1550MPa钢丝绳，钢丝绳直径按计算确定。

2. 斜拉钢索上端设 $\phi16\sim\phi20$ 的圆钢吊钩，吊钩锚固于结构梁板内，圆钢锚固端部需设弯钩。

3. 斜拉钢索下端拉紧脚手架钢管立杆与型钢交接点处，型钢底面焊接短钢筋固定钢丝绳不滑动。

4. 钢丝绳长短采用花篮螺丝调节，一般应预紧钢丝绳。

5.2.4 架体搭设

1. 搭设前做好各种材料的吊运工作。

2. 搭设施工顺序为：铺设固定悬挑型钢→摆放扫地杆→逐根树立杆与扫地杆扣紧→装扫地小横杆并与立杆或扫地杆扣紧→安装第一步大横杆（与各立杆扣紧）→安装第一步小横杆→第二步大横杆→第二步小横杆→加设临时斜撑（上部与第二步大横杆扣紧，在装设1道连墙杆后可拆除）→第三、四步大横杆和小横杆→连墙杆→安装斜拉钢索→加设剪刀撑→铺脚手板→安全网→循环搭设。

3. 脚手架必须配合施工进度搭设，一次搭设高度不宜超过已拉结的连墙杆以上两步。

4. 每搭完一步脚手架后，随即校正步距、纵距、横距及立杆垂直度。

5. 当连墙杆用 $\phi48\times3.5$mm 钢管与每层楼面预埋 $\phi48\times3.5$mm 钢管栏杆立杆扣接时，在楼面混凝土浇筑次日应立即设置连墙杆。

6. 剪刀撑搭设应随立杆、纵向和横向水平杆等同步搭设，在外侧立面全长全高连续设置，每道剪刀撑宽度跨4～6根立杆，斜杆与水平面倾角45°～60°。

7. 扣件规格必须与钢管外径相同。主节点处固定横向水平杆、纵向水平杆、剪刀撑等用的直角扣件、旋转扣件的中心点的相互距离不应大于15cm。对接扣件开口应朝上或朝内，各杆件端头伸出扣件边缘的长度不应小于10cm。

8. 脚手板短边沿脚手架纵向铺设，四角采用1.2mm镀锌钢丝固定在水平杆上。脚手板应铺满、铺稳。

5.2.5 架体拆除

1. 拆除前全面检查脚手架的扣件连接、连墙杆、支撑体系是否符合构造要求，牢固稳定，必要时进行加固。对拆卸施工班组进行安全技术交底，清除脚手架上的杂物和地面障碍物。

2. 拆除作业必须由上而下逐层拆除，严禁上下同时作业。

3. 连墙杆和安全网必须随脚手架逐层拆除，严禁先将连墙杆和安全网整层或数层拆除后再拆脚手架。分段拆卸高差不得大于2步，对不拆除的脚手架两端，设置连墙杆加固，并在断口设护拦挂密目网防护。

4. 卸料时，各种构配件集中堆放至每段悬挑架的首层楼面，利用塔吊和施工电梯分批向上或向下运输。

5.2.6 分段渐变施工要点

根据建筑结构外立面的变化特点来设计脚手架的分段层数及渐变尺寸，一般分段不超过5层，每段各层结构外边缘变化值不宜超过800mm，内立杆的定位以距每5层结构中最外边缘200mm为宜，内立杆距结构边缘最大距离不宜超过1000mm，内立杆至结构边的空隙利用在悬挑型钢上增设大小横杆、脚手板及安全平网进行平面安全封闭。脚手架分段渐变实景见图5.2.6。

图 5.2.6 分段渐变翻搭悬挑脚手架翻搭实景

5.2.7 分段翻搭施工要点

每段架体为独立脚手架体系，上段架体搭设1～2层后即可将下段架体由上往下逐层拆除向上翻搭，即每下段脚手架随施工进度依次拆除转向上一段搭设，脚手架是跟随塔楼结构逐段上移。脚手架分段翻搭实景见图5.2.7-1。

分段翻搭施工中，应重点做好以下安全技术措施：

1. 架体拆除严格按照前述要求进行。

2. 为确保塔吊吊运安全，除架体立杆和大横杆外的其他架体构件（包括小横杆、扣件、脚手板、安全网等）均采用施工电梯运输。

3. 为便于塔吊吊运，每次拆除2～4个步距（即1～2层）的架体，小横杆、扣件等小型构件放置在相应楼层板上由施工电梯运输，立杆和大横杆拆除后直接传递至下步的架体上分堆集中放置，每堆钢管不宜超过30根，以保证架体集中受荷安全并便于塔吊吊运。

4. 吊运钢管时，附近架体严禁站人，由专门的司索和指挥负责。

图 5.2.7-1　分段渐变翻搭悬挑脚手架翻搭实景

5. 悬挑型钢与钢丝绳拆除后留待再上一段架体使用，悬挑型钢与端部锚固钢筋采用风焊割离，操作时尽量减少对型钢构件的损伤。

6. 为保证结构施工的连续性，满足上段架体搭设初期的施工及安全围护需要，上下段悬挑架的承力型钢及立杆位置错开100mm设置，下段架体在上段架体首层楼面施工时向上临时搭设1层高度的单排内架体作为安全围护。上下段架体错开搭设示意图见图 5.2.7-2，下段架体向上延搭一层示意见图 2.5。

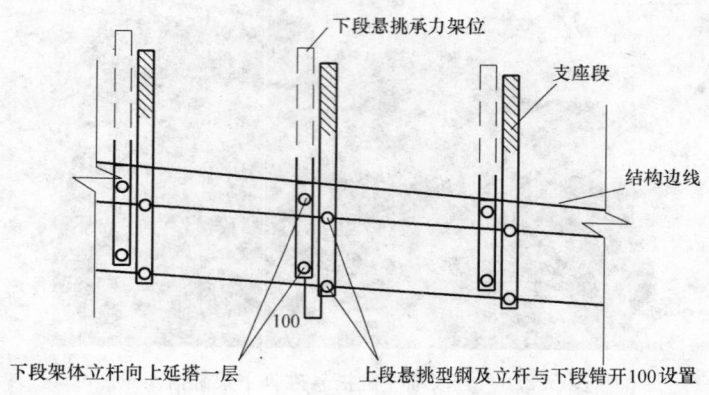

图 5.2.7-2　上下段架体错开搭设示意图

5.3　劳动力组织（表 5.3）

劳动力组织情况表 　　　　　　　　　　　　　　　　　　　　　表 5.3

序　号	单项工程	所需人员	备　注
1	管理人员	1	
2	技术人员	1	
3	架子工	10	
4	电焊工	2	
5	杂工	2	
	合计	16	

6. 材料与设备

6.1 统一选用 $\phi48\times3.5$mm 钢管，严禁将 $\phi48$mm 与 $\phi51$mm 的钢管混合使用。其质量应符合现行国家标准《碳素结构钢》GB/T 700 中 Q235-A 级钢的规定。使用前必须经检查无严重锈蚀，无弯曲变形，钢管上严禁打孔，钢管尺寸和表面质量应符合附表的规定。

6.2 扣件：采用标准可锻铸铁扣件，扣件需经检查无脆裂、变形和滑丝。

6.3 脚手板：一般应采用钢筋条栅制作，尺寸为按立杆横距加工，重量为 0.15kN/m^2，涂防锈漆。条栅间距不大于 3cm。板面应平整，不得有裂纹、开焊和硬弯。

6.4 连墙杆：选用 $\phi48\times3.5$mm 钢管。

6.5 拉吊套件：采用材料需按规定配套使用，钢吊环采用 $\phi16\sim\phi20$ 圆钢制作，斜拉索采用 $\phi15.5/6\times19+1$ 的钢丝绳，钢丝强度 1550MPa。

6.6 安全网：平网材质符合《安全网》GB 5725—1997 国家标准，安全密目网材质符合《密目式安全立网》GB 16909—1997 国家标准和地方有关文件规定。

6.7 挡脚板：采用木夹板制作，高度 18cm，涂红白相间油漆。

6.8 型钢：采用国标规格产品，有焊接接长的部位必须设置加强钢板。

6.9 所有规定应进行检验的配件产品，均应进行必要的检测，提供证明依据，存档备查。

7. 质量控制

7.1 工程质量控制标准

7.1.1 脚手架施工质量严格执行《建筑施工扣件式钢管脚手架安全技术规范》JGJ 230—2001。

7.1.2 脚手架搭设的技术要求、允许偏差与检验方法见表 7.1.2。

脚手架搭设的技术要求、允许偏差与检验方法　　　　　　表 7.1.2

项次	项目		技术要求	允许偏差 Δ(mm)			检查方法与工具
1	立杆垂直度	最后验收垂直度 20~80m	—	±100			用经纬仪或吊线和卷尺
		下列脚手架允许水平偏差(mm)					
		搭设中检查偏差的高度(m)		总高度			
				50m	40m	30m	
		$H=2$		±7	±7	±7	
		$H=10$		±20	±25	±50	
		$H=20$		±40	±50	±100	
		$H=30$		±60	±75		
		$H=40$		±80	±100		
		$H=50$		±100			
		中间档次用插入法					
2	间距	步距	—	±20			钢板尺
		纵距		±50			
		横距		±20			
3	纵向水平杆高差	一根杆的两端	—	±20			水平仪或水平尺
		同跨内两根纵向水平杆高差	—	±10			
4	双排脚手架横向水平杆外伸长度偏差		外伸 500mm	—50			钢板尺

续表

项次	项　目		技术要求	允许偏差 Δ(mm)	检查方法与工具
5	构件安装	主节点处各扣件中心点相互距离	$a \leqslant 150mm$	—	钢板尺
		同步立杆上两个相隔对接扣件的高差	$a \geqslant 500mm$	—	钢卷尺
		立杆上的对接扣件至主节点的距离	$a \leqslant h/3$	—	钢卷尺
		纵向水平杆上的对接扣件至主节点的距离	$a \leqslant l_a/3$	—	钢卷尺
		扣件螺栓拧紧扭力距	$40 \sim 65N \cdot m$	—	扭力扳手
6	剪力撑斜杆与平面的倾角		$45° \sim 60°$		角尺

7.2　质量保证措施

7.2.1　纵向水平杆：设置在立杆内侧，按照横距均分 3 跨设置。其长度不宜小于 3 跨，一般采用对接扣连接，对接扣应交错布置，不宜设置在同步或同跨内，不同步或不同跨两个相邻接头在水平方向错开的距离不应小于 0.5m，各接头中心至最近主节点的距离不宜大于纵距的 1/3。如局部需采用搭接，搭接长度不应小于 1m，等间距设置 3 个旋转扣件固定，端部扣件盖板边缘至搭接纵向水平杆杆端的距离不得小于 0.1m。

7.2.2　横向水平杆：在主节点处必须设置一根，用直角扣件扣接且严禁拆除。

7.2.3　立杆：脚手架必须设置纵、横向扫地杆。扫地杆采用直角扣件固定在型钢面处的立杆上。横向扫地杆亦应采用直角扣件固定在紧靠纵向扫地杆下方的立杆上。立杆必须用连墙杆与建筑物可靠连接。立杆接长除顶步外，其余各步接头必须采用对接扣件连接。

7.2.4　连墙杆：纵向间距为每 1～2 跨设置，竖向沿每层楼面高度位置设置，连墙杆固定端采用在楼板混凝土内预埋短钢管的形式，用扣件连接。连墙杆应呈水平设置，不应采用上斜连接。

7.2.5　剪刀撑：在外侧立面全长全高连续设置，每道剪刀撑宽度跨 4～6 根立杆，斜杆与平面倾角在 45°～60°之间。

7.2.6　调钢丝绳长短的花篮螺丝应选用正式厂家生产的有质保单的"OO"型，不应采用"OC"或"CC"型。

7.3　检查和验收

7.3.1　脚手架使用中应定期检查的项目包括：

1. 杆件的设置和连接，钢丝绳、连墙杆、支撑等的构造是否符合要求；
2. 底座是否松动，立杆是否悬空；
3. 扣件螺栓是否松动；
4. 立杆的垂直度偏差是否符合要求；
5. 是否超载使用。

7.3.2　在使用过程中，拉吊件必须定期检查，确保适当收紧牢固。如果发现钢丝绳股缝大量挤油、断丝数超标，应立即更换。

7.3.3　脚手架随楼层的增高按每层验收，填写验收记录单（必须有量化的验收内容），并悬挂验收标识方能交付使用。

8. 安 全 措 施

8.1　认真贯彻"安全第一，预防为主"的方针，根据国家、地区有关规定、条例并结合施工单位情况和工程特点，建立完善的施工安全保证体系，加强施工作业中的安全检查，确保作业标准化、规范化。

8.2　脚手架搭设拆除人员必须经过按现行国家标准《特种作业人员安全技术考核管理规则》GB 5036 考核合格的专业架子工。上岗人员应定期体检，合格者方可持证上岗。

8.3 搭拆作业人员进入现场必须正确佩戴安全帽,高处和悬空作业者佩带安全带,安全带要高挂低用,挂点必须牢固可靠,穿防滑鞋。严禁带病和酒后作业。

8.4 搭拆作业时,须随身携带工具袋,细小物件要随手放入工具袋内,细小的工具如板手等应有防甩脱措施。待装或拆除的构件要放好放稳,严禁乱扔,防止坠物伤人。用人力传递构件时,必须站在安全可靠的地方,上下传递要特别小心,双方的交接稳固可靠。严禁从高处向下抛掷任何物品。搭拆长钢管时要两人配合作业,严禁单人操作。

8.5 脚手架应严格按照设计荷载使用,严禁超载使用,以策安全。不得将模板支架、缆风绳、混凝土泵管等固定在脚手架上,严禁悬挂起重设备。

8.6 遇六级以上大风、雨天、雷电、浓雾等恶劣天气和夜间禁止进行搭拆脚手架作业。雨后作业应采取防滑措施。

8.7 要保证脚手架体的整体性,不得与井架、升降机一并拉结,不得截断架体。严禁拆除主节点处的纵、横向水平杆、扫地杆和连墙杆。

8.8 必须在脚手架的适当位置配备灭火器材,防火措施要落实。严禁直接在脚手架上架设电线。

8.9 需进行焊割工作的,按现场动火作业要求做好申报、监焊、检查等工作,有防火措施和设专人看守。

8.10 搭拆作业时,地面设置围拦和警戒标志,并派专人看守,严禁非操作人员入内。

9. 环保措施

9.1 结合施工单位情况和工程特点,建立对应的施工环境卫生管理机构,在施工过程中严格遵守国家、地区的有关环境保护规定、条例。

9.2 认真做好钢管除锈产生铁屑、粉尘的处理工作。

9.3 对钢管油漆及配件清洗保养产生的废弃油漆、机油等有害垃圾,及时收集并送交专业公司处理。

9.4 满挂密目安全网,减少施工粉尘污染。

9.5 优先选用先进的环保机械设备,控制施工噪声污染。

10. 效益分析

10.1 本工法通过采用分段渐变悬挑脚手架并利用分段翻搭的施工工艺,创新性地解决了平面尺寸渐变、外立面扭曲的高层建筑外脚手架搭设的施工技术难题,而且显著地减少了钢管等周转材的投入,并为其他工序提前穿插进行施工创造了条件。对工程实际效果分析,41层(177.30m 高)塔楼结构仅投入 7 层外脚手架,显著地降低了工程施工成本,节约了物资的投入。同时为其他工序提前穿插进行施工创造了条件,确保了整个工程的工期。

10.2 本工法与其他类型的外脚手架(如整体拉吊卸荷或悬挑卸荷式外脚手架及附着式升降外爬架等)对比,在显著地降低了施工成本及物资投入的同时,还创新性地解决了平面尺寸变化、外立面扭曲的高层建筑搭设外脚手架的施工技术难题,可以推广应用,有着显著的经济效益和社会效益。

11. 应用实例

中国进出口商品交易会(广交会)琶州展馆综合楼工程

11.1 工程概况

综合楼为会展中心的重要配套项目,总建筑面积 87553m²,其中地上裙楼 4 层、塔楼 41 层、建筑面积 73953m²,建筑总高度 177.30m。

塔楼接近方形，平面尺寸 33.4m×37m，结构层高均为 4.0m，为钢框架-钢筋混凝土筒体结构。

为满足建筑造形的需要，塔楼每个结构楼层四周均设有飘板结构，其中东西面飘板边缘宽度随楼层由下往上分别向内向外渐变，形成扭曲的立面变化。五层、四十层平面对比如图 11.1。

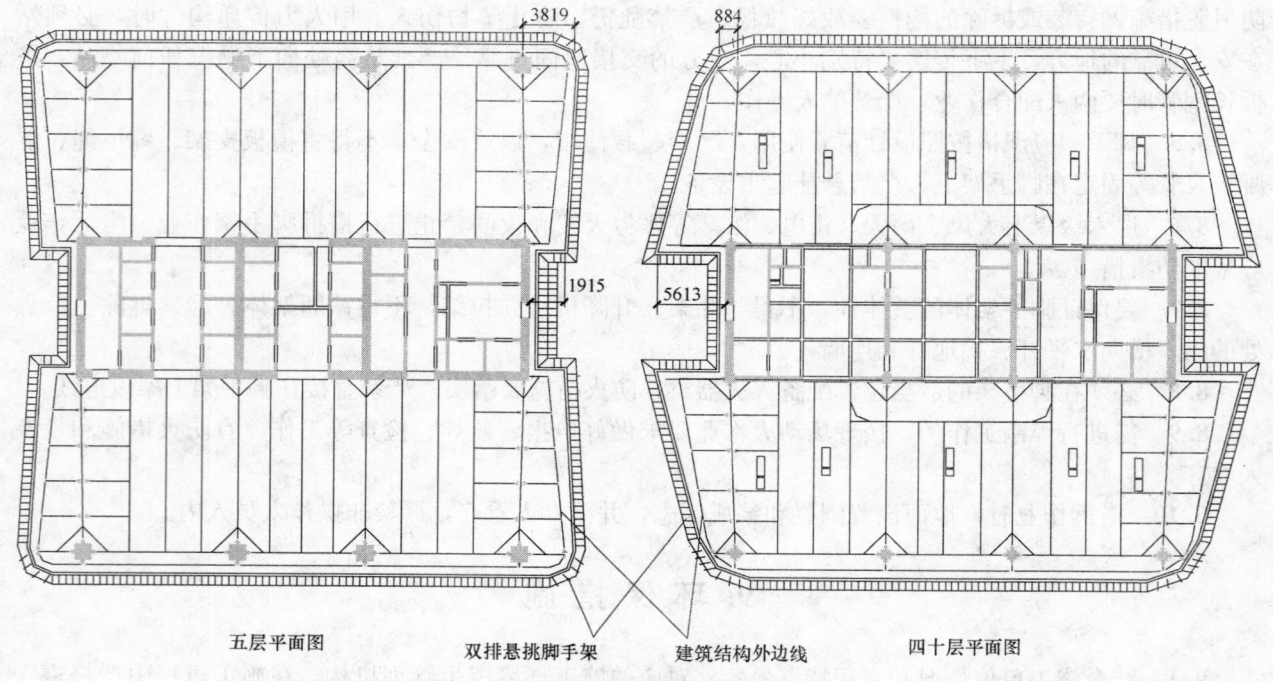

五层平面图   双排悬挑脚手架   建筑结构外边线   四十层平面图

图 11.1 五层、四十层结构平面对比图

11.2 施工情况

根据建筑造形的特点，因每个结构楼层四周均设有飘板结构，且东西面飘板宽度随楼层呈扭变的复杂变化，塔楼外脚手架采用分段渐变翻搭的悬挑钢管脚手架的形式，每 5 层为一段，每段为独立脚手架体系，分别在 5、10、15、20、25、30、35、40 层设置型钢悬挑，结构施工时，每下段脚手架随施工进度依次拆除转向上一段搭设，即脚手架是跟随塔楼结构逐段上移翻搭；每段 5 层的脚手架均由 φ48×3.5 钢管架体、悬挑 16 号轻型工字钢、斜拉吊索、连墙件等组成。

架体采用双排钢管架，φ48×3.5 钢管，扣件连接，步距为 1.80m，立杆的纵距不大于 1.8m，立杆的横距为 0.7m，立杆采用单立管，在立杆底部型钢面上加一道扫地杆；连墙杆件采用钢管扣件连接，连墙杆按每跨每层设置，即不大于 1800×4000 设置；每段 5 层的脚手架均由锚固于结构的悬挑 16 号轻型工字钢（局部采用 20 号工字钢）及斜拉钢索承重，工字钢均锚固于结构梁、板、墙上，脚手架全部采用密目式内挂安全网，脚手板选用轻型钢筋网片。

结构飘板的宽度随楼层逐渐变化，每五层的变化值约在 500mm 左右，内立杆的定位以距每 5 层结构最外边缘 200mm 为准，内立杆距结构边缘最大距离约 700mm，此部分空间利用增设大小横杆及脚手板进行平面安全封闭。脚手架的悬挑型钢支点位置结合飘板宽度变化设置，将需设置支点的飘板位置，进行结构加强处理，即在飘板内加设一道 300mm 宽的配筋悬挑暗梁。

五层与十层架体位置变化对比如图 11.2。

11.3 工程效果评价

本工程创新性地采用分段渐变翻搭悬挑脚手架完全满足了建筑外边平面尺寸分别向内向外渐变、外立面扭曲变化的结构施工需要，确保塔楼结构施工进度，41 层的塔楼施工仅投入了 7 层外脚手架及 2 套挑拉承力构件（即型钢与钢丝绳），与整体拉吊卸荷或悬挑卸荷式等外脚手架相比，减少钢管周转材投入约 455.6t，节省施工费用约 97.09 万元，大大地降低了施工成本。

施工全过程处于安全、稳定、快速的可控状态，工程主体结构施工已顺利完成，受到了参建单位及社会各方的好评。

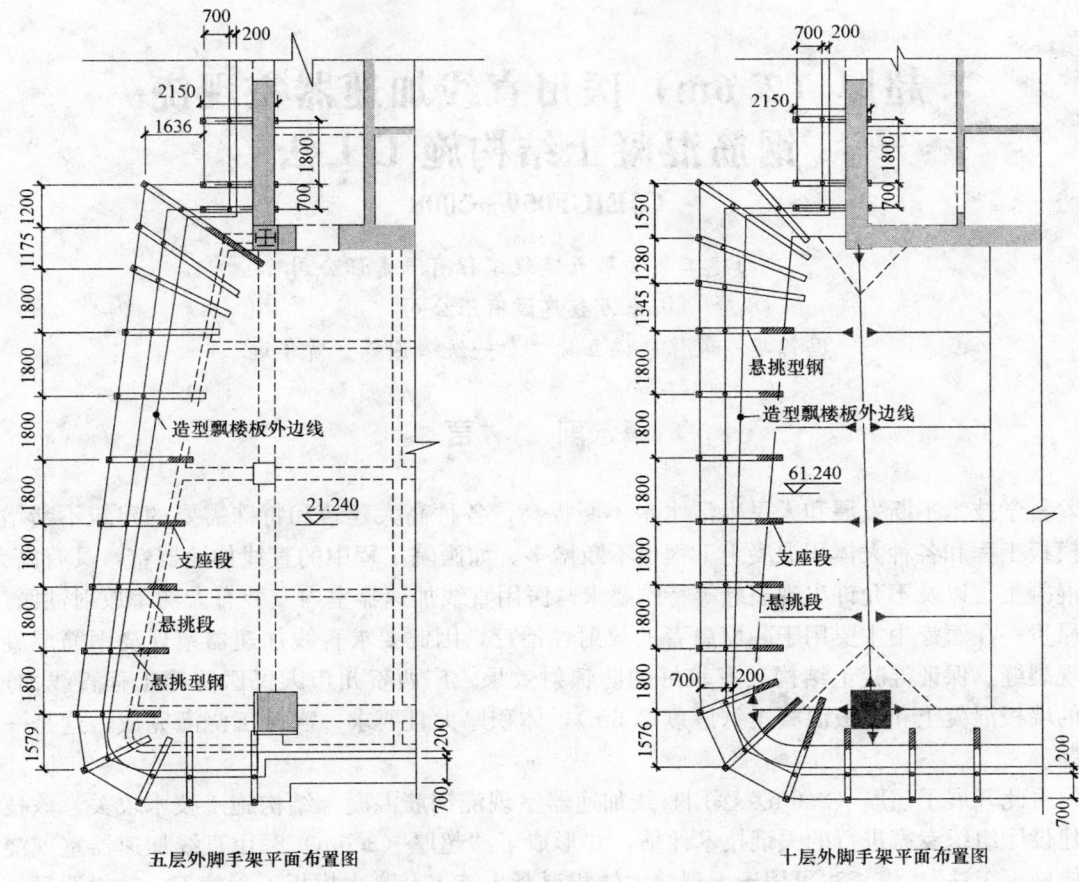

五层外脚手架平面布置图　　十层外脚手架平面布置图

图 11.2　五层、十层悬挑架体位置变化对比图

超厚（2.6m）医用直线加速器室现浇
钢筋混凝土结构施工工法

GJEJGF059—2008

广西建工集团第五建筑工程有限责任公司

山东万鑫建设有限公司

冯锦华　梁伟　侯立林　秦一统　谢锋　贾华远

1. 前　　言

随着科学技术不断发展和人民生活水平不断提高，各种高大建筑和特殊需要的建筑不断增多，各种高大模板工程和各种大体积混凝土工程也不断增多。如医院工程中的直线加速器室，具有高大模板、大体积混凝土、以及不允许出现裂缝等特殊要求。医用直线加速器室内安装有大功率放射性医疗设备，其价格昂贵，在医疗中主要用于肿瘤患者的放射性治疗，因此要求直线加速器室现浇钢筋混凝土结构不能出现裂缝，保证混凝土结构具有较好的防辐射效果。广西贺州市人民医院等工程直线加速器室，结构中的墙板混凝土和顶板混凝土（厚度2.6m），体积厚大且要求一次施工浇灌完成，这是一项施工技术难题。

公司对此开展了超厚（2.6m）医用直线加速器室现浇钢筋混凝土结构施工技术攻关，该技术通过了广西建设厅组织专家进行的关键技术评估，并形成了"超厚（2.6m）医用直线加速器室现浇钢筋混凝土结构施工工法"。该工法可用于无裂缝大体积混凝土施工及高大模板工程施工，效果明显，所需的材料、设备简单，操作简便，具有较好的社会效益和经济效益。

2. 工 法 特 点

2.1 医用直线加速器室钢筋混凝土结构厚度大，墙体与顶板厚度均为2600mm，墙高8520mm，顶板施工面荷载大于$80kN/m^2$，是危险性较大的分部分项工程范围中的模板工程及支撑体系规定的施工总荷载$10kN/m^2$的8倍多，通过对直线加速器室的高大模板支撑体系进行受力分析，按《建筑施工模板安全技术规范》JGJ 162—2008的有关规定进行设计、计算，制定高大模板专项施工方案，确保模板支撑体系的稳定性、质量和安全。

2.2 针对温度对大体积混凝土的影响，控制大体积混凝土温度裂缝。优选混凝土原材料并优化混凝土配合比的设计，控制大体积混凝土内外温差，及时进行保湿保温养护，防止有害裂缝——温度裂缝的出现，达到控制温度裂缝的目的，确保混凝土的防辐射效果。

2.3 此工法施工简便，工艺程序清晰易懂，施工人员易于掌握，施工过程易于控制，施工质量易于保证。

2.4 大体积混凝土的施工工艺，减少了施工工序之间的交叉，取消了各种施工缝的处理工作，从而简化了施工程序，加快了施工进度。

3. 适 用 范 围

3.1 适用于高大模板工程的施工。

3.2 适用于大体积混凝土工程的施工。

3.3 尤其是适用于墙、柱、板混凝土要求墙板、顶板一次浇灌完成（无施工缝）的工程。

4. 工 艺 原 理

4.1 通过对高大（厚大）模板支撑体系受力分析，并按《建筑施工模板安全技术规范》JGJ 162—2008 的有关规定进行设计、计算；垂直荷载通过可调顶托，传至立杆及混凝土底板，由竖向立杆承受；水平荷载用对拉螺杆承力及附加内外水平支撑杆件支承；并附设构造要求，确保模板支撑体系的稳定性。

4.2 混凝土具有热胀冷缩的物理性质，大体积混凝土浇筑量过大，整体要求性高，在浇捣和养护过程水泥水化发出大量的水化热，但因其体积厚大，大量水化热得不到散发，混凝土内部温度高于外层混凝土温度，产生较大的温度差，当混凝土内外温差过大时，由于表里体积膨胀不一致，就会产生温度变形，在表面引起拉应力。当这些拉应力超出混凝土的抗裂能力时，便会产生温度裂缝。施工前优选混凝土原材料并优化混凝土配合比的设计，以减少混凝土收缩及水化热，采用掺加有防裂纤维的商品混凝土；混凝土施工时采用泵送混凝土工艺，分层连续浇筑，严格控制混凝土运输时间和浇筑时间；墙板混凝土浇灌完后暂停 1h，待墙板混凝土沉实后继续浇灌顶板混凝土，不留设施工缝，确保墙体和顶板混凝土一次施工成型；混凝土浇捣后及时进行保湿、保温养护，控制混凝土内外温差在 25℃ 以内，控制大体积混凝土出现裂缝，保证大体积混凝土施工质量，达到防辐射效果。

5. 施工工艺流程及操作要点

5.1 施工工艺流程

施工准备→底板钢筋混凝土施工→底板施工缝凿毛处理→墙板钢筋绑扎→管线预埋、孔洞预留及验收→墙体模板安装→顶板模板安装→顶板钢筋绑扎→墙板及顶板混凝土一次浇筑→墙板及顶板混凝土养护、拆模。

5.2 操作要点

5.2.1 底板钢筋混凝土施工

基础底板以下的基础按设计要求施工，基础底板混凝土厚 1000mm，设计要求直线加速器室结构只允许在基础底板表面处留设一次施工缝。底板钢筋需分层绑扎固定，墙板钢筋按设计要求提前准确预埋，底板的侧模安装要拼缝严密、支撑牢固。底板混凝土采用商品混凝土，施工采用一台汽车泵，设于建筑物外侧，浇捣顺序从一侧向另一侧推进，采用斜面分层连续浇捣密实，每层混凝土厚度约 500mm。底板混凝土初凝后采用薄膜与麻袋覆盖保湿保温养护，养护时间不少于 28d。

5.2.2 钢筋绑扎

1. 墙板钢筋绑扎

墙板的垂直钢筋每段长度不宜过长，以利于绑扎。四周两行钢筋交叉点应每点扎牢，中间部分交叉点可相隔交错扎牢，但必须保证受力钢筋不位移。双向主筋的钢筋网，则须将全部钢筋相交点扎牢。绑扎时应注意相邻绑扎点的铁丝扣要成八字形，以免网片歪斜变形。

采用双层或多层钢筋网时，应逐层进行绑扎，在各层钢筋之间应设置撑铁（拉结筋间距 $\phi12@600$，梅花形布置），以固定钢筋间距，相互错开排列。墙板丁字节点和转角节点处的水平分布筋按设计要求的连接构造进行施工。所有管线预埋以及洞口的预留应准确。

2. 顶板（底板）钢筋绑扎

顶板钢筋网的绑扎方法同底板钢筋网的方法，采用双层或多层钢筋网时，应逐层进行绑扎，在上层钢筋网下面均应设置 $\phi18@1000$ 钢筋撑脚，以保证各层钢筋位置的正确。由于顶板钢筋直径较小，应采取措施严格控制顶板面层钢筋的保护层厚度，防止面层钢筋保护层厚度过大。

5.2.3 墙板与顶板模板施工方案

直线加速器室的顶板模板施工面荷载大于 80kN/m²，先对高大模板支撑体系按《建筑施工模板安全技术规范》JGJ 162—2008 的有关规定进行设计及计算（荷载及力的传递方式，模板方案计算并复核荷载标准值及荷载组合，模板、搁栅、支架立杆、扣件、地基承载力计算）、制定高大模板专项施工方案，确保模板支撑体系的稳定性、质量和安全。确定顶板支撑立杆纵向、横向间距，确定立杆步距、立杆的顶部支顶方式、钢管檩条间距、搁栅间距、所用材料等模板方案并附支模图（图 5.2.3）。确定墙板内外龙骨设置及间距布置、对拉螺栓大小和间距、架体与墙板模板连结。确定架体构造设置，模板支撑体系要符合规范规定的构造要求，确定模板支撑整体稳定方案，以及模板安装的要求，浇筑混凝土时的注意事项，模板拆除要求，验收、质量安全措施以及应急预案等。

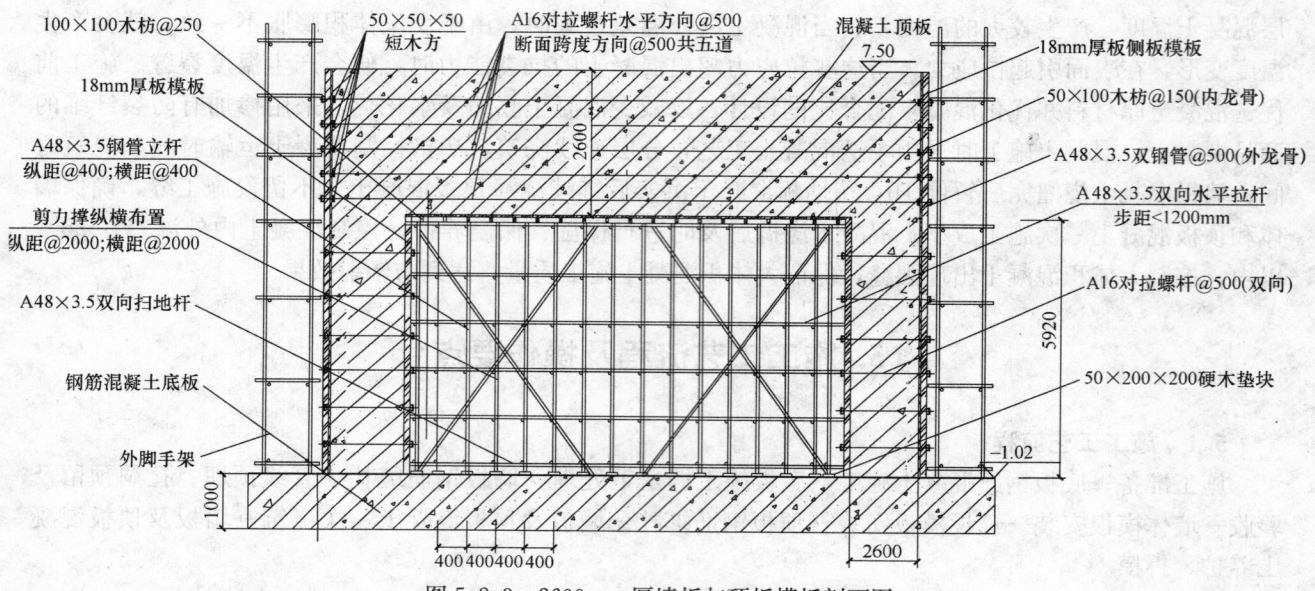

图 5.2.3　2600mm 厚墙板与顶板模板剖面图

1. 2600mm 厚墙板的模板方案

墙板模板支模前，先将基础底板施工缝混凝土用人工凿毛处理，并清洗干净。

1）模板侧板采用 18mm 厚胶合板，内龙骨压枋间距 150mm，内龙骨采用截面为 50mm×100mm 杉木枋，外龙骨采用双钢管 φ48×3.5mm。对拉螺栓在水平、垂直方向间距均为 500mm，直径为 φ16mm，二端采用 26 型 3 形扣与双钢管外龙骨拉结。

2）满堂模板支架的水平杆的端头应顶紧墙板的内侧模板；在墙外侧搭设模板双排脚手架。先支内、外侧模板，再安置内、外龙骨，最后用对拉螺栓固定。

2. 2600mm 厚顶板的模板方案

模板安装按照模板方案及附图进行，先搭设支承满堂脚手架，在钢管支撑立杆顶上设置螺旋顶托并调平标高、搁置双钢管檩条、按设计间距放置杉木枋搁栅、铺顶板，底模采用 18mm 厚胶合板并固定。

1）顶板底部采用 18mm 厚胶合板，搁栅采用截面宽×高为 100mm×100mm、长 2000mm 的杉木枋，搁栅间距 250mm。

2）顶板的侧模板采用 18mm 厚胶合板，内龙骨间距 150mm，内龙骨采用截面为 50mm×100mm 的杉木枋，外龙骨采用 φ48×3.5mm 的双钢管。对拉螺栓共布置 5 道，垂直方向由下往上的间距 300＋500＋500＋500＋500，水平方向的间距 500mm。对拉螺栓采用 φ16，二端采用 26 型 3 形扣与外侧双钢管龙骨拉结。

3）支撑系统采用 φ48×3.5mm 的钢管，双钢管檩条间距 400mm，立杆的纵距 400mm，横距 400mm，立杆步距 1.2m，底部 150 高处设双向扫地杆，立柱置于长 2000mm×宽 200mm×厚 50mm 的硬杂木垫板上。立杆顶部采用螺旋顶托直接支撑，螺旋长度不大于 200mm；双钢管檩条直接搁置在螺旋顶托上，间距 400mm；搁栅搁置在双钢管檩条上，间距 250mm。满堂模板支架四周边及中间每 4 排支架立杆设置一道纵、横向垂直剪刀撑，由底至顶连续设置；模板支架从顶层开始且向下每 2 步设置一道水平剪刀撑。模板工程经联合组织验收合格后方可浇捣混凝土。

5.2.4 墙板与顶板混凝土施工方案

1. 医用直线加速器室混凝土结构按大体积混凝土浇捣工艺施工，整个底板、墙板与顶板共分两段施工。基础底板为第一阶段；第二阶段施工墙板及顶板。第二阶段施工时，墙板混凝土先浇捣至顶板板底下 200mm 处暂停浇捣混凝土约 1h，待混凝土初步沉降后浇捣顶板混凝土。

2. 直线加速器室大体积混凝土施工防裂措施

水泥在水化过程中要产生大量的热量，这是大体积混凝土内部热量的主要来源。由于大体积混凝土截面厚度大，水化热聚集在结构内部不易散失，使混凝土内部的温度升高。混凝土内部的最高温度大多发生在浇筑后的 3～5d，当混凝土的内部与表面温差过大时，就会产生温度应力和温度变形。温度应力与温差成正比，温差越大，温度应力也越大。当混凝土的抗拉强度不足以抵抗该温度应力时，便开始产生温度裂缝。这就是大体积混凝土易产生裂缝的主要原因。

为防止混凝土产生收缩裂缝，混凝土原材料应经过优选确定，并经多次试配后确定最佳配合比和坍落度，以便于混凝土运输和浇筑。强度等级 C30、抗渗等级 P6 现场混凝土配合比为水泥：砂：石：粉煤灰：水：减水剂：防裂纤维＝1：2.72：3.61：0.27：0.49：0.025：0.0025，坍落度为 140mm。主要防裂措施有：

1）降低水泥水化热和变形：①采用低水化热或中水化热的水泥品种配制混凝土。②充分利用混凝土的后期强度，减少每立方米混凝土中的水泥用量。③使用粗骨料，尽量选用颗粒径较大、级配良好的粗细骨料；控制砂石含泥量；掺加粉煤灰、掺加相应的缓凝减水剂，改善和易性、降低水灰比，以达到减少水泥用量、降低水化热的目的。④在拌合混凝土时，掺入一定比例的防裂纤维，使混凝土得到补偿收缩，减少混凝土的温度应力。

2）降低混凝土温度差：①选择较适宜的气温浇筑大体积混凝土，尽量避开夏季炎热天气浇筑混凝土，最好选在室外气温较低且无雨的秋季，并尽量避开冬期施工。当夏季施工时，可采用低温水（井水）或冰水搅拌混凝土，可对骨料喷冷水雾或冷气进行预冷，或对骨料进行覆盖或设置遮阳装置避免日光直晒，混凝土搅拌运输车也应设置避阳设施，以降低混凝土拌合物的入模温度。②掺加相应的缓凝型减水剂。③在混凝土入模时，采取措施改善和加强模内的通风，加速模内热量的散发。

3）加强施工中的温度控制：①在混凝土浇筑之后，做好混凝土的保温保湿养护，缓慢降温，充分发挥徐变特性，减低温度应力。夏季应注意避免曝晒，注意保湿，冬季应采取措施保温覆盖，以免发生急剧的温度梯度发生。②采取长时间养护，规定合理的拆模时间，延缓降温时间和速度，充分发挥混凝土的"应力松弛效应"，使混凝土硬化过程中产生的温差应力小于混凝土本身的抗拉强度。③加强测温和温度监测与管理，实行信息化控制，随时控制混凝土内的温度变化，内外温差控制在 25℃ 以内，基面温差和基底面温差混凝土控制在 20℃ 以，及时调整保温及养护措施，使混凝土的温度梯度和湿度不至过大，以有效控制有害裂缝的出现。④合理安排施工程序，控制混凝土在浇筑过程中均匀上升，避免混凝土拌合物堆积过大高差。在基础结构完成后及时回填土，避免其侧面长期暴露。由于考虑混凝土防辐射效果，设计不考虑采用埋设冷却循环水管方案。

4）改善约束条件，削减温度应力：采取分层或分块浇筑大体积混凝土，以放松约束程度，减少每次浇筑长度的蓄热量，防止水化热的积聚，减少温度应力。

5）提高混凝土的极限拉伸强度：①选择良好级配的粗细骨料，严格控制其含泥量，加强混凝土的振捣，提高混凝土密实度和抗拉强度，减少收缩变形，保证施工质量。②采取二次投料法、二次振捣法，浇筑后及时排除表面积水，底板及顶板混凝土表面做好二次抹平压实工序，加强早期养护，提高混凝土早期或相应期龄的抗拉强度和弹性模量。

3. 混凝土的制备与运输

现场混凝土采用商品混凝土，每车装料时，罐体要高速搅拌，运输途中低速搅拌，防止混凝土离析；混凝土供应速度应保证混凝土连续施工要求；还应考虑停水、停电及设备故障等应急措施，施工现场准备发电机一台。混凝土浇捣前，项目部应与商品混凝土供应商签订及时保质保量供应混凝土的协议，要求供应商制订有应急预案，确保混凝土的及时供应。

4. 混凝土的泵送和浇捣施工

严格控制进场混凝土的质量，进场的每车混凝土必须经目测无离析，现场实测坍落度符合要求后，才能入泵。混凝土采用 1 台汽车泵直接输送入模。

1）墙体混凝土施工：施工顺序采用分层交圈、从下往上浇捣的施工方法。在施工缝接头有可能积水处利用手电钻钻孔排水。每层浇筑厚度不超过 500mm，且上下层间停歇不得超过混凝土初凝时间，不留设任何设计及规范允许外的水平施工缝。

2）顶板的施工顺序由一侧向相反的另一侧推进，厚 2600mm，采用全面分层、从下往上连续浇筑，不留设施工缝，分五层浇筑，每层约 500mm 厚，以利于水化热排放。墙板混凝土浇捣完后先暂停浇捣 1h，待墙板混凝土初步沉实、且不超过混凝土初凝时间内，立即浇捣顶板混凝土。浇筑顶板混凝土时，应在 2～3m 范围内水平移动布料。

3）在底板及顶板混凝土浇筑时先用插入式混凝土振动器振捣密实，其表面还要用平板振动器振捣密实，再用滚筒滚压平整，最后用木抹子抹平搓毛两遍，并且两遍时间间隔 1h 以上，以防止表面产生收缩裂缝。

5. 大体积混凝土温度监控及保温养护

1）混凝土温度应力计算

在大体积混凝土浇筑前，根据施工拟采用的防裂措施和已知的施工条件，先计算混凝土的水泥水化热绝热温升值 $T_{(t)}$、各龄期收缩变形值 $\varepsilon_{y(t)}$、收缩当量温差 $T_{y(t)}$ 和弹性模量 $E_{(t)}$，然后通过计算出最大温度收缩应力 σ。

① 混凝土的绝热温升值计算：

$$T_{(t)} = \frac{m_c Q}{C\rho}(1 - e^{-mt}) \tag{5.2.4-1}$$

$$T_{max} = \frac{m_c Q}{C\rho} \tag{5.2.4-2}$$

式中 $T_{(t)}$——浇完一段时间 t，混凝土的绝热温升值（℃）；

m_c——每立方米混凝土水泥用量（kg/m³）；

Q——每千克水泥水化热（J/kg）；

C——混凝土的比热，一般取 0.96kJ/(kg·K)；

ρ——混凝土的质量密度，取 2400kg/m³；

e——常数，2.718；

t——龄期（d）；

m——与水泥品种比表面、浇捣时温度有关的经验系数。

② 温度收缩应力 σ

$$\sigma = -E_{(t)} \cdot \alpha \cdot \Delta T \cdot S_{(t)} \cdot R/(1-v) \tag{5.2.4-3}$$

$$\Delta T = T_0 + 2T_{(t)}/3 + T_{y(t)} - T_h \tag{5.2.4-4}$$

式中 σ——混凝土的温度（包括收缩）应力，单位 MPa；

$E_{(t)}$——混凝土从浇筑后至计算时的弹性模量，单位 MPa；计算温度应力时，一般取平均值；

α——混凝土的线膨胀系数，可按厂家提供数据，亦可取 1.0×10^{-5}；

ΔT——混凝土的最大综合温差，单位℃，如为负则为降温；

$S_{(t)}$——考虑徐变影响的松弛系数，一般取 0.3～0.5；

R——混凝土的外约束系数，当为岩石地基时，$R=1$；当为可滑动垫层时，$R=0$；一般地基取 0.25～0.5；

υ——混凝土的泊松比，可采用 0.15～0.20；

T_0——混凝土的入模温度，单位℃；

$T_{y(t)}$——各龄期（d）混凝土收缩当量温度，单位℃；

$T_{(t)}$——浇完一段时间，混凝土的绝热温升值，单位℃；

T_h——混凝土浇筑后达到稳定时的温度，一般根据历年气象资料取当年平均气温，单位℃。

如混凝土的温度应力 σ 不超过混凝土的抗拉强度（C30 混凝土抗拉强度设计值为 1.15N/mm^2），则表示所采取的防裂措施能有效控制预防裂缝的出现；如超过混凝土的抗拉强度，则可采取调整混凝土的浇筑温度、减低水化热温升值、降低内外温差、改善施工操作工艺和混凝土性能，提高抗拉强度或改善约束条件等技术措施重新计算，直至计算的应力在允许范围以内为止。

2）大体积混凝土温度监控

大体积混凝土温度控制参数：混凝土内表温度之差不得超过 25℃，混凝土温度骤降不得超过 10℃，内表温差达 23℃时就发警报。经计算：贺州人民医院直线加速器室 2.6m 厚顶板的绝热温升值 $T_{(t)}=48.29℃$，$T_{max}=48.83℃$。

测温点布置：在 2600mm 厚混凝土顶板中心及四角布置 5 个位置，分别在距混凝土表面以下 200mm、结构中间部位各布置一个测温点。外环境：在离混凝土表面以外布置环境温度测点。

测温线布置：浇筑混凝土前，按照测温点布置要求，从结构室外混凝土面预埋 DN25 热镀锌钢管至结构中，与结构钢筋焊接固定以防混凝土振捣时移位或脱落，管底固定一块长 50mm×宽 50mm×厚 2mm 的铅板，防止射线透过，测温时将传感器带测温线穿入管中监控。待温度监控工作结束后，钢管内进行压力灌浆。

测温制度：在混凝土升温保持阶段，每 4h 测温一次，在温度下降阶段，每 12h 测温一次，测温持续时间为 15d。

经实际测温：贺州人民医院直线加速器室 2.6m 厚顶板混凝土内部温度最高为 48.53℃，内部温度和顶板混凝土表面温差均小于 23℃，外界和顶板混凝土表面的温差始终小于 20℃以内，符合小于 25℃的要求。

3）大体积混凝土保温与养护

在底板和顶板混凝土浇筑完成 2h 后，要拆除障碍的钢管和杂物，混凝土表面用塑料薄膜全面封闭、外围再用麻袋覆盖保温，控制温差。然后浇水养护，须始终保持其表面湿润，并加强测温。如外界和内部的温差大于 23℃时，用加厚麻袋覆盖处理。直线加速器室内，可采用增湿器喷雾，使室内空间始终保持湿润状态，以降低室内温差及保湿。

墙板防裂和养护：墙板混凝土浇筑完成 2h 后，要对模板表面浇水养护；混凝土浇筑完成 12h 后，要松开对拉螺杆及内外龙骨，但模板不能拆除，通过模板与墙板混凝土之间缝隙使水渗至墙板混凝土表面，并使混凝土表面始终保持湿润且温差均小于 23℃，如外界温度较低时应加麻袋覆盖。

混凝土保湿养护时间控制在 28d 以上，每天养护次数以应使混凝土表面终保持湿润为准。养护到期后再统一拆除墙板、顶板的模板。

当混凝土内部与表面温度之差不超过 20℃，且混凝土表面与环境温度之差也不超过 10℃时，要逐层拆除保温层，当混凝土内部与环境温度之差接近内部与表面温差控制值时，则全部撤掉保温层，再进行正常洒水养护。

5.3 劳动力组织（表 5.3）

劳动力组织情况表 表 5.3

序 号	工种名称	所需人数	备 注
1	管理人员	6	
2	钢筋工	20	
3	混凝土工	40	
4	木工	40	
5	电焊工	4	
6	杂工	10	
	合计	120	

6. 材料与设备

6.1 材料

所采用的钢筋、水泥等材料必须有产品合格证、出厂检验报告和进场复试报告。混凝土采用强度等级不低于 C32.5 且低水化热的水泥；采用细度模数不小于 2.3mm 中砂，平均粒径为 0.35～0.5mm，砂含泥量≤3％，泥块含量≤1％；采用粒径 5～31.5mm 连续级配的碎石，石子含泥量≤1％，泥块含量≤0.5％，针、片状颗粒含量≤15％。；采用Ⅱ级以上粉煤灰；减水剂选用木质素磺酸钙减水剂，其掺量应根据混凝土的凝结时间、运输距离、停放时间、强度等要求通过试配确定。

商品混凝土：混凝土配合比应进行优化设计，其砂率应在 40％～45％之间，在满足可泵性前提下，尽量降低砂率。坍落度在满足泵送条件下尽量选用小值，以减小收缩变形。另外在满足混凝土强度和流动性的条件下尽量减少水泥用量；另一方面充分利用混凝土的后期强度，为充分利用混凝土的后期强度，减少水泥用量，降低水化热，在征得设计单位同意后，混凝土可采用后期 60d 强度替代 28d 设计强度。

6.2 施工机具设备（表 6.2）

机具设备表 表 6.2

序号	设备名称	设备型号	单位	数量	用 途
1	圆盘锯木机		台	2	模板制作
2	电钻		台	2	模板开孔
3	钢筋弯曲机	WJ40-1	台	1	钢筋制作
4	钢筋截断机	ST5-40	台	1	钢筋制作
5	电焊机	BX1-330	台	2	钢筋焊接
6	汽车泵		台	1	泵送混凝土
7	混凝土运输车	8m³	台	8	混凝土运输
8	鼓风机		台	2	混凝土养护
9	插入式振动器	HZ-50	台	6	混凝土振捣
10	平板式振动器	PZ2-20	台	2	混凝土振捣
11	备用发电机	75kW/h	台	1	临时发电
12	水准仪	SD3	台	1	测量标高
13	电子经纬仪	DZJ3	台	1	测量垂直度

7. 质 量 控 制

7.1 质量标准

施工质量执行《混凝土结构工程施工质量验收规范》GB 50204—2002。

7.2 质量保证措施

7.2.1 模板工程质量保证措施

1. 跨度≥4m时，梁板的模板应按设计（或规范）要求起拱，起拱高度宜为全长跨度的1/1000。

2. 模板安装须按照经组织专家论证通过后的专项施工方案的要求进行，特别是内外龙骨、搁栅、对拉螺栓以及支撑等对模板的强度、刚度、稳定性等有显著影响的构件的尺寸、间距等必须严格控制。

钢管立杆必须对接，禁止搭接。禁止使用分层搭设的支撑体系。墙板支撑排架应与楼板支撑排架连成满堂脚手架整体，符合方案构造设置要求，经组织按高大模板施工要求验收合格方可浇捣混凝土。

3. 模板安装和浇筑混凝土时，应对模板及其支架进行监控。

7.2.2 钢筋工程质量保证措施

1. 钢筋绑扎时，受力钢筋的品种、级别、规格和数量必须符合设计要求，钢筋及预埋件必须做好隐蔽验收记录。

2. 钢筋绑扎时，应采取措施（如设置钢筋马凳等）保证底板、墙板与顶板的多层（或双层）钢筋之间相互位置的正确，钢筋的安装位置的偏差应符合规范要求。

3. 钢筋保护层厚度应符合设计和规范要求，尤其是要控制好底板与顶板上表面钢筋的保护层厚度，防止表面钢筋被踩踏，造成保护层过厚。

7.2.3 大体积混凝土工程质量保证措施

1. 采取原材料降温措施控制混凝土出料温度

如对堆场石子、砂子浇水降温，使用冰凉的饮用水作拌合用水，在搅拌站的砂、石料斗仓顶部置设遮阳棚，以降低混凝土出罐温度。

2. 采用双掺技术

1）在混凝土中掺入优质粉煤灰，掺量按配合比使用，掺入粉煤灰可以改善混凝土的粘聚性，还可以适当减少水泥用量。

2）选用优质外加剂（如缓凝减少剂）能减少水泥用量，降低水化热。

3. 混凝土中掺加聚丙烯抗裂纤维

混凝土中掺加聚丙烯抗裂纤维主要用于混凝土中抗裂、抗渗、抗冲磨等作用，能显著减少混凝土因收缩、干缩、水化热等因素产生的裂缝，同时也提高了混凝土的抗渗能力、抗冻能力，并增强混凝土的耐久性。

4. 保证混凝土连续均衡供应

1）确保混凝土搅拌运输车的数量8台，确保汽车泵不等混凝土运输车。泵车的混凝土输送管壁在太阳下要利用湿麻袋包裹，以降低混凝土入模温度。

2）采用薄层循环施工。

5. 混凝土浇筑施工

1）混凝土浇筑施工时间宜选择在室外气温10～20℃时施工。

2）所有墙板与顶板混凝土必须连续分层浇捣，并严格控制混凝土浇捣的停歇时间，确保不出现施工冷缝，混凝土施工一次成型。

3）振捣泵送混凝土时，振动棒插入的间距一般为 400mm 左右，振捣时间一般为 15～30s，并且在 20～30min 后对其进行二次复振。底板、顶板混凝土表面，应适时用木抹子磨平搓毛两遍以上；必要时，还应用铁滚筒压两遍以上，以防止产生收缩裂缝。

4）墙板及顶板混凝土现场浇捣时，应在直线加速器室内部采用空压机鼓风降温，以减少模板内温度。浇捣前所有的模板、钢筋均要用水淋湿并达到降温的目的，积水利用模板钻孔排除。

6. 拆模和养护

1）基础底板混凝土采用覆盖薄膜及麻袋湿水养护，墙板混凝土采用模板覆盖养护，顶板混凝土采用覆盖薄膜及麻袋湿水养护，同时室内还要采用增湿器喷雾的方式以降低室内温度。养护时间不低于 28d。

2）模板拆除原则上需在养护 28d 后进行，模板拆除必须执行严格的拆模工作程序，并按要求填写拆模申请单。

7. 泌水和浮浆处理

由于采用分层浇筑，上下层施工时间较长，因此各浇筑层容易产生泌水层，要在直线加速器室的一侧或二侧设置集水坑。同时在四周的侧模钻孔排水，使多余的水分从孔中自然排到集水坑里。当混凝土大坡面坡脚接近顶端模板时，改变混凝土的抽水方式，将泵抬高，抽出逐步缩小水潭中的泌水。

8. 混凝土施工过程，应采取有效措施，保证现浇结构的外观质量不出现严重缺陷，也不出现一般缺陷。且现浇结构不应出现有影响结构性能和使用功能的尺寸偏差。

8. 安 全 措 施

8.1　建立和健全安全保证体系
建立安全保证体系，强化安全监督机制的落实。

8.2　施工安全技术交底
特别针对重大危险源预防进行交底，安全技术交底的签字手续必须由交底者的接受交底者本人进行签字。

8.3　安全检查
项目实行日检制，并有记录，整改应做到"三定一落实"，即定人、定时间、定措施，落实整改。每次安全检查，施工项目经理部必须及时整改安全隐患。

8.4　对重大危险源的识别、预防
对于直线加速器室现浇钢筋混凝土结构施工，影响安全的重大危险源主要有漏电、模板坍塌、爆管等，要制定重大危险源的预防方案、措施和应急预案。

8.5　安全用电和机电设备的措施
施工现场的临时用电应严格按照《施工现场临时用电安全技术规范》JGJ 46—2005 的有关规范规定执行。架设导线时，导线离地的距离是过车道应＞6m，施工现场＞4m，临时用电采用三相四线制。电气设备的金属外壳必须与专用的保护零线连接，专用保护零线应由工作接地线、配电房的零线或第一级漏电保护器电源侧的零线引出。不得一部分设备作保护接零，另一部分设备作保护接地。保护零线不得装设开关或熔断丝，不得作它用。每台用电设备应有各自专用的开关箱，实行"一机一闸"制。现场使用的手持照明灯采用 36V 安全电压。

8.6　模板支撑系统施工安全措施
8.6.1　高大模板专项施工方案按规定经审批并经组织专家论证通过，高大模板满堂支撑架施工完毕后，须按《高大模板支架安全要点检查表》（表 8.6.1）并对照模板施工方案进行检查验收，经监理等部门验收合格后才能进入下道工序的施工，混凝土浇筑过程中进行监控。

高大模板支架安全要点检查表　　　　　　　　　　　　　　　　　　　　表 8.6.1

工程名称				支架材质		钢管□
施工单位			监理单位			

资　料　检　查

有专项方案	□	由施工单位组织不少于 5 人的专家组论证专项方案并出具论证意见	□	论证后经修改的方案	经施工单位技术负责人审批	□
有计算书（纵横双向步距、跨距取值，立杆稳定计算）	□				经总监理工程师审批	□
				杆件、扣件进场按品牌抽样检测合格		□
				有施工、监理整架验收合格记录		□

现　场　检　查

	设置纵横双向扫地杆			□		竖直方向每 2 个步高或每层楼面或沿柱高每 4m 设置	□
	沿立杆每步均设置纵横向水平杆且纵横向均无缺杆			□			
	立杆顶端必须设置纵横向水平杆和水平剪刀撑			□			
整架稳定	竖直方向沿纵向全高长从两端开始每隔 4 排立杆设一道剪刀撑	剪刀撑宽≥6m 且最少 4 跨	剪刀撑最多跨越杆数：45°时 7 根 50°时 6 根 60°时 5 根	□	连墙件（刚性）	水平方向至少每 3 跨设置	
	竖直方向沿横向全高长从两端开始每隔 4 排立杆设一道剪刀撑			□		如周边无既有建筑物，应采取其他有效措施	□
	水平方向沿全平面每隔 2 步且不高于 4.5m 设一道剪刀撑			□			
立杆支承	支于地面时，须在混凝土地面上支立杆			□	建筑物悬挑部分的模板支架	立杆支在坚实的地面上	□
	支于楼面时，加支顶，楼面下不少于两层时至少支顶两层			□		从楼面挑出型钢梁作上层悬挑模板的立杆支座，型钢梁搁置在楼板上的长度与挑出长度之比≥2，型钢梁的末端、前端均与楼板有可靠锚固	□
	底座和顶托螺栓的伸出长度不大于 300mm			□			
禁止事项	钢立杆必须对接，禁止搭接			□	其它问题		
	禁止用钢管代替型钢梁从楼层挑出作为立杆支座			□			
	禁止用钢管从外脚手架上伸出斜支悬挑模板			□			
	禁止用木杆接长作立杆			□			
	禁止使用分层搭设的支撑体系			□			
检查结论	□1. 通过　　□2. 改进　　□3. 停用改进或停用范围如下：				检查单位：施工□　监理□　监督□		
					检查人签名：		
					检查日期：　　年　月　日		

8.6.2　建筑物临边必须搭设临边防护，临边防护架必须高出工作面 1.2m 并满封安全网，并且工作面临边及预留洞口必须满铺脚手板，脚手板必须固定好，严禁出现探头板。

8.6.3　要避开雷雨天施工。装、拆模板时，必须采用稳固的登高工具，高度超过 2m 时，必须搭设脚手架。装、拆模板应随拆随运转，扣件和钢管严禁堆放在脚手板上和抛掷。

8.6.4　高大模板从支撑架开始搭设到混凝土浇捣完毕整个施工过程均要求专项工长等旁站监督管理，并安排专人 24h 监控，保证支撑架安全。

8.6.5　墙板与顶板混凝土必须连续分层进行浇捣，严禁厚大混凝土一次性浇捣到位，严防模板出现塌坍事故。

8.7　钢筋工程安全措施

8.7.1　粗钢筋切断时，冲切力大，应在切断机口两侧机座上安装两个角钢挡杆，防止钢筋摆动。

8.7.2　钢筋加工机械运转的外露部分必质设有安全防护罩，在停止工作时应断开电源。机械使用前，应先空运转试车正常后，方能开始使用。

8.7.3　使用钢筋弯曲机时，操作人员应站在钢筋活动端的反方向，弯曲 400mm 短钢筋时，要有防止钢筋弹出的措施。

8.8 混凝土浇捣安全措施

8.8.1 在安置汽车泵机时，应根据要求将其支腿完全伸出，并插好安全销，在场地软弱时应采取措施在支腿下垫枕木，以防混凝土泵的移动或倾翻。

8.8.2 混凝土泵与输送管连接后，应按要求进行全面安全检查，符合要求后方能开机进行空运转。泵管移动时应有专人负责指挥，扶持泵管应有 2 人同时对称进行。混凝土浇灌时混凝土泵管需架空，铺设线路要尽量远离人员比较集中的区域，人员施工活动要尽量远离泵管；设专人检查泵管接头若有松动及时拧紧，混凝土泵施加压力时要严格监控不得超压；发现超压要及时停机并查找原因、排除故障；发现堵管现象立即停止泵送，防止爆管。

8.8.3 混凝土浇筑前，应对振动器进行试运转，振动器操作人员应穿胶靴、戴绝缘手套；振动器不能挂在钢筋上，湿手不能接触电源开关。

8.9 现场防火措施

施工现场要有明显的防火宣传标志，并设置一定数量的灭火器材。电工、焊工从事电气设备安装和电、气焊切割作业，要有操作证和用火证，动火前，要清除附近易燃物，配备看火人员和灭火用具。

9. 环保措施

9.1 成立施工现场环境卫生管理机构，对施工材料、机械设备、建筑垃圾、生活垃圾、废水弃渣等的控制和管理，做好交通环境疏导，遵守医院的管理制度，遵守防火管理制度，做到施工不扰民。

9.2 运送土方、垃圾、设备及建筑材料时，不得污损场外道路，运输容易散落、飞扬、流漏的物料的车辆，必须采取措施封闭严密，保证车辆清洁。施工现场出口应设置洗车台。对现场易飞扬物质采取有效措施，如洒水、地面硬化、围挡、密网覆盖，封闭等，防止扬尘产生。

9.3 在施工现场应针对不同的污水，设置相应的处理设施，如二次沉淀池、隔油池、化粪池等。沉淀池，隔油池、化粪池等不应发生堵塞、渗漏、溢出等现象，同时应及时清掏各类池内沉淀物。

9.4 现场应优选先进的环保机械，采取设立隔声墙（罩）等消声措施以降低现场施工噪声。医院内应尽可能避免在白天 12～14 时及夜间 22～次日 6 时进行施工作业，如果无法避免时，应提前办理夜间施工申请手续，获准后进行安民告示。

10. 效益分析

从近年来对几个医院直线加速器室工程施工的综合分析，本工法具有较好的社会效益和经济效益。

10.1 按本工法施工，可保证高大模板工程施工质量和施工安全，避免返工现象，提高工效，缩短工期达 20d，施工成本节约达 20 万元。

10.2 采用本工法进行大体积混凝土施工，通过精密的计算以及经验数据的指导，可避免施工裂缝的产生，墙板和顶板一次浇灌施工完成，从结构自身上防止了射线的泄漏。

10.3 采用泵送商品混凝土，避免了现场搅拌混凝土时粉尘、噪声以及污水、废渣的排放，并缩短工期，有利于保护周边环境。

11. 应 用 实 例

11.1 广西柳州市第三人民医院医用加速机房工程

2007 年 5 月开工至 2007 年 9 月竣工的柳州市第三人民医院医用加速机房工程，为框架剪力墙结构。建筑面积 312m²，底板厚 400mm，顶板厚 1900mm；墙体厚 2500mm，墙高 7400mm；混凝土为

C25 混凝土，内掺聚丙烯混凝土抗裂纤维，混凝土总量达 1100 多立方米。

机房主体结构采用本工法施工，实施效果良好，混凝土结构未出现任何裂缝，施工安全，质量优良，获得了业主及监理的一致好评。目前直线加速器机房已安全运转 1 年多的时间。

11.2 广西柳州市人民医院直线加速器

2008 年 5 月开工至 2008 年 11 月竣工的柳州市人民医院迁建工程特殊医技楼中的直线加速器机房及钴 60 治疗室工程，为框架剪力墙结构。机房建筑面积 350m²，底板厚 800mm，顶板厚 1600mm；墙体厚 2600mm，墙高 7300mm；混凝土为 C25 普通混凝土，内掺聚丙烯混凝土抗裂纤维，混凝土总量达 1300 多立方米。

机房主体结构采用本工法施工，实施效果良好，混凝土结构未出现任何裂缝，施工安全，质量优良，获得了业主及监理的一致好评。

11.3 广西贺州市人民医院直线加速器室

贺州市人民医院直线加速器室于 2008 年 4 月开工，至 2008 年 10 月完工。直线加速器室机房为框架剪力墙结构，机房建筑面积 260m²，底板厚 1000mm，顶板厚 2600mm；墙体厚 2600mm，墙高 8520mm；混凝土为 C30 防水混凝土，内掺聚丙烯混凝土抗裂纤维，混凝土总量达 1200 多立方米。

机房主体结构采用本工法施工，实施效果良好，未出现任何裂缝，施工安全，质量优良，获得了业主及监理的一致好评。

设置后浇带的高层建筑高空大跨连体结构施工工法

GJEJGF060—2008

江苏省华建建设股份有限公司　天津天一建设集团有限公司

石伟国　高原　吴碧桥　袁邦权　刘秋生

1. 前　　言

钢筋混凝土结构超高层建筑中,高空大跨连体结构的层数越来越多、跨度越来越大,这些连体结构,在建筑高空与两侧塔楼连成整体,在临空高度设有钢筋混凝土大型转换梁板实现高位转换。考虑到两侧塔楼刚度大,为避免大跨度连体结构梁板混凝土成型后因收缩应力过大产生裂缝,结构设计往往在连体结构跨内设后浇带。设置后浇带的高空大跨连体结构施工具有结构内力状态在后浇带完成前后完全不同、转换层结构自重大、临空高度高和跨度大、施工荷载大、难度及危险性高等施工难点和特点。

深圳红树西岸工程1号楼、2号楼、3号楼,楼高均为31层,其高空连体结构的层数分别为12层、12层、19层;跨度分别是15.2m、15.2m、18.2m;临空高度分别在52.57m、52.75m、34.15m;连体结构的楼面均设有一道后浇带,钢筋混凝土转换层结构厚度分别为2.8m、2.8m、3.24m,混凝土结构自重在70kN/m² 左右。江苏省华建建设股份有限公司联合设计单位开展技术攻关,取得了“设置后浇带的高空大跨连体结构模板支撑系统设计与施工技术”这一技术新成果(高空大悬挑钢筋混凝土结构高支模模架已获得国家专利,专利号为ZL200720045270.X)。经在上述3栋超高层建筑施工中应用,取得明显的经济和社会效益,由此总结编制的“设置后浇带的高层建筑高空大跨连体结构施工工法”被批准为2008年江苏省建设工程施工工法,其关键技术经江苏省建管局鉴定达到国内领先水平,可指导工程建设中设置后浇带的高空大跨连体结构的施工。

2. 工 法 特 点

2.1　在高空大跨连体结构施工中,设置高空支模钢桁架、科学论证并合理利用房屋结构自身承载能力,解决因转换层后浇带混凝土未达到设计强度而转换层以上楼层不能连续向上施工的难题,经济可行、安全可靠。

2.2　位于高空的厚大混凝土的结构施工中,以钢桁架支模平台替代传统的落地式高支模支撑体系,避免大量的现场施工周转材料和劳动力的投入,节约楼层回顶加固或地基基础加固措施费用,减轻劳动强度,便于立体交叉作业。

2.3　施工过程中进行钢桁架变形监测,实时了解连体结构连续向上施工过程中钢桁架的受力状况,可根据情况对施工过程进行调控。

2.4　钢桁架平台受力明确、工艺简单、安全可靠,在工厂制作、现场安装,质量易保证,施工方便、快捷。

2.5　制作钢桁架平台的型钢,回收利用率高。

3. 适 用 范 围

适用于钢筋混凝土结构高层建筑中,设置后浇带的高空大跨连体结构施工。

4. 工 艺 原 理

设置后浇带的高空大跨连体结构施工中，位于高空的转换层厚大混凝土结构下高大模板支撑体系设计是一个难题，但还有一个更为特殊的难题是：转换层后浇带混凝土未达到设计强度情况下，转换层以上楼层（不含转换层，以下同）连续向上施工时的荷载传递问题（等到连体结构转换层后浇带混凝土达到设计强度再继续向上逐层施工连体结构，工期耽搁太久）。就此，与结构工程师一起进行分析：

按通常的楼层结构施工周期（一般为 7d），确定某一楼层混凝土达到设计强度的时间段内、从该楼层连续向上施工的楼层数 n（一般为 4 层），根据力学原理和混凝土结构理论，确定计算模型，假定一个层数 i，即设置后浇带的高空大跨连体结构中，由混凝土达到设计强度后、后浇带完成前的转换层以上 i 个楼层的剪力墙、楼面与转换层共同组成的结构体系，足以承受第 $i+n$ 层楼层的结构自重和施工荷载且变形很小。这时，第 $i+n$ 层的结构自重和施工荷载已不需由转换层下的模板支撑体系来支承（对红树西岸工程 3 号楼大跨连体结构进行验算，得出的 i 为 3），此后逐层向上施工，混凝土达到设计强度的楼层不断增加，转换层及以上楼层共同组成的结构体系承载能力不断增强，施工层的结构自重和施工荷载再也不需由转换层下的模板支撑体系来支承（施工中实际观测数据也表明，连体结构施工到第 $n+i$ 层后，支模钢桁架平台的挠度不再增加）。

基于以上分析，确定解决上述设置后浇带的高空大跨连体结构施工难题的技术思路。

4.1 根据工程施工实际情况进行分析比较，确定转换层下的模板支撑体系采用钢桁架平台。

4.2 验算得出一个层数 i，由这 i 个转换层以上楼层的剪力墙、楼面与转换层共同组成的结构体系，在混凝土达到设计强度后、后浇带完成前，足以承受第 $i+n$ 层楼层的结构自重和施工荷载且变形很小。

4.3 依据支模钢桁架平台应能支承转换层及以上 $i+n-1$ 层的结构自重和施工荷载，来进行钢桁架的设计；支模钢桁架平台施工时，先在两侧竖向结构中安装托梁，后焊接钢桁架工字型钢梁，形成安全、可靠的模板支撑工作平台；高空大跨连体结构施工时，在平台上支设转换梁板模板，施工转换层梁板，然后逐层向上施工空中连体结构的钢筋混凝土；钢桁架在空中解体，拆除。

4.4 工程施工中对支模钢桁架平台进行变形观测，及时掌握工程动态，必要时调整施工安排解决。

5. 施工工艺流程及操作要点

5.1 工艺流程

施工准备（含钢桁架设计、制作等）→连体结构两侧剪力墙（柱）混凝土浇至托梁下 500mm 处→搭设钢桁架安装操作脚手架→连体结构两侧剪力墙（柱）中托梁安装→钢桁架安装→桁架验收→托梁高度内连体结构两侧剪力墙（柱）混凝土浇筑→转换梁底模支立→转换梁钢筋绑扎及梁中水电预埋→钢筋及预埋预留验收→支转换梁侧模及楼板模板→绑扎板筋及板中水电预埋→上部剪力墙插筋→钢筋验收→浇筑转换层梁板混凝土→养护→拆除转换层楼板模、梁侧模→上部结构钢筋混凝土逐层施工→按设计要求时间施工后浇带→后浇带混凝土强度达设计要求时拆除钢桁架→拆除转换梁底模。

5.1.1 钢桁架的设计流程

施工荷载计算→钢桁架选型→钢桁架进行内力、变形验算→优化设计→编制专项施工方案→组织专家论证→完善专项施工方案。

5.1.2 钢桁架的制作流程

材料进场抽样检验→下料加工→拼装焊接→焊缝检测→检查验收→出厂、运输。

5.1.3 钢桁架的安装流程

托梁安装→磨擦面处理→吊桁架部件、拼装、校正、高强度螺栓紧固→桁架与托梁焊接→吊装支撑、校正、焊接→补焊→焊缝检查、检测→防雷接地→整体检查验收。

5.1.4 后浇带混凝土浇筑流程

清理钢筋→后浇带两侧混凝土凿毛、清理→浇筑比同楼层混凝土高一强度等级的微膨胀混凝土→浇水覆盖养护。

5.2 操作要点

5.2.1 支模钢桁架设计：根据前述施工中的荷载分析，进行钢桁架的设计，并组织专家对钢桁架的设计、空中连体结构专项施工方案进行论证，并按照专家组的论证意见，对钢桁架的设计和设置后浇带的空中连体结构专项施工方案优化完善。

钢桁架上弦梁平面布置见图5.2.1-1，下弦结构平面布置见图5.2.1-2，支撑立面图见图5.2.1-3。

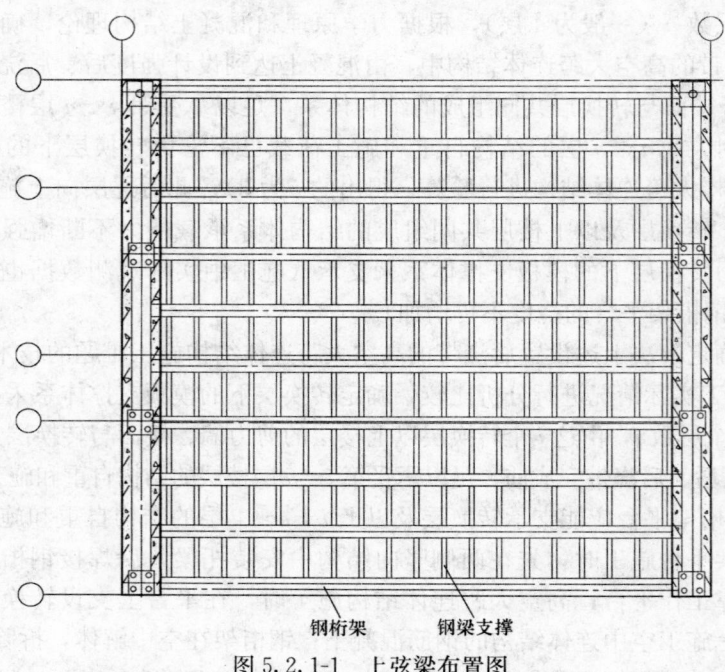

图 5.2.1-1 上弦梁布置图

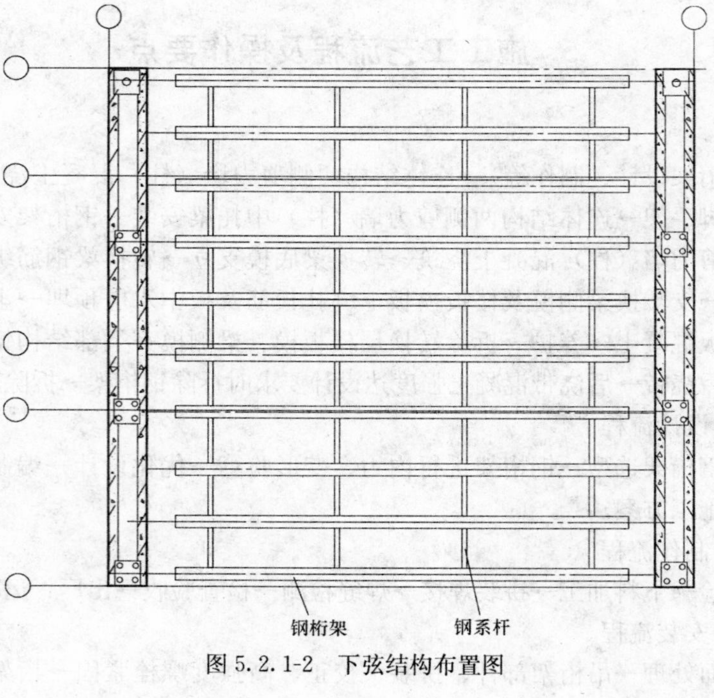

图 5.2.1-2 下弦结构布置图

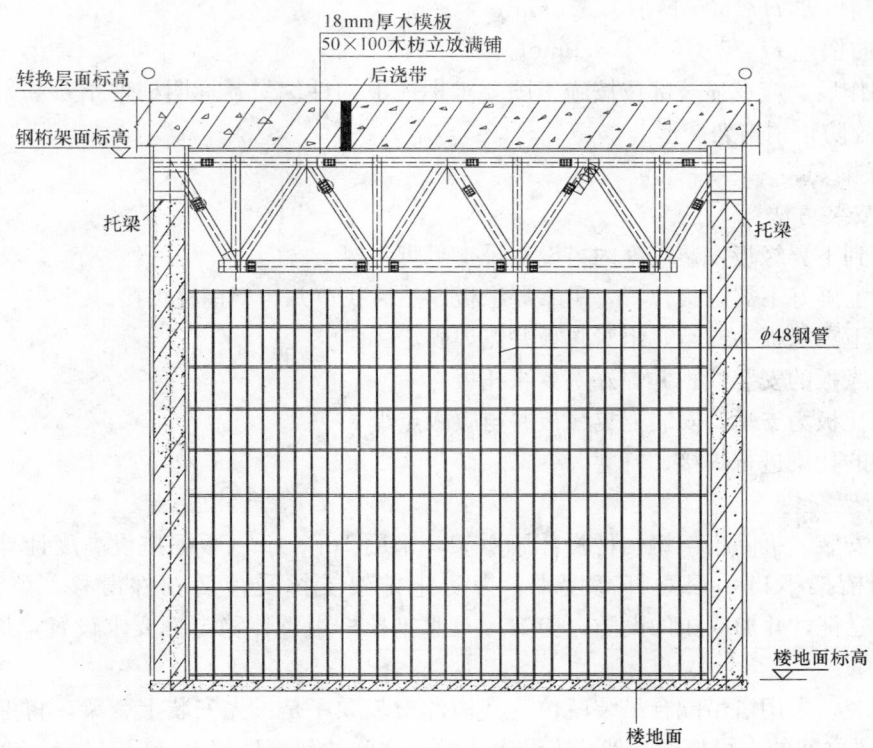

图 5.2.1-3　桁架立面大样图

　　钢桁架的节点连接可选用焊接、高强度螺栓连接或栓、焊混合连接。

　　钢板原材制作成钢梁，焊缝要求为Ⅰ级焊缝，考虑到工地吊装多靠现场塔吊，钢桁架构件制作的段长应首先考虑塔吊吊重限制，还需综合考虑现场搭设的操作排架的承压能力及现场条件限制。钢桁架上水平支撑兼作转换层模板主楞。

5.2.2　钢桁架制作

　　1. 放样和号料时应根据施工详图放出足尺节点大样，并预留出收缩量、切割加工的余量。切割采用专用机械切割机进行，切割时零件之间留切口 2mm，钢料毛边不应在号料范围内，尽可能采用套料法号料，以提高钢材利用率。凡对称零件一律对称号料，号料尺寸允许偏差±1mm。宽翼缘型钢的下料，应采用锯切，防止变形。

　　2. 所有重要切割均采用半自动切割，切割后缝隙熔渣、氧化皮清除干净，并保证工件尺寸偏差、坡口角度、割缝光洁度等满足技术要求。

　　3. 钢板应在切割后采用热矫正，矫正前切割的挂渣要铲除。热矫加工根据工件厚度和成型要求选择合理的加热规范，并在工件上划出加热线的位置、长度，以便掌握加热位置和加热面积，热矫温度不得超过 900℃，在同一部位重复加热次数不宜太多，矫正后无明显的凹痕及其他损伤。

　　4. 边缘加工后，必须将边缘刺屑清除干净，割去飞刺、挂渣及波纹，还应将崩坑等缺陷部位割修匀顺，焊接坡口的加工偏差应符合相关技术要求。

　　5. 工字钢梁上钻孔采用摇臂钻床及磁吸电钻加工，M16 螺栓开孔直径＝螺栓直径＋1.5mm，大于 M18 螺栓直径＝螺栓直径＋2.0mm。

　　6. 部件组装前，将连接接触面和沿焊缝边缘每边 30～50mm 范围内的铁锈、毛刺、污物等清理干净。焊接工字型钢之翼缘板和腹板的切割，当切割边缘有超标缺陷时应用手工焊进行切割并打磨好。

　　7. 钢构件外形尺寸允许偏差：

　　一节钢柱高度允许偏差±3.0mm；

　　两端最外侧安装孔距允许偏差±2.0mm；

柱身弯曲矢高偏差 $H/1500$ 且小于 5.0mm；

一节柱的扭曲偏差 $H/250$ 且小于 5.0mm。

8. 钢桁架制作后，应在显著部位按施工图要求标注上构件编号、标明构件重量和吊点的位置，在运输时应采取措施防止钢桁架变形。

5.2.3 钢托梁安装

钢托梁现场安装方法：

1. 下层楼面到下翼缘板安装高度内搭设双排支承脚手架。

2. 在型钢柱上画好下翼缘板位置，吊下翼缘板，然后找正并与型钢柱焊接。

3. 以焊好的下翼缘板为支承，组对腹板并点焊固定。

4. 画好上翼缘板的安装线，并焊好上翼缘托板。

5. 以上翼缘托板为支承，安装上翼缘板并与腹板点焊。

6. 对组对完的托梁进行焊接、打磨。

5.2.4 钢桁架安装

1. 搭设用于安装、拆除桁架钢构件操作脚手架，采用 1m×1m（根据搭设高度计算确定）单立杆排架，搭到距钢桁架下口一根立杆高度内，为防止排架支撑受荷后扣件滑移，该高度内可改为 500mm×500mm 立杆，并加双扣件设防，剪刀撑及水平拉杆由整体稳定性要求设置，最顶层 3m 高位置满跨设置剪刀撑。

2. 钢桁架安装，采用塔吊配合吊装就位，其构件安装顺序是：先安装上弦梁，将上弦梁与托梁固定后，安装上弦梁之间的支撑杆件，然后安装上下弦梁之间的斜腹杆件，最后安装下弦梁。

3. 所有桁架起拱高度为跨度的 1.5‰，

4. 安装高强度螺栓时，螺栓应自由穿入孔内，发现错孔时，允许用铰刀扩孔，不得强行敲打，禁止气割扩孔，安装时采取由螺栓群中央向外顺序拧紧（拧紧在当天完成），分初拧和终拧（初拧为终拧的 50%），高强度螺栓终拧完成后，用"小锤敲击法"逐个检查。

5. 接头焊接待框架调正定好位后，在上、下翼板下部装上焊缝托板，该托板的长度应比翼缘的宽度要宽，两边超出部分作为引弧和收弧。

6. 要求全熔的两面焊焊缝，正面焊完后在焊背面之前，应认真清除焊缝根部的熔渣、焊瘤及未焊透部分，直至露出正面焊缝金属时方可进行背面的焊接。

5.2.5 模板安装

1. 转换梁模板的计算为梁侧模及梁底模，钢桁架上檩条的间距即梁底模的支座跨度，采用 50mm×100mm 木枋立放满铺，其上铺 18mm 胶合板，梁侧模采用 18mm 胶合板 2φ48 钢管围檩，螺杆采用 φ12 圆钢制作，其规格间距由计算确定。

2. 转换层以上各层模板工程与常规混凝土结构施工模板工程相同。

3. 后浇带模板，在钢筋绑扎时梁箍筋及拉钩暂不绑扎，梁板后浇带两侧采用快易收口网，网侧采用 φ25 钢筋@400 双向与梁筋焊实，双片 φ25 钢筋网片的节点处用木枋相互顶死，混凝土浇筑采取对称同时进行。

5.2.6 钢筋安装

连体结构钢筋安装与普通结构相同，按主梁→次梁→楼板的顺序进行，钢筋在后浇带处拉通，梁筋接长采用冷挤压或直螺纹接头。

5.2.7 混凝土浇筑

连体结构混凝土采用泵送高流动性混凝土，混凝土浇筑过程中由跨中分层（300～500mm）向两端同时进行，以使钢桁架对称受力，防止受力不均向一侧失稳，同时派专人观测钢桁架变形情况。

5.2.8 后浇带施工

1. 连体结构逐层向上施工，梁、板混凝土浇完达设计要求的时间后（设计无要求时 60d 后）开始补浇后浇带，此前先清理完后浇带内松动混凝土及快易收口网。

2. 转换层以上各层后浇带下模板支撑系统待后浇带浇筑、混凝土达到设计强度后拆除。

5.2.9 钢桁架变形观测

依据《钢结构设计规范》GB 50017—2003，受弯构件的挠度容许值的规定。钢桁架加载前，在上弦梁上的两端及中间各设 5 个挠度观测点标志，并在钢桁架下方设置三道水平细线。在加载到位后测量水平细线与各挠度观测点标志之间的距离，所实际测量值即为桁架受力后的实际挠度，实际挠度与梁跨长的比值限制在 $L/400$ 内。

5.2.10 支模钢桁架拆除

支模钢桁架拆除待后浇带混凝土补浇完成并达设计强度后进行、其拆除步骤是：先拆钢桁架，再拆梁底模。桁架拆除顺序：先拆除支撑，然后拆钢桁架。桁架拆除时，由外向内逐榀拆除。具体步骤：从桁架一端开始，用气割每 1m 分成一段（以保证每段重量不大于 800kg），然后以未拆的桁架作为支点挂 5t 葫芦，最后一排桁架以预埋的钢吊钩作为支点，将拆除的该榀桁架吊放在排架平台上，再用手推叉车将已割下的料段运至下开洞外挑的平台上用塔吊吊走。

5.3 操作注意事项

5.3.1 钢桁架制作、安装的焊工应按规定经过专业培训并考试取得合格证，方可上岗进行操作。

5.3.2 钢桁架的对接接头、T 形接头、十字接头和要求全熔透的角部焊接，应在焊缝两端配备引弧和引出板，引弧应在引弧板上进行，严禁在焊缝区外的母材上打火引弧，焊接完毕后应采用气割切除引弧和引出板，并修磨平整，不得用锤击落。

5.3.3 钢桁架的要求全熔的两面焊焊缝，正面焊完后在背面焊接之前，应认真清除焊缝根部的熔渣、焊瘤及未焊透部分，直至露出正面焊缝金属时方可进行背面焊接。

5.3.4 钢桁架操作脚手架平台上，应设置密目安全网和钢笆片的双重安全防护，并应有专人负责及时清除平台上的杂物，以防止高空坠物伤人及电焊火渣起火。

5.3.5 钢桁架周边的临空面，应设置安全防护栏杆，及时用安全网进行封闭围护。

5.3.6 设置后浇带的空中连体结构钢桁架操作钢管脚手架与周边结构相邻处，应每步每架设置刚性连墙杆，尽可能与内排架联结成整体，以提高排架支撑系统的整体稳定性。

5.3.7 钢桁架拆除时大量采用氧气烧割，钢桁架平台上有大量木枋及夹板等模板材料，一边拆除一边冲水，防止起火。同时作业层应配备足够灭火器材，钢桁架比较重，拆除时除了注意工人自身安全外，尚须考虑排架的承载能力，安全员应全程跟踪。

5.4 劳动力组织

设置后浇带的大跨空中连体结构施工，转换层以上各层结构的施工组织与常规钢筋混凝土结构施工相同，以下为连体结构转换层的施工劳动力组织（以 450m² 为例）。

5.4.1 施工时组织专项施工混合班，由班长统一协调指挥施工。

5.4.2 主要工种及人数见表 5.4.2。

主要工种及人数表　　　　　　　　　　　表 5.4.2

序号	工 种	人 数	序号	工 种	人 数
1	施工员	2	2	质检员	1
3	安全员	2	4	焊 工	10
5	吊装工	6	6	架子工	10
7	钢筋工	45	8	木 工	30
9	混凝土工	36	10	合 计	142

5.4.3 工作岗位及职责

施工员：对班组进行技术交底，制定施工方案，解决技术问题；

质检员：对班组进行质量及成品保护要求教育，配合班组进行施工期间检查验收，组织专职检验收；

安全员：施工前分析安全隐患，对班组进行安全教育，施工期间跟踪监督现场安全；

焊工：钢桁架制作、安装；

吊装工：配合钢桁架进场吊运拼装；

架子工：搭设钢桁架操作钢管平台；

钢筋工：绑扎高空大跨度连体结构钢筋；

木工：测量放线、支立高空大跨度连体结构模板；

混凝土工：浇筑高空大跨度连体结构混凝土、养护。

6. 材料与设备

设置后浇带的高空大跨连体结构施工，转换层以上各层结构施工所需的材料和设备与常规钢筋混凝土结构施工相同，以下为连体结构转换层钢桁架施工时的材料与设备。

6.1 材料

6.1.1 型钢：钢桁架工字钢梁的钢材，宜采用 Q235 等级 B、C、D 的碳素结构钢。

6.1.2 螺栓：直径小于 16mm 的为普通螺栓，直径大于 16mm 的为高强度螺栓。高强度螺栓采用扭剪型 10.9 级，连接时接触面采用喷砂处理，摩擦面的抗滑移系数≥0.45。

6.1.3 焊条：宜采用 E43 型焊条。

6.1.4 钢管：脚手排架应采用 $\phi48\times3.5$ 的钢管，不得使用打孔、锈蚀、变形的钢管。

6.1.5 扣件：应采用锻铸铁制作的扣件，扣件的螺栓拧紧扭矩达 65N·m 时应完好无损。

6.2 机具设备

主要施工机械：电焊机 4 台、氧焊设备 1 套、钢管切割机 2 台、木工机械 2 套、混凝土输送泵 2 台、混凝土振捣泵 10 套。塔吊回转半径要求能够覆盖空中连体结构的工作面。

7. 质 量 控 制

7.1 本工法应执行的规范

7.1.1 钢桁架工字钢梁的钢材，其质量标准应符合现行国家标准《碳素结构钢》GB/T 700 的规定；脚手架采用的 $\phi48\times3.5$ 钢管，其质量标准应符合现行国家标准《碳素结构钢》GB/T 700 中 Q235—A 级钢的规定；脚手架采用的扣件，其材质应符合现行国家标准《钢管脚手架扣件》GB 15831 的规定。

7.1.2 本工法必须执行《建筑结构荷载规范》GB 50009—2001、《混凝土结构设计规范》GB 50010—2002、《钢结构设计规范》GB 50017—2003、《建筑施工扣件式钢管脚手架安全技术规范》JGJ 130—2001。

7.1.3 施工和验收应符合《钢结构工程施工质量验收规范》GB 50205—2001、《混凝土结构工程施工质量验收规范》GB 50204—2002。

7.2 质量要求

设置后浇带的高空大跨连体结构施工，转换层以上各层结构施工质量要求与常规钢筋混凝土结构施工相同，以下为连体结构转换层钢桁架施工时的质量要求。

7.2.1 主控项目

1. 现场所用原材料的品种、规格、性能应符合现行国家标准和设计要求，并应按规定进行抽样检查试验。

检查数量：所有品种，全数检查。

检验方法：检查产品质量合格证明文件及检验报告等。

2. 焊工必须经考试并取得合格证书，持证焊工必须在其考试合格项目及其认可范围内施焊。

检查数量：全数检查。

检验方法：检查焊工合格证及其认可范围、有效期。

3. 钢桁架钢梁及其受压杆件的垂直度和侧向弯曲矢高的允许偏差应符合设计及规范规定。

检查数量：按同类构件抽查 10％，且不少于 3 个。

检验方法：用吊线、拉线、经纬仪和钢尺现场实测。

7.2.2 一般项目

1. 钢桁架钢梁的轴线允许偏差不得大于 3.0mm、钢桁架结构杆件交点错位的允许偏差不得大于 4.0mm。

检查数量：按构件数抽查 10％，且不应少于 3 个，每个构件按节点数抽查 10％，且不应少于 3 个节点。

检验方法：尺量检查。

2. 排架支撑系统上安装后的扣件螺栓拧紧力矩应不少于 65N.m。

检查数量：按立杆、纵横向水平杆、剪切撑、边墙杆，各类杆件各抽查 10％，且不应少于 5 个节点。

检验方法：采用扭力扳手，按随机分布原则进行，不合格的必须重新拧紧，直至合格为止。

3. 对于跨度大于 4m 的梁板，其模板应按设计要求起拱，当设计院无要求时，起拱高度宜为跨度的 1/1000～3/1000。

检查数量：在同一检验批内抽查构件数量的 10％，且不应少于 3 件。

检验方法：用水平仪或拉线，钢尺检查。

7.3 钢桁架验收

钢桁架验收主要方法是探伤检查和外观检查，外观检查为所有焊缝，端部埋入混凝土内的钢托梁应做隐蔽验收，用来安装钢桁架的排架立杆在钢桁架验收前必须与桁架完全分离，以保证钢桁架能按设计要求进入工作状态。

7.4 成品保护

7.4.1 预埋铁件的外平面应比结构外表面凹进 5～10mm，以便装饰时加以隐蔽。

7.4.2 在吊装和拆除钢桁架工字钢梁和脚手钢管时，应加强安全防护和安全监护，不得碰撞和损坏两侧的结构和装饰。

8. 安 全 措 施

8.1 施工操作应遵循《建筑安装工人安全技术操作规程》、《建筑施工高处作业安全技术规范》JGJ 80—91、《建筑机械使用安全技术规程》及国家、地方规定现行的其他相关安全操作规定。

8.2 建立健全项目经理等各级人员的安全生产责任制，责任明确并落实到人。项目经理部建立定期安全检查制度，配备一名专职安全员，负责施工现场的日常安全管理工作和巡回监督检查工作，负责提出安全预防措施强化安全生产管理，加强安全生产意识教育，切实落实安全技术措施。

8.3 贯彻执行"安全第一、预防为主"的方针。所有进场人员，必须先进行安全知识普及教育，贯彻有关安全生产文件精神，遵循安全的规章制度。特殊工种应进行专业培训，考试合格后发给操作证，并坚持职工上岗前，更换工种前，进行专业安全知识培训，合格后方可上岗。

8.4 加强机械设备安全管理，防止机械带病运转。垂直运输机械使用中要严格遵守有关安全操作规程，操作人员应持证上岗，明确职责，统一指挥，密切配合，服从调度。

8.5 各种电动工具要定期检查、维修，防止漏电事故。施工现场的施工用电，应按施工用电方案进行统一布置，消除乱拖乱拉现象。现场供电采用"三相五线制"，并装好触电保安器，用电设备应按有关规定实行一机一闸一漏电保护，并有安全可靠的接地。

9. 环保措施

9.1 施工前根据国家省市规定、企业管理标准，结合工程的具体情况制定《环境保护实施细则》，作为统一和规范全体施工人员的行为准则。

9.2 施工垃圾及时清运，清理时适量洒水，严禁随意凌空抛撒造成扬尘。

9.3 控制和消除噪声。加强机器设备的保养，消除机器摩擦、碰撞引起的噪声；拆除脚手架时，钢管和扣件集中吊运，严禁将钢管从高空抛下，减少钢管扣件与地面碰撞而产生的声音。

9.4 物品吊运时注意轻放，不得乱扔、乱抛而产生巨大响声；混凝土浇捣时严禁振动钢筋，防止产生噪声。

10. 效 益 分 析

10.1 钢桁架可自由选择场外加工预制及现场加工方式，不占用主导工期、可提供立体交叉作业的条件。在高空大跨连体结构施工中，设置高空支模钢桁架、科学论证并合理利用房屋结构自身承载能力，不因转换层后浇带混凝土未达到设计强度而影响转换层以上楼层连续向上施工，施工顺利，也保证了工程质量。

10.2 钢桁架平台直接承受结构自重和施工荷载，受力明确、性能可靠，安全有保障。

10.3 采用钢桁架平台高大模板模板支撑系统，大量节省了钢管脚手架材料的投入，周转材料省；不必再对厚大混凝土结构模板支撑体系下的楼面或地基进行加固，节约施工成本。

10.4 以高空大跨度连体结构在建筑外形上实现的空洞效果，形成立面的明暗和空间的虚实的视觉变化，有利于大型建筑（小区）的自然通风、景观视野，体现了环保节能、营造绿色建筑的理念，满足了现代建筑功能及建筑风格的需要。

10.5 制作高空支模钢桁架的型钢，可以回收再利用。

11. 应 用 实 例

11.1 红树西岸 1 号楼工程

11.1.1 工程概况

深圳红树西岸 1 号楼工程位于深圳红树林，建筑高度 105.7m，地下 2 层，建筑面积 19523.8m²，地上最高 31 层，建筑面积 82900m²，该工程为现浇钢筋混凝土核心筒、剪力墙、柱—宽扁梁、板结构体系，工程于 2003 年 10 月 20 日开工，2006 年 3 月 28 日竣工。

1 号楼工程高空大跨连体结构设在 C、D 区，该区域楼高 29 层，在 17 层（高 52.57m）处设最大跨度为 15.2m 的高空梁式转换层，转换梁最大截面 3500mm×2800mm，梁式转换层上部还有 12 层的主体结构要同步连续施工，在连体结构各层楼面设置 800mm 的后浇带。转换梁特征见表 11.1.1，结构平面布置见图 11.1.1。

转换梁特征表   表 11.1.1

栋号	转换层建筑面积（m²）	开洞下部楼层、标高、板厚	转换层楼层、标高、板厚	转换层高度（m）	跨度×宽度（m）	转换梁截面（宽×高）mm²	备注
1 号楼	402	1 层 −0.05m 200mm	17 层 +52.52m 500mm	52.57	15.2×16.80	1200×2800 2500×2800 3000×2800 3500×2800	800mm 宽后浇带

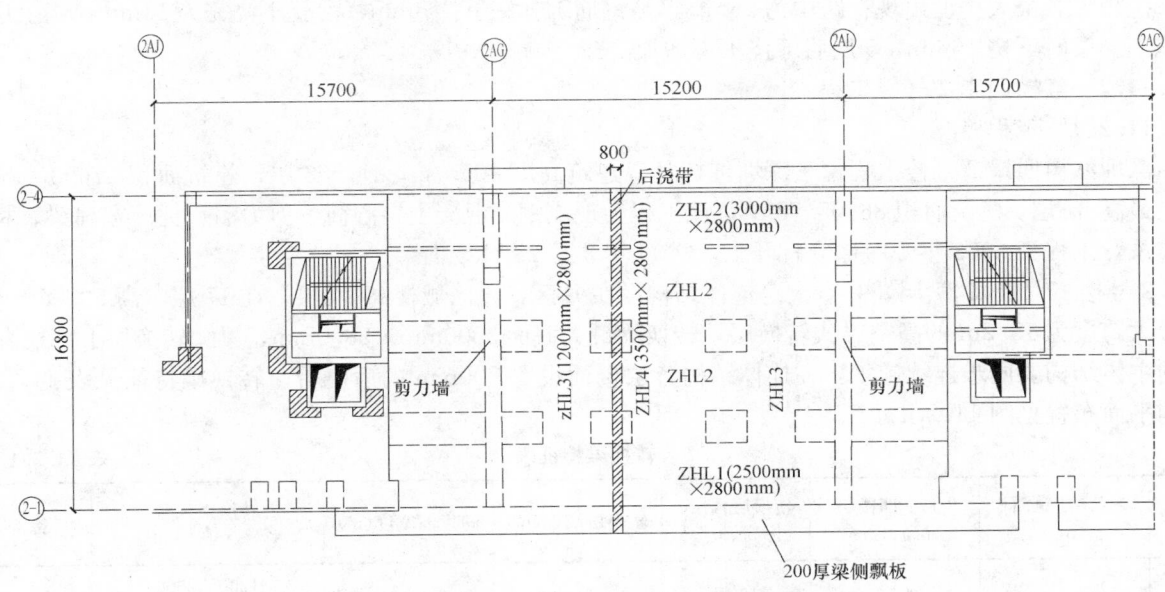

图 11.1.1　1 号楼设置后浇带的空中转换层结构平面图

11.1.2　施工情况

高空大跨连体结构采用了在两个塔楼之间焊接钢桁架平台施工方法施工，桁架纵向两侧采用热轧

H 型钢制作托梁（规格 H1500×600×30×40）横跨于劲性墙内型钢柱之上，横向采用 10 榀 H 型钢主桁架（规格 H350×350×20×30）均跨于两侧钢托梁之间，在这 10 榀主桁架之间均布若干列 H 型钢次梁（规格 H300×300×10×15）连接成整体结构，直接在钢桁架平台上铺梁底模板、立钢管排架铺板底模板，待大跨连体结构转换层后浇带混凝土施工完毕，混凝土强度达设计要求后，再拆除梁板底模板。钢桁架由钢板制作成 H 形钢拼装焊接而成，钢桁架平台实景见图 11.1.2-1，连体结构下形成的下开洞外景见图 11.1.2-2。

图 11.1.2-1　钢桁架平台实景

图 11.1.2-2　1 号楼连体结构下形成的下开洞外景

11.1.3　支模钢桁架平台挠度观测情况

钢桁架施工过程中每榀钢桁架在上弦的两端及中间各设 5 个挠度观测点，其观测结果两端点基本

无下挠现象，最大挠度出现在跨中为 16mm，当钢筋绑扎完下挠 3mm，混凝土浇完为 14mm，当上层结构施工 5 层时下挠 16mm，5 层后下挠不再增加。

11.2 红树西岸 2 号楼工程

11.2.1 工程概况

深圳红树西岸 2 号楼工程位于深圳红树林，建筑高度 105.7m，地下 2 层，建筑面积 27653.02m²，地上最高 31 层，建筑面积 86405.78m²，该工程为现浇钢筋混凝土核心筒、剪力墙、柱—宽扁梁、板结构体系，工程于 2003 年 10 月 20 日开工，2006 年 3 月 28 日竣工。

2 号楼工程最高 31 层，高空大跨连体结构设在 B 区，该区域楼高 29 层，在 17 层（高 52.75m）处设最大跨度为 15.2m 的高空梁式转换层，转换梁最大截面 3500mm×2800mm，梁式转换层上部还有 12 层的主体结构要同步连续施工，在连体结构各层楼面设置 800mm 的后浇带。转换梁特征见表 11.2.1，结构平面布置见图 11.2.1。

转换梁特征表　　　　　　　　　　表 11.2.1

栋号	转换层建筑面积（m²）	开洞下部楼层、标高、板厚	转换层楼层、标高、板厚	转换层高度(m)	跨度×宽度(m)	转换梁截面（宽×高）mm²	备注
2 号楼	400	1 层 −0.05m 200mm	17 层 +52.7m 500mm	52.75	15.2×16.80	1200×2800 2500×2800 3000×2800 3500×2800	800mm 宽后浇带

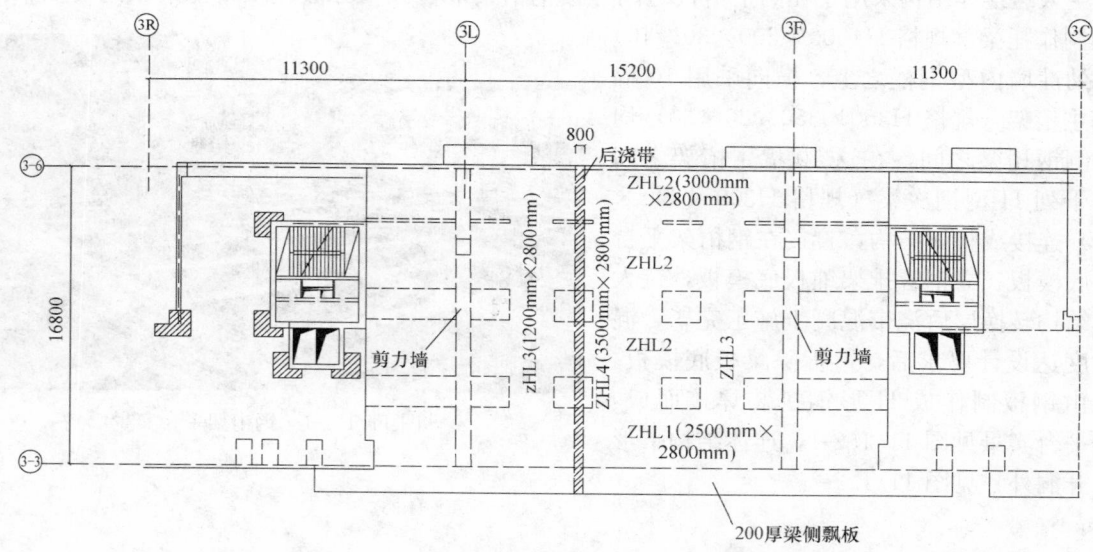

图 11.2.1 2 号楼设置后浇带的空中转换层结构平面图

11.2.2 施工情况

高空大跨连体结构采用了在两个塔楼之间焊接钢桁架平台施工方法施工，桁架纵向两侧采用热轧 H 型钢制作托梁（规格 H1500×600×30×40）横跨于劲性墙内型钢柱之上，横向采用 10 榀 H 型钢主桁架（规格 H350×350×20×30）均跨于两侧钢托梁之间，在这 10 榀主桁架之间均布若干列 H 型钢次梁（规格 H300×300×10×15）连接成整体结构，直接在钢桁架平台上铺梁底模板、立钢管排架铺板底模板，待大跨连体结构转换层后浇带混凝土施工完毕，混凝土强度达设计要求后，再拆除梁板底模板。钢桁架由钢板制作成 H 形钢拼装焊接而成，钢桁架平台实景见图 11.2.2-1，连体结构下形成的下开洞外景见图 11.2.2-2。

11.2.3 支模钢桁架平台挠度观测情况

钢桁架施工过程中每榀钢桁架在上弦的两端及中间各设 5 个挠度观测点，其观测结果两端点基本无下挠现象，最大挠度出现在跨中为 15mm，当钢筋绑扎完下挠 3mm，混凝土浇完为 13mm，当上层结构施工 5 层时下挠 15mm，5 层后下挠不再增加。

图 11.2.2-1　钢桁架平台实景　　　　图 11.2.2-2　2 号楼连体结构下形成的下开洞外景

11.3　红树西岸 3 号楼工程

11.3.1　工程概况

深圳红树西岸 3 号楼工程位于深圳红树林，建筑高度 105.7m，地下 2 层，建筑面积 35782.78m²，地上最高 31 层，建筑面积 81804m²，该工程为现浇钢筋混凝土核心筒、剪力墙、柱—宽扁梁、板结构体系，工程于 2003 年 10 月 20 日开工，2006 年 3 月 28 日竣工。

3 号楼工程最高 31 层，高空大跨连体结构设在 B 区，该区域楼高 30 层，在 11 层（高 34.15m）处，设最大跨度为 18.2m 的高空梁式转换层，转换梁最大截面 3500mm×3240mm，梁式转换层上部还有 19 层的主体结构要同步连续施工，在连体结构各层楼面设置 800mm 的后浇带。转换梁特征见表 11.3.1，结构平面布置见图 11.3.1。

转换梁特征表　　　　　　　　　　　　　　　　　　表 11.3.1

栋号	转换层建筑面积(m²)	开洞下部楼层、标高、板厚	转换层楼层、标高、板厚	转换层高度(m)	跨度×宽度(m)	转换梁截面(宽×高)mm²	备注
3 号楼	451	1 层 -0.05m 200mm	11 层 +34.1m 500mm	34.15	18.2×16.80	3500×3240 3500×3240 1500×3240	800mm 宽后浇带

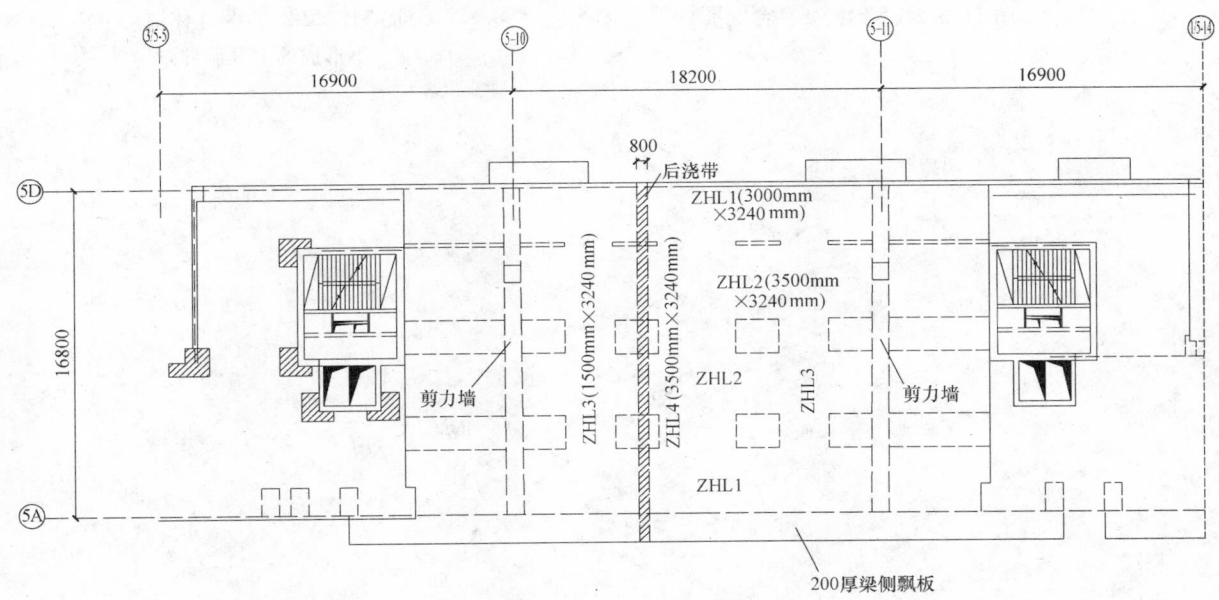

图 11.3.1　3 号楼设置后浇带的空中转换层结构平面图

11.3.2　施工情况

高空大跨连体结构采用了在两个塔楼之间架设桁架平台施工方法施工，桁架纵向两侧采用热轧H型钢制作托梁（规格H1500×600×30×40）横跨于劲性墙内型钢柱之上，横向采用10榀H型钢主桁架（规格H450×350×30×30）均跨于两侧钢托梁之间，在这10榀主桁架之间均布若干列H型钢次梁（规格H300×300×10×15）连接成整体结构，直接在钢桁架平台上铺梁底模板、立钢管排架铺板底模板，待大跨连体结构转换层后浇带混凝土施工完毕，混凝土强度达设计要求后，再拆除梁板底模板。钢桁架由钢板制作成H形钢拼装焊接而成，钢桁架平台实景见图11.3.2-1，连体结构下形成的下开洞外景见图11.3.2-2。

11.3.3　支模钢桁架平台挠度观测情况

钢桁架施工过程中每榀钢桁架在上弦的两端及中间各设5个挠度观测点，其观测结果两端点基本无下挠现象，最大挠度出现在跨中为18mm，当钢筋绑扎完下挠4mm，混凝土浇完为15mm，当上层结构施工5层时下挠18mm，5层后下挠不再增加。

图11.3.2-1　钢桁架平台实景

图11.3.2-2　3号连体结构
下形成的下开洞外景

自撑式钢支架单侧支模施工工法
GJEJGF061—2008

浙江中富建筑集团股份有限公司
上海市第七建筑有限公司
顾洪潮　马爱民　叶金驹　朱王怡　吴杏弟

1. 前　言

大型地道结构施工中，两侧板墙的施工质量至关重要，高厚侧墙混凝土平整度和垂直度控制是施工中一直以来难以解决的难题。

由于贴壁式板墙（紧贴基坑围护结构）具有节省模板及材料堆放、施工工序简单、节省工时、防水操作面大等优点，所以贴壁式板墙的单侧支模是被经常采用的设计和施工方案。单侧模板支撑体系可分为常规的钢管脚手架对撑排架和自撑式钢支架两种支撑体系，自撑式钢支架和钢管脚手架对撑排架比较，具有增加支撑体系稳定性、节省钢管租赁费和人工费等优点。

在大模板单侧支撑方面，浙江中富建筑集团股份有限公司做了有益的尝试，自撑式钢支架单侧支模施工在上海浦东国际机场南进场路地道及配套工程中取得了成功应用，在施工过程中对该模板支撑体系进行了不断的优化和改进，并形成了本施工工法。本工法的开发应使大模板支撑施工工艺进一步成熟，并将为今后此类支模施工提供宝贵的经验。

2. 工法特点

2.1　自撑式钢支架单侧支模板刚度大，侧向承载能力高，大模板配合三角钢支架支撑体系在单侧支模体系中能有效解决无法设置对拉螺栓问题。

2.2　自撑式钢支架单侧支模板一次成型，多次翻转，工效比普通排架支模高，大模板配合支撑体系，减少了模板安装的劳动力。

2.3　自撑式钢支架单侧支模板施工有利于标准化施工，能有效控制施工进度。

2.4　自撑式钢支架单侧支架和大模板均需要大机配合，对机械配置要求较高，而且要求有较大的吊装空间。

3. 适用范围

自撑式钢支架单侧支模板施工工法适用于高层建筑和大型公共设施如体育场馆、桥梁、水利、隧道等建筑的高厚混凝土侧墙施工，特别适用于难以设置对拉螺栓的大模板单侧支模及一次浇筑高度7m以下的结构侧墙施工。

4. 工艺原理

本施工工法由大模板和单侧三角支架组成，其中核心为单侧支架体系。单侧支架由埋件系统和架体两部分组成。其中埋件系统包括：地脚螺栓、连接螺母、外连杆、外螺母和横梁。见图4-1、图4-2。

选择架体高度一般有以下规格：$H=3200mm$ 标准节、$H=3600mm$ 加高节和 $H=1600mm$ 加高节。以 $H=3200mm$ 标准节、$H=3600mm$ 加高节的组合为例，组合情况，见图4-3、图4-4。

该钢支架受力及力的传导机制为：侧墙模板侧压力通过槽钢横围楞传给刚支架，由钢支架后脚支点及埋件来共同抵抗支架受到的侧向推力和上浮力。

以某个具体工程为例，模型受力体系见图 4-5。

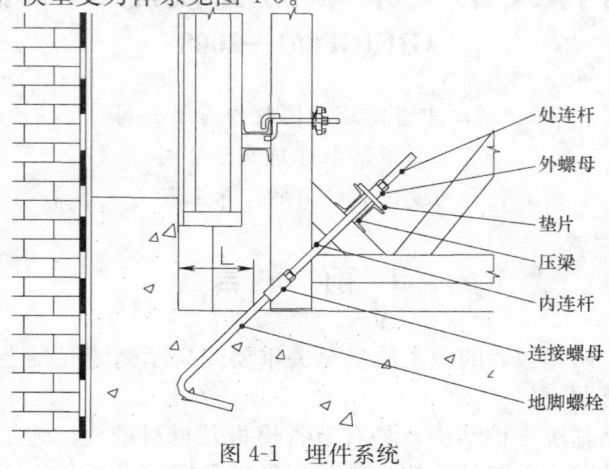

图 4-1　埋件系统

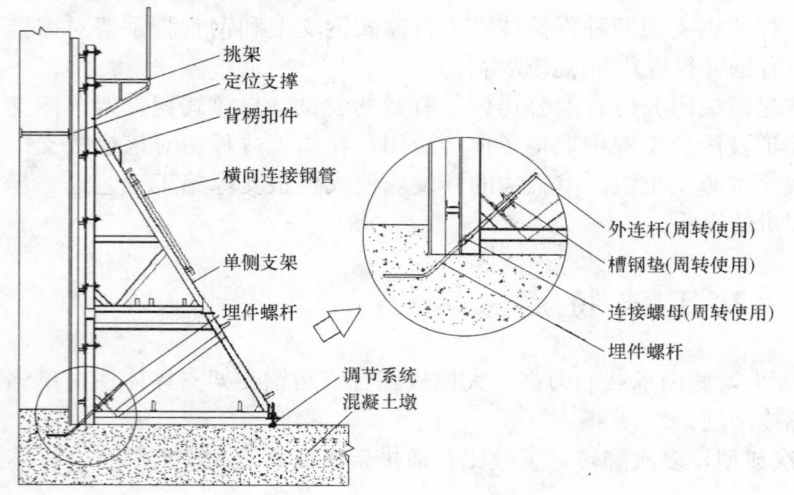

图 4-2　自撑式钢支架单侧模板支撑示意图

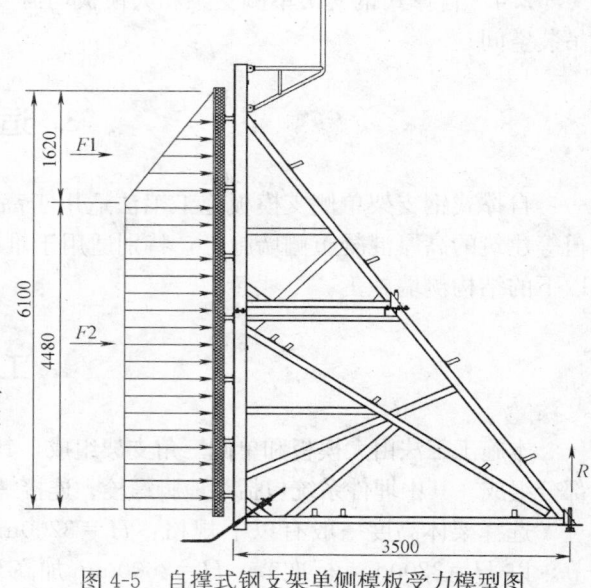

图 4-3　自撑式钢支架规格拼装图

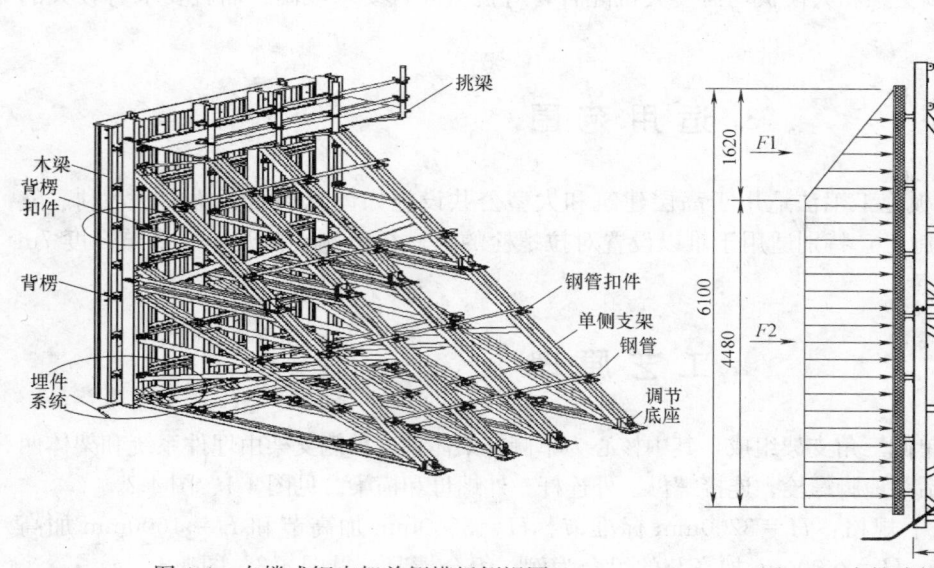

图 4-4　自撑式钢支架单侧模板侧视图　　　　　图 4-5　自撑式钢支架单侧模板受力模型图

5. 施工工艺流程及操作要点

5.1 模板及支架安装埋件部分安装工艺流程及操作要点

5.1.1 埋件部分安装工艺流程

弹线→划分尺寸→埋设地脚螺栓。见图 5.1.1-1，图 5.1.1-2。

图 5.1.1-1 地脚螺栓预埋实景图

图 5.1.1-2 地脚螺栓固定钢支架实景

5.1.2 操作要点

1. 地脚螺栓出地面处与混凝土墙面距离为 150mm，出地面为 130mm。各埋件杆相互之间的距离严格按照施工方案中的计算结果确定。在靠近一段墙体的起点与终点处各布置一个埋件，具体尺寸根据实际情况而定。埋件与地面成 45°角度，现场埋件预埋时要求拉通线，保证埋件在同一条直线上，同时，埋件角度必须按 45°预埋。

2. 地脚螺栓在预埋前应对螺纹采取保护措施，用塑料布包裹并绑牢，以免施工时混凝土黏附在丝扣上影响上连接螺母。

3. 因地脚螺栓不能直接与结构主筋电焊，为保证混凝土浇筑时埋件不跑位或偏移，要求在相应部位增加附加钢筋，地脚螺栓电焊在附加钢筋上，电焊时，不能损坏埋件的有效直径。

5.2 模板及单侧支架安装工艺流程及操作要点

5.2.1 一个标准节段单侧支架的安装流程（图 5.2.1）

模板拼装→地脚螺栓预埋→第一片大模板吊装就位（水平定位、垂直定位）→第一片单侧支架吊装到位→安装第一片单侧支架（芯带和芯带插销）→第二片大模板吊装就位（水平定位、垂直定位）→第二片单侧支架吊装到位→安装第二片单侧支架（芯带和芯带插销）→第三片大模板吊装就位（水平定位、垂直定位）……→第 N 片单侧支架吊装到位→安装第 N 片单侧支架（芯带和芯带插销）→安装压梁槽钢→调节大模板及支架垂直度→安装加强钢管（单侧支架斜撑部位的附加钢管，现场自备）→再紧固检查一次埋件系统。

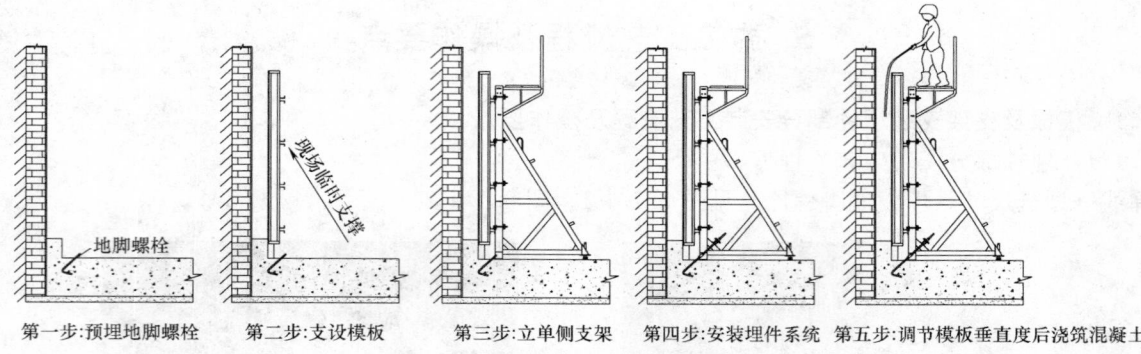

第一步：预埋地脚螺栓　第二步：支设模板　第三步：立单侧支架　第四步：安装埋件系统　第五步：调节模板垂直度后浇筑混凝土

图5.2.1　单片单侧支架安装流程图

5.2.2　操作要点

1. 单侧支架相互之间的最大距离必须严格按照施工方案加以控制。支架中部用施工常用的 ϕ48mm 钢管或其他型钢相连；

2. 合墙体模板时，模板下口必须与预先弹好的墙边线对齐；

3. 吊装单侧支架，将单侧支架由堆放场地吊至现场，单侧支架在吊装时，应轻放轻起；多榀支架堆放在一起时，应在平整场地上相互叠放整齐，以免支架变形；

4. 需由标准节和加高节组装的单侧支架，应预先在材料堆放场地装拼好，然后由塔吊等大型机械吊至现场；

5. 在直面墙体段，每安装5～6榀单侧支架后，穿插埋件系统的压梁槽钢；

6. 支架安装完后，安装埋件系统；

7. 用主背楞连接件将模板背楞与单侧支架部分连成一个整体；

8. 因为单侧支架受力后，模板将略向后倾。调节单侧支架后支座，直至模板面板上口向墙内侧倾斜约3～5mm；

9. 最后再紧固并检查一次埋件受力系统，确保混凝土浇筑时，模板下口不会漏浆；

10. 按规范要求控制混凝土浇筑速度，分层浇筑。

5.3　模板及支架拆除工艺流程及操作要点

5.3.1　拆模流程

拆模准备→松支架→用撬棍在模板下部的一端，将模板松动→将模板吊离墙面。

5.3.2　操作要点

1. 外墙混凝土强度达到设计强度的50%以上后，先松动支架后支座，后松动埋件部分；

2. 彻底拆除埋件部分，并分类码放保存好；

3. 吊走单侧支架，模板继续贴靠在墙面上，临时用钢管撑上；

4. 拆模板必须在混凝土浇筑完48h以后进行；

5. 用撬棍在模板下边的一端将模板松动，然后沿墙上口将模板推开，确保墙体混凝土不粘模后，将模板吊离。拆完的模板立靠在堆放架上；

6. 当一段墙体上有角模与直体模板存在时，应先拆直模，后拆角模；

7. 混凝土拆模后应加强保温措施。

5.4　模板使用的其他操作要点

5.4.1　合模前模板应清洗干净，清洗面板宜用中等硬度的毛刷刷洗，板面要擦干净。

5.4.2　模板干后，用刷子或干净的毛巾，将模板表面刷上脱模剂。不要刷太多，严禁流淌，以有油光而无油痕为最佳。

5.4.3　按照施工测量点，焊牢在钢筋上控制模板间距的定位支撑，一般采用钢筋两侧加混凝土保护层做内撑。

5.4.4 吊模。起重机吊钩挂好两根钢丝绳，头带卡环，拴在木梁吊钩上。吊车转到指定的位置，缓慢落钩，模板落稳后，将模板临时拴好，解开吊钩卡环。

5.4.5 合模校正。先将模板边缘用仪器或线坠校正模板的垂直度，并用角尺调整阴阳角模板的角度，确保垂直度与角度达到设计要求。

5.4.6 拆模。浇筑完混凝土后，当混凝土强度达到1.2MPa时，可以松动架体调节丝杆1～2扣，当混凝土强度达到1.8MPa时可以进行拆模。拆模时先将架体吊离模板，堆放在适当位置。卸下芯带，将模板后移或者吊走。

5.4.7 模板的快速修补。在清洁后发现模板表面损伤的部位，必须立即进行修补。

5.4.8 防紫外线辐射。若模板面层为酚醛树脂覆膜，堆放时应避免在阳光下长时间暴晒。当模板长期不使用时，应将模板妥善储存。

5.4.9 脱模剂。使用专用脱模剂，不得使用废机油、动力油和菜油等。不能将两种以上脱模剂混用，以免因成分混乱而造成混凝土表面颜色差异。使用脱模剂时应避免过多或过少，在浇筑前也不要过早使用。不能将脱模剂涂在钢筋上，以免混凝土表面沾染锈迹。

5.4.10 捣振。振捣时应避免振捣头与板面接触，引起板面损坏。

6. 材料与设备

6.1 材料

6.1.1 预埋件按设计要求选取型号，采用工厂或现场加工成型。

6.1.2 模板体系是由模板面板、木梁、槽钢背楞、连接爪、吊钩等构件组合而成的，模板面板加工质量满足要求，其余按要求选型。

6.1.3 三角钢支架按实际要求和计算结果组合选型。

6.2 机具设备（一套）

6.2.1 常用模板拼装工具有：手电钻、开孔器、钻头、批头、电刨、电锯、曲线锯、锯片、墨斗、铅笔、卷尺、角尺、电锯、靠尺、线坠、油漆刷、灰刀、毛笔、扳手、胶枪、气钉枪、气钉等。

6.2.2 模板及支架安装还需要大型起重机械的配合。

6.3 劳动力组织（表6.3）

劳动力组织 表6.3

序号	工种	数量	序号	工种	数量
1	总负责	1	4	钢筋工	按实际情况确定
2	测量	按实际情况确定	5	木工	按实际情况确定
3	起重工	按实际情况确定	6	混凝土工	按实际情况确定

7. 质量控制

7.1 钢构件验收按《钢结构工程施工及验收规范》GB 50205—2001。

7.2 钢筋混凝土验收按《混凝土结构工程施工及验收规范》GB 50204—2002。

7.3 钢筋混凝土侧墙允许偏差见表7.3。

钢筋混凝土侧墙允许偏差 表7.3

项 目	允许偏差/mm
轴线对定位线偏移	3.0
上、下模板连接口	5.0
墙面垂直度	5.0

7.4 模板安装允许偏差和检验方法见表7.4（依据《建设工程质量检验评定标准》）。

模板安装允许偏差和检验方法 表7.4

项次	项 目		允许偏差（mm）				检 验 方 法
			单层多层	高层框架	多层大模	高层大模	
1	轴线位置	基础	5	5	5	5	尺量检查
		柱墙梁	5	3	5	3	
2	标高		+5，−5	+2，−5	+5，−5	+5，−5	水准仪或拉线和尺量检查
3	截面尺寸	基础	+10，−10	+10，−10	+10，−10	+10，−10	尺量检查
		基础	+4，−5	+2，−5	+2，−2	+2，−2	
4	相邻两板表面高差		3	3	3	3	2m托线板检查
5	表面平整度		2	2	2	2	直尺和尺量检查

7.5 钢筋混凝土侧墙大模板支撑验收记录表（表7.5）。

钢筋混凝土侧墙大模板支撑验收记录表中的标准和允许偏差要根据施工方案和质量目标加以确定。

大模板单侧支架支撑验收记录表 表7.5

模板工程名称：　　　　　　　　　　　　　　　　　施工部位：
施工单位：　　　　　　　　　　　　　　　　　　　　支撑材料：

分包单位						
报验部门				日期		
施工质量验收标准					验收结果	验收人
分类	号	项 目	标准	允许偏差		
主控项目	1	地脚螺栓与地面夹角	45°	±1°		
	2	地脚螺栓水平间距	@280mm	±20.0mm		
	3	地脚螺栓与连接螺母连接有效长度	45mm	+5.0mm		
	4	外连杆与连接螺母连接有效长度	45mm	+5.0mm		
	5	地脚压梁翼缘与垫片接触面单边宽度	25mm	±10.0mm		
		地脚压梁翼缘与垫片接触面两边总宽度	50mm	+5.0mm		
一般项目	1	地脚螺栓出地面长度	150mm	+20.0mm		
	2	地脚螺栓出地处距墙面	250mm	±1.5mm		
	3	双拼槽钢压梁背对背净距	45mm	−2.0mm		
	4	地脚压梁紧固连接点间距	@1000mm	−20.0mm		
	5	单榀组合支架平直度		±1.5mm		
	6	支架水平间距≤800	见施工方案	−50.0mm		
	7	单侧支架与模板背楞间隙		+1.0mm		
	8	模板前倾	见施工方案	±2.0mm		

施工单位检查评定结果	专业工长（施工员）		施工班组长	
	合格□　　　　　不合格□			
	项目专业质量检查员：			年　月　日
监理（建设）单位验收结论	专业监理工程师： （建设单位项目专业技术负责人）：			年　月　日
不合格处理办法（说明原因）				

8. 安全措施

8.1 进入施工现场必须遵守安全生产"六大"纪律，机械设备必须挂牌，操作员持证上岗，严格按照机械操作规程进行施工操作。

8.2 各类施工机械的电气装置实行专人负责制，必须按规程要求定期检查，确保运行正常。

8.3 氧气瓶、乙炔瓶必须保持5m以上的距离，距明火电焊必须保证10m以上的安全距离。乙炔瓶严禁倒放，乙炔瓶必须安装回火安全装置。氧气乙炔减压器上应有安全阀和防回火器，高低压表完好，计量正确。

8.4 起重吊应有专职司机操作，司机必须持上岗证，并应有专职指挥工持证指挥。

8.5 塔吊及履带吊必须遵守"十不吊"规定。

8.6 钢筋施工、模板安装及拆除，须搭设脚手架，并设防护栏杆，防止上下在同一垂直面上操作。

8.7 在大模板拆装区域周围，应设置围栏，并挂明显标志牌，禁止非作业人员入内。

8.8 模板起吊前，应检查吊装用绳索，卡具及每块模板上的吊环是否完整有效，并应先拆除一切临时支撑，经检查无误后，方可起吊。模板起调遣，应将吊车的位置调整适当，做到稳起稳落，就位准确，严禁模板大幅度摆动或碰倒其他模板。

8.9 脚手架的搭设标准：横平竖直，连接牢固，支撑挺直，畅道平坦，安全设施齐全牢固。

8.10 单侧支架质量大，为确保安全，工人在立支架时应由多人同时进行。

8.11 在确保单侧支架立稳后，工人才可安装操作平台，操作平台上的跳板须满铺，操作平台的护栏至少设三道。

9. 环保措施

9.1 对于施工期间的照明，应注意对周边光污染的防护措施，灯光应向场内照射，以减少对周边的影响。

9.2 对进出场道路及车辆应做好保洁工作，降低粉尘等对周边环境污染。

9.3 对于施工期间产生的废料及其他污染物，在指定地点集中堆放，在夜间按环保要求运输至场外指定地点进行处理。

9.4 在现场施工过程中，对产生的废水需设置沉淀过滤装置，满足环保要求后方可排入指定市政管线中。

9.5 在施工期间加强噪音控制，严格按环保要求的控制指标组织施工，安排合适的施工时间，并设置必要的噪声防护措施，减少对周边的噪声污染。

10. 效益分析

10.1 施工速度快
自撑式钢支架单侧支模板施工有利于标准化施工，大大加快了施工进度，能有效保证结构施工进度计划的完成。

10.2 施工质量高
通过过程中严格进行施工控制，结构侧墙施工质量能满足设计要求，并能有效解决高厚侧墙混凝土侧墙平整度和垂直度控制难的问题。

10.3　成本低

据成本初步测算，自撑式钢支架单侧支模板施工，比普通排架侧模降本约37%。

10.4　文明施工

自撑式钢支架单侧支模板施工需要作业面比普通排架支模少，有利于场容场貌的动态管理。

11. 应 用 实 例

上海浦东国际机场二期市政配套工程—南进场路，是二期飞行区设施、航站楼设施及市政配套设施工程。北起二跑道滑行道北联络道下穿2号、3号地道南侧终点，南至机场围场河南侧围界，全线总长2.9km。南进场路全线分为飞行区段和机务段。本工程地道结构板墙1m厚，局部有900mm厚和1.2m厚，高8m多，通过该工法工艺的运用，我们成功完成了上海浦东国际机场南进场路地道及配套工程（北标）地道侧墙的施工，取得了良好的经济效果和质量效果。本工程于2006年10月开工，2007年8月地道结构全面建成，通过自撑式钢支架支模施工工法的运用（图11），在工期要求非常紧的情况下，共配置了6套单侧模板（12幅单侧模板），完成了结构施工任务（2条地道总的长度为1641m，共分82段，共计164副侧墙），其中混凝土结构仅用了约8个月完成，满足了业主要求2007年11月底全线贯通的节点要求。本工程侧墙施工质量满足了设计要求，通过了市安质监总站对主体结构的验收，获得各方好评，并在其他类似几个项目中推广应用。

图11　自撑式钢支架支模施工侧墙混凝土实景图

清水饰面混凝土钢大模板施工工法

GJEJGF062—2008

深圳市建工集团股份有限公司

深圳市建设（集团）有限公司

米本周　陈宏峰　李冠填　温木兴　郭宁

1. 前　　言

　　清水饰面混凝土是在清水混凝土的基础上一次成型、一次成优、取消面层装修，并满足工程设计装饰效果的饰面混凝土结构，节省了大量的材料资源和能源，改善了环境，近年在国内已逐步推广运用。采用清水饰面混凝土钢大模板，能有效地保证清水饰面混凝土外观质量，对保证清水饰面混凝土观感效果有着决定性的作用。

　　深圳市惠程电气厂房及办公楼工程，其主要外墙全部为清水饰面混凝土，表面在不抹灰、不修补、不做面层涂料的条件下，要达到装饰抹灰允许偏差的质量标准、色泽一致的外观效果，对模板的质量要求极高。

　　深圳市建工集团股份有限公司与深圳市建设（集团）有限公司联合组织技术攻关小组，在钢大模板保证清水饰面混凝土外观质量方面的关键技术取得突破，清水饰面混凝土钢大模板自行研制成功，形成了企业工法，并被评为省级工法。在深圳市惠程电气厂区及办公楼一、二期工程中，全部应用钢大模板施工的清水饰面混凝土外墙，得到了业主、监理、质监位和社会各界的一致好评，取得了较好的经济和社会效益。同时荣获"2007年度深圳市建筑业新技术应用示范工地"，《清水饰面混凝土模板改进QC小组》及《清水饰面混凝土剪力墙观感质量控制QC小组》两个课题均获得深圳建筑业协会"优秀QC小组"称号。

　　据科技查新结果显示，本工法的钢大模板关键技术在国内未见报道，并经广东省建设厅组织专家鉴定，总体达到国内领先水平。

2. 工 法 特 点

　　清水饰面混凝土钢大模板工法具备以下特点：

　　2.1　选用酸洗钢面板，采用脱水防锈油脱模剂，有效消除混凝土表面模板痕迹色差、锈迹及污迹，保证清水饰面混凝土色泽一致。

　　2.2　设计专用栓孔模套、分格明缝钢条，避免混凝土浇筑时漏浆污染墙面、保证墙面螺栓孔位和分格明缝装饰一次成型，观感优良。

　　2.3　采用内顶平移拆模技术不但减少模板变形，而且使墙面的螺栓孔位、明缝装饰线一次成型不修补，既保证质量，又节省施工成本。

3. 适 用 范 围

　　适用于有清水饰面混凝土的建筑工程或清水混凝土施工的质量控制。

　　但在冬期施工，模板拆除应在混凝土强度达到1.2MPa后才能进行。

4. 工 艺 原 理

普通钢大模板的面板由于选用一般钢材，在面板上进行开孔、焊接、打磨等加工制作，破坏了加工处的钢板表面在生产过程产生的氧化层，导致模板产生色差。面板采用酸洗钢板，钢板经酸洗后表面氧化层全部脱落，露出钢材本色，与焊接打磨后的材质本色一致，从而消除模板痕迹和色差。

一般的钢模板涂刷如机油类的油剂进行脱模，不易挥发，且污染混凝土表面。脱水防锈油由成膜剂、油溶性缓蚀剂、强力脱水剂、低黏度以及高闪点的精炼矿物油经特殊工艺配置而成，对酸洗钢板不但有较好的防锈效果，而且容易涂刷，在钢板表面留下均匀的防护性能强的薄油膜，起到很好的脱模作用。另外脱水防锈油易清洗，一旦脱水防锈油污染混凝土表面时，在模板拆除后可及时进行清洗，消除其污染。

在清水饰面混凝土钢大模面板的每个螺栓孔处，焊接一个精度较高的专用栓孔模套。在安装模板时，将对拉螺栓的 PVC 套管紧密插入并顶紧在栓孔模套内；模板的分格明缝钢条，采用强度高、变形小的工具钢加工成型，采用环氧树脂封闭钢条与面板间的缝隙；模板面板上设置的栓孔模套和分格明缝钢条有效堵住螺栓孔处和面板接缝处的漏浆通道，使此处的模板密闭，不但可以防止漏浆，而且还可在混凝土墙面上形成一个外形规则的螺栓孔位和分格明缝，保证装饰效果。

内顶平移拆模技术，是在外墙的内侧向墙体中的对拉螺栓 PVC 套管施加水平力作用于栓孔模套，将外墙的饰面钢大模板平移脱离混凝土墙面 2～3cm 后，再按常规方法拆除外墙的钢大模板，保证混凝土表面质量、螺杆孔位和明缝等装饰不受损坏。

5. 施工工艺流程及操作要点

5.1 施工工艺流程

施工准备→钢大模板设计与加工制作→钢大模板安装施工→钢大模板拆除与维修。

5.2 操作要点

5.2.1 钢大模板设计与加工制作

清水饰面混凝土钢大模板（以下简称饰面钢大模板）的设计与加工制作应充分熟悉建筑施工图，了解建筑装饰设计意图，同时应充分考虑工程现场实际情况及材料等因素确定。设计与加工制作除满足《建筑工程大模板技术规程》TGJ 74—2003 的相应规定外，还应重点解决模板施工等影响混凝土的外观质量问题。饰面钢大模板设计与加工制作工艺流程参见图 5.2.1-1。

施工准备→模板设计→材料采购→号料下料→零配件加工→拼装连接→校平校正与检验→油漆→成品出厂

图 5.2.1-1 饰面钢大模板设计与制作工艺流程图

设计与加工制作主要要点如下：

1. 饰面钢大模板的设计应以建筑设计图中墙面的明缝位置，确定饰面钢大模板分块的长宽尺寸。不应在墙面明缝外进行饰面钢大模板的拼装接缝；明缝内的面板应为整块钢板，不应拼接；拼装接缝处的模板应为"阴阳槎"企口，以防止混凝土浇筑时漏浆污染墙面。饰面钢大模板的分块长宽尺寸，必须充分考虑现场起重设备的起重能力。饰面钢大模板面板示意图见图 5.2.1-2。

2. 饰面钢大模板的面板应采用≥5mm 厚 Q235B 的钢板，并经酸洗措施除去表面氧化层。饰面钢大模板的背楞、肋、吊环等型钢材质，应采用 Q235B 钢材。背楞、肋采用的型钢肢件厚度应按计算确定，但最小厚度不应小于 4mm。

3. 对拉螺栓应按照新浇混凝土侧压力进行严格计算确定直径，一般应选择直径≥20 mm 螺栓。对拉螺栓应设置 PVC 套管，其厚度不应小于 1.5mm，套管内径宜大于螺栓直径 5mm。

4. 饰面钢大模板应选择有资质的钢结构厂在工厂加工制作。

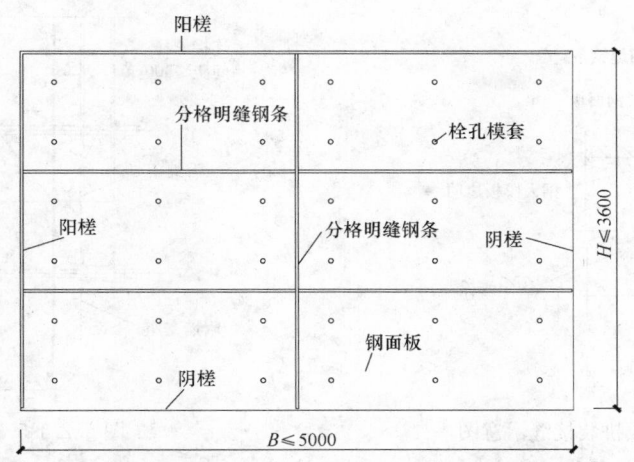

备注：图中分格明缝钢条、栓孔模套位置应取得建筑设计师的同意。

图 5.2.1-2　饰面钢大模板面板示意图

5. 在饰面钢大模板面板的每个螺栓孔处，焊接一个专用栓孔模套，栓孔模套采用工具钢制作，应由模具厂制作，并达到其精度要求。栓孔模套的安装，应先在面板上按建筑设计尺寸定位开孔，穿入面板后应在其背面点焊牢固，与面板间的缝隙采用环氧树脂封闭。安装允许误差见表 5.2.1。

饰面钢大模板安装允许偏差与检验方法　　　　　　　　　　　　　　表 5.2.1

序　号	名　　称	允许偏差(mm)	检 查 方 法
1	模板高度	±3	卷尺量检查
2	模板长度	−2	卷尺量检查
3	模板面对角线差	≤3	卷尺量检查
4	板面平整度	2	2米靠尺及塞尺检查
5	相邻板面高低差	≤0.5	平尺及塞尺量检查
6	相邻面板拼缝间隙	≤0.8	塞尺检查
7	明缝钢条直线度	≤2	拉线用直尺
8	明缝钢条、装饰模板位置偏差	≤2	卷尺检查
9	栓孔模套中心偏差	≤1	卷尺检查
10	模板翘曲	$l/1500$	置检测平台上,塞尺检查

6. 饰面钢大模板面板在对应墙面的分格明缝处，设置分格明缝钢条，用 10mm×20mm 的工具方钢双面加工铣成 60°坡口，采用穿孔塞焊与面板焊接固定。同时对分割明缝钢条与面板间的缝隙采用环氧树脂嵌缝封闭，并将其外露残积物用砂纸打磨清除干净，以保证在混凝土浇筑时不漏浆，确保明缝的成型质量（分格明缝钢条安装示意图见图 5.2.1-3）。

7. 饰面钢大模板的拼装接缝，利用分格明缝钢条作为阳槎，与紧邻的平口模板形成阴阳槎拼装接缝。模板的边肋拼装接缝为 1.5～2mm，在施工拼装过程中填塞海绵条，防止模板漏浆。饰面钢大模板拼装接缝见图 5.2.1-4。

8. 饰面钢大模板的附墙支座可采用钢模余料加工制作，模数应与饰面钢大模板的模数一致。附墙支座参见图 5.2.1-5。

9. 饰面钢大模板应具有足够的强度和刚度，满足清水饰面混凝土平整度、垂直度的质量标准。饰面钢大模板平整度的允许偏差见表 5.2.1。

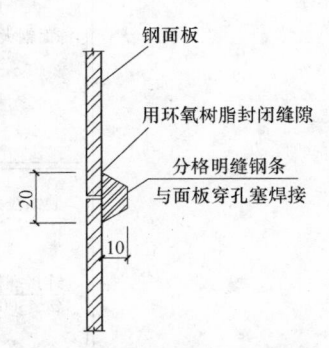

图 5.2.1-3　分格明缝钢条安装示意图

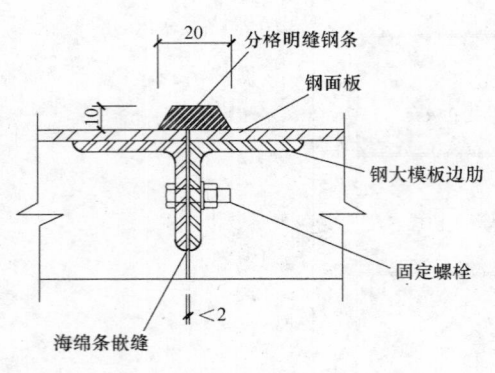

图 5.2.1-4　饰面钢大模板拼装接缝示意图

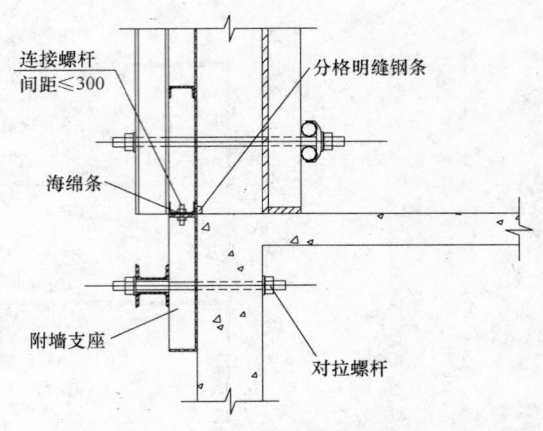

图 5.2.1-5　附墙支座示意图

10. 饰面钢大模板制作完成后应按照设计编号，在背面、顶面明显处进行编号标识。出厂前应全部检查合格后方准出厂。

5.2.2　饰面钢大模板安装施工

饰面钢大模板吊装就位，应按照模板编号顺序，遵循先阳后阴、先下后上的原则进行。饰面钢大模板安装施工工艺流程见图 5.2.2-1。

施工准备 → 测量放线 → 外附墙支座安装 → 模板安装（钢筋、预留预埋验收合格后）→ 检查与验收 → 混凝土浇筑

图 5.2.2-1　饰面钢大模板安装施工工艺流程图

饰面钢大模板安装示意图参见 5.2.2-2。

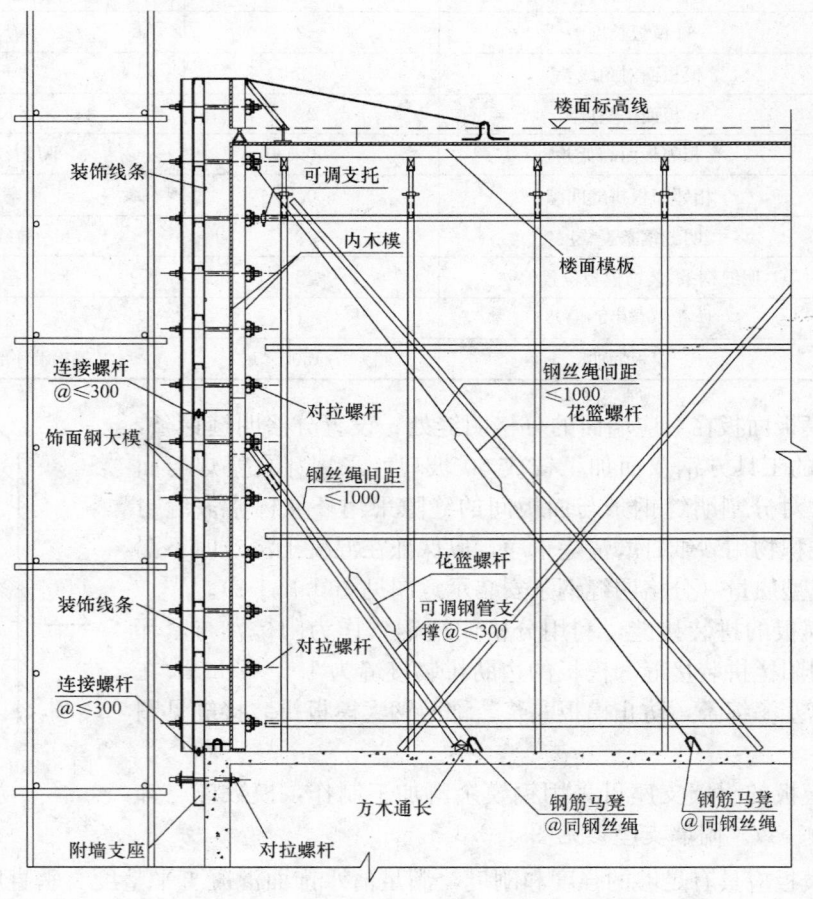

图 5.2.2-2　饰面钢大模板安装示意图

1. 饰面钢大模板安装前，由项目技术负责人组织专业工程师、质检员对施工班组进行施工技术质量交底、培训，交底培训的重点是保证混凝土外观质量的关键要点；技术交底后，技术和质检人员应到现场进行指导把关。

2. 饰面钢大模板的脱模剂，应在模板安装前的无尘埃环境中涂刷。脱模剂在面板上均匀满涂，不得有涂花、流淌、流坠等不均匀和多余现象，也不得沾有其他杂物、尘埃。

3. 饰面钢大模板在钢筋全面验收合格，并检查钢筋骨架绑扎丝无外露、确认钢筋骨架施工质量不影响模板安装、不影响混凝土外观质量时才准吊装就位。

4. 墙面饰面钢大模板在首层结构面上安装时，必须将模板底的结构面找平，在其他层的外墙上安装时，其底部应设有可靠的附墙支座。附墙支座在外墙混凝土达到 7.5MPa 以上时安装固定，并先安装固定调整找直平上口、粘贴海绵条，再用螺栓连接牢固。

5. 饰面钢大模板的拼缝处，应在吊装就位前，在其边肋上粘贴海绵条，就位安装后用螺栓连接紧固，防止胀模和漏浆。

6. 所有对拉螺栓的 PVC 套管在饰面钢大模板吊装就位后，紧密地插入并顶紧在栓孔模套内，然后穿设对拉螺栓。利用对拉螺栓套管长度控制墙体截面厚度，其长度尺寸误差不得大于 1mm，套管两端口应平直，误差不大于 1mm。对拉螺栓应紧固可靠、不缩小断面尺寸、不影响拼缝平整。

7. 饰面钢大模板安装就位后，必须检查确认符合模板设计要求，并清除模内杂物，检查拼装接缝高低差达到规定要求后才准封模。

8. 饰面钢大模板整体垂直度和平整度校正，应在内模安装完成，并在检查对拉螺栓紧固和面板拼装接缝符合要求后进行，在模板的底、顶部设置通长基准控制点，按照模板的平面位置找直和进行垂直度校正。垂直度可采用在内侧模板上段设置的可调钢拉撑进行校正。平整度的重点是对模板的拼装缝处的检查校正。垂直度、平整度的检查校正应采用经纬仪、线锤和靠尺进行控制。

9. 外墙内侧为非清水饰面混凝土时，其模板施工质量应符合《混凝土结构工程施工质量验收规范》GB 50204—2002 的相关规定，但模板的设计、制作、安装应与外侧清水饰面混凝土的模板协调。

5.2.3　饰面钢大模板拆除与维修

饰面钢大模板拆除采用内顶平移的方法进行拆除，拆除原则为后装先拆，先上后下，避免破坏混凝土的装饰层面。饰面钢大模板拆除与维修工艺流程参见图 5.2.3-1。

施工准备 → 松动、拆除螺杆 → 墙内侧模板拆除 → 内顶平移外墙模板 → 模板吊装拆除 → 模板底座拆除 → 模板维护保养

图 5.2.3-1　饰面钢大模板拆除与维修工艺流程图

1. 饰面钢大模板的对拉螺杆，应根据气候条件经技术人员确认时，才准松动拆除。侧模板的拆除应在混凝土达到 1.2MPa 后进行。冬季，对拉螺杆的拆除在混凝土浇筑完成后，混凝土达到 1.2MPa 后进行，侧模板的拆除应在混凝土达到 2.5MPa 后进行。模板拆除的其他要求应符合《混凝土结构工程施工质量验收规范》GB 50204—2002 的规定。

2. 饰面钢大模板应采用内顶平移技术拆除。方法要点为：先将饰面钢大模板用塔吊微微起钩挂稳，在外墙内侧利用人工施加水平力通过墙内的螺栓 PVC 套管，使饰面钢大模板外移 2～3cm（施加水平力的位置，在各块饰面钢大模板的四个边角螺栓孔位处）。然后，用塔吊将钢大模起吊拆除。

3. 拆除的饰面钢大模板，应及时清除混凝土残积物等杂物，并随即进行涂刷脱水防锈油，同时覆盖一层塑料薄膜进行保养。

4. 拆除的饰面钢大模板应及时检查，发现松动、变形、损坏时及时组织现场维修。

5. 拆下的饰面钢大模板，应分类按编号和再次安装顺序进行堆放在支撑架上，堆放场地应平整坚实，并有防雨、排水措施。

6. 材料与设备

本工法无需特别说明的机具设备。饰面钢大模板的常规材料除外，采用的材料见表 6。

主要材料表

表6

序　号	材料名次	规　格	主要技术指标
1	Q235B 酸洗钢面板	5mm 厚	除去表面氧化层
2	脱水防锈油	RP015	
3	栓孔模套	见设计要求	工具钢精加工
4	分格明缝条	见设计要求	工具钢精加工
5	环氧树脂	XY-507 胶	双组分环氧

7. 质 量 控 制

7.1　工程质量控制标准

本工程清水饰面混凝土饰面钢大模板施工除应符合《建筑工程大模板技术规程》JGJ 74—2003 外，允许偏差需按表 7.1 执行。

7.2　质量保证措施

7.2.1　饰面钢大模板必须尺寸准确、棱角方正、装饰线条顺直、拼缝严密平整、板面平顺清洁。

7.2.2　饰面钢大模板面板的对拉螺栓孔位应符合设计要求，定位准确，装饰线条的排布应纵横对称、间距均匀。

7.2.3　钢背楞必须调直，背楞应通长设置，尽量避免接头。

7.2.4　饰面钢大模板的钢面板拼缝位置必须设在装饰线条处。

7.2.5　钢面板上的装饰线条、钢制栓孔模套与钢面板应固定牢靠，接缝严密并用环氧树脂封闭。

7.2.6　饰面钢大模板安装应保证牢固可靠、几何尺寸正确、立面垂直、表面平整、接缝平整、封闭严实。饰面钢大模板安装允许偏差见表 7.1。

饰面钢大模板安装允许偏差与检验方法

表 7.1

项次	项　目		允许偏差(mm)	检 查 方 法
1	轴线位置		4mm	钢尺检查
2	底座上表面整体平直线度		2mm	用水准仪和控线检查
3	底座上表面标高		±2mm	水准仪或拉线、钢尺检查
4	垂直度	全高 ≤5m	3mm	用铅垂仪或吊线、钢尺检查
		>5m	5mm	用经纬仪或吊线、钢尺检查
5	截面内部尺寸		±2mm	钢尺检查
6	拼装接缝高低差,相邻模板高低差		≤1	平尺及塞尺检查
7	表面平整度		≤2	塞尺检查
8	阴阳角方正		3mm	用直角检测尺检查

8. 安 全 措 施

按照国家、省市有关法律法规，要求结合工程实际，编制专项安全生产施工方案，主要安全措施如下：

8.1　由专职安全员和班组兼职安全员以及工地安全用电负责人组成安全生产管理小组，严格监督安全生产责任制的执行，严格监督班组按规章作业，确保安全生产。

8.2　对相关各人员进行详细的安全技术交底。

8.3　使用塔吊进行饰面钢大模板的安装拆除时，应配备 2 名专职指挥人员在起吊点和就位点进行全程指挥，防止碰撞影响质量、造成事故；当风力超过5级时，应停止吊装作业。

8.4 饰面钢大模板的拆除应遵循先支后拆、后支先拆的原则，钢模平移拆出时应将饰面钢大模板起钩挂稳定后才能内顶平移。

8.5 饰面钢大模板应有专用堆场堆放，并有专用支撑架确保模板堆放稳定防止倾覆。

9. 环 保 措 施

9.1 对施工中产生的建筑垃圾应进行分类，尽量二次再利用。

9.2 应按当地环保规定进行夜间施工，施工噪声应符合现行规定要求。

9.3 涂刷脱水防锈油，应防止流淌引起污染地面，涂刷剩余的脱水防锈油必须入桶回收保管。

10. 效 益 分 析

10.1 清水饰面混凝土一次成活、一次成型、一次成优，满足装饰效果的混凝土结构。不但取消面层装修，消灭了装修施工的落地灰和废料残渣，而且节省了大量的材料资源和能源，同时也改善了环境。作为清水饰面混凝土观感质量起决定性作用的饰面钢大模板也将大量采用。因此，饰面钢大模板不仅能创造经济效益，明显提高工程质量，而且对节能、环保，落实科学发展观，实现可持续性发展具有积极的现实意义，推广应用的前景广阔，社会效益显著。

10.2 该饰面钢大模板，应用在深圳惠程电气厂区一期厂房及办公楼、二期厂房及宿舍楼等工程，克服了因模板引起的混凝土缺陷，节省了表面清理打磨、线条修补、螺杆眼修补等费用，与一般的清水混凝土钢大模板相比，节省13元/m²，经济效益明显。

11. 应 用 实 例

清水饰面混凝土钢大模板在深圳惠程电气厂区一期厂房及办公楼、二期厂房及宿舍楼等工程中得到了成功应用。其中，已交付使用的深圳惠程电气厂区一期厂房及办公楼工程位于深圳市大工业区兰景北路旁，五层框架剪力墙结构，于2006年4月10日开工，2007年4月17日竣工；工程所用清水饰面混凝土钢大模板共6253m²。二期厂房宿舍楼，框架剪力墙结构，厂房部分五层，宿舍12层，工程于2008年8月5日开工，2008年12月封顶，工程所用清水饰面混凝土钢大模板共4600m²。

该工程建成后，其混凝土本色质感朴实无华、自然沉稳、天成厚重与清雅的装饰效果，引起了社会各界的强烈反应和多方考察，树立了很好的社会形象。该工程的质量已优于国内已建成的同类清水饰面混凝土建筑，在科技成果鉴定中得到专家的高度赞誉，达到国内领先水平。

现浇混凝土结构柱作中间支承柱的逆作法施工工法

GJEJGF063—2008

广厦重庆第一建筑（集团）有限公司　　浙江省东阳第三建筑工程有限公司

姚刚　周忠明　陈阁琳　喻剑　刘志宏

1. 前　　言

重庆市作为西部开发的重点城市，是典型的山地城市，山地城市由于其地质条件较好，地下结构多采用大开挖顺作法施工。但对一些施工场地狭窄、周边环境复杂且对沉降变形敏感、工期要求紧的工程采用现浇混凝土结构柱作中间支承柱的山地城市建筑地下结构逆作法施工则具有极高的性价比，对此，广厦重庆第一建筑（集团）有限公司、浙江省东阳第三建筑工程有限公司、重庆大学、机械工业第三设计研究院等联合开展了山地城市建筑地下结构逆作法施工技术研究，研究成果被确认为重庆市科学技术成果，并荣获重庆市科技进步三等奖，经专家鉴定和科技查新，达到了国内领先水平，填补了山地城市建筑中采用逆作法施工的技术空白，对类似工程有较大的推广价值。在此基础上编写了本工法。

2. 工 法 特 点

现浇混凝土结构柱作中间支承柱的逆作法施工工法是直接利用建筑物的地下结构柱作为逆作施工的中间支承柱。其主要特点如下。

2.1 采用桩柱合一的中间支承形式，取代传统的型钢中间支承柱，保证了结构柱的整体性。逆作楼盖体系刚度大，基坑周边变形小，对相邻建筑物及市政设施影响小，保证了施工安全。

2.2 地下结构柱作中间支承柱与临时支承柱逆作施工相比，对上部结构施工层数不受影响，采用本工法，地上结构可自下而上施工，与地下室结构施工同步进行，有效的缩短了施工总工期。

2.3 梁柱节点复杂，处理方式多样，技术要求高。

2.4 用地下结构柱替代临时支承柱，经济性好。

2.5 地下支护挡墙选型灵活，施工经济、简便。

2.6 可最大限度地利用城市规划红线，增大施工场地的有效使用面积，能有效地保护好市政管线；符合国家节材、节能、减排的绿色施工要求。

3. 适 用 范 围

本工法适用于工期紧迫，周围场地复杂、施工场地狭窄、临近建筑物及周围环境对沉降变形敏感，采用现浇混凝土结构柱作中间支承柱的地下结构逆作施工。

4. 工 艺 原 理

本工法利用地下结构柱作为逆作施工期间支承上部结构荷载和施工荷载的中间支承柱，利用结构边柱加挡土板或其他墙体作为开挖基坑过程中的支护挡墙（不必浇筑地下连续墙），利用楼盖作为逆作地下结构的水平支撑。其施工工艺原理为：先进行地下结构柱（桩）的施工，在地下结构柱的施工过程中进行梁、墙钢筋的预留预埋，同时在结构柱（桩）达到相应的强度后进行地面以下首层的土方开挖，开挖过程中浇筑挡土板或挡墙对边坡进行支护，然后进行首层的地下结构楼盖及墙体施工，按此方法自上而下逐层完成地下结构施工，直到结构封底。

5. 施工工艺流程及操作要点

5.1 工艺流程（图5.1-1）

前期准备 → 工程桩及地下结构柱成孔 → 桩基施工 → 地下结构柱施工 → 地下水处理 → 土方施工 → 挡土板施工 →

节点处理 → 地下层梁板施工 → 地下结构柱表面处理 → 如此反复施工直至地下结构封底

图5.1-1 结构柱作中间支承柱的逆作法工艺流程图

本工法的施工工艺流程按图5.1-1，其施工过程中具体详细施工流程见图5.1-2所示。

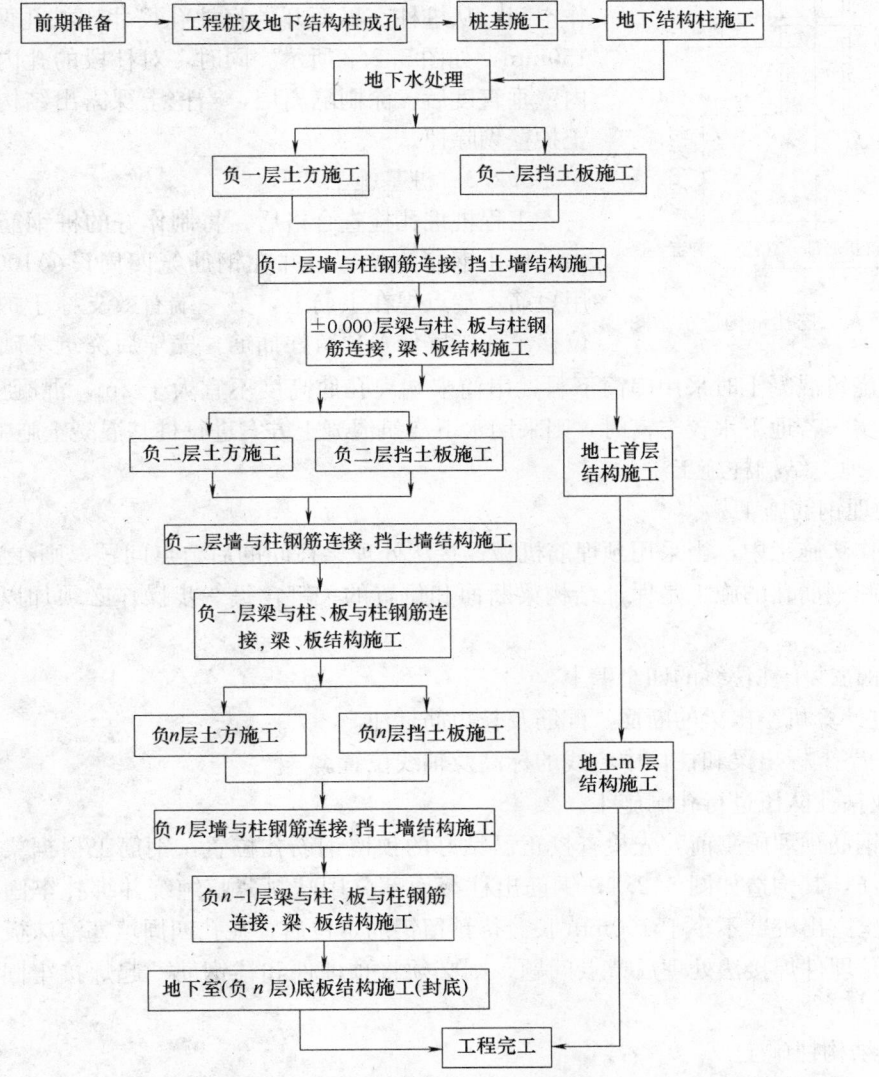

图5.1-2 现浇混凝土结构柱作中间支承柱的逆作法施工工艺流程图

5.2 操作要点

5.2.1 前期准备

施工前，应平整施工场地，查明地下障碍物（如管网、管线、涵洞等）的具体情况，并处理完毕。

5.2.2 工程桩及地下结构柱成孔

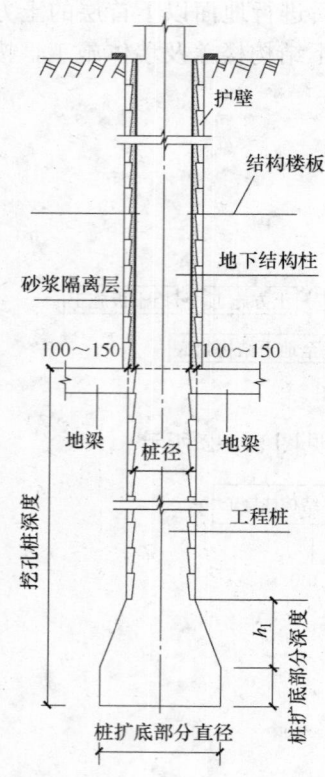

图 5.2.2　人工挖孔桩构造示意图

本工法工程桩成孔宜采用机械钻孔施工，根据工程特点及地质情况选择适宜的钻孔机械，在方案中应明确可行的钻进工艺和方法，确保桩基施工质量和安全，当工程桩地质条件较好时，也可采用人工挖孔、钢筋混凝土护壁的方式。地下结构柱成孔则多在干作业环境下进行，均在工程桩位位置直接采用人工挖孔、钢筋混凝土护壁的方式即可。

人工挖孔采用镐、锹等工具自上而下逐层进行，挖土次序为先挖中间部分后挖周边，扩底部分采取先挖桩身圆柱体，再按扩底尺寸从上到下削土修成扩底型。为防止坍孔和操作安全，采用现浇钢筋混凝土护壁措施，当桩孔深大于20m时，应向井下通风，加强空气对流。人工挖孔构造见图5.2.2。

为能使工人下到孔内进行地下结构柱钢筋绑扎，柱孔应预留操作空间，从桩柱交界面开始将柱孔尺寸比桩孔两边适当扩大100～150mm，如图5.2.2所示。同时，对柱段的孔内护壁应抹平，校正内壁垂直度后，涂刷隔离层，当挖土裸露出结构柱后，便于将混凝土护壁剔除掉。

5.2.3　桩基施工

工程桩桩孔检查合格后，将制作好的桩钢筋笼用塔机吊入桩孔内，校正钢筋笼位置，并在钢筋笼四周设@1000～1500mm短筋，用短筋一端点焊在主筋上，另一端有效支撑于护壁上，防止钢筋笼位移。在桩冒位置预留柱插筋，完毕后浇筑基础桩混凝土于地梁底标高位置。浇筑混凝土时采用串筒下料，串筒末端离孔底高度不宜大于2m。混凝土浇筑应连续浇筑，分层振捣密实。若地下水较丰富时，则采用水下浇筑混凝土方案进行桩基混凝土施工。

5.2.4　地下结构柱施工

1. 梁预埋钢筋施工

在本逆作法施工中，当采用预埋筋机械连接法处理梁柱间的后节点问题，则在施工地下结构柱时，梁预留钢筋和钢筋孔的施工是保证结构梁断面和位置的关键，每一步操作必须加以严格控制，具体操作如下：

1）将标高抄于柱位线的四个壁上。

2）通过计算机绘出梁的断面、配筋及长短筋标注。

3）在护壁上标出梁和柱位中心线的标高及轴线位置。

4）专业钻孔队伍进行孔洞施工。

在进行钢筋预埋施工前，先检查校正已钻好的预留钢筋孔位置，钢筋工根据梁的配筋大样图放入梁的预埋长筋，其构造如图5.2.4，钢筋出柱截面部分用塑料薄膜缠绕并绑扎牢固，其端部用扎丝捆住，并且扎丝露出桩壁不小于100mm长。待预留钢筋定位后，在孔四周填塞泡沫板或细砂。

当采用预埋件焊接法处理后节点问题，则必须将预埋件和柱钢筋一起焊接牢固固定，且位置要十分精确。

2. 地下结构柱施工

梁柱节点部位梁钢筋定位和预埋施工完毕后，采用人工入孔内绑扎地下结构柱钢筋，先将柱主筋定位，可采用@1500～2000mm设置临时定位箍，并在柱四周设置短筋将柱主筋固定牢固，然后从下往上依次绑扎柱箍筋，同时校正好柱纵向钢筋、梁预留钢筋及预埋件的位置。待柱钢筋绑扎、检查、校正完成后，开始浇筑柱混凝土。浇筑混凝土时采用串筒下料，串筒下料时应避免混凝土冲击节点钢筋，混凝土应连续浇筑，分层振捣，分层高度不大于1.0m，并用振动棒点捣，振动棒严禁碰撞节点钢筋，

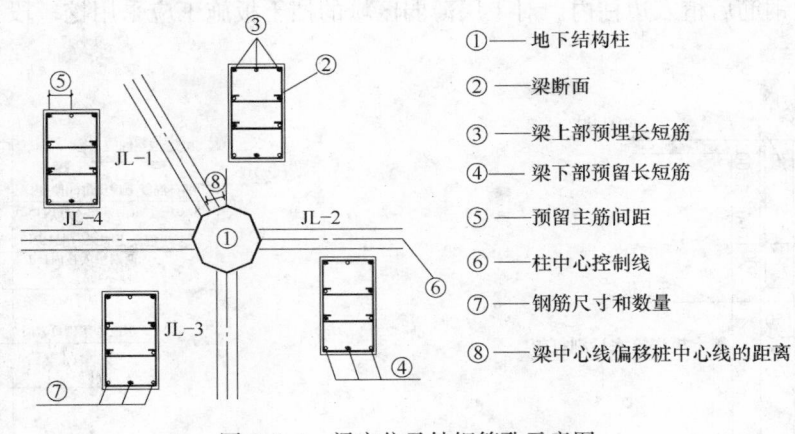

① —— 地下结构柱
② —— 梁断面
③ —— 梁上部预埋长短筋
④ —— 梁下部预留长短筋
⑤ —— 预留主筋间距
⑥ —— 柱中心控制线
⑦ —— 钢筋尺寸和数量
⑧ —— 梁中心线偏移桩中心线的距离

图 5.2.4　梁定位及钻钢筋孔示意图

保证钢筋位置的准确。

3. 地下结构柱的定位控制

地下结构柱在施工时因采取桩柱合一的方法，在施工过程中受施工条件的影响较大，施工难度增加，柱的定位控制尤为重要。所以，施工时要特别注意提高轴线位置与垂直度的施工精度，尽量减小累积偏差。通常应设计专用定位器与采取定位措施，如适当扩大挖孔直径及增大柱钢筋保护层厚度，柱钢筋绑扎时要全方位测量，并保证柱子钢筋的垂直度，同时应采用支架临时固定牢固后方可浇灌混凝土。

5.2.5　地下水处理

在地下水位较高地区开挖基坑，会遇到地下水问题，在山地城市建筑逆作法施工中，视水量大小可采用明沟、集水井排水方案或降水方案。明沟、集水井排水方案即在基坑的两侧或四周设置排水明沟，在基坑四角或每隔 30～40m 设置集水井，使基坑渗出的地下水通过排水沟汇集于集水井内，然后用水泵将其排出基坑外。降水方案则是采用井点降水的方式，降低地下水位，确保桩（柱）孔施工及地下室土方开挖。

5.2.6　土方施工

土方开挖按逆作法的支撑顺序分阶段进行。先进行明挖，施工完首层楼板后，地下室转入逆作法施工。首层楼板以下一般应按结构层次逐层（为了增加开挖空间高度和减少开挖工序，根据基坑的稳定情况，土方开挖可采取两层挖掘一次的方式，这样可减少逆作层数，有利于逆作墙体的施工，但要视施工机械要求而定）进行土方开挖，从出土口向下挖掘到设计标高，再向四周扩大。出土口要根据地下结构布置、周围运输道路情况等研究确定，应选择结构简单、开间尺寸较大，便于出土及有利于土方开挖后开拓工作面和完工后便于封堵处。挖土机械视楼层高度、结构柱的跨度、布局以及土体情况合理选择，利用机械开挖和出土作业，也可局部采用人工作业。若开挖过程中遇到大量石方时，严禁采用爆破施工，只能采用挖掘机破碎锤进行破碎、切割机切割、人工凿打等方法。基坑扩大后，利用推土机进行土方水平传送，及时清运土方；在出土口安排大容量的挖掘机作业，利用提土设备将土吊至地面堆放或直接装车外运。

在进行地下室的土方开挖时，应对地下室进行送风。根据地下室面积的大小和层数多少，在各层楼板预留孔洞，并在孔洞边布置鼓风机，由地面引入新风，通过送风管向地下室施工面送风，在施工面的上部安装排风机，通过预留孔排出废气。风管沿墙四周布置，固定于楼板底。随工作的进展向内延伸，风管亦不断接长，保证地下室的空气质量。

5.2.7　挡土板施工

在进行土方开挖过程中，为防止边坡不稳定，在边柱之间可加设如钢筋混凝土挡土板或砖挡土板等，其形式和厚度应视地下结构柱的跨度和布局以及边坡的土质情况而定，并经设计计算确定。挡土板既作为土方开挖过程中的边坡临时支护，也作为地下挡土墙施工过程中的一面模板，见图 5.2.7-1 和

图 5.2.7-2。挡土板钢筋后植入边柱内。对土层薄弱区域的挡土板施工应采用挖一段土方作一段挡土板的方式进行。

图 5.2.7-1　钢筋混凝土挡土板示意图 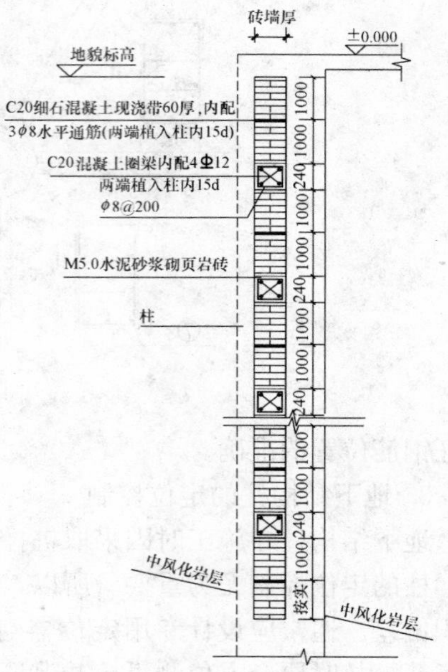　　　　　　图 5.2.7-2　砖挡土板示意图

5.2.8　节点处理

由于逆作法施工的特殊性，地下结构柱先行施工，而地下各层梁板则随挖土进展自上而下逐层浇筑，造成了梁板与柱结构分开施工。因此，地下结构的梁与柱和墙与柱之间形成了后连接节点，见图 5.2.8-1。这些节点采用的连接形式、节点连接的操作程序、施工过程中的质量控制等问题，必须进行施工设计，并应符合结构设计的规定。

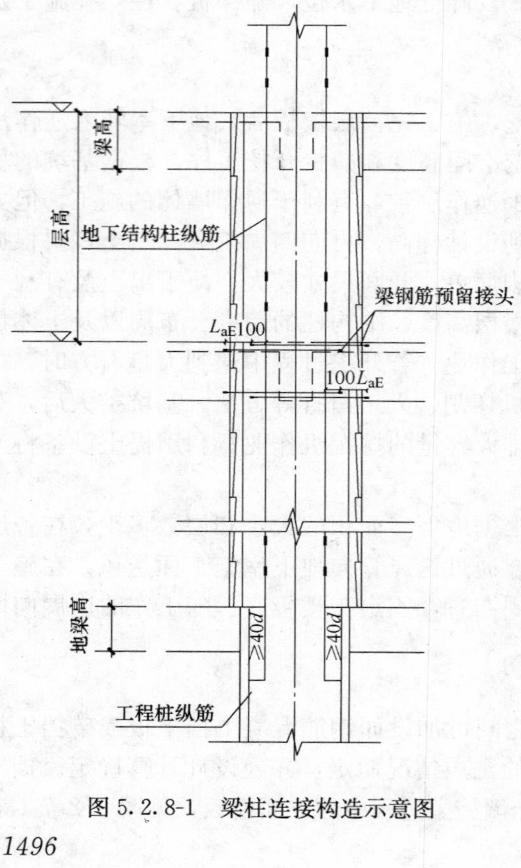

1．墙与柱、梁与柱的连接

1）预埋筋机械连接法

这种方法适用于柱截面尺寸较大的构件。其施工程序是：先定好预埋钢筋的位置，待柱钢筋绑扎好后，在对应位置将预埋钢筋按要求固定牢固，应按比例错开布置，同时将钢筋螺纹接头用塑料膜加海绵保护好。当挖土裸露出梁节点位置后，将接头清理干净，调整好钢筋位置，采用机械连接将其与梁钢筋连接，机械连接可采用锥螺纹和直螺纹连接，但钢筋的螺纹部位要进行妥善保护，如图 5.2.8-2 所示。也可用挤压套筒连接，但应留有一定的操作空间。

2）钻孔植筋法

挖土裸露出梁位置后，依钢筋位置钻孔后进行清孔、灌浆、植筋、养护后与柱筋连接。采用钻孔植筋法进行节点连接，则施工必须严格按照国家现行《建筑工程施工质量验收统一标准》GB 50300—2001 和《混凝土结构加固设计规范》GB 50367—2006 规定进行。同时还必须符合设计要求的规格、间距和锚固长度的要求。

3）预埋件焊接法

这种方法便于调整柱子上预埋件的误差，施工方便。

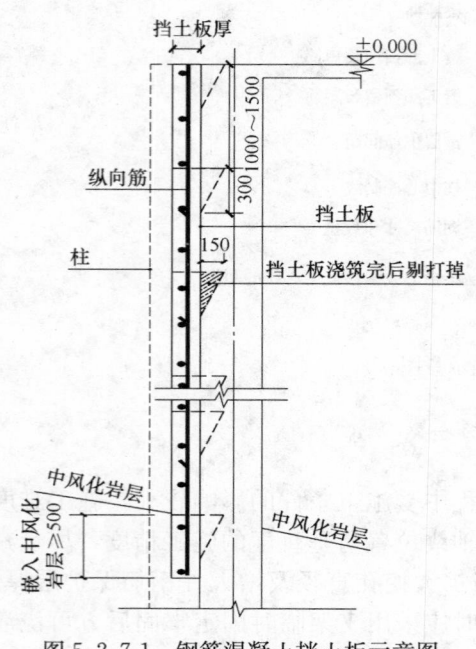

图 5.2.8-1　梁柱连接构造示意图

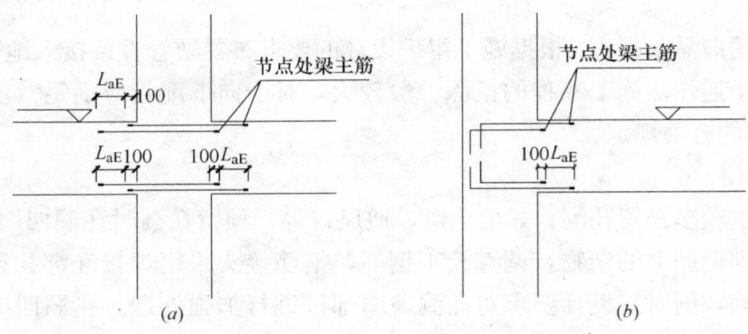

图 5.2.8-2 预埋筋机械连接型式

(a) 中柱接头型式；(b) 边柱接头型式

其施工程序是：绑扎地下结构柱钢筋时把埋件固定在柱主筋上。埋件大小以不小于 50mm 为宜。预埋件紧贴钢筋放置，并在外面覆盖 50mm 聚苯板隔离混凝土，既便于剔出埋件，又可使梁端伸进柱内起抗剪作用。当挖土裸露出梁节点位置后，将聚苯板剔净露出埋件，测定标高和轴线焊接钢板连接件，并依图将结构梁主筋与钢板连接件焊接，如图 5.2.8-3 所示。

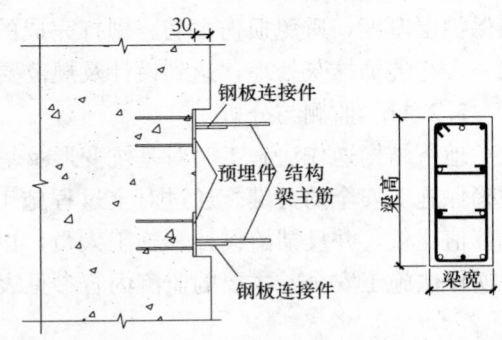

图 5.2.8-3 预埋铁件用连接板焊接连接方法

2. 竖向构件的钢筋连接

竖向构件中墙施工时，墙插筋应插入底模下土体，为保证钢筋位置准确性，应先埋设定位角钢。并在其上划出每根钢筋的点位，为避免泥土污染钢筋，应先在钢筋可能深入的部位进行填砂换土，且保证在同一截面内的接头数量在受拉受压区分别不大于 50%。施工下层墙体时，应清理插筋上的杂物，调直扶正钢筋，钢筋连接采用电渣压力焊方法，保证钢筋连接质量及接头位置准确。

本逆作法中柱钢筋的竖向连接同顺作法施工方法，可采用机械连接和焊接连接的方式。

3. 挡土墙、临时挡土板与柱的连接

挡土墙、临时挡土板与柱的连接均可采用钻孔植筋法和预埋筋机械连接法，但钻孔植筋法较为方便，应优先采用钻孔植筋法进行施工，施工方法与梁和柱间的植筋连接法相同。

5.2.9 地下层梁板施工

1. 模板工程

利用支模方式浇筑梁板：先挖去地下结构一层高的土层，然后按常规方法搭设梁板模板，浇筑梁板混凝土，再向下延伸竖向结构，为了减少楼板支撑的沉降和结构变形，施工时需对土层采取措施进行临时加固。加固的方法：可以浇筑一层素混凝土，以提高土层的承载能力和减少沉降，待墙、梁浇筑完毕，开挖下层土方时随土一同挖去，另一种加固方法是铺设砂垫层，上铺枕木以扩大支承面积，这样上层柱子或墙板的钢筋可插入砂垫层，以便与下层后浇筑结构的钢筋连接。

±0.000 层梁板混凝土强度达到设计和规范要求后，才能进行梁板底模的拆除，进入下部土方开挖施工；±0.00 层梁板混凝土强度达到 100% 后，才能进行上部结构施工。

2. 钢筋工程

本逆作法施工中，钢筋工程的施工质量除应满足一般要求外，尚应考虑以下几个问题：

1）控制好地下结构柱钢筋位置和钢筋保护层的厚度，避免以后剔打结构柱护壁时损伤结构柱钢筋。

2）插筋与后期施工的钢筋的焊缝长度和厚度，应由计算确定。

3）由于钢筋接头数量很多，工作量大，焊缝质量不稳定，一般均考虑采用机械连接方式。

3. 混凝土工程

混凝土工程宜采用商品混凝土，根据施工组织设计的要求布置硬管直接接入地下各层楼面，并用混凝土输送泵送料。由于逆作法施工工程的挖深一般较大，对于向下配管应满足《混凝土泵送施工技术规程》JGJ/T 10—95 的有关规定。

4. 预留孔洞的封闭

逆作法施工会产生较多预留孔洞，如出土口、通风口等。预留孔洞时孔洞四周应预留出连接钢筋，孔洞封闭施工时，清理钢筋上的杂物，调直校正钢筋，钢筋接头采用焊接和绑扎连接，确保接头连接质量和接头的位置准确，同时按设计要求对孔洞薄弱部位进行加强处理。孔洞四周施工缝处理同本工法 5.2.12 第 1 条，防水处理同 5.2.12 第 2 条。对孔洞支模牢固，然后进行混凝土浇筑，混凝土强度应比原结构强度提高一级。

5.2.10 地下结构柱的表面处理

待地下室结构施工完毕后，派专人对地下结构柱混凝土护壁进行剔打，剔打过程中应严格控制钢筋保护层厚度，避免损伤主筋。剔打完成的结构柱截面尺寸应满足设计和规范的要求。结构柱的表面统一进行装饰抹灰处理，达到设计及规范要求。

5.2.11 监测与分析

地下结构逆作法施工时对基坑变形及基坑周围建（构）筑物的变化情况进行全过程的监测与分析，是确保施工安全的关键。通过对全过程施工时每个施工阶段引起的动态沉降值、变形数值等，与分析计算值比较，并反馈给设计和施工人员，以便及时掌握影响环境变化的因素并进行及时调整控制，确保逆作法施工安全。主要的监测内容参见表 5.2.11。

监测项目汇总表   表 5.2.11

序号	监测内容		监测仪器	监测频率	监测目的	安全等级
1	周围环境监测	邻近建筑物	精密水准仪 J2 经纬仪 全站仪 50m 钢卷尺 测斜仪 电测水位计 裂缝计	初期：1～2 次/d 后期：1～2 次/3d	掌握基坑周围建（构）筑物变形的程度和范围及地下水位变化情况	△
		邻近道路和地下管线				△
		边坡土体的位移和沉降观测				△
		地下水位				○
		裂缝观测				○
2	支护结构监测	地下结构柱（桩）	精密水准仪、全站仪、钢筋计、应变计、频率接受仪	初期：1～2 次/d；后期：1～2 次/3d	掌握结构施工过程中结构自身应变的大小及分布情况	△
		挡土板（墙）		初期：1～2 次/d；后期：1～2 次/3d		△
		结构梁（板）				○
3	在建建筑物的沉降		精密水准仪	结构加层 3 次/层	掌握建筑物沉降幅度及速度	△

注：1. 监测次数可根据现场施工条件和沉降情况增加或减少，随时将监测信息反馈给设计和施工人员。
    2. 表中△-必测项目；○-宜测项目。

5.2.12 其他重点部位施工

1. 施工缝的处理

施工缝的处理应以增强新旧混凝土的连接，尽量降低施工缝对结构整体性带来的不利影响，且应增设抗剪钢筋，见图 5.2.12-1。处理过程是：先在已硬化的混凝土表面上，清除水泥薄膜和松动石子以及软弱混凝土层，用人工方法使原混凝土表面呈锯齿状，但应避免伤及老混凝土结构；然后加以充分湿润，冲洗干净，且不得留有积水；在浇筑混凝土前先在施工缝处涂刷与混凝土内成分相同的水泥砂浆；浇筑混凝土时，需仔细振捣密实，使新旧混凝土结合紧密，提高新旧界面上粘结力和咬合力。

2. 地下外墙混凝土防水处理

逆作法施工会产生较多水平施工缝，如地下室混凝土墙的墙段接头、墙与底板连接处、中间支承柱与楼板底板连接处等部位，都是防水的薄弱点，应作好防水处理。地下室混凝土墙应采用自防水的防水混凝土，并在各施工缝部位采用膨胀橡胶止水带进行防水处理；外墙预埋注浆管、墙内侧刷高分子防水涂膜等措施，如图5.2.12-2。对出现渗漏的接缝处可采用压力灌浆处理。对地下结构的变形缝的防水处理，应按设计和相关防水施工规范进行施工。

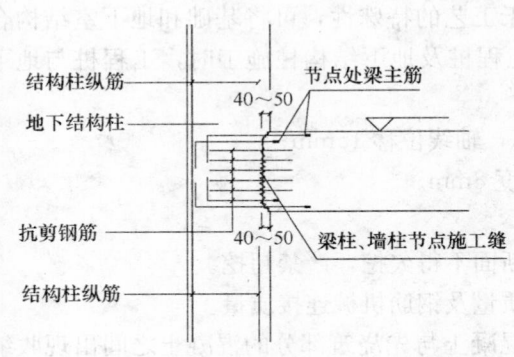

图 5.2.12-1　节点施工缝处理示意图

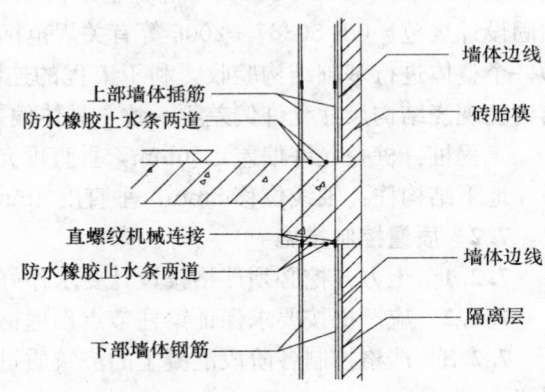

图 5.2.12-2　地下外墙混凝土防水处理构造示意图

5.2.13　劳动力组织

工种构成有：钻机操作工、木工、钢筋工、混凝土工、电工、电焊工、机工、起重工、测量工、试验工、杂工等。

6. 材料与设备

本工法使用的机具设备见表6。

现浇混凝土结构柱作中间支承柱的逆作法施工机具设备　　　　表6

序号	系统机械	机械要素	备　注
1	钻孔机具	钻机（如QJ-1200等）	用于工程桩桩孔施工
2	挖土工具	铁锹、铁镐、铁锤、铁钎、风镐、WY60挖掘机、自行式铲运机	WY60挖掘机带破碎锤、自行式铲运机主要用于楼层土方开挖；铁锹、铁镐、铁锤、铁钎、风镐、切割机等用于人工挖孔施工
3	出土工具	机架、电动葫芦或手摇辘轳和出渣桶、ZL30装卸机、自卸汽车、TL180推土机等	机架通常采用型钢焊接成的简易门式机架，其上安置电动葫芦。一般高度为3m左右，主梁长为5m左右，也可采用三脚支架。装卸机、推土机等用于出土运土
4	降水工具	大扬程抽水泵、污水泵	用于抽出桩（柱）孔内的积水，可在桩（柱）孔外设井降水
5	通风工具	1.5kW的鼓风机、排风机，配以直径为100mm的薄膜塑料送风管	用于向桩孔内强制送入风量不小于25L/s的新鲜空气和向外排出废气
6	照明工具	低压防水防爆照明灯具	照明灯具须采用安全的低压、防水、防爆型
7	测量工具	全站仪、J2经纬仪、精密水准仪、5m卷尺	用于工程定位和施工测量
8	支护设备	护壁模板	常用的有木结构式和钢结构式两种。下井前先预制成圆弧形模板，后在井内安装成整体
9	钢筋工程施工工具	冲击电钻、B×6-300交流焊机、切断机、弯曲机、镦粗机、调直机	用于植筋和钢筋工程施工
10	混凝土施工机具	混凝土输送泵，振动泵	用于混凝土工程施工

7. 质量控制

7.1 质量控制标准

按照国家现行《建筑工程施工质量验收统一标准》GB 50300—2001、《建筑地基基础工程施工质量验收规范》GB 50202—2002、《混凝土结构工程施工质量验收规范》GB 50204—2002 及《混凝土结构加固设计规范》GB 50367—2006 等有关规范标准施工。由于工艺的特殊性，可将基础和地下室结构合为一个整体进行基础结构验收，利于工程的连续施工。在工程桩及地下结构柱施工时，工程桩与地下结构柱现浇结构尺寸允许偏差不一致，具体偏差如下：

工程桩：桩径允许偏差±50mm，垂直度允许偏差＜1‰，轴线位移 15mm；

地下结构柱：轴线位移 8mm，垂直度 8mm，表面平整度 8mm。

7.2 质量控制措施

7.2.1 土方开挖必须严格按设计要求作好支护结构，断面不得欠挖，严禁超挖。

7.2.2 应严格按要求保证梁柱节点预埋钢筋的长度和质量及钢筋机械连接质量。

7.2.3 严格控制各阶段混凝土的浇筑质量，防止后浇混凝土与先浇筑部分的混凝土之间出现收缩裂缝。

8. 安全措施

8.1 采用有效的监测手段确保深基坑支护本身的安全及周围建筑物、地下管线的安全使用。

8.2 土方开挖时严格按施工顺序和设计要求进行，严禁超挖和无序开挖；且在开挖到设计要求的深度后，应及时进行梁和板的施工。

8.3 做好施工过程的排水降水措施。

8.4 用电实行三相五线制，所有电器设备必须装设漏电保护开关。进坑的动力及照明电线应使用电缆，在支撑或坑壁上进行可靠的固定。

8.5 坑内应有足够照明度，照明应架设在上层底板下方，并使用低压电气设备。

8.6 在封闭的地下室施工，必须加强通风、排烟设施，保证空气的流通。

8.7 逆作施工时，坑洞和孔洞较多，要设围护栏杆，上下要设有专用上、下人梯。

8.8 施工进行有序指挥和组织，室内土方开挖时安排专人定岗指挥，严防车辆、机械对结构产生碰撞。

9. 环保措施

采用本工法，除遵照国家有关环境保护法规《建设项目环境保护管理条例》、《建筑施工现场环境与卫生标准》JGJ 146—2004 等和当地相关环境保护的具体要求外，结合本工法的特点，尚应做到以下几点。

9.1 作好施工现场的污水处理，设置沉淀池，防止水污染。

9.2 施工现场提倡文明施工，建立健全控制人为噪声的管理制度，加强对强噪声机械作业控制，合理安排施工作业时间并加强对噪声的监测，防止噪声污染。

9.3 采取合理措施，防止施工粉尘污染和大气污染。

9.4 施工操作人员进入逆作法施工区域，应佩戴防尘口罩等安全防护用品，确保操作人员的施工安全。

9.5 做好施工现场环境保护的监督检查工作，定期对环境各项工作进行检查，对存在的问题及时解决，并做好文字记录和存档工作。

10. 效益分析

10.1 工期效益

带多层地下室的高层建筑，如采用常规方法施工，其总工期为地下结构工期加地上结构工期，再加装修等所占之工期。而用逆作法施工，一般情况下只有地下1层占绝对工期，其他各层地下室可与地上结构同时施工，不占绝对工期，因此可以缩短工程的总工期。重庆汇美大厦工程地下3层，地上31层，平均开挖深度达14m，如采用常规方法施工，从基础施工到转换层结构施工完毕需9个月，而采用本逆作法施工则只花了6个月时间，工期提前了约3个月，取得了较大的工期效益。

10.2 经济效益

10.2.1 本逆作法采用现浇混凝土结构柱作为中间支承柱，将主体结构地下室这种永久性结构与临时支护有机结合，可节约全部临时支护费用，有较好的经济效果。

10.2.2 采用本逆作法施工可最大限度地利用城市规划红线地下空间，在允许范围内尽量扩大地下室建筑面积，并增大施工场地使用面积。

10.2.3 由于逆作法施工可以减少工程的施工总工期，节约了人力、物力的投入，满足了业主对进度和工期的要求，能取得较好的经济效益。

以重庆汇美大厦工程采用本逆作法施工与采用常规顺作法施工做一对比，经济效益对比见表10.2.3。

经济效益对比表 表 10.2.3

对比内容	地下结构柱作中间支撑柱逆作法	传统的顺作法
临时支护费用	极少,几乎没有	213.7(长)×13.2(深)×186元/m²(周边支护费单价)=52.46万元
施工场地使用面积	利用地下室作施工使用场地可减少租赁1200m²的场地费用	至少需增加租赁1200m²的施工施工。增加二次周转费用
施工工期	基础施工至转换层需180d	基础施工至转换层需270d
节约费用	与传统顺作法相比共计节约费用302.9万元	

10.3 环境效益

10.3.1 噪声方面：由于逆作法在施工地下室时是采用先表层楼面整体浇筑，再向下挖土施工，故其在施工中的噪声因表层楼面的阻隔而大大降低，从而避免了因夜间施工产生的噪声扰民问题。

10.3.2 扬尘方面：通常的基坑开挖采取开敞开挖手段，产生了大量的建筑灰尘，从而影响了城市的形象；采用逆作法施工，由于其施工作业在封闭的地表下，可以最大限度的减少扬尘。

10.4 社会效益

10.4.1 交通方面：由于逆作法的采取表层支撑，底部施工的作业方法，故在城市交通土建中大有用武之地，它可以在地面道路继续通车的情况下，进行道路地下作业，从而保证了施工期间交通的畅通。

10.4.2 采用逆作法，＋0.00层楼板结构先完成，可以利用结构本身作内支撑。由于结构本身的侧向刚度是无限大的，且压缩变形值相对围护桩的变形要求来讲几乎等于零。因此，可以从根本上解决支护桩的侧向变形，从而使周围环境不至出现因变形值过大而导致路面沉陷、基础下沉等问题，保证了周围建筑物的安全。

10.4.3 由于采用逆作法施工可以减少工程的总工期，能最大限度地满足业主的施工进度及工期要求，赢得业主及监理等的一致好评，获得了较好的社会效益。

11. 应 用 实 例

工程应用实例见表 11。

工程应用实例   表 11

工程名称	重庆市汇美大厦工程	南昌地王广场工程	广厦城二期江界工程
工程地点	重庆市渝中区美专校街	南昌市中山路	重庆市九龙坡区滩子口
建筑面积	49935.7m²	64500m²	21300m²
层高	地下三层,地上三十一层（其中裙房为三层,塔楼为二十八层）,总高度 99.66m	地下 2 层,地上 28 层,总高度 103m	地下 2 层,地上为 18 层
应用部位	三层地下室,地下室底标高－13.7m,地下负三层建筑层高为 4700mm,负二层层高为 4200mm,负一层层高为 4800mm	地下室共 2 层,占地面积 6300m²,基坑深度 11m,地下水位－2.5m,土方总量约 70000m³	地下室共两层,地下室建筑面积 3500m²
应用面积	4206m²	6300m²	3500m²
开工时间	2005 年 2 月	2005 年 4 月	2006 年 10 月
竣工时间	2007 年 2 月	2007 年 9 月	2008 年 4 月
工程质量	施工质量一次性验收合格	合格	合格

新型 65 系列模板制作安装施工工法

GJEJGF064—2008

云南建工集团总公司　云南春鹰亚西泰克模板制造有限公司

甘永辉　洪洁　舒永华　罗雪刚　付艳梅

1. 前 言

随着社会的不断进步，房屋建筑的质量要求也越来越高，建筑工程施工中，极大多数项目要求混凝土构件要达到清水混凝土标准。为了适应社会发展和使企业在同行中占有一席之地，根据在云南省昆明市银海畅园小区工程工期紧、质量要求高、辅料投入大等的特点，结合公司实际，用公司现有的资源攻克新型 65 系列钢模板，希望为此使公司在质量上得到提高，成本有所下降，为使公司整体实力提高做出的贡献。

该模板早年由原云南省亚西泰克模板厂从美国引进，多年来产品主要应用在水库大坝、桥梁上，在房屋建筑上没有推广使用，原因是该模板在阴角处，特别是在梁板结合部、梁与梁交接处、梁与柱交接处无法处理，有的部位甚至无法安装。后经过与钢模板制作厂家合作，双方通过设计改进模板的眼位，增加模板型号，在次梁与主梁、主梁与柱、梁与板结合部位阴角处细部构造的处理等难题的攻克，由钢模板制作厂家按我公司设计及要求进行生产。生产出来的新型 65 系列钢模板主要推广应用在房屋建筑上。通过在昆明路馨小区、玫瑰湾小区、银海畅园小区、上林宽境小区等项目上的推广应用，获得 2006 年度云南建工集团科技进步奖，并形成了新型 65 系列模板制作安装施工工法，得到了建设方和监理单位的认可和好评，使公司的成本也得到很大的降低。现该套新型 65 系列钢模板已申报 10 项产品专利，获准 6 项。

2. 工 法 特 点

2.1 工法中新型 65 系列钢模板刚度好，组合严密，模板面相对较大，机械依赖程度小，组装简单快速，结构成型好，周转次数高大于 200 次。

2.2 用钢省、投入少，配件少，组装灵活，通用性强。

2.3 工法中新型 65 系列钢模板由于组装简单快速，安装效率高，每人每天可安装 9m²。

2.4 按本工法安装的模板工程，能保证混凝土质量，能达到清水混凝土的效果，减少粉刷、找平工序。

2.5 采用该工法能缩短工期，降低施工成本，还可大量减少现场木材的使用。

3. 适 用 范 围

适用于所有的房屋建筑混凝土结构工程，最佳适用框剪结构和全剪结构、筒体结构、房屋建筑工程及大体积混凝土结构工程。

4. 工 艺 原 理

4.1 模板使用边肋高度为 63mm 的全钢模板和钢框木面模板。

4.2 模板的联结方式采用标准销钉连接，在模板与模板之间孔位有错位的情况下采用专用夹子联结，模板与模板、模板与外角间用两个完全一样的楔形销钉联结，一个销钉进行连接而另一个则锁止固定。如图4.2所示。

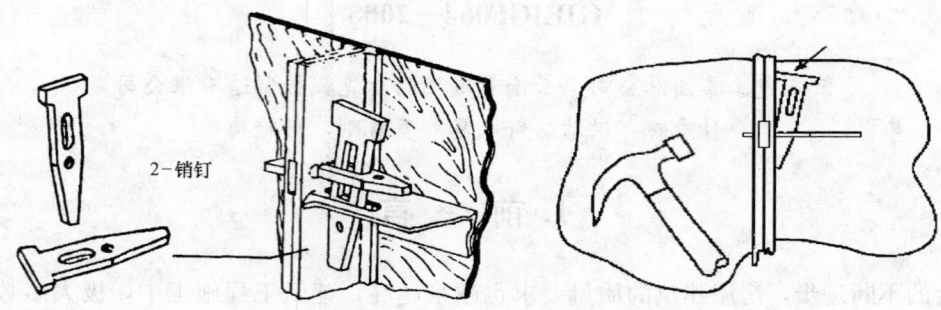

2—销钉

图4.2 模板的销钉连接方式

4.3 在安装过程中使用了可用来调整平整度的钢托盘（早拆头），刚度和平整度更好的空腹钢梁。

4.4 所有结构的阴角处都用阴角模来处理，有效地解决了梁与柱、梁与梁、梁与板结合部多年的支模难点和模板质量通病。

4.5 使用该套模板和该施工工法后使工程中的模板工程整体刚度、强度、平整度、平直度等得到很大提高，使工程中混凝土达到清水混凝土的要求。

4.6 使用该施工工法安装的模板工程，工程中节省内粉工序，从而节省施工成本，提前了工期，还大量减少木材在工程中的使用。

5. 施工工艺流程及操作要点

5.1 工艺流程

模板设计→模板加工、制作→模板出厂检验→模板安装→模板拆除。

5.2 操作要点

5.2.1 模板设计

1. 模板设计是引进美国先进技术，结合中国的实际情况，消化、改进设计而成。模板设计宽度方向是按50mm模数进级，长度方向是按300mm模数进级。规格品种尺寸宽度100～600mm，长度尺寸由300～3000mm，共有110种规格品种。

2. 根据工程特点及施工要求进行对模板的材质、型号、加工精度和安装工艺要求进行模板的设计。

1）墙模板

根据工程结构形式及开间进深尺寸确定模板规格，为突出模板施工整体性的特点，模板尽量加工成大块。

2）阴阳角模板

标准阴角模尺寸为150mm×150mm，阴角模选材与中型模板相同，并可与相邻的模板利用钩头螺栓连接固定，因此定位准确。阴角模与相邻墙模成企口（子母口）搭接，阴角模与墙模面板之间留2mm调节间隙，以便支拆。

3）立柱模板

柱模板采用可调截面钢制模板。刚度大，拆支灵活，材料选用3厚热扎钢板，6号槽钢，连接处为双龙骨拉结螺栓为φ14螺栓，柱模安装时需在四周搭设脚手架平台。

5.2.2 模板的加工、制作

1. 材料的采购

面板采用国家大型钢厂的原平热轧钢板，面板要求平整，不允许有波浪纹，平整度误差控制在

1.0/1000，钢板厚度偏差小于 0.2mm。型材全部使用国标材料，要保证材料的壁厚及控制扎口。辅材（包括电焊条、油漆）选正规厂家的产品，焊条的焊接性能要适合主材的要求。

2. 板面的裁剪

采用剪板机进行机械剪切或采用火焰氧气切割是钢板下料的常用方法。剪板机下料的质量主要受剪切刀具间隙、刃口磨损、钢板定位精度及夹持力四个因素的影响。一般情况下，只要上述四个因素能得到很好的控制，就能使钢板切口齐整、变形小、毛刺及飞边少，钢板的下料精度容易得到保证。火焰氧气切割方法具有便用灵活方便，设备投入少的特点，使用相当普遍，但火焰切割容易造成割口间隙不一且不齐整，割口甚至整块钢板受切割热量的影响而产生弯曲、翘曲等变形，并伴随钢材力学性能的变化。要提高火焰切割质量。一方面要采用半自动气割机或自行设计运载割矩的走行小车和导轨，来确保切割速度均匀、方向稳定，从而使割口整齐、平顺；而另一方面又要采用在割口周围加设浸水棉纱等方法，减小热影响区并有效防止割口变形和力学性能下降。在钢板裁剪前，按设计尺寸并预留加工余量进行裁剪线的划定是一项必不可少的工作。钢板的划线需在专用平台上进行。由于很多钢板出厂时其相邻边并不垂直，因此，划线时应先在钢板面上设置精确的直角坐标，然后根据尺寸要求划定裁剪线，最后还需对边、角之间的所有相互关系进行仔细复核。

3. 钻孔

钻床各部位之间的配合间隙大、主轴长且细、刚度差、钻头刃磨不易保证质量等因素导致无法依靠钻床自身来确保钻孔精度，因此，在工件上设置钻头导向和定位夹具是保证钻孔精度的主要方法，刀具及刃磨参数的选择、刃磨质量、钻头的转速和进给速度也或多或少地影响定位夹具的使用寿命和孔径的精度。

4. 联结

模板各构件之间的联结是在专用拼装平台上进行的。在联结时，首先要确保相互联结的构件之间位置正确且密贴完好，在采用胶粘剂联结时，还按粘结工艺要求对被联结件接触面进行预先处理。螺栓联结必须加设弹簧垫圈。对需经常装拆的螺栓，可在安装时涂抹黄油，以便保护螺栓并便于拆除，而板面与加劲肋的联结螺栓则需涂抹密封胶以防螺栓松动并保证板面的密封性。构件粘结前还需进行粘结试验，以完全掌握粘结工艺并测定粘结强度，而粘结时一定要严格按照工艺要求进行操作。

5.2.3 模板的检验

钢框木面（钢面）模板质量检验严格按关键项、主要项、一般项进行严格检验，模板检验流程：材料进场检验→工序间检验→半成品检验→组焊检验→成品检验→出厂检验→出厂检验报告→粘贴合格证→准予出厂。

1. 关键项：L 长度 -1mm 检验；B 宽度 -0.8mm 检验；H 高度 ± 0.4mm 检验。

2. 关键项边肋及端肋孔距 ± 0.4mm 检验。

3. 焊接质量：间断焊接保证焊接间距为 $80 \sim 100$mm，焊点长为 $10 \sim 15$mm，焊接高度为 $3 \sim 5$mm 检验。

4. 检验要求关键项、主要项全检，一般项等抽检 30%，焊接检验为 55%，焊接探伤检验每季度按批次检验。

5. 每半年对模板的抽查进行载荷检验，按照国家《组合钢模板技术规范》GB 50214—2001 全部检验，检验结果高于标准要求。

5.2.4 模板的安装

1. 作业条件

1）按工程结构设计图进行模板设计、画出配模图、模板设计要确保模板的完整性、强度、刚度及稳定性。

2）弹好楼层的墙、柱、梁轴线、门窗洞口位置线及标高线。

3）模板安装前要把模板板面清理干净，刷好隔离剂（不允许在模板就位后刷隔离剂，防止污染钢筋及混凝土接触面，涂刷均匀，不得漏刷）。

2. 人员准备：

1）模板施工管理人员 3~4 人，施工管理人员须熟悉新型 65 系列钢模板的型号、规格使用方法，安装过程中的施工难点和容易出现问题的部位及处置方法。

2）安装工人根据规模 30~60 人，安装工人须熟悉新型 65 系列钢模板的型号、规格、使用方法、施工图纸和模板的配模图，熟练掌握新型 65 系列钢模板工艺流程和安装方法，掌握清水模板的验收标准。

3. 剪力墙模板的安装

1）工艺流程：放出模板安装控制线→排内模→设置对拉螺栓孔→设置抛撑→设置第二道抛撑→检查内模的垂直度→安装对拉螺栓→安装竖向背管→安装横向背管→安装山型件和螺帽→吊线检查垂直度→拉线或使用靠尺检查平整度→设置斜撑→补洞。

2）操作要点

施工放线：认真识图，严格按照施工图纸在混凝土垫层上放出模板的内外控制线，内控制线以施工图为准，外控制线要离开模板的外边缘 150~200mm，放完施工控制线后要进行复查，复查无误后再进行下一道工序。

排内模：要严格按照施工方案的配模图进行排模，如果在排模过程中发现与配模图不相符时要通知现场技术负责人进行协商解决，不得善自改动。

设置抛撑：拼装高度到 1.5m 时应设置抛撑，然后每增加 1.2m 增设一道抛撑，严禁无抛撑施工。

检查模板的垂直度：用检测合格的铅垂检查墙模的垂直度，垂直度要在规范允许的范围内。

安装对拉螺杆：安装前要检查对拉螺杆的丝牙是否完好，丝牙损坏的对拉螺杆严禁在施工中使用；使用后的丝杆要进行清洗后才能进行二次使用。

安装竖向背管（内楞）：背管间距要与施工方案中的间距相同，严禁超过方案间距进行安装。

安装横向背管（外楞）：外楞上、下两根背管的内端头要错开至少 500mm，安装时有阴角的要从阴角处开始安装。

安装安装山型件和螺帽：严禁使用刚度不符合设计要求的山型件和丝牙有损坏的螺帽，当剪力墙的厚度大于 300mm 或高度大于 3000mm 时，对拉螺杆须设置双螺帽。

检查平整度：严格用符合要求的靠尺检查安装好的剪力墙模板，不满足规范要求的要进行整改，整改后再进行平整度的检查，达到规范要求后再进行下道工序的施工。

设置斜撑：斜撑的材质必需要满足规范要求，间距的设置必需要与施工方案中的间距进行设置，斜撑管与水平面的夹角＜60°。

3）安装详图：剪力墙模板安装见图 5.2.4-1 和图 5.2.4-2。

4）阴角处的处理：墙与墙、墙与柱及墙与板交接处的阴角处均要设置阴角模，见图 5.2.4.1 和详图 5.2.4.2。

5）模板及杆件的计算：当剪力墙厚度小于 300mm 和高度小于 3000mm 时，竖向背管（内楞）间距设为 450mm，对拉螺杆纵间距设为 750mm，横间距设 1050mm 即可满足。当剪力墙的厚度大于以上尺寸时对剪力墙的墙模板、龙骨和对拉螺栓等构件进行计算。计算步骤如下：

计算墙模模板的刚度→计算内楞的刚度→计算外楞的刚度→计算对拉螺栓的刚度。

6）质量要求：拼装剪力墙模板过程中不符合模数的地方用木条补严，严禁用不规则的软物进行补洞或补缝。剪力墙模板严禁出现崩瀑、移位、下脚和转角处漏浆、模板变形、拉杆滑丝、板面不平整等情况的发生。

4. 柱模板的安装

1）工艺流程：放出柱子的中线和边线→安装柱模→检查垂直度→设置柱抱箍→设置斜撑。

2）操作要点

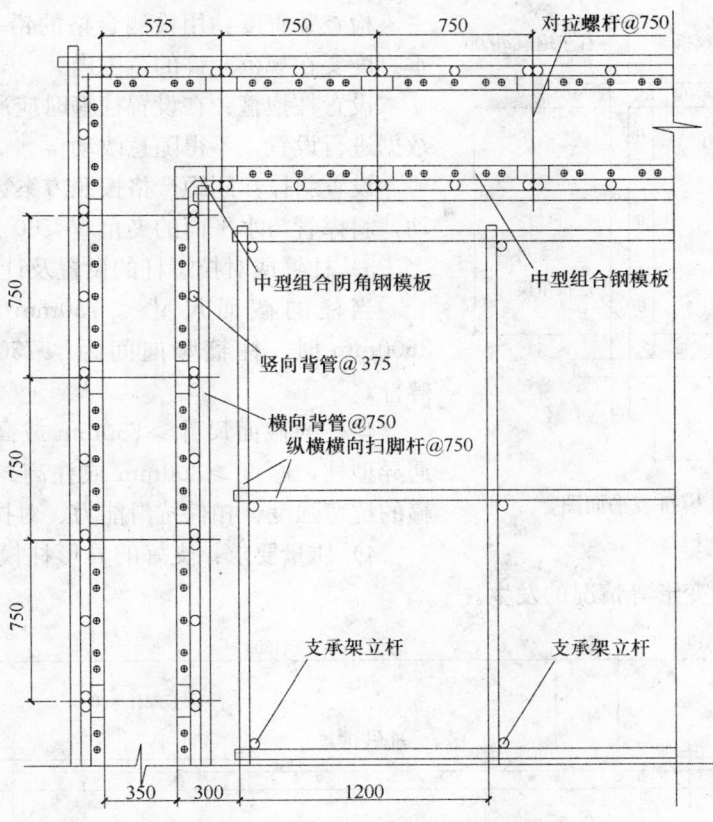

图 5.2.4-1 剪力墙模板安装平面图

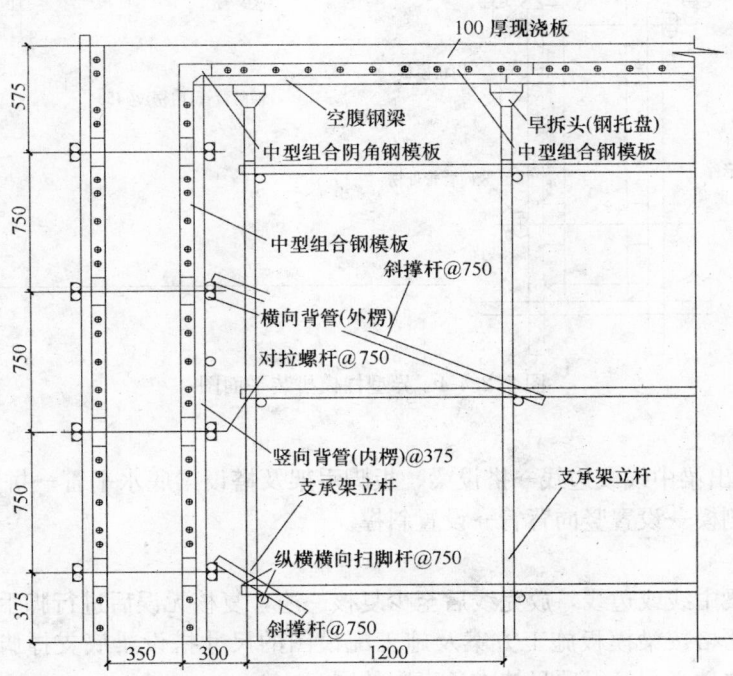

图 5.2.4-2 剪力墙模板安装立面图

施工放线：认真识图，严格按照施工图纸在混凝土垫层上放出模板的控制线，放完施工控制线后要进行复查，复查无误后再进行柱模板的安装。

安装柱模：安装柱模时要严格安施工方案和施工配图进行，安装原则是竖向拼装横缝错开，模板销钉间距≤300mm，模板接缝处要满设。见图 5.2.4-3，图 5.2.4-4。

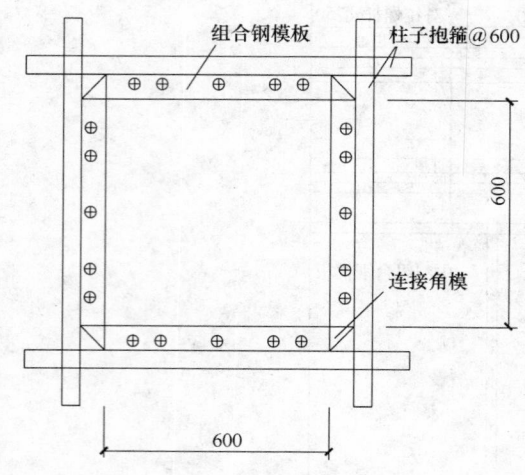

图 5.2.4-3 柱模拼装平面图

检查垂直度：用检测合格的铅垂检查墙模的垂直度，垂直度要在规范允许的范围内。

设置柱抱箍：在设置柱箍时应严格按照施工方案中的数据进行设置，不得随意改动。

设置斜撑：间距严格按照方案数据设置，不得随意改动，斜撑管与水平面的夹角应＜60°。

3）柱箍或对拉螺杆的设置及计算

当柱的截面尺寸 ＜ 750mm × 750mm 或高度＜3600mm 时，柱箍竖向间距＜750mm，不用设置对拉螺杆。

当柱的截面尺寸＞750mm 或高度＞3600mm 时，或遇异型柱，厚度＞300mm 或柱高＞3600mm 时，要对柱箍的抗弯强度、扣件抗滑能力、对拉螺杆等进行计算。

4）质量要求：支好的异形柱模板严禁出现崩瀑、移位、下脚处漏浆、模板变形等情况的发生。

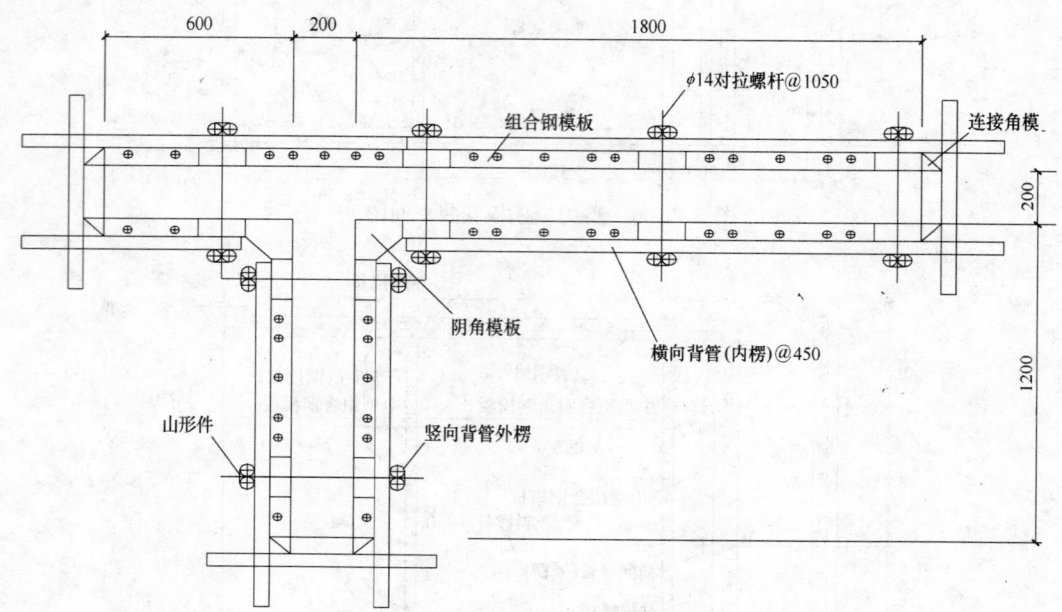

图 5.2.4-4 异型柱模拼装平面图

5. 梁模板的安装

1）工艺流程：放出梁中线或边线→搭设梁、板脚手架及搭设梁底水平管→拼装梁底模→校正梁底板的顺直度→拼装梁侧模→设置竖向背管→设置斜撑。

2）操作要点

施工放线：放出梁中线或边线，放完线后至少复核一遍，复核无误后进行脚手架的搭设。

脚手架的搭设：严格按照梁模板施工方案及施工配模图的尺寸搭设梁底支撑脚手架和梁底水平杆，不得随意改动，如需改动必须经得项目技术负责人的同意。

梁底模安装：严格安照施工员提供的配模图进行梁底板拼装。当拼装遇到梁与柱交接时，拼装要考虑梁与柱交接阴角处的处理。

校正梁底板的顺直度：梁底模拼装好后，根据梁中线吊线和拉线校正梁底板的顺直度，固定梁底板的位置。

梁侧模安装：梁底模安装完并检查合格后安装后按配模图进行拼装梁侧模，拼装时要按照横向拼装竖缝错开的原则进行。当遇梁与梁交叉时，要严格按配模图进行拼装。

3）安装详图：梁与柱交接拼装见图 5.2.4-5；梁与梁结合部竖向阴角模板安装见图 5.2.4-6；主梁与次梁交接再与板交接处模板安装平面图见图 5.2.4-7；异型阴角模详图见图 5.2.4-8；梁与板交接处模板安装样图见图 5.2.4-9。

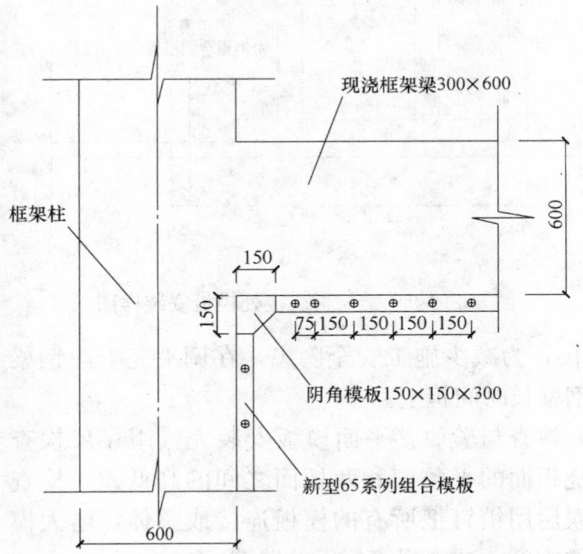

图 5.2.4-5 梁与柱交接处模板拼装样图

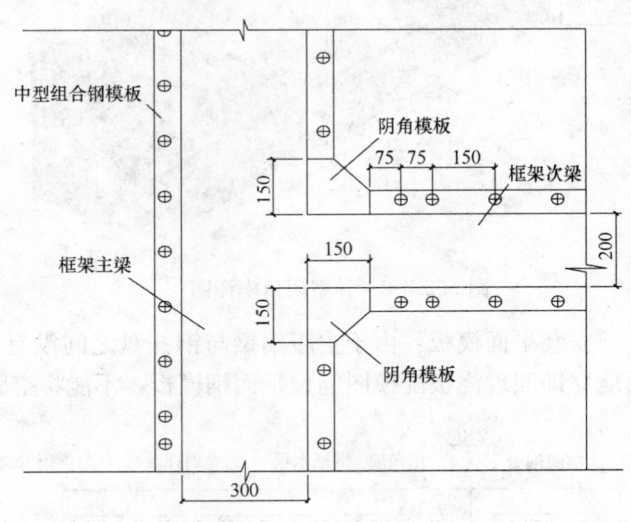

图 5.2.4-6 梁与梁结合部竖向阴角处模板拼装样图

4）梁底杆件的验算

当梁的尺寸＜300mm×750mm 或跨度＜8m 且层高＜4.2m 时，对梁底立杆取经验值，纵向为 1200mm，横向≤1200mm，即可满要求。

当梁的尺寸≥300mm×750mm，跨度≥8m，层高≥4.2m 时，只要达到以上其中一项，要对梁底立杆，扣件等支承构件进行验算。

5）质量要求：安装好的梁模板严禁出现崩瀑、移位、漏浆、梁中部下挠、与柱接缝处补缝不平直、模板变形等情况的发生。

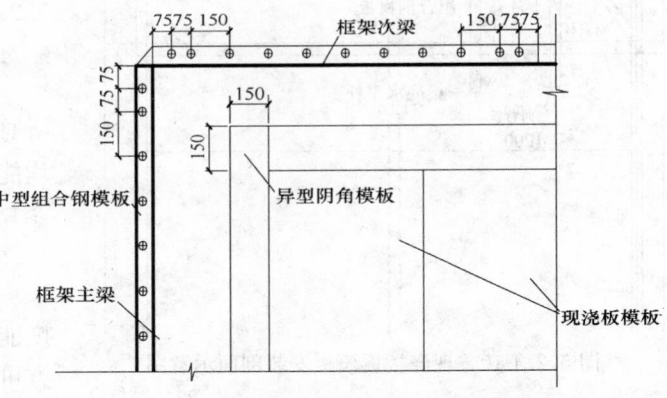

图 5.2.4-7 主梁与次梁交接再与板交接处模板安装平面图

6. 现浇板模板的安装

1）工艺流程：搭设支承架→安装钢托盘→调整平整度→安装空腹钢梁→铺设钢模板→检查与验收。

2）操作要点

搭设支承架：搭设前应先熟悉模板施工方案和配模设计图，严格按配模设计图纸的间距和步距搭设支承架，每搭设完一跨就要进行一次复查，无误后再搭设下一跨，几个班组同时搭设时要注意相互间的衔接，否则会影响后序工作的开展。

安装钢托盘：安装钢托盘前应先检查丝口是否有损坏，严禁使用丝口损坏的钢托盘，还应将钢托盘的丝杆调至同一高度，否则会影响空腹钢梁安装。

安装空腹钢梁：在安装空腹钢梁前要对钢托盘再进行一次调平，调平完后安装空腹钢梁，空腹钢梁安装后再进行一次调平。

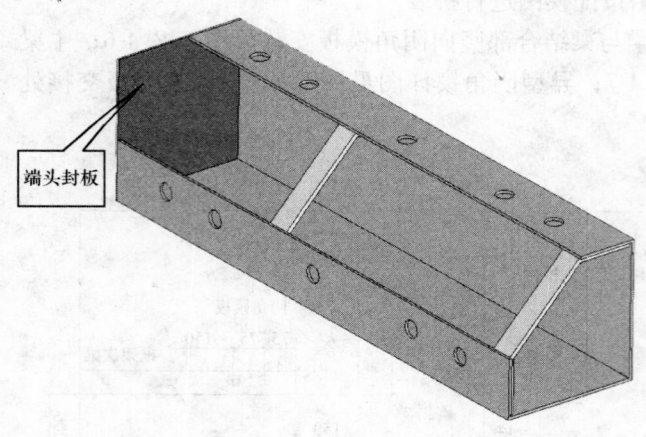

图 5.2.4-8　异型阴角模详图　　　　　　图 5.2.4-9　梁与板交接处模板安装样图

安装平面模板：由于空腹钢梁与钢托盘之间没有连接，为减少施工安全隐患，在调平完空腹钢梁后应立即照现浇板配模图铺设平面钢模板，不能将空腹钢梁长时间担空。

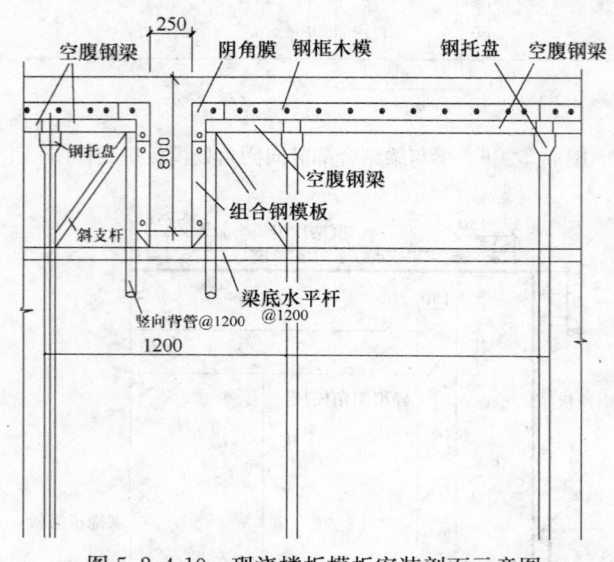

图 5.2.4-10　现浇楼板模板安装剖面示意图

检查与验收：平面模板安装完，用靠尺检查现浇板面的平整度和两板面之间的高低差，检查无误后用销钉把所有的模板连接成整体，增大模板的刚度，减小现浇板面的缝隙。

3）安装详图：现浇楼板模板的安装详图 5.2.4-10。

4）板底杆件的计算

工程中当现浇板的厚度尺寸＜150mm 且层高＜4.2m 时，对板底立杆纵横向取值为 1200mm，均能满足要求。当板的厚度尺寸≥150mm 或层高≥4.2m 时，要对板底支承杆件进行验算。

5.2.5　模板拆除

1. 墙、柱模板拆除，常温下墙、柱混凝土强度能保证其表面及棱角不因拆除模板而受损坏后方可拆除。

2. 起吊模板前，必须认真检查穿墙螺栓是否全部拆完，并清除模板及平台上的杂物，起吊时吊环应落在模板重心部位，并应垂直慢速确认无障碍后，方可提升吊走，同时不得碰撞墙、柱。

3. 墙、柱模板落地或周转至另一工作面时，必须一次安放稳固，倾斜角度 70°为宜，且模板上部必须系住，以防倾倒。

4. 为了保证模板的施工质量，现场应派专人进行模板维护与保养工作。

5.3　劳动力组织（表 5.3）

劳动力组织情况表　　　　　　　　　　　　　　　　　表 5.3

序　号	单项工程	所需人数	备　注
1	管理人员	3	
2	技术人员	1	
3	材料运输人员	8	
4	模板安装人员	30～60	
5	材料收捡人员	3	

6. 材料与设备

6.1 材料

6.1.1 模板加工材料：热轧钢板、型材、焊条、油漆等。

6.1.2 配套新型 65 系列钢模板：平模、角模、阴角模、阳角模、内脚手架、空腹钢梁、钢托盘、模板扣件、钢管扣件、吊装设备及作业平台板等。

6.1.3 隔离剂：甲基硅树脂、水性脱模剂。

6.1.4 钢模板、连接件、支承件规格见表 6.1.4-1～表 6.1.4-3。

钢模板规格　　　　　　　　表 6.1.4-1

名　　称	宽度(mm)	长度(mm)	助高(mm)
平面模板	600、550、500、450、350、300、250、200、150、100	1500、1200、900、750、600	63
阴角模板	150×150、100×150		
阳角模板	100×100、100×150		
连接角模	63×63		

连接件规格　　　　　　　　表 6.1.4-2

名　　称	规　　格
销钉	—
对拉螺栓	M12、M14、M16
山形件	—

支承件规格　　　　　　　　表 6.1.4-3

名　　称	规　　格	
	宽度(mm)	长度(mm)
空腹钢梁	200	600、900、1200、1500
钢托盘	200	650

6.2 主要机具

6.2.1 测量工具见表 6.2.1。

测量工具表　　　　　　　　表 6.2.1

名　　称	规格,型号	用　　途
水准仪		测量标高
经纬仪		测量控制线
线锤		测量模板垂直度
角尺	1m×1.5m	控制模板的角度
水平尺	长 450、500、550	找平
钢卷尺	5m、20m、50m	检查结构尺寸及放线
直尺	2～3m	校对尺寸
靠尺	2m	检查平整度
塞尺		检查安装

6.2.2 主要施工机具一般有锤子、斧子、活动扳子、手锯。水平尺、线坠、撬棍、吊装索具等。主要机械设备见表 6.2.2。

主要机械设备表　　　　　　　　　　　　　　表 6.2.2

序　号	名　称	规　格	数　量	用　途
1	塔吊	根据工程情况	1	垂直运输
2	平开机	ZDW43-8×1800	1	模板制作
3	剪板机	Q11-8×2500	1	模板制作
4	冲床	JN23-63	5	模板制作
5	气体保护焊机	YD-350KQ2	10	模板制作
6	行车	10t	2	模板制作
7	校直机	Y200L-8	2	模板制作
8	折弯机	WC67Y-250/3200	1	模板制作
9	油压机	YT32-500	1	模板制作
10	交流弧焊机	BX1-500-1	5	模板制作

7. 质 量 控 制

7.1　工程质量控制标准

7.1.1　模板安装质量的检查验收严格按现行国家标准《混凝土结构工程施工及验收规范》GB 50204—2002 的标准进行。

7.1.2　模板进场验收严格按国家标准《组合钢模板技术规范》GB 50214—2001 进行。钢模板产品组装质量验收按表 7.1.2 执行。

钢模板产品组装质量标准（单位：mm）　　　　　　表 7.1.2

项　目	允 许 偏 差
两块模板之间的拼缝	≤0.5
相邻模板面的高低差	≤1.0
组装模板板面平整度	≤2.0
组装模板板面的长宽尺寸	±2.0
组装模板两对长度差值	≤2.0

注：组装模板面积为 4200×4000。

7.2　质量保证措施（图7.2）

7.2.1　严格按照模板设计图下料、制作。

7.2.2　严格控制模板制作原材料质量，把好原材料验收关。

7.2.3　模板制作完成后，严格进行出厂检验，经检验合格后方可出厂。

7.2.4　所有模板安装完成并自检合格，由现场施工员组织班组长和现场技术负责人进行交接检。

7.2.5　模板及其支承结构的材质符合规范和设计要求。

7.2.6　模板及支撑杆件须有足够的强度、刚度和稳定性，支撑点要合理，模板安装好后表面要平整，接缝要严密，不得漏浆。

7.2.7　柱与梁、梁与梁、梁与板接叉处模板安装的阴角模要加强检查验收，作为关键工序进行监控。

7.2.8　模板安装好后检查验收重点要进行各部位构件是否合理牢固，在浇灌混凝土过程中要经常检查，如发现变形、松动等现象要及时修整加固。

7.2.9　组合钢模板工程安装完成后，要进行以下内容的检查和验收：

1. 组合钢模板的布局和施工顺序。

2. 连接件、支撑件的规格、质量和紧固情况。

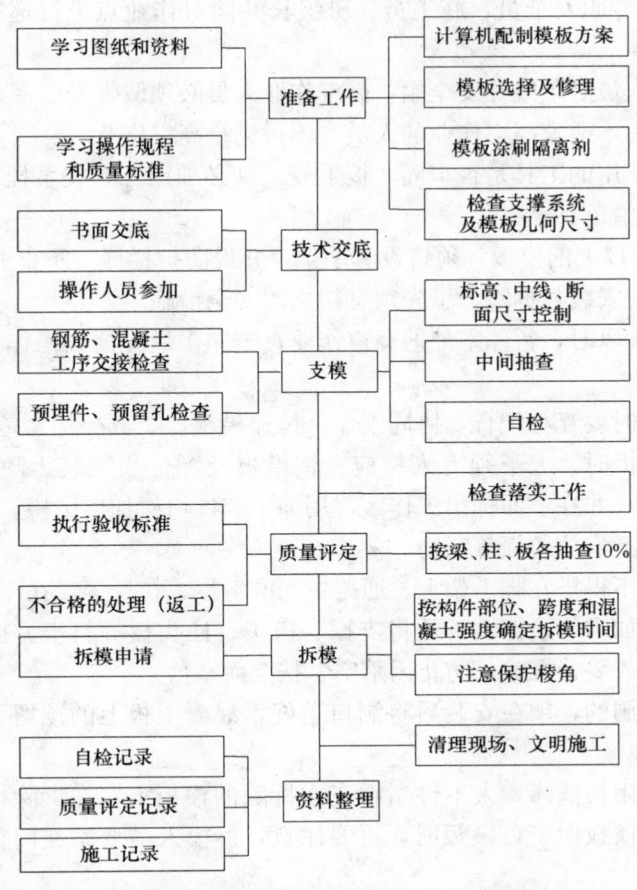

图 7.2　模板安装工程质量控制程序图

3. 支撑着力点和模板结构整体稳定性。

4. 模板轴线位置和标志。

5. 竖向模板的垂直度和横向模板的横向弯曲度。

6. 模板的拼缝宽度和高低差。

7.2.10　进入施工现场的模板须具有足够的强度、刚度和稳定性，模板外观尺寸的验收严格控制在允许偏差之内。

7.2.11　模板是混凝土成型的重要环节，在 65 系列模板安装时，要注意模板成型后的刚度、强度、稳定性，从而使混凝土达到设计要求的几何尺寸。

7.2.12　工程技术人员在工序开工前将各工序部位的模板安装图详细绘出，操作人员严格按图施工，质检员严格按图检查验收。

7.2.13　保证模板施工质量标准，垂直度、平整度均要在规定范围之内。拆下来的模板要进行清理修正，涂刷隔离剂后才能继续使用。

8. 安 全 措 施

8.1　在制作过程中严格按照各道工艺工序设备操作的使用说明书操作要领进行作业。

8.2　操作者必须在生产中按照工序要求佩戴手套和工作服，不允许赤脚、酒后上班，进车间上班必须佩戴安全帽。

8.3　认真贯彻"安全第一、预防为主、综合治理"的安全方针，在施工前项目部编制模板安装、拆除专项施工方案，经项目技术负责人审核和公司总工程师批准后，报现场总监理工程师同意后实施。

并有项目部技术负责人、专职安全员、施工员、班组长共同对作业点进行巡视、指导安全操作，确保安全生产。

8.4 进入施工现场人员必须戴好安全帽，高空作业人员必须佩带安全带，并系牢。

8.5 经医生检查认为不适宜高空作业的人员，不得进行高空作业。

8.6 工作前先检查使用的工具是否牢固，板手等工具必须用工具袋系挂在身上，工作时要思想集中，防止钉子扎脚和空中滑落。

8.7 安装与拆除 2m 以上的模板，须搭设脚手架，并设防护栏杆。防止上下在同一垂直面操作。

8.8 高空结构模板的安装与拆除，事先须有切实的安全措施。

8.9 遇六级以上的大风时，暂停室外的高空作业，雪霜雨后先清扫操作面，雨雪后支模要做好防滑措施。

8.10 两人抬运模板时要互相配合，协同工作。传递模板、工具要用运输工具或绳子系牢后升降，不得乱抛。组合钢模板装拆时，上下须有人接应。钢模板及配件须随装拆随运送，严禁从高处抛下，高空拆模时，有专人指挥。并在下面标出工作区，用绳子和红白旗加以围栏，暂停人员过往。

8.11 不得在脚手架上堆放模板等杂物。

8.12 支撑、撬杠等不得搭在脚手架上。通路中间的斜撑、拉杆等设在 1.8m 高以上。

8.13 支模过程中，如需中途停歇，须将支撑、搭头、柱头板等钉牢。拆模间歇时，将已活动的模板、撬杠、支撑等运走或妥善堆放，防止因踏空、扶空而坠落。

8.14 模板上有预留洞的，须在安装后将洞口盖好，混凝土板上的预留洞，须在模板拆除后立即将洞口盖好。

8.15 拆除模板一般用长撬棒，人不许站在正在拆除的模板上，在拆除楼板模板时，要注意整块模板掉下，尤其是用定型模板做平台模板时，更要注意，拆模人员要站在门窗洞口外拉好支撑，防止模板突然全部掉落伤人。

8.16 严禁混凝土泵送管与架体联结。

8.17 高空作业要搭设脚手架或操作台，上、下要使用梯子，不许站立在墙上工作。

8.18 装拆模板时，作业人员要站立在安全地点进行操作，防止上下在同一垂直面工作。操作人员要主动避让吊物，增强自我保护和相互保护的安全意识。

8.19 拆模必须一次性拆清，不得留下无撑模板。拆下的模板要及时清理，堆放整齐。

8.20 钢模垂直运输时，吊点必须符合要求，以防坠落伤人。模板顶撑排列必须符合施工荷载要求，尤其遇地下室顶模板，支撑还另需考虑中（小）型机械行走因素，每平方米支撑数，必须根据载荷要求。拆模时，临时脚手架必须牢固，不得用拆下的模板作脚手板。脚手板搁置必须牢固平整，不得有空头板，以防踏空坠落。

8.21 封柱模板时，不准从顶部往下套。

8.22 在施工现场如发现有安全措施达不到要求时，不管是工人或是现场管理人员均可拒绝施工，并报现场施工安全负责人，进行有效的整改后再继续工作。

8.23 建立完善的施工安全保证体系，加强施工作业中的安全检查，确保作业标准化、规范化。

9. 环 保 措 施

9.1 加工过程中定时进行噪声检测，严禁超过国家标准和要求。

9.2 模板防锈喷漆均采用密封式喷漆，不得造成对外界污染。

9.3 成立施工现场环境卫生管理机构，在施工过程中严格遵守国家和省市政府颁布和下发的有关环境保护的法律、法规和规章，加强对工程材料、设备、生产生活垃圾、各种废弃物的控制和治理，遵守有防火及废弃物处理的规章制度，随时接受相关单位的监督检查。

9.4 现场无扬尘，无环境污染、使用无毒性的脱模剂。

9.5 道路运输无遗洒。

9.6 现场夜间施工无光污染。

10. 效 益 分 析

10.1 新型 65 系列钢模板较普通组合钢模板安装简单、方便。可以大大加快施工进度。克服了普通组合模板接缝差、刚度小、易变形、施工速度慢的特点。

10.2 利用新型 65 系列钢模板施工，成型结构尺寸准确、表面平整度较好，达到清水混凝土效果，不需粉刷。可节约大量的人力、物力及时间，为工程降低了成本、加快了工期、节约了资源。产生了较好的经济和社会效益。

10.3 新型 65 系列钢模板刚度大，不易变形、损坏，使用周期较长。

11. 应 用 实 例

11.1 云南省昆明市京鹏房地产开发公司玫瑰湾项目 5～8 栋，总建筑面积 53000m²，框剪结构，地下 1 层，层高 4.2m，地上 12 层，层高 2.9m。本工程工期 11 个月，2006 年 4 月开工建设，于 2007 年 3 月完工。工程完工后混凝土结构达到清水混凝土的标准，未进行粉刷，使工期提前一个多月。

11.2 云南省昆明市银海畅园 9 号、10 号、17 号、18 号楼。总建筑面积 27000m²，全剪结构，层高 3.00m。该工程工期 15 个月，其中 9 号、10 号、18 号层数为 6 层；17 号层数为 14 层。工程开工日期为 2007 年 6 月 20 日，工程于 2008 年 7 月完工，工程完工后混凝土结构达到清水混凝土标准，未进行粉刷。

11.3 云南省昆明市上林宽境 3 号、4 号楼，全剪结构，层高 2.9m，总建筑面积 19000m²。该工程工期 6 个月，其中 3 号楼层数为 10 层，4 号层数为 14 层。工程开工日期为 2008 年 6 月 20 日，工程于 2008 年 11 月完工，工程完工后混凝土结构达到清水混凝土的标准，使工程提前工期近一个半月。

托梁换柱施工工法

GJEJGF065—2008

云南工程建设总承包公司　云南建工水利水电建设有限公司

熊英　宁宏翔　李信东　邓丽萍　陈明有

1. 前　言

为了提高生产力或扩大生产规模,在原有群体厂房结构的基础上进行工艺更新改造,往往需要对厂房某一部分结构进行改造来满足新增工艺的要求,而且在改造施工过程中还要求保证现有的生产能正常运行。托梁换柱工法就是将不需改造的结构采用自升式塔吊的塔身和升降套架作为支撑点,拆除原有柱列,安装新制柱列,再恢复更换新柱与屋面结构的连接。昆钢三炼钢厂房托梁换柱改造难点是:1. 临时支撑高 23m,选用何种结构既经济又安全。2. 屋面为大型屋面板,支撑承受的荷载大。3. 改造面积大,约 20000m²。4. 改造期间钢厂必须正常生产,对施工组织管理要求高。针对这些问题在实践中不断总结,形成了此工法。该工法有效解决了托梁换柱改造的技术难题,施工工艺先进,适用性强,有显著的经济效益和推广价值。

2. 工法特点

2.1　自升式塔吊比较常用,临时支撑屋面使用的自升式塔吊的塔身和升降套可重复使用。

2.2　利用塔身和升降套架支撑屋面结构的顶承架结构安装、拆除简单,操作方便,占用空间小。

2.3　根据改造面积的大小,可以单组作业,也可以多组同时作业。

3. 适用范围

单跨或多跨厂房柱更换施工。

4. 工艺原理

采用自升式塔吊的塔身和塔吊升降套架,将柱承担的全部荷载转为由塔身承担,拆解除屋架与柱子的连接,拆除原有钢柱,更换新制钢柱。

5. 工法流程及操作要点

5.1　工艺流程

施工准备 → 塔身顶承架安装 → 拆除原有钢柱 → 安装新钢柱 → 拆除塔身支承架

5.2　操作要点

5.2.1　施工准备

选用一块坚实的场地,模拟顶承荷载检验液压表指针读数与实际顶承力的精确度,按实际计算顶承荷载的 60%、80%、100% 分三次加载,检查液压表指针读数与实际顶承偏差值。

5.2.2　塔身顶承架安装

1. 底座安装

采用 H 形钢焊制底座，用经纬仪配合测放出柱间距的垂直中心线，用钢尺确定塔身底座的安装位置，用吊车配合将塔身底座安设到预定位置，用水准仪监控调整塔身底座四大角在同一水平面上。

2. 塔身安装

用吊车配合进行塔身安装，并用测量仪器监控塔身垂直度，塔身垂直度偏差控制在 5mm 以内。在塔身高度达到要求后，采用四根等长度的钢绳，将塔身顶承两侧的两榀屋架捆绑牢固，并与塔吊升降套架对称连接，各捆绑用木方衬垫，防止钢绳勒伤屋架。启动塔吊升降套架液压系统使套架缓慢爬升，待钢绳受力时停止爬升，检查钢绳是否同步受力。启动塔吊升降套架液压系统让套架缓慢爬升，同时观察液压表指针动向，待顶承力达到 60% 时停止顶承，检查各捆绑点稳固情况，塔身垂直度偏移情况。在达到 95%～100% 顶承力时停止，确认安全无误后，用塔吊升降套架上的自锁装置锁定套架位置，关闭液压系统，由专职人员守护不得随意启动。液压系统工作时，每台塔机均由专职人员操作，同时在相应位置架设仪器，监控受力部位及相邻屋架标高变化情况。

5.2.3 拆除原有钢柱

1. 拆除屋架与钢柱的连接

在拆除屋架与钢柱的连接之前，在钢柱上焊一个作为保险用的钢牛腿，使钢牛腿与屋架端部节点板间隙 2～3mm，然后松动钢屋架与钢柱连接的螺栓，螺栓分组松动，每松动一组螺栓检查一次钢屋架与焊制钢牛腿之间的间隙有无变化，若有变化则停止螺帽松动，相应调整塔身顶承架的顶承力，并用铁锤敲击节点位置的柱身，直到钢屋架端部节点板与钢牛腿之间的间隙回到原来位置。为防止临时支撑受力时屋架变形，在屋架端头上下弦之间焊一根竖杆，使之形成一个相对稳定的结构。为保证顶承中相邻两榀屋架与柱或托架分离后 6m 间距不变，在两榀屋架上弦钢绳吊点及对应的下弦处加设一根杆件，以保证两榀屋架的间距在改造期间保持原状。

2. 原有钢柱的拆除

用吊装机械设备将原有钢柱起吊拆除。拆除的钢柱及时运离施工现场。拆除钢柱使用的吊装机械可根据实际重量及高度确定。

5.2.4 安装新制钢柱

可根据现场空间情况结合新制钢柱的重量、钢柱长度等因素选用吊装机械，吊装时钢绳捆绑吊点位置要与钢柱垂直重心线重合，保证钢柱起吊点后垂直吊装就位，吊装钢柱的每个操作过程要平稳缓慢进行，防止钢柱摆动碰撞到屋面结构发生意外事故。新制钢柱吊装就位后，用经纬仪、水准仪监控校正新制钢柱的垂直度和安装标高。随后再恢复新制钢柱与钢屋架（钢梁）的连接。

5.2.5 拆除塔身

在新制钢柱与钢屋架的连接经检查符合要求后可以拆除塔身，由专职人员操作，启动塔吊升降套架液压系统让套架缓慢下降，同时观察液压表指针动向，待顶承力下降到 50% 时停止下降，全面检查钢屋架与钢柱连接是否安全，确认后再启动塔吊升降套架液压系统让套架缓慢下降，同时观察液压表指针动向，观察液压表指针读数归零时，停止下降，再次全面检查钢屋架与钢柱连接的安全性，在确认安全无误后用吊车拆除塔身。

5.3 劳动力组织（表 5.3）

劳动力组织表 　　　　　　　　　　　　　　　　　　　表 5.3

序　号	工　种	人　数
1	管理人员	3
2	技术人员	3
3	专职电工	1
4	塔吊操作人员	4
5	测量员	4
6	起重工	8

续表

序　号	工　种	人　数
7	电焊工	2
8	指挥工	2
9	普工	8
10	专职安全员	2
合计		37

6. 材料与设备

本工法采用材料均为常用普通材料，无特别说明，主要施工机具配备表见表6。

主要施工机具配备表　　　　　　　　　　　　　　　　　　　　　表6

序号	设备名称	单位	数量	用　途
1	电焊机	套	3	塔身底座制作
2	氧割设备	套	1	塔身底座制作
3	吊车	台	3	塔身顶承安装，换柱
4	塔吊	台	2	顶承屋面

7. 质量控制

7.1　质量控制标准

《钢结构施工质量验收规范》GB 50205—2001；

《塔式起重机检验规范》GB 10057—88。

7.2　关键部位质量要求

7.2.1　地基承载力

根据现场实际检测，塔身底座与地表接触面的总承载能力≥3倍顶承屋面结构总荷载。

7.2.2　塔身底座安装质量

塔身底座与地表接触面积＞95％，塔身底座的表面四大角必须在同一水平面上，塔身底座中心线必须位于柱间距垂直平分线上。

7.2.3　塔身安装质量

塔身安装垂直度偏差小于5mm，塔身接头处的紧固螺栓要拧紧。

7.2.4　塔吊升降套架

液压操作系统要完好无损，套架滑动定位滑轮与塔身接触要紧密，转动流畅。

7.3　质量保证措施

7.3.1　安装塔身底座前，用细石混凝土找平层，在塔身底座上标识出几何中心线。安装塔身底座时操作要缓慢平稳防止破坏找平层的平整度。并保证塔身底座几何中心线与挂设十字定位重合。

7.3.2　安装塔身顶承架时用经纬仪监控塔身垂直度。塔身接头紧固件和螺栓100％的检验，有缺陷的一律不得使用。检验合格的认真清洗并用润滑油浸泡。

7.3.3　设置专职质量检验员，负责工程质量的业务管理和专职的检验工作，上、下道工序的转序必须经专职质量员检验合格后方可进行。

8. 安全措施

8.1　全体进场职工要提高安全意识，树立"安全第一，预防为主"的思想，处理好安全与生产、安全与稳定的关系。项目部每一位管理人员随时随地都要牢记为操作工人提供安全生产的条件。

8.2 建立现场安全保证体系，明确职能部门及管理人员的各级安全岗位责任制，定岗、定员、定部位，安全防护措施要落实到人上。

8.3 开工前按《施工现场临时用电安全技术规范》JGJ 46—2005 要求，由项目部专职人员计算用电量，选择导线断面，设计配电室或配电柜；用电线路严格按三相五线制设置，保护接零重复接地、漏电保护设施等环节逐项检查落实，由项目经理组织有关人员验收合格后方能使用。

8.4 施工前做好安全技术交底。每天上班前，组织班前交底会，对工程中的质量要求、安全问题或者关键部位的工艺顺序、技术要点进行交底，落实安全责任制，并履行签证手续。

8.5 对临边、出入通道处的安全防护栏刷上不同颜色的油漆，做出明显的警示标志，让施工人员和过往人员一目了然。

8.6 工程管理人员和操作工人必须持证上岗。

8.7 改造施工与车间生产形成交叉时，为确保施工安全和正常生产秩序，在改造各跨时，甲乙双方派出专职人员在施工现场进行统一调度、协调改造施工与生产的交叉关系，确保各项工作顺利进行。

8.8 严禁立体交叉作业，各工种、机种、生产人员必须服从统一指挥、协调。上、下班人员在改造施工中，必须按指定的安全线路通过。

8.9 各工种必须遵守本工种安全操作规程，现场高空人员穿好防滑鞋，拴好安全带，地面人员戴好安全帽。严禁酒后人员和无"三防"人员进入吊装现场。

8.10 拆卸、安装中，必须用事先匹配的活动挂梯或操作挂笼。必要时，搭设简易操作平台。

8.11 在施工区域内有生产设备的，搭设安全棚架防护。

9. 环保措施

9.1 屋面上的灰尘清理前洒水湿润。

9.2 预应力大型屋面板拆除后集中堆放，统一处理，混凝土、砂浆等建筑垃圾边拆边装袋，以减少扬尘。

9.3 拆除的废旧钢材进行回收处理。

9.4 施工现场安排专人每天进行清扫，施工垃圾分类后统一用专车收集运输到垃圾场。

10. 效 益 分 析

采用本工法施工，减少了对原有厂房结构的拆除范围，降低了工程改造投资费用，能以最短的施工周期完成改造施工，让工厂新增生产工艺能尽快投入使用，提高工厂生产力，满足社会市场的需求，使业主能提前得到投资效益。同时，在整个改造施工过程中，可保证业主的正常生产。减少了对原有厂房结构、生产辅助设施的拆除以及相应的恢复工作，避免了施工企业大量的投入施工机械、人力资源和物力资源，使施工企业能充分发挥技术资源优势，以有限的企业资源最大化的服务社会。操作简单，施工质量安全易于控制，能为业主节约工程投资，缩短工程施工周期，使业主能获得较快投资回报效益。同时，施工企业也能更快的把相应施工机械、人力资源投入到新建设的项目中去，以获取更大的效益。

11. 应 用 实 例

11.1 昆明钢铁集团有限公司第三炼钢厂主厂房结构为八跨并联排架钢结构厂房。2001 年昆钢第三炼钢厂板带工程项目为新增精炼设备一套和新增连铸生产线一条，配套生产工艺要求在浇铸跨和钢包接受跨各增加一台 100t 级桁车，且新增桁车轨顶标高要求为＋28.000m，而原有浇铸跨和钢包接受跨各有一台 50t 级桁车，桁车轨顶标高为＋18.000m，屋面顶最大标高为 23.000m。为满足新增设备生产工艺要求，必须将钢包接受跨和浇铸跨⑥轴线～（3/01）轴线之间的屋面结构升高到＋35.000m，钢包接受跨和浇铸跨的三排钢柱更换为新制的大型钢柱，将桁车梁轨顶标高提升到＋28.000m。钢包接受跨东侧并联的转炉跨屋面上有一条生产原料输送胶带机通廊，转炉跨为 13m 跨，顶撑 13m 跨屋架 9 榀，更换 18m 托架 2 榀、更换 12m 托架 1 榀、更换钢柱 4 根。在浇铸跨西侧并联过渡跨屋面上有 2 根 φ1212 的煤气管及控制系统电缆桥架，过渡跨为 27m 跨，顶撑 27m 跨屋架 22 榀，更换 18m 托架 5 榀、更换 12m 托架 3 榀、更换钢柱 9 根。在整个改造过程中，只是把要升高的浇铸跨和钢包接受跨屋面结构拆除，而相邻的转炉跨和过渡跨的屋面结构就没有拆除，采用本工法进行了换柱改造施工使施工企业和业主都获得很好经济效益。

改造前后简图见图 11.1-1、图 11.1-2。

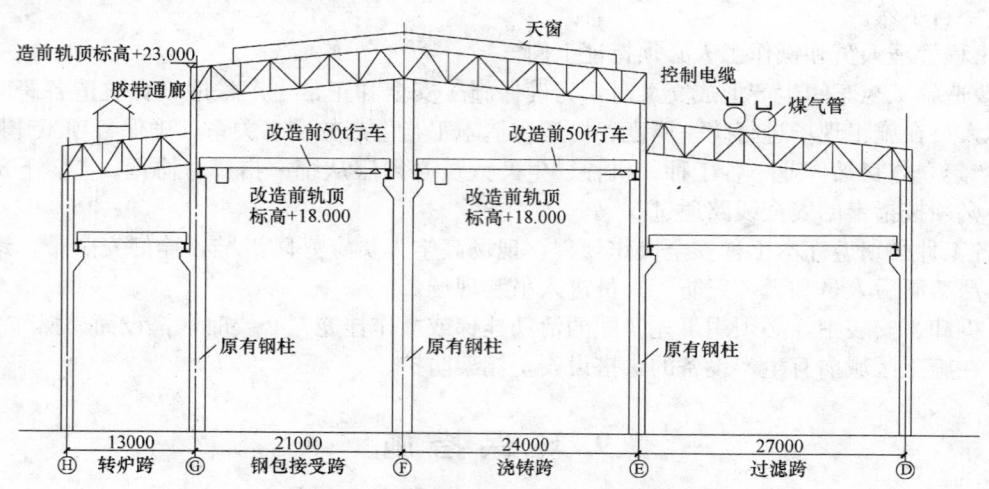

图 11.1-1　昆明钢铁厂厂房改造前示意图

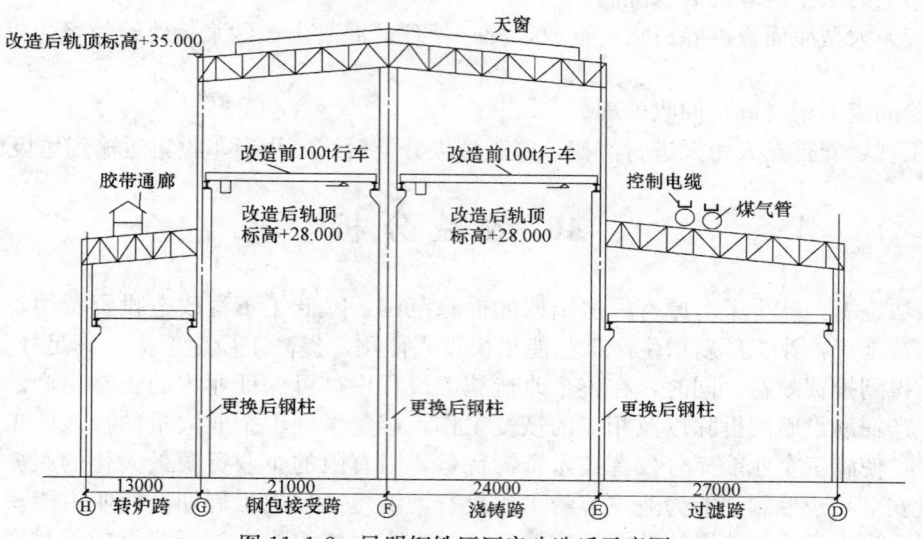

图 11.1-2　昆明钢铁厂厂房改造后示意图

11.2　新疆八一钢厂工程：由于昆钢三炼钢厂房改造取得成功，新疆八一钢厂厂房改造慕名而来要求帮助他们完成炼钢厂房改造施工。新疆八一钢厂厂房需改造最大跨度 21m、高度 25m。改造面积约 2437m²。按此工法进行组织、管理，工程顺利进行，取得了较好的经济效益。

11.3　由云南工程建设总承包公司承建的云南华邦钢结构工程有限公司厂房工程采用托梁换柱施工，建筑面积 7900m²，该工程 2001 年 12 月竣工交付使用，至今未出现任何异常情况，并且取得了较好的经济效益。

闪光对焊封闭箍筋施工工法

GJEJGF066—2008

陕西建工集团总公司　贵州建工集团总公司
周思清　王奇维　吕军政　宋晗　张放明

1. 前　言

针对建筑结构钢筋工程中绑扎箍筋结构性能差，施工工艺复杂，材料浪费的问题，经过多年的技术开发、研制，形成了箍筋闪光对焊施工工艺，改善了钢筋混凝土结构的结构性能，简化了钢筋施工工艺，节约了钢材。

陕西建工集团总公司将箍筋闪光对焊工艺在陕西省委机关西院危房改建工程 1 号办公楼、陕西文化中心一期工程 I 标段、法门寺合十舍利塔等工程中推广应用，并编制了《闪光对焊封闭环式箍筋施工工法》。同时结合我省工程实际，编制了陕西省工程建设地方标准《箍筋闪光对焊技术规程》。

闪光对焊封闭箍筋施工工法可以运用到量大面广的钢筋混凝土结构施工中，其技术原理科学，容易推广，具有明显的社会效益和经济效益。

2. 工 法 特 点

2.1　以箍筋闪光对焊工艺施工的钢筋混凝土结构，整体结构性能比采用绑扎箍筋工艺要高。特别体现在结构的整体刚度的提高、构件的抗剪、抗扭性能的提高，有利于建筑结构抗震能力的提高。

2.2　封闭环式箍筋的加工工艺简化，减少了搭接部分的弯钩，尺寸易于控制，形成的箍筋成品整体性能好，安装过程中不易变形，有利于结构钢筋绑扎的整体几何尺寸控制。同时由于没有弯钩，绑扎时减少了阻碍，能提高施工效率。

2.3　节约钢材。

3. 适 用 范 围

本工法适用于钢筋混凝土结构中梁、柱、墙、基础等含有箍筋的钢筋混凝土结构构件中箍筋的制作、对焊和钢筋安装工程。

4. 工 艺 原 理

将待焊箍筋两端以对接形式分别安放在对焊机两电极夹具上，在待焊箍筋两端部形成强大的焊接电流，使接触点熔化，产生强烈钢渣飞溅，形成闪光，迅速施加顶锻力压焊出封闭环式箍筋。其基本原理与钢筋闪光对焊工艺相类似。

5. 施工工艺流程及操作要点

5.1　施工工艺流程（图 5.1）

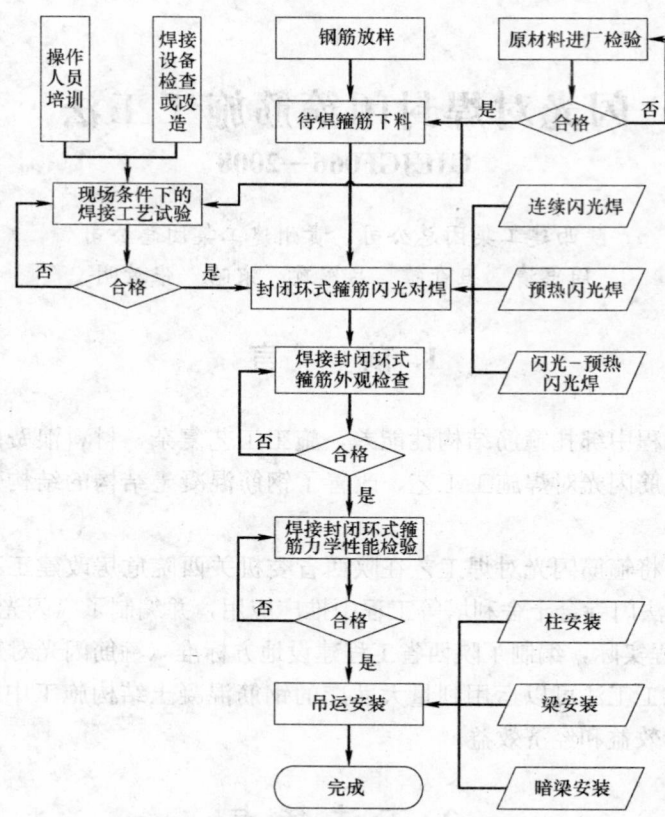

图 5.1　封闭环式箍筋闪光对焊施工工艺流程图

5.2　操作要点

5.2.1　施工准备

1. 箍筋闪光对焊，采用普通钢筋对焊机进行焊接，焊接前要对焊机进行检查，检查其绝缘和焊接性能。为了提高工效，可对钢筋对焊机进行改造，改造的主要部分为钢筋夹紧装置。

2. 封闭环式箍筋闪光对焊的操作人员必须经过专业培训。经考试合格，持有封闭环式箍筋闪光对焊考试合格证的焊工，才能上岗操作。

3. 按照施工图进行钢筋放样，精确计算钢筋尺寸，预留钢筋在相应的施工工艺下的烧化留量和顶锻留量。

4. 钢筋进场后，应按现行国家标准《混凝土结构工程施工质量验收规范》GB 50204 中有关规定，对钢筋进行复验。

5. 在工程开工正式焊接之前，参与该项施焊的焊工应进行现场条件下的焊接工艺试验。选择合理的焊接工艺和焊接参数，经检验合格后，方可正式进行焊接。

5.2.2　箍筋放样，确定焊点位置

1. 钢筋放样和计算下料长度

按照设计要求，进行箍筋放样，确定箍筋的形状、尺寸。在计算下料长度时应当留足闪光对焊的烧化留量和顶锻留量（图 5.2.2-1）。

通常可按照下述公式计算下料长度：

$$L_g = L - m + n \tag{5.2.2}$$

式中　L_g——箍筋下料长度；

　　　L——周长中心线长度（mm）；

　　　m——箍筋弯曲延伸长度（mm）；

n——箍筋焊接总留量（mm）。

待焊箍筋的下料长度，在实际工程中可能因操作习惯、切断设备等原因出现偏差。因此，大量下料前应先作试件，并调整确定最终下料长度。

2. 确定焊点位置

应根据构件受力情况选择对焊箍筋的焊点位置，宜将焊点位置布置在箍筋受力较小的一边。

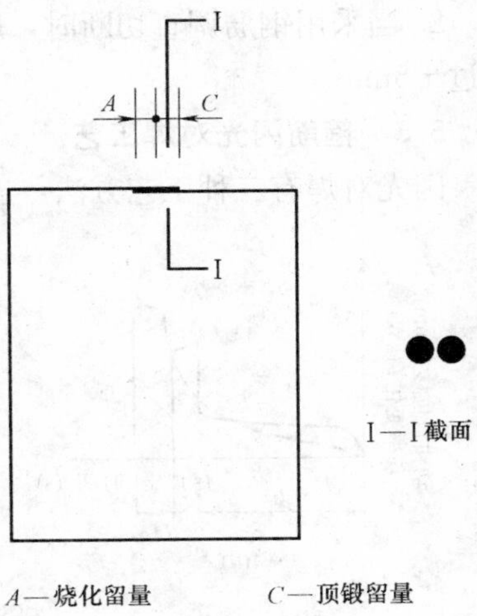

对柱、梁中的箍筋焊点位置应符合下列规定：

1）矩形柱箍筋焊点应放在柱的宽度边（短边），见图5.2.2-2（a）；焊点位置绑扎时应相互错开，数量各占50%；等边多边形柱箍筋焊点可放在任一边。

2）异形柱箍筋焊点也应放在柱的短边，见图5.2.2-2（b），相邻箍筋焊点位置应相互错开，数量各占50%。

3）梁的焊点位置应设置在梁的顶边或底边。

4）当封闭环式箍筋短边内净空尺寸在80～800mm时，焊点应取该短边的中间；当封闭环式箍筋短边内净空尺寸大于800mm时，焊点应选择在适合焊工操作的位置，通常可选在距封闭环式箍筋弯折点300～400mm处，见图5.2.2-3。

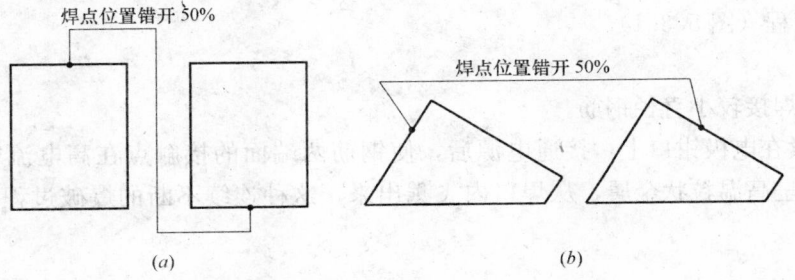

A—烧化留量   C—顶锻留量

图 5.2.2-1 箍筋闪光对焊的烧化留量和顶锻留量示意图

图 5.2.2-2 焊点的位置示意图

5.2.3 待焊箍筋下料

1. 待焊箍筋可采用普通钢筋切断机下料，采用钢筋切断机下料时，应将切断机的刀口间隙调整到0.3mm；多根钢筋应单列垂直排放，钢筋轴线应与刀片面垂直，见图5.2.3。

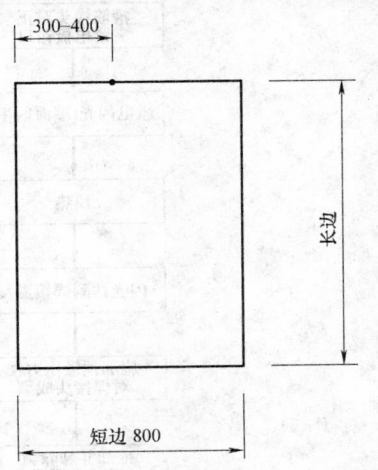

图 5.2.2-3 大尺寸箍筋焊点位置

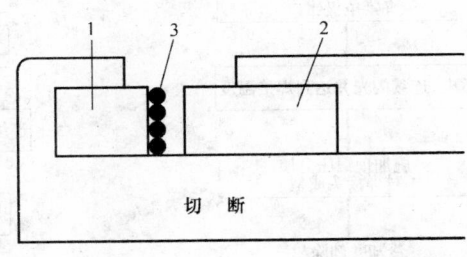

图 5.2.3 多根钢筋用切断机断料
1—固定刀片；2—活动刀片；3—钢筋（单列垂直排放）

如果钢筋切断口有压痕，待焊箍筋下料长度，应增加约 0.5～1.0d （d 为箍筋直径）。

2. 当采用钢筋调直切断时，应保证调直后钢筋无弯折；钢筋下料长度符合设定长度，其误差不得超过±5mm。

5.3 箍筋闪光对焊工艺

闪光对焊有三种工艺方法：连续闪光焊、预热闪光焊、闪光-预热闪光焊。其工艺过程见图 5.3。

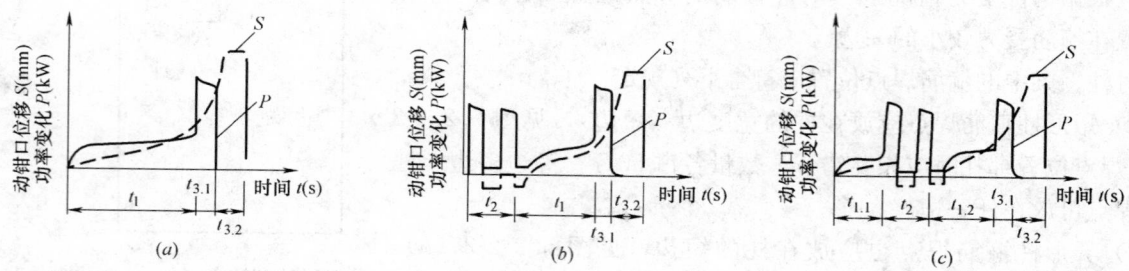

图 5.3 封闭环式箍筋闪光对焊工艺过程图解

(a) 连续闪光焊；(b) 预热闪光焊；(c) 闪光-预热闪光焊

t_1—烧化时间；$t_{1.1}$—一次烧化时间；$t_{1.2}$—二次烧化时间；t_2—预热时间；

$t_{3.1}$—有电顶锻时间；$t_{3.2}$—无电顶锻时间

5.3.1 连续闪光焊

1. 焊接工艺流程（图 5.3.1）

2. 操作要点

本工艺适用于焊接较小直径钢筋。

1) 将钢筋夹紧在电极钳口上，接通电源后，使钢筋两端面的接触点在高电流密度作用下迅速熔化、蒸发、爆破，呈高温粒状金属，从焊口内飞溅出来，这种连续不断的爆破过程，称之为烧化或闪光过程。

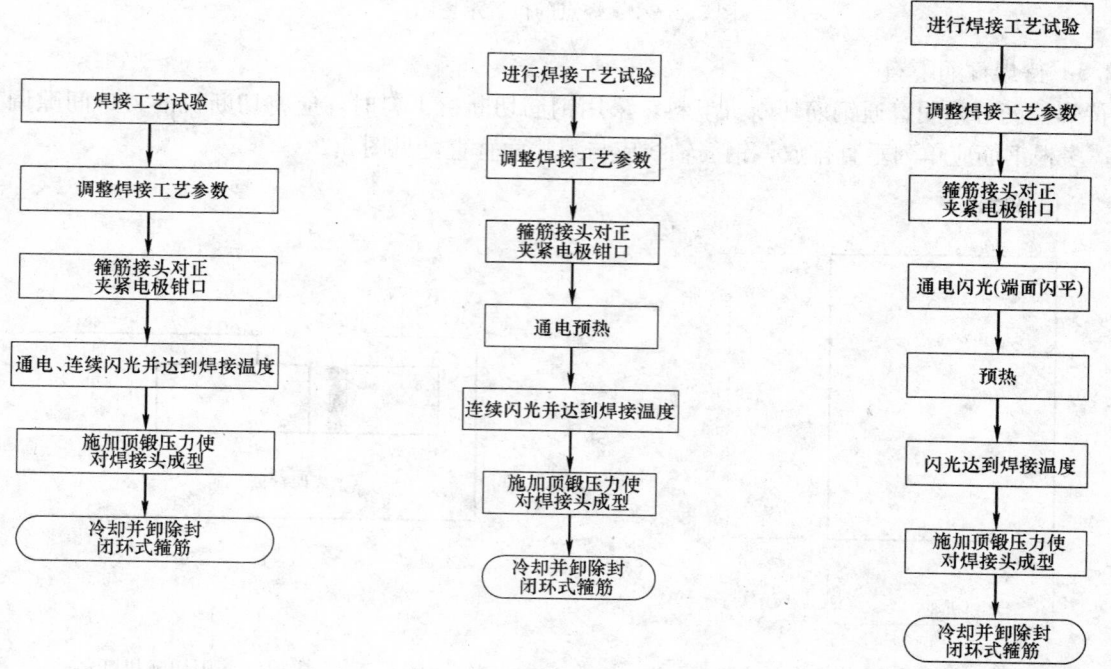

图 5.3.1 连续闪光焊工艺流程图　　图 5.3.2 预热闪光焊工艺流程图　　图 5.3.3 闪光-预热闪光焊工艺流程图

2）为了保证连续不断的闪光，随着金属的烧损，钢筋经过一定时间的烧化，使焊口达到所需的温度，并使热量扩散到焊口两边，形成一定温度的热影响区，施加合适的顶锻压力，使液态金属排挤在焊口之外，箍筋两端挤压成形，完成焊接。

5.3.2　预热闪光焊

1. 工艺流程见图5.3.2。

2. 操作要点

钢筋直径较大，且待焊箍筋对焊端面较平整时，宜采用"预热闪光焊"。

1）在连续闪光对焊前附加预热阶段，即将夹紧的两个钢筋端面，在电源闭合后，开始以较小的压力接触，然后又离开，这样不断地断开又接触，每接触一次，由于接触电阻及钢筋内部电阻使焊接区加热，拉开时产生瞬时的闪光。经上述反复多次使接头温度逐渐升高形成预热阶段。

2）焊件达到预热温度后进入闪光阶段，随后顶锻完成焊接。

3）当采用预热闪光焊工艺时，应适当增加预热留量。

5.3.3　闪光-预热闪光焊

1. 工艺流程见图5.3.3。

2. 操作要点

钢筋直径较大，且待焊箍筋对焊端面不平整（有端部压痕）时，宜采用"闪光-预热闪光焊"。

闪光-预热闪光对焊是在预热闪光对焊之前，预加闪光阶段，其目的是把钢筋端部压痕部分烧去，使其端面比较平整，在整个钢筋端面上加热温度比较均匀，有利于提高和保证焊接接头的质量。其操作要点除第一阶段通过闪光将端面闪平，保证后续预热均匀外，其他和预热闪光焊相同。

5.3.4　其他操作要领

操作过程中，还要结合现场实际，通过焊接工艺试验，准确把握好以下要点：

1. 待焊箍筋不得有局部变形，两端约120mm范围内不得有铁锈、污物，且两端必须对正夹紧；

2. 通电预热要充分；

3. 顶锻前瞬间闪光要强烈；

4. 合适用力，快速顶锻；

5. 延长无电流顶锻时间5～10s；

6. 控制好封闭环式箍筋冷却卸除的节奏。

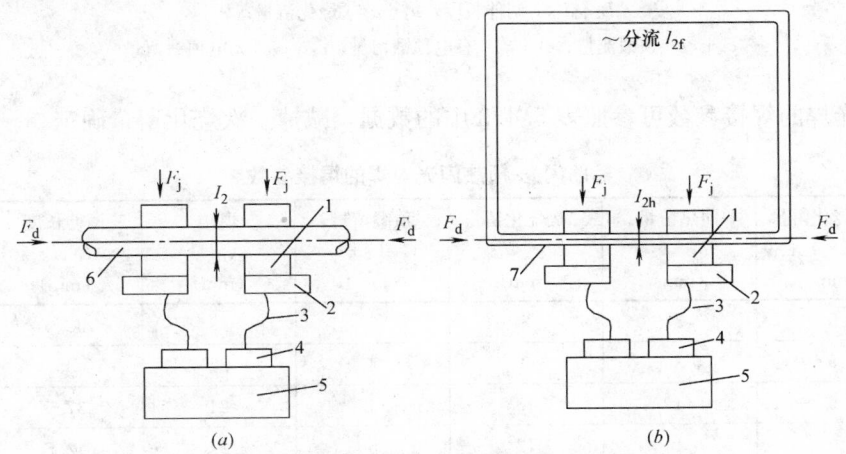

图 5.4.1　对焊机的焊接回路与分流

(a) 钢筋闪光对焊；(b) 箍筋闪光对焊

1—电极；2—动板；3—次级软导线；4—次级线圈；5—变压器；6—钢筋；7—箍筋；

F_j—夹紧力；F_d—顶锻力；I_2—二次电流；I_{2h}—二次焊接电流；I_{2f}—二次分流电流

5.4 箍筋焊接参数的调整

当箍筋下料、弯曲成型后，按照选定的焊接工艺由焊工进行闪光对焊。焊工应选择合适的焊接参数。

5.4.1 焊接变压器容量和级数

闪光对焊箍筋为封闭环式，焊接时，有部分焊接电流经环状钢筋流过，产生二次电流分流现象，造成部分能耗，见图 5.4.1。因此要适当提高焊机容量，并应选择较大变压器级数。

5.4.2 箍筋连续闪光对焊焊接参数调整

箍筋连续闪光对焊的调伸长度和焊接留量见表 5.4.2，并经试焊后确定。焊接留量图解见图 5.4.2。

5.4.3 箍筋预热闪光焊、闪光-预热闪光焊焊接参数调整

箍筋闪光-预热闪光焊的调伸长度和焊接留量见表 5.4.3 并经试焊后确定。焊接留量图解见图 5.4.3。

箍筋连续闪光对焊的焊接参数　　　　　　　　　　表 5.4.2

箍筋直径 (mm)	烧化留量 $A=a_1+a_2$ (mm)	顶锻留量 $C=c_1+c_2$ (mm)	焊接总留量 $A+C$ (mm)	调伸长度 L_1、L_2 (mm)	两钳口间距离 L_1+L_2 (mm)
8	5	3	8	20	40
10	7	3	10	25	50
12	8	4	12	30	60
14	9	5	14	32.5	65
16	11	5	16	35	70
18	13	5	18	37.5	75

注：1. 当采用预热闪光对焊时，应增加预热留量 2～3mm。
　　2. 有电顶锻留量约为顶锻留量的 2/3。

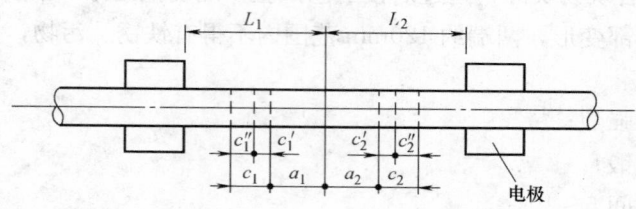

图 5.4.2　箍筋连续闪光对焊时焊接留量图解

L_1、L_2—调伸长度；a_1+a_2—烧化留量；

c_1+c_2—顶锻流量；$c_1'+c_2'$—有电顶锻留量；$c_1''+c_2''$—无电顶锻留量

箍筋预热闪光焊的焊接参数可参照表 5.4.3 中的数据，减掉一次烧化留量确定。

箍筋闪光-预热闪光对焊的焊接参数　　　　　　　　表 5.4.3

钢筋直径 (mm)	一次烧化留量 $a_{1.1}+a_{2.1}$ (mm)	预热留量 b_1+b_2 (mm)	二次烧化留量 $a_{1.2}+a_{2.2}$ (mm)	顶锻留量 $C=c_1'+c_2'$ (mm)	焊接总留量 (mm)	调伸长度 L_1、L_2 (mm)	两钳口间距离 L_1+L_2 (mm)
12	5	3	8	3	19	32.5	65
14	5	3	9	4	22	35	70
16	6	4	10	4	24	37.5	75
18	6	4	12	5	27	42.5	85

注：有电顶锻留量约为顶锻留量的 2/3。

5.5 闪光对焊的异常现象、焊接缺陷及消除措施

闪光对焊的异常现象、焊接缺陷及消除措施见表 5.5。

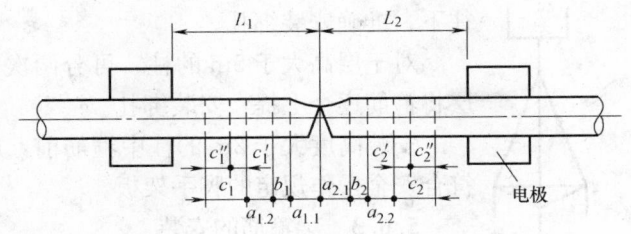

图 5.4.3　箍筋闪光-预热闪光对焊焊接留量图解

c_1+c_2—顶锻流量；$c_1'+c_2'$—有电顶锻留量；$c_1''+c_2''$—无电顶锻留量；

L_1、L_2—调伸长度；$a_{1.1}+a_{2.1}$—一次烧化留量；$a_{1.2}+a_{2.2}$—二次烧化留量；

b_1+b_2—预热留量

闪光对焊异常现象、焊接缺陷及消除措施　　　　　表 5.5

异常现象和焊接缺陷	措　施
烧化过分剧烈并产生强烈的爆炸声	1. 降低变压器级数； 2. 减慢烧化速度
闪光不稳定	1. 消除电极底部和表面的氧化物； 2. 提高变压器级数； 3. 加快烧化速度
接头中有氧化膜、未焊透或夹渣	1. 增加预热程度； 2. 加快临近顶锻时的烧化速度； 3. 确保带电顶锻过程； 4. 加快顶锻速度； 5. 增大顶锻压力
接头中有缩孔	1. 降低变压器级数； 2. 避免烧化过程过分强烈； 3. 适当增大顶锻留量及顶锻压力
焊缝金属过烧	1. 减小预热程度； 2. 加快烧化速度，缩短焊接时间； 3. 避免过多带电顶锻
接头区域裂纹	1. 检验钢筋的碳、硫、磷含量；若不符合规定时应更换钢筋； 2. 采取低频预热方法，增加预热程度
钢筋表面微熔及烧伤	1. 消除钢筋被夹紧部位的铁锈和油污； 2. 消除电极内表面的氧化物； 3. 改进电极槽口形状，增大接触面积； 4. 夹紧钢筋
接头弯折或轴线偏移	1. 正确调整电极位置； 2. 修整电极钳口或更换已变形的电极； 3. 切除或矫直钢筋的接头

5.6　箍筋的安装

5.6.1　箍筋的吊运

对焊箍筋应采用具有底板和四边侧板的吊篮吊运。对大尺寸箍筋也可应采用钢丝绳穿入箍筋内成捆起吊。

对焊箍筋在吊篮内应成垛、水平、重叠堆放，堆放高度不得超出吊篮的四边侧板高度，防止吊运过程中箍筋掉落，造成人员伤亡或财产损失。

对焊箍筋吊运到安装工作面时，应平稳地放在牢固的模板支架上或设计允许的结构面层上。

5.6.2　柱箍筋的安装

柱中的闪光对焊箍筋的接头应错开布置。同一截面的对焊接头数占箍筋总数的百分率不得超过50%。

对于层高小于或等于5m的柱，可一次套入全部柱箍筋。然后用自制钢筋钩将箍筋逐个上提，由上

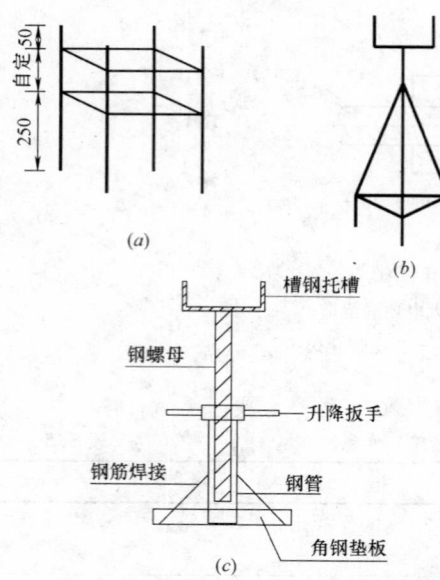

图5.6.3-1　简易钢筋支架和顶托

(a)、(b) 简易钢筋支架；(c) 顶托

往下，准确安装绑扎。

对于层高大于5m的柱，可分两次套入全部柱箍筋，并分两层将箍筋逐个上提，安装绑扎。

安装高度大于2m的柱中箍筋前，应在柱的两侧或四周搭设符合安全操作规定的脚手架板。

5.6.3　梁箍筋的安装

1. 安装梁上对焊箍筋时，可用自制垫木、简易钢筋支架和顶托，见图5.6.3-1。

对于高度较高、宽度大，重量重的大梁，应搭设经专门设计的坚固的临时支架。

在梁钢筋安装绑扎前，必须清除梁模板内各种杂物及建筑垃圾。

2. 对于梁和楼板的模板一次性支完，梁高在500～900mm的框架梁，可采用梁模板上方安装法，其示意见图5.6.3-2。

3. 对于梁和楼板的模板一次性支完，梁模板高度不大于400mm的现浇楼板盖梁，可采用梁内部安装法，其示意见图5.6.3-3。

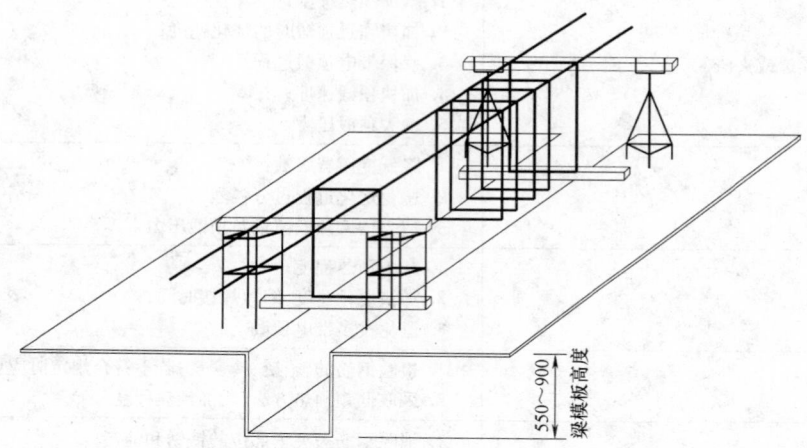

图5.6.3-2　梁模板上方安装示意图

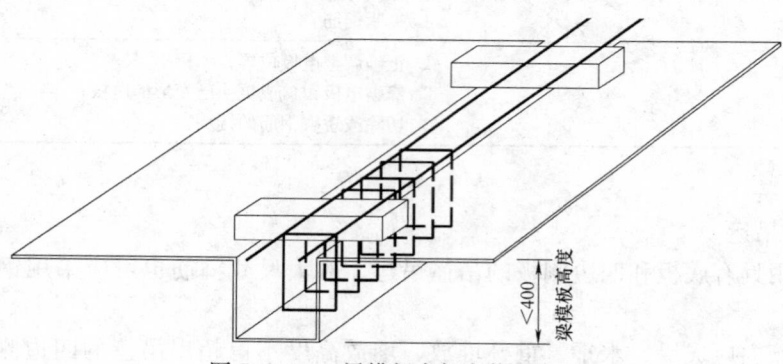

图5.6.3-3　梁模板内部安装示意图

4. 对于梁的高度在900～1200mm范围的现浇框架梁，其宽度大于550mm的梁，应支好梁底模，这时，可用梁底模板上安装法，其示意见图5.6.3-4。

5. 对于转换层梁、墙梁等高度、宽度、重量都比较大的现浇梁，可采用转换层梁安装法，其工序见图5.6.3-5。

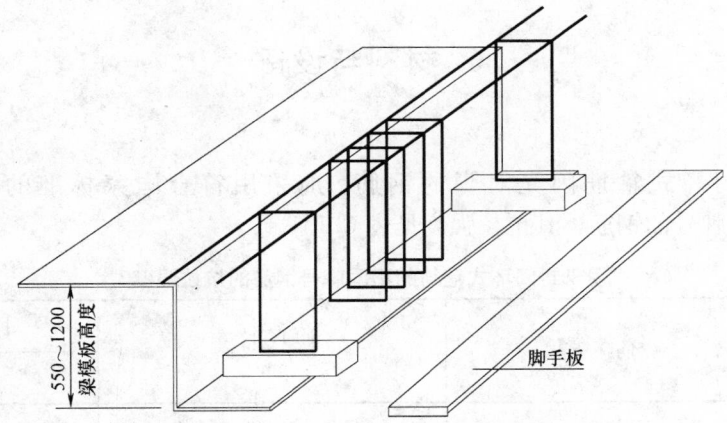

图 5.6.3-4 梁底模板上安装示意图

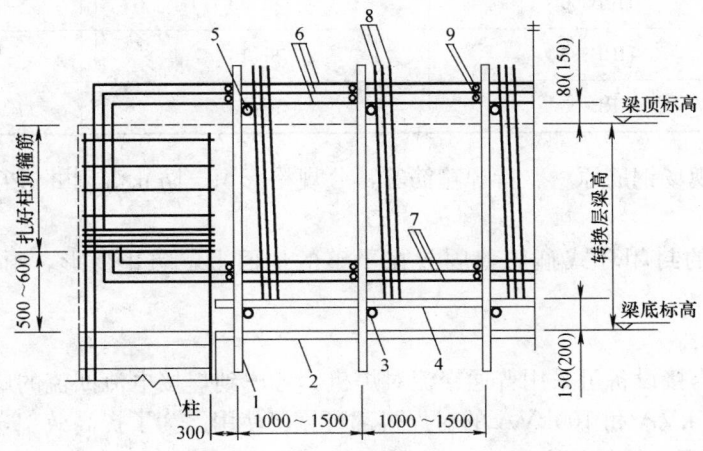

图 5.6.3-5 转换层梁安装工序图

1—钢管支撑；2—梁底模板；3—临时支架下横杆；4—临时木枋；5—临时支架上横杆；

6—梁上部纵向钢筋；7—梁下部纵向钢筋；8—闪光对焊箍筋；9—垫筋

注：当梁上部或下部的纵向钢筋为三排时，临时支架的上、下横杆高度应采用括号内数据。

6. 对于剪力墙中暗梁，可采用暗梁安装法，其示意见图 5.6.3-6。

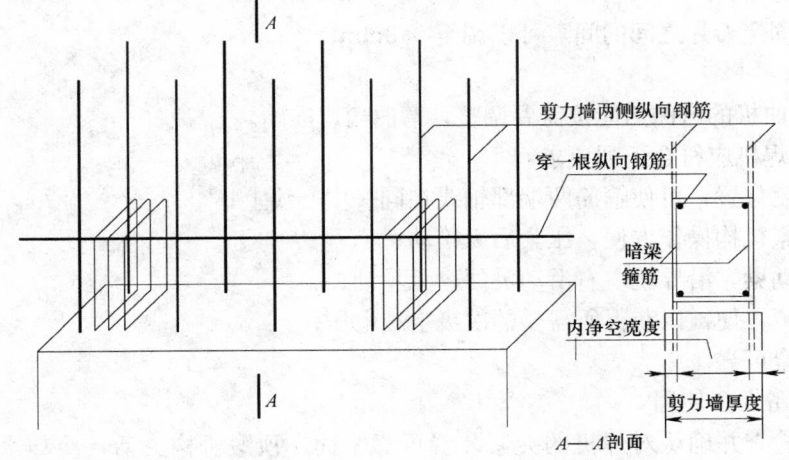

图 5.6.3-6 暗梁安装示意图

安装梁箍筋前，应在梁的两侧（梁宽度大于 500mm）或一侧（梁宽度不大于 500mm）搭设符合安全操作规定的脚手架板。

6. 材料与设备

6.1 材料

6.1.1 用于封闭环式箍筋闪光对焊的钢筋，应采用符合国家标准的 HPB235、HPB300、HRB335、HRB400 等牌号的钢筋，其抗拉强度见表 6.1.1。

用于封闭环式箍筋的不同牌号钢筋的抗拉强度　　　　　　表 6.1.1

序　号	钢筋牌号	钢筋直径 d（mm）	抗拉强度 R_m（MPa）不小于
1	HPB235	8～18	370
2	HPB300	8～18	420
3	HRB335	8～18	455
4	HRB400	8～18	540

6.1.2 合理堆放现场钢筋原材、待焊箍筋等，分规格标识、防止混淆并进行保护，避免其锈蚀和遭受污染。

6.1.3 将焊接好的封闭环式箍筋稳固放在平整的地面上，防止变形。雨天应用苫布盖好防止生锈。

6.2 设备

6.2.1 箍筋闪光焊接设备可采用普通交流对焊机，考虑到焊接电流回流的影响，应采用功率稍大一点的对焊机。普通 75kVA 和 100kVA 的对焊机都可直接使用。为了提高效率，可对焊机夹紧装置进行了改进，采用偏心原理，将钢筋夹紧。

6.2.2 在施工前做好相关设备的安装、调试、检验工作。在施工中按使用说明书规定做好检修维护。确保设备性能完好，加工精度满足要求。

6.2.3 用于箍筋加工的钢筋切断机宜按钢筋规格大小分开，以钢筋直径 14mm 为界，固定专用。钢筋切断机应符合下列要求：

1. 活动刀片无晃动；
2. 活动刀片与固定刀片之间的间隙可以调至 0.3mm；
3. 刀片应锋利。

6.2.4 箍筋弯曲机的弯曲角能按需要调整，弯曲角度准确。

6.2.5 闪光对焊机应符合下列要求：

1. 调整压杆高度位置，可使箍筋两端部轴线在同一中心线上；
2. 箍筋钳口压紧机构操作方便，压紧后无松动；
3. 顶锻机构滑动梁，沿导轨左右滑动灵便，无晃动；
4. 改换插把位置方便，以获得所需的次级空载电压；
5. 电气系统安全可靠。

6.2.6 焊接设备安全使用

1. 焊接前，应检查并确认对焊机的夹紧装置可靠牢固，顶锻机构灵活，冷却水管及接头无渗漏，方可开机。循环冷却水温度不得超过 40℃；排水量应根据温度调节。冬季应及时排放焊机内的水，防止冻坏焊机。

2. 箍筋焊接应在工厂或有围护的钢筋车间进行，当冬季环境温度低于 -5℃ 时，应调整焊接工艺。当环境温度低于 -20℃ 时不宜进行焊接作业。

3. 由于封闭环式箍筋在焊接过程中具有电流分流作用,必须要控制和避免因通电时间过长而导致封闭环式箍筋过热现象,以确保操作人员、焊接设备和供电线路的安全。

7. 质 量 控 制

7.1 钢筋质量控制
待焊箍筋的钢筋应进行复验,确保钢筋的强度和焊接性能合格。

7.2 待焊箍筋加工质量控制
箍筋的下料尺寸应准确,最大误差应小于 1d。
箍筋弯曲应确保保护层尺寸,其加工误差应小于 ±5mm。

7.3 焊接质量控制
严格控制烧化留量和顶端留量,确保箍筋焊接的力学性能和外观尺寸。
应控制在电流稳定的工作状态进行焊接。
自制稳定可靠的焊接支架,保证箍筋焊接尺寸和平整度。
保持一定的焊接速度,焊接断电后,停留时间应充足,不能在焊区温度较高时拆卸箍筋,确保焊接质量。

7.4 绑扎质量控制
焊接封闭箍筋的绑扎工艺与传统的开口箍筋不尽相同。焊接封闭箍筋应先就位,后穿插纵向箍筋。一定要计算好箍筋的数量、位置,对部分箍筋要临时就位和加固后才能绑扎。
就位后的箍筋绑扎的质量控制与传统绑扎方法类似。
梁柱节点处的箍筋绑扎是操作难点,应采取足够措施确保梁柱节点箍筋到位并绑扎牢固。

7.5 对焊箍筋质量检验与验收
对焊箍筋可按《混凝土结构工程施工质量验收规范》GB 50204—2002 进行质量检验与验收,其焊接质量应按照《钢筋焊接及验收规程》JGJ 18—2003 的规定进行验收。

8. 安 全 措 施

8.1 主要危险源
采用本工法的主要危险源有机械伤害、触电、焊渣烧灼、弧光辐射、高空坠落等。

8.2 危险源防治措施

8.2.1 防机械伤害措施
切断机、弯曲机和对焊机等机械,要安装平稳牢固,周围工作场地要清洁,干净,无影响切断、弯曲和焊接的杂物。切断、弯曲和焊接要严格贯彻施工设备操作规程。
操作人员的工作位置要保证不受钢筋切断的影响,对可能的钢筋头飞溅的轨迹要进行控制或遮挡。谨防设备零件、钢筋对人体造成伤害。

8.2.2 防触电措施
切断机、弯曲机和对焊机等机械,要设置专用配电箱,内装漏电保护器,要求一机一箱一闸,机壳应接地。对焊机绝缘电阻不得小于 0.5MΩ,接线部分不得有腐蚀和受潮现象,冷却用水接通,各项性能完好。
多台对焊机集中并列安装使用时,相互间距不得小于 3m,应分别接在三相电源网路上,使三相负载平衡,并分别有各自的刀型开关(隔离开关)。多台焊机的接地位置,应分别由接地极处引接,不得串接。
焊工合闸前,应详细检查接线螺帽、螺栓、漏电保护器及其他部件,并应确认完好齐全,无松动或损坏。

8.2.3 防焊渣烧灼和辐射措施

在本工法实施过程中，会产生很多的焊渣，按照一定规律溅出，可能造成火灾或烧伤人体。所以，焊机周围不得放置易燃易爆物品，应配备消防器材。

焊接时，焊工要穿防火、耐辐射的工作服，穿绝缘鞋，待绝缘手套，戴对焊专用眼镜和工作帽。

8.2.4 防高空坠落措施

在钢筋安装时，高空坠落是主要危险源，安装工人必须采用防止高空坠落的各项措施。

1. 搭设牢固的脚手架，脚手板要固定、防滑。使用安全带和安全帽。

2. 由于箍筋是封闭的，所以一定要计算好箍筋的个数，避免后加箍筋。主筋穿插时一定要统一指挥，协调用力，避免动作不一致造成坠落伤害。

3. 合理吊运。焊接合格的封闭环式箍筋运往施工现场应采用具有底板和四边侧板的吊篮吊运。对大尺寸封闭环式箍筋也可采用穿入钢丝绳成捆起吊。杜绝超重吊运，且缓起缓落。防止吊运过程中掉落造成人员伤亡或财产损失。

9. 环 保 措 施

9.1 环境因素

采用本工法可能产生下列环境因素：噪声和火灾污染。

9.2 环境因素防治措施

9.2.1 噪声防治措施

箍筋闪光对焊工艺的噪声源主要来源于调直机，钢筋调直机应设置降噪装置，使设备本身噪音降低。

钢筋调直机应放置在距离围墙较远的地方，使噪声衰减，不至于给左邻右舍造成污染。

现场操作人员应配备耳塞，减少噪声对操作人员健康的伤害。

现场钢筋绑扎时，要注意轻拿轻放，防止产生附加钢筋和模板的撞击噪声。

9.2.2 火灾防治措施

与8.1.3条相同，并采取应急预案，在火灾发生时，采取一切措施减少对环境的影响。

10. 效 益 分 析

本工法具有质量好、工效高、材料省、费用低等优点。相关效益显著，值得推广使用。

闪光对焊封闭环式箍筋上没有绑扎箍筋的弯勾，其应用既节约钢材，又降低成本。

通过表10可以对比通用箍筋三种接头形式，计算出闪光对焊封闭环式箍筋节约用料长度值。

闪光对焊封闭环式箍筋节约用料长度值　　　　　表 10

绑扎箍筋接口弯头计算长度			封闭环式箍筋对应弯头和对焊接头计算长度			封闭环式箍筋节约用料长度值
接头形式	两弯勾弧长合计值	平直部分长度合计	对应弯头弧长值	对焊接头总留量		
①	②	③	④	⑤		⑥
90+90	$\pi(D+d)/2$ $=5.5d$	$2X$	$\pi(D+d)/4$ $=2.75d$	连续闪光焊	d	$2X+1.75d$
				预热闪光焊	$d+3$	$2X+1.75d-3$
				闪光-预热闪光焊	$1.5d$	$2X+1.25d$
90+180	$3\pi(D+d)/4$ $=8.25d$	$2X$	$\pi(D+d)/4$ $=2.75d$	连续闪光焊	d	$2X+4.5d$
				预热闪光焊	$d+3$	$2X+4.5d-3$
				闪光-预热闪光焊	$1.5d$	$2X+4d$

绑扎箍筋接口弯头计算长度			封闭环式箍筋对应弯头和对焊接头计算长度			封闭环式箍筋节约用料长度值
接头形式	两弯勾弧长合计值	平直部分长度合计	对应弯头弧长值	对焊接头总留量		
①	②	③	④	⑤		⑥
135+135	$3\pi(D+d)/4$ $=8.25d$	$2X$	$\pi(D+d)/4$ $=2.75d$	连续闪光焊	d	$2X+4.5d$
				预热闪光焊	$d+3$	$2X+4.5d-3$
				闪光-预热闪光焊	$1.5d$	$2X+4d$

注：1. 本表计量单位为 mm；
    2. 箍筋弯弧内径 D 按 $2.5d$ 计算，d 为箍筋直径；
    3. X 为绑扎箍筋弯头平直部分长度值。用于一般结构，$X=5d$；用于抗震结构，$X=10d$；
    4. 对焊接头总留量按本工法第 5.3.1.2 条、第 5.3.2.2 条和第 5.3.3.2 条规定取值；
    5. 闪光对焊封闭环式箍筋节约用料长度值⑥＝③＋②－④－⑤。

11. 应 用 实 例

法门寺山门工程，由陕西建工集团总公司总承包。该工程基础底板和框架梁、柱箍筋采用封闭环式闪光对焊箍筋共计应用 20 万个接头，节约钢筋 28.38t，节约费用约 9.9 万元。

陕西省委 1 号楼改造工程，框架剪力墙结构，应用闪光对焊箍筋 60 万接头，节约钢筋 80t，节约费用 28 万元。

陕西文化中心，框架剪力墙结构，应用闪光对焊箍筋 40 万接头，节约钢筋 55t，节约费用 19.25 万元。

现浇混凝土聚苯泡沫组合平台施工工法

GJEJGF067—2008

江苏南通三建集团有限公司　青海省集协建筑工程有限公司

姜雪岐　鲁金宝　杜振东　任黎明　姜博昱

1. 前　　言

随着我国经济的快速发展，人民生活水平的不断提高，对建筑物质量的要求，特别是保温、隔热、节能要求越来越高，因此对建筑物平台楼板特别是地下汽车库、设备房平台楼板的的隔声、隔热、保温要求也越来越高。《现浇混凝土聚苯泡沫组合平台施工工法》施工的平台（见图 1）能同时具备隔声、隔热、保温、防火、抗震、平整等优点。本工法在石家庄东海盛景小区、中基礼域小区、棉三小区危改工程、和万隆国际中心、西宁华德花园广场、西安广百超市综合楼等工程中得到了广泛应用。以上工程质量好，均申报了当地省级优质工程。

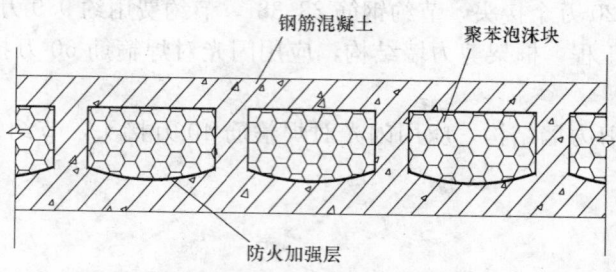

图 1　现浇混凝土聚苯泡沫组合平台截面示意图

例如，石家庄市东海盛景小区工程，由 1～3 号商住楼、4 号、5 号商住楼、6 号配套楼和地下汽车库组成，建筑面积 78519.56m²。其中 1 号楼地上 26 层，地下 2 层；2 号、3 号楼地上 26 层，地下 2 层；4 号、5 号楼为 2 层商业楼，6 号为 4 层公建配套楼，楼宇之间为地下汽车车库，地下 1 层，地下车库是暗梁平板独立柱框架结构。地下车库顶板采用《现浇混凝土聚苯泡沫组合平台施工工法》，0.55m 厚平台轻质楼板施工的建筑面积为 7150m²。该工程车库混凝土聚苯泡沫组合楼板自重轻、整体性好、截面抗弯模量大、跨度大、空间大、天面平整美观、便于管线施工、设备安装方便、隔声隔热保温性能好。

2. 工 法 特 点

2.1 本工法在现浇楼板中应用，可节约混凝土用量，减轻结构自重，降低工程造价，提高抗震性能。

2.2 本工法施工的地库平台，还可较方便的实现大开间，增大使用面积。

2.3 现浇混凝土聚苯泡沫组合平台与现浇混凝土空心楼板相比，保温、隔声效果更好，工艺更简单，施工更方便，不会担心因聚苯泡沫块受损而致使混凝土灌入箱体内，平台整体性好、经济实用。现浇混凝土聚苯泡沫组合平台技术，已申请了国家发明专利和实用新型专利，专利申请受理号分别为：200910301209.0、200920301733.3。

2.4 本工法施工技术在国内文献中未见相同报道，达到国内领先水平。

2.5 本工法符合国家倡导的建设"节能省地型"建筑的要求和建筑产业政策，具有良好的经济效益和社会效益。

3. 适 用 范 围

本工法适用于工业民用建筑中有保温、隔热、隔声要求的现浇混凝土楼板平台工程；适用于有抗震设防要求的现浇混凝土楼板平台工程。

4. 工 艺 原 理

4.1 利用"工字"型截面构件抗弯模量大、聚苯泡沫保温、隔热、隔声性能好等原理，合理分布钢筋混凝土和聚苯泡沫，充分发挥两者的特长，使得现浇混凝土楼板平台同时具备隔声、隔热、保温、防火、抗振、平整、重量轻等优点（见图1）。在现浇混凝土聚苯泡沫块组合楼板纵横受力钢筋形成的底层钢筋网上，放置并固定好细石混凝土垫块（图4.1-1），按设计间距放置并固定聚苯泡沫方块，放置已预制好的上层钢筋网片并放置细石混凝土抗浮点垫块（图4.1-2），绑扎纵横密肋受力钢筋和钢筋拉钩。上层钢筋网、密肋筋、底部钢筋网通过钢筋拉钩形成整体（图4.1-3），浇筑混凝土后形成现浇混凝土聚苯泡沫组合平台楼板。

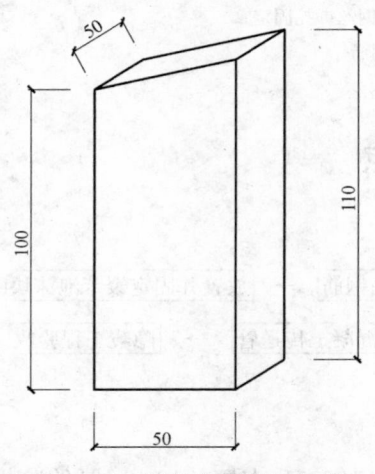

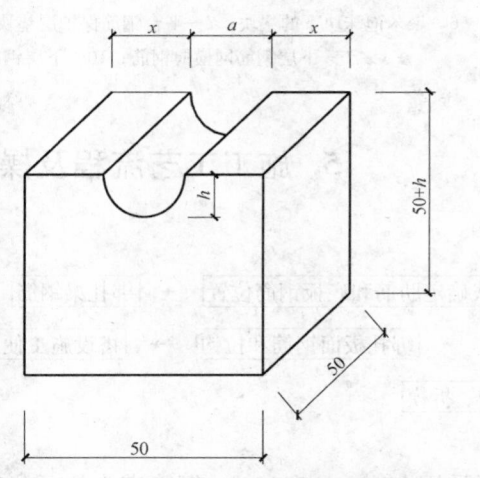

$a=$钢筋直径+2mm
$h=$钢筋直径
$x=(50-a)/2$
C30 细石混凝土垫块

图 4.1-1　聚苯泡沫块下垫块　　　　　图 4.1-2　聚苯泡沫抗浮点详图

图 4.1-3　钢筋绑扎后的平面照

4.2 抗浮点是置于上层钢筋与聚苯泡沫块之间的细石混凝土垫块（图4.1-2），确保聚苯泡沫块与上层钢筋之间有一定的间隙，并与固定用的8号钢丝将聚苯泡沫块固定住，确保其不上浮；聚苯泡沫块（形状规格见图4.1-1）下的细石混凝土垫块置于聚苯泡沫块与平台模之间，确保聚苯泡沫块与下层钢筋之间有一定的间隙。抗浮点、聚苯泡沫块、十字形绑扎8号钢丝联合将聚苯泡沫块固定在平台上下层钢筋之间（图4.2）。

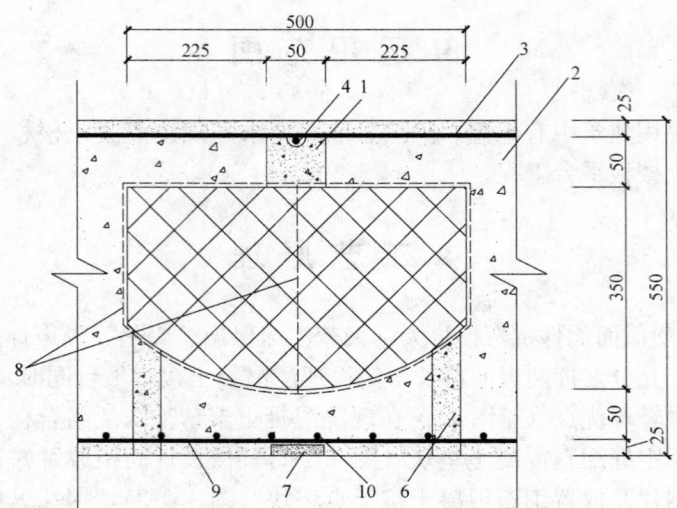

图 4.2　聚苯泡沫块固定示意图

1—抗浮点；2—混凝土；3—上层钢筋网横向钢筋；4—上层钢筋网纵向钢筋；5—聚苯泡沫块 500×500×350；
6—聚苯泡沫块下的垫块；7—平台钢筋保护层垫块；8—8 号钢丝绑扎固定；
9—下层钢筋网横向钢筋；10—下层钢筋网纵向钢筋

5. 施工工艺流程及操作要点

5.1　工艺流程

支平台模 → 划线确定肋筋和底板钢筋位置 → 绑扎梁钢筋 → 板底钢筋 → 放置并固定聚苯泡沫块 →

安放预制好的钢筋网片 → 绑扎板面钢筋和拉钩 → 搭设施工便道、架设混凝土传送管 → 隐蔽工程验收 →

浇筑细石混凝土 → 养护、拆模

5.2　操作要点

5.2.1　平台模板采用 800mm×800mm 钢管满堂架子、100mm×100mm 木檩、12mm 厚竹胶板硬拼平台模，要求拼缝严密，平整度不得大于 3mm。

5.2.2　弹线绑扎暗梁钢筋和底层钢筋网。

5.2.3　在底层钢筋网上进行管线预埋。

5.2.4　根据图纸及设计要求，划线定位安置聚苯泡沫块（图 5.2.4-1）。安装聚苯泡沫块：在底层钢筋绑扎和管线预埋完成后，每个聚苯泡沫块下方放置四个细石混凝土垫块，确保聚苯泡沫块与底层钢筋之间有一定的距离，用 8 号钢丝将聚苯泡沫块固定在底层钢筋上，以防止在浇筑混凝土时，聚苯泡沫块受混凝土流动性的影响而上浮。根据板厚确定设置抗浮点（图 5.2.4-2），对于没有底板钢筋的聚苯泡沫块采用 8 号钢丝直接固定在底模板上。聚苯泡沫块应安放在网格的中央，其四边与肋梁钢筋距离不得小于钢筋保护层厚度。

5.2.5　聚苯泡沫块安装完毕后，绑扎上层钢筋网和肋梁拉钩钢筋，密肋梁绑扎不能有漏绑现象，绑扎完毕后，应搭设施工便道，避免施工人员踩踏聚苯泡沫块或将施工机械放置在聚苯泡沫块上。

5.2.6　上层钢筋绑扎完成后，混凝土浇筑前，再对聚苯泡沫块进行一次检查，对有位置松动或偏移的进行调整加固处理。

5.2.7　浇筑混凝土时，指派专人看护，发现问题及时处理。振捣时应采用振捣棒和平板震动器，避免振捣棒直接与聚苯泡沫块接触，以防止其遭受损坏。为保证混凝土浇捣密实，振捣棒先重点振捣聚苯泡沫块周边，确保聚苯泡沫块底部混凝土密实。

图 5.2.4-1　　　　　　　　　　　　　　　　　　　　图 5.2.4-2　抗浮点设置

5.2.8　为保证现浇混凝土聚苯泡沫块组合楼板的质量，混凝土宜为先后交替浇筑完成，先注入 2/3 肋高混凝土后用振动棒直接振捣肋梁混凝土至混凝土无下沉现象，使混凝土渗入并填满聚苯泡沫块下方空间。底层振捣密实后紧接着再注入所需的混凝土，同时振捣。由于聚苯泡沫块底下的底板底厚度相对较小，混凝土中粗骨料的粒径不宜大于 15mm，且混凝土塌落度不低于 160mm。

5.2.9　为方便肋梁和板底混凝土浇捣，特别是聚苯泡沫块下边混凝土的浇捣，并确保其密实性，聚苯泡沫块底部应预制成球面或棱锥面，聚苯泡沫块平面尺寸不得大于 600mm×600mm，聚苯泡沫块之间的肋梁宽度不得小于 100mm，聚苯泡沫块与上下层钢筋之间的间距（抗浮点垫块）垫块厚度不得小于 50mm，振捣时应对聚苯泡沫块四周的肋梁反复振捣。

5.2.10　混凝土浇筑完成后，根据季节采取相应的养护措施，需加盖塑料薄膜和阻燃草帘被（图 5.2.10），混凝土的强度达到设计强度方后拆模。

图 5.2.10　养护

6. 材料与设备

6.1　外包加强防火层（加强防火层——涂刷防火阻烧粉和防火剂的防火塑料胶纸包裹好）的聚苯泡沫块规格根据平台厚度确定，平面尺寸不得大于 600mm×600mm，厚度比平台厚度一般小 100～200mm。不同厚度平台采用的聚苯泡沫块规格尺寸见表 6.1。

不同厚度平台采用的聚苯泡沫块规格尺寸表　　　　　　　　　　　　　　表 6.1

板厚(mm)	长(mm)	宽(mm)	高(mm)	锥面宽(mm)	锥面高(mm)
250	220	220	150	70	40
270	240	240	170	80	40
300	300	300	200	100	50

续表

板厚(mm)	长(mm)	宽(mm)	高(mm)	锥面宽(mm)	锥面高(mm)
320	300	300	220	100	50
350	300	300	240	100	60
370	350	350	260	100	60
400	350	350	280	100	60
450	380	380	320	120	80
500	380	380	350	120	80
550	500	500	350	150	80
600	500	500	400	150	80
650	500	500	450	180	100
700	550	550	500	200	120

6.2 平台、梁钢筋根据设计规格采用，附件有 8 号绑扎钢丝、胶带、钢板网、细石混凝土垫块等。

6.3 机具设备（表 6.3）

机具设备表 表 6.3

序号	名 称	设备型号	单位	数量	用 途
1	混凝土泵车	HBT85C	台	1	浇筑混凝土
2	塔吊	MC200A 型	台	1	材料运输
3	砂浆搅拌机	JH200	台	1	砂浆搅拌
4	点焊机	BX1-400	台	1	钢筋加工
5	钢筋切断机	GQ50	台	1	钢筋加工
6	钢筋弯曲机	GW40-2	台	2	钢筋加工
7	插入式振动器	ZX50	套	5	混凝土振捣
8	插入式振动器	ZX30	套	5	混凝土振捣
9	木工平刨机	MB504B	台	1	模板加工
10	木工圆锯	MJ104	台	1	模板加工
11	平板振动器	ZW10	台	2	混凝土振捣
12	电焊机	BX$_1$-200	台	2	钢筋加工

7. 质 量 控 制

7.1 聚苯泡沫块产品质量必须符合《现浇混凝土空心楼盖结构技术规程》CECS：175—2004、《混凝土外加剂》GB 8076、《建筑材料放射性核素限量》GB 6566—2001、《绝热用模塑聚苯乙烯炮沫塑料（XPS）》GB/T 10801、《混凝土结构工程施工质量验收规范》GB 50204—2002 标准要求，并出具产品合格证。聚苯泡沫块安置前要用加强防火层包裹好，半成品质量及防火指标，需经有资质的建筑材料测试中心检验全部合格达到相关防火标准要求。

7.2 在混凝土浇筑前，应将模板内杂物清理干净，并对聚苯泡沫块的安装位置、及其抗浮措施进行检查验收，符合要求后，方可报请监理工程师及建设单位技术负责人进行隐蔽工程验收，验收合格后，办理好签字手续，方可进行混凝土浇筑。

7.3 聚苯泡沫块安放要顺直、平整、误差控制在±15mm 以内。

7.4 以聚苯泡沫块为芯模的现浇混凝土复合平台板，从支模方案，钢筋绑扎顺序，芯模的固定方法，预留预埋注意事项、混凝土的浇筑到养护、拆模板等，形成一个完整的施工过程，从而达到优质、高效、安全的目的。

7.5 施工便道采用在定型钢筋马凳铺设跳板、泵管，供施工人员行走，严禁施工人员直接踩踏在钢筋上或聚苯泡沫块上。

7.6 在混凝土浇筑过程中，要设有专人对聚苯泡沫块进行观察和维护，发生有异常情况应及时进行处理。

7.7 混凝土浇筑宜采取泵送混凝土，并一次浇筑成型，混凝土的坍落度不小于160mm，混凝土布料机来回穿梭于板肋，第一次混凝土的浇筑高度以不高于聚苯泡沫块高度的2/3为准，以便振捣棒进行振捣，振捣棒直径为$\phi30$，沿肋循序渐进地进行振捣，以保证板底部混凝土密实，严禁振捣直接振捣聚苯泡沫块，以免破坏聚苯泡沫块。

7.8 混凝土的养护宜采用塑料薄膜和阻燃草帘被覆盖浇水养护，养护时间不小于14d，混凝土强度达到100%的设计强度才能拆模。

7.9 聚苯泡沫块安置时要防止损坏，安装完的聚苯泡沫块严禁施工人员在上面行走。

8. 安 全 措 施

8.1 平台模板及支撑体系必须严格按照相关安全操作规程支设稳定牢固。

8.2 所有临电必须与钢筋网片、金属管壁、钢管支撑等金属器具用绝缘材料隔离，对临电加强检查督促，发现问题及时整改。

8.3 对操作层四周必须按规定搭设防护架和马道。

8.4 施工前对所有施工机具必须进行检查，不合格的机具及时调换。

8.5 施工前对所有操作人员进行班前安全教育和交底，特殊工种均需持证上岗。所有施工人员都必须按安全操作规程做好自身的安全保护工作。

8.6 安放聚苯泡沫块后应尽量避免电焊等明火作业。

8.7 安全员对整个施工过程做好安全跟踪检查和督促工作。

9. 环 保 措 施

9.1 所有模板及支撑杆件均在指定的工棚内进行加工。

9.2 钢筋加工及焊接均在指定的工棚内进行加工。

9.3 聚苯泡沫块预先按图在工厂内加工，按指定位置分类、分规格堆放。

9.4 混凝土采用商品混凝土。

9.5 所有加工场地及操作面上，都必须做到活完料尽，场地清。

10. 效 益 分 析

《现浇混凝土聚苯泡沫组合平台施工工法》技术在得到广泛应用，经多个工程项目分析得出如下结论。

10.1 节约了楼板平台钢筋和混凝土用量，与实心混凝土平台相比节约混凝土30%～40%，减轻结构自重30%～40%，降低工程造价10%～25%。

10.2 与其他现浇混凝土空心楼板平台相比，减少人工用量10%～15%，节约费用3%～5%。

10.3 减弱了建筑物对地震的敏感度，增大了使用面积。

10.4 整体刚度大，抗弯抗裂能力强，外观美观，保温、隔声、隔热效果好，有利于降噪、节能。

10.5 应用该工法施工的工程质量好，均申报了当地省级优质工程。

10.6 该工法工艺简单，施工方便，环保节能，且由于天面无梁平整方便机电安装，现浇混凝土聚苯泡沫块组合施工技术符合国家倡导的建设"节能省地型"建筑的要求和建筑产业政策，具有良好的经济效益和社会效益。

10.7 现浇混凝土聚苯泡沫组合平台施工工法在东海盛景小区工程地下车库顶板工程中应用的经济分析，见表10.7。

经济分析表　　　　　　　　　　　　　　　　　　　表 10.7

工程概况：东海盛景小区小区地下车库顶板，7150m²；
　　设计荷载：2.0t；跨度：12000mm×9000mm
1. 使用现浇混凝土聚苯泡沫组合平台：板厚550mm，板内放置聚苯泡沫块；
2. 使用井字梁250mm×600mm，长跨方向两道，短跨方向四道，板厚150mm；
3. 以局部单块板计算，均含所有工料和机械费用。

比较方案一：现浇混凝土聚苯泡沫组合平台与井字梁结构按梁和平板

现浇混凝土聚苯泡沫组合平台（每平方米）

序号	定额编号	材料名称	单位	数量	单价	合价
1		钢筋	kg	58	3.40	197.20
2		混凝土	m³	0.18	317.497	57.06
3		模板	m²	1.01	60.00	60.60
4		聚苯泡沫块	m³	0.37	84.000	31.08
合计						345.94

井字梁结构（每平方米）均含所有工料和机械费用

序号	定额编号	材料名称	单位	数量	单价	合价
1		钢筋	kg	65.00	3.40	221.00
2		混凝土	m³	0.225	317.497	71.33
3		模板	m²	1.61	60.00	96.60
合计						388.93

结论一：现浇混凝土聚苯泡沫组合平台结构较井字梁结构每 m² 省 43.00 元，造价降低 12.43%。

比较方案二，现浇混凝土聚苯泡沫组合平台与暗梁实心混凝土平台比较（每平方米）

序号	结构名称	定额编号	材料名称	单位	数量	单价	合价
1	暗梁实心混凝土平台（合计：429.61 元）		钢筋	kg	66.76	3.40	227.00
			混凝土	m³	0.43	317.497	136.31
			模板	m²	1.02	65.00	61.30
2	混凝土聚苯泡沫组合平台		有梁板	m²	1.00	345.94	345.94

结论二：现浇混凝土聚苯泡沫组合平台结构较暗梁实心混凝土结构每平方米省 83.67 元，造价降低 24.19%。

综合结论：
以上比较可得出：东海盛景小区地下车库顶板，7150m²；
　　设计荷载：2.0t；跨度：12000mm×9000mm
1. 使用现浇混凝土聚苯泡沫组合平台：板厚550mm，较井字梁结构每平方米省 43.00 元，造价降低 12.43%，节省总费用 24.31 万元人民币；较暗梁实心混凝土结构每平方米省 83.67 元，造价降低 24.19%，节省总费用 59.824 万元人民币；
2. 如基础荷载降轻、减少人工费、缩短施工期等；
3. 本比较按河北省建筑工程预算定额（2001 年）计算。

10.8 现浇混凝土聚苯泡沫组合平台施工工法在中基礼域 3 号地下车库顶板、10 号地下车库顶板中应用的经济分析，见表 10.8。

经济分析表 表 10.8

工程概况：中基礼域 3 号车库顶板，面积 28000m²，地下 1 层顶板厚 600mm，地下 2 层顶板厚 300mm，中基礼域 10 号楼车库顶板，面积 7200m²，地下 1 层顶板厚 600mm，地下 2 层顶板厚 300mm。600mm 厚顶板 17600m²。设计荷载：2.5t，跨度：12000mm×9000mm

1. 使用现浇混凝土聚苯泡沫组合平台：板厚 600mm，板内放置聚苯泡沫块；
2. 使用井字梁 250mm×800mm，长跨方向两道，短跨方向四道，板厚 200mm；
3. 以局部单块板计算，均含所有工料和机械费用。

比较方案一：现浇混凝土聚苯泡沫组合平台与井字梁结构按梁和平板

现浇混凝土聚苯泡沫组合平台（每平方米）

序号	定额编号	材料名称	单位	数量	单价	合价
1		钢筋	kg	63.00	3.40	214.20
2		混凝土	m³	0.24	317.497	76.20
3		模板	m²	1.05	70.00	73.50
4		聚苯泡沫块	m³	0.40	84.000	33.60
合计						397.50

井字梁结构（每 m²）均含所有工料和机械费用。

序号	定额编号	材料名称	单位	数量	单价	合价
1		钢筋	kg	71.50	3.40	243.10
2		混凝土	m³	0.30	317.497	95.25
3		模板	m²	1.80	70.00	127.80
合计						466.15

结论一：现浇混凝土聚苯泡沫组合平台结构较井字梁结构每平方米省 68.65 元，造价降低 17.30%。

比较方案二：现浇混凝土聚苯泡沫组合平台与暗梁实心混凝土平台比较（每平方米）

序号	结构名称	定额编号	材料名称	单位	数量	单价	合价
1	暗梁实心混凝土平台（合计：444.87 元）		钢筋	kg	75	3.40	255.00
			混凝土	m³	0.35	317.497	111.12
			模板	m²	1.05	75.00	78.75
2	混凝土聚苯泡沫组合平台		有梁板	m²	0.60	397.50	397.50

结论二：现浇混凝土聚苯泡沫组合平台结构较暗梁实心混凝土结构每平方米省 47.37 元，造价降低 12%。

综合结论：

以上比较可得出：中基礼域 3 号、10 号 600mm 厚的地下车库顶板，17600m²，设计荷载：2.5t，跨度：12000mm×9000mm

1. 使用现浇混凝土聚苯泡沫组合平台：板厚 600mm，较井字梁结构每平方米省 68.65 元，造价降低 17.3%，节省总费用 120.82 万元人民币；较暗梁实心混凝土结构每平方米省 47.37 元，造价降低 12%，节省总费用 83.37 万元人民币；
2. 如基础荷载降轻、减少人工费、缩短施工期等；
3. 本比较按河北省建筑工程预算定额（2001 年）计算。

10.9 《现浇混凝土聚苯泡沫组合平台施工工法》在万隆国际中心地下车库顶板工程中应用的经济分析，见表 10.9。

经济分析表 表 10.9

工程概况：万隆国际中心工程地下车库顶板，3150m²，设计荷载：1.0t，跨度：12000mm×9000mm

1. 使用现浇混凝土聚苯泡沫组合平台：板厚 300mm，板内放置聚苯泡沫块；
2. 使用井字梁 250mm×600mm，长跨方向两道，短跨方向四道，板厚 120mm；
3. 以局部单块板计算，均含所有工料和机械费用。

比较方案一：现浇混凝土聚苯泡沫组合平台与井字梁结构按梁和平板

现浇混凝土聚苯泡沫组合平台（每平方米）

续表

序号	定额编号	材料名称	单位	数量	单价	合价
1		钢筋	kg	56	3.40	190.40
2		混凝土	m³	0.16	317.497	50.80
3		模板	m²	1.01	61.00	67.10
4		聚苯泡沫块	m³	0.14	84.000	11.76
合计						320.06

井字梁结构（每 m²）均含所有工料和机械费用。

序号	定额编号	材料名称	单位	数量	单价	合价
1		钢筋	kg	60.14	3.40	204.476
2		混凝土	m³	0.20	317.497	63.50
3		模板	m²	1.64	61.00	100.04
合计						368.02

结论一：现浇混凝土聚苯泡沫组合平台结构较井字梁结构每平方米省 47.96 元，造价降低 15%。

比较方案二：现浇混凝土聚苯泡沫组合平台与暗梁实心混凝土平台比较（每平方米）

序号	结构名称	定额编号	材料名称	单位	数量	单价	合价
1	暗梁实心混凝土平台（合计：370.1元）		钢筋	kg	69	3.40	234.60
			混凝土	m³	0.22	317.497	69.85
			模板	m²	1.01	65.00	65.65
2	混凝土聚苯泡沫组合平台		有梁板	m²	0.30	320.06	320.06

结论二：现浇混凝土聚苯泡沫组合平台结构较暗梁实心混凝土结构每平方米省 50.04 元，造价降低 15.6%。

综合结论：

以上比较可得出：东海盛景小区地下车库顶板，3150m²；设计荷载：1.0t，跨度：12000mm×9000mm

1. 使用现浇混凝土聚苯泡沫组合平台：板厚 300mm，较井字梁结构每平方米省 47.96 元，造价降低 15%，节省总费用 15.12 万元人民币；较暗梁实心混凝土结构每平方米省 50.04 元，造价降低 15.60%，节省总费用 15.76 万元人民币；

2. 如基础荷载降轻、减少人工费、缩短施工期等；

3. 本比较按河北省建筑工程预算定额（2001）计算。

10.10 《现浇混凝土聚苯泡沫组合平台施工工法》在西宁华德花园广场 A、B、C、D、E 地下商场、地下车库和西宁广百超市综合楼地下车库顶板工程中应用的经济分析，见表 10.10。

经济分析表　　　　　　　　　　　　　　　　　　　　　　　　　　表 10.10

工程概况：设计荷载：1.8t，跨度：14000mm×9000mm

1. 使用现浇混凝土聚苯泡沫组合平台：板厚 400mm，板内放置聚苯泡沫块；

2. 使用井字梁 250mm×600mm，长跨方向两道，短跨方向四道，板厚 125mm；

3. 以局部单块板计算（A）（B）与②③轴为例。

比较方案一（空心板按平板加聚苯泡沫组合平台，井字梁结构按梁和平板）

现浇混凝土聚苯泡沫组合平台

序号	定额编号	材料名称	单位	工程量	单价	合价
1	5-201	板钢筋	m³	13.408	220.154	2951.82
2	5-202	板混凝土	m³	13.408	317.497	4257.00
3	5-200	板模板	m³	13.408	275.257	3690.64
4		聚苯泡沫块	m³	113.52	84.000	9535.68
合计						20435.14

井字梁结构

序号	定额编号	材料名称	单位	工程量	单价	合价
1	5-105	梁钢筋	m³	9.25	480.317	4442.93
2	5-106	梁混凝土	m³	9.25	337.738	3124.08
3	5-104	梁模板	m³	9.25	370.501	3427.13
4	5-201	板钢筋	m³	14.19	220.154	3123.96
5	5-202	板混凝土	m³	14.19	317.497	4505.28
6	5-200	板模板	m³	14.19	275.257	3905.90
		合计				22529.28

结论一：平板加聚苯泡沫组合平台结构较井字梁结构每块单板省294.16元，造价降低9.3%。

比较方案二(空心板按无梁板加聚苯泡沫块，井字梁结构按梁和平板)

序号	结构名称	定额编号	项目名称	单位	工程量	单价	合价
1	空心板	5-191	无梁板	m³	13.408	814.161	10916.27
		5-187	聚苯泡沫块	m³	113.52	84.00	9535.68
							20451.95
2	井字梁结构		有梁板	m³	23.44	1135.702	26220.85

结论二：空心板结构较井字梁结构每块单板省6168.90元，造价降低23.17%。

综合结论：

1. 以上比较可得出：如果考虑1.8t的荷载，采用现浇混凝土聚苯泡沫组合平台较井字梁结构造价降低9%～23%；

2. 以上对比为直接造价有所降低，如基础荷载降轻、减少人工费、缩短施工期等；

3. 本比较按清海省建筑工程预算定额(2004年)计算。

11. 应 用 实 例

本工法在江苏南通三建集团有限公司石家庄分公司总承包的石家庄市内4个及青海省1个工程项目上得到了应用。

11.1 东海盛景小区工程地下车库顶板为轻质楼板厚550mm，施工的建筑面积为7980m²，2008年1月6日开工，2008年3月10日完工；是河北省安全文明工地，已申报河北省"安济杯"，采用本工法节省费用24.31万元人民币（图11.1）。

图11.1　项目照片（一）

11.2 中基礼域3号车库顶板，建筑面积28000m²，地下1层顶板厚600mm，地下2层顶板厚300mm，中基礼域10号楼车库顶板，建筑面积7200m²，地下1层顶板厚600mm，地下2层顶板厚300mm，2008年4月10日开工，2008年7月10日竣工；是河北省安全文明工地，已申报河北省"安济杯"。采用本工法节省费用120.82万元人民币（图11.2）。

11.3 棉三小区危房改造工程车库，地下二层，建筑面积3500m²，独立柱框加结构，为暗梁平板独立柱框加结构，地下一层顶板厚度是600mm，地下2层顶板厚度是300mm，2008年4月17日开工，2008年6月20日完工；是河北省安全文明工地，已申报河北省"安济杯"。采用本工法节省费用21万元人民币（图11.3）。

图11.2 项目照片（二）

图11.3 项目照片（三）

11.4 万隆国际中心工程由1号、2号、3号楼及地下汽车库组成，建筑面积125905.78m²，楼宇之间的地下车库为暗梁平板独立柱框架结构，300mm厚平台轻质楼板，面积为3150m²，2008年5月15日开工，2008年8月5日完工；是河北省安全文明工地，已申报河北省"安济杯"。采用本工法节省费用15.12万元人民币（图11.4）。

11.5 青海华德花园广场由A、B、C、D、E区组成，建筑面积142000m²，地下商场、地下车库板厚550mm，面积6900m²，2008年3月18日开工，2008年10月5日完工；青海省文明安全工地，已申报青海省"江河原"杯。采用本工法降低造价9%～23%（图11.5）。

图11.4 项目照片（四）

图11.5 项目照片（五）

以上车库顶板均采用现浇混凝土聚苯泡沫组合平台施工工法施工，楼板自重轻、整体性好、截面抗弯模量大、抗裂性能好、跨度大空间大、工艺简单、天面平美观、管线设备安装施工方便、保温隔热隔声性能好、工程质量好。

幕墙槽式埋件免焊接预埋施工工法

GJEJGF068—2008

南通建筑工程总承包有限公司（青海分公司） 江苏中兴建设有限公司

梁华 李彪奇 董年才 陆建忠 程登山

1. 前　　言

随着现代建筑水平的提高，各种建筑的风格不断涌现，其很多风格的体现，很大程度是通过外装饰的幕墙体现，幕墙的运用已经提到了前所未有过的地位，但高层和超高层幕墙的质量和安全是摆在我们建筑人的新重点和难点。公司承建的天津弘泽湖畔国际广场，建筑面积 9.6 万 m^2，外幕墙面积 4.5 万 m^2，采取了幕墙免焊接预埋施工技术，质量和安全都同时得到了保证，取得了良好的社会效益和经济效益。

2. 工 法 特 点

2.1 幕墙免焊接预埋施工工艺是幕墙埋件通过在工厂加工后，主体施工时预放埋，通过埋件形式的调整，使整个施工现场的施工免除了电弧焊工艺。

2.2 幕墙免焊接预埋工艺的埋件的加工全部在工厂进行，大大加快了加工速度，同时质量得到了均衡的保证。

2.3 幕墙免焊接预埋工艺，避免了施工现场的点焊作业，免除了由于电焊造成的安全隐患。

2.4 幕墙免焊接预埋工艺，后期安装可调控的余地很大，埋件利用率极高，避免了埋件的后置，降低成本的同时，加快了施工进度。

2.5 幕墙免焊接预埋工艺的埋件于龙骨均采取机械连接，大大的提高了工作效率，加快了施工进度。

3. 适 用 范 围

幕墙免焊接预埋施工工艺适合所有的外幕墙工程。

4. 工 艺 原 理

幕墙免焊接预埋施工工艺就是调整平板埋件为槽式埋件，埋件利用槽钢和工字钢在工厂加工，后期的幕墙龙骨安装通过卡件与埋件机械连接，见图 4。

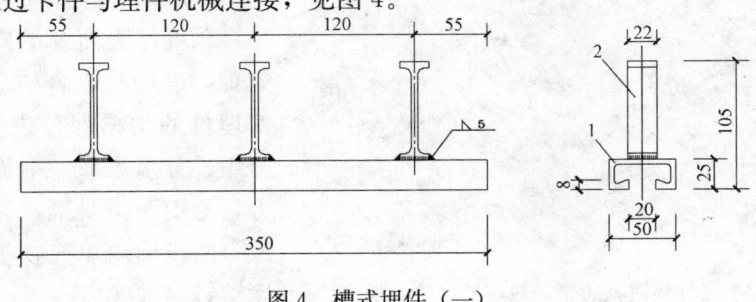

图 4　槽式埋件（一）

图4　槽式埋件（二）

5. 工艺流程及操作要点

5.1　工艺流程

施工准备 → 埋件加工 → 埋件的保护 → 埋件埋置 → 混凝土浇筑 → 埋件清理 → 龙骨安装 → 外墙保温 → 外墙保温

根据设计计算确定埋件的长度和锚脚工字钢的规格，委托工厂进行加工，镀锌后运到施工现场；对埋件进行包裹措施；钢筋绑扎完成后，放出埋件的位置，放置埋件，用绑扎丝绑牢在主体的钢筋上；混凝土浇筑拆模后，清理保护膜，清理埋件沟槽里的杂物；龙骨安装时，用丁字型卡件与埋件连接；外墙保温时，保温板直接覆盖埋件，完全隐蔽后，进行幕墙的安装施工。

5.2　操作要点

熟悉工艺，加强过程控制，进行详细的技术交底，每道工序大面施工前需进行样板施工，对工艺进行优化，避免留下质量和安全隐患。

5.2.1　施工准备

1. 熟悉图纸：结合现场，以埋件施工图为依据，熟悉了解各部位尺寸和做法，弄清剪力墙，梁柱、洞口、阴阳角等部位的详细做法。

2. 对进场的埋件进行验收，包括焊接质量、几何尺寸、度锌质量、质保资料。

3. 完成主体结构的钢筋分项工程的绑扎，对钢筋进行定位固定。

4. 放出埋件得位置，根据轴线控制线及墙柱的水平控制点，用拉线的方式确定控件水平线，立面埋件均应以图纸所示的基准轴线为基准点，分格确定埋件位置。不能按前一埋件位置确定，以避免误差的累积。

5.2.2　埋件保护

预埋件表面及槽内应进行热镀锌防腐处理，进场验收合格后，用封箱带和苯板对埋件的沟槽部分进行封堵（图5.2.2），分组、分量堆放，下面清理干净且垫上木方，避免污染受潮，搬运过程中应小心轻放，防止槽内填充物被破坏及埋件表面防腐镀锌层被破坏。

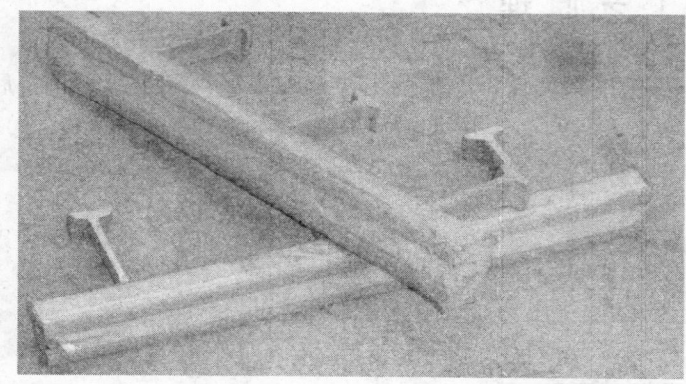

图5.2.2　埋件热镀锌防腐、封堵处理

5.2.3　埋件埋置

横梁埋件埋在上下主筋的内侧，固定与箍筋点焊、横向与主筋或点焊绑扎。搭接时埋件中间箍筋断开后，箍筋和埋件焊接牢固（图5.2.3）；剪力墙处加固时采用与水平筋或竖向筋点焊结合绑扎，不得伤害结构主筋，遇水平筋较少时加设一根圆12mm钢筋（长度大于400mm）于埋件位置，埋件固定在加设水平筋上。

5.2.4　混凝土浇筑

混凝土浇筑前，应检查埋件位置，是否有移位，应该紧靠模板。混凝土的坍落度控制在160～180mm，浇筑时减少直接在埋件上方下料，振捣时，沿埋件两侧对称的下插振动棒，严禁漏振和碰撞埋件，确保埋件位置和埋件后面混凝土密实。

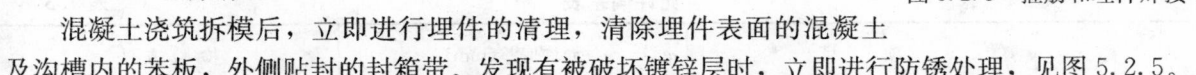

图5.2.3　箍筋和埋件焊接牢固

5.2.5　埋件清理

混凝土浇筑拆模后，立即进行埋件的清理，清除埋件表面的混凝土及沟槽内的苯板，外侧贴封的封箱带。发现有被破坏镀锌层时，立即进行防锈处理，见图5.2.5。

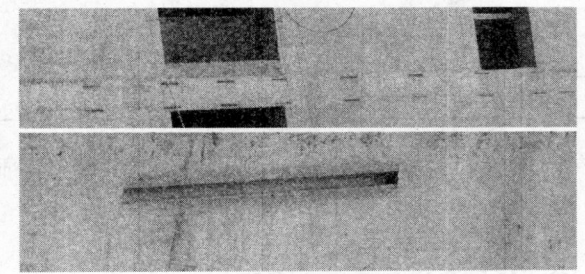

图5.2.5　埋件清理图

图5.2.6　安装主龙骨图

5.2.6　幕墙龙骨安装

1. 主体完成后，进行放线，从屋顶找方挂线，下部复核调整的方法，先大角，后转角，最后大面的顺序。焊设固定架，上下通拉钢丝，施工过程中根据钢丝和楼层侧设的标高确定龙骨位置。

2. 安装主龙骨：从上向下，逐段安装，先将连接件与龙骨固定锚紧，然后套入已经安放在沟槽内的连接螺栓，上下左右调整龙骨到要求位置，铆紧螺栓，进行下一槽埋点的施工，见图5.2.6。

图5.2.7　保温板与幕墙埋件的节点挤压拼接图

5.2.7　外墙保温处理

幕墙龙骨安装检查合格后，进行外墙的保温施工，保温板与幕墙埋件的节点采取挤压拼接，在埋件位置切除保温板，板与件挤压不留缝隙，见图5.2.7。

6. 材料与设备

6.1　主要材料

本工法使用型钢材质满足Q235B级化学、力学性能要求；埋件焊接满足《钢筋焊接及验收规程》JGJ 18—2003"T"形焊要求；镀锌厚度平均不小于$70\mu m$，最小厚度不小于$70\mu m$；其他使用的钢筋、绑扎丝、封箱带、苯板等材料没有具体要求。

6.2 机械设备

本工法的施工过程中，基本不使用机械设备，在后期安装过程中，只使用 ZLP-500 型电动吊篮，安装必须具有相应的资质的单位进行，并通过有资质的检测单位检测合格后方可投入使用。

7. 质 量 控 制

7.1 测量放线：必须严格按照《工程测量规范》GB 50026—93、《建筑装饰工程质量验收规范》GB 50210—2001 要求进行控制，重点控制埋件标高、中心线。

7.2 埋件的加工：必须严格按照《钢结构工程施工质量验收规范》GB 502057 和《建筑幕墙》GB 50017—2003 进行加工，并按要求进行焊接抽检复试。

7.3 埋件放置安装的允许偏差和检查方法应符合设计及规范要求，尺寸偏差见表 7.3。

允许偏差表　　　　　　　　表 7.3

名 称	项 目	允许偏差（mm）	检 验 方 法
预埋件	轴线位置偏差	10	用经纬仪、水平仪检查
	水平位置偏差	10	
	进出位置偏差	10	

7.4 严格施工前方案编制、交底制度，施工过程中检查、监督制度，施工完毕后的经验总结制度，以便用于下道工序或以后施工。

8. 安 全 措 施

8.1 使用的外架和吊笼安装、搭设完毕后，必须经有关部门验收合格后使用，并定期进行检修，吊笼上作业人员，必须通过安全培训，持证上岗，机电操作人员必须穿戴劳动保护用品。

8.2 脚手架上堆料量不得超过规定荷载。不准用不稳固的工具或物体在脚手板面垫高操作，更不准在未经加固的情况下，在一层脚手架上随意再叠加一层。

8.3 在外架施工作业时，必须系好安全带。

8.4 及时清理拆下来的沟槽填充苯板，集中堆放处理，做好防火工作。

8.5 所有机械设备，一机一闸一漏保，接地良好，做好蔽雨措施，所有机械，必须专人负责，持证上岗，并负责配合机修工进行机械保养。

9. 环 保 措 施

本工法对环境危害源主要是为：拆下的沟槽填充苯板污染。

9.1 沟槽内填充苯板时，在统一的房间内进行，避免苯板废料随风飘散。

9.2 拆模后的埋件清理时，准备一个袋子，清理处理的填充苯板直接装入袋子内，集中处理。

10. 效 益 分 析

自采用本工法以来，收到了良好的经济、安全、节能和社会效益，现分述如下。

10.1 经济方面

从工程实际效果（消耗的物料、工时、造价等）上，与传统施工方法相比，经济效益明显，见表 10.1（以天津弘泽湖畔国际广场为例）。

经济效益对比表   表 10.1

消 耗	传 统 做 法	采用本工法	节 省 率
物料(万元)	55	51.4	6.5%
人工(万元)	16	10.9	31.9%
造价(万元)	71	62.3	12.3%

10.2　安全方面

与传统作法相比，该工法基本没有安全隐患，以天津弘泽湖畔国际广场为例，施工过程中没有出现过任何大小安全事故。

10.3　节能方面

与传统作法相比，不需现场点焊作业，大大的节省材料和能源，安全文明施工费用减少。

10.4　社会效益方面

10.4.1　与传统做法相比，不需要进行电焊作业，避免了对周围环境的光污染。

10.4.2　使用本工法，为安全管理工作开拓了新的技术理念，成功运用从寻求技术解决安全隐患问题。

11.　应 用 实 例

目前，该工法已经在几个工程中应用，工艺已经比较成熟，现将几个应用实例简述如下，见表11。

应用实例表   表 11

工程名称	地　点	结构形式	开、竣工日期	建筑面积	应用效果	存在问题
天津万豪大厦	迎水道 748 号	框剪	2005.3.5～2007.6.6	54300m²	收到了良好的经济效益和社会效益	暂无
天津弘泽湖畔国际广场	卫津南路与天塔道交叉口	框剪	2005.8.26～2007.12.26	96000m²	收到了良好的经济效益和社会效益	暂无
天津时代广场	鞍山西路 200 号	框架	2006.4.20～2008.9.30	78300m²	收到了良好的经济效益和社会效益	暂无

箱型结构丝极电渣焊施工工法

GJEJGF069—2008

苏州第一建筑集团有限公司青海分公司　青海省土木建筑实业有限责任公司

韩伟　沈星华　严海根　薄小刚　李永才

1. 前　　言

随着建筑钢结构的发展，焊接箱型构件具有截面组合任意、力学性能优异的特点。焊接箱型梁柱作为重要的承载受力构件广泛应用于多高层、重工业厂房、大型公众建筑等重要建筑中。

电渣焊较好解决了箱梁结构内部的加劲板无法焊接的问题、电渣焊是利用电流通过液体熔渣产生的电阻热作为热源，将焊件和填充金属熔合成焊缝的垂直位置焊接方法，渣池保护金属熔池不被空气污染。电渣焊是焊接箱型构件比较重要的工序，由于其属于隐蔽焊接，焊接过程受前道装配质量、引弧造渣不易控制、焊接过程中机电设备等因素的影响，质量不易控制，一旦出现问题返修成本非常大。

苏州一建通过大量的实践，开展了技术创新活动，攻克了一系列的技术难关，解决了电渣焊一次合格率偏低的问题，顺利完成了"上海世博主题馆"、"青海格尔木锂钾盐钢结构厂房箱型梁"、"苏州高新区科技大厦箱型钢桁架"、"苏州太湖论坛"等重点工程共5000t的箱型梁柱的丝极电渣焊任务，累计完成电渣焊5000多米，并形成了一套科学合理、规范可行、安全可靠的施工工艺。电渣焊示意图见图1。

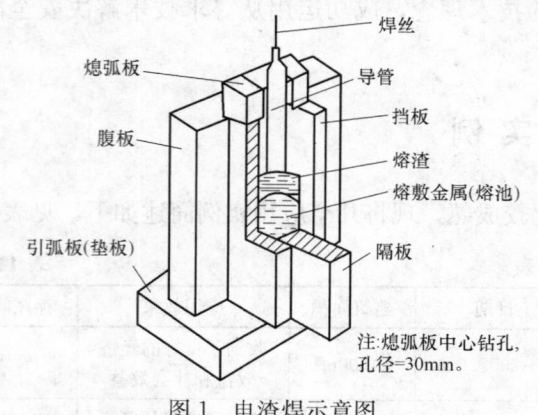

注：熄弧板中心钻孔，孔径=30mm。

图1　电渣焊示意图

2. 工 法 特 点

2.1　引弧造渣原料采用"丸剂混合料"，钢丸化学成分与母材的相当，使热量传递迅速，渣池升温快，焊缝与母材能较好地熔合，大大提高了引弧造渣阶段的一次成功率。

2.2　采用"不定型耐火材料"将隔板（加劲板）与挡板之间的外侧缝隙进行封堵，使熔渣无法流进箱体内部，保证熔池内有足够的熔渣，解决了熔渣流失造成断弧、焊接中断的难题。

2.3　在电渣焊过程中出现意外情况（断电或机械故障）下，采用磁力钻钻孔粉碎固体熔渣并重新引弧造渣保证焊缝的连续性及焊接质量。

2.4　该工法施工方便可靠，成本低廉，对操作人员技术要求低，电渣焊焊缝的熔透和超声波检测一次合格率高。

3. 适 用 范 围

本工法主要适用于所有箱型结构且要求隔板（加劲板）与腹板、翼缘板之间全熔透焊缝连接的钢构件。

4. 工 艺 原 理

丝极电渣焊是利用电流通过液体熔渣产生的电阻热作为热源，将焊件和填充金属熔合成焊缝的垂直位置焊接方法。渣池保护金属熔池不被空气污染。根据其工艺特点，在引弧造渣阶段采用导热性能好的"丸剂混合料"，避免在造渣阶段温度相对集中导致焊缝夹渣和不熔透的现象。在正常焊接阶段通过"不定型耐火材料"将隔板（加劲板）与挡板之间的外侧缝隙封堵，保证熔池内有足够的熔渣，有效地避免熔渣流失造成断弧的现象，保证焊接操作及焊缝的连续性。同时为解决内隔板断焊处焊接质量问题，通过磁力钻的作用将焊道内已固结的熔渣粉碎并打通焊道，为重新引弧造渣创造条件。

5. 施工工艺流程及操作要点

5.1 施工工艺流程

作业条件检查（不定型材料封堵）→安装起焊槽（配置丸剂混合料）→安装电渣焊枪（导管）→引弧造渣→自动焊接（机电故障断弧处理）→息弧→割除引出焊缝→打磨清理→超声波探伤。

5.2 操作要点

5.2.1 作业条件

1. 电渣焊应在前道箱体结构组装工序验收合格后进行。施焊前，焊工应复核焊接件的接头质量和焊接区域的坡口、间隙等的处理情况，仔细检查隔板与垫板、垫板与腹板之间的拼装间隙，大于1.0mm以上的位置，用防火泥密封，只能填充在缝隙外侧，不能污染焊道，厚度不小于0.7t（被封较薄板厚），并用泥刀刮平，使其牢固黏在母材上。

2. 丝极电渣焊不允许露天作业。当气温低于0℃，相对湿度大于或等于90%，保证电源的供应和稳定性，避免焊接中途断电和电压波动过大。

3. 焊接区应保持干燥、不得有油、锈和其他污物，丝极孔内受潮，生锈或沾有污物时不得使用。

4. 丝极电渣焊焊剂在使用前应按产品说明书规定的烘焙时间和烘焙温度进行烘焙，不得含灰尘、铁屑和其他杂物。一般在烘干温度250℃烘焙2小时。

5. 焊丝的盘绕应整齐紧密，没有硬碎弯、锈蚀和油污，焊丝盘上的焊丝量最少不得少于焊一条焊缝所需焊丝量。

6. 所有焊机的各部位均应处于正常工作状态，焊机的电流表、电压表和调节旋钮刻度指数的指示正确性和偏差数要清楚明确。

5.2.2 安装起焊槽

1. 起焊槽一般采用直径 $\phi100 \times 100mm$ 紫铜块，中间设有 $\phi60mm$，深度60mm的焊剂槽。

2. 向焊剂槽中加入"丸剂混合料"，深度控制在50mm，钢丸和焊剂混合重量比控制在1:1～1:1.5以内，并充分混合，将焊剂填充在钢丸的空隙内，见图5.2.2。

3. 用螺纹千斤顶（或马型卡具）从下方将起焊槽与箱体紧密贴住，保证焊剂槽与预留的电渣焊预留孔对准，检查起焊槽与箱体之间有无缝隙，若有缝隙用若有缝隙用"不定型耐火材料"沿起焊槽周边封堵，避免引弧造渣过程中钢水及熔渣逃逸造成焊接中断。

5.2.3 安装电渣焊枪（导管）

1. 电渣焊枪（导管）由高温合金组成，外表涂有耐高温绝缘材料以防止管极与焊件接触，规格选用 $\phi12 \times 4mm$。

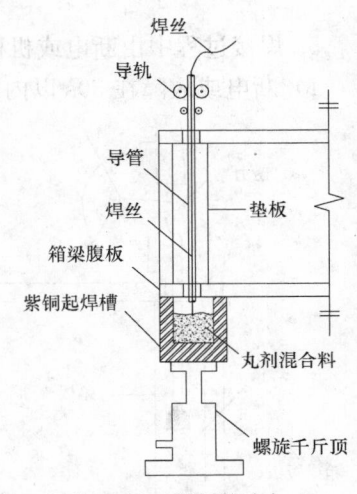

图 5.2.2 焊剂槽中加入"丸剂混合料"

2. 首先将焊枪（导管）安装在装配间隙中，并固定在夹持机构上，调节夹持机构上下螺栓，焊嘴位于装配间隙中心。

3. 启动焊枪提升开关，检查提升装置运行情况及提升速度。

4. 通入焊丝，检查丝极是否通畅。

5.2.4 引弧造渣

1. 采用短路引弧法，焊丝伸出长度约为 30～40mm。伸出长度太小时，引弧的飞溅物易造成焊枪（导管）端部堵塞，太大时焊丝易爆断，过程不能稳定进行。

2. 引弧造渣阶段应比正常焊接稍高的电压和电流，以缩短造渣时间，目的是减少下部未焊透的情况。引弧时，电压应比正常焊接过程中的电压高 3～8V，渣池形成后恢复正常焊接电压。

3. 引出电弧后要逐步加入焊剂，使起焊槽内逐步熔化成渣池。

5.2.5 自动焊接

1. 按照预先设定的参数值调整电压、电流进行焊接，随时观察电压和电流仪表的变化。

2. 因电渣焊是封闭的内部焊接，无法通过仪器来检查渣池深度。根据电渣焊原理，渣池应浸没电极，正常焊接时无弧光产生。

3. 通过电焊护目镜放在焊接孔的边缘，观察有无弧光。若有弧光产生，则说明：

1）渣池深度不够，及时添加少量焊剂，维持足够的渣池深度。

2）送丝速度过慢，及时调整送丝速度。送丝速度对焊接的影响见图 5.2.5-1。

4. 随时观察红热区不超过成型位置宽度，避免熔宽过大，焊接过程中注意随时检查焊件的炽热状态，一般约在 800℃（樱红色）以上时熔合良好。

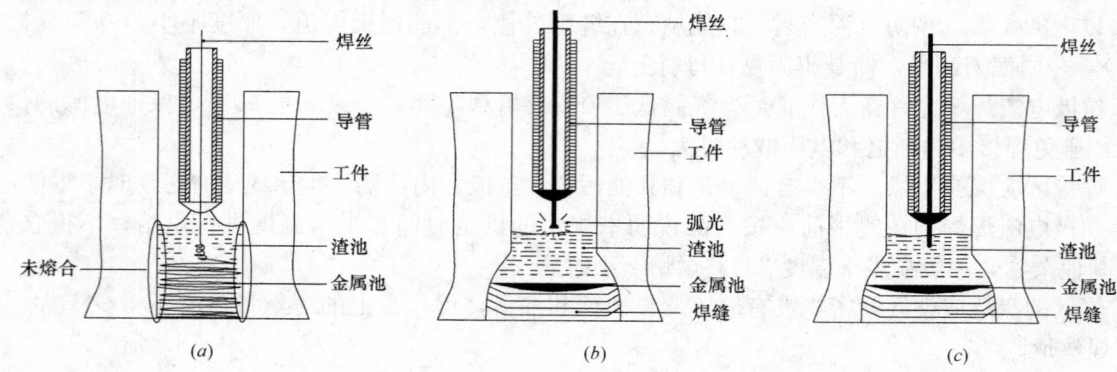

图 5.2.5-1 送丝速度对焊接的影响
(a) 送丝速度过快；(b) 送丝速度过慢；(c) 送丝速度正常

5. 焊接过程中由断电或机械故障引起的断弧处理方法：

1）断电或故障在 30s 以内可以排除的情况下，熔渣未发生固化，可以直接重新引弧，可加大电压 10～20V，并填充适当"丸剂混合料"继续焊接。

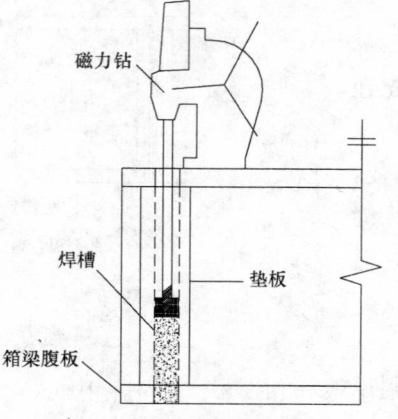

图 5.2.5-2 断电重新起弧处理

2）断电或故障引起的停焊超过半分钟，渣池开始固化，将下层金属与电极阻断，不易产生电弧，可以用磁力钻带加长钻头（钻头的直径根据焊道大小配置）将固化的焊剂打穿并粉碎后，适当加大电压并填充"丸剂混合料"，重新引弧并焊接（断电重新起弧处如图 5.2.5-2 所示）。

6. T 形焊缝不同板厚电渣焊工艺参数见表 5.2.5。

5.2.6 息弧

1. 焊接结束时，若突然停电，渣池温度陡降，易产生裂纹、缩孔等缺陷。

2. 息弧时应逐步减少送丝速度与电流，焊丝采取滞后停送的

电渣焊工艺参数　　　　表 5.2.5

板厚 T (mm)	坡口形状	焊丝直径	垫 板		坡口间隙 G(mm)	焊接电流 (A)	焊接电压 (V)	提枪速度 (cm/min)
			t'(mm)	W(mm)				
20		1.6	20	45	20-25	350-420	32-40	1.5-2.7
25		1.6	20	45	20-25	380-460	32-40	1.5-2.1
30		2.0	22	45	20-25	400-480	32-42	1.4-1.9
40		2.0	22	50	25-28	420-500	36-44	1.2-1.5
50		2.4	25	50	25-28	450-550	40-46	1.1-1.4
60		2.4	25	50	25-28	480-600	40-46	1.0-1.4

坡口形状图示标注：导管(焊丝)、隔板(加劲板)、箱梁腹板、垫板、G、W

方法填补弧坑避免裂纹、减小收缩。

3. 熔池必须引出到被焊接母材的顶端以外。

5.2.7 清理验收

1. 电渣焊停止后，应立即割除定位板、起焊槽、引弧板，并仔细检查焊缝上有无表面裂纹。若有裂纹要立即用气割或碳弧气刨清理，并补焊。

2. 焊缝冷却至常温后，按照《钢结构超声波探伤及质量分级法》JG/T 203—2007 用超声波对其对熔透及缺陷探伤。

3. 构件焊接后的变形，应进行成品矫正，成品矫正一般采用热矫正，加热温度不宜大于 650℃。

4. 凡构件上的焊瘤、飞溅、毛刺、焊疤等均应清除干净。要求平的焊缝应将焊缝余高磨平。

5. 根据装配工序对构件标识的构件代号，用钢印打入构件翼缘上，距端 500mm 范围内。构件编号必须按图纸要求编号，编号要清晰、位置要明显；

6. 钢构件制作完成后，应按照施工图的规定及《钢结构工程施工质量验收规范》GB 50205—2001 进行验收，构件外形尺寸的允许偏差应符合上述规定中的要求。

6. 材料与设备

6.1 丸剂混合料

6.1.1 钢丸：采用 S780/SS2.5 系列铸钢丸，直径 2.5mm，化学性能如下：

碳（C）：0.70%～1.20%；锰（Mn）0.60%～1.20%；

硅（Si）0.40%～1.20%；硫（S）、磷（P）≤0.05%。

6.1.2 造渣焊剂：熔炼型焊剂 HJ431，化学成分见表 6.1.2。

造渣焊剂化学成分　　　　表 6.1.2

焊剂型号	焊剂类型	SiO_2	Al_2O_3	MnO	CaO	MgO	CaF_2	FeO	S	P
HJ431	高锰高硅低氟	40～44	≤4	34～38	≤6	5～8	3～7	≤1.8	≤0.06	≤0.08

6.1.3 钢丸和焊剂混合重量比控制在 1：1～1：1.5 以内，并充分混合，将焊剂填充在钢丸的空隙内。

6.2 不定型耐火材料

化学成分：氧化铝 22%、氧化硅 76%、其他 2%。

外观形状：外观灰白色膏状。

膏状密度 1.2～1.4g/cm³，干燥后密度 0.65～0.85g/cm³，热导率 0.1kcal/mh（500℃）。

最大耐火度 1300℃，线收缩率 0.7%（800℃干燥 1h），横向抗弯强度 20～30kg/cm²。

6.3 电渣焊焊丝

焊丝采用 H08MnA 钢结构用埋弧焊丝，焊丝直径 1.6～2.4mm，化学成分见表 6.3。

牌号	C	Mn	Si	Cr	Ni	Cu	S	P
H08MnA	≤0.10	0.80～1.10	≤0.07	≤0.20	≤0.30	≤0.20	≤0.03	≤0.03

6.4 主要机具

ZHS系列丝极电渣焊机（图6.4）。

图6.4 ZHS系列丝极电渣焊机

6.4.1 技术参数

额定焊接电流：600～1000A；

额定焊接电压：60V；

送丝速度：1.5～16m/min；

电渣焊枪提升速度：0～130mm/min；

最大摆幅：100mm。

6.4.2 适用范围

钢板厚度：16～100mm。

钢材品种：低碳钢、低合金钢、中碳钢、耐火钢等。

焊缝类型：T形焊缝和对接焊缝。

7. 质 量 控 制

本工法执行的有关标准和规范如下：

《钢结构设计规范》GB 50017—2003；

《碳钢焊条》GB/T 5117—1995；

《钢结构工程施工质量验收规范》GB 50205—2001；

《建筑钢结构焊接技术规程》JGJ 81—2002；

《高层民用建筑钢结构技术规范》JGJ 99—98；

《低合金高强度结构钢》GB/T 1591—94；

《厚度方向性能钢板》GB/T 5313—1985；

《建筑结构用钢板》GB/T 19879—2005；

《钢焊缝手工超声波探伤方法和探伤结果分级法》GB/T 11345。

7.1 保证项目

7.1.1 本工法中所使用的各种材料的各项技术指标必须满足有关标准所规定的要求。

检查方法：检查产品合格证。

7.1.2 焊接坡口加工尺寸的允许偏差应符合国家《气焊、手工电弧焊及气体保护焊焊缝坡口的基本型式与尺寸》和《埋弧焊焊缝坡口的基本型式与尺寸》中的有关规定或按工艺要求。

检查方法：观察检查。

7.2 基本项目

7.2.1 翼板，腹板上划线定位，翼板、腹板开剖口，腹板预留电渣焊孔，见图 7.2.1。翼缘板预留电渣焊位置不开坡口，长度 $t+20+20$。

检查方法：观察检查。

7.2.2 隔板与垫板、垫板与腹板之间的拼装间隙局部大于 1.0mm 以上的位置，用防火泥密封，只能填充在缝隙外侧，不能污染焊道。

检查方法：观察检查。

7.3 允许偏差项目

7.3.1 内隔板和衬板的组装见图 7.3.1。

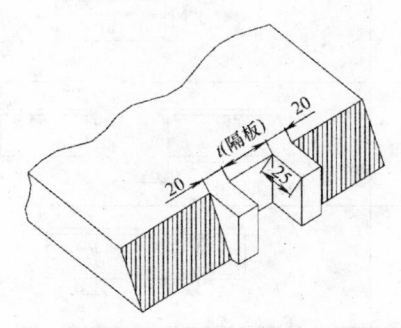

图 7.2.1 腹板预留电渣焊孔

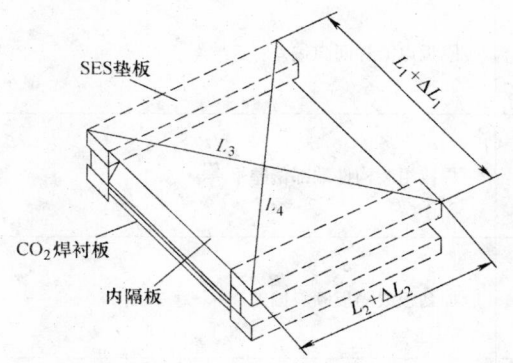

图 7.3.1 内隔板和衬板的组装

注：（1）隔板和衬板或垫板必须组装密贴，间隙小于 0.5mm，防止电渣焊漏渣。

（2）隔板四周必须经铣削加工，铣削余量为每边 2～3mm，表面精度 Ra 值小于 $6.3\mu m$。

（3）$L_1+\Delta L_1$、$L_2+\Delta L_2$ $0<\Delta L<1mm$

       $|L_3-L_4|$ $<1.5mm$

       $L_1\perp L_2$ $<1.0mm$

检查方法：测量检查。

7.3.2 构件外形和几何尺寸的偏差应符合表 7.3.2 规定。

构件外形和几何尺寸的偏差   表 7.3.2

序号	项 目		允许偏差	图 例
1	T 形连接的间隙	$t<16$	1.0	
		$t\geqslant16$	2.0	
2	搭接接头长度偏差		±1.0	
3	搭接接头间隙偏差		±5.0	
4	对接接头底板错位	$t\leqslant16$	1.5	
		$16<t<30$	$t/10$	
		$t\geqslant30$	3.0	

续表

序号	项目		允许偏差	图例
5	对接接头间隙偏差	手工焊	+4.0 0	
		埋弧焊 气体保护焊	+1.0 0	
6	对接接头直线度偏差		2.0	
7	根部开口间隙偏差（北部加衬板）		±2.0	
8	隔板电渣焊间隙偏差		±2.0	
9	焊接组装构件端部偏差		3.0	
10	加劲板或隔板倾斜偏差		2.0	
11	连接板、加劲板间距或位置偏差		2.0	

检查方法：测量检查。

8. 安全措施

8.1　必须坚决落实"安全第一，预防为主"的方针和安全为了生产，生产必须安全的规定，全面实行"预控管理"，从思想上重视，行动上支持，杜绝和减少伤亡事故的发生。

8.2　在生产前必须逐级进行安全技术交底，其交底内容针对性要强，并做好记录，并明确安全责任制。严格按规定做好开工前、班前安全交底。

8.3　加强生产中的安全信息反馈，不断消除生产过程中的事故隐患，使安全信息反馈不已，这是预防和控制事故发生的重要方面。

8.4　特种工种的作业人员，必须持有效证件方能上岗作业，并严格按照安全操作规程执行。

8.5　起吊用工具和钢丝绳，必须有足够的安全系数，一般不得小于5～6倍。

8.6　使用起重机应和司机密切配合，严格执行起重机械"十不吊"的规定。

8.7　施工用电设施应专人维护，定期保养，严格遵循用电规程，保证安全用电，节约用电。

8.8　电焊工操作时带好防护用品，防止触电、灼伤。

8.9　所有施工工作人员都应严格遵守本工种安全操作规程。

9. 环 保 措 施

9.1 油漆空桶专人管理集中堆放，严禁乱丢乱放，施工现场垃圾要及时清运，清运时适量洒水减少扬尘。

9.2 保持施工机械整洁，电线、气焊带、风带等应整齐安排，并应捆扎牢固。

9.3 各种施工材料要分类有序堆放整齐，对余料注意定期回收，对废料及时清理，定点设垃圾箱，保持施工现场的清洁整齐。

10. 效 益 分 析

10.1 按本工法进行钢结构箱型梁的电渣焊，通过"丸剂混合料"对电渣焊进行引弧，并对缝隙偏大的位置用"不定型材料"进行封堵，在电渣焊过程中出现意外情况下的磁力钻钻孔粉碎固体熔渣的方法，大大提高了电渣焊焊接的合格率，减少了电渣焊缝受设备因素和前道的拼装偏差的影响，根据本工法施工，焊缝合格率在98%以上。

10.2 该工法在"苏州大方特种车辆厂750t分载梁（箱型)"、"上海世博主题馆箱型柱"、"苏州太湖论坛箱型梁柱"的内隔板电渣焊成功运用，与未采用该工法的箱型柱电渣焊比较，该工法电渣焊过程中对其他干扰因素的敏感度降低，工作效率提高近一倍，近似的构件截面，未采用该工法时一天可以焊接50个孔，采用改工法后一天可以焊接90个孔，而且合格率提高了18个百分点。

10.3 该成果为同类型工程，及今后拟开展的其他类似工程的施工提供了更多的技术支持和技术保障，从而产生更大的经济效益和社会效益。

11. 工 程 实 例

11.1 上海世博主题馆箱型柱内隔板丝极电渣焊焊接

11.1.1 工程概况

上海世博会主题馆是展示上海世博会"城市，让生活更美好"的主题和凸显大型事件的展览场所，地上建筑面积为8.0万 m²，地下建筑面积为4.0万 m²，其中3万 m²的单体展馆内没有一根柱子，这在世博会历史上绝无仅有。主题馆采用钢结构的部分是：±0.000以下是采用型钢混凝土组合柱，±0.000以上采用多层钢框架结构，框架柱为箱形截面，局部设置少量柱间竖向支撑。上海世博会主题馆钢结构施工现场见图11.1.1。本厂加工主要为箱形柱，截面主要为BOX500×500×25×25，材质Q345B。

图11.1.1 上海世博会主题馆钢结构施工现场

11.1.2 施工情况

1. 箱型柱前道按照施工图纸放样、下料、切割、组装完成验收合格，仔细检查隔板与垫板、垫板与腹板之间的拼装间隙，大于 1.0mm 以上的位置，用防火泥密封，只能填充在缝隙外侧，不能污染焊道，厚度不小于 0.7t（被封较薄板厚），并用泥刀刮平，使其牢固黏在母材上。

2. 起焊槽采用直径 $\phi100\times100$mm 紫铜块，中间设有 $\phi60$mm，深度 60mm 的焊剂槽，如图五所示，向焊剂槽中加入 1：1 的"丸剂混合料"，深度为 50mm，并充分混合，将焊剂填充在钢丸的空隙内。

3. 按照表 11.1.2 工艺参数进行焊接。

焊接工艺参数 表 11.1.2

板厚 T (mm)	焊丝直径	垫板		坡口间隙 G(mm)	焊接电流 (A)	焊接电压 (V)	提枪速度 (cm/min)
		t'(mm)	W(mm)				
25	1.6	20	45	22	400	40	2.0

4. 施工过程见图 11.1.2 所示。

(a)防火泥缝隙填补

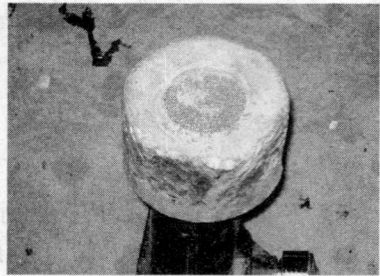
(b)配置丸剂混合物

(c)安装起焊槽

(d)焊接过程填充焊剂

(e)微调焊嘴位置

(f)打磨清理

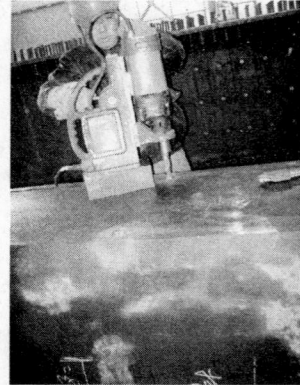
(g)断电断弧处理

(h)正常焊接（一）

(i)正常焊接（二）

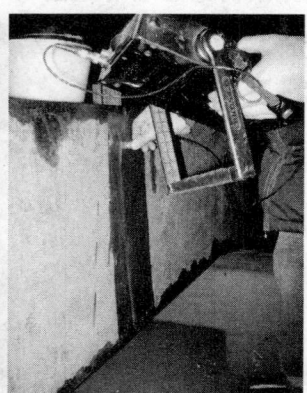
(j)超声波探伤

图 11.1.2 丝极电渣焊焊接过程图

11.1.3 结果评价

按照目前同行业箱型梁柱电渣焊焊接合格率 80% 的平均水平，每吨钢结构电渣焊焊接成本（人工、辅材、返工因素）约在 200 元/t，实施该工法一次合格率为 98%，提高了 18%，相当于降低了返工等因素组成的施工成本 200 元×0.18＝36 元/t，世博会完成箱型柱 4000t，节省成本为 4000t×36 元/t＝144000 元。另外采用该工法电渣焊过程中对其他干扰因素的敏感度降低，工作效率提高近一倍，加快了制造进度，为世博会主题馆现场安装进度提供了保证，得到了该项目协作单位领导的高度好评。

11.2 苏州高新区科技大厦钢桁架内隔板丝极电渣焊焊接

苏州高新区科技大厦工程办公楼地下 2 层，地上 26 层，建筑总高度 111.2m，建筑面积 72382m²，框剪结构，在结构标高 11.14m、15.14m、19.14m 处钢桁架，SB1、ZC1、ZC2 为 600×700×20（30）箱型构件，施工工期 2008 年 3～5 月，内部加劲板与箱体翼缘需全熔透焊缝。苏州一建钢结构采用丝极电渣焊的工艺解决这个难题，并开展了技术创新活动，攻克了焊接过程中的技术、质量难关，减少了大量返工成本，工作效率大大提高，加快了制造进度，提前了工期。苏州高新区科技大厦钢结构施工现场见图 11.2。

图 11.2 苏州高新区科技大厦钢结构施工现场

双向交叉、螺旋式上升斜圆柱测量定位施工工法

GJEJGF070—2008

中国建筑股份有限公司　中建五局第三建设有限公司

耿冬青　郭海舟　王建英　孙康　李焱　粟元甲

1. 前　　言

随着不断发展的新技术、新材料、新工艺的广泛应用，造型越来新颖别致、结构越来越复杂的建筑不断涌现。这不仅增加了施工测量的难度，但同时也推动了测量技术的发展。公司在多年的工程施工过程中总结出一套双向交叉、螺旋式上升斜圆柱测量定位施工工法。此工法经工程应用证明，不仅有效缩短了测量作业时间、提高了工作效率，还达到了很高的测量精度。

2. 工 法 特 点

2.1 通过在建筑物内部建立轴线内控点、标高基准点，使测量作业不受外界影响。

2.2 通过运用 CAD 制图，建立斜圆柱待测点坐标图。

2.3 通过采用测量模具，使测量作业更加方便、快捷。

3. 适 用 范 围

本工法适用于各种形状复杂的圆弧形建筑类型。

4. 工 艺 原 理

采用 NIKON 全站仪、NA2 GPM 水准仪等高精度测量仪器，在建筑物首层建立轴线、标高控制网，对建筑物进行整体控制。运用 CAD 制图和专门设计的测量模具作为辅助手段，对斜圆柱进行精确定位。

5. 施工工艺流程及操作要点

5.1 施工工艺流程（图 5.1）

5.2 操作要点

5.2.1 轴线内控点布设

测量人员使用全站仪，分别将（T1、T2、T3、T4、T5、O1）6个轴线控制点投测到首层底板上，经校核无误后，作为建筑物的轴线平面内控网，见图5.2.1。

5.2.2 轴线基准点竖向投递

当作业面楼板浇筑完毕并凝固后，将激光垂准仪架设在首层的轴线控制点上，经整平后，打开仪器开关发射激光束，激光穿过楼板预留洞直射到激光接收靶上，上面操作接收靶人员见光后移动接收靶进行接收，接收完毕应

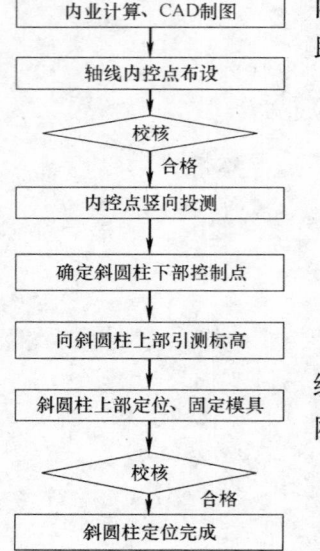

图 5.1　施工工艺流程图

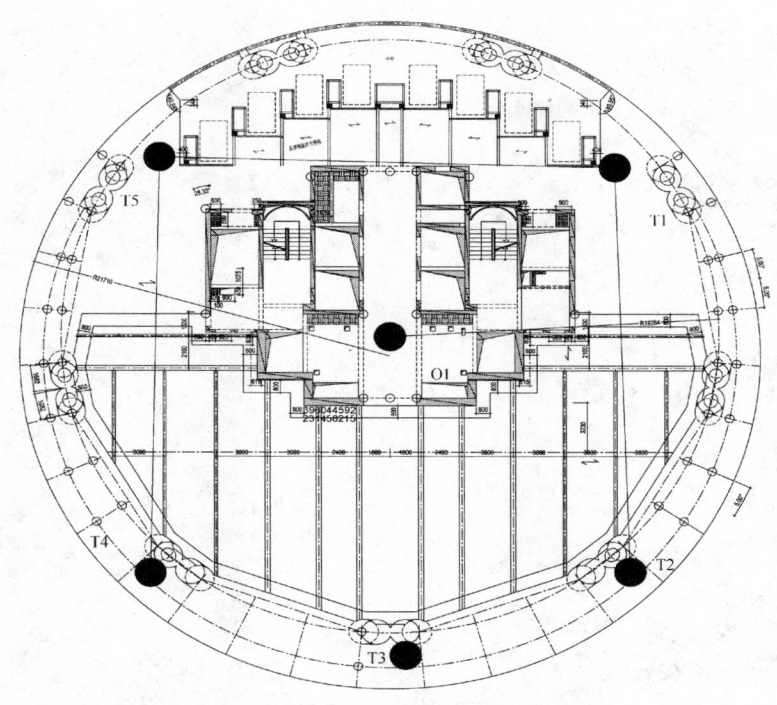

图 5.2.1　平面内控网图

立即固定好靶位。然后，将全站仪架设在投测上来的控制点上，检查各相邻控制点位之间的距离，是否符合规范要求（垂直度、直线性等精度要求均为小于 0.5mm）。为提高投测精度，将整个建筑分为 3 个投测基准点，分别为 1～15 层、16～30 层、30～顶层。

5.2.3　CAD 制图流程

做出柱子的水平截面椭圆→将椭圆中心定位于下层柱心位置→确定上层中心相对下层中心的偏转角度→偏转后在圆周上定位出上层椭圆中心位置→以下层椭圆中心为基点复制椭圆粘贴于上层椭圆中心位置→完成可以定位各个端点坐标。见图 5.2.3。

图中蓝色椭圆为斜圆柱在本层的边线，绿色椭圆为上层斜柱在本层的投影，放样时，将这些坐标点测设在作业面上，点位用红油漆进行标识。

5.2.4　斜圆柱放样

当向上投递轴线控制点完成后，将仪器架设在 O1 点，在地面上放出图 5.2.4A 截面的 2 个端点 A1、A2 以及斜柱上一层在本层的投影 C0，并将制作好的椭圆形模具 2 个端点对准 A1、A2 点，依照模具轮廓在地面上画出该斜柱的边线。椭圆形模具的边线用切分圆弧的方法将其大致形状画出，然后按照尺寸作出相应的模具。

5.2.5　斜圆柱上部定位

对于斜圆柱上部的定位，可先在本层放样出斜圆柱 2 个端点和向上一层斜圆柱中心在本层的投影点，用模具将本层的斜圆柱椭圆截面描绘出来（图 5.2.5），然后钢筋开始向上绑扎，每一根钢筋都要大致朝向 67°的位置，当钢筋到达向上一层的平面标高位置时，根据 CAD 图标高数据，计算出该截面的 2 个端点坐标 C1、C2，再此平面搭好架子设置一个模具，测量人员将此模具的标高测出，同底面一样将定型模具的两个端点对准 C1、C2，然后调节钢筋使之达到合理位置，拥有足够的保护层。钢筋验收完毕后，可开始支设柱模板。

5.2.6　斜圆柱标高控制

先测出现场实际模具架子平台的实际标高，多个测点求取平均值 $h = \sum h/n$，由图 5.2.6-1 可知上下层之间楼层净高是可知 H，上下两层的斜柱柱心距离为 L，所以每层斜柱的倾斜角度 $\alpha = \mathrm{arctg}(H/L)$，因此可以求出实际斜圆柱模具的中心位置与下部中心距离为 $X = \mathrm{ctg}\alpha \times h$。

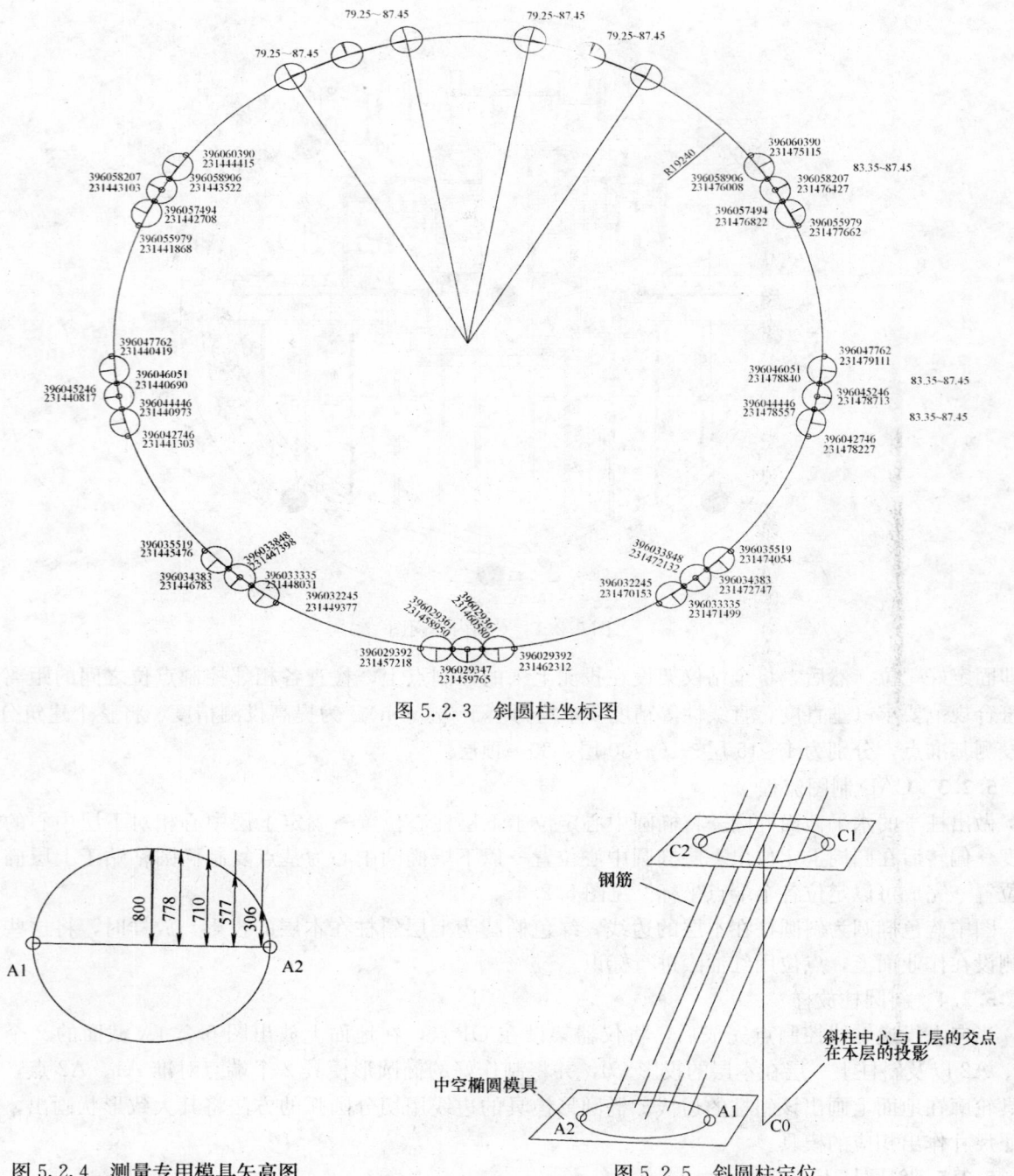

图 5.2.3　斜圆柱坐标图

图 5.2.4　测量专用模具矢高图　　　　　　　图 5.2.5　斜圆柱定位

在 CAD 图上，按斜柱位置的计算方法计算出斜柱在本层底部的位置并找出中心，形成如图 5.2.6-2 实线部分，然后将此中心沿上下两层中心的连线偏移 X 形成如图 5.2.6-2 虚线部分，然后在虚线椭圆上找出椭圆的长轴端点，最后，在现场的架子上将坐标放样出来。

5.2.7　斜圆柱的校验

在实际操作中，当钢筋按照我们给出的模具位置调整好后，请监理验收完毕后，开始支模板，模板的下部沿我们给出的画在混凝土面上的边线支设，应为此模板为定型钢模板，所以角度的调整范围很小，只能沿我们给出的方向调整，上口的模板位置具体偏差还需要我们对其上口进行数据采集后，与图纸上进行对照，然后向施工人员提供数据偏差进行再次调整。模板的支设分为两类，一类是北侧 4 个柱子，其他柱子分为另外一类，因为北侧的 4 个柱子每二层一变化，其余的柱子每一层发生一次变化，它们所不同的就是偏转角度有微小的差异，同时测量及校验方法是一致的。见图 5.2.7。

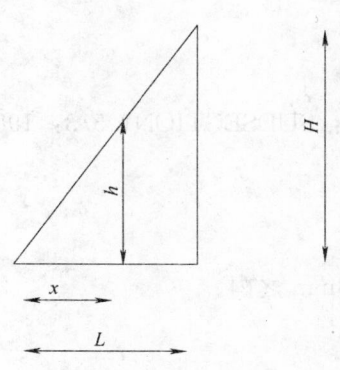

图 5.2.6-1　斜圆柱标高剖面图

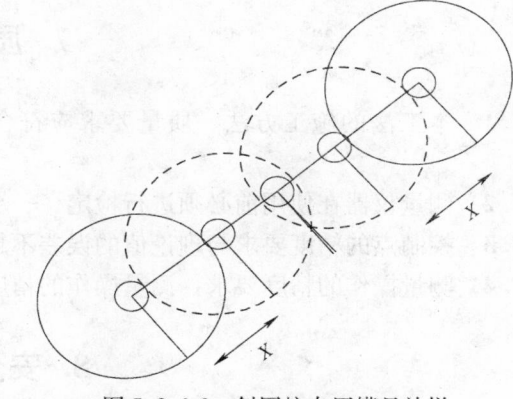

图 5.2.6-2　斜圆柱专用模具放样

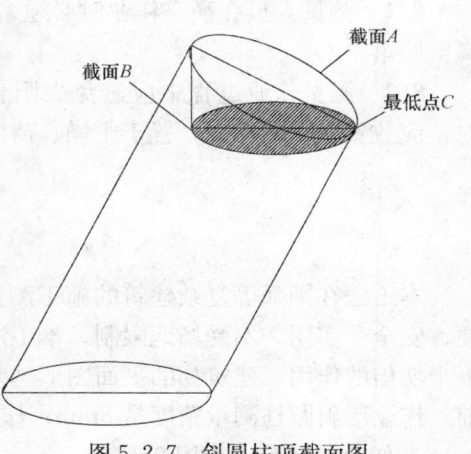

图 5.2.7　斜圆柱顶截面图

首先架设全站仪，对模板的上口坐标进行数据采集，即如图 5.2.7 的截面 A 沿圆周采集一圈坐标数据，以此圆周的最低点 C 的标高为基准，在此标高平面上做出截面 A 的投影面即为截面 B，经过现场采集得到实际模板的圆周上的坐标及最低点的标高，然后在 CAD 图上作出最低点标高截面的图，将我们实际采集得到的数据与 CAD 图上的截面 B 的数据进行对比，得到差值，就可以告诉现场模板工程师做的模板偏差是多少，然后现场根据此差值进行调节，随后进行测量。随着工人熟练程度的增加，模板偏差逐渐变小。因为北侧柱子每一节要跨越 2 层，高度要比其他柱子高一倍，而且北侧没有楼板，只能通过搭脚手架进行实地测量。

5.3　劳动力组织（表 5.3）

测量人员安排表　　　　　　　　　　　　　　　　　　表 5.3

职　务	人　数	岗位责任	备　注
测量负责人	1 名	工作组织安排，设备管理，现场安全管理，工作质量，工作进度	精通施工测量
测量技术负责人	1 名	测量技术管理，测量放线质量管理，测量技术资料编制	能熟练运用 CAD 软件
测量放线工	2 名	测量仪器操作	能熟练操作全站仪及其他测量设备

6. 材料与设备

主要材料及设备见表 6。

主要材料与设备　　　　　　　　　　　　　　　　　　表 6

序号	名　称	规　格	数　量	备　注
1	经纬仪（配三角架，左右移动平台）	T2	各 1	精度 2
2	全站仪（配三角架）	NIKON Dtm-551	各 2	2mm＋2ppm
3	水准仪（配三角架，精密分划板）	NA2 GPM3	各 1	0.1mm
4	垂准仪（配三角架）	JC-100 配套设备	各 2	1/100000
5	钢卷尺	5m/50m	4/1	
6	记号笔		20	红、黑
7	塔尺	5m	2	

7. 质 量 控 制

7.1 本工法的施工方法、质量要求应符合英标《DS6100：SUDSECTION1.5.3：1988》的精度要求。

7.2 测量仪器在使用前必须进行检定。

7.3 控制点的精度要求与理论值的误差不超过±1mm。

7.4 测量操作的精度要求：测量操作的精度要求控制在±3mm之内。

8. 安全环保措施

8.1 测量人员在高空作业时必须系好安全带，身上的测量包以及其他工具必须挂牢、放好，防止高空坠落。

8.2 测量作业过程中应避免太阳直晒仪器，遇雨时，用雨具遮挡，以防仪器受损。仪器不使用时，应放置在仪器箱内，置于干燥、清洁的地方。

9. 效 益 分 析

本工法在圆弧等复杂建筑的施工测量中具有很好的推广前景。使用本工法，测量精度高、操作简便、安全、实用、不受场地限制。本工法运用CAD的自动捕捉坐标功能，对复杂的建筑物更是起到了事半功倍的作用。建筑物的平面图形越复杂，所起到的效益越显著。在测量作业过程中，应用本工法前：作业层斜圆柱测量精度是8mm；作业时间是4人用3h，应用本工法后：作业层斜圆柱测量精度是3mm；作业时间是4人用2h。

10. 工 程 实 例

多哈高层写字楼地下平面为五边形，塔楼为圆柱形，钢筋混凝土结构。地下4层，地上45层（含夹层、1～44层，标高从1.35～181.75m，层高4.1m），总建筑面积113188m²，其中地下室为44150m²。主体结构下部截面直径约45m，上部约35m。181.75m以上部分为钢结构穹顶。整个楼高为231.5m。

本工程的难点为：外围柱为9对钢筋混凝土螺旋式上升的斜圆柱，层间角度变换为5°，每8层构成一个菱形布局。柱径从φ1700缩减到φ800（44层楼面以下），其中13层以下为1700mm，13～20层为1600mm，21～28层为1400mm，29～37层为1000mm，38～44层为800mm，外围柱通过预应力环梁连在一起。见图10。

双向交叉、螺旋式上升斜圆测量定位施工工法在工程施工测量中的成功应用，取得了很好的效果，及时解决了斜圆柱定位遇到的技术难题，施测精度和速度都超过了预期要求，受到了业主、设计、监理的一至好评。

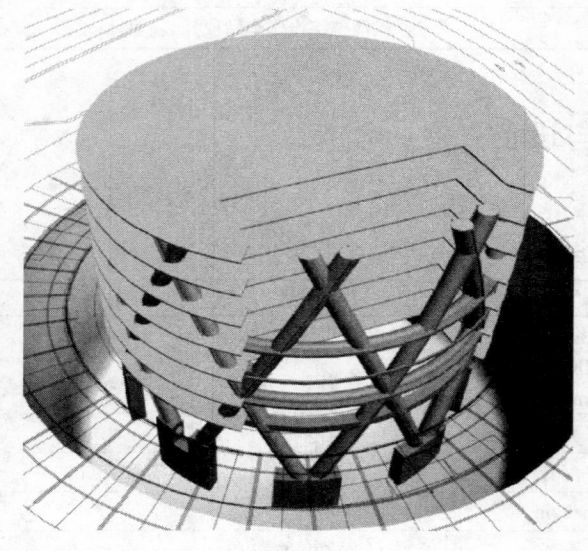

图10 结构空间立体模型

泵送重晶石混凝土施工工法

GJEJGF071—2008

中建商品混凝土有限公司　中建八局第一建设有限公司

顾晴霞　林怀立　彭友元　秦家顺　左京力

1. 前　　言

　　防辐射混凝土是一种用于屏蔽射线的混凝土，它是原子能反应堆、粒子加速器及其他含放射源装置常用的一种有效的防护建筑材料。重晶石（BaSO₄）混凝土是防辐射混凝土中的一种，它可以有效地衰减γ射线并吸收中子，具有很好的屏蔽效果，同时相比于其他一些防辐射手段，如设置铅板及超大厚度普通混凝土，重晶石混凝土具有综合造价低、安全环保的优点，是一种较好的防辐射材料。

　　重晶石混凝土的高密度对混凝土生产、搅拌、泵送的工艺都提出了更高的要求，特别是其高密度的骨料、在混凝土中极易下沉造成混凝土离析后堵管，难以泵送，因此以往使用重晶石混凝土的工程都是采用人工下料或吊运入模的方式进行浇筑，劳动强度大、效率低，工程的规模和质量受到一定的制约。随着社会的发展及工程规模的扩大，这些方式已无法满足连续施工的要求，并且施工中极易出现冷缝，难以保证工程质量。因此，实现重晶石混凝土泵送施工亟待解决。

　　本工法依托于湖北省人民医院放射治疗室项目，根据该项目提出的使用密度不小于 3500kg/m³ 的重晶石混凝土的要求，进行了可用于泵送施工的重晶石混凝土的配制技术、生产工艺、运输、泵送工艺等一系列研究，在国内首次成功完成了强度等级 C25 重晶石混凝土的泵送施工，极大提高了重晶石混凝土的施工效率，并有效确保了重晶石混凝土的各项质量要求。

　　本工法的核心技术《泵送重晶石混凝土研制与应用》于 2005 年经湖北省专家委员会鉴定，达到了国内领先水平。该技术荣获 2005 年度中建三局科技成果一等奖，2006 年度中建总公司科技成果三等奖。

2. 工 法 特 点

2.1　工法特点

本工法与以往的重晶石混凝土施工工艺相比，具有以下几个特点。

2.1.1　工作效率提高，工艺流程简化，劳动强度降低

采用泵送施工后，无需进行混凝土二次中转，混凝土浇筑速度显著提高，可大大缩短施工工期。

2.1.2　混凝土质量得到保证

按本工法所配制的重晶石混凝土和易性、均质性良好，不易离析、分层，具有优良的泵送性。并可根据实际情况调整混凝土的水化热、体积稳定性以及缓凝时间，能够满足大体积混凝土的施工要求。

2.1.3　成本降低

使用本工法成本低于传统重晶石混凝土施工工艺，与采用铅板等防辐射材料相比，可降低成本 50％以上。

2.2　专有名词

2.2.1　重混凝土

混凝土密度达到或超过 2500kg/m³ 的混凝土。

2.2.2　重晶石

重晶石是以硫酸钡（BaSO₄）为主要成分的非金属矿产品，化学性质稳定，不溶于水和盐酸，无磁性和毒性，比重为 4.3～4.7。

2.2.3　重晶石混凝土

采用重晶石作为部分或全部骨料的混凝土。

2.2.4　和易性

用于描述新拌混凝土的工作性能的一个术语，具体包括三个方面：流动性、黏聚性和保水性。黏聚性良好的混凝土抗离析、分层性能较好。

3. 适 用 范 围

3.1　适用于采用重晶石作为全部或部分骨料配制的密度在 $3200～3800kg/m^3$ 的重混凝土，对采用其他重骨料配制的重混凝土也有较好的参考价值。

3.2　适用于采用硅酸盐水泥、普通硅酸盐水泥、火山灰质硅酸盐水泥、粉煤灰硅酸盐水泥和复合硅酸盐水泥生产的 C20～C60 强度等级的素混凝土、钢筋混凝土结构施工。

3.3　适用于大体积重晶石混凝土施工。

4. 工 艺 原 理

4.1　密度控制原理

进行配合比设计时，混凝土密度应按设计容重进行考虑，通过选择合适密度的重晶石、调整重晶石总用量以及不同级配骨料的比例来达到设计密度的要求。

4.2　和易性控制原理

重晶石密度高易下沉离析，根据骨料在混凝土中的运动方程可知，重晶石在混凝土中的下沉速度与浆体的黏度系数成反比，与骨料的粒径成正比。因此，应通过控制重晶石的最大粒径和提高混凝土浆体的黏度来达到提高重晶石混凝土的和易性，实现重晶石混凝土可泵性的目的。

4.3　水化热控制原理

一般重晶石混凝土结构截面尺寸较大，混凝土水化热温升和收缩的影响不可忽略，配合比设计中应通过减少水泥的用量，掺用适当的矿物掺合料，以减少水化热温升与收缩，避免出现温度及收缩裂缝。

5. 施工工艺流程

由于重晶石混凝土密度大大超过普通混凝土，其施工操作存在较大的技术难度，泵送重晶石混凝土施工工法的主要工艺流程见图 5-1。

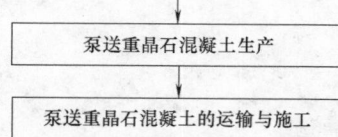

图 5-1　工艺流程图

5.1　材料的调研、试验和选择

根据设计要求的混凝土密度，确定重晶石所需的表观密度，根据混凝土和易性要求，选择适当的重晶石粒径和级配。

重晶石粗骨料级配应按照连续级配的要求，采用两级配以上混合，粗骨料最大粒径宜小于 25mm。

重晶石细骨料的性能应满足人工砂的相关性能要求。

5.2　混凝土配合比设计及试验试配

5.2.1　根据重晶石混凝土强度等级，按照《普通混凝土配合比设计规程》JGJ 55—2000 进行设计。

5.2.2　采用多级配重骨料以减小骨料的空隙率，尽量减少胶凝材料和掺合料的用量，提高混凝土的密度。

5.2.3 提高矿物超细粉的掺量，降低水泥用量，以改善混凝土的性能，降低水化热温升和混凝土收缩，避免出现温度及收缩裂缝。

5.2.4 重晶石混凝土的入泵坍落度宜控制在 160～180mm，以兼顾其泵送性及和易性的要求。

5.2.5 浇筑大体积混凝土时，为避免产生施工冷缝，必须控制混凝土的凝结时间，可通过选择合适的缓凝剂来实现。

5.2.6 所用配合比必须进行试配，经过试验确认后方可用于生产。

5.3 中试

试配后所确定的配合比必须在搅拌站进行中试，中试成功后方可应用于工程项目。

5.4 重晶石混凝土生产

5.4.1 重晶石混凝土应选用电脑自动计量的强制式搅拌楼中生产，投料顺序、搅拌时间与普通混凝土相同。

5.4.2 重晶石混凝土应根据级配分别堆放，料场宜避免雨淋，严禁混入杂物以及受到油的污染。

5.4.3 坍落度低于 160mm 时，极易发生堵泵，所以应作好调度协调工作，避免由于运输车辆积压或输送泵故障引起混凝土发生过大的坍落度损失，同时适当提高出机的坍落度。

5.5 重晶石混凝土运输与施工

5.5.1 泵送重晶石宜采用具有搅拌功能的混凝土运输车运输，达到现场后，应快搅至少 1min 后再出料。

5.5.2 重晶石混凝土泵送阻力大于普通混凝土，需要较大的泵送压力，在泵送时，应将泵车排量降低，从而保证足够的泵压。

5.5.3 现场应减少弯管数量和垂直管的长度，尽量采用垂直度 45°左右的斜管，以降低堵管的可能性。

5.5.4 由于重晶石混凝土泵送速度较普通混凝土慢，需控制混凝土运输车喂料速度，避免泵送不及使混凝土溢出受料斗。

5.5.5 浇筑时应将混凝土的落料高度控制在 2～3m 之间，避免出现重晶石与浆体分离的现象。

5.5.6 由于混凝土自重大、侧压力大，水平构件和梁柱的支撑体系应有足够的承载能力和刚度。

5.5.7 浇筑前需彻底清除模板和工作面内的渍水，避免渍水进入混凝土中，使混凝土性能劣化，骨料下沉形成浮浆，使结构表面出现裂缝。

5.5.8 混凝土中重晶石骨料密度大，在泵送的条件下，入模振捣后的混凝土沉实的过程比普通混凝土长、骨料下沉浆料上浮现象更为明显。对于竖向结构要采取排除上表面浮浆或适量填入清洁的重晶石块等措施，使结构的均匀性得到改善。在结构的截面明显变化的部位和板面要作好二次振捣，以消除混凝土塑性阶段的沉缩裂缝和初凝前后的失水干缩。

5.5.9 对大体积工程，应布置测温点，测定混凝土的入模温度和水化热温升，根据温度变化及时进行保湿覆盖养护，防止有害的温度、收缩裂缝产生。

6. 材料与设备

6.1 材料

6.1.1 重晶石：密度达到使用要求，其他性能根据其粒径、级配的差别分别参考《建筑用砂》GB/T 14684—2001 和《建筑用卵石、碎石》GB/T 14685—2001 的相关要求。

6.1.2 其他所用的材料，如水泥、水、矿物掺合料等，与普通混凝土的要求相同，应满足相应规范的要求。

6.2 设备

6.2.1 试验设备：混凝土搅拌机、电子台秤、干湿度计、电子测温仪、烧杯、震动台、坍落度筒、试模等。

6.2.2 生产设备：电脑自动计量强制式搅拌楼，应专项专用，并在使用前进行清洗。

6.2.3 运输及浇筑设备：混凝土搅拌运输车、混凝土输送泵，以上设备均应专项专用，使用前溃洗干净。

7. 质 量 控 制

7.1 泵送重晶石混凝土密度应满足设计要求，混凝土工作性能应按照《普通混凝土拌合物性能试验方法标准》GB/T 50080—2002 中的方法进行检测，混凝土力学性能应按照《普通混凝土力学性能试验方法》GB/T 50081—2002 中的方法进行检测，混凝土碳化性能、抗冻性能应按照《普通混凝土长期性能和耐久性能试验方法》GBJ 82—85 中的方法进行检测，混凝土抗裂性能可采取平板开裂试验进行检验、收缩性能可参照美国 AMTSC1200 测混凝土自生收缩的方法测试，氯离子扩散系数可按国际上采用 AASHTO-T529 和 AMSTC1202-94 的直流电量法，测定 6h 通过试件的总电量来进行评价。

7.2 混凝土所用的水泥、粗细骨料、掺合料和外加剂应按配合比设计要求的品种、强度等级备足，供应全过程须保持稳定，不得随意变换原材料品种。

7.3 重晶石粗细骨料为特殊材料，备料应准备足够富余，保证生产使用。

7.4 搅拌楼计量系统应保持准确。

7.5 按规范施工或施工方案留取试件时，应及时测定混凝土的表观密度，试块破型前要测定混凝土的干表观密度，以便于对重晶石混凝土的主要质量指标进行判断。

8. 安 全 措 施

8.1 重晶石混凝土施工应遵守《建筑安装工程安全技术规程》等国家和地方有关施工现场安全生产管理规定。

8.2 严格控制施工过程中的施工操作程序，确保每一道工序都有专业、可靠的安全交底。

8.3 其他安全注意事项与普通混凝土相同。

9. 环 保 措 施

9.1 重晶石混凝土结构中的有害裂缝控制是防止射线泄露的主要措施，施工过程必须采取裂缝预防措施，加强过程管理，避免射线对人体和环境的污染。

9.2 重晶石混凝土生产和施工过程中，噪声控制及废渣、废水的排放必须满足当地环保的要求。

9.3 混凝土浇筑完毕后，应将车尾出料斗部位清洗干净，将残余的混凝土清理丢置于指定地点，避免污染路面。

9.4 若混凝土浇筑现场道路情况不佳，存在泥路，需设定车轮清洗池，以免车辆车轮上的泥块污染道路。

10. 效 益 分 析

10.1 本工法的核心技术——泵送重晶石混凝土配制技术与以往同类混凝土相比，施工便捷、劳动强度低、质量可靠、施工工期可降低为传统工艺的 1/3～1/5，有利于重晶石混凝土的规模化生产。

10.2 采用本工法所生产的重晶石混凝土性能优良、质量可靠、不易出现冷缝和开裂。

10.3 采用本工法的技术生产重晶石混凝土较选用铅板可降低造价50%。

11. 工程实例

武汉大学人民医院放射科及肿瘤科直线加速器机房工程，该工程位于武昌紫阳路99号人民医院内，由武汉理工大学设计院设计，中建三局工程总承包公司施工，混凝土由中建三局商品混凝土有限公司武昌搅拌站（现中建商品混凝土有限公司武昌搅拌站）供应。

该工程长23.6m、宽11.7m、高5.7m，放射机所在房间墙厚1800mm、屋面板厚1700mm；其余房间墙及屋面板厚均为1000mm。该结构总计混凝土量810m³，设计采用密度≥3500kg/m³的泵送重晶石混凝土，重晶石骨料见图11-1。配合比见表11-1，混凝土性能见表11-2。

重晶石经试验和选择后，加工成三种不同的粒级，见图11-1。

 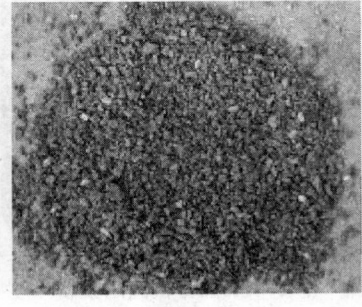 

0.15～4.75mm   4.75～9.5mm   9.5～26.5mm

图11-1　加工好的不同级配的人工重晶石粗细骨料

混凝土配合比　　　　　　　　　　　　　　　　　　　　　　　表11-1

材料名称	水泥	水	粉煤灰	矿渣	重晶石			外加剂
用量(kg/m³)	250	175	110	55	1100[1]	470[2]	1380[3]	11.0
比　例	1	0.70	0.44	0.22	4.40	1.88	5.52	0.044

注：各原材料规格为：P.O42.5水泥，Ⅱ级粉煤灰，S95级矿渣。1类重晶石级配区间为0.15～4.75mm，2类重晶石级配区间为4.75～9.5mm，3类重晶石级配区间为9.5～26.5mm。

泵送重晶石混凝土试配性能　　　　　　　　　　　　　　　　　表11-2

序号	坍落度/扩展度(mm)			凝结时间(h)		密度(kg/m³)	强度(MPa)		
	0h	1.5h	2.5h	初凝	终凝		R_3	R_7	R_{28}
1	225 / 560	190 /390	160 /310	16	18	3500～3530	13.0	24.3	42.1

2004年11月15日～2004年11月30日期间，分三次顺利完成了重晶石混凝土的浇筑，工程施工图片见图11-2～图11-3。

经测温显示混凝土温度峰值出现在入模后76h，1700mm厚处墙体最高温度60.0℃、内外温差11.5℃；早期降温速率保持在2.0℃/d左右，水化热温升、内外温差和降温速率均控制在允许范围内；同时，对入泵前的重晶石混凝土进行密度检测，混凝土密度全部大于3500kg/m³，平均值为3525kg/m³；混凝土工作性能满足总目标的要求，部分检测设备见图11-4。

放射治疗室顶板除局部有浅表浮浆龟裂外，无其他肉眼可见裂缝，工程完工后的内外表面见图11-5，图11-6。

竣工后的混凝土结构各项常规指标完全符合施工验收规范要求。经过湖北省卫生厅职业病危害（放射防护）检测，此项工程无任何射线泄露，完全符合防射线功能要求。

图 11-2　重晶石混凝土出机

图 11-3　浇筑后进行表面的覆盖

(a)

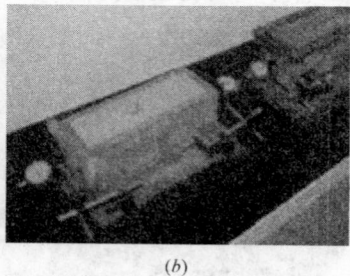

(b)

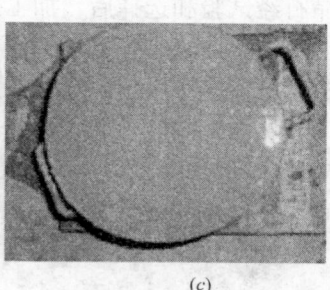

(c)

图 11-4　部分检测用设备
(a) 氯离子渗透试验；(b) 收缩试验；(c) 混凝土容重试验

图 11-5　肿瘤中心外景

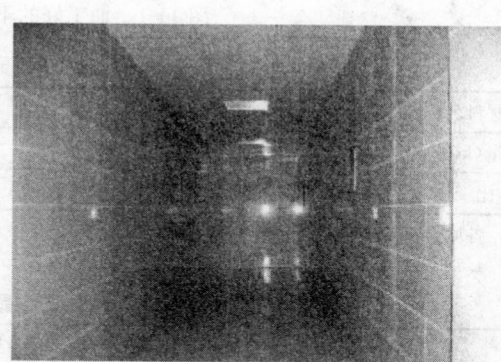

图 11-6　肿瘤中心内景

大跨度下弦不连续钢屋架吊装施工工法

GJEJGF072—2008

天津市建工工程总承包有限公司

王明明　沈乃煊　凌海君　曹爽秋　张晓光

1. 前　　言

空客 A320 系列飞机中国总装线项目中 14 号喷漆机库，建筑面积 20900m²，喷漆大厅跨度为 60＋60m，长度 56m，柱距 8m，单层，结构形式为两跨钢排架体系。

在 14 号喷漆车间厂房结构中，屋架为上弦折线形下弦不连续的钢屋架（图 1）。

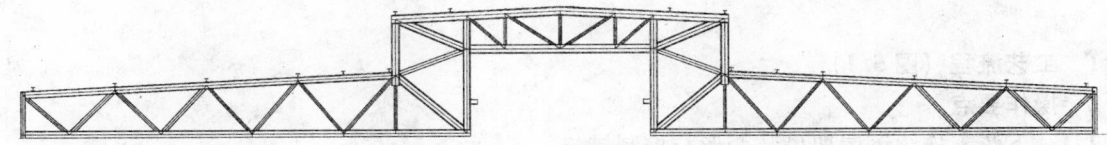

图 1　14 号喷漆车间屋架结构形式

通过查新此种钢屋架结构在国内钢结构工程中首次出现，没有成熟的施工技术可以借鉴。通过分析，发现这种钢屋架结构给施工带来以下两个难点：

1.1　大跨度屋架需在吊装现场进行组对成型，然后翻身竖直起吊。由于屋架下弦不连续，屋架平面外的抗变形能力很弱，翻身过程中将会造成屋架平面外变形。

1.2　屋架吊装就位卸荷后，由于屋架跨度大、下弦不连续，在自重荷载作用下，造成的结构（包括钢屋架和钢柱）变形很大，影响工程质量。

天津市建工工程总承包有限公司通过研究本工程钢屋架施工的难点，研发了大跨度下弦不连续屋架的安装施工工法，在 14 号喷漆车间钢屋架施工的实际应用中，取得良好效果。

大跨度下弦不连续钢屋架吊装施工技术作为空客 A320 系列飞机中国总装线项目综合施工技术之一，通过了天津市建委组织的专家鉴定，其水平达到了国内领先，获得天津市科技进步三等奖，工法被评为天津市市级工法（TJGF 028—2008）。

2. 工 法 特 点

2.1　本工法通过整体立拼的施工方法，避免屋架翻身的平面外变形。

2.2　通过力学理论、计算机模拟施工，精确预控钢屋架施工中的各种变形，保证钢屋架的安装质量、安装精度。

2.3　本施工工法解决了屋架平面外刚度差和不连续屋架下弦尺寸变化问题。方法简单实用，缩短了工期，节约了成本。

3. 适 用 范 围

本工法适用于跨度大、平面外刚度差，需整体吊装的屋架安装工程。

4. 工 艺 原 理

4.1　为了避免屋架翻身变形，应该让屋架在组对过程中保持钢屋架吊装时状态，即必须竖直组对钢屋架。现场搭设屋架竖向组对平台（图 4.1），避免屋架翻身起吊带来的屋架平面外变形。

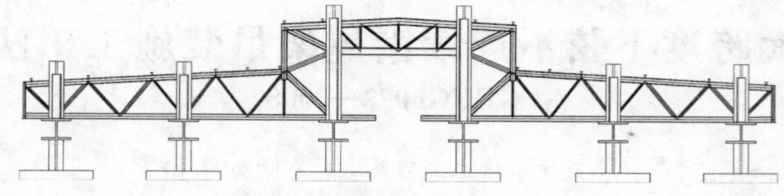

图 4.1 立拼组对平台

4.2 14 号喷漆车间下弦不连续屋架可简化为平面结构，采用结构工程软件进行变形分析。结构力学求解器中建立屋架模型，计算屋架吊装中、卸荷后结构的变形，根据变形数据，设计合理的屋架下弦负补偿值、钢柱防变形措施、吊点位置，通过这三方面的措施使得大跨度下弦不连续钢屋架结构安装实现质量目标。

5. 工艺流程及操作要点

5.1 工艺流程（图 5.1）
5.2 操作要点
5.2.1 下弦不连续钢屋架吊装变形与控制措施
1. 屋架下弦负补偿值计算机模拟

首先建立计算模型，钢屋架卸荷后结构模型如图 5.2.1-1 所示。

在模型上添加自重荷载，如图 5.2.1-2 所示。

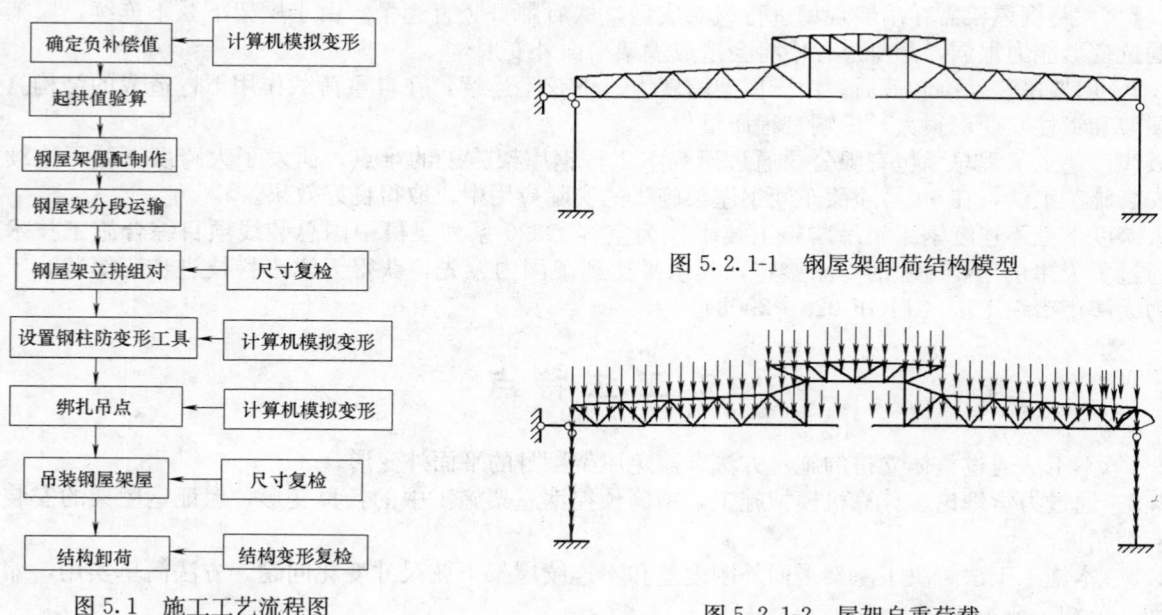

图 5.2.1-1 钢屋架卸荷结构模型

图 5.2.1-2 屋架自重荷载

图 5.1 施工工艺流程图

输入材料性质后，计算屋架变形，屋架变形示意图如图 5.2.1-3 所示。

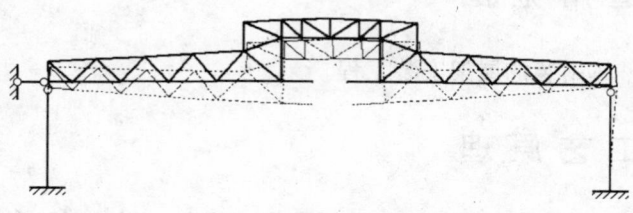

图 5.2.1-3 屋架变形图

钢屋架下弦下挠度 Y，钢柱水平位移为 X。考虑到现实中不可能存在完全的刚性节点所以对于结构的理论位移进行放大，放大系数为 1.2，屋架最大下挠度为 $1.2Y$，钢柱水平位移为 $1.2X$。

根据最终得到的屋架变形值对在制作

中对屋架进行变形补偿，本工程下弦下挠度为 138.6mm，确定起拱补偿值为 150mm。

2. 屋架卸荷后钢柱防变形措施研究

在上述分析中，屋架卸荷变形中钢柱的位移为 1.2Y，若超出规范要求，就要考虑钢柱防变形措施。本工程要求钢柱水平位移为 50mm，超出规范要求，解决这个问题就要在钢屋架下弦开口处采用型钢进行刚性连接，这样脱钩状态与卸荷状态分开，将钢屋架卸荷时间向后推移，当结构安装完毕后，卸去刚性连接实现真正卸荷，此时钢柱不会产生单侧荷载而发生偏移，此方案结构模型如图 5.2.1-4 所示。

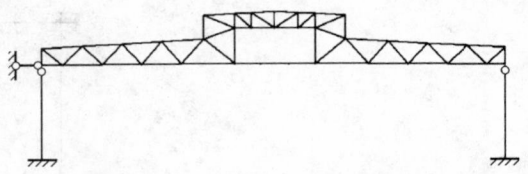

图 5.2.1-4 钢柱防变形结构模型

这时钢柱的水平位移变为 7.64mm，扩大 1.2 倍为 7.64×1.2＝9.2mm。完全符合轴线偏移不得超过 12.6mm 的规范规定。如果不符合设计要求就要增加刚性连接杆，重新计算直到符合要求为止。

3. 屋架吊装吊点位置设计

屋架起吊必然产生变形，为了吊装精确安装就位，就要合理设置吊点，保证吊装中屋架变形最小，本工程根据钢屋架结构特点从以下两种吊点位置中进行考虑，见图 5.2.1-5、图 5.2.1-6。

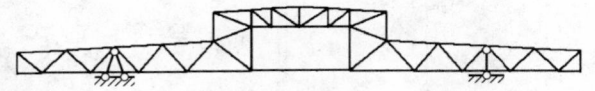

图 5.2.1-5 吊点位置 1

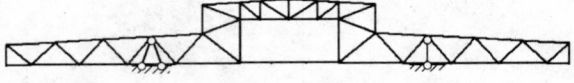

图 5.2.1-6 吊点位置 2

通过计算机模拟吊点位置 1 的屋架跨度伸长量为 4.3＋8＝12.3mm，吊点位置 2 的屋架跨度伸长量为 －0.05－0.4＝－0.45mm，即跨度缩短 0.45mm，所以吊点位置 2 满足吊装精度要求，施工中采用吊点 2 的位置进行起吊。

5.2.2 屋架现场组对、吊装

1. 制作屋架竖放组对钢平台（图 5.2.2-1），对平台进行找平。

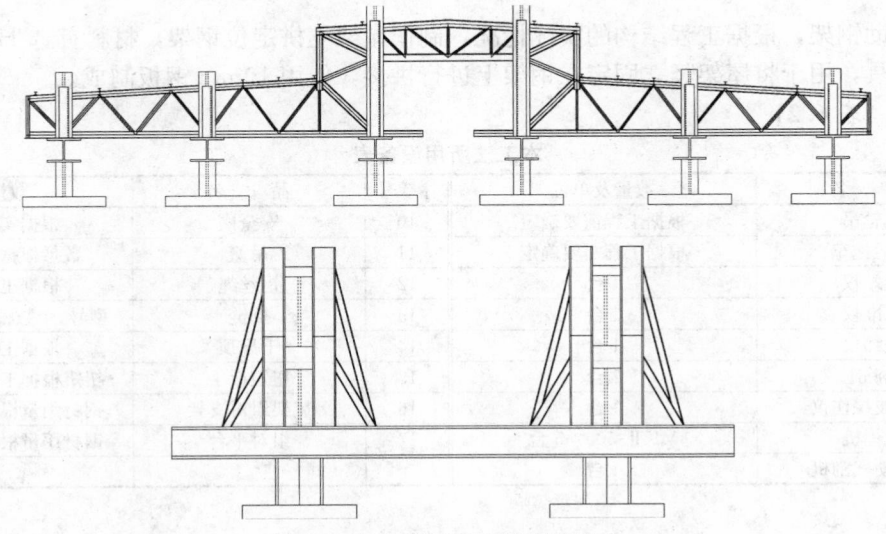

图 5.2.2-1 钢屋架立拼组对平台

2. 在搭设好的组对平台上组对钢屋架，组对完成后进行屋架尺寸复测，偏差须符合要求。

3. 依据 5.2.1 中所述的设计起吊点进行屋架吊装，对于这种大跨度屋架考虑到起吊的平稳和最大限度的减少吊装变形，在实际施工可根据屋架重量、跨度增加吊点，但钢屋架每一侧上的吊点合力位置要与设计相符，这样就可以保证屋架吊装变形符合安装精度要求。

4. 一榀钢屋架吊装完毕后复测屋架变形，根据实际情况进行调整，然后吊装下一榀钢屋架。

5. 按上述吊装所有屋架及支撑结构后，去除屋架下弦刚性连接工具，完成结构卸荷。

6. 最后用激光测距仪、水准仪、经纬仪进行屋架的标高、钢柱垂直度的测量与调整（图 5.2.2-2）。

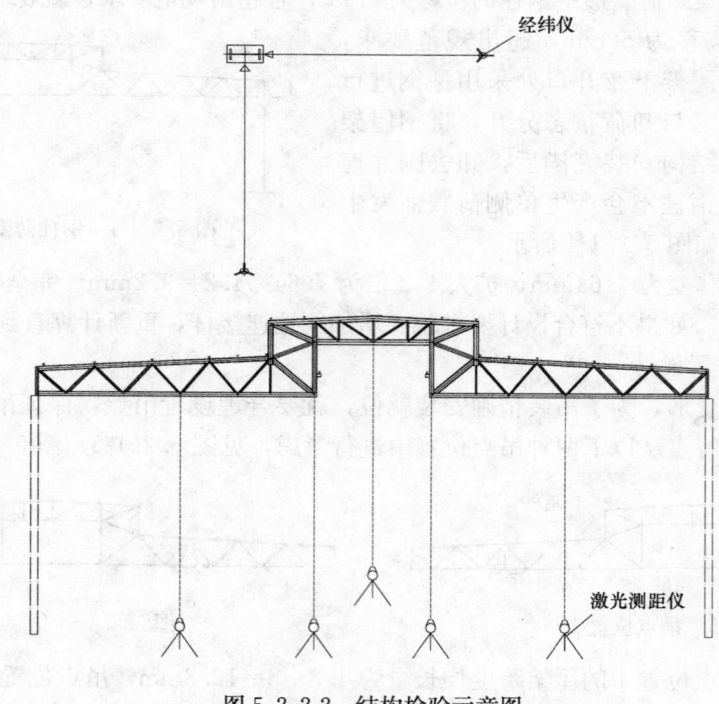

图 5.2.2-2　结构检验示意图

6. 材料与设备

6.1　材料

6.1.1　辅助钢架，根据工程结构的实际情况，制作屋架立拼定位钢架，材料首选 H 型钢与槽钢。

6.1.2　卡具，用于将屋架竖立固定在钢架上进行拼接，使用 10mm 钢板制成。

6.2　设备（表 6.2）

本工法所用设备表　　　　　　　　　　　　　　　　　　　　　表 6.2

序　号	品　　名	数量及单位	序　号	品　　名	数量及单位
1	汽轮吊	根据工程需要确定	10	安全网	根据实际情况确定
2	倒运拖车	根据工程需要确定	11	吊篮	数量根据工程需要确定
3	全站仪	1 台	12	钢丝绳	根据工程需要确定
4	水准仪	1 台	13	捯链	型号、个数根据工程需要确定
5	经纬仪	1 台	14	千斤顶	根据工程需要确定
6	激光测距仪	2 台	15	扭矩扳手	扭矩根据工程实际情况确定
7	超声波探伤仪	1 台	16	屋架组对支架	钢材用量根据实际工程确定
8	电焊机	MKⅡ-500　5 台	17	组对平台	钢材用量根据实际工程确定
9	半自动气割机	4 台			

7. 质量控制

7.1　质量标准

7.1.1　异形屋架的安装质量应满足国家标准《钢结构工程施工质量验收规范》GB 50205—2002 要求。

7.1.2　屋架长度偏差不得超过 ［+3.0mm，−7.0mm］；跨中高度偏差不超过 ±10.0mm；屋架跨中拱度偏差不超过±1/5000mm。

7.1.3 钢柱偏移量，$H \leqslant 10\text{m}$，$H/1000$，$H \geqslant 10\text{m}$，$H/1000$ 且不大于 25mm。

7.1.4 屋架拼装的焊缝要求：上下弦杆拼接焊缝属一级焊缝，须满足以下要求：

焊材采用 E506 焊条，焊材进场需要有复试报告，进场后要进行烘焙，要求为温度 350~380℃，时间 2 小时，焊工要求持证上岗。

7.2 质量保证措施

7.2.1 实现质量方针和目标的措施要点

1. 建立质量保证体系网络，加强对质量的管理和监督，明确岗位责任制。

对施工管理人员进行施工方案的讨论、学习、理解，切实做到每个工程管理人员都对方案和施工工程、施工工艺有深入了解，并对自己在工程中负有的职责和任务都明确。

对施工作业人员要有针对性的交底，做到用样板引路的方法来确定和认识本工程的质量标准，并每天抽半小时进行交底和培训。

2. 按照《质量管理体系》ISO 9002—GB/T 9002—2000 标准，确定本项目的质量方针和质量目标，及时编制质量计划。

3. 建立以项目经理为主的质量保证体系，确保每个要素在受控状态。

4. 严格工序交接验收管理。做到工作有目标、检验有标准、操作有规范，一切工作都按质量要求进行。

5. 制订质量管理制度，奖罚分明，对不遵守操作规程、违反质量规定的行为要批评教育，对造成质量事故者给予处罚。

6. 以项目经理为中心，对质量进行全过程控制。

7. 严格遵循现行的施工验收规范和质量标准、施工图纸及设计说明、设备厂商提供的安装要领书等有关标准。

8. 把好材料采购、检验（复检）、试验关，所有材料做到证明资料齐全，具有可追溯性。

9. 特殊工种持相应、有效的上岗证。

7.2.2 质量检查和管理

1. 质量记录的控制

1）项目部按照体系文件的具体规定，在项目实施过程中同步做好施工日志、质量检验评定记录等质量记录。

2）质量员负责建立《质量记录登记表》，如实反映真实情况。

3）质量记录的储存、保管、处理及归档等，具体按《质量记录控制程序》执行。

4）交工资料的填写按监理单位的规定格式进行。

2. 工程质量记录

1）内部质量审核按照《内部质量审核程序》执行，验证质量体系在本工程中运行的符合性和有效性。

2）项目部对在内审中发现的问题所开出的《内审不合格项报告》，制定纠正措施，进行整改，实施后提出验证申请，并配合内审组进行跟踪验证。

3. 施工质量注意事项

1）每道工序认真填写质量数据，质量检验合乎要求后方可进行下道工序施工。

2）施工质量问题的处理必须符合规定的审批程序。

3）钢结构的安装应按施工组织设计进行。安装程序必须保证结构的稳定性和不导致永久性变形。

4）组装前，应按构件明细表核对进场的构件零件，查验产品合格证和设计文件；工厂预拼装的构件在现场组装时，应根据预拼装记录进行。

5）钢构件吊装前应清除其表面上的油污、冰雪、泥沙和灰尘等杂物。

6）钢结构组装前应对胎架的定位轴线、基础轴线和标高位置等进行检查，并应进行基础检测。

7）结构件安装就位后，应立即进行校正、固定。当天安装的结构件应形成稳定的空间体系。

8）钢结构组装安装、校正时，应根据风力、温差、日照等外界环境和焊接变形等因素的影响，采取相应的调整措施。

9）焊接应按相应的施工规程作业，施工前应由专业技术人员编制作业指导书，并进行交底。

4. 测量质量控制

1）仪器在工程开工前和竣工后进行检验校正，确保仪器正常使用，在施工中所使用的仪器必须保证精度的要求。

2）保证测量人员持证上岗。

3）各控制点应分布均匀，并定期进行复测，以确保控制点的精度。

4）施工中放样应有必要的核检，保证其准确性。

8. 安 全 措 施

8.1 特种作业人员必须持证上岗，且证件必须在有效期内。

8.2 施工前明确安全责任制，并逐级落实责任人。

8.3 施工前必须逐级进行安全技术交底。

8.4 施工班组在施工工程中，作好安全记录。

8.5 作业人员在作业前，必须对作业工、器具进行检查，禁止使用具有安全隐患的设备。

8.6 地面物体搁置整齐、有序，高空作业时，小型机、器具，材料、配件等必须放牢，停止作业后，必须带离作业区或固定妥当。

8.7 施工现场进行焊接、切割等动火操作时，必须注意周围环境，以防失火。

8.8 为便于施工人员操作，设置钢爬梯组装高空工作。

8.9 高空作业点下面禁止站人，以防高空坠落事件。

8.10 按规定布置防火设施，严格遵守防火规定，杜绝火灾事故。

8.11 施工临时设施的制作和设置不能随意降低要求，认真检查原有的工具、通用设施，有缺陷之处应及时予以修复。

9. 环 保 措 施

9.1 防止大气污染

9.1.1 建筑施工垃圾，采用容器吊运，严禁随意高空抛撒。施工垃圾及时清运，适量洒水，减少扬尘。

9.1.2 施工现场，设专人及设备，采取洒水降尘措施。

9.2 防止水污染

存放油料的库房，必须进行防渗漏处理。储存和使用都要采取措施，防止跑、冒、滴、漏、污染水体。

9.3 防止光污染

9.3.1 现场不得有长明灯，夜间施工除必要的照明外，避免过多灯光照射。

9.3.2 现场照明集中照射，仅覆盖现场范围，避免影响临近道路行车。

9.4 防止施工噪音污染

9.4.1 施工现场提倡文明施工，建立健全控制人为噪声的管理制度。尽量减少人为的大声喧哗，增强全体施工人员防噪声扰民的自觉意识。

9.4.2 严格控制强噪声作业时间，特殊部位施工需在相关环保局备案后方可施工。

9.4.3 牵扯到产生强噪声的成品、半成品加工，尽量放在车间完成，减少因施工现场加工制作产生的噪声。

9.4.4 尽量选用低噪声或备有消声降噪设备的施工机械。施工现场的强噪声机械（电锯、气刨、砂轮机等）要设置封闭的机械棚，以减少强噪声的扩散。

9.5 废弃物管理

9.5.1 施工现场设立专门的废弃物临时储存场地，废弃物应分类存放，对有可能造成二次污染的废弃物必须单独贮存，设置安全防范措施且有醒目标识。

9.5.2 废弃物的运输确保不散撒、不混放，送到政府批准的单位或场所进行处理、消纳，对可回收的废弃物做到回收再利用。

10. 效 益 分 析

本工法从钢结构质量角度出发，完全满足屋架吊装质量的规范要求。可以节约工期 10d，节约成本 100 万元。

11. 应 用 实 例

空客 A320 系列飞机总装线工程 14 号喷漆车间屋架跨度 60m，下弦不连续长度为 10m，结构形式见图 11-1，应用本工法进行屋架吊装施工。

图 11-1　14 号喷漆车间结构形式

在结构力学求解器中求的卸荷后屋架下挠、屋架、钢柱协调变形量（变形形式见图 11-2），以此确定屋架补偿起拱值为 150mm。

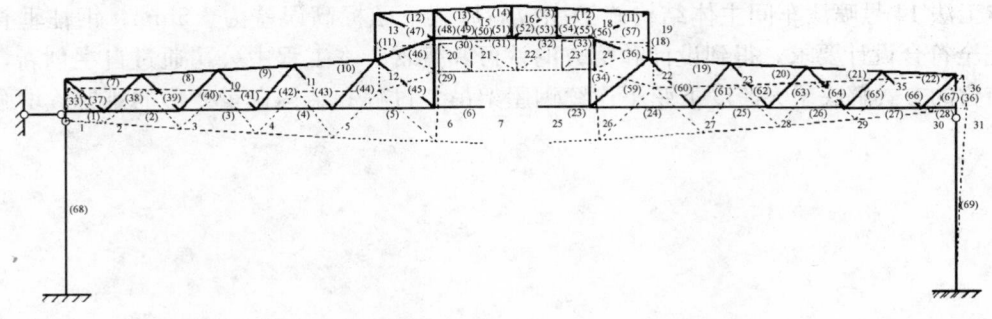

图 11-2　计算机模拟卸荷变形

吊装现场采用如图 11-3 所示的组对平台组对钢屋架，每次组对两榀屋架，然后进行屋架吊装。

钢屋架组对完成后，根据计算得到的钢柱水平位移，在屋架下弦开口处设置刚性连接型钢（见图 11-4），防止屋架脱钩后钢柱水平位移超出规范要求。

根据屋架吊装变形采用如下图 11-5 设计吊点位置进行起吊，但考虑到屋架跨度大、重量大的特点，

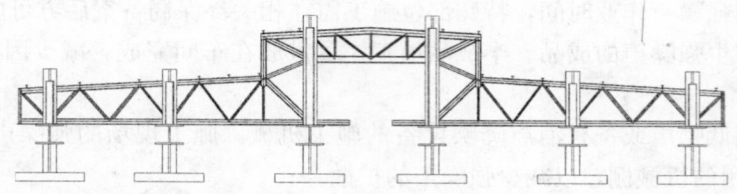

图 11-3　钢桁架现场组对

图 11-4　刚性连接装置

图 11-5　吊点设计位置和施工中位置

在实际施工中采用 3 机抬升，但两侧吊点合力位置与设计位置相符和，满足吊装变形最小的要求。

根据本工法 14 号喷漆车间主体结构施工完成后屋架下弦标高误差为＋5mm，钢柱垂直度偏差为＋3mm，完全符合设计要求，得到设计和德方的认可和赞赏。本工程中公司通过自主创新，采用科技与实践相结合的方式解决了大跨度下弦不连续钢屋架吊装过程和结构自重变形的难题，增强了企业的技术实力。

穹顶形钢结构屋架制作安装施工工法

GJEJGF073—2008

河北建设集团有限公司　广厦建设集团有限责任公司

杜海龙　王春颖　吕永臣　褚宝练　马建宅　林炎飞

1. 前　　言

穹顶型钢屋架是现代工业建设项目中常见的轻型钢结构，常见于水泥工业中的堆场屋顶结构，其特点是跨度大、高空拼装作业多、安装精度要求高。

太行和益水泥厂煤均化库是河北省首例大型穹顶形钢结构屋面工程，采用"中天拱顶"专利技术，设计单位为天津水泥工业设计研究院。本工程为穹顶形钢结构，钢结构厚度为 2m，跨度为 68m，顶部标高约 23m。该钢结构围绕中心共分为 12 跨，其中焊接 6 跨、螺栓连接 6 跨。

在实际施工中采取大片屋架吊装方法、多台吊车、多吊点的吊装、3 组屋架同时吊装就位，形成了大跨度网架新颖的吊装方法。由于在大跨度网架快速、稳固吊装方面效果明显，技术先进，故有明显的社会效益和经济效益。

2. 工 法 特 点

2.1 根据现场特点充分利用作业空间，拼装作业布置和施工顺序合理、紧凑，便于运输和吊装。

2.2 根据结构特点扩大地面拼装作业，减少高空作业，减小劳动强度；选择合理的吊装工艺，利用自身结构特点形成稳定的空间体系，有利于组对、吊装、安全。

2.3 吊装均采用汽车起重机械，无须专修道路，也不影响拼装作业，经济性好、施工工期短。

3. 适 用 范 围

本工法适用于水泥厂煤均化库穹顶形钢结构屋面工程以及同类型轻型钢屋架安装施工。

4. 工 艺 原 理

4.1 采取大片屋架吊装方法

大片屋架吊装方法满足了单元屋架在吊装过程中及就位后的自身稳定，避免了单榀主钢架侧向稳定性差、失稳翻塌现象，同时提高了组对精度。

4.2 多台吊车、多吊点的吊装

多台吊车、多吊点吊装确保了吊装屋架的受力均匀，减少了屋架变形，避免局部受力过大而造成钢架破坏。

4.3 3 组屋架同时吊装就位

采用大片屋架同时吊装就位的方法，可以使屋架在中心节点顺利对接，保证就位屋架的整体稳定，将 3 组屋架用 9 台汽车吊吊到各自安装点的附近对中。

5. 施工工艺流程及操作要点

5.1 施工工艺流程

施工工艺流程图参见图 5.1。

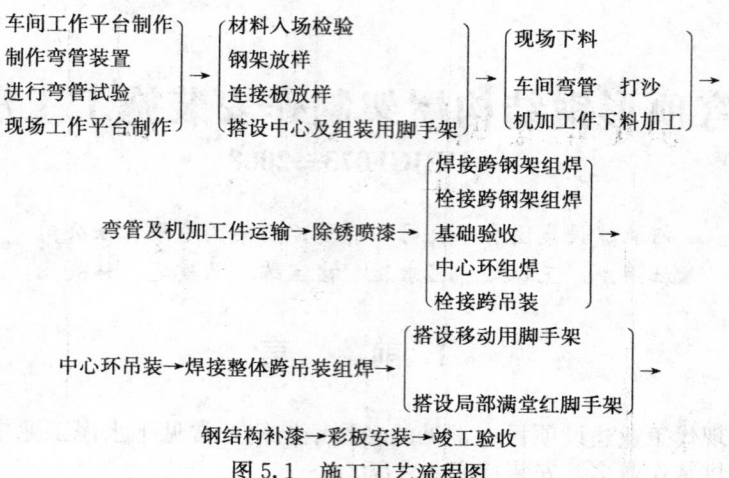

图 5.1 施工工艺流程图

5.2 操作要点

焊接跨钢架组焊、栓接跨钢架组焊、基础验收、搭设移动用脚手架及中心满堂红脚手架、中心环组焊、焊接整体跨吊装组焊、栓接整体跨吊装组焊。

5.2.1 焊接跨钢架组焊

制作工艺：组对→焊接→矫正→检验。

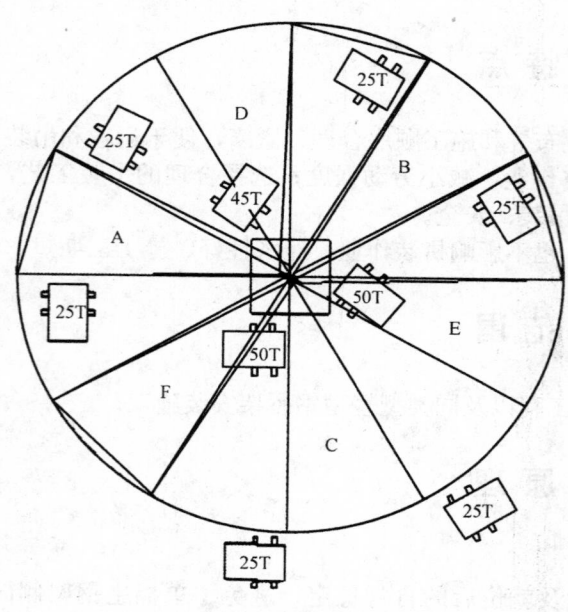

图 5.2.1 焊接跨钢架组焊

先做 A、B、C 三跨，A、B、C 三跨吊装完毕再组焊 D、E、F 三跨（焊接跨钢架组焊参见图 5.2.1）。

1. 组对

组对前，零件、部件应检查合格，连接接触面和沿焊缝边缘每边 30～50mm 范围内的铁锈、毛刺、污垢等应清除干净。首先在平台上组对单片骨架，然后单榀组装。单榀钢构为西瓜瓣形状，由于跨度大、定位困难，特采用计算机计算空间尺寸定位技术：首先搭设简易脚手架，支撑单片骨架，然后用吊车、导链配合组对。严格按图纸组对，尺寸误差必须在允许范围以内。

2. 焊接

焊工应经过考试合格并取得相应施焊条件的合格证后方可从事焊接工作。

焊条应符合设计要求和国家现行有关标准规定并不得使用药皮脱落或焊芯生锈的焊条，使用前应按产品说明书规定的烘焙时间和温度进行烘焙。定位焊必须由有焊工合格证的人员施焊，点焊高度不宜超过设计焊缝厚度的 2/3，点焊长度一般为 5～50mm，间距为 100～300mm。定位焊的电流比正式焊接时的电流大 5%～15%。施焊前，焊工应复查焊件接头质量和焊区的处理情况。当不符合要求时，应修整合格后方可施焊。焊接时焊工应遵守焊接工艺，保证焊接质量。尽量采用小电流对称施焊，减小焊接变形。焊接完毕后，焊工应清理焊缝表面的熔渣及两侧的飞溅物，检验焊缝外观质量。检验合格后应在工艺规定的焊缝附近部位打上焊工钢印。

3. 矫正

在组对过程中不断用导链调整桥架的整体尺寸并加固。矫正采用火焰矫正，同一部位加热不宜超过两次。矫正后的钢表面不应有明显的凹面或损伤，划痕深度不大于 0.5mm，且不应大于该钢材厚度的 1/2。焊接完毕调整后总体尺寸要求短 20～30mm。

4．检验

焊缝表面不允许有夹渣、气孔、焊瘤、裂纹、擦伤等缺陷，根部收缩不大于 1.0mm，咬边深度不大于 0.5mm，连续长度不大于 100mm，且焊缝两侧咬边总长不大于 10%焊缝全长。内部进行超声波探伤，探伤比例 20%，检验等级 B 级，评定等级Ⅲ级，合格后做上标记。单榀钢构尺寸检验用钢尺、钢丝或激光测距仪各测弦长弦高 10 点符合要求。

5.2.2 栓接跨钢架组焊

制作工艺：组对→焊接→矫正→检验（同焊接跨）。

5.2.3 基础验收

钢结构安装前应对建筑物的定位轴线、基础轴线、标高和地脚螺栓位置进行检验。安装允许误差见表 5.2.3。

支承面、地脚螺栓位置的允许偏差（mm）　　　　　　　　　　　　　　表 5.2.3

项　　目		允 许 偏 差
支承面	标高	±3.0
	水平度	L/1000
地脚螺栓	螺栓中心偏移	5.0
	螺栓漏出长度	+20.0 / 0
	螺纹长度	+20.0 / 0
预留孔中心偏移		10.0

5.2.4 搭设移动用脚手架及中心满堂红脚手架

5.2.5 中心环组焊

制作工艺：组对→焊接→矫正→检验。

1. 组对

组对前，零件、部件应检查合格，连接接触面和沿焊缝边缘每边 30～50mm 范围内的铁锈、毛刺、污垢等应清除干净。

组对时采用加强及反变形措施，尽量减小焊接变形。

严格按图纸组对，尺寸误差必须在允许范围以内。组对时使用 8 吨吊车配合。

2. 焊接

焊工应经过考试合格并取得相应施焊条件的合格证后方可从事焊接工作。焊条应符合设计要求和国家现行有关标准规定并不得使用药皮脱落或焊芯生锈的条，使用前应按产品说明书规定的烘焙时间和温度进行烘焙。定位焊必须由有焊工合格证的人员施焊，点焊高度不宜超过设计焊缝厚度的 2/3，点焊长度一般为 50～80mm，间距为 100～300mm。定位焊的电流比正式焊接时的电流大 5%～15%。施焊前，焊工应复查焊件接头质量和焊区的处理情况。当不符合要求时，应修整合格后方可施焊。焊接时焊工应遵守焊接工艺，保证焊接质量。由于中天环 24 根钢管相对尺寸要求严格，尽量采用对称施焊，焊前固定各钢管，减小焊接变形。焊接完毕后，焊工应清理焊缝表面的熔渣及两侧的飞溅物，检验焊缝外观质量。检验合格后应在工艺规定的焊缝附近部位打上焊工钢印。

3. 矫正

矫正采用焊接同时矫正，矫正后的钢表面不应有明显的凹面或损伤，划痕深度不大于 0.5mm，且不应大于该钢材厚度允许负偏差的 1/2。

4. 检验

焊缝表面不允许有夹渣、气孔、焊瘤、裂纹、擦伤等缺陷，根部收缩不大于 1.0mm。咬边深度不大于 0.5mm，连续长度不大于 100mm，且焊缝两侧咬边总长不大于 10%焊缝全长。内部进行超声波探伤，探伤比例 20%，检验等级 B 级，评定等级Ⅲ级，合格后做上标记。

5.2.6 焊接整体跨吊装组焊

1. 设单排脚手架

围绕均化库墙体内部整圈搭设部分单排脚手架，脚手架高度为4.5m，宽度为1.5m。（整体跨吊装用）

2. 采取大片屋架吊装方法

大片屋架吊装方法满足了单元屋架在吊装过程中及就位后的自身稳定，避免了单榀主钢架侧向稳定性差、失稳翻塌现象，同时提高了组对精度。

3. 多台吊车、多吊点的吊装

多台吊车、多吊点吊装确保了吊装屋架的受力均匀，减少了屋架变形，避免局部受力过大而造成钢架破坏。每片用3台吊车吊装，共8个吊点系于钢架上，小头一端用一台50t或45t汽车吊起吊，4个吊点绑在两榀主钢架上；大头一端用两台25t汽车吊起吊，每两个点绑在一侧主钢架上，通过对吊点的调整使8个受力点合理分布在屋架上，同时利用5t导向平衡滑轮，使每一台吊车的各绑扎点受力一致。

4. 三组屋架同时吊装就位

采用大片屋架同时吊装就位的方法，可以使屋架在中心节点顺利对接，保证就位屋架的整体稳定，将3组屋架用9台汽车吊吊到各自安装点的附近对中，先满足低端到位，并用捯链与缆风绳临时固定，然后使三组屋架的上端对正后同时顶向中心圆环，调整到位，使三组屋架对中心圆环的推力平衡，降低对临时塔架刚度要求。按图纸要求固定后，用1台45t汽车吊和2台25t汽车吊依次吊装其余3组整体屋架。

5. 防止屋架在吊装过程中变形

为防止屋架在吊装过程中变形，准确控制屋架的切线尺寸，起吊前在每组屋架的两主钢架下弦两端拉两根钢丝绳，并在一端用五吨导链调节，用钢卷尺测量，达到屋架切线尺寸与空间安装尺寸一致，保证屋架顺利就位。

6. 屋架与中天环组对

本工序是吊装成功的关键。由于要求12根$\phi219\times6$钢管同时对接，并且保证管子对接的错边量不能超出标准要求，为此采取屋架与中天环组对部分的两根斜撑用正反丝杠代替，用以调整各对接管的相对位置。

5.2.7 栓接整体跨吊装组焊

1. 拼装跨用两台25t汽车吊进行单机吊装，在高空拼装。

2. 搭设移动用脚手架。

3. 9m以下低空屋架四周搭设局部脚手架。

4. 9m以上高空采用吊架、吊篮配合施工。

5.3 劳动力组织（表5.3）

劳动力组织情况表　　　　　　　　　　　　　　　　　　表5.3

序　号	单项工程	所需人数	备　注
1	管理人员	4	
2	技术人员	4	
3	焊工	30	
4	钳工	20	
5	架工	10	
6	电工	2	
7	指挥员	3	
8	起重工	6	
9	壮工	15	
	合计	94	

6. 材料与设备

本工法无需特别说明的材料，采用的机具设备见表 6-1，主要检测设备仪器见表 6-2。

主要施工设备机具表 表 6-1

序 号	设备名称	规 格	单 位	数 量	备 注
1	电焊机	SX-400\-500	台	15	
2	摇臂钻	Z3050	台	1	
3	气割		套	10	
4	台钻	Z5032	台	2	
5	角磨机		台	10	
6	剪板机	QC12Y	台	1	
7	气泵	VA65	台	1	
8	轮式吊车	25t	辆	6	
9	轮式吊车	50t	辆	3	
10	汽车	15t	辆	2	
11	导链	5t	个	6	
12	千斤顶	30t	个	2	
13	摩擦压力机	JB67-200A	台	2	
14	导链	5t	个	10	
15	焊条烘干箱	TDL-2AG	台	1	
16	导向平衡滑轮	5t	个	12	
17	发电机	35kW	台	2	

主要检测设备仪器 表 6-2

序 号	名 称	规 格	单 位	数 量	备 注
1	经纬仪	R300	台	2	
2	水准仪	DZS3-1	台	2	
3	超声波探伤机	UTD300	台	2	
4	磁力线坠		个	10	
5	焊缝检测尺	45	个	5	
6	激光定位仪	JD5	台	1	
7	卷尺	50m	个	3	
8	盒尺	5	个	20	

7. 质 量 控 制

7.1 工程质量控制标准

7.1.1 现场下料

1. 材料的检验

钢材应有出厂合格证、出厂质量证明书，并符合国家标准《碳素结构钢》GB 700—88 的要求。制作前应依据国家现行有关标准复查出厂质量证明书。

2. 切割

封口板、管等采用气割进行下料，下料前应将钢材切割区域表面的铁锈、污物等清除干净，切割后检验切割面、几何尺寸、形位公差等，检验合格后进行合理堆放，并标注合格标识、零件编号。气割的允许偏差见表 7.1.1。

气割的允许偏差（mm） 表 7.1.1

项 目	允许偏差	项 目	允许偏差
零件宽度、长度	±3.0	裂纹深度	0.2
切割面平面度	0.05t 且不大于 2mm	局部缺口深度	1.0

注：t 为切割面厚度。

7.1.2 车间弯管

在预先制作好的弯管装置上进行弯管，确保零件、构件加工的几何尺寸，形位公差、角度、安装接触面准确。制作时要用预先制定好的弧度样板进行自检，完毕后要进行逐一检查。

7.1.3 机加工件下料加工

1. 材料的检验

钢材应有出厂合格证、出厂质量证明书，并符合国家标准《碳素结构钢》GB 700—88 的要求。制作前应依据国家现行有关标准复查出厂质量证明书。

2. 切割

加强板、连接板采用剪扳机下料，下料前应将钢材切割区域表面的铁锈、污物等清除干净，切割后检验切割面、几何尺寸、形位公差等，检验合格后进行合理堆放，并标注合格标识、零件编号，机械剪切的允许偏差见表 7.1.3-1。

机械剪切的允许偏差（mm）　　　　　　　　　　　　　　　　　　表 7.1.3-1

项　目	允许偏差
零件宽度长度	±3.0
边缘缺棱	1.0
型钢端部垂直度	2.0

3. 制孔

在平台上对各连接板进行画线，连接板钻孔采用摇臂钻床或台钻进行钻孔。为了保证钻孔精度和质量，必须划出连接板的基准轴线和孔中心。

A、B 级螺栓孔应具有 H12 的精度，孔壁表面粗糙度不应大于 $12.5\mu m$。孔径偏差见表 7.1.3-2。

A、B 级螺栓孔径的允许偏差（mm）　　　　　　　　　　　　　　表 7.1.3-2

序号	螺栓公称直径、螺栓孔公称直径	螺栓公称直径允许偏差	螺栓孔直径允许偏差
1	10～18	0.00 −0.18	+0.18 0.00
2	18～30	0.00 −0.21	+0.21 0.00
3	30～50	0.00 −0.25	+0.25 0.00

C 级螺栓孔孔壁表面粗糙度不应大于 $25\mu m$，其允许偏差见表 7.1.3-3。

C 级螺栓孔的允许偏差（mm）　　　　　　　　　　　　　　　　表 7.1.3-3

项　目	允许偏差
直径	+1.0 0.0
圆度	2.0
垂直度	0.03t，且不应大于 2.0

螺栓孔孔距的允许偏差见表 7.1.3-4。

螺栓孔孔距允许偏差（mm）　　　　　　　　　　　　　　　　　表 7.1.3-4

螺栓孔孔距范围	≤500	501～1200	1201～3000	>3000
同一组任意两孔间距	±1.0	±1.5	—	—
相邻两组端孔间距	±1.5	±2.0	±2.5	±3.0

　　注：1. 在节点中连接板与一根杆件相连的所有螺栓孔为一组；
　　　　2. 对接接头在拼接板一侧的螺栓孔为一组；
　　　　3. 在两组相邻节点或接头间的螺栓孔为一组，但不包括上述两款所规定的螺栓孔；
　　　　4. 受弯构件翼缘上的连接螺栓孔，每米长度范围内的螺栓孔为一组。

4. 校正

下完料后要用摩擦压力机进行调平。钢板的局部平面度允许偏差见表 7.1.3-5。

钢板的局部平面度允许偏差（mm）　　　　　　　　　　表 7.1.3-5

项　目		允 许 偏 差
钢板的局部平面度	t≤14	1.5/1000
	t＞14	1.0/1000　t 为板厚

7.2　质量保证措施

7.2.1　为了防止钢架在焊接时产生变形，必须在工作平台上放样并做好模型。

7.2.2　钢屋架吊装时要进行加固，用两条 φ22 的钢丝绳将两端连接。

7.2.3　就位时先满足低点就位，再就位高点。

7.2.4　吊装前，必须对构件尺寸和就位尺寸进行准确核实。

8. 安 全 措 施

8.1　建立安全责任制，所有管理人员及班组安全员要加强安全检查力度，进行安全教育，未经三级教育的工人一律不准进入施工现场，另外专门进行针对本工程的安全教育。

8.2　严格按照操作规程施工。

8.3　严格执行周一教育，周六检查的管理制度。

8.4　进入施工现场必须带好安全帽及其他防护用品。

8.5　特种作业人员，严格执行持证上岗的工作制度，没有取得特殊工种操作合格证人员，不得进行操作。

8.6　活动电源要安装漏电保护器，使用前检查漏电保护器是否有效。

8.7　所有焊接操作者，必须穿好工作服，绝缘鞋，戴好保护面罩、安全帽，绝缘手套等，高空作业人员应佩戴安全带。

8.8　施工中班组长及时检查，发现危及施工安全的因素，应及时处理。

8.9　对全体施工人员进行夏季施工各方面的知识、规章制度教育。

8.10　吊装前作好吊索具及起重绳、起重机的检查，发现问题及时解决。

8.11　必须先试吊，吊离地面 20cm 保持 10min 无问题后进行正式吊装。

8.12　多车抬吊，一切服从指挥，密切配合，协调一致。

8.13　当风力超过六级时应停止高空机械化作业。

8.14　安装构件应连接稳妥，尽快形成空间稳定体系，并应有相应抗大风措施。

8.15　设专职安全员一人，对不安全因素及时督促，进行整改，对安全工作执行一票否决制度。

8.16　临建位置避开洪池通道。

9. 环 保 措 施

9.1　成立对应的施工环境卫生管理机构，在工程施工过程中严格遵守国家和地方政府下发的有关环境保护的法律、法规和规章，加强对施工燃料、工程材料、设备、废水、生产生活垃圾、弃渣的控制和治理，遵守有关防火及废弃物处理的规章制度。

9.2　现场机具严格按批准的总平面布置图规定位置布设，工具、材料、半成品分类、分规格堆放整齐，并按程序文件规定进行分类标识。

9.3　施工用电、管线的安装符合规定，排列整齐，禁止任意拉线、接电。夜间施工保证有充足的照明。

9.4　进料、用料按计划进行，保持施工现场平整，道路畅通，场容、场貌整洁，无长流水、长明灯和路障，不准乱倒垃圾，严禁随地大小便。

9.5 建立生活区卫生管理制度，设专人管理，保持现场办公、生活设施整洁美观，生活垃圾日产日清。

9.6 收工前及时清理回收散落材料和工具，做到活完料净场地清，严禁从高空倾倒垃圾。

9.7 油漆、稀料等废料禁止丢弃，统一回收专人管理。

9.8 现场设专职保安人员，夜间有专人值班，施工人员挂牌上岗。

10. 效 益 分 析

10.1 技术经济效果

施工工艺简便、合理、科学，充分利用现场条件和自身结构特点，且施工方法新颖独特、安全可靠、保证质量，缩短工期。比常规施工方法节约 20 万元，起重机 10 个台班，经济效益可观，易于推广。

10.2 社会效益

整个安装过程在工期紧、条件差（正值非典时期）的条件下，优质、安全地完成任务，充分显示了工法的技术优势，为设备安装赢得了时间，受到业主、监理单位及其他兄弟单位的好评，为同类型结构安装提供了经验。

11. 应 用 实 例

11.1 工程应用实例

以太行和益水泥厂煤均化库为例。工程地点位于易县西南 5km 八里庄半山腰上，工期要求 2003 年 5 月 2 日～2003 年 8 月 15 日。

11.2 工程概况

本工程采用"中天拱顶"专利技术，设计单位为天津水泥工业设计研究院。

工程特点：本工程为穹顶形钢结构，钢结构厚度为 2m，跨度为 68m，顶部标高约 23m 高。该钢结构围绕中心共分为 12 跨，其中焊接 6 跨，螺栓连接 6 跨。现场平面布置图如图 11.2。

11.3 施工情况

先吊 A、B、C 三跨，后装吊 D、E、F 三跨，首先将 A、B、C 三跨用 50t 和 25t 吊车移动就位，根据起重机的起重能力、现场、安全等因素，结合单跨重量，几何尺寸，安装高度选择起重机。由于本屋盖跨度大，整体吊装跨约为 12t，所以选用 3 台起重机抬吊作业。

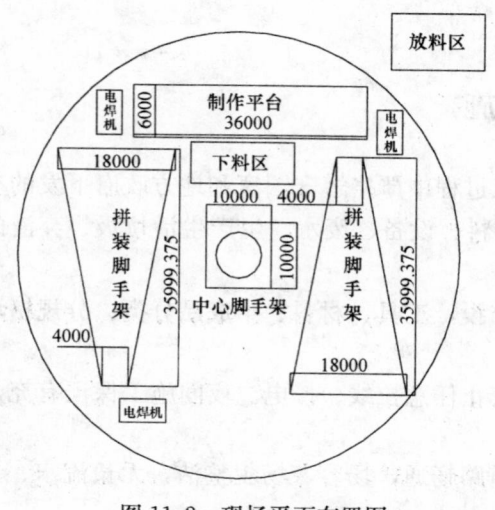

图 11.2　现场平面布置图

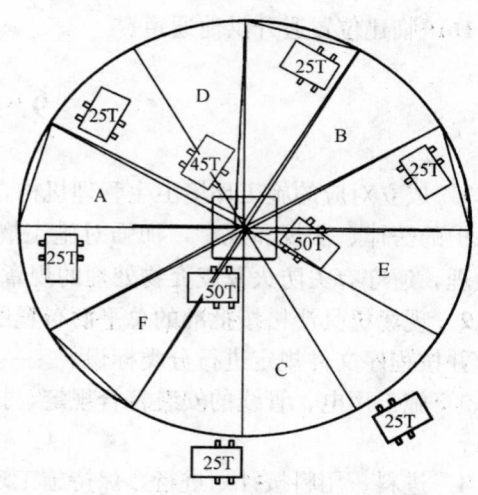

图 11.3-1　吊装顺序及吊装布置图

1 榀自重 12t，3 车抬吊，每个车吊重 46，4t×1.2＝4.8t，中天顶环高 27m＋索具 5m＝32m，即为起升高度。

50t 出杆 33m，工作半径 8m，额定荷载 10t，10t×80％＝8t＞4.8t，所以 50t 汽车吊满足使用要求。

45t 出杆 35m，工作半径 7.8m，额定荷载 8t，8t×80％＝6.4t＞4.8t，所以 45t 汽车吊满足使用要求。

中天底环高 9m＋索具 7m＝16m，即为起升高度。25t 出杆 25m，工作半径 9m，额定荷载 6.25t，6.25t×80％＝5t＞4.8t，所以 25t 汽车吊满足使用要求。吊装顺序及吊装布置图见图 11.3-1，图 11.3-2。

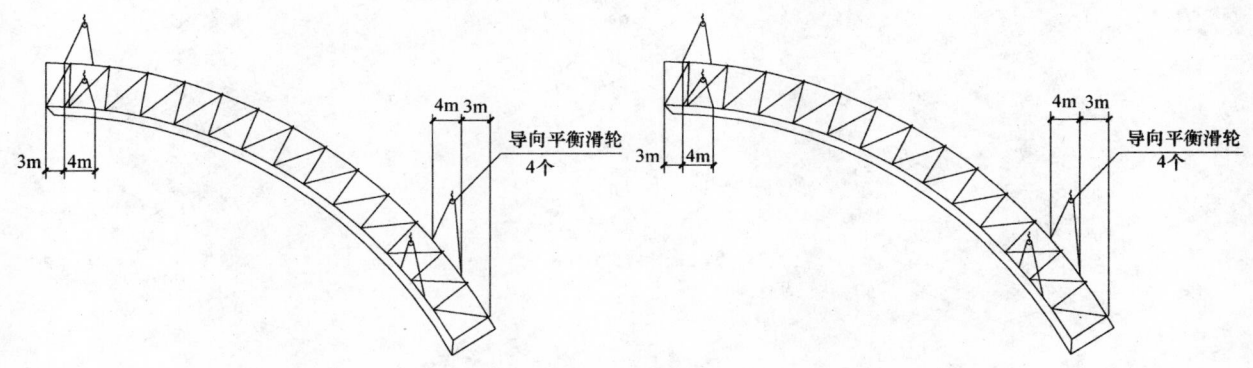

图 11.3-2　吊点布置图

焊接跨吊装完毕后进行栓接垮吊装组焊，焊接要求同焊接垮。栓接垮吊装搭设局部脚手架，并且对称施工。

该钢结构工程于 2003 年 5 月 2 日开工，2003 年 7 月 15 日竣工。主体结构提前 30d 完工。

11.4　工程监测与结果评价

大片屋架吊装方法满足了单元屋架在吊装过程中及就位后的自身稳定，避免了单榀主钢架侧向稳定性差、失稳翻塌现象，同时提高了组对精度。

多台吊车、多吊点吊装确保了吊装屋架的受力均匀，减少了屋架变形，避免局部受力过大，造成钢架破坏。

采用大片屋架同时吊装就位的方法，使屋架在中心节点顺利对接，保证了就位屋架的整体稳定，先满足低端到位，然后使 3 组屋架的上端对正后同时顶向中心圆环，调整到位，使 3 组屋架对中心圆环的推力平衡，减低对临时塔架刚度要求。

为防止屋架在吊装过程中变形准确控制屋架的切线尺寸，起吊前在每组屋架的两主钢架下弦两端拉 2 根钢丝绳，并在一端用 5t 捯链调节，用钢卷尺测量，达到屋架切线尺寸与空间安装尺寸一致，保证屋架顺利就位。

施工全过程处于安全、稳定、快速、优质的可控状态，虽正值非典时期也未影响到工程总工期，并提前 30d 完工，工程质量优良，无安全生产事故发生，得到了各方的好评。

11.5　其他工程应用实例

11.5.1　北京太行前景水泥有限公司煤均化库工程

北京太行前景水泥有限公司煤均化库工程是北京太行前景水泥有限公司 3000t/d 水泥生产线安装工程的子工程，该工程位于北京市房山区坨里镇坨里村，为穹顶形钢结构，钢结构厚度为 2.5m，总跨度为 76m，顶部标高约 24.5m 高。该钢结构围绕中心共分为 12 跨，其中焊接 6 跨，螺栓连接 6 跨。施工过程中应用了穹顶形钢结构屋架制作安装施工工法使工程施工进度有效的提高，同时使资源合理搭配，节约了工程成本。

11.5.2 太行和益水泥有限公司石灰石均化库工程

太行和益水泥有限公司石灰石均化库工程是太行和益水泥有限公司水泥生产线安装工程的子工程，该工程占地 4000m²，总跨度 70m，为穹顶形钢屋架结构，工程建设期为 3 个月。为了在短时期内高质量、高效率完成工程施工任务，本工程在施工过程中采用了穹顶形钢屋架施工工法，采取大片屋架吊装方法、多台吊车、多吊点的吊装、3 组屋架同时吊装就位，可以使屋架在中心节点顺利对接，保证就位屋架的整体稳定。

空间网架光纤光栅施工检测技术
施工工法

GJEJGF074—2008

大连三川建设集团股份有限公司　大连悦泰建设工程有限公司

田斌　姜德宽　张大鹏　田科　杨明显

1. 前　言

随着大型空间网架结构的不断推广应用，空间结构的跨度增加，其复杂性也随着增加。在施工过程中对网架结构的监测就显得十分必要。大连船舶重工集团有限公司一工场新建平面、曲面、部件装焊工场工程中，平面分段装焊厂房三跨，跨度均为39m，其中一跨长156m，另两跨长均为177m；曲面分段装焊厂房两跨，跨度为48m跨二跨，长度均为285m；部件装焊厂房三跨，其中48m两跨，39m一跨，长度均为156m。网架结构的安装采用高空散装的形式进行拼装。由于地理位置在大连港码头，受到强风的直接作用，因此在施工过程中采用光纤光栅技术对网架结构施工过程的安全进行过程监控，此技术的使用避免了网架结构因安装及强风所造成的杆体区压、杆件焊缝拉裂和球节点破坏等工程灾害的发生。此项施工监测技术的应用技术先进，安全可靠，对空间结构的施工过程和使用监控具有重要意义。

2. 工法特点

2.1　能够及时发现施工过程中结构部件的受力情况，对结构安全起到保证作用。

2.2　对施工的技术施工方法进行动态监控，避免了施工方法不当造成了结构部件安装时受力，超过应用时受力，保证了施工及使用的安全。

3. 适用范围

此方法适用于大型空间网架结构、桥梁结构、超高层建筑等。

4. 工艺原理

在网架施工过程中把光纤光栅传感器固定在相应的结构部件上，通过传感器把施工中的各种数据以信号的形式传送到接收器（计算机）上，计算机采集和滤波后，对网架的吊装工作的施工状态进行适时跟踪，分析、计算在施工中对结构的损伤诊断和安全评估。

5. 施工工艺流程及操作要点

5.1　施工准备流程：施工准备→网架安装验收→确定光纤光栅安装点→安装点处理→光纤安装→电缆敷设→固定→监测。

5.2　操作要点

5.2.1　安装验收：网架在地面进行组装，各杆件安装牢固，校正准确，工程经过现场验收合格。

对角线测量、支座测量满足吊装要求。

5.2.2 吊装准备

分段吊装验收完毕，根据起重量确定吊装方式，本工程采用 2 台 100t 汽车吊，双吊点进行吊装。

5.2.3 光纤传感器的选择（表 5.2.3）

光纤传感器性能参数 表 5.2.3

传感器	光纤光栅应变传感器
量程	±2000με
分辨率	0.5με 或 1με(可选)
光栅中心波长	1510～1590nm
光栅反射率	＞80%
工作温度范围	−30～+80℃
规格尺寸	直径 4mm，标距 60mm，有效测量距离 40mm
安装方式	直接埋入被测材料中或与支座连接后粘接、焊接于结构表面
传感器级连方式	熔接或连接器连接

5.2.4 光纤传感器的安装

根据网架吊装过程的受力情况在网架的上弦、下弦、拉杆、斜杆的中间采用电动砂轮对杆件表面的油漆进行打磨，至露出原来的钢管表面。将光纤传感器与钢管表面直接接触，使用环氧树脂胶将传感器固定在被测结构表面，采用胶带进行绑扎及保护，绑扎要牢固可靠，不能有松动，保证信号传输的准确。

5.2.5 过程原理及流程（图 5.2.5）

5.2.6 过程监控示意图（图 5.2.6）

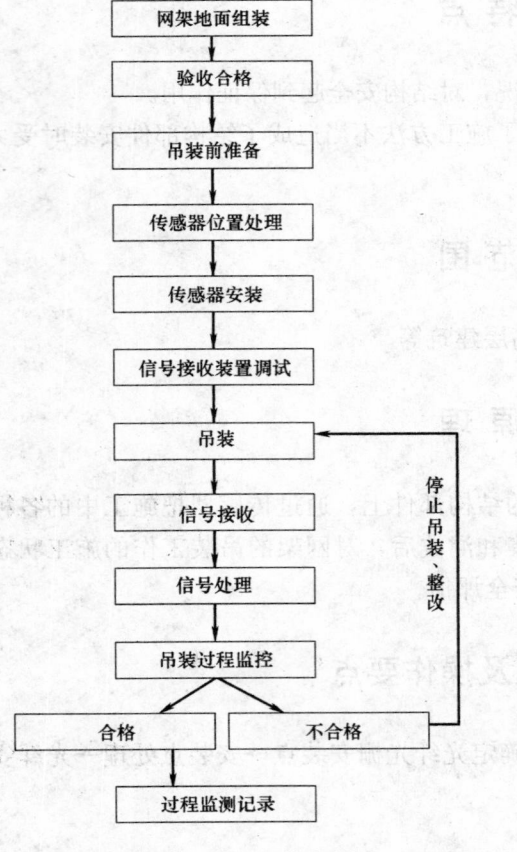

图 5.2.5 施工工艺流程图

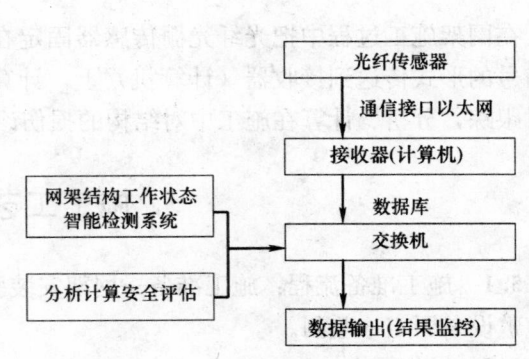

图 5.2.6 过程监控示意图

5.2.7 主要劳动力计划表（表5.2.7）

劳动力计划表 表5.2.7

序 号	单项工程	所需人数	备注	序 号	单项工程	所需人数	备注
1	光纤设备安装人员	2		3	操作工人	2	
2	现场管理人员	4		4	设备调试、连接、操作	4	

6. 材料与设备

本工法所需主要材料见表6。

主要材料 表6

序 号	设备名称	设备型号	单 位	数 量	用 途
1	汽车吊	100t	台	2	网架吊装
2	砂轮		台	2	打磨
3	传感器		个	7	数据采集
4	接收器		个	1	信号接收
5	计算机		台	4	数据分析
6	打印机		台	1	数据输出
7	光纤		米	50	连接线

7. 质 量 控 制

7.1 质量检测标准：《网架结构设计与施工规程进行施工》JGJ 7—91。
光纤传感器与钢管接触标准：紧密相连，无缝隙，绑扎方式安全可靠。

7.2 质量保证措施

7.2.1 钢管表面打磨必须保证把表面的防锈漆处理干净，并不能伤害钢管。

7.2.2 采用胶带把传感器绑扎在处理的表面，必须牢固、紧密、可靠。

7.2.3 数据传输线的沿着网架下弦进行敷设，采用胶带进行缠绕，要可靠安全，对棱角部位采用海绵进行包裹。

8. 安 全 措 施

8.1 建立完善的施工安全保证体系，加强施工作业中的安全检查，确保作业标准化、规范化。

8.2 施工现场必须设置防护设施、安全标志、安全标语和警告牌，并不得擅自拆动，需要拆动时，必须经工地安全负责人同意。

8.3 参加作业的工人必须熟知本工种安全技术操作规程，认真执行各项安全生产管理制度。

8.4 所需的各工种作业人员，必须持上岗证，并经过岗前培训。

8.5 吊装前，必须检查机械、仪表等，确认完好后方可使用，禁止带病运转和起负荷载作业，发现异常情况应停机检查。

8.6 吊装前，先将作业区域用警戒绳全部围起来，设置专业的安全员巡查，非作业人员禁止进入。

8.7 吊装时，设专人负责光纤的升降。

8.8 光纤及传感器拆除必须由专业人员进行拆除。设置通常8号线作为安全带的挂钩。

9. 环 保 措 施

此项安全检测的施工不涉及环保方面。

10. 效 益 分 析

采用本工法施工，能够对施工过程的安全进行及时监控，立即发现施工的隐患，杜绝质量事故的发生，并且其在施工过程中的投资比较小，隐形的效益无法估量。

11. 应 用 实 例

11.1 工程概况

该工程总建筑面积 72346.5m²，其中平面分段装焊工场 21295m²，曲面分段装焊工场 28799m²，部件装焊工场 21838m²，变电所、厕所、开关站面积 414.5m²，建筑总高度 35.150m。

曲面车间为钢排、（钢管混凝土柱）网架结构、平面车间为钢排、钢屋架结构。

平面分段装焊厂房三跨，跨度均为 39m，其中一跨长 156m，另两跨长均为 177m。曲面分段装焊厂房两跨，跨度为 48m 跨二跨，长度均为 285m。部件装焊厂房三跨，其中 48 米两跨，39m 一跨，长度均为 156m。露天 T 形材及部件场地，长 144m，宽 27m，面积 3888m²。

11.2 施工情况

网架构件采用工厂加工，现场进行制作安装，采用吊车进行吊装，由于跨度大，构件吊装的挠度大，对吊装过程进行了安全过程的监控，保证了工程吊装的顺利进行。

本工程于 2008 年 7 月 2 日开始安装，2008 年 8 月 6 日安装完毕。

11.3 工程监测与结果评价

由于采用了此项校正新技术，使得工程吊装过程的安全性更高，吊装的把握性更强，更安全。

施工全过程处于安全、稳定、快速、优质的可控状态，工期比计划提前 20d，施工过程中没有发生安全事故，受到了各方的好评。

大吨位大跨度钢结构快捷安装施工工法

GJEJGF075—2008

江苏江中集团有限公司　黑龙江省安装工程公司

马华　江林　刘斌　鲍玉萍　崔少刚

1. 前　　言

跨越式或架空式钢结构在我国铁路、公路及建筑工程中应用越来越多，但由于受到施工现场时间和空间因素的限制，其施工工艺也越来越复杂。

本着最大限度地保障跨越结构（或架空结构）的周边环境、其他生产活动或交叉作业等不受施工影响，在复杂地形情况下，利用有限的时间，将大跨度的、大型钢结构快速、安全安装就位，确实具有很大的挑战性和施工难度。

本工法在解决跨越结构的高空架设方面效果明显，技术先进合理、适用可行、安全快捷，经多项工程实践，具有明显的社会效益和经济效益。

2. 工 法 特 点

2.1　本工法解决了跨越结构（或架空结构）的高空架设施工难题，吊装工艺先进合理，工序衔接紧，快捷高效，安全可靠。

2.2　本工法机械化施工程度高，计算机自动化控制技术先进，质量有保证；结合分钟网络计划，对施工现场周边环境、其他生产活动及交叉施工的影响极小，社会效益和环境效益明显。

2.3　本工法与常规施工方法相比，加快了施工进度，避免了长期封闭作业对施工现场周边环境、其他生产活动或交叉施工的经济损失，降低了工程成本，提高了经济效益。

3. 适 用 范 围

3.1　各类复杂地形及时空的条件限制的高空吊装作业。

3.2　特别适用于跨越式（或架空式）大跨度的大型钢结构吊装作业及要求快捷安全实施的铁路、公路及建筑工程架空结构的抢建、抢修工程。

4. 工 艺 原 理

4.1　工艺原理

在工厂先加工钢结构组件，再加工其他组件，运到现场进行拼装组合。现场先分别对拼装场地和吊车站车场地按要求进行处理，再对钢构件等进行现场组拼焊接。

钢构件采用多机抬吊作业（流动式起重机的主吊与辅吊数量经验算确定）的方法，应用分钟网络计划和计算机控制同步滑移施工技术，将钢构件平移、吊装就位。

钢构件吊装就位之后，进行临时固定；然后再利用吊车拼装其他杆件；吊装完成后再用高强度螺栓进行连接安装。

4.2　本工法应用的关键技术

4.2.1　钢构件采用多机抬吊作业的方法，平移、吊装就位。

4.2.2 为了确保安全，做到万无一失，我们与软件开发公司联手对钢构件平移和吊装工序进行了现场微机电子模拟演练，为实际施工积累了宝贵的经验。

4.2.3 结合分钟网络计划，对钢构件从开始跨越平移到吊装合拢这一关键时段的施工流程进行有效有序控制，保障了周边环境、其他生产活动或交叉作业等不受施工影响。

4.2.4 应用计算机控制同步滑移施工技术。通过计算机数据反馈和控制指令传递，实现全自动同步动作、负载均衡、姿态矫正、应力控制、操作闭锁、过程显示和故障报警等多种功能联动效应，对平移吊装施工过程实施安全有效控制。

4.2.5 以上技术的综合配套应用。

5. 施工工艺流程及操作要点

5.1 工艺流程（图 5.1）

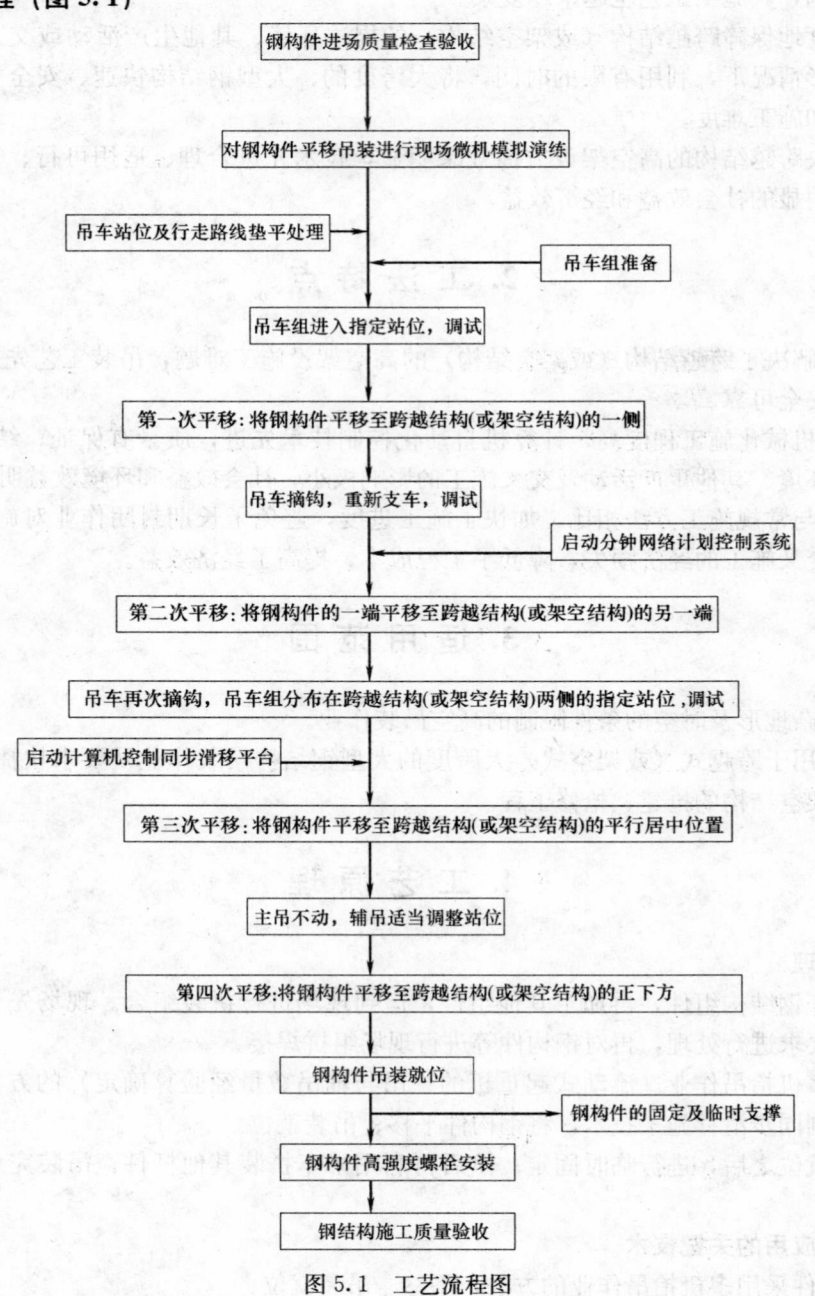

图 5.1 工艺流程图

5.2 操作要点

钢结构的制作及组件加工非本工法的主研课题，在此从略。

5.2.1 施工准备

1. 根据钢结构形式、重量及现场实际情况，选择起重机械，且满足下列条件：所有起重机械额定起重量之和，必须大于被吊装的单件最大的钢构件重量；此外，吊车的作业半径尚须满足平移及吊装的实际需求。

2. 吊车绳索的选择

吊装时，宜采用20t卡环与吊点和钢丝绳连接。

吊装的绳索宜使用6×37丝的钢丝绳，其性能必须满足安全系数 $K \geqslant 5$。

钢丝绳的极限工作荷载可由下列求得：

$$W_{\mathrm{II}} = (F_0 \times K_\mathrm{e})/(10 \times K_\mathrm{u})$$

式中 W_{II}——钢丝绳吊索的极限工作荷载（kg）；

F_0——钢丝绳的最小破断拉力（kN）；

K_e——绳端索扣形式性能系数（取0.8）；

K_u——安全系数（不应小于5）。

3. 施工场地

1）为便于场内平移，钢结构现场拼装场地宜布置于跨越结构（或架空结构）的一侧，必要时应采取道木垫平、回填砂石等措施，以保证吊车的站车位置坚实可靠，具体位置见图5.2.1。

2）跨越结构（或架空结构）两侧站车位置处应平整坚实，必要时采取道木垫平、回填砂石等措施，以满足车辆的运行和站车的需要。

5.2.2 钢构件的场内平移与吊装

由于吊装时，吊车应分布在跨越结构（或架空结构）的两侧，所以吊装前应将钢构件平移到跨越结构（或架空结构）的另一侧，保持和跨越结构（或架空结构）垂直的状态，通过数次平移，最后将其水平移动到跨越结构（或架空结构）的正下方的起吊位置。

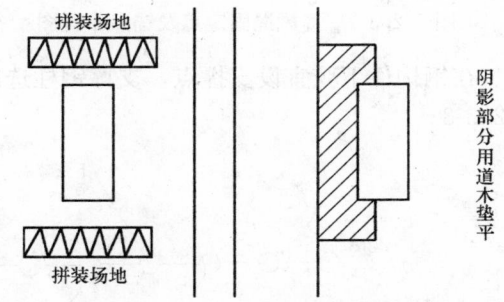

图5.2.1 钢结构现场拼装布置图

第一次平移：钢构件采用多机抬吊作业的方法，站位见图5.2.2-1，将钢构件平移至跨越结构（或架空结构）的一侧。

第二次平移：吊车摘钩，重新支车，采用多机抬吊作业的方法，并启动分钟网络计划控制系统，将钢构件的一端移到跨越结构（或架空结构）的另一端，见图5.2.2-2。

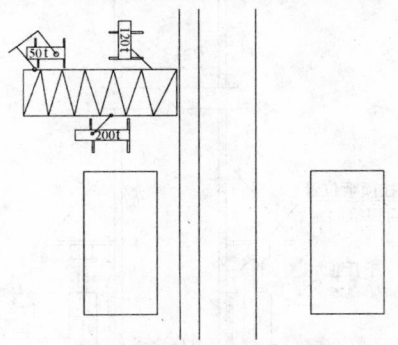

图5.2.2-1 第一次平移站位图

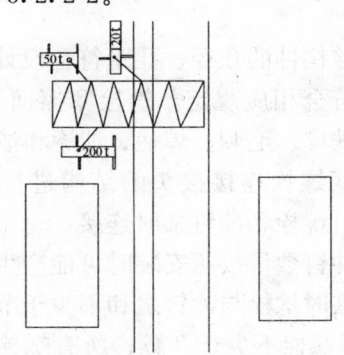

图5.2.2-2 第二次平移站位图

第三次平移：吊车再次摘钩，将吊车组分布在跨越结构（或架空结构）两侧的指定站位，采用多机抬吊作业的方法，启动计算机控制同步滑移施工控制技术平台，将钢构件平移至跨越结构（或架空结构）的平行居中位置，吊车站位见图5.2.2-3。

第四次平移与吊装就位：继续采用多机抬吊作业的方法，将钢构件同时平抬将其平移到跨越结构（或架空结构）的正下方位置，然后辅吊摘钩，由主吊将其吊装就位，见图 5.2.2-4。

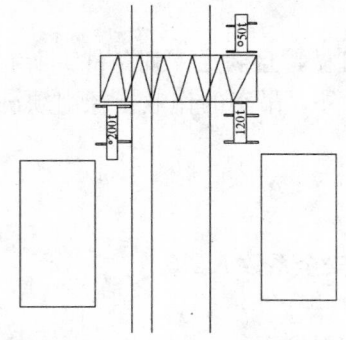

图 5.2.2-3　第三次平移站位图

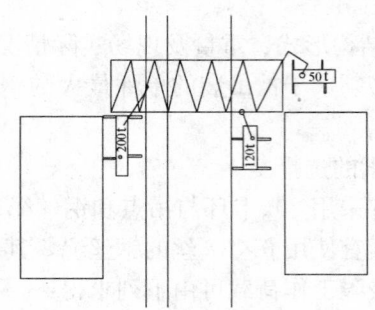

图 5.2.2-4　第四次平移站位图

5.2.3　钢构件的临时固定

吊装就位后，用揽风绳将其临时固定，然后吊车摘钩，用同样的方法吊装其他钢构件。

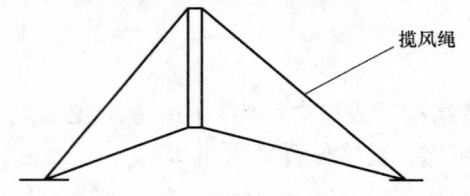

图 5.2.3-1　揽风绳固定点及锚点布置图

揽风绳固定采用上下弦各两点的方法，固定点分别在距两侧的 30m 和 10m 处，锚点位于跨越结构（或架空结构）两侧，以保证跨越结构（或架空结构）下方的作业环境安全。揽风绳固定点及锚点布置图见图 5.2.3-1。

揽风绳宜采用 6 分钢丝绳，可用 5t 捯链拉紧固定。

在钢构件下弦宜设支撑点，支撑钢柱选用 $\Phi 219 \times 6$ 的无缝钢管，钢构件临时支撑见图 5.2.3-2、图 5.2.3-3。

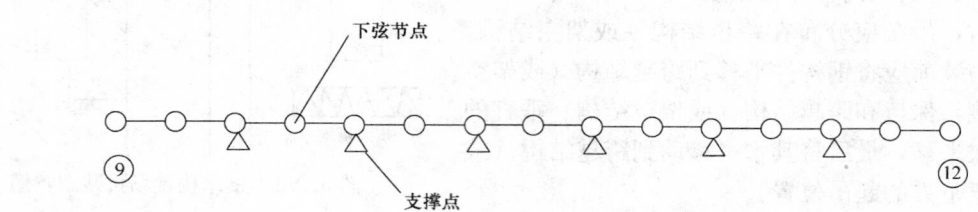

图 5.2.3-2　钢构件临时支撑布置图

5.2.4　高强度螺栓安装

钢构件与土建结构预埋件之间宜采用高强度螺栓连接。

螺栓连接构件的孔径、孔距符合设计要求，其制作允许偏差符合相应规定。螺栓摩擦面平整、干燥，表面无氧化铁皮、毛刺、焊疤、油漆和油污。

对高强度螺栓连接接头的结构进行组装和校正时，采用临时螺栓和冲钉临时连接，每个接点所需的临时螺栓和冲钉数量按照安装时可能产生的荷载计算确定，所有临时螺栓与冲钉之和不少于节点螺栓总数的 1/3；临时螺栓不少于 2 颗；所有螺栓与冲钉数不多于临时螺栓的 30%。

严禁在雨中安装高强度螺栓。

焊接和高强度螺栓连接并用，当设计无要求时，按先栓后焊原则施工。

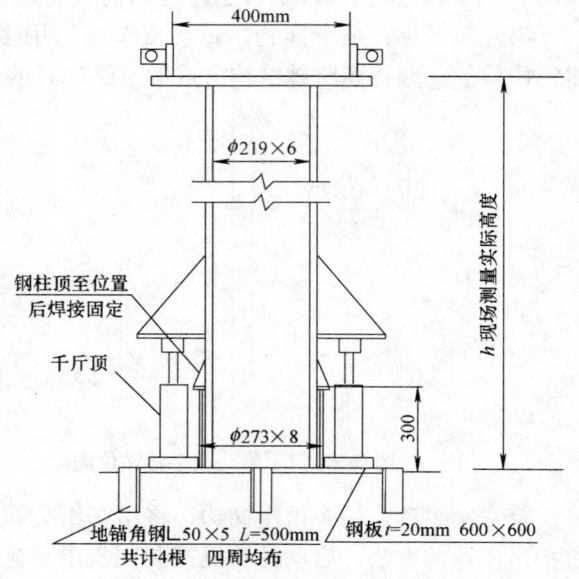

图 5.2.3-3　钢构件临时支撑详图

高强度螺栓的长度应按下列计算：

$$L=L'+ns+m+3p \tag{5.2.4-1}$$

式中　L'——被连接的板叠厚度（mm）；

n——垫圈数，扭剪型螺栓 $n=1$，大六角头螺栓 $n=2$；

s——垫圈公称厚度（mm）；

m——螺母公称厚度（mm）；

p——螺纹螺距（mm），见表5.2.4-1。

经计算螺栓长度 $L<100$mm 时，对个位数按2舍3进的原则取5的整数；当 $L>100$mm 时，按4舍5进的原则取10的整倍数。

螺纹螺距 P 参考表						表5.2.4-1
螺纹公称直径 mm	12	16	20	22	24	27	30
螺距 mm	1.75	2	2.5	2.5	3	3	3.5

高强度螺栓紧固用的扭距扳手，扳前和扳后进行校核，对误差大于5‰的扭距扳手立即更换或重新标定。高强度螺栓的紧固分初拧终拧两次进行，对初拧后仍不能使板叠密贴的大型节点应复核，直到板叠密贴方可终拧。

大六角头高强度螺栓的初拧核复扭矩值宜为扭距值的50%，终拧扭矩应按下式计算：

$$T_c=kP_cd \tag{5.2.4-2}$$
$$P_c=P+\Delta P \tag{5.2.4-3}$$

式中　T_c——终拧扭矩（N·m）；

P_c——螺栓施工预拉力（kN），大六角头螺栓施工预拉力应符合表5.2.4-2确定；

ΔP——预拉力损失值（kN），设计无规定时取 P 的10%；

k——高强度螺栓连接副扭矩系数；

d——螺栓公称直径（mm）。

扭剪型高强度螺栓的初拧扭矩宜按下式计算：

$$T_o=0.065P_cd \tag{5.2.4-4}$$

式中　T_o——初拧扭矩（N·m）；

其他变量同前。

大六角头螺栓施工（标准）预拉力（参考值）表							表5.2.4-2
螺栓性能等级	螺纹公称直径(mm)						
	M12	M16	M20	M22	M24	M27	M30
8.8s	50	75	120	150	170	225	275

高强度螺栓设计预应力一览表（设计无规定参考值）							表5.2.4-3
螺栓性能等级	螺蚊公称直径(mm)						
	M12	M16	M20	M22	M24	M27	M30
8.8s	45	70	110	135	155	205	250

5.3　劳动组织

该工法的劳动组织情况见表5.3。

劳动组织情况表			表5.3
序号	工作项目	人数/组	备　注
1	指挥组	4	总指挥1人，副指挥3人
2	技术组	8	钢结构工程师2人、电气工程师1人、机械工程师2人、土建工程师1人、软件工程师2人

续表

序 号	工作项目	人数/组	备 注
3	焊工组	3	
4	铆工组	3	
5	起重组	3	每组按吊车司机、司索、信号指挥配置
6	电工组	3	
7	探伤工组	3	
8	防腐工组	3	
9	辅助工组	3	

6. 材料与设备

该工法对材料无需特别说明，采用的主要机具设备见表6。

主要机具设备一览表   表6

序 号	名 称	数 量	单 位	备 注
1	流动式起重机	2台以上	台	型号与数量由计算确定
2	自动埋弧焊机	3	台	MZ-1-1000
3	电弧焊机	3	台	ZX-500
4	CO_2 气体保护电弧焊机	3	台	CPX-350
5	烘干箱	4	台	
6	超声波探伤仪	3	台	
7	喷砂除锈设备	3	套	
8	无损检测设备	3	台	
9	角磨机 $\phi180$	3	台	
10	半自动切割机	3	台	
11	角磨机 $\phi100$	3	台	
12	捯链 10t	3	台	
13	捯链 5t	3	台	
14	捯链 3t	3	台	
15	喷枪	3	套	
16	风速仪	3	台	

7. 质量控制

7.1 质量标准

本工法除执行《钢结构工程施工质量验收规范》GB 50205—2001、《钢结构高强螺栓连接的设计、施工及验收规程》JGJ 82—91、《建筑结构钢焊接规程》JGJ 81—91 和《钢结构防火涂料应用技术规程》CECS 24：90 外，还应做到以下几点。

7.1.1 探伤标准超声波探伤按《钢焊缝手工超声波探伤方法和探伤结果分级》GB 11345—89 检验，焊缝平定等级为 BⅡ级。

7.1.2 钢构件防火涂料应的耐火极限应达到一级标准。

7.1.3 高强度螺栓连接面抗滑移系数试验、高强度大六角头螺栓连接副扭矩系数试验、抗剪型高强度螺栓连接副预拉力试验均符合《钢结构工程施工质量验收规范》GB 50205—2001标准要求。

7.1.4 严格控制拼装点截面高度和跨距，高度允许偏差±10，跨距允许偏差＋5－10。

7.1.5 除锈等级为 Sa2.5 级，符合《涂装前钢材表面锈蚀等级和除锈等级》GB 8923—88。

7.2 质量控制措施

7.2.1 焊接接头的预热温度不应少于规定的温度，层间温度不得大于 230℃。采用自动或半自动方法切割的母材的边缘应是光滑和无影响焊接的割痕缺口；切割边缘的粗糙度应符合《钢结构工程施工质量验收规范》GB 50205—2001 规范要求。同一焊缝应连续施焊，一次完；不能一次完成的焊缝应注意焊后的缓冷和重新焊接前的预热。

7.2.2 多层和多道焊时，在焊接过程中应严格清焊道或焊层间的焊渣、夹渣、氧化物等，可采用砂轮、凿子及钢丝刷等进行清理。

7.2.3 平移时注意保护构件，各接触面铺设多根木方以防结构变形。

7.2.4 在正式吊装前，应进行试吊，高度 20cm，确认无误后方可正式吊装检查各部受力情况，当一切正常，才可进行正式吊装。

7.2.5 初拧、复拧后的扭剪高强度螺栓应采用专用扳手终拧，直到梅花卡头被扳手拧掉，对不能使用专用扳手进行终拧的扭剪高强度螺栓，应采用扭矩法（同高强螺栓大六角头螺栓）紧固，并在螺栓尾部梅花卡头上做标记。

8. 安 全 措 施

除严格遵守安全操作规程外，还应采取以下措施。

8.1 在满洲里国门工程吊装大型钢结构前，要提前与中俄铁路主管部门及边防部队、武警部队取得联系，在铁路部门临时派驻联络员，充分利用国际列车通行间歇较长时段进行施工，保持通信联络，并做好铁路临时封闭期间的安全保卫工作。

8.2 吊装作业时，吊车臂下及构件下严禁有人及车辆通行。车辆通行时间内，禁止在跨越结构（或架空结构）上方施工。

8.3 多机抬吊构件时，要根据起重机的起重能力进行合理的负荷分配（每一台起重机的负荷量不宜超过其安全负荷的 85%），吊点通过计算确定。

8.4 多机抬吊构件时，必须统一指挥，同时每台吊车设专人指挥，保持每台吊车动作协调，同时升降和移动，并使各起重机的吊钩基本保持垂直状态，以免一台起重机失重，而使另外的起重机超重。

8.5 吊用工具和钢丝绳，必须有足够的安全系数，并经常检查。

8.6 吊装时应架设风速仪，风力超过 6 级或雷、雨时禁止吊装，夜间吊装必须保证足够的照明，构件不得悬空过夜。

8.7 在最高点设避雷针，通过引下线至接地极，接地电阻不大于 4Ω。

8.8 施工现场焊接或切割等动火，实行动火审批制，操作前事先注意周围上下环境又无危险性，以防失火。

9. 环 保 措 施

9.1 防止大气污染和危害人员健康的措施

9.1.1 燃油式起重机、运输车辆以及动力设备进场前和施工作业中，要严格维护保养，做到排放不达到国家标准不准进场；进场后排放不达到国家标准禁止使用。

9.1.2 燃油式起重机、运输车辆以及动力设备进场要加装三元催化装置，减少其尾气有害成分的排放。

9.1.3 使用符合国家标准的无毒或低毒的焊接材料，清除或降低焊接烟尘和有害气体的危害。

9.1.4 在焊接作业人员上方设置移动式锰烟除尘、吸尘罩，及时排除烟尘，减少锰烟的危害。

9.1.5 加强操作人员劳动防护，如佩戴防尘口罩、防辐射面罩、通风焊帽、绝缘手套等。

9.2 防止水土污染的措施

9.2.1 燃油式起重机、运输车辆以及动力设备在维修保养过程中产生的废弃污水要集中回收，在进行无害处理后，排放到指定地点。

9.2.2 燃油式起重机、运输车辆以及动力设备产生的污油要集中回收、集中保管，待工程完工运出现场，并集中运到国家指定的回收部门处理。

9.2.3 施工中产生的工业垃圾，如焊条残渣、残留金属块，集中回收，严禁乱丢乱弃，造成周边环境污染。

10. 效 益 分 析

10.1 本施工工法科学可行，工序流程严密紧凑，操作技术先进合理，安装过程方便快捷，加快了施工进度。

10.2 施工产生的水土及大气等公害得到较大限度的降低；工程建设时，其他工程交叉施工正常进行，施工生产与周边环境实现了和谐共处；该工法的社会效益和环境效益明显。

10.3 该工法机械化施工程度高，计算机自动化控制技术先进实用，施工安全系数高，没有发生一起生产安全事故，同时也保证了工程质量。

10.4 与传统施工方法比较，减少了劳动力消耗，同时消耗物资和能源较少，道木、钢丝绳、砂石等均可回收利用，避免了长期封闭作业对其他生产活动或交叉施工的经济损失，降低了工程成本。

11. 应 用 实 例

11.1 满洲里第五代国门横跨于中俄边界铁路中央。该工程在铁路两侧对称设置各一座钢筋混凝土框架剪力墙结构塔楼，在铁轨上空"横架"一座钢结构通廊，将二座塔楼南北贯通。

该工程通廊钢结构工程于 2008 年 4 月 26 日开工，2008 年 5 月 30 日竣工。通廊钢结构外形轴线尺寸为 45m×14m×11m，重量约 208t，是该工程施工的核心难点。现有 2 条宽轨和 1 条准轨从国门通廊下穿过与俄罗斯接轨，同时还预留 4～5 条复线位置。

采用本施工工法对该工程的 45m×11m 的通廊主桁架（重量约 65t，安装高度达 18.75m）进行安装。在工序时间紧、现场条件复杂、安装跨度大等困难条件下，较成功地解决了横跨铁路的大型钢结构的高空架设施工难题，施工全过程处于快速、环保、安全、优质、经济的可控状态，得到建设、设计、监理单位及政府有关部门的一致认可。建成后，成为中国边境线上最大的国门，成为满洲里市标志性景区，成为满洲里市重要的爱国主义教育基地，每年将接待游客 20 万人次以上。

11.2 哈尔滨国际会展体育中心工程主钢结构 2500t，由两个对称看台罩棚组成。看台罩棚采用大跨度拱形管桁架钢结构，长 247.5m，最大高度 53.9m，内外主桁架 HJ1 和 HJ2 通过铰接与联系桁架 HJ3—HJ8 组成整体施工过程中主体施工采用多台吊车联机抬吊，等高、液压、计算机控制同步滑移施工技术。

该工程在结构跨度大、空间定位难度大的条件下，运用本工法成功的解决了施工中的难题，按期、保质的完成了施工任务。

11.3 哈尔滨飞机制造有限公司一号工程三期技术改造项目总装车间屋面网架结构制造安装工程，本网架工程长 176m，宽 120m，面积 21120m²，总用钢量 514t。厂房横向跨度总宽 120m，其中分为五跨六排柱，每小跨轴心距分别为 24m、27m、24m、27m、18m。

该工程地面整跨度预制，用 10 台吊车整体吊装，一次吊装成功，仅用一天就完成吊装，在工期紧、难度大的条件下，运用本工法成功的解决了施工中的难题，按期、保质的完成了施工任务。

球面大型钢结构开合屋顶驱动系统安装施工工法
GJEJGF076—2008

南通建筑工程总承包有限公司　北京城建二建设工程有限公司

张军　侯海泉　董年才　马建明　褚国栋　李鸿飞

1. 前　言

1.1 被誉为"第三代公共建筑"的开合屋顶建筑，具有天人合一、复归自然的特点。南通体育会展中心体育场总建筑面积 48565m²，设计座位 32244 个。其开合屋顶系统为目前国内面积最大的开合结构屋顶，开合面积 17807m²。屋顶几何形状为球冠，其中固定屋顶上层杆件的中心位于半径为 204m 的球面，活动屋顶杆件的中心位于半径为 206.8m 的球面；主拱最大跨度 278m，矢高 55m；活动屋顶由 2 片完全对称的月牙形网壳组成，单片活动屋顶重量 11370kN（图 1.1）。

图 1.1　屋顶开、合状态

1.2 《南通体育会展中心体育场钢结构开合屋顶关键技术研究》被列为"2006 年度建设部科学项目计划（项目编号：06-K3-21)"，并于 2007 年 12 月 7 日通过了建设部科学技术司组织、由工程院院士任主任委员的专家委员会的验收，验收证书号：建科验字 [2007] 第 83 号。该工程获"2007 年度中国建筑工程鲁班奖"和"第七届中国土木工程詹天佑奖"。

1.3 通过该工程应用，编写了《大型钢结构开合屋顶球面滑移施工工法》。

2. 工法特点

本工法施工工艺流程设计科学、集成度高、系统结构合理、综合费用低、工期短，具有系统性。

3. 适用范围

本工法适用于大型体育场馆和大型公共建筑等球面开合屋顶驱动系统的施工。

4. 工艺原理

4.1 开合屋顶采用"液压机械驱动、多点牵引、钢结构柔性支撑运行轨道的球面开合屋顶"，其机械系统包括卷扬机及液压系统、轨道梁、轨道、台车、钢丝绳等（图 4.1）。

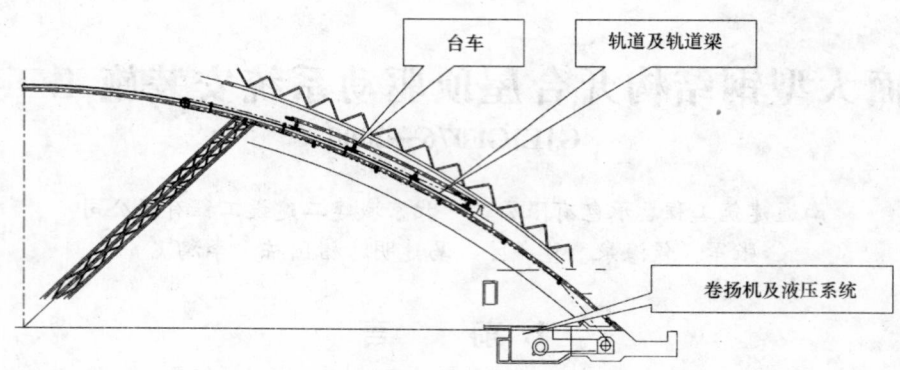

图4.1 开合屋顶系统示意图

4.2 开合屋顶由44台台车，支撑在6根主拱架的轨道上（图4.2），由设置在两侧地下室机房内的8台卷扬机牵引，卷扬机钢丝绳的端部固定于活动屋顶均衡梁上，通过驱动滚筒的回转力，将钢丝绳卷起，使活动屋顶在6根主拱架上沿圆弧形轨道运行，实现对活动屋顶的闭和牵引。开启时，卷扬机反向运转，在活动屋顶自重作用下，活动屋顶沿轨道下降。

4.3 开合屋顶由两片球面屋顶组成，6根拱肋支撑，共44台行走支承台车（单片屋顶22台台车）。其中，两边外侧的拱肋上各有2台行走支承台车，不设牵引驱动装置（从动）；中间2道主拱各设5台行走支承台车，同时各设置2套牵引驱动装置；与之相邻的2道主拱各设4台台车，各设置2套牵引驱动装置。见图4.3。

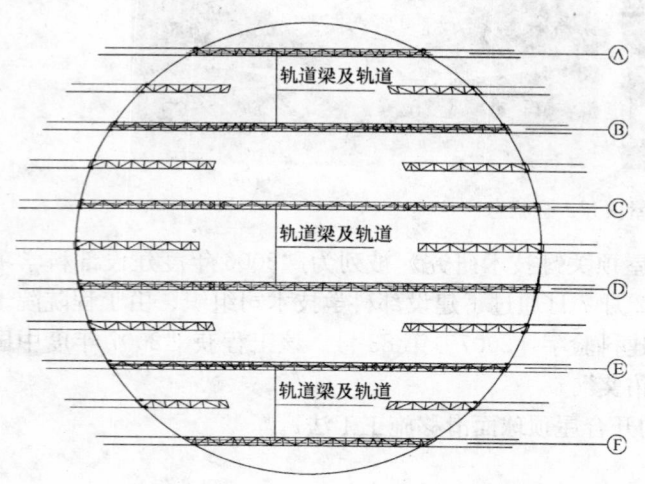

图4.2 轨道平面布置示意图

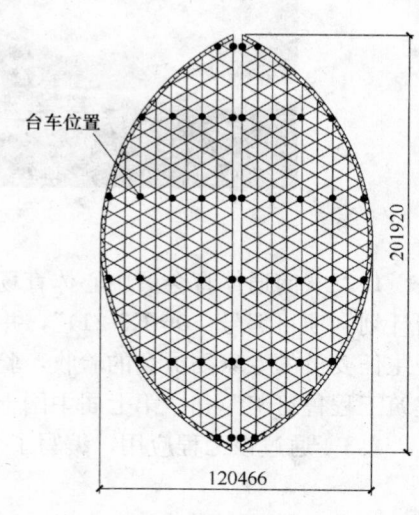

图4.3 台车布置示意图

5. 施工工艺流程及操作要点

5.1 施工工艺流程
球面大型钢结构开合屋顶驱动系统施工工艺流程见图5.1。

5.2 操作要点

5.2.1 施工准备

1. 现场勘察，确定场地布置方案。

2. 编制详细的作业指导书，确定起重设备型号。

3. 人员组织、材料准备和辅助设施准备。

5.2.2 机房行车安装（图 5.2.2）

1. 吊车梁安装时，牛腿混凝土强度必须达到设计强度的 70%。

2. 吊车梁就位时应使吊车梁中心线与牛腿中心线重合，并使两端搁置长度相等。

3. 吊车梁的平面位置和垂直度的校正应同时进行，平面位置控制吊车轨距，先在吊车轨道两端的地面上，根据柱轴线弹出吊车轨道轴线，用钢尺校正两轴线距离，再用经纬仪进行校正。垂直度用经纬仪测量。

4. 起重机吊装采用 QY8E 型汽车起重机，钢丝绳从行车中的吊装孔处固定到起重机吊钩上，将电动葫芦移至行车跨中，使行车两端保持平衡，然后用钢缆将电动葫芦固定，行车两端设牵引导向绳，防止在起吊过程中行车的摆动，并实现行车的转向。

5. 行车顺着轨道方向起吊，当行车升至超过轨道面时，在牵引导向绳的作用下，回转行车，使行车的四个车轮处于轨道正上方，然后平稳的降落在轨道上。

6. 电动葫芦移动轨道安装时用端套进行调整，保证轮缘与轨道翼缘间隙为 3~5mm。

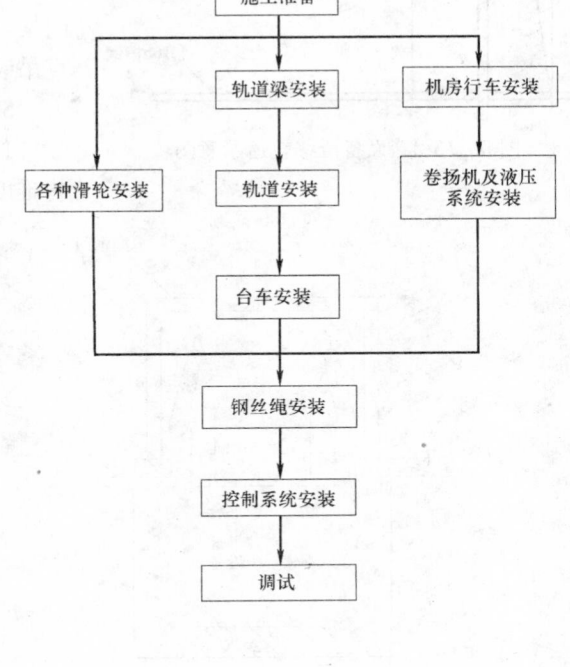

图 5.1　施工工艺流程图

5.2.3 卷扬机系统安装

1. 每台卷扬机设备自量 43t，采用 QY75 型汽车起重机卸车（图 5.2.3-1）。

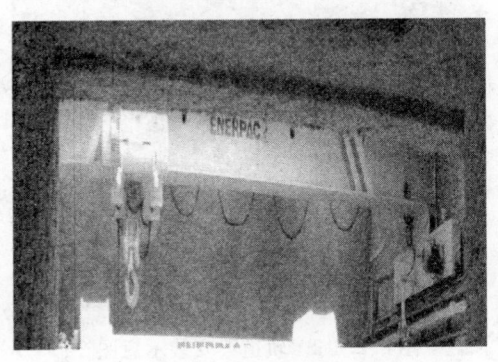

图 5.2.2　机房行车示意图

图 5.2.3-1　卷扬机系统示意图

2. 吊装钢丝绳型号采用 6×37 直径 39.0mm 钢丝绳。

3. 设备起吊前，应先试吊，设备距离地面 200mm 时，停止起吊，应对钢索、卡环、起吊点进行检查，确认无误后再进行起吊，设备落地是应放置平稳。

4. 由于设备高度高，重量大，对设备采取解体安装，将设备主机和底座分解开。分解时，在底座上划定位线，以便于安装。

5. 为防止主机调整间隙的变化及位移，主机下面用-16 钢板临时固定，防止其产生不必要的变形。

6. 在设备安装位置上方，用⊏16b 槽钢铺设两条轨道，用于解体后设备的平面滑移（图 5.2.3-2）。

7. 在滑移的轨道上放置 4 台移动小车，小车高度 120mm，将设备用 QY75 型汽车起重机吊放置在

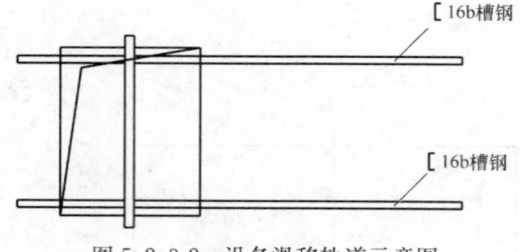

图 5.2.3-2 设备滑移轨道示意图

移动小车上，内侧设置 2 台 WA5 手拉葫芦，作为设备移动工具，将设备安全滑移至安装孔的上方固定好。

8. 在设备安装位置上方用 HW250×250×9×14 制作门架，门架上悬挂 2 台 WA20 手拉葫芦，用于设备的垂直吊装，并将设备放置在安装位置（图 5.2.3-3）。

5.2.4 轨道梁安装

1. 轨道梁采用箱形断面（图 5.2.4-1），轨道梁的安装难度不在安装本身，而在安装精度的控制。

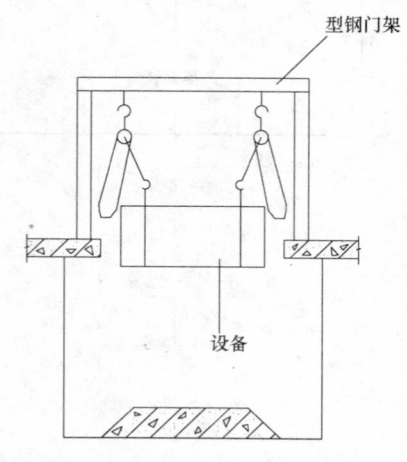

图 5.2.3-3 型钢门架示意图

图 5.2.4-1 轨道梁示意图

2. 主拱安装完成后，在主拱上焊接轨道梁（图 5.2.4-2、图 5.2.4-3），使各拱的两根轨道梁导向面之间的平行度误差小于±10mm，使 6 根主拱各组轨道梁之间水平投影轴线的平行度误差小于±25mm。

图 5.2.4-2 轨道梁安装示意图 1

图 5.2.4-3 轨道梁安装示意图 2

3. 轨道梁的标高误差小于±25mm。

4. 轨道梁导向面和轨道平面的垂直度误差小于±3mm。

5. 对于平行度和水平偏差，通过测控和反复调整来保证；对于高差，通过在轨道梁下部垫钢板垫块进行标高误差调整。

5.2.5 轨道安装（图 5.2.5-1～图 5.2.5-3）

1. 轨道梁组装完成后，在轨道梁上安装轨道，使轨道与轨道梁的导向面之间的平行度误差小于±5mm，使两根轨道之间的平行度误差小于±3mm。

2. 轨道在轨道梁上调整好位置后，通过 M24 螺栓组件、压板及板键固定，板键焊接在轨道梁上。

3. 安装时要求轨道的接缝处必须平滑过度。

图 5.2.5-1 轨道示意图 1

图 5.2.5-2 轨道示意图 2

5.2.6 台车安装

在固定屋顶上依靠临时支撑拼装活动屋顶，在拼装过程中按照台车设计位置，采用 HK700 型履带起重机将台车逐一吊装放在轨道上，临时固定。

活动屋顶拼装完成后，用辅助钢支撑支托台车车身，精确调整台车位置，然后将台车固定在轨道梁上，使台车滚轮离开轨道并与轨道相距 5±0.5mm，见图 5.2.6-1、图 5.2.6-2。

图 5.2.5-3 轨道接头示意图

5.2.7 钢丝绳安装

1. 钢丝绳的安装必须在活动屋顶和所有滑轮组安装完毕后进行。

图 5.2.6-1 台车示意图 1

图 5.2.6-2 台车示意图 2

2. 钢丝绳的安装过程严禁明火，周围不得进行焊接作业，任何火星将导致钢丝绳损坏，影响安全使用。

3. 钢丝绳的安装利用驱动机构动力源的方法进行。

4. 在卷扬机驱动卷筒上预先安装长度相同的，6×37 直径 11.0mm 钢丝绳，并与驱动钢丝绳固定。

5. 驱动卷扬机开始工作，拖拽 6×37 直径 11.0mm 钢丝绳，带动驱动钢丝绳安装就位（图 5.2.7-1、图 5.2.7-2）。

5.2.8 滑轮安装

所有滑轮安装在地面配合钢结构施工共同进行，按照设计要求，在吊装前安装在其钢结构节点上，与钢结构连成整体，进行吊装。

5.2.9 控制系统安装及调试

1. 控制系统安装包括：主控设备、辅助监控设备、速度传感器。

2. 自循环静油：在卷筒无钢丝绳状态下，空载连续运行液压传动系统，整体循环冲洗液压回路，同时外接净油机净油，每运行 8h，检测一次油箱内液压油的清洁度，直至清洁度达到 NAS8 级。

图 5.2.7-1　钢丝绳示意图 1

图 5.2.7-2　钢丝绳示意图 2

3. 液压系统满负荷调试：用棘轮锁死卷筒，启动液压系统达到额定压力的 105％，运行 10min，管路和元件应无任何外漏现象，改变卷筒位置，在四个位置上重复上述满载调试。

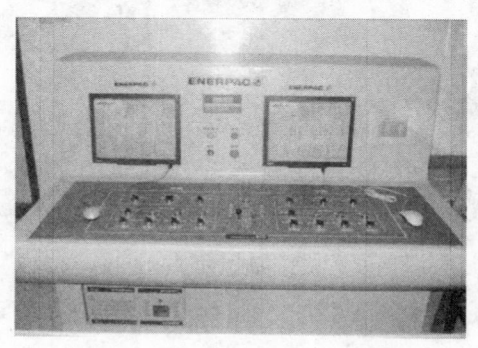

图 5.2.9　运行监控设备图

4. 液压控制系统的调速性能测试：在卷筒无钢丝绳状态下，将码盘安装在卷筒的临时调试支架上，测量卷筒的转角位移，依靠控制系统的调试程序，进行卷筒的闭环位置控制和速度控制，使最大运行速度达到 42m/min，运行位置误差小于 ±10mm。

5. 活动屋顶拼装完成后，对每一台行走台车的实际承载，逐一进行测量，并进行台车载荷的初始化重新调整，使每一台行走台车的实际承载基本均匀。

6. 对整个开闭顶系统进行整体联动调试，以确保各部分工作均达到设计要求，且运行中各工况均准确，见图 5.2.9。

6. 材料与设备

6.1　材料

本工法所需要材料见表 6.1。

材料表　　　　　　　　　　　　　　表 6.1

序号	材料名称	型号	数量	备注
1	轨道	MNT006	288 根	
2	轨道梁			
3	台车	MNT002A.00	44 台	
4	大吨位液压卷扬机		8 套	含液压系统
5	直径 64mm 钢丝绳	6×36WS SCP	912m	德国产
6	转向滑轮	NTKB0203	32 套	
7	导向滑轮	NTKB0206	120 套	
8	高强度螺栓	M24×110	1480 套	8.8S
9	压板		1480 套	
10	电动单梁起重机	LDA10-9 型	8 套	
11	钢丝绳电动葫芦	CD_1 型	8 套	
12	卷扬机电控设备	MNT001.003.00	8 套	
13	主电控设备		1 套	
14	智能电控设备		1 套	

6.2 设备

本工法所需要设备见表6.2。

设备表   表6.2

序号	设备名称	型 号	数量	备 注
1	履带起重机	HK700	1辆	
2	汽车起重机	QY75	1辆	
3		QY8E	1辆	
4	手拉葫芦	WA20	2套	
5		WA5	2套	
6	直径11.0mm钢丝绳	6×37	912m	
7	直径39.0mm钢丝绳	6×37	20m	
8	移动小车		4台	
9	索具卸扣		20只	
10	槽钢	匚16b	2根	
11	门架	HW250×250×9×14	1套	
12	手动扳手			
13	测力扳手			
14	电动扳手			
15	经纬仪	DJJ2-2	1台	
16	水准仪	DNS3-1	1台	
17	钢卷尺		2把	
18	对讲机		4台	
19	碳弧气刨	ZX5-630	2台	
20	直流电焊机	AX-500-7	2台	

7. 质 量 控 制

本工法质量标准按照《建筑工程施工质量验收统一标准》GB 50300—2001、《钢结构工程施工质量验收规范》GB 50205—2001、《电气装置安装工程电缆线路施工及验收规范》GB 50169—92、《电气装置安装工程盘、柜及二次回路结线施工及验收规范》GB 50171—92 执行。

其中，本工程中现行国家规范及标准未明确的，执行下列标准：国际标准委员会标准（ISO）、国际电工委员会标准（IEC）、国际单位制标准（SI）、欧洲机械搬运协会标准（FEM）、美国钢结构协会的有关标准（AISC）、德国工业标准（DIN）。

8. 安 全 措 施

8.1 施工现场严格执行《建筑施工安全检查标准》JGJ 59—99、《施工现场临时用电安全技术规范》JGJ 46—2005。

8.2 起重机的行驶道路必须平坦坚实。当起重机通过墙基或地梁时，应在墙基两侧铺设道木，以免起重机直接碾压在墙基或地梁上。

8.3 起重机应避免带载行走，如需作短暂带载行走时，载荷不得超过允许吊起重量的70%。

8.4 地面操作人员，应尽量避免在高空作业面的下方停留或通过，不得在起重机的起重臂或正在吊装的构件下面停留或通过。

8.5 设置禁吊区，禁止与吊装作业的无关人员入内。

9. 环 保 措 施

9.1 施工现场道路及场地采用 C20 混凝土硬化。

9.2 工地四周设置 2.2m 高围墙，使工地形成相对的封闭空间。

9.3 控制强噪声机械的作业时间，同时尽量避免人为的大声喧闹和搬卸设备时的噪声。

9.4 现场出入口设置洗车池，对进出场的车轮进行自动洗刷。

9.5 配专责保洁人员对现场道路及场地进行清理及洒水湿润，避免扬尘。

9.6 现场设置垃圾分捡站，并标识明显，分类存放。对可回收的废弃物尽量回收利用。

10. 效 益 分 析

10.1 南通体育会展中心体育场钢结构开合屋顶，相比原预算投资，共节约造价 1350 万元。

10.2 该工程采用开合屋顶技术，大大提高了体育场的使用效率、使用频率，同时良好的体育场地设施建设在提升城市形象的同时，也是体育产业发展的重要基础。

10.3 该技术为今后类似工程施工积累了宝贵的成功经验，取得了社会效益与经济效益的双赢。

11. 应 用 实 例

南通体育会展中心体育场（图 11-1～图 11-3）位于南通新城区 CBD 南侧，工程总建筑面积 48565m²，设计座位 32244 个，工程开竣工日期为 2004 年 4 月～2006 年 7 月。其开合屋顶系统为目前国内面积最大的开合结构屋顶，开合面积 17807m²；屋顶几何形状为球冠，主拱最大跨度 278m，矢高 55m；单片活动屋顶重量 11370kN。该工程获"2007 年度中国建筑工程鲁班奖"和"第七届中国土木工程詹天佑奖"。

图 11-1　南通体育会展中心体育场实景一

图 11-2　南通体育会展中心体育场实景二

图 11-3　体育场全景

钢结构预应力钢拉杆施工工法

GJEJGF077—2008

南通四建集团有限公司　南通新华建筑集团有限公司

耿裕华　郭正兴　朱宏成　童建设　罗斌　杨志明

1. 前　言

1.1　在钢结构中，预应力钢结构可以定义为在设计、制造、安装、施工和使用过程中，为了调控钢结构构件的应力、变形，采用人为方法引入预应力以提高结构强度、刚度、稳定性的各类钢结构。在大型钢结构的建设中，所需施加的预应力越来越大，必须使用强度高的低合金高强度结构钢或合金结构钢的钢拉杆。对于大直径钢拉杆张拉，不仅需要有大吨位的千斤顶，还需要解决张拉力的同轴度、钢拉杆锚固等技术问题。

1.2　钢拉杆作可作为水平拉杆或垂直拉杆使用，如作为钢结构剪刀撑的直径达 90mm 钢拉杆需要施加 900kN 的张拉力。对这类拉杆国内还没有这样的张拉设备，与周边构件及自身的锚固也有很大的技术难题需解决。

1.3　为了使钢结构预应力钢拉杆施工工艺更趋规范化、标准化，南通四建集团有限公司与南京东大现代预应力工程有限责任公司在工程实践的基础上经过不断研究、探索，编制了本工法。本工法在 2008 年 5 月被南通四建集团有限公司批准为批准为企业工法，2008 年 6 月 26 日通过了由江苏省建筑工程管理局主持的江苏省级专家鉴定，该工法被鉴定为达到国际先进水平。由于解决了大型结构在刚度、变形、稳定性中的一些特殊要求，故本工法具有明显的社会效益和经济效益。

2. 工法特点

2.1　钢结构预应力钢拉杆用合金钢材料做杆体，两端一般连接耳环索头。为调节钢拉杆的长度以及施加预应力需要，在钢拉杆杆体的中部一般设置正反丝扣调节套筒。

2.2　与普通玻璃幕墙的不锈钢绳拉索不同，对钢拉杆施加正确的大吨位预应力值施工有难度，调节套筒内螺牙与钢拉杆的杆端外螺牙的间隙配合为机械螺纹的一般丝扣配合，需要解决拉杆体、调节套筒和张拉千斤顶三者间的良好同轴度。

2.3　钢拉杆张拉施工时，需要边开动油泵给配套的专利千斤顶供油，并同时恰到好处地配合千斤顶张拉，将调节套筒两端的钢拉杆杆体靠近，旋动连接两段钢拉杆的正反牙套筒，使钢拉杆中逐步建立设计需要的预张力。

3. 适用范围

3.1　本施工工法适用于钢结构中需要施加预应力的钢拉杆张拉施工，也适用于与钢拉杆功能基本相同的平行镀锌钢丝外包高密度聚乙烯的预应力拉索张拉施工。

3.2　在工程钢结构中，预应力钢拉杆可做预应力张弦梁的拉杆、钢框架的竖向预应力剪刀撑、屋面钢梁间的水平预应力剪刀撑、桅杆吊拉钢屋盖的预应力拉索、玻璃幕墙的张力支撑结构等。

4. 工艺原理

4.1　按照结构分析的受力状况，将两段钢拉杆的一端通过锁母与接头固定于结构需求的受力位置上，通过专用千斤顶对另一端锁母的相互张拉，使两段钢拉杆中达到结构所需要的张拉力。

4.1.1 预应力钢拉杆的锚固是通过张拉中旋动两端带正反丝内螺纹的调节套筒，将张拉的两个带正反丝外螺纹的锁母锚入调节套筒内，见图 4.1.1。

4.1.2 配合本工法研发的发明专利千斤顶（发明专利号 ZL02112856.1）（图 4.1.2）提供一种与普通预应力张拉油泵额定油压 60MPa 相匹配，4 只小千斤顶油缸与夹板块均匀分离布置，保证了钢拉杆的同轴度。由于采用将夹紧上、下夹板块的穿心式拉杆改为连接杆兼作小千斤顶的活塞杆的技术方案，得到了用于张拉的最大工作活塞面积，在额定油压 60MPa 的条件下，也得到了与国外同类产品相同的最大张拉力。

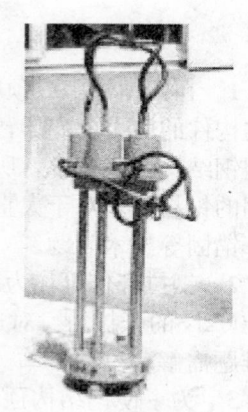

图 4.1.1　钢拉杆张拉杆端设置锥度螺母　　　　图 4.1.2　张拉预应力钢拉杆的专利四缸千斤顶

4.2　合理的张拉操作工艺

预应力钢拉杆的张拉施工操作完全不同于一般认知程度上的预应力张拉，旋动调节套筒的张拉操作的基本原理在于：油泵供油给千斤顶施加预应力时，连接钢拉杆的调节套筒内正反丝牙轴向间隙很小，张拉力过大或过小以及张拉设备引起的微小不同轴度均不能有效地旋动两端带正反丝内螺纹的调节套筒。因此，在缓慢对四缸千斤顶供油张拉时，必须同步采用链条扳手旋动调节套筒。若张拉力略大，因螺牙间的摩擦过大不能旋动套筒时，可采用在千斤顶油缸缓慢回油的过程中，拧动调节套筒的补救措施。

5. 施工工艺流程及操作要点

5.1　施工工艺流程（图 5.1）

预应力钢结构分析→预应力钢拉杆相关技术参数确认→完成预应力钢拉杆与结构的固定→张拉设备准备、千斤顶标定→安装千斤顶并初步安置套筒→张拉钢拉杆、同时旋转套筒→达到张拉要求、旋紧套筒→卸去张拉千斤顶并拧上锁帽的锥度套筒。

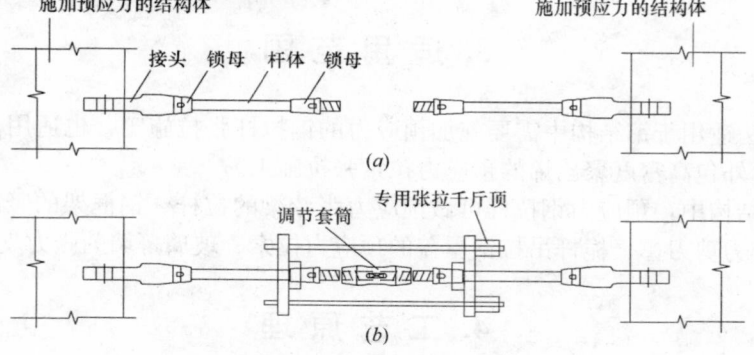

图 5.1　张拉施工工艺流程图（一）

（a）两段锚杆分别固定于结构上；（b）专用千斤顶将两拉杆连接

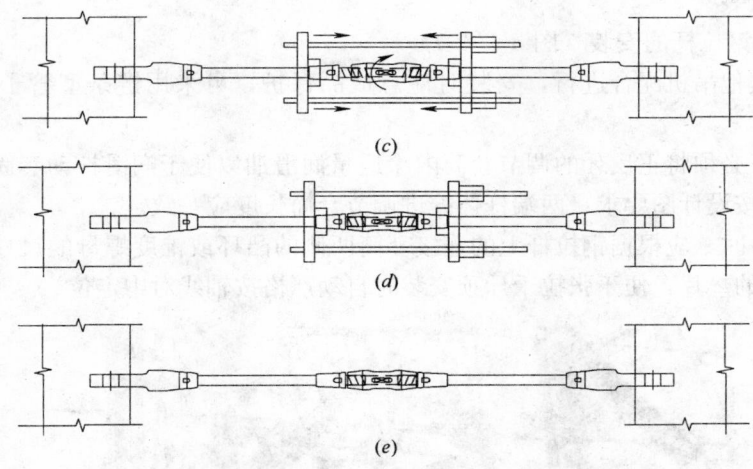

图 5.1 张拉施工工艺流程图（二）
（c）专用千斤顶张拉、旋转调节套筒；（d）张拉完成、调节套筒旋紧；
（e）卸除千斤顶、张拉工序完成

5.2 操作要点

5.2.1 施工准备

1. 对预应力钢拉杆施工图进行深化设计，应根据设计要求的张拉力、钢拉杆所在的位置以及张拉设备所需的最小空间等因素确定钢拉杆索头形式、钢拉杆的连接套筒形式以及钢拉杆的长度调节量。

2. 准备预应力钢拉杆专项施工方案时，应根据钢结构的结构形式和受力特点，建立相应的整体计算模型，对设计提供的钢拉杆预应力值进行必要的计算复核，并根据施工现场的安装方案和进度要求进行施工阶段的虚拟张拉分析，以达到设计要求的张拉力为目标值，确定分阶段、分批和各钢拉杆的具体施工张拉值。

钢拉杆的下料长度：

$$L = L_z - \Delta L \tag{5.2.1-1}$$

式中 L_z——钢拉杆张拉完成后的长度，按虚拟张拉分析计算确定；

ΔL——钢丝束张拉伸长值

$$\Delta L = P_j L / E_s A_p \tag{5.2.1-2}$$

式中 P_j——预应力钢拉杆张拉力；

L_z——预应力钢拉杆长度；

E_s——预应力钢拉杆弹性模量；

A_p——预应力拉杆截面面积。

3. 预应力钢拉杆的四缸张拉千斤顶由 4 个小千斤顶组装而成，要求由分油器同步给 4 个千斤顶供油顶推活塞张拉或回油退回活塞。施工前千斤顶可利用做锚具组装件静载试验台座进行平卧标定（图 5.2.1）。

张拉设备的标定期限，不宜超过半年。当发生下列情况之一时，应对张拉设备重新标定。

1）千斤顶经过拆卸修理；

2）千斤顶久置后重新使用；

3）压力表受过碰撞或出现失灵现象；

4）更换压力表；

5）张拉中预应力筋发生多根破断事故或张拉伸长值误差较大。

图 5.2.1 钢拉杆张拉四缸千斤顶平卧标定

5.2.2 钢拉杆安装

1. 抗侧力剪刀撑钢拉杆的安装（图 5.2.2-1）

1）可由塔吊或其他吊机配合进行，安装时注意成品保护，可采用链条型管子钳进行连接套筒的初拧。

2）安装杆件时，必须将正反牙的调节套筒内涂适量润滑油以便于润滑拧动套筒。安装杆件时，螺杆旋入螺母的长度应按设计图要求，两端杆体拧进调节套筒长度应一致。

3）准备张拉设备时，应根据钢拉杆上的连接套筒两侧的凸环或锥度螺母的尺寸，加工与千斤顶夹板块上内孔尺寸匹配的垫片，便于张拉千斤顶安装时自动严格按轴线对中定位。

图 5.2.2-1 抗侧力剪刀撑钢拉杆的安装

2. 张弦梁钢拉杆的安装

1）支撑脚手架搭设

张弦梁结构一般其跨度、断面均较大，同时其型钢构件的制作一般安排在场外加工厂进行，考虑型钢梁运输、现场吊装机械起重性能等，型钢梁制作一般均需分段进行，吊装就位后再行拼装、焊接；同时由于张弦梁的安装高度较高，故安装时一般均需搭设支撑脚手架，以保证吊装的顺利进行。

型钢梁吊装其支撑脚手架的搭设应根据图纸设计型钢梁的平面位置、标高、张弦梁张拉前的所有楼面荷载、周边作业条件等经过计算确定，搭设时应严格按规程进行搭设操作，特别是扣件及钢管的质量、剪刀撑的设置、有关构造要求等，同时为增强脚手架的稳定性，在条件许可的情况下，应将脚手架与主体结构作可靠的连接。

2）钢拉杆与球节点安装

钢拉杆及球节点的安装（图 5.2.2-2）：由于钢拉杆及节点球的重量均较大（每根钢拉杆及节点球重均约 400kg），为保证安装的顺利进行，先将节点球用手拉葫芦吊放在事先搭好的钢管脚手架上，注意该位置应较节点球设计标高位置高出 100mm 左右，以方便钢拉杆的安装。接着安装斜向钢拉杆（图5.2.2-3），由于钢拉杆要斜向穿过密布的钢管脚手架，安装时先用绳子试比划定出钢拉杆安装穿行的路线然后沿绳子穿设安装钢拉杆，待钢拉杆安装完成后，拆除节点球支撑脚手架，使钢拉杆在节点球重力作用下基本拉直。最后安装斜撑杆，斜撑杆的安装先安装下端再安装上端，如若斜撑杆上端的安装不能一次直接到位，安装时可将钢拉杆稍稍托起使之基本呈直线状态或将钢拉杆的调节螺栓调至最大

图 5.2.2-2 球节点安装的安装

图 5.2.2-3 张弦梁中钢拉杆的安装

伸长余量以方便安装，如此尚还无法安装，可在节点球上吊上一定的重量进行加载以保证撑杆上端的就位安装。

图 5.2.3　预应力张拉

5.2.3　安装千斤顶时，先旋下调节套筒两侧的锁母后半部分的锥度套，将四缸张拉千斤顶借助手拉葫芦吊至张拉位置并将钢拉杆的调节套筒卡入千斤顶的两夹块间，锁母前半部分的锥形螺母应准确定位在千斤顶的轴心线上。张拉预应力钢拉杆时，拧紧连接钢拉杆套筒的工人做好拧紧的准备，开动油泵给四缸千斤顶缓慢同步供油，边加大供油的油压，边拧紧套筒（图 5.2.3）。当供油油压偏大，套筒拧紧困难时，可采取在微量缓慢回油过程中继续拧紧套筒。

5.2.4　张拉程序

1. 基本张拉程序可按设计要求的索力分级同步张拉。每一阶段可分为四级：

初级安装索力→$25\%\sigma_{con}$→$50\%\sigma_{con}$→$75\%\sigma_{con}$→$100\%\sigma_{con}$（锚固）

2. 张拉时注意对称进行，避免对结构产生过大的次生应力。张拉过程中应严格控制每级张拉的油压表读数。

3. 张拉过程中应严格控制每级张拉的油表读数，边拉边拧紧钢拉杆的调节套筒，注意张拉与调节套筒的紧固应同步进行，特别是给油速度每次不得低于 30s。

4. 在缓慢对四缸千斤顶供油张拉时，必须同步采用链条板手旋动调节套筒。若张拉力略大，因螺牙间的摩擦过大不能旋动套筒时，可采用在千斤顶油缸缓慢回油的过程中，拧动调节套筒的补救措施。

5.2.5　张拉时应根据设计要求的主控目标进行施工监控。对于预应力钢拉杆剪刀撑，以控制张拉力为主。对于其他形式工程结构，可根据具体设计要求，确定控制变形为主，或张拉力为主，或两者兼顾。张拉力和变形的监控方法见表 5.2.5。为保证控制与监测数据的准确性，在钢拉杆张拉过程中应安排专人跟踪进行张拉力（即压力指示器数据）的控制及结构内力与变形的监测，包括钢拉杆自身内力变化、各钢拉杆张拉力之间的相互影响、结构变形（跨度、控制节点位移等）。

钢拉杆张拉力、结构变形监控方法　　　　　　　　　　　　表 5.2.5

序号	监控项目	监测方法	监测仪器具
1	结构控制节点位移	量测三维坐标	全站仪、尺、百分表等
2	钢拉杆张拉力 P	精密压力表控制 杆件表面应变测试 磁通量变化值测试	油压表 电阻应变片测试 振弦或光栅传感器测试 磁通量仪测试
3	杆件内力（钢梁及撑杆）	电测法	电阻应变片测试 振弦或光栅传感器测试

5.2.6　钢拉杆的基本劳动力组织见表 5.2.6。

人员组织计划表　　　　　　　　　　　　表 5.2.6

序号	工种	数量	人员分工	备注
1	起重工	6	吊装作业	
2	架子工	2	吊装作业	
3	焊工	4	吊装作业	
4	气焊、气割操作工	1	吊装作业	
5	电工	1	吊装作业	
6	安装工	4	吊装作业	
7	千斤顶操作工	4	张拉作业	

序号	工种	数量	人员分工	备注
8	内力、变形监测人	2	张拉作业	
9	张拉工装安装工	4	张拉作业	
10	调节套筒紧固工	4	张拉作业	
11	技术人员	2	质量检查、监测等	
12	负责人	1	全面负责	
13	合计	35	安装及张拉作业	

人员组织要求：

1. 所有参加施工的人员必须具有要求良好身体体质，适合参加登高作业，具有丰富的施工经验，特殊工种如架子工、焊工、起重工等必须持有效上岗证按规定操作项目持证上岗操作。

2. 所有施工人员必需经过三级安全教育且考试合格，然后方可参加施工作业。

3. 所有施工人员作业前必须经过技术交底，以便统一操作规程、统一施工方法、统一质量要求、统一验收标准，保证施工的顺利进行。

6. 材料与设备

6.1 预应力钢拉杆材料满足国家标准《钢拉杆》GB/T 20934—2007 中的建筑钢拉杆的相关要求，采用合金结构钢并经特殊热处理。满足了高强度和大延伸率的要求。强度级别有 235N/mm²、345N/mm²、460N/mm²、550N/mm²、650N/mm²。

6.2 预应力钢拉杆直径为 Φ20~Φ150mm。Φ100mm 以下以 5mm 为进级，Φ100mm 以上以 10mm 为进级。钢拉杆的两端结构连接形式以及制作长度应根据工程结构连接端点结构形式和距离共同确定，供货长度一般不超过 10m。

6.3 按钢拉杆两端与工程结构连接对应的接头型式主要有 UU、OO 两种基本型式。

6.3.1 UU 形：钢拉杆两端均为用螺纹连接的"U 形接头"，被连接的结构两端一般为单耳板（图 6.3.1）。

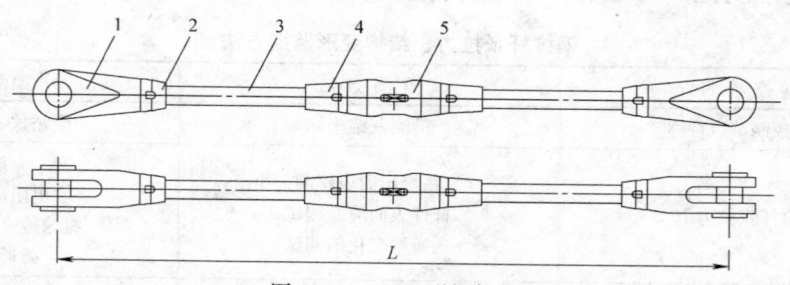

图 6.3.1　UU 形钢拉杆

1—U 形接头；2—短锁母；3—杆体；4—长锁母；5—调节套筒

6.3.2 OO 形：钢拉杆两端均为锻造成"O 形耳环"或用螺纹连接的"O 形接头"，被连接的结构两端一般为双耳板（图 6.3.2）。

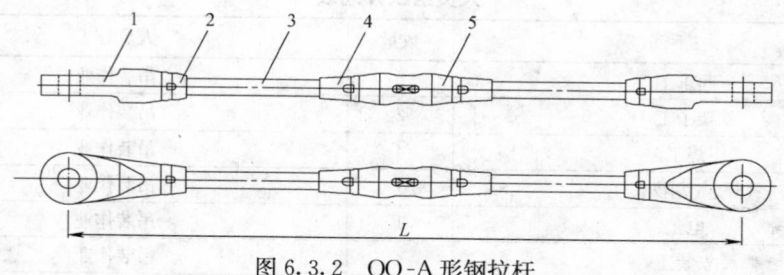

图 6.3.2　OO-A 形钢拉杆

1—O 形接头；2—短锁母；3—拉杆 1；4—长锁母；5—调节套筒

6.4 机具设备

6.4.1 本工法采用的机具设备见表 6.4.1。

预应力钢拉杆施工机具设备表   表 6.4.1

序号	设备名称	设备型号	单位	数量	用 途
1	起重机械		台	1	配合安装钢拉杆
2	张拉油泵	ZB4-60	台	1	给四缸千斤顶供油
3	四缸千斤顶	SGYD-1000	台	1	张拉预应力钢拉杆
4	链条管钳		把	3	张拉中旋动调节套筒
5	手拉葫芦	HSZ-3	台	2	配合安装钢拉杆和装卸千斤顶
6	高压油管		根	2	连接油泵与千斤顶
7	精密压力表		只	1	千斤顶进油用控制张拉力
8	普通压力表		只	1	千斤顶回油用
9	扳手		把	2	安装油管及压力表用

6.4.2 本工法采用的机具设备要求

1. 所有机械设备必须性能良好，运转正常，处于良好的备用状态。
2. 计量检测器具如力矩扳手等必须经有资质的检测单位检定合格。
3. 吊装钢丝绳应经过仔细检查无毛刺、断股等现象，其强度满足吊装要求并具有一定的安全系数。
4. 张拉千斤顶与油压表必须经过有资质的计量检测单位进行检测标定。

7. 质 量 控 制

7.1 加强职工的质量意识教育，养成良好的质量习惯，树立精益求精的工作精神。

7.2 组织人员严格按规范及图纸设计要求编写工艺卡，对参与施工的全体人员进行技术交底，以便统一操作规程、统一操作方法、统一质量要求、统一验收标准。

7.3 预应力钢拉杆施工质量参照《建筑工程预应力施工规程》CECS 180：2005 以及《预应力钢结构技术规程》CECS 212：2006 的相关要求进行控制。钢拉杆安装允许偏差按表 7.3 执行。

钢拉杆安装允许偏差   表 7.3

序号	项 目		允许偏差	检查频率	检验方法
1	支座位置	平行轴线拉杆	±5	每根拉杆	用钢尺
		垂直拉杆	±10		
2	拉杆长度		±5		
3	拉杆中线		±10		

7.4 质量控制点设置（表 7.4）

质量控制点设置   表 7.4

序号	控制点	责任者	控制内容	工地检查者	检查方法
1	钢拉杆成品采购与验收	材料员 计划员	合格供应商选定、签订合同、质量验收（质保书、规格、长度、调节余量等）	材料员 质检员 技术人员 监理工程师	查合同、合格证、材料质保书、复试报告、现场实测实量
2	轴线、标高、直线度、变形等	测量员	检查轴线、标高、起拱度、变形等	质检员 测量员 监理工程师	查计算书与测量记录
3	钢拉杆张拉力、变形等	张拉作业管理及施工人员	张拉顺序、张拉力、变形值等	质检员 监理工程师 设计院工程师	查张拉记录、现场查看表压、实测实量等

7.5 所有材料供应商均需经过合格供应商的评审，所有材料必须由合格供应商供给，同时材料设备进场必须有合格证或材料质量证明书（各类证书应列表登记，并与实物核对无误），且应按规定做好抽样复试检测工作，合格后方可正式使用。

7.6 安排专门施工作业队进行钢拉杆安装、张拉过程中的质量动态控制及跟踪检查，使各工序的施工质量始终处于受控状态。

7.7 钢拉杆张拉过程中应注意控制好张拉的同步性与对称性，防止结构产生不应有的异常变形。张拉过程中千斤顶应安排专人操作，严格控制进油速度。同样，结构应力与变形的控制与监测应安排专人跟踪测量并记录，保证张拉的质量控制。

7.8 安排专人及时做好相关技术资料的收集整理工作，确保内业资料的完整性、准确性。

7.9 套筒验收批不宜超过 500 套。

从每批中抽 10%的锚具且不少于 10 套，检查其外观质量和外形尺寸。其表面应无污物、锈蚀、机械损伤和裂纹。如果有一套表面有裂纹则本批应逐套检查。

7.10 静载锚固性能试验

在通过外观检查和硬度检验的锚具中抽取 3 套样品，与符合试验要求的预应力钢杆组装成 3 个组装件，由国家或省级质量技术监督部门授权的专业质量检测机构进行静载锚固性能试验。试验结果应单独评定，每个组装件试件都必须符合要求。如有一个试件不符合要求，则应取双倍数量的锚具重做试验；如仍有一个试件不符合要求，则该批锚具为不合格品。

在试验过程中，试验数据证明锚具的负载能力大于或等于 F_{pm}，而组装件仍未拉断，此时可以终止试验，并判定试验结果合格。

8. 安 全 措 施

8.1 钢拉杆施工前应组织全体施工人员进行详细的安全技术交底，确保严格按交底要求进行施工。

8.2 所有登高操作人员应戴好安全帽、系上安全带。登高作业人员其体质应符合规定要求，高空作业中应佩带工具袋，所有手动工具（如手锤、扳手、链条管钳等）应放在工具袋或作业层上内，不得放在钢梁、脚手板等易失落的地方。操作中扳手等工用具应系上绳子扣在身上或安全带上，防止坠落伤人。

8.3 起重工、架子工等特殊工种作业人员应持证上岗作业，严格按规程操作，保证作业安全，严禁无证不懂电气、机械的人员擅自上岗操作。

8.4 张拉作业脚手架的搭设应严格按方案有关参数及规范要求进行，同时两端应与相应框架柱连接并抱紧固定，确保脚手架搭设的承载力、刚度与稳定性。操作层脚手架应满铺脚手板，外侧应加设安全栏杆并满张密目网保证施工安全。

8.5 张拉作业脚手架搭设完毕应组织相关人员进行验收，确认合格后方可交付使用，同时应注意使用中荷载的控制和维护，不得任意拆除一切防护设施和受力杆件以确保安全。

8.6 钢拉杆吊装前应对作业环境及所使用的吊装索具、卸扣、葫芦等工用具器具设施设备的完好性进行全面检查，并做好书面检查记录，发现问题和隐患立即整改，保证吊装的顺利进行及安全。

8.7 钢拉杆张拉过程中，作业区外周 15m 范围应设警戒线，非作业人员严禁进入，特别是张拉作业平台下严禁站人。

8.8 必须严格执行防火、防爆制度，使用明火必须按规定办理动火审批手续，设专人监护。

8.9 严格遵守安全用电的各项规章制度，由于钢构件及脚手架具有良好的导电性，故施工现场供用电系统必须有良好的接地、接零或漏电保护。施工现场的临时供电采用"三相五线制"，"一机一闸一漏一箱一锁进行保护"，施工电线均采用胶皮电缆线，各电器设备在使用前必须进行全面检查，合格后方可使用。

9. 环 保 措 施

9.1 在项目经理部建立环境保护体系，明确体系中各岗位的职责和权限，建立并保持一套工作程序，对所有参与体系工作的人员进行相应的培训。

9.2 对施工机械进行全面的检查和维修保养，保证设备始终处于良好状态，避免噪声、泄漏和废油、废弃物造成的污染，杜绝重大安全隐患的存在。

9.3 生活垃圾与施工垃圾分开，并及时组织清运。

9.4 施工作业人员不得在施工现场围墙以外逗留、休息，人员用餐必须在施工现场围墙以内。

9.5 钢拉杆成品运至施工现场时，为保证出厂表面处理不受运输过程的损伤，一般外表面缠绕塑料编织带。在钢拉杆安装过程中应尽可能保持缠绕编织带的完好，以免污染钢拉杆表面处理层。在张拉完成后，跟随钢结构工程的最后清理作业，在剥去缠绕编织带时，应注意随时收集编织带，统一堆放至建筑垃圾放置点，以免污染建筑工地环境。

10. 效 益 分 析

10.1 经济效益

南通四建承建的东北遇电网电力调度交易中心大楼采用预应力钢结构的中厅跨度达 27m，$D90mm$ 的钢拉杆施工采用"钢结构预应力钢拉杆施工工法"施工，相比其他方式可节约人工 30%。由于采用高强材料，钢材用量节约 35%。直接经济效益为：节约成本 365600 元，其中节约人工费 22340 元、材料费 125680 元、机械费 64680 元，技术措施费 43900 元，工期费用 85000 元，其他 24000 元，总成本降低率约 1.26%。

10.2 社会效益

通过该技术在东北电网电力调度交易中心工程中的应用，在该地区建立了良好的企业信誉，为总体项目的早日投入使用、加快当地基础电力设施建设作出了贡献，受到了当地政府和建设单位的高度赞扬，赢得了较大的社会信誉，社会效益显著。

东北电网电力调度交易中心的优质高效建设，使公司在当年顺利承接了长春科文中心综合馆工程。

10.3 节能与环保

由于本工法采用专用工具、合理的工艺流程施工，效率高，缩短了工期，相对其他施工方案减少机械投入总功率约 35%，节能环保效果明显。

10.4 本工法符合国家关于节能工程的有关要求，钢材作为可回收的再生材料，有利于推进可再生资源与建筑结合配套技术研发、集成和规模化应用。

11. 应 用 实 例

11.1 实例一：东北电网电力调度交易中心大楼工程

该工程为全现浇劲钢混凝土框架剪力墙结构，地下 1 层、地上主楼 19 层、辅楼 4 层，总建筑面积 85718.29m²。主、辅楼间设阳光大厅相连，阳光大厅一层，层高 22.50m、宽 27.00m、进深 72.00m，阳光大厅室内于主、辅楼四层楼面标高处设连接天桥一座。该天桥宽 3.20m，跨度 27m，为下拉弦杆式型钢张弦梁组合楼承板结构（图 11.1），斜拉杆为 $\phi60mm$ 的 UU 形不锈钢钢拉杆，屈服强度 R_{eH} 为 1080MPa，该张弦梁连接天桥共设四根斜拉杆，张弦梁最大矢高 1.2m。

南通四建施工的东北电网电力调度交易中心大楼主、辅楼间阳光大厅，根据图纸设计采用了钢拉杆型钢张弦梁结构，该张弦梁结构跨度 27.0m，下弦采用四根直径 60mm 钢拉杆，张弦梁结构（距地面的）安装高度为 16.62m。

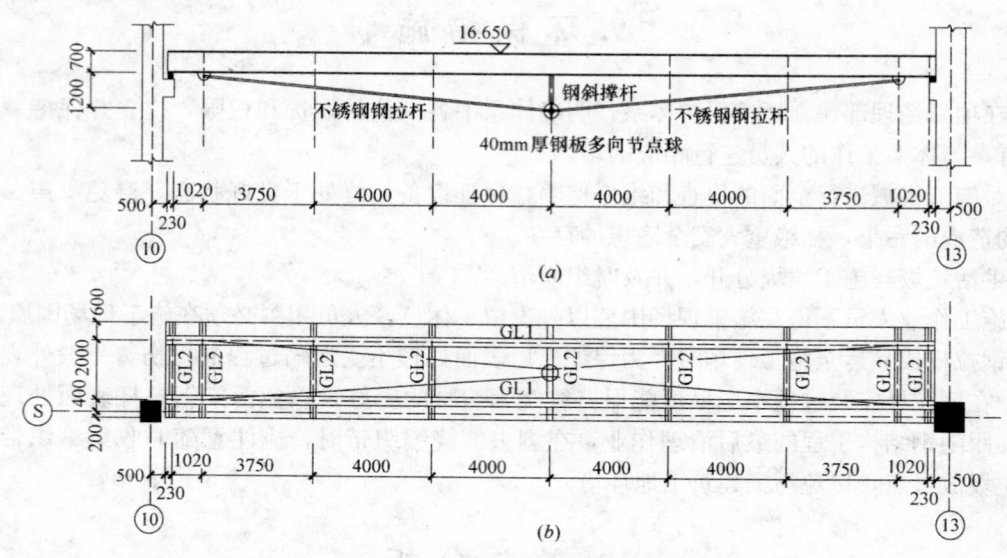

图 11.1 钢拉杆张弦梁

（a）张弦梁立面示意图；（b）张弦梁平面布置示意图

11.2 应用实例二：吉林省长春科技文化中心综合馆

吉林省长春科技文化中心综合馆位于长春净月经济开发区梧桐街与丁二十二路交叉口之东南，该工程科技馆、博物馆、美术馆与中央大厅的连接均采用大跨度预应力钢结构，拉杆材料为热处理钢材，标准抗拉强度 $f_{ptk}=610$MPa。水平拉杆与垂直拉杆每组为三个区格，水平拉杆为 M42，每区格两根，各需建立 267kN 的预应力。垂直拉杆每区格为三根，一根 M76 拉杆需建立 900kN 的预应力，两根 M56 拉杆各需建立 450kN 的预应力。

该工程结构较柔，对安装过程中的结构变形及稳定性控制要求很高，张拉阶段过大的变形可能引起结构垮塌。另外幕墙安装对柱变形要求高于钢结构的安装精度，因此预应力拉杆的张拉施工难度很大，由于国内尚无该种拉杆的张拉设备，故需研制。水平拉杆较短，两端销头内分别有正反螺牙。千斤顶首先通过耳板作用在结构上，结构变形后旋转中间拉杆体收紧销头，放松千斤顶，结构回弹在杆件中建立预应力。

经充分研究，采取分批张拉的方法：第一次将所有的杆件拉到 $\sigma_{con}/3$，保证结构基本稳定；第二次将所有的杆件拉到 $2\sigma_{con}/3$，降下拼装胎架；最后将所有的杆件拉到设计要求的 σ_{con}。每组杆件张拉时先张拉水平杆，后张拉垂直杆。

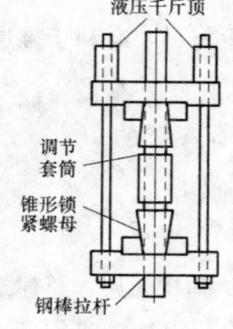

图 11.2 垂直拉杆张拉装置

垂直拉杆采用研制的四缸千斤顶进行张拉（图 11.2），其关键的技术参数为额定张拉力 1130kN，额定油压 60MPa，最大行程 50mm。

11.3 应用实例三：南京国际博览中心 A、B 展馆工程

南京国际博览中心 A、B 展馆工程位于南京河西地区。

南京东大现代预应力工程有限责任公司承担了有关预应力施工阶段的分析、测试及张拉工作。预应力钢棒的张拉是整个屋盖钢结构工程施工中的重要内容，技术要求高、难度大，安装与张拉质量对整个工程的安全至关重要。

张拉中采用了电测和机械测量相结合的方法对每根拉杆有效预应力的建立进行监测，包括杆件自身张拉的应力变化及对相邻杆件的影响。张拉时，变形观测采用全站仪，与整个结构的变形观测相结合。控制各次桁架跨中位移在张拉完成后满足设计要求。

异形多面体组合钢屋盖结构施工工法

GJEJGF078—2008

浙江展诚建设集团股份有限公司　中天建设集团有限公司

楼道安　卓新　蒋金生　周观根

1. 前　言

随着我国国民经济和文化建设的快速发展，展览馆、博物馆等大型公共建筑不仅使用功能越来越全面，而且建筑造型更加强调与环境和地域文化的融合，并使建筑物形体越来越美观与个性化。异形多面体组合钢屋盖结构是一种独特的建筑形式，由多个架空或悬挑的多棱边多面体组合而成，形成山峦叠嶂的感觉，给建筑赋予了立体美感，如图1所示。其独特的建筑造型给施工带来很大难度，突出表现为以下几个方面。

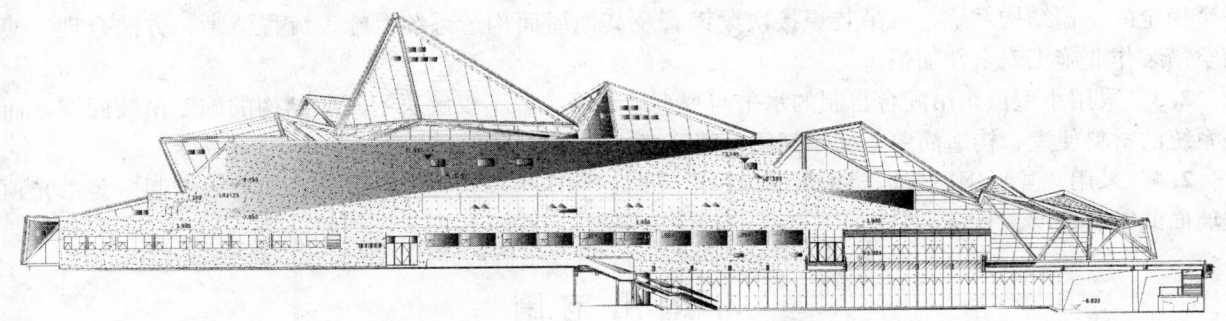

图1　异形多面体组合钢屋盖结构建筑立面图

1.1　建筑物整个钢屋盖结构由数个异形的多面体组合而成，每个异形多面体各棱边长度、与地面垂直夹角不相同，各棱边之间的平面夹角也相不同。多面体棱边作为结构的梁采用了方形、矩形、不对称梯形等截面钢管，每个节点汇聚连接了3~8根钢管，多根不同截面类型钢管且轴线不完全汇交于一点的特性造成节点异形，如图1.1所示，给构件加工、测量定位与施工安装带来很大困难。

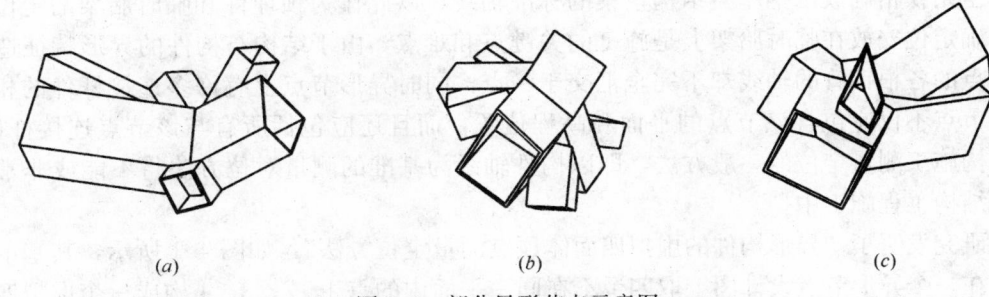

(a)　　　　　　　　　　(b)　　　　　　　　　　(c)

图1.1　部分异形节点示意图

1.2　施工现场的钢结构构件安装全部采用现场人工焊接，结构与构件的异形特性造成钢屋盖整体结构的焊接应力和焊接变形协调控制难。复杂的结构形体造成杆件与节点各不相同，加大了现场的构件堆场管理和施工精度控制难度。

1.3　钢屋盖结构施工前，下部混凝土框架结构已施工完成，由于展览馆为多层结构，混凝土梁板的设计承载力不足以承受自行式起重机的重量，而塔吊、汽车吊等一般起重机的吊装能力又不足以把钢结构构件吊装定位。

针对新型异形体结构带来的对施工技术的挑战，公司与浙江大学联合成立了课题组，主持承担了浙江省建设厅科研项目"大跨度复杂形体空间结构的力学特性与施工方法研究"。通过研究开发了"异形构件的虚拟四面体顶点测量定位方法"等一系列科研成果，其中"异形构件的虚拟四面体顶点测量定位方法"获得了国家发明专利（专利号：200810060894.8）。把这些科研成果成功应用于多项工程的施工建设，取得了明显的社会效益与经济效益。其中"浙江美术馆"工程项目2008年获得了"第五批全国建筑业新技术应用示范工程"和"鲁班奖"。

2. 工 法 特 点

2.1 "异形构件的虚拟四面体顶点测量定位法"解决了异形多面体组合结构工程施工安装的测量定位难题。主梁采用以节点为中心、节点与各杆件同时焊接的方法，可以有效抵消焊接应力与焊接变形，保证施工安装的精度。

2.2 采用格构式临时胎架，先固定异形节点，以节点为中心对称吊装焊接至少3根主梁，以形成一个稳定的屋盖结构系统，再吊装焊接次梁钢管及其他屋面构造系统。施工流程清晰、方法合理，使高空吊装作业施工安全性加强。

2.3 采用小型汽车吊配合自制的水平与垂直运输系统，不仅解决了复杂结构的施工吊装问题，而且系统的材料便宜、构造简单、操作简便，使施工成本大大降低。

2.4 采用"异形钢屋盖玻璃折板面为基准反向控制定位檩条位置"方法，能有效控制屋盖采光顶玻璃面的安装精度。

3. 适 用 范 围

本工法适用于异形多面体组合钢屋盖结构安装施工。

4. 工 艺 原 理

4.1 控制测量定位精度

准确的测量定位是决定异形多面体组合钢屋盖结构高精度施工安装的关键。根据土建移交的测量基准点，用全站仪精确放出钢屋盖结构主梁的标准轴线，以此作为预埋件和临时胎架的定位依据。把异形节点精确定位安放在临时胎架上是施工的关键点和难点，由于结构与构件的异形特征造成多根相交于同一节点的各根钢管的轴线却不完全汇交于一点，同时异形节点上有许多连接杆件的相贯口，测量定位一个节点不仅应包含该节点的平面和高程位置，而且还应包括所有与该节点连接杆件的朝向。因此，钢结构施工测量定位的一般方法，即以构件轴线为基准的测量对位方法将不能或非常不方便应用于异形体结构工程施工中。

经自主研究发明了"异形构件的虚拟四面体顶点测量定位方法"，如图4.1所示，其基本原理和应用方法为：在一个异形节点设计图上取四个不在同一平面内的点1、2、3、4构成一个虚拟四面体，依据设计图纸计算出这四个点的三维坐标，然后在异形节点实物上作出这四个点的相应标记。除了考虑测量读数方便外，在选择虚拟四面体时应使六条边的长度尽可能相近且长度尽可能长。一般可把一个异形节点的最上部顶点作为该上部节点的主控制点，或把一个异形节点的最下部顶点作为该下部节点的主控制点；把与该节点相贯口附近的三个点作为辅控制点。把异形节点吊起就位时，首先测量人员在0点位置用全站仪监测主控制点1的三维坐标，施工人员位于该节点的胎架上，借助手拉葫芦、千斤顶等辅助设备进行调整，以精确控制主控制点1的平面位置与标高。然后，施工人员在胎架上借助辅助设备，把该节点以主控制点1为中心进行平面的和立面的三维旋转调整，直至2、3、4三个辅控制点的坐标监测读数与计算值精确拟合。根据几何学原理可知，四个不在同一平面内的点可确定一个四面体，当其四个点的坐标惟一时，该四面体的位置与方向是唯一的。因为由点1、2、3、4构成的虚拟四面体来源于一个特定的异形节点，虚拟四面体与该异形节点的相对位置是恒定的，所以用本方法所测量定位的该异形节点的位置与方向也是惟一的。只要保证了虚拟四面体测量定位的精确，就能保证该所在节点测量定位的精确。因此，用"异形构件的虚拟四面体顶点测量定位方法"精确测量定位一个异形节点的位置与方向在理论上成立，同时工程应用实践证明该方法可行且实用方便。

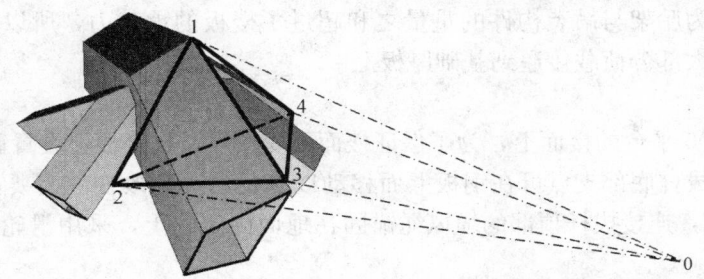

图 4.1　异形构件的虚拟四面体顶点测量定位方法原理图

4.2　控制焊接质量

由于大部分异形多面体是非轴对称结构，为了防止节点与杆件焊接残余应力及其焊接变形对施工质量的不利影响，在节点测量定位后应及时把它临时点焊固定在胎架上。当与该节点相连接的至少三个方向的杆件吊装到位、临时固定好后，才允许进行节点与杆件的焊接。主梁焊接采用以节点为中心对称、节点与各杆件同时焊接的方法；次梁矩形钢管焊接采用两端异侧同时施焊的方法，以抵消焊接应力与焊接变形，保证了施工安装精度。

5. 施工工艺流程及操作要点

5.1　钢屋盖结构施工工艺流程（图5.1）

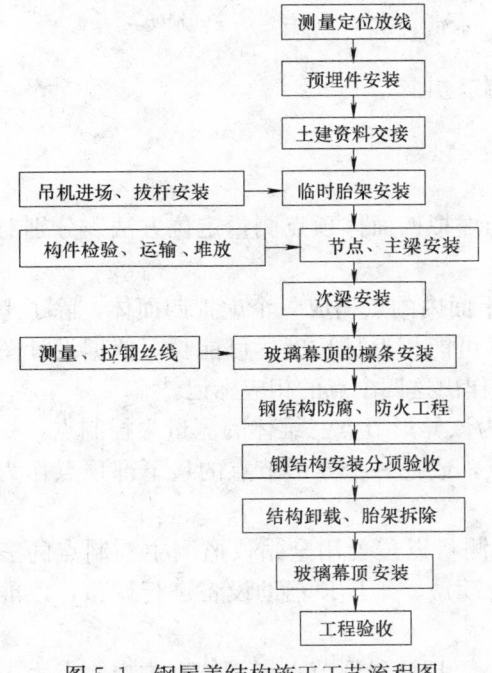

图 5.1　钢屋盖结构施工工艺流程图

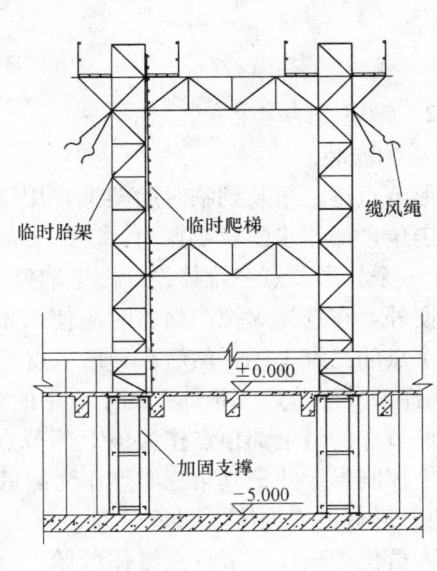

图 5.2.1-1　临时胎架示意图

5.2 钢屋盖结构施工

5.2.1 施工准备

1. 临时胎架搭设

根据土建移交的测量基准点，精确放出建筑物的标准轴线作为预埋件和临时胎架的定位依据，依此正确安装预埋件和临时胎架。临时胎架是用于放置结构各个节点和主梁的临时支撑体，如图 5.2.1-1 所示。胎架截面为 1000mm×1000mm，高度根据异形节点的尺寸与标高确定，主肢、腹杆、缀条具体型号根据胎架所承受的荷载由计算确定。为保证胎架的稳定性，从顶部拉缆风绳与地面固定物连接，同时，相邻胎架之间用桁架连接以加强其稳定性。胎架上设置临时爬梯以方便施工人员上下。胎架安装在混凝土楼板上，因为胎架与吊装构件的重量之和超过了楼板的承载力，所以在胎架安装点楼板下设置格构式柱，从而把大部分荷载传递到基础厚板上。

2. 吊装拔杆安装

拔杆底部设在±0.00 平台的楼面上，为了保证楼面不受损坏，在楼板上设置截面高度 600mm 的 Ⅱ 字形型钢并上铺钢板，拔杆底部支点可在钢板上面移动以满足吊装点改变的需要，如图 5.2.1-2 所示。拔杆与楼面的夹角≥60°，连接拔杆顶部的缆风绳锚固在地面固定物上，采用滑轮组和卷扬机组合进行吊装作业。

3. 构件进场与水平运输

构件堆放位置根据施工顺序和现场条件合理安排。构件进场用 25t 汽车吊，停机点以其距离安装点最近为宜。将构件吊装到楼板上后，再用楼板上安装的小车结合滚杠的临时水平运输系统把构件运送到吊装位置，如图 5.2.1-2 所示。

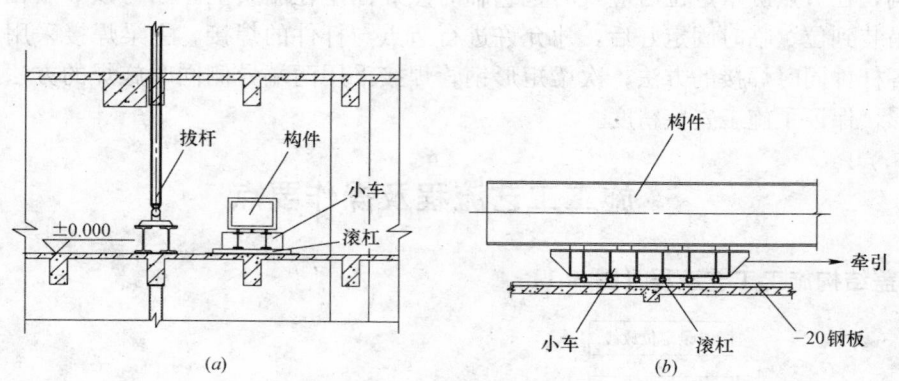

图 5.2.1-2　水平运输示意图

5.2.2 钢屋盖结构梁安装

1. 主结构安装

把异形节点逐一吊装到临时胎架上，用"异形构件的虚拟四面体顶点测量定位方法"分别对它们进行测量定位，操作步骤及要点为：

1）在一个异形节点三维体设计图上取四个不在同一平面内的点构成一个虚拟四面体，除了考虑测量读数方便外，在选择虚拟四面体时应使六条边的长度尽可能相近且长度尽可能长。依据设计图纸计算出这四个点的三维坐标，然后在异形节点三维体实物上作出这四个点的相应标记。

2）选择该异形节点三维体上四个点中的任意一点作为该异形节点三维体的测量主控制点，一般可把一个异形节点的最上部顶点作为该上部节点的主控制点，或把一个异形节点的最下部顶点作为该下部节点的主控制点，并把其余三个点作为测量辅控制点。

3）把异形节点三维体吊起就位时，首先测量人员在测量点位置用全站仪监测主控制点的三维坐标，施工人员位于该异形节点三维体的胎架上，借助手拉葫芦、千斤顶辅助设备进行调整，以准确控制主控制点的平面位置与标高。

4）施工人员在胎架上借助手拉葫芦、千斤顶辅助设备，把该异形节点三维体以主控制点为中心进行平面的和立面的三维旋转调整，直至其余三个辅控制点的坐标监测读数与计算值准确拟合，把该异形节点三维体测量安放准确后，及时把它点焊在胎架的定位装置上作临时固定，如图 5.2.2-1 中的节点 15。

考虑到实际工程中，构件制作、测量、安装存在着不可避免的误差，所以，应用"异形构件的虚拟四面体顶点测量定位方法"时可在节点上再多选择若干个点以便进行复核校正。把节点测量安放准确后，及时把它点焊在胎架的定位装置上作临时固定。节点吊装完成后开始吊装主梁杆件，以图 5.2.2-2 为例，当节点 17 和节点 33 吊装完成后吊装主梁 AL23 杆件，在 AL23 端部设置工装件以方便与节点对位和临时固定，把 AL23 吊装到位并与节点 17、节点 33 的轴线对中准确后，及时焊工装件以临时连接节点与杆件

图 5.2.2-1 节点临时固定及其节点与杆件连接工程示意图

（图 5.2.2-3）。当一个节点至少有三个方向的杆件与之相连、对位、临时固定好后，方可进行节点与杆件的正式焊接，如图 5.2.2-1 所示的节点 16。主梁焊接采用以节点为中心对称、节点与各杆件同时焊接的方法，次梁焊接采用两端异侧同时施焊的方法，以抵消焊接应力与焊接变形。正式焊接完成后，割除工装件。

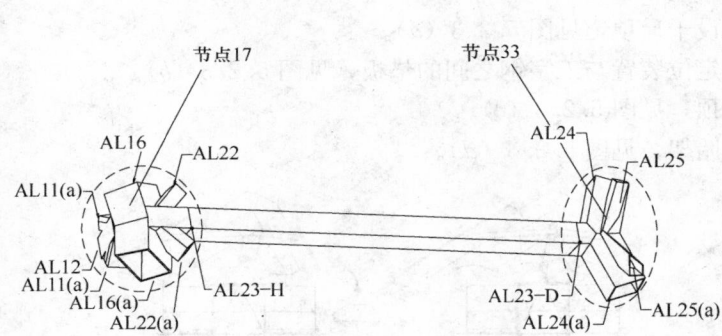

图 5.2.2-2 梁 AL23 与两节点的连接示意图

图 5.2.2-3 节点通过工装件临时连接杆件

施工现场严格执行《建筑钢结构焊接规程》JGJ 81—1991 对焊接的操作要求进行手工电弧焊，对于焊接环境温度低于－12℃；环境风速大于 9m/s；焊件表面暴露在潮湿、雨、雪、大风严寒等气候下；焊接操作人员处于恶劣条件下等情况，不得进行焊接。焊接设备与材料选择如表 5.2.2 所示。在焊缝焊后 24h 后进行焊缝超声波无损检查，发现缺陷及时矫正。

焊接设备与材料表　　　　　　　　　　　　　　　　　表 5.2.2

焊接方法	钢材材质	焊材牌号	焊接设备	电流和极性
手工电弧焊	Q235＋Q235	E4315、E4316	直流焊机	直流、反接

2. 檩条安装

主体钢结构完成后安装支撑玻璃幕顶的檩条，考虑到构件制作与安装中存在不可避免的误差，为了保证玻璃幕顶的施工精度，采用"异形钢屋盖玻璃折板面为基准反向控制定位檩条位置"的方法。主要步骤如下：

1）根据极坐标放样法由全站仪放样出多面体各个玻璃面相交的交点坐标，操作过程中采用正倒镜观测法以缩小测量误差。

2）在安装完成的钢主结构上焊接短钢筋并对各个交点位置作出标记，用钢丝线把所有交点拉接起来便构成了玻璃幕顶的各个面。

3）用钢尺量出每个面交线的实际长度，同时用全站仪测量出各交点标记的实际坐标，两方面数据相互校验统一后，将数据提交给设计方。工程师根据数据在 AutoCAD 中进行建模，确定玻璃幕顶檩条的分格尺寸及其构件加工图。

4）根据设计方提供的檩条分格尺寸在钢丝线上作出标记，按照标记进行檩条安装。

5.2.3 钢屋盖结构卸载

1. 卸载条件。在钢屋盖主结构安装完成后、玻璃幕顶安装前把主结构从临时胎架上进行卸载，使钢屋盖主结构脱离临时胎架，依靠结构自身支承重量。卸载条件具体包括：

1）钢屋盖主梁、次梁与所有节点焊接完成，与混凝土上的预埋件焊接完成。

2）所有檩条与主、次梁焊接安装完成。

3）构件安装精度和外观验收合格。

4）卸载用千斤顶在胎架上架设完毕。

5）操作人员按照卸载点配备，施工交底完毕。

2. 卸载方法与流程。玻璃幕顶安装前节点的最大挠度计算值为 16mm，最小几乎为 0。结构卸载按照挠度递减的顺序进行，采用架设千斤顶卸载。千斤顶大小与顶升量程的选取应考虑卸载过程结构的内力重分布影响，通过施工仿真分析计算确定了选用 32t 和 50t 螺旋千斤顶。对于挠度≤10mm 的节点，一次卸载到位；对于挠度＞10mm 的节点，分两级卸载到位。卸载步骤如图 5.2.3 所示。

1）钢屋盖主结构安装完毕，在胎架上架设千斤顶，见图 5.2.3 (a)。

2）千斤顶顶升节点定位装置，抽出节点定位装置与工字钢之间的垫板，见图 5.2.3 (b)。

3）拆除工字钢，千斤顶回落，撤出千斤顶，见图 5.2.3 (c)。

4）拆除节点定位装置，拆除临时实施及胎架，见图 5.2.3 (d)。

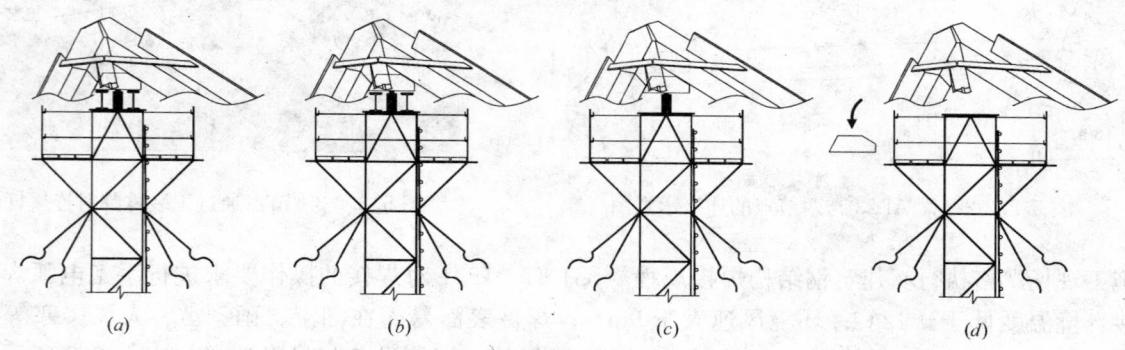

(a)　　　　　　　(b)　　　　　　　(c)　　　　　　　(d)

图 5.2.3　结构卸载流程示意图

5.2.4 玻璃幕顶安装

按照《玻璃幕墙工程技术规范》JGJ 102—2003 与《玻璃幕墙工程质量检验标准》JGJ/T 139—2001 进行钢屋盖结构玻璃幕顶的施工与检验。

5.3 劳动力组织（表 5.3）

劳动力组织情况表　　　　　　表 5.3

序号	钢结构施工安装	所需人员	备注	序号	钢结构施工安装	所需人员	备注
1	管理人员	2		5	电焊工	12	
2	技术人员	3		6	电工	2	
3	起重工	6		7	普工	10	
4	安装工	20			合计	55	

6. 材料与设备

本工法采用的主要机具设备见表6。

主要机具设备表　　　　　　　　　　　　　　表6

序号	名　称	型　号	数量	用　途	备　注
1	25t汽车吊	QY25型	2台	构件吊装	
2	独立拔杆	φ426×16	3台	构件吊装	2用1备
3	独立拔杆	φ273×12	3台	构件吊装	2用1备
4	独立拔杆	φ219×10	5台	构件吊装	3用2备
5	铁滑车	H10×3D三轮吊环型	4套	构件水平运输	2用2备
6	铁滑车	H5×3D三轮吊环型	4套	构件水平运输	2用2备
7	铁滑车	H2×2D双轮吊环型	5套	构件水平运输	3用2备
8	慢速卷扬机	3t	3台	构件垂直运输	2用1备
9	慢速卷扬机	2t	3台	构件垂直运输	2用1备
10	慢速卷扬机	1t	10台	构件垂直运输	8用2备
11	32t千斤顶	LQ32型螺旋	4台	节点校正,结构卸载	
12	50t千斤顶	LQ50型螺旋	4台	节点校正,结构卸载	
13	逆变焊机	ZX7-400S	10台	现场焊接	
14	弧焊整流器	ZXG-800	6台	现场焊接	
15	直流焊机	26kW	2台	现场焊接	
16	焊条烘箱	7.5kW	1台	现场焊接	
17	全站仪	WILD-TC702	1台	现场测量定位	
18	经纬仪	TDJ2	2台	现场测量定位	
19	水准仪	AL-M4	3台	现场测量定位	
20	标准格构柱	1000×1000		临时胎架	

7. 质量控制

7.1 工程质量控制标准

《钢结构工程施工质量验收规范》GB 50205—2001;

《建筑钢结构焊接规程》JGJ 81—91;

《钢结构制作工艺规程》DBJ 08—216—95;

《冷弯薄壁型钢结构技术规范》GBJ 18—87;

《建筑设计防火规范》GBJ 16—87;

《玻璃幕墙工程技术规范》JGJ 102—96;

《玻璃幕墙工程质量检验标准》JGJ/T 139—2001。

7.2 钢结构安装质量指标

7.2.1 测量放线(表7.2.1)

7.2.2 预埋件、锚固件安装(表7.2.2)

测量放线允许偏差　　表7.2.1

序号	测量项目	允许偏差(mm)
1	标高	±3
2	定位轴线	2

预埋件、锚固件安装允许偏差　　表7.2.2

项　目		允许偏差(mm)
支承面	标高	±3.0
	水平度	L/1000
	位移	5

7.2.3 构件安装

构件安装允许偏差 表 7.2.3

序号	工程项目	测量项目	允许偏差（mm）	序号	工程项目	测量项目	允许偏差（mm）
1	临时胎架	标高	±3	5	主梁	位移	±5
2		位移	10	6		挠度	L/1000，且小于 20
3	节点定位	标高	±5	7	檩条	位移	±5
4		位移	3	8		挠度	L/750，且小于 10

8. 安全措施

8.1 配合土建进行预埋件的埋设和检查，对钢结构施工需要的锚固点或缆风绳拉接点予以重点检查。

8.2 对拔杆、临时胎架下部的混凝土楼面按照方案进行支撑加固。拔杆在使用前对卷扬机、滑车、钢丝绳、缆风绳等进行仔细检查，试吊正常后正式吊装。临时胎架搭设位置准确，缆风绳拉接牢固。临时胎架上设临时上下爬梯和操作平台以方便施工和保障安全。

8.3 严格按照施工方案的顺序进行施工，保证安装构件的空间稳定性。

8.4 在吊装的钢梁上设置安全栏杆、临时爬梯和吊篮等简易临时设施，为施工人员提供操作平台，方便施工、确保安全。

8.5 吊装钢丝绳与构件之间放置橡胶皮或焊接吊装耳板，吊装时构件拉设溜绳，吊装由专人指挥，专人监护，不可超负荷作业。

8.6 现场配置相应的消防器材，及时清理易燃物。

8.7 施工区域拉设警戒绳，并专人看护。施工人员正确佩戴安全防护用品，不违章作业。配备专职安全员和电工，做好施工用电安全。

8.8 钢结构防腐、防火涂装和玻璃幕顶安装时，用钢板和木板在钢结构或檩条上铺设施工通道、张挂安全网、悬挂安全绳，以构建安全实用的工作面。

9. 环保措施

9.1 粉尘控制

9.1.1 总平面范围及工地周边场地派专人每天进行 2～3 次洒水与清扫，并对场区内绿化地段的花草定期洒水，保持洁净。

9.1.2 钢材堆放处砌筑围墙，搭设雨棚，防止钢材锈蚀。

9.1.3 现场设置高压洗车泵，派专人清扫泥浆及车辆沾带的泥土，保证环境洁净。

9.1.4 高出地面的土方用安全网覆盖。

9.2 噪声控制

9.2.1 场内采用低噪声机械，一般情况晚上 10 点以后及午休时不施工。

9.2.2 材料装卸采用人工传递，严禁抛掷或汽车一次性翻斗下料，严禁汽车高音鸣笛。

9.3 污水控制

9.3.1 施工废水经沉淀处理有组织排放。

9.3.2 生活废水经化粪池处理排放到业主污水处理站。

9.3.3 大力宣传教育节约用水，减少污染，不乱倒、乱排。

10. 效益分析

10.1 社会效益

本工法涉及复杂形体结构的施工安装，创新了异形体结构的测量定位方法、节点临时固定方法、单节点与多杆件焊接方法、玻璃面控制定位檩条方法、结构卸载方法等一系列施工成套技术，为今后复杂结构的施工安装提供了很好的方法和成功经验，为我国建筑业的行业发展，为新结构、新技术的推广作出了贡献。

10.2 经济效益

本工法吊装采用的主要施工机械包括：20t 小型汽车吊；水平运输系统—自制的小车；自制的垂直运输系统—拔杆。由于 20t 小型汽车吊使用费便宜，而这些自制的水平与垂直运输系统材料便宜、构造简单、操作方便，这种简单的有机组合却解决了原本只有 200t 以上履带式起重机才能完成的吊装工作，同时，运输与吊装设备的轻型化节省了地基与基础的加固费用，使施工成本大大降低。

11. 应 用 实 例

11.1 浙江美术馆，位于杭州市南山路与万松岭隧道交叉口，地下 1 层、地上 3 层，总建筑面积约 31550m² （其中地下 15338m²）。采光顶分为 A、B、C、D 四个区，总面积约 4600m²，结构体系为异形多面体钢结构体系，钢材为 Q235B 剖面焊接，采用二级焊缝全熔透焊。2005 年 5 月开工，2006 年 11 月主体结顶。钢结构屋盖采取工厂生产制作、现场安装，按照本工法制定详细的施工组织计划，确保了工程优质、安全、按期完成。如图 11.1 所示。

11.2 中国电影博物馆，占地 52 亩、建筑面积近 38000m²。中国电影博物馆是目前世界上最大的国家级电影专业博物馆，展开面积约 9300m²、展线长度 2970m，是纪念中国电影诞生 100 周年的标志性建筑。于 2002 年 11 月奠基开工，2004 年 12 月主体结构封顶。异形多面体钢结构采取工厂生产制作、现场安装，按照本工法制定详细的施工组织计划，确保了工程优质、安全、按期完成。如图 11.2 所示。

11.3 杭州西城广场地下出口大厅，位于杭州城西的西城广场，地下出口大厅有四个高约 8.8m、长和宽约 20m 的折板型异形钢结构，于 2008 年 9 月开工，2008 年 12 月竣工。按照本工法的施工成套技术，确保了工程优质、安全、按期完成。如图 11.3 所示。

图 11.1　浙江美术馆

图 11.2　中国电影博物馆

图 11.3　杭州西城广场

筒仓上部钢结构滑模托带施工工法

GJEJGF079—2008

河南省第二建筑工程有限责任公司　河南六建建筑集团有限公司

黄道元　王庆伟　付金强　张永举　徐应国

1. 前　　言

随着大型环保型电厂、水泥厂等建设项目的增加，大容量的筒仓工程越来越多，筒仓顶部大量采用钢结构设计。2004 年，河南省鹤壁同力水泥有限公司 2500t/d 水泥熟料生产线水泥熟料储存库工程开工建设，该工程为圆形筒壁结构，中心直径 26.0m，总高 53.45m。筒仓顶部钢结构位于库壁 36.65m 标高处，骨架总重约 66t。

为了解决筒仓顶部钢结构安装的技术难题，河南省第二建筑工程有限责任公司组织进行工艺研究，形成了本工法。2007 年 11 月，工法关键技术经河南省科学技术信息研究院科技查新，国内未发现相同文献报道。2008 年 5 月河南省建设厅鉴定工法关键技术到达国内领先水平，目前工法关键技术已获专利授权。

本工法于 2003～2006 年期间在三个工程中成功应用。

2. 工 法 特 点

本工法通过筒仓滑模施工技术与集群液压千斤顶整体提升技术的集成，实现了筒仓上部钢结构整体提升，并与筒壁滑模施工同步完成。本工法改变了传统的高空散件吊装安装工艺：无需先行施工筒壁，缩短了工期；钢结构提升可动态控制，有效保证安装精度，低处拼装，施工安全；无需大吨位吊装设备和高大临时支承结构，施工成本明显降低。

3. 适 用 范 围

本工法适用于上部为钢结构的筒仓工程施工，也可推广应用到其他以钢筋混凝土墙、柱为支承结构的高空钢结构（网架）安装。

4. 工 艺 原 理

本工法原理是在低处将筒仓上部钢结构安装于滑模装置上，按照专项设计的节点与滑模装置连接，以集群液压千斤顶为动力，实现钢结构随滑模机具同步提升；通过滑模托带施工过程精度控制，将钢结构准确就位（图4）。

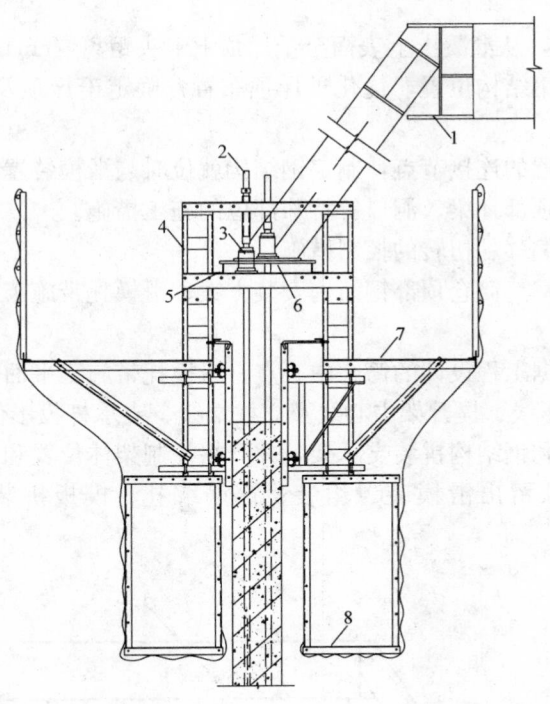

图 4　工法原理示意图

1—筒仓上部钢结构；2—支承杆；3—千斤顶；4—提升架；
5—支承钢环梁；6—钢结构支座；7—操作平台；8—吊架

5. 施工工艺流程及操作要点

5.1　施工工艺流程

方案设计→搭设支承架→组装滑模装置、拼装钢结构→整体滑模托带施工（漏斗环梁施工）→钢结构就位→筒仓顶部环梁施工。

5.2　操作要点

5.2.1　方案设计

1. 熟悉施工图：了解筒壁的结构、配筋，筒仓顶部钢结构重量、形体、与筒壁的连接节点。

2. 以托带施工的钢结构能够自身形成稳定的结构体系为原则，同时应考虑对滑模施工的影响，确定滑模托带施工的钢结构的组成部分，并对其应力和变形进行验算。

3. 设计滑模托带提升系统：拟定千斤顶、油路及液压控制台的规格、数量，根据设计荷载（包括滑模机具自重、模板摩阻力、施工活荷载以及滑模托带施工的钢结构自重），按照公式 5.2.1-1 计算千斤顶数量。

$$n = N/P_0 \tag{5.2.1-1}$$

式中　N——垂直荷载设计值（kN）；

P——单个千斤顶或支承杆的允许承载能力（kN），其中千斤顶的承载能力为额定提升能力的 0.5 倍，支承杆选用 $\Phi 4.8 \times 3.5$ 钢管，其允许承载能力按公式（5.2.1-2）确定，两者中取较小者。

$$P_0 = (\alpha/K) \times (99.6 - 0.22L) \tag{5.2.1-2}$$

式中　α——平台工作系数，整体式刚性平台取 0.7，整体式柔性平台取 0.8；

　　　K——用于滑模施工的千斤顶的安全系数取值不小于 2.0，用于钢结构提升的千斤顶的安全系数取值不小于 2.5；

L——支承杆脱空长度，从混凝土上表面至千斤顶下卡头距离（cm）。

4. 根据筒仓结构形式及钢结构位置，优化千斤顶布置，确定千斤顶及液压控制台型号、数量，绘制滑模托带施工平面布置图。

5. 设计钢结构与滑模装置的连接节点，制定钢结构就位时与滑模装置的分离措施。

6. 制定漏斗环梁、筒仓顶部环梁、洞口等特殊部位的施工措施。

7. 制定滑模托带装置的偏移、扭转的控制措施。

8. 制定滑模机具安装方案、筒仓顶部钢结构安装方案、滑模托带施工专项方案。

5.2.2　搭设支承架

1. 搭设支承架前，先根据工程设计的筒仓中心点、滑模托带施工平面布置图，确定筒壁结构边线、筒仓顶部钢结构骨架轴线投影线、提升架中心线及立柱端线、支承杆投影位置，并弹出墨线。

2. 搭设滑模装置支承架和钢结构拼装支承架，并严格控制架体位置和标高。

3. 支承架搭设时，应预留出滑模装置组装、钢筋绑扎、模板拼装和钢结构拼装的位置（图 5.2.2）。

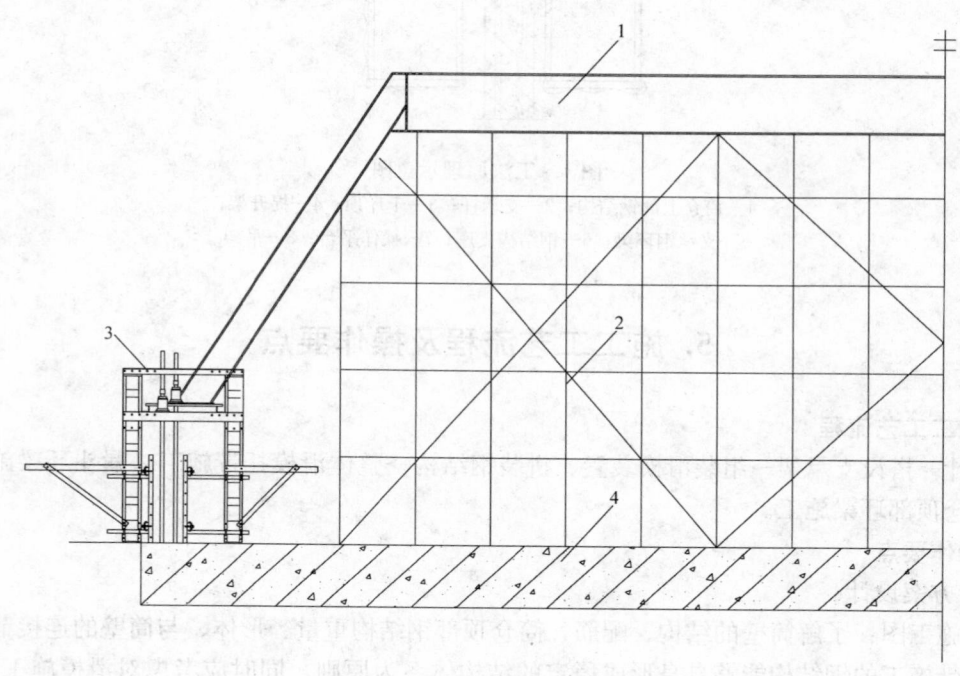

图 5.2.2　滑模装置与钢结构拼装立面图

1—筒仓上部钢结构；2—钢结构拼装支承架；3—滑模提升架；4—筒仓底板

5.2.3　组装滑模装置、低处拼装筒仓顶部钢结构

1. 组装滑模装置

滑模装置组装工艺流程为：

安装提升架→模板→围圈→操作平台→柔性平台拉杆及中心板→安装平台护栏和安全网→安装千斤顶、液压控制台和油路系统→水、电、信号系统→千斤顶及油路试压→插入支承杆→施工精度控制系统→安装内外吊栏及安全网。

安装技术要点：

1) 应按弹出的墨线位置在支承架上组装提升架。

2) 安装围圈及模板安装时，单面倾斜坡度控制在 0.1%～0.3%。

3) 操作平台三脚架安装完毕，要及时安装平台连杆和提升架之间的剪刀状拉杆，使提升架的相对位置固定。

4) 平台柔性拉杆的张紧时，对花篮螺栓施加扭矩偏差控制在2‰以内；拉杆中心钢板的挠度不得大于1/500。

5) 对千斤顶逐个编号进行检验：空载压力不得高于0.3MPa；额定油压1.5倍时，持压5min，密封处无渗油；同一组千斤顶行程差不大于1mm。

6) 液压系统组装完毕后，应对千斤顶逐一彻底排气，并在额定油压1.5倍下持压5min，检查密封处无渗油，然后空载、持压往复数次，检查有无故障。

7) 液压系统试验合格后，插入支承杆。支承杆轴线与千斤顶轴线应一致，允许倾斜度为2‰。

第一批插入的支承杆长度不少于4种，相邻接头位置高差不小于1.0m。

8) 滑模装置组装完毕，对千斤顶的位置、标高、提升架的水平度、垂直度、模板的位置、几何尺寸等全面检查验收。

2. 拼装钢结构

1) 将轴线位置投测在支承架体上，然后按照方案确定的顺序拼装钢结构。

2) 钢结构拼装完毕，将轴线引测到钢构件上，作为扭转控制的原始参照。

3) 按照设计的节点，将钢结构与滑模装置连接。

3. 空滑调试

滑模装置组装、筒仓顶部钢结构拼装完成后，应进行空滑调试：

1) 逐个检查钢结构支座部位的千斤顶标高偏差，并编号记录，作为同步提升控制的原始数据。

2) 对千斤顶垂直度、结构与滑模装置的连接部位、油路、控制柜等全面检查验收。

3) 进行1~2个千斤顶行程的同步提升，以检验提升系统的承载能力和设备安装质量，并对所有提升架的标高、水平度、钢结构与滑模装置的连接节点、钢结构的自身稳定情况进行检查，矫正支承杆垂直度。

空滑调试完毕，拆除支承架。

5.2.4 整体滑模托带施工

1. 首次浇筑混凝土达到初滑条件，进行1~2个千斤顶行程的提升，检查混凝土凝结状态，并再次对滑模模板体系、提升架、支承杆检查、矫正和加固。进入正常滑模托带施工。

2. 在正常施工过程中，每次提升前检查滑模托带体系并清除提升障碍。两次提升的时间间隔不应超过0.5h。

3. 施工中要经常观察支承杆的受力情况，发生弯曲要及时加固。

4. 筒仓滑模与钢结构提升同步控制：滑模托带施工前，采用激光扫平仪将标高引测到支承杆上，沿支承杆高度每200mm将高程均匀标示。将限位卡固定于高程划分线位置，正常滑模托带施工过程中，对滑模托带系统强制调平。

5. 钢结构运行过程的定位：每次提升完毕，根据模板竖向拼缝痕迹用线锤检查轴线扭转。每提升2.0m，用激光铅直仪检查钢结构中心位移，用经纬仪在检查钢结构的轴线扭转。

钢结构中心位移和轴线扭转，可采用倾斜法、提升架互拉法、垫楔片法等方法进行校正。

在筒仓壁内侧每3.0m高沿环向等距埋设3个铁件，用于大风天气钢结构的稳固和纠偏。

6. 漏斗环梁施工

筒壁混凝土浇筑至漏斗环梁底标高，开始空滑，并按方案设计制定的技术措施对支承杆进行加固。钢结构底座超出环梁顶标高时，停止空滑。

绑扎漏斗环梁钢筋，支设模板，浇筑混凝土后，继续滑模托带施工。

5.2.5 钢结构就位

1. 当滑模托带施工至距钢结构设计标高3.0m左右时，对其中心偏移和轴线扭转进一步精确校正。

2. 混凝土浇筑至钢结构锚固螺栓底标高时，及时安装锚固螺栓。

3. 钢结构提升至设计标高后，拆除钢结构支承环梁，将其与滑模装置分离，关闭钢结构支座处的液压系统，完成钢结构就位。

5.2.6 筒仓顶部环梁施工

技术要点同漏斗环梁施工。

6. 材料与设备

6.1 材料与设备基本要求

6.1.1 液压提升成套设备应进行严格验收，要求有产品合格证和随带技术文件，铭牌完整、附件齐全、涂层完整。

6.1.2 支承杆采用 $\Phi48 \times 3.5$ 焊接钢管，管径与壁厚偏差均为 $-0.2 \sim +0.5$mm。

6.1.3 滑动模板应具有足够的刚度、通用性、耐磨性和拼缝严密，高度宜为 $900 \sim 1200$mm。

6.1.4 提升架、操作平台等制作材料应符合国家标准《钢结构工程施工质量验收规范》GB 50205—2001 相关规定。

6.2 工法采用主要施工机具、设备见表6.2。

主要施工机具、设备一览表　　　　　　　　　　　　　　　表6.2

序号	名　　称	型　　号	单位	数　量	备　注
1	千斤顶	GYD-60滚珠式	台	由专项设计确定	额定压力8MPa
2	提升架	"开"字形	榀	由专项设计确定	
3	支承杆	$\phi48 \times 3.5$	根	由专项设计确定	
4	油路	内径：6～19mm	m	由专项设计确定	
5	液压控制台	YKT36(56)	台	2台	1台备用
7	操作平台系统		套	由专项设计确定	
8	塔式起重机	QTZ63	台	1台	
9	履带式起重机	50t	台	1台	低处拼装钢结构
10	激光扫平仪	JP100	台	1台	
11	激光铅直仪	JC100	台	1台	对点精度：±2″
12	经纬仪	J2	台	1台	

7. 质量控制

7.1 本工法应执行《混凝土结构工程施工质量验收规范》GB 50204—2002、《钢结构工程施工质量量验收规范》GB 50204—2001、《滑动模板工程技术规范》GB 50113。针对工法特点，部分项目尚应符合表7.1规定。

部分项目质量标准　　　　　　　　　　　　　　　表7.1

类别	序号	检查项目	质量标准
主控项目	1	滑模装置和钢结构拼装支承架安装	应依据专项方案进行搭设
	2	千斤顶、提升架安装	千斤顶、提升架应按照计算确定的数量和布置方案进行安装
	3	钢结构的初始组装	满足《钢结构工程施工质量验收规范》GB 50204—2001规定

续表

类别	序号	检查项目		质量标准
允许偏差项目	1	滑模装置和钢结构拼装支承架安装	承重立杆位置偏差	≤15mm
			安放钢结构环向连杆等的提升架横梁高度偏差	≤2mm
			提升架的垂直度偏差	≤2mm
	2	钢结构的初始组装	安放千斤顶的支座部位标高偏差	≤10mm
	3	滑模托带施工过程	*各个千斤顶的相对标高差	≤20mm
			*两个相邻千斤顶的高差	≤10mm，且不大于相邻两支座间距的1/400
			任意3m高度上的相对扭转值	≤30mm

注：带"*"条目在《滑动模板工程技术规范》GB 50113—2005 第7.7.7条有相关规定。为了控制滑模托带结构提升的同步性，进一步降低支承点不同步对钢结构杆件内力变化的影响，本工法减小了千斤顶标高允许偏差限值。

7.2 技术保证措施和管理措施

7.2.1 滑模托带施工的钢结构自身稳定性应经过计算复核，根据计算结果采取相应措施。

7.2.2 滑模托带施工过程同步性控制：滑模托带施工每2.0m，采用激光扫平仪复核一次支承杆上的标高。

7.2.3 偏、扭的预防措施：

施工中，对钢结构和滑模操作平台进行扭转观测和垂直跟踪观测。

通过支承杆上设定的限位，对平台进行阶段性（每200mm）调平，防止高低差连续积累。

六级以上大风应停止作业。

7.2.4 当发生扭转、偏移需要特殊调整时，应由技术人员制定专门方案。

7.2.5 纠正偏、扭时，要有专业技术人员统一指挥，严格实施，并做好记录。纠正偏、扭要徐缓进行。

7.2.6 对参与的施工人员，必须进行培训和交底，使其了解滑模托带施工工艺的施工特点、熟悉本岗位的操作规程，并通过考核合格后方可上岗工作。

8. 安 全 措 施

本工法的实施，必须遵守《液压滑模施工安全技术规程》JGJ 65、《建筑施工高处作业安全技术规范》JGJ 80、《建筑工程施工现场供电安全规范》GB 50194 等相关规定，并注意以下事项。

8.1 对参加施工人员，必须进行培训和安全教育，使其熟悉安全规程有关条文和本岗位的安全操作规程，并通过考核合格后方可上岗工作。

主要施工人员应相对固定。患有高血压、心脏病、贫血、癫痫病及其他不适应高空作业疾病的，不得上操作平台工作。

8.2 施工过程中应及时收听、收看天气预报，遇到雷雨、六级和六级以上大风时，必须停止施工。

停工前做好停滑措施，并对钢结构临时稳固。全体人员撤离后，立即切断通向操作平台的供电电源。

8.3 在施工现场的周围划分出施工危险警戒区。采取有效的安全防护措施。

危险警戒线设置围栏和明显的警戒标志，出入口设专人警卫。

8.4 操作平台及吊脚手架上的铺板，必须严密平整、防滑、固定可靠，并不得随意挪动。兜底满挂安全网。

8.5 夜间施工时应有足够的照明设施，在其线路上设置触电保护器。电灯、电机等机具应有防雨罩。

8.6 在施工过程中制定相应的通信、联络方式，各种信号做统一规定。联络不清、信号不明的情况下任何人不得擅自改变设备运行状态。

8.7 操作平台上设置足够和适用的灭火器以及其他消防设施。

8.8 操作平台上材料的堆放不宜集中，数量应符合设计承载能力的要求，不用的材料应及时清理。

8.9 当支承杆穿过较高洞口或空滑时，应适时加固处理，避免失稳。

8.10 应及时安装避雷装置，并可靠接地，保证施工安全。

9. 环 保 措 施

本工法施工中，为了节约能源，保护环境，应做到以下几点。

9.1 千斤顶安装前要逐一试压，在 1.5 倍额定油压下，持压 5min，发现渗油应及时修理，方可使用。对施工过程中出现轻微渗油的应及时维修或更换。

9.2 滑模机具的设计要考虑通用性，最大限度周转使用。

9.3 混凝土结构采用养护液养护，减少水的用量。

9.4 钢结构的涂装要采用环保型防腐涂料。

9.5 施工应遵照《绿色施工导则》的相关要求进行。

10. 效 益 分 析

本工法在实施中，混凝土结构的施工速度与正常滑模施工速度无异；钢结构在低处拼装，大大减少了高空作业量，拼装的质量和安装精度容易保证，其就位优于常规的高空拼装精度；无须搭设专门的高大支承结构，加快了施工速度，并使成本显著降低。与传统的钢结构散件吊装安装工艺相比，工期提前约 30%～40%，仅钢结构拼装一项约节约直接费用的 15%。

11. 应 用 实 例

本工法已经在三个筒仓工程上应用，实施效果良好。

11.1 鹤壁同力水泥厂水泥熟料储存库工程，位于河南省鹤壁市，是鹤壁同力水泥有限公司 2500t/d 水泥熟料生产线项目的一个单位工程，圆形筒壁结构，中心直径 26.0m，壁厚 550mm，全高 53.45m，筒仓顶部钢结构位于库壁 36.65m 标高处，高度 6.85m，总重约 110t。

工程于 2003 年 9 月 3 日开工，11 月 25 日结束，其就位优于常规的高空拼装精度，工期提前约 11 天，同时解决了高空拼装异地租赁 100t 以上起重设备的问题，节约资金 6.7 万元。

11.2 郑新三期 2×200MW 供热机组输煤系统 1 号机组储煤罐工程，位于郑州市西环路，共有 2 个钢筋混凝土圆形筒仓，单体外径 22m，每个筒仓储量为 10000t，壁厚 400mm，全高 40.7m。筒仓顶部钢结构位于库壁 35.98m 标高处，高 4.7m，总重约 260t。

工程于 2005 年 7 月 11 日开工，11 月 21 日结束，应用本工法施工顶部钢结构，单个筒仓工期提前约 10 天，节约资金 9.3 万元。

11.3 郑新三期 2×200MW 供热机组输煤系统工程，2 号机组储煤罐共有 2 个钢筋混凝土圆形筒仓，筒仓顶部钢结构总重约 260t，于 2006 年 8 月开工，12 月结束，解决了施工场地狭小，高空拼装时，大吨位吊车无法作业的问题。

SRC 大悬挑及大悬挂结构施工工法

GJEJGF080—2008

湖南省建筑工程集团总公司　江苏盐城二建集团有限公司
袁俊杰　李其林　王其良　黄瑞华　叶芳芳　李有鹏

1. 前　言

随着我国经济迅猛发展，大型公共建筑和高层、超高层建筑愈来愈多，结构也愈来愈复杂。由湖南省建筑工程集团总公司承建的重庆大剧院工程，地下2层，地上7层，采用大跨度、大空间、大悬挑方式，由11个类似板块结构的构件拼接而成。该工程D2悬挑板块由纵向悬挑的钢桁架悬挂在横向SRC大悬挑型钢混凝土悬挑梁上，而SRC大悬挑将其荷载再传给其埋置的剪力墙中。该结构跨度大，荷载重，高度高，其中，钢结构吊重大，高空焊接工程量大，厚板焊接技术复杂，该结构体系需土建和钢结构施工紧密结合，进行立体交叉作业，施工组织难度大。因此，适时总结型钢—混凝土组合结构（SRC大悬挑）与钢结构混合的大悬挑悬挂结构的施工方法及特点，做到技术先进、工艺可靠、经济合理，保证质量、确保安全，具有积极的现实指导意义和借鉴作用。

2. 工法特点

2.1　以模拟计算为指导，运用多种计算软件对整个施工及卸载过程进行模拟分析，并且通过两个1：4大型模型试验研究，科学地确定了SRC大悬挑及大悬挂复杂结构施工工艺程序。

2.2　通过模拟计算，确定悬挂钢结构和型钢混凝土结构的支撑支架系统、悬挂钢框架吊装方法、组合结构施工方法、重型钢桁架吊装施工方法以及厚板焊接工艺，对悬挑悬挂结构进行卸载及监控，完成结构体系的转化。

2.3　将先进施工技术与科学管理相结合，将施工、卸载及监控技术有机结合，技术先进，质量可靠，结构安全。

3. 适用范围

本工法适用于悬挑悬挂钢结构、型钢—混凝土组合结构。

4. 工艺原理

运用计算软件对整个施工及卸载过程进行模拟分析，对比分析施工阶段与使用阶段结构应力、变形情况，设计悬挂钢结构和SRC大悬挑结构的支撑支架系统，确定自下而上吊装悬挂钢框架施工方法，进行SRC大悬挑结构型钢骨定位、安装，钢筋安装、模板组装以及悬挑悬挂的钢桁架吊装、组拼焊接的穿插施工工艺，进行SRC大悬挑结构自密实混凝土的施工，采取自上而下的卸载顺序，完成结构体系的转化。

5. 施工工艺流程及操作要点

5.1 施工工艺流程（图5.1）

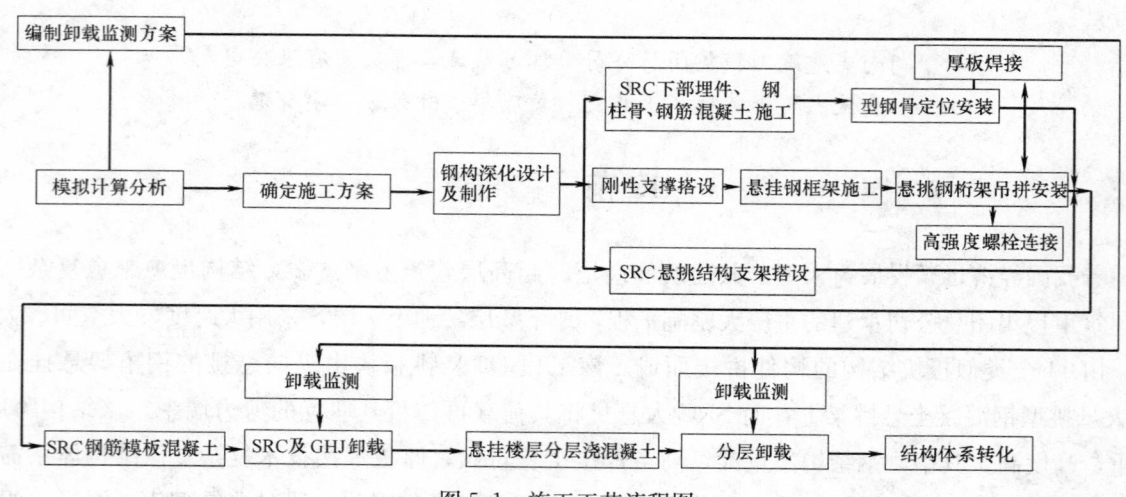

图 5.1 施工工艺流程图

5.2 操作要点

5.2.1 模拟计算及确定施工方案

运用多种有限元软件进行计算、比较和复核。选择材料模型与单元类型，确定几何模型、边界条件和加载方式，对在设计工况和施工工况下不同阶段结构应力、变形（挠度）及裂缝进行分析，确定钢桁架的预拱度、SRC大悬挑的预拱度，以及卸载的步骤、卸载的挠度值、各点卸载顺序。根据其结论确定施工方案，在此基础上，对悬挑部分预安装构件的刚性支撑进行设计，并形成下述专项方案：模板支架支撑方案、钢筋施工方案、自密实混凝土施工方案、钢结构吊装施工方案、钢结构厚板焊接施工方案、卸载监测方案、异常偏差及应急预案。

5.2.2 钢结构施工

1. 钢结构深化设计制作

深化设计须将构件大样及每一个节点进行细化，首先画出典型节点，再对个别特殊节点进行细化。悬挑部分构件的制作主要分为梁、柱、桁架和钢骨制作。梁、柱制作工艺相对简单，按常规H形钢梁和箱形柱进行制作。桁架按箱形柱制作工艺增设纵向加劲板连接，节点处断开，用横向隔板补强。钢骨的设计和制作要考虑拉筋和箍筋的对穿拉结。钢桁架制作需特别注意节点区域焊缝集中，应力释放。制作完成后进行预拼装。

2. SRC大悬挑钢骨地脚螺栓预埋

1）筒体结构按楼层施工，及时按设计标高进行地脚螺栓预埋，安装第一节钢柱后进行柱脚无收缩灌浆料的施工，并覆盖养护不少于14d。

2）地脚螺栓须准确预埋，其埋设要保证平面位置和水平标高的精度。施工时可将地脚螺栓直接套在抗剪钢板中且与钢筋绑扎固定，见图5.2.2-1所示。进行混凝土浇捣前要用玻璃丝布或胶带纸对地脚螺栓进行保护。

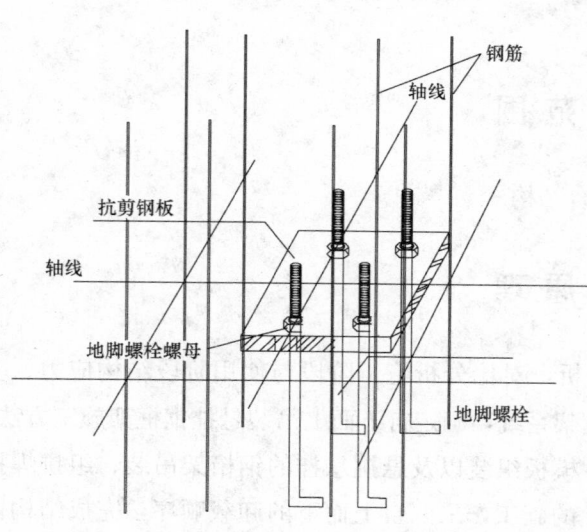

图 5.2.2-1 SRC大悬挑钢骨柱地脚螺栓埋设示意图

3. 刚性支撑设计、安装及预拱度设置

1）悬挑的钢桁架结构施工时，刚性支撑将起主要临时承重作用，承受悬挑部分的各平台梁、柱的自重作用。

2）刚性支撑顶标高要结合桁架预拱度设置综合考虑，桁架预拱度设置要结合模拟计算结果和规范规定、设计要求确定；钢骨悬挑起拱值与钢桁架的起拱值根据规范规定百分比值，结合下部钢框柱因施工受压变为设计受拉产生的弹性变形值。

3）刚性支撑考虑整体受力，按框架受力分析，柱采用格构式，柱纵横向均设置柱间支撑和水平连接梁，保证其强度、刚度和稳定性。制作时要保证刚性支撑的各项偏差均在允许范围内。尤其柱顶构造要充分考虑结构的卸载因素，预留千斤顶与感应器位置空间。

4. 悬挂钢结构层施工

悬挂结构层构件安装在底部刚性支撑及操作架施工完成后开始，先吊装第一节柱和二层梁，校正完后对高强螺栓终拧，待整个柱段结构体系焊接完后再进行上一柱段安装，并调整悬挂楼层体系柱顶标高与钢桁架起拱平衡计算值都相符合。先铰后刚部分钢梁先不焊接，待整个结构卸载完后再行焊接。

5. 型钢骨定位安装

型钢骨柱梁与下部混凝土结构采用地脚锚栓连接，在混凝土楼板浇筑时相应埋设拉结地锚，第一节柱与梁成一安装单元，后在梁上左右两侧拉设缆风绳，利用两侧缆风绳校正轴线偏差。上部柱梁在下部剪力墙混凝土浇筑完成后进行。柱安装完后将中间钢腹板安装定位，再吊装悬挑梁，并进行预翘设置，利用手拉葫芦配合缆风绳进行安装固定，SRC 大悬挑型钢钢骨安装同时必须与悬挑桁架同步推进。

6. 悬挑钢桁架吊拼安装

悬挑钢桁架是受力体系中关键部分，先根据工厂预拼装数据对桁架杆件进行几何尺寸复查以及混凝土埋件的复查。桁架吊装先从非悬挑部分开始向悬挑端延伸，吊装 SRC 大悬挑中间部分桁架时要与 SRC 大悬挑钢骨同时吊装，并及时与相邻屋架相连，以保证其平面外稳定。桁架焊接顺序从固定端到悬挑端。钢桁架对接定位连接见图 5.2.2-2。

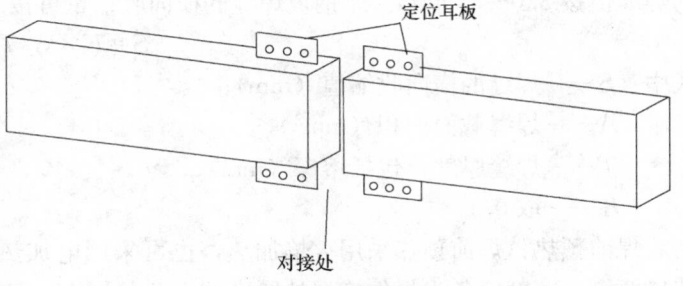

图 5.2.2-2 钢桁架对接定位方式

7. 高强度螺栓连接工艺

1）高强度螺栓施工顺序

高强度螺栓穿入方向应以便于施工操作为准，设计有要求的按设计要求，框架周围的螺栓穿向结构内侧，框架内侧的螺栓沿规定方向穿入，同一节点的高强螺栓穿入方向应一致。

各楼层高强度螺栓竖直方向拧紧顺序为先上层梁，后下层梁。待三个节间全部终拧完成后方可进行焊接。

对于同一层梁来讲，先拧主梁高强螺栓，后拧次梁高强螺栓。

对于同一个节点的高强螺栓，顺序为从中心向四周扩散。

2）安装前，必须用 3～4 个冲钉将栓孔与连接板的栓孔对正，达到冲钉能自由通过，再放入高强度螺栓。个别不能通过的，可采用电动绞刀扩孔或更换连接板的方式处理。

3）主梁高强度螺栓安装，是在主梁吊装就位之后，每端用二根冲钉将连接板栓孔与梁栓孔对正，装入安装螺栓，摘钩。随后由专职工人将其余孔穿入高强螺栓，用扳手拧紧，再将安装螺栓换成高强度螺栓；

4）次梁高强度螺栓在次梁安装到位后，用二冲钉将连接板栓孔与梁栓孔对正，一次性投放高强度螺栓，用扳手拧紧，摘钩后取出冲钉，安装剩余高强度螺栓；

5）高强度螺栓安装时严禁强行穿入，个别不能自由穿入的孔，可采用电动绞刀扩孔，严禁气割或锥杆锤击扩孔。

6）铰孔前应先将其四周的螺栓全拧紧，使板叠密贴紧后进行，防止铁屑落入叠缝中。扩孔后的孔径不应超过1.2d，扩孔数量不应超过同节点孔总数的1/5，如有超出需征得设计同意。

8. 钢结构厚板焊接

1）焊接顺序

悬挂钢柱、桁架腹杆的上下柱对接焊缝由两名焊工同时对称等速焊接，箱型上下柱对接两名焊工须同时移至两角部焊缝坡口内侧，对称施焊填充至坡口1/3深度后（采取石棉保温），再移至另两角部焊缝坡口内侧，填充至坡口1/3深度（此面采取石棉保温），接着继续轮流调换对称焊接角部焊缝，直至完成整个接头。上下柱对接要求两名焊工同时移至柱180°对应的区域内同方向、同规范对称施焊。上下弦杆焊接时可采用同时向上对称立焊，再焊上面的水平焊缝，最后下部仰焊。

2）SRC大悬挑钢骨对接及钢桁架焊接及技术要求

SRC大悬挑钢骨对接中腹板采用高强度螺栓连接、翼板为刚性连接，钢桁架采用焊接刚性连接。这类结构钢板钢骨材料采用Q345B、Q345GJC，且设计有Z向性能要求，现场连接焊焊条用CO_2气体保护焊，故焊接前必须根据钢材牌号、板厚覆盖范围、接头型式、焊接位置、及焊材、焊接工艺等进行焊接试验，合格后方可进行施工。

为配合钢桁架及SRC大悬挑卸载，在整榀钢桁架组装焊接完成后，其焊接节点再与SRC大悬挑钢骨对接，最后焊接其悬挂部位。

当在预埋件上施焊时，铰支座与埋件板焊接，应采用细焊条、小电流、分层、间隔施焊等措施，控制整块埋件温度，以免灼伤混凝土。三面围焊及绕角焊时，转角处必须连续施焊。

3）悬挂钢柱、梁、SRC大悬挑钢骨及钢桁架等构件焊接

焊缝收缩量的估算：梁与柱的连接焊缝，一般情况下焊缝收缩量按2mm。上下柱对接有自重承压的焊缝值按3.0～3.5mm。厚钢板焊缝的横向收缩量可按下列公式计算：

$$S=K×A/T \tag{5.2.2}$$

式中 S——焊缝的横向收缩值（mm）；

A——焊缝截面面积（mm^2）；

T——焊缝厚度，包括熔深（mm）；

K——取0.1。

焊前预热：焊前预热采用火焰加热，也可采用电加热器加热方式。焊前预热的加热区域应在焊缝坡口两侧，宽度应各为焊件施焊处厚度的1.5倍以上，且不小于100mm。构件焊接根据节点及板厚所选定的预热温度：构件（$25≤t≤40$）焊接前的预热温度为60～80℃。

焊接层间控制：层间温度控制在60～230℃，在常温及正常工况条件下，可不进行后热消氢处理，但焊后仍应对焊缝采取石棉保温缓冷措施。

用锤击法消除中间焊层应力时，应使用圆头手锤或小型振动工具进行（如风铲），不应对根部焊缝、盖面焊缝或焊缝坡口边缘的母材进行锤击。

5.2.3 SRC大悬挑钢筋混凝土施工

1. 悬挑型钢混凝土组合结构支架搭设

1）预拱设置

SRC大悬挑混凝土施工时为抵消模板及支架在外力作用下产生的弹塑性变形，故需按计算设置向上的预拱度，依结构受力和传力途径，钢框架混凝土楼层挂在钢桁架上，钢桁架自身悬挂在SRC大悬挑上，故其预拱度应以SRC大悬挑为主，且考虑钢桁架的起拱综合确定。

2）支架搭设

① 支架计算

支架搭设包括钢桁架拼装支架和SRC大悬挑支模架，并经过计算确定搭设方案。必要时对支架及支模架进行应力应变监控。

高架支模方案需专家论证。

② 搭设方法

搭设时确定立杆的位置，并在钢桁架节点处加密。立杆之间必须按步距满设双向水平杆，确保两方向足够的刚度；支模架必须设置纵、横向扫地杆。纵向扫地杆应采用直角扣件固定在距底座上皮不大于 200mm 处的立杆上。横向扫地杆亦应采用直角扣件固定在紧靠纵向扫地杆下方的立杆上。

剪刀撑布置：为加强整个支模架体系的整体稳定性，沿支架四周外立面应满足立面满设剪刀撑；中部根据间隔尺寸加设。且在钢框架上设抱箍与支模架相连，确保支模架整体稳定。

支撑架搭设顶层和各框架钢梁水平结构层每隔两层设置水平斜杆或剪刀撑，且须与立杆连接。

在立杆顶部设置可调支托作为支撑点，可调支托伸出部位不大于 150mm，梁底距顶部水平杆的距离不得大于 300mm。

立杆的连接均采用对接连接。水平杆连接采用搭接连接。立杆和水平杆的接头均应错开在不同的框格层中设置。立杆的垂直偏差和横杆的水平偏差小于规范要求。

2. SRC 大悬挑钢筋绑扎

SRC 大悬挑型钢组合混凝土悬挑梁钢筋分布包括拉区型钢梁上下侧纵筋、箍筋，压区钢梁上下侧纵筋、箍筋，以及拉压区间悬挑梁纵、横向分布筋（包括梁柱核心区）、拉筋。

在下部钢柱、压区及拉区钢梁和钢桁架的腹杆安装后，即可进行钢筋绑扎，因为上下钢梁间有腹板加强，故钢骨应考虑预留孔，孔径 $d+2mm$，保证箍筋和拉钩穿过。当钢筋必须断开时，钢板上需留设连接托板，钢筋与连接托板焊接，满足焊接长度要求。

直径 16mm 以上可采用机械连接，由于 SRC 大悬挑拉区箍筋直径较大，钢筋加工时需严格控制下料精度，做成开口箍，安装时须错开开口部位穿箍，再行焊接。

3. SRC 大悬挑模板施工

模板采用 18mm 厚胶合板，梁底、梁侧次龙骨采用 50mm×100mm 木枋，间距按计算确定。梁底、梁侧主龙骨采用 2φ48 普通钢管，间距按计算确定，梁侧对拉螺杆焊接在型钢腹板上，梅花形布置。高支模应保证架体的强度、刚度和稳定性。

4. SRC 大悬挑自密实混凝土浇筑

由于 SRC 型钢骨在拉压区均布置，且拉压区型钢之间再用钢腹板连接，钢筋也非常密集，故采用自密实混凝土。

由于与周边筒体剪力墙同时施工，或者可能混凝土强度等级不相同，故混凝土所用水泥、外加剂必须相容。不同强度混凝土同时浇捣应采用双层钢丝网隔离等措施。

对于自密实混凝土我们编制了工法，施工时严格按此施工，在此不再详述。

5.2.4 卸载及监测

卸载及监测按专项方案实行。

1. 卸载原则

卸载总体思路为"整体分步卸载"，严格按监测方案施行。其工艺是通过设置在刚性支撑顶上的螺旋式千斤顶，按多次卸载，同步微量下降的原则，实现荷载平稳转移。见图 5.2.4-1。

2. 卸载步骤

1）第一次卸载

在 SRC 上屋架及次梁和拉杆体系已安装，且 SRC 混凝土达到 28d 设计强度，先将下部钢框架柱与钢桁架用连接耳板及高强度螺栓连接，再将钢框架拼接节点下支撑架、SRC 下支撑承重架脱开，钢框架梁及下部钢柱顶部与钢桁架在焊接以后，将钢桁架支撑承重架及钢支撑架全部拆除，对临时支撑体系进行第一次联动卸荷。

先卸载因框架部分自身恒载引起的变形和由变形引起的内力。此时，调节千斤顶，控制压力传感器，并结合变形情况，缓慢调整千斤顶，使得各个监测点位移释放量在理论计算值上下的一定范围之内。

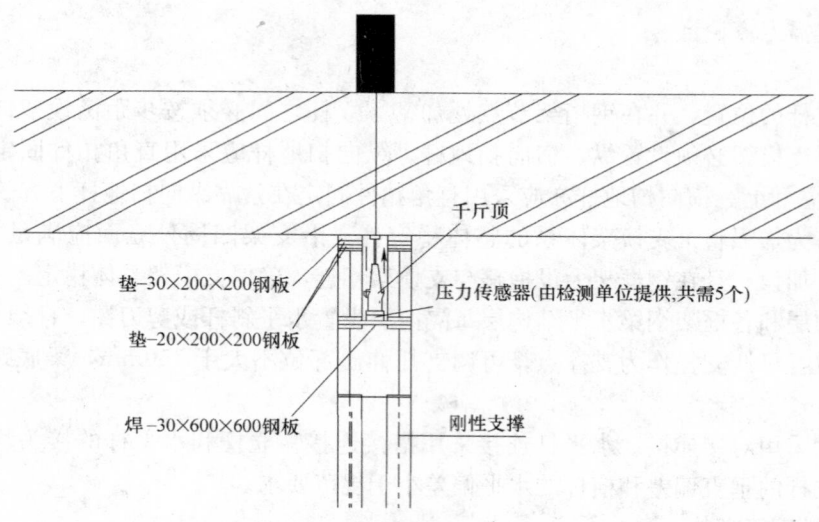

图 5.2.4-1　压力传感器和千斤顶设置

2）第二次或多次卸载

悬挂楼层分层进行混凝土浇筑养护，混凝土强度达到设计强度 75％，根据楼层荷载和变形对刚性支撑体系进行分层分次卸荷。其中与相邻轴线混凝土楼面用后浇带脱开处理。

卸载过程中，控制千斤顶和压力传感器，并按照每小时一定位移范围内进行卸载，以保证结构卸载过程中，内力重分布的缓慢进行。卸载之后，方能将钢梁的翼缘与钢框柱及相邻轴线混凝土梁墙焊接。

3. 卸载方法

卸载时须要有严密的组织管理措施和齐全有效的通信联络手段，以确保同时进行对千斤顶加压，加压要缓慢均匀。观察压力传感器的读数，当读数达到计算机模拟计算值停止加压，此时结构与支撑上垫的钢板已经脱离，荷载已经全部传至 5 个千斤顶上，将钢板抽出。如图 5.2.4-2 所示。

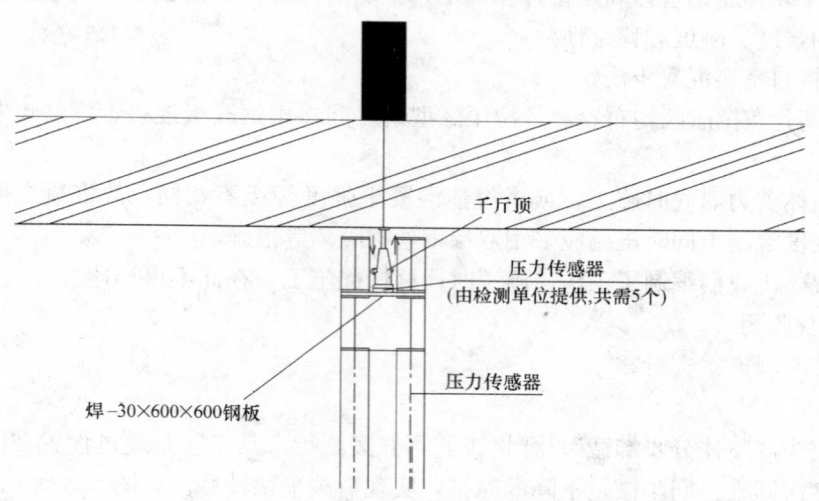

图 5.2.4-2　千斤顶受力，钢垫板抽出

对结构进行观察半个小时，如果没有变化，开始对每个千斤顶的开始减压。卸载分为五级，每次卸计算荷载的 1/5，直至将千斤顶与结构脱离，卸载完成。

注意要同时测量未卸载前各千斤顶的螺旋高度，并记录。卸载过程中每卸载一级时卸载量的变化及误差校核。

4. 卸载要求

1）对所有参加卸载人员进行培训和安全交底。

2）安排专人对整个卸载过程中监督，如遇紧急情况，须立即向现场指挥发出停止信号。

3）卸载前要清理屋面上的杂物，卸载过程中，屋面上下不得进行其他作业。

4）卸载前要仔细检查各支撑点的连接情况，此时应让结构处于自由状态，不要有附加约束，特别要避免支撑与钢结构之间的固接。

5）卸载前要作好各种安全措施，并检查好千斤顶。

6）卸载时要统一指挥，保证同步。

5. 卸载监测

在 SRC 大悬挑混凝土浇筑前及卸载前，在 SRC 大悬挑、GHJ3 及悬挂的钢框柱相关位置布置静力水准仪、固定式倾斜仪、表面应变计、混凝土应变计、钢筋应力计，以及压力传感器等卸载监测仪器元件，在刚性支撑上设置千斤顶和压力传感器。

通过预埋设置的监控仪器元件等采集的信息，监测以变形为主，受力为辅。对结构的变形、卸载荷载以及应变进行分析比对，对卸载速度和顺序予以调整，使结构状态最大限度地接近理想设计，并且保证施工过程中受力安全。

5.2.5　异常偏差及应急处理

大悬挑结构部分在卸载过程中，结构体系随着卸载不断变化。因设计参数误差（如材料特性、截面特性、徐变系数等）、施工误差（如制造误差、安装误差等）、测量误差、结构分析模型误差、临时支撑体系的变形以及卸载不同步等种种原因，将导致卸载过程中结构的实际状态（变形，内力）与模拟仿真目标存在一定的偏差，如果偏差在 15% 时应及时加以识别，停止卸载且予以调整。根据本工法特点，认真组织对危险源和环境因素的识别和评价，制定紧急情况或事故的应急措施，开展应急知识教育和应急演练，提高现场操作人员应急能力，减少突发事件造成的损害和不良环境影响。其应急准备和响应工作程序见图 5.2.5。

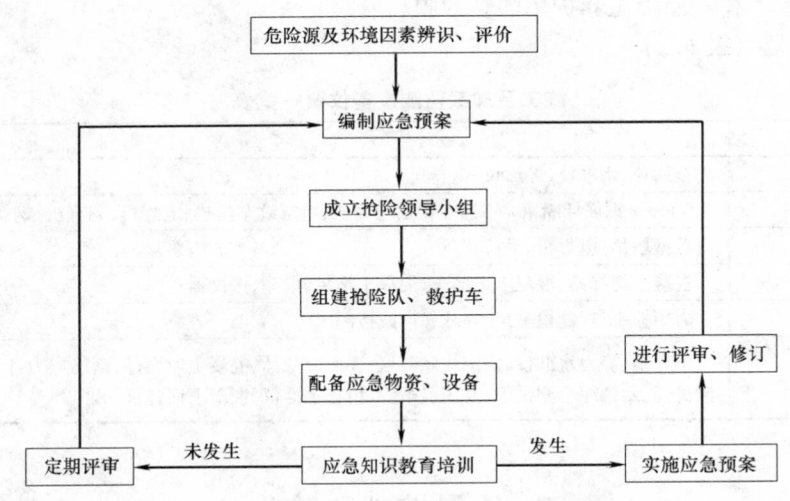

图 5.2.5　应急准备和响应工作程序图

5.2.6　结构体系转换

悬挂搂层梁在安装时与相邻混凝土结构部分连接先用高强度螺栓铰接，在浇筑楼板混凝土时在该结点部位留设后浇带，待整个悬挑结构卸载完成后再进行刚接，并浇筑后浇带，至此整体结构施工全部完成。

6. 材料与设备

6.1　材料

6.1.1　钢结构材料

主要用材为 Q345B，适用国家标准《低合金高强度结构钢》GB/T 1591—94；Q345GJC，适用国家标准《高层建筑结构用钢板》YB 4104—2000；板厚≥40mm要求Z15，板厚≥75mm要求Z25，适用国家标准《厚度方向性能钢板》GB/T 5313—85。焊材使用J502、J506，适用国家标准《低合金焊条》GB/T 5118。ER50-6φ1.2、CO_2气体，适用国家标准《气体保护电弧焊用碳钢、低合金钢焊丝》GB/T 8110—2008及行业标准《焊接用二氧化碳》HG/T 2357—93。高强螺栓采用10.9S扭剪型或大六角螺栓，适用国家标准《钢结构用大六角头螺栓》GB/T 1228—2006、《钢结构用高强度大六角螺母》GB/T 1229—2006、《钢结构用高强度垫圈》GB/T 1230—91、《钢结构用高强度大六角头螺栓、大六角螺母、垫圈技术条件》GB/T 1231—2006或《钢结构用扭剪型高强度螺栓连接副》GB/T 3632—1995和《钢结构用扭剪型高强度螺栓连接副技术条件》GB/T 3633—1995。

6.1.2 自密实混凝土（预拌混凝土）材料

水泥，适用国家标准《普通硅酸盐水泥》GB 175—1999；河砂，适用国家标准《普通混凝土用砂质量标准及检验方法》JGJ 52；碎石，适用国家标准《普通混凝土用碎石或卵石质量标准及检验方法》JGJ 53；水；细磨矿渣粉；高效减水剂；杜拉纤维。

6.1.3 柱脚灌浆材料

高强专用无收缩灌浆料。

6.1.4 钢筋

纵筋、箍筋及拉钩为HRB400级、HRB335级等，适用国家标准《钢筋混凝土用热轧带肋钢筋》GB 1499—1998。

6.1.5 支架模板材料

刚性支撑钢板为Q235。模板支架为φ48×3.0钢管，扣件有对接扣件、直角扣件和旋转扣件。模板采用18mm厚木胶板，木枋采用50mm×100mm杉木方，对拉螺杆为高强螺杆，山形扣。

缆风绳，石棉板、绳，混凝土养护用塑料薄膜、麻袋。

6.2 设备、仪器（表6.2）

施工及卸载监测设备仪器一览表　　　　表6.2

序号	类 别	名 称
1	测量放线	全站仪、水准仪、经纬仪、钢卷尺
2	钢筋加工	QJ40-1钢筋切断机、WJ40-1钢筋弯曲机、直螺纹车丝机、电焊机、调直机、钢筋扳手、直螺纹力矩扳手
3	钢构吊装焊接	重型塔吊、电焊机、手拉葫芦
4	混凝土	混凝土搅拌站、混凝土运输车、混凝土拖泵、吊斗、振捣器
5	钢构检测	力矩扳手、焊缝检测尺、焊缝超声波检测仪
6	卸载监测	千斤顶、静力水准仪、固定式倾斜仪、表面应变计、混凝土应变计、钢筋应力计、压力传感器、三弦综合测试仪、六弦综合测试仪、专用屏蔽线、精密水准仪、混凝土回弹仪

7. 质量控制和验收

7.1 遵守的主要规范、规程、标准

《建筑结构荷载规范》GB 50009—2001；

《钢结构工程施工质量验收规范》GB 50205—2001；

《混凝土结构工程施工质量验收规范》GB 50204—2002；

《建筑施工扣件式钢管脚手架安全技术规范》JGJ 130—2001、J 84—2001；

《自密实混凝土设计与施工指南》CCES 02—2004；

《钢筋机械连接通用技术规程》JGJ 107—96；

《建筑工程施工质量验收统一标准》GB 50300—2001；

《型钢混凝土组合结构技术规程》JGJ 138—2001。

7.2　施工操作质量控制和验收一般规定

7.2.1　施工前应召开专题会，做好详细技术交底。

7.2.2　施工过程中，施工员、质检员、专职安全员应坚守现场，技术人员加强巡查。

7.2.3　卸载时，各方人员坚守岗位，有关人员做好监测记录。对数据及时分析，发现异常情况按预案进行调整。

7.3　施工操作质量控制和验收内容

7.3.1　施工支架按规定组织验收，满足设计及有关规范要求。

7.3.2　自密实混凝土由相关资质单位进行配比设计，其工作性能由开盘鉴定和现场测定，施工过程连续监控，以需满足施工要求。留置试件满足规范要求。

7.3.3　悬挂钢柱、梁、SRC 大悬挑及钢桁架等构件拼接安装工程质量

主体构件检查依据相关规范的规定，包括对结构观感质量、允许偏差项目和质量保证资料等。安装及检验应符合《钢结构工程施工质量验收规范》GB 50205—2001 及《建筑钢结构焊接技术规程》JBJ 81—2002 中的规定。

7.3.4　高空拼装的测量检验

1. 焊接接头质量检验：所有接头为对接焊缝，焊缝焊接保证一级，并 100% 超声波检查，执行标准《钢结构工程施工质量验收规范》GB 50205—2002 中有关规定。

2. 对跨距、中心线及位移、标高、起拱度的测量，利用钢尺、经纬仪、水准仪、全站仪进行精确测量，及时发现并纠正可能出现的位置偏差，确保整体拼装精度。

8. 安 全 措 施

8.1　遵守《建筑施工安全检查标准》JGJ 59—99，《建筑施工高处作业安全技术规范》JGJ 80—91，《建筑施工扣件式钢管脚手架安全技术规范》JGJ 130—2001、J 84—2001，《建筑机械使用安全技术规程》JGJ 33—2001，《施工现场临时用电安全技术规范》JGJ 46—2005，《建筑工程施工现场供用电安全规范》GB 50194—93。

8.2　施工中，加强组织管理，认真执行安全施工的各项规章制度和安全操作规程。

8.3　高、重型支架支撑需专门设计专项验收，具有足够的安全性。

8.4　塔吊、操作平台、施工机具需经常检查，防患于未然。

8.5　施工人员进入现场必须正确佩戴使用安全防护用品。

9. 环 保 措 施

9.1　施工中应采取周边封闭措施，做到工完料净场地清，并及时对外脚手架进行清理。

9.2　木加工作业或其他易产生高噪声的设备，其场地周围应采用封闭的方法降低噪声。

9.3　电焊、金属切割产生的弧光焊火花必须采用接盆等措施，防止弧光满天散射。对于产生电磁波的各种设备和设施，做好防护和屏蔽工作，最大限度地减少或降低辐射强度。

9.4　塔吊及周围场地照明的大灯调整照射方向，照射光线只限于施工场内，施工场地外围的照明尽量采用柔光灯。

9.5　由于采用自密实混凝土，无需振捣或少振捣，也降低了噪声污染。

10. 效 益 分 析

10.1　经济效益

本项综合技术，以模拟计算为先导，综合运用各项先进的施工技术和工艺，将复杂施工程序化、

简单化，使新颖设计转化为实体，施工工况与设计截然不同，结构自下而上进行施工，加快了施工速度，提高了工效，节约了施工成本。

10.2 社会效益

计算机仿真技术的采用，多项施工技术综合应用，大悬挑大悬挂结构的施工变得简便，型钢—密集型钢筋的采用不影响混凝土的浇筑，厚板高空拼接质量变得非常可靠，等等。本工法的成功运用，对设计标准、施工标准、工艺规程的完善提供了宝贵的经验。

11. 应 用 实 例

重庆大剧院工程 D2（15～16 轴）、D10（31～32 轴）G～M 轴线悬挑部分，设计荷载约 3000t，纵向悬挑的钢桁架 GHJ-3 长约 73.8m、高 13.6m、悬挂长 52.7m、重约 200t、桁架底面标高＋29.98m、顶面标高 43.58m。

挑梁 SRC 大悬挑-2 外挑部分梁高 6.79m，外挑长度 9.5m，梁宽 600mm，SRC 大悬挑-2 内部钢结构嵌入剪力墙结构约 14m。挑梁 SRC 大悬挑-1 外挑部分梁高 5.350m，外挑长度 9.5m，梁上部1400mm 高度范围内梁宽 800mm，梁下部宽度 600mm，SRC 大悬挑-1 内部钢结构嵌入剪力墙结构约17m。支架最大高度均 30.00m。见图 11-1～图 11-4。

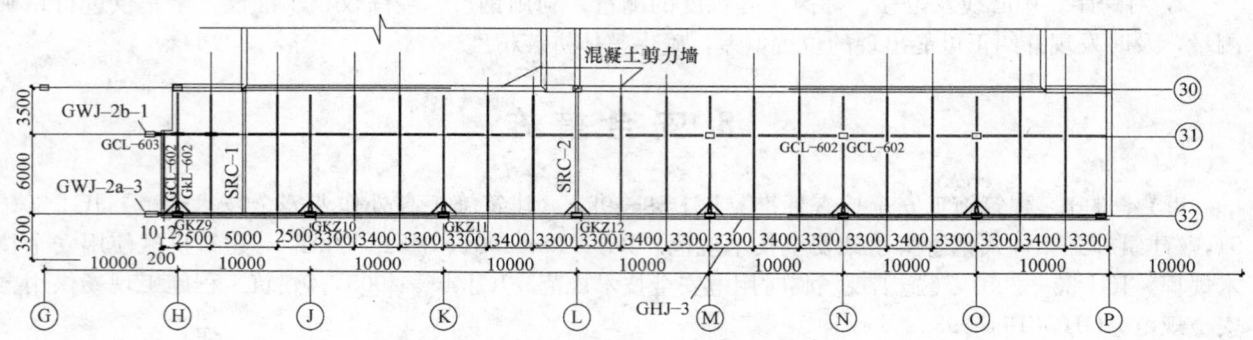

图 11-1 大悬挂结构平面图

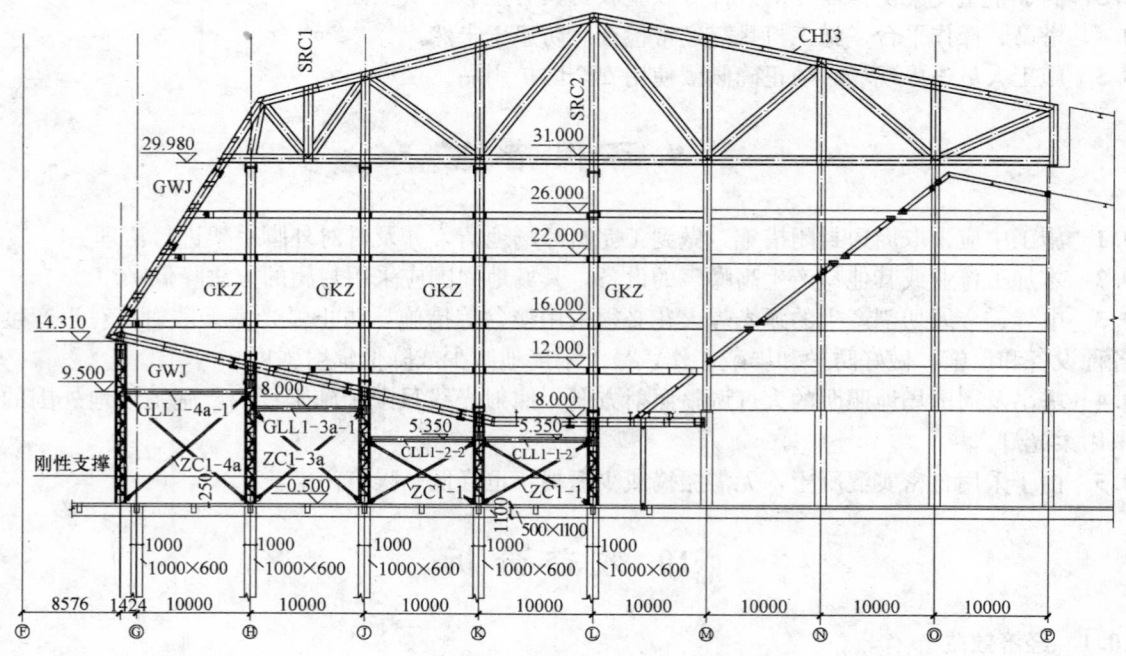

图 11-2 大悬挂结构及刚性支撑布置立面图

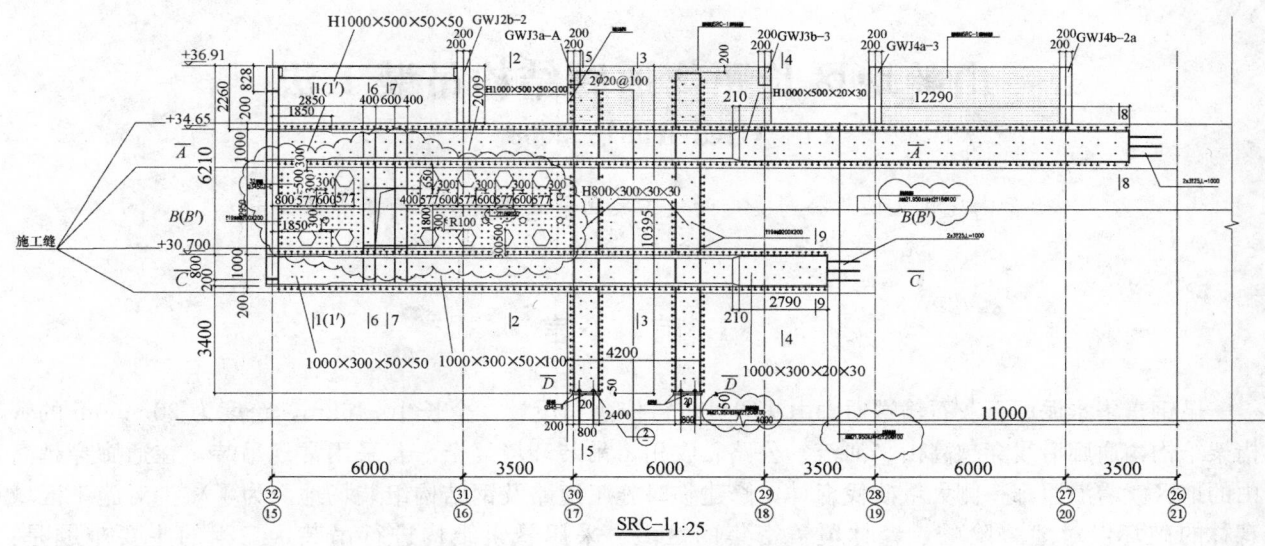

图 11-3　SRC 大悬挑及施工缝留设示意图

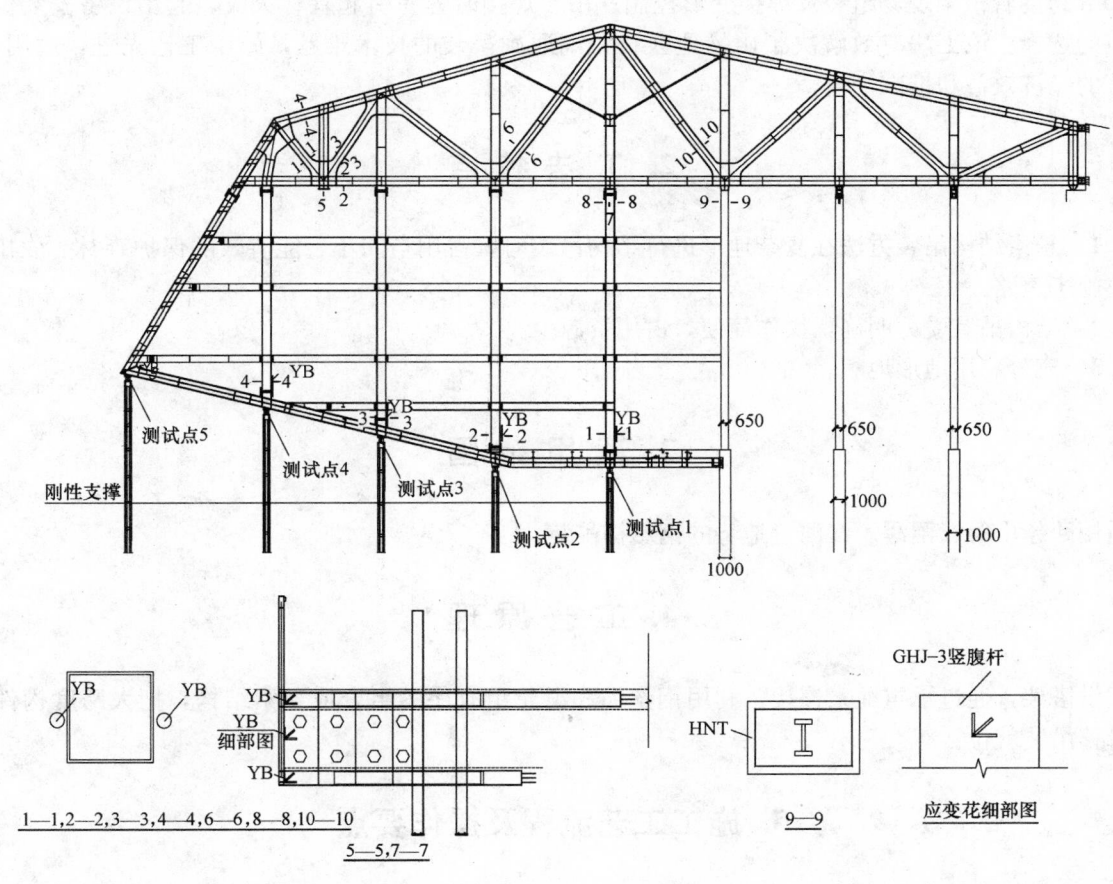

注：YB—应变计，HNT—混凝土表面应变计

图 11-4　GHJ3 及 SRC 大悬挑施工监测布置示意图

山岭地区长距离通廊结构吊装工法

GJEJGF081—2008

云南建工集团总公司　广西建工集团第五建筑工程有限责任公司
沈家文　张云彪　徐锐　孙国庆　蒋宝　黄祺合

1. 前　　言

昆钢嘉华水泥厂石灰石输送通廊由法国贝尔雷依公司设计，全长 10.46km，跨度为 30～60m 的管桁架结构，通廊沿线穿越高山、河流、公路、农田，吊装环境复杂。若采用常规吊装，在通廊穿越高山的地区就需沿通廊一侧大量砍伐森林，修建临时施工道路及钢结构组装场地。为了减少对施工区域森林的破坏，对地势险峻，森林覆盖密集的区域，采用悬索结构进行吊装。工程的主要难题是：10.46km 的通廊工程，中间无转站，纵向高差 200m，平面有转弯，若中线、标高精度达不到设计要求，则皮带运输机容易跑偏，造成重大经济损失甚至质量事故。施工难度为：对中线、标高精度要求高；60m 跨度管桁架现场组装及焊接变形控制；吊装焊接时容易引起森林火灾；起吊设备安装位置地形地貌的选择。该工法有效解决了山岭地区长距离通廊吊装的技术难题，施工工艺先进，适用性强，有显著的经济效益和推广价值。

2. 工 法 特 点

2.1　悬索结构吊装方法在复杂地形进行结构吊装时，占用空间小，能有效的保护森林、农田，减少修建施工道路。

2.2　结构吊装受力明确，操作简便，占用资源少。

2.3　充分利用地形地貌。

3. 适 用 范 围

适用跨越山箐、沼泽、江河等地势的钢结构吊装。

4. 工 艺 原 理

架设塔架，通过承重绳索连接，利用钢丝绳和滑轮组有序的组合成悬索结构，把大跨度构件通过高空滑移吊装就位。

5. 施工工艺流程及操作要点

5.1　施工工艺流程

施工准备 → 施工测量 → 塔架基础、锚坑基础 → 悬索结构安装 → 钢支架、钢桁架安装

5.2　操作要点

5.2.1　施工准备

根据地形实际情况，在通廊沿线经过山岭地区的较高点安装塔架，以减少塔身高度。计算塔架高

度、悬索结构的最大跨距和吊装的最大构件重量。计算悬索的内力，设计塔架基础及选择配备索具、卷扬机等机具。

5.2.2 施工测量

1. 因导线控制点多数布设在通廊沿线，在施工时容易遭到破坏，为保证控制点的正确，必需进行定期的复核，如有偏差，及时矫正。

2. 在钢结构安装前，应对所有基础中心线和基础顶标高进行测量，并弹出十字线，标出标高正负偏差，以便钢支架的安装。测量时，直接分出每个基础中心点的坐标及标高，然后用 CAD 将所测数据按 1：1 的比例实际绘出，同时将设计坐标也绘出，看两者是否重合，如不重合，可直接量出偏差值，并确定与设计值偏离的方向，并将实测标高与设计标高相对照，确定其偏差值，最后将每个支架基础的中心线偏差及标高偏差整理出来，对每一个基础进行中心线的调整，确定出最终的基础中心线。

5.2.3 塔架、锚坑基础施工

1. 由于起吊过程的受力最终传递到塔架基础上，所以作为全部结构的主要受力基础采用钢筋混凝土基础结构。

2. 塔架基础位置选定后，根据现场情况再选定承重绳尾锚坑基础、缆风绳锚坑基础位置及卷扬机锚坑基础位置；缆风绳与地面夹角控制在 45°以内，承重绳尾与地面夹角控制在 45°以内。

3. 锚坑采用人工开挖，承重绳尾锚坑受力正面要与承重绳尾方向垂直，缆风绳锚坑受力正面要与缆风绳方向垂直，锚坑受力面要垂直开挖，并且保证不扰动持力层。

4. 塔架基础、承重绳尾锚坑基础、缆风绳锚坑基础、卷扬机锚坑基础严格按设计要求进行配筋，埋设预埋件和锚环。（图 5.2.3-1～图 5.2.3-3）

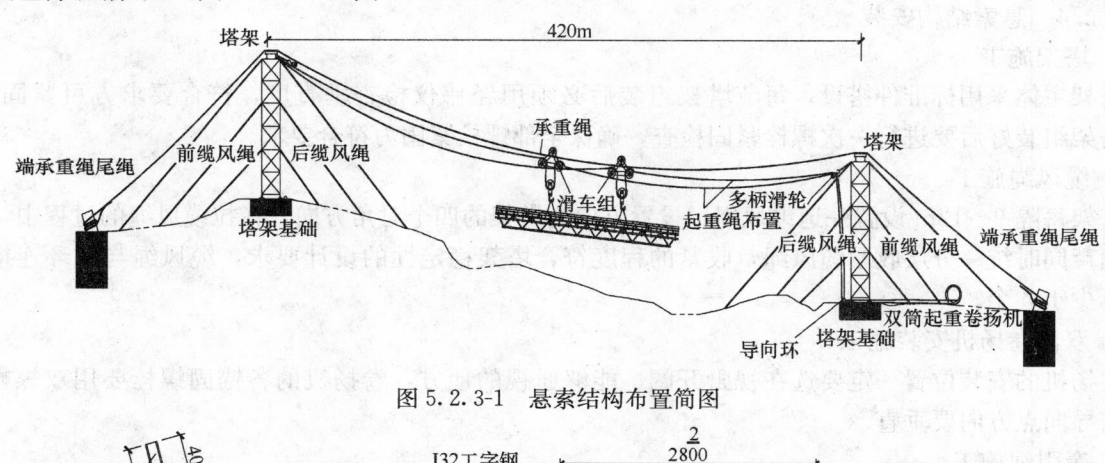

图 5.2.3-1 悬索结构布置简图

图 5.2.3-2 索道吊装结构锚坑、缆风绳地锚和塔架基础

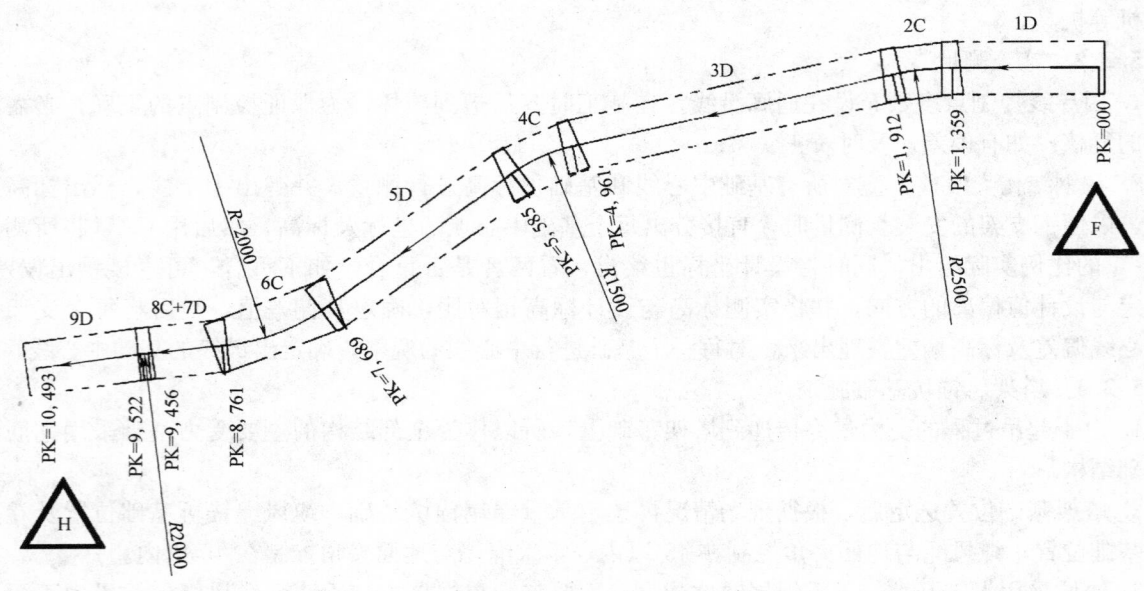

图 5.2.3-3　通廊平面示意图

5. 混凝土达到强度后，对锚坑和缆风绳基础进行拉拔试验，必须达到设计拉力后才能进行后续施工。

5.2.4　悬索结构安装

1. 塔架施工

塔架主体采用标准件搭设，每节塔架组装后必须用经纬仪检查垂直度，符合要求方可紧固螺栓，整个塔架组装好后要进行一次螺栓紧固检查，确保全部螺栓紧固力符合要求。

2. 缆风绳施工

塔架每隔 9～12m 设置一道缆风绳，设置方向为塔架的四个对角方向，在拉缆风绳的过程中，用 5t 手拉葫芦同时统一分层收紧缆风绳，收紧的程度符合塔架稳定性的设计要求，缆风绳与锚环连接锁紧卡环不少于 5 个。

3. 双筒卷扬机安装施工

卷扬机的安装位置一定要选在视野开阔、能够通视的地方，卷扬机的各锚固螺栓要用双螺帽，卷扬筒与导向点方向要垂直。

4. 牵引绳施工

各牵引导向滑轮锚固要牢固，导向牵引滑轮槽口方向与牵引绳运行方向要在同一直线上，导向滑轮槽口要光滑无缺口，牵引绳在卷扬筒上缠卷 3～4 卷为佳。

5. 起重绳施工

各起重导向滑轮锚固要牢固，起重导向滑轮槽口方向与起重绳运行方向要在同一直线上，导向滑轮槽口要光滑无缺口。

6. 承重绳施工

承重绳可利用卷扬机牵引绳牵引安装。收紧承重绳用并经纬仪和钢卷尺控制承重钢绳垂度，垂度控制在（1/15～1/20）L 之间。承重绳与锚桩连接处要用胶皮衬垫，防止承重绳受力后滑动。

5.2.5　钢支架、钢桁架安装施工

1. 钢支架、钢桁架组装

在悬索结构跨度范围内选择修建一块对环境影响较小场地，将制作的半成品钢构件运输到现场，用枕木、型钢等辅材搭设拼装平台，采用垫铁、铁楔进行调整拼装平台水平度，将半成品钢构件吊到拼装平台上。进行拼装焊接，符合要求后进行吊装。

2. 钢支架、钢桁架吊装

钢结构组装焊接完毕后，检查各项技术指标，符合要求后。将悬索结构吊钩放下，用吊车将组装好的钢构件转运到悬索结构吊钩处，并联结牢固，悬索结构吊钩缓慢提升，将钢构件吊到一定高度时停止，然后启动悬索结构小滑车将钢构件水平运输到设计位置进行安装。在吊装过程中，全线由专职人员进行监视，发现有异常情况及时用对讲机通知操作卷扬起重机的人员及时停机；在不通视的地方由专职指挥人员跟随构件运行进行动态监视，用对讲机指挥卷扬机操作人员进行调控构件位置。

3. 钢支架安装时，应根据支架基础的测量数据，调整好标高，对准基础中心线，同时用两台经纬仪同时将其纵横方向均校正。

4. 桁架安装时，首先应在桁架上找出中心线，按此中心线确定安装位置，以避免以后大幅度的调整桁架。

5. 因现场地形比较复杂，线路比较长，钢结构受温度影响，热胀冷缩比较明显，测量受现场条件及天气影响比较大。因此，每次测量时，仪器的安装必须对中及调平，棱镜杆的安装也必须垂直，且每次安装仪器前应测量当时的温度及大气压，以设置仪器的大气改正值，以提高测量精度；每次定向时，应对准棱镜杆的根部，并反测定向点坐标及标高，并用第三个控制点检查，以确保测量控制点的准确性；测量宜选在温度稳定、无风的时候进行。

5.3 劳动力组织，见表5.3

劳动力组织情况表　　　　　　　　　　　表5.3

序　号	单项工程	人　数	备　注
1	施工管理员	4	负责整个管理、组织、技术指导工作
2	主塔架安装工	20	对主体塔架安装
3	质量员	2	检查各个细部质量
4	钢筋工	6	基础施工
5	普工	20	基础施工、配合吊装
6	机电	4	负责设备的操作和检修
7	起重工	12	结构安装
8	指挥工	4	吊装机械操作指挥
9	电焊工	8	钢结构组装

6. 设备与材料

6.1 机具设备表（表6.1）

机具设备表　　　　　　　　　　　表6.1

序　号	设备名称	设备型号	单位	数量	用　途
1	索道架设设备		台	1	吊装
2	40t汽车吊	QY40	台	2	安装塔身
3	正铲装载机	ZL-50	台	1	施工道路
4	卷扬机	5t	台	4	牵引
5	电焊机	BX500	台	5	钢结构焊接

续表

序号	设备名称	设备型号	单位	数量	用途
6	挖掘机	CAT330	台	1	施工道路
7	滑轮组		套	20	钢丝绳连接
8	强制式搅拌机	JDY-500	台	1	结构施工
9	钢筋弯曲机	WQ-45	台	1	钢筋加工
10	钢筋切断机	CQ50	台	1	钢筋加工
11	插入式振动棒	1.5kW	台	2	浇混凝土
12	手拉葫芦	10t	台	8	平衡桁架
13	全站仪	TOPCON	台	1	测量
14	水准仪	SD2	台	2	测量
15	工程车	10t	辆	2	运输

6.2 材料使用表（表 6.2）

材料使用表 　　　　　　　　　　　　　　　　　　　　表 6.2

序号	名称	直径	用途	备注
1	主索	根据设计计算选用	承重	
2	起重索	根据设计计算选用	起重	
3	牵引索	根据设计计算选用	牵引力	
4	连接索	根据设计计算选用	连接	
5	缆风索	根据设计计算选用	固定塔身架	
6	万能杆件	根据设计计算选用	主塔架安装	
7	横梁	根据设计计算选用	固定索鞍	

7. 质 量 控 制

7.1 质量控制标准

7.1.1 悬索结构的主缆塔架架设质量标准及质量控制依据《公路桥涵施工技术规范》JTJ 041—2000。

7.1.2 悬索结构主缆架设质量检验依据《悬索桥上部结构施工》。

7.1.3 《混凝土结构工程施工质量验收规范》GB 50204—2002。

7.1.4 《钢结构工程施工质量验收规范》GB 50205—2001。

7.1.5 通廊安装标高允许偏差万分之一以内，轴线允许偏差二万分之一以内。

7.2 质量控制措施

7.2.1 塔架安装前要将万能杆件进行全面检查，凡是不符合要求的万能杆件用油漆标识统一堆放，经校正符合要求后方可使用。

7.2.2 塔架安装时用经纬仪监控垂直度，每安装 6m 进行一次校正，然后再紧固螺栓，在塔架安装好要进行一次全部螺栓复拧紧固检查。

7.2.3 支架基础标高和轴线根据业主提供的成果，用水准仪和全站仪全面复核，并用油漆标识。

若基础标高有负偏差，采用钢板衬垫调整；若基础标高有正偏差，钢支架在组装时进行相应调整支架高度。

7.2.4 钢支架安装时用水准仪和全站仪监控支架安装的标高和轴线，钢支架垂直度用经纬仪监控，垂直度偏差控制在 5mm 以内。

7.2.5 通廊桁架安装时用全站仪监控桁架安装轴线，偏差控制在 ±5mm 以内。为防止陡坡钢桁架重力产生的侧向推力，钢支架要用缆风绳稳固。

8. 安 全 措 施

8.1 严格按《高空作业安全操作规程》进行管理。

8.2 加强安全防范意识，完善安全管理制度。

8.3 注意所有施工用电线路及配电板、配电箱的安装规范。

8.4 在悬索结构安装好后，先进行空载运行，确认各部件均处于安全工作状态方可进行钢结构吊装。

8.5 在吊装施工过程中，要定期检查承重绳、牵引绳的磨损情况和所有传动滑车，导向滑轮轮组、主塔顶端索鞍、绳卡等所有工作部件，确保各部件均处于安全工作状态。

8.6 在吊装施工过程中，随时观察牵引绳的坠地情况，避免牵引绳坠地后被挂住而发生牵引过程牵引绳断裂。同时在牵引过程中利用经纬仪随时观察主塔架塔顶的偏移量，以防在牵引过程中，牵引力过大会破坏塔架。

8.7 在林区施工时，各个施工点都要配备 20 个泡沫灭火器，在高空施焊时，各个施焊点要挂设自制的箱型防火装置，防止电焊火花随风四处飞扬，同时在地面安排专人监护，发现有燃火点及时用灭火器扑灭，防止造成森林火灾的发生。

9. 环 保 措 施

9.1 在施工过程中严格遵守《中华人民共和国环境保护法》，执行和遵守国家、省、市有关环境保护法规、法律、政策，主动接受环境保护部门的环境监督。规范环保行为，采取有效的环保措施及环保经济责任制。

9.2 在施工中严格控制施工垃圾对森林的污染，保护周围的自然环境。对施工过程中产生的垃圾及各种废弃物及时清理，不随意破坏施工线路上的植被。

9.3 对施工电器设备的地方一律配备环保型灭火器，严格落实各项消防管理制度。

9.4 注重保护周边植被，保护好用水环境，如有破坏应及时予以恢复，防止水土流失，保持生态平衡。

9.5 施工完结后应全面检查施工现场的环境恢复情况，及时撤出占用场地，拆除临时设施，恢复被破坏的植被和自然景观。

10. 效 益 分 析

采用本工法施工可以将通廊构件集中在一起进行组装，然后用悬索结构将钢支架、钢桁架通过空中滑移到设计位置进行安装，避免了修建施工道路而大量征用场地的审批时间和征地费用，极大地减小了对自然环境的改变。操作简单，施工质量易于控制，避免修建施工临时道路机械的大量投入和吊装大型施工机械的投入，提高了施工生产效率，减小了场地占用面积，节约了施工成本，从而提高了施工企业在社会市场中的竞争能力。

11. 应 用 实 例

昆钢嘉华水泥厂石灰石输送廊由法国贝尔雷依公司设计，通廊全长 10.46km，结构形式为排架 30m 管桁架和 60m 型钢桁架的全钢结构，通廊全程共分为 9 个区段，通廊全程分别根据地势情况而设计水平方向和垂直方向立体弧线段，弧线半径为 300~2500m。通廊全程共穿越 3 座高山、1 条河流、4 条公路、5 片农田区、4 个水塘、8 组高压电缆线、12 组通信电缆线，其中 1D 段地势最为险峭的为 PK＝0.986 处到 PK＝1.353 处要横穿三个连续较大的山箐口，第一个山箐在通廊经过处（PK＝0.996）有 5m 的深度，宽度约为 12m，第二个箐口（PK＝1.076）深度约为 8m，但宽度有近 30m 且箐口两边是大面积陡坡，第三个箐口处位于 PK＝1.224 的支架附近，箐口深度约为 17m，因为坡度陡峭（平均侧向坡度在 30°以上），整个工程地势高差为 350m，每榀钢桁架重 28.8t。按照法国设计专家施工意图，所有钢桁架都是在工厂制作 30m 长的成品桁架，用拖车运到山脚平坦场地，用直升飞机吊运安装，而在云南省安宁市嘉华水泥厂到耳木村采石矿场只有三级公路通车，根本不能满足 30m 长的桁架运输要求，采用直升飞机吊运安装在云南还不具备这样的条件。若采用吊车常规吊装，桁架在工厂分段制作，再将制作好半成品桁架和支架运输到现场进行拼装焊接成成品安装，就需要沿通廊一侧大量砍伐森林来修建吊装机械和运输机械运行道路及平整钢桁架拼装场地。这样，对该地区的生态环境就要造成极大的破坏。为了减少施工对该地区的生态环境造成大的破坏，在通廊穿越地势险峭、森林覆盖植被比较密集的地方，我们进行施工技术改进，根据地形的复杂情况，在三处地势险峭、森林覆盖植被比较密集的地方采用悬索结构吊装。

高空连廊悬臂滑移平台施工工法

GJEJGF082—2008

广厦建设集团有限责任公司　浙江昆仑建设集团股份有限公司

林炎飞　罗尧治　吴章华　江涌　方宏青

1. 前　言

空中连廊多见于两座较高的建筑物（主建筑物）之间，其结构形式多为钢结构或现浇钢筋混凝土结构。对现浇钢筋混凝土连廊结构而言，施工时需要搭设脚手架和铺设模板。而当连廊距离地面（或裙房屋顶）有很大的高度时，传统的直接从地面（或裙房屋面）搭设支撑系统至连廊施工面在安全性与经济性上都是显然不合理的。因此，如何提供安全可靠、经济合理的高空施工平台成为混凝土连廊施工中的关键问题。目前较多采用液压提升、预埋吊装的方法，通过搭设临时焊接拼装而成的桁架结构作为施工平台，此类桁架施工平台是一次性的临时结构，无法重复使用，需要消耗大量的钢材；同时平台的拼接过程中需要大量的焊接工作，消耗时间长，工作量大；而且安装过程中往往需要大型的吊装设备，对设备与操作人员要求高。针对上述问题与技术挑战，本文提出了一种新型的简捷、高效的高空连廊施工方法——高空连廊悬臂滑移平台施工工法。本工法采用标准化的可拆卸桁架作为连廊施工平台的主要承力构件，所有构件现场组装，然后通过滚轴装置将组装好的型钢桁架悬臂滑移外伸，直达对面楼层支点，构筑成支模架的载荷基体；最后进行必要的加固与加强，搭设支模架，铺设模板，构筑成完整的高空混凝土连廊浇筑的支模系统。该施工方法在浙江东阳三建办公楼工程中初次探索、总结，在西安市西部国际广场工程中已经形成了完整的理论，并且成功应用，取得了丰富的和实践经验，获得了良好的技术经济效果，为后面工程中应用创造了良好的条件。

根据国内查新结果的显示，该技术在所检国内文献中的相关工法未见有述及，属于首次应用。该技术于 2008 年 4 月 13 日通过浙江省建设厅组织的科学技术成果鉴定，达到国内领先水平，并成为浙江省建设厅建设科技科研和推广项目。

2. 工 法 特 点

本工法的最大创新之处在于用可重复使用的组装桁架代替传统的一次性焊接桁架，并采用悬臂滑移的方法跨越两边的主建筑物，相比于传统的一次性桁架吊装平台施工方法，其主要特点如下。

2.1 本工法从运输、组装、架设与拆除四个主要环节上有效地简化了高空混凝土连廊施工平台搭设，大幅缩短了高空混凝土连廊的施工工期。桁架构件分批运输，现场塔吊即可完成所有垂直运输任务；桁架通过标准连接件组装成型，无需焊接；桁架的架设与拆除均通过悬臂滑移的方法实现，无需专门的大型起重设备及复杂的吊装工序。

2.2 采用标准构件与规范化设计有效保证施工平台的强度与刚度，进而有效控制了高空连廊现浇混凝土的起拱值，确保了施工质量。桁架构件为标准件，质量均匀可靠，桁架的设计与尺寸选择有规范化的图表可循，在正确确定施工荷载与工况组合的前提下，桁架的强度与刚度可以得到有效的控制，跨中挠度造成的现浇混凝土的起拱值可严格控制在设计允许范围以内，施工过程连续，施工质量稳定可靠。

2.3 整个施工平台结构层次清晰，构件主次分明，传力路径明确，降低了由于系统过于复杂可能带来的不确定危险因素，在桁架施工平台层之上直接搭设支模架，无须额外搭设脚手架，避免了多层脚手架容易失稳的风险，整个支撑系统安全性得到了有效的保障，整个高空连廊施工过程更加安全可靠。

2.4 所采用的桁架设备普遍、常备，可重复使用，其他设备均属原有施工设备及普通周转材料，可以就地解决；除模板外，几乎无其他一次性消耗物品的投入，较一次性的焊接桁架施工平台节省了大量钢材；再加上桁架结构通过悬臂滑移架设、滑移拆除，对操作人员要求不高，工人稍加培训就能承担架设任务。从而显著减少了高空混凝土连廊的施工投入，降低了工程造价。

3. 适 用 范 围

适用于中等跨度（15～30m），距离地面（下部裙房屋顶）几十米至上百米的高空混凝土连廊施工。

4. 工 艺 原 理

本工法采用标准化的可拆卸桁架作为连廊施工平台的主要承力构件，桁架的大部分构件在主楼楼面现场组装，然后用人力或机械牵引，将桁架平稳而缓慢地悬臂推出，利用桁架前端鼻架构造驳岸。依靠自重（或配重）保持桁架在悬臂架设过程中的重心始终落在楼面上，保持运动稳定性，防止倾覆。再以悬臂架设好的桁架为主体，其上加铺横向工字钢，一并组成整体承力平台，然后在其上搭设支模架及模板，构筑成完整的高空混凝土连廊浇筑的支模系统。

同时，利用精确有限元数值模型模拟预测整个施工过程中桁架的静内力与挠度变化情况，尤其对架设过程中桁架悬臂端出现的下挠变形与连廊混凝土浇筑阶段施工平台的跨中竖向挠度作重点关注，根据相应结果调整桁架的最终尺寸并确定辅助稳定设备的布置与规格。

5. 工艺流程及操作要点

5.1 施工工艺流程

本施工工法的主要工艺流程如图5.1所示。

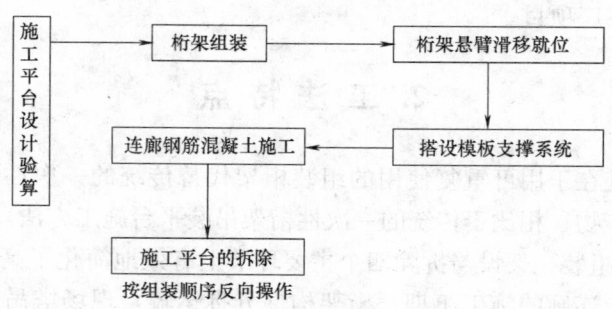

图5.1 施工工艺流程示意图

5.2 操作要点

5.2.1 施工平台设计验算

施工平台设计验算应依据国家的相应设计规范进行，主桁架布置及尺寸主要受连廊的跨度、宽度以及钢筋混凝土体量决定，其主要设计步骤见图5.2.1-1。各个步骤中具体需要解决的问题如下。

1. 设计和验算时需要考虑的作用在施工平台上的荷载可分为永久荷载（恒载）与可变荷载（活载）。永久荷载包括连廊结构新浇混凝土自重与钢筋自重、施工平台及防护设施的自重；可变荷载包括施工人员及施工设备荷载、振捣混凝土时产生的荷载以及风荷载。各项荷载的具体取值及组合应严格依据相应的规范。

2. 确定施工平台的布置方案,尤其是桁架主梁的布置。根据连廊的跨度及施工中发生的实际荷载情况,一般可选择2~4排标准桁架片通过支撑架联结而成的格构式桁架作为施工平台的主梁,视上部连廊的结构布置及荷载分布情况选择主梁的数量及主梁布置间距,图5.2.1-2为某一实际工程中采用的2根由4排桁架片组成的主梁与2根由双排桁架片组成的主梁不等间距对称布置的情形。在桁架主梁上铺设等间距的横向工字钢作为次梁,其上铺设脚手板。

3. 初定主桁架的规格及其他构件的尺寸。将格构式的桁架主梁等效为理想实腹弹性梁,并分别采用悬臂与简支两种边界条件对应桁架过程中与架设完成后的两种状态,计算出各种工况下主梁所需要承受的最大弯矩与剪力,然后参照可供选择的桁架规格与相应的极限承载力参数,确定桁架主梁的具体规格。表5.2.1-1给出了常用组装桁架的单榀允许内力及几何特征。在确定了主桁架规格后,上部工字钢及脚手架的设计根据相应规范设计即可。

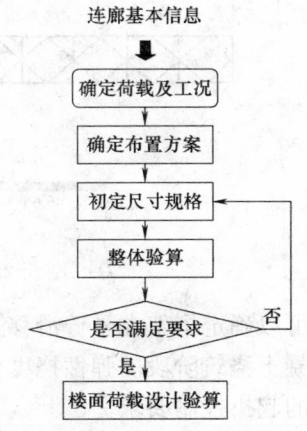

图 5.2.1-1　钢桁架施工平台设计验算步骤

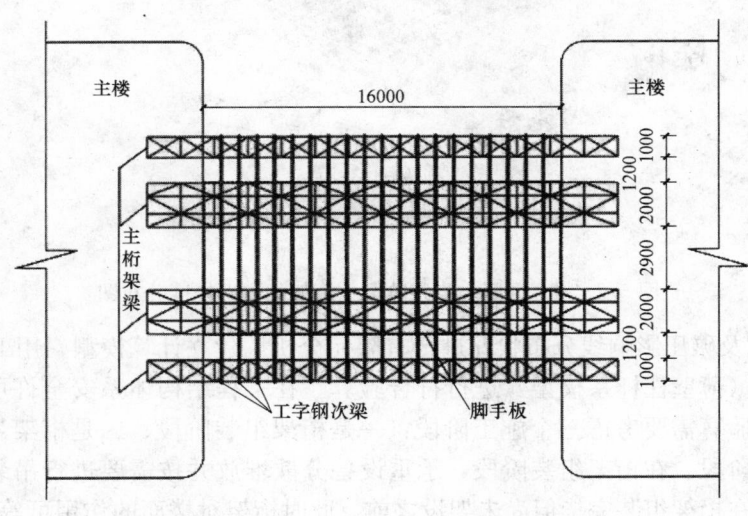

图 5.2.1-2　钢桁架施工平台布置方案

常用组装桁架的单榀允许内力及几何特征　　　　　　　　　　　表 5.2.1-1

	允许弯矩 (kN·m)	允许剪力 (kN)	截面惯性矩 (cm⁴)	截面的抗矩 (cm³)
321型普通	788.2	245.2	250497.2	3578.5
321型加强	1687.5	245.2	577434.4	7699.1
200型普通	1034.3	222.1	580967.2	5444.9
200型加强	2165.4	222.1	1164482.4	10425.1

4. 施工平台整体验算,尤其需要关注的是桁架主梁的跨中挠度。根据上述步骤中确定的结构实际布置方案与构件尺寸,分别建立桁架悬臂阶段与整个支撑系统搭设完成后的有限元模型,精确模拟整个系统的施工全过程受荷情况,验算结构的强度、刚度及稳定性。若验算发现存在不满足要求的情况,则需要重新调整构件的布置与尺寸规格。图5.2.1-3给出了某一实际连廊施工中悬臂阶段的弹性挠度分布情况。根据图中给出的结果再加上由桁架拼装单元之间销孔间隙产生的相对转角引起的非弹性挠度

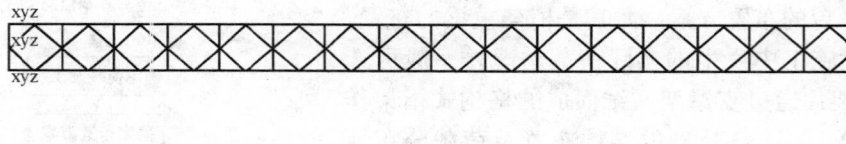

图 5.2.1-3　悬臂滑移阶段主桁架的弹性挠度分布图

部分，便可以确定桁架在悬臂滑移过程中需要预先上翘处理的前端鼻架数量（详见 5.2.4）。图 5.2.1-4 给出了混凝土浇筑阶段的弹性挠度分布情况，据此可判定出桁架支撑系统的下挠变形是否满足上部混凝土浇筑的起拱控制要求。

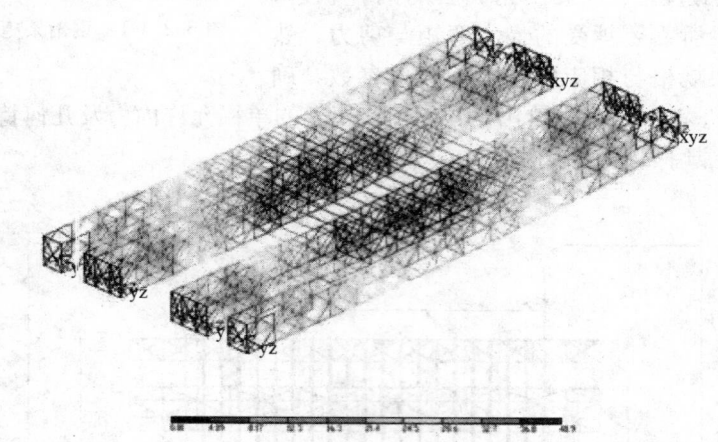

图 5.2.1-4　混凝土浇筑阶段主桁架的弹性挠度分布图

5. 根据外加荷载及碾压影响线分布状况进行有限元分析，建立计算模型，用 PKPM 系列 SATWE（墙元模型）或 TAT（薄壁柱杆系模型）进行符合验算。在工程结构体系安全许可情况下，楼面增加钢桁架后的荷载设计验算需要考虑三个施工阶段：一是桁架组装阶段、二是桁架悬臂滑移阶段、三是连廊混凝土浇筑施工阶段。在桁架组装阶段，承重设备分散堆放并按需要进行吊装，要求随吊随运随装，最不利情况出现在桁架组装完毕但尚未架设之前，此时桁架对楼面的作用可等效为均布活荷载 q_e，根据《建筑结构荷载规范》GB 50009—2001 附录 B，其数值可通过内力等效原则确定：

$$q_e = \frac{8M_{\max}}{bl^2} \tag{5.2.1-1}$$

式中　l——板的宽度；

　　　b——板上荷载的有效分布宽度；

　　$M_{\max}$——简支板的按设备最不利布置确定的绝对最大弯距。

在桁架的悬臂滑移阶段，桁架的重心始终位于楼面上，阶段桁架对楼面的等效均布仍可采用式（5.2.1-1）计算。因此，在上述两个施工阶段，要求：

$$q_e \leqslant q_0 \tag{5.2.1-2}$$

式中　q_0——楼面活荷载的设计标准值，根据《建筑结构荷载规范》GB 50009—2001 取为 2kN/m²。

在桁架悬臂滑移架设完成后及后续的连廊混凝土施工阶段，桁架对楼面的作用可近似等效为作用在桁架搁置点的集中活荷载。搁置点一般位于楼面边缘的框架梁上，因此上述集中荷载将直接传递到相应的框架梁上，与图 5.2.1-2 的桁架布置方案相对应的楼面边缘框架梁的受力情况如图 5.2.1-5 所示。图中各个集中力的具体数值可根据作用力与反作用力原理，将施工平台整体验算中得到的最大支座反力反向得到。根据框架柱间距和框架梁的尺寸及配筋情况，可由图 5.2.1-5 给出的受力模型计算框架梁关键截面的弯矩 M，然后复核这些关键截面的受弯承载力。设框架梁为单筋矩形截面的适筋构件，其正截面的尺寸与受力情况如图 5.2.1-6 所示。首先计算受压区高度 x：

$$x=\frac{f_y A_s}{f_{cm} b} \tag{5.2.1-3}$$

式中　f_y——钢筋抗拉强度设计值；

　　　f_{cm}——混凝土弯曲抗压强度设计值；

　　　A_s——纵向受拉钢筋的截面面积；

　　　b——框架梁截面宽度。

截面的受弯承载力 M_u 为：

$$M_u=f_y A_s\left(h_0-\frac{x}{2}\right)\text{或}M_u=f_{cm} bx\left(h_0-\frac{x}{2}\right) \tag{5.2.1-4}$$

式中　h_0——截面的有效高度。

因此，为保证框架梁不受破坏，要求在任何关键截面上满足：

$$M\leqslant M_u \tag{5.2.1-5}$$

若楼面结构（包括楼面板和框架梁）自身的承载力无法承受由钢桁架带来的上述荷载，那么可以采用增加支撑的方式来提高楼面的抵抗能力。实际操作中可以考虑适量预留楼面浇筑时设置的支撑。

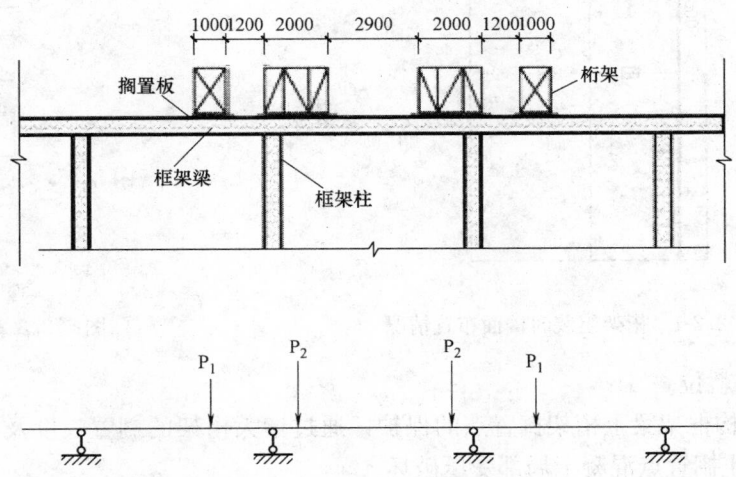

图 5.2.1-5　桁架平台对楼面框架梁的作用力示意图

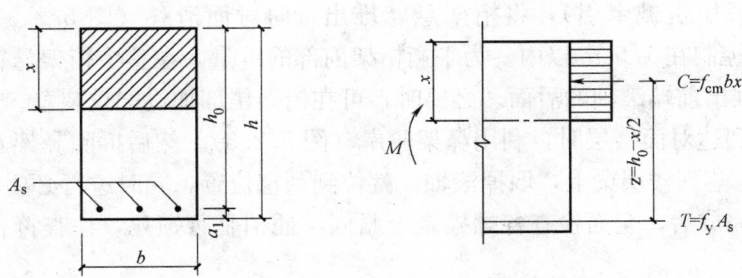

图 5.2.1-6　框架梁正截面尺寸及受力示意图

5.2.2　桁架组装

当架设层楼面梁板混凝土强度达到设计强度后，根据施工现场实际情况可用塔吊或施工电梯把桁架散件及牵引机械和配重装置运送至组装桁架的楼面。在两边楼面定出将架设的桁架的轴线延长线，沿轴线延长线方向距离楼面边缘 1m 处各安置一个摇滚。在组装桁架的楼面上，在摇滚后面每隔大约 6m 安置一个平滚，然后将组装的型钢桁架片和弦杆等其他构件放置在排成一线的平滚旁，以主到次按序组装，组装时的楼面布置情况如图 5.2.2-1 所示。待桁架沿轴线延长线组装好以后，再用千斤顶将其顶起后插入等间距的平滚，然后撤去千斤顶将桁架搁置到平滚上。为保证桁架推出后的稳定性，在桁架前端安装一定数量的鼻架，鼻架长度要符合下列规律，即鼻架的节数等于桁架节数除以 2 加 1，对于奇数节桁架其节数除 2 后取整数再加 1。桁架组装的整个过程概括可为图 5.2.2-2。

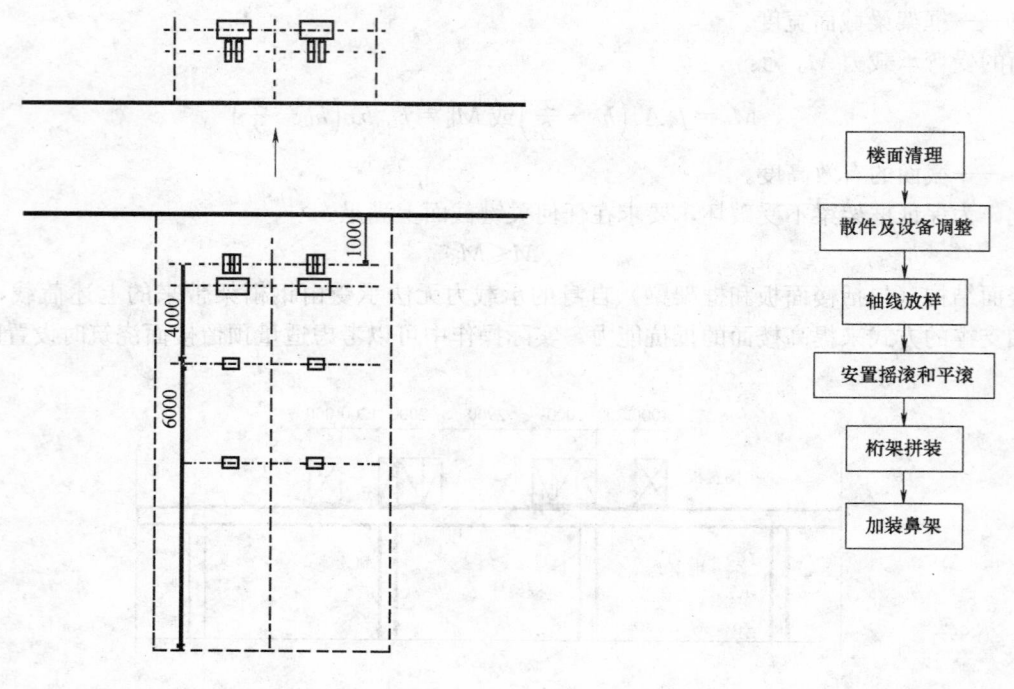

图 5.2.2-1　桁架组装时楼面布置情况　　　　　图 5.2.2-2　桁架组装流程图

5.2.3　悬臂滑移就位

1. 预先做好主结构框架梁上桁架搁置点的保护，通过增大桁架的搁置长度及在搁置部位铺设钢垫板分散压力等措施防止搁置点混凝土局部受压破坏。

2. 桁架滑移前应全面检查桁架上有无插销等其他配件和易落物，检查所有连接件连接是否牢固可靠。办理清点交接，并履行签字手续。

3. 用人力推拉（或用机械牵引），将桁架悬臂推出，向对面滑移（图 5.2.3），滑移速度不超过 0.8m/min，平滚偏位控制在 1.5cm 以内。为平衡桁架前部的重量，在整个桁架悬臂平移过程中，应使桁架的重心始终落在推出前端滚轴的后面。必要时，可在桁架尾部加设配重装置。

4. 待桁架悬臂端到达对面楼层时，利用鼻架驳岸（图 5.2.3）。然后拆除鼻架及辅助承重架，用千斤顶将组装桁架顶起，落到楼层梁上，取掉滚轴，就位到预定位置，同时进行必要的加固。

5. 桁架组装架设完成后，全面检查各螺栓是否紧固，插销是否锁死，检查符合要求后，办理桁架交付使用手续。

6. 以同样方法将其他桁架架设到固定位置。

5.2.4　模板支撑系统搭设

在主桁架滑移就位后，首先在桁架上拉设防护平网，其次铺设横向工字钢作为次梁，与主桁架一起形成整体基架。在次梁上焊有固定钢管的钢筋头，上铺脚手板，搭设支模架及模板（图 5.2.4）。因桁架施工平台至连廊混凝土梁板底的空间高度一般只有 1～2m，同时考虑到基架的弹性变形，支模架

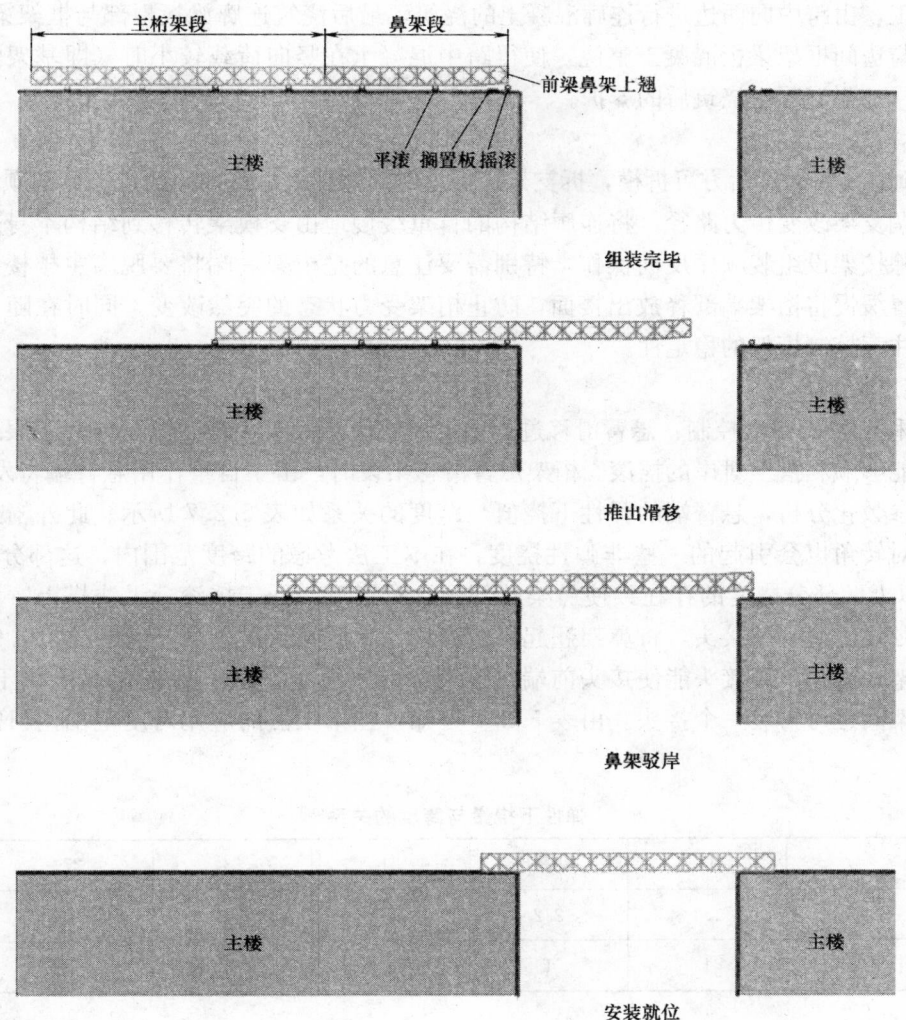

图 5.2.3　主桁架悬臂滑移架设过程示意图

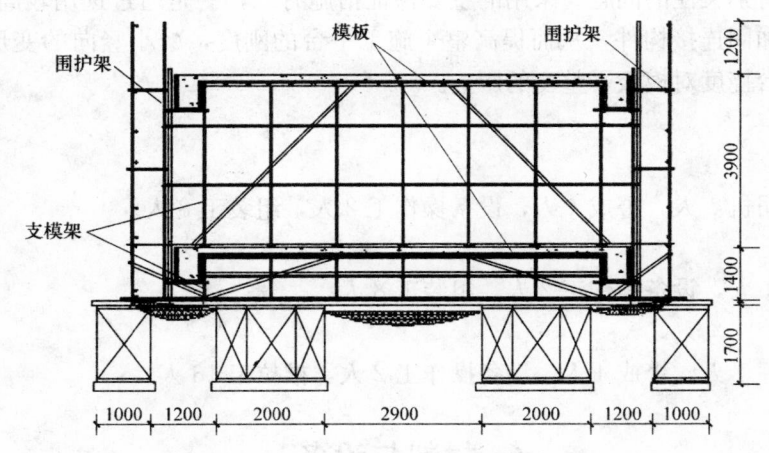

图 5.2.4　模板支撑系统（剖面图）

宜采用可调支架。

5.2.5　连廊钢筋混凝土浇筑

支模系统检查验收完毕后，进行钢筋绑扎、混凝土浇筑。连廊上下二层混凝土悬挑结构为不拆架，不拆模连续施工，由跨中向两边进行连廊混凝土的浇筑，最后浇筑连廊梁板根部与框架梁板结合区段，悬臂结构部分与边间框架梁板混凝土整浇，使得跨中混凝土在竖向荷载较小时（即基架弹性变形较小时）浇筑完成。加强混凝土浇筑后的养护。

5.2.6 拆模及桁架回拉

混凝土达到100％强度后方可拆模，拆支架。拆模时同样采用由跨中向两边进行的顺序，实际操作时通过降低可调支架改变传力路径，将连廊结构的自重缓慢地由支模架转移到结构本身来承担；桁架的回拉的与拆除按架设组装顺序反向操作，特别需要注意的是桁架一端将要脱离主楼楼面时，应采用人力或牵引装置缓慢将桁架端部释放出楼面，防止桁架受力状态的突然改变，同时在随后的滑移回拉过程中也需要注意控制桁架的稳定性。

5.2.7 挠度控制技术

1. 桁架滑移阶段的挠度控制：悬臂滑移过程中需要解决的一个关键问题是如何克服悬臂前端的下挠使悬臂桁架能够顺利搭上对岸的摇滚。桁架悬臂滑移架设时，由于自重作用悬臂端将发生弹性下挠，根据有限元的参数化分析，悬臂端的弹性下挠值与跨度的关系如表5.2.7所示。此外桁架拼装单元之间销孔间的相对转角也会引起的一些非弹性挠度，在本工法考虑的跨度范围内，这部分挠度为2.5～4.0cm。由于以上两部分挠度的存在致使鼻架端部到达对岸后，低于摇滚，无法搭上，为解决这一矛盾，在鼻架下弦设专用下弦接头，将鼻架翘起一定高度。下弦接头嵌在两桁架片之间，它的前端最多只能用四节桁架，一个下弦接头能使接头前端每节桁架上翘约34cm，若翘起的高度仍不能满足要求，则在前四节桁架间还可再装一个接头。由表5.2.7可知，在本工法的应用跨度范围内只需要上翘一节鼻架就可以拉。

弹性下挠量与跨度的关系　　　　　　　　　　　　　　表5.2.7

跨度(m)	15	18	21	24	27	30
弹性下挠量（cm）	1.1	2.2	3.9	6.6	10.6	16.1
需要上翘鼻架数（节）	1	1	1	1	1	1

2. 混凝土浇筑阶段挠度控制：在连廊混凝土的浇筑阶段，支模系统承受的竖向荷载将达到最大值，相应地施工平台的弹性挠度也达到极大值，如何控制平台的挠度保证连廊混凝土的起拱值控制在设计允许的范围内是需要特别关注的问题。采用的主要保证措施有二，一是通过选用较高规格的桁架型号，以及增加桁架之间的加固连接构件，从而提高整个施工平台的刚度，减小竖向的变形；二是通过采用可调的支架，抵消平台挠度对模板平整度的影响。

5.3 劳动力组织

5.3.1 工前准备

指挥1人，塔吊司机1人，警戒4人，设备操作工2人，组装工8人。

5.3.2 桁架组装

指挥1人，警戒1人，设备操作工2人，组装工8人。

5.3.3 桁架架设

总负责兼发令指挥1人，警戒4人，设备操作工2人，推拉工16人。

6. 材料与设备

6.1　本工法采用的材料都为常规材料，主要包括装配式桁架片、工字钢、钢管、夹头、挡板、木料、模板、安全网等，相应的规格及数量按实际需要选用。

6.2　本工法采用的机具设备见表6.2。

机具设备表 表 6.2

序 号	设备名称	型 号 规 格	单 位	数 量	用 途
1	千斤顶	10t	台	4	桁架就位
2	卷扬机	3t	台	2	桁架就位
3	物料提升机	TD500	台	1	物料运输
4	摇滚装置	按主桁架型号采用	个	2/榀	桁架推出
5	平滚装置	按主桁架型号采用	个	1/6m	桁架推出
6	配重设备	按实际需要配置	台	2	维持滑移稳定
7	鼻架	同主桁架	节	1/榀	桁架驳岸
8	塔式起重机	QTZ63	台	1	物资吊运
9	钢筋弯曲机	GW40	台	2	钢筋加工
10	电焊机	BX-300	台	6	钢筋加工
11	对焊机	UN1-150	台	1	钢筋加工
12	插入式振动棒	φ50	只	8	混凝土振捣
13	混凝土运输车	6m³	辆	4	混凝土运输
14	混凝土输送泵	HBTS90-16-181R	套	1	混凝土输送
15	混凝土布料机	28m 布料机	台	1	混凝土输送

7. 质 量 控 制

7.1 工程质量控制标准

高空混凝土连廊施工中质量控制的关键性指标是连廊混凝土的浇筑质量,而连廊混凝土的浇筑质量在很大程度上又依赖于包括施工平台及支模架在内的模板支撑体系的安装质量,所以本工法中采用的主要质量控制标准包括以下几点。

7.1.1 连廊现浇混凝土的施工质量执行《混凝土结构工程施工质量验收规范》GB 50204—2002。连廊混凝土的允许偏差按表 7.1.1 执行。

连廊混凝土的允许偏差 表 7.1.1

项 目	允许偏差(mm)	检 验 方 法	项 目	允许偏差(mm)	检 验 方 法
轴线位置	8	钢尺检查	标高	±10	经纬仪检查
垂直度	8	经纬仪检查	截面尺寸	+8,−5	钢尺检查

7.1.2 钢结构施工平台的安装执行《钢结构工程施工质量验收规范》GB 50205—2002,其允许的偏差按表 7.1.2 执行。

钢结构施工平台的安装允许偏差 表 7.1.2

项 目	允许偏差(mm)	检 验 方 法
平台高度	±15	用水准仪检查
桁架主梁水平度	$l/1000$,且不应大于 20.0	用水准仪检查
桁架主梁水平度侧向弯曲	$l/1000$,且不应大于 10.0	用拉线与钢尺检查
桁架主梁垂直度	$h/250$,且不应大于 15.0	用吊线与钢尺检查

7.1.3 脚手架的搭设执行《建筑施工扣件式钢管脚手架安全技术规范》JGJ 130—2001。

7.2 质量保证措施

针对本工法的特点，施工质量保证一方面是通过确保施工平台的刚度与强度要求来实现的，这一点已经体现在上面的章节中，其他的质量保证措施包括以下几个方面。

7.2.1 桁架滑移前全面检查所有连接件连接是否牢固可靠，办理清点交接，并履行签字手续。桁架组装架设完成后，全面检查各螺栓是否紧固，插销是否锁死，检查符合要求后，办理桁架交付使用手续。

7.2.2 支模架采用可调支架，通过调节抵消桁架平台的弹性变形，保证连廊模板的平整度，防止因支模系统特别是桁架产生的弹性应变过大造成连廊混凝土的开裂。

7.2.3 合理安排连廊混凝土的浇筑顺序，保证连廊结构本身及连廊与主楼的整体性。连廊上下二层混凝土悬挑结构为不拆架，不拆模连续施工，混凝土浇筑由外向里，最后浇筑连廊梁板根部与框架梁板结合区段，悬臂结构部分与边间框架梁板混凝土整浇。

8. 安 全 措 施

8.1 严格执行《建筑施工高处作业安全技术规范》JGJ 80—91。

8.2 严格执行《塔式起重机安全规程》GB 5144—94。

8.3 具体措施

8.3.1 健全和落实安全责任制，全面开展专题安全教育。对所有进场人员必须进行施工注意事项等教育，技术培训与安全交底；进行专门安全检查和安全演示、演习，检查落实安全防护设施及环境安全措施，设置醒目警示牌、宣传标语牌等。

8.3.2 编制相关专项方案，对桁架的整体推拉架设和回拉平移过程中所产生的最大力矩、扭矩、挠度及抵抗矩与配重计算；在桁架在整体推拉架设和回拉过程中（特别是外伸段长度过半后），及时配重，防止其端部下挠过大（下垂）。

8.3.3 现场操作安全规定

1. 工前准备工作充分，应把大量组装工作移至楼面安全位置，将立体施工作业仅可能转化为平面施工作业。组装前对桁架组装人员要再次进行安全教育，熟悉操作规程，确保组装质量。

2. 在桁架的整体推拉和回拉过程中，对启动、拉动速度、紧急制动、回拉、调整各项操作的指令、联动、协调，应步调一致。桁架的整体推拉架设和回拉控制措施应作专项方案，认真进行技术交底和安全操作培训。

3. 工字钢与平台板铺设等高空作业，在施工过程中必须成立专门的作业组，指定专人负责安全，确保熟练操作和施工安全。

4. 对进入施工现场人员必须检查是否有恐高症、高血压，禁止有不适于高空操作的人员参与本工序施工。

5. 承重设备转运至楼房内，应分散堆放并按需要进行吊装。要求随吊随运随装，随拆随运走。

9. 环 保 措 施

9.1 贯彻国家及地方有关施工现场环境保护管理规定及标准，建立健全环境保护管理体系；建立健全施工现场文明施工及环保管理制度。

9.2 执行政府环卫法规，遵守施工现场的环境卫生规定，开展环境保护知识教育和培训，提高职工的环境保护意识。

9.3 成立项目环保组织机构，落实岗位责任制，专人负责检查、协调，制定专项对策、预案，及时发现，及时处理。

9.4 采取有效措施控制施工现场的粉尘、废气、废弃物，噪声、光源等对环境的污染和危害，保证职工的身心健康，不扰民，不影响周围单位的正常工作和居民的日常生活。

9.5 施工现场应当设置各类必要的职工生活设施，并符合卫生、通用、照明等要求。职工的膳食、饮水供应等应当符合卫生要求。

9.6 施工现场要求道路通畅、平坦、整洁，无积水沉洼，确保车辆正常出入，运载装卸安全便捷。

9.7 施工机具、桁架配件、设备、材料严格按布置图规定有序、分类堆放，保持良好的场容场貌，保证施工的正常进行。

9.8 桁架装配场地干净平整，牵引设备、滚轴、桁架配件按施工方案依次吊运，有序装配，架体整齐堆放。

10. 效 益 分 析

10.1 高空连廊悬臂滑移平台施工工法极大地改善施工环境，将立体施工作业尽可能转化为平面施工作业，与其他施工方法相比，施工人员暴露于危险状态的时间大为减小，有效地把危险因素降至最低，确保施工安全。

10.2 高空连廊悬臂滑移平台施工工法充分利用型钢桁架设备优点。桁架设备普遍、常备，可重复使用，节省大量钢材，以平面尺寸为 16m×8m 的连廊施工为例，若采用吊装的临时平台施工，将需要耗费上百吨的钢材，而采用本工法耗费的钢材量几乎为零。此外，高空连廊悬臂滑移平台施工工法不受高空限制，又无需大型的架设设备，为其他类似的高空悬空结构工程的施工提供借鉴。

10.3 悬臂滑移组装式桁架支模系统适用范围普遍，原理科学合理，操作简便可行，过程快速低耗，施工质量连续稳定。与传统的高空连廊施工方法相比，在施工平台与支撑系统的搭设这一环节，可缩短了约一半的工期，同时节约了 1/2～2/3 的费用，取得了较好的经济效益。

10.4 桁架的组装全部在高空的主楼楼面完成，同时无需任何焊接环节，相对于传统施工方法大大减少了对附近环境的噪声污染与眩光污染。

11. 工 程 实 例

11.1 西安市西部国际广场工程。西部国际广场位于西安市高新一路，建筑面积 116280m²，地下 3 层，地上 37 层，总高达 140 多米。开工日期 2003 年 4 月，竣工日期 2005 年 10 月。工程建筑平面呈矩形，地下 3 层，地面以上 10 层裙房为整体，10 层裙房以上分为双塔式高层框筒楼，在 33 层处（标高 119.77m），两塔楼互向对方悬挑混凝土梁板构成单层连廊，连廊净跨距 16.00m，宽度 8.30m，层高 3.90m。高空悬挑混凝土连廊要求与主体结构同时浇筑混凝土，成为该工程一大施工亮点。

11.2 东阳三建办公楼工程。该工程位于东阳市振兴路 1 号，开工日期 2001 年 7 月，竣工日期 2002 年 3 月。在广厦主楼与科技楼之间搭设一条空中连廊通道，连廊跨度 18m，选择空中滑移桁架的方法，成功的解决了由于下方道路不能中断，不能采用普通脚手架支模的难题。

11.3 武汉万豪豪园工程，坐落于优美的西北湖畔，临近建设大道、青年路、新华路等城市主干道。本工程由四栋高层商住楼组成，建筑布局呈"L"型形状。总建筑面积为 96704.95 平方米，主楼总高度 110.8～120.9m。开工日期 2004 年 5 月，竣工日期 2006 年 7 月。主楼之间由连廊连接，连廊标高为 58.3m、64.5m、70.7m，所有连廊跨度均为 7.6m，连廊宽度为 8.8m。采用本工法有效解决了支模架搭设问题，缩短了工期，节约了成本，为企业赢得了良好的社会和经济效益。

11.4 工程实例图片（图 11.4-1～图 11.4-5）

图 11.4-1　西安市西部国际广场工程高空连廊

图 11.4-2　东阳三建办公楼工程连廊

图 11.4-3　武汉东方万豪豪园工程连廊

图 11.4-4　主桁架悬臂滑移过程

图 11.4-5　利用千斤顶就位

复杂多变空间结构大型多分支铸钢件测量施工工法
GJEJGF083—2008

中建三局第一建设工程有限责任公司　中建钢构有限公司
戴岭　张琨　王宏　戴立先　孙金桥

1. 前　言

目前国内大型多分支节点应用在复杂多变空间结构上比较多，作为结构的主要受力节点。现有大型多分支节点的外形多为规则几何形状，现场施工对节点的外形尺寸检测，主要采用连接端口相互间尺寸检查；对节点的测量定位，主要为三维坐标测控方法。

广州歌剧院钢结构网格为复杂多变空间结构，主要受力节点采用大型多分支铸钢节点，其铸造成型后尺寸偏差大，安装精度控制难。上述针对规则形状的传统测量方法已不能满足大型多分支铸钢节点的精确定位要求。中建钢构有限公司采用坐标拟合法检测大型多分支节点和三维坐标分解法安装大型多分支节点相结合的方法，高效地完成了总共69个铸钢节点的精确定位，使主体钢结构顺利合拢。为此，中建钢构有限公司研究并形成了"复杂多变空间结构大型多分支铸钢件测量施工工法"，包含此项技术的"广州歌剧院空间组合折板式三向斜交网格钢结构安装成套技术"通过了由中建总公司组织的钢结构专家委员会成员进行的鉴定，结果为总体达到国际先进水平。

2. 工法特点

2.1　操作实用性
针对复杂多变空间大型多分支节点测量定位，采用坐标拟合法进行外形尺寸检测，根据工作点坐标计算出各端口控制点坐标，并将设计外形尺寸与实测外形尺寸进行循环测距拟合，达到精确测量控制节点目的，具有安装现场可操作的实用性。

2.2　作业效率高
测量检测数据与计算机整理数据可同时进行，在现场坐标测量节点的同时，可在绘图软件上进行设计坐标点的连线，测量作业人员与技术人员配合简洁有效，及时满足数据整理需要，提高测控效率。

2.3　测量控制精度高
使用全站仪坐标拟合法，可实现全站仪与计算机之间的双向通信，测量数据自动传输到全站仪内存，可实时计算出点位坐标并记录到计算机，保证节点测量数据的准确性。经过坐标分解，使得三维坐标控制转换为平面二维坐标和高程控制相结合的方法，使得操作过程精度更高，满足大型多分支节点的安装定位需求。

2.4　仪器设站灵活
全站仪使用设站灵活，可以在复杂的施工现场条件下选择最佳位置设站，减少其他施工工序对测量检测的干扰，减少施工条件限制。

2.5　检测结果实用
使用拟合法检测完成的节点，可在三维绘图软件平台上，找到节点相对偏差最大的分支，为安装提供指导，提高安装精度。

3. 适用范围

本工法适用于复杂多变空间结构大型多分支节点无可操作控制点的精确测量定位，特别是不规则大跨度网格结构节点的三维空间定位。对于其他不规则壳体结构，同样具有较高的参考价值。

4. 工艺原理

本工法根据大型多分支节点的设计工作点坐标，在绘图软件平台上进行三维推算，得出节点设计工作点各支腿理论坐标。通过全站仪对节点实体外形尺寸进行检测，记录收集并整理各端口实际测量数据，将其绘制成三维模型。然后将各支腿端口坐标点的设计推算值与实测值对比拟合。据此查出各支腿端口的三维坐标偏差值，对比验收规范安装允许偏差范围，作为节点外形尺寸检测结果的依据。节点安装时，采用三维坐标分解法，根据节点设计三维坐标工作点，将其转换成平面二维坐标和高程点。通过控制 X、Y 向位置和 Z 向高程，达到精确控制节点安装位置的原理。

5. 施工工艺流程及操作要点

5.1 工艺流程（图 5.1）

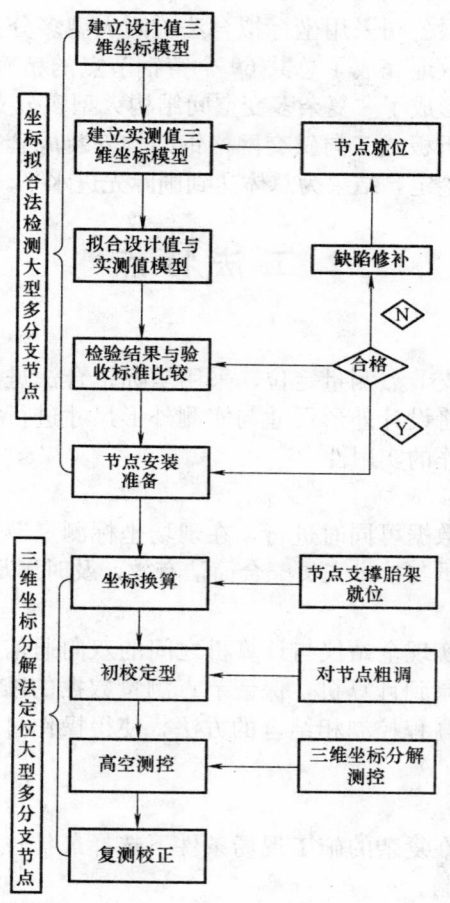

图 5.1 大型多分支节点测量工艺流程图

5.2 操作要点

5.2.1 坐标拟合法检测大型多分支节点

通过对节点的实测外形尺寸三维坐标与设计外形尺寸三维坐标进行拟合，得出节点的外形偏差是否在验收标准范围之内，见图 5-2.1-1。

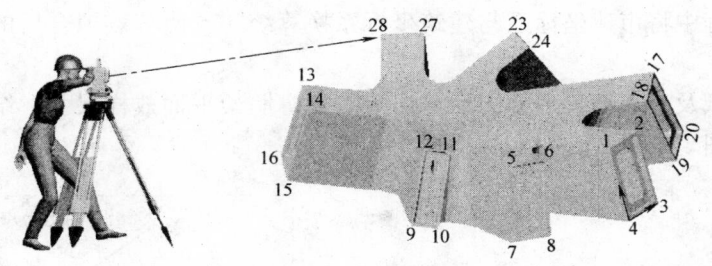

图 5.2.1-1 坐标拟合法检测大型多分支节点效果图

首先，通过设计给予的节点工作点与各端口中心点之间的尺寸关系，得出节点各端口的设计坐标值。将所得的数据建立节点三维空间模型，见图 5.2.1-2。

然后使用全站仪对节点实体进行外形尺寸检测，对节点各伸臂端口进行坐标测量，所得相对坐标值通过绘图软件转换为几何图形即实体模型，见图 5.2.1-3。

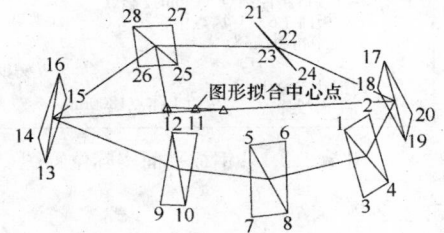
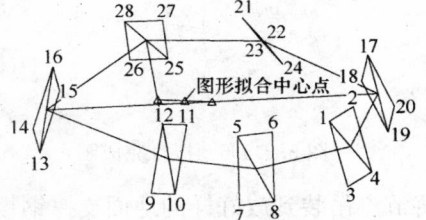

图 5.2.1-2 设计值端口连线图 　　　　图 5.2.1-3 实测值端口连线图

最后将实体模型与设计模型（理论值坐标点与点连接的线条组合）进行拟合（节点所测坐标值转换的实体模型图与设计值转换的设计模型图相互作比较），通过对实体模型的移动，使实体模型达到理论最佳位置。所得的各点坐标值为拟合值也为最佳控制坐标值。

拟合方法：将实体模型与设计模型通过绘图软件相互重叠，在图形四周找出端口与端口控制点相近的"十"连接线，移动两图形"十"字连接线相重叠拟合。将拟合后的实体模型移到建筑坐标系，得出实体模型各端口控制点坐标即为最佳控制坐标，见图 5.2.1-4～图 5.2.1-6。

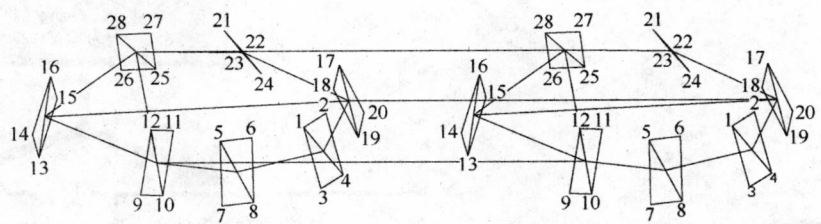

图 5.2.1-4 拟合模型对比图

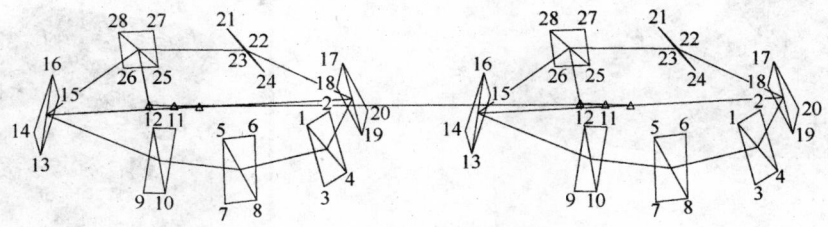

图 5.2.1-5 拟合操作过程图

将最佳控制值与设计值的各端口偏差参照验收标准进行对比，未超出标准规定的节点为检测合格。

5.2.2 三维坐标分解法定位大型多分支节点

首先在测量的过程中将市建坐标系与建筑坐标系换算统一，使节点拟合后的控制坐标与现场控制坐标统一。

然后根据施工图纸及节点相关坐标图计算出节点支撑胎架平面放样尺寸。结合工作点计算支撑钢板平面实际位置，见图 5.2.2-1。

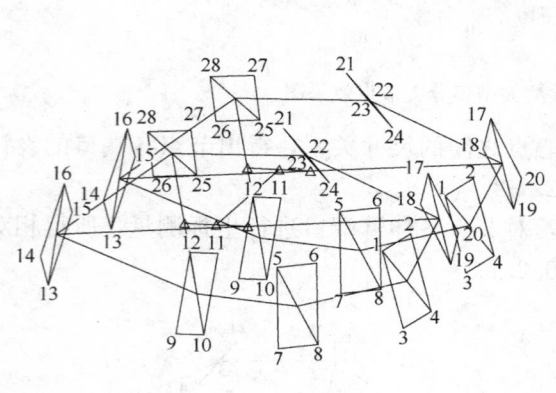

图 5.2.1-6　拟合完成图

图 5.2.2-1　钢板平面实际位置图

最后将节点吊装到放好样的地面支撑钢板上，见图 5.2.2-2。

测量定位流程主要如下：

初校定形→高空测控→复测校正。

1. 初校定形

高空定位前，先将节点通过起重设备在地面上进行 Z 高程形状粗调，在节点吊离地面 100mm 左右后，再将计算得出的各伸臂截面控制点相对高差，调整到相应高度。对节点定位进行粗调。

2. 高空测控

测量控制主要方法是将三维空间转化为二维平面控制。如图 5.2.2-3 所示。

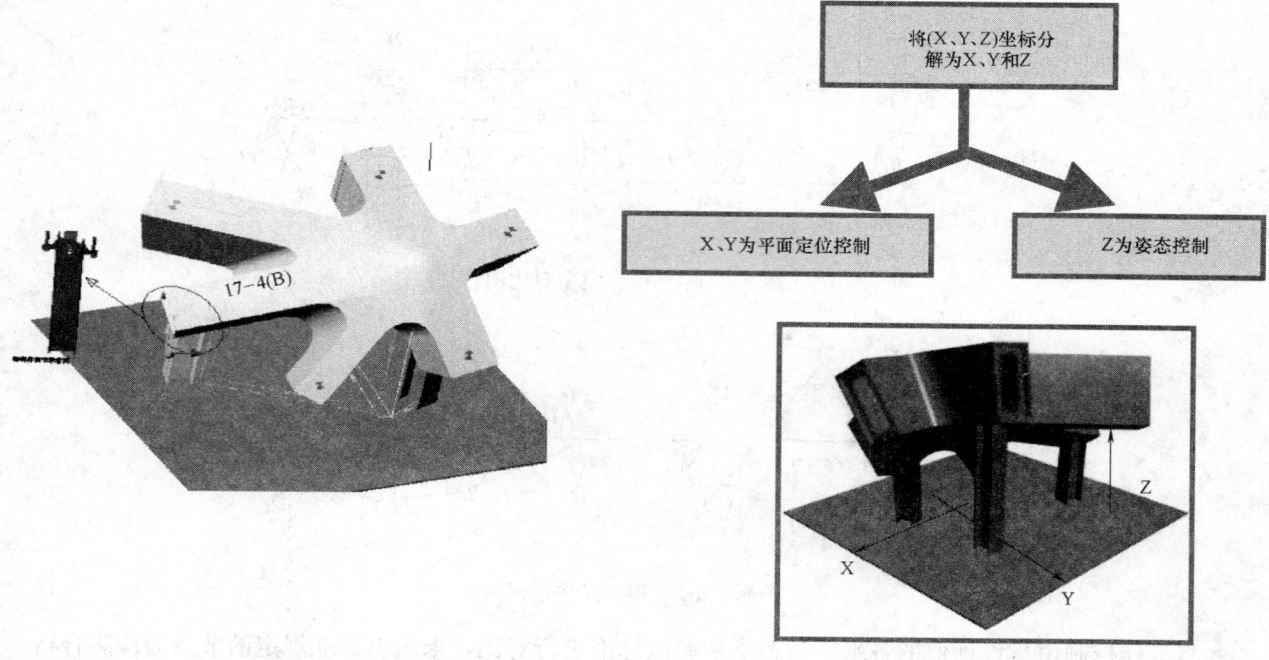

图 5.2.2-2　节点支撑胎架上定位示意图

图 5.2.2-3　坐标分解示意图

最终将复杂的空间三维定位转化为平面二维定位,从而实现测量定位的可操作性。将控制三维空间各节点端口分为控制 X、Y 向的位置和 Z 向的高程。经过"微调—复测—加固—松钩—复测"程序之后分析测量结果,调整到与事先确定的最终值相吻合为止。

6. 材料设备

各种仪器设备经检定合格并在检定有效期内,见表6。

仪器设备统计表

表6

序　号	名　　称	型　号	精度指标	数　量
1	全站仪	索佳 set 510	角度测量精度:2″ 测距精度:1mm+1ppm/3.0s	
2	经纬仪	J2	2″	
3	水准仪	索佳	2.5mm/km	
4	对讲机	健伍	2km	
5	塔尺	5m	1mm	
6	钢卷尺	50m	1mm	

7. 质量控制

按《钢结构工程施工质量验收规范》GB 50205—2001 和《广州歌剧院钢结构施工质量验收标准》等规范执行。

7.1 技术部门编制有针对性的坐标分解操作法技术交底书。

7.2 所有仪器均通过有关检测部门进行检测鉴定,合格后才能够投入使用。所有量具都与制作厂进行核对,确保制作安装的一致性。

7.3 测量及时跟踪,及时提供测量数据,为安装工序提供依据,做到校正时心中有数,不盲目施工。

7.4 端口空间定位偏差检测

7.4.1 端口测量点编号示意见图 7.4.1。

7.4.2 测点之间距离允许偏差示意见图 7.4.2。

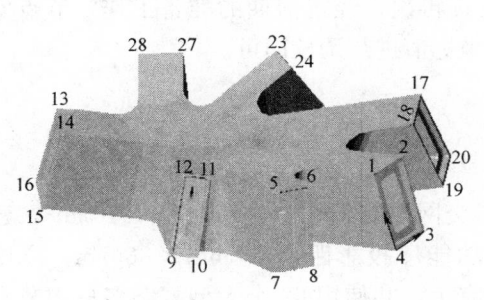

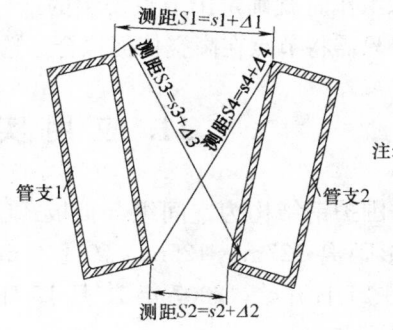

测距S1=s1+Δ1
测距S3=s3+Δ3
测距S4=s4+Δ4
测距S2=s2+Δ2

管支1　管支2

允许偏差:
Δ1,Δ2,Δ3,Δ4为实测距离与原设计距离之间的偏差<14.0mm

注:
1. s1,s2,s3,s4为原设计距离
2. Δ1,Δ2,Δ3,Δ4为实测距离与原设计距离之间的偏差

图 7.4.1　端口测点编号示意图　　　　图 7.4.2　测点距离允许偏差示意图

8. 安全措施

8.1 节点支撑胎架上设置安全操作平台,测量人员上平台操作前,配套搭设好防护网,布置立面

防护措施。

8.2 使用 H 形钢设置安全、稳定、可靠的节点支撑架，保证支撑稳定。

8.3 测量检测作业时，人员周围不得有起重机作业，检测完成后，临时拆除的防护网及护栏应及时恢复。

8.4 节点应在出厂前按预先计算好的位置设定吊点，施工现场严格按照吊点位置进行吊装，确保节点的平稳。

8.5 节点距离安装点过高时，安装平台的操作人员不得靠近节点下方。

9. 环 保 措 施

9.1 购置环保仪器设备，选用无放射和灼热类型的全站仪，避免在使用过程中灼伤人眼睛。

9.2 测量分析应在电脑完成操作，减少施工图纸打印量，节约用纸。

9.3 测量仪器所使用的电池，不能遗弃在现场，统一放置在回收桶。

9.4 现场及构件上涂刷的测量标记点待安装定位完成后应清除。

10. 效 益 分 析

10.1 经济效益

通过广州歌剧院钢结构工程的实践，采用"复杂多变空间结构大型多分支节点测量施工工法"测量控制大型多分支节点的数量为 69 个，总重量近 1100t。由于节点的安装误差在标准之内，使整体结构得以成功合拢，共完成钢结构安装工程量近 10000t。使用本工法进行大型多分支节点的测量控制，减少了节点的安装时间，减少了机械使用，缩短了安装工期，使得工程按进度圆满完成。

10.2 社会效益

本工法将大型多分支节点的测量定位由无法捕捉控制点实现为可操作的安装方法。用拟合法检测外形尺寸，能有效的检测节点的偏差，找出节点偏差相对较大的分支。同时，拟合得出的数据，可为现场安装提供依据。将节点的空间三维坐标定位转换为平面坐标和高程控制相结合的办法，有效的提高了节点的安装定位效率，解决了施工现场场地条件的限制。

使用本工法进行大型多分支节点检测，具有较强的安全性。首先，节点端口坐标检测是在地面完成的，测量人员无需在高空进行节点的检测；其次，数据整理与最终确定是在电脑软件平台上获取的，测量人员在进行内业技术工作时就确定出节点安装的最佳姿态；再次，经过前期的准备工作，节点安装时的工作量明显减少，只需将节点在高空依据拟合法选定的坐标值进行调校即可。

11. 应 用 实 例

11.1 广州歌剧院外围护钢结构为空间组合折板式三向斜交网格结构，总建筑面积 70107m²，建筑高度 43m。大剧场投影距离 127m×125m，高度 43m；多功能厅投影距离 87.6m×86.7m，高度 22m。工程于 2007 年 1 月 27 日开始，2007 年 12 月 15 日结构完工，共使用 69 个大型复杂多分支节点作为网格结构的主要受力节点。

11.2 本法应用于广州西塔项目，广州珠江新城西塔总建筑面积约 452000m²，主塔楼 103 层，结构高度 432m，停机坪顶面标高为 437.45m。本工程为筒中筒结构体系，钢管混凝土巨型斜交网格外筒，钢管混凝土墙内筒，钢结构总用量 3.8 万 t。

11.3 本法应用于深圳万科项目，工程占地面积 61700m²，总建筑面积为 121300m²；其中地上建筑面积 83900m²，地下建筑面积 37400m²，地上 7 层，建筑高度 35m。由万科总部办公楼（A 区）、产

图 11.1　广州歌剧院效果图

权酒店（B区）、经营性酒店（C区）及附属建筑等组成，内设有高级国际会议中心，是一个集会议展览、酒店、办公为一体的综合楼。

图 11.2　广州西塔效果图

图 11.3　深圳万科项目效果图

大型轮辐式摩天轮轮盘牵引旋转立式逐段拼装安装施工工法

GJEJGF084—2008

中建国际建设有限公司

张玉林　王卫东　刘民　陈杨　尹文斌

1. 前　言

　　摩天轮（又称为观缆车）主体结构一般由支撑塔架、主轴、轮盘、座舱、驱动装置等组成。轮盘可分为刚性结构的桁架式、轮辐梁式轮盘和柔性结构的轮辐索式轮盘及轮辐梁索混合式轮盘，一般直径为 30～80m，大型摩天轮轮盘直径已达 100～160m。大型摩天轮轮盘的现有安装方法主要有整体水平拼装法，如英国著名的"伦敦眼"摩天轮；全桁架式摩天轮可采用从中心向外逐圈旋转的立式安装法。通常大型摩天轮轮盘均使用重型吊车（或水上结构采用大型浮吊）来进行安装，且安装中不存在轮盘受力结构体系从刚性到柔性的转换。

　　天津永乐桥（原名天津慈海桥）摩天轮骑跨于河中待建桥的上方，其轮盘直径达 110m，属于大型轮辐索式摩天轮。受场地条件限制，不能使用大型吊车，常规轮盘安装方法很难实施。中建国际建设有限公司经过全面研究分析，决定利用摩天轮自身支撑塔架，在其结构高点处设立悬挂吊点，用卷扬机牵引轮箍单向旋转、立式逐段拼装轮箍及分阶段张拉轮辐索。为保证安装过程中结构的稳定性，我们通过增加临时支撑梁的办法来提高结构的刚度，在轮盘合拢后再拆掉临时支撑梁，实现轮盘受力结构体系由刚性到柔性的转换，由此形成了"大型轮辐式摩天轮轮盘牵引旋转立式逐段拼装安装法"的新技术。同时，采用空间网格结构分析设计软件 MSGS 对此安装方法进行了全过程施工模拟安全稳定性分析和可行性分析，并对安装过程进行动态安全监控、监测，控制拉索应力和轮箍位移的变化，最终成功完成了 110m 直径大型轮辐索式摩天轮轮盘骑跨桥梁的安装，保证了工期、质量、安全、效益目标的实现，在大型摩天轮轮盘安装施工方法上实现了一次技术创新，填补了国内同类施工技术的空白。

2. 工 法 特 点

2.1　无须使用重型吊车，对场地没有特别要求，操作便捷、安全，质量易控，经济效益较好。

2.2　无须搭设大型超高支撑架，降低高空操作危险，节省措施费用。

2.3　临时支撑梁可重复使用，或回收另作房屋梁杆类构件使用。

2.4　计算机模拟与现场施工相结合，全过程实时监测、监控，信息化施工。

2.5　在轮盘安装中实现轮盘受力结构体系从刚性到柔性的体系转换。

3. 适 用 范 围

　　本工法适用于轮辐梁式、轮辐梁索式、纯轮辐索式摩天轮结构安装施工，尤其在无法应用重型起重设备进行轮盘结构安装的场合及大型柔性轮盘结构安装工程中更显其优越性和先进性。

4. 工 艺 原 理

　　主要工艺原理是用分阶段适时模拟计算（分析）参数和监测数据的对比来指导轮箍、轮索、临时支撑梁三者建立起轮盘结构体系的安装操作，并确保安装中及结构体系转换时的结构稳定和安装精度。轮辐式摩天轮典型结构如图 4.1 所示（以天津永乐桥轮盘直径 110m 摩天轮为例）。

首先，以计算机建模分析为基础，用空间网格结构分析设计软件 MSGS，对轮盘安装过程中结构的控制性工序状态进行计算分析，给出安装时结构位移、构件内力应力、支撑和约束条件的目值标等，并对各安装步骤需要满足的条件和注意事项预见性地给出相应的要求和指导。

其次，以监测、监控为手段，进行施工阶段性的结构位移、应力、变形的实时监测和与模拟对比。当对比结果出现较大偏差时，需分析原因，必要时进行矫正或纠偏，以确保后续步骤顺利及最终成形符合设计要求。

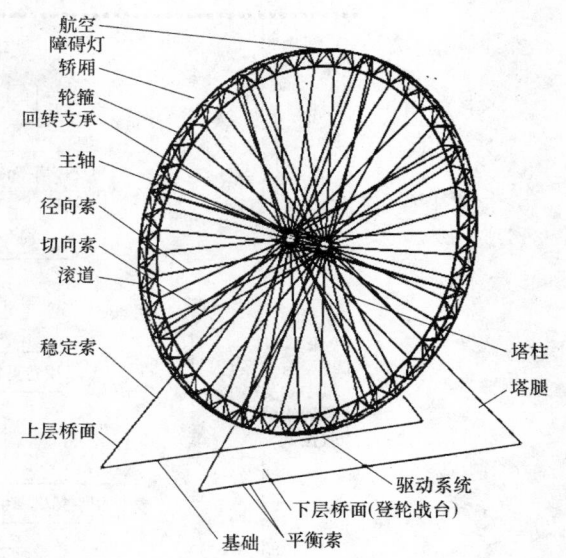

图 4.1　大型轮辐式摩天轮典型结构图

以天津永乐桥轮盘直径 110m 摩天轮为例。施工时，将轮盘等分为六个扇形区，一圈轮箍划分为二十四段，进行分段制作、运输、安装。轮盘安装时沿在圆周两面共采用 6 组 12 根均匀对称布置的临时支撑梁桁架，每根两端分别连接在轮箍和轮轴外圈上，其是轮盘组对施工期间结构体系稳定的过渡装置。在塔柱顶部及轮箍、支撑梁上布置观测棱镜或反射片进行位移观测；利用外贴于轮箍、支撑梁和支撑塔架控制截面上的应力测点进行应力变化情况测试；用索力测试仪进行各施工阶段轮辐索索力的测试。

5. 施工工艺流程及工艺要点

5.1　施工工艺流程及主要工序

摩天轮轮盘结构安装施工工艺流程见图 5.1。其中临时支撑梁的设计、临时支撑梁及轮箍的安装、轮盘径向索的张拉、临时支撑梁的拆除与索力调整即结构体系的转换是施工的关键工序。

以六扇区轮盘为例，本工法轮盘主要安装工序详见表 5.1。

5.2　工艺要点

5.2.1　摩天轮轮盘旋转牵引系统及稳定系统

1. 摩天轮轮盘安装旋转牵引系统

摩天轮轮盘每个侧面各有一组轮箍安装卷扬机旋转牵引系统，为了使轮盘两侧的拉力平衡及控制动、静滑轮组的角度稳定，将此两组牵引系统的静滑轮组分别连接在采用型钢制成的横向平衡臂的两端上，横向平衡臂的两端再分别向后用镀锌钢丝索与锚固点（如摩天轮塔腿）销接固定。牵引端在轮盘每侧面的轮箍段上各用 2 套马鞍式抱箍卡具和 2 个滑轮组及 2 台卷扬机，分别交替进行旋转牵引和停转固定用，见图 5.2.1-1。

2. 摩天轮轮盘安装旋转立面稳定系统

1）在轮轴下方的平台（水面上可采用桁架桥）上，在轮盘两侧面，用 2 台同步卷扬机张紧装置对轮盘轮箍旋转时进行立面稳定扶持；

2）用稳定钢丝绳风缆 4 根，随安装的轮盘轮箍两侧上升，用于牵拉稳固轮盘结构立平面内稳定（风缆是一种预防性质的平衡稳定措施，也起到抗风阻尼减振的作用），见图 5.2.1-2。

5.2.2　轮盘临时支撑梁的设计

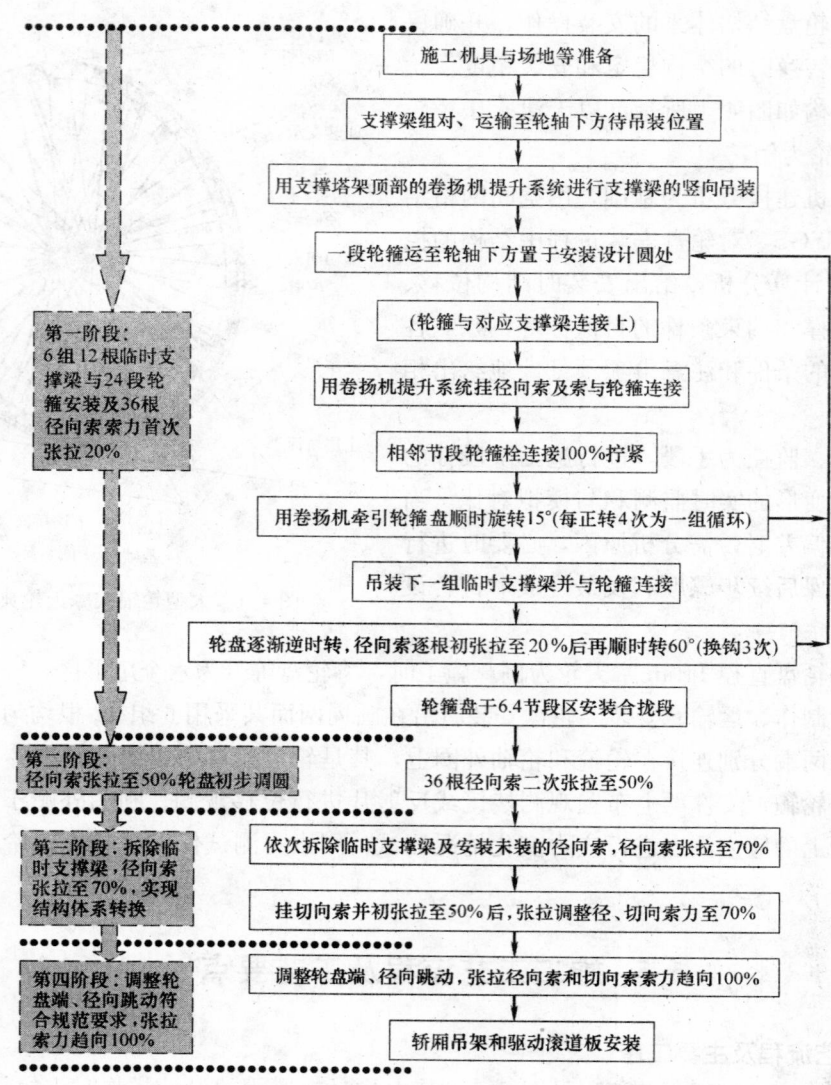

施工机具与场地等准备

支撑梁组对、运输至轮轴下方待吊装位置

用支撑塔架顶部的卷扬机提升系统进行支撑梁的竖向吊装

一段轮箍运至轮轴下方置于安装设计圆处

（轮箍与对应支撑梁连接上）

用卷扬机提升系统挂径向索及索与轮箍连接

相邻节段轮箍栓连接100%拧紧

用卷扬机牵引轮箍盘顺时旋转15°（每正转4次为一组循环）

吊装下一组临时支撑梁并与轮箍连接

轮盘逐渐逆时转，径向索逐根初张拉至20%后再顺时转60°（换钩3次）

轮箍盘于6.4节段区安装合拢段

36根径向索二次张拉至50%

依次拆除临时支撑梁及安装未装的径向索，径向索张拉至70%

挂切向索并初张拉至50%后，张拉调整径、切向索力至70%

调整轮盘端、径向跳动，张拉径向索和切向索力趋向100%

轿厢吊架和驱动滚道板安装

第一阶段： 6组12根临时支撑梁与24段轮箍安装及36根径向索索力首次张拉20%

第二阶段： 径向索张拉至50%轮盘初步调圆

第三阶段：拆除临时支撑梁，径向索张拉至70%，实现结构体系转换

第四阶段：调整轮盘端、径向跳动符合规范要求，张拉索力趋向100%

图 5.1　安装施工工艺流程图

轮盘安装主要工序示意图表　　　　　　　　　　　表 5.1

序　号	状 态 描 述	示　意　图	工 序 说 明
1	安装第一个 60°扇区的第一组支撑梁和轮箍及径向索（虚线位置的径向索暂不安装）	牵引旋转	轮盘第一个 60°扇区的四个 15°节段轮箍在组装胎架上逐段拼合、依次旋转，在逐段安装轮箍和临时支撑梁时穿插安装径向索以加强临时结构体系的刚度、增加稳定性
2	安装第一个 60°扇区的第二组支撑梁径向索逐根依次在 6 点钟位置索力张拉到设计索力的 20%		两对临时支撑梁与轮箍和径向索一起形成稳定的三角形结构体系

续表

序 号	状态描述	示 意 图	工序说明
3	扇区安装到180°状态	牵引旋转	各索的拉力在安装过程中随着位置和体系的变化会不断改变,径向索与临时支撑梁共同起稳定结构作用。此时偏载负荷最大,故当第四组临时支撑梁还没有与轮箍相连接时,最下段的轮箍受牵引旋转拉压力最大
4	第六个扇区合拢,径向索逐根依次在6点钟位置索力张拉到设计索力的50%	反向牵引止转 牵引旋转	轮盘合拢后,轮箍和支撑梁已经与张拉的径向索一起形成了稳定的结构体系
5	在6点钟位置逐组依次拆除全部临时支撑梁,进行结构体系的转换		拆除时,临时支撑梁的内力、轮箍的内力和径向索张拉力是相互影响的,索力的大小既要能适当地置换临时支撑梁承担的荷载,又要不造成临时支撑梁过大受压,还应使轮箍不产生过大的变形
6	安装切向索并张拉到70%索力		实际张拉力通过计算确定,即在临时支撑梁拆下后,将它附近的径向索索力张拉到设计预应力的约70%。由于索力的相互影响,按照先后顺序张拉的索力是不完全相同的
7	逐个将径向索、切向索张拉到趋向于100%设计索力,轮盘安装达到预定的设计完成状态		全部置换后轮辐索完全替代了临时支撑梁的作用,轮盘已经开始以设计状态承担荷载。安装驱动装置、轿箱支架和其他附属构件后调整索力,使轮盘的轮辐圆与端面圆的跳动公差符合设计与规范要求,这是一个渐进过程,需要进行多次循环调整

轮盘临时支撑梁共6对12根,为断面呈三角形的管桁架,结构型式见图5.2.2临时支撑梁平面图和立面图图示。考虑运输和重复使用,可按两头非标段和中间若干标准段来制作,现场栓接后使用。

5.2.3 摩天轮轮盘轮箍与临时支撑梁的安装

摩天轮轮盘安装顺序:一组临时支撑梁吊装安装→轮箍分段运输进工地→1/24节分段轮箍上胎架小车→将分段轮箍运至桥中心轮轴下方→分段轮箍姿态调整→分段轮箍与支撑梁连接→径向索安装、连接→轮盘轮箍被牵引旋转→1～24节段轮箍依次安装完成。见图5.2.3。

5.2.4 摩天轮轮盘径向索、切向索的安装、锚固及张拉

1. 径向索吊装与张拉工艺

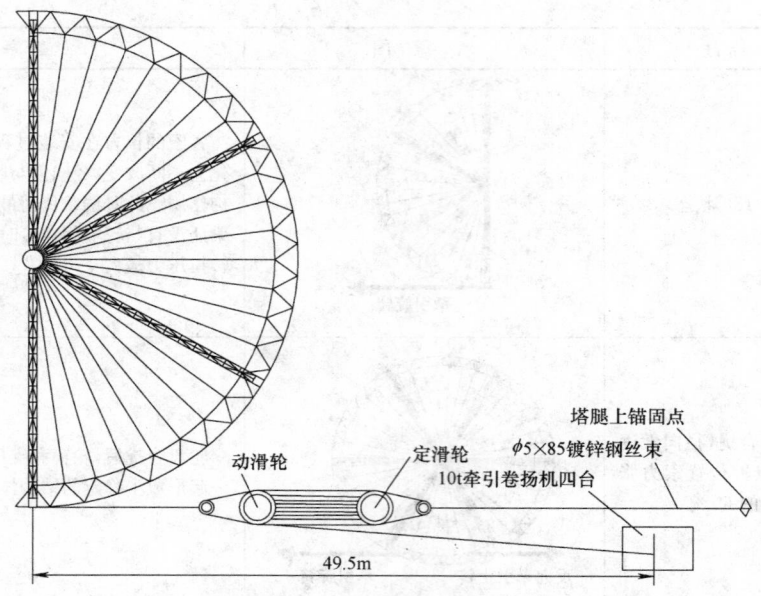

图 5.2.1-1　摩天轮轮盘牵引装置工作示意图

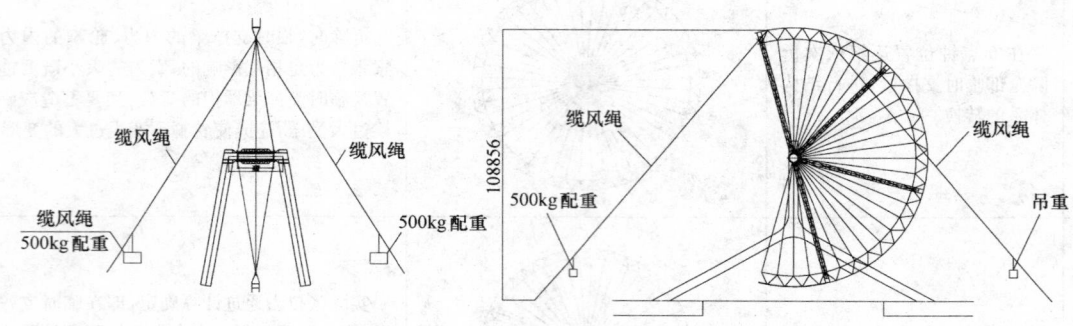

图 5.2.1-2　平面稳定用缆风绳平、立面布置示意图

1) 用提升卷扬机牵引位于塔顶两端的定滑轮依次吊起两根径向索到轴承外圈位置。

2) 按编号顺序位置，分别由高空作业人员将径向索上接头的销孔与轴承外圈的孔对齐，用销轴栓接；将径向索下接头与轮箍的径向索孔对齐，锚固栓接。注意轮轴两端轴向对称的径向索的下端是分别依次交错地与轮箍相锚固连接的。

3) 轮箍与对应径向索依次吊装连接，待相邻两组临时支撑梁所形成的 60°扇形区内的四节轮箍均栓连接上后，再将该扇形区内的 6 根径向索第一次张拉至设计预紧力的 20%。

4) 待 12 根支撑梁安装上、轮盘 24 段轮箍均栓连接闭合成圆及 36 根径向索全安装上后，再在 6 点钟位置按顺时针方向将径向索第二次张拉至设计预紧力的 50%。

5) 之后，在每个 60°扇形区内的临时支撑梁拆除后，将该组临时支撑梁占用位置的 2 根径向索安装到位，并将此径向索一次张拉达到设计预紧力的 50%；如此类推。之后张拉所有 48 根径向索达到设计预紧力的 70%。

6) 在测量了轮盘轮箍端面圆与径向圆跳动偏差后，根据跳动量规律来确定第四次索力张拉的顺序和大小，将径向索张拉趋向至设计预紧力的 100%。

2. 切向索安装与张拉工艺

1) 在拆除完 6 组临时支撑梁后，即可开始安装对应扇形区内的切向索。

2) 轮盘上、下游盘面各 8 根切向索。与安装径向索一样提升安装切向索，将索上接头孔与轴承外圈上切向索固定板的索孔对齐，销接。

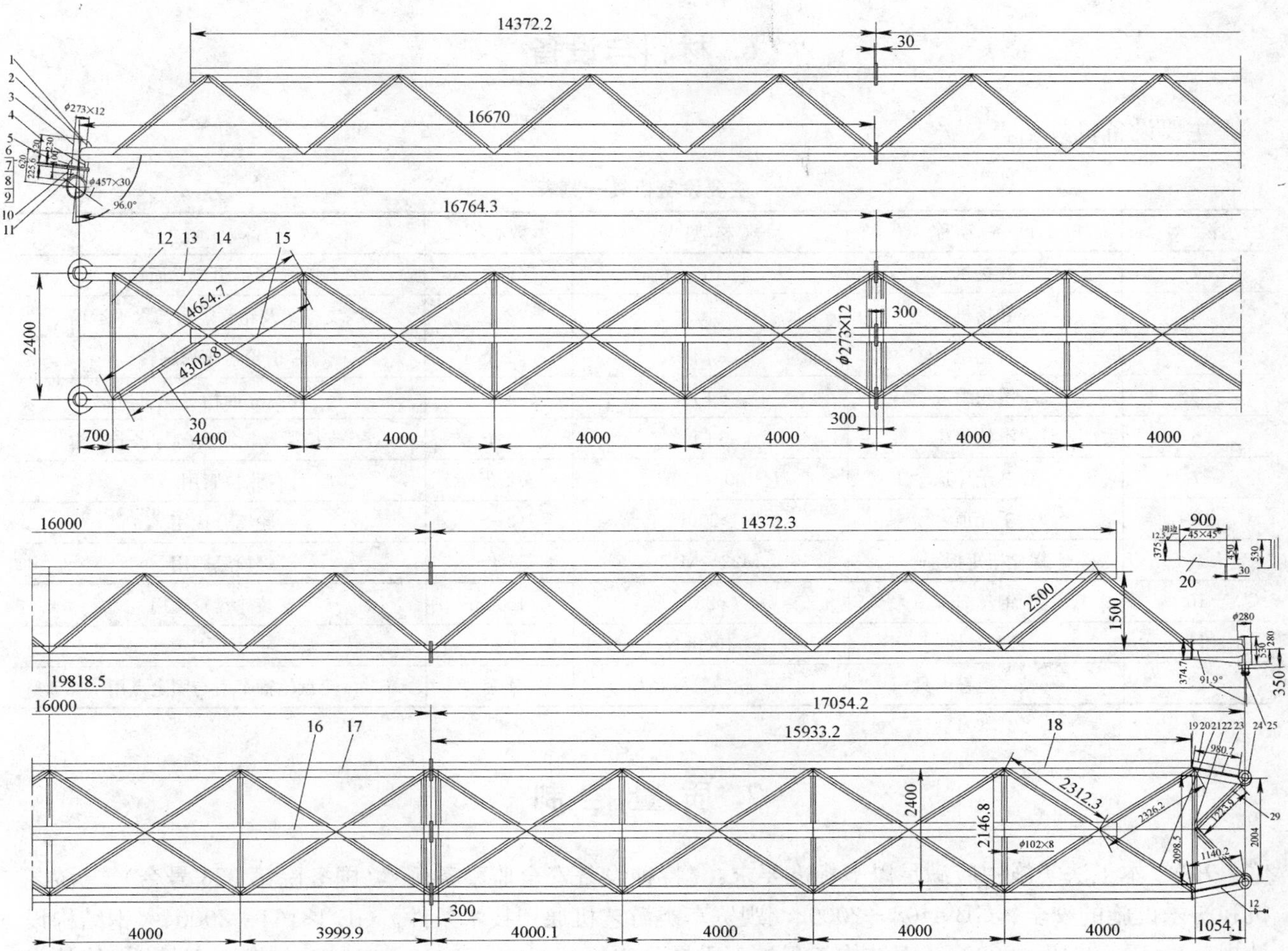

图 5.2.2 临时支撑梁平面图和立面图

3）用专用工具在轮箍两侧面将切向索与轮箍锚固，轮两侧同序号索同步一次张拉至设计预紧力的 50%。

4）切向索全部一次张拉至设计预紧力的 50% 后，再依次二次张拉至设计预紧力的 70%。

5）在调整轮盘轮箍端面圆与径向圆跳动偏差时，根据跳动量规律及径向索调整完的情况来确定切向索第三次索力张拉的顺序和大小，再将切向索张拉趋向至设计预紧力的 100%。

5.2.5 轮盘临时支撑梁的拆除工艺

1. 轮盘临时支撑梁的拆卸过程，也是轮盘的支撑受力结构体系由刚性转换到柔性结构体系的过程。因此，保持结构体系的过程稳定是时刻要特别给予关注的问题。

2. 轮盘轮箍端面栓接部位的连接螺栓达预紧力的 100%，径向索全部安装完毕且张拉到设计预紧力的 50% 时，才可拆除临时支撑梁拆除。

3. 过程动态测量监控反映的结构与应力情况与预先计算的情况基本相符；如有异常，应及时停止拆除，分析情况，采取有针对性的安全措施后再继续进行施工。

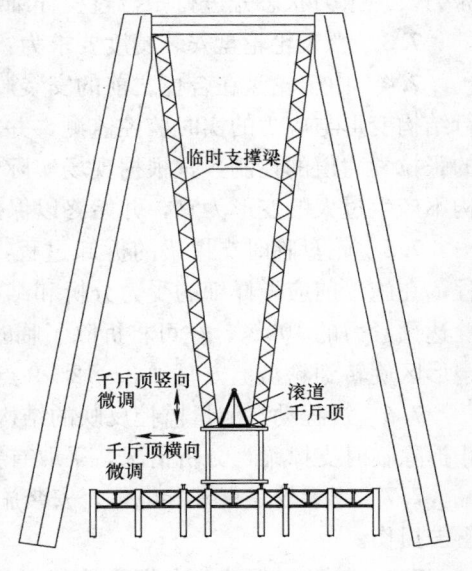

图 5.2.3 轮箍调整到位及与临时支撑梁连接示意图

6. 材料与设备

主要设备机具见表 6。

主要设备机具一览表　　　　　　　　　　　　　　　　　　　　表 6

序 号	设备名称	规格型号	数 量	备 注
1	卷扬机	10t	6 台	轮盘旋转牵引与立面稳定
3	卷扬机	5t	2 台	索、支撑梁及轮箍竖向与水平运输
4	滑轮组	8 门	4 个	牵引轮盘轮箍旋转
5	滑轮组	6 门	4 个	轮盘立面稳定牵引
6	滑轮组	3 门	4 个	索、支撑梁及轮箍竖向与水平运输
7	穿芯千斤顶	100～150t	2 套	张拉索用
8	千斤顶	≥200t	3 套	轮箍合拢用
9	螺栓扭矩扳手	M22～M42	1 套	螺栓紧固用
10	钢丝绳	φ26	4000m	安装轮盘轮箍用
11	索力计	≥1000kN	2 把	
12	马鞍式抱箍卡具	内径与轮箍管外径相等	4 套	轮盘轮箍牵引与固定点用

7. 质 量 控 制

7.1　本工法实施中应满足以下标准要求：《特种设备安全监察条例》（国务院第 373 号令）、《游艺机和游乐设施的安全》GB 8408—2000、《观览车类游艺机通用技术条件》GB 18164—2000、《钢结构设计规范》GB 50017—2003、《钢结构工程施工质量验收规范》GB 50205—2001、《建筑钢结构焊接技术规程》JGJ 81—2002、《高强螺栓连接应用技术规范》JGJ 82—91、《工程测量规范》GB 50026—93。拉索与锚具应符合设计要求与相应企业标准。

7.2　拉索安装和张拉施工应由具有专项施工资质的单位完成，拉索施工单位应根据索材料表中预张力及预张力状态先进行张拉过程详细计算，然后按预定顺序施工。

7.3　摩天轮轮盘安装精度要求为：轮盘径向圆与端面圆跳动公差不大于其轮盘直径的 1/1500。

7.4　由于轮盘在合拢之前的安装过程中刚度相对较小、容易变形，故摩天轮安装施工全过程应进行结构变形与应力的实时监控监测，并进行阶段性的计算机仿真模拟对比和调整。尤其是对于径向索的张拉索力值的控制，宜根据现场实际情况进行调整，灵活掌握各步骤的过渡，以各步操作时轮盘结构不产生过大的变形为宜，并始终以保持结构体系稳定为根本原则。

7.5　轮盘临时支撑梁的拆卸过程，是轮盘的支撑受力结构体系由刚性转换到柔性结构体系的过程，在施工前应做详细的受力分析和结构分析，在施工过程中，只有轮盘相邻轮箍栓接部位的连接螺栓达预紧力的 100%，才可将拆除了临时支撑梁、径向索全部安装完毕、且张拉到设计预紧力的 70% 的扇形区旋转到轮盘上方时钟 3～12～9 点钟范围内。

7.6　过程动态测量监控反映的结构与应力情况与预先计算的情况基本相符；如有异常，应及时停止拆除临时支撑梁，分析情况，采取有针对性的安全措施后再继续进行施工。

7.7　摩天轮是良好导电体，安装施工期间接地装置必须完好，接地电阻不大于 10Ω，防止缆索等雷击损伤。

7.8　轮轴上焊接，电焊机地线必须用专线连接到施焊位置的工件上，以防焊接电流通过轮轴轴承，使滚珠表面受电火花损伤。

7.9 要考虑轮箍受径向索张拉后，轮盘的直径（周长）会减小有可能影响径向索张拉长度调节范围量，故轮箍的初始安装位置圆直径（安装设计直径）应计算大于设计直径，以使100％张拉轮索后轮箍位于设计圆内。

7.10 轮盘在安装到180°圆时偏载负荷最大（图7.10），此阶段第四组临时支撑梁还没有与轮箍相连接时，最下段的轮箍受牵引旋转的拉压力最大易造成轮箍的破坏，而使整体失稳。故应事先对该区段轮箍进行强度核算，在此段施工时给予临时补强及加强过程监控。

7.11 轮盘在安装到240°圆后（图7.11），其上方圆的临时支撑梁的负荷较大易失稳，故应事先进行核算及加强过程监控，尤其要重视支撑梁与轮轴外圈连接的局部节点结构，防止其失稳而损坏轮轴外圈。

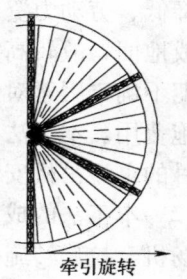

图7.10 180°扇形

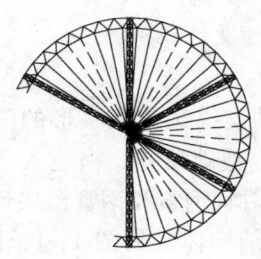

图7.11 240°扇形

8. 安 全 措 施

8.1 大型摩天轮安装工程主要体现在结构的高、大、重上。安全隐患主要是高空坠落与物体打击。在作业前举行安全交底会，分析施工安全隐患特点，采取针对性作业指导与防范，建立相应应急预案。

8.2 摩天轮设施的安装应认真执行《游乐设施安全技术监察规程》。

8.3 摩天轮安装涉及高空作业和其他特殊作业，在施工过程中应明确各阶段施工范围，必须围出隔离，并明确施工标志，安排专人进行巡视，无关人员不得入内。

8.4 吊机和卷扬机必须严格按照操作规程操作。使用前必须对电机绝缘、接地电阻、制动器、钢索、滑轮组、眼板吊环等进行安全检查，确认状态安全、可靠，方能投入使用，并应定期检查。

8.5 在卷扬机作业范围内的电焊机必须有导电良好的专用地线，严禁用钢结构或钢筋作为电焊机地线导电，防止卷扬机钢丝绳导电受损产生起重事故。

8.6 摩天轮合拢时，应选择风力在6级以下、无大雨、温度变化较小的时段进行施工。

8.7 轮盘安装旋转时，轮盘两侧面的旋转牵引卷扬机要同步，轮盘两侧的立面稳定牵引卷扬机也要同步，以保持轮盘整体结构稳定。

8.8 在整个安装过程中，在轮盘最下端设置防止绕纵、横向水平轮轴摆动的装置，并设置沿牵引方向的刚性约束，以防止轮盘静止时沿安装的正、反方向的转动。

9. 环 保 措 施

9.1 在河面上作业需防止油污等杂物落入水中，并设立相关防范措施并成立安全环保小组。

9.2 卷扬机及缆风绳地锚坑完工后应复原。

9.3 施工时应对施工废料进行集中收集和分类，并按照国家和地方环保要求进行相应处置。

9.4 应严格遵守国家相关职业健康法规，保证场内作业人员的安全，并保持生活区的卫生。

10. 效 益 分 析

10.1 大型轮辐式摩天轮轮盘牵引旋转立式逐段拼装安装施工工法与其他常规方法相比，一是具有造价降低、劳动力资源需求少、安全有保障、质量精度高等优点。由于旋转安装使连接作业部位位于低空或地面，故较高空作业相比提高了功效和安全性，有效的缩短了工期；二是避免大型吊机的使用租赁期不确定因素对工期的影响，保障了工期按进度计划的实施；三是无需搭设大型超高支撑架，节省措施费用。本工法施工较国外同类工程降低了成本，直径约110m摩天轮采用此项施工技术，按使用3个月的重型吊机安装计算，可节省起重设备费约160万元。

10.2　本工法的成功应用，降低了同类工程的施工风险，保证了结构安装安全及项目顺利实施。由于卷扬机牵拉旋转施工，减小了场地对施工的影响，开辟了困难条件下施工技术的应用范围，为摩天轮轮盘的安装方法开辟了新的思路。该安装方法是同类结构施工方法的一个技术创新。

10.3　本工法在施工过程中，没有重型机械的油耗、废气与噪声对环境的污染。由于利用自身支架为构件竖向运输的起重吊装支撑体，节约了自然资源。支撑梁可做成标准节段和非标准节段组合使用，故其可在一定直径范围内的摩天轮轮盘安装中重复使用，或回收另作梁杆类构件。

11. 应 用 实 例

天津永乐桥（原名天津慈海桥）摩天轮位于渤海之滨天津，摩天轮的支撑架为人字形的门式钢箱体框架，塔顶部距常设水面高度为67m，骑跨于桥上、下游两侧的岸边，基础独立。横连人字形塔架顶端的是直径为2.8m、跨径为21m的主轴。摩天轮的轮盘是由张拉的辐射状钢索和钢管桁架轮箍形成的一个转盘，绕着其两侧人字形钢塔架支承的水平主轴缓慢转动的柔性结构体，见图11-1、图11-2。外圈上有供摩擦轮驱动的滚道盘。在轮盘的外圈上等距离吊挂着48个可乘坐8人的轿厢。

图11-1　天津永乐桥采用此工法施工过程（转盘安装180°和240°）

大型轮辐式摩天轮轮盘牵引旋转立式逐段拼装安装施工技术在天津永乐桥摩天轮上的成功应用，创造了数项突破：2008年6月完工的天津永乐桥直径110m的摩天轮是我国目前最大的轮辐索式轮盘摩天轮；也是我国首个大型全索柔性结构轮盘摩天轮；将摩天轮建于水上，并与桥梁结合在一起，为世界首创；其集交通、商业、游乐和观光功能为一体，形成了一种新颖独特的建筑造型，成为了世界上独一无二的城市地标。

在天津永乐桥摩天轮的建设过程中，一直受到天津市民、市政府的高度关注，同时国内外众多媒体也全方位地给予了广泛报道，被评为天津十大建筑之一。天津永乐桥摩天轮于2008年9月25日获得了中国特种设备检测研究院（原中国特种设备检测研究中心）颁发的合格的《特种设备型式试验报告》、《游乐设施监督检验报告》及准予投入使用的《游乐设施安全检验合格证》。摩天轮现已投入运营，引来了许多国内外投资商的参观考察和众多游客的乘坐及人们的赞叹。

图 11-2　大型轮辐式摩天轮轮盘牵引旋转立式逐段拼装安装施工技术在永乐桥的成功应用

索梁体系无站台柱雨棚钢结构安装工法

GJEJGF085—2008

中铁二十五局集团有限公司　河南国安建设集团有限公司

严国安　文　达　卫永胜

1. 前　言

随着我国铁路建设的跨越式发展及建筑设计和施工水平的不断提高，大跨度空间桁架组合钢结构体系因其具有结构合理、外形美观、施工速度快等优点逐渐在铁路大型建（构）筑物中采用，特别是车站无站台柱雨棚，跨度大，可覆盖几个站台，较传统车站雨棚结构形式其站台无中间立柱、宽敞通透、视野开阔，便于快速疏散旅客，有利车站管理。

焦柳铁路石门北至怀化段扩能工程张家界站无站台柱雨棚工程，结构为双肢钢管混凝土组合柱支撑倒三角形钢管桁架结构即空间倒三角形桁架加拉索体系。施工中线路、地道、站台和站台雨棚各专业交叉作业相互干扰，工序衔接矛盾突出，同时，受新建三个站台平面布置限制，且三站台靠近已开通线路一侧，工程施工中既须保证车站的正常接发旅客，又必须确保铁路行车安全。根据现场实际情况和结构形式，采用索梁体系无站台柱雨棚钢结构安装施工工艺，该工艺不仅减少了临时脚手架和支撑用量，而且减少了高空作业以及其他专业施工的相互干扰，保证了施工质量和工期要求，确保了铁路既有线的正常运营。该技术于2007年11月30日通过中国铁道建筑总公司组织的工法关键技术鉴定（评审证书号为［2007］中铁建科工评字052号），达到国内领先水平。本工法成功运用于武广客运专线新韶关站及新清远站工程施工中，获得良好效果，并具有广泛的应用前景和推广价值。

2. 工法特点

2.1　本工法根据索梁体系钢结构无站台柱雨棚结构形式及现场实际情况，采用工厂制作、现场组拼、分段吊装拼装的施工工艺。该工艺减少了高空作业，安全、经济、施工速度快。

2.2　本工法钢结构及桁架加工采用数控切割机和相贯线切割机，制作下料尺寸精确，很好解决了腹杆、撑杆相贯线组装精度问题。

2.3　本工法利用地面坐标控制网控制，采用全站仪、经纬仪常规测量设备，确保构件安装精度符合《钢结构工程施工质量验收规范》GB 50205—2001，保证施工不侵入铁路安全限界，确保铁路行车安全。

2.4　钢柱混凝土灌注后，对拉索进行分级张拉，采用特制牵引工装与拉索可调端锚具可靠连接，用结构专用液压千斤顶牵引拉索，达到拉索索力值设计要求后固定拉索。

2.5　对焊缝进行分类，分别设计焊接工艺，采用手工焊、CO_2气体保护焊相结合的方法，编制合理的焊接顺序，控制焊接变形和减少焊接残余应力。采用超声波和磁粉探伤相结合的焊缝检测方式，保证了焊缝质量。

2.6　采用本工法不仅减少了临时脚手架和支撑用量，而且减少了高空作业以及其他专业施工的相互干扰，保证了施工质量和工期要求。

3. 适用范围

本工法适用于铁路火车站索梁体系钢结构无站台柱雨棚施工。对其他类似桁架结构同样具有一定的参考价值。

4. 工 艺 原 理

根据铁路车站雨棚施工现场特点，运用计算机对施工全过程进行整体模拟分析，确定钢结构吊装顺序和方法、选用临时钢支撑的数量和位置、选用吊装设备、拉索预应力张拉控制等关键点，对实际施工进行指导。

5. 工艺流程及操作要点

5.1 工艺流程（图5.1）

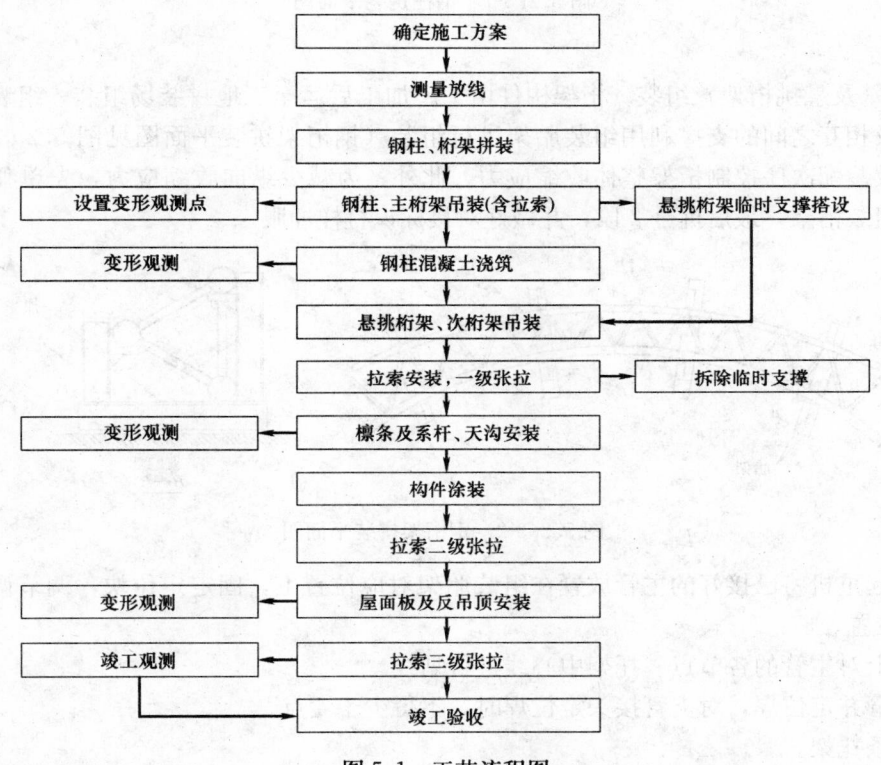

图5.1 工艺流程图

5.2 操作要点

5.2.1 确定施工方案

根据索梁体系钢结构无站台柱雨棚结构形式及现场实际情况，经过比选，采用钢结构工厂制作、钢柱现场拼装和吊装、桁架工地拼装场组装、分段运至安装现场拼装和吊装的施工工艺。该方案可减少对现场施工空间的占用，提高现场施工进度和安全水平，尤其更加确保铁路营运线施工安全。

5.2.2 测量放线

根据站场基线、基准点确定基础轴线、标高，安装钢柱脚基座钢垫块。

5.2.3 钢柱、桁架拼装

钢柱、桁架等构件均在工厂下料制作，弦杆采用液压弯管机弯曲加工成形，并进行样板检验，腹杆采用三维数控相贯线切割机加工。为了保证构件的尺寸精度，首先利用计算机对桁架进行三维空间建模，建立正确的相关几何信息，对每种桁架中的每根杆件单独编程，确定每根杆件每个相贯节点的相贯线轮廓，然后将程序输入数控相贯线切割机中进行切割，尺寸偏差控制在±1mm之内，确保杆件轮廓精度。所有构件经抛丸除锈、喷涂底漆、编号入库后运至安装现场。

1. 钢柱拼装

钢柱在工厂分段加工制作，每榀钢柱包括钢柱脚1段、钢柱2段、撑杆、耳板等，运至安装现场后，根据构件编号在钢柱安装基础边地面（铁路未形成）三个水平钢胎架上进行对接拼装、焊接，钢柱拼装平面见图5.2.3-1。

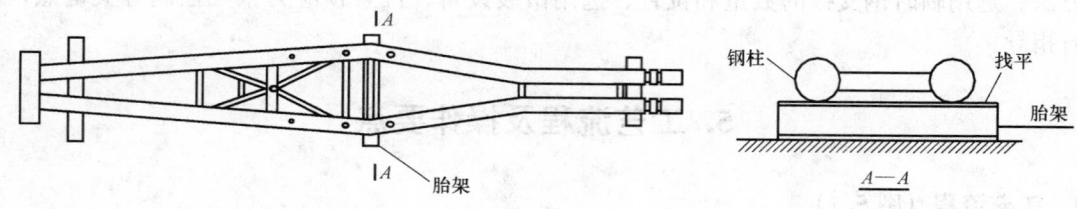

图5.2.3-1 钢柱拼装平面图

2. 桁架拼装

1）主桁架（及悬挑桁架）组装。桁架构件由工厂加工后运至工地拼装场组装，组装时在装配平台上对三根主管及相互之间的支撑利用组装胎架进行组装（钢桁架拼装平面图见图5.2.3-2），采用合理的工艺分离面及装配次序控制桁架整体收缩应力。此外，为减少纵向收缩应力，先单独进行钢管的对接，再和腹杆组装桁架，最后拆分2段，并做好对接标识打样冲眼。

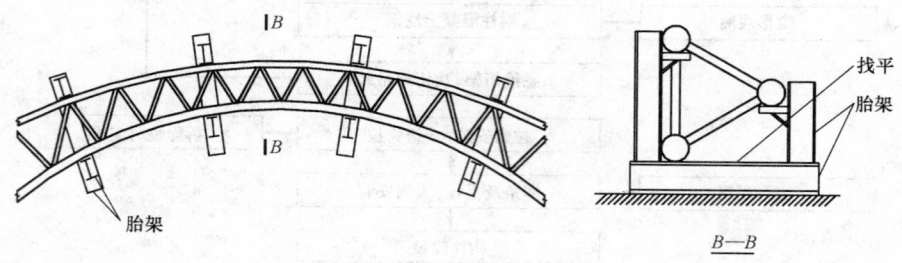

图5.2.3-2 钢桁架拼装平面图

① 用汽车起重机将已接好的主管放置在组装胎架对应位置上，固定定位块，调节调整板，确保主管之间的相对位置。

② 在胎架上对主管的各节点、托架中心线进行划线。

③ 组装支管并定位焊，对支管接头定位焊时，不得少于4点。

④ 组装檩条托架。

2）悬挑次桁架组装：桁架上弦面由工厂制作完成后分段运至工地拼装场（另两面散装），采用正三角形组装（悬挑次桁架拼装立面图见图5.2.3-3），下弦杆用胎架托起，划节点中心线，组装支管并焊接。

3）桁架拼装：桁架在拼装场组装焊接后分2段运至安装现场对接拼装、焊接（桁架对接拼装现场图见图5.2.3-4）。

5.2.4 钢柱、桁架吊装

1. 钢柱、桁架吊装顺序：钢柱吊装→主桁架吊装→悬挑桁架吊装→悬挑次桁架吊装

1）钢柱吊装。吊装前，将拉索上端安装在钢柱耳板上。采用两台50t汽车吊、一台16t汽车吊组合对钢柱进行抬吊，50t主吊汽车分别摆放在钢柱基础两边站台上起吊，16t汽车吊同时将钢柱底座吊起送至基础位（钢柱吊装平面图见图5.2.4-1），待钢柱立起后松钩，主吊汽车对位，用经纬仪校正钢柱，拧紧地脚螺栓后松钩。

2）主桁架吊装。吊装拱形桁架，首先在钢柱上标出桁架上弦杆标高和轴线，设置定位块。桁架采用四点对称绑扎，两台25t汽车吊组合抬吊安装（钢桁架吊装平面图及现场图见图5.2.4-2、图5.2.4-3），

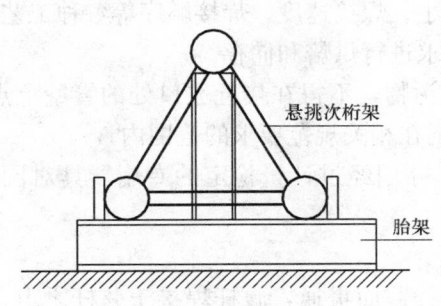

图 5.2.3-3　悬挑次桁架拼装立面图

图 5.2.3-4　桁架对接拼装现场图

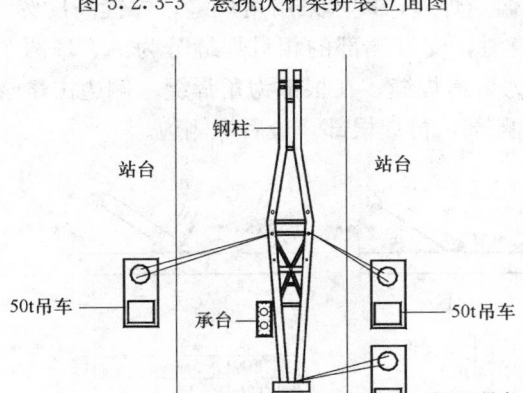

图 5.2.4-1　钢柱吊装平面图

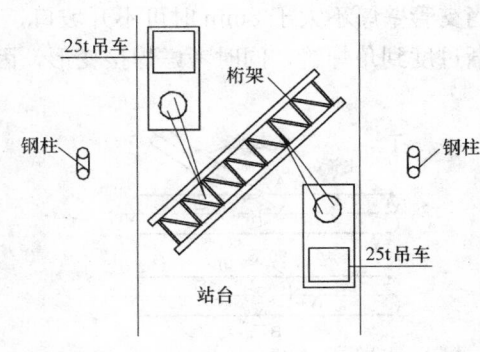

图 5.2.4-2　钢桁架吊装平面图

待桁架梁吊装就位后，再一次调整、校正钢柱轴线、垂直度，然后固定焊接。第一榀桁架梁设缆风绳临时固定，待相邻第二榀桁架梁吊装完成后及时在两桁架中间处安装两根檩条，使之形成一个稳定体。

　　3）悬挑桁架吊装。在钢柱上标出桁架上弦杆标高和轴线，设置定位块。为控制悬挑桁架悬挑端部标高，在其端部下面搭设临时支撑架。桁架采用一台 25t 汽车吊吊装（悬挑桁架吊装示意图见图 5.2.4-4），吊索采用四点对称绑扎，其中两点为主吊点，另两点为调节点，用手拉葫芦调节平衡桁架两端高差，待桁架吊装就位后调整悬挑端部标高，校正轴线，然后固定焊接。

图 5.2.4-3　钢桁架吊装现场图

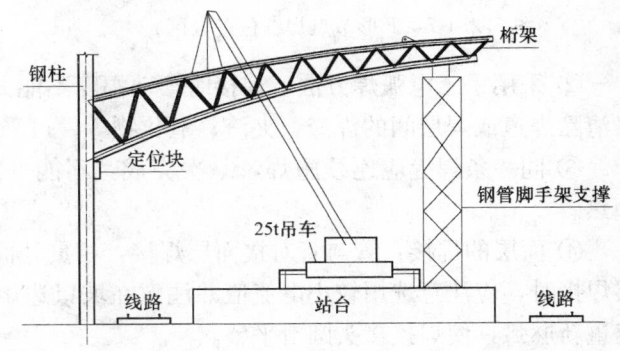

图 5.2.4-4　悬挑桁架吊装示意图

　　4）悬挑次桁架吊装：在悬挑桁架悬挑端部标出桁架上弦杆标高和轴线，设置定位块。桁架采用四点对称绑扎，一台 25t 汽车吊吊装，待桁架梁吊装就位后进行调整、校正，然后固定焊接。

　　2．焊接

1）焊前准备

① 焊接前，需进行焊接工艺评定，以确定焊接电流的大小、焊接速度、焊接顺序等各种工艺参数。

② 焊接材料在使用前应按工艺文件规定的温度和时间要求进行烘焙和储存。

③ 焊前将坡口内、外壁 50mm 范围内仔细去除油、锈、污物，不得在接近坡口处的管壁上点焊夹具或硬性敲打，防止圆率受到破坏，同径管的错口量必须控制在相关规范要求的范围内。

④ 检查坡口角度、钝边、间隙是否符合相关规范要求，并用经过计量检定的专用器具对同心度、圆率等进行认真核对。

2）焊接操作要点

① 该桁架结构采用腹杆与弦杆直接焊接的相贯节点，弦杆截面贯通，腹杆焊接于弦杆之上，焊接时，对图 5.2.4-5～图 5.2.4-8 所示节点，当支管与主管的夹角小于 90°时，支管端部的相贯焊缝分为 A、B、C、D 四个区域，其中 A、B 区采用等强坡口对接熔透焊缝，D 区采用角焊缝，焊缝高度为 1.5 倍管壁厚，焊缝在 C 区应平滑过渡；当支管和主管相垂直时，支管端部的相贯焊缝分为 A、B 两个区域，当支管壁厚不大于 5mm 时可不开坡口，由于在趾部为熔透焊缝，在根部为角焊缝，侧边由熔透焊缝逐渐过度到角焊缝，同时考虑焊接变形，因此必须先焊趾部，再焊根部，最后焊侧边。

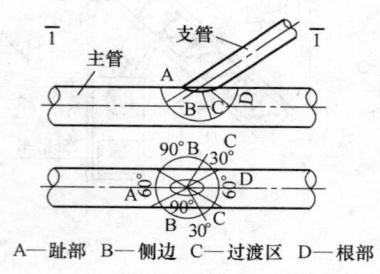

A—趾部 B—侧边 C—过渡区 D—根部

图 5.2.4-5 Y 形节点焊缝位置分区

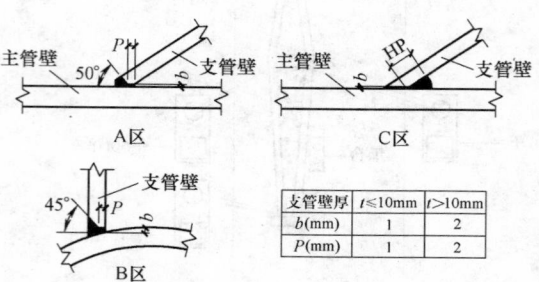

图 5.2.4-6 Y 形节点各区焊缝形式

支管壁厚	$t \leqslant 10mm$	$t > 10mm$
b(mm)	1	2
P(mm)	1	2

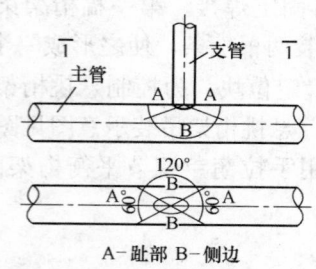

A—趾部 B—侧边

图 5.2.4-7 T 形节点焊缝位置分区

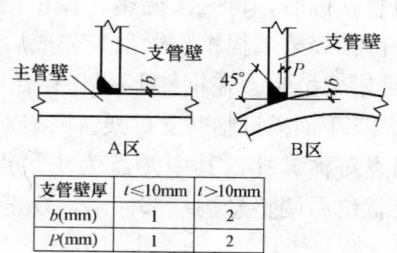

图 5.2.4-8 T 形节点各区焊缝形式

支管壁厚	$t \leqslant 10mm$	$t > 10mm$
b(mm)	1	2
P(mm)	1	2

② 采用手工电弧焊方法，焊接时摆动幅度不能太大，应进行多道、多层焊接，在焊接过程中应严格清除焊道或焊层间的焊渣、夹渣、氧化物等，可采用砂轮、钢丝刷等工具。

③ 同一条焊缝应连续施焊，一次完成，不能一次完成的焊缝应注意焊后的缓冷和重新焊接前的预热。

④ 面层的焊接：管与管对接面层焊接，相贯处面层焊接，直接影响到焊缝的外观质量，因此在面层焊接时，应注意选用较小电流值并注意在坡口边熔合时间稍长，在熔敷金属未完全凝固的接头处快速重新燃弧，使焊接接头圆滑平整。

⑤ 每个焊接节点，应采用对称分布的方式施焊，严格控制层间温度，以减小焊接变形。

⑥ 各种焊缝节点焊接完成后，应清理焊缝表面的熔渣和金属飞溅物，检查焊缝的外观质量，不得有低凹、焊瘤、咬边、气孔、未熔合、裂纹等缺陷存在。如不符合要求，应进行补焊或打磨，修补后的焊缝应光滑圆顺，满足焊缝的外观质量要求。

⑦ 焊接完成后，应在焊缝冷却 24h 后进行超声波探伤检验，经探伤检验的焊缝接头质量必须符合

图纸及规范的要求。

5.2.5 钢柱混凝土浇筑

钢柱混凝土浇筑采用顶升法施工。施工时，在钢柱下部1.5m左右位置割一个椭圆形孔，孔径与混凝土输送管管径相同，在开孔处加焊一节进料短管，短管与混凝土输送管间设止流阀，通过卡具连接。混凝土通过输送泵车下料口、输送管、止流阀、进料短钢管送到钢柱内（顶升装置与钢管柱连接示意图见图5.2.5），钢管柱肢顶部留设混凝土溢留孔或气孔，使混凝土排气后自密实。

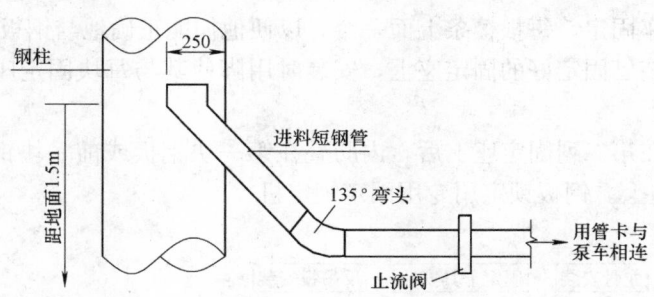

图5.2.5　顶升装置与钢管柱连接示意图

5.2.6 拉索施工

1. 悬挑桁架安装完毕后，分别将拉索末端与对应钢柱、悬挑梁上耳板铰接。

2. 挂索后用液压千斤顶在每根立柱桁架的两端同步进行索的张拉，张拉分三级进行：一级张拉在桁架安装后进行，张拉力值约为预张拉力值的20%；二级张拉在檩条及系杆、天沟安装后进行，张拉力值约为预张拉力值的60%；三级张拉在屋面板及反吊顶安装后进行，张拉力值约为预张拉力值的100%。对每级张拉都应进行张拉力和伸长量控制，并监控钢桁架上弦控制点的变形。在实施张拉过程中，如出现异常现象，应立即停止张拉，待明确原因，采取相应措施予以调整后，方可继续张拉。

3. 拉索张拉要求柱两边同时进行，并控制钢管混凝土柱不出现偏移。

4. 拉索张拉时应保证钢索不发生松弛，张拉过程应实时监测，满足设计要求。

5. 柱间拉索应始终保证处于张紧状态，在其他悬挑拉索张拉过程中调整柱间拉索的张拉力，以保证钢管混凝土柱变形在允许范围内。拉索安装见图5.2.6。

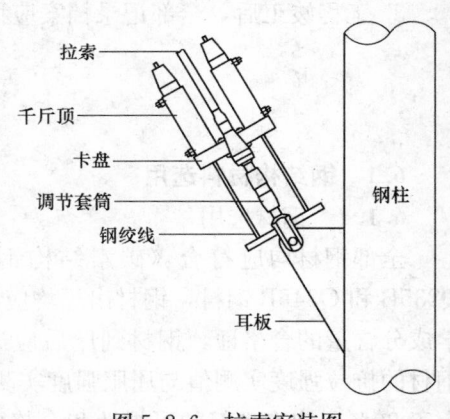

图5.2.6　拉索安装图

5.2.7 檩条及系杆、天沟安装

1. 檩条及天沟吊装，采用25t汽车吊装安装。两点吊装绑扎。

2. 首先吊装天沟两侧水平檩条，将其找正后用缆绳固定，防止檩条弯曲变形并与两端檩条托架焊接固定。

3. 然后组焊天沟托杆，吊装组对天沟并与两边檩条焊接固定。

4. 最后吊装其他檩条、安装撑杆，安装并调节拉杆来校正檩条的平直度。

5.2.8 构件涂装

钢构件在加工厂先进行底漆及中间漆涂装施工，运至现场后再进行面漆及防火漆涂装施工。

1. 现场涂装前必须对钢构件在运输过程中及安装过程中损坏的涂装层进行补涂修复。涂层修补可采用打磨机除锈，然后根据其所处位置的涂层配套补上各度涂料，对面积较小的可用手涂，并保证该处涂层厚度，在喷涂最后一道油漆前应对钢结构外表面进行全面清洁处理去灰尘、油污及其他杂质。

2. 涂装完毕，严格控制现场温度、湿度。

3. 防火涂料涂装施工间隔时间要控制好。涂装施工前后必须详细了解天气情况和天气趋势，天气变化（下雨前）必须对未干燥的涂层进行遮蔽保护。

5.2.9 屋面板及反吊顶安装

1. 屋面板安装

屋面板安装顺序为：铺设金属网 → 铺设玻璃绵毡 → 屋面板安装

1）铺设金属网。檩条安装完毕后，按设计要求铺设金属网。

2）铺设玻璃绵毡。玻璃绵毡沿垂直于檩条方向铺开，然后用固定座将棉毡固定在檩条上。同时需要注意，为有效防止室内外温差的传递速度，减少"冷桥"效应，应把保温棉按上下错缝铺设。

3）屋面板安装。

① 先将第一列固定座固定，每根檩条上面一个，以便他们能正确地与钢板的内肋和中心肋咬合。

② 将第一块钢板安装已固定好的固定座上，安装时用脚使其与每块固定座的中心肋和内肋的底部压实，并用它们完全咬合。

③ 将第二块钢板放在第二列固定座上后，内肋叠在第一块钢板或前一块钢板的外肋上，中心肋位于固定座的中心肋直立边上。钢板锁定用专用固定锁定机。

2. 反吊板安装施工

反吊板安装顺序为：龙骨安装 → 固定卡具安装 → 反吊板安装

条形铝合金反吊顶板采用龙骨兼卡具固定法进行施工。由于吊顶板的标高不一致，为使铝合金吊顶板达到理想的装饰效果，首先根据设计控制吊顶龙骨的标高，龙骨安装时沿雨棚纵向拉标高控制线，边安装边调整。在龙骨标高调平的基础上，从一个方向依次安装面板。

5.2.10 变形观测

1. 永久性观测点。按设计要求在选定轴与桁架相交处设置永久性变形观测点，记录钢桁架安装前后、檩条布置完后、结构竣工后等位移。

2. 施工观测。在横向桁架离端头 1m 处以及在结构构件特殊点、控制点设置观测点进行施工观测，分自重变形、檩条自重下变形、结构自重下变形、竣工变形等进行观测记录。

3. 工程竣工后，全部记录档案应移交建设单位、使用单位，并在使用过程中定期进行观测记录。

6. 材料与设备

6.1 钢结构材料选用

6.1.1 钢材选用

全部钢材均应符合《碳素结构钢》GB 700—88 及《低合金结构钢》GB 1519—94 技术要求的 Q235B 和 Q345B 钢材，钢材出厂均应具有抗拉强度、屈服强度、伸长率和冷弯试验及碳、磷、硫的化学成分含量的合格证，钢材到厂后应进行抽样复验，复验结果应符合现行国家产品标准和设计要求。钢材的抗拉强度实测值与屈服强度实测值的比值不应小于 1.2。钢材应有明显的屈服台阶，且伸长率应大于 20%，应有良好的可焊性和合格的冲击韧性。当截面板件厚度 $t > 40mm$ 时，钢材应保证 Z 向性能，不应小于国家标准《厚度方向性能钢板》GB 50313 关于 Z15 级规定的容许值。

6.1.2 钢索选用

钢索采用高强钢丝束，抗拉强度 $\geq 1670N/mm^2$。钢索应符合国标《斜拉桥热挤聚乙烯高强钢丝拉索技术条件》GB/T 18365—2001 和相关规范标准的规定。

6.1.3 构件选用（表 6.1.3）

6.1.4 焊接材料

1. 手工焊接用焊条质量应分别符合国家标准《碳钢焊条》GB/T 5117—1995 的规定，选用焊条型号应与主体金属相匹配（表 6.1.4）。

2. 自动或半自动焊应采用与结构材料强度相适应的焊丝和焊剂。

1）焊接 Q235 时，可采用 H08A、H08E 型焊丝配合中锰型、高锰型焊剂，或采用 H08Mn、H08MnA 配合无锰型、低锰型焊剂。

构件选用表　　表 6.1.3

构　　件	材　质	备　注
弦杆（除 ϕ325×14、ϕ245×10 外）	Q235B	无缝钢管
弦杆（ϕ325×14、ϕ245×10）	Q345B	无缝钢管
桁架腹杆	Q235B	无缝钢管
ϕ630×16（钢管混凝土柱）	Q345B（C40）	焊接钢管
钢索（5×55、5×91）	钢丝束	
檩条	Q235B	高频焊接 H 形
耳板、柱脚底板	Q345B	
水平支撑	Q235B	无缝钢管
未注明的檩托、加劲肋、拉条、封头板等次要构件	Q235B	
基础预埋螺栓	Q235B	
销钉	45 号钢	

焊条与主体金属匹配表　　表 6.1.4

焊接方法	钢　号	焊接材料	备　注
手工焊	Q235	E43×× 型焊条	
手工焊	Q345	E50×× 型焊条	

2) 焊接 Q345 时，可采用 H08A、H08E 型焊丝配合高锰型焊剂，或采用 H08Mn、H08MnA 配合中锰型、高锰型焊剂。

6.2　主要施工机具设备（表 6.2）

主要施工机械设备表　　表 6.2

序　号	设备名称	设备规格	数量	备　注
1	汽车吊	50t	2 台	
2	汽车吊	25t	6 台	
3	汽车吊	16t	2 台	
4	超声波探伤仪		1 台	
5	CO_2 气体保护焊机	500A	4 台	
6	电焊机	J2-1	30 台	
7	半自动切割机		1 台	
8	焊条烘箱		1 台	
9	碳弧气刨		2 台	
10	全站仪	南方 S2530E	1 台	
11	经纬仪	J2	2 台	
12	自动安平水准仪	DS3	2 台	
13	钢尺	30m、50m	8 把	
14	千斤顶		10 个	
15	手拉葫芦		10 个	
16	空压机		2 台	
17	绝缘电阻测试仪		1 台	
18	接地电阻测试仪		1 台	
19	磨光机		8 台	
20	汽车	8t	1 台	

7. 质量控制

7.1 技术标准

《钢结构工程施工质量验收规范》GB 50205—2001；

《建筑钢结构焊接技术规程》JGJ 81—2002；

《钢结构高强度螺栓连接的设计、施工及验收规范》JGJ 82—91；

《结构用无缝钢管》GB/T 8162—2008；

《压型金属板设计施工规程》YBJ 216—88；

《建筑设计防火规范》GB 50016—2006；

《冷弯薄壁型钢结构技术规范》GB 50018—2002；

《斜拉桥热挤聚乙烯高强钢丝拉索技术条件》GB/T 18365—2001；

《碳素结构钢》GB/T 700—2006；

《低合金结构钢》GB/T 1591—94；

《碳钢焊条》GB/T 5117—1995；

《厚度方向性能钢板》GB 5313—85。

7.2 技术措施

7.2.1 钢柱安装时，柱顶偏移误差不得大于 $H/1000$（H 为柱高），且不大于 10mm。在标高 8.65m 处，钢管混凝土柱垂直于股道方向的最大施工误差不得大于 5mm。钢结构的制作、安装应符合《钢结构工程施工质量验收规范》GB 50205—2001 的要求。

7.2.2 桁架上下弦杆和柱连接焊缝为一级焊缝，并做 100％探伤。耳板与柱壁采用对接焊，焊缝等级为一级，100％做超声波探伤。所有焊接等级为一、二级焊缝进行 100％的超声波检验，节点及支座焊缝（角焊缝）按 20％比例进行磁粉着色检验。

7.2.3 所有构件表面均应进行喷射除锈，除锈等级为 Sa2.5 级，现场补漆应用风动或电动工具除锈，达到 Sa3 级。

7.2.4 建筑物耐火等级二级，耐火时限为：柱 $2h$，钢桁架 $1.5h$，檩条 $1h$。

7.3 管理措施

7.3.1 建立完善的质量管理体系，明确质量管理职责与权限，建立质量管理责任制度，谁主管谁负责。

7.3.2 实行项目质量工程师自检、监理工程师检验、业主定期抽检的制度，确保工程施工质量。

7.3.3 建立方案审批制度，总体施工组织设计或专项施工方案必须实行逐层审批制度，必须取得现场专业监理工程师的认可方能组织实施。

7.3.4 隐蔽工程建立以质检工程师负责的隐蔽工程施工管理体系，实行并坚持自检、互检、交接检制度，自检要做好文字记录，对隐蔽工程各个环节加以控制。

7.3.5 过程记录必须完善、完整，对未完善的手续必须补充完整，方能进入下一道工序。

8. 安全措施

8.1 完善安全管理制度，坚持安全技术交底制、特殊工种持证上岗制、班前检查制、大中型机械设备实行验收制、周一安全活动制、定期检查与隐患整改制、实行安全生产奖罚制与安全事故逐级报告制、危急情况停工制。

8.2 强化施工现场安全管理，在施工现场设置安全标志牌，材料、构件、设备摆放要整齐、平稳、不得超高，进入施工现场，戴好安全帽。

8.3 作好安全技术交底工作，过渡结构如脚手架等支撑体系必须有验算资料，确保安全可靠。

8.4 严格遵守设备操作规程，钢结构是良好导电体，四周应接地良好，施工用的电源线必须是胶皮电缆线，所有电动设备应装漏电保护开关，严格遵守《施工现场临时用电安全技术规范》JGJ 46—2005。

8.5 高空作业应遵守《建筑施工高处作业安全技术规范》JGJ 80—91 的有关规定，身体经检查合格后方可上岗。加强高空作业安全防护设施的检查，高空作业的施工人员，必须带安全帽、系安全带，穿防滑绝缘鞋，并有牢靠的立足处，严禁带病和酒后作业，严禁高空抛物。

8.6 吊装作业前要仔细检查索吊具是否符合规格要求，是否有损伤，所有起重指挥及操作人员必须持证上岗，风力超过 6 级或雷雨天气严禁吊装，夜间吊装必须保证足够的照明，构件不得悬空过夜，特殊情况时应报主管领导批准，并采取可靠的安全防范措。

8.7 加强防火安全工作，杜绝火灾事故发生，氧气瓶、乙炔瓶工作间距不小于 5m，两瓶距明火作业不小于 10m。特别在进行电气焊、防火涂料、油漆、稀释剂等易燃品施工时，要在现场配备灭火器材等防火设施。

8.8 严格遵守铁道部《铁路营业线施工及安全管理办法》(铁办 [2005] 133 号)、《广州铁路(集团)公司铁路营业线施工及安全管理实施细则》(广发办 [2005] 234 号)。严格执行营业线施工许可证制度、安全协议制度、施工方案逐级审批制度、施工人员岗前培训考核制度，作好施工安全应急预案。既有线旁施工时，防护员和施工员必须坚守施工现场，防止施工侵入铁路限界，并作好地下管线保护工作，确保铁路既有线行车安全。

9. 环保措施

9.1 施工前结合实际制订切实可行环保措施，严格执行《环境保护控制程序》及有关规定，采取环境保护措施，对大气污染、水污染、噪声污染、固体废弃物污染进行控制，做到文明施工。

9.2 工地现场材料堆放整齐，工地生活设施清洁文明。加强废旧料、报废材料的集中回收和管理，减少污染，保护环境。

9.3 加强机械设备的维修保养和达标活动，减少机械废气、排烟对空气环境的污染。对汽油等易挥发品的存放要密闭，并尽量缩短开启时间。

9.4 在施工操作地点和周围保持清洁整齐，做到活完脚下清，工完场地清，丢洒的砂浆、混凝土及时清除。

9.5 做好原有植被、野生动植物、文物保护工作，合理规划设置施工场地、施工便道，固定行车、行人路线，尽量少扰动地表，减少地表植被的破坏。

10. 效益分析

该工法具有技术先进、施工组织合理、综合经济效益显著的特点，主要表现在：

10.1 经济效益

10.1.1 采用数控切割技术节约用钢量 188t，节约 1034000 元。

10.1.2 采用钢管柱混凝土泵送顶升浇筑节约高空脚手架搭设数量 46 座(高 30m，2m×2m)及挂安全网 46 座，节约 432400 元。

10.1.3 计划工期提前 5 天，节约费用 34200 元。

以上合计节约经济效益 1034000＋432400＋34200＝1500600 元

10.2 社会效益

采用该施工技术建设施工的张家界无站台柱雨棚为广铁集团范围内第一座无柱雨棚，与张家界车站整体成为张家界新地标，为湖南省内最先进的国内一流的火车站，新颖的造型与张家界山水巧妙地融合在一起，极富现代理念。本工程于 2008 年被评为湖南省优质工程。其作为城市一个品牌，向世人展示张家界国际性旅游城市的新形象，为世界旅游窗口增添了一道亮丽的风景线。

10.3 环保效益

工程严格按照环境、职业健康安全运行管理进行施工，加强环境因素识别与评价，实施监控和测量，减少施工噪声扰民和现场扬尘，控制生产、生活污水排放，杜绝严重的有污染化学品泄露，节能降耗，施工水电比预算用量降低 2%，坚持文明施工，为张家界争创文明旅游城市做出贡献。

11. 应 用 实 例

11.1 采用本工法的张家界新客站无站台柱雨棚工程，投影面积 28619m²，雨棚总长 554.2m，宽 66m，横跨三个站台。雨棚钢结构部分采用双肢钢管混凝土组合柱支撑倒三角形钢管桁架结构。结构由 23 榀弧形主桁架、44 榀副桁架、184 套拉索及 46 榀钢柱组成。主桁架最大悬挑长度 26.25m，拉索采用 5×55 镀锌钢丝索及 5×91 镀锌钢丝索两种规格，钢柱采用 46 榀双肢钢管混凝土组合柱，柱内浇灌 C40 微膨胀混凝土，其中 7 榀高度为 29.75m，其余 39 榀高度为 23.75m，纵向柱距为 25m。屋面板采用 0.6mm 厚 760 型彩色压型钢板，板底敷设 50mm 厚铝箔超细玻璃棉毡，吊顶板采用 0.7mm 厚氟碳铝合金板，封檐采用 2mm 厚铝板，屋面排水采用有压流虹吸排水系统。该设计结构新颖、造型独特、安装精度高、施工难度大。

本工程应用了计算机模拟分析技术，多管小角度相贯节点切割、焊接及检测技术，钢管混凝土顶升灌注技术，斜拉索液压千斤顶张拉检测技术。安装工艺和装备简单、实用，拼装场组装胎架各一套，钢柱现场组装胎架四套，主、副桁架现场拼装胎架各两套，完全满足流水作业要求，保证了焊缝质量和安装精度，为同类工程提供了成功的范例和经验。

11.2 武广铁路客运专线新韶关站工程，位于广东省韶关市，主体结构为混凝土框架结构体系，屋面部分为钢结构，本工程总建筑面积 34877.57m²，其中无柱雨棚建筑面积 15792m²。无柱雨棚钢结构总重量为 2500t，结构形式为钢管混凝土柱加钢管桁架，结构跨度为 56.8m，两边各向外挑出 6.6m，总宽度 70m，纵向总长 444m。横向为排架结构，排架柱为钢管混凝土柱，纵横两向受力梁均为钢管桁架结构。工程于 2008 年 10 月 1 日开工建设，钢结构施工采用索梁体系无站台柱雨棚钢结构安装技术施工，为工程施工节省了成本，缩短了工期，质量、安全各项指标均达到标准及设计要求。

11.3 武广铁路客运专线新清远站工程，位于广东省清远市，结构形式为钢筋混凝土框架结构＋网架屋面，本工程总建筑面积 22722.8m²，其中无柱雨棚投影面积 10792.95m²，钢结构总重量为 1200t，全长 422.5m，为 BOX（箱型截面）柱加 H 型钢梁的结构形式，钢梁最大悬挑长度为 10.3m，钢挑梁与钢柱间设拉杆，与站房连接部分的钢梁支撑在站房混凝土柱上。钢结构主体已安装完毕，钢结构施工采用索梁体系无站台柱雨棚钢结构安装技术，缩短了工期，质量、安全各项指标均达到标准及设计要求。

古建筑群共用轨道单体平移整体就位施工工法

GJEJGF086—2008

河北建工集团有限责任公司　河北省建筑科学研究院

安占法　强万明　赵士永　边智慧　郭群录

1. 前　言

在旧城改造、道路和高速公路的拓宽改造，使得一些极具历史文物保存价值的既有建筑物面临拆除的威胁。如果根据建筑物周围条件与城市总体规划的要求，对建筑物实施整体移位，不仅可以很好的保留既有建筑，而且可以节约新建工程造价、缩短工期、减少建筑垃圾、保护环境，使得城市规划更加灵活，取得良好的经济效益和社会效益。

拟建的安阳至林州高速公路必须从河南林州始建于唐贞观年间（公元 627～649 年）融儒、道、佛三教于一体的慈源寺院中部穿过。如何充分保护慈源寺的原貌不被破坏，又要避免高速改道带来的投资大幅度增加是一具有相当重大意义的技术难题。

河北建工集团有限责任公司与河北省建筑科学研究院结合取得了"慈源寺整体平移施工技术研究"这一国际领先的创新成果，于 2008 年通过河北省建设厅的鉴定，同时形成了"古建筑群共用轨道单体平移整体就位施工工法"，对旧有建筑的保护和减少新项目的投资具有明显的社会效益和经济效益。

2. 工 法 特 点

2.1 古建筑群沿同一轨道分别进行平移，三座建筑累计平移距离达 1256m。

2.2 采用预制箱梁顶管技术对古建筑物基础整体置换成大底盘混凝土基础。对原基础不造成削弱，降低了结构风险。

2.3 采用共用一条弧形轨道平移多个建筑物单体平移整体就位，平移过程采取多次转弯变向和"在运动中调向"的方法能将建筑分别进行原地 90°调向并最终准确就位。

2.4 该技术具有保护原有古建筑物不受破坏、保持原貌、确保工程质量、安全、降低工程造价、节能、环保等优点。

3. 适 用 范 围

该工法适用于单个或多个建筑物整体平移施工技术。

4. 工 艺 原 理

平移建筑物是一项技术含量颇高的技术，它把建筑结构力学与岩土工程技术紧密结合起来，其基本原理与起重搬运中的重物水平移动相似，其主要的技术处理为：将建筑物在某一水平面切断，使其与基础分离变成一个可搬动的"重物"；在建筑物切断处设置托换梁，形成一个可移动托梁；在就位处设置新基础；在新旧基础间设置行走轨道梁；安装行走机构，施加外加动力将建筑物移动；就位后拆除行走机构进行上下结构连接，最终实现建筑物的整体平移。

5. 施工工艺流程及操作要点

5.1 施工工艺流程（图5.1）

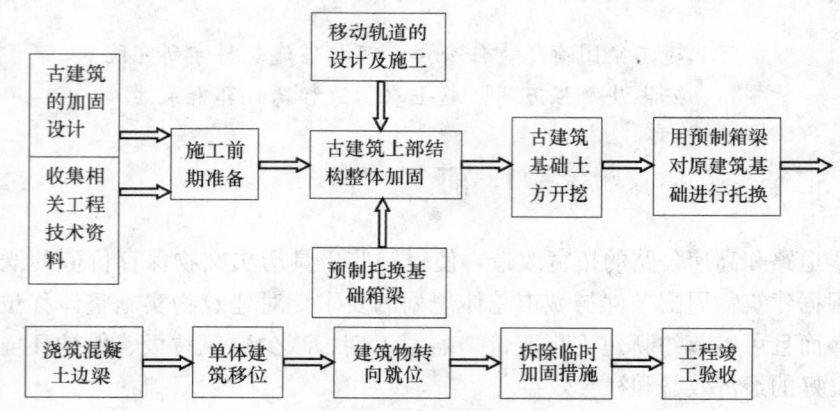

图 5.1 古建筑物整体平移施工工艺流程

5.2 操作要点

5.2.1 上部结构整体加固

鉴于古建筑上部结构整体性较差，为确保在基础托换和整体平移过程中原有古建筑的安全，对原有古建筑先进行了整体性加固。各建筑物加固施工顺序为：先内后外，先下后上，主要施工步骤及注意事项如下：

1. 采用合适角钢、槽钢（需按加固设计）建筑物进行外围加固，先水平周圈用型钢进行加固，并增设斜向支撑以保证整体受力。为满足建筑物加固施工要求，首先将门洞、围墙、楼梯等四周障碍物拆除，拆除后用型钢进行加固，并增设斜向支撑以保证整体受力。

内部用脚手架管和扣件对梁架进行支撑、柱子四周采用钢立杆进行部分支顶卸荷，也可用型钢做成门式支撑进行可靠有效的支撑和荷载传递支顶卸荷。

2. 加固过程中，清除建筑物上的杂物和尘土，加固角钢，安装焊接时避免高温损伤，并加紧钢架，杆件与原结构之间垫软木橡胶垫，以免损伤原结构。

3. 建筑物整体性加固过程中，要注意保护原建筑外观、造型等不受损坏，就位后应与横向、纵向型钢焊接牢固。

4. 墙体裂缝灌浆：对三栋建筑的墙体裂缝及墙上孔洞进行压力灌浆，灌浆过程中应注意不要对墙体造成损坏。

5. 对原建筑的石台及房芯土进行压力灌浆，以防止在托换过程中该部分土体出现坍塌现象。

5.2.2 基础整体托换工艺流程

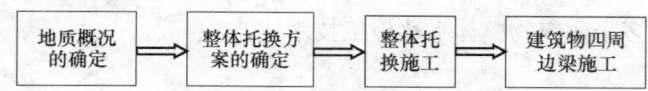

1. 地质概况的确定

在古建筑基础整体托换前，应对古建筑地基、平移路径以及新址地基的岩土工程地质状况、水文地质条件、地基土地震液化判别等进行确定，为整体托换施工方案确定提供技术基础。

2. 整体托换方案的确定

由于古代建筑施工方法和材料的限制，古建筑基础大部分为杂填石或杂填土等整体性差的基础，不能满足整体平移的要求，采用现代建筑常用的方法难以保证其主体结构的安全故必须对古建筑原基础进行托换，以确保古建筑在整体平移中不发生破坏现象，对古建筑基础最好采用预制箱梁顶管施工方法进行基础整体托换成整体大底盘混凝土基础。

3. 整体托换施工

结合顶管技术应用于古建筑基础托换，边挖土边顶进箱梁，对原基础不造成削弱，将风险降低到了最小。具体做法是：按照设计尺寸预制混凝土空心箱梁，将箱梁按一定顺序顶进原基础下（事先做好后背，提供均匀反力），人可在箱梁内进行挖土操作，边挖土边顶进。顶箱前开挖土方分段进行，只要能满足顶进的工作面即可，避免大范围开挖造成安全隐患。顶进过程中进行实时观测，发现偏差及时纠正。其施工工艺流程如下：

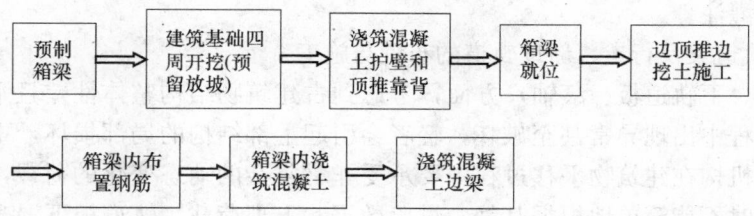

1）预制箱梁及基础开挖

因工期紧张且各建筑物所需尺寸不一致，决定在现场预制箱梁，施工处于冬季，为保证工期，采用 C50 混凝土浇筑箱梁（设计为 C50）且采用内生火炉、外加盖电热毯的方式进行保温养护。严格依照图纸要求外形尺寸加工制作，共计 79 个箱梁。

在预制箱梁的同时对建筑物四周的土体进行开挖，土体开挖中应做到：开挖区放线，指定开挖区域；建筑基础四周预留放坡，开挖过程中不得扰动；挖出的土及时运走，在指定位置集中堆放；土体分段开挖，直至满足托架及顶箱施工要求，开挖过程中对建筑物进行监测；顶推后背的浇筑：厚度 300～500mm，C30 混凝土，后背内布置抗局压的钢筋网。

2）顶推箱梁整体托换

基础四周开挖后，根据现场开挖情况准确测量古建筑基础下杂填石的厚度，分别确定各建筑物顶进箱梁的标高。

顶推箱梁托换施工步骤及要求：

采用起重设备（自制龙门架、捯链或铲车）将箱梁吊至预顶位置，布置千斤顶就位，为防止压碎混凝土，在顶推后背和千斤顶之间增设钢垫块，千斤顶与箱梁之间布置钢垫板，反力架就位。从预留基础土坡开始顶进，箱内设开挖人员一名，箱梁内壁安装双向水平尺防止走偏和抬头，内设照明设施。顶进过程中，千斤顶顶进速度由刃脚切土及操作人员从角刃刮土速度确定，不得使箱体正面直接推土，避免对建筑基础有较大扰动。前一箱梁顶进就位后，吊装后序箱梁，箱壁安装双向水平尺，顶进施工要求不变。顶推箱梁托换施工必须严格依照施工顺序施工，并且结合有关要求密切对建筑物进行整体监测。

3）布置钢筋、浇筑箱梁内部混凝土浇筑

箱梁内部清理干净完毕后，组织人员将已经绑扎好的钢筋笼子整体穿入箱梁内。穿筋完毕在箱梁口支带"V"形口的模板，模板口宽出洞口 200～300mm，高出箱梁顶 500～800mm，支模完毕，将模板和箱梁内壁浇水湿润后浇筑混凝土。混凝土采用出具的配合比现场搅拌免振混凝土。灌注混凝土连续从一侧浇筑，利用混凝土的流动性和高差使混凝土从一侧缓慢流向另一侧，待灌入一侧混凝土达到模板顶不再沉降时，另一侧混凝土基本到达箱梁高度的 50%，此时再从另一侧口补灌浇筑免振混凝土。如此浇筑可以保证内部混凝土的密实度和饱满度。

箱梁内浇筑免振混凝土施工中注意事项：严格控制免振混凝土配合比，保证混凝土的和易性和流动性；施工过程中应集中连续浇筑，中间不能出现停顿。

箱梁内混凝土浇筑完毕后，混凝土养护 3d（期间将混凝土突出部分剔凿掉，同时在端头面上凿毛处理，以增加与后加边梁的连接）。人工开挖箱梁与箱梁之间的土体（宽度约 900～1200mm），箱梁之间的土体全部掏挖完毕后，将预先绑扎好的钢筋笼子穿入孔洞内，依照上述方法浇筑免振混凝土。

4. 建筑物四周边梁施工

箱梁及箱梁之间免振混凝土全部浇筑完成后，开挖建筑物四周土体，开挖四周边梁处土方，施工中要求：

1）必须采用人工开挖；

2）同时严格控制开挖量，不得对非开挖区域挠动过大；

3）从土方开挖直至托梁混凝土浇筑不得有较长时间间歇，尽量缩短此间施工工期。

边梁混凝土养护期间，对边梁内范围内基础土体灌注水泥浆，分别从大殿内部和外侧台阶上灌注水泥浆，分批分段的灌注。

5.2.3 上、下轨道梁及行走、新址轨道的布置与施工

在行走机构（上、下轨道板、滚轴）方面，考虑到古建筑物结构整体性差且平移距离远，若行走机构在建筑物平移过程中出现异常甚至破坏，轻者会引起上部结构的局部损坏，重者则会导致整个平移工程的失败。行走机构在建筑物平移过程中要承受非常复杂的动态变化的荷载，而不是简单的静荷载。因此在设计滚轴时不能简单地根据其静力试验数据、上部荷载、轨道板下混凝土的局部抗压强度确定滚轴的数量，必须考虑动载作用的影响。本工法中列举上下轨道板均采用 12mm 厚钢板，其中上轨道板作为上轨道梁的底模并可代替梁内部分纵筋；下轨道板则采用分段铺设，下轨道钢板可重复使用，滚轴采用 φ60 圆钢。

1. 原址内行走轨道的布置、新址内轨道布置方式

整体平移群体文物建筑要考虑平移距离、沿途地形、古建筑平移前后的相对位置等条件，尽量共用一组轨道，按照原址内轨道、行走轨道和新址内轨道按已定先后顺序和行走轨道公用的原则进行布置和施工。

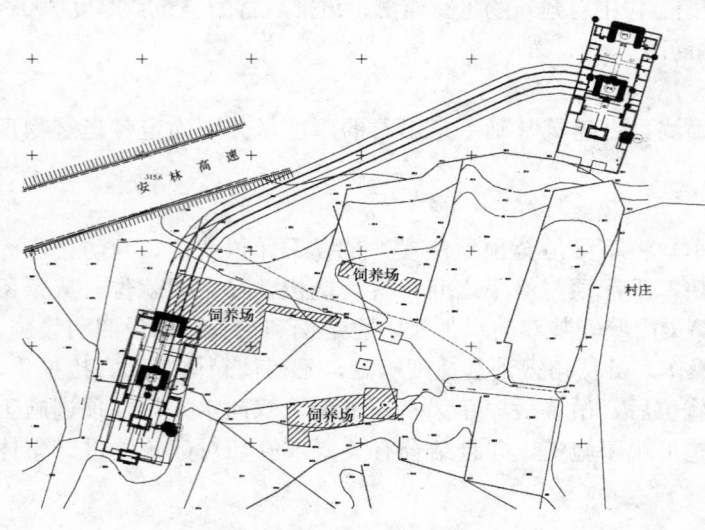

图 5.2.3-1 整体迁移平面示意图

慈源寺工程经论证分析确定最终平移先后顺序为：先移动 1 号建筑文昌阁，再移动 2 号建筑大雄宝殿，最后移动 3 号建筑三教堂，共用一组轨道平移以减少成本投入及方便施工。见图 5.2.3-1。

1）原址内部轨道根据各建筑物的现有表高布置有关轨道，通过调整托换梁标高和轨道标高，将轨道上表面的坡度控制在 2% 之内，见图 5.2.3-2。

2）行走轨道：因行走轨道较长，为减少土方量工程，轨道自开始到就位前设 1% 的坡度。同时为保证行走过程中的安全应保证行走轨道上顶面比经过区域的标高的高出不小于 1m。

3）新址内部的轨道：新址内部的轨道采用水平标高一致以方便各建筑的就位，见图 5.2.3-3。

4）所有轨道经过之处，首先将表面松散的土质去除，同时素土夯实厚度不小于 1000mm，素土上做 450mm 厚三七灰土，然后浇筑混凝土轨道。

2. 建筑内部上下轨道梁的布置与施工（图 5.2.3-4）

古建筑平移和现代建筑平移不一样，轨道施工中易采用在建筑周边挖槽，然后在古建筑地下筑轨下轨道和上轨道，这样古建筑不用做任何抬升，待轨道强度达到要求后，开挖托换底盘下的土后，建筑物就自然而然地放到了轨道上了。

1）建筑物下面轨道施工

基础整体托换完成后，按设计要求的位置，在轨道对应处人工开挖土体，开挖从箱梁底至外部轨道的底标高，为保证安全，开挖宽度为建筑物以外轨道基底宽度的2/3（2000～2400mm），开挖后与建筑物外的行走轨道统一绑扎钢筋，保持轨道顶与外轨道顶部标高一致、混凝土连续。

浇筑混凝土时先浇筑孔洞内部的混凝土，因内部空间狭窄，施工速度慢，将基础放脚和上部梁分开浇筑，浇筑下轨道梁时，除控制混凝土强度外，严格控制下轨道梁上表面的平整度。浇筑完毕后，为赶工期，内部进行加温养护。

2）建筑物上轨道梁施工

待建筑物下轨道强度达到 C10 以上后开始建筑物上轨道梁的浇筑施工，施工主要步骤为：

① 埋植连接筋：采用钻孔植筋的方法将上轨道梁的箍筋植入托换后的混凝土基础上，植筋粘接剂采用 SKY 型专用结构胶。

② 铺设钢轴、钢板：在下轨道上表面铺设不小于 12mm 厚钢板，将 φ60 圆钢轴按设计要求的距离摆放在钢板上，为防止钢轴偏移，将钢轴的端部与下部钢板点焊。

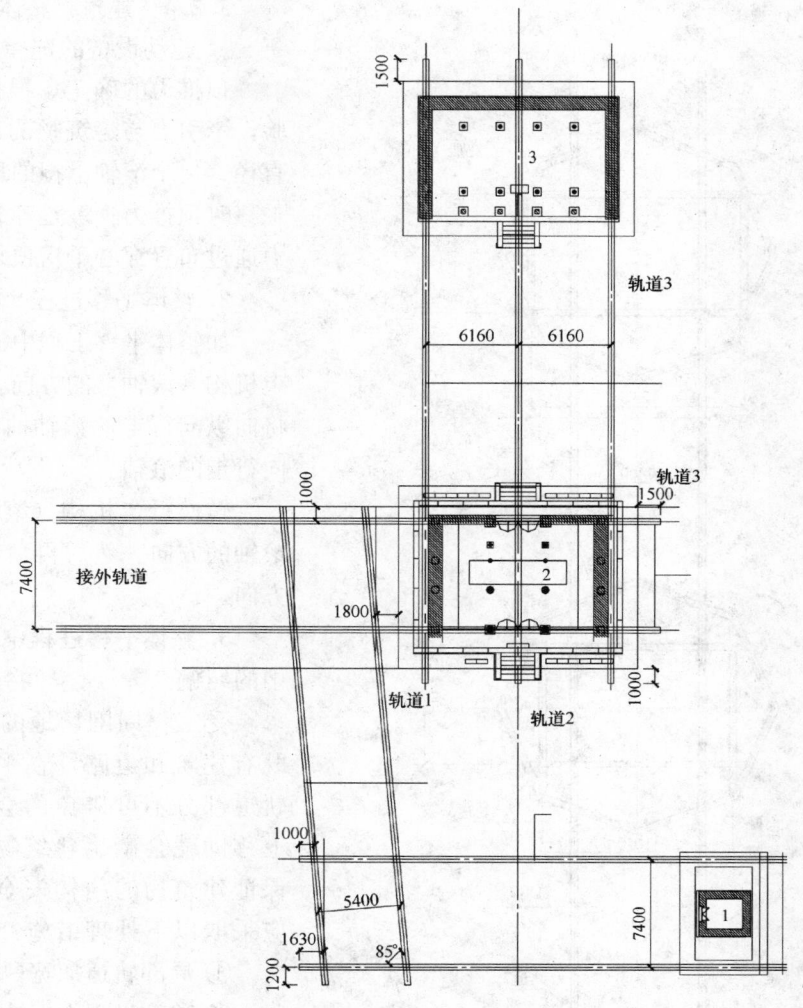

图 5.2.3-2 原址内行走轨道的布置

③ 铺设上轨道钢板：将厚钢板铺设在点焊后的钢轴上，将上轨道钢板与已植钢筋焊接牢靠，其中上轨道板作为上轨道梁的底模并代替梁内部分纵筋。

④ 绑扎钢筋、支模：按设计要求绑扎钢筋，穿筋完毕后支设"V"字形模板，在上轨道梁两端支设"U"字形模板。

⑤ 浇筑混凝土：支模完毕，将模板内壁浇水湿润后浇筑混凝土。混凝土现场搅拌 C40 免振混凝土。灌注混凝土连续从一侧浇筑，利用混凝土的流动性和高差使混凝土从一侧缓慢流向另一侧，待灌入一侧混凝土达到模板顶基本不再沉降时，再从另一侧同样浇筑。

⑥ 养护：施工处于冬季且工期紧，混浇筑完毕后采用内部加温养护。

3）上、下轨道板水平误差及处理措施

建筑物在托换时一般分成多个单元进行施工，不可避免的存在一定的累计误差，此误差可导致滚轴受力不均，在移位时引起滚轴与轨道板轴线不垂直，其结果将导致建筑物在移位时偏位。因此，施工前应制定好基准线，施工过程中严格控制上、下轨道梁表面的平整度，上、下轨道梁标高总体误差控制 3mm 以内，轨道表面 3m 内相对误差平整度小于 2mm。

4）开挖土体

待上下轨道梁强度均达到 C20 以上后时，开挖上下轨道以外的剩余的土体，先开挖轨道外侧土体，再开挖内侧的土体。开挖托换底盘下的土后，建筑物就自然而然地落到了轨道上。

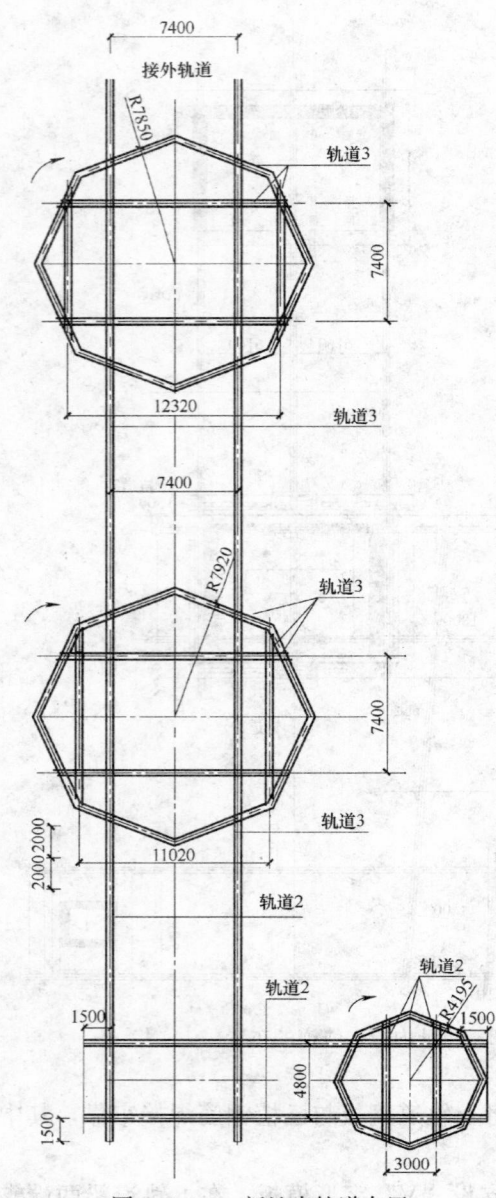

图 5.2.3-3　新址内轨道布置

5.2.4　建筑物整体移动

1. 起动设备的选择和整体起动力

顶推力的确定，根据建筑物平移实验和以往的工程经验，牵引力与建筑物的总重量、轨道板的平整度、滚轴的直径、单个滚轴承担的压力等因素有关，正常施工条件下，平移时顶推力一般是建筑物总重量的 1/12～1/20 之间，推力通过布置穿心千斤顶来实现。

2. 整体平移过程 90°中转角的实现

如整体平移工程中需要 90°的转角，转角处需要转换行走机构（滚轴）的方向，因此必须在转角处将建筑物顶升，将向纵向行走的滚轴抽出，并在横向上轨道梁下放入向横向行走的滚轴。

转换行走机构（滚轴）的方向，一次顶起一侧，更换滚轴的方向。然后再顶起另一侧，再将这一侧的滚轴更换方向。

3. 整体平移过程中弯曲轨道的行走；行走过程、转弯中的纠偏

受工程周围场地的限制，避免大面积开挖或者绕行既有建筑和道路，在平移过程中新址和旧址之间的行走轨道部分不可避免的会有弧行轨道，建筑物在弧行轨道上移动就会产生建筑物的上轨道部分会移出下轨道，为保证建筑物的结构安全和顺利移动，在弯道移动过程中应采取以下处理措施：

① 局部轨道加宽；

② 移动过程中钢轴不停的小幅度的调整角度；

③ 建筑物前后端及中部均小范围的出轨道，行走速度降低，阻力增大；

④ 由于钢轴调整了角度且局部受压加大，造成阻力增大，应同时增大千斤顶的顶推力。

4. 整体平移直线轨道移动

在直线路段，采用了穿心式张拉千斤顶，将预应力张拉技术巧妙地应用于楼房的平移牵引，为此专门设计定做了千斤顶与配套的锚具系统，在平移过程中，千斤顶处于相对不动的状态，牵引钢绞线穿过千斤顶后通过锚具固定于平移楼房的上轨道梁上，在千斤顶的张拉过程中，千斤顶前端的一套锚具带动钢绞线牵引着楼房一起向前移动，这种牵引方案的优点是：

① 千斤顶可以相对连续地工作、工作效率高、操作人员的劳动强度低；

② 千斤顶行程的有效利用率高；

③ 平移速度快。

5. 转向移动就位

1）就位旋转方案和实施

古建筑移动至新址后，剩余的主要工作就是古建筑物按照新址布置进行转向就位。转身设计方案借鉴了汽车倒车的原理，实现"在运动中调向"，在建筑物指定的位置建一个大圆盘，建筑物在圆盘上前进一点再往后倒，调整一下方向再前进，然后后退，如此反复，直到转身 90°（图 5.2.4-1，图

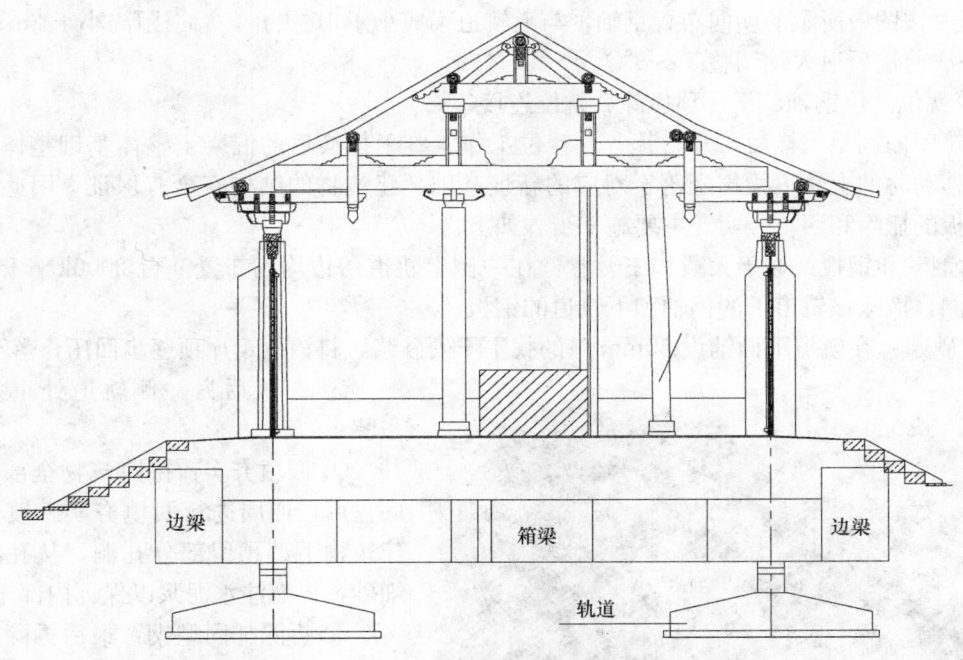

图 5.2.3-4　内部内行走轨道的布置

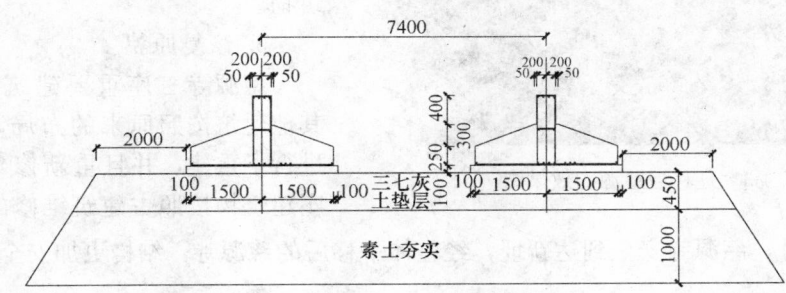

图 5.2.3-5　外部内行走轨道剖面图

5.2.4-2)。具体施工步骤为：

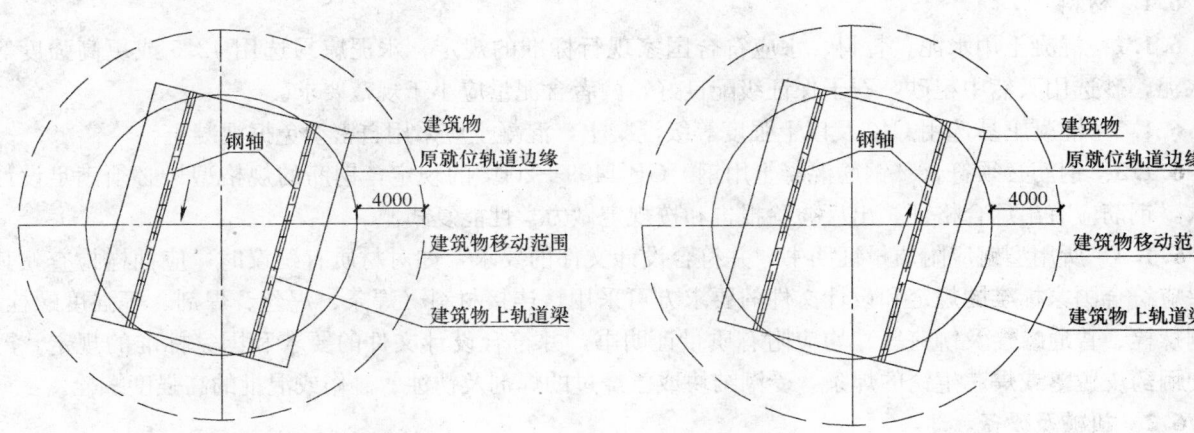

图 5.2.4-1　前进时钢轴布置　　　　　图 5.2.4-2　后退时钢轴布置

① 将原圆形轨道内整个用混凝土填平整；
② 在圆形轨道四周增设辅助调向轨道梁；
③ 前进时按图中所示的朝向布置钢轴，与上轨道梁成小于10°夹角，前进距离小于2m；

④ 后退时按图中所示的朝向布置钢轴，与上轨道梁成小于10°夹角，后退距离小于2m；

⑤ 每一次前进后退大约调整5°～8°。

2）建筑就位　位钢轴、千斤顶撤除、就位连接

三座建筑朝向调整完毕后，开始其各自就位工作。鉴于托换后的混凝土整体基础整体性强，建筑物的墙体和移动时的上轨道梁均坐落于对应的新址基础，建筑物的结构安全有保证。因此，建筑就位后主要是钢板的撤除和回填夯实。主要施工步骤如下：

① 撤除钢轴和钢板：对于大殿和三教堂，在一侧上轨道傍边均匀布置9台2000kN千斤顶，先整体支顶起一侧，撤除该轨道下的钢轴和下轨道的钢板；

② 铺设砂浆：在轨道下面铺设50mm厚的找平干硬砂浆，将该侧千斤顶逐步回压，落下该侧轨道；

图5.2.4-3　迁移后慈源寺效果图

③ 一天后另一侧轨道处重复上述施工步骤；

④ 回填夯实：待建筑物全部落在混凝土底盘后，四周进行回填夯实。填土过程中给建筑物下部预留部分孔洞，从孔洞内先灌注细砂，再灌注水泥浆以保证内部土体的密实；

⑤ 拆除加固型钢：最后拆除建筑物身上用于加固的型钢，拆除过程中避免损坏建筑物。

6. 恢复原貌

慈源寺三座重要建筑整体平移完成后，其他建筑按照原来的布局，按原样、原材料进行了重建，并且重新修建了山门，对这三座建筑物按照古建筑维修的通例进行了全面的维修。历时6个月，慈源寺安全到达新址，经整体平移后的慈源寺，结构更加安全。见图5.2.4-3。

6. 材料与设备

6.1　材料

6.1.1　混凝土用水泥、骨料、水应符合国家现行标准的规定，水泥应易选用42.5或更高强度等级水泥，砂选用天然中粗砂，石子保证级配良好，两者含泥量应小于规范要求。

6.1.2　混凝土易选用C40及以上强度等级混凝土，混凝土应采用自密型免振混凝土。

6.1.3　钢筋必须符合《钢筋混凝土用钢》GB 1499—2007的规定，钢筋的规格型号必须满足设计要求，钢筋应有出厂合格证，出厂检验报告和按规定做力学性能复式。

6.1.4　所用型钢应附质量证明书，并符合设计文件的要求，如对材质有疑议时，应抽样检查，其结果应符合国家标准的规定和设计文件的要求方可采用。连接材料（焊条、焊丝、焊剂、等强度螺栓、精制螺栓、普通螺栓及铆钉等）均应附有质量证明书，并符合设计文件的要求和国家标准的规定。严禁使用药皮脱落或焊芯生锈的焊条，受潮结块或已烧过的焊剂及锈蚀、碰伤或混批的高强度螺栓。

6.2　机械及设备

6.2.1　土方开挖：挖土机、装载机、正卸汽车。

6.2.2　液压推进系统：电动高压油泵站、液压千斤顶、电控箱、机械式千斤顶。

6.2.3　顶升机构系统：机械式螺旋千斤顶、垫箱等。

6.2.4　行走机构系统：组合式下走道板、钢滚轴、拆装式反力支座、垫箱、后反力架等。

6.2.5　监测系统：水准仪、经纬仪、测力仪表、直尺、对讲机、全站仪、钢卷尺、水平尺、播音

设备。

6.2.6 其他设备：汽车起重机混凝土切割机、空心压缩机、风锤、电焊机、钢筋切割机、混凝土振动器、混凝土搅拌机、砂浆搅拌机、钢筋调直机、钢筋弯曲机、套丝机、无齿锯、电钻。

7. 质 量 控 制

7.1 有关标准、规范

除按上述施工工艺进行严格操作控制外，还应满足国家和地方的有关标准、规范，见表7.1。

该工法应满足的有关标准、规范   表 7.1

序 号	名 称	编号及版本	备 注
1	《普通混凝土拌合物性能试验方法标准》	GB/T 50080—2002	
2	《普通混凝土力学性能试验方法标准》	GB/T 50081—2002	
3	《建筑工程施工质量验收统一标准》	GB 50300—2001	
4	《混凝土结构工程施工质量验收规范》	GB 50204—2002	
5	《普通混凝土配合比设计规程》	JGJ 5—2000	
6	《混凝土质量控制标准》	GB 50164—92	
7	《混凝土强度检验评定标准》	GBJ 107—87	
8	《建筑工程施工质量验收统一标准》	GB 50300—2001	
9	《钢筋焊接及验收规程》	JGJ 18—96	
10	《建筑地基基础工程施工质量验收规范》	GB 50202—2002	
11	《混凝土结构加固设计规范》	GB 50367—2006	
12	《混凝土结构加固技术规范》	CECS 25—90	

7.2 质量保证措施

7.2.1 施工过程中，必须严格按照现行钢筋施工工艺标准、混凝土施工工艺标准及钢结构施工工艺标准中质量保证措施执行。

7.2.2 托换梁底标高应严格控制，整体水平移位时水平误差应控制在5～10mm；整体垂直移位时可适当放宽限值。

7.2.3 水平移位时，其平移轨道及新建基础面标高水平误差≤3mm；水平移位过程中轴线偏差应控制在1/2托换梁宽，就位时轴线偏差≤20mm。

7.2.4 外加动力施工加值应控制在设计计算值10%左右内。

7.2.5 建筑物就位后，除需对原有垂直度进行调整外，其垂直度不得超出原有垂直度千万之一。如需对原垂直度进行调整，其调整后最终垂直度应符合验收要求。

7.2.6 建筑物就位后，应使上部结构与基础重新连接，并保证建筑物具有良好的整体性能和抗震性能，连接构造传力路线明确，构造简单，其承载力不低于原有结构。

7.2.7 建筑物整体移位应保证主要受力构件不出现裂损，次要构件不破坏，附属构件可修复。

8. 安 全 措 施

8.1 遵守《施工现场安全技术操作规程》和地方有关施工现场安全生产管理规定。

8.2 认真贯彻"安全第一、预防为主"的方针，根据国家有关规定、条例，结合施工单位实际情况和工程的具体特点，组成专职安全员和班组兼职安全员以及工地安全用电负责人参加的安全生产管理网络，执行安全生产责任制，明确各级人员的职责，抓好工程的安全生产。

8.3　认真落实安全生产岗位责任制、交底制和奖罚制。每道工序施工前必须逐级进行安全交底，并落实到书面上。从事施工的各级人员，必须持证上岗，各级机械操作人员，严格遵守操作规程，无证上岗、酒后上岗，违章作业造成事故的追究当事人直接责任。

8.4　混凝土浇筑施工作业中，要注意观察模板及支架、混凝土输送泵管等有无过大变形或松脱现象，发现问题，应及时处理。

8.5　施工现场的临时用电严格按照《施工现场临时用电安全技术规范》JGJ 46—2005 的有关规定执行。施工现场使用的手持照明灯应采用 36V 的安全电压。

8.6　施工现场按符合防火、防风、防雷、防触电等安全规定及安全施工要求进行布置，并完善各种安全标识。

8.7　各类房屋、库房、料场等的消防安全距离做到符合公安部门的规定，室内不堆放易燃品；严格做到不在木工加工场、料库等处吸烟；随时清除现场的易燃杂物；不在有火种的场所或其近旁堆放生产物资。

8.8　氧气瓶与乙炔瓶隔离存放，严格保证氧气瓶不沾染油脂。乙炔发生器有防止回火的安全装置。

8.9　电缆线路应采用"三相五线"接线方式，电气设备和电气线路必须绝缘良好，场内架设的电力线路其悬挂高度和线间距除按安全规定要求进行外，将其布置在专用电杆上。

8.10　室内配电柜、配电箱前要有绝缘垫，并安装漏电保护装置。

8.11　建立完善的施工安全保证体系，加强施工作业中的安全检查，确保作业标准化、规范化。

8.12　基坑开挖时，两人操作间距应大于 3m，不得对头挖土；挖土面积较大时，每人工作面不应小于 $6m^2$。挖土应由上而下、分层分段按顺序进行，严禁先挖坡脚或逆坡挖土，或采用底部掏空塌土方法挖土。基坑开挖应严格按规定放坡，操作时应随时注意土壁的变动情况，如发现有裂缝或部分坍塌现象，应及时进行支撑或放坡，并注意支撑的稳固和土壁的变化。当采取不放坡开挖，应设置临时支护。

9. 环 保 措 施

9.1　环境管理目标
施工现场环境管理，符合施工环保要求。

9.2　环境管理措施
在严把质量关的基础上加大施工现场文明管理与环境防治工作，具体如下：

9.2.1　成立对应的施工环境卫生管理机构，在工程施工过程中严格遵守国家和地方政府下发的有关环境保护的法律、法规和规章，加强对施工燃油、工程材料、设备、废水、生产生活垃圾、弃渣的控制和治理，遵守有防火及废弃物处理的规章制度，做好交通环境疏导，充分满足便民要求，认真接受城市交通管理，随时接受相关单位的监督检查。

9.2.2　任务下达前，由项目工程师按国家或地方有关施工环保措施及企业环境管理体系要求，进行必要的培训。

9.2.3　将施工场地和作业限制在工程建设允许的范围内，合理布置、规范围挡，做到标牌清楚、齐全，各种标识醒目，施工场地整洁文明。

9.2.4　设立专用排水沟，对施工污水进行有序集中排放，认真做好无害化处理，从根本上防止施工污水乱流。

9.2.5　定期清运施工弃渣及其他工程材料运输过程中的防散落与沿途污染措施，施工污水除按环境卫生指标进行处理达标外，并按当地环保要求的指定地点排放。弃渣及其他工程废弃物按工程建设指定的地点和方案进行合理堆放和处治。

9.2.6 现场加大管理力度，优先选用先进的环保机械。杜绝混凝土运输车辆遗洒及施工现场的扬尘，减少环境污染，混凝土运输车辆进出大门时必须清理干净。

9.2.7 认真执行国家、地方（行业）对减少施工噪声的要求，将混凝土施工噪声控制在允许范围之内，同时尽量避免夜间施工。

9.2.8 对施工场地道路进行硬化，并在晴天经常对施工通行道路进行洒水，防止尘土飞扬，污染周围环境。

10. 效 益 分 析

10.1 社会效益

10.1.1 随着经济的发展，旧城的改造、以及道路和高速公路的建设，使得一些既有文物建筑物面临拆除的威胁。本工法为避免了古建筑物的拆除，最大限度地保存建筑各种原创特点及历史原貌，为古建筑保护提供了新的方法。

10.1.2 顶箱梁与人工盾构结合的托换技术将对古建筑的影响和损坏降到了最低，对建筑物本身结构影响较小，对邻近建筑物及周围环境无影响。

10.2 经济效益

10.2.1 建筑物整体平移节省能源、成本低、省工省时，据统计，建筑物整体移位所需费用约为拆除重建费用的20%～40%，建筑整体水平移位一般在40%节省建筑用材，减少拆除引起的环境污染。

10.2.2 本工法在直线平移过程中采用了穿心式张拉千斤顶，将预应力张拉技术巧妙地应用于楼房的平移牵引，大大缩短了施工工期。

10.2.3 经过精心设计和巧妙安排，将古建筑群通过一条轨道实现平移，避免了二次投入，节约了两项轨道建设费用。

11. 应 用 实 例

11.1 河南林州慈源寺始建于唐贞观年间（公元627～649年），是我国非常罕见的一处融儒、道、佛三教于一体的历史文化遗存。寺内天王殿、大雄宝殿为佛教建筑，祖师殿、关公殿为道教建筑，文昌阁为儒教建筑，中轴线上最后一座建筑为"三教堂"。慈源寺是儒、道、佛三教在我国历史上相互融合、相互渗透最珍贵的证据，是研究中国古代建筑及中国古代宗教发展史不可多得的实证，具有十分重要的历史价值。

拟建的安阳至林州高速公路必须从寺院中部穿过，为保护这一文化遗产，河南省政府同意慈源寺整体迁移保护。考虑到寺院内的大雄宝殿、三教堂、文昌阁3座主要建筑具有非常重要的历史价值，为了不扰动建筑的原结构体系，最大限度地保存建筑各种原创特点及历史原貌，整体迁移保护方案决定对这3座文物建筑实施整体平移。

通过本工法在慈源寺平移工程内的应用，施工技术人员经过6个月的努力，慈源寺三座文物建筑成功的平移至新址。慈源寺三座文物建筑的整体迁移保护工程面临的技术难题中有不少是国内外所未曾遇到过的，在该项目研究实践工作解决了以下主要技术难题：

1. 此次整体迁移的建筑是中国也是世界上以往迁移古建筑中年代最早的。迁移工程实施过程中三教堂台基内出土的大量唐宋石造像及建筑构件也证实了这一点。古老的建筑构件更显得脆弱，因此对移动过程工艺要求就更严格。

2. 现场地上地形地貌及地下地质条件情况复杂。根据现场地质条件，迁移的轨道不能直线修建，必须绕开地质构造薄弱地带铺设；不仅新旧址之间高差达3m之多，途中还要劈开两地之间高达六七米的丘埠，另对低洼部分进行填埋。不同强度的地基构造、狭窄到极点的移动廊道，为设计和施工提出了严峻的挑战。

3. 中外历史上所有的移动工程均只限于一座建筑，而此次不但要移动三座体量不等的文物建筑，而且限于条件，三座建筑必须共用一组轨道，而因建筑在途中转弯处行进速度很慢，这对工程的工艺操作、轨道的强度及补救措施的有效实施提出了很高的要求。

4. 此次移动工程的绝大部分不是在水平轨道上开展的。新旧址两地高差较大，调整后仍有 1.5m 的高差，这就意味着此次移动工程实际上是一次降坡移动工程。工程轨道最大坡度有 2%，最小的也有 0.5%，其中的文昌阁，为保持其在新址中的相对高程不变，在高程控制方面就经历了抬升→平移→降坡→移动→下降归位等复杂的程序。这在中外建筑移动工程历史上是不曾遇到过的。

5. 此次迁移保护工程中三座文物迁移距离之远也是空前的，三座建筑累计移动距离达 1256m 之多，打破了国内外文物建筑整体迁移距离记录。

6. 三座文物建筑在整体迁移过程中累计经历了十三次大的转向（45°～90°），创下了世界陆上文物建筑迁移保护工程之最。尤其是最后一个转身动作，为了保证文物的最大安全系数，最终选定了三个预案中的最佳方案即平面反复移动旋转方案。这一方案虽耗时长些，资金付出较多些，但却最大程度地保证了文物的安全，在技术上也是前人从未使用过的。

在工程开展过程中，参与工程的所有专业技术人员成功解决了一个个横在面前的技术困难，使此次工程得以高质量地完成。

值得一提的是，如此高难度的工程，其工程质量达到了优良。河南省著名文物专家、古建筑专家杨焕成、张家泰给出验收意见：工程结束后，三座建筑物总体布局结构保持了原貌，总体方向、水平、空间距离均保持未变。两座建筑之间几十米的空间距误差仅有 2mm，精确度相当高。此外，三座建筑台基、墙体、屋面的垂脊、瓦垄及檐下的斗拱、枋木、殿内梁架都保持了原样，未见变形，证明移动时的稳定性相当好，工程非常成功。

仿古建筑叠合式木制装饰斗拱制作安装施工工法

GJEJGF087—2008

广厦建设集团有限责任公司　浙江中联建设集团有限公司

林炎飞　阮连法　单红波　马开宇　尉烈扬

1. 前　言

　　叠合式木制斗拱为中国传统木构架体系建筑中独有的构件，用于柱顶、额枋和屋檐或构架间，是古建筑的重要标志之一。斗是斗形木垫块，拱是弓形的短木。拱架在斗上，向外挑出，拱端之上再安斗，这样逐层纵横交错叠加，形成上大下小的托架。斗拱作为中国古建筑艺术的关键代名词，在多数仿古建筑中，已从结构性构件逐渐转变为装饰性构件。但是，斗拱构造变化多端且组件复杂，给现代施工造成了一定的困难。在实际施工中，我们结合 CAD 计算机辅助放样下料、构配件工厂预制、局部GPS 测量技术辅助安装定位、彩绘原料与技术优化等主要技术，为仿古建筑的叠合式木制装饰斗拱制作、安装以及彩绘总结出一套施工效率高、施工质量好的施工方法。根据国内查新结果的显示，未见将 AutoCAD 软件用于辅助材料放样和下料、局部 GPS 技术控制安装定位的仿古建筑木制斗拱制作安装施工工法的文献报道，为首次应用。该技术于 2008 年 4 月 15 日通过浙江省建设厅组织的科学技术成果鉴定，达到国内领先水平。

　　本工法在普陀山普门万佛宝塔、江山市须江阁以及遵义凤凰楼等工程中成功应用，施工质量及效率均得到提高，也为今后类似工程的操作提供参考。

2. 工 法 特 点

2.1　运用 AutoCAD 软件辅助材料放样和下料

　　根据斗拱设计数据将各式斗拱组件反映为 CAD 三维模型，并建立各式斗拱三维模型数据库。根据不同的工程项目需要调用该数据库，可以方便地模拟辅助斗拱放样下料。通过计算机辅助放样和下料实现斗拱组件标准化制作和管理。与依照平面设计数据在现场放实样、下料的传统方法相比，利用该技术可以达到更直观、更精确的效果。

2.2　斗拱形式各异，组件复杂

　　作为中国古建筑的精华元素，斗拱具有种类繁多、组件复杂、构造变化多端的特点，因此对构件制作和管理的质量要求很高，特别是斗拱制作人员，应熟悉斗拱制作工艺并具备类似工程施工经验。作为装饰性构件的斗拱，实现专业工厂预制、现场拼装，不但利于斗拱组件质量的保证，而且利于施工现场场地节约与管理。

2.3　运用局部 GPS 测量技术辅助斗拱安装定位

　　斗拱构配件的安装要求定位精准，各攒、各层构件平齐。斗拱安装的传统方法是每层挂线锤、做标记、尺量控制构件对齐，而由于该类工程地处江畔湖边、海岛山地，全年大部分时间风力达 6 级左右并时常遭受台风影响，传统方法施工有一定困难。另外，塔、阁一般为筒形建筑，内部空间较窄，如果采用经纬仪、全站仪等传统测量仪器，则无法满足覆盖整个施工层的测量点。本工程运用局部GPS 测量技术控制斗拱构配件安装定位。该技术可围绕被测物进行 360°测量，并满足多个操作人员同时测量。与传统方法相比，检查点的位置信息可以在电脑上实现"可视化"，劳动强度大大降低，操作过程便捷高效，且定位精准，施工效果良好。

2.4 大面积的彩绘装饰精致美观，油漆工程质量理想

美轮美奂的彩绘装饰是中国古建筑的一大特色。塔、阁内梁、枋、藻井、天花、角科斗拱和柱科斗拱均作和玺彩画，这是彩画等级中最高等级的一种。构图以龙为主题，各主要线条均沥粉贴金，贴金全部为规格 93.3×93.3 的 98％库金箔，案底以表绿红作底色，衬托金色图案。用皇家宫殿规格的彩画作内外装饰，使之金碧辉煌，彩画贴金面积达 6373m² 之多，在同类建筑中为罕见。

由于该类工程环境特殊，气候潮湿，空气腐蚀性大，如果使用化学油漆，将会导致油漆剥落严重。本工法针对海风中带盐成分等特殊的气候环境，改进了工艺配方，增加彩画的美观和耐久性。油漆、彩绘工程所用原料经过特殊配料，可保证油漆、彩绘长期不褪色，而相应规范标准只要求保证施工效果两年。本工法改进了传统彩绘工艺的原料与工艺，施工效果理想。其次，项目现场风力较大，彩绘施工存在金箔容易吹走，彩绘容易走样等困难。本工法采取大棚全封闭，取暖恒温控制，除湿除盐雾等措施，克服了上述困难。使用上述技术后，彩画沥粉无翘裂掉皮，饱满齐直，宽窄一致；色彩面层均匀一致，线界齐直，拐角方正，色彩饱满均匀，昂头色彩鲜艳；贴金粘结牢固，无脱层空鼓，整体耐久性好。

3. 适 用 范 围

此工法适用于仿古建筑中叠合式木制斗拱组件制作和叠合式木制斗拱作为装饰构件的安装施工、复杂环境下的工程施工定位测量以及仿古建筑中的彩绘工程。

4. 工 艺 原 理

4.1 运用 CAD 软件辅助材料放样和下料

根据斗拱组件的平面设计数据，在 CAD 界面建立各式斗拱各组件的三维模型，并形成斗拱三维模型数据库。按照工程要求对该数据库中的各式斗拱模型加以调用，并依次编号，作为模拟放样及下料依据，可以保证放样和下料的精准性、高效性，便于标准化生产，同时省力省材高效。

4.2 使用局部 GPS 测量技术控制斗拱构配件安装定位

局部 GPS 技术应用了 GPS 定位的原理模型，即在施工层安装若干个固定的红外脉冲激光发射器，每个发射器都通过红外波段发出类似与 GPS 卫星的定位信号。需要测量的点只需要通过传感器经由接收器，然后经过软件数据处理，就可以通过模拟的室内"卫星"信号精确实时定位。局部 GPS 的技术原理如图 4.2 所示。

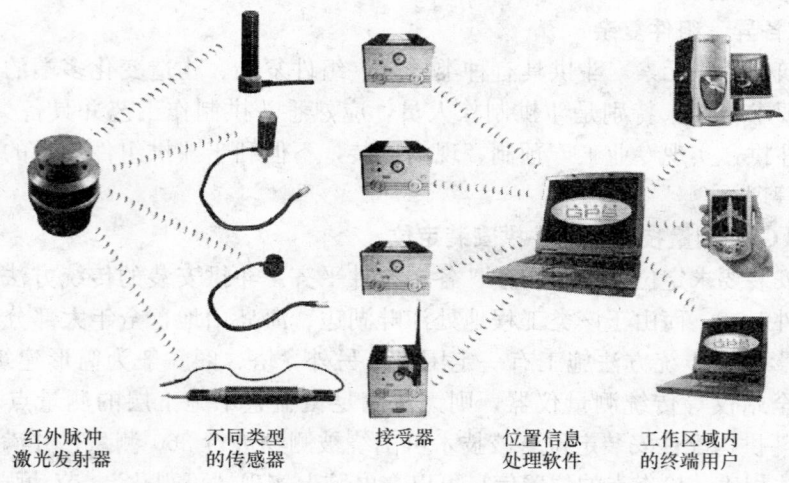

红外脉冲　　不同类型　　接收器　　位置信息　　工作区域内
激光发射器　的传感器　　　　　　　处理软件　　的终端用户

图 4.2 局部 GPS 系统工作原理图

从图 4.2 可知局部 GPS 测量技术系统的工作流程是:

4.2.1 红外脉冲激光发射器发射出对人体和眼睛没有任何伤害的激光信号。

4.2.2 传感器接收来自激光发生器发出的激光模拟信号,并将其传送给放大器。

4.2.3 接受器接收来自放大器的数字信号,并将其转变成角度数据信息。

4.2.4 角度信息通过无线网络传输到计算机中,然后利用软件将角度信息处理成为准确的位置和方位信息,并在整个工作区域和网络中共享,以便于工作区域内多个用户可以使用。

进行安装定位时,首先安装一定数量的发射器,其数量以激光信号能完全覆盖住工作区域为目标。然后操作人员将传感器置于被检查点,便可以通过电脑实时看到被检查点的三维坐标,根据同参照物比较直接得出检测点的位置信息,从而进行位置偏差调整、水平度及垂直度控制、平直度控制等工作。当此施工层安装工作完成后,发射器可拆下安装在下一个施工层,重复上述安装工作。

4.3 彩绘、油漆工程采用改进的原料配置与施工工艺

针对佛塔工程所在地气候潮湿、空气腐蚀性大等特点,使用如下改进方法:彩绘使用油画颜料,以达到色彩明亮,长期不变;彩绘底漆使用植物漆,如桐油加猪血等;大面积油漆采用"真漆",即生漆加矿物颜料调制,以保证年久不变色,不剥落;在传统的基础上色调搭配进行了创新,由青绿跌晕转化为朱色深浅,色彩饱满均匀,效果完美。

5. 施工工艺流程及施工要点

5.1 施工工艺流程(图 5.1)

5.2 施工操作要点

5.2.1 材料选择与处理

该类工程地处江畔湖边、海岛山地,空气腐蚀性大,斗拱所用木材的选择与处理要充分考虑上述不利因素。考虑到不利环境的影响以及造价,斗拱选择进口山樟制作。同时,为保证木材的装饰效果,选择优质材料,对有节疤、髓心、裂缝、斜纹等缺陷的木材加以限制。

材料的保存及处理应满足以下要求:

1. 所有木材保存时都要防止潮湿、虫蛀和昆虫破坏。

2. 干燥处理。为了保证木材干燥,以防使用过程中产生裂缝、翘曲,选用专门烘干机进行木材烘干,并对木材含水率进行实测控制,保证含水率在 8% 内。

3. 防腐处理。所有木材涂防腐剂进行防腐处理。

4. 防蚁处理。所有木材均采取防蚁措施:刷 5% 浓度 W-4A 药液。

5. 防火处理。所有木材用于可能接触火灾或邻近可能发生火灾危险的地方均要涂上三层当地政府批准的防火涂料,要在实际施工前呈送防火涂料样本给监理公司及甲方批准,才能开始施工。

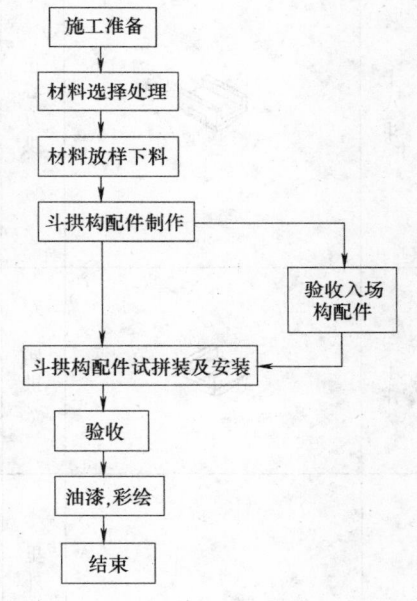

图 5.1 工艺流程图

5.2.2 材料放样下料

根据设计院提供的斗拱构配件尺寸图,从斗拱三维模型数据库中选取合适的斗拱模型,作为计算机辅助放样。斗拱构配件尺寸可以利用 AutoCAD 软件直接得出,作为放实样、下料的依据。表 5.2.2 给出了单翘单昂五踩平身科斗拱构配件 AutoCAD 模拟放样图。图 5.2.2 为单翘单昂五踩平身科斗拱构配件在 AutoCAD 中组装后的样图。利用 AutoCAD 软件建立的斗拱三维模型数据库可以用于各式仿古工程中斗拱的模拟放样,选取的斗拱模型可以根据工程实际的不同稍加改动。例如在普陀佛塔工程中,所有斗拱是分为里跳、外跳两部分分体制作安装的，根据这一情况，只需将斗拱模型沿横向中心线切开即可。

单翘单昂五踩平身科斗拱构配件 CAD 模拟放样图　　　　　　表 5.2.2

1. 斗类构件		2. 横向构件		3. 纵向构件	
名称	CAD 模拟放样图	名称	CAD 模拟放样图	名称	CAD 模拟放样图
大斗		正心瓜拱		翘	
槽升子		里外拽瓜拱		昂	
十八斗		正心万拱		耍头	
三才升		厢拱			
		里外拽万拱			

5.2.3　斗拱制作

1. 根据计算机给出的大样图进行斗拱单件画线，斗拱画线的工作完成以后，工人即可进行制作，制作必须严格按线，锯解剔凿都不能走线。卯口内壁要求平整方正，以保证安装顺利。

2. 各式斗拱榫卯节点做法应符合设计要求，当设计无明确规定时，应符合下列规定：

1) 斗拱纵横构件刻半相交，要求昂、耍、云头在腹面刻口，横拱（斗三升、斗六升）在背面刻口，角斜斗拱等三层构件相交时，斜出构件应在腹面刻口。

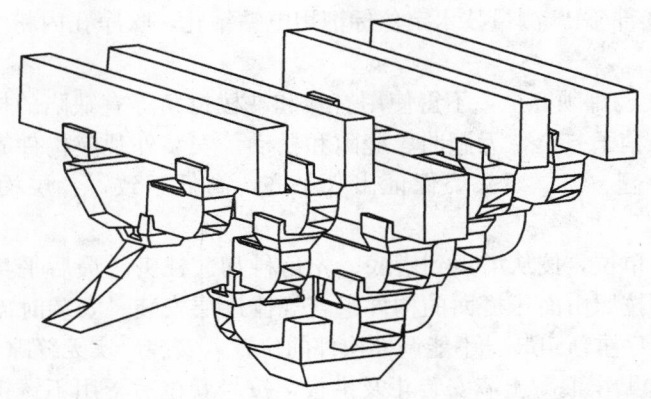

图 5.2.2　单翘单昂五踩平身科斗拱构配件 CAD 组装样图

2）斗盘枋与座斗面，以斗桩榫结合，大斗内留五分胆与三升拱相嵌连，拱面作小榫与升子相嵌连，每座斗拱自顶至底贯以半寸硬木梢子，每层用于固定作用的暗梢不少于 2 个，坐斗、斗三升、斗六升等不少于 1 个。

3）斗拱构件的制作要求表面平整，线条顺直，棱角完整，无裂痕，无刨、锤印。

5.2.4　斗拱构配件安装

主要施工程序是：平地预装，考察与建筑实际结构的结合状况→局部 GPS 测量技术辅助测定标高、轴线，确定位置，弹线，确定安装位置→电钻取洞，打木契→贴牢混凝土墙安装斗、拱板，不锈钢铁钉按标钉牢→安装翘、拱、昂、正心枋、盖斗枋、外拽枋、挑檐枋→M10 不锈钢螺杆分别穿过翘和昂自底到顶，露出斗拱后，与现浇主体结构预埋螺栓旋紧焊接连接。安装施工图见图 5.2.4-1 和图 5.2.4-2。

图 5.2.4-1　斗拱安装施工图

图 5.2.4-2　斗拱安装施工图

主要操作要点有：

1. 为保证斗拱组装顺利，在正式安装之前要进行平地试装。试装时，如果榫卯结合不严，要进行修理，使之符合榫卯结合的质量要求。试装好的斗拱一攒一攒地打上记号，用绳临时捆起来，防止与其他斗拱混杂。正式安装时，将组装在一起的斗拱成攒的运抵安装现场，摆在对应位置。各间的平身科、柱头科、角科斗拱都运齐之后，即可进行安装。

2. 在混凝土表面按局部 GPS 测量技术定位标记用电钻钻孔，吹净孔内粉尘注入胶水，打入木塞进入严密，与基面表面齐平。

3. 斗拱安装时，各类构件须齐全，不得使用有残和缺棱掉角等有缺陷的构件。要求斗拱的榫卯节点结合严密，安装牢固，梢子齐全，无翘曲、缝隙和松动。安装外观应构件齐全，层次清楚，棱角分明，斗拱配置均匀一致。翘、昂、要头要保证出入平齐，高低一致，各层构件结合严实，确保工程质量。

斗拱安装要以幢号为单位，按从塔顶到塔底、先角科其次柱头科最后平身科的顺序逐层进行。先安装第一层大斗，然后再按照山面压檐面的构件组合规律逐层安装。安装时需注意，草验过的斗拱拆开后要按照原来的组合程序重新组装，不能调换构件的位置。安装严实无缝隙、节点松紧适度。

4. 斗拱安装时，首先贴牢混凝土墙安装斗及拱板，按号就位后，用不锈钢铁钉按标钉牢，钉帽比构件表面进 10mm。然后依次安装翘、拱、昂、正心枋、盖斗枋、外拽枋、挑檐枋等构配件。构件拼装好后，用直径 10mm 的不锈钢螺杆分别穿过翘和昂自底到顶，露出斗拱后，与现浇主体结构预埋螺栓旋紧焊接连接。

5. 斗拱构配件安装过程采用局部 GPS 测量技术，可以实现各构配件位置坐标在电脑上的"可视化"，通过比较调整构配件的位置，实现了理想的安装效果。实际操作时，在一个施工层安装几台红外脉冲激光发射器，保证工作区域被脉冲激光充分覆盖，对系统进行固定装配标定。斗拱安装前，利用传感器在主体结构上的移动，观察显示的坐标信息，测定标高、确定轴线位置，弹线确定斗拱安装位置与混凝土主体打孔位置；斗拱构配件组装时，操作工人手持传感器检查关键点，通过观察 PDA 或手提计算机中显示的三维坐标数据，结合 CAD 图上的设计位置，进行位置偏差调整、水平度及垂直度控制、平直度控制等工作。在同一施工层内，数位操作人员可以同时进行检查工作。

主要操作要点有：

1）在昂、翘、要头侧面取点检查，控制纵向构件的平直度；

2）检查昂、翘、要头端部位置，控制这些点与设计的进出错位值一致；

3）在枋子与拱的侧面取点检查，控制横向构件的平直度；

4）检查斗拱中线各关键点位置，保证拱件竖直对齐；

5）安装斗拱过程中，每层取关键点进行检查，保证各攒、各层构件平、齐，有问题及时进行调整。

6）发射器的数量以激光信号能完全覆盖住工作区域为目标，安装的固定位置应与塔在同一个坐标系统中，要有准确的坐标数据。一个施工层安装结束后，将发射器拆下安装在下一个施工层的相应位置，固定装配标定后可重复上述检查工作。

5.2.5 油漆彩绘

安装工程结束后，进行油漆彩绘施工，主要施工部位有：外斗拱、外拽枋、遮尘板、垫供板、连机、檐口梁及梁头、椽子、平板枋、额梁、花瓶、天花等。彩绘施工图见图 5.2.5-1、图 5.2.5-2 及图 5.2.5-3。

图 5.2.5-1 彩画施工图

图 5.2.5-2 沥粉施工图

主要施工程序有：基层清理→刷防火漆→刷清漆→腻子修补→第一遍满刮腻子→第二遍打砂纸批腻子→弹分色线→打底漆→刷第二道油漆→上净桐油→彩绘、贴金部位码黄→椽头彩绘、沥粉→用清漆罩油→检查修补。

主要操作要点有：

1. 基层清理，要求木质基层表面应平整光滑、颜色协调一致、表面无污染、裂缝、残缺等缺陷。

2. 基层清理后，在干净的基层上涂刷防火漆和封闭底漆。

3. 刮腻子前先进行腻子修补，木质基层上的节疤、松脂部位应用虫胶漆封闭，钉眼处应用油性腻嵌补。刮底腻子是由瓦灰、石膏、桐油、清漆、水等按比例混成的原料，再混进细细的苎麻线，覆盖在木头表面。

图 5.2.5-3　贴金施工图

4. 油漆由银朱、丙苯、水等按比例配置。打底漆时可施涂铅油以盖底不流淌、不留刷痕为宜。刷第二道油漆时应多刷多理，达到薄厚一致、不流不坠、漆膜饱满。

5. 上净桐油后需干燥 3～4d，然后根据彩画画稿采用中黄油漆将彩绘、贴金部位码黄。

6. 进行椽头彩绘、沥粉。沥粉时要根据谱子线路，沥出粉条要横平竖直。

7. 最后彩画成活后需认真进行检查，有无遗漏、弄脏之处，然后用不着原色修补整齐，后又自上而下打扫干净，称为"打点找补"。

8. 为了防止彩画贴金翘皮脱层空鼓，采取以下防治措施：基底经过检查确认干燥度、清洁度良好，符合施工要求；调料采用重量配合比，准确无误；金胶油干燥时间根据气候不同掌握；金箔刷涂时必须刷到位，不留死角。

9. 由于佛塔工程处于海岛，气候潮湿，空气腐蚀性大，如果使用化学油漆，将导致油漆剥落严重。针对这一点，使用如下方法：彩绘使用油画颜料，以达到色彩明亮，长期不变；彩绘底漆使用植物漆；大面积油漆采用"真漆"，即生漆加矿物颜料调制，以保证年久不变色，不剥落。

5.3　劳动力组织

内业 1 名，测量员 3 名，斗拱制作工 10 人，斗拱安装工 20 人，彩绘工 20 人。

6. 材料与设备

6.1　施工材料

东南亚进口山樟，镀锌钢钉，不锈钢长、短螺杆。

6.2　电动机械

手持电刨、手持电钻、多用木工机床、轻型四用平压刨木工联合机床、台式平刨木工多用机床、单面台刨、细木工带锯机、圆锯机、烘干箱、高精度半自动跑车（电脑控制）。

6.3　测量工具

室内 GPS 配套设备：激光发射器、传感器、接收器、计算机。

角尺。

6.4　其他工具

铁锤、凿子、木刨。

7. 质 量 控 制

7.1　质量标准及质量要求

7.1.1　有关标准规范

1.《古建筑修建工程质量检验评定标准》（南方地区）CJJ 70—96；

2.《混凝土结构工程施工质量验收规范》GB 50204—2002；

3.《木结构工程施工质量验收规范》GB 50206—2002；

4.《建筑装饰装修工程质量验收规范》GB 50210—2001；

5.《建筑工程施工质量验收统一标准》GB 50300—2001。

7.1.2　主控项目

1. 斗拱所用木材材质应符合规范要求。

2. 木构件的含水率、防腐蚀、防白蚁、防虫蛀应符合设计要求和有关规范的设计规定。

3. 各类斗拱制作必须符合设计要求，尺寸外形准确，各层构件迭放在一起，总尺寸必须满足精度要求；斗拱构造昂翘头尾装饰及拱头卷杀，必须符合设计要求或不同时期的法式要求和造型特点。

4. 在通常情况下，斗拱榫卯节点处必须作包掩深为 0.1 斗口。

5. 斗拱安装之前，分件必须符合质量要求，并经草验试装。运输、储存、搬动工程中无损坏变形。

6. 斗拱安装必须按草验时的构件组合顺序进行。不得任意打乱次序。

7. 斗拱安装要求构件齐全，不得有残件、缺件。

8. 局部 GPS 测量发射器固定位置坐标信息准确。

7.1.3　一般项目

1. 斗拱单件制作应符合规范规定。

2. 斗拱节点、栽销、升斗安装应符合规范规定。

3. 斗拱安装偏差要求符合表 7.1.3 的允许误差。

4. 彩绘部位色调协调一致，漆膜饱满，满足设计要求。

斗拱安装允许偏差表　　　　　　　　　　　　　　　　　表 7.1.3

项　目		允许偏差值(mm)	项　目		允许偏差值(mm)
昂、翘、耍头平直度	斗口	70mm 以下 4	拱件竖直对齐	斗口	70mm 以下 3
		70mm 以上 7			70mm 以上 5
昂、翘、耍头进出错位不大于	斗口	70mm 以下 5	升、斗与上下构件迭合缝隙不大于	斗口	70mm 以下 1
		70mm 以上 8			70mm 以上 2
横拱与枋子竖直对齐	斗口	70mm 以下 3			
		70mm 以上 5			

注：此表引自《古建筑修理工程质量检验评定标准》（北方地区）CJJ 39—99。

7.2　质量保证措施

7.2.1　为确保工程质量，成立了专门的质量控制（QC）小组负责斗拱构配件制作、安装的全程跟踪检验。

7.2.2　择优挑选施工班组，选择技术素质高、古建施工经验丰富、能吃苦、信誉好的队伍进行施工，并对操作人员进行技术测试，同一工种选择二班以上的施工班组，使他们在竞争中提高质量。

7.2.3　按照质量目标要求，对每个分项工程事先组织有关人员进行讨论，制订切合实际的操作工艺卡，由施工员对班组在现场进行技术交底，必要时进行一次现场演习。

7.2.4　专人负责进场斗拱构配件的外观尺寸检验，确保所有指标均达到检验标准要求。

7.2.5　成立专业的测量小组，负责斗拱组配件制作、安装、构件安装前的放线等测量工作，保证偏差满足要求。

7.2.6　成立专业彩绘质量控制小组，负责保证彩绘、油漆质量。

8. 安全措施

8.1　对所有新进场职工进行三级安全生产教育，并定期对工人进行工种安全技术教育及测验，总结管理工作经验，每月组织一次安全业务学习，使每个职工熟悉本工种的安全技术规程，掌握本工种操作技能。

8.2 施工操作人员应配备必要的且数量充足的劳动保护用品（如手套、口罩、防护眼镜、安全帽等）。

8.3 施工用电必须由现场专职电工拉接电源线，符合施工用电安全管理规定。加强施工用电检查。

8.4 斗拱安装操作工人高空作业要做好安全保障。

8.5 必须遵照国家颁发的《建筑安全技术规程》和施工企业主管机关颁布的有关文件规定。结合工程实际，逐项进行落实，杜绝施工作业人员违章指挥违章操作。

8.6 施工现场防火设计应符合规定要求。

8.7 切实执行安全检查制度，工地由安全管理小组每周进行一次安全检查，专职安全员每日进行安全检查，尤其是对重点部位及危险岗位的安全检查，查漏补缺，及时发现及纠正施工现场的安全隐患，对不安全因素提出整改意见，限期整改，把事故消灭在萌芽状态。并进行复查。

8.8 应严格执行安全技术交底工作。

9. 环 保 措 施

9.1 根据公司管理标准、国家省市规定、业主要求，结合工程的具体情况制定本工程《环境保护实施细则》，以细则的各项具体规定作为统一和规范全体施工人员的行为准则。

9.2 专设环境保护工作人员全面负责本项目的环境保护工作。

9.3 斗拱构配件在专业车间制作，且采用计算机辅助放样下料，节约材料，且减少了现场施工带来的废料、噪声等对环境的污染，又利于废料回收和边角料再利用。

9.4 现场进出车辆必须进行轮胎清洗，防止扬尘。

9.5 作业时尽量控制噪声影响，尽量避免夜间施工。

9.6 因为油漆都有一定毒性，对呼吸道有较强的刺激作用，油漆工程施工中一定要注意做好通风。

10. 效 益 分 析

10.1 经济效益

首先，通过计算机辅助放样与下料，实现了斗拱组件标准化管理、制作，材料采购更加有目的、有计划，减少了下料失误或管理失误造成的返工，节约材耗与劳动力消耗；第二，斗拱组件在专业工厂预制，省去现场木工房建设费用、机械设施费及二次搬运费等；第三，由于传统安装定位施工方法受地理环境的影响较大，操作困难，采用局部 GPS 测量技术辅助安装定位，解决了精确定位问题，并且大大提高了施工效率，减少施工时间与操作人员的工作强度，工程质量得到保证。该系统虽然一次性投入大，但可重复使用，适应范围大且使用灵活。激光发射器可以在工作位置改变时拆卸下来重新安装，也可以在需要的时候移动到其他空间，很大程度上减少了测量成本。如普陀山普门万佛宝塔工程采用本工法，与传统方法相比，节约材耗与劳动力消耗约 7 万元，节约临时建设费、机械费、二次搬运费约 8 万元，取得了良好的经济效益。

10.2 社会效益

首先，本工法通过计算机辅助放样与下料代替现场放实样、下料的传统方法，实现斗拱组件标准化管理、制作，可以提高效率、减少返工，省工节材，从而实现节能效益；其次，斗拱组件在专业工厂预制，可以避免现场木工房制作斗拱组件造成的工地噪声污染，减少施工垃圾，从而实现环境效益；

再次，在现今古建筑传统技术的继承已处于十分薄弱的状态下，不仅保护古建文物得到充分的重视，在古文物保护区内建设高质量的仿古建筑以保护文物古建筑的环境、继承延续中华传统建筑文化的文脉、进而创建有中国民族特色与地域特色的现代技术也正在逐渐成为人们的共识。斗拱、彩绘作为中国古建筑艺术的奇葩，工艺复杂，施工难度高。本工法将传统技术与现代科技相结合，得到了理想的施工效果。采用本工法完成的两项工程，可以说是斗拱与彩绘艺术的博物馆，各式斗拱精致美观，彩绘装饰美轮美奂，生动地弘扬了古建筑传统底蕴。

11. 应用实例

11.1 普陀山普门万佛宝塔工程

普陀山普门万佛宝塔工程，是浙江省舟山市重点工程，为继南海观音之后海天佛国又一宏伟建筑，完工后的工程全景图和叠合式木制斗拱装饰图，分别见图 11.1-1 和图 11.1-2。宝塔为仿古建筑，建筑面积 2418.90m²，外观 9 层，9 层以上另设有电梯机房层及天宫层，顶部为八角攒尖，铸铜塔刹。万佛宝塔主体为全现浇钢筋混凝土结构，主要形状为平面八角形，由内筒中筒外筒钢筋混凝土剪力墙组成，每层等距离缩进。所有椽、斗拱、枋等构件均用木材制作安装，并固定于钢筋混凝土结构之上。工程于 2003 年 4 月 18 日开工，于 2007 年 9 月 17 日竣工验收。

此项目中叠合式木制斗拱制作、安装工程采用了本工法，工程质量与工程进度均得以保证，达到了预期的目标。斗拱制造的多层次观感，极大地丰富了宝塔的造型，加之佛塔精致美观的彩绘装饰，生动地渲染了宝塔的宏伟气势与不凡底蕴，充分体现了中国传统古建筑的

图 11.1-1 普陀山普门万佛宝塔工程实景

精髓，弘扬了传统建筑文化。实践证明，本工法有一定推广价值。

图 11.1-2 叠合式木制斗拱装饰图

11.2 江山市须江阁工程

须江阁工程位于江山市东侧的须江公园内的乌木山顶，与江山市区隔江而望，建成后成为江山市的标志性建筑，如图 11.2。须江阁建筑总面积约 1683.12m²，建筑结构为 5 层仿清钢混结构，框架结构体系，为南北对称造型。于 2004 年 2 月 20 日开工，2004 年 9 月 20 日竣工。工程中的承重斗拱为钢筋混凝土预制，非承重斗拱为老杉木制品。非承重斗拱的制作安装采用了本工法，达到了理想的工程效果。

图 11.2　须江阁项目建成图

11.3　遵义凤凰楼工程

凤凰楼工程位于转折之城——遵义市的凤凰山主峰，与遵义会议会址、毛主席故居、苏维埃银行遥遥相望，是遵义市红色旅游景区——红军烈士陵园基础设施建设项目，该楼为7层六角形仿古景观建筑，设计年限为100年以上，8度抗震，耐火设计为一级。楼高46m，建筑面积660m²，框架结构，造价489万元，见图11.3。开工日期2006年8月，竣工日期2007年10月8日，工程在施工中应用了本工法后，缩短了工期，节约了成本，瓦面平整顺直，满足了设计要求，在当地取得了很好的社会效益。

图 11.3　凤凰楼工程实景图

仿明清建筑结构施工工法
GJEJGF088—2008

陕西省第三建筑工程公司　山西省第一建筑工程公司
时炜　王奇维　张贤国　王忠孝　解炜　白少华

1. 前　言

　　明清时期是中国古代建筑体系的最后一个发展阶段，明代的官式已经建筑模数标准化，风格定型化，而清代则进一步制度化。明清的官式建筑由于形式上斗拱比例缩小，出檐较短，柱础、柱的生起、卷刹不再使用梁枋的厚重比例，建立严谨而硬朗的基调，所取的装饰效果更加明显。

　　古代建筑多为木制结构，而我们现在建造的仿古建筑，基本上是用混凝土结构代替木结构，以再现古建筑风采。经查阅大量的资料发现，目前施工明清风格的建筑时，在斗拱构架体系中基本上是采用木质斗拱，极少数工程采用混凝土，即使采用而其斗拱体系都很简单，五踩及五踩以上采用钢筋混凝土制作是几乎没有的。这就对复杂的仿明清建筑混凝土结构施工提出了新的更高的要求，最困难的当属柱头以上的构架体系的制作。

　　陕西建工集团第三建筑工程有限公司总结多年的古建筑施工经验，并同兄弟单位合作，针对明清建筑结构施工进行深入研究和实践，创新形成了一整套完善的施工技术，总结形成了本工法。本工法的关键技术已经成功申请成技术专利，通过本工法在工程中的实际应用，取得到了良好的效果，得到有关专家的肯定，具有很强的推广应用价值。

2. 工 法 特 点

　　本工法针对明清建筑斗拱体系中单件尺寸小巧、相互关系严密的特点，对混凝土斗拱体系采用了分单件预制再拼装组合，组合件整体吊装及就位，最后用垫拱板及檩的现浇混凝土进行固定。通过对斗拱体系的合理分解，构件标高、位置的合理控制，使构件层次清晰、结构安全可靠、施工操作灵活、工效显著。与采用传统的在作用面分层现浇工艺及分单件预制，再在高空建筑结构上逐层单件安装的工艺相及比较，具有生产效率高，构件的结合好，建筑结构的整体安全性能大大提高，安装效率大大提高，节约了劳动力，减少了安全事故的发生率，加快了施工进度。

3. 适 用 范 围

　　本工法适用于仿明清建筑的混凝土结构施工。

4. 工 艺 原 理

　　本工法以达到清水混凝土效果为目的，针对明清风格建筑复杂的仿古建筑檐口构造。主要通过单件预制、再组合成完整的1/2攒单坐斗拱体系或者多坐斗斗拱体系则经过几次重复施工形成1/2攒多坐斗斗拱体系、吊装1/2攒斗拱体系并通过精确定位加固，最后浇筑垫拱板混凝土与建筑结构结成一体，形成完整的斗拱体系，再施工上部的枋和檩及屋面（图4）。

图 4 建筑结构和构件位置、名称示意图

5. 工艺流程及操作要点

5.1 工艺流程（图5.1）

关键子流程为图5.1左边：斗拱体系预制。

5.2 操作要点

5.2.1 平面弹线：结构施工前，平面放线，要设十字中线控制点位、外边控制线、角柱要设45°控制线。各层施工前把十字线和外边控制线及角柱45°线投测到楼面上。

5.2.2 圆柱子施工（图5.2.2）

1. 弹柱边线：根据模板的情况、弹出柱边控制线、每侧外放200cm，以便于检查、校正模板。

2. 钢筋绑扎：竖向钢筋在柱头的单面卷刹处的钢筋要向内收、箍筋设三道定位卡筋。

3. 柱模板：根据柱子边控制线，安放柱子模板并校正，外部用槽钢加螺栓并配合钢管固定、特别注意角柱和柱头的卷刹（卷刹为定型模具）位置、方向、标高均要一致。

4. 混凝土施工：混凝土采用泵送混凝土，应根据柱子的高度分几次浇筑成功，每次间隔时间应小于混凝土的初凝时间。浇筑高度至坐斗底3cm，混凝土泵管的架子不能同加固柱子的架子相连接。

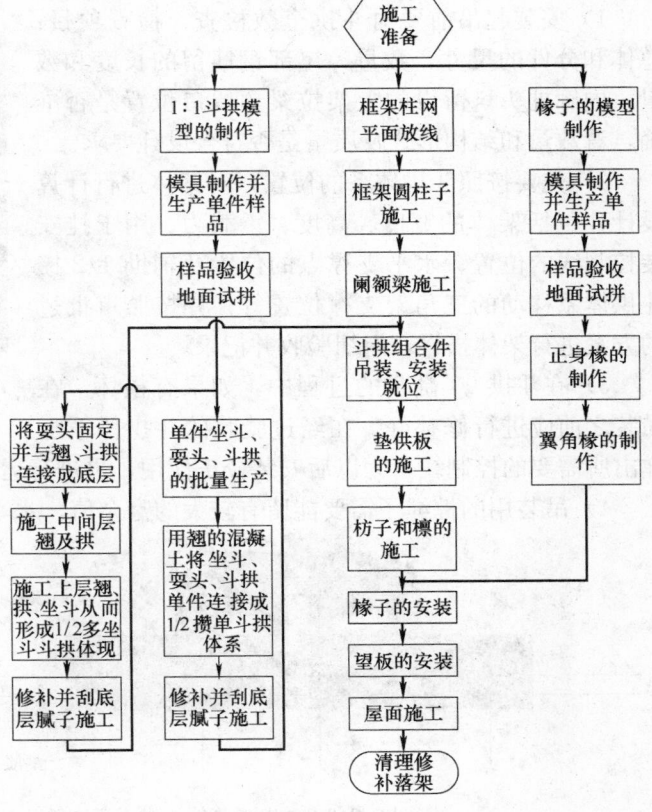

图 5.1 施工工艺流程图

5.2.3　斗拱预制及安装

1. 斗拱预制

1）模型制作：各单件的模型按 1∶1 的比例制作，保证单件尺寸误差在 2mm 以内，模型经过确认后，再以该模型制作成模具。

2）单件预制：因为坐斗、耍头、瓜拱、万拱、厢拱的模具均不一样，所以模具应该做好标识，应选用耐用的材料制作模具（玻璃钢模具，镜面板模具等），特别要注意的是万拱、瓜拱和厢拱的卷刹不一样，应按万三瓜四厢五原理制作卷刹（图 5.2.3-1）。

3）斗拱的模具内部采用反贴法原理制作，即有拱眼的地方先在其位置上贴上拱眼模型。

4）翘的模板安装：在基层上安装定位模板，固定单件和翘的模板，这样就确保拼装件尺寸的准确和统一。

5）翘的混凝土施工：因为翘的宽度只有一个斗口宽度，所以宜选用的小型振动棒。

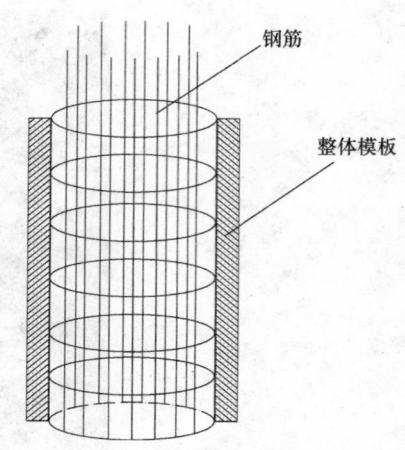

图 5.2.2　整体柱模板施工示意图

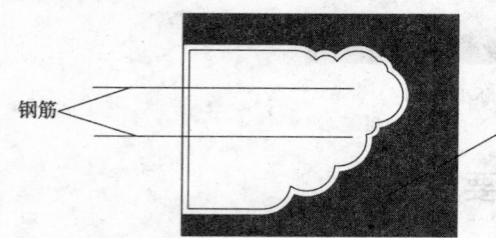

图 5.2.3-1　用模具生产耍头示意图

6）在翘的混凝土初凝前将预制好的单件坐斗安装在翘上。

7）多坐斗体系，是先用翘将单件拼装组合出第一层，待第一层混凝土强度达到 50% 后再进行第二层施工，这样重复施工便形成多踩多斗的 1/2 复杂斗拱体系。

8）细部的修补打磨，对斗拱的下道工序的施工有直接的影响，必须认真处理（图 5.2.3-2、图 5.2.3-3）。

2. 1/2 攒斗拱体系的吊装和安装

1）安装起吊前要对斗拱全数检查，检查项目：总体和分件的尺寸，数量，尾部钢筋留的长度和数量，内廊柱头科留设的上架拉梁预留口位置是否准确，看数量和结构形式及质量是否符合设计要求。

2）先要按照斗拱体系的位置，对架体进行计算设计，包括架体的宽度、高度、承载力、用于挂安装控制线的位置、水平支撑点的位置及辅助 1/2 攒斗拱体系移动的三角架支撑位置等；并按照审批过的方案进行架体搭设，组织验收并记录。

3）在斗拱 90°翻身的过程中，如果有损坏，在吊装之前应进行修补好。在经过验收的斗拱体系上弹出所需要的控制线，为以后安装校正使用，再进行运输及吊装。

4）吊装用的棕绳子需要能留有较大的富余值。水平运输用的平板车，在运输的时候，铺上双层棉毡，以保护好构件不被碰坏。

图 5.2.3-2　预制好的分件实物照片

5）在搬运和安装的过程中容易造成构件的棱角破损，对工具进行软包装很重要和必要，须认真处理到位。

6）在吊装的过程中，起吊的速度要尽量慢一些，防止因为

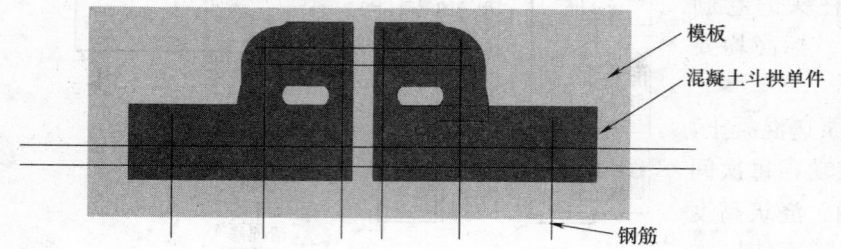

图 5.2.3-3　生产单件斗拱示意图

起吊过快而造成绳子断裂。

7）吊装和安装人员要固定，对作业人员要认真进行书面和口头的技术和安全交底。设专人指挥塔吊。

8）1/2攒斗拱体系临时固定宜用木板作为水平面支撑，便于用木楔子进行标高及左右位置调整，临时固定好后取出吊绳。

9）构件的校正按标高、轴线、控制线的顺序进行，先校正构件的标高、再校正中线，基本符合要求后，再检查构件的垂直度、平整度及构件的控制线。对同一轴线上及同一位置内外的构件必须拉通线进行二次校正，均符合要求后，再将里外1/2攒斗拱体系的预埋件焊接在垫拱板内部，通过验收后进行下一道工序。

5.2.4 垫拱板的施工

1. 宜采用分轴线分段进行垫拱板的混凝土施工，利于及时固定好斗拱体系。

2. 斗拱预埋件和垫拱板的结构钢筋的焊接，是保证斗拱体系和结构安全的关键工序之一，必须满足焊接规范的要求，宜采用满焊，确保焊缝长度满足规范要求。

3. 垫拱板的混凝土施工：因为该工序既要保证构件和结构连接，又要保证其自身的误差在 3mm 以内，才能确保下道工序彩绘的艺术效果。故该模板及混凝土的施工都要很仔细，误差必须在要求的范围以内。在垫拱板混凝土施工完后，对局部修补是难免的，安排专人负责，修补完后要及时养护。

5.2.5 枋子和檩的施工

1. 枋子的一部分已经同斗拱一起预制了，剩下的是把整道枋连接起来，檩也是采用现浇混凝土构件。施工中主要是在模板的制作和安装，必须确保混凝土构件的成型尺寸误差在 3mm 以内。

2. 因为多工序交叉施工，特别要注意成品保护，不要破坏已经安装好的斗拱体系。而斗拱中的上部预留钢筋要锚固在檩中，这一点要特别注意锚固的长度和位置的正确性。

3. 檩的施工还要同椽子的安装相互配合。

5.2.6 椽子的预制和安装

1. 椽子的预制关键技术是模板的加工，要求尺寸误差在 2mm 以内，内部光滑，自身的强度好，能够重复多次使用，实现工厂化生产。

2. 椽子的上口要预制成凸形，便于下一步平稳的安装望板，进而有利于椽子的上部钢筋在同一平面上进行绑扎和屋面混凝土施工。

3. 必须保证椽子在预制时的钢筋位置的准确，这样才能够确保椽子的正确的力学性能。

4. 椽子的预制是按照放样加工的，要仔细的编号，特别是翼角的椽子，其尾部带有梢度，尺寸是变化的，要根据样品定向加工。

5. 椽子安装时特别要注意控制外端的出檐尺寸统一，并用角钢作外檐挡杆，以满足要求。

6. 椽子间距的控制是又一个关键点，应用统一尺寸的卡具控制。

7. 椽子的尾部钢筋要锚固檩和屋面板的混凝土内，钢筋最好能够相互焊接，以确保其受力的整体性。椽子的上面钢筋要同屋面板的钢筋进行有效的连接，确保其处于良好的受力状态。

8. 椽子在安装时要特别注意不能让其表面破坏，因为在其表面将直接进行彩画的施工。

9. 翼角的椽子安装要在定型模具上进行，确保翼角的起翘和出翘统一。

10. 大连檐的位置将使椽子的外露部分统一整齐，确保以后在屋面瓦件施工时的位置准确。

5.2.7 望板的安装

1. 望板可以用 2cm 厚的钢筋混凝土板预制或者使用车间加工好的 1cm 厚的水泥压力板，现在使用较多的水泥压力板其优点是工厂化程度高，尺寸标准，可提前加工，根据椽间的尺寸变化而裁剪。

2. 安装的关键是提前把椽子用水润湿，15～20min 后再用高标号（75 号水泥砂浆）坐浆，再把整块的水泥压力板安装在椽子的凹槽中。安装完后要及时补充不饱满的砂浆并把多余的砂浆清理干净。

5.2.8 屋面施工

1. 屋面钢筋要同椽子钢筋要进行有效的连接，翼角处的钢筋要锚固到老角梁及子角梁内，锚固长度满足国家规范的要求。

2. 混凝土施工宜采用塌落度较小的混凝土（6～12cm），才能够保证坡屋面施工的要求。

3. 在混凝土施工时要认真计算，把上部用于挂瓦件的钢筋和搭设架子要用的钢筋准确预留。

5.2.9 清理修补落架

1. 在把屋面混凝土施工完，清理干净，在保证各构件位置准确，表面光滑，修补到位后，才具有落架的条件。

2. 如果是条件允许，最好是能够在落架之前把彩画的前期工作做了，比如用草酸清洗构件的表面和批第一遍和第二遍腻子（最多可以批四遍，但是不能太厚应小于4mm），这样就提高了架体的利用率，同时提高了观感，为下一步的彩画打好了基础。

6. 材料与设备

6.1 材料：轻质斗拱的原材料：陶粒、陶砂、纤维、及外加剂；普通混凝土；模板料；钢筋骨架。

6.2 机具设备（表6.2）

所需机具设备表　　　　　　　　　　　　　　　　　　　　表6.2

序　号	机具名称	用　途	备　注
1	强制式搅拌机	混凝土搅拌	轻质混凝土
2	混凝土输送泵及管	混凝土输送	泵管的长度由实际情况定
3	混凝土振动棒	混凝土的成型	小振动棒用于构件预制
4	塔吊	垂直运输	
5	木工电刨电锯和压刨	木模制作	
6	钢筋机械	钢筋加工	切断机、弯曲机、调直机
7	平板车、棕绳、黑心棉、手动滑轮	吊装构件	黑心棉用于软包吊装工具

7. 质量控制

7.1 按照《混凝土结构工程施工质量验收规范》GB 50204 施工验收。

7.2 结合企业内控标准及相关方认同的验收标准（表7.2）。

轻质混凝土构件预制质量允许偏差表　　　　　　　　　　　　表7.2

项目名称	允许偏差(mm)	项目名称	允许偏差(mm)
坐斗宽度	3	卷刹水平长度	2
分件拱高	0，－2	卷刹竖向长度	2
拱眼深度	2	耍头云彩深度	2
分件拱长度	3	斗拱总长度	0，－3
拱厚度	0，－3	斗拱总高度	0，－3

7.3 模板质量直接的影响了混凝土的外观质量，因此必须用质量好的模板，变形小、坚固、防水好，能保证达到清水混凝土的效果。

7.4 轻质混凝土的陶粒、陶砂、纤维、及外加剂必须符合设计和规范的要求，有合格的出厂合格证，检验报告，复试报告。

7.5 陶粒混凝土的配合比、搅拌、运输、及养护要符合规范的规定，其比普通混凝土更容易离析，需减少运输时间，增加搅拌、养护时间。

7.6 陶粒混凝土的外观质量不应有严重缺陷。

7.7 安装时位置的准确，包括水平位置和垂直方向以及外轮廓线的控制，误差不大于3mm（表7.3）。

构件安装质量允许偏差表　　　　　　　表 7.3

项目名称	允许偏差（mm）	项目名称	允许偏差（mm）
轴线位移	3	整条轴线拉通线构件错位误差	2
标高	3	整个建筑的构件垂直度	4
自身垂直度	2	同位置内外 1/2 攒件错位误差	2
同层构件平直度	3	构件尾部钢筋焊缝长度	0，+10

7.8 构件预留钢筋同垫拱板的钢筋焊接，焊缝长度满足规范的要求。

7.9 单件的构件堆放要按坐斗、万拱、瓜拱、厢拱、耍头分类堆放。

7.10 单件构件注明生产日期、构件编号名称、质量标识（合格或者不合格）。

7.11 安装时为减少构件的破损，各种工具必须进行软包装，对起吊点要进行特别的保护。

7.12 对细部的修补必须达到图纸尺寸及清水混凝土的要求，为彩画的施工创造好条件。

7.13 所有的架子在搭设和拆除都要相互传递不得乱扔。

7.14 在施工上部结构时，对下部构件进行临时保护。

8. 安全措施

8.1　执行标准（表 8.1）

相关执行标准表　　　　　　　表 8.1

序号	执行标准	代号
1	建筑施工安全检查标准	JGJ 59—99
2	施工现场临时用电安全技术规程	JGJ 46—2005
3	建筑施工高处作业安全技术规程	JGJ 80—91
4	建筑施工扣件式钢管脚手架安全技术规程	JGJ 130—2001
5	建筑机械使用安全技术规程	JGB 33—2001
6	建筑施工特殊作业人员管理规定	建质[2008]75号
7	建筑施工人员个人劳动保护用品使用管理暂行规定	建质[2007]25号

8.2　具体要求

8.2.1 所有的机械设备必须专人使用，安全防护措施到位。

8.2.2 各种电动工具要有漏电保护器，上到架子上的安装人员必须要穿绝缘防滑鞋。

8.2.3 安装作业面实施全封闭，与安装无关的人员不得进入该区域。

8.2.4 五级以上的大风天气，不得进行构件的吊装和就位。

8.2.5 暑天施工注意防暑降温，冬雨期施工防滑防冻，及时扫雪排水。

9. 环保措施

相关环境污染因素及防治措施见表9。

表 9

序号	可能的环境污染因素	措施
1	电锯、震动板、钢筋机械等噪声	木工、钢筋棚封闭，选择白天使用震动板减少扰民
2	施工污水	设置沉淀池到达标后再排放到城市管网
3	搅拌站的扬尘	将搅拌站封闭
4	电焊的光污染	选择白天使用电焊

10. 效 益 分 析

10.1 工艺优良性

10.1.1 环境保护及文明程度作用显著，单件实现了工厂化，大大降低了污水、建筑垃圾、噪声的排放。

10.1.2 安全施工方面，减少了高空安装的时间和劳动用工，降低了高空坠落等安全事故发生的概率。

10.1.3 施工工期方面，预制及地面拼装同主体结构同步施工，不占用施工关键线路上的时间，大大节约了施工工期，降低了施工成本。

10.1.4 施工质量方面，从预制到吊装及安装，所有的环节质量完全处于收控状态，施工误差小于国家标准，满足设计及规范的质量要求。

10.1.5 施工成本方面，在该工艺的各个环节都体现了工厂化，标准化，从劳动力到材料，从机械的使用到工期节约，有效的降低了成本。

该施工工艺受到了建设单位、建设主管部门、监理公司以及古建专家的一致好评，具有很强的推广性。经过技术查新，该施工工艺目前为国内首创。

10.2 实例

该工艺在咸阳楼的应用，取得了很好的社会效益和经济效益。成本主要从：人工费的节约、模板材料的大量节约、支撑架子的搭设及设施料租赁费用的节约、构件二次修补的费用节约、施工工期的节约带来的管理费用减少等，为项目节约成本约 125.5 万元，共预制厢拱和外曳瓜拱及耍头和椽子共计 12830 个单件。

11. 工 程 实 例

陕西省咸阳市咸阳楼复建工程（原名清渭楼），该工程是一个规模和难度很大的钢筋混凝土框架剪力墙结构的仿明清建筑。建筑总高 66.57m，建筑面积 21436m²，古建筑面积 4322m²。咸阳楼复建工程采用轻质混凝土预制斗拱、椽子，而柱、枋、檩、垫拱板及屋面采用现浇混凝土的一座大型仿古建筑。工程采用本工法组织施工，施工质量优异，通过该工法总结形成的 QC 成果获 2007 年度全国工程建设优秀质量管理小组 QC 成果而二等奖，2007 年度陕西省工程建设优秀质量管理小组 QC 成果一等奖。

甘肃省泾川县大云寺景区，大云寺博物馆舍利塔工程，塔身外观 7 层 7 檐，总建筑面积 5489.34m²，建筑高度 95m。应用该工法施工，缩短工期 10 个月，节约建设资金 90 余万元，工程质量优良，得到了社会各相关单位及专家的一致好评。

仿古建筑唐式瓦屋面施工工法

GJEJGF089—2008

陕西省第七建筑工程公司　广州工程总承包集团有限公司

吕俊杰　何建升　王瑞良　王小颖　区础华

1. 前　言

仿古建筑屋面最具外观特色，曲线柔和，绚丽多姿，雄伟壮观，对体现整个建筑的特征和特性有着画龙点睛的作用。陕西省第七建筑工程有限公司结合多年的施工经验总结提出《仿古建筑唐式瓦屋面施工工法》，通过应用该工法为钢筋混凝土仿古建筑屋面施工提供了一套科学的思路和方法。应用本工法的大唐芙蓉园仕女馆彩霞长廊工程荣获 2006 年度"国家优质工程银奖"、陕西省优质工程"长安杯"、"陕西省建设新技术示范工程"。

2. 工 法 特 点

《仿古建筑唐式瓦屋面施工工法》的实施，使施工中便于操作和质量控制，有效地指导了现场瓦作施工；尤其是苫背材料采用混合焦渣，宽瓦采用混合砂浆，彻底根除了瓦屋面植被生根引起渗漏的质量通病；瓦件搭接采用"压四露六或压五露五"的作法，既节约了能源，又保证了防水质量和结构安全，加快了施工进度。

3. 适 用 范 围

本工法适用于钢筋混凝土仿古建筑唐式瓦屋面的施工。

4. 工 艺 原 理

仿古建筑屋面是由不同的坡向曲面形成的，通过分中号垄、赶排瓦口、瓦垄拴线、冲垄、开线等方法，使不同瓦件铺放的纵横、上下、先后位置明确，方便了操作，易于控制；达到粘贴牢固，排列整齐，曲面线条流畅、柔和，美妙可观的屋面。

5. 施工工艺流程及操作要点

5.1　工艺流程

5.1.1　施工准备

1. 物资准备

1）瓦的种类很多，应按设计要求选购相应规格的瓦，若设计无具体要求应按下列要求选样。

我国古建筑所用的瓦件规格为九样制，通过多年实践，一般采用"筒瓦宽"为主选瓦件，当筒瓦宽的尺寸确定后，以此尺寸查样式表中筒瓦的相近稍大尺寸来确定"样数"。

① 一般屋顶，筒瓦宽按椽径选用，如椽径为 12cm，则可查样式表，选用七样筒瓦口宽 12.8cm。

② 若遇椽口很高的城台上建筑，可按选定值加大一样。

③ 对重檐建筑，要求下檐比上檐减少一样，如上檐瓦件定为六样，则下檐应为七样。

2）材料进场后应进行外观检查，并按规定进行抽样复验。

3）钢筋规格及强度等级符合设计要求，进场后按规范要求进行复试，抽样时应会同监理见证取样。

4）水泥进场后按规范要求进行复试，抽样时应会同监理见证取样。

5）钢钉、角钢等材质应符合相应标准要求，与混合砂浆或灰浆结合的表面要进行防腐处理。

6）砂浆应具有良好的和易性，强度等级不低于 M5。

5.1.2 作业条件准备

1. 所需材料、机具、设备均已进场，并复试、检验合格已经可以使用。工作面已经清理干净，符合后续施工要求的条件；安全防护设施已经满足施工要求。

2. 施工人员已经进行了技术、安全交底，或相应的技术、安全培训，特种作业人员所需证件齐全。施工人员的生活、居住条件满足文明施工的要求。

5.1.3 施工工艺流程

苫背→晾背→审瓦→分中→排瓦当→号垄→宽边垄→瓦垄拴线→冲垄→宽檐头→开线→宽底瓦→背瓦翅→扎缝→宽盖瓦→捉节夹垄→清垄擦瓦→翼角宽瓦→撒头宽瓦→天沟和窝角沟处理。

5.2 操作要点

5.2.1 苫背

在屋顶基层上铺筑防水、保温等一项施工过程叫苫背。对于防水、保温施工按相应的标准施工即可，但对保护层、找坡层施工时应注意以下几点：

1. 水泥强度等级不低于 P.032.5。转角处圆弧半径 20mm。

2. 保护层要求抹平，不得有裂缝、起砂现象，并且在保温板铺贴完成后立即进行。

3. 找坡层在保护层作完后进行，并且内加 1.5 厚钢板网，菱形孔 15×40，钢板网与 φ10 钢筋头绑牢。对坡度大于 50%，坡长大于 2m 的屋面，在屋面的上、中段，约占 2/3 或 3/5 坡面，平行于屋脊@600 留出拉结钢筋头 φ6@600，以便与底瓦拉结，防止下滑。

4. 找坡层要根据古建屋面的举架构造进行囊势调整，在确保最薄处不小于 30mm 前提下，采用 4mm 细铜丝进行造势贴灰饼，而后统一挂线找坡带势。

5. 仿古建筑现在不再做泥背，均做焦渣背，其优点是强度高，容重轻，易操作，易干透。对坡面的囊势要求及整坡的平整度要严格控制，如果囊势不一致，平整度就不合格，势必造成宽瓦砂浆的厚薄不一致，不均匀厚度的砂浆，它的干缩系数也会不一致，最终会造成屋面瓦垄不流畅，即"跳垄"现象。

6. 对于焦渣的拌合，应采用机械拌合为宜，先把炉渣、白灰拌合，进行 48h 的闷灰，使白灰熟透。在使用前再加水泥进行二次搅拌，随拌随用，配合比为水泥∶白灰∶炉渣＝1∶2∶7，并应控制炉渣粒径，不得大于 1cm，这样才能保证质量。

7. 找坡层上表面不要求光滑，但要求没有裂缝，为了与宽瓦灰粘结牢靠，最好粗拉毛，方向与正脊平行，以便增强宽瓦砂浆的粘结力。

8. 屋面坡长在 2m 以内时，找坡层上设@500 的防滑条，做成礓磋形式，磋口高 25～30mm，磋宽 50mm，平行于屋面正脊。

9. 保护层、找坡层要尽量一次铺抹完，尤其是顶层找坡层更要尽量一次铺抹完。如果面积较大，实在不能一次抹完时，应注意对接磋部分（俗称"磋子"）进行处理。

1）必须留斜磋（"软磋子"），顺坡囊势方向，不能留直磋。

2）磋子宽度不小于 20cm。

3）磋子部分不刷浆。

4）磋子必须为"毛磋"。操作时以用木抹子刺出的毛磋效果较好，最忌将磋子赶轧光亮。

5）如果在接槎时感觉槎子"老"（干）了，要用水湿润并用木抹子把槎子槎一遍。

10. 尽管找坡层中设有网片，也应设分格缝，纵横间距不宜大于6m，并用与非焦油胶泥嵌封严密。

5.2.2 晾背

晾背是指等灰背晾干后宽瓦。如果灰背不干就宽瓦，水分太多不易蒸发掉，会引起檐口淌白等质量通病。晾背初期要保湿养护5～7d，防止水分蒸发太快出现裂缝，待全部干透后（视天气情况要月余以上），才能开始宽瓦。

5.2.3 审瓦

在宽瓦之前应对瓦件逐件逐块检查，这道工序叫审瓦，尤其是筒、板瓦更应严格检查分类。瓦件的挑选以敲之声清脆，不破不裂，没有残者，敲之"啪啦"之声即为次品。外观应无明显曲扭、变形、无粘疤、掉釉等缺陷。对分类出来颜色不同的瓦件，可用在不同建筑屋面的不同坡面上。

5.2.4 分中

1. 硬山、悬山屋面（图5.2.4-1）

在前后檐头找出整个房屋的横向中点，也就是中心两正椽空档中心，并做出标记，这个中点就是屋顶中间一趟底瓦的中点（注意底瓦不是筒瓦），称为底瓦坐中。然后从两山博缝外皮位置返两个瓦口宽度，并做出标记。瓦口宽度的决定：琉璃瓦应按正当沟长加灰缝定瓦口尺寸；筒瓦按走水当略大于1/2底瓦宽定。决定了这两个瓦口的位置，也就固定了两垄边垄底瓦的位置。

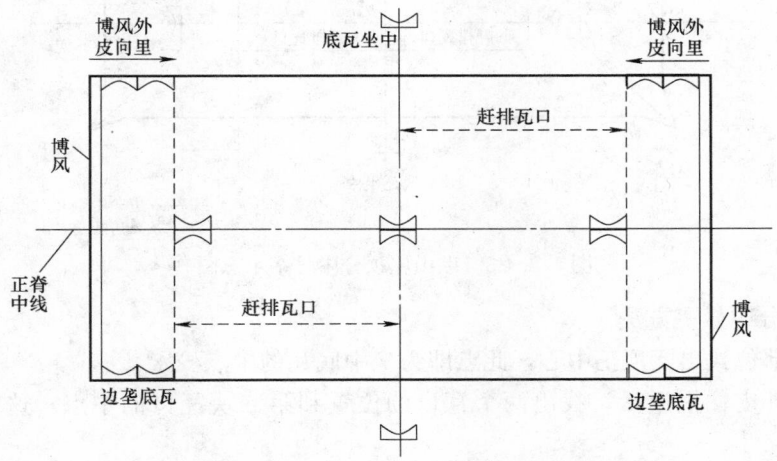

图5.2.4-1　硬山悬山屋顶分中号垄示意图

2. 庑殿屋面（图5.2.4-2）

1）前后坡分中号垄方法

① 找出正脊长度方向的横向中心点。

② 从正脊尽端往里返两个瓦口并找出第二个瓦口的中心点。

③ 将这三个中点平移到前、后坡檐头并按中心点在每坡画出五个瓦口位置线。

④ 在确定了的瓦口之间赶排瓦当，并画出瓦口位置线。

⑤ 将各垄筒瓦中点号在正脊灰背上。

2）撒头分中号垄方法

① 找出正脊中线，并在撒头灰背上画出标记，这条中线就是撒头中间一趟底瓦的中心线。

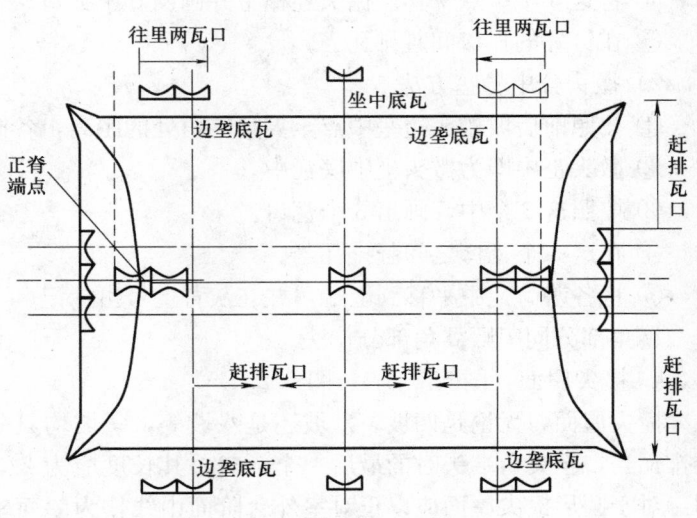

图5.2.4-2　庑殿屋顶分中号垄示意图

② 以此中线为中心，放三个瓦口，找出另外两个瓦口的中点，然后将这三个中点号在灰背上。

③ 将这三个中点平移到连檐上，按中点画出三个瓦口。

④ 庑殿撒头先设一垄底瓦和两垄筒瓦，在分中的同时，应将瓦当排好并在脊上号出标记，前后坡和两撒头的 12 道中线成为庑殿屋面各项工作的基准。

3）翼角部分作法

翼角不分中，在前后和撒头画出的瓦口与连檐合角处之间赶排瓦当。应注意前后坡与撒头相交处的两个瓦口应比其他瓦口短 2/10～3/10，否则勾头可能压不住割角滴水瓦的瓦翘。

3. 歇山屋面（图 5.2.4-3）

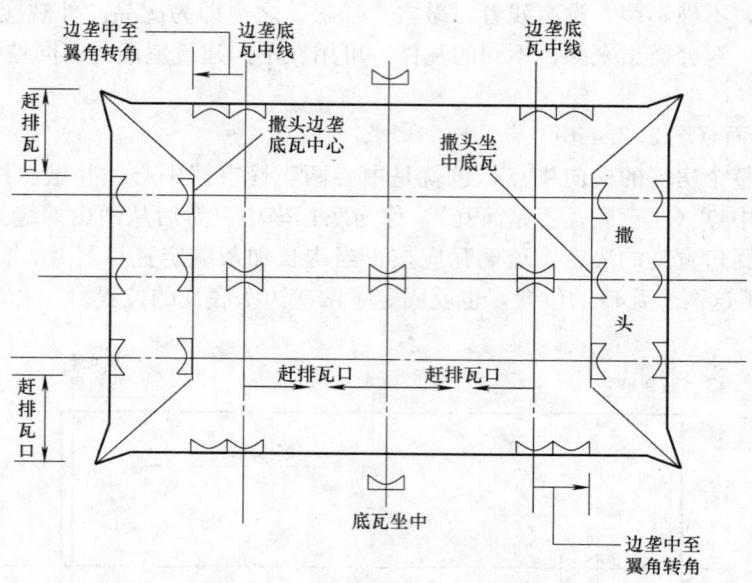

图 5.2.4-3　歇山屋顶分中号垄示意图

1）歇山前后坡分中号垄方法

① 在屋面正脊部位找出屋顶正中心，此点即为坐中底瓦的中点。

② 两端从博缝外皮往里返活，找出两个瓦口的位置和第二块瓦口的中点，这个中点就是边垄底瓦中。

③ 将上述 3 个中点号在脊部灰背上。

④ 将这 3 个中点平移至檐头连檐上并画出 5 个瓦口。

⑤ 在钉好的瓦口间赶排瓦当。

2）撒头分中号垄方法

① 按照前后坡檐头边垄中点至翼角转角处的距离，各撒头量出撒头部位边垄中。

② 撒头正中即为撒头坐中底瓦中。

③ 按照这 3 个中，画出 3 个瓦口。

④ 在这 3 个瓦口之间赶排瓦当。

⑤ 将各垄筒瓦中平移到上端，并在灰背上号出标记。

翼角部分同庑殿翼角部分作法。

4. 攒尖屋面（图 5.2.4-4、图 5.2.4-5）

攒尖屋面，无论是四坡、六坡还是八坡等，每坡均只分一道中，这个中即底瓦之中，然后往两端赶排瓦当，至翼角端头时的最后一个瓦口，其长度应为 2/3 瓦口长。赶排时，切记每个坡面瓦垄数相同。对于圆形攒尖屋面应以正对室外台阶面中线作为屋面坐中底瓦的中心，然后沿圆周向两边赶排瓦口即可。

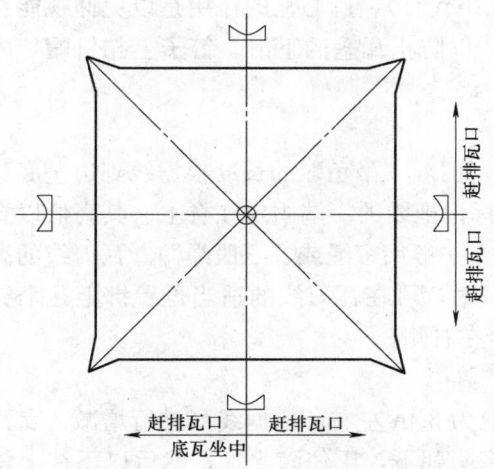

图 5.2.4-4　四坡攒尖屋顶分中号垄示意图

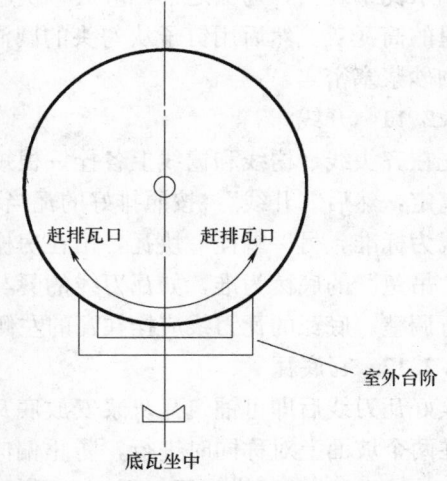

图 5.2.4-5　圆形攒尖屋顶分中号垄示意图

5. 重檐屋面

重檐的下檐分中号垄方法与上层檐相同,上下檐的中线要垂直对齐,下层檐瓦件比上层檐瓦件规格稍小,如上层檐用五样瓦,下层檐用六样瓦,排瓦当时应预以注意。

5.2.5　排瓦当

在已确定的中间一趟底瓦和两端瓦口之间赶排瓦口,并将瓦口画在连檐上。

5.2.6　号垄

将各垄筒瓦(注意是筒瓦不是底瓦)的中点平移至屋脊灰背上,并做出标记。

在排瓦当和号垄时,要注意"龙口"线为底瓦的中心点,然后在中心点之间根据瓦样瓦口赶排瓦口尺寸,底瓦垄数以单数为准,但瓦口可以调整,先经试排后,如果最后一垄不是一垄或大于一垄时,应采用平均缩小或增大蚰蜒当的方法;但蚰蜒当不得调整得过大或过小,如过大了,筒瓦的压茬就太少,易造成渗漏,如调得过小了,易造成底瓦过水。垄太小,影响排水不畅。一般情况应根据瓦样尺寸,严格控制在二至四指宽,约为 4～8mm 为宜。其能保证筒瓦的囊垄砂浆与蚰蜒当砂浆有足够的接触粘结面,又能保证筒瓦翅的压茬宽度,确保睁眼缝的抹灰结合牢固、不掉皮、不脱掉、不渗漏为原则。

5.2.7　宽边垄

在每坡两端边垄位置栓线、铺灰,各瓦两趟底瓦,一趟筒瓦。悬山、歇山要同时宽好排山勾滴,两端的边垄应平行,囊势(瓦垄的曲线)要一致,边垄囊要随层顶囊。宽好边垄后应调垂脊,调完垂脊后再宽瓦。

5.2.8　瓦垄拴线

以两端边垄筒瓦垄上的"熊背"为标准,在正脊、中腰、檐口等位置拴三道横线,作为整个屋顶瓦基的高度标准。脊上的叫"齐头线"或"上齐头线",中腰的叫"楞线"或"腰线",檐口的叫"檐口线",或"下齐头线"。如果屋坡很长不好掌握还可多拴几条楞线进行控制。

5.2.9　冲垄

冲垄是在大面积宽瓦之前先宽几垄瓦,宽边垄也可以看成是在屋面的两侧冲垄。边垄"冲"好以后,按照边垄的曲线(囊势)在屋面的中间将三趟底瓦和两趟筒瓦宽好。如果宽瓦的人员较多,可以再分段冲垄,这些瓦垄都必须以拴好的"齐头线"、"楞线"和"檐口线"为标准。

5.2.10　宽檐头

拴线铺灰,将檐头滴水瓦和勾头瓦宽好,滴水瓦出檐最多不应超过本身长度的一半,一般在 6～10cm 之间,挑出过多会使后尾压不稳,挑出太少,雨水污染连檐面及椽头油漆面,宜超出椽头 2cm 为最佳。在两端边端边垄滴水瓦下棱位置拴一条横线,每垄滴水瓦出檐和高低都要以此为准。勾头出檐为瓦头"烧饼盖"的厚度,勾头要紧靠滴水,勾头的高低以檐线为准。

滴水瓦蚰蜒当，勾头之下，应放一块遮心瓦（可以用瓦条代替）。遮心瓦的作用是以免仰视能看见勾头里的筒瓦灰。然后用钉子从勾头的圆洞上嵌入底灰内，以防止瓦垄的下滑。钉子上扣钉帽，内用聚合物砂浆塞密实。

5.2.11 开线

先在齐头线、楞线和檐线上各拴一根短铅丝（叫做"吊鱼"），"吊鱼"的长度根据线到边垄底瓦翅的距离定，然后"开线"：按照排好的瓦当和脊上号好垄的标记把线的一端固定在脊上。其高低以脊部齐头线为标准。另一端拴一块瓦，吊在房檐下叫"瓦刀线"（一般用帘绳或"三股绳"）。瓦刀线的高低应以"吊鱼"的底棱为准，如瓦刀线的囊与边垄的囊不一致时，可在瓦刀线的适当位置绑上几个钉子来进行调整。底瓦的瓦刀线应拴在瓦的左侧（瓦筒瓦时应拴在右侧）。

5.2.12 苫底瓦

拴好瓦刀线后即可铺筑瓦灰浆安放底瓦，铺灰厚度一般为 3cm 左右，依据线高进行增减。苫瓦工作应在两个坡面上对称同时进行，防止偏向受压。底瓦应窄头朝下，压住滴水瓦，然后以下往上依次叠放。传统手法："三搭头压六露四；稀瓦檐头密瓦脊"，即指三块瓦中，首尾两块瓦要能搭头，上下瓦要压 6/10，外露 4/10；但对琉璃瓦件不太适用，因琉璃瓦件的生产工艺完全是机械化自动生产线，瓦件的密实性很好，强度很高，耐冲击，并且瓦件的规格、品种形状均已改良，如底瓦后尾已加挂灰浆瓦带，压茬越多，对板瓦底面与砂浆的实际粘结面越少，更易造成瓦垄下滑的隐患。可根据实际情况，采用"压四露六或压五露五"，减少了底瓦的耗用量，减轻了屋顶的荷载，又加大了底瓦对砂浆的实际接触面，能粘得更牢固，可解决瓦面下滑的隐患。而檐头部分的瓦可适当少搭点，脊根部位的瓦可多搭点，这一点是很有科学性的，它既能解决瓦垄坍鼻梁的通病，又能解决檐头底瓦倒泛水的隐患。

底瓦灰应饱满，瓦要摆正，不得偏歪。底瓦垄的高低和顺直应以"瓦刀线"为准。每块底瓦的"瓦翅"宽头的上棱都要贴近瓦刀线，瓦底瓦时还应注意"喝风"（即指因摆得不正而造成合缝不严），避免"不合蔓"（即指因瓦的弧度不一致所造成合缝不严），明显不合蔓的瓦应及时选换。

5.2.13 背瓦翅

摆好底瓦以后要将底瓦两侧的灰浆顺瓦翅用瓦刀抹齐，不足之处要用灰浆补齐，"背瓦翅"一定要将灰"背"足，拍实。

5.2.14 扎缝

"背"完瓦翅后，要在底瓦垄之间的缝隙处（称作"蚰蜒当"）用聚合物砂浆塞严塞密，这一过程叫做"扎缝"，扎缝灰应能盖住两边底瓦垄的瓦翅。

在苫瓦过程中，常由一人在远处观察，指出瓦垄存在的质量问题，操作者按指出的部位进行修理，并且苫好的瓦宜勾瓦脸。

5.2.15 苫筒瓦

按楞线到边垄筒瓦瓦翅的距离调好"吊鱼"的长短，然后以吊鱼为高低标准"开线"。瓦刀线两端以排好的筒瓦为准。筒瓦的瓦刀线应拴在瓦垄的右侧，筒瓦灰应比底瓦灰稍硬，筒瓦不要紧挨底瓦，它们之间的"睁眼"大小不小于筒瓦高的1/3。筒瓦要抹"熊头灰"（或"节子灰"），熊头灰应根据琉璃瓦掺色，熊头灰一定要抹足挤严。每块瓦的高低各顺直要"大瓦跟线，小瓦跟中"。即一般瓦要按瓦刀线，个别规格稍小的瓦以瓦垄为准，不能出现一侧齐，一侧不齐的现象。

5.2.16 捉节夹垄

将瓦垄清扫干净后用素灰（掺颜色）在筒瓦相接的地方勾抹，这项工作叫"捉节"，然后用夹垄灰（掺色）将睁眼抹平，叫"夹垄"。夹垄应分糙细两次夹，操作时要用瓦刀把灰塞严拍实，上口与瓦翅棱抹平，瓦翅一定要"背"严，不得开裂、翘边，不得高出瓦翅，否则很容易开裂造成渗水。夹垄时就将夹垄灰赶轧光实，下脚应直顺，并应与上口垂直，与底瓦交接处无小孔洞（俗称"蚰蚰窝"）和多出的灰（俗称"嘟噜灰"）。

5.2.17 清垄擦瓦

瓦垄内应清扫干净，釉面应擦净擦亮。

5.2.18 翼角宽瓦

翼角宽瓦应从翼角端开始，做叫"攒角"。在角梁头铺宽两块割角滴水瓦，两块滴水瓦上放一块遮心瓦，然后铺灰瓦勾头瓦。

"攒角"完了以后，开始宽翼角瓦。先以勾头上口正中，至前后坡边垄交点上口，拴一道线，是两坡翼角瓦相交点的连线，也是翼角宽瓦用的瓦刀线的高低标准。由于翼角向上方翘起，所以翼角底、筒瓦都不能水平放置，越靠近角梁就越不平。除边垄应与前后坡及撒头边垄同高度，其余应随屋架逐垄高起。

5.2.19 撒头宽瓦

同前后坡宽瓦方法，但应注意瓦垄应瓦过博脊位置。

5.2.20 天沟和窝角沟的处理

两座瓦房相接形成"勾连搭"时，交接处称为天沟（俗称"枣核沟"）。在刨厦处存在这样的屋面，天沟处的勾头瓦改为"镜面勾头"，滴水应改为"正房檐"，"正房檐"之间的底部（俗称"燕窝"）要用灰浆堵严。

窝角沟指转角房的阴角部位，此处滴水瓦应改作"斜房檐"，勾头瓦应改作"羊蹄勾头"。窝角沟部位的底瓦应改作"勾筒"（又叫"水沟"）。

5.2.21 调脊

1. 脊的分中号垄方法

首先应根据设计的纵横轴线定出子午线，即为建筑物的面宽中心点。龙口线即为分间轴线。横向中心线即为正脊的中心线。戗脊的中心点即为翼角部位成45°角戗脊中线。垂脊的中心即为分间轴线，并弹出各脊背的边线及鸱尾、戗脊头等的安装位置线，并把脊宽度进行修整后，在两侧弹出底瓦瓦翘线、筒瓦熊背线、当沟背线及脊高线、垂脊和戗脊的线，可用"囊势"绳点线的方法划线。要严格控制四个翼角的起出翘点的一致性和标高的一致性。在脊的两侧号垄是要对称，不允许错位。

2. 调脊的施工方法

采用压肩法，按水平线先粘贴当沟片，一定要砂浆饱满，粘贴牢固，把瓦垄端头部压严压实，然后粘贴脊片瓦，采用1∶1加胶水泥砂浆粘贴，严禁用宽瓦砂浆粘贴。脊盖瓦坐浆要饱满，顶头缝砂浆要挤严。

按照定位线，安装鸱尾及宝顶等大型箱体。鸱尾及宝顶内用型钢作构造柱，焊在脊背的预埋铁件上即可。先根据柱位，把箱体的底面开孔，再把箱体上提后放下的方法逐层安装，并应在空腔内浇灌1/3高的轻质混凝土固定箱位，决不能灌满，以防高温撑裂箱体。

5.2.22 屋脊

1. 正脊脊身的做法

1）拴线捏当沟：在正脊横截面两边各拴一根线，两线的间宽按"正当沟"，当沟顶应与垂脊内里侧"平口条"交圈，并挂好灰缝。在两边当沟之间用细石混凝土填平。

2）砌压当条：在当沟上铺灰安放"压当条"，应与垂脊里侧"压当条"交圈。中间空隙用聚合物砂浆填满。

3）砌群色条：把线移上来，在压当条之上铺灰砌两边"群色条"，群色条之间用聚合物砂浆填平。

4）砌正通脊：在群色条之上铺灰砌"正通脊"（即"三线脊、五线脊"）。应先从坐中开始向两端赶排，要为单数。在正通脊的内侧平行屋脊方向放 $\phi6@100$ 钢筋，并用铜丝与正通脊拴牢，$\phi6$ 的水平筋再与脊上的 $\phi20@1500$ 的预埋筋相连，然后用细石混凝土进行填充，最顶一层不得填实应留空隙，以防胀裂。

5）扣脊筒瓦、勾缝打点：在"正通脊"上铺浆安放"盖脊筒瓦"（又叫"扣脊筒瓦"），一般"盖脊筒瓦"要比正脊筒大一样，最后进行勾缝打点干净。

6）延续正脊"群色条"，将正脊群色条以下的构件延长至两端垂脊里侧。当不用群色条时，只延长压当条以下构件即可。

7）砌鸱尾座：在群色条或压当条之上铺浆安放鸱尾。尾座应安放在两坡排山沟脊相交处勾头外沿向内 10cm 为宜。

8）装鸱尾：多是现场拼装，内空要填灰浆，背兽套在横插的铁件上，铁杆与尾桩十字拴牢。

2. 歇山屋顶垂脊

1）垂脊长度：歇山屋顶的垂脊不伸到檐口，而悬山垂脊直伸到檐口。

2）垂脊端头：歇山垂脊的端头构件应是脊首，其下面为压当条（或押带条）、托泥当沟。在托泥当沟之后，设有两层压条（即平口条和压当条），里外侧的压当条向后延续到与戗脊的斜当沟交圈。

3. 歇山屋顶戗脊

1）戗脊身：垂脊的尾端与正脊相交，戗脊的尾与垂脊相交。

2）脊底当沟：垂脊底层是用"正当沟"，而戗脊底层为"斜当沟"，戗脊的斜当沟要与垂脊的正当沟在接头处交圈。

3）戗脊的构件组合：一般情况下，戗脊端头的构件组合同垂脊一样。

4. 歇山屋顶博脊

博脊是歇山山面承托博风板排山脊的两个底脚，是撒头瓦面与小红山底的一个屋脊。博脊两端伸入到博风板排山脊内，故其构件组合分为"博脊身"和"博脊尖"两部分。

1）博脊尖：博脊尖又叫"挂尖"。挂尖的位置应挂尖里棱紧靠"踏脚木"，挂尖的尖头隐入排山沟滴之下，它的外侧为"正当沟"，上铺"压当条"，再铺灰浆里外抹平，然后砌"挂尖"。

2）博脊身以挂尖为准拴线，先砌外侧面的"正当沟"，再上铺"压当条"，再铺灰浆里外抹平砌"博脊连砖"，上盖"博脊瓦"，因博脊瓦要向外斜着覆盖，故又称为"滚水"。在砌"博脊连砖"时，应以坐中向两端赶排。

5. 垂檐建筑琉璃屋顶下层檐的屋脊

1）角脊：它的做法与戗脊基本相同，也称"下层檐的戗脊"，其尾端的戗脊筒改为"燕尾戗脊筒"。

2）围脊：它是在上檐枋与承椽枋之间，紧贴围脊板的一条屋脊。先确定合角位置，此位置设定后，再从合角下口除去压当条和当沟尺寸，即为所初步确定的围脊"正当沟"之下口位置，然后以围脊组合构件的总高从"当沟"下口往上量一下，看围脊顶的"满面砖"是否紧换"箍头枋"的下皮。若不合适者，再适当调整"当沟"的位置使之得以满足，即可定为围脊的外皮位置，再依此拴线铺灰浆砌筑围脊构件。

6. 攒尖琉璃屋顶的屋脊

1）攒尖屋顶的垂脊：它的做法与戗脊基本相同。

2）攒尖屋顶的宝顶：若宝顶为金属制品，中间设钢筋混凝土雷公柱，宝顶分层制作安装，并与雷公柱之间连接固定结实，内填轻骨料，要注意防水封缝和防雷连接；若为陶质制品，中间设 $\phi20$ 钢筋（或 L50×5 角钢）兼避雷针，宝顶分层用铜丝与竖筋拴牢，然后用细石混凝土进行填充，最顶一层不得填实，应留有 5～8cm 空隙，并设漏水孔，以防浸湿冻胀裂破。

5.2.23 避雷设置

檐口有避雷系统，一般按每五垄瓦距离安装一个避雷针，避雷针从勾头带孔钉帽内伸出钉帽 12cm，下部与避雷网相连接，带孔针帽要用聚合物砂浆填密实，并设有防渗漏密封圈。在宝顶、鸱尾、正脊、垂脊等部位均设避雷系统，避雷针应采用不锈钢针为宜，镀锌针易生锈污染瓦面。

5.2.24 宽瓦可划分多个操作面进行

一般情况下应尽可能扩大工作面，缩短施工周期，决不能宽宽停停，这样极容易出现"跳垄、跑垄、滚垄"以及垄背上下端"坍鼻梁"现象，而且在冬季是不能宽瓦的，因是高空露天作业，极难做到保温保护，应尽量避免冬期施工，以确保工程质量。

6. 材料与设备

6.1 材料

窬瓦的砂浆采用混合砂浆，配合比为水泥：白灰：砂子＝1：1：4，满足了既要粘的牢、干得快、易操作，又要用手揭得下、易于后期维修的要求。

6.2 机具设备

6.2.1 施工机械

施工现场水平、垂直运输，物料拌合，视具体条件配置。

6.2.2 工具用具

电动砂轮、切割机、手电钻、电动圆盘锯、瓦刀、灰桶、线坠、膜斗、铁抹子、水桶、喷壶、锹、扁錾子、钉锤、橡皮榔头等。

6.2.3 检测设备

方尺、铝合金水平尺、楔形塞尺、小线锤、样尺、靠尺、2m钢卷尺。

7. 质量控制

7.1 施工验收标准

7.1.1 施工过程必须满足以下规范要求

《建筑工程施工质量验收统一标准》GB 50300—2001；

《混凝土结构工程施工质量验收规范》GB 50204—2002；

《古建筑修建工程质量检验评定标准》CJJ 39。

7.1.2 主控项目

1. 屋面不得出现漏水现象。

检验方法：雨后或淋水检验。

2. 瓦的规格、品种、质量等必须符合设计要求。

检验方法：观察检查和检查出厂合格证或质量检验报告。

3. 苦背垫层的材料品种、质量、配比及分层作法等必须符合设计要求或古建常规作法，苦背垫层必须坚实，不得有明显开裂。

检验方法：检查出厂合格证、质量检验报告、计量措施和现场抽样复验报告。

4. 窬瓦砂浆的材料品种、质量、配比等必须符合要求。

检验方法：检查出厂合格证、质量检验报告、计量措施和现场抽样复验报告。

5. 屋面不得有破碎瓦、瓦底不得有裂缝隐残；底瓦的搭接密度必须符合要求，瓦垄必须笼罩。

检验方法：现场观察检查。

6. 屋脊的位置、造型、尺度及分层作法必须符合设计要求或古建常规作法，瓦垄必须伸进屋脊内。

检验方法：现场观察检查和尺量复查。

7. 屋脊之间或屋脊与山花板、围脊板等交接部位必须严实，严禁出现裂缝、存水现象。

检验方法：观察检查。

8. 瓦件必须铺置牢固。地震设防地区或坡度大于50％的屋面，应采取固定加强措施。

检验方法：观察和手扳检查。

7.1.3 一般项目

1. 瓦垄应符合以下规定：分中号垄准确，瓦垄直顺，屋面曲线适宜。

检验方法：观察拉线，尺量检查。

2. 滴水瓦应符合以下规定：安装牢固，接缝平整、无缝隙，退雀台（连檐上退进的部分）适宜、均匀。

检验方法：拉线，尺量检查。

3. 宪瓦应符合以下规定：底瓦宪平摆正，不偏歪，底瓦间缝隙不应过大；檐头底瓦无坡度过缓现象，宪瓦灰浆饱满严密。

检验方法：观察检查、淋水检验。

4. 捉节夹垄应符合以下规定：瓦翅子应背严实，捉节饱满，夹垄坚实，下脚干净，无孔洞、裂缝、翘边、起泡等现象。

检验方法：观察检验。

5. 屋面外观应符合以下规定：瓦面和屋脊洁净美观，釉面擦净擦亮。

检验方法：观察检查。

6. 屋脊应符合以下规定：屋脊牢固平整，整体连接好，填馅饱满，附件安装位置正确，摆放正、稳。

检验方法：观察，尺量检查。

7.1.4 操作偏差控制及检验方法（表 7.1.4）

操作偏差控制及检验方法　　　　　　　　　　　　　　　表 7.1.4

序 号	项 目	允许偏差（mm）		检 验 方 法
1	苫背	±5，－10		用尺量检查，抽查 3 点，取平均值
2	底瓦灰浆	±10		
3	睁眼高度 40mm	±10，－5		
4	当沟灰缝 8mn	＋7，－4		
5	瓦垄直顺度	8		拉 2m 线用尺量检查
6	走水当均匀度	16		用尺量检查相邻三垄瓦及每垄上下部
7	瓦面平整度	25		用 2m 靠尺横搭瓦跳垄程度，檐头、中腰、上腰各抽查一点
8	正脊、围脊、博脊平直度	3m 以内	15	3m 以内拉通线，3m 外拉 5m 线，用尺量检查
		3m 以外	20	
9	垂脊、戗脊、角脊直顺度	2m 以内	10	
		2m 以外	15	
10	滴水瓦出檐直顺度	5		拉 3m 线，用尺量检查

7.2 确保工程质量采取的技术措施及管理方法

7.2.1 建立有效的质量管理体系，管理责任落实到人。

7.2.2 依据审定通过的施组和本工法，结合施工图纸，对操作人员进行技术交底。

7.2.3 技术员及专职质检员跟班检查，并且要求进行"三检"。

8. 安 全 措 施

8.1 施工过程必须遵守以下规范

《建筑施工安全检查标准》JGJ 59—99；

《建筑施工扣件式钢管脚手架安全技术规范》JGJ 130；

《施工现场临时用电安全技术规范》JGJ 46；

《建筑施工高处作业安全技术规范》JGJ 180。

8.2 安全措施

8.2.1 施工现场安全管理、文明施工。脚手架、"三宝""四口"防护、施工用电、物料提升机与外用电梯、塔吊起重吊装和施工机具等有关要求遵照《建筑施工安全检查标准》JGJ 59—99 中的规定，防止人员伤亡事故发生。

8.2.2 操作人员进入作业岗位前应进行三级安全教育。作业人员在作业前进行安全技术交底，增强作业人员安全防护意识。

8.2.3 屋面施工要有切实可行的架体围护。在施工的屋面檐口至少有不低于 1.2m 的围护外架，并应设 60cm 的护栏，用密目网围护封严，防止高空坠落事故发生。

8.2.4 在苫瓦施工中，应设专用的梯子板，每块长 3～6m，宽 35～40cm，厚 5cm 以上。木板每隔 35～40cm 横向钉一根板条，借以人员上下防滑。使用时把它放平在屋顶的坡面上，下端顶住大连檐即可。

8.2.5 在屋顶部施工时，梯子板上端可用麻绳连在一起，前后檐对称搭放。在屋脊铺瓦时，除前后檐对称搭放，还得在板与已铺苫好的瓦面之间垫草袋子（内部要装六成以上稻草），以防止梯子板压破已铺好的瓦块。

8.2.6 对于攒山屋顶，应以宝顶为中心，向各个坡屋面对称搭设脚手架，架顶紧锁宝顶雷公柱，向各坡对称搭爬杆和持杆，爬杆间距 60cm，持杆间距 80cm，为了使上下省力、安全，以宝顶雷公柱为中心，顺持杆脚手架设拉绳，人上下可抓住拉绳，操作时安全带可以挂在拉绳上，拉绳每隔 60cm 设一个绳结。

8.2.7 屋面施工的残余物（砂浆、破瓦片等）要用编织袋装好，运输至地面，严禁向下抛扔，以防止伤人、损物。

8.2.8 屋面操作人员要有针对性安全交底及安全教育，不能穿硬底鞋，并且要有充足的劳保用品，在雾天、霜天、雪天、大风天气不得作业。

8.2.9 专职安检员跟班检查，发现安全隐患及时处理。

8.2.10 冬季不宜进行铺瓦作业。

9. 环 保 措 施

9.1 环保指标

白天施工噪声不大于 70dB，夜间施工噪声不大于 55dB，施工现场目测无扬尘，废水排放达市政要求标准，建筑垃圾分类管理。

9.2 环保监测

主要有噪声、扬尘、废水、建筑垃圾等。

9.3 环保措施

9.3.1 对于切割瓦片的场地进行密封处理，并给操作人员发放耳罩、口罩等劳保用品，防止噪声外泄以及伤害工人身体。

9.3.2 操作人员在屋面作业时，严禁乱扔、乱抛撒材料、各种包装物、废弃物，防止对大气、土壤污染。

9.3.3 设置沉淀池使废水达标后排入市政系统。

9.3.4 破损材料、各种包装物、废弃物应集中运到指定的垃圾堆放区，并及时清运，避免对环境造成污染。

10. 效 益 分 析

采用本工法，大唐芙蓉园仕女馆彩霞长廊等工程整个屋面瓦作业比预计工期提前了 20d，节约人工费、机械设备和围护周转料租赁费等共计 18.3 万元。另外本工法为钢筋混凝土仿古建筑唐式瓦屋面提供科学思路、方法，规范了操作，便于施工，对于古建筑屋面修缮和西安唐皇城复兴有一定的指导价值。

11. 应用实例

本工法应用的工程见表11。

应用实例表　　　　　　　　　　　　　　　　　表11

工程名称	地点	开、竣工日期	建筑面积	应用数量	应用效果
大唐芙蓉园仕女馆彩霞长廊等	西安曲江	2003.9～2005.4	18347m²	13653m²	良好
西安大唐西市大鑫坊	陕西西安	2007.5～2008.7	43211m²	8015m²	良好
西安大唐西市慧宾坊	陕西西安	2007.5～2008.7	34011m²	7218m²	良好

大型场馆钢结构安装工法

GJEJGF090—2008

广东省工业设备安装公司

黄伟江　张广志　陈友明　李琦　王恒

1. 前　言

近几年来，随着大跨度空间结构的高速发展，广泛应用于体育场馆、会议展览中心、航站楼、候车大厅、歌剧院和大型商场等公共建筑。针对这些空间复杂、跨度大、构件重、安装难度大等大型钢结构工程而带来的种种技术难题，传统的施工工艺已无法满足工程的需要，因此在大型钢结构工程施工中使用新技术、新工艺、新材料、新设备对工程质量、安全、成本、工期等起到至关重要的作用。

广东省工业设备安装公司承接的广东奥林匹克体育场钢结构工程是全国第九届运动会的主会场，是一座由美国 NEB 设计集团设计的造型复杂独特的大型飘带式钢结构体育场。本工程的主要特点是：跨度大，空间造型结构复杂；安装精度要求高，空间测量控制难度大；单榀构件重，体积庞大，安装角度呈不规则变化，工期紧吊装难度大；采用特厚板材（最大板厚125mm）、空间接头多，焊缝等级要求较高，焊接难度大；大量将大直径桥梁拉索应用于建筑结构，安装与张拉难度大。根据大型飘带式钢结构的特点，在施工中采用了计算机仿真技术、复杂空间测量定位技术、高空大吨位"一点半"吊装技术、厚板焊接技术及计算机控制张拉技术，成功解决了大型钢结构复杂环境下的高精度预埋定位、复杂不规则几何空间定位测量、大跨度曲梁侧向稳定性、高空变截面厚板焊接、重型构件吊装、拉索及钢棒张拉等技术难题，比国内同类工程缩短了一半工期，取得了良好的经济效益和社会效益。其关键技术分别通过了广东省科技厅、建设厅组织的技术专家鉴定：有显著的经济效益和社会效益，技术水平达到国际先进水平。由于该工法具有操作性强、实用性强、准确性高、易于控制、绿色施工等特点，具有能保证质量和安全、提高施工效率、降低工程成本、节约资源、保护环境等优点，是一项值得推广的先进技术。通过对已有安装方案的对比、总结和完善，从而形成了"大型场馆钢结构安装工法"。

该工法已成功应用于"广东奥林匹克体育场"、"深圳会展中心"、"中国出口商品交易会琶洲展馆二期"和"佛山新闻中心"等大型复杂钢结构工程，取得了良好的社会和经济效益，其中"广东奥林匹克体育场"获鲁班奖、"深圳会展中心"获优质结构工程奖、"中国出口商品交易会琶洲展馆二期"和"佛山新闻中心"获中国建筑钢结构金奖。该工法核心技术"大型飘带式屋盖钢结构安装技术"、"深圳会展中心钢结构安装技术"获得广东省科技进步三等奖、华夏建设科学技术三等奖、中国安装协会第七届科技成果一等奖和中国安装之星。其中国内首次将大直径（D150）高强度实心钢棒应用于跨度达126m重550t张拉梁结构中，精度要求非常高，6组平行钢棒同步张拉技术填补了国内空白。通过以上工程实例证明该工法在大跨度、复杂空间等大型场馆钢结构工程方面起到了较大的推动作用，具有广泛的应用前景。

2. 工 法 特 点

与传统的钢结构施工方法比较，通过对工期、质量、安全、造价等技术经济效能指标等方面的对比分析，本工法具有如下特点。

2.1 高强度预应力锚栓高精度预埋、张拉工艺

针对高强度预应力锚栓在钢结构项目中的首次采用，本工法采用套架装配法对锚栓进行安装定位，

并结合全站仪等先进的测量仪器，采用先进的测量工艺，制作了先进的工装，选择合适的张拉设备，确定合理的张拉顺序及参数，成功地解决了锚栓在复杂环境下的高精度快速预埋定位和有限空间内的张拉等难题，达到了精度高、定位速度快、操作简单的特点。

2.2 复杂空间钢结构测量技术

针对轴网复杂、上万个不同空间节点坐标定位、大量的坐标平移与转换计算、复杂空间造型的放线定位、大跨度悬挑结构的高空定位的测量特点，施工中采用全站仪、经纬仪，利用地面坐标控制网控制空间三维坐标的测量方法，并借助计算机提供数据分析，将施工工艺与测量工艺完美结合，保证了钢结构空间节点的安装精度，并达到了操作过程简单、作业方法灵活、施工功效高、成本低等特点。

2.3 大吨位、大体积构件吊装工艺

根据结构特点及空间体系，利用计算机仿真技术，对具有空间安装角度的吊装单元采用场外"一点半"整体吊装技术，将空间安装角度的调整在地面解决，减少了高空作业，确保了吊装作业的连续性、安全性，大大缩短了施工工期、节约了工程造价。

2.4 钢结构焊接施工工艺

针对钢结构施工中大量使用的低合金高强度结构钢材，综合考虑工程焊接质量要求、焊接难度和焊接效率，钢结构现场焊接采用焊条手工电弧焊（SMAW）、半自动 CO_2 气体保护焊（GMAW 和 FCAW）的焊接方法。严格按焊接工艺评定的技术参数和焊接工序进行焊接，并在地面上最大限度的进行构件组合，减少高空焊接量，既保证了流水施工的顺利展开，又最大限度地实现了变形与应力的统一，提高了钢结构焊接质量，节省了焊接施工工期。

2.5 拉索安装与张拉工艺

根据设计控制参数，采用 ANSYS 和 MIDAS 软件对支撑拉索索力进行模拟分析，得出拉索顶应力建议值，并根据结果确定支撑拉索分级和张拉顺序，对张拉力的检测采用频率法检测索力，保证了支撑拉索在张拉过程中相互影响最小，成功解决了拉索张拉技术难题，确保了拉索的张拉参数与桁架的位移控制达到了设计要求。

3. 适用范围

本工法适用于体育场馆、会议展览中心、航站楼、候车大厅、歌剧院和大型商场等复杂空间大跨度重型钢结构安装。

4. 工艺原理

4.1 高强度预应力锚栓高精度预埋采用套架装配法工艺原理：以工程力学理论为基础，通过设置刚性套架，且在套架上下端设置限位钢板及采用全站仪测量三维坐标以确保每组锚栓位置的准确性，并利用套架的支腿与混凝土柱内设置的预埋件焊接保证螺栓在施工过程中定位位置不发生变化，达到锚栓设计控制精度±2mm。预应力锚栓张拉采用分阶段张拉的工艺原理：分两阶段张拉，以张拉力控制为主，伸长量控制为辅的原理。

4.2 复杂空间钢结构测量采用"地面坐标控制网控制空间三维坐标"的工艺原理：以测量学为理论基础，测量过程中把大地坐标系与设计坐标系换算统一，建立以场馆中心点为坐标原点（0，0），多个圆心点连线为坐标轴的建筑坐标体系，通过在场内及场外设置高精度的两个控制网，解决了部分测量点不通视的难题，从而实现测量定位的可操作性。通过在合适的时间段对工程进行定位放样，消除了因温度引起的测量误差。

4.3 吊装工艺采用"一点半吊装"原理：利用力学计算各自吊点受力分配，设置一个主吊点和一个辅吊点，主吊点采用定长吊索，辅助吊点设置为无级可调长度，借助辅吊点在地面调整吊装构件的

安装角度，提高构件高空安装速度与质量。

4.4 针对低合金高强度结构钢材，焊接工艺采用"定参数、定工序、定工艺、定设备"的工艺原理进行全面控制：在焊接前进行焊接工艺评定和焊接性能实验，确定施工过程中的焊接参数，确定焊接顺序及工序，采取先焊收缩量大的再焊收缩量小的焊接方法，最大限度减少焊接缺陷，选择合理的焊接设备，确保了焊接质量，提高了焊接速度。

4.5 拉索张拉工艺采用了计算机模拟控制技术：根据提供的设计技术要求，采用 ANSYS 软件对拉索索力进行、应力进行模拟分析，确定拉索预应力建议值，并根据建议值确定合理张拉步骤和张拉顺序，张拉过程中通过实际张拉数据与计算机的模拟值对比分析，并根据分析结果及时调整控制张拉参数。

5. 施工工艺流程及操作要点

5.1 施工工艺流程（图 5.1）

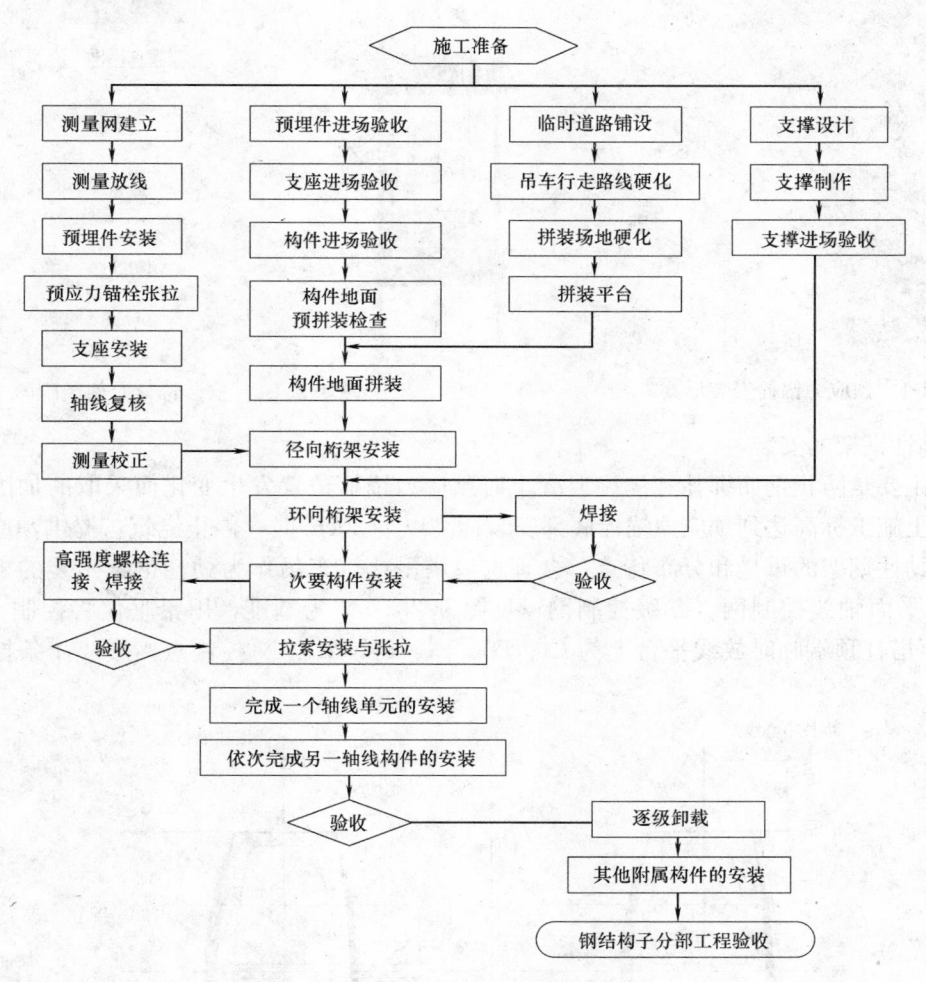

图 5.1 大型场馆钢结构施工工艺流程图

5.2 操作要点

5.2.1 高强度预应力锚栓高精度预埋、张拉

高强度预应力锚栓主要用于大型锚固支座的固定，根据设计的不同由多条相同规格或不同规格的预应力锚栓紧固，安装在混凝土支墩或支柱内。一般设计要求每条锚栓平面位置和标高的误差控制在

±2mm 以内，主要由预应力锚栓、支座底板、抗剪键、支座等组成，具体形式见图 5.2.1-1。

1. 高强度预应力锚栓高精度预埋定位操作要点

1）混凝土支墩或支柱钢筋尺寸控制

根据安装尺寸，制作钢筋定位模板，该钢筋定位模块与锚栓的安装位置错开 10cm 以上的间距。当支墩或支柱混凝土施工标高达到预应力锚栓底部安装标高以下 20cm 时，将钢筋定位模板放入钢筋内，并调整好尺寸后焊接牢固，以免同锚栓相撞。

2）锚栓定位套架的制作

由于锚固支座有多条预应力螺栓，在混凝土支墩或支柱内单根锚栓定位是不现实的。因此，根据设计要求及混凝土支墩或支柱钢筋布置情况，采取制作锚栓定位钢模板和支承劲性钢架组合成安装套架。具体见图 5.2.1-2。

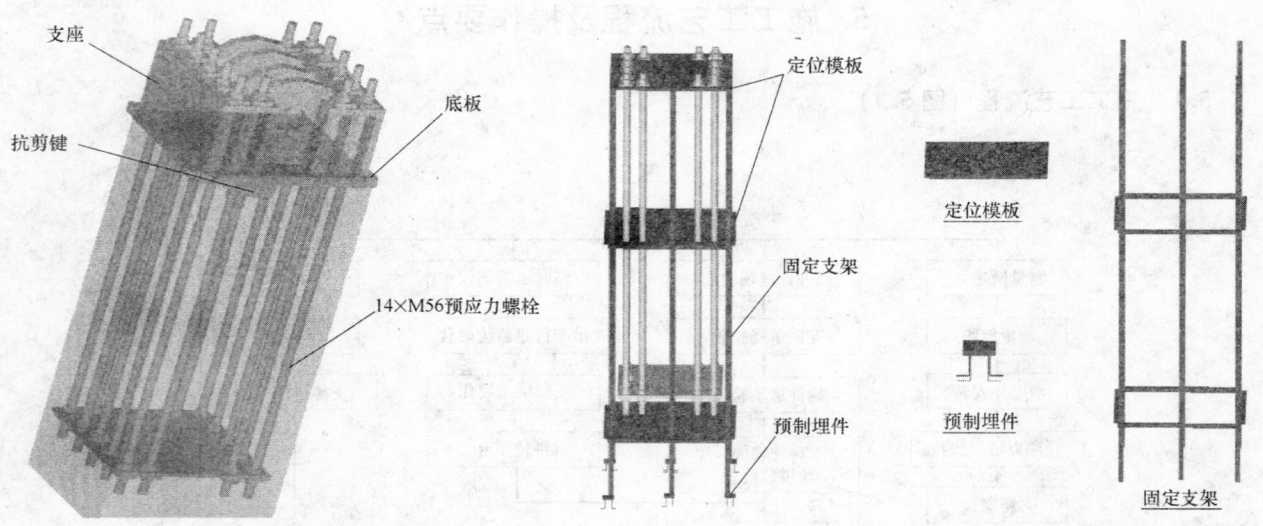

图 5.2.1-1 预应力锚栓安装形式　　　　图 5.2.1-2 安装锚栓套架装配图

3）锚栓劲性钢架的安装

劲性钢架主要是防止钢筋绑扎和浇捣混凝土时预应力锚栓位置发生变化而采取的加固措施。当支墩或支柱混凝土施工标高达到预应力锚栓底部安装标高以下 20cm 时，停止浇筑，提供预应力锚栓施工作业面。根据劲性钢架的重量和分布特点，合理选取塔吊或汽车吊作为劲性钢架吊装的主要机械。利用 ±0.00 塔柱平面轴线控制网（二级控制网—见图 5.2.1-3）为基准，用铅垂仪将控制点 C、D、E、F、M、N 引至塔柱顶端临时放线平台上为 C′、D′、E′、F′、M′、N′ 控制点，形成三条控制线 C′M′、

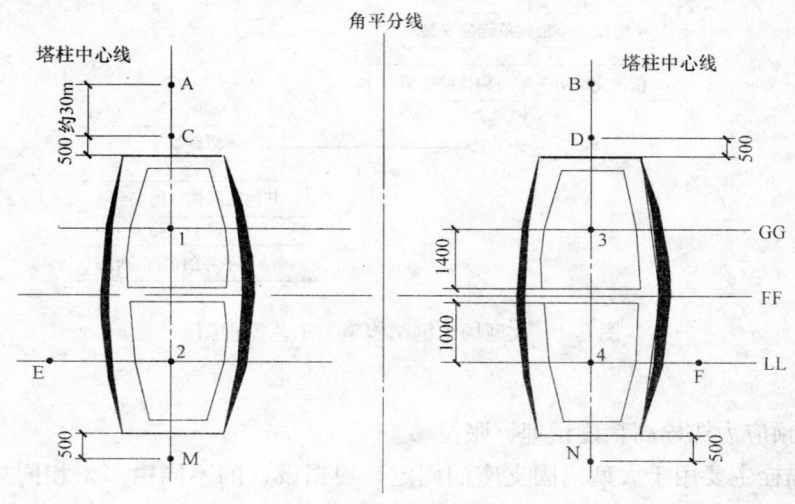

图 5.2.1-3 塔柱平面轴线二级控制网

E′F′和 D′N′。用钢卷尺直接量取设计尺寸来调整，使支承架平面位置符合安装要求并达到精度不超过±5mm 的误差后，将支承架与钢筋定位模块焊接牢固。

4）锚栓定位钢模板安装

① 锚栓定位钢模板制孔

锚栓定位钢模板的制孔根据预应力锚栓的平面分布和锚栓的尺寸规格进行制孔，孔的数量为同组锚栓的数量，孔的直径 D＝锚栓的直径（$D_{锚}$）＋1mm，孔间距以锚栓间距进行控制。

② 钢模板安装标高的测量控制

a. 首先在某一控制点架设全站仪，在相邻控制点上立水准标尺，将全站仪安置水平，以水准仪方式读出标尺读数，以该控制点的标高及标尺读数，求出全站仪视线高。

b. 在求出全站仪视线高以后，在支墩或支柱顶上选取 2～3 个固定点做好标记，在所选定点位上架设棱镜，准确量取棱镜高度，利用全站仪控制所选取点位的高差在±2mm 以内。

c. 根据上述高程控制方法，结合支座底板设计标高，首先测出锚栓劲性钢架的标高，然后将钢模板吊装在上面调整标高，以使其标高与设计标高相符。

③ 钢模板平面位置测量定位

a. 焊接放样平台

利用锚栓劲性钢架这个现有条件，在标高确定以后，在钢模板中心线附近焊接一个约 150mm×150mm 的临量放样平台，放样平台焊接牢固并保证足够刚度不发生变形平移。

b. 平面控制点及放样点坐标计算

定位钢模板面上预先划好"十"字中心线，从中心点沿钢模板纵向量取 350mm，作为钢模板平面测量检查点位，并根据设计图纸的有关坐标数据计算出二点坐标，作为放样点；同理，在中心点沿放样点方向，量取 550mm 作为定位控制点，求出其坐标。在具体定位时，利用控制点进行钢模板安装，利用放样点进行平面位置精确定位，利用放样点和控制点共线保证测量操作方便。见图 5.2.1-4。

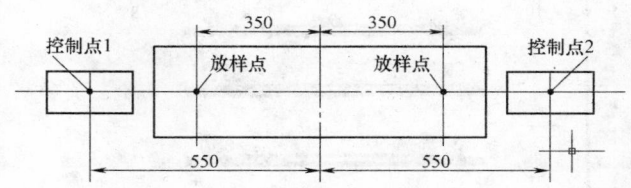

图 5.2.1-4　钢模板平面测量检查点位示意图

经过测量放样定出控制点，再利用控制点为基准，对钢模板进行调整，将钢模板"十"字中心线与两控制点连线严格对中，同时调正控制点至钢模板面放样点的距离进行定位。在钢模板调整到位后，利用钢模板放样点的坐标进行检测，若其坐标误差在±2mm 以内时，即可将钢模板焊接牢固。

5）锚栓安装及复测

经过测量定位和调整，锚栓定位钢模板安装完成后，将预应力锚栓穿入定位钢模板精制的孔内，并利用套架上设置的上下端限位钢板以确保每组锚栓的相对位置的准确性。

6）锚栓固定

利用锚栓的上下螺母与定位钢板进行固定。

7）复检

当锚栓安装完成后，利用平面控制点和高层控制点对每根预埋锚栓进行定位复测，检查有关控制尺寸，是否发生位移，若有发生位移，再采取相同方法进行精细调整，并且对锚栓进一步加固，以确保锚栓安装精度满足设计要求。

8）混凝土浇筑过程监控

混凝土浇筑过程中，利用定位模板上的放样平台控制点进行监测，以防止预应力锚栓在混凝土浇筑过程中发生变化。

9）进入下道工序

混凝土浇筑完成后，检验各锚栓位置，进行支座底板、支座的安装及张拉工序。

2. 预应力锚栓张拉操作要点

待混凝土强度达到 70％以上时，进行预应力锚栓张拉。

1）预应力锚栓张拉值的确定

根据设计给定的预应力锚栓的规格及极限抗拉强度进行锚栓的预应力张拉。

2）张拉方法的确定

采用控制张拉力值的方法进行张拉，分阶段达到张拉力值，保持张拉千斤顶油压 3～5min 未发生压力变化后旋紧螺母。张拉过程中如果发现异常要及时处理，分析原因，采取可靠措施后方可继续张拉。

3）张拉顺序

锚杆的张拉顺序要考虑混凝土及钢构件不产生超应力、构件不扭转与侧弯、结构不变位等。同时，还应考虑到尽量减少张拉设备的移动次数为原则。对锚栓按照对称原则进行预应力张拉，确保支座底板与混凝土柱顶面紧密接触，图 5.2.1-5 为张拉顺序示意图。

4）张拉设备的组装

确定张拉顺序后，首先进行预应力锚栓张拉端辅助工具及张拉设备的现场组装，依次安装连接套筒（挤压锚预先穿入套筒）、张拉撑脚（千斤顶支架）、千斤顶，确保安装正确，而且撑脚和千斤顶的方向便于操作，最后安装千斤顶，组装完成后，工况见图 5.2.1-6。

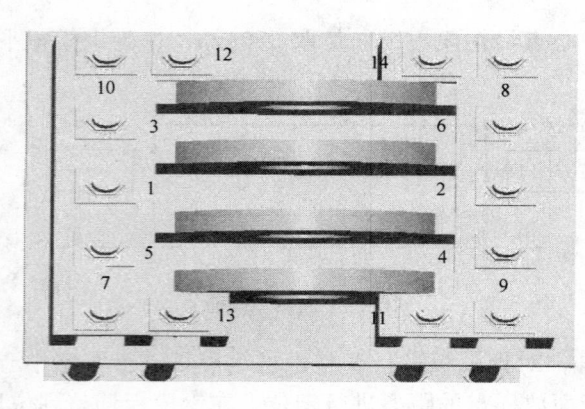

说明：数字代表张拉顺序

图 5.2.1-5 锚栓张拉顺序示意图

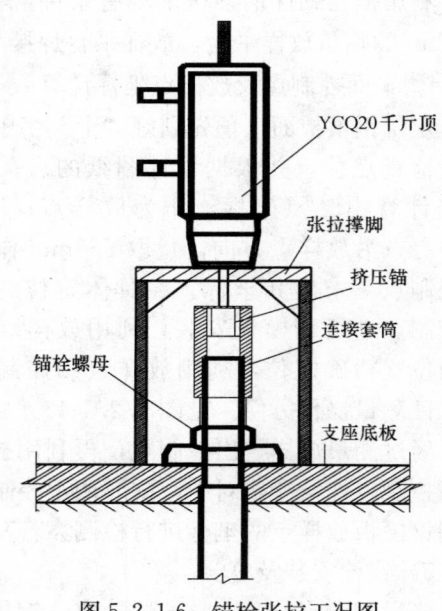

图 5.2.1-6 锚栓张拉工况图

5）张拉过程

设备安装连接固定后，再次检查设备连接是否正确，专人操作张拉设备，张拉前高压油泵先空载运行 1～3min，控制高压油泵的进油及回油阀，逐根对称张拉锚栓，随着张拉的进行不断将高强螺母拧紧。

第一阶段：先张拉到额定拉力的 15％。张拉到此拉力时停止高压电动油泵的运转，检查油管有无漏油，记录数字峰值表、压力表读数。

第二阶段：再次启动高压电动油泵，继续加压张拉到额定预应力。停止高压电动油泵工作，观察张拉设备工作是否正常，油路是否漏油，记录数字峰值表、压力表读数，完毕后用专用扳手拧紧锚栓螺帽。

第三阶段：卸载高压油泵，一根锚栓的预应力张拉完毕。依次进行其余锚栓的张拉。

6）张拉数据分析

根据张拉记录的数据，对张拉结果进行分析，并根据预应力锚栓厂家提供的资料进行对比。

5.2.2 复杂空间曲面钢结构测量操作要点

1. 高精度测量平面控制网的建立

1) 大地坐标和施工坐标转换

根据设计方提供的节点坐标和大地坐标进行坐标换算，假设节点待转换点为 P，节点坐标为 x_p、y_p；工程坐标系原点 o，大地坐标：X_o、Y_o，工程坐标：x_o、y_o；工程坐标系 x 轴之大地方位角为 a；$d_x = x_p - x_o$，$d_y = y_p - y_o$，则：

P 点转换后之工程坐标为 x_p、y_p：

$$x_p = X_o + d_x \times \cos(a) - d_y \times \sin(a)$$
$$y_p = Y_o + d_x \times \sin(a) + d_y \times \cos(a)$$

2) 高精度控制网建立

根据测量控制的精度要求和大型场馆的特点，为解决场馆通视问题，围绕场馆外圈及内圈分别建立一级测边网形式的测量控制网，如图 5.2.2-1 所示，主要考虑以下两点：

一是在不同圆心放射出的多条径向轴线中，公共轴线有明确的几何位置关系，在控制网的内外分别设立 7 个和 12 个控制点，所有点均可根据几何关系互相换算。

二是对于控制网的外部控制点，考虑结构高度和钢结构施工时测量控制的需要，从控制点测量支座顶部的仰角为 30°～45°，并使它们与施工场地保持足够的距离，以减少施工影响。

为满足设计要求，减少系统误差，确保钢结构安装施工精度，在一级测边网的基础上，新增 8 个控制点（13、14、15、16、17、18、19、21），组成起算点与原有系统一致的环形Ⅱ等水准节点网（见图 5.2.2-2），采用 NET2100 全站仪（±2″，0.8mm+1ppmD）测量。

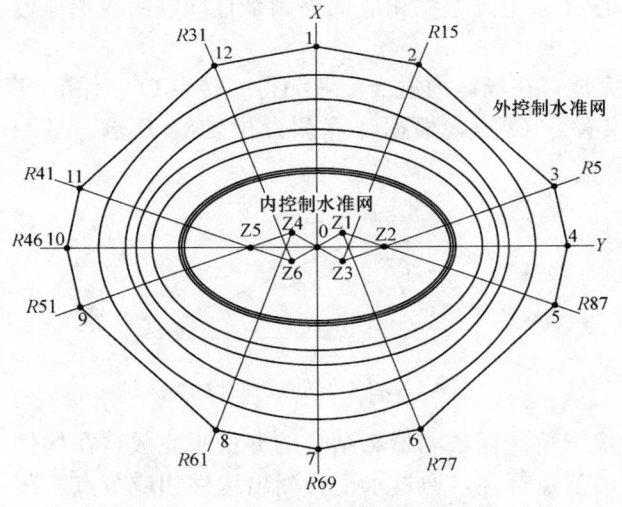

图 5.2.2-1 一级测边网形式的测量控制网图

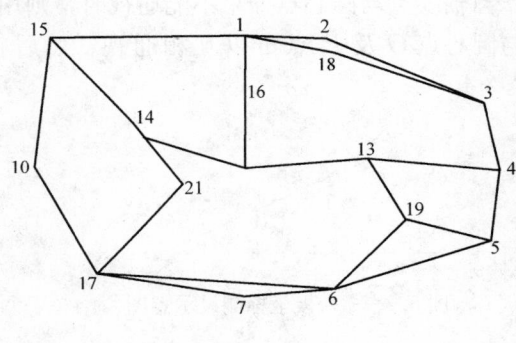

图 5.2.2-2 钢结构施工测量Ⅱ等控制网

3) 测量控制网精度

采用清华三维 NASEW 软件平差计算，确定控制网精度见表 5.2.2-1，最弱点高程中误差为 ±0.6mm，每 1000m 高差中误差为 ±0.85mm，均小于 ±2.0mm 的允许值。

钢结构施工阶段导线网精度 表 5.2.2-1

指 标	中 误 差 值		测距相对中误差
	点 位	测 距	
最大值	1.69	0.5	1/169000
允许值	2.0	20	1/150000

由于施工面积大，根据施工需要，采用"大网下设小网"的方法，在整体测量控制网的基础上，对局部地带增设半永久性测量控制点予以加密，建立局部次一级测量控制网，大大缩小作业面到控制

点之间的距离，使作业面上每一点到控制点之间的距离不大于 120m，确保测量精度。

2. 高程控制网建立

为保证钢结构竖向施工的精度要求，在场区内建立高程控制网。高程控制的建立是根据场区水准基点，采用水准仪（精度±1.5mm/km 往返测）对水准基点进行复测检查，校测合格后，测设一条附合水准路线，联测场馆平面控制点（1、2、3、4、5、6、7、10、13、14、15、16、17、18、19、21），以此作为保证施工竖向精度控制的首要条件。高程控制网的精度，不低于三等水准的精度，具体精度见表 5.2.2-2。

水准测量的主要技术要求　　　　　　　表 5.2.2-2

等级	每千米高差全中误差（mm）	路线长度（km）	水准仪型号	水准尺	观测次数		往返较差 平地（mm）	附合线、环线闭合差 山地（mm）
					与已知点联测	附合或环形		
二等	2		DS1	因瓦	往返各一次	往返各一次	$4\sqrt{L}$	
三等	6	≤50	DS1	因瓦	往返各一次	往返各一次	$12\sqrt{L}$	
			DS1	双面		往返各一次		$4\sqrt{n}$
四等	10		DS3	双面	往返各一次	往返各一次	$20\sqrt{L}$	$6\sqrt{n}$
五等	15		DS3	双面	往返各一次	往返各一次	$30\sqrt{L}$	

3. 主体结构安装测量

本工法对主体结构安装测量采用先控制径向主构件、径向次构件的安装定位，然后完成其他构件安装定位。因大型场馆轴线呈弧线分布，采用极坐标方法进行测量比较方便，将测出数据进行转换即得到测量数据。具体测量要点为：将全站仪架设在圆心点 O 上，根据相应部分测量目标点的数据侧设出轴线点 P，见图 5.2.2-3。

当轴线点与圆心点如果不能通视时，则用转点来完成，在场区内适当位置测得一转点 O'，保证 O' 点与圆心点 O 及 P 点可以互相通视，然后将全站仪置于 O' 点，根据计算测设出轴线 P 点，见图 5.2.2-4。

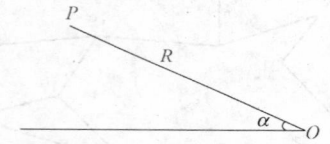

图 5.2.2-3　极坐标测设示意图

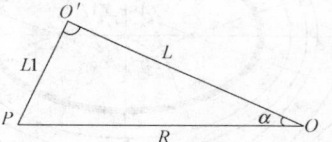

图 5.2.2-4　转点法测设示意图

构件标高控制采用构件相应节点设计高差与全站仪三角高程法测量相结合的办法来完成，在构件两端节点顶部支设棱镜杆，全站仪通过观测棱镜，算出节点标高，通过水平管测出构件相应节点实际高差。根据构件挠度变形情况，对构件标高作以比例调整，保证构件安装曲线圆滑。

对测量结果进行成果整理，并利用计算机辅助软件进行分析。

5.2.3　钢结构构件"一点半"整体吊装要点

1. 吊装方案的选择

由于构件重量重，体积大，基于运输条件的限制，采取工厂分段制作，现场拼装成整体的吊装单元进行吊装。同时钢构件安装角度决定了吊装方法，对具有空间安装角度的构件，本工法采用一点半吊装工艺。

2. "一点半"整体吊装几何分析

对具有空间安装角度的钢构件采用一点半"整体吊装，设置四个吊点，吊点设置在节点位上（采用专用吊耳和吊具工装）。四个吊点两两对称，其中两个为主吊点，另外两个为副吊点，主吊点受力为 2/3，副吊点受力为 1/3，其设置几何关系见图 5.2.3-1。

根据图示：

P_1、P_2——主副吊点的拉力（t）

G——吊装构件的重力（t），必须考虑动载系数 1.1，不均衡系数 1.2，并考虑吊索具重量，$G=1.1\times1.2\times(G_重+G_吊)$。

α、β——分别为主、副吊点与构件的夹角，α 一般为 70°～75°，β 一般为 40°～45°。

根据受力分析，可以得出方程式：

$$\begin{cases} P_1\cos\alpha - P_2\cos\beta = 0 \\ P_1\sin\alpha + P_2\sin\beta = G \end{cases}$$

求出 P_1、P_2，根据 P_1、P_2 可以选择吊装钢丝绳、卸扣、调整葫芦等的规格。

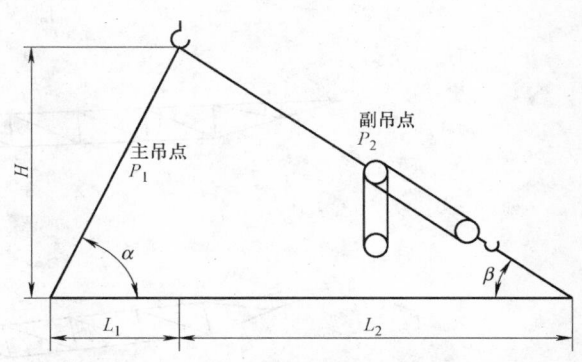

图 5.2.3-1 "一点半"整体吊装几何关系图

3. 吊车的选用及定位

吊车的选用综合考虑下列诸点进行选择：结构的跨度、高度、构件重量和吊装工程量等；施工现场条件；现有起重设备状况；工期要求及施工成本要求。同时根据起重机的三个工作参数，即起重量 Q、起重高度 H 和工作幅度（回转半径）R 均须满足结构吊装要求来选择。根据选择要点，主构件吊装选用了两台 500t 汽车吊，分两个工作面同时施工。

4. 构件吊装工艺

1）构件地面翻身

主构件分段在场外加工，在现场采用卧式拼装，

图 5.2.3-2 构件翻身工艺

由于主构件侧向稳定性差，长 75.1m，重 120t，且前重后轻，在翻身过程中为防止变形，采用 6 个吊点均匀分布，用 300t 履带吊为主和 150t 履带吊为辅，二部吊车同步进行。两台吊车站在设计好的脱胎站位点，150t 吊车站位与 300t 吊车位于同向，300t 履带吊设置 4 个吊点，150t 吊车设置 2 个吊点，2 台吊车将构件缓慢提起，使其构件从拼装时平面状态转换成吊装时的垂直状态，随后 150t 吊车撤离，300t 履带吊将构件吊装至立式固定胎架。其翻身示意图见图 5.2.3-2。

2）"一点半"吊装工艺

由于构件的安装倾角都不相同，高空就位时角度调整较为困难，加之铰轴支脚与轴座的插入间隙太小，主构件上弦前后端高差最大达 16.2m，为满足安装要求采取了主吊点为承力吊点，副吊点为调整吊点的"一点半吊装法"。

实际吊装中，应注意使副吊点在已就位构件一侧，并使副吊端低于主吊端，让副吊端先于主吊端就位。为确保吊点不超载，吊前对主构件的重心进行计算和测定，吊装几何分析见图 5.2.3-3。

考虑吊车的起吊能力，主吊点离主桁架的重心位置 $A=1\sim1.5m$，辅吊点采用一组 30t 滑轮组，用捯链调节主桁架的仰角，辅吊点同时也增强主桁架的稳定性，由于主吊点不在节点上，采用专用夹具夹住上弦，在主吊点两边，用杆件与下弦连接，改善上弦的受力状态，避免上弦的局部变形。利用临时杆件，把主桁架的中间部分作局部加强，增强其侧向刚度。吊装示意图见 5.2.3-4。

5. 构件就位和临时固定

1）构件就位

构件吊装就位主要是穿轴工作，就位角度在吊装时已调好仰角。为解决穿轴难题，在铰支座边做了一个托架并在任意方向都可用千斤顶调节，把 $\phi200mm$ 的轴节先对着铰支座的孔调整好，待构件就

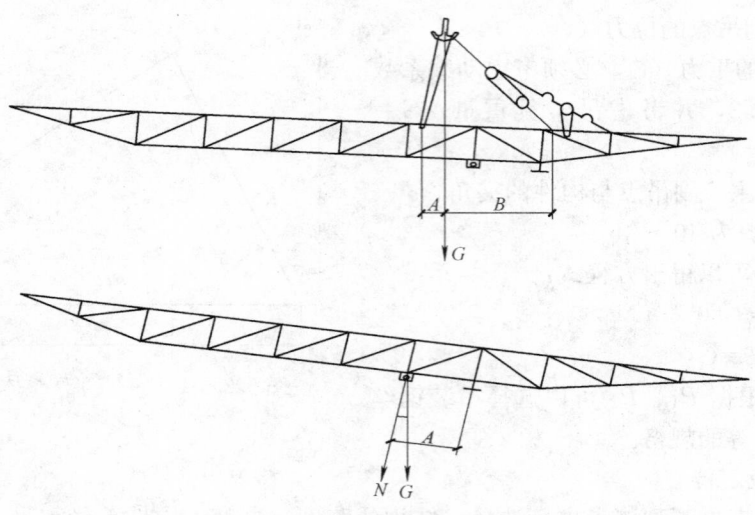

图 5.2.3-3　主桁架倾斜起吊分析图

位并与铰支座孔对齐，利用千斤顶顶入。

2）构件临时固定

单榀构件的临时固定，主要是保证构件的侧向稳定性，对大型构件采用缆风绳固定与测量结合的方法。在构件的顶部根据需要设置缆风绳，并在缆风绳上设置倒链，利用倒链调整构件安装的垂直度后进行锚固固定，见图 5.2.3-5。

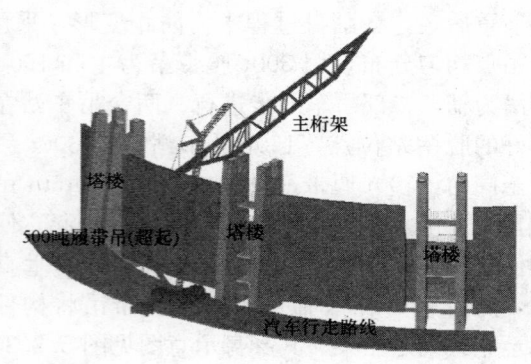

图 5.2.3-4　主桁架吊装示意图

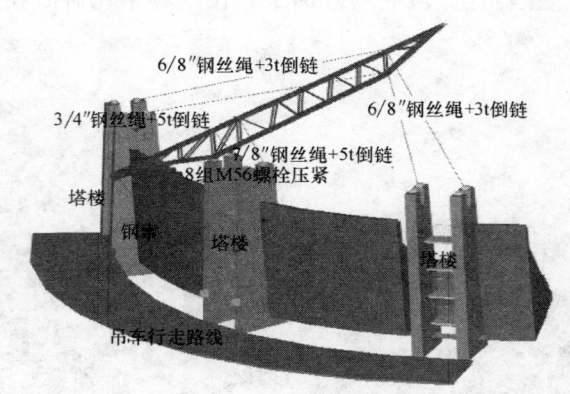

图 5.2.3-5　单榀构件临时支承示意图

5.2.4　低合金高强度钢结构焊接操作要点

本工法主要介绍低合金高强度钢材的焊接要点，低合金高强度结构钢材质钢号有 Q345、Q390、Q420 等，抗拉强度 $\sigma_b \geqslant 448MPa$，屈服强度 $\sigma_s \geqslant 345MPa$，钢板厚度介于 6～125mm 之间。

1. 母材可焊性分析

根据低合金高强度钢结构钢材的化学成分含量，根据《建筑钢结构焊接技术规程》中碳当量计算公式 $C_{eq}(\%) = C + Mn/6 + (Cr + Mo + V)/5 + (Cu + Ni)/15$ 可知，低合金高强度钢结构钢碳当量 C_{eq}（%）约在 0.38～0.53 之间。

根据分析，当碳当量 C_{eq}（%）＜0.4 时，淬硬倾向不大，焊接性良好。当碳当量 C_{eq}（%）＝0.4～0.6 时，钢材易产生淬硬组织，说明焊接性已变差，焊接时需增加预热措施，并随着焊接厚度的增大，预热温度也应适当的提高，并完成焊接后应立即采取后热措施。

2. 焊接工艺评定

以焊接工艺评定板厚与工程覆盖板厚原则，在焊接前进行焊接工艺评定，其评定根据间接试验法确定低合金高强度钢结构钢焊接的工艺条件如下：

1）预热温度：板厚 $\delta \geqslant 45mm$，预热 180～220℃，且不超于 250℃；板厚 $\delta < 45mm$，预热 100～150℃。

2）层间温度：150～200℃。

3）后热温度：板厚δ≥45mm，230～250℃；板厚δ<45mm，焊后保温缓冷。

4）焊条类型：低氢型。

5）焊丝：实芯焊丝、药芯焊丝。

6）焊接保护气体：CO_2 气体。

7）CO_2 气体保护流量：25～50L/min。

8）技术措施：多层多道焊，窄摆幅。

3. 焊接工序

1）以组装制作及现场吊装顺序为基础来确定焊接工序。

2）重要结构部位优先焊接：先焊塔柱位置，再分别向场馆内外两个方向进行焊接，如图5.2.4-1所示（说明："—"或"｜"为焊接点符号，数字1、2、3……等表示焊接先后顺序）。

3）为保证结构稳定，采用自上而下的焊接顺序：先焊上横杆，再焊斜杆，最后焊下横杆。如图5.2.4-2所示。

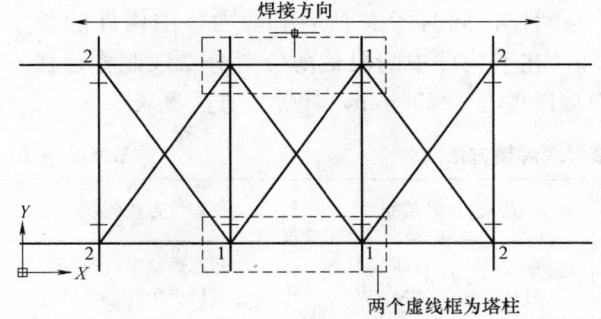

图5.2.4-1 重要结构部位焊接顺序

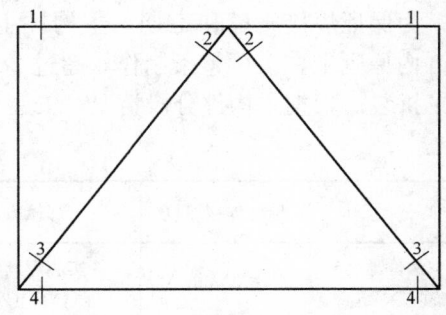

图5.2.4-2 桁架焊接顺序图一

4）焊接时务求让焊缝尽量能自由收缩。先焊上横杆，再焊斜杆，最后下横杆。如图5.2.4-3所示。

5）保证主要受力焊缝：先焊上翼板，再焊下翼板，最后焊腹板。如图5.2.4-4所示。

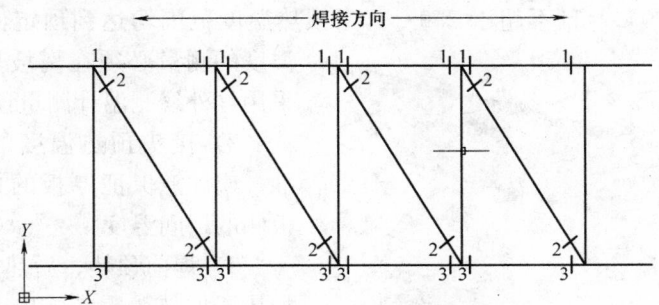

图5.2.4-3 桁架焊接顺序图二

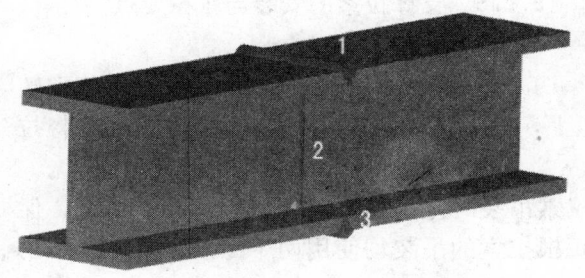

图5.2.4-4 主要受力焊缝焊接顺序图二

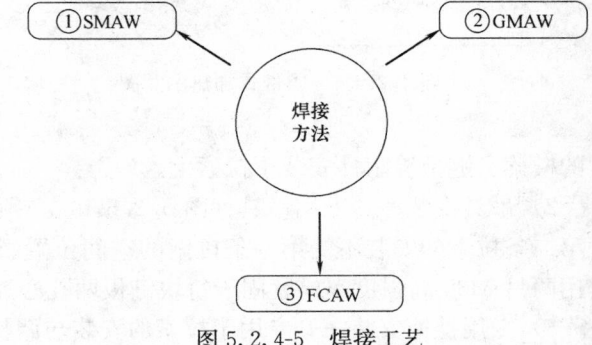

图5.2.4-5 焊接工艺

4. 焊接工艺

综合考虑工程焊接质量要求、焊接难度和焊接效率，本工程现场焊接采用焊条手工电弧焊（SMAW）、半自动 CO_2 气体保护焊（GMAW 和 FCAW），见图 5.2.4-5。

1）与节点连接的高空安装焊缝的焊接方法（表 5.2.4-1）

高空安装焊缝焊接方法　　　　　　　　表 5. 2. 4-1

焊缝类型	母材焊接厚度	焊接方法（打底）	焊接方法（填充）	焊接方法（盖面）
与节点连接的高空安装焊缝	>35mm	焊条手工电弧焊（SMAW）	实芯焊丝半自动 CO_2 气体保护焊（GMAW）	药芯焊丝半自动 CO_2 气体保护焊（FCAW）
	≤35mm	实芯焊丝半自动 CO_2 气体保护焊（GMAW）	实芯焊丝半自动 CO_2 气体保护焊（GMAW）	药芯焊丝半自动 CO_2 气体保护焊（FCAW）
	局部焊接困难的仰焊位置适当使用焊条手工电弧焊（SMAW）焊接处理			

2）主构件现场地面拼接焊缝焊接方法

为保证焊接质量和工期，主构件主要在加工厂内制作，同时考虑到运输能力，主构件的长度在 28m 内原则上在工厂整条制作，超过 28m 长的主构件，在主构件中间段最薄位置分二段制作运往安装现场拼装。根据主构件分段情况，安装现场的拼装焊接厚度在 δ≤35mm，其焊接方法见表 5.2.4-2。

安装现场的拼接焊缝焊接方法　　　　　　　　表 5. 2. 4-2

焊缝类型	母材焊接厚度	焊接方法（打底）	焊接方法（填充）	焊接方法（盖面）
主构件地面拼接焊缝	≤35mm	实芯焊丝半自动 CO_2 气体保护焊（GMAW）	实芯焊丝半自动 CO_2 气体保护焊（GMAW）	药芯焊丝半自动 CO_2 气体保护焊（FCAW）

3）屋面系统高空安装焊缝、其他焊缝等采用焊条手工电弧焊（SMAW）焊接。

5. 厚壁钢构件的焊接热处理要点

1）根据工艺分析结构，对该钢材进行焊接时，预热应沿焊缝中心两侧各 100mm 以内进行全方位均匀加热，预热温度≥100℃，且不超于 250℃。当预热温度范围均达到预定值后，恒温 20～30min，温度的测量必须在离坡口 50～100mm 处进行，采用红外线测温计测量预热温度。

2）接头预热温度的选择应以较厚板为基准，应注意保证厚板的预热温度，严格控制薄板侧的层间温度。

3）焊前预热、后热消氢处理采用履带式电加热器加热。履带式电加热器加热装置和石棉毯保温如图 5.2.4-6 所示。

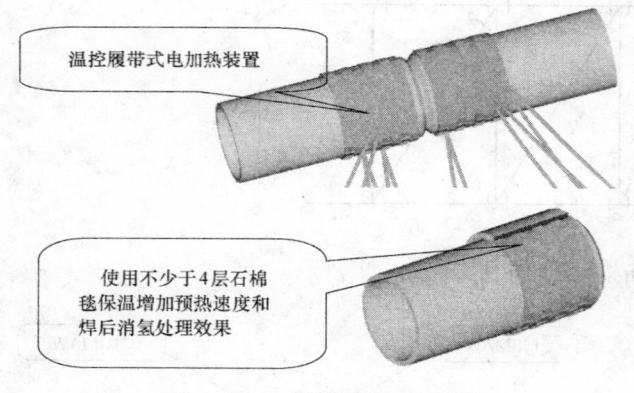

温控履带式电加热装置

使用不少于 4 层石棉毯保温增加预热速度和焊后消氢处理效果

图 5.2.4-6　履带式加热示意图

5.2.5　支撑拉索的安装与张拉要点

1. 拉索安装

1）拉索组装——将拉索盘卷放置于放索转盘上，拆除包装钢带。用 5t 汽车吊辅助，将拉索的横梁、链板等附件安装于拉索上。

2）吊具安装——专用吊具（图 5.2.5-1）必须保证拉索吊装时左右耳板的平衡性和独立可调，保证第二条拉索的安装不受第一条拉索的空间位置影响。每根拉索的吊装均使用两个专用吊具，每个吊具用两只 M30 高强度螺栓紧固于每块链板两孔心连线上。

3）专用挂笼安装——专用于拉索的安装与调整的挂笼，在主桁架安装完毕后，由 150t 吊车连同挂笼内的油泵、千斤顶等，吊到桁架尾部，并安装牢固（图 5.2.5-2）。

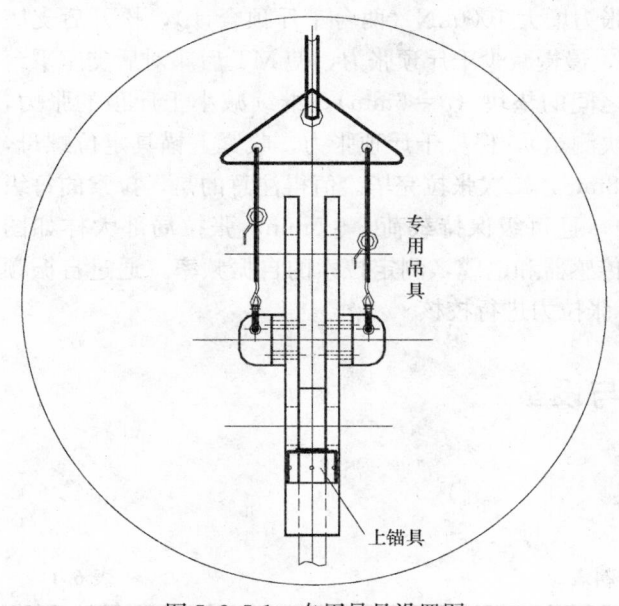

图 5.2.5-1　专用吊具设置图

图 5.2.5-2　专用吊笼设置图

4）人员进入——拉索安装人员及吊车指挥人员进入挂笼，准备拉索吊装。

5）拉索起吊——在 150t 履带吊钩上挂上专用的三角形吊具，吊具下挂两个 10t 手拉葫芦，手拉葫芦下挂的起重钢丝绳用卸扣与拉索链板上紧固的专用吊具相连。拉索被提升到设计标高，并移近 MT 销孔后停止，安装人员为其装上水平牵引钢丝绳及 3t 手拉葫芦。

6）拉索上锚具安装——通过 3t 手拉葫芦收紧水平钢丝绳，并调整两个 10t 葫芦，使拉索链板销钉孔对准 MT 尾部的销钉孔。由于孔径为 $\phi152mm$，而销钉轴径为 $\phi150mm$，有一定的配合间隙，销轴插入前，要使销轴键槽正对止退键安装位置方向。销轴插入后，要用专门制作的扳手调整轴的园周向位置，使止退键顺利安装。

7）张拉工具安装——当一片 MT 上的两条拉索的上锚具已安装完毕，将四台穿心式千斤顶携撑脚一并套到四根螺杆的下半部分，旋上张拉螺母，接通油泵到千斤顶油路，为油泵接上电源，准备张拉。暂时撤离 150t 吊车。

8）下锚具安装——用两台 5t 卷扬机牵引拉索下锚具，使其耳板靠近预埋钢板锚座，用两台 5t 葫芦代替卷扬机，进一步牵引耳板靠近锚座，并在两旁增设 2 台 3t 手拉葫芦，实现销孔位置的对正。由于铰孔与铰轴的配合与上锚具相同，其销轴安装方法与上锚具相同。

2. 拉索张拉

1）计算机辅助软件分析：采用 ANSYS 软件对拉索索力进行模拟分析，求出拉索预应力建议值，并根据建议值确定拉索张拉方法。张拉时遵循同组主结构拉索同时张拉的原则，每组拉索采用油压穿心千斤顶分为两级张拉完成。

2）初张拉。每根拉索的初始拉力 712kN。启动油泵，油压千斤顶两端的力分别作用于张拉螺母及上锚具，使上锚具相对于螺杆发生位移，上锚具限位螺母与上锚具间出现间隙，且间隙不断增大，工作人员通过 TDCX1500 型压力传感器读取实时张拉力大小。当张拉力达到设计要求时，停泵保持张拉力，使

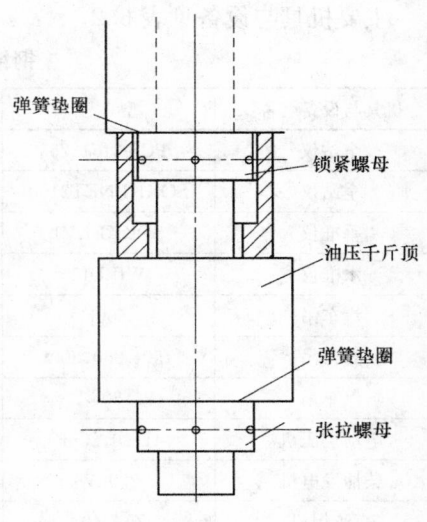

弹簧垫圈
锁紧螺母
油压千斤顶
弹簧垫圈
张拉螺母

图 5.2.5-3　拉索张拉大样图

用专用扳手上紧上锚具限位螺母。慢慢卸掉千斤顶张力，拆除张拉螺母及千斤顶。

3）第二级张拉。用初次张拉的方法，把千斤顶张力增大 1000kN（两台千斤顶合计），松开后支座上的螺母，使螺母下平面与垫圈上平面距离约 15mm，慢慢减少千斤顶张力，使 MT 后座对后支座平台的压力不断减少到零，拆除 MT 后座与后支座平台之间的垫块（δ＝6mm）。继续减小千斤顶的张力，使 MT 后座与后支座平台间隙达 7mm（用不锈钢量块测量），保持千斤顶张力，收紧上锚具定位螺母，调整后支座螺母，使其下平面与垫圈面的距离为 6～8mm，二次张拉完毕。值得注意的是，拉索的每级加载与卸载幅度均需控制在设计载荷 10％的范围内，且每级保持载荷 3～5min，张拉局部大样如图 5.2.5-3 所示。同时采用频率法：通过在拉索上安装传感器和电缆，测定拉索的自振频率，通过自振频率与索力的关系，换算出拉索的张力，对拉索的实际张拉力进行校核。

6. 材料与设备

6.1 材料

本工法选用的材料相关指标和检验方法见表 6.1。

主要材料表 　　　　　　　　　　　　　　　　　　　　　　　　　　表 6.1

项　目	材料名称	规　格	检测方法
预应力锚栓安装与张拉	定位框架用槽钢、钢板	10 号槽钢，Q235B；δ6mm 厚钢板，Q235B	按照《钢结构工程施工质量验收规范》GB 50205 标准进行钢材检验
	预应力锚栓	M56/M24，ASTM A354 F_y＝109ksi	拉伸检验、材质检验、伸长率检验
钢结构吊装	吊装工具用材料	H200×100×8×12，Q235B	按照《钢结构工程施工质量验收规范》GB 50205 标准进行钢材检验
低合金高强度结构钢焊接	低合金高强度结构钢	Q345、Q390、Q420	抗拉抗弯检验；焊接性能检验
	焊条、焊丝	E5015、E5515，$\phi 3.2～5.0$ ER50-3、ER55-D2、E71T-5，$\phi 1.2$	化学检验、用焊缝金属试样进行焊条检验；测定堆焊硬度的试样
拉索安装与张拉	拉索	337 根 $\phi 7$ 的镀锌高强钢丝编成直径 165mm 拉索体	《斜拉桥热挤聚乙烯高强钢丝拉索技术条件》GB/T 18365 标准检验

6.2 施工机具与设备

主要机具与设备见表 6.2。

钢结构工程施工中选用的主要机具与设备 　　　　　　　　　　　　　表 6.2

机具与设备名称	型　号	单位	数量	机具与设备名称	型　号	单位	数量
全站仪	PCS-2151225	台	2	交流焊机	BX1-500	台	50
全站仪	SOKKI-NET2100	台	2	CO$_2$ 气体保护焊机	NBC-500	台	20
垂准仪	SOKKI-LV1	台	2	焊条烘干箱	HY704-4	台	10
水准仪	WILD13	台	2	焊接滚轮架	HGZ-5A,5t	对	30
汽车吊	500t	台	2	履带式电加热器	LCD	台	5
履带吊	150t、250、300t	台	各 2 台	张拉千斤顶	QYC20	台	4
汽车吊	50t	台	6	超声波探伤仪	10～500mm	台	5
电动空压机	4L-20,20m³	台	2	磁粉探伤仪	DA-400S	台	6
柴油发电机	200kW	台	2	焊缝检验尺	SK	把	20
直流焊机	ZX7-400	台	50				

7. 质 量 控 制

7.1 质量控制标准

《高层民用建筑钢结构技术规程》JGJ 99；

《钢结构工程施工质量验收规范》GB 50205；

《建筑钢结构焊接技术规程》JGJ 81；

《钢结构设计规范》GB 50017；

《建筑工程施工质量验收统一标准》GB 50300；

《斜拉桥热挤聚乙烯高强钢丝拉索技术条件》GB/T 18365。

7.2 质量控制项目与应对措施，见表7.2。

质量控制项目与应对措施　　　　　　　　　　　　　　　　　　　表 7.2

序 号	质量控制项目	应 对 措 施
1	支座等预埋件的制作、安装	(1)进行样板引路，首件检验合格后，方能生产。 (2)采用套架装配法对锚栓进行安装定位，套架设置上下端限位钢板；将锚栓装入套架内进行安装，套架的支腿与混凝土柱内设置的预埋件焊接，确保锚栓的安装定位精度。 (3)在钢筋绑扎及混凝土浇筑过程中，测量人员及时跟踪监测、调校套架和锚栓连接，防止锚栓偏位。 (4)采用全站仪测量三维坐标对锚栓进行精确定位
2	构件现场拼装	(1)为了保证构件现场拼装质量，必须在工厂对构件进行单元结构面的循环预拼装，检查构件相互间的连接情况及曲面变化，并及时进行修正，确保运到现场的构件质量满足设计与安装要求。 (2)构件运至现场后采用专用型钢马凳进行支垫，避免因堆放不妥而造成构件变形，在指定的场地进行拼装。 (3)构件在拼装场地组装成吊装单元后，进行测量、拼装质量全面检查后方可吊装
3	钢结构吊装质量	(1)严格进行构件交接验收，不合格构件，不得交付安装。 (2)采用先进软件和高精度测量仪器，确保工况计算的准确性和测校精度。 (3)根据吊装计划，及时组织构件配套进场；对吊装进行动态管理，随时掌握吊装进度和质量情况，确保作业有序展开。 (4)对钢结构各专业指定专业人员进行协调管理，派驻厂代表监督制作质量和进度。 (5)运用仿真技术，模拟预拼装和安装过程，为预拼装和安装提供参考。 (6)制定测量专项方案，选用先进的高精度测量仪器进行钢结构安装测量。 (7)利用临时支撑、千斤顶或缆风绳等调节装置进行校正。 (8)安装过程中，采用应力应变监测设备，对结构受力和变形进行监测，指导施工
4	钢结构焊接	(1)采用采用焊条手工电弧焊(SMAW)、半自动 CO_2 气体保护焊(GMAW 和 FCAW)的工艺技术，严格按焊接工艺评定进行焊接。并在地面上最大限度的进行构件组合，减少高空焊接量。 (2)在拼装平台上采用专用焊接设备对节点焊接，采用局部加固约束变形的方法控制焊接变形。 (3)加强焊接前、焊接中和焊接后的预热、层间温度和保温等技术措施，用电加热进行预热和后热保温，消减焊接残余应力，防止层状撕裂和冷裂纹的出现。 (4)制定合理的焊接顺序，严格控制焊接的插入时间。 (5)主构件焊接顺序采取先焊主约束后焊次约束的方法。 (6)实施多层多道焊，每焊完一焊道后应及时清理焊渣及表面飞溅
5	钢结构测量	(1)按《工程测量规范》GB 50026 和《钢结构施工及验收规范》GB 50205 的规定进行测量精度控制。 (2)对测量、放线、验线精度与检验方法进行复核校验，对焊接节点标高、位置等质量控制点的控制提出预控措施
6	拉索安装与张拉	(1)采用了有限元分析程序 ansys 建立了分析模型，对张拉阶段的受力情况进行模拟计算。 (2)成立施工监控小组，主持索力、伸长值和结构变形的工程控制。 (3)拉索张拉时，服从统一指挥，按张拉给定的控制技术参数进行精确控制张拉

7.3　质量控制管理

7.3.1　建立质量管理体系

按 ISO 9001 标准建立质量体系，由项目经理、项目副经理和项目技术负责人、各职能部门成员组成质量管理体系。质量管理体系见图 7.3.1。

7.3.2　配备一支责任性强、有管理水平、有能力、施工经验丰富、善于打硬仗的项目班子，并落实各项责任制，使责、权、利全面到位。

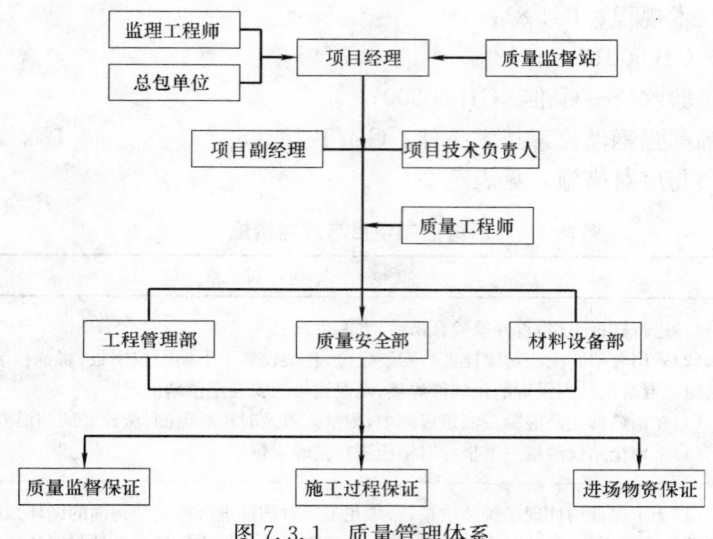

图 7.3.1　质量管理体系

7.3.3　加强检查力度。对检查中发现问题，不仅要提出整改意见，更应提出改进措施，使工程质量不断提高。

7.3.4　由项目经理管理层到施工班组长操作层分二个层次建立责任制，使质量责任制纵向到底、横向到边形成网络。

7.3.5　强化技术交底力度。采用书面或录像的方式进行详细技术交底。

7.4　本工法在现行标准、规范中未规定的质量要求

7.4.1　低合金高强度结构钢焊接质量控制

1. 对低合金高强度结构钢焊接技术、焊接位置、材料规格以及异种钢材的组合进行焊接工艺评定。

2. 严把焊工素质关，制定严格的选拔和准入制度。对焊工采取先培训后考核再实习的方式，精选优秀焊工。

3. 大规模采用履带式电加热技术，对重要焊接节点、厚板对接全部按照要求进行电加热，对防止焊接裂纹的产生和控制应力应变产生显著的效果。

7.4.2　拉索安装与张拉质量控制

由于桥梁拉索在民用建筑中很少使用，在现行标准、规范中未有具体规定，其安装和张拉质量控制不同于一般结构的安装质量，直接关系到张拉效果和结构受力。本工法主要从以下几个方面介绍民用结构中的桥梁拉索安装与张拉质量控制。

1. 拉索现场修补的质量控制

现场拉索在安装时，难免会出现将 PE 划伤，本工法对其修补采取的控制措施是：对于拉索 PE 表面小面积的划伤，划伤深度在 3mm 以下的，用专用焊枪将相同的 PE 原料覆盖并焊接在损坏处，再用电磨机进行表面处理，使损坏处恢复原油保护厚度和平整状态。对于比较深，损坏范围比较大的拉索，采用加热套管进行恢复，先将相同的 PE 原料填充在受损部位，然后用加热套管使 PE 原料热熔填充在损坏的缺口上，热熔完成后仍用电磨机进行表面处理。热熔时必须控制好温度，既不能因为温度不足而产生夹生现象，又不能因温度过高而发生材料碳化，修复表面不允许出现气泡。

2. 安装与张拉质量控制

拉索安装主要控制锚板回缩值和索长，以保证同组拉索同步张拉时张力一致，避免出现同组拉索中的一条张拉到位，而另一条未张拉到位的不一致现象。本工法采用在拉索两端锚具铸体表面取 3 个不在同一直线上的点，采用深度游标卡尺测其距锚杯端面的深度，做好记录和油漆标志。

对索长的控制内容主要包含：

1）张拉和长度测量的方法和工具必须满足张拉、测量精度要求，使用条件与标定条件一致。

2）注意消除测量温度影响，张拉要保证拉索直线传力和受力均匀。

3）拉索弹性模量测试、长度和张力等测试数据要准确真实。

4）张拉过程注重索体保护，防止污染和损坏。

对此，本工法对拉索施加 1.2 倍设计张力的拉力后，对三点进行重新复测，前后差的平均值作为该锚具的锚板回缩量，回缩值控制在 5mm 之内。在张拉至 60% 的拉力时，用精度为 1/5000 的 50m 钢卷尺（在钢尺的两端施加 50N 的拉力）测量同组拉索长度，再换算成设计条件下的索长，长度偏差 ΔL 如果在 $\Delta L \leqslant 5mm$（索长 $L \leqslant 50m$）和 $\Delta L \leqslant 0.0001L mm$（索长 $L > 50m$）范围内，可以进行终张拉，如果长度偏差 ΔL 超过此范围，进行拉索长度调整后再张拉。

3. 拉索锚具的防护

本工法改变"灌注水泥砂浆的方法"对锚具做保护措施，采用了封闭性聚氨酯发泡，发泡材料采用特制的聚醚与多次甲基苯基、多异氰酸酯的聚合反应后，自我膨胀而形成与索端钢导管内壁和索体表面紧密的聚氨酯发泡塑料。该泡沫塑料具有质量轻、吸水性特小、低导热性、隔气性好、较好的韧性等特点。能使钢材和索体表面 PE 层粘合成较牢固的整体，使导管内的锚具与雨水、潮气及其他腐蚀介质相隔离，能在较长时间内防止索端锚具锈蚀。

8. 安 全 措 施

8.1 安全技术措施，见表 8.1。

安全技术措施 表 8.1

序号	安全技术控制项目	应对措施
1	高空及交叉作业	(1)高空作业施工人员必须佩戴安全带。 (2)悬空作业下方必须张挂安全网。 (3)施工人员进入施工现场必须戴好安全帽。 (4)严禁交叉危险作业
2	起重运输作业	(1)吊装作业区进行围蔽，做好安全警示挂牌。 (2)起吊重物时，司索人员应与重物保持一定的安全距离。 (3)听从指挥人员的指挥，发现不安全情况时，及时通知指挥人员。 (4)卸往运输车辆上的吊物，要注意观察中心是否平稳，确认不致顷倒时，方可松绑，卸物。 (5)工作结束时，所使用的绳索吊具应放置在规定的地点，加强维护保养，达到报废标准的吊具、吊索要及时更换。 (6)起重吊车行走路线，吊点基础，必须按设计荷载能力进行铺设与捣制，并经测试。 (7)吊装工程施工人员必须持证上岗。 (8)吊装施工准备工作中，必须对运输机械和大重型吊车进行技术性能测试和检查，吊车必须要有有效使用期内的年审合格证，所有索具、吊环、夹具、卡具、缆风绳等的规格技术性能必须符合设计要求，所有自制加工的机具原材料必须进行理化试验，吊车定位后由于吊杆高度较高必须做好防雷接地。 (9)吊装作业应执行交接班制度，在交接班时，应向接班人员进行吊装作业有关安全注意事项、吊车工况等，并做好交接班记录

续表

序 号	安全技术控制项目	应 对 措 施
3	安装平台排栅搭设	(1)必须按设计规定的荷载能力使用,严禁超载。 (2)作业面的荷载,如施工人员、小型工具、机具应避免结集于一处,应按设计荷载能力均匀分布。 (3)所有钢结构构件或备用钢材,不允许放置在安装排栅平台上。 (4)不得随意拆除排栅结构杆件顶撑和锚固件。 (5)不能随意拆除安全防护设施,防护设施未设置或不符合要求时,要予以补设,符合安全要求才能使用
4	施工用电	(1)严禁操作电工无证上岗。 (2)严禁无经验电工单独值班。 (3)严禁带病、疲劳、酒后上岗。 (4)现场电工必须严格遵守操作规程、安装规程、安全规程。 (5)建立施工现场临时用电安全技术档案,并由专职临电施工员组织临电施工资料的整理和归档

8.2 安全组织措施

8.2.1 建立安全组织体系。安全管理工作根据谁施工谁负责的原则,建立并健全以项目经理为首的安全生产、文明施工等管理体系组织架构。

8.2.2 建立和健全各级安全管理责任制。

8.2.3 建立工程安全管理制度,坚持安全生产知识教育。

8.2.4 贯彻执行安全检查制度,对危险部位施工建立动态管理制度。

9. 环保措施

9.1 建立环境保护目标

目标:在保证质量、安全等基本要求的前提下,通过科学管理和技术进步,最大限度地节约资源与减少对环境负面影响的施工活动,实现四节一环保(节能、节地、节水、节材和环境保护)。运用ISO14000环境管理体系,将绿色施工有关内容分解到管理体系目标中去,使绿色施工规范化、标准化。

9.2 绿色施工控制框架（图9.2）

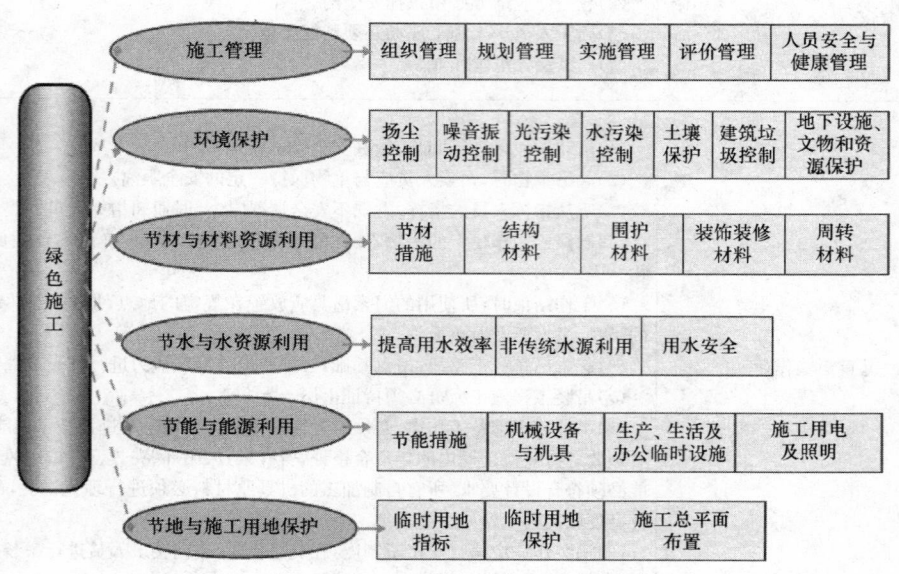

图9.2 绿色施工控制框架

9.3 环境保护措施，具体见表9.3

环境保护措施 表9.3

序号	控制项目	应 对 措 施
1	施工管理	(1)对整个施工过程实施动态管理,加强对施工策划、施工准备、材料采购、现场施工、工程验收等各阶段的管理和监督。 (2)结合工程项目的特点,有针对性地对绿色施工作相应的宣传,通过宣传营造绿色施工的氛围
2	节材措施	(1)现场材料堆放有序。 (2)避免和减少二次搬运。 (3)采取技术和管理措施减少支撑、脚手架等的用量和提高周转次数。 (4)应尽量就地取材。 (5)对焊接材料进行严格控制,严禁有铺张浪费的现象。 (6)吊机选择合理,并安排有序。
3	节能措施	(1)制订合理施工能耗指标,提高施工能源利用率。 (2)优先使用国家、行业推荐的节能、高效、环保的施工设备和机具,如选用变频技术的节能施工设备等。 (3)施工现场设用电控制指标,定期进行计量、核算、对比分析,并有预防与纠正措施
4	施工噪声	(1)对机械进行定期维修、保养,提高机械性能,降低噪声污染。 (2)对施工噪声及施工所产生的振动进行有效的控制,合理安排施工作业时间。 (3)定期在施工现场进行噪声检测,掌握施工区域的噪声情况,以便适时采取降噪手段
5	粉尘防治	(1)做到场地硬化,定期洒水,减少灰尘对周围环境的污染。 (2)汽车在工地范围内,控制车速不大于5km/h。 (3)禁止在施工现场焚烧有毒、有害和有恶臭气味的物质。 (4)严禁向建筑物外抛掷垃圾

10. 效 益 分 析

本工法内容完全符合满足国家关于建筑节能工程的有关要求,有利于推进节约能源,有利于规模化和标准化作业,具有显著的经济效益和社会效益。

10.1 经济效益分析

本工法操作简单,施工速度快,定位准确,保证了大型场馆钢结构的安装质量。一方面,采用一点半整体吊装大大降低了支撑胎架的用量,节约了钢材用量,减少了吊车台班,从而降低了工程成本;另一方面,降低了施工难度,采取了先进的施工方法,为工期提供了保证。表10.1为本工法和传统施工方法比较。

本工法与传统施工方法比较表 表10.1

项 目	人 工	材 料	机 械
传统施工方法	采用全手工焊条焊接,使用非先进的测量仪器	采用搭设满堂红的方式对构件进行高空散装	利用土法进行吊装,吊装速度相当慢
本工法	采用采用焊条手工电弧焊(SMAW)、半自动CO_2气体保护焊(GMAW和FCAW)相结合的焊接方法,选取全站仪测量	利用支撑胎架对构件进行整体安装	采用大型吊装机械整体吊装,解决了构件重、大、难的安装特点
本工法产生的经济、环保、节能效益	采用自动焊接比手工焊接速度大5倍,减少人工约15000工日,同时利用率至少提高了10%,节约成本约40万元。采用全站仪定位速度快,定位精确,避免应定位精度的影响而出现返工现象	支撑胎架的用量约减少了40%,减少工程成本约300万元,经济效益可观	利用先进的吊装设备和整体吊装技术,工程施工速度提高2倍,节省机械台班约200万元,为施工单位和业主创造良好的经济效益
与传统施工技术对比,产生经济效益:15000×100/10000+40+300+200=690万元			

通过本工法新技术的应用,为类似工程取得了技术进步效益约3500万元。

10.2 社会效益分析

通过本工法的实施,公司多年来承接了大量民用建筑及工业钢结构工程,有大跨度、复杂公共建筑，有高层及超高层、复杂空间钢结构工程，也有大截面双箱梁和大直径钢棒拉杆组合的结构体系工程。近年来完成了如下工程：广东省奥林匹克体育场钢屋架工程、佛山新闻中心钢结构、广东省韶关电力调度通信中心大楼、广州市海珠客运站钢结构工程、深圳市会议展览中心、湛江港铁矿石钢结构、中国交易会琶洲会展二期等钢结构工程，都取得了良好的社会和经济效益。其中广东省奥林匹克体育场钢屋架工程工程获得了中国建筑工程鲁班奖（国家优质工程）、中国出口商品交易会琶洲展馆二期钢结构工程和佛山新闻中心钢结构获中国建筑优质工程钢结构金奖，在社会上获得了一致好评。

11. 应用实例

公司自成功安装广东省奥林匹克体育场钢屋架工程，对安装过程中采用的技术进行分析总结形成了"大型场馆钢结构安装工法"，多年来该工法大量使用在公司承接的民用建筑及工业钢结构工程，并取得了较好的效果。

11.1 广东省奥林匹克体育场钢屋架工程（表 11.1）

应用实例一 表 11.1

工程名称	广东省奥林匹克体育场钢屋架工程
工程地点	广州市天河区东圃镇黄村
结构形式	框架、空间钢桁架结构
开工日期	1999 年 4 月 15 日
竣工日期	2001 年 1 月 30 日
实物工程量	该工程钢结构用量 12000t，单榀构件最大吊装重量 125t，最大安装高度 45m
应用本工法的技术	巨型桁架"一点半"整体吊装技术、预应力锚栓高精度预埋技术、空间结构测量技术、屋架拉索安装与张拉技术、进口低合金高强度结构钢材焊接技术等
应用效果	"广东奥林匹克体育场钢屋架吊装工艺"荣获 2001 年度广东省建筑工程集团有限公司科技进步一等奖；"广东奥林匹克体育场大型复杂空间结构施工技术"荣获 2002 年度广东省建筑工程集团有限公司科技进步一等奖；"大型体育场飘带式屋盖钢结构安装技术"2002 年通过广东省科技厅组织知名专家的鉴定（施工水平达到国际领先水平）并荣获广东省科学技术奖励三等奖；2002 年度广东省建设工程金匠奖；该工程同时获得 2002 年广东省优良样板工程和 2002 年中国建筑工程质量最高奖——鲁班奖

11.2 深圳会议展览中心钢结构工程（表 11.2）

应用实例二 表 11.2

工程名称	深圳会议展览中心钢结构工程
工程地点	深圳市福田区中心区福华三路
结构形式	混凝土框架与空间钢箱梁组合结构
开工日期	2002 年 12 月 3 日
竣工日期	2004 年 3 月 26 日
实物工程量	该工程钢结构用量 22000t，跨度 126m，单榀构件最大吊装重量 70t，最大安装高度 60m
应用本工法的技术	箱形钢梁"一点半"整体吊装技术；预应力锚栓安装、张拉及灌浆技术；大直径实心刚棒安装与张拉工艺；厚板焊接技术；空间测量技术等
应用效果	深圳会议展览中心钢结构安装技术"经过广东省科技厅组织的专家鉴定，整体技术水平达到国内先进水平，"深圳会议展览中心"工程获 2004 年度深圳市优质结构工程奖；"深圳会展中心钢结构安装技术"荣获 2004 年度广东省建筑工程集团有限公司科技进步一等奖和 2004 年度中国安装协会第七届科技成果一等奖；公司荣获深圳重点工程建设特别贡献奖；2006 年度华夏建设科学技术三等奖

11.3 中国出口商品交易会琶洲展馆二期钢结构工程（表 11.3）

应用实例三 表 11.3

工程名称	中国出口商品交易会琶洲展馆二期钢结构工程
工程地点	广州市海珠区新港东路
结构形式	混凝土框架与钢结构组合结构
开工日期	2006 年 10 月 15 日
竣工日期	2007 年 10 月 30 日
实物工程量	该工程钢结构用量 7000t，主要包含四大部分：卡车通道大跨度屋盖钢结构、卡车坡道屋盖钢结构、珠江散步道大跨度屋盖钢结构、行政会议办公区大跨度屋盖钢结构。单榀构件最大吊装重量 45t，最大安装高度 42m
应用本工法的技术	空间弧形钢梁"一点半"吊装技术；厚板焊接技术；空间测量技术等
应用效果	本工程空中焊接接缝 78500 多个，超声波检测一次合格率在 98％以上，验收合格率 100％。本工程获 2007 年中国建筑优质工程钢结构金奖

种植屋面施工工法

GJEJGF091—2008

河南泰宏房屋营造有限公司　新蒲建设集团有限公司

李守坤　郭强　刘轶　宋广明　丁银生

1. 前　　言

种植屋面与传统屋面相比不仅能缓解建筑物热胀冷缩而导致屋顶裂纹引起的损害和紫外线等导致防水层老化和渗漏，而且还能吸收了大量的有害物质，减少了大气污染，有效的缓解了城市的"热岛效应"。河南泰宏房屋营造有限公司和新蒲建设集团有限公司经过在阳光新城（1号楼）会所、阳光嘉苑会所、长垣县凤凰城小区1号、2号楼中应用总结分析，证明种植屋面顶层室内的气温比非种植屋面顶层室内屋面气温要低2～4℃，经比较优于目前国内任何一种屋面的隔热效果，该工法于2007年11月获得河南省省级工法。

2. 工 法 特 点

2.1　种植屋面把工程防水、屋顶绿化和节能隔热三者结合起来，在技术上形成一个完整的体系，有利于工程质量和室内环境的改善和提高；有利于增加城市大气中的氧气含量，吸收有害物质，减轻大气污染；有利于改善居住生态环境，美化城市景观，实现人与自然的和谐相处。

2.2　种植屋面不仅要求屋面不渗不漏，满足房屋的使用功能，还要保证植物有良好的生长环境，同时还要求屋面能够保水和顺利排除多余积水。因此，相对于传统屋面，在构造上要保证防水层耐根系穿刺、多了隔根层、疏水层、隔土层、种植介质和植物层等层次的施工，其给、排水系统要实现灌、蓄、疏、排一体化的要求，施工程序复杂、技术要求高。

3. 适 用 范 围

本工法适用于屋面、地下室顶板设置有种植层要求的所有工程的施工。

4. 工 艺 原 理

通过对屋面结构层、找坡层、找平层、防水层、隔离层、防水保护层、隔根层、疏（蓄）水层、隔土层、种植介质和植物层等各个层次的施工，以及给、蓄、疏、排水系统，形成隔热、抗渗、环保节能的种植屋面（图4）。

5. 施工工艺流程及操作要点

5.1　种植屋面施工流程

屋面结构清理→1‰～3‰打坡层→找平层→防水层→保护层施工排水层施工→隔离过滤层施工→种植介质层铺设→植物层种植。

5.2　操作要点

5.2.1　屋面结构层

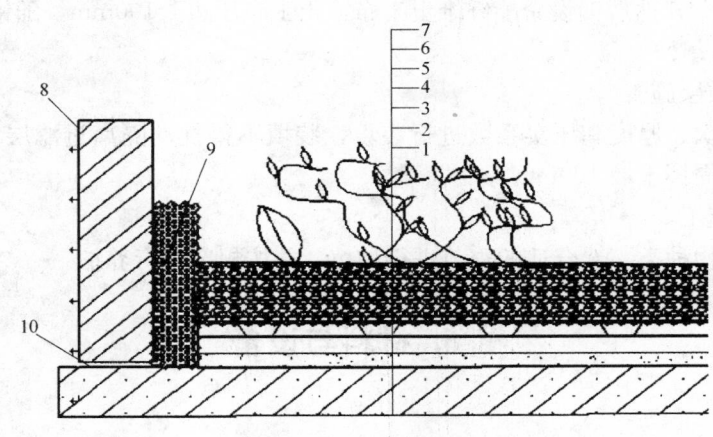

图 4 种植屋面构造图

1—屋面结构层；2—打坡层；3—找平层；4—防水层；5—排水层；
6—隔离过滤层；7—种植介质层；8—挡土墙；9—卵石疏水骨料；10—泄水口

施工前，基层表面的泥土、杂物应清理干净，不平度超过 10mm 要用 1：2 水泥砂浆找平。穿过屋面的各种管道根部应固定牢固。

5.2.2 找披层施工

为了便于排除种植屋面的积水，确保植物的正常生长，屋面宜采用结构找坡。其坡度宜为 1%～3%。

5.2.3 找平层施工

为了便于铺设柔性防水层，找坡层上应做水泥砂浆找平层，找平层应采用 1：2.5 水泥砂浆铺设厚度为 20～30mm。找平层应压实平整，待找平层收水后，应进行二次抹平压光和充分的保湿养护，不得有起砂、起皮和空鼓现象。

5.2.4 防水层施工

防水层施工：根据设计要求和相关施工工艺进行。防水等级宜采用 I 级且不得低于 II 级标准。当采用柔性防水层（如卷材作防水层）时，应满足国家标准《屋面工程技术规范》GB 50345—2004 和《屋面工程质量验收规范》GB 50202—2002 的规定。

5.2.5 保护层施工

植物的根系具有很强的穿刺能力，屋顶绿化必须保护建筑屋面和防水层，种植屋面中必须在柔性防水层上空铺或粘贴一道具有足够耐根系穿刺功能的材料高密度聚乙稀（HDPE）土工膜作耐根系穿刺防水层，在高密度聚乙稀（HDPE）土工膜施工前，防水层应铺贴完成，质量检查合格，经蓄水试验无渗漏才可进行施工，为了高密度聚乙烯土工膜焊接安全、方便，宜在防水层上空铺一层油毡保护层，以保护好已完成的防水层不受损坏。

铺设高密度聚乙烯土工膜时力求焊缝最少，要求土工膜干燥、清洁，应避免折皱，冬季铺设时应铺平，夏季铺设时应适当放松，留有收缩余量。在施焊前应检查土工膜的搭接宽度，搭接宽度要满足要求，双缝焊（热合焊接）时搭接宽度应不小于 80mm，有效焊接宽度 10mm×2＋空腔宽；单缝焊（热熔焊接）时搭接宽度应不小于 60mm，有效焊接宽度不小于 25mm。焊接前应将接缝处上下土工膜擦试干净，不得有泥土、油污和杂物，焊缝处宜进行打毛处理。

5.2.6 排水层

塑料排水板按设计要求进行排放固定。挡土墙泄水孔处应先按设计要求设置钢丝挡水网片，然后在周围放置卵石疏水骨料。

5.2.7 隔离过滤层

隔离过滤层是在种植介质和排水层之间铺设一层聚酯纤维土工布（≥250g/m²）。施工时，先在排水层上铺 50mm 厚中砂，然后铺设聚酯纤维土工布，土工布压边≥100mm，随铺随用种植介质土覆盖，并用大杠尺刮平表面。

5.2.8 种植介质层施工

按设计要求的层次、厚度和压实系数进行装填，装填不得扰动隔离过滤层，并使种植介质层上表面基本平整且低于四周挡土墙 100mm。

5.2.9 植物层施工

按设计要求的植物种类，选合适的季节进行种植，并按规定进行养护。

6. 材料与设备

6.1 主要材料

混凝土材料、防水卷材、聚酯纤维土工布、塑料排水板、土壤、植物。

6.2 主要机具

6.2.1 机具：混凝土搅拌机、砂浆搅拌机、垂直提升设备、手推车等。

6.2.2 工具：水平仪、水平尺、平锹、铁抹子、大杠尺、筛子、钢丝刷、笤帚等。

7. 质量控制

7.1 种植屋面施工要严格执行《建筑工程施工质量验收统一标准》GB 50300—2001、《屋面工程技术规范》GB 50345—2004、《种植屋面工程技术规程》JGJ 155—2007、《屋面工程质量验收规范》GB 50202—2002 和《建筑节能工程施工质量验收规范》GB 50411—2007 外，还应满足以下要求。

7.1.1 主控项目

1. 种植屋面挡墙泄水孔的留设必须符合设计要求，并不得堵塞。

检查方法：观察和尺量检查

2. 种植屋面防水层施工必须符合设计要求，不得有渗漏。检查方法：蓄水至规定高度观察检查。

7.1.2 一般项目

1. 种植土表面平整，厚度、质量和排水坡度应符合设计要求。

检查方法：观察和尺量检查

2. 排水层厚度和泄水口高度应符合所种植的耐旱和耐水要求。

检查方法：观察和尺量检查

7.1.3 种植土屋面在进装种植土的覆盖、饰面层施工和种植花草、树木时，应避免对防水层产生破坏。

7.1.4 屋面防水层和防水保护层施工完毕后，要注重对屋面防水层和防水节点的保护，严禁在屋面防水层上凿孔打洞，避免重物冲击，不得任意在屋面防水层上堆放杂物及增设构筑物。

7.1.5 施工过程中应定期检查和清理泄水孔，以保持排水畅通。

7.2 质量保证措施

7.2.1 材料进场必须有出厂合格证和检验报告，并经监理工程师检查合格后方可用于工程。

7.2.2 熟悉设计意图，合理编制种植屋面工程施工方案。

7.2.3 在施工全过程开展 QC 活动，把质量问题克服在萌芽状态。

8. 安全措施

8.1 屋面临边应有护栏及竖挂安全网进行围挡。

8.2 操作工人进岗前应进行三级安全教育。

8.3 对操作工人进行安全技术交底。

8.4 操作工人在屋面作业时严禁乱扔乱抛材料。

8.5 操作工人上岗前正确佩戴安全帽并严禁酒后作业。

8.6 现场临时用电应按照三级配电，二级保护进行设置。

8.7 剩余的覆盖材料及杂物应运到指定的堆放处。

9. 环保措施

9.1 按施工组织设计所布置的方案进行施工，合理利用场地，安排仓库、加工，保证施工现场清洁整齐。

9.2 减少噪声对周边环境的影响，避免扰民事件发生。

9.3 增强环保意识，加强环境保护，施工时，避免对周围环境造成不必要的损害，工程竣工后应对施工现场进行清理恢复，以保证环境美观。

9.4 在施工人员中加强文明施工宣传，培养良好的文明习惯，树立当代建筑工人的文明形象。

10. 效益分析

屋顶绿化充分利用了处于"空置状态"的屋顶面积，更好地解决了城市快速建设和生态环境建设相对滞后的矛盾，屋顶绿化对于保护屋顶结构层，防止混凝土的热胀冷缩非常有效。由于屋顶绿化避免了屋面出现夏季的极度高温和极度低温，有效控制了相当部分热量通过结构层传导到建筑的最上层的室内，造成最上层室内温度居高不下，需要耗费大量的额外空调用电，冬季则相反，需要耗费大量的供暖热量。假若隔热效果换算成电费，每平米建筑面积大约可以节约 0.5 元，阳光新城 1000m² 屋面每天可节约 500 元，按夏季三个月计算，节省电费预计可达到 45000 元。

与此同时，种植屋面不仅美化屋面，同时还有许多功能，在节能、屋面保护、缓和酸雨危害等方面对促进建筑节能、节水、节材、节地工作具有很大的意义。

11. 应用实例

2005 年 6 月，阳光嘉苑（二期）会所工程，建筑面积 5200m²，框架 3 层，屋顶种植面积 1300m²。屋面采用了种植屋面，施工过程中严格按照种植屋面施工工法进行施工，人工轻质培养土（GT-I 型）更好的确保了植物的成活率，施工工期提前了 8d，节省人工费用共计 34×8×18 人＝4896 元，植物的成活率提高了 24%，节省费用约 2900 元，受到了建设单位及用户的一致好评，工程应用情况良好。

2006 年 2 月阳光新城（一期）1 号楼会所屋面采用种植屋面，建筑面积 7200m²，框架 5 层，屋顶种植面积 1447m²，工程应用该工法施工后，更好更快的节省了工期、提高了工程质量，一次通过验收，受到了建设单位及用户的一致好评。

2006 年 7 月，长垣县凤凰城小区 1 号、2 号楼高层住宅楼工程屋面采用种植屋面，建筑面积共计 19000m²，框剪 11 层，屋顶种植面积 1726m²，工程应用该工法施工后，更好更快的节省了工期、提高了工程质量，一次通过验收，受到了建设单位及用户的一致好评。

开放式防水保温干挂石材幕墙施工工法

GJEJGF092—2008

苏州二建建筑集团有限公司　江苏省金陵建工集团有限公司

陈静波　李国建　邵志刚　陈云琦　钱艺柏

1. 前　　言

随着我国城市化进程加快和建筑技术的发展，城市建设涌现出一大批石材幕墙建筑，公司经过若干个工程施工实践，总结开发出开放式防水保温干挂石材幕墙施工技术，取得了良好的经济效益和社会效益。开放式防水保温干挂石材幕墙采用后切式背挂锚栓系统，石材板与龙骨采用齐平式或间隔式锚栓连接，石材板后部采取防水保温措施，解决了石材幕墙的防水保温之间的矛盾。通过工程实践，经总结形成本工法。

本工法的核心技术已申报两项国家实用新型专利获《专利申请受理通知书》（申请号200820039472.8和200820039477.0）和《授予实用新型专利权及办理登记手续通知书》（申请号2008200394728和2008200394770）。

本工法的关键技术"开放式防水保温干挂石材幕墙施工技术"经江苏省科技查新咨询中心科技查新（报告编号200832B2503464）证明目前还没有相关技术报道；由江苏省建筑工程管理局组织鉴定，审定该工法关键技术的整体水平达到国内领先水平。

2. 工 法 特 点

2.1 石材板后部采取专门的内防水保温措施，很好的解决了石材幕墙防水保温之间的矛盾，幕墙整体防水保温性能良好。

2.2 石材板背后打孔工序在工厂完成，机械化程度高，加工精度高，成品板材质量好。

2.3 每块石材板各个挂件均承载石材重量，石材板破裂后不易脱落且易于单独更换。

2.4 石材板之间缝隙无密封胶填充，可避免二次污染，幕墙的线条更为流畅，整体效果好。

2.5 装配方法简单，受气候影响小，施工速度快。

2.6 安装时能准确控制石材板与锥形孔底的间距，幕墙表面平整度容易控制，施工质量好。

3. 适 用 范 围

根据《金属与石材幕墙工程技术规范》JGJ 133—2001及国内施工过的成功经验，该工法适用于普通多层及高层建筑，安装高度不超过100m、非抗震设计或抗震设防烈度不大于8度的多层及高层建筑外墙石材幕墙工程。

4. 工 艺 原 理

通过双切面专用磨头在石材板背部距板边100～180mm处磨出倒锥孔，倒锥孔与后切式锚栓采用柔性结合，并将板面荷载通过金属骨架传递到主体结构。每块石材板独立受力，保持静定状态，承载力、抗震能力提高，安全性能好。石材板后部采取专门的内防水及保温措施，石材幕墙的整体防水保温性能达到设计要求。

5. 施工工艺流程及操作要点

5.1 施工工艺流程（图 5.1）

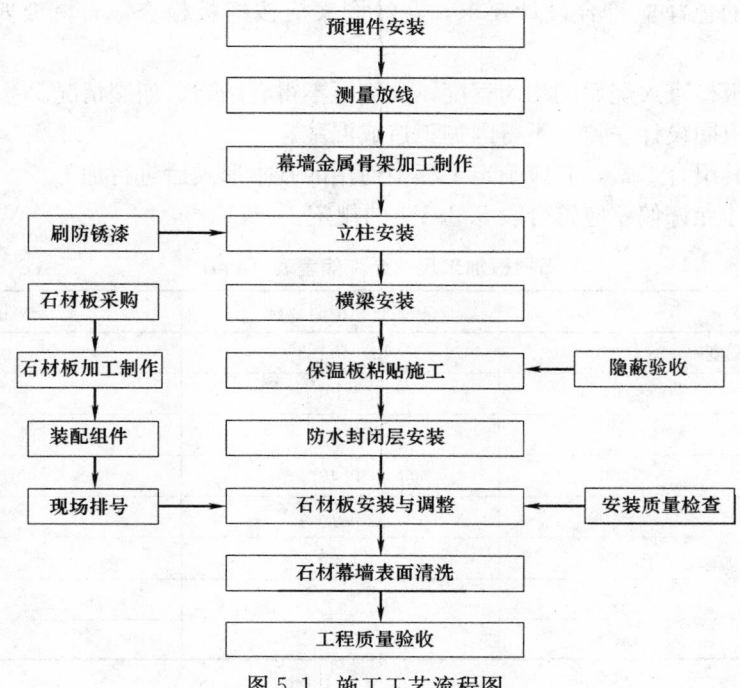

图 5.1 施工工艺流程图

5.2 操作要点

5.2.1 预埋件安装

1. 预埋件应在主体结构施工时埋设，埋设后应根据结构基准轴线及基准水平点对预埋件进行检查和校核。

2. 预埋件应埋设牢固、位置准确，预埋件标高偏差不应大于 10mm，位置偏差不应大于 20mm。

5.2.2 测量放线

1. 按照设计在底层确定幕墙的定位线和分格线。

2. 用经纬仪将幕墙阳角和阴角线引出，并用固定在钢支架上的钢丝线作十字标志控制线。

3. 使用水平仪和钢卷尺引出各层标高控制线。

4. 确定好每个立面的中线。

5. 测量时应控制分配测量误差，不能使误差累积。

6. 测量放线应采取避风措施，并在风力不大于四级的情况下进行。

7. 放线定位后要对各控制线定期校核，以确保幕墙垂直度和金属立柱位置的正确。

5.2.3 幕墙金属骨架加工制作

根据《金属与石材幕墙工程技术规范》JGJ 133—2001 的要求：

1. 幕墙金属骨架截料前应进行校直调整。

2. 幕墙横梁长度的允许偏差应为 ±0.5mm，立柱长度的允许偏差应为 ±1.0mm，端头斜度的允许偏差应为 −15′。

3. 截料端头不得因加工而变形，并不应有毛刺。

4. 孔位的允许偏差应为 ±0.5mm，孔距的允许偏差应为 ±0.5mm，累计偏差不得大于 ±1.0mm。

5.2.4 石材板加工制作

1. 石材板连接部位应无崩坏、暗裂等缺陷，其他部位崩边不大于 5mm×20mm，或缺角不大于 20mm 时可修补后使用，但每层修补的石材板块数不应大于 2%，且宜用于立面不明显部位。

2. 石材板的长度、宽度、厚度、直角、异型角、半圆弧形状、异型材及花纹图案造型、石材板的外形尺寸均应符合设计要求。

3. 石材板外表面的色泽应符合设计要求，花纹图案应按样板检查，石材板四周围不得有明显的色差。

4. 火烧石应按样板检查火烧后的均匀程度，火烧石不得有暗裂、崩裂情况。

5. 石材板的编号应同设计一致，不得因加工造成混乱。

6. 石材板应结合其组合形式，并应确定工程中使用的基本形式后进行加工。

7. 石材板加工尺寸允许偏差应符合表 5.2.4-1 的规定。

石材板加工尺寸允许偏差表（mm） 表 5.2.4-1

分类		细面和镜面板材	粗面板材
长度、宽度		0～−1.5	0～−2.0
厚度	≤15	±1.0	—
	>15	±2.0	+2.0～−3.0
平面度	≤400	0.40	1.00
	400～1000	0.70	2.00
	≥1000	1.00	2.50
角度	≤400		0.80
	>400	0.6	1.00

8. 石材板与骨架通过连接件连接，在面板上下两边进行磨孔，孔位距边 100～180mm，横向间距不宜大于 600mm，连接件应选用锚栓生产厂家的配套产品，连接件与金属骨架的连接应严格按照现行规范要求采取防锈、防腐蚀措施，石材板与锚栓的选择见表 5.2.4-2 的规定。

石材板与锚栓的选择关系表 表 5.2.4-2

单块石材板的重量（kg）	石材板厚度（mm）	锚栓规格（mm）	锚栓数量
<100	20	M6×12	4
<100	25	M6×15	4
<100	30	M6×18	4
100～300	20	M8×12	4
100～300	25	M8×15	4

注：上表为常用规格，超规格的应通过具体计算确定。

9. 石材板钻孔、扩孔及锚栓的植入应采用专用锚栓安装设备进行。

10. 锚栓的钻孔尺寸要求详见图 5.2.4。

5.2.5 立柱安装

1. 根据立柱位置安装固定立柱的角码。

2. 先安装同立面两端的立柱，然后拉通线依次安装中间立柱，立柱应悬挂在主体结构上，上端通过螺栓与角码连接，下端采用可伸缩结构与主体连接，上下立柱间应有不小于 15mm 的缝隙。

3. 将各施工水平控制线引至立柱上，并拉水平线进行校核。

4. 立柱安装顶标高偏差不应大于 3mm，轴线前后偏差不应大于 2mm，左右偏差不应大于 3mm，相邻两根立柱安装标高偏差不应大于 3mm，同层两根立柱的最大标高偏差不应大于 5mm，相邻两根立柱的距离偏差不应大于 2mm。

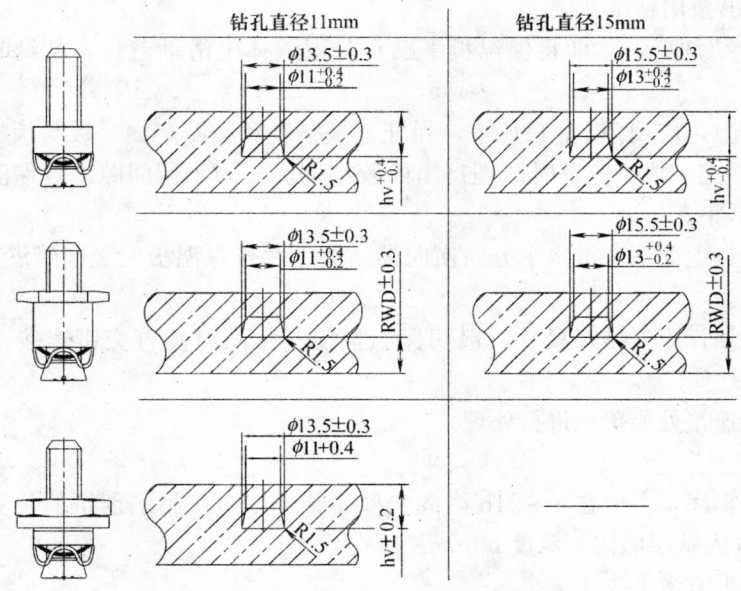

图 5.2.4 锚栓的钻孔尺寸要求详图

5.2.6 横梁安装

1. 按设计图纸在立柱预定位置上安装连接横梁的角码，要求安装牢固。

2. 横梁通过角码、螺栓或螺钉与立柱连接，螺栓应不少于 2 个，螺钉直径不得小于 4mm，每处连接螺钉数量不应少于 3 个。

3. 如有焊接时，应采用对称焊，以减少因焊接产生的变形，检查焊缝质量，合格后，刷防锈漆。

4. 相邻两根横梁的水平标高偏差不应大于 1mm，同层标高偏差：当一幅幕墙宽度小于或等于 35m 时，不应大于 5mm；当一幅幕墙宽度大于 35m 时，不应大于 7mm。

5.2.7 保温板粘贴安装

1. 基层处理

1) 基层墙体表面必须清理干净，使墙体表面没有油污、脱模剂、风化物、潮气、霜、泥土等污染物或其他妨碍粘结的材料。

2) 墙体基层的平整度采用 2m 的靠尺检查，最大偏差应小于 4mm，超差部分应凿除或用水泥砂浆修补平整。

3) 对于穿墙构件，四周做好防锈、防水处理。

2. 粘贴保温板

1) 用不锈钢抹子，沿保温板的板周边涂抹配好的粘结剂，其宽度为 50mm，厚度为 10mm。采用标准尺寸（600mm×1200mm）保温板，如图 5.2.7 所示，抹 3 个厚 10mmϕ100 的圆形专用粘结剂饼和

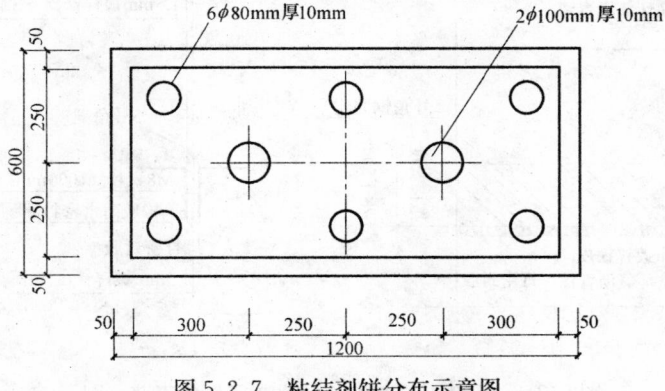

图 5.2.7 粘结剂饼分布示意图

6 个厚 10mmϕ80 的圆形条用粘结剂饼。

2）保温板抹完粘结剂后，立即将保温板平贴在基层墙体上滑动就位，粘结时，动作要迅速、轻柔、均匀挤压。

3）保温板贴在墙上，应用 2m 靠尺压平，保证其平整度和粘贴牢固。板与板缝之间要挤紧，碰头缝处不抹粘结剂。每贴完一块，应及时清理挤出的胶结剂。板间不留间隙。若保温板间成缝隙，应用保温板条塞入并打磨平整。

4）保温板施工应自上而下，沿水平方向横向铺贴上下两排保温板安竖向错缝板长 1/2，保证最小错缝尺寸 200mm。

5）在墙体阴阳角处，应先排好尺寸，裁切保温板使其粘贴时垂直交错连接，保证拐角处顺直且垂直。

6）主龙骨与结构连接处要单独进行处理。

3. 安装固定件

1）待保温板粘贴牢固，一般在 8～24h 内固定件安装完毕，按粘结剂饼的位置用冲击钻孔，锚固深度为 50mm，钻孔（入基层墙体）深度 60mm。

2）固定件数量每平方米不少于 7 个。

3）固定件在阳角，檐口下，孔洞边缘四周应加密，其间距离不大于 300mm。距基层边缘不小于 60mm。

4）自攻螺丝应用电动螺丝刀拧紧并使工程塑料膨胀钉的帽子与保温板表面平齐或略拧入一些，确保膨胀钉尾部回拧使之与基层充分锚固。

5.2.8 防水封闭层安装

1. 封闭层采用 1.5mm 厚镀锌铁皮做封闭层，通过幕墙横梁与转接角码固定。

2. 当上下层镀锌铁皮搭接时，上层镀锌铁皮应从外侧搭接于下层镀锌铁皮，搭接长度不小于 50mm，并在搭接处打密封胶，以保证封闭层的防水要求。

3. 镀锌铁皮搭接处内外两侧采用 5 号角钢及 M8 螺栓进行连接，并在螺栓上加设橡胶防水密封圈。

4. 放水封闭层安装完成后，应对封闭层进行表面防腐处理，铁皮表面涂刷环氧沥青漆。

5. 防水封闭层的具体做法详见图 5.2.8。

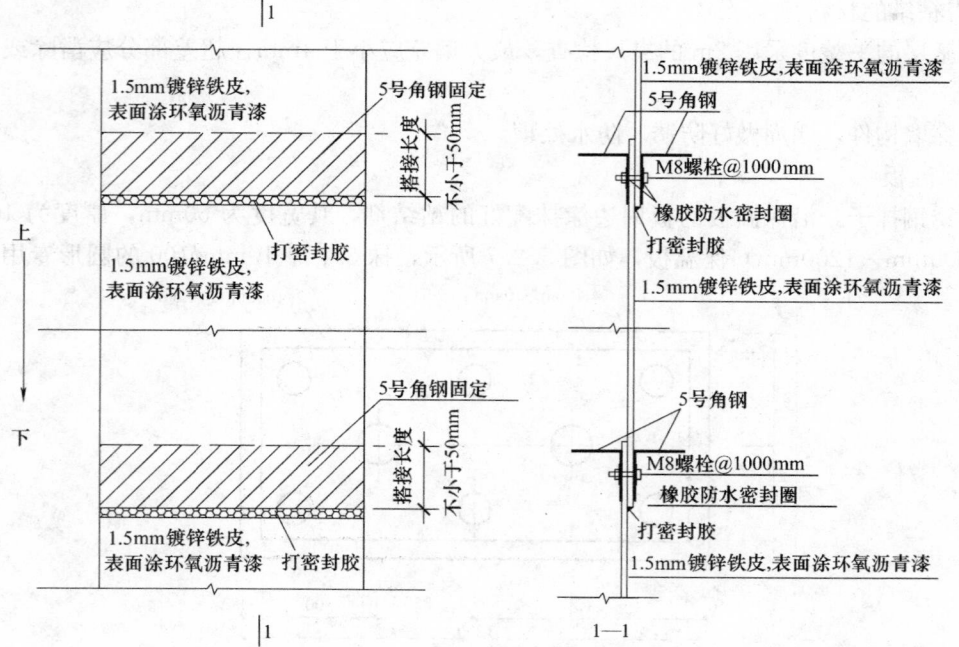

图 5.2.8 开放式石材幕墙防水封闭层施工节点图

5.2.9 石材板安装与调整

1. 将运至工地的石材板按编号分类，检查尺寸是否准确和有无破损，按施工要求分层次将石材板运至施工作业面附近，并注意将石材板摆放可靠。

2. 先按幕墙面基准线仔细安装好底层第一层石材板，整个安装顺序按照从下到上、从左到右的原则依次装入。

3. 安装时先通过转接角码初步定位使其满足±2.5mm的位置偏差，然后安装所需配件将其M8螺栓预紧到5‰即可安装石材板，左右移动调整垫片使石材板面缓缓移至所需位置，最后拧紧M8螺栓完成整个调整过程（图5.2.9-1）。

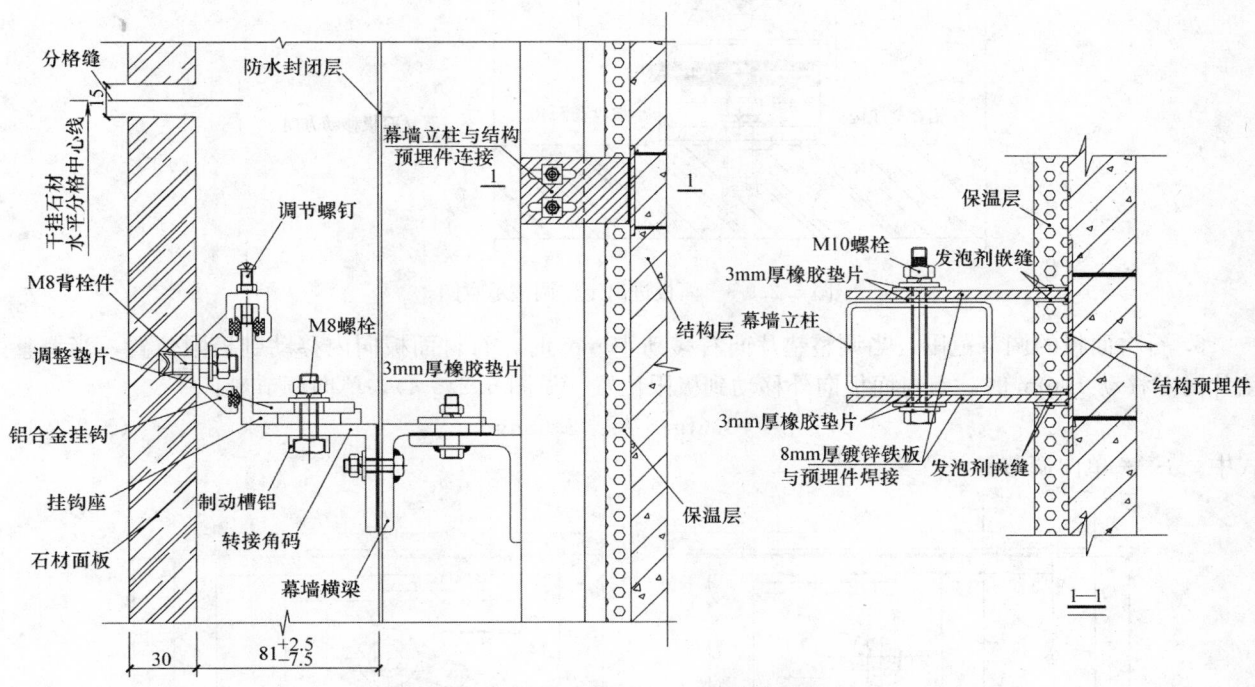

图5.2.9-1 开放式防水保温干挂石材幕墙剖面节点图

4. 开放式石材幕墙面板的左右定位及水平分格的调整通过挂钩座开设6mm×4mm的缺口可有效地控制石材板的左右移动，拧动调节螺钉的深度可调整石材板的高低，使其水平分格缝一致（图5.2.9-2），转接角码中28长圆孔很容易使调节螺钉落到缺口中，同时降低了石材板孔位的加工精度的要求。

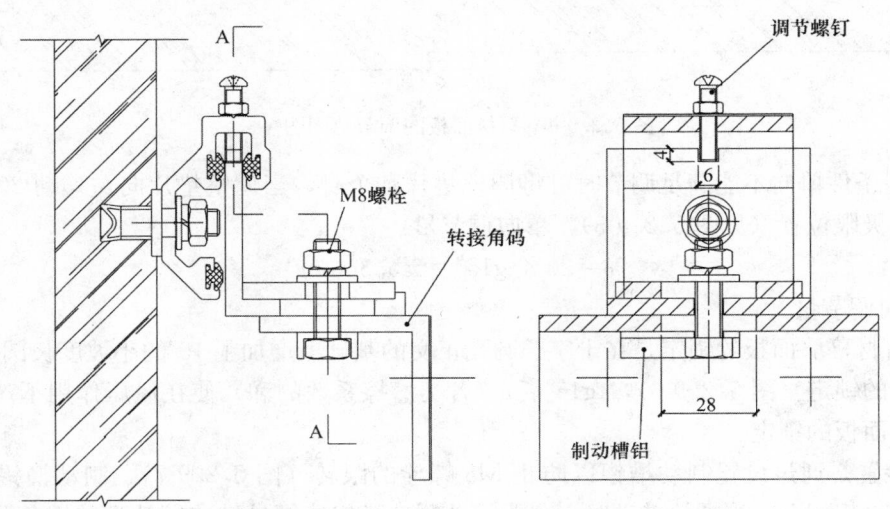

图5.2.9-2 面板左右定位及水平分格的调整示意图

5. 开放式石材幕墙面板的进出定位（图 5.2.9-3）是由调整垫片在挂钩座的槽内作直线运动，通过调整垫片上的小坡度长圆孔将左右移动转化为进出移动的的机构实现石材板的进出调节，当石材板挂上后，用专用工具敲动调整垫片使石材板面板按指定的方向移动到位。

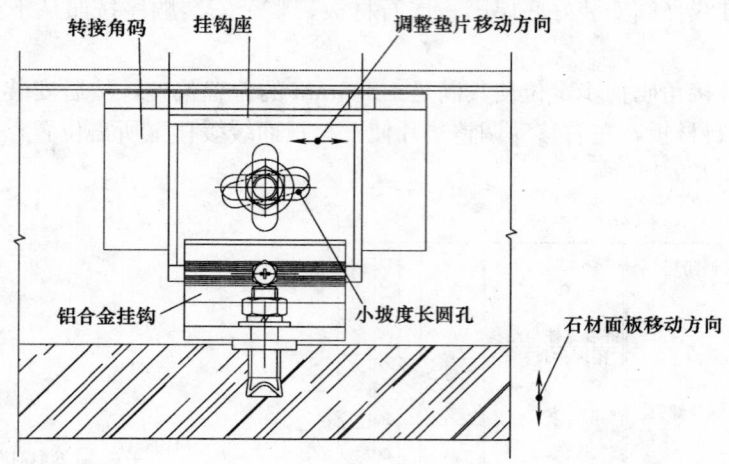

图 5.2.9-3　面板进出定位调整示意图

6. 石材面板的调节范围：当调整垫片向右移动 10mm 时，石材面板向内移动到极限位置，当调整垫片向左移动 10mm 时，石材面板向外移动到极限位置（见图 5.2.9-4），单向调节量：

$$\delta=10\times tg15°=\pm2.68mm \qquad (5.2.9-1)$$

式中　δ——单向调节量。

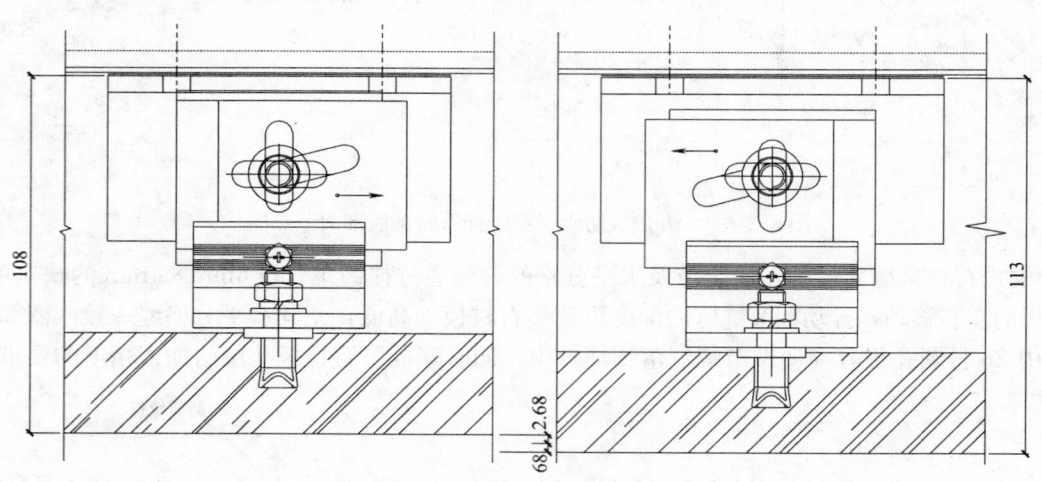

图 5.2.9-4　石材面板的调节范围图一

7. 如果安装条件单向不能满足调节时可将调整垫片翻个身，当调整垫片向左移动 20mm 时，石材面板向内移动到极限位置（见图 5.2.9-5），单向调节量：

$$\delta=20\times tg15°=\pm5.36mm \qquad (5.2.9-2)$$

式中　δ——单向调节量。

8. 开放式石材幕墙面板的锁定是在十字长圆孔正交的基础上增加了 15° 的小坡度长圆孔产生结构自锁实现石材面板的锁定（图 5.2.9-6），$tg15°\leqslant f$（各类磨擦系数的和）使在风压作用下产生自锁现象，从而达到对石材面板的锁定。

9. 防跟转装置是通过设置制动槽铝以防止 M8 螺栓的跟转（图 5.2.9-7），制动槽铝的内槽与 M8 螺栓的六角头扁口相配合，当螺栓转动时六角头带动制动槽铝绕螺栓轴芯转动到转接角码的内边挡住，相当于装上了一个固定扳手，另外由于转接角码上的连接孔为长圆孔，与六角头螺栓的接触面积较小，

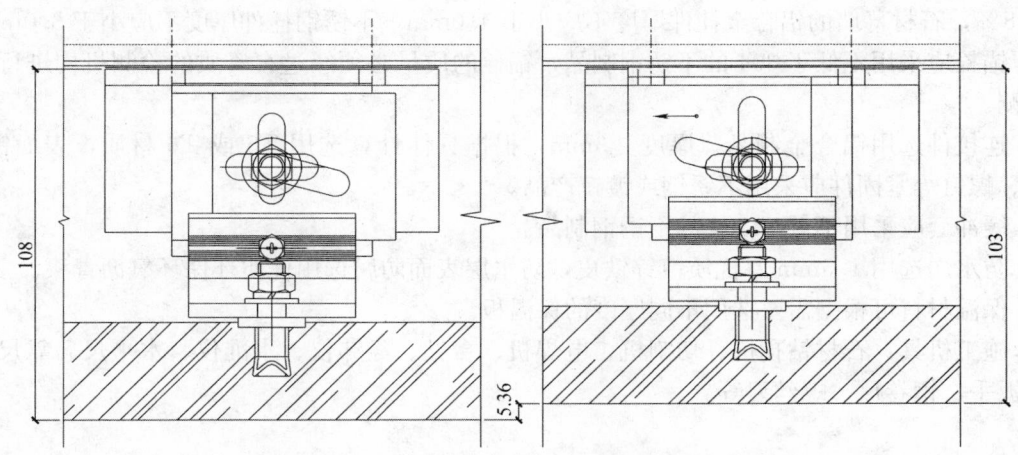

图 5.2.9-5　石材面板的调节范围图二

当螺栓拧紧后长圆孔很容易受压变形，有了制动槽铝就克服了跟转的问题。

　　10. 为了能够拧紧 M8 螺栓，应将每块石材板的上支点与下支点连接件差位，使得拧紧 M8 的专用工具能够直接拧到 M8 螺栓，应注意在计算中要按最不利因素考虑。

　　11. 安装时宜先完成窗洞口四周的石材板，以免安装发生困难。

　　12. 安装到每一楼层标高时，要注意调整垂直误差。

　　13. 在搬运石材板时要有安全防护措施，石材板摆放时下面要垫木方。

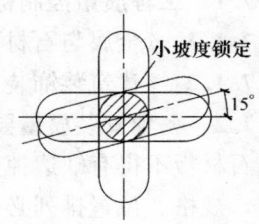

图 5.2.9-6　面板锁定示意图

5.2.10 石材幕墙表面清洗

　　1. 石材幕墙施工完成后应将表面的黏附物应及时清除。

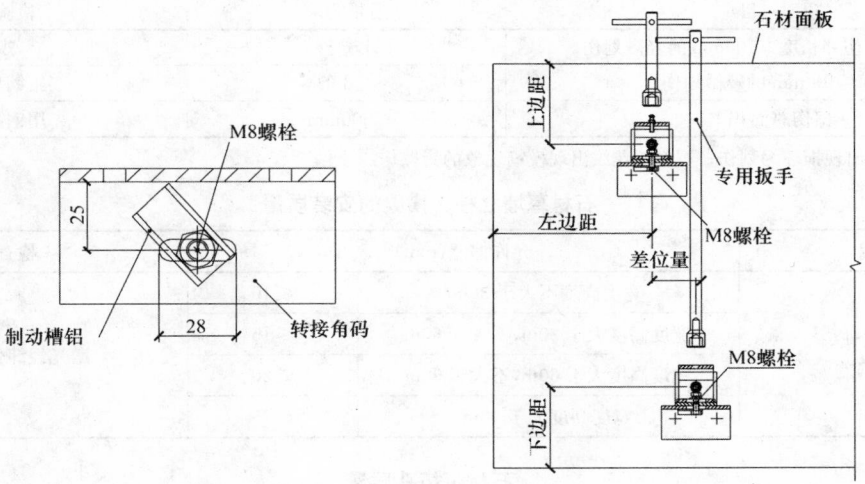

图 5.2.9-7　防跟转装置示意图

　　2. 清洗前应制定详细的清洁方案，清洁时应避免损伤表面。

　　3. 石材幕墙清洗操作应由专业施工人员进行，施工前做好详细安全技术交底工作。

6. 材料与设备

6.1 石材幕墙工程所用材料的品种、规格、性能和等级，应符合设计要求和国家现行产品标准及工程技术规范的规定，并出具合格证、产品质量保证书。

6.2 石材板的弯曲强度应经有资质的检测机构检测确定，其弯曲强度不应小于 8.0MPa，吸水率应小于 0.8％，石材幕墙的铝合金挂件厚度不应小于 4.0mm，不锈钢挂件厚度不应小于 3.0mm。

6.3 锚栓应采用不低于 304 的不锈钢制品，锚栓的质量必须经过有资质的检测机构进行相关力学性能的检测。

6.4 连接件选用铝合金制品，厚度≥3mm，根据具体计算选用 T5 或 T6 材质，表面镀锌处理。连接螺栓、螺钉等紧固件应采用不锈钢或镀锌产品。

6.5 缓冲套应采用不低于 304 的不锈钢制品。

6.6 防水层选用 1.5mm 厚优质镀锌铁皮，防水层表面防腐选用优质环保环氧沥青漆。

6.7 保温材料可根据需要选用不同厚度的保温板。

6.8 施工机具：石材钻孔机、切割机、电焊机、台钻、经纬仪、水准仪、水平尺、靠尺、手提电钻、专用扳手、钢卷尺、螺丝刀等。

7. 质 量 控 制

7.1 工程质量控制标准

7.1.1 《金属与石材幕墙工程技术规范》JGJ 133—2001。

7.1.2 《建筑装饰装修工程质量验收规范》GB 50201—2001。

7.2 各项安装质量要求

石材板不得有缺边掉角和裂缝及严重划伤。颜色、质地均匀一致，无大块色斑、特殊纹理和明显色差，规格、位置排列必须准确无误，固定准确，龙骨型号、安装位置必须准确无误，焊缝长度符合要求，焊接牢固，具体质量要求按表 7.2-1～表 7.2-5 执行。

每平方米石材板的表面质量和检验方法 表 7.2-1

项　　目	质量要求	检验方法
裂痕、明显划伤和长度＞100mm 的轻微划伤	不允许	观察
长度≤100mm 的轻微划伤	≤8 条	用钢尺检查
擦伤总面积	≤500mm²	用钢尺检查

注：石材板花纹出现损坏为划伤；石材板花纹出现模糊现象的为擦伤。

石材幕墙立柱、横梁的安装质量 表 7.2-2

项　　目	允许偏差(mm)		检查方法
石材幕墙立柱、横梁安装偏差	宽度高度不大于 30m	≤10	激光经纬仪或经纬仪
	宽度高度大于 30m，不大于 60m	≤15	
	宽度高度大于 60m，不大于 90m	≤20	
	宽度高度大于 90m	≤25	

石材板拓孔质量 表 7.2-3

项　　目	允许偏差(mm)	检查方法
直孔孔径	−0.2～+0.4	塞规检测仪、游标卡尺
锥形孔的口径	±0.3	塞规检测仪
孔轴线的垂直度	≤0.5	主轴承直角度测试仪
孔的同轴度	≤0.5	圆度仪

石材板安装质量 表 7.2-4

项　　目		允许偏差(mm)	检查方法
竖缝及墙面垂直缝	幕墙层高不大于 3m	≤2	激光经纬仪或经纬仪
	幕墙层高大于 3m	≤3	

项 目	允许偏差(mm)	检查方法
幕墙水平度(层高)	≤2	2m靠尺、钢板尺
竖线直线度(层高)	≤2	2m靠尺、钢板尺
横缝直线度(层高)	≤2	2m靠尺、钢板尺
拼缝宽度(与设计值比)	≤1	卡尺

石材幕墙安装的允许偏差和检验方法　　　　　　　　表 7.2-5

项 目		允许偏差(mm)		检查方法
		光面	麻面	
幕墙垂直度	幕墙高度≤30m	10		用经纬仪检查
	30m<幕墙高度≤60m	15		
	60m<幕墙高度≤90m	20		
	幕墙高度>90m	25		
幕墙水平度		3		用水平仪检查
板材立面垂直度		3		用水平仪检查
板材上沿水平度		2		用1m水平尺和钢直尺检查
相邻板材板角错位		1		用钢直尺检查
幕墙表面平整度		2	3	钢板尺
阳角方正		2	4	用直角检测尺检查
接缝直线度		3	4	拉5m线,不足5m拉通线,钢直尺检查
接缝高低差		1	—	用钢直尺和塞尺检查
接缝宽度		1	2	用钢直尺检查

8. 安 全 措 施

8.1　施工前,应落实安全责任制,并逐级进行安全技术教育及交底,落实所有安全技术措施和人身防护用品,未经落实时不得进行施工,攀登和悬空高处作业人员,必须经过专业技术培训及专业考试合格,持证上岗,并必须定期进行体检。

8.2　加工金属骨架时,切割、焊接等操作应有安全防护措施,现场焊接时,在焊接下方应设防火斗。

8.3　施工作业场所有坠落可能的物件,应一律先行撤除或加以固定,工具应随手放入工具袋,脚手板上的废弃物应及时清理,拆卸下的物件和余料及废料均应及时清运,不得随意向下丢弃传递物件,禁止抛掷。

8.4　在高层建筑幕墙安装时,应按规范要求张挂安全网,在二层楼面外围架设6m宽安全平网一道,上部结构交叉施工作业时,施工层下方须挑出3m以上的防护设施,操作人员应系好安全带,其保险钩应挂在操作人员上方的可靠物件上,幕墙安装施工应严格按国家有关劳动安全法规和现行行业标准《建筑施工高处作业安全技术规范》JGJ 80—91执行外,还应遵守施工组织设计确定的各项要求。

8.5　幕墙在正常使用时,除了正常的检查和维修外,还应每隔几年进行一次全面检查,一般为5年全面检查一次,以确保幕墙的使用安全,具体可参照《金属与石材幕墙工程技术规范》JGJ 133—2001执行。

9. 环 保 措 施

9.1 做好环境保护，对废弃物品的处理，按 ISO 14001 环境标准的要求执行。

9.2 加强环保教育和激励措施，把环保作为全体施工人员的上岗教育内容之一，提高环保意识。对违反环保的班组和个人进行处罚。

9.3 石材板开孔时，采取必要的防尘、降噪措施。锚栓植入石材板孔时，应在铺有厚度大于 5mm 弹性硬橡胶垫的专用台面上进行，对下料应集中堆放处理。

9.4 固体废弃物集中堆放，定期委托当地环卫部门清运。

9.5 作业时尽量控制噪声影响，对噪声过大的设备尽可能不用或少用。在施工中采取防护措施，把噪声降到最低限度，对强噪声机械（如开孔机、切割机、砂轮机等）设置封闭的操作棚，以减少噪声的扩散。

9.6 防水层表面防腐应选用优质环保的环氧沥青漆。

9.7 清洗幕墙时，清洁剂应符合要求，不得产生腐蚀和污染。

10. 效 益 分 析

10.1 石材板拓孔均在工厂采用专用机具批量加工，与人工现场拓孔相比，精度高，速度快。

10.2 每块石材板均一次安装到位，实现上下板块的连续作业，提高了施工效率，缩短了工期。

10.3 工效提高后，每个工人可安装 6～10m²/d，可节约人工费约 1/3。

10.4 单块石材板块连接稳固，抗震性好，有效减少挂件位置石材板局部破裂，节约维修成本。与传统干挂石材幕墙相比每年维护费用可节约 40% 左右。

10.5 批量加工后石材板与锥形孔底的间距统一，幕墙表面平整度得到有效控制，施工质量大幅提高，获得业主、设计、监理单位的一致好评，赢得了良好的社会效益。

11. 应 用 实 例

11.1 应用实例 1

常熟市公安指挥中心工程位于常熟市青墩塘路与新世纪大道交界处西南角，总建筑面积为 29617m²，本工程建筑为一类高层，建筑总高度为 62.50m。

工程外墙石材幕墙面积达到 15925m²，石材线条清晰，石材的间隔缝隙 20mm，最大的板块尺寸 1805mm×630mm，大部分板块尺寸 1616mm×630mm。石材幕墙内侧采用 40mm 厚挤塑保温板，1.5mm 厚镀锌铁皮封闭防水层。石材颜色采用广东石材芭拉花，大面为火烧板，女儿墙压顶板、及中区"门套"采用光板，勾勒出大楼的整体外型轮廓，效果图见图 11.1。

通过该施工工艺的应用，与传统的石材幕墙形式相比较节省了施工费用约 10 万元，节约工期 30d，该工程已被评为"国家优质工程"。

11.2 应用实例 2

苏州市东山宾馆三期综合楼扩建工程东临风景优美的太湖东岸，是作为接待国家级首长及外国元首的基地，工程建筑面积为 14967.1m²，局部地下 1 层，地上 3 层。

工程外墙采用开放式防水保温干挂石材幕墙，内贴 40mm 厚保温板，1.5mm 厚镀锌铁皮外涂环氧沥青漆防腐。由于单块石材板面积大，份量重，所有石材板全部通过厂家直接加工到位，现场不允许切割加工，从而保证了石材板留缝的顺直，确保了设计理念的完美体现，本工程被评为江苏省"扬子杯"工程，见图 11.2-1、图 11.2-2。

图 11.1 大楼效果图

图 11.2-1 东立面

图 11.2-2 东北立面

11.3 应用实例 3

苏州工业园海关办公大楼扩建工程位于苏州工业园区，南靠中新路，东临星明街，与已建海关办公楼相接，地上 8 层为框架结构，地下 1 层，总建筑面积为 7031.62m²，建筑高度为 33.0m，外立面采用干挂花岗岩饰面，内贴 35mm 厚保温板，1.5mm 厚镀锌铁皮外涂环氧沥青漆防腐，通过应用该工法外墙干挂施工质量良好，本工程被评为苏州市"姑苏杯"工程，见图 11.3。

11.4 应用实例 4

南京珍宝假日饭店位于南京河西新域江东中路西侧，松花江西路北侧，香山路东侧。该工程由南京大学建筑工程设计研究院设计，江苏省金陵建工集团承建。2005 年 3 月 29 日开工，2008 年 1 月 25 日竣工。

工程地下 1 层，地上 12 层，总建筑面积 19973.26m²，外墙均为花岗石饰面，施工中采用开放式保温防水干挂工艺施工，根据各立面的具体尺寸，采用电脑排版设计，石材全部在工厂直接切割加工，

图 11.3　苏州工业园海关办公大楼

保证了外墙花岗石幕墙的施工质量，饰面观感质量一流。该工程采用上述工艺与传统镶贴工艺相比，降低工程成本 16.5 万元。工程现已通过了南京市优质工程"金陵杯"的评审。

大型镂空浮雕中空石柱施工工法

GJEJGF093—2008

福建省闽南建筑工程有限公司　歌山建设集团有限公司

陈其兴　邱志章　王昆山　王国连　王向明

1. 前　言

目前，社会对石雕的需求量越来越大，特别是对大型镂空浮雕中空石柱的需求日益增加，其常用于广场、博物馆等公共场所。传统的石雕技术主要针对中小型石雕，工厂加工成型后只需运至现场安放即可，对工厂制作和现场安装的要求不高，属于艺术性高的工艺品。但大型镂空浮雕中空石柱不仅具有更高的工艺性，而且具有体型大、宜破损的特点，对工厂分段加工、预拼成型、分段运输、现场安装等环节提出了较高要求，尤其对抗震、抗台风等性能均有了新的质量控制要求，已成为拥有艺术特色的现代构筑物。因此，为了保证这类体现传统艺术水平的现代构筑物的施工质量，适应社会需求量，需要将传统石雕技术现代化，研究出适用于大型镂空浮雕中空石柱特点的施工方法。

由于大型镂空浮雕中空石柱不是工艺品，而是构筑物，在施工过程中出现了众多技术难题，采用传统的中小型石雕工艺已远远不能适应其要求。福建省闽南建筑工程有限公司联合重庆大学现代施工技术研究所，不断探索和总结，采用了以"计算机排版制作、中空石柱－核心混凝土组合结构受力分析、抗震抗台风结构模拟"为主的核心技术，形成了《大型镂空浮雕中空石柱质量控制关键技术的研究》科技成果，开发研究了"大型镂空浮雕中空石柱施工工法"，并经中国闽台缘博物馆九龙柱、马来西亚槟城极乐寺观音圣像石柱等工程的实践证明，该工法针对性强、操作方便，质量可靠，具有极大的推广应用价值。

该施工工法的核心技术通过由福建省建设厅组织的专家委员会鉴定，鉴定委员会一致认为：《大型镂空浮雕中空石柱质量控制关键技术的研究》课题是一项创新成果，整体水平达到国内领先。

2. 工 法 特 点

2.1　针对性强。工法针对大型镂空浮雕中空石柱的体量大、工艺性高、宜破损等特色而制定，并结合其工厂分段加工、预拼成型、分段运输、现场安装等施工要求，从制作、运输、安装等工序进行了系统研究，重点研究了计算机排版制作、中空石柱－核心混凝土组合受力分析、抗震抗台风结构模拟等三方面，其研究对象仅锁定为采用镂空浮雕的大型中空石柱，是一项针对性强的石雕施工技术。

2.2　成本低，工期短。工法要求石柱在工厂分段加工并预拼成型后才运至现场安装就位，这就不需要大量技术人员的调动和原材料的多次转运，也避免了石柱现场制作所耗用的时间，节约了成本，并缩短了工期。

2.3　操作方便，施工质量可靠。石柱镂空浮雕雕刻成型后，要求其在制作、运输、安装等方面不能破损，成品保护要求严；而工法中的具体措施简单、操作容易，并能有效保证成品就位后的最终质量。

2.4　推广应用价值高。由于大型镂空浮雕中空石柱的需求越来越多，工法为其广泛使用提供了施工技术和质量保证，因此，具有极大的推广应用前景。

3. 适 用 范 围

大型镂空浮雕中空石柱施工工法，针对性强，主要适用于采用镂空浮雕工艺的大型中空石柱的施工，也可作为其他雕刻类型（如：浅浮雕）的大型中空石柱施工的参考。

4. 工 艺 原 理

4.1　计算机排版制作技术

通过使用大型镂空浮雕图案的计算机绘制、分割位置的编排、图案组合的模拟等方式，采用计算机排版制作技术将我国的传统石雕技术现代化，完成了大型石柱镂空浮雕的排版制作。

4.1.1　计算机绘制镂空浮雕图案

采用计算机模拟技术，能模拟出大型镂空浮雕石柱的三维整体效果，还能将石雕镂空的深浅程度表现出来。通过计算机模拟出浮雕图案的镂空程度，不仅可以在雕刻操作前进一步优化镂空图案，确保浮雕的镂空质量，还能为大型石柱镂空浮雕的立体效果提供直观参考，有利于浮雕分割位置的确定，见图 4.1.1。

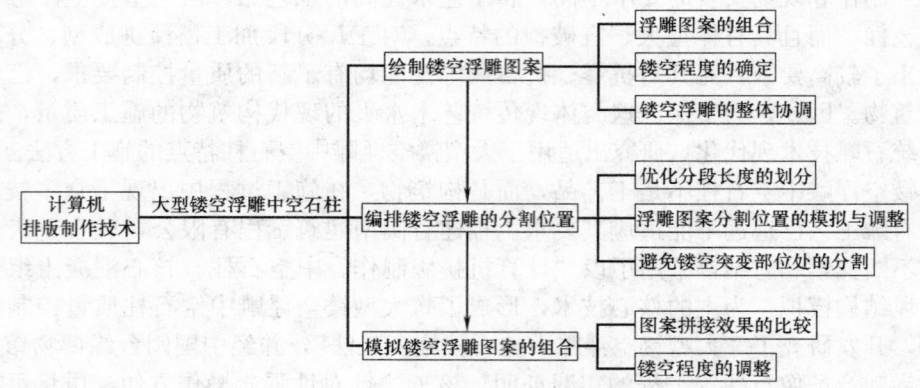

图 4.1-1　计算机排版制作技术

4.1.2　计算机编排镂空浮雕的分割位置

以原材料的粗胚分段长度为前提，不能超过粗胚分段的有效长度，也不能比粗胚的有效长度过短，避免原材料的浪费。

镂空浮雕的分割位置应避免出现在浮雕的镂空突变处和图案的边缘处，如镂空凹凸变化、细部构件等，尽量布置在较大面积的同一图案内，形成镂空图案分割的顺滑过渡，不出现镂空图案拼接的凹凸不一致。

镂空浮雕图案的分割位置应尽量位于石柱同一标高的水平面上，如果不能保证分割面的同一标高，则应尽量缩小分割面上各点标高差，最大高差宜控制在 0.5cm 以内。

4.1.3　计算机模拟镂空浮雕图案的组合

利用计算机，在原有的三维镂空浮雕图形基础上，按照预先设计好的分割位置，将石柱的镂空浮雕依次组合，可以模拟出实际操作效果，从而掌握图案组合的可行性，为大型镂空浮雕中空石柱的现场拼装提供有力参考。

4.2　中空石柱－核心混凝土组合结构受力技术

大型镂空浮雕中空石柱作为具有镂空浮雕工艺特色的现代构筑物，是由中空石柱和核心钢筋混凝土共同工作的"中空石柱－核心混凝土"组合结构。

石柱除了具有镂空浮雕的特点外，主要承受环向拉力，还起到约束钢筋混凝土工作、改善核心混凝土性能的作用；核心钢筋混凝土受到石柱的约束，其混凝土的抗压强度和变形能力得到显著提高，不仅能增强大型石柱组合结构的强度、刚度和整体稳定性，尤其能改善组合结构抗震抗台风的性能；组合结构不仅能承受压力，还能承受一定的剪力和弯矩，在混凝土浇筑过程发挥模板作用。此外，石柱的分段，降低了石柱属于脆性材料的缺陷。如图 4.2 所示。

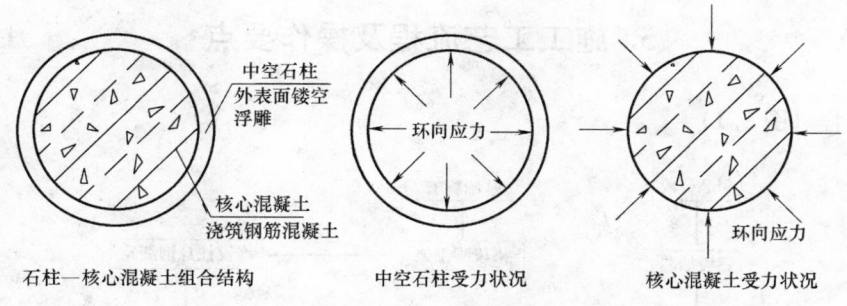

图 4.2 中空石柱—核心混凝土"组合结构

4.3 抗震抗台风技术

4.3.1 抗震技术

1. 组合结构在为 6、7 烈度的地震作用下，仅需考虑水平地震效应。

2. 在 8、9 烈度的地震作用下，应考虑上下两个方向的竖向地震作用和水平地震作用的最不利组合。

3. 地震作用的分析宜优先选用反应谱振型分析法，有时也可用底部剪力法分析。

4. 计算组合结构分析模型的重力代表值时，以镂空浮雕石柱的分段长度进行划分。

5. 当采用反应谱振型分析法时，地震效应的计算模型如图 4.3.1 所示，模型中的重力代表值 G_i 为组合结构自重和各竖向可变荷载的组合值之和。

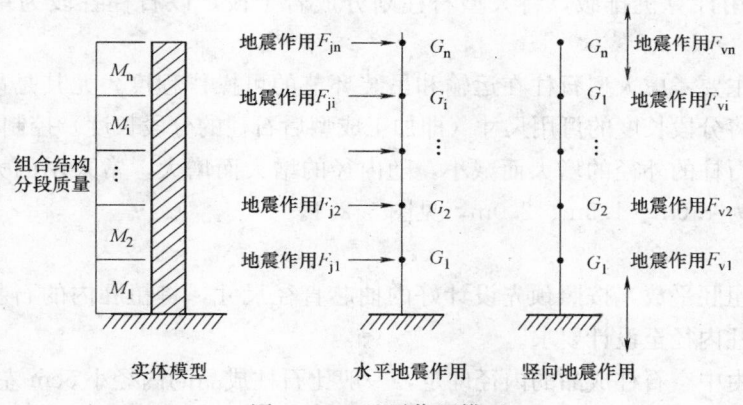

图 4.3.1 地震作用模型

4.3.2 抗台风技术

1. 风荷载（尤其是台风荷载）不一定是水平作用在组合结构表面，但由于中空石柱组合结构的截面上下一致，根据力的对称效应，可以将台风荷载的作用方向简化成水平效应。

2. 由于石柱组合结构为圆形截面，虽然表面的镂空浮雕不一定对称，但其不对称性对台风荷载的影响较小，因此，在考虑有效风压作用时，垂直风向的两侧风荷载效应，属于力与反力的关系，可不考虑，仅需考虑顺风向和逆风向的风荷载作用。

3. 建立抗台风荷载模型时（图 4.3.2），不需考虑石柱的分段情况，将大型石柱组合结构作为一个整体结构考虑即可。

4. 在分析风荷载、选用计算参数时，组合结构以核心钢筋混凝土结构为基础，再适当调整参数大小。

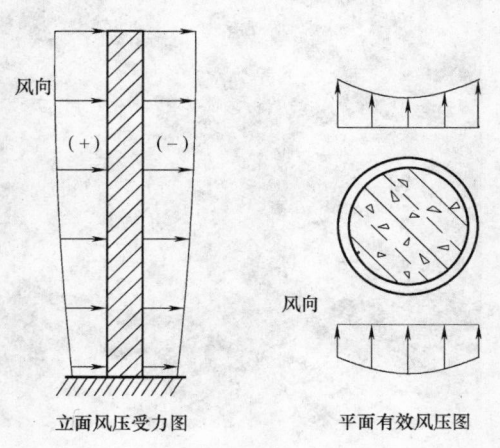

图 4.3.2 风载效应模型

5. 施工工艺流程及操作要点

5.1 工艺流程（图5.1）

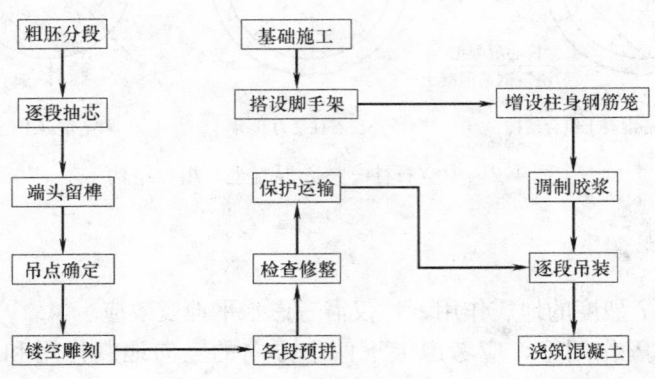

图5.1 工艺流程

5.2 操作要点

5.2.1 粗胚分段

由于大型石柱具有长度、体积和重量大的自身特性，其制作方法不同于中小型石柱使用的整体成型制作方法，需要采用计算机排版，将大型石柱划分成若干段，以石柱各段为单元，分别进行加工制作。

分段长度的确定主要考虑大型石柱在运输和吊装环节的可操作程度，尤其是吊点布设、起吊荷载等因素的影响，一般将分段长度的可用尺寸（即加工成型后石柱的分段长度）控制在1.0～2.0m之间，分段长度随大型中空石柱的外径的增大而减小，随内径的增大而增大，常采用的大型中空石柱的粗胚分段长度的可用尺寸为1.0m、1.5m、2.0m，见图5.2.1。

5.2.2 逐段抽芯

将分段后的石柱粗胚平放，按照预先设计好的抽芯直径尺寸，将粗胚内的石料挖出，然后再使用小型工具人工修整石柱内径至设计要求。

抽芯直径的尺寸由中空石柱成品的内径确定，一般比石柱成品的内径小5cm左右，见图5.2.2。而石柱成品内径的确定需要考虑中空石柱—核心混凝土组合结构受力情况、石柱外径大小、石柱各段端头的榫头大小、混凝土浇筑量等因素，一般不小于15cm。

图5.2.1 石柱分段后的粗胚

图5.2.2 抽芯后留榫的石柱分段单元

5.2.3 端头留榫

为保证石柱各段结合紧密、连接牢固，各段端头均留设榫头。按照石柱的安装就位顺序，各段石柱的下端留设凹槽，上端留设凸榫，以保证各段石柱下端的凹槽与相邻下段石柱上端的凸榫、石柱上端的凸榫与相邻上段石柱下端的凹槽凹凸相扣。

凸榫的宽度及凹凸深度一般不超过5cm，凹槽的宽度和深度常比凸榫宽度和深度大0.5～1cm，榫头外边缘距石柱外边不小于5cm，榫头内边缘距石柱内边不小于5cm。

5.2.4 吊点确定

在各段石柱吊装期间，必须避免吊装的钩具和吊索与石柱外表面的镂空浮雕接触，以免破损镂空浮雕，因此，吊点设置在各段石柱的内壁。

为保证各段石柱吊装的平稳，常设置四个吊点，吊点均位于各段石柱内壁的同一水平面上，距石柱上端1/3位置处，如图5.2.4-1所示。此外，为保证石柱在吊装过程中，吊点位置处不会因为应力集中、石壁过薄而导致吊点处的石柱破损，要求吊点孔距离石柱内壁边缘约1/2壁厚，为方便打孔和安放钩具，吊点孔均贯通至凸榫处，如图5.2.4-2所示。

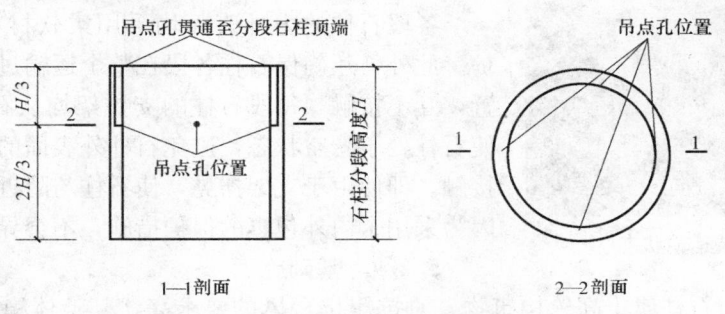

图5.2.4-1 吊点的设置

5.2.5 镂空雕刻

由于大型中空石柱采用分段制作，其镂空雕刻不能像传统中小型石雕方法那样一次成型，也需要分段雕刻。为保证各段石柱的镂空浮雕在安装成型后，上下段雕刻图案拼装完好、结合紧密，预先采用计算机排版分段制作技术。

先按照1：1比例的镂空浮雕效果图描绘成施工图，将施工图贴在石柱表面，再对图雕刻。雕刻初稿完成后与施工图对比、修整，然后按施工图原稿对雕刻初稿进行补墨，精雕完成后再次效果审核，见图5.2.5。

图5.2.4-2 各段石柱的吊点位置

图5.2.5 各段石柱的雕刻

5.2.6 各段预拼

当大型镂空浮雕中空石柱的各段雕刻完成后，在工厂需要预拼成型，检查石柱拼装成型后各段之间是否存在错位等问题。预拼时，石柱各段从下至上依次吊装。吊装前需要检查挂钩、吊索连接是否牢固，吊装常采用汽车式起重机。

5.2.7 检查修整

各段石柱预拼装完成后，检查的主要内容包括各段石柱之间的浮雕图案、各段石柱的尺寸以及石柱拼装后的整体尺寸三方面。

镂空浮雕图案在各段石柱之间的连接应该平滑圆顺、无镂空错位等问题，凹凸应一致；各段石柱尺寸的控制因素主要包括长度、宽度、厚度、转角和翘曲等方面，要求各项指标的允许偏差均在控制范围内；石柱拼装后的整体尺寸应满足大型镂空浮雕中空石柱在现场就位后的尺寸控制要求，主要包括位置偏移、上口平直、拼缝宽度、拼缝高低差等因素。

图 5.2.8　包装运输状态

5.2.8 保护运输

大型镂空浮雕中空石柱具有石雕的艺术性，在出厂前就具备的石雕特征，为避免各段石柱在搬运、运输过程中因碰撞而损坏镂空浮雕，必须采取合理的保护措施，满足其运输期间的保护高要求，见图 5.2.8。

各段石柱的内外表面均采用柔软材料进行全封闭包裹保护。此外，还确保石柱各段在整个运输过程中，各段均单独放置，互不接触，每段石柱的支撑架均从石柱内径支撑起石柱，使石柱处于悬空状态，避免石柱外表面的镂空浮雕与周围环境接触。即使由于支架摇晃，使石柱与附近物体产生碰撞，也会因为采用了内外包裹的保护措施，不会导致石柱破损。

5.2.9 基础施工

大型镂空浮雕中空石柱属于高耸构筑物，对抗震抗台风的要求高，其整体稳定性要求严，基础多采用桩基础，其上再设置承台。

钢筋笼下放时应吊直、对准、缓慢下降，避免上浮，还应避免切削桩壁以造成塌方；浇筑桩基混凝土时，要加快浇筑速度；保证桩基和承台混凝土的浇筑质量。

5.2.10 搭设脚手架

在相邻上下段石柱就位前，需要在已经就位完毕的石柱榫头处打胶，还需要人工近距离核对上下段石柱的镂空浮雕是否对准。因此，必须在石柱周围搭设一圈独立的支架。由于石柱支架具有投影面积小、高度大、与石柱相互独立（若与石柱连接，易损坏镂空浮雕）的特点，其稳定性较差，但其安全性要求高。

搭设的支架，要求钢管水平、上下间距均不大于 0.6m，常以石柱分段长度的公约数考虑，即常采用 0.5m 的间距。搭设的支架，呈内圆外方的筒状，立面均设斜支撑。

5.2.11 增设柱身钢筋笼

增设柱身钢筋笼的目的是为了在中空石柱内浇筑钢筋混凝土，形成"中空石柱—核心混凝土组合结构体系"，从而增强大型中空石柱的整体稳定性，加强构筑物的抗震抗台风性能。

柱身钢筋笼位于中空石柱内，钢筋距石柱内边缘约 10cm，宜尽量减少同一根钢筋的接头数，同一接头位置的钢筋数量可达到 100％，见图 5.2.11。

5.2.12 调制胶浆

石柱各段之间的榫头需要用胶浆连接，不仅保证石柱上下段不会随时间而产生错位，还能防止石柱内浇筑的混凝土浆不会渗流到石柱表面的镂空浮雕上，而污染石雕。

采用的胶粘剂（如 CT83），应严格按包装说明控制配水比，保证水和搅拌桶的洁净程度，实行先放水后放干粉，整包

图 5.2.11　增设钢筋笼

搅拌的原则，用低速搅拌器搅拌成稠度适中的胶浆，调好的胶浆宜在 2h 内用完。

5.2.13　逐段吊装

逐段吊装使用的起吊设备多为汽车式起重机。先将各段石柱按照安装就位顺序编号，依次搬运至安装位置附近，并处于吊车的工作半径范围内。吊装采用平吊平放的方式，起吊前必须固定挂钩、调整好吊索长度，有时还应加设揽风绳，以便于控制石柱就位位置的调整，见图 5.2.13。

吊装时，先将各段石柱吊至柱身钢筋笼顶端上 0.5m 左右时，开始调整石柱下放位置；位置调整好后再将石柱缓慢吊放至就位位置上 0.1m 处，检查上下段石柱浮雕图案是否基本对准，对准后才缓慢落下石柱，上下段石柱凸榫和凹槽要对应相扣，安装到位；最后仔细检查上下段石柱的镂空浮雕是否完全对准，若有需要，还可人工稍微旋转上段石柱。

图 5.2.13　吊装就位　　　　　　　　图 5.2.15　施工完成的石柱

5.2.14　浇筑混凝土

大型中空石柱内的混凝土，常采用一次或多次浇筑，一般以石柱分段长度的倍数确定，并综合考虑中空石柱—核心混凝土组合结构体系的混凝土侧压力、混凝土输送量、振捣棒等因素的影响。若采用多次浇筑，每次混凝土浇筑至已就位石柱上端 0.5m 处即可，最后一次浇筑至石柱顶。混凝土浇筑前，必须确保石柱分段之间的胶结牢固，不渗浆。

5.2.15　完成的石柱

经过 14 道工序的施工，一个大型镂空浮雕中空石柱制作完成（图 5.2.15）。

6. 材料与设备

6.1　施工材料（表 6.1）

施工材料　　　　　　　　　　　　　　　　　　　　　　　　　　　　　　　表 6.1

材　料　名　称	包装及规格
石材	
粘结剂	25kg/袋
抗裂砂浆	25kg/袋
钢筋	
钢管及扣件	搭设脚手架
混凝土	预拌混凝土
包裹布料	保护运输途中的分段石柱成品

6.2 施工机具（表6.2）

施工机具 表6.2

机 具 名 称	机 具 用 途
不锈钢抹灰刀 280mm×130mm×0.7mm	抹灰工具（涂抹粘结胶浆）
搅拌器	搅拌胶浆
叉车	转运石材、分段石柱等大型材料
大切机、手拉切、修边机、磨光机、空压机、石材抛光机、模具电磨	加工粗胚、石柱抽芯、打磨用
电脑仿型线条机、雕刻机、角向磨光机、电镀硬合金钻头、电镀硬合金刻字钉	镂空浮雕雕刻工具
活动膨胀器、硬合金钻仔、点身仪、雕刻刀	精雕工具
气动锤、铁锤、电锤	锤击工具
红外线水平仪	预拼装检测仪器
吊车（汽车式起重机）	搬运、吊装石柱用
混凝土振捣棒、溜槽、串筒等	浇筑混凝土用具
通用工具（水平尺、线坠、L形钢尺、墨斗等）	尺寸定位、检查工具

7. 质 量 控 制

7.1 质量控制标准

执行的现行国家规范及标准有：

《建筑工程施工质量验收统一标准》GB 50300—2001；

《混凝土结构工程施工质量验收规范》GB 50204—2002；

《建筑地基基础工程施工质量验收规范》GB 50202—2002；

《混凝土泵送施工技术规程》JGJ/T10—95；

《建筑工程质量检验评定标准》GB 50301—2001。

7.2 质量控制项目

7.2.1 基本控制项目（表7.2.1）

质量检查的基本控制项目 表7.2.1

控 制 项 目	质 量 要 求	检 验 方 法
石材质量、品种等	应符合设计要求和现行国家标准《建筑工程质量检验评定标准》的规定；不得有裂纹、炸纹、隐残等	观察检查和检查试验报告
石材的纹理走向	应符合构件的受力要求	观察检查
安装所采用的砂浆	应符合设计要求	检查试验报告或施工记录
安装所采用的铁件	应符合设计要求和现行国家标准《建筑工程质量检验评定标准》的规定	检查出厂合格证和试验报告
石雕图案	应符合设计要求	观察检查
石雕的安装	应牢固、图案完整、无缺棱掉角	观察检查和手轻扳检查

7.2.2 偏差控制项目（表7.2.2-1、表7.2.2-2）

预拼装检查的偏差控制项目 表7.2.2-1

项 目	允许偏差（mm）	检 验 方 法
雕件长度	±5	尺量检查
雕件宽度	±3	尺量检查
雕件厚度	±5	尺量检查
雕件边角方正	2	方尺和楔形塞尺检查
雕件翘曲	2	拉通线尺量检查

现场安装检查的偏差控制项目 表 7.2.2-2

项 目	允许偏差（mm）	检 验 方 法
位置偏移	10	尺量检查
上口平直	5	拉通线和尺量检查
拼缝宽度	1	尺量检查
拼缝高低差	0.5	直尺和楔形塞尺检查

7.3 质量控制的管理技术

根据工程石雕艺术性和构筑物结构性的双重特点，建立专业化的施工队伍、制定科学的管理机构、加强全过程的质量管理，建立了"质量控制与艺术特色相融合"的全过程总承包施工管理体系，如图 7.3 所示。

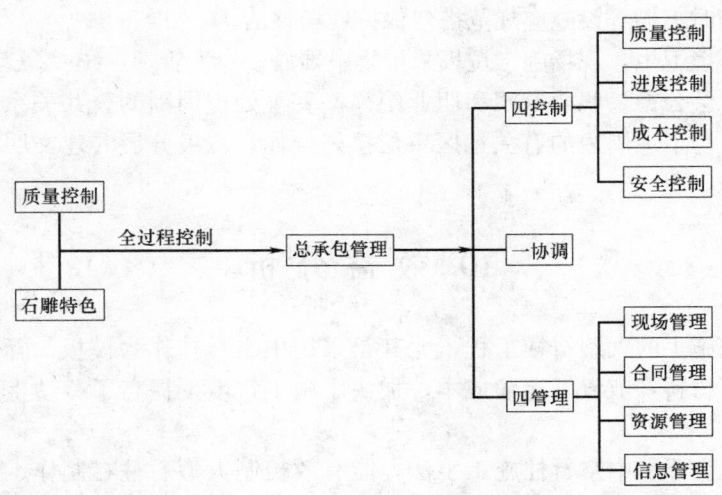

图 7.3 "质量控制与艺术特色相融合"的全过程总承包施工管理体系

8. 安全措施

8.1 实行安全生产责任制。安全工作由项目经理负责，设置现场巡视安全员一名。

8.2 落实安全教育制度。对进入工地的全体职工必须进行入场教育、定期进行安全意识教育、上岗教育、操作规程教育等。

8.3 制定安全设施验收制度。安全设备按照相关规定设置后，必须经公司质安科和设备科检查验收、合格后才挂牌使用。

8.4 执行现场安全检查。现场安全检查分定期的例行检查及不定期的专业检查。

8.5 加强安全防护措施。严格佩戴安全帽，高空作业要佩带安全带、穿防滑鞋并做足安全措施，不得饮酒后进入工地现场。

8.6 严格进行现场临时用电管理。现场施工配电箱要符合安全要求，要有防漏电装置，服从现场用电管理。

8.7 加强临边临口防护措施。采取临时防护措施，加设防护栏杆。

8.8 严格防火制度。实行现场禁烟制度，提高防火警惕性，加强材料防火、现场防火管理。

8.9 严禁高空抛物、坠物现象的发生。

9. 环保措施

9.1 施工现场设置明显的施工标牌及门前三包责任书，管理人员在现场佩戴证明身份卡。

9.2　严格遵守对施工现场的施工文明的有关规定，对工地人员进行文明施工及环保教育。

9.3　建立门卫制度，施工现场主要出入口设置"六牌二图"即工程概况牌、现场出入制度牌、安全纪律牌、防火须知牌、文明施工标准牌、门前三包责任书及现场平面布置图等。

9.4　工地实行围栏封闭施工，搞好三包工作，避免施工造成污染，现场施工垃圾每天定时清理。

9.5　专职人员进行文明施工及环保工作，检查、监督、养成良好文明习惯。

9.6　搞好周围环境，每天派专人清扫，做好相应的防尘、防污处理，方可进行施工。

9.7　对施工时噪声较大的混凝土工程通过调整进度安排、安排在白天进行。

9.8　强化现场文明施工管理，操作人员在施工过程中要轻拿轻放，杜绝噪声大的野蛮施工，同时尽量不用噪声较大的施工机具，创造一个较为安静的施工环境。

9.9　现场材料、成品、半成品、废品等按平面布置定点分区堆放、做到成垛、成堆、成捆有序。施工做到工完料尽，临时工棚等设施应规范搭建保持现场整洁。

9.10　搞好施工环境卫生，现场施工垃圾采用集中堆放、专人管理、统一搬运的方法。

9.11　严格遵守社会公德、职业道德和职业纪律，妥善处理周围的公共关系，争取有关单位和邻近群众的谅解和支持，与工地周边的有关社区单位搞好合作，积极开展共建文明活动，发挥文明窗口的作用，树立良好形象。

10. 效 益 分 析

10.1　应用该工法施工的大型石柱工程，尤其是采用中空石柱作为模板，降低了模板耗量，减少了工程的维修，节约了材料，节省了运输成本，加快了施工进度，提高了劳动生产率，取得了良好的经济效益。

10.2　采用大型镂空浮雕中空石柱施工工法，能有效控制大型石柱在制作、运输、安装等环节的施工质量，为石柱工程的美观效果提供条件，取得了有效的社会效益。

10.3　通过该工法的研究与实施，提高了企业的质量意识和科研能力，促进了质量管理的进一步开展，增强了企业人员的团结协作精神，提高了管理水平和技术效益。

11. 应 用 实 例

11.1　中国闽台缘博物馆九龙柱工程（图 11.1）

于 2006 年 5 月完工的中国闽台缘博物馆，位于福建省泉州市区西北侧，是海峡两岸文化交流的重点。在博物馆馆区入口处，有一对高 19.8m 的大型镂空浮雕中空九龙石柱（于 2006 年 2 月完工），石

图 11.1　中国闽台缘博物馆九龙柱

柱外围直径 2.0m，中空直径 1.2m，单根重达 135t（不包括核心钢筋混凝土的重量），分段长度 2.0m，基础采用桩基础，混凝土为 C30。九龙柱采用该工法施工，不仅缩短工期、节约成本、保证质量，而且有效体现了九龙柱的大型镂空浮雕效果，成为海峡两岸交流的象征。

11.2　马来西亚槟城极乐寺观音圣像石柱工程（图 11.2）

于 2008 年 8 月完工的马来西亚槟城极乐寺观音圣像石柱，共 16 根，每根均高 43m、外直径 2.38m、内空直径 1.5m、分段长度 1m，每段重量 6.8t，混凝土为 C25，是目前世界上最高的雕刻石柱，打造了世界吉尼斯纪录。16 根石柱均采用该工法施工，保证了大型镂空浮雕的艺术效果，且在工期、质量、经济方面令国外惊叹，谱写了我国大型镂空浮雕中空石柱技术的辉煌。

图 11.2　马来西亚槟城极乐寺观音圣像石柱

组合式石材幕墙施工工法

GJEJGF094—2008

海南盛达建设工程集团有限公司　江苏省华建建设股份有限公司

张金镒　吴兴宇　石伟国　吴碧桥　高家驯

1. 前　　言

近年来，随着科技进步和建筑技术的发展，建筑幕墙的新材料和新工艺不断涌现，建筑师逐渐开始选取石材作为表现建筑独特个性的元素，石材幕墙在我国得到了广泛应用，它以独特的风格、高雅亮丽的外形，使建筑物更具时代感和艺术造型。建筑物背栓组合式石材幕墙施工工法是利用高耐腐蚀连接件将饰面石材在其背面固定，安装在建筑物表面的一种新型施工工艺，它可以不受主体结构产生较大位移或温差较大的影响，不会在板材内部产生较大附加应力，从而控制了破坏状态，任意角度的拼挂，为不同规格、不同造型、多种复杂外形的设计需求提供了空间。其安装精度高、装饰效果好、构造简洁、做法灵活、拆装方便，为维修保养创造了便利条件，并克服了湿贴时水泥砂浆粘结剂对石材渗透的弊端和用传统销针、销板干挂法操作中对石材易破损、易锈蚀、无安全保障等缺陷。石材幕墙应用的高度越来越高，体量越来越大；使用的石材品种越来越多，由原来单一的花岗岩发展到大理岩、石灰岩、砂岩等品种；在深圳皇轩酒店等一些高层建筑中，我们看到了越来越多的幕墙采用天然石材作为幕墙材料，石材幕墙的造形更复杂、安全性要求更高，安装施工工艺要求越来越严格。

海南盛达建筑安装工程有限公司与江苏省华建建设股份有限公司根据高层建筑组合式石材幕墙施工特点设计合理的建筑构造和节点做法，同时与结构构造相结合，采取有针对性的施工工艺和质量控制措施，使该项石材幕墙施工的技术研究和应用取得了显著的成效，并形成了一套完整的技术先进、效益显著、经济适用、符合节能环保要求的施工方法。

2. 工 法 特 点

2.1　采用此种机械式背栓和组合式挂件的组合式石材幕墙施工技术，为高层建筑的石材幕墙的安装、更换与拆卸提供了新的便利方法，连接示意见图2.1。

2.2　该施工技术较之传统的干挂技术有许多独有的优势。

2.2.1　它使用快捷方便，在加工石材的同时，施工现场可安装龙骨系统，因为石材可按设计编号安装，所以无论哪一块石材运到现场，都可以马上安装，不受相邻石材安装的影响，可以节省安装时间，幕墙平整度容易控制并得到保证。

2.2.2　系统结构合理，背栓和石材构成弹性连接，各连接点受力后具有弹性自平衡特点，同一块石材随背栓数量的增多而承载力增大，有利于防震减振，安全性好，施工强度低，在施工过程中安装方便灵活。

2.2.3　带扩张帽的背栓插入石材上开出的锥形扩大孔中，质量容易控制，拉拔试验证明其承载力满足设计要求，离散性小。

2.2.4　背栓式干挂石材，因各个挂件均承载石材重量，破损石材不易脱落更换方便，它突破了石材安装必须有序的要求，可随意装拆任意一块石材，进行单块更换，不影响相邻板块，施工安全简便快捷。

2.2.5　此种干挂石材表面清洁，不易受污染，避免了用水泥砂浆粘结石材表面因受水泥侵蚀易变

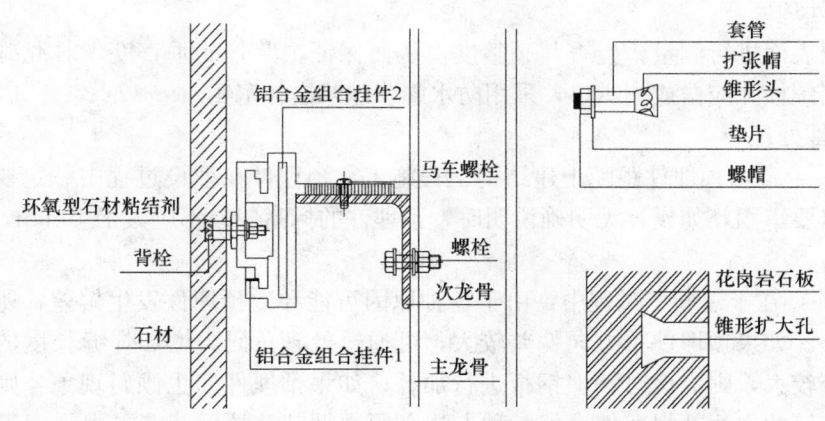

图 2.1　背栓式挂件安装连接示意图

色而形成色差。

3. 适 用 范 围

　　组合式石材幕墙由于每块石材均有 4 个背栓式挂件，每个挂件都均匀承受石材重量且石材挂件与龙骨挂件间接触面积大，相应的强度和稳定性好，因此最适用于高层和超高层建筑外墙花岗岩、微晶石等石材幕墙。目前它已经通过了中国建筑科学研究院组织的台面加速度为 900gal 的 X、Y 向 Elcentro 波和人工波振动台抗震实验。

4. 工 艺 原 理

　　本工法在传统石材幕墙施工技术基础上采用石材幕墙施工新技术——背栓组合式石材幕墙。该施工技术通过合理的结构和构造设计，采用在石材背面用专业打眼机器打出锥型扩大孔，然后植入背栓，再将背栓用专业铝合金连接件连接在主体框架上。使石材板块彼此独立，可随时拆卸和安装，使石材幕墙易于维护；通过合理布置连接点的数量和位置，改变石材板面的受力模型，使石材幕墙系统更加安全可靠，同时能适用于大规格石材板块幕墙及减小石板的设计厚度；采用双道密封施工技术，使石材幕墙可在严寒地区冬季施工，适合于国内大部分地区四季施工。本工法以一个横向分格和一个竖向分格为基本单元，一般板块大小在 1m² 左右，且具有单元式石材幕墙的优点；石材加工与现场龙骨安装可同时进行，合理安排作业计划，可大大缩短工期。

5. 施工工艺流程及操作要点

5.1　工艺流程

　　施工准备→定位放线→基层处理、补做埋件→安装主、次龙骨→固定挂件→石材安装→打胶勾缝、清洗。

5.2　操作要点

5.2.1　定位放线

　　1. 水平向控制线采用各楼层向上 500mm 水平线为依据量距来控制石材的水平度和垂直方向分块。在每个立面中间位置的墙上选定一个窗口，从上到下准确找出该窗口的中心线位置，弹上墨线作为竖向控制线，以此为依据向左右量距来控制石材的垂直度和水平向龙骨位置和石材幕墙位置。先由中间向两端测量，然后由两端向中间复核尺寸，其误差应符合设计要求。

　　2. 测量工具：水准仪、经纬仪、钢尺、塔尺、线坠、墨斗等。

5.2.2 基层处理

对混凝土外墙表面进行测量，检查其平整度，从而保证主龙骨的垂直度，对混凝土外墙面应清理干净，支模用穿墙螺栓孔应凿成喇叭口，采用防水膨胀砂浆嵌补密实。

5.2.3 预埋件处理

1. 预埋件安装：幕墙预埋件跟随土建结构工程施工，预埋件在埋设过程中一定要定位准确，与主体结构的连接一定要牢固，如设计无明确说明时，预埋件的标高偏差不应大于10mm，水平位置偏差不大于20mm。

2. 预埋件修补：在土建施工过程中，由于各种原因可能导致预埋件发生偏差，所以在幕墙施工前必须对其进行修补。如果预埋件单方向偏差较大，可通过处理角码，增加焊缝长度的办法处理；如果预埋件双向偏差都较大，则应该对预埋钢板进行加补；如果预埋件产生倾斜现象，则应增加垫板，如发生漏埋则采用植筋的方法补焊埋件，每一种方法必须遵循其补救后节点受力强度不能小于原理论节点设计受力强度的原则。

5.2.4 主龙骨安装

主龙骨立柱安装根据布置图将厂家已加工好的立柱运往施工现场并按其编号码放好，然后组织劳动力准备安装。立柱的安装应从下往上依次进行，就位之前，应先把芯套（上，下立柱接长用）与连接角码安装到立柱上，具体构件规格尺寸由设计确定，上下立柱之间留有最少20mm缝隙，连接角码与立柱的不锈钢螺栓一定要拧紧（角码与立柱的接触面一定要加防噪垫片，垫片的规格由设计确定），然后根据已确定的立柱轴线与标高控制线进行立柱的安装，安装时先把角码点焊在预埋件上，然后调整立柱，使立柱的轴线与已确定的立柱分隔轴线重合，立柱顶与在横梁上弹出的立柱顶标高线重合。在确定第一条立柱安装准确无误后，把上一层立柱套入下一层立柱，就位准确后点焊，并用不锈钢螺栓将上下立柱与立柱连接芯套连接牢固，如此循环，完成一组立柱安装。整面立柱安装完毕，检查无误后进行角码与埋件的加焊以及角码螺栓孔的防滑移焊接（为调节立柱的垂直度，角码与立柱连接的螺栓孔为长圆形，待安装完毕后应对其进行加焊）。龙骨安装完要进行全面检查，尤其是横竖框中心线必须用仪器对横竖龙骨进行复测调整。

5.2.5 次龙骨安装

根据石材规格分块，确定次龙骨长度，编号分类码放。主龙骨安装完毕检查合格后可以进行次龙骨的安装，次龙骨通过专用角板连接，在主龙骨侧面上钻孔用M10螺栓将专用角板固定在主龙骨上，专用角板与主龙骨接触面上打长圆孔可以延主龙骨方向上下调节，最大调节长度为30mm（即次龙骨可上下调节），再将次龙骨与专用角板用M10螺栓相连。

次龙骨安装完毕检查后进行干挂件的固定。根据石材所需用的挂件数量进行统计，确定挂件位置后开始采用专用马车螺栓固定。通过挂件上的长圆槽孔可进行适当的调节，以保证石材位置的准确性。凸出外墙的装饰线条石材连接示意见图5.2.5。

5.2.6 石材挂件的安装

铝合金挂件的定位、安装是可更换背栓式石材幕墙安装中至关重要一环，它位置是准确与否直接关系到石材幕墙的外观效果、铝合金挂采用分段形式，通过螺栓与横梁（次龙骨）相连，石材板块上的胀栓与挂件间有一定的配合尺寸，可以保证石材水平板块方向的调整。

5.2.7 层间防火封修

在每层楼的楼板顶标高处，沿处墙四周设一道层间防火封层，因外墙石材内表面距剪力墙有200mm左右空隙，为防止火灾发生后，火势从此空隙处向上层漫延，故此设层间防火隔离带，材料采用≥1.2mm厚镀锌钢板加≥100mm厚防火保棉，镀锌钢板一端用射钉固定在剪力墙上，射钉间距≤500mm，另一端搭在横向龙骨上。

5.2.8 石材安装

1. 配套件安装：安装石材之前，应先把铝合金挂件2用不锈钢螺栓固定于横梁（次龙骨）上，螺

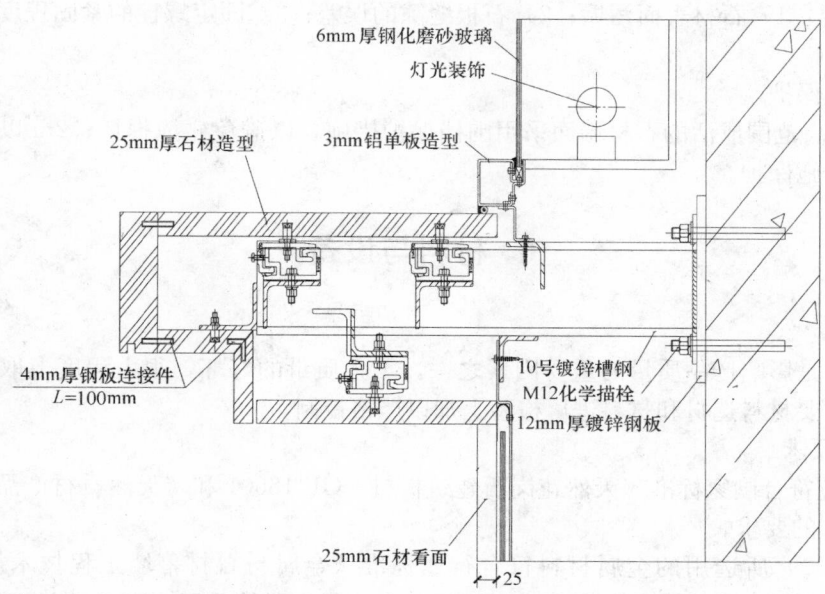

图 5.2.5　凸出外墙的装饰线条石材连接示意图

栓与挂件 2 接触面加弹簧垫片，调整挂件 2 位置，使挂件的凹槽与将要安装的石材面相平行，并使凹槽绝对水平。

2. 石材安装：将预先加工好的石材对照施工排版图，检查石材与图是否相符，检查石材的尺寸与外观质量，同时对照加工图检查加工精度，如果都符合相应的规范要求，进行石材安装。石材宜按照自下而上的顺序进行，安装前，工人先对开孔机具进行孔位调试，然后将石材置于上面进行开孔，开孔完毕后将石材置于铺有柔性材料的石材工作平台上（工作平台视石材的尺寸在现场砌筑，以便于工人操作为宜），然后在其上安装背栓与铝合金挂件 1，石材背部背栓处加 3mm 厚尼龙垫片，然后将挂件 1 固定在背栓上，（保证挂件 1 的水平度一致）调试好挂件 1 后拧紧螺栓，由工人将其挂到与横梁连接的挂件 2 上，然后调试与横梁（次龙骨）连接的挂件 2，使各挂件受力均匀，石材板面垂直水平，这样就完成了一块石材的安装。如此循环，就可完成整面石材幕墙的安装。

3. 构造要求：石材与挂件 1 的连接，视石材板尺寸和构造要求可采用一个背栓、二个背栓、四个背栓等，本工法的所有节点图都是按照四个背栓设计，背栓孔中心距离石材边不大于 250mm；当为二个背栓连接时，孔中到板顶边距离不大于 400mm，到侧边距离不大于 300mm；当采用一个背栓连接时，孔应该位于石材中心，到石材边不大于 300mm，如果采用一个或二个背栓连接时，在石材的四个角应加尼龙螺栓顶住石材，使石材板面平稳。连接件凹槽深度与石材板缝的大小除满足设计要求外，还应该考虑将来石材维修拆装的方便与石材整体的美观效果，因此石材连接件的凹槽深度一般与石材板缝相差不大于 4mm，本工法节点图中石材板缝为 10mm，挂件凹槽深度 6mm。

4. 石材准确度的控制：安装石材时应注意控制石材安装高程累计误差及控制基准石材完成面。石材高程累计误差的有效控制方法是在每个楼层弹 500mm 水平基准线，以此线校核施工误差，要求一般不超过 ±2mm，若超出此误差范围，则及时在上一层石材安装时调整。控制每块石材基准完成面的方法是通过精确的测量放线牙口结构的三维调整功能来保证石材完成面的准确性。

5.2.9　石材缝密封

石材装好，调整完毕经检查确认合格后，即可进行石材板缝注胶密封（缝宽一般为 6~12mm），注胶之前先把胶缝清理干净，并在胶缝的两侧贴上保护带，以免注胶时把石材弄脏。注胶后再把保护胶带撕下来，注胶材料必须选用耐候、耐老化和耐火性能，且不含硅油，以防对石材造成污染。

5.2.10　清理

1. 每一块板安装完毕后，即对表面进行清理，以确保每一块板的安装已完全符合标准。

2. 清理的内容：1）石材表面污垢；2）石板缝隙的误差；3）固定螺栓的紧固程度以及每块板的垂直度、平整度等。

5.2.11 成品保护

将距地面 2m 高范围成活的石材墙面采用围档保护措施，以避免碰撞损坏；2m 以上的成活墙面采用防污染的遮挡设施保护。

6. 材料与设备

6.1 材料

原材料的质量是影响产品质量的重要因素之一。工程质量的好坏，很大程度上取决于原材料的好坏。因此必须在主要材料选材和材料进厂检验上加以严格控制。

6.1.1 材料要求

1. 石材选用应符合国家标准《天然花岗石建筑板材》GB 18601 和《天然石材产品放射分类控制标准》JC 158—1993 的要求。

2. 金属材料：1）所选用的金属材料符合行业标准《金属与石材幕墙工程技术规范》JGJ 133—2001 规定。2）预埋件：受力预埋件的锚板采用 Q235B 钢材，锚筋采用 HRB335 级钢筋。3）小单元式石材幕墙挂件：采用国标铝矽镁合金挂件，符合现行行业标准《金属与石材幕墙工程技术规范》JGJ 133—2001 的要求（此类挂件已进入国家图集）。4）连接螺栓：在幕墙钢结构与砼体结构连接预埋件漏放、偏差设计位置太远、设计变更同时采用高强化学锚栓连接。化学锚栓螺杆材质为 A3 镀锌钢。在幕墙钢结构与挂件主板连接用不锈钢六角螺栓连接。所选用的金属材料均要进行防腐处理。

3. 石材干挂胶：干挂胶的选用其性能符合行业标准《干挂石材幕墙用环氧胶粘剂》JC 887—2001 的要求，具有国家检测部门出具的检测报告、保质期限的质量证书及证明无污染的试验报告。

6.1.2 控制主要材料质量的方法

1. 选择好主要材料的供货商，进行供货评审。对供货商的生产能力、质量保证能力、供货能力、价格水平、售后服务等进行评审，确定其是否为合格的供货商。

2. 对材料进行入库检验和验证，确保材料的质量。

6.1.3 主要材料的检验验证

1. 铝合金型材（《铝合金建筑型材》GB/T 5237）。

1）型材入库时，应验证合格证、材料的化学成份和力学性能证明、镀膜层符合《铝及铝合金阳极氧化膜规范》GB 8013 标准为 AA15 级（型材平均膜厚 $15\mu m$，最小膜厚 $12\mu m$）。

2）进行外观和尺寸抽查。

3）对主要受力型材进行化学成份和力学性能复验。

2. 硅酮结构胶、耐候胶。

1）验证胶的质量证明文件、胶的牌号、批号和有效期。

2）10 年质量保证年限证明书。

3）石材结构胶（环氧树脂）、石材硅酮耐候胶与相接触材料的相容性、粘接力试验报告（按工程试验）。

4）胶的产地证明和商检报告（进口胶）。

6.2 机械设备（表 6.2）

组合式石材幕墙施工设备的施工机械设备 表 6.2

序号	机械或设备名称	型号规格	数量	国另产地	额定功率（kV）	生产能力	备注
1	电焊机	BX1-160	20	广东	4	良好	
2	电焊机	—	20	广东	0.5	良好	

序号	机械或设备名称	型号规格	数量	国另产地	额定功率 (kV)	生产能力	备注
3	推车	TC208	4	广东	手动	良好	
4	打胶枪	RB-15A	20	美国	手动	良好	
5	油压钻	JH202	16	日本	液压	良好	
6	玻璃吸盘	手动真空	8	日本	手动	良好	
7	磨光机	RWS6-100	6	德国	2	良好	
8	砂轮机	GKS85S	4	德国	2	良好	
9	毛电钻	GBM1	36	德国	0.5	良好	
10	冲击钻	8211	10	德国	3	良好	
11	圆盘锯	$\phi600\times\phi38\times5.1\times120T$	2	德国	3	良好	
12	卷扬机	JK1	1	国产	5	良好	
13	氩弧焊机	USAA-30	2	德国	1	良好	
14	石材切割机	S960/6	3	南京	3	良好	
15	石材打磨机	S870/7	4	南京	2	良好	
16	电动真空吸盘	12PGMBM	2	意大利	2	良好	
17	吊篮	QL-800	14	无锡	15	良好	

7. 质 量 控 制

7.1 本工法实施过程中必须严格执行下列标准和规范

《建筑幕墙》JGJ 3035—1996;

《金属与石材幕墙工程技术规范》JGJ 133—2001;

《建筑幕墙抗雷性能振动台试验方法》GB/T 1857;

《建筑幕墙平面内变形检测方法》GB/T 18250;

《建筑幕墙风后变形性能测试方法》GB/T 15226;

《建筑幕墙空气渗透性能测试方法》GB/T 15227;

《建筑幕墙雨水渗透性能测试方法》GB/T 15228;

《建筑幕墙工程质量检测标准》JGJ/T 139—2001;

《天然石材产品放射分类控制标准》JC 158—1993;

《干挂石材幕墙用环氧胶粘剂》JC 887—2001;

《高层民用建筑设计防火规范》GB 50045—95;

《建筑幕墙质量验收标准》GB 50210。

7.1.1 组合石材幕墙施工质量执行《金属与石材幕墙工程技术规范》JGJ 133—2001。

1. 构件铝型材装配尺寸偏差按表 7.1.1-1 规定执行。

构件铝型材装配尺寸偏差表（mm） 表 7.1.1-1

项目尺寸	尺 寸	允 许 偏 差
槽高度	≤2000	±1.5
槽宽度	>2000	±2.0
构件对边尺寸	≤2000	≤2.0
	>2000	≤3.0
构件对角线尺寸	≤2000	≤2.0
	>2000	≤3.5

2. 幕墙构件装配尺寸偏差按表 7.1.1-2 规定执行。

幕墙构件装配尺寸偏差表（mm）　　　表 7.1.1-2

项　目	构 件 长 度	允 许 偏 差
槽口尺寸	≤2000	±2.0
	>2000	±2.5
构件对边尺寸差	≤2000	≤2.0
	>2000	≤3.0
构件对角尺寸差	≤2000	≤3.0
	>2000	≤3.5

3. 金属板材加工允许偏差按表 7.1.1-3 规定执行。

金属板材加工允许偏差表（mm）　　　表 7.1.1-3

项　目		允 许 偏 差
边长	≤2000	±2.0
	>2000	±2.5
对边尺寸	≤2000	≤2.5
	>2000	≤3.0
对角线长度	≤2000	2.5
	>2000	3.0
折弯高度		≤1.0
平面度		≤2/1000
孔的中心距		±1.5

4. 幕墙安装允许偏差按表 7.1.1-4 规定执行。

幕墙安装允许偏差表（mm）　　　表 7.1.1-4

项　目		允 许 偏 差	检 查 方 法
竖缝及墙面垂直度	幕墙高度 H/（m）		
	H≤30	≤10	
	60≤H>30	≤15	激光经纬仪或经纬仪
	90≤H>60	≤20	
	H>90	≤25	
幕墙平面度		≤2.5	2m 靠尺、钢板尺
竖缝直线度		≤2.5	2m 靠尺、钢板尺
横缝直线度		≤2.5	2m 靠尺、钢板尺
缝宽度（与设计值比较）		±2	卡尺
两相邻面板之间接缝高低差		≤1.0	深度尺

7.2　质量保证措施

7.2.1　本工法叙述之石材均采用 4 个背栓连接，大大增强了石材幕墙的安全性。

7.2.2　挂座固定在竖向钢龙骨上，上下和前后可调。

7.2.3　石材间接缝采用双道密封，第一道密封为石材安装后，周边胶条相挤压形成一道密封线；第二道密封采用耐候密封胶填缝密封。此种密封方式适用性强，可在国内任何地区四季施工，尤其适用于严寒地区冬期施工。

7.2.4　防水处理：石材作为外装饰面材，同时也作为一道雨屏，阻挡大量的雨水进入石材内部。为保证石材板块的自由伸缩并满足抗震要求，干挂石材间应留有缝隙，缝宽一般在 6～12mm。这道缝隙同时也不可避免地成为雨水进入石材内部的通道。板缝防水处理方式为填缝处理，利用有弹性的防水材料（耐候密封胶）填缝密封，防止雨水进入。本系统采用双道密封防水设计，第一道为三元乙丙胶条周圈密封，第二道为耐候密封胶填缝密封。

8. 安 全 措 施

8.1 施工中应严格按国家、地方相关的安全操作规定进行操作，贯彻执行"安全第一、预防为主"的方针。

8.2 建立健全项目经理等各级人员的安全生产责任制，责任明确并落实到人。项目经理部建立定期安全检查制度，配备一名专职安全员，负责施工现场的日常安全管理工作和巡回监督检查工作，负责提出安全预防措施强化安全生产管理，加强安全生产意识教育，切实落实安全技术措施。

8.3 公司在施工现场设有专职安全负责人，专门负责与现场业主、土建协调，落实有关安全生产的规章制度，做好现场施工人员安全施工宣传教育，使全体施工人员真正认识安全的重要性，进入施工现场必须遵守《建筑安装工人技术规程》，自觉遵守各项安全规定和安全规章制度。

8.4 特殊工种（电工、焊工）要有市级以上审批专业证书。现场电线按规定架设，绝缘橡皮线穿过道路要加套管，以免压裂触电。

8.5 充分发挥"三件宝"的作用，进场前，必须穿、戴好安全帽、安全带，正确使用个人劳动防护用品。时刻检查，注意下层的物品，凡2m以上的悬空、高处作业无安全设施的必须系好安全带，扣好保险钩，确保人员的安全，在没有扶手和简易的扶手的楼梯和前台上通过时，应先试其牢固程度，靠近墙的一侧通过，2人以上共同操作前协调一致，互相配合，高空作业严禁抛材料和工具等物件。安装用吊船时应按规定搭设。

8.6 施工安装时，不得违章操作，遇有特殊情况，经请求有关部门领导同意后，方可施工。材料的堆放、吊运必须服从业主及土建单位的统一指挥；未经有关人员批准不得任意拆出安全设施和安全装置。

8.7 所用用电设备实行一机一闸一漏电开关，不使用时一律拉闸断电，增设和拆除供电线路时，一律由电工操作，施工临时用电严格按《施工现场临时用电安全技术规范》JGJ 46—88 规范要求执行。进入现场施工时，首先查看现场电源、线路、电闸的保险程序，使用带电工具应按使用说明书接好地线，接通电源后，经过建筑公司电工检查后方可使用，并使用漏电保护。工地内架设的电线，必须征得有关部门领导的同意，并符合用电规章制度，它的悬挂高度和工作地之间的水平应该按当地的电业局的规定标准。

8.8 施工人员均需进行体验，检验合格后才能参加作业。工作严禁喝酒和打闹。在使用工具前，检查其安全性能是否完好，不具备完好标准的工具严禁使用。

8.9 设立工地专职安全员，专职负责安全问题，发现问题即时解决，并及时汇报。现场施工时，应严格遵守国家有关防火条例。

8.10 施工过程中，应在业主、监理公司、总包单位指定的地点休息，施工现场不准使用电炉子，不准随意扔烟头，并远离易燃、易爆物品。

8.11 各种电动机械设备必须有漏电保护装置和可靠安全接地方能开动使用；收工时要切断电源，并检查施工现场，清除隐患。

8.12 特殊工种未经培训不得上岗，不准无证操作；在焊接时，动工前要向总包单位提出办理动火证，并健全制度，在焊接层以下各层设立防火监护人，保证焊渣不引起其他部位起火，电焊机接到总包单位电工同意后，方可使用。

8.13 不准穿拖鞋、高跟鞋、赤脚或赤膊进入施工现场；不准穿硬底鞋进行登高作业。

9. 环 保 措 施

9.1 成立对应的施工环境卫生管理机构，在施工过程中严格遵守国家和地方政府下发的有关环境保护的法律、法规和规章，加强对施工加工场所、工程材料、设备、废料、生产生活垃圾、弃渣的控制和治理，遵守有防火及废弃物处理的规章制度，做好场地交通环境疏导，充分满足便民要求，认真接受城市管理，随时接受相关单位的监督检查。

9.2 将施工场地和作业限制在工程建设允许的范围内，合理布置、规范施工，做到标牌清楚、齐全，各种标识醒目，施工场地整洁文明。

9.3 对施工中可能影响到的各种公共设施制定可靠的防止损坏和移位的实施措施，加强实施中的监测、应对和验证。同时将相关方案和要求向全体施工人员认真交底。

9.4 所有垃圾杂物等需运往指定的垃圾场，幕墙应用中性溶剂清洗，认真做好无害化处理，从根本上防止施工废浆乱流。

9.5 材料部件储存应放在通风、干燥的地方，严禁和酸碱等物质接触，并要严防雨水渗入。部件不允许直接接触地面，用不透水的材料在底部垫高 100mm 以上。

9.6 材料进场检测及组合石材幕墙施工应符合《建筑幕墙工程质量检测标准》JGJ/T 139—2001 相关条款规定。

10. 效 益 分 析

采用该工法施工的高层建筑石材幕墙工程，其良好的装饰效果、优良的防水性能以及安全的使用性能在市场上建立了良好的信誉，取得很好的社会效益，且施工安全方便快捷，设备简单易操作，综合成本相对较低，经济效益明显，其发展前景十分广阔。

11. 应 用 实 例

11.1 海南盛达景都工程位于海口市美苑路与国兴大道交叉口，地下 1 层，地上 22 层，总建筑面积为 65455m²，于 2005 年 10 月 8 日开工，于 2008 年 3 月 10 日竣工。组合式石材幕墙面积合计 3980m²。

11.2 海南钱江大厦位于海口市海甸岛和平大道和海甸五中路交叉口，地下 1 层，地上 27 层，总建筑面积为 41889m²，建筑高度为 92.7m。工程于 2006 年 6 月 15 日开工，于 2007 年 12 月 30 日竣工。组合式石材幕墙面积合计 5300m²。

11.3 海南三叶数码城主体商城位于海口市海垦路与三叶东路交叉口，共 6 层，总建筑面积为 17908m²，于 2006 年 7 月 8 日开工，于 2008 年 1 月 10 日竣工。组合式石材幕墙面积合计 1876m²。

PUF 喷涂外墙外保温施工工法

GJEJGF095—2008

大连悦泰建设工程有限公司　大连阿尔滨集团有限公司

张大鹏　李秉久　刘显全　魏勇　栾风辉

1. 前　言

聚氨酯硬泡（英文 polyurethane foam 简称 PUF）是目前所有保温材料中导热系数最低的，因此具有优良的保温绝热性能。同时该施工工艺在现场直接喷涂发泡，形成无缝保温（兼防水）层，无任何冷桥。而且该工艺能够与墙面基层粘结牢固，适合高层建筑和海边风力较大地区建筑，是节能 50％ 标准以上建筑外墙、屋顶保温首选材料。

2. 工 法 特 点

2.1　聚氨酯硬泡导热系数低，保温隔热、隔声效果好

由于在建筑物外表面直接采用喷涂，使得聚氨酯发泡时所产生的孔洞闭孔率大大提高，经检测利用该工艺所形成的聚氨酯硬泡密度可以达到 $35\sim40kg/m^3$，导热系数仅为 $0.018\sim0.023W/(m\cdot K)$。

2.2　具有良好的粘结性能

聚氨酯喷涂发泡技术使其具有优越的粘结性能，聚氨酯硬泡体系直接喷涂于墙体表面，通过喷枪使混合料在压力的作用之下，直接喷涂于墙体基面发泡成型，同时由于液体混合料具有流动性、渗透性，可以进入墙面基层空隙中发泡，与基层牢固地粘合并起到密封空隙的作用，其粘结强度超过聚氨酯硬泡体本身的撕裂强度，从而使硬泡层与墙面基层粘结成为一体，不易发生脱层。

2.3　防水性能好，具备保温防水一体化

聚氨酯硬泡吸水率低，抗水蒸气渗透性好，泡沫孔成独立状态互不连通，闭孔率达到 95％ 以上，是结构致密的微孔泡沫材料，与空气接触的表面更加致密，不易透水，属于憎水材料，喷涂施工时可以进入到墙体基层空隙中发泡，与基层牢固的粘合并起到密封空隙的作用，聚氨酯硬泡防水性能和连续无接缝性保证了整个保温体系的整体防水性能，因此防水效果好，吸水率低，且不会因吸潮而增大导热系数，防水性能可靠，实现保温防水一体化。

2.4　现场喷涂，施工方便，整体性好

聚氨酯硬泡采用喷涂施工，使施工具有连续性，独特的施工技术使整个保温层无接缝、具有整体性，通过机械化施工，墙体形成无接缝连续壳体。

2.5　耐老化、阻燃、化学性能稳定

与聚苯乙烯等有机保温材料相比，聚氨酯的耐老化性能更加优异，化学性能稳定，抗老化强度的温度范围大，聚氨酯硬泡体在低温情况下不脆裂，在高温情况下不流淌、不粘连，可正常使用，且耐弱酸、弱碱等化学物质侵蚀，使用寿命更长。同时，硬质聚氨酯泡沫在合适的阻燃剂的作用下，能够达到国家阻燃标准 B2 级，燃烧中不出现熔融物质滴落现象，更适合现行建筑保温材料的要求。

2.6　施工方便，施工效率高

本工艺适合各种类型的建筑物外立面施工，因为现场发泡，能适应于任何形状结构，特别是异型

层面，降低了施工强度和难度，节省工程造价及施工时间，现场施工可以实现标准化、机械化，操作简便，其施工效率高出其他保温施工方式。

2.7 耐久性好，抗老化能力强

聚氨酯性能稳定，抗老化能力强，根据工程应用实例和研究表明，其使用年限可达 25 年以上。

3. 适 用 范 围

3.1 本工艺适用于冬季保温、夏季隔热的多层及高层建筑、公共建筑、旧有建筑节能改造工程、建筑节能要求大于 65％的外保温工程。可直接喷涂在砌体、混凝土表面上，其上也可做涂料、面砖、干挂石材等装饰。

3.2 本系统适用于本系统外饰面粘贴面砖时，抗裂防护层中的热镀锌电焊网要用塑料锚栓双向间距 500mm 锚固，确保外饰面层与基层墙体的有效连接。

3.3 热桥部位如门窗洞口、飘窗、女儿墙、挑檐、阳台、空调机隔板等部位应加强保温，不好喷涂聚氨酯的部位应抹胶粉聚苯颗粒保温砂浆。

3.4 基层墙体的平整度误差不应超过 3mm，否则应先对基层墙体找平后方可进行喷涂聚氨酯的施工。

3.5 为确保聚氨酯与基层墙体的有效粘结，基层墙体应该充分干燥，并应对基层墙体进行界面处理。

3.6 为确保聚氨酯的有效发泡，基层墙面的温度不应太低。

3.7 门窗洞口等边角处难以喷涂聚氨酯的部位应当采用粘贴或锚固聚氨酯块材的方法在喷涂前施工好。

4. 工 艺 原 理

本工艺所采用的硬泡聚氨酯（PUF）原料为双组分，其中 A 组份为单一成分组成；B 组分为组合成分，由多元醇（醚型、酯型）、发泡剂、催化剂、匀泡剂、阻燃剂等多种成分组成。在一定温度下 A、B 组分混合后在短时间（几秒钟至几小时）内发生化学反应，形成固态聚氨酯。

本工法的核心部分为：合理控制墙体基层的含水率；墙面基层封闭处理，减少湿度对喷涂聚氨酯硬泡保温材料的影响；秋冬期施工措施。

4.1 合理控制墙体基层的含水率

通过大量的具体施工经验总结，我们发现基层墙体的含水率对本工艺的安全性、功能性、耐久性有直接的影响，但是为了能够满足建设单位的工期要求，总结出不同建筑材料基层的最大含水率规律，尽可能减少新建结构本身因水分散失而停止的时间间隔。

4.2 墙面基层封闭处理

该项做法可以增加墙面基层表面的密实度，尤其对于砌体材料而言能够增强材料表面的强度，可以避免因为材料表面松散而引起的保温层脱落、翘曲、空鼓等质量缺陷。

4.3 秋冬期施工措施

本工法主要针对在北方地区施工时，不可避免地会涉及到低温作业（室外环境温度接近 0℃），因此需要考虑喷涂聚氨酯的发泡率，在此种环境下首先要调整原料 A、B 组分的配比，适当添加外加剂持续提高聚氨酯凝固阶段的温度，使其顺利完成整个发泡过程。

5. 施工工艺流程及操作要点

5.1 工艺流程图（图5.1）

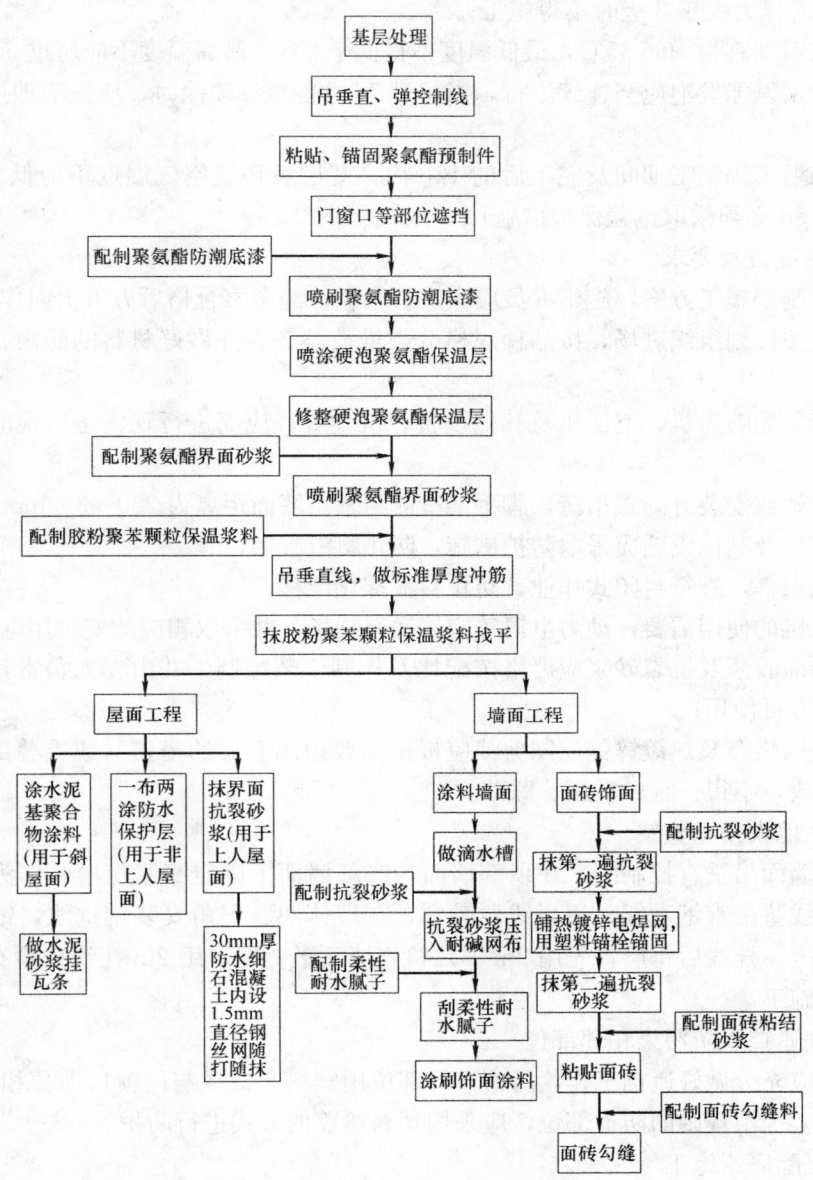

图5.1 喷涂硬质聚氨酯发泡施工工艺

5.2 施工工艺

5.2.1 基层要求及其处理

1. 硬泡聚氨酯发泡的基层应符合《建筑装饰工程质量验收规程》GB 50210的要求；

2. 新建建筑外墙不抹灰时，应控制砌体结构灰缝，应使灰缝尽量饱满；

3. 对既有建筑进行节能改造时，应按预先审定的技术方案对基层进行处理。清除表面尘土、杂物、油污，对空鼓、脱层、胀胎等不良基层应进行仔细清理、修补，使基面平整度偏差不大于2mm。

5.2.2 施工环境及其要求

1. 硬质聚氨酯发泡保温、防水工程的施工应在基层工程验收合格，并且表面干燥的条件下进行；

2. 外墙安装消防梯、水落管卡子、管线预留洞口及预埋件等，应在喷涂硬质聚氨酯发泡前施工完毕（同时应当预留保温层厚度），并验收合格；

3. 外墙门窗框应安装完毕，并验收合格；

4. 对沉降缝、伸缩缝应按设计要求施工完毕后，方可进行喷涂硬质聚氨酯发泡保温层的施工；

5. 不得在雨天或基面未干燥的情况下喷涂硬质聚氨酯发泡，施工环境的空气相对湿度应小于 70％，喷涂施工时风力大于 3 级时不得施工；

6. 基面施工温度宜为 10～35℃，最低温度不得低于 0℃，最高温度不应超过 35℃；

7. 喷涂硬质聚氨酯发泡应当连续进行，当超过 7d 才能继续喷涂时，应先清理接茬处灰尘，然后再进行喷涂；

8. 在外墙保温工程施工期间及完工后的 12h 内，基层及环境空气温度不应低于 5℃，夏季应避免阳光暴晒（超过 5d 必须采取遮盖保护措施）。

5.2.3 施工准备及要求

1. 施工前应制定施工方案，施工人员应当进行培训，经考察合格后方可上岗作业；

2. 原材料应按计划组织进场，按品种规格分类堆放整齐，并做好材料的防雨、防潮、防火等安全工作；

3. 专用的聚氨酯喷涂机、空压机及其他设备、机具等，应当进行现场运行检验，合格后方可投入正常使用；

4. 搭设脚手架或安装升降式吊篮，脚手架里侧与基层墙面距离为 200～300mm；

5. 对外门窗框及其他设施应采取防护措施，防止料液溅污；

6. 搭设防风帐幕，进行封闭式作业，防止料液雾化漂移；

7. 根据喷涂机的使用需要，动力电源等应接送至现场，并采取相应的安全用电措施；

8. 聚合物抹面胶浆及抗裂砂浆应严格按配比及拌制工艺配制，并由专人负责，经试配满足施工可操作性要求后，方可使用；

9. 耐碱玻纤网格布及热镀锌钢丝网剪裁应根据需要留出必要的搭接（或重叠部分）长度。裁好的玻纤网格布应卷放，不得折叠、重压、踩踏。

5.2.4 吊大墙大角垂直线

施工前应在墙面吊垂直控制线，在顶部墙面与底部墙面下固定膨胀螺栓，作为大墙面挂控制钢丝的垂挂点。用大线坠吊直钢垂线，用紧线器勒紧，在墙体阴、阳角安装钢垂线，钢垂线距墙体的距离为保温层的总厚度。挂线后每层首先用 2m 靠尺检查墙面平整度，用 2m 托线板检查墙面垂直度，达到平整度要求方可施工。

5.2.5 做好遮挡以防污染相邻部位

在施工之前应充分做好遮挡工作，门窗口等部位用塑料布裁成与门窗口面积相当的块料进行遮挡。对于架子管、铁艺等不规则的防护部位，应采用塑料遮盖的方式进行防护。

5.2.6 聚氨酯底漆施工

涂刷聚氨酯底漆待基层平整度验收合格并清理干净后，将稀释好的聚氨酯底漆用滚刷均匀地涂刷于基层墙面，注意要保证硬泡聚氨酯保温层的作业面要覆盖完全，不得有漏刷、透底之处。

5.2.7 喷涂硬泡聚氨酯保温层

开启高压无气喷涂机将聚氨酯 A、B 混合材料均匀地喷涂于基层之上，喷施应当从门窗洞口处开始，用木板等遮挡物在侧面进行遮挡，喷涂完成的口角用手锯修出设计角度及保温层厚度。发气泡后沿着泡边沿喷涂，第一遍喷涂厚度宜控制在 10mm 左右，以后每遍喷涂厚度应控制在 10～20mm 之间，施工人员应但随时通过探针深度来控制发泡厚度。喷涂过程中要注意防风，为防止风吹污染材料表面，应适当进行遮挡，当风速超过 5m/s 时不应进行施工。

5.2.8 修整硬泡聚氨酯保温层

当喷涂发泡达到设计要求时，应随即抽检厚度，并按检验批要求进行质量检验，同时形成检验记录。硬泡聚氨酯保温厚度超标处，应当及时用裁纸刀、手锯等工具清理、修整遮挡部位以及突出部位。

6. 材料与设备

6.1 材料简介
6.1.1 材料要求

硬质聚氨酯发泡（简称 PUF）是一种合成高分子材料，主要由多异氰酸酯（NCO 基团）与多羟基化合物（OH 基团）化学反应而成。PUF 又有软质、半硬质、自结皮、硬质之分，其中建筑保温节能主要应用的是硬质 PUF。目前硬泡 PUF 原料主要是双组份液态形式供货，其中 A 组分为组合成分，由多元醇（醚型、酯型）、发泡剂、催化剂、匀泡剂、阻燃剂等多种成分组成。B 组分为单一成分多异氰酸酯组成。在一定温度下，A、B 组分混合后，在短时间内发生化学反应，形成氨基甲酸酯聚合物——简称聚氨酯，其自身化学反应放热使其发泡剂气化，形成 PU 树脂发泡膨胀，凝固后就形成 PUF。

保温材料及其配套材料进入现场应进行复检，包括材料的合格证、检测报告应齐全，所用材料是否在有效期内见表 6.1.1-1～表 6.1.1-11。

聚氨酯底漆的主要性能指标 表 6.1.1-1

项 目		技 术 指 标
原漆外观		淡黄至棕黄色液体、无机械杂质
施工性		刷涂无困难
干燥时间(h)	表干	≤4
	实干	≤24
附着力(级)	干燥基层	≤1
	潮湿基层	≤1
耐碱性		48h 不起泡、不起皱、不脱落

喷涂聚氨酯硬泡材料主要性能指标 表 6.1.1-2

项 目		指 标
喷涂效果		无流挂、塌泡、破泡、烧芯等不良现象，泡孔均匀、细腻、24h 后无明显收缩
干密度(kg/m³)		35～50
压缩强度(屈服点时或变形 10%时的强度)(MPa)		≥0.15
抗拉强度(MPa)		≥0.15
导热系数[W/(m·K)]		≤0.025
尺寸稳定性(70℃,48h)(%)		≤5
水蒸气透湿系数(温度:23±2℃,相对湿度:0～85%)(ng/Pa·m·s)		≤6.5
吸水率(体积分数,%)		≤3
燃烧性(垂直法)	平均燃烧时间(s)	≤30
	平均燃烧高度(mm)	≤250

聚氨酯界面剂及界面砂浆的主要性能指标 表 6.1.1-3

项 目		技 术 指 标
界面处理剂	容器中状态	搅拌后无结块、呈均匀状态
	施工性	刷涂无困难
	低温储存稳定性	3 次试验后，无结块、凝聚及组成物的变化
	与水泥砂浆的拉伸粘结度(MPa) 常温常态	≥0.70
	耐水	≥0.50
	耐冻融	≥0.50

续表

项　目		技术指标	
界面处理剂	与聚氨酯的拉伸粘结度（MPa）	常温常态	≥0.20 聚氨酯破坏
		耐水	≥0.20 聚氨酯破坏
		耐冻融	≥0.20 聚氨酯破坏
界面砂浆拉伸粘结强度（MPa）	与聚氨酯试块	常温常态	≥0.15 且聚氨酯试块破坏
		浸水 7d	≥0.15 且聚氨酯试块破坏
	与胶粉聚苯颗粒浆料试块	常温常态	≥0.10 且胶粉聚苯颗粒浆料试块破坏
		浸水 7d	

聚氨酯预制件胶粘剂性能指标　　　　　　　　　　表 6.1.1-4

项　目		指　标
容器中状态	A 组分	均匀膏状物，无结块、凝胶、结皮或不易分散的固体团块
	B 组分	均匀棕黄色胶状物
干燥时间（h）	表干时间	≤4
	实干时间	≤24
与水泥砂浆拉伸粘结强度（MPa）	标准状态	≥0.5
	浸水后	≥0.3
与聚氨酯的拉伸粘结度（MPa）	标准状态	≥0.15 或聚氨酯试块破坏
	浸水后	≥0.15 或聚氨酯试块破坏

胶粉聚苯颗粒保温砂浆料技术性能　　　　　　　　表 6.1.1-5

项　目	指　标
湿表面密度（kg/m³）	≤520
干表面密度（kg/m³）	≤300
导热系数［W/(m·K)］	≤0.070
56d 抗压强度（kPa）	≥300
燃烧性	难燃 B1 级
抗拉强度（kPa）	≥100
压剪粘结强度（kPa）	≥50
线性收缩率（%）	≥50
软化系数	≥0.70

聚苯颗粒技术性能　　　　　　　　　　　　　　　表 6.1.1-6

项　目	指　标
堆积密度（kg/m³）	12～21
粒度（5mm 筛孔筛余）（%）	≤5

保温胶粉料、水泥抗裂砂浆技术性能　　　　　　　表 6.1.1-7

项　目	指　标
砂浆稠度（mm）	80～130
可操作时间（h）	不少于 2
在可操作时间内拉伸粘结强度（MPa）	≥0.7
常温 28d 拉伸粘结强度（MPa）	≥0.7
常温 28d，浸水 7d 粘结强度（MPa）	≥0.5
抗弯曲性	5% 弯曲变形无裂纹
抗压力比（%）	≥200

涂塑耐碱玻璃纤维网格布技术性能　　　　　　　　表 6.1.1-8

项　目		指　标
网眼尺寸（mm）	普通型	4×4
	加强型	6×6

续表

项 目		指 标
单位面积质量(g/m²)	普通型	≥180
	加强型	≥500
断裂强度(N/50mm) 径向	普通型	≥1250
	加强型	≥3000
纬向	普通型	≥1250
	加强型	≥3000
10:水泥浆滤液,常温28d,耐碱强度保持度(%)	普通型	≥90
	加强型	≥90
单位面积质量(g/m²)	普通型	≥20
	加强型	

热镀锌钢丝网主要技术指标 表 6.1.1-9

类 别	项 目	指 标
热镀锌钢丝网	钢丝抗拉强度(φ1.5mm)	≥540 MPa
	焊点抗拉力(网孔 40mm×40mm)	≥65N
	镀锌层面密度(φ1.5mm)	≥122g/m²

高分子乳液弹性底层涂料技术性能 表 6.1.1-10

项 目		指 标
干燥时间(h)	表干时间	≤4
	实干时间	≤8
拉伸强度(MPa)		≥1.0
断裂伸长率(%)		≥300
低温柔性绕φ10mm棒		0℃无裂纹、不透水
不透水性 0.3 MPa,0.5h		不透水
加热伸缩率(%)	伸长	≤1.0
	缩短	≤1.0

柔性耐水腻子性能指标 表 6.1.1-11

项 目		指 标
容器中状态		无结块、均匀
施工性		刮涂无困难
表面干燥时间(h)		≤5
打磨性		手工可打磨
96h耐水性		无异常
48h耐碱性		无异常
粘结强度(MPa)	标准状态	≥0.60
	5次冻融循环	≥0.40
柔韧性		直径50mm,无裂纹
低温储存稳定型		-5℃冷冻4h无变化,刮涂无困难

6.1.2 水泥:强度等级42.5级普通硅酸盐水泥,水泥性能符合相应标准规范的要求。

6.1.3 中细砂:应符合国家普通混凝土砂质量标准及检验方法中细度模数的规定,含泥量少于3%。

6.2 机具设备

6.2.1 高压无气聚氨酯双组分现场发泡喷涂机(简称高压无气喷涂机)、专用喷枪、料管、浇筑枪等(表6.2.1);

6.2.2 强制式砂浆搅拌机、垂直运输机械、手推车、手提式搅拌器、电锤等;

施工设备及相关参数   表 6.2.1

序号	设备名称	规格型号	技术参数	备注
1	空压机	W-0.9/10	$Q>3\text{m}^3/\text{min}$ $P>0.6\text{MPa}$	380V
2	发泡机	GRACO(美国)	流量 6～14kg/min	220V
		MECMAC(意大利)	压力 10MPa	380V
3	搅拌机	KZ-400	3000kg/h	3.0kW

6.2.3 常用抹灰工具及抹灰专用检测工具、经纬仪及放线工具、水桶、剪子、滚刷、铁锹、手锤、壁纸刀、托线板、手锯、靠尺、卷尺、铁抹子、水平尺、棕刷、笤帚、钢丝刷、砂纸等；

6.2.4 电动吊篮或脚手架。

7. 质 量 控 制

7.1 聚氨酯硬泡保温层施工过程质量控制要点

7.1.1 墙体基层因素

要求建筑物喷涂表面无秽尘、油污、潮气、凸凹不平等，必要时应当先进行清洗、清理、剔除，否则对喷涂聚氨酯硬泡的附着力、保温性、平整度都有较大影响。

7.1.2 环境温度与墙体表面温度的影响

喷涂聚氨酯发泡较合适的温度范围是 10～35℃，温度低于 0℃，泡沫易从墙体上脱落、起鼓，并且泡沫密度明显增大，浪费原材料。温度高于 35℃，发泡剂损耗太大，同样影响发泡效果。

7.1.3 水分对喷涂发泡的影响

由于聚氨酯原材料中的异氰酸酯基团容易与水发生反应生成含脲键结构，这种结构含量增高易使聚氨酯硬泡脆性增大，严重时会影响聚氨酯硬泡与建筑物表面的粘结性，因此建筑物外墙喷涂聚氨酯硬泡施工前，应先刷一道聚氨酯防潮底漆，以消除水及潮气的影响，另外雨天严禁施工。

7.1.4 风的影响

聚氨酯硬泡喷涂施工是在室外进行，当风速超过 5m/s 时，发泡过程中的热量损失较大，原料损耗过大，成本增加，并且喷涂时雾化的液滴易随风飞散，对环境造成污染，因而当风速过大时，不宜施工。

7.1.5 喷涂厚度因素

喷涂聚氨酯硬泡时，一次喷涂的厚度对质量、成本也有很大影响。聚氨酯喷涂外墙外保温施工时，一次喷涂厚度过大，保温层密度变小，不能满足要求，而且平整度难以控制，一次喷涂厚度过小，保温密度有可能增大，浪费材料，增加成本。

7.1.6 喷涂距离与角度因素

一般情况下，喷涂聚氨酯硬泡外墙外保温的作业平台为脚手架或吊篮，为获得良好的发泡质量，使喷枪保持一定的角度与喷涂距离也很重要，通常正常的喷枪角度宜控制在 70°～90°，喷枪与被喷物体之间距离要保持在 0.8～1.5m 为宜。

7.1.7 聚氨酯硬泡保温层界面处理因素

喷涂聚氨酯硬泡达到要求的厚度后，约 0.5h 后就可以进行界面处理，即涂刷聚氨酯界面砂浆，一般涂刷界面砂浆的时间不要超过 4h。因为发泡 0.5h 后，聚氨酯硬泡强度基本达到最佳强度的 80% 以上，尺寸变化率小于 5%，聚氨酯硬泡已处于相对稳定状态，适宜尽早将其保护起来，聚氨酯界面砂浆涂刷 24h 终凝后即可进行抹灰工序施工。

7.1.8 质量验收要点

1. 所用材料品种、规格、性能应符合设计要求，并且应符有 CMA 标志的材料检测报告和出厂合格证。

2. 保温层厚度及构造做法应符合建筑节能设计要求。

3. 保温层与墙体以及各构造层之间必须粘结牢固，无脱层、空鼓及裂缝，面层无粉化、起皮、爆灰。

4. 表面平整、洁净，接茬平整，线角顺直、清晰，毛面纹路均匀一致。

5. 墙面所有门窗口、孔洞、槽、盒的位置和尺寸正确，表面整齐洁净，管道后面抹灰平整。

6. 分格缝宽度、深度均匀一致，平整光滑，棱角整齐，横平竖直、通顺。滴水线（槽）流水坡向正确，线（槽）顺直。

7. 聚氨酯防潮底漆要求涂刷均匀，无漏刷之处。

8. 硬泡聚氨酯保温层厚度、平整度应满足设计要求，粘结牢固，不得有起鼓翘边现象。

9. 聚氨酯界面砂浆层要求涂刷均匀不得有漏底现象。

10. 胶粉聚苯颗粒保温层要求粘结牢固，不得有起鼓现象。

11. 水泥抗裂砂浆符合耐碱网格布层要求平整无皱褶、翘边。网格布不能有外露。

12. 允许偏差项目及检验方法详见表 7.1.8。

聚氨酯质量验收允许偏差项目及检验方法　　　　　　　　　　　表 7.1.8

项　　目	允许偏差（mm）	检 验 方 法
立面垂直	4	用 2m 托线板检查
表面平整	4	用 2m 靠尺及塞尺检查
阴阳角垂直	4	用 2m 托线板检查
阴阳角方正	4	用 2m 方尺及塞尺检查
分面总高度（缝）平直	3	拉 5m 小线和尺量检查
立面总高度垂直	$H/1000$ 且≤20	用经纬仪、吊线检查
聚氨酯保温层厚度	平均厚度不小于设计值	用探针、钢尺检查

7.2 相关标准及图集

《喷涂聚氨酯硬泡保温材料》JC/T 998—2006

《硬泡聚氨酯外保温工程技术规程》DB21/T 1463—2006　J190919—2007

《聚氨酯硬泡外墙外保温工程技术导则》

《外墙保温建筑构造（三）》ISBN 7—80177—584—8/TU·333

《聚氨酯硬泡体防水保温工程技术规程》JCJ 14—1999

《建筑物隔热用硬质聚氨酯硬泡沫塑料》GB 10800—89

《墙体保温用膨胀聚苯乙烯板胶粘剂》JC/T 992—2006

《外墙外保温用膨胀聚苯乙烯板抹面胶浆》JC/T 993—2006

《聚合物基外墙外保温用玻璃纤维网布》JC 561.2—2006

《胶粉聚苯颗粒复合型外墙外保温体系》CAS 126—2005（C）

8. 安 全 措 施

8.1 喷涂硬质聚氨酯发泡施工是一项室外高空作业工作，因此必须执行高空作业安全防护措施的有关规定，并设置专人做好施工现场监护，经常检查电动机具、设备有无漏电现象，并应做好安全保护措施。

8.2 电动吊篮、脚手架位置应方便操作，经安全检查后方可上人施工。施工时应有防止工具、用具、材料坠落的措施。

8.3 脚手架上的工具、材料要分散放稳，不得超过允许荷载。

8.4 喷涂硬质聚氨酯发泡的错作人员必须正确佩戴"三保"防护用具，并且需要进行严格的施工交底以及班前安全交底工作。

8.5 劳动保护、防火防毒、原材料贮存、堆放等施工安全技术，应当严格按照国家有关标准、规范执行。

8.6 严禁电焊及明火接触喷涂硬质聚氨酯发泡面层及其原材料，在施工现场应当配备足够的灭火消防器材。

8.7 在聚氨酯材料堆放场地以及施工操作现场 10m 以内禁止明火或吸烟。

8.8 若对已喷涂完毕的部位进行电焊施工，则必须采取隔热防火措施，防止电焊火花飞溅溶化、烧灼保温层。

8.9 施工前仔细检查外脚手架作业层桥板铺设是否牢固，不得有探头，防止出现踏空坠落。

8.10 在临边洞口设置安全防护设施，防止出现高空坠落事故。

8.11 严禁酒后作业，严禁打架斗殴等不文明行为。

8.12 严格遵守国家、省、市行业的安全管理规定。

9. 环 保 措 施

9.1 聚氨酯硬泡对各种物体表面粘结力极强，一旦喷上很难清除，喷涂时极易污染工作面以外的成品、来往行人、车辆，因此防护工作极其重要，喷涂前要对易污染的部位做好防护，施工时应当随做随清，保持现场的整洁干净。

9.2 选择低噪声机械设备，降低对周边地区的噪声污染，合理控制噪声源，对工人进行文明施工教育，对施工中已出现噪声的工具、器具要轻拿轻放，严禁高空抛掷施工材料以及施工用具。

9.3 合理设置原材料仓库，尽量远离水源，并且指派专人进行看护，实行材料的出入库管理制度，按需领料。调配原材料时应当由专人负责，禁止从窗口、预留洞口和阳台等处直接向外抛扔垃圾、杂物。

9.4 对于施工中剩余的液体原料应当集中回收，合理销毁严禁随意抛弃、丢弃，更不能进行焚烧。对于施工中所产生的固体废料，应当根据种类进行区分，根据不同种类的性质分别进行处理，严禁一概而论。

10. 效 益 分 析

聚氨酯硬泡外保温工法不但节省了建筑物外墙面基层抹灰而且在工期进度上也能够大大缩短工期，并且兼具保温、防水、隔声等突出特点，从节省水泥砂浆用量以及人工两方面给企业带来了直接的经济效益，下面通过表 10-1～表 10-3 来进行具体分析。

聚氨酯硬泡外保温定额指标含量　　　　　　表 10-1

工作内容：清扫基层、调运及滚涂防水涂膜稀浆、喷涂聚氨酯硬泡体、批抗裂腻子、铺设网格布或无纺布等全部操作过程。

定 额 编 号		9-2-37	9-2-38	9-2-39
项　目	单位	聚氨酯硬泡外保温		
		外墙	不上人屋面	上人屋面
		m²		
人工	抹灰工 工日	0.1850	0.1490	0.0730
	其他工 工日	0.0045	0.0045	0.0045
	人工工日 工日	0.1895	0.1535	0.0775

续表

定额编号		单位	9-2-37	9-2-38	9-2-39
项　　目			聚氨酯硬泡外保温		
			外墙	不上人屋面	上人屋面
			m²		
材料	防水涂膜稀浆	kg	0.6000	0.6000	0.3000
	硬质聚氨酯泡沫塑料 20mm 厚	kg	0.5500	0.5400	0.5400
	纤维增强抗裂腻子	kg	12.0000	12.0000	
	耐碱玻璃纤维网格布	m²	1.2402	1.0841	
	无纺布	m²			1.0841
	水	m³	0.3000	0.3000	0.3000
机械	聚氨酯发泡机	台班	0.0080	0.0080	0.0080
	电动空气压缩机 6m³/h	台班	0.0080	0.0080	0.0080

墙面抹水泥砂浆定额指标含量　　　　　表 10-2

工作内容：1. 清理、修补、湿润基层表面、堵墙眼、调运砂浆、清扫落地灰；
　　　　　2. 分层抹灰找平、刷浆、洒水湿润、罩面压光（包括门窗洞口侧壁抹灰）

定额编号		单位	2-25	2-26	1-20
项　　目			墙面抹水泥砂浆		水泥砂浆找平层
			砖墙(14+6mm)	混凝土墙(12+8mm)	混凝土或硬基层上 20mm
			m²		
人工	综合工日	工日	0.145	0.156	0.078
材料	水泥砂浆 1:2.5	m³	0.0069	0.0092	
	水泥砂浆 1:3	m³	0.0162	0.0139	0.0202
	素水泥浆	m³		0.0011	0.001
	松厚板	m³	0.0001	0.0001	
	107 胶	kg		0.0248	
	水	m³	0.007	0.007	0.006
机械	灰浆搅拌机 200L	台班	0.0039	0.0039	0.0034
	(塔式起重机)	台班	(0.0018)	(0.0018)	
	卷扬机	台班	0.0029	0.0029	

注：本表参见《2004 年辽宁省装饰装修工程消耗量定额》。

聚氨酯硬泡外保温工艺综合分析　　　　　表 10-3

实际效果	通过上述定额含量的具体分析,不难看出聚氨酯硬泡外保温施工方法完全涵盖了传统抹灰施工工艺,大大降低了水泥砂浆以及人工费用的整体用量
文明施工	本工艺中机械设备的利用率可以达到 55% 以上,并且由于选用的设备均为小型压缩设备减少了噪声污染,同时本工艺技术含量较高要求施工人员必须具备一定的技术素质,因此从人员素质上可以高于传统的施工人员,便于进行科学施工、文明生产的管理工作
经济方面	本工艺是将外墙抹灰工艺与外墙保温工艺合二为一的全新工艺,在工程造价方面可以降低成本 20%,同时节省人工 50% 以上
环保方面	本工艺为低污染、低噪声的新工艺,尤其适合于在城市建筑物密集的区域采用,能够最大限度地防止因噪声扰民而引起的纠纷,同时对于施工中所产生的废料便于集中回收、集中处理,非常利于环境保护
节能方面	由于本工艺减少了基层砌筑墙体外立面抹灰,从而减少了水泥砂浆的用量,有利于国家合理利用现有的资源,同时本工艺集保温、防水、隔声三大功效于一身从根本上降低了能源的耗用
社会效益	由于本工法是立足于节能减排的角度出发,积极响应政府倡导的"构建节约型小康社会",有利于本工艺的可持续发展,从而给本工艺带来了勃勃生机,在推广本工艺的规程中广大用户逐渐认同了它的节能性、复合性、高效性,在社会上取得了一定的良好赞誉

11. 应用实例

11.1 典型工程实例（表 11.1）

典型工程实例　　　　　　　　　　　　　　　表 11.1

序号	工程项目名称	工程地点	结构形式	开竣工日期	实物工作量
1	安达圣岛 A、B 组团	大连市小平岛	框架 5～14 层	2006 年 4 月～ 2007 年 11 月	25 万 m²
2	壹品曼谷	大连市甘井子区	框架 6～12 层	2007 年 9 月～ 2007 年 11 月	3.6 万 m²
3	锦华·银座	大连市西岗区	框架 19 层	2008 年 3 月～ 2008 年 6 月	0.7 万 m²
4	小平岛花园洋房	大连市小平岛	框架	2008 年 7 月～ 2008 年 11 月	10 万 m²
5	悦泰·德里	大连市中山区	框架	2007 年 9 月～ 2008 年 12 月	13 万 m²

11.2 应用效果及存在问题

目前该项工艺已经基本趋于成熟，从以往的工程反馈信息来看能够满足设计要求，有效地消除了墙体透寒、渗漏、隔声等质量通病。由于其施工操作简便，使得该项工艺推广较为便利，为节约性社会的建设做出了一定的贡献。

目前存在的问题主要是使产中产生的废料没有一个相对统一的处理方法，现阶段有两条途径：一、将其进行提纯作为热力管道的保温外敷；二、提纯后剩余的残留物进行化学中和降解处理，使其变为无毒、无害的废料。建议应当建立专门的处理机构进行统一处理废料。

活动轨道法控制楼（地）面平整度施工工法

GJEJGF096—2008

中建三局第一建设工程有限责任公司　广西建工集团第五建筑工程有限责任公司
刘献伟　王刚　雷刚　苏浩　潘寒　冯锦华

1. 前　　言

混凝土原浆找平收光楼（地）面平整度的控制，历来是建筑施工中的难点。通常采用的"标高控制点＋拉线＋刮尺"的方法，平整度的偏差控制难度大，一般都会超过5mm的国家标准（2m靠尺）。也有采用工字钢或槽钢做固定轨道进行平整度的控制，能收到一定的效果，但一是成本太高，二是轨道安装固定难度大，三是轨道对钢筋形成阻碍，在多仓分格的楼（地）面混凝土施工中，难以快速便捷的使用。

中建三局第一建设工程有限责任公司承建的珠海迅得机械（珠海保税区）一期厂房工程中，德方业主对楼（地）面施工质量要求高，其中要求表面原浆收光，平整度偏差不超过3mm（3m靠尺检测），整体偏差不超过10mm。在本项目施工过程中，首次采用了铝合金活动轨道的控制方法，收到了很好的效果，且十分简便、经济、适用，并在此基础上，申请国家专利，并形成了工法。2009年4月19日，中建总公司对该成果进行了鉴定，认为该成果施工工艺先进，整体达到国内领先水平。

本工法又在扬州完美生产基地厂房、广州五羊村地铁车站等多项工程中使用，同样收到了很好的效果。

2. 工 法 特 点

活动导轨法控制楼（地）面平整度施工工法具有以下特点：

2.1 固定支架，活动轨道及特制刮尺可周转使用。

2.2 较传统固定轨道式楼（地）面平整度控制方法，可降低成本投入。

2.3 与"标高控制点＋拉线＋刮尺"的方法相比较，能大幅度提高楼（地）面平整度。

2.4 安装工艺简单，操作简便，施工效率高。

3. 适 用 范 围

本工法适用于所有高平整度要求的混凝土楼（地）面工程。

4. 工 艺 原 理

4.1 制作固定支架，并埋设或安放在待浇筑混凝土的楼（地）面垫层或模板上。

4.2 采用调整螺栓，将活动轨道固定在支架上，并通过调节螺栓精确调平。

4.3 对浇筑的混凝土面层利用特制的刮尺，在活动轨道上滑动，将混凝土铺刮平整。

4.4 调整轨道标高以消除施工误差，并进行一次、二次混凝土面层精平。

5. 施工工艺流程及操作要点

5.1 施工工艺流程：在楼（地）面模板、钢筋工程施工完毕后，按照如下步骤组织施工（图5.1）。

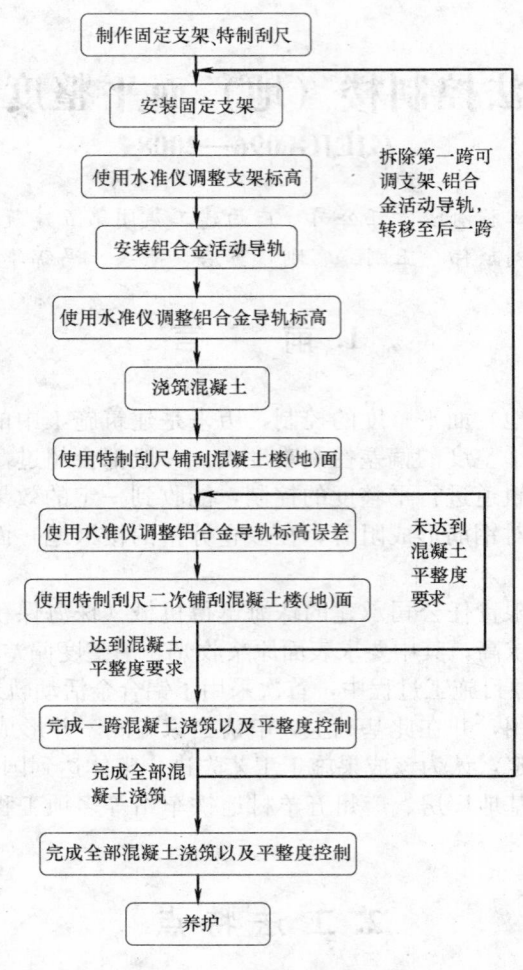

图 5.1 工艺流程图

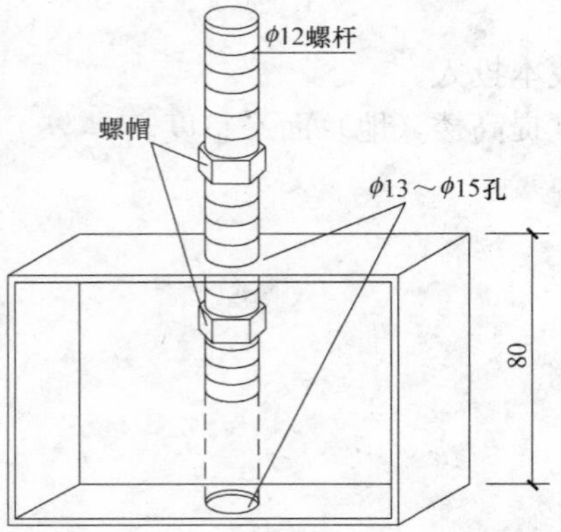

5.2 流程关键步骤详解

5.2.1 轨道的制作安装：

1. 轨道选材：因铝合金具有自重小、刚度高的特点，用作轨道变形小，易于安装。建议采用 1.2 厚 6000×75×44 的铝合金方通。

2. 支架的制作：利用 40×4 扁钢焊接成 120×80 的方框，然后在长边中心钻 $\phi13～\phi15$ 的孔，采用粗丝螺杆穿入，并用螺帽固定，同时可调节高度。如图 5.2.1-1 所示。

3. 刮尺的制作：刮尺选用同型号铝合金方通，根据楼（地）面分仓需要确定轨道间距（一般为 3～5m，最大不宜超过 6m），然后再确定刮尺的长度，刮尺的长度以小于轨道间距 300～500mm 为宜。在刮尺两端各安装约 800mm 长的固定翼，如图 5.2.1-2 所示。

图 5.2.1-1 固定支架示意图

4. 轨道安装：楼（地）面模板和钢筋工程完成后，在确定的轨道部位每 3～5m 安装一个支架，步骤如下：先将螺杆焊接在固定支点上，将方框用螺帽固定，然后将铝合金方通从方框中穿过（图

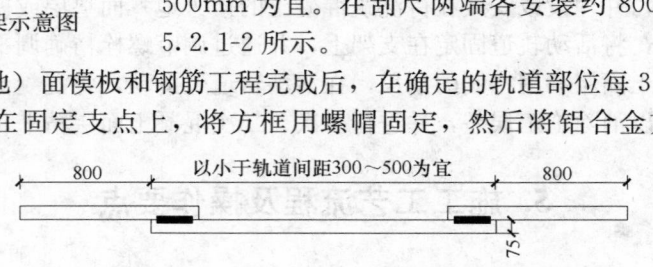

图 5.2.1-2 特制刮尺示意

5.2.1-3）。再用水准仪观测，通过调节螺帽将轨道调至相应标高（轨道底标高为完成面标高），用双螺帽固定即可，也可用木楔卡紧。

5.2.2 混凝土浇筑以及刮尺收面

混凝土浇筑时，在同一跨内采用平行推进方式。完成一跨内混凝土浇筑后，再进行相邻跨混凝土的浇筑，且时间控制在 2～3h 以内（不超过混凝土初凝时间），防止出现冷缝。活动导轨以安装 3～4 道为宜，然后进行周转使用，如图 5.2.2-1 所示。

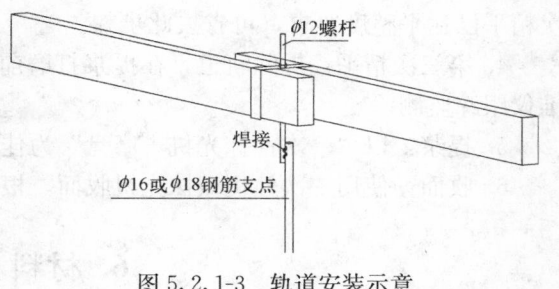

图 5.2.1-3　轨道安装示意

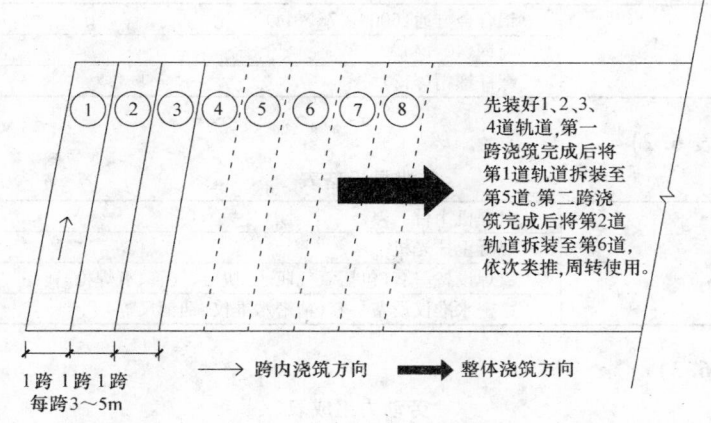

先装好1、2、3、4道轨道，第一跨浇筑完成后将第1道轨道拆装至第5道。第二跨浇筑完成后将第2道轨道拆装至第6道，依次类推，周转使用。

1跨 1跨 1跨
每跨3～5m

→ 跨内浇筑方向　➡ 整体浇筑方向

图 5.2.2-1　浇筑方向及轨道周转示意

找平和收面按以下程序进行：

1. 初平：楼（地）面混凝土入仓后，立即用特制刮尺沿轨道刮平，低于刮尺的部位及时补仓，如图 5.2.2-2 所示。

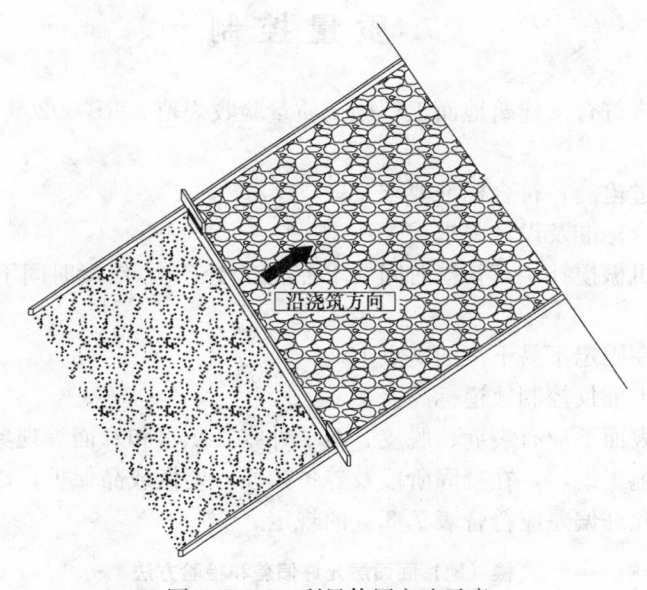

沿浇筑方向

图 5.2.2-2　刮尺使用方法示意

2. 第一次精平：重新观测、调整轨道标高，以消除施工引起的误差，用特制刮尺沿轨道刮平，低于刮尺的部位及时补仓，方法同初平。

3. 第二次精平：用普通刮尺平行于轨道的方向进行铺刮，刮尺选用 5～6m，不宜太短；如果第一次精平已达平整度要求，可省去此步骤。

4. 第三次精平：拆除轨道，在提浆打磨前（约初凝前 1h），用长刮尺进行多方向刮平，同时用水准仪跟踪监测。

5. 提浆：以"一次性抹光机＋磨盘"为佳，熟练操作，防止不均匀打磨造成局部沉降。

6. 收面：使用一次性机械抹光机收面，根据设计对面层的不同要求，抹至所需的光洁度。

6. 材料与设备、劳动力

6.1 材料（表 6.1）

材料表　　　　　　　　　　　　　　　　表 6.1

材　　料	铝合金方通（6000×75×44）
	扁钢（40×4）
	螺杆螺帽（ϕ12）

6.2 机具设备（表 6.2）

机具设备表　　　　　　　　　　　　　　表 6.2

机具设备	电焊机 1 台
	混凝土抹光机
	氧焊设备一套（包括氧气瓶、乙炔瓶、气管、氧焊枪）
	精密水准仪设备一套（精密水准仪、钢钢尺等）

6.3 劳动力（表 6.3）

劳动力组成表　　　　　　　　　　　　　表 6.3

劳动力	焊工 1 名
	测量员 1 名
	测量工 1 名
	混凝土收面工 3 名（如果要求抹光，需另增加 3～5 人）

7. 质 量 控 制

7.1 工程质量要求应符合《建筑地面工程施工质量验收规范》GB 50209—2002。

7.2 混凝土质量要求

7.2.1 原材料应通过检测，符合标准要求。

7.2.2 配合比应符合标准及设计要求。

7.2.3 混凝土采用机械搅拌，其初凝时间要求控制在 4～8h，终凝时间不超过 12h。

7.3 地面质量要求

7.3.1 支架应安装在固定不易下沉的支点上。

7.3.2 使用高精度水准仪控制轨道标高。

7.3.3 楼（地）面表面不应有裂缝、脱皮、石子外露、积水和麻面等现象。

7.3.4 对已完成的施工地坪，在凝固阶段及养护阶段，要做成品保护，以免弄污和损坏地坪。

7.3.5 楼地面面层允许偏差应符合表 7.3.5 的规定。

楼（地）面面层允许偏差和检验方法　　　　　　　　　　表 7.3.5

项　　目	允许偏差（mm）（国家标准）	允许偏差（mm）（工法标准）	检 验 方 法
表面平整度	5	3	3m 靠尺和塞尺检查

8. 安全措施及环保措施

7.1 严格遵守国家有关安全的法律法规、标准、技术规程和地方有关安全的规定。

7.2 机械操作及临电线路敷设必须由专业人员进行，磨光机在操作过程中要遵守该设备的安全操作要求。

7.3 施工机具必须符合《建筑机械使用安全技术规程》JGJ 33 的有关规定，施工中应定期进行检查、维修，保证机械的使用安全。

9. 效益分析

9.1 经济效益

本工艺的费用仅为传统工艺费用的 20%，经济效益显著。

9.2 技术效益

活动导轨法混凝土楼（地）面平整度控制技术，克服了"标高控制点＋拉线＋刮尺"控制法精度不高的问题，克服了工字钢、槽钢固定导轨施工复杂、成本高的问题，同时满足了施工效率、控制精度的高要求。

9.3 工期方面

创新施工工艺，施工效率增加，安装效率大大超过传统固定轨道工艺，为下步工序的插入创造了条件，有效缩短总工期。

9.4 质量方面

比传统固定轨道工艺更易于控制施工质量，在施工过程中发现问题可以随时纠正平整度偏差，克服了传统工艺中修正难度大和混凝土一旦浇筑入仓后根本无法纠正的困难。

9.5 安全方面

降低了作业人员与设备的风险，安全性显著提高，减轻了工人的劳动强度，有力地保障了安全生产、文明施工。

9.6 社会效益

1. 活动导轨法混凝土楼（地）面平整度控制技术，属首次应用，有效改进了传统楼（地）面施工工艺，并有效的节约了社会资源。

2. 活动导轨法混凝土楼（地）面平整度控制技术上取得了成功，赢得了业主、总包、监理及社会各界的高度赞赏和信赖。

10. 应用实例

在珠海迅得机械（珠海保税区）一期厂房本工程为厂区工程，包括一期主厂房、培训间、办公楼、会议中心、发电间等单体工程，总建筑面积为 30243m²。

厂房为四层结构，办公楼为 6 层，培训间、会议中心、发电间均为 1 层。主厂房及培训间为混凝土框架结构，屋面采用钢结构屋面，办公楼、会议中心、配电间均为钢筋混凝土框架结构。

设备及措施费为 0.49 万元，安装轨道人工费为 1.2 元/m×3300m＝0.4 万元。

如果采用传统的槽钢固定轨道方法施工，设备及措施费约为 75 元/m×60m/条×4 条＝1.8 万元，人工费用约为 8 元/m×3300m＝2.64 万元。

直接节约费用为：（1.8＋2.64）－（0.49＋0.4）＝4.44－0.89＝3.55 万元。

本工艺的费用仅为传统工艺费用的 20%。

增强粉刷石膏聚苯板外墙内保温系统施工工法

GJEJGF097—2008

龙信建设集团有限公司

黄华 刘存 赵书明 黄新荣 程岗

1. 前 言

外墙是建筑物的重要传热途径之一，在住宅的外围护建筑中，墙体所占的体积最大，冬季通过外墙吸收的热量约为建筑总吸热量的30%，因而外墙保温隔热对建筑节能来说是相当重要的。

外墙内保温体系是指把高效保温材料贴在外墙内表面，保温材料的外侧再进行必要的室内装修加以覆盖。

2. 工 法 特 点

2.1 本系统设置在外墙内侧，构造简单、施工方便，无负风压和耐候问题，饰面做法不受保温层影响。

2.2 聚苯板为高效保温材料，尤其适合间歇使用的空调建筑，符合夏热冬冷地区节能住宅的实际使用条件。保温层的应用厚度较薄，占用室内面积较少。

2.3 聚苯板水蒸气透过系数小，且粉刷石膏砂浆保护层具有很好的呼吸功能，因此室内空气中的水蒸气难以进入保温层，能保持保温层干燥，使保温恒定持久。

2.4 系统的保护层采用以石膏为原料的粉刷石膏，并在其中设置纤维网格布，石膏具有微膨胀功能，故墙体面层强度、硬度和抗裂性好，有效避免开裂。另石膏具有环保性，不污染室内环境，不会影响人体健康。

2.5 粉刷石膏保护层具有良好的粘结强度和密孔状结构，在受外力作用下，不会整片的离析剥落，同时聚苯板容易切割，因此本系统给二次装修时开槽、打洞、修复提供了方便，并确保了保温功能不会因此而被损坏。

2.6 内保温施工速度快，操作安全，保温层施工不受室外气候影响。

3. 适 用 范 围

3.1 本工法适用于新建、扩建和改建的居住建筑内保温工程，也适用于既有建筑的节能改造，其他民用与工业建筑内保温工程也可参考使用。

3.2 墙体基层为钢筋混凝土墙板、黏土多孔砖、混凝土空心砌块、加气混凝土砌块等。

3.3 内保温方式在低层、多层、中高层建筑中都可应用。

3.4 耐水石膏可用于房间、厨房和卫生间的保温体系。

4. 工 艺 原 理

采用聚苯板直接作为墙体保温材料，由墙体、保温板和中间空气层三部分共同形成保温功能，其热工指标可满足规定的外墙热阻的最低值。保温罩面层采用干缩值较低的粉刷石膏，结合玻纤网格布共同使用，现场直接施工成型，增强保温面层的整体性及抗干缩裂缝的能力，避免块材保温墙体易出现的热桥、开裂等质量通病的出现。室内外墙内保温系统构造详见图4所示。

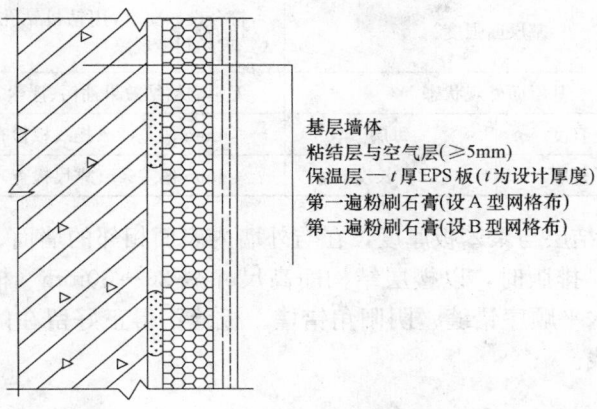

基层墙体
粘结层与空气层(≥5mm)
保温层—— t 厚EPS板(t 为设计厚度)
第一遍粉刷石膏(设A型网格布)
第二遍粉刷石膏(设B型网格布)

图4 室内外墙内保温系统构造

5. 施工工艺流程及操作要点

增强粉刷石膏聚苯板外墙内保温施工工艺流程详见图5所示。

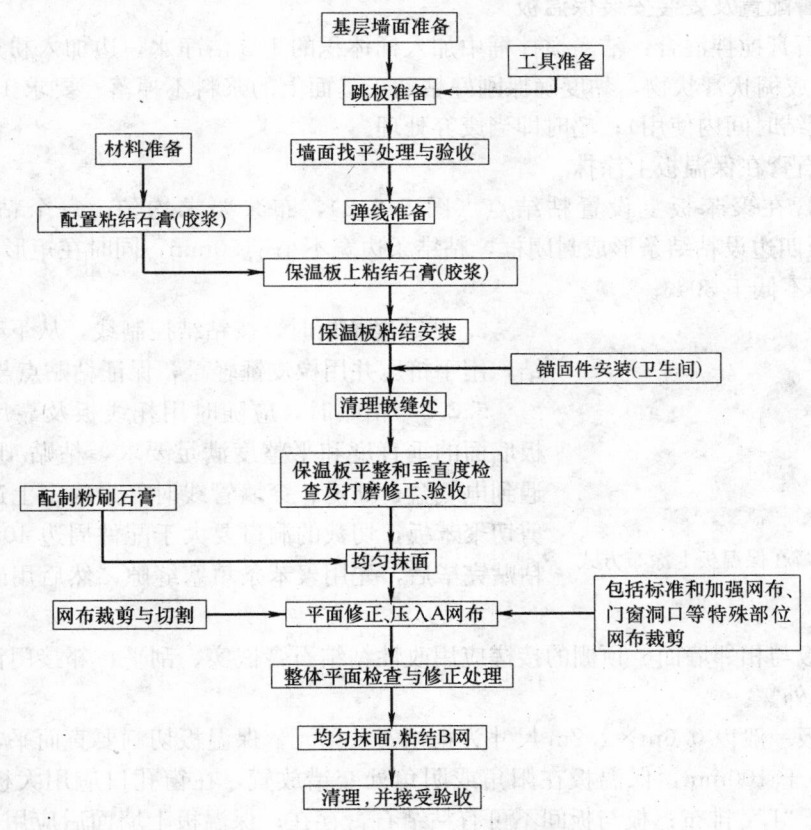

图5 增强粉刷石膏聚苯板外墙内保温施工工艺

5.1 内保温系统对于基层面要求：

5.1.1 基层墙面达不到标准，须做找平层，厚度约20mm。

5.1.2 墙面应干燥、平整，无空鼓、粉化、开裂、疏松物等异常现象；平整度、垂直度等符合表5.1.2规定。

外墙内保温系统对墙体基层面的要求 表 5.1.2

工程做法	项目		要求
内墙粉刷	基层面强度		符合设计要求，用钻机钻孔观察强度状况和是否有起砂现象（要求无起砂现象）
	基层面外观状态		无影响粘结效果油污、浮尘等
	墙面垂直度	每层	≤4mm 偏差（2m 托线板检查）
	表面平整度	2m 长度	≤4mm 偏差（2m 靠尺检查）

5.1.3 弹线：根据粘结层与聚苯板厚度，在与外墙内表面相邻的墙面、顶棚和地面上弹出聚苯板粘贴控制线，门窗控制线。排版时，以楼层结构净高尺寸减 20～30mm（根据楼板的平整度而定）为准，根据保温板的尺寸按水平顺序错缝、阴阳角错槎、板缝不得正好留在门窗口四角处的原则合理进行排列分块，并在墙上弹线。

5.1.4 作业条件

1. 结构工程验收合格，标高控制线（+500mm）弹好并经预检合格。

2. 外墙门窗口安装完毕，与墙体安装牢固，缝隙用砂浆填塞密实。塑钢、铝合金门窗框缝隙按产品说明书要求的材料堵塞，并贴好保护膜。

3. 水暖及装饰工程需用的管卡、挂钩和窗帘杆卡子等埋件，宜留出位置或埋设完毕。电气工程的暗管线、接线盒等必须埋设完毕，并应完成暗管线的穿带线工程。

5.2 粘结石膏配置及安装安装保温板

5.2.1 粘结石膏搅拌混合：洁净搅拌桶中加入桶体积的 1/3 洁净水，边加入粉剂边搅拌；充分搅拌 3～5min；最终成稠状膏状物，黏度确保刚好粘贴于基面上的浆料不掉落；要求 1.5h 内用完（即保持粘结石膏处在凝结时间内使用）；超时即当废弃处理。

5.2.2 粘结石膏在保温板上涂抹

1. 用粘结石膏在聚苯板上设置粘结点（图 5.2.2），布浆要求均匀，每个粘结点直径不小于 100mm，沿聚苯板四边设粘结条形成封闭框，粘结条边宽不小于 50mm，同时在矩形粘结条上预留排气孔，整体粘结面积不低于 30%。

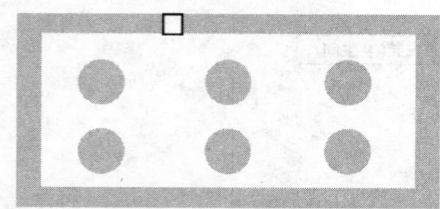

图 5.2.2 粘结石膏在保温板上涂布方式

2. 粘贴聚苯板时，按粘结控制线，从下至上按顺序逐层粘结，用手挤压并用橡皮锤轻敲，保证粘贴点与墙面充分接触。

5.2.3 粘贴时，应随时用托线板及靠尺检查，确保聚苯板墙面的垂直度和平整度满足要求，粘贴 4h 内不得碰动；在遇到电气盒、插座、穿墙管线时，先确定上述配件的位置，再剪切聚苯板，切裁的洞口要大于配件周边 10mm 左右，聚苯板粘贴完毕后，先用聚苯条填塞缝隙，然后用改性粘结石膏将缝隙填实。

5.2.4 聚苯板与相邻墙面、顶棚的接槎应用改性粘结石膏嵌实、刮平，邻接门窗洞口、接线盒的位置，不能使空气外露。

5.2.5 保温板一般以 0.6m×1.2m 尺寸为粘结安装单元，保温板切割要直而平，保温板应错缝排布且错缝宽度不小于 100mm，保温板在阳角或阴角处交错放置，在窗孔口应用大板，在窗口的"L"形边应将板切割成"L"排布；板与板间不可有粘结石膏存在；保温板上墙面后应用 2m 靠尺敲击板面将板压平；保温板压平后，应及时将板边缘挤出的粘结石膏，用抹刀压平在墙面上。

5.3 护面层施工

5.3.1 粉刷石膏搅拌混合

1. 洁净搅拌桶中加入桶体积的 1/3 洁净水，采用电动搅拌器搅拌混合，边加入粉剂边搅拌；充分搅拌 3～5min；稠度适中，最终成稠状膏状物。

2. 搅拌应充分，黏度确保刚粘贴于基面上的浆料不掉落，加水尽可能少，不可加水过多；水质确保干净；粉剂仅加水搅拌即可，不可添加其他物料：如水泥、砂、防冻剂及其他异物；要求调好的浆料在 1.5h 内用完（即保持浆料处于新鲜状态使用）；过时即当废弃处理；工作完毕，务必及时将工具清洗干净。

5.3.2　做护面层灰饼

1. 用粉刷石膏在聚苯板上按常规做法做出标准灰饼，厚度控制在 6～8mm。

2. 做灰饼时应严格控制好平整度和垂直度，待灰饼硬化后，即可大面积抹灰。

5.3.3　抹石膏浆涂面及玻纤网布压入

1. 裁剪以楼层高为长度的网布，局部区域根据实际来裁剪；凡与相邻墙面、窗洞、门洞相接处，网格布都要留出 150mm 的搭接宽度，整体墙面相邻网格布搭接处不小于 100mm。

2. 用镘刀将石膏在聚苯板上按常规做法抹出底灰，以 2m² 为一个操作单位；镘刀倾角应尽量保持 45°左右，以确保胶浆用量及均匀度，以达到各部位良好的粘结效果；抹灰时一次到位，根据灰饼厚度用杠尺刮平，不得用抹板搓揉。

3. 第一道粉刷石膏浆施工完毕，在初凝前，横向压入网布（A网），将网布拉直铺展在砂浆层上，用抹刀自中间向四周方向将网布压入石膏浆中；抹刀来回批刮批平，确保网布压入且与石膏浆粘结良好；批刮完毕无起鼓、无砂眼等异常迹象；网格布要尽量靠近表面，隐约看到网格布的纹路为最佳。

4. 间隔 2h 左右，抹第二道粉刷石膏，在石膏浆初凝前横向按入B网，使B网尽可能留在砂浆表面隐约看到网格布的纹路为最佳。

5. 养护固化至少 24h，固化后上腻子，B网部分要嵌入面层腻子中。

5.4　门窗洞口护角等细部做法：为保证门窗洞口、立柱、墙阳角等部位的强度，护角采用水泥砂浆或石膏砂浆，为避免二种不同材料连接处的裂缝，在压光时应把粉刷石膏抹灰层内表面甩出的网布压入水泥砂浆或石膏砂浆面层内。如图 5.4-1、图 5.4-2、图 5.4-3 所示。

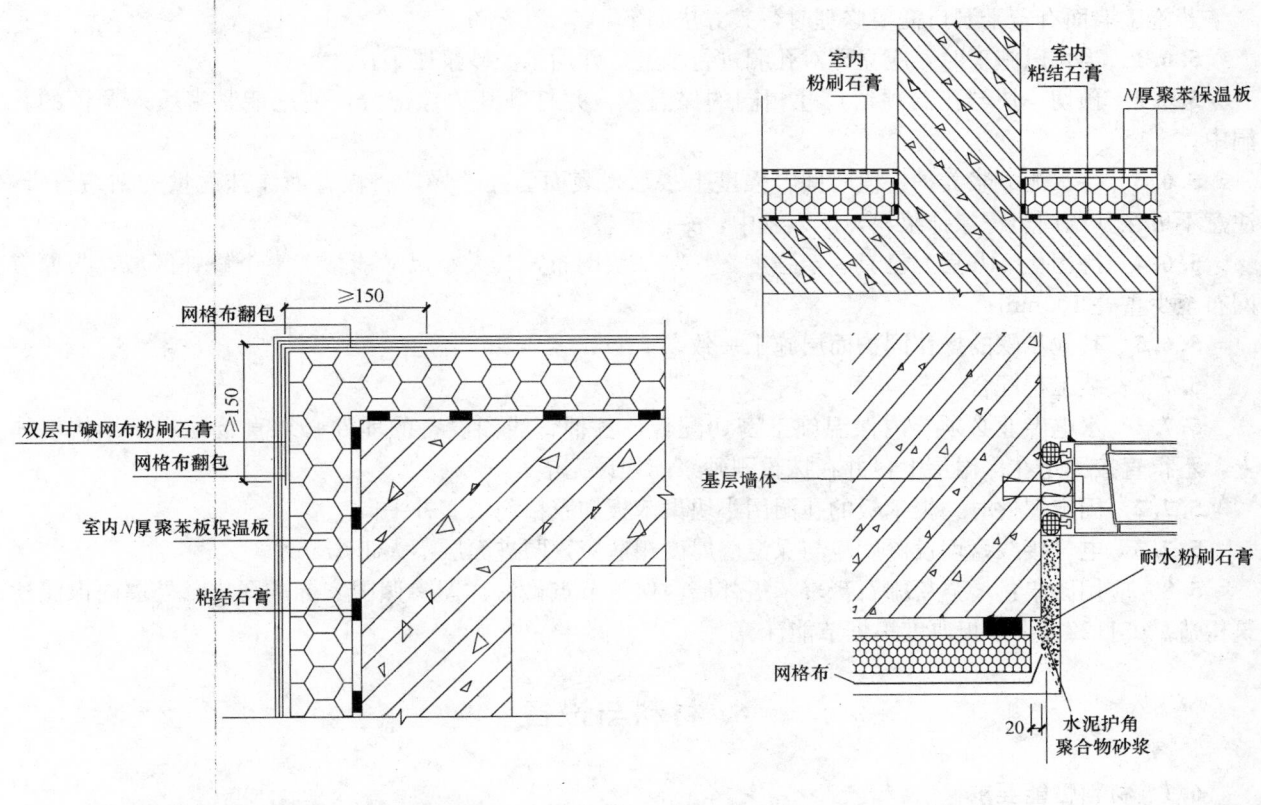

图 5.4-1　内墙阳角水平节点详图　　　　　图 5.4-2　窗边护角节点图

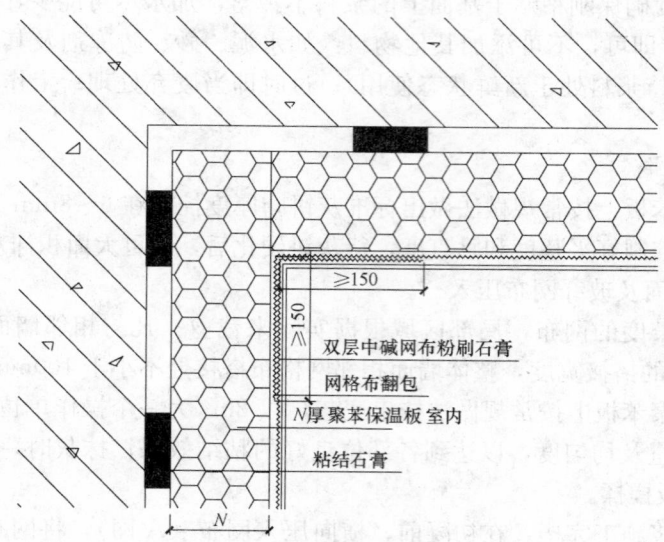

图 5.4-3 内墙阴角水平节点详图

5.5 厨房卫生间施工

5.5.1 厨房卫生间等湿度较大的房间，外饰面多为面砖或石材，必须采用耐水石膏，或聚合物改性砂浆。

5.5.2 为提高粘结强度，粘结面积不小于 50％。

5.5.3 保温墙面粘贴面砖、石材等重质材料应采用尼龙涨栓进行加固；涨栓规格根据聚苯板的不同设计厚度，采用不同规格（$\phi 8 \times 100$，$\phi 10 \times 115$，$\phi 10 \times 135$，等）。

5.6 补洞和修理

若施工墙面有若干洞口需要修理时，其方法如下：

5.6.1 当可以施工时，应立即对孔洞进行填补，并用水泥砂浆压平；

5.6.2 预切一块与孔洞预留尺寸相同的保温板，并打磨其边缘部分，使之能紧密填入预留的孔洞中；

5.6.3 待水泥砂浆养护一段时间，强度上去后，表面已经干燥，将板背面涂抹适量的粘结石膏，注意不可在其四周边缘涂抹浆料，压入洞中，并压平整；

5.6.4 待固化 24h 后，已具一定强度，切割一块网布，其大小尺寸能覆盖整个修补区域，与原有网布至少重叠 100mm；

5.6.5 其他步骤的操作同护面层施工一致。

5.7 安装工程配合

5.7.1 水电专业必须与内保温施工密切配合，各种管线和设备的埋件必须直接固定于结构墙体上，不得直接固定在保温层上，并在抹粉刷砂浆前埋设完毕。

5.7.2 固定埋件时，聚苯板的孔洞用小块聚苯板加胶粘剂填实补平。

5.7.3 电气接线盒埋设深度应与保温墙厚度相适应，凹进面层不大于 2mm。

5.8 应用图集：增强粉刷石膏聚苯板外墙内保温节点做法详图参照国家标准图集《外墙内保温建筑构造》03J122，聚苯板厚度根据节能计算。

6. 材料与设备

6.1 材料性能要求

6.1.1 聚苯板性能指标见表 6.1.1。

聚苯板性能指标 表 6.1.1

项 目	单 位	指 标	项 目	单 位	指 标
表观密度	kg/m³	18～22	吸水率(v/v)	%	≤4
尺寸稳定性(70℃48h)	%	≤0.3	压缩强度	MPa	≥0.1
导热系数	W/(m·k)	≤0.041	垂直于板面方向抗拉强度	MPa	≥0.1
水蒸气透湿系数	ng/Pa·m·s	≤4.5	燃烧性能	级	B1

6.1.2 粘结石膏性能指标见表 6.1.2-1、表 6.1.2-2。

粘结石膏性能指标 表 6.1.2-1

项 目	单 位	指 标	项 目	单 位	指 标
保水率	%	≥70	拉伸粘结强度	MPa	≥0.5
初凝时间	min	≥60	抗压强度	MPa	≥9.0
终凝时间	min	≤120			

耐水粘结石膏性能指标 表 6.1.2-2

项 目	单 位	指 标	项 目	单 位	指 标
保水率	%	≥70	拉伸粘结强度	MPa	≥0.7
初凝时间	min	≥60	抗压强度	MPa	≥10.0
终凝时间	min	≤120	软化系数		≥0.6

6.1.3 粉刷石膏性能指标见表 6.1.3-1、表 6.1.3-2。

粉刷石膏性能指标 表 6.1.3-1

项 目	单 位	指 标	项 目	单 位	指 标
保水率	%	≥65	抗压强度	MPa	≥4.0
可操作时间	min	≥50	压剪粘结强度	MPa	≥0.4
初凝时间	min	≥75	抗裂性		24h 无裂纹
终凝时间	min	≤240			

耐水粉刷石膏性能指标 表 6.1.3-2

项 目	单 位	指 标	项 目	单 位	指 标
保水率	%	≥65	抗压强度	MPa	≥8.0
可操作时间	min	≥50	压剪粘结强度	MPa	≥0.4
初凝时间	min	≥75	软化系数		≥0.6
终凝时间	min	≤240			

6.1.4 聚合物改性粘贴胶浆性能指标见表 6.1.4。

聚合物改性粘贴胶浆性能指标 表 6.1.4

试验项目		性能指标
拉伸粘接强度/MPa（与水泥砂浆）	原强度	≥0.60
	耐水	≥0.40
拉伸粘接强度/MPa（与聚苯板）	原强度	≥0.10 破坏在聚苯板上
	耐水	≥0.10 破坏在聚苯板上
可操作时间,h		2.0±0.5

6.1.5 聚合物改性抹面胶浆性能指标见表 6.1.5。

聚合物改性抹面胶浆性能指标 表 6.1.5

试验项目		性能指标
拉伸粘接强度/MPa（与聚苯板）	原强度	≥0.10，破坏界面在聚苯板上
	耐水	≥0.10，破坏界面在聚苯板上
	耐冻融	≥0.10，破坏界面在聚苯板上
柔韧性	抗压、折强度（水泥基）	≤3.0
	开裂应变（非水泥基）/%	≥1.5
可操作时间，h		1.5～4.0

6.1.6 中碱网格布性能指标见表 6.1.6。

中碱网格布性能指标 表 6.1.6

项 目	指 标	
	A 型玻纤布	B 型玻纤布
单位面积质量（g/m²）	≥80	≥45
含胶量（%）	≥10	≥8
抗拉断裂荷载	≥40 ≥600	≥300
	≥40 ≥400	≥200
网孔尺寸（mm×mm）	5×5 或 6×6	2.5×2.5

6.1.7 材料质量保证：

6.1.7.1 聚苯乙烯泡沫塑料板：其性能应符合现行国家标准的规定，规格一般为 600mm×1200mm，厚度根据设计而定。材料均有出厂合格证及性能检测报告，性能指标如上。

6.1.7.2 其他材料性能指标如上，材料进场均需提供出厂合格证及性能检测报告。

6.1.7.3 工程施工前，根据现行规范要求进行现场取样检测，复试报告合格方可施工。

6.2 主要机具

6.2.1 工具：1200W 冲击电锤、电箱、电动搅拌机、铁锹、阴阳角捆子、刮杠、粉线包、专用压板、抹子、灰槽、铝合金靠尺、托板、壁纸刀、橡皮锤、扫帚、钢丝刷、墨斗、搅拌桶等。

6.2.2 检测用具：钢尺、卷尺、方尺、线锤、2m 托线板等。

7. 质 量 控 制

增强粉刷石膏聚苯板外墙内保温系统的质量验收标准参照执行国家标准《建筑装饰装修工程质量验收规范》GB 50210—2001、上海市工程建设规范《住宅建筑节能工程施工质量验收规程》DGJ 08—113—2005，同时还须满足以下几点：

7.1 聚苯板应与外墙内表面及相邻墙面粘贴牢固，无松动现象。

7.2 粉刷石膏面层应平整、光滑，不应空鼓、露网和有裂缝。

7.3 聚苯板（EPS）安装允许偏差和检验方法应符合表 7.3 的规定。

聚苯板安装允许偏差及检验方法 表 7.3

项 次	项 目	允许偏差（mm）	检查方法
1	表面平整度	4	用 2m 靠尺和楔形塞尺检查
2	立面垂直度	4	用 2m 垂直检查尺检查
3	阴、阳角垂直方正	4	用直角检查尺检查
4	接缝高差	1.5	用直尺和楔形塞尺检查

7.4 聚苯板系统面层的允许偏差和检验方法应符合表 7.4 的规定。

聚苯板系统面层的允许偏差及检查方法   表 7.4

项 次	项 目	允许偏差(mm)	检 查 方 法
1	表面平整	3	用 2m 靠尺和楔形塞尺检查
2	立面垂直	3	用 2m 托线板检查
3	阴、阳角垂直	3	用 2m 托线板检查
4	阴、阳角方正	3	用 200mm 方尺和楔形塞尺检查

7.5　产品保护：

7.5.1　严禁明水浸湿非耐水石膏保温墙面。

7.5.2　保温体系完成前，施工面附近不得进行电、气焊操作，防止重物碰撞和挤靠保温墙面。

7.5.3　夏期施工时，应避免太阳光直接照射墙面。

7.5.4　粉刷石膏抹完后，室内应通风排湿。

7.5.5　保温板施工后，对墙角、窗台及时做好护角保护，防止破坏棱角。

7.5.6　施工期间应采取有效措施，粘结石膏、粉刷石膏应存放在干燥的室内，防止受潮。

7.5.7　施工中各专业工种应紧密配合做好预留、预埋，对完工的保温墙，不得进行任意踢凿。

7.6　对季节性施工的控制

7.6.1　雨期施工时，聚苯板应在库内存放，运输安装过程中采取防雨措施，防止雨淋受潮。

7.6.2　夏季施工时，温度高于 35℃ 不宜施工，应避免阳光直晒，必要时采取遮阳措施。

7.6.3　冬期施工时，做好门窗封闭，根据气温采取保湿措施，环境温度不应低于 5℃，防止粘结材料受冻。

8. 安 全 措 施

8.1　进入施工现场的作业人员，必须首先参加安全教育培训，考试合格方可上岗作业，未经培训或考试不合格者，不得上岗作业。

8.2　进入施工现场的人员必须戴好安全帽，并系好帽带；按照作业要求正确穿戴个人防护用品；在 2m 以上（含 2m）没有可靠安全防护设施高处施工时，必须戴好安全带；高处作业时，不得穿硬底和带钉易滑的鞋进行施工。

8.3　在施工现场行走要注意安全，不得攀登脚手架、井架、外用电梯，禁止乘坐非乘人的垂直运输设备。

8.4　夜间或在光线不足的地方施工时，移动照明必须使用 36V 低压设备。

8.5　在保温材料堆放处及施工处附近不得进行电、气焊作业。

8.6　使用电动搅拌器、电动刨刀等手持电动工具，必须装有漏电保护器，作业前应试机检查，作业时应戴绝缘手套。

8.7　室内使用的木凳、金属支架应搭设平稳牢固，脚手板高度不大于 2m。

8.8　搭设脚手不得有跷头板，并严禁脚手板支搁在门窗上。

8.9　操作前应检查架子、高凳等是否牢固，不准用 50mm×100mm、50mm×200mm 木料（2m 以上跨度）等作为立人板。

8.10　抹灰时注意防止灰浆溅落眼内。

8.11　余料、杂物工具等应集中下运，不能随意乱丢乱掷。

8.12　严禁从窗口向下随意抛掷东西。

9. 环 保 措 施

9.1　施工垃圾袋装化，修整后的聚苯板碎末及当次未使用完的残料应及时清理，做到工完场清，并将废料放置在指定的地点。

9.2 施工用的材料应符合环保要求，在城区或靠近居民生活区施工时，对施工噪声要有控制措施，夜间运输车辆不得鸣笛，减少噪声干扰。

10. 效 益 分 析

10.1 经济效益

10.1.1 采用增强粉刷石膏外墙内保温，保温总面积减少，总成本降低，投资减少。

10.1.2 由于在室内施工，不受室外环境的影响，加快了工程进度。

10.1.3 避免了小业主二次装修对外立面的破坏。

10.1.4 由于内保温外饰面采用石膏砂浆，减少了水泥砂浆粉刷带来的裂缝。

10.2 社会效益

10.2.1 石膏属于绿色环保产品，使用该产品对室内环境无污染。

10.2.2 避免外保温施工后的安全隐患。

11. 应 用 实 例

11.1 应用实例1——青海国家安全厅1号、2号住宅楼工程

青海国家安全厅1号、2号住宅楼工程，2004年5月开工，2005年10月竣工，总建筑面积30700m²，框架结构，地下一层，地上结构十八层。共有46000m²的外墙采用了"增强粉刷石膏聚苯板外墙内保温系统"，从2005年2月份开始外墙内保温施工，2005年4月完工。

11.2 应用实例2——仁恒锦绣花园一期工程

上海绣花园一期工程，2006年3月开工，2007年8月竣工，总建筑面积142000m²，框架结构，地下一层，地上结构25～26层。总共有160000m²的外墙采用了"增强粉刷石膏聚苯板外墙内保温系统"，从2006年12月开始外墙内保温施工，2007年3月完工。

11.3 应用实例3——仁恒河滨花园二期工程

上海河滨花园二期工程，2006年7月开工，2007年12月竣工。总建筑面积108000m²，框架结构，地下一层，地上结构26～30层。总共有130000m²的外墙采用了"增强粉刷石膏聚苯板外墙内保温系统"，从2007年4月开始外墙内保温施工，2007年7月完工。

外墙外保温石材干挂—粘贴结合施工工法

GJEJGF098—2008

龙信建设集团有限公司　南通建筑工程总承包有限公司

刘瑛　王征兵　刘存　董年才　李彪奇

1. 前　　言

1.1　节约能源是我们的基本国策，在能源消耗中，建筑物外墙的热损失约占45%，提高外墙保温性能是建筑节能的有效手段。外墙保温方式主要有内保温、夹心保温和外保温三种。从建筑热工学和建筑外墙保温的实践效果来看，建筑外墙采用外保温方式最好。为了满足节能，保证建筑立面美观、使用安全可靠，龙信建设集团有限公司苏州星屿仁恒项目部提出外墙外保温石材饰面板干挂-粘贴结合施工方法。2008年7月江苏省建管局组织专家对该工法的关键技术进行鉴定，结论为："该施工技术达到国内领先水平"。该技术还分别获得2008年省QC成果优秀奖、优秀论文2等奖，南通市科学进步3等奖。

1.2　外保温对饰面层的自重有严格要求，饰面材料自重要小于$392N/m^2$，而石材饰面加粘结层重量要接近或大于$392N/m^2$，因而，按相关规定或传统的外保温粘贴石材饰面板做法施工时，存在着易渗水、成本高、不安全等因素，需采取有效的技术保证措施。本工法采取的措施是：是外墙外保温粘贴技术与钢托件架后植筋技术相结合的施工方法，共同承担外饰面石材荷载，突破了外保温饰面不能湿贴石材的范例，满足防水、保温、安全可靠要求的同时，丰富建筑物外饰面效果。

1.3　本方法用于苏州星屿仁恒工程，该工程位于苏州独墅湖畔，为高档联排别墅。外墙饰面采用涂料、真石漆、防腐木、仿石面砖、蒙古黑板岩等组合材料；饰面板岩部分最大宽度为8m，最大高度为12m；考虑建筑外饰效果（真石漆无凹凸质感），设计师要求采用300mm×600mm×15mm蒙古黑板岩做部分外墙饰面。在北京冠生园住宅小区及青海民惠花园、青岛信诚综合楼等工程中均得到应用。

2. 工 法 特 点

2.1　保温效果显著，性能持久稳定。外墙保温贴挂石材饰面施工方法，克服了内墙与外墙交界处、楼板与外墙交界处热桥现象，减少热量传递通道，避免因材料温度变形的差异而引起的墙体裂缝，有效保证外保温系统不渗水、不老化，实现保温性能的持久和稳定。

2.2　施工简易、安全可靠。本工程外墙保温板上的粘贴层为：5mm厚粘胶浆加勾缝剂，荷载约为$39.2N/m^2$；15mm厚板岩，荷载约为$308N/m^2$；外荷载总计为$347.2N/m^2$，与外保温承受荷载$\leqslant392N/m^2$要求略小，考虑风荷载，故外保温贴挂石材饰面需要加固处理。传统做法采用角铁骨架或点焊不锈钢挂件干挂饰面板，施工复杂，成本高且容易破坏外保温系统，从而发生渗水。本工程采用传统粘贴和特制钢托件架植筋技术，贴挂结合的方法固定保温聚苯板上的石材饰面板，用电钻垂直成孔，注浆植筋，施工简易且保证外墙保温贴挂石材饰面板使用安全，满足保温要求。

2.3　适用性强。适用于寒冷地区和过渡地区新建建筑及旧房改造工程的外墙保温。

3. 适 用 范 围

本工法适用于高度不大于24m抗震设防烈度不大于7度的外形复杂的别墅、高档住宅和公共建筑的外墙保温贴挂石材饰面工程。

4. 工艺原理

4.1 外墙保温贴挂石材饰面的保温系统是由专用胶粘剂、阻燃、加强型聚苯乙烯泡沫板、耐碱网格布、专用抹面浆料、石材饰面板组成，它利用聚苯板良好的阻热性能减少室内外热量的传递，通过粘结胶浆、植筋锚固钢托件架与主体相连，保证面层的整体稳定性及强度，有效满足面层贴挂石材饰面板的设计要求。

4.2 工艺技术、施工操作、施工设备简单：充分利用外保温体系本身的粘结、剪切强度与增加特制钢托件架承载力二者组合，共同承担外保温系统荷载，并将其有效传递到结构上，完全达到美观安全的效果。

4.3 突破外保温饰面不能粘贴石材饰面板的范例，丰富建筑物外保温饰面效果，满足保温、防水的同时满足建筑立面美观的要求。

5. 施工工艺流程及操作要点

5.1 施工工艺流程及操作程序

5.1.1 操作程序

施工准备→粘贴聚苯板→钢托件架、植筋施工→贴挂石材饰面板施工。

5.1.2 施工工艺流程

墙面粉刷找平层→涂膜防水层→涂抹粘结胶浆→粘贴聚苯板→清理嵌缝、聚苯板打磨→石材饰面板排版、弹线→钻孔→植入钢托件架→特殊部位处理→抹底层胶浆→铺设耐碱网格布→抹面层胶浆料→养护→石材饰面板打孔→石材饰面板固定→勾缝→清洗→验收。

5.2 粘贴聚苯板施工要点（以专威特建筑外保温系统为例）

5.2.1 基层处理

1. 清理墙体基层表面的浮尘、污垢、泥土，且保持湿润。

2. 用 15～18mm 厚 1：3 水泥防水粉刷砂浆找平，并应具有较高的粘结强度。

3. 用 2m 靠尺检查防水粉刷找平层的平整度及垂直度，平整度最大偏差不大于 3mm，垂直度最大偏差不大于 5mm，超出部分应剔凿，凹起部分应用砂浆补平，穿墙管孔周边应填塞严密，便于保温板的垂直与水平铺设。

5.2.2 材料的准备和配置

粘结胶浆的配置：将专威特胶粘剂与强度等级 32.5 的普通硅酸盐水泥按 1：2（粘结胶浆）、1：1（抹面胶浆）的体积比用搅拌器搅拌均匀，成胶浆状；根据天气情况，滴加适量的水调整浆料的粘稠度；胶浆应随捣随用，每次配置好的粘结胶浆料应在 2h 内用完，否则不得使用。

聚苯保温板标准规格为 600mm×1200mm×30mm，使用非标准规格时，可用电热丝切割器或多用涂刀进行切割。

网格布具有抗碱、耐碱性能，根据工作面的要求剪裁，网格布之间的搭接应不小于 65～100mm。

5.2.3 粘贴聚苯板

1. 校核进场聚苯板尺寸，对角线误差±3mm，如误差不符合该标准，应用电热丝切割器调整。

2. 根据图纸要求和四周外墙散水标高，弹好散水水平线，在外墙变形缝处，弹出变形缝宽度线。

3. 粘贴聚苯保温板采用点粘法。

沿保温板四周涂抹粘结胶浆，宽度为 50mm，中间部分均匀设置 8 个点，每点直径为 100mm，中心距离 200mm；涂抹粘结胶浆的涂抹面积与聚苯保温板的面积之比不小于 40%。

为保证外墙保温系统材料能很好的相互粘结，沿纵向每隔 2 排保温板，中间通长增加设置一道宽

50mm 的粘结胶浆带，增强外保温系统整体的粘结力，防止墙面与保温板局部拉裂，避免保温板面层网格布和抹面浆料张拉集中现象发生，减少面层裂缝的产生。

4. 保温板自下而上沿水平方向横向铺贴，每块标准板应错缝 1/2 板长，见图 5.2.3。

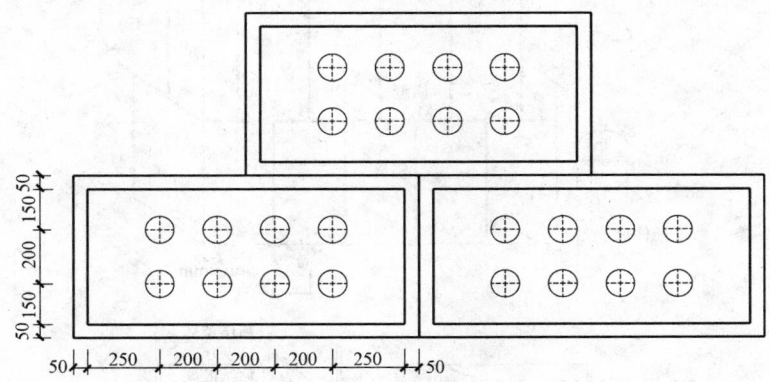

图 5.2.3 聚苯保温板点粘示意图

5. 保温板抹完粘结胶浆后，立即将聚苯板平贴在墙面基层上滑动就位，粘贴时应轻揉，均匀挤压。

6. 墙体转角处，保温板应垂直交错连接；门窗洞口角部的保温板，应整块保温板裁出。

7. 保温板粘结 24h 后，将整个墙面作圆弧状打磨；不得沿着与保温板接缝平行的方向打磨，用力均匀。

5.3 钢托件架植筋施工要点

5.3.1 钢托件架制作

钢托件架有三个部分组成（图 5.3.1）

1. $\phi14$ 螺纹钢筋杆件；2. 镀锌扁铁端件；3.5cm 长 $\phi3$ 钢钉销件。

$\phi14$ 钢筋杆件与镀锌扁铁端件采用坡口焊接，焊接应牢固。镀锌扁铁端件两端各有一个限位孔，可穿插钢钉销件，起固定石材饰面板作用。

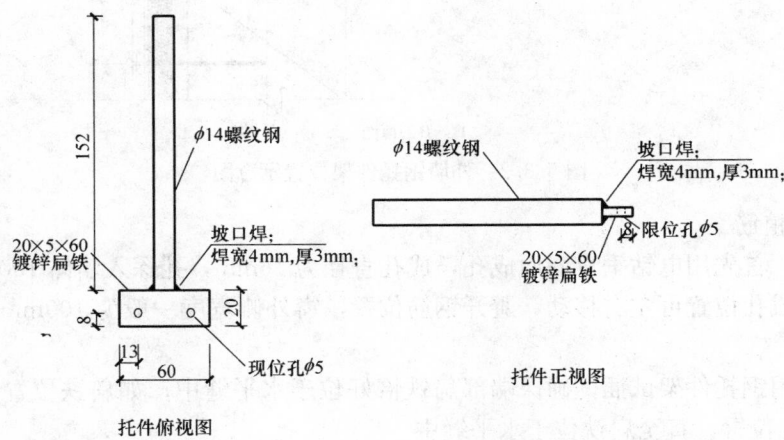

图 5.3.1 钢托架件图

5.3.2 排版、弹线

1. 保温板打磨完成后，根据排版图，弹好墨斗线；石材饰面板的横竖缝一般为 10mm。

2. 弹线后，应全部检查一遍，边角排版是否符合要求，并予以确认。

3. 以贴挂 300×600×15 板岩为例，钢托件架位置见图 5.3.2；每块石材饰面板下角各有一个钢托件架，每块石材饰面板上沿中间有一个钢托件架；边块石材饰面板应有调节钢托件架位置，钢托件架应距离转角墙面（保温面）≥100mm。

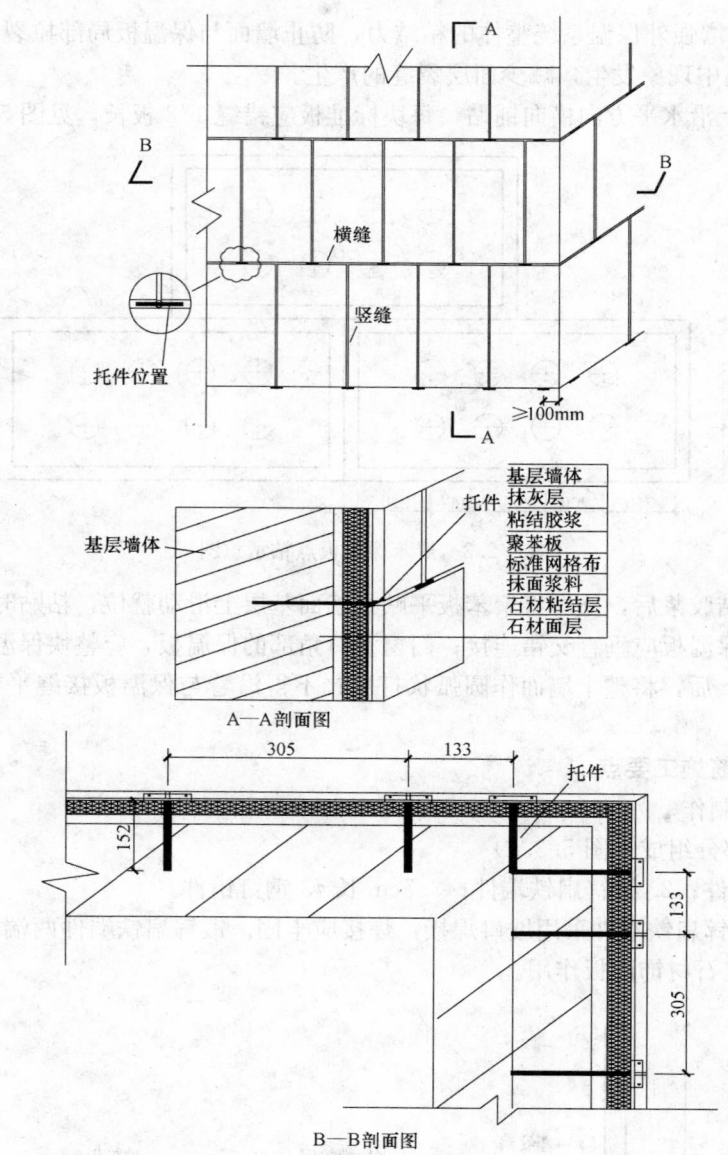

图 5.3.2　外墙钢托件架位置示意图

5.3.3　成孔、植筋

1. 钢托件架处，首先用电钻垂直墙面成孔，成孔直径为 16mm，孔深入墙体 100mm 为宜。

2. 如遇钢筋，成孔位置可左右移动，避开钢筋位置，窗外侧宽度一般为 100mm，可居中植一根钢托件架。

3. 成孔后，先用钢托件架试插，确保端部扁铁恰好位于水平缝中；如扁铁位置上下出现偏差，则需重新调整上下钻孔位置，直至扁铁位于水平缝中。

4. 钢托件架试插合格后，用针式吹风机将孔内灰尘杂物清理干净。

5. 使用手工操作法将植筋胶注入孔中，由孔底向外均匀注入，注至孔深的 2/3 即可。

6. 注胶完成后，将钢托件架杆件旋转插入孔底，确保端头扁铁位于水平缝中；注意限位孔垂直向上。

7. 要确保少量植筋胶外溢出保温板面，使杆件周围密封，否则容易出现渗水现象。

5.3.4　植筋固化

植筋完成后，胶体需经过不少于 12h 的固化期，固化期间严禁扰动。

5.3.5　网格布的铺设

1. 保温板面弹好石材饰面板分割线及钢托件架植筋完成、局部特殊处理后，方可铺贴网格布。

2. 保温板必须采用二道抹面浆料法，具体操作如下：

用不锈钢抹子，在保温板面均匀涂抹一层面积略大于一块网格布（竖向）的抹面胶浆料，厚度约为1.5mm，立即将网格布绷紧压入湿的抹面胶浆料中，用抹子由中间向四周把网格布压入胶浆的表层，要平整压实，严禁网格布皱褶。铺贴遇有搭接时，必须满足横向65~100mm、纵向65~100mm的搭接长度要求。严禁先铺网，再抹灰。待胶浆稍干硬至可以碰触时，再用抹子涂抹第二道抹面胶浆料，直至第二层网格布（横向）埋在两道抹面胶浆的中间，通常完工后的厚度1.6~2.5mm。

3. 铺设时，应自上而下沿外墙一圈一圈铺设，互相搭接不小于65~100mm。

4. 门窗洞口四角处，必须沿45°方向补贴一块标准网格布，作为加强层，以防止开裂。

5. 拐角部位，标准网格布应连续，必须加设不小于200mm宽的附加层；压顶及收头部位，必须做网格布反包处理。

6. 抹面胶浆和网格布全部铺设完后，至少静置养护24h，确保表面干燥后，方可贴挂石材饰面板。

7. 抹面完成后，应避免雨水的渗透和冲刷，做好覆盖保护。

5.4 石材饰面板贴挂施工要点

5.4.1 外保温抹面养护完成后，开始弹石材饰面板排版墨线；板岩贴挂分区、分面进行，遵循由下而上的原则。

5.4.2 根据限位孔位置，确定石材饰面板开槽位置；槽长20~30mm，槽宽5mm，槽深20mm。

5.4.3 贴挂底排石材饰面板时，石材饰面板背面均匀刮满专用胶粘剂——云石胶，平均厚度约为6~8mm；上面开槽位置嵌满云石胶。

5.4.4 快速将石材饰面板贴挂在墙上，用橡皮锤轻轻敲平；参照墨线，使石材饰面板横竖到边，同时，经过限位孔，钢钉销件锚入槽中20mm，钢钉销件周围的云石胶用抹子抹平。

5.4.5 贴挂第二排石材饰面板时，同样先进行开槽，第二排石材饰面板下槽满嵌云石胶，并与销件位置对正。

5.4.6 石材饰面板背面均匀刮满专用胶粘剂，快速将石材饰面板贴挂在墙上，用橡皮锤轻轻敲平；钢钉销件锚入第二排石材饰面板下槽中20mm，钢钉销件周围的云石胶用抹子抹平。

5.4.7 根据扁铁端件与上排石材饰面板底部的距离，选用不同厚度的扁铁垫块，确保石材饰面板专用胶粘剂强度未来之前，石材饰面板自身重力通过扁铁垫块传递给钢托件架。

5.4.8 第三排石材饰面板贴挂时，依此重复第二排石材饰面板施工步骤。

5.4.9 石材饰面板勾缝清洗。对板岩缝隙先用毛刷清理，用专用的勾缝胶勾缝，再刷防水剂一层，以防漏水，同时将饰面板表面擦洗干净。

5.5 劳动力组织

劳动力可按粘贴面积大小和进度要求组合（表5.5）。按一层外墙保温贴挂石材饰面65m² 组织。

劳动力组织　　　　　　　　　　　　　　　　　　　　　　　表5.5

序　号	工作内容	人　数	完　成　人
1	备料、运送胶泥	1	辅助工
2	简单搅拌	1	辅助工
3	粘贴聚苯板	2~3	中级瓦工
4	贴挂石材饰面板	5~7	中级瓦工
5	技术指导、质量检查	1	中初级技术员、质量员

6. 材料与设备

6.1 材料

6.1.1 粘结胶浆：是一种聚合物胶浆料，由专用胶粘剂与32.5以上普硅水泥、水，按比例混合而成，用于墙体基层与聚苯板间粘贴。厂家配套生产，搅拌采用体积比为：专威特胶粘剂加 32.5MPa 水泥等于 1∶2，视其和易性，加适量水。其主要技术性能指标如表 6.1.1。

粘结胶浆主要技术性能指标   表 6.1.1

试验项目		性能指标
拉伸粘结强度（MPa） （与水泥砂浆）	原强度 耐水	≥0.70 ≥0.50
拉伸粘结强度（MPa） （与聚苯板）	原强度 耐水	≥0.10，破坏界面在膨胀聚苯板上 ≥0.10，破坏界面在膨胀聚苯板上
可操作时间（h）		1.5～2.0

6.1.2 抹面胶浆：是一种聚合物胶浆，由专用胶粘剂与 32.5MPa 以上普硅水泥、水，按比例混合而成，用于聚苯板与粘贴石材饰面板贴挂（亦称聚合物防裂保护层）。采用体积比为：专威特胶粘剂加 32.5MPa 水泥等于 1∶1，视其和易性，加适量水。其主要技术性能指标如表 6.1.2。

抹面胶浆主要技术性能指标   表 6.1.2

试验项目		性能指标
拉伸粘结强度（MPa） （与膨胀聚苯板）	原强度 耐水	≥0.10，破坏界面在膨胀聚苯板上 ≥0.10，破坏界面在膨胀聚苯板上
柔韧性	抗压强度/抗折 强度（水泥基）	≤0.33MPa
	开裂应变（非 水泥基）%	
可操作时间（h）		1.5～2.0

6.1.3 聚苯板：使用规格一般为 1200mm×600mm×厚度，厚度由设计确定。平头式、阻燃型，表观密度为 18～22kg/m³，导热系数≤0.041W/(m·k)，抗拉强度≥0.10MPa。自熄型聚苯乙烯泡沫塑料板即 EPS 板。

6.1.4 耐碱玻纤网格布：孔径为 4mm×4mm，断裂强力 N/50mm≥750，耐碱强力保留率≥50%，断裂应变小于 5.0%。

6.1.5 简易钢制托架：长 152mm，宽度 60mm，成 T 形。用于每排石材饰面板层间支撑，提高外墙保温贴挂石材饰面荷载的承受力，同时对石材饰面板引起的剪切力进行隔离分解。每个钢托架件的抗拔承载标准值不应少于 0.6kN。

6.1.6 石材饰面板：规格 300mm×600mm×15mm 蒙古黑石材饰面板，不得掉角、缺楞、开裂、翘曲以及污染。

6.2 工具

切割机、拌料桶、水桶、齿型刮板、小灰铲、水平尺、墨斗、2m 靠尺板、橡皮锤、6mm 宽勾缝扦、托线板、电钻、针式吹风机等。

7. 质量控制

7.1 工程质量控制标准

7.1.1 按《外墙外保温工程技术规程》JGJ 144；《专威特建筑外保温系统》苏 J/T16 中有关技术及质量要求执行。其中聚苯板规格及其允许偏差如表 7.1.1。

聚苯板的规格尺寸及其允许偏差   表 7.1.1

指　标	单位	允许尺寸	允许偏差	指　标	单位	允许尺寸	允许偏差
长度方向	mm	≤1200	±1.6	板边精度	mm	≤600	≤1.6
宽度方向	mm	≤600	±1.6	表面平整度	mm	长度方向的弯曲	≤0.8
厚度	mm	25～100	±1.6	方正度	mm	≤600	≤1.6

7.1.2 抹面胶浆层质量标准控制参照《建筑装饰装修工程施工质量验收规范》GB 50210 规范中"一般抹灰工程"的相关要求。

7.1.3 外墙保温贴挂石材饰面板安装施工质量执行《建筑装饰装修工程质量验收规范》，允许偏差按表 7.1.3 执行，及《外墙饰面砖工程施工及验收规程》JGJ/T 126。

石材饰面板安装质量要求及检验方法 表 7.1.3

项 次	项 目	允许偏差(mm)	检 查 方 法
1	立面垂直	2	用 2m 托线板检查
2	表面平整	1	用 200mm 方尺检查
3	阳角方正	2	
4	接缝平直	2	拉 5m 线检查，不足 5m 拉通线检查
5	墙裙上口平直	2	
6	接缝高低	0.5	用直尺和楔形塞尺检查
7	接缝宽度	0.5	用尺检查

7.2 质量控制措施

7.2.1 聚苯板的粘贴一般采用条点法施工，涂胶面积与聚苯板的面积之比应不少于 40%，粘贴时速度要快，以防止胶粘表面结皮而失去粘结作用，确保与墙面粘结牢固，无松动和虚粘现象。

7.2.2 粘贴时，板缝应挤紧，做到上下错缝、局部最小错缝不得小于 200mm，相邻板应齐平，板间缝隙不得大于 2mm，如大于 2mm，应用聚苯板条塞满，严禁粘结或用胶粘剂直接填缝，以防该部位形成热桥现象。

7.2.3 在门窗洞口部位的聚苯乙烯保温板不允许用碎板拼接，需要用整幅板切割，边缘必须顺直、平整、尺寸方正，其他接缝距洞口应大于 200mm。洞口位置的板块间搭接留缝应考虑防水、防渗漏问题，在窗台部位粘贴时要求水平板压立面板，以免迎水面出现竖缝，但在窗户上口要求立面板压住水平板。抹面胶浆层施工前，应在洞口四角部位粘贴网格布做加强处理，粘贴遇到外架连墙件等突出墙面且以后需拆除的部位，应按整幅板的尺寸预留，最后拆除时随即进行修复处理。

7.2.4 网格布铺设应横向进行，做到压贴密实，不得有空鼓、皱褶、翘曲、外露等现象，搭接宽度左右不得少于 65mm，上下不得少于 80mm。

7.2.5 网格布的翻包处理：在飘窗板、挑檐、阳台、伸缩缝等部位应作预先粘贴板边翻包网格布处理，翻包部分在基层上粘贴宽度不应小于 80mm 且不得出现搭接现象，以防大面积施工时在此部位出现三层搭接而导致面层施工后出现露网现象，引起开裂。

7.2.6 钢托件支架植筋时应在粘贴聚苯乙烯板的胶粘剂初凝后（一般 8h 后）进行，按照设计和专项方案具体要求的位置钻孔安装，钢托件架植入前，必须进行抗拔试验，其抗拔力应满足设计要求。

7.2.7 抹面胶浆层一般总厚度为 1.6～2.5mm，底层不大于 1.5mm，标准控制参照《建筑装饰装修工程施工质量验收规范》GB 50210 规范中"一般抹灰工程"的相关要求。

7.2.8 聚苯乙烯泡沫板自生产之日起至少存放 40d 后方可粘贴上墙，切割宜用电热丝切割。

7.2.9 耐碱玻纤网格布裁剪尽量顺经纬进行。

7.2.10 粘结胶浆与抹面胶浆应用电动搅拌器搅拌，严格控制配合比例，充分搅拌后 2h 内用完，超过 2h 后不得兑水再使用。

7.2.11 所有的板边收头位置皆应用网格布进行翻包处理，对板的端头、阳角等处进行保护。边角因要满足抗冲击要求，应用双层耐碱玻纤网格布加强。

7.2.12 对已经在聚苯板面层进行抹面胶浆的外保温墙体，不得随意开凿孔洞，如确因变更需要，应达到设计强度后方可进行，安装物件后其周围应立即恢复原状，并做加强处理。

7.2.13 应防止各种物件撞击墙面。

7.2.14 外墙外保温石材饰面板粘挂施工防水主要控制结点如图 7.2.14 所示。

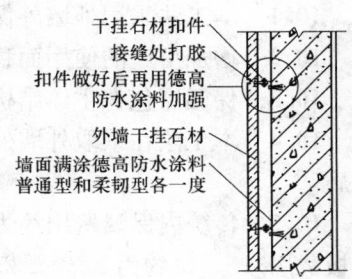

图 7.2.14 外墙干挂石材
防水结点图

8. 安 全 措 施

8.1 在施工作业期间和石材饰面板粘结完工后的 24h 内，环境和基层表面温度均应高于 5℃，严禁在雨中施工。如遇雨或雨期施工时应有可靠的防雨措施，风力不得大于 5 级。

8.2 所有外墙的门窗框、水落管、进户管线、墙面预埋件等都安装完成后，通过隐蔽验收并办理交接手续。

8.3 外保温施工应由专业队伍或经过专业培训考核合格后的人员进行，作业前应编制详尽的专项施工方案，对细部及特殊部位的做法进行事先策划，提出预控措施及具体做法等。并请提供成套材料供应的生产厂家进行技术指导。

8.4 对玻璃雨棚、铝合金门窗等应相互做好成品保护，严防污染饰面。

8.5 遇到雷雨、大风等天气外保温施工应暂停作业。

8.6 使用塔吊吊装石材饰面板时，必须设有专人指挥，吊物下严禁站人。吊装饰面板材必须绑扎牢靠后方可起吊。

8.7 进入施工现场必须佩戴安全帽；高处作业必须佩戴安全带，并高挂低用。

8.8 注意防火，安全用电。

9. 环 保 措 施

9.1 材料节能环保

9.1.1 减少墙体厚度，降低了砌筑材料使用量，有利于节约土地资源。

9.1.2 减少建筑垃圾处理。

9.2 工艺节能环保

9.2.1 采用外保温墙体，大大降低了"热桥"的影响，故可以节约保温材料用量。

9.2.2 由于保温材料贴在墙体的外侧，其保温、隔热效果优于内保温和夹心保温，故可使主体结构墙体减薄，从而增加每户的使用面积。

9.2.3 采用外保温构造，则可大大提高墙体的气密性能，从而达到进一步节约能源的目的。

9.2.4 在墙体外侧附加保温层之后，减少了墙体热损失，在正常供暖情况下，减少热负荷。夏季，外保温材料能减少太阳辐射热的传递和室外气温的综合作用，使室内空气温度和墙体内表面温度得以降低。因而，外保温建筑能够做到冬暖夏凉。

9.2.5 采暖期降低空气中悬浮物、CO_2 的排放，降低了空气污染指标。

10. 效 益 分 析

10.1 本工法采用外墙外保温施工技术后，减少冬季供热、夏季降温的成本。

10.2 增加房屋的使用面积，提高工程经济效益。

10.3 保温层包在主体结构的外侧，能够保护主体结构，延长建筑物的寿命。

10.4 本工法在采取外墙外保温措施的同时还增加防水层施工技术，有效的解决外墙渗水的质量通病。

10.5 传统内保温费用约为 65～75 元/m²，外墙干挂石材饰面板费用约为 160 元（不包含石材饰面板费用）；总价约为 225～235 元/m²；

外保温费用约为 75～85 元/m²，植筋贴挂石材饰面板费用 130 元/m²（不包含石材饰面板费用）；总价约为 205～215 元/m²；

外保温贴挂石材饰面板费用要比内保温与外干挂石材饰面板组合费用节省 20 元/m² 左右。

11. 应 用 实 例

11.1 本方法用于苏州星屿仁恒工程，该工程位于苏州独墅湖畔，为高档联排别墅，建筑面积 6109m²，外保温贴挂石材饰面板面积 3200m²，目前已经竣工并交付使用。

11.2 本方法用于北京冠海城市花园综合楼工程，该工程位于北京市朝阳区南湖渠，地处望京西路与北四环东路的交界处，建筑面积 49728m²，外保温贴挂石材饰面板面积 24326m²，目前已经竣工并交付使用。

11.3 本方法用于青海民惠花园工程，该工程位于西宁市同仁路 29 号，建筑面积 23228.39m²，外保温贴挂石材饰面板面积 11563m²，目前已经竣工并交付使用。

11.4 青岛信诚综合楼工程，2005 年 7 月开工，2007 年 9 月完工，建筑面积 120000m²，外饰面应用外墙保温贴挂石材饰面板施工面积 89514m²。

高大柔结构中轻质整体式节能墙板施工工法
GJEJGF099—2008

广州市建筑机械施工有限公司　浙江八达建设集团有限公司

雷雄武　邓恺坚　洪城　何炳泉　庄鑫城

1. 前　　言

随着超高、超大的公共建筑日益增多以及科技水平的发展，人们对建筑物使用功能、空间利用越来越高，整体式节能墙体因具有环保、节能、施工方便等优点而被广泛应用。广东省博物馆新馆工程三至四层外墙采用轻质整体式节能墙板，墙体施工高度均超高（单层施工高度均超 7m，最高达16.5m），跨度最大为 30m。另一方面，该工程采用大型悬挑柔结构，结构施工过程中变形量较大，对墙板连接的节点抵抗变形能力要求很高，墙板骨架的设置及施工质量是工程项目功能实现的基础。据查新分析，目前国内没有相关的技术研究。

为此，广州市建筑机械施工有限公司结合本工程开展科技攻关，研究开发了"高大柔结构轻质整体式节能墙板的施工技术研究"成果，于 2008 年通过广东省科学技术厅组织的专家评审，成果达到国内领先水平，并通过省级工法认定，同时申报的广东省科技进步奖，现正公示中。

2. 工 法 特 点

2.1　整体式的节能墙板安装与传统墙体砌筑相比，工效是传统砌筑施工的 4 倍，可以减少施工工期，而且施工工艺简单，可以有效的减少工人劳动强度，节省工人数量，减少材料的损耗，降低工程等造价。

2.2　在施工过程中，对大型机械要求低，现场操作工具简单，易于施工，可以减低噪音对邻近居民影响。

2.3　通过骨架及墙板的计算和合理设置，制定合理的施工工艺，解决了超高、超大墙板施工过程中抗变形能力差、垂直度和平整度差等质量问题，减少墙面裂缝，提高墙板的抗震性能，确保施工安全和工程质量。

3. 适 用 范 围

适用于大空间的房屋建筑、公共建筑的墙板施工项目。

4. 工 艺 原 理

根据高大柔结构特点及超高楼层、超大面积整体式节能墙板施工实际情况，对骨架及墙板进行设计及优化，合理设置，运用计算机软件，分析骨架在各种荷载的作用下的受力情况，进行受力变形叠加计算，确保骨架有足够的强度、刚度和稳定性。研究安装工艺的可行性，确定合理安装流程和制定安全措施，墙板节点之间连接件的设置方法及质量控制措施，动态调整墙板安装工艺，确保墙体施工和使用质量。运用高精度的测量仪器，制定有效可行的测量控制方案及措施，合理建立轴线、标高的控制网，确保墙体平整度和垂直度，提高工程质量。

5. 施工工艺流程及操作要点

5.1 施工工艺流程

轻质整体式节能墙板施工工艺流程图如图 5.1 所示。

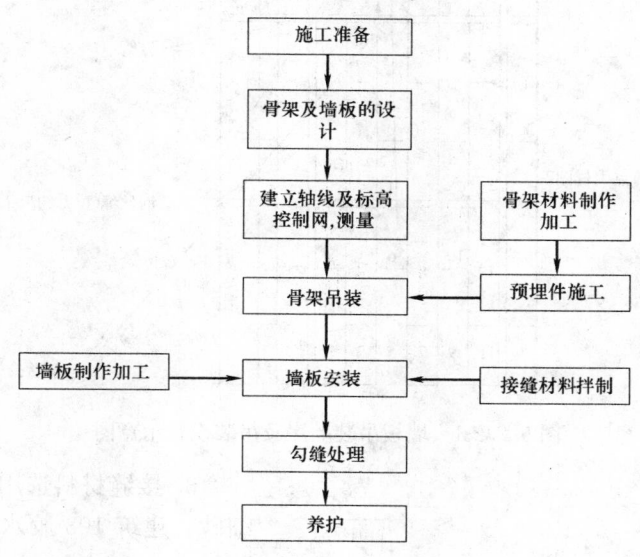

图 5.1 工艺流程图

5.2 操作要点

5.2.1 骨架安装

1. 建立轴线及标高控制网，在墙板安装部位弹基线与楼板底或梁底基线垂直，并在离墙板 500mm 设置轴线控制线，钢柱上面设置标高控制点，以保证安装墙板的平整度和垂直度等，并标识门洞位置。

2. 准确进行材料的加工制作，根据现场高度下料和制作，采用卷扬机和吊绳组成的滑轮组进行吊装。

3. 长度 7m 以下竖向方管由地面加工好，一次性焊接到位，其他长度的方管以分段进行安装，先安装竖向方钢后安装横向方钢。

4. 根据现场放线位置，安装竖向方管的预埋件，预埋件尺寸为 250mm×300mm×10mm，采用 ϕ10 膨胀螺栓与楼板固定好。

5. 预埋件施工完毕检验合格后进行竖向方管安装，在预埋钢板上设置定位板，设置在两个相邻边上，以便于安装及校正。

6. 第二段方管吊装就位时，首先在下道方管设计定位板，采用卷扬机缓慢提升，下道方管中心线与上道方管中心线对齐吻合，四边兼顾，然后进行焊接，采用吊锤和测量仪器监测方管的垂直度。焊接前，清理焊件上面的污积，以保证之间的焊接质量。

7. 横向方管安装：安装前，根据控制标高的位置焊接水平定位板，放上横向方管时，先定位焊接好，复核标高及轴线位置无误后，进行最终焊接。

5.2.2 墙板安装

1. 墙板及骨架施工存在超高作业，层高 12m 内使用移动操作平台配合施工，超过 12m 层高采用落地式脚手架操作平台，确保作业人员安全。

2. 使用电动卷扬机和钢绳组成的滑轮装置作墙板的垂直运输，设置位置及方法如图 5.2.2-1、图 5.2.2-2 所示。

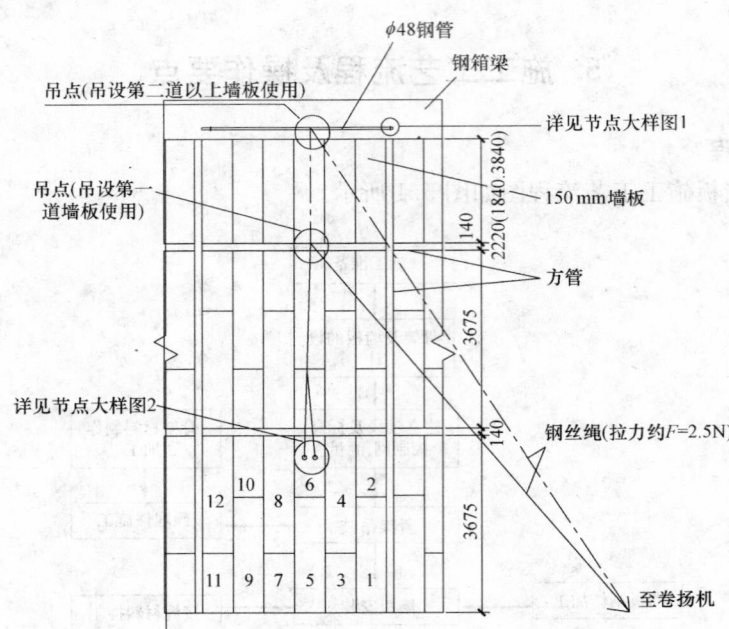

图 5.2.2-1　墙板吊装顺序及吊装设置示意图

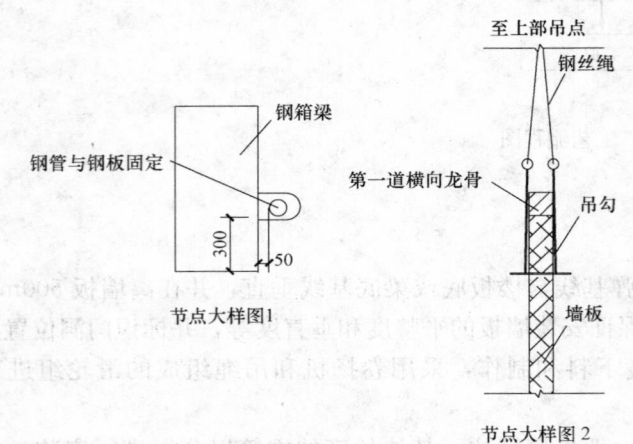

图 5.2.2-2　节点大样图 1、2

3. 接缝材料选用：接缝材料为普通水泥、细砂、建筑 108 胶水按 1：2：0.4 调制成的浆料。

4. 切割：墙板安装前，按照骨架净空，进行墙板现场加工、切割，在墙板上弹出切割基线，用小型手提切割机切割，墙板在安装过程中，基本实行干法作业，切割墙板，为了防尘，使用水喷洒，应将使用水量减到最小用量。

5. 上浆：先用湿布抹干净墙板凹凸槽的表面粉尘，并刷水湿润，再将聚合物砂浆抹在墙板的凹槽内和地板基线内。

6. 墙板上设置起吊点，在墙板钻设两个 ϕ20 孔作为吊点，吊点设置位置为：纵向≤1/3b（短边），横向≤1/5L（长边）。

7. 采用 ϕ20 钢筋作为吊勾，吊勾须伸出墙板应有 200mm，边上设置一个防滑装置，防止墙板在吊装过程滑出吊勾。

8. 墙板安装顺序从结构部位一端向另一端顺序安装，由楼板地面向楼板顶或梁底安装。高度水平向分两块墙板错缝安装，先安装下部较大墙板，然后装上部较小墙，次之安装隔壁墙板较小下部墙板，后安装上部较大的墙板，按此方法顺序安装，如图 5.2.2-1 所示。

9. 起吊时要均匀，缓慢，吊至安装位置时，人工配合将墙板就位，用铁撬将墙板从底部撬起，用力使板与板之间靠紧、使砂浆聚合物从接缝挤出，一定保证板缝的砂浆饱满，同时用木楔将其临时固定。

10. 墙板之间固定采用钢筋连接件斜向 45°打入，与混凝土楼板固定时应将外露部分弯入板内，钢筋采用 ϕ8 钢筋，L＝200mm。如图 5.2.2-3、图 5.2.2-4 所示。

11. 墙板与立柱或钢梁连接时，先焊好焊接一个 200mm 长的 30×3 角铁（图 5.2.2-5），在墙板对应一角凿设一个 250×50×50 凹槽，填上接缝材料后安装，其他方向采用角铁打入墙板后与骨架焊好，墙板最终固定好后才能卸下吊勾。

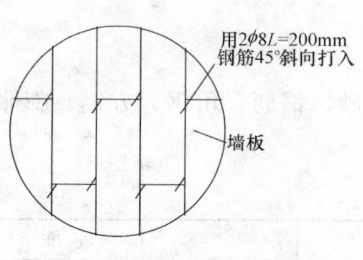

图 5.2.2-3 墙板间固定

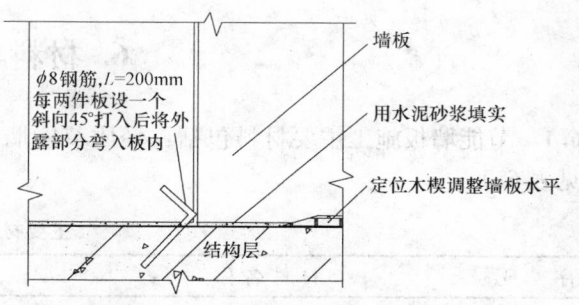

图 5.2.2-4 墙板与混凝土楼板固定

12. 墙板初步拼装好后，用吊锤和经纬议器检查平整度和垂直度，并用铁撬调整校正，再用木楔及 $\phi 8$ 钢筋作上下固定。

13. 在墙体的转角（如 L 形、T 形）处，应对墙板采取加强措施。墙板除用聚合物水泥砂浆粘结外，还应用 200mm 长 $\phi 8$ 钢筋以间距 600mm 作加强处理。钢筋头应击入板内并用砂浆封口，避免钢筋锈蚀渗出墙面，如图 5.2.2-6。

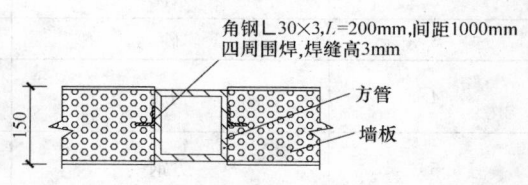

图 5.2.2-5 墙板与钢构件之间连接

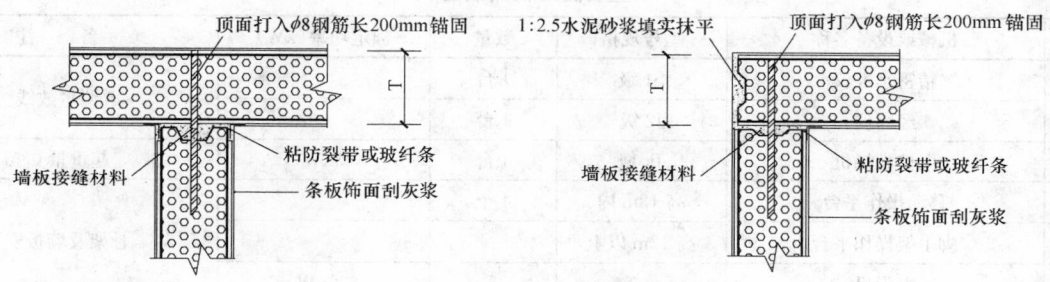

图 5.2.2-6 L 形、T 形墙板间连接

14. 填缝和勾缝处理：墙板的安装时，用上述接缝料填塞好墙缝后，刮去凸出墙板面接缝砂浆，并勾出接缝口，一般低于板面 4～5mm。

15. 在墙板的安装好 4～6h 后对接缝料进行洒水保养（早晚一次，连续 3d）。

16. 接缝处理应在门、窗框、管线安装完毕后（不少于 3d）进行。先清理接缝部位，补满破损孔隙，清洁表面，然后进行接缝的防裂带粘贴施工。

17. 墙板内埋设线管、开关插座盒，不得在同一位置两面同时开槽开洞，且应在墙体养护最少 3d 后进行。开槽时用手提切割机割出框线，再用人工轻凿槽，严禁暴力开槽开洞。线管埋设好后用聚合物水泥砂浆按板缝处理的方法处理分层回填密实。

5.3 劳动组织（表 5.3）

施工人员配置表   表 5.3

序　号	工　种	人　数	主要工作内容
1	质安员	1	质量及安全检查
2	起重机司机	1	材料吊运
3	汽车司机	2	材料运输
4	机架工	4	卷扬机操作
5	电焊工	8	骨架及墙板安装
6	墙板安装工	30	负责墙板切割加工，安装
7	电工	1	现场地用电加设、检查、维护
8	杂工	3	现场清理，辅助墙板安装及养护
9	测量组	5	现场测量放线

6. 材料与设备

6.1 节能墙板施工主要材料包括：轻质节能墙板、水泥、砂、钢筋、角钢、方钢、膨胀螺栓等，具体见表 6.1。

主要材料表 表 6.1

序 号	材料名称	规格或型号	检验标准
1	轻质节能墙板	2450mm×610mm×150mm	《建筑隔墙用轻质条板》JG/T 169—2005
2	水泥	R42.5 通用硅酸盐水泥	GB 175—2007
3	砂	中砂	JGJ 52—2006
4	钢筋	φ8 长度 200mm	GB 1499.1—2008 GB 1499.2—2007
5	方钢	□150×6 Q235 钢	GB/T 702—1982

6.2 施工采用的机具设备见表 6.2。

主要施工机具设备表 表 6.2

序号	机械或设备名称	型号规格	数量	额定功率(kW)	备 注
1	精密水准议	S1 级	1 台		测量放线
2	经纬仪	J2 级	1 台		
3	电控卷扬机	Jk 型	4 台	3kW	起重量 0.5t
4	移动操作平台	高 12m 内	4 个		骨架及墙板安装
5	脚手架操作平台	高 12m 以上			
6	电焊机		5	30kW	墙板制作及安装
7	电钻		3 个		
8	铝合金靠尺		6 台		

7. 质 量 控 制

7.1 墙体表面平整，不得有开裂、剥离、破损的现象产生。

7.2 墙板之间，条板与建筑结构之间结合应牢固、稳定，接缝应密实、平整。

7.3 墙板上浆前先用湿布抹干净墙板凹凸槽的表面粉尘，并刷水湿润。填缝砂浆应饱满。

7.4 墙板安装好 4～6h 后对接缝料进行洒水保养。

7.5 在墙板上开洞时应在墙体养护最少 3d 后进行。

7.6 墙板施工质量执行广东省《建筑轻质条板隔墙技术规程》JGJ/T 157—2008，板墙体安装允许偏差如表 7.6。

板墙体安装允许偏差 表 7.6

项 次	项 目	允许偏差(mm)	检验方法
1	墙体轴线位移	5	用经纬仪或拉线和尺检查
2	表面平整度	3	用 2m 直尺和楔形尺
3	立面垂直度	3	用 2m 托线板
4	接缝高低	2	用直尺和楔形尺
5	阴阳角垂直	3	用 2m 托线板
6	阳角方正	3	用方尺及楔形尺

8. 安全措施

8.1 现场安全施工严格按照《建筑施工安全检查标准》JGJ 59—99 执行。

8.2 移动平台放置时要平稳、平整，有条件下要与建筑物结构拉接好，作业人员在上面操作时，移动轮上的制动器要固定好，保证轮子不滑动，需移动操作平台时，禁止有人在平台上。

8.3 高处作业中的设施、设备，必须在施工前进行检查，确认其完好性后，方能投入使用。

8.4 墙板吊装应缓起吊，发现墙板有裂纹应禁止起吊。

8.5 构件安装后，必须检查连接质量，最终固定后，才能摘钩或拆除临时固定工具，以防构件掉下伤人。

8.6 材料吊运时，必须有司索工指挥，统一指挥、统一号令，禁止与吊装作业无关的人员入内，并设警示带。

8.7 吊装前要仔细检查吊具是否符合规格要求，是否有损伤，吊勾防滑装置是否有效，所有起重指挥及操作人员必须持证上岗。

9. 环保措施

9.1 在墙板洒水养护过程中，在洒区域设置排水沟，收集污水并经三级沉淀后排出。

9.2 对施工人员进行文明教育，做到工完料清，场地干净。

9.3 工人切割墙板时，应对切割位置进行洒水，减少灰尘。

9.4 在工程施工过程中加强对施工胶水、工程材料、废水及弃渣的控制和治理。

9.5 制定固体废弃物控制措施。定期清运弃渣及其他工程材料运输过程中的散落物与沿途污染物，弃渣及其他工程废弃物按指定的地点和方案进行合理堆放和处理。

9.6 制定施工噪声控制措施。选用先进环保的施工机械，采取有效措施降低施工噪声到允许值以下，同时尽可能避免夜间施工。

10. 效益分析

10.1 轻质墙板重量轻，为一般轻质墙体的1/2，与普通砌块相比，有效降低结构荷载，从而节省结构材料，特别对悬挂结构整体受力有利。

10.2 通过骨架及墙板的计算和合理设置，制定合理的施工工艺，解决了超高、超大墙板施工过程中抗变形能力差、平整度差等质量问题。

10.3 安装工序简单，墙板无须批荡，减少落地灰，减少材料损耗，整个施工过程实现了干作业，有良好作业环境，有利安全文明施工，节约工程成本。

10.4 墙板的吸水率很低，可减少墙面空鼓，裂缝等系列弊病，提高工程质量。整体强度高，其抗震性能高于砌筑墙体的数倍，抗冲击性能也是其他砌体的几倍，安全性能高。

10.5 整体式的节能墙板安装与传统墙体砌筑相比，工效是传统砌筑施工的4倍，可以大大减少施工工期，减少工程造价。在施工过程中，对大型机械要求低，现场操作工具简单，易于施工，可以减低噪声对邻近居民影响。

10.6 该墙板节能特点是保温、隔热性能，主要材料都是耐冻、保温的环保材料，具有良好保温隔热功能，达到生态调节效果，是一种绿色环保材料。

11. 工程实例

11.1 广东省博物馆新馆工程位于广州市珠江新城 J5 地块，总建筑面积为 6 万多平方米，采用钢筋混凝土剪力墙——钢桁架外悬挑吊结构，其三至四层层高均超 7m，最高为 16.5m，最大跨度为 30m。为了减轻悬挑结构上荷载，提高其抗震性能，根据设计要求，三至四层外墙及部分内墙采用的轻质整体式节能墙板，墙板施工面积约为 1.4 万 m²。2008 年 2 月开始进行骨架及墙板安装，2008 年 9 月全部安装完毕，在施工过程中，运用了"高大柔结构中轻质整体式节能墙板施工工法"，通过合理设计骨架及墙板，预先编制的施工方案及工艺措施，有效地控制好墙板安装质量。质量、进度、技术等各方面都受到业主、监理、设计方的好评。

11.2 广州亚运体育文化中心工程位于广州市天河区体育中心西大门北向，建筑面积为 20100 万 m²，采用 RC 结构形式，开工时间为 2007 年 9 月 1 日。本工程内、外墙大部分采用节能墙板，单层最高施工高度达 12.8m，施工面积为 6500m²。针对新型节能墙板的施工技术特点，结合了该工法，解决了墙板施工过程中抗变形能力差、高大墙体平整度差等质量通病，提高了节能墙板的安装质量，取得了较好的经济、社会效益。

11.3 中国出口商品交易会琶洲展馆二期工程位于广州市海珠区新港东路以北、华南路以东、琶洲塔以西，紧邻一期展馆东部，建筑面积约 383135m²，采用框架结构体系，开工时间为 2006 年 5 月，该工程展厅、公办室和会议室的墙体采用了节能墙板，墙板单层安装高度均超 6m，最高达 13.15m，墙板安装面积为 2 万多平方米，于 2008 年 1 月开始进行墙板安装，2008 年 4 月全部安装完毕，使用该工法后，能针对新型节能墙板的施工技术难点，优化节点连接，解决了墙板施工过程中垂直度、平整度控制难的问题，提高了节能墙板的安装质量，取得了较好的经济、社会效益。

聚氨酯夹芯薄板承插式对接施工工法

GJEJGF100—2008

浙江海滨建设集团有限公司
新疆天一建工投资集团有限公司
竺炜江　刘学迁　祁华宝　沈洪

1. 前　言

一种新型的承插式聚氨酯夹芯薄板对接施工方法，可以广泛应用于装配式洁净室（车间）及组合式冷库等的壁板连接，与现有钢勾固定拼接技术相比，能有效地提高连接处的密封性能，具有结构合理、连接强度好、隔热保温效果显著和外表美观、节省配件、施工简便、工期短、效率高等优点。

该技术已于2008年11月12日获实用新型专利（专利号：ZL 2008 2 0081855.1），在多项洁净保温工程中已得到应用，并取得了较好的经济效益、社会效益和环境效益。本工法有创新，技术先进，节能降耗，有较好的推广应用前景。

2. 工法特点

2.1　采用聚氨酯夹芯薄板作为保温墙体材料，其连接的接头因凸板头部前端的宽度大于后端的宽度，且前端处设有外圆角，凹板凹槽前端口的宽度小于后端宽度，且前端口处设有内圆角，不仅连接方便，而且连接强度好。

2.2　聚氨酯夹芯薄板接头由于在凸板头部前端的金属板材设有圆弧勾，凹板与凹槽后端口处的金属板材设有阶梯型，增大了金属板材与聚氨酯的接触面积，从而提高了发泡成型时的结合强度。

2.3　聚氨酯夹芯薄板接头由于在凹板凹槽的后端口处设有外露于金属板材的聚氨酯层，可以使凸板与凹板紧密接触，提高保温效果。

3. 适用范围

本工法适用于各类装配式洁净室（车间）和组合式冷库、食品储藏、肉类储存、奶制品厂房、医药产品加工车间、医疗手术室的墙板安装工程。同时还广泛适用于展览馆、办公大楼、会议中心、商业中心、仓库、别墅、组合式房屋等高级建筑，以及中央空调风管、冷库、房屋翻新等领域，已成为节能、环保、轻型、美观的建筑板材。

4. 工艺原理

采用聚氨酯夹芯薄板作洁净室（车间）和组合式冷库的墙板围护保温墙板，其连接结构（图5.2.2）分别成凸凹型，在墙板制作时进行一次性成型。在空间环境清洁的条件下开始安装墙板。同时在槽铝（底框）定位准确的前提下，墙板根据施工图要求进行现场切割、组合拼接。在墙板固定连接时，应保证墙板之间的平直度，墙板与地板、顶板的垂直度，同时安装好门窗框架。墙角应垂直交接，装配后的墙板之间、墙板与顶板之间的拼缝应保持平整严密。然后根据系统工艺需要，并连接好墙板的通风口、水电管线，保持与墙板之间的平整密封。完成安装工程后，最后将墙板进行撕膜、接缝、注胶密封。

5. 施工工艺流程及操作要点

5.1 施工工艺流程（图 5.1）

5.2 操作要点

5.2.1 施工准备

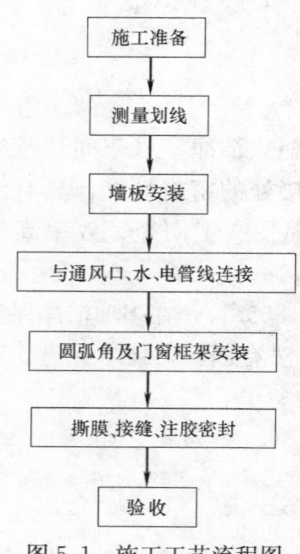

图 5.1 施工工艺流程图

预先将工程所需的材料和机具分别存放在库区，并进行检查和核对。熟悉技术资料，列出施工计划，进行分工负责，做好一切施工准备。

5.2.2 测量划线

根据设计施工图平面布置要求划出定位线，确定洁净室（车间）或组合式冷库的建设位置，保证定位尺寸准确无误，才可安装地面铝合金槽铝。

5.2.3 墙板安装

墙板安装工程是本工法最关键的一道施工工序。在墙板安装时，墙板之间的对接采用聚氨酯夹芯薄板接头（图 5.2.3）拼接，这种墙板接头是通过凸板与凹板结构的承插形式进行相互连接，起到施工简便、连接平整、挤压密封的作用，是一种适合现场快速组装，有利于提高工效，提高墙板密封性，提高保温性能的新工法。具体安装按聚氨酯夹芯薄板施工图要求进行。安装的基本方法如下。

1. 安装聚氨酯夹芯墙板前，应仔细核查哪一块墙板上有开关、插座及风口，装配前应留好洞口。

2. 墙板在插入槽铝时，应从墙角开始，逐块安装，依次类推。

3. 相交墙板的安装，应在相交处以地面槽铝为基准，向上垂线来确定相交处槽铝的安装位置，与槽铝保持垂直。

4. 安装墙板时，先把墙板倾向，让墙板的二个角分别插入地面槽铝和墙板槽铝中，然后慢慢把墙板推正即可插入，随后再轻轻向交叉板方向推动墙板，使墙板全部插入槽铝中，并压紧墙板的凸板与凹板，使墙板的整体保持平整密封。

图 5.2.3 夹芯薄板接头拼接
1—凸板；2—凹板

5.2.4 与通风口、水电管线的连接

在墙板安装时，应考虑与通风口及水、电管线的连接，并根据施工图要求，严格按图施工，保持连接处的相互密封。

5.2.5 安装圆弧角及门窗框架型材

在墙板和顶板相互配合安装完毕后，室内装修场地不再允许其他工种进入，此时开始安装圆弧角、门框窗框型材及配装玻璃压条，安装门窗、消火栓箱等辅助设施。

5.2.6 撕膜、接缝注胶密封

在地面施工完毕后，须穿新的工作鞋，撕去墙板的保护薄膜，并在接缝处注胶密封，至此，洁净室施工完毕，可进行检测验收。

5.2.7 检测验收

1. 墙板的安装应符合以下验收规定：

1）墙板应为聚氨酯夹芯板。

2）墙板应垂直安装，底部宜于采用圆弧或钝角交接；安装后的墙板之间拼缝，应平整严密。墙板的垂直允许偏差为 2/1000。

3）组装完毕的洁净室所有墙板拼缝，包括与其他辅助配件的接缝，均应采取密封措施，做到不脱落，密封良好。

检查数量：按总数抽查 20％，不得少于 5 处。

检查方法：尺量、观察，并检查施工记录。

4）应符合《洁净室施工及验收规范》JGJ 71—90 规范要求。

2. 门窗、配件与墙板的安装应符合以下验收规定：

1）门和窗的安装应牢固、垂直，与墙板的连接处应密封。

检查数量：按总数抽查 20％，不得少于 1 件。

检查方法：尺量、观察检查。

2）工应符合《洁净室施工及验收规范》JGJ 71—90 要求。

5.3 劳动力组织（表 5.3）

劳动力组织情况表　　　　　　　表 5.3

序　号	单 项 工 程	所得人数	备　　注	序　号	单 项 工 程	所得人数	备　　注
1	管理人员	1	项目经理	5	搬运工	2	车辆不包括
2	技术人员	2	其中安全管理 1 人	6	杂工	2	
3	墙板安装工	10	兼安全员 2 人	7	合计	19 人	
4	测量定位	2					

注：根据工程规模确定用工人数，上表按建筑面积 1000m² 考虑。

6. 材料与设备

6.1 主要材料

6.1.1 聚氨酯夹芯薄板

这种聚氨酯夹芯薄板重量轻，保温隔热性能好，导热系数小，整体刚度好，承载力高，连接合理简便，产品应符合《金属面硬质聚氨酯夹芯板》（JC/T 868—2000）标准，现场拼接安装按施工图要求进行。

聚氨酯夹芯薄板其厚度有 50～150mm 之间，宽度和长度可根据用户需要确定。此板材的物理性能（表 6.1.1）。

聚氨酯夹芯板物理性　　　　　　表 6.1.1

类　别	物 理 性	类　别	物 理 性
不燃性	UL 一级	压力	1kg/cm 以上
适合温度	−190℃～23℃	弯曲力	2.0～2.5kg/cm
导热性	≤0.025W/(m·k)	剪切力	2.0kg/cm
密度	≥30kg/m³	附着力	1kg/cm
弹性系数	20kg/m	吸收率	≤3.0　V/V,24hr,％

6.1.2 聚氨酯夹芯薄板接头制作成型

聚氨酯夹芯薄板接头的制作成型按产品加工图要求生产，应符合《金属面硬质聚氨酯夹芯板》JC/T 868—2000 标准。

通过聚氨酯夹芯板接头施工实例的比较测试，在符合《金属面硬质聚氨酯夹芯板》JC/T 868—2000 标准的前提下，可得到以下不同连接方式的连接强度结果（表 6.1.2）。

聚氨酯夹芯板不同连接方式的强度性能 表 6.1.2

用钢勾连接的接头强度性能		用承插式连接的接头强度性能	
类 别	性 能	类 别	性 能
压力	0.8～1kg/cm	压力	1.2kg/cm 以上
弯曲力	1.5～2kg/cm	弯曲力	2～3kg/cm
剪切力	1.8～2.5kg/cm	剪切力	3～3.5kg/cm
导热性	≤0.03W/(m·k)	导热性	≤0.018W/(m·k)

6.1.3 通用标准件

工程使用的各类辅助材料应有质保书、检验报告、使用说明书、性能指标，并满足产品的相关规定。

6.2 主要机具设备（表 6.2）

机具设备表 表 6.2

序 号	设备名称	型号规格	单 位	数 量	用 途
1	型材切割机		台	2	墙板安装
2	手提式电钻		台	2	门窗安装
3	水提式曲线锯		台	2	墙板安装
4	拉铆枪		台	2	门窗安装
5	水平尺		个	2	墙板安装
6	线锤		个	2	墙板安装
7	方尺、卷尺		个	各2	墙板安装
8	手工打胶枪		个	2	接缝注胶

7. 质 量 控 制

7.1 施工质量验收

7.1.1 洁净室（车间）墙板安装工程参照《洁净室施工及验收规范》JGJ 71—90 进行施工质量验收。

7.1.2 组合式冷库墙板安装工程参照《组合式冷库施工及验收规范》JB/T 9061—1999 进行施工质量验收。

7.2 施工质量控制精度（表 7.2）

墙板安装质量控制 表 7.2

项 目	允许偏差	检查方法	抽查数量
纵向与横向平直度	2/1000	用钢尺实测	按总数抽查20%，且不得少于5处
墙板与地面垂直度	2/1000	用钢尺实测	按总数抽查20%，且不得少于5处
墙板与顶板垂直度	2/1000	用钢尺实测	按总数抽查20%，且不得少于5处
墙板与墙板拼缝间隙	<1.0mm	用塞尺实测	按总数抽查20%，且不得少于5处
墙板与各配件间隙	<1.0mm	用塞尺实测	按总数抽查20%，且不得少于1处

8. 安 全 措 施

8.1 认真贯彻"安全第一，预防为主"的方针，根据国家有关规定、条例，结合施工单位实际情况和工程的具体特点，组成专职安全员和班组兼职安全员及工地安全用电负责人参加的安全生产管理网络，执行安全生产责任制，明确各级人员的职责，抓好工程的安全生产。

8.2 施工过程中应遵循《建筑施工安全检查标准》JGJ 59—99、《建筑施工高处作业安全技术规范》JGJ 80—91、《施工现场临时用电安全技术规范》JGJ 46—2005 以及地方有关施工现场安全生产管理的规定。

8.3 施工现场的临时用电严格按照《施工现场临时用电安全技术规范》的有关规定执行。

8.4 施工现场使用的手持照明灯使用 36V 的安全电压。

8.5 室内配电箱前的地面要铺设绝缘垫，并安装漏电保护装置。

8.6 高空作业时，应搭设脚手架或移动操作平台，做好安全防护工作。

8.7 使用手提式电动工具的操作人员应戴绝缘手套、穿绝缘靴，按操作规程作业。

8.8 作业人员必须经过上岗培训，持证上岗，进入工地必须戴安全帽。

8.9 对所有的施工机械、机具工作必须齐备到位，检查合格。

8.10 建立完善的施工安全保证体系，加强施工作业中的安全检查，确保作业标准化、规范化。

9. 环 保 措 施

9.1 施工前必须组织作业人员认真学习环境保护法，执行当地环保部门的有关规定。并建立相应的环境管理体系，接受环境保护部门的检查和监督。

9.2 在切割金属、板料施工过程中，会产生噪声源，在施工周围需设临时隔声墙，以防噪声源的扩散，减轻噪声强度，应避免夜间施工。

9.3 施工场界噪声限值执行《建筑施工场界噪声限值》GB 12523—90 标准。

9.4 施工过程中产生的垃圾、粉尘、碎片废料，应及时收集存放，在下班前及时清除，保证工完场清，做到文明施工。

10. 效 益 分 析

10.1 经济效益

采用聚氨酯夹芯薄板承插式拼接施工工艺，与现有钢勾固定拼接工艺相比，不但安装方便，减轻了劳动强度，缩短了施工工期，而且提高了连接强度和密封性能，隔热保温效果显著。通过测算，与钢勾固定连接的洁净室（车间）墙板相比，具有一定的先进性和较好的经济效益（表 10.1）。

不同施工方法的对比分析表   表 10.1

方 法	用原有钢勾固定连接施工方法	用凹凸面承插式对接施工方法
优缺点比较	配件用量大，施工麻烦，钢勾易脱开，拼接不严密，平整度差，漏风严重，耗电大，板表面连接孔多，容易结尘，影响洁净度	板材成型要求高，施工方便，平直度好控制，整体美观，无需螺钉连接，整体密封性好，节能又环保，能提高洁净度
经济比较	同类板材价格相对低，但连接零配件多，消耗材料，安装工时增加，施工周期长。钢勾配件连接工本费约 5 元/m 左右。由于漏风严重，耗电大，在制冷或绝热过程中，浪费的电能大约在 15%～30% 左右	板材价格相对比钢勾固定连接略高，但安装工时省、工期短，工效可提高 30% 以上。用此方法连接不需要配件，可节约安装费用 5 元/m。采用此法，通过实例比较，可节约电能 15%～30%
结论	在洁净要求高的项目中不宜采用。而且不节能，与承插式对接施工技术相比，密封性差，能耗大，应趋于淘汰	可以应用于洁净度高的洁净室（车间）和组合式冷库，保温密封性能好，节电又环保，与钢勾固定连接施工相比，可节电 20% 左右，推广应用前景好

10.2 社会效益和环境效益

本工法采用了承插式聚氨酯夹芯薄板对接施工技术，不但施工方便，工效提高，而且施工周期短，对影响周围不利的因素减少，所产生的施工残渣减少，有利于环境的清洁卫生。并可缩短施工周期，减少了施工过程中所产生的噪声影响，提高了文明施工的程度。

本工法的实施，有较好的经济效益、社会效益和环境效益，推广应用前景明显。

11. 应 用 实 例

11.1 杭州市果品物流交易市场工程

工程位于杭州市余杭区良渚镇行宫塘村，建筑面积 68171m²，其中 A5 号楼建筑面积 3994m²，为市场冷库工程。工程自 2007 年 8 月 10 开工至 2008 年 1 月 10 日竣工。该工程采用了聚氨酯夹芯薄板作为库房壁板和顶板，工程施工中采用了承插式对接施工方法，使用该工法安装，减轻了劳动强度，缩短了施工工期 20d，而且提高了连接强度和密封性能，隔热保温效果显著。与老市场原冷库钢勾固定连接的洁净室（车间）墙板工程用电量对比节约 22％左右，具有一定的先进性和较好的经济效益。

11.2 上海塘桥市场整体改造工程

工程位于上海市浦东新区浦建路 620 号，建筑面积 27750m²，其中市场冷库工程建筑面积 1724m²。工程自 2004 年 12 月 18 开工至 2005 年 8 月 20 日竣工。该工程采用了聚氨酯夹芯薄板作为库房壁板和顶板，工程施工中采用了承插式对接施工方法，使用该工法安装，减轻了劳动强度，缩短了施工工期 12d，而且提高了连接强度和密封性能，隔热保温效果显著。通过测算与改造前钢勾固定连接的洁净室（车间）墙板相比节电量在 25％左右，具有一定的先进性和较好的经济效益。

11.3 上虞市农贸市场原址改造工程

工程位于上虞市百官街道新建路，建筑面积 11750m²，其中市场冷库工程建筑面积 622m²。工程自 2005 年 10 月 28 开工至 2006 年 1 月 28 日竣工。该工程采用了聚氨酯夹芯薄板作为库房壁板和顶板，工程施工中采用了承插式对接施工方法，使用该工法安装，减轻了劳动强度，缩短了施工工期 8d，而且提高了连接强度和密封性能，隔热保温效果显著。具有一定的先进性和较好的经济效益。

双曲面外饰板施工工法
GJEJGF101—2008

北京六建集团公司　沈阳北方建设股份有限公司

韩杭利　包博　高山　杨军　于大海　王树元

1. 前　言

　　"双曲面外饰板施工工法"是根据首都机场东区塔台工程双曲面外檐特殊造型的要求，而研究制定的一种集混凝土预制板安装、外墙保温与装饰等多项技术于一体的综合施工新方法。该工法解决了环向径向均为曲面造型的三维空间变径围护结构与装修的施工难题，为大曲面、复杂、特殊造型的高耸建筑物的外檐结构与装饰装修施工提供了一种简便、高效、可靠的施工方法，并通过其外檐主要构造保温作法吸收部分高耸构筑物的风摆低频振动能量，提高了建筑物外檐整体围护结构与外檐装饰面层的整体稳定性、耐久性。经技术查新该项技术成果为国内首创。详见《科技查新报告》（附后），编号：2008-004。

　　该技术曾获得2007年度北京建工集团科技进步奖。

　　该工法是在首都机场东区塔台外檐施工实践基础上修改编写而成。

2. 工 法 特 点

2.1　预制安装与现场喷涂结合确保造型准确、效果最佳

　　"双曲面外饰板施工工法"采用围护结构预制安装与保温装饰现场施工相结合既完成了建筑物围护结构的施工，又满足了建筑外檐整体造型（水平方向及垂直方向均为曲面）效果要求。施工简单、快捷、经济；与金属饰面板或玻璃钢模壳等其他构造做法相比，具有节能保温、可靠性高、耐久性长、无分格缝隙和整体美观等特点。

　　首都机场东区塔台工程外檐完成效果照片，见图2.1。

2.2　预制挂板拼装工艺简便

　　陶粒混凝土外挂板设计是"双曲面外饰板施工工法"的主要组成部分之一。与现浇混凝土结构相比，施工工艺简单，易于安装操作，现浇混凝土模板现场加工与制作复杂、施工难度大、费用高。场外预制加工陶粒混凝土挂板可缩短工期，减少现场工作压力。且能够随意拼组异形外檐造型的初步形状，为外檐面层施工提供坚实可靠的结构基层，保证了外檐围护结构的强度、刚度和耐久性。

2.3　现场喷涂硬泡聚氨酯整体成型、粘结牢固

　　喷涂硬质发泡聚氨酯泡沫塑料节能保温、防水，尤其可随意成型的优点，解决了陶粒混凝土外挂板之间的安装缝隙、曲面造型误差以及外檐防水的问题。连续喷涂之后，挂板外部整体均匀紧密的包裹了一层聚氨酯泡沫塑料，既起到填充缝隙和防水作用，又可对整个外檐进行初步修正，呈现曲面整体造型，为后序胶粉聚苯颗粒找平层施工，提供了良好的基层。

图 2.1　首都机场东区塔台工程外檐效果图

2.4 施工工艺简单、快捷、可靠、适应性好

2.4.1 围护结构的预制挂板可由专业厂家加工制作，保证其平整度及规格尺寸准确。

2.4.2 中间层为发泡聚氨酯＋胶粉聚苯颗粒粘结保温浆料抹灰成型，可在挂板基层上直接施工造型、找平，因此可节省大量的剔凿和抹灰找平工作量。因硬泡聚氨酯具有较好的弹性，故可不留置外檐面层的防裂分格缝，减少了工作量，从而缩短了施工周期。

2.4.3 面层的弹性涂料，除对涂料的弹性性能要求外，其施工工艺与普通涂料一样，操作简单。

3. 适用范围

本工法适用于建筑造型为特殊圆弧曲面的高耸构筑物：发电厂凉水塔、自来水水塔、烟囱、机场塔台等建筑围护结构与外檐面层的施工，亦适用于呈圆弧曲面特殊造型的建筑物及其他局部造型复杂呈弧形曲面的外檐围护结构与装饰面层施工。

4. 工艺原理

4.1 "双曲面外饰板施工工法"根据建筑物外檐曲面造型的要求，利用微积分原理由短直线拼组成大直径圆弧曲线。用简单的梯形预制陶粒混凝土平板拼组成设计所要求的三维空间环形曲面造型，然后通过现场喷涂聚氨酯和抹胶粉聚苯颗粒弥补误差、找平曲面。

4.2 主要构造由基层（预制陶粒混凝土外挂板安装）、柔性保温层（现场喷涂硬质聚氨酯发泡保温等）、面层装饰（弹性涂料涂刷等）三部分组成。由外到内依次为：混凝土墙板＋硬泡聚氨酯喷涂＋聚氨酯界面剂＋胶粉聚苯颗粒找平层＋抗裂砂浆层＋柔性耐水腻子＋灰色外墙涂料。构造层详见图4.2。

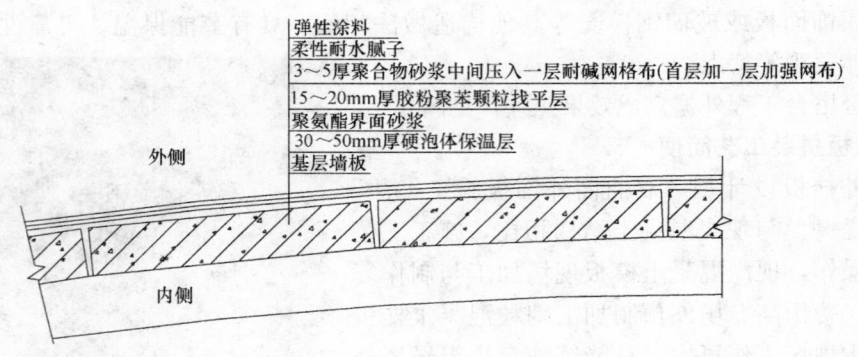

图4.2 构造层示意图

4.2.1 以首都机场东区塔台工程（位于首都机场T3航站楼北侧）为例，上下两段标高12.57～33.57m和51.57～60.09m范围内为陶粒混凝土挂板。详见图4.2.1-1（东区塔台建筑立面剖面）、图4.2.1-2（东区塔台建筑平面）。

4.2.2 陶粒混凝土挂板施工完毕，陶粒混凝土挂板所形成的围护结构半径与建筑外檐表面装修半径存在30～50mm（矢高）差距，即由陶粒混凝土挂板拼接的围护结构外立面仍为折线多边形，与环向双曲面造型要求有较大差别，直接抹水泥砂浆不能满足外檐装修建筑造型及质量的要求。故选用现场喷涂硬泡聚氨酯成型，即可修正外檐围护结构半径与建筑装饰表面外檐半径30～50mm的误差，并可填补外挂板拼接缝隙，确保圆弧曲面造型建筑外檐双曲面的初步形成，同时利用硬泡聚氨酯良好的粘结性能将外檐围护结构连成一体。

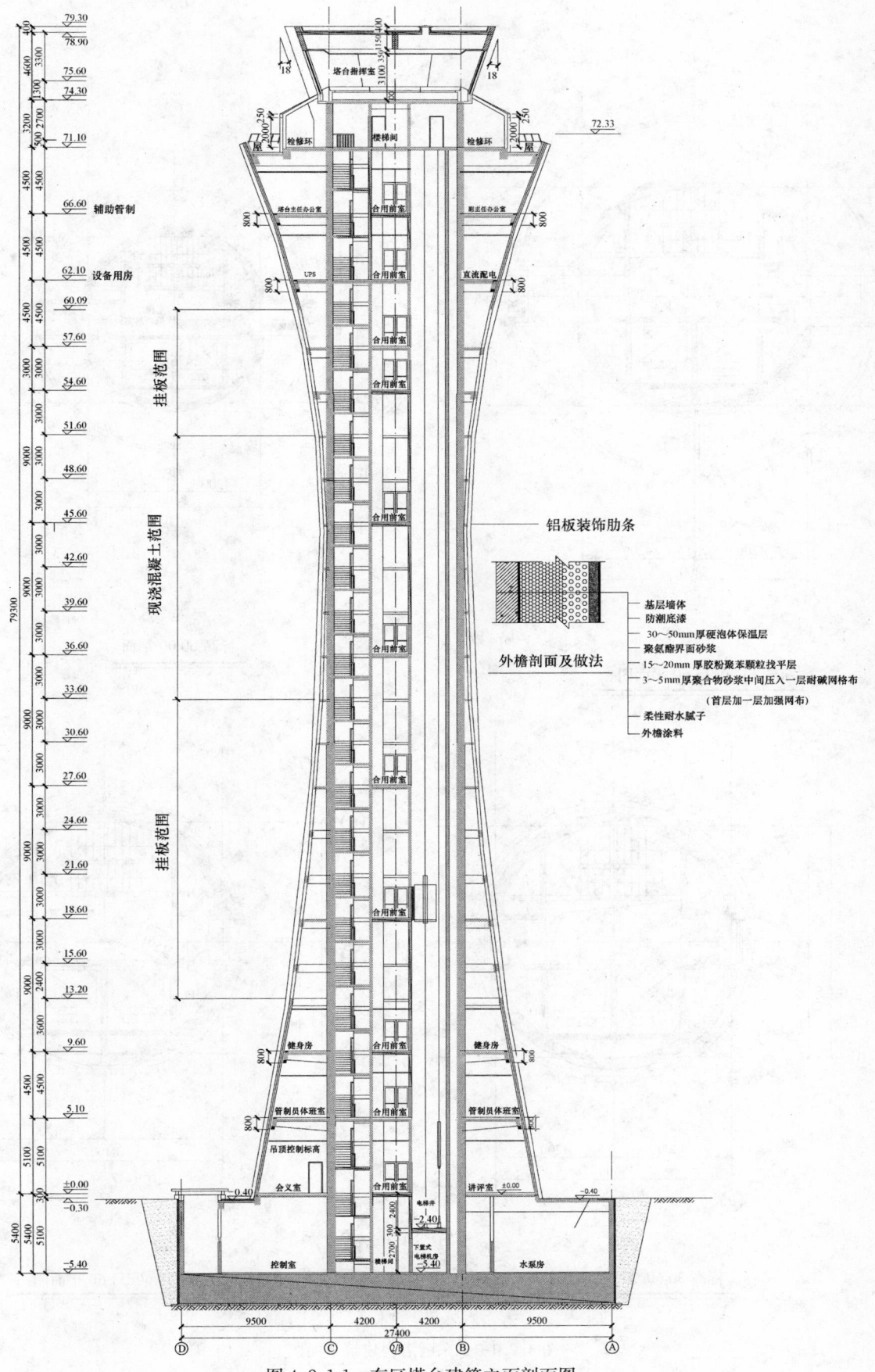

铝板装饰肋条

外檐剖面及做法

基层墙体
防潮底漆
30～50mm厚硬体泡体保温层
聚氨酯界面砂浆
15～20mm厚胶粉聚苯颗粒找平层
3～5mm厚聚合物砂浆中间压入一层耐碱网格布
（首层加一层加强网布）
柔性耐水腻子
外檐涂料

图 4.2.1-1　东区塔台建筑立面剖面图

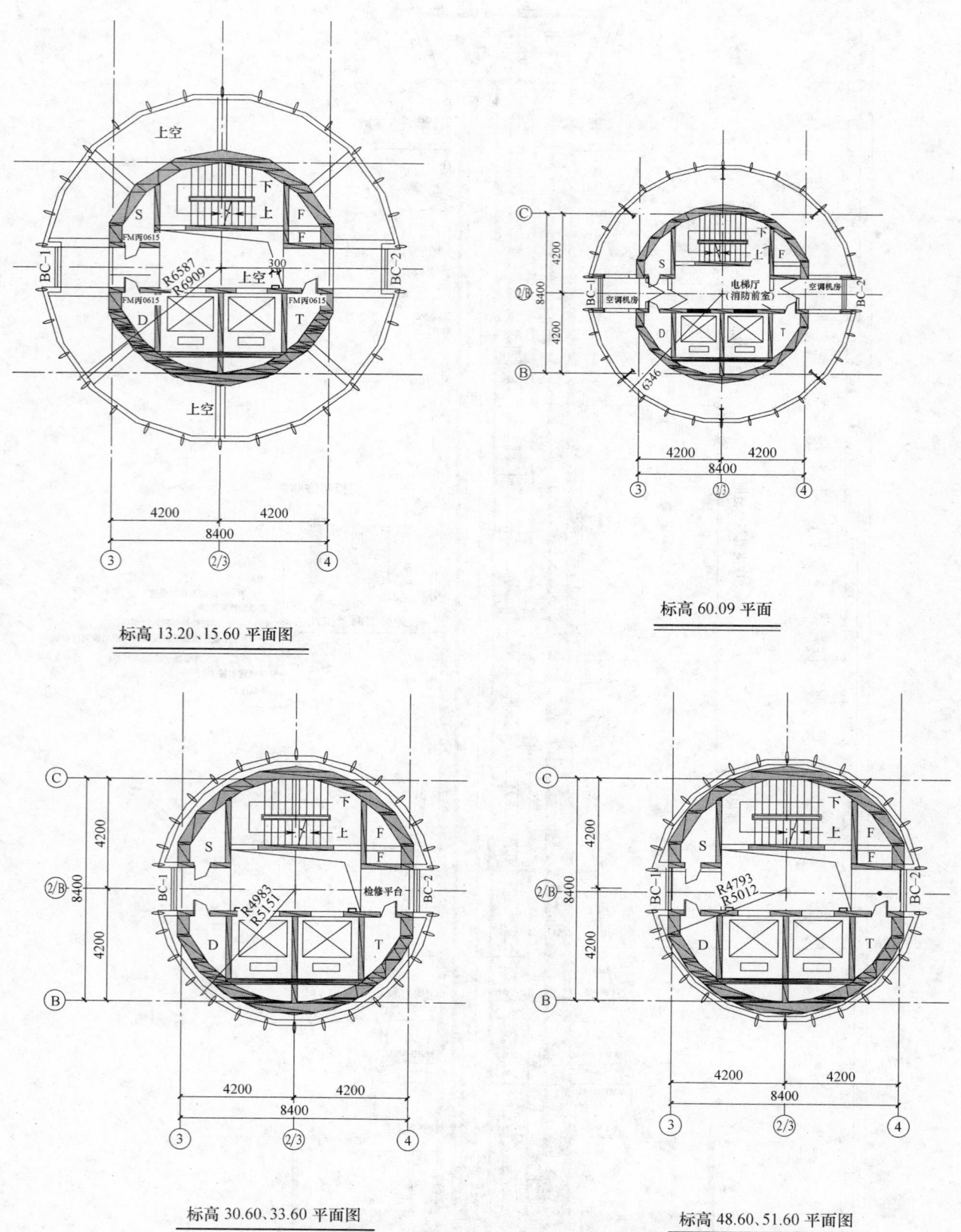

标高 13.20、15.60 平面图

标高 60.09 平面

标高 30.60、33.60 平面图

标高 48.60、51.60 平面图

图 4.2.1-2　东区塔台建筑平面图

1. 硬泡聚氨酯粘结性、弹性、整体性好，与基层混凝土粘结牢固，30～80厚的硬泡聚氨酯可吸收由于风荷载及高耸结构自身结构特点产生的低频振动。同时满足了外檐装饰涂料柔性基底的抗裂要求，相对于其他做法保证了外檐装饰面层防裂、耐久的需要。

2. 硬泡聚氨酯保温层表面涂刷界面剂，外抹胶粉聚苯颗粒找平层，然后进行抗裂砂浆施工，不仅保证了外檐造型准确，同时也避免采用普通水泥砂浆抹灰容易开裂的质量弊病，确保外檐装饰质轻、美观不开裂。

3. 施工简便、快捷、节能保温。

4.2.3 外墙涂料采用了最大延伸率达到350％（复试报告试验数据为322％）的多机能丙烯酸合成树脂弹性涂料及配套柔性腻子，可适用基层墙体的变形应变，满足外檐面层抗裂的需要，也满足外檐装饰其他耐候性技术指标的要求。

5. 施工工艺流程及操作要点

5.1 施工工艺流程（图5.1）

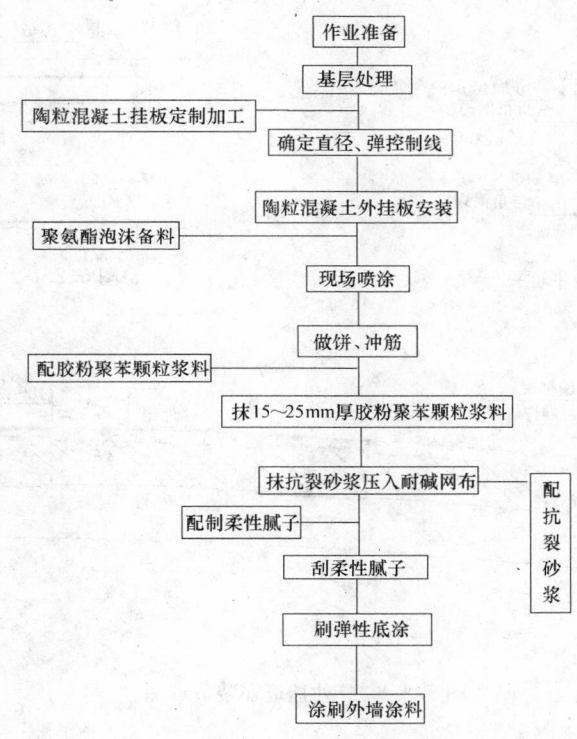

图5.1 双曲面外饰板装饰体系工艺流程图

5.2 施工操作要点

5.2.1 外墙挂板施工

1. 外墙陶粒混凝土挂板设计与加工

外墙挂板采用预制陶粒混凝土板，应根据建筑造型及结构尺寸进行预制板规格尺寸的设计并编号加工（安装预埋件位置设计确定应与结构预埋件位置一致）。见图5.2.1-1、图5.2.1-2。

以首都机场东区塔台为例，由于首都机场东区塔台特殊的造型使外檐半径随高度呈弧线变化每层不一，故外挂板平面形状确定为正梯形和倒梯形二种，以保证周圈闭合，挂板尺寸规格较多，依据图纸及已完结构尺寸确定编号加工。详见本工法附图a、b、c。

外挂板平面大样详见图 5.2.1-1 和图 5.2.1-2；外挂板安装节点图见图 5.2.1-3。

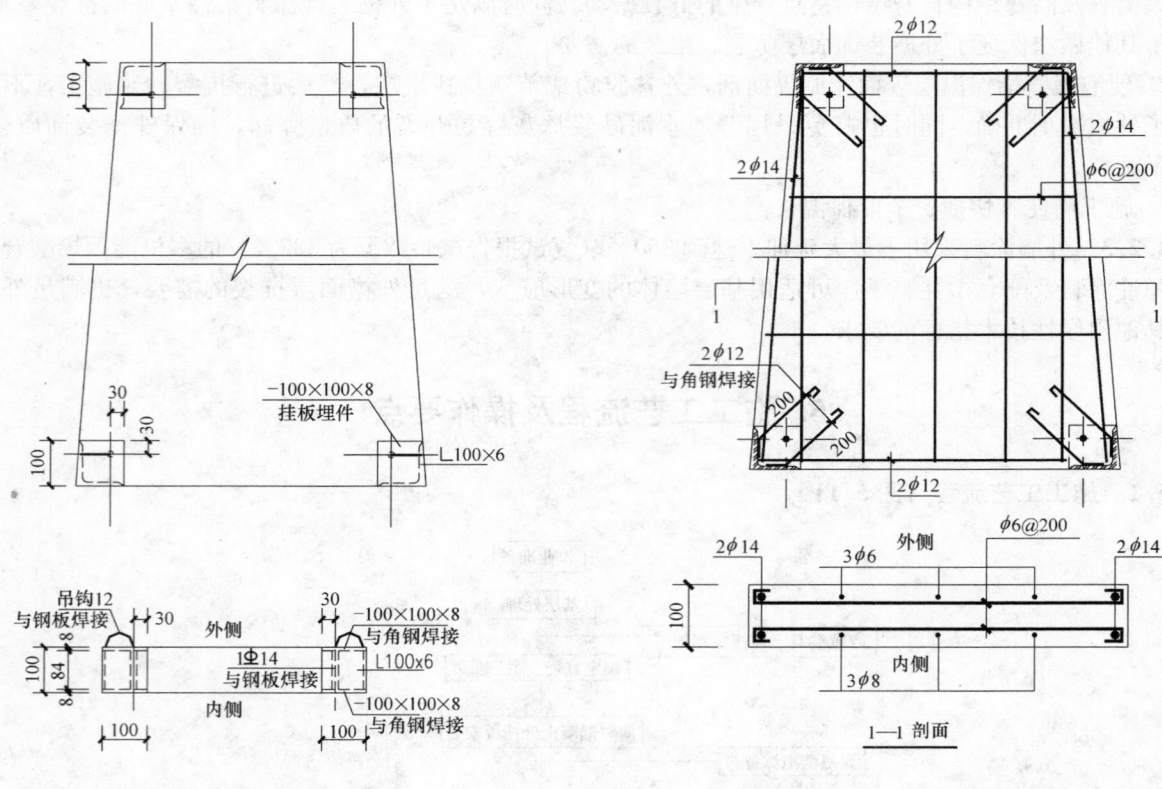

图 5.2.1-1 外挂板平面图　　　　　　　　　　　图 5.2.1-2 外挂板结构图

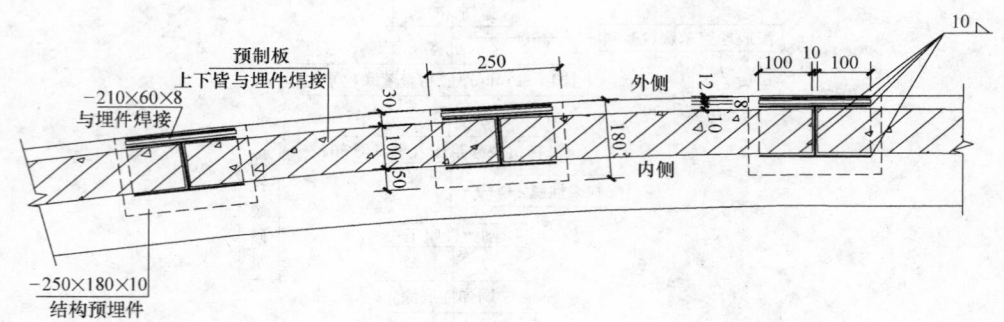

图 5.2.1-3 外挂板安装节点图

2. 外墙挂板施工技术准备

1）施工前向各班组进行总交底，交底内容主要包括：外檐外挂板平立面位置、形状、尺寸、重量、放线、运输方式、连接固定方式以及安装质量要求等。

2）为保证外挂板加工质量，技术人员根据图纸，将外挂板分层放样，并向专业加工厂家进行交底。

3）在满足设计要求的前提下，为方便安装，挂板与环梁间隙为 5～15mm，挂板与挂板间隙为 5～15mm。

4）在外挂板安装过程中，为安装固定挂板，在挂板和埋件上增焊小钢板，钢板尺寸为－210×60×8，小钢板分别与环梁埋件、挂板埋件焊接，焊缝高度10mm，均为满焊。

5）局部无法安装陶粒混凝土外挂板部位。其他不能安装标准板的位置支设模板，绑扎钢筋网片（同挂板配筋），现场浇筑 C20 混凝土，以保证外檐挂板封闭。

6）测量设备提前进行检查和鉴定：

基本测量仪器选用见表 5.2.1。

基本测量仪器选用

表 5.2.1

序号	仪器名称	型号	单位	数量	鉴定日期	鉴定结论
1	经纬仪	TDJ2	台	1	/	合格
2	水准仪	DZS3-1	台	1	/	合格
3	激光垂准仪	DZJ3	台	1	/	合格
4	钢卷尺	50m	把	1	/	合格
5	盒尺	5m	个	5	/	合格
6	塔尺	5m	个	1	/	合格
16	氧气表	0～4/0～25MPa	块	1	/	合格
17	乙炔表	0～4/0～0.25MPa	块	1	/	合格

7）依据外檐中心控制点，放每层结构半径和外挂板内侧尺寸线，核查挂板埋件位置。此控制线应在结构施工时准确实施，不得遗漏。

8）各特殊工种必须持证上岗，电葫芦操作人员、焊工要经过现场培训，经技术安全交底后，考核合格方可上岗，提前编制施工机具和劳动力计划，并认真落实。

9）焊接及焊条准备

a. 外挂板对焊缝要求塑性、韧性、抗裂性较高，选择屈服强度较低的低氢型焊条，并宜用直流电焊机施焊。

b. 低氢碱性焊条使用前必须进行烘焙，在 250～300℃ 的条件下烘焙 1～2h。然后放低温烘箱中保存，烘箱温度为 80～100℃。使用时从烘箱中取出，随用随取。从烘箱中取出 2h 后应重新烘焙。焊条烘焙次数一般不宜超过 3 次。

3. 外墙挂板安装施工准备

1）选择具有专业加工资质的预制构件厂进行外挂板生产，确保外挂板尺寸安装埋件位置准确无误。

2）根据外檐形状和场地特点，确定电葫芦吊装点位置，进行周边场地清理，确定挂板进场后的堆放位置，其位置确定以方便挂板安装为原则。

3）剔除埋件上浮灰，清理打磨，复测标高。

4）提前加工固定挂板用小钢板，规格为－210×60×8。每块挂板上下均设置小钢板，共计 4 块。

5）安排专业架子工在操作面铺设运输通道和施工作业面，并对妨碍挂板吊装和运输的外架子进行整改。

6）提前加工制作挂板水平运输工具，水平运输工具的设计和制作以方便挂板高空运输和就位为原则。

4. 外墙挂板施工工艺流程

电葫芦就位→材料进场→地面运输→垂直运输→进入结构环层→挂板就位→校正→焊接

5. 外墙挂板施工方法（以首都机场东区塔台为例）

1）电葫芦就位

东区塔台西侧场地平整、宽敞，可以大量堆放进场材料，且便于水平运输，所以先将电葫芦安排在东区塔台西北侧外架子上，从西北侧开始安装。

2）材料进场

a. 外挂板依据安装顺序堆放在现场西侧，现场材料、技术和施工人员对进场挂板数量、外观等逐一检查、核对。

b. 进场挂板由加工厂家提供产品合格证书，并及时报送监理单位，验收合格之后，方可进行下道工序施工。

3）地面运输

地面运输采用 FO/23B 吊车装车，由水平推车运输置起吊位置。

4）垂直运输

a. 安排架子工人，对架子进行改装，拆除部分安全网，设置垂直运输通道。严禁非架子装业操作工拆改外脚手架。

b. 运输工人配备对讲机，对电葫芦进行双控，时刻保持联系。避免发生意外，严禁挂板磕碰外脚手架。

c. 垂直运输过程中，专业技术人员必须旁站，遇到问题及时沟通处理。

5）进入结构环层

由于本工程的双曲面造型，在挂板运输到相应标高位置后，仍然无法进入结构环层，最大距离约为 2m，所以需要在此位置加溜槽，使挂板顺利进入结构环层。由木工依据结构环层半径于钢丝绳间距大小，加工小型溜槽，并用倒链配合人工运输、就位。

6）挂板就位

a. 挂板就位前，安排专人清理埋件，进行打磨除锈工作。保证埋件具备焊接条件。

b. 为方便安装就位，保证挂板牢固性，准备规格为—210×60×8 小钢板，两个挂板连接处间设置四块钢板，位置分别安装在挂板与上下埋件连接处。

c. 挂板就位后，立刻进行小钢板点焊，使挂板临时固定，防止挂板倾倒。

d. 调整挂板缝隙及弧度。根据图纸要求，核对挂板外围结构半径。

7）焊接固定

a. 挂板就位、校正合格后，方可开始焊接。

b. 每一条焊缝应一次焊完，不得中断。当发生焊接中断，再次施焊时，应先清除焊接缺陷，验收合格后方可按焊接工艺规定再继续施焊。

c. 钢板与埋件和挂板焊接采用双面焊，焊缝高度不小于 10mm，长度不小于 200mm。

d. 挂板与挂板之间预埋件焊接，焊缝高度不小与 10mm，焊缝长度 100mm。

挂板焊接见图 5.2.1-4。

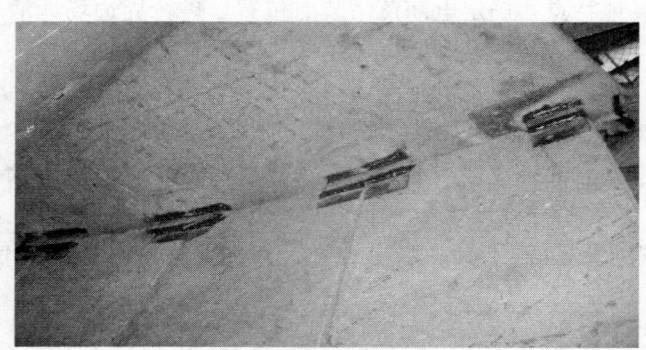

图 5.2.1-4　挂板焊接

8）钢构件防腐处理

a. 焊接工作完成后，经施工、监理、设计单位验收完毕，进行防锈漆涂刷施工。

b. 要求钢构件表面平整。施工前将焊渣、毛刺、铁锈、油污等清除干净。

c. 所选防腐涂料必须提供完整的产品质量证明文件，供货时确认产品质量，提供产品说明书、合格证、质量检验报告、涂料的使用方法、注意事项等。

d. 施工规定：涂料施工环境温度为 10～30℃，相对湿度不大于 85%；大雪、雾及大风天不宜进行室外施工；涂刷均匀，不得漏涂和误涂。

局部外挂板施工完毕现场照片见图5.2.1-5。

图 5.2.1-5　局部外挂板图

5.2.2　硬泡聚氨酯喷涂-胶粉聚苯颗粒-抗裂砂浆施工

以首都机场东区塔台工程外檐为例。

首都机场东区塔台工程外檐抗裂砂浆施工范围是标高＋12.17～60.09m范围内外檐及南北两侧条窗部位。由于东区塔台本身承受低频振动，所以对外檐抗裂砂浆性能要求很高，属于工程重点施工和控制项目。挂板完成面与涂料饰面间约50～80mm间隙，也是外檐双曲面造型的成型层。使用胶粉聚苯颗粒找平层及硬质聚氨酯泡沫塑料作为涂料基层填充层和成型层，最外层抗裂砂浆压入耐碱纤维网格布，以增强外檐砂浆整体抗裂性能。

1. 硬质聚氨酯泡沫塑料喷涂施工准备

1）墙面干净，无油渍、无浮灰，施工孔洞、外墙挂板残缺处应用水泥砂浆修补整齐（或者用硬泡聚氨酯喷涂填充），外墙挂板面松动、风化部分应剔出干净。

2）脚手架，在外墙抗裂砂浆施工过程中，不得拆除、松动外墙脚手架与结构连接部位，此部分抗裂砂浆待脚手架统一拆除时，进行修补。

3）硬泡聚氨酯的施工环境及基层温度不低于10℃，风力不大于4级，风速不宜大于4m/s，应有防风措施。胶粉聚苯颗粒保温浆料找平及抗裂砂浆防护层施工环境温度不低于5℃，严禁雨雪天施工。

4）曲面造型的平面、立面造型的最终完成，应充分利用CAD的测量技术，在电子图纸上测量各位置平面及立面尺寸，现场由木工加工1：1比例的弧形模具（胶合板制成），施工人员以此作为校核喷涂硬泡聚氨酯的厚度依据。模具主要分为二种，水平面半径模具和立面弧度模具。水平半径模具每层至少1个，用来控制曲面外檐特定标高的局部半径是否符合图纸要求；立面弧度模具应根据工程的弧面半径的要求制作，即不同半径应相应制作。以首都机场东区塔台为例。共2个半径70m和230m，制作2个立面弧度模具用来测定东区塔台外檐立面局部弧度是否符合图纸要求。所有模具尺寸必须精确到1mm以内。

2. 硬质聚氨酯泡沫塑料喷涂施工工艺流程

基层处理→弹控制线→非施工部位遮挡→喷涂硬质聚氨酯泡沫塑料层→修正硬泡聚氨酯层→喷刷聚氨酯界面砂浆→做标准厚度冲筋→抹胶粉聚苯颗粒保温浆料找平→抹抗裂砂浆压入耐碱网格布→刮柔性耐水腻子

3. 硬质聚氨酯泡沫塑料现场喷涂施工

1）清理基层：墙面应清理干净，清除一切油渍、浮灰等杂物，尤其东区塔台外挂板墙面松动、风化部分应剔除干净。所有墙面尘土用吹尘器吹净，并随时保持清洁。

2）吊垂线、弹控制线：控制抗裂砂浆面层弧度，控制门窗两侧墙面处平整度、垂直度及棱角尺寸。

3）门窗洞口及架子管等部位的遮挡：在喷施硬泡聚氨酯之前，应充分做好遮挡工作。门窗口等一般用塑料布裁成与窗口面积相当的布块进行遮挡。对于临近的架子管、玻璃幕墙龙骨、铝合金立挺龙骨、铁艺等需防护部位，必须采用塑料膜进行缠绕防护。尤其要保护好金属龙骨上已经标记完成的中心点。对于玻璃幕墙等其他已经安装完毕的外檐饰面，必须用塑料薄膜覆盖保护。

4）硬泡聚氨酯施工：开启聚氨酯喷涂机将硬泡聚氨酯均匀地喷涂于墙面之上，当厚度达到约10mm时，按300mm间距、梅花状分布插定厚度标杆，每平米密度控制在9~10支。然后继续喷涂至与标杆齐平（隐约可见标杆头）。施工喷涂可多遍完成，每次厚度控制在10mm以内。

5）修整硬泡聚氨酯层：喷涂20min后用裁纸刀、手锯等工具清理、修整遮挡部位以及超过保温层总厚度的突出部位。当本层施工完毕，基本呈现曲线造型，但表面仍不平整，曲线效果达不到曲面效果要求，需用胶粉聚苯颗粒进一步找补平整。

4. 胶粉聚苯颗粒找形层施工

1）喷刷界面砂浆：聚氨酯层修整完毕并且在喷涂4h之后，用滚刷均匀的将聚氨酯界面砂浆喷刷于硬泡聚氨酯保温层表面。

2）吊垂线、做标准厚度冲筋：吊胶粉聚苯颗粒找平层厚度控制线，用胶粉聚苯颗粒找平浆料做标准厚度冲筋。

3）抹胶粉聚苯颗粒找平浆料：抹胶粉聚苯颗粒找平层进行找平，应分两遍施工，每遍间隔24h以上。抹头遍浆料应压实，厚度不宜超过10mm。抹二遍浆料应达到平整度要求，用2m靠尺检查条窗两侧墙面是否达到验收标准。

4）首都机场东区塔台外檐喷涂硬泡聚氨酯与胶粉聚苯颗粒交接面，见图5.2.2-1。

图 5.2.2-1　首都机场东区塔台外檐喷涂硬泡聚氨酯与胶粉聚苯颗粒交接面

5. 抗裂砂浆层施工

1）找平层施工完成3~7d，且质量验收合格以后，即可以进行抗裂砂浆层施工。

2）抗裂砂浆，铺压耐碱网格布。耐碱网格布长度3m左右，尺寸预先裁好。抗裂砂浆分两遍完成，总厚度控制在3~5mm。抹面积与网格布相当的抗裂砂浆后应立即用铁抹子压入耐碱网格布。

3）阴角处耐碱网格布要压茬搭接，其宽度≥50mm；阳角处也应压茬搭接，其宽度≥200mm。网布铺贴要平整，无褶皱，砂浆饱满度达到100%，同时要抹平、找直，保持阴阳角处的方正和垂直度耐碱网格布之间搭接宽度不应小于50mm，先压入一侧，再压入另一侧，严禁干搭。

4）耐碱网格布要含在抗裂砂浆中，铺贴要平整，无褶皱，隐约可见网格，砂浆饱满度达到100%。局部不饱满处应随即补抹第二遍抗裂砂浆找平压实。在门窗与墙面交接处及转角处，应增设一道网格布。在面层薄弱点，增设一道耐碱玻纤网格布，施工中做到隐约可见。

5）在窗洞口等处应沿45°方向增贴一道网格布（400mm×300mm）。见图5.2.2-2。

5.2.3　外檐弹性涂料施工

外檐硬泡聚氨酯喷涂、胶粉聚苯颗粒找形找平层、抗裂砂浆层施工完毕，做到外檐面层曲面造型符合设计要求。外檐最后一道工序为檐涂料施工（首都机场东区塔台工程外檐涂料选用灰色多机能丙烯酸合成树脂弹性涂料）。

1. 刮柔性耐水腻子

1）抗裂层干燥后刮柔性耐水腻子，应多遍成活，每次刮涂厚度控制在0.5mm左右。饰面为平涂时，墙

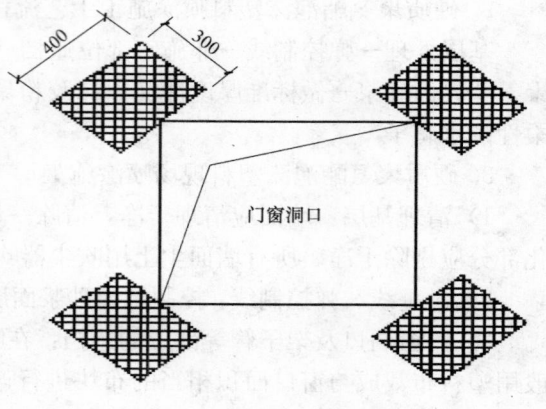

图 5.2.2-2　窗洞口增贴网格布

面满刮柔性耐水腻子。应视基层平整度情况分遍分层刮平，分层打磨；大墙面刮腻子，宜采用400～600mm 长的刮板，门窗口角等面积较小部位宜用200mm 长的刮板。一般先进行坑洼部位修局部补，然后连续满刮两遍，半干后适当打磨凸起刮痕与接茬，清扫浮尘后，再继续刮两遍，半干后打磨平整，若平整度达不到要求时，需分别增加一遍刮腻子和打磨的工序，直至达到平整度要求。

2）当饰面为凹凸型涂料时，可待抗裂层基层干燥后，对一些重点部位刮柔性耐水腻子找补，这些部位包括：平整度不够的墙面、阴角、阳角、色带以及需要做平涂的部位。

2. 面层弹性涂料施工

1）样板施工

为确保外檐颜色满足设计及建设单位要求，首先在施工现场进行样板施工。

2）现场施工

外檐涂料分两边完成，面漆施工之前进行底漆滚涂一遍。面漆第一遍涂刷进行拉毛处理，第二遍滚涂均匀，不得出现泛碱、咬色、流坠、砂眼、滚痕等质量缺陷。

首都机场东构塔台涂料仰视效果见图 5.2.3。

图 5.2.3　首都机场东构塔台涂料仰视效果图

5.3　成品保护

5.3.1　外挂板施工过程，应当保护好已完结构工程成品。尤其挂板吊装和运输过程中，挂板与建筑物混凝土结构悬挑构件需保持一定距离，防止互相磕碰。挂板安装过程中，需要进行大量焊接操作，严禁破坏安全网等易燃物品。

5.3.2　发泡聚氨酯喷涂过程中，要对外脚手架及其他结构构件加以覆盖，防止污染。遇大风时，严禁施工。

5.3.3　拆除架子时架管时应防止注意不要碰撞、挂蹭已完成的外檐墙面以免造成损伤，以及防止撞坏门窗和口角。

5.3.4　应保护好墙上的埋件、电线槽、盒、水暖设备和预留孔洞等。

5.3.5　胶粉聚苯颗粒层、抗裂防护层、装饰层等各构造层在干燥硬化前禁止水冲、撞击、挤压振动。另外，对聚苯颗粒进行严密覆盖，防止飞扬，污染周围环境。

5.3.6　曲面外檐脚手架的设计

曲面外檐结构与装修施工，尤其是结构形式为高耸式现浇结构的建筑物，外脚手架一般为悬挑、斜拉钢丝绳承重脚手架，是比较特殊的脚手架，应根据具体工程结构特点进行装箱设计。故在对此结构、装修施工脚手架方案进行方案的设计计算时，切不可套用一般的脚手架计算软件进行设计（首都机场东区塔台脚手架剖面见图 5.3.6）。

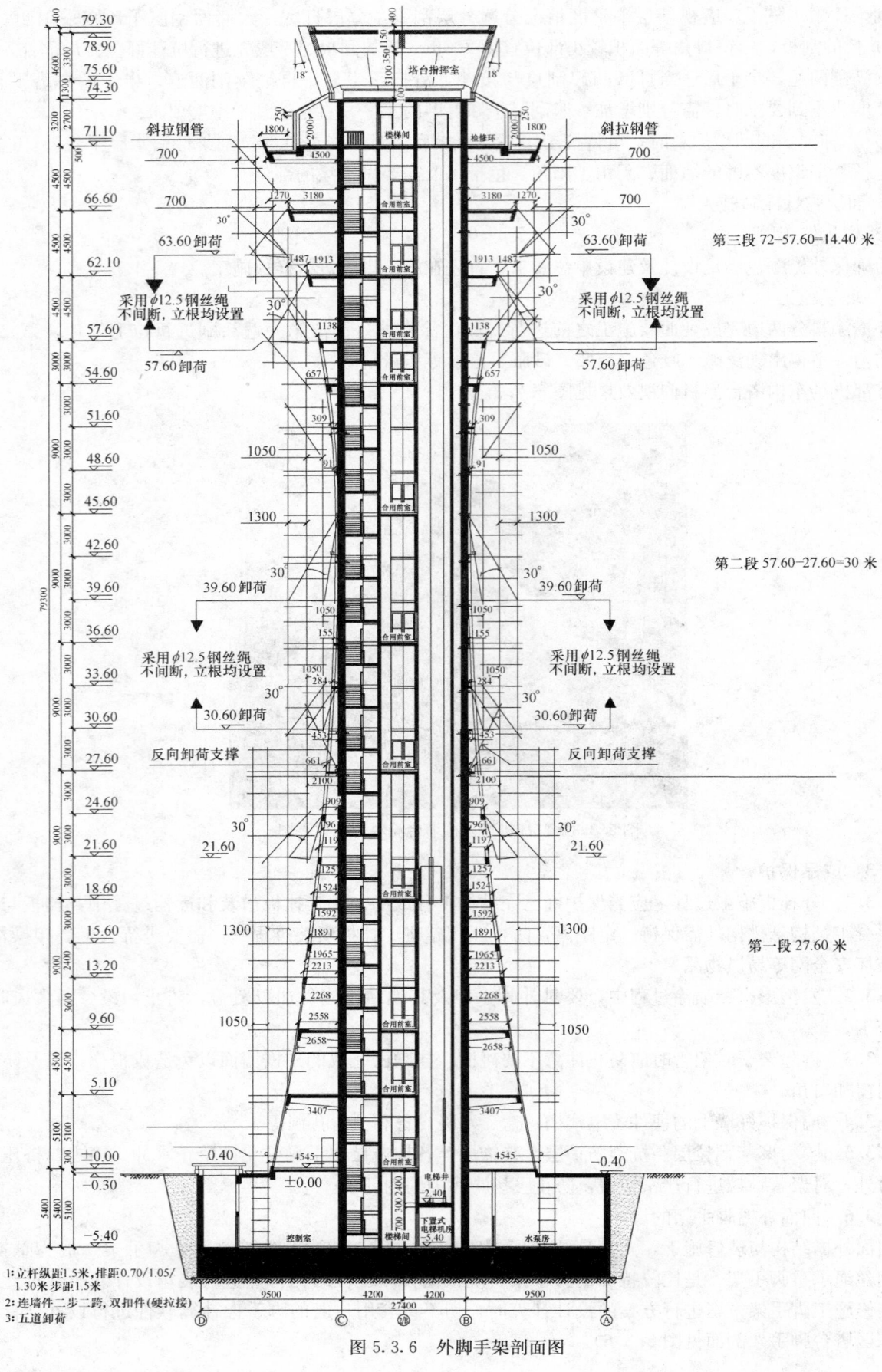

图 5.3.6　外脚手架剖面图

5.3.7 拆除外架子过程中，需先施工外檐再拆除连墙件和卸载用钢丝绳。所以，需边拆除边恢复外檐墙面，且脚手架架体与墙体的硬拉连接位置应使用干硬性砂浆填平，防止砂浆硬化过程中过大的干缩从而引其表面场陷。恢复过程中应对已经完成墙面加以保护，防止污染，破坏整体美观。

5.3.8 其他工种作业时应采取防护措施防止污染或损坏墙面。

6. 材料与设备

6.1 材料准备

6.1.1 外墙挂板

现场技术部门应与外加工单位的技术放样人员共同确定，经设计单位审核同意后确定外挂板规格（首都机场东区塔台外檐围护结构陶粒混凝土挂板最终确定共有 20 种规格 680 块，厚 100mm，单块最大重量约 200kg。其陶粒混凝土外墙挂板具体加工尺寸，详见本工法附图 a、b、c）。

6.1.2 硬质聚氨酯泡沫

1. 现场发泡聚氨酯泡沫施工所用材料的技术性能和质量必须符合设计要求、相应材料规范和产品标准。按厂家提供的产品使用说明或参考如下配比进行配置，所有配好的材料均需在规定时间内用完，严禁过时使用。

1）硬质聚氨酯泡沫配制：

聚氨酯甲组分：聚氨酯乙组分按 1：1 的体积比采用高压无气喷涂机在大于等于 10MPa 压力条件下混合喷出。

2）聚氨酯界面砂浆的配制：

聚氨酯界面处理剂：水泥按 1：0.5 的质量用砂浆搅拌机搅拌均匀，拌和好的界面砂浆应在 2h 内用完。

2. 当设计未要求时，硬质聚氨酯泡沫塑料现场发泡施工所需各种配套材料的技术规格应符合表 6.1.2-1 中的指标。

硬质聚氨酯泡沫塑料现场发泡施工所需各种配套材料的技术规格   表 6.1.2-1

原料名称		规格
甲组分	Ⅰ型阻火聚醚	羟值 500±20mg(KOH)/g，酸值<5mg(KOH)/g，含氯量 6%，水分<0.2%，含磷量 6%
	乙二胺聚醚	羟值 770mg(KOH)/g，水分<0.2%，含氯量 85%
	三乙醇胺	含量 95%，相对密度 1.12～1.13，呈碱性，橙黄色透明黏稠状液
	三氟三氯乙烷(FCl₃)	工业：沸点 49℃，比重 1.6
	硅油(发泡灵)	褐色油状物
	B-三氯乙基磷酸酯(TCEP)	微黄色油状液体，沸点 150℃
乙组分	多苯基多异氰酸酯(PAPI)	纯度 85%～90%，粘度 4Pa·s 以下，总氯量<0.8%，水解氯<0.3%，酸值 ppm·pH<200

3. 硬质聚氨酯泡沫塑料发泡喷涂施工的参考配合比见表 6.1.2-2。

硬质聚氨酯泡沫塑料发泡喷施工的参考配合比   表 6.1.2-2

组成原料名称		性能	重量配合比
甲组分	Ⅰ型阻火聚醚	组成泡沫体主链	100
	乙二胺聚醚	催化交联剂	30
	三乙醇胺	催化剂	4
	三氟三氯乙烷(FCl₃)	发泡剂	40
	硅油(发泡灵)	泡沫稳定剂	5
	B-三氯乙基磷酸酯(TCEP)	阻火助剂	40
乙组分	多苯基多异氰酸酯(PAPI)	组成泡沫体主链	178

4. 现场检验硬质聚氨酯泡沫塑料性能指标表 6.1.2-3 所示。

硬质聚氨酯泡沫塑料性能指标   表 6.1.2-3

序号	检验项目	检验值	序号	检验项目	检验值
1	表观密度(kg/m²)	≥35	4	抗拉强度	≥0.2
2	吸水率	≤3	5	粘结强度	≥0.2
3	抗压强度	≥0.15	6	不透水性/(0.3MPa/30min)	不透水

6.1.3 胶粉聚苯颗粒找平浆料

1. 聚苯颗粒轻骨料主要技术性能如表 6.1.3-1 所示。

聚苯颗粒轻骨料主要技术性能   表 6.1.3-1

项　目	单　位	指　标
堆积密度	kg/m³	12.0～21.0
粒度	mm	0.5～5

2. 胶粉料技术性能如表 6.1.3-2 所示。

胶粉料技术性能   表 6.1.3-2

项　目	单　位	指　标	项　目	单　位	指　标
初凝时间	h	≥4	拉伸粘结强度	MPa	≥0.6(常温 28d)
终凝时间	h	≤12	浸水拉伸粘结强度	MPa	≥0.4(常温 28d,浸水 7d)
安定性	—	合格			

3. 胶粉聚苯颗粒找平浆料的配制：

将 35～40kg 水倒入砂浆搅拌机内，然后倒入一袋 35kg 胶粉料搅拌 3～5min 后，再倒入一袋 200L 聚苯颗粒复合轻骨料继续搅拌 3min，搅拌均匀后倒出。该浆料应随搅拌随用，2h 内用完。

6.1.4 耐碱玻璃纤维网格布（表 6.1.4）

主要技术性能应符合《耐碱玻璃纤维网格布》（JC/T 841—1999）标准。

耐碱玻璃纤维网格布主要技术性能   表 6.1.4

项　目		单　位	指　标
网眼密度	普通型 经向	孔数/100mm	25
	普通型 纬向	孔数/100mm	25
	加强型 经向	孔数/100mm	16.7
	加强型 纬向	孔数/100mm	16.7
单位面积重量	普通型	g/m²	≥180
	加强型	g/m²	≥500
断裂强力	普通型 经向	N/50mm	≥1250
	普通型 纬向	N/50mm	≥1250
	加强型 经向	N/50mm	≥3000
	加强型 纬向	N/50mm	≥3000
耐碱强度保持率 28d	经向	%	≥90
	纬向	%	≥90
涂塑量	普通型	g/m²	≥20
	加强型	g/m²	≥20

6.1.5 抗裂水泥砂浆

1. 抗裂剂及抗裂砂浆技术性能见表 6.1.5。

抗裂剂及抗裂砂浆技术性能　　　　　　　　　　　　　　　　表 6.1.5

	项　目	单位	指　标
抗裂剂	不挥发物含量	%	≥20
	贮存稳定性		6 个月无结块、凝聚及发霉现象
抗裂砂浆	砂浆稠度	mm	80-130
	可操作时间	h	2
	拉伸粘结强度,28d	MPa	≥0.8
	浸水拉伸粘结强度,7d	MPa	≥0.6
	渗透压力比	%	≥200
	抗弯曲性	—	5%弯曲变形无裂纹
	压折比		≤3.0

2. 水泥：强度等级 32.5 普通硅酸盐水泥，水泥技术性能应符合《硅酸盐水泥、普通硅酸盐水泥》GB 175—99 的要求。

3. 中砂：应符合《普通混凝土用砂、石质量及检验方法》JGJ 52—92 细度模数的规定，含泥量少于 3%。

4. 抗裂水泥砂浆的配制：

水泥砂浆抗裂剂：中砂：水泥按 1∶3∶1 重量比用砂浆搅拌机或手提搅拌器搅拌均匀。配制抗裂砂浆加料次序，应先加入抗裂剂、中砂，搅拌均匀后，再加入水泥继续搅拌 3min 倒出。抗裂砂浆不得任意加水，应在 2h 内用完。

6.1.6 抗裂柔性耐水腻子

1. 主要技术性能见表 6.1.6。

抗裂柔性耐水腻子主要技术性能　　　　　　　　　　　　　表 6.1.6

项　目	单位	指　标	项　目	单位	指　标
胶液容器中状态	—	均匀乳液	耐碱性	—	24h 无异常
粉料	—	无结块、均匀粉料	拉伸粘结强度　常温 28d	MPa	≥0.5
施工性	—	刮涂二遍无障碍	浸水 7d	MPa	≥0.4
可操作时间	h	>3	冻融循环(5 次)	MPa	≥0.4
耐水性	—	48h 无异常	柔韧性(直径 50mm)	—	无裂纹

2. 抗裂柔性耐水腻子的配制：

抗裂柔性腻子胶：抗裂柔性腻子粉＝1∶2（重量比）用手提搅拌器搅拌均匀后使用，保证在 2h 内用完。

6.1.7 外墙弹性涂料

1. 饰面用外墙建筑涂料必须与该体系相容，且符合人国家及行业相关材料标准，其抗裂性能还应满足表 6.1.7-1 的要求。

外墙弹性涂料抗裂性能　　　　　　　　　　　　　　　　　表 6.1.7-1

	项　目	指　标
抗裂性	平涂料	断裂伸长率≥150%
	连续性复层涂料	主涂层断裂伸长率≥150%
	浮雕类复层涂料	浮雕层干燥抗裂性符合要求

2. 以首都机场东区塔台工程使用的多机能丙烯酸合成树脂弹性涂料性能如表 6.1.7-2 所示。

多机能丙烯酸合成树脂弹性涂料性能 　　　　　　　　　　　　　表 6.1.7-2

序号	检验项目	标准指标(外墙类)	检验值	单项判定
1	容器中状态	无硬块搅拌后呈均匀状态	无硬块搅拌后呈均匀状态	符合
2	施工性	施工无障碍	施工无障碍	符合
3	涂膜外观	正常	正常	符合
4	干燥时间	表干≤2h	1h20min	符合
5	低温稳定性	不变质	不变质	符合
6	耐水性	96h 无异常	96h 无异常	符合
7	耐碱性	48h 无异常	48h 无异常	符合
8	涂层耐温变性	5 次循环无异常	5 次循环无异常	符合
9	耐洗刷性	≥2000 次	2000 次不露底	符合
10	耐玷污性(5 次)	<30%	19.8%	符合
11	拉伸强度(标准状态下)	≥1.0MPa	1.2MPa	符合
12	断裂伸长率(标准状态下)	≥200%	322%	符合

6.2 机具准备

6.2.1 主要机具准备

1. 外墙挂板施工主要机具准备：

打磨机、电葫芦、捯链、垂直运输机械、水平运输机械、小推车、电焊机、电锤钻、接触式调压器、配电箱（三相）、外墙脚手架或室外操作吊篮等。

2. 硬质聚氨酯泡沫塑料施工主要机具准备：

高压无气聚氨酯双组分现场发泡喷涂机（简称高压无气喷涂）、专用喷枪、浇注枪、料管、强制式砂浆搅拌机、手提搅拌器、接触式调压器、配电箱（三相）、手推车等。

6.2.2 常用工具准备

1. 外墙挂板层施工常用工具：钢丝绳、手锤、方尺、靠尺、水平尺、钢尺、经纬仪及其他放线工具等。

2. 硬质聚氨酯泡沫塑料施工常用工具：常用抹灰工具、专用的抹灰检测工具、铁锹、探针、剪子、壁纸刀、经纬仪及其他放线工具等。

3. 弹性涂料层施工常用工具：常用涂饰工具、砂纸、打磨器、刮板、剪子、滚刷、水桶等。

7. 质量标准及验收

7.1 质量标准

7.1.1 《建筑工程施工质量验收统一标准》GB 50300—2001。

7.1.2 《混凝土结构工程施工质量验收规范》GB 50204—2002。

7.1.3 《外墙外保温施工技术规程》（喷涂硬泡聚氨脂外墙外保温系统）DBJ/T 01—102—2005。

7.1.4 《外墙外保温施工技术规程》（胶粉聚苯颗粒保温浆料玻纤网格布抗裂砂浆做法）DBJ/T 01—50—2002。

7.1.5 《建筑内外墙涂料应用技术规程》DBJ/T 01—107—2006。

7.1.6 其他相关法律、法规、规范等。

7.2 质量控制要点

7.2.1 基层处理：基层墙体垂直、平整度应达到结构工程质量要求；外挂板或墙面清洗干净，无浮土、无油渍，空鼓及松动、风化部分剔掉，界面均匀，黏结牢靠。

7.2.2 外挂板施工中钢结构预埋件焊接牢固，焊缝饱满、美观。

7.2.3 硬质聚氨酯泡沫塑料厚度控制与胶粉聚苯颗粒找平浆料的平整度控制。要求达到设计厚度和平整度，墙面平整，阴阳角、门窗洞口垂直、方正。

7.2.4 涂塑耐碱玻纤网格布铺设平整，搭接规范，宽度复合要求，阳角部位双向过角搭接，搭接边不得留在角部。

7.2.5 抗裂砂浆的厚度控制。涂料饰面抗裂砂浆层厚度为3～5mm，墙面无明显接茬、抹痕，墙面平整，圆弧美观，门窗洞口、阴阳角垂直、方正。

7.2.6 外檐涂料色泽、花纹均匀，不得漏涂。

7.2.7 曲面各方向的尺寸控制，是实现建筑外檐立面效果的先决条件。施工过程中，应充分利用CAD等绘图软件，在电子图纸上测量南北两侧的条窗棱角尺寸，现场由木工加工1：1比例的模具，施工人员以此做为施工控制和尺寸校核依据。

7.3 质量验收

7.3.1 主控项目

1. 外墙挂板制作及安装：

1）外墙挂板加工尺寸符合设计及图纸要求。

2）外墙挂板强度符合设计、图纸及规范要求。

3）挂板安装质量及焊缝质量符合设计及图纸要求。

2. 硬质聚氨酯泡沫塑料层：

1）所有材料和半成品、成品进场后，应做质量检查和验收，其品种、配比、规格、性能必须符合设计和有关标准的要求。

2）聚氨酯保温层喷涂质量应无流挂、塌泡、破泡、烧芯等不良现象，泡孔均匀、细腻，24h后无明显收缩。

3）硬质聚氨酯泡沫塑料层与墙体以及各构造层之间必须粘结牢固，无脱层、空鼓及裂缝，面层无粉化、起皮、爆灰。

4）胶粉聚苯浆料找平层层厚度及平整度，应用抽样统计方法进行检查。

3. 弹性涂料层：

所用涂料或饰面砖材料品种、规格、颜色、图案、质量、性能应符合设计要求现行标准和本工法规定性能。

4. 挂板（混凝土）墙面与胶粉聚苯颗粒找平层及涂料面层各构造层之间必须粘接牢固，无松动和空鼓现象。抹面防护砂浆应无脱层、空鼓及裂缝，面层无粉化、起皮、爆灰。

7.3.2 一般项目

1. 找平层表面平整、洁净，接茬平整、线角顺直、清晰，毛面纹路均匀一致。

2. 孔洞、槽、盒位置和尺寸正确，表面整齐、洁净，管道后面平整。

3. 硬质聚氨酯泡沫气泡均匀、孔径适宜、发泡致密，表面光滑，强度达到设计要求，无开裂及烧心等缺陷。

4. 硬质聚氨酯泡沫喷涂均匀，不得漏喷，且能够初步形成异形外檐造型，恰当预留找平层和涂料层工作量。

5. 聚氨酯界面砂浆喷刷均匀，不得有露底现象。

6. 玻璃纤维网格布铺压严实，不得有空鼓、褶皱、翘曲、外漏等现象，搭接长度必须符合规定要求。

7.4　易出现的问题及控制措施

7.4.1　外墙挂板施工层

预制陶粒混凝土外挂板安装过程中，由于前期结构偏差，造成安装缝隙过大，或者预留空间不够无法安装。施工过程中应严格控制前期混凝土结构和埋件的尺寸、位置。挂板加工之前，技术人员应现场实地测量摸底，掌握混凝土构件和埋件的最大、最小偏差，然后精确计算挂板的尺寸，外墙挂板计算尺寸过程中，必须预留间隙，以保证挂板安装顺利进行（例如首都机场东区塔台工程外墙挂板上下缝隙各为 10～15mm，挂板间缝隙控制在 15～20mm。即方便安装，又不会造成缝隙过大，影响后序工程的施工）。

7.4.2　硬质聚氨酯泡沫塑料施工层

1. 硬质聚氨酯泡沫喷涂不均匀或有漏喷，产生防水效果不佳和完成面凹凸不平等现象。现场施工过程中，喷涂要连续均匀进行，根据天气和施工部位等因素合理留置硬质聚氨酯泡沫施工缝。

2. 硬质聚氨酯泡沫喷涂施工过程中，造成大量泡沫飞扬，对脚手架、门窗框、地面及混凝土构件等造成污染，很难清除干净。喷涂之前，应严格进行技术交底，并做好施工准备。现场准备塑料布或草帘等物品，对需保护对象进行覆盖。如遇大风天，应停止施工，避免污染面扩大。

3. 硬质聚氨酯泡沫本身质量问题：

1）泡沫体发脆和发酥等情况。

原因分析：a. 乙组分料用量过多，或乙组分料酸性太高；b. 基层表面有水分，或物料温度过低。

防治及改进措施：根据分析出的原因，采取针对性的调整措施。

2）物料不发泡或发泡量少

原因分析：a. 物料温度过低或过高；b. 甲组分料用量过多。

防治及改进措施：根据分析出的原因，调整材料用量。

4. 胶粉聚苯颗粒浆料不粘，施工性能不理想。主要原因是由于搅拌机转速不够，搅拌机搅拌时间不足，加水量不准造成。选择每分钟转速大于 60 转的搅拌机。每台搅拌机可供 15 人左右抹灰施工，搅拌机数量不足搅拌时间太短会造成浆料不粘。加水搅拌时应有专人计量控制严禁随意调整水量。

5. 胶粉聚苯颗粒浆料施工过程中的平整度的控制是提高工程质量的关键之一，若本层的平整度不达标，面层的平整度将很难达标。保温浆料施工后应严格检验，修整达标后方可进行下步施工。

1）抗裂砂浆搅拌用砂应按要求过筛，否则会造成面层粗糙找平腻子用量超标。

2）抗裂砂浆表面要压光操作时，面层应适量刷水，且养护至少 7 天。

3）表面出现规则性裂缝，主要原因为网格布干搭接或漏铺造成。

4）表面出现不规则裂缝，主要原因为面层使用了柔性不达标的材料。

7.4.3　外墙弹性涂料施工层

1. 涂料色调不均匀，感观效果不佳。

控制措施：滚涂方向均匀一致，先横向布料，再纵向滚匀，最后纵向收平。

2. 与金属立挺交圈的边角等位置，出现流坠、刷痕。

控制措施：使用滚刷上料，最后用滚筒纵向收平。

3. 完成面出现疙瘩

控制措施：涂料如混入沙尘或涂料结皮，用细筛过滤。

4. 涂料表面花纹不一致

控制措施：涂料滚涂过程中，第一遍涂料拉毛的均匀与否，将直接影响到东区塔台的外檐效果。所以在施工过程之前，施工人员必须经过严格的统一培训，施工中不得随便更换施工人员，严禁更换不同型号的滚涂用工具。

8. 安 全 措 施

8.1 机械设备等必须由专人操作,外檐脚手架必须由专业架子工配合搭设,经检验确认无安全隐患后方可使用。

8.2 作业场地应架设围栏和警示牌。工人进场前必须进行安全培训,注意防火,现场不许吸烟、喝酒。

8.3 施工人员应严格遵循高空作业安全法规,必须戴安全帽、安全带、采取有效的防护措施,防止坠落。作业面严禁乱扔乱放物品,防止物体坠落伤人。

8.4 操作人员施工前应进行体格检查,患有气管炎、心脏病、肝炎、高血压以及对其中某些化工物质有过敏反应者均不得参加施工作业。

8.5 操作人员应戴防护口罩、防护眼镜、手套、工作服等防护用品,当班工作完毕应及时更换工作服并及时冲洗和清洗身体暴露部分。

8.6 应适当增加操作人员的工间休息,遇有恶心、呕吐、头昏等情况时应及时送到空气新鲜的场所休息,或速送医院诊治。

8.7 现场存放原材料的场地应通风良好、远离火源与热源,与其他设施和工作区有一定的安全距离,备置有消防器材并严禁烟火。

9. 环 保 措 施

外保温工程在施过程中必须严格遵守《北京市建设工程施工现场环境保护标准》及《北京市建设工程施工现场场容卫生标准》有关规定。

9.1 施工现场内各种施工相关材料应按照施工现场平面图要求布置,分类码放整齐,材料标识要清晰准确。

9.2 施工现场所用材料保管应根据材料特点采取相应的保护措施。材料的存放场地应平整夯实,有防潮排水措施。材料库内外的散落粉料必须及时清理。

9.3 为防止聚苯颗粒飞散、粉料扬尘,施工现场必须搭设封闭式搅拌机机棚,并配备有效的降尘防尘及污水排放装置。

9.4 搅拌机设专职人员环境保护,及时清扫杂物,对所用的袋子及时捆好,用完的塑料桶码放整齐并及时清退。

9.5 保温浆料搅拌机四周及现场内无废弃浆料和砂浆。

9.6 施工现场注意节约用水,杜绝水管渗泄漏及长流水。

9.7 施工时建筑物内外散落的零散碎料及运输道路遗洒应设专人清扫。

9.8 施工垃圾应集中分拣,并及时清运回收利用,按指定的地点堆放。

9.9 废弃物、受化工材料污染的土,禁止作土方回填或就地填埋,防止对地下水和环境的污染影响。

9.10 禁止在施工现场焚烧废弃物,严禁用烤、烧的方法清理装运材料的容器等。

10. 效 益 分 析

三维空间曲面建筑造型预制板外檐施工工法应用于首都机场东区塔台工程,成功的实现了塔台双曲面外檐造型,各项指标均符合质量要求。自2007年4月竣工至今,工程质量及装饰效果得到各方的好评,其优美造型得到国内外游客的一致肯定,并与新建T3航站楼连为一体,成为扩建机场一道靓丽的风景线。主要经济技术分析见表10。

主要经济技术分析 表 10

材料 项目	陶粒混凝土挂板	硬质聚氨酯泡沫	综合分析
施工工期（天/层）	3	0.5	施工速度快和成型方便。总计节
施工成本（元/平米）	195	107.2	约工期 16d,综合经济技术效益显著
施工工艺	预制加工	现场发泡成型	

经分析，采用本工法可缩短工期 16d，节约人工费 1.92 万；节约脚手架等施工措施费费用 1.008 万元。1.92 万+1.008 万-1.4 万=1.528 万元综上，共计节约成本 1.528 万元。

11. 应 用 实 例

首都机场东区塔台工程—双曲面外檐施工

首都机场扩建工程是国家重点工程、奥运工程。首都机场东区塔台是扩建机场指挥系统的核心部分之一，位于新建 T3 航站楼北侧。工程造型美观、结构独特，设计构思简约、时尚。东区塔台整体呈杯状，外檐为双曲面造型。该工程主体为现浇钢筋混凝土高耸筒体结构，由首都机场扩建空管工程指挥部建设，北京时空筑城设计有限公司设计，北京六建集团公司总承包施工，开竣工时间：2006 年 5 月 30 日～2007 年 4 月 30 日；建筑面积 2765m²，建筑总高度为 79.30m，外檐面积约 2000m²，均由本工艺施工完成。

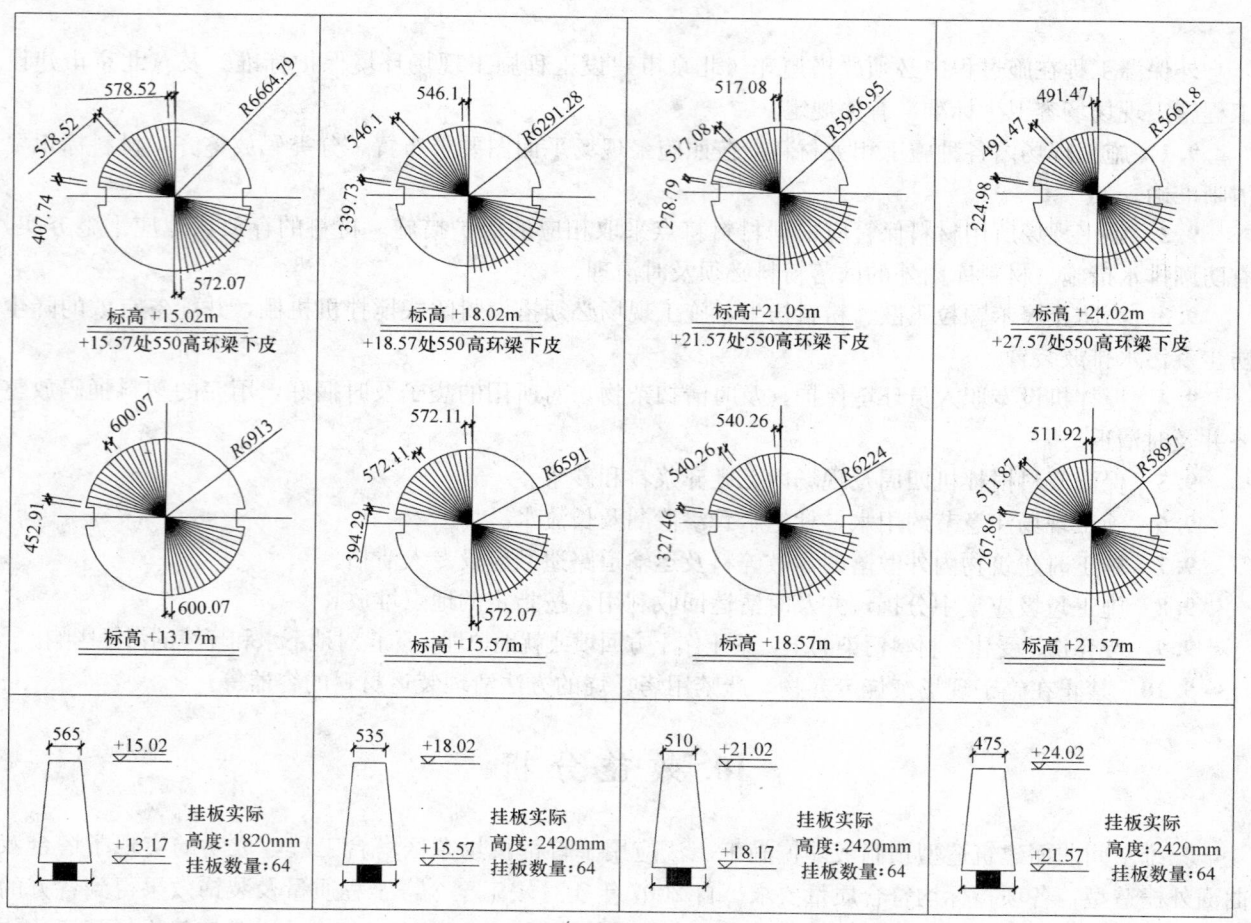

附图 a：陶粒混凝土挂板放样图一

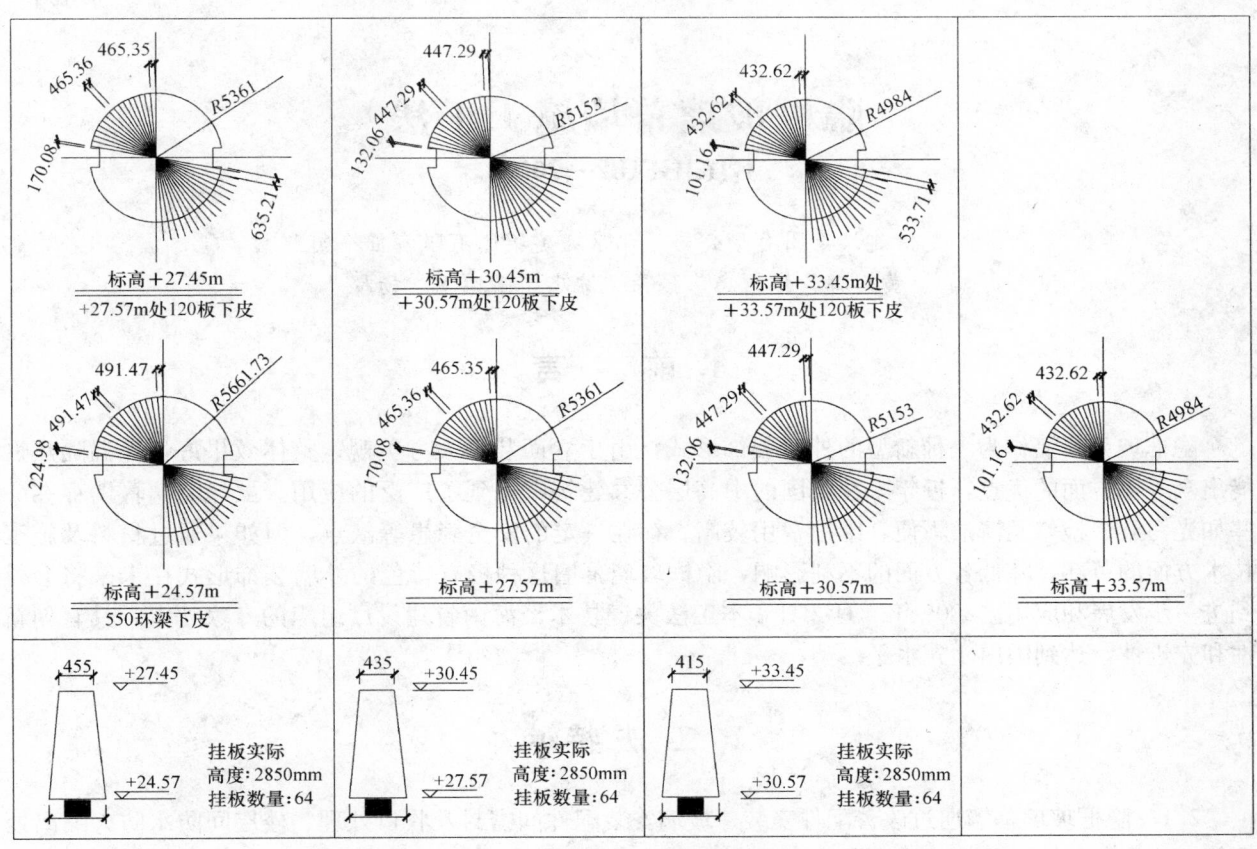

附图 b：陶粒混凝土挂板放样图二

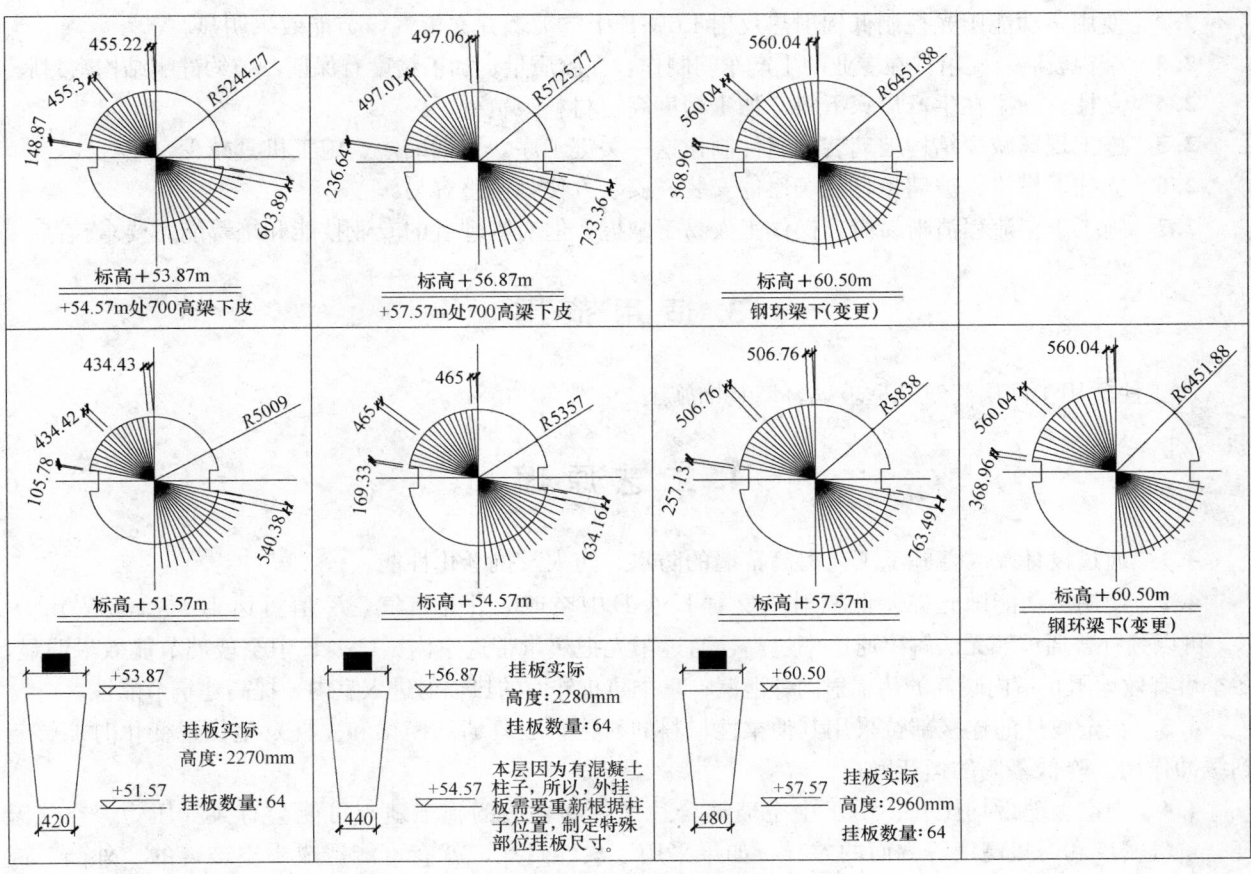

附图 c：陶粒混凝土挂板放样图三

隐框玻璃幕墙施工工法

GJEJGF102—2008

龙信建设集团有限公司　北京城建集团有限责任公司

黄裕辉　张耀忠　张豪　沈忠　王鹏飞　杨郡

1. 前　　言

　　隐框玻璃幕墙作为一种新型的外墙装饰形式，由于立面装饰大方美观，整体效果好，保温隔热性能出众等多方面的优点，近年来在我国的中高层公共建筑中得到了广泛的应用。虽然玻璃幕墙存在一些如光污染、检修及清洁不便、维护费用较高、存在一定的安全隐患等缺点，但如果通过材料及施工技术方面的革新，降低各方面的不利影响，隐框玻璃幕墙这种极有特色的外墙装饰形式在未来将会得到进一步发展和应用。2009 年 4 月 2 日，本工法关键技术经海南省建设厅组织的专家评审，具有创新性和先进性，达到国内领先水平。

2. 工 法 特 点

　　2.1　隐框玻璃幕墙通过改善配件安装、玻璃安装配件间密封及收口处理、楼层间防水防火隔离处理等工艺提高幕墙的防水、防火及抗老化性能。

　　2.2　使用多功能阳光控制低辐射热反射 Low-E 中空玻璃并充氩气，节能效果明显。

　　2.3　结构玻璃装配组件在专业的生产车间制作，注胶质量、加工精度有保证，节约硅酮结构密封胶。

　　2.4　立柱、横梁在生产厂家下料，加工精度高、材料浪费少。

　　2.5　施工现场减少结构玻璃装配组件制作这一关键工序，工期缩短、施工机具减少。

　　2.6　立柱、横梁、玻璃板材现场逐件安装，安装方便，调整容易。

　　2.7　施工工艺流程清晰易懂，操作工人易于掌握，但对管理者的专业技能和统筹能力要求较高。

3. 适 用 范 围

本工法适用于高层建筑隐框玻璃幕墙装饰施工。

4. 工 艺 原 理

　　4.1　通过设计及改善施工工艺提高幕墙的防水、防火及抗老化性能。

　　4.2　使用多功能阳光控制低辐射热反射 Low-E 中空玻璃并充氩气，K 值可达 $1.4 \sim 1.8 \mathrm{W/m^2 \cdot K}$。可以弥补普通玻璃无法解决通透率过高、通过阳光把热量带进室内。Low-E 中空玻璃节能效果明显，冬季可有效地阻止室内暖气的热辐射向外泄漏；夏季防止外面的热辐射进入室内，提高建筑节能性。

　　4.3　在金属件的连接部位采用其他柔性材料的衬垫，当幕墙的横梁和立柱发生位置变化时能够起到缓冲作用，降低幕墙的运行噪声。

　　4.4　中空玻璃设均压孔：由于中空玻璃合片地点和幕墙的施工地点可能会有大气压力、空气温度、空气密度和海拔高度等方面的差异，如果采用一次性封死，就有可能造成中空玻璃的"外凸"或"内凹"现象，不可避免地发生较大的影像畸变。因此在有些特殊要求的工程中，在中空玻璃合片时预留防尘良好的均压孔，在安装现场完成最后的密封，这样即可避免运输过程中的破损又可实现最后的玻璃板片的平面度恢复。

5. 施工工艺流程及操作要点

5.1 施工工艺流程

各楼层安装紧固铁件→横竖龙骨装配→安装竖向主龙骨→安装横向次龙骨→安装镀锌钢板→安装保温、防火矿棉→安装幕墙玻璃→安装盖板及装饰压条收口处理→安装楼层封闭镀锌钢板→清洗玻璃

5.2 操作要点

5.2.1 安装各楼层紧固铁件

紧固铁件的安装是玻璃幕墙安装过程最重要的一环，它的位置准确与否将直接影响幕墙的安装质量。安装时按已放好的铁件的纵、横两方向中心线进行对正，初步就位后将螺栓初紧固，再进行校正核对，准确后螺栓最后紧固，然后进行紧固件与埋件焊接，焊缝质量应符合设计要求。各层紧固件外皮均在一条垂直线上。见图 5.2.1。

5.2.2 竖向、横向龙骨装配

在龙骨安装就位之前，预先装配好以下连接件。

1. 竖向主龙骨与紧固铁件之间的连接件。

2. 竖向主龙骨之间接头的钢板内、外套连接件。

3. 横向次龙骨的连接件。

4. 主龙骨与次龙骨之间连接配件。

各结点的连接件的连接方法要符合设计图纸要求，连接必须牢固、横平竖直。

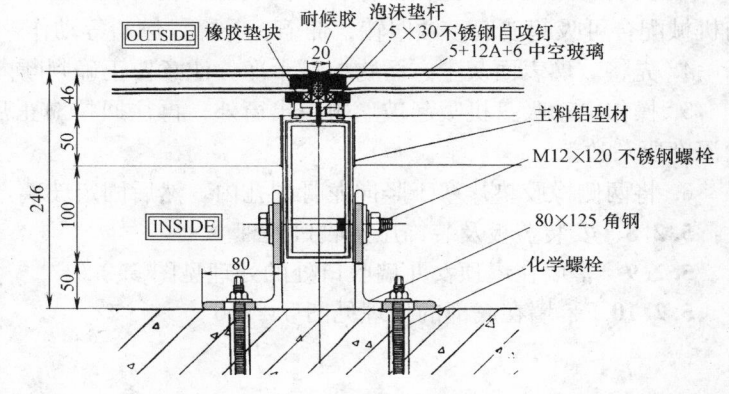

图 5.2.1 紧固件安装示意图

5.2.3 竖向主龙骨连接

主龙骨由下往上安装，一般每两层为一整根，每层通过紧固铁件与楼板连接。

1. 接先将主龙骨竖起，上下两端的连接件对准紧固铁件的螺栓孔，勿拧螺栓。

2. 主龙骨可通过紧固铁件（或凸形铁件）和连接件的长螺栓孔上、下、左、右进行调整，主龙骨上端对好楼层标高位置，左右中心线应与弹在楼板上的位置线相吻合，前后不偏出控制线，确保上下垂直。

3. 再用经纬仪校核后最后拧紧螺母把所有联结螺栓、螺母、垫圈焊牢。

4. 竖向龙骨之间用钢板内、外套连接，接头处预留适当宽度的伸缩孔隙，具体尺寸根据设计要求，接头处的上下龙骨中心线要对正。

5. 安装到最顶层时，再用经纬仪校正一次，检查无误后，把所有竖向龙骨与结构连接的螺栓拧紧。焊缝重新加焊至设计要求，焊缝处清理检查符合要求后刷两道防锈漆。

5.2.4 横向次龙骨安装

安好一层竖向龙骨之后可流水作业安横向龙骨。

1. 用水准仪把楼层标高线引测到竖向主龙骨上，以标高线为基准，在竖向主龙骨侧面标出横向次龙骨位置，将横向次龙骨两端的连接件和弹性橡胶垫安装在竖向主龙骨的预定位置，安装牢固、接缝严密。

2. 横梁的安装应由下向上进行，安装完成后，进行检查、调整、校正、固定，使其符合质量要求。

5.2.5 安装镀锌钢板

为防止噪声和满足防火要求，各楼层与幕墙之间的空隙用镀锌钢板封闭，并用防火材料堵塞、密

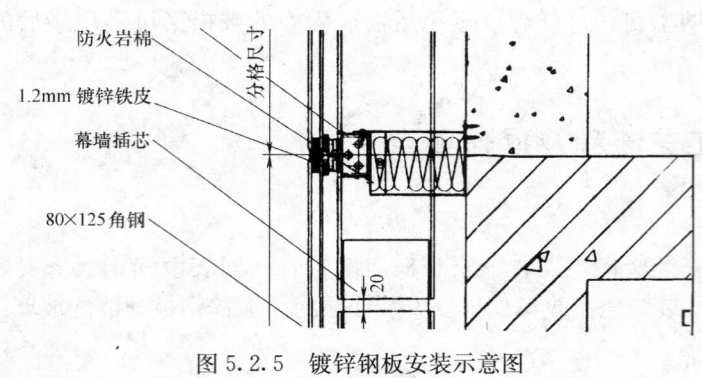

图 5.2.5 镀锌钢板安装示意图

封。为使钢板与龙骨的接缝严密，先将橡胶密封条套在钢板四周后，将钢板插入横向龙骨铝合金槽内，在钢板与龙骨的接缝处再粘贴沥青密封带并应敷贴平整。最后在钢板上焊钢钉，要焊牢固，钉距及规格要符合要求，见图 5.2.5。

5.2.6 安装保温、防火矿棉

镀锌钢板安完之后安装保温、防火矿棉。

5.2.7 幕墙玻璃安装

1. 清理框内污物，将内侧橡胶条嵌入龙骨框格槽内并封闭不留缺口，注意橡胶条型号要相符，镶嵌要平整，四角应呈直角。

2. 为避免玻璃与龙骨直接接触，在龙骨框格中的底框及两侧各嵌两个橡胶垫片。

3. 安装时用电动吸盘机操作，该机放置在室内楼板上，机器附有真空泵及液压装置，有 8 个吸盘，与机械配合可吸起玻璃，做回转、伸缩、升降、倾斜等动作。

4. 先将玻璃表面灰尘、污物擦拭干净，注意要正确判断内、外面。

5. 操作电动吸盘机吸起玻璃斜撑出窗外，再往回拉对正后压落在龙骨框槽内，上、下、左、右嵌入深度要一致。

6. 将两侧橡胶垫片塞于竖向龙骨的孔内，然后固定玻璃，安密封条并镶嵌平整、密实。

5.2.8 安装盖板及装饰压条收口处理

5.2.9 幕墙在屋顶女儿墙收口处的处理见图 5.2.9

5.2.10 幕墙在底部的处理见图 5.2.10

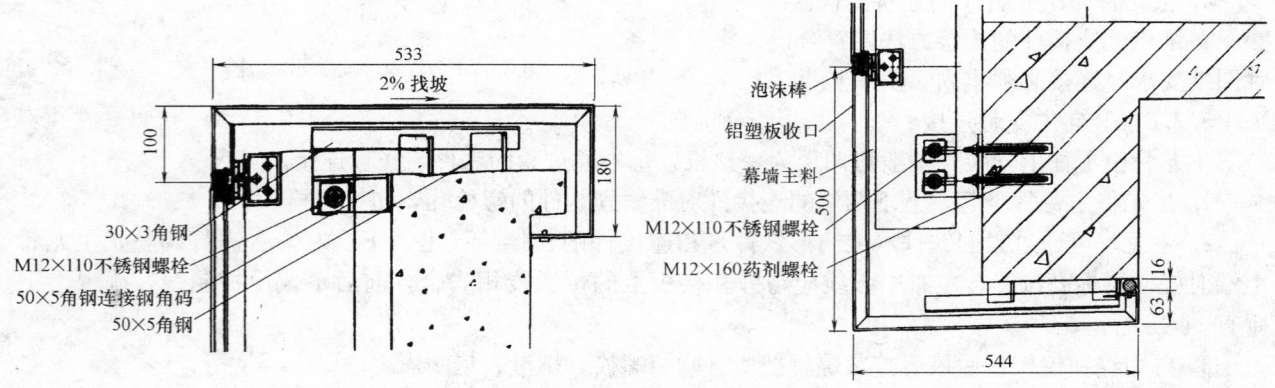

图 5.2.9 屋顶女儿墙收口处施工示意图   图 5.2.10 幕墙底部收口示意图

5.2.11 擦洗玻璃

全部安装完之后，将幕墙玻璃擦洗一遍，达到表面洁净，明亮。

5.3 劳动组织

本工法所用劳动力以海南三亚凯宾斯基度假酒店为例见表 5.3。

劳动力组织表   表 5.3

序号	项　　目	每小组人数	小组数	备　　注
1	测量放线	3人	3组	
2	立柱安装	3人	15组	
3	横梁安装	2人	12组	

序号	项 目	每小组人数	小组数	备 注
4	结构注胶	3人	5组	在专业车间注胶
5	玻璃板块安装	4人	15组	
6	密封注胶	2人	15组	

6. 材料与设备

6.1 材料要求

6.1.1 空腹式铝合金竖向主龙骨及横向次龙骨：均按设计要求的规格、型号、尺寸加工成型后运至现场。必须有出厂合格证及必要的试验记录，加工精度及表面镀层均要符合设计规定，要求平直规方、无翘曲、无刮痕。

6.1.2 玻璃：双层中空玻璃，进场时要进行检查验收。要有出厂合格证和必要的试验记录，玻璃一侧表面镀膜，不允许有划痕和脱落，进场后存放在专用棚架上。中空玻璃：一般厚度为6＋12＋5（mm）。

6.1.3 连接主龙骨的紧固铁件，主龙骨与次龙骨之间的连接件：主龙骨与主龙骨、主龙骨与次龙骨接头的内外套管（或连接件）等均要进行镀锌处理。

6.1.4 螺栓、螺帽、钢钉全部为不锈钢钢材，进场时要有出厂证明，并拆箱抽检。

6.1.5 密封胶：有出厂合格证，粘结及防水性能应符合设计要求。

6.1.6 防火、保温材（矿棉或岩棉）：导热系数及厚度要符合设计要求。

6.2 机具设备

本工法所用主要机具设备以海南三亚凯宾斯基度假酒店为例见表6.2。

机具设备表　　　　　　　　　　　　　　　　　　　　　　　表 6.2

序号	设备名称	型 号	数 量	用 途
1	施工电梯		1台	运输材料
2	电动吊篮		10台	幕墙施工
3	电动真空吸盘		15台	吸玻璃
4	三爪手动吸盘		15台	抬运玻璃
5	电焊机		3台	焊接紧固铁件
6	经纬仪	J2	2台	测量定位
7	水准仪	DS3	1台	测量定位

7. 质量控制

7.1 质量标准

本工法施工质量按《玻璃幕墙工程技术规范》JGJ 102—2002执行，隐框玻璃幕墙安装质量应符合表7.1的相关规定。

7.2 质量管理措施

7.2.1 幕墙所使用的各种材料必须符合设计和规范要求，材料采购前必须弄清楚规范中对该种材料有何质量要求。

7.2.2 各种构件在运输过程中必须有可靠的保护措施，由工厂发放工地的原材料或半成品到达工地后，按品种、规格分类堆放，玻璃制品必须加垫玻璃纸以防玻璃镀膜损伤，所有材料均应用木方垫好，不得直接堆放在地面上。

隐框玻璃幕墙安装质量要求 表 7.1

序号	项 目		允许偏差	检查方法
1	竖缝及墙面垂直度	幕墙高度不大于30m	10mm	激光仪或经纬仪
		幕墙高度大于30m，不大于60m	15mm	
		幕墙高度大于60m，不大于90m	20mm	
		幕墙高度大于90m，不大于150m	25mm	
2	幕墙平面度		2.5mm	3m靠尺、钢板尺
3	竖缝直线度		2.5mm	3m靠尺、钢板尺
4	横缝直线度		2.5mm	3m靠尺、钢板尺
5	拼缝宽度（与设计值比）		2mm	卡尺

7.2.3 特殊材料应根据各材料的特点分别存放，如结构胶、耐候密封胶应堆放在阴凉、通风、干燥的位置，并与其他有挥发性材料分开堆放。

7.2.4 铝合金竖梁在安装时拆除原包装纸，一旦安装校正固定后，应及时用保护膜将铝型材包好，以防溅射的砂浆腐蚀和室外雨水、污物污染。

7.2.5 立柱放线是幕墙施工中比较繁琐的工序，立柱放线是否准确将影响整过施工过程。测量人员在工作中必须反复校对，确保放线精确。构件安装过程中，技术员要勤吊勤靠，确保各种构件的安装精度和可靠度符合要求。

7.2.6 立柱与主体结构的连接点施工中，必须用合格焊工，焊接、防锈、安装精度必须合格。

7.2.7 电焊作业过程中须采取遮挡措施，以避免电焊火花溅射擦伤玻璃和铝型材。

7.2.8 在操作过程中若发现砂浆或其他污物污染了玻璃或铝板，应及时用清水冲洗干净，再用干抹布抹干，若冲洗不净时，应采用其他的中性洗洁液清洗或与生产厂商联系，不得用酸性或碱性溶剂清洗。

8. 安 全 措 施

8.1 安装幕墙用的施工机具在使用前必须进行严格检验。手持电动工具用前作绝缘电压试验；手持玻璃吸盘和玻璃吸盘安装机，须作吸附重量和吸附持续时间试验。

8.2 施工人员配备必要的劳动保护用品，系好安全带，防止人员及物件坠落。

8.3 防止密封材料在工程使用中溶剂中毒，且要保管好溶剂，以防发生火灾。

8.4 现场焊接时，在焊件下方加设接火斗。

8.5 设专职安全员进行监督和巡回检查。

8.6 进入现场人员带好安全帽，严禁上下层交叉施工。

9. 环 保 措 施

9.1 材料进入现场按指定位置堆放。在运输、装卸过程中，要轻装轻放，分别码放整齐。

9.2 优先选用先进的环保机械，把施工噪声降低到允许值以下，避免夜间施工。

9.3 所使用的胶粘剂采须通过环保认证。

9.4 现场施工产生的废料及时收集整理至指定堆放场地。

10. 效 益 分 析

10.1 立柱、横梁、玻璃和玻璃副框的制作在生产厂家进行，材料浪费少，能节约铝材约 1/10，同时加工精度高，为安装工作带来很大方便。

10.2 玻璃板块在专业车间制作，质量保证，密封胶损耗少，同时减少了施工现场注胶人工费。

10.3 施工机具投入少，人工用量减少。

10.4 材料控制得当，施工方法合理，返工现象少，每道工序均能一次验收合格。施工过程中得到业主和监理的一致好评。

10.5 能较大幅度的缩短工期。

11. 应 用 实 例

11.1 应用实例1——海南三亚凯宾斯基度假酒店工程

海南三亚凯宾斯基度假酒店工程，总建筑面积 $59176m^2$，属智能化度假酒店，外墙应用隐框玻璃幕墙面积达 $5000m^2$。

11.2 应用实例2——北京嘉轩城市花园综合楼工程

北京嘉轩城市花园综合楼工程，建筑面积 $49728m^2$，框架剪力墙结构，地下三层，地上分 A1、A2 两座主楼，其中 A1 座 14 层、局部 15 层，A2 座 18 层、局部 20 层，外墙应用隐框玻璃幕墙面积 $4000m^2$。

11.3 应用实例3——北京大地林肯住宅小区公寓楼工程

北京大地林肯住宅小区公寓楼工程地下二层，地上十二层，总建筑面积 $68840m^2$，框剪结构，外墙应用隐框玻璃幕墙面积 $6000m^2$。

干挂成品木饰墙面板施工工法
GJEJGF103—2008

江苏顺通建设工程有限公司　新疆建工集团第二建筑工程有限责任公司

张晔　佘小颉　陆勇　牛寿鸿　张学利

1. 前　言

1.1　目前，室内装饰中木饰墙面板应用很普遍，是一种高档装饰方法。传统工艺采取在施工现场固定基层板，再在其上贴装饰饰面板，气枪钉固定，现场喷漆的施工方法，这种方法不仅在施工现场污染严重，而且在装饰墙面板表面能看到安装痕迹，不美观。为了解决传统工艺中的存在问题，我们江苏顺通建设工程有限公司和新疆建工集团第二建筑工程有限责任公司共同研发了《干挂成品木饰墙面板施工工法》。

1.2　本工法采用公司后场加工木饰墙面板，减少施工现场的作业量，提高现场成品化拼装，减少现场施工造成的环境污染，木饰墙面板表面无安装痕迹，美观效果好。并在多项工程中得到运用，取得了良好的经济效益和社会效益。通过科技查新，为国内首创。2008年6月17日，由江苏省建管局组织专家进行关键技术鉴定，一致认为达到国内领先水平。

2. 工 法 特 点

2.1　本工法中，木饰墙面板采用干挂技术，使安装后的装饰面看不见安装痕迹，色泽一致，整体美观。

2.2　本工法中，木饰墙面板均在后场制作，改变了传统在现场粘贴木饰面板，气枪钉固定，现场做油漆的施工方法，避免了现场的环境污染，提高了功效。现场施工只需将木饰墙面板进行块状安装，节约了大量的人工。同时维修时只需将损坏的板块拆下更换即可，不影响到邻边的板块。

2.3　本工法中，木饰墙面板采用企口干挂，使安装工艺变得简便，既能保证木饰墙面板安装牢固，又解决了木饰墙面板背面固定的难题。

2.4　本工法中，采用卡式轻钢龙骨和50副龙骨作为基层骨架，其安装工艺简单，定位准确方便，安装效率高。

3. 适 用 范 围

本工法适用于室内建筑装饰中新、旧墙柱面采用木饰墙面板的装饰施工。

4. 工 艺 原 理

本工法工艺原理：

1. 将木饰墙面板在公司加工后场加工成成品，在墙面基层骨架完成的前提下，在副龙骨上固定干挂条，木饰墙面板背面用气枪钉固定干挂条，然后将干挂条企口拼接，使企口紧密吻合，完成木饰墙面板的安装。达到不破坏装饰板表面，实现无痕迹安装施工。

2. 墙面基层骨架采用卡式轻钢龙骨－50 副龙骨组合，卡式轻钢龙骨带有卡榫，轻钢副龙骨排列时直接卡榫定位，安装方便、牢固。

5. 施工工艺流程及操作要点

5.1 施工工艺流程

5.1.1 施工流程（图 5.1.1）

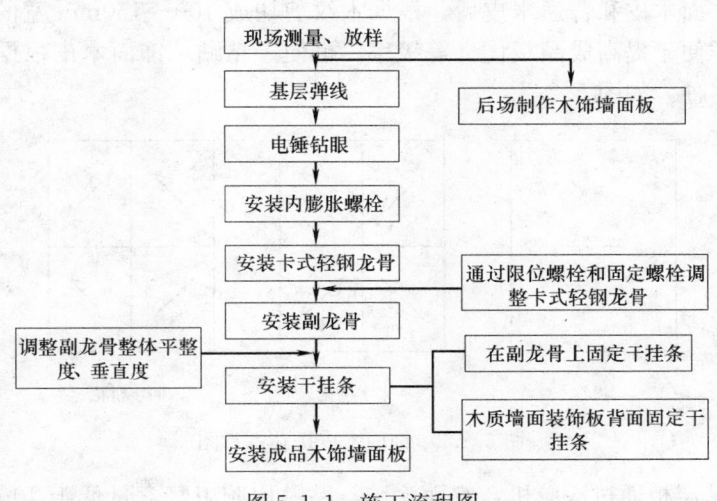

图 5.1.1 施工流程图

5.1.2 木饰墙面板加工工艺

木饰墙面板采用饰面木皮＋板材基层＋普通木皮，通过热压、油漆等工序加工而成。见图 5.1.2。

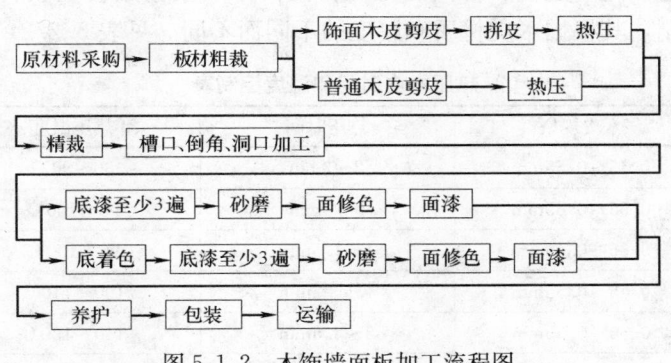

图 5.1.2 木饰墙面板加工流程图

5.2 操作要点

5.2.1 现场测量、放样

根据设计图纸要求，对需装饰木饰面的墙面进行实际测量，并绘制排版图，画出阳角板块加工尺寸，和成品板块的加工尺寸。

木饰墙面板宽度、高度规格要求如下：

1. 满铺时，宽度方向以 400mm、600mm 为模数，取模数的倍数后，不足模数尺寸时，按现场实际测量尺寸为准。宽度方向尺寸＜600mm 时，用整块。高度方向从下往上 2400mm 处为分割线，2400mm 以上部分按现场实际测量尺寸为准。

2. 遇特殊要求，如超长、弧形等，可另行设计。

5.2.2 木饰墙面板加工

1. 基层板材粗裁：根据排版图，计算出每一块木饰墙面板的实际尺寸，锯割板材，板面尺寸每边各放 2mm 余量。板材可选择中密度板或细木工板或多层胶合板。厚度有 5mm、9mm、12mm、15mm、18mm。

2. 基层板抛光：将基层板放入砂光机操作平台，调整砂光机厚度的显数：砂光机显数＝板材厚度＋砂带厚度。用游标卡尺测板材的实际厚度，再加上砂带的厚度。数字设定后，再用手动用将调节轮向下转动半圈，即 0.05mm。开传输带使板材经过砂光机进行抛光。基层板进行表面抛光处理后，表面平整度达到±0.1mm。

3. 木皮剪切：饰面木皮和普通木皮根据生产需要，选择在 0.35～0.65mm 之间。其厚度越厚则使用寿命越长。选择好饰面木皮和普通木皮后，根据木纹剪切成 100～160mm 宽的木皮条，将带有疵点的木皮整齐切除，这样便于提高成品板优良等级率，也便于粘贴。饰面木皮根据设计板面的图案进行拼花，拼花的形式有多种。如图 5.2.2。

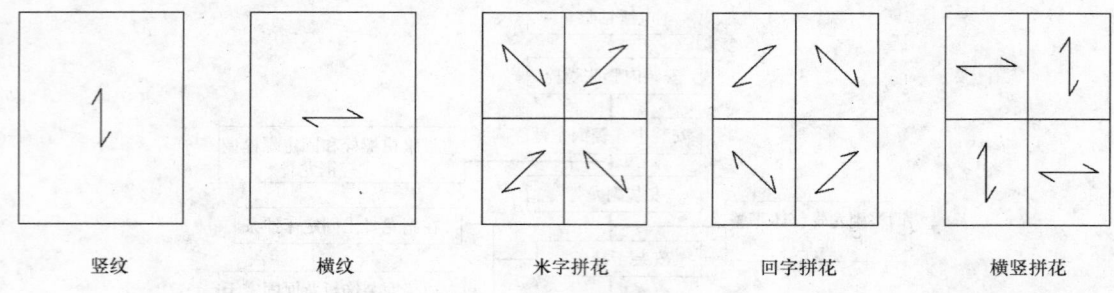

竖纹　　　　横纹　　　　米字拼花　　　　回字拼花　　　　横竖拼花

图 5.2.2　饰面木皮拼花示意图

4. 木皮热压：将基层板通过涂胶机，双面涂胶，粘贴用胶甲醛含量低于 40mg/100g。再将拼花后的饰面木皮和普通木皮分别贴在基层板的正反两面，同时将三块板放在三层双面贴热压机（by214×8/10×3型）的三层压板中间，按动电钮，将下压板通过多组液压装置向上顶压。三层压板与三块基层板牢牢顶在顶板上，通过设定的温度、时间和压力将两面木皮紧紧贴覆在板材表面。热压木皮通过时间、温度和压力进行控制，其根据木皮材质和厚度的不同而不同。见表 5.2.2。

热压木皮时间和温度控制表　　　　表 5.2.2

序号	木皮材质	木皮规格	热压时间	热压温度	压力
1	松木	0.45～0.55mm	2～3min	80～90℃	7～8kgs/cm²
		0.55～0.65mm	3～4min	90～100℃	
2	硬木	0.35～0.45mm	1～1.5min	90～100℃	10～12kgs/cm²
		0.45～0.55mm	1.5～2min	100～110℃	
		0.55～0.65mm	2～3.5min	110～120℃	
3	超硬木	0.35～0.45mm	1～2 min	110～120℃	12～15kgs/cm²
		0.45～0.55mm	1.5～2.5min	120～130℃	
		0.55～0.65mm	2～3min	130～140℃	
4	人造木皮	0.45～0.55mm	2～3min	140～160℃	18～30kgs/cm²
		0.55～0.65mm	3～4min	160～180℃	

注：冬天热压温度提高 50℃，时间延长 10～30s。

5. 将两面贴好木皮的装饰板进行精细裁切，成为木饰墙面板半成品。

6. 将木饰墙面板半成品通过封边机，将边口用木皮封口。

7. 在木饰墙面板半成品上根据设计要求，开出槽口、倒角、洞口。

8. 底漆喷涂

1) 清漆底漆喷涂—饰面木皮色泽一致或设计要求木皮本色时

a. 清理木饰墙面板半成品表面灰尘和污物。

b. 用砂纸把木饰墙面板半成品表面打光。

c. 喷第一遍底漆，喷枪距板面 150～250mm，如有专用底漆，第一遍用专用底漆。

d. 干透后用细砂纸打磨，并打磨得很光。

e. 喷第二遍底漆。

f. 干透后再用细砂纸打磨光。

g. 喷第三遍底漆。

2) 混色底漆喷涂—饰面木皮有微小色差或设计对颜色有特殊要求时

a. 清理木饰墙面板半成品表面灰尘和污物。

b. 用砂纸把木饰墙面板半成品表面打光。

c. 当饰面木皮有色差，或饰面颜色有特殊要求时，采用擦色剂进行着底色。用猪毛刷蘸上擦色剂均匀涂刷，2～5min 后可用毛巾轻轻擦色保持底色均匀。每遍底着色间隔时间最少为 4～6h。底着色每多擦一遍，即颜色会相应变深（底着色应在板材未上清漆前进行着色施工）。

d. 着底色后，喷第一遍底漆，喷枪距板面 150～250mm。

e. 干透后用细砂纸打磨，并打磨得很光。

f. 喷第二遍底漆。

g. 干透后再用细砂纸打磨光。

h. 喷第三遍底漆。

9. 第三遍底漆干透后再用细砂纸打磨光。

10. 喷涂面漆三遍，要求喷涂均匀，喷枪距表面距离一致。

11. 面漆完成后，架空晾干，在恒温恒湿环境下养护。

12. 木饰墙面板养护后，贴上保护膜，并进行包装。包装为两块一组，中间加上泡沫纸，用硬纸包装箱包装。

5.2.3 确定安装方向

木饰墙面板根据现场施工条件可选择上推式或下推式。

1. 上推式安装是装饰面上口没有安装距离，而下口有安装距离。安装时，由下而上托起使干挂条企口吻合，达到固定木饰墙面板的目的。

2. 下推式安装是装饰面上口有安装距离，在安装时由上而下挂起，使干挂条企口吻合，达到固定木饰墙面板的目的。

5.2.4 基层弹线

根据排版图，在墙面基层，按照设计模数（一般为 400、600）弹好墨斗线。

5.2.5 电钻钻眼

在墨斗线纵横交叉点处，用电锤在墙面打眼，洞眼直径为 φ12。

5.2.6 安装内膨胀螺栓

将 φ8 内膨胀螺栓按放在墙面洞眼中，并拧紧螺母，固定螺栓杆。

5.2.7 安装卡式轻钢龙骨

卡式轻钢龙骨根据排版图纸和木饰墙面板模数的需要（一般为 400～600mm），横向固定在墙面。先拧上限位 φ8 螺母，再卡式轻钢龙骨穿过 φ8 镙杆，再拧上紧固螺母。限位螺母和固定螺母，一前一后夹紧卡式轻钢龙骨，通过调节这两只螺母来控制卡式轻钢龙骨位置，并进行大面调平。

5.2.8 安装轻钢副龙骨

按照 400～600mm 的模数，将轻钢副龙骨垂直于卡式龙骨方向放置，对准卡榫，用力将轻钢副龙骨卡上卡式轻钢龙骨。

5.2.9 调整副龙骨的垂直度和平整度

用铝合金直尺按上下、斜向等方向靠在轻钢副龙骨上，通过调节卡式轻钢龙骨前后固定螺母和限位螺母，调整轻钢副龙骨面的平整度和垂直度。

5.2.10 在轻钢副龙骨面上安装干挂条

在轻钢副龙骨面上横向安装干挂条。干挂条用 9mm 多层板制成，宽 40mm。干挂条间距 300mm。在墙面上下距边 100mm 处安装干挂条。如图 5.2.10 所示。当采用上推式安装时，干挂条的企口向下。当采用下推式安装时，干挂条的企口向上。

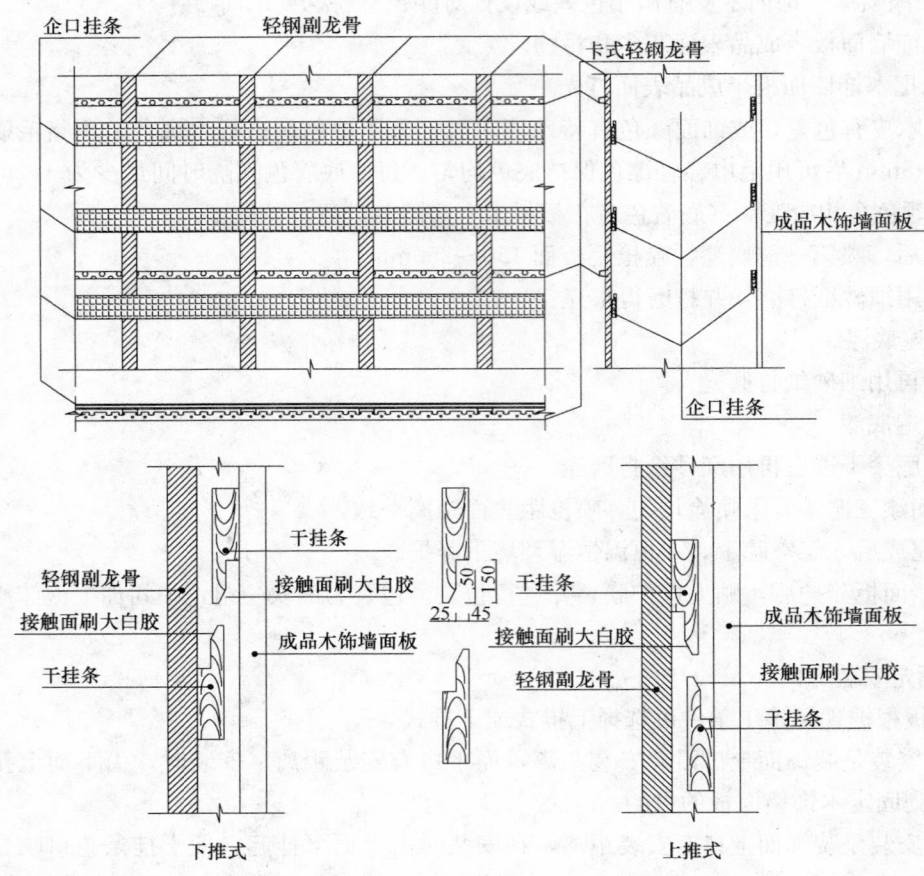

图 5.2.10 木饰面墙板干挂示意图

5.2.11 在木饰墙面板背后横向固定干挂条

在木饰墙面板背后横向固定干挂条，上下间距 300mm。如图 5.2.10 所示。在木饰墙面板的上下口留 100mm 做第一道或最后一道挂条。

与副龙骨上干挂条企口方向相向，采用上推式安装方法时，木饰墙面装饰板背后的干挂条企口向上，采用下推式安装方法时，木饰墙面装饰板背后的干挂条企口向下。

5.2.12 安装木饰墙面板

在副龙骨和木饰墙面装饰板干挂条接触面上刷大白胶，将木饰墙面板靠上轻钢副龙骨，并用力下按或上推木饰墙面板，使上下干挂条吻合，白胶相互胶粘。

同时检查木饰墙面板的垂直度和相邻两块板面的平整度。上推式方法安装好木饰墙面板时，在板的下口用木条顶住，防止下落。

5.2.13 木饰墙面板保护

木饰墙面装饰板干挂安装后，用硬纸板或木板加工成护角对阳角进行保护，装饰板的保护薄膜暂不揭去，等到竣工验收前再撕去。

6. 材料与设备

6.1 材料（表 6.1）

材料   表 6.1

名 称	功率、规格	用 途
内膨胀螺栓	φ10	固定卡式轻钢龙骨
卡式轻钢龙骨		基层骨架
轻钢副龙骨	50 型	基层骨架
干挂条	—9×40	干挂木饰墙面板
大白胶	2.5kg/桶	粘贴干挂件企口，使其紧密吻合
木饰墙面板	定尺加工	装饰面
木皮胶	GW-6526	粘贴木皮

6.2 设备和工具（表 6.2）

设备和工具   表 6.2

名 称	规 格	功率	数量	用 途
电锤	Z1E-SF-26	900W	1	墙面打眼
扳手			4	固定螺母
手枪钻		100W	1	龙骨上钻眼
气钉枪			1	成品木木饰墙面板后固定凸槽口挂条
铆钉枪			1	固定卡式轻钢龙骨与限位龙骨
三层双面贴热压机	by214×8/10×3	52.75kW	1	热压木皮
双面涂胶机	TJS-1350	2.2kW		机械涂胶

7. 质 量 控 制

7.1 木饰墙面板的木皮拼贴应严密、平整，不允许有脱胶、透胶、鼓泡、凹陷、压痕以及表面划伤、麻点、裂痕、崩角等缺陷，贴面的纹理、图案、颜色应对称相似；成品尺寸在允许偏差范围内；槽口、倒角、开孔等符合图纸要求。

7.2 油漆工艺质量要求：

7.2.1 着色工艺一般分为面着色和底着色＋面修色两种，应根据不同木质材料确定不同着色工艺，以确保木纹清晰不浑浊。

7.2.2 产品表面漆膜不得有皱皮、发粘和漏漆现象。

7.2.3 涂层应平整光滑、清晰。漆膜实干后不允许有木孔沉陷。

7.2.4 涂层不得有明显划痕、污染、色差。

7.2.5 背面刷一遍底漆封闭。

7.3 木饰墙面板包装、运输、堆放应符合以下要求：

7.3.1 产品经检验合格后，内用白泡沫纸包裹，外用纸箱包装。

7.3.2 外包装上贴标签，标明产品（部件）名称、规格、数量。特殊规格须注明楼层及房间号。

7.3.3 运输过程中尽量减少翻转和搬运次数，免受磕碰、划伤、污损、受潮和暴晒。

7.3.4 产品（部件）存放须离地 200mm，水平放置，不允许斜靠、乱堆，以免变形、损坏。

7.4 木饰墙面板加工和安装必须满足下列标准、规范的要求。

《中密度纤维板》GB/T 11718—1999

《细木工板》GB/T 5849—2006

《刨花板》GB/T 4897—2003

《室内装饰装修材料人造板及其制品中甲醛释放限量》GB 18580—2001

《室内装饰装修材料溶剂型涂料中有害物质限量》GB 18581—2001

《室内装饰装修材料胶粘剂中有害物质限量》GB 18583—2001

《建筑装饰装修工程质量验收规范》GB 50210—2001

《住宅装饰装修工程施工规范》GB 50327—2001

8. 安全措施

8.1 当使用人字梯施工时，应保证人字梯的安全性能，同时应注意施工人员自身安全，防止高处坠落。

8.2 当使用脚手架作为施工平台时，应有可靠的施工方案和验收手续。

8.3 施工小型机具时应注意用电安全，防止漏电；同时应防止施工工具使用安全，防止自伤或误伤他人。

9. 环保措施

9.1 使用卡式轻钢龙骨减少木龙骨的使用，有较好的防火性能，同时解决有机材的湿、涨、干、缩的质量通病问题，也节约木材资源。

9.2 使用木饰墙面板，可以根据设计师的要求和现场实际尺寸调整后排版，减少现场粉尘、易燃等现状，改善了施工的环境，保证施工时不再受环境干、湿对木饰面的影响。

9.3 使用木饰墙面板，避免现场油漆作业，减少施工现场的污染和对施工人员的伤害。

9.4 木饰墙面板后场加工时，选用的各种胶合材甲醛释放量应符合 GB 18580—2001 中规定的 E1 级要求。

9.5 木饰墙面板后场加工时，选用的胶粘剂中有害物质限量应符合 GB 18583—2001 中规定的要求。

9.6 木饰墙面板后场加工时，选用的油漆中有害物质限量应符合 GB 18581—2001 中规定的要求。

10. 效益分析

10.1 本工法具有明显的经济效益。因为木饰墙面板从现场加工改革为后场加工，使之节约材料，节约用工。从材料上讲，同比节约耗材 20%。从用工上讲同比节约人工 2 人工/100m²，从速度上讲，同比提前 4 工日/100m²。

10.2 本工法具有明显的环保效益。因为本工法，其木饰墙面板采用公司后场加工制作，减少施工现场的环境污染，减少材料浪费。

10.3 本工法实现安装表面无痕迹，其质量得到保证，色泽均匀，美观。

11. 应用实例

11.1 新疆新投绿环种植有限责任公司办公楼，建筑面积 7000m²，2007 年 8 月开工，2008 年 7 月完工，接待室和会议室采用木饰面板装饰，共计应用面积 518m²，采用本工法节约 20 个人工，约 1600 元，提前工期 4d，约 8000 元。合计节约直接成本 9600 元。

11.2 中国人民解放军 61592 部队新综合楼，总建筑面积 3250m²，框架 4 层，其中会议室部分采用了木饰面板装饰，面积达 286m²，2006 年 6 月 11 日开工，2006 年 10 月 10 日完工，采用本工法节约 68 个人工，提前工期 6d。

11.3 新疆维吾尔自治区人事厅办公楼，总建筑面积 9386.39m²，框架 15 层，其中会议厅、多功能厅和门厅采用了木饰面板装饰，面积达 2116m²，2003 年 9 月开工，2007 年 11 月完工，采用本工法节约 126 个人工，提前工期 9d。

浮筑地面施工工法

GJEJGF104—2008

浙江省建工集团有限责任公司　海南海外声学装饰工程有限公司

胡强　金睿　张根坚　刘新

1. 前　　言

随着时代的进步，工程建设中高、精、难等的施工工序不断出现。工程功能的特殊要求对施工工艺和方法提出了很高的要求。浮筑隔声地面就是针对有隔声要求的房间地面，尤其是广电用房中录音室、配音、标准审看间等声学、抗震动传播等工艺要求极高且采用房中房构造的房间地面采取的施工方法。

传统的浮筑地面施工方法采用满铺的岩棉块或聚苯板为隔声、隔振层，采用油毡为隔离层，其上再浇筑混凝土，构造相对简单。实际工程中，由于岩棉块、聚苯板遇水易结块，影响隔声效果，并且承载能力有限，易造成混凝土地面开裂、倾斜等问题，从而影响房间的使用功能和观感效果。隔声材料板块的铺贴还需要基层找平，增加工序和费用。

为此，经科研攻关、工程实践，解决了原有问题，形成了本工法。本工法已在杭州广播电视中心、佛山新闻中心、吉林广电中心、北京电视中心演播楼等多项工程得到应用，效果良好。房间地面平整无开裂，隔声效果（混响时间、声压级差、频率响应）经检测符合《广播电视播音（演播）室混响时间测量规范》GY 5022—2007、《建筑隔声测量规范》GBJ 75—84 的要求。核心技术已通过鉴定，并已申报发明专利（200910131100.7）。

2. 工 法 特 点

语言录音室、$230m^2$ 录音室、小文艺录音室、控制室、配音、标准审看间等房间是广播电视中心工艺技术含量要求最高的房间，严格要求隔声、隔振，避免因房间外的声音、振动等影响房间内电视节目录音的制作。与传统的浮筑地面相比，本工法的核心技术在于构造深化和施工技术措施的采用，具有以下特点：

1. 采用规格统一的弹性隔振块，解决了施工和使用阶段地面的水平控制问题。其上加设中密度板作为细石混凝土层的底模，有效地保证了细石混凝土的标高、厚度。

2. 采用阻燃、无毒、耐腐蚀、憎水性好的玻璃丝棉，解决了隔声材料的耐久、隔声、环保问题。与岩棉相比，玻璃丝棉有害物质少，施工中不会刺激皮肤，对人体及环境危害小，隔声效果更优。

3. 在细石混凝土下部铺设 SBS 卷材一层、塑料布两层，既作为防水层，同时又是隔离滑动层，减少对混凝土的约束，从根源上避免由此原因导致的细石混凝土裂缝现象。

4. 侧面与墙体间采用专用橡胶填孔，解决了细石混凝土与墙体交接固体传声问题，提高隔声、隔振效果。

此外，为保证高声学要求，浮筑地面施工工序多、工艺要求高。施工过程中，还需要安装等工种配合管线施工。

3. 适 用 范 围

本工法适用于高声学要求的楼地面施工，尤其适用于广播电视建筑中的技术用房（如：录音室、录音室控制室、配音、标准审看间等）楼地面施工。

4. 工艺原理

高声学要求的房间中，对于楼地面来说，声音的传递主要通过固体传声的方式。楼地面固体传声路径有自下而上通过楼板传递，以及侧墙对楼地面的传递两种。

本工法中提出的浮筑地面构造以及施工技术措施，可以有效地保证浮筑地面脱离于原结构地面和侧墙，利用其特殊的软连接达到一个减振隔声的要求，隔绝固体传声。浮筑地面与地面以上的隔声墙、隔声顶可形成一个独立的房中房结构，适用于更高声学要求的房间。

5. 施工工艺流程及操作要点

5.1 主要施工技术难点

5.1.1 高声学要求房间标准根据使用功能各不相同。广电技术用房中，演播厅、语言录音室、230m² 录音室、小文艺录音室、控制室、配音、标准审看间等这类房间一般容许噪声标准：NR-15（NR：噪声评价等级）；混响时间设计值为：0.25，混响时间容许偏差（秒）：125～250Hz 为＋0.15～－0.10，500～4000Hz 为＋0.10～－0.10，声学要求极高，对构造及工艺质量要求高。

5.1.2 浮筑地面施工工序复杂，施工周期长，各道工序质量控制难度大。

5.1.3 浮筑地面使用的材料品种、规格多，从材料采购到材料保存堆放、施工均需严格把关，防止因为存放、操作不当引起的质量问题。

5.1.4 浮筑地面质量偏差精度要求高，浮筑板平整度、弹性减振块间高差均不得大于 3mm。

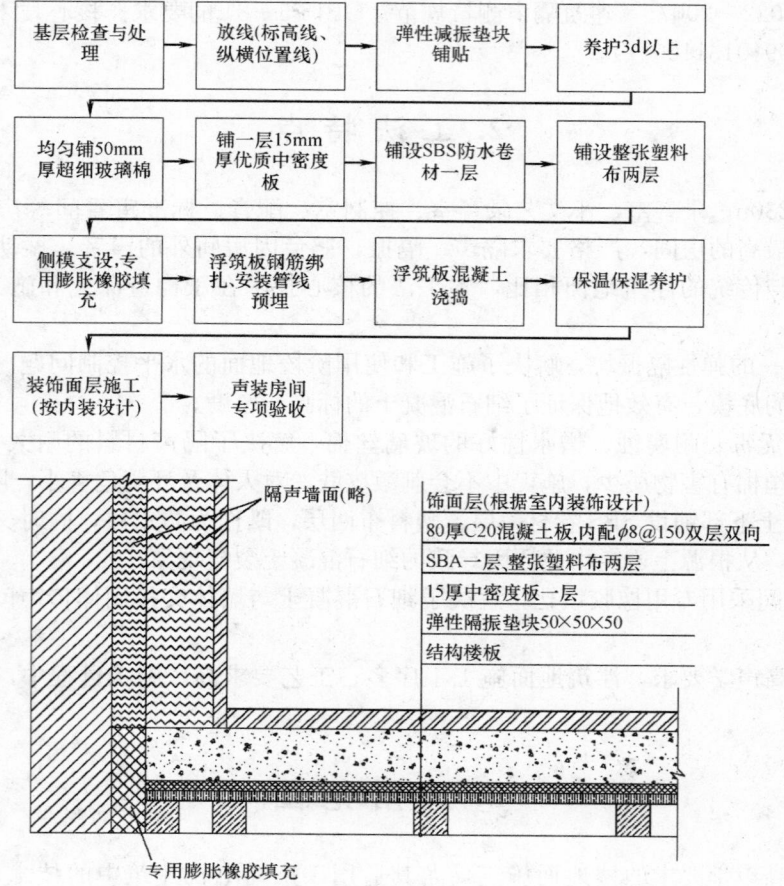

图5.2 浮筑地面构造做法

5.2　施工工艺流程（图 5.2）

5.3　施工要点

5.3.1　施工准备

1. 根据工程结构、饰面情况，结合房间形状、尺寸，做好声学深化设计和施工方案，明确构造和做法，提交设计确认。

2. 由项目负责人、工程主管根据图纸的内容和要求对安装队人员进行工程交底，明确工程的要求并按要求进行施工。

3. 组织施工队有关人员进行安全、技术培训，熟悉图纸，掌握工程施工的工作内容，并与施工队签订安全、质量、进度等合同，做好安全、技术交底记录。

4. 确定配合比，做好材料的采购、报验、储存等工作。

5.3.2　基层处理

1. 根据提供的图纸和标高进行现场复核工作（图 5.3.2），测量结构混凝土层高低偏差。未达到允许偏差要求的，需要增加水泥砂浆找平层。

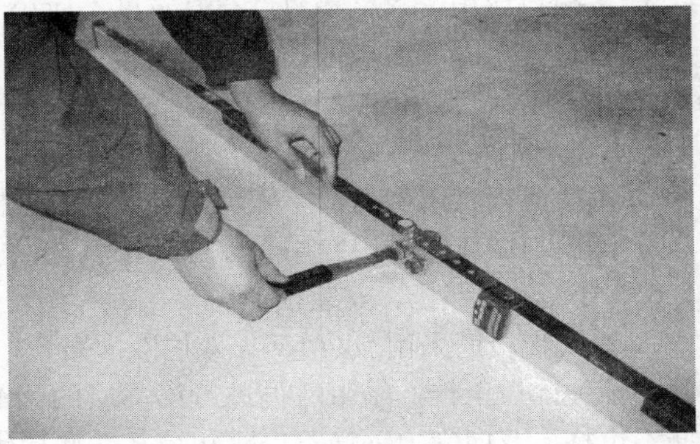

2. 采用水准仪在结构地面上做 15mm 厚灰饼，施工 15mm 厚 1：2.5 水泥砂浆找平层，做好砂浆找平层的平整度控制，偏差要求控制在 3mm。

3. 基层地面应平整、干净、干燥，并进行防尘处理（防尘漆）。

5.3.3　弹性减振块布设（图 5.3.3）

1. 基层处理、检查完成后，在地面弹设纵横控制墨线，在墙面上弹设控制标高的墨线，作为弹性减振块位置依据。

图 5.3.2　现场检测平整度

2. 弹性减振垫块间距 300mm×300mm，房间内周圈的减振垫块应加密布置，以保证浮筑地面的整体牢固性，靠墙角及有立柱部位的减振垫块为特别加密区域，应达到 50mm×50mm 的间距，最外边的部位与原结构墙体应有不小于 100mm 距离，并用柔性橡胶块填充，以保证浮筑地面的独立性并达到隔声减振效果。

3. 弹性减振垫块（50mm×50mm×50mm）有正反向，在施工前先将正面做标记，粘贴时标记朝上。弹性减振垫块与地面连接采用胶水粘结，其位置、标高偏差应控制在 2mm 以内。

5.3.4　玻璃丝棉铺放（图 5.3.4）

1. 在弹性减振垫块粘贴干透后，在地面铺玻璃丝棉，玻璃丝棉满铺，不留任何空隙。

2. 玻璃丝棉铺放时必须避开雨期施工，防止吸声棉受潮，影响隔声效果。

图 5.3.3　弹性减振垫块安放

图 5.3.4　玻璃丝棉铺放

5.3.5 中密度板铺贴

1. 弹性减振垫块上铺 15mm 厚优质中密度板一层做浮筑地面模板，板与板接缝位置设置在弹性减振垫块中间。

2. 密度板铺贴时，应分部分点与减振垫块粘贴，以防止密度板的滑动。

3. 每层的密度板铺贴时接缝处均应着重处理，板与板之间的缝隙用高强胶带粘贴，保证整个面的整体及强度。

5.3.6 卷材、塑料布铺设

1. 在中密度板上做一层 SBS 防水卷材，一般采用冷粘法施工，卷材搭接长度大于 100mm。

2. 胶粘剂涂刷应均匀，不露底，不堆积。

3. 铺贴卷材时应控制胶粘剂涂刷与卷材铺贴的间隔时间，排除卷材下面的空气，并辊压粘结牢固，不得有空鼓。

4. 铺贴卷材应平整、顺直，搭接尺寸正确，不得有扭曲、褶皱。

5. 接缝口应用密封材料封严，其宽度不应小于 10mm。

6. 卷材铺贴完成后再铺设两层优质塑料布，不但可以保护防水层，还能对上面浇捣的混凝土起到隔离作用，有利于避免混凝土板裂缝产生。

5.3.7 侧模

1. 侧面模板宜用密度板，施工完毕后不用拆模，使之与混凝土组合成一个很好的整体。

2. 侧模与墙体间采用专用柔性橡胶块填充，保证隔声效果。

5.3.8 钢筋绑扎、安装预埋

1. 浮筑板板筋采用 φ8@150，双层双向布置。第一层钢筋绑扎完毕后，马上进行各类强弱电桥架及线管的预埋铺设工作，结束后再进行第二层的钢筋绑扎工作。钢筋绑扎时，必须逐点绑扎牢固，保证钢筋不位移，双向受力钢筋不得跳扣绑扎。底层钢筋应用垫块来控制其底部的保护层厚度，第二层钢筋绑扎完成后，为保证上下层钢筋的间距，在上下层钢筋之间用马凳做支撑，马凳用钢筋制作，间距不大于 1.8m。

2. 浮筑板周边及有钢结构墙体的部位设一道圈梁。圈梁主筋一般大于浮筑板的主筋，并用 φ6 箍筋固定，进行绑扎。

3. 房中房类型的房间，还应注意预埋件的布置，保证房中房内侧墙体的下部连接准确、牢固。

5.3.9 浮筑板混凝土浇捣

1. 浮筑板一般混凝土强度等级为 C20，厚度 80～120mm。

2. 在房间四周墙上弹好 1m 控制标高墨线，混凝土浇筑时应一次完成，混凝土浇筑时用平板振捣器对混凝土进行振捣，并对地面原浆找平。混凝土的浇筑过程中应注意对钢筋、模板、预埋件的保护，上铺模板作为人员操作平台。

3. 混凝土浇筑完毕要进行多次搓平，保证混凝土表面不产生裂纹，具体方法是振捣完成后先用长刮杠刮平，待表面收浆后，用木抹刀搓平表面，并覆盖塑料布（或草帘）以防表面出现裂缝，在终凝前掀开塑料布再进行搓平，要求搓压三遍，最后一遍抹压要掌握好时间，以终凝前为准，终凝时间可用手压法把握，混凝土搓平完毕后立即用塑料布覆盖养护，浇水养护时间为 14d。

5.3.10 上部饰面施工

上部饰面层根据室内装饰设计进行施工。

5.3.11 声装检测

整体施工完毕后，请专业检测人员进行房间的隔声、隔振检测。合格后出具正式报告并存档保存。

6. 材料与设备

浮筑地面施工涉及以下几方面的材料和设备：

6.1 水泥、黄沙、隔振垫块 50mm×50mm×50mm、膨胀橡胶、15mm 厚中密度板、SBS 防水卷材、塑料布、C20 混凝土、φ8 钢筋。

6.2 质量检测用的水准仪、标尺、靠尺、塞尺、卷尺、试块模具。完工后检测设备：噪声分贝检测仪、震动传播检测仪、三角架等。

7. 质 量 控 制

7.1 对原材料进行的验收包括合格证、检测报告、监理见证取样检测。

7.2 在 C20 混凝土施工过程中，采用水准仪随时控制标高。为确保浇筑质量，项目管理人员应全过程坚守在施工现场，发现问题及时解决。基层及浮筑板表面平整度控制在 3mm 以内，保证下道工序质量。

7.3 弹性减振垫块位置、标高允许偏差 2mm。弹性减振垫块位置、标高过大影响上面铺设模板的平整度，造成整体质量缺陷。弹性减振垫块要与下部基层粘结牢固，可靠支撑上部模板。

7.4 吸声玻璃丝棉要对整个地面都填满、填充密实，要保证吸声玻璃丝棉厚度符合构造要求。玻璃丝棉铺放时必须避开雨期施工，防止吸声棉受潮，影响隔声效果。

7.5 中密度板应铺放平整，接缝位置采用胶带粘贴，整体平整度、牢固度符合要求。

7.6 卷材应由专业施工单位施工。卷材进场须经监理见证取样送检合格。施工搭接长度应大于 100mm。

7.7 浮筑板钢筋质量偏差：长、宽允许偏差±10mm；网眼尺寸允许偏差±20mm。混凝土采用平板震动机振捣密实，平整度应控制在 3mm 以内。

7.8 整体施工完毕后，应由专业检测机构人员对房间的隔声、隔振等进行检测。

8. 安 全 措 施

8.1 浮筑地面施工前，项目部技术负责人、安全员对班组工人进行各道工序施工书面安全技术交底工作，了解施工过程中可能发生的危险，如何预防处理。

8.2 每天上岗前，队长对工人进行安全教育并安排一天的施工计划。

8.3 在施工过程中，工作人员必须戴安全帽。

8.4 用电操作由专职电工安排电线走向，做好三级用电，做到一机、一闸、一保。

8.5 每天晚上，队长要总结当天的施工情况，并安排第二天的施工。

9. 环 保 措 施

9.1 本工法隔声材料采用玻璃丝棉。与岩棉相比，玻璃丝棉有害物质少，施工中不会刺激皮肤，对人体及环境危害小，隔声效果更优。

9.2 施工中胶粘剂应采用环保产品，并注意保存，防止长时间不用结块失效。

9.3 浮筑地面施工中选用的材料应满足国家有关产品标准中的环保指标的要求。

10. 效 益 分 析

10.1 本工法的实施解决了广播电视系统高声学工艺要求房间的隔声、减振要求，满足了中广电广播电影电视设计研究院对演播厅、语言录音室、230m² 录音室、小文艺录音室、控制室、配音、标准审看间等主要技术房间的声学指标工艺要求。

10.2 本工法的构造设置及技术措施的采用，解决了常规浮筑地面的水平控制、混凝土裂缝、隔声层材质环保性和隔声效果等质量通病，真正有效地隔绝了固体传声路径，保证了隔声效果。

10.3 提出的构造中，各道工序采用的材料普通，容易采购，材料价格便宜，整体造价低廉（浮筑地面施工单价：382 元/m²）。整个浮筑地面施工工艺做到了小投入，高效果，产生的效益较为明显。

11. 应 用 实 例

11.1 杭州广播电视中心（一期）工程

杭州广播电视中心（一期）工程位于杭州市钱江新城 5 号区块，婺江路 68 号。总建筑面积 87221.4m²，地下二层，地上二十三层，建筑高度 99.9m（顶部发射塔顶标高 183.40m），裙房五层（局部四层），建筑高度 23.39m。声学工艺要求部位由：一层 1000m² 演播厅（四层高）、600m² 演播厅（四层高）、230m² 演播厅（二层高）、230m² 录音室（二层高）、多功能厅及制作、控制用房等；二层标准审听室、新闻办公等；三层 150m² 演播厅（二层高）、100m² 演播厅（二层高）、导播、电编、新闻开放式演播室（二层高）、新闻办公等；四层 100m² 演播厅（二层高）、国际会议厅（二层高）、控制室等；五层录音室、审听室等；十一～十二层人民台办公用房、广播播出制作区。工程采用了浮筑地面施工方法，应用时间为 2008 年 6 月至 2008 年 7 月，在规定工期内保质保量的完成了声学装修房间的施工，施工效果良好。

11.2 广东省佛山市新闻中心

佛山市新闻中心建筑声学装修工程施工（第一标段）位于佛山市顺德区乐从镇大墩，地下二层，地上十二层，其中第一标段声学装修面积为 5300m²，声学施工的房间有演播室、文艺录音室、文艺录音控制室、直播室、导播室、导控室、多功能演播室、语录室、配音室、标准审听室等，以上房间采用了浮筑地面施工，应用时间为 2006 年 5 月至 2006 年 6 月，施工质量良好，经中广电广播电影电视设计研究院检测，符合设计要求的各项声学指标。

11.3 吉林省广电中心

吉林省广电中心一期工程位于长春市净月开发区，总建筑面积 85800m²，包括声学房间：演播厅、直播室、多功能厅、语录室、文艺录音室、文艺录音控制室、导演室、导控室、配音室、制作室及声闸等，声学房间根据设计要求，采用了浮筑地面施工做法。声学房间的浮筑地面施工时间为 2006 年 12 月至 2007 年 1 月，在规定的工期内保质保量的完成了声学房间的施工，经中广电广播电影电视设计研究院检测，达到了各项声学指标的要求，施工效果和使用效果良好。

高层建筑外墙发泡水泥玻化微珠外保温块体饰面施工工法

GJEJGF105—2008

广厦重庆第一建筑（集团）有限公司　武汉沃尔浦科技有限公司
周忠明　陈阁琳　郑文杰　刘卓栋　孙金波

1. 前　　言

高层建筑外墙外保温在建筑围护结构的保温隔热体系施工中非常关键，而对厚重块体饰面的高层建筑外墙外保温系统的安全性和耐久性也有着众所共知的隐患，随着建筑节能保温技术的推广，保温系统抗裂防护安全也已成为整个保温系统关键技术中的关键和瓶颈。发泡水泥玻化微珠建筑保温系统是我们根据重庆、武汉等典型的夏热冬冷地区的气候特点，创新研制的新一代兼具保温隔热双重功效，集防水、防火、抗老化、节能于一体的保温隔热系统，可以满足高层建筑块体饰面外墙外保温的安全性需要。本系统所采用的武汉理工大学马保国教授提出新的抗裂技术路线研究成果达到国际先进水平，并已申请的发明专利［是一种自抗裂建筑围护用发泡乳胶水泥节能材料（200810046828.5）］；经查新，本项目中解决的高层建筑重质、刚性的块体饰面附着在轻质、柔性的保温材料上可能引起的安全性问题，在国内尚属首次。同时，通过大型耐候性试验，确保了保温体系的质量稳定和安全。

发泡水泥玻化微珠建筑保温技术系统通过了湖北省建设厅的新产品新技术鉴定验收，鉴定专家一致认为该系统具有较强的推广应用前景。通过在多项工程中的成功应用，取得了良好的效果，在此基础上，总结编写了本工法。

2. 工 法 特 点

2.1　发泡水泥玻化微珠保温系统是一种现场分次成型的无空腔外墙保温做法，施工简捷。

2.2　本工法根据逐层渐变，柔性释放应力的抗裂技术原理，采用"五代一"新抗裂技术，有效地解决了外墙外保温易开裂的问题。

2.3　本工法中的外保温系统经过大型耐候性试验考验，完全满足外保温系统质量稳定和耐久性的要求。

2.4　本工法通过在保温体系中采用镀锌四角网增强结构和设置锚栓及专用饰面胶粘剂等措施，有效地解决了重质、刚性的块体饰面附着在轻质、柔性的保温材料上产生温湿剪切应力引起的安全性问题。

2.5　本工法中外墙外保温材料及系统性能检测均满足规范要求，其中导热系数、蓄热系数等热工性能及抗压强度等指标均优于有关国家和行业标准，保温系统具有良好的抗风压性能、保温性能、耐候性能、耐冻融性能和抗冲击性能，符合夏热冬冷地区保温隔热双控的需要。

2.6　该工法可以直接在保温基层上施工，将保温层与基层找平一次成型，可降低施工成本，节约施工工期；体系材料中采用大量漂珠、硅微粉、细磨钢渣、粉煤灰等废弃物，资源再利用，利废节能，环保效果好。

3. 适 用 范 围

本工法适用于高层建筑各种基层墙体且面层为贴石材、瓷砖、干挂石材幕墙等厚重块体饰面的外墙外保温工程，可适用于夏热冬冷、夏热冬暖、温和地区等气候带及不同防火等级要求的建筑外墙外保温工程。

4. 工 艺 原 理

发泡水泥玻化微珠保温系统由界面砂浆、发泡水泥玻化微珠保温胶浆、抗裂防护层（抗裂砂浆＋复合热镀锌电焊钢丝网＋塑料锚栓）、锚固件等组成，是将调配好的保温材料直接在现场分次成型的，一种无空腔外墙保温做法系统。可以满足厚重块体饰面引起的安全性需要。粘结饰面层采用专用粘结砂浆粘贴、专用勾缝胶粉勾缝。其主要原理如下：

4.1 本系统中创造性的提出"五代一"新抗裂技术路线，即应用高效释水、收缩补偿、纤维增强、裂缝自愈合、聚合物增韧等五条技术路线共同作用，代替现行单一柔性抗裂技术。该系统将导热系数很低的空气以微泡状态固定在保温系统中，并采用柔性好的聚合物改性抗裂砂浆，辅助防裂效果好的 CBF（玄武岩）纤维，掺入了具有很好的防水、阻水功能的憎水组分和适量石蜡相变蓄热材料等相变组分，增强系统节能效果的同时，系统中的蜂窝状微孔结构能够充分分散和释放应力，显著增强了系统的抗裂功能。

4.2 本工法在外保温体系中采用"镀锌四角网增强结构"时四角网铺设于抗裂砂浆之中，使抗裂防护层得到有效加强，再通过锚固件将四角网与结构直接固定，转移了面层负荷作用体，将面层荷载转移到基层墙体，保温层也能得到有效保护，当受到外力作用时，破坏发生在抗裂防护层并被抗裂防护层所吸收。由于四角网与水泥抗裂砂浆良好的握裹力，且四角网具有合理的增强了水平方向与垂直方向的抗拉强度，极大改善了厚重块体饰面层和基层的粘结强度。因此，采用"镀锌四角网增强结构"能有效地兼顾抗裂性能与厚重块体饰面层对基层强度的要求之间的统一，满足保温体系的稳定性、安全性和耐久性的需要。

4.3 本工法中外保温系统通过开展大型耐候性试验，即经过 80 次高温（70℃）、淋水（15℃）循环；5 次加热（50℃）、冷冻（－20℃）循环实验，完全满足外保温系统质量稳定和耐久性的要求。

4.4 该系统经外墙外保温系统性能检测，各项指标均满足规范要求，其中导热系数、蓄热系数等热工性能及抗压强度等指标均优于有关国家和行业标准，保温系统具有良好的抗风压性能、保温性能、耐候性能、耐冻融性能和抗冲击性能，符合夏热冬冷地区保温隔热双控的需要；保温系统各层材料中都含有憎水、阻燃组分，其防水、防火性能好。

4.5 发泡水泥玻化微珠块体饰面外墙外保温系统基本构造，分别见表 4.5。

发泡水泥玻化微珠块体饰面外墙外保温系统基本构造   表 4.5

基层墙体	发泡水泥玻化微珠系统面砖饰面基本构造层				构造示意图
	界面处理层①	保温层②	抗裂层③	饰面层④	
混凝土墙及各种砌体	外墙表面清理干净,涂刷界面砂浆（烧结砖墙面可免涂）	发泡水泥玻化微珠保温浆料	抗裂砂浆防护层＋热镀锌电焊四角网＋塑料锚栓或胀锚螺钉	厚重块体饰面层（面砖＋专用粘结砂浆＋专用勾缝料）	

5. 施工工艺流程及操作要点

5.1 施工工艺流程（图5.1）

5.2 发泡水泥玻化微珠保温浆料及专用砂浆的配制

5.2.1 界面砂浆的配制：使用时，界面砂浆与水按4∶1（重量比）的比例混合搅拌均匀，形成良好的黏稠浆体，涂抹在基层墙体表面（厚度1～2mm），即形成良好的界面层。

5.2.2 发泡水泥玻化微珠保温隔热材料的配制：按0.9∶1水灰比将发泡水泥玻化微珠保温隔热材料搅拌均匀后使用。该浆料应随搅随用，搅拌时间在10min左右，一般在2h内用完。保温层厚度一般以3cm为宜，但不应超过5cm，当厚度超过2cm的应分次涂抹。

5.2.3 抗裂砂浆的配制：按水灰比1∶4，将所需清水倒入搅拌机内，然后倒入砂浆，搅拌均匀后倒出即可使用，具有良好的抗裂性、防水性和一定的韧性。抗裂砂浆应随搅随用，并应在2h内用完。

5.2.4 专用饰面层粘结砂浆的配制：按水灰比1∶5加清水搅拌成均匀浆体使用，具有耐水、耐冻融、粘结强度高等特点。该浆料应随搅随用，一般在5～6h内用完（温度在20℃左右时）。

5.2.5 专用勾缝砂浆的配制：按水灰比1∶5加清水搅拌成均匀浆体使用，调匀后的填缝剂应在4～5h内用完。

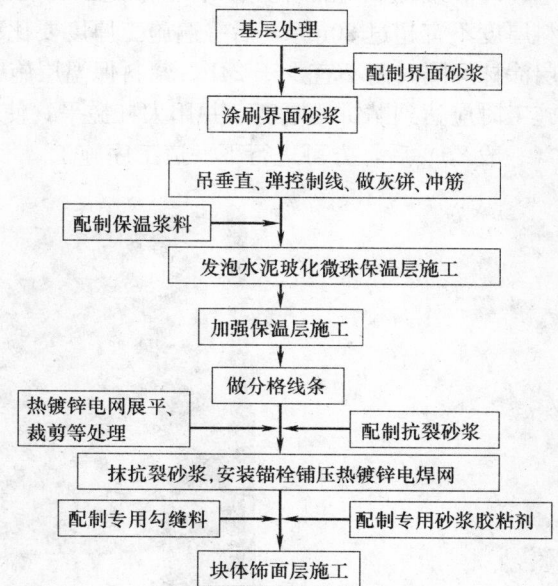

图5.1 发泡水泥玻化微珠块体饰面
外墙外保温系统施工工艺流程图

5.3 施工操作要点

5.3.1 基层处理：混凝土梁、柱、墙面应打磨或凿毛平整，剔除凸块，清除表面浮渣、尘土、污垢、油渍、隔离剂、旧墙面的空鼓体及风化物等影响粘结的物质，加气混凝土墙面应磨去鱼鳞状疏松面层，打磨平整，清扫干净。砖砌体墙面应铲平，清除表面浮渣、尘土及污垢等。

5.3.2 涂刷界面砂浆：除KP1砖墙和烧结页岩砖墙之外，其他各种墙体表面均应涂满界面砂浆，用滚刷或扫帚将界面砂浆涂刷均匀，厚度控制在1～2mm。界面砂浆施工前2h应对基层进行浇水湿润，但含水率不应超过10%。

5.3.3 吊垂直、弹控制线、做灰饼、冲筋：在距大墙阴角或阳角约100mm处，根据垂直控制通线按1.5m左右间距做垂直方向灰饼，顶部灰饼距楼层顶部约100mm，底部灰饼距楼层底部约100mm。待垂直方向灰饼固定后，在同一水平位置的两个灰饼间拉水平控制通线，具体做法为将带小线的小圆钉插入灰饼，拉直小线，小线要比灰饼略

图5.3.3 吊垂直、做灰饼、冲筋

高1mm，在两灰饼之间按1.5m左右间距水平粘贴若干灰饼或冲筋，见图5.3.3。灰饼用发泡水泥玻化

微珠保温浆料做。

每层灰饼粘贴施工作业完成后水平方向用 5m 小线拉线检查灰饼的一致性，垂直方向用 2m 托线板检查垂直度，并测量灰饼厚度，冲筋厚度应与灰饼厚度一致。用 5m 小线拉线检查冲筋厚度的一致性，并记录。

5.3.4 发泡水泥玻化微珠保温层施工：发泡水泥玻化微珠保温浆料保温层施工应分层涂抹，每层浆料厚度不宜超过 20mm，后一遍施工厚度要比前一遍施工厚度小。最后一遍厚度留 10mm 左右为宜，每层涂抹间隔时间不宜少于 24h。浆料保温层施工宜自上而下进行。最后一遍发泡水泥玻化微珠保温浆料施工时应达到贴饼的厚度，并用大杠搓平，使保温层面平整度达到要求。见图 5.3.4。保温层固化干燥（一般 7d 后），方可进行下一道工序施工。

图 5.3.4　抹发泡水泥玻化微珠保温浆料

5.3.5 保温层加强做法：当建筑物高度＞28m 时，应加钉金属分层条并在保温层中加一层金属网（金属网在保温层中的位置：距基层墙面距离不宜小于 30mm，距保温层表面距离不宜大于 20mm）。具体做法是：在每个楼层处加 30mm×40mm×0.7mm 的水平通长镀锌轻型角钢，角钢用射钉（间距 50cm）固定在墙体上。在基层墙面上每间隔 50cm 钉直径 5mm 的带尾孔射钉一只，用 22♯镀锌铅丝双股与尾孔绑紧，预留长度不小于 100mm，抹保温浆料至距设计厚度 20mm 处安装钢丝网（搭接宽度不小于 50mm），用预留铅丝与钢丝网绑牢并将钢丝网压入保温浆料表层，抹最后一遍保温浆料找平并达到设计厚度。

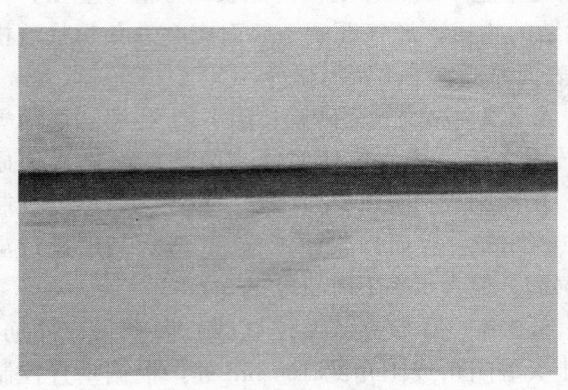

图 5.3.6　分格缝

5.3.6 做分格线条：以块体材料为饰面的高层建筑外墙外保温系统中必须留设伸缩缝，以抵抗其因各种应力变化而产生的变形，见图 5.3.6。具体做法如下：

1. 根据建筑物立面情况，分格缝宜分层设置，分块面积单边长度以 15m 为宜。

2. 按设计要求在保温浆料层上弹出分格线和滴水槽的位置。

3. 用壁纸刀沿弹好的分格线开出设定的凹槽。

4. 在凹槽中嵌满抗裂砂浆，将滴水槽嵌入凹槽中，与抗裂砂浆粘结牢固，用该砂浆抹平茬口。

5. 分格缝宽度不宜小于 5cm，应采用现场成型法施工。具体做法是在保温层上开好分格缝槽，尺寸比设计要求宽 10mm，深 5mm，嵌满抗裂砂浆，网格布应在分格缝处搭接。网格布搭接时，应用上沿网格布压下沿网格布，搭接宽度应为分格缝宽度。

5.3.7 抹抗裂砂浆，安装锚栓，铺压热镀锌电焊四角网：发泡水泥玻化微珠保温浆料保温层固化干燥后，在保温层和墙上打孔，安装塑料锚栓（或膨胀锚螺钉），并用浆料填塞锚栓与保温层之间的缝隙。根据结构尺寸裁剪热镀电焊网，裁剪过程中不得将网形成死折。按一定方向顺次铺设热镀锌电焊四角网，随时用带塑料压盘的金属钉将网固定在套管上或将网绑扎在螺钉上。网与网之间应搭接，其搭接长度应不小于 50mm。对局部不平整的部位可用塑料 U 字形钉卡住电焊网。随即抹面层抗裂砂浆，将网全包裹覆在抗裂砂浆层中，抗裂砂浆的总厚度控制在 6mm±2mm，抗裂砂浆面层应平整。首层的发泡水泥玻化微珠浆料外保温层底部应设置专用金属护角，用射钉或锚固螺栓固定牢固。

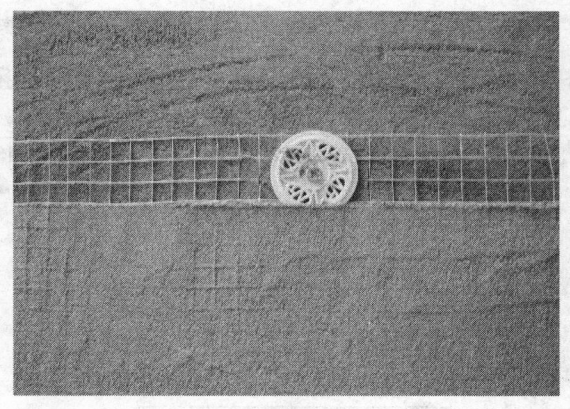

图 5.3.7 安装锚栓，铺压热镀锌钢丝网

锚固件的施工：在高层建筑外墙外保温中采用厚重饰面的保温系统，必须采用机械锚栓进行加固，且单个锚栓抗拉承载力极限值应大于 1.5kN，本工法采用不锈钢螺钉＋塑料胀管组成的塑料锚栓，锚栓必须锚固在热镀锌钢丝网上。见图 5.3.7。施工步骤：

1. 定位：保温层施工完之后，确定锚固点位置（布置数量按 5～8 个/m²，其间距不大于 300mm）。

2. 钻孔：按规定尺寸钻孔（注意：入基层墙体实际孔深应在 6cm 以上，且不应小于总长度的 1/3）。

3. 置入：将套管直接插于打好的钉孔至固定盘片与保温层靠紧。

4. 布网：钢丝网横向铺于保温板与组合锚栓上边。

5. 敲入：将压盘套在钢钉上穿过钢丝网用手锤敲于套管中直至钢丝网压紧（设计钢丝网与保温层间隙为 6mm，抹面砂浆厚度≥8mm）。

当外墙为多孔砖时，多空砖由于孔眼较多，采用传统的敲击式锚固件无法达到行业标准规定的 0.3kN 的拉拔力。我们采用了专业施工于多孔砖的拧入式锚固件。

5.3.8 块体饰面层施工

以厚重块体材料做饰面层时，在满足系统粘结强度和机械稳定性的前提下，尤其要强调采用柔性释放应力来解决面砖开裂、脱落等难题。专用粘结砂浆和专用勾缝剂除满足粘结强度和抗冻融等性能标准外，其柔韧性即压折比≤3，以适应厚重块体材料在温度变形时形成的内应力；同时，饰面层每隔 15m 左右留设宽度不小于 20mm 的伸缩缝，用硅酮耐候胶嵌缝。

本工法以使用较多的面砖饰面介绍其具体做法：

1. 弹线：抗裂砂浆硬化后，即可按图纸要求进行分格弹线，面砖缝不得小于 5mm，按设计要求弹出分格条（缝）线，当设计无要求时，至少每六层楼或 15m 高设一道 20mm 宽的水平面砖分格缝。同时进行面层贴标准点的工作，以控制面层出墙尺寸及墙面垂直度、平整度。

2. 排砖根据大样图及墙面尺寸进行横竖排砖，以保证面砖缝隙均匀，符合设计图纸要求。如遇突出件应用整砖套割吻合，不得用非整砖拼凑镶贴。

3. 墙面砖铺贴前应进行挑选，并应浸水 2h 以上，晾干表面水分。

4. 铺贴面砖：面砖铺贴应自上而下进行。在面砖外皮上口拉水平通线作为粘贴的标准，横竖向均匀留缝 5mm，竖向缝隙挂双线，水平向挂单线但要在棱上跟线，在铺贴过程中及时吊垂直，防止出现垂直偏差。当水平距离超过 3m、层高超过 3m 时，中间腰线均采用 3m 靠尺检查。贴砖时，要在面砖背面抹上 3～5mm 厚的面砖粘结专用砂浆，然后将面砖贴在墙上，用灰铲柄轻轻敲打，使之附线再用开刀调整竖缝，并用小杠通过标准点调整平面垂直度。阳角线应做成 45°对接。

5. 面砖嵌缝：应采用面砖嵌缝专用砂浆嵌缝。面砖缝要凹进面砖外表面 2mm，面砖缝勾完后用棉布或海棉擦洗干净。嵌缝完毕后对墙面进行清洗，保证整体工程的清洁美观。

5.4 细部节点做法

细部节点做法参照图 5.4-1～图 5.4-5。

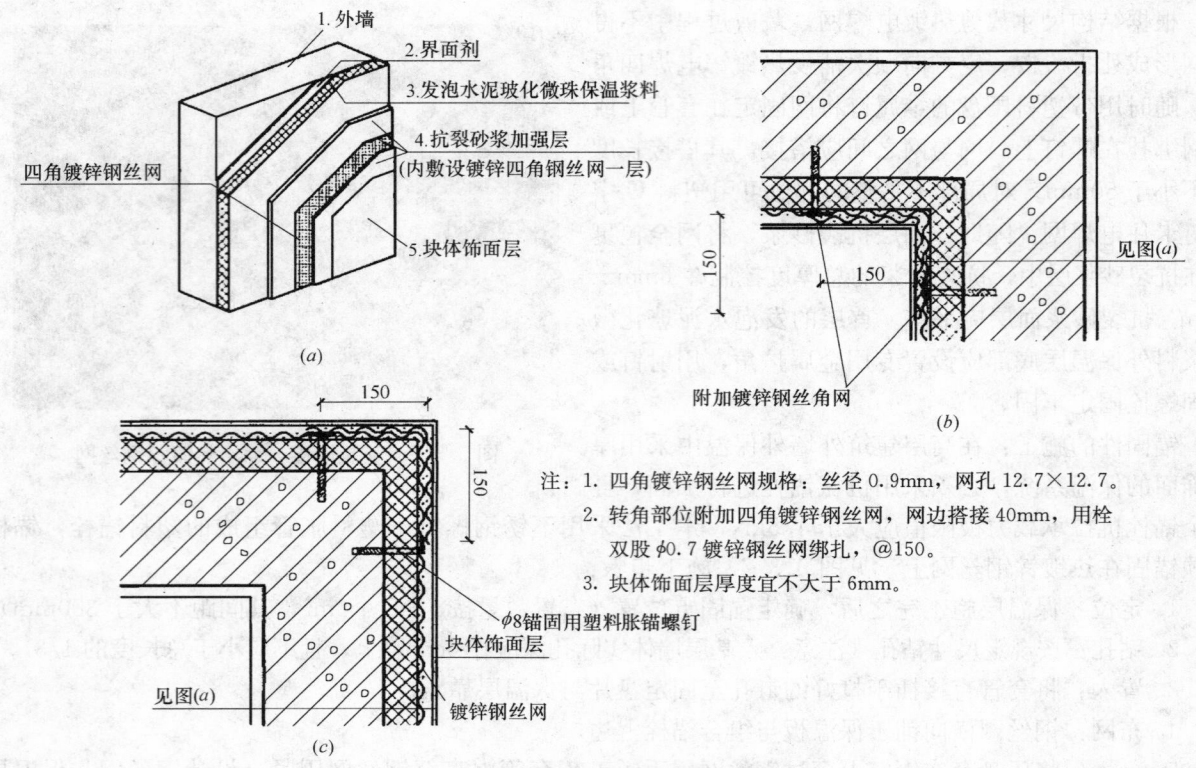

图 5.4-1　块体饰面普通型墙体保温构造

（a）普通型保温层构造；（b）阴角构造；（c）阳角构造

注：1. 四角镀锌钢丝网规格：丝径 0.9mm，网孔 12.7×12.7。

　　2. 转角部位附加四角镀锌钢丝网，网边搭接 40mm，用栓双股 φ0.7 镀锌钢丝网绑扎，@150。

　　3. 块体饰面层厚度宜不大于 6mm。

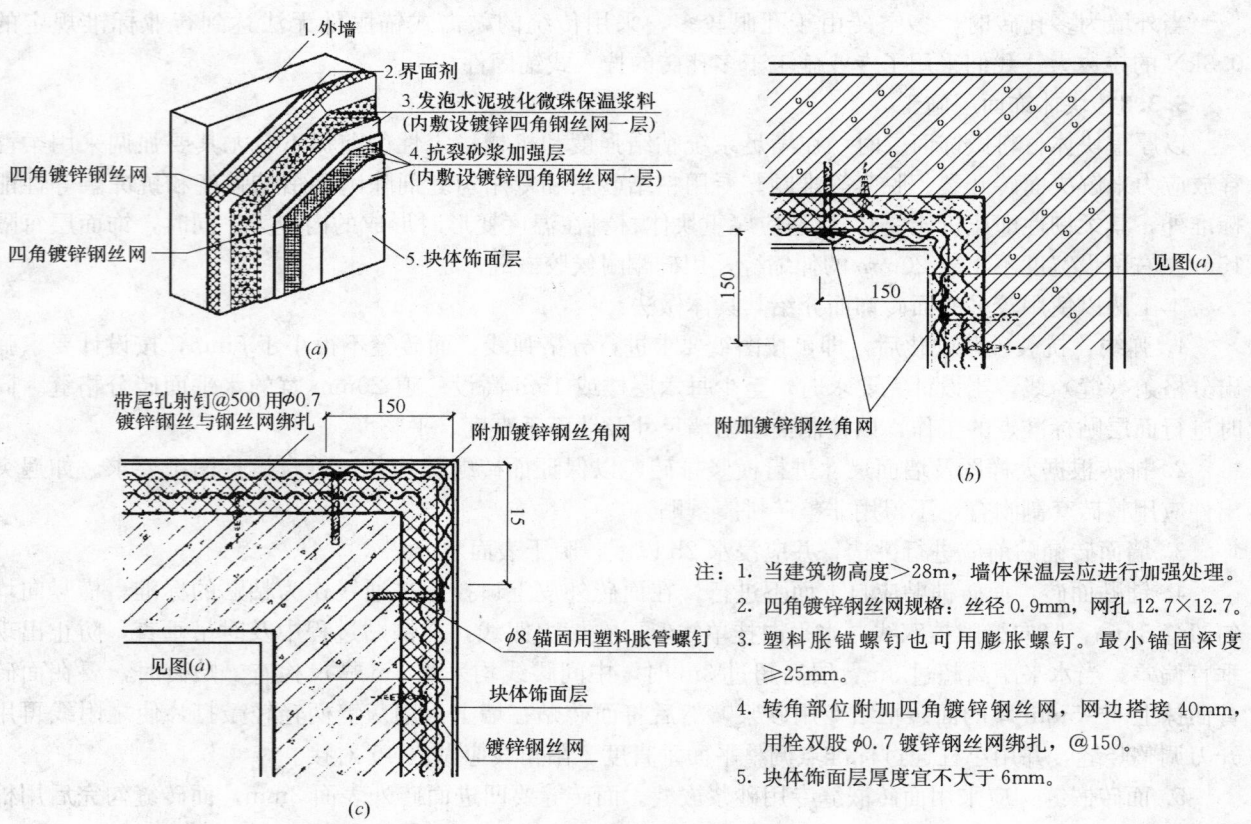

图 5.4-2　块体饰面加强型墙体保温构造

（a）加强型保温层构造；（b）阴角构造；（c）阳角构造

注：1. 当建筑物高度＞28m，墙体保温层应进行加强处理。

　　2. 四角镀锌钢丝网规格：丝径 0.9mm，网孔 12.7×12.7。

　　3. 塑料胀锚螺钉也可用膨胀螺钉。最小锚固深度≥25mm。

　　4. 转角部位附加四角镀锌钢丝网，网边搭接 40mm，用栓双股 φ0.7 镀锌钢丝网绑扎，@150。

　　5. 块体饰面层厚度宜不大于 6mm。

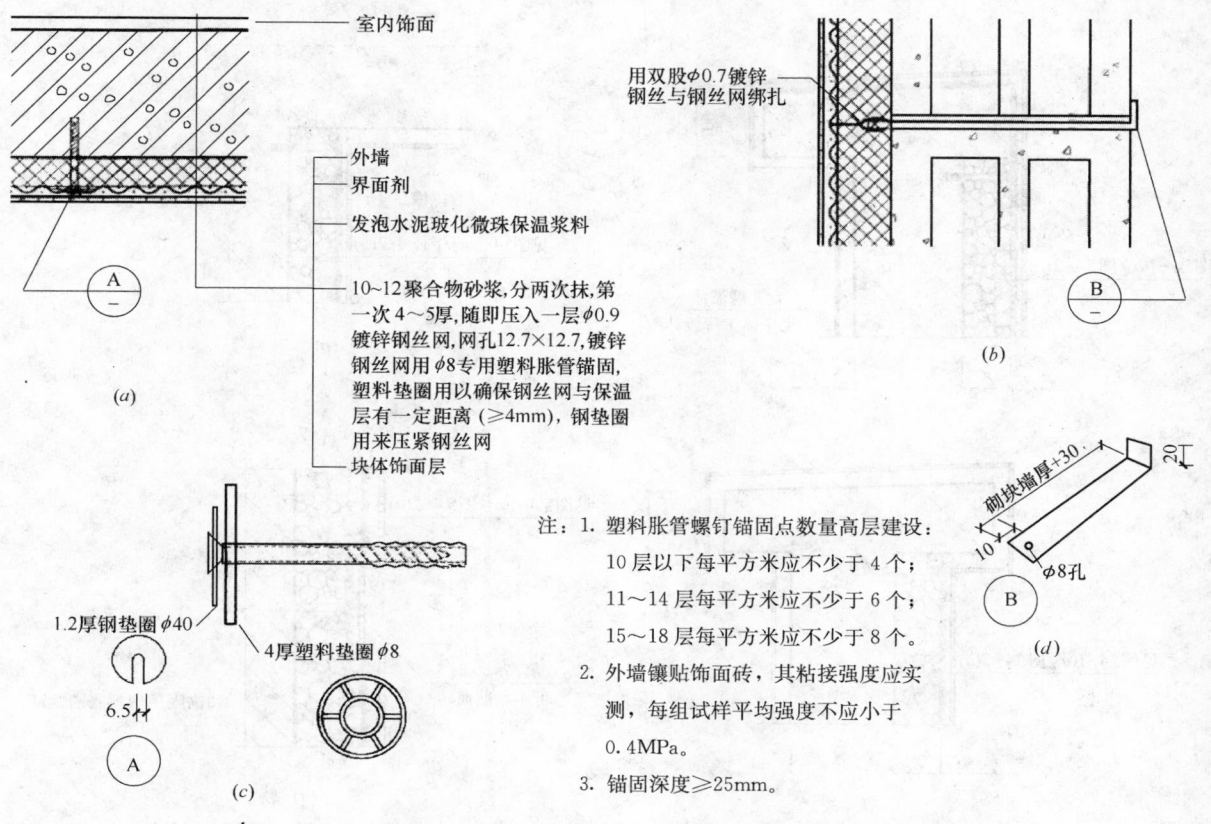

室内饰面

用双股φ0.7镀锌
钢丝与钢丝网绑扎

外墙
界面剂
发泡水泥玻化微珠保温浆料

10~12聚合物砂浆,分两次抹,第一次4~5厚,随即压入一层φ0.9镀锌钢丝网,网孔12.7×12.7,镀锌钢丝网用φ8专用塑料胀管锚固,塑料垫圈用以确保钢丝网与保温层有一定距离(≥4mm),钢垫圈用来压紧钢丝网

块体饰面层

1.2厚钢垫圈φ40

4厚塑料垫圈φ8

砌块墙厚+30

φ8孔

注: 1. 塑料胀管螺钉锚固点数量高层建设:
　　　 10层以下每平方米应不少于4个;
　　　 11~14层每平方米应不少于6个;
　　　 15~18层每平方米应不少于8个。
　　 2. 外墙镶贴饰面砖,其粘接强度应实测,每组试样平均强度不应小于0.4MPa。
　　 3. 锚固深度≥25mm。

图 5.4-3　钢丝网固定

(a) 钢丝网固定 (钢筋混凝土墙);(b) 钢丝网固定 (混凝土空心砌体墙、多孔砖墙);
(c) φ8锚固用塑料胀管螺钉;(d) 20×3镀锌扁钢

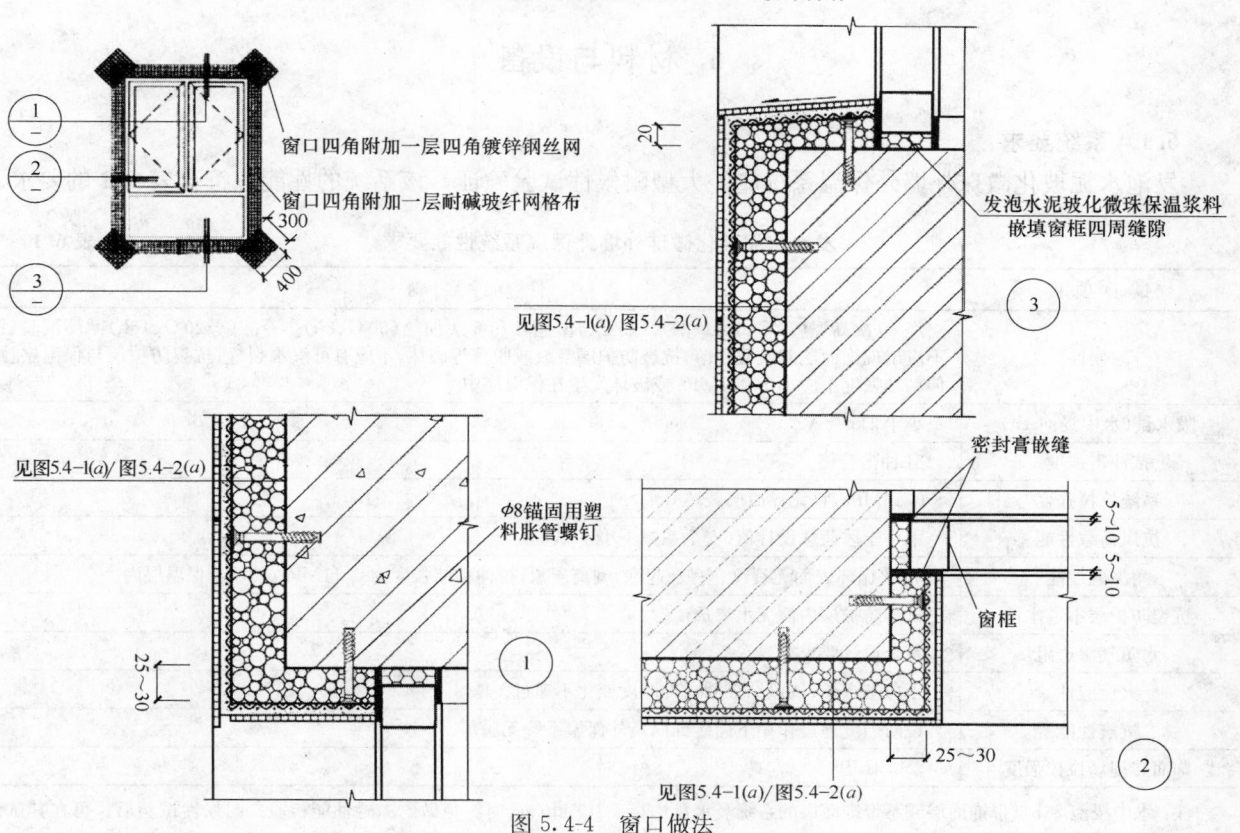

窗口四角附加一层四角镀锌钢丝网

窗口四角附加一层耐碱玻纤网格布

300

400

发泡水泥玻化微珠保温浆料嵌填窗框四周缝隙

见图5.4-1(a)/图5.4-2(a)

见图5.4-1(a)/图5.4-2(a)

φ8锚固用塑料胀管螺钉

密封膏嵌缝

窗框

见图5.4-1(a)/图5.4-2(a)

图 5.4-4　窗口做法

1887

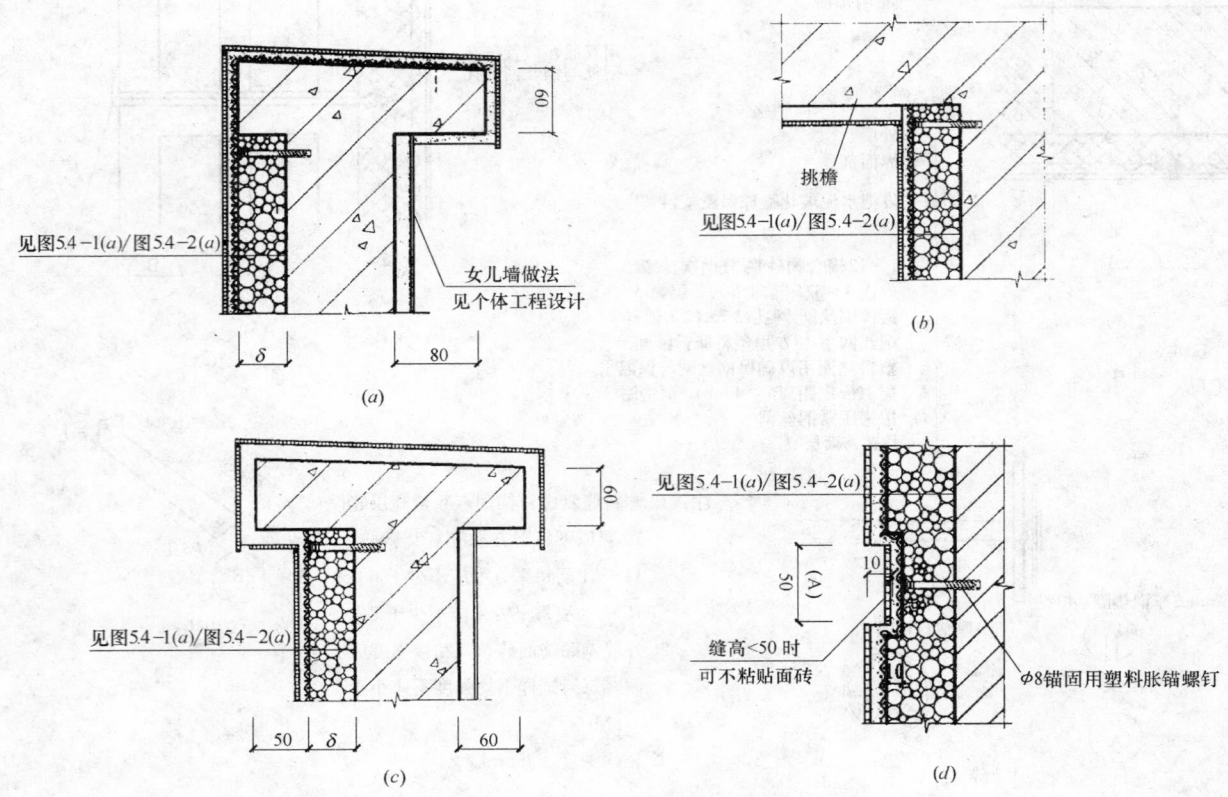

图 5.4-5　女儿墙、挑檐、分隔缝做法

（a）女儿墙做法一；（b）挑檐做法；（c）女儿墙做法二；（d）分隔缝做法

6. 材料与设备

6.1　系统要求

发泡水泥玻化微珠外墙外保温系统应经大型耐候性试验验证，该系统的性能应符合表 6.1 的要求。

发泡水泥玻化微珠外墙外保温系统性能要求　　　　　　　　　　　　　　　　　　　　表 6.1

试验项目	性能要求
耐候性	经 80 次高温（70℃、3h）—淋水（15℃、1h）循环和 5 次加热（50℃、8h）—冷冻（－20℃、16h）循环试验后不应出现饰面层起鼓或剥落，抗裂防护层空鼓或脱落等破坏，不应有可渗水裂缝；抗裂防护层与保温层拉伸粘结强度不应小于 0.1MPa 或破坏发生在保温层中
吸水量（水中浸泡 1h）	小于 1kg/m²
抗冲击强度	3J 冲击合格
系统抗拉强度	0.16MPa，且无界面层破坏
抗风荷载性能	不小于风荷载设计值（安全系数不小于 1.5）
耐冻融性能	30 次循环表面无裂纹、空鼓、起泡、剥离现象，拉伸粘结强度为 0.11MPa，破坏于保温层内
抗裂防护层不透水性	试样防护层内侧无水渗透
水蒸气渗透阻	符合设计要求
火反应性	不应被点燃，试验结束后试件厚度变化不超过 10%
抗震性能	设防烈度地震作用下面砖饰面及外保温系统无脱落
饰面砖现场拉拔强度	≥0.4MPa

注：水中浸泡 24h，带饰面层或不带饰面层的系统吸水量均小于 0.5kg/m² 时，免做耐冻融性能检验。耐候性试验后，可在其试件上直接检测抗冲击性

6.2 材料要求

6.2.1 界面砂浆

界面砂浆各项性能应符合表 6.2.1 的要求。

界面砂浆性能指标　　　　　　　　　　　　　　　表 6.2.1

项　目	单　位	指标要求	项　目	单　位	指标要求
抗剪粘接强度	MPa	≥1.0	抗冻性(压剪强度)	MPa	≥0.5
抗拉强度	MPa	≥0.45	耐高温性(压剪强度)	MPa	≥0.7
线性收缩率	%	≤0.3	耐水性(压剪强度)	MPa	≥0.5

6.2.2 发泡水泥玻化微珠保温材料

发泡水泥玻化微珠保温材料各项性能应符合表 6.2.2 的要求。

发泡水泥玻化微珠保温材料性能指标　　　　　　　　　　表 6.2.2

项　目	单　位	指　标
干表观密度	kg/m³	≤300
导热系数	W/(m·K)	≤0.070
蓄热系数	W/(m²·K)	≥1.30
压缩强度(常温 28d)	kPa	≥200
压剪粘结强度	kPa	≥100
软化系数	—	≥0.5
线性收缩率	%	≤0.3
燃烧性能		不燃
放射性	—	符合《掺工业废渣建筑材料产品放射性物质控制标准》GB 9196 的规定

6.2.3 抗裂砂浆

抗裂砂浆各项性能应符合表 6.2.3 的要求。

抗裂砂浆性能指标　　　　　　　　　　　　　　　表 6.2.3

项　目	单　位	指标要求	项　目	单　位	指标要求
分层度	mm	≤20	拉伸粘结强度(常温 28d)	MPa	≥0.70
可操作时间	h	≥1.5	压折比　28d	—	≤3.0
浸水拉伸粘结强度	MPa	≥0.50			

6.2.4 热镀锌电焊网的性能指标除应符合《镀锌电焊网》（QB/T 3897—1999）的要求外，还应符合表 6.2.4 的要求。

热镀锌电焊网的性能指标　　　　　　　　　　　表 6.2.4

项　目		单　位	指　标
镀锌工艺		—	先焊接后热镀锌
丝径		mm	0.90±0.04
网孔大小	经向	mm	12.7×(1±5%)
	纬向	mm	12.7×(1±2%)
焊点抗拉力		N	>65
镀锌层重量		kg/m²	≥0.122

6.2.5 塑料锚栓由螺钉和带圆盘的塑料膨胀套管两部分组成，其中螺钉采用经过表面防锈蚀处理的金属制成，塑料膨胀套管应采用聚酰胺、聚乙烯或聚丙烯等制作，不得使用回收的再生材料。塑料锚栓的性能指标应符合表 6.2.5 的要求。

塑料锚栓的性能指标   表 6.2.5

项 目	单 位	指 标
有效锚固深度	mm	≥25
圆盘直径	mm	≥50
套管外径	mm	7～10
单个胀栓抗拉承载力标准值(C25 混凝土墙)	kN	≥0.8 ≥1.5(当建筑物高度>28m 时)

6.2.6 专用粘结砂浆

厚重块体饰面专用粘结砂浆各项性能应符合表 6.2.6 的要求。

专用粘结砂浆性能指标   表 6.2.6

项 目		单 位	指 标
拉伸粘结强度		MPa	≥0.6
压折比		—	≤3.0
压剪粘结强度	拉伸粘结强度	MPa	≥0.6
	耐温性(7d)	MPa	≥0.5
	耐水性(7d)	MPa	≥0.5
	耐冻融 30 次	MPa	≥0.5
线性收缩率		%	≤0.3

6.2.7 厚重块体饰面专用勾缝料的性能指标应符合表 6.2.7 的要求。

专用勾缝料性能指标   表 6.2.7

项 目		单 位	指 标
外观		—	均匀一致
颜色		—	与标准样一致
凝结时间	初凝时间	h	≥2
	终凝时间	h	≤24
拉伸粘结强度	常温常态 14d	MPa	≥0.6
	耐水(常温常态 14d,浸水 48h,放置 24h)	MPa	≥0.5
压折比		—	≤3.0
透水性(24h)		mL	≤3.0

6.2.8 在该外墙外保温系统中所采用的附件,包括射钉(按 KD30-25-3558 选用)、密封膏、盖口条、四角金属护角网、镀锌钢丝(22 号)等应分别符合相应产品标准的要求。

6.2.9 水泥为强度等级 42.5 普通硅酸盐水泥,水泥技术性能应符合《通用硅酸盐水泥》GB 175—2007 的要求。

6.2.10 砂子宜选用中砂,应符合《普通混凝土用砂、石质量及检验方法标准》JGJ 52—2006 的规定。

6.2.11 材料消耗计划(按外墙保温面积 10000m² 计算)见表 6.2.11。

材料消耗计划表   表 6.2.11

序号	材料名称		单位	规格	平方米耗量	总用量
1	界面砂浆		kg	1×25	0.8	7000
2	20mm 厚发泡水泥玻化微珠保温浆料		m³	保温浆料 25kg/袋	0.020	150
3	抗裂砂浆	干粉型	kg	1×25	7	120000
4	热镀锌电焊网		m²	1×30	1.1	12000
5	专用粘结砂浆		kg	1×25	6	60000
6	塑料锚栓		套	φ8×80mm	5	50000
7	专用勾缝料		kg	1×25	2.5	25000

6.3 机具设备

每万平方米所需用的机具设备计划见表6.3。

机具设备计划
表6.3

序 号	机具设备名称	规格型号	单 位	数 量	备 注
1	小推车	0.14m³	辆	20	
2	冲击电钻	—	把	5	
3	强制性砂浆搅拌机	250~300L	台	4	
4	手提式搅拌器	—	台	4	
5	钢网展平机	ZP-1	台	1	展平热镀锌电焊网
6	钢网剪网机	YD-1	台	1	裁剪热镀锌电焊网
7	钢网捯角机	YC-1	台	1	热镀锌电焊网成型
8	瓷砖切割器	—	台	5	
9	手提式砂轮机	—	台	3	

备注：常用抹灰工具：水桶、剪子、铁锹、滚刷、扫帚、壁纸刀、手锤等。

常用检测工具：经纬仪及放线工具、托线板、方尺、水平尺、探针、钢尺、靠尺等。

7. 质 量 控 制

7.1 本工法应遵照《建筑节能工程施工质量验收规范》GB 50411—2007、《建筑装饰装修工程质量验收规范》GB 50210—2001和《外墙外保温工程技术规程》JGJ 144—2004的相关规定进行施工和验收。外墙挑出构件及附墙部件均按设计要求采取隔断热桥和保温措施。

7.2 主控项目

7.2.1 本系统所使用的所有进场材料，其质量均应符合有关产品标准及《外墙外保温工程技术规程》的规定，应检查出厂合格证和对进场材料进行复检。发泡水泥玻化微珠保温浆料外保温系统的性能指标应符合《胶粉聚苯颗粒外墙外保温系统》JG 158—2004表3的规定，由系统材料生产厂方提供有效检验报告，报告有效期不得超过2年。

7.2.2 保温层的厚度及构造做法应符合建筑节能设计图纸要求。保温层厚度应均匀，不允许有负偏差。

7.2.3 保温层与基层墙体以及各构造层之间必须粘结牢固，无脱层、空鼓、裂缝，面层无粉化、起皮、爆灰等现象。

7.3 一般项目

7.3.1 表面平整、洁净、线角和分格条（缝）应顺直、清晰。

7.3.2 墙面所有门窗、孔洞、槽、盒位置和尺寸正确，表面整齐洁净，暗管面层抹面平整。

7.3.3 分格条（缝）的宽度和深度均匀一致，平整光滑，棱角整齐，横平竖直，通顺。滴水线（槽）应顺直，流水坡向正确，坡度符合设计要求。

7.3.4 发泡水泥玻化微珠保温浆料外保温层和抗裂层的允许偏差和检验方法应符合表7.3.4的规定。

允许偏差及检验方法
表7.3.4

项 次	项 目	允许偏差(mm)		检验方法
		保温层	抗裂层	
1	立面垂直	4	4	用2m托线板检查
2	表面平整	4	4	用2m靠尺及塞尺检查
3	阴阳角垂直	4	4	用2m托线板检查
4	阴阳角方正	4	4	用2m方尺及塞尺检查

续表

项 次	项 目	允许偏差（mm）		检 验 方 法
		保温层	抗裂层	
5	分格条(缝)平直	3		拉 5m 小线和尺量检查
6	立面总高度垂直度	$H/1000$ 且≤20		用经纬仪、吊尺检查
7	上下窗口左右	≤20		用经纬仪、吊尺检查
8	同层窗口上、下	≤20		用经纬仪、拉通线检查
9	保温层厚度	≤20		用探针、钢尺检查

8. 劳动组织与安全措施

8.1 劳动组织（表 8.1）

劳动组织情况表　　　　　　　　　　表 8.1

序 号	工 种	工 作 内 容	人 数	说 明
1	测量工	找垂直、平整，检测等	2	本工法按外墙外保温面积 10000m² 计算的劳动力计划
2	抹灰工	抹保温浆料、抗裂砂浆、厚重饰面层施工等	30	
3	瓦工、普工	墙面处理、材料搬运等	10	
4	技工	钻孔、安装锚栓、嵌缝、铺热镀锌电焊网等	10	

8.2 安全措施

8.2.1 外墙脚手架或吊篮搭设安装应牢固，安全检查合格，外架离墙距离适当。

8.2.2 操作人员必须严格遵守高空作业安全规定，系好安全带，防止坠物发生。

8.2.3 现场电焊操作必须在发泡水泥玻化微珠保温浆料抹灰施工工序完成后进行，防止现场电焊引起火灾。

8.2.4 施工人员进场前，必须进行安全培训，遵守施工现场一切安全制度。

8.3 成品保护

8.3.1 门窗框、管道、开关盒等上的残存砂浆，应及时清理干净。

8.3.2 拆除脚手架或升降吊篮时应有防止对墙面、门窗、洞口、边、角、垛等造成破坏的保护措施，其他工种作业时不应污染和损坏墙面，严禁踩踏窗口。

8.3.3 保温层、防裂层、厚重块体饰面层在硬化过程中应防止水冲、撞击、振动。

9. 环保措施

采用本工法，除遵照国家有关环境保护法规《建筑材料放射性核素限量》GB 6566—2001、《建筑施工现场环境与卫生标准》JGJ 146—2004 等和当地相关环境保护的具体要求外，结合本工法的构造特征和具体工程实际情况，尚应做到：

9.1 施工现场所用材料保管应根据材料特点采取相应的保护措施。分类堆码整齐，材料的存放场地应平整夯实，有防潮排水措施。材料库内外的散落粉料必须及时清理。

9.2 为防止颗粒飞散、粉料扬尘，施工现场必须搭设封闭式发泡水泥玻化微珠保温浆料及砂浆搅拌机机棚，并配备有效的降尘防尘及污水排放装置。

9.3 搅拌机设专职人员环境保护，及时清扫杂物，对所用的袋子及时捆好，用完的塑料桶码放整齐并及时清退。保温浆料搅拌机四周及现场内无废弃发泡水泥玻化微珠保温浆料和砂浆。

9.4 保温工程施工时建筑物内外散落的零散碎料及运输道路遗洒应设专人清扫。

9.5 施工现场注意节约用水，杜绝水管渗漏及长流水。

10. 效 益 分 析

采用本工法，可满足夏热冬冷、夏热冬暖、温和地区等气候带的节能标准要求，其耐候能力强，耐久性好，安全性高，绿色环保，性价比优；该产品符合国家产业政策，经济效益和社会效益显著，具有推广应用前景，并已在多个工程中得以验证，主要效益表现如下：

10.1 经济效益佳

以重庆大学教职工住宅区工程为例，该工程共 7 栋、标准层为 18 层的外墙外保温均使用发泡水泥玻化微珠保温系统，使用量 65000m²。

10.1.1 由于基层平整度在 4mm 以内，保温层厚度一般为 30mm，表面不需做水泥砂浆找平，就可以直接用保温材料打底找平，再在保温层上面直接刮腻子，可以节约水泥砂浆 5.50 元/m²，节省抹灰用工 7.50 元/m²，合计节约 13.00 元/m²，共计节约 65000m²×13.00 元/m²＝84.5 万元。

10.1.2 与胶粉聚苯颗粒保温系统相比较，可以节省工期 20d，节约人工费 70 元/天·人×20 天×60 人＝8.4 万元，节约设备租赁费用（包括垂直运输费用和砂浆搅拌机械费用）1000 元/天×20 天×70％＝1.4 万元。

重庆大学教职工住宅区工程产生经济效益共计：84.5 万元＋8.4 万元＋1.4 万元＝94.3 万。同理，经应用后分析，天门景林春天工程、鄂州观澜花园工程和保利圆梦城二期高层住宅工程产生经济效益分别为：34.95 万元、20.85 万元和 145.5 万元。

10.2 社会效益好

10.2.1 该保温系统抗压强度为 0.39MPa，优于《胶粉聚苯颗粒外墙外保温系统》JG 158—2004 和《外墙外保温工程技术规程》JGJ 144—2004 大于等于 0.1MPa 指标要求。

10.2.2 采用该保温系统，是减少建筑能源消耗，提高人们居住舒适性，改善人们的生活质量，节约采暖与空调开支的重要手段。

10.2.3 该系统作为一套新的建筑保温隔热体系，为更多的房产商提供更多更好的选择余地，对于促进保温产品的技术发展，加快建筑节能事业进程具有非常重要的意义。

10.3 安全性高，节能环保

10.3.1 应用本工法有效地解决了在高层建筑外墙保温施工中，以厚重块体饰面为面层的保温体系带来的安全性问题，经实践证明，是一种安全、可靠的外墙外保温技术。

10.3.2 使用发泡水泥玻化微珠保温系统可以降低建筑物自重，增加建筑物的安全性。

10.3.3 该保温浆料的导热系数为 0.064W/(m·K)，优于《建筑保温砂浆》GB/T 20473—2006 小于 0.070W/(m·K) 指标要求；蓄热系数为大于 1.30W/(m²·K) 优于《胶粉聚苯颗粒外墙外保温系统》JG 158—2004 大于 0.95W/(m²·K) 指标要求。

10.3.4 系统中大量使用硅灰、钢渣微分等材料，充分废物利用，有利于环保；由于环保效益突出，湖北省授予武汉沃尔浦科技有限公司"2008 年十大节能减排行动环保创新单位"称号。

11. 应 用 实 例

工程实例见表 11。

工程应用实例

表 11

序　号	1	2	3	4
工程名称	重庆大学教职工住宅区工程	天门景林春天	鄂州观澜花园	保利圆梦城二期高层住宅工程
工程地点	重庆	湖北省天门市	湖北省鄂州市	湖北省武汉市

续表

序 号	1	2	3	4
建筑面积	70043.5m²	42000m²	28000m²	22 万 m²
层高	地上 18 层	地上 7 层	地上 7 层	地上 12～18 层
使用部位	共 7 栋外墙外保温	共 14 栋外墙外保温	共 8 栋外墙外保温	16 栋外墙外保温
使用数量	65000m²	21500m²	12000m²	10 万 m²
节能效果	达到节能 50%的标准	达到节能 50%的标准	达到节能 50%的标准	达到节能 50%的标准
工程质量	合格,得到业主、监理的一致好评	合格,得到了业主、监理及市质监站的一致好评	合格,得到了业主、监理及市质监站的一致好评	合格,得到业主、监理及用户的一致好评

细石混凝土面层露天看台原浆一次成型施工工法

GJEJGF106—2008

江苏盐城二建集团有限公司　云南建工集团总公司

许世培　周玉锦　蔡如仲　佟开奇　甘永辉

1. 前　　言

目前我国大中型体育场看台大部分处于露天状况，季节温差大，雨水多，看台面层设计一般采用水泥砂浆面层，易产生空鼓、裂缝、起砂、渗漏等质量通病；台阶的阳角为直角阳角，收缩应力集中，边缘易破残；泛水坡度不易一致；弧度不统一，影响观感。为提高看台的耐久性和观感，有效解决传统施工方法中存在的质量问题，江苏盐城二建集团有限公司在承建的南京江宁体育场工程中，看台面层施工经过技术人员多次技术攻关，采用商品细石混凝土原浆一次成型，经过多项工程运用推广形成了细石混凝土面层露天看台原浆一次成型施工工法。关键技术：露天看台面层利用商品细石混凝土一次成型和圆弧阳角施工技术。通过云南省建设工程技术专家委员会鉴定处于国内领先水平。

2. 工法特点

2.1　看台面层是采用商品细石混凝土（不加任何添加剂）原浆，经初抹、精抹、终抹后一次成型（商品细石混凝土配合比是经过多次试配和现场样板施工后形成的）。

2.2　与传统的水泥砂浆面层相比：耐磨性好、抗裂性强，色泽一致有效地克服了露天体育场看台出现的面层裂缝、空鼓、起砂等通病。

细石混凝土面层的致密性、防渗性优于普通水泥砂浆，面层中间的钢丝网片提高了较薄细石混凝土面层的整体性，防止温差产生开裂，在看台结构混凝土面层上并未做聚合物防水层，同样十分有效地解决了露天看台雨水容易渗漏的问题。

由于采用定量（配合比）、定（材）料的商品细石混凝土，面层质量稳定，外表色泽一致。

2.3　看台台阶为圆阳角，克服了直角阳角收缩应力集中的问题，有效地解决了边缘容易破损，整个线条流畅、柔和。

2.4　采用混凝土原浆整体随捣随抹一次成活的施工技术，与水泥砂浆二次成活相比，节省大量的劳动力和原材料成本，缩短了工期；利用商品混凝土施工减少工地噪音和粉尘的污染，有利于文明施工。

3. 适用范围

适用于大中型体育场（馆）的看台以及大型多台阶型设施等工程。

4. 工艺原理

4.1　看台面层施工采用商品细石混凝土替代传统的水泥砂浆面层，经铺放、蟹抹、机械压实、提出原浆、初抹、精抹、终抹一次成型。

4.2　台阶圆弧阳角采用定制圆弧阳角模支模与面层混凝土原浆同时一次成型，混凝土终凝前用钢制的圆弧阳角反复抽拉、压、磨至圆滑光润。

4.3 商品细石混凝土面层强度高，耐久性、防渗性好。

5. 施工工艺流程及操作要点

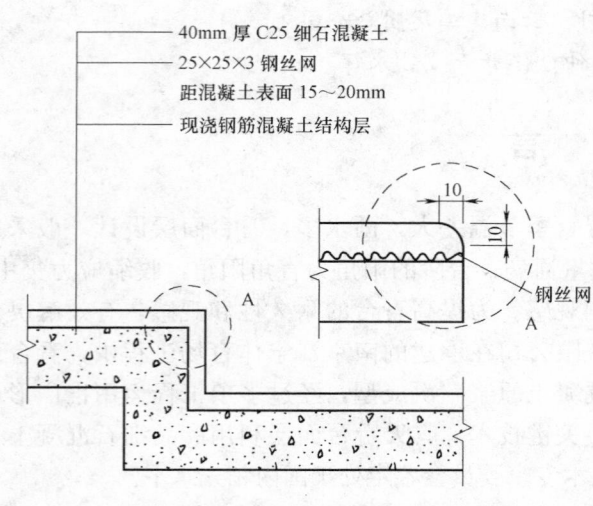

40mm 厚 C25 细石混凝土
25×25×3 钢丝网
距混凝土表面 15～20mm
现浇钢筋混凝土结构层

钢丝网

图 5.1　看台面层剖面示意图

5.2.2 弹控弧度制线及抄平：根据设计要求用水准仪测出每节台阶的水平面标高，用全站仪照好并弹线看台不同圆弧的径向控制线。

5.2.3 做灰饼：根据测出的控制标高及圆弧径向控制点做灰饼，灰饼不宜过大，一般为 40mm×40mm（材料为 1∶1 水泥砂浆），在看台阴阳角处各做一个，横向间距 1.50m。

5.2.4 安装分格条：分格条顶标高同灰饼标高，其间距不大于 6m，分格条应采用定制成品异型塑料条。该异型分格条的翼缘插入混凝土中，具有与混凝土很好的粘贴性且阻水性强。见图 5.2.4。

5.2.5 看台立面底层砂浆粉刷：根据弧度控制线提前 1d，预先用 1∶2.5 水泥砂浆先粉刷好底层砂浆并插放钢丝（用于和钢丝网的连接）。

5.2.6 铺扎看台立面钢丝网后，立即进行立面面层水泥砂浆粉刷。

5.2.7 立面面层水泥砂浆粉刷结束后，立即用全站仪照看着进行定制成型的圆弧形阳角模板的支立和固定工作（阳角模板设计成可拆解安装反复周转使用型），模板固定后用全站仪再次复验。阳角模见图 5.2.7-1 阳角模安装见图 5.2.7-2。

5.2.8 混凝土面层：采用定制的 C25 商品细石混凝土分二次施工。

1. 第一层铺放 20mm 左右，用刮尺刮平。

2. 混凝土刮平后，立即铺放钢丝网，并于第一层混凝土拍平粘结，钢丝网网眼为 25×25×3。

3. 待钢丝网铺放好后，立即进行看台平面第二层混凝土的铺放，3m 长的刮尺刮平（混凝土与分格条的顶面应齐平），平整度控制在 3mm 以下，用小型磨光机反复搓磨压实，立即用铁抹子压第一遍，直至提出水泥砂浆为止。着重注意的是：压第一遍后，应以面层能够隐约看到少部分石子，提出的砂浆不宜过厚，防止龟裂。

5.1　工艺流程

看台面层做法见图 5.1。

基层处理→弹弧度控制线及抄平→做灰饼→贴分格条→看台立面底层水泥砂浆找平并插放钢丝→铺放立面钢丝网→立面水泥面层砂浆粉刷→支立圆弧形阳角模板→涮素水泥浆→铺放平面第一层细石混凝土→铺放平面钢丝网→铺放平面第二层细石混凝土→反复提抹直至提出水泥砂浆→精抹→用铁抹子和圆角模具数次精抹平面和圆角→浇水养护。

5.2　操作要点

5.2.1 基层清理、对拉螺栓孔处理：用钢丝刷、凿子剔掉灰浆皮和残碴积灰，将基层上的灰尘及污染物清扫干净；对拉螺栓孔采用发泡剂打入孔内并凹于表面 10mm，然后用水泥砂浆补平。

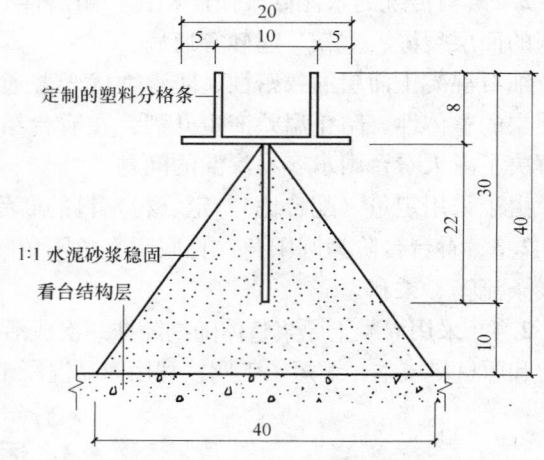

定制的塑料分格条

1∶1 水泥砂浆稳固

看台结构层

图 5.2.4　分格条安装示意图

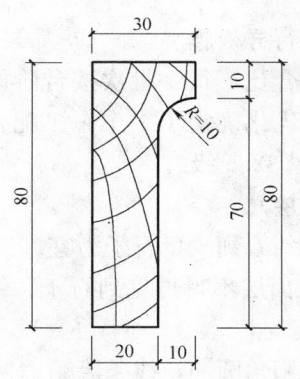

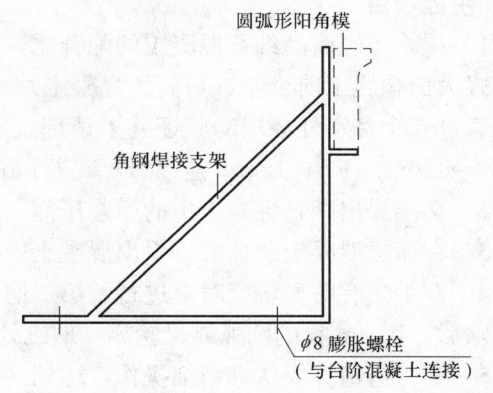

图 5.2.7-1　圆弧形阳角模　　　　　　　图 5.2.7-2　圆弧形阳角立模示意图

4. 面层混凝土初凝前，手摸有明显痕迹，用铁抹子压第二遍，不得漏抹，边角必须到位，混凝土表面不得再看到石子。

5. 三遍压光：在面层混凝土终凝前，手摸稍有痕迹，拆除圆弧形阳角模板，开始压光。要求无压纹、光滑、清洁、阴阳角圆润、边线压实到位，严禁分格条与混凝土面层不平，圆阳角用 50cm 长的圆阳角模反复抽拉、磨、压，务求阳角圆滑；混凝土无污染现象。

6. 看台泛水坡度的控制：数量很多的看台形成了数量很多的散水坡，而坡度又必须一致，有韵律感，才能达到观感的美观，必须切实控制。本法采用事前仪器定位，施工中模具验靠来解决。见图 5.2.8。

7. 面层养护：混凝土面层施工完毕后 24h 内，开始用麻袋或锯木末（大型工程工地木工房此类脚料很多）进行保水养护，养护时间不得少于 14d。

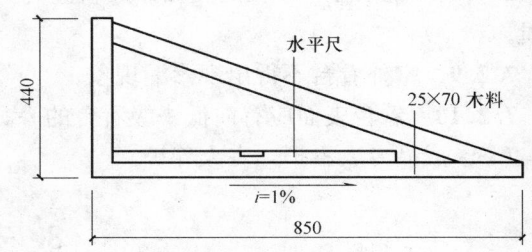

图 5.2.8　控制看台泛水坡度的模具

5.2.9　注意事项

1. 本工法的施工顺序，必须从最上一个台阶起做，然后向下逐级台阶全过程施工，几十级看台可划分为几段，几个班组可在几段同时施工。

2. 每天只能施工完一级台阶。从铺扎立面钢丝网→立面面层水泥砂浆粉刷→支立阳角模板→铺放第一层面层混凝土→铺放平面钢丝网→铺放平面第二层混凝土→抹平→压光→拆模→精抹，这一全过程，必须在一个白昼日内完成。

3. 施工时，温度应控制在 10℃以上，如低温施工时，混凝土应采用真空吸水装置，主要由真空泵和吸水垫组成。

6. 材料与设备

6.1　材料：采用有资质的商品混凝土站供货，施工前就已试配并检验过的 C25 细石混凝土、钢丝网、水泥、中砂、减缩剂。

6.2　工具：小型磨光机、木抹子、铁抹子、靠尺、刮杠、手推车、水准仪、全站仪、阴阳角尺、50cm 长铁制圆形阴阳角模、控制看台圆弧用的 5m 长自制圆弧尺、控制台阶泛水坡度的自制角尺。

7. 质 量 控 制

7.1　严格按《建筑地面工程施工质量验收规范》GB 50209—2002 中规定的标准施工。

看台表面混凝土的耐磨度按《公路土工试验规程》JTJ 051—83 的标准，1000 转≤0.28 个/cm。

7.2 主控项目

7.2.1 严格控制商品细石混凝土的配合比，建立了施工前现场先行样板施工。

在正式大面积施工前半年，与商品混凝土站试配了 5 个批次的配合比，每一批次按台阶原样做一个样板，通过 6 个月室外环境的验证并邀请部、省级专家认证，最终优化确定了一个施工配合比（坍落度：100～120mm；5～16mm 连续级配碎石；中砂；普通硅酸盐水泥 32.5 级）。

7.2.2 必须提出细石混凝土中的原浆压面（不得后加水泥砂浆面层）。

7.2.3 在面层混凝土初抹时，提出混凝土中的原浆，以目测能隐约看到少量石子为宜。

7.2.4 在手摸有明显触痕时，进行了第二遍压面，此次压面后，面层不得再见到石子。终凝前阳角模板拆除后，用 3m 长的圆弧靠尺验靠，瑕疵处应先进行修补。

7.2.5 第三遍精抹要认真精细操作，达到平整、光滑、无抹痕，阳角圆润，线条流畅。

7.2.6 严格结合施工时温度，掌握第二次、第三次面层压抹时间。

7.2.7 看台表面不得有空鼓、裂纹、起砂等质量缺陷。

7.2.8 观感质量

1. 表面平整度：不大于 3mm（国家标准为 5mm），3m 长靠尺检查。

2. 光洁度：光滑，无抹痕，色泽一致，无污染。

3. 看台圆弧线：不同矢高的误差均控制在 10mm。

4. 单条弧度线：5m 长的圆弧靠尺检查，其误差不大于 5mm，圆阳角的线条丰满圆润，不得出现破损。

7.2.9 室外看台不得出现渗漏现象。

7.2.10 看台表面应有向低一级看台的 $i=1\%$ 的泛水坡，不得出现倒泛水和积水现象。

7.3 成品专人看护，专人养护。

8. 安 全 措 施

8.1 看台的施工必须严格遵守《建筑安装工人安全技术操作规程》和《建筑安装施工现场安全防护规定》及《施工现场临时用电技术规范》JGJ 46—2005。

8.2 施工人员在施工前做好安全技术交底及安全知识培训。

9. 环 保 措 施

严格执行《城市建筑垃圾管理规定》建设部 139 号令和《建筑施工现场环境与卫生标准》JGJ 146—2004 等国家及政府有关环保文件精神，采取有效措施，减少环境污染，减低噪声。

9.1 建筑垃圾、渣土应进行处理措施。

建筑垃圾、渣土应在指定地点堆放，每日进行清理。

9.2 施工现场泥浆、污水控制：施工现场的泥浆和污水未经处理不得直接排入城市排水设施，除有符合规定的装置外，施工现场应建立污水、泥浆沉淀池，经处理后方可排入指定的管网。

10. 效 益 分 析

10.1 本工法与同类的看台使用砂浆面层相比，工程进度快，干扰因素少，缩短工时达 30％左右。

10.2 按传统的图纸设计看台面层为 40mm 厚水泥砂浆一底一面，通过使用本工法 C25 细石混凝土一次成型，经定额对比，本工程中同样厚度的水泥砂浆和混凝土面层的造价节约 7.25 元/m²。

10.3 本工法利用商品混凝土，杜绝了水泥砂浆在现场搅拌产生的粉尘、噪声等公害，有利于文明施工,各种资源能较好地利用。

10.4 看台面层混凝土施工工法在多项类似工程中推广运用,工程质量得到业主和主管部门的一致好评。

11. 应 用 实 例

江宁体育场露天看台

11.1 工程概况

该工程位于南京市南郊,处于丘陵地段,建筑面积近 5 万 m²,建筑高度 28.6m,设计看台座位 5 万座,为南北长 270m、东西宽 240m 的椭圆形体育场,是十届全运会指定的体径、足球、篮球比赛场馆。深层大直径钢筋混凝土灌注桩,地下连续梁板钢筋混凝土整体基础,全框架钢筋混凝土梁板结构主体,屋盖为狭长月牙形(长 152m,最宽处 37m)大跨管桁架屋盖,屋盖后檐为钢柱与桁架铰接,前檐采用高 85.6m、直径 1m 以上的变截面钢管柱,在南北两端向场外倾斜矗立,前檐 152m 长的桁架上用 8 根钢索斜拉悬吊在钢管柱上(钢管柱上兼作场地照明、壁雷、航空警示等设备用途)。看台细石混凝土面层展开面积约 5 万 m²。

11.2 施工情况

11.2.1 主控点在于细石混凝土的配合比和坍落度,事前与资质高的商品混凝土站进行分析研究,试配了几组配合比,并在现场做了几组实物样板,经过几个月的室外环境检验后,邀请建筑工程资深技术专家论证,选出了一个最佳配合比。

11.2.2 精细制作、支立圆弧形阳角模板,确保圆弧形阳角与面层混凝土原浆一次成型。

11.2.3 保证钢丝网片埋置深度和水平度,增强较薄混凝土的整体性;留置合理的特制异型分格缝条,化解混凝土热胀冷缩的徐变应力破坏。

11.2.4 自制适用于看台面层混凝土施工的小型手提震动器,提高混凝土的密实度,严格控制提出的原浆厚度;掌握初抹、中抹、精抹的温度和时间,采用自制多种工器具,极其认真细致地做好圆弧形阳角与面层的最后精抹,确保平整、光亮、圆滑;采取有效措施进行养护,强化成品的后期管理。

该工程 2003 年 4 月 1 日开工,2005 年 9 月竣工,其中看台面层细石混凝土施工 120d。

11.3 应用效果

该工程看台面层采用《细石混凝土面层露天看台原浆一次成型施工工法》,经竣工验收检查:看台空鼓、裂缝为"0",混凝土表面光滑、整洁、色泽一致;弧形共查 280 个点,偏差 5 个点,合格率为 92.8%;台阶泛水坡度高度一致,台阶边缘圆润整齐、无破损,线条流畅、柔和。国家体育总局比赛运动司司长在十运会前勘察比赛场馆时说:江宁体育场是全国县、区级比赛用场馆中规模最大,设施先进,质量优秀,装修精致,足球场地的种植草坪已达到国际足球比赛标准的体育场。看台面层混凝土施工、获得江苏省 2005 年 QC 成果二等奖,经三年多使用实践后的调查未发现空鼓、裂缝、渗漏、起砂现象。

江宁体育工程获得 2007 年度国家优质工程奖,看台面层采用《细石混凝土面层露天看台原浆一次成型施工工法》节约工程成本近 200 万元,取得了良好的经济效益和社会效益。

LG 无机超泡保温板外墙外保温施工工法

GJEJGF107—2008

安徽建工集团有限公司　　安徽绿归保温材料有限责任公司

陈刚　朱国庆　李燕燕　胡才清　刘一星

1. 前　言

随着我国经济和社会的快速发展，"节能减排"已经成为实现我国可持续发展目标的一项重要产业政策，而外墙外保温又是建筑节能中重要的一环。近几年来，新的外墙外保温材料和系统不断研发出来，但要求其既要满足节能设计的保温性能要求、又要确保施工质量和使用安全，成为各方关注的共识和进行应用技术研究的共同目标。

LG 无机超泡保温板是该保温系统的核心技术，其主要原料为硅酸盐水泥，添加粉煤灰、凹凸棒土、稳泡剂、膨胀闭孔珍珠岩、聚丙烯纤维等辅料，经搅拌、物理发泡、养护、切割制成，具有耐火、质轻、高强、抗渗、导热系数小、无机保温板与墙体基层有良好的粘结性能、保温隔热效果好、施工简便等特点。该外墙外保温技术达到国内领先水平，已于 2008 年 4 月通过了安徽省建设厅组织的新技术成果鉴定，获得《安徽省新产品新技术鉴定验收证书》（皖建科鉴字［2008］-A-007 号）。还制订了《LG 无机超泡保温板外墙外保温系统》（Q/LG01）和《LG 无机超泡保温板外墙外保温系统施工技术导则》（Q/LG02）等企业标准；总结合肥玫瑰绅城小区等工程施工经验形成的《LG 无机超泡保温板外墙外保温施工工法》先后被评为 2008 年度安徽建工集团有限公司"企业工法"和安徽省"省级工法"。

2. 工 法 特 点

该工法主要通过应用 LG 无机超泡保温板新材料，构造新的外墙外保温体系而形成的新的施工方法。主要特点有：

2.1 采用无机天然原材料合成，高孔率均匀闭孔发泡技术，增强了系统保温隔热、防水、耐火性能，安全可靠。

2.2 系统采用的无机材料与结构材料同类相容，克服了保温系统耐候性差、基层易开裂的缺陷。

2.3 无机超泡保温板在工厂内机械化技工生产，减少现场湿作业，加快了施工进度，有利节能、利废和环境保护。

2.4 在国内率先系统研究"LG 无机超泡保温板"建筑节能施工技术，提出了保证该系统施工质量的工艺及保证措施，包括构造做法、施工方案以及验收标准等。

3. 适 用 范 围

适用于夏热冬冷地区各类新建、扩建、改建的民用建筑和公共建筑的面砖或涂料饰面的外墙外保温工程。

4. 工 艺 原 理

LG 无机超泡保温板外外墙外保温系统以无机超泡保温板通过粘钉结合的方式与基层可靠连接，无机超泡保温板外墙外保温系统基本构造分涂料饰面和面砖饰面，见表 4-1、表 4-2。

涂料饰面无机超泡保温板外墙外保温系统构造　　　　表 4-1

基层墙体①	系统的基本构造				构造示意图
	粘结层②	保温层③	抗裂防护层④	饰面层⑤	
混凝土墙或砌体墙	粘结砂浆	无机超泡保温板	抗裂砂浆＋耐碱玻纤网格布)＋锚栓与基层锚固	弹性底涂＋柔性耐水腻子＋涂料	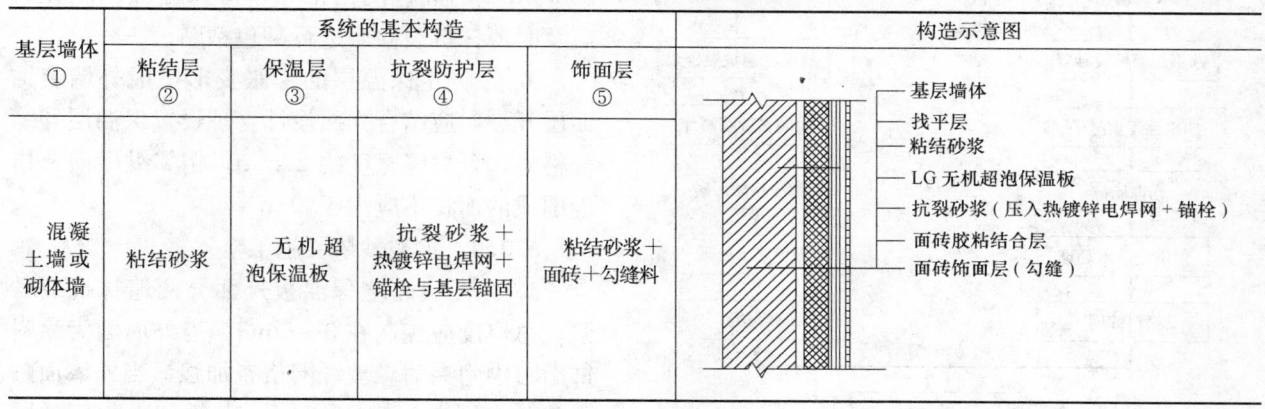 基层墙体 找平层 粘结砂浆 LG 无机超泡保温板 抗裂砂浆(压入耐碱玻纤网格布+锚栓) 弹性底漆及柔性腻子 涂料层

注：20m 以上外墙增加辅助锚栓。

面砖饰面无机超泡保温板外墙外保温系统构造　　　　表 4-2

基层墙体①	系统的基本构造				构造示意图
	粘结层②	保温层③	抗裂防护层④	饰面层⑤	
混凝土墙或砌体墙	粘结砂浆	无机超泡保温板	抗裂砂浆＋热镀锌电焊网＋锚栓与基层锚固	粘结砂浆＋面砖＋勾缝料	基层墙体 找平层 粘结砂浆 LG 无机超泡保温板 抗裂砂浆(压入热镀锌电焊网+锚栓) 面砖胶粘结合层 面砖饰面层(勾缝)

5. 施工工艺流程及操作要点

5.1　施工工艺流程（图 5.1）

5.2　外墙外保温施工要点

5.2.1　施工准备

1. LG 无机超泡保温板外墙外保温系统工程施工前应做好施工方案，技术人员和作业工人应经过培训和技术安全交底。

2. 施工时，环境温度不应小于 5℃；夏季施工应避免阳光暴晒；5 级以上大风、雨和雪天气不得施工。

3. 主体结构验收完毕，外墙的门、窗、消防梯、水落管、各种进户管线等应安装完毕并做防水处理。

4. 若无机超泡保温板所粘贴的砖墙表面很干燥，应在施工前一天对基层喷水湿润。

5.2.2　墙面的基层处理及弹线

1. 对墙面基层要求应平整、坚实、清洁，不得有油污或空鼓现象，墙体表面凸出踢凿干净，不平整部分用 1：3 水泥砂浆找平。

2. 弹控制线：结合外立面特点、无机超泡保温板的规格尺寸和保温层厚度，吊垂线做灰饼，以保证保温层表面平整度；同时在墙面弹水平和垂直控制线，以确定无机超泡保温板缝、分格变形缝、托架等位置。

5.2.3　粘贴无机超泡保温板

1. 无机超泡保温板尺寸一般为 250mm×250mm，厚度根据设计需要可为 20～40mm。无机超泡保温板背面满涂粘结砂浆，将板粘贴于建筑物墙体表面，粘结面积应达到 100％。从整个墙面或根据弹线

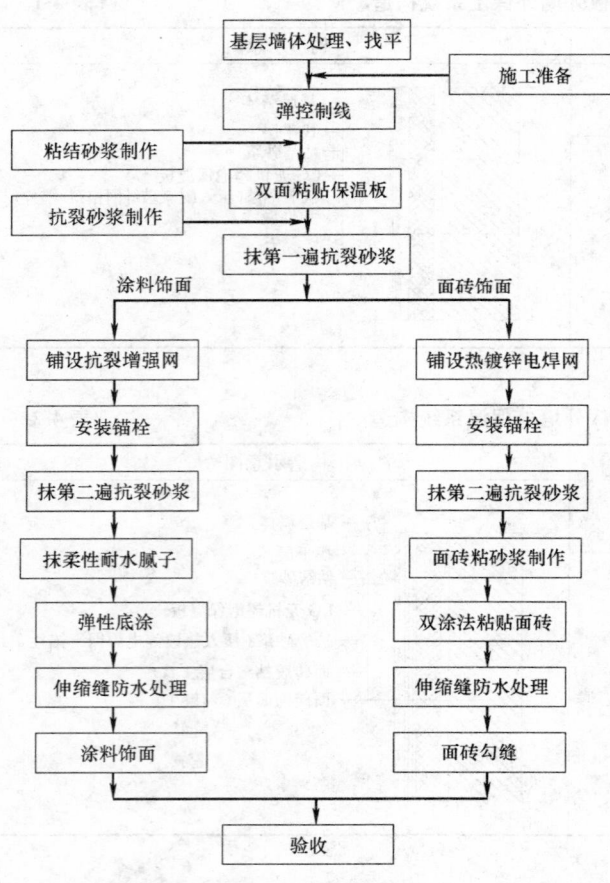

图 5.1　无机超泡保温板外墙外保温系统施工工艺流程

3. 抹抗裂砂浆

1）第一遍抗裂砂浆抹于无机超泡保温板表面，厚度约 2～3mm，待铺贴耐碱玻纤网格布或热镀锌电焊网后再抹第二遍找平抗裂砂浆。抗裂砂浆总厚度不宜大于 6mm。

2）第二遍抗裂砂浆厚约 2～3mm，覆盖住耐碱玻璃纤维网格布或热镀锌钢丝网，网布应位于抗裂砂浆中偏外侧，如图 5.2.4。施工完毕后应适当洒水养护 2～5d。

4. 耐碱玻璃纤维网格布或热镀锌钢丝网做法

1）耐碱玻璃纤维网格布之间搭接宽度不得小于 80mm，用抹子将玻纤网格布压入砂浆玻纤网格布铺贴要平整无褶皱，饱满度应达到 100%。

2）铺设热镀锌电焊网时同时用塑料 U 形卡辅助固定，防止翘曲。热镀锌电焊网之间搭接宽度不得小于 50mm。

3）在窗角处及洞口处使用斜拉耐碱玻璃纤维网格布加强铺设。

4）涂料饰面建筑物底层、一些特殊部位易受撞击处使用加强型或双层普通耐碱玻璃纤维网格布来抗冲击；在阳角处双层网布间安置专用塑料或金属护角。

5. 膨胀锚栓安装

1）面砖饰面条件下铺设热镀锌电焊网时膨胀锚栓安装数量不少于 4 个/m²，且随墙面高度的增加而逐步增加膨胀锚栓的密度到 8 个/m²。锚栓尽量安置在无机超泡保温板之间的拼缝处。且门窗洞口、伸缩缝、阳角部位锚栓加密，间距不大于 300mm。

所划定的区域自顶部或底部开始粘贴，依据从上至下（或从下至上）、从左至右（或从右至左）的顺序，用橡胶锤拍实并压平保温板，必须保证粘贴牢固。粘贴时相邻板材之间要互相靠紧、对齐，上下板材之间要错缝排列，墙角上下板材之间要咬口错位。保温隔热板可在现场用手锯切割成所需大小，以保证门窗角部的保温对接紧密，较大缝隙处及特殊部位可用无机保温浆料或 PU 发泡剂填充，以避免产生热桥现象。

2. 保温层伸缩缝等节点处事先预留不小于 200mm 宽的翻包网网格布，待保温板施工完成后及时薄抹抗裂砂浆进行翻包粘贴。

3. 为防止保温层的膨胀变形造成外墙装饰面层开裂，应结合立面设计合理设置保温层伸缩分格缝，分格缝宽度约 20mm，相邻纵横向分格缝围成的面积不应大于 36m²。

5.2.4　抗裂砂浆层施工

1. 在无机超泡保温板外面分两遍抹抗裂砂浆，总厚度应控制在 3～5mm。当外墙面为涂料饰面时中间夹耐碱玻纤网格布加强，当外墙面贴面砖时中间夹 0.9±0.04mm 热镀锌电焊钢丝网加强。并采用膨胀锚栓进行辅助加固。

2. 根据产品说明书的配合比配制抗裂砂浆。

图 5.2.4　抗裂砂浆层中钢丝网、网格布效果图

2）涂料饰面工程当墙高超过 20m 以上铺设耐碱玻璃纤维网格布时，应安装膨胀锚栓进行辅助固定，一般 4～6 个/m^2。

3）空心砖墙体上采用可回拧打结塑料套管的锚栓进行加固，以提高其抗拔承载力。

5.2.5 饰面层施工

1. 涂料饰面

1）在抗裂层涂刷弹性底涂应均匀，不得有漏底现象。

2）用柔性耐水腻子先补坑洼部位再多遍满刮，待干燥后用零号砂纸打磨，直至达到平整度要求。

3）涂刷涂料前应对无机超泡保温板保温层留设分格缝进行密封防水处理。

4）饰面涂料可采用机械喷涂也可人工涂刷。人工涂刷时用力均匀让其紧密贴附于墙面，蘸料均匀，按涂刷方向和要求一次成活。

2. 面砖饰面

1）待抗裂砂浆六至七成干时，即可按图纸要求进行分段分格弹线，同时亦可进行贴标准点面砖的工作，以控制面砖出墙尺寸及垂直、平整度。

2）粘贴面砖时采用双涂法施工，即先在墙面压抹一层 1～2mm 厚面砖粘结砂浆，再在面砖背面满涂 2～3mm 厚粘结砂浆，贴到墙面后用小铲把轻轻敲击，使之与基层粘结牢固，面砖粘结面积必须达 100%。

3）相邻面砖间应留缝，缝宽不小于 5mm，采用勾缝剂勾圆弧形凹缝，缝表面必须平整光滑。勾缝完成 24h 后表面清理并对勾缝剂进行洒水养护。

4）饰面砖系统面砖层应对应无机超泡保温板保温层留设分格缝。须对分格缝进行密封防水处理。

5）饰面砖系统高度超过 20m 时，每隔 2～3层应采用热镀锌角钢托架加强，托架应满足荷载设计、防腐和耐久性要求。示意图见图 5.2.5。

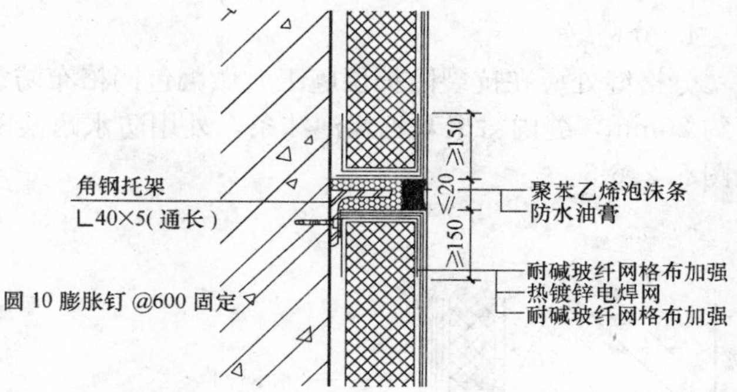

角钢托架
L40×5(通长)
圆 10 膨胀钉 @600 固定
≥150
≤20
≥150
聚苯乙烯泡沫条
防水油膏
耐碱玻纤网格布加强
热镀锌电焊网
耐碱玻纤网格布加强

图 5.2.5 保温托架节点

5.2.6 重要节点部位的处理措施

1. 女儿墙部位

女儿墙顶部粘贴 LG 无机超泡保温板时要使保温板与墙体结构的粘结紧密无空隙，防止水进入保温层与基层结构之间造成渗水；抹抗裂防护层时，应将网格布翻至女儿墙压顶上，覆盖到压顶的上面。如图 5.2.6-1 所示。

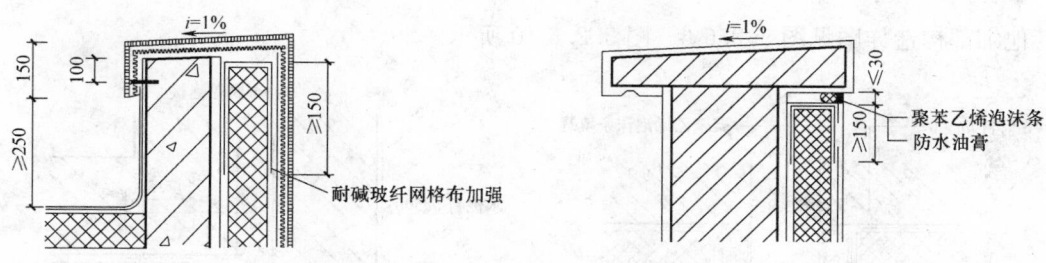

i=1%
150
100
≥250
≥150
耐碱玻纤网格布加强
i=1%
≤30
≥150
聚苯乙烯泡沫条
防水油膏

图 5.2.6-1 女儿墙顶部的细部处理

2. 门窗洞口部位

应保证门窗洞口四周粘贴的 LG 无机超泡保温板板间接缝与洞口边角间距不小于 100mm。在抹抗裂防护层时在洞口周边增加一道耐碱玻璃纤维网格布，且在四角外沿 45°方向加一块 400mm×200mm 的加强网格布，防止保温层开缝如图 5.2.6-2 所示。

3. 穿墙管道构件根部

落水管、出墙面的空调管道等埋进墙体时容易与基层墙体之间形成裂缝，使得水易渗入外保温系统。为了防止渗水在外保温施工前，应先预埋落水管；套割LG无机超泡保温板板时洞口要略大于管道直径，且不大于4mm。LG无机超泡保温板板与管道之间要先填塞泡沫塑料，再用弹性、防水、耐候密封胶密封，使其与管道之间要密封严密无缝隙，防止管道构件松动产生裂缝而渗水。具体做法见图5.2.6-3、图5.2.6-4。

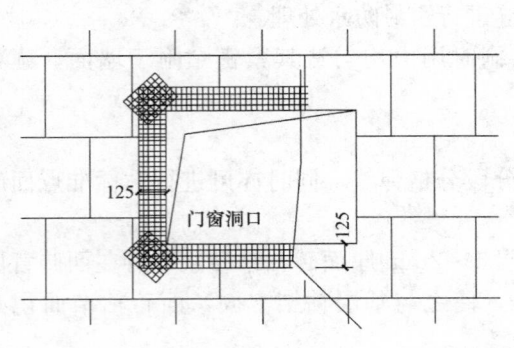

图 5.2.6-2　门窗洞口网格布加强

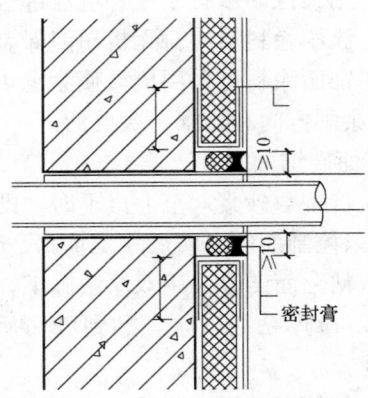

图 5.2.6-3　穿墙管道构件根部

4. 分格缝

分格缝处应在抗裂防护层施工时做翻包网格布防裂，与面层网格布搭接应不小于60mm。分格缝宽度约20mm，缝内衬聚苯乙烯泡沫条，外用防水耐候密封膏抹压密实，表面做成半圆弧形。分格缝做法见图5.2.6-5。

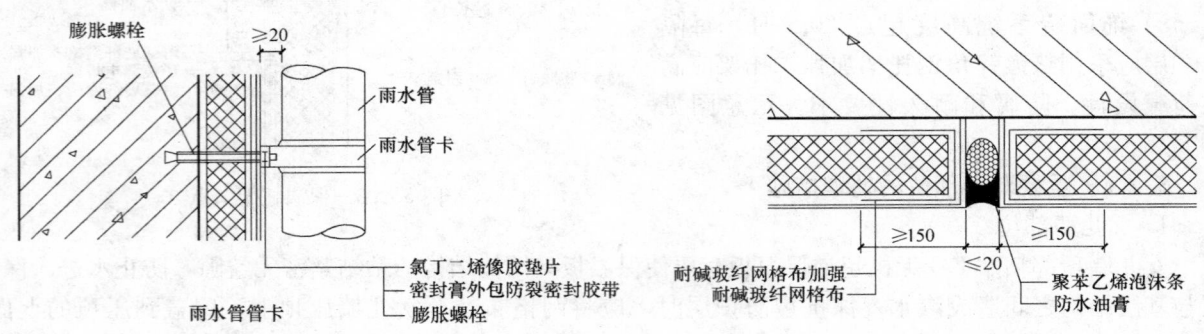

图 5.2.6-4　水落管管卡处理　　　　　　　　　图 5.2.6-5　分格缝做法

5. 其他细部构造详图见图5.2.6-6～图5.2.6-10所示。

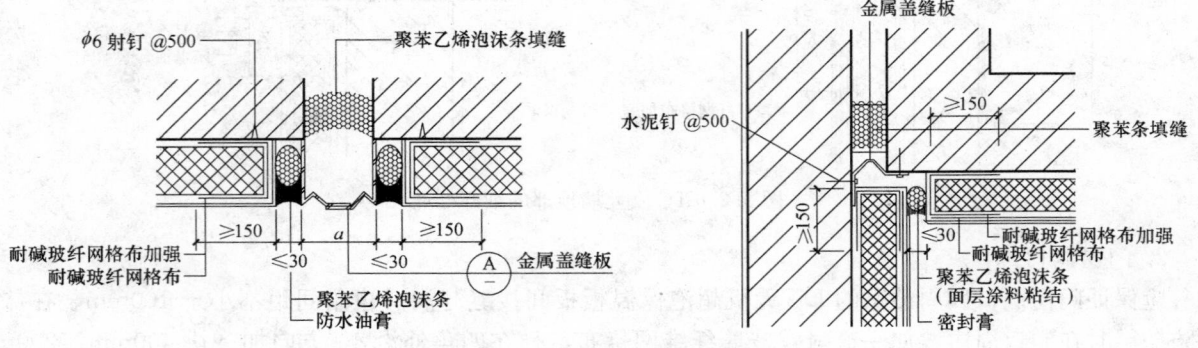

图 5.2.6-6　变形缝做法详图

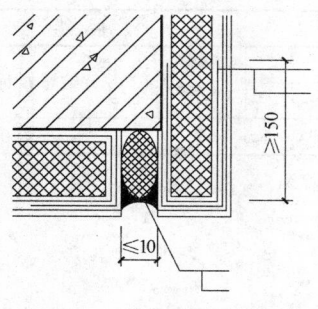

图 5.2.6-7　滴水做法节点

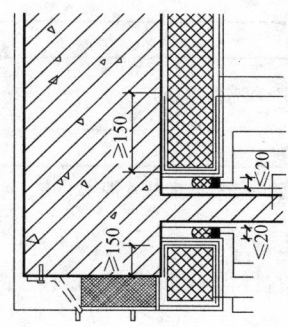

图 5.2.6-8　阳台处构造

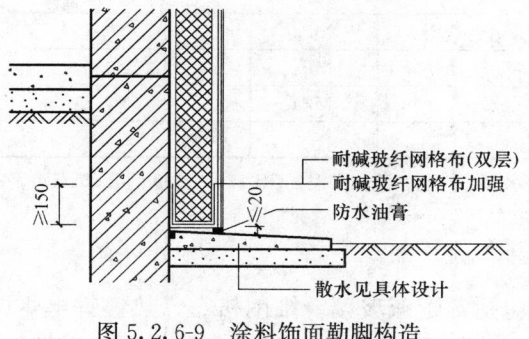

图 5.2.6-9　涂料饰面勒脚构造

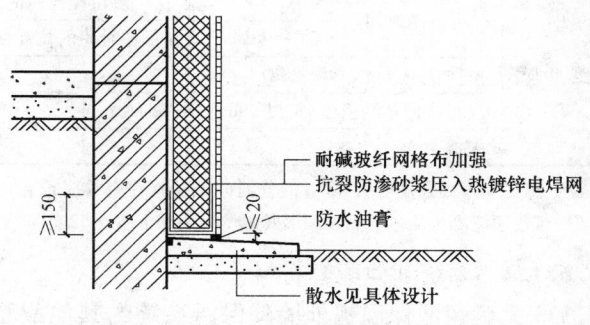

图 5.2.6-10　面砖饰面勒脚构造

6. 材料与设备

6.1　LG无机超泡保温板及其辅材技术性能

6.1.1　LG无机超泡保温板

无机超泡保温板尺寸一般为 250mm×250mm，厚度根据设计需要可为 20～40mm。其物理性能应符合表 6.1.1 的规定。

无机超泡保温板的物理性能 表 6.1.1

试 验 项 目	性 能 指 标	
	I	II
密度(kg/m³)	180～250	250～300
导热系数[W/(m·K)]	≤0.055	≤0.070
抗压强度(MPa)	≥0.40	≥0.60
抗折强度(MPa)	≥0.2	
干燥收缩(mm/m)	≤0.7	
蓄热系数[W/(m²·K)]	≥0.95	
软化系数(%)	≥0.7	
吸水率 V/V/%	≤12	
燃烧性能	A 级 不燃	

6.1.2　粘结砂浆

无机超泡保温板粘结砂浆的性能指标应符合表 6.1.2 的要求。

粘结砂浆的性能指标 表 6.1.2

试 验 项 目		性 能 指 标
拉伸粘接强度(MPa)(与水泥砂浆)	原强度　14d	≥0.60
	耐水　14d＋浸水 7d	≥0.40

续表

试 验 项 目		性 能 指 标
拉伸粘接强度（MPa）（与保温板）	原强度　14d	≥0.12 并且破坏界面在保温板上
	耐水　14d＋浸水 7d	
可操作时间（h）		1.5～4.0

注：粘结砂浆采用普通硅酸盐水泥 42.5R（或普通硅酸盐水泥 42.5 水泥）配制。

6.1.3 抗裂砂浆

抗裂砂浆的性能应符合表 6.1.3 的要求。

抗裂砂浆的性能指标　　　　　　　　　　　　　　　　表 6.1.3

检 验 项 目		单位	性能指标（N 型）
抗裂砂浆	可使用时间　可操作时间	h	≥1.5
	在操作时间内拉伸粘结强度	MPa	≥0.7
	拉伸粘结强度（常温 28d）	MPa	≥0.7
	浸水拉伸粘结强度（常温 28d，浸水 7d）	MPa	≥0.5
	压折比	—	≤3.0

注：水泥应采用强度等级 42.5 的普通硅酸盐水泥，并应符合《硅酸盐水泥、普通硅酸盐水泥》GB 175—1999 的要求；砂应符合《普通混凝土用砂、石质量及检验方法标准》JGJ 52 标准规定，筛余大于 2.5mm 颗粒，含泥量少于 3%。

6.1.4 系统其他配套材料

LG 无机超泡保温板外墙外保温系统的其他配套材料包括：耐碱玻璃纤维网格布、热镀锌电焊网、膨胀锚栓、弹性底涂、柔性耐水腻子、外墙涂料、饰面砖、面砖粘结砂浆、面砖勾缝料等，其性能指标应符合《胶粉聚苯颗粒外墙外保温系统》JG 158 等标准的要求。

6.2　机具设备

6.2.1　施工工具

铁抹子、阳角抹子、阴角抹子、托灰板、橡皮锤、喷枪、滚刷、杠尺、靠尺、木方尺、台秤、水桶、铁锹、螺丝刀、弹线墨盒、电源线、动力线及照明线等。

6.2.2　机具设施

电动吊篮或专用保温施工脚手架、强制式砂浆搅拌机（转速＞60 转/s）、手提式搅拌器、电动切割机、冲击钻、垂直运输机械、水平运输手推车等。

6.2.3　检测工具

高层采用经纬仪及放线工具、2m 杠尺、方尺、水平尺、探针、钢尺等。

7. 质 量 控 制

7.1　施工质量验收

7.1.1　LG 无机超泡保温板外墙外保温工程应按《建筑节能工程施工质量验收规范》GB 50411、《建筑装饰装修工程质量验收规范》GB 50210 等标准进行质量验收。

7.1.2　检验批质量合格应符合下列规定：

1. 主控项目的质量经抽样检验合格；

2. 一般项目的质量经抽样检验合格。当采用计数检验时，一般项目的合格率应在 80% 以上；

3. 具有完整的施工操作依据的质量检查记录。

7.1.3　主控项目

1. 外墙外保温系统及主要组成材料性能应符合规定

检验方法：检查型式检验报告和进场复检报告。

2. 保温层实际厚度应符合设计要求

检查方法：插针法检查。

3. 粘结层性能应符合要求

检查方法：现场观测。

4. 保护层性能应符合要求

检查方法：现场观测和拉伸粘结强度检验。

7.1.4 一般项目

无机超泡保温板外墙外保温系统中的保温层垂直度和尺寸等允许偏差及检验方法按表 7.1.4 执行。

保温板铺贴的允许偏差及检验方法 表 7.1.4

序 号	项 目	允许偏差（mm）	检 验 方 法
1	表面平整度	4	用 2m 靠尺和塞尺检查
2	立面垂直度	3	用 2m 垂直检测尺检查
3	阴阳角垂直度	3	用 2m 垂直检测尺检查
4	阴阳角方正度	3	用 200mm 方尺和塞尺检查
5	接缝高低差	1.5	用钢直尺和塞尺检查
6	保温板块接缝宽度	1	用钢直尺检查
7	无机超泡保温板厚度	不允许负误差	探针检查

7.2 技术质量管理措施

7.2.1 为了确保工程施工质量，施工前认真编制施工组织设计（专项施工方案），并组织专家进行可行性论证（根据工程需要），做好劳动力、材料设备、技术等方面准备工作。

7.2.2 组建精干的项目管理班子，项目经理全权负责，配备足够的施工员、技术员、质检员、试验员及安全员等。选择综合实力强、素质高的专业施工班组和专业、熟练的作业工人。建立完善各项技术质量管理制度，并认真贯彻执行。从原材料采购、进场检验到工程质量验收实行全过程监控。

7.2.3 在现场采用相同材料和工艺制作样板墙，经相关各方验收确认后再进行施工。

7.2.4 严禁雨期施工，如施工期间遇到降水应预先做好防雨措施。

7.2.5 无机超泡保温板外墙外保温系统工程的施工及质量验收应符合《建筑工程施工质量验收统一标准》GB 50300、《建筑装饰装修工程质量验收规范》GB 50210、《建筑保温砂浆》GB/T 20473、《建筑节能工程施工质量验收规范》GB 50411、《外墙外保温工程技术规程》JGJ 144 等现行国家规范、行业标准及企业标准有关规定。

7.2.6 供货方对系统及组成材料的质量负责。施工单位不得自行更改供货方的成套技术及组成材料。

7.2.7 认真做好成品保护工作，防止污染或损坏保温层及墙面。

7.2.8 保温隔热工程所用原材料的合格证和出厂检验、型式检验报告，材料进场见证取样的复检报告。无机超泡保温板外墙外保温系统材料现场抽样复检项目按表 7.2.8 执行。

无机超泡保温板外墙外保温系统材料现场抽样复检项目 表 7.2.8

材料名称	现场抽样数量	取证验收	外观质量检验	物理性能
无机超泡保温板	每 5000m² 为一批，不足 5000m² 按一批抽样，抽样取 2% 做外观质量合格检查。外观合格的板材中，单元任按分项工程任取一块做物理性能检验	产品出厂合格证	气孔均匀、平均气孔直径小于 2mm，厚度无负偏差、表面平整无明显油渍和杂质	表面密度、导热系数、抗压强度
耐碱玻纤网格布	每 7000m² 为一批，不足 7000m² 按一批抽样，抽样取 5 卷做外观质量合格检查。外观合格的板材中，任按分项工程单元任取一卷做物理性能检验	产品出厂合格证	断维、脱维、稀路、破洞、杂物、污渍、脱纱	断裂强力、耐碱断裂强力、耐碱断裂强力保留率
抗裂砂浆	每 50t 为一批，不足 50t 按一批抽样	产品出厂合格证		粘结强度、压折比
粘结砂浆	每 50t 为一批，不足 50t 按一批抽样	产品出厂合格证		粘结强度、保水率

8. 安 全 措 施

8.1 建立安全生产保障体系，实行全方位、全过程、全员负责的安全生产管理。工地应配备专职安全员，负责施工现场的安全管理工作，每天认真做好安全检查，落实专人整改，做好相关记录。施工项目部制定并落实岗位安全责任制等各项安全管理制度。对新进场工人开展岗前安全技术教育。班组操作前，要做好安全技术交底。

8.2 操作工人不能有高血压、典型职业病等影响人身安全的病症。应遵守高空作业等有关安全操作规程，正确穿戴好安全防护用品。严禁工人在没有安全防护的临边施工。

8.3 脚手架、吊篮经安全检查验收合格后，方可上人施工。外墙与脚手架间的间隙应封闭防高空坠物伤人，及其他防止工具、用具、材料坠落的措施。

8.4 施工现场注意防火，现场不许吸烟、喝酒。遵守现场各项安全制度。

8.5 施工完的墙面、管道、门窗口等处残存砂浆，应及时清理干净。

8.6 保温层、抗裂防护层、装饰层在干燥前应防止水冲、撞击、振动。

8.7 施工环境温度应不低于5℃，雨天或5级以上大风天气不宜施工。

8.8 制定事故应急预案，如事故发生，首先保护好现场，及时施救和上报处理。

9. 环 保 措 施

9.1 设立施工环境卫生管理小组，在工程施工过程中严格遵守国家和地方政府下发的有关环境保护的法律、法规和规章，加强对施工燃油、工程材料、设备、废水、生产生活垃圾、弃渣的控制和治理，遵守有防火及废弃物处理的规章制度，做好交通环境疏导，充分满足便民要求，认真接受城市交通管理，随时接受相关单位的监督检查。

9.2 将施工场地和作业限制在工程建设允许的范围内，合理布置、规范围挡，做到标牌清楚、齐全，各种标识醒目，施工场地整洁文明。

9.3 对施工中可能影响到的各种公共设施制定可靠的防止损坏和移位的实施措施，加强实施中的监测、应对和验证。同时将相关方案和要求向全体施工人员详细交底。

9.4 现场冲洗污水，应经沉淀后，方可按当地环保要求的指定地点排放。认真做好无害化处理，从根本上防止施工废浆乱流。

9.5 其他工程废弃物按工程建设指定的地点和方案进行合理堆放和处治。

9.6 最大限度降低施工噪声到允许值以下，尽可能避免夜间施工。

9.7 对施工场地道路进行硬化，并在晴天经常对施工通行道路进行洒水，防止尘土飞扬，污染周围环境。

10. 效 益 分 析

10.1 本工法综合了各种外墙外保温系统做法的优点，是国内领先的外墙外保温技术，可满足不同气候区的节能标准要求，适用范围广、保温隔热性能优、耐候能力好、耐久性能优异，保证了建筑物的室内热环境和环境质量、减少了建筑能耗。其安全性可以避免常见的外墙外保温裂缝和防火事故。满足国家关于建筑节能工程的有关要求，已在多个工程应用中得到证实，具有较好的社会效益和环境效益。

10.2 该系统的LG无机超泡保温板强度高、无毒、无味、无挥发物质、结合性和防水性好，在工厂加工生产成型，现场粘贴，大大减少了现场施工湿作业，工程进度快；有利节能、利废和环境保护；

保温系统外可贴面砖，满足了不同建筑外立面设计要求，性价比优；同时可促进相关产业的发展，经济效益和社会效益显著。

11. 应 用 实 例

我们先后在安徽建工集团有限公司总承包施工的合肥华裕家园小区、玫瑰绅城小区、星耀园上园居住区一期等工程中成功应用了 LG 无机超泡保温板外墙外保温系统，取得了很好的效果，受到建设单位、监理单位、业主和社会各界的一致好评。各工程施工进度快、保温效果佳、综合造价低、工程质量好，各工程均一次性通过了质量验收，至今未出现墙面开裂、渗漏、空鼓、脱落等任何质量问题，有力地证明了该工法的先进性和实用性。

11.1 华裕家园 9 号楼位于合肥市合裕路中段，由安徽九华房地产开发公司投资建设，建筑面积 9600m^2，11 层钢筋混凝土短肢剪力墙框架结构，开、竣工时间分别是 2007 年 1 月和 10 月。该工程采用了 6800m^2 的 LG 无机超泡保温板外墙外保温系统，保温层厚度 30mm，弹性外墙涂料饰面。

11.2 玫瑰绅城 6 号、7 号楼位于合肥市肥河路，由上海城开（集团）有限公司开发，总建筑面积 10840m^2，11 层短肢剪力墙结构，2008 年 4 月开工，2009 年 2 月竣工。该工程采用了 4860m^2 的 LG 无机超泡保温板外墙外保温系统，保温层厚度 35mm，面砖饰面。

11.3 星耀·园上园居住区一期工程 1 号、2 号楼位于合肥市双七路与郎溪路交口，由合肥星耀置业有限公司投资建设，总建筑面积 28308m^2，16 层钢筋混凝土框架结构，2008 年 5 月开工，2009 年 3 月竣工。该工程采用了 15700m^2 的 LG 无机超泡保温板外墙外保温系统，保温层厚度 30mm，外墙主要为面砖、局部涂料饰面。

混凝土门窗洞口的企口模板施工工法

GJEJGF108—2008

大连九洲建设集团有限公司　江苏双楼建设集团有限公司
宋诗聪　姜士颖　李庆新　王丽华　王涛　陈克荣

1. 前　言

新世纪以来高层建筑中采用剪力墙的建筑越来越多，保温工程多采用外墙苯板及挤塑板保温，以防止热源外泄及冷桥内墙透寒。门窗一般采用塑钢窗、断桥铝门窗，这些新技术给设计单位、建设单位、尤其是施工单位带来四新技术的应用，给施工企业提出了对新技术、新材料、新设备、新工艺的科学技术进行科研、攻关等新课题。

在这样的四新技术环境中公司高工室、设计室、技术室、工程室、质监室、安全室及其他科室形成了由以公司总经理为主，总工程师、技术负责人为辅的科研团队，发起一轮又一轮的科学攻关。研发了适合高层建筑物外墙保温使用的混凝土门窗洞口的企口模板。

高层建筑混凝土门窗洞口在大钢模板、清水模板中的门窗洞口施工中模板均采用门窗洞口小钢模板、清水模板，采用这些模板的门窗洞口拆模后，门窗洞口出现直线型的洞口，而直线型门窗洞口与塑钢门窗、断桥铝门窗之间因工艺原因有 30～50mm 的间隙，有的加上施工误差更大，达到 70～80mm。这一间隙给外墙保温、内墙抹灰造成技术上的缺陷。使外墙保温不到位，产生冷桥作用，引起内墙透寒、墙体发霉等质量问题。

直线形门窗洞口与塑钢门窗、断桥铝门窗间隙抹灰开裂缝，会给业主造成主体结构不安全、主体工程施工质量不符合规范要求的误解。为了解决这些技术难题，公司研发了混凝土门窗洞口企口模板。

混凝土门窗洞口企口模板已申请国家实用新型专利。

公司广泛的把混凝土门窗洞口企口模板工法使用在混凝土门窗洞口工程中，随后企口模板又推广到后塞砌体工程之中。这一关键技术工法的应用解决了室内外热、冷桥，墙体发霉、透寒、渗漏。门窗洞口室内抹灰裂缝等技术难题。不仅使业主满意，并且使工程技术质量得到进一步提高。

2. 工 法 特 点

2.1　混凝土门窗洞口的企口模板施工工法的使用成功解决了室内外热、冷桥，室内温度向外散发，室外冷桥内侵透寒的问题，门窗洞口四周渗漏问题。

2.2　混凝土门窗洞口的企口模板，采用工厂预制企口门窗洞口定型模板。安装快捷施工简便、拆卸便利、模板利用率高。门窗洞口混凝土成型规矩，能够达到设计要求及工程技术质量要求。

2.3　混凝土门窗洞口的企口模板与传统的直线型模板相比，工期得到有力保障，比传统直线型模板同一部位的施工工期提高 2～3 倍。

2.4　混凝土门窗洞口的企口模板的工程质量能够达到工程技术要求，保温热源不散发，热、冷桥技术得到提高，门窗框渗漏也得到有效防止，达到设计要求。

2.5　混凝土门窗洞口的企口模板与传统的直线型模板相比，因与塑钢门窗、断桥铝门窗无间隙，抹灰不裂缝，门窗洞口不渗漏雨水。使业主认可，且主体安全可靠，无后顾之忧。

2.6　混凝土门窗洞口的企口模板与传统的直线型模板相比，不但安装拆除时节省人工、节省人工工资支出，就门窗洞口间隙抹灰而言，由于人工费上涨，一个门窗洞口仅抹灰一项，工资支出近

100.00元，再加上材料支出，一个门窗洞口总支出近150～200元，单位工程节省支出就是可观的一笔技术经济造价。

混凝土门窗洞口企口模板技术的先进性通过研发落实已得到了实物验证。大连水产学院主教学楼工程由于采用门窗洞口施工工法，工程获得"鲁班工程"提名奖。

工程技术的新颖性是传统施工技术所没有的，已得到业主、设计单位、监理单位和其他技术质量管理单位的一致认可。

3. 适 用 范 围

3.1 适宜采用混凝土门窗洞口企口模板的混凝土工程建筑及混凝土高层建筑。

3.2 适宜推广到后塞填充砌体工程之中。

3.3 工程施工洞口。

4. 工 艺 原 理

4.1 混凝土门窗洞口的企口模板工法核心技术是根据门窗洞口几何尺寸勾股定理而制作。

4.2 门窗洞口钢框架制作的几何原理：

4.2.1 工厂制作焊接钢框架的门窗洞口几何尺寸。

4.2.2 工厂制作焊接浇筑混凝土成型的钢模板（钢模板厚度H：4mm）。

4.2.3 根据钢模板基础理论制作门窗洞口活动钢支撑。

4.2.4 工厂焊接制作门窗洞口企口模板拆除方便的四角活动模板原理。

5. 施工工艺流程及操作要点

5.1 工艺流程图

选择型钢、钢板→焊接钢框→焊接钢模板→制作四角活动模板→焊接钢支撑→安装企口模板→安装大钢模板→浇筑混凝土→拆大钢模板→拆门窗洞口企口模板→清理门窗洞口企口模板→组装企口模板→吊装企口模板→门窗洞口企口模板刷隔离剂→摆放企口模板→安装门窗→发泡保温→外墙保温→外窗口抹灰→外门窗口面层→内门窗口打磨→内门窗口装饰。

5.2 施工工艺流程及操作要点

5.2.1 选择门窗洞口型钢，一般采用方钢，比较合适方钢厚度在5～6mm为宜。

5.2.2 根据门窗洞口几何尺寸焊接门窗洞口钢框。

5.2.3 焊接与钢框之上钢模板（$H=4mm$）。

5.2.4 制作门窗洞口便于拆除的活动四角钢模板。

5.2.5 焊接活动的门窗洞口钢支撑以便于拆除。

5.2.6 安装加固门窗企口钢模板。

5.2.7 安装混凝土剪力墙大钢模板。

5.2.8 浇灌大钢模板门窗洞口企口模板混凝土。

5.2.9 拆除大钢模板。

5.2.10 拆除门窗洞口企口模板。

5.2.11 门窗洞口企口模板摆放，钢管支架垂直摆放。

5.3 工艺流程

5.3.1 焊接门窗洞口企口模板钢框。

5.3.2　按设计要求焊接门窗洞口企口钢模板。

5.3.3　制作门窗洞口企口模板四角活动钢模板。

5.3.4　焊接活动的门窗洞口钢支撑：大洞口垂直采用支撑 3 支撑杆（钢管 D50mm 厚度 4mm）；大洞口水平采用支撑 3 支撑杆（钢管 D50mm 厚度 4mm）。

5.3.5　钢铁链悬挂四角活动钢模板，刷隔离剂。

5.3.6　安装加固门窗洞口企口钢模板，使之能承受混凝土的巨大压力与侧压力，承受浇筑混凝土的振捣力。

5.3.7　安装混凝土剪力墙大钢模板，加固大钢模板。

5.3.8　浇筑大钢模板、门窗洞口企口模板混凝土，振捣混凝土，大钢模板门窗洞口企口模板混凝土达到设计几何尺寸要求无蜂窝麻面及其他质量缺陷。

5.3.9　拆除大钢模板。

5.3.10　拆除门窗洞口企口模板。

5.3.11　组装门窗洞口企口模板，清理模板刷隔离剂。

5.3.12　吊装门窗洞口企口模板。

5.3.13　文明摆放门窗洞口企口模板，检查组装模板。

5.3.14　安装塑钢门窗或断桥铝门窗。

5.3.15　塑钢门窗或断桥铝门窗与主体之间空隙发泡沫保温。

5.3.16　外墙保温粘贴保温板或混凝土浇筑时保温板带钢丝网就直接浇筑在混凝土主体外层。

5.3.17　外墙门窗洞口抹灰。

5.3.18　外墙门窗洞口面层。

5.3.19　内墙门窗洞口清水混凝土打磨。

5.3.20　内墙门窗洞口内装饰。

6. 材料与设备

6.1　劳动力组织情况表（表 6.1）

劳动力组织情况表　　　　　　　　　　　　　　　　表 6.1

序　号	工　种	所需人数	职　责	备　注
1	工程师	3	技术，制图	关键技术
2	技术人员	3	技术，实样	技术落实
3	技师	5	下料，放样	实物技术
4	高级焊工	6	精度焊接	焊接模板
5	组装技师	6	模板精装	组装模板
6	安装技师	20	安装模板	安装模板

6.2　材料设备表（表 6.2）

材料设备表　　　　　　　　　　　　　　　　表 6.2

序　号	名　称	型　号	单　位	数　量	用　途
1	方钢	100×100×5	t	8	钢框
2	钢板	2×2×3	t	10	模板
3	钢管	D50×5	t	8	
4	螺栓		根	200	
5	焊条	422 型	kg	100	焊接
6	切割机		台	4	切割方钢
7	切板机		台	4	切割钢板

续表

序 号	名 称	型 号	单 位	数 量	用 途
8	焊机	BX-30	台	10	焊接
9	汽车吊		台	1	焊接起吊
10	汽车		台	2	运输
11	塔吊	TD-6	台	1	起吊模板
12	钢管架		座	10	摆放模板

施工机具见表 6.2 外还有制作工具：制作钢平台；水平仪；垂直检测仪；对角线检测仪（可自制）；方正仪（可自制）。检测工具：卡尺；钢尺；游标尺；磅秤。

卡尺——检测各种材料厚度及规格；

钢尺——制作钢模板下料、计算标尺；

游标卡尺——制作型体钢模板固定测尺；

磅秤——检测各种材料是否是非标产品及理论计算重量与实物之差。

门窗洞口企口模板安装也采用水平仪、垂直检测仪、对角线检测仪、方正仪、还进行支撑抗压力试验、支撑冲击力试验、抗扭矩试验及其他检验检测方法。

7. 质 量 控 制

7.1 混凝土门窗洞口企口施工工法执行国家规范

7.1.1 《混凝土强度检验评定标准》GBJ 107—87

7.1.2 《砌体工程施工质量验收规范》GB 50203—2002

7.1.3 《混凝土结构工程施工质量验收规范》GB 50204—2002

7.1.4 《钢结构工程施工质量验收规范》GB 50205—2001

7.1.5 《钢结构高强度螺栓链接的设计、施工及验收规程》JGJ 82—91

7.1.6 《建筑装饰装修工程质量验收规范》GB 50210—2001

7.2 混凝土门窗洞口企口模板检验方法

7.2.1 采用长尺、卡尺检验材料规格、厚度。

7.2.2 采用钢尺检验材料下料长度。

7.2.3 采用游标卡尺检验企口模板四角活动模板固定、定型尺寸标准。

7.2.4 采用水平仪检验检测企口模板下弦、上弦制作、安装水平标准。

7.2.5 采用垂直检测仪检测企口模板制作、安装及成型主体垂直度。

7.2.6 采用对角线检测仪检验检测企口模板制作及成型主体对角线误差。

7.2.7 采用方正仪检测检验企口模板制作及成型主体方正误差。

7.3 此工法在现行标准规范中未规定的质量要求

7.3.1 混凝土门窗洞口企口模板制作材料未有标准。

7.3.2 混凝土门窗洞口企口模板制作未有标准。

7.3.3 混凝土门窗洞口企口模板制作支撑力，侧压力未有标准。

7.3.4 混凝土门窗洞口企口模板安装参照钢模板及木模板安装标准。

7.4 关键部位，关键工序的质量要求

7.4.1 材料必须达到要求的材质、规格、厚度质量要求。

7.4.2 钢框、钢模板垂直上下弦保证刚度及满足侧压力，冲击力质量要求。

7.4.3 支撑系统能满足支撑力的质量要求及收缩拆除方便要求。

7.4.4 企口模板四角活动模板能满足成型主体达到质量标准要求及拆除方便，组装方便连接牢固的要求。

7.4.5 企口模板能够完全达到成型主体设计质量要求及安装门窗框的要求。

7.4.6 企口模板能满足外墙保温的质量要求。

7.4.7 企口模板能满足门窗框保温发泡的质量要求。

7.4.8 企口模板能满足外门窗框不渗水的质量要求。

7.4.9 企口模板能满足室内门窗的抹灰不裂缝的质量要求及其他质量要求。

7.5 工程质量目标的技术措施

7.5.1 混凝土门窗洞口企口模板四角组装、拆除活动的技术措施。

7.5.2 混凝土门窗洞口企口模板支撑系统支撑力的技术措施（因涉及专利权此项措施未作详细交待和图示交待）。

7.5.3 混凝土门窗洞口的企口模板门窗框不渗水技术措施。

7.5.4 混凝土门窗洞口企口模板保温技术措施。

7.5.5 混凝土门窗洞口企口模板室内装饰不裂缝技术措施。

7.6 技术措施管理方法

7.6.1 加强材料进场管理，必须是正规材料。

7.6.2 加强企口模板制作管理，必须按规定制作。

7.6.3 加强企口模板四角活动模板制作、连接、固定管理，必须按规定制作、组装、重新组装检查连接牢固。

7.6.4 加强支撑系统支撑、收缩、连接加固管理（专利权不作详细介绍）。

7.6.5 加强安装企口模板的管理必须符合模板安装要求。

7.6.6 加强企口模板拆除重新组装，刷隔离剂存放的管理，重新组装清理模板，刷隔离剂，支架存放。

7.6.7 加强门窗框保温不渗水的管理，门窗框空隙发泡抹抗渗砂浆。

7.6.8 加强室内装饰不裂缝的管理，室内门窗口不抹灰，直接打磨装饰。

8. 安全措施

8.1 混凝土门窗洞口企口模板施工法在实施中严格按《建筑施工安全检查标准》JGJ 59—99 执行。

8.2 安全措施和预警事项

8.2.1 材料进场执行交通法规，按规定速度行车，预防交通事故，保证卸料安全。

8.2.2 制作焊接按操作规程，不违章作业，不醉酒作业不疲劳作业，佩戴劳动保护用具，预防机械伤人。焊接不露天或雨天作业，不接地接零不准作业，配电箱不安装漏电保护器不准作业，吊装不安全不准作业，防止电击伤人。

8.2.3 混凝土门窗洞口企口模板安装按操作规定操作

1. 整体组装要牢固，吊装不违章指挥，不违章作业。

2. 高空作业不戴安全帽、不系安全带、无安全网，不准作业。

3. 防止高空物体打击，防止高空坠落。

4. 企口模板安装要牢固，塔吊吊装要时时注意吊装安全。吊装信号要准确，指挥要得当。

5. 不违章指挥和违章作业，无安全网，不戴安全帽，不系安全带不准施工。

9. 环保措施

9.1 执行的各种法规

9.1.1 《中华人民共和国环境保护法》。

9.1.2 《中华人民共和国环境影响评价法》。

9.1.3 《中华人民共和国水污染防治法》。

9.1.4 《中华人民共和国固体废物污染防治法》。

9.1.5 《中华人民共和国环境噪声污染防治法》。

9.1.6 防治环境污染和其他公害：

1. 生产环境污染和其他公害的单位，必须把环境保护工作纳入计划，建立环境保护责任制度。采取有效措施，防治在建设中产生的废气、废渣、粉尘、恶臭气体、放射性物质以及噪声、振动、电磁波辐射等对环境的污染和危害。

2. 建设项目中防治污染的设施，必须与主体工程同时设计，同时施工，同时投产使用。

3. 防止水污染，不排放污染水质的物品与污水。

4. 防止固体废物污染，不丢弃固体废物污染环境。

5. 防止噪声污染，建设隔声装置，晚上 19 时之后到凌晨 7 时之前，噪声超过规定的机械及其他噪声污染停止运转。

6. 食堂生活污水要有隔油池，按指定排水道排除生活污水。

7. 绿化美化建筑工地生活区。

9.2 文明施工

9.2.1 建立一支文明施工的建设队伍。

9.2.2 建立文明施工保证体系。

9.2.3 建立以项目经理为首的领导小组。

9.2.4 建立文明施工制度。

9.2.5 建立文明施工样板工地。

9.2.6 建立单位工程、分部工程、分项工程文明施工的制度要求。

9.2.7 单位工程、分部工程、分项工程必须工完料净，材料整齐摆放，库房整洁，材料按种类分层保管。

9.2.8 以人为本，人人争做文明施工的标兵。

10. 效 益 分 析

10.1 该工法在工程中实际效果及文明施工综合经济效益

混凝土门窗洞口企口模板节省室内门窗口抹灰物料，节省水平运输、垂直运输、节省水电、节省工时、减少工人工资、降低工程造价、节省抹灰物料每个 100.00 元，节省远距离及近距离运输 80.00 元，节省垂直运输 50.00 元，节省人工工资 100.00 元，合计 330 元。单位工程如以 100 个门窗口来计算：100×330.00 元＝33000.00 元。降低工程造价是现实的，经济效益是摸的着，看的见的。

10.2 环境效益

10.2.1 工法本身在工程应用中就有环境效益如内门窗洞口不抹灰就减少环境污染。

10.2.2 节省的物料产生的环境效益就更大，节省水泥、矿山资源开采保护绿色生态不被破坏，造福子孙后代。

10.2.3 节省河砂不开采，河砂减少汽车运输，避免汽车运输污染及尾气排放污染道路及城市环境。

10.3 节能效益

10.3.1 混凝土门窗洞口企口模板施工工法因为外墙采用苯板保湿，门窗口发泡保温阻断热、冷桥，使建筑物冬天保温效果极佳，夏天阻热效果良好，减少室内空调机使用，省电省水。符合国家关于空调使用的管理办法。

10.3.2 节省物料产生的节能效益也不少。

10.3.3 节省长距离、短距离、垂直运输，节能更可观。

10.4 社会效益

10.4.1 混凝土门窗洞口企口模板施工工法，不但可以应用在主体是混凝土剪力墙的工程，还可以推广到后塞填充砌体门窗洞口，也可以做成企口门窗洞口，推广到建筑主体当中产生有利的社会效益。

10.4.2 采用企口模板的建筑主体门窗洞口不渗漏，因而产生巨大的社会效益。

10.4.3 本工法内容符合国家关于建筑节能的有关要求，可以大力推进。并且有利于节能技术与建筑结合配套技术的研发、集成和规模化应用。

11. 应 用 实 例

11.1 大连水产学院主教学楼工程，总建筑面积 22000m²，工程位于大连市甘井子区黑石礁大连水产学院海边。该工程于 2005 年 2 月 16 日开工，2005 年 8 月 28 日竣工。该工程实物工作量为外立面 270 个门窗洞口，通过使用该工法节约资金 8.91 万元。该工程还被评为"国家鲁班奖工程"提名奖。经过几年使用，保温效果、防雨效果良好，未发现问题。

11.2 本工法在大连泉水经济适用房工程建设中的高层建筑 33 层 C2 号工程中的剪力墙应用，该工程总建筑面积为 16373m²，于 2006 年 6 月 28 日开工，定于 2007 年 8 月 18 日竣工。该工程实物工作量为外立面 858 个门窗洞口，共节约资金 28.314 万元。

11.3 本工法又在大连泉水经济适用房工程 C3 号工程中的剪力墙应用，该工程总建筑面积为 16370m²，于 2006 年 6 月 28 日开工，定于 2007 年 8 月 18 日竣工。该工程实物工作量为外立面 856 个门窗洞口，共节约资金 28 万元。

11.4 目前，本工法在建筑界的企口门窗洞口施工中具有先进性、推广性、成熟性和应用性，处于国内领先地位。

复杂纹饰混凝土装饰板幕墙施工工法

GJEJGF109—2008

河南泰宏房屋营造有限公司　河南红旗渠建设集团有限公司
陈松华　郭强　李水才　郝卫增　李守坤

1. 前　言

　　饕餮纹是纹饰装饰效果极其复杂的一种（图1-1），由泰宏建设发展有限公司研究开发的复杂纹饰混凝土装饰板幕墙施工工法，采用现场制作二凹二凸混凝土——硅胶模板体系进行饕餮纹混凝土装饰板制作，整个图案凝重神秘、结构严谨，免去了原设计采用的现浇饕餮纹装饰板，节省了现浇饕餮纹混凝土大面积专用装饰模板制作费用、脚手架搭设费用，有效解决了板壁高（7200mm）、薄（板厚130mm）、斜引起的施工难题（图1-2），二凹二凸混凝土——硅胶模板体系具有模板制作费用低、周转

图 1-1　饕餮纹纹饰示意图

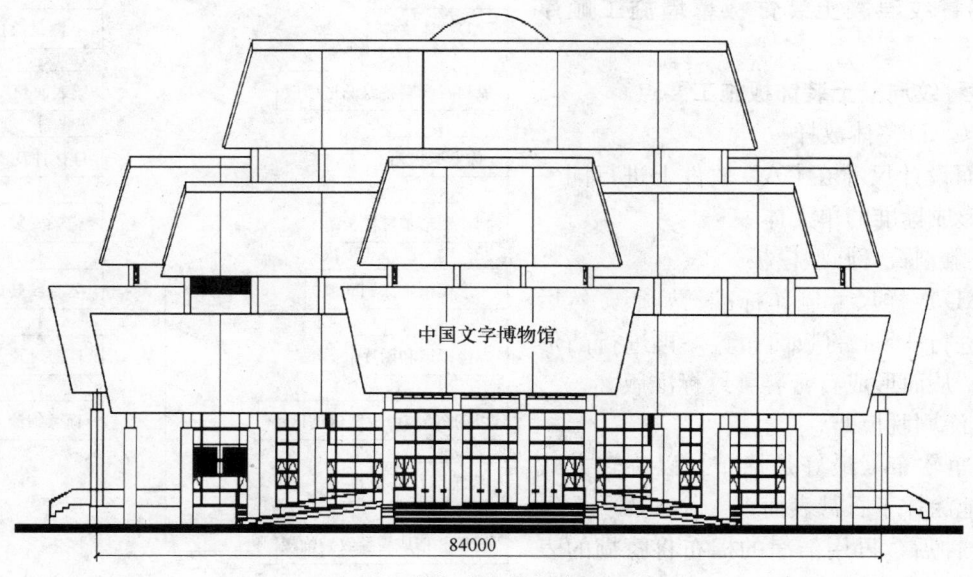

图 1-2　中国文字博物馆正立面图

使用次数多、纹饰效果易于控制等特点，经过在中国文字博物馆工程成功应用后，工程质量和效果得到了社会各界的一致好评。二凹二凸混凝土硅胶模板体系预制复杂的饕餮纹混凝土装饰板在国内施工尚属首次，目前无现成的规范可遵循，该技术经河南省建设厅审核、鉴定达到国内领先水平，并于2008年12月被评为河南省省级工法。

2. 工 法 特 点

2.1 本工法将大面积复杂的饕餮纹装饰板面采用 CAD 放样成标准的单元板，采用二凹二凸混凝土——硅胶模板体系预制装饰板，使得装饰板预制、钢架安装等工艺形成流水线施工，施工速度快、工效高、总工期短、经济效益高。

2.2 复杂的饕餮纹混凝土装饰板幕墙施工为国内首次出现，形成该工法后，添补了国内没有复杂纹饰混凝土装饰板幕墙施工工艺的空白。

2.3 在国内首次利用混凝土作为复杂纹饰装饰板模板材料，并形成成熟工艺，节省了传统使用的木模板，有利于环保。

3. 适 用 范 围

本工法适用于各类建筑结构室内外中带有复杂纹饰混凝土装饰构件和大型混凝土装饰板工程的施工。

4. 工 艺 原 理

复杂的饕餮纹混凝土装饰板幕墙施工经过 CAD 整体放样；分隔成标准尺寸；采用石膏板雕刻成凸形标准板；在石膏板上涂刷脱模石蜡，使表面形成光滑的隔离层；在板面浇筑细石混凝土形成钢筋混凝土饕餮纹凹形模板，在其凹形混凝土模板上涂刷硅胶形成隔离层；在混凝土——硅胶模板上浇筑混凝土，从而形成了预制的饕餮纹装饰板，再在安装好的钢架上进行安装和板面面漆涂刷，整个工艺经济适用、凝重神秘、结构严谨、制作精巧、饕餮纹图案庄严。

5. 施工工艺流程及操作方法

5.1 饕餮纹混凝土装饰板幕墙施工顺序（图 5.1）

5.2 饕餮纹混凝土装饰板施工要点

5.2.1 CAD 整体放样

根据板面设计尺寸在 CAD 软件上进行同一纹饰等分，形成标准的单元体。

5.2.2 雕刻石膏凸型模板

结合 CAD 放样尺寸制作标准石膏版，然后按设计样式进行 1：1 的版面布置，再进行凸形饕餮纹雕刻，从而形成石膏饕餮纹标准版。

5.2.3 涂刷脱模蜡

1. 用干净软布（最好是棉布）以旋转方式将石蜡均匀地涂抹于石膏表面；

2. 15 分钟后，再用洁净的棉布将朦糊的表层渐渐擦至光亮；

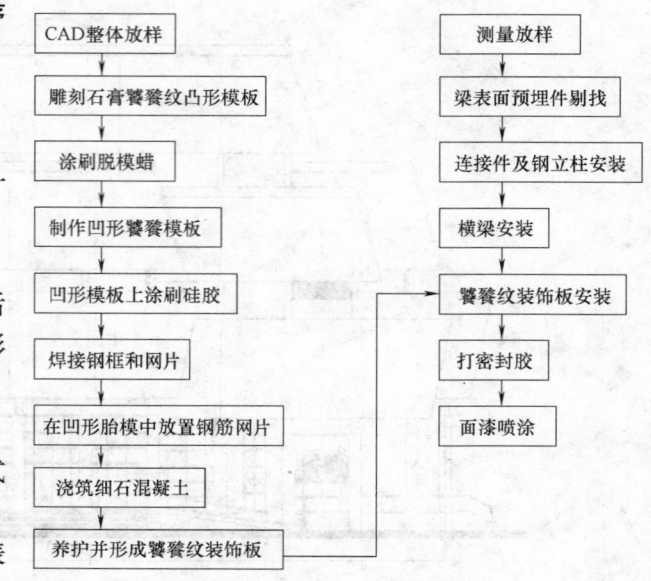

图 5.1 施工工艺流程图

3. 最后一次擦拭至模具表面光亮后，要静置 1h 以上才可进行混凝土浇筑，以达最佳脱模效果。

5.2.4　制作凹形（母模）混凝土模板

石膏标准板的制作是为了制作标准的混凝土凹形胎模作铺垫，在石膏板涂刷石蜡后，在石膏板四周支设木模板，并将钢筋网片置于石膏板表面一定高度（留设 40mm 厚混凝土保护层），再浇筑细石混凝土，待混凝土强度达到 50% 时进行脱模，然后用水泥浆进行纹饰表面涂刷修补，形成光滑精巧、图案清晰的混凝土模板。

5.2.5　凹形模板上涂刷硅胶

1. 在制作饕餮纹混凝土装饰板时，为使得凹形模板能多次周转使用，必须确保有较好的隔离层，首先需将母模（凹模）清洗干净并晾干，作光滑处理（涂刷脱模蜡）。

2. 将 500～1000g 的硅胶盛入胶盆备用；再将硬化剂按重量比（1.5%～2.5%）称量后加入硅胶中进行混合，充分搅拌均匀；视情况加入一定数量的硅胶稀释剂，直至混合均匀为止，一般为 3～6min 内。

3. 硅胶配合好后，在母模（凹形模板）内涂刷均匀，涂刷三层每一层厚度为 1mm，在涂刷硅胶过程中要求每一层固化后才可以涂刷另外一层，在刷第三层之前要在第二层上面加一层模具布来增加硅胶的强度，整体硅胶模具的厚度要控制在 4mm 左右。

5.2.6　焊接钢框、网片和混凝土浇筑

1. 按照放样尺寸焊接角钢框架，并在钢框内点焊直径为 8mm@150mm 的钢筋网片。

2. 将焊接好的角钢框钢筋网片放置母模上部，按照设计厚度（130mm）要求进行混凝土浇筑，并在混凝土内预留预埋铁用于钢架焊接。

3. 混凝土浇筑完毕后，要进行不少于 7d 的洒水养护，待混凝土强度达到 50% 时方可脱模，并用水泥浆进行表面涂抹修饰。

5.3　钢架安装施工要点

5.3.1　预埋件留设

结合土建工程在钢筋绑扎完后，按照图纸设计要求，对预埋件位置进行定位并进行预埋件埋设。固定预埋件之前，必须复核预埋件的位置是否正确，以保证预埋件的施工质量。复核无误后，则将预埋件加固，焊接牢固，避免在浇筑混凝土时振捣脱落移位，加固过程中应保证预埋件的垂直度、平整度偏差均不大于 3mm，水平标高偏差不大于 10mm，预埋件位置与设计位置偏差不大于 10mm。

5.3.2　立柱安装

1. 依据测量放线的定位尺寸复核连接件的位置，将连接件点焊固定在预埋件上，并将立柱栓接在夹持件上。

2. 立柱安装完毕后要用 5m 卷尺和吊锤调整立柱的位置和垂直度；确定立柱安装位置满足要求后，焊接固定连接件，栓接固定夹持件和立柱。

3. 立柱加固后要进行防腐处理，在做防腐处理之前要检查立柱的固定情况，并对立柱进行除锈，对焊接部位的焊渣进行清理，在涂刷前立柱表面处理应达到 Sa2.5 级标准，并保持立柱干燥，阴雨天相对湿度大于 75% 时，应停止施工。

5.3.3　横梁安装

按照图纸要求将横梁点焊在立柱上，每根横梁安装完毕后应使用水平仪检查其平整度，用 5m 卷尺检查其安装位置是否正确，当完成每个施工段和全部工序内容后，要使用水平仪校准所有的横梁水平度，整个横梁检查合格后，对其进行焊接，焊接过程要符合设计要求（6mm 焊缝）及焊接工艺规程的相关要求，焊接后，按照立柱的防腐要求对横梁进行防腐处理。

5.4　饕餮纹装饰板安装

5.4.1 按照预先对装饰板编制好的编码按顺序采用塔吊和汽车吊相结合的方式将饕餮纹装饰板运至现场指定位置，安装时用卷扬机提升、汽车吊辅助的方式进行起吊，起吊到安装安装楼层时，由操作工人使用预先绑定在装饰板底部的绳索将板块就位。

5.4.2　就位后先点焊固定预制板板块的四角角钢（图 5.4.2），检查板块的安装误差，检查合格后加焊固定，焊工必须取得合格证。正式焊接前，应进行焊接工艺评定。

5.4.3　按照设计要求焊接固定预制板板块中央位置的钢埋板，固定预制板板块（图 5.4.3）。

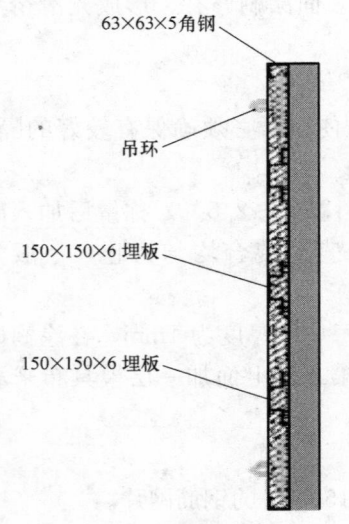

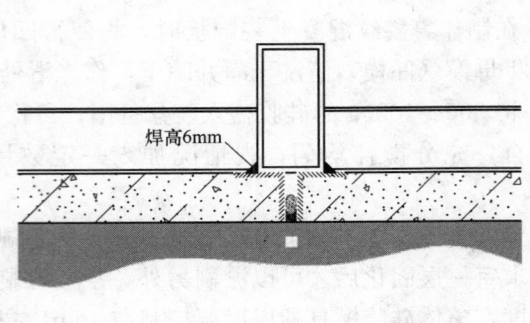

图 5.4.2　饕餮纹装饰板角钢、　　　　　　　　　图 5.4.3　安装节点图
　　　　　预埋铁位置示意图

5.5　打密封胶

5.5.1　注硅铜密封胶前要把胶缝清洗干净，挡胶纸要粘贴顺直，以保证胶缝的直线性，打胶时不得污染幕墙板面。

5.5.2　待硅铜密封胶初步固化后，撕掉胶缝两侧的保护胶带，用刮刀清除多余的密封胶并用中性溶剂洗涤，用清水擦拭干净。

5.6　氟碳漆喷刷

根据图纸设计要求，选用颜色一致的氟碳漆按施工工艺要求进行施工。

6. 材料与设备

6.1　主要材料

主要材料见表 6.1。

主要材料　　　　　　　　　　　　　　　　　　　　　表 6.1

序号	名　称	规格型号	数　量	序号	名　称	规格型号	数　量
1	石膏板			8	钢板	厚度 6	0.4t
2	硅胶	RTV-2 模具硅胶	20 桶	9	不锈钢螺栓组	M8×30	6175 套
3	液体石蜡	北京五星	100 瓶	10	不锈钢螺栓组	M12×110	10400 套
4	纱布	脱脂棉砂布	10 袋	11	电焊条		1.55kg
5	混凝土	细石混凝土		12	硅铜密封胶		1950 支
6	角钢	安钢 80×80×7-8	3t	13	方钢骨架		250185kg
7	钢筋	直径 8	5t				

6.2　主要设备

主要设备见表 6.2。

主要设备 表6.2

序 号	名 称	规格型号	数 量	序 号	名 称	规格型号	数 量
1	平板振动器	ZN50	4个	9	卷扬机		8台
2	振动棒	ZX32	8个	10	汽吊		4台
3	数控双头切割机	TD4052/E	2台	11	推车		6辆
4	切割机	LS1440	4台	12	油压钻		3台
5	双头锯	E255	5台	13	手电钻		20把
6	专用下料机	KELT6500	3台	14	冲击钻		10台
7	电焊机		40台	15	打胶枪		20把
8	电锤		10把	16	油漆搅拌机		4台

7. 质量控制

7.1 饕餮纹装饰板在预制时除应执行《混凝土结构工程施工质量验收规范》GB 50204—2002还应满足以下要求：《金属与石材幕墙工程技术规程》JGJ 133—2001、《建筑装饰装修工程质量验收规范》GB 50210—2001。

7.2 材料质量、混凝土强度应满足设计要求。

7.3 装饰板表面应无裂缝，混凝土密实整洁，面层平整；饕餮纹形象逼真、结构严谨、制作精巧、图案庄严。

7.4 混凝土保护层准确，无露筋。

7.5 装饰板在制作方面允许偏差（mm）执行表7.5所示。

装饰板制作允许偏差（mm） 表7.5

序 号	检验项目		允许偏差	序 号	检验项目	允许偏差
1	边 长	≤2000	±2	5	纹饰凹凸尺寸偏差	≤2
2		>2000	±2.5	6	板面纹饰位置偏差	≤3
3	对边尺寸	≤2000	≤2.5	7	平面度	≤2/1000
4		>2000	≤3	8	折弯高度	≤1

7.6 立柱安装轴线偏差不应大于2mm。

7.7 相邻两根立柱安装标高偏差不应大于3mm；相邻两根立柱的距离偏差不应大于2mm。

7.8 饕餮纹装饰板在安装方面允许偏差执行表7.8所示。

饕餮纹装饰板在安装方面允许偏差 表7.8

项 目		允许偏差(mm)	检测工具
同一行预制板上端水平偏差	相邻两板块	≤1.0	水平尺
	长度≤35m	≤2.0	
	长度>35m	≤3.0	
同一列预制板边部垂直偏差	相邻两板块	≤1.0	卡尺
	长度≤35m	≤2.0	
	长度>35m	≤3.0	
预制板外表面平整度	相邻两板块高低差	≤1	卡尺
相邻两预制板缝宽（与设计值相比）		±1.0	卡尺

7.9 金属氟碳漆施工材料选用必须符合《民用建筑工程室内环境污染控制规范》GB 50325—2001—3.3.2、《室内装饰装修材料溶剂型木器涂料中有害物质限量》GB 18581要求，并具备环境检测

机构出具的有害物质限量等级检测报告。

8. 安 全 措 施

8.1 吊装时在卷扬机工作范围内，闲人不得随意走动。

8.2 进入施工现场，必须戴好安全帽，扣好帽带，并正确使用个人劳动防护用具。

8.3 操作人员必须身体健康，并经过专业培训考试合格，在取得有关部门颁发的操作证或特殊工种操作证后，方可独立操作。学员必须在师傅的指导下进行操作。

8.4 在吊装过程中，如有起风（4 级风以上），应加强板块的保护，设置钢丝绳保护，六级以上大风及恶劣天气时停止吊装。

8.5 交叉作业时，施工人员要做好隔离设置，做好协调、沟通，做好自我保护，既防他伤，又防伤他人。

8.6 施工现场采用 TN—S 接零保护系统，所有设备的金属外壳必须与专用保护零线连接，专用保护零线由配电室的零线端子引出。保护零线的统一标志为绿/黄双色线，在任何情况下都不许使用黄/绿双色线作负荷线。

8.7 电焊时，特殊工种焊工、电工等必须持证上岗，并派专人监护，并配备干粉灭火器。电焊、气焊应严格执行操作规程，执行动火制度，不准在易燃易爆物附近电气焊，尤其焊接钢支座时，一定要在底部加垫镀锌铁板接住焊渣，避免焊花四溢，确保现场安全。

8.8 定期组织对工人进行安全用电教育，认真学习《建筑安装工人安全技术操作规程》，《施工现场临时用电安全技术规范》JGJ 46—2005 等规范。

9. 环 保 措 施

9.1 所使用材料的剩余部分及废料，清理干净，堆放指定地点，及时清运。

9.2 优先选用环保机具，制定消声措施，降低施工噪声，尽量避免夜间施工。

9.3 现场施工严格遵守有关的法律、法规及制度进行环保管理。

10. 效 益 分 析

复杂的饕餮纹混凝土装饰板幕墙施工在国内还属首次，与原设计现浇饕餮纹薄壁板做比较：

经总体计算，本工程工节约工期 36d，节约人工费约 28 万元，原方案大面积制作专用饕餮纹模板费用招标价：750 万元，采用本工法后节省模板近 5200m²，节约费用 572 万元，节省三排脚手架搭设及钢丝绳斜拉费用约 15 万元，经两方案对比，总体节约费用 615 万元。

11. 工 程 实 例

中国文字博物馆工程是国务院批准的重点建设工程，地下一层，地上四层，该工程一至四层外檐斜板原设计均为饕餮纹装饰现浇板，由于壁薄（130mm）、施工高度较大（首层达 17m）、斜度大（首层外倾 110°），采用现浇施工需投入大量饕餮纹装饰专用模板费用、多排脚手架搭设费用，费用极其昂贵，而且还需控制好板面空中施工抗震动、板面抗裂、抗渗等难题，采用该工法后，制作的饕餮纹混凝土装饰板凝重神秘、结构严谨、图案庄严，安装后达到了幕墙装饰效果，在节约工程造价近 50% 的基础上成功顺利的完成了施工任务，受到了建设单位和国家、省、市领导的好评。

上人屋面内檐沟（排水沟）侧壁保温排气孔施工工法

GJEJGF110—2008

华升建设集团有限公司　浙江中联建设集团有限公司

陈伟炳　毛荣一　劳柳影　卢兴良

1. 前　　言

1.1　随着国家建筑节能相关规范的逐渐推广及上人保温屋面的普及，屋面渗漏也成为施工单位和用户普遍关注的问题，而根据历次全国屋面渗漏调查资料分析，由于细部构造不合理造成的渗漏占全部渗漏的70%以上，传统屋面保温层排气孔一般设置在纵横排气道交接处，在上人屋面面积较大情况下，相应的会增加许多的细部构造处理，不仅增加屋面出现渗漏隐患的概率，也影响上人屋面的使用功能及美观。

1.2　大榭国际大酒店工程（2007年度国家优质工程），裙楼屋面为露台，设有两个不规则游泳池，裙楼屋面面积约800m²（其中游泳池面积约250m²），为了确保屋面保温层排气孔发挥作用，同时又不影响露台使用功能，尽可能减少屋面细部构造处理，降低屋面渗漏的概率，如何改变传统屋面排气孔成为项目部必须解决的难题。经过项目部成员的共同努力，创造性的将保温层排气孔移置到内檐沟（排水沟）侧壁，经过近两年的使用观察，效果明显，因此在浙江万里学院宿舍楼工程（2008年度钱江杯）中又采用了本工法，并对部分工艺进行了改进、完善，总结形成了上人屋面内檐沟（排水沟）侧壁保温排气孔施工工法，该工法核心技术目前已申报国家专利，专利申请号为200820156705.2。

2. 工 法 特 点

2.1　本工艺可以在保证屋面保温层中的水分充分蒸发，进而有效根治防水层粘结不牢、因水分和气体造成起泡、空鼓、开裂、漏水现象，避免屋面渗漏的基础上，尽可能的减少屋面细部构造处理，降低屋面渗漏的概率。

2.2　本工艺通过将屋面保温排气道排气口移至内檐沟内侧，与传统做法相比具有工艺简单、经济、技术先进。

2.3　采用本工艺的屋面保温排气孔具有一定的隐蔽性，减少上人屋面上的障碍物，大大提高屋面的使用功能。

3. 适 用 范 围

凡各类建筑，包括公用建筑、民用建筑（钢结构除外），设计有内檐沟（排水沟）上人保温屋面的都可以采用本工法（如屋面宽度超过24m，中间可适当增加排气孔）。

4. 工 艺 原 理

4.1　传统屋面排气孔常规做法是在屋面中间每隔6m设置竖向排气孔，经过多年工程实践证明，采用这种做法节点部位（排气孔出屋面处）容易出现渗漏现象等诸多弊端。如图4.1-1～图4.1-4所示。

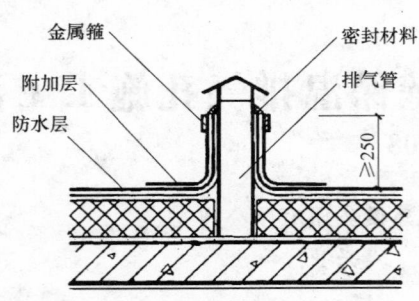

图 4.1-1 传统屋面排气口做法一

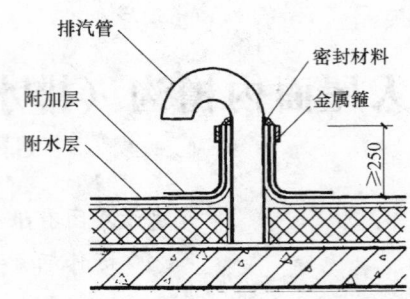

图 4.1-2 排气口做法二（《屋面工程技术规范》GB 50345—2004）

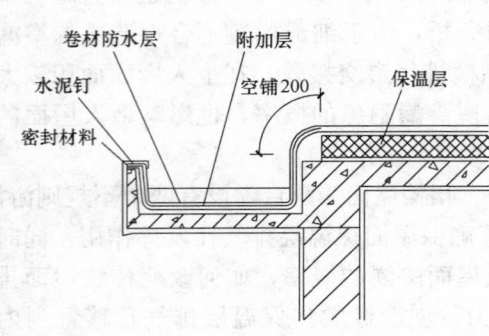

图 4.1-3 屋面檐沟端部构造（《屋面工程技术规范》GB 50345—2004）

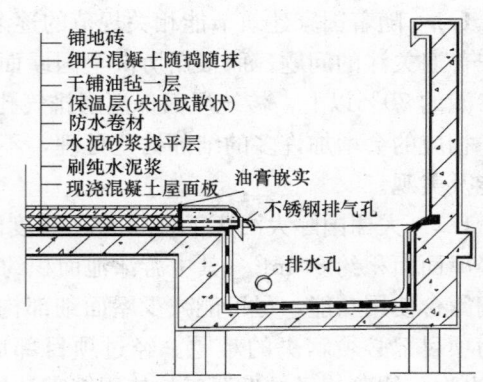

图 4.1-4 屋面侧壁保温排气管做法

4.2 针对这一难题，我们提出了将保温排气孔的出口位置设置在内檐沟（排水沟）侧壁，通过在檐沟端部现浇钢筋混凝土板带，并预埋不锈钢排气孔（不锈钢排气孔与屋面保温层排气道连通），最后在板带和防水层之间的缝隙用油膏填嵌密实。檐沟板带端部表面造型根据建筑要求，可制作成各种不规则的曲面造型。设置混凝土板带主要作用是防止檐沟端部侧壁及排气孔周边出现"流鼻涕"现象。如图 4.2-1、图 4.2-2 所示。

图 4.2-1 未设置混凝土板带檐沟端部"流鼻涕"现象

图 4.2-2 设置混凝土板带檐沟端部情况

5. 施工工艺流程及操作要点

5.1 施工工艺流程

5.1.1 整体屋面防水施工流程：施工准备→刷纯水泥浆→抹水泥砂浆找平层→防水层施工→保温

层铺设→干铺油毡一层→细石混凝土随捣随抹→铺地砖。

5.1.2 内檐沟侧壁排气孔施工流程。如图 5.1.2 所示。

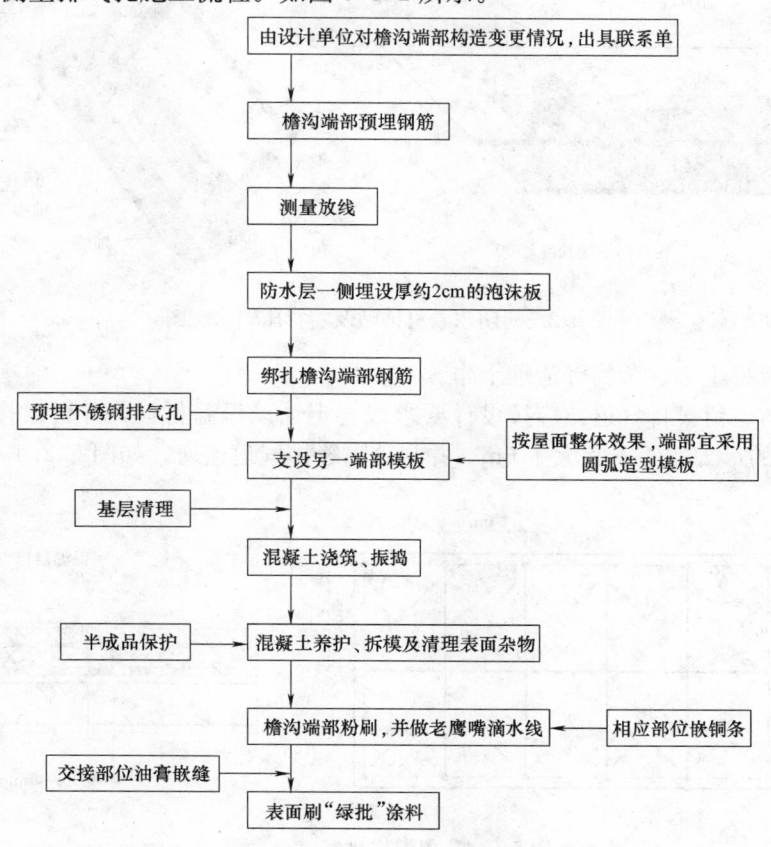

图 5.1.2　施工工艺流程图

注："绿批"是自行调配的一种新型防水涂料，既能起到防水作用，
又能防止墙面出现裂缝，目前正在申请国家专利。

5.2　整体屋面防水施工工艺操作要点

5.2.1　施工准备：

1. 找平层施工前，屋面结构层应进行隐蔽工程验收，并办理手续。

2. 穿过屋面的预埋管件根部应按图纸及规范做好处理。

3. 根据设计规定的坡度弹线、找好规矩（包括天沟、檐沟的坡度）。

4. 经过对屋面排气道设置情况进行排版计算，准备一定数量的不锈钢排气管，长度根据现浇板带的宽度，管径 20mm 左右，要求一端加工成弯头，如图 5.2.1 所示。

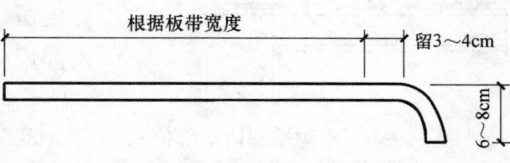

图 5.2.1　不锈钢排气管示意图

5.2.2　抹水泥砂浆找平层，具体按照《屋面工程技术规范》GB 50345—2004 要求执行。

5.2.3　防水层施工。

1. 屋面所用的防水卷材应有材料质量证明文件，并经检测机构检测合格，屋面的防水施工必须由有资质的防水专业队伍施工。

2. 主要控制点：根据现场实际情况，用经纬仪弹出卷材铺贴控制网格线，并保证各部位卷材搭接长度（两幅卷材短边边长或长边边长的搭接长度均不少于 100mm）。结合实际情况制作辊压工具，在卷材铺贴后及时进行辊压，使卷材与基层粘结牢固，并排出卷材与基层间空气。如图 5.2.3 所示。

5.2.4　保温层施工，要求如下：

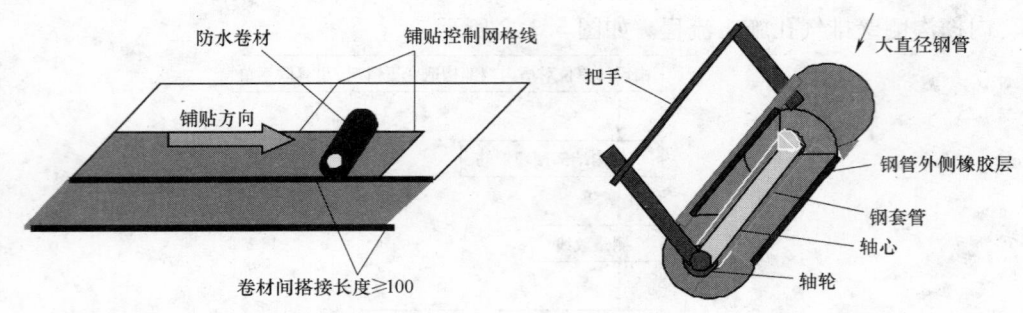

图 5.2.3　防水卷材铺贴及卷材压轴示意图

1. 清理基层：应将尘土、杂物等清理干净。

2. 铺设保温材料、留设排气道：应按设计要求或规定铺设保温材料，并留设排气通道，一般缝宽30～40mm，其纵横的最大间距不宜大于 6m，并与分隔缝排气道连通。如图 5.2.4 所示。

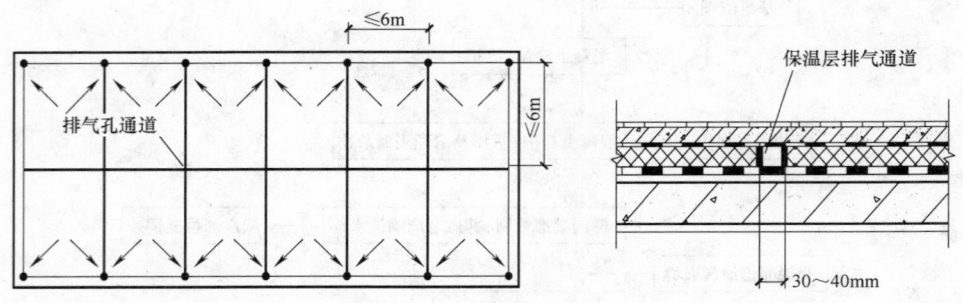

图 5.2.4　保温层排气道示意图

注：根据联系单要求，保温层在离檐沟端部一定范围内留空（留空宽度根据板带宽度）。

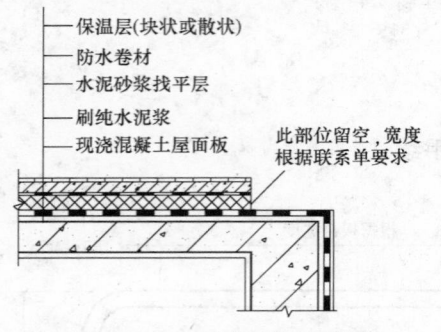

图 5.2.6　檐沟端部留空部位

5.2.5　干铺油毡一层。

油毡的铺设及搭接方法应符合屋面防水层施工的规范要求。

5.2.6　细石混凝土保护层施工，具体按照《屋面工程技术规范》GB 50345—2004 要求执行。

注：根据联系单要求，混凝土保护层在离檐沟端部一定范围内留空（留空宽度根据板带宽度）。如图 5.2.6 檐沟端部留空部位。

5.2.7　面层地砖施工，具体按照《屋面工程技术规范》GB 50345—2004 要求执行。

5.3　**内檐沟侧壁排气孔施工工艺操作要点**

5.3.1　出具技术联系单并预埋插筋

1. 首先提出侧壁排气孔施工的变更方案，提交设计单位审核，并出具技术联系单。同时需同监理单位、建设单位协商办理相关的签证手续，确保设计变更的科学性和可靠性。

2. 在浇筑屋面板时，在檐沟端部一侧按设计联系单的要求预先埋设钢筋。

3. 现浇板带宜分解为几个独立单元（以房屋开间尺寸为断开点），从而减少变形及裂缝。

5.3.2　测量放线、防水层一侧埋设厚约 2cm 的泡沫板

1. 根据联系单要求，用测量工具放出现浇板带的中心线和两侧边线。

2. 在做好的防水层一侧埋设厚约 2cm，高度同整体防水层高度（用做隔离模板）。

5.3.3　绑扎钢筋

1. 准备控制混凝土保护层用的水泥砂浆或塑料垫块。

2. 绑扎钢筋（划出钢筋位置线），与模板工协调好支模和绑扎钢筋的先后顺序，以降低绑扎难度。

3. 钢筋绑扎应符合设计、施工要求，防止因钢筋搭接位置、搭接长度、钢筋间距、保护层厚度等误差使现浇板带出现裂缝现象。如图 5.3.3 所示。

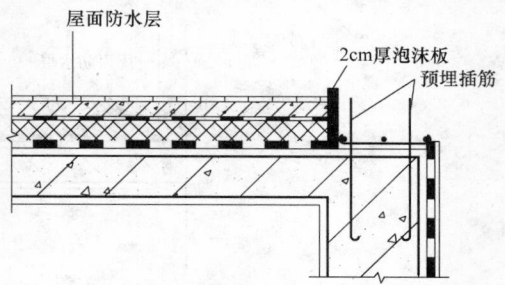

屋面防水层

2cm厚泡沫板

预埋插筋

图 5.3.3　檐沟端部泡沫隔板及配筋示意图

5.3.4　支设另一侧模板、预埋不锈钢排气管

1. 首先根据联系单要求，制作模板造型，并按规定尺寸留设排气管孔洞。孔洞尺寸不宜过大，否则排气管周围易产生漏浆。

2. 另一侧模板安装前应等钢筋隐蔽工程验收合格，施工缝处理完毕后安装。

3. 埋设不锈钢排气管，控制好弯头端部留设距离，另一端与保温层排气道连接。建议接口处用油膏嵌密。

4. 为了防止浇筑混凝土时板带膨胀、变形，在一侧模板上口钉上对撑木，同时用 8～10 号钢丝拉接一侧模板，间距不大于 1m，并与预埋钢筋紧密拉接。

5. 保证支模系统的刚度、强度和稳定性，在混凝土浇筑前用经纬仪测量模板上口的直线度，如偏差超过允许范围，应及时进行调整。为了防止老鹰嘴端部漏浆，产生"烂根"现象，在水平模板安装前，在侧板面贴海绵条，做到平整，确保安装质量。

5.3.5　浇筑混凝土

1. 严把材料质量关，使用的各种材料必须符合设计及国家有关规范、标准要求，优化混凝土的施工配合比设计，加入高效减水剂，适当减小水灰比，优先选用水化热较低的水泥，砂尽量选用中粗砂。

2. 在浇筑混凝土之前，检查模板支撑的稳定性以及模板接缝的密合情况。浇水湿润模板，但不允许有积水。

3. 在施工过程中，底部应先铺 10mm 厚与混凝土配比相同的水泥砂浆，采用插入式振动棒，每振点振捣应连续使混凝土表面呈现浮浆不再沉落。混凝土因沉降及干缩产生的非结构性的表面裂缝，应在混凝土终凝前予以修正。

4. 混凝土振捣应符合要求，严格控制混凝土凝结时间，避免出现漏振或振捣不密实，防止板带开裂。

5.3.6　混凝土养护、拆模及清除表面杂物

1. 混凝土养护：在混凝土浇筑完毕后 12h 做好混凝土的保温保湿养护，采用覆盖一层塑料薄膜再加麻袋养护，覆盖工作必须严格认真贴实，薄膜幅边之间搭接不少于 100mm，覆盖养护不少于 3d，浇水养护不少于 7d。

2. 混凝土达到一定强度后，方可拆模。模板拆卸日期，应按结构特点和混凝土所达到的强度来确定。在拆除侧模时，混凝土强度要达到 1.2MPa，保证其表面及棱角不因拆除模板而损坏。拆模后严禁在其上堆放材料或重物，避免混凝土结构过早受振动或承受荷载而产生裂缝。

3. 清理混凝土表面的木屑、钢丝等杂物，局部漏浆、蜂窝及时修补。

5.3.7　粉刷墙体、做出老鹰嘴并镶嵌铜条

1. 用按要求配比的水泥砂浆粉刷板带，抹灰前基层应先刮素水泥浆一道。

2. 粉刷厚度宜控制在每遍 5～7mm，应待前一层抹灰层凝结后，方可粉刷后一层，并做好浇水养护。

3. 装饰线条做好以后，每隔 3m 左右用切割机切割伸缩缝（宽度 2～3mm，深度为粉刷层厚度）上下连贯，防止粉刷层出现大面积裂缝（注：开间处必留）。

4. 为了美观，檐沟端部可做出各种造型并镶嵌铜条，突出端部的立体效果，在施工过程中线条平整度控制在 2mm/2m 以内，檐沟端部用水泥砂浆做出老鹰嘴，内侧嵌塑料条作滴水槽，保证雨水不会流向墙身，如图 5.3.7 所示。

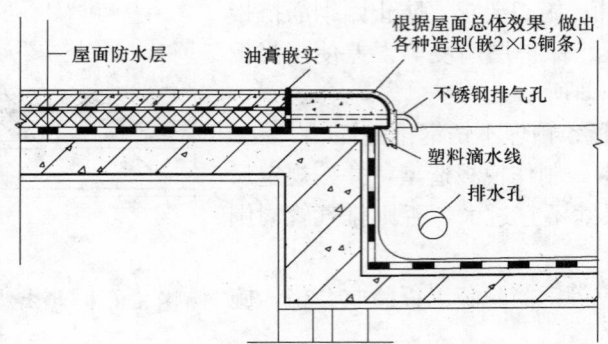

图 5.3.7　檐沟端部造型及滴水线条示意图

5.3.8　油膏嵌缝、刷"绿批"防水涂料

1. 清除泡沫隔离板，对于空隙部位用油膏填嵌。填嵌前先用胶带顺缝方向粘贴，防止油膏污染周围物品。注：严格控制胶带纸铺张的直线度。

2. 板带基层清理干净，含水率小于 9% 为宜，然后涂刷"绿批"涂料三遍以上。

5.4　劳动安排（表 5.4）

劳动力组织情况表　　　　　　　　　　　　　　　　　　　表 5.4

序号	工种	人数	备注
1	项目管理	1	全面负责屋面施工质量、安全、进度、协调等
2	钢筋工	6	钢筋制作、绑扎
3	工长	5	各自负责管理各工种操作人员
3	木工	8	模板制作、安装（造型模具制作）
4	泥工	8	找平层浇筑
5	防水工	4	屋面卷材铺设、泛水部位、表面防水处理
6	测量工程师	2	全面负责测量放线、轴线及标高等
7	普工	2	负责清理垃圾

6. 材料与设备

6.1　材料

挤塑泡沫保温隔热板、APP 改性沥青防水卷材、广场砖、钢筋、混凝土、模板、木支撑、水泥、砂、JS 涂料、绿批涂料、沥青麻丝、防水材料、108 胶水、线条造型模具等。

6.2　设备

6.2.1　挤塑聚苯乙烯板施工机具：电热丝切割器、电动搅拌机、壁纸刀、开刀、抹子、打磨机、砂纸、墨斗、扫帚。

6.2.2　细石混凝土施工机具：灰槽、抹子等。

6.2.3　防水卷材施工机具：汽油喷灯、滚刷、压辊、铁抹子、手锤、油开刀、吹尘器、剪刀、卷尺等。

6.2.4　测量工具：经纬仪、水准仪、线锤、水平尺、钢卷尺、木斗线、钢针、楔形塞尺、2m 靠尺、拉线等。

6.2.5　其他工具：翻斗车、小平锹、铁抹子、泥刀、扫帚、涂料刷等。

7. 质 量 控 制

7.1 有关规范、规程及标准

	1	《建筑工程施工质量验收统一标准》GB 50300—2001
	2	《屋面工程质量验收规范》GB 50207—2002
	3	《混凝土结构工程施工质量验收规范》GB 50204—2002
	4	《屋面工程技术规范》GB 50345—2004
	5	《建筑节能工程施工验收规范》GB 50411—2007
	6	《屋面节能建筑构造》图集号为 06 J204

7.2 找平层质量控制

找平层的质量检验标准见表7.2。

找平层质量检验标准 表7.2

项目	序号	检查项目	允许偏差或允许值	检查方法
主控项目	1	材料质量及配合比	符合设计要求	检查出厂合格证、质量检验报告和计量措施
	2	屋面(含天沟、檐沟)找平层的排水坡度	符合设计要求	用水平仪(水平尺)、拉线和尺量检查
一般项目	1	基层与突出屋面结构的交接处和基层的转角处	应做成圆弧形,且整齐平顺	观察和尺量检查
	2	找平层分缝的位置和间距	符合设计要求	观察和尺量检查
	3	找平层表面	水泥砂浆、细石混凝土找平层应平整、压光;沥青砂浆找平层不得有拌合不匀、蜂窝现象	观察检查
	4	表面平整度	允许偏差为5mm	2m靠尺和楔形塞尺检查

注:当基层为整体混凝土时,采用水泥砂浆找平层,厚度为20mm,水泥与砂浆比为1:2.5~1:3(体积比)。找平层还要设分格缝,并嵌填密封材料,这样可避免或减少找平层开裂,以至于当结构变形或温差变形时,防水层不会形成裂缝,导致渗漏。缝宽为20mm,分格缝的纵向和横向间距不大于6m,分格缝的位置设在屋面板的支端,屋面转角处防水层与突出屋面构件的交接处,防水层与女儿墙交接处等。

7.3 保温层质量控制

保温层质量检验标准见表7.3。

保温层质量检验标准 表7.3

项目	序号	检查项目	允许偏差或允许值	检查方法
主控项目	1	保温材料导热系数以及板材的强度、吸水率	符合设计要求	出厂合格证、质量检验报告和现场抽样复验报告
	2	保温层含水率	符合设计要求	现场抽样检验报告
一般项目	1	保温层的铺设	1. 松散保温材料:分层铺设,压实适当,表面平整,找坡正确; 2. 板状保温材料:紧贴(靠)基层,铺平垫稳,拼缝严密,找坡正确; 3. 整体现浇保温层:拌和均匀,分层铺设,压实适当,表面平整,找坡正确	观察检查
	2	保温层厚度	松散保温材料和整体现浇保温层为+10%,-5%;板状保温材料为+5%,且不得大于4mm	用钢针插入和尺量检查
	3	倒置式屋面卵石铺压	符合设计要求	观察检查和按堆积密度计算其质(重)量

7.4 卷材防水层质量控制（表 7.4-1、表 7.4-2）

卷材防水层质量检验标准 表 7.4-1

项目	序号	检查项目	允许偏差或允许值	检查方法
主控项目	1	卷材及其配套材料	符合设计要求	检查出厂合格证、质量检验报告和计量措施
	2	卷材防水层	不得有渗漏或积水现象	雨后或淋水、蓄水检验
	3	卷材防水层在天沟、檐沟、檐口、水落口、泛水、变形缝和伸出屋面管道的防水构造	符合设计要求	检查隐蔽工程验收记录
一般项目	1	卷材防水层的搭接	搭接缝应粘（焊）结牢固；防水层收头应与基层粘结牢固	观察检查
	2	找平层分缝的位置和间距	符合设计要求	观察和尺量检查
	3	排气道	纵横贯通、不堵塞	观察检查
	4	卷材的铺贴方向、搭接宽度	允许偏差为—10mm	2m 靠尺和楔形塞尺检查

卷材搭接宽度 表 7.4-2

搭接方向 铺贴方式 卷材种类		短边搭接宽度(mm)		长边搭接宽度(mm)	
		满贴法	空铺法 点贴法 条贴法	满贴法	空铺法 点贴法 条贴法
沥青防水卷材		100	150	70	100
高聚物改性沥青防水卷材		80	100	80	100
合成高分子防水卷材	粘结法	80	100	80	100
	焊接法	50			

屋面的保温层和防水层严禁在雨天、雪天和五级风及其以上时施工。

7.5 屋面保温层和防水层施工环境气温（表 7.5）

屋面保温层和防水层施工环境气温 表 7.5

项 目	施工环境气温
粘结保温层	热沥青不低于—10℃；水泥砂浆不低于 5℃
沥青防水卷材	不低于 5℃
高聚物改性沥青防水卷材	冷粘法不低于 5℃；热熔法不低于—10℃
合成高分子防水涂料	冷粘法不低于 5℃；热风焊接法不低于—10℃
高聚物改性沥青防水涂料	溶剂型不低于—5℃，水溶型不低于 5℃
合成高分子防水涂料	溶剂型不低于—5℃，水溶型不低于 5℃
刚性防水层	不低于 5℃

7.6 混凝土的施工符合《混凝土结构工程施工质量验收规范》GB 50204—2002 第 7.4.1、7.4.4、7.4.5、7.4.7 条要求。

7.7 粉刷工程关键工序质量检验主要项目

粉刷工程的质量应符合《建筑装饰装修工程质量验收规范》GB 50210—2001 第 4.1.3、4.1.4、4.1.10、4.1.11、4.2.2、4.2.3、4.2.5 等要求。

8. 安 全 措 施

8.1 认真贯彻"安全第一，预防为主"的方针，坚持管生产必须管安全的原则。建立完善的施工安全保证体系，加强施工作业中的安全检查，确保作业标准化、规范化。做好安全技术交底工作，施工过程中严格执行施工技术标准和施工规范规定。

8.2 进入施工现场作业时，施工人员应头戴安全帽，系好下颌带。严禁嬉笑打闹，严禁吸烟。

8.3 施工过程中各方人员必须分工明确，互相配合，统一指挥，采用对讲机进行协调。

8.4 卷材与施工所用的其他易燃物、易燃材料要在指定处单独存放，远离火源，做好防护和遮挡，做好防火标识，严禁烟火。配备足够的消防器材。施工作业面内，消防道路要畅通。

8.5 在五六级大风及雨天时应停止防水施工。

8.6 上屋面时，应走专用通道，不得随意攀援其他部位。

8.7 在施工过程中，应派专人巡视，以防其他人员将火种抛入卷材存放处而引发火灾。

8.8 现场所有施工单位，凡是动用电气焊和其他明火作业，必须开动火证，设看火人，并配备足够有效的消防器材。

9. 环 保 措 施

9.1 实行环保目标责任制：把环保指标以责任书的形式层层分解到有关班组和个人，列入承包合同和岗位责任制，建立懂行善管的环保自我监控体系。

9.2 在建筑工程物资采购过程中，选择绿色、环保、节能产品，对于进场的建筑工程物质，主要包括：原材料、成品、半成品、构配件、器具、设备等进行有害含量检测，符合标准的物质方可在工程中使用。在施工中，采用科学环保的施工方法、工艺进行施工，减少施工过程中可能出现的有害环境的因素发生，从始至终考虑环保及人文要求，从源头实现绿色、节能的效果。

9.3 施工垃圾搭设封闭式垃圾道或采用容器吊运到地面，杜绝将施工垃圾随意凌空抛散。在垃圾道出口处搭设挡板，垃圾要及时清运，清运时要洒水，防止扬尘。工程本着节能、环保的理念做到垃圾分类堆放，及时清运出现场，现场不得堆积大量垃圾。

9.4 清扫施工现场时，要先将路面、地面进行喷洒湿润后再进行清扫，以免清扫时扬尘。当风力超过三级以上时，每天早、中、晚至少各洒一次，洒水降尘应配备洒水装置并指定专人负责。

9.5 各类操作人员应进行职业健康安全教育培训，培训合格后方可上岗操作。

9.6 加强对施工现场粉尘、噪声、废气的监控工作，及时采取措施消除粉尘、噪声、废气和污水的污染。

9.7 减少施工噪声污染，尽量避免夜间作业，减少施工噪声对居民的影响。如必须在夜间施工时，事先向环保部门申请。采取一切可行的措施，减少夜间施工的机械数量。现场应遵照《中华人民共和国建筑施工场界噪声限值》GB 12523 制定降噪制度和措施。

10. 效 益 分 析

10.1 大大减少屋面细部构造处理，不仅减少了细部构造防水工作，也降低了屋面渗漏的概率。

10.2 施工简单，大大提高了工效和工程质量。

10.3 与传统做法相比，大大节约了维修费用。

10.4 经济效益分析表见表10.4。

经济效益分析表　　　　　　　　　　　　　　　　　　　　表10.4

项　　目	传 统 做 法	内檐沟侧壁
施工速度	施工工序复杂,施工慢	施工程序简单,快捷
排气孔使用年限	使用年限短	使用年限长
排气孔造价	120 元/个	加上混凝土板带成本,平均80 元/个
渗漏维修情况	需要日常维护	不需要维护

11. 应用实例

11.1 浙江万里学院宿舍楼及活动中心工程，于2005年7月17日开工，2007年5月31日竣工，建筑面积35000m²，工程坐落于宁波高教园区以南，总投资1.8亿。其屋面排气孔采用上人屋面内檐沟（排水沟）侧壁保温排气孔施工工法施工，屋面面积2000m²，共设置排气孔60个，从投入使用到目前为止未发现开裂及渗漏，屋面工程已成为本工程的一大亮点，而将保温层排气孔设置到内檐沟更是本屋面工程的一大亮点。该工程获得2008年度"钱江杯"优质工程称号（图11.1-1、图11.1-2）。

图11.1-1 上人屋面实物图

图11.1-2 屋面内檐沟排气孔实物图

11.2 浙江万里学院行政楼工程，于2004年6月8日开工，2006年5月31日竣工，建筑面积28000m²，工程坐落于宁波高教园区以南，总投资8500万。其屋面排气孔采用上人屋面内檐沟（排水沟）侧壁保温排气孔施工工法施工，屋面面积2500m²，共设置排气孔72个，从投入使用到目前为止未发现开裂及渗漏现象（图11.2-1、图11.2-2）。

图11.2-1 屋面内檐沟排气孔实物图

图11.2-2 上人屋面实物图

11.3 宁波大榭国际大酒店坐落于大榭开发区行政商务区，建筑面积32208m²，总投资2.2亿。工程于2003年4月28日开工，2005年8月19日竣工。其屋面及裙楼保温层排气孔均按本工法工艺流程施工，至今未发现一次渗漏现象，其中考虑部分排气孔位置距离内排水沟太远，可能会影响排气效果，为此将排气孔巧妙留置在在大理石台桌桌墩中，（设4个排气孔）造型新颖、别致。该工程获得2007年度"国家优质工程"称号（图11.3-1、图11.3-2）。

图11.3-1 大理石台桌桌墩排气孔

图11.3-2 边缘排水沟侧壁保温排气孔

冷库现喷聚氨酯隔热层施工工法

GJEJGF111—2008

山西陆通建筑有限公司　浙江省一建建设集团有限公司

王春　韩建刚　杨占东　李昌成　赵建华

1. 前　言

硬泡聚氨酯由组合聚醚、异氰酸酯和外加剂经过化学反应而生成。硬泡聚氨酯具有质量轻、强度高、保温、防水、阻燃、无毒、耐久等特点，是一种新型的保温和防水一体化的材料，越来越受到工程人员的关注和重视，用于冷库隔热层具有很强的优势，且环保、节能、经济。从 2000 年至今完成十余项冷库工程，有代表性为晋城市蔬菜公司 1500t 恒温低温综合库，太原市林木种子站冷库，五台山林业局种子收藏冷库；通过具体施工、人员培训、试验和检验、学习合作等工作，总结形成了一套完整可行的施工方法。2007 年形成了企业工艺标准和山西省级工法，关键技术经山西省建设厅鉴定委员会鉴定，达到国内领先水平。

2. 工 法 特 点

2.1　硬泡聚氨酯由现场喷制而成，该材料由互不联通的泡沫组成，孔闭率在 92％以上，该材料成品有良好的隔热性，导热系数≤0.027W/(m·K)，与基层粘结牢固，自重小在 30～60kg/m³ 之间，有很好的节能作用。

2.2　实用经济：因为是现场喷涂能处理任何复杂的表面，留不下热桥，满足不同厚度的要求；当前北京、山西的价格 1100～1300 元/m³，和其他防水保温材料相比，性价比最高。

2.3　施工速度快，基层、作业面条件具备，一台低压喷涂发泡机，每班可以喷 15m³ 左右。

2.4　该工法从基层准备写到保护层施工，讲的比较完整，可用性强。

3. 适 用 范 围

冷库顶棚、墙面、地面的隔热工程。

4. 工 艺 原 理

由组合聚醚、异氰酸酯和外加剂在适当温度和压力下混合喷到坚实干燥的冷库基层上，发生化学反应，体积膨胀 18～20 倍，形成结构致密、表面成波纹状、淡黄色的微孔泡沫材料即硬泡聚氨酯，分层喷涂达到设计厚度，能起到防水、保温、隔热的效果，再根据不同使用要求做保护层，满足冷库防潮、隔热要求。

5. 施工工艺流程及操作要点

5.1　施工工艺流程

技术准备→工序的准备→现场作业条件准备→试喷、取样检验→大面积喷涂→做保护层。

5.2 操作要点

5.2.1 技术准备：施工图应进行会审，确定构造做法、确定材料指标要求、设备要求，与其他工种的穿插方法，并编制成专项方案。

5.2.2 工序的准备：

1. 冷库的管道吊架全部要安装完毕，照明的灯具和开关要做支架接出来超过保温层和保护层厚度，电线穿完，冷库专用门框要安装上，目的喷完后不允许再凿孔打洞。

2. 对基层的要求：现浇混凝土墙面、顶棚（宜用竹木胶板支模，表面平整光洁为好）要清理干净，将浮浆、结构施工的残留物如海绵条、木条清理干净，有坑洞的地方用水泥砂浆补平，观感要平整、密实；墙面如为砌体墙要抹 20mm 厚的水泥砂浆，表面平整光洁，角部做成 $R \geqslant 50$mm 的圆弧。基层要干净、干燥，不允许出现湿渍、油污，如潮湿，用火炉或电暖气烤到干燥为止。工地上称之为"烤库"。

5.2.3 现场作业条件的准备

1. 冷库的层高一般在 3～4m，喷涂要用脚手架，用下面带滚轮移动式的门型架较经济，专人配合移动架子，不需要满铺架，也利于喷枪、料管移动，搭架要符合有关标准要求。

2. 照明准备：冷库都是有门没窗，有门也不可能向阳，室内施工依靠人工照明。

3. 劳动保护：冷库通风不好，冷库门口要放一台排风机，给室内换新鲜空气，施工时要戴防尘面具、手套、帽子。

4. 作业环境要求：施工现场的空气温度不宜低于 15℃，空气的相对湿度宜小于 85%，基层的温度要在 10℃以上，现场挂温度表和相对湿度表来检查。

5. 人员、材料和机械准备：该工作是根据设计图纸要求给厂家提指标，厂家加工料，合理安排组合料配方，达到提出的密度、导热系数、闭孔率、阻燃要求，组合料出厂前进行小样试验，小样达标后组织作业队、材料、设备进入施工现场。

5.2.4 试喷和检验：在正式喷涂前试喷、把机械调整好，确定好流量、配比、气压、操作方法等。

1. 配合比控制：按产品的要求通常为重量比 1∶1。粗测为从喷枪上卸下接头，各打回流，从计量泵上的看流量，用计量泵上的调节阀调整。进一步精测，用托盘天平秤 5s 的流量来检查调整流量，从而达到控制配比的目的，测量误差按±2%控制。

2. 喷涂时温度控制：基层的温度要在 10℃以上，材料通常在 15～30℃之间，主要靠设备的电加热器的调节来控制，过高发泡快，易堵枪，过低则发泡不充分。

3. 留样检验，合格后再大面积施工。试件大小为三块 500mm×500mm 的同厚度试块，送有资质部门根据图纸的要求和《建筑物隔热用硬泡聚氨酯泡沫塑料》GB 10800—89 标准检测，合格后开始大面积喷涂。

5.2.5 大面积喷涂：

1. 先喷顶，再喷墙，最后喷地面（地面材料宜用Ⅱ型料，形变 10%时的压缩应力≥150kPa）。顶棚沿短方向喷，墙从门的一侧开始转着向外喷，地面向门口方向退着喷，喷完一般 20s 后可上去喷下一遍；喷顶棚时注意保护地面，地面喷涂前要清理干净喷顶、喷墙产生的垃圾。每遍喷的厚度在 20～30cm，底层、面层要薄一些，利于找平。当日的作业面当日要连续完工。

2. 喷枪操作：在喷枪与基面距离一般有 500mm 左右，根据气压和部位调节，移动速度应均匀，通常为 0.5m/s 左右，送料的管路要专人把持配合持枪人，安排专人配合移动架体。

3. 细部构造：阴阳角部位、预埋支架部位做成弧形，一个部位的弧度尽量要一致，观感漂亮。

4. 停机：施工中稍停，先关计量泵，用压缩空气将混合腔和喷枪嘴中余料吹干净。当喷涂完毕后，把泵关闭，但不关空压机并立即拆枪，把枪的零件浸泡在丙酮内，然后拆卸料管，再切断空气。如停机时间较长，应将设备清洗，余料放出装桶待用。

5. 成品保护：喷完 20s 内严禁触摸，成品不允许划、割，不能破坏了表面形成的硬壳，移动架子和安装制冷设备、管道时注意不要碰撞。

6. 保护层的设置：先做地面保护层，一般地面做法是在硬泡聚氨酯上先铺一层厚塑料布作保护层，然后铺 100mm 厚的配筋细石混凝土原浆压光，施工中地面上铺木板，四周墙上立木板保护，混凝土的坍落度宜为 5～7cm。墙体保护层有的要求做，有的不要求做。墙上一般是抹 15～20mm 厚聚合物砂浆，还有用砌 1.8m 高 120 厚砖墙外抹灰做法，内侧和隔热层相贴。墙长超过 4m 中间要设置 240mm×240mm 砖垛，墙顶部抹灰做成斜坡，内高外低。顶棚不用做保护层，根据《冷库设计规范》GB 50072—2001 冷冻间用的水泥等级不低于 32.5，砖强度等级不低于 MU10，水泥砂浆的强度不低于 M7.5，混凝土强度不低于 C30。混凝土、砌体、抹灰要符合相应的验收规范要求。

6. 材料与设备

6.1 硬泡聚氨酯的原料：称为 A 料和 B 料，俗称黑料和白料。A 料是透明液体材料，化学名称为组合聚醚。B 料是深色液体，化学名称为 PAPI 或粗 MDI；白料是根据图纸设计给厂家提要求加工而成，黑料是进口材料，阻燃剂是根据产品厂家说明书按比例现场加入白料中，一般比例为 10%～15%。采购的原料要有合格证、性能检测报告、使用说明书，进口材料要有报关单。

6.2 喷涂机械：现在有两种机械，一种为高压喷涂发泡机（压力在 10MPa 以上），参数压力由电脑控制，自动化程度高，设备价格相对较贵。另一种是低压喷涂发泡机，利用压缩空气直接将两种料在液态混合，吹出枪体，附着到基层形成硬泡。工艺流程图 6.2。

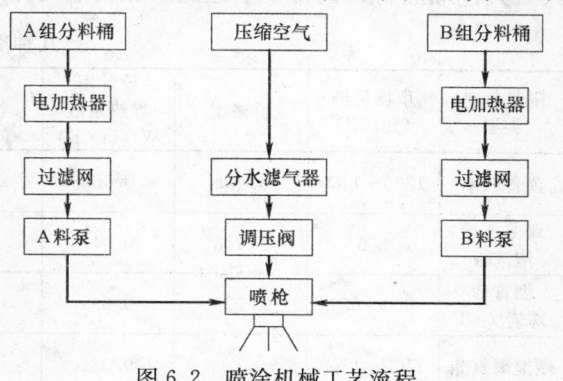

图 6.2　喷涂机械工艺流程

7. 质量控制

7.1 质量检测

7.1.1 表面平整度检测：墙面用 1m 的靠尺检查 ≤10mm 之内，地面的平整度在 ≤10mm，每 100m² 检测 5 处。

7.1.2 厚度检测：用 ϕ1mm 的钢针垂直插入，每 100m² 检测 5 处。测的厚度不小于设计厚度。

7.1.3 成品的密度、导热系数、尺寸稳定性、吸水率、燃烧性能检验符合《建筑物隔热用硬质聚氨酯泡沫塑料》GB 10800—89 要求。

7.1.4 观感：波纹均匀，无严重凹凸不平，表面平整，预埋架根部、阴阳角等细部观感好。

7.2 提交的技术资料：设计图纸，专项方案、技术交底、原材料合格证、样品性能检测报告，隐蔽工程验收记录。

8. 安全措施

8.1 认真执行各工种的安全操作规程，安全用电。

8.2 因为是室内操作，防止喷出物料对操作人员呼吸系统的伤害，喷涂工带防尘面具，冷库门口要放排风机换新风。

8.3 原料严禁靠近烟火，如用碘钨灯照明要离开原材料 2m 以上，喷涂时如用碘钨灯要离开墙面、喷枪 1m 以上。

8.4 架上作业系好安全带，高空作业保证安全。

9. 环 保 措 施

9.1 不加阻燃剂的原料是易燃品，着火后对环境污染严重，硬泡聚氨酯中要加阻燃剂，有自熄功能。

9.2 硬泡聚氨酯原材料密封包装运输，防止泄露污染环境。施工中注意不要碰倒料桶流出原料。

9.3 施工中产生的聚氨酯垃圾不要在现场焚烧，要拉出工地集中处理。

10. 效 益 分 析

它是一种新型的保温防水一体化材料，保温隔热性能高，耐久性好，能用于任何复杂表面的施工，具有其他隔热材料代替不了性能，和其他几种冷库的隔热材料比较见表 10。

几种冷库隔热材料比较   表 10

隔热材料类型	市场价格（元/m³）	价格比	设计用导热系数[W/(m·K)]	性能比	性价比	施工速度	耐久性
沥青软木	1300～1400	1.125	0.069	0.45	0.4	慢	时间久了缝隙易进气,降低隔热性能,耐久性差
聚苯乙烯泡沫板	850	0.708	0.047	0.66	0.93	慢	时间久了缝隙易进气,降低隔热性能,耐久性差
沥青珍珠岩 2∶1	600～650	0.525	0.093	0.34	0.65	慢	时间久了缝隙易进气,降低隔热性能,耐久性差
硬泡聚氨酯	1100～1300	1	0.031	1	1	快	整体严密,25 年以上
水泥珍珠岩 1∶12∶1.6,沥青铺砌	600～650	0.525	0.116	0.267	0.51	慢	时间久了缝隙易进气,降低隔热性能,耐久性差

从表 10 中可看出，和几种隔热材料相比它的成本中等，性价比最高，耐久性最好，而且面层处理简单费用低，施工速度快，其他材料是比不了。具有很高的应用和推广价值。

11. 应 用 实 例

11.1 山西省晋城市蔬菜酿造公司 1500t 恒温低温综合库，2004 年 5 月开工，2004 年 10 月完工。冷库隔热层施工应用了该工法，效果良好。

11.2 太原市林木种子站 1500t 冷库，2004 年 6 月开工，2004 年 10 月份完工使用。冷库隔热层施工应用了该工法，效果良好。

11.3 五台山林业局风砂源治理种子收藏冷库。建筑面积 903m²，2006 年 5 月开工，2006 年 12 月完工，2007 年 3 月投入使用，施工应用了该工法，效果良好。

面砖效果真石漆施工工法

GJEJGF112—2008

河南省第五建筑安装工程（集团）有限公司　中国建筑第七工程局有限公司
胡春星　郝道俊　范廷富　郭艳刚　何廷伟

1. 前　　言

随着外墙外保温技术的推广实施，真石漆作为建筑外墙装饰材料的优越性得到了进一步的体现，通过利用真石漆自重量轻、可塑性强、分格方便的特点，可在高层及外保温墙面上替代面砖，达到面砖的装饰效果，本工法为外墙施工提供了方便，具有广泛的实用性和推广价值。

由于建筑物外墙面积大，施工面砖效果的真石漆受温度、天气等室外环境的影响较大，如何保证面砖效果的真石漆顺利施工，通过试验和实践应用，成功总结了面砖效果真石漆施工工法。该施工技术经过河南省建设厅组织的专家进行鉴定，结论达到了国内领先水平。

本工法先后成功运用于郑州大学新校区教师公寓五组团Ⅱ标段，郑州大学新校区教师公寓一组团Ⅰ标段，郑州大学新校区教师公寓一组团Ⅱ标段工程。

面砖效果真石漆施工工法获得了 2008 年河南省省级工法。

2. 工 法 特 点

2.1　该工法成功解决了高温环境下起分格条作用的胶带大面积粘贴易脱落的问题，保证了面砖效果的真石漆能够顺利施工。

2.2　采用该工法能够使粘贴的分格条胶带横平竖直、分出的砖块尺寸均匀一致、喷涂的外墙面真石漆颜色一致，避免了泛碱、咬色、流坠、疙瘩。

2.3　采用该工法，使施工操作简便、易掌握，提高了生产效率、降低了工程造价。

3. 适 用 范 围

本施工法适用于各种外墙墙体，特别是有保温板和其他不适宜粘贴面砖施工的高层采用，效果良好；也可在新旧建筑物改造中，通过调配合适的真石漆颜色，保证新旧建筑物装饰效果一致。

4. 工 艺 原 理

真石漆形成面砖效果的关键，在于如何将大面积墙面用分格条胶带粘贴成块砖的形状，通过在其上喷涂真石漆，掌握好真石漆的凝固时间，保证起分格条作用的胶带能够成功揭掉，并避免将周围的真石漆带掉，形成分格缝，使余下的真石漆达到块砖的形状。

5. 施工工艺流程及操作要点

5.1　施工工艺流程

基层处理→修补腻子→滚涂黑色封闭底漆→弹分色线→粘贴分格条胶带→喷涂真石漆→撕揭分格

条胶带→打磨真石漆表面→滚涂罩面漆→外墙真石漆验收。

5.2 主要施工操作要点

5.2.1 基层处理：将墙面上的灰渣等杂物清理干净，用笤帚将墙面浮土等扫净。

5.2.2 修补腻子：用外墙弹性腻子将墙面、窗口角等磕碰破损处、麻面、风裂、接茬缝隙等分别找补好，干燥后用砂纸将凸出处、残渣、斑迹等磨平、磨光，然后将墙面清扫干净。待腻子干燥后，个别大的孔洞可复补弹性腻子，彻底干燥后，再用细砂纸打磨平整。腻子刮完后，要求墙面平整、垂直，阴、阳角方正；表面平整度不超过 2mm，垂直度误差小于 3mm，表面密实。

5.2.3 滚涂黑色封闭底漆：选用黑色底漆作为封闭底漆，滚刷封闭底漆的基层应干燥，含水率应小于 10%。施工时温度不低于 5℃，间隔 2h，用长毛绒辊蘸底漆在墙面上滚涂两边，以墙面上底漆颜色均匀一致、完全无渗色为准。

5.2.4 弹分色线：通过精确计算各施工段墙面的尺寸，确定出分格缝位置，在底漆上进行弹线分格，分色线尺寸按照设计要求划分，分格缝宽度为砖缝宽度。

5.2.5 粘贴分格条胶带：分色线弹好并验收合格后，沿线进行分格条胶带粘贴，分格条胶带粘贴要作到平整、垂直。在每一小块（或条）胶带粘贴后，随即用长毛绒辊蘸封闭底漆（采用无色底漆）在贴好的胶带上滚涂一遍，使分格条胶带与墙面之间无缝隙，使之不易滑动或错位。分格条胶带粘好后，进行检查验收，对发现分格条胶带不顺直的要进行重新粘贴。

5.2.6 喷涂真石漆：在喷涂施工中，涂料稠度、空气压力、喷射距离、喷枪运行中的角度等方面均有一定的要求。选用口径 4～6mm 喷枪，施工温度在 5℃ 以上，尽量避免在刮大风及阴雨天气施工。涂料稠度必须适中，太稠，不便施工；太稀，影响涂层厚度，且容易流淌。空气压力在 0.6～1.0N/mm² 之间选择确定，压力选得过低或过高，涂层质感差，涂料损耗多。喷枪距离一般为 40～60cm，喷嘴离被涂墙面过近，涂层厚薄难控制，易出现过厚或挂流等现象；喷嘴距离过远，则涂料损耗多。喷枪运行中喷嘴中心线必须与墙面垂直（图 5.2.6-1），喷枪应与被涂墙面平行移动（图 5.2.6-2），自左向右、自上而下，交替均匀喷涂，喷涂时运行速度要保持一致，运行过快，涂层较薄，色彩不均；运行过慢，涂料黏附太多，容易流淌。喷涂施工，应连续作业，一气呵成，争取喷涂一个施工段时再停歇，厚度不少于 2mm。

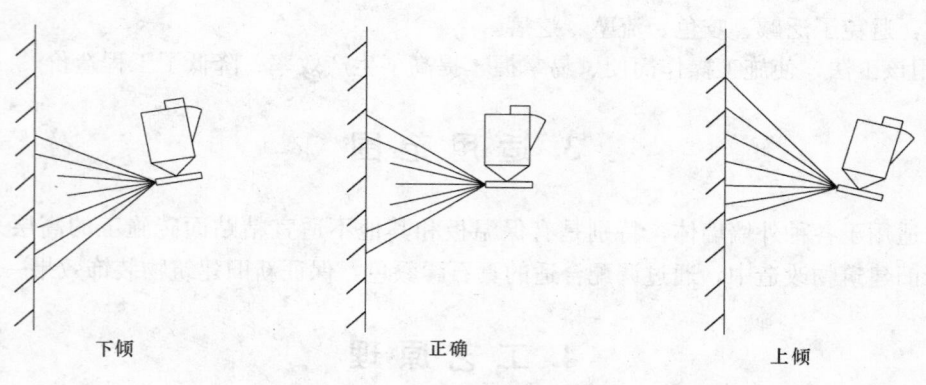

| 下倾 | 正确 | 上倾 |

图 5.2.6-1 喷涂示意图

外墙喷涂一般为两边，喷涂时要注意两个基本要素（图 5.2.6-3）。作业段分割线应设在水落管、接缝、雨罩等处。

对于墙面交接的阴阳角部位，采取薄喷多层法，不能一次喷厚，即表面干燥后重喷，喷枪距离要远些，运动速度要快，且不能垂直于阴阳角喷，只能采取散射，即喷涂两个面，让雾花的边缘扫入阴阳角。

5.2.7 撕揭分格条胶带：胶带撕揭把握好撕揭时间，如果撕揭时间过早则容易带掉周遍的真石漆，如果时间过晚则分格条胶带不容易撕揭掉，易粘结在墙面上，使黑色底漆不能充分透漏出来，分

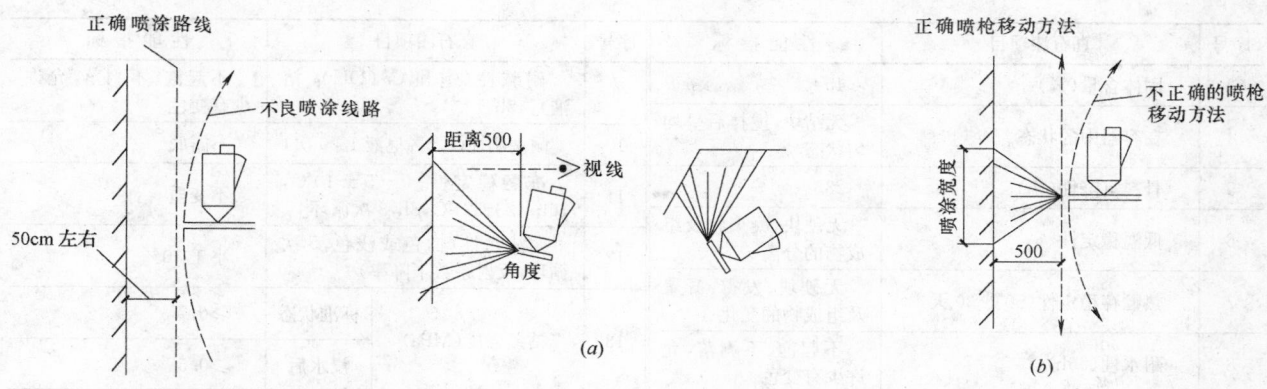

图 5.2.6-2　喷斗移动路线

图 5.2.6-3　喷涂基本要素
（a）喷涂阴角与表面时一面一面分开进行；（b）喷枪移动方向

格缝不清晰。在真石漆分段喷完后 2h，开始撕揭分格条，撕揭分格条时先横向再竖向，这样交替撕揭。

5.2.8　打磨真石漆表面：在滚涂罩面漆之前（一般在真石漆喷涂完后 24h），先用普通砂纸等工具，磨掉真石漆表面的浮砂、锐角，在真石漆干燥后（真石漆喷涂完后 48h），用砂纸对真石漆层进行打磨，主要使真石漆表面的浮砂、棱角打掉。打磨时，应分 1~3 遍进行，先用粗、中砂纸打磨，最后用细砂纸轻磨，用手摸感觉不扎手后扫净表面浮灰，发现有颜色不均、线条不直等缺陷的应进行及时修补和重新打磨。

5.2.9　滚涂罩面漆：罩面漆是真石漆的保护层，起防水、抗老化、耐酸碱和延长真石漆寿命的作用。该层的滚涂应在真石漆干透后进行。真石漆表面打磨完，验收合格后，滚涂罩面漆，一般情况下，应在真石漆最后一遍喷涂后 12h 方可进行。罩面漆的施工方法与底漆相同，要求滚涂均匀、薄厚一致，滚涂两遍，时间间隔 2h，罩面漆完全干燥需要 7d 时间。

6. 材料与设备

6.1　材料

6.1.1　封闭底漆

封闭底漆各项性能指标见表 6.1.1。

封闭底漆各项性能指标　　　　　　　　　　　　　　　　　　　　　　表 6.1.1

序号	封闭底漆项目	性能指标	序号	封闭底漆项目	性能指标
1	干燥时间（表干）h	1	5	涂膜外观	正常
2	在容器中的状态	无结块,搅拌后呈均匀状态	6	耐水性	96h 无异常
3	施工性	涂刷两道无障碍	7	耐碱性	96h 无异常
4	低温稳定性	不变质	8	涂层耐温变性(5 次循环)	无异常

6.1.2　真石漆

1. 面砖效果真真石漆替代面砖，使建筑物外墙每平方米重量减轻了 80%，大大提高了建筑外墙的安全性能。

2. 真石漆各项性能指标见表 6.1.2。

真石漆各项性能指标　　　　　　　　　　　　　　　　　　　　　　表 6.1.2

序号	真石漆项目	性能指标	序号	真石漆项目	性能指标
1	干燥时间 h	表干 2,实干 12	2	遮盖力(白色或浅色)(g/m²)	小于 200

续表

序号	真石漆项目	性能指标	序号	真石漆项目	性能指标
3	固体含量（%）	45	9	耐碱性（饱和 Ca(OH)$_2$ 溶液），48h	不起泡、不剥落，允许少有变色
4	在容器中的状态	无结块，搅拌后呈均匀状态	10	耐洗刷性（0.5%皂液 1000 次）	不露底
5	骨料沉降性（%）	23	11	冻融稳定性[(-5±1)℃，16h；(23±2)℃，8h，3 次循环]	不变质
6	低温稳定性	无硬块、凝聚物及组成物的分离	12	耐沾污性（白色或浅色，5 次循环，反射系数下降率）	小于 50%
7	热贮存稳定性（50℃ 30 天）	无硬块、发霉、凝聚及组成物的变化	13	粘接强度（MPa） 标准状态	≥0.7
8	耐水性（96h）	不起泡、不剥落，允许少有变色		粘接强度（MPa） 浸水后	≥0.5

6.2 机具设备

主要机具设备见表 6.2。

主要机具设备 表 6.2

序号	机具及设备名称	规　格	数　量	备　注
1	空气压缩机	最高气压 1.0N/mm^2，排气量 0.6m^3	5 台（每栋楼）	
2	喷枪	口径为 4～6mm	8 支	喷涂真石漆
3	长毛绒辊	直径为 4～5cm	8 支	滚涂底漆和罩面漆
4	手电钻	—	2 把（每栋楼）	搅拌桶装真石漆
5	送气管道	内径 7mm	10 根	

7. 质 量 控 制

本工程质量控制除应达到设计要求外，还必须遵守现行国家标准《建筑装饰装修工程质量验收规范》GB 50210—2001 的有关规定。

7.1 主控项目

7.1.1 本工程所用材料的品种、型号、色彩和性能应符合设计要求及国家产品标准和工程技术规范的规定。

7.1.2 本工程所用真石漆的颜色及施工图案应符合设计要求。

7.1.3 本涂饰工程应喷涂均匀、粘接牢固，不得漏喷、透底、起皮、掉粉、掉粒和返锈。

7.1.4 基层腻子应平整、坚实、牢固，无粉化、起皮和裂缝。

7.2 一般项目

7.2.1 真石漆喷涂底层应使用专用封闭底漆，底漆均匀无漏涂，罩面漆涂料洁净、无流坠、无漏涂、表面光滑、涂膜牢固。真石漆与其他装修材料和设备衔接处应吻合、界面应清晰。

7.2.2 真石漆的喷涂质量和检验方法见表 7.2.2。

真石漆的喷涂质量和检验方法 表 7.2.2

项次	检查项目	质量标准（允许偏差）	检验方法
1	颜色、花纹	颜色均匀、花纹一致	观察检查
2	泛碱、咬色	允许少量轻微	
3	污斑、流坠、皱纹	不允许	
4	喷点疏密程度	均匀，不允许连片	
5	分格条胶带垂直度	3mm	拉线检查

项次	检 查 项 目	质量标准（允许偏差）	检 验 方 法
6	分格条胶带水平度	3mm	拉线检查
7	砖块尺寸	1mm	直尺现场抽查
8	缝格缝缝隙尺寸	1mm	直尺现场抽查

7.3 质量保证措施

7.3.1 阴阳角裂缝防治措施：真石漆喷涂过程中，有时会在阴阳角处出现裂缝，因阴阳角是两个交接面，如果喷上真石漆，在干燥过程中会有两个不同方向的张力同时作用于阴阳角处的涂膜，易裂缝。现场采取的措施为：发现裂缝的阴阳角，用喷枪再一次薄薄的覆喷，隔半小时再喷一遍，直至盖住裂缝，对于新喷涂的阴阳角，则在喷涂时特别注意不能一次喷厚，采取薄喷多层法，即表面干燥后重喷，喷枪距离要远些，运动速度要快，且不能垂直于阴阳角喷，只能采取散射，即喷涂两个面，让雾花的边缘扫入阴阳角。

7.3.2 平面出现裂缝防治措施：主要原因可能是因为天气温差大，突然变冷，致使内外层干燥速度不同，表里不干而形成裂缝，现场采取的措施为：改用小嘴喷枪，薄喷多层，尽量控制每层的干燥速度，喷涂距离以略远为好。

8. 安 全 措 施

在施工过程中，要严格按照《安全生产法》、《建筑安全检查标准》JGJ 59—99 等有关安全规程和规定执行，并采取如下措施：

8.1 建立健全安全保证体系，建立以项目经理为首的安全责任制，并设置专职安全员。

8.2 根据施工组织设计和专项施工方案制定不同施工阶段的安全防护方案，采取有效的安全防护措施，再报有关部门批准后认真实施，加强操作人员的安全教育，并作好以防意外的安全应急预案。

8.3 施工前，对施工人员进行安全技术交底，使所有人员熟悉所施工项目的安全情况。

8.4 严格执行安全操作规程，正确佩带安全帽、安全带和使用安全绳，并作到每天上班前检查吊篮配重、安全琐和提升机等设备，作好检查记录作到不违章作业和不违章指挥。

8.5 定期做好对施工操作人员及新进人员的安全教育及培训，让他们正确认识安全操作规程。

8.6 作好施工现场的围护和安全警示，禁止非工作人员进入施工区域。

8.7 做到工完料净场地清，搞好现场文明施工。

9. 环 保 措 施

9.1 合理处理固体废弃物

建筑垃圾和生活垃圾分类入池，真石漆废料及料桶及时收集，能二次利用的进行再利用，不能二次使用能出售的废料进行分类入池存放，分别处理。

9.2 生产及生活废水排放

洗刷喷枪及料桶的污水排入指定的沉淀池内存放，经沉淀后再处理。

9.3 最大限度的节能降耗

施工生产用水，现场生活用水做到最大限度的节约。室外夜间施工照明：作业结束或天亮后及时关闭照明灯，室外照明灯具做到人走灯灭。并尽可能用节能灯。

9.4 环境保护

对所有作业人员进行环境保护方面的知识教育，保护好周遍环境，作到文明施工，确保施工安全。

10. 效 益 分 析

10.1 社会效益

外墙真石漆采用本工法，保温板薄抹灰系统面层达到了面砖饰面效果，有效解决了在高层工程中有保温层薄抹灰系统面层无法粘贴面砖、而要达到面砖饰面的难题，在提高施工质量、延长工程使用寿命等方面具有较大的发展前景和潜在的社会效益。

10.2 经济效益

通过采用此工法，避免了返工，共计节约人工费用 52170 元。

采用此施工法，加快了施工进度，大大减少了吊篮的租赁时间，真石漆施工比预定工期缩短了10d，共计节约吊篮租赁费 48000 元。

采用面砖效果真石漆施工，与直接进行面砖粘贴比较，每平方米可节约材料费 25 元，可降低工程造价 130 万元，取得了非常显著的社会和经济效益。

11. 应 用 实 例

11.1 郑州大学新校区教师公寓一期五组团Ⅱ标段，位于郑州大学新校区，短肢剪力墙结构，地下一层，地上十一层，建筑面积 45871m²，外墙真石漆面积约 35000m²，该工程利用本工法，确保了工程进度，节约了成本。

11.2 郑州大学新校区教师公寓二期一组团Ⅰ标段工程，位于郑州大学新校区，短肢剪力墙结构，地下一层，地上十一层，建筑面积 41220m²，外墙真石漆面积约 30000m²。通过采用本工法，真石漆施工效果施工质量良好，得到了业主、监理、设计和质量监督部门的充分肯定，取得了非常显著的社会和经济效益。

11.3 郑州大学新校区教师公寓二期一组团Ⅱ标段工程，位于郑州大学新校区，短肢剪力墙结构，地下一层，地上十一层，建筑面积 30890m²，外墙真石漆面积约 23000m²。通过采用本工法，真石漆施工效果施工质量良好，得到了业主、监理、设计和质量监督部门的充分肯定，取得了非常显著的社会和经济效益。

铝合金窗钢副框施工工法

GJEJGF113—2008

中建五局第三建设有限公司　江苏南通二建集团有限公司

粟元甲　何昌杰　谢丰　胡沅华　王桂兴　王守鹏

1. 前　　言

在建筑领域，外墙窗台渗水和窗户被损坏、污染是一个较难解决的质量通病，也是业主投诉较多的质量问题之一。

在重庆龙湖开发的几个工程项目施工中，在铝合金窗外增设一道钢副框，该钢副框在砌体完工后即安装，其与砌体之间的缝隙在内外抹灰前用防水砂浆填塞，而铝合金窗则在内外涂料等土建工程施工完成后安装。这样既保证了门窗的防水质量，又避免了铝合金门窗被土建施工所损坏、污染，很好地解决了这个质量通病，深得监理、业主及当地建设主管部门的好评，取得了良好的社会和经济效益。其关键技术通过了湖南省建设厅组织的专家鉴定。

2. 工 法 特 点

与传统的铝合金窗安装方法相比，增设钢副框的铝合金窗安装施工工法具有以下特点：

2.1 窗台防水质量十分可靠：钢副框与砌体之间先用防水砂浆填塞，抹灰收边时不必担心污染铝合金窗，钢副框与墙体之间的砂浆可以填塞得十分密实饱满，同时钢副框与铝窗之间采用发泡剂和耐候胶填塞，其间也没有渗水通道，因此铝窗及窗台的防水质量十分可靠。

2.2 铝窗成品避免了损坏或污染：铝窗在土建施工完成后才安装，铝窗不可能被土建施工所损坏和污染。

3. 适 应 范 围

本工法不仅适用于铝合金门窗工程，也适用塑钢等其他材质的门窗工程。

4. 工 艺 原 理

4.1 通过增设钢副框，使得钢副框与砌体之间可先用防水砂浆填塞，且抹灰收边时不必担心污染铝合金门窗，可将砌体与钢副框之间的缝隙填塞得密实饱满，同时钢副框与铝合金窗之间采用发泡剂和耐候胶填塞，其间也没有渗水通道，解决了铝合金窗与墙体之间因灌缝不密实而引起的渗水。

4.2 由于钢副框在工厂车间内加工，尺寸偏差很小，而且其本身具有较大的刚度，因此通过增设钢副框可规范窗洞方正，控制铝合金门、窗的平面外变形，确保安装时其周边间隙均匀合理。

4.3 通过增设钢副框，使得铝合金窗窗框及窗扇能在土建工程完工后再安装，避免了土建抹灰、收口及涂料施工对铝合金门窗的损坏或污染。

5. 施工工艺流程及操作要点

5.1 施工工艺流程图（图5.1）

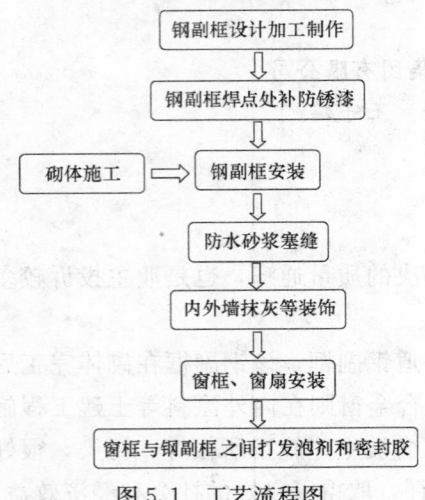

图5.1 工艺流程图

5.2 钢副框加工与检验

5.2.1 钢副框原材料到工地后应检查其规格及质量保证书，合格的原材料才能用于加工制作。

5.2.2 钢副框应在工厂车间内下料、焊接等加工作业，加工必须依照工艺要求进行，并经质检员验收，钢副框边长及对角线长度偏差不能大于10mm。

5.2.3 焊接完后焊点处应补防锈漆。

5.2.4 到安装现场后，应对照设计图检查钢副框的尺寸及平面外变形是否符合要求等。

5.3 砌体施工

5.3.1 砌筑前放出门、窗洞口位置线，并在混凝土结构柱、墙上弹好标高线，用于控制门窗洞口的留设。

5.3.2 由于钢副框要占一定的位置，预留洞口每边要较设计扩大30mm，但当该边为混凝土结构柱、墙、梁者除外，钢副框和铝合金窗加工时应与此对应。

5.4 钢副框的安装

5.4.1 进行设计交底，特别要说明钢副框安装的标高及与内墙面的距离，并根据安装基准线进行定位，确保钢副框位置及标高正确。

5.4.2 开始安装连接件，固定连接件的安装数量必须符合设计图纸的规定，每边的连接数量不得少于2个，端头距窗框尺寸不大于150mm，每个固定连接件的间距不大于400mm，以控制铝合金门窗平面外变形。

为了确保安装钢副框的方正和垂直度符合规定，要求连接件的安装距离墙面符合设计要求，必须依照室外的装饰面标线向内返安装尺寸并放线。

5.4.3 钢副框的安装：安装时，在先确保其方正和垂直度后将钢副框点焊在连接件上，安装完成并且与结构收口后才能去除支撑管，以确保钢副框安装上墙后的尺寸精确度，具体见图5.4.3。

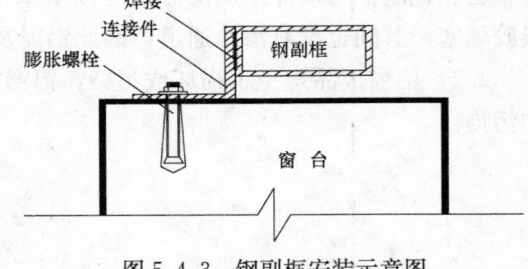

图5.4.3 钢副框安装示意图

5.5 土建塞缝及抹灰、装饰收口

钢副框安装完成后，对钢副框与砌体之间的缝隙采用防水砂浆先行封堵，防水砂浆收成"八"字口。由于钢副框下部是雨水渗漏的主要通道，此部分防水砂浆封堵质量的好坏直接影响到防水效果，因此，此部分施工时，必须严格把守质量关。塞缝完成后，及时浇水养护，防止塞缝开裂渗水。主体结构验收后，插入内抹灰及外保温施工，内抹灰施工到钢副框内侧，上口与钢副框表面平齐。外保温施工到钢副框外侧，窗台上口低于钢副框表面5mm。内抹灰及外保温完成并风干后即行涂料施工。具体见图5.5。

5.6 铝合金窗安装

土建涂料等装饰施工完成后，开始铝合金窗的安装，安装时，先用不锈钢螺钉将铝合金外框固定在钢副框上面，螺钉间距不大于500mm，且每边不少于两个，固定后，用发泡剂将铝合金窗框及钢副框之间空隙填充密实，最后用密封胶将铝合金外框与抹灰层（或外墙保温层）接触处的阴角密封，防止雨水从窗框与钢副框间渗入。见图5.6。

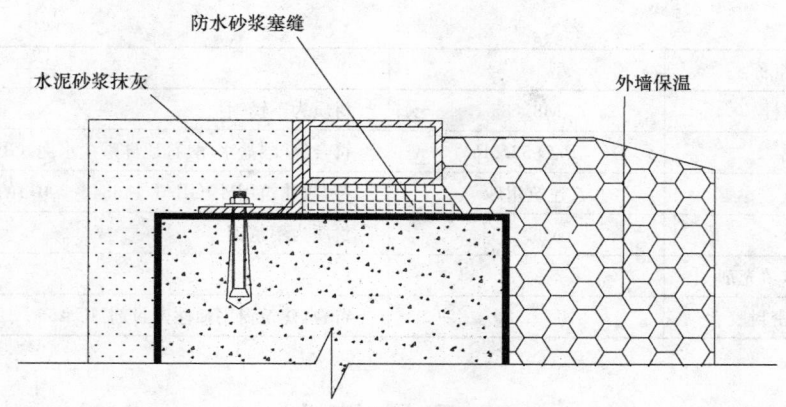

图 5.5　钢副框装饰收口示意图

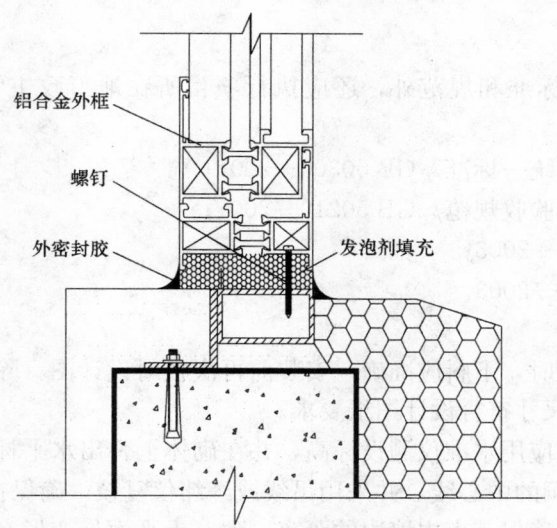

图 5.6　增设钢副框的铝合金窗安装示意图

6. 材料与设备

6.1　主要设备及仪器用表，见表 6.1。

主要设备用表　　　　　　　　　　　　　　表 6.1

序号	机 械 名 称	型号	备注	序号	机 械 名 称	型号	备注
1	砂轮切割机	J3G-H1-400		5	交流电焊机	BX125	
2	台钻	Y90-6		6	水平尺	500mm	
3	手提电钻	6mm		7	水准仪	DS3	
4	冲击电锤	MR16					

6.2　主要材料用表，见表 6.2。

主要材料用表　　　　　　　　　　　　　　表 6.2

序号	材料名称	型　　号	备　　注
1	方形钢管	□40×20×2	符合《热轧圆钢和方钢尺寸、外形、重量及允许偏差》GB/T 702—2004 的要求
2	角钢	L40×2	符合《热轧等边角钢尺寸、外形、重量及允许偏差》GB/T 9787—88 的要求

续表

序号	材料名称	型号	备注
3	膨胀螺栓	M8×85	材质为不锈钢
4	水泥	P.O 32.5R	符合《硅酸盐水泥、普通硅酸盐水泥》GB 175—2007 的要求
5	砂	建筑用砂	符合《建筑用砂》GB/T 14684—2001)的要求
6	螺钉	M6×35	材质为不锈钢
7	聚氨酯泡沫填充剂		
8	硅酮耐候密封胶		符合《建筑窗用弹性密封剂》JC 485—1992(1996)的要求

7. 质量控制

7.1 质量标准

本工法除严格遵循以下标准和规范外，还应执行项目所在地行政主管部门和相关行业的文件及要求：

《建筑工程施工质量验收统一标准》GB 50300—2001；

《建筑装饰装修工程质量验收规范》GB 50210—2001；

《铝合金门》GB/T 8478—2003；

《铝合金窗》GB/T 8479—2003。

7.2 质量控制措施

7.2.1 工厂加工钢副框时，下料应准确，安装前再次核对设计图，除宽、高外，对其两条对角线也应测量，确保钢副框加工尺寸符合设计图纸要求。

7.2.2 钢副框安装前，应用水准仪测设标高，并在砌体上弹出水平标高墨线，作为控制钢副框安装的标高依据，同时测设窗洞的中心线，并采用吊线或经纬仪复核，确保在立面竖向一致。

7.2.3 钢副框安装时，确保其离内墙边的距离一致，无平面外变形，同时每边的固定连接件数量不得少于 2 个，端头距窗副框尺寸不大于 150mm，中间每个固定连接件的间距不大于 400mm，焊接前测设其垂直度，确保钢副框垂直。

7.2.4 钢副框安装好后，先用防水砂浆封堵其与墙体间的间隙，防水砂浆应封堵密实、饱满，做成八字角，完成后及时浇水养护 14d，最后待内外抹灰时再收口。

7.2.5 铝窗待土建完工后再安装，避免土建抹灰、塞缝及涂料施工对铝窗的损坏或污染。

8. 安全措施

8.1 安全标准

本工法除严格遵循以下标准、规范和规程外，还应执行项目所在地行政主管部门和相关行业的文件及要求：

《建筑施工安全检查标准》JGJ 59—99；

《施工现场临时用电安全技术规范》JGJ 46—2005；

《建筑施工高处作业安全技术规范》JGJ 80—91。

8.2 安全管理措施

8.2.1 结合施工单位实际情况和工程的具体特点，组成专职安全员和班组兼职安全员以及工地安全用电负责人参加的安全生产管理网络，执行安全生产责任制，明确各级人员的职责，抓好工程的安全生产。

8.2.2 加工车间应采取措施防止焊接火花引起火灾，同时工人焊接作业时应随时拿好面罩，防止焊接光线灼伤眼睛。

8.2.3 加工车间、施工现场的临时用电严格按照国家及地方的有关规定设置漏电保护装置，工人穿好绝缘鞋，防止施工用电安全事故。

9. 环 保 措 施

严格遵循《建筑施工现场环境与卫生标准》JGJ 146—2004，执行项目所在地行政主管部门和相关行业的文件及要求，并制定以下措施：

9.1 加工车间应采取封闭隔声措施，将下料切割时的噪声控制在国家和地方环保标准要求的范围内。

9.2 加工车间应采取封闭措施，防止电焊光污染扰民。

9.3 废水、废物等垃圾分类收集、外运处理，防止废水、废物及油漆余料污染环境。

10. 效 益 分 析

10.1 经济效益

按传统先安装窗再实施抹灰等湿作业的做法，需对污染的铝合金窗进行清理，按每人每天可以清理 1.5m×1.5m 窗户 10 个，工资按 60.00 元/d 计算，则每平方米窗户需要人工费 2.67 元。每平方米窗户成本为 355.00 元，按传统做法，成品破坏率按 1‰ 计算，则每平方米窗户的概率损失为 3.55 元。竣工维修阶段，根据近年来发现的窗户渗水维修总结，渗水比例大概为 0.2‰，每平方米窗户渗水后维修、赔偿费用平均为 400 元，每平方米窗户的平均赔偿费用约为 0.8 元，则每平方米窗户按本工法施工可以节省人工和减少返工维修费用为：2.67+3.55+0.8=7.02 元。

10.2 社会效益

通过增设钢副框，产生的社会效益是巨大的，因为解决了窗台渗水和避免了铝窗的损坏和污染，房屋的质量得以提升，得到了监理、业主及当地建设主管部门的高度评价。小业主对铝窗质量也十分满意，交房时铝窗质量问题的报事率，由蓝湖郡一期工程的最大报事率：7‰ 降至为零，同时按本工法施工的三个工程竣工使用两年来没有对此维修过。

11. 应 用 实 例

钢副框应用于铝合金门窗的安装在重庆龙湖地产开发的多个高档小区都得到了应用，其效果得到了大家的一致好评。施工并应用该工法的工程见表 11。

施工并应用本工法的工程一览表　　　　　　　　　　　　　　　表 11

工 程 名 称	开竣工日期	建筑面积	铝合金门窗面积	经济效益
重庆龙湖·蓝湖郡湖西二五组团	2005.4～2006.12	5.5 万 m²	7100 m²	49842 元
重庆龙湖·蓝湖郡湖西八九组团	2006.4～2007.12	3.4 万 m²	4100 m²	28782 元
重庆龙湖·芳树晴川一期工程	2006.4～2007.10	8.5 万 m²	9000 m²	63180 元

经过这三个项目竣工几年来的实践证实，本工法不但可以提高施工质量，还可以节省维修费用。

仿古青砖贴面施工工法

GJEJGF114—2008

浙江省东阳第三建筑工程有限公司　浙江宝业建设集团有限公司

刘志宏　金吉祥　夏关良　杨琪伟　倪华君

1. 前　　言

　　传统的青砖瓦屋建筑，传承着中国古老文化和建筑风格，一些古建筑的青砖外墙风烛损坏需修缮，一些新建、改建的仿古建筑内外墙面也需装饰青砖效果，如按传统的施工工艺维修、重建、新建则需要大量的青砖，而青砖生产工艺要求其必须使用优质泥土制作，这与国家节约土地资源，保护耕地，坚持可持续发展的政策相矛盾，经过多年的研究试验，采用青砖贴面的施工方法，可达到古建筑的装饰风格，能够做到修旧如旧，新建仿古效果，也有利于保护土地资源；但青砖抗渗透性差，历来有泛碱、变色的通病，青砖面砖（以下简称青面砖）由于薄，外墙泛碱、变色的问题更为突出，本工法对青面砖在贴面前进行改性处理，封闭面砖内部渗透路径，提高抗渗性，从而克服墙面泛碱、变色的通病，同时预处理青面砖时不影响面砖的粘结强度。该项施工方法核心技术基本成熟，具有施工方便，质量可靠，青面砖粘贴牢固、耐久、外观质量好等优点。在广厦集团公司食堂、绍兴中国黄酒博物馆等工程墙面装饰施工中采用仿古青砖贴面施工技术，取得了良好的效果。为使该项技术得到推广应用，整理编制本工法。

2. 工法特点

　　2.1　采用本工法施工可节约大量土地资源，有利于保护耕地，符合国家可持续发展的政策。

　　2.2　针对青砖抗渗性差，采取特殊技术措施，使青砖贴面粘贴牢固，耐久性强，不变色、不泛碱，基本无空鼓现象，其粘贴强度指标满足现行国家相关标准要求。

　　2.3　青砖贴面装饰施工观感质量优良，表面垂直平整，砖缝清晰，色泽美观，外观质量达到了古建筑青砖墙的效果，可根据古建筑设计要求，粘贴各种文化石面砖。

　　2.4　施工方便，易于操作，可加快工期，施工工具、设备简便，宜于推广应用。

3. 适用范围

　　3.1　古建筑内外墙面风化损毁的装饰修复，损毁文化石面砖更换修复。

　　3.2　新建仿古建筑内外墙青砖墙装饰饰面施工，文化石面砖粘贴施工，参见图 3.2。

4. 工艺原理

　　4.1　仿古青砖贴面所用的青面砖，是在工厂内以与古青砖相同制作工艺生产出来的青灰色饰面砖产品，其外观质量符合古建筑的要求，将青面砖粘贴到已施工好的墙面上，即可达到古建筑青砖装

图 3.2　文化石粘贴效果图

饰墙面的效果,施工中主要是针对面砖粘结性差,易空鼓脱落,青面砖吸水率和通透性强,强度低,易碎,切割加工易破边掉角,粘贴后易受冻胀等问题,采取相应技术措施予以解决,使粘贴后的青面砖装饰墙面,牢固美观,达到古建筑装饰效果的要求。

4.2 施工技术措施:

1. 对拟修复的古建筑外墙面,进行技术处理,使其达到面砖粘贴对基层墙面强度、耐久性要求。

2. 青面砖粘贴前对基层墙面,采取防渗、封闭处理,消除基层因潮湿泛碱的可能性,新建工程墙面要控制基层抹灰砂浆材料成分,禁用石灰成分的材料,如石灰水泥砂浆等,控制泛碱源。

3. 在青面砖贴面及看面上采取防水措施,即涂刷无色、渗透型防水剂(有机硅高渗透型防水剂),对其通透性做封闭处理,防止吸水泛碱、风化冰冻。

4. 粘贴施工时采用电脑排版,选砖,人工水磨,编号粘贴。薄青面砖(厚度 20mm 以下)采用粘贴方法施工;厚青面砖(厚度 25mm 以上)采用扎丝灌浆挂贴施工。保持砖缝细腻一致。以保证粘贴的青面砖质量达到古建筑外观效果要求。

5. 施工工艺流程及操作要点

5.1 施工工艺流程(图 5.1)

5.2 操作要点

5.2.1 施工准备

1. 技术准备

1) 编制专项施工方案,熟悉装饰设计图纸。

2) 选择并确定砖缝形式。根据装饰部位及建筑风格,面砖砖缝可选择仿丝缝(砖缝间夹有灰浆,缝宽 3~4mm)、仿干摆缝(外观砖缝无灰浆,缝宽 0~1mm)、仿砌筑灰缝(缝宽 5~10mm)。仿干摆缝宜用于室内装饰,如用于外墙,砖接缝处宜做封闭处理;仿丝缝宜用于室内外装饰;仿砌筑灰缝宜用于外墙。如设计有要求按设计要求选择,如设计无特别要求时,宜采用仿丝缝墙面做法。竖缝和水平缝相同,参见图 5.2.1。

2. 材料、机具准备

1) 对进场的材料进行检查验收,应取样复试的,取样复试,确认青面砖及其他材料均符合相应标准后方可使用。

2) 根据作业班组人数选择施工工具及施工机械数量,检查机械设备处于良好可用状态。

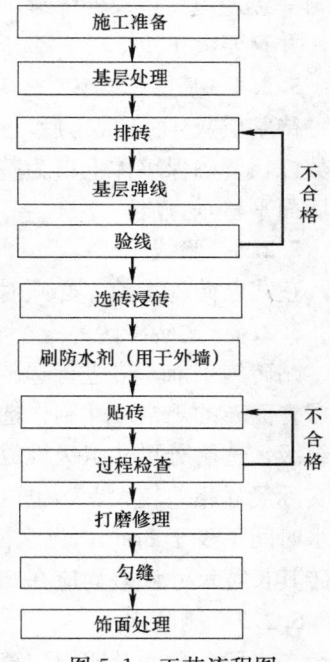

图 5.1 工艺流程图

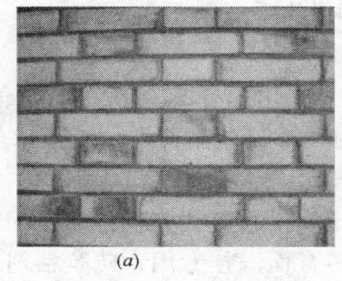 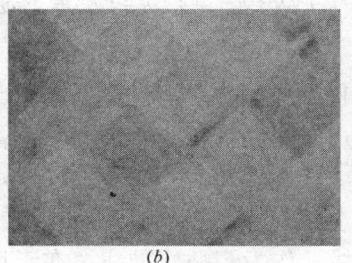 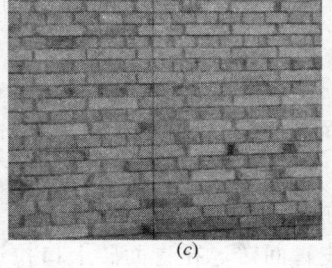

图 5.2.1 砖缝形式
(a) 仿砌筑灰缝;(b) 仿干摆缝;(c) 仿丝缝

3. 施工条件

1) 新建工程的主体工程已完工,且经验收合格。

2) 修缮的古建筑工程，经过技术鉴定检查，已确定维修设计方案，对主体结构需做补强处理的部位已处理完毕，且经验收合格。

3) 室外气温应在 5℃（含 5℃）以上。

5.2.2 基层处理

1. 修缮古建筑的基层处理。待修缮的古建筑墙面砖一般风蚀损坏较严重，有的墙面上还长有青苔。施工时要把墙外表面已经松动、损毁砖表面凿除，用钢刷、手动砂轮等工具清除外墙面的青苔，将墙面砖缝抠深 10～15mm。清除墙面的浮沉、碎碴，用 1：2 水泥砂浆，将清理后的墙面抹压平整，表面搓毛。每次抹灰厚度 7～10mm，第一遍抹灰时，应用力将灰浆压入砖缝，抹灰厚度根据实际情况确定，最薄处应保证 10～15mm 左右。抹灰前墙面应洒水湿润，涂抹界面剂一道，并且应随涂抹界面剂随抹水泥砂浆，相互间隔时间不大于 1.5h。

2. 新建仿古建筑的基层处理。将已施工的砖（砌块）墙面清理干净，混凝土光墙面需要凿毛，涂抹界面剂一道，用 1：2 水泥砂浆抹压平整，表面搓毛。

5.2.3 排砖

对待装饰的各个墙立面的实际尺寸进行测量，根据预先选择的灰缝形式及宽度、装饰大样图、排砖原则及墙面实际尺寸，灰缝厚度，计算出面砖的层数，用 CAD 绘制电子排版图，排版时要考虑砖缝均匀一致，门窗口及伸缩缝等边角部位要处理得当，砖块对称均匀一致，非整砖部位应尽可能采用半砖，并且要大于 1/3 砖，小于 1/2 砖应排在阴角等次要部位。严禁顶部和底部出现半砖。

5.2.4 基层弹线

待基层灰 4～5 成干后，按装饰设计及排版图，弹出基准线和分格线，要弹出砖缝线，在墙面弹出皮数杆，要确保墙体上口为整砖（底标高可适当下调）。进行面层贴标准点工作，控制面层出墙面尺寸及墙面平整垂直度。

5.2.5 验线

正式贴砖施工前，必须对基层排砖线进行校验，确认无误后再开始贴面施工。

5.2.6 选砖浸砖

贴砖施工前，应进行选砖，挑选出缺棱掉角的砖，留做边角割砖用，青面砖长宽尺寸挑选，一般根据青面砖的规格尺寸制作选砖模具，常用铝合金做成卡尺。按青面砖长宽实际尺寸差 0.5mm 一个尺寸组级，选后分尺寸组级堆放，并做好标识。青面砖边角及面上的凸出物可用砂板水磨方法除掉，面砖实际尺寸相差较大者，也可用相同方法修磨处理。使用前除去青面砖表面灰尘，放入水中充分浸水，浸水时间不少于 3min，见水槽内砖块无水泡冒出后，将砖块取出阴干待用。选后的同一尺寸组级的青面砖其长宽尺寸误差均应在 0.5mm 以内，同一装饰墙面，应使用同一尺寸组级的青面砖。

5.2.7 刷防水剂

在青面砖贴面及四周勾缝面均匀的刷一层透明的无色、渗透型防水剂（有机硅高渗透型防水剂），然后在阴凉处晾干。刷防水剂前，应对砖的看面进行选择，将光平面做为看面。

5.2.8 薄青面砖粘贴

1. 先将墙面的浮灰清理干净，提前一天洒水湿润，夏天气温高时粘贴前 1～2h 应再次用喷壶浇水。满涂界面剂一道，涂抹厚度 2～3mm，以增加面层与基层的粘结力，并封住砂浆层，减少水气向外渗透。

2. 施工分段内的青面砖均自下而上铺贴，在控制线最下一层砖下皮的位置线先稳好靠尺，以此托住第一皮青面砖，在青面砖上口拉通线，作为镶贴标准线，在青面砖背面满挂专用青砖胶粘剂后，按线粘贴。粘贴时应做到"上跟线，下跟棱"，即青面砖的上棱以线为标准，下棱以底层砖的上棱为标准。按上述方法，依次逐皮施工。

3. 粘贴青面砖涂挂胶粘剂厚度 3～5mm。胶粘剂采用青砖粘贴粉与水拌和，配合比为粘贴粉：水＝4：1（以适宜操作为宜）。如以水泥砂浆为粘结材料时，应在砂浆内掺入建筑胶，可按建筑胶：水＝

1∶4的比例搅拌成胶液，之后，以胶液拌合砂浆即可，水泥∶砂＝1∶1.5～2为宜。

4. 为使青面砖缝均匀一致，粘贴时可在上下皮砖缝间拉一尼龙绳，拉紧后绳端用钉子固定在墙上，尼龙绳的直径与砖缝宽相当，镶贴时，面砖下口靠绳粘贴，粘贴后2～3h内将尼龙绳取出。

5.2.9 厚青面砖挂贴。厚青面砖一般多为方形，其边长尺寸为300～500mm，厚度30～60mm，因尺寸规格较大，单块青面砖较重，多采用挂贴法施工。青面砖排版多采用菱形45°对缝（仿干摆缝或仿丝缝）铺贴。

1. 埋设固定点。埋设固定点有两种做法：

1）在墙面基层抹灰前，用φ6短钢筋沿砖缝打入墙内，竖向间距与面砖竖向行距相同，水平间距以600～800mm为宜。抹灰后沿墙面水平设φ6钢筋与短钢筋焊牢。

2）在已抹灰的墙面上钉水泥钉或膨胀螺钉，间距与面砖铺贴实际尺寸相同。

2. 青面砖开槽、绑扎铜线临时固定。用电动切割机在青面砖三个角挂贴面开槽，绑扎φ0.8mm废铜丝，将面砖摆正，对好线位，与水平钢筋或水泥钉绑扎临时固定。

3. 灌浆。拌制1∶1.5～2水泥砂浆，根据当天气温和湿度确定用水量，一般水灰比控制在0.4～0.7之间。用灌浆勺从青面砖左右对称灌满半三角，用竹片或木板条插捣密实。一般分层隔天灌浆，也可根据实际情况待下皮水泥砂浆终凝后施工上皮青面砖，但在同一施工段每天施工不应超过两皮砖。剩余半三角与上皮青面砖一同灌浆。

4. 厚青面砖棱形45°对缝铺贴，多采用仿干摆缝，如采用仿丝缝，可按分格线在灰缝线位置垂直交叉拉尼龙绳，绳应拉紧。绳长时在中间点宜做固定，其他做法同5.2.8-4条，但尼龙绳可在整墙面镶贴完后取出，为避免尼龙绳被砂浆粘住，可在每次灌浆3h后轻轻活动尼龙绳。

5.2.10 养护。镶贴后的青面砖应做淋水养护，养护日期不少于7昼夜，养护期间应使墙面保持湿润状态，每日淋水次数应能使墙面连续保持湿润。

5.2.11 过程检查。按5.2.8条和5.2.9条依次施工。直至整个墙面完成。每施工完一皮面砖，应检查其各项指标是否符合要求。砖缝、垂直、平整、青面砖观感质量可在当天检查；空鼓情况应隔天检查。发现问题应立即返工处理。

5.2.12 打磨修理。打磨前对墙面整体色差、垂直平整度进行检查，做好标记。对裂缝、空眼进行修补，修补方法可将青面砖碾磨成粉，用建筑胶拌合成膏状后抹压。然后自上而下进行打磨，使其大面垂直平整。打磨应在胶粘剂或灌浆达到强度后进行。

5.2.13 勾缝。采用专用勾缝剂进行饰面勾缝。勾缝宽度为砖缝宽。深度比面砖略低1～1.5mm，勾缝前应先将青面砖缝清理干净，先勾竖直缝，再勾水平缝。勾缝时应注意缝宽、深度一致，缝面密实平滑流畅。填缝剂应采用同一批材料、颜色应一致。

5.2.14 饰面处理。将青面砖表面的残留灰浆清掉，用水和毛刷清洗干净。待墙面干燥后，立即喷涂无色、渗透型防水剂。按厂家说明书要求比例配置喷液，并拌均匀，然后用喷雾器在墙面上纵横交叉连续喷两遍，施工后24h内不得淋雨水。

5.2.15 细部处理。青面砖粘（挂）贴的接口及细部节点处理应符合以下要求：

1. 与凸出物交接处边缘整齐，接缝严密。

2. 转角处的接缝压向正确一致、美观，宜"割角"相交，或采用定型角面砖，参见图5.2.15-1。

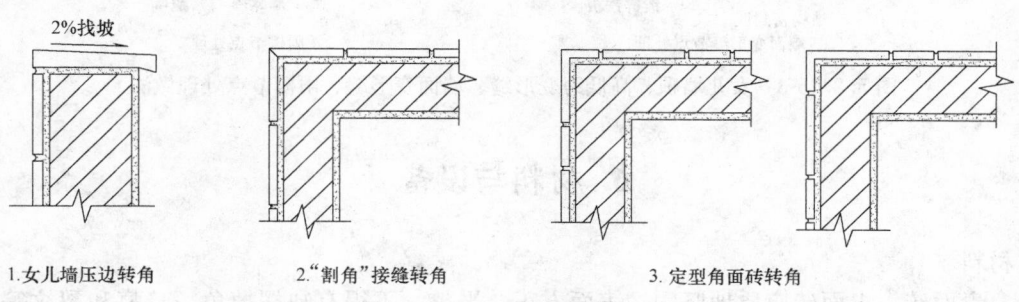

图5.2.15-1 转角面砖做法

3. 与门窗口交换处填嵌严实、平直。门窗上口及窗下口阳角铺贴时应做3％坡度，以利排水。门窗上口宜做出鹰嘴或截水沟，截水沟可在面砖上磨制或以面砖缝留设。参见图5.2.15-2。

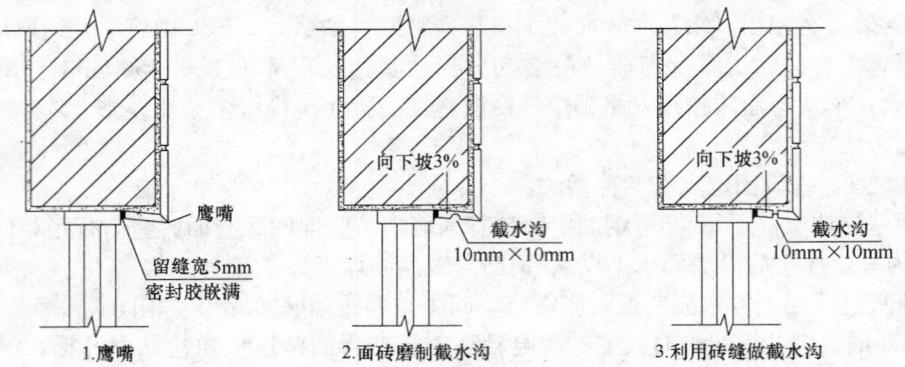

图 5.2.15-2 门窗上口鹰嘴、截水沟做法

4. 女儿墙顶部应设压顶板（砖），压顶板（砖）应向内坡，坡度宜为2％。

5. 切割后的面砖，切口均需用砂板水磨方法磨平修直。

6. 铺贴仿干摆缝做法的青面砖时，应将已贴好的一排面砖砖棱上残留的灰浆擦净，铺贴前宜将砖的里棱稍稍磨去一些。

7. 砖檐、梢子等不贴青面砖的挑出部分如在贴青面砖之前进行，其头层檐的出檐尺寸，应考虑到贴面砖所需的厚度。如头层檐需出檐40mm，面砖及砂浆厚度共需20mm，则头层檐就应出檐60mm。

8. 青面砖贴面的节点处理有多种方式，施工中可以根据工程实际及耐久、不渗漏、美观的原则自行设计。参见图5.2.15-3。

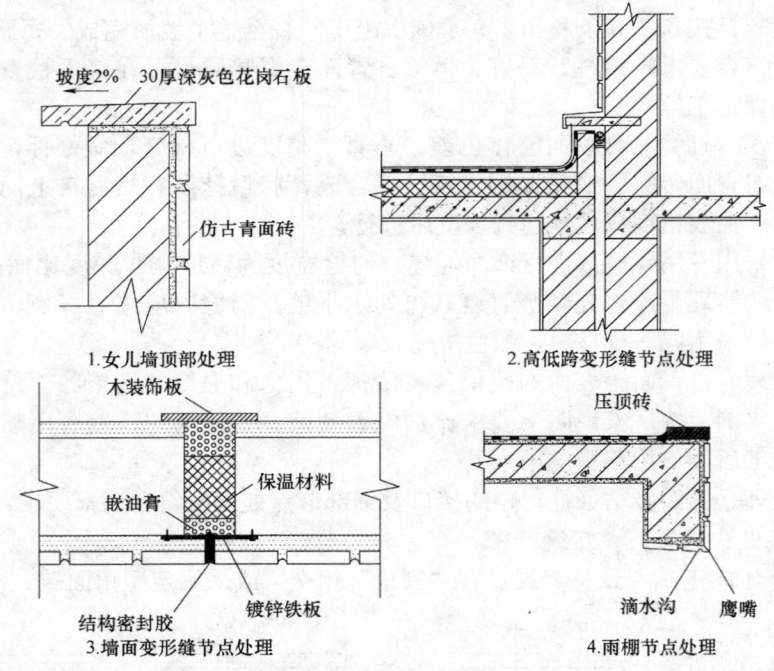

图 5.2.15-3 女儿墙顶、高低跨变形缝、墙面变形缝、雨棚节点处理做法

6. 材料与设备

6.1 材料

6.1.1 青面砖。青面砖应质地坚固，表面方正，平整，不得有缺楞掉角、暗痕和裂纹等缺陷，其

品种、规格、尺寸应符合设计要求，色泽应均匀一致。其外观质量应符合表 6.1.1 的要求。

青面砖外观质量要求   表 6.1.1

序号	项目	允许偏差（mm）	检验方法
1	砖面平整度	0.5	用水平尺检查
2	砖的看面长、宽度	0.5	用尺检查
3	砖的厚度	±1.0	用尺检查
4	砖棱平直	0.5	用直尺、直角尺检查
5	截头方正	0.5	直角尺检查
6	看面对角线	0.5	用直角尺检查
7	色泽	基本一致	贴前进行挑选
8	暗痕、裂纹	不允许	观查、复核
9	缺楞掉角	1.5（高档） 3（一般）	施工前进行检查

6.1.2 青面砖的物理性能应符合表 6.1.2 的要求

青面砖的物理性能要求   表 6.1.2

项目 砖种类	含水率		风化、冻融 5h 沸煮吸水率（%）≤		泛碱、泛霜
	平均值	单块最大值	平均值	单块最大值	
仿古青砖	20	22	25	28	无

6.1.3 其他材料

1. 水泥用 42.5 级硅酸盐水泥或 32.5 级普通硅酸盐水泥。
2. 砂采用中砂，用前过筛，含泥量控制在 3% 以下。
3. 界面剂、青砖胶粘剂、勾缝剂、有机硅高渗透型防水剂等材料质量应符合相应产品标准要求。

6.2 机具

本工法采用的机具设备见表 6.2。

机具设备   表 6.2

序号	品　　名	规　格	单　位	数　量
1	砂浆搅拌机		台	1
2	切割机		台	10
3	手电钻		台	2
4	电锤		台	2
5	手动砂轮		台	6
6	小车		台	4
7	钢卷尺	5m	把	10
8	水平尺/靠尺	0.5m/2m	把	各 20
9	磅秤		台	1
10	筛子	孔径 3/5mm	把	1/1
11	平锹、木抹子、铁抹子、小灰铲、勾缝溜子、钢丝刷、皮锤		把	若干
12	砂板		个	10

注：本表施工机具设备按 20 名抹灰技工一个工作台班计算。

7. 质 量 控 制

7.1 工程质量控制标准

7.1.1 仿古青砖贴面施工质量应执行《建筑装饰装修工程质量验收规范》GB 50210—2001 中表

8.3.11 和《外墙饰面砖工程施工及验收规程》JGJ 126—2000 中表 8.8 的有关规定。其贴面质量允许偏差应符合表 7.1.1 的要求。

青砖贴面质量允许偏差　　　　　　　　　　　　　　　　　　表 7.1.1

项次	项　　　目			允许偏差(mm)	检 验 方 法
1	表面平整度			2	用 2m 靠尺和楔形塞尺检查
2	垂直度	要求收分的外墙		3	用 2m 托线板检查
		垂直墙面	5m 以下	2	
			全高　10m 以下	6	经纬仪直尺检查
			10m 以上	12	
3	阴阳角方正			2	用方尺和楔形塞尺检查
4	水平灰缝平直度	2m 以内		2	拉 2m 线,用尺量检查
		2m 以外		3	拉 5m 线(不足 5m 拉通线),用尺量检查
5	相邻砖接缝高低差	3m 以内		1	拉通线用尺量检查。抽查经观察测定的最大偏差值
		3m 以上		1	
6	墙裙上口平直	3m 以下		1	拉 5m 线,不足 5m 拉通线,尺量检查
		3m 以上		2	
7	灰缝厚度			1	用尺量检查。抽查经观察测定的最大灰缝
8	接缝深度			1	用尺量
9	仿干摆墙相邻砖表面高低差	3m 以下		1	短平尺贴于表面,用楔形塞尺检查。抽查经观察测定的最大偏差处
		3m 以上		2	
10	仿丝缝、仿砌筑灰缝墙面游丁走缝	2m 以下		5	吊线和尺量方法检查
		5m 以上或每层高		10	

7.1.2 青面砖粘贴强度应按《建筑工程饰面砖粘结强度检验标准》JGJ 110—2008 中第 6 条粘结强度检验评定所规定的方法进行检验。在已铺贴好青面砖的墙面上切割出 $50 \times 50 mm^2$ 的青面砖块做拉拔试验。

7.1.3 水泥基粘结材料应符合《陶瓷墙地砖胶粘剂》JC/T 547 的技术要求,试验室制样检验其粘结强度不应小于 0.6MPa。

7.1.4 水泥基粘结材料应采用普通硅酸盐水泥或硅酸盐水泥,其性能应符合《硅酸盐水泥、普通硅酸盐水泥》GB 175 的技术要求。强度等级:硅酸盐水泥不低于 42.5 级,普通硅酸盐水泥不低于 32.5 级。

7.2　施工质量控制措施

7.2.1 工程所使用的材料应符合设计和有关标准的要求,进场后应检查验收,材料合格证明文件、检验报告、说明书等应齐全,需取样检测的材料应按规定取样检测。

7.2.2 古建筑修缮墙面基层抹灰处理前必须经认真检查,确认松动砖、风蚀砖都已凿除,青苔、浮尘、碎碴清理干净,灰缝抠深都符合要求后再抹压水泥砂浆。抹灰补强后的墙面不应有空鼓、裂缝现象。

7.2.3 基层墙面抹灰后应浇水养护,其平整度偏差易控制在 4mm 以下。

7.2.4 仿古青面砖的分格形式及灰缝风格,应与古建筑墙面效果相同。以达到修旧如旧,新建仿古的效果。

7.2.5 以水泥基为主要粘贴材料时,灰浆必须饱满;以胶粘剂为粘结材料时,粘贴面胶粘剂的厚度要均匀、挂满。

7.2.6 青面砖无歪斜、缺棱掉角、破损、裂缝、色差过大等缺陷。

7.2.7 墙面应平整、清洁美观;仿干摆做法的砖缝应严密;仿丝缝和仿砌筑灰缝做法的灰缝应密实，深度均匀，宽度一致；青面砖表面不得刷浆。

7.2.8 基层抹灰时应严格控制每遍灰的厚度及间隔时间，青面砖粘贴时应严格控制基层墙面湿度及界面剂涂抹后与面砖粘贴的间隔时间，应随涂抹界面剂随贴面砖，不可间隔时间过长。

7.2.9 雨雪天气或气温低于5℃以下不宜施工。

8. 安全措施

8.1 进入施工现场，必须戴好安全帽，扣好帽带。工人上外架作业时必须系好安全带。

8.2 在外架上作业时，不准往下或向外抛材料和工具等物件，工具用后随手装入工具袋。

8.3 外脚手架、防护设施、脚手架连墙件不得擅自拆除，需要拆除必须经过加固处理后方可拆除。不准坐在脚手架防护栏杆上休息和在脚手架上睡觉。

8.4 脚手板两端间要扎牢，防止探头板。注意预防脚手架超载，脚手架施工荷载不得超过限值。

8.5 从事外墙砖粘贴的人员，必须身体健康，严禁患有高血压、贫血症、严重心脏病、精神分裂症、癫痫病、近视眼（近视在500度以上）人员，以及医生检查认定不适合高空作业的人员，从事登高作业。对登高作业的人员要每年体格检查一次。

8.6 外架上作业不要用力过猛，防止失去平衡而坠落。遇有六级以上的强风应停止作业。外墙贴砖不允许夜间施工。

8.7 上架操作前必须检查外脚手架的安全性，确保施工措施符合安全要求后才能上架施工。

8.8 从事面砖切割人员应佩戴眼睛、手套，预防面砖碎块伤人。

8.9 施工用电应采用三相互线制，一机一闸一漏保，遵守施工现场安全用电规则。

9. 环保措施

9.1 在工程施工过程中严格遵守国家和地方政府下发的有关环境保护的法律、法规和规章，加强对施工燃油、工程材料、设备、废水、垃圾、弃渣的控制和治理，遵守废弃物处理的规章制度。

9.2 施工场地合理布置、规范围挡，做到标牌清楚、齐全，各种标识醒目，施工场地整洁文明。

9.3 设立专用排浆沟、集浆坑，对废浆、污水进行集中沉淀后处理，防止施工废浆乱流。

9.4 定期清运沉淀泥浆，做好泥、废渣及其他工程材料运输过程中的防散落与沿途污染处理措施，废水废渣除按环境卫生进行处理达标外，并按当地环保部门指定的地点和方案进行合理处置。

9.5 青面砖切割应用水冷却消尘，青面砖墙面打磨时打磨砂轮机应带防尘罩并有吸尘设施，防止砖粉沫随处飘扬。

9.6 优先选用先进的环保机械，采用设立隔声墙、隔声罩等消声措施降低施工噪声到允许值以下，同时尽可能避免夜间施工。

9.7 对施工场地道路进行硬化，并在晴天经常对施工通行道路进行洒水，防止尘土飞扬，污染周围环境。

10. 效益分析

10.1 社会效益。仿古青面砖的装饰效果可与古建筑青砖墙具有等同效果，而且装饰的墙面具有牢固、耐久、垂直平整、砖缝清晰、不空鼓、不泛碱的特点，具有古建筑古朴典雅的风格。采用本工法施工，既能做到保护古建筑，延长古建筑的使用年限，使中国古代建筑的传统文化得以长久保存，也使新建的仿古建筑能传承古建筑的古朴风格，发扬光大中国作为文明古国的时代信息。同时也能最大限度地保护土地资源，保护生态环境。这符合国家科学发展、可持续发展的政策，也符合国家墙体材料政策。

青面砖贴面施工方便快捷，工具设备简便，施工速度快，工艺技术便于掌握，场地易于布置，对外界干扰少，施工过程中噪声、粉尘、污水等对外界污染危害较低，有利于文明施工。青面砖贴面装饰的外墙面，在使用过程中维护的成本比较低廉。

10.2 经济效益。通过应用工程的对比分析，仿古青面砖贴面装饰墙面施工，可大幅度节约工程建设成本。与实心青砖墙相比，综合造价约是实心青砖墙的 1/6～1/15，并且可大量节约土地资源；与花岗石、大理石等其他贴面装饰材料装饰施工相比，也可明显节约工程施工成本，根据应用工程的实践，对青面砖贴面经济效益对比分析详见表 10.2。

青面砖贴面装饰经济效益对比分析表   表 10.2

序号	名称	规格	单位	综合价格（元）	差价（元/m²）	备注
1	条形青面砖	240×53×10	m²	85～110		平均 111.5 元/m²
		240×53×20		100～120		
2	方形青面砖	500×500×60	m²	220～250	—	平均 222.3 元/m²
		400×400×45		160～180		
		300×300×35		140～170		
3	花岗石（普通）	600×800×30	m²	300	205	条形
					111.6	方形
4	大理石（一般米黄）	600×800×30	m²	320	225	条形
					131.6	方形
5	高级面砖	600×800×15	m²	230	135	条形
					41.6	方形

11. 应 用 实 例

11.1 绍兴中国黄酒博物馆工程位于绍兴市北海桥，由中国黄酒城（筹）投资兴建，建筑面积 27660m²，地下一层、地上二至三层，框架结构，建筑高度 20.8m，为新建仿古建筑，工程于 2006 年 3 月开工，2008 年 3 月竣工（共分两期）。由酒街、演示厅、展厅、办公、水榭等功能建筑组成。入口长廊照壁、酒街及办公楼室内柱面装饰采用 400mm×400mm×45mm、500mm×500mm×65mm 方形青面砖扎丝灌浆挂贴工艺施工，砖缝为仿干摆缝，施工面积约 1500m²。施工时间 2006 年 8 月 30～2006 年 10 月 10 日。其中，400mm×400mm×45mm 规格砖造价为 162 元/m²；500mm×500mm×65mm 规格砖造价为 230 元/m²。办公楼、报告厅、景观墙等部位外墙饰面采用 240mm×53mm×18mm 条形青面砖专用青砖胶粘剂粘贴工艺施工，砖缝为仿丝缝，施工面积约 3000m²，施工时间为 2007 年 3 月 20 日～2007 年 9 月 20 日。砖价格为 1.05 元/块，综合价格为 116 元/m²。参见图 11.1。

黄酒博物馆三种规格的青面砖装饰，充分体现了古建筑的古色古香的古朴风格，酒街、长廊照壁等部位镶贴了青砖雕刻的人物壁画、酒文化景观画等，更增添了古建筑的美感。

11.2 绍兴宝业会稽山高尔夫球场会所工程位于绍兴市东南明阳路，绍兴市委党校旁，该工程由宝业集团投资兴建，为仿古建筑。建筑面积 7500m²，框架结构，地上二层，由接待厅、休息厅、会议厅、办公楼等功能组成，为会员休息场所。该工程服务台、休息厅、接待厅等内墙面及局部外墙面采用 240mm×34mm×5mm 青面砖专用

图 11.1   中国黄酒博物馆工程

胶粘剂粘贴工艺施工,砖缝为仿干摆缝,粘贴施工时间为 2007 年 9 月~12 月。综合价格为 145 元/m²

(因为是采用 240mm×53mm×18mm 面砖切割成小块面砖,因此综合价格相对较高)。该工程主要体现仿古建筑特色,青水墙面青面砖仿干摆缝,条理清晰,线缝一致,社会反应良好。参见图 11.2。

11.3 广厦集团职工食堂内装饰工程,建设单位为广厦集团公司,工程位于杭州市玉古路 166 号,建筑面积 800m²,由大餐厅、包间、活动厅等功能区组成,内装饰设计采用仿古建筑风格,其内墙面采用仿古青面砖贴面工艺,仿古青面砖规格为 240mm×53mm×12mm,砖缝采用仿砌筑灰缝缝宽 8mm,施工面积 800m²,装饰施工时间 2007 年 1 月~4 月。面砖价格为 0.45 元/块,

图 11.2 仿干摆缝做法

综合价格为 89 元/m²。施工质量优良,无空鼓泛碱,表面垂直平整,砖缝清晰洁净,具有古建筑青砖墙面的装饰效果。参见图 11.3。

图 11.3 广厦集团职工食堂餐厅内装饰效果

饰面板植钉锚固挂贴施工工法

GJEJGF115—2008

福建二建建设集团公司　福建建工集团总公司

黄跃森　刘忠群　晏音　董益智　黄谊华

1. 前　言

石材（或瓷板）饰面板（以下简称饰面板）按常规施工方法是通过支承装置将饰面板安装在金属框架（立柱、横梁）组成的支承体系上，而植钉锚固挂贴是采用不锈钢沉头螺栓和结构胶，将饰面板直接挂贴于砌体外围护墙或结构外墙面上。故植钉锚固挂贴具有省料、省工等优点，尤其适用于以蒸压加气混凝土等自保温砌块砌筑的框架结构填充墙，其应用前景广阔。通过对饰面板植钉锚固挂贴力学性能的试验、施工工艺的研究和多项工程实践的总结，形成本工法。植钉锚固挂贴法还获得了多项国家专利（专利号：ZL01117987.2、ZL200610115837.6、ZL200510040498.5、ZL200610054645.9）。

2. 工法特点

2.1 植钉锚固挂贴受力合理，与常规干挂施工方法相比无需金属框架支承体系，节约钢材，节省空间，经济效益显著。

2.2 施工方便，操作简单，减少交叉作业，施工进度快。

2.3 饰面板可灵活布置，装饰效果好，单块安拆、更换维修方便。

2.4 锚固件为不锈钢螺栓，抗腐蚀性能较优。

3. 适用范围

本工法适用于非抗震设防地区和抗震设防烈度不大于7度地区建筑物、构筑物的饰面板安装。墙体基材可采用混凝土或采用烧结砖、混凝土砌块、蒸压加气混凝土砌块砌筑；墙体保温可选用自保、外保或内保体系；饰面板安装高度不大于28m；饰面板厚度为石材20～35mm，瓷板≥13mm。

4. 工艺原理

4.1 饰面板主要通过不锈钢沉头螺栓和结构胶植钉于砌体或混凝土结构墙上，饰面板背面加工有不锈钢沉头螺栓镶嵌用的槽孔，并在饰面板背面按一定点位和面积粘贴结构胶作为辅助措施，使植钉、粘贴共同受力形成特定的挂贴工艺（图4.1）。饰面板之间缝隙用发泡条填塞，用密封胶勾缝。

4.2 外保温体系采用可拆卸不锈钢沉头螺栓。根据保温材料的厚度加长不锈钢沉头螺栓长度，在基层墙体植钉后，不锈钢沉头螺栓外套贴三角支撑架（图5.2.6），使三角支撑架与不锈钢沉头螺栓组合共同受力，以增强抗剪和抗拔力。

4.3 单块饰面板植钉数量按式（4.3）进行计算确定：

$$n = \xi WA / N \tag{4.3}$$

式中　n——植钉根数；

W——风荷载设计值（kN/m²）；

A——单块饰面板面积（m^2）；

N——单根植钉轴向力设计值（kN）；

ξ——钉胶组合受力系数，取 $\xi=0.5\sim1.0$，植钉数量较多时取高值。

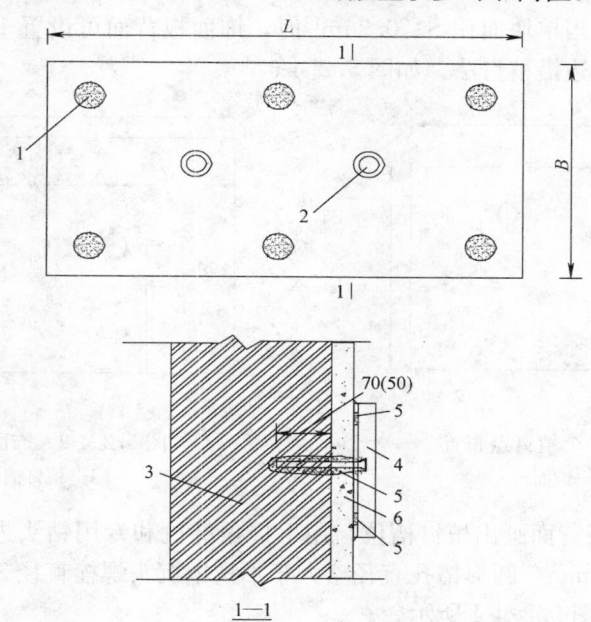

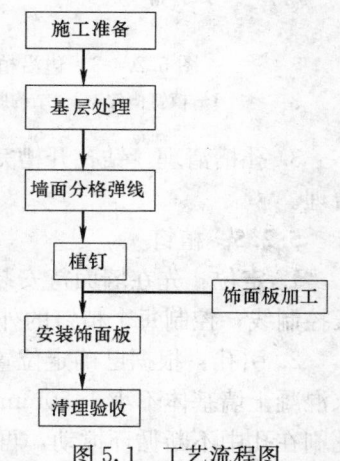

图 4.1　挂贴工艺图

1—结构胶粘贴点；2—植钉点；3—基本墙体；4—饰面板；

5—结构胶；6—水泥砂浆粉刷层

5. 施工工艺流程及操作要点

5.1　工艺流程（图 5.1）

5.2　操作要点

5.2.1　施工准备

1. 饰面板安装应在主体结构工程验收合格后进行。

2. 组织图纸会审，根据施工图要求和墙面实际尺寸设计整体墙面、边墙角墙、门窗洞口边等部位的饰面板和植钉点布置图。

3. 根据饰面板类别选用不锈钢沉头螺栓直径：石材饰面板≥$\phi10$，瓷板饰面板≥$\phi8$。根据不同墙体基体与墙面找平层厚度确定不锈钢沉头螺栓长度。

4. 进行饰面板、结构胶和不锈钢沉头螺栓等材料的进场验收工作。

5. 对现场操作人员进行技术与工艺交底，并试贴做好样板墙。

5.2.2　基层处理

1. 按规定程序修复混凝土结构墙面的蜂窝缺陷。墙面垂直度偏差应符合《建筑装饰装修工程质量验收规范》GB 50210 的要求，找平层厚度≥35mm 的严格采取加强措施。

2. 砖结构墙面采用水泥砂浆找平，砌体墙面采用专用砂浆找平，其强度应达到设计要求，质量应符合《建筑装饰装修工程质量验收规范》GB 50210 的要求。

3. 粉刷找平层有空鼓和开裂的，应查明原因进行修复。

5.2.3　放样及弹线。根据饰面板的预排图，在墙面上逐层逐段放样与弹线，确定每块饰面板与植钉点的实际位置。先设置总控制点，再局部放细样。

图 5.1　工艺流程图

施工准备 → 基层处理 → 墙面分格弹线 → 植钉 → 安装饰面板 → 清理验收；饰面板加工

5.2.4 饰面板加工

1. 确定槽位。单块饰面板面积不宜大于 1.0m²，长边不宜大于 1.5m。当单块面积 $S > 0.8m^2$ 时，饰面板背面应设置 3 个植钉槽位（图 5.2.4-1）；当单块面积 $0.36 < S \leqslant 0.8m^2$ 时，饰面板背面应设置 2 个植钉槽位（图 5.2.4-2）；当单块面积 $S \leqslant 0.36m^2$ 时，饰面板背面可设置 1 个植钉槽位，设置于板中偏上 50mm 位置，亦可采用边沿植钉法。如图 5.2.4-3。

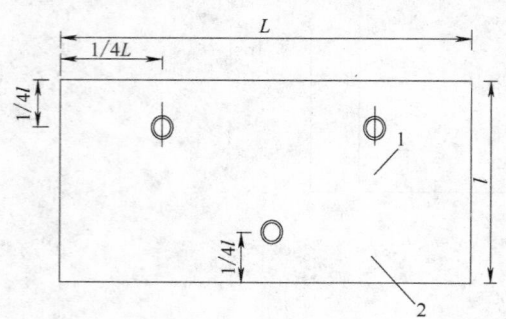

图 5.2.4-1　饰面板 3 个植钉点布置

1—植钉槽位；2—饰面板

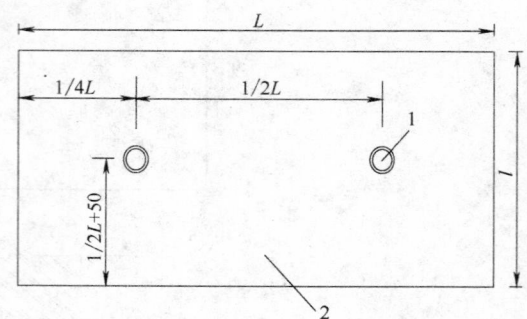

图 5.2.4-2　饰面板 2 个植钉点布置

1—植钉槽位；2—饰面板

2. 槽位加工。在饰面板背面画出植钉槽位，用手提角磨机和专用钻头进行槽孔制作。方形槽口边长约 25mm，槽底边长约 28mm；圆形槽孔直径略大于不锈钢沉头螺栓直径 5mm，但不得小于螺栓头直径，深度为板厚的 2/3。如图 5.2.4-4 所示。

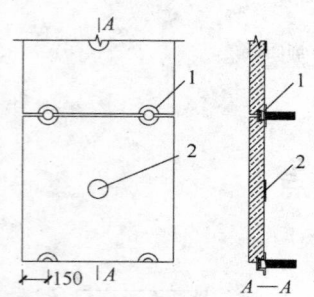

图 5.2.4-3　边沿植钉法

1—植钉槽位；2—结构胶粘贴法

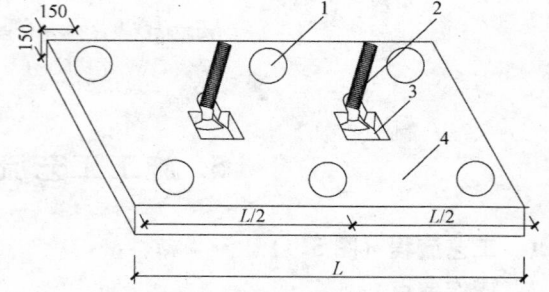

图 5.2.4-4　植钉孔槽与粘贴点布置大样

1—结构胶粘贴点；2—不锈钢沉头螺栓；3—挂钉槽孔；4—饰面板

3. 孔槽清理。钻孔开槽完毕，采用强力吹风机清理槽位粉尘，应清刷干净，严禁使用化学剂冲洗清理。

5.2.5 植钉

1. 定位：先在墙面待安装的第一层两端头首块饰面板的植钉位置上，各植入一个标准钉，再挂通长控制线，控制每个植钉的外露长度，使螺栓沉头端部均处在同一平面上。

2. 引孔：根据已确定位置，选择直径比植钉直径 D 大于等于 4mm 钻头的电锤进行钻孔，孔深进入混凝土墙基体不小于 50mm，进入砌体墙基体不小于 70mm，钻孔时钻机宜略往下倾斜。引孔后，用孔刷在孔中不断循环搅动，再用强力吹风机彻底清尘，直至孔洞内完全干净，对于潮湿的孔，应进行烘干处理，可采用电吹风烘干。

3. 配胶：宜选择在无尘条件的环境下进行，先用小刮刀分别取出 A 胶和 B 胶，按 1∶1 的比例分别称量，再用小灰刀将双组分 A 胶和 B 胶放在平滑的面板上翻拌，应做到混合均匀，色泽一致后方可上胶使用，应掌握每次拌胶量以 20min 用完为限，对拌制好的胶要专人验收。

4. 植钉：将搅拌均匀的结构胶粘剂填满孔洞及不锈钢螺栓周边，在不锈钢螺栓杆表面形成比孔洞略大些的胶团，以旋转渐进方式将满涂结构胶粘剂的不锈钢螺栓植入墙面上的孔洞中，使露在孔洞外的螺栓头与墙面上的限位通线持平，同时将挤压在不锈钢螺栓周边的结构胶用刮刀尽力挤压进孔洞缝隙中，最后将残余胶刮干净，以免干涸后影响饰面板的粘贴。见图5.2.5。

5. 验收。当植钉点结构胶完全固化后，应进行现场抗拉拔试验检验，检测数量按7.2.8条要求。检验满足要求时，方可进行现场植钉预埋的隐蔽验收。

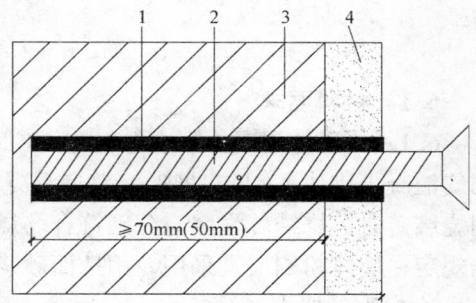

图5.2.5　植钉大样
1—结构胶；2—不锈钢沉头螺栓；
3—基材墙体；4—粉刷层

5.2.6　饰面板安装

1. 安装顺序：饰面板安装工程一般采用由下向上、由两边向中间渐进的挂贴方式，并按饰面板的编号顺序进行。挂贴时每块饰面板均要设水平和垂直限位控制线。

2. 上胶：挂贴上胶点分为粘贴点与植钉点。先采用角磨机对饰面板背面粘贴点进行毛化处理后再抹上已配制好的结构胶，粘贴点呈圆形状（直径约6cm）对称均匀分布（每公斤质量的饰面板胶粘贴总面积应≥3.0cm^2），厚度控制在3～5mm。饰面板背面槽位上填注结构胶，使其呈圆锥形胶团；同时墙面植钉点处也注上胶团，保证其有效厚度3～5mm。

3. 挂贴：将饰面板圆形孔槽朝上挂贴于植钉上，随后用手进行挤压并根据控制线进行校正与固定。在饰面板上口与墙面结合处用快干胶（云石胶）临时固定，相邻饰面板之间的缝隙采用同厚度的十字形塑料垫块，使饰面板挂贴横竖缝隙平直和大小均匀一致。

4. 调整：每块饰面板安装后均应进行平整度的检查，有偏差处应在结构胶凝结前及时进行调整。

5. 墙体采取外保温的处理：在植钉处附加辅助三角支撑架，如图5.2.6。将3mm厚三角支撑架与100mm×100mm的1.5mm厚钢板焊接，钢板上均匀设置8个$\phi8$的溢胶孔，用结构胶将其套贴在已植于墙上的不锈钢沉头螺栓上。待胶体固化后再在墙体上粘贴保温板，然后按上述方法进行饰面板的安装。当单块饰面板面积大于0.36m^{2}时，饰面板背面应设置4个植钉开槽位；当单块面积不大于0.36m^{2}时，应采用边沿植钉法。对于墙面突出≤100mm的部位，亦可按此法处理。

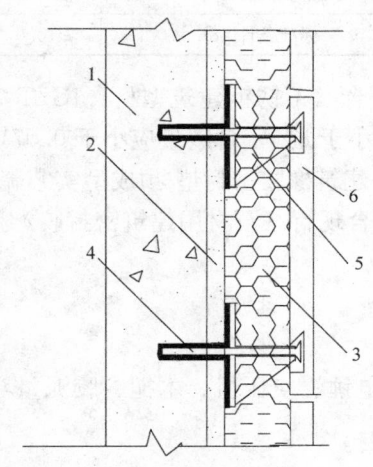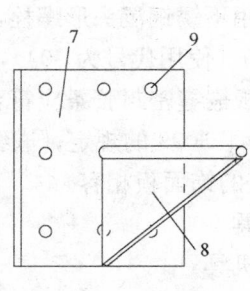

图5.2.6　墙体外保温饰面板植钉锚固大样
1—基层墙体；2—粉刷层；3—保温层；4—植钉；5—三角支撑架；6—饰面板；
7—100×100×1.5铁板；8—3.0厚铁板；9—溢胶孔

6. 板缝处理：面板安装3d待结构胶粘剂完全固化后，方可进行两块板材间的缝隙处理。将聚氯乙烯发泡圆条塞进板缝，留出约5mm缝深，在缝隙两边的板面上贴上防污胶带，再注入石材专用密封胶封闭，缝隙注胶应均匀、顺直。

5.3　劳动组织

每一劳动组合为钻孔2人，植钉2人，饰面板安装3人。

6. 材料与设备

6.1 材料要求

6.1.1 基体混凝土强度等级应≥C20，基体砌筑材料采用自保温砌块时，砌块强度应符合《蒸压加气混凝土砌块》GB 11968、《普通混凝土小型空心砌块》GB 8239 等相关标准规定；基体砌筑材料采用烧结砖时，烧结砖强度应分别符合《烧结普通砖》GB/T 5101 和《烧结多孔砖》GB 13544 等相关标准规定；墙体粉刷层宜采用专用抹面砂浆，抹面砂浆应符合《蒸压加气混凝土用砌筑砂浆与抹面砂浆》JC 890 标准的要求。

6.1.2 饰面板应符合现行国家标准《天然花岗石建筑板材》GB/T 18601、《干挂饰面石材》JC 830.1 和《建筑幕墙用瓷板》JG/T 217 的要求；石材饰面板应符合现行国家标准《建筑材料放射性核素限量》GB 6566 的规定，且颜色应均匀，表面平整，不应有崩裂、缺棱掉角、隐伤等现象。

6.1.3 结构胶采用双组分环氧胶粘剂，产品应符合现行国家标准《干挂石材幕墙用环氧胶粘剂》JC 887 的要求，其指标应符合表 6.1.3 的要求，人工老化试验经 1000h 后剪切强度降低值不超过 5%；产品应具有质保年限的质量证明。

胶粘剂主要技术性能　　　　　　　　　　　　　　　　　　　　表 6.1.3

项目	型号	PM 慢干型		备注
拉剪强度(MPa)	不锈钢—不锈钢	标准条件 48h	≥8.0	选择检查
压剪强度(MPa)	石材—石材	标准条件 48h	≥10.0	选择检查
		浸水 168h	≥7.0	必须检查
		热处理 80℃168h	≥7.0	必须检查
		冻融循环 50 次	≥7.0	选择检查
	石材—不锈钢	标准条件 48h	≥10.0	必须检查

6.1.4 植钉用不锈钢沉头形螺栓，其材料性能应符合《不锈钢建筑型材》JG/T 73 规定，牌号为奥氏体型 ocr18Ni9（使用代号为 304），其中含镍量不应小于 8%，含碳量应小于 0.07%。

6.1.5 饰面板嵌缝密封胶条应符合现行行业标准《建筑橡胶密封垫-预成型实芯硫化的结构密封垫用材料规范》HG/T 3099 的规定；嵌缝建筑密封胶应符合现行《石材用建筑密封胶》JC/T 883 标准的要求，且应与相应的饰面板相容。

6.2 设备机具

6.2.1 施工机具

板材拓孔机、电动切割机、角磨机、强力吹风机、电锤、空压机、木槌、胶泥量斗（自制）、油灰刀、小灰刀、刮刀、注胶器、固定夹具、电吹风。

6.2.2 检测机具

水平靠尺、水平仪、铅锤仪。

7. 质量控制

7.1 构造控制

7.1.1 混凝土基材的厚度 h 应满足《混凝土结构后锚固技术规程》JGJ 145 有关规定，黏土砖、加气砌块和混凝土砌块砌体基材的厚度 $h \geq 2h_{ef}$，h_{ef} 为植钉的有效锚固深度。

7.1.2 植钉最小边距值 $C_{min} \geq 10d$，C_{min} 为植钉至基材边的间距，不得包括装饰层或抹灰层，d 为不锈钢螺栓直径。

7.1.3 不锈钢螺栓植钉不得布置在混凝土的保护层和墙体的粉刷层中，有效锚固深度 h_{ef} 不得包括装饰层或抹灰层。

7.1.4 一切外露的连接件，应考虑环境的腐蚀作用及火灾的不利影响，应有可靠的防腐、防火措施。

7.2 质量控制

7.2.1 本工法应按国家现行标准《建筑装饰装修工程质量验收规范》GB 50210、《高层建筑装混凝土结构技术规程》JGJ 3、《建筑瓷板装饰工程技术规程》CECS 101：98 进行验收。

7.2.2 混凝土基材墙体施工质量应符合《混凝土结构工程施工质量验收规范》GB 50204 的要求，黏土砖基材墙体施工质量应符合《砌体工程施工质量验收规范》GB 50203 的要求，蒸压加气混凝土砌块基材墙体施工质量应符合《蒸压加气混凝土砌块应用技术规程》DB 13—29 的要求，混凝土小型砌块基材墙体施工质量应符合《混凝土小型空心砌块应用技术规程》DBJ 13—38 和《砌体工程施工质量验收规范》GB 50203 的要求；烧结砖强度≥MU10，蒸压加气混凝土砌块强度≥A3.5，混凝土小型砌块强度≥MU7.5；烧结砖和各类砌块基材墙体应按规范组砌，灰缝饱满度应符合规范标准，墙体垂直度偏差应符合规范标准。

7.2.3 饰面板上墙前应核对尺寸、图案和留缝尺寸等细部做法是否与设计相符，避免出现返工。石材饰面板上墙前应进行防护处理。

7.2.4 饰面板进场应进行复检，石材开槽应采用机械进行加工，严禁现场采用人工进行加工，加工后的表面应用高压水冲洗或用水和刷子清理，严禁用熔剂型的化学清洁剂清洗石材。

7.2.5 结构胶应在有效期内使用，在结构胶的初凝时间后终凝前，不得对饰面板进行任何的调整和碰动。

7.2.6 施工环境温度不应低于5℃，雨天施工应做好防雨措施，确保饰面板、植钉孔和墙体干燥不湿，否则不得进行植钉粘贴施工。

7.2.7 植钉锚孔深度允许偏差＋10mm，垂直度允许偏差5mm，位置允许偏差10mm。

7.2.8 植钉应进行现场拉拔检验，检测数量：混凝土基材墙体的为1‰，且单位工程应≥3根；不同材料砌块基材墙体或黏土砖基材墙体的各为3‰，且单位工程应≥5根。其拉拔力 $T \geq \gamma_R N$（式中 γ_R 为锚固承载力分项系数，对于混凝土墙体时，取 $\gamma_R=2.15$；对于砌体结构，取 $\gamma_R=3.0$，N 为植钉轴向力设计值，见表7.2.8）。

单根植钉轴向力设计值（kN）　　　　　　　　　　　　　　表7.2.8

植钉直径(mm)	8	10
混凝土墙体（强度＞C20）	2.0	3.0
加气混凝土砌块墙体（强度等级＞A3.5） 烧结普通砖墙体（强度等级＞MU10）	1.0	1.5
多孔砖墙体（强度等级＞MU10）	0.65	1.0

7.2.9 饰面板安装质量标准见表7.2.9。

饰面板安装质量标准　　　　　　　　　　　　　　表7.2.9

序目	检查项目	允许偏差(mm)	检查方法	序目	检查项目	允许偏差(mm)	检查方法
1	表面平整度	2	用垂直检测尺检查	4	接缝宽度	1	用钢直尺检查
2	立面垂直度	内墙2、外墙3	用水平仪检查	5	接缝直线度	3	用5m拉线检查
3	阴阳角方正	2	用直角检测尺检查	6	接缝高低差	1	用钢直尺和塞尺检查

7.2.10 嵌缝建筑密封胶宜优先采用石材专用密封胶。当采用其他品种硅酮建筑密封胶时，产品应符合《硅酮建筑密封胶》GB/T 14683 的规定，在施工前应进行密封胶与板材、填缝材料的相容性试

验和密封胶与饰面板的污染性试验。

7.2.11 工程验收时应提供下列文件：

1. 施工图纸会审记录及工程设计变更记录，建筑设计单位对饰面板工程的设计确认文件。

2. 不锈钢螺栓、结构胶、饰面板和密封胶的原材料合格证、性能检测报告和进场复验报告。

3. 现场工艺试验记录。

4. 现场后置埋件抗拉拔检测报告。

5. 密封胶的相容性和抗污染性检测报告。

6. 隐蔽工程记录：引孔、清孔及对孔的烘干处理记录、环氧胶粘剂配制记录、植钉记录、面板安装记录（表格按《建筑装饰装修工程施工质量验收规范》GB 50210—2001 中附录 C 要求）。

7. 验收批质量验收记录。

8. 安全措施

8.1 施工过程应严格按照《建筑安装工程安全技术规程》有关规定施工。

8.2 外墙脚手架安装牢固符合有关规范要求，配有安全网，离墙距离适当，应经安全检查验收合格方可上人施工。

8.3 工人上高空时，须配戴劳保用品，带电作业时，要配防触电保护器。

8.4 操作工必须经过技术培训和安全教育方可上岗。

8.5 高处施工作业时应防止工具、材料坠落的措施。

8.6 结构胶属化学制品，操作时应采取隔离措施，要戴塑料手套，若粘在人体上应尽快用洗涤用品清洗。

9. 环保措施

9.1 严格执行国家和地方有关环境保护的规范和规章制度。

9.2 结构胶属化学制品，施工过程剩余的结构胶，以及饰面板清理的残存胶点，应集中统一回收处理，不得随意倾倒。

9.3 饰面板切割和开槽作业应采取防尘和隔声降噪措施。

9.4 饰面板残存的胶点、灰尘应及时清理干净，拆除架子应防止破坏已清理干净的饰面层，门窗洞口、边角垛宜采取保护性措施，其他工种作业时不得污染或损坏饰面层。

10. 效益分析

饰面板植钉锚固挂贴与常规饰面板钢架干挂法作业，按每平方米完成饰面板直接费用对比，每平方米可节省钢材约 20～30kg 和钢架安装人工一个工日。如表 10 所示（以已完成 20 多项工程为例作分析）。

与常规饰面板干挂法比价　　　　　　　　　　　　　　　　　　表 10

项　　目	价格（不含饰面材料）	备　　注
钢架干挂法	大约 400～450 元	目前的省定额标准
植钉贴挂法	大约 200～250 元	环氧胶、不锈钢、植钉和密封材料

11. 应用实例

按本工法施工的工程已多达 20 多项，并有多个项目获得国家、省、市优质工程。施工高度均在

24m 内，结构胶采用澳洲产的麦格博士大力胶。其中：

福州白马大厦 21 层框架结构，建筑面积 32026m²，建筑檐口高度 89.3m，裙楼外墙 800m² 采用石材饰面板植钉锚固挂贴施工。石材厚度为 25mm，饰面板挂贴施工高度为 20.0m，墙体基材采用钢筋混凝土，于 2005 年 6 月施工完成，至今无返碱吐白、脱落等质量缺陷，确保了工程质量，该工程于 2006 年获的福建省优质工程"闽江杯"奖，同时与传统的钢架干挂技术对比，节省经济约 20 万元。

福建省体育馆为 3 层框架结构，建筑面积 23915m²，建筑檐口高度 18.98m，裙楼外墙采用石材饰面板植钉锚固挂贴施工。石材厚度为 25mm，饰面板挂贴施工高度为 6.0m，墙体基材采用烧结多孔砖，于 2003 年 10 月施工完成，至今无返碱吐白、脱落等质量缺陷，确保了工程质量，该工程于 2004 年获的国家优质工程鲁班奖，同时与传统的钢架干挂技术对比，节省经济约 40 万元。

江西贵溪铜苑宾馆、铜业办公大楼外墙 3500m² 采用 25mm 厚石材饰面板植钉锚固挂贴施工，饰面板挂贴施工高度为 22.0m，墙体基材采用烧结普通砖，分别于 2003 年、2005 年施工完成，至今无返碱吐白、脱落等质量缺陷，与传统的钢架干挂技术对比，节省经济约 50 万元。石材饰面板植钉锚固挂贴施工技术于 2005 年被江西省建设厅推荐为四新推广应用技术项目。

混凝土与抹灰界面喷砂处理施工工法

GJEJGF116—2008

云南工程建设总承包公司　云南建工第五建设有限公司

陈卫民　杨杰　李红梅　丁绍清　罗睿光

1. 前　言

随着模板材料、施工技术的改进及施工质量的提高，结构混凝土表面光洁度也不断提高，而传统的混凝土表面处理方法——拉毛，因施工质量不易控制，粘结效果差及拉毛浆体干燥后强度低等而不能满足工程项目质量的要求，为提高施工质量、减少结构混凝土与粉刷砂浆因物理性能差异带来粉刷层空鼓、开裂现象，我司进行了分析、研究及实验，优选使用具有渗透作用的特制浆料，并借鉴了喷射混凝土施工工艺，采用喷砂（浆料）工艺替代传统混凝土面拉毛工艺，增加混凝土面的附着力、提高了混凝土面与粉刷砂浆面层的粘结力，从而保证了砂浆粉刷层的施工质量，能带来较好的经济效益及社会效益。

经银海领域、报业尚都、荷塘月色等项目的应用，证明采用混凝土面喷砂技术的确是提高粉刷砂浆施工质量的有效工艺措施，因而特总结经验，编制本工法。

2. 工 法 特 点

2.1　利用空压机将特制浆料均匀喷射到混凝土结构面上，为斑点状凹凸粗糙、高强度固化附着物。

2.2　工艺操作简单，施工功效高、速度快，费用低。

3. 适 用 范 围

适用于混凝土结构抹灰面、光滑墙体抹灰面结合层及后期装修需抹灰处理墙面。

4. 工 艺 原 理

采用具有渗透性的特制浆料、利用压缩空气，形成喷射流，将特制浆料喷射到混凝土结构面上，固化后形成附着在混凝土面上的高强度凹凸面，增加混凝土结构表面的粗糙度及与抹灰层的粘结力，有效降低因后期混凝土结构、砂浆抹灰层的变形差而形成拉应力造成抹灰面空鼓开裂，从而保证抹灰层质量。

5. 施工工艺流程及操作要点

5.1　喷砂工艺流程（图5.1）

5.2　操作要点

5.2.1　基层清理：喷砂施工前应首先清理基层墙面的粉尘，修补小的孔洞，如果基层表面有脱膜剂，应用钢丝刷将脱膜剂清刷干净。基层清理干净后将墙面喷水充分润湿，深度为3mm左右，喷砂施工时应为内湿状态。保证水泥胶砂的有效牢固附着。

5.2.2 浆料配制（图 5.2.2-1）

1. 胶液制备（5.2.2-2）

1）胶液的基本组成

为满足增加水泥拌合物与结构混凝土表面的粘结力，同时减小自身的收缩变形，达到增强抹灰层与混凝土之间的连接作用，采用了具有保水、抗渗透、分散、减水、增强等作业的多种添加剂复合配制成喷砂专用胶液。

选取了羟乙基甲基纤维素醚、醋酸乙烯—乙烯共聚物（也叫可再生乳胶粉）等能改善水泥砂浆保水性能、粘结性能、分散性及增加砂浆韧性的外加剂、掺合料作为配制喷砂浆料专用胶液的基本材料。

2）胶液的配制

通过系统的、科学的反复试验、研究，确定了一系列胶液配比，结合本地水泥及建筑用砂状况，针对特定的工程确定一个最适用的配比。

3）胶液的质量检测

由于目前国家、行业乃至地方均没有相应的标准可供遵照执行，在研究过程及施工中，参照《混凝土界面处理剂》JC/T 907 的部分要求对胶液质量进行了检验、判定。坚持不满足要求的胶液绝不使用在工程项目中。

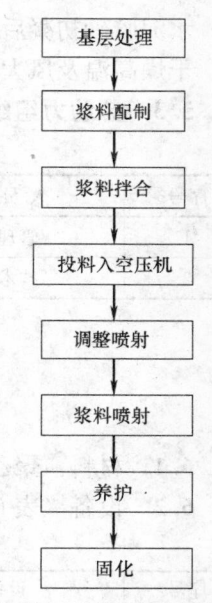

图 5.1　工艺流程图

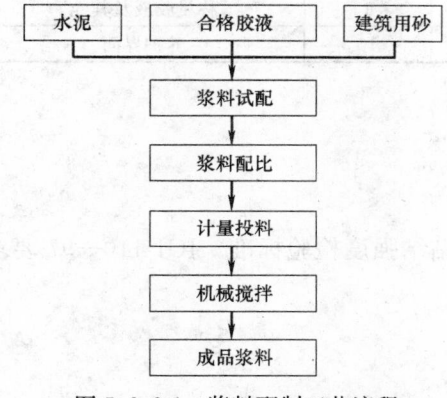

图 5.2.2-1　浆料配制工艺流程

2. 浆料的配制

喷砂浆料是以水泥为基本胶结料，砂为抗收缩骨料，再加入适当专用胶液配制而成的。

1）试配

试配主要是完成胶液、水泥、建筑用砂的最佳比例的确定。因水泥、建筑用砂的性能波动会对浆料的性能产生比较大的影响。

2）拌合

用经检验满足要求的胶液与水泥、建筑用砂试配确定之配比（必须严格计量）采用机械进行搅拌。浆料必须搅拌均匀、稠度适中、砂不沉底，搅拌时间一般应为 1.5～2.0min。搅拌好的材料应 2.5～3.0h 之间用完，以防止硬化。

5.2.3 投料及料浆喷射

1. 拌制完成的浆料必须及时投入空压机中，施工时环境温度应在 5～35℃之间。

2. 喷射

1）正式向结构混凝土面实施喷射前，需现进行试喷，通过试喷来调节空压机的压力及喷枪与结构面的距离，以保证不出现压力过低或过高、距离过远过近的现象，一般压力控制在 0.4～1.0MPa 间，距离控制在 0.6～1.5m 间。

2）喷射时，两人一组，一人持喷枪喷射，另一人加料放管。喷枪与墙面角度宜大于 30°，喷射宜自上而下，自左而右匀速进行。水泥胶砂附着均匀，对喷射不均匀（目测）的部位进行二次喷射补刷。

5.2.4 养护、固化

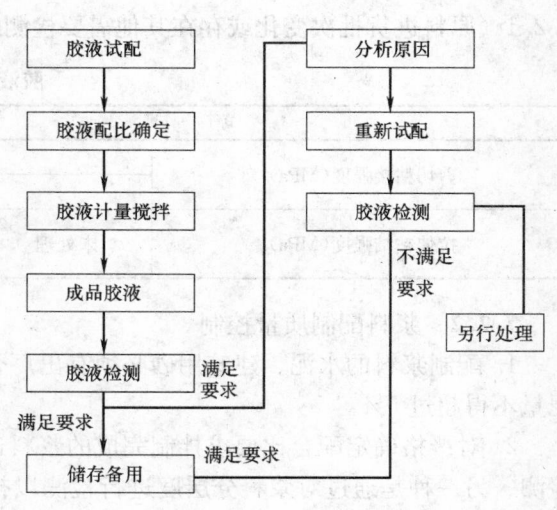

图 5.2.2-2　胶液制备

水泥胶砂初凝后，用喷雾器进行喷水养护，喷雾程度要保持墙面完全湿润，每天喷水养护 2～3次，干燥高温及风大季节每天喷水养护增加 1～2 次，喷水养护至少 3d。

5.3 劳动力组织（表 5.3）

现场人员配置 表 5.3

序号	人员类型	数量（个）	序号	人员类型	数量（个）
1	管理人员	2	3	试验人员	2
2	技术人员	3	4	操作工人	20

6. 材料与设备

6.1 材料：聚乙烯（或合成树脂乳液）、水、水泥、粗砂。

6.2 设备（表 6.2）。

机具设备表 表 6.2

序号	设备名称	设备型号	单位	数量	用途
1	空压机	Vy-6/7	台	5	喷射浆料
2	电动搅拌器	Yycm130	台	5	搅拌浆料
3	台秤	T20	台	2	称量水泥、砂
4	天平	sy2000	台	1	称量胶液及其他
5	喷雾器	Y1cb043	台	10	养护界面

7. 质量控制

7.1 质量标准

参按照《混凝土界面处理剂》JC/T 907；《建筑工程饰面砖粘结强度检验标准》JGJ 110—97 要求执行。

7.2 质量控制

7.2.1 配制胶液原材料质量控制

1. 配制胶液原材料羟乙基甲基纤维素醚、醋酸乙烯—乙烯共聚物等等必须有出厂合格证，必要时进行复检。

2. 严格按确定配合比配制完成的胶液必须经过必要的检测（才能投入使用。检验项目及指标见表7.2.1（原料进货批次变化或存在其他需要检测的原因时必须进行检测）。

胶液物理性能检验 表 7.2.1

项　目			指　标
剪切粘接强度（MPa）		7d	≥1.0
		14d	≥1.5
拉伸粘结强度（MPa）	未处理	7d	≥0.4
		14d	≥0.6

7.2.2 浆料配制质量控制

1. 配制浆料的水泥、建筑用砂必须有出厂合格证及复检报告。水泥安定性必须合格，建筑用砂含泥量不得超过 5%。

2. 对严格确定配合比要求拌制完成的浆料进行抽检。采取二种方式：一种是制作试件进行粘结力检测、另一种是通过对浆料分层度进行检测以初步判定浆料的保水性能、分散性能。检测项目及指标见表 7.2.2。

浆料质量控制指标　　　　　　　　　　　　　　表 7.2.2

检测项目	指　标
粘结力（MPa）	≥0.4
砂浆稠度（mm）	60～90

7.2.3 喷射浆料质量控制

1. 喷射胶砂要均匀，墙面喷射后凹凸感要强，喷砂高度点为 1～3mm 或表面呈凹凸片状，底部直径微 2～5mm。

2. 保持合理的喷射距离及喷射压力。

3. 空压机压力表必须按规定进行校验，以保证其处于良好的工作状态。

4. 喷射后养护要及时，保证胶砂的强度。防止养护不及时，造成水泥胶砂脱水，导致粘结力及强度降低。

8. 安 全 措 施

8.1 空压机用电必须有漏电保护措施。

8.2 缸体无裂纹，压力保护系统完好。

8.3 手提电动搅拌器需有漏电保护措施。

8.4 空压机操作人员必须穿绝缘鞋、戴绝缘手套。

8.5 操作人员必须佩戴防尘口罩、护目镜等护具。

8.6 坠落高度大于 1.5m 时必须采用安全可靠的作业高登。

8.7 喷射外立面时必须佩戴安全带。

9. 环 保 措 施

9.1 配制胶液时，不产生有毒有害气体及废弃物且保证采购绿色环保的原材料，以达到胶液不含甲醛的目的。

9.2 拌制浆体时，水泥要轻放，防止水泥飞散污染环境，废弃水泥袋要及时处理。

9.3 喷射时，建筑外围要有安全网，防止喷射时产生的悬浮颗粒随风飞散污染环境。

9.4 喷射时，要对除须喷射面以外的部位进行遮挡保护，防止污染其他成品。

9.5 喷射时，落在楼面上的浆体在干燥后要及时清除，保持楼面卫生。

9.6 空压机防止位置应铺垫塑料布，防止机油污染楼面。

10. 效 益 分 析

本工法通过与传统人工用板刷蘸浆拉毛对比，采用传统人工拉毛效率为 70～90m²/d，采用喷射工艺效率为 630～800m²/d，功效提高 9 倍，节约大量人工费。且通过后期抹灰质量比较，混凝土面采用喷砂工艺抹灰基本不空鼓、开裂，顶面混凝土亦没有抹灰层脱落的现象，比常规人工拉毛抹灰空鼓开裂率降低 75% 左右，节约了大量修复用人工及材料，并降低了返修率，减少了返修的费用，且获得质检、业主的一致好评，提升了公司的信誉。

11. 应 用 实 例

11.1 本工法在银海领域住宅小区工程大量应用，该工程建筑面积 318000m²，共 17 栋 14～16 层小高层建筑，采用混凝土面喷砂工艺约 105 万 m²，混凝土面抹灰面空鼓开裂大幅降低，效果非常显著。

见图 11.1。

11.2 荷塘月色住宅小区 2、3、4 幢住宅工程（图 11.2），工程地点位于昆明市北市区，建筑面积 60000m²，建筑层数十八层，建筑总高 53.2m。建筑平面造型呈之字形，剪力墙结构，采用混凝土面喷砂工艺约 25 万 m²，混凝土面抹灰面空鼓开裂大幅降低，效果非常显著。

图 11.1 银海领域立面

图 11.2 荷塘月色正立面

11.3 报业尚都工程（图 11.3），建设地点位于昆明市新闻路，总建筑面积 3.7 万 m²，地上 33 层，地下一层，建筑总高度 105m，采用混凝土面喷砂工艺约 11 万 m²，混凝土面抹灰面空鼓开裂大幅降低，效果非常显著。

图 11.3 报业尚都立面

ZL 粉刷石膏聚苯板外墙内保温系统施工工法

GJEJGF117—2008

南通华新建工集团有限公司　上海中绿建材有限公司
葛汉明　傅旗康　翁益民　鲍先伟　钱忠勤

1. 前　　言

粉刷石膏聚苯板外墙内保温系统施工工法，是以粘结石膏、石膏干粉砂浆、面层石膏及抗裂缝工艺措施为关键技术，与（EPS 或 XPS）聚苯板、玻璃纤维网格布（以下简称网格布）共同组成墙体保温系统，其构造为粘结层（其中 30% 粘结，70% 空气绝热层），聚苯板保温层，石膏砂浆复合 A 型网格布护面层，面层石膏复合 B 型网格布饰面层，是一种抗裂性能和隔热性能优异的墙体节能保温系统施工方法。多年来，经大量的工程应用证明，有效地克服了保温墙面易裂缝的质量弊端，其质量获得了用户称誉和肯定，并获"白玉兰""钱江杯""扬子杯"等省优工程质量奖项。该系统技术于 2004 年获《上海市高新技术成果转化项目证书》，《上海市建设科技成果推广项目证书》，《上海市建筑节能技术和产品系统推荐证书》。

本工法的保温系统，集保温性、环保性、抗裂性和抗冲撞性于一体，能满足我国大部分地区气候条件下的建筑节能要求。

2. 工 法 特 点

2.1　本工法保温绝热技术运用空气 $R=0.14\text{m}^2 \cdot \text{K/m}$ 的热阻性、EPS 聚苯板 $K \leqslant 0.041\text{W/(m} \cdot \text{K)}$ 或 XPS 聚苯板 $K \leqslant 0.030\text{W/(m} \cdot \text{K)}$ 的导热系数、粉刷石膏 $K \leqslant 0.23\text{W/(m} \cdot \text{K)}$ 的导热系数，共同组合成热工性能优良的绝热保温系统。使间隙性使用空调或采暖的室内环境升温快，保持室内温度时间长，减少空调起动次数和运行时间而降低电能消耗，达到节约能源目的。

2.2　本工法中的粘结石膏、石膏干粉砂浆、面层石膏产品，是以脱硫石膏为原材料和 ZL 粉刷石膏制造技术制成，具有强度高、粘结力强、相容性好、压折比低、固体稳定性好、密度低等优异的物理性能，是本工法质量的基本保证。

2.3　石膏制品具有无毒无害，无放射性和良好的呼吸功能，能平衡室内空气湿度，给人们提供了健康、舒适的室内居住环境。

2.4　本系统抗裂构造的优化设计，使保温墙面基本无裂缝质量问题，确保了保温墙面的整体性。

2.5　本系统可设置在混凝土天棚底板，解决了凸窗和混凝土天棚保温隔热层设置难题。

2.6　本工法构造简单、施工方便、工效高，施工作业不受雨雪气候影响。同时无风压、耐候性要求，建筑外饰面不受限制，给施工、设计提供了方便。

3. 适 用 范 围

3.1　本工法适用于新建、扩建和改建的工业与民用建筑以及既有建筑的节能改造工程。

3.2　适用于混凝土剪力墙、黏土多孔砖、混凝土空心砌块和加气混凝土砌块等多种材料的基层墙体。

3.3　装饰面层可为涂料、墙纸、墙布或不大于 20kg/m^2 的饰面砖。

3.4 适用于夏热冬冷、夏热冬暖和空气湿度较高的南方地区。

3.5 不适用于室外环境。

4. 工 艺 原 理

4.1 粉刷石膏聚苯板外墙内保温系统是由粘结层、保温层、护面层和饰面层组成（图 4.1）；保温层采用聚苯板，其厚度须按照节能设计标准要求的热工计算确定，其热工指标 K 值应符合规定要求。

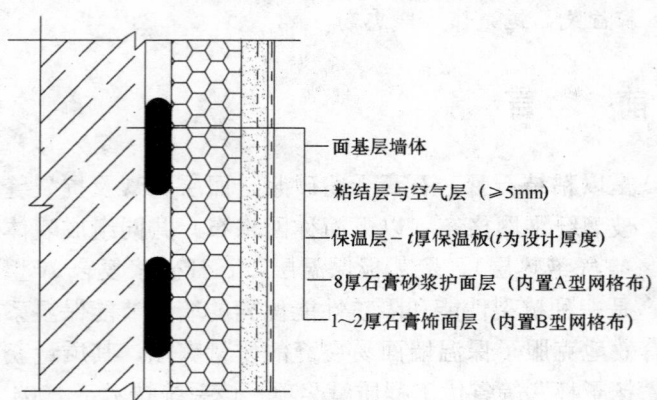

— 面基层墙体

— 粘结层与空气层（≥5mm）

— 保温层-t 厚保温板（t 为设计厚度）

— 8厚石膏砂浆护面层（内置A型网格布）

— 1～2厚石膏饰面层（内置B型网格布）

图 4.1 外墙内保温系统构造

4.2 本工法中的三种石膏制品，凝固时，其固体具有密孔状结构和 1‰～2‰微膨胀值，同时具有内应力分布相对均匀和不传递内应力的特性，可有效避免护面抹灰层的干缩裂缝。经长期的干湿、冷热循环测试，其胀缩值为 0.03‰～0.07‰ 之间，数据表明凝固体相对稳定。

4.3 工法中的石膏制品具有压折比小于 3 的优良性能，但护面层受到 4J 外力冲击时局部仍有破损，现象说明抗冲撞性能欠缺。因此采取设置网格布措施，提高其抗冲撞性、抗裂性和整体性。本工法根据网格布的客观物理原理，采取了设置优化方案，使护面层的抗冲撞性能提高至 8J 以上，做法如下：

4.3.1 分层设置网格布，二层间有 4～5mm 间距，使应力传递有缓冲区域，形成网格布能分层分次抵御内应力，减少内应力传递至表面，可避免保温墙表面裂缝显现。

4.3.2 采取经、纬向十字交叉铺贴，使经、纬向的抗拉断荷载差异得到相互补偿。

4.3.3 利用石膏制品大于 0.5MPa 自有的粘结强度粘贴网格布，能避免采用有机类胶粘剂使用后产生的隔离膜，加强护面层、饰面层石膏砂浆的整体性。

4.4 找平层采用贴灰饼、冲筋的传统工艺，是提高垂直、平整度质量和减轻劳动强度、提高工效有力措施。

5. 施工工艺流程及操作要点

5.1 工艺流程

工艺流程如图 5.1。

5.2 施工要点

5.2.1 施工准备

1. 外墙门窗框安装完毕，并根据门窗安装要求，将门窗框与洞口间的缝隙用发泡剂填塞完成，门窗框应有防污保护膜。

2. 水、电工程的暗敷管路、接线盒等应埋设完成，并完成管线的穿带线工作。

3. 水暖、装饰工程需完成的穿墙预留孔、管卡或预埋件，并根据保温完成面厚度，预留出一定的位置。

4. 材料、机具、脚手架等准备。

5.2.2 基层处理并验收

1. 结构或内隔墙抹灰工程完成，并经验收合格。

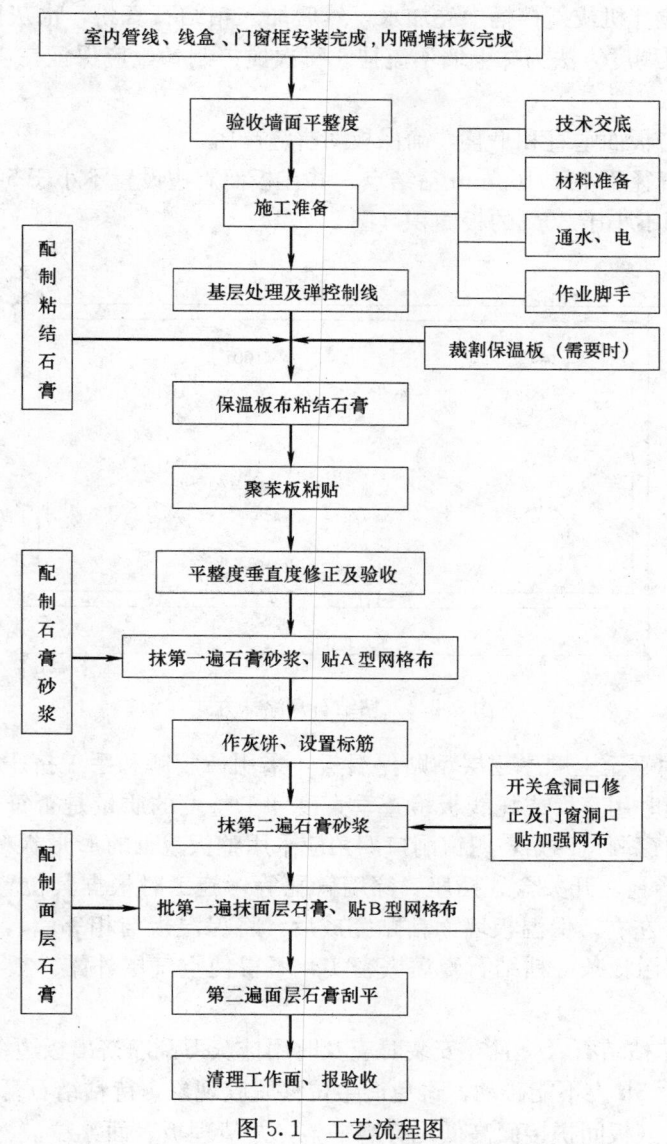

图 5.1　工艺流程图

2. 基层墙面上的浮渣、浮灰及隔离剂应清理干净。

3. 水泥砂浆找平抹灰完工后，按表 5.2.2 的要求检查墙面质量。符合要求方能安装保温板。

外墙内保温系统对基层墙面的质量要求　　　　　　　　　　表 5.2.2

项　　目		质量要求	检验方法
内侧墙面	墙面表面	无油污、隔离剂等浮物存在	检查施工记录
墙面平整	垂直度	≤4mm	2m 垂直检测尺检查
	平整度	≤4mm	2m 靠尺和塞尺检查

注：当墙面平整＞4mm，垂直度＞8mm 时，须由土建单位采用水泥砂浆作找平层，其平均厚度一般为 12mm

5.2.3　弹线及排版

1. 弹线：根据粘贴层及保温板厚度，在相邻墙面，平顶与地面（或楼板面）上弹出保温板安装控制线。

2. 排版：排版时由下至上水平顺序进行，板间垂直接缝应错缝，门窗洞口应避开板接缝，小面积保温板应拼装在相邻墙边处。

5.2.4　粘贴保温板

1. 粘结石膏制备：搅拌机或搅拌桶中先加水，然后加入粘结石膏粉，水灰比为1∶5，经2～3min充分搅拌成稠膏状，控制稠度方法为抹上墙不流挂。每次搅拌制备量应保证在1h内用完，严禁使用中再加水稀释。

2. 保温板裁切边应与板面垂直和平整，确保板间拼缝严密。

3. 在保温板上设置直径不小于100mm粘结点，并在板面周边设置不小于50mm宽的粘结条，并预留排气孔2只，粘结面积不小于30%的板面积（图5.2.4）。

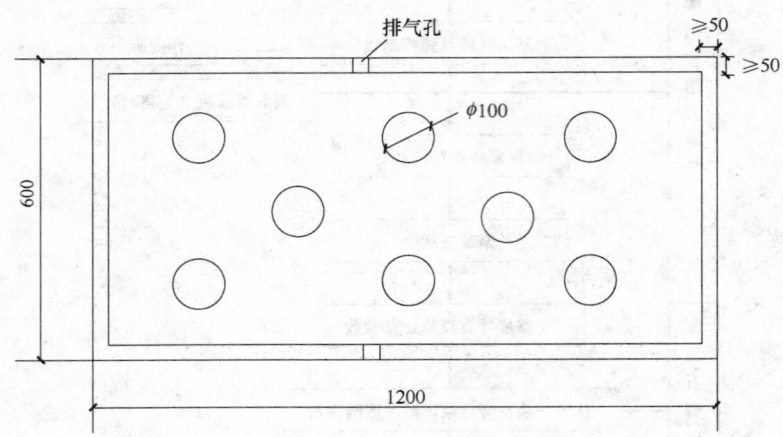

图5.2.4 粘结石膏涂抹方式

4. 按贴板控制线，由下至上顺序逐层粘贴保温板，采用橡胶锤和手工挤压板面，确保粘结点、条与墙面充分粘合，同时随时用直尺或托线板检查垂直度和平整度的质量是否符合要求。聚苯板应错缝粘贴，且拼缝不应处在门窗洞口四角，门窗洞口四角应采用整板裁割的L形板粘贴（图5.2.4）。

5. 墙面预留有的电器盒、开关盒、插座、穿墙管孔等，施工时根据其位置，保温板上应挖洞孔，洞孔要求配件周边10mm左右，保温板墙面粘贴完成后，将保温板与相邻墙、门窗口，电器盒、开关盒等之间的缝隙，采用保温板条、粘结石膏填嵌密实，不得使空气层外露，板与板间的拼缝过大也应采用保温板条填嵌密实。

6. 板拼缝处不得涂抹粘结石膏，且在安装时应及时用抹灰刀刮净挤出板边缘的粘结石膏浆料。

7. 保温板粘贴完成后3h内不能碰动，避免产生位移脱胶现象，待粘结石膏完全粘结固化后，采用砂板将聚苯板表面不平处（板间拼接面高低）打磨平整，并清理板表面浮粒。

5.2.5 抹石膏砂浆，贴A型网格布

1. 石膏砂浆制备：搅拌机或搅拌桶中应先加水，后投入石膏干粉砂浆，水灰比为1∶5，经2～3min搅拌成稠膏状，其稠度为适宜手工抹灰上墙不流挂为准。每次搅拌制备量控制在1.5h内用完，已发生初凝的浆料不得再次使用应作报废。不得在石膏砂浆中添加其他材料：如水泥、石灰膏、砂等。

2. 在聚苯板表面抹3～4mm厚石膏砂浆，将A型网格布横向铺于砂浆面上，并用铁抹子由网格布中间向外展抹平整，不得有褶皱现象，并轻压入砂浆层中，隐约显现网格状最佳，网格布搭接不小于100mm，也应压入砂浆层中。间隔墙2小时后，按常规方法设置4～5mm厚灰饼，再根据灰饼面设置标筋，阳角护角，灰饼间距不应大于1.5m。

3. 抹第二遍砂浆应依次在两标筋间抹石膏砂浆，抹高出标筋面，采用2m刮板紧靠两标筋面，将石膏砂浆层刮搓平整，缺陷部位应再补抹石膏砂浆，再次用2m刮板搓刮平整，为防止起砂的现象产生，砂浆层初凝后，严禁用木抹子搓揉。

4. 一般情况下踢脚线部位应与上部抹灰一起完成，如设计要求设置明踢脚时，需预留踢脚高度进行分次抹灰，上部墙面铺贴的网格布应预留距地面20mm左右，待踢脚线抹灰时再压入砂浆中。应确保网格布是整体。

5. 整墙面找平抹灰完成后，门窗角四角部位应加贴A型网格布加强，并将网格布按图压入砂浆层

（图 5.2.5）。

5.2.6　批抹面层石膏，贴 B 型玻纤网格布

1. 面层石膏配制时，搅拌桶中应先加水，然后投入面层石膏，水灰比为 1：5；采用手提电动搅拌器，约 1～2min，搅拌成稠膏状。

2. 面层石膏应分两次批抹，第一遍批抹，同时趁湿竖向铺贴 B 型网格布，其方法同 A 型网格布，但是与相邻墙面处，门窗洞口处，须预留≥150mm 的 B 型网布用于转贴。第二遍批抹，完成后表面应平整、光洁、无网格状显露。

3. 两种材料（即水泥砂浆与石膏砂浆）分次抹灰平面接口处，在批抹面层石膏时，应加贴≥200 宽 B 型网格布的界面防裂措施。

5.2.7　节点详图（图 5.2.7-1～图 5.2.7-3）

1. 平面索引图 5.2.7-1。

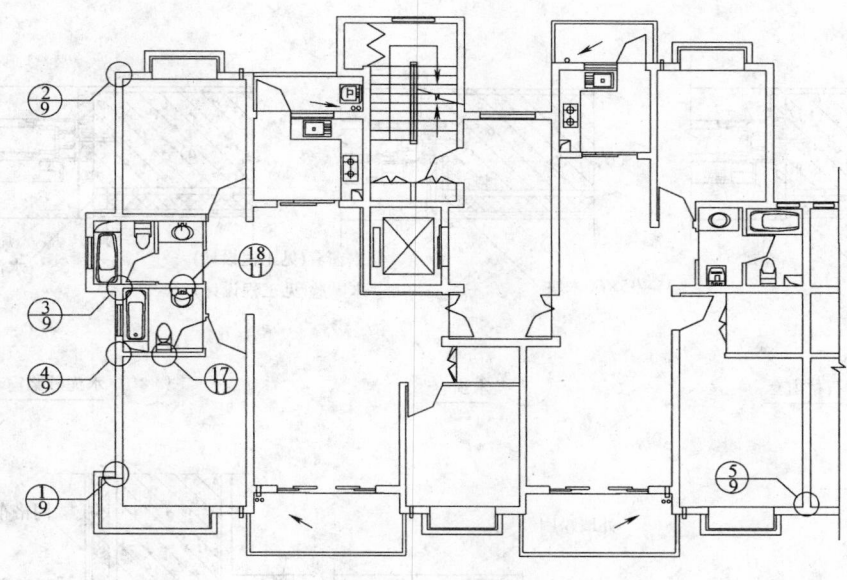

图 5.2.7-1　平面索引

2. 立面索引图 5.2.7-2。

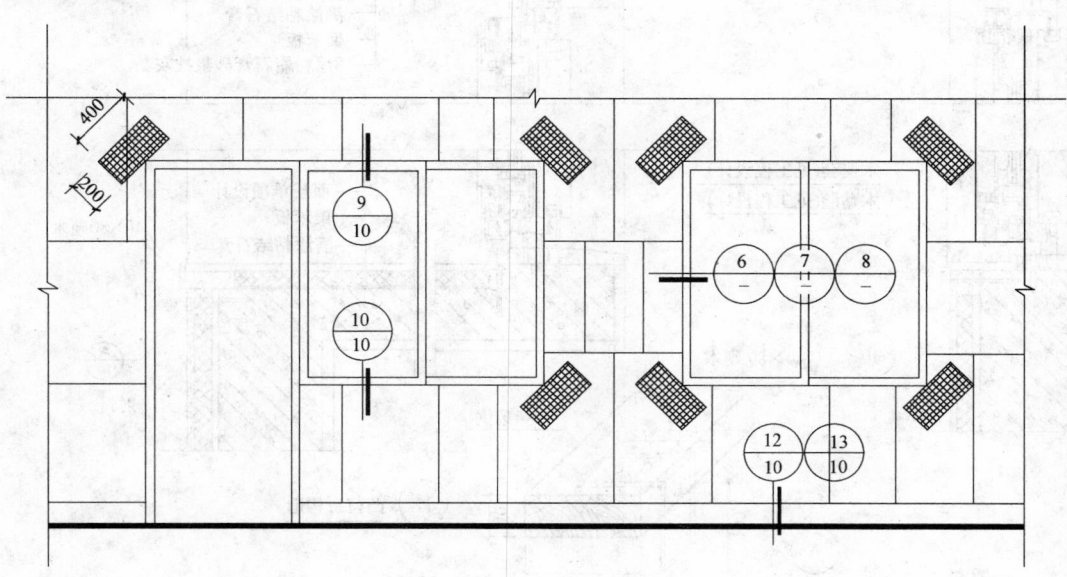

图 5.2.7-2　立面索引

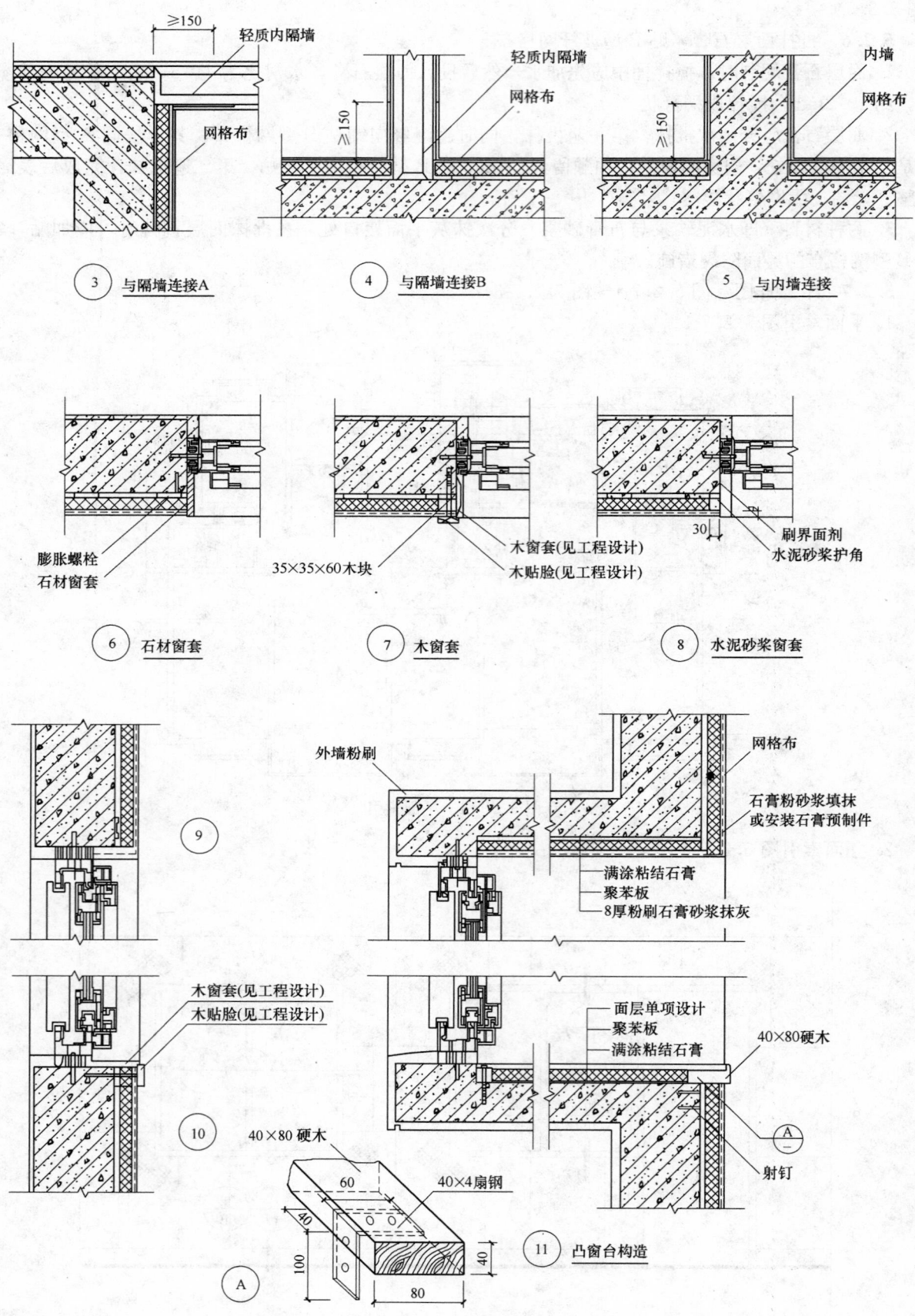

图 5.2.7-3　节点细部构造图（一）

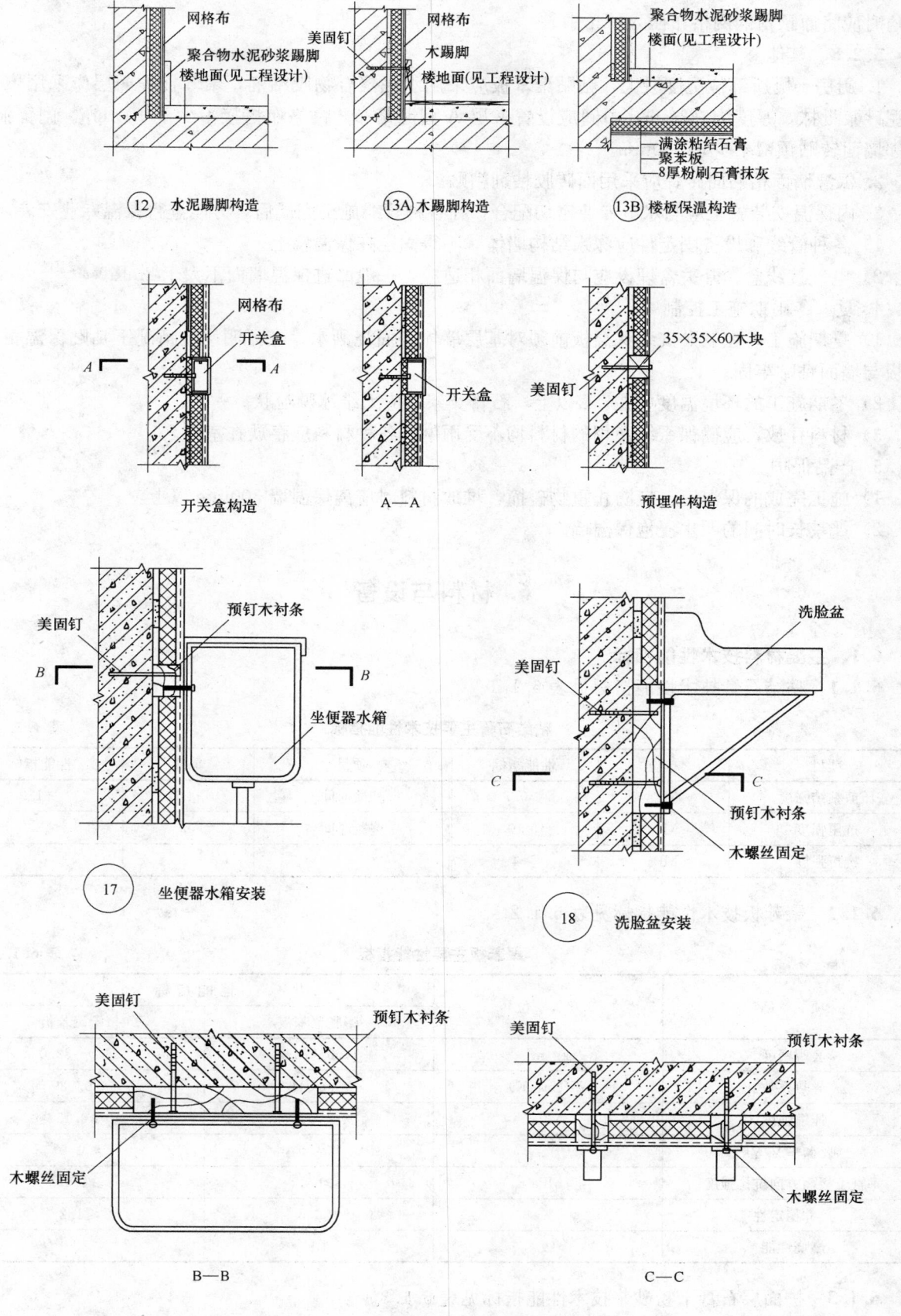

图 5.2.7-3 节点细部构造图(二)

3. 阳角护角为保证门窗洞口及阳角部位的强度，护角材料应采用1：2水泥砂浆或石膏砂浆。在做护角时应将原预留的网格布压入护角中。

5.2.8　其他

1. 厨房、厕所部位湿度较大，粘贴聚苯板应采用水泥聚合物胶粘剂，聚苯板护面层应采用聚合物水泥砂浆批抹，厚度为≥3mm，中间应设置一层 A 型网格布，网格布搭接不少于100mm。门窗洞口，相邻墙面转贴预留不少于150mm。

2. 保温墙面粘贴面砖，应采用面砖胶粘剂粘贴。

3. 内保温安装施工应与水电专业密切配合，在各种管线施工完成后，方能进行保温专业安装。

1）各种管线和设备固定件应深入结构墙体，不得固定在保温墙上。

2）电气接线盒、开关盒埋设应与保温墙面相适应，一般凹进保温墙面不大于 2mm。

4. 夏、冬雨期施工控制

1）夏期施工，在粘贴安装保温板前须对基层墙体表面浇洒水，在无明水的情况下粘贴保温板，确保板与墙面粘贴牢固。

2）冬期施工的环境温度应在 0℃以上，石膏类浆料应无结冰颗粒状。

3）材料存放，应确保系统使用的材料均不受雨淋，各种材料应存放在室内。

5. 产品保护

1）施工完成的保温墙，应防止重物碰撞，堆放材料时应离保温墙 300mm 以上。

2）严禁长时间的明水浸泡保温墙。

6. 材料与设备

6.1　主要材料技术性能指标

6.1.1　粘结石膏技术性能指标见表 6.1.1。

粘结石膏主要技术性能指标　　　　　　　　　　　　　　　表 6.1.1

项目	单位	性能指标	项目	单位	性能指标
压剪粘结强度	MPa	≥0.7	初凝时间	h	≥1.0
抗压强度	MPa	≥10	终凝时间	h	≤3.0
抗折强度	MPa	≥4			

6.1.2　聚苯板技术性能指标见表 6.1.2。

聚苯板主要性能指标　　　　　　　　　　　　　　　表 6.1.2

项　　目	单　　位	性 能 指 标	
		膨胀聚苯板	挤塑聚苯板
表观密度	kg/m³	18.0～22.0	28.0～32.0
导热系数	W/(m·K)	≤0.041	≤0.030
压缩强度	MPa	≥0.1	≥0.15
吸水率 V/V	%	≤4.0	≤1.0
垂直于板面方向抗拉强度	MPa	≥0.1	≥0.15
尺寸稳定性	%	≤0.3	≤1.2
燃烧性能	级	B1	B1

6.1.3　护面层石膏干粉砂浆技术性能指标见表 6.1.3。

6.1.4　面层粉刷石膏技术性能指标见表 6.1.4。

石膏干粉砂浆主要技术性能指标　　　　表 6.1.3

项目	单位	性能标准	项目	单位	性能标准
抗压强度	MPa	≥5.0	初凝时间	h	≥1.5
抗折强度	MPa	≥2.5	终凝时间	h	≤5.0
粘结强度	MPa	≥0.3			

面层粉刷石膏主要技术性能指标　　　　表 6.1.4

项目	单位	性能标准	项目	单位	性能标准
抗压强度	MPa	≥6.0	初凝时间	h	≥1.0
抗折强度	MPa	≥3.0	终凝时间	h	≤3.0
粘结强度	MPa	≥0.5			

6.1.5 玻璃纤维网格布技术性能指标见表 6.1.5。

玻璃纤维网格布技术性能指标　　　　表 6.1.5

项目	单位	性能指标	
		A 型玻纤网格布	B 型玻纤网格布
单位面积质量	g/m²	≥80	≥45
抗拉断裂载荷	N/50mm	经向≥600	经向≥400
		纬向≥400	纬向≥200
幅宽	mm	600 或 900	600 或 900
网孔尺寸	mm	5×5 或 6×6	2.5×2.5

6.1.6 厨房、卫生间等湿度较大房间，聚苯板的粘贴和护面层材料的技术性能指标见表 6.1.6-1、表 6.1.6-2、表 6.1.6-3。

聚合物水泥胶粘剂主要技术性能指标　　　　表 6.1.6-1

项目	单位	性能指标	
拉伸粘结强度 （与水泥砂浆）	MPa	原强度	≥0.60
		耐水	≥0.40
拉伸粘结强度 （与聚苯板）	MPa	原强度	≥0.1 破坏在聚苯板上
		耐水	≥0.1 破坏在聚苯板上
可操作时间	h	1.5～4.0	

聚合物水泥抹面胶浆主要技术性能指标　　　　表 6.1.6-2

项目	单位	性能指标	
拉伸粘结强度（与聚苯板）	MPa	原强度	≥0.1 破坏在聚苯板上
		耐水	≥0.1 破坏在聚苯板上
		耐冻融	≥0.1 破坏在聚苯板上
抗压强度/抗折强度（水泥基）	MPa	≤3.0	
可操作时间	h	1.5～4.0	

耐碱玻璃纤维网格布主要技术性能指标　　　　表 6.1.6-3

项目	单位	性能指标	项目	单位	性能指标
单位面积质量	g/m²	≥130	耐碱断裂强力保留率（经、纬）	%	≥50
耐碱断裂强力（经、纬）	N/50mm	≥750	断裂应变（经、纬）	%	≤5.0

6.2 设备与工具

6.2.1 设备

本工法涉及的主要设备为专用搅拌机或手提电动搅拌机及桶、电源箱、运料手推车、质量检测用具（卷尺、方尺、2m 垂直平整度检测尺、楔形塞尺等）。

6.2.2 工具：本工法涉及的工具为泥工、油漆工常用的手用工具。

7. 质 量 控 制

本系统施工质量验收标准

执行国家标准《建筑装饰装修工程质量验收规范》GB 50210—2001，上海市工程建设规范《住宅建筑节能工程施工质量验收规程》DGJ 08—113—2005，构造节点可按国家建筑设计标准图集《墙体节能建筑构造》06J123、《ZL 天然粉刷石膏聚苯板外墙内保温系统构造》（2006 沪 J/T—122）图集，保温板厚度应根据节能计算确定。其中的粉刷石膏作业方法等，可参照《ZL 天然粉刷石膏工程技术规程》DBJ/CT 020—2006。同时应符合以下要求：

7.1 主控项目

7.1.1 本系统所用材料，应按工法及设计要求选用，聚苯板导热系数、密度、压缩强度、燃烧性能符合设计要求，聚苯板负偏差不应大于 1.5mm。

检查方法：检查质量证明文件、进场验收记录、进场复验报告，厚度用尺量

检查数量：全数检查

7.1.2 聚苯板（EPS 或 XPS）的技术性能指标除应符合表 6.1.2 要求外，还应符合 GB/T 10801.1—2002 和 GB/T 10801.2—2002 的相关要求。常用规格 600×1200，具体规格应按设计要求与施工要求进行和裁割。送进工地时均应有出厂合格证及性能测试报告。

7.2 一般项目和检验方法

7.2.1 聚苯板（EPS 或 XPS）安装允许偏差和检测方法（见表 7.2.1）。

聚苯板安装允许偏差和检测方法　　　　　　　　　　　　　　　表 7.2.1

检查项目	允许偏差（mm）	检查方法
表面平整度	2	用 2m 靠尺和楔形塞尺检查
立面垂直度	3	用 2m 托线板检查
阴阳角垂直度	3	用 2m 托线板检查
接缝高差	1.5	用直尺和楔形塞尺检查

7.2.2 本系统完成后表面质量允许偏差和检验方法见表 7.2.2。

粉刷石膏内保温系统允许偏差及检验方法　　　　　　　　　　　表 7.2.2

项次	项　目	允许偏差		检 查 方 法
		普通抹灰	高级抹灰	
1	表面垂直度	4	3	用 2m 靠尺和楔形塞尺
2	表面平度度	4	3	用 2m 靠尺和楔形塞尺
3	阴阳角垂直	4	3	用 2m 托线板检查
4	阴阳角方正	4	3	用直角检验尺检查

8. 安 全 措 施

8.1 施工作业人员进场前应首先接受安全教育和培训，考试合格后方可上岗。

8.2　进入工地必须戴好安全帽，并系上帽带。

8.3　登高作业必须有安全保护措施，在无可靠防护措施的情况下，必须使用安全带，方能作业。

8.4　不穿有跟鞋进入工地。

8.5　工地内行走，注意高空坠物，注意脚下空洞及铁钉锐物。

8.6　作业前应检查高凳、梯子是否牢固，搭设的脚手板高度不大于 2m，并不搭设跷头脚手板。

8.7　使用电动设备或电动工具时，应确保电源有三级保护和漏电保护器，作业时应戴绝缘手套。

8.8　严禁高空抛丢任何东西，工地使用的废物废料做到集中堆放和集中下运。

8.9　不得擅自操作吊机、电梯、搅拌机等设备，做到专人专管。

9. 环 保 措 施

9.1　制备浆料时，应先在搅拌机或搅拌桶内加水，后加入干粉材料，加干粉材料时，尽量控制粉末扬空。搅拌材料处应尽量设在避风处。以减少粉尘对环境的污染。

9.2　施工废料：如落地灰、聚苯板零碎料，残料应及时清理和收集，并装入袋中，集中运输到工地指定地点处理。

10. 效 益 分 析

10.1　经济效益

采用本系统可比采用外保温的面积减少 15％以上，能使保温系统投入成本减少。

10.2　环保效益

10.2.1　采用 ZL 粉刷石膏聚苯板外墙内保温系统，其粉刷石膏的放射性指标与国家标准《民用建筑工程室内环境污染控制规范》GB 50325—2001 规定限量（对 A 类装修材料）的比较，放射性指标较低，确保了居住环境的健康安全，见表 10.2.1。

粉刷石膏卫生防护照射指数　　　　　　　　　　　　　　　　表 10.2.1

项目名称	粉刷石膏指标	国家标准指标
内照射指数	≤0.5	≤1.0
外照射指数	≤1.0	≤1.3

10.2.2　石膏的绿色环保性对环境无污染，良好的呼吸功能使室内小环境空气湿度保持；并使墙面无霉变现象产生，确保了人们居住的舒适性和健康性。

10.2.3　系统良好的隔热保温性能，从长远观点看，降低能源消耗。

10.3　社会效益

10.3.1　本工法的石膏制品能采用工业废料再利用（脱硫石膏），每平方米使用量为约 12～15kg，以年工程量 500 万 m² 计，年消耗使用脱石膏达 6～7.5 万 t，即减少了 6～7.5 万 t 自然资源消耗，为环境保护作出贡献，社会效益十分可观。

10.3.2　内保温相比外保温的建筑，材料使用量少 15％，在非严寒地区使用同样具有节能保温作用，可实现社会资源最大化利用。

10.3.3　物理性能优异的本保温系统，无起壳、裂缝的质量弊病，无需为返工和修补再次投入材料和人工，有效地节约社会资源和人力资源。

10.3.4　本系统施工不受气候影响，能确保施工进度和工期要求，构造简单、施工简便，有效地提高作业工效、降低劳动强度。

10.3.5　施工保温系统设置在外墙内侧，无负风压和耐候性问题，有效地解除了保温层高空陨落的安全隐患。落地灰能及时回收，减少材料损耗，确保了文明施工。

11. 应 用 实 例

粉刷石膏聚苯板内保温系统应用工程的部分典型案例见表 11-1 和表 11-2。

上海地区 2004～2006 年已竣工项目　　　　　　　　　　　　　　　　表 11-1

项 目 名 称	项 目 地 点	建 筑 面 积	使 用 时 间
翠临星苑	江杨南路、汾西路	5 万 m²	2005 年 5 月
共和家园 I 期	共和新路、长江西路	5 万 m²	2005 年 11 月
梅川二街坊	梅川	9 万 m²	2005 年 12 月
古北中央花园	红宝石路	2 万 m²	2006 年 4 月
泾南三街坊	四方路、杨高中路	5 万 m²	2006 年 4 月
水岸蓝桥二期	真金路、武威路	7 万 m²	2006 年 5 月
赵徐家宅二期	宁城路、民京路	8 万 m²	2006 年 5 月
环球中央花园	永泰路、西泰林路	9 万 m²	2006 年 5 月
康键十六街坊	桂林路	9 万 m²	2006 年 7 月
雷丁小城	莘砖路 550 弄	10 万 m²	2007 年 6 月

江、浙地区已竣工项目　　　　　　　　　　　　　　　　　　　　　　表 11-2

项 目 名 称	项 目 地 点	建 筑 面 积	使 用 时 间
中星湖滨城 I	宜兴市团氿路	60 万 m²	2006 年 3 月
青林湾	宁波市	8 万 m²	2006 年 5 月

软膜天花装潢施工工法

GJEJGF118—2008

湖南望新建设集团股份有限公司　长业建设集团有限公司

汤彦武　刘月升　袁琳　李九苏　肖志高

1. 前　　言

1.1　室内软膜天花是结合室内外各种造型顶棚，安装固定后经工艺处理后形成独特装饰效果，这种软性材料能配合设计师设想，造成多种平面和立体的形状，并有多种颜色和材质可选择，新颖美观，耐用安全，造型多样，安装快捷等优点。为了营造适宜的室内使用空间，这不仅需要保证吊顶工程施工过程中的安全性以及在以后的使用中达到环保、安全，还要针对不同品种材料其特殊性能而在施工过程采用特殊的施工工艺，以适应不同的艺术造型，满足设计的需要。

1.2　湖南望新建设集团股份有限公司联合设计单位和材料生产、加工厂家开展了一系列科技创新、实践，对一种新型材料"软膜天花"在中国银行湖南分行的大厅装修、新芙蓉之都装修等项目的运用中，取得了成功的经验，形成了软膜天花装潢施工工法。由于采用该工艺技术做的吊顶工程材质新颖、施工简易方便快捷、技术先进，故有明显的社会效益和经济效益。

2. 工 法 特 点

2.1　软膜天花实现大块面（整块最大可达 40m²）安装，膜与膜拼接处采用专用塑料密封条，让线条的直度偏差更少，杜绝传统天花饰面板吊顶小块拼装中用手工打胶或者防开裂接缝剂接缝而留下块与块之间的接缝隐患，从而使用寿命增强，维修费用减少。

2.2　在吊顶龙骨架上增加调节角码，以适应造型上从简单的 2D 造型转变成 3D 曲面造型，且安装巧妙，施工快捷。

2.3　因该天花拆装方便，解决了在平常吊顶中为其他设备（如消防、空调）预留检修口等麻烦及不美观因素。

2.4　从软膜上方设灯光照明，改善了室内照明光线的柔和性。

3. 适 用 范 围

任何室内空间的顶面吊顶及墙面隔断以及室外装修造型。

4. 工 艺 原 理

4.1　基层龙骨工艺：采用吊筋、膨胀螺栓做结构基层，铝方管或者木龙骨做悬吊式龙骨架。

4.2　拉紧面层工艺：用加热风炮将软膜天花充分加热均匀，然后用编码龙骨拉紧软膜，通过调节角码调整顶面平整度及曲面弧度。

用加热风炮加热软膜的作用：因软膜的柔性及耐火性、张拉性能好，软膜加热后马上安装拉紧，待冷却后，可增加顶面的平整度及曲面弧度弧线美感，从而适应季节温差及日夜温差的变化。

5. 施工工艺流程及操作要点

5.1 施工工艺流程

施工前准备→弹线→安装吊杆及验收→安装龙骨架及验收→安装面层。

5.2 操作要点

5.2.1 施工前准备

1. 保证场地通电，场地无建筑垃圾。

2. 看是否有条件安装龙骨：即看现场墙身是否完成，墙面饰面部分是否完成，需要抹灰或者做油漆部分先完成，顶上空调、消防、电路等是否按照设计做好并验收。

5.2.2 弹线

首先应在墙面弹出标高线，在墙的两端固定压线条，用水泥钉与墙面固定牢固。依据设计标高，沿墙面四周弹线作为顶棚安装的标准线，其水平允许偏差±5mm。

5.2.3 安装吊杆、龙骨架及验收

1. 吊杆是用来承受吊顶面层和龙骨架的荷载，并将这荷载传递给屋顶的承重结构。吊杆的材料：大多使用钢筋。龙骨架顶部吊点固定有两种方法：一种是用直径 5mm 以上的射钉直接将角铁或扁铁固定在顶部。另一种是在顶部打眼，用膨胀螺栓固定铁件或木方做吊点。该两种方案采用是根据吊顶面积大小而定，根据力学计算采用适合的方案，且必须保证吊点牢固、安全。质量检测及验收后才能进入下一步。

2. 龙骨架安装

1）主骨架的作用：承受吊顶面层的荷载，并将荷载通过吊杆传给屋顶承重结构。主骨架的材料：有木龙骨架、轻钢龙骨架、铝合金龙骨架等。主骨架的结构：主要包括主龙骨、次龙骨和搁栅、次搁栅、小搁机所形成的网架体系。铝合金龙骨根据需要可采用 T 形、U 形、LT 形及各种异形龙骨等。

2）平面造型按照常规安装。以异形面为例，根据设计的要求在转接点安装承重抗拉主龙骨，以抗拉强度与斩裂延伸 $R<160DN-A170\%$ 计算受力，选择龙骨型材大小，根据设计曲面将主龙骨加工或者调整成曲面形状，其间距以<1.5m 效果为最佳，然后再安装编码及调节码（其都需根据设计效果在关键点安装），原理：无数的点形成曲线，曲线拉伸形成曲面，而曲线的调节主要靠编码及调节码，调节码的安装密度随曲面弧度增大而增多，调节码及编码安装方法见图 5.2.3。

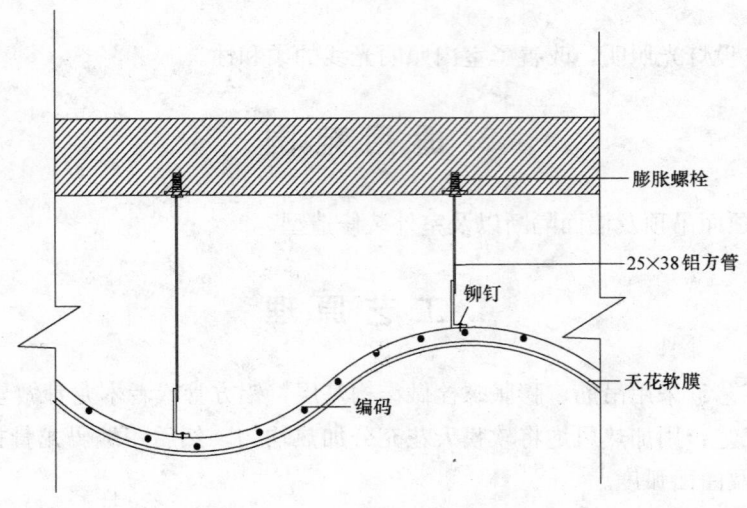

图 5.2.3 调节码及编码安装

3）龙骨安装注意事项

① 硬性的铝合金龙骨适合各种造型，所有龙骨都可直接安装在墙壁、方管和钢结构上。

② 安装完成后，天花边角的能见度只有 4mm 宽。

③ 龙骨可视施工现场任意降低或提升房子天花的高度，亦可做斜位或高低级。

④ 龙骨可作任何平面和立体造型，如穹状、半圆形、多边形、小拱形、喇叭形等。

⑤ 软膜天花并不附属在固有的屋顶上，而是屋顶形成一个夹层，在此空间内可以安装消防管道、空调管、电源线管等设备，亦可加装检修口。软膜天花拆卸方便，管道检修完毕再安装上去，调节编码即可。

⑥ 几个特殊部位龙骨：注意灯架、风口、光管盘要与周边的龙骨水平，并且要求牢固平稳不能摇摆方可。烟感、吸顶灯，先定位再做一个木底架，木底架底面要打磨光滑，并注意水平高度，太低就容易凸现底架的痕迹。

5.2.4 安装面层

安装面层应具备的条件：软膜天花底部处理符合条件，做到清洁干净，龙骨结构完全按照设计图纸制作安装。所有灯光、灯具的安装必须按设计方提出的要求尺寸做好灯架，布置好线路并保证全部灯具线路通电明亮，安装软膜前如发现有灯具不亮通知后要及时调整更换。暗藏灯内部应涂白，以达到更好的效果。软膜天花可方便拆卸，空调、消防管道等必须预先布置安装，调试好无问题。风口、喷淋头、烟感器等安装完毕，达到设计要求。

1）先到工地现场看是否有条件安装龙骨：即看现场墙身是否完成，木工部分加工是否合格，需要抹灰部分先完成。特别注意木工部分必须按照要求来做，灯、风口等开孔尺寸要提前加工好。

2）检查龙骨，注意角位一定要直角平整光滑，驳接要平、密。安装天花时要先从中间往两边固定，同时注意两边尺寸，确定后把软膜打开用专用的加热风炮充分加热均匀，然后用专用的插刀把软膜张紧插到铝合金龙骨上。注意接缝要直，确定后最后做角位，注意要平整光滑，四周做好后把多出的天花修剪去除。达到完美的收边效果最后用干净毛巾清洁软膜天花表面（图 5.2.4-1）。

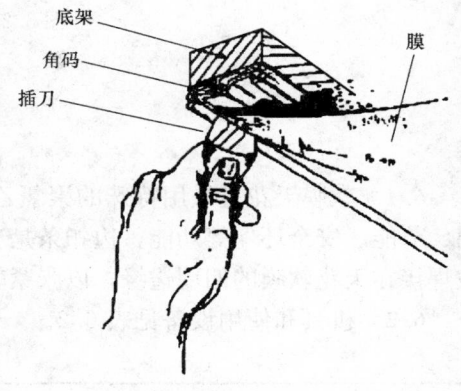

图 5.2.4-1　天花面层安装

3）几个特殊部位面层安装注意事项

① 开灯孔：在灯孔的位置上做好记号，把 PVC 灯圈小心准确地粘在软膜的底面，待牢固后把多出的天花去除即可。

② 开风口、光管盘口：找到风口光管盘口的位置，跟做四周一样，把软膜安装到铝合金龙骨上，注意角位要平整。做好后把多出的天花切除即可。

③ 软膜天花安装完工后，如油漆工需修复石膏板天花应尽量避免触碰软膜天花。

4）安装面层图解（图 5.2.4-2～图 5.2.4-5）

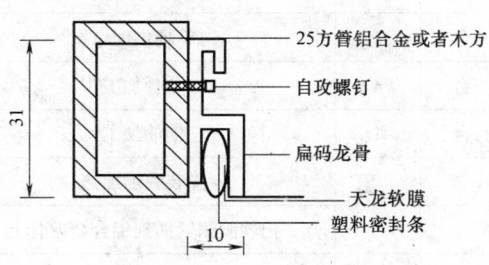

图 5.2.4-2　扁码节点

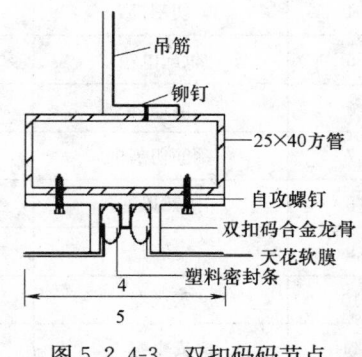

图 5.2.4-3　双扣码码节点

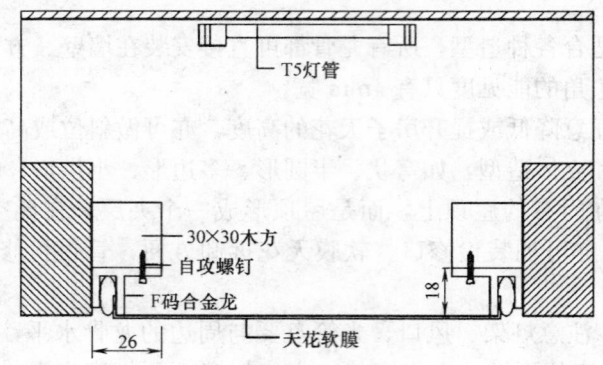

图 5.2.4-4　F 码双向安装节点

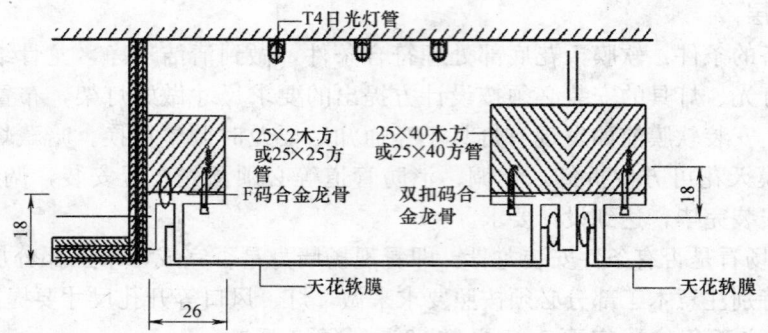

图 5.2.4-5　内部安装灯具剖面结构大样

6. 材料与设备

6.1　软膜天花是采用特殊的聚氯乙烯材料制成 0.15mm 厚，其防火级别为 B1，并具有防水、防菌、节能、安全环保等功能，边扣条是半硬质挤压成型的，采用聚氯乙烯材料，其防火级别为 B1，它被焊接在天花软膜的四周边缘，以张紧软膜扣在墙码条上。

6.2　机具和使用设备见表 6.2。

机具设备表　　　　　　　　　　　　　　　　　　　　　　表 6.2

序号	设备名称	设备型号	单位	数量	用　途
1	手提落锯	5900B（1.1kW）	台	3	板材切割
2	中型圆盘锯	工友（3kW）	台	2	板材切割
3	电锤	日立（0.95kW）	台	3	打孔
4	切割机	日立（0.75kW）	台	1	龙骨切割
5	供配电箱	220V（380W）	台	1	临场供配电
6	电焊机	BX-300	台	4	龙骨加工
7	钢筋切割机	GJ40	台	1	钢筋加工
8	加热风炮	专用			安装膜前加热
9	插刀	专用插刀			把软膜张紧插到铝合金龙骨上
10	灭火器	（按用途配置）	台	4	临场消防
11	安全帽				

6.3 软膜天花加热风炮机具（图 6.3）。

6.3.1 软膜天花加热风炮机具型号：BLP 30E（30kW）-BLP 50E（46kW）-BLP 70E（69kW）。

6.3.2 供热面积为 200～500m²，该机具配有熄火保护装置；和过热保护装置，可与外携温控器连接使用，可以根据需要调节燃气进气量，良好的通风隔热装置，长时间使用外壳不会过热。

图 6.3 软膜天花加热风炮机具

7. 质量控制

7.1 工程质量控制标准

7.1.1 主要依据国家现行的《建筑装饰工程施工及验收规范》JGJ 73、《建筑安装工程质量检验评定标准》GBJ 300—301。

7.1.2 吊顶龙骨架必须符合设计要求和国家标准。

7.1.3 面层工程主要按照表 7.1.3 执行。

软膜天花质量检查表   表 7.1.3

项次	项　目	允许偏差（mm）	检查方法
1	立面垂直	2	用 2m 托线板和尺量检查
2	表面平整	1	用 2m 靠尺和塞尺检查
3	阴阳角方正	2	用方尺和塞尺检查
4	接缝平直	1	拉通线和尺量检查
5	曲面曲线度		目测
6	接缝高低	0.3	用钢板尺和塞尺检查
7	接缝宽度偏差	0.5	拉 5m 小线和尺量检查

7.2 质量保证措施

7.2.1 质量检测的组织体系，严格按照 PPCA（制造和流程能力提升服务，简称 PPCA）标准执行。

7.2.2 分项、分部工程完工后，应该检查检测，认可签署验收记录后，才能进行下一工序的施工。

7.2.3 工序交接检查检测。对于重要的工序或对工程质量有重大影响的工序，在自检、互检的基础上，还要组织专职人员进行工序交接检查检测。

7.2.4 隐蔽工程的检查检测。凡是隐蔽工程均应检查检测认证后方能掩盖。

7.2.5 停工后复工前的检查检测。因处理质量问题或某种原因停工后需复工时，经检查检测认可后方能复工。

7.2.6 成品保护的检查，检查成品保护有无措施，保护措施是否可靠。

8. 安全措施

8.1 认真贯彻"安全第一，预防为主"的方针，根据国家有关规定、条例，结合施工单位实际情况和工程的具体特点，组成专职安全员和班组兼职安全员以及工地安全用电负责人参加的安全生产管理网络，执行安全生产责任制，明确各级人员的职责，抓好工程的安全生产。

8.2 施工现场按符合防火、防风、防雷、防洪、防触电等安全规定及安全施工要求进行布置，并完善布置各种安全标识。

8.3 各类房屋、库房、料场等的消防安全距离做到符合公安部门的规定，室内不堆放易燃品；严格做到不在木工加工场、料库等处吸烟；随时清除现场的易燃杂物；不在有火种的场所或其近旁堆放生产物资。

8.4 氧气瓶与乙炔瓶隔离存放，严格保证氧气瓶不沾染油脂、乙炔发生器有防止回火的安全装置。

8.5 施工现场的临时用电严格按照《施工现场临时用电安全技术规范》的有关规范规定执行。

8.6 电缆线路应采用"三相五线"接线方式，电气设备和电气线路必须绝缘良好，场内架设的电力线路其悬挂高度和线间距除按安全规定要求进行外，将其布置在专用电杆上。

8.7 施工现场使用的手持照明灯使用 36V 的安全电压。

8.8 室内配电柜、配电箱前要有绝缘垫，并安装漏电保护装置。

8.9 技术人员在遵守工地各项安全规定外结合本公司的施工特点还应注意几点：

8.9.1 工人穿戴整齐、干净利索，利于软膜安装。

8.9.2 工人要穿工作鞋，注意工作安全。

8.9.3 专用设备风炮应做到使用安全。

8.9.4 施工场地应清理干净不留任何易燃物品。

9. 环 保 措 施

9.1 严格按照公司 ISO 14001 体系文件的规定，严格控制好工程的环保指标，施工过程中成立对应的施工环境卫生管理机构，严格遵守国家和地方政府下发的有关环境保护的法律、法规和规章，加强对施工燃油、工程材料、设备、废水、生产生活垃圾、弃渣的控制和治理，遵守有防火及废弃物处理的规章制度，建设绿色项目工地。

9.2 施工现场应遵照《中华人民共和国建筑施工场界噪声限值》GB 12523—90 制定降噪制度。

9.3 如在居民区进行强噪声作业的，必须严格控制作业时间，一般不得超过晚 22 点，特殊情况需连续作业的，应尽量采取降噪措施，做好周围群众工作，并保向当地环保部门备案后方可施工。

9.4 对人为的施工噪声应有降噪措施和管理，并进行严格控制，最大限度地减少噪声扰民。

9.5 如空压机等噪声较大的机械尽可能的在白天作业。

9.6 施工现场做到每天工完场清，废弃物进行回收处理。

10. 效 益 分 析

10.1 该工艺所使用材料为新型环保材料，可重复回收利用，符合"资源节约型社会"建设，有明显的社会效益。

10.2 这种安装工艺亦可与铝塑板吊顶、玻璃吊顶、普通纸面石膏板吊顶等配套应用，社会效益卓著，应用前景广泛。

10.3 该工法施工方便快捷，工序简单，空间适应性强，能降低投入成本，使用年限长，维修费用低。

10.4 该工艺与传统干挂石材比较如表 10.4。

效益分析对照 表 10.4

	软 膜 天 花	普 通 天 花
规格	度身定做产品,整块最大可做到 40m²	只能小块拼装
造型	可轻易完成各式各样的艺术造型	不能造型
色彩	任意色彩、任意配色并且不变色	色彩单一、易变色
变形	不会变形	容易变形
重量	220g/m²	3000g/m²
寿命	>10~15 年	5~8 年
安装时间	1d/100m²	3d/100m²
施工损耗	度身定做产品,没有损耗	有损耗
防水防霉	被水浸后、不会出现水渍与滋生细菌	不防水、容易发霉
经济比较	60~80 元/m²	120~180/m²
回收率	100％可回收、属环保型产品	不可回收

11. 应 用 实 例

11.1 新芙蓉之都售楼部顶面

11.1.1 新芙蓉之都位于长沙市芙蓉南路与新建西路交界处,工程吊顶面积 128m²,空间高度 8.5m,软膜造型为曲面花瓣型,软膜采用红色亮光透光膜,使整个空间形成一股火热气氛及文化气息。

11.1.2 项目照片(图 11.1.2)

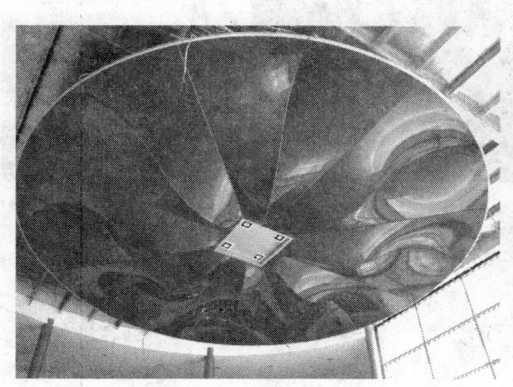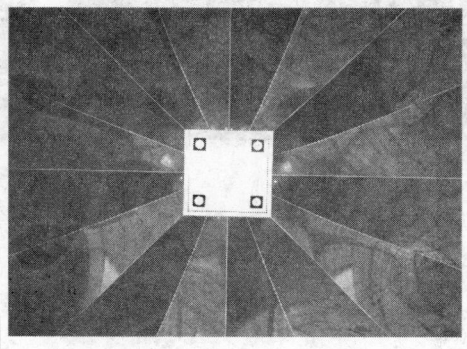

色泽鲜艳,造型随心所欲

图 11.1.2 项目照片一

11.2 宿远学院大门

11.2.1 宿远学院位于北京市,大门门楼采用钢结构骨架,白色软膜天花罩面,建筑高度 15.8m,于 2006 年 7 月 20 日开工,2006 年 7 月 30 日完工,整个工程只用了 10 天即完工。

11.2.2 项目照片(图 11.2.2)

11.3 中国银行湖南分行

11.3.1 中国银行湖南省分行位于长沙市五一东路,营业大厅建筑面积 468m²,大厅顶面为穹顶钢架结构,因软膜天花的重量轻及柔韧性能好,安全性能和施工快捷得到业主的认可,工程于 2007 年 5 月 10 开工,2007 年 5 月 18 日竣工。

11.3.2 项目照片(图 11.3.2)

大气、简洁

图 11.2.2　项目照片二

巧夺天工之作

图 11.3.2　项目照片三

内置保温混凝土结构工程施工工法

GJEJGF119—2008

郑州市第一建筑工程集团有限公司　河南省第一建筑工程集团有限责任公司

段利民　丁保华　胡保刚　职晓云　雷霆

1. 前　　言

内置保温混凝土结构是随混凝土浇筑，将保温板材置于混凝土结构内部的保温方法。这种将保温与结构融为一体的方法可以使保温与结构同寿命，是一种较为理想的建筑节能措施。但由于结构内部保温板材内外两侧混凝土厚度差别较大，使混凝土浇筑比较困难。郑州市第一建筑工程集团有限公司与河南省第一建筑工程集团有限责任公司针对这项施工难题开展科技攻关，提出了混凝土骨料选择浇筑方法，研制出混凝土骨料粒径选择分离装置，编制了施工工法，在多项工程中得到推广应用，并申请了国家专利。发明专利"混凝土骨料选择浇筑方法"，专利号 ZL200810140978.2；实用新型"混凝土骨料粒径选择分离装置"，专利号 ZL200920088146.0。该施工工法于 2008 年 11 月通过了河南省建设厅组织的技术鉴定，被评为 2008 年度河南省省级工法，工法编号 EJGF35—2008。

2. 工 法 特 点

本施工工法可以使用一套混凝土浇筑设备，同时浇筑两种粒径的混凝土，保证了内置保温混凝土结构内部保温板材内外两侧的混凝土浇筑高差小于 200mm，从而保证了内置保温混凝土结构的工程质量。同时，可以降低施工成本、加快施工速度、保证施工安全。

3. 适 用 范 围

本施工工法适用于内置保温混凝土结构的施工。

4. 工 艺 原 理

内置保温混凝土结构构造（图 4-1），左侧（保温板内侧）厚度 200～250mm 的剪力墙使用粗骨料粒径≤30mm 的普通混凝土浇筑是没有问题的，右侧（保温板外侧）50mm 厚的保护层就不得不使用骨料粒径 5～10mm 的细石混凝土浇筑。在同一个浇筑面同时浇筑两种混凝土，并要求两侧混凝土高差不超过 400mm（以防止保温材料被挤动位移）。

本工法的工艺核心部分是"混凝土骨料选择浇筑方法"，即使用一台混凝土泵将混凝土骨料选择混凝土泵送至浇筑工作面，在浇筑位置安放混凝土骨料粒径选择分离装置（图 4-2），混凝土泵对着选择分离装置出料，分离装置只允许粒径 5～10mm 石子的混凝土进入薄的一侧模板内，其余混凝土进入厚的一侧模板内。

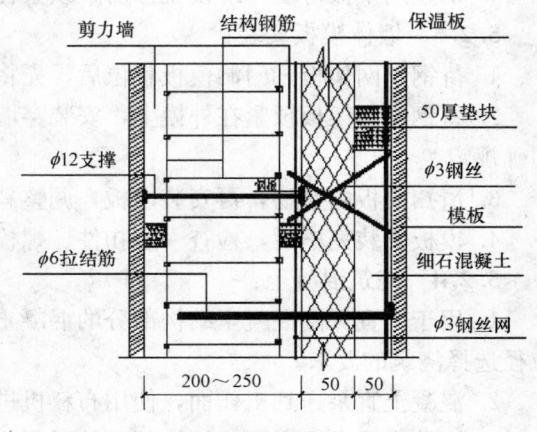

图 4-1　内置保温混凝土结构构造

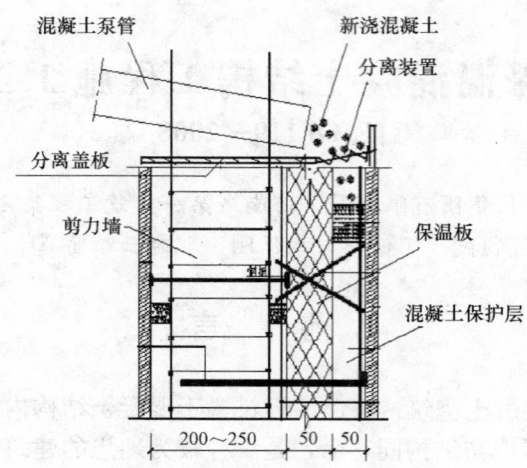

图 4-2　混凝土骨料粒径选择浇筑示意图

5. 施工工艺流程及操作要点

5.1　工艺流程

清理基底杂物→弹线定位→校正墙柱插筋→绑扎墙柱钢筋→安装钢丝网架板→安放埋件→模板下口找平→模板就位→校正模板→固定模板→搭设脚手架→浇筑混凝土→拆除脚手架→拆模清理模板→养护混凝土。

5.2　操作要点

5.2.1　准备工作：

首先将基底杂物清理干净，并撒水湿润；待水阴干后，按图纸要求弹线定位（注意弹出钢丝网架板位置线）；然后按线校正墙柱插筋。

5.2.2　安装钢丝网架板：

墙柱钢筋绑扎完成后，进行钢丝网架板安装，安装要点如下：

1. 钢丝网架板应对准位置线就位。

2. 钢丝网架板与墙柱钢筋绑扎临时固定后，开始绑扎保温板外侧 50mm 厚垫块，垫块横竖双向间距应小于 400mm。

3. 保温板外侧 φ12 支撑的横竖双向间距应小于 400mm，并尽量与保温板外侧 50mm 厚垫块位置对照；φ6 拉接筋的横竖双向间距应小于 300mm。

4. 钢丝网架板待墙体外模就位后，顶紧在外模上定位。

5.2.3　墙体模板安装：

1. 待钢丝网架板、门洞模板就位后，先将墙体外模就位校正固定。

2. 将钢丝网架板顶紧在外模上，安装穿墙螺栓和塑料套管，穿墙螺栓规格和间距在模板设计时应明确规定。

3. 清扫模板内杂物，再安装内板，调整斜撑（拉杆）使模板垂直后，拧紧穿墙螺栓。

4. 模板安装完毕后，检查一遍扣件、螺栓是否紧固，模板拼缝及下口是否严密。

5.2.4　浇筑混凝土：

1. 用于内置保温混凝土结构部分的混凝土，其配合比中粗骨料粒径的选择应能满足混凝土按骨料粒径选择浇筑的要求。

2. 混凝土宜泵送到工作面，使用布料机进行浇筑。

3. 浇筑内置保温混凝土结构部分的混凝土时，应先在浇筑位置安放混凝土骨料粒径选择分离装置，混凝土泵管对着选择分离装置出料，分离装置只允许粒径 5～10mm 石子的混凝土进入薄的一侧模板内，其余混凝土进入厚的一侧模板内。混凝土浇筑时，应及时观测保温板两侧混凝土的高差，严格控制在 200mm 以内。混凝土振捣时，振捣棒不得碰触保温板及定位垫块，防止保温板在浇筑混凝土过程中移位、变形。混凝土的振捣可以实行模板外的辅助振动。

4. 环境温度低于 10℃时，模板外应采取保温措施 7d，防止出现裂缝。

5. 拆模后应浇水养护 7d（当日平均气温低于 5℃时，不得浇水）。

5.2.5 以下施工部位应同步拍摄必要的图像资料：

1. 被封闭的保温材料厚度。

2. 保温板固定方法。

3. 墙体热桥部位处理。

6. 材料与设备

6.1　主要材料

6.1.1　混凝土：应符合设计要求，并能够实现骨料粒径选择分离。

6.1.2　钢丝网架板：应符合设计要求和《内置保温混凝土结构工程施工质量验收规程》DBJ41/T 084—2008 的规定。

6.1.3　模板：胶合板或钢制大模板，拼装方法应符合施工方案要求。

6.1.4　辅助材料：垫块、支撑铁件、对拉螺栓应符合施工方案要求。

6.2　主要施工机具设备

混凝土搅拌机、混凝土运输车、混凝土泵、混凝土骨料粒径选择分离装置、振动棒、铁锹、抹子、扳手、锤子、水平尺、钢卷尺、线锤、刷子。

7. 质量控制

7.1　质量控制标准

7.1.1　内置保温混凝土结构工程施工质量执行《混凝土结构工程施工质量验收规范》GB 50204—2002、《外墙外保温工程技术规程》JGJ 144—2004 和《内置保温混凝土结构工程施工质量验收规程》DBJ41/T 084—2008。

7.1.2　钢筋的加工和安装按《混凝土结构工程施工质量验收规范》GB 50204—2002 相关规定执行。

7.1.3　内置保温板安装

1. 主控项目

1）内置保温混凝土结构工程的施工，应符合下列规定：

保温板材的品种和厚度必须符合设计要求；

钢丝网架板在模板中的位置应符合设计要求，并按照经过审批的施工方案固定牢固。

2）寒冷地区外墙热桥部位，应按设计要求采取节能保温等隔断热桥措施。

2. 一般项目

1）设置空调的房间，其外墙热桥部位应按设计要求采取隔断热桥措施。

2）施工产生的墙体缺陷，如穿墙套管、脚手眼、孔洞等，应按照施工方案采取隔断热桥措施，不得影响墙体热工性能。

3）钢丝网架板接缝方法应符合施工方案要求。钢丝网架板接缝位置必须离开混凝土构件边沿大于300mm 处设置接缝应进行粘结，保证接缝应平整严密。

7.1.4 混凝土工程

1. 主控项目

1）结构混凝土的强度等级必须符合设计要求。

2）混凝土浇筑时，保温板两侧混凝土的高差应小于 400mm。

3）结构的外观质量不应有严重缺陷。也不应有影响结构性能和使用功能的尺寸偏差。

2. 一般项目

现浇结构拆模后的尺寸偏差应符合表 7.1.4 的规定。

现浇结构尺寸允许偏差和检验方法　　　　　　　　　表 7.1.4

项　　目		允许偏差(mm)	检验方法
轴线位置	剪力墙	5	钢尺检查
垂直度	层高	8	经纬仪或吊线、钢尺检查
	全高(H)	H/1000 且≤30	经纬仪、钢尺检查
标高	层高	±10	水准仪或拉线、钢尺检查
	全高	±30	
截面尺寸		+8，-5	钢尺检查
保温板材位移		±15	现场实体检验
表面平整度		8	2m 靠尺和塞尺检查
预埋设施中心线位置	预埋件	10	钢尺检查
	预埋螺栓	5	
	预埋管	5	
预留洞中心线位置		15	钢尺检查

注：检查轴线、中心线位置时，应沿纵、横两个方向量测，并取其中的较大值。

7.2 质量保证措施

7.2.1 熟悉设计意图，合理编制内置保温混凝土结构工程施工方案。

7.2.2 认真将钢丝网架板在模板中的位置应符合设计要求固定牢固。

7.2.3 严格按施工方案进行混凝土浇筑，确保保温板两侧混凝土的高差小于 400mm。

7.2.4 在施工全过程开展 QC 活动，把质量问题克服在萌芽状态。

8. 安 全 措 施

8.1 施工人员必须戴好安全帽，2m 以上作业必须系好安全带及安全扣。

8.2 施工人员身体健康，无高血压、心脏病等不适合高空作业的疾病。不准酒后上岗，不准带病作业。

8.3 施工人员认真学习安全操作规程，提高安全意识，重点狠抓违章操作的现象，坚持做到每道工序有安全交底。

8.4 电器设备使用前进行检查，电源线使用前进行摇测，有故障的设备及破皮、漏电的电源线必须修好后使用。电路控制严格按照一机一闸一保护进行控制。施工中所有电动机具均应安装检验合格的漏电保护器。

8.5 施工作业面上码放材料按 150kg/m² 计算，不准超荷堆放，防止破坏结构。

8.6 已拆下的模板，严禁从高处扔下，如发现有损坏变形，应及时进行修补。

9. 环 保 措 施

9.1 材料运输车辆严格管理，不超载、不遗洒、不扬尘，文明驾驶，遵守交通法规。

9.2 模板和保温板材切割在地面进行，施工时注意减少扬尘，完工后将材料堆码整齐，工作现场清理干净，电器设备及工具回收入库，锁好电源闸箱。

9.3 现场散落的模板和保温板材废料应回收集中，供再生后重复利用。

9.4 分段浇筑混凝土时注意对已完成混凝土面的保护，混凝土施工注意工完料清，保证施工现场的清洁。

10. 效 益 分 析

10.1 经济效益：主要体现在以下几方面

10.1.1 造价：与 EPS 钢丝网架板现浇混凝土外墙外保温基本相同。

10.1.2 工期：与 EPS 钢丝网架板现浇混凝土外墙外保温相比，减少了 EPS 钢丝网架板外面抹面层砂浆并养护 7d 的时间。

10.1.3 使用寿命：基本与结构同寿命。

10.2 环保效益：外保温技术既有利于国家可持续发展，延长建筑物使用寿命，又有利于环保节能，降低用户使用费用，是大势所趋。但是外墙外保温对产品技术和施工质量要求较高，目前有的外保温产品技术不过关，刮大风时常有吹落保温层的现象，外保温层裂缝处理也较难，阻碍了外保温技术的推广，内置保温混凝土结构工程施工工法很好的解决了这项难题，创造了良好的环保效益。

10.3 社会效益：保温墙体"混凝土骨料粒径选择浇筑方法"及"混凝土骨料粒径选择浇筑设备"申请了国家专利，内置保温混凝土结构工程施工工法经专家成果鉴定，给予充分的肯定，提升了企业知名度，创造了很好社会效益。

11. 应 用 实 例

11.1 郑州市阳光花苑 32 号、33 号楼工程，建筑面积 54000m²，31 层框架剪力墙结构，内置保温面积 30000m²，施工过程中采用了内置保温混凝土结构工程施工工法，不仅保证了工程质量，同时加快了施工速度，缩短了工期，经济和社会效益显著。

11.2 河南农科院 19 号楼工程，建筑面积 15038m²，12 层短肢剪力墙结构，外墙保温采用内置保温混凝土结构，应用本工法施工，实现了设计意图，加快了施工速度，实现了很好的经济效益，同时保证了工程质量，该工程荣获河南省"中州杯奖"。

现浇发泡混凝土层施工工法

GJEJGF120—2008

中天建设集团有限公司　浙江海天建设集团有限公司

张鸿勋　吴建军　蒋金生　姚晓东　卢锡雷

1. 前　　言

发泡混凝土又名泡沫混凝土，是通过发泡机的发泡系统将发泡剂用机械方式充分发泡，然后将发泡剂与水泥浆均匀混合，最后经过发泡机的泵送系统进行现浇施工，经自然养护所形成的一种新型轻质保温材料，其在混凝土内部形成封闭的泡沫孔，使混凝土具有轻质和保温隔热的优点。以往的轻质混凝土主要制成屋面板、内外墙板、砌块和保温制品，造价高，不能现场浇筑，因此在实际工程应用中，受到了较大限制。随着人们对建筑保温节能要求的日益重视，发泡混凝土在环保节能、废物利用方面展现了一定优势。近几年，由于发泡混凝土设备的引进，以地暖保温层为突破口，发泡混凝土焕发了新的生机。

2. 工 法 特 点

隔热性：导热系数为 0.080～0.135W/(m·k)，比一般混凝土产品高出 20～30 倍的保温效果，抑制结露效果显著。

密度小：体积干密度一般为 300～1200kg/m³，相当于普通水泥混凝土的 1/2～1/8 左右。

隔声性：发泡混凝土中含有大量的独立气泡，且分布均匀，吸声能力为 0.09%～0.19%，是普通混凝土的 5 倍。

绿色环保：传统苯板材料遇高温后易分解有毒成分，发泡混凝土所需原料为水泥和发泡剂，发泡剂为中性，不含苯、甲醛等有害物质。

整体性好：发泡混凝土与地面结构层及采暖填充层在材料上都是混凝土产品，整体性好。

施工简单：发泡混凝土不但能在厂内生产成各种各样的制品，而且还能现场施工，直接现浇成屋面、地面和墙体，且易进行锯、刨、钉、钻孔等加工。在现场只需使用水泥发泡机即可进行自动化作业，实现垂直高度 120m 的远距离输送，工作量为 80～200m³/台班。

3. 适 用 范 围

本工法适用于发泡混凝土地面垫层、屋面保温隔热层的施工，特别适用于温水管道式地板采暖工程中的隔热层。

4. 工 艺 原 理

发泡混凝土又名泡沫混凝土，是通过发泡机的发泡系统将发泡剂用机械方式充分发泡，并将发泡剂与水泥浆均匀混合，最后经过发泡机的泵送系统进行现浇施工，经自然养护所形成的一种含有大量封闭气孔的轻质保温材料。突出特点是在混凝土内部形成封闭的泡沫孔，使混凝土具有轻质和保温隔热的优点。因其内部存在大量封闭气孔，而气孔内有大量的空气存在，其导热系数约为 0.02W/(m·k)，所以大大降低了它的导热性能，又因气孔互不连通呈封闭状态，不能形成空气的对流循环，使其具有优越的保温性能。

5. 施工工艺流程及操作要点

5.1 施工工艺流程

施工前准备→找标高、弹水平线→基层处理→抹灰饼→洒水湿润→拌制发泡混凝土→泵送发泡混凝土→找平→养护→抹抗裂砂浆、拉毛→养护 →验收。

5.2 施工准备

现浇发泡混凝土地面层施工需具备下列条件：

5.2.1 施工图纸和有关文件应齐全。

5.2.2 有完善的施工方案、施工组织设计并已完成技术交底。

5.2.3 施工现场具有供水、供电和储存材料的临时设施。

5.2.4 土建专业已完成内墙抹灰，并已将地面清洗干净；如地面、墙面根部干燥不适宜施工时，应用水湿润。厨房、卫生间做完闭水试验并经过验收。

5.2.5 直接与土壤接触或有潮湿气体侵入的地面，已完成防潮层铺设。

5.2.6 有关水、电管线预埋工程已完成。

5.3 操作要点

5.3.1 发泡混凝土的拌制（图 5.3.1）

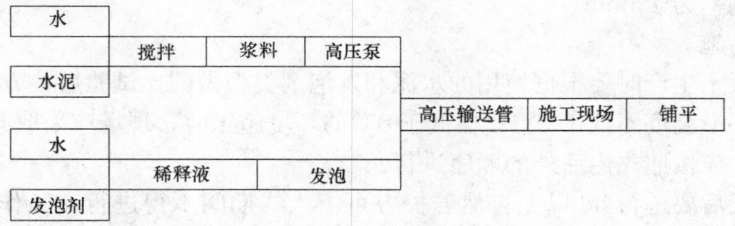

图 5.3.1 发泡混凝土拌制成型流程

5.3.2 抗裂砂浆

抗裂砂浆中总厚度控制在 15mm 左右，并在砂浆中加入一层钢丝网片，以防开裂，并作为垫层的保护层。

5.3.3 劳动力组织（表 5.3.3）

劳动力组织 表 5.3.3

序号	工 种	等 级	数 量	备 注
1	项目工程师(施工员)	工程师	2	施工管理
2	机修工	中级	1	排除机械故障
3	瓦工	中级	4	找平面层
4	混凝土工	中级	4	浇捣混凝土
5	电工	中级	2	施工用电管理

6. 材料及机具

开工前，按现场情况划分施工段，编制施工方案及进度计划，按计划准备材料及机具。

6.1 主要材料

水泥、发泡剂、水、粉煤灰或大白粉等。

6.2 主要工具

水泥发泡泵送机、手推车、刮杠、抹子、铁锹、水桶、经纬仪、水准仪等。

7. 质 量 控 制

7.1 发泡混凝土垫层表面质量要求（表 7.1）

发泡混凝土垫层表面质量要求 表 7.1

项 目	要 求
裂纹	3d 养护期内不允许有宽度大于 2.0mm 的线性裂纹
疏松	允许有不大于单个房间总面积 1/15 或单块面积大于 0.25m² 的疏松
平整度	整体地面的平整度不大于 10mm

7.2 物理性能指标（表 7.2）

物理性能指标 表 7.2

干体积密度（kg/m³）	抗压强度（MPa）		导热系数 [W/(m·K)]	收缩率 （%）	吸水率 （%）
	3d	28d			
400(±)50	≥0.4	≥1.0	≤0.088	≤0.5	≤56
500(±)50	≥0.5	≥1.1	≤0.12	≤0.5	≤56

7.3 厚度尺寸偏差为±5mm。

7.4 施工控制措施

7.4.1 发泡混凝土生产时要根据使用的水泥和发泡剂类型做配比试验后，方可进行现场浇筑。

7.4.2 施工的环境温度不低于 5℃；在低于 0℃的环境施工时，现场应采取升温措施。

7.4.3 现场浇注应按照先内后外的顺序进行。

7.4.4 浇注完成后要进行 3d 以上自然养护方可上人，期间不得进行交叉作业防止踩踏破坏，施工人员必须穿平底鞋。

8. 安 全 措 施

8.1 现场安全管理，必须执行以下规范

《建筑施工安全检查标准》JGJ 59—99

《施工现场临时用电安全技术规范》JGJ 46—2005

《建筑施工高处作业安全技术规程》JGJ 80—91

8.2 安全管理内容及要求

8.2.1 安全施工必须由项目经理领导和安排，专业工长对作业人员进行安全教育并下发安全技术交底，专职安全员负责现场安全检查。

8.2.2 施工前应对设备机械的状态和安全性进行检查，确认正常后方可开机。

8.2.3 施工用电执行三级配电、两级保护 TN-S 接零保护系统，做到一机一箱、一闸一漏。

8.2.4 电气设备及线路必须进行安全检查，闸刀箱上锁。

9. 环 保 措 施

9.1 主要环保指标

白天施工噪声不大于 70dB（夜间 55dB），施工现场目测无扬尘，建筑垃圾分类处理，废水达标后排放。

9.2 环保措施

9.2.1 发泡混凝土搅拌台地面进行硬化处理，并且搭设防护棚，避免扬尘和减小噪声。

9.2.2 泵送软管的布置应进行研究，并不得受重物堆压，易受碰撞、碾压的部位应进行保护，垂直方向逐层进行固定。

9.2.3 现场浇筑施工时，边泵送边摊铺，不得在一处堆积过高，污染墙面；操作工人应注意成品保护，避免泥浆二次污染，提高一次成活率。

10. 效 益 分 析

10.1 经济效益

采用该工法，大大提高后期装修阶段的施工速度缩短了施工工期。工程造价仅为 22 元/m² (含人工费)，比常规聚苯保温层做法低约 3.5 元/m²，综合可节约施工成本 7.8 元/m²。

10.2 环保、社会效益

该工法确保了施工质量，降低建筑整体荷载，节约了建筑能源，减少了有机类产品的使用，起到了良好的环保效果。施工中占用场地小，方便灵活，速度快，并且大大降低工人劳动强度，提高了现场文明施工和施工机械化水平。

11. 应 用 实 例

2007 年 4～5 月，在唐楠香榭工程施工中，所有采暖房间地面层均为发泡水泥，该工程框剪 23 层，总建筑面积 43015m²。该分项工程施工工期为 12d。施工后养护措施到位，强度试验合格。

2007 年 10 月，在世新家园 1 号、2 号楼项目地面垫层施工中采用该工法，该工程为剪力墙结构，地上 28 层，总建筑面积 33743m²。采用该工法后，大大加快了施工速度，工程质量得到保证，为后期业主早日入住创造了条件，收到良好的效果。

2008 年 3 月，在阳光嘉庭项目工程施工中应用该工法。该工程由两幢 30 层住宅和地下车库组成，剪力墙结构，建筑面积为 37660m²。共计施工发泡混凝土地面 3 万余平方米，厚度 30mm，平均施工速度 3 层/d，施工后养护 3d，效果良好。

反映实际施工中工法操作要点的照片

1. 发泡剂与水的比例必须严格按配合比的要求进行调配，调配和搅拌时间必须进行精确控制，使发泡剂充分发泡，使水泥浆与泡沫混合均匀。

2. 浇筑前地面洒水适度，不易过湿或过干，混凝土振捣密实，标高控制准确，找平、压光到位，养护及时。

3. 弹标高控制线：将轴线和控制线弹在周围的墙面上，并设置水准点，用以控制不同部位发泡混凝土的标高，利用全站仪进行复核。

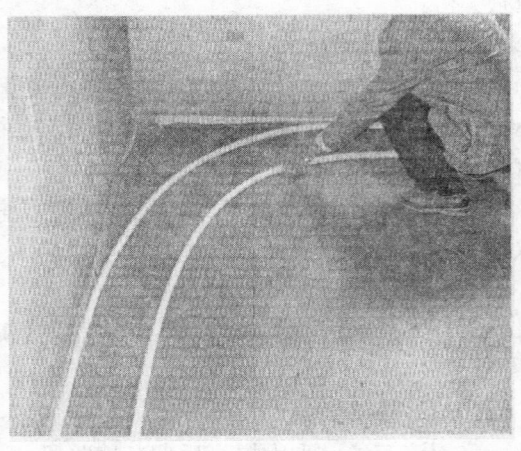

4. 采暖管道安装施工过程中，管子铺设区域应清理平整、干净。管路走向必须符合设计要求，管间距误差应小于10mm。

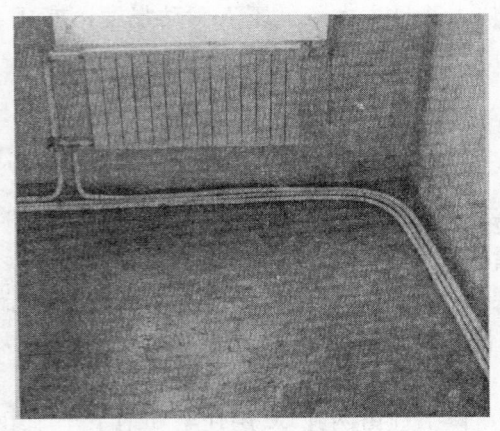

5. 固定间距直线段为0.4～0.6m，弯曲段为0.2～0.3m，弯曲半径不得小于8倍管径。卡钉必须是塑料制品，要卡紧管子，不得有松动。

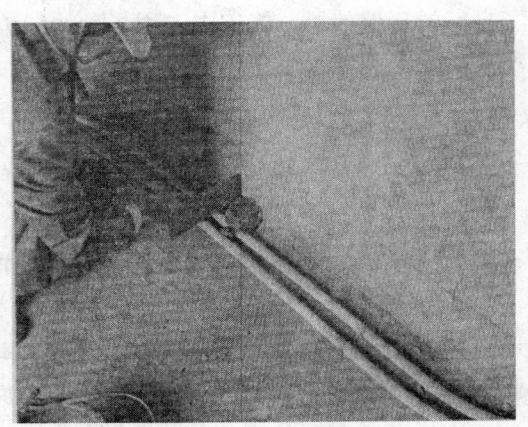

6. 在防裂层之前在地面上确定防裂层的厚度，为保证水平度而做的块状砂浆，用来控制施工质量。

7. 根据墙面上的标高控制线来控制灰饼的标高，作为防裂层的标高控制的基准点，一般为1.5m见方做一个来对防裂层进行标高和平整度的复核。

8. 钢丝网要铺设平整、均匀。网孔尺寸为30mm×30mm，钢丝网采用搭接，用钢丝扎带绑扎连接成片。

9. 防裂砂浆在现场拌制，水灰比为 1∶4，稠度 60～80mm，根据施工所处的环境不同可适当调整，以利于施工为原则。拌制后的砂浆应在 6 个小时内用完，这时不得使用。

10. 浇注完成后要进行 3d 以上自然养护方可上人，期间不得进行交叉作业防止踩踏破坏，施工人员必须穿平底鞋。

11. 防裂砂浆层施工完成过程中，不能添加其他的任何材料，否则不能发挥防裂的性能，必须严格控制。

12. 待防裂砂浆经充分养护并达到强度及稳定，并办理完交接验收后方可进行下道装饰装修工序的施工。

弧形幕墙的测量放线及安装控制技术施工工法
GJEJGF121—2008

江苏江中集团有限公司　陕西恒业建设集团有限公司

沈世祥　石林华　尚鹏玉　严建富

1. 前　言

近年来，幕墙在我国发展相当迅猛，预应力索桁架点支式多面立体弧形组合玻璃幕墙系统新颖、现代、通透，广泛应用与大中型公共建筑的外立面。

2. 工 法 特 点

通过对测量仪器强制对中的改进，完善圆弧的矢高放线技术，提高测量的准确性，确保了弧形几何尺寸的准确；

通过设定尺寸控制单元和观测点，防止了误差积累；通过分析确定预应力值，采用梯级张拉法确保内力平衡，保证了弧形幕墙的形状和空间的动态控制。

3. 适 用 范 围

弧形幕墙的施工。

4. 工 艺 原 理

幕墙测量放线对整体及局部进行控制，确保整体和每块玻璃尺寸及弧度的准确。

幕墙拉索张拉参照预应力混凝土规范，每根拉索预应力值严格控制在设计值的±5%以内。

幕墙每根拉索预应力值均进行测试，均得到有效控制。

5. 施工工艺流程及操作要点

5.1　工艺流程

测量放线→空间定位→尺寸精度控制单元的确定→连接耳板固定撑杆安装→前后受力索安装调整→承重索安装调整→索内力检测调整定位→水平索安装定位→驳接系统安装→玻璃安装→调整打胶收口→成品保护→清理卫生→交验。

5.2　操作要点

5.2.1　测量放线

计算圆弧的矢高放线（已知弧半径为 R，利用电脑测量弦为 AB）见图 5.2.1。

1. 根据图纸和现场建筑结构，利用现场结构轴线，确定出 AB 两点；

2. 将弦 AB 分中找出中 N，利用经纬仪弦 AB 的垂线 ON；

3. 将 AB 弦平分成几等分（$n'E'=E'F'=F'G'=G'H'=H'I'=I'J'=J'B$），利用已测放好的垂线 ON 作为控制线，从各平分点作出弦 AB 的垂线；

4. 通过电脑量出 EE'、FF'、GG'、HH'、II'、JJ' 的矢高值，找出 E、F、G、H、I、J 等点的位置；

5. 最后将各点连线进行划弧。

5.2.2 空间尺寸定位

由于采用的是点支式连接，玻璃是靠边缘的四个孔通过连接装置与索桁架连接，这就对预应力索桁架的安装尺寸精度有着极高的要求，按可调整度确定索桁架上的每个支撑定位点误差必须控制在 ± 1.5mm 以内，因此我们采用了三维空间坐标定位的方法。对每一个支撑点进行尺寸精度控制，同时设定尺寸控制单元和观测点，防止误差积累，对整体几何尺寸控制。每一个尺寸控制单元水平和竖向误差控制在 ± 3mm 以内，对角线误差控制在 ± 5mm 以内。如图 5.2.2。

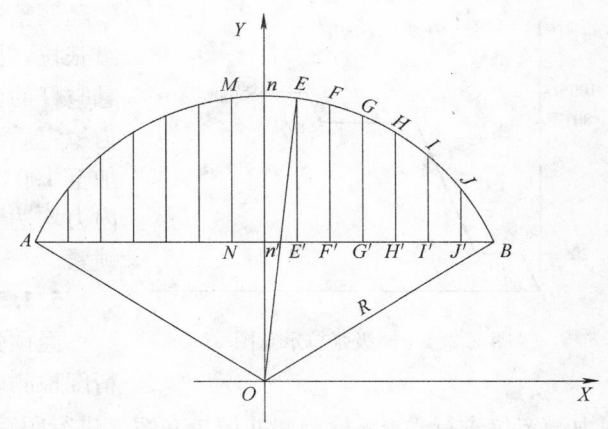

图 5.2.1　矢高放线示意图

图 5.2.2　空间尺寸定位图

5.2.3 索桁架预应力值的确定（图 5.2.3）

图 5.2.3　鱼腹式索桁架示意图

主受力索的预应力值设定考虑的因素有：受最大荷载作用时反向索内力大于零的应力，温度变化应力，保持索桁架刚度的应力（剩余张力）、保持索桁架刚度（50 年）松弛应力。经 SAP8450 和 ANSYS5.4 电算软件作平面和空间整体计算确定：在合拢温度 $20 \sim 25$℃时，立面幕墙索桁架主受力预拉力 $P_1 = 25$kN，垂直承重索的预拉力值 $P_2 = 13.7$kN。

在设定鱼腹式索桁架预应力时要考虑到其自重对索内力的影响。上下两根索在安装过程中内应力是不一致的。按索形和安装过程的荷载变化设定在安装过程中内力变化指标，确定初始预应力。

5.2.4 施加预应力

1. 在每榀索桁架内，前受力索和后受力索的预应力值误差要控制在 1.5kN 以内。各榀索桁架中钢索预应力值误差控制在 2.5kN 以内。

2. 用梯级张拉法达到内力平衡

预应力张拉步骤：首先安装受力索和垂直承重索调整到位后安装稳定索。

分三步进行：如图 5.2.4：①在索布设结束后先进行第一级张拉，按总预应力值的 20% 控制拉力。

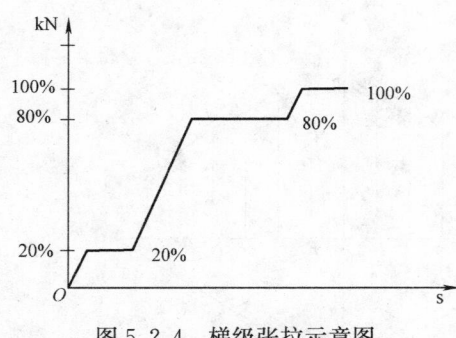

图 5.2.4　梯级张拉示意图

②经调整达到内力基本平衡，空间定位基本到位后进行第二级张拉，按总预应力值的 80％控制拉力。当拉力到位后粗调悬空杆的位置并保持拉力 48h 再进行定位尺寸调整。③当内力稳定后测量每榀桁架的内力损失情况，内力稳定后将内力加至 100％的预应力控制值，经测量调整后使每一榀索桁架的内力均达到预张拉值，将节点固定锁紧并与垂直承重索连接锁紧。

5.2.5　索桁架检测

经预张拉后的索桁架要按尺寸控制单元进行全面的尺寸精度检测确保安装节点的精度。索内预应力值的检测使用索内力测定仪进行 100％检测，并记录在案，进行跟踪测量。为确保在玻璃安装后的桁架变形量达到设计要求，必须采用配重检测的玻璃安装前进行。配重的重量按玻璃自重的 1.2～1.5 倍观察支撑结构系统的工作性能和抗变形能力。

5.2.6　驳接件安装

1. 接驳件等小零部件应先行在地面组装，并保持接驳件清洁。

2. 将组装好的接驳件按先竖向后水平的顺序安装。

3. 由于接驳件属于可调构件，一般来讲，安装较容易。但在批量安装前应先试装样品，以便及时发现问题及早改进。

4. 驳接件安装时，要保证安装位置公差在 ±1mm 内，驳接爪在玻璃重量作用下驳接系统会有位移，可用以下两种方法进行调整。

1）如果位移较小，可以通过驳接爪自行适应，则要考虑驳接件有一个适当的位移能力。

2）如果位移量较大，可在结构上加上等同于玻璃重量的预加荷载，待钢结构位移后再逐渐安装玻璃。无论在安装时，还是在偶然事故时，都要防止在玻璃重量下，驳接件安装点发生位移，所以驳接件必须能通过高抗张力螺栓、销钉、楔销固定不掉，驳接件固定孔、点和驳接爪间的连接方式不能阻碍两板之间自由移动。

5.2.7　玻璃的质量控制与安装

1. 玻璃到施工现场后，由专业质检员及监理工程师对玻璃的表面质量、型号数量、尺寸、玻璃的曲率与曲线、驳接孔的施工与位置进行全部验收，同时使用玻璃应力仪对玻璃的钢化情况进行全检，曲面玻璃的弯曲尺寸必须按模板进行弯钢化成型检查，与标准弧线吻合度 ±2.5mm，弦长尺寸公差为 ±2mm。水平孔位和竖向孔位的尺寸公差为 ±0.5mm。

2. 弯钢化玻璃必须进行 100％的均质处理（引爆处理）降低钢化玻璃的自爆率保证玻璃幕墙的使用安全性能。

3. 玻璃的垂直运输使用 12P 重型真空吸盘吸住待安装玻璃，用履带吊垂直提升到安装平台上进行定位、安装。

4. 安装时，在玻璃下端底边宽度 1/4 处各垫一块长度不小于 100mm 稍大于缝隙的硬聚氯丁橡胶块，支撑住玻璃，然后在玻璃左右两边均嵌入泡沫条或隔离层垫块。

5. 玻璃安装的原则是先上后下，先中部后边缘，采取边安装边调整的办法，待全部玻璃安装后进行整体调整，达到设计要求后进行打胶收口处理。

6. 调整玻璃表面的平整度，胶隙宽度，使每个控制单元的尺寸误差控制在 2mm 内，胶缝宽度控制在 12mm 内，固定玻璃。

7. 玻璃固定与注胶：

1）用"二甲苯"擦净玻璃及钢材需打胶的部位。

2）所有需打胶部位应粘贴保护胶纸，注意胶纸与胶缝平行。

3）打玻璃胶，先根据胶缝的大小给玻璃胶口切开相应斜口，打胶要保持均匀，操作顺序一般是：先打横向缝后打竖向缝，竖向胶缝宜自上而下进行，胶注满后，应检查里面是否有气泡、空心、断缝、夹杂，若有应及时处理。

4）胶注满后，要胶缝里面是否有气泡，若有，应及时处理，消除气泡。

5）若有隔日打胶时，胶缝连接处应清理打好的胶头，切除前次打胶的胶尾，以保证两次打胶的连接紧密。

6）表面修饰好后，迅速将粘贴在玻璃上的美纹纸撕掉。

7）待玻璃表面固化后，清洁内外玻璃，做好防护标志。

5.2.8 劳动力组织

需根据工程大小、进度情况而定

1. 型材下料：6 人。

2. 龙骨安装：10 人。

3. 玻璃板块制作：8 人。

4. 防火、避雷安装：7 人。

5. 玻璃板块安装：10 人。

6. 打耐候胶：6 人。

6. 材料与设备

6.1 铝合金型材下料：切割机、台钻。

6.2 紧固件安装：电焊机。

6.3 龙骨安装：吊锤、铆钉机、手提电钻。

6.4 玻璃板块制作：胶枪、空压机。

6.5 玻璃板块安装：螺丝刀、手动玻璃吸盘。

6.6 主要检测仪器：水平仪、靠尺、游标卡尺、测膜仪、对角线检测尺、钢卷尺。

7. 质 量 标 准

7.1 幕墙用金属材料和零附件的品种、规格、色泽应符合规范要求。

7.2 钢结构安装精度要求符合以下要求：节约空间坐标差±5mm；杆件纵向拼装点高差±1mm；杆件长度误差±1mm。

7.3 不锈钢爪安装允许偏差应符合表 7.3 要求。

不锈钢爪安装允许偏差 表 7.3

项 目	允许偏差(mm)	项 目	允许偏差(mm)
不锈钢抓点轴线位移	±1.0	相邻两抓点间距	±1.5
不锈钢抓点标高	±1.5	不锈钢抓点的平面度	1.0
相邻两抓点高低差	1.0	相邻三抓点水平度	1.0

7.4 玻璃板块安装允许偏差应符合表 7.4 要求。

7.5 幕墙防火、保温层施工质量标准如下：

7.5.1 防火层隔板应采用不小于 1.5mm 厚的镀锌钢板，防火棉必须采用防潮的铝箔包装严密。防火棉不得与玻璃直接接触。

7.5.2 保温层表面平整度允许偏差为 5mm，防火保温层厚度允许偏差为 $-0.05\phi \sim +0.10\phi$（ϕ 为防火保温层厚度）。

7.6 幕墙防雷施工质量标准：

玻璃板块安装允许偏差　　　　　　　　　　　　　表 7.4

项　目		允许偏差(mm)	项　目		允许偏差(mm)
相邻两块玻璃接缝高低差		1.0	胶缝水平度	$L \leqslant 20m$	2.5
左右两块玻璃接缝水平高低差		1.0		$L > 20m$	4.0
胶缝宽度(与设计值对比)		±1.5	玻璃外表面平整度	$H(L) \leqslant 20m$	4.0
胶缝垂直度	$H \leqslant 20m$	3.0		$H(L) > 20m$	6.0
	$H > 20m$	5.0			

7.6.1 建筑幕墙应形成自身的自上而下的防雷体系，并应与主体结构的防雷体系可靠连接。接地电阻值必须符合设计要求和规范要求。

7.6.2 跨接片铝型材规格应大于 25mm×4mm，跨接片每端连接螺栓的个数不少于 2 个。

8. 安 全 措 施

8.1 安装玻璃幕墙用的施工机具在使用前，应进行严格检验。手电钻等电动工具应作电压试验，手持玻璃吸盘应进行吸附重量和吸附时间试验。

8.2 施工人员应配备安全帽、安全带、工具袋等。

8.3 在高层玻璃幕墙安装与上部结构施工交叉作业时，结构施工层下方应设防护网；在离地面 3m 高处，应搭设挑出 6m 的水平安全网。

8.4 现场焊接时，在焊件下方应设接火斗。

8.5 严格按照《建筑安装工程安全技术规程》进行操作。

9. 环 保 措 施

整个施工过程遵守工程所在地环保部门的有关规定，施工现场应保持环境整洁，道路畅通，物品摆放整齐。各种设施、工具保管妥善，垃圾堆放指定地点，做文明施工。

施工过程中玻璃幕墙及其构件表面的粘附物应及时用中性清洁剂并用清水冲洗干净。

10. 效 益 分 析

10.1 施工工艺简便、合理、科学，增加室内利用空间。

10.2 运用该结构体系不仅安全性能提高，而且增加了装饰效果，为企业赢得了很高的声誉，创造了良好的社会效益。

11. 应 用 实 例

11.1 无锡工商行政管理局综合业务大楼工程，建筑面积 34768m²，2004 年 9 月 29 日开工，2007 年 2 月 6 日竣工，主楼幕墙半径为 47.573m，总高度 101.1m，玻璃幕墙面积为 1610m²；裙楼玻璃幕墙是半径 116.122m 的圆弧，总高度 15.6m，玻璃幕墙面积为 767.52m²。

11.2 无锡锁厂地块"现代之星"工程，建筑面积 35703m²，2004 年 5 月 20 日开工，2005 年 6 月 1 日竣工，幕墙半径 9m，高度 22.8m。

11.3 无锡国际学校科技实验图书馆工程，建筑面积 24750m²，2004 年 1 月 1 日开工，2004 年 7 月 12 日竣工，弧形玻璃展开面积约 105m，高度 23m，面积约 2700m²。

11.4 铜川市第一中学办公大楼工程，建筑面积 23860m²，2006 年 3 月 5 日开工，2007 年 12 月 26 日竣工，幕墙半径 7m，高度 18.8m。

点式玻璃幕墙施工工法

GJEJGF122—2008

中太建设集团股份有限公司　华北建设集团有限公司

谢良波　王强强　郝克耕　刘恒财　张心忠

1. 前　　言

玻璃幕墙在建筑工程上得到广泛的应用，铝合金框代替早前沉重、防蚀性极差的钢框，不锈钢点式取代铝合金框，完全是科技的发展和人们对事物完美的追求。点式玻璃幕墙，既保留了铝合金框玻璃幕墙的安全性，又达到了整体通透、简洁明快的艺术效果。

2. 工 法 特 点

2.1　点式玻璃幕墙具有钢结构的稳固性、玻璃的轻盈性以及机械的精密性等特点，主要金属构件采用车钻、冲压机床的精密加工，施工技术性强，现场安装精度高，质量好。

2.2　由于建筑点式玻璃幕墙技术是由金属连接件（点式幕墙配件：不锈钢爪件、玻璃吊夹、驳接头、转接件、底座、连接件等）和紧固件将玻璃与支承结构连接成一个整体的组合式建筑结构，与有框（含隐框、半隐框）玻璃幕墙相比，点式玻璃幕墙技术具有如下特点：

2.2.1　通透性好——由于大片玻璃是通过几个点与支承结构相连接，因此视线被遮挡的面积降低到最小，使视野开阔到最大限度。

2.2.2　安全性好——钢化后的玻璃通过金属件用机械的手段固定到支承结构上，耐候密封胶只起密封作用而不考虑其受力，即使在外力撞击下，使单片玻璃破坏落下"玻璃雨"，也不致出现整块玻璃坠落的伤害事故。

2.2.3　灵活性好——由于在金属连接件和紧固的设计中考虑了各种措施，使每个连接点可以自由转动外，还允许有一定的位移，用以调节土建施工中不可避免的误差，因此，玻璃不会产生安装应力，并且可以适应支承结构受荷载后产生的变形，使玻璃受力状态良好，不仅如此，用点式连接方法可以最大程度地体现建筑造型的要求。

2.2.4　工艺感强——点式结构可以使用许多种形式，变化无穷，有良好的工艺性、艺术性，便于设计师选择使用。

2.2.5　环保节能——由于建筑点式玻璃追求明快的风格，因而在玻璃的使用上多选择光污染极小的白玻、超白玻和低辐射玻璃，同时辅以室内或室外遮阳系统，在减小甚至杜绝污染的同时，可大大降低能耗，尤其是使用中空技术后，效果更加明显。

3. 适 用 范 围

适用于非抗震设防和抗震设防烈度为 6~8 度、建筑高度不大于 150m 的民用建筑。

4. 工 艺 原 理

4.1　点式玻璃幕墙是在一个开放的空间，通过轻钢结构用各种形式的接驳爪（四爪、三爪、双爪、单爪）与接驳头（浮头 FT、GT 接驳头、沉头 CT 接驳头）将玻璃连接固定在一起，形成一个柔顺、通透的幕墙表面。从而摆脱了铝合金框玻璃幕墙结构件型式单一，受制于建筑结构的缺陷，点式玻璃幕墙是一种集安全、实用、安装方便、艺术性于一体的玻璃幕墙型式。

4.2　点式接驳系统在于它的柔顺，一种特殊的装置（接驳头采用浮动连接）使玻璃在风压、雪载、振动作用下可以在一定范围内自由弯曲，采用这种安装方式，在玻璃厚度相同的情况下，可以安装更大面积的玻璃。

4.3　点式玻璃幕墙主要由玻璃面板、金属连接件、密封材料和支承体系组成。支承结构体系是点式玻璃幕墙的重要组成部分，在某些情况下支承结构可以同时是主体结构的一部分。点式玻璃幕墙最精髓之处，在于将丰富多变的结构技术与晶莹明快的玻璃艺术完美地结合起来，将现代高科技的结构美完整无缺地表现在世人面前。点式玻璃幕墙的典型结构体系见图 4.3 所示。

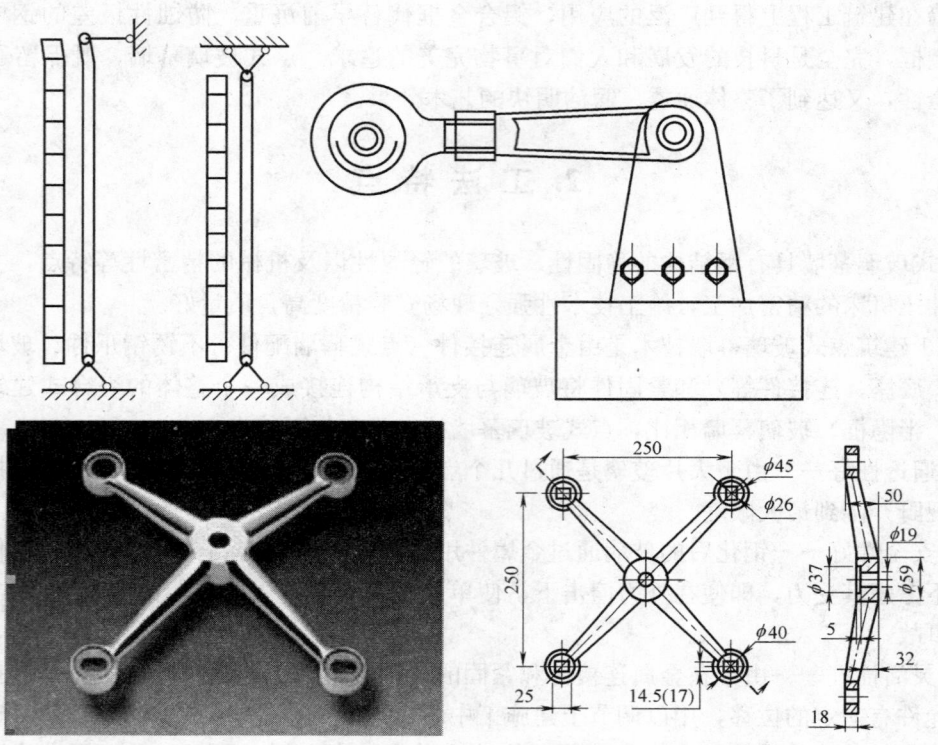

图 4.3　点式玻璃幕墙的典型结构体系

5. 施工工艺流程及操作要点

5.1　施工工艺流程

测量放线定位→埋件的施工→安装连接件→桁架的安装焊接→校准验收→安装支撑爪件→玻璃加工及安装→调整验收→填发泡材料→贴胶带→打胶→修补检验→玻璃清洗→清理场地→验收。

5.2　施工操作要点

5.2.1　放线：测量放线定位

1. 根据幕墙分格大样图与土建施工给出的标高点，引进引出线及轴线位置，采用经纬仪、水平仪等测量工具在主体结构上测出幕墙平面分格、竖向、横向基准线；调校、复测合格后进行下道工序。

2. 幕墙分格轴线的测量放线与主体结构测量放线相配合。水平标高逐层从地面引上，避免误差累积。当除去测量放线操作原因外产生的误差大于规定的允许偏差时，经监理、设计人员同意后，适当调整幕墙的轴线，使其符合幕墙的构造要求。

3. 弹线时，先弹出竖向杆件的位置，然后再将竖向杆件的锚固点确定。

4. 有些图纸不十分明确的细部构造，由操作人员报项目经理同意后按程序具体处理。

5.2.2 预埋件的施工

任何结构形式的幕墙都要与建筑主体结构相连接，二者之间相连接的是预埋件或钢结构；因而预埋件的结构形式起到了很重要的作用。在施工中如何来保证预埋件的正确位置，将对今后幕墙的安装施工影响很大。国家标准《玻璃幕墙工程技术规范》JGJ 102—2003 中规定："玻璃幕墙立柱与混凝土结构宜通过预埋件连接，预埋件应在主体结构混凝土施工时埋入。当没有条件采用预埋件连接时，应采用其他可靠的连接措施，并应通过试验决定其承载力"。对预埋件进行了认真细致的研究，拟定了一套可行的实施方案，总结了以下施工经验：

1. 实际工程中，一般采用后置埋件，由设计部出零件图进行埋件的加工制作，工程设计师和专项施工人员进入现场进行预埋件的配合工作，提供有力的技术保证措施。

2. 埋件图的设计与会签。埋件图包括平面布置图、零件图和埋件的结构位置图，由设计部设计，相关方认可并会签。之后，平面布置图交与配合小组进行依照施工，零件图则交由生产部作为加工依据。

3. 预埋件设计为平板形式，采用后植螺栓进行固定。补设时，根据预埋件布置图，要先测量放线确定预埋件位置，要精确划出预埋件的中心线和孔距线。安装打孔时要位置精确，孔径和孔深要严格按照设计要求进行控制，以保证螺栓正常性能的发挥。螺母一定要旋紧，不得松动，旋紧后要进行点焊，并防腐处理。安装后植螺栓时，一定要严格按照使用说明书的要求进行操作，要控制孔深，不能过深，特别要注意的是，打孔一定要避开混凝土中的主筋，以防削减主体结构的强度。

4. 预埋件的寿命与其防腐性能有直接关系，如果其耐候性、耐腐性不好，早于其他构件失去功能，就会构成安全隐患。因此，预埋件的防腐处理也是非常重要的。根据预埋件布置图，需要焊接的部分，按焊接要求焊接后，清理除渣，然后进行防腐处理。防腐处理的方式为涂镀铬漆，银粉漆。处理时，不能单独考虑焊缝的位置，要同时考虑整个预埋件所用区域，进行全面防腐。

5.2.3 装连接件

连接铁件为镀锌或不锈钢板，是幕墙结构和主体结构的连接点，也是调整位移实现三维控制的主要部位之一。所有安装孔或安装平面必须做到垂直、平整，误差在允许的范围内（标高偏差和左右位置偏差不大于 3mm，平面外偏差不应大于 2mm），其控制线用经纬仪或重型线锤定位，与幕墙平面相平行，与幕墙本身留一定安装间隙，以便在较长时间保存，用以控制，检测安装尺寸。

5.2.4 桁架的安装焊接

1. 桁架梁（鱼腹柱）的安装必须按照放线的位置，安装前应认真核对竖框的规格、尺寸、数量、编号是否与施工图纸相一致。

该工程鱼腹柱是采用钢柱与不锈钢柱组合错开进行布设的，主要是节约材料和增添美观的一种新颖做法。

2. 将桁架先与连接件连接，然后连接件再与预埋件连接，并进行调整，在确认垂直、平面、轴线位置误差在规定范围内后，及时对各部件安装固定，并做必要面层处理。

5.2.5 安装支承爪件

1. 爪件安装前，应精确定出其安装位置。爪座的偏差应符合表 5.2.5 支承结构安装技术要求。

2. 爪件安装入爪座后应保证能进行三准调整。

3. 爪件安装完成后，应对爪件的位置进行检验，检验结果必须符合表 5.2.5 规定。

5.2.6 玻璃加工及安装

1. 玻璃的品种、规格与色彩应与设计要求相符，整幅玻璃幕墙的色泽应均匀。

2. 为了防止中空玻璃打孔后的漏气问题，在铰接螺栓处插入一环状金属垫圈，并在玻璃铰接处加上聚异丁烯胶片保证密封，同时在玻璃的边沿先用聚乙丁烯胶片覆盖，然后外面再用铝制的胶片加以保护，最后用硅酮密封胶进行填缝处理。

支承结构安装技术要求
表 5.2.5

名　　称	允许偏差（mm）	名　　称		允许偏差（mm）
相临两竖向构件间距	±2.5	同层高度内爪座高低差	幕墙面宽≤35m	5
竖向构件垂直度	L/1000 或≤5，L—跨度		幕墙面宽≥35m	7
相临三竖向构件外表面平面度	5	相临两爪座垂直间距		±2
相临两爪座水平间距	−3～+1	单个分格爪座对角线差		4
相临两爪座水平高低差	1.5	爪座端面平面度		6
爪座水平度	2			

3. 必须保证中空玻璃打孔位置的正确性。爪件虽可进行三准调整，但与孔的对应，以及整个圆、弧点支式幕墙平面的照应，应采取双向保证。

4. 玻璃在安装时应注意保护，避免碰撞、损伤或跌落。

5. 应采用速度可调式电动提升机与软索具捆绑安装大块玻璃，以保证其安全快速提升及就位安装。

5.2.7 填发泡材料、贴胶带、打胶注胶密封、清理

首先将胶缝进行净化处理，缝内置入泡沫棒，胶缝两侧贴 20mm 左右保护胶带纸，然后注胶填缝，注胶前要检查耐候胶的品牌是否符合要求，查验出厂日期是否在规定有效期之内，注胶要均匀、压紧、抹平、密实、平整、光滑。待密封胶凝固后撕去胶带纸。

6. 材料与设备

6.1 点式玻璃幕墙采用不锈钢材料时，宜采用奥式体不锈钢材，并应符合现行国家标准的规定。

6.2 点式玻璃幕墙采用的碳钢和其他钢材表面应进行防腐处理。表面除锈不得低于 Sa2×1/2 级，并进行涂装等可靠的表面处理。

6.3 点式玻璃幕墙采用标准紧固件应符合现行国家标准的规定。

6.4 点式玻璃幕墙采用非标准紧固件时应满足设计要求，并应有出场合格证。

6.5 点式玻璃幕墙采用的玻璃，必须经过钢化处理。有非隔热防火要求时，宜采用单片防火玻璃。

6.6 点式玻璃幕墙的密封材料宜采用耐候硅酮密封胶。在任何情况下，不得使用过期的硅酮密封胶。

6.7 点式玻璃幕墙可采用聚乙烯发泡材料作填充材料，其密度应不大于 0.037g/cm³，其性能应符合现行行业标准《玻璃幕墙工程技术规范》JGJ 102—2003。

6.8 点式玻璃幕墙采用机械设备见表 6.8。

点式玻璃幕墙采用机械设备表
表 6.8

序号	机械设备名称	型号规格	数量	国别产地	额定功率（kW/h）	备注
1	剪板机	Q11-6.3-2000	1	金钟机床	7.5	65t/月
2	折弯机	W67Y-50/2500	1	金钟机床	3.0	25t/月
3	双头切割机	DG79M+E255	2	德国	2×3	26t/月
4	端角切割机	AKS134/10	1	德国	2×3	23t/月
5	仿型铣床	GF171	1	德国	2×0.74	34t/月
6	端面铣床	AF221	1	德国	2.0	12t/月
7	空气压缩机	W-1011	1	天津	7.5	
8	交流弧焊机	BX6-250-2BX1-500-2	10	上海	0.8	105t/月
9	铣边机	XB-6	2	无锡	5.5	60t/月

续表

序号	机械设备名称	型号规格	数量	国别产地	额定功率(kW/h)	备注
10	手电钻	LS1007	5	上海	0.45	
11	冲击钻	LS2001	6	山东	0.62	
12	电锤	TE6-C	4	南宁	0.65	
13	电动葫芦	XN	2	北京		
14	经纬仪	DJ2	2	北京		
15	水平仪	DS3	2	北京		
16	胶枪	GH3028	6	浙江		
17	电动提升机	DHP型	2	保定		安装玻璃

7. 质 量 控 制

7.1 幕墙以及构件要求横平竖直，标高正确，表面不允许有机械损伤，如划伤、擦伤、压痕，也不应有处理缺陷，如斑点、污迹、条纹等。

7.2 幕墙外露金属件从任何角度看，都应是平整的，任何小的变形、波纹、紧固件的凹进或凸出皆不允许。

7.3 幕墙与主体结构连接的各种预埋件、连接件、紧固件必须安装牢固，其数量、规格、位置、连接方法和防腐处理应符合设计要求。各种连接件、紧固件的螺栓应有防松动措施，焊接连接应符合设计要求和焊接规范的规定。施工现场焊接的钢件焊缝，皆应在现场涂两道防锈漆。

7.4 与砌体、抹面或混凝土表面接触的金属表面，涂沥青漆，最少 $100\mu m$ 厚。点支承玻璃夹层玻璃的夹层胶片（PVB）厚度不应小于 0.76mm。

7.5 结构胶和密封胶的打注应饱满、密实、连续、均匀、无气泡，宽度和厚度应符合设计要求和技术标准的规定，玻璃幕墙应无渗漏。密封缝须铲平、打光，密封剂应连续"湿"密封，以保证接缝完全水密封，密封应均匀一致，并清理。

7.6 幕墙应使用安全玻璃，玻璃的品种、规格、颜色、光学性能及安装方向应符合设计要求。玻璃安装须按设计意图，保持玻璃边外的间隙，上下、左右两边空隙均要保证一致。

7.7 幕墙工程所用的各种材料、五金配件及构件的产品合格证书、性能检测报告、进场验收记录和复验报告。

7.8 幕墙工程所用硅酮结构胶的认定证书；进口硅酮结构胶的商检证；国家指定检测机构出具的硅酮结构胶相容性和剥落粘结性试验报告。

7.9 其他未定按照《玻璃幕墙工程技术规范》JGJ 102—2003 的要求执行。

8. 安 全 措 施

8.1 吊运、安装立柱、测量放线、紧固件安装等施工时，在内柱上通长拉两道水平 6mm 钢丝绳，并同时拉立网。操作人员戴安全帽、系安全带，将安全带系在钢丝绳上，同时配带好工具袋等。

8.2 在高层玻璃幕墙安装与上部结构施工交叉作业时，结构施工层下方应架设防护网；在离地面 3m 高处，应搭设挑出 6m 的水平安全网。

8.3 幕墙操作施工人员应定期进行身体检查，不适宜高空、吊篮等工作的人员禁止幕墙施工工作。

8.4 幕墙施工用电应配专用电缆、配电箱，专人负责。

8.5 安装玻璃幕墙用的施工机具在使用前，应进行严格检验。手电钻、电动改锥、焊钉枪等电动工具应作绝缘电压试验；手持玻璃吸盘和玻璃吸盘安装机，应进行吸附重量和吸附持续时间试验。

8.6 现场焊接时，在焊件下方应设接火斗。

8.7 成立专职检查组，负责幕墙施工安全检查，重点是电器、机械、钢丝绳、安全带等检查，防止安全事故发生。

9. 环 保 措 施

9.1 幕墙玻璃进入施工现场后，在安装前，必须存放在干燥的仓库或简易棚里，切勿露天放置。

9.2 在安装玻璃时，请注意勿使用硬物或金属工具碰撞玻璃的膜面，勿使石灰水或墙面涂料等溅落在玻璃上。用优质塑性密封胶作为密封材料。

9.3 幕墙玻璃安装泡沫塑料胶棒时，下角料用垃圾袋随施工随收集，不要到处乱扔。

9.4 密封胶用完后，胶桶不能乱放，应集中放置；胶带撕下后不能乱扔，应集中收集后统一处理。

10. 效 益 分 析

本工法点式玻璃幕墙具有整体性强、结构轻盈、弹性连接好、便于施工和维护方便等优点。点式玻璃幕墙追求明快的风格，因而在玻璃的使用上多选择光污染极小的白玻、超白玻和低辐射玻璃，同时辅以室内或室外遮阳系统，在减小甚至杜绝污染的同时，可大大降低能耗，尤其是使用中空技术后，效果更加明显。因而取得了良好的社会效益和经济效益。

11. 应 用 实 例

11.1 华日国际展馆一期工程，钢结构三层，建筑面积 26960m²，2002 年 1 月开工，5 月 15 日竣工，为河北省"5.18"工程，其中圆、弧点支式玻璃幕墙 2760m²，省级文明工地。

11.2 中太大厦工程，框剪结构十七层，建筑面积 23218.68m²，2004 年 4 月 26 日开工，2005 年 12 月 20 日竣工，其中圆、弧点支式玻璃幕墙 1200m²，2007 年被评为河北省"安济杯"工程。

11.3 中国人民武装警察部队综合训练楼，建筑面积 5158m²，2007 年 3 月 7 日开工，2007 年 11 月 15 日竣工，其中圆、弧点支式玻璃幕墙 380m²。

自动消防水炮灭火系统施工工法

GJEJGF123—2008

苏州二建建筑集团有限公司　江苏省金陵建工集团有限公司

柏万林　瞿明　任卫华　钱艺柏

1. 前　　言

火灾是一种危害极大的灾害，在目前的消防工程中常利用自动喷淋灭火系统进行灭火，但是在高大空间和特殊空间场所安装的自动喷淋灭火系统往往较难达到理想的灭火效果，同时由于管路系统复杂，给安装带来了很大难度，既影响到高大空间和特殊空间的美观，又消耗大量的人工和材料设备。随着自动消防水炮灭火系统应用到高大空间和特殊空间建筑物中，充分发挥了该系统自动探测，定点扑救，灭火效率高的优越性；并且施工安装较为方便，施工成本明显降低。在多项工程中应用了自动消防水炮灭火系统施工技术，取得了良好的经济和社会效益。为使该施工方法更加规范，通过认真总结形成了本工法。本工法的关键技术"智能化消防水炮灭火系统安装调试技术"经江苏省建筑工程管理局组织鉴定，整体水平达到国内领先水平。经教育部科技查新工作站［编号 z13］科技查新［报告编号 200932z130137］，1997～2006 年度国家级工法中未见自动消防水炮灭火系统施工工法。

2. 工 法 特 点

2.1 自动消防水炮灭火系统采用计算机视觉技术，集自动探测、可视化报警、自动定位、联动扑救等多种功能于一体，技术集成性高。

2.2 自动消防水炮灭火系统安装，应根据建筑物的实际尺寸和内部空间构造，确定报警器、消防水炮及联控装置等的安装位置、间距和数量。

2.3 自动消防水炮灭火系统主干管连接采用卡箍连接，支管为丝扣连接，成套短管工厂化预制，安装简便，连接可靠。

2.4 系统调试时应用现场模拟技术条件，各设备地址采用专用编码仪器，先单个设备检测调试运行正常后，再系统联合调试运行，采用先进的检测控制设备和技术手段保证系统的各项功能可靠正常运行。

3. 适 用 范 围

本工法广泛适用于各类工业与民用建筑，特别适用于体育馆、展览馆、博物馆、飞机场、大型厂房等高大空间和特殊空间建筑物中消防灭火采用自动消防水炮灭火系统的安装与调试。

4. 工 艺 原 理

4.1 自动消防水炮系统前端探测器采用双波段火灾探测器和线型光束图像感烟探测器，属于图像型非接触式火灾探测器，利用高分辨率 CCD 传感器为前端探测器件，双波段火灾探测器将火灾探测和图像监控有机地结合在一起，具有同时获取现场的火灾信息和图像信息、防尘、防潮、防腐蚀功能。

4.2 线型光束图像感烟探测器采用光截面图像感烟火灾探测技术，对保护空间实施任意曲面式覆盖，不需要准直光路，具有一个接收器对应多个发射器，能分辨发射光源和干扰光源，具有保护面积大、响应时间短的特点。

4.3 系统的消防控制室内设备对现场的信息进行分析确认、系统报警后，控制器进行声光报警、自动实时录像、自动拨打电话、启动自动消防水炮，自动扫描并指向火源点，自动启动增压泵和电动阀门，实现自动喷水灭火。

4.4 自动消防水炮灭火系统联动流程图见图4.4。

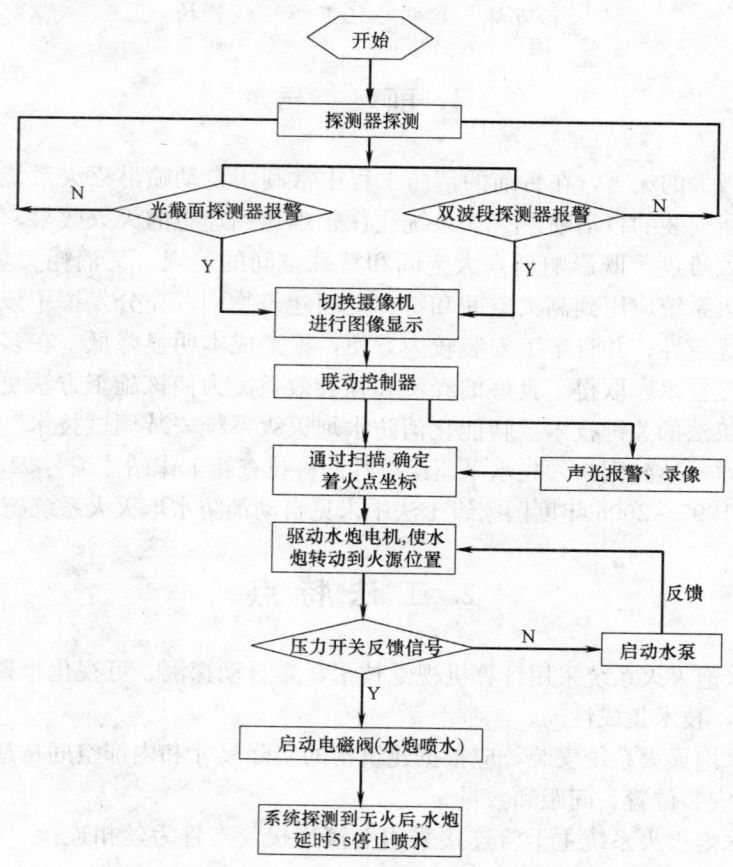

图4.4 自动消防水炮系统联动流程图

5. 施工工艺流程及操作要点

5.1 施工工艺流程

施工工艺流程详见图5.1。

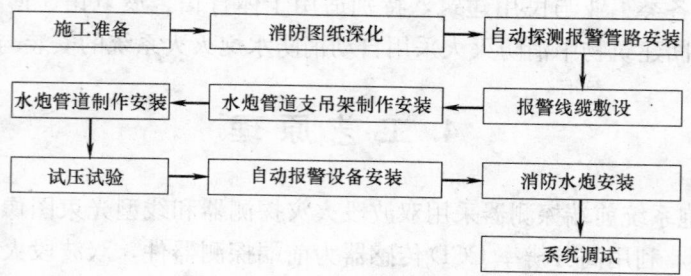

图5.1 施工工艺流程图

5.2 施工准备

5.2.1 根据设计施工图纸、接线图、安装图、系统图和批准的施工方案，进行管理人员、施工人员的施工技术交底。

5.2.2 消防管材、管件、施工机具设备和施工人员准备就绪，保证正常施工。

5.2.3 施工前应掌握土建建筑物结构、机电其他专业管线走向的现场实际情况，同时编制出与其他工种的配合措施。

5.2.4 施工人员应经自动消防水炮灭火系统的专业施工技术培训，掌握各种设备的接线、安装和使用要求。

5.3 消防图纸深化

5.3.1 施工图纸深化是承包商在业主提供的设计方案基础上，依据《建筑给水排水设计手册》、《固定消防炮灭火系统设计规范》等国家现行设计、施工规范、产品性能参数和现场实际情况，绘制出合理准确的施工布置图。

5.3.2 绘制包括管线系统的综合布置图和施工节点详图，确定出消防管道、自动报警线路、支吊架的标高、位置和走向，避免管道与桥架、风管、灯具、空调设备施工时发生矛盾。

5.3.3 图纸细化时应注意：根据产品和系统的特点，合理布置图像型火灾探测器位置，确定自动消防水炮数量，保证火灾探测器与消防水炮准确、及时的联动运行。

5.4 探测报警管路安装

5.4.1 报警管路施工程序：熟悉图纸→预制加工管道、支吊架→测定盒箱及固定点位置→支吊架固定→盒箱固定→管路敷设与连接→管路接地跨接。

5.4.2 高大空间建筑物报警管路敷设主要采用明敷方式，施工人员在管路施工前，应熟悉图纸，掌握管路走向、位置。

5.4.3 预制加工管道施工程序：煨管→切管→套丝。

1. 管径为 20mm 及以下时，用手板煨管器进行煨管，将管子插入煨管器，渐渐用力弯出所需角度。管径为 25mm 及以上时，可使用液压煨管器，将管子放入配套的模具内，然后扳动煨管器，煨出所需的角度。

2. 切管：用钢锯、割管器、齿锯、砂轮切割机进行切管，将需要切断的管子长度测量准确，放入案子的钳口内卡牢固，断口处应平齐不歪斜，将管口上的毛刺用半圆锉处理光滑，再将管内的铁屑倒干净。

3. 套丝：采用套丝扳、套管机，根据管外径选择相应的板牙，将管子用台虎钳或压力钳固定，再把绞板套在管端，先慢慢用力，套上扣后再均匀用力，及时用毛刷涂抹机油，保证丝扣完整不断丝、乱丝。

5.4.4 根据设计图要求确定盒、箱轴线位置，以土建弹出的水平线为基准，挂线找平，线坠找正，标出盒箱实际尺寸位置。盒箱位置测定后，把管路的垂直、水平方向线弹出来，按照安装标准规定的固定点间距，计算确定支架、吊架的具体位置。

5.4.5 盒箱、支吊架预制后，严格按照盒箱、支吊架测定位置进行固定，固定应牢固。

5.4.6 管路敷设、连接：管道装好管箍后，管口应对应，外露丝应为 2～3 丝，先将管卡一端的螺栓拧进一半，然后将管敷设在管卡内，逐个拧牢，使用铁支架时，可将钢管固定在支架上，采用丝扣连接。盒、箱开孔应整齐并与管径匹配，一管一孔。

5.4.7 管路、盒箱敷设完成后，进行线路的整体跨接，跨接地线两端焊接面不得小于跨接线截面的 6 倍。镀锌钢管采用专用接地线连接，不得采用焊接连接地线。

5.5 报警线缆敷设

5.5.1 安装施工程序：清扫管路→穿引线钢丝→选择导线→放线→引线与电线绑扎→穿线→剪断

电线。接线：剥削绝缘层→接线→焊头→恢复绝缘。

5.5.2 清扫管路：在钢丝上绑上纱布，来回拉几次，将管内杂物和水分擦净。特别是对于弯头较多或管路较长的钢管，为减少导线与管壁摩擦，应随后向管内吹入滑石粉，以便穿线。

5.5.3 穿引线钢丝：管内穿线前用钢丝做引线，用 $\phi 1.2 \sim \phi 2.0$mm 的钢丝，头部弯面封闭的圆圈状，由管一端逐渐的送入管中，直到另一端露出头时为止。

5.5.4 穿入管内的导线中间不应有接头，导线的绝缘层不得损坏，导线不得扭结。两人穿线时，一人在一端拉钢丝引线，另一人在一端把所有的电线紧捏成一束送入管内，二人动作应协调，并注意不使导线与管口处摩擦损坏绝缘层。

5.5.5 导线连接采用绞接，先剥削导线绝缘层，然后导线芯线进行连接，再进行导线与自动探测设备连接，最后恢复绝缘层。

5.6 水炮管道支吊架制作安装

5.6.1 水炮管道支架采用固定支架，制作时根据工程现场的标高、位置和管径进行制作。

5.6.2 支架型钢应调平调直，下料主要采用型材切割机、钢锯切割，若用氧-乙炔焰切割，必须将断口打磨整齐。型钢上开孔，应用机械钻、冲方法，不得用氧-乙炔焰割孔或电弧冲孔，孔径应大于螺栓直径 1～2mm。制作好后的支吊架要进行防腐，一般先除支吊架表面的污物和铁锈，然后刷一道防锈漆，最后再刷一道面漆。

5.6.3 支架埋设平整牢固，排列整齐，间距合理。与管道或设备接触紧密，固定牢靠。固定于建筑物结构上的支、吊架不得影响结构安全。管道支吊架间距，立管层高不大于 5m，可立一个固定件，大于 5m 设两个固定件，立管上第一个支架安装高度为 1.5～1.8m，同层立管的支架高度应一致。

5.7 水炮管道制作安装

5.7.1 消防水炮管道为镀锌钢管，管径小于等于 100mm，采用丝扣连接；管径大于 100mm，采用沟槽式卡箍连接。丝扣连接镀锌钢管施工程序：熟悉现场并放线→量尺寸→切割→套丝→预组状→上填料→安装并紧固→清理接口→试压→恢复防腐层。

5.7.2 管道安装施工人员根据图纸，结合现场实际情况确定管线位置，安装支吊架，绘出加工图，量出每段的钢管尺寸。下料时用管割刀割管，割管时水管要求两头垫平，并夹紧，每进刀一次，必须绕管一周，注意进刀不能过多，用力要均匀，手柄不以左右摆动，保证断口平齐。管子快割断时，转动放慢，且有人扶持断管，防止断管跌落，切断处管口内缩颈部分应用扩孔锥刀或圆锉清除管口内倒角。

5.7.3 镀锌钢管安装时，用电动套丝机加工管螺纹，根据管径选用割刀和板牙，DN15～50 管子加工螺纹可用快档，大于 DN50 管子加工螺纹应用慢档。DN15～25 套一遍成型，DN32～40 要求套二遍成型，DN50 以上要求套三遍成型，所加工的螺纹应端正、完整、光滑，不应有毛刺及乱丝，管螺纹加工应规整。

5.7.4 水管套好丝后先预组装，检查管丝与管配件的配合情况，丝扣填料施工时，先刷白厚漆再绕麻丝，再绕两道聚四氟乙烯胶带。麻丝、胶带顺时针缠绕，缠绕要均匀、平整，不能绕到管头外或在管口内。管螺纹连接紧固时，应根据管径选用管子钳或链条钳，管钳应前后双手扶持，防止滑牙脱口伤人。

5.7.5 管道上紧后，外留丝扣 2～3 丝，并去除接口剩余麻丝，刨去的镀锌层刷防锈漆防腐。管头内的麻丝用喷灯烧干净或用钢锯清理干净。横干管架空敷设时，应及时安装支架，立管应自下而上逐根安装连接，每连接一层立管，应及时坚固管卡。

5.7.6 沟槽式卡箍连接的镀锌钢管安装：

1. 沟槽式卡箍采用球墨铸铁材料，不易生锈、强度高、韧性好、延伸性好，还具有较强的防振吸振性能。镀锌钢管的沟槽采用滚槽机进行滚槽，滚槽机利用压轮的结构在管子的固定位置冷压制一个规定的沟槽。

2. 密封圈润滑：由于橡胶较大的摩擦而使密封圈较难安装，所以对密封圈进行相应的润滑，一般使用中性的润滑剂（比如中性洗洁剂）对密封圈整体或只对外表面进行润滑。

3. 安装密封圈：把密封圈套入管子一端，然后将另一管子与该端管口对齐，把密封圈移到管子密封面处，密封圈两侧不应伸入两管子的沟槽。

4. 先把接头两处螺栓松开，分成两块，先后在密封圈上套上两块外壳，装上螺栓，轮流拧紧螺帽，确保卡箍紧固。管道卡箍连接示意图见图 5.7.6。

5.8 水炮管道试验

5.8.1 消防水炮管道安装后的水压试验，管道试验压力为工作压力的 1.5 倍，管道在试验压力下观测 10min，压力降不应大于 0.02MPa。

5.8.2 管道试验压力降到工作压力，进行管道检查，不渗不漏，保证管道、阀门和各设备不渗漏。

5.9 报警设备安装

5.9.1 双波段火灾探测器：一般采用墙壁安装，每套接入两根视频同轴线缆和一根电源线（RVV2×1.5），安装时把预留盒内的导线用剥线钳剥去绝缘外皮，露出线芯 10～15mm，连接在探测器底座的各级接线端上，然后将底座用配套的螺栓固定在预埋盒上，高度尽可能的接近顶棚。

1. 顶棚高度 $h \leqslant 8m$ 时，$h_2 = h - h_1 \leqslant 1000mm$；

2. 顶棚高度 $h > 8m$ 时，$h_2 = h - h_1 \leqslant 3000mm$。安装时可根据现场高度做适当调整，具体安装示意图见图 5.9.1-1～图 5.9.1-4。

图 5.7.6 管道卡箍连接示意图

图 5.9.1-1 双波段火灾探测器

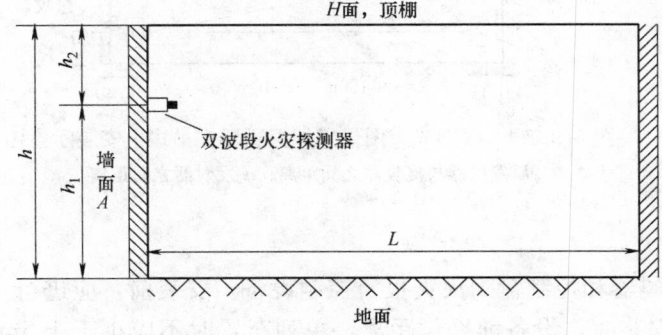

图 5.9.1-2 双波段火灾探测器安装示意图
h-建筑物顶棚高度；h_1-探测器安装高度；
h_2-探测器距顶棚高度

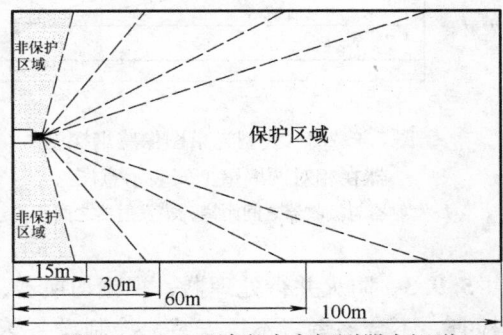

图 5.9.1-3 双波段火灾探测器在矩形
防火场所保护区域示意图

5.9.2 线型光束图像感烟探测器：发射器与接收器相对安装在保护空间的两端。发射器可墙壁侧装或顶棚吊顶安装，位于接收器有效视场中即可，每只发射器接入一根电源线（RVV2×1.5），每只接收器接入一根视频同轴线缆（SYV-75-5/7）和一根电源线（RVV2×1.5）。

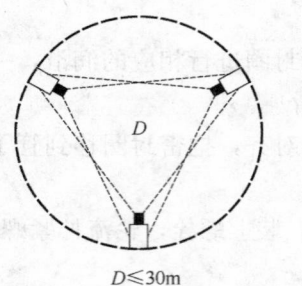 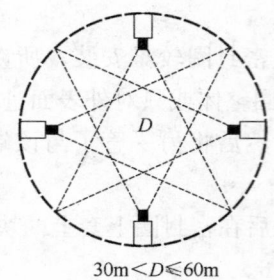

$D \leq 30m$ $30m < D \leq 60m$

图 5.9.1-4　双波段火灾探测器在圆形防火场所保护区域示意图
D-圆形防火场所直径

1. 当顶棚高度 $h \leq 8m$ 时，发射器安装位置至顶棚的距离 $h_2 = h - h_1 \geq 500mm$（以梁为基准高度）；

2. 当顶棚高度 $8m < h \leq 12m$ 时，发射器安装位置至顶棚的距离 h_2：$500mm \leq h_2 \leq 1500mm$，通常选取 $h_1 = 10.5m$；

3. 当顶棚高度 $h > 12m$ 时，发射器宜分层安装，一般 h 在 $12 \sim 30m$ 时，可分二层安装，具体安装示意图见图 5.9.2-1～图 5.9.2-4。

图 5.9.2-1　线型光束图像感烟火灾
探测器（发射器、接收器）

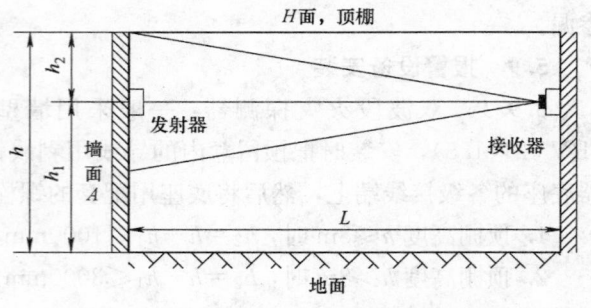

图 5.9.2-2　线型光束图像感烟探测器安装示意图
h-建筑物顶棚高度；h_1-探测器安装高度；
h_2-探测器距顶棚高度

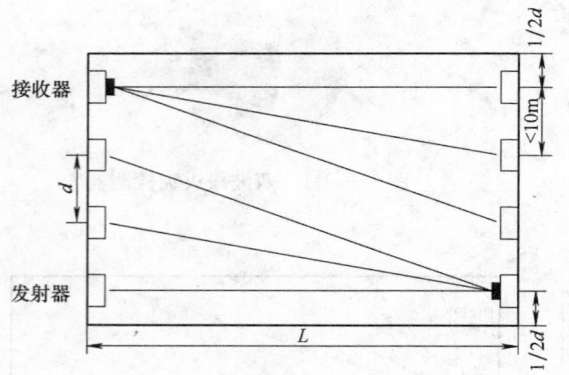

图 5.9.2-3　线型光束图像感烟探测
器在相对两墙壁上安装示意图
L-发射器与接收器之间距离；d-发射器之间距离

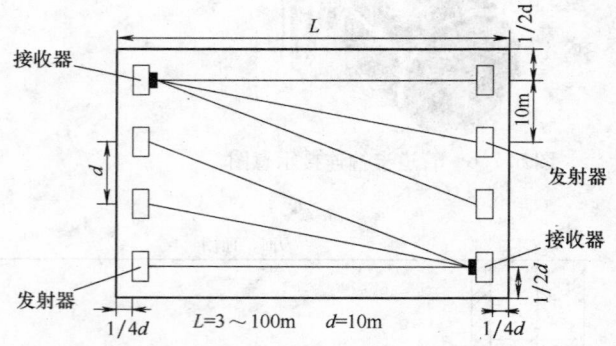

图 5.9.2-4　线型光束图像感烟探测器在吊顶上安装示意图
L-发射器与接收器之间距离；d-发射器之间距离

5.9.3　防火并行处理器、视频切换器、解码器和控制盘为火灾报警控制设备，安装前，应进行功能检查，不合格者，不得安装。控制设备落地安装时，设备前操作距离，单列布置时不应小于 1.5m，双列布置时不应小于 2m，严格按照规范和设备厂家要求进行安装接线。火灾报警控制器、消防控制设备和外露可导电部分的接地，均应符合接地安全的规范要求。

5.9.4　信息处理主机是自动消防水炮灭火系统的信息处理和控制核心设备，安装在消防控制室内。采用工业控制计算机及厂家的多媒体火灾安全监控软件，集火警确认、联动控制、图像监控及自动消防炮定位灭火于一体，信息处理主机硬件配置均选用工业级计算机设备，系统软件采用厂家专用软件。

5.10　自动消防水炮安装

5.10.1　自动消防水炮安装：自动消防水炮与管道连接采用法兰连接，法兰固定牢靠。

5.10.2　消防水炮的固定支架设在法兰下50mm，固定支架采用镀锌角钢制作，通过管箍使消防水炮与支架连接牢固。

5.10.3　消防水炮安装固定后，按照安装说明书的要求进行接线。

5.10.4　消防水炮具体示意图见图5.10.4。

 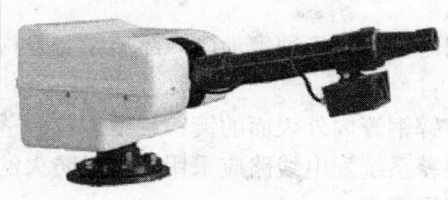

图5.10.4　自动消防水炮

5.10.5　消防水炮具体参数见表5.10.5。

消防水炮流量、射程表 表5.10.5

流量(L/s)	额定工作压力(MPa)	射程(m)	流量允差(%)
30		55	
40	≤0.8	60	±8
50		70	
60		75	
70	≤1.0	80	±6
80		85	
100	≤1.2	90	±5
120		95	
150		100	
180	≤1.4	105	±4
200		110	

5.11　系统调试

5.11.1　在建筑内部装修和系统施工结束后进行，调试负责人必须由有资格的专业技术人员担任，所有参加调试人员应职责明确，并应按照调试程序工作。

5.11.2　报警线路、设备调试：分别对每一电气回路的线缆进行测试，检查线路绝缘、接地，保证线路连接正确、可靠。系统中的火灾报警控制器、联动控制设备进行单机通电运行。消防联动控制设备进行现场模拟试验，确保联动设备单机运行正常。

5.11.3　自动消防水炮调试：自动消防水炮进行现场模拟试验，根据火灾探测器的火警信号及消防控制中心信息，由功率驱动模块控制消防水炮电机作旋转运动，再由消防水炮喷头带动火焰定位器进行火焰搜索定位、消防水炮喷水灭火。

5.11.4　系统联动试运行：系统单机调试完成后，进行系统联动试运行，先使系统联动控制设备的工作状态处于自动状态，然后按设计的联动逻辑关系进行控制和联动功能检查，检查各设备是否正常工作，并自动打开消防水泵和电动阀，保证自动消防水炮及时启动喷水灭火。

6. 材料与设备

6.1 材料的性能质量要求

6.1.1 系统所使用的主要材料、成品、半成品、配件、器具和设备必须具有中文质量合格证明文件，规格、型号及性能检测报告应符合国家技术标准和设计要求。

6.1.2 主要器具和设备必须有完整的安装使用说明书，在运输、施工过程中，应采取有效措施防止损坏或腐蚀。

6.1.3 消防设备应经国家消防产品质量监督检验中心检测合格，具有安装、使用、维修和试验等技术文件。

6.1.4 镀锌钢管内外表面的镀锌层不得有脱落、锈蚀等现象且其热镀锌厚度大于等于 $60\mu m$。

6.1.5 报警系统配电线路应采用阻燃或防火的电线、电缆，满足建筑物消防使用要求。

6.2 设备配置

6.2.1 机械：套丝机、台钻、电焊机、切割机、滚槽机。

6.2.2 工具：工作台、钢锯弓、电锤、电钻、电工组合工具、焊钳、氧气乙炔瓶、减压表、皮管、梯子等。

6.2.3 仪器与量具：万用表、绝缘摇表、接地摇表、对讲机、水准仪、水平尺、火灾探测器试验、钢卷尺、钢板尺、角尺、焊接检验尺、线坠等。

7. 质量控制

7.1 电线管、电线电缆、镀锌钢管、卡箍等管材、管件原材料的质量、检验项目，应符合国家现行标准的规定和设计要求。

7.2 报警设备、消防水炮、阀门、消防泵组等应经国家消防产品质量监督检验中心检测合格，并经当地消防监督部门监督合格，民用建筑消防水炮的用水量不应小于 40L/s，工业建筑的用水量不应小于 60L/s。

7.3 消防管道固定装置位置应准确，保证管道、水炮固定，不晃动，满足消防水炮喷射反力的要求。

7.4 室内消防水炮的布置数量不应少于 2 门，其布置高度应保证消防水炮的射流不受上部建筑构件的影响，并应能使两门水炮的水射流同时到达被保护区域的任一部位。消防水炮的射流完全覆盖被保护场所及被保护物，且应满足灭火强度要求。

7.5 室内配置消防水炮的俯角和水平回转角应满足使用要求。

7.6 报警设备的配线应整齐，避免交叉，并应固定牢靠，电缆芯线和所配导线的端部，均应标明编号，并与图纸一致，字迹清晰不易褪色，导线应绑扎成束。

7.7 报警设备的接地应牢固，并有明显标志。消防控制室引至接地体的工作接地线在通过墙壁时，应穿入钢管或其他坚固的保护管。工作接地线与保护接地线必须分开，保护接地导体不得利用金属软管。

7.8 自动消防水炮系统应严格按照《消防炮通用技术条件》GB 19156—2003、《远控消防炮系统通用技术条件》GB 19157—2003、《固定消防炮灭火系统设计规范》GB 50338—2003 和《火灾自动报警系统施工及验收规范》GB 50166—2007 规范进行安装。

8. 安 全 措 施

8.1 定期进行施工人员安全教育，建立安全台账，进行员工安全培训，电焊工、电工特殊工种应经过专业培训，必须取得上岗证、操作证才能上岗作业。

8.2 制定专项安全施工方案，严格进行安全技术交底，保证施工安全。

8.3 加强现场施工用电管理，安全用电。非电工人员严禁乱动现场内的电气开关和电气设备；未经许可不得乱动非本职工作范围的一切机械设施和工具。

8.4 进行电焊、气焊作业时，严禁其下方或附近有易燃、易爆物品，同时要有人监护或采取隔离措施。电焊操作人员应在工具、操作、劳保各方面严格遵守有关专业规定，电焊机应设有防雨罩、安全保护罩。在切断开关时，应戴干燥绝缘手套。气瓶间距不小于 5m，距明火不小于 10m，气瓶应有防振圈和防护帽，现场应配备有效的消防器材。

8.5 手持式电动工具的负荷线必须采用耐磨型橡皮护套铜芯软电缆，并且中间不得有接头。工具的外壳、手柄、负荷线、插头、开关等必须完好无损，使用前必须作空载试运转。

8.6 高空管道作业使用的工具应放在随身携带的工具袋中，不便入袋的工具应放在稳当的地方，严禁上下抛掷。高空堆放的物品、材料或设备不准超负荷堆放，堆积材料和操作人员不可聚集在一起。

8.7 安装消防管道时，先把管道固定好再接口，防管子滑脱砸伤人。安装立管时，先把楼板孔周围清理干净，不准向下扔东西，在管井操作时，必须盖好上层井口的防护板。

8.8 设备通电调试前，必须检查线路接线是否正确，保护措施是否齐全，确认无误后，方可通电调试。

9. 环 保 措 施

9.1 项目部在自动消防水炮系统施工前，进行环境因素调查、评价，确定施工过程中的重要环境因素，编制专项环境管理方案。

9.2 吊架、管道制作时，采用切割机进行下料，产生大量铁屑扬尘，施工采用专用扬尘收集槽收集，安装时用电锤进行钻孔，施工人员戴好口罩，防止粉尘进入人身，现场清理应先洒水再清理。

9.3 使用油漆应采用环保标志产品，施工时应保证通风良好，施工人员应戴上防护口罩，使用后随即将其封存放于专存库房内。

9.4 在切割机、电锤作业时，避免和减少异常噪声的产生，采取噪声隔离措施或限制时段使用。尽量减少人为的大声喧哗，增强全体施工人员的防噪声扰民的意识。

9.5 施工作业面应保持整洁、干净，作业环境应强调落手清，严禁将建筑施工垃圾随意抛弃，做到文明施工，每天清除垃圾，定点堆放。

9.6 项目部做好场容场貌管理工作，建筑材料按区域整齐堆放，施工区域内做到"工完料尽场地清"。

9.7 施工用水、管道试压试验用水不得随意排放，应沉淀处理后再排入排水系统。现场挖好临时排水沟及沉淀池，进行有组织排水，由保洁员负责沉淀池的清理。

9.8 设置废弃物临时存放场地，配备有标识的废弃物收集容器（分可回收、不可回收），按要求分类放置到临时存放地点或容器里。

10. 效 益 分 析

10.1 自动消防水炮在施工的常熟展览中心、苏州独墅湖高等教育综合体育活动中心等大型项目中的广泛成功应用，大大提高了技术水平，提高了工程防火安全、灭火效率，加快了施工进度，加强了工程投资的控制，受到建设单位、设计单位和监理单位的一致好评，发挥了整体实力和专业上的优势，实现了工期、成本造价预期目标，为企业赢得了良好的社会信誉。

10.2 根据展览馆、体育馆等建筑空间大的特点，采用自动消防水炮系统，减少了消防管道的数量，节省了建筑物上部使用空间，提高了建筑物内部的整体使用高度，使建筑物更加美观、实用。

10.3 本工法采用新型消防灭火设备，施工简便，进度加快，减少了施工费用，节约了工程的造价，产生了较好的社会和经济效益。

11. 应 用 实 例

11.1 实例一

常熟会展中心工程位于常熟文化片区内、世纪大道边，建筑面积为 45636m²，地下一层，地上二层。本工程屋顶全部为钢结构玻璃屋顶，二层层高，使用自动喷淋灭火系统灭火效果较差，钢结构屋顶喷淋管道施工困难，采取自动消防水炮系统就克服了上述困难，减少了展览馆内繁多管道布置，提高了展览馆的上部空间和防火安全，也缩短了 6d 的施工工期，节约了工程综合费用 10 万元。

11.2 实例二

苏州独墅湖高等教育综合体育活动中心工程，建设于苏州工业园区高等教育区内，建筑面积 33956m²，混凝土框架、管桁架结构，地下一层，地上四层，是一座集体育比赛、娱乐、健身及购物为一体的综合性体育场馆，是高教区内标志性的建筑物。馆内比赛区空间高，喷淋系统无法满足灭火要求，采用自动消防水炮系统解决了上述难题，使建筑物内部管道布置更加美观，减小了施工难度，提高了灭火效率，缩短了 4d 的施工工期，节约了工程综合费用 7 万元。

11.3 实例三

苏州国际教育园体育中心工程，建设于苏州越溪国际教育园内，建筑面积 23308m²，屋面采用钢结构，地下一层，地上三层，是一座集体育比赛、健身为一体的综合性教育、比赛体育场馆，是教育园内标志性的建筑物。馆内比赛区空间高，消防系统采用自动消防水炮灭火系统，克服了采用自动喷淋系统的缺点，减小了施工难度，提高了灭火效率和建筑物安全使用功能，缩短了 4d 的施工工期，节约了工程综合费用 6 万元。

11.4 实例四

扬州市委党校新校区教学学术图书综合楼工程位于扬州市新城西区，南临沿山河，西临北三环路，与体育公司隔路相对工程建筑面积 12791.6m²；建筑基底面积 8658.3m²；建筑层数 2 层；建筑高度 20.4m，屋面为钢结构，工程建筑耐火等级为二级。建筑（多层）防火间距＞9m，消防通道＞4m 环通。地上共设 3 个防火分区。多功能报告厅及舞台、侧台、耳光室、放映室等为一个防火分区，建筑面积为 2016.4m²，舞台的台口处设舞台专用的防火幕与报告厅相隔。以 15/F～G 轴处的防火卷帘为界，以北的一二层为一个防火分区，建筑面积为 6307m²，所有与共享门厅休息厅相连的教室、阶梯教室、休息室等，均采用能自动关闭的甲级防火门。15/F～G 轴处的防火卷帘以南的一二层为一个防火分区，建筑面积为 4468.2m²。多功能报告厅及舞台、侧台、耳光室、放映室作为一个防火分区，消防采用自动消防水炮系统相结合。两台消防水炮泵设置在地下室（一用一备）引两根 DN200 的镀锌钢管至本工程观众厅，设置成循环。消防水炮管采用热镀锌钢管，DN200 钢管沟槽机械接口，DN100 钢管丝扣连接。采用自动消防水炮系统减少了多功能厅内繁多的管道布置，缩短了安装工期 3d，节约工程综合费用 5.7 万元。

模块化同层排水节水系统安装工法

GJEJGF124—2008

河南红旗渠建设集团有限公司   山东聊建金柱建设集团有限公司
朱荣春   王凤蕊   郝卫增   周忠义   常佩顺   赵西久

1. 前　　言

模块化同层排水节水系统是集同层排水、废水收集、储存、过滤、回用冲厕为一体的节水装置系统。2007 年被建设部列为"十一五"推广应用技术。河南红旗渠建设集团有限公司在总结施工经验基础上编制本工法。该工法 2008 年经过河南省工法关键技术鉴定委员会的鉴定，被评为河南省建筑业省级工法，达到了国内领先水平。

2. 工法特点

2.1 同层排水，具备常规排水功能。
2.2 自动收集、储存、处理洗衣机地漏、洗浴盆、洗手盆排水并自动回用冲厕，节约自来水。
2.3 废水、污水分流排放。
2.4 自动清洗、自动排空功能。
2.5 施工速度快，安装质量有保证。
2.6 单层立管安装，方便维修和施工。

3. 适用范围

模块化同层排水节水系统安装工法适用于新建、改扩建住宅中厨房、卫生间节水装置安装工程的施工。

4. 工艺原理

使用模块化排水节水装置替代排水横支管系统，自动收集、储存洗涤废水（洗衣机排水、洗手盆、浴盆排水）回用冲洗便器，实现节约自来水的目的。

5. 施工工艺流程及操作要点

5.1　工艺流程
基层处理→安装模块化排水节水装置和排水管→灌水试验→施工面层→卫生器具安装→安装自动控制器和提升泵→系统调试。

5.2　操作要点
5.2.1　基层处理
首先将准备安装模块化排水节水装置部位的楼板顶面清扫干净。然后用 1∶2 水泥砂浆按设计要求进行找平、找坡。找平层强度达到 C10 后，再进行防水层施工，防水材料种类、厚度按设计要求，防水层应沿墙上翻 500mm 高。防水层施工后，应进行闭水试验，闭水试验合格后，才能转入下道工序施工。

5.2.2 安装模块和排水管

1. PVC-U 管排水系统安装：

1）排水管预制加工：根据图纸要求并结合实际情况，按预留口位置测量尺寸，绘制加工草图。根据草图量好管道尺寸，进行断管。断口要平齐，用铣刀或刮刀除掉断口内外飞刺，外棱铣出 15°角。粘结前应对承插口先插入试验，不得全部插入，一般为承口的 3/4 深度。试插合格后，用棉布将承插口需粘结部位的水分、灰尘擦拭干净。如有油污需用丙酮除掉。用毛刷涂抹胶粘剂，先涂抹承口后涂抹插口，随即用力垂直插入，插入粘结时将插口中稍作转动，以利胶粘剂分布均匀，约 30s 至 1min 即可粘结牢固。粘牢后立即将溢出的胶粘剂擦拭干净。多口粘连时应注意预留口方向。

2）立管安装：首先按设计坐标要求，将洞口预留或后剔，洞口尺寸不得过大，更不可损伤受力钢筋。安装前清理场地，根据需要支搭操作平台。将已预制好的立管运到安装部位。首先清理已预留的伸缩节，将已预制好的立管运到安装部位。首先清理已预留的伸缩节，将锁母拧下，取出 U 形橡胶圈，清理杂物。复查上层洞口是否合适。立管插入端应先划好插入长度标记，然后涂上肥皂液，套上锁母及 U 形橡胶圈。安装时先将立管上端伸入上一层洞口内，垂直用力插入至标记为止（一般预留胀缩量为 20～30mm）。合适后即用自制 U 形钢制抱卡紧固于伸缩节上沿。然后找正找直，并测量顶板距三通口中心是否符合要求。无误后即可堵洞，并将上层预留伸缩节封严。

3）模块化排水节水装置安装：核查安装位置、预留口坐标、标高无误后。摊铺 1∶3 水泥砂浆，将主模块就位，使主模块与立管对正找直，然后连接支管。安装粘结时，必须将预留管口清理干净，再进行粘结。粘牢后找正、找直，封闭管口和堵洞打开下一层立管扫除口，用充气橡胶堵封闭上部，进行闭水试验。合格后，撤去橡胶堵，封好扫除口。

2. RK 柔性排水铸铁管系统安装：

除符合 PVC-U 排水管的要求外还应注意以下事项：

1）管道切割时采用砂轮切割机切割，保证切口光滑平整，断面与管轴方向垂直，采用卡箍或法兰连接。安装时应根据需要长度，把直管用夹具垂直固定，用砂轮切割机断开，断面应垂直、光滑，不得由飞边、毛刺、以免刺伤橡胶密封圈。计算管道成装长度，应加上卡箍连接余量。

2）用工具松开卡箍螺栓，取出橡胶圈，将卡箍套入一件接口处。

3）将橡胶圈套入另一件接口上，再把卡箍套入橡胶圈上，使两个接口平整对好。

4）用扭力扳手拧紧卡箍螺栓，使卡箍紧箍到位即可，防止紧力过大而使螺栓打滑。

5）高层建筑考虑管道胀缩补偿，可采用法兰柔性管件（图 5.2.2），但在承插口处要留出胀缩补偿余量。

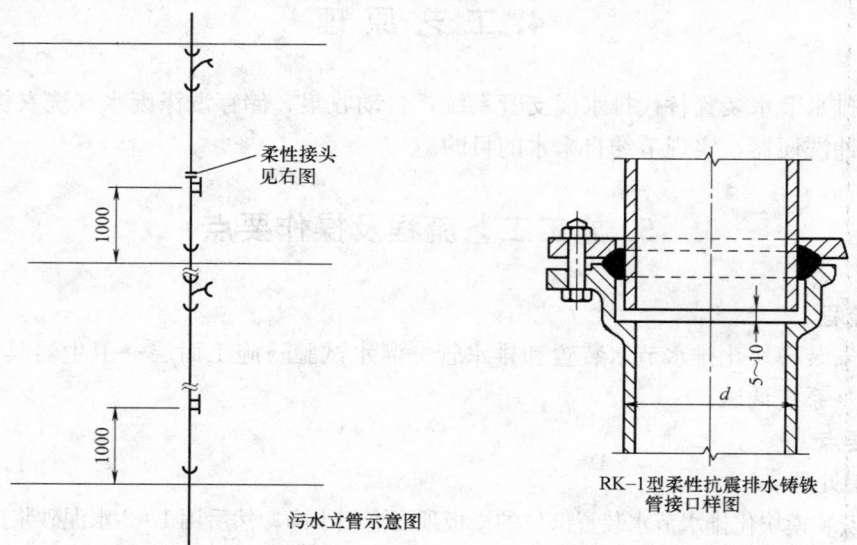

图 5.2.2 法兰柔性管件管道胀缩补偿

5.2.3 灌水试验

安装模块和排水管安装后，在隐蔽前必须做灌水试验，其灌水高度应不低于模块的上边缘。满水15min 水面下降后，再灌满观察 5min，液面不降，管道及接口无渗漏为合格。

5.2.4 施工面层

灌水合格后，按照设计要求铺设模块的上盖板和面层装饰。面层施工是应注意按设计要求留置模块检查孔。

5.2.5 卫生洁具安装

盖板和面层施工完成后，可进行大便器等卫生洁具的安装。安装前应核查地面、墙面预留口坐标、标高，卫生器具就位后应将预留管口清理干净，再进行连接。连接完成后，必须进行通水通球试验，通球球径不小于排水管道管径的 2/3，通球率必须达到 100%。

5.2.6 安装自动控制器和提升泵

自动控制器和提升泵的安装位置应符合设计要求。若设计没有要求，自动控制器配管可参考图 5.2.6，位置在大便器水箱的上方墙上或者靠近便器的侧面隔墙上，自动控制器距地面 1.3m 高。平面位置应靠近电动阀的上方，且方便操作。

电源使用 220V 单相交流电源时，应安装漏电断路器保护装置，漏电动作电流不大于 30mA。

接线盒应墙内暗装，外边与墙面平齐。预埋管管口应有保护措施，防止杂物落入。预埋管穿线前应清除接线盒内杂物。自动控制器面板安装完成后，面板盖表面应与墙面装饰层平齐，自动控制器面板四周打白色防水密封胶防水。

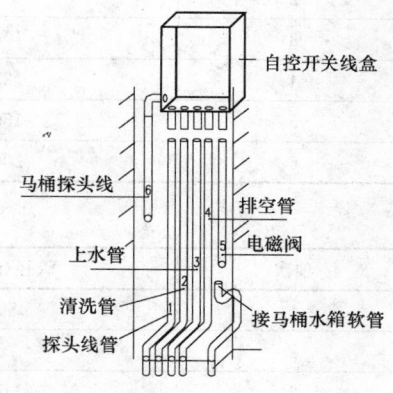

图 5.2.6　接线盒及配管示意

5.2.7 系统调试

模块化同层排水节水系统安装完成后，应进行系统调试，并检验联动效果是否达到设计要求。

6. 材料与设备

6.1 主要材料

6.1.1　排水管及与之相应管件的品种、规格、型号、质量必须符合设计要求和国家标准规定，有出厂合格证。包装完好，表面光滑无气泡、裂纹、管壁厚薄均匀，色泽一致。直管段挠度不大于 1%，管件造型应规矩、光滑，与直管段相配套。

6.1.2　模块化同层排水节水系统配件、卫生洁具的品种、规格、型号、质量必须符合设计要求和国家标准规定，有出厂合格证。

6.2 施工工具与机具

6.2.1　机具：砂轮切割机、手电钻、台钻、电锤、电焊机。

6.2.2　工具：台钳、案子、套丝板、管钳、压力钳、手锯、手锤、扳手、链钳、煨弯器、螺丝刀、电工刀、改锥、克丝钳、压接钳、电炉、喷灯、锡锅、锡勺等。

6.2.3　测试检验工具：兆欧表、万用表、水平板、试电笔、钢卷尺、方尺、水平尺、钢板尺、线坠等。

7. 质 量 控 制

7.1 质量控制标准

7.1.1　模块化同层排水节水系统安装质量执行《建筑工程施工质量验收统一标准》GB 50300—

2001、《建筑给水排水及采暖工程施工质量验收规范》GB 50242—2002、《建筑电气工程施工质量验收规范》GB 50303—2002 和《模块化同层排水节水系统应用技术规程》DBJ 41/T083—2008。

7.1.2 主控项目

1. 隐蔽或埋地的排水管道在隐蔽前必须做灌水试验，其灌水高度应不低于底层卫生器具的上边缘或底层地面高度。满水 15min 水面下降后，再灌满观察 5min，液面不降，管道及接口无渗漏为合格。

2. 生活污水管道的坡度必须符合设计或表 7.1.2-1、表 7.1.2-2 的规定。

生活污水铸铁管道的坡度 　　　　表 7.1.2-1

项次	管径（mm）	标准坡度（‰）	最小坡度（‰）
1	50	35	25
2	75	25	15
3	100	20	12
4	125	15	10
5	150	10	7
6	200	8	5

生活污水塑料管道的坡度 　　　　表 7.1.2-2

项次	管径（mm）	标准坡度（‰）	最小坡度（‰）
1	50	25	12
2	75	15	8
3	110	12	6
4	125	10	5
5	160	7	4

3. 排水塑料管必须按设计要求及位置装设伸缩节。如设计无要求时，伸缩节间距不得大于 4m。高层建筑中明设排水塑料管道应按设计要求设置阻火圈或防火套管。

4. 排水主立管及水干管管道均应做通球试验，通球球径不小于排水管道管径的 2/3，通球率必须达到 100%。

5. 电动机和电磁阀的可接近裸露导体必须接地（PE）或接零（PEN）。

6. 电动机和电磁阀的绝缘电阻值应大于 0.5MΩ。

7.1.3 一般项目

1. 金属排水管道上的吊钩或卡箍应固定在承重结构上。固定件间距：横管不大于 2m；立管不大于 3m。楼层高度小于或等于 4m，立管可安装 1 个固定件。立管底部的弯管处应设支墩或采取固定措施。

2. 塑料排水管道支、吊架间距应符合表 7.1.3-1 的规定。

排水塑料管道支吊架最大间距（单位：m） 　　　　表 7.1.3-1

管径（mm）	50	75	110	125	160
立管	1.2	1.5	2.0	2.0	2.0
横管	0.5	0.75	1.10	1.30	1.6

3. 用于室内排水的室内管道、水平管道与立管的连接，应采用 45°三通或 45°四通和 90°斜三通或 90°斜四通。立管与排出管端部的连接，应采用两个 45°弯头或曲率半径不小于 4 倍管径的 90°弯头。

4. 电气设备安装应牢固，螺栓及防松零件齐全，不松动。接线入口及接线盒盖应做密封处理。

5. 在设备接线盒内裸露的不同相导线对地间最小距离应大于 8mm，否则应采取绝缘防护措施。

6. 排水管道安装的允许偏差应符合表 7.1.3-2 的相关规定。

排水管道安装的允许偏差和检验方法 表 7.1.3-2

项次	项　目		允许偏差(mm)	检验方法
1	横管弯曲度	每 1m	≤2mm	用水平尺量
		全长(10m以下)	<8mm	
2	立管垂直度	每 1m	≤3	吊线和尺量检查
		$H<5m$	<10mm	
		$H>5m$	<30mm	
		成排器具	≤±5mm	

7.2　质量保证措施

7.2.1　熟悉设计意图,合理编制模块化同层排水节水系统施工方案。

7.2.2　严格按施工方案进行安装,保证安装误差在允许范围内。

7.2.3　认真进行闭水试验、通球试验和系统调试,保证满足使用功能要求。

7.2.4　在施工全过程开展 QC 活动,把质量问题克服在萌芽状态。

8. 安 全 措 施

8.1　交叉作业时应注意上下相互关照。

8.2　起吊立管时,不可中途长时间悬吊、停滞。

8.3　从上向下安装立管时,应采用可靠的立管临时固定措施,并有防止上部杂物下落的盖板。

8.4　胶粘剂应远离明火。

8.5　电器设备使用前进行检查,电源线使用前进行摇测,有故障的设备及破皮、漏电的电源线必须修好后使用。电路控制严格按照一机一闸一保护进行控制。施工中所有电动机具均应安装检验合格的漏电保护器。

9. 环 保 措 施

9.1　胶粘剂使用后应随时封盖,防止污染环境。粘结场所应通风良好,保证施工人员健康。

9.2　现场散落的管材、配件应回收集中,以免造成浪费。

9.3　安装完毕,工作现场应清理干净,电器设备及工具回收入库,锁好电源闸箱。

10. 效 益 分 析

10.1　模块化同层排水节水系统利用废水的成本约 0.1 元/m³,比市政中水成本（约 1.6 元/m³）低廉,见表 10.1。

同样实现节水和同层排水效果综合技术经济对比表 表 10.1

方案组合	一次性投资(元)			中水成本	备　注
	中水利用	隐蔽式排水	总计		
市政中水+同层排水	33 元/m²	9523~21523	13813~25813	1.6 元/m³	存在中水水质安全隐患和防疫,存在饮用水管网与中水管网交叉问题,管理复杂
小区自循环中水(合流)	33 元/m²		13813~25813	2.97 元/m³	
小区自循环中水(分流)	44.5 元/m²		15438~27438	2.97 元/m³	管理复杂
卫生间模块化排水节水装置	3600		3600	0.1 元/m³	单户自由控制,独立性好,安全,无户间防疫问题

10.2 模块化同层排水节水系统可实现单户自由控制，独立性好，安全，无户间防疫问题。

10.3 采用本工法，可以有效保证模块化同层排水节水系统安装质量。

11. 应 用 实 例

11.1 开封市九鼎颂园小区位于开封市龙亭北路，2006年8月15日开工，2007年7月15日竣工。占地面积230001m²，总高度18m，砖混结构，总建筑面积150000m²。使用模块化同层排水节水系统安装技术，解决了卫生间渗漏、返臭污染空气、传播疾病、堵塞等弊病。使得用户使用放心、满意。

11.2 石家庄市中基礼域小区位于石家庄市和平路与平安大街交汇处，2006年4月10日开工，2007年12月25日竣工，占地173334m²，总高度73m，剪力墙结构，总建筑面积600000m²的中基礼域地处城市核心区，西临平安大街，东靠长征街，北至和平路，南临中山路，是一个交通便捷、配套完善的区域。临近北国、东购两大商圈，购物方便；中基·礼域以科技含量、技术创新作为产品发力点、注重科技在建筑中的应用，并将科技融入建筑、融入生活。模块化同层排水节水系统安装技术、太阳能建筑一体化技术、FTC相变保温材料的应用、新风系统、无负压供水等多项新技术、新工艺实现了在省会地产界的率先应用，也使得中基·礼域项目的技术水平达到了行业的领先水平，为居住在这里的业主提供了高品质的生活保证。

11.3 濮阳市添运小区工程位于濮阳市长庆路，2007年5月20日开工，2008年10月5日竣工，总高度18m，砖混结构，总建筑面积10050m²。在使用功能上积极响应了国家节水政策，使得废水再次利用，解决了传统卫生间浪费水资源的缺陷，在其他功能上也同样发挥了新技术的各种效果。

中央空调水系统防腐阻垢再生处理施工工法

GJEJGF125—2008

中建五局第三建设有限公司

吕基平　伍学文　陈磊　黄剑峰　甘武雄

1. 前　　言

中央空调系统运行一段时间之后，常出现压缩机排气温度升高、冷凝器高压和蒸发器低温故障、系统出力和 COP 值不断下降、水质发黑发臭、盘管堵塞及系统快速腐蚀等现象。其中系统生锈、结垢、微生物繁殖是影响中央空调水系统正常运行的三个主要因素。

本工法使用科学配方的防腐清洁剂和阻垢缓蚀剂，在系统运行状态下，对中央空调水系统进行杀藻、灭菌、除锈、去垢、镀膜、阻垢缓蚀等再生处理，不仅具有很好的防腐、阻垢作用，而且降低了系统能耗，同时有效阻止了新的污垢、铁锈的产生，延长系统使用寿命 5 年以上。

2. 工 法 特 点

2.1　操作简便：将药剂直接注入空调水系统，以药剂作为传媒介质，流程简单、操作方便。

2.2　快速高效：在系统运行状态下进行杀藻、灭菌、除锈、去垢、镀膜、阻垢缓蚀等作业，不影响正常使用，工期短、见效快。

2.3　节能环保：无需拆装空调管路和设备，节能环保效果突出。

2.4　适用广泛：不仅适用于系统的维修改造，且无需停机，不影响正常使用，同时适用于系统使用前的防腐阻垢预处理。

2.5　降本增效：能有效阻止新的水垢、铁锈的产生，延长系统使用寿命 5 年以上；提高了浓缩倍率，从而降低了补充水的用量，节约水资源；改善了系统水质，降低系统的运行和维修成本。

3. 适 用 范 围

该工法不仅适用于投入使用后的旧中央空调的冷冻水、冷却水系统和工业管道水系统的防腐阻垢再生处理，对于未投入使用的新中央空调冷冻水、冷却水系统和工业管道水系统使用前的防腐蚀预处理，效果更佳。

4. 工 艺 原 理

4.1　除垢原理：向系统中投加清洗药剂，将钙镁离子的晶格扭曲，使其化合物（即水垢）的结构由紧密变疏松，形成流动性好的絮状泥垢，经系统安全排出。

4.2　镀膜原理：采用高科技的镀膜技术，预膜剂能够快速地穿过水垢、锈垢，在金属表面生成一层致密的无机保护膜，隔断水中的氧、氯根等腐蚀性介质与金属表面直接接触，达到防止金属被腐蚀的目的。

4.3 防垢原理：阻垢缓蚀剂将水中的钙、镁离子稳定，利用其强螯合作用与钙镁离子发生络合反应，生成流动性强的水渣后，经系统安全排出，有效地阻止新的污垢、铁锈的产生。

5. 施工工艺流程及操作要点

5.1 工艺流程

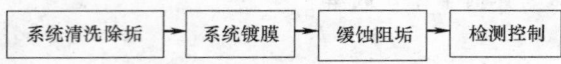

5.2 操作要点

5.2.1 系统清洗除垢处理

1. 冷冻水系统的清洗除垢

1）第一步：杀菌灭藻除垢处理。清洗膨胀水箱，在水箱中投加杀菌灭藻除垢剂，开泵循环16～24h，进行系统的杀菌灭藻及生活污泥处理。

2）第二步：系统清洗。在冷冻水系统机房泄水阀处排放一定量的冷冻水后（一般为0.2～0.3m³左右），然后于膨胀水箱投加系统清洗剂，加至水满，开泵循环24h，将系统内的浮锈、油污渗透剥落，清洗系统Y形过滤器，清除杂物。

2. 冷却水系统清洗除垢

1）第一步：用高压水枪清洗冷却塔盘、填充料等，进行灰尘、污泥和青苔等清洗工作。

2）第二步：在冷却塔中投加杀菌灭藻剂，开泵循环16～24h，进行系统的灭菌灭藻处理。

3）第三步：在塔中投加系统清洗剂，开泵循环16～24h，进行系统的浮油污物渗透剥落工作。

4）第四步：排放冷却水，清洗冷却塔，拆开冷却水系统Y型过滤器，清洗过滤网内杂物等。

3. 投加清洗药剂的要求

1）选用药剂：选用优质的清洗药剂。

2）投加方式：一次性加入。

3）投加浓度：根据水质实验报告确定清洗药剂投加浓度 N（PPM）。

4）确定各系统清洗药剂耗量 X：

$$X=\frac{(V+10M)\times N}{1000}$$ (5.2.1)

式中　X——清洗剂耗量 kg。

　　　V——系统贮水量 m³。

　　　M——系统补水量 m³/h。

　　　N——清洗药剂投加浓度 PPM。

5.2.2 系统镀膜处理

1. 冷冻水系统镀膜：清洗冷冻水系统Y形过滤网，清除滤网杂物，向系统注水排气至冷冻水满。然后于膨胀水箱投加预膜剂，开冷冻泵循环48h，再排放2/3系统冷冻水量进行缓蚀阻垢流程。

2. 冷却水系统镀膜：在冷却塔中投加预膜剂，开泵循环48h。

3. 投加预膜剂的要求

1）选用药剂：选用优质的预膜剂。

2）投加浓度：根据水质实验报告确定预膜剂投加浓度 K（PPM）。

3）投加方式：一次性加入。

4）药剂耗量：确定各系统预膜剂耗量 G：

$$G=\frac{(V+40M)\times K}{1000}$$ (5.2.2)

式中 G——预膜剂耗量 kg。

V——系统贮水量 m³。

M——系统补水量 m³/h。

K——预膜剂投加浓度 PPM。

5.2.3 缓蚀阻垢处理

1. 投加阻垢缓蚀剂：在膨胀水箱中（冷却水系统在冷却塔中）投加缓蚀剂，开泵循环 2h，使药物均匀分布在系统中。试测 pH 值，pH 值正常在 8.5～9.5 的情况下做浸片试验。

2. 投加阻垢缓蚀剂的要求

1）使用药剂：选用优质的阻垢缓蚀剂。

2）投加浓度：阻垢缓蚀剂浓度 25PPM。

3）加药方法：准确称取阻垢缓蚀剂 W 千克，一次性加入贮水池中，基础加药完毕后，系统同时转入正常运行。

4）各系统加药量：

$$W=\frac{V\times 25}{1000}$$ (5.2.3)

式中 W——基础加药量 kg。

V——系统贮水量 m³。

3. 阻垢缓蚀剂是一种由聚磷、有机缓蚀剂、分散剂与油分散剂等组成的混合产品，通过它除去金属表面的油、油脂及浮锈，在金属表面上形成钝化膜，从而防止闪蚀。

在系统正常运行的情况下，循环水中应维持阻垢缓蚀剂的正常浓度 25PPM，为了确保此浓度，除了根据补水量连续加药之外，还应根据化验结果随时补加。

5.2.4 检测控制措施

1. 正常运行时，主要检测控制项目（即主控项目）如下：

1）测 pH 值：正常值为 8.5～9.5。pH 值是一个极为重要的指标，必须按设计严格控制，pH 值过高容易结垢，pH 值偏低，对膜有破坏作用。

2）测 Ca^{2+}＜200mg/L。

3）测 Cl^-＜1000PPM 浓度，Cl^- 浓度过高对膜有破坏作用。

4）测浊度＜15mg/L，浊度高是形成沉积的主要原因，要求浊度越低越好。

5）测总碱度＜15mg-N/L，总碱度过高，超过阻垢缓蚀剂的容忍度，易于结垢。

6）测总 Fe^{3+}＜1mg/L，如总 Fe^{3+} 不断上升，说明系统中在不断溶解，腐蚀在加重。

7）测总磷量：测定水中阻垢缓蚀剂的量是否适当。

8）测浓缩倍数，控制好浓缩倍数对节约用水和降低水处理费用的意义很大。

2. 阻垢缓蚀循环的水质要求

在完成防腐阻垢剂对水系统最后的循环清洗后，彻底排空水系统，再用干净的水充满后，再循环24h；随后进行化学测试检测系统的碱浓度（PPM）。如果高于 2000PPM，再补充缓蚀剂，继续开动水泵直到碱性降低到 2000PPM 以下，当低于 2000PPM 时，水可留在系统之中供正常运行。pH 值应保持在 8.5～9.5 之间。

6. 材料与设备

6.1 材料表（表 6.1）

材料表 表 6.1

材 料 名 称	需 用 阶 段	需 用 量	用 途
氧化性杀菌剂	清洗	计算确定	去除微生物淤泥
非氧化性杀菌剂	清洗	计算确定	控制微生物的生长
预处理剂	镀膜	计算确定	在金属表面形成保护膜
消泡剂	镀膜	计算确定	控制预膜时产生的泡沫
pH 值控制剂	镀膜	计算确定	控制预膜时系统的 pH 值
阻垢缓蚀剂	缓蚀循环	适量	提供金属表面长久防锈保护

6.2 设备表（表 6.2）

设备表 表 6.2

设 备 名 称	单 位	数 量	用 途
加药泵	台	4	投加药剂
在线式电导率仪	台	2	监控腐蚀速率
pH 控制仪	台	2	控制和测定 pH 值
化学品药桶	只	4	盛装药剂
电动排污阀	个	2	控制污水排放
定时控制装置	套	2	控制操作时间
控制箱	套	2	控制操作启停

7. 质 量 控 制

7.1 必须按照工艺流程的先后程序进行施工，即先系统清洗，再系统镀膜，最后进行系统阻垢缓蚀。

7.2 清洗剂必须符合《水处理剂十二烷基二甲基苄基氯化铵》HG/T 2230—2006 和《稳定性二氧化氯溶液》HG/T 2777—1996 标准，阻垢缓蚀剂和预膜剂符合《水处理剂氨基三亚甲基膦酸》HG/T 2841—2005 标准。

7.3 选用优质的清洗剂、预膜剂和阻垢缓蚀剂，一次性加入药剂。

7.4 根据水质实验报告确定各环节药剂投加浓度（PPM）。

7.5 根据计算结果确定各环节各系统药剂耗量（kg）。

7.6 确保主控项目技术指标符合规定要求。

8. 安 全 措 施

8.1 认真贯彻"安全第一，预防为主"的方针，严格遵守国家《危险化学品管理条例》和地方有关安全生产管理的规定，结合用户实际情况和工程的具体特点，建立完善的施工安全保证体系，加强操作过程中安全检查，确保操作标准化、规范化。

8.2 对化学品药剂的采购、运输、储存和使用人员进行三级安全教育和专业知识、重要环境因素控制措施、应急准备和响应等基本要求进行培训，熟悉化学品药剂的特性、事故处理办法和防护知识，经考试合格后持证上岗。

8.3 化学品药剂应该存放在安全的地方，建立危险品仓库，各种不同的药剂要分库存放，按药剂的有关存放标准定岗管理，并由专人保管。

8.4 化学品药剂操作人员应配戴合适的个人防护用品，同时保持使用场所通风良好。

8.5 临时用电必须符合《施工现场临时用电安全技术规范》JGJ 46—2005 的要求。

8.6 确保实施过程中严格遵守操作规程，保证系统的安全运行。

9. 环 保 措 施

9.1 在采购、运输、储存、使用化学品药剂时，须严格遵守国家《危险化学品管理条例》和其他有关法律法规的规定。

9.2 建立现场环境管理制度，冲洗排放过程严格遵守国家和地方政府下发的有关环境保护的法律、法规，废水排放必须符合国家《污水排入城市下水道水质标准》CJ 3082—99 及《污水综合排放标准》GB 8978—1996 的要求，并有环保部门的检测报告。

9.3 建立化学品药剂管理制度，规范药品管理，一个工作班结束后，应对作业现场进行清理，清理的化学品垃圾不得混入其他垃圾进行处理，剩余的化学品药剂须及时交回仓库保管，并随时接受相关单位的监督检查。

9.4 严格控制水量的补水和排放，节约用水。

9.5 严格按照加药规程控制药剂消耗量。

10. 效 益 分 析

10.1 该工法运用科学的配方及简便实用的操作流程，可在系统运行状态下进行杀藻、灭菌、除锈、去垢、镀膜、缓蚀阻垢等作业；同时能有效阻止新的垢、锈产生，延长系统使用寿命 5 年以上；由于提高了浓缩倍率，从而降低了补充水的用量，节约水资源，同时降低了排污水量，达到了节能环保的要求。

10.2 该工法科学、全面、彻底地解决了中央空调水系统中的易腐蚀的难题。设备在无垢、无锈、无腐蚀的状态下运行，可整体降低运行成本 20%～50%以上；同时保证了空调系统在安全、环保状态下运行，能有效地防止空调系统中常见的"空调病"现象的发生，社会效益和经济效益非常显著。

10.3 效益分析

10.3.1 以一台投入使用后的 100 万 kcal/h 螺杆制冷机组空调系统的防腐阻垢再生处理为例。

1. 成本节约	系统安装造价约 220 万元，按 21000h 平均使用寿命、每天运行 10h、每年运行 120d 计算，则年平均折旧摊消为 12.6 万元。按延长使用寿命 3 年计算，则节约成本 37.7 万元
2. 成本节约	年运行费用（主要是耗电费用，水费按电费的 5%计）＝221kW/h×120d/y×10h/d×0.98 元/kW×1.05×0.7（负荷调整系数）＝19.11 万元。采用本工法后按降低运行成本 30%计算，年节约成本 5.73 万元，按系统使用寿命 20 年计算，则寿命期内节能降耗共节约成本 114.6 万元
3. 成本节约	系统年平均维修费用若按工程造价的 0.5%计算，因水垢、锈蚀、污染的产生而造成的故障维修费用占总费用的 50%计算，同时系统使用寿命按 20 年计算，则寿命期内共节约维修费用＝220×0.5%×50%×20＝11.0 万元
4. 成本增加	系统按每 4 年采用本工法做一次防腐阻垢再生处理，每次成本约 8 万元，则寿命期内按 5 次计算，共花费成本 40 万元
5. 结论	寿命期内费用降低额＝37.7＋114.6＋11－40＝123.3 万元，年费用降低额 6.17 万元，降低率 20.47%

10.3.2 以一台投入使用前的 100 万 kcal/h 螺杆制冷机组空调系统的防腐阻垢再生处理为例。空调水系统管道总长约 5000m，管道总重量约 50t 为例，将产生的费用作如下分析比较：

安装方法	防腐蚀再生费(万元)	二次安装费用(万元)	镀锌费用(万元)	节省工期(天)	相对成本(万元)	经济效益情况
钢管法兰连接、二次镀锌	0	5000×11/10000=5.5	50×0.25=12.5	0	18	相对多支出费用10万元，不存在节省工期
钢管焊接本工法处理	100×0.08=8	0	0	20	8	相对少支出费用10万元，并节省工期20d

11. 应 用 实 例

11.1 应用实例一

成都中信大厦工程热水锅炉系统，该工程采用2台1160kW的燃气热水锅炉供大厦生活热水和冬季采暖，在2005年8月采用该工法之前，因系统结垢严重，热交换效率很低。经技术人员现场察看，该系统存在二氧化碳腐蚀、氧腐蚀、垢下腐蚀等多种严重的电化学腐蚀，系统漏水严重，补水量大，导致生水进入系统，造成严重的结垢。根据工程的实际情况，技术人员制定了详细的防腐阻垢再生处理方案。自采用该工法处理后，整个供暖系统的垢锈疏松脱落泥化，系统中产生的水渣、污垢和锈蚀安全地排出了水系统，为整个管网系统育上了保护膜，大大提高了供暖效率。

11.2 应用实例二

杭州香格里拉大饭店工程，采用2台2110kW的离心式制冷机组和2台1400kW的燃油锅炉负责夏季制冷和冬季供暖，补水为软化水。系统自运行以来，由于结垢腐蚀严重，冷却塔管壁上黏附着藻类和菌类形成的油性粘泥，塔内滋生的细菌使周围的空气受到严重的污染，运行成本居高不下。2005年5月，根据该酒店中央空调系统的具体情况，技术人员制定了详细的防腐阻垢再生处理方案，排出了大量的污垢物。自采用本工法以后，从未进行任何形式的清洗。系统无垢无锈无腐蚀，运行状态良好，运行费用节省了30%左右。

11.3 应用实例三

温州香格里拉大酒店工程，空调系统采用3台1965kW的离心式冷冻机组。系统在施工时就采用了该工法进行防腐阻垢再生处理工艺。该项目从2008年4月投入运行以来，因为消除了结垢、腐蚀等问题，腐蚀造成的维修量为零，完全避免了机组高压运行、超压停机现象，系统管路畅通，水质清澈，出力稳定，运行平稳，有效地保障了空调效果，同时减少了系统设备的运行时间，节能降耗效果显著。

低压电力电缆绝缘穿刺线夹（IPC）分支施工工法

GJEJGF126—2008

广厦重庆第一建筑（集团）有限公司　内蒙古第二建设股份有限公司

姚刚　周忠明　代进　陈阁琳　古叶辉　丁惠亮

1. 前　　言

随着科技的不断发展，电缆（线）分支连接技术也在不断更新，在历经"分线箱（T接箱）"及"预分支电缆"连接技术后，一种新型的导线连接方法——绝缘穿刺线夹（IPC）连接技术，广泛应用于诸多电缆（线）连接（支接）电气系统中。绝缘穿刺线夹（IPC）拥有外观设计专利证书（专利号：ZL 2007 3 0296096.1），已申请实用新型专利（申请号：200820128054.6），并经权威检测机构检测，性能符合相关国家规范、行业标准要求，在外观、机械强度、电气性能、防水及适应多种环境方面优势明显。广厦重庆第一建筑（集团）有限公司和深圳市深菱实业发展有限公司完成的低压电缆绝缘穿刺线夹（IPC）分支技术经重庆市建设委员会组织的专家鉴定，一致认为该成果达到了国内领先水平，成果形成的一套在建筑配电系统直埋、水下、井（沟）道内的绝缘穿刺线夹（IPC）电缆分支技术施工工艺、方法及质量控制系统，经科技查新，在国内尚属首次，具有创新性及重要推广价值。近年来，我司在电气安装工程施工中多次使用了该项技术，在成功实践的基础上，总结编写了本工法。

2. 工 法 特 点

2.1　安装简便、快捷

本工法施工简便，易操作，不切剥损伤芯线的绝缘层即可形成电缆分支，接头绝缘可靠；不需截断主电缆（线），可在电缆（线）任意位置做分支；安装简便可靠，只需用套筒扳手，可带电作业。

2.2　使用安全

接头耐扭曲、防振、防火、防水、防电化腐蚀和防老化，无需维护。

2.3　节约成本

所需安装空间极小，节省桥架和土建费用；工程应用中不需要终端箱、分线箱，不需要电缆返线，节省投资；电缆（线）加线夹的费用低于其他传统连接方式（T接，预分支电缆，插接式母线槽等）。

3. 适 用 范 围

本工法适用于低压架空电缆、建筑配电系统直埋、水下、井（沟）道内电缆连接、支接及异径导线连接施工。

4. 工 艺 原 理

4.1　绝缘穿刺线夹材料特性

4.1.1　绝缘穿刺线夹壳体采用加强工程塑料为主要原料，在高温下既能保持弹性又具有极高的强度；防水密封材料用优质橡胶和硅胶制成，壳体与密封材料能够抵挡紫外线、潮湿、温度变化等环境条件的侵蚀。接触刀片用镀铂导电材料制成，其恒定穿刺压力能保证导线达到最佳接触面，并且适用于铜铝过渡。

4.1.2 绝缘穿刺连接器特性

1. 机械性能：在导线拉断力作用下，连接器无破裂。

2. 防水性能：水下防护等级达 IPX7 级，耐压强度高达 6kV。

3. 温升性能：大电流通过时，连接器温升低于连接导线温升。

4. 电气性能：特制力矩螺栓保证了恒定穿刺压力，能确保良好的电气接触。

4.1.3 通过了国际电工委 IECIEEE，国家防火 NFPA 及 ULVDE 等国际和《家用和类似用途低压电路用的连接件》GB 13140.4—1998 的认证，达到国内同类产品领先水平。标准产品见图 4.1.3。

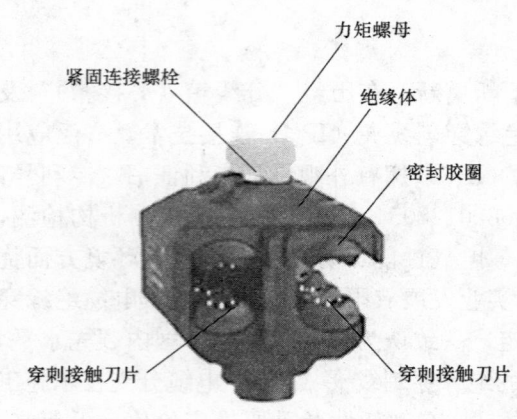

图 4.1.3 标准产品

4.2 绝缘穿刺线夹安装原理

绝缘穿刺线夹做电缆分支连接时，剥去电缆外层护套（注：无需剥去导线绝缘层），将分支电缆插入具有防水功能的支线帽并确定好主线分支位置后，用套筒扳手拧线夹上的力矩螺母。在拧力矩螺母的过程中，线夹上下两块暗藏有镀铂的金属穿刺刀片的绝缘体逐渐合拢，与此同时，包裹在穿刺刀片周围的弧形密封胶圈逐步紧贴电缆绝缘层，穿刺刀片亦开始穿刺电缆绝缘层及金属导体，愈拧力矩螺母，穿刺力度就越大。当密封胶圈的密封程度和穿刺刀片与金属导体的接触达到最佳效果时（图 4.2），力矩螺母便会自动脱落，此时的电气效果和防水性能为最佳，提高了电气运行的稳定性。

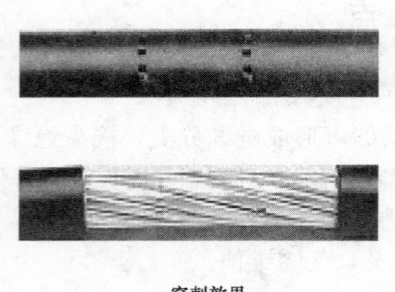

穿刺效果

适用导线

图 4.2 刀片穿刺示意图

5. 施工工艺流程及操作要点

5.1 工艺流程

工艺流程见图 5.1。

5.2 操作要点

5.2.1 确定电力电缆分支部位

主电力电缆敷设完成后，应根据设计文件中配电箱（盘）或用电器具位置及支线排列规范的要求，合理地确定出主电缆分支器的切剥位置，并做好标记。根据设计要求及绝缘穿刺线夹生产厂家的产品资料，选择适当的连接分支器型号及规格。

5.2.2 切剥主电缆护套及铠带

用电工刀在标记位置将主电缆外护套层剥去，并清除填充物，铠装电缆再从外护套层断口取 30～100mm 铠装用 2.5mm² 裸铜线将钢铠及铜接地线作临时绑扎，其余的铠装剥去，切口处应整齐，不得

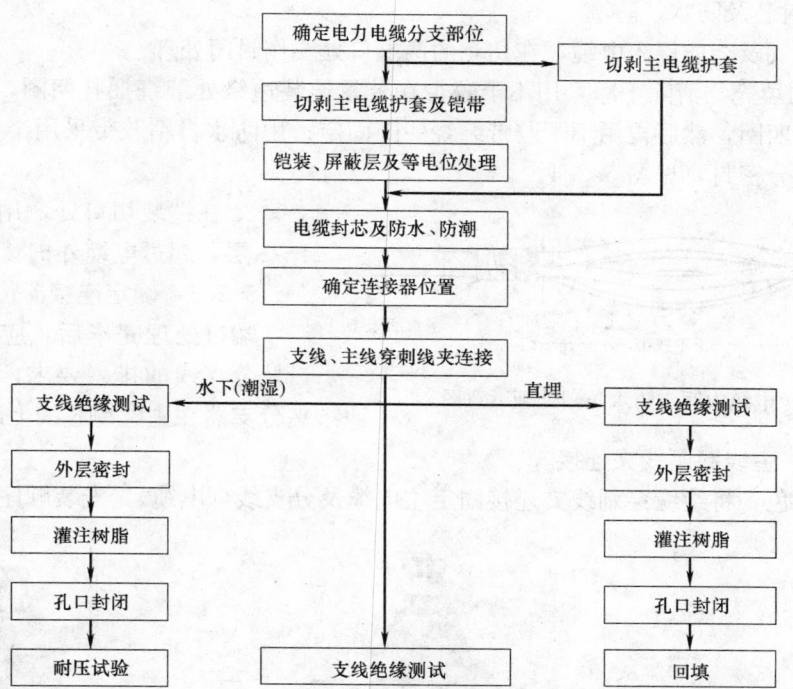

图 5.1　低压电力电缆绝缘穿刺线夹分支施工工艺流程图

伤及芯线绝缘层。外护套切剥长度应根据分支电缆（线）的特点以 200～600mm 为宜。

5.2.3　铠装、屏蔽层及等电位处理

主电缆外护套及钢铠切剥后，两切口处钢铠应作等电位接地处理，焊于钢铠上的等电位接地线应采用镀锡铜编织线，最小截面应符合表 5.2.3 规定。

电缆头接地铜编织线的最小允许截面　　　　　　　　　　　　　　　　表 5.2.3

铜芯电缆截面（mm²）	接地铜编织线截面（mm²）
120 及以下	16
150 及以上	25

注：电缆芯线截面积在 16mm² 及以下，接地线截面积与电缆芯线截面积相等。

1. 将电缆外护套切口处留置的 30～100mm 钢铠用钢锉或砂纸处理，以备焊接。

2. 利用电缆本身钢带宽的 1/2 做卡子，采用咬口的方法将卡子打牢，必须打两道，防止钢带松开，两道卡子的间距为 15mm，见图 5.2.3。

3. 在打钢带卡子的同时，将多股铜线排列整齐后卡在卡子里。

4. 剥电缆铠甲，用钢锯在第一道卡子向上台阶 3～5mm 处，锯一环形深痕，深度为钢带厚度的 2/3，不得锯透。

5. 用螺丝刀在锯痕尖角处将钢带挑起，用钳子将钢带撕掉，随后将钢带锯口处用钢锉修理钢带毛刺，使其光滑。

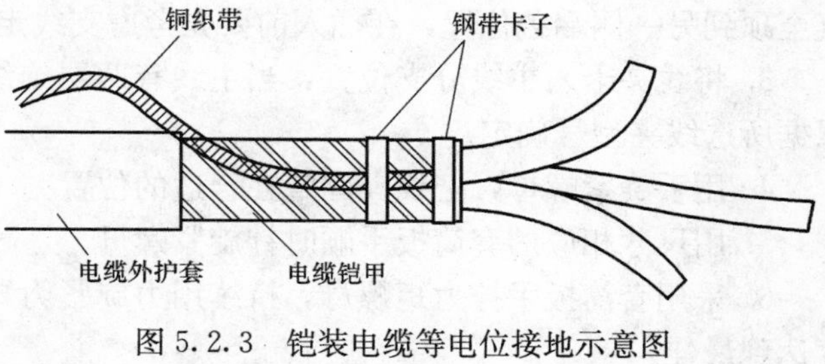

6. 焊接地线

地线采用焊锡焊接于电缆钢带上，焊接应牢固，不应有虚焊现象，应注意不要将电缆烫伤，必须焊在两层钢带上。两端钢铠均如此处理，将主电缆钢铠连成一个等电位接地体，严禁用喷灯施焊。若电缆分支也采用铠装电缆，则需以同样方式将分支电缆的铠装与主电缆铠装连成一等电位体。

图 5.2.3　铠装电缆等电位接地示意图

5.2.4 电缆封芯及防水、防潮

为防止水、潮气及杂质侵入电缆，在切剥的两端口处要作封闭处理。

1. 将芯线间的填充物清除干净，用不干胶带在外露铠装边缘处缠绕捆扎两圈，用泡沫垫在外露铠装边缘处捆扎缠绕四圈，然后再用不干胶带缠绕一圈固定；用防水自粘胶带采用半重叠法包缠 3～4 层将剩余铠装外露部分密封，见图 5.2.4。

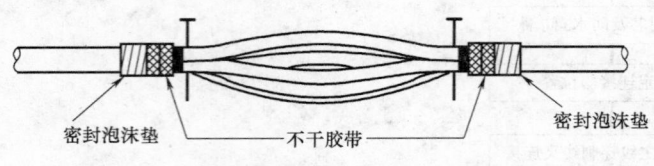

图 5.2.4　电缆中间头防水防潮处理示意图

2. 在铠装切口处，用聚氯乙烯胶带包缠 4～5 层，超过电缆外护套切口 50mm。

5.2.5 确定连接器位置

端口处理完毕后，应根据主电缆芯线数量及分支线的排列要求，确定好绝缘穿刺线夹分支器在主电缆芯线上的固定位置。

5.2.6 支线、主线穿刺线夹连接

根据主电缆相色，将绝缘穿刺线夹连接固定主电缆及分支线（电缆），安装顺序如图 5.2.6 所示。

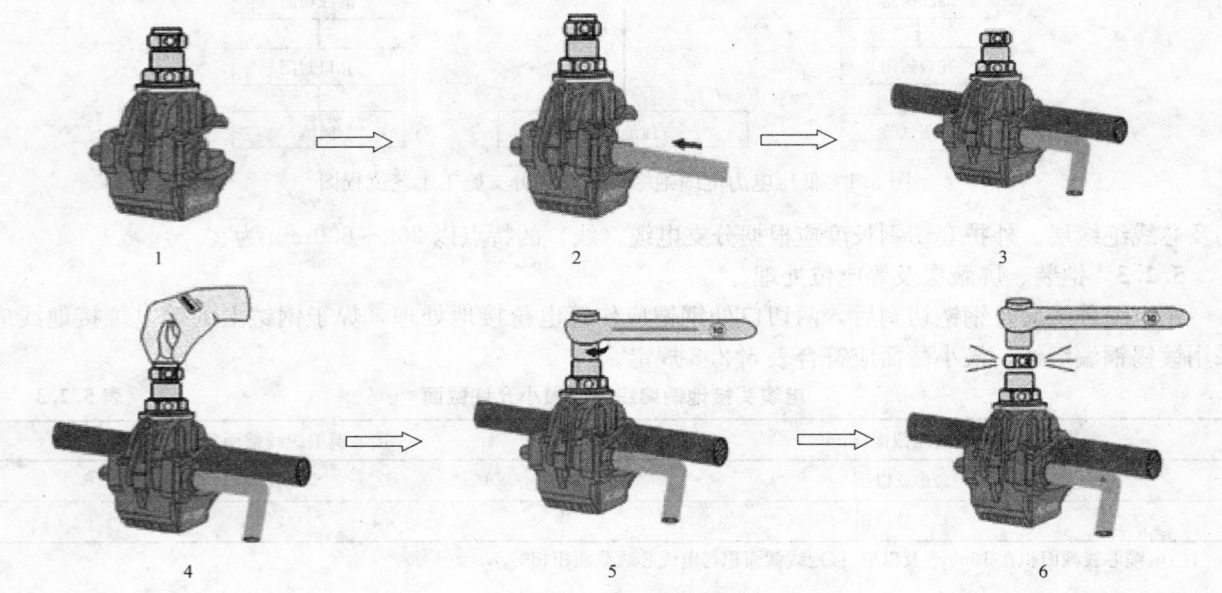

图 5.2.6　安装顺序示意图

1. 将线夹螺母调节至合适位置。

2. 插入支线前，先将支线分隔板拉到最顶端，去掉分支侧的端盖，把支线完全插入到电线帽套上，直至顶到另一侧端盖位置，在插入前要先考虑支线走向，避免折弯过多。

3. 将线夹卡入主线分支位置，当主线有两层绝缘层，则把卡入处的第一层绝缘层剥去，切剥长度根据所选线夹型号确定。

4. 用手旋紧螺母，把线夹固定在合适的位置。

5. 用尺寸相应的套筒扳手顺时针旋紧螺母。

6. 采用套筒扳手拧力矩螺母，持续用力旋紧力矩螺母直到顶端脱落为止，使刀片与线芯的接触程度达到最佳。

按以上顺序依次完成各相线、中性线、接地线的分支连接工作。

5.2.7 支线绝缘测试

用 500V 或 1000V 兆欧表摇测支线线间及对地绝缘电阻，其阻值应≥0.5MΩ。

5.2.8 外层密封

1. 采用地下直埋电缆分支连接，则须用泡沫垫或网状织带缠绕包裹连接分支整体，连接部位缠绕

3圈并轻轻拉紧，缠绕应紧密并连续至端头，再用胶带将注入管及排气管缠绕固定形成整体，然后用防水密封胶带缠绕固定并轻轻拉紧，两端需固定多缠绕2～3圈，如图5.2.8-1所示。

2. 用铜织带在离密封边缘约40mm的范围内拉紧缠绕连接体，然后贴上识别标签。用防水密封胶带拉紧缠绕2圈包扎连接整体，并且确保包住两端电缆护套5mm，再用透明胶带捆扎包缠连接体，同时须将树脂注入口及排气口置于胶带外，如图5.2.8-2所示。

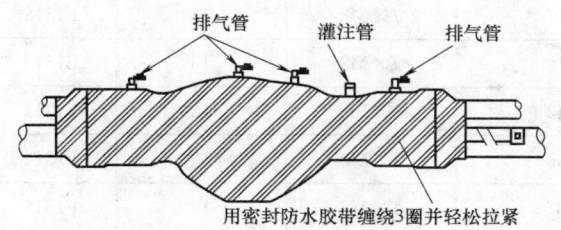

图5.2.8-1 直埋电缆分支外层密封示意图（一）

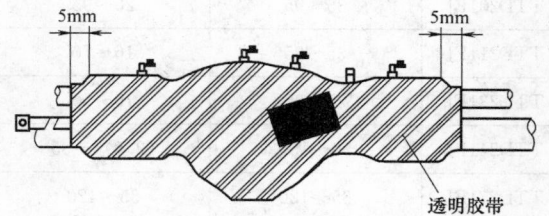

图5.2.8-2 直埋电缆分支外层密封示意图（二）

5.2.9 灌注树脂

灌注环氧树脂时，需将袋中央的隔离夹具抽去，使二种液体混合，再将混合后的液体注入连接体。环氧树脂混合物能够在适宜的温度内迅速凝固收缩并紧箍于连接整体。

5.2.10 排气孔、注入孔封闭

树脂灌注完成后，封闭排气孔及注入孔口，直至连接体内树脂凝固即可。

5.2.11 耐压试验、固定

当电缆分支在水下环境敷设时，应对电缆主、分支线用2500V兆欧表作耐压试验，并符合《电气装置安装工程电气设备交接试验标准》GB 50150—2006要求。水下敷设电缆应进行固定，其间距不应大于800mm。

5.2.12 回填、标识

埋地电缆在孔口封闭完成后即可回填，回填后在分支接头、转角处且每100m的地上位置均应设置电缆标识桩。

6. 材料与设备

6.1 材料

6.1.1 材料准备：绝缘穿刺线夹（中性线，单、双力矩螺母或单、双、多分支线夹）、聚氯乙烯带、防水自粘胶带、焊锡、铜织带、绑扎铜线、封闭盒、支接盒、袋装树脂和所需的泡沫垫、玻璃纤维编织带及透明胶带等。

6.1.2 绝缘穿刺线夹连接器规格型号（西卡姆公司产品系列）

1. TTD绝缘穿刺线夹连接器

适用于低压绝缘进户电缆连接、建筑配电系统电缆连接、路灯配电系统连接及普通电缆现场分支连接施工，TTD绝缘穿刺线夹连接器规格尺寸见表6.1.2-1。

TTD绝缘穿刺线夹规格尺寸 表6.1.2-1

型号	主线(mm²)	支线(mm²)	最大电流(A)	螺栓		力矩螺母
				数量	H(mm)	
TTD041FJ	6～35	1.5～10	86	1×M8	13	F1309
TTD051FJ	16～95	1.5～10	86	1×M8	13	F1309
TTD081FJ	70～240	1.5～10	86	1×M8	13	F1309
TTD0101FJ	6～50	(2.5)6～35	200	1×M8	13	F1309

续表

型号	主线(mm²)	支线(mm²)	最大电流(A)	螺栓		力矩螺母
				数量	H(mm)	
TTD0121FJ	25～95	2.5～25	161	1×M8	13	F1309
TTD151FJ	25～95	(2.5)6～35	200	1×M8	13	F1314
TTD201FJ	35～95	25～95	377	1×M8	13	F1318
TTD211FJ	35～95	16～70	310	1×M8	13	F1318
TTD231FJ	25～95	10～50	242	1×M8	13	F1314
TTD241FJ	50～150	(2.5)6～35	200	1×M8	13	F1314
TTD271FJ	35～120	35～120	437	1×M8	13	F1318
TTD281FJ	50～185	(2.5)6～35	200	1×M8	13	F1314
TTD301FJ	25～95	25～95	377	1×M8	13	F1314
TTD401FJ	50～180	50～150	504	2×M8	13	F1318
TTD431FJ	70～240	16～95	377	2×M10	17	F1720
TTD441FJ	95～240	50～150	504	2×M10	17	F1725
TTD451FJ	95～240	95～240	530	2×M10	17	F1725
TTD551FJ	120～400	95～240	679	2×M10	17	F1737

2. TTDS...FE 地下电网绝缘穿刺连接器

适用于 1kV 地下绝缘电缆（扇形或圆形）与绝缘圆形导线支接，并可单支接或双支接。TTDS...FE 地下电网绝缘穿刺线夹连接器规格尺寸见表 6.1.2-2。

TT DS...FE 地下电网绝缘穿刺线夹连接器规格尺寸 表 6.1.2-2

型号	主线截面积(mm²)	支线截面积(mm²)			A(mm)	B(mm)	H(mm)	最大外径
			最小	最大				
TTDS11FE TTDS11BFE(蓝色)	扇形　圆形 50～150	圆形	铜 1×4	1×25	68	49	64	
TTDS12FE TTDS12BFE(蓝色)	扇形　圆形 50～150	圆形	铜 1/2×4	2×25	81	57	68	
TDS21FE	扇形　圆形 50～240	圆形	铜 1×4	1×25	81	57	68	
TTDS22FE	扇形　圆形 50～240	圆形	铜 1/2×4	2×25	81	57	68	
K2TDS 150E(单相) K4TDS 150E(三相)	扇形　圆形 50～150	圆形	铜 1×4	1×25	1TTDS11FE+1TTDS11BFE 3TTDS11FE+1TTDS11BFE			
K2TDS 152E(单相) K4TDS 152E(三相)	扇形　圆形 50～150	圆形	铜 1/2×4	2×25	1TTDS112FE+1TTDS12BFE 3TTDS12FE+1TTDS12BFE			134
K2TDS 240E(单相) K4TDS 240E(三相)	扇形　圆形 50～240	圆形	铜 1×4	1×25	1TTDS21FE+1TTDS11BFE 3TTDS21FE+1TTDS11BFE			146
K2TDS 242E(单相) K4TDS 242E(三相)	扇形　圆形 50～240	圆形	铜 1/2×4	2×25	1TTDS22FE+1TTDS12BFE 3TTDS22FE+1TTDS12BFE			146

6.2　机具设备

本工法所用施工机具及设备（工具）如表 6.2。

施工机具设备表　　　　　　　　　表 6.2

序 号	机械或设备名称	型号规格	数 量
1	套筒扳手	视线夹螺母规格定	2
2	钢锯	—	1
3	支线分隔板	—	2
4	钢丝钳	—	1
5	钢锉	—	1
6	电工刀	—	1
7	电烙铁	500W	1
8	钢卷尺	2m	1
9	绝缘摇表	ZC25～500	1
10	绝缘摇表	ZC25～2500	1

7. 质 量 控 制

7.1 绝缘穿刺连接器材料入场应查验合格证和随带技术文件。

7.2 绝缘穿刺连接器外观检查，绝缘体和密封橡胶圈应完整清洁，附件齐全，紧固连接螺栓手拧动灵活且准确，无卡阻。

7.3 绝缘穿刺连接器安装验收以《建筑工程施工质量验收统一标准》GB 50300—2001 和《建筑电气工程施工质量验收规范》GB 50303—2002 为依据，并参照《电力电缆终端头》03D101—3 图集。

7.4 主、分支电缆严禁有绞拧、铠装压扁、护层断裂和表面严重划伤等缺陷。

7.5 绝缘穿刺分支电缆、电线，线间和对地绝缘电阻值必须大于 0.5MΩ。

7.6 铠装电力电缆头的接地线应采用铜镀锡编织线，截面积不应小于表5.2.3规定。

7.7 电缆、电线接线必须准确，并联运行电缆的型号、规格、相色应一致，分支接头处回路标识应清晰，编号准确。

7.8 直埋电缆敷设，应清除沟内杂物和石块，电缆上、下部应铺以不小于 100mm 厚的软土或沙层，并加盖板保护，同时，做好隐蔽验收记录，备档待查。

7.9 水下电缆敷设，应固定绑扎牢固，固定间距应不大于 800mm，分支接头处应有防护措施。

8. 劳动组织与安全措施

8.1 劳动组织（表 8.1）

劳动组织情况表　　　　　　　　　表 8.1

序 号	工 种	工 作 内 容	人 数	说 明
1	电工	剥护套或铠装、穿刺线夹紧固、缠绕和灌树脂	2	
2	普工	挖电缆沟、运河沙、回填电缆沟	2～4	

8.2 安全措施

8.2.1 进入施工现场必须戴安全帽，电气操作必须是专职电工（有专业操作证书和上岗证）负责。电气设备和线路必须绝缘良好，规范用电，严禁私接乱搭，杜绝漏电伤亡事故发生。

8.2.2 电气竖井应按要求隔层作防火封堵，竖井内的上、下洞口处，必须设置临时安全防护挡板及警戒牌，既防止楼上的东西掉下伤人，又防止自己因工作疏漏而踩空。扳手拧螺栓时，防止滑倒和坠落，操作时面部要避开。

8.2.3 在室外操作时，除了自身安全防护外，还要防止楼内上空的抛物伤人。必须做好防护措施。安全标志和警示牌不得擅自拆动，需要拆动的，需经施工负责人同意。

8.2.4 室外电缆沟开挖，堆积泥土不得乱堆乱放，堆放高度不得超过 1000mm。

8.2.5 进行灌注树脂操作时应戴好手套和眼镜。

8.2.6 严格遵循安全生产制度、安全操作规程以及经审批的各项安全技术措施和操作规程，作好安全技术交底记录，加强安全工作。

9. 环 保 措 施

采用本工法，除遵照国家有关环境保护法规《建筑施工现场环境与卫生标准》JGJ 146—2004 等和当地相关环境保护的具体要求外，结合本工法的构造特征和具体工程实际情况，尚应做到：

9.1 穿刺线夹连接体灌注树脂的人员，要具备防护面具。在房间内作业时，应有良好的通风设施。

9.2 施工过程中形成的废弃物应分类存放，并及时清运出场，严禁焚烧。

9.3 室外电缆沟开挖和堆积泥土，应有封闭的防护隔离措施方能进行施工，为减少粉尘污染，多余泥土外运应有防尘措施。

9.4 水下施工时，废弃物及化学用品应集中管理，统一处置，严禁污染水源。

9.5 文明施工

9.5.1 夏季高温（日气温高于 35℃）时期，在室外电缆沟内操作穿刺线夹时，应尽量做到避开高温作业，采用"做两头，歇中间"的办法，避免中午烈日暴晒，为防止中暑，做好防暑降温药品的配备和发放。

9.5.2 施工现场严禁打闹，嬉戏；废弃物应集中堆放，严禁乱扔。

9.5.3 保持施工现场干净整齐，做到"工完、料尽、场清"，做好文明施工工作。

10. 效 益 分 析

10.1 常用各种电缆分支系统比较

常用各种电缆分支系统一般采用传统 T 接、预分支电缆或绝缘穿刺线夹（IPC）等方式，常用"T"接方式的比较见表 10.1。

常用"T"接方式的比较　　　　　　　　　　　　　　　　　表 10.1

方式、内容	传统方式	预分支电缆	绝缘穿刺线夹（IPC）
操作方法	将分支处的金属线芯用专用工具紧压接触导电	采用工业化生产。制造专用的分支头，通常需提前数月订制	无需切开剥去 T 接部分的绝缘外皮，也无需使用任何专用机械工具，只需用与国家标准的电线电缆规格相匹配的绝缘穿刺线夹成品在需分支处用普通扳手操作即可
质量控制	通常由监理方和甲方技术人员监督，安装质量取决于现场安装人员技术水平和管理水平	国外或合资厂的预分支均用精铜材料制造，质量可靠。国内某些厂未采用精铜材料生产预分支，质量难测	纯进口系列化、工业化的国际标准产品。成品经过国际和国内权威机构的严格测试和认证，只要按规程拧断力矩螺栓即可保证安装质量
电气性能	通常大多数情况下接头处安装质量难以达到要求，防水性能更无法保证，接头处易发生电化学反应	国外或合资厂用精铜材料制造的预分支均可保证质量，防水性能也能达到要求	绝缘穿刺线夹的使用对于线的机械性能和电气性能影响小。导电接触处采用铜合金技术，无电化学反应。绝缘穿刺线夹绝缘防水性能极佳，水下使用技术性能稳定

续表

方式、内容	传统方式	预分支电缆	绝缘穿刺线夹（IPC）
供货要求	需准备相应的安装材料和专用机械工具	生产周期长，需提前数月订货，订货时需将分支长度及规格确定，到货后不可变更	常用规格产品可随用随购，可在任意处分支，可随时变更
其他	需在现场使用各种专用工具，切开绝缘时易于损坏导线线芯，需要耗用较多的人工工时和机械工具，安装费用较高，传统分支工艺目前已极少使用	预分支电缆安装时，需使用专用的吊装设备和较多的专用附件并需要多个专业人员进行配合安装，其安装费用通常都比较高，安装场地和安装过程需要与其他工种紧密协调配合	无需安装场地，与其他工种间的相互影响小，只需数人（普工）及数只匹配的普通固定扳手即可，安装速度极快，安装费用极低，专业人员可带电操作

10.2 通过以上比较及大量工程实践应用，采用绝缘穿刺线夹施工在经济效益及社会效益方面成效显著（见查新报告），主要表现在：

10.2.1 选型简单方便，订货周期短，能够满足建筑市场要求

可适用于异径导线连接，适用范围广（1.5～400mm²），随购随用，可操作性强；与预分支电缆比较大大缩短了订货周期。

10.2.2 简化了操作过程，施工快捷、维修方便，节约工期，降低成本

绝缘穿刺线夹不需截断主电缆，不需剖开电缆芯线的绝缘层，可在电缆的任意位置做分支。安装简便，绝缘导线无需剥皮；线夹安装极简捷，设有力矩螺栓用于恒定的穿刺压力，通过机械方式确保良好的电气接触，质量可靠，不易受人为因素的影响。整个安装过程不需要专用工具，不需要对导线和线夹做特殊处理，操作简单、快捷，与常规接线方式相比，少了剥除绝缘层、涮锡或压接（除铠装电缆焊接接地外）、绝缘包扎等工序；需要的安装空间很小，可以大大提高安装效率，节省人工和安装费用。

10.2.3 质量检验直观方便

绝缘穿刺线夹连接质量检验直观方便，只需观察力矩螺帽是否拧掉，主分导线位置是否妥当即可，而且使用寿命大于35年，不需维护。传统电缆分支头安装质量无法预先检验，寿命相对较短，故障率较高。

10.2.4 综合经济效益明显

从有关资料看，采用绝缘穿刺线夹的投资之和是同容量的插接母线40%～50%，是预制分支电缆的60%～70%，使竖井空间缩小0.5～1.0m²/层，节省建筑空间；安装时无需任何附件和专用工具；加上运行可靠，无需任何维护保养，经济效益非常明显。

在同负荷和同安装条件的情况下，应用绝缘穿刺线夹和应用预分支电缆相比，材料费用大大节省。加上安装方便，节省了现场施工劳力，建筑工程总造价则会相应降低。

工程实例：现以重庆医科大学工程为例，将这两种施工方案的住宅部分电缆敷设工程造价做一详细比较。

本工程建筑面积200000m²，是一个集教学、科研、生活于一体的综合性建筑。其中学生宿舍楼共8幢，均为4～5层，分别由8根电缆供电。每层设约24间宿舍。每幢设强电竖井1个，每层竖井设一表箱。按设计要求，供电主电缆采用YJV-4×120+1×70。宿舍楼共有36个表箱，电表箱进线采用BV4×50+1×25，长度为3m。

表10.2.4-1、表10.2.4-2仅以一个电表箱进线敷设为例做一对比（主电缆长度按本层竖井内3.1m统计）。

采用电缆穿刺线夹工程造价　　　　　　　　　　表10.2.4-1

序号	名称规格	单位	数量	单价（元）	金额（元）
1	主电缆 YJV-4×120+1×70	m	3.1	330	1083
2	穿刺夹-120	个	5	87	435
3	分支出线 BV-50	m	12	32	384
4	分支出线 BV-25	m	3	17	51
5		汇总			1953

使用预分支电缆工程造价   表 10.2.4-2

序号	名称规格	单位	数量	单价(元)	金额(元)
1	主电缆 YJV-120	m	3.1×4	79	979.6
2	主电缆 YJV-70	m	3.1	45	139.5
3	分支电缆 YJV-50	m	12	35	420
4	分支电缆 YJV-25	m	3	18	54
5	分支头 120/50	个	4	350	1400
6	分支头 70/25	个	1	290	290
7	汇总				3283.1

可见，采用预分支电缆方案的施工造价为 3283.1 元，而采用绝缘穿刺线夹方案则仅需 1953 元，每个电表箱节约的费用为 3283.1－1953＝1330.1 元，按所有宿舍楼共 36 个表箱计算，采用绝缘穿刺线夹方案，共计节约 1330.1×36＝47883.6 元，降低了工程造价。若将该工程科研教学楼等统计入内，并考虑绝缘穿刺线夹在人工成本方面的节约优势，则采用绝缘穿刺线夹方案相对预分支电缆方案在成本控制方面的效果将更为显著。

10.2.5 社会效益显著

通过使用绝缘穿刺线夹分支施工技术，使工程的质量及工期得到了可靠保证，同时为业主的后期维护提供了便利，受到了业主及监理的高度认可，为后续工程承接创造了条件。

11. 应用实例

工程应用实例如下：

11.1 重庆大学主教学楼

该工程位于沙坪坝，地下 3 层，地上 27 层，总建筑面积 70030m²，配电电缆分支采用绝缘穿刺线夹共计 400 余个，运行稳定，工程质量优质精品，得到了业主、监理及市质监站的一致好评，荣获中国建筑工程鲁班奖。

11.2 蕉岭县蕉城镇塔牌大道、城南大道工程

本工程位于蕉岭县蕉城镇，共计 14.5km 道路，道路照明供电干线采用全塑单芯电缆，采用绝缘穿刺线夹进行分支，工程于 2006 年 9 月竣工。至今，线路运行稳定，电压、过流正常，总体运行结果评价良好。

11.3 重庆医科大学工程

本工程建筑面积约 200000m²，是一个集教学、科研、生活于一体的综合性建筑。其建筑配电系统中共采用各型绝缘穿刺线夹（IPC）共计 1300 余个，电气运行稳定，工程于 2007 年 11 月竣工，工程质量得到了业主、监理及重庆市质监站的一致好评，取得了良好的社会效益。

11.4 重庆市电信有限公司综合大楼

该工程位于重庆市渝北高新区高新园 H16 地块，建筑面积 58849m²，地下 1 层，地上 8 层，南、北楼室内电气井内电缆分支采用绝缘穿刺线夹（IPC）方式，共计 300 余个，电气运行稳定。2008 年 3 月竣工，得到了业主、监理及市质监站的一致好评。

悬空式塔吊基础施工工法

GJEJGF127—2008

中博建设集团有限公司　江苏中兴建设有限公司
廖文琴　雷宜欣　李炎成　柯冶良　赵春潮

1. 前　　言

随着经济的发展及城市人口的急剧增加，城市土地弥足珍贵，城市建筑物向着高层和超高层及大体量方向发展，其地下部分越来越大、越来越深。在竞争日益激烈、工期越来越紧的当今，原有落地式塔吊基础施工方法已不能适应某些工期紧、塔吊需提前进入使用状态的工程。

为解决地下室中间落地式塔吊基础需土方开挖后施工而造成施工周期延长的弊端，在原有落地式塔吊基础上，结合多个项目的实际情况，总结出悬空式塔吊基础施工工法。

悬空式塔吊基础施工工法是在土方开挖前，提前进行塔吊桩基础承台施工，土方开挖之后，对裸露在外的塔吊基础桩进行加固处理，使之形成一个整体，满足悬空式塔吊基础桩抗倾覆、抗扭曲的要求，使塔吊提早进入使用状态，节省地下室施工阶段劳动力和机械的投入，缩短工期。

2. 工 法 特 点

2.1 塔吊基础高于地下室底板施工面。

2.2 在进行建筑物桩基施工的同时，进行塔吊桩基的施工。塔吊桩基达到设计强度后，即进行塔吊承台基础施工。在进行地下室土方清底及地下室结构施工时，塔吊已安装完毕并用于做垂直运输，既节省了人工并缩短了工期。

3. 适 用 范 围

本工法适用于工业与民用建筑中，塔吊须安装在大面积基坑内的情况。

4. 工 艺 原 理

该技术是在土方开挖之前先完成塔基施工及塔吊安装，土方开挖之后采用钢抱箍及型钢支撑对塔吊基础桩裸露部分进行加固，使之形成整体以解决塔吊使用过程中所产生的变形和失稳。

5. 施工工艺流程及操作要点

5.1　工艺流程（图5.1）

5.2　塔吊桩承台基础设计方案

5.2.1　根据施工现场吊装情况选择塔吊的型号及塔址。

1. 塔吊的选择应在塔机的主要参数和生产率满足施工要求时，选用性能好、工效高和费用低的塔机。

2. 塔吊位置的选择。塔吊应根据现场平面布置及与结构的拉接和材料吊运等进行选址。

3. 塔吊承台基础设计。承台基础配筋及承台受剪、受冲切计算。

4. 塔吊桩基设计：本着经济、方便、可靠的原则，结合地质情况，每个塔基选取4根钻孔桩，后压浆。进行桩基承载力验算及配筋计算：1. 单桩承载力设计值；2. 桩基承载力计算；3. 配筋计算；4. 桩基配筋计算。根据《建筑桩基技术规范》JGJ 94—2008，桩配筋率按0.65％进行配筋；5. 桩的抗剪、抗弯、抗扭计算。

5.2.2 塔吊基础的设计及验算

1. 采用四根钻孔桩承台基础，钻孔桩直径为D，承台的尺寸为$L×L$（约为4m）$×H$,桩及承台配筋按照实际尺寸计算确定，塔吊基础设计如图5.2.2-1～图5.2.2-3。

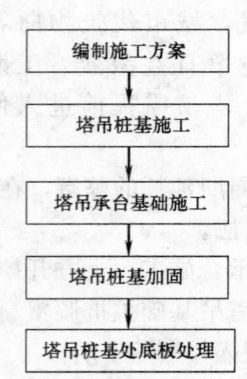

图 5.1 悬空式塔吊基础施工工艺流程图

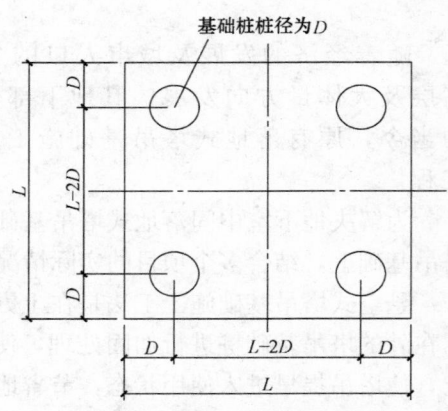

图 5.2.2-1 塔吊基础平面图

承台边长L取值：4～4.5m；承台厚度H取值：1.2～1.6m；

钻孔桩直径D取值：600～800mm。

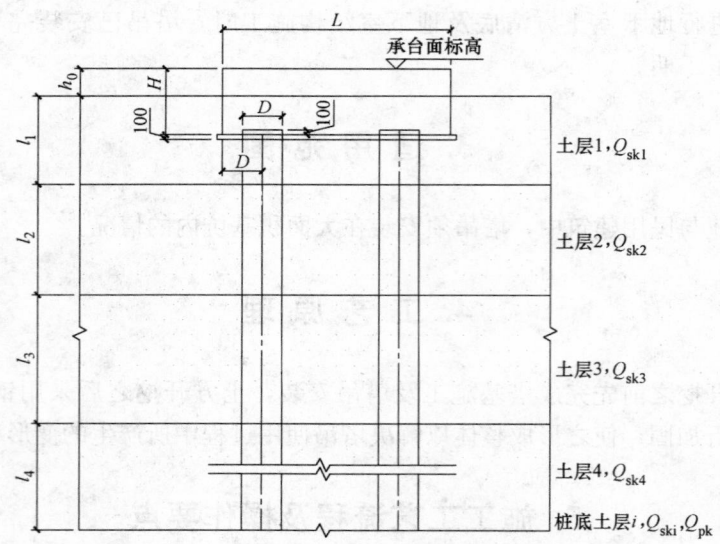

图 5.2.2-2 土方开挖前塔吊基础示意图

2. 塔吊基础的设计验算

1）计算简图（图5.2.2-4）

2）设计验算

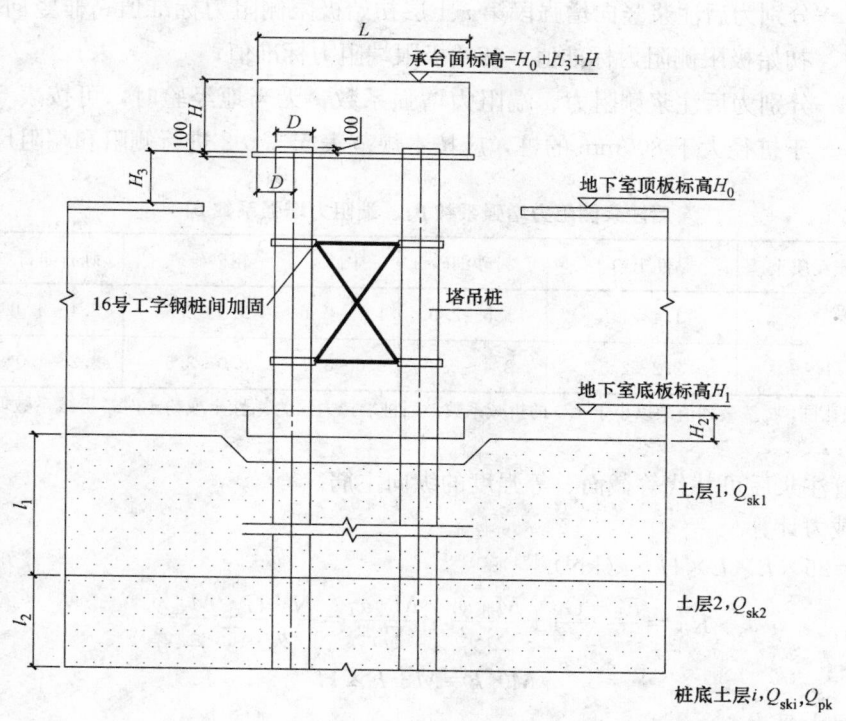

图 5.2.2-3　悬空式塔吊示意图

（1）求单桩竖向承载力特征值

计算依据：《建筑桩基技术规范》JGJ 94—2008、《混凝土结构设计规范》GB 50010—2002、岩土工程勘察报告。

分两次计算，分别计算土方开挖前和土方开挖后的单桩竖向承载力，两次计算的单桩承载力、抗剪、抗倾覆、抗扭等都需满足要求。

桩型：泥浆护壁钻（冲）孔灌注桩，后注浆。桩类别：圆形桩，直径 $D = 600 \sim 800$mm，截面积 A_p，周长 l。

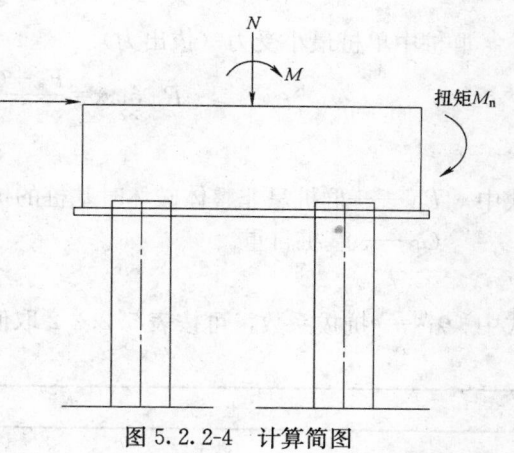

图 5.2.2-4　计算简图

单桩极限承载力标准值可按式（5.2.2-1）估算：

$$Q_{uk} = Q_{sk} + Q_{gsk} + Q_{gpk}$$
$$= u \sum q_{sjk} l_j + u \sum \beta_{si} q_{sik} l_{gi} + \beta_p q_{pk} A_p \tag{5.2.2-1}$$

式中　　Q_{sk}——后注浆非竖向增强段的总极限侧阻力标准值；

Q_{gsk}——后注浆竖向增强段的总极限侧阻力标准值；

Q_{gpk}——后注浆总极限端阻力标准值；

u——桩身周长；

l_j——后注浆非竖向增强段第 j 层土厚度；

l_{gi}——后注浆竖向增强段内第 i 层土厚度：对于泥浆护壁成孔灌注桩，当为单一桩端后注浆时，竖向增强段为桩端以上 12m；当为桩端、桩侧复式注浆时，竖向增强段为桩端以上 12m 及各桩侧注浆断面以上 12m，重叠部分应扣除；对于干作业灌注桩，竖向增强段为桩端以上、桩侧注浆断面上下各 6m；

q_{sik}、q_{sjk}、q_{pk}——分别为后注浆竖向增强段第 i 土层初始极限侧阻力标准值、非竖向增强段第 j 土层初始极限侧阻力标准值、初始极限端阻力标准值；

β_{si}、β_p——分别为后注浆侧阻力、端阻力增强系数，无当地经验时，可按表 5.3.10 取值。对于桩径大于 800mm 的桩，应按本规范表 5.3.6-2 进行侧阻和端阻尺寸效应修正。

后注浆侧阻力增强系数 β_{si}、端阻力增强系数 β_p　　　　　　　表 5.2.2-1

土层名称	淤泥淤泥质土	黏性土粉土	粉砂细砂	中砂	粗砂砾砂	砾石卵石	全风化岩强风化岩
β_{si}	1.2～1.3	1.4～1.8	1.6～2.0	1.7～2.1	2.0～2.5	2.4～3.0	1.4～1.8
β_p		2.2～2.5	2.4～2.8	2.6～3.0	3.0～3.5	3.2～4.0	2.0～2.4

注：干作业钻、挖孔桩，β_p 按表列值乘以小于 1.0 的折减系数。当桩端持力层为黏性土或粉土时，折减系数取 0.6；为砂土或碎石土时，取 0.8。

后注浆钢导管注浆后可替代等截面、等强度的纵向主筋。

（2）桩基承载力计算

承台自重 $G = 25 \times L \times L \times H$ 　　（kN）

$$R_{ik} = \frac{F_k + G_k}{n} \pm \frac{M_{xk} y_i}{\sum y_j^2} \pm \frac{M_{yk} x_i}{\sum x_j^2} = \frac{N + G}{n} \pm \frac{M_{xk} y_i}{\sum y_j^2} \qquad (5.2.2\text{-}2)$$

$$M \times k = M + F \times H$$

群桩中单桩最大受力：

$$R_{ik}\max = \frac{F_k + G_k + N_k}{n} + \frac{M_{xk} y_i}{\sum y_j^2} < Q_{uk} \quad (\text{单桩极限承载力}) \qquad (5.2.2\text{-}3)$$

群桩中单桩最小受力（拔出力）

$$R_{ik}\max = \frac{F_k + G_k + N_k}{n} - \frac{M_{xk} y_i}{\sum y_j^2} < Q_{sr}(\text{抗拔力}) \qquad (5.2.2\text{-}4)$$

$$Q_{sr} = T_{uk}/2 + G_p$$

式中　T_{uk}——群桩呈非整体破坏时基桩的抗拔极限承载力标准值。

　　　G_P——基桩自重。

$$T_{uk} = \sum \lambda_i q_{sik} u_i l_i$$

式中　λ_i——抗拔系数，可按表 5.2.2-2 取值。

抗拔系数 λ　　　　　　　表 5.2.2-2

土　类	λ 值
砂土	0.50～0.70
黏性土、粉土	0.70～0.80

注：桩长 l 与桩径 d 之比小于 20 时，λ 取小值。

（3）桩的配筋

根据《建筑桩基技术规范》JGJ 94—2008，钻孔桩按配筋率 0.65% 进行配筋，即配筋面积为 $0.65\% \pi D^2/4$，按配筋面积沿桩周均匀配置竖向钢筋，箍筋为 $\phi 8@200$ 螺旋箍筋，每 2m 设置焊接加劲箍筋。桩配筋如图 5.2.2-5 所示。

（4）桩身混凝土抗压验算

群桩中单桩最大受力：　　　　　　　$R_{ik}\max < f_c A_p \phi_c$

f_c——混凝土抗压强度。

ϕ_c——折减系数，取 0.65。

（5）桩的抗剪、弯、扭计算（近似矩形截面计算）

$$V = F/4 < 0.035 f_c b h_0$$

水平抗剪满足要求，可以按照构件正截面受弯承载力
和纯扭承载力分别进行核算。

$$T = M_n / 4$$

$$T \leqslant 0.35 f_t W_t + 1.2 \sqrt{\xi} \frac{f_{yv} A_{st1} A_{cor}}{s} + 0.05 \frac{N_{PO}}{A_0} W_t$$

$$\xi = \frac{f_y A_{st1} s}{f_{yv} A_{st1} u_{cor}} \quad 当 \xi > 4, 取 \xi = 4。$$

$$M = V \times (H_0 - H_1 + H_3)$$

$$M < \frac{2}{3} f_{cm} A_r \frac{\sin^3 \pi \alpha}{\pi} + f_y A_s r_s \frac{\sin \pi \alpha + \sin \pi \alpha_t}{\pi}$$

（6）承台的配筋及验算

根据《混凝土结构设计规范》GB 50010—2002 进行设
计和验算。

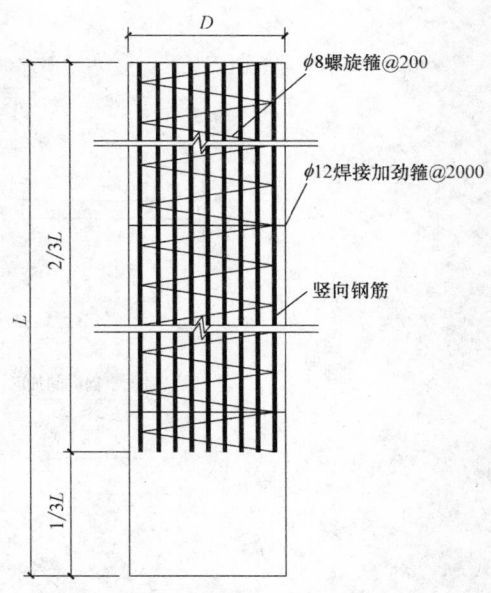

图 5.2.2-5　钻孔灌注桩配筋大样图

5.3　施工要点

5.3.1　塔吊桩基施工

1. 钻孔。随时注意并校正钻杆的垂直度；钻孔时应边
钻边清理钻孔排出的泥浆；下钻至设计深度后及时进行空
钻清底。

2. 放钢筋笼和注浆管。成孔后立即投放钢筋笼，注浆管固定在绑好的钢筋笼上，下钢筋笼时，用
钻机上附设的吊装设备起吊，对准孔位，竖直缓慢放入孔内，下到设计标高，并将钢筋笼固定。

3. 二次清孔。待安装钢筋笼、导管等各项工序完成时进行二次清孔，清孔时回浆采用泥浆储蓄池
中的优质泥浆。二次清孔采用泵吸反循环清孔，钻机启动后要有足够的泥浆补给孔内，孔内泥浆面高
于地下水位 1.5～2.0m，防止塌孔。二次清孔后井底沉渣厚度不得大于 50mm。

4. 灌注水下桩身混凝土。混凝土灌注过程中导管应始终埋在混凝土中，严禁将导管提出混凝土表
面，导管埋入混凝土表面的深度不少于 2m，且不大于 6m，导管应均匀提升，一次提管拆管不得超过
4m，当混凝土灌注达到规定标高时，经检查确认符合要求时方可停止灌注。

5. 后注浆施工。注浆以同一承台下的桩为一组，同一承台下的最后一根桩桩身混凝土灌注 5d 后开
始注浆，注浆时首先采用低压（低挡）压入水灰比为 0.6 左右的水泥浆，然后逐步加压、采用水灰比
为 0.4～0.5 的水泥浆。水泥浆搅拌后必须过滤才能进入注浆管，由专人填写各时段注浆数量和相应的
压力，以及总注浆量和终止压力。

5.3.2　塔吊承台基础施工

在桩基混凝土达到设计强度，且桩基检测合格后方可进行塔吊承台基础施工。根据承台配筋图进
行钢筋绑扎，钢筋规格、间距及绑扎均符合有关规范规定，并经隐蔽工程验收合格后进行承台混凝土
浇筑。承台混凝土达到设计强度后方可进行塔吊安装。

5.3.3　塔吊桩基加固

塔吊桩身周边土方开挖完毕即对塔吊桩基进行加固。在基础底板上 0.8m 至 3.3m 处，沿桩四周用
8mm 厚钢板设两道环形抱箍，在四根桩之间采用 16 号工字钢增设内支撑（支设位置在基础底板上
0.8m 至 3.3m 处），与环形抱箍焊接，环形抱箍与桩之间用高强度等级的水泥砂浆灌浆密实，使四条桩
形成整体，同时在两层内支撑之间用 16 号工字钢设置水平支撑和垂直支撑，以增强桩身的整体稳定性
如图 5.3.3-1、图 5.3.3-2。

5.3.4　塔吊桩穿过底板处的处理

当塔吊桩基穿地下室底板时，为防止底板漏水而在桩基处底板采用超前止水的处理方式。待塔吊
拆除后，对该处地下室及楼板进行二次浇筑。如图 5.3.4 塔吊基础在底板处处理措施。

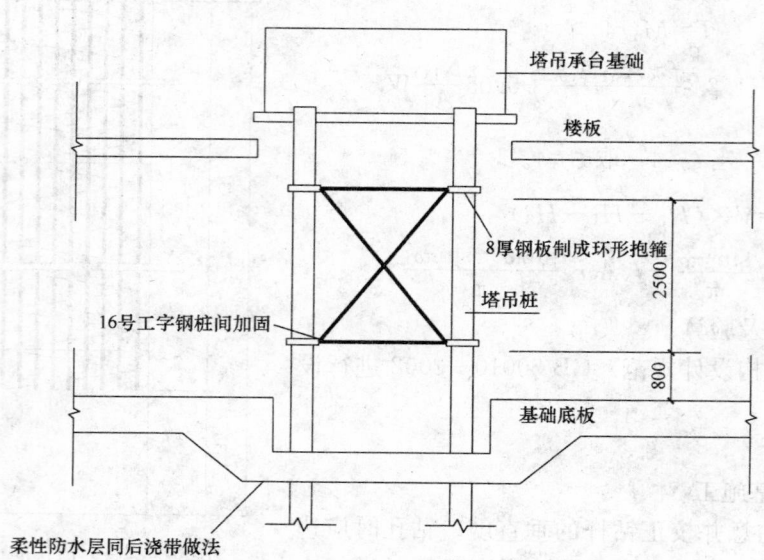

图 5.3.3-1　塔吊桩二次加固剖面示意图

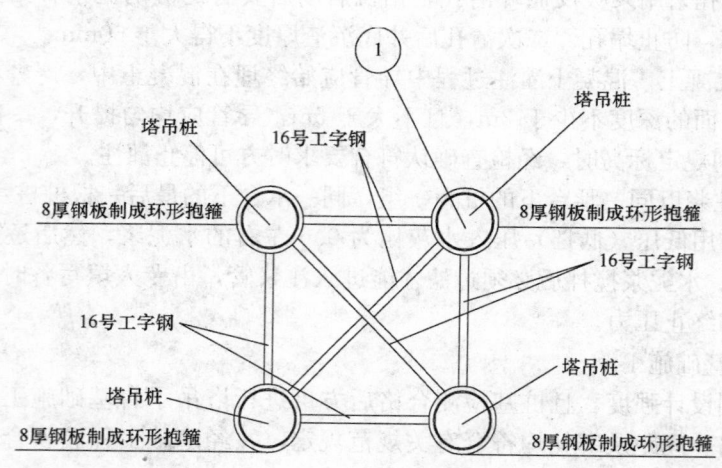

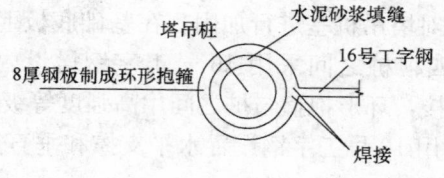

① 大样

图 5.3.3-2　塔吊桩二次加固平面图

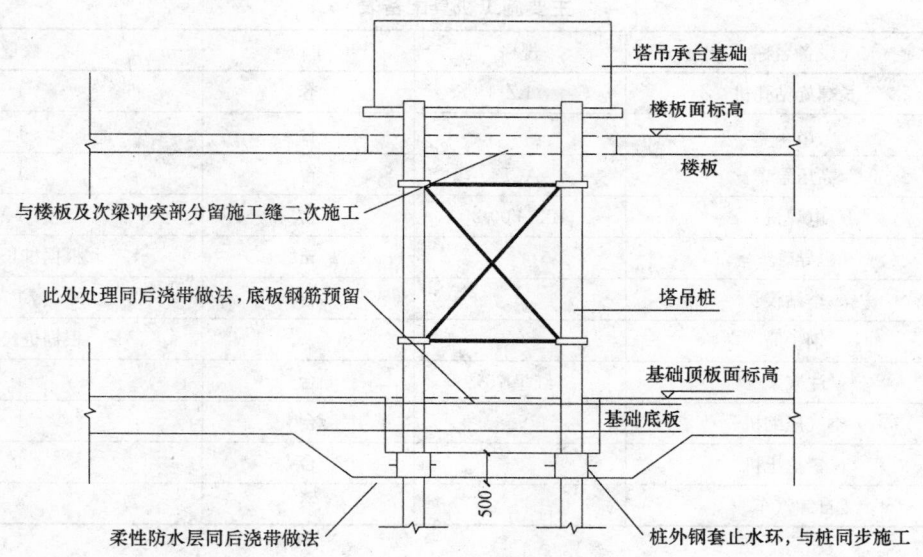

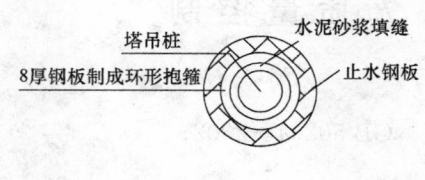

钢套止水环大样示意图

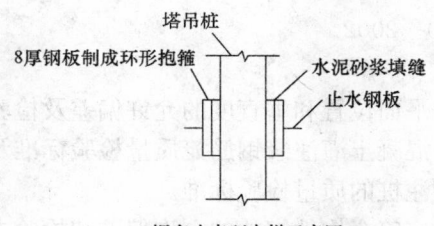

图 5.3.4 塔吊基础在底板处处理措施图

5.4 劳动力组织

劳动力配备见表 5.4。

劳动力配备表   表 5.4

序号	工种	劳动力人数	序号	工种	劳动力人数
1	钻机操作工	4	6	混凝土工	10
2	吊车司机	2	7	电工	2
3	钢筋工	10	8	电焊工	2
4	木工	4	9	测量工	2
5	试验工	1			

6. 材料与设备

主要材料：桩基：16 号工字钢，8mm 厚的钢板，Ⅰ、Ⅱ级钢筋，C35 桩基和承台基础混凝土。见表 6。

主要施工机具配备表 表6

序号	设备名称	规格	单位	数量
1	长螺旋钻孔机	LZ	套	1
2	吊车		台	1
3	高压泵车	ACF	台	1
4	电焊机	BX3-500-2	台	1
5	导管		m	根据桩长计算
6	全站仪		台	1
7	钢护筒			根据桩长计算
8	注浆泵	红星75	台	1
9	空气压缩机		台	1
10	反铲挖土机		台	1
11	自卸汽车		台	6

7. 质量控制

7.1 依据的标准和规范

《混凝土结构工程施工质量验收规范》GB 50204—2002；

《建筑桩基技术规范》JGJ 94—2008；

《混凝土结构设计规范》GB 50010—2002。

7.2 质量控制

7.2.1 塔吊桩基应符合灌注桩的平面位置和垂直度的允许偏差及检验方法。

7.2.2 塔吊桩基的钢筋笼应符合混凝土灌注浆钢筋笼质量检验标准及检验方法。

7.2.3 塔吊桩基应符合混凝土灌注桩的质量检验标准。

7.2.4 承台钢筋绑扎的允许偏差应符合构件绑扎的允许偏差和检验方法。

7.2.5 钢筋应有出厂合格证、出厂检验报告和按规定作力学性能复试并合格。

7.2.6 钢筋规格、形状、尺寸、数量、锚固长度、接头位置，必须符合设计要求和施工规范规定。

7.2.7 桩基检验合格后方可进行塔吊承台基础施工。

7.2.8 塔吊承台基础达到设计强度后方可进行塔吊安装。

7.2.9 塔吊基础混凝土强度等级不低于 C35，有效桩长不小于 8m，桩顶锚入承台内 100mm，桩主筋锚固长度为 42d。

8. 安全措施

8.1 混凝土浇筑前，应对振动棒进行试转，振捣操作人员应穿绝缘靴、戴绝缘手套；振动器不能挂在钢筋上，湿手不能接触电源开关。

8.2 焊工操作时应穿电焊工作服、绝缘鞋和戴电焊手套、防护面罩等安全防护用品，操作前应首先检查焊机和工具，确认安全合格后方可作业。

8.3 用电应按三级配电、二级保护进行设置；各类配电箱、开关箱的内部设置必须符合有关规定，开关电器应标明用途。所有配电箱外观完整、牢固、防雨、箱内无杂物；箱体应涂有安全色标、统一编号；箱壳、机电设备接地良好；停止使用时切断电源，箱门上锁。

8.4 施工用电的设备、电缆线、导线、漏电保护器等应有产品质量合格证；漏电保护器要经常检查，动作灵敏，发现问题立即调换，闸刀熔丝要匹配。

8.5 现场施工负责人应为机械作业提供道路、水电、机棚或停机场地等必备的条件，并消除对机械作业有妨碍或不安全的因素。夜间作业应设置充足的照明。

8.6 机械进入作业地点后，施工技术人员应向操作人员进行施工任务和安全技术措施交底。操作人员应熟悉作业环境和施工条件，听从指挥，遵守现场安全规则。

8.7 操作人员在作业过程中，应集中精力正确操作，注意机械工况，不得擅自离开工作岗位或将机械交给其他无证人员操作。严禁无关人员进入作业区或操作室内。

8.8 实行多班作业的机械，应执行交接班制度，认真填写交接班记录；接班人员经检查确认无误后，方可进行工作。

8.9 在塔吊使用过程中随时对桩身进行沉降和位移观测。

9. 环 保 措 施

9.1 加强对作业人员的环保意识教育，钢筋运输、装卸、加工应防止不必要的噪声产生，最大限度减少施工噪声污染。

9.2 应在施工前，做好道路规划，充分利用永久性道路。路面及其余场地地面宜硬化，闲置场地宜绿化。

9.3 水泥和其他飞扬的细颗粒散体材料应尽量安排库内存放，露天存放时严密苫盖，卸运时防止遗洒飞扬。

9.4 混凝土运送车每次出场应清理下料斗，防止混凝土遗洒。

9.5 废水应排入沉淀池内，经二次沉淀后，方可排入市政污水管网。未经处理的泥浆水，严禁直接排入城市排水设施。

9.6 现场使用照明灯具宜用定向可拆除灯罩型，使用时应防止光污染。

9.7 完工后要及时清理现场，做到工完场清。

10. 效 益 分 析

本工法是土方开挖之前先进行塔吊基础设计、施工及塔吊安装，土方开挖之后对塔吊基础桩进行加固处理，使塔吊提早进入使用状态，节省地下室施工阶段的劳动力、机械的投入，缩短工期，节约了管理费用，降低工程成本。

11. 应 用 实 例

11.1 武钢新建办公大楼工程，建筑面积116699m²，地上30层，地下2层。采用悬空式塔吊基础施工。该工程于2006年5月开工，2007年4月竣工。

11.2 龙王庙商贸广场B区，建筑面积129628m²，地上11层，地下2层。该工程于2005年11月开工，2007年2月竣工，采用悬空式塔吊基础施工。

11.3 祥和大厦工程，建筑面积37718m²，地上18层，地下一层，地上34000m²，地下3718m²，采用悬空式塔吊基础施工。

球墨铸铁管止脱胶圈施工工法

GJEJGF128—2008

南通四建集团有限公司

丁心忠　吴林江　王兴忠　吴旭　樊彬

1. 前　　言

考虑到土壤本身的酸碱性，为使管道使用年限更久远，在许多室外埋地管道工程中，一般都采用球墨铸铁管承插连接，特别是消防水管，而为响应整个社会对环保的要求，克服铸铁管道在弯头与三通等接头处，在管道有压情况下而产生移位，避免采用浇筑混凝土的办法，现采用止脱胶圈取代普通胶圈的施工工艺。

南通四建集团有限公司承建的拜耳（上海）聚氨酯有限公司的聚碳酸酯项目基础设施三期工程位于上海漕泾化工区目华路 F3 地块，主要包括 DN500、DN400 口径的生产给水和 DN350 口径消防给水管道的安装，因为一期和二期工程已结束，地下管道较多、施工环境比较复杂，在受力处不允许采用水泥支墩，球墨铸铁管全部采用止脱胶圈连接。经过全体施工人员共同努力，管道试压一次性通过。由于技术相对比较先进，取得了明显的社会效益和经济效益。

2. 工 法 特 点

2.1　止脱胶圈替代普通胶圈，加强整个管道系统运行的安全稳定性。

2.2　取消传统工艺在管道弯头、三通处打桩浇筑混凝土等，保护土壤环境。

3. 适 用 范 围

土质密实，埋设深度要求能够满足，禁止在管道接头处浇注混凝土的地下管道工程中施工。

4. 工 艺 原 理

施工原理可以参照普通胶圈，区别于普通胶圈的是在施工前要进行更为细致的图纸深化，根据弯头以及三通的设置位置测算出需要的止脱胶圈数量，根据土壤的摩擦力测算出管道需要埋设的深度。见图 4。

图 4　止脱胶圈图样

5. 施工工艺流层及操作要点

5.1 吊装

调运（表5.1、图5.1-1、图5.1-2）

调运参数 表5.1

口 径	层×根数	长 L(m)	宽 I(m)	高 H(m)	捆 重(kg)
100	3×3	6.15	0.49	0.55	986
150	3×3	6.15	0.64	0.68	1415
200	2×2	6.15	0.58	0.60	893
250	2×2	6.15	0.68	0.71	1165
300	2×2	6.15	0.80	0.82	1561

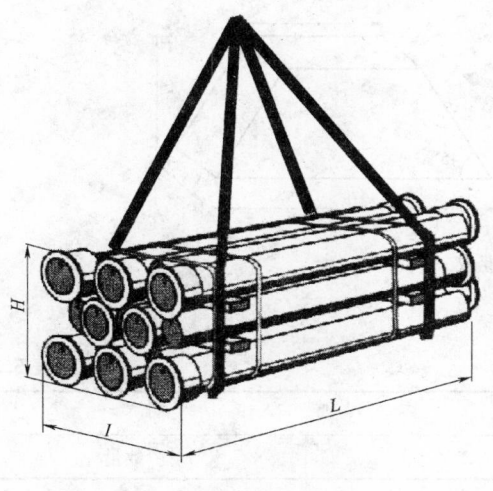

图5.1-1 吊装

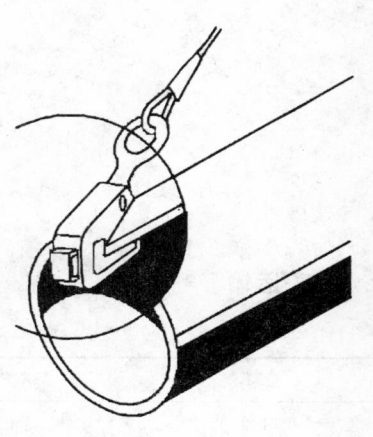

图5.1-2 调运

注：$DN \geqslant 350$：使用钩子把管子从顶端吊起。
确保钩子与保护层接触不滑脱。

5.2 堆放（表5.2、图5.2-1、图5.2-2）

材料堆放层数 表5.2

口 径	最 高 堆 放 层 数	
	金 字 塔 式	四 式 式
100	58	27
150	40	22
200	31	18
250	25	16
300	21	14
350	18	12
400	16	11
500	12	8
600	10	7
700	7	5
800	6	4
900	5	4
1000	3	3

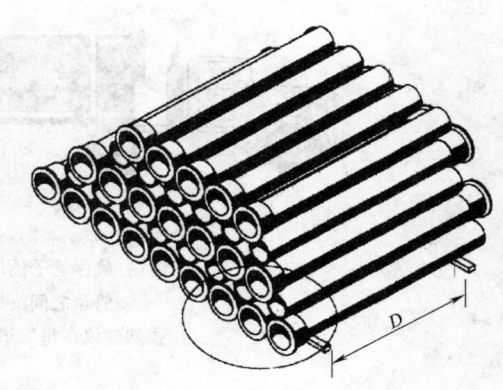

图5.2-1 金字塔式堆放

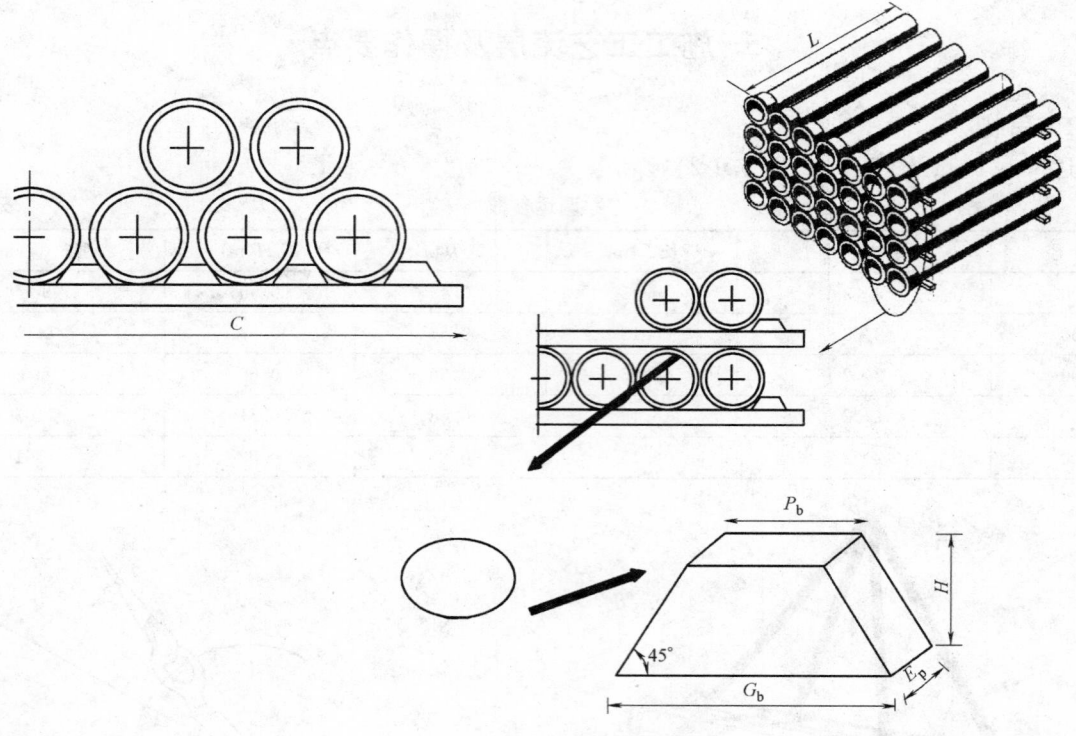

图 5.2-2　四方式堆放

5.3　运输

汽车运输表				表 5.3
汽车装运(10t 卡车)				
口径	数量	口径		数量
100	200	500		22
150	130	600		16
200	100	700		12
250	75	800		12
300	58	900		8
350	44	1000		8

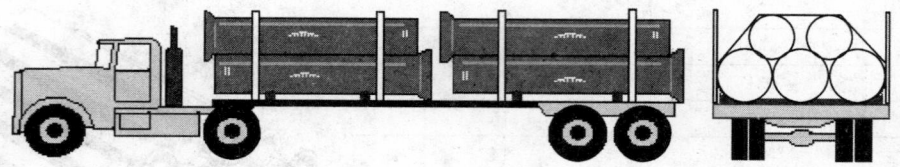

图 5.3　汽车运输图

注：确保管子插口和承口的颈部之间有至少 50mm 间隙。

　　　管道之间头尾摆放，管子排列直管部位相接触。

　　　强烈建议在每层垫材的边缘使用契形块以避免管子的滑动。

5.4　安装步骤

5.4.1　胶圈安装（图 5.4.1-1、图 5.4.1-2）

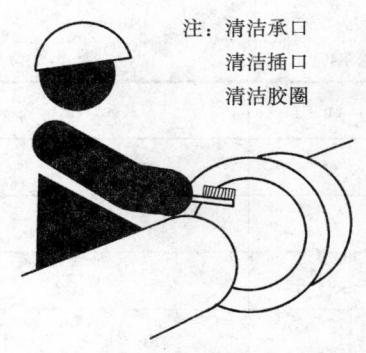

注：清洁承口
清洁插口
清洁胶圈

图 5.4.1-1　用毛刷和干净的抹布清理

$DN \leqslant 700$时　　　　$DN \geqslant 800$时

图 5.4.1-2　用力使胶圈弯成图中形状，放置胶圈

5.4.2　润滑胶圈和插口

5.4.3　管道对接

用固体凡士林润胶圈和插口

图 5.4.2　润滑胶圈和插口

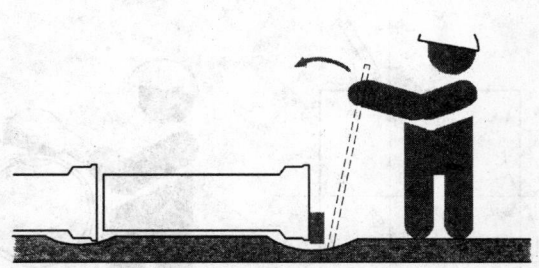

图 5.4.3-1　撬杠安装管道
注：用木块保护承口
用撬杠安装 $DN \leqslant 150$ 的管道

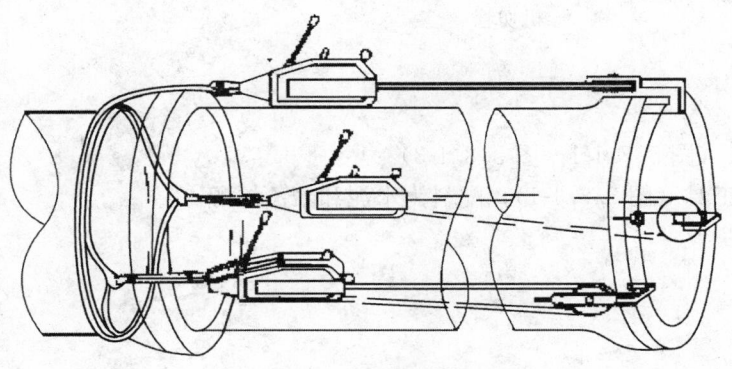

图 5.4.3-2　用葫芦安装管道
注：用软材料垫在链锁下保护管子表面用葫芦安装 $200 \leqslant DN \leqslant 1000$

5.5　安装限位（图 5.5）

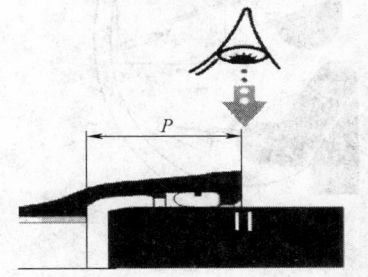
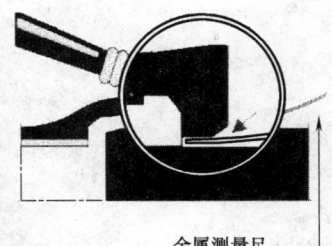

注：要求插入的深度在两条白线中间即可
用金属测量尺持入缝隙，沿管一周，检查深度
是否均匀

金属测量尺

图 5.5　管道安装限位图

5.6 偏移角

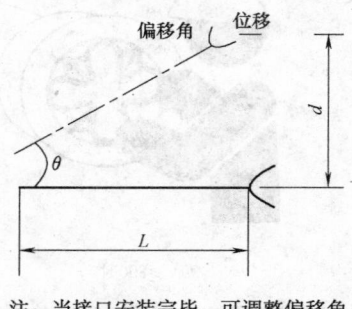

注：当接口安装完毕，可调整偏移角

图 5.6 管道接口偏移图

口径	θ	L(m)	D(cm)
100～150	5	6	52
200～300	4	6	42
350～600	3	6	32
700～800	2	6	21
900～1000	1.5	6	16

管道接口偏移角　表 5.6

5.7 切管操作（图 5.7-1～图 5.7-4）

切割部位为从插口端开始管道有效长度 2/3 以内。

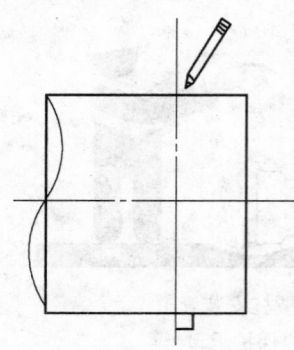

图 5.7-1 用笔切　　　图 5.7-2 用切割　　　图 5.7-3 倒角　　　图 5.7-4 用沥青在
管标记　　　　　　机切管　　　　　　　　　　　　　　　倒角上刷漆

5.8 修补操作

5.8.1 内部修补（图 5.8.1-1～图 5.8.1-3）

内部修补需准备工具（图 5.8.1-1），配料为水泥和聚乙烯醇。

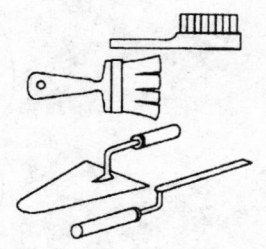

图 5.8.1-1 需准备工具

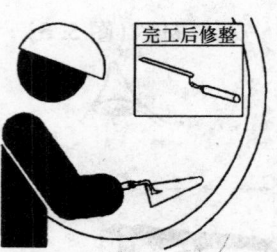

图 5.8.1-2 用配料涂抹　　　　　　　图 5.8.1-3 整平表面

5.8.2 外部修补（图 5.8.2）

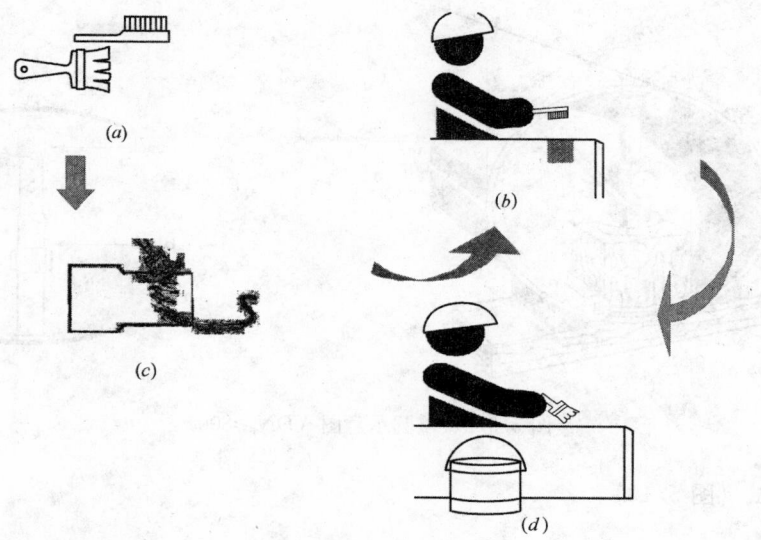

图 5.8.2 管道外部修补

（a）准备毛刷和钢丝刷清洁表面；（b）必要时，使用气燃的办法干燥；（c）用钢丝刷清理干净；（d）涂上油漆

5.9 整圆

5.9.1 400≤DN≤700：

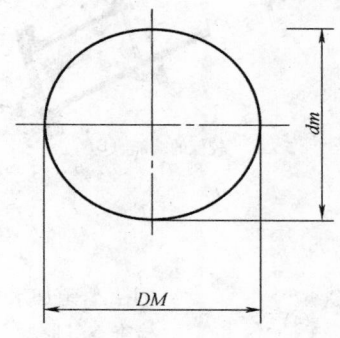

注：1. 工具
（1）一个链条绞盘。
（2）支撑盘和一个链条滑轮。
（3）一个底盘和两个链条滑轮。
2. 操作程序
（1）按照图组装工具，纠正椭圆。
（2）拉紧链条使管子插口恢复圆形。
（3）确保整圆对水泥内衬没有损坏。
（4）为防止管子弹性变形，请在管子安装完毕后取出整圆工具。

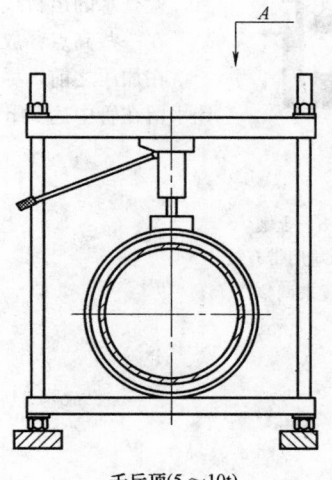

千斤顶(5～10t)

注：1. 工具
（1）千斤顶。
（2）木块（或可调整的垫木）。
（3）两个橡胶垫盘。
2. 操作程序：
（1）按照图组装工具，纠正椭圆。
（2）调整千斤顶使插口恢复圆形。
（3）确保整圆对水泥内衬没有损坏。
（4）为防止管子弹性变形，请在管子安装完毕后取出整圆工具。

图 5.9.1 整圆示意图（400≤DN≤700）

机具设备表　　　　　　　　　　　　　　　　　　　　　　　　　　表6

序号	设备名称	设备型号	精度测量范围	单位	数量	备注
1	水准仪	S3		台	1	
2	游标卡尺		0.02mm, 0～300mm	把	2	
3	压力表	Y-150	0～2.5MPa	套	4	
4	长尺		50m	把	2	
5	钢卷尺		2～5m	把	10	
6	汽车吊	16t		辆	1	
7	液压手推车			辆	2	
8	手动葫芦	2t		只	2	
9	手动葫芦	3t		只	4	
10	手动葫芦	5t		只	2	
11	道木	2m		根	20	
12	吊装带			m	50	
13	手动试压泵	2S-50		台	1	
14	电动试压泵	4DSY-63/16		台	1	
15	砂轮切割机	J3G400		台	6	
16	角向磨光机	100		台	4	
17	对讲机			对	4	

7. 质 量 控 制

7.1　工程质量控制标准

球墨铸铁管止脱胶圈施工质量执行《压缩机、风压、泵安装工程施工及验收规范》GB 50275。球墨铸铁管止脱胶圈施工类似普通胶圈，主要不同有以下两点：采用止脱胶圈连接施工，在施工前要根据施工蓝图重新进行图纸深化，特别是管道需要埋设的深度以及单一系统上需要设置的止脱胶圈数量，需要采用"圣戈班"计算软件进行计算（根据土壤摩擦力计算）。其次胶圈安装需要一次性安装到位，不可返工。

7.2　质量保证措施

7.2.1　首先必须按照设计要求做好施工前的图纸深化工作，绘出配件以及胶圈的设置图。

7.2.2　铸铁管道一般以在施工现场防腐为好，因为管道在运输过程中免不了对防腐层有所破坏，而止脱胶圈对管道防腐层厚度（特别是承插口的防腐层厚度要求很高）。

7.2.3　当胶圈放置到承口里，管道准备连接时，管道的受力要均匀，否则很容易破坏胶圈。

7.2.4　在管道碰头位置尽量采用法兰连接，连接螺栓以不锈钢螺栓为宜。

7.2.5　管道承插口连接完毕后需要采用防腐胶泥对接口的空隙部位进行均匀填塞，再外裹防腐带，防止酸性土壤对胶圈的腐蚀。

8. 安 全 措 施

8.1　认真贯彻"安全第一，预防为主"的方针，根据国家有关规定、条例，结合施工单位实际情况和工程的具体特点，组成专职安全员和班组兼职安全员以及工地安全用电负责人参加的安全生产管理网络，执行安全生产责任制，明确各级人员的职责，抓好工程的安全生产。

8.2　在汽车起吊铸铁管时应先试吊，确定机械运行正常后才开始吊装施工，吊车吊装时派专人指挥。

8.3　管道在运输吊装过程中要加强保护避免碰撞等使管道破损或损坏防腐层。

8.4　施工现场的临时用电严格按照《施工现场临时用电安全技术规范》的有关规范规定执行。

8.5　开挖工作面要随时开挖随时完善防护措施。

8.6 建立完善的施工安全保证体系，加强施工作业中的安全检查，确保作业标准化、规范化。

9. 环保措施

工程建设工地往往给人以"脏、乱、差"的印象。施工噪声、建筑垃圾、施工污水以及施工产生的灰尘、电焊作业产生的弧光污染、施工遗洒等都会对环境造成破坏。如不采取环保措施，施工工地将成为环境污染的源头。影响周边居民的正常生活、学校的正常上课。为此，搞好环保工作的意义非常重大。

9.1 加强建筑垃圾的管理。管道施工时会产生大量的建筑垃圾，为此，我们要求施工班组做好落手清工作，做到工完料尽场地清，对易产生灰尘的工作做好洒水、隔离等防尘措施。下班时清理现场，施工产生的垃圾堆放到指定的地方，随土建垃圾一起外运至指定地点，以确保场地清洁卫生。

9.2 加强电焊眩光等光污染的管理。电焊作业会产生强烈的眩光，使人眩目，建筑照明用的投光灯若安装不当照射到居民区，也会产生光污染。因此，在电焊作业时必须进行必要的遮拦，以减少眩光对外界的影响，另外，合理设置施工用的投光灯的位置，以避免光线直射到周边居民区。

9.3 加强生活垃圾及污水的管理。施工现场及生活区禁止乱扔垃圾、乱倒污废水。生活垃圾必须集中堆放、分有害和无害，并及时运出施工现场。生活污废水必须通过现场排污管道排进城市污水系统。

9.4 应对油漆、稀释剂的遗洒、施工设备使用油料的遗洒进行控制。油漆分装、稀释应在指定地点进行，并采取必要的保护措施，防止对地面产生污染。涂刷油漆时，应对涂刷范围以外的地面、设备等采取保护措施。施工设备在使用前应进行检查，对存在滴冒跑漏的施工设备采取加装油盆等措施，预防污染。

10. 效 益 分 析

10.1 本工法在管道连接时采用止脱胶圈代替普通胶圈的施工方式，避免了管道在很多转弯处以及接头处采用打固定桩和浇筑混凝土的方法进行固定的传统做法，对环境保护有积极意义。

10.2 严格按照工艺程序施工，能提高管道打压一次成功率，避免重复施工，降低成本。

11. 应 用 实 例

11.1 工程概况

拜耳（上海）聚氨酯有限公司的聚碳酸酯项目基础设施三期工程，位于上海漕泾化工区目华路 F3 地块，主要包括 DN500、DN400 的生产给水和消防给水管道的安装。一期和二期工程已结束，地下管道较多、施工环境比较复杂；本次施工属于公用工程，涉及整个项目是否能及时验收和业主的正式投产；球墨铸铁管全部采用止脱胶圈连接，管道的具体布置位置见图 11.1-1、图 11.1-2。

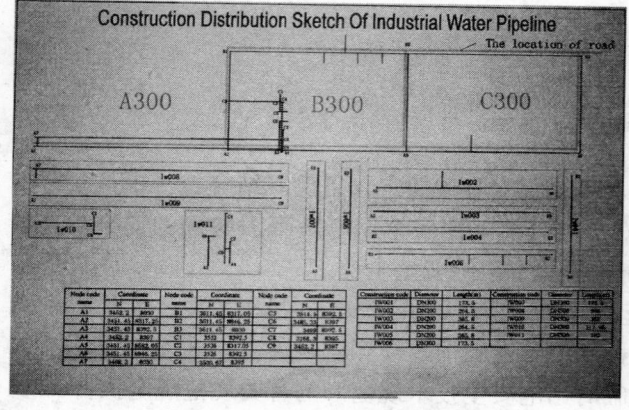

图 11.1-1 生产给水管道平面布置图

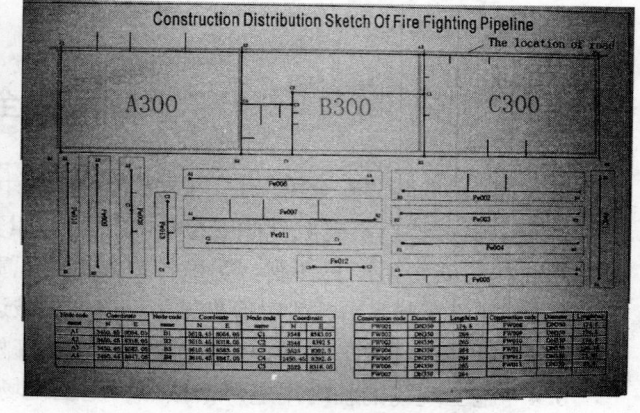

图 11.1-2 消防给水管道平面布置图

11.2 施工情况

本工程由于管线比较集中可以开挖同一沟槽，管道集中施工，根据现场勘察，开挖空间比较狭小，将采用矩形断面集中开挖。具体开挖采用人工与机械相结合的方法，逐层开挖，逐层打支护桩，逐层放置防护栏。在沟槽开挖 50cm 深，每隔 2.0m 打一支护桩，每次打桩深度在开挖层面以下 1.5m，在每挖深 50cm 深一层面时，支护桩也随之打深。如开挖深度超过 2.0m，支护桩需用斜撑支撑。具体施工步骤参照图 11.2。

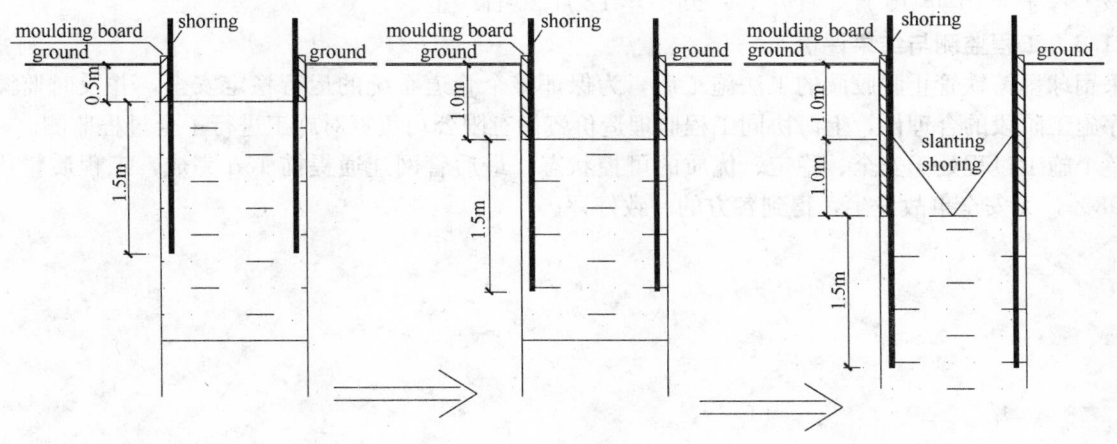

图 11.2 开挖剖面图

沟槽开挖结束，垫层平基验收合格后，达到一定的强度 5.0N/mm² 即开始安管。把管材运至施工现场，沿线摊开，做好严格按产品标准进行逐节检验，不符合标准的不得使用，同时要逐个检查橡胶圈不得有割裂、破损、气泡、大飞边等缺陷。管材要经试验合格后才能使用，并要有质保单，合格证书。在施工时，排管前做好清除基础表面污泥、杂物和积水，复核好高程样板的中心位置与标高。

管道的起点、终点及转折点为管道的主点、其位置在施工图中确定，管线中线定位作法为将主点位置测设到地面上去，并用木桩标定。

管线走向根据地物的关系来确定主点的位置，管线是在现场直接选定或在大比例尺地形图上设计时，根据地物的关系来确定主点的位置，于此按照设计提供的关系数据，进行管线定位。如现场无适当控制点可资利用，可沿管线近处布设控制导线。管线定位时，采用极坐标法与角度交会法。其测角精度一般可采用 30″，量距精度为 1/5000，并应分别计算测设点的点位误差。管线的起止点、转折点在地面测定以后，进行检查测量，实测各转折点的夹角，其与设计值的比差不得超过 ±1°。同时应丈量它们之间的距离，实量值与设计值比较，其相对误差不得超过 1/2000，超过时必须予以合理调整。

为了便于管线施工时引测高程及管线纵横断面测量，我们沿管线敷设临时水准点。水准点选在旧建筑墙角、台阶和基岩等处，如无适当的地物，应提前埋设临时标桩作为水准点。

管道安装施工前，用钢丝刷、棉纱布等仔细将承口内腔和插口端外表面的泥砂及其他异物清理干净，不得含有泥砂、油污及其他异物。管道接口清理干净后，将随管配套的胶圈清理干净并捏成心脏形或"8"字形安放在承口内。仔细检查胶圈安放位置是否正确，准确无误后，用木锤沿管口内周围轻敲打，使胶圈完全安放在承口凹槽内。

胶圈安放完毕后用凡士林作润滑剂，将承口胶圈和插口端充分湿润，起到润滑作用，管道承插安装时节约劳动力和减轻施工难度。

另外，我们安装时采用由无缝钢管、钢绳和手扳葫芦组成的三角架扒杆作少许起吊，起吊高度以铸铁底高出碎石土垫层 5cm 为宜。插口与承口管道中心线对准一致，在起吊管末端用撬棍（或千斤顶）

将铸铁管向前撬，将插口插入承口，插入深度为插口处的两条标志线，也就是说将铸铁管插到看不到第一条线，只看到第二条线的位置为止。铸铁管承插施工完后卸下扒杆及工具，管道承插头处及中部立即回填50cm厚碎石土，轻夯压实，避免铸铁管在施工时发生偏移。安装完毕符合设计要求和施工规范规定后立即进行闭水试验，闭水试验合格后方可进行碎石土回填作业，回填土时分层回填，为避免过大的夯击力影响管道，第一层虚铺厚度不应小于1m，并采用低能量轻夯，以后每层虚铺厚度不小于500mm，采用低能量轻夯，直至填满整条管沟。

该工程于2007年10月5日开工，2007年12月20日竣工。

11.3 工程监测与结果评价

采用球墨铸铁管止脱胶圈的工法施工后，为保证整个管道系统的运行稳定安全，并及时监测各主要工序施工阶段的合理性，上海协同工程监理造价咨询有限公司负责对施工进行了全过程监测。

整个施工过程处于安全、稳定、优质的可控状态，最后管网连通提前15d完成，工程质量优良率达到98％，无安全事故发生，得到各方的一致好评。

酚醛复合风管制作、安装施工工法

GJEJGF129—2008

龙信建设集团有限公司

刘瑛　沈忠　张耀忠　朱洪新　秦维生

1. 前　　言

目前，在工程建设领域中应用中央空调系统采暖、降温越来越普遍。传统的镀锌钢板、有机玻璃钢、无机玻璃钢等风管或多或少存在制作安装不便、不耐腐蚀、保温消声性差，寿命较短、硬度大、较脆、易变形，损耗大等问题。而酚醛复合风管作为一种新型复合材料，具有制作安装简便快捷、保温、密封性能好、无凝露、强度大、重量轻、防火、消声、抑菌抗霉、寿命长、造价经济等较多优点。到目前为止，国内酚醛铝箔复合风管在市场的占有率还不到10%，而同类产品在发达国家市场占有率在80%以上。因此，随着酚醛铝箔复合风管的优越性能被越来越多的人所了解，酚醛铝箔复合风管必将得到广泛的应用。

酚醛复合风管制作、安装施工工法是龙信建设集团有限公司根据酚醛板材的性能，参考国内外同类产品的施工方法，结合多年的施工实践，不断改进、完善的制作安装方法。本工法先后通过海南三亚凯宾斯基度假酒店工程、大连国际车城4S店工程、大连软件园腾飞园区1号楼附属办公楼工程等项目验证，证明该工法不论在节能、环保上，还是在经济效益方面，较传统的镀锌钢板、玻璃钢、玻纤复合风管等风管制作安装施工工艺都有极大的提高。

本工法的关键技术于2009年4月2日，通过了海南省建设厅组织的专家评审，认定该工法的关键技术具有创新性和先进性，达到了国内施工技术领先水平。

2. 工 法 特 点

2.1　酚醛复合风管采用酚醛板专用开槽刀具开槽，可保证平面管板在合成矩形风管后管壁间接凑紧密。不需要大型机械设备，只需辅以一些简单的手动和电动工具。酚醛复合风管制作安装工序简捷，对施工人员素质要求不高，只需经过简单的培训即可投入生产，极大地降低了施工前期的投资。

2.2　加工过程中基本无噪声，有利于施工人员的身心健康，减少了对周围居民的生活的影响。

2.3　酚醛风管安装便捷，人均安装工程量约为传统的镀锌钢板风管的1.5倍，玻璃钢风管的2倍，缩短了施工周期，降低了工程造价。

2.4　风管采用双层材料密封，密封性能好，漏风量小，利于调试，节约能源，降低运行费用。

2.5　酚醛复合风管自重轻，吊挂、支撑容易，大大降低了安装过程中安装人员的风险。同时，也减轻了建筑结构的荷载，有利于延长建筑的使用年限，特别适用于钢结构安装。

2.6　根据风管规格和系统压力，分别采用通丝杆加固和抱箍加固，风管最大承压能达1500Pa以上。

2.7　风管连接部件如弯头、堵头、三通等处，采用镀锌钢板特制各种规格、形状的加固部件进行辅助加固，保证了风管强度。

3. 适 用 范 围

本工法适用于室内中、低压系统舒适性空调、工艺性空调的风管制作安装。不宜用于洁净要求较高的空调系统风管安装和室外空调风管的安装。

4. 工 艺 原 理

酚醛复合风管制作安装施工工法是以酚醛复合板材为主材，采用专用的加工制作工具对酚醛复合板进行裁切，粘结拼接，在接缝处涂密封胶，制作成通风管道，经加固后。采用无法兰连接方式与其他部件、配件组合成风管系统。

本工法充分利用酚醛无毒、保温隔热、防腐耐用、环保节能、吸声消声、密封性好、安装方便、材质轻、无凝结水、施工快捷、造价经济等一系列优点。同时针对酚醛风管之间一般主要靠胶水、胶带的粘结作用连接，在长时间使用过程中存在胶水失效，风管开裂，特别是大口径风管、法兰接口风管会因自重而掉落等缺点，用镀锌钢板制作各种连接、加固件对风管进行连接加固。

针对酚醛风管边长过大或风管正负压过大时会引起风管变形，采用镀锌通丝杆和圆形垫片进行支撑加固。

既做到防潮、防雨、防漏风、耐水，又保证风管内部清洁卫生，确保了送回风质量，满足了空调使用要求。

5. 施工工艺流程及操作要点

5.1 复合风管制作流程

施工准备→风管制作→风管连接→风管的悬挂和支撑→风管修补→系统调试。

5.2 操作要点

5.2.1 施工准备

准备好一整套的施工工具，制作好风管加工平台。技术人员认真熟悉图纸，对设计图纸上的风管进行合理的分段，将风管系统拆解为直风管、弯头、变径、三通等，并确定各种型号风管的长度和数量。根据确定的板材规格 4000mm×1200mm 绘制风管加工图。对进场施工的人员进行安全、技术交底。

5.2.2 风管制作

1. 下料

有四种基本方法下料，可按照风管尺寸来选择最适合的一种方法，来达到材料和劳动力的最优化，可选择在纵向和横向上制作，这样每段直管的最大长度分别为 4000mm 和 1200mm。

1）一片法：风管内边宽度之和等于或小于 1040mm，可由一切板材制成（图 5.2.2-1）。

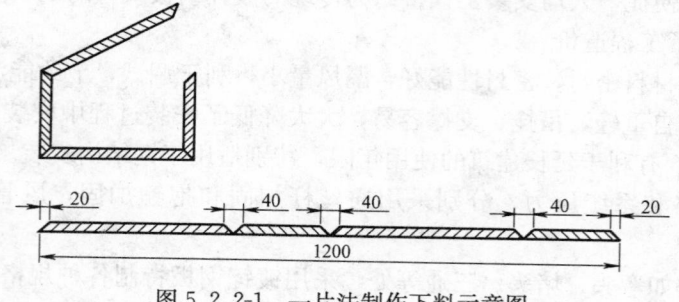

图 5.2.2-1 一片法制作下料示意图

2）U 形法：风管三个内边长度之和等于或小于 1080mm，采用"U"形加一个封口板制成（图 5.2.2-2）。

3）L 形法：风管两个内边之和等于或小于 1120mm，可采用两块"L"形板材制成（图 5.2.2-3）。

4）四片法：风管每个内边的长度等于或小于 1160mm，四面可单独切割（图 5.2.2-4）。

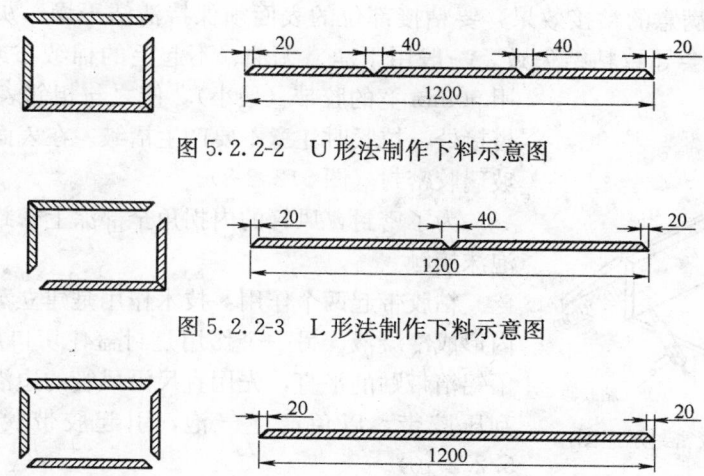

图 5.2.2-2　U 形法制作下料示意图

图 5.2.2-3　L 形法制作下料示意图

图 5.2.2-4　四片法制作下料示意图

5）拼接：由于板材具有可粘结性，切割后的窄板可拼接后重复利用。风管单边长度大于 1160mm 时，需进行横向切割和拼接。切成对 45°边，涂胶粘结两部分，再用铝箔胶带贴在两窄板的缝合处（图 5.2.2-5）。

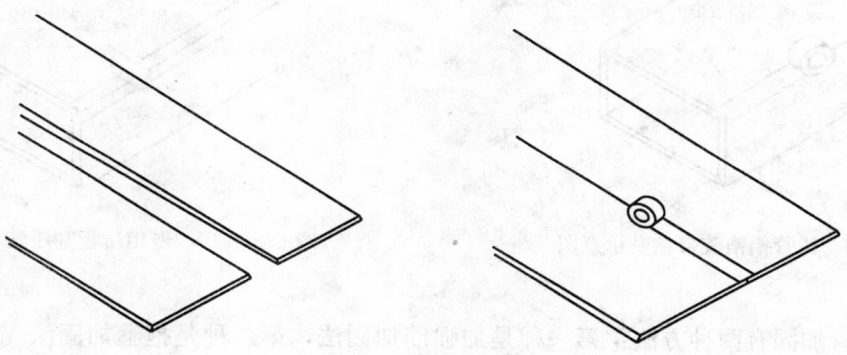

图 5.2.2-5　板材拼接示意图

2. 裁切

风管下料后，使用专用的开槽刀裁出折缝，开槽刀的角度为 45°（图 5.2.2-6）。

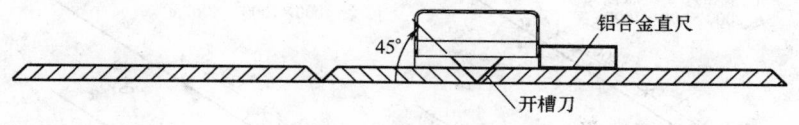

图 5.2.2-6　风管下料裁切示意图

3. 粘结

涂胶之前必须清洁板材切割面的粉末，除去残留物，胶水要均匀地涂在需要粘合的两个切割面上。

待胶水干而不粘手时，将风管面板按设计要求粘合。合成风管接缝总是以边沿开始，以便相应的边对齐，只有风管的内部尺寸按要求做准确，拐角才会理想，检查各面的垂直度。粘合后用硬刮铲压平拐角（图 5.2.2-7）。

4. 密封

外层铝箔被切断处，均需用压敏胶带密封，密封时，使用划线尺让胶带整齐粘合，并使用专用工具，确保胶带下的

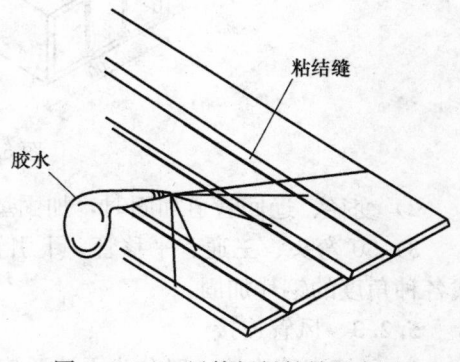

图 5.2.2-7　风管板材粘结示意图

空气都被挤出。为获得满意的粘接效果，要粘接部位的表面须保持清洁干燥。灰尘、脏物、油脂、潮气以及其他类似物质都会导致粘结失败。一般用干净、无油、不起毛的棉绒布或纸巾擦拭粘结表面，

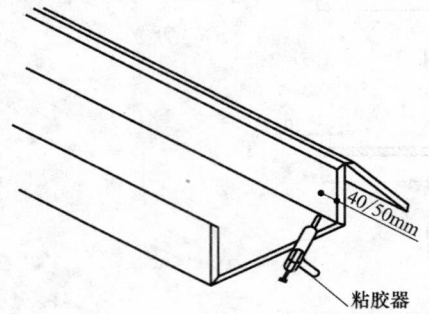

图 5.2.2-8　风管打胶密封示意图

用 50mm 宽的胶带（最小），使之与相邻表面至少有 25mm 宽的搭接处，拉紧时注意不要产生褶皱。在表面或缝隙较大处，可用玻璃胶密封（图 5.2.2-8）。

为了密封，风管的内拐角全部涂上密封胶防止空气与绝热的泡沫接触。

粘胶带起两个作用：技术作用是建立蒸汽屏障，避免在泡沫内形成冷凝液。另一个作用是封盖住切口压紧（外露部分）。为了铝箔带贴的平直，先用直尺沿风管的边沿做标记。用专用工具刮压胶带，以免产生气泡，引起胶带脱落（图 5.2.2-9 和图 5.2.2-10）。

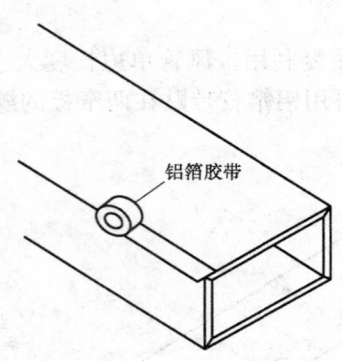

图 5.2.2-9　风管铝箔胶带粘贴示意图

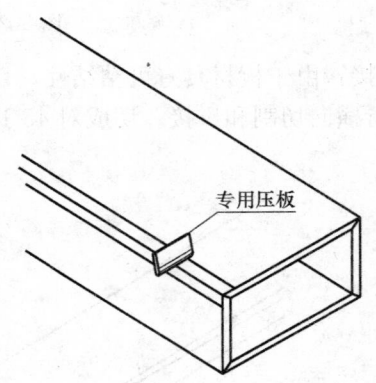

图 5.2.2-10　专用压板刮压胶带示意图

5. 风管加固

酚醛复合风管加固有两种方法：第一种是加强筋加固法，第二种是抱箍加固法。当风管内部压力低于 500Pa 时，宜采用加强筋加固法，当风管内部压力超过 500Pa 时，宜采用抱箍加固。

1）风管加固加强筋之间的间距参考厂家提供的加固图表，结合实际情况作适当调整（图 5.2.2-11）。

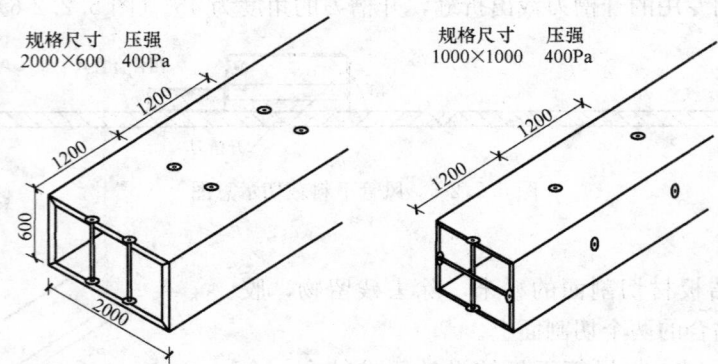

图 5.2.2-11　风管加强筋加固示意图

2）变径、迂回管道加固时，加固垫片应涂刷胶粘剂，其最大间距为 200mm。

3）90°弯头、三通、平移管、下引管、变径以及风管末端等部位应根据实际情况在接口处设置角钢或各种角度的钢片加固。

5.2.3　风管连接

1. 风管直管连接一般分为无法兰连接和有法兰连接，本工法在无法兰连接的基础上，针对无法兰

连接主要依赖胶带和胶水的粘结力,在长时间使用过程中可能存在胶带失效和局部受力使胶带脱落漏风现象,在风管连接处内衬10cm宽的镀锌钢板,连接口采用密封胶密封,外采用1.5cm宽的镀锌钢板条,采用自攻螺栓固定,自攻螺栓间距控制在10~13cm内。连接完毕后,在连接处用铝箔胶带密封,胶带应均匀分布在两风管上(图5.2.3-1)。

2.与帆布软接的连接。

用金属条压紧帆布,用螺钉将其固定在风管开口四周即可。

3.与风口的硬接。

按风口规格在管道上开孔,在管道和风口重合处涂胶粘合,在风口四周用玻璃胶密封。如需加固,可用螺钉固定风口与管道。

4.与圆形金属软管的连接(图5.2.3-2)。

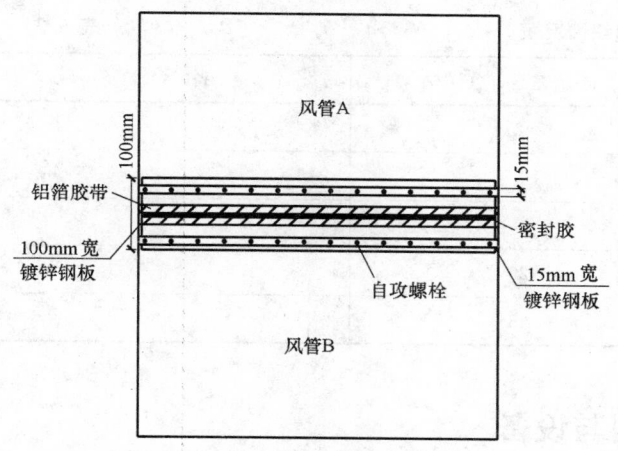

图5.2.3-1 风管的组对连接、密封示意图

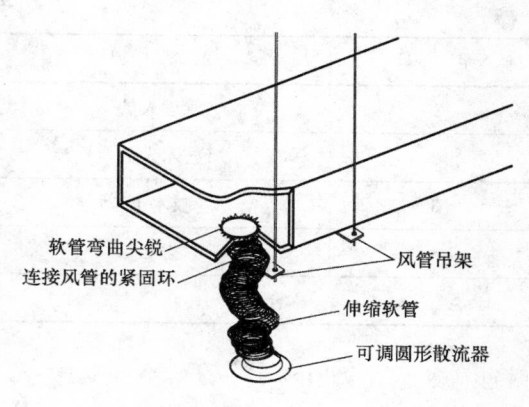

图5.2.3-2 风管与圆形金属软管的连接示意图

5.2.4 风管悬挂和支撑

1.风管悬挂型号、悬挂之间的间距应根据风管的大小参考厂家制定的悬挂型号规格表选定制作。

2.一般平移管不需要加设悬挂,但当平移管部分长度大于1220mm时,需单独加设悬挂,斜底面应与气流方向平行。

3.酚醛复合风管垂直风管的支架不得少于2个,支架的间距不应大于1200mm,垂直长度不应超过2个楼层。

4.酚醛复合风管不应承受风管部件的重量,部件应单独设立支吊架。

5.风管每隔10m设置固定支架一个,单根风管不少于2个固定支架,拐弯处必须设置防晃支架,防止系统运行时风管晃动。

5.2.5 风管修补

1.如果是管道外表面轻微的破损,可以用专用的密封胶带进行修补即可。如果管道外表的铝箔层破损较大,而酚醛保温层未发生损坏,则可用两层胶带进行管道铝箔表面修补,确保修补宽度突出破损四周至少25mm。

2.如果管道壁的破损已达到酚醛保温层时,则可将破损的地方割下来,开出45°搭接口,另选一块完好的板材,根据切割下来的破板尺寸切割好,开好45°搭接口,在四周接口上涂上修补胶及胶粘剂,用相应的方块填补,粘结缝处贴专用的密封胶带。

3.如果管道的破损比较严重,且破损面积比较大,有可能会影响风管系统的正常运行时,就需要对管道进行更换修补,以保证系统的正常运行。

5.2.6 系统调试运行

1.漏光检测:按照规范《通风与空调工程施工质量验收规范》GB 50243—2002的要求风管上每隔一定距离开启一检查口,采用不低于100W带防护罩的低压照明灯,低压风管系统每10m接缝,漏光点不大于 2 点，且每 100m 接缝平均不大于 16 处。中压系统每 10m 接缝，漏光点不大于 1 处，且每 100m 接缝平均不大于 8 处。检测到的漏光处，作密封处理。

2. 漏风量检测：漏风量检测应采用经检验合格的专用测量仪器，风管式检测装置采用孔板做计量元件，风室式检测装置采用喷嘴做测量元件。

3. 漏风量分正压实验和负压实验两种，一般采用正压条件下测试来检验。

4. 漏风量测试可以整体测试或分段进行。测试时，被测系统的所有开口均应封闭，不应漏风。

5. 被测系统漏风量大于设计和验收规范的规定时，应检查出漏风部位，作好标记，修补完成后，应重新测试，直至合格。

5.3 劳动力组织

劳动力组织情况见表 5.3。

劳动力组织情况表　　　　　　　　　　　　　表 5.3

序　号	单项工程	施工人数	备　注
1	管理人员	2	
2	技术人员	3	
3	技术工	8	
4	力工	20	
	合计	35	

6. 材料与设备

6.1 材料

主要材料见表 6.1。

主要材料表　　　　　　　　　　　　　　表 6.1

序号	材料名称	规格及型号	用　途
1	酚醛复合板材	4000×1200×20	风管制作
2	复合风管粘结专用胶		风管成型、组管
3	专用压敏胶带	63mm×54m	风管成型、组管
4	密封胶	中性硅酮	风管密封
5	镀锌吊杆	Φ6,Φ8	风管支吊架,风管加固
6	不锈钢专用垫片	Φ60×0.8	风管加固
7	自攻螺栓	Φ4＊40	风管加固
8	轻钢龙骨	38 号、50 号、60 号	风管加固、风管横旦
9	镀锌钢板	δ＝0.75mm	导流片,风管加固
10	角钢	L30×30×3	风管固定支架
11	膨胀螺栓	Φ8	风管支架固定
12	圆形垫片	Φ40	风管支撑、固定

6.2 机具设备

主要机具设备见表 6.2。

主要机具设备表 表 6.2

序号	设 备 名 称	规格及型号	数 量	单 位	用 途
1	开槽刀	1号、2/4号、3号	10	把	板材开槽
2	制作台	3200×1300	8	台	加工风管
3	刮板		20	把	刮平胶带
4	打胶枪		20	把	打密封胶
5	切割机	J3G-400	4	台	制作支吊架、固定支架
6	电焊机	BX-160	2	台	加工固定支架
7	冲击钻		2	把	安装吊架、固定支架
8	壁纸刀		10	把	切割酚醛板材

7. 质量控制

7.1 质量控制标准

酚醛风管质量执行《通风与空调工程施工质量验收规范》GB 50243—2002，《通风管道技术规程》JGJ 141—2004，《通风与空调工程建筑安装工程施工技术操作规程》DB21/900.20—2005 J10514—2005，辽宁省地方标准《建筑工程施工质量验收实施细则》DB21/1243—2003 J10241—2003。

附：执行规范内容《通风与空调工程施工质量验收规范》GB 50243—2002 第 4.3.1 条第 2、3 款；4.3.1.2 风管与配件的咬口缝应紧密、宽度应一致；折角应平直，圆弧应均匀；两端面平行。风管无明显扭曲与翘角；表面应平整，凹凸不大于 10mm；4.3.1.3 风管外径或外边长的允许偏差：当小于或等于 300mm 时，为 2mm；当大于 300mm 时，为 3mm。管口平面度的允许偏差为 2mm，矩形风管两条对角线长度之差不应大于 3mm；圆形法兰任意正交两直径之差不应大于 2mm。

《通风与空调工程施工质量验收规范》GB 50243—2002 第 4.3.2 条第 2 款；4.3.2.2 风管与法兰采用铆接连接时，铆接应牢固、不应有脱铆和漏铆现象；翻边应平整、紧贴法兰，其宽度应一致，且不应小于 6mm；咬缝与四角处不应有开裂与孔洞。

7.2 质量保证措施

7.2.1 在项目经理的领导下，建立完整的质量监督组织和工作制度，自始至终对工程全方位监控。

7.2.2 项目经理部除接受公司质检部门的管理外，随时随地接受业主代表、监理代表、总包方对现场施工质量的检查和监督及管理，有关工程重要的施工方案、计划、决定报业主、监理批准认可，方可实施。

7.2.3 项目部对各施工段班组实行监督管理，定期监督检查施工班组是否严格按照施工方案、作业指导书，施工规范和操作规程进行操作。特别是对进口设备要详细阅读，制定专门方案后施工，保证施工质量及进度要求。

7.2.4 为保证工程质量，设立安装专职质量检验员，各工段班组设立兼职质检员，实行层层把关，各工序道道设岗，上下左右检查，建立有效的质量管理网络，人员坚持挂牌制，并与施工人员的经济利益挂勾，并定期检查，将检查结果公布与众和确定奖罚数量。

7.2.5 坚持按图施工，对完成的工序必须进行自控、互检并填写记录，并报质量员检定，分部分项工程完工后，填写报验单交业主、监理验收。

7.2.6 每个施工人员必须杜绝质量通病的发生，认真听取业主、监理及其他相关专业人员的检查，对提出意见及时整改。使用材料、设备符合质量标准和图纸要求，设备档案要齐全、完整、对部分材料进行必要的性能检测，确认合格方可进场使用，进场的设备、材料由专人负责保管。

7.3 质量保证程序（图7.3）

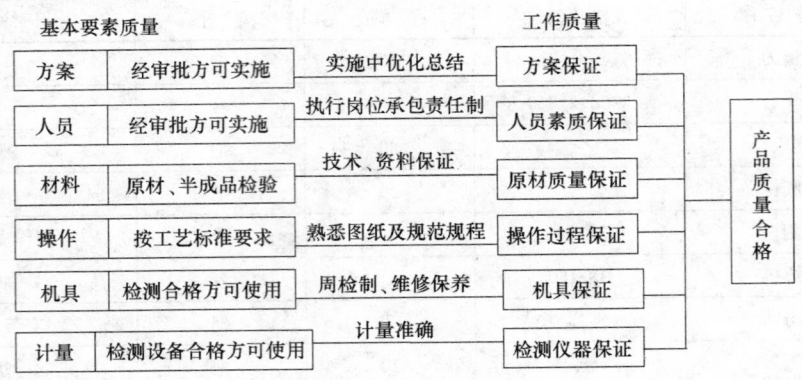

图 7.3 质量保证程序

7.4 施工过程质量执行程序（图7.4）

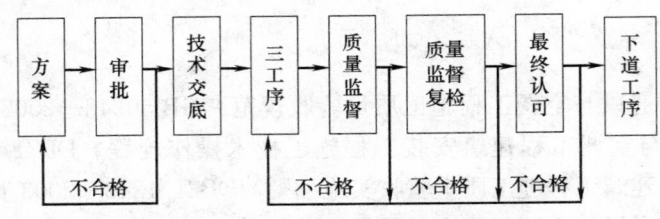

图 7.4 施工过程质量执行程序

8. 安 全 措 施

8.1 酚醛复合板材必须堆放整齐美观，并放在专用仓库内，且设置好灭火器。

8.2 切割酚醛复合板材时，操作人员应戴好手套。无关人员应远离制作台。

8.3 风管安装必须搭设好移动式操作平台，操作人员应戴好安全帽，且必须系紧安全帽带。

8.4 现场临时用电必须符合《施工现场临时用电安全技术规范》JGJ 46—2005。

8.5 手持式电动工具的外壳、手柄、插头、开关、负荷线等必须完好无损，使用前必须做绝缘检查和空载检查，在绝缘合格、空载运转正常后方可使用。

8.6 吊运风管时，应注意周围有无障碍物，特别注意不得碰撞到电线。

8.7 风管、部件或设备未经稳固，严禁脱钩。

8.8 建立安全生产定期检查制，班组每日检、安全员每周检、以自检为主，互查为辅，查思想、查制度、查纪律、查隐患、并结合时间、季节特点重点对触电、高空坠落等安全隐患，采取相应措施。

8.9 施工人员进入现场，佩戴胸章，身穿整洁工作服，注意形象，同时必须遵守现场制度。

8.10 特殊工种必须坚持持证上岗，严禁无证上岗。

8.11 危急情况停工制，一旦出现危及职工生命安全险情，要立即停工，同时及时采取措施排除险情，并把情况报项目部。

8.12 架子要经常检查，进入高空作业时，严禁随意往下抛物件，以防伤害别人。

8.13 加强机械管理，一切机电设备应指定专人操作。

8.14 经常检查维修临时用电线路，夜间施工应有足够的照明，设红灯禁示，并使用36V低压移动式行灯，所有电线不得与钢管架子连接，手持电动工具等必须安装触电保护器。

8.15 工地加工场和库房前悬挂安全纪律牌和防火须知牌，设备操作前应有操作规程牌，使每位施工人员认识到安全生产重要性，使人人按章操作，杜绝事故发生。

9. 环保措施

9.1 高度重视现场文明施工和环境保护，以尽量减少对周边环境的影响，防止施工扰民。

9.2 以预防为核心，以控制为手段，通过监督和监测不断发现问题，约束自身行为，调节自身活动，为实施环境持续改善取得依据。

9.3 风管板材粘合时，选用的的胶粘剂应是环保产品，不得挥发对人体健康有害的气体。

9.4 酚醛复合板材应在规定的地方集中切割，剩余的废料应集中堆放，统一外运。

10. 效 益 分 析

10.1 酚醛板材与镀锌板材、玻璃钢风管相比，易于加工。本工法加工设备简单，技术含量也不高，一般工人稍加培训就可掌握基本技能，为企业节约了大量的设备资金和员工技能培训费用。

10.2 由于酚醛板材质量轻，在风管制作安装过程中，不需要太多的安装人员，且支撑材料小于镀锌钢板风管等规格型号。这样不仅节约了人力物力，还有效地降低了安装过程中的安全风险。酚醛复合风管加工制作没有镀锌风管制作那样大的噪声，对附近居民生活基本没有影响，有利于工程的顺利开展和员工的身心健康，为工程建设实现绿色环保施工迈出坚实的一步。

10.3 酚醛板材因其具有良好的保温性能、耐水性、消声性能，可省去一般风管系统中的消声装置和保温材料。酚醛风管密封效果好，泄漏量小，节约能源，经济效益显著。

10.4 酚醛风管外型美观，特别适用于明装。可有效降低楼层层高，为业主节约大量建设资金。

10.5 经久耐用，使用寿命长：镀锌钢板在潮湿环境中较易生锈，玻璃钢则易老化，易损坏，因此传统风管的使用寿命都不长，大约为5~10年，传统风管外包的保温层，如玻璃棉的使用寿命只有5年，而酚醛铝箔复合风管的使用寿命至少20年以上。因此酚醛铝箔复合风管的使用寿命是传统风管使用寿命的3倍以上。另外，酚醛铝箔复合风管的再利用率可达60%~80%，而传统风管几乎不能重复利用。

11. 应 用 事 例

11.1 应用事例 1——海南三亚凯宾斯基度假酒店工程

11.1.1 工程概况

海南三亚凯宾斯基度假酒店工程，该工程位于海南省三亚市海坡开发区，建筑面积为59176.19m²，2005年5月开工，2007年2月完工，由19栋楼组成的花园式建筑群体组成。空调系统采用全空气系统系统，设独立排风系统。

11.1.2 施工情况

该工程空调送回风、排风系统采用酚醛复合风管，风管面积为14500m²。采用本工法施工，在确保施工质量的前提下，人工日安装工程量约为20m²，极大提高了施工速度，确保了施工进度，受到雇主的好评，直接节约人工费、辅材费25万元。

11.1.3 工程的监测与结果评价

海南三亚凯宾斯基度假酒店工程空调风系统在单机调试过程中，漏风量普遍控制在2%以内，避免了末端因漏风量过大送风量不足的毛病，在调试过程中，风口送风量均大于设计风量。同时在噪声测试中，所有的空调系统全部控制在45dB以内，与其他风管系统比较，减少了约4~5dB。

11.2 应用事例 2——大连国际车城 4S 店工程

11.2.1 工程概况

大连国际车城4S店工程位于大连市华北路河马俱乐部东侧，建筑面积6300m²，钢结构，地上二层，建筑高度为9.4m。建筑功能为展厅、销售、维修为一体综合楼，空调系统采用新风加换气机系统，风管采用酚醛板材制作。

11.2.2 应用情况

大连国际车城4S店工程开工日期为2002年4月，竣工日期为2002年11月，酚醛风管制作安装面积5800m²。风管的质量和进度均符合施工要求，噪声等各项指标经测试完全满足设计要求，节约投资约8万元，运行至今一切正常，受到雇主的好评。

11.3 应用事例3——大连软件园腾飞园区1号楼附属办公楼

11.3.1 工程概况

大连软件园腾飞园区1号楼附属办公楼位于大连市高薪园区七贤岭，建筑面积9000m²，框剪结构，地下一层，地上一层，建筑高度为5.35m。建筑功能为多功能商业楼，空调系统采用新风加风机盘管系统，风管采用酚醛板材制作。

11.3.2 应用情况

大连软件园腾飞园区1号楼附属办公楼开工日期为2006年12月，竣工日期为2007年8月，酚醛风管制作安装面积10000m²。风管的质量和进度均符合施工要求，并一次调试成功，噪声完全满足设计要求，受到雇主的好评，直接节约人工费、辅材费15万元。

大型精密厂房地板采暖混凝土地坪施工工法

GJEJGF130—2008

天津市建工工程总承包有限公司　天津一建建筑工程有限公司

王明明　杨建国　李忠雨　赵菁　王惠生

1. 前　言

随着建筑各种节能技术的发展与普及，辐射采暖以其高效节能有利于营造健康的室内环境、房间温度分布均匀等优势逐渐被居住建筑、公建、工业建筑等各类建筑所采用。其中采暖管因其埋设方式、埋设介质的不同，有不同的施工工艺。本工法特别适用于大面积、高精度、高荷载的辐射采暖混凝土地坪的施工。经天津市建工工程总承包有限公司和天津一建建筑工程有限公司在空客 A320 工程 9 号总装厂房及 19 号最终装配及飞行检修机库的应用，效果良好，在施工实践的基础上编制本工法。

大型精密厂房辐射采暖混凝土地坪施工技术，作为空客 A320 系列飞机中国总装线项目综合施工技术之一，通过了天津市建委组织的专家鉴定，其水平达到了国内领先，获得天津市科技进步三等奖。形成工法被评为天津市市级工法（TJGF001—2008）。工法中的"超长混凝土地面施工缝预留方法"已申请专利（专利号 200910068076.7）。

2. 工 法 特 点

2.1　既满足地板辐射采暖的使用功能，又满足一般混凝土地面的各种技术和使用要求。

2.2　通过对几种缝合理的组合，留置永久缝、施工缝、诱导缝等几种不同效果的功能缝，有效地消除因温度变化或混凝土硬化收缩造成的温度应力对混凝土地坪结构造成的不利影响。

2.3　选择合理的混凝土配合比及外加剂，改善混凝土的各种物理性能及工作性。通过试验掌握混凝土的实际收缩率，为各种功能缝的留置方式、留置间距提供依据。

2.4　钢筋绑扎阶段，按设计采暖管的分组进行地盘管敷设，浇筑混凝土前进行打压，浇筑混凝土时不减压。

2.5　施工后的表面为混凝土原浆压光，表面平整度可达 2mm 的水平。

2.6　有效地提高工效，节约工期。

3. 适 用 范 围

3.1　本工法适用于采暖盘管埋设于混凝土地坪中的室内地采暖工程。

3.2　施工阶段宜保证整个建筑物处于封顶、封闭状态。若不能封闭时，应有严密的成品保护措施。冬期施工时，应有严格的保温措施。

3.3　地坪混凝土的施工温度宜掌握在 5～30℃。

4. 工 艺 原 理

通过合理施工工艺，有效保证土建施工与暖通施工的协调；采用"抗放结合"的方法，通过留置并合理的组合永久缝、施工缝、诱导缝等几种不同效果的功能缝，消除因温度变化或混凝土硬化收缩造成的温度应力对混凝土地坪结构造成的不利影响。

4.1 地面永久缝的间距：地面永久缝的最大间距按以下公式考虑：

$$[L_{max}]=2\sqrt{\frac{EH}{C_x}}arcch\frac{|\alpha T|}{|\alpha T|-\varepsilon_p} \tag{4.1}$$

式中　E——混凝土的弹性模量；

　　　H——混凝土结构的厚度；

　　　C_x——地基水平阻力系数；

　　$arch$——双曲余弦的反函数；

　　　α——线膨胀系数；

　　　T——综合温差；

　　　ε_p——混凝土的极限拉伸。

4.2 地面热伸长：地面的热伸长问题按如式（4.2）考虑：

$$\Delta L=\Delta TL\alpha \tag{4.2}$$

式中　ΔT——混凝土温差；初始温度考虑为10℃，供暖后的稳定水温最高为50℃；

　　　L——计算长度；

　　　α——线膨胀系数。

通过以上两个公式可综合考虑各种缝的合理留置间距问题。

4.3 地面竖向做法：地面的竖向做法如图4.3所示。

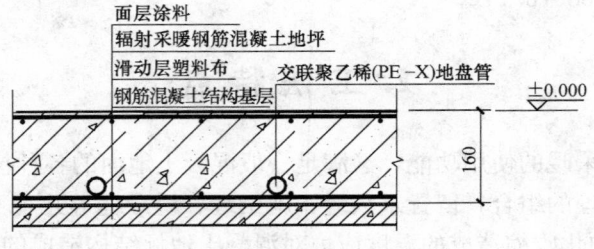

图4.3　地面的竖向做法

5. 施工工艺流程及操作要点

5.1　工艺流程

基层清理 → 防水层施工（如有要求）→ 铺滑动层塑料布 → 绑扎地坪下部钢筋 →

安装地采暖盘管及地坪内预留预埋 → 安装保护层、马凳 → 绑扎地坪上部钢筋 → 安装地坪±0.000预留预埋 →

铺设水平滑道 → 支模、校正、调整 → 浇筑地坪混凝土 → 机器打磨 → 机器抹光 → 地面养护 → 覆盖保护养护、拆模 →

面层切缝 → 填密封材料

5.2　操作要点

5.2.1　基层处理

基层清理后，应保证基层的表面平整度满足《建筑地面工程施工质量验收规范》GB 50209—2002中相应材质基层表面平整度的要求。且表面不得有任何混凝土结块、钢筋短头等任何非图纸要求的预留预埋。基层表面在非永久缝的位置不得有高差的突然变化。基层表面清扫干净，不得留有污垢、杂物。

清理完成后基层表面铺设滑动层，以有效的降低基层与地坪板间的约束应力，滑动层采用塑料布（农用薄膜）或防水卷材，接口粘结牢固。

5.2.2　钢筋绑扎要点

5.9.2 $DN \geqslant 800$

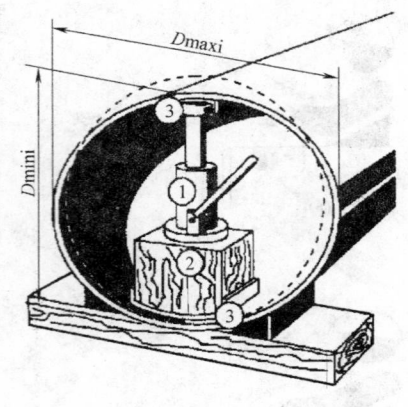
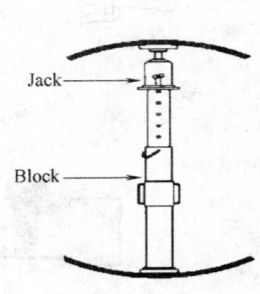

图 5.9.2 整圆示意图（$DN \geqslant 800$）

5.10 水压测试（图 5.10）

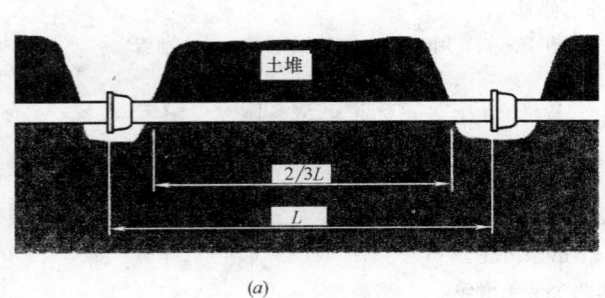

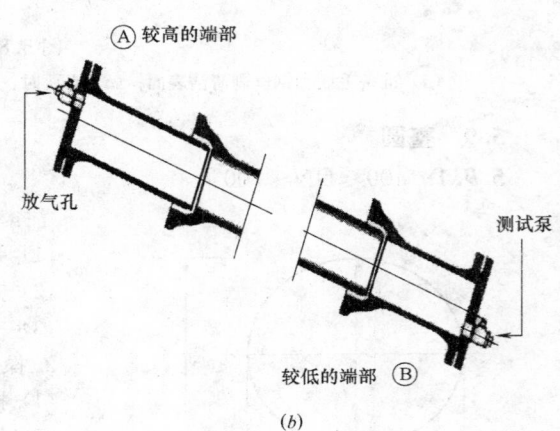

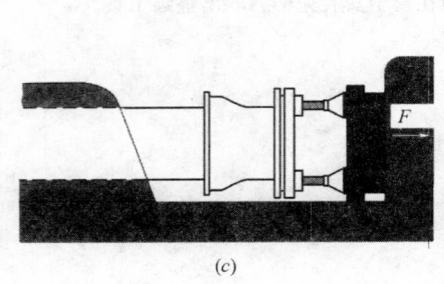
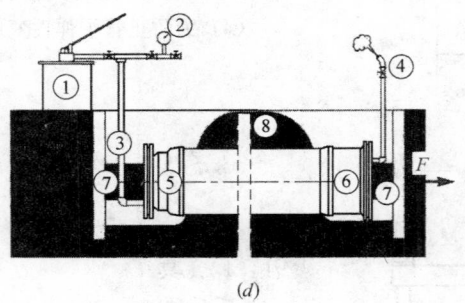

注：管道加水
检查空气阀
从低压点逐渐加水
检查水的运行线路
在一些高点释放空气
在加压之前，尽可能
让水留在管中达 24h

图 5.10 水压测试示意图

1—测试泵；2—压力计；3—泵连接管；4—气阀；5—低压点；6—高压点；7—抵挡木块；8—土壤
（a）根据现场情况，在接头没有被覆盖时，进行试压，以便于容易被检查；（b）管道系统的两端用带有放
气孔的法蓝盘密封；（c）在管道末端安装抵挡木块，以便调整系统；（d）也可以用螺旋装置来调整

6. 材料与设备

本工法无需特别说明的材料，采用的机具设备见表 6。

1. 铺筋顺序：下网应先铺短向、后铺长向，上网则刚好相反。

2. 钢筋交点均采用绑丝绑扎，绑扎要求牢固，且绑丝一律甩向钢筋内侧。

3. 钢筋马凳设计及放置：用于架立地坪上排钢筋的马凳根据地坪板的厚度采用 $\phi10\sim16$ 钢筋加工，按间距 1.5m 设置，马凳铁角应与面层下网钢筋绑扎牢固。制作示意如图 5.2.2。

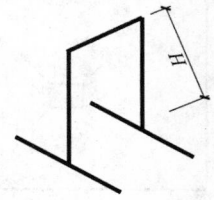

图 5.2.2　马凳制作示意图

4. 上层钢筋网的连接方式不宜采用焊接，以防止焊接火花损坏地盘管。

5. 上层钢筋的调平：为保证在切割地坪诱导缝时切断上层钢筋，钢筋网绑扎完成后必须按标高及要求的混凝土保护层厚度挂线检验钢筋网的平整度；平行于诱导缝方向的钢筋不得与诱导缝重合。

5.2.3　地盘管的安装要点及保护

1. 地盘管的布置：地盘管采用交联聚乙烯（PEX）或金属管，一般按"S"形布置在地坪内，其间距按暖通的设计要求而定。布置方式宜与地坪板的施工缝及永久缝分块相结合，每一分块内的盘管独立供回水。

2. 地盘管用塑料扣带与地坪下部钢筋绑扎固定、可靠，不得有自由飘移。安装完成后的地盘管必须保证在地坪厚度的下半部分，防止切割诱导缝时损坏地盘管。

3. 地盘管按给水区域进行安装，安装完成后进行带压试水，带压状态持续至地坪混凝土浇筑完成，以利于随时检查。

5.2.4　各种缝的分类及留置原则

1. 地面的分缝按不同的功能分为如图 5.2.4-1 三种形式：

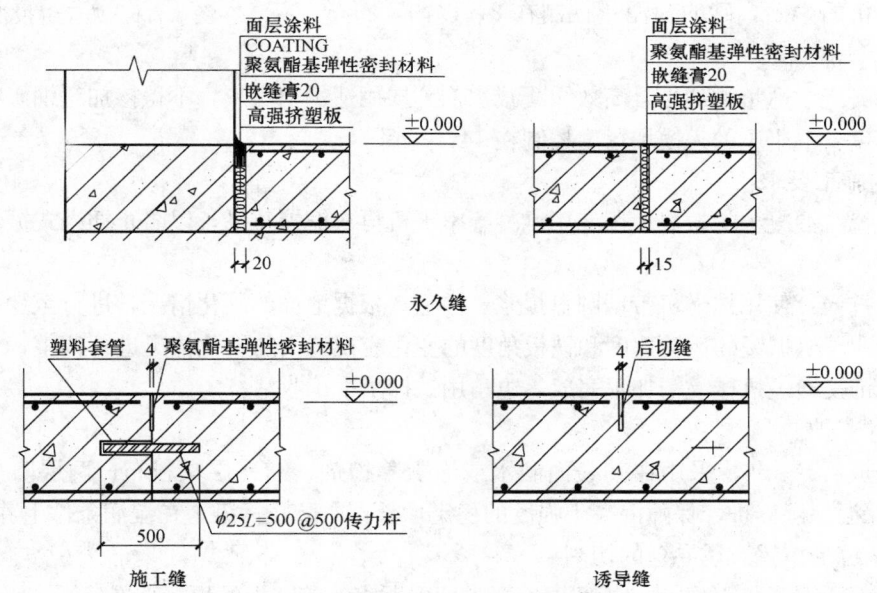

图 5.2.4-1　地面各类功能缝

2. 留置原则：

永久缝：设置于与墙体、结构柱的相交部位，中间位置的间距根据设计要求或根据混凝土结构的各种参数及温度应力计算而定；

施工缝：其间距根据混凝土的分仓大小而定，施工缝的位置即分仓缝位置；

诱导缝：诱导缝的位置一般为图纸轴线位置，但间距一般不宜小于 2m，也不宜大于 9m，其深度一般为混凝土地坪厚度的 1/3 左右，但缝底距地采暖盘管的距离不应小于 25mm。

地坪板的转角，预留预埋的四角 45°切缝的长度为 500mm 以消除温度集中应力在转角部位可能造成的有害裂缝，如图 5.2.4-2 所示。

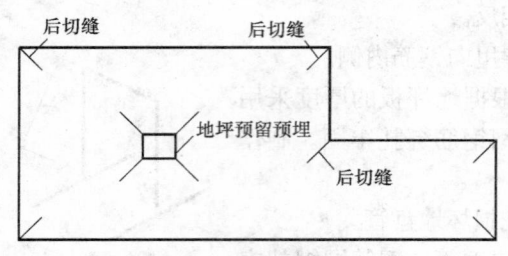

图 5.2.4-2　转角切缝示意图

5.2.6　施工缝模板

地坪按"分仓跳打"的方式组织施工，如图 5.2.6 所示传力杆施工缝及贯通缝做为分仓缝位置，模板采用槽钢，用丝杠调节标高，缝模板同时也做为平板振捣器的边缘水平滑道。

5.2.7　混凝土的要求

1. 混凝土施工环境：混凝土施工的环境温度宜控制在 10℃左右。

2. 混凝土的配合比要求：

水泥：水泥固定生产厂家，固定品种，选用 42.5 号普通硅酸盐水泥或硅酸盐水泥。

混凝土骨料：所用碎石最大粒径≤30mm，针片石含量≤15％，砂选用偏粗的中砂，砂的含泥量控制在 2％以内，石子含泥量控制在 1％以内。

图 5.2.6　施工缝模板示意图

外加剂：混凝土中适量添加复合高效缓凝减水剂，掺用适量粉煤灰，不得掺加超细矿粉。

混凝土坍落度：混凝土的入模坍落度控制在 14±2cm。

3. 混凝土的施工要求：

混凝土的振捣：混凝土的振捣使用专用混凝土整平机再次振捣整平，以防止插入式振动棒对地盘管可能造成的损伤。

表面收平、抹光：使用抹光机带动圆盘提浆、搓毛。根据地面的硬化情况，进行至少 3 次不加装圆盘的机械镘抹光作业。机械镘的运转速度和铁板角度的变化应视地面的硬化情况进行调整，作业应纵、横交错进行。最终修饰是通过机械镘精加工完成，边角用铁抹子手工收活。

5.2.8　地坪养护

地坪收光完成后 5～6h，采用在其表面洒水或涂敷养护剂，铺一层塑料布，两层防火草帘（用于冬期），对其进行保温保湿养护，保障混凝土强度的稳定增长，并防止污染。在湿润条件下养护至少 14d。

5.2.9　永久缝的留置及诱导缝的切割

1. 永久缝采用与缝宽一致的挤塑板留置，要求留置顺直，挤塑板的顶标高准确。

2. 诱导缝的切割采用专用切割锯，使用高质量锯片，确保切断上层钢筋，切割深度采用专用卡具控制。

3. 永久缝及诱导缝用单组份聚氨酯弹性封闭。

5.2.10　施工时间

施工时间一般选择在能见度较好的白天进行，尤其是表面收平、抹光作业更应安排在白天进行。

5.3　劳动力组织

根据工法的施工特点，应选派技术成熟、组织严密、有同类工程施工经验的队伍进行施工。施工队伍进场后，对一线施工人员进行技术交底，使其了解工程特点，避免盲目施工。每班安排施工人员最少数量如下：

1. 钢筋绑扎、地盘管安装：钢筋绑扎 2 人，地盘管安装 2 人。
2. 支模、混凝土浇筑、振捣、收面：支模 2 人，混凝土浇筑 3 人，振捣 2 人，收面 3 人。
3. 混凝土养护、切缝：混凝土的养护以保持表面湿润为准，2 人作业。切缝 3 人。

6. 材料与设备

6.1 材料

钢筋、混凝土、采暖盘管、挤塑板、传力杆、结构密封胶。

管材：管材的内外表面应光滑，清洁，不允许有分层、针孔、裂纹、气泡、起皮、痕纹和交杂等，但允许有轻微的、局部的、不使外颈和壁厚超出允许公差的划伤、凹坑、压入物和斑点等缺陷。采暖管道应采用 PE-XA 型高密度交联聚乙烯管材。

6.2 机具设备

6.2.1 施工机具：配备相应数量的平板式振捣器、振捣棒、磨光机、切割锯；根据实际情况配备相应数量的圆盘、机用铁板、塑料馒、手工馒。

6.2.2 仪器：配备经法定计量部门鉴定合格的 S3 水准仪、S1 水准仪、激光扫平仪、2m±1mm、4m±2mm 靠尺。

6.2.3 混凝土搅拌、运输、泵送设备：混凝土的生产、运输由专业的混凝土搅拌站进行组织，但必须保证混凝土到场后的各项技术要求。

7. 质量控制

除已明确的质量要求外，施工的各项质量控制要求应满足《建筑地面工程施工质量验收规范》GB 50209—2002。

7.1 钢筋、模板、混凝土、地盘管安装等工序的施工质量应满足相应的规范要求。

7.2 地坪表面平整度控制在 4m 水平尺 2mm 以内；缝两侧高差控制在 0.5mm 以内。

7.3 质量保证措施：

7.3.1 钢筋绑扎除应满足相应的规范要求外，还应严格保证上层钢筋网的平整度及混凝土保护层厚度，平行于诱导缝方向的钢筋不得与诱导缝重合。确保上层钢筋被切断。

7.3.2 采用交联聚乙烯（PEX）地盘管的地坪，钢筋的连接一律采用绑扎搭接，严禁采用焊接，防止电弧熔伤盘管。绑扎上层钢筋网时，应注意对地盘管的保护，不得在安装完成的地盘管上堆载重物，放置尖锐物体，拖拽物品等，放置损地盘管。

7.3.3 半自动化施工情况下，混凝土的振捣采用平板振捣器，不得采用插入式振捣器。

7.3.4 施工过程中，激光扫平仪或其他监控设备应实时跟踪，保证标高及平整度的准确。

8. 安全措施

根据工法的施工特点，应选派技术成熟、组织严密、有同类工程施工经验的队伍进行施工。施工队伍进场后，对一线施工人员进行技术交底，使其了解工程特点，避免盲目施工。该工法在施工过程中主要注意电气专业的安全施工：

8.1 使用用电机具前必须经电工检验合格后方可使用。使用时，操作人员应穿绝缘鞋，带绝缘手套。

8.2 所有电器设备必须安装漏电保护开关。

9. 环 保 措 施

9.1 在工程施工过程中，严格遵守国家和天津市的有关环境保护的法律、法规和规章，加强对施工燃油、工程材料、设备、废水、生产生活垃圾、弃渣的控制和治理，遵守有关防火及废弃物处理的规章制度。

9.2 将施工场地和作业限制在尽可能小的范围内，合理控制，严格按照现场的文明施工要求组织施工，日战日清，确保现场干净整洁。

9.3 优先选用低噪声的施工设备。

10. 效 益 分 析

由于大量的采用机械作业，运用该工法实施类似工程可大量节约人工费，提高工作效率，加快施工速度，工程量愈大，节约效果愈明显。另外，本工法更讲求的是质量效益和社会效益。如果采用传统的混凝土地面施工工艺，地坪的平整度达不到要求的质量标准，施工完成后可能将会产生很多预料之外的地面裂缝，更严重将出现大修返工现象。应用本工法施工，将可能产生不利裂缝的因素全部消除，有效的保证工程质量，最终保证建筑的使用功能。另外，地板辐射采暖作为一种节能、环保的新型采暖技术正逐步得到推广，运用该工法施工可充分发挥其节能、环保效益。

11. 应 用 实 例

11.1 应用实例 1

2007 年 12 月～2008 年 3 月在空客 A320 工程 9 号总装厂房应用本工法。采暖混凝土地坪平面尺寸 250m×70m，厚 160mm，分成由施工缝、永久缝分成 17 大块组织施工。永久缝最大间距 133m，诱导缝间距 8.5m，施工缝间距 30～70m 不等。施工后表面平整度控制在 4m 水平尺 2mm，缝两侧高差控制在 0.5mm 以内。至今未出现预料之外的裂缝。本工程已获 2009 年度"海河杯"，正在申报 2010 年度"鲁班奖"。本工法施工地面整平取代了进口整平设备，由空客外包施工为自主施工，节省外包施工费用，节省外汇折合人民币 300 万元。

11.2 应用实例 2

2008 年 9 月～2008 年 10 月在空客 A320 工程 19 号最终装配及飞行检修机库应用本工法。采暖混凝土地坪平面尺寸 96m×96m，厚 150mm，分成由施工缝、永久缝分成 14 大块组织施工。施工后表面平整度控制在 2m 以内，缝两侧高差控制在 0.5mm 以内。此项目节省外汇折合人民币 200 万元。

11.3 应用实例 3

2008 年 4 月～2008 年 7 月天津一汽夏利 40 万发动机新基地建设联合厂房，地面面积近 3 万平米，混凝土地坪施工应用了本工法，地面表面整度控制在 2mm。投入使用半年，未发现裂缝出现。

11.4 应用实例 4

2009 年 2 月 28 日～2009 年 3 月 30 日天津石化 100 万 t/年乙烯固体产品包装及仓库工程，建筑面积 55475m²，其中仓库面积约 18000m²，混凝土地面施工应用了"大型精密厂房地板辐射采暖混凝土地坪施工工法"，通过采取"跳仓"浇筑、设置不同施工缝等一系列技术措施，控制了混凝土的收缩裂缝的出现，经检测地面表面平整度偏差小于 2mm，取得了良好的施工效果。

大型动臂式塔机安装拆卸和爬（顶）升工法

GJEJGF131—2008

中建三局第二建设工程有限责任公司　中国建筑第四工程局有限公司

汤丽娜　张琨　冉志伟　黄刚　龙传尧

1. 前　　言

随着社会经济的发展，大型建筑工程正在向超高层方向和钢结构方向发展，其结构呈现多样化趋势。单体构件越来越重，施工工艺越来越复杂，施工工期越来越紧。因此，出于提高施工生产效率、保证施工质量和安全、缩短施工工期的需要，选择性能先进、起重能力大的起重垂直运输设备，已成为大型高层建筑工程施工中的首选。

在中央电视台新台址建设工程塔楼施工中使用了 2 台 M1280D 型塔机和 2 台 M600D 型塔机、裙楼施工使用 2 台 M440D 型塔机。

在上海环球金融中心工程施工中使用了 3 台 M900D 型和 1 台 M440D 型塔机。

在广州珠江新城西塔工程施工中使用了 3 台 M900D 型塔机。

在以上几个工程中使用的 M××××D 系列塔机，均系由澳大利亚法福克公司生产的内燃机驱动、全液压控制、动臂式的大吨位重型塔机。此系列大型塔机，目前在国内使用中还缺乏比较成熟的安装拆卸和爬（顶）升施工技术，从施工生产中总结编制的这一工法，将有利于超大型塔机在国内各大型工程中的推广使用。

2. 工 法 特 点

2.1 根据 M××××D 系列塔机的结构特点，规范了塔机的安装、拆卸、爬升、顶升等使用工况的具体流程和操作步骤。

2.2 结合高层结构施工向上逐层推进的特点，分阶段进行塔机的爬升和顶升。

2.3 本工法操作方便安全，能有效保证施工质量、缩短施工工期。

3. 适 用 范 围

3.1 本工法适合于 MD 系列塔机的安装、拆卸、爬升、顶升等各项工作内容。

3.2 该施工方法系从 MD 系列塔机施工中总结，对于采用非内燃机驱动、全液压控制、动臂式结构的其他塔机也具有指导意义。

3.3 该工法是高层房屋建筑中塔机使用经验的总结，对于超高层和大型复杂的构筑物尤其适用。

4. 工 艺 原 理

4.1　塔机安装拆卸工艺原理

塔机的安装，是在塔机的基础或支撑底座施工完毕，并达到规定要求后，通过使用相应的起重设备，先在地面进行各部总成的拼装，然后再按照先下部结构、后上部结构的顺序完成安装工作。

塔机拆卸，是安装的逆向过程。

4.2 塔机顶升工艺原理

塔机的顶升加节是通过安装顶升套架，由套架上的液压油缸（活塞杆）做伸缩运动，使套架顶起塔身节上部的塔机，从而实现加节的目的。该系列塔机顶升一个行程即增加一节塔吊标准节。

4.3 塔机爬升工艺原理

塔机的爬升是由爬升节和爬升横梁上的两组爬爪，通过爬升节内的液压油缸（活塞杆）的伸缩上下运动，使两组爬爪交替支承在爬升梯上，从而来实现塔机的爬升工作。根据爬升的距离，需要多次循环伸缩运动，才能完成一次爬升操作。

5. 施工工艺流程及操作要点

5.1 工艺流程

5.1.1 塔机安装工艺流程（拆卸流程为安装的逆向流程）（图 5.1.1）

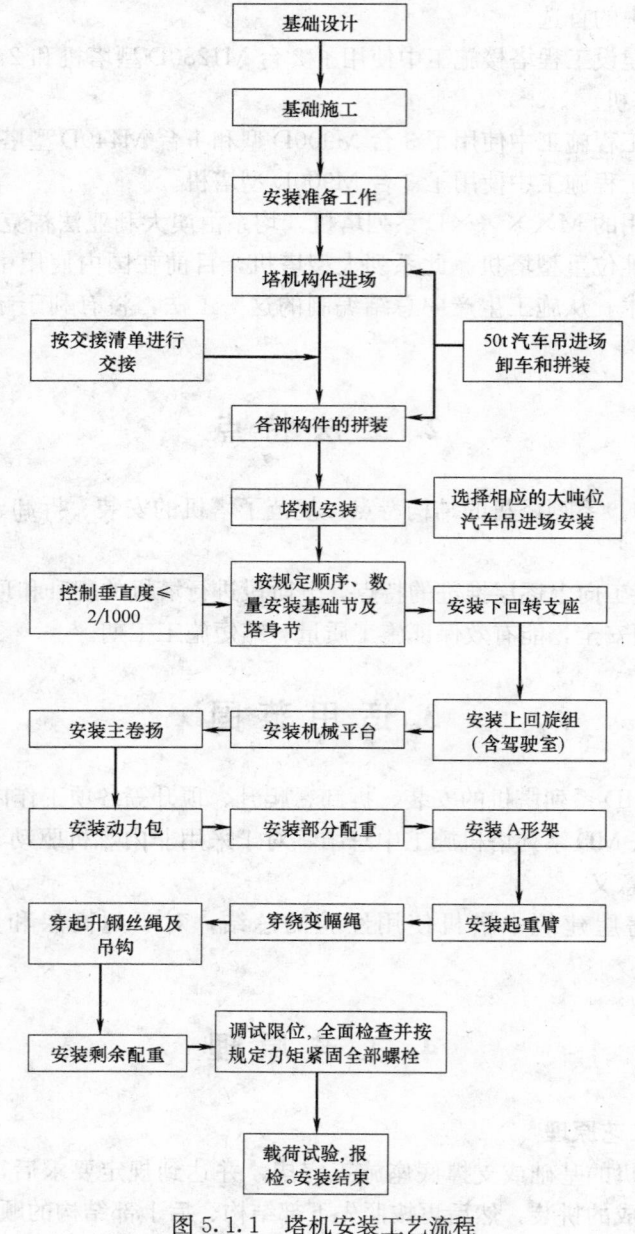

图 5.1.1 塔机安装工艺流程

5.1.2 塔机顶升工艺流程（图 5.1.2）

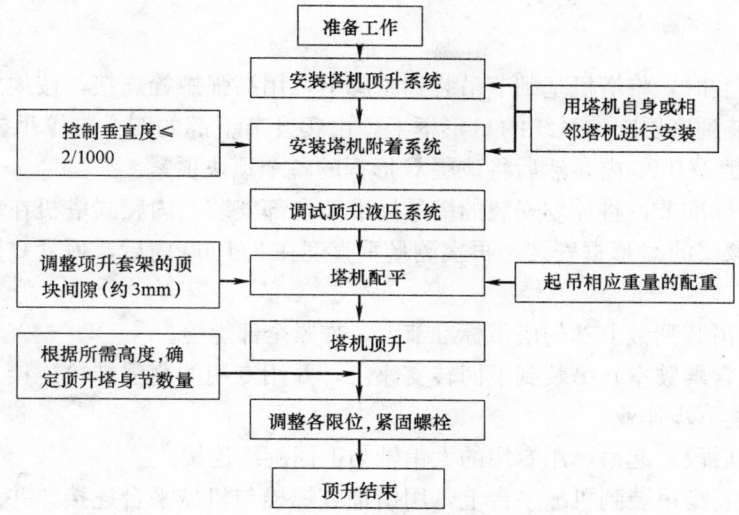

图 5.1.2 塔机顶升工艺流程

5.1.3 塔机爬升工艺流程（图 5.1.3）

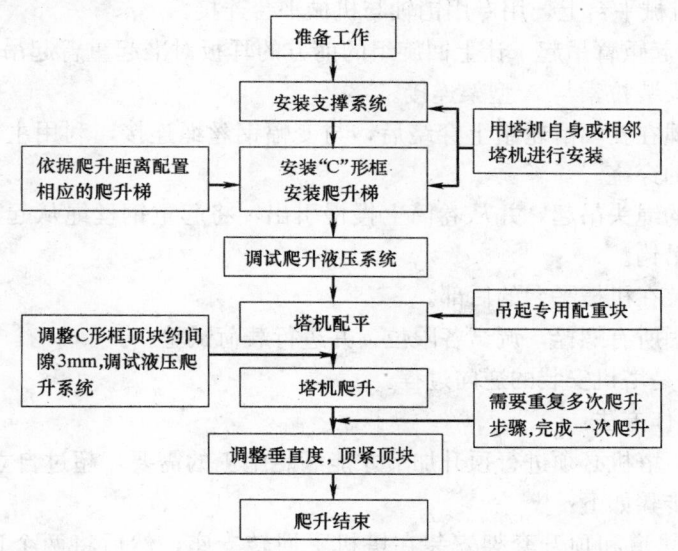

图 5.1.3 塔机爬升工艺流程

5.2 操作要点

5.2.1 塔机安装拆卸操作方法

1. 塔机的基础设计与施工：在塔机安装前，首先要根据《MD 塔式起重机安装说明书》的要求，并结合现场实际或建筑物的结构形式，选择合适的基础，编制基础施工方案；或设计塔机内爬支撑系统的结构形式及其制作、加工和安装方案，经过单位总工审核和监理单位总监审批签字盖章后施行，并提前完成基础的施工。

2. 塔机安装准备工作

1) 应有足够的场地，以满足塔机存放、部件拼装和安装的要求。

2) 准备相应型号的燃油、油酯等，以备即时之需。

3) 准备齐全塔机安装所需的机具、工具和索具等。

3. 塔机构件进场：按事先规划的构件存放位置，用汽车吊依次卸车，按清单交接。并检查构件数量是否齐全，质量是否完好。

4. 塔机构件拼装：对各部总成进行拼装，使其达到安装状态，并尽量使构件在吊车吊装范围内，避免现场的二次倒运。

5. 塔机安装

1）塔机固定式安装时，将塔机基础节吊装到基脚上，用高强螺栓连接，按规定力矩紧固。内爬式安装时，将爬升节吊装到底层支撑系统的 C 形框上，由爬升节下部的四个支撑爪支撑在 C 形框上的四个支座上，调整垂直度 2/1000 内，然后将该层 C 形框的各个顶块顶紧。

2）依次吊装塔吊标准节，将计划安装的塔吊标准节全部安装。内爬式塔机在塔身节安装到第二层支撑系统时，先完成该层的 C 形框安装，再次测量垂直度在 2/1000 内后，顶紧 C 形框顶块后，才继续安装上部塔吊标准节。

3）将下回转支座吊装到最上部的塔吊标准节上，拧紧全部螺栓。

4）将上回旋组（含驾驶室）吊装到下回转支座上，并用专用的高强螺栓连接。将所有螺栓按照规定的力矩紧固后，继续下步作业。

5）将机械平台（后段）起吊，用专用的大销轴与上回旋组连接。

6）将动力包和主卷扬吊装到机械平台上，用销轴或螺栓与机械平台连接。并开始连接各液压油管和控制线。

7）安装部分配重（按安装说明书的要求）。遵照从内向外安装的顺序安装。

8）将 A 型架吊到机械平台上，用专用销轴与机械平台连接。

9）将已完成拼装的起重臂吊起，让上回旋组的前方的耳板对准起重臂起吊方向，将起重臂根部与耳板用销轴连接后，将安装拉索与 A 型架连接。

10）先用牵引钢丝绳在变幅滑轮组上穿绕后，与变幅钢丝绳连接，利用主卷扬和变幅卷扬的有效配合来完成变幅钢丝绳的穿绕。

11）将起重钢丝绳的绳头吊起，并从卷筒上慢慢引出，将起重钢丝绳从起重臂上牵引到臂端的滑轮内再放到地面，穿上吊钩。

12）将剩余配重安装在机械平台的后部。

13）全面检查，紧固所有螺栓，调试各限位，并进行载荷试验。

5.2.2 塔机拆卸，是塔机安装的逆向过程。

5.2.3 塔机顶升操作方法：

随着建筑物的升高，塔机必须进行顶升加节才能满足施工的需要。超过自立高度时，先进行附着，然后再进行顶升。操作步骤如下：

1. 将塔身节的引进轨道和顶升套架安装在塔机下回转支座，然后将两个顶升支腿安装在顶升油缸上。

2. 将附着框安装在规定的塔机塔身节上，用钢丝绳将其固定，然后调整垂直度在 2/1000 内，再完成附着杆的安装。

3. 将顶升油缸油管接到动力包专用油管接头上，排除液压系统内的空气，调整顶升系统油压，空载试运行。

4. 塔机顶升操作：

1）准备一节塔身节，通过专用扁担和 10t 链条葫芦，将塔身节吊放到引进小车上，调节塔身节的悬挂高度，推到顶升套架边。

2）将专用配重吊起，调整幅度，将塔机配平，制动回转。

3）调整顶升套架上的顶块，使其与塔身节的间隙约为 3mm。

4）操纵油缸回缩，将顶升支腿支在塔身节横梁上，用螺栓将顶升支腿与横梁锁紧。

5）松开下回转支座与塔吊标准节的螺栓，使塔机上部与塔身节脱开数毫米时，微动起重臂，使塔机完全垂悬在塔身节上后再将螺栓取下。

6）开始塔机顶升，达到一个塔身节高度时，将悬挂的塔身节推到套架内，用专用螺栓使其下端与原先安装的塔身节连接、上端与下回转支座连接，并将螺栓紧固到规定的扭矩。

7）重复以上步骤，直到所需的塔身节全部顶升完毕。

8）顶升加节完毕后，应每一个螺栓紧固到规定的扭矩。

5.2.4 塔机爬升操作方法

要完成塔机的内爬升工作，至少准备三套C形爬升框和支撑系统进行周转。当爬升距离小于塔机的最小夹持距离时，就还应增加一套，在每次爬升前至少要安装一道支撑系统和C形爬升框。步骤如下：

1. 分别将支撑梁、斜支撑杆、T形梁和C形爬升框等安装就位，调整间隙后将螺栓拧紧。

2. 根据爬升距离，选择相应的爬升梯节进行组合拼接，将两根拼好的爬升梯用专用销轴安装到第二层C形框下的连接耳板上。

3. 塔机爬升操作

1）将爬升液压油管与动力包专用爬升油管接头相连接，根据控制阀上安装的油压表，调整油压，排除液压系统内的空气。

2）调整各层C形框顶块与塔身节间的间隙，控制在3mm左右。

3）调整起重臂幅度，将塔机进行配平后，将回转锁定。

4）由固定式转换成内爬式时，将爬升节与基脚的螺栓拆除。操纵爬升油缸，使顶升横梁上的爬爪踏上爬升梯底部踏步上，顶起塔机相应的距离（一般2m左右），让爬升节的上爬爪踏在爬升梯踏步上。

5）使油缸慢慢收缩，直到顶升横梁上的爬爪搭在爬梯上一级踏步上。

6）使油缸伸长，顶起塔吊上升约2m，让上爬爪稳固地搭在爬升梯的上一级踏步上。

7）重复上述5）、6）步骤，直到爬升节的四个支撑爪支撑在C形框的支座上。

8）收回油缸，使顶升横梁上的爬爪搭上C形梁上。

9）调整上层C形框上的顶块，调整垂直度后，将顶块顶紧。

10）拆除油管上接头，取下平衡配重，恢复塔机使用性能。

6. 材料与设备

材料与设备见表6。

材料与设备

表6

序号	名 称	规 格	单位	数量	备 注
1	汽车吊	200t、50t、25t	辆	各1	安装拆卸用
2	塔机专用工具	液压、气动扳手等	套	各1	安装拆卸用
3	电、气焊工具		套	各1	
4	白棕绳	Φ18×50m	根	3	缆风绳
5	钢丝绳	Φ12	米	400	穿变幅绳用
6	经伟仪		套	1	
7	电工工具		套	1	
8	对讲机		部	5	
9	敲击扳手	60mm/55mm/50mm/36mm	把	各4	
10	单头梅花扳手	60mm/55mm/50mm/36mm	把	各4	
11	梅花、开口扳手	12件套	套	各1	
12	活动扳手	8″ 12″ 18″	把	各2	
13	管子钳		把	2	
14	破坏钳		把	1	
15	链条葫芦	10t×3m/5t×3m/2t×3m	个	各2	
16	大锤（带柄）	16磅/12磅/4磅	把	各4	

续表

序号	名　　称	规　　格	单位	数量	备　　注
17	钢丝绳吊索	6×37、Φ30×12m/8m	根	各 4	
18	钢丝绳吊索	6×37、Φ18×8m/4m/2m	根	各 4	
19	钢丝绳吊索	6×37、Φ12×8m/2m	根	各 4	
20	卸扣	12t/9.5t/5t/3t	只	各 4	
21	吊带	5t	根	4	
22	捆绑器	5m	付	1	
23	撬棍	1m	根	4	

7. 质 量 控 制

7.1 塔机垂直度控制在 2/1000 以内。

7.2 螺栓均按规定力矩进行紧固。

7.3 所有销轴均应安装到位，开口销的开口角度应大于 30°。

7.4 严格执行《建筑机械使用安全技术规程》JGJ 33—2001、《塔式起重机安全规程》GB 5144—2006。

8. 安 全 措 施

8.1 作业前进行方案和安全技术交底。

8.2 在安装起重臂等重要构件时，系上缆风绳。

8.3 在安装完塔机上回转后，将塔身节连接螺栓和回转轴承连接螺栓全部按规定力矩紧固后，方可继续进行下一步工序。

8.4 在利用主卷扬穿变幅绳时，将主绳用捆绑器牢固地固定在卷筒上，防止松绳碰坏油管及电动机。保证主卷扬和变幅卷扬同步。

8.5 必须熟悉本机构造和性能，掌握起重吊装程序。

8.6 必须集中注意力，现场统一指挥，上下工作面的指挥相互配合。在进行爬升作业时，各层均设置多人监督爬升情况，除由一名经验丰富的人作为指挥外，每层设置一名副指挥，出现异常情况及时通知操作者停机，使用性能良好的对讲机进行联络。

8.7 雨雪冰冻、大雾、四级及以上大风天气，应停止作业。

8.8 作业区域设警戒标志，派专人值守，非专业人员不得入内。

8.9 遵守高空作业规程，作业人员持证上岗。

9. 环 保 措 施

9.1 随季节即时发放防寒保暖和防暑降温用品。

9.2 为了不影响附近居民晚间休息和保证施工职工的安全，只安排白天工作。职工有效工作时间每天不超过 8h。

9.3 制定塔机的定期检查制度，定期检查相应部位是否有漏油现象发生，并及时采取措施，防止污染环境。

9.4 在每天工作完毕后，及时清除塔机油污，归类收回全部工具和吊具，做到工完场清。

10. 效 益 分 析

10.1 经济效益方面

本工法中，采用了以塔机自身动力代替人力进行变幅绳的穿绕和使用吊笼代替搭设脚手架进行支撑系统螺栓的连接等多种方法，降低了劳动强度，减少了工作量，缩短了施工工期。在质量、工期、安全、环保等方面都取得了良好的成效。

上海环球金融中心工程，运用此工法后，每台 M900D 塔机的安装或拆卸时间（含进出场）从计划的 14d，缩短到平均安装或拆卸时间约为 6d 左右，共安装或拆卸 8 台次。爬升时间从计划的每次爬升 44h，缩短到约 18h（含支撑架安拆），共爬升 44 台次，为环球项目节约了大量的施工时间。

中央电视台新台址工程项目，运用经过优化后的本工法，将每台 M1280D 塔机的安装或拆卸时间（含进出场）从计划的 10d，缩短到平均约 4d 左右，共安装或拆卸中央电视台新台址工程项目 MD 系列塔吊 22 台次；爬升时间从计划的每次 30h，缩短到约 18h（含支撑架安拆），共爬升 45 台次，为央视新台址工程项目节约了宝贵的施工时间。

广州珠江新城西塔工程项目，运用本工法进行施工，三台 M900D 塔机的完成了 6 台次安装和 4 台次拆卸，以及 66 台次的爬升工作，均按时完成了任务，受到了业主和总包方的好评。

10.2 质量方面

无论是上海环球金融中心工程、中央电视台新台址工程，还是广州珠江新城西塔工程，每次安装和爬升质量均是一次性通过政府有关部门和总包、监理的验收，合格率达到 100%。

10.3 安全方面

采用此工法，减少了操作人员的数量，降低了高空作业的劳动强度，缩短了施工工期，使安全得到了有力的保证。上述工程均无人员伤亡事故发生，取得了良好的安全成绩。

11. 应 用 实 例

11.1 上海环球金融中心

该工程高 492m，是当时国内第一、世界第三的高层建筑。总建筑面积 37 万余平方米。选用 2 台 M900D 和 1 台 M440D 塔机，作为主要吊装设备。其中 2 台 M900D 塔机，是国内目前使用最高的塔机，起重臂端部的最高点超过 500m。

首次直接安装为内爬式，支撑于结构本体的核心筒内墙体上，利用 200t 汽车吊进行安装。每台塔机配置了三套附墙架支撑系统。爬升到一定高度后，为了满足施工需要，对两台 M900D 塔机进行了空中移位安装，并由内爬式改为外附式。当结构施工完毕，分别安装 M370R、SDD20/15、SDD3/17 三台屋面吊，对塔机进行逐级拆除。

从 2005 年 7 月开始，进行安装、爬升和高空移位，到 2008 年 5 月最后的拆除期间，我公司使用本工法，两台 M900D 塔机共完成了安装 4 台次，拆除 4 台次，爬升共计 44 台次。

11.2 中央电视台新台址建设工程

该工程是 2007 年世界十大奇特建筑之一，屋顶最高处标高 234m。该工程结构形式为全钢结构。总建筑面积

图 11.1 上海环球金融中心

图 11.2 中央电视台新台址

47 万余平方米。两座塔楼使用 2 台 M1280D 和 2 台 M600D 塔机。其中，2 台 M1280D 塔机，起重力矩达 2450t·m，最大起重量为 100t，最大臂长为 82.6m，是目前国内房屋建筑工程中使用的最大塔机。

该工程的塔机，首次安装均为固定式，直接安装在工程基础的筏板上，利用 200t 汽车吊分别完成两台 M1280D 的安装，然后用 M1280D 完成 M600D 和 M440D 的安装。当两座塔楼施工到 F08 层时，M1280D 和 M600D 塔机均由固定式转化为内爬式，开始进行爬升。由于塔楼为倾斜钢结构形式及楼层高度的复杂性，每台塔机不仅配置了四套爬升支撑系统，而且随着主楼高的增加，塔机爬升到一定高度后，工作面出现了较大变化，为满足施工要求，每台塔机均进行了两次高空移位安装，最后在楼顶安装两台屋面吊对其进行拆卸。

从 2006 年 2 月开始首次安装，经历爬升和高空移位，到 2008 年 7 月最后拆卸期间，M1280D 和 M600D 塔机共完成了塔机安装 12 台次、拆卸 12 台次、顶升 2 台次、爬升 45 台次。2008 年 7 月底完成塔楼上四台塔机的拆卸工作。

11.3 广州珠江新城西塔工程

广州珠江新城西塔工程高 432m，总建筑面积为 45 万余平方米，该工程使用 3 台 M900D 塔机。

首次直接安装为内爬式，支撑于结构本体的核心筒外墙体上，利用 200t 汽车吊进行安装。每台塔机配置了三套附墙架支撑系统。

从 2007 年 4 月开始进行安装、爬升和高空移位，到 2009 年 3 月，M900D 塔机已完成了安装 6 台次，拆卸 4 台次，爬升 66 台次。目前正在进行两台塔机的拆卸准备中。

11.4 工程应用总结

大型动臂式塔机安装拆卸和爬（顶）升施工工法，在房屋建筑施工领域中，国内还基本属于空白，尚无先例可以借鉴。在上海环球金融中心和中央电视台新台址的实施过程中，中建三局第二建设工程有限责任公司的技术人员在施工过程中进行了深入的研究，每次均根据施工现场的实际情况编制施工技术方案，通过多次经验总结出本工法，经过精心组织，均以 100% 的合格率顺利完成。目前，已将此工法再次应用于广州珠江新城西塔工程所使用的三台大型塔机的施工中，成效明显。

图 11.3 广州珠江新城西塔工程

大型动臂式塔机安装拆卸和爬（顶）升施工工法，技术先进，可操作性强，填补了国内房屋建筑中大型动臂式塔机施工应用的空白。在全国建筑行业大型塔机施工生产中的应用具有积极的推广价值。

高层住宅卫生间柔性铸铁排水管组合安装施工工法

GJEJGF132—2008

陕西省第十一建筑工程公司

王一平　车群转　张志强　田爱军　党元盈

1. 前　　言

随着建筑业的迅速发展，新型机制柔性铸铁排水管在高层住宅排水系统中使用越来越广泛。陕西省第十一建筑工程公司经过多年的探索和实践，总结形成了《高层住宅卫生间柔性铸铁排水管组合安装施工工法》，克服了按传统方法采用单一类型铸铁管道及配件安装不能全面适应卫生间器具组合多样性的缺点，减少管道接口数量，缩小管道安装尺寸，提高管道和吊顶高度，增加卫生间的空间垂直利用率。

本工法在西安高压供电局职工高层住宅楼，白桦林居Ⅲ区9号、10号高层住宅楼，西安热工院2号高层住宅楼等工程中采用，受到了住户的好评，取得了良好的效果。

2. 工 法 特 点

2.1 本工法是将"A"形、"B"形、"W"形新型机制柔性铸铁排水管及配件合理搭配组合安装，与传统的单一使用一种类型配件及管道相比，减少管道接口数量，提高吊顶高度，使管道和配件组合更加灵活，更加满足卫生间布局的多样性。

2.2 搭配组合好的柔性铸铁排水管在吊装时，采用角钢托架临时加固，增强了预制管段的刚度和平直度，减小施工中的管道变形，加快了施工进度。

3. 适 用 范 围

本工法适用于高层建筑排水系统柔性铸铁排水管道安装。

4. 工 艺 原 理

4.1 《排水用柔性接口铸铁管及管件》GB/T 12772—1999，按其接口形式分为A型（俗称承插接口连接）和W型（无承口连接）两种，简称A型和W型。近年来，又增加了B型（全承口连接）。"A"型、"B"型、"W"型各系列标准排水管及配件，在工程设计施工中通常是单一采用，各有优缺点；经常出现预留接口位置错误，管道占用空间位置大，浪费材料，不美观的问题。

本工法在是将"A"型、"B"型、"W"型配件与"W"型排水管各系列标准产品合理组合使用，减小了配件连接尺寸，减少了接口数量，从而提高吊顶高度，降低了漏水几率，提高了新型机制柔性铸铁排水管与配件应用的灵活性、适用性。

4.2 新型机制柔性铸铁排水管的应用在满足高层建筑物竖向位移变形和较大水平位移变形要求的同时，由于其柔性接口的特性使管道刚度大大降低，使管道系统在施工中的平直度和管道固定难度加大。本工法在施工中，管道预制后吊装前采用角钢托架临时加固增加其刚度，使管道吊装、固定、保持平直度及堵洞等工序中的产品保护得到加强，大大提高了施工效率，稳定了产品质量。

5. 施工工艺流程及操作要点

5.1 施工工艺流程

施工工艺流程见图5.1。

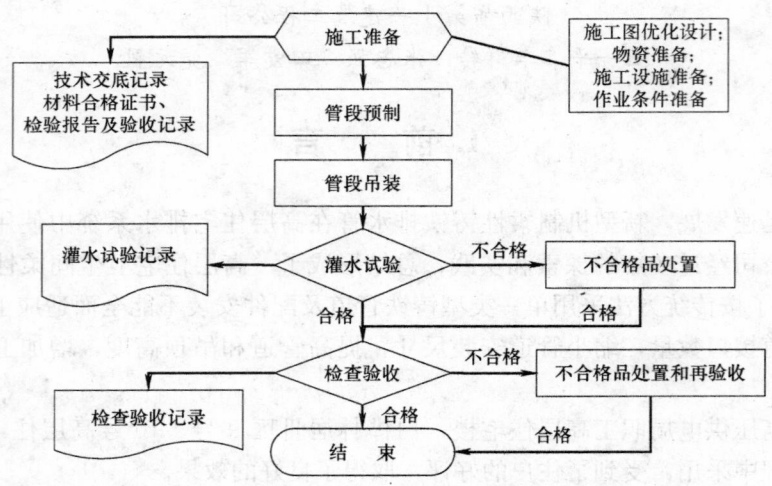

图5.1 施工工艺流程

5.2 施工准备

5.2.1 施工图深化设计

熟悉图纸，了解卫生间的建筑综合布置情况，根据卫生器具的实际选型和位置，结合"A"型、"B"型、"W"型各种类型直管及配件的特性，进行配件与管道合理组合，绘制施工管线装配图，编写施工方案，编制作业指导书。

5.2.2 配件与管道合理组合

1. 排水立管

采用"W"型无承口直管与"B"型配件组合搭配使用，按需截取管道尺寸，所余短节料可作为"B"型支管配件连接和排水立支管的材料。

以"W"型标准3m长 $DN100$ 无承口直管为例，以次层三通口为基准点：

楼层垂直净距一般设计为2900mm，"B"型TY三通高度为206mm，"B"型检查口高度为190mm，分两种情况：

第一，在中间无检查口的情况下，剩余材料长度为 $L＝3000mm$（管长）$-2900mm$（层高）$+206mm$（TY三通高度）$=306mm$；

第二，在立管中间设检查口的情况下，剩余材料长度为 $L＝3000mm$（管长）$-2900mm$（层高）$+206mm$（TY三通高度）$+190mm$（检查口高度）$=505mm$。

两种情况下所剩余短截料都可作为连接"B"型配件的短管。

2. 横管坐便器三通

采用"B"型瓶颈三通（图5.2.2-1），与"B"型三通＋"B"型异径管的连接方式相比，减少了接口数量，缩小管道尺寸，使其配件管道的布置更加灵活。

3. 坐便器弯头连接管

采用"W"型加长45°弯头（图5.2.2-2），与"B"型45°弯头相比，不仅克服了管道接口距离顶板太近无法紧螺栓或接口埋入顶板的质量通病，而且解决了排水横管距离顶板远的问题，提高了卫生间吊顶高度，减轻了卫生间吊顶过低对人的压抑感。

图 5.2.2-1 "B"型瓶颈三通

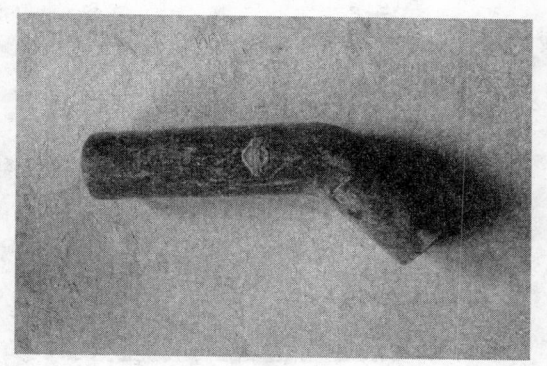

图 5.2.2-2 "W"型加长 45°弯头

5.2.3 技术交底

根据施工图深化设计及所选择的管道配件、现场具体情况等，对施工操作人员进行详细的书面和现场技术交底。

5.2.4 组织材料进场

根据经过审批的施工图优化设计和施工方案，认真编制材料需求计划，进行材料采购，组织材料进场和检验。到场后，按照标准检查规格、型号、数量并核查质量证明文件和技术资料等，并做好记录。

5.3 操作要点

5.3.1 管道预制

管段预制工艺流程见图 5.3.1-1。

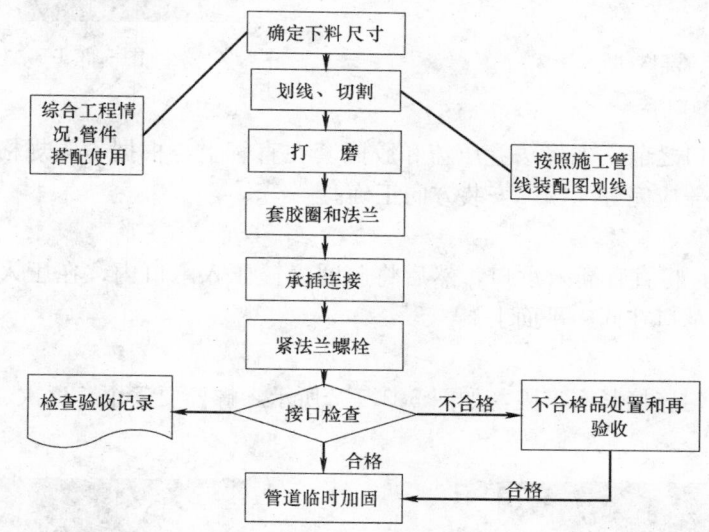

图 5.3.1-1 管段预制工艺流程

1. 确定下料尺寸

根据施工管线装配图，结合排水系统管道工程整体情况综合计算，按照长短搭配、减少余料长度的原则，确定下料尺寸表。

2. 划线、切割

按确定的下料尺寸表，准确画好截料尺寸线，如图 5.3.1-2 所示，然后用砂轮切割机切割，如图 5.3.1-3 所示。

3. 打磨

如图 5.3.1-4、图 5.3.1-5 所示，将管道切口毛刺用手提砂轮机打磨光滑，防止划破胶圈。

图 5.3.1-2　划线

图 5.3.1-3　切割

图 5.3.1-4　管口打磨

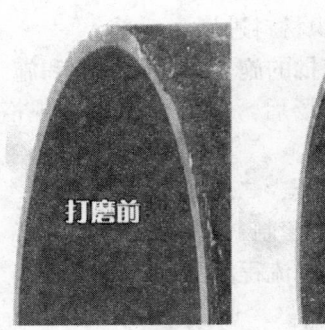

图 5.3.1-5　打磨前后比较

4. 套胶圈和法兰

在直管插入配件承口之前，先将法兰压盖和胶圈套在直管上，根据不同规格，在直管插口上标示好承插深度线；法兰压盖应完好无损，安装方向正确。

5. 承插连接

如图 5.3.1-6 所示，将直管插入承口，然后将胶圈慢慢压入承口内，在压入的过程中，要均匀用力，保证胶圈外表面与承口在同一平面上。

6. 法兰螺栓紧固

为了使胶圈受力均匀连接紧密牢固，如图 5.3.1-7 所示，螺栓要逐个、逐次、逐渐、均匀紧固，不得一次拧紧到位。

图 5.3.1-6　管段预制承插连接

图 5.3.1-7　管段预制法兰螺栓紧固

7. 接口检查

管段预制连接后，应检查接口朝向是否和施工管线装配图符合，并检查法兰是否受力均匀，连接是否紧密牢固。

8. 预制管段加固

由于机制柔性铸铁管接口是柔性的，连接后预制管段刚度较差，不利于吊装和吊装后管道平直度调整及支架、支管的顺利安装，在吊装前，如图 5.3.1-8，采用角钢托架将预制好的管段临时固定增加管段刚度，待封堵洞口拆模后再将角钢托架拆除，以备循环使用。

5.3.2 管段吊装

吊装前先根据实际情况将管道吊卡安装到位，然后将临时加固好的预制管段从上层管预留洞用绳索吊装到位。管段吊装见图 5.3.2。

图 5.3.1-8　管段预制管临时段加固

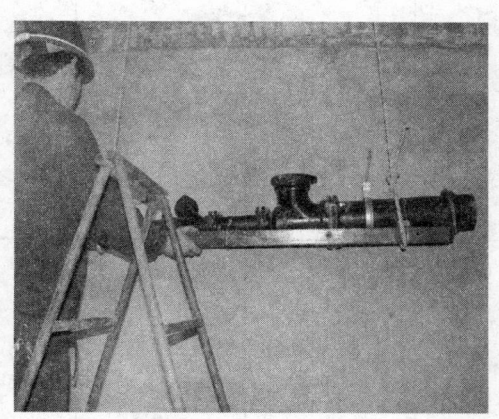

图 5.3.2　管段吊装

5.3.3 灌水试验

管道安装完后，按设计和规范要求进行灌水试验，以不渗不漏为合格。

5.3.4 检查验收

系统管道安装全部完成灌水试验合格后，按设计和验收规范要求进行管道安装质量验收，管道坡度及观感指标应符合标准。

5.4 劳动组织

根据管道工程量大小，施工小组可以安排 2～4 人，1～4 个小组，每个小组可以独立完成施工过程，也可以按流水作业组织各小组的协同作业。下料、编号、搬运，组合、预制、加固、吊装、灌水试验、洞口封堵、产品保护等工序可按技术强度由不同技能的工人担任，保证作业效率。

本工法由管理、技术人员和现场施工工人共同参与完成。施工图优化设计、实施、过程监控紧密联系，环环相扣，才能发挥最好效果。

现场组织施工时，人员、场地和机具的需求量，应尽量形成流水作业，以提高工作效率。高层住宅劳动组织见表 5.4。

劳动组织情况表　　　　　　　　　　　　　　　　　　　表 5.4

序　号	人　员	人　数	备　注
1	管理人员	4	项目经理部人员
2	技术人员	2	项目经理部人员
3	管道安装人员	8	技术工人
4	杂工	2	普工
	合　计	16人	

6. 材料与设备

6.1 材料

施工中按设计要求选用的新型机制柔性排水铸铁管必须符合《排水用柔性接口铸铁管及管件》GB/T 12772—1999 标准的规定。各系列标准管及管件结合工程情况在表 6.1-1～表 6.1-3 中选用。同一工程应选用同一厂家的产品，配套使用。

GB/T 12772—1999 "A" 型铸铁排水管及配件　　　　　　　　表 6.1-1

序号	材料名称	规格型号	尺寸	图片	备注
1	45°弯头	DN50	50×110 (L×L₁)		承插接口
2	TY 三通	DN100	320×203 (L×X)		承插接口

Q/YXGB01—2003 "B" 型铸铁排水管及配件　　　　　　　　表 6.1-2

序号	材料名称	规格型号	尺寸(mm)	图片	备注
1	TY 三通	DN100×50	104×127 (L×L₁)		全承插接口
		DN100	167×165 (L×L₁)		
		DN150×100	173×196 (L×L₁)		
2	Y 三通	DN50×50	125×100 (L×L₁)		全承插接口
		DN100×50	127×142 (L×L₁)		
3	45°弯头	DN50	20×20 (L×L)		全承插接口

续表

序号	材料名称	规格型号	尺寸(mm)	图 片	备注
4	角四通	DN100×50	278×138 (L×L₁)		特制全承插接口
5	瓶颈三通	DN100×50	167×165		特制全承插接口
6	P字存水弯	DN100×50	150×78		全承插接口

GB/T 12772—1999 "W" 型铸铁排水管及配件   表6.1-3

序号	材料名称	规格型号	尺寸(mm)	图 片	备注
1	无承口直管	DN150 DN100 DN50	3m/根		无承插接口
2	45°加长弯头	DN100	79×300 (L×L₁)		特制无承插接口

6.2 设备与工具

施工机具、检测装置按工程需要进行安排，一般见表6.2。

高层建筑铸铁排水管施工机具、检测装置   表6.2

序号	名　称	机具规格型号	单位	数量	备注
1	砂轮切割机	Φ300	台	2	
2	打磨机		台	4	

续表

序号	名　称	机具规格型号	单位	数量	备　注
3	冲击电锤		台	4	
4	钢锉		把	4	
5	钢卷尺	5m	个	8	
6	扳手	14～17 号	把	8	
7	管道封堵气囊	Φ50～Φ200	套	3	层间灌水试验
8	水平尺		把	1	
9	线坠		个	1	
10	梅花扳手		套	1	
11	角钢	∟40	m		根据流水段安排

7. 质 量 控 制

7.1　工程质量控制标准

7.1.1　材料验收严格执行《排水用柔性接口铸铁管及管件》GB/T 12772—1999 的标准规定。

7.1.2　严格按照图纸设计要求施工，执行《建筑给水排水及采暖工程施工质量验收规范》GB 50242—2002 标准规定；

7.1.3　按照施工图优化设计和施工管线装配图，将"A"型、"B"型、"W"型配件与"W"型直管合理组合；

7.1.4　管道安装允许偏差见表 7.1.4（本工法应用企业标准）。

管道安装允许偏差表　　　　　　　　　　　　表 7.1.4

项　　次	项　　目	允许偏差(mm)	检验方法
1	坐便器排水支管中心距装饰墙面的尺寸	≤±20mm	尺量检查
2	轴线与管口面角度	≤2°	角尺检查
3	截料尺寸	≤±5mm	尺量检查
4	承插深度	≤±3mm	尺量检查

7.2　工程质量保证措施

7.2.1　施工前，先进行施工质量策划，并对施工人员进行书面和现场技术交底；

7.2.2　选用施工技术比较熟练，工作责任心强，认真负责的工人进行施工。

7.2.3　施工过程中，施工小组加强质量自检：

1. 下料时应根据施工管线装配图核查下料尺寸；

2. 选用的配件及截取的管段要统一编码标记，防止乱拉混用；

3. 切口打磨后，用手触摸检查管口是否光滑；

4. 管道承插连接时，检查承插深度是否符合要求；

5. 紧螺栓时，应逐个逐渐逐次均匀紧固，防止损坏法兰和胶圈；

6. 采用角钢托架临时加固时，要绑扎牢固并保持平直度。

7.2.4　施工员和质量员对安装过程进行质量跟踪检查，发现问题，及时整改，将隐患消除在萌芽状态。

8. 安 全 措 施

8.1　施工时，操作层的上层和下层预留洞口要采取封堵防护措施；施工部位的卫生间窗户洞要采取防护措施。

8.2 施工用临时电源应确保"一机一闸一漏",使用前要检查,要符合临时用电安全规范要求;进入现场必须戴好安全帽。

8.3 砂轮机切割时,操作人员应站在切割机的侧面,切割过程中用力要平稳,旋转切割方向不得站人。切割、打磨时,操作人员要戴好护目镜。

8.4 使用的梯子不得缺栏,不得垫高使用,使用时上端要扎牢,下端应采取防滑措施。单面梯与墙面夹角以 60~70℃为宜,人字梯中间拉绳要牢固,禁止两人同时在梯子上作业。在梯子上作业应有专人看护。特别是在梯上使用电动工具时,要防止扭伤、摔伤。

9. 环 保 措 施

9.1 使用砂轮切割机切割管道时,要采取防尘、防噪声,防火花措施,噪声和污染符合规定要求,居民区应尽量安排白天施工。

9.2 施工现场应做到料净脚下清,施工中截取的余料废料,要堆放整齐,并及时回收,现场垃圾日产日清,收集后运至指定地点集中处理。

10. 效 益 分 析

本工法将"A"型、"B"型、"W"型配件与"W"型排水管各系列标准产品合理组合使用,减少管道接口数量,缩小管道组合尺寸,节约材料,提高施工工效,降低施工成本,并使排水管道的漏水机率降低,更重要的是减小了排水管道与房间顶板的距离,提高了卫生间的空间垂直利用率。施工中,采用角钢托架临时加固预制管段,增加其刚度,使管段吊装、固定、保持平直度及堵洞等工作降低了施工难度,大大提高了施工效率,得到住户的一致好评。

在西安高压供电局职工高层住宅楼,西安白桦林居Ⅲ区 9 号、10 号高层住宅楼,西安热工研究院 2 号高层住宅楼等工程中采用,取得了良好的经济和社会效果。

10.1 西安高压供电局职工高层住宅楼

西安高压供电局高层住宅楼,剪力墙结构 30 层,地下 1 层,建筑面积 30000m²,开工日期为:2002 年 3 月,竣工日期为:2004 年 5 月。卫生间排水管道为柔性铸铁排水管道,共计主材管道 6200m。

10.1.1 经济效益计算

1. 节约材料:

卫生间板上排水支管节约主材工程量(板上排水管道按平均提高 70mm 计算):

1) DN100 排水管:

节约量=每根板上支管节约量×每层板上支管根数×层数=0.07m/根×24 根×30 层=50.4m

2) DN50 排水管:

节约量=每根板上支管节约量×每层板上支管根数×层数=0.07m/根×68 根×30 层=142.8m。

2. 节约的费用:

1) DN100 排水管

管道:单价×节约材料数量=88 元/m×50.4m=4435.2 元

人工费用:人工费单价×节约材料数量=7.03 元/m×50.4m=354.31 元

辅材费用:辅材单价×节约材料数量=136.30 元/m×50.4m=6869.52 元

2) DN50 排水管

管道:单价×节约材料数量=36 元/m×142.8m=5140.8 元

人工费用:人工费单价×节约材料数量=4.55 元/m×142.8m=649.74 元

辅材费用：辅材单价×节约材料数量＝40.41元/m×142.8m＝5770.55元

3. 减少接口数量所节约人工费用：

（"A"型接口数量－组合搭配接口数量）/每个工日完成接口数量×人工单价＝（9720－8410）个÷40个/工日×20.31元/工日＝665.15元

4. 成本节约合计 23885.87元

10.1.2 社会效益

项　目	工效提高率（%）	吊顶提高尺寸（mm）	备　注
效益	13.5	70	

注：1. 计算式：工效提高率＝（9720－8410）/9720＝13.5%。
　　2. 采用"A"型管，总接口数量为9720个，采用组合施工后，接口总数量为8410个。
　　3. 接口数量减少，使排水管道的漏水机率降低

10.1.3 "A"型、"B"型、"W"型管及配件使用情况对比表（表10.1.3-1、表10.1.3-2）

"A"型、"B"型、"W"型管及配件使用情况对比表　　　　　　表10.1.3-1

工程名称：西安高压供电局高层住宅楼

材料名称	接口总数量（个）	排水管底距顶板平均距（mm）	提高吊顶高度（mm）	备注
"A"型	9720	408	0	
"B"型	10260	362	46	
"A""B""W"型组合使用	8410	338	70	

（提高吊顶高度以"A"型配件安装后尺寸为参照）

西安高压供电局高层住宅楼排水接口数量统计表　　　　　　表10.1.3-2

房　间	A型（个）	B型（个）	A型、B型、W型组合（个）
A户客卫	28	30	24
A户主卫	25	26	20
B户客卫	30	31	27
B户主卫	26	28	23
C户客卫	28	29	24
C户主卫	25	27	22
小计	162	171	140

10.2 白桦林居居住区Ⅲ区9号、10号住宅楼工程

白桦林居9号、10号高层住宅楼，剪力墙结构18层，地下1层，建筑面积36400m²，开工日期为：2006年3月，竣工日期为：2007年10月。卫生间排水管道为柔性铸铁排水管道，共计主材管道6720m。

10.2.1 经济效益计算

1. 卫生间板上排水支管节约主材数量（板上排水管道按平均提高65mm计算）：

1）DN100排水管：节约量＝每根板上支管节约量×每层板上支管根数×层数＝0.065m/根×48根×18层＝56.16m。

2）DN50排水管：节约量＝每根板上支管节约量×每层板上支管根数×层数＝0.065m/根×110根×18层＝128.7m。

2. 节约的费用：

1）DN100排水管：

管道：单价×节约材料数量＝95元/m×56.16m＝5335.2元

人工费用：人工费单价×节约材料数量＝8.90元/m×56.16m＝499.83元

辅材费用：辅材单价×节约材料数量＝137.99元/m×56.16m＝7749.52元

2）DN50排水管：

管道：单价×节约材料数量＝40元/m×128.7m＝5148元

人工费用：人工费单价×节约材料数量＝5.77元/m×128.7m＝742.60元

辅材费用：辅材单价×节约材料数量＝39.47元/m×128.7m＝5079.79元

3. 减少接口数量所节约人工费用：

（"A"型接口数量－组合搭配接口数量）/每个工日完成接口数量×人工单价＝(11664－10281)个÷40个/工日×25.73元/工日＝889.61元。

4. 成本节约合计25444.55元。

10.2.2 社会效益计算

项 目	工效提高率(%)	吊顶提高尺寸(mm)	备 注
效益	11.9	65	

注：1. 计算式：工效提高率＝（11664－10281）/11664＝11.9%。
   2. 采用"A"型管，总接口数量为11664个，采用组合施工后，接口总数量为10281个。
   3. 接口数量减少，使排水管道的漏水机率降低

10.2.3 "A"型、"B"型、"W"型管及配件使用情况对比表（表10.2.3-1、表10.2.3-2）

"A"型、"B"型、"W"型管及配件使用情况对比表　　　表10.2.3-1

工程名称：白桦林居9号、10号高层住宅楼

材料名称	接口总数量(个)	排水管底距顶板平均距(mm)	提高吊顶高度(mm)	备注
"A"型	11664	396	0	
"B"型	12384	362	34	
"A""B""W"型组合使用	10281	331	65	

（提高吊顶高度以"A"型配件安装后尺寸为参照）

白桦林居9号、10号高层住宅楼排水接口数量统计表　　　表10.2.3-2

房 间	A型(个)	B型(个)	A型、B型、W型组合(个)
A户客卫	27	30	24
A户主卫	25	26	22
B户客卫	29	31	26
B户主卫	27	30	24
C户客卫	28	31	24
C户主卫	26	28	23
小计	162	176	143

10.3 西安热工研究院2号高层住宅楼工程

西安热工研究院2号高层住宅楼工程，位于西安市雁塔区西影路32号，建筑面积24850m²，总高度76.2m，共计132户，开工日期为：2006年4月，竣工日期为：2007年11月。卫生间排水管道为柔性铸铁排水管道，共计主材管道约3800m。

10.3.1 经济效益计算

1. 卫生间板上排水支管节约主材工程量（排水管道按平均提高60mm计算）：

1）DN100排水管：节约量＝每根板上支管节约量×每层板上支管根数×层数＝0.06m/根×24根×23层＝33.12m

2）DN50 排水管：节约量＝每根板上支管节约量×每层板上支管根数×层数＝0.06m/根×58 根×23 层＝80.04m

2. 节约的费用：

1）DN100 排水管

管道：单价×节约材料数量＝98 元/m×33.12m＝3245.80 元

人工费用：人工费单价×节约材料数量＝8.90 元/m×33.12m＝294.77 元

辅材费用：辅材单价×节约材料数量＝137.99 元/m×33.12m＝4570.60 元

2）DN50 排水管

管道：单价×节约材料数量＝42 元/m×80.04m＝3361.68 元

人工费用：人工费单价×节约材料数量＝5.77 元/m×80.04m＝461.83 元

辅材费用：辅材单价×节约材料数量＝39.47 元/m×80.04m＝3159.18 元

3. 减少接口数量所节约人工费用：

（"A"型接口数量－组合搭配接口数量）/每个工日完成接口数量×人工单价＝（7038－6026）个÷40 个/工日×25.73 元/工日＝650.97 元

4. 成本节约合计＝15744.83 元

10.3.2 社会效益

项　　目	工效提高率(%)	吊顶提高尺寸(mm)	备　　注
效益	13.4	60	

注：1. 计算式：工效提高率＝（7038－6026）/7038＝13.4%。

2. 采用"A"型管，总接口数量为 7038 个，采用组合施工后，接口总数量为 6026 个。

3. 接口数量减少，使排水管道的漏水机率降低

"A"型、"B"型、"W"型管及配件使用情况对比表（表 10.3.2-1、表 10.3.2-2）。

"A"型、"B"型、"W"型管及配件使用情况对比表　　　　表 10.3.2-1

工程名称：西安热工研究院 2 号高层住宅楼

材料名称	接口总数量(个)	排水管底距顶板平均距(mm)	提高吊顶高度(mm)	备注
"A"型	7038	400	0	
"B"型	7636	365	35	
"A""B""W"型组合使用	6026	340	60	

（提高吊顶高度以"A"型配件安装后尺寸为参照）

西安热工研究院 2 号高层住宅楼排水接口数量统计表　　　　表 10.3.2-2

房　　间	A 型(个)	B 型(个)	A、B、W 型组合(个)
A 户客卫	18	18	14
A 户主卫	24	26	20
B 户客卫	27	30	23
B 户主卫	24	26	20
C 户客卫	26	28	24
C 户主卫	24	26	20
C 户厨房	10	12	10
小计	153	166	131

11. 应 用 实 例

该工法先后在西安高压供电局职工高层住宅楼，西北建筑设计研究院白桦林居 9 号、10 号高层住

宅楼，西安热工研究院2号高层住宅楼等工程中应用。

11.1 经济效益

本工法应用经济效益比较显著，经分析西安高压供电局职工高层住宅楼，西北建筑设计研究院白桦林居9号、10号高层住宅楼，西安热工研究院2号高层住宅楼获得的经济效益见表11.1。

经济效益表   表11.1

序 号	项 目	节约费用(元)	备 注
1	西安高压供电局职工高层住宅楼	23885.87	
2	白桦林居9号、10号高层住宅楼	25444.55	
3	西安热工研究院2号高层住宅楼	15744.83	

11.2 社会效益

1. "A"型、"B"型、"W"型管及配件使用情况对比表（表11.2-1～表11.2-3）

工程名称：西安高压供电局职工高层住宅楼   表11.2-1

材 料 名 称	接口总数量(个)	排水管底距顶板平均距(mm)	提高吊顶高度(mm)
"A"型	9720	408	0
"B"型	10260	362	46
"A""B""W"型组合使用	8410	338	70

（提高吊顶高度以"A"型配件安装后尺寸为参照）

工程名称：白桦林居9号、10号高层住宅楼   表11.2-2

材 料 名 称	接口总数量(个)	排水管底距顶板平均距(mm)	提高吊顶高度(mm)
"A"型	11664	396	0
"B"型	12384	362	34
"A""B""W"型组合使用	10281	331	65

（提高吊顶高度以"A"型配件安装后尺寸为参照）

工程名称：西安热工研究院2号高层住宅楼   表11.2-3

材 料 名 称	接口总数量(个)	排水管底距顶板平均距(mm)	提高吊顶高度(mm)
"A"型	7038	400	0
"B"型	7636	365	35
"A""B""W"型组合使用	6026	340	60

（提高吊顶高度以"A"型配件安装后尺寸为参照）

2. 该工法简单、实用、效益明显，在推广应用过程中受到项目经理部和施工班组的大力支持，得到建设单位、监理单位及公司一致好评。

空调系统聚氨酯直埋保温管施工工法

GJEJGF133—2008

浙江环宇建设集团有限公司 中设建工集团有限公司

徐涛 李强 朱江太 傅国君

1. 前　　言

随着城市建设的发展，建筑物功能的提高，为节约增效，管道的直埋敷设越来越多，并有逐步代替砌筑地沟敷设的趋势。比如：绍兴城市广场二期、绍兴大剧院空调供回水管就采用无补偿直埋技术，直埋敷设的管道保温结构采用了聚氨酯保温材料，聚乙烯保护层；保温直埋管不仅具有传统地沟和架空敷设管道不具备的先进技术、实用性能，而且还具有显著的社会效益和经济效益，也是节能的有利措施。

2. 工 法 特 点

2.1 降低工程造价。据测算，空调系统管道，一般情况下采用高密度聚乙烯做保护层可以降低工程造价的 10% 左右。

2.2 热损耗低，节约能源。由于直埋管采用聚氨酯硬质泡沫塑料进行保温，其导热系数为：$\lambda = 0.013 \sim 0.03 kcal/m \cdot h \cdot ℃$，比其他过去常用的管道保温材料低得多，保温效果提高 4~9 倍。其吸水率很低，约为 $0.2 kg/m^2$。吸水率低的原因是由于聚氨酯泡沫的闭孔率高达 92% 左右。低导热系数和低吸水率，加上保温层和外面防水性能好的高密度聚乙烯保护壳，改变了传统地沟敷设供水管道"穿湿棉袄"的状况，大大减少了供水管道的整体热损耗。

2.3 防腐、绝缘性能好，使用寿命长。直埋保温管由于聚氨酯硬质泡沫保温层紧密地粘结在钢管外皮，隔绝了空气和水的渗入，能起到良好的防腐作用。同时它的发泡孔都是闭合的，吸水性很小。高密度聚乙烯外壳具有良好的防腐、绝缘和机械性能。因此，工作钢管外皮很难受到外界空气和水的侵蚀。只要管道内部水质处理好，据资料介绍，聚氨酯保温管道的使用寿命可达 50 年以上，比传统的地沟敷设、架空敷设使用寿命高 3~4 倍。

2.4 占地少、施工快，有利环境保护。直埋供热管道不需要砌筑庞大的地沟，只需将保温管埋入地下，因此大大减少了工程占地。减少土方开挖量约50%以上，减少土建砌筑和混凝土量90%。同时，保温管加工和现场挖沟平行进行，只需现场接头，可以缩短工期约50%以上。

2.5 具有渗漏报警线。一旦管道某处发生渗漏，通过报警线的传导，便可在专用检测仪表上显示出保温管道渗水、漏水的准确位置及渗漏程度的大小，以便通知检测人员迅速处理漏水的管段，保证供热管网的安全运行。

3. 适 用 范 围

适用于输送热水、冷水、低压蒸汽等液体和气体，广泛应用于热力管网、制冷、市政建设等场外管道的施工。

4. 工 艺 原 理

保温管直埋敷设技术在空调管网中，主要采用的形式是供回水管道、保温层和保护外壳三者紧密粘结在一起，形成整体式的预制保温管结构形式（图4）。且保温管具有很强的防水、防腐能力。

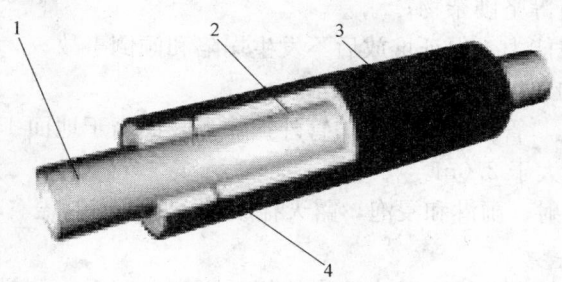

图4　预制保温管结构形式

1—工作钢管；2—高压发泡沫聚氨酯保温层；3—高密度聚乙烯外护管；4—支架

5. 施工工艺流程及操作要点

5.1　施工工艺流程

施工准备→预制保温管道、管件采购→开挖沟槽→沟底垫层施工→沟槽检验→管道敷设→管道焊接→管道水压试验→接口保温→回填砂→回填土。

5.2　施工操作要点

5.2.1　预制保温管道、管件采购

1. 钢管采用20号和Q235钢制作的无缝钢管、螺旋钢管及电焊钢管，性能指标符合国家标准；通常情况下，$DN20$～$DN150$采用无缝流体或电焊钢管，$DN200$以上采用螺旋钢管，也可以根据工程需要采用用户要求的各类钢管。

2. 钢质管件采用推制或压制工艺。

3. 保温层选用无氟发泡硬质聚氨酯泡沫材料，泡沫充分充满钢管与外保护壳之间的空隙，保证钢管、外保护管及保温层形成一个牢固的整体。

产品性能参数　　　　　　　　　　　　　　　　表5.2.1-1

产品主要性能	单位	标准要求	产品主要性能	单位	标准要求
聚氨酯密度	kg/m³	≥60（任意位置）	闭孔率	%	≥88
导热系数	W/(m·K)	≤0.033(50℃)	空洞	mm	≤1/3保温层厚度
径向压缩强度	MPa	≥0.3	平均泡孔尺寸	mm	≤0.5
吸水率	%	≤10			

4. 保护套采用高密度聚乙烯材料制成，具有很高的机械强度和优良的耐蚀性能。它能保证管材在运输安装及使用过程中不受外界因素引起的破坏。

产品性能参数　　　　　　　　　　　　　　　　表5.2.1-2

产品主要性能	单位	标准要求	产品主要性能	单位	标准要求
聚乙烯外护管密度	kg/m³	≥940	纵向回缩率	%	≤3
拉伸屈服强度	MPa	≥19	长期机械性能		≥1500h(80℃,4.0MPa)
断裂伸长率	%	≥350	熔体流动速度	g/min	差值≤0.5

5. 保温管必须采用吊带或其他不伤及保温管的方法吊装，严禁用钢丝绳直接吊装；在装卸过程中，严禁碰撞、抛摔和在地面拖拉滚动。长途运输过程中，保温管必须固定牢固，不应损伤外护管及保

温层。

6. 保温管堆放场地应符合下列规定：

1）地面应平整、无碎石等坚硬杂物；

2）地面应有足够的承载能力，保证堆放后不发生塌陷和倾倒事故；

3）堆放场地应挖排水沟，场地内不允许积水；

4）堆放场地应设置管托，管托应确保保护管外护管下表面高于地面 150mm。

7. 保温管堆放高度不应大于 2.0m。

8. 保温管不得受烈日照射、雨淋和浸泡，露天存放时宜用篷布遮盖。堆放处应远离热源和火源。

5.2.2 开挖沟槽

1. 沟槽放线，管道敷设的中心线，以建筑物的相对距离为基准，测量必须准确。沟槽的中心桩及水准点设置在沟道外，开挖宽度应根据不同的管径定出不同的宽度，沟底的标高应为管底标高减去 200mm 砂层厚度。

2. 直埋保温管的埋设深度，根据计算，当覆土深度为 0.5m 时，其承载能力可保证载重 10t 卡车安全通过，但一般直埋保温管道应埋设在当地的冰冻线以下。

3. 直埋保温管道的沟槽开挖尺寸，可按图 5.2.2。

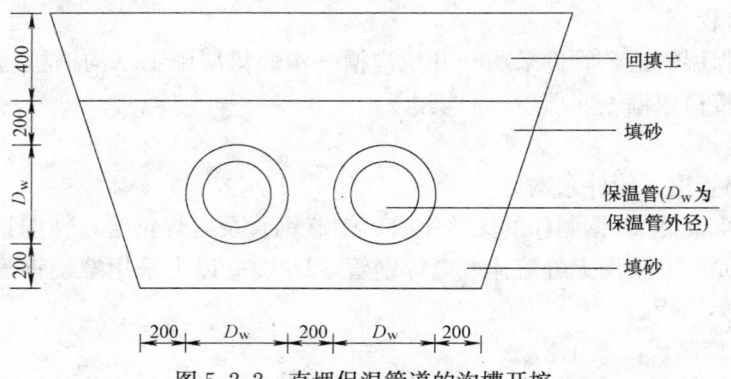

图 5.2.2　直埋保温管道的沟槽开挖

4. 沟槽开挖采用挖掘机挖土，人工配合的方式进行。开挖前设置探坑，以摸清地下管线的情况。如有地下管线路段则只能用人工开挖，挖到距设计标高 20～30cm 后，由人工填平，避免超挖、扰动土基。

5. 沟槽开挖分层、分段依次进行，层层下挖。开挖至接近底部时，留有一定厚度的保护层，一般 20～30cm，以保证不造成基底超挖。在基底底部施工前，分块依次挖除该层保护层。

5.2.3 沟底垫层施工

1. 按垫层的结构尺寸，测量放样出垫层面标高，每 4～5m 设置标高控制桩。

2. 按垫层面标高挂线，人工摊铺垫层材料，整平垫层面，人工夯实或用打夯机夯压密实，垫层与槽底同宽。

3. 砂垫层厚度按照设计要求，一般为 20cm 左右。

5.2.4 沟槽检验

1. 沟槽平整且槽底干燥。

2. 砂垫层在 20cm 左右填砂大小均匀，粒径为 2～3mm。

3. 沟槽底部已设置好排水措施。

5.2.5 管道敷设

1. 直埋保温管在吊装时，应按管道的承载能力核算吊点间距，均匀设置吊点，并应使用不损伤管道外保温层的吊装带进行吊装。或用吊机的两个吊钩，吊住管道的两端，在吊装中做到稳起稳放，防止磕碰，在吊装中不得用铁器撬动管道。

2. 下放管道时，从低标高处向高标高处进行，吊机下管时，由专人指挥，有明确、统一的指挥信号。放管的速度均匀，到沟底时低速轻放。

3. 下管以后，将管排好，然后对线矫正，确保管道中心线成一直线，且坡度应符合设计的要求。

4. 管道矫正后，在管底两旁用石头塞稳不使移动，在管子对接处挖焊接操作坑。

5. 聚氨酯直埋保温管管道进入建筑物、地沟时应加穿墙套管，在出土端设置固定支墩。

5.2.6 管道焊接

1. 施焊前，应根据焊接工艺评定编制焊接作业指导书，焊工应根据作业指导书施焊。如原有焊接工艺评定不能覆盖配管材料的焊接，必须重新进行焊接工艺评定。

2. 焊工必须有当地劳动部门或国家质量监督部门颁发的有效的焊工合格证，才能在合格的焊接项目内从事管道焊接，对于焊工首次接触的钢种的焊接必须经过技能培训，并经考试合格方能上岗。

3. 焊缝的坡口形式和尺寸应符合设计文件和焊接作业指导书的规定，无规定时应符合《现场设备、工业管道焊接工程施工及验收规范》GB 50236—98 附录 C 第 C.0.1 条的规定。

4. 管子坡口宜用机械方法，也可用氧-乙炔焰，等离子弧切割成型，但坡口表面必须用砂轮修磨，去除氧化皮、焊渣等影响焊接接头质量的表面层，并应将凸凹处打磨平整。

5. 焊接接头组对前，应用手工或机械方法清理其内、外表面，在坡口两侧 20mm 范围内不得有油漆、毛刺、锈斑、氧化皮及其他对焊接过程有害的物质。

6. 焊接接头组对前应确认坡口形式、尺寸，表面粗糙度符合规定，且不得有裂纹，夹层等缺陷。

7. 焊件组对时应垫置牢固，防止焊接时变形。

8. 组对后的定位焊、临时卡具、临时支架的焊接与正式焊接工艺相同，定位焊焊缝长度宜为 10～15mm，高宜为 2mm，且不超过壁厚的 2/3。正式焊接时对定位焊要修磨，宜磨成缓坡形。

9. 焊接过程中应确保起弧和收弧的质量，收弧时应填满弧坑，多层焊的层间接头应错开 30～50mm。

10. 焊缝应在焊完后立即去除渣皮、飞溅物，清理干净焊缝表面，然后进行焊缝外观检查。

11. 焊缝表面质量应符合下列要求：

1) 不得有裂纹、未熔合、气孔、夹渣、飞溅存在。

2) 碳钢管道焊缝咬边深度不应大于 0.5mm，连续咬边长度不应大于 100mm，且焊缝两侧咬边总长度不大于该焊缝长度 10%。

3) 焊缝表面不得低于母材表面。

焊缝余高 Δh 100% 射线探伤焊缝 $\Delta h \leqslant 1 + 0.1 b_1$ 且 $\leqslant 2mm$

其余焊缝 $\Delta h \leqslant 1 + 0.2 b_1$ 且 $\leqslant 3mm$

注：b_1—焊接接头坡口最大宽度。

12. 同一管线焊缝抽样检验，若有不合格时，应按该焊工不合格数加倍检验。若仍不合格，再按不合格焊缝加倍检验，若仍有不合格则全部检验。

5.2.7 管道水压试验

1. 试验前的准备工作：应有方案计划、试压管段的长度、局部回填土、管件挡墩、试压后背、养护、排气、机具仪表及安全措施等应符合规范要求后，才能进行水压试验。

2. 在满足打压条件情况下，首先进行灌水排净空气。

3. 强度试验：把管道内的压力升至工作压力的 1.5 倍后，再稳压 10min，以无渗漏为合格。

4. 严密性试验：把管内的压力降至工作压力时，用 1kg 的小锤在焊缝周围对焊缝逐个进行敲打检查，在 30min 内无渗漏且压力降不超过 0.02MPa 为合格。

5.2.8 接口保温施工

1. 接口保温应在管道安装完毕及强度试验合格后进行。

2. 接口处的保温结构、保温材料、外保护管材质及厚度应与直管段相同。

3. 保温管接口应在沟内无积水、非雨天的条件下进行施工。

4. 接口处聚乙烯外套管焊接完成后进行气密性试验，压力为 0.05MPa，用肥皂水检验外套管的各焊缝，以无气泡为合格。

5. 试验合格后，再进行聚氨酯浇注发泡，原料按配比混拌均匀，泡沫应充满整个接口段环状空间，密度应大于 $50kg/m^3$。当环境温度低于 10℃或高于 35℃时，应采取升温或降温措施。

5.2.9 回填砂

1. 回填砂应在管道试压、接口保温完毕后进行。

2. 在保温管周围进行砂的回填，砂回填至保温管的顶部。

3. 在保温管顶部回填 20cm 左右的黄沙。

4. 回填砂子的主要作用是减小管道与土壤的摩擦力，降低直埋管道在膨胀和收缩时的应力，保证直埋管道的应力在许用应力范围内；同时可保护直埋保温管的保温层免遭硬块挤压，延长直埋保温管的使用寿命。

5.2.10 回填土

1. 回填土采用原状土。

2. 回填土要分层夯实。

5.3 劳动力组织情况见表 5.3。

劳动力组织情况　　　　　　表 5.3

序 号	工 种	人 数	序 号	工 种	人 数
1	土方挖掘	10	4	发泡	2
2	焊工	6	5	吊装工	4
3	管道工	6	6	普工	12

6. 材料和设备

6.1 本工法无需特别说明的材料。

6.2 采用的机具设备见表 6.2。

机具设备表　　　　　　表 6.2

序号	设备名称	设备型号	单位	数量	用途
1	汽车起重机	8t	台	1	管道吊装
2	电焊机	BX-300	台	3	管道焊接
3	手拉葫芦	5t	只	2	管道调整
4	气割工具		套	2	管道焊接坡口
5	角向磨光机		只	4	管道坡口处理
6	电动试压泵	2.5MPa	台	1	管道试压
7	手动试压泵	1.0MPa	台	1	管道试压
8	水准仪		台	1	管沟水平测量
9	经纬仪		台	1	管沟方向测量
10	聚乙烯管材电热融焊机		台	1	聚乙烯外保护管壳焊接
11	现场发泡机		台	1	现场管接头发泡
12	挖掘机		台	1	管沟开挖

7. 质 量 控 制

7.1 工程质量控制

7.1.1 直埋管道施工质量执行《城市供热管网工程施工及验收规范》、《城镇直埋供热管道工程技术规程》。

7.1.2 直埋管现场焊接及检验应符合《现场设备、工业管道焊接工程施工及验收规范》，试压应符合《工业金属管道工程施工及验收规范》。

7.2 质量保证措施

7.2.1 管沟必须按照设计要求做好支护结构，防止出现塌方现象。

7.2.2 管道下沟前应检查沟底标高沟宽尺寸是否符合设计要求，保温管应检查保温层是否有损伤，应将损伤部位放在上面，以便统一修补。

7.2.3 管道安装时，应合理安排管道的空间位置，尽量避免管道相碰。

7.2.4 直埋管吊装、运输、安装过程中，应采取防止损伤和防水措施。在焊接过程中，应对保温层及外保护管采取保护措施。

7.2.5 雨期施工应采取防雨排水措施，工作管和保温层不得进水。

7.2.6 直埋管安装必须按隐蔽工程要求做好施工记录。

8. 安 全 措 施

8.1 认真贯彻"安全第一，预防为主"的方针，根据国家有关规定、条例，结合直埋保温管的施工情况和特点，组成专职安全员以及工地安全用电负责人参加的安全生产管理网络，执行安全生产责任制，明确各级人员的职责，抓好工程的安全生产。

8.2 对拟进场的骨干人员进行初步安全主旨教育，进场后上岗前对全体人员进行针对性安全教育培训。

8.3 对进场的重要施工机具、安全用品进行安全认证。

8.4 施工现场按符合防火、防风、防雷、防洪、防触电等安全规定及安全施工要求进行布置，并完善布置各种安全标识。

8.5 每天班前必须进行安全交底，被交底人在交底记录上签字确认，未接受安全交底的人员不得上岗作业。

8.6 凡有不安全因素的作业必须有2人以上共同进行，危险性较大作业，指定一人旁站监护。

8.7 保持所有工具和设备的安全运行状态。只有在安全措施到位条件下，才能操作用电工具。

8.8 对防火重点部位实行动火作业审批制度，没有动火作业许可证，不准作业。并对动火作业实施全过程监护，在重点防火部位和其他禁烟场所严禁吸烟。

8.9 加强对可燃物的管理，可燃材料集中堆放，远离火种。包装物等可燃性废弃物及时清理集中外运处理。易燃易爆危险品在可靠的独立库房保管，现场使用时远离火种，严格执行易燃易爆危险品保管、存放、使用的各项规定。

8.10 按已经批准的施工总平面图中规定的接电点和供电线路布置用设施，施工人员不得随意更动线缆和供电点的位置。

8.11 现场用电设施按半永久性装置布设，施工现场建筑物内外的线缆以加重型橡套电缆为主，尽可能采用沿墙架设，拖地敷设应穿管保护。低压（380V）供电点全部使用符合国家建设部规定的安全配电箱。线路采用三相五线制，接零和接地分开。用电设备严禁在施工的金属管道、构架上接地，必须用专用接地线与建筑永久接地体连接。严格防护起重钢丝绳，确保不与电缆、电焊把线、电焊地线接触。

8.12 严格按国家建设部颁布的施工用电安全规定实施用电全过程管理。手持电动工具必须装漏电保护器，地沟潮湿部位、金属容器内进入作业、高空作业等部位手持照明灯具必须使用安全电压。

8.13 施工用电设施的维护、修理由专业维修人员执行，且持证上岗。严禁乱拉电线、乱接电源；施工用电维修人员，坚持每天巡回检查线路一次。如夜间大风和阴雨天气，上班前要全面检查一次，没有问题才能合闸用电。

8.14 建立完善施工安全保证体系，加强施工作业中的安全检查，确保作业标准化、规范化。

9. 环 保 措 施

9.1 努力维护现场施工平面布置，服从现场管理人员的管理调度，不乱占地面和道路，按规定路线进行场内运输。设备材料进场卸车，临时存放吊装位置合理，减少重复搬运。确保供电、供水、道路畅通。

9.2 夜间施工要办理许可证。夜间大功率强光照明不得直射场内外主要道路。

9.3 对噪声实行清声、隔声处理。

9.4 废弃的油漆、油脂、溶剂及塑料制品不准随手乱丢，必须集中处理。

9.5 施工垃圾必须集中运到指定的垃圾消纳场。

9.6 电弧焊除操作者自身防护外，防止对他人伤害。

9.7 场面区内排水排污严格按业主统一规定的排出路径和出口排放，严禁自行随意排放。

10. 效 益 分 析

10.1 保温性能好，热损失仅为传统管材的 25%，长期运行可节约大量能源，显著降低能源成本。

10.2 具有很强的防水和耐腐蚀能力，不需附设管沟，可直接埋入地下，施工简便迅速，综合造价低。

10.3 使用寿命可达 30～50 年，正确的安装和使用可使管网维修费用极低。

10.4 占地少，施工快，有利环境保护。

11. 应 用 实 例

11.1 绍兴城市广场二期工程

11.1.1 工程概况

城市广场二期工程为地下建筑，建筑面积 20600m²，使用功能为大型超市。超市内设置十二台组合式空调箱，空调循环水由距离地下室 400m 左右的地面制冷机房供给。地面工程为绿化、小丘陵和绍兴特色的景观，为市民休憩、健身、游览的场所，所以空调水管采用无补偿直埋保温管直埋，以保护周边环境不遭到破坏。

11.1.2 施工情况

直埋管管沟宽度 3m，长度约 400 余米，采用挖掘机由北至南进行分段开挖。整段管沟设置 3 个排水点，利用潜水泵进行排水，确保管沟沟底干燥；管沟开挖过程中用水准仪监测沟底标高，每隔 3m 设置标高桩，然后进行砂子回填至管底标高；在进行管子焊接处设置焊接操作坑，砂垫层平整后管道用吊机吊住两端进行下管和焊接连接；管道焊接施工完毕后，系统充水试压，符合要求后再进行保温管外保护壳的焊接、试压和接头的现场发泡。再进行砂子回填至管顶标高，管顶部分用中沙回填 20cm，再进行原状土回填。

该段直埋管于 2000 年 7 月 6 日开工，2000 年 8 月 16 日竣工。

11.2 绍兴大剧院工程

11.2.1 工程概况

绍兴大剧院建筑面积 26000m²，使用功能为剧院。剧院内设置十六台组合式空调箱，空调循环水由距离地下室 40m 左右的地面制冷机房供给。由于大剧院周边为水池，布置了喷泉系统，空调管道系统不能采用管沟形式，所以空调水管采用无补偿直埋保温管直埋，以保护周边环境和道路不遭到破坏。

11.2.2 施工情况

由于绍兴大剧院建筑周边有水景循环喷泉系统存在，所以管道埋设深度较深，为地下 3m 左右。同时空调制冷机房距离大剧院较近，所以采用挖掘机一次性开挖，设置一个排水点进行排水。管沟开挖过程中用水准仪监测沟底标高，每隔 3m 设置标高桩。然后进行砂子回填至管底标高，在进行管子焊接处设置焊接操作坑，砂垫层平整后管道用吊机吊住两端进行下管和焊接连接。管道焊接施工完毕后，系统充水试压，符合要求后再进行保温管外保护壳的焊接、试压和接头的现场发泡。再进行砂子回填至管顶标高，管顶部分用中沙回填 20cm，再进行原状土回填。

11.3 绍兴县柯桥标志性建筑之一的万国中心工程

万国中心作为轻纺城的标志性建筑之一，地处绍兴县柯桥金柯桥大道，框架剪力墙结构，A、B 座为二十二层，C 座三层，D 座四层，总建筑面积为 96946m²。本工程于 2005 年 1 月 29 日开工，2006 年 9 月 29 日竣工，使用功能定位为酒店式商务公馆，是绍兴惟一一家获得"全国绿色生态建筑示范项目"殊荣的公共建筑。楼内设置的组合式空调箱，空调循环水由景观围廊内东北角的地面制冷机房供给，由于地面工程为绿化景观工程及停车场，因此空调水管采用无补偿直埋保温管，以保护周边环境不受破坏。采用本工法施工后，获得了较好的经济效益和社会效益。该工程被浙江省建筑业协会评为 2007 年度"钱江杯"优质工程。

11.4 结论

城市广场二期工程、绍兴大剧院和万国中心工程集中空调系统管网采用聚氨酯保温直埋管，不仅解决了砖砌地沟岩棉保温管管道腐蚀严重、寿命周期短的问题，而且满足了周边环境整体规划及同绿化道路配套的要求，在以后的工程中会得到更广泛的应用。

节能型海滩架线施工工法

GJEJGF134—2008

江苏顺通建设工程有限公司

葛家君　佘小颉　杨军

1. 前　　言

1.1　近年来，开发滩涂资源，成为临海国家的发展主题。滩涂电能是开发滩涂的急切需要。海滩架线由于受气候、潮汐和架设地点的影响，成为输变电工程中的一项难题，为此我们通过组织技术攻关，探索了适应海滩架线的施工方法，并经多年施工实践，形成了《节能型海滩架线施工工法》。

1.2　节能型海滩架线施工工法的关键技术，于2008年6月17日，由江苏省建管局组织专家进行鉴定，一致认为达到国内领先水平。工法中有4项技术已经申请专利，国家知识产权局已受理，其中1项已授权。

2. 工 法 特 点

2.1　利用潮汐，采用自制船排，运送架线用的设备材料，节约能源、安全可靠。既能保护材料和设备不受海水侵蚀，又可作为施工人员应急避难的救生船。

2.2　利用GPS导航，双船牵引控制技术，能快捷、准确地将船排牵引至预设地点。

2.3　利用自制"穿衣器"进行钢芯铝绞线的防腐处理，使其使用寿命延长，节能节材效果明显。

2.4　根据潮汐原理，掌握施工节奏。

3. 适 用 范 围

适用于沿海滩涂送变电、输配电工程施工。

4. 工 艺 原 理

4.1　海滩架线不同与陆地架线，其运输、安装很大程度上受气候环境、海潮和架设地点的影响。

4.2　根据潮汛时间表，合理安排施工。材料准备阶段，利用落潮时间装载材料和设备，利用涨潮时间运送材料和设备。施工阶段，利用落潮时间进行海滩架线。

4.3　利用自制船排运送材料和设备。

1. 采用常规交通工具，如卡车、拖拉机等运送，到达架设地点时，材料和设备必须卸下，在第二次涨潮时，往往来不及架设完毕，材料和设备就会被海水侵蚀，人员会遇危险。或者卡车、拖拉机根本来不及返回。

2. 如用轮船运送，到达架设地点时，材料和设备无法卸下，如等到潮水退去，则轮船会搁浅或侧翻。

3. 采用船排运送，材料和设备不用卸下，仍然放在船排上，潮水来时，操作人员登上船排。船排漂浮在海面，既保证材料设备的安全，又保证了人身安全。

4.4　用两艘小型船只，根据 GPS 导航，将船排牵引至架设地点。一艘小型船在船排前作牵引船，一艘小型船在船排后作保护船。

4.5　自制"穿衣器"盛装防腐脂，钢芯铝绞线从"穿衣器"中穿过，做到连续防腐，没有漏点，而且防腐施工简单、快捷。

5. 施工工艺流程及操作要点

5.1　施工工艺流程（图5.1）

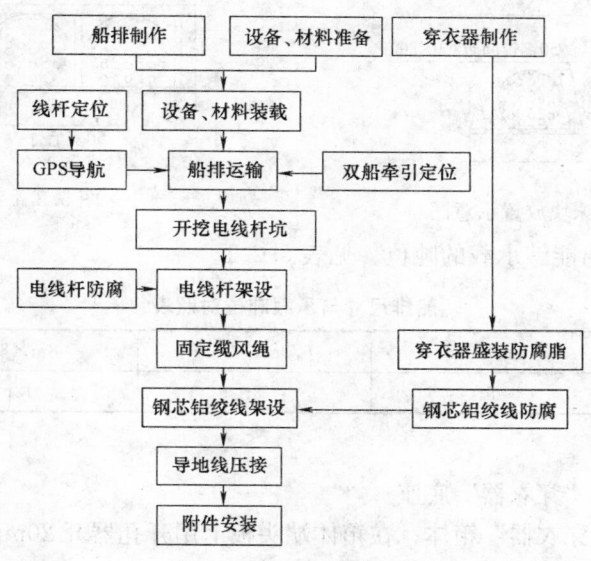

图 5.1　施工工艺流程图

5.2　施工操作要点

5.2.1　船排制作

1. 用 φ50 钢管焊制船排底层钢架，底架成网格状，网格为 800mm×800mm。如图 5.2.1-1 所示。

2. 用 φ76 钢管焊制面层钢架，成网格状，网格尺寸为 800mm×800mm。如图 5.2.1-2 所示。

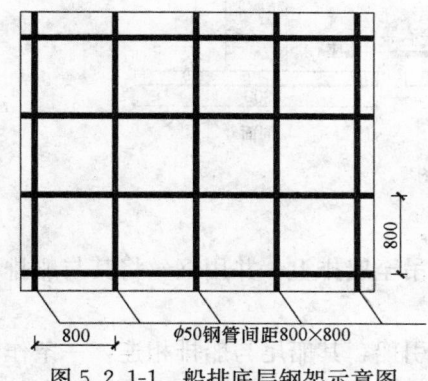

图 5.2.1-1　船排底层钢架示意图

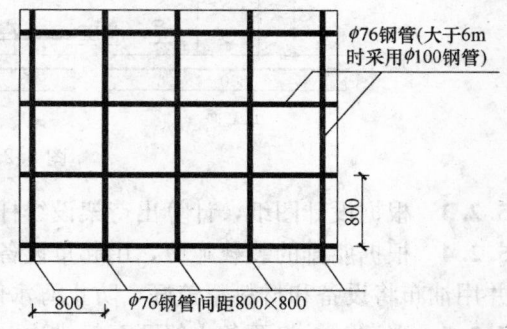

图 5.2.1-2　船排面层钢架示意图

3. 在底层钢架上放置柱状泡沫块，用 50mm 宽毛竹固定。毛竹的优点是自重轻、成本低，不易腐蚀。如图 5.2.1-3 所示。

4. 用－40×4 扁钢弯成半圆形，焊在上层钢架上，圆口向下，箍住泡沫块。上、下层钢管架再用 φ50 钢管连接成整体。如图 5.2.1-4 所示。

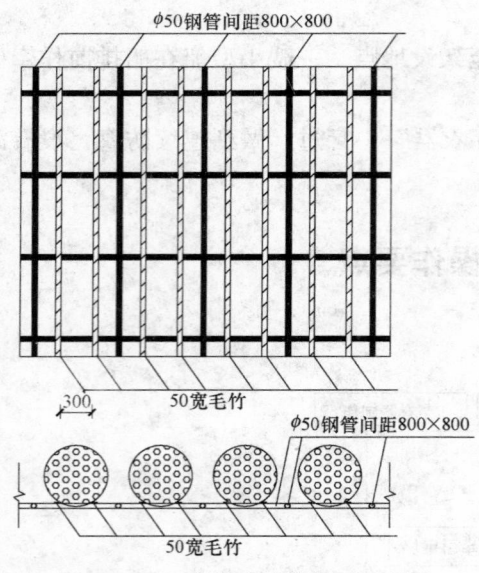

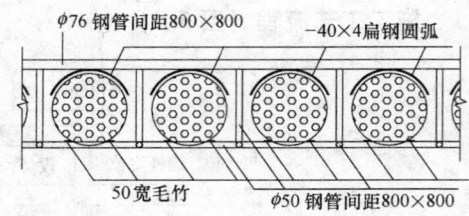

图 5.2.1-3　柱状泡沫块放置示意图

图 5.2.1-4　船排剖面图

5. 根据船排尺寸计算出能够承载的吨位。见表 5.2.1。

船排尺寸与承载吨位对照表　　　　　　　　　　　　　　　　　表 5.2.1

尺　寸	5m×5m	6.5m×6.5m	8m×8m	10m×10m
承载吨位	5t	8t	12t	20t

5.2.2　穿衣器制作

1. 用∟50×5 角钢焊制"穿衣器"底座。

2. 用 2mm 钢板焊制"穿衣器"箱体。在箱体端头板上用开孔器开 20mm 圆孔，用带凹槽的皮圈放在圆孔中，凹槽卡住圆孔边的钢板。

3. 将箱体与底座焊接固定，再刷防锈漆。如图 5.2.2。

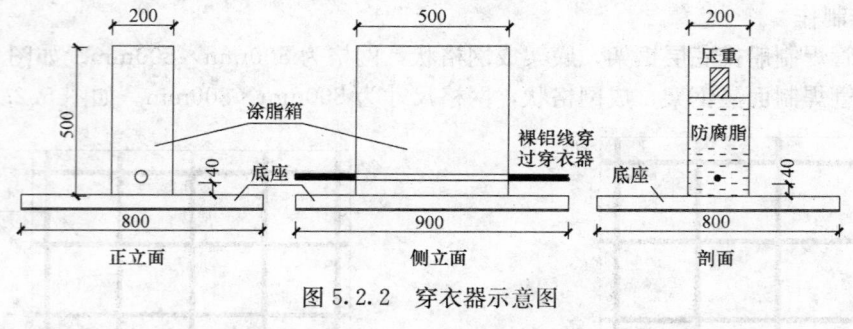

图 5.2.2　穿衣器示意图

5.2.3　根据设计图纸，计算出待架设线杆位置的坐标值。

5.2.4　根据船排的装载吨位，用起重设备将设备和材料吊至船排上，并用钢丝将其与船排固定牢固。并用油布将设备和材料覆盖好，防止海水侵蚀。

5.2.5　涨潮时，将两条小船开至船排边，一条船作为牵引船，其船尾与船排相连，一条作为保护船，其船头与船排相连。船排上的铁锚临时放在保护船上。开动小船，牵引着船排向架设点航去。潮水涨落见表 5.2.5。

5.2.6　用 GPS 接收器确定船排在沙滩上时的坐标值，再根据现场架线平面图，确定船排拟到达地点的坐标值。结合当地的风速情况和海水退潮流向情况，确定合理的船排航行路线。每隔 20m 计算出船排航行路线的坐标值，当船排航行时，利用放置在牵引船上的接收器，实时将牵引船的实际航行坐标与事先确定的坐标进行比较，并调整牵引方向，到达预设地点。

潮汛时间表　　　　　　　　　　　　　　　　表 5.2.5

农　历	潮　汛	来潮时间	退潮时间	汛　别	说　明
初一/十六	六潮水	11：00	13：00		
初二/十七	七潮水	11：45	13：45	大汛	
初三/十八	八潮水	12：30	14：30		
初四/十九	九潮水	13：15	15：15		
初五/二十	下岸潮	14：05	16：05		
初六/二十一	下岸一	14：55	16：55		
初七/二十二	下岸二	15：45	17：45	小汛	
初八/二十三	下岸三	16：35	18：35		
初九/二十四	下岸四	17：25	19：25		
初十/二十五	起水	18：15	20：15		
十一/二十六	一潮水	19：05	21：05		
十二/二十七	二潮水	19：55	21：55		民谚：
十三/二十八	三潮水	20：45	22：45	大汛	大汛：初一、月半，子午平潮，七
十四/二十九	四潮水	21：30	23：30		潮、八潮如马跑，
十五/三十	五潮水	22：15	0：15		初三、十八水，眨眨眼潮就到。
十六/初一	六潮水	23：00	1：00		小汛：下岸潮下海的人天亮跑，下
十七/初二	七潮水	23：45	1：45	大汛	岸一潮，太阳出
十八/初三	八潮水	0：30	2：30		跑，初八、二十三最小汛
十九/初四	九潮水	1：15	3：15		
二十/初五	下岸潮	2：05	4：05		
二十一/初六	下岸一	2：55	4：55		
二十二/初七	下岸二	3：45	5：45	小汛	
二十三/初八	下岸三	4：35	6：35		
二十四/初九	下岸四	5：25	7：25		
二十五/初十	起水	6：15	8：15		
二十六/十一	一潮水	7：05	9：05		
二十七/十二	二潮水	7：55	9：55		
二十八/十三	三潮水	8：45	10：45	大汛	
二十九/十四	四潮水	9：30	11：30		
三十/十五	五潮水	10：15	12：15		

5.2.7 两艘小船牵引船排到达预设地点附近时，从保护船上抛下船排上的铁锚，松开牵引绳和保护绳。牵引船与保护绳离开船排。当潮水退至船排附近时，施工人员从小船下到小艇上，开至船排边。

5.2.8 开挖电线杆基坑

电线杆基础采用冲浆沉管的方法。冲挖前先测出自然海滩面标高，再计算出开挖深度，以保证电线杆埋设后，顶端标高一致。

1. 先用高压水枪喷冲出一浅坑，将 φ400 钢套管放在坑中。

2. 再用高压水枪向套管内冲浆，高压离心式水泵抽出泥浆。

3. 冲挖至标高后，抽干泥浆，拔出套管。如图 5.2.8。

5.2.9 电线杆防腐

1. 水泥电线杆的防腐，采用 DR-H538 防腐液，用毛刷在电线杆外侧涂刷一层。在电线杆底部 $0.15/L$（L 为电线杆总长）范围内，内侧涂上防腐液，再用混凝土将底部封死，并涂上防腐液。

2. 木质电线杆的防腐，采用 CCA 防腐剂，采用真空

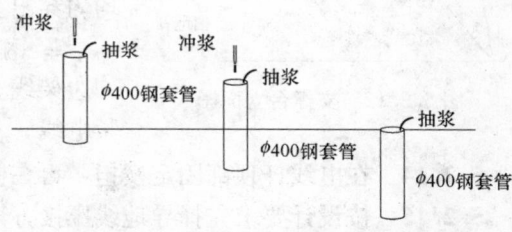

图 5.2.8　电线杆基坑开挖示意图

加压注入木质纤维中。

5.2.10 电线杆就位

1. 电线杆架设不宜采用机械吊装，采用人力架立。电线杆上的横担和瓷瓶可在立杆前安装好，也可在立杆后安装。见图 5.2.10。

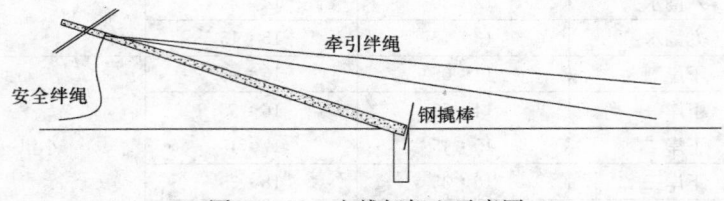

图 5.2.10　电线杆架立示意图

2. 在线杆端部绑好三根绊绳，长度为 2 倍的电线杆长。一根为安全绊绳，两根为牵引绊绳。

3. 电线杆基坑开挖完成后，将电线杆根部放入基坑，抬起电线杆顶端，在电线杆对面，沿 30°方向有两组人分别拉住牵引绊绳，将电线杆立起。

4. 在电线杆顶端方向，有一组人拉住安全绊绳，防止电线杆在竖立过程中，向受力方向倾倒。

5. 电线杆直立就位后，安全绳和牵引绳紧绷，同时向基坑内回土，并夯实。埋好电线杆后，解开绊绳，电线杆就位完成。

5.2.11 电线杆架设完成后，用四根缆风绳成十字形方向拉住电线杆。缆风绳用地锚杆固定。如图 5.2.11。

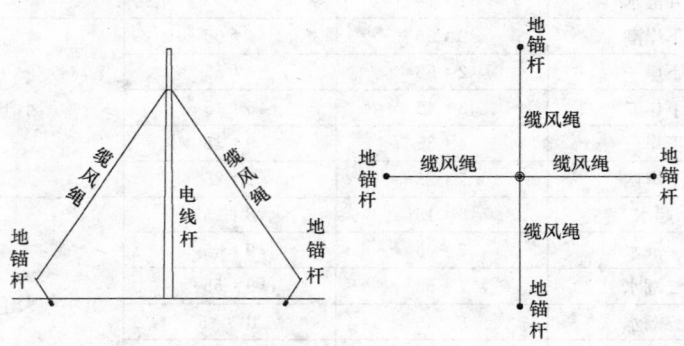

图 5.2.11　缆风绳、地锚杆安装示意图

5.2.12 用毛竹搭设支撑台，先绑扎扫地杆，再搭设立杆，同时用横杆将立杆相互连接。搭设高度一般为电线杆高度的 1/2，支撑台的搭设见图 5.2.12 立面图。

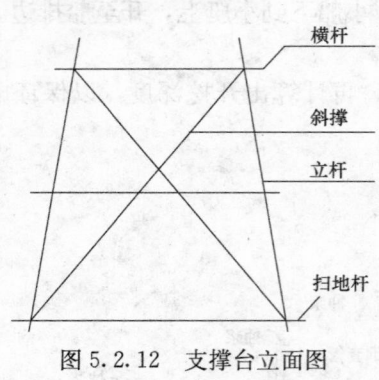

图 5.2.12　支撑台立面图

5.2.13 钢芯铝绞线防腐与架设

1. 将钢芯铝绞线放在圆盘架上，并用一根 15m 长的钢丝作牵引线。

2. 将牵引线从穿衣器一侧孔中穿入，经过穿衣器从另一侧孔中穿出，在穿衣器中注入钢芯铝绞线防腐脂，在隔板上放置配重。

3. 一边转动圆盘，一边拉动牵引线，使钢芯铝绞线从穿衣器中均匀穿出。钢芯铝绞线外表面均匀涂上防腐脂。

4. 钢芯铝绞线再通过支撑台和每一根电线杆，做到一边防腐、一边架线。并将钢芯铝绞线与电线杆上的瓷瓶固定，并用紧线器收紧电线。

5.2.14 在电线杆顶部固定横担，再在横担上固定瓷瓶。

5.2.15 按设计要求先择导地线压接方法，并与放线紧密配合。

5.2.16 导地线紧线后及时安装附件，以防止导地线因风振而损伤。

6. 材料与设备

6.1 制作船排的材料和设备（表6.1）

制作船排的材料和设备

表6.1

序　号	名　称	规格型号	用　途
1	钢管	φ100	制作上层钢架
2	钢管	φ76	制作上层钢架
3	钢管	φ100	制作下层钢架
4	柱状泡沫块	φ500,800高，密度20kg/m³	利用泡沫的浮力，浮起船排
5	尼龙网袋		保护柱状泡沫块
6	毛竹片	50宽	夹住柱状泡沫块
7	电焊机	BX-350	焊制钢架
8	焊条	E402	焊制钢架

6.2 制作穿衣器的材料和设备（表6.2）

制作穿衣器的材料和设备

表6.2

序　号	名　称	规格型号	用　途
1	角钢	L 50×5	制作底座
2	钢板	2mm	制作箱体
3	电焊机	BX-350	焊制底座、箱体
4	焊条	E402	焊制底座、箱体

6.3 线杆基坑开挖用设备（表6.3）

线杆基坑开挖用设备

表6.3

序　号	名　称	规格型号	用　途
1	高压离心泵	165L	吸浆
2	自吸泵	50BP-35	冲浆
3	钢套管	φ400	成孔

6.4 架线材料和设备（表6.4）

架线材料和设备

表6.4

序　号	名　称	规格型号	用　途
1	GPS导航仪	GPS72	导航
2	防腐剂	DR-H538	水泥电线杆防腐
3	防腐脂		钢芯铝绞线防腐
4	缆风绳	φ12	固定电线杆
5	支撑台		保护钢芯铝绞线
6	小型轮船		牵引和保护船排
7	钢芯铝绞线	按设计要求	架线
8	水泥电线杆或木质电线杆	按设计要求	架线
9	横担	按设计要求	架线
10	瓷瓶	按设计要求	架线
11	地锚杆	自转式1200mm	固定电线杆
12	绊绳	φ12麻绳	架立电线杆

7. 质 量 控 制

7.1 严格执行《110-500kV 架空电力线路施工及验收规范》GB 50233—2005、《钢结构工程施工质量验收规范》GB 50205—2001、《建筑施工高处作业安全技术规范》JGJ 80—91。

7.2 船排钢架焊接时，应满焊，且注意焊缝质量。钢管不能选用锈蚀材质。

7.3 严把材料进入关，凡产品没有合格证的，坚决禁止使用；对有产品合格证：要进行抽检，确保工程质量。

7.4 钢芯铝绞线采用穿衣器防腐时，注意观测隔板下降高度，适量补充防腐脂，以免钢芯铝绞线防腐不完全。

7.5 电线杆涂刷防腐液时，应涂刷均匀，不得漏刷。

7.6 电线设备材料要妥善保管，堆放地要远离化学品，以免变质影响质量。运输中不得受伤损。

7.7 紧线施工时，要有专业人员观测松弛度，并要考虑消除初伸长影响。紧线顺序先紧避雷线，后紧导线；单回路：先紧集中相线，后紧边相线。双回路：先紧上相，后紧中、下相。

8. 安 全 措 施

8.1 施工前充分掌握天气情况，潮汐情况，在最有利的气候环境下施工，确保施工安全。

8.2 船排运输时，保护船的保护绳应为松弛状态，同时应随时注意船排航向，不能让船排撞击牵引船，也不能使保护船撞击到船排。

8.3 施工人员人人配备救生衣。在登高作业时使用安全带和保护绳确保安全施工。

8.4 在施工现场要配置 2 到 3 辆两栖式车船，便于意外情况，人员撤离，确保施工人员安全。

9. 环 保 措 施

9.1 制定环保责任制，严禁垃圾倒入海滩海水中，以免污染海域。垃圾由船排带回，进行集中处理。

9.2 妥善保管防腐液、防腐脂，以免外溢，造成化学污染。

10. 效 益 分 析

运用本工法解决了材料设备运输的难题。与人力运输和其他交通工具运输相比，分别提高 90％和 60％以上的工效。提高施工速度 30％以上，减少劳动力 50％以上，钢芯铝绞线与电线杆使用寿命提高了 40％以上，创造了明显的经济效益和社会效益。

11. 工 程 实 例

11.1 通州滩涂 10kV 安装工程，该工程在南黄海通州段海域上，该工程主要包括 10kV 10km 专用线路。200kVA 变压器 34 台，配电箱 34 台，线竿等范围。2008 年 2 月 11 日开工，2 月 25 日前完工，工期仅为 15d，根据此工期紧的情况，且浅滩淤泥严重，潮汐变化快等特殊情况，运用了海滩架线施工方法，使之在规定期限之内顺利完工，并确保了高质量无事故，得到了建设方好评。

11.2 如东洋口滩涂 10kV 安装工程，该工程位于洋口港外滩，该工程主要包括 10kV 15km 线路，

200kVA 变压器 30 台，配电箱 30 台安装等范围。该工程于 2007 年 2 月 14 日开工 2 月 28 日竣工，工期为 15d，此工程采用了本工法进行施工，确保了工期，创造了效益。

11.3 东台凌港滩涂 10kV 安装工程，该工程位于东台凌港外滩，该工程为 10kV 12km 线路 200kVA 变压器 28 台配电机 28 台安装工程。该工程于 2006 年 4 月 11 日开工 4 月 30 日竣工，工期为 20d。此工程采用本工法进行施工，确保了工期，确保了质量和安全，创造了效益，受到东台市人民政府表彰。

辐射安全防护系统安装、调试工法

GJEJGF135—2008

山东金塔建设有限公司　青岛市胶州建设集团有限公司

常新文　孙裕国　侯志强　郭道盛　唐鄂生

1. 前　　言

电子加速器工程，属于国家优先发展的高新技术领域，防护和控制系统的施工是工程建设的核心。高能所 10MeV 加速器示范工程，其建设目标：主机运行工况、辐照加工工况要实现智能控制，防护的检测、监控；连锁按照规范要求，要实现智能管理。设备、器件的多样性，供应的分立，控制的分离，对施工提出了新课题。

工法编写单位在承担工程施工的同时，组成课题组，吸收设计、设备相关技术人员参加；以上述工程的施工为样本，完成了电子辐射防护和控制系统施工技术课题的研究。成果经过省级施工技术审定、技术成果鉴定，认定达到国际先进水平。相关技术《房屋门洞/窗口辐射泄露封堵施工方法》，获得国家发明专利。在研究成果的基础上，按照工法原理，编制、形成了《电子辐射防护和控制系统安装调试工法》。

工法在多项辐射工程中使用，取得较好的效果。相关国标采用了本工法的相关内容。

2. 工 法 特 点

2.1　科技含量高，慎密严谨

工程的辐射防护，法规严肃，要求具有纵深防御性、冗余性、多元性、独立性的特征。系统的辐射防护部分，由九道报警连锁系统构成；控制内容包括辐射防护控制、各设备的运行条件控制、剂量跟踪控制。施工搭建的系统运行平台，实现多种类硬件设备的集成，实现系统通信的集成、实现多种协议的兼容。系统体系结构复杂，实施步骤衔接紧密。

2.2　泄露封堵采用专利技术

辐射防护性命攸关，建设的漏项、缺项、不足造成的射线泄露难以杜绝。射线泄露采用发明专利技术 200810138353.2《房屋门洞/窗口辐射泄露封堵施工方法》予以封堵。

2.3　施工人员配置与工程相适应

安装、调试人员的配备，要有应用程序编制、熟悉控制技术、具备计算机专业技能和仪表安装调试经验的各类人员构成。施工人员要具有极强的责任心；要具备和掌握防止射线伤害的知识和技能。

2.4　施工安全措施严格

施工现场剂量检测、施工防辐射伤害，与一般工程施工不同，有严格措施。

2.5　工法的效能

工法能够准确组织、管理、规范系统的施工过程，高效地保障电子辐射防护和控制系统安装调试工程的实施。

3. 适 用 范 围

工法适用于电子加速器工程的建设；探伤、检测、医用、环保、科研领域的电子射线、X 射线和 γ

射线辐射装置的建设也可对应相关原理，参照使用。

4. 工 艺 原 理

4.1 防护工艺原理

射线多次反射、能量被阻挡层吸收而衰减，电子射线防护除通过迷宫布置、选用吸波材料、射线封堵、分区管理等外，由计算机控制的警示、监视、监测、违规停机连锁是解决各种非常工况和非常事件的保护措施。

物质吸收、衰减粒子（电子、质子、中子、光子）射线的能力不同，利用布设强烈吸收离子射线的材料的装置，完成相关的射线泄漏封堵。是发明专利《房屋门洞/窗口辐射泄露封堵施工方法》的理论基础。

4.2 施工技术原理

加速器、传输系统，其种类、规格多样，附属的控制系统，设备供应商配套。防护控制回路，工程不同，其配置差异较大，分散采购后集成。施工主要是通过搭建运行平台，集成多种类硬件设备；通过软件开发，完成平台的通信集成和所有通信协议之间的兼容。

5. 施工工艺流程及操作要点

5.1 工艺流程

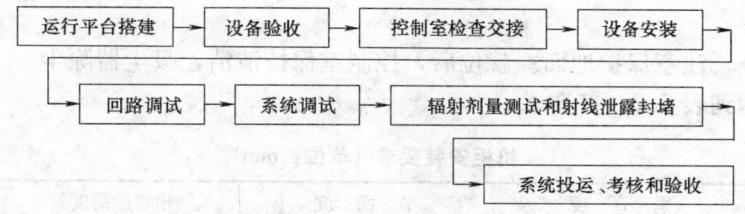

5.2 施工操作要点

5.2.1 运行平台的搭建

1. 系统运行平台的硬件集成。多种类硬件设备按照加速器主机、电子束辐照下的传输系统、其他（警示、监视、监测、违规停机连锁）三类进行。

2. 系统通信集成。上款中三类硬件的通信关系应予以确认。

3. 兼容多种通信协议。发生的程序、应用软件的编拟、修订。

4. 编制施工技术文件，经业主确认。

5.2.2 设备验收

验收应在供应商在场条件下，会同监理、业主进行，签署验收记录。

1. 按照《设备清单》，核对品种和数量。

2. 对每个包装箱，开箱前进行外观检查；开箱后检查防潮、防水、防振措施是否齐备，内包装、防倾斜、防振设置有否异常；随后，按照《装箱单》逐件清点。记录整机、整件、部件、零件、备件、随机工具、文件的数目和型号与《装箱单》差异，记录外观，变形、破损、受潮、锈蚀等状况，做出相应处理。

5.2.3 控制室（含系统设备安装的其他场所）检查交接

系统安装前，施工单位会同监理和业主对控制室（含其他设备安装场所）进行联合检查，符合如下条件时，办理接收手续。

1. 土建、装饰、工艺设备安装、电气、空调工程全部施工完毕，具备了封闭管理条件；

2. 附属的公用设施具备了投运条件；空调系统正常，室内温度、湿度符合系统设备运行的要求；

3. 接地极及接地系统总线施工完毕。

4. 卫生工具、吸尘器、灭火器具及防鼠器具齐全具备。

5.2.4 设备安装

接地安装检查 → 上机前检查 → 机柜安装 → 现场硬件安装 → 系统接线

图 5.2.4 设备安装工艺流程

1. 接地安装检查

系统接地，必须分别检查，接地电阻达不到表 5.2.4-1 要求的，增加接地极或加降阻剂，以满足接地要求。

接地电阻要求（单位：Ω）   表 5.2.4-1

项 目	机 柜	信号线屏蔽	工 控 机	通讯网络屏蔽
接地电阻	4	1	1	1

2. 上机前检查

上机前检查要严格进行。

1）设备、仪表、器件，进行检查、测试，对有关子系统进行测试，确认正常后方可上机安装。

2）剂量计的校验，精度传递，严格按照国家安全部门的规定完成。

3. 机柜安装

1）所有机柜，使用平板车运输，专用车推至设计位置整体找正。

2）搬运要平稳，倾斜度小于 10°，车速缓慢，防止冲击振动。垂直运输，起吊能力要足够，手动起吊，吊速缓慢。

3）安装由内及外，注意保护地面。就位后，控制室保持清洁，吸尘器除尘。

4）机柜安装应达到表 5.2.4-2 要求。

机柜安装要求（单位：mm）   表 5.2.4-2

项 目	垂 直 度	平 面 度	相邻盘高度差	并列两盘间隙
偏差	3	2	2	2

4. 现场硬件安装

现场硬件是指控制室外的仪器仪表，包括以下子系统的所有硬件：指纹门禁、声光报警、电视监视、剂量检测、剂量报警、通风故障、火险报警、安全连锁；加速器的恒温除盐水控制系统、离子泵真空系统、钛窗及其风冷控制系统；加速器输出工况的响应控制系统、物料输送工况对辐照剂量的跟踪控制系统等。

1）现场器件、元件安装按照设计图纸和说明书要求进行。

2）后续增补安装在机柜内的器件，在预先留出的位置紧固。确需重新打孔的，严格清理铁屑，新打孔处涂覆快干清漆。

3）加速器输出工况的响应控制系统、物料输送工况对辐照剂量的跟踪控制系统的传感器、变送器、附属仪表宜在供应商指导下完成安装。

5. 系统接线

接线前，施工人员要仔细阅读系统控制、采集、测量点清单和信号端子接线图、开线表，仔细确认每一信号的性质、开关量的通断、负载的性质，仔细对照机柜以及机柜内各端子板的位置，确认各接线端子的位置，然后按下列程序接线：

1）确认各电源、信号线处于断电状态。

2）确认各端子相关的开关处于断开状态。

3）按照要求接好所有的现场信号线。

4）仔细检查现场接线的正确性（包括位置、极性、是否紧固等）。

5）合理布线，严禁机柜外走线，禁止槽内走线混乱。机柜内的走线要工整、美观，每对端子的紧固力度适当。

6）按照施工内容，核对、整理、记录实际的接线表。

5.2.5 回路调试

根据工程设计文件、平台搭建施工工艺文件、设备和仪表说明书的技术要求，制订调试内容、调试步骤和记录格式，并经监理和业主确认，其流程见图5.2.5。

常规检查 → UPS能力测试 → 供电测试 → 工控机调试 → 回路测试

图5.2.5 回路调试流程

1. 常规检查

核对接线，其中包括信号线、电源线等；检查导线的导通、绝缘情况；检测接地电阻；检查保险丝；检查盘内所有紧固点；检查电源进线电压，消除异常。

2. UPS负载能力测试

在负载运行状态下，切断UPS充电电源，测试其供电时间；测试由市电转换到UPS电源的时间。

3. 供电测试

1）检查机柜、控制台的供电单元符合设计要求；电源开关状态与相应设备电源通断状态相对应。

2）工控机的存储卡、通信卡、其他的卡件，供电后，电源指示灯、状态指示灯均应正常。

4. 工控机调试

1）硬件设备，电源开关置于"ON"；安装系统软件、应用软件、数据库；确认系统正常。

2）向各台设备下装系统软件及数据库文件，启动控制网络上的全部节点，确认系统状态显示正常。

3）系统启动检查 应满足如下要求：

条 目	状 态
应用列表命令、硬盘子目录的文件显示	正常
各种工况显示	正常
报警显示	正常
打印机工作检查	正常
冗余电源	正常
切换检查	正常
通信试验	正常
自诊断画面检查	正常

5. 适时安排系统组态测试，完成设计文件、平台文件中的各种回路组态与工控机软件的测试。

6. 回路测试。

根据回路图和接线图输入节点信号，检查输入点、输出点、运算点在控制中的运行状态，检查细目显示、流程显示、报警显示。

1）屏蔽门测试：任何一个屏蔽门打开时送出干结点断开信号。

2）人体红外测试：有人体通过各红外检测探头区域时送出干结点断开信号。

3）光电开关测试：有人体通过各光电开关的光束时送出干结点断开信号。

4）烟感测试：按下烟感测试按钮时或模拟烟雾时送出干结点断开信号。

5）排风测试：按动排风挡板或开启排风系统时送出干结点短路信号，其余状态送出干结点断开信号。

6）指纹测试：打开工控机，运行指纹门禁程序，当进、出辐照区指纹采集有差异时送出干结点断开信号。

7）急停拉绳开关测试：拉动各急停拉绳开关时送出干结点断开信号。

8）急停开关测试：按下各急停开关时送出干结点断开信号。

10）显示测试：模拟开机各个状态，各显示屏应显示相应状态（安全、危险）。

11）警示测试：模拟开机状态，警示器应有警示信号。

12）监控测试：打开工控机，运行监控程序，应显示、存储、回放所需要观察采集的图像。

13）加速器的恒温除盐水控制系统：脱离特定温度范围（如$40\pm1℃$），供水流量跟踪调变。

14）离子泵真空系统：低于$10^{-16}\,\text{Pa}$时离子泵自行启动。

15）钛窗及其风冷控制系统：有电子束输出，送风系统自动启动，送风角度符合要求。

16）加速器输出工况的响应控制系统。阴极电压随输出功率调变；电子束扫描偏转；加速管的加速微波场，随输出电子束能量调变符合回路调试阶段的要求。

17）物料输送工况对辐照剂量的跟踪控制系统。电子束下传输系统运动速度随接收剂量调变符合回路调试阶段的要求。

5.2.6 系统调试

1. 联调条件必须满足以下要求：

1）主机、辅机设备安装无误、完成单机试车；

2）各回路控制测试完毕、信号传递畅通、正确；

3）水、气、电、风到位，现场不受外部条件的干扰。

2. 系统联调方法

1）系统联调中，所有检测单元加模拟信号，采取开路与短接的方法加以模拟。所有控制回路输出都接到控制卡上，即：系统联调覆盖了全部回路。

2）对调节控制回路，除完成输入、输出的联调内容外，应检测输出的正反作用。

3）连锁回路：模拟其全部的工艺连锁条件并检查其全部的连锁输出。

4）复杂的调节回路：进行多输入或多输出的，验证结果的正确性。电子枪工况与加速器输出工况的响应控制、物料输送系统的运送工况对辐射剂量等的相应控制调试必须由主机供应商，主要传感器、变送器供应商协同完成。

5.2.7 辐射剂量测试及射线泄露封堵

剂量测试分辐射加工剂量测试和各区域泄露剂量测试。随加速器出束、束流能量提高、束流功率增大，直至额定输出达标，分别各种状态进行测试，并做好记录。

1. 辐射加工剂量测试

辐射加工剂量测试，实测剂量大于报警剂量值时送出报警信号，大于工艺设定上限时，送出停机信号。

2. 各分区射线泄露剂量测试

对辐照室门厅、装卸物料区、维修间、中央控制室、走廊、排风车间等进行泄露射线的剂量测试。

3. 射线泄露封堵

测试值达不到规定指标的区域，检查泄漏点，可按照发明专利200810138353.2《房屋门洞/窗口辐射泄露封堵施工方法》对泄漏点予以封堵。如图5.2.7。

5.2.8 系统投运、考核和验收

配合加速器出束、束流能量提高、束流功率增大，直至额定输出达标；配合带料试车，直至产能达标；各个阶段及时投运系统，进行考核。

考核达到设计条件，且达到业主约定的功能条件，通过48h运行考核；交工资料符合规定；办理验收。

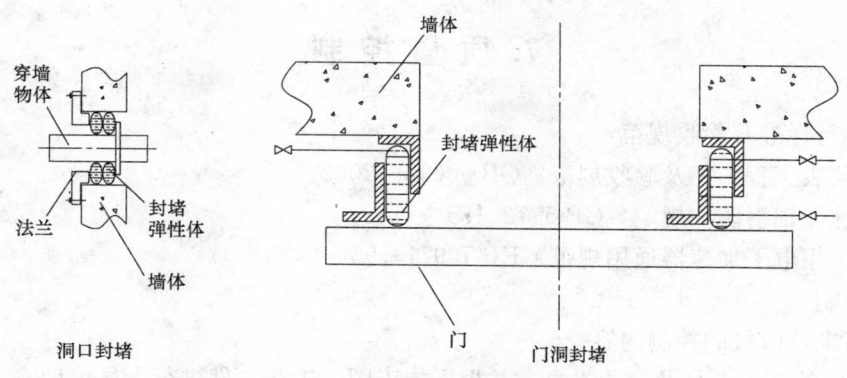

图 5.2.7　射线泄露封堵示意图

6. 材料与设备

施工设备、机具及计量器具可根据辐照装置现场仪表实物工程内容和大小，适当配备。高能所示范工程——蓝孚基地，基本配置见表 6-1～表 6-3。

施工设备、机具　　　　　　　　　　　　　　　　表 6-1

序　号	设备机具名称	型号规格	数　量	备　注
1	稳压电源	24VDC	2台	
2	电压分析仪	MDDEL435	1台	
3	电缆测试仪	DSP-100	1台	
4	函数信号发生器	TEK-TAS485	1台	
5	数字存储示波器	HP-54501A	1台	
6	MA 环路校验仪	MDDEL444	1台	
7	接地电阻测试仪	3150	1台	
8	兆欧表 ZC-25 型	500V	1台	
9	电子式个人剂量计		3个	实时计量检测
10	热释光剂量测量仪(热释光元件)		1台	个人累积剂量的测量
11	专用平板车	自制	1辆	
12	捯链	1t	2台	
13	对讲机		2对	

计量器具　　　　　　　　　　　　　　　　表 6-2

序　号	计量器具名称	规格型号	数　量	备　注
1	游标卡尺	0～300mm　0.02mm	2把	
2	盘尺	0～30m	1个	
3	钢卷尺	0～5m	4个	
4	万用电表		4块	

周转材料及施工手段用料计划　　　　　　　　　　　　　　　　表 6-3

序　号	周转材料及手段用料名称	规格型号	数　量	备　注
1	安全手提工作灯	36V/40-100W	2个	
2	空气开关	DZ10-200A60A30	各2个	
3	漏电保护器	200A/0.1S	2个	
4	漏电保护器	60A/0.1S	2个	
5	漏电保护器	30A/0.1S	2个	
6	多用电源插座	15A	4个	
7	插座	250V×5A	4个	
8	电缆	YH-3×10+1×4	50m	
9	接线终端	U-1.5mm², U-2.5mm²	2000个	
10	塑料扎带	L=150mm、200m	400个	

7. 质量控制

7.1 施工执行标准及验收规范：

1.《自动化仪表工程施工及验收规范》GB 50093—2002

2.《粒子加速器辐射防护规定》GB 5172—85

3.《辐射加工用电子加速器通用规范》EJ/T 971—95

7.2 质量控制

7.2.1 施工准备阶段的控制内容

1. 选定相适应的技术人员及作业人员，并根据施工图、工艺文件进行人员培训。

2. 配齐必须的仪器、仪表、调试设备及施工机具。

3. 进行专业设计文件会审，完成运行平台的搭建论证。

7.2.2 保证安装质量及设备安全的工艺措施

1. 系统接线按照先现场后控制室的顺序进行。在现场信号线接到控制室端子以前，各端子相关的开关应处于断开状态，如果控制台缺少此功能，则将控制室与现场信号相连接的器件从机笼中拔出，断开它们与现场的连接。

2. 系统接线时，施工人员一定要仔细确认每一信号的性质、取样仪表及变送器的类型、开关量的通断、负载的性质，仔细对照柜内各端子板的位置，确认各接线端子的位置。

3. 在系统安装调试过程中，采取防静电措施，拔、插卡件和模块时，带上防静电手套，避免造成系统死机或损坏相应卡件。

4. 在系统通电测试和调试前，注重送电条件的确认，按预定程序送电。

7.2.3 调试过程中，注意以下事项：

1. 连续供电。

2. 卡件检查，应在导电板上进行，导电板接地电阻大于 1MΩ，卡件的存放，装于防静电袋中。

3. 更换卡件、组件时，按照说明书进行。

4. 射线检测、连锁组态的任何增、删或修改，必须有环保安全部门的认可。

5. 任何无关的磁盘不能带入控制室，确保系统正常工作。

6. 建立门卫安全保卫制度，专人值班，凭证出入。

7.2.4 系统联调阶段注意事项

1. 加速器主机系统、电子束辐照下的物料输送系统（束下传输系统）设备的随机仪表、分析仪表、内部逻辑等内容，在供应商协同下完成调试。

2. 加速器主机的电子枪工况与电子加速器输出工况的响应控制，协同供应商完成调试。

3. 电子束辐照下的物料输送系统的运送工况对电子束能量、功率、扫描状态、对接收剂量等的响应控制，协同供应商完成调试。

4. 充分性原则。系统联调一次性完成每个回路的测试及该回路中的报警、连锁试验，避免回路遗漏造成返工，确保调试进度和质量。

5. 中间确认原则。系统联校时，根据系统回路图，逐个开通回路，调试合格的做出明显标示，避免因疏忽而损坏设备。

8. 安全措施

8.1 施工准备阶段

1. 计量检定：辐射剂量检测的剂量仪表，必须经过国家环保部门认可的计量检定。

2. 做好施工的安全交底，作业人员要掌握施工中的防辐射知识和技能。

8.2 制定预案

安装、调试施工，必须制定防辐射伤害预案，包括个人吸收剂量限值、人员撤离预案、医学追踪方案。

8.3 监控工作

设备调试进入"出束阶段"以后，辐射区的现场施工必须有人监护，开机指令必须有监控人员认同。

8.4 个人防护

加速器运行时期的现场施工，应当携带电子式个人剂量计，实时地显示剂量计所在位置的剂量率，剂量计要做好报警阈值的设置。

8.5 在加速器输出电子束的运行停止后，风机强制通风 10min 后，方可进入辐照区，以减少空气电离产物的伤害。

8.6 通用性安全措施，与一般工业项目施工相同，无特别应对，从略。

9. 环 保 措 施

9.1 辐射相关的环保措施

根据不同辐射工程、参照接收辐照的材料的半衰期，对废物、剥落物、废水、废真空泵油区别对待，必要时按照放射性废物管理规定予以处理。

9.2 施工场地的容貌

1. 施工现场设置工程概况牌、安全纪律牌、安全标语牌、安全记录牌、文明施工制度牌。

2. 设备摆放有序，仪表、材料堆放整齐；施工顺序合理，工作有条不紊；当班施工结束，及时清理现场。

9.3 生活和环境卫生

按照生活和环境卫生的管理制度，搞好职工宿舍卫生和食堂卫生；不乱倒生活垃圾。

9.4 现场警示教育

施工场地内张贴警示标语，要有黑板报或报栏，内容应经常更新；施工现场入口处应悬挂警示标志。

9.5 现场人员都应统一着装，佩戴工作证，并且穿戴整齐，行为文明。

9.6 对现场噪声较大的设备进行屏蔽。

10. 效 益 分 析

10.1 本工法先进、成熟，消除了辐照工程运行隐患，确保工程通过射线防护的环保验收。因而可以带来显著经济效益。

10.2 辐射防护安全系统的施工技术含量高，专业性强，施工收益大，施工企业的利税率与一般工业项目相比，高出 2～3 倍。

10.3 技术经济分析表明，辐射加工项目年投资回报率，是高收益行业，先进的施工技术是建设方实现经营和投资目标的保证。

10.4 辐射加工行业经济数据显示，辐照加工的物料升值空间大，被辐照加工物料升值在 30%～50%；特殊加工甚至达到几倍到十几倍的升值。

该工法的推广使用，将规范电子加速器及其他相关辐照装置的防护和控制系统的安装和调试过程，将有效保障射线辐射技术应用过程中的环境和人身安全，对促进我国射线应用技术的健康、快速发展具有重要意义，对我国产业结构调整，国民经济发展具有明显的积极意义。

11. 应 用 实 例

山东蓝孚电子加速器辐照加工基地工程

11.1 工程概况

工程由上海 728 核工程院设计，主机由中科院高能所研究试制，束下传输系统由承德研制。2007 年 2 月开工，2007 年 12 月开始设备安装，2008 年 5 月竣工。系国产首条开工建设的 10MeV 电子加速器辐照加工生产线。

11.2 施工情况

工程采用本工法完成了辐射安全防护和控制系统的施工，安全防护有效，冗余度合理、可靠性高，达到了设计要求。

11.3 工程监测与结果评价

工程检测表明，安全防护和控制系统均达到了设计要求。2008 年 9 月通过了山东省射线辐射的环保验收。

橡胶沥青混凝土施工工法

GJEJGF136—2008

北京市公路桥梁建设集团有限公司　北京市政路桥建材集团有限公司

王旭东　柳浩　李美江　高政　杨丽英

1. 前　　言

橡胶沥青混凝土在路面工程中的应用在国际上已有比较悠久的历史。

1999 年交通部公路科学研究所首次将橡胶粉用于马房大桥的桥面铺装，2001 年交通部设立西部交通科技项目开展"废旧橡胶沥青用于筑路的技术研究"，该项目在广东、山东、河北、四川、贵州等地，涉及华南地区、西南地区、轻冰冻地区，三个气候片区，修筑总长近 30km 试验路和实体工程。课题组后来又在京秦高速公路、武汉钢桥面、广东 105 国道、北京绿色奥运工程中修筑了橡胶沥青混凝土路面。

橡胶沥青混凝土用于道路工程，能够改善沥青的高低温性能、抗老化性能、抗疲劳性能，起到减薄路面、延长路面使用寿命、延缓反射裂缝、减轻行车噪声、优良的冬季柔性等作用。为了响应国家建设"资源节约型、环境友好型"社会的号召，2007 年，交通部开展了"材料节约和资源循环利用"专项行动计划，将废胎胶粉在公路工程中应用作为主要的推广项目之一。橡胶沥青混凝土主要有干拌工艺和湿拌工艺。干拌工艺是将废胎胶粉与沥青、矿料一起投放到拌合楼里拌合，生产橡胶沥青混合料的生产方法。湿拌工艺是先将废胎胶粉和沥青加工形成橡胶沥青后，再与矿料拌合生产橡胶沥青混合料的生产方法。废胎胶粉在沥青混合料中的应用，有利于减少废轮胎对环境污染，促进可循环资源的再生利用，同时，有利于改善沥青路面的使用性能、节约建设、养护成本。

本工法包括了橡胶沥青混凝土的干拌、湿拌两种工艺，是对交通部公路科学研究所、北京市公路桥梁建设集团有限公司、北京市政路桥建材集团有限公司等单位多年研究成果和工程经验的基础上总结出来的。

2. 工 法 特 点

2.1 橡胶粉在沥青混合料中既有化学反应，同时橡胶粉颗粒在沥青混合料中又天然存在，使得橡胶沥青混合料的级配设计要充分考虑橡胶粉颗粒的存在。

2.2 橡胶粉加入混合料中以后，沥青的黏度增大，施工温度高。

2.3 橡胶粉掺入沥青混合料中后使得沥青混合料的弹性增大，需要加强压实。

2.4 橡胶粉掺入沥青混合料中的反应复杂，橡胶沥青混合料的密度很难通过计算确定，需要实测。

2.5 由于橡胶沥青混凝土本身的特点，橡胶沥青混凝土的高温性能和低温性能都得到改善，橡胶沥青混凝土的技术性能指标也应根据其性能确定。

2.6 橡胶沥青混凝土的设计方法需要充分考虑橡胶粉在其中的作用特点，对其体积参数和稳定度、流值进行调整。

3. 适 用 范 围

3.1 橡胶沥青混合料可用于各种等级公路新建和改建工程。橡胶沥青混合料适用于沥青路面的各结构层位。废胎胶粉用于沥青混凝土中，能改善沥青混凝土的高温稳定性、抗疲劳性能、水稳定性能、低温性能和延缓反射裂缝等路用性能，同时能显著降低路面的行车噪声。

3.2 根据混合料的性能特点和使用要求，可分别选用湿拌法的橡胶沥青混合料和干拌法的橡胶沥青混合料。干拌法生产的混合料高温稳定性好；而湿拌法生产的混合料在低温抗裂、抗水损坏以及降低行车噪声等方面具有明显优势。

3.3 干拌法生产的橡胶沥青混凝土宜用于中、下面层中，以提高沥青路面的抗高温变形能力；湿拌法生产的橡胶沥青宜用于上面层沥青混凝土、防水粘结层和应力吸收层等。

4. 工艺原理

4.1 轮胎的设计寿命一般为50～100年，但轮胎在使用1～2年后因磨损就报废了，因此废旧轮胎橡胶粉主要的化学成分是天然橡胶和合成橡胶（如丁苯橡胶、顺丁橡胶），还有硫、碳黑、氧化硅、氧化铁、氧化钙等添加剂成分，以上这些成分都是良好的沥青改性剂。

4.2 无论是干拌法还是湿拌法的橡胶粉沥青混凝土，橡胶粉和沥青两种材料在高温条件下共混，其反应过程比较复杂，既不能用简单的物理过程来描述，也不能用复杂的化学过程论之。

研究证明，橡胶粉对干拌法沥青混合料绝不是简单的物理填充作用。湿拌法沥青混合料的沥青性能试验表明橡胶粉对沥青的改性作用是客观存在的，但从微观照片和密度测试中，仍能看到橡胶粉在橡胶沥青中单独存在的影子。相比较而言，干拌法沥青混合料的物理作用多一些，湿拌法的化学作用会明显一些。

4.3 由于橡胶粉用于沥青混合料既有对沥青的改性作用，其颗粒在沥青混合料中又是天然存在的，正是在这种双重作用下，使得橡胶粉沥青混凝土表现出与一般沥青混凝土不同的路用性能，使得橡胶粉沥青混凝土的受力特性发生了变化，赋予了橡胶粉沥青混凝土良好的降噪声性能、减薄路面厚度的作用、抗高温性能和重载性能、抗疲劳性能。

5. 工艺流程及操作要点

5.1 橡胶粉沥青混合料级配设计（图5.1）

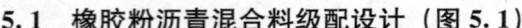

图5.1 橡胶沥青混合料的级配设计

5.1.1 橡胶沥青混凝土分为开级配和密级配两种。

5.1.2 对于密级配橡胶沥青混凝土，无论是干拌工艺还是湿拌工艺均应采用间断型级配。

5.1.3 级配构成原理：橡胶沥青混合料的级配根据设计空隙率的水平，按照骨架嵌挤原理形成。

5.1.4 适用于干拌工艺的混合料级配及控制范围。

1. 干拌工艺生产的混合料，即橡胶沥青混合料［ARHM（D）］，可用于沥青面层的上、中、下 3 层，宜选用密级配。按公称最大粒径分为：10 型、13 型、16 型、20 型、25 型、30 型等。表 5.1.4 为相应的橡胶沥青混凝土［ARHM（D）］的参考级配曲线。

2. 级配的控制点为 4.75mm 和 0.075mm。4.75mm 通过率的允许误差为 ±2%（绝对值），0.075mm 通过率的允许误差为 ±1%（绝对值）。

干拌法橡胶沥青混凝土［ARHM（D）］的参考级配曲线（通过率%）　表 5.1.4

级配类型	通过下列筛孔(mm)的质量百分率(%)													
	37.5	31.5	26.5	19	16	13.2	9.5	7.2	4.75	2.36	1.18	0.6	0.3	0.15	0.075
ARHM30(D)	100	90~100	80~91	64~76	57~69	50~62	40~51	—	25~35	17~27	12~20	9~16	6~12	4~9	3~7
ARHM 25(D)		100	90~100	70~82	62~73	54~65	42~53	—	25~35	17~27	12~20	9~16	6~12	4~9	3~7
ARHM 20(D)			100	90~100	77~88	64~76	47~59	—	25~35	18~27	14~21	10~17	7~13	5~10	4~8
ARHM 16(D)				100	95~100	79~86	58~67	—	30~40	22~31	16~24	12~19	9~15	7~12	5~9
ARHM 13(D)					100	95~100	66~74	—	30~40	23~32	17~25	13~20	10~16	8~13	6~10
ARHM 10(D)						100	95~100	60~69	30~40	23~32	17~25	13~20	10~16	8~13	6~10

5.1.5 适用于湿拌工艺的混合料级配及控制范围

1. 湿拌工艺生产的混合料，即橡胶沥青混合料［ARHM（W）］，宜用在沥青面层的表面层，按公称最大粒径分为：5 型、7 型、10 型、13 型、16 型、20 型等。可采用密级配（表 5.1.5-1），也可采用开级配（表 5.1.5-2）。

2. 这些级配的控制点为 4.75mm 和 0.075mm。4.75mm 通过率的允许误差为 ±2%（绝对值）；0.075mm 通过率的允许误差为 ±1%（绝对值），对于开级配混合料的允许误差为 ±0.5%（绝对值）。

湿拌法橡胶沥青混凝土［ARHM（W）］密级配的参考级配曲线（通过率%）　表 5.1.5-1

级配类型	通过下列筛孔(mm)的质量百分率(%)												
	26.5	19	16	13.2	9.5	7.2	4.75	2.36	1.18	0.6	0.3	0.15	0.075
ARHM 20(W)	100	90~100	77~88	64~76	47~59	—	25~35	18~27	14~21	10~17	7~13	5~10	4~8
ARHM 16(W)		100	95~100	77~85	54~64	—	25~35	19~28	15~22	11~18	9~14	7~11	5~9
ARHM 13(W)			100	95~100	62~71	—	25~35	20~28	15~23	12~19	10~15	8~12	6~10
ARHM 10(W)				100	95~100	56~66	25~35	20~28	15~23	12~19	10~15	8~12	6~10
ARHM 7(W)					100	95~100	58~68	25~35	19~28	15~22	12~18	9~14	7~11
ARHM 5(W)						100	95~100	25~35	20~28	16~23	13~18	10~15	8~12

湿拌法橡胶沥青混凝土［ARHM（W）］开级配的参考级配曲线（通过率%）　表 5.1.5-2

级配类型	通过下列筛孔(mm)的质量百分率(%)											
	19	16	13.2	9.5	7.2	4.75	2.36	1.18	0.6	0.3	0.15	0.075
ARHM 16(W)-O	100	95~100	71~80	43~55	—	15~25	6~18	3~14	1~10	1~7	0~5	0~4
ARHM 13(W)-O		100	95~100	52~64	—	15~25	10~19	6~15	4~11	2~9	2~7	1~5
ARHM 10(W)-O			100	95~100	45~57	15~25	10~19	6~15	4~11	2~9	2~7	1~5
ARHM 7(W)-O				100	95~100	48~60	15~25	10~19	7~14	4~11	3~8	2~6
ARHM 5(W)-O					100	95~100	15~25	10~19	7~14	4~11	3~8	2~6

5.2　橡胶沥青混合料配合比设计

5.2.1 橡胶沥青混合料设计原则

1. 橡胶沥青混合料配合比设计应遵循理论配合比设计、目标配合比设计、生产配合比以及混合料试生产和试验路段铺设等四个阶段。其配合比设计流程见图 5.2.1。

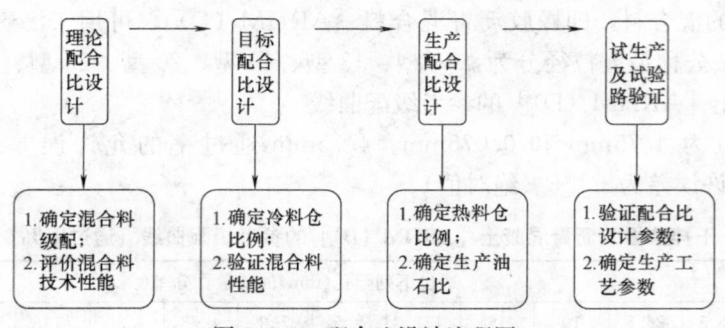

图 5.2.1　配合比设计流程图

2. 按照体积法原理进行配合比设计。根据混合料设计空隙率的要求，并结合其他体积参数，由试件实际空隙率水平确定相应的油石比。

3. 混合料配合比设计应根据石料情况，以间断级配、骨架结构为原则，优化混合料的实际级配，并进行相关的性能验证。

5.2.2　橡胶沥青混合料设计标准

1. 橡胶沥青混合料设计方法宜采用马歇尔击实试验方法。在有条件地区也可使用旋转压实的试验方法。

2. 橡胶沥青混合料技术指标

1) 橡胶沥青混合料马歇尔击实试验的技术指标要求见表 5.2.2-1。

橡胶沥青混合料马歇尔试验技术指标　　　　　　　　　　　　　　　表 5.2.2-1

指　标	密级配混合料	开级配型混合料	指　标	密级配混合料	开级配型混合料
马歇尔击实次数（次）	75	75	设计空隙率（%）	3～5	18～24
稳定度（流值为 3mm）	＞8kN	＞5kN	沥青饱和度（%）	70～85	—

2) 击实次数：橡胶沥青混合料无论作为表面层还是用于中、下面层，无论是密级配混合料，还是开级配混合料，均采用双面击实各 75 次。对于重载交通路段，用于表面层的密级配混合料的击实次数可提高到 100 次。

3) 稳定度和流值：大量的试验表明，断级配混合料的流值比较大，对于橡胶沥青混合料要求在流值为 3mm 时的稳定度满足要求。

4) 设计空隙率：对于密级配混合料，当用于中、下面层时，设计空隙率宜控制为 3%；当用于表面层混合料时，中粒式混合料的设计空隙率宜为 4%，细粒式混合料的设计空隙率宜为 5%。对于开级配混合料，用于表面层混合料设计空隙率宜为 18%～20%，中、下面层为 20%～24%。

5) 橡胶沥青混凝土的矿料间隙率（VMA）宜符合表 5.2.2-2 要求。

橡胶沥青混凝土的矿料间隙率要求　　　　　　　　　　　　　　表 5.2.2-2

集料公称最大粒径（mm）	31.5	26.5	19	16	13.2	9.5
VMA 不小于（%）	11.5	12	13	13.5	14	15

6) 混合料试件毛体积密度应采用蜡封法测定。

7) 混合料的最大理论密度宜采用真空法测定。当采用理论计算法时，应通过试验确定混合料毛体积密度与表观密度的比例关系。

8) 宜采用设计空隙率确定橡胶沥青混合料的最佳油石比，同时其他指标应满足设计要求。

3. 橡胶沥青混合料技术性能

1) 橡胶沥青混凝土高温性能要求根据交通等级进行分类，以车辙试验为标准，按照现场压实度的标准成型试件。具体技术指标见表 5.2.2-3。

图 5.2.2-1　沥青混合料试件的蜡封试验

图 5.2.2-2　沥青混合料的马歇尔试件

橡胶沥青混合料高温性能要求　　　　　　　　　　　　　　　　　　　表 5.2.2-3

交通量等级	层　　位	上　面　层	中　面　层	下　面　层
轻交通	动稳定度(次/mm)	1500	1200	800
	相对变形(%)	15	15	20
中等交通	动稳定度(次/mm)	2000	1500	1000
	相对变形(%)	10	10	15
重载交通	动稳定度(次/mm)	2500	2000	1500
	相对变形(%)	5	10	10
特重交通	动稳定度(次/mm)	3000	2500	2000
	相对变形(%)	3	5	10

2) 密级配橡胶沥青混凝土的水稳定性指标包括残留稳定度和冻融劈裂强度比值,试验采用在设计油石比条件下进行马歇尔击实试验,每面 50 次。具体指标要求见表 5.2.2-4。

橡胶沥青混合料水稳定性检验技术要求　　　　　　　　　　　　　　　表 5.2.2-4

气候条件和指标	相应于下列气候分区的技术要求(%)			
年降雨量(mm)及气候分区	>1000	500~1000	250~500	<250
	潮湿区	湿润区	半干区	干旱区
T0709	浸水马歇尔试验残留稳定度(%),不小于			
指标	85		80	
T0729	冻融劈裂强度比值(%),不小于			
指标	80		75	

3) 密级配橡胶沥青混凝土的低温弯曲试验(试验方法 T 0715)的技术标准见表 5.2.2-5。

橡胶沥青混合料低温弯曲试验破坏应变技术要求　　　　　　　　　　　表 5.2.2-5

气候条件与技术指标	相应于下列气候分区所要求的破坏应变($\mu\varepsilon$)			
年极端最低气温(℃)	<−37.0	−21.5~37.0	−9.0~−21.5	>−9.0
气候分区	冬严寒区	冬寒区	冬冷区	冬温区
指标	3000	2800	2500	

4) 当橡胶沥青混凝土作为抗滑表层时,其构造深度不小于 0.65mm,渗水系数不大于 100mL/min。

5）橡胶沥青混凝土的线膨胀量不大于 1%。

5.3 橡胶沥青混合料理论配合比设计

5.3.1 橡胶沥青混合料理论配合比设计的目的

根据当地工程、材料特点和使用性能要求，确定橡胶沥青混合料理论级配曲线和废胎胶粉掺量，并进行室内实验验证混合料的性能指标。

5.3.2 橡胶沥青混合料理论配合比设计的主要流程及内容

1. 根据使用条件的要求，确定采用干拌或湿拌工艺，并初步确定废胎胶粉的掺量。

2. 废胎胶粉掺量一般不宜低于 20%（外掺）。

3. 选择废胎胶粉的种类。

4. 根据工程所使用的石料，进行石料性能检测，指标应满足本工法中的有关要求。

5. 将石料筛分成各档，分别测定石料的表观密度、毛体积密度及吸水率。细骨料的毛体积密度测到 0.3mm 档，0.3mm 以下测定其表观密度。

6. 根据石料密度，按照骨架结构原理，初定各档石料的比例及混合料的级配曲线。也可参照本工法提出的级配曲线作为混合料设计的初步级配曲线。

7. 确定石料的生产级配的建议范围。

8. 按照确定的级配曲线掺配混合料，进行马歇尔击实试验。

9. 检验马歇尔试件的力学和体积指标，应满足本工法的有关要求。

10. 按照空隙率确定混合料的油石比。如混合料的空隙率达不到设计要求，应对原有级配进行调整，重新进行马歇尔试验，直到混合料空隙率满足技术要求。

11. 按照现场压实度水平进行混合料的技术性能验证。如混合料技术性能不能满足要求，需要重新进行理论配合比设计，着重于橡胶沥青或废胎胶粉的类型、掺量等进行分析。

5.3.3 橡胶沥青混合料理论配合比设计需注意的问题

1. 级配的选择。本工法提供的各种混合料的级配仅是推荐级配，在实际工程中，应根据石料的情况进行验证、调整，得到符合实际情况的级配曲线，但是工法中有关控制点和控制范围不变。

2. 橡胶沥青的密度。由于废胎胶粉与沥青的作用机理比较复杂，相同类型、掺量的废胎胶粉掺入不同强度等级的基质沥青后的密度并不相同；同时，橡胶沥青的密度并不能通过废胎胶粉密度和沥青密度直接计算得到。因此，橡胶沥青密度应通过试验测定。

3. 干拌工艺的废胎胶粉密度。在干拌工艺橡胶沥青混合料的生产过程中，废胎胶粉与沥青和矿料在高温时拌合，尽管时间较短，但沥青与废胎胶粉仍会产生一些反应，导致废胎胶粉密度产生变化。因此，即使干拌工艺橡胶沥青混合料，直接通过废胎胶粉密度计算混合料的密度仍存在一些偏差。故宜采用真空法测定混合料的最大理论密度。

5.4 橡胶沥青混合料目标配合比设计

橡胶沥青混合料目标配合比设计的目的。根据理论级配确定混合料冷料仓的比例，进一步验证混合料的性能。应在拌合厂现场完成。

5.4.1 橡胶沥青混合料目标配合比的主要流程及内容

1. 对生产用石料和沥青进行性能检测。

2. 对石料进行筛分，根据理论配合比确定的级配曲线，确定各档石料的比例。

3. 级配宜控制在容许的范围内。

4. 如掺配的级配不能满足设计要求，需调整石料的生产。

5. 调整好级配后，进行马歇尔击实试验，确定混合料的油石比，并进行混合料的性能验证。

6. 选用 10 型级配时，应选用不少于 3 档石料，采用 4 个冷料仓。

7. 选用 13～16 型级配时，应选用不少于 4 档石料，采用 4～5 个冷料仓。

8. 选用 20～25 型级配时，应选用不少于 5 档石料，采用 5～6 个冷料仓。

5.4.2　橡胶沥青混合料目标配合比设计需注意的问题

1. 目标配合比设计过程中如发现原材料的级配不能满足要求，应及时通知碎石场，调整筛孔的孔径。如某些地区生产的 5～10mm 规格的玄武岩石料大多是为了生产 SMA-13 混合料而确定的筛孔，通过试验发现，这些碎石偏细，不利于生产 10 型混合料，建议应将上层筛孔放大 2mm。同时，建议增设 7.5mm 筛孔，生产 4.75～7.2mm 的石料。

2. 当对细粒式混合料进行目标配合比设计时应充分利用冷料仓，使各个料仓的进料速度均衡。

5.4.3　橡胶沥青混合料生产配合比设计

1. 橡胶沥青混合料生产配合比设计的目的是确定拌合楼热料仓的范围和比例以及混合料的生产油石比。

2. 橡胶沥青混合料生产配合比的主要流程及内容

1) 将拌合楼中的杂料清理干净，检查筛孔是否破损，如破损应及时修补。

2) 根据级配特性，确定混合料热料仓的范围，即热料仓的筛孔范围，生产过程中使用的热料仓不宜少于 4 个。

3) 进行热料仓筛分，确定热料仓比例。

4) 按照目标配合比确定的冷料仓比例上料，同时将石料加热到正常生产时所需的温度，并打开除尘口，正常除尘。不喷沥青、不掺加填料。如采用干拌法工艺，不掺加废胎胶粉。

5) 在进行生产配合比时，每盘料不宜少于 1t。

6) 将头两盘料当作废料，弃掉。

7) 用铲车接取第三盘料，各个热料仓的石料分别堆放在干净的硬化地面上。

8) 将石料拌匀后用四分法取料，进行筛分。

9) 按理论配合比级配曲线掺配，初步确定热料仓的比例。

3. 橡胶沥青混合料生产配合比设计需注意的问题

在生产配合比设计过程中应与拌合楼紧密配合，做到料仓供料均匀、平衡，避免大规模生产中发生等料、溢料的问题。

5.4.4　橡胶沥青混合料油石比的标定

为了准确测定混合料的油石比，生产过程中宜采用燃烧法检测油石比。

1. 油石比的第一次标定。在生产配合比设计阶段，需要采用如下步骤对燃烧炉进行标定。

1) 按理论级配、四种不同的油石比（其中一个为最佳油石比），拌制标准混合料，每份混合料质量为 1000～1500g。

2) 一个油石比不少于 2 个平行试验样本。

3) 燃烧法分别测定混合料的油石比。

4) 制定理论设定油石比与燃烧法测定的油石比的关系曲线，作为生产过程中油石比检测的修正曲线。

5) 当混合料的级配改变或废胎胶粉的掺量改变时，需重新进行油石比的标定。

2. 油石比的第二次标定。在对燃烧炉标定的基础上，对拌合楼的喷油精度进行标定。拌合楼按正常生产状态下，按照生产配合比确定的混合料级配，分别按照最佳油石比、最佳油石比＋0.3%、最佳油石比－0.3%三个不同的油石比喷油，分别生产不少于 1t 的混合料，每份混合料分别取两份进行燃烧法测定油石比，取两者的平均值，并经过修正，作为该设定油石比下拌合楼的实际油石比。设定油石比与实际油石比的差即为拌合楼的喷油误差。

5.4.5　橡胶沥青混合料生产油石比的确定

根据室内马歇尔试验确定的混合料最佳油石比，为改善表面层混合料的高温稳定性，在实际生产中可比最佳油石比降低 0.2%～0.3%。则拌合楼实际生产中设定的油石比应为：

1. 表面层混合料的设定油石比＝最佳油石比－（0.2%～0.3%）－拌合楼的喷油误差。

2. 中、下面层混合料的设定油石比＝最佳油石比－拌合楼的喷油误差。

图 5.5 橡胶沥青混合料的拌合场

5.5 橡胶沥青混合料的拌合（图 5.5）

5.5.1 拌合厂的准备

1. 拌合厂的设置必须符合国家有关环境保护、消防、安全等规定。

2. 拌合厂与工地现场距离应充分考虑交通堵塞的可能，确保混合料的温度下降不超过规定要求，且不致因颠簸造成混合料离析。

3. 拌合厂应具有完备的排水设施。各种骨料必须分隔储存，细骨料场应设防雨顶棚，料场及场内道路应作硬化处理，严禁泥土污染骨料。

5.5.2 沥青混合料可采用间歇式拌合机或连续式拌合机拌制。高等级道路宜采用间歇式拌合机拌合。连续式拌合机使用的骨料必须稳定不变；一个工程从多处进料、料源或质量不稳定时，不得采用连续式拌合机。

5.5.3 沥青混合料拌合设备的各种传感器必须定期检定，周期不少于每年一次。冷料供料装置需经标定得出骨料供料曲线。

5.5.4 沥青混合料拌合时间根据具体情况经试拌确定，以沥青均匀裹覆骨料为度。间歇式拌合机每盘的生产周期不宜少于 50～60s（其中干拌时间不少于 15～20s）。

5.5.5 间歇式拌合机宜备有保温性能好的成品储料仓，储存过程中混合料温降不得大于 5℃，且不能有沥青滴漏。橡胶沥青混合料宜现拌现用，储存时间不宜超过 10h。

5.5.6 采用干拌法工艺时，废胎胶粉必须在混合料中充分分散，拌合均匀。拌合机应配备同步添加料投料装置，废胎胶粉宜在骨料投入的同时自动加入，经 5～10s 的干拌后，再投入矿粉。工程量很小时也可分装成塑料小包或由人工直接投入拌合锅。

5.5.7 应充分利用拌合楼的热料仓。

5.5.8 橡胶沥青混合料的拌合温度按表 5.5.8 执行。当橡胶沥青黏度大于 2.5Pa·s 时，橡胶沥青的加热温度应再提高 5～10℃。

混合料的拌合温度参数　　　　　　　　　　　　　　　　　　　　表 5.5.8

类　型	石料加热温度（℃）	沥青温度（℃）	出料温度（℃）	弃料温度
湿拌法	180～190	175～195	＞180	＞210℃
干拌法	190～200	155～165	＞180	＞210℃

5.5.9 拌合楼在生产过程中应打印每盘料的生产数据，包括每盘料各个热料仓的矿料量、填料、沥青和废胎胶粉的质量（对于干拌工艺）、拌合的时间（精确到秒）。

5.6 橡胶沥青混合料的运输（图 5.6）

5.6.1 橡胶沥青混合料宜采用较大吨位的运料车运输，但不得超载运输，或急刹车、急弯掉头使透层、封层造成损伤。运料车的运力应稍有富余，施工过程中摊铺机前方应有运料车等候。对高等级道路，待等候的运料车宜多于 5 辆后开始摊铺。

5.6.2 运料车每次使用前后必须清扫干净，在车厢板上涂一薄层防止沥青粘结的隔离剂或防粘剂，但不得有余液积聚在车厢底部。从拌合机向运料车上装料时，应多次挪动汽车位置，平衡装料，减少混合料离析。运料车运输混合料宜用苫布或棉被覆盖保温、防雨、防污染，直到摊铺前方可将覆盖物打开。如果沥青混合料不符合施工温度要求，或已经结成团块、已遭雨淋的不得铺筑。

图 5.6　橡胶沥青混合料的运输现场

5.6.3　摊铺过程中运料车应在摊铺机前 1～3m 处停住，空档等候，由摊铺机顶上运料车，运料车边前进边缓缓卸料，应避免料车撞击摊铺机。在有条件时，运料车可将混合料卸入转运车经二次拌合后向摊铺机连续均匀地供料。运料车每次卸料必须倒净，如有剩余，应及时清除，防止硬结。

5.6.4　由储料仓向运料车装混合料时，要尽量缩短储料仓出料口到车厢板的距离，要分别在车厢的不同位置分次卸料。如先在车厢的后部装一部分料，再在车厢的前部装一部分料，然后再在车厢中部装一部分料。如车厢的容量大，可以分成五次装料，先在车厢后部装两堆料，再在车厢前部装两堆料，最后在车厢中间装一堆料。这样可减轻装料过程中骨料的离析现象。

5.6.5　摊铺机的摊铺速度应与拌合机的正常生产能力或每小时的产量相匹配。运料车需要有足够的数量，能将拌合机生产的混合料及时运送到铺筑现场。

5.6.6　现场应设专人指挥运料车就位，并使其配合摊铺机卸料。

5.7　橡胶沥青混合料的摊铺（图 5.7）

5.7.1　在开始摊铺沥青混合料前 1h，应加热摊铺机的分料器和熨平板等有关装置。

5.7.2　运料车向摊铺机受料斗中卸料时，要根据受料斗的容量，尽可能快速一次将受料斗装满，以减少集料离析。但要注意不要一次卸料过多，使料溢出料斗，散落到待铺下承层上。

5.7.3　应将散落在下承层上的沥青混合料，用铁锹铲出放到受料斗内，不能将料就地铲开薄层铺平。因摊成的薄层料的温度下降很快，摊铺机铺上新混合料和碾压后，实际上会导致沥青混凝土层局部的不均匀性。散落在下承层上的少量沥青混合料，应铲起甩出路外。

5.7.4　受料斗中的沥青混合料要及时送到后面分料室中。分料室的螺旋分料器要及时将料分向两侧，直到混合料的高度达到全长螺旋分料器的3/4 高度，即混合料的高度要超过螺旋分料器的转轴并将上部分料器淹埋 1/2，然后再开始摊铺。在摊铺过程中，受料斗中的沥青混合料要连续不

图 5.7　橡胶沥青混合料的摊铺

间断向后面分料室送料，螺旋分料器也要不间断地将混合料向两侧分料，并始终保持螺旋分料器周围混合料的高度。混合料的高度不能忽高忽低，分料器的转轴不能时隐时现，也不能使转轴的两端在混合料内，中间外露，或中间在混合料内，两端外露。因为这些都将影响铺成沥青混凝土的均匀性和平整度。

5.7.5　在受料斗内混合料不多时，指挥人员应估计运料车中剩余混合料能否一次卸完到受料斗中。如能一次卸完，应指挥运料车驾驶员将混合料一次卸入受料斗中。但要注意不使混合料溢出受料斗和散落在下承层上，同时指挥卸完料的运料车尽快离开摊铺机，并指挥待卸料的运料车尽快后退到

摊铺机受料斗前，准备卸料。

5.7.6 受料斗两侧翼板内的混合料常常是粗颗粒较多的离析混合料。在料斗中间部分混合料较少时，摊铺机操作员习惯上会将两侧翼板内的离析混合料向中间翻倒。如果这部分混合料被单独送到分料室中，并摊铺在下承层上，则摊铺机后面接近两侧铺成的沥青混凝土会产生片状离析现象。为避免发生上述现象，指挥人员要指挥已到受料斗前待卸料的运料车在受料斗中部离析混合料还没有被向后面分料室输送前，及时向受料斗中卸入新混合料，使新混合料与原离析混合料一起被送到分料室中，并由螺旋分料器将新旧混合料分散开。这样能减少骨料离析现象。

5.7.7 为避免发生 5.7.6 条所说的片状离析现象，也可以不将两侧翼板内的离析混合料向中间翻倒。中间混合料不足时，运料车及时向受料斗内倾卸混合料。在中断摊铺时，将两侧翼板内的混合料废弃不用。

5.7.8 摊铺机必须缓慢、均匀、连续不间断地摊铺，不得随意变换速度或中途停顿，以提高平整度，减少混合料的离析。摊铺速度宜控制在 1～3m/min。当发现混合料出现明显的离析、波浪、裂缝、拖痕时，应分析原因，予以消除。

5.7.9 摊铺机应采用自动找平方式，下面层或基层采用钢丝绳引导的高程控制方式，上面层宜采用平衡梁或雪橇式摊铺厚度控制方式，中面层根据情况选用找平方式。直接接触式平衡梁的轮子不得粘附沥青。

5.7.10 橡胶沥青路面施工的最低气温应不低于 15℃，遇降温天气不能保证迅速压实时不得铺筑橡胶沥青混合料。热拌沥青混合料的最低摊铺温度根据铺筑层厚度、气温、风速及下卧层表面温度不得低于表 5.7.10 要求。每天施工开始阶段宜采用较高温度的混合料。

橡胶沥青混合料的最低摊铺温度　　　　　　　　　　　　　　　表 5.7.10

下卧层的表面温度 （℃）	相应于下列不同摊铺层厚度的最低摊铺温度（℃）		
	<50mm	50～80mm	80～100mm
10～15	172	165	160
15～20	167	160	155
20～25	160	155	150
>25	155	155	150

5.7.11 为减少摊铺过程中的离析问题，提高摊铺质量，宜采用运料转输车配合摊铺使用。

5.7.12 对高等级道路，橡胶沥青混合料的松铺系数应通过试验路段的试铺、试压确定。对于低等级道路松铺系数可通过试验路确定，也可按照经验确定，一般为 1.18～1.20。

5.8 橡胶沥青混合料的压实

5.8.1 橡胶沥青混凝土的压实层最大厚度不宜大于 100mm。

5.8.2 橡胶（粉）沥青路面施工应配备足够数量的压路机，选择合理的压路机组合方式及初压、复压、终压（包括成型）的碾压步骤，以达到最佳效果。铺筑高等级道路双车道沥青路面的压路机数量不宜少于 5 台。施工气温低、风大、碾压层薄时，压路机数量应适当增加。

5.8.3 压路机轮上的淋水喷头，应疏通、调试好，应能够有效控制喷水量。在碾压过程中，根据情况应随时调整喷水的大小，且不得过度喷水碾压。同时，给压路机添水的水车，应随时跟在压路机后面，便于压路机及时加水。

5.8.4 在整个碾压过程中，应有专人指挥，负责碾压各个阶段的衔接。

5.8.5 压路机应以慢而均匀的速度碾压，压路机的碾压速度应符合表 5.8.5 的规定。压路机的碾压路线及碾压方向不应突然改变而导致混合料推移。碾压区的长度应大体稳定，两端的折返位置应随摊铺机前进而推进，横向不得在相同的断面上。

压路机碾压速度（km/h）　　　　　　　　表 5.8.5

压路机类型	初　压		复　压		终　压	
	适宜	最大	适宜	最大	适宜	最大
钢筒式压路机	2～3	4	3～5	6	3～6	6
轮胎压路机	2～3	4	3～5	6	3～6	8
振动压路机	2～3（静压或振动）	3（静压或振动）	3～4.5（振动）	5（振动）	3～6（静压）	6（静压）

5.8.6 橡胶沥青混凝土碾压温度的高低与橡胶沥青的黏度有关，黏度越大，碾压温度越高。橡胶沥青混凝土的初压温度一般不宜低于 155℃，复压温度不宜低于 135℃，终压的结束温度不宜低于 90℃。当混合料的摊铺厚度大于 80mm 时，初压温度不宜低于 150℃。

5.8.7 橡胶沥青混合料的初压应符合下列要求：

1. 初压应在紧跟摊铺机后进行，并保持较短的初压区长度，以尽快使表面压实，减少热量散失。

2. 橡胶沥青混合料宜采用重型胶轮压路机初压 2～3 遍，提高混合料碾压的密实性。压路机吨位应不小于 25t。当胶轮压路机上路碾压前，应将轮胎清理干净，并用水与煤油（或柴油）的混合液（比例 1∶1 左右）擦拭轮胎。在整个碾压过程中，轮胎压路机不可洒水，以保持高温碾压。同时每个轮胎压路机跟随 1 名工人，用拖把蘸混合液不时擦拭轮胎，防止粘轮。

3. 当采用振动压路机初压时，可直接采用"高频、低振"的模式进行碾压 1～2 遍。碾压时应将压路机的驱动轮面向摊铺机，从外侧向中心碾压，在超高路段则由低向高碾压，在坡道上应将驱动轮从低处向高处碾压。在整个碾压过程中应控制钢轮上的洒水量，以刚好不粘轮的洒水量为宜。

4. 初压后应检查平整度、路拱，有严重缺陷时进行修整乃至返工。

5.8.8 橡胶沥青混合料的复压应符合下列要求：

1. 初压后进行，且不得随意停顿。压路机碾压段的总长度应尽量缩短，通常不超过 50m。采用不同型号的压路机组合碾压时宜安排每一台压路机作全幅碾压，防止不同部位的压实度不均匀。

2. 先采用振动压路机复压。钢轮压路机的静压力应不低于 11t。振动压路机的振动频率宜为 35～50Hz，振幅宜为 0.3～0.8mm。层厚较大时选用高频率大振幅，以产生较大的激振力，厚度较薄时采用高频率低振幅，以防止集料破碎。相邻碾压带重叠宽度为 100～200mm。振动压路机折返时应先停止振动。

3. 采用三轮钢筒式压路机时，总质量不宜小于 12t，相邻碾压带宜重叠后轮的 1/2 宽度，并不应少于 200mm。

4. 对路面边缘、加宽及港湾式停车带等大型压路机难于碾压的部位，宜采用小型振动压路机或振动夯板作补充碾压。

5.8.9 终压可选用双轮钢筒式压路机或关闭振动的振动压路机碾压不宜少于 2 遍，至无明显轮迹为止。

5.8.10 在复压结束后，应由施工人员用 3m 直尺检测路面的纵向平整度，结合终压及时修补，以保证良好的平整度水平。

5.9 其他

5.9.1 橡胶沥青混凝土路面施工接缝的处理

沥青路面的施工必须接缝紧密、连接平顺，不得形成明显的接缝离析。上、下层的纵缝均应错开 150mm（热接缝）或 300～400mm（冷接缝）以上。相邻两幅及上、下层的横向接缝均应错位 1m 以上。接缝施工应用 3m 直尺检查，确保平整度符合要求。

5.9.2 开放交通

橡胶沥青混合料摊铺结束后，应在 24h 后或路面温度低于 50℃后方可开放交通。

6. 材料与设备

6.1 材料准备

6.1.1 粗骨料

1. 粗骨料规格

粗骨料指粒径不小于 4.75mm（针对公称最大粒径 10mm 及其以上的混合料）或 2.36mm（公称最大粒径 7.2mm 或 4.75mm 的混合料）的碎石。可采用碎石、破碎砾石、筛选砾石、钢渣、矿渣等。一般沥青混凝土选用的碎石均可用于橡胶沥青混凝土。

2. 粗骨料的技术指标

用于橡胶沥青混合料的粗骨料应满足现行规范中粗骨料的技术指标要求，见表 6.1.1-1。当用于表面层的细粒式混合料时（即 10 型和 13 型），混合料中的碎石主要是小于 9.5mm 的碎石，其针片状指标要求为：对于高等级道路（包括城市道路的主干道、快速路和公路的高等级道路，下同）不大于 15%。粗骨料要求分二次破碎，第二次采用反击式破碎。

橡胶沥青混合料用粗集料技术指标要求 　　　　表 6.1.1-1

指　标	单　位	高等级道路		其他等级道路	试验方法
		表面层	其他层次		
石料压碎值，不大于	%	26	28	30	T 0316
洛杉矶磨耗损失，不大于	%	28	30	35	T 0317
表观相对密度，不小于	—	2.60	2.50	2.45	T 0304
吸水率，不大于	%	2.0	3.0	3.0	T 0304
坚固性，不大于	%	12	12	—	T 0314
针片状颗粒含量（混合料），不大于 其中粒径大于 9.5mm，不大于 其中粒径小于 9.5mm，不大于	%	15 12 18	18 15 20	20	T 0312
水洗法＜0.075 mm 颗粒含量，不大于	%	0.8	1	1	T 0310
软石含量，不大于	%	3	5	5	T 0320

注：橡胶沥青与粗骨料粘附性均要求不小于 5 级；磨光值不小于 40；粗骨料的破碎面同规范中的技术要求；当粗骨料的粉尘含量大于 0.8%，用于表面层时，粗骨料宜水洗干燥后使用。

3. 粗骨料的级配要求

根据常用沥青混合料的级配类型和石料加工情况，粗骨料的规格见表 6.1.1-2。

橡胶沥青混合料用粗骨料规格 　　　　表 6.1.1-2

规格名称	公称粒径（mm）	通过下列筛孔(mm)的质量百分率(%)							
		37.5	31.5	26.5	19.0	13.2	9.5	4.75	2.36
S6	15～30	100	90～100	—	—	0～15	—	0～5	—
S7	10～30	100	90～100	—	—		0～15	0～5	—
S9	10～20			100	90～100		0～15	0～5	—
S10	10～15				100	90～100	0～15	0～5	—
S12	5～10					100	90～100	0～15	0～5

当使用 10 型混合料时，为了有效控制级配，在粒径 4.75～9.5mm 之间宜增设 7.2mm 的控制筛孔。表 6.1.1-2 中 S12 级配中 4.75～9.5mm 石料中 7.2～9.5mm 与 4.75～7.2mm 的比例在 1：1～2：1 之间。

6.1.2 细骨料

1. 细骨料的规格

1）细骨料指粒径小于 4.75mm（针对公称最大粒径 10mm 及其以上的混合料）或 2.36mm（公称最大粒径 7.2mm 或 4.75mm 的混合料）的矿料，分为 3～5mm 和小于 3mm 两种。

2）细骨料包括天然砂、机制砂和石屑 3 种。

3）天然砂可采用河砂和海砂，通常宜采用粗、中砂，其规格应符合表 6.1.2-1 的规定，砂的含泥量超过规定时应水洗后使用，海砂中的贝壳类材料必须筛除。当用于重载交通道路或表面层时，为了提高混合料的高温稳定性，一般不宜掺加天然砂。如为了调整级配确需掺加时，掺加量也不宜大于矿料总量的 8%。

沥青混合料用天然砂规格　　　　　　　　　　表 6.1.2-1

筛孔尺寸 (mm)	通过各筛孔的质量百分率（%）			筛孔尺寸 (mm)	通过各筛孔的质量百分率（%）		
	粗砂	中砂	细砂		粗砂	中砂	细砂
9.5	100	100	100	0.6	15～30	30～60	60～84
4.75	90～100	90～100	90～100	0.3	5～20	8～30	15～45
2.36	65～95	75～90	85～100	0.15	0～10	0～10	0～10
1.18	35～65	50～90	75～100	0.075	0～5	0～5	0～5

4）机制砂规格为 0～3mm，石屑为 0～5mm 或 0～3mm 两种规格。对于中粒式、细粒式混合料，即 20 型、16 型、13 型、10 型混合料，细骨料宜分为 0～3mm 和 3～5mm 两档使用。

2. 细骨料的技术指标要求

1）细骨料应洁净、干燥、无风化、无杂质，并具有适当的颗粒级配。

2）细骨料的技术要求宜按照现行施工规范的技术要求，见表 6.1.2-2。

沥青混合料用细骨料技术指标要求　　　　　　　表 6.1.2-2

项　　目	单　　位	高等级道路	其他等级道路	试验方法
表观相对密度，不小于	—	2.50	2.45	T 0328
坚固性（>0.3mm 部分），不小于	%	12	—	T 0340
含泥量（<0.075mm 的含量），不大于	%	3	5	T 0333
砂当量，不小于	%	60	50	T 0334
亚甲蓝值，不大于	g/kg	25	—	T 0346
棱角性（流动时间），不小于	s	30	—	T 0345

3. 细骨料的级配要求

细骨料的级配要求见表 6.1.2-3。

细骨料的级配要求　　　　　　　　　　表 6.1.2-3

规格	粒径 (mm)	水洗法通过各筛孔的质量百分率（%）							
		9.5	4.75	2.36	1.18	0.6	0.3	0.15	0.075
S14	3～5	100	90～100	0～15	—	0～3	—	—	—
S15	0～5	100	90～100	60～90	40～75	20～55	7～40	2～20	0～10
S16	0～3		100	80～100	50～80	25～60	8～45	0～25	0～10

注：对 S16 的 0.075mm 的范围比现行规范的要求略有减小。在表面层使用时，为了改善混合料的水稳定性，3mm 以下细骨料宜采用石灰岩石料。

6.1.3 填料的种类

橡胶沥青混合料中使用的填料包括：矿粉、水泥或消石灰。当混合料骨料为玄武岩等中性或酸性石料时，为了改善混合料的水稳定性，宜采用水泥或消石灰代替矿粉。消石灰的掺量为矿料总质量的 1%～3%，水泥可全部替代矿粉。

矿粉应采用石灰岩或岩浆岩中的强基性岩石等憎水性石料经磨细得到，原石料中的泥土杂质应除净。有关技术标准见表 6.1.3。

橡胶沥青混合料用矿粉质量要求　　　　　　表 6.1.3

项　目	单　位	高等级道路	其他等级道路	试 验 方 法
表观密度，不小于	t/m³	2.50	2.45	T 0352
含水量，不小于	%	1	1	T 0103 烘干法
粒度范围 <0.6mm <0.15mm <0.075mm	% % %	100 90～100 75～100	100 85～100 70～100	T 0351
外观	—	无团粒结块		
亲水系数	—	<1		T 0353
塑性指数	%	<4		T 0354
加热安定性	—	实测记录		T 0355

6.2　橡胶沥青加工的基本设备

6.2.1　施工的机具设备见 6.2.1。

机具设备配备　　　　　　表 6.2.1

序号	名　　称	规格	单位	数量	备　注
1	间歇式沥青拌合站	240t/h	台	1～2	总拌合能力满足施工进度要求
2	沥青混合料摊铺机		台	1～3	满足摊铺宽度要求
3	双钢轮双振动压路机	>11t	台	>3	用于复压和终压
	双钢轮双振动压路机	>8t	台	>1	
4	轮胎压路机	>25t	台	2～3	初压
5	运料车	20t	辆	15～20	
6	螺旋推进器		台	1	用于干拌法橡胶粉添加，能够控制掺量

6.2.2　工地实验室的机具设备见表 6.2.2。

工地试验室应具备的沥青混合料基本试验仪器　　　　　　表 6.2.2

设备名称	数　量	设备名称	数　量
针入度仪	1台	恒量水浴	1台
软化点仪	1台	路面取芯机	1台
可利夫开口杯式闪点仪	1台	混合料真空法测密度仪	1套
聚合物改性沥青离析试验	1台	路强仪	1台
Brookfield 黏度计	1台	劈裂试验模具	1套
弹性恢复试验	1台	路面弯沉仪	1台
旋转薄膜烘箱	1台	路面渗水检测仪	1台
车辙试验机	1台	摩擦系数测定仪	1台
试验用沥青混合料拌合机	1台	连续平整度	1台
马歇尔击实仪	1台,模具不少于 16 个	震动筛分机	1台
马歇尔稳定度仪	1台	方孔筛 0.075～31.5mm	不少于 1 套
燃烧炉	1台	控温低温冰箱（最低不大于−20℃）	不少于 1 套
标准筛	1台	车辙试验仪	1套,模具不少于 6 个
骨料压碎值试验仪	1台	20L 拌合锅	1台
砂当量试验仪	1台	抽提仪或燃烧炉	1套
鼓风、控温烘箱	不少于 2 台	精度 0.01g,量程不小于 3000g 电子天平	1台
25℃、60℃恒温水箱	不少于 1 套	精度 0.1g,量程不小于 10kg 电子天平	1台

7. 质 量 控 制

7.1 本工法执行的技术规范

《沥青路面施工及验收规范》GB 50092—96、《公路工程沥青及沥青混合料试验规程》JTJ 058—2000、《公路沥青路面施工技术规范》JTGF 40—2004、《公路工程集料试验规程》JTGE 42—2005、《公路路基路面现场测试规程》JTGE 60—2008、《公路沥青路面养护技术规范》JTJ 073.2—2001。

7.2 现场检测指标

7.2.1 橡胶沥青混凝土路面施工应根据全面质量管理的要求，建立健全有效的质量保证体系，对施工各工序的质量进行检查评定，达到规定的质量标准，确保施工质量的稳定性。

7.2.2 施工前应对沥青拌合楼、摊铺机、压路机等各种施工机械和设备进行调试，对机械设备的配套情况、技术性能、传感器计量精度等进行认真检查、标定，并得到监理的认可。

7.2.3 正式开工前，各种原材料的试验结果，以及据此进行的目标配合比设计和生产配合比设计结果，应在规定的期限内向业主及监理提出正式报告，待取得正式认可后方可使用。

7.3 施工质量控制管理

7.3.1 生产过程化的控制

为了保证橡胶沥青混凝土的质量，强调混合料生产施工的过程化、动态控制。

7.3.2 橡胶沥青混合料生产的质量控制

橡胶沥青混合料的生产质量控制，除了一般混合料质量控制的要求外，应着重加强以下几方面的控制：

1）对于干拌法工艺，应控制每盘料的废胎胶粉的添加量，应与每盘料的混合料其他参数一起打印。

2）应严格保证混合料生产过程中的拌合温度和拌合时间，特别是（橡胶）沥青的温度和干拌时间。

3）应保证混合料的碾压温度和压实机械的配套。

7.4 橡胶沥青混凝土验收标准

橡胶沥青混凝土每 2000m² 检测一组压实水平，采用压实度和现场空隙率双指标控制。控制标准见表 7.4。

混合料压实水平的控制标准   表 7.4

层位	上面层		中、下面层	计 算 标 准
混合料类型	密级配	开级配	密级配	
压实度(%)≥	98	98	97	实验室标准密度
现场空隙率(%)≤	7(8*)	—	7	混合料最大理论密度

注：* 当采用 10 型混合料时，现场空隙率要求不大于 8%。橡胶沥青混凝土路面的外观、接缝、厚度、平整度、宽度、纵断面高程、横坡等验收标准与现行有关的沥青路面施工技术规范中的要求一致。

8. 安 全 措 施

8.1 应遵照中华人民共和国行业标准现行的《公路工程施工安全技术规程》JTJ 076—95 的要求执行。

8.2 应遵照国家颁布的有关安全技术规程和安全操作规程办理。

8.3 凡接触沥青的工人必须穿工作服和靴子，戴手套。对参与沥青路面施工的人员应穿戴劳保防护用品，防止烫伤，夏季高温季节施工，应采取防暑降温措施。

8.4 对参与沥青检测的人员除做好沥青作业防护以外，还得做好三氯乙烯等有害物品的防护并发放一定的补贴。

8.5 工地上应备有治灼伤、防暑等药品，以应急需。

8.6 应注意加热油和加热罐的距离，防止火灾。

9. 环 保 措 施

9.1 橡胶沥青混合料的拌合场地的选择，应远离居民及村庄，无法避开时应选在主风向下方。

9.2 橡胶沥青混合料的拌合设备必须有良好的二级除尘装置，能有效地进行除尘，使空气质量标准符合当地环保部门要求。

9.3 废弃的粉尘和橡胶沥青混合料应存放在指定的地点，粉尘可采用湿排法或采用经常洒水及覆盖等措施，防止粉尘扩散。

9.4 拌合楼的矿粉和发电机等设备的噪声，应符合当地环保部门的要求，不符合者应采取有效措施。

10. 效 益 分 析

10.1 从结构角度分析

美国和南非的研究经验表明，使用橡胶沥青混凝土和使用橡胶沥青应力吸收层，从路面结构承载能力和抗反射裂缝角度可以减薄路面结构的厚度。我国的一些试验路和实体工程中也使用了类似的结构，与常用的路面结构相比，使用性能基本相当，甚至更好。

10.2 典型的橡胶沥青路面与我国常用的高速公路路面结构造价比较

我国一般采用4+6+8，总厚度为18cm的沥青面层，而且近些年来为了提高路面的抗车辙能力不仅表面层使用改性沥青而且中面层也使用，上中面层和中下面层之间洒铺乳化沥青粘层油加强层间结合，半刚性基层顶面铺设乳化沥青稀浆封层，厚度一般5～10mm。橡胶沥青路面结构采用4+6，总厚度为10cm的面层，与常用结构相比减少了8cm。表面层采用湿拌工艺的橡胶沥青混凝土，为了保证路面的抗车辙能力下面层采用干拌工艺的橡胶粉沥青混凝土，整个面层结构设置了两层橡胶沥青防水粘结层，分别设于上下面层的底部，加强层间的结合和路面结构的防水，同时起到应力吸收的作用，减缓半刚性基层的反射裂缝。根据国外研究成果，这两层橡胶沥青应力吸收层足于代替8cm沥青混凝土抗反射裂缝的作用。

两种路面结构造价比较
表 10.2

结构层	常用路面结构			橡胶沥青路面结构		
	材 料	厚度	单价（元/m²）	材 料	厚度	单价（元/m²）
上面层	改性沥青混凝土	4cm	12/cm	橡胶沥青混凝土	4cm	12/cm
粘结层	乳化沥青		2	橡胶沥青防水粘结层		18
中面层	改性沥青混凝土	6cm	10/cm			
粘结层	乳化沥青		2			
下面层	普通沥青混凝土	8cm	6/cm	橡胶粉沥青混凝土	6cm	8/cm
下封层	稀浆封层		5	橡胶沥青应力吸收层		20
单价合计			165			134

然后按照我国当前沥青混凝土和材料的平均造价测算两种路面结构的综合造价。根据表10.2中数据，计算出常用路面结构每平米造价165元，橡胶沥青路面结构每平米造价为134元，后者比前者降低

18.8%。也就是橡胶沥青路面比我国目前高速公路常用的路面结构节约造价 18.8%。如果考虑减少一层沥青混凝土的摊铺，可缩短沥青面层施工工期近 1/3，所带来的社会效益和经济效益将更加显著。

11. 应 用 实 例

在国外橡胶沥青混凝土的使用已经比较成熟，目前美国的加州、德州、佛州、南非、西班牙、奥地利等国家和地区都有成功使用 10 年以上的工程。我国从 2003 年来也已铺筑了大量橡胶沥青混凝土路面。

11.1 北京顺平辅线试验路位于左堤路至顺密路左幅。采用的是湿拌法的橡胶沥青。2005 年 10 月进行了试验路的铺筑。试验路沥青路面厚度为 8cm：3cmSAC10 橡胶沥青混凝土（湿拌）＋橡胶沥青防水粘结层＋5cmAC20 橡胶沥青混凝土（干拌）＋橡胶沥青应力吸收层＋透层油；本试验路段的主方案长度为 800m。目前，该试验路使用效果良好。

11.2 南雁试验路为旧沥青路面的加铺改造项目，加铺前的路面结构层较薄，路面强度不够，加上重车超载严重，路线弯道多，路面出现了龟裂、横向开裂、沉陷变形等病害。旧路弯沉代表值较大，路面承载力不够。该试验路长度为 1km，桩号为 K46＋000～K47＋000，2005 年 6 月进行了试验路的铺筑。试验路方案充分考虑了旧路面强度不足、重车超载车辆较多以及北京地区气候条件等因素，以达到消除旧路面病害、提高路面路用性能、改善路面行车条件为目标。

主要设计思路如下：

1. 设置橡胶沥青应力吸收层，以减少和延缓路面反射裂缝的产生，增强路面的层间粘结，加强路面的整体性，并起到路面防水的作用。

2. 采用橡胶沥青 SAC16 做面层，以提高路面的高温稳定性、低温抗裂性、水稳性、耐久性和抗滑性，并降低路面噪声。目前，该试验路使用效果良好。

11.3 在北京右堤路、机场南线（京承高速公路—东六环路）高速公路工程、北京市展西路道路工程均采用了橡胶沥青施工法并得到了很好的效果。

综合管沟预制拼装工法

GJEJGF137—2008

宏润建设集团股份有限公司 安徽省新世纪建筑工程有限公司

李涵军 葛海峰 胡震敏 洪琪 汪国保

1. 前 言

所谓综合管沟，就是"地下城市管道综合走廊"，即在城市地下建造一个隧道空间，将市政、电力、通信、燃气、给排水等各种管线集于一体，设有专门的检修口、吊装口和监测系统，实施统一规划、统一设计、统一建设和管理。综合管沟是21世纪新型城市市政基础设施建设现代化的重要标志之一，它避免了由于埋设或维修管线而导致道路重复开挖的麻烦，由于管线不接触土壤和地下水，因此避免了土壤对管线的腐蚀，延长了管线的使用寿命，它还为城市的发展预留了宝贵的地下空间。

2010年，上海世博会的主题为"城市，让生活更美好"。上海世博会园区的建设也贯彻总体规划中"起点高、立意深、体现上海特点、科技办博"的要求，在城市市政基础设施（综合管沟）施工过程中，采用了国内先进的综合管沟预制拼装施工工艺。宏润建设集团股份有限公司和安徽省新世纪建筑工程有限公司通过施工实践、总结经验，共同研发并形成一套科学先进、效益显著、经济适用的综合管沟预制安装工法，有效的指导综合管沟预制和拼装的施工，供行业同仁参考。本工法经上海科学技术情报研究所提供的科技查新报告说明，在国内具有创新性与先进性。

2. 工 法 特 点

本工法与传统的综合管沟现浇施工工法比较，具有建设周期短、施工质量好、有利于工业化生产、止水性能好等优点，比较情况如表2。

综合管沟预制拼装工法与现浇施工工法比较表　　　　　　　　　　　表2

序 号	项 目	综合管沟现浇施工工法	综合管沟预制拼装工法
1	混凝土	C25 防水混凝土,耐久性较差	C40 高强混凝土,耐久性能好
2	钢筋	HPB235、HRB335 级钢筋	HPB235、HRB335 级钢筋或采用 GFRP 玻璃纤维筋
3	模板	模板用量大,周转慢,由于模板的刚度小,模板拼接缝隙大,混凝土外观质量不能保证	采用专用钢模板,刚度大,光洁度高,拼缝严密,混凝土外观均匀
4	预埋件	预埋件定位不准确,有偏差	预埋件定位精确
5	基坑	基坑开挖长度大,一般要求长度达 25m 以上,基坑暴露时间长,基坑围护要求严,费用高	基坑开挖范围小,暴露时间短,可充分利用基坑的时空效应,节约基坑围护费用
6	文明施工	施工场地管理环节多,暴露时间长,不易保证文明施工	多为干法施工,施工场地管理环节少,暴露时间短
7	壁厚	壁厚较大	壁厚较薄
8	止水	由于施工质量有可能发生渗漏	止水效果好

3. 适 用 范 围

本工法适合于综合管沟管节预制和拼装施工，同时装配式钢筋混凝土管渠的预制和拼装也可以参考本工法。

4. 工 艺 原 理

4.1 综合管沟管节预制

4.1.1 由于综合管沟采用拼装工艺，对管节预制质量要求高，尤其是管节之间接触面尺寸、平整度的要求极高，需要尺寸精确，接触紧密，才不会漏水。

4.1.2 为确保预制结构的尺寸精确度、平整度及质量，综合管沟管节模板采用定型钢模板，管模设计以刚度控制，满足强度要求。管模由专业钢结构厂家设计并生产，制作过程中需确保加工精度；管模成型后，经管节试生产，试拼装合格后，投入正常使用。

4.1.3 管节预制时，钢筋成型、混凝土浇筑施工采用常规施工工艺。管节内的预埋件应紧贴模板并予以固定，确保制作过程不产生移位。

4.1.4 管节采用加罩养护，避免阳光直射产生表面收缩裂缝。如满足拆模强度（设计强度的35%），就可以脱模。

4.1.5 管节强度达到设计强度50%以上后，可以起吊，运至临时堆放区，做外观检查或修补及检测。

4.2 综合管沟管节拼装

综合管沟管节拼装工艺主要由四部分组成，一为运输，二为吊车将管节吊入基坑，三为管节的精确就位，四为管节的连接和防水。

4.3 综合管沟管节的接缝和防水

4.3.1 接缝的设计原理

接缝设计原则是在参考盾构隧道预制衬砌接头设计原理的基础上，结合接头防水性能试验成果优化确定的。管节接缝防水主要有弹性防水与嵌缝防水，其中以弹性防水为主，嵌缝防水为辅。弹性防水为在预制拼装管节端部设置凹槽，凹槽内放置遇水膨胀橡胶止水条，拼装后在管节内侧预留的沟槽内嵌入聚硫密封胶。

4.3.2 综合管沟管节连接

综合管沟各段管节采用弧形螺栓连接成整体，连接紧固力矩为 0.9kN·m。在预制拼装结构中使用曲螺栓连接其主要优点是所需螺栓手孔小，对截面削弱少，安装方便。采用曲螺栓连接如图 4.3.2 所示。

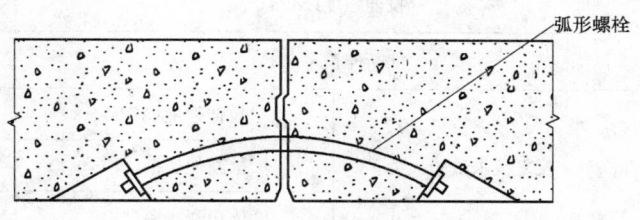

图 4.3.2 弧形螺栓

4.3.3 综合管沟预制拼装接缝防水处理

综合管沟预制拼装接缝防水处理，采用在拼缝处预留凹槽，在凹槽内放置遇水膨胀橡胶止水条，遇水膨胀橡胶条起到止水作用。在工程实施中，对凹槽内放置的遇水膨胀橡胶止水条进行优化调整，调整后的橡胶止水条增加了高度，提高了压缩性，在实际使用中有效地达到了止水效果，为本工法的闪光点。橡胶止水条调整方案比较如图 4.3.3-1 所示，拼缝处理见详图 4.3.3-2 所示。遇水膨胀橡胶止水条物理性能见表 4.3.3。

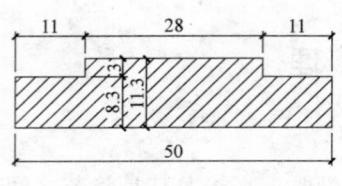

调整前雨水膨胀橡胶条

尺寸单位：mm

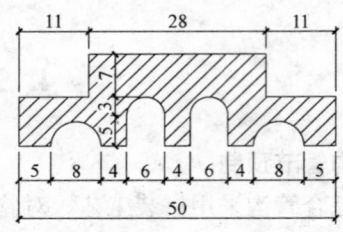

调整后遇水膨胀橡胶条：增加了橡胶条的高度，橡胶条内部增加了孔隙，提高了橡胶条的压缩性

图 4.3.3-1　橡胶止水条调整方案比较图

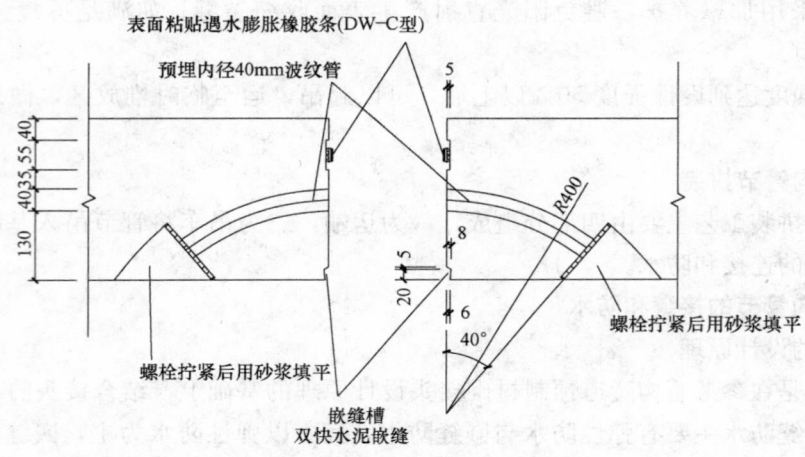

表面粘贴遇水膨胀橡胶条(DW-C型)

预埋内径40mm波纹管

螺栓拧紧后用砂浆填平

嵌缝槽
双快水泥嵌缝

螺栓拧紧后用砂浆填平

图 4.3.3-2　拼缝处理详图

遇水膨胀橡胶止水条物理性能　　　　　　　　　　　　　　　　　表 4.3.3

序　号	项　目		数　据
1	硬度(邵氏 A)，度		45±7
2	拉伸强度(MPa)		≥3.0
3	扯断伸长率(%)		≥400
4	反复浸水试验	拉伸强度(MPa)	≥2
5		扯断伸长率(%)	≥250
6		体积膨胀率(%)	≥500
7	低温弯折－20℃×2h		无裂纹
8	防霉等级		达到与优于二级

5. 施工工艺流程及操作要点

5.1 施工工艺流程（图 5.1）

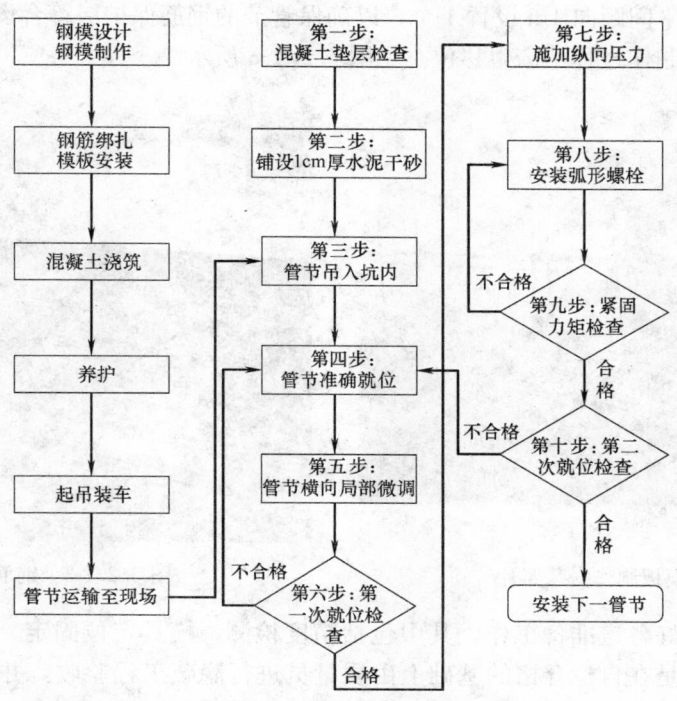

图 5.1 综合管沟施工工艺流程图

5.2 施工操作要点

5.2.1 综合管沟管节预制

1. 管模设计

管模采用定型钢模板，模板设计以刚度控制，满足强度要求。管模组成包括底模、二侧模、二端模（有止水沟槽）、四内模。管模设计特点：确保管节两端止水沟槽制作精度，端板止水沟槽加工采用整体机加工一次成型；四内膜设计采用拼装形式，即四内角采用四角模，角模两侧采用斜契，角模与角模之间衔接采用平模两侧双契接口形式。四内模实际上采用8块小模板拼装而成。内模设计结合了混凝土入模浇筑施工，并且考虑内模拼装与拆卸。两外侧模采用整块模板形式。综合上述，整套模具设计基准以底模作为立模平台，端模侧模与之拼装，内模搁置在端模上，按照管节几何尺寸，将各分块模板与之组装。管节的上外侧收水平面基准按管模上部连接槽钢作为混凝土浇筑与收水基准。见管模设计图如图 5.2.1-1、图 5.2.1-2 模板制作安装照片。

2. 管模制作精度

钢筋混凝土管节制作精度是以管模加工精度作保证，因此管模在正式投入使用前，经过4个阶段检测，

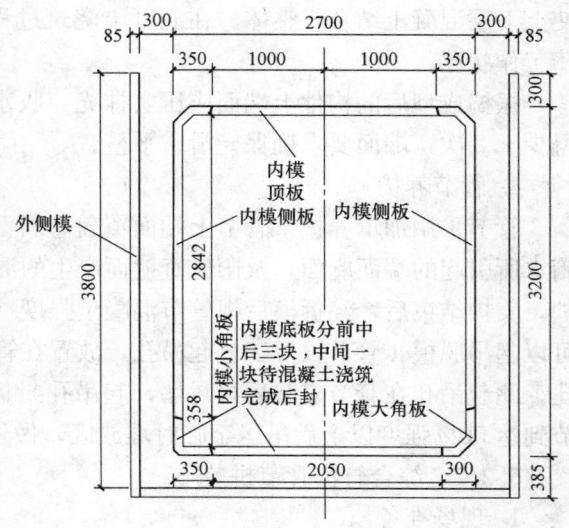

注：图中标注单位为 mm

图 5.2.1-1 综合管沟模板设计图

即工厂加工装配精度检测、预制场管模定位精度复测、试生产后钢模同实物精度对比检测及管节施工对接拼装精度的综合检测。各项检测指标均在符合标准的允许公差内，管节生产各道工序须经监理工程师检查认可后，方投入正常生产。

3. 管节钢筋混凝土施工

管节钢筋骨架采用内模外绑扎，并焊接成型。钢筋骨架入模前必须先将保护层垫块固定在内外圈主筋上，保护层垫块水平间距向 1m 设置 1 个，以确保管节的钢筋保护层符合设计要求。预埋件应紧贴模板并予以固定，确保制作过程不产生移位。见图 5.2.1-3 所示。

图 5.2.1-2　模板制作安装照片　　　　　　　　图 5.2.1-3　钢筋骨架安装照片

管节浇捣前必须做好各道准备工作，其中包括精度检测、模具定位固定、浇捣平台、振捣机械等各项工作，尤为重要的是在自检合格的基础上由质量员进行隐蔽工程验收，并经项目生产负责人确认后方可进行混凝土浇捣。

混凝土浇捣顺序：内模下侧开口部位灌料→内模下侧面混凝土灌满后封压板→四侧混凝土灌料→管节上下部灌料→整体附着式加插入式振动→收水→拌面→养护。混凝土运输由专用料斗放置在吊车上运到制作现场，经吊车垂直提升至专用布料器均匀下料入模，每层布料厚度控制在约 40cm。混凝土必须由熟练混凝土工按振捣要求进行操作，振捣时严禁碰撞钢筋、预埋件和钢模，对于难振捣部位应特别予以重视，避免振动器漏振、欠振和过振。上下层混凝土振捣要求振捣棒插入下层混凝土 10cm，使上下层混凝土结合成整体。在混凝土浇筑过程中，需派专人检查模具四周密封状况，并且检查振动棒工作状况。

振捣成型后的构件上端面应压实抹光，收水应根据气温和混凝土干湿正确掌握收水时间，收水不得少于 2 次，端面要求确保光滑、平整。

4. 管节养护

管节采用加罩养护，管节上端面覆盖塑料薄膜并外覆帆布，将整个管模包裹密实，以防止由于雨滴水所引起的端面麻面，及阳光直射而产生的混凝土表面收缩裂缝。20h 抗压试块和管节同步同条件养护，养护结束后，经拆模后视管节混凝土强度（试块在 20h 后检测强度），如满足起吊强度（35%）就可以起吊脱模。管节设置工艺起吊孔，放置在管节两侧面上，每侧面设置 2 个起吊孔，两侧共 4 个起吊孔。此起吊孔在管节安装后再封堵，起吊孔封板上设置止水片。起吊后的管节平移放在支座墩上，管节到达 50% 强度以上后吊运至临时堆放区，做外观检查或修补及检测。

5.2.2　综合管沟管节拼装

1. 现场准备

综合管沟现场安装前 1d，与安装的相关准备工作必须完成，需要准备的工作和职能部门分配如表 5.2.2。

工作和职能部门分配表 表 5.2.2

序　号	准备内容	职能部门
1	技术交底	技术
2	安全交底,吊装人员、机械报审	安全
3	预制管节在厂家验收,预制厂和现场的协调,运输和安装顺序协调,运输路线,现场进出场路线	施工、质量
4	遇水膨胀橡胶条,胶水,螺栓、螺帽,检查	质量
5	施工便道准备	施工
6	80t 履带吊安装完成,行走用铁板就位,挂钩指挥到位	施工
7	小型机具准备:10t 手拉葫芦 4 个,5t 手拉葫芦 1 个,2t 手拉葫芦 4 个,横向加压力扁担,扭矩扳手,手工扳手。5t 千斤顶 4 个,钢丝绳 4 根,锁扣 4 个。动滑轮 1 个,配套钢丝绳	材料
8	轴线放线,地坪标高的复测和观察。放线要标识方格网,将点引到板桩、支撑	测量
9	10cmC15 素混凝土垫层清理	施工
10	10cmC15 素混凝土垫层平整度检查	质量
11	水泥、黄砂(需要筛选)准备	施工
12	管节临时堆放场地	施工
13	安装找平用钢垫板的准备,大小 200×200,厚度为 20、10、5mm	施工
14	质量检察工具,靠尺一套(带塞尺)	质量

2. 安装步骤

根据每节综合管沟的自重(约 20t)及现场条件,吊装机械采用 80t 履带吊进行安装,安装分以下十个步骤进行:

第一步:综合管沟一般自重约 3~4t/m²,垫层可采用 10cm 素混凝土垫层。安装前,清理垫层表面,检查混凝土强度是否达到设计要求,垫层平整度控制在 5mm 之内。

第二步:在垫层上人工铺 10mm 厚水泥干砂(1∶3)。水泥干砂有两个作用,一为找平作用,二为减少管节和垫层之间的摩擦力,在管节精确调整时减少横向推力。干砂要经过筛选,避免有石子影响找平。如图 5.2.2-1 所示。

第三步:平板车运输综合管沟管节进场,在吊装前将遇水膨胀橡胶条粘贴在预制管节上,采用 80t 履带吊吊装管节入沟槽。吊装时,如果有支撑相碰,需提前换撑移位,履带吊吊钩上挂 4 个 10t 手拉葫芦,可以用于精确管节就位微调。如图 5.2.2-2～图 5.2.2-4 所示。

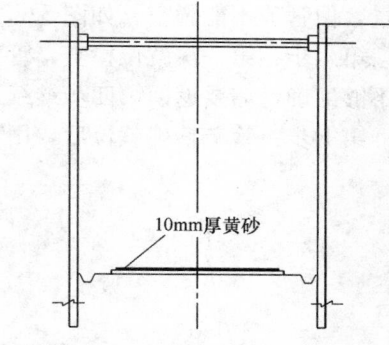

图 5.2.2-1　第二步　铺设水泥干砂

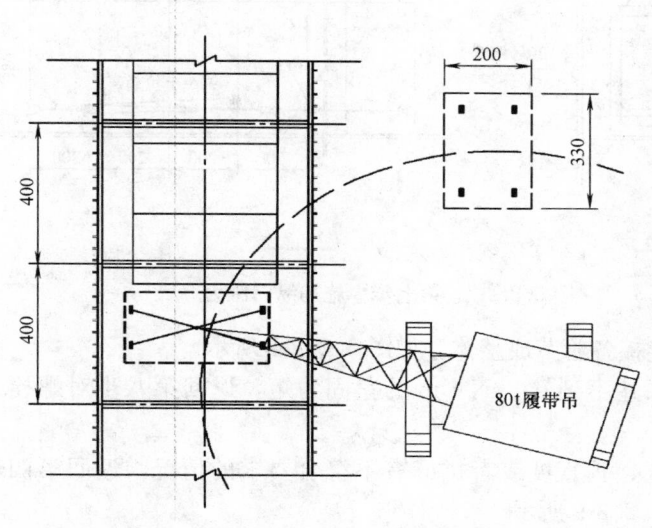

图 5.2.2-2　第三步　管节吊入基坑内(平面图)

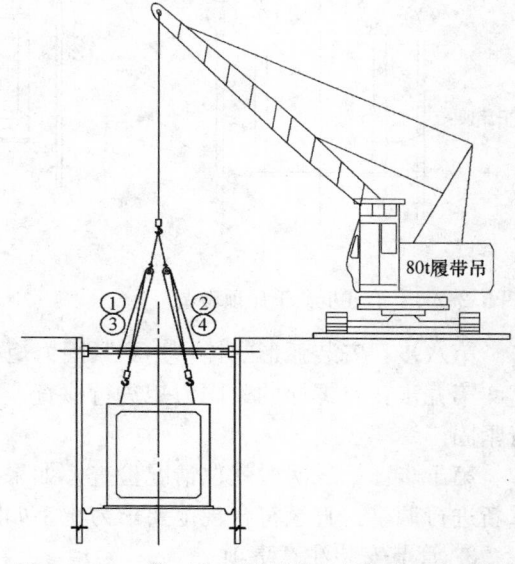

图 5.2.2-3　第三步　管节吊入基坑内(立面图)

第四步：调整手拉葫芦，使管节准确就位。1～4号葫芦用于将管节吊起，5～8号葫芦用于调整管节水平位置，垂直方向有高差采用垫钢板调平。如图5.2.2-5所示。

图5.2.2-4　管节吊入基坑照片

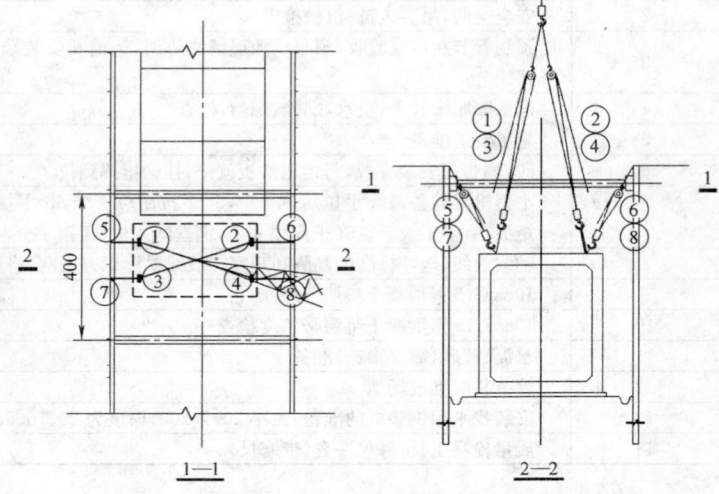

图5.2.2-5　第四步　就位葫芦组合

第五步：用4台5t千斤顶对管节进行横向局部微调，横向微调期间1～4号葫芦仍然承受部分管节重量，但管节不能腾空。如图5.2.2-6所示。

第六步：第一次就位检查，管节得轴线，高程符合设计要求，进入第六步施加纵向压力，如果就位不够准确，需要返回第四步继续进行微调。

第七步：管节精确就位后，用5t手拉葫芦在纵向施加压力。如图5.2.2-7所示。

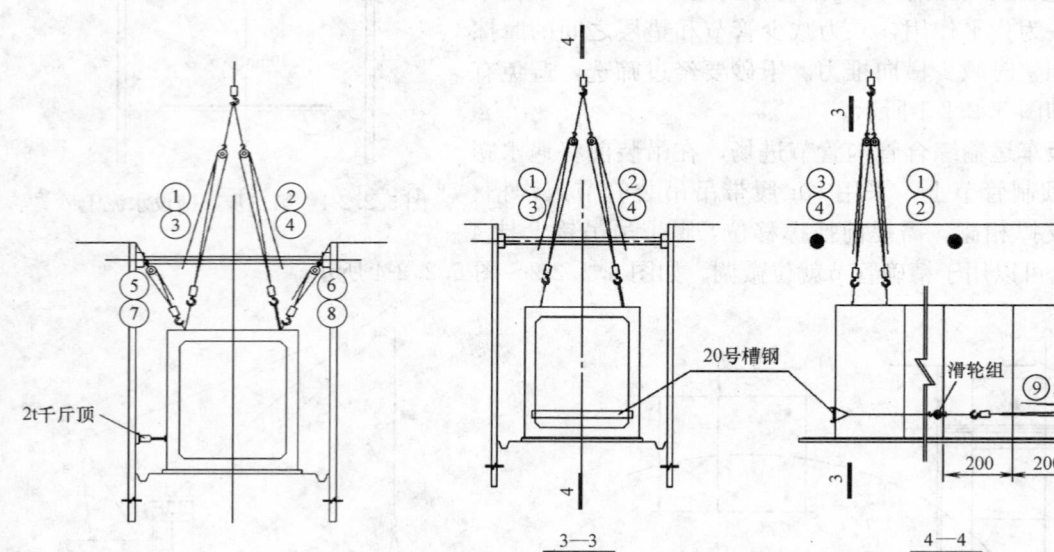

图5.2.2-6　第五步　千斤顶微调　　　　　图5.2.2-7　第七步　施加纵向压力

第八步：安装弧形螺栓，达到紧固力矩，连接各管节成整体。如图5.2.2-8所示。

第九步：对螺栓的紧固力矩进行检查，如果达不到0.9kN·m的紧固力矩，返回第八步对螺栓进行紧固。

第十步：第二次对就位情况检查，如果轴线、垂直度或者拼缝有不符合要求的情况，返回第四步重新进行调整，直至符合规范要求为止。如图5.2.2-9所示。

3. 管节安装注意事项

图 5.2.2-8　第八步　弧形螺栓连接（左侧为扭力扳手）

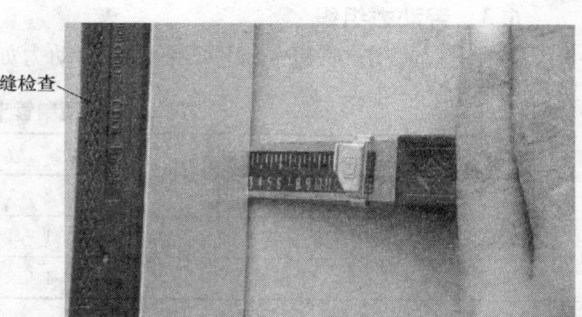

图 5.2.2-9　第十步　第二次就位检查

1）履带吊就位在综合沟内侧的施工便道上，对便道进行加固和修整，确保能满足运输车和吊机的承重。

2）吊装所需的钢丝绳必须长度一致，钢丝绳和综合管沟的连接通过卸甲连接，卸甲的规格满足起吊吨位要求，可采用对角两点设吊点。

3）第一节综合管就位后，向一侧方向安装。由于每道支撑间距 500cm，而综合管节长 2m，所以每段管节均能从支撑内就位到垫层处，遇到支撑与管节相碰得时候需要预先换撑移位。

4）管节对接后，检查轴线标高及拼缝距离的均匀性，满足要求后，随后组织施工人员对两节管接进行螺栓连接，螺栓采用高强螺栓，必须经抗剪试验合格，连接时线对角线连接，然后再全面连接，每只螺栓不可以一次性拧到位，先初拧到位，然后再退拧几丝，再用扭力扳手拧紧，此步骤作业需要多派人同步作业，确保连接的效果。螺栓拧紧后要进行全数检查，紧固力矩达到 0.9kN·m。

5）连接时需要保护好防水带，防止损坏而降低防水效果。

6）如在安装过程中发现有不平整现象而导致接缝不密合的，则需要对管沟进行调整，可采用千斤顶或者撬棍、手拉葫芦等进行调平，然后垫铁片嵌实、微调。

7）综合管沟一段施工完毕，经监理对隐蔽工程验收合格后，方可回填。回填时，应防止管沟中心线发生位移或管沟损坏，两侧对称、分层、均匀回填并夯实。

6. 材料与设备

6.1　材料

本工法涉及的主要材料包括：钢筋、混凝土、钢模板、高强螺栓、遇水膨胀橡胶条等常规材料。

6.2　管节拼装机械配备

本工法在管节拼装时，主要采用的设备如表 6.2。

预制管节拼装机械配备表　　　　　　　　　　　　　　　表 6.2

序　号	名　称	单　位	数　量
1	80t 履带吊	辆	1
2	50t 平板车	辆	2
3	10t 手拉葫芦	个	4
4	5t 手拉葫芦	个	1
5	2t 手拉葫芦	个	4
6	5t 千斤顶	台	4
7	扭力扳手(1.0kN·m)	把	1
8	滑轮组	套	1
9	路基板	张	10

6.3 劳动力组织

本工法在管节拼装时，主要采用的劳动力如表6.3。

预制管节拼装劳动力组织　　　　　　　　　　　　表6.3

序　号	名　　称	人　数	序　号	名　　称	人　数
1	吊机操作工	2	4	电工	1
2	挂钩指挥	1	5	普工	10
3	机修工	1			

7. 质 量 控 制

7.1 构件预制质量要求

综合管沟管节在预制现场进行验收，管节强度必须达到100%，同时对管节的结构尺寸进行验收，符合条件的预制构件方运输至现场。

综合管沟管节预制构件的执行标准符合《混凝土结构工程施工质量验收规范》GB 50204—2002，具体相关内容见表7.1。

综合管沟管节预制构件质量验收标准　　　　　　　　表7.1

项　　目		允许偏差（mm）	检 验 方 法
长度	顶板、底板、墙板	±5	钢尺检查
宽度高（厚）度	顶板、底板、墙板	±5	钢尺量一端及中部，取其中较大值
预埋件	中心线位置	10	钢尺检查
	螺栓位置	5	
	螺栓外露长度	+10，−5	
预留孔	中心线位置	5	钢尺检查
预留洞	中心线位置	15	钢尺检查
对角线差	顶板、底板、墙板	10	钢尺量两个对角线
表面平整度	顶板、底板、墙板	5	2m靠尺和塞尺检查

7.2 构件拼装质量要求

符合《给水排水管道工程施工及验收规范》GB 50268—97中关于装配式钢筋混凝土管渠的相关偏差要求和设计要求，具体相关内容见表7.2。

综合管沟管节拼装质量验收标准　　　　　　　　表7.2

项　　目	允 许 偏 差	项　　目	允 许 偏 差
轴线位移	10mm	杯口底、顶宽度	+10mm −5mm
高程（墙板、拱）	±15mm	M30连接螺栓紧锢力矩	≥0.9kN·m
垂直度（墙板）	5mm		
墙板、拱构件间隙	±10mm		

8. 安 全 措 施

8.1 管节预制阶段

8.1.1 单相电气设备设置照明开关箱，配备单相三线制，插座并在上方漏电保护开关，移动电器和灯具一律采用绝缘良好橡皮软线，无接头、无损坏、无碾压现象。

8.1.2 机械操作人员持公司的操作证上岗，必须严格执行各项操作规程，正确使用个人劳保用品。

8.1.3 支模时支撑拉杆不准连接在脚手架或其他不稳固的物体上，在浇混凝土过程中，要有专人检查，如有变形、松动等现象，及时加固和整修，防止塌模伤人。

8.1.4 模板和拉杆没有固定前，不准进行下道工序施工，禁止人员利用拉杆攀登上下。

8.1.5 安装模板时，所有工具装在工具袋内，防止高处作业时，工具掉下伤人，不准向上向下乱抛工具物品。

8.1.6 遇六级以上大风时，暂停高处作业，霜雪后先清扫施工现场，略干不滑后，再进行支模作业。

8.1.7 焊机必须有接地保护，以保证操作人员安全，对于焊接导线的焊钳，接导线处，都应可靠地绝缘。

8.1.8 焊接过程中，如焊机发生不正常响声，冷却系统堵塞或漏水，电压器绝缘电阻过小，导线破裂、漏电等称应立即进行检修。

8.1.9 浇捣混凝土前检查插头机、电线、开关等是否有效。

8.1.10 振捣棒操作时，必须戴绝缘手套、穿绝缘鞋，停机后，要切断电源锁好开关箱。

8.1.11 雨天进行作业时，必须持振捣器加以遮盖，避免雨水浸入电机，导电伤人。

8.1.12 振动器不准在初凝混凝土、脚手架、道路和干硬的地方试振。

8.1.13 场内转运吊装时，结构下严禁站人。

8.2 管节拼装阶段

8.2.1 吊装作业前，由安全员分别向管节运输车驾驶员、吊装指挥员、吊机驾驶员以及吊装作业配合人员进行安全交底，并做好书面记录。

8.2.2 所有作业人员特别是吊机驾驶员、吊装指挥员必须持有效的上岗证。吊装机具具有有效行驶证、使用许可证和年检记录。

8.2.3 安装作业期间，进场便道范围指派 2 名警卫和交通指挥人员，进行交通协调和指挥，指挥运管节车辆安全、有序的进出。

8.2.4 吊装机具进场组装后，立即进行试车。安全员会同安全监理工程师在试车过程中重点检查：吊机行走装置、限位装置、吊具吊索等设施是否齐全有效。

8.2.5 吊装作业前，由安全员对使用的索具进行检查，发现索具有裂纹、变形、断丝现象的，立即更换。

8.2.6 执行吊装令制度，记录质量和安全方面吊装准备情况，并由项目经理、安全员、技术负责人和监理联合签发。

8.2.7 吊装过程中，由安全员现场进行监护，吊物下严禁站人，作业人员也不能站在吊物上，这点需要特别注意。

8.2.8 遇暴雨、风力大于 6 级的天气停止吊装作业。

9. 环 保 措 施

9.1 在施工中严格遵照《中华人民共和国环境污染防治法》的有关规定。

9.2 运输、吊装机械进场前，应做好检查与保养工作，防止油污泄漏，污染环境。

9.3 运输、施工作业的车辆在离开施工作业场地前，应对车辆的轮胎、车厢、车身进行全面清洗，防止泥浆在车辆行弛过程对外界道路及空气质量。

9.4 运输车辆进出的主干道应定期洒水清扫，保持车辆出入口路面清洁，以减少由于车辆行驶引起的地面扬尘污染。

9.5 合理安排施工机械作业，有噪声作业活动尽可能安排在不影响周围居民正常生活的时段下进行。

9.6 加强对施工机械、运输车辆的维护保养，禁止以柴油为燃料的施工机械超负荷工作，减少烟度和颗粒物排放。

9.7 施工期间应采取临时排水措施，各类施工作业的临时排水中有沉淀物和污泥，足以造成排水设施堵塞或者损坏，必须严格按二次沉淀后再排放。

10. 效 益 分 析

10.1 工期效益

由于综合管沟预制工序与其他施工工序同期进行，因此现场作业时间短。以每段标准段 15 节（30m）施工工期进行计算比较；从基坑挖土结束，垫层浇筑并养护完毕，结构施工时开始计算：

现浇的工期为：底板钢筋（4d）＋底板模板（1d）＋底板混凝土及养护（3d）＋侧墙内模（4d）＋侧墙钢筋（3d）＋侧墙外模（2d）＋顶板钢筋（2d）＋混凝土及养护、嵌缝（10d）＋覆土（2d），总共需要 31d。

预制拼装的工期为：每天安装 5 节（安装 3d）＋嵌缝（2d）＋覆土（2d）。总共需要 7d。

结论：相比较而言，30m 长综合管沟施工工期，采用预制拼装工艺比现浇施工工艺节约工期 24d，约 77% 的工期。

10.2 经济效益

综合管沟预制拼装工艺较现浇工艺现场作业速度快，缩短工期，自然就带来直接经济效益，以每段标准段 15 节（30m）施工经济效益比较为例（不包括结构施工），见表 10.2。

直接经济效益比较表　　　　　　　　　　　　　　　　　　　　　　表 10.2

序　号	内　　容	预制拼装工艺		现浇施工工艺	
		数量	费用(元)	数量	费用(元)
1	拉森桩围护、609 支撑租赁费	7d	53820	31d	81460
2	井点降水费用	7d	6800	31d	8200
3	人工	70 工	2800	320 工	12800
4	合计		64820		102460

从直接经济效益比较，预制比现浇施工节约了 36.7% 的成本，具有明显的经济效益。同时，节约工期后，综合管沟可以提前运营，带来了巨大的间接经济效益。

10.3 社会效益

综合管沟预制拼装工法，有利于扩大工业化生产，提升综合管沟质量控制，并全面缩短城市综合管沟的施工工期，具备显著的社会效益。另外，采用预制拼装工艺有效的解决了现浇结构无法克服的混凝土裂缝所带来的渗漏问题，具备显著的技术效益。

10.4 环保节能效益

伴随着城市人居环境的功能需求提高，能源紧缺与环保生态相互平衡等客观存在的问题，由于地下管线的修建而造成道路反复开挖、反复修建的现象格外严重，引发了社会综合能源的流失和环保生态平衡失调，而本工法采用集中布设地下管线的优点，能有效起到环保节能的作用，已被社会各界所认同。

11. 应用实例

11.1 上海世博会园区道路及市政配套设施工程浦东 3 标

2007 年 5 月，承建的上海世博会园区道路及市政配套设施工程浦东 3 标市政基础设施采用综合管沟，综合管沟按照功能分为单仓标准段、双仓标准段、单仓投料口、单仓通风口、转换仓、管线引出段。综合管沟采用钢筋混凝土结构，预制拼装管节采用 C40 强度等级混凝土，抗渗等级为 P6，用 M30 高强螺栓连接工艺，钢筋采用 HRB335 和 HP235 钢筋。单仓标准段结构内孔尺寸为 2.7m×3.2m，墙板厚 0.3m。

其中西环路综合管沟分布在 K0＋48～K0＋498，长度 450m，标准段管节采用预制拼装施工工艺，预制管节每 2m 一节。西环路综合管沟分布情况如图 11.1。本工法的应用中，施工质量达到优良，工程安全无事故，受到业主、监理单位的一致好评。

11.2 上海同盛物流园区市政道路及配套工程一期 T02 标

2004 年 3 月，承建的上海同盛物流园区市政道路及配套工程一期 T02 标市政基础设施采用综合管沟，综合管沟分布在 K2＋018～K2＋670，长度 652m，标准段管节采用预制拼装施工工艺，预制管节每 2m 一节。本工法的应用中，施工质量达到优良，工程安全无事故，受到业主、监理单位的一致好评。

11.3 安徽省芜湖市三山区三山路工程一标段

2007 年，承建的安徽省芜湖市三山区三山路工程一标段采用综合管沟，本工法的应用中，施工质量达到优良，工程安全无事故，受到业主、监理单位的一致好评。

西环路综合管沟道路下位置图 1:200

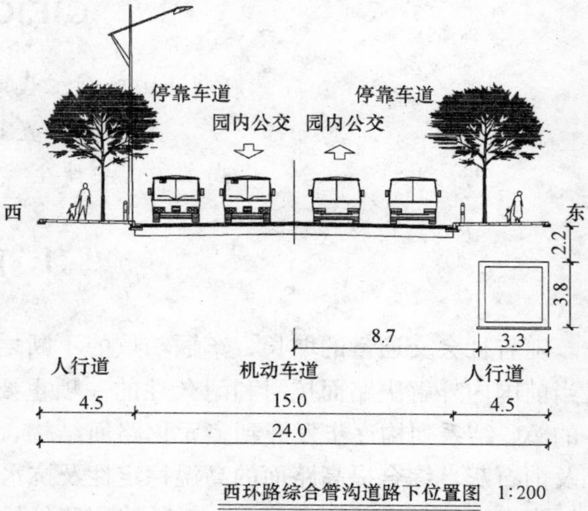

图 11.1 西环路综合管沟分布图

高性能复合改性沥青路面施工工法

GJEJGF138—2008

胜利油田胜利工程建设（集团）有限责任公司
山东天齐置业集团股份有限公司
尚玉田　安博生　朱晓飞　朱俊生　肖华锋

1. 前　　言

随着社会交通量的增长、车辆轴重的不断增加，对路面的施工质量要求越来越高，采用改性沥青是当前国内外解决路面抗滑和耐久性的一项重要技术措施，从而使路面结构不断发展完善，由原来单一的 AC 结系列构逐步发展到多元化路面结构，现今逐步采用高性能 SBS 改性沥青，同时外掺聚酯纤维及消石灰，综合提高路面的高温稳定性及抗水损害性能，达到延长路面的使用寿命的目的。

本工法就是在长期实践中，对外掺聚酯纤维及消石灰 SBS 改性沥青路面摸索出来的施工工艺，关键技术在厦门举办的全国 "2006 沥青路面结构设计施工与养护新技术研讨会" 上发布。

本工法是从沥青混合料的设计、拌和、运输、摊铺、碾压工序全过程进行科学控制，可对类似的工程提供理论依据，在提高施工质量、缩短工期、增加经济效益等方面具有重要的意义。

2. 工 法 特 点

2.1 技术含量高，在材料选择与控制上提出确实有效的措施，利用黄金理论进行配合比设计达到严谨、科学符合工程需求。

2.2 机械化施工，全过程采用机械设备自动化程度高。

2.3 施工工序严格，从沥青混合料的设计、拌和、运输、摊铺、碾压全过的工序连接紧密。

3. 适 用 范 围

适用于外掺聚酯纤维及消石灰 SBS 等高性能复合改性沥青路面及其类似的路面结构（SMA、环氧沥青路面除外）。

4. 工 艺 原 理

4.1 对原材料进行选定。原材料级配必须按照专门的级配进行选定，它是保证生产优质沥青混合料的基础。

4.2 沥青混合料配合比设计。在原规范马氏试验的基础上，结合现在 SUPERPAVE 设计方法，独立的提出采用美学设计方法设计沥青混合料配合比，是本工法的技术核心。

4.3 沥青混合料的拌和。骨料经二次筛分后进入热料仓，自动计量将热料仓的矿料和沥青、外掺物等投入拌缸中充分拌和后，把合格的沥青混合料放入储料仓。

4.4 沥青混合料的运输。混合料的运输采用较大吨位和足够数量的运输车运输，便于保温和控制摊铺机的连续运行。

4.5 沥青混合料的摊铺。运输到现场的沥青混合料倒入摊铺机的受料斗，经摊铺机螺旋送料器输送后，沥青混合料在摊铺机熨平板后形成新的面层。

4.6 沥青混合料的碾压。压路机在沥青混合料高温状态下通过开振及自身的重量，按照规定的程序交替连续不断的碾压，达到路面规定的压实标准，重点控制初压工序。

5. 施工工艺流程及操作要点

5.1 工艺流程图

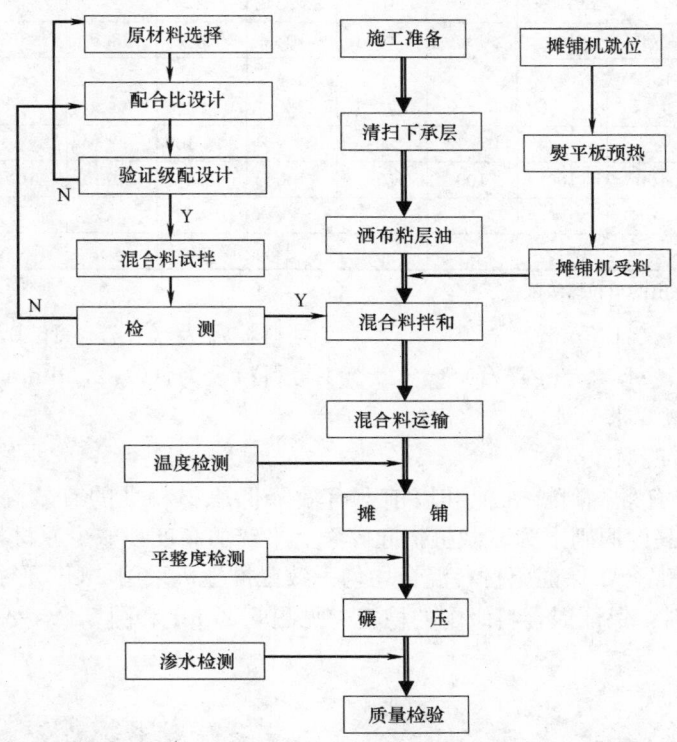

图 5.1 工艺流程图

5.2 操作要点

5.2.1 原材料的选择。

原材料是组成混合料设计的基础因素，它的技术性能直接决定着沥青混合料的物理力学性能以及路面摊铺效果。铺筑高性能的沥青路面，要求有优质的原材料，本工法要求原材料要符合以下条件：

1. 确定碎石技术指标范围：

骨料的级配范围采用推荐的级配范围，比规范要求更为严格，主要是保证沥青混合料级配的均匀性、可施工性。见表5.2.1。

单粒级骨料级配范围　　　　　　　　　　　　　　表 5.2.1

材料名称	筛孔尺寸(mm)											
	0.075	26.5	19	16	13.2	9.5	4.75	2.36	1.18	0.6	0.3	0.15
	通过百分率(%)											
1号料设计级配	100	75.4	25.0	4.2	0.5	0.5	0.5	0.5	0.5	0.5	0.5	0.5
1号料实际级配	100	60～80	18～32									
1号料建议级配	100	80～90	25～32									
2号料设计级配	100	100	99.6	93.0	48.8	2.4	0.5	0.3	0.3	0.3	0.3	0.3
2号料实际级配				90～100	40～70	0～20						

续表

材料名称	筛孔尺寸(mm)											
	0.075	26.5	19	16	13.2	9.5	4.75	2.36	1.18	0.6	0.3	0.15
	通过百分率(%)											
2 号料建议级配				90～100	50～65	0～10						
3 号料设计级配	100	100	100	100	100	87.7	0.8	0.2	0.1	0.1	0.1	0.1
3 号料实际级配					100	70～90	0～8					
3 号料建议级配					100	80～90	0～5					
4 号料设计级配	100	100	100	100	100	100	79.3	53.5	35.3	19.6	12.8	6.0
4 号料实际级配								62～85				4.7～12.1
4 号料建议级配								80～100				8～10
矿粉设计级配	100	100	100	100	100	100	100	100	100	100	97.0	91.0
矿粉实际级配										100		80～90
矿粉建议级配										100		83～90

注：以上级配为长期实践得出的单粒级级配。

1 号料粒径为（16.0～31.5mm 碎石）　　　2 号料粒径为（4.75～16.0mm 碎石）

3 号料粒径为（2.36～4.75mm 碎石）　　　4 号料粒径为（0～2.36mm 碎石）

其余技术指标同规范要求一致。

2. 原材料的稳定性控制：

1）降低原材料堆的有效高度。在拌和以前，有效降低原材料堆的有效高度。有效高度为 2.5～3.0m，确定料堆的有效高度原则上为装载机铲起碎石后平铲的高度，减少原材料重力离析。

2）采用推土机二次混合，保证原材料混合均匀一致。推土机采用"U"形推料的形式。"U"形两边的材料由专人指定上料，保证混合料级配的稳定。见图 5.2.1-1 和图 5.2.1-2。

图 5.2.1-1　采用推土机二次混合

图 5.2.1-2　混合后的原材料

3. SBS 高性能改性沥青的技术指标应符合技术规范。

4. 消石灰控制技术指标应符合技术规范。

5. 聚酯纤维控制技术指标应符合技术规范。

优质的原材料是保证路面施工质量的基础，严格选材是本工法的三大关键因素之一。

5.2.2 沥青混合料配合比设计。

设计合理的级配是路面质量的先决条件，路面应满足以下功能：

▲ 高温稳定性　▲ 低温稳定性　▲ 耐久性　▲ 抗滑性　▲ 施工性

确定合理的配合比是本工法技术核心。

1. 目标配合比设计

采用工程实际使用的材料计算各种材料的用量比例，合成规定的矿料级配，进行马歇尔试验，确定最佳沥青用量。

设计采用 SUPARPER 设计体系使路面级配具有良好的嵌挤结构，保证路面的高温稳定性，我们经过长期的摸索在规范规定的设计方法上，采用具有自己特别的设计方法—美学设计方法，在实践中得到良好的应用。

▲选定沥青混合料类型，确定矿料级配范围；

▲原材料优选，各种材料基本性能测试；

▲矿料配比计算、确定沥青用量范围；

▲ 制备马歇尔试件，测试相关性能；

▲ 利用马歇尔试验结果计算 OAC1、OAC2，确定 OAC；

▲比较各项性能，调整级配；

▲水稳定性检验（浸水马歇尔试验）；

▲ 高温稳定性检验（车辙试验）。

在此基础上增加了以下内容：

确定级配关键筛孔：

我们确定的关键控制筛孔，采用 0.618 理论与美国 Superpave25 设计集料级配控制关键筛孔 19.0mm、2.36mm、0.075mm 是一致的。

如：分析确定 AC-25S 的关键筛孔，利用贝雷设计的原理确定关键筛孔：

26.5×0.221＝5.86mm 确定为 4.75mm 筛孔为粗细分界线，

31.5×0.618＝19.5 确定为 19.0mm 筛孔为粗细美学分界线，是影响路面均匀的关键筛孔。（13.2－4.75）/（26.5－4.75）＝8.45/21.75＝0.388　1－0.388＝0.612

确定为 13.2mm 为施工稳定性关键筛孔。2.36mm、0.075mm 筛孔为混合料力学性能分界线。见表 5.2.2 和图 5.2.2。

沥青混凝土矿质混合料级配 表 5.2.2

矿料	配合比（%）	通过下列筛孔（方孔 mm）的百分率%											
		26.5	19	16	13.2	9.5	4.75	2.36	1.18	0.6	0.3	0.15	0.075
混合料级配		100	97.5	87.9	77.8	62.5	44.0	28.6	17.5	11.6	8.0	6.1	4.8
级配范围上限		100	100	94	85	74	55	39	28	20	15	11	7
级配范围下限		100	90	78	65	54	35	23	14	9	6	4	3
级配范围中值		100	95	86	75	64	45	31	21	14.5	10.5	7.5	5

2. 生产配合比设计

按目标配合比调整各热料仓的进料比例，取目标配合比设计的最佳沥青用量、最佳沥青用量 ±0.3% 等三个沥青用量进行马歇尔试验，确定生产配合比的最佳沥青用量。

▲各种矿料最佳配合比以及沥青最佳用量的确定。

▲采用目标配合比设计试验结果，室内试拌沥青混合料；

▲校核进场骨料颗粒组成；

▲筛分各热料仓的材料，确定各热料仓的材料比例；

▲热料仓骨料配合比调整；

▲马歇尔试验（制备试件，测试各项指标）；

▲经过比选确定生产 OAC；

▲确定各种矿料最佳配合比、最佳

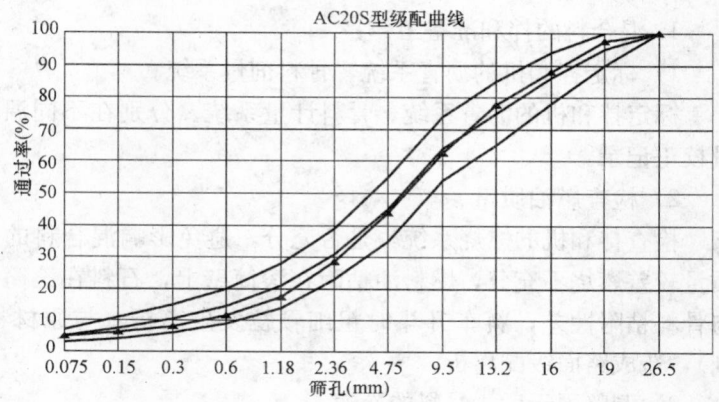

图 5.2.2　混合料级配结构分析图

沥青用量。

▲ 按生产配合比试验结果采用拌合楼试拌沥青混合料。

在原设计方法上增加混合集料的冷速标定方法：

1）冷速的控制：在设计过程中 2 号、3 号原材料尽可能的多使用，提高路面的均匀性。但是渗水指标是一个至关重要的参数，提高 4 号料的用量是一个有效的措施。我们把 3 号与 4 号料的混合比例基本控制在 1：4～1：6 之间。同时调整混合料中骨料之间的搭配比例，使混合料形成骨架结构。增强路面的耐久性。

2）粉胶比：0.075mm 颗粒含量的大小对沥青混合料体积指标和路用性能影响很大，混合料级配中该部分含量必须考虑粗细骨料本身带有的粉尘部分。小于 0.075mm 通过率与有效沥青含量之间的比值即粉胶比应在 0.8～1.6 之间。考虑拌合时间对热料仓小于 0.075mm 通过率的影响，调整拌合楼的粉胶比。

3. 生产配合比验证

▲ 取具有代表性的沥青混合料试样测定；

▲ 铺筑试验段并取样试验；

▲ 现场观测评定、取芯样检测；

▲ 马歇尔试验，取样进行筛分及沥青含量测试；

▲ 进行必要的非常规试验；

▲确定生产标准配合比；

▲ 确定施工配合比和施工控制参数。

5.2.3 混合料拌和流程（图 5.2.3-1）。

沥青混合料的拌制过程为：由装载机从料场上料进入冷料斗，经过输送带进入滚筒加热混合以后，在经过热料提升机进入振动筛，进行二次筛分。分别计量以后进入拌缸以后混合，拌制出沥青混合料。本工序是保证路面施工性能的先决条件，其控制点为混合料的温度和级配。采用英国 ACP 间歇式拌合楼（图 5.2.3-2），全部采用自动化控制。

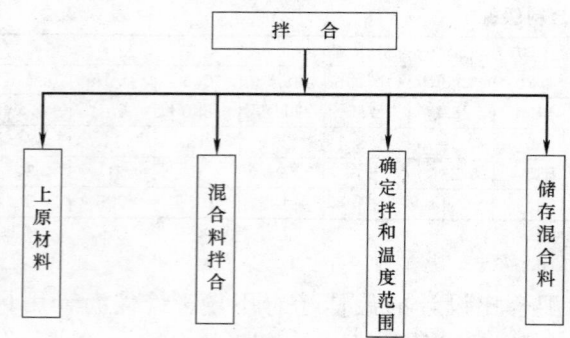

图 5.2.3-1　混合料拌合流程

图 5.2.3-2　英国 ACP 沥青混凝土拌和楼

1. 混合料的拌和准备工作：

1）标定拌和机的沥青系统，骨料剂量系统。

标定拌和机的沥青系统，骨料计量系统。分别在不同温度、湿度的条件下分别进行校正，填写计量校正记录。

2）检查燃油质量。

检查拌和机的燃烧系统，是否充分，避免影响混合料的产量和对骨料粘附性较差现象产生。燃油质量较差燃烧不充分，燃料油粘附在滚筒壁上，石料在滚筒中经过加热时，表面粘附一层油膜，沥青与骨料粘附性差，料车升斗时粗细颗粒发生离析（与原材料造成沥青混合料离析极其相似，不宜分别），造成路面级配离析。

3）调整雨天后 4 号料的冷速。

4 号料 0.075mm 筛孔的通过量影响沥青薄膜的厚度，自然影响路面的渗水系数。在实践中发现下雨以后施工冷料输送带下面积累着许多细骨料，影响混合料的粉胶比，以至影响路面的渗水系数。

4）确定拌和机振动筛，我们采用专用的方孔筛筛分原材料以后。确定拌和机的振动筛，主要解决拌和楼的供料平衡难题。

5）冷料斗上碎石。

首先检查各冷料斗的标识标牌，做好安全准备工作以后，指挥装载机把各种原材料铲入各自对应的冷料斗内，各种骨料之间不得混放、穿仓。严禁装载机司机掺放含水量大的原材料。检查冷料仓的开口度，按标定好的冷速上原材料。见图 5.2.3-3。

6）上消石灰：消石灰的存放垫放碎石 30～40cm，上部覆盖彩条布，防止石灰受潮。消石灰采用装载机配合人工向罐车中装消石灰，泵送车辆泵送到填料仓。见图 5.2.3-4。

图 5.2.3-3　冷料上料

7）泵送聚酯纤维：泵送聚酯纤维按照规定步骤的进行操作，不定期进行流量校正，避免设备产生误差。同时加强原材料含水量的控制，聚酯纤维极易吸潮，影响聚酯纤维的计量数量。见图 5.2.3-5。

图 5.2.3-4　消石灰装车

图 5.2.3-5　输送纤维管道

2. 混合料拌和

拌和人员将实验室给定的生产配合比输入微机，启动拌合楼燃烧系统，加热骨料，调整引风压力，控制火焰温度，再启动冷速系统，骨料温度达到 180～195℃之间，同时检查各设备的电流、电压是否正常。

待热料仓储存一定数量的骨料时，通过微机自动计量后，把各种规格材料放入拌缸中拌合。同时添加聚酯纤维，先干拌 5s，湿拌时间为 40～45s。观察拌缸内聚酯纤维是否分散均匀，不均匀时，再调整拌合时间。必须使所有骨料颗粒全部裹复沥青结和料，并以沥青混合料拌和均匀为度。添加聚酯纤维与消石灰以后，拌和过程中拌和周期一般为 60～75s，较正常延长 10～15s，每锅拌和质量为 2.5t。卸料延时集合时间为 3s。

矿料添加顺序：

先投放粗骨料、再投放细骨料，同时添加聚酯纤维，搅拌过程中添加消石灰与矿粉。

3. 技术控制指标

1）温度控制：

a. 出厂温度：严格掌握沥青和骨料的加热温度以及沥青混合料的出厂温度。骨料温度比沥青高 10～15℃，热混合料成品在储料仓储存后，其温度下低于 165℃。沥青混合料的施工温度控制范围见表 5.2.3。

沥青混合料的施工温度 表 5.2.3

沥青加热温度		165～175℃
矿料温度		180～195℃
混合料出厂温度		正常范围 180～185℃，超过 195℃者废弃
混合料运输到现场温度		不低于 175℃
摊铺温度		不低于 170℃
初压温度		不低于 165℃
复压温度		不低于 140℃
碾压终了温度	钢轮压路机	不低于 110℃

b. 温度控制图：为保证沥青混合料的施工质量，必须从源头开始控制拌和温度，要求其温度必须均衡一致，波动范围较小。这样可以保证路面压实度分布均匀一致。在工程实践中，我们为寻求拌和温度的经济和质量的最佳结合点。运用 X-R 管理图控制得出出厂温度范围在 178～188℃为宜，控制范围比较窄。此工艺温度波动极值不能超出 170～190℃的范围（规范允许范围为 175～195℃）见示意图 5.2.3-6。

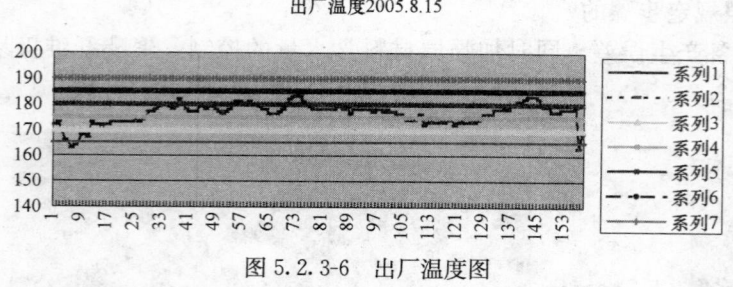

图 5.2.3-6　出厂温度图

2）外观质量控制：目测检查混合料的均匀性，及时分析异常现象，如混合料有无花白等现象。确认是质量问题，作废料处理并及时予以纠正。在生产开始以前，有关人员要熟悉混合料的外观特征，这要通过细致地观察室内试拌的混合料来快速判定混合料有无大的异常现象。

3）沥青混合料沥青用量的控制：拌和楼的实际沥青用量，采用最大理论密度仪控制沥青用量，材料密度稳定合理控制材料沥青用量。拌合后的级配应与设计的级配的误差在±2%内（0.075mm 筛孔除外）。

4）沥青混合料的储存：拌制好的沥青和料放入储料仓，规范要求不超过 72h，这里要求一般不超过 6h。

5.2.4　沥青混合料的运输。

这个工序其主要目的是保持沥青混合料的温度稳定。沥青混合料用 10 辆 25t 斯太尔自卸翻斗车进行运输。从拌和机向运料车上放料时，采用三次放料法：即先放车厢前部，放满后挪动车位，放车厢后部，放满后，最后放车厢中部。以减少粗细骨料的离析现象。

1. 料车要求：沥青混合料的运输采用大吨位的自卸汽车，车厢清扫干净，为防止沥青与车厢板粘结，车厢底板及周壁在装料前涂一层油水（柴油∶水＝1∶3）混合液，车厢底板不得存有余液。车辆车厢四周洁净，底板平滑不允许有凹槽。油箱全部采用包起来，严禁路面漏油。

运料车均在距底部约 30cm 的中间部位设有专用温度检测孔，用数显插入式热电偶温度计检测沥青混合料的温度，插入深度 20cm，同时用水银温度计从车的顶部测量沥青混合料的温度，校正测量温度。每车必检，并对测得的温度及时记录到设定好的表格中。

2. 装料要求：在储料仓放料时，移动车辆分三次放料，料堆成山形。放料仓的混合料一般放至2/3时在添加新制的沥青混合料，避免料仓离析。见图 5.2.4-1。

3. 停放要求：运输车辆碰撞摊铺机对路面的拉痕的影响严重。

料车停放在摊铺机前约 30cm 处，依靠摊铺机前进的动力。推动料车前进，由于司机操作不熟练，采取刹车阻碍摊铺机前进，是摊铺机的整个平衡系统发生破坏。摊铺的路面出现摊铺机偏转的现象，路面产生明显的滑痕。路面的渗水系数超标。

4. 起斗要求：运输车辆起斗时严禁多次起斗，易造成沥青混合料滑动时粗细骨料分离，造成路面离析，也可以通过料车中混合料下滑的状态快速判定混合料是否容易产生离析。见图 5.2.4-2。

图 5.2.4 -1　放料图

图 5.2.4-2　倒料图

摊铺过程中，运料车在摊铺机前 10～30cm 处停住，不得撞击摊铺机，运料车一次起斗到位，角度约 45～60℃，混合料表面覆盖的篷布不用掀起。卸料过程中运料车挂空档，靠摊铺机推动前进。料车不得随意调头。

5. 保温要求：在运输过程中为防止污染和下雨降温等情况，应采用防水篷布或棉被覆盖整个运料车厢。在料车起斗时料车覆盖物不能掀起，随车辆一起卸料。

6. 现场要求：料车到达现场以后，呈一字形排开，整齐列放在施工现场。无指挥人员的通知任何人不得掀起料车的篷布。见图 5.2.4-3。

图 5.2.4-3　运输车队图

7. 运输车辆必须按照指定的路线行车，到场以后按指定的路线调头倒车。

5.2.5 沥青混合料的摊铺。

1. 混合料摊铺流程及要点（图 5.2.5-1、图 5.2.5-2）。

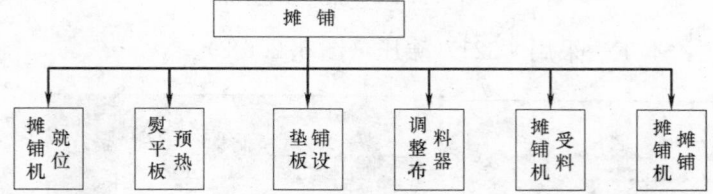

图 5.2.5-1　混合料摊铺工艺

2. 混合料的摊铺。

1）摊铺机就位。采用两摊摊铺机联合摊铺，采用无接触自动找平控制装置（不准采用悬浮基准梁自动找平装置）。

图 5.2.5-2　混合料机械摊铺

2）摊铺机熨平板预热。预热温度应达到 120℃以上，效果良好。

3）铺设垫板。用木材制成木板厚度为路面虚铺厚度，误差±1mm，规格为 20cm×50cm 数块。

4）摊铺机受料。在摊铺过程中，运输车在摊铺机前 10～30cm 处停住，不得撞击摊铺机，更不得偏撞。卸料过程中运料车挂空挡，靠摊铺机推动前进，分多次起斗卸料的方式给摊铺机卸料，保证摊铺机受载均匀，摊铺稳定。

5）调整摊铺机的螺旋布料器的状态。在摊铺过程中，摊铺机的螺旋喂料器调整到最佳状态，使混合料的高度在螺旋的 2/3 附近。并保证在摊铺宽度断面上不发生离析。特别注意，螺旋喂料器不得空转。熨平板工作角一经选定，摊铺过程中不要频繁随意调整厚度控制杆。

摊铺密实度快速控制：摊铺后用脚在沥青混合料上面踩无明显的脚印为原则。

6）摊铺机摊铺时必须缓慢、均匀、连续不间断的工作。摊铺速度一般为 2min。

7）在施工过程中应至少三四辆车等待卸料，已形成不间断的供料车流。

3. 摊铺机摊铺技术参数控制（表 5.2.5-1、表 5.2.5-2）。

混合料摊铺参数表   表 5.2.5-1

参　数	摊铺机宽度	夯模压力	转速（转）/mm	摊铺速度	熨平板加热温度℃	振幅（级）
	7.5m 7.25m	50	4225	2m/min	80	7

非接触式平衡梁调整的参数   表 5.2.5-2

灵敏度	脉宽	平衡梁声纳	传感器死区	接缝声纳
4	100ms	50mm	2mm	25mm

5.2.6 沥青混合料的碾压（关键工序）。

1. 碾压控制要点（图 5.2.6-1）。

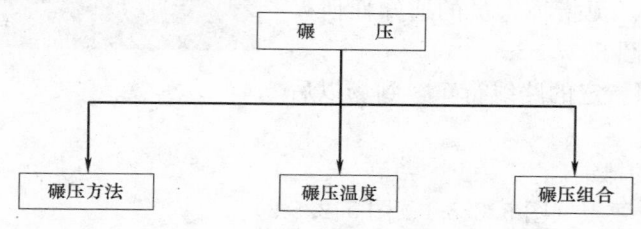

图 5.2.6-1　碾压工艺图

2. 混合料的碾压图：本工法采用"321"碾压（图 5.2.6-2）。

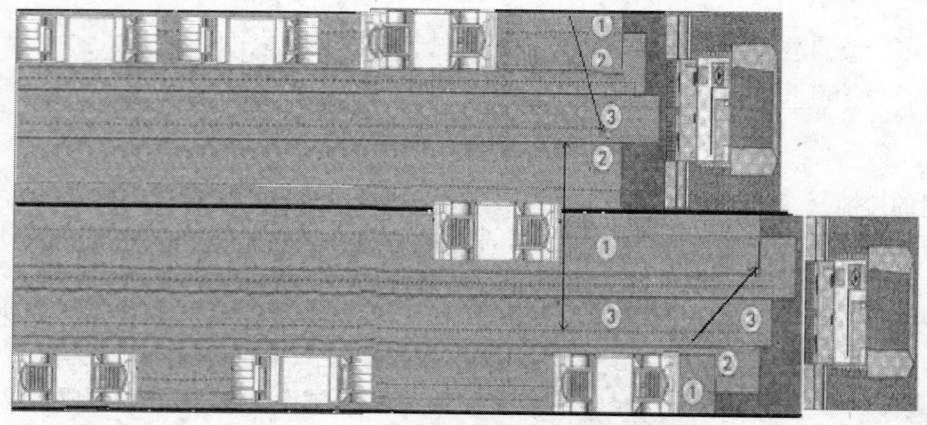

图 5.2.6-2　碾压机械组合图

3. 沥青路面的碾压方法。

碾压前准备工作：检查设备是否正常，其后在清洗压路机表面的污渍，整齐的停放在摊铺机后边等待碾压。见图 5.2.6-3。

3 台钢轮压路机同时从两边、中缝开始碾压。碾压宽度为全幅的 1/3。碾压初压温度不低于 165℃，双钢路振动压路机选用高频低幅，前进开密振，后退是消振。碾压两遍，行驶速度 2～4km/h，行驶速度均匀一致。复压采用两台 26～30t 胶轮压路机 1/2 幅宽碾压，碾压 4 遍，行驶速度 3～5km/h。终压采用 11t 双钢轮压路机全幅碾压 2 遍，行驶速度 3～6km/h。见图 5.2.6-4。

图 5.2.6-3　碾压机械准备

图 5.2.6-4　碾压过程

注意事项：

1）压路机相邻碾压带重叠 1/3～1/2 轮宽，为保持高温碾压，碾压必须紧跟摊铺机进行，并不得产生推移、发裂。

2）压轮机每次由两端折回的位置应呈阶梯形，随摊铺机向前推进，使折回处不在同一横断面上。

3）碾压时应将驱动轮面向摊铺机，碾压路线及碾压方向不应突然改变而导致混合料产生推移。严禁压路机在尚未冷却的路段上"调头"、急刹车及急转弯、停车等候等。

碾压时要遵循"间跟、慢压、高频、低幅"的原则。

4. 碾压温度的控制。

保持碾压温度是保证沥青路面施工质量的关键。在施工的过程中有数字式温度计在摊铺层表层测量温度，发现温度稍低时，可及时的将重型压路机提到前面碾压，每天记录的初压温度与路面取芯的压实度对比，随时适当的调整温度参数。其温度控制见表 5.2.6-1。

碾压温度控制表　　　　　　　　　　　　　　　　　　　　表 5.2.6-1

温 度 类 别	规定值（℃）	实际值（℃）	备　　注
初压温度	≥150	160～175	摊铺层内部
复压温度	≥130	140～150	碾压层内部
终了温度	≥120	120～130	碾压层内部

由于外掺聚酯纤维及消石灰以后，沥青混合料的黏度增大。紧跟碾压时造成压路机碾轮现象比较严重，初压时压路机离摊铺机 3～5m 为宜，同时涂抹隔离剂必须及时。

5. 碾压组合：采用双钢轮振动压路机和较大吨位胶轮压路机相组合。组合方式和碾压遍数见表 5.2.6-2。

压路机组合与碾压遍数表　　　　　　　　　　　　　　表 5.2.6-2

碾压类型	机 械 类 型	碾压遍数	备　　注
初压	双钢轮压路机	3	振压 2 遍
复压	胶轮压路机 30t 胶轮压路机 26t 胶轮压路机 20t	6	碾压 2 遍 碾压 2 遍 碾压 2 遍
终压	双钢轮压路机	2	静压 2 遍

图 5.2.8　路面检测

5.2.7 接缝处理。

摊铺近结束时，摊铺机在离终点部约 1m 处提起熨平板驶离现场，人工摊平后，再碾压。然后用 3m 直尺检查平整度，趁尚未冷却时，用切缝机切除端部厚度不足部分，形成垂直接缝。平接缝的接缝面在下次施工前应先行清洁、干燥及涂刷粘层沥青等处理。

5.2.8 路面检测（图 5.2.8）。

检测分为两部分，一是现场跟踪检测，二是完工最终检测。

1. 现场跟踪检测。有利于及时发现施工中存在问题，如压实度不足，级配不良，平整度较差，碾压不到边等，并及时协调解决。

2. 最终检查。是施工路面质量的定性检查，各项指标都要进行，提出存在的问题和改进办法。

5.2.9 主要控制参数见表 5.2.9。

主要控制参数表　　　　　　　　　　　　　　　　　　表 5.2.9

序号	参 数 名 称	本工法主要控制参数范围	规范规定参数范围
1	拌和时间	65～75s	暂无规定
2	出厂温度	178～188℃	175～195℃
3	回收粉用量	0%	0～50%
4	预热温度	120℃	≥60℃
5	初压温度	160～175℃（混合料表层）	≥150℃（混合料中部）
6	复压温度	140～150℃（混合料表层）	≥130℃（混合料中部）
7	终压温度	125～135℃（混合料表层）	≥120℃（混合料中部）
8	摊铺机振幅	≥7 级	无规定
9	压路机振频	高频低幅	无规定
10	胶轮压轮机	30t 新设备	≥10t
11	结构比	0.61～0.63	新概念
12	级配的关键筛孔确定	0.618	新概念
13	碾压组合	"321"	新工艺
14	消石灰的安定性	5 级	无规定
15	拌合时间	60～75s	60s
16	聚酯纤维含水量	4%	无规定
17	压实功平衡点	最大理论密度的××%	无规定

5.2.10 劳动力组织见表 5.2.10。

劳动力组织情况表　　　　　　　　　　　　　　　　表 5.2.10

序号	人 员 类 别	所需人数	备　注
1	施工常设管理人员	6 人	负责项目运行管理
2	试验人员	4 人	负责沥青混合料的设计及检测
3	测量人员	2 人	负责路面测量
4	施工人员	4 人	负责路面施工及施工记录
5	设备人员	21 人	负责拌和、摊铺、碾压设备操作及检修、保养
6	普工	20 人	配合施工人员工作
7	合计	58 人	

6. 材料与设备

本工法无特别说明的材料，采用的机具设备见表6。

主要施工机械表　　　　　　　　　　　　　　　　　　　　　　　表6

设备名称	型　号	产　地	功率、吨	单位	数量	备　注
沥青拌合机	T3000	英国	643kW	台	1	
装载机	L39	日本	230kW	台	1	
装载机	75B	日本	190kW	台	2	
装载机	ZL-50	东营	140kW	台	1	
自卸汽车	斯太尔	青岛	228kW　19.0t	台	20	
摊铺机	福格乐2100C	德国	160kW	台	2	
振动压路机	DD-110	美国	93kW	台	1	
宝马振动压路机	BW2713	美国	130kW	台	3	
胶轮压轮机	YL-20	徐州	75kW	台	2	
胶轮压轮机	XP-260	徐州	90kW	台	1	
胶轮压轮机	XP-300	徐州	95kW	台	1	

7. 质 量 控 制

7.1 沥青表面层的质量控制标准见表7.1。

沥青表面层的质量控制指标　　　　　　　　　　　　　　　　表7.1

路面类型	检查项目	检查频度	质量要求或允许偏差（高速公路）	试验方法
热拌沥青混凝土	摊铺温度	每车1次	（≥150℃，改性沥青）	用温度计测量
	碾压温度	随时	见前表	用温度计测量
	宽度	设计断面逐个检测	±2cm	用钢尺测量
	厚度	≤1点/2000m²	—4mm	钻孔取芯后，用直尺测量
	纵断高程	设计断面逐个检测	±15mm	用水准仪测量
	平整度	随时	3mm	用3m直尺
	横坡度	设计断面逐个检测	±0.3%	用水准仪测量
	压实度	≤1点/2000m²	马歇尔试验密度96%，试验段钻孔的99%	钻孔取芯后，用电子天平测定
	渗水系数	≤1点/200m	渗水系数300ml/min	渗水仪检测
	构造深度	不少于1次/日	按设计要求	砂铺法

7.2 质量控制措施

为提高工程施工质量，采取以下措施：

7.2.1 严格控制原材料的质量，选用材质、规格相对稳定的料源，保证生产混合料的级配稳定；控制拌合机振动筛的最大筛孔尺寸，避免超粒径现象的发生。每生产日不少于4次抽检，以确保各项指标在出现变化时及时调整。

7.2.2 高效的利用有效工作日，以降低冬、雨期施工带来的不良影响。

7.2.3 采用较大吨位的运输车，增加每车料的摊铺长度和分级起斗倒料，以减少摊铺机接料斗的负载变化，提高摊铺平整度。采用移动卸料方式，减少混合料的离析现象。

7.2.4 沥青料运输车全部备有防雨篷布，减少料温损失，并免遭雨淋。

7.2.5 为保证摊铺缓慢、均匀、连续不间断地进行，ACP拌合机具有200t储料仓，延长混合料的拌合时间，提高日产量，可使摊铺机连续作业，避免由于中途停顿而影响平整度。

7.2.6 面层摊铺作业过程中采用浮动基准梁自动找平方式，以保证上面层的平整度。

7.2.7 采用跟踪复核基准线和跟踪检查路面外形的方式，及时修整施工误差。经常观察摊铺机的工作仰角变化情况，对可能出现的问题及时采取措施。

7.2.8 碾压是保证沥青混凝土的压实度和平整度的关键工序。因此，在施工中特别安排专人负责。在沥青路面施工过程中，压实度控制以现场空隙率指标作为控制指标。

8. 安 全 措 施

8.1 建立安全保证组织体系。

8.2 建立安全管理体系，设置专职安全员。安全管理层层承包，责任到人，与经济挂钩。工程施工中严格按操作规程作业，实现安全施工、文明生产。

8.3 拌合站安设安全标志，并在施工现场设专人指挥、警卫，确保安全。

8.4 工地设专职电工，禁止其他人员乱接用电。

8.5 遵照当地卫生部门的要求配备医务人员和健康卫生设备，并进行医疗卫生教育。

8.6 加强防火宣传和管理，对容易发生火灾的库区、生活区采取有利的防火、灭火措施，场地布置时，将易燃、易爆及危险品远离火源存放。

8.7 配备专门的洒水车及其他小型消防设备。

8.8 道路交通安全保证措施

8.8.1 在道路两端向外延伸各 500m 及进入施工道路的主道路上设置施工告示牌和交通管理告示牌，并对施工段附近的道路进行养护和维修。

8.8.2 施工地段用红色锥形帽，钢桩柱拉红绳，夜间悬挂红色警示灯，围成施工区软隔离，间隔 200m 设置反光警示牌。提示过往车辆减速慢行，确保工程顺利进展。

8.8.3 为交通管理小组配备必要的通信及交通工具，道路窄，易阻车路段，设专人 24h 值班，负责管理交通秩序，做好阻车情况记录，出现交通堵塞及交通事故及时上报业主、监理工程师，并积极主动地疏通交通。

9. 环 保 措 施

环境保护是造福子孙后代的大事，因此要遵循三点原则：一、现场文明施工；二、遵守环保法规；三、保护植被。确保无"跑"、"冒"、"滴"、"漏"，降低综合能耗造福人民。

9.1 建立健全环境保护体系。

9.2 实行垃圾分类管理，分类处理。

9.3 施工车辆行驶控制车速，定时对便道洒水，防止扬尘危害环境。

9.4 文明施工，及时清理施工现场，做到"工完、料净、场地清"。

9.5 保护原有植被，营造良好环境。

9.6 对有害物质（如燃料、废料、垃圾等）要按当地环保部门同意的措施处理后运至指定的地点进行掩埋，防止对动、植物造成伤害。

9.7 对水环境进行保护措施，施工废油、废水、生活污水按有关要求进行处理，不得直接排入农田、河流和渠道。

9.8 在设备选型时选择低污染设备，并安装空气污染控制系统，配备专用洒水车，对施工现场和运输道路经常进行洒水湿润，减少扬尘。

9.9 对使用的工程机械和运输车辆安装消声器并加强保养，降低噪声。

10. 效 益 分 析

10.1 本工法的实施,有效地解决了高性能复合改性沥青路面施工的技术难题,积累了成功的施工经验,提高路面质量。在技术创新方面取得了较大的发展和良好的社会效益,为公司树立了良好的形象。

10.2 本工法的实施明显提高了路面施工进度,实施本工法以后。仅在盐通工地提高施工长度为12%,节约工期 5d,节约成本费 31.8 万元。同时还为项目的优质优价将创造了良好的基础,其中仅质量奖金为 44.4 万元。总合计 76.2 万元,江苏徐绕城高速节约工期 7d,节约成本费 44.5 万元,山西晋济高速节约工期 6d,节约成本费 38.2 万元,合计直接经济效益 158.9 万元。

11. 应 用 实 例

在江苏省盐通高速公路、徐州绕城高速公路、山西晋济高速的施工过程中,经过探索和研究,并充分得到应用,取得了较好的经济效益和社会效益,证明了本工法的可行性。

盐通高速简介:盐通高速公路位于江苏省境内北起盐城市亭湖区南洋镇,止于南通通州市兴仁镇,路线全长 166.763km,双向六车高速公路设计标准,路基宽 35m,设计时速 120km/h,施工 YT-YC23 合同段 16.4km,主线路面结构形式及主要工程量主线路面结构上面 4.0cm 改性沥青混合料 5.2 万 t+中面层 6cm 中粒式沥青混凝土 7.8 万 t+下面层 8cm 粗粒式沥青混凝土 6.9 万 t+SBS 改性乳化沥青封层+基层 36cm 水泥稳定碎石 48.3 万 t。工期:2004 年 7 月 1 日~2005 年 9 月 30 日,该工程被中国公路质量协会评为优质工程。

徐绕城高速简介:京福高速公路徐州绕城段位于徐州市境内,标段全长 22.9km,路面标主线路面铺筑长度 22.9km,其中互通 4 处(大黄山枢纽互通、茅村互通式立交、华润互通式立交、刘集互通式立交),除收费广场采用水泥混凝土路面外,主线、匝道及桥面铺装层均为沥青混凝土。本项目采用全封闭、全立交双向四车道高速公路标准,路基宽 28.0m,路幅布置为:中央分隔带宽 3m,行车道及路缘带宽 8.25m×2m,硬路肩宽 3.5m×2m,土路肩宽 0.75m×2m。主线路面结构上面 4.5cm 改性沥青混合料 1.2 万 t+中面层 6cm 中粒式沥青混凝土 9.7 万 t+下面层 8cm 粗粒式沥青混凝土 7.9 万 t+SBS 改性乳化沥青封层+基层 36cm 水泥稳定碎石 43.9 万 t。工期:2005 年 9 月 1 日~2007 年 8 月 31 日,该工程于 2007 年 7 月 3 日通过江苏省交通厅工程质量监督站检查验收,我公司施工的 JF-XRC-21 合同段综合质量评得分 97.08 分全线第一。

晋济高速简介:山西境晋城至济源段高速公路是交通部规划的国家重点公路干线太原至澳门重点公路的重要组成部分。是我国中西部贯通南北、走出国门的大通道。路线起点为晋城市泽州南路泽州互通,与太原至澳门国家重点公路长治至晋城高速公路顺接路线全长 30.049km,南北走向。本项工程路线长为 17.049km(起止点桩号为 K13+000~K30+049)。项目主要技术指标:本项目设计双向四车道高速公路标准,设计车速 80km/h,起点至主线收费站段(K14+250)段路基宽度为 24.5m(对应分离式路基宽度为 12.5m),主线收费站(K14+250)至终点段路基宽度为 23.0m(对应分离式路基宽度为 11.75m),桥梁与路基同宽,全线隧道单洞宽度为 9.75m,设计荷载为公路-Ⅰ级,地震基本烈度为Ⅵ度。路面结构形式及主要工程量上面层 4cm 细粒式外参聚酯纤维及消石灰混合料(AC-13Ⅰ)3.4 万 t+下面层 6cm 中粒式改性沥青混凝土(AC-20Ⅰ)4.9 万 t+上基层 16cm 大粒径沥青碎石(LSM-25)3.8 万 t+改性乳化沥青封层+基层 32cm 水泥稳定碎石基层 16.7 万 t+垫层 15cm 级配碎石,工期:2007 年 9 月 15 日~2008 年 9 月 1 日,共 11.5 个月,该工程应用本工法,上面层施工提前完工节约了工期,质量得到了监理和业主一致好评。

大粒径透水性沥青混合料摊铺
离析控制施工工法

GJEJGF139—2008

山东省公路建设（集团）有限公司
山东省路桥集团有限公司
贾海庆　张建　刘洪海　钟原

1. 前　　言

大粒径透水性沥青混合料由于粒径差异较大，在摊铺过程中离析现象更为普遍。

在以往的离析控制中，对施工过程中设备的作用及其调整没有系统研究。因此，本施工工法总结了离析控制过程中对机械的设计进行的改进，并归纳了相关配套施工工艺，以实现离析现象在施工工艺上的有效控制。

课题相关单位在山东省交通厅公路局的指导下通过总结大粒径透水性沥青混合料的施工经验和教训，对摊铺离析控制施工进行了深入研究，并在公路施工项目中进行验证，取得了良好的效果。相关课题"大粒径沥青混合料在老路补强中的应用研究"，于2004年通过山东省交通厅组织的鉴定，课题研究总体上达到了国际先进水平。

2. 工 法 特 点

2.1　离析控制效果稳定

与通常的施工工艺相比，本工法在总结材料离析一般规律的基础上提高了沥青混合料离析控制的规范化和可操作性，离析控制效果稳定。

2.2　适用范围广

本工法基于施工过程中设备和道路材料之间的相互作用关系机理总结而成，其设备改进和配套工艺适用于各种不同型号的摊铺设备。

2.3　按照不同离析现象形成工法

为突出设备改进及配套工艺的目的性，在遵循工艺流程的基础上，本工法又按照不同的离析现象对工法内容进行了归纳。以便于在具体施工应用过程中只有部分离析现象发生时，现场人员能够准确的采用相应的工艺方法。

2.4　对改性沥青的特殊要求作了说明

由于除了SBS改性沥青外，多级改性沥青（MAC）在大粒径沥青混合料中应用更为普遍，因此工法中对MAC这样的高粘度沥青的加热温度、出料摊铺、碾压温度等方面进行了专门的说明。

3. 适 用 范 围

本工法可应用于公路的新建工程或者沥青路面补强改造工程以及水泥混凝土路面的加铺层中大粒径透水性沥青混合料的摊铺施工。

摊铺过程中产生的离析现象根据摊铺离析产生的机理和表现形态可分为有规律材料离析和无规律材料离析。本工法是针对有规律材料离析提出的施工控制工艺。

2170

4. 工艺原理

4.1 本工法是针对材料离析，在摊铺过程中通过设备及配套工艺改变摊铺过程中粗、细骨料的运动轨迹，增加不同粒径骨料运动的一致性从而减少材料离析的产生。

4.2 离析产生的原因有很多种，其中材料离析产生的主要原因是粗、细骨料在相同的运动过程中，粗骨料倾向于运动，细骨料倾向于静止的特性造成的。如图4.2。

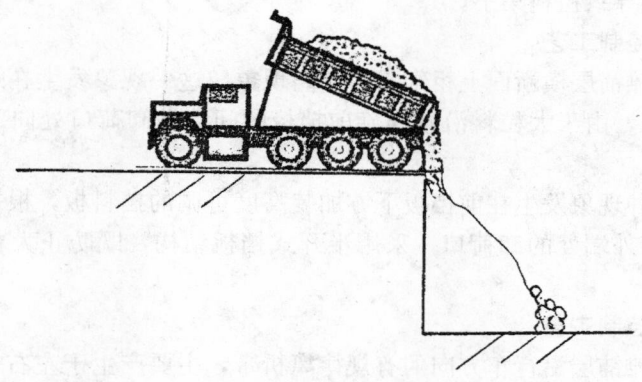

图 4.2　离析产生原理

5. 施工工艺流程及操作要点

5.1　施工工艺流程

离析控制的一般操作→纵向离析的控制→竖向离析控制工艺→横向离析控制→摊铺过程中的骨料运动控制工艺。

5.2　离析控制的一般操作

5.2.1 为了防止混合料中的细料粘结在料车底部或周壁并积聚，最后倒入摊铺机而在路面形成油斑，料车在每天装料前应适当涂抹油隔离剂，同时在摊铺过程中也应当注意细料的积聚并清除。运输过程中应尽量避免急刹车，以减少混合料的离析。

5.2.2 运输车装料时要求料车做到前后移动分多堆装车；运输车应当在摊铺机前10～30cm处停住，不得撞击摊铺机，卸料过程中运输车应挂空挡有摊铺机推动前进。

5.2.3 运输车辆应当备有覆盖篷布，以保证混合料在运输过程中温度尽量不损失。同时运输能力要比摊铺能力有所富余，以避免摊铺机的长时间待料，并保证摊铺的连续性。

5.2.4 混合料的摊铺应保持合理的速度，根据拌和站的拌和能力进行合理调整一般不得大于2m/min，做到缓慢、均匀、不间断的摊铺。

5.2.5 摊铺机应调整到最佳工作状态，调整好螺旋布料器两端的自动料位器，并使料门开度、链板送料器的速度和螺旋布料器的转速相匹配。布料器中料的位置应以略高于螺旋布料器2/3为度，同时螺旋布料器的转速不宜太快，避免摊铺层出现离析现象。

5.2.6 摊铺机料斗应在刮板尚未露出约有10cm的热料时收拢，基本上是在运输车刚退出时进行，而且应该做到在料斗两翼刚复位时下一辆料车开始卸料，做到连续供料避免粗骨料集中。

5.3　预防纵向离析的控制工艺

5.3.1 在卡车将混合料倒入摊铺机的受料斗时，应采用大容量的卡车将混合料大倾角、大批量地泻入摊铺机料斗，避免混合料零星滚入料斗（图5.3.1）。

5.3.2 在卡车交替卸料过程中应避免将摊铺机料斗内的混合料放空，两辆卡车卸料之间应尽量缩

图 5.3.1 倾角确保物料大量倾倒

短时间，卡车上的料倒入摊铺机受料斗时避免碰撞。

5.3.3 避免料斗侧壁的粗料滚入刮板输送器输入螺旋分料器。

5.3.4 应利用摊铺机料斗的翼板经常使料斗内混合料顶面保持水平，以避免出现中央凹谷而导致粗料滚落；应及时收起料斗侧壁，并及时释放以避免出现中央凹谷导致粗料集中。

5.4 预防竖向离析控制工艺

5.4.1 竖向离析指摊铺层横断面上粗细骨料分离现象。这一现象发生在螺旋前挡板离地间隙过大和螺旋外端料槽卸荷口处，由于大粒料沿着螺旋前挡板的间隙和卸荷口处向下滚落，结果造成大粒料沉落于摊铺下层。

5.4.2 为了避免这种现象发生在前挡板下方加装高度可调的挡料板，根据摊铺厚度和材料不同适当调节离地间隙；对螺旋外端处的卸荷口，采用半开式挡板结构，既防止大粒料向下滚落，又起到防止螺旋卡死的作用。

5.5 防止横向离析控制工艺

5.5.1 横向离析指摊铺层沿行车方向的有规律离析带，主要产生于左右螺旋的中缝处，各自螺旋的过渡支撑处和双机并幅摊铺的接缝处。由于螺旋驱动链轮箱的空间干涉，使左右螺旋在中缝处断开一定距离，这一断裂处的物料得不到螺旋的强制挤压和搅拌，而仅依靠物料的自然流动来充填，形成一明显的条形离析带。

5.5.2 在左右螺旋断开处加装角度可调的反向螺旋叶片，根据摊铺厚度和材料的变化来调节叶片数量和角度，使中缝处物料充填密实且均匀（图 5.5.2）。

图 5.4.2 加长前挡板

图 5.5.2 反推螺旋叶片

5.5.3 螺旋支撑处的离析带，主要通过加大了螺旋料槽前后方向的宽度，减小了支撑处的结构尺寸，并使支撑结构呈圆弧过渡面或加装过渡叶片解决物料在支撑处的阻滞现象。

5.6 摊铺过程中的骨料运动控制工艺

螺旋的快速转动和工作过程中的转速剧烈变化会加剧粗细骨料的分离，可以通过结构改进减小螺旋分料器对摊铺材料的的影响，使螺旋实现搅拌和均匀输料复合功能。

5.6.1 采用变径螺旋

摊铺机的螺旋分料石是一个开放式结构，它在工作过程中一边卸料一边输料，在不断卸料的过程中将物料均匀地送于熨平板的整个幅宽上。在不同位置的螺旋应有不同的输料能力，为了满足这种要求螺旋分料器应采用变径螺旋设计，螺旋直径自内向外逐渐减小，分料过程中可以达到螺旋圈宽范围内形成稳定的料位高度，实现均匀布料。

5.6.2 提高螺旋料位增加二次搅拌作用

提高螺旋料位增加二次搅拌作用物料满埋螺旋工作是增大输料能力，降低螺旋转速，避免横向离析的关键。可以通过提高刮板和螺旋料位传感器料位控制点实现。

5.6.3 增大螺旋直径提高材料通过能力

对于粒径较大的混合料输送过程中，在螺旋支撑处往往会发生输料滞留堆积现象，需通过增加螺旋直径和通道宽度解决。在摊铺机摊铺作业中，主要的功率消耗在螺旋驱动，特别当物料位较高时，驱动螺旋会消耗整机功率约50%～60%。因此需采用大功率的发动机使功率裕量配置，避免发动机因各种超载产生掉速现象，这种超载频繁地发生于螺旋起动、刮板发卡、料车倒撞等工况，是摊铺机的特有工况。发动机掉速会影响摊铺机的正常工作秩序，是产生离析、影响平整度的不良因素。

6. 材料与设备

6.1 材料

6.1.1 粗骨料

大粒径沥青混合料中粗骨料起到骨架作用，粗骨料的质量和其物理性能严重地影响着混合料的使用性能，因此混合料中粗骨料应使用轧制的坚硬岩石。对大粒径沥青混合料其粗骨料颗粒性状良好。细长及扁平颗粒含量不应超过15%，骨料压碎值应不大于20%，粗骨料与沥青应有良好的粘结力，根据目前高速公路水损害出现的频率较高，要求粗骨料与沥青的粘结力为5级，小于5级时应当采取抗剥落措施，以保证混合料达到水稳定性指标要求，未列出指标应满足《公路沥青路面施工技术规范》JTGF 40—2004中对热拌沥青混合料骨料的要求。

6.1.2 细骨料

采用反击式或锤式破碎机生产的硬质岩骨料经过筛选的小于2.36mm的部分具有较好的角砾性，可以作为人工砂使用，大粒径沥青混合料可以使用人工砂和石屑作为细骨料，但不准采用天然砂。细骨料棱角性必须大于42%，砂当量值不小于65%。

6.1.3 填充料

由于大粒径沥青混合料为透水混合料，为了提高沥青混合料的抗水损害能力，填充料宜采用干燥消石灰粉或生石灰粉，填充料技术要求可根据当地情况而定，至少应满足III级要求。

6.1.4 沥青胶结料

为了保证大粒径透水性沥青混合料的耐久性，混合料需要比较厚的沥青膜，但同时必须防止混合料的析漏，因此应当采用黏度较高的沥青胶结料。根据研究可以采用MAC改性沥青或SBS改性沥青，MAC改性沥青应满足表6.1.4的技术要求，SBS改性沥青技术要求参考《公路沥青路面施工技术规范》JTGF 40—2004。

MAC改性沥青技术要求　　　　　　　　　　表6.1.4

项　目		技术指标	
		Ⅰ型	Ⅱ型
针入度(25℃,100g,5s),0.1mm		65～100	35～65
针入度(4℃,200g,60s),0.1mm		20～45	12～35
软化点,℃　　　　　　　>		60	70
动力黏度(60℃),Pa·s　　≥		300	500
闪点,℃　　　　　　　>		245	
溶解度,%　　　　　　>		99	
老化试验[a]	沥青薄膜加热试验或沥青旋转薄膜加热试验后	质量变化,质量百分数/%	−1.0～+1.0
		针入度比(25℃),%≥	70

注：[a] 老化试验以沥青薄膜加热试验为仲裁法。

6.2 设备

采用的设备见表6.2。

序　号	名　　称	单　位	数　量	备　注
			设备表	**表6.2**
1	拌合楼	套	1	不小于240t/h
2	装载机	台	4	
3	混合料摊铺设备	台	1～2	
4	自卸车	台	15	
5	双轮振动压路机	台	2	11～13t
6	胶轮压路机	台	2	20～30t
7	钢轮压路机	台	1	7～11t
8	水车	台	1	

7. 质量控制

7.1 大粒径透水性沥青混合料技术要求

大粒径透水性沥青混合料技术要求见表7.1。

大粒径透水性沥青混合料大马歇尔试验配合比设计技术标准　　　　　　**表7.1**

项　　目	单　位	技术指标
公称最大粒径	mm	≥26.5mm
马歇尔试件尺寸	mm	$\phi152.4mm\times95.3mm$
击实次数（双面）	次	112
空隙率 VV	%	13～18
沥青膜厚度	μm	>12
谢伦堡沥青析漏试验的结合料损失	%	≤0.2
肯塔堡飞散试验混合料损失或浸水飞散试验	%	≤20
参考沥青用量	%	3～3.5

7.2 混合料施工质量控制

对于大粒径透水性沥青混合料现场压实度应采用空隙率与压实度双指标进行控制，从路面取芯样以二次封蜡法或计算法进行测试，混合料理论最大密度应采用计算法，另外还需要通过压实遍数来进行压实控制。由于现场压实与室内击实存在差别以及现场沥青封层和石屑的上浮造成混合料底部比较密实也影响了空隙率，综合考虑各种因素现场路面钻芯取样检测空隙率宜控制在平均值为13%～18%，极值为20%，考虑空隙率测定方法的不同在正式实施时还可以进行调整；压实度的控制与普通沥青混合料相同，不应小于98%。现场芯样的检验频率按照规范要求进行，或根据招标文件要求进行。

拌合站控制室要逐盘打印沥青及各种矿料的用量和拌合温度，同时由质检人员检验混合料出厂温度、摊铺温度和碾压温度，并对混合料进行目测检验有无花白料、严重离析现象等。每天结束后，用拌和站打印的各料数量，以总量控制，以各仓用量及各仓级配计算平均施工级配、油石比和抽提结果相比较。

对于混合料质量控制，以每天分别从拌合站和摊铺现场取样进行抽提和筛分试验，每天至少两次，每次取样不少于4kg。由于大粒径透水性沥青混合料的级配是根据粗集料的骨架和体积状态以及细骨料的填充状态，通过实际计算而得到，级配范围随着原材料的体积性质而有所变化，但是为了便于对施工质量的控制，通过对国内外许多资料的查询在级配控制时采用对重点筛孔进行重点控制，主要为 0.075、4.75、9.5、13.2、26.5、31.5 各级必须满足范围要求，根据重点筛孔偏差范围可以制定相应施工控制范围要求，其余筛孔允许有一点超出施工级配要求范围，沥青含量允许偏差为±0.2%。另外还需要对拌合站进行逐盘与总量检验，具体检验要求见表 7.2。

大粒径透水性沥青混合料的检验频率与要求 　　　　　　表 7.2

项　　目		检查频度及单点检验评价方法	质量要求或允许偏差	试验方法
混合料外观		随时	观察骨料粗细、均匀性、离析、油石比、色泽、冒烟、有无花白料、油团等各种现象	
拌和温度	沥青、骨料的加热温度	逐锅检测评定	符合规定	传感器自动检测、显示并打印
	混合料出厂温度	逐车检测评定	符合规定	传感器自动检测、显示并打印，按 T0981 人工检测
		逐锅测量记录，每天取平均值评定	符合规定	传感器自动检测、显示并打印
矿料级配	0.075mm	逐锅在线监测	±1%	计算机采集数据计算
	4.75、9.5mm		±5%	
	≥9.5mm		±6%	
	0.075mm	逐锅检查，每天汇总 1 次取平均值评定	±1%	总量检验
	4.75、9.5mm		±2%	
	≥9.5mm		±3%	
	0.075mm	每台拌和机每 500~1000t 1 次，以 2 个试拌样的平均值评定	±1%	T0725 抽提筛分与标准级配比较的差
	4.75、9.5mm		±3%	
	≥4.75mm		±5%	
沥青用量（油石比）		逐锅在线监测	±0.3%	计算机采集数据计算
		逐锅检查，每天汇总 1 次取平均值评定	±0.15%	总量检验
		每台拌和机每 500~1000t 1 次，以 2 个试样的平均值评定	±0.2%	抽提 T0722、T0721

　　混合料的级配曲线以抽提筛分结果为准，由于拌合站热料仓取样偏差比较大，不以热料仓筛分根据比例计算为控制要求。混合料在取样时应尽量避免离析，可以多取一些然后进行四分。同时为防止由于沥青含量过高而发生析漏，混合料还需要进行析漏试验，要求析漏量小于 0.2%。

8. 安 全 措 施

　　8.1　认真贯彻执行有关安全生产的法律法规、交通部颁发的《公路工程施工安全技术规程》JTJ 076—95《公路筑养路机械操作规程》有关安全生产的规定。

　　8.2　成立安全生产组织机构，设专职安全员，建立健全安全生产责任制，对参加施工的人员接受安全技术教育，从事特殊工种的人员，必须经过专业培训，获得《安全操作合格证》才能上岗。建立安全值班制度，制定安全生产事故应急救援预案。

　　8.3　施工机械、车辆，严禁带"病"工作。所有施工机具设备和高空作业的设备应定期检查，并有安全员的签字纪录，保证其经常处于完好状态；不合格的机具、设备和劳动保护用品严禁使用。

　　8.4　制定安全用电和防火措施，并严格执行。对于易燃易爆的材料除应专门妥善保管之外，还应配备有足够的消防设施，所有施工人员都应熟悉消防设备的性能和使用方法；不得将任何种类的爆炸物给予、易货或以其他方式转让给任何其他人。

8.5 各类操作人员持证上岗，必须按规定穿戴防护用品。施工负责人和安全检查人员随时检查防护用品的穿戴情况，不按规定穿戴防护用品的人员不得上岗。

8.6 施工中应采取新技术、新工艺、新设备、新材料时，制定相应的安全技术措施，施工现场具有相关的安全标志牌。

8.7 机械设备及油库采取防雨、防潮、防雷措施。

9. 环 保 措 施

9.1 由项目经理部安全环保科总体负责，配备专职环境保护工程师，各生产队设环保监督员，定期对各拌合场、施工现场进行检查监督，发现问题及时整改。

9.2 严格工地施工噪声控制。

9.3 施工期间尽力保护现有绿色植被土地资源和现场的公共设施。并规定车辆的行驶速度。

9.4 施工中所发生的生活、生产垃圾，如废弃沥青混合料，废水、废料等，集中收集在有防雨棚和地表经过硬化处理的垃圾池内，及时集中清运，不得任意裸露处置，污染环境。

9.5 洗刷施工机械、设备及工具的废水、废油等有害的物质和生活污水，不得直接排放于河流或其他水域中，也不得倾泻于饮用水源附近的土地上，以防污染水质和土壤。

10. 效 益 分 析

10.1 经济效益
10.1.1 提高搅拌设备生产效率

控制材料离析节约拌合机台班费　　　　　　　　表 10.1.1

拌合机型号		4000 型
每小时产量(t)	使用前	280
	使用后	320
对比(t)		30
提高效率(%)		12.5
台班费/小时(元)		5000
每吨费用(元)	应用前	17.9
	应用后	15.6
节约费用(元/t)		2.3
总产量(万 t)		100
总节约(万元)		230

10.1.2 降低温度离析，减少拌和机油耗

节约燃油费　　　　　　　　表 10.1.2

拌合机型号		4000 型	备　注
每吨混合料燃油 (L/t)	控制前	7.3	
	控制后	6.9	
对比(L/t)		0.4	
柴油价格(元/L)	5.0		
每吨混合料节约(元)	0.2		
总产量(万 t)	100		
总节约(万元)	20		

10.2 其他社会效益

10.2.1 养护费用降低

采用课题研究成果，沥青路面使用寿命延长，可以延长大修养护周期，减少了养护次数，节约大量的养护费用。

10.2.2 提高了路面质量，减少了汽车损耗

由于沥青路面质量提高，路面使用性能大为改善，可以减少车辆行驶的油耗。由于路面平整度好，提高了行车安全舒适性，减少了汽车颠簸的机械损耗和轮胎磨损，延长了车辆使用寿命。

10.2.3 节约资源、保护环境

沥青路面使用周期延长，大修次数减少，减少了大量沥青路面废料，有利于环境保护，具有良好的社会效益。节约养护维修费用，可有效减少路面早期病害，延长路面使用寿命，提高行车舒适性。

11. 应用实例

11.1 广东开阳高速项目

开阳高速公路起自鹤山市址山镇，经开平、恩平、阳东、阳江，止于阳江林场。东接佛开高速终点，西连阳茂高速公路是国家主干线同三线广东境内的一段，全长 126km。该路段位于北回归线以南，树那边亚热带几分海洋性气候，夏季多雨，冬暖霜气短。合同工期为 2004 年 7 月至 2008 年 5 月。

经过建设指挥部同意，施工采用了沥青混合料离析控制技术，取得了良好的效果，表现在以下几方面：

1. 通过采用防止材料离析和搅拌设备离析的新方法，消除了溢料待料现象。既提高了拌合机生产混合料的质量和稳定性，又节约了生产成本。

2. 节约了搅拌设备燃油消耗，而且为压路机均匀碾压提供了基础。

3. 通过对摊铺机结构参数的改进，消除了以往常见的摊铺离析现象，使路面平整、均匀，碾压过程中采用防止碾压离析新技术，提高了碾压效率和压实度，路面密实稳定。

4. 路面完工以来经受了高温、多雨考验没有出现车辙、坑槽等早期损坏现象。使用该技术修建的沥青路面平整密实，抗滑耐磨，均匀美观。取得了良好的经济效益和社会效益。

11.2 山东潍乌高速项目

该项目东起东营市广饶县，西在滨州市无棣县境内与天津至汕尾线大高至鲁冀界段联结，路线途经东营、滨州两市的 3 个县，位于山东省鲁北经济区。该公路是国家重点公路建设规划网的重要路段（威海至乌海公路、天津至汕尾公路在山东境内重合段），同时在山东省"五纵连四横、一环绕山东"高等级公路网络中既是"一环"又是"一横"的重要组成部分。合同工期为 2005 年 1 月至 2007 年 11 月。

路面结构为 12cm 大粒径沥青混合料＋10cmAC－20＋6cmSMA。

大在该项目路面施工早期出现了较为严重的离析问题，为了提高沥青路面施工质量，减少早期损坏现象发生，增加路面耐久性，延长路面使用寿命，在后期 12km 路面工程施工中采用了大粒径沥青混合料离析控制技术，取得了良好的效果。

通过该技术的实际应用不仅对材料和混合料对路面破坏现象进行了深入的剖析，而且注重研究设备结构、机械设备与材料的相互作用特性关系。提出了一个贯穿沥青混合料拌和、运输、摊铺、碾压、检测全过程的控制离析的质量保证体系，从而对沥青路面施工进行定量的评价和有效控制。

潍乌高速公路通过将该课题成果应用在路面施工质量控制中。路面质量显著提高，平整密实，抗滑耐磨，均匀美观。建成通车后，行车安全舒适，发挥了高速公路"畅通、高速、安全、舒适"的运营优势，受到广大司乘人员的称赞。取得了良好的经济效益和社会效益。

11.3 国道 205 线滨州至大高高速公路一合同

滨州至大高高速公路是山东省中部地区南北交通主动脉（新建）国道 205 线的重要组成部分，也

是对国道主干线的重要补充。国道 205 线滨州至大高公路采用双向四车道高速公路标准，计算行车速度 120km/h，路基宽度为 28m，桥涵与路基同宽，全线桥涵设计荷载采用公路-I 级。路线基本走向为南北向，全线设互通立交四处，有特大桥一座，服务区一处，全长 28.8km。

合同工期为 2003 年 10 月至 2005 年 10 月。

针对大粒径沥青混合料容易离析的现象，施工采用了沥青混合料离析控制技术，取得了良好的效果，表现在以下几方面：

1. 通过采用防止材料离析和搅拌设备离析的新方法，提高了拌合机生产混合料的质量和稳定性，节约了生产成本。

2. 通过对摊铺机结构参数的改进，消除了以往常见的摊铺离析现象。

3. 节约了搅拌设备燃油消耗。

4. 路面完工以来经受了高温、多雨考验没有出现车辙、坑槽等早期损坏现象。

使用该技术修建的沥青路面平整密实，抗滑耐磨，均匀美观。取得了良好的经济效益和社会效益。

公路泡沫沥青就地冷再生基层施工工法

GJEJGF140—2008

湖南望新建设集团股份有限公司

汤彦武　林江　刘月升　李九苏　戴聆春

1. 前　　言

目前，沥青路面再生有四种常用方法：现场冷再生技术、现场热再生技术、厂拌热再生技术和厂拌冷再生技术。泡沫沥青就地冷再生技术属于用泡沫沥青作为主要结合料的就地冷再生技术，由于其不需加热、经济性好、减轻环境污染、施工方便等诸多优点，自 20 世纪 80 年代后期在路面冷铣刨工艺的基础上迅速发展起来。国内推动的路面再生工法以热再生为主，但从生态环境保护、经济性等角度而言，沥青路面再生工法是"冷拌胜过热拌，就地优于厂拌"。冷再生技术常使用的稳定剂有水泥、乳化沥青和泡沫沥青等。水泥作为稳定剂，在掺量较高时，很容易产生收缩裂缝，而且需要进行较长时间的养护才能开放交通。乳化沥青和泡沫沥青作为稳定剂不会带来水泥稳定类材料容易引起的收缩裂缝问题，有一定的优越性。而泡沫沥青和乳化沥青相比，泡沫沥青只需要消耗普通石油沥青和少量的水就可以制备，不需要添加乳化剂，有一定的成本优势，因此受到越来越多的重视。尽管公路沥青路面再生技术规范已经于 2008 年 7 月 1 日实施，但是作为沥青路面再生技术中的"新成员"，泡沫沥青就地冷再生基层施工工法的建立和实施有其突出的意义。

2. 工 法 特 点

2.1　旧路面废料能 100％回收再生，既利于环保，又节约大量投资。

2.2　泡沫沥青混合料存储时间长，不需加热，碾压成型迅速。铣刨、破碎、添加、拌和及摊铺可一次完成，全部工序采用机械化施工，施工工序简化、工期短。

2.3　运用该施工工艺浇筑的基层和传统的半刚性基层比较，由于水泥用量大大降低，其收缩裂缝数量显著减少。具有较高的强度、抗疲劳性能和抗水性更胜一筹，使用寿命更长。

2.4　路面标高可以不抬高或抬高较少，可以有效解决大中修工程中一味往上加高尤其是穿镇路段不被老百姓所接受的尴尬局面，从而减少挡墙、边沟、绿化带等附属设施的加高费用。

2.5　再生机械所具有的封闭式自动控制添加系统，不仅配比精确，而且防止了粉尘的飞扬，满足环境保护的要求。

3. 适 用 范 围

本工法适用于公路工程或城市道路各等级的沥青路面的大修、改建工程的施工。

4. 工 艺 原 理

4.1　泡沫沥青就地冷再生基层的工法原理主要是对旧沥青路面（包括沥青面层和部分基层）进行现场冷铣刨，掺入一定数量的新骨料、泡沫沥青和水泥、水，经过常温拌合、摊铺、碾压等工序，一次性实现旧沥青路面再生的工艺。

4.2 关键工艺通过一个专用再生机械实现，其核心是一个装有若干个硬质合金刀具的切削转子。转子旋转时向上切削现有旧路铺层材料，转子的切削深度可以通过电脑精确控制。在转子切削材料的同时，来自再生机前面并由再生机推动前行的水罐车中的水，通过软管输送给再生机，并由机载系统喷洒进拌和腔，在拌和腔内与被切削下的材料进行充分均匀地混合以便达到压实所需的最佳用水量。同时，热沥青、冷水和空气在一系列相互独立的发泡腔里使沥青发泡，并通过喷嘴均匀地喷洒在再生机的拌合罩壳内，与路面材料充分拌和，生成再生沥青混合料。

5. 施工工艺流程及操作要点

5.1 工艺流程

5.1.1 泡沫沥青就地冷再生基层施工主要包括泡沫沥青冷再生基层配合比设计、铺筑试验段和正式大面积施工三个阶段，其工艺流程如图 5.1.1 所示。

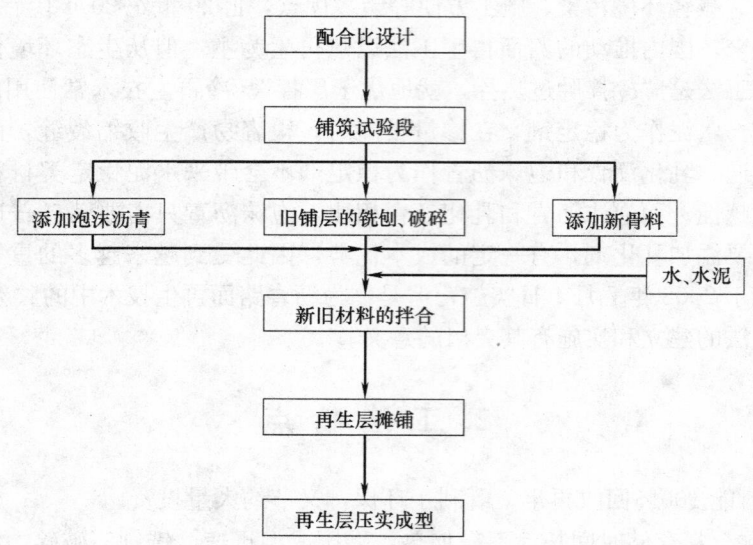

图 5.1.1　泡沫沥青就地冷再生基层施工工艺流程图

5.1.2 泡沫沥青冷再生混合料配合比设计包括原材料分析、配合比（泡沫沥青及水、水泥用量）设计和设计配合比检验三项内容，配合比设计步骤如图 5.1.2 所示。

5.1.3 配合比设计技术要求主要包括马歇尔稳定度试验和劈裂强度试验等，其具体技术要求见《公路沥青路面再生技术规范》JTGF 41—2008 中的规定。

5.1.4 使用 WR2500S 型路面再生设备进行沥青路面现场冷再生的施工作业简图和配套机械见图 5.1.4。具体施工工艺为：水泥稀浆搅拌输送车通过管道将水泥稀浆输送给再生机；热沥青罐车通过管道将热沥青输送给再生机；再生机完成旧路材料的铣刨、破碎，新旧材料的拌和、摊铺及预压实；由压路机完成再生层的最终压实成型。当无需添加新骨料时，可省去相应的作业程序，如再生机没有设置振动熨平板，再生层在最终压实前应先用平地机整形。根据回收材料级配检查结果和设计级配技术要求，如需要添加新的骨料，则可以在现场冷再生配套机组前增加 1 台新骨料撒布车和 1 台平地机，进行新骨料撒布和摊铺。

5.2 操作要点

5.2.1 配合比设计

1. 回收沥青路面材料取样（RAP）应从原路面采用铣刨机铣刨取样。

2. 配合比设计应通过试验路段进行验证。

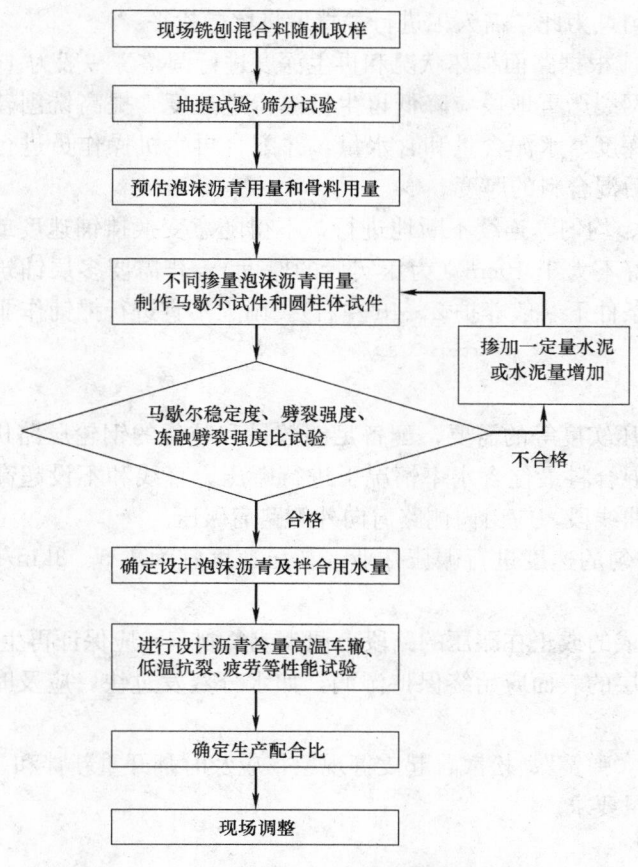

图 5.1.2　配合比设计流程图

图 5.1.4　就地冷再生配套机组及施工作业简图

5.2.2　施工准备

1. 铺筑试验路段：长度不宜小于 200m，从施工工艺、工程质量、施工管理、施工安全等方面进行检验，确定工艺参数。

2. 施工放样：在再生施工之前，应在道路的两侧放置一系列的标桩（杆）作为基线，用来恢复道路的中心线。标桩（杆）的间距，曲线距离不应超过 20m，直线距离不应超过 40m。

3. 清除原道路表面（包括不需要再生的相临行车道和路肩）的石块、垃圾、杂草等杂物和积水，并清理边线。清除再生路段上存在的井盖等类似结构物。对原路的翻浆、车辙、沉陷、波浪、坑槽等病害进行处理，使原路基本平整。

4. 冷再生机组就位：使用推杆连接再生机组，并连接所有与再生机相连的管道。检查再生机操作人员是否已将所有与稳定剂添加量有关的数据输入计算机。排除系统中的所有空气并确保所有阀门均处于全开度位置。检查再生路段内的导向标志，确保导向标志明确。对再生施工中所需要的其他机械设备进行全面的检查。

5.2.3　再生和摊铺

1. 将施工机具按照图 5.1.4 布置，连接相应管路。启动施工设备，按照设定再生深度对路面进行铣刨、拌合。于再生机开始工作时要使转子全部下切到再生层的底部来打碎再生料，前进速度为 0，使得翻松的再生料混合不均匀，为此，需人工进行翻拌后将坑槽找平。

2. 冷再生机行进速度应根据路面损坏状况和再生深度进行调整，一般为 4~10m/min，使得铣刨后料的级配波动范围不大。网裂严重地段应降低再生机组行进速度，提高铣刨转子转速。再生机后应有专人跟随，随时检查再生深度、水泥含量和含水量，并配合再生机操作员进行调整。带有熨平板的再生机，应经常检查熨平板后混合料的厚度。

3. 摊铺作业必须缓慢、均匀、连续不断地进行，不得随意变换摊铺速度或者中途停顿。冷再生沥青混合料每层摊铺厚度最好不大于 10cm（为压实后的厚度），若需要多层铺筑，则在铺上一层前需养护一段时间（在好的养护条件下一般养护 2~4d 左右）。雨天不宜进行摊铺作业，若气温低于 10℃，也应停止摊铺。

5.2.4 碾压整形

1. 根据再生层厚度、压实度等的需要，配备足够数量和吨位的钢轮压路机、轮胎压路机，按照试验路段确定的压实工艺在混合料最佳含水率情况下进行碾压。直线和不设超高路段，应由两侧路肩向路中心碾压；设超高的平曲线段，应由内侧路肩向外侧路肩碾压。

2. 压路机应以慢而均匀的速度进行碾压作业，初压速度宜为 1.5~3km/h，复压和终压速度宜为 2~4km/h。

3. 严禁压路机在已完成的或正在碾压的路段上调头或急刹车，应保证再生层表面不受破坏。

4. 碾压过程中，再生层的表面应始终保持湿润，如水分蒸发过快，应及时补撒少量的水，但严禁大量洒水碾压。

5. 碾压过程中，如有"弹簧"、松散、起皮等现象，应及时翻开重新拌和（加适量的水泥）或用其他方法处理，使其达到质量要求。

5.2.5 横纵缝的处理

1. 横缝的处理：因每次施工开始工终止而形成的横穿作业面的横向接缝是不连续的。每次停机，即使是仅需几分钟用于更换罐车，也将形成一个严重影响再生材料均匀性的横缝。因此，施工中，应尽量减少停机现象。两工作段的衔接处应切除处理，尽量避免搭接处理。横缝需垂直相接，不应斜接，接缝处应密实。

2. 纵缝的处理：再生机的工作宽度一般要小于再生路面的宽度。因此，全幅路的再生需要多次作业，从而导致数条相邻作业面间的纵向接缝。一般来讲，相邻作业面间的最小重叠量为 10cm，以保证纵缝处再生料的连续性，同时避免相邻作业面间存在未再生的夹带。纵向接缝的位置应尽量避开快、慢车道上车辆行驶的轮迹。

5.2.6 养护及开放交通

1. 泡沫沥青再生基层施工结束后，在加铺上层结构层前必须进行养护，养护时间不宜小于 7d。

2. 在封闭交通的情况下养护时，可进行自然养护，一般不需采取其他措施。

3. 在开放交通的条件下进行养护时，再生层在完成压实至少 1d 后方可开放交通，但是应严格限制重型车辆通行，行车速度应控制在 40km/h 以内，并严禁车辆在再生层上掉头和急刹车。

4. 为避免车轮对表层的损坏，可在再生层上均匀撒布慢裂型乳化沥青进行养护。

6. 材料与设备

6.1 原材料要求

冷再生沥青混合料所用的原材料主要有泡沫沥青、水泥、水及沥青面层铣刨料、路面基层铣刨料。

6.1.1 泡沫沥青

冷再生沥青混合料基层采用的泡沫沥青，其技术要求应符合现行《公路沥青路面施工技术规范》JTGF 40—2004，其发泡特性应满足表 6.1.1 的要求。

泡沫沥青技术要求 表 6.1.1

项　目	技术要求	试验方法
膨胀率	≥10	JTGF 41—2008 附录 E
半衰期(s)	≥8	JTGF 41—2008 附录 E

6.1.2　骨料

粗细骨料质量应满足现行《公路沥青路面施工技术规范》JTGF 40—2004 中的要求。

6.1.3　水泥

普通硅酸盐水泥、矿渣硅酸盐水泥、火山灰质硅酸盐水泥都可以使用，禁止使用外界影响而变质的水泥。宜采用强度等级为 32.5 以上的水泥；水泥各龄期强度、安定性等应达到相应指标要求；要求水泥初凝时间 3h 以上、终凝时间不少于 6h。

6.1.4　水

普通饮用水或洁净不含有害物质的水均可使用。

6.1.5　沥青面层铣刨料

铣刨料为原沥青面层铣刨料，要求分层铣刨，铣刨料粒径规格基本一致，最大粒径不得超过 31.5mm，没有大的团块。

6.1.6　施工机械

必须配备足够的拌和、运输、摊铺、压实机械和配件，且做好开工前的保养、试机工作，并保证在施工期间一般不发生有碍施工进度和质量的故障。主要施工机械见表 6.1.6。

主要机械设备配备表 表 6.1.6

序　号	机 械 名 称	规格、型号	要　求
1	平地机	300t/h	—
2	钢轮压路机	20t	带强弱振动调整功能
3	轮胎压路机	25t	—
4	冷再生机	WR2500S	装配高精度电子动态计量器
5	水罐车	8t	1 台需有洒水功能
6	热沥青罐车	20～40t	带保温功能
7	水泥稀浆搅拌车	—	—

6.1.7　质量检测仪器（表 6.1.7）

主要质量检测仪器表 表 6.1.7

序　号	仪 器 名 称	规格型号	数　量	备　注
1	水泥凝结时间测定仪	新标准	1	
2	标准重型击实仪	15cm	2	
3	马歇尔击实仪	MJ-IZ	1	
4	间接抗拉强度试验仪	—	1	
5	灌砂筒	15cm	1	
6	标准筛(方孔)	0.075～37.5mm	2	
7	沥青混合料抽提仪	—	1	
8	沥青发泡装置	WLB10	1	
9	核子密度仪	MC-3C	1	
10	沥青混合料拌合机	LHB-3	1	
11	最大理论密度测定仪(TMD)	—	1	
12	路面钻芯取样机	一体式	1	
13	标准养护室设备		1	
14	EDTA 滴定化学分析仪		1	
15	平整度仪		1	

7. 质量控制

7.1 工程质量控制标准

7.1.1 泡沫沥青就地冷再生基层施工质量应满足《公路沥青路面再生技术规范》JTGF 41—2008 中的规定，其主要质量控制项目按照表 7.1.1-1 和表 7.1.1-2 执行。

混合料质量控制项目、频度和要求 表 7.1.1-1

检查项目	质量要求	检验频率	检验方法
压实度(%)	≥98	每车道每公里检查1次	T0924 或 T0921
15℃劈裂强度(MPa)	符合设计要求	每工作日1次	T0716
干湿劈裂强度比(%)	符合设计要求		T0716
马歇尔稳定度(kN)	符合设计要求		T0709
马歇尔残留稳定度(%)	符合设计要求		T0709
冻融劈裂强度比 TSR(%)	≥70	每3个工作日1次	T0709
含水率	符合 JTGF 41—2008	发现异常时随时试验	T0801
沥青含量、矿料级配	符合设计要求	发现异常时随时试验	抽提、筛分

几何尺寸质量检查、频度和要求 表 7.1.1-2

检查项目		质量要求	检验频率	检验方法
平整度(mm)		10	每200延米2处，每处连续10尺	T0931
纵断面高程(mm)		±10	每20延米1点	T0911
厚度(mm)	均值	−10	每车道每10米1点	插入测量
	单个值	−20		
宽度(mm)		不小于设计	每40延米1处	T0911
横坡度(%)		±0.3	每100延米3处	T0911
外观		表面平整密实，无浮石、弹簧现象，无明显压路机轮迹	随时	目测

7.2 施工质量管理

施工过程中主要控制原材料质量、混合料质量和几何尺寸质量。原材料质量应满足表 6.1 中技术要求。混合料质量控制项目、频度和质量标准应满足表 7.1.1-1 中的规定，几何尺寸质量控制项目、检测频度和要求见表 7.1.1-2。

7.3 施工质量控制技术措施

7.3.1 做好原材料（包括回收料）的试验检测，其技术要求必须满足 6.1 中的规定。

7.3.2 优化再生机的铣刨方案，以便得到级配稳定的回收材料。

7.3.3 重视试验段的铺筑，总结出适合工程特点的施工工艺参数和质量管理方法，并严格执行。

7.3.4 如发生未预料的特殊情况，可能会影响工程质量时，应立即停工，待问题解决后再继续施工。

7.3.5 在施工过程中，检测发现质量控制标准中规定的技术指标不能满足要求时，应停止施工并分析原因，进行局部处理或返工，直至满足要求。

7.3.6 就地冷再生工程完工后，应将全线 1～3km 作为 1 个评定路段，按照表 7.1.1-2 要求进行质量检查和验收。

8. 安全措施

本工法严格遵守《中华人民共和国安全生产法》、《公路养护安全作业规程》JTGH 30—2004 及现行高速公路养护施工安全有关规定。在施工前到路政、交警等相关部门办理《施工许可证》、《施工车辆通行证》，并配置相应的安全装置、设备与保护器及采取其他有效措施，合理摆放、维护、看管标志、标牌设施。

8.1 交通标志牌的设置、维护

8.1.1 按照《公路养护安全作业规程》规定的规格、尺寸制定清晰醒目并具有反光功能的标志、标牌。

8.1.2 在进行交通控制前，事先将预封闭区段起讫桩号、方位上报路政、交警部门。

8.1.3 严格按照《公路养护安全作业规程》及有关规定规范设置各种标志、标牌。放置标志牌时，标志牌设置车辆在紧急停车带上慢行，顺着车流方向进行摆放。

8.1.4 在施工作业期间由专人对设置的安全标志牌等做巡回检查，发现标志牌有倒伏、缺损现象，进行及时的扶正、更换、增添。

8.2 施工现场安全防范措施

8.2.1 现场施工人员着装统一的安全标志服，在施工作业区域内进行作业，严禁施工车辆及人员跨越或超出安全施工区域规定的范围，并不得在车辆通行的车道上停留；

8.2.2 在施工现场的所有施工人员必须服从公路路政、交警等相关部门的施工安全监督和安全管理；

8.2.3 车辆及设备离开施工作业区时，派一人以上安全员进行警戒和了望，在确保安全的情况下，"一等、二看、三通过"；

8.2.4 现场施工人员和施工车辆不得在高速公路范围内有抛、撒、滴、漏杂物及废料现象；

8.2.5 为确保高速公路行车安全，施工作业完工后必须将施工现场打扫干净，方可撤离施工现场；

8.2.6 在施工作业过程中，如遇有特殊情况，应及时与公路路政及公路管理部门联系。

8.3 交通畅通保证措施

8.3.1 由现场安全负责人与高速公路交管、路政部门密切配合，精心调配人员，同时在施工现场摆放安全标志，保障车辆正常通行，全力保证施工路段不发生责任事故；

8.3.2 在紧急情况下对过往车辆进行交通疏导，保证道路畅通和过往车辆的行车安全；

8.3.3 如果施工路段内车辆发生故障时，安全管理员将车辆引导至安全地段，保证车辆通行，并立即通知清障队清障；

8.3.4 禁止在雨雪天、雾天、昏暗等不利因素的条件下进行施工。

8.4 再生现场

8.4.1 在原路面再生期间，派专职安全员并身配明显安全员袖章距再生现场后 100m 左右手持红旗进行指挥行驶车辆以便提醒驾驶员行车安全，确保现场再生技术人员及操作技术人员于安全工作状态；

8.4.2 现场运输车必须要有明显的施工作业标志，在进入施工作业安全区前，首先应打开方向灯、双跳灯及警示灯，按照指定的行驶路线进入施工安全区；

8.4.3 沥青采用沥青罐车运输至拌和现场，由专业人员佩带防毒器具导入沥青储存罐以防有害成分对人体造成伤害；

8.4.4 再生结束后，各类施工机械在施工负责人的安排及专职安全员的统一调度下安全撤离现场，以消除安全隐患的存在；

8.4.5 在养护期间由专人看护现场标志标牌，防止行驶车辆驶入工作封闭区域内。在夜间设有安全反光标志牌及太阳能指示灯，以提醒夜间驾驶员安全行驶，防止安全隐患的发生。

9. 环保措施

9.1 文明施工措施

9.1.1 现场布置：根据场地实际情况合理地进行布置，设施设备按现场布置图规定设置堆放，并随施工不同阶段进行场地布置和调整。

9.1.2 施工现场场地清理：各施工作业班组必须做好操作后场地清理，随作随清，物尽其用。在施工作业中，设有防止尘土飞扬、沥青混合料及废料洒漏、车辆沾带泥土运行等措施。

9.2 环境保护措施

9.2.1 编写施工组织设计时，把环境工作作为施工组织设计要求的组成部分，并认真贯彻执行于施工的全过程。

9.2.2 加强环保教育。组织职工学习环保知识，加强环保意识，使大家认识到环境保护的重要性和必要性。

9.2.3 贯彻环保法规。认真贯彻各级政府的有关水土保护、环境保护方针、政策和法令，结合本工法特点，制定相应施工项目的环保要求和措施。

9.2.4 强化环保管理。定期进行环境检查，及时处理违章事宜，主动联系环保机构，请示汇报环保工作，做到文明施工。

9.2.5 消除施工污染。对材料的运输、堆放应注意避免扬尘等污染。施工废水、生活污水源要采取妥善措施处理。工地垃圾及时运往指定地点深埋，清洗骨料机具或含有沉淀油污的操作水，采用过滤的方法或沉淀池处理，使生态环境受损减到最低程序。

10. 效益分析

从 20 世纪 80 年代后期起，我国开始建造高速公路。但是由于设计、施工、养护管理、交通运输负荷的增加等诸多原因，路面出现变形、车辙、磨损、裂纹等早期损坏的现象屡见不鲜。根据我国目前修建道路的情况，按照沥青路面的设计寿命（15～20 年），陆续建成的高速公路已进入大、中修期。如果采用传统的改造维修方法，一方面大量翻挖、铣刨的沥青混合料将被废弃，造成环境污染；另一方面重修需耗用大量砂石及沥青等限量资源，而且占用大量的资金，成为制约我国公路和交通规划建设发展的主要问题。

旧沥青路面的废弃物主要由沥青、砂、石骨料组成，经过破碎、筛分等处理后可重复使用，特定工艺生成的再生沥青混合料与全新材料拌制的沥青混合料一样，均为沥青混合料，其性能一定程度上甚至达到并超过全新沥青混合料。沥青路面再生的使用，可以降低路面工程砂石需求量，且可根本解决旧路面刨除料弃置的环境问题，遂成为国内路面工程界须迫切推动的工法。

10.1 经济效益

10.1.1 泡沫沥青就地冷再生基层与传统维修方式比较，具有一定成本优势。减少的费用主要包括旧路面铣刨外运和处置费用、基层（底基层）的材料费用以及由于面层减薄节约的费用等。

10.1.2 泡沫沥青就地冷再生基层与半刚性基层相比，每平方米路面改造节约资金 20％～40％左右。具体见经济效益分析表 10.1.2。

10.2 社会效益

10.2.1 按照沥青路面面层的设计寿命在 10 到 15 年，目前全国每年约有 12％的高等级公路需要大修，初步估计每年沥青路面废弃量有 5000 万 t。回收利用这些废料，每年全国仅在材料费方面就能

经济效益分析表　　　　　　　　　　　　　　表 10.1.2

维 修 方 式	
泡沫沥青就地冷再生基层＋沥青面层	半刚性基层＋沥青面层
<div>产 生 费 用 项 目</div>①4cm AC-13 ②6cm AC-20 ③26cm 泡沫沥青再生基层 ④22cm 水泥稳定碎石底基层	①铣刨材料外运和处置 ②4cm AC-13 ③6cm AC-20 ④6cm AC-25 ⑤22cm 水泥稳定碎石基层 ⑥22cm 水泥稳定碎石底基层
<div>单 价 比 较</div>③85 元/m²	①36 元/m² ④48 元/m² ⑤44 元/m² Σ128 元/m²

泡沫沥青就地冷再生基层每平方米节约(128−85)/128＝33.6%

节省数 10 亿元。另外我国相当一部分沥青使用寿命较短，有的仅 2～3 年，沥青及骨料老化程度很轻，再生利用的经济价值很高。

10.2.2　本工法采用机械化作业冷再生基层（底基层）技术，铣刨、破碎、添加、拌和及摊铺可一次完成，工期缩短，并且养护期较短，行车不受任何影响，由于旧路改造、维修导致的断交时间大大缩短，车辆不必绕行，可以迅速、及时地改善了公路状况，提高了运输能力，缓解了交通运输的紧张状况，提高整个公路网的通行质量与经营效益。

10.2.3　由于沥青路面现场冷再生基层技术充分利用了旧路的材料，解决了废料对土地的大量占用及环境污染，减少了开山采石对环境的破坏，并且施工过程没有任何废弃物，封闭施工，属于环保工程项目，其社会效益无法估量。

11. 应 用 实 例

时间	项目名称	再生方式	结构	长度(km)	道路类型	应用效果
2005.7～2005.9	东莞市石碣镇滨江路	就地	5cm 沥青面层＋15cm 泡沫沥青	1.6	升级改造	良好
2006.5～2006.11	东莞市寮步镇盘龙路	就地	5cm 沥青面层＋20cm 泡沫沥青	11	大修	良好
2007.9～2007.11	广东佛山 328 国道	就地	7cm(3＋4)沥青面层＋12cm 泡沫沥青	8	大修	良好

案例 1：2005 年施工的东莞市石碣镇滨江路升级改造项目，采用 15cm 泡沫沥青就地冷再生技术基层上面加铺 5cm AC-13 沥青面层的施工工艺，比传统维修方式节约投资约 35%，取得了良好的经济效益和社会效益。

案例 2：2006 年 8 月中标施工的东莞市寮步镇盘龙路改造工程，该项目属于城市次干道改造工程，全长 11km，路面结构包括 5cm 沥青面层和 30cm 灰土稳定基层，道路改造长约 3.586 公里，投资额约 4100 万元，改造后的路面结构为 5cm AC-13 沥青面层＋20cm 泡沫沥青＋原老路基，该道路采用该工法施工比原来节约了 28% 的成本。采用泡沫沥青就地冷再生施工，大大缩短了道路维修对交通的影响，取得了良好的经济、社会效益。

案例 3：广东佛山 328 国道改造工程，总投资 2000 多万元、8km 路段的沥青路面大修工程，采用泡沫沥青冷就地再生技术进行大修，比传统技术至少节约投资约 20%，缩短工期 30d 以上。

水泥混凝土路面三轴式摊铺整平施工工法

GJEJGF141—2008

广西路桥建设有限公司

杨胜坚 罗光 李建合 施炳前 唐双美

1. 前 言

三轴式摊铺整平技术是路面水泥混凝土施工的先进技术之一，其机械简单，调遣方便，使用灵活，施工速度快，实现的路面平整度高于其他施工技术。广西路桥建设有限公司自1995年在桂柳高速公路开始采用三轴式摊铺整平机进行水泥混凝土路面施工，随后在钦防高速公路、南柳高速公路、宜柳高速公路、钦北高速公路、企沙一级公路等路段相继采用此施工技术。为解决修筑水泥混凝土路面的一系列关键技术问题，曾开展了"水泥混凝土路面三轴式摊铺整平技术研究"等科研项目的研究开发，从路面结构、材料及配比、性能参数、工艺及设备等多方面进行试验研究，制定了有关技术标准和工艺规范，形成了修筑水泥混凝土路面的三轴式摊铺整平成套技术，为水泥混凝土路面施工提供了有力的技术保障。采用三轴式摊铺整平机所施工的水泥混凝土路面，其路面质量及路用性能均达到了国家标准要求，受到了业主的好评。为进一步抓好三轴式摊铺整平水泥混凝土路面的施工与质量控制，在总结以前施工经验的基础上，编写形成水泥混凝土路面三轴式摊铺整平施工工法。

2. 工 法 特 点

三轴摊铺整平施工以前后自行三轴式摊铺整平机为主导机械，配套以大型混凝土搅拌站、排式振捣机、拉杆插入机、刻槽机等机械设备，通过配制具有适宜工作性能的水泥混凝土混合料，实现工程进度快，路面平整度高、路面内在质量好、路用性能优，施工成本低的工程管理目标。三轴摊铺整平施工还具有机械结构简单、使用灵活、机械费用少，施工机动性好，基层完成多长混凝土路面就可以跟着施工多长等特点；通过加工配套雨棚架，还可以克服雨季不能进行路面施工的缺点，对工期紧、路段间作业面不连续的项目而言是很好的施工方法，对于一般混凝土路面养护施工，同样具有实用价值。该工法通过对施工各环节的严格控制和施工技术人员的严格管理，路面平整度及路面路用性能要优于采用大型摊铺机施工。

3. 适 用 范 围

本工法适用于高等级公路、机场跑道、桥梁桥面、隧道路面、乡村道路及各级水泥路面、货场、停车场等施工领域，同时适用于水泥混凝土路面的养护施工。

4. 工 艺 原 理

水泥混凝土路面三轴式摊铺整平具有摊铺、振密、提浆和整平功能。其摊铺原理是依靠振动轴的振动液化，向前甩出料浆，在自重作用下振动轴切入经振动液化的混合料，驱动轴同时向前移动，从而实现摊铺功能；其振动密实和提浆原理，是通过偏心振动轴，在偏心力矩作用下，轴产生振动，振动轴旋转时，混合料与轴一起振动，从而实现振动密实和提浆功能。其整平原理是由两根驱动整平轴在模板上驱动平滚过程中消除由于偏心振动形成的浆条和回浆高度后，使水泥混凝土表面达到要求的平整度，其成套技术工艺的工序是排式振捣、三轴摊铺整平及3m刮尺精平等。

5. 施工工艺流程及操作要点

5.1 施工工艺流程图 (图5.1)

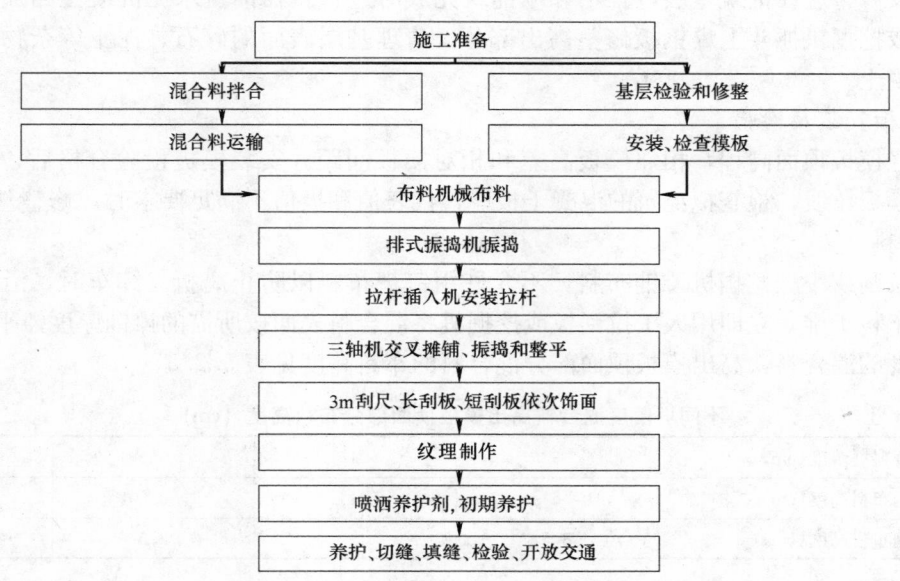

图5.1 三轴式摊铺整平施工工艺流程图

5.2 操作要点

5.2.1 混凝土混合料的制备

1. 输入配合比参数

在搅拌机控制台相应的键上，输入基准配合比，并输入砂石骨料的含水量，加水脉冲当量按下式标定：

$$T = T_0 W_0 / W \qquad (5.2.1)$$

式中　T——新的脉冲当量值；

　　T_0——原脉冲当量值；

　　W_0——显示加水量，kg；

　　W——实际加水量，kg。

2. 投料顺序

砂、石材料从钢储仓经机械电子秤计量，通过皮带输送机进入提升料斗。在投入骨料的同时，投入水泥，边搅拌边加水和外加剂。外加剂可采用水溶液同掺法投入，也可采用干粉滞水后掺法投入，即加水搅拌30s后，干粉外加剂从搅拌机上口直接均匀投入。

3. 搅拌时间

混凝土搅拌时间由搅拌机叶片行程要求值确定，其最短搅拌时间不得低于规范规定的下限值。搅拌完毕的混凝土拌合物应拌合均匀，颜色一致，不得出现离析和泌水现象。

5.2.2 混凝土混合料的运输

根据凝结硬化过程混合料坍落度、沉入值的变化和工序时间要求，混合料最长允许运输时间见表5.2.2。

混合料最长允许运输时间（min）　　　　　　　　　　表 5.2.2

料温(℃)	5	10	15	20	25	30	35
普通混凝土	120	90	60	45	30	30	—
掺缓凝早强高效减水剂	180	120	90	60	60	45	45

采用自卸汽车运输，为防止混合料离析或在运输中过度振实，汽车行驶速度限制为 15km/h。

5.2.3 基层检验及修整

检验基层及修整应在铺筑基层过程中和刚铺筑完成时进行。在铺筑水泥混凝土路面前，复测基层标高，用人工或挖掘机抓斗上焊钢板修整高出部分。清理基层表面的碎石、泥土等杂物，洒水润湿基层后再铺筑混凝土。

5.2.4 模板安装及检验

严格控制好模板顶面高程，相邻模板高差和相对模板间距。安装模板检验合格后，用钉固定，封模底，沿相对模板拉线，检查拟浇筑的混凝土板厚，代表值和极值不满足要求时，修整基层至合格。

5.2.5 布料

采用人工拉刮或小型挖掘机摊铺布料，不允许用钉耙布料以防止离析。卸车时，沿横坡方面卸成两个条堆，每车料 1 堆，立即用人工拉刮板或挖掘机将混合料表面按所需的摊铺厚度摊平。

不同坍落度的混合料，高出模板顶面部分混合料的布料高度见表 5.2.5。

不同坍落度混合料高出模板顶面部分布料高度（cm）　　　　表 5.2.5

摊铺混合料坍落度(cm)	3	4	5	6
横坡高侧布料高度(cm)	5	4	3.5	3.0
横坡低侧布料高度(cm)	3.5	3	2.5	2.0

超高地段，根据超高大小，高侧布料高度适当增高，低侧布料高度适当降低，低侧混合料至少要高出模板顶面 1cm。

5.2.6 排式振捣机振捣

混合料靠排式振捣机振实。由于振捣机的振捣棒间距已经固定，只能调整混合料的工作性，使振捣棒的有效作用半径符合规范要求，即：

$$L \leqslant 1.5r \qquad (5.2.6\text{-}1)$$

式中　L——振捣棒间距，cm；

　　　r——振捣棒有效作用半径，cm。

振捣棒离模板边的距离不大于 $0.5r$，并不得碰撞模板。

实测振捣棒有效作用半径为 20～45cm。由于在振捣机上的振捣棒间距偏疏，只有采用坍落度较大的混合料，使 $r>45$cm 以上，才能满足振捣要求。经振捣过后，混合料的密实度可达 0.96 以上。施工坍落度为 4～7cm。

振捣机的移动速度满足以下要求：

$$v \leqslant 1.5r/t \qquad (5.2.6\text{-}2)$$

式中　v——振捣机的移动速度，cm/s；

　　　t——振捣时间，一般为 15～30s，常用 20s。

设计的振捣机移动速度较快，施工中常采用以下振捣工艺：移动 30～60cm，停下振动 20s，再向前移动和停下振捣。

5.2.7 拉杆插入机安装纵缝拉杆

拉杆插入机一般安装在排式振捣机后部，与排式振捣机的移动同步，移动到指定位置时，人工将拉杆钢筋安放在经过初步摊铺振捣的混合料表面，开动插入架上的平板振捣器，用插入架安装拉杆。经用钢筋定位仪检测并多次改进安装工艺，安装精度可达规范要求。

5.2.8 三轴式摊铺整平机摊铺、振捣和整平

三轴式摊铺整平机紧跟在排式振捣机之后作业。经振捣机振捣的混合料，流动性增加，同时密实，余料高度降低，形成适合于三轴机作业的表面，此时，三轴机立即跟上摊铺、振捣和整平，可以发挥最大效率。

1. 三轴机作业单元长度

开始三轴机摊铺作业前，三轴机的前面必须有足够长度的混合料，以便完成布料、振捣和安装拉杆的工序。经振捣过的混合料，和易性损失很快，混合料的工作性已有明显变化，摊铺作业已较困难，超过这个时间，后面工序的作业时间就不够。作业单元的长度一般为 20～30m，温度高时取低值，反之取高值。作业单元过短时，停机调头过于频繁，过长时，易造成摊铺机前壅料过高，三轴机难于移动，或振动提到表面的水泥浆长时间受到离心力的作用而严重离析，并被远距离推移，填到欠振实的不平整表面上，影响表面的功能。

2. 三轴机前方的余料高度控制

经振捣机振捣后，余料高度采用 1cm，三轴机前方的余料高度不大于 6～10cm，由两人分别站在路面板两侧，将三轴机前过高的混合料刮除。将提起到表面的浆刮出后，检测稠度和水灰比，当浆料稠度小于 6cm，水灰比小于设计水灰时可以重复使用。

3. 三轴机的振捣和整平次数

三轴机的作业采用向前振动，向后静滚，逐遍交叉进行的方式。振动遍数为 2～3 遍。静滚可前后移动，退回整平时，与上一单元交叉 5m 以上，以消除起动和停机处留下的波浪。不允许三轴机向后振动和在振动情况下突然停机。

第一次振捣过后往回静滚整平时，仔细观察轴下是否有间隙，并及时用成熟度相差不超过 5℃·h 的混凝土料补平。第二次振捣时，自三轴机前沿补料。

静压遍数以达到路面表面平整，消除波浪后砂浆在表面分布均匀为度，其应不少于振动遍数，最后一遍静滚时，将偏心轴抬起，离开模板顶面。

振捣和整平时，凹陷处必须及时用混凝土填补，人工操作留下的痕迹、印迹和浆厚超过 2cm 时，都必须预先处理。

5.2.9 饰面

整平后，间隔 5℃·h，待混凝土表面能够支承 3m 刮尺的重量而不产生明显下陷时，用 3m 直尺横向刮过一遍，将水泥浆层刮除，同时观察 3m 刮尺下的最大间隙，超出混凝土板允许范围处，高出时应刮平，低下时，可用调整好水灰比的混凝土精心补平。3m 刮尺的推进与回拉，都必须保持刮尺底面前进方向的后沿与混凝土表面接触，不得向混凝土表面施加斜向下的推力或拉力。

刮过 3m 直尺后，间隔 5℃·h，用长刮板进行饰面，并精心将刮尺通过后留下的浆条消除。刮板横向推进或回拉时，不得向混凝土表面施加斜向下的拉力或推力，调节刮板的起倾角也不宜大于 15°，以保证刮板对混凝土表面的压实作用。

混凝土表面无明显泌水后，用短刮板进行收浆，并精心消除长刮板刮过后留下的印迹，调整刮板起倾角，避免推力和拉力斜向切割混凝土表面。收浆后，表面若仍有泌水处，应间隔适当时间后补收浆。

5.2.10 纹理制作

收浆结束一段时间后，即可进行水泥混凝土路面的纹理制作。按其施工工艺不同，可分为拉毛、拉槽、滚槽、刚性刻槽等几种。

采用拉毛工艺或拉槽工艺时，在收浆后 5℃·h 以内进行。拉槽方向与混凝土表面的夹角控制在 15°以内，过大的角度会导致纹理过深，易将砂浆或砂粒拉出混凝土表面。

采用滚槽工艺时，在收浆后 15℃·h 以内进行。推拉滚槽器时，用力要均匀，调节手柄的角度可调节浆面施加的压力。

采用刚性刻槽工艺时，要在浇筑完成 3d 后，且抗压强度达到 80% 以上方可进行。

进行混凝土路面纹理制作时不得掉边角，亦不得中途抬起或转向，纹路要到面板边缘，纹理深度 2～3mm 之间。纹理制作完成后要及时清洁路面，恢复路面养护。

5.2.11　喷洒养护剂覆盖混凝土表面养护

混凝土表面初凝，用指压无明显印迹，施工人员可以踏上混凝土表面时，即可喷洒养护剂，并覆盖麻袋进行初期养护，其龄期不少于 3d。

初期养护结束后，进行不少于 7d 的养护期洒水养护。

养护工作完成，且混凝土的抗折强度达到设计要求时方可开放交通。

5.2.12　切缝和填缝

为避免水泥混凝土路面断板，要及时进行切缝工作。切缝工艺可采用软切缝或硬切缝。

软切缝在混凝土成熟度为 100～150℃·h 时开始，夏天取低限，冬天取高限。软切缝深 2.5～3.2cm，宽 2.5～3.2mm。

普通切缝在混凝土成熟度为 250～450℃·h 时开始，夏天取低限，冬天取高限。其深度为混凝土板厚的 1/3 以上，宽 3.0～5.0mm。

混凝土板浇筑完成至少 4 周后，接缝的运动趋于稳定，引导缝已起作用，此时可进行填缝工作。填缝材料可根据要求选用，并按施工规范要求进行施工。

6. 材料与设备

6.1　原材料的选择

6.1.1　水泥

施工时根据水泥的技术经济指标选择，其须符合《通用硅酸盐水泥》GB 175—2007 的技术要求。水泥初凝时间 ≥1.5h；3d 抗折强度 ≥5.0MPa，28d 抗折强度 ≥8.0MPa；游离氧化钙含量：f-cao ≥2.0%。

6.1.2　砂

根据砂的技术指标选用。应保证其质地坚硬，级配良好，细度模数 ≤2.5，含泥量 <2%。

6.1.3　碎石

选用抗压强度 ≥80MPa，不含有害杂质，5～30mm 连续级配的碎石。其针片状颗粒含量 ≤10%，压碎值 ≤12%，含泥量 ≤1.0%。

6.1.4　外加剂

选用缓凝早强高效减水剂，各项指标符合《混凝土外加剂》GB 8076—87 的技术要求，由萘高效减水剂与缓凝剂、早强剂等复合而成。

6.2　主要机械设备

本工法无特别说明的，施工所需主要机械设备见表 6.2。

主要机械设备表　　　　　　　　　　　　　　　　　表 6.2

名　称	单位	数　量	名　称	单位	数　量
三轴式摊铺机	台	1	装载机	台	2
混凝土搅拌机	台	2	水车	台	1
自卸汽车	台	15	水准仪、全站仪	台	根据需要配置
排式振捣机	台	1	模板（3～4m）	块	根据需要配置
拉杆插入机	台	1	发电机 30kW，60kW	台	各1台
切缝机	台	4	其他配套设备	台	根据需要配置

7. 质 量 控 制

7.1 混凝土混合料的搅拌时间为 60～75s，按此确定搅拌时间可有效保证混合料的质量。

7.2 排式振捣机振捣棒间距、振捣棒离模板边距离和振捣机移动速度，取决于混合料的和易性。加密振捣机振捣棒根数，调整振捣机的移动速度，可达到较好的振捣效果，满足振捣棒移动距离不超过有效作用半径的 1.5 倍，振捣棒离模板距离不大于有效作用半径的 0.5 倍，以及振捣时间为 15～30s 的规范要求。

7.3 拉杆插入机的安装精度要达到高低误差±2cm，横向误差±3cm，纵向误差±5cm 的要求。

7.4 三轴式摊铺整平机作业单元长度为 20～30m，振动轴前余料高度不大于 6～10cm，按前进振动，后退静滚，振动与静滚逐遍交叉进行，不允许三轴机向后振动和在振动情况下突然停机，整平施工时要加强观测。

7.5 振动轴前余浆过多，要采取刮浆工艺，刮除稠度大于 6cm 的砂浆，以保证路面表层的混凝土质量。

7.6 严格把握饰面和纹理制作的时间，以确保路面表面的质量和路用性能。

7.7 加强路面养护，确保养护工作质量，实现混凝土路面的后期强度。

8. 安 全 措 施

8.1 施工前对员工进行安全生产教育，树立安全意识。

8.2 制定搅拌站、运输车辆、三轴式摊铺整平机及其辅助机械设备的安全操作规程，并在施工中严格执行。

8.3 施工现场必须做好交通安全工作，交通繁忙的路口应设标志并有专人指挥。夜间施工时，路口及基准线桩附近应设置警示灯或反光标志，专人管理灯光照明。

8.4 施工机电设备专人负责保养、维修和保管，确保安全生产。施工现场的电线、电缆尽量设置在无车辆、人等通行的地方。

8.5 现场操作人员必须按规定配戴防护工具。

9. 环 保 措 施

9.1 成立施工环境管理小组，监督检查工程施工过程中的环保工作。

9.2 将施工场地和作业限制在工程建设允许的范围内，合理布置、规范围挡，做到标牌清楚、齐全，各种标识醒目，施工场地整洁文明。

9.3 做好工程材料运输过程中的防散落、防沿途污染措施，废水除按环境卫生指标进行处理达标外，并按当地环保要求的指定地点排放。

9.4 在晴天经常对施工通行道路进行洒水，减少扬尘污染。

10. 效 益 分 析

10.1 经济效益

三轴式摊铺整平施工的水泥混凝土搅拌站配套机械与滑模摊铺施工相同，要达到相近的施工速度，两种施工方法的配套机械投入费用成本对比见表 10.1。

配套机械投入费用表　　　　　　　　　　　　　　表 10.1

施 工 方 法	摊 铺 现 场			投入费用
	配套设备	费用（万元）		（万元）
三轴摊铺	9m 三轴摊铺机、排式振捣机、50kW 发电机组两台套，配套混凝土钢模板	20		20
滑模摊铺	滑模摊铺机 SF-350	380		380

　　水泥混凝土路面采用三轴式摊铺整平施工，机械设备投入费用比采用滑模摊铺施工减少 360 万元，每平方米水泥混凝土路面施工成本比采用滑模摊铺降低 20％左右，经济效益明显。

10.2　社会效益

　　三轴式摊铺整平施工技术从引进三轴式摊铺整平机、应用实践，到作用原理研究和机械配套及改进，在不断应用中逐步完善。到目前为止，广西已拥有一大批三轴式摊铺整平机，并全面投入水泥混凝土路面生产一线，已铺筑高速公路水泥混凝土路面 1000 多公里，三轴式摊铺整平施工技术已成为广西水泥混凝土路面施工的主导施工技术，为广西的经济发展创造了良好的社会效益。

　　三轴式摊铺整平施工工法已在多个高等级公路建设项目中得到推广应用，其特有的实用性强、施工路面质量优和造价低等技术经济优势已被充分证明。采用三轴式摊铺整平工艺进行水泥混凝土路面施工，既能满足主要强度、平整度和耐久性等技术指标，又满足了节约工程投资的经济指标，同时还能有效促进地方材料和地方经济的发展，经济效益和社会效益显著，符合广西的区情和中国的国情。

11. 应 用 实 例

　　多年来，三轴式摊铺整平作为介于普通小型机械与滑模（或轨道）摊铺机之间的中档机械，其造价低，质量可靠，操作方便，便于移动，已在高等级公路施工中得到越来越广泛的应用。我公司已在桂柳高速公路、南柳高速公路、钦防高速公路、柳宜高速公路、钦北高速公路、沙企一级公路、邕浦二级公路等工程中全面推广应用该工法，取得了很好的经济效益和社会效益。

　　11.1　沙潭江至企沙一级公路第三合同段于 2006 年 8 月~2007 年 1 月采用三轴式摊铺整平施工工法施工了 262050m² 水泥混凝土路面，比合同工期提前 3 个月完成。该工法施工机械结构简单、施工速度快、使用灵活、机械费用少、工程成本低，施工出来的路面质量优良。在混凝土的路面检测中，各项指标都达到规范要求。该项目顺利通过了广西交通厅质量监督站的验收，整个项目被评为优良工程。

　　11.2　邕宁至浦北二级公路№3 合同段于 2007 年 7 月~2007 年 10 月采用三轴式摊铺整平施工工法施工了 84371m² 水泥混凝土路面，在工期内高质量地完成了路面施工。该工法施工出来的水泥混凝土路面质量可靠，路面平整度、纹理构造深度、接缝密封完好性等路面质量指标都达到技术规范要求，且施工成本低，工程实体质量好，经济效益和社会效益显著。

　　11.3　岑梧高速公路路面№A 合同段于 2007 年 9 月~2007 年 12 月采用三轴式摊铺整平施工工法施工了 188788m² 水泥混凝土路面，在业主规定的工期内，高质量地完成了该项目的路面施工。在运用该工法施工的过程中，三轴式摊铺整平机组特有的造价低，质量可靠，操作方便，便于移动等技术经济优势得到充分体现，经济效益和社会效益显著。

沥青路面复合柔性基层施工工法

GJEJGF142—2008

云南路桥股份有限公司

岳兴敏　罗向福　范桂丽　陈兴泉　李祥

1. 前　　言

随着我国社会经济的快速发展，道路交通量增长急剧加快，同时道路运输车辆也日趋大型化，其中超载超重、交通渠化等现象日益严重，使高速公路运营管理面临着严峻的考验，对高速公路路面及结构设计、材料选择以及施工等方面都提出了更高要求，甚至是一项极其困难的挑战。

面对公路路面早期破坏严重、养护费用大幅增加的现实，广大公路建设管理者一方面积极配合有关部门治理超限超载运输。经过几年的依法整治，超限超载运输势头得到明显遏制，但事实告诉我们，"治超"涉及多个方面，是一项长期而又艰巨的任务。另一方面，是运用科学技术在设计施工方面挖掘潜力。针对大多数高速公路没到大修年限就大面积翻修，甚至是"开膛破肚连根拔式"的大修，不但影响正常的道路交通，而且造成了不良的社会影响。为此交通部组织对高速公路沥青路面的早期病害进行专项课题研究，经认真分析长期以来强调"强基薄面"半刚性基层沥青路面结构设计，发现半刚性基层在其较多优点的背后，也有不少缺点，有些甚至无法克服，比如在施工中，面层和基层的结合是很难达到完全连续状态，这就脱离了路面结构设计中弹性多层体系基本假设；另外，半刚性基层的温度裂缝和干缩裂缝也是无法避免的，若裂缝的修补不及时，水分会积聚在基层和面层之间及缝隙之中，造成基层界面软化、叽泥等使该部位完全失去连续性，形成面层单板受力的状态而很快导致破坏。再就是从技术和经济两方面考虑，半刚性基层客观上存在一个合适的厚度，所以采用增大结构层厚度的方式解决重载交通道路的承载力问题很不可取。

在解决高速公路重交通问题上，国际上采用的路面结构形式最常见的有：全厚式路面、柔性基层沥青路面及混合式基层沥青路面等三种形式，其中由于全厚式路面的沥青层要求很厚，在我国应用尚不现实，通过借鉴国际的成功做法，近年来我国借助对半刚性基层丰富的应用经验，混合式基层结构得到一定的推广应用，所谓混合式基层沥青路面，即以沥青混凝土作面层，沥青稳定碎石作基层，无机结合料稳定集料作底基层这种结构形式，也有在半刚性基层上加铺级配碎石过渡层以防止反射性裂缝和有利于排水的做法，这体现了柔性与半刚性两类基层结构的优化组合，效果较好，但对纯粹的柔性基层沥青路面，国内则尚没有得到成功应用。

为积极探索解决适应重载交通的路面结构，云南省交通厅在国道213线小勐养至磨憨公路 K0＋000～K3＋000 及景洪连接线高速公路 LK0＋000～LK14＋202 的沥青路面结构设计中采用"ATB-30沥青稳定碎石＋级配碎石"的柔性基层，实践表明，它具有较好的抗车辙性能，同时兼有排水及抵抗反射裂缝的功能，能够有效延长路面使用寿命，有更好的经济和社会效益。通过在多个项目施工，云南路桥股份有限公司对复合柔性基层结构进行了全面归纳总结，形成"沥青路面复合柔性基层施工工法"，其中一项"ATB柔性基层路面结构"实用新型专利已报国家知识产权局专利局受理。

2. 工 法 特 点

本工法所谓沥青路面复合柔性基层，是由"ATB-30沥青稳定碎石"上基层和"级配碎石"下基层构成的沥青路面基层结构，其特点可以归纳为：

2.1 与传统沥青路面施工相比，无特别要求，无需特别的施工机械设备。

2.2 克服传统半刚性基层沥青路面结构中层间结合不好的通病，同时 ATB-30 沥青稳定碎石上基层与面层沥青混凝土材料结构相近，弹性模量也接近，使路面结构的受力、变形更协调，利于发挥结构的潜力。

2.3 能克服传统半刚性基层受施工延时控制等缺点，可跨年度施工，同时减少半刚性基层施工较长的养护期，修筑时间缩短，提高施工进度。

2.4 沥青稳定碎石和级配碎石基层材料均可再生利用，便于养护和维修，使用寿命延长，大大降低运营成本。

2.5 复合柔性基层作为应力消散层，能够有效减少路面结构中应力集中现象，极大延缓路面反射裂缝发生。

2.6 铺在复合柔性基层上的沥青混凝土路面容许弯沉比铺在半刚性基层上的大 50%～80%，因而具有较大的抗变形能力对抗重载交通作用，是应对如今超载运输对路面毁灭性破坏的一种可行的技术措施。

3. 适用范围

本法可广泛适用于新建和改建的公路建设项目，特别是高温、交通量大、车辆大型化、超重、交通渠化突出的重交通地区干线公路。

4. 工艺原理

由 ATB-30 沥青稳定碎石和级配碎石散体结构组合形成的复合柔性基层结构，充分利用了 ATB-30 密级配大粒径透水性沥青稳定碎石混合料解决重载交通下高温车辙问题和级配碎石对弯拉应力的低敏感性和对温度裂缝的"自愈"能力，克服以往半刚性基层与沥青面层的层间结合不理想等问题，使路面结构受力情况更好，从而提高了柔性基层容许弯沉值，具备较大的抗变形能力，发挥了复合柔性基层对抗重交通荷载作用的潜能，是一种理想的结构层组合。

4.1 所谓 ATB，就是密级配沥青稳定碎石混合料，它与普通沥青混凝土的区别主要是公称粒径的不同，公称最大粒径通常 $\geq 26.5\,mm$，一般设计空隙率为 3%～6%，铺筑层厚度较厚，通常在 10cm 以上。

4.1.1 ATB-30 的级配要求如表 4.1.1。

ATB-30 沥青稳定碎石矿料级配范围要求　　　　　表 4.1.1

级配类型	通过下列筛孔（方孔筛 mm）的质量百分率（%）												
	37.5	31.5	26.5	19	16	13.2	9.5	4.75	2.36	1.18	0.6	0.3	0.15	0.075
ATB-30	100	90～100	70～90	53～72	44～66	39～60	31～51	20～40	15～32	10～25	8～18	5～14	3～10	2～6

4.1.2 ATB-30 的路用性能主要表现在其良好的骨架结构所带来的较高抗剪强度、抗弯拉强度和耐疲劳性。

4.2 作为基层的级配碎石，与传统被用来作垫层的级配碎石结构最大差异就是级配范围有明显的改善，主要表现在筛孔的增加及范围的缩小，其级配要求如表 4.2。

级配碎石基层级配范围要求　　　　　表 4.2

级配碎石	通过下列筛孔（方孔筛 mm）的质量百分率（%）												
	37.5	31.5	26.5	19	16	13.2	9.5	4.75	2.36	1.18	0.6	0.3	0.15	0.075
基层	—	100	85～95	66～80	44～56	37～48	31～41	28～38	18～28	12～20	8～14	5～11	4～8	2～6

4.2.1 有关研究结果表明，级配碎石基层材料液限和塑性指数对级配碎石性质有较大影响，因此基层材料液限应小于28％，塑性指数应小于6％（最好为零）。

4.2.2 从技术角度讲，级配碎石基层为散体结构层，对上层传递来的荷载具有更好地分散作用，本身不承受拉应力影响，所以结构本身不会破坏。

4.2.3 级配碎石基层能够避免干缩裂缝的产生，对温度裂缝有"自愈"能力，但到一定厚度后能够获得较好的力学效果，而且经济上也十分可行。

5. 施工工艺流程及操作要点

5.1 施工工艺流程

5.1.1 复合柔性基层施工工序

施工准备（施工配合比、材料采备、设备安装调试）→级配碎石下基层施工→洒布透层沥青→稀浆封层施工→洒布粘层沥青→ATB-30沥青稳定碎石施工。

5.1.2 上、下基层施工工艺流程

级配碎石下基层和ATB-30沥青稳定碎石的施工均按以下流程施工：

混合料的拌和→混合料的运输→混合料的摊铺→混合料的压实与成型→质量检测。

5.2 操作要点

5.2.1 级配碎石下基层的施工

1. 级配碎石作为下基层，与传统被用来作垫层（或底基层）的级配碎石相比，其级配范围明显改善，最大限度地挖掘了材料本身具备的潜力，因此施工中必须保证矿料满足级配范围要求。

2. 拌和时，应注意混合料含水量均匀，并比试验确定的最佳含水量大1％左右（若在温度较高季节施工，可适当加大）。

3. 由于其设计厚度较厚，通常在30cm左右，为保证压实度，应分两层施工，每层厚度15cm左右（不得超过20cm），现场施工工艺与传统级配碎石施工相同。

为提高工效，第一层可以用平地机铺筑，第二层用摊铺机摊铺，两层同步铺筑，前后相隔不超过20m。

4. 铺筑时的松铺系数采用1.25～1.35，具体控制数据从试验段中获得。

5. 摊铺时应设专人组成跟碾小修组，及时消除粗细骨料离析现象。对粗骨料"窝"和粗骨料"带"，应添加细骨料，并拌和均匀；对粗骨料"窝"，应添加粗骨料，并拌和均匀。

6. 碾压时，采用振动碾压成型，以获得较高的密实度和弹性模量，并保证在最佳含水量下进行，压实度不得小于98％。

7. 养护期间严禁车辆通行。

5.2.2 透层沥青施工

1. 洒布下基层透层沥青前，必须对级配碎石下基层进行认真检查，把表面的杂物、灰尘清扫干净，对于局部泥土污染严重的部分用水车高压冲洗干净。

2. 透层沥青的洒布时间可在级配碎石下基层碾压完毕后表面稍干即进行。

3. 透层沥青宜采用慢裂的渗透性好的洒布型乳化石油沥青，技术指标符合表5.2.2阴离子乳化沥青PA-2要求。

乳化沥青技术要求　　　　　　　　　　　　　　　表5.2.2

试验项目		阴离子乳化沥青PA-2
沥青标准黏度计C_{25-3}	(s)	8～12
恩格拉黏度计E_{25}		1～6
蒸发残留物含量	不小于(%)	35

续表

试验项目		阴离子乳化沥青 PA-2
储存稳定度 5d	不大于（%）	5
与矿料的粘附性,裹覆面积不小于		2/3
蒸发残留物性质	针入度(100g 5s)(0.1mm)	80～100
	延度(15℃)不小于(cm)	40
	溶解度(三氯乙烯)不小于(%)	97.5

4. 沥青与水的比例和喷洒量控制通过试验确定，以易于渗透，且渗透度不小于 10mm 为宜，表面不形成油膜为合格。

5.2.3 稀浆封层施工

为保护在沥青路面施工过程中施工完的基层，以及减少通车后路面渗水对基层的破坏，在基层养生结束后应在下基层上设置改性乳化沥青稀浆封层（或碎石封层），此工法介绍改性乳化沥青稀浆封层的施工。

1. 稀浆封层宜采用慢裂的阳离子改性乳化沥青，技术指标符合表 5.2.3-1 阳离子改性乳化沥青 BCR 要求。

改性乳化沥青技术要求 表 5.2.3-1

试验项目		阳离子改性乳化沥青 BCR
沥青标准黏度计 C_{25-3} （s）		12～60
恩格拉黏度计 E_{25}		3～30
筛上剩余物含量 不大于(%)		0.1
储存稳定度	5d 不大于(%)	5
	1d 不大于(%)	1
蒸发残留物性质	蒸发残留物含量 不小于(%)	60
	针入度(100g 5s)(0.1mm)	40～100
	软化点	53
	延度(5℃) 不小于(cm)	20
	溶解度(三氯乙烯) 不小于(%)	97.5

2. 改性乳化沥青稀浆封层矿料级配满足表 5.2.3-2 要求。

改性乳化沥青稀浆封层矿料及沥青用量范围 表 5.2.3-2

类型	通过下列筛孔(方孔筛 mm)的质量百分率(%)								沥青用量（%）	稀浆混合料用量（kg/m²）
	9.5	4.75	2.36	1.18	0.6	0.3	0.15	0.075		
ES-2	100	95～100	65～90	45～70	30～50	18～30	10～21	5～15	5.5～9.5	5.4～10.6

3. 稀浆封层要求用专用稀浆封层机摊铺，且最低施工温度不得低于 10℃，雨天禁止施工，若摊铺后未成型混合料遇雨应铲除。

4. 稀浆封层摊铺后，表面不应有超粒径料拖拉的严重划痕，纵横向接缝不得出现余料堆积或缺料现象。

5.2.4 粘层沥青施工

1. 对局部下基层外露和封层两侧宽度不足部分按稀浆封层施工要求进行修铺，对已成型的下封层，要确保封层的完整性及其与下基层表面的粘结性。

2. 粘层沥青应采用快裂的洒布型乳化石油沥青，技术指标符合表 5.2.4 阴离子乳化沥青 PC-3 要求。

试 验 项 目		阳离子乳化沥青 PC-3
沥青标准黏度计 $C_{25\text{-}3}$ （s）		8~12
恩格拉黏度计 E_{25}		1~6
蒸发残留物含量	不小于(%)	50(60)
储存稳定度 5d	不大于(%)	5
与矿料的粘附性,裹覆面积不小于		2/3
蒸发残留物性质	针入度(100g 5s)(0.1mm)	60~100
	延度(15℃) 不小于(cm)	40
	溶解度(三氯乙烯) 不小于(%)	97.5

3. 喷洒量的控制通过试验确定，达到均匀，不过量也不漏洒。

5.2.5 上基层混合料（ATB-30）的施工

1. 混合料拌合

1) 拌和设备的选择要注意采用具有二次除尘设备间歇式大型拌合机，拌和时间以沥青混合料拌合均匀，所有矿料颗粒全部裹覆沥青胶结料为度，通过试拌确定。

2) 沥青稳定碎石 ATB-30 生产配合比应按《公路沥青路面施工技术规范》JTGF 40—2004 之附录 B、附录 C 规定进行，根据设计的目标配合比，通过生产配合比阶段和生产配合比验证阶段来确定。

3) ATB-30 沥青混合料各个阶段要求的温度比普通沥青混合料要求的温度偏高。沥青采用导热油加热，加热温度控制在 155~165℃ 范围内，矿料加热温度为 170~200℃，沥青与矿料的加热温度应调节到使拌和的沥青混合料出场温度在 145~165℃。

2. 混合料的运输

1) 运输采用大吨位的运料车，为了减少在运输过程中混合料的温度损失，在运输过程中应采取保温措施。

2) 混合料装车前，在车厢内均匀喷洒肥皂水隔离剂，以防止沥青混合料粘附在车厢上。混合料装车时，顺序为前、后、中，以减少混合料的离析。

3) 超出废弃温度的混合料严禁运到施工现场。

4) 连续摊铺过程中，运料车在摊铺机前 10cm 至 30cm 处停住，不得撞击摊铺机。卸料过程中运料车挂空档，靠摊铺机推动前进。运料车的运量较摊铺速度有所富余，施工过程中摊铺机前方应有不少于 4 辆运料车等候卸车，以保证摊铺的连续性。

3. 混合料的摊铺

1) 由于沥青稳定碎石 ATB-30 材料较粗，粒径大，在摊铺时比较容易产生离析。为防止摊铺时离析，摊铺过程中，摊铺应缓慢均匀、连续不间断地进行，摊铺机速度保持 2m/min 以内均匀行驶，在铺筑过程中，摊铺机螺旋送料器应不停顿的转动，两侧保持有不少于送料器高度 2/3 的混合料，并保证在全宽断面上不离析。

2) 摊铺过程中，专门由技术部门人员用特制插杆检测混合料的摊铺厚度。混合料松铺系数应符合 1.15~1.30 之间的规定。摊铺机螺旋送料器的下缘距下承层顶面的高度应调到 10~12cm 之间，过高将导致混合料离析。若使用两台摊铺机时，锤振击力要保持同等，这样才能保证混合料松铺系数是一致的。

3) 摊铺机找平装置采用无触点式平衡梁，摊铺机两侧各安装一台红外线平衡梁，采用红外探头操测下基层表面的不平整度，收集后经过随机电脑进行数据筛选处理，摊铺机自动找平系统进行调整，自动找平摊铺既保证了厚度，又保证了摊铺层的平整度。

4. 混合料的压实与成型

压实是沥青路面施工最后一道工序，好的路面质量最终要通过碾压来体现，必须重视压实工作。

由于 ATB-30 沥青稳定碎石为级配结构，对于碾压的要求较高，因此混合料压实应遵循"紧跟、慢压、高频、低幅"的原则。

1）因为 ATB-30 铺筑层的厚度通常较厚，主要靠压路机的振幅来达到压实效果，应保证合理的压实功率，所以在较低振频下选取较大的振幅，其振频为 30~50HZ、振幅为 0.4~0.8mm，振动方式采用先轻后重，并同时保证较高的碾压温度。

2）ATB-30 沥青稳定碎石混合料，由于骨料粒径较大，复压采用双驱双振压路机与重型轮胎压路机联合碾压的组合方式。

3）压实程序分为初压、复压和终压三道工序。初压是为了整平和稳定混合料，同时为复压创造有利条件，是压实的基础，所以要注意压实的及时性和平整性；复压的目的是使沥青混合料密实、稳定、成型，沥青混合料的密实程度取决于这一道工序，必须与初压紧密衔接，而且要采用重型压路机；终压是为了消除轮迹、收光，最后形成平整的压实面。为了保证 ATB-30 沥青稳定碎石混合料的密实、平整及外形规则，碾压作业应注意以下几个方面：

① 程序

初压时采用一台双驱双振钢轮压路机（约 12t 为宜）碾压一遍，前进关闭振动，后退开启振动。

对于 ATB-30 沥青稳定碎石混合料，由于骨料粒径较大，复压采用双驱双振压路机与重型轮胎压路机联合碾压的组合方式。

终压采用一台钢轮压路机碾压两遍进行收光。

② 压实方式

碾压时压路机应由路边压向路中，这样就能始终保持压路机以压实后的沥青稳定碎石混合料作为支承边。每次相邻重叠宽度为：双驱双振钢轮压路机 30cm，轮胎压路机 20cm，钢轮压路机 60cm。

③ 压实温度

压实温度的高低，直接影响沥青混合料的压实质量。混合料温度高时，可用较少的碾压遍数，获得较高的密实度和较好的压实效果；而温度较低时，碾压工作变得较为困难，且易产生很难消除的轮迹，造成基层不平整和压实度不足等现象。因此，要在摊铺完毕后及时进行碾压，摊铺机后面的碾压作业段长度以 30m 左右为宜，尽可能靠近摊铺机进行碾压。达到了密实度后，再以最少的碾压遍数进行表面修整收光。

根据实践情况，为了防止碾压过程中集料被过分压碎，振动压路机的压实后温度要求高于普通沥青混合料，不宜低于 100℃。沥青稳定碎石混合料的最佳压实温度为 120~130℃之间，也就是在 120℃前完成复压作业是最理想的。

5.2.6 接缝处理

横缝与铺筑方向垂直，形成一条碾压密实的边缘，下次摊铺前，在上次末端涂补适量粘层沥青，在碾压横接缝时先纵向后横向碾压，将压路机位于已压实的面层上，错过新铺层 15cm，然后每压一遍向新铺层摊进 15~20cm，以摊进到压路机轮宽度的 1/3 处为止，改为正常碾压，在碾压时由专门人员用三料直尺检查接头处，发现问题及时处理保证接头部位的平整度。注意上、下层的横缝要错开至少 1m 的距离。

6. 材料与设备

6.1 材料

原材料质量是影响路面质量和使用寿命的重要因素，优质的原材料是保证沥青路面柔性基层具有优良路用性的先决条件，为了满足气候环境与交通对路用性能的要求，必须做好原材料的选择。

6.1.1 骨料堆放场地应进行硬化，细骨料需搭建防雨天棚，各级材料必须分级堆入不得窜料混料。

6.1.2 骨料是级配碎石下基层和沥青混合料 ATB-30 上基层的关键材料之一，其力学性能是决定混合料强度特性的最重要因素，它的颗粒形状不仅影响混合料的构架，也直接关系到混合料的抗车撤能力与抗疲劳性能等材料特性，此外，骨料与沥青的粘附性对混合料强度的形成也起关键作用，因此选择优质的骨料是柔性基层具有优良路用性能的重要保证。

1. 粗骨料采用石质坚硬的新鲜石灰岩片石（因为石灰岩中骨料具有一定的韧性，细骨料具有一定的塑料，施工的和易性和保水性较其他岩质的石料好，易于碾压成型。不易离析，同时石灰岩粉类同于石灰粉，与水反应后可以形成强度，利于路面结构的长期使用）用大型联合碎石机加工而成，形状接近立方体，洁净、干燥，技术指标应符合要求。

2. 细骨料：采用符合要求的机制砂。

3. 级配碎石下基层与密级配沥青混合料 ATB-30 上基层的路面柔性基层用骨料宜分为 0～5mm、5～10mm、10～20mm、20mm 以上四级加工堆放。

4. 矿粉（填料）：宜采用石灰岩或岩浆岩中的强基性岩石等石料经磨细得到的矿粉。

6.1.3 抗剥落剂：为提高矿料与沥青的粘附性能，应选用合适的抗剥落剂。

6.2 施工中采用得主要机具、机械设备见表 6.2。

柔性路面施工主要机械设备表　　　　　　　　　　　　表 6.2

序号	机械名称	型号	单位	数量	用途
1	沥青拌合楼	NTAP2000	套	1	沥青混合料拌和
2	沥青拌合楼	NP1500CA	套	1	沥青温合料拌和
3	稀浆封层车	MS-9	台	1	改性沥青稀浆封层摊铺
4	沥青混凝土摊铺机	ABG-423	台	2	沥青面层摊铺
5	粒料摊铺机	RP715W	台	2	沥青面层摊铺
6	粒料拌和设备	WCB500	套	2	基层拌合混合料
7	双钢轮振动压路机	DD-136F	台	1	沥青面层压实机具
8	轮式振动压路机	洛阳	台	3	沥青面层压实机具
9	轮式振动压路机	三一重工	台	1	沥青面层压实机具
10	轮式振动压路机	江簾 YL25-H	台	2	沥青面层压实机具
11	平地机	PY180G	台	1	柔性路面基层摊铺

7. 质 量 控 制

7.1 质量控制执行的规范及标准

1.《公路工程沥青及沥青混合料试验规程》JTJ 052—2000

2.《公路沥青路面施工技术规范》JTGF 40—2004

3.《公路路基路面现场测试规程》JTJ 059—1995

4.《公路工程质量检验评定标准》JTGF 80/1—2004

5.《公路工程石料试验规程》JTJE 41—2005

6.《公路工程集料试验规程》JTJE 42—2005

7.2 主要检验及试验设备见表 7.2。

主要检测试验设备表　　　　　　　　　　　　表 7.2

序号	仪器名称	型号	单位	数量
1	电液式压力试验机	TYE-200 型	台	1
2	车辙试样成型机	HYCX-Ⅰ型	台	1

续表

序号	仪器名称	型　号	单位	数量
3	车辙试验仪	HYCZ-Ⅰ型	台	1
4	电动脱模器	LD141	台	2
5	路面材料强度仪	TL-127	台	1
6	砂当量仪	SD-2	台	1
7	电脑土壤液塑性联合测定仪	TYS-3	台	1
8	离心式沥青混合料快速抽提仪	LKC-Ⅱ	套	1
9	显电动马歇尔击实仪	TL236-Ⅲ型	套	1
10	重型击实仪	4.5KG152mm	台	1
11	马歇尔稳定度测定仪	LWD-Ⅲ	台	1
12	恒温沥青延度仪	150 型	套	1
13	电脑沥青针入度仪	LZRD-3	台	1
14	电脑沥青软化点测定仪	LRH-H	台	1
15	钻孔取芯机	HZ-20	台	1
16	烘箱	101-ZA	台	1
17	骨料标准筛	200mm	套	1
18	电子天平	MP51001	台	1
19	红外线温度计	500℃	台	2
20	变沉仪		套	1
21	平整度仪	LXPL-Ⅰ型	套	1
22	水准仪		套	1
23	压碎仪		套	1

7.3　质量保证措施

7.3.1　施工中根据全面质量管理体系的要求，建立一个比较完整的质量保证体系，对各工序的质量进行检查评定，达到规定的质量标准，确保施工质量稳定。

7.3.2　正式大面积铺筑以前进行试验路铺筑，验证设备、人员配套和施工工艺的合理性。

1. 确定合理的施工机械、机械数量及组合方式。

2. 确定拌合机的上料速度、拌和数量与时间、拌和温度等操作工艺。

3. 确定透层沥青的强度等级用量与喷洒方式；摊铺机的摊铺温度、摊铺速度、摊铺宽度、自动找平方式等操作工艺；压路机的压实顺序、碾压温度、碾压速度及遍数等压实工艺；以及确定松铺系数、接缝方法等。

4. 通过试铺，以验证沥青混合料配合比设计结果，并确定生产用的矿料配合比和沥青用量。

5. 确定沥青混凝土的压实标准密度。

6. 确定施工产量及作业段的长度，制订施工进度计划。

7. 通过试铺以全面检查材料及施工质量。

8. 确定施工组织及管理体系、人员、通信联络及指挥方式。

7.3.3　加强施工质量检测，试验人员必须按规范要求的数量、频率及方法进行现场取样自检，配合中心试验室按指定的施工规范要求的方法和频率进行抽样检测。现场施工技术人员应在工程完成一段后，对施工项目进行现场质量检测，确保本工序合格才能进入下一道工序施工。

7.3.4　加强施工技术管理，对每项施工前都做好技术交底，对所采用的材料应有质量保证书及检验报告，确保其符合标准和设计要求，操作人员应为专业人员，且持证上岗。

8. 安 全 措 施

8.1　建立健全安全生产保证体系，落实安全生产责任制。

8.2　房建设施等要有安全距离，必要时应设置封火墙。沥青拌合场不得使用易燃材料搭设临时生产用房。拌合场内应设置足够的消防设备器材，挖掘存砂池，采取严格的消防措施。

8.3　设置专职技安人员，主抓工地施工安全和机械、车辆安全。加强工地守卫、防火、防盗工作。发现安全隐患即时采取安全措施，把安全事故消灭在萌芽之前。

8.4　车辆、机械出现故障时，应立即组织人员抢修，严禁车辆、机械带病运转。

8.5　沥青路面施工属于高温作业，各工种必须采取必要的防止烧、烫伤措施。

8.6　参加施工的人员，必须熟悉本工种的安全操作规程。正确使用安全防护用品，制定安全防护措施。

8.7　进入施工现场必须佩戴眼罩、口罩，服从施工现场人员管理。

8.8　所有进场操作的人员都必须经过三级安全教育，并与项目负责人签订安全保证书。

8.9　施工前必须对所有施工人员进行安全技术交底，并做好记录，被交底人必须签字。

9. 环保措施

9.1　施工应依据《中华人民共和国环境保护法》防治因施工对环境的污染，施工组织设计中应有防治扬尘、噪声、固体废物和废水等污染环境的有效措施。

9.2　施工现场应建立环境保护管理体系，责任落实到人，并保证有效运行。

9.3　拌合场应远离人口稠密区，场内生活区应与生产区隔离。场内生活区应设在场地下风口位置。

9.4　拌合场主要道路必须进行硬化处理。现场应采取覆盖、固化、绿化、洒水等有效措施，做到不泥泞、不扬尘。

9.5　施工废弃物应分类堆放统一处理。

9.6　拌合场及运输车辆清洗处应当设置沉淀池，废水不得直排，经二次沉淀后循环使用或用于洒水降尘。

9.7　现场存放油料，必须对库房进行防渗漏处理，储存和使用都要采取措施，防止油料泄漏，污染土壤水体。

9.8　施工现场应遵照《中华人民共和国建筑施工场界噪声限值》，制定防治施工噪声污染措施。施工现场的大型发电机、大型空气压缩机等强噪声设备应搭设封闭式机棚，并尽可能设置在远离居住区的一侧，以减少噪声污染。施工现场应进行噪声值监测，监测方法执行《建筑施工场界噪声测量方法》，噪声值不应超过国家或地方噪声排放标准。

10. 效益分析

采用柔性基层结构设计，工程造价较传统半刚性基层有所增加，但该工法能够有效延长路面使用寿命，路用性能也有较大改善，可大幅度降低路面的养护维修费用，从"全寿命成本"角度分析，柔性基层具有更好的经济和社会效益。

另一方面，在以后路面修复中，柔性基层材料可以完全被利用，不但可以大大降低维修费用，节约能源，而且可以减少环境污染。

11. 应用实例

11.1　国道213线小勐养至磨憨高速公路路面应用情况

国道213线小勐养至磨憨高速公路是《国家高速公路网规划》中重庆～昆明高速公路（M51）联络

线昆明～磨憨高速公路（M519）的一段，也是国家西部开发省际公路干线及国道213线兰州至磨憨公路的组成部分，同时也是昆（明）曼（谷）国际大通道在我国境内的最后一段，其中小勐养至磨憨公路 K0+000～K3+000 段为半幅高速公路，全长 3km，景洪连接线 LK0+000～LK14+202 为双向四车道高速公路全长 14.202km。其路面结构设计为（由下至上顺序）：15cm 厚级配碎石底基层，30cm 厚级配碎石基层，透层油，0.6cm 厚改性沥青稀浆封层，粘层，10cm 厚沥青稳定碎石 ATB-30，粘层，8cm 厚高性能沥青混凝土 SUP.25，粘层，8cm 厚高性能改性沥青混凝土 SUP.19，粘层，4cm 厚改性沥青玛琋脂碎石 SMA-13。

2008 年 4 月份经云南省交通厅组织的交工验收组，依据国家交通部发布的《公路工程质量检验评定标准》JTGF 80/1—2004 对路面工程的工程质量进行检测验收，评定为优良工程，投入了试运营后效果很好。

11.2 云南个旧至大屯一级公路路面工程应用概况

个旧至大屯一级公路是为贯彻省政府现场办公会议精神，加快个、开、蒙群落城市建设，配合红河州政府由个旧回迁蒙自的需要，并经省交通厅、省计委联合以云交计〔2002〕287 号文批复建设的项目。

该工程地处云南省东南部，红河哈尼族彝族自治州中部，是原红河州首府个旧市连接新州府蒙自、开远、河口等县市的主要通道之一。也是云南省个、开、蒙群落城市之间的快速通道，在滇南地区的公路运输网中起着举足轻重的作用。对促进红河州和个旧市、蒙自县沿线地区的经济发展有着重要意义。路线位于东经 103°08′～103°16′，北纬 23°23′～23°25′之间，路线全长 15.71702 公里。工程 2003 年 8 月开工，2006 年 12 月正式建成通车。

该项目 K0+000 至 K2+000 路面结构为：由下至上分别是：15cm 厚级配碎石底基层，25cm 厚级配碎石基层，透层油，0.6cm 厚改性沥青稀浆封层，粘层，8cm 厚沥青稳定碎石 ATB-30，粘层，6cm 厚高性能沥青混凝土 SUP.25，粘层，6cm 厚高性能改性沥青混凝土 SUP.19，粘层，3cm 厚改性沥青玛琋脂碎石 SMA-13。

2006 年底，经云南省交通厅依据交通部《公路工程质量检验评定标准》（JTGF 80/1—2004）组织交工验收，该项目工程路面工程质量优良。通车运营以来，尽管该段路面处于个旧大屯气温较高区域，还未出现明显裂缝及拥包等现象，路面也没有发现有明显的车撤。

11.3 云南景谷至永平二级公路路面工程应用概况

景谷至永平二级公路是位于国道 323 线的尾端，是国道 213 线、214 线互连的主要干线，也是普洱市和临沧市的主要经济干线，该项目经省发改委、交通厅云交基建〔2003〕169 号文批复建设的项目。

在本项目永平联络线路面由下至上分别是：15cm 厚级配碎石底基层，32cm 厚级配碎石基层，透层油，0.6cm 厚改性沥青稀浆封层，粘层，8cm 厚沥青稳定碎石 ATB-30，粘层，6cm 厚高性能沥青混凝土 SUP.25，粘层，6cm 厚高性能改性沥青混凝土 SUP.19，粘层，3cm 厚改性沥青玛琋脂碎石 SMA-13。2006 年底，经云南省交通厅依据交通部《公路工程质量检验评定标准》（JTGF 80/1—2004）组织交工验收，该项目工程路面工程质量优良，并被评为省优质工程奖。

沥青混凝土厂拌冷再生基层施工工法

GJEJGF143—2008

浙江省交通工程建设集团有限公司 中交二公局第三工程有限公司

单光炎 范丰安 黄汉江 侯来业 蒋福刚

1. 前 言

我国部分高速公路进入维修期，沥青混凝土面层甚至包括基层需要进行铣刨后重新铺筑才能满足行车要求。铣刨沥青路面产生的大量路面"废料"不仅对环境造成较大的压力，也占用了大量的土地资源。将这些路面"废料"进行冷再生处理，用于公路基层施工，是行之有效的方法。沥青混凝土厂拌冷再生基层施工技术通过浙江省交通工程建设集团有限公司、中交二公局第三工程有限公司承建工程的应用实践，取得良好效果，总结编制成工法。该工法核心关键技术经中国公路建设行业协会组织的专家组审核、评定，达到国内领先水平，批准为公路工程工法。

2. 工 法 特 点

2.1 该工法节约土地资源，保护周围环境，符合国家环保节能的建设理念。

2.2 该工法施工质量显著，它可克服半刚性基层容易产生收缩裂缝的弊端，减少公路运营过程中的维修。

3. 适 用 范 围

适用于各大、中修沥青路面的基层施工。

4. 工 艺 原 理

利用原沥青混凝土面层的铣刨材料，经过石料破碎机加工，并合理分档，根据级配要求，掺加一定比例新购碎石，添加矿粉、水泥及乳化沥青，经过厂拌设备拌合，运输到施工现场，经路面摊铺机摊铺、压路机碾压、养护后，完成沥青混凝土冷再生基层施工。

5. 施工工艺流程及操作要点

5.1 工艺流程

主要工艺流程见图 5.1。

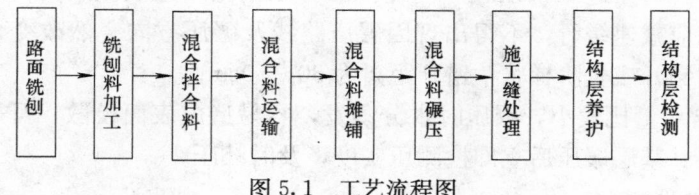

图 5.1 工艺流程图

5.2　操作要点

5.2.1　路面铣刨

对路面进行铣刨，使其深度、纵端面和横坡符合设计要求后，回收混合料，清洗路面。

5.2.2　铣刨料加工

1. 硬化铣刨料堆放场地，并有完善的排水设施。

2. 由于路面往往进行过局部路段病害处理，回收的铣刨料从石料品质、级配及沥青含量上存在较大差异。铣刨料堆放应从中间向四周呈扇形分布，避免不同性质铣刨料过度集中，减小离散性。铣刨料堆放应有高度限制，并有覆盖措施，减少铣刨料结块现象。

3. 设置合理筛网，避免雨天加工。由于铣刨料具有黏性，加工时应经常清理振动筛网，减少加工后成品料级配差异。

4. 成品料堆放呈扇形分布，要有限高和覆盖措施，以减少离析，避免结块。不同规格的成品料应分隔堆放，不得混杂。成品料应进行级配、沥青含量、含水量的检测。

5.2.3　混合料拌合

1. 调试好拌和设备，对计量系统进行标定，使设备工作正常，计量正确。拌合前对各种材料的技术指标进行严格的检测。

2. 控制好料仓上料高度，避免料仓间串料。正常生产时，设专人观察混合料的质量，混合料应呈褐色、无花白料、无液体流淌、无矿粉水泥结块现象。乳化沥青不宜加热使用。填料、水、乳化沥青泵和管道、喷嘴必须经常检查，保持畅通。料仓需配备振捣设备，必要时附以人工捣料，确保各种材料均匀出料。拌好的成品料必须马上进行各项指标检测，试样取样在拌合楼稳定后进行。

5.2.4　混合料运输

1. 拌合好的混合料马上用自卸汽车运到施工现场使用。运输车辆数量，应根据拌和能力、运输距离等综合考虑。运输车辆装料前必须清扫干净，并在车厢板上涂一薄层油水混合物。车辆装料应从车厢前部、后部、中部分三次装料，以减少混合料离析。

2. 混合料用不透光棉被或厚帆布严密覆盖，防止见光破乳或污染，影响混合料质量。已经离析、结块、遭雨淋的混合料应废弃。

3. 运输车辆不得在施工现场急刹车、急转弯，以避免透层封层的破坏。

5.2.5　混合料的摊铺

混合料摊铺前应检查下承层质量，下承层应平整、密实，不得有污染物，并基本干燥。摊铺前应做好测量放样，以绷紧的钢丝绳控制松铺厚度。摊铺前摊铺机不需预热。

混合料摊铺采用 2 台摊铺机梯队作业，错开距离为 5～10m，宽度重叠 10～20cm。混合料摊铺始终缓慢、均匀摊铺，摊铺机的速度一般控制在 3m/min 左右。摊铺过程中，应控制好料位传感器高度，保证摊铺机螺旋送料器埋入混合料中不小于其 3/4 的高度，以减少摊铺离析。施工现场必须有专职质检员控制施工质量，进行现场检测，如有宽度不足、离析、表面不平整等现象，采用人工作局部修补或更换混合料。人工补料不得采用铁锹甩料的方法，避免人为离析。

5.2.6　混合料的碾压

1. 碾压紧跟摊铺机，速度为钢轮压路机 2～3km/h 左右，胶轮压路机 3～4km/h。碾压时遵循由外向内、由低到高的原则。初压时路肩边缘先留出 10～20cm，待压完第一遍后，将压路机大部分重量移至压实过的混合料面上，再压边缘，以减少向外推移。双钢轮压路机振压时，轮迹重叠不小于 20cm。压路机启动、停止，均应减速缓行，不得出现因碾压路线及碾压方向突然改变，而导致混合料产生推移的现象。每次碾压均错开或呈阶梯状，错开距离为 30～50cm。

2. 冷再生混合料含水量比较小，碾压时水分蒸发，容易造成表面松散，可采用双钢轮压路机喷水或人工洒水的方法弥补。基层碾压后立即检测压实度，及时补压。

5.2.7　施工缝的处理

1. 两台摊铺机成梯队以联合摊铺方式进行纵向接缝，纵向接缝采用斜接缝。在前部已摊铺好的混合料部分留下 10～20cm 的宽度，暂不碾压，作为后摊铺高程的基准面，也使得有 10～20cm 左右的摊铺层重叠，最后以湿接缝形式作跨接缝碾压，以消缝迹。

2. 横向施工缝全部采用平接缝。

5.2.8 结构层养护

成型后的冷再生基层，及时进行自然养护，同时封闭交通，禁止所有车辆驶入，养护期一般为 3d，当现场混合料含水量小于 2.0% 或能取出完整芯样时，养护结束。

图 5.2.8-1　冷再生基层取芯　　　　　　　图 5.2.8-2　冷再生基层芯样

5.2.9 结构层的检测

沥青混凝土冷再生基层进行检测，检测指标及频率见表 5.2.9。

沥青混凝土冷再生基层的检测指标及频率　　　　表 5.2.9

检测项目	规定值或允许偏差	频　率	备　注
结构层厚度(mm)	代表值 -8，极值 -15	1/200m 双车道	钻孔或挖验
压实度(%)	不小于 98	1/200m 双车道	湿密度控制
空隙率(%)	8～14	1/200m 双车道	取芯检测
平整度(mm)	2.4	连续检测	测定的标准偏差
宽度	不小于设计值	4 处/200m 双车道	
横坡(%)	±0.3	4 处/200m 双车道	
纵端面高程(mm)	设计值 ±10	4 处/200m 双车道	
外观	表面平整密实，无松散离析	随时	

6. 材料与设备

6.1 工程材料

该工法的主要工程材料见表 6.1。

主要工程材料表　　　　表 6.1

序号	1	2	3	4	5	6
材料名称	铣刨加工料	铣刨加工料	碎石	乳化沥青	矿粉	水泥
规格	0～9.5mm	9.5～31.5mm	9.5～31.5mm	改性	0～0.6mm	P.O42.5

6.2 机具设备

该法的要设备见表 6.2-1，主要试验检测仪器见表 6.2-2。

主要机械设备表　　　　表 6.2-1

设备名称	单位	数量	型号	设备名称	单位	数量	型号
冷再生拌合楼	套	1	300T/H	轮胎压路机	台	2	LPT2030
路面摊铺机	台	2	ABG423	装载机	辆	2	ZL50
双钢轮压路机	台	1	BW202	弯沉车	辆	1	黄河
单钢轮压路机	台	2	YZ20E	水车	辆	1	东风

试验设备名称	单位	数量	试验设备名称	单位	数量
旋转剪切成型试验仪	台	1	水泥胶砂搅拌机	台	1
马歇尔击实仪	台	2	水泥胶砂振实台	台	1
电动脱模器	台	1	水泥抗折机	台	1
真空最大理论密度仪	台	2	水泥负压筛析仪	台	1
弯沉仪	台	2	水泥净浆搅拌机	台	1
取芯机	台	2	游标卡尺	把	1
平整度仪	台	1	电子天平	台	1
马歇尔试验仪	台	1	浸水天平	台	1
抽提仪	台	1	标准筛	套	1
万能试验机	台	1	玻璃仪器		若干
压碎值试验仪	套	1	化学药品		若干

7. 质 量 控 制

7.1 质量要求

7.1.1 工法执行中华人民共和国行业标准《公路路面基层施工技术规范》JTJ 034—2000。

7.1.2 工法执行中华人民共和国行业标准《公路工程质量检验评定标准》JTGF 80/1—2004（第一册土建工程）。

7.1.3 原材料检测指标及频率见表 7.1.3。

沥青混凝土冷再生基层材料检测指标及频率   表 7.1.3

检测项目		技术要求	检测频率
铣刨料沥青含量(%)		合成后油石比 6.8～8.2	1次/台班
含水量(%)		＜2	1次/台班
乳化沥青		全套	1次/批
水泥		全套	1次/批
矿粉	0.075 通过率	75～100	1次/批
	亲水系数	＜1	1次/批
	塑性指数	＜4	1次/批

7.1.4 混合料检测指标及频率见表 7.1.4。

沥青混凝土冷再生基层混合料检测指标及频率   表 7.1.4

检查项目	规定值或允许偏差	频率	备注
级配	符合要求	1次/台班	抽提后筛分
含水量(%)	4～6	随时	
总油石比(%)	6.8～8.2	1次/台班	抽提
大马歇尔密度	大于 2.2	1次/台班	
稳定度(kN)	大于 14.5	1次/台班	
残留稳定度	大于 70	1次/台班	

7.2 质量控制措施

7.2.1 施工前应检查施工设备，确保设备工作正常。

7.2.2 试验室加强对原材料、拌合后的混合料进行检测，避免不合格材料用于工程建设。

7.2.3 必须进行试验路段的铺筑，以检查机械、材料、人员的匹配能力，明确操作要领，确定松铺系数、碾压方法等各项技术参数。

7.2.4 施工时严格按照试验路段确定的方案进行，同时加强检验检测，特别是现场压实度，当检测不合格时可以采取补压措施，必要时停机检查机械原因或检测混合料密度。

7.2.5 施工完后路段必须进行交通管制，避免行车对结构层的破坏。

8. 安 全 措 施

8.1 工作人员必须配备安全帽、反光背心等必要的劳动防护用品。

8.2 施工机械的操作必须严格按相应的机械操作规程进行。

8.3 施工作业段必须进行封闭，设交通警示牌和指示牌，施工现场必须设专职安全员，指挥现场安全工作。

9. 环 保 措 施

9.1 设置固定机修点，确保无废油进入水源。

9.2 设置固定废弃物堆放点，工程废料集中处理。

9.3 施工场地经常洒水，确保施工期间无扬尘。

10. 效 益 分 析

10.1 该工法把原有沥青混凝土面层铣刨"废料"加工为路用基层材料，变"废"为"宝"，大大减少了公路工程建设中矿产资源的使用，既消除路面废料对周围环境的影响，同时可少占用路面废料的堆放场地，减少石料开采量，符合国家环保节能的建设理念。

10.2 沥青混凝土厂拌冷再生基层属于柔性基层，可克服半刚性基层容易产生收缩裂缝的弊端，减少了公路运营过程中的维修，质量效益较为明显。

10.3 与传统普通水稳基层施工方法相比，该工法经济效益显著，以昌九高速公路技改 AP6 标为例，经济效益比较见表10.3。

经济效益比较表（单位：万元）　　　　　　　　　　　　　表 10.3

项　目	厂拌冷再生施工	普通水稳基层施工
集料	26	138
乳化沥青	320	0
运费	8	32
场地征用	0	800
合计	354	970

11. 应 用 实 例

11.1 工程实例一

江西省昌九高速公路技术改造 AP6 标由浙江省交通工程建设集团有限公司承建，工程起点桩号为 K117+700，终点桩号 K133+034，全长 15.34km。工程开工于 2007 年 3 月 26 日，完工于 2007 年 8 月 31 日。该工程路面基层采用冷再生基层工法施工，工程质量经验收合格，通车运营使用效果较好，赢得社会界的一致好评。

11.2 工程实例二

江西省昌九高速公路技术改造 AP4 标由中交二公局第三工程有限公司承建，工程起讫桩号：K74+807.19～K91+707，全长 16.9km。工程开工于 2007 年 3 月 26 日，完工于 2007 年 8 月 31 日结束。本工程路面基层采用冷再生基层工法施工，工程质量经验收合格，通车运营使用效果较好。

浅海水域公路工程施工工法

GJEJGF144—2008

沧州路桥工程公司

郑捷　蓝青　李友林　林贵朋　赵红军

1. 前　言

于土质海岸浅海水域建设港口,那么挺进大海联结码头与陆地就显得非常重要。黄骅港疏港公路就属于这类工程。浅海水域公路工程工法的核心技术包括:RTK-GPS海上测量定位,土工布水下布设,水下抛砂、抛石控制,石灰改良劣质土作路基填料,二灰稳定盐渍土作路面底基层,减少风浪潮影响(抢低潮位填筑路基,抢高潮位船驳抛石;"土工模袋"浇筑水中混凝土护坡),路结构内部潜流排泄,海水环境混凝土、砂浆配制等技术。该工法经专家鉴定,达到国内领先水平,填补了现行公路工程施工技术规范之空白。

1.1 结构设计特点

浅海水域公路工程主要由迎浪堤、背浪堤、路基、路面、防浪墙和路基防护工程组成(图1.1)。

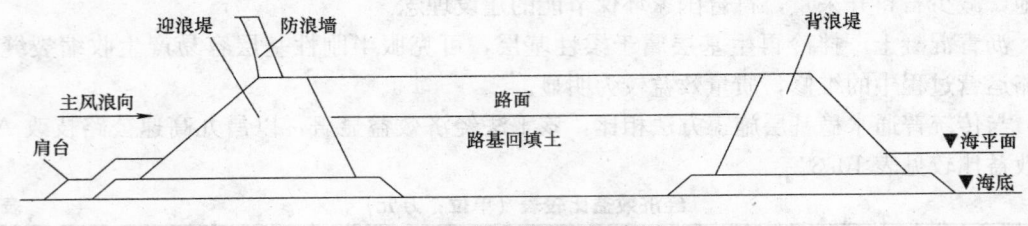

图1.1　公路横断面示意图

1.1.1 迎浪堤

路基防护工程一般与迎浪堤合为一体设计、修建,主要由堤心、迎浪坡面、隐坡和防浪墙四部分组成。

1. 堤心。其结构自上而下为:50cm砂垫层,400g/m² 土工布,50cm碎石垫层,10~100kg块石,上顶为30cm二片石,堤高4.67m。

2. 迎浪坡面。用砂袋砌成顶宽100cm,高50cm,两腰坡比1:1的梯形坡脚;坡面底层为厚60cm(50~100kg)块石,面层为A、B型钢筋混凝土预制栅拦板(A型1.66m/块、B型2.25m/块),坡比1:2;肩台高1.62m,顶宽3m,设两级肩台(上高0.6m,下高1.02m),坡比1:2。

3. 隐坡。坡脚同迎浪坡面之内坡脚,但设有二级肩台,每级高50cm,宽100cm,坡比1:1;坡面自上而下为:二片石坡比1:1、面坡1:1.25,400g/m² 土工布,混合倒滤层(水位以上宜用分层倒滤层,其碎石层厚宜为15~20cm,粗砂或中砂层厚宜为10~15cm。当采用混合倒滤层时,其厚度不宜小于40cm;水位以下可采用级配较好的混合倒滤层,其厚度不宜小于60cm)底坡1:1.25、面坡1:1.5。

4. 防浪墙。于堤心上顶二片石之上,浇筑10cmC15混凝土垫层,上为身高3.0m的浆砌石防浪墙。

1.1.2 背浪堤

背浪堤主要由堤心、隐坡和坡面三部分组成。堤心、隐坡同迎浪堤;坡面。内坡脚同迎浪堤;外坡脚由50~100kg块石抛填,底宽200cm,顶宽200cm,高62cm;坡面底铺400g/m² 土工布,上铺10cm碎石垫层,加铺6cmC25混凝土护面,混凝土浇筑以"模袋"为佳。

1.1.3 路基

迎浪堤和背浪堤在顶宽 36.6m 的范围内,于海面切割出一片相对稳定的水域,将堤内淤泥清除干净后,即可填筑路基。其填料或土、或矿渣、或水稳性较好的建筑垃圾,但必须粒径均匀,分层填筑,以免不均匀沉降。路基压实度按现行"路基施工技术规范"和"质量标准"执行。

1.1.4 路面

路面结构上面层为:入海段 10cm 水泥混凝土锁块路面,非入海段 10cm 沥青混凝土路面,设双向 2% 的横坡,路拱顶设计高程 3.94;路面基层均为 40cm 石灰稳定土＋20cm 水泥稳定碎石;迎浪堤一侧路面边缘与防浪墙基础衔接,背浪堤一侧设宽 10cm 的路缘石、之外为宽 2.0m 的路肩。

1.2 地形地貌

沧州为沿海地区,地势自西向东倾斜,地势平坦,最高海拔 4m,区段内为虾池、盐汪子、海滩和浅海水域。

1.3 自然条件

1.3.1 气象

①气温。沿线属温带大陆季风气候区,属半湿润气候。夏季炎热多雨,冬季寒冷干燥,年平均气温 12.3℃。极端最低气温为－23.8℃,极端最高气温为 43℃;②降水。年平均降水量 501mm,最大年降水量 719.4mm;③风况。常风向为 SSW,次常风向为 SW,春秋多西南风,经常出现 7～8 级大风,年平均风速 3.5m/s;④雾况。雾日多发生在秋、冬两季,年平均大雾日数为 12.2d。

1.3.2 水文

①潮位。最高高潮位 5.71m,最低低潮为 0.26m,平均高潮位 3.58m,平均低潮为 1.28m,平均涨潮历时 5h51min,平均落潮历时 6h41min。②波浪。以风浪为主,涌浪为辅。

1.4 黄骅港

黄骅港即将形成煤炭 1 亿 t、杂货 5000 万 t 的年吞吐能力,居全国沿海各大港口前列。为集煤炭、石油、成品油、杂货、化工、客运、集装箱为一体的中国北方综合性枢纽大港。已有一批"全国 500强"乃至"世界 500 强"企业到渤海新区投资。

2. 工 法 特 点

2.1 与陆地公路工程的区别:在海洋气候浅海水域深淤泥条件下,"抛石建堤"和"路基防护工程"同时进行;堤内围堰清淤,防潮汐侵扰,容易质量控制;堰内路基填筑,减少工后沉降,利于海上作业安全和海洋环境保护。

2.2 建设难度:该工法论述的是公路挺进大海,路基自始至终是在海水中建成,和其他护岸工程、滩涂工程不同,不仅仅是潮汐影响。

2.3 建设目的:该工法用于修建高等级公路(国家一级公路标准),以运输为第一目的,与护岸工程和以旅游为目的低等级路不同。

3. 适 用 范 围

3.1 海底清淤。本工法不但可用于大堤,大坝的坝前深水清淤,还可应用于不断流,不断航的海底清淤。

3.2 浅海修路。本工法适用于土质海岸、浅海水域、深淤泥地质条件下建设国家高等级公路。

4. 工 艺 原 理

4.1 建立 RTK—GPS 海洋气候浅海水域施工测量和工程监测系统。

4.2 在潮汐、风浪、淤泥恶劣环境下"抛石建堤"和"路基防护工程"一体化，统筹兼顾，同时构筑。

4.3 施工时先修建迎浪堤、背浪堤，而后于堤内围堰，抢低潮排水清淤；对于低潮位依然海水仍未退去的水域，则抢高潮清淤船清淤；迎浪堤和背浪堤在顶宽 36.6m 的范围内，于海面切割出一片相对稳定的水域，将堤内淤泥清除后，即可填筑路基，铺筑路面，之后施工交通设施及其他工程。

5. 施工工艺流程及操作要点

土质海岸浅海水域深淤泥地质条件下修建公路总工艺流程见图5。

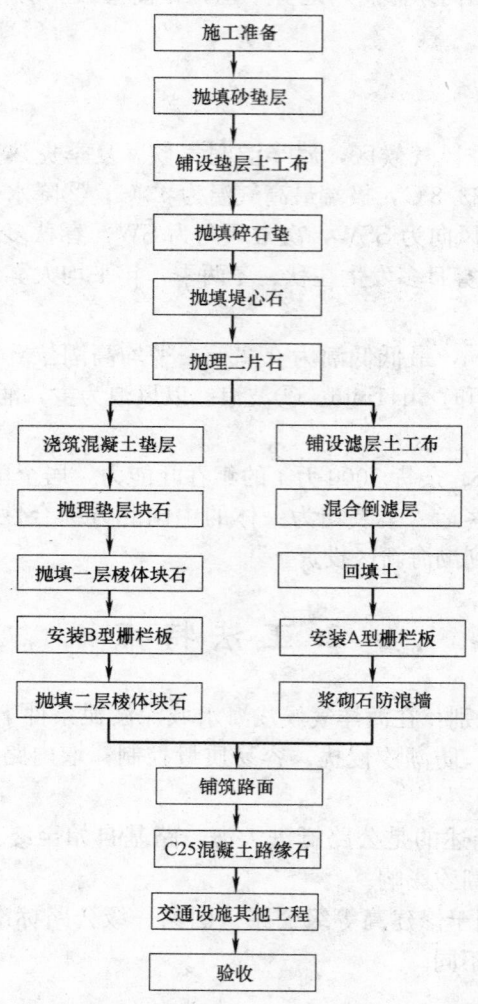

图5 海水域深淤泥地质条件下修建公路总工艺流程图

5.1 堤底砂垫层抛填

5.1.1 概况

砂垫层抛填厚度为 500mm，砂垫层抛填总量为 6524m³。本工程抛填用砂全部经外海由船舶运输到现场进行抛填。

5.1.2 施工工艺流程

堤底砂垫层抛填施工工艺流程见图 5.1.2。

5.1.3 施工工艺

1. 原泥面水深测量

施工前采用测量船由 GPS 与数字化自动回声测深系统相结合进行原泥面水深测量，水深测量成果整理通过《HaiDa 水上成图软件》将实测数据进行处理，绘制平面图。

2. 定位船定位

根据施工范围和船型，计算出 GPS 在施工坐标系下定位位置。拖轮将定位方驳送入施工区域，并给定位方驳下八字形锚，定位方驳垂直于堤轴线方向驻位，根据设立的砂垫层边线及里程标志方驳绞缆初步驻位，GPS 校核，准确驻位。

3. 抛袋装砂

为防止抛填后的砂垫层受水流作用冲刷，抛填砂垫层前抛填出一定宽度的袋装砂坝，即在砂垫层抛填位置的两侧沿堤纵向用砂袋抛出一条高度等于砂垫层厚度的砂袋坝，起到挡砂作用。

乘低潮时间，人工对抛填的袋装砂重新进行砌筑，以保证砂袋的位置、厚度满足挡砂要求。

抛袋装砂的定位及测量方法与抛填砂垫层一样，根据标志桩初定位、GPS 校核，利用水砣测量标高。

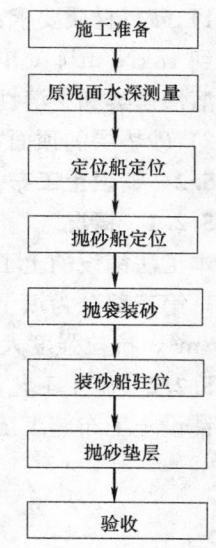

图 5.1.2 堤底砂垫层
抛填施工工艺流程图

4. 装砂船驻位

砂垫层抛填乘潮施工，乘高潮时间选择小型方驳运输、定位，采用方驳＋反铲挖掘机的工艺施工。自航定位方驳下两个八字形后锚，再将两个前锚栓于提前设置的定位浮鼓上，定位方驳根据设立的标志初步驻位、再由 GPS 准确定位。自航装砂驳由施工区域缓慢靠定位方驳一侧，通两根缆绳牢固拴于定位方驳系缆桩上。同时，两台 GPS 流动站于船艏、船艉分别测定装砂船的施工坐标，对装砂船进行准确定位。

5. 抛填砂垫层

乘高潮时间进行砂垫层的抛填，正式抛填以前先进行试抛，找到抛填砂石的漂移方向和距离，以确定抛砂的位置。装砂方驳上的反铲挖掘机按顺序抛填砂垫层，不得漏抛或多抛，抛填时随时利用水砣测定砂垫层标高。低潮时间砂垫层顶面可漏出水面，由人工对砂垫层不平整部位进行整平，整平好的砂垫层，马上进行土工布的铺设。

5.1.4 抛填砂垫层质量控制

1. 严把垫层砂的进场关。垫层砂的质量是否合格由砂的产源调查入手，不合格的砂源坚决不予采用。

2. 垫层砂的暴露段长度控制在 50m 之内，抛填完成后马上进行下一道工序的施工。

3. 抛填过程中，及时进行测量验收检查，以便对超高或不足区域进行及时处理。砂垫层一般不须整平，经水流的作用砂垫层自动平整。如砂垫层不够平整，则乘低潮时间人工水下整平。

4. 现场监测控制制度化，利用 GPS、测深仪等测量手段，对抛填的砂垫层进行全面、精确的监控。

5.1.5 抛填砂垫层质量验收

1. 验收方法

砂垫层抛填后采用测量船由 GPS 与数字化自动回声测深系统相结合进行砂垫层高程测量，测量成果整理通过《HaiDa 水上成图软件》将实测数据进行处理，绘制平面图、断面图和三维形象图。通过计算机将实测面叠加到设计断面，即可实时显出实际抛填断面形状与设计断面的差异，并可直接计算离出需补抛的数量和部位，便于补抛。多次测量同一断面使用不同颜色叠加，可反映出该断面形成的过程和实际抛填情况，并可打印记录，保存数据备查。完成的砂垫层抛填区域，及时请监理工程师验收。

2. 工程质量验收标准

1）砂料材质要求：①砂粒应是未风化、坚硬、密实、耐风化且透水性强的；②堆填稳定后湿重度应达到 18kN/m³；③内摩擦角≥32°；④粒径小于 0.1mm 的颗粒含量≤5％；⑤有机混合物含量≤5％；⑥易溶性盐类和中溶性盐类含量≤8％。

2）砂垫层的顶面宽度≥设计顶面宽度。

5.2 铺设土工布

5.2.1 概况

本工法铺设的土工布分为三部分，第一部分为砂垫层顶部，第二部分为堤心石内侧斜坡段二片石坡面，第三部分为填土斜坡面。土工布采用涤纶机织加筋土工布和无纺土工布，其单位面积质量均为 400g/m²，抗拉强度大于 6kN/m。

5.2.2 施工工艺流程

铺设土工布施工工艺流程见图 5.2.2。

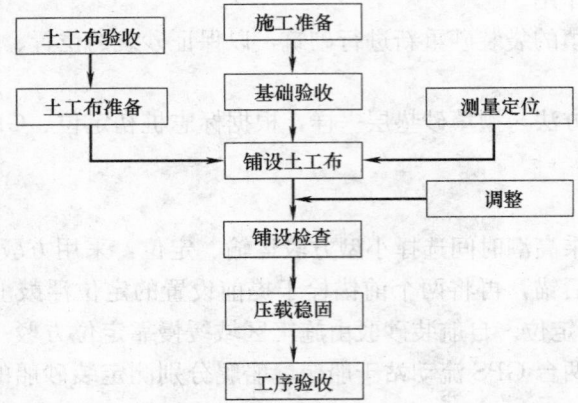

图 5.2.2　铺设土工布施工工艺流程图

5.2.3 施工方法

土工布铺设乘低潮时间进行，每一施工段砂垫层抛填、二片石垫层抛填、回填抛填完成后立即采用"海底土工布铺设导轨"配合"管绳布轴法"进行土工布铺设。

1. 土工布加工

土工布在施工作业前 30 日通知厂家生产施工用土工布；土工布加工成铺设块，宽度及长度随施工区域不同通过计算确定，计算方法为该段基础断面长度加富裕长度 1.5m。

2. 土工布准备

进场检验合格的土工布，首先运至堆放场地。按照施工顺序，将土工布铺展开来，用加工好的 φ60 钢管卷成滚状，卷滚前在钢管两端 1/3 位置栓好两根 φ20 丙仑绳并随土工布一起卷到卷滚中。卷好的卷滚用丙仑绳捆绑结实，按照铺设顺序由运输船运至施工地点，准备铺设。

3. 施工准备

乘高潮时间，由平板驳压载土工布用的袋装碎石运输到土工布铺设位置，下锚定位后将袋装碎石抛填在指定的位置，以方便低潮时间土工布铺设时进行压载。另外装载土工布的平板运输驳在砂垫层以外一侧驻位，以便低潮时间将土工布倒至砂垫层顶面进行铺设。

4. 水下测量定位

建立土工布的 GPS 自定义系统铺设定位网格。布设 5m×2m 的测量控制网格，建立铺设土工布所用的 GPS 定位平面控制系统，将铺设土工布的设计参数（坐标）输入 GPS 和计算机系统，铺设土工布施工中，计算机显示器监控施工，计算机显示器上所确定的网格代表土工布确切位置。

5. 铺设土工布

低潮时间，土工布铺设底面可露出水面，故土工布乘低潮时人工进行铺设。人工将土工布抬放至指定铺设的砂垫层或二片石或回填顶面，由 GPS 定位至设计的铺布位置起点。每块土工布的铺设位置必须根据前一块已铺的实际边线位置修正后确定。确保相邻土工布间的实际搭接宽度在整块布范围内任一位置均不小于 1.0m。打开土工布卷滚，由碎石袋压住土工布的边线位置，然后再滚动卷滚，每前进 2m，由碎石袋压牢；两块土工布搭接部位也要压牢。若出现较大偏差，及时调整布卷位置。土工布卷滚滚动时，要修正铺设边线位置，以保证要求的搭接宽度及其他规范要求。

若低潮时，土工布铺设底面不能露出水面，则配合"水下土工布铺设导轨"施工。

5.2.4 铺设土工布质量控制

若有搭接宽度不够、铺偏、打折和卷起等现象，必须返工重铺。

5.2.5 土工布质量检验与验收标准

1. 土工布进场时，逐批检查出厂合格证或试验报告，并逐批进行外观质量检查；其主要物理学性能指标应按设计要求进行抽查复检，抽查数量每批不少于 1 次。

2. 土工布施工过程中要进行如下检查：土工布铺设轴线、边线检查；相邻两块土工布的搭接长度检查；土工布两端压稳锚固情况检查。

3. 土工布的品种、规格和技术性能须符合设计要求，可通过检查出厂合格证和抽样试验报告进行验收。

4. 土工布拼幅缝接接头的抗拉强度须符合设计要求，可通过检查接头强度抽样试验报告进行验收。

5. 土工布铺设时不允许发生折叠和破损现象。

6. 土工布质量检验与验收标准见表 5.2.5。

土工布质量检验与验收标准　　　　　　　　　　　　　　　表 5.2.5

序号	项目	允许偏差(mm)	检测单元及数量	单位测点	检验方法
1	土工布搭接长度	$\pm L/5$	每块土工布	每 20m 测一个点	用尺量
2	土工布轴线偏移	± 1500	每块土工布	2	用尺量两端

5.3 碎石垫层抛填

5.3.1 概况

碎石垫层抛填厚度为 500mm，碎石垫层抛填总量为 5222m³。本工程抛填用碎石全部经外海由船舶运输到现场乘高潮时间进行抛填。

5.3.2 施工工艺流程

碎石垫层抛填施工工艺流程见图 5.3.2。

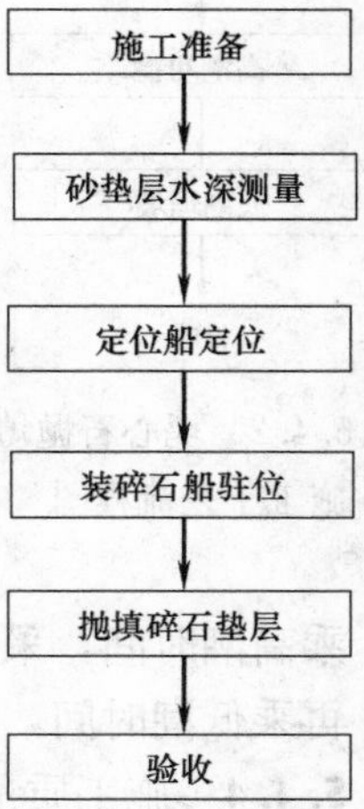

5.3.3 抛填碎石垫层主要施工方法

1. 施工准备

抛填碎石垫层前，需根据施工船舶船型及施工区域，对欲抛填区域，计算出抛填网格及抛填区域对应的施工坐标。确定施工定位船舶驻位方式。

2. 水深测量

施工前采用测量船由 GPS 与数字化自动回声测深系统相结合进行水深测量，计算出抛填量及需抛填的位置和数量。

3. 定位船定位

根据施工范围和船型，布设定位网格，自航定位方驳进入施工区域，下八字形后锚，再将两根前缆系于提前设置好的定位浮鼓上，定位方驳垂直于堤轴线方向根据设立的边线及里程标志桩初定位、再由 GPS 校核准确驻位。

4. 抛填碎石船驻位

自航装碎石的平板驳由施工区域缓慢靠定位方驳一侧，通两根缆绳牢固拴于定位方驳系缆桩上。同时，两台 GPS 流动站于船艏、船艉分别测定装石船的施工坐标，对装石船进行准确定位。

图 5.3.2 碎石垫层抛填施工工艺流程图

（施工准备 → 砂垫层水深测量 → 定位船定位 → 装碎石船驻位 → 抛填碎石垫层 → 验收）

5．抛填碎石垫层

碎石垫层乘高潮时间进行，装石方驳上的反铲挖掘机按顺序抛填碎石垫层，不得漏抛或多抛，抛填时随时利用水砣测定碎石垫层标高。再乘低潮时间，由人工将随时垫层不平整部位整平。

5.3.4　抛填碎石垫层质量控制

1．严把垫层碎石进场关。垫层碎石质量是否合格由石料的产源调查入手，不合格的石源坚决不予采用。

2．垫层碎石的抛填分段长度控制在 50m，抛填完成后迅速进行下一道工序的施工，减小水流冲刷，确保碎石垫层的抛填质量。

3．抛填过程中，及时进行测量验收检查，以便对超高或不足区域进行及时处理。

4．现场监测控制化，利用 GPS、测深仪等测量手段，对抛填的碎石垫层进行全面、精确的监控。

5.3.5　抛填碎石垫层质量验收

1．验收方法

抛填完成后采用测量船由 GPS 与自动回声测深系统结合进行高程测量，用它算出需补抛的数量和部位。

2．工程质量验收标准

1）碎石垫层的最小厚度≥设计要求的 70％。检验方法为检查断面测量图并观察检查。

2）抛石断面平均轮廓线≥设计断面，断面坡度应符合设计要求。检验方法为检查断面测量记录。

3）本段工序完成后，下一工序进行前应对其实断面进行检验，每 5m 为一检测断面，每 2m 设一检测点。

5.4　堤心石抛填

5.4.1　概况

堤心石重 10～100kg，由远海 1000t 以上方驳运输至施工地点附近水深满足吃水要求位置，再倒至小型平板驳上，乘高潮时间，小型平板驳进行堤心石粗抛，再乘低潮低潮时间由挖掘机进行理坡。抛填堤心石时应该按照护岸施工"及时成型，同步推进"，即"堤心石暴露段防护及时，护岸全断面跟进"的原则。

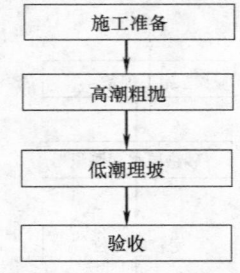

图 5.4.2　堤心石抛填施工工艺流程图

5.4.2　堤心石抛填施工工艺流程图

堤心石抛填施工工艺流程见图 5.4.2。

5.4.3　抛填堤心石主要施工方法

1．施工准备

抛填堤心石前，需根据施工区域，对欲抛填区域，计算出抛填网格及抛填区域对应的施工坐标，并设立边线及里程标志，以便于方驳驻位。

2．水深测量

施工前采用测量船由 GPS 与数字化自动回声测深系统相结合进行水深测量，计算出抛填量及需抛填的位置和数量。

3．堤心石抛理

乘高潮时间，采用小型平板驳＋反铲式挖掘机的工艺进行施工。根据计算的抛填量抛填至堤心位置；再乘低潮时间，挖掘机登至已抛堤心石顶面进行理坡。对于缺石部位再乘高潮时间方驳补抛。

5.4.4　施工质量控制

1．堤心石石料规格和质量符合设计要求和规范规定。石料进场前要进行检验，不合格者严禁进场。

1）采用新鲜无严重风化、无裂缝且不成片状的岩石。

2）堤心石在水中浸透后的强度≥30MPa；软化系数应＞0.75；岩石的吸水率（按空隙体积比例计）≤0.8；岩石的重度应大于 24kN/m³。

3）块石的几何尺寸：最大边长度与最小边长度之比≤1.5～2.0；块石的尺度及重量应符合设计

要求。

2. 堤心石抛填过程控制

1）抛填完成后迅速进行下道工序施工，防止被波浪海流等淘刷，确保台风期及突风时抛石堤的安全。

2）堤心石抛填过程，及时进行测量验收检查，超高部位由挖掘机抛填至低洼处，不足低凹处及时补抛。

5.4.5 抛填堤心石质量验收

1. 抛填堤心石质量验收方法

1）低潮时间采用全站仪和水准仪做出断面轮廓线板拉线方式测量。

2）完成设计断面的抛石段，及时请监理工程师验收，填报隐蔽工程验收单。

2. 抛填堤心石质量验收标准

抛石断面平均轮廓线≥设计断面，断面坡度应符合设计要求。检验方法为检查断面测量记录。堤心石完成后，在进行下一工序之前应对其实际断面进行检验，每5m为一检测断面，每2m设一检测点。堤心石、棱体块石的实际断面线与设计断面线间的允许偏差为±40cm。

5.4.6 抛石堤身预留沉降量及施工监测

根据地质资料进行堤身沉降计算分析，并结合施工期位移沉降观测（在堤轴线和护底块石处设沉降盘，定期对沉降盘进行观测）通过沉降盘沉降观测资料，确定抛石堤顶预留沉降量。经监理工程师批准后作为堤顶控制标高依据。

5.5 垫层块石抛理

5.5.1 概述

本工法垫层块石规格为50～100kg块石，采用高潮抛石、低潮挖掘机粗理、再下轨道细理的方法。

5.5.2 垫层块石抛理工艺流程

垫层块石抛理工艺流程见图5.5.2。

5.5.3 垫层块石抛理主要施工工艺

垫层块石石料乘高潮时间由小型平板驳抛填至指定位置，低潮时间由挖掘机进行初步理坡，再设立理坡轨道，人工细理。

5.5.4 垫层块石抛理质量控制

1. 垫层块石的材质要求：采用新鲜无严重风化、无裂缝且不成片状的岩石；石料在水中浸透后的强度：浸水饱和抗压强度≥30MPa。软化系数应>0.75；岩石的吸水率（按空隙体积比例计）≤0.8；岩石的重度应>24kN/m³；块石的几何尺寸：最大边长度与最小边长度之比≤1.5～2.0；块石的尺度及重量应符合设计要求；选用垫层块石重量等级符合设计要求。

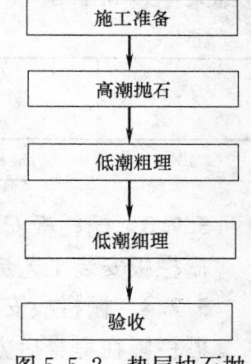

图5.5.2 垫层块石抛理工艺流程图

2. 垫层石抛理后，立即进行测量检查，发现超高部位，立即清理，不足低凹处及时补抛。

3. 垫层块石的实测断面线与相同断面的堤心石实测断面线比较，得出的垫层石实际断面线与设计断面线间的允许高差为±10cm，不能满足时局部补足。实际坡度不应陡于设计坡度。

4. 现场监测控制制度化，利用全站仪、经纬仪和水准仪等常规测量控制手段，对抛石工程做全面、精确的监控。利用水砣与水准仪测量验收。

5. 垫层块石抛理后应及时安放护面栅栏板加以保护。

5.6 棱体块石抛填

5.6.1 概述

堤心石外侧抛理200～250kg棱体块石。

5.6.2 棱体块石施工工艺流程

棱体块石施工工艺流程见图5.6.2。

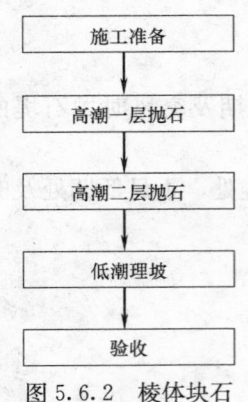

图 5.6.2 棱体块石
施工工艺流程

5.6.3 棱体块石施工方法

棱体块石抛石分两层进行，首先抛填护面栅栏板地脚以下部位，待下层栅栏板安装完成后，再乘高潮时间由小型平板驳抛填剩余部分，最后乘低潮时间由挖掘机理坡。

5.6.4 棱体块石施工质量控制

1. 棱体块石的材质要求：块石在水中浸透后的强度≥30MPa；且不成片状，无严重风化和裂纹。

2. 棱体块石的实测断面线与相同断面的下层石实测线比较，得出的棱体石最小厚度≥设计厚度的70%，不能满足时局部补足。完成设计断面的规格石抛放，及时请监理工程师验收，填报隐蔽工程验收单。

5.6.5 棱体块石施工质量检验标准见表 5.6.5。

棱体块石施工质量检验标准　　表 5.6.5

项　　目	允许偏差(mm)	检验单元和数量	单元测点	检验方法
抛石（块石重 200～250kg）	±600	每一断面(5～10m 一个断面)	1～2m 一个点	拉线尺量或用测深水砣检查

5.7　栅栏板安装

5.7.1　概况

栅栏板上层为 A 型，下层为 B 型。

5.7.2　栅栏板预制

栅栏板混凝土组成设计时，必须考虑其海水耐久性，疏港公路浅海水域路段栅栏板混凝土组成设计结果见表 5.7.2。

栅栏板混凝土材料用量（kg/m³）　　表 5.7.2

水泥	砂	碎石(mm)		水	外加剂	
		5～25	20～40		AE	减水剂
400	528	929.6	398.4	144	0.028	4.0

5.7.3　栅栏板安装工艺流程图

栅栏板安装工艺流程见图 5.7.3。

5.7.4　栅栏板安装施工方法

栅栏板在堤身后方回填土回填形成陆上施工条件后采用平板车运至安装地点后履带吊陆上安装，下层栅栏板安装乘低潮时间进行。现场测量人员事先测放栅栏板安装基线。吊机将栅栏板吊起，利用吊机吊臂的长度倾角转角将栅栏板吊至安装位置，栅栏板安放位置达到设计要求后，即可进行下一栅栏板安装。

5.7.5　栅栏板安装质量标准

栅栏板安装质量标准见表 5.7.5。

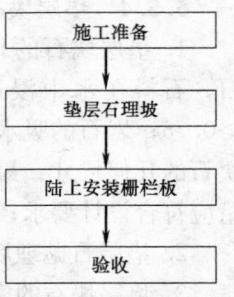

图 5.7.3　栅栏板安装
工艺流程图

栅栏板安装质量标准　　表 5.7.5

序　号	项　目	允许偏差(mm)
1	相邻块体高差	150
2	相邻块最大缝宽	≤100

5.8　二片石、混合倒滤层施工

5.8.1　概述

300mm 的二片石、混合倒滤层主要设置堤心石内侧。

5.8.2　二片石、混合倒滤层施工方法

二片石或混合倒滤层料用自卸汽车运至施工现场，由现场指挥人员指定抛填地点，乘低潮时间用反铲式挖掘机依照坡度尺进行理坡，再由人工找平。

5.8.3　测量与验收

1. 垫层抛理后，立即进行测量检查，发现超高部位，立即清理，不足低凹处及时补抛。

2. 垫层块的实测断面线与相同断面的堤心石实测断面线比较，得出的垫层实际断面线与设计断面线间的允许高差为±20cm，不能满足时局部补足。实际坡度不应陡于设计坡度。

3. 现场监测控制制度化，利用全站仪、经纬仪和水准仪等常规测量控制手段，对抛石工程做全面、精确的监控。

4. 完成设计断面的石料抛放，及时请监理工程师验收，填报隐蔽工程验收单。

5. 二片石抛理后应及时抛填混合倒滤层，混合倒滤层抛理后应及时回填土。

5.9　浆砌石防浪墙施工

5.9.1　概况

本工法防浪墙结构为浆砌石结构，块石饱和抗压强度不低于50MPa，填充及勾缝砂浆强度等级为M20，防浪墙每15m设置一道结构缝，中间填充2cm油侵木丝板。防浪墙施工分为上下两层施工。

5.9.2　浆砌石防浪墙施工方法

1. 砌筑所用砂浆在混凝土拌合站拌合，混凝土罐车运至施工现场，块石采用自卸汽车自块石存放场运至施工现场，人工砌筑。

2. 砌筑每一层块石时，在垫层上坐浆砌筑。所有块石应坐于新铺砂浆之上，砂浆凝固前所有缝均应满浆。砌体应分层砌筑，每层块石近乎水平，上下两层块石应骑缝，内外块石应交错搭接，层之间不能相互搭砌，砌石层厚不小于250mm，各层的块石应安放稳固，块石之间砂浆应饱满，粘结牢固，不得直接贴靠或脱空。砌筑时，底浆应铺满，竖缝砂浆应先在已砌石块侧面铺放一部分，然后于石块放好后填满捣实。直缝应与下层的临近直缝错开，砌缝宽度不大于4cm。

3. 砌筑用砂浆坍落度控制在50～70mm，拌合物应具有良好的和易性，随拌随用，应在3h内使用完毕，若发生离析、泌水等现象应进行现场人工2次拌合。

4. 块石在使用前必须浇水湿润，表面如有泥土、水分，应清除干净。砌筑前，应进行选石及块石修凿，块石的尖锐边角应凿去。临水面块石应大致方正，上、下面大致平整，须经粗打，正面平整度20mm。

5. 块石砌筑时，按一丁一顺排列，先砌角隅及面石，然后铺筑帮衬石，最后砌腹石。

6. 浆砌石胸墙在砂浆凝固前将外露缝勾好，若不能及时勾缝，则应在砂浆终凝前将灰缝隙刮深，深度≥20mm，为以后勾缝做好准备。挡墙外露面采用1∶2砂浆勾凸缝，砂浆采用中细砂，勾缝砂浆应嵌入砌缝≥20mm，勾缝完成砂浆初凝后，将砌体表面洗刷干净。

7. 砌体表面覆盖麻袋潮湿养护7～14d，不得干湿交替，养护期间避免砌体受碰撞或振动。

5.9.3　浆砌石防浪墙检验与验收标准

浆砌石防浪墙检验与验收标准见表5.9.3。

浆砌石防浪墙检验与验收标准　　　　　表5.9.3

序　号	项　目		允许偏差（mm）
1	顶面高程		±40
2	前沿线对准线偏		30
3	正面平整度		40
4	断面尺寸		±50
5	正面竖向倾斜	前倾	0
		后倾	h0/100

5.10 路基施工

5.10.1 工程概况

为构筑黄骅港和内地"东出西联"大通道，配套建设南、中、北、东、西五条疏港路，约100km，其中浅海水域约40km。路基宽36.6m，路基填料主要为土，最大填深8m，于槽下150cm范围内，加做剂量5%的石灰稳定土以改善路基CBR值。

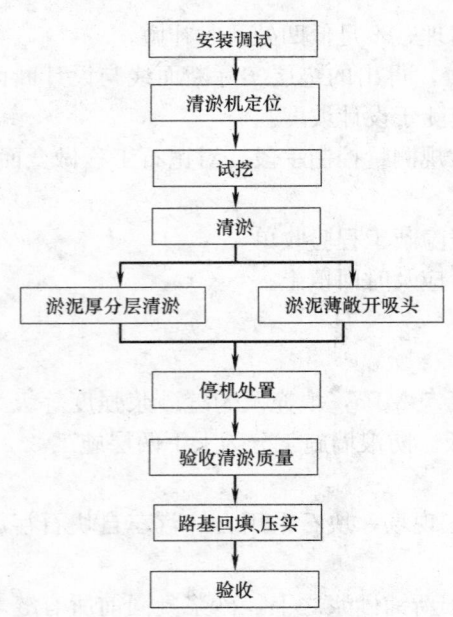

图 5.10.2　浅海水域作业段路基
施工工艺流程图

5.10.2 工艺流程

浅海水域海底清淤路基施工工艺流程见图5.10.2。

5.10.3 海底清淤

1. 组合冲吸式水下清淤机工作原理

1) 机械组成

组合冲吸式水下清淤机由浮箱（拼装式船）、泥浆泵、清水泵、配电箱、提升装置、吸头（有封密式和敞开式两种）、输泥管、压力管等部件组成。

2) 机械的工作原理

组合冲吸式水下清淤机工作原理是：借助压力水泵水力的作用来进行破土，用泥浆泵吸泥管道排送，卸泥。

3) 水下取土装置的组成与工作原理

采用封密式吸头时，则将泥浆泵的吸入口和压力水泵的出口分别用管道（长度视挖深而定）连接到一个铁罩壳上。工作时，罩壳沉入水底与土层紧贴（压力水泵工作时与土层形成间隙），形成与周围水相隔的区域，启动压力水泵，高压水柱切割水下淤泥土体，使之形成泥浆，启动泥浆泵，通过管道吸送到弃土区。采用敞开式吸头时，则将泥浆泵的吸口和压力水泵的出口分别用管道连接到底部为矩形，上部为圆形的吸头上，其矩形底部周边装有喷水嘴。工作时压力水将周围土体冲成泥浆，通过泥浆泵的吸入、提升、加压管道输送实现清淤。由于泥浆泵的流量大于清水泵，故工作时泥浆不会向四周扩散。

泥浆泵吸口安装位置在水面以下50cm左右，通过管道（橡胶管或部分铁管）将泥浆泵吸口及压力水泵出口引至水下深处（最深可达15m）。为适应水下开挖深度变化，减少吸泥管加接所占用的工作时间，可将泥浆泵安装在设于船边的轨道上，随着开挖深度的加深前移泥浆泵，确保吸头正常工作。若工程水深超过15m，可于吸头上部串接一台潜水泥浆泵。其扬程可达18m，泵下吸管仍可达15m。这样可将水深30m左右的水下泥浆送到水面。再于船上或水面上用普通泥浆泵将泥浆接力输送到指定地点。

2. 清淤工艺原理与技术要点

1) 安装调试

部分部件可在陆地安装，部分部件于组合式船体装配后在船上，水面上安装。对机械设备中主机泥浆泵，高压泵，配电箱等进行调试。

2) 将清淤机驶入预定作业区并定位

定位办法是：按RTK-GPS指令校对清淤机坐标，前后左右用四根锚绳或缆绳固定，前方左右绳索全部布置放开，后方大部分卷在卷筒上，就船尾附近放下，前后绳索长约100m左右（视前移长度而定）。

3) 试挖与检查清淤效果

先进行小规模试挖。一般以每50m进行一次断面试挖，通过试挖以确定该工程土质在不同深度情况下的每次造孔直径与坡比，以确定正式清挖时的孔距、排距及挖深。清淤试验布点造孔，每试验段造孔不少于 3 个,孔与孔之间不能相连。

4)正式清挖

据试挖结果,确定各工作区清挖布点的孔距、排距及挖深。首先,呈扇形状变换作业点。船被定位后,泥吸头工作是以吸头底座为圆心进行扇形移动布点造孔清挖的。由于黏土与砂土造孔的孔径,坡比是不同的,故不同土质情况下每一扇形布点个数不相同。一次清挖深度一般为 2.5~3m,淤泥较厚时可分数层清挖。使用封闭式吸头,每次变换作业点必须提起吸头。其次,前收后放移动作业面。完成一次扇形状布点清挖后,整个船体须前移,船体前移靠锚绳或缆绳的前收后放实现。

5)清挖淤泥层较薄时应选用敞开式吸头

使用敞开式吸头施工时,变换作业点,船体前移可不提起吸头。

6)暂时停机

当需要暂时停机时(维修、移位),为了防止泥砂堵塞管道,应先提起吸头,停止高压泵,待泥浆泵出口泥浆浓度接近请水时再停泥浆泵。有时吸头由于埋入土中难以提起,应先停泥浆泵,靠高压泵的出口的反冲力帮助吸头上升。由潜水员或测量器进行实地测量水下试挖泥坑的边坡坡比,上下孔径,中径及深度等,据经验一般清淤深度 1m 左右时,黏性土形成的坡比约为 1:1,中径为 2~3m;砂性土形成的泥坑坡比约为 1:2 左右,中径 4~5m;据试验结果确定孔距、排距及每层清挖深度。据经验一般孔距与排距为中径的 0.8 倍。每层清挖深度砂土 2.5~3m,黏性土 1~2m。

3. 划分工段,逐段施工检验

一般将整个工程分成若干段,每段 25~50m 左右不等,施工时经过自检、专检、抽检合格后方可转入下一作业区。

4. 按梅花状布点施工

为防止欠挖,吸泥罩(吸泥头)应呈梅花状布置造孔清挖。检查是否呈梅花状可用测杆插入水下探测。

5. 为减少潜水员下水检查次数,可采取水上检查法进行自检。方法有二:一是派员观察出泥泵出口的泥浆浓度,若由黑变黄,则说明淤泥清除干净。二是用带斗标杆浸入水下插入淤泥中测试淤泥的深度。带斗标杆结构是由一根长约 3m(视淤泥深度而定)的带着三角小斗的钢管制成。每个小斗之间间距 5~10cm,钢管两端有丝扣,可按水深要求加接钢管。当测杆插入淤泥中,小斗被淤泥充填,提起测杆,便知水下淤泥层厚度。

6. 对施工要求特别高的工程,最后可用敞开式吸头清扫一遍,可将少许欠挖土方、回撒土方清扫干净。

5.10.4 路基回填

1. 土场取土前要进行清表,把表层土、腐殖土和含杂质的土清除,确保路基回填土的质量。装土采用挖掘机,据运距的远近,挖掘机配备相应的自卸汽车数量,以充分发挥各种机械的效能,确保工程进度。

2. 路基填料每 5000m³ 或土质有变化时取样进行检验。正式填筑前,先做 100m(全幅路基)的试验段,以验证最佳碾压组合方式、工序、松铺厚度和含水量等,试验结果报经监理工程师批准后作为施工控制的依据,然后再正式填筑。路基碾压采用 DD110、DD130 振动压路机和 18~21t 三轮压路机,组合碾压。

3. 路基填筑时按路面平行线分层填筑,不同土质分层填筑,每层填筑压实厚度为 10~20cm,每种填料需铺总厚度≤50cm,填筑宽度要路基每侧超出设计宽度 50cm,以保证路堤边缘的压实度。整平时采用推土机粗平,平地机细平,按试验段确定的压实厚度和遍数,一般厚度≤40cm。同时,填至路床顶层,最后一层的最小压实厚度≥8cm,注意处理好接头和保证路基填筑。

4. 在填筑时,要求上、下路床(0~80cm)范围内最大粒径≤10cm;路堤(80cm 以下)范围内最大粒径≤15cm。

5. 土石路堤必须分层填筑，逐层压实，不得采用倾填法施工；水中路基填筑可采用"倾填法"施工；施工期间保证排水畅通。

6. 结构物台背回填，按图纸和监理工程师要求进行。两侧对称回填压实，压路机达不到的地方，采用小型机具夯实。

7. 液限＞50、朔性指数＞26的土，以及含水量超过规定的土，未经改良不得直接作为路堤填料。路基强度、压实度及填料规格要求见表5.10.4。

路基强度、压实度及填料规格　　　　　　　　　表 5.10.4

项目分类		路面底面以下深度(cm)	材　料		压实度(%)	
			填料最大粒径(cm)	填料最小强度(CBR)(%)	重型压实度(%)	固体体积率(%)
填方路基	上路床	0～30	10	8	≥96	≥87
	下路床	30～80	10	5	≥96	≥87
	上路堤	80～150	15	4	≥94	≥85
	下路堤	150 以下	15	3	≥94	≥83
零填及路堑路床		0～30			≥96	

5.10.5　路基工程施工关键技术

1. 掌握潮汐规律，科学选用陆地作业工法或水中作业工法，合理利用资源。

2. 海底清淤是路基回填成败之关键，结合"海底地形图"、水深及流向和淤泥深度确定作业工法，譬如"两栖设备清淤法"、"驳船清淤法"和"爆破清淤法"。

3. 水中路基一般采用"竖向填筑法（倾填法）"；陆地段则采用"分层压实法（碾压法）"。

4. 路基同防护工程一样，均要进行工后沉降观测，以利科学确定路面结构施工时段。

5.10.6　质量标准

非海水域作业段工法，参照《公路路基施工技术规范》JTGF 10—2006 和《公路工程质量检验评定标准》JTGF 80/1—2004 执行。

5.11　路面基层施工

石灰稳定土、二灰稳定土等路面底基层施工，水泥稳定碎石路面基层施工，严格执行《公路路面基层施工技术规范》JTJ 034—2000、沥青路面施工，严格执行《公路沥青路面施工技术规范》JTGF 40—2004即可，此不赘述。但组成设计时，须采取技术措施预防盐害。

5.12　水泥混凝土锁块路面施工

5.12.1　工程概况

入海段路面宽 30m，上面层为 10cm 水泥混凝土锁块路面，基层为 40cm 石灰稳定土＋20cm 水泥稳定碎石。

5.12.2　工艺流程（浅海水域作业段）

浅海水域作业段路面施工工艺流程见图 5.12.2。

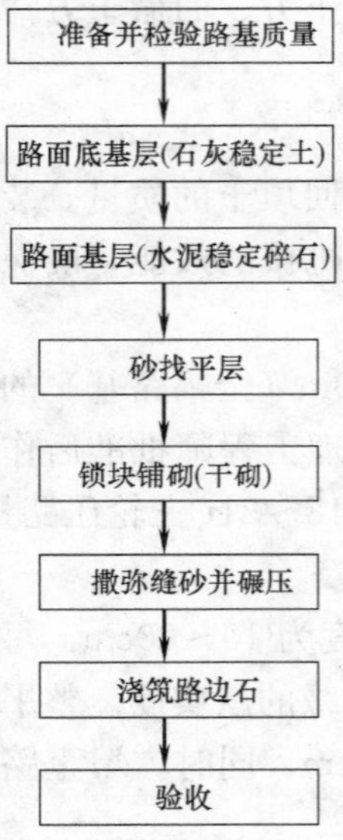

5.12.3　路面面层（锁块路面）操作规程

1. 施工前对下承层进行检验，合格后进行中线复设，恢复中线后打出路边线，要求测设准确，弯道处顺滑，然后计算调平层的砂用量（设计厚5cm）。

2. 做好材料的运输及储备工作，组织人员调用机械进入现场，面层施工工序由路面工程师负责，工长 3 人，技术人员 3 人，主要施工人员 50 人，铲车 1 辆，运输车 6 辆，平整梁 2 个，3m 直尺 1 个。

3. 施工程序

1）将调平用砂过 2.5mm 筛孔筛，根据计算的砂用量将砂打成砂条，每条不超过 3m，以利均匀摊铺。

准备并检验路基质量
↓
路面底基层(石灰稳定土)
↓
路面基层(水泥稳定碎石)
↓
砂找平层
↓
锁块铺砌(干砌)
↓
撒弥缝砂并碾压
↓
浇筑路边石
↓
验收

图 5.12.2　路面施工工艺流程图

2）粗平。用铲车和人工配合，将砂条摊平并压实。

3）测量钉线。根据砂的要求厚度，沿路线方向钉线。用水平仪测出中线及边线的设计高程，采用纵横向各5m的方格状控制网线找平、铺砌方法进行铺砌。

4）铺砖。根据规范要求每块符合外观质量的规定，两块间的高差和缝宽不大于3mm，铺筑的每块路面砖要有整体稳定性，砖缝紧密一致，嵌咬有力，砖缝组成的图案在整条路中要：平整顺直、大小一致。特别是弯道处的路面砖铺筑，要用"中线平移法"将砖缝的走向提前设计好，以便砖缝图案与路线走向保持一致，使整个路面漂亮美观，严禁分几段分别施工，最后在接头处用水泥混凝土填筑找平。

5）填缝。连锁块预制块铺筑完成后，用细砂均匀铺撒表面，并用人工扫入砖缝中，细砂要略有余量，然后采用50m左右为一段，用小钢轮或胶轮压路机进行碾压，碾压顺序为振动压路机静压1遍，把填砂的空隙处振实，如此2～3次，不能有遗漏，使整个路面填充密实，每个连锁块保持整体稳定一致。

6）在连锁路面与连锁路面连接结合部，应用与连锁块强度等级相同的水泥混凝土填充捣实，并加以养护。

7）路边石浇筑。连锁块面层整体完成后，清除表面多余细砂和水泥混凝土残渣，修整两侧路肩膀，进行路边石的浇筑施工，要求浇筑用混凝土强度等级必须符合强度要求，线形顺直，钢筋间隙符合要求。

8）整修路容。路边石浇筑完成后，修整两侧路肩，勾画出一幅美丽的交通画面。

9）各施工队伍在施工前配备好施工工具如皮槌、瓦刀等。

5.12.4 路面工程施工核心技术

1．灰土宜厂拌，因为海滩区域多为过湿土，可用袋灰与湿泥强制混合初拌，待水分适宜后，再用稳定土拌合站拌合均匀备用。

2．面层锁块、水泥稳定碎石所用水泥，应优选抗海水水泥，以利结构耐久。

3．面层锁块下砂垫层，用砂须过筛，稳压、成型适宜用重型胶轮压路机。

4．路面基层水泥稳定碎石顶面宜设置沥青上封层，以减少地表水侵蚀底基层和路基。

5.12.5 质量标准

1．非海水域作业段质量标准。参照《公路路面基层施工技术规范》JTJ 034—2000、《公路沥青路面施工技术规范》JTGF 40—2004和《公路工程质量检验评定标准》执行。

2．海水域作业段质量标准。海水域作业段质量参照连锁预制块外观质量标准（表5.12.5-1）、连锁预制块几何尺寸及力学性能标准（表5.12.5-2）、《混凝土路面砖铺砌施工技术规范》、《公路路面基层施工技术规范》JTJ 034—2000和《公路工程质量检验评定标准》JTGF 80/1—2004执行。

连锁预制块外观质量标准（单位：mm）　　　　　　　　　　　　　　　表5.12.5-1

项　　目		优等品	一等品	合格品
正面粘皮及缺损的最大投影尺寸≤		0	5	10
缺棱角的最大投影尺寸≤		0	10	20
裂纹	非贯穿裂纹长度最大投影尺寸≤	0	10	20
	贯穿裂纹长度最大投影尺寸≤	不允许		
分层		不允许		
色差、杂色		不明显		

3．必要时参照《港口工程质量检验评定标准》JTJ 221—98执行。

连锁预制块几何尺寸及力学性能标准　　　　　　　　　　　　　　　　表5.12.5-2

边长/厚度	<		≥5		
抗压强度等级	平均值≥	单块最小值	抗折强度等级	平均值≥	单块最小值
CC50	50.0	42.0	Cf6.0	6.00	5.0

4. 根据"试验段"总结报告和科研课题技术报告，制定切实可行的"质量内控标准"，确保各项操作在有效控制中完成。

5.13 混凝土垫层及路缘石施工

5.13.1 概况

本工法现浇混凝土垫层采用 C15 混凝土，路缘石采用 C25 混凝土。

5.13.2 混凝土垫层及路缘石施工方法

1. 测量控制

在混凝土垫层上施放出模板支立边线，并按设计算出每条混凝土两侧设计标高，控制模板支立标高。

2. 模板工程

模板用 150 槽钢，挂线控制顺直度，用钢筋钉入路面基层固定。

3. 混凝土工程

1）原材料。混凝土垫层、路缘石施工使用的原材料进行检验合格后方准使用。

2）混凝土浇注。混凝土用搅拌车运输，现场浇筑工艺施工。插入式振捣密实后，木抹搓平，路缘石采用铁抹压光。

3）混凝土养护。路缘石成型压光后，覆盖塑料薄膜，淡水潮湿养护 10d。

5.13.3 路缘石质量标准

路缘石质量按《公路工程质量检验评定标准》JTGF 80/1—2004 有关条款执行。

6. 所用材料与设备

6.1 原材料采购

6.1.1 工程沿线无砂石料厂，石料由蓟县或山东青州、蓬莱等地采购，砂子由正定采购。砂石料到场方式全部为水上运输到场。

6.1.2 钢材、水泥等其他原材料可由沧州采购，运输条件较为便利。

6.2 原材料运输

本工程所在地区总体上讲运输条件比较理想，具体情况如下：

沿海公路北至天津，南到山东，是沿海地区与外省市联系的主要通道；205 国道，为贯通我国南北的大动脉；省道黄骅市至辛集公路，为河北与山东联系的主要出口之一；省道保沧公路是连接沧州与保定的交通大动脉；黄骅港口的建设使得海路运输方便、快捷。

6.3 机械设备

6.3.1 陆地部分

路基、路面施工可采用常用机械设备。

6.3.2 潮汐影响部分

受潮汐影响的滩涂部分，路基工程应配备长臂挖掘机和水陆两栖挖掘机。

6.3.3 水下清淤

组合冲吸式水下清淤机［ZC QY 35—15 D（C—柴抽机驱动，F—柴油发电机）］主要工作性能参数：

1. 船体外形尺寸：5300mm×3200mm×800mm，含控制室外形尺寸：5300mm×3200mm×2750mm；

2. 吃水深：0.4m，排水量：10m³；

3. 升降机功率：1.5kW×2，升降速度：5m/min，牵引力：2000N；

4. 清水泵出口压力：0.5Pa；

5. 主机（泥浆泵）台数：2 台；

6. 泥浆浓度：20%～45%，最大水下作业深度：15m；

7. 输泥距离（排高 5m 内头 200m），接力泵排距：300m；

8. 淤量：350～400m³/h；

9. 操作人数：3 人/台班。

6.3.4 挖泥船

常用的挖泥船可分为机械（斗）式和水力（吸扬）式。

1. 机械（斗）式挖泥船

用挖泥斗挖掘海底泥土，有时也用于海底采砂。挖泥船有自航和非自航两类，按其泥斗形式、工作方式有种：

1）铲斗式挖泥船。用铲斗挖掘水下坚硬泥土和爆破后的岸石。

2）链斗式挖泥船。用装在斗桥滚筒上连续转动的链斗，挖取水下泥砂，挖迹平坦。

3）抓斗式挖泥船。用抓斗挖掘水下淤泥、黏土和砂砾等，大多用于港池和码头附近狭小范围内挖泥作业。

2. 水力（吸扬）式挖泥船

用泥泵形成真空吸取海底泥土，按其松碎泥土设备不同分两种：

1）绞吸式挖泥船。在吸泥管口装有绞刀以进行松土吸扬式挖泥船，用泥泵吸取并通过排泥管道把它输送到数千米以外的浅滩或岸上，适用各种土质。

2）耙吸式挖泥船。备有耙头、吸泥管、泥泵、泥舱等装置，在航行中耙吸泥沙的吸扬式挖泥船。泥舱装满可通过泥舱侧面溢流门或底部泥门排泥，也可用自身泥泵将泥舱内泥浆吹送到岸上。适用于淤泥、黏土和砂土质。装有边抛设备的耙吸式挖泥船，即边抛挖泥船，在要求迅速挖通航槽的情况下，可发挥较高疏浚效率。另据当地土质和海洋水文情况而特制的挖泥船，如密西西比河口采用吸盘式挖泥船效果良好。

海上疏浚常用中转设施。在岸滩专设泥池，用自航式挖泥船到池中开底门抛泥，再用绞吸式挖泥船吸泥上滩、上岸。该设施可提高疏浚效率，减少水质污染。

海上疏浚常需要扫床、设标等辅助作业配合。扫床作业可以发现和清除沉船、爆炸物及其他障碍物。疏浚导标有固定标及浮标，固定导标导航精度较高，但在开敞海域中设置浮标较为方便，现在大型挖泥船已开始采用无线电导航。此外，进行海上吸填作业时还需设置围堰和排泥管架等辅助设施。围堰可以形成一个静水沉淀池，促使吹填泥砂沉降，并能防止泥浆漫流散失和影响周围环境。围堰在吹填成滩后还能兼做护坡用。

6.3.5 DBP 清淤设备

DBP 清淤设备是由浮体平台、电泵 3～4 个柴油电机组、电气控制设备、升降装置、移动装置和管路等组成。生产方式是通过附近电网或柴油发电机组向设备提供动力，采用搅拌式与水流挟带式混合造浆，浮体平台浮在水面上，将电泵潜入水下，泥浆泵吸口接近水下床面，在副叶轮搅拌和主叶轮吸入作用下，利用泥浆泵通过管道输送。随着泥沙的吸入，由升降装置控制电泵下降，并且能通过移动装置控制平台水平移动。DBP 清淤设备适用于水面开阔，0.6m≤水深≤10.0m 水底挖砂。

DBP 清淤设备电气控制系统齐全，工作人员劳动强度低，安全有保证，一台砂污泵出现故障需要维修时，其他砂污泵照常工作，不影响进度。DBP 清淤设备效率见表 6.3.5。

DBP 清淤设备效率 表 6.3.5

泵型号	流量（m³/h）	扬程（m）	转速（r/min）	功率（kW）	吸程（m）
SWQ250-35-45	250	35	950	45	

7. 质 量 控 制

7.1 质量检验方式

潜水检验或用带斗测杆测量检验。

7.2 随机抽查与频次

据随机原则抽查，其范围（面积之和）不低于该作业区（工段）清挖总面积1%。

每个测区测点为4~6个，其中一测点为圆心，其余3~5点均匀分布于该圆心，试挖推断之圆周上。每作业区测区数，由每测区面积与要求测量面积求得。每个作业区测点数，由每作业区测区个数与每个测区测点数求得。

7.3 质量标准

质量标准控制对每个作业区（工段）测点合格率须达到90%，否则返工。

8. 安 全 措 施

本工程安全目标：确保无死亡和重伤事故、无重大机械设备事故、无等级火警事故。

8.1 安全组织保证

设安全小组，配备专职和兼职安全员，建立安全控制网络。严格执行国家的有关安全方针、政策和法规。对参加施工的全体人员进行"安全第一、预防为主。安全生产、人人有责"安全活动教育。据具体情况，制定安全守则，健全安全生产岗位制，杜绝发生重大人身伤亡事故，预防一般事故发生。

8.2 安全技术措施

8.2.1 在施工期内，按照国家、省、市颁布的有关安全法规、规程和安全生产条例、规章，建立以项目经理为首的安全领导小组，制定并实施一系列安全措施，贯彻落实"安全生产，预防为主"的方针，确保工程现场施工安全。安全目标：杜绝一、二类人身伤亡、机械设备及工程质量事故。避免三类事故和社会治安事故，维护工地正常生产，生活秩序；防止四类一般性小事故，确保施工按计划完成。

8.2.2 开工前组织有关人员认真学习安全防护规程，遵照管生产必须管安全的原则，项目经理是安全生产的第一负责人，设专职安全员，负责安全生产责任制的制订和落实，经常到工作面进行检查，发现问题，及时处理，做到定时、定人、定措施整改，杜绝不安全因素。

8.2.3 树立"安全第一"的思想，提高职工的安全意识和自我保护意识，定期举行安全会议，检查安全责任制和安全措施的落实情况，各作业班组在交接前后，均进行安全作业情况的检查和总结。在主要进场道路口设置醒目的安全告示牌。

8.2.4 按国家劳动保护法的规定，加强劳保用品管理，现场作业人员一律配发相应的劳动保护用品，如安全帽、安全带、防尘面具等。

8.2.5 加强夜间生产、生活安全措施，场内道路、作业面布置足够的照明灯具。

8.2.6 施工期间按时收听、收看天气预报。

8.2.7 加强操作工人的安全技术教育和培训，新工人入场上岗前先进行"三级"安全教育。建立安全档案，做好安全技术交底工作，对特殊工种如各种机械、电气设备、车辆、船舶等机械操作应杜绝无证作业。定机定人，严格按安全操作规程作业。

8.2.8 加强场区施工用电和电机设备安全管理，低压电器线路按标准离地5m以上临空架设，严禁乱拉乱接，对施工作业面临时线路进行挂高离地2m以上布置。对电机设备和用电机具进行切实有效的安全接地和接零保护，做好日常保护保养和定期检修工作，防止漏电触电事故发生。

8.2.9 施工现场配置颜色统一并有警示标记的配电箱，并进行编号，做到门锁齐全，严禁乱拉乱合。

8.2.10 加强安全防火知识教育，严禁使用电炉，合理布置消防设施，对职工进行基本的防火器材使用示范训练，做到人人都会使用简单的消防器材，真正做到群防群治，把火灾事故消灭在萌芽状态。

8.2.11 对防火重点场所、仓库挂置醒目的禁火牌，执行动火许可证制度，严禁无证动火，加强防火器材配置和检查，确保万无一失。

8.2.12 禁止职工酒后上班，严禁酒后作业。

8.2.13 设立月度安全奖励制度，开展"百日无安全事故"活动，争取本工程项目无安全事故。

8.2.14 建立职工安全档案，严格执行安全生产"六大纪律"和安全生产"十个不准"，严禁违章指挥和违章作业，对违章者据违章情节给予处罚和追究责任，并计人安全档案。

8.2.15 加强流动人口的暂住证的管理工作。由于公路工程工期长，合作单位多，地点分散，职工调动频繁，为防止社会闲杂人员混入，预防偷盗事件的发生，加强保卫科与当地公安机关和乡镇村密切合作，做好人员管理工作，确保工程施工顺利进行。

8.3 安全预案

针对工程性质制定"浅海水域作业安全预案"和"防台风抢险预案"，组织安全预案演习。

9. 环保措施

9.1 组织管理

9.1.1 施工期间严格遵守国家有关环境保护的法律和法规，采取有力措施进行环境保护。

9.1.2 组织项目经理部学习国家有关环境保护的法规和合同中规定的环保要求，在制定施工措施和组织管理中具体落实。

9.1.3 严格文明施工，对施工人员进行环保文明施工教育，从思想上认识环境保护文明施工的重要性。

9.1.4 在施工区和生活区的重点区域配备专兼职卫生员及卫生管理员，检查、清扫生产垃圾和生活垃圾，并监督施工程序是否符合环保要求，发现问题及时处理。

9.2 技术措施

9.2.1 按指定地点弃渣，有序堆放并合理利用。严禁随意堆放。

9.2.2 工地现场和生活区设置足够的临时卫生设施，及时清理垃圾，生产和生活垃圾统一运弃，保证施工区的环境卫生。

9.2.3 工地建设，按文明工地标准进行，按标准建设食堂、厕所。

9.2.4 爱护当地草木，搞好与兄弟单位的协作关系，和当地群众合睦相处，以礼待人，严明纪律。

9.2.5 在施工区域内，树立醒目标语牌，加大环保文明施工宣传力度。

9.2.6 各施工队实际管理区域责任制，挂牌施工，文明施工，定期整治现场环境，保持现场的各类机械设备、材料摆放整齐有序，严禁乱堆、乱丢、不用的器材要及时回收，已完工项目要做到工完场清。

9.2.7 在全部工程完成后，除已征得监理单位同意外，立即拆除一切必须拆除的施工临时设置和施工临时生活设施。拆除后的场地按监理工程师指示清除干净。

9.2.8 污水处理系统。所有可能危及周围环境卫生的施工区周围设置明渠，暗管等设施，严禁污水漫流。在各区域排污系统的末端，根据污水性质设置不同处理系统，一般设置沉淀池、油水分离池、过滤、澄清并达到有关规定后再排放。

9.2.9 粉尘防护系统。拌合站等粉尘污染较重部位，采取合理选配运输设备，从根本上控制粉尘污染。混凝土拌合站拌合系统采用彩板封闭结构遮挡控制水泥粉尘随风飘散。

10. 效益分析

10.1 科技鉴定

交通部专家评价该工法：具有先进性、新颖性和科学性，处于国内领先水平，填补了我国现行公路工程施工技术规范之空白。先后被批准为2008年度交通部工法［GGG（冀）A2006—2008］和国家级工法（GJEJGF 144—2008）。

10.2　技术经济效益

该工法用石灰改良盐渍土、过湿土、淤泥质土为路基填料，替代部分抛石，增强路基板体性，降低路基沉降量，与传统的"全抛石填筑路基"，减少抛石量1/3以上；石灰、粉煤灰稳定盐渍土，做高等级公路路面底基层，强度达到0.8MPa，满足设计要求，解决了充分利用地材——盐渍土的问题，与传统工法相比成本降低约5%，经济效益极为显著；与海上建桥比降低造价1000万元/km以上。

该公法符合国家关于建筑节能工程的有关要求，有利于推进能源与建筑结合配套技术研发、集成和规模化应用。

11. 应 用 实 例

为构筑黄骅港和内地"东出西联"大通道，投资近20亿元人民币，配套建设疏港公路网（其中浅海水域约40km），2006～2009年沧州路桥工程公司研究并应用该工法成功修建了南、中、东疏港公路和军盐公路、中心公路约100km，现已经竣工通车。图11.1为疏港公路网规划示意图，图11.2为疏港公路纵断面示意图。

用该工法建设的疏港公路，经天津市质量监督检验站第二十九站对路基弯沉值，路基填料CBR性能、膨胀量，压实度进行鉴定；经黄骅港航务工程有限公司勘测分公司对路基高程、沉降、和整体稳定性进行鉴定，满足或超过一级公路设计标准。

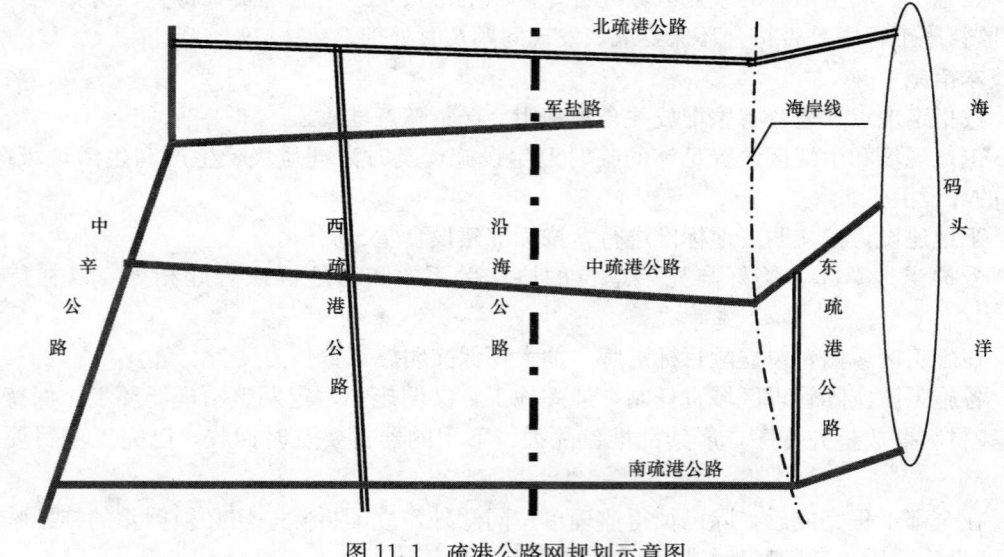

图11.1　疏港公路网规划示意图

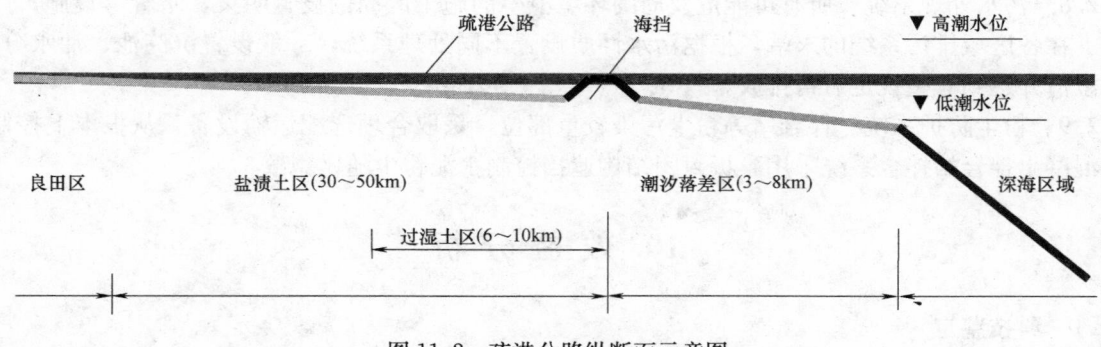

图11.2　疏港公路纵断面示意图

沥青路面多步法就地热再生工法

GJEJGF145—2008

山东省路桥集团有限公司

赵显福　周新波　李振海　于悦　马士杰

1. 前　　言

改革开放以来，我国经济高速增长，带动我国公路建设实现了跨越式的发展。截至 2007 年底，我国公路通车总里程已达 370 余万公里，其中高速公路里程达 5.3 万 km，居世界第二位。大发展早期投入使用的道路，已相继进入维修养护期，近几年，养护维修量成直线上升趋势。2005 年，交通部提出"建设是发展，养护也是发展"的建养观念，国家制定了可持续发展战略，建立资源节约型、环境友好性社会。

在这一社会大环境下，山东省路桥集团为提升自身施工实力，于 2003 年从国外引进了理念先进的多步法就地热再生系列机组，致力于再生工艺的研究，着手就地热再生工艺的应用与推广。然而，由于该套机组是基于国外沥青路面的实际情况设计制造的，并不完全符合中国的国情，造成设备性能不稳定，功能不完善，早期施工的路面质量不是很理想，山东省路桥集团通过与山东省交通科研所合作，对国内道路实际情况进行分析研究，组织专业技术人员对设备进行多次技术攻关与改造，对再生工艺进行完善，并以此为基础，申报了省交通厅科技项目《沥青路面现场热再生技术》，到 2006 年路面再生工艺已经基本成熟，施工效果较为满意，2008 年 12 月热再生课题顺利通过鉴定，并获得了"国际先进"的鉴定结论。

自引进多步法就地热再生机组至今，山东省路桥集团已在国内包括山东、浙江、福建以及内蒙古等多个省份完成了就地热再生施工，早期施工的路段至今已使用 4 年多，跟踪检测未发生非结构性破坏，施工质量均得到业主和监理一致认可，创造了巨大的经济效益和社会效益。

2. 工 法 特 点

对于沥青路面的损坏维修，目前国内普遍采用的是传统的铣刨重铺方式，这种方式虽然能够解决大面积的路面病害，但是作业时间长，维修成本高，而且还会产生大量的废旧沥青混合料，造成了严重的资源浪费。沥青路面多步法就地热再生则在很大程度上避免了这些问题，相对于传统养护方式具有不可比拟的优势。

3. 适 用 范 围

目前热再生的使用主要是以解决路面病害为目的，随着热再生养护工艺的不断完善、施工质量的不断提高，热再生工艺一旦广泛应用于预防性养护，其前景将非常广阔。目前，沥青路面的再生须满足一定的条件，具体情况如表 3。

多步法就地热再生机组是一系列机组，设备原值较高，机械庞大，设备折旧费用和施工转场时托运费用较高，施工时机械组合长 80～100m，因此施工现场应满足以下条件：

（1）具备一定的工程规模，通过增加工程量降低维修单价和设备其他费用；

（2）确保现场的施工条件，一组机械通过的时间约需 60～90min，再加上养护、检测时间，需要中断施工地点一段时间的交通。

适合条件具体情况 表3

项　目		适用条件	备　注
原路面的平均厚度(cm)		＞5	确保翻松时不接触非沥青混合料
车辙	挤压变形程度(cm)	＜8	车辙深度超过8cm后需要预处理
	磨耗(cm)	＜3	面层料质量满足使用要求后，可以再生，否则必须选择一种合适的方式，预处理或者加铺
网裂程度(%)		＜40	如果仅仅是表层网裂，不受限制，当局部破损达到下一层次或更深时，必须提前挖补
原路面沥青的老化等级(0.1mm)		＞30	加铺时，原路面沥青针入度要求下限可以放宽至20

4. 工 艺 原 理

4.1　沥青材料的老化过程

沥青在自然因素（热、氧、光和水）的作用下，产生化学变化，导致路用性能的劣化，这就是我们常说的"老化"。老化后的沥青通过适当的工艺，能使其恢复原来的性能，即所谓"再生"。

老化过程是新沥青路面铺筑后，在行车荷载和自然因素的作用下，其路用性能逐渐下降，路面失去柔软性，变的脆硬，病害破损相继出现。这说明沥青路面在使用过程中，沥青也在逐渐老化。通过对回收的废旧沥青的化学组分和新沥青材料相比较，发现废旧沥青的组分和性能有了明显的变化，具体表现为：油分减少、胶质和沥青质增加；其路用技术指标表现为黏度增大、针入度降低、软化点上升、延度降低。组分迁移理论认为，沥青老化主要是出于组分上逐渐发生变化，总的趋势是小分子量的化合物向大分子量的化合物转化，高活性、高能级的组分向低活性、低能级的组分转移。故老化沥青的软化点也偏高，这也就是说，沥青越老化，其油分越少，胶质和沥青质越多，黏度、软化点越高，针入度、延度越低。

4.2　再生的作用

4.2.1　恢复老化沥青的性质，使其达到最终的路用性能要求。

4.2.2　改善再生沥青混合料，从而达到其最佳的耐久性能。

4.3　材料设计与性能评价（以 2006 年京福路泰安段为例）

4.3.1　目标配比设计

与新沥青路面相比，变量的增加使得热再生对沥青路面的材料与混合料设计要求要复杂的多。所有热再生路面材料必须满足新沥青路面材料要求，对再生剂也应满足不同的要求。混合料设计中需要对旧路沥青混合料进行分析，确定沥青的老化程度以选择再生剂类型与用量，对级配进行分析以确定是否需要添加新鲜骨料或新鲜混合料，选择合适的组合进行混合料设计。

再生沥青混合料的组成包括原路面挖除的旧料、新添加道路石油沥青、玄武岩新骨料以及沥青再生剂。

4.3.2　原路面旧料抽提筛分

原路面于 2000 年建成通车，资料显示原混合料类型为改进型 AC-13，即多级嵌挤型混合料，采用玄武岩集料与 AH-70 道路石油沥青，经过 6 年多的运营原路面出现了一些问题，确定采用热再生进行养护维修。

首先通过现场调查确定合适的段落，选取多个有代表性的位置进行旧路面混合料取样，方法为现场挖除。实验室内采用进口全自动回流式抽提仪对原路面材料进行抽提筛分，确定旧料的级配情况与旧料的沥青含量。

通过表 4.3.2 可以看出经过 6 年多的运营原路面混合料级配发生了很大的变化，特别是自 4.75mm 筛孔以下明显偏细已经超出了限制范围，0.075mm 筛孔达到了 7.7%，分析其原因为在通车运营中由于

原路面材料抽提筛分试验结果　　　　　　　　表 4.3.2

筛孔尺寸(mm)	26.5	19	16	13.2	9.5	4.75	2.36	1.18	0.6	0.3	0.15	0.075
通过率(%)	100	100	98.1	90.4	77.1	58.4	38.9	30.3	21.1	15	10.8	7.7

材料的损失以及泥土的增加造成了混合料级配的变化。由于原混合料级配已不满足使用要求，因此需要添加新鲜混合料来调整混合料级配。

4.3.3 回收沥青，确定再生剂的添加比例

沥青再生的关键是再生剂的类型与用量，本次试验采用再生剂为美国进口，其具体指标满足 ASTM D4552 标准要求。由于旧沥青混合料经过一定年限的使用以后逐渐发生了老化，再生剂的作用就是使老化的沥青恢复到其原有的使用性能，其用量比例应当根据回收沥青添加不同剂量的再生剂进行性能检验，当恢复到原有性能时来确定，其过程如下：

采用旋转蒸发器对抽提液进行沥青回收，对回收得到的沥青进行常规指标检测，主要有软化点、25℃针入度，并对掺加再生剂后的沥青进行试验比对，主要掺量为：比例（再生剂/沥青）＝2.2%、4.4%、6.6%。最终数据如表 4.3.3 所示。

回收沥青试验结果　　　　　　　　表 4.3.3

再生剂掺量(%)	针入度 25℃ 0.1mm	软化点(℃)
0.0	50	54.5
2.2	57	52.5
4.4	61	50.6
6.6	69	48.7

可以看出，在不添加再生剂时表现为原路面回收沥青性质，数据表明原沥青在路面服务期间有了一定程度的老化，经过掺加再生剂后，软化点降低到适宜程度。

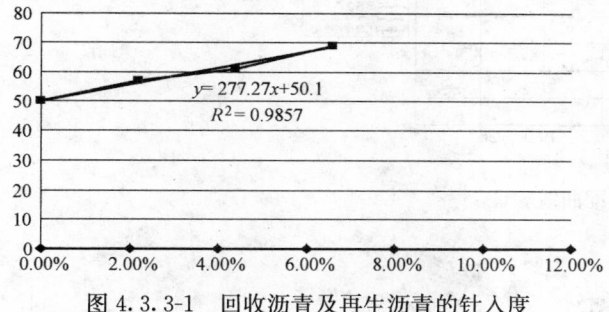

图 4.3.3-1　回收沥青及再生沥青的针入度

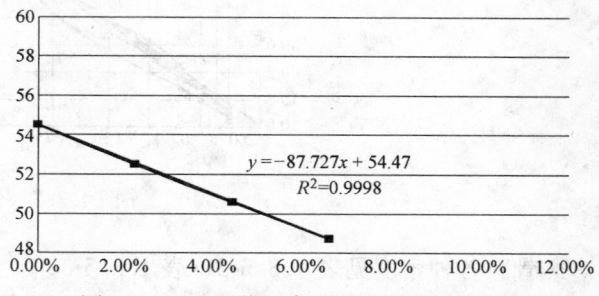

图 4.3.3-2　回收沥青及再生沥青的软化点

原路面采用沥青为 AH-70 号，根据图 4.3.3-1、图 4.3.3-2 分析来看当再生剂添加量为 6.0% 时，其能够满足 AH-70 号沥青指标要求，此时针入度为 66（0.1mm）、软化点为 49.5℃，因此确定再生剂添加量为旧路面沥青用量的 6.0%。

4.3.4 回收沥青，确定新沥青的添加比例

换算沥青用量：旧路沥青用量 4.04%，添加 10% 再生剂，换算沥青含量为 4.44%。根据常规 AC-13 沥青混合料沥青用量在 4.7% 左右，因此需要添加新沥青以弥补沥青的损失。

沥青添加量　　　　　　　　表 4.3.4

新沥青添加量	马歇尔密度	理论密度	空隙率
0.1%	2.389	2.545	6.1
0.3%	2.408	2.540	5.2
0.5%	2.421	2.533	4.4

结合表 4.3.4，综合分析采用 0.3％新沥青掺量作为设计掺量。新设计混合料沥青用量：4.44％＋0.3％＝4.74％。

4.3.5 级配设计

根据旧混合料的级配情况进行新添加混合料级配设计，其设计原则是使新旧混合料的合成级配满足 AC-13C 混合料级配要求，通过级配计算确定添加的新鲜骨料为 20％。级配见表 4.3.5-1。

配合比设计情况　　表 4.3.5-1

筛孔尺寸	合成级配	新料级配	19	16	13.2	9.5	4.75	2.36	1.18	0.6	0.3	0.15	0.075
11～22	4.8	24	100.0	100	69.2	5.4	0.3	0.3	0.3	0.3	0.3	0.3	0.2
5～11	8.8	44	100.0	100	100	92.0	4.8	0.2	0.2	0.2	0.2	0.2	0.2
旧混合料	80		100.0	98.1	90.4	77.1	58.4	38.9	30.3	21.1	15.0	10.8	7.7
3～5	4	20	100.0	100.	100	100	98.7	38.4	11.0	7.1	4.9	4.4	3.8
0～3	2.4	12	100.0	100	100	100	100	95.9	76.6	48.1	30.2	14.3	4.2
确定级配			100.0	98.5	90.9	76.5	53.5	35.0	26.5	18.3	13.0	9.2	6.5
对比级配		100	100.0	100	92.6	73.8	33.9	19.3	11.6	7.4	4.8	2.8	1.4
AC-13 上限			100.0	100	96.0	83.0	55.0	38.0	28.0	20.0	14.0	9.0	5.5
AC-13 下限			100.0	95.0	88.0	72.0	42.0	28.0	20.0	15.0	10.0	6.0	4.5
级配中值			100	97.5	92	77.5	48.5	33	24	17.5	12	7.5	5
工程允许波动范围			4.0	4.0	4.0	4.0	4.0	3.0	3.0	3.0	3.0	2.0	2.0

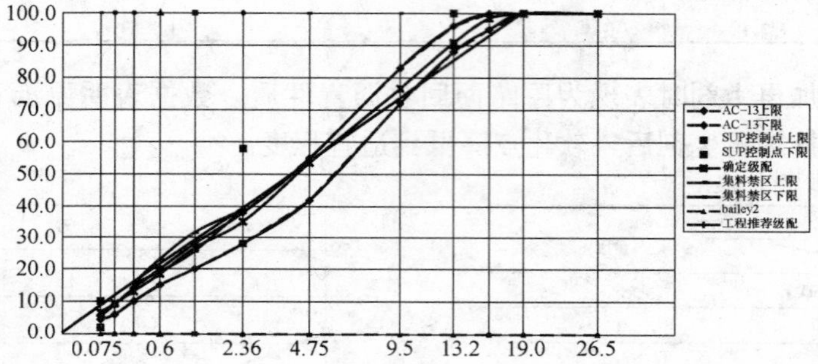

图 4.3.5 合成级配曲线验证

骨料各种密度见表 4.3.5-2、表 4.3.5-3。

骨料的各种密度　　表 4.3.5-2

材料名称	表观相对密度	毛体积相对密度	吸水率	回归计算 C 值	计算有效密度	松散密度	松散空隙率（％）	捣实密度	捣实空隙率（％）	振实密度	振实空隙率（％）
10～20	2.9495	2.9093	0.4688	0.80	2.9416	1557	46.47	1730	40.55	1846	36.54
5～10	2.9517	2.9024	0.5754	0.78	2.9407	1533	47.18	1706	41.23	1834	36.80
旧混合料					2.8516						
细骨料的相对密度试验											
石屑	3.040	2.959	0.904	0.70	3.0152	1569	46.98	1752	40.78	1881	36.43
机制砂	2.941	2.826	1.379	0.59	2.8942	1696	39.99	1901	32.74	2005	29.06

新添加骨料性能指标　　表 4.3.5-3

料场	规格（mm）	细长扁平颗粒（％）	棱角性（％）	砂当量（％）
沂水	10～20	7.3		
	5～10	9.3		
	0～3		47.6	92.2

4.3.6 确定最佳沥青含量

以预估再生沥青混合料的最佳沥青含量 4.78％为中值，取 4.70％、4.74％、4.78％、4.82％、4.86％五个沥青用量制作五组马歇尔试件，检验体积指标，确定最终的采用的沥青含量。以再生混合料沥青用量为 4.7％为例导出新沥青混合料沥青含量，即新沥青混合料的沥青含量为 3.5％，（4.7−4.73×1.06/(100+4.73×6％)×80％)/20％＝3.5％。根据确定的新添加沥青混合料级配采用 5 个沥青用量按比例分别与旧沥青混合料混合拌合，按照 70 号基质沥青的成型温度 140～150℃进行马歇尔试验，检验体积指标，其各项物理指标见表 4.3.6-1。

马歇尔各项物理指标 表 4.3.6-1

沥青用量(%)		4.70	4.74	4.78	4.82	4.86
试件毛体积相对密度		2.5437	2.5562	2.5661	2.5712	2.5805
理论最大相对密度	计算值	2.6475	2.6458	2.6440	2.6423	2.6406
	实测值	2.6631	2.6528	2.6471	2.6334	2.6230
空隙率(%)		3.92	3.38	2.95	2.69	2.28
稳定度(kN)		12.4	12.9	13.6	12.6	13.9
流值(mm)		2.00	2.38	2.52	2.98	2.93

本次试验首先对旧沥青混合料进行真空实测其理论密度，根据实测理论密度进行计算混合料中合成骨料的有效相对密度，采用旧混合料中合成骨料的有效相对密度进行再生混合料的最大理论相对密度计算，旧混合料及添加混合料 5 个不同沥青含量的真空实测结果如表 4.3.6-2。

旧混合料及添加混合料不同沥青含量的真空实测结果 表 4.3.6-2

名　称	沥青含量(%)	理论密度(g/cm³)
旧混合料	4.73	2.6311
不同沥青含量	4.70	2.6631
	4.74	2.6528
	4.78	2.6471
	4.82	2.6334
	4.86	2.6230

在进行体积指标计算时由于缺乏旧混合料中合成骨料的合成毛体积密度数据，因此体积指标只能进行空隙率的计算。根据对国内外热再生沥青混合料的调研以及最近几年山东的应用情况，对于热再生沥青混合料的空隙率不宜过大，选定热再生沥青混合料的设计空隙率为 3％～3.5％，新添加沥青混合料沥青含量的确定根据空隙率要求来确定。最终确定新添加沥青混合料的比例以及最终设计结果如表 4.3.6-3、表 4.3.6-4。

新添加混合料骨料比例 表 4.3.6-3

原 材 料	10～20	5～10	石屑	机制砂	矿粉
百分比(%)	24	44	20	12	0

新添加料与合成混合料沥青含量对照 表 4.3.6-4

新料沥青含量	3.5	3.7	3.9	4.1	4.3
合成料沥青含量	4.70	4.74	4.78	4.82	4.86

最终设计结果：新添加混合料沥青含量为 3.8％，合成混合料沥青含量为 4.74％，空隙率为 3.7％。

4.3.7 性能评价

项　　目	高温稳定性	残留稳定度
实验结果	2433	85.6
规范	1000	80

4.4 多步法就地热再生施工关键技术

山东省路桥集团在引进热再生设备之后，在施工过程中总结经验，对机组进行了多项改造和升级，在以下方面取得了突破：

4.4.1 关键技术之一：根据流体力学原理，改进热风循环系统；首次将重油燃烧器应用于再生设备，降低了再生成本。

热风循环加热系统是强制循环高温高压空气及一定程度的红外线辐射的完美结合。热风加热系统采用柴油燃烧器加热，在燃烧器的腔体结构中加热大量空气。这些用于循环加热路面的热空气只含有少于 0.2% 氧气，这将避免被加热路面在高温下进一步氧化。被加热的高温高压气体通过管路输送到由一些方形管构成的加热板。在加热板的底部，高温热风通过在增压板上千百个小孔吹向路面。同时增压板也向路面辐射一定程度的红外线从而增加传热效率如图 4.4.1。

为了减少热能的损耗及减少氧气，加热路面后的热风由鼓风机被抽回到加热腔再加热并加入少量空气补充热风保持风量。在此热风循环加热中，热风出口温度大约 700℃ 左右，而被鼓风机抽回的气体温度大约 400～450℃。出口温度可以调节低至 400～450℃ 而相应抽回气体温度降至 200～250℃。

热风加热系统是当今最先进的就地热再生（HIR）技术之精髓。热风循环加热技术具有加热均匀、热效率高、无烟气污染、保护环境等优点。由于回收利用热风循环加热，能够节省 30% 的燃料，是一种"绿色"技术。表 4.4.1-1 是红外辐射加热与热风循环加热的对比：

红外辐射加热方式与热风循环加热方式对比　　　　　　　　　表 4.4.1-1

项　　目	红 外 辐 射	热 风 循 环
烧焦地面	严重	无
加热均匀	一般	均匀
环保性能	一般	好
热效率	一般	高
节约燃料	一般	较节约
制造成本	高	一般
加热时间	短	较长
安全性	一般	安全
加热深度	较深	一般

综上所述，通过在燃烧室终端增加挡风板，对加热箱排风系统增加不均匀小孔布设，合理应用流体力学原理，对加热系统进行改善，建立了有效的热风循环平衡体系，采用更加完善的保温措施，对隔热系统进行改造，有效控制大量热风外泄，既保护了周围绿化植物，提高热效率，又较好的改善了职工的工作环境。

经改造后的热再生系列机组采用热风循统加热方式后，施工过程中取得令人满意的效果，与以往相比，施工效率有了较大提高，以下是使用辐射加热和热风循环加热方式相比较得到的结果（表4.4.1-2、表 4.4.1-3）。

利用热风循环加热方式前后测得温度对比　　　　　　　　　表 4.4.1-2

设　　备	沥青混合料温度抽样(平均值)℃				
	收料温度	拌锅后温度	摊铺温度	初压温度	终压温度
改造前	125	116	110	108	92
改造后	127	137	135	128	99

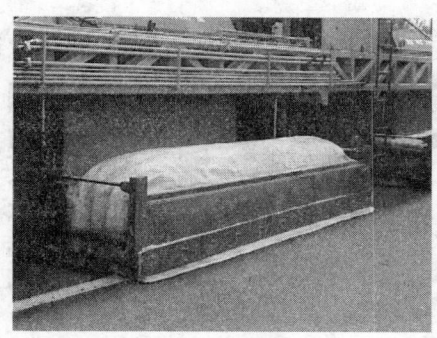

图 4.4.1 热风循环系统

利用热风循环加热方式前后施工速度对比　　　　　　　　　　表 4.4.1-3

设　备	改　造　前					改　造　后				
速度(m/min)	2.1	1.8	2.2	2	2.2	3	2.8	3.5	3.2	3

　　从表 4.4.1-2、表 4.4.1-3 可见，利用热风循环系统加热，有效的提高了施工过程中路面温度，提高了加热热量，降低了烟气排放，提高了工作效率，降低了施工成本。

　　4.4.2　关键技术之二：针对铣刨深度控制不好影响平整度的情况，项目将铣刨控制系统外拉至热影响区以外，创立了非受热区基准点铣刨深度自动控制方法，同时分离铣刨系统。见图 4.4.2-1、图 4.4.2-2。

图 4.4.2-1　铣刨深度控制装置及系统分离

改进后铣刨深度更趋均匀，见表 4.4.2。

改造前后铣刨深度对比　　　　　　　　　　表 4.4.2

设备	铣刨深度抽样										平均值
改造前	3.9	4	4.3	4.1	3.8	4.4	4.5	3.8	4.2	4.1	4.11
改造后	4.1	4	4	3.9	4	4.1	4	4.2	4.1	4	4.04

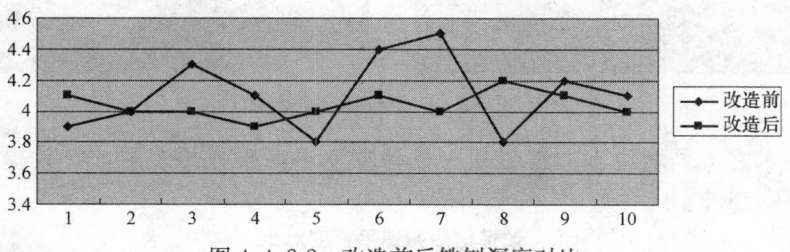

图 4.4.2-2　改造前后铣刨深度对比

　　4.4.3　关键技术之三：独创沥青添加系统，并实现数控；有效解决了路面由于长期使用带来的贫油、老化等问题，切实保证了路面再生施工质量。见图 4.4.3。

图 4.4.3　沥青添加自动控制装置

　　4.4.4　关键技术之四：增设了二级拌锅及终端加热装置，为新添加的沥青、再生剂及旧沥青混和料提供了 1min 左右的拌和时间，有效保证了再生混合料的质量，使新添加的沥青、再生剂及混和料得到了充分搅拌、混合料的质量和离析现象得以解决；增设终端加热系统，提高混合料摊铺温度从而保证摊铺质量。见表 4.4.4、图 4.4.4-1、图 4.4.4-2。

改造前后温度对比　　　　　　　　　　　　　　　　　　　　表 4.4.4

设　　备	沥青混合料温度抽样（平均值）℃				
	收料温度	拌锅后温度	摊铺温度	初压温度	终压温度
改造前	125	116	110	108	92
改造后	127	137	135	128	99

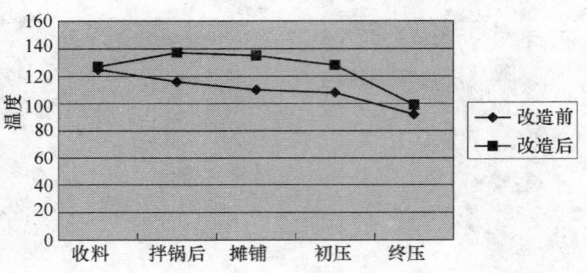

图 4.4.4-1　改造前后温度对比

图 4.4.4-2　二级拌锅和终端加热

　　4.4.5　关键技术之五：增设独立摊铺机，具备独立平衡梁找平装置，有效提高了再生路面平整度。见表 4.4.5、图 4.4.5。

改造前后摊铺平整度对比　　　　　　　　　　　　　　　　　　表 4.4.5

设备	摊铺后路面平整度 IRI 抽样					平均值
改造前	1.5	1.5	1.4	1.5	1.6	1.5
改造后	0.8	0.9	0.9	0.8	0.7	0.8

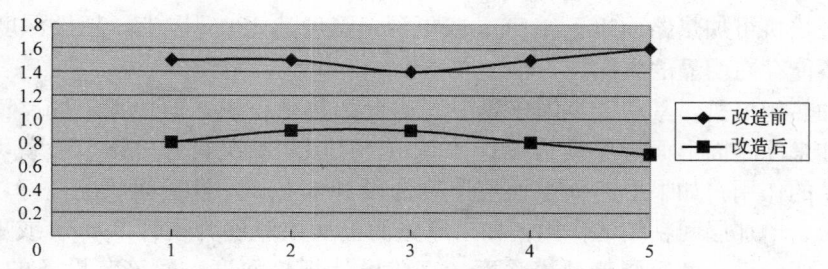

图 4.4.5　改造前后摊铺平整度对比

5. 施工工艺流程及操作要点

多步法就地热再生采用热风循环加热方式，多次加热，多次耙松，可控性好，热效率高，对路面沥青和骨料损伤轻微，控制得当，几乎没有蓝烟产生，是一种实施理念最为先进的再生工艺。

5.1　简述

沥青路面多步法就地热再生在施工时，首先要加热软化原路面，再分三步对路面的旧沥青混合料进行加热耙松，然后通过传输收集旧混合料并添加合适剂量再生剂、沥青及适量的新沥青混合料一起在具有终端加热功效的拌锅内进行封闭加热拌合，以实现对老沥青结合料的再生及改进旧沥青混合料的结构组成（级配、含油量、空隙率等），最后将再生混合料重新铺筑在原来的路面上，再以传统方式碾压，待路面温度降至常温后即可对外开放交通。

沥青路面多步法就地热再生施工流程如图 5.1 所示。

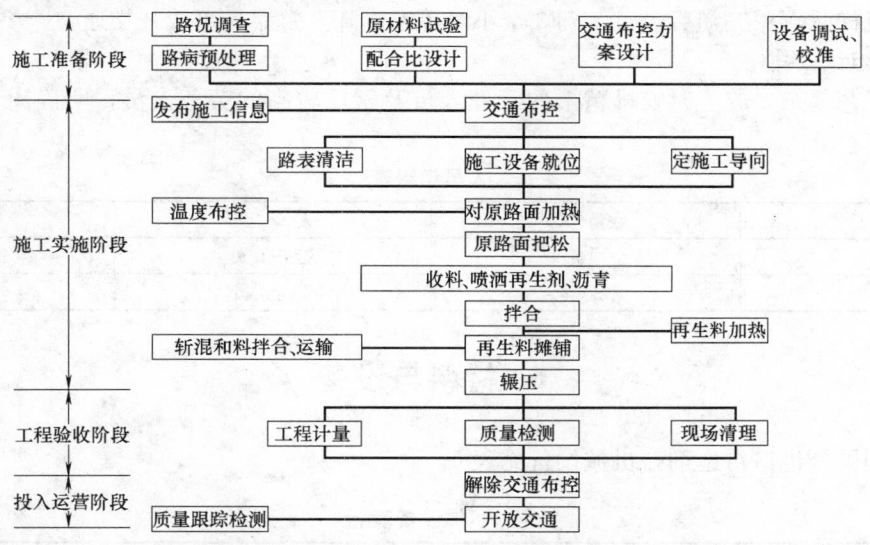

图 5.1　沥青路面多步法就地热再生施工流程简图

5.2　工艺及操作要点

施工时，第一、二台加热机要在起步 60m 的范围内往返加热至少 2 次，运行速度不大于 2m/min，随后其余机器相继投入生产，全部机组投入生产后，根据天气、地温等因素，运行速度可作相应调整，每两节再生列车间距不得大于 2m，每节列车配 1 名操作手，1 名管理员。

第一、二台加热机热风循环系统可向路面提供足量的热风，使路面温度达到 180℃ 以上，加热箱与路面形成密闭空间，因而路面热量快速向下传导，加热箱全长 8m 左右，按每分钟 2.5m 的行进速度计算，可对路面提供 3min 以上的加热时间，路面 3.0cm 深处的温度可达到 150℃ 左右。

第三台为加热耙松机，加热箱长度为 6m，可对路面提供 2min 加热时间。与第一、二台加热机的温度共同作用，使路面 3.0cm 深处温度可达 150℃，并能完成 2.0cm 的耙松深度。

第四台加热耙松机可加热路面以下 4.5cm 或更深，温度达 130℃以上，耙松深度控制在 2.0cm 左右，耙松后路面不能存在明显的夹层。

第五台也为加热耙松机，其功能等同于第三、四台加热耙松机，但根据不同路面情况，该节设备可作机动使用，如果原路面上面层厚度为设计 4.0cm，且层间状况良好，该节设备可以起到加热、刮平、增加层间粘结的作用；如果原路面上面层厚度为设计 5.0cm，且层间状况良好，该节设备可以起到加热、继续耙松、增加层间粘结的作用；如果原路面上面层厚度为设计 5.0cm 或更深，且层间状况不好，那么第三、四台设备就应调整耙松深度，完成设计耙松深度，而该节设备的主要作用是加热，蒸发层间水分，起到提高层间粘结的作用。

如果原路面上面层与下面层结合不好，施工速度应适当放慢，保证再生路面和原路面面层结合良好。耙松的宽度比加热宽度两边各窄 20cm，以利于再生路面和原路面纵向接缝良好。

第六台为复拌综合机，集收料、传输、新料添加、再生剂添加、沥青添加、混合搅拌加热等功能于一体。

再生施工时，根据路面实际情况判断偏差和变异情况，确定施工路段的再生剂、沥青最佳用量，而添加的方式完全采用微电子控制技术，行走速度与添加量成正比，最终每天进行一次总量校核。热再生摊铺前要添加适量新料以弥补磨耗及其他料损，以保持原路面高程或提高原路面高程，调整原路面级配为主要目的。本试验路段的新料添加量为 20％，实际施工中新料的添加以不影响其他附属设施功能的正常发挥适度考虑满足路面损耗要求为宜。

摊铺采用独立式沥青混凝土摊铺机，其作用是将综合机混拌后的再生混合料及时摊铺，如有顺坡要求，随时调整。

再生路面的碾压，初压温度在 120℃以上，终压温度在 90℃以上，两台双钢轮震动压路机及胶轮压路机紧随摊铺机梯队碾压。随后经过 2 到 3 个小时等温度降至常温，可放开交通。

5.3 人员组织安排

再生施工工艺复杂，施工时安排精干的管理人员及素质较高的劳务人员，明确岗位职责。人员组织安排见表 5.3。

人员组织表 表 5.3

人 员	数量（人）	人 员	数量（人）
施工管理	10	劳务工人	32
机械操作	16	安全人员	14

6. 材料与设备

本工法采用国外进口再生剂，机械设备见表 6。

机械设备表 表 6

序号	设备名称	设备型号	单位	数量	用 途
1	路面加热机	山东路桥	台	1	加热路面、软化沥青
2	路面加热机	大能	台	1	加热路面、软化沥青
3	路面加热机	山东路桥	台	1	加热路面、软化沥青
4	加热耙松机	大能	台	3	加热路面、分层耙松路面
5	综合复拌机	大能	台	1	收料；添加沥青、再生剂、新料；加热；搅拌
6	摊铺机	福格勒	台	1	摊铺
7	钢轮压路机	宝马	台	1	压实
8	钢轮压路机	酒井 SW850	台	1	压实
9	胶轮压路机	XP261	台	1	复压
10	滑移装载机	TURBO B308	台	1	清扫、装卸等多项功能

7. 质 量 控 制

全面执行 GB/T 19902—ISO 9000 质量管理标准，开展全员、全过程、全方位的质量管理，成立质量管理领导小组，全面负责工程质量的实施和管理工作。

对于再生施工的质量保证措施，我们从严格技术把关入手，抓好施工生产全过程的质量管理。本次试验路质量控制措施主要表现在以下三个方面：加强各职能部门人员的质量责任和意识；重视生产过程中的质量控制；保证施工中的资料完整齐全。

7.1 加强各部门人员的质量责任和意识

7.1.1 质量负责人质量责任

1. 确保工程各技术数据正确。

2. 认真执行 ISO 9000 质量管理体系的要求，进行详细的技术交底，使每个职工都明确本工种质量要求。

3. 负责现场技术工作的检查和指导，确保测量数据、施工放线准确。

7.1.2 施工处质量责任

施工处应对工程施工质量负责，严格按设定要求施工，保证施工质量。

7.1.3 工程质检科质量责任

工程科负责领导并组织好现场的技术人员，做好项目的质量管理工作，并负责工程施工全过程的质量控制、检查、监督工作。

7.2 生产过程中的质量控制

7.2.1 沥青路面摊铺过程中必须随时对铺筑质量进行评定，重点对碾压工艺进行过程控制。

1. 碾压工艺的控制包括压路机的配置（台数、吨位及机型）、排列和碾压方式、压路机与摊铺机的距离、碾压温度、碾压速度、压路机洒水情况、碾压段长度、掉头方式等。

2. 摊铺过程中随时检测摊铺厚度及摊铺温度。

7.2.2 施工过程中应随时对路面进行外观（色泽、油膜厚度、表面空隙）评定，尤其特别注意防止粗细骨料的离析和混合料温度不均，造成路面局部渗水严重或压实不足，酿成后患。

7.2.3 热再生施工过程中的质量控制（表 7.2.3-1～表 7.2.3-3）、施工及验收评定标准按《沥青路面再生应用技术规范》JTG F41—2008 及《公路沥青路面养护技术规范》JTJ073.2—2001 执行。

就地热再生混合料施工过程中的工程质量控制标准　　　　　　　　　　表 7.2.3-1

检查项目	检查频度	质量要求或允许偏差	试验方法
再生剂用量	每天 1 次		总量控制
沥青用量	每天 1 次		总量控制
压实度代表值	每天 1～2 次	试验室标准密度的 98%最大理论密度的 94%	T0924
再生混合料摊铺温度	随时	>120℃	温度计测量

就地热再生外形尺寸现场质量检查的项目与频度　　　　　　　　　　表 7.2.3-2

检查项目	检查频度	质量要求或允许偏差	试验方法
宽度(mm)	1 次/100m	±20	T0911
再生厚度(mm)	随时	±5	T0912
加铺厚度(mm)	随时	$-3<d<+3$	T0912
平整度(mm)	随时	<3	T0931
横接缝高差(mm)	随时	<3,必须压实	3m 直尺间隙
纵接缝高差(mm)	随时	<3,必须压实	3m 直尺间隙
外观	随时	表面平整密实,无明显轮迹、裂痕、摊挤、油包、离析等缺陷	目测

就地热再生外形尺寸现场质量检查的项目与频度 表 7.2.3-3

检查项目	检查频度	质量要求或允许偏差	试验方法
宽度（mm）	每 1km20 个断面	±20	T0911
再生厚度（mm）	每 1km5 点	±5	T0912
加铺厚度（mm）	每 1km5 点	$-3 < d < +3$	T0912
平整度 IRI（mm）	全线连续	3.0	T0933
外观	随时	表面平整密实，无明显轮迹、裂痕、摊挤、油包、离析等缺陷	目测
压实度代表值	每 1km 5 点	试验室标准密度的 98% 最大理论密度的 94%	T0924

7.2.4 就地热再生的检查验收

就地热再生工程的检查和验收按照《公路沥青路面再生技术规范》JTG F41—2008 及《公路沥青路面养护技术规范》JTJ 073.2—2001 进行，纵断面高程、横坡度不做要求。

7.3 保证施工中的资料完整齐全

根据工程验收和质量体系对工程竣工资料和施工管理控制的要求，做好各类现场工作图片、影像资料的收集、保存、归档工作，严格按照"文件和资料控制程序"的内容和要求，对图、表、签证、原始凭据、施工文件、来往信函等内容，以及资料照片、数码资料等进行管理和控制，保证文件资料控制的有效性和可追溯性，确保工程资料的准确性、及时性和完整性。

8. 安 全 措 施

8.1 施工机械安全措施

项目部机务科对工地所有机械统一定期进行安全检查，发现问题及时解决，消除不安全的因素。各种机械设备均要制定安全技术操作规程，并认真检查落实情况。定期检查机械设备的安全保护装置和安全指示装置，以确保以上两种装置的齐全、灵敏、可靠。

8.2 施工用电安全

所有电缆线应有套管，电线进出不混乱，配电箱不容许进水。支线绝缘好，无老化、破损和漏电现象出现。一般现场照明采用 220V 电压。照明导线应有绝缘子固定。严禁使用花线或塑料胶质线。导线不得随地拖拉或绑在金属架上。照明灯具的金属外壳必须接地或接零。单相回路内的照明开关箱必须装设漏电保护器。

8.3 施工车辆安全

项目部机务科对所有施工车辆进行统一检查，所有车辆应证件齐全。所有施工车辆应按照指定路线或标志进入施工现场。所有施工车辆进入施工封闭区域内不得随意的掉头、转向，并限速 30km/h。

8.4 驻地安全

各类房屋、库房、料场等等消防安全距离做到符合公安部门的规定、室内不堆放易燃品；严格做到不在仓库吸烟；随时消除现场的易燃杂物；建立完善的施工安全保证体系，加强施工作业中的安全检查，确保作业标准化、规范化。

9. 环 境 措 施

9.1 减少扰民噪声污染

9.1.1 在拌合站选址时，噪声污染和环境污染将作为选址考虑的重要因素，为防止噪声扰民，拌合站的选址远离居民区。

9.1.2 合理安排生产时间，尽量减少夜间作业时间。

9.2 降低环境污染

9.2.1 热风循环加热技术具有加热均匀、热效率高、无烟气污染、保护环境等优点。由于回收利用热风循环加热，能够节省30％的燃料，是一种"绿色"技术。

9.2.2 拌合站原材料堆放场尽可能减少耕地的占用，远离水源和农作物。对拌合站场地按要求进行硬化，防止扬尘污染。在工作面清扫的过程中，采用具有除尘设施的设备进行清扫，减少扬尘污染。

9.3 加强文明施工

9.3.1 施工现场设置明显的、符合国家标准要求的安全警示标志牌，标志牌、锥形标等安全设施按规定整齐摆放；施工现场的管理人员在施工现场应当佩戴证明其身份的工作证。

9.3.2 施工区内道路畅通、平坦、整洁，不乱堆乱放，无散落物；堆放大宗材料、成品、半成品和机具设备，不得侵占场内道路及安全防护等设施；施工便道派专人养护，对便道进行平整，洒水车经常洒水养护。生活垃圾、施工垃圾不得随意乱扔，确保公路两边和中央分隔带以及沿线居民区受到污染。

10. 效 益 分 析

10.1 社会效益分析

10.1.1 从节约资源方面分析

多步法沥青路面就地热再生技术能最大限度地利用废旧混合料，直接完成就地路面修复，节省了大量的砂石料和沥青资源，同时有效制止了开采矿山和挖除废弃旧料而占用大量土地资源。

10.1.2 从环境保护方面分析

多步法沥青路面就地热再生技术通过重复利用沥青混合料，免去了沥青混凝土废料对弃置场所及其周边环境的污染，同时通过减少石料的开采，有效保护了林地，维护了自然景观和生态环境。由于沥青的化学惰性使其难于降解，长期影响堆填区及其周边的生态和居民食物和饮水健康，因此妥善解决沥青混凝土废料的处置问题相当困难。

10.1.3 从技术方面分析

对于沥青路面再生技术的可靠性问题，澳洲AUSTROADS在其1997年的《沥青混凝土路面再生指南》中指出，利用60％RAP（沥青路面回收料）的沥青路面使用寿命与传统沥青路面相同，而抗车辙能力却得到增强；美国在20世纪80年代中后期到90年代发表的系列研究报告表明，再生沥青路面与全新料沥青路面比较，路用性能和使用寿命并没有明显的区别，NCAT的《国家和地方政府路面再生指南》也阐明了同样的观点；日本道路协会的《厂拌再生沥青铺装技术指南》也认为，将热拌再生沥青混合料应用于条件苛刻的重交通道路路面的调查结果表明，只要对热拌再生沥青混合料进行恰当的质量控制管理，铺装后的性能与只用新料铺装的路面性能没有区别。

欧、美、日等发达国家目前在再生沥青混合料的生产工艺以及与之配套的各种挖掘、铣刨、破碎、拌合等机具的研制与开发方面均取得了显著的成就，经过近30年的大规模生产实践，已证明了沥青路面再生利用在技术上的可行性，并形成了系统的沥青路面再生技术，且达到了规范化与标准化的成熟程度。

10.1.4 从交通堵塞分析

在公路施工过程中，不可避免的会影响到车辆的正常通行，在交通高度发达的当代，交通堵塞会带来几倍于维修成本的经济损失。如果加上潜在的经济效益，损失是无法估计的。故而，缩短道路维修时间，尽可能的减少公路养护对交通的影响，是对公路管养部门提出的新要求。相对于传统的养护方式而言，就地热再生养护方式具有施工时间短，对交通影响少的特征，能创造很高的社会效益。

10.2 经济效益分析

沥青路面再生技术的直接经济效益主要体现在三个方面：节约砂、石、沥青材料费和废料的运输费、堆弃费，节约人力资源。但是，该技术需要较大的固定资产投资，主要包括再生混合料加热、铣刨和再生设备，所需投资额较高。再生 1t 废料直接节约的费用在 150 元左右。虽然再生设备投资较高，但是随着再生工程量的增加，设备的折旧费、托运费分摊的比例越来越小，再生单价会大幅下降，此时大量的废旧沥青混合料得到再生利用的经济效益则及其可观。

因此，无论从节约能源、环境保护、技术、经济效益等各个角度来看，沥青路面就地热再生技术的研究都具有很好的可行性。

现不考虑设备前期投入，分别对面层重铺 X 和就地热再生 Y 两种工艺综合效益 P 进行计算分析，养护维修工程价值构成分析模型将各种影响因素产生的社会效益、时间效益及生态效益分解量化，其中主要是对各种成本的分解、量化。养护维修工程价值主要构成有：

10.2.1 维修成本：包括燃油、人工费用、设备租赁费用、设备折旧、材料费、管理费用、合理利润等，可以合计计算得出。本文主要从管理单位方向考虑，不再分别计算，以维修合同价格作为成本来计算。

10.2.2 维修时间：维修速度对管理单位通行费收入影响很大，维修期间车辆分流明显。维修工程应尽量缩短维修时间，尽快恢复正常通行，减少对通行车辆的影响时间，提高社会效益。

10.2.3 废料污染成本

大量沥青路面废料的堆放将使资源的有效利用、废料存放的场地及环保等问题越来越突出，沥青路面废料堆放成本越来越高，废料处理在未来几年将不单单是技术问题，而是一个社会问题。

10.2.4 根据各种因素对效益的影响程度，对它们分配不同的权重系数，其中费用 D_1 影响最大，维修时间 D_2 影响次之，废料污染成本 D_3 影响最小。假设面层重铺综合效益指数 $P=1$，考虑不同路段的维修成本，维修时间，废料污染成本均有所变化，应分别计算。计算热再生综合效益指数为 P_1：

变量如表 10.2.4 所示。就地热再生综合效益计算公式为：

$$P_1 = f(X_{ij}, Y_{ij}, D_i) = 1 + \sum_{j=1}^{3}\sum_{i=1}^{3}(|X_{ij} - Y_{ij}|)/X_{ij} \times D_i$$

式中　X_{1j}、Y_{1j}——维修成本；

X_{2j}、Y_{2j}——维修时间；

X_{3j}、Y_{3j}——废料污染成本；

D_i——权重系数。

单项指标增加效益 C_i 为：$C_i = |X_{ij} - Y_{ij}|/X_{ij}$　$i=1, 2, 3$；$j=1, 2, 3 \cdots n$

综合效益提高为：$P_2 = P_1 - P$

变量表
表 10.2.4

维修方法	维修厚度	维修成本	维修时间	废料污染成本	综合效益
权重系数		D_1	D_2	D_3	—
面层重铺	4cm	X_{1j}	X_{2j}	X_{3j}	P
热再生	4cm	Y_{1j}	Y_{2j}	Y_{3j}	P_1
增加效益	—	C_1	C_2	C_3	P_2

10.3　效益分析实例

以 2007 年山东省京福高速 K222-K246 段的施工为例，选取 1km 施工段落计算热再生工艺的综合效益，比较评价两种维修方式的效益差异。面层重铺的工艺为：铣刨旧沥青面层，铺设封层，摊铺沥青混凝土面层。

10.3.1 维修成本：维修合同确定铣刨旧沥青面层单价为 99.23 元/m³，摊铺沥青面层单价为 1359.08 元/m³，封层单价为 11.28 元/m²，综合考虑燃料等其他费用，热再生单价为 39.6 元/m²。

面层重铺：铣刨旧沥青面层 99.23 元/m³×3.75m×1000m×0.04m=14884.5 元，摊铺沥青面层 1359.08 元/m³×3.75m×1000m×0.04m=203862 元，封层 11.28 元/m²×3.75m×1000m=42300 元，

合计 $X_{11}=261046.5$ 元。

就地热再生：

$Y_{11}=39.6$ 元$/m^2×3.75m×1000m=148500$ 元。

10.3.2 维修时间

面层重铺：铣刨时间 $1000m/3.5m/min=286min$，摊铺时间 $1000m/2.5m/min=400min$，准备时间 60min，道路封闭时间 60min，另有铣刨后晾干时间 1 小时，封层撒布时间以及间隔时间 4h。合计 $X_{21}=18.4h$

就地热再生：再生时间：$1000m/2.5m/$分钟$=400$ 分钟，准备时间 60 分钟，道路封闭时间 60 分钟。合计

$Y_{21}=8.7h$。

10.3.3 废料污染成本

面层重铺：废料 $3.75m×1000m×0.04m=150m^3$，堆高 4m，占地 $38m^2$，占地费用约 150 元/年$×5$ 年（一个中修年限）$=750$ 元

$X_{31}=750$ 元

就地热再生：无废料污染

$Y_{31}=0$。

10.3.4 根据各种情况对效益的影响程度，对各种影响因素分配不同的权重系数，其中费用影响最大 $D_1=0.7$，维修时间影响次之 $D_2=0.2$，废料污染成本影响最小 $D_3=0.1$。假设面层重铺综合效益指数 $P=1$，计算热再生综合效益指数为：

$$P_1 = 1 + \sum_{j=1}^{1}\sum_{i=1}^{3}(|X_{ij}-Y_{ij}|)/X_{ij}×D_i = 1 + (261046.5-148500)/261046.5×0.7 +$$
$$(18.4-8.7)/18.4×0.2 + (750-0)/750×0.1 = 1.5072$$

10.3.5 单项指标增加效益 $C_i=|X_{ij}-Y_{ij}|/X_{ij}$，$i=1$，2，3；$j=1$

$C_1=(261046.5-148500)/261046.5=0.4311$

$C_2=(18.4-8.7)/18.4=0.5272$

$C_3=(750-0)/750=1$

10.3.6 综合效益提高

$$P_2=P_1-P=1.5072-1=0.5072$$

通过一段热再生施工工艺的效益计算来看，采用就地热再生技术比面层重铺工艺，可以降低维修成本 43.11%，节约维修时间 52.72%，减少废料污染成本 100%。

可以通过上述公式对长距离的就地热再生工艺维修和面层重铺工艺维修进行综合效益比较，得出就地热再生工艺提高效益的具体数据。

实践证明，分步法就地热再生施工能处理很多路面常见病害，与传统养护相比，就地热再生能大幅节约资金投入，每公里单车道累计节约材料超过 11 万元，节约维修时间 1/2 以上，同时路面废料得到充分利用，消除了路面废料对环境的污染，总体提高效益 50.72%。如果公路管理部门重视沥青路面现场就地热再生技术带来的社会效益、经济效益，辅以适当的政策导向，设备技术开发企业及社会才能获得可观的经济效益和社会效益，该项技术的研究才能获得较大的提升空间；同时，只有公路养护施工企业减少了工程费用的支出，提高了工作效率；管理部门养护成本才能降低，道路畅通率才能提高。这对我国的公路养护事业将具有重大意义。

11. 应 用 实 例

11.1 2008 年京藏高速呼包段路面车辙病害热再生维修试验工程

11.1.1 工程概述

呼和浩特——包头高速公路位于内蒙古人口最密集、经济最发达的呼和浩特、鄂尔多斯和包头"金三角"地区。路线起点呼市罗家营，终点包头市东兴。这条高速公路的二期工程于 2001 年完工，双向 4 车道，路基宽 28m，主线计算行车速度 120km/h，全封闭全立交，全长 151km。道路早期损坏已经逐渐形成，病害以车辙、贫油、麻面为主，只有维修才能提高高速公路的使用功能。依据《京藏高速呼包段路面车辙病害热再生维修试验工程的批复》内高路计发〔2008〕21 号，本工程为内蒙古自治区高等级公路建设开发有限责任公司要求内蒙古自治区高等级公路建设开发有限责任公司呼和浩特分公司对呼包高速公路部分路面进行再生车辙修复。技术标准为交通部颁发的《公路沥青路面再生技术规范》。

11.1.2　施工情况

2008 年 5 月 20 日接到中标通知书后，山东路桥组织精干力量进场，历时 1 个月，项目于 2008 年 6 月 26 日顺利完工，共计完成再生 11 万 m²，完成工程造价 500 多万元，施工期间还成功承接了交通部组织的《沥青路面再生技术规范》宣贯会现场演示环节，与会的全国交通行业专家到现场观摩后，均对多步法再生工艺给予了一致好评。

11.1.3　工程检测与评价

工程验收小组对工程现场检测后，结合施工过程检测，经讨论评议，认为该工程建设程序完善，工程技术力量配备齐全，有完善的工程管理办法、制度保证体系，制定了详细、可行的质量措施，路面各项检测指标均达到规范相关要求，工程质量检验和评定资料齐全，工程质量鉴定结论符合工程实际，并结合项目自检评分，评定本次京藏高速呼包段路面车辙病害热再生处理工程为优质工程。

京藏高速呼包段受交通车流量及超载等因素影响，路面状况已不容乐观，路面车辙严重，局部路段出现大面积网裂、贫油现象，经过本次再生施工呼包高速已能够满足高速公路路面使用的要求，节约了大量的养护成本，具备明显的经济效益和社会效益。

11.2　山东高速（07）养护维修工程路面工程第二合同段

山东高速（07）养护维修工程路面工程第二合同段（泰安段）于 2007 年 7 月 1 日开工，历时两个多月的施工，于 2007 年 9 月 24 日顺利完成所有施工任务，其中对京福高速 K232＋700－K241＋500 段路面进行了现场热再生处理，共处理面积约 6 万 m²。

11.3　呼和浩特市海拉尔大街、兴安路及健康街路面病害处理现场热再生试验专项维修工程

呼和浩特市海拉尔大街、兴安路及健康街路面病害处理现场就地热再生专项维修工程项目，于 8 月 3 日开工，于 2008 年 9 月 29 日顺利完成所有施工任务，共计完成再生处理面积 10 万 m²，再生后的路面平整度、渗水系数等各项技术性能指标均达到规范要求，成功将热再生工法应用于市政道路养护。

宽幅抗离析大厚度摊铺水泥稳定碎石技术施工工法

GJEJGF146—2008

江西省交通工程集团公司　陕西中大机械集团有限责任公司

刘久明　郑春刚　晏志辉　姚怀新　周立

1. 前　　言

随着高等级公路的大量修建，沥青路面成为主要的路面结构形式，其水泥稳定土基层也随之发展很快。它以高强度、良好的板体性和水稳定性，延长了道路的使用寿命，大大地减少了道路面层的龟裂、坑槽和病害，并具有施工速度快，操作方便，料源丰富等特点，但往往由于基层施工质量问题导致路面病害。减少水泥稳定碎石基层的缩裂，充分发挥其强度与结构能力，就必须深入研究水泥稳定碎石基层影响缩裂的主要因素，从而通过严格控制施工工艺、水泥的质量和剂量等措施，进一步完善摊铺、碾压、养护等施工工艺，才能使其均匀性、密实度、平整度等各项指标都能满足规范要求。江西省交通工程集团公司和陕西中大机械集团有限责任公司高度重视企业的创新技术，成立了以总工程师牵头的有关人员参与施工工艺和全面质量管理攻关小组，会同长安大学筑路机械研究所和陕西中大机械集团有限责任公司，共同先后在江西省景婺黄（常）高速公路项目（系江西境内首次）、福建省龙岩-长汀高速公路，并经广东粤赣高速 27 标段、内蒙、新疆、云南等地成功运用。探索总结形成该工法。

2. 工法特点

2.1　提高工程质量

与传统施工方法相比该工法有以下优点：

1. 整体板块，工艺简单不要分层养护，节约成本。
2. 单机摊铺，抗离析，生产率高，平整度好，节约一台机器，一组人员。

2.2　缩短工期

大厚度一次性铺筑成型，完成 10km 的基层约需 25 个工作日，而并机分层铺筑同样长度需 33.3 个工作日，加上养护期、组织施工、机械人员等。同样的 10km 的基层一次性大厚度铺筑可以缩短工期10d 以上。

3. 适用范围

该工法适用于高等级公路路面水稳层的宽幅大厚度一次性施工。

4. 工艺原理

宽幅抗离析大厚度摊铺水泥稳定碎石技术，是采用重型压路机碾压，将大厚度（厚度为 21～40cm）的水泥稳定土基层一层铺筑碾压成型的新工艺。该技术的实现是以重型压路机和铺筑厚度可达50cm、宽度可达 16m 的摊铺机的问世为基础的。这种摊铺机设备通过采用满埋螺旋低速输料，对螺旋外端处的卸荷口采用弹性橡胶板的悬臂式结构，链轮箱左右（中缝处）根据需要各加装一组角度可调的反向螺旋叶片，减小螺旋支撑（螺旋吊挂）横截面尺寸，加装过渡叶片，加宽料槽，增大摊铺机料斗等措施，防止水泥稳定粒料在施工过程中产生离析，使该施工工艺得以实现。

5. 施工工艺流程及操作要点

5.1 施工工艺流程

下基层路况调查——测量放线——（材料准备）材料拌合——摊铺——碾压——接缝处理——养护。

5.2 操作要点

5.2.1 准备工作：1. 下基层路况调查；2. 确定施工配合比。

5.2.2 测量放样：利用中线控制桩，放样路基中线间距10m，并在对应断面路肩外侧设指示桩。在两侧指示桩上挂好钢绞线，标出水泥稳定土层顶面的设计标高（含松铺系数及超声波找平仪预设高度）。

5.2.3 松铺系数的确定：在试验段测量放样时应在放样的10m整桩号横断面加密3～5个点，即离中线2m、4m、6m、8m、10m，在垫层上打入钢钉并测量高程，待基层摊铺后，压路机碾压之前按钢钉的位子测量基层顶面松铺高程，压路机碾压完成后测量压实高程。

5.2.4 根据拌合站的拌合能力、运距合理安排运输车辆，确定摊铺机速度，设专人指挥运输车辆倒料，充分发挥物料转运车的作用、确保摊铺能均匀不间断的进行，并加强摊铺现场和拌合站之间的联系。

5.2.5 摊铺：利用人工配合摊铺机摊铺，在摊铺机铺不到的边角处，用人工进行整理，派专人注意及时消除离析情况；摊铺完成后，现场技术人员应在路面横断面上及时检查，发现平整度超标的地方及时处理。

5.2.6 碾压：为寻求最佳碾压方案，试验段分了三个碾压段。第一个碾压段：K48＋800－K48＋880初阶段用YZ-18型压路机静压1遍，预压阶段用YZ-20振动2遍，强压用YZ32中大超重吨位压路机低频率幅振动2遍，再以高频低幅振压2遍。终压用XP261型胶轮压路机静压2遍。

第二个碾压段：K48＋880－K48＋950，初压阶采用YZ-18型压路机静压1遍，预压阶段用YZ-20振动1遍，强压用YZ32中大超重吨位压路机以高频低幅振动2遍，再以低频高幅振压2遍，然后用20t压路机振压1遍，终压用XP261型胶轮压路机压2遍。

第三个碾压段：K48＋950－K48＋040初压阶段用YZ-20型压路机静压1遍，预压阶段用YZ-20振动1遍，强压用YZ32中大超重吨位压路机以高频低幅振动2遍，再以低频高幅振压2遍，然后用20t压路机振压1遍，终压用XP261型胶轮压路机压2遍。

碾压采用1/2形式错轮，随摊铺机行进碾压，压路机的碾压长度以与摊铺机的速度相匹配的原则，压路机不得在未碾压成型的路段上调头，停机等候；碾压过程中，混合料表面始终保持湿润，如有"弹簧、松散、起皮"等现象，应及时翻开晾晒或加水拌合碾压。碾压结束前要仔细检查平整度，发现缺陷及时处理，碾压结束后立即进行压实度检测。摊铺到碾压结束，必须在水泥初凝时间之内完。

5.2.7 养护：碾压完成并检查合格后立即进行养护、用土布全封闭覆盖，用自动洒水车洒水，养护时间不小于7h。在养护期间，封闭交通。

5.3 劳动组织（表5.3）

劳动组织 表5.3

序　号	工种名称	数量（人）	备　注
1	项目经理	1	施工的组织管理
2	摊铺机操作手	3	摊铺机的操作
3	压路机操作手	3	压路机的操作

续表

序　号	工种名称	数量(人)	备　注
4	施工员	1	施工管理
5	技术员	1	技术负责
6	试验员	2	试验检测
7	质检员	1	质量管理
8	安全员	2	安全管理
9	普工	18	摊铺水泥

6. 材料与设备

6.1　材料

6.1.1　水泥：采用普通硅酸盐水泥。

6.1.2　骨料：采用符合级配的天然砾石，其具体指标应符合设计要求。

6.1.3　水：凡是饮用水（含牲畜饮用水）均可用。

6.2　主要施工设备（表6.2）

主要施工设备一览表　　　　　　　　　　　　表6.2

序　号	设备名称	单位	规格型号	数量	备注
1	稳定土拌合站	套	600T/H	2	
2	摊铺机	台	DT1600	1	
3	振动压路机	台	YZ32	1	
4	压路机	台	YZ18	2	
5	自卸车	台	15T	12	
6	洒水车	台	8T	1	

7. 质量控制

7.1　严格按要求进行取样，保证样品真实可靠并具有代表性（表7.1）。

水泥稳定粒料基层和底基层实测项目　　　　　　　　　　表7.1

项次	检查项目		规定值或允偏差				检查方案和频率	权值
			基层		底基层			
			高速公路	其他公路	高速公路	其他公路		
1	压实度(%)	代表值	98	97	96	95	每200m每车道2处	3
		极值	94	93	92	91		
2	平整度(mm)		8	12	12	15	3m直尺：每200m测2处×10尺	2
3	纵断高程(mm)		+5，-10	+5，-15	+5，-15	+5，-20	水准仪：每200m测4个断面	1
4	宽度(mm)		不小于设计		不小于设计		尺量：每200m测4个断面	1
5	厚度	代表值	-8	-10	-10	-12	每200m每车道1点	3
		合格值	-15	-20	-25	-30		
6	横坡(%)		±0.3	±0.5	±0.3	±0.5	水准仪：每200测4个断面	1
7	强度(MPa)		符合设计要求		符合设计要求			3

7.2 各种材料应满足混合料配合比设计中的相关要求。

7.3 合理组织施工，使各工序紧密衔接。

8. 安 全 措 施

8.1 认真贯彻"安全第一，预防为主"的安全工作方针，加强安全教育，严格执行安全生产制度和操作规程，切实做好安全技术交底。

8.2 在施工路段的两端及其一定安全距离的延伸外，设置醒目显著的施工警告标志牌，并安排专人指挥交通。

8.3 施工现场应设立安全警示牌，路口处、车辆变道处标牌正确、醒目。

8.4 设备在工作前，要认真检查，保证设备性能良好，安全可靠，当日工作结束后，及时检查保养，交接班时，要相互认真交接检查，填写交接记录。

8.5 摊铺机、压路机、运输车在工作过程中，除机组人员外，其他人员不得靠近，并设专人负责指挥协调施工机械密切配合作业，以免碰撞。

8.6 摊铺机在作业过程中，必须采取匀速行走。压路机应按规定碾压，控制好压实遍数。

8.7 工地易燃物品要妥善存放，并做好防火标志。

9. 环 保 措 施

DT1600 摊铺机使用符合欧 3 排放标准的发动机，节能减排低碳，整机也符合国家环保有关标准。

10. 效 益 分 析

系列多功能摊铺机在江西、福建、广东、云南、内蒙等地进行基层一次性摊铺推广的成果证明，这种工艺提高了工程质量，缩短了工期，降低了成本，是符合中国国情的需要推广的科技成果。现在从以下几个方面进行比较。

10.1 提高工程质量的比较

10.1.1 一次性摊铺碾压成型：基层将形成一个整体的板块结构，只要密实度达到要求（即 98％以上），相对于两次分层摊铺来说，其抗拉伸、抗冲击强度可以提高 80％以上，可以有效地避免和推迟早期路面的下沉、车辙形凹陷、分裂脱落、坑洞等常见病的产生。对于提高公路质量、延长公路寿命有很大的帮助。

10.1.2 并机分层摊铺的情况

1. 由于是并机摊铺，所以中间接缝不是很好，造成路面的平整度差，影响路面质量、平整度和美观。

2. 并机摊铺时，造成中间接缝处存在很大程度的离析，接缝处正是车道处（汽车轮碾过的地方），严重的影响了公路质量。

3. 分层摊铺时，下基层和上基层之间的结合不会太好，也不会成为一个整体结构，强度差一些。

4. 分层摊铺时，在铺筑上基层时，要在下基层上洒一定量的水，这样会造成上基层的水分会与设计有一定的偏差。

5. 由于是分层铺筑，使用现有的摊铺机大多在摊铺时存在离析问题，影响了工程质量。

10.2 大厚度一次性铺筑与并机分层铺筑的经济性比较

以龙长高速公路为例，在不考虑压路机压实遍数的情况下并机分层铺筑主要费用为：

1. 并机铺筑费用 4.38 元/m³，人工费用 1.150 元/m³，养护等费用 6.58 元/m³，以上合计为

12.11 元/m³。

2. 大厚度一次性铺筑机械费用 5.12 元/m³，人工费用 0.58 元/m³，养护等费用 3.29 元/m³，以上合计为 8.99 元/m³。

两者相比每立方米节省 3.12 元，顺应了国家自主创新建立节约型社会的政策，既有利施工单位也有利于业主和社会，具有很大的推广价值。

11. 应 用 实 例

11.1 广东粤赣高速 27 标段采用大宽度、大厚度一次性摊铺，施工时混合料松铺系数采用 1.30，松铺厚度 50cm，局部松铺厚度 52cm，摊铺宽度 12.16m，压实厚 38cm。施工时间为 2005 年 1 月至 2005 年 12 月，经广东省交通厅质检站验收，一次性合格率 100%，并被列为广东省交通厅科技项目。

11.2 江西省景婺黄（常）高速公路建设 CP1 段（江西省交通工程集团公司施工）2005 年 12 月至 2006 年 11 月经验收检测全部合格，得到业主肯定。

11.3 福建龙长高速公路 B1 段（江西省交通工程集团公司施工）2006 年 2 月至 2007 年 5 月完成，经检测一次性合格率 100%，受到业主肯定。

风景旅游区公路仿松波形防撞护栏制作安装工法

GJEJGF147—2008

曙光控股集团有限公司

朱招生　王勇胜　张灵刚

1. 前　　言

本工法为在承建黄山风景旅游区道路工程时所独创的一项特殊施工工艺和技术。经黄山市科学技术局组织的项目鉴定委员会鉴定，研究成果处于国内领先水平，对旅游公路"安全保障工程"生态化建设具有指导意义，在风景旅游道路建设中推广应用价值巨大。"黄山景区内旅游公路仿松波形防撞护栏安装的技术及工艺"在2006年获黄山市科学技术奖三等奖。

风景旅游区公路仿松波形防撞护栏制作安装工法的主要创新之处有：

1. 对仿松波形梁板和立柱外层采用增加点焊钢筋、包扎钢丝网片和工艺技术，增强装饰层与结构层的附着力，有效地解决了立柱和波形梁板对热胀冷缩反应程度不同带来的脱落问题。

2. 在立柱和波形梁板上包扎钢丝网片时预留垫空层，立柱和波形梁板上钢筋、钢丝网片通过涂抹水泥砂浆基层的作用，使仿松装饰层与立柱及波形梁板紧紧地连接为一体，大大增强护栏的防撞性能。

3. 选用合适的涂层配方和工艺造型技术，精确进行仿松处理，使仿松树皮、树心的纹理及色泽接近自然，效果逼真，持久不褪色。

2. 工法特点

2.1　仿松装饰自然逼真，与周围环境融合，融人造景观、自然景观为一体，有效地丰富了风景旅游区的生态环境，大大提高了旅游景区公路的景观效果，既环保又节能。

2.2　立柱和波形梁板上的仿松装饰层不易脱落、不易褪色，其外形具有较好的防眩功能，在一定程度上能够避免交通事故的发生，且遭碰撞后基本无明显痕迹及脱落现象。

2.3　防撞护栏的仿松波形制作，在视觉上给人以如入树林带的感觉，使人心旷神怡，增加了愉悦感。

2.4　既满足使用功能，丰富了旅游区的景观效果，又保障了道路的交通安全，同时也丰富了景观设计新理念，具有显著的社会效益和经济效益。

3. 适用范围

本工法主要适用于风景旅游区所有道路护栏、园林绿化、景观设施等需要的工程建设。

4. 工艺原理

本工法采用焊接钢筋，包扎钢丝网片，预留垫空层、水泥砂浆与板柱连接等方法，选用合适的涂层配方和工艺造型技术进行仿松处理，使仿松树皮、树心的纹理及色泽接近自然，效果逼真。

5. 施工工艺流程和操作要点

5.1　工艺流程

风景区旅游公路仿松波形防撞护栏主体工程主要工艺流程如图5.1。

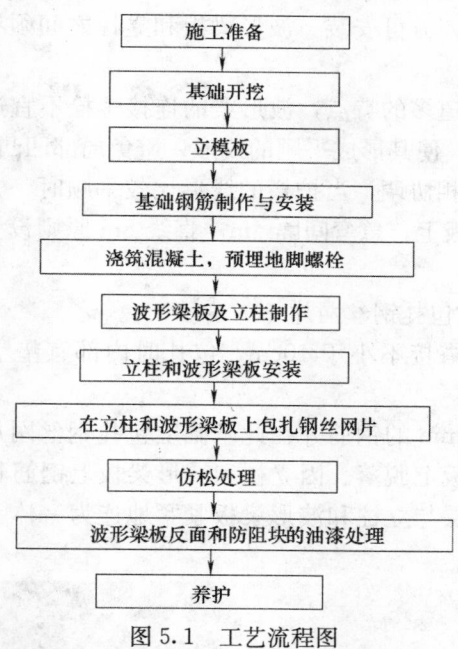

图 5.1　工艺流程图

5.2　主要工序操作的技术要点

5.2.1　基础开挖

基础开挖常视地段险要程度分Ⅰ型、Ⅱ型两种。其中Ⅰ型用于一般土质路肩路段，混凝土底座规格 50cm×30cm×75cm 的基坑，以人工挖掘为宜；Ⅱ型是用于路侧填土高度大于 5m 的挡土墙与石质路肩基础，底宽 80cm、深 48cm 的基底，除地势险要地段，一般采取机械施工。无论是Ⅰ型基坑还是Ⅱ型基底几何尺寸必须符合设计要求方能施工。

5.2.2　立模板

模板净宽 50cm，从圆弧以下净深 60cm，其中 12cm 圆弧为露在路面以上部分，模板应支撑稳定，接缝良好，防止胀膜。

5.2.3　基础钢筋制作与安装

根据钢筋混凝土详细尺寸，取直径为 6、8、14mm 三种不同的Ⅰ级钢筋预制成长 8m 的钢筋笼，制作成型后，并将其放入基坑，钢筋笼的保护层厚度按 4cm 的要求控制。

5.2.4　浇筑混凝土，预埋地脚螺栓

C25 混凝土配合比（水灰比 0.49）　　　　　　　　　　　　　　　表 5.2.4

配合比	水泥	砂	碎石	水
kg/m³	354	625	1276	170

水灰比 0.49，坍落度为 35～50cm，浇筑时振捣要求均匀、密实。

地脚螺栓（M16×360）预埋应从钢筋底部穿出；螺栓间距要准确。

5.2.5　波形梁板及立柱制作

一般选用《轧制薄钢板品种》GB 708—65 热扎钢板加工的波形板切割下料作为护栏梁板，用 YB242—63 热扎电焊钢管切割制成防撞立柱。

在 4m、2m 长的型号为《轧制薄钢板品种》GB 708—65 热扎钢板加工成的波形梁板外表分别焊接上 7 根 ϕ6mm 的 3.6m 和 1.6m 钢筋，每根钢筋的间距以 8cm 为宜；在型号为 YB242—63 热扎电焊钢管制成的立柱表层焊接 2 根 ϕ6mm 的钢筋，间距为 5cm。钢筋焊接采用点焊，但应焊牢，避免脱焊。

5.2.6　立柱和波形梁板安装

采用 M16 的螺帽将立柱固定在地脚螺栓上（注：地脚螺栓、螺栓、螺帽均为 45 号钢）。波形梁板

待基础混凝土强度达 70% 以上后，方可安装。波形梁板和立柱之间须有 45 号高强钢制成的 A 型防阻块。同时注意以下两点：

1. 因山区公路地形复杂、弯道多的特点，波形梁的连接螺栓不宜过早拧紧，以便在安装过程中利用波形梁的长圆孔及时进行调整，使其形成平顺的线形，避免局部凹凸。

2. 波形梁顶面应与道路曲线相协调，当护栏的线形比较平顺时，方可最后拧紧螺栓。全线根据弯道视线按道路交通标志在波形梁板上，急弯间隔 4m，直线 8m 原则设置轮廓标，以利于夜间、雨、雾天气行车警示作用。

5.2.7　在立柱和波形梁板上包扎钢丝网片

纵向搭接不小于 8cm，水平搭接不小于 10cm，包扎时内部宜垫空 10cm，然后用 20 号钢丝绑扎牢固。

在波形梁板及立柱上焊接 $\phi6mm$ 的钢筋并在此基础上包扎钢丝网片，这一点非常重要，其作用是防止仿松装饰层在立柱和波形梁板上脱落。因立柱和波形梁板上钢筋和钢丝网片通过涂抹砂浆基层和抹塑松底层的作用，使仿松装饰层与立柱和波形梁板紧紧地连为一体。解决了二者对热胀冷缩反应程度不同带来的脱落问题。

图 5.2.7　立柱安装和波形梁板上包扎钢丝网

5.2.8　仿松处理

1. 在已被包扎上钢丝网片的立柱和波形梁板上涂抹砂浆 C25 基层（砂浆基层的砂浆一定要饱满）；
2. 抹塑仿松底层（厚度 2cm）；
3. 抹塑仿松中层（色泽均匀一致，协调统一，厚度为 8mm）；
4. 抹塑松面层（形态自然、色泽一致，厚度为 6mm）；
5. 仿松树外壳制作（深厚不一、驾凸不平、但树纹走向、形态尽趋自然）。

在仿松装饰工序中，抹底层砂浆最关键的是应使砂浆均匀涂在波形梁板和立柱上，保证其密实度，砂浆中应掺水泥用量 1% 的丹强丝，以防砂浆面开裂；底层与中层砂浆之间涂一道水泥净浆（801 胶水掺量为水泥重量的 20%），确保抹灰中层与底层粘结牢固、防止起壳、空鼓等现象出现；面层施工应控制厚度为 6mm 制作，制作仿松树外壳时，要待面层灰面略干后，将面层仿松砂浆加少许黑墨拌均匀后，按照松树外壳纹痕及走向进行贴沾。为使其更趋近自然，达到逼真的效果，可做些仿松树壳黑腐状。

5.2.9　波形梁板反面和防阻块的油漆处理

因电焊使得热镀锌量为 $600g/m^2$ 的波形梁板反面和防阻块防锈功能遭破坏，对波形梁板反面和防阻块处理时应先刷一道防锈漆，待其干透后，选涂黄色涂层（即以白色和红色油漆调和成松树内心样的黄色加以油漆装饰）。

6. 材料与设备

6.1　主要材料准备及质量要求

仿松装饰材料主要有：水泥、河砂、801 胶水、颜料（氧化铁黄、甲苯胶红、络绿、氧化铁黑、钛白粉）、丹强丝、清漆等。

6.1.1 水泥

宜选用普通硅酸盐水泥（要求早期强度提高快，抗冻性能好）及白色硅酸盐水泥，等级（标号）采用 32.5R（425 号）；水泥应存放在屋盖和干燥木、竹、板垫的仓库内，水泥应按计划进场，出厂 3 个月内使用，若超过 3 个月，应经试验合格后方可使用，受潮后结块的水泥应过筛试验后使用。

6.1.2 砂：采用河砂

1. 中砂——MX 为 3.0～2.3（底、中层）
2. 细砂——MX 为 2.2～1.6（面层）
3. 特细砂——MX1.5～0.7（点缀面层）

砂子使用前应过筛，颗粒坚硬洁净，含黏土、泥灰、粉末不得超过 3％。

6.1.3 801 胶水

固体含量 10％～12％，比重 1.05，pH 值 7～8，是一种无色水溶性胶黏剂，在素水泥浆中掺入适量，可以便于涂刷，且颜色均实，又能改善涂层的性能；掺量：水泥砂浆为水泥用量的 8％，净浆为水泥用量的 20％。

其主要作用是：

1. 提高面层的强度，不致粉酥掉面。
2. 增加土层柔韧性，减少开裂的倾向。
3. 加强涂层与基层之间的粘结性能，不易爆裂剥落。

6.1.4 颜料

1. 氧化铁黄：着色力高耐光性、耐大气影响、耐污浊气体以及耐碱性等都比较强。
2. 甲苯胺红：为鲜艳红色粉末、遮盖力、着色力较高、耐光、耐垫、耐酸碱，在大气中无敏感性。
3. 铬绿：是铅铬黄和普鲁士蓝的混合物，颜色变动较大，决定于两种成分比例的混合，遮盖力强、耐气候、耐光、耐热性较好，但耐酸碱性较差。
4. 氧化铁黑：遮差力、着色力很强、耐光、耐一切碱点，对大气作用也很稳定。
5. 钛白粉：化学性质相对稳定，遮盖力及着色力都很强，折射率很高。

6.1.5 丹强丝

极为有效地控制砂浆塑性收缩、干缩、温度变化等引起的微裂纹，防止及抑制裂纹的形成和发展，掺量为水泥用量的 1％。

6.1.6 清漆

防止仿松面褪色，保证塑假松皮的逼真性。

6.2 主要机械设备、机具及用具（表 6.2）

主要机具设备表　　　　　　　　　　　　　表 6.2

序　号	名　称	数　量	备　注
1	砂浆搅拌机	2	
2	拌料操作平台	1	
3	水泵	1	
4	钢筋加工机械	1 套	
5	电焊机	1	
6	铁抹子	4～5	用于抹底、中层砂浆
7	钢皮小抹子	4～5	用于抹塑松皮，塑松树心
8	钻子	4～5	用于划刻树纹
9	切割机	4～5	用于切割树纹
10	筛子	1～2	用于筛分砂子

除上述主要设备外，根据具体情况还应考虑配备脚手架、测量仪器（水准仪、全站仪、50m 卷尺）、手持式电动工具、抛光机。

上述主要设备应根据工程规模作必要调整。

6.3　劳动组织（表 6.3）

劳动力组织情况表　　　　　　　　　　　　　　　　表 6.3

序　号	工　种	数　量
1	安装工砂浆搅拌工	5～6
2	钢筋加工工	2～3
3	装饰工	8～10
4	筛分砂子	2
5	施工、测量员	2～3
6	材料、设备员	1
7	电焊工	2
8	电工、修理工	2

注：上述劳动力组织已考虑机器搅拌砂浆需要，若采用人工人员应作适当调整。

7. 质 量 控 制

7.1　施工质量检测验收依据

公路仿松波形防撞护栏制作安装后，应满足必要的休止时间后对主体质量参照《高速公路护栏安全性能评价标准》JTG\TF 83-01—2004 执行检测。

7.2　波形板、立柱制作质量要求

电焊 $\phi6.0m$ 钢筋，板 7 根，间距 7cm，电焊固定后，包扎钢丝网片，对拟做部位进行尺寸复核，剪下的钢丝网片要准确、纵向搭接不小于 8cm，水平搭接不小于 10cm，包扎时内部宜垫空 1cm，然后用 20 号钢丝绑扎牢固。

7.3　塑松抹灰的质量要求

7.3.1　塑松抹灰的底层、中层、面层、厚度、颜色、形状应符合设计要求。

7.3.2　塑松抹灰等用材料的产地、品种、批号应力求一致，施工所用砂浆，要做到统一配料，以求色泽一致。施工前应一次将备用材料按确定数量准备就绪，并用袋子分袋储藏，以免不必要混拌、错拌。

7.3.3　仿松树枝、树杈、树身腐烂形状应在做底层砂浆时就应设置合适的形状，符合设计要求。

7.3.4　抹底层砂浆时，应使砂浆均匀地进入钢丝网片内部，并保证其密实度，砂浆中掺水泥用量 1％的丹强丝，以防止砂浆面开裂。

7.3.5　底层与中层砂浆之间涂刷一道水泥净浆（801 胶水掺量为水泥重量的 20％）确保抹灰中层底层粘结牢固，防止起壳、空鼓。

7.3.6　通常先粉柱，后粉栏杆，柱是自下而上，栏杆应按上部—中部—下部顺序粉刷。

7.4　仿松树皮抹灰质量要求

7.4.1　仿松树皮（底层砂浆均掺 1％的丹强丝，8％的 801 胶水）

20cm 厚 1：25 水泥砂浆打底，钢丝网片内须粉实，打底后第二天浇水养护，开始抹中层。在底层面上涂刷一道掺 20％的 801 胶水的水泥浆，宜每涂刷 1m，随后跟着抹 8cm 的中层仿松砂浆。中层仿松砂浆配合比（重量比）参照：水泥：中砂：氧化铁黄：甲苯胶红：络绿：氧化铁黑＝1：2：0.005：0.008：0.02：0.06。隔日浇水湿润后进行面层施工（面层厚 6mm）。6mm 仿松砂浆配合比（重量比）：水泥、细砂、氧化铁黄、甲苯胺红、络绿、氧化铁黑累计＝1：1：0.003：0.005：0.03：0.05。待面层砂浆微干后（一般 2～3h）即可进行 3～5cm 的点缀面施工，其砂浆配合比同面层，但砂采用特

图 7.4.1　仿松树皮制作与完成图

细砂。

7.4.2　仿松树心

底层砂浆及底层面刷净浆同仿松树皮做法，抹 3～5cm 厚仿松树心白水泥浆面并压光。

其配合比（重量比）的水泥：氧化铁黑：甲苯胺红：钛白粉：胶水＝1：0.15：0.05：0.01：0.2。

其表面处理有两种办法（根据现场选定）：

1. 划树纹：待面层灰面略干后（一般 3～5h）用钻子划出约 1mm 深的树纹痕迹，树纹走向，布置尽趋自然。

2. 切树纹：待面层灰面养护 7d 后，凉干即可进行切割树纹施工，切割深度宜控制在 2～3mm，在切割树杈、树心的树纹时要特别注意讲究自然逼真。

7.5　表面养护

对仿松面应采取保护措施。先清洗表面的泥尘，杂物待晒干后再进行清漆盖面施工，以防止仿松面有褪色的可能，达到仿松的效果。

8. 安 全 措 施

8.1　施工过程中应遵循《施工现场临时用电安全技术规范》JGJ 46—2005 及地方有关施工现场安全生产管理的规定。

8.2　其他安全措施

8.2.1　合理制定施工组织计划，施工线路采用分段、循序推进的方法，施工一段，保护一段，恢复一段，循环搭接施工。

8.2.2　施工路段根据施工工作面设置毛竹栏杆与行车路面进行隔离，油漆红白相间警戒色，上插彩旗。施工路段两端 100m 处各设置一块醒目的警示标牌：前方道路护栏施工，敬请注意行车安全（黄底红字）！

8.2.3　每天施工完毕，应做好施工现场的清理工作，检查围护栏杆、警示标牌是否规范、完好，确保夜间交通安全。

8.2.4　雨天等停工期间需有专人巡查安全围护设施。

8.2.5　施工中建材、废弃垃圾等应集中空地规范堆放。不得任意堆放占用公路，保证道路畅通无阻，确保来往车辆正常、安全通行。

8.2.6　积极会同业主与公路管理部门协调工程施工过程中可能出现的施工顺序等有关事宜，需事先征得同意后方可实施，否则不准擅自施工。

8.2.7　如有特殊施工任务，却需影响到交通，须事先向业主和公路部门汇报，争取支持后在管理部门的协调下方可施工。

8.2.8　虚心听取社会各界的意见和建议，积极采取相应措施，切实提高交通安全防护水平，保障车辆正常安全通行。

9. 环 保 措 施

9.1 入驻施工现场前，组织所有进场人员认真学习环境保护的一切规章制度（必要时邀请园林部门参加），增强环境保护的意识，严格做到规章制度的一切要求。

9.2 在施工现场和围护栏上挂贴环境保护宣传标语，增强职工环保意识。

9.3 教育所有进场人员要爱护现场和周围的古树名木，进场人员不触摸、攀爬、折枝，不得擅自开采岩体石和取砂掏土。

9.4 工程施工过程中，如遇有树根、珍稀、名贵树木等，需停止施工，并园林部门汇报解决后方可另行实施。

9.5 对景区内的飞禽走兽及其他一切动物决不捕杀、捕捉。

9.6 严格遵守松木不进山的规定，其他生产用品或半成品、木材和毛竹均报批检疫合格后进场。

9.7 保持施工现场和生活区环境卫生，建筑生活垃圾须及时清运至主管部门、业主指定地点并集中处理，不污染环境。

9.8 在施工现场及生活区内，严格执行各项防火规定，生产、生活用火采取有效隔离措施，人走火灭，杂物清扫干净，配足消防器材和消防水池。

10. 效 益 分 析

风景区内旅游公路仿松波形防撞护栏实施仿松（仿生态）创新工艺，在风景旅游区具有十分重要的社会效益和经济效益，特别为黄山风景区"创造全国文明风景旅游区"打下坚实基础，黄山景区内有世界上独特的"自然景观"、"文化遗产"、地质风貌，给旅客一种美的享受。

10.1 社会效益

10.1.1 仿松波形防撞护栏采用的是环保型材料，无任何环境污染。

10.1.2 与自然相协调，缩少人造构筑物与景区自然景观的差异，能较好的消除旅客在景区旅游公路的视觉影响。同时，该护栏使公路线型变得自然，使公路仿松防撞构件巧妙地融入自然景观的大环境，使沿线景色更宜人，从而改善道路景观，提高道路生态性、环保性，具有很强的环保效益。

10.1.3 仿松波形防撞护栏施工工期短、质量标准高、安全文明施工有保障（施工中基本上不占用公路）。

10.1.4 该防撞护栏的建成已彻底解决了原公路警示桩、护栏墩防撞能力差和占用空间大的缺点，且更好地满足公路行车安全，改善行车条件，为风景区增添了一道亮丽的人文景观，具有很大的社会效益。

10.2 经济效益

10.2.1 仿松波形防撞护栏线形流畅、防撞性能强，维护方便、不易污染，维修周期长、不易损坏、抗冻性好、不易褪色，具有良好的经济效益，与护栏墙相比较，可节约造价1/3左右。

仿松波形防撞护栏与警示桩、护栏墩及护栏墙等护栏结构形式的经济效益比较见表10.2.1。

各种护栏结构经济效益比较表　　　　　　　　　表10.2.1

序号	护栏形式\评价内容比较	警示桩	护栏墩	护栏墙	仿松波形护栏
1	维修周期	3年	2年	2年	8年
2	防撞安全系数	30%	50%	80%	80%
3	相对造价	1.2	1.0	2.1	1.4
4	正常的维护	一般需要	需要	一般不需要	不需要
5	抗冻、防晒、耐涝	良	差	差	优
6	截面空间(mm)	100×800	500×600	300×800	50×400
7	结构(骨架制作、网片焊接)	场外	场内	场内	场外

11. 应用实例

11.1 黄山风景区温云公路仿生态护栏工程，位于安徽省黄山风景区温泉至云谷寺、慈光阁，护栏长度8500m，由曙光控股集团有限公司承建。该工程采用风景旅游区公路仿松波形防撞护栏制作安装工法，成功体现了景区公路的景观效果；融生态环境、人造景观等多方面因素为一体，满足了使用功能，减少交道事故发生率，丰富了道路景观，既环保又节能。

11.2 黄山风景区芙松公路安保工程，位于安徽省黄山风景区芙蓉居至松谷庵，护栏长度6800m，由曙光控股集团有限公司承建。该工程采用风景旅游区公路仿松波形防撞护栏制作安装工法，采用该工法建成的护栏融人造景观、自然景观为一体，有效地丰富了风景旅游区的生态环境，大大提高了旅游景区公路的景观效果；防撞护栏的仿松波形制作，在视觉上给人以如入树林带的感觉，使人心旷神怡，增加了愉悦感，受到了业主及游客的一致好评，提升了曙光控股集团有限公司的社会形象。

11.3 黄山风景区温慈公路仿生态护栏工程，位于安徽省黄山风景区温泉景区，护栏长度3800m，该工程采用风景旅游区公路仿松波形防撞护栏制作安装工法施工。防撞护栏的仿松波形装饰不易脱落、不易褪色，使其外形具备一定的防眩功能，在一定程度上可以避免交通事故的发生，达到了建设道路安全保障体系与环境相协调的目的。

岩盐地区耐腐蚀性混凝土施工工法

GJEJGF148—2008

中铁二十一局集团有限公司　中铁二十四局集团有限公司

张宁军　朱建军　朱昌岳　薛吉安　高永贵

1. 前　言

柴达木盆地南部的察尔汗盐湖是中国最大的内陆盐湖，有中国"死海"之称。其地质状况为：自地表以下 9m 左右为结构致密的岩盐，主要成分为氯化盐及硫酸盐，岩盐层中充满着饱和的晶间卤水，晶间卤水矿化度达到 310～440g/L，硫酸盐、氯盐具有遇水溶解的特性，溶解产生的 SO_4^{-2}、Cl^{-1} 离子对混凝土具有极强的腐蚀性。

青藏线西格段增建二线应急工程横穿盐湖，有 32km 位于盐湖之上，其中设有两座跨线桥，在盐湖上修建桥梁的工程案例在中国尚属首例，在该地质条件下进行桥梁基础类型的选择及桥梁基础混凝土防腐施工是一项技术难题。对该地区的地质结构及其承载力进行分析研究后，利用岩盐本身较高的承载力，采用明挖基础作为该地质条件下的桥梁基础；采用防水土工膜、沥青混凝土、沥青砖等方法进行混凝土隔水、防腐；在混凝土中添加防腐剂、使用环氧树脂涂层钢筋、在露出地面的混凝土表面涂刷防腐涂料等钢筋混凝土防腐施工技术。有效的防止了盐岩溶解影响地基稳定及溶解盐对混凝土的腐蚀，从而确保盐湖地区桥梁基础的稳定。

该科研成果于 2008 年 6 月通过青海省科技厅组织的科技成果鉴定，其关键技术达到国内领先水平，具有较好的社会经济、环保节能效益；并于 2009 年 2 月获中国铁道建筑总公司科学技术进步三等奖，实践证明，该工法行之有效，可在类似工程中推广应用。

2. 工 法 特 点

2.1　充分利用了岩盐结构的整体性及其自身承载力较高的特性，不需要对地基作深层处理，桥梁基础混凝土只通过不厚的砂夹片石垫层放置在岩盐层上，即可满足地基承载力要求，解决了盐湖地区桥梁基础类型选择问题。

2.2　综合利用防水土工膜、防水卷材、沥青混凝土等材料的隔水作用，确保地基及基础四周（岩盐）不受淡水及非饱和卤水侵蚀。

2.3　对混凝土采用了添加 WQ8 防腐剂、粉煤灰、增大混凝土保护层厚度至 72mm、在台身混凝土表面涂刷 RC-GUARD（堪能）防腐涂料的综合防腐施工技术，解决了盐湖地区基础混凝土的防水、防腐问题，达到了混凝土防腐的目的。

2.4　岩盐地区桥梁工程采用浅基础施工，与桩基础相比减小了圬工量，降低了工程造价，缩短了施工工期；避免了桥梁深基础施工，大大减小对既有地基的扰动，环保节能，有效地保护了青藏高原脆弱的生态环境，经济、环保、社会效益显著。

3. 适 用 范 围

本工法适用于岩盐地区及地基承载力较高、地下水腐蚀性较强地质条件下的混凝土工程。

4. 工艺原理

进行桥梁基础混凝土施工时，沿基坑壁铺设防水卷材、复合土工膜，采用沥青砖包裹混凝土基础，与沥青混凝土、复合土工膜共同发挥作用，使基坑壁与混凝土基础间形成隔水防线，隔断了周边晶间卤水及溶解盐对基础混凝土的侵蚀，达到了混凝土防腐的目的，保证了地基稳定及桥梁基础混凝土不被破坏。

进行台身混凝土施工时，采用添加防腐剂、粉煤灰、混凝土表面涂刷防腐涂料、钢筋混凝土结构中使用环氧树脂涂层钢筋的综合施工技术，达到了混凝土耐腐蚀的目的，有效的保证了岩盐地区钢筋混凝土结构的安全稳定。

5. 施工工艺流程及操作要点

5.1 施工工艺流程（图5.1）

5.2 操作要点（图5.2）

5.2.1 基坑开挖

首先按设计要求完成基坑测量放样，然后进行基坑开挖，开挖时按≥1∶0.5的坡度放坡，并在每边放大0.5m。开挖采用人工结合机械开挖的施工方法进行，先用机械开挖，不得一次性挖到位甚至超挖，将基坑底及坑壁预留0.2～0.3m，然后采用人工开挖整修，平整度要求不超过10mm，并不得留有尖锐棱角。

进行基坑开挖遇有地下水时，在基坑四周各设积水坑一个，采用井点法降排水，确保将卤水降至基底面以下。

5.2.2 在坑底及坑壁铺设两层油毡隔离层

首先对基坑的平面尺寸、基底高程、基底及坑壁的平整度进行检查，符合要求后做地基承载力试验，经触探试验，地基承载力达到250kPa，满足地基承载力不小于150kPa的设计规范要求。基坑验收合格后，采用两层油毡将基坑坑壁及坑底隔离，铺设油毡时，先用中粗砂将坑底不平的地方找平，以保证油毡与坑

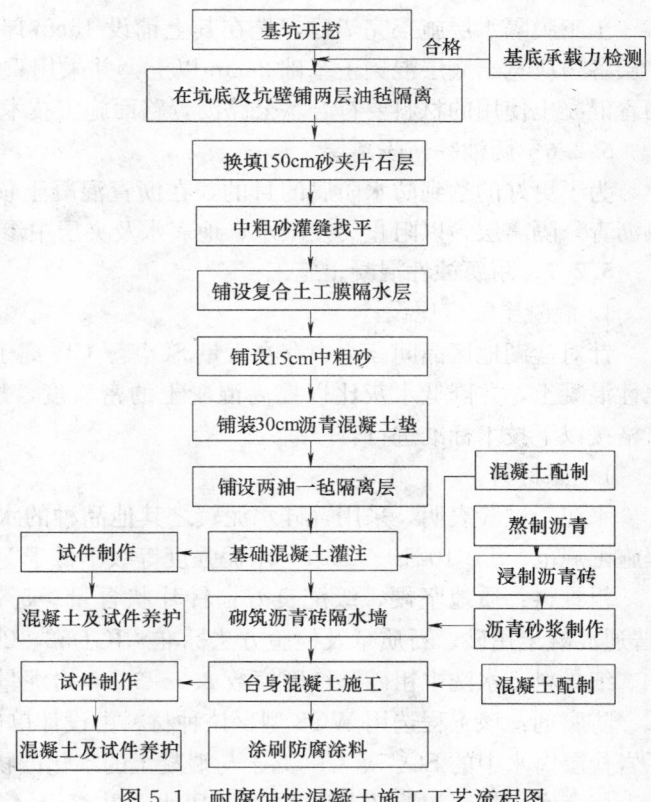

图 5.1 耐腐蚀性混凝土施工工艺流程图

壁及坑底密贴，并不得采用钉钉的方法，防止油毡发生破损现象，否则，应采用沥青烫焊修补。油毡搭接采用沥青热熔，以确保基坑的防水以及防腐效果。

5.2.3 换填150cm厚砂夹片石层

为防止将已铺设的油毡及即将铺设的土工膜扎破，先在油毡上铺设15cm厚中粗砂，然后夯填1.5m厚片石，摆放片石时应注意相邻片石间的搭接，不得产生大于2cm的空隙，片石夯填完毕后用中粗砂灌缝。中粗砂细度模量应控制在2.3～3.7之间，最大粒径≤5mm，并不得含有尖锐砾石。

5.2.4 铺设复合土工膜隔水层

在采用中粗砂找平的片石顶面及坑壁上铺设复合土工膜隔水层，直至基坑顶面，并向外延伸

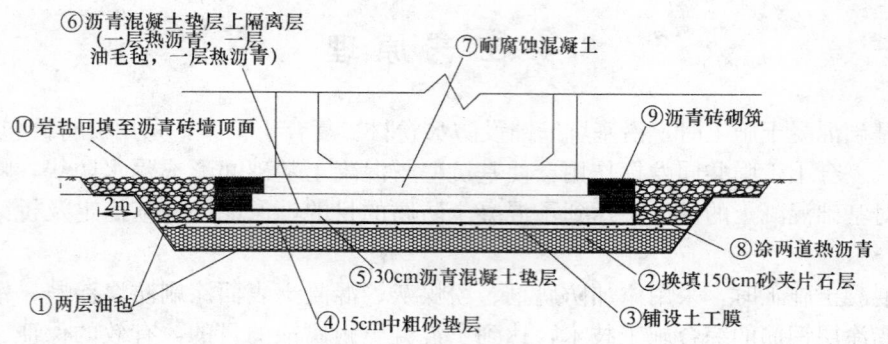

⑥沥青混凝土垫层上隔离层
（一层热沥青，一层
油毛毡，一层热沥青）　　　　⑦耐腐蚀混凝土

⑩岩盐回填至沥青砖墙顶面　　　　　　　　　⑨沥青砖砌筑

2m

①两层油毡　　　⑤30cm沥青混凝土垫层　　②换填150cm砂夹片石层
④15cm中粗砂垫层　　③铺设土工膜　　⑧涂两道热沥青

图 5.2　基础混凝土防腐施工示意图

2.0m，铺设土工膜的技术要求与油毡铺设工艺相同，应确保土工膜与其接触面密贴，土工膜搭接时采用烫焊的方法，相邻土工膜间搭接长度≥200mm。复合土工膜质量不小于 $700g/m^2$，顶破强度大于2.5kN，满足《铁路路基土工合成材料应用技术规范》TB 10118—99 要求。

5.2.5　铺装沥青混凝土垫层

土工膜隔水层施工完毕后，先在其上铺设 15cm 厚中粗砂，随后铺装 30cm 厚的沥青混凝土垫层，垫层各边应宽出底层混凝土基础24cm以上，并采用重型机械碾压沥青混凝土，以保证其密实、平整。沥青混凝土使用的材料要符合《公路沥青路面施工技术规范》JTG F40—2004 的技术标准。

5.2.6　两油一毡隔离层

为了更好的达到防水防腐的目的，在沥青混凝土顶面做两油一毡（一层热沥青、一层油毡、一层热沥青）隔离层，以阻止突发洪水、地表水及夹层中渗出的卤水对混凝土基础的浸泡和腐蚀。

5.2.7　耐腐蚀性混凝土施工

1. 混凝土配合比设计

针对盐湖地区晶间卤水中存在大量 SO_4^{2-}、Cl^- 离子对混凝土具有腐蚀性的特点，基础应采用耐腐蚀性混凝土，并降低水灰比以提高混凝土的密实度，加强混凝土的耐防腐性，在进行混凝土配制时，严格按以下技术标准进行：

1）原材料

水泥：试验表明，采用普硅水泥较之其他品种的水泥具有较强的耐腐蚀性《铁路混凝土与砌体工程施工规范》TB 10210—2001，水泥强度等级不低于 P.O 42.5 级。

粗骨料：质地坚硬、级配良好，针片状含量 $\not> 5\%$，含泥量 $\not> 0.5\%$ 压碎值等其他技术指标符合《普通混凝土用砂、石质量及检验方法标准》JGJ 52—2006 规定，并满足碱骨料反应性要求。

细骨料：水洗中粗砂，细度模数 2.6～3.1，含泥量 $\not> 2\%$。

防腐剂：该工程选用 WQ8 型，该种材料由设计单位根据该地区水质化学成分确定，它有效的削弱了岩盐层卤水中的 SO_4^{2-}、Cl^- 离子与混凝土的水化产物发生反应，并对钢筋有阻锈作用。

拌合水：拌制混凝土用水采用饮用水，并符合《铁路混凝土与砌体工程施工规范》TB 10210—2001 的相关规定。

粉煤灰：掺入粉煤灰，有利于提高混凝土耐腐蚀作用，而且还可大大提高后期强度。由于掺加粉煤灰后混凝土早期强度低，使用时要采取一定的技术措施，使混凝土在足够龄期后才受到侵蚀和承载作用，选用粉煤灰应符合《粉煤灰混凝土应用技术规范》GBJ 146—90。

2）配合比设计原则

因该地层的化学组成对混凝土具有强腐蚀性，进行配合比设计时，混凝土水胶比≤0.44，胶凝材料用量为 400～420kg/m³。为保证混凝土密实度，坍落度宜为 30～50mm。

防腐剂的添加应严格遵照设计要求，WQ8 防腐剂掺量为 54kg/m³ 混凝土。选定的配合比见表 5.2.7。

混凝土配合比设计（每方用量）　　　　　　表 5.2.7

强度等级	水泥(kg)	细骨料(kg)	粗骨料(kg)	水(kg)	粉煤灰(kg)	外加剂(WQ8)	水胶比	坍落度(mm)	稠度(mm)	水泥强度等级	试配强度(MPa)
C30	386	576	1281	157	38	WQ8　54	0.37	30-50	46	32.5	38.2
C35	431	561	1248	160	43	WQ8　54	0.34	30-50	40	32.5	43.2
C40	397	553	1291	159	40	WQ8　54	0.36	30-50	46	42.5	48.2
C50	492	522	1219	167	49	WQ8　54	0.31	30-50	35	52.5	59.9
					49	UNF-5 17.2					

2. 混凝土施工

1) 混凝土拌合

进行混凝土拌制时，要使用经试验合格的原材料，并按配合比要求精心控制防腐剂的掺量，由专人计量。为保证混凝土的密实度，适当减小原水灰比；另外，混凝土搅拌站应设在距基础施工地点大于 100m 的地方，并采取相应措施，如将搅拌站及水箱设置在防水油毡或土工膜上，并派专人打扫，防止水流到地面上，造成对岩盐结构的破坏。

2) 混凝土的浇筑

为降低水泥水化作用产生的热量，采用斜向分段、水平分层浇筑的方法连续浇筑，振捣采用插入式振捣器，振捣时在每一位置上的振动延续时间宜为 20~30s，以混凝土不再沉落、不出现气泡、表面呈现浮浆为度，保证混凝土获得足够的密实度为准，不要振捣过度。混凝土浇注过程中，应加强混凝土坍落度的检测，并保证实测坍落度与设计要求的坍落度偏差控制在 ±10mm 之内。

3) 混凝土的养护

混凝土浇筑后，应立即覆盖，进行保温、保湿养护。辅助采用涂刷养护液的方法对混凝土进行养护，严禁使用洒水养护的方法。

夏季施工的混凝土结构物，采取两阶段养生工艺。

第一阶段，混凝土早期养生采用补水养护，即首先在混凝土结构物表面包裹封闭（必须保证密封）。在混凝土养护期间，需对蓄水物质定时注水以保证持续湿润状态，养护时间不少于 14d，有条件时应尽可能延长，确保混凝土早期水化质量。

第二阶段，剥离塑料布后，应立即在混凝土结构物表面喷涂一层抗低温、抗紫外线辐射的混凝土保湿养护剂，以封闭混凝土内部残余水分不被蒸发，保证混凝土后期水化的持续进行。

低温条件下施工的混凝土结构物，采取封闭式不间断蒸汽养护工艺，养护时间不少于 28d。蒸养结束后，按前述"两阶段养护"原则，随即在混凝土结构物表面喷涂一层混凝土保湿养护剂，并保温保湿养护。

4) 混凝土拆模

混凝土拆模强度应符合设计要求，同时还应符合下列规定：当混凝土强度达到临界抗冻强度，且其表面及棱角不因拆模而受损时可拆侧模；当混凝土强度符合《铁路混凝土与砌体工程施工规范》TB/10210—2001 的规定时再拆模。拆模时应作到边拆模边包裹混凝土。

拆模按支模顺序异向进行，不得损伤混凝土，并减少模板破损。拆模后的混凝土结构在混凝土强度达到设计强度的 100% 后方可承受全部设计荷载。

5.2.8　砌筑沥青砖隔水墙

基础混凝土浇筑完毕后，在基础混凝土表面涂刷两层热沥青，然后沿基础四周砌一道 24cm 厚的沥青砖墙，其作用是将基础混凝土与基坑回填岩盐隔离，阻止岩盐对混凝土的侵蚀。当墩台施工完毕后，先在基础顶面铺设两油一毡，随后用沥青砖将基础顶面砌封，并设一定的坡度，确保雨水排向基坑以外的地面上，防止水渗入基底而造成对岩盐地基结构的侵蚀。

沥青砖应事先浸制，制作方法为：用口径 1.8m 的大铁锅熬制沥青，待沥青完全变为熔液后将砖放入铁锅中浸泡 3～5min。

该地区气候干燥少雨，为防止砖受潮，将砖运至工地后，选择专门的存放地，在地面上铺设油毡，并搭设防雨棚。进行沥青砖制作前，将砖置于烘干室内烘干 12h，砖的烘干温度应在 105～110℃之间，确保含水率≤0.5%。

沥青砖砌筑方法与砌普通砖墙相同，胶结材料采用沥青砂浆，沥青砂浆的制作方法为将沥青熬制成溶液时将细砂倒入进行翻炒，成型的沥青砂浆从外形上看应松散、不流动。为保证沥青砖墙的密闭性，砌筑时，应使灰浆饱满，砌完后，用沥青砂浆勾缝。

制作沥青砖及沥青砂浆时所用沥青应选用建筑石油沥青，该种沥青具有塑性好、使用年限长、黏性大、使沥青层与建筑物黏结牢固、并能适应建筑物的变形而保持防水层完整的优良性能。石油沥青闪点不低于 230℃，燃点比闪点约高 3～6℃，熬制沥青时，温度应控制在闪点以下。

5.2.9 桥台混凝土防腐处理

岩盐地区空气中含有大量盐分，对混凝土和钢筋具有强侵蚀性，为保证桥台钢筋混凝土的耐腐蚀性，该地区的钢筋混凝土结构采用高强、耐腐混凝土和环氧树脂涂层钢筋。

混凝土施工时严格按照添加 WQ8 型防腐剂的配合比进行（WQ8 防腐剂的掺量根据混凝土侵蚀度等级按 $54kg/m^3$ 添加），充分振捣，以确保混凝土的高密实度、高强度及耐腐蚀性能，增加混凝土的抗冻融性，延长混凝土结构使用寿命。

环氧涂层钢筋上面不能粘有氯化镁、氯化钾等对钢筋有腐蚀性的物质，钢筋焊接时，在焊接处会造成环氧涂层的剥落破坏，焊接后应在钢筋焊接接头处再刷两道环氧树脂防腐涂料，以恢复环氧涂层的完整性。涂刷在钢筋表面的环氧树脂既要保证防腐保护膜的厚度，又要保证钢筋的连接性、可弯性。环氧树脂防腐涂料涂刷工艺：在焊接接头处先涂刷一遍、待第一遍涂层干透后，进行第二遍涂刷，第二层涂料干透后方可使用。

进行钢筋绑扎及模板安装时，采用标准的混凝土保护层垫块严格控制钢筋保护层厚度，设计保护层厚度为 72.5mm，大于规范规定的 60mm。

在外露混凝土的表面均涂两层 RC-GUARD（堪能）防腐涂料，以增强混凝土的耐腐蚀性。这种材料在保护混凝土的同时，还保持了原有气体交流的特性，在混凝土表面形成一层屏蔽阻隔层，阻止氯离子、二氧化碳等腐蚀介质侵入混凝土，防止混凝土被腐蚀；有效的防止混凝土出现粉化、变色、脱落、开裂等现象，又可以增加混凝土表面平整度、密实度和强度；在混凝土表面涂刷防腐涂料后，渗透到混凝土内部发生化学反应，生成新的物质填充在混凝土内的毛细通道中，与混凝土融为一体，增强抵抗空气中氯离子的侵蚀，还可以多方面改变混凝土的品质，能大大延长混凝土的使用寿命。施工时应进行质量检验：一是现场质量检验员负责监督 RC-GUARD 堪能在稀释过程中的准确配比和充分搅拌，划分喷涂的区段，确保不漏喷、不流坠；监督各道工序间的准确间隔时间；二是喷涂作业后混凝土表层应平整、密实、光滑，作业过程应记录备案。

6. 材料与设备

6.1 材料（表 6.1）

主要材料表 表 6.1

材料名称	规格型号	技术参数或性能	备 注
防腐剂	WQ8	削弱卤水中的 SO_4^{2-}、Cl^- 离子与混凝土的水化产物发生反应，并对钢筋有阻锈作用	按 $54kg/m^3$ 添加
防腐涂料	RC-GUARD 堪能	可在混凝土表面形成一层屏蔽阻隔层,阻止氯离子、二氧化碳等腐蚀介质侵入混凝土,防止混凝土被腐蚀	在混凝土表面涂刷两层
复合土工膜	$700g/m^2$	顶破强度大于 2.5kN	

6.2 采用的机具设备（表6.2）

机具设备表
表6.2

序号	设备名称	设备型号	单位	数量	用途
1	挖掘机	PC400	台	1	基坑开挖
2	装载机	ZLM50E	台	1	拌合站
3	振动压路机	W1803D	台	1	碾压
4	机动翻斗车	JS-1	台	4	混凝土运输
5	强制搅拌机	JS-500	台	1	混凝土搅拌
6	混凝土配料机	PL800	台	1	混凝土配料
7	振动棒	ZN50	台	8	混凝土振捣
8	铁锅(口径1.8m)		个	2	熬制沥青

7. 质 量 控 制

7.1 建立健全质量保证体系，设专门的质检工程师，在施工班组设质检员。

7.1.1 质量目标：单位工程一次验收合格率达到100%。

7.1.2 质量管理制度：为确保实现质量目标，加强施工全过程的质量控制，使各项技术管理工作规范化、标准化，并加强对关键工序的技术攻关与技术指导。

1. 技术资料复核制度：包括图纸学习和会审制度；施工组织设计及施工资料管理制度；开工报告报批制度；技术交底制度。

2. 隐蔽工程检查签证制度。

3. 质量检测制度：包括工序自检、互检及交接检制度；工序交接制度；施工过程检验制度；原材料、成品、半成品现场验收制度。

4. 质量评定制度。

5. 质量定期检查及质量例会制度：检测设备定期检验和标定制度；工程质量定期检查评比制度；机械设备维修、保养评比制度。

7.2 严把材料进场关，杜绝不合格材料进场，增大材料的检测频率，确保材料质量符合要求。

7.2.1 防水卷材及复合土工膜：认真检查检验报告、产品合格证、产品技术说明书。复合土工膜使用前，委托有资质的实验室进行检测，其各项指标均要求符合标准规定和设计要求（质量不小于700g/m²，顶破强度大于2.5kN）。

7.2.2 砖：对砖的含水率进行检验，并做好砖的防潮措施。

7.2.3 沥青：沥青应选用建筑石油沥青，使用前，应按《建筑石油沥青》GB/T 494—1998进行沥青的延度、针入度、软化点、溶解度、蒸发损失、闪点等指标的检测试验。

7.2.4 混凝土原材料：

水泥：除满足国家标准的相关规定外，还应按《铁路混凝土工程施工技术指南》TZ 210—2005 表7.2.1对比表面积、80μm方孔筛筛余、游离氧化钙含量、碱含量、熟料中的C_3A含量进行试验，并符合规定。

细骨料：对细度模数、有害物质进行检测，并符合《铁路混凝土工程施工技术指南》TZ 210—2005 表7.2.3的规定。

7.2.5 粗骨料：应对压碎值、坚固性、有害物质、碱活性进行试验，并符合《铁路混凝土工程施工技术指南》TZ 210—2005 表7.2.4的规定。

7.2.6 WQ8防腐剂：认真检查检验报告、产品合格证、产品技术说明书。

7.2.7 粉煤灰：按表7.2.7进行检验。

2263

质量指标		指 标 值
细度	45μm 筛余	≤12
	80μm 筛余	≤5
烧失量		≤5
三氧化硫含量		≤3

7.2.8 环氧涂层钢筋：焊接接头涂层逐个检查；每 200 个焊接接头作为一批，从中截取 3 个时间做拉伸试验。环氧树脂涂料应有检验报告、产品合格证、产品技术说明书。钢筋安装后对间距、混凝土保护层厚度按设计文件及《铁路混凝土工程施工技术指南》TZ 210—2005 表 6.4.7 检查。

7.2.9 RC-GUARD 堪能防腐涂料：认真检查检验报告、产品合格证、产品技术说明书。包装桶盖的密封有效，产品检验合格证的内容填写完整。

7.3 进行混凝土防腐施工过程中，选派责任心强的施工人员操作，确保达到技术要求，加强质量监督检查工作。

7.3.1 基坑开挖完毕后，认真检查基坑底及基坑壁的平整度，并确保无尖锐棱角，以防刺破防水材料。

7.3.2 进行油毡及土工膜铺设时，确保铺设平整、接缝严密。

7.3.3 浸制沥青砖时，应确保砖的所有表面都被沥青浸透，对每一块沥青砖都要采用观察检验的方法验收。

7.3.4 沥青隔水墙砌筑时，应确保砖缝均匀，沥青砂浆饱满。

7.4 对混凝土防腐各工艺的施工过程做好施工检查记录。

7.5 混凝土应在专门建立的拌合站内进行拌制，拌合站场地应距桥位处大于 100m，以防淡水对基坑周围岩盐的侵蚀。建设拌合站时，先用砂夹石在原地面填筑 50cm，然后在其上用 C20 混凝土浇筑 15cm 厚硬化地面；拌合站用水采用专门的水箱，并派专人管理，以防拌合用水流到岩盐地面上。

7.6 混凝土拌合站配备经培训的负责人和试验人员，负责混凝土拌合质量管理、检测工作。

7.7 混凝土拌合装置使用前应进行鉴定，鉴定合格后方可使用。每次拌合前，均应检查计量系统，确保计量系统的准确性。

7.8 混凝土施工时，选派经培训合格的机械工操作搅拌机，派专人负责各种材料的计量。

7.9 加强混凝土坍落度检测，应在拌合站及灌注现场分别进行。

8. 安 全 措 施

8.1 安全管理措施

8.1.1 认真贯彻"安全第一，预防为主"的方针。

8.1.2 建立健全安全保障体系，制定安全保证措施、安全生产责任制、安全教育培训制度、作业人员安全保障措施，配备相应的专职安检机构，认真执行安全技术交底制度。

8.1.3 对所有参加施工的人员，尤其是电焊工、电工、各种机械操作司机等进行岗前培训，持证上岗率达 100%。严格按照各种机械设备规定的安全操作规程，严禁违章作业，确保人身安全。

8.1.4 建立严格的材料发放制度。

8.2 安全技术措施

8.2.1 经常检查机械运行状态，防止发生机械安全事故。

8.2.2 熬制沥青时，温度应控制在闪点以下。并在熬制沥青的场所周围设置警戒线，设置"危险、闲人莫入"的安全警示牌。

8.2.3 进行沥青烫焊工艺施工时，操作人员应穿防护服，戴口罩，以防烧伤、中毒。

8.2.4 配备灭火装置，防止发生火灾。

8.2.5 施工现场的临时用电严格按照《施工现场临时用电技术规范》JGJ 46—2005 的有关规定执行。

8.2.6 设置沥青的专门存放场地，派专人看守；

8.2.7 在基坑周围用钢管及密目网做好围护，并设置安全警示牌。

8.3 火灾应急预案

8.3.1 成立应急预案领导小组；

8.3.2 与当地消防部门、医院建立联系制度，一旦发生火灾，确保能迅速联系到位；

8.3.3 设置工地医疗卫生所，发生烧伤时能迅速作简单医疗处理；

8.3.4 配备足够的通讯器材及灭火器等消防设备；

8.3.5 做好应急演练工作。

9. 环 保 措 施

9.1 严格执行国家及当地政府有关环境保护、水土保持的规定，依据国家和地方政府有关法律、法规，制定本项目环境保护的管理制度与措施，严格遵照执行，认真做好环境保护工作。

9.2 严格按照业主的管理办法和设计文件的要求，结合施工组织设计，编制实施性的环境保护措施，及时上报审批，组织实施。

9.3 建立环保工作各级岗位责任制，明确职责。

9.4 尽量减少施工场地的占地，合理布置，规范围挡，做到标牌齐全、清楚。各种标示醒目，施工场地文明整洁。

9.5 施工营地的生活垃圾及施工产生的建筑垃圾，设置垃圾收集地，设专人管理，定期清运；对施工现场的生产污水和施工营地的生活污水，采用沉淀池、化粪池等处理方式，按当地环保要求的指定地点排放。

9.6 涂刷防腐涂料时，在地面铺塑料布，防止遗洒在岩盐上，将剩余的涂料严密包装后回收，将粘有涂料的塑料布妥善包装后到指定地点掩埋。

9.7 与当地钾肥厂联系，将开挖出的岩盐运至钾肥蒸发池，加工后生产钾肥。这样处理后，既保护了环境，又达到了合理利用资源的目的，解决了环境污染及资源浪费的问题。

10. 效 益 分 析

10.1 经济效益

在青藏铁路西格二线应急工程 K747＋676、K735＋420 1～20m 先张法预应力混凝土跨线桥施工过程中，盐湖地区桥梁工程采用浅基础施工，减小了圬工量，与碎石桩相比节约投资 20 万，与钻孔桩相比节约投资 150 万。

10.2 社会效益

10.2.1 本工法成功地解决了岩盐地区基础类型的选择及混凝土防腐的方法，为以后在类似水文地质条件下进行基础设计、施工提供了可靠的决策依据和技术方案。

10.2.2 该工程的顺利竣工确保了西格二线应急工程及青藏线格拉段客运正常开通；消灭了平交道口，确保了铁路运输及人民生命财产安全；为青海矿产资源开发、推动地方经济发展做出了贡献，社会效益显著。

10.3 环保效益

10.3.1 采用明挖基础施工与原设计的桩基深基础施工相比，大大减小对既有地基的扰动，有效地保护了青藏高原脆弱的生态环境。

10.3.2 挖出的岩盐可就近运至钾肥厂，避免了废弃物的产生及资源浪费，达到了合理利用资源的目的，解决了环境污染及资源浪费的问题，环保节能。

11. 应 用 实 例

11.1 青藏铁路西格二线应急工程 K735＋420 1～20m 先张法预应力混凝土跨线桥工程。

图 11.2 青藏铁路西格二线工程察尔汗盐湖公铁立交桥效果图

11.2 青藏铁路西格二线应急工程 K747＋676 1～20m 先张法预应力混凝土跨线桥工程，见图 11.2。

这两座桥的原设计基础结构为：下部为沥青碎石桩，上部为卤水混凝土。施工前，经试验发现卤水混凝土根本不存在，碎石桩在坚硬如铁的岩盐上也无法施工，打桩机无法打入岩盐。经对设计院地质勘探时钻出的地质芯样及地质报告进行分析发现，该桥所处地质情况为：自原地面向下 9m 左右为结晶盐，结构致密、呈块状、整体性较好，承载力达 250kPa；再下为砂黏土及粉砂，易液化，距地面以下 40m 时呈淤泥状，承载力低，仅 80kPa，根据以上情况并对原设计进行分析研究后，得出以下结论：

该桥原设计为 $\phi 0.5$m（桩长为 8m）碎石桩基础，采用碎石桩的目的是对地基进行挤密和增加地基承载力，但根据地质报告分析，碎石桩正好穿透承载力较高的岩盐层置于承载力较低的、易液化的粉砂层上，因此，采用碎石桩不但没有增大地基承载力，反而造成了对既有地基的扰动，而且用普通机械根本无法打入岩盐层中。通过上述分析，基础类型的选择及混凝土防腐是必须解决的问题。

对地质进行分析研究后，将岩盐看成一个漂浮的板块，那么，只要不人为将其穿透、破坏，其上的任何建筑物在理论上是安全的。根据上述思路，只要解决混凝土基础防水、防腐的问题，基础承载力及稳定性均得到保证。因此，决定将原设计碎石桩基础变更为明挖基础，基底处理及基础方案决定为：

基底处理：取消碎石桩，采用明挖基础，并对基底采用砂夹片石换填处理，换填深度自基础底面以下 1.5m，换填面积为基坑底面尺寸每边各加大 0.5m。桥梁基础只通过不厚的砂夹片石垫层放置在岩盐层上，混凝土基础所受荷载通过 1.5m 厚的砂夹片石层传递到符合设计承载力要求的岩盐层上。

混凝土隔水：利用防水油毡、复合土工膜、沥青混凝土、沥青砖等材料的隔水作用，有效的隔断了地表淡水及基坑壁溶解盐对混凝土的侵蚀，防止了盐岩溶解影响地基稳定及溶解后产生的 SO_4^{2-}、Cl^- 离子对混凝土的腐蚀。

混凝土防腐：由于优质粉煤灰和防腐剂的物理和化学效应，在混凝土中起填充、分散、致密的作用，使混凝土中胶结材料的孔结构高度"细化"，粉煤灰颗粒周围形成凝胶结构网，有利于浆体与骨料界面的粘结，使混凝土更加均匀、密实，可提高混凝土的抗渗性及抗冻性。因此，在进行配合比设计时，采用添加优质粉煤灰和 WQ8 防腐剂配制防腐混凝土的施工方法；使用环氧树脂涂层钢筋、增大混凝土保护层厚度、在露出地面的混凝土表面涂刷防腐涂料等方法防止溶解盐、空气中盐分对钢筋混凝土腐蚀的混凝土防腐施工技术。

按本工法施工的青藏铁路西格二线应急工程 K747＋676 1～20m、K735＋420 1～20m 两座跨线桥，竣工验收时被评为优质工程，自 2007 年通车以来安全稳定，每天都有上百辆铁路货车通过，在 2007 年质量回访及 2008 年火车头奖现场评审时对这两座桥的混凝土及高程进行检测，混凝土外观光洁，桥梁各部结构无沉降，桥梁基础安全稳定，混凝土质量可靠。

水泥级配碎石填筑高速铁路路基过渡段施工工法

GJEJGF149—2008

中国水电建设集团路桥工程有限公司　中国水利水电第三工程局有限公司

杨忠　蒋宗全　谢凯军　单勇锋　李兆宇

1. 前　言

过渡段作为高速铁路路基与相邻构筑物之间的特殊结构部位，是确保高速铁路线路平顺性起到关键作用。其施工质量对于实现刚度不同的两个构筑物间平顺过渡、保证列车平稳舒适运行至关重要，是高速铁路路基施工的重中之重。

中国水电建设集团路桥有限公司和中国水利水电第三工程局有限公司结合京沪高速铁路三标段过渡段工程实践，对过渡段施工进行了综合性的研究，在实际应用的基础上，形成本工法。

2. 工 法 特 点

2.1 科学优选采用级配碎石，使过渡段填筑密实度容易得到保证。

2.2 分层厚度合理，通过分层填筑，提高填筑压实度，确保过渡段刚性。

2.3 边角部位碾压采用适用的小型机械，解决关键部位的压实度，保证了过渡段整体质量全面满足要求。

2.4 材料松铺厚度、碾压遍数、含水量控制等施工参数的确定和动态控制，通过过程控制的方法确保在最经济的条件下使过渡段施工质量满足现行规范要求。

3. 适 用 范 围

本工法适用于一般铁路及高速铁路路基与桥梁、路堤与路堑、路堤与横向结构物等过渡段采用水泥级配碎石作为填筑料的施工。

4. 工 艺 原 理

在施工中，根据单级配变化情况，对最佳配合比进行动态的优化调整。选定最佳级配曲线，根据运筹学的配料理论，将级配碎石的配比问题通过数学模型转化为数学问题，借助计算机的 Excel 电子表格作为求解工具，准确迅速的得到最佳级配。

根据施工机械和施工范围大小的不同将路基与桥台、横向结构物过渡段施工区域划分为大型振动压路机施工区域和小型振动夯实机械施工区域，小型振动夯施工范围包括桥台台背、横向结构物 2m 范围内的施工区域及大型振动压路机无法到达的边角位置，除此以外为大型振动压路机施工区域。过渡段施工中水泥级配碎石与包边土、锥坡相邻路堤同层填筑，同层碾压，减少各界面分别处理的工艺衔接时间。小型夯实机械选用功效较高的平板振动进行结构物侧和边角位置的施工，同时利用自制标尺控制松铺厚度，使水泥级配碎石过渡段施工质量满足设计和规范要求。过渡段水泥级配碎石与包边土同步施工见图 4。

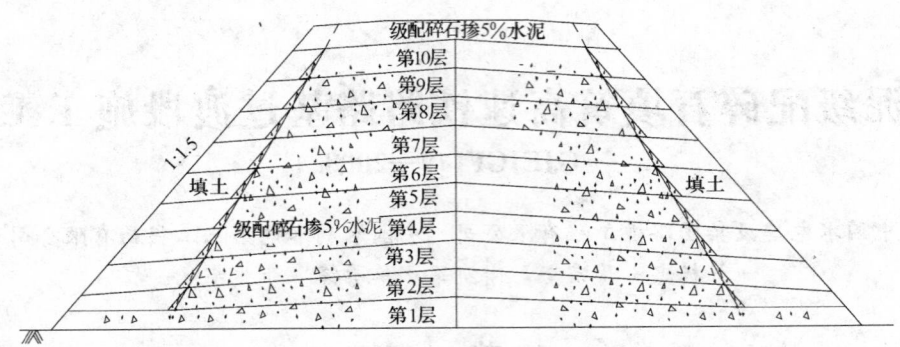

图 4　过渡段级配碎石与包边土同步施工图

5. 施工工艺流程及操作要点

5.1　施工工艺流程图（图5.1）

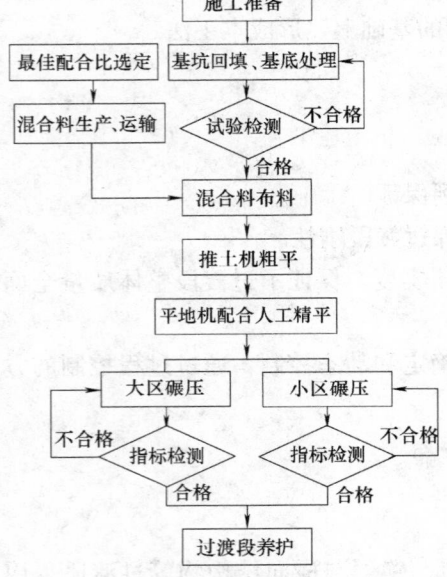

图 5.1　水泥级配碎石施工工艺流程图

5.2　最佳配合比的选定

最佳级配配合比的选定是保证过渡段压实度的基础，对提高路基的施工质量，能起到事半功倍的效果。级配碎石配合比选定应遵循以下基本原则：

5.2.1　最佳级配范围的选定

《客运专线铁路路基工程施工质量验收暂行标准》中对过渡段使用的碎石给定了三个级配范围（表5.2.1）。施工中应结合料源情况，选用其中一条。

为了达到最大压实度，一般选定级配范围的中值，做为目标级配曲线（图5.2.1）。施工中通常通过调整0～5mm、5～10mm、10～30mm、30～50mm四种单级料所占比例，达到最佳级配的目的。

5.2.2　最佳单级料配合比例的选定

根据原材料实际情况，选择表5.2.1中的第一组级配组合作为试验目标，并计算级配范围的中值，做为目标级配曲线（图5.2.2）。

过渡段用碎石级配范围表　　　　　　　　　　　　　　　　表 5.2.1

级配编号	通过筛孔(mm)质量百分率(%)									
	50	40	30	25	20	10	5	2.5	0.5	0.075
1	100	95～100	—	—	60～90	—	30～65	20～50	10～30	2～10
2	—	100	95～100	—	60～90	—	30～65	20～50	10～30	2～10
3	—	—	100	95～100	—	50～80	30～65	20～50	10～30	2～10

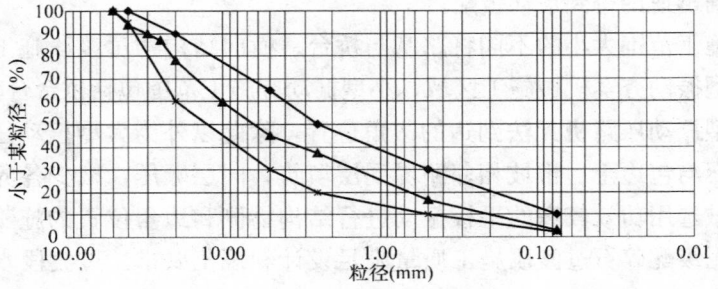

图 5.2.1　混合料级配碎石曲线范围

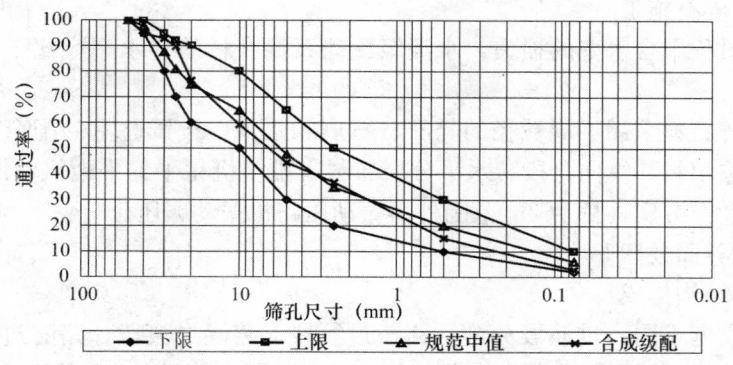

图 5.2.2　过渡段施工配比级配曲线图

根据级配中值及各组材料的情况，借助计算机的 Excel 做为求解工具，通过调整 0～5mm、5～10mm、10～30mm、30～50mm 四种单级料所占比例，得出最优的施工配比（表 5.2.2）。

过渡段用碎石合成级配表　　　　　　　　　表 5.2.2

筛孔尺寸	30～50mm	10～30mm	5～10mm	0～5mm	合成级配	目标级配	规范中值	规范下限	规范上限	平方和
	9.41	31.2	16.8	42.6	100					149.307486
50	100	100	100	100	100	100	100	100	100	0
40	46.8	100	100	100	95	97.5	97.5	95	100	6.25
30	22.5	100	100	100	92.7	87.5	87.5	80	95	27.1512353
25	1.92	95.7	100	100	89.4	81	81	70	92	71.0931142
20	1.18	53.9	100	100	76.3	75	75	60	90	1.69912224
10	0.3	2.4	95.2	100	59.3	60	65	50	80	0.45360136
5	0.21	0.1	11.7	99.5	44.4	47.5	47.5	30	65	9.75148153
2.5	0.18	0.1	0.8	85.7	36.7	35	35	20	50	2.78945109
0.5	0.13	0.1	0.6	35.8	15.4	11	20	10	30	19.2405117
0.075	0.08	0.1	0.4	6.1	2.7	6	6	2	10	10.8700654
筛底	0.04	0.1	0.1	0.1	0.09	0	0	0	0	0.00890318

从本例中可得最佳配比为：

0～5mm：5～10mm：10～30mm：30～50mm＝42.6：16.8：31.2：9.41

根据设计图要求，Po42.5 普通硅酸盐水泥按 5% 计量。

5.3　过渡段填筑

5.3.1　过渡段预留及测量放线

路堤施工至与桥台、涵洞的过渡段时，应提前确定过渡段起讫位置及具体位置结构，同时考虑施工中存在的影响。根据规范要求，一般情况下过渡段应与相邻路堤、锥坡同时施工。

根据设计图纸恢复线路中、边桩，放出过渡段纵向底宽范围和纵坡坡度，放出水泥级配碎石和包边土分界线以及锥坡范围线，并用白灰洒出边界线或做出标记。

5.3.2　基础处理

对路桥过渡段路堤范围内的地面进行清表、整平与碾压，按程序进行地基承载力检验，填料碾压前，须满足：基底无草皮、树根等杂物，且无积水；原地面基底密实，平整，当路堤高度＞3m 时，地基系数 $K30 \geqslant 60MPa/m$，当路堤高度＜3m 时，基底压实标准应满足路基基床底层压实标准；坑穴处理彻底，无质量隐患；坡面的横、纵向坡度及台阶高度均应符合设计图纸要求。

路桥、路涵过渡段路堤按照设计要求设置纵坡并提前预留台阶。在路堤本体碾压密实后预留台阶，台阶高度为填层厚度控制在 20～30cm，宽度不小于 200cm。

5.3.3　水泥级配碎石施工

考虑运输及摊铺过程中含水率的损失，水泥级配碎石混合料的含水率应比工艺试验确定的最优含水率大1%～2%。

过渡段水泥级配碎石料采用不同粒径的碎石、石屑和水泥，按试验室的配合比成果由级配料厂统一拌制，自卸汽车运输填料，纵向分段、水平分层布料，推土机粗平、平地机辅助人工精平，桥台2m范围内由小型平板振动夯夯实，桥台2m范围外由振动压路机振动碾压。

5.4　过渡段结构界面处理

5.4.1　过渡段的结构构成

根据衔接的结构类型不同，过渡段分为：路桥过渡段、路涵过渡段、路隧过渡段、路堤与路堑过渡段等类型。其中，路桥过渡段较为复杂，与其相连接的结构包括原地面、桥台回填基坑、填筑路堤、桥台排水系统、台后C20混凝土块、桥台锥坡、包边土。

基床表层以下过渡段两侧、相邻路基及锥体填土与过渡段碎石间应符合 D15<4d85 的要求。否则，两层之间应铺设隔离层作用的土工合成材料。

路堤与桥台过渡段结构参见图5.4.1。

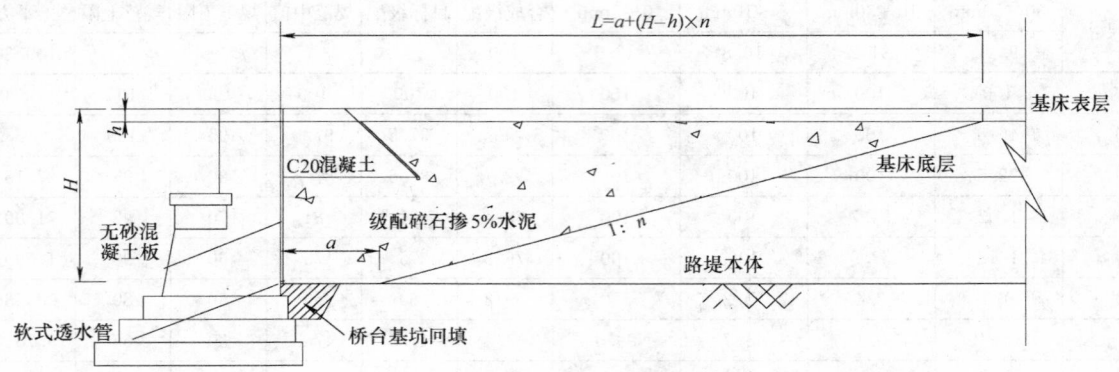

图5.4.1　路堤与桥台过渡段结构图

5.4.2　过渡段基础界面的处理

桥台基坑以混凝土回填或以碎石分层填筑并用小型平板振动机压实。

5.4.3　过渡段填料与包边土界面的处理

为保证过渡段填料边缘的压实效果，应将包边土与过渡段填料同层填筑，同层碾压，包边土采用与相同路堤填层的填筑料，过渡段填料与包边土填料的松铺厚度按各自的工艺性试验确定，使两种填料最终压实厚度相同。填筑时均先铺设过渡段填料，后铺设包边土，最后同时碾压。

5.4.4　过渡段填料与相邻路基填筑界面的处理

采用同层填筑，同层碾压的施工方式。

5.5　过渡段施工区域划分

5.5.1　区域划分

根据过渡段部位和施工机械不同，将过渡段划分为大型碾压设备施工区域和小型振动压实机械施工区域。

在过渡段、包边土、锥坡填筑碾压过程中，根据规范限定的"临近结构物不宜采用大型压路机施工的条带状区域和大型压路机无法进行碾压作业的边角区域，均需用小型振动夯实机械施工。"进行施工。

5.5.2　小型振动夯实机械施工区域

1. 根据规范对大型压路机施工范围和现场实际施工情况的限定，具体范围包括：

1）靠近桥台2m以内的范围；

2）靠近箱涵1m以内范围；

3）箱涵顶面填土厚度小于 1m 以内范围；

4）沉降管周围 0.5m 半径以内范围。

2．无法进行常规试验检测的地方，集中表现在以下几个方面：

1）距离桥涵构造物 0.2m 以内范围；

2）路肩距边线 0.2m 以内范围；

3）箱涵构造物拐角内侧约 0.4m×0.4m 以内范围；

4）沉降管周围 0.2m 半径以内范围。

5.5.3 小型压实机械的选择

采用小型夯机解决小区压实问题。目前施工较为广泛的小型夯机基本包括以下三种：内燃式冲击夯、平板式振动夯及手扶式振动压路机。

5.6 施工技术参数

通过工艺试验，确定以下施工参数：

铺筑厚度参数：26t 振动压路机碾压区铺筑厚度为 30cm，ZH-3 型平板振动夯夯实区铺筑厚度为 20cm。

碾压遍数参数：26t 振动压路机采用静碾一遍三遍弱振加一遍强振的碾压遍数，ZH-3 型平板振动夯采用五遍的碾压遍数。

工艺控制方法：采用网格法控制卸料密度，通过自制标杆及混凝土预制墩控制铺料厚度。采用同层碾压，即过渡段、包边土及锥坡同时施工的方法解决结构界面处理问题。

5.7 小型夯机性能对比

根据现场施工需要，进行 RWCH-90/40 型内燃式冲击夯和 ZH-3 型平板式振动夯及 LB-15B 型手扶式振动压路机三种小型夯机的对比试验。通过各项指标的对比分析，确定最优的夯实机械。

5.7.1 工作效率对比分析（表 5.7.1）

小型夯机工作效率对比数据统计表　　　　　　表 5.7.1

碾压层数	RWCH-90/40 型内燃式冲击夯			ZH-3 型平板式振动夯			LB-15B 型手扶式振动压路机		
	碾压遍数	作业时间(min)	作业面积(m²)	碾压遍数	作业时间(min)	作业面积(m²)	碾压遍数	作业时间(min)	作业面积(m²)
第一层	5 遍	114	44.5	5 遍	60	44.5	5 遍	43	35.5
第二层	5 遍	117	48.5	5 遍	67	48.5	7 遍	69	40
第三层	5 遍	130	52.5	5 遍	71	52.5			

通过上述三种夯机完成相同工作量所用时间的统计、计算及对比，可以看出：RWCH-90/40 型内燃式冲击夯工作效率为 0.40m²/min；ZH-3 型平板式振动夯工作效率为 0.74m²/min；LB-15B 型手扶式振动压路机工作效率为 0.58m²/min。

效率最高的夯实设备为 ZH-3 型平板式振动夯，效率最低的夯实设备为 RWCH-90/40 型内燃式冲击夯，LB-15B 型手扶式振动压路机因碾压遍数的增加工作效率下降，较 ZH-3 型平板式振动夯的工作效率低。

5.7.2 可操作性、安全性对比分析

通过现场试验，上述三种夯机操作都比较简单，较为实用。但因 RWCH-90/40 型内燃式冲击夯为冲击夯实，操作时需三人共同实施；二人操作时因其方向性差极难控制。ZH-3 型平板式振动夯一人操作即可，较为节省人力。LB-15B 型手扶式振动压路机为偏心振动夯机，经常有跑偏的情况，一人操作较为困难，需二人操作。

从安全性上看：RWCH-90/40 型内燃式冲击夯为冲击夯实，工作时最大跳动幅度为 75mm，且自稳性差，容易倾倒。ZH-3 型平板式振动夯为振动夯实，工作时最大跳动幅度仅为 5mm，且自稳性好、方向性好。LB-15B 型手扶式振动压路机为振动压实，跳动幅度极低，自稳性最好，但方向性较差，这

也与机械制造的水平有关。

从可操作性、安全性方面看，ZH-3 型平板式振动夯最优，LB-15B 型手扶式振动压路机次之，RWCH-90/40 型内燃式冲击夯最差。

5.7.3 外观质量对比分析

对三种夯机夯实后的成品表面进行平整度测量，发现 ZH-3 型平板式振动夯及 LB-15B 型手扶式振动压路机夯实的过渡段表面平整度较好，容易达到验标要求；RWCH-90/40 型内燃式冲击夯很难达到验标要求的平整度标准。

因上部机械部分较下部工作面积大，RWCH-90/40 型内燃式冲击夯及 LB-15B 型手扶式振动压路机很难对边角部位进行有效压实；而 ZH-3 型平板式振动夯上、下部大小基本一致，能很有效的对边角部位进行压实。

从外观质量及边角的有效压实程度看，ZH-3 型平板式振动夯远优于 RWCH-90/40 型内燃式冲击夯及 LB-15B 型手扶式振动压路机。

5.7.4 经济对比分析

三种设备出厂价分别为：RWCH-90/40 型内燃式冲击夯 10500 元，ZH-3 型平板式振动夯 15000 元，LB-15B 型手扶式振动压路机 22600 元。操作人员配备：RWCH-90/40 型内燃式冲击夯 3 人，ZH-3 型平板式振动夯 1 人，LB-15B 型手扶式振动压路机 2 人。

综合对比分析，ZH-3 型平板式振动夯经济指标最优。

5.7.5 压实检测对比数据分析

分别对三种夯机各层压实指标进行检测。每侧、每层检验孔隙率、地基系数、动态变形模量、二次变形模量各 2 点。检测结果见表 5.7.5-1～表 5.7.5-3。

RWCH-90/40 型内燃式冲击夯压实数据统计表　　　　表 5.7.5-1

检 验 指 标	压实标准	第一层		第二层		第三层	
地基系数 K_{30}（MPa/m）	≥150	173.7	172.8	168.1	174.6	174.2	178.0
动态变形模量 E_{vd}（MPa）	≥50	61.5	71.0	69.2	79.2	84.6	68.4
二次变形模量 E_{v2}（MPa）	≥80	240.2	200.4	340.4	331.0	204.8	189.2
孔隙率 n（%）	<28	20	21	22	23	21	20

ZH-3 型平板式振动夯压实数据统计表　　　　表 5.7.5-2

检 验 指 标	压实标准	第一层		第二层		第三层	
地基系数 K_{30}（MPa/m）	≥150	173.8	166.4	168.0	174.2	182.7	173.6
动态变形模量 E_{vd}（MPa）	≥50	77.1	73.5	68.0	65.4	75.5	74.3
二次变形模量 E_{v2}（MPa）	≥80	202.6	208.9	205.7	233.7	243.4	270.1
孔隙率 n（%）	<28	22	21	23	21	22	21

LB-15B 型手扶式振动压路机压实数据统计表　　　　表 5.7.5-3

检 验 指 标	压实标准	第一层（5 遍）		第二层（7 遍）		第三层	
地基系数 K_{30}（MPa/m）	≥150	80.3	53.0	219.0	203.5	—	—
动态变形模量 E_{vd}（MPa）	≥50	47.7	53.8	71.2	71.0	—	—
二次变形模量 E_{v2}（MPa）	≥80	160.2	123.0	333.3	295.3	—	—
孔隙率 n（%）	<28	22	23	21	22	—	—

从上述数据统计结果可以看出，ZH-3 型平板式振动夯、RWCH-90/40 型内燃式冲击夯夯击 5 遍后各项指标均满足验标要求，且两种夯机夯实后同一指标的检测结果差别不大。LB-15B 型手扶式振动压路机夯击 5 遍大部分指标不合格，碾压 7 遍后指标值都有较大增长，且都超出要求值较多；建议如使用

该夯实机械可通过进一步的工艺试验予以优化。

5.7.6 结论

从上述 5 个方面的对比分析，得出以下结论：

ZH-3 型平板式振动夯最优，其优点为：价格适中、操作人员少、碾压效率高、靠近构筑物附近夯实效果好、碾压完成工作面平整度好。

5.8 试验检测

碾压完成后应及时进行压实度的检测，避免因混合料水泥凝结作用而导致压实度试验数据失真。

6. 材料与设备

6.1 材料要求

材料包括：水泥及级配碎石。水泥采用 PO32.5 或以上普通硅酸盐水泥。水泥过渡段碎石颗粒中针、片状碎石含量应不大于 20%；软质、易破碎的碎石含量不得超过 10%；黏土团及有机物含量不得超过 2%；并应满足表 5.2.1。

6.2 设备配置（表 6.2）

施工机械设备配置表　　　　　　　　　　　表 6.2

序　号	机 械 名 称	规　格	数　量	备　　注
1	自卸汽车	15t	2 台	根据作业面大小、运距确定
2	推土机	TY-220	1 台	粗平
3	平地机	PY-160	1 台	精平
4	振动压路机	26t	1 台	大区碾压
5	平板振动夯	ZH-3	2 台	用于小区夯实

7. 质 量 控 制

7.1 铺料厚度控制

在过渡段上料前，应根据松铺厚度、铺筑面积计算所需的材料用量；根据自卸汽车运输能力计算每车料所占的铺筑面积，采用白石灰绘出网格，以控制卸料密度。采用自制控制标杆，控制摊铺厚度。

7.2 施工时间控制

为保证水泥在施工过程中不初凝，必须保证在 2h 内所有作业完成。

7.3 检测指标控制

7.3.1 过渡段基底处理

高度小于基床厚度的路堤，原地面处理后的质量符合路基基床底层压实质量要求。高度大于基床厚度的路堤，过渡段原地面平整后用振动碾压机械碾压密实，地基系数 $K_{30} \geqslant 60 \text{MPa/m}$。

检验数量：每个过渡段抽样检验压实系数 K（或孔隙率 n）3 点，其中：距路基边线 1m 处左、右各 1 点，路基中部 1 点；或抽样检验地基系数 K_{30} 2 点，其中：距路基边线 2m 处 1 点，路基中间 1 点。

检验方法：荷载板，加载装置为千斤顶和手动油泵。

7.3.2 基坑回填

1）基坑用混凝土回填时，回填材料和混凝土强度等级应符合设计要求。

检验数量：每个基坑抽样检验 2 组。

检验方法：在浇筑地点抽样成型混凝土试件进行标准养护，并进行 28d 抗压强度试验。

2）基坑采用碎石回填时，应分层回填，并采用小型振动机械压实，其压实质量应符合设计要求。

检验数量：每个基坑施工单位抽样检验 2 点。

检验方法：动力触探试验。

7.3.3 过渡段水泥级配碎石

1. 过渡段水泥级配碎石填筑压实质量标准见表 7.3.3-1。

过渡段水泥级配碎石填筑压实质量标准 　　　　　　表 7.3.3-1

填　料	压　实　标　准	
过渡段 5% 水泥级配碎石	地基系数 K_{30}(MPa/m)	≥150
	动态变形模量 E_{vd}(MPa)	≥50
	二次变形模量 E_{v2}(MPa)	≥80
	孔隙率 n(%)	<28

2. 过渡料填筑的允许偏差、检验数量及检验方法见表 7.3.3-2。

过渡料填筑的允许偏差、检验数量及检验方法 　　　　　　表 7.3.3-2

序号	检验项目	允许偏差	检验数量	检验方法
1	中线至边缘距离	−0，+50	每过渡段抽样检验 3 点	尺量
2	宽度	不小于设计值	每过渡段每检测层抽样检验 2 点	尺量
3	横坡	±0.5%	每过渡段抽样检验 2 个断面	坡度尺量
4	平整度	不大于 15mm	每过渡段抽样检验 5 点	2.5m 直尺量测
5	边坡坡率（偏陡量）	3%设计值	每过渡段每侧抽样检验 6 点	坡度尺量

8. 安 全 措 施

8.1 在过渡段边缘设置安全标志，禁止非施工人员进入工作面。

8.2 机械作业时，无关作业人员不得靠近机械。在挖掘机土斗回转半径范围内，人员不得逗留或通过。

8.3 小型夯机停用时应切断电源。锥体护坡上不得停放夯具，作业人员不得在护坡下休息。

8.4 进入过渡段区域的施工道路坡度小于 12%，保证运输车辆安全。

8.5 过渡段临边部位采用小型夯机夯实并适当超宽，保证碾压设备安全。

9. 环 保 措 施

9.1 施工便道经常洒水防护，防止灰尘对生产人员和其他人员造成危害及对农作物造成污染。

9.2 合理安排施工作业时间，适当控制机械布置密度，条件允许时拉开一定距离，避免机械过于集中造成噪声叠加。

9.3 剩余混合料严禁乱弃，应运至指定位置。

10. 效 益 分 析

通过配合比优化、工艺参数控制手段，有效地减少了过渡段碾压遍数及各种结构物界面间的处理时间，加快进度，增加经济效益。

11. 工 程 实 例

11.1 应用实例一

京沪高速铁路三标段 DK496+265.27～DK514+786.04 范围内路基与桥台、路基与横向结构物过渡段。

11.1.1　工程概况

DK496+265.27～DK514+786.04 范围共有路基与桥台过渡段 40 处，路基与横向结构物过渡段 112 处。过渡段水泥级配碎石填筑总量为 132424m³，于 2008 年 8 月 12 日开始施工，截止 2009 年 4 月初过渡段填筑累计完成 117054m³，占设计总量的 88.4%。

11.1.2　施工情况

施工中采用过渡段水泥级配碎石与包边土、锥坡填料同层填筑，同层碾压的施工方式。根据过渡段大面积采用 26t 振动压路机碾压施工，在靠近结构物的区域和边角位置采用 ZH-3 型平板振动夯实机进行碾压夯实。

11.1.3　效果评价

1. 质量上得到了保证，一次成型合格，无返工现象；

2. 无返工使得工期无损失；

3. 节省返工引起的设备费用增加。

11.2　应用实例二

京沪高速铁路三标段 DK551+794.1～DK570+112.1，范围内路基与桥台、路基与横向结构物过渡段。

11.2.1　工程概况

DK551+794.1～DK570+112.1 正线全长 18318m。本区段路基全长 14430m，占正线长度的 78.8%，特大桥 2 座，大中桥梁 15 座，总长 3888m，占正线长度的 21.2%。排洪、立交、灌注钢筋混凝土框架箱涵 75 个，框构小桥 8 座。水泥级配碎石过渡段填筑总量为 183640m³，截止 2009 年 2 月过渡段填筑累计完成 123696m³。

11.2.2　施工情况

施工中采用 26t 振动压路机碾压，靠近结构物区域和边角位置采用 ZH-3 型平板振动夯实机进行碾压夯实。过渡段水泥级配碎石与包边土、锥坡填料同层填筑，同层碾压。

11.2.3　效果评价

1. 质量控制便捷可靠，一次成型合格，无返工现象。

2. 推进工程进度，质量达标率高。

11.3　应用实例三

京沪高速铁路三标段 DK466+430～DK475+117.45，范围内路基与桥台、路基与横向结构物过渡段。

11.3.1　工程概况

三标段四工区，位于山东省泰安市境内，线路跨越岱岳区和高新区，起迄里程为 DK466+430～DK475+117.45，线路全长 8687.45m，主要包括：路基、隧道及桥涵工程：路基工程总长 5108.73m；桥涵工程总长 2765.72m，其中路桥过渡段 7 处、路涵过渡段 14 处、堤堑过渡段 1 处。

11.3.2　施工情况

施工中注重大区与小区结合，26t 振动压路机与 ZH-3 型平板振动夯的结合。截止 2009 年 2 月过渡段施工已基本完工。

11.3.3　效果评价

经现场检测，路桥、路涵、路堑过渡段各项指标均满足《客运专线铁路路基工程施工质量验收暂行标准》要求，且有个别指标远高于指标要求。

CRTSⅡ型无砟轨道板长线台座制造工法

GJEJGF150—2008

中铁六局集团有限公司　中铁十七局集团有限公司

张继源　金雁鹏　张恩龙　冀光民　许非

1. 前　　言

京津城际是中国第一条高等级客运专线，全线采用改进型的博格板式无砟轨道系统。中铁六局承接北京至天津城际轨道交通站前工程北京段（DK0+900～DK50+124）范围内 14910 块轨道板预制任务；中铁十七联承担北京段（DK50+139～DK114+145）范围内 19617 块轨道板预制任务。

改进型的无砟轨道系统优化了预制板间的纵向连接（设定了连接张力），采用先进的数控磨床加工承轨台，研制了独特的高性能沥青水泥砂浆，制定了快速的测量方案，并提出可行的轨道校正方案。具有高精度、高平顺性，高稳定性、少维修的显著特点。系统结构如图 1 所示。

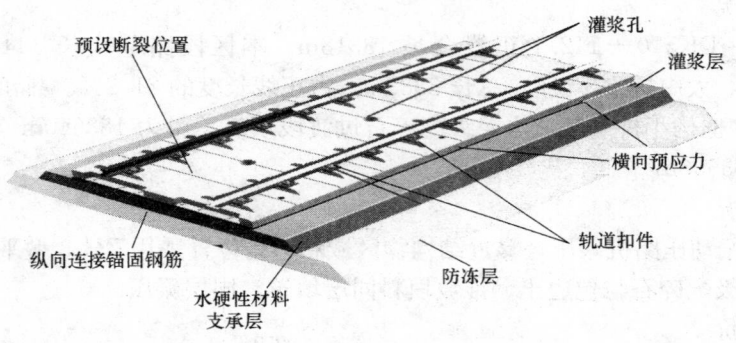

图 1　改进型的博格板式无砟轨道结构

轨道板预制为无砟轨道系统技术的关键，制造工艺与传统混凝土制品存在较大差异，且在国内无相关生产经验可借鉴。我们在消化、吸收博格公司转让技术资料的基础上，结合国内同行业实践经验，对轨道板的预制工艺（尤其针对关键、特殊工序）进行了系统的试验和研究，通过试制试验板、小批量试生产及大批量正式生产三个阶段的摸索和总结，全面实现轨道板预制工艺的国产化。在此基础上，经过整理、修改、完善，形成了 CRTSⅡ型无砟轨道板长线台座制造工法。2007 年 11 月 2 日，本工法的 5 个创新点通过了铁道部科学技术信息研究所在国际范围内的科技查新认可；2008 年，《京津城际 CRTSⅡ型轨道板制造技术》荣获中国铁路工程总公司科学技术奖一等奖。

该工法在京津城际轨道交通工程北京段轨道板生产中应用，成功地完成了 34527 块轨道板预制任务，使用效果良好，提高了生产效率并确保了产品的质量，通过了铁道部质量监督中心的监督检查，全面完成了京津城际公司提出的安全、质量、工期等各方面的指标。

2. 工法特点

2.1　轨道板采用工厂化预制生产，自动化程度高，生产效率高，产品质量和施工成本容易控制。

2.2　模具制造、安装及精调的精度高，日常使用、维护要求高。模具平面度偏差不大于 2mm；承轨槽本身精度高，安装后直线度和平面度的偏差不大于 0.3mm；27 套模具在台座内直线度和平面度偏差不大于 2mm。

2.3 轨道板承轨台部位精度要求高。直线度和平面度偏差均不大于 0.5mm，仅靠高精度模具难以保证，需靠磨削加工来实现，数控磨床（含配套软件）用于混凝土制品的加工在国内实属首例。

2.4 钢筋网片编制、混凝土施工和养护、预应力施工、脱模等工序在博格技术的基础上进行了完善、优化和创新。

2.5 组建了高素质的检测队伍，配置了高精度的检测仪器，研制开发了多种专用检测工具和数据分析处理软件，建立了完善的产品检验体系。

3. 适 用 范 围

主要适用于新建高等级铁路的 II 型板式无砟轨道系统制造加工。

4. 工 艺 原 理

轨道板采用工厂化预制生产。毛坯板采用先张长线台座法生产工艺，共设 3 个生产台座，每个台座设置 27 套模具，采用三班作业制，生产能力为 81 块/日；成品板生产线以数控磨床为中心，在毛坯板自然养护 28d 后（混凝土收缩、徐变基本完成），对承轨面进行打磨加工以满足高速铁路轨道几何高精度要求，采用三班作业制，生产能力为 80～100 块/日。其中模具安装及精调、钢筋网片绝缘处理、预应力施工、混凝土施工及养护、脱模、存放及承轨台磨削加工等工序是轨道板预制的重要环节。

5. 施工工艺流程及操作要点

5.1 工艺流程

工艺流程见图 5.1。

5.2 生产前准备

模具安装是轨道板生产前的一项关键技术。

高精度的轨道板不仅对模具框架结构和组件制造提出高精度要求，同样对模具组装、安装及精调提出高精度要求，针对不同阶段，我们制定了相应的工艺流程。

1. 组装

模具主要包括模具主体框架结构、承轨槽、支腿及弹性支垫、拉杆、预裂缝三角钢条、橡胶端封固定件等组件，进场后需进行整体组装。组装流程：预裂缝三角钢条—橡胶端封固定件—主体框架翻转—承轨槽初装—支腿及弹性支垫—拉杆—承轨槽调整。

2. 安装

27 套模具在台座内直线度和高度允许偏差为 ±2mm。安装流程：测量放线—安装支座板—初装—安装基准线放样—粗调—焊接固定—精调—安装密封条—修整分丝横隔板等。

5.3 操作要点

5.3.1 钢筋网片制作与入模

轨道板钢筋骨架主要由上、下层钢筋网片组成，分别在专用的胎具上编制成型，在编制过程中除了对钢筋间距进行检查外，关键是做好钢筋间的绝缘处理，确保钢筋间的电阻值不小于 10^{10} Ω。为此我们配备了专用的绝缘检测仪器，研制了专用的绝缘塑料卡和热缩管，安置在所有纵横向钢筋交叉处，绝缘塑料卡同时起定位作用，钢筋网片经绝缘检测合格后才允许进入下道工序。

定位钢筋、预应力钢筋、上层及下层钢筋入模完成后，除了对各层钢筋相对位置、接地预埋件位置、保护层厚度等进行检测和调整外，关键还是做好各层钢筋间的绝缘处理，在检查所有钢筋交叉处的绝缘件是否完整无缺的同时，用专用仪器检测相邻各层钢筋间的电阻值，确保钢筋间的电阻值不小

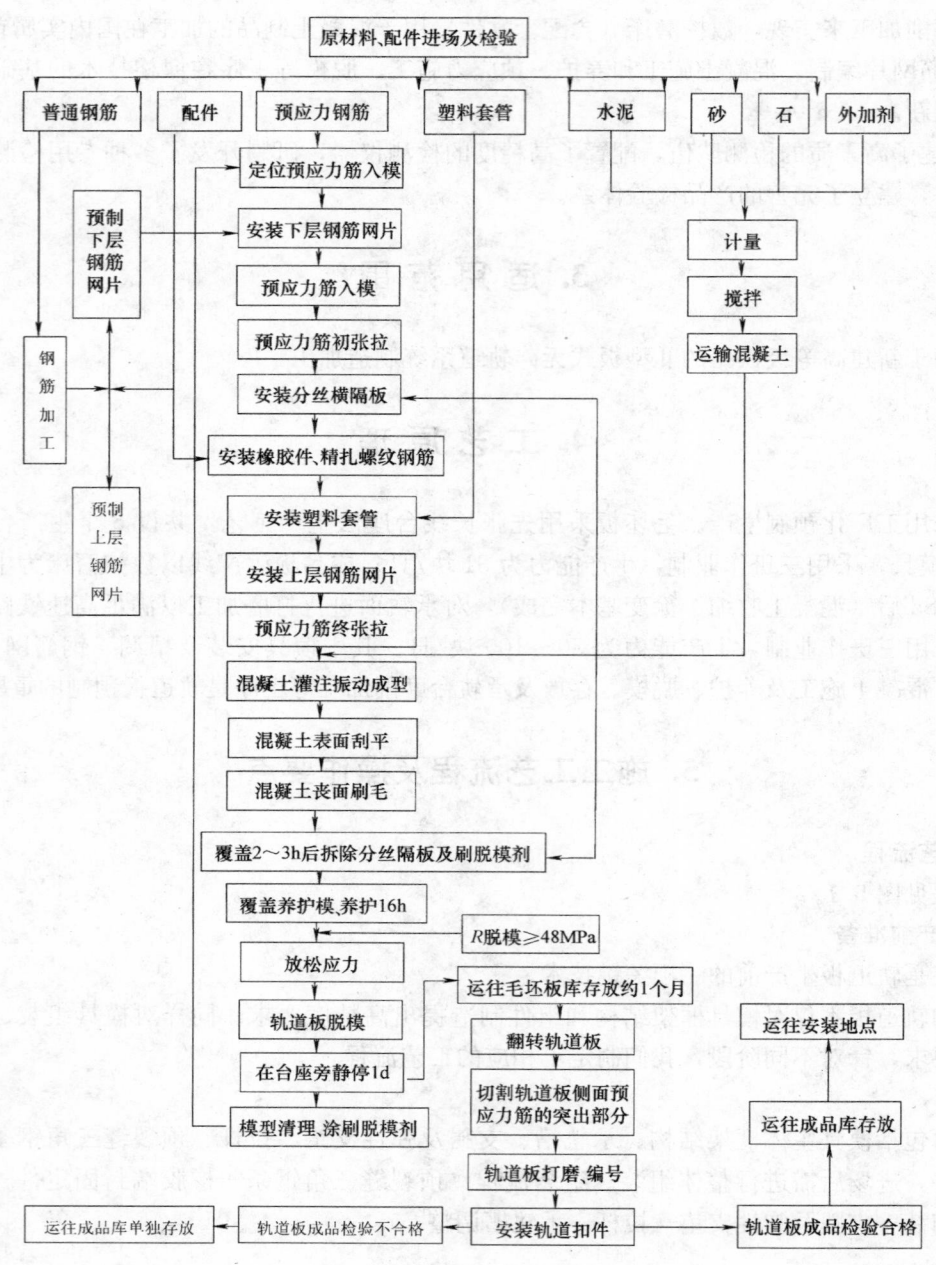

图 5.1　工艺流程图

于 $10^{10}\,\Omega$，只有经全部检测合格后才允许进入下道工序。

5.3.2　预应力施工

轨道板采用整体张拉和放张方式，设计总张拉力为 4367kN，实际总张拉力、预应力钢筋伸长值与设计额定值偏差不大于 5％，实际单根预应力钢筋的张拉力与设计额定值偏差不大于 15％。在张拉和放张过程中，始终保持同端千斤顶活塞伸长值间偏差不大于 2mm，异端千斤顶活塞伸长值间偏差不大于 4mm。

可移动的高精度自动张拉系统实现了张拉和放张过程自动控制，张拉系统每 1 年校正一次。张拉分两个阶段：初张拉和终张拉。初张拉—启动自动张拉系统，将预应力钢筋张拉至约设计值的 20％；终张拉—将预应力钢筋从设计值的 20％张拉至设计值；在张拉过程中，若发现千斤顶的活塞位移偏差超出允许范围，应在 PC 机上进行微调，直到伸长值偏差在允许范围内，张拉完成后，如果实际张拉力、伸长值与设计额定值的偏差大于 5% 时，需要对预先设定张拉参数进行修正并重新进行张拉，直到满足设计要求；每隔 1 个月用压力传感器校验单根预应力钢筋的张拉力，使实际张拉力与设计额定值偏差不大于 15%。

5.3.3 混凝土施工

1. 混凝土制备

混凝土制备采用 HZS180 混凝土搅拌站，整个系统实现计算机自动控制。混凝土配料依据施工配合比采用重量法计量，配料重量允许偏差：水、水泥、减水剂 ±1%；砂、石 ±2%；混凝土搅拌采用两次投料法，首先将砂、石、水泥和水加入搅拌机搅拌 8s，再加入减水剂搅拌 90s，总搅拌时间约 98s；混凝土拌和物控制指标：温度为 15～30℃；坍落度为 15～20cm；含气量为 1%～4%。

2. 灌注成型

混凝土灌注成型主要配置了布料机、刮平机、刷毛机、运输罐、桥吊等设备，借助安装在模具底部的 9 台变频振动器使混凝土密实成型。在混凝土灌注成型过程中，最关键环节是控制模具的初始温度在 20～30℃，确保施工操作的连续性。

混凝土灌注入模分两步进行，第一步：将约 75% 的混凝土均匀地灌注入模，第二步：将剩余的 25% 均匀地灌注入模，两步宜采用不同的灌注流向。混凝土成型分四步进行，第一步：在混凝土灌注入模第二步，同时启动安装在模具底部变频振动器，直到表面泛浆和只有零星气泡出现为止，第二步：开启刮平机，刮平混凝土表面，把多余的混凝土推进下一个空模具中，第三步：再次启动模具下的振动器振平混凝土表面；第四步：在混凝土初凝前，启动刷毛机，对混凝土表面进行刷毛，同时将调高预埋件压入混凝土中。

5.3.4 混凝土养护

轨道板混凝土的养护完全依靠水泥本身的水化热，使混凝土强度在 16h 内达到 48MPa，且在养护的过程中混凝土芯部温度不超过 60℃。混凝土灌注入模前将模具加热到 20～30℃；在混凝土灌注过程中，要及时覆盖已成型的轨道板，同时预热试件水槽，使水温与模具温度保持一致；在每个台座的最后一块轨道板成型后，在板内埋入温度传感器，同时将混凝土试件放入水槽中，通过温度自动跟踪控制仪实现混凝土芯部温度的实时跟踪，使试件养护温度与轨道板芯部温度保持一致。

5.3.5 脱模

当混凝土试件抗压强度不小于 48MPa 时，便可进行脱模操作。首先启动自动张拉系统对预应力钢筋进行整体放张，在放张过程中，要保证四个千顶动作缓慢且同步；然后切断模具之间预应力钢筋，切断顺序：1/2 台座处—1/4、3/4 台座处—其余位置；最后用真空吊具将轨道板从模具中平稳脱出，吊运到静停台位上存放养护。在脱模过程中，应将轨道板表面的混凝土残渣清理干净；真空吊具起吊时，真空度要达到要求，5 个千斤顶动作同步，同时开启安装在模具底部的压缩空气进风口；随时检查、校正模具的变形和移位。

5.3.6 轨道板打磨

在毛坯板制作完成 28d 后，板体混凝土收缩和徐变基本完成，用专用数控磨床对承轨台进行磨削加工，实现了轨道板高精度的要求，该工艺在国内属于首创。

1. 打磨工艺流程见图 5.3.6。

2. 工序关键控制点

1）翻转机工作时要注意平稳，锁紧牢固可靠，避免磕损轨道板。

2）经切割后轨道板两侧钢筋的外露长度不大于 2mm。

3）在磨床工位上，按预先设定的参数，通过安装在侧面和下部千斤顶将轨道板调平并夹紧固定，严禁在板中产生任何附加应力。

4）轨道板检测主要由磨床自身的激光、触点式测量系统实现，为了保证磨床在长时间运行过程中测量系统精度，每个工作班用专用的轨道板测量架检测一块成品板，每周用高精度的全站仪检测一块

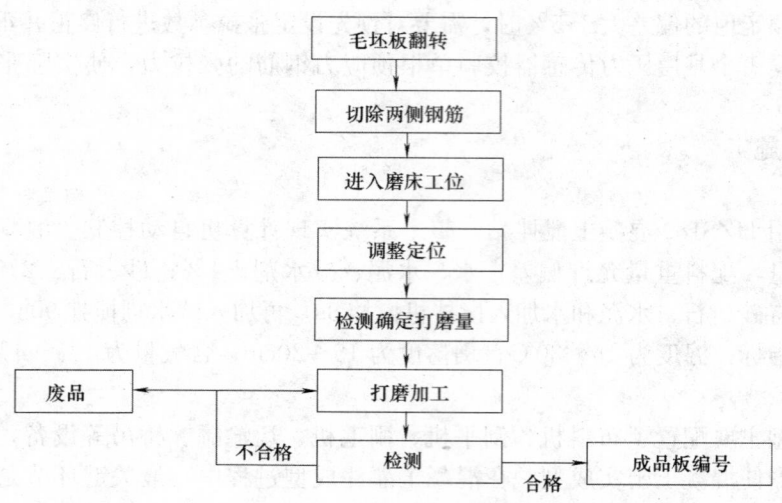

图5.3.6　轨道板打磨工艺流程

成品板，或当打磨机的测量数据有问题或出现测量误差时，马上用全站仪进行复测，用于校核、修正磨床测量系统。

5）检查核对成品板编号。

5.3.7　扣件系统的装配

扣件系统装配需使用专用工装设备，装配流程为：吸出预埋套管内的水—油脂注射—扣件安装—绝缘检测。

工序关键控制点：预埋套管内要洁净，无水、灰尘和混凝土残渣；每个套管内油脂注射量为14±1g，严禁污染承轨台表面，每个工作班对油脂喷射机的计量系统进行校核修正。每块轨道板在装配后进行绝缘性能检测，主要控制指标满足：R（电阻）$\leqslant 16.5\mathrm{m}\Omega$，$12.75\mu\mathrm{H}\leqslant L$（电感）$\leqslant 13.75\mu\mathrm{H}$。

5.3.8　存放及运输

轨道板为单向预应力平板结构，外形规格尺寸为6450mm×2550mm×200mm，制造精度要求高，在存放和运输过程中会产生附加变形，我们在长期跟踪监测和统计分析的基础上，找出了工序关键控制点并制定应对措施，取得了很好效果。

1. 混凝土存放基础要有足够的强度和稳定性，不均匀沉降控制在5mm范围内。轨道板采用3支点存放，高度不超过12层，板间的垫块要上下对齐。支点分别支承在板的第二个预裂缝和第八个预裂缝处。垫块规格、强度和变形量等指标满足承重荷载要求，承重面应平行，误差控制在2mm以内。在存放期间，随时检测垫块和混凝土基础变形情况，发现问题及时处理解决。

2. 轨道板采用汽车运输，每车装6块，分2垛。装车技术要求与存放相同，最下面3个支点与车体固定，并在载重汽车四周设置立柱用条纹带拉紧，运输过程中要平稳。

6. 材料与设备

6.1　主要原材料和配件技术要求

6.1.1　原材料

水泥采用专用的 P·Ⅱ 硅酸盐水泥，比表面积为 $550\sim630\mathrm{m}^2/\mathrm{kg}$，2d 标准胶砂抗压强度不小于38MPa，其他技术指标应符合《通用硅酸盐水泥》GB 175 的规定；粗骨料采用粒径为 5～10mm 和 10～20mm 两种级配的天然岩石碎石，细骨料采用洁净的天然中砂，减水剂采用复合型高效减水剂，主要技术指标符合客运专线高性能混凝土暂行技术条件的规定；预应力钢筋采用 ϕ10mm 螺旋肋钢丝，除材质、外形尺寸做适当调整外，主要技术指标应符合《预应力混凝土用钢丝》GB 5223 的规定；普通钢筋采用 ϕ8（HRB500）和 ϕ16（HRB335）螺纹钢筋，技术指标应符合《钢筋混凝土用热轧带肋钢筋》GB

1499 的规定；纵向连接钢筋采用 $\phi20$（BST500）精轧螺纹钢筋，技术指标应符合《混凝土用钢材钢筋试验》DIN488 1986-06 Teil 3 的规定。

6.1.2 配件

绝缘塑料卡、绝缘热缩管材质为聚丙烯或聚乙烯，绝缘电阻值不小于 $10^{10}\,\Omega$，绝缘强度值不小于 22kV/mm。

6.2 主要机具设备

主要机具设备详见表 6.2。

主要机具设备表　　　　　　　　　　　　　　　　　　表 6.2

序号	设备名称	单位	数量	性能参数	简单说明	备注
1	桥式起重机	台	2	5t×19.5m	变频调速	
			2	16t×19.5m（双钩）	变频调速	
			2	16t×19.5m	变频调速	
2	混凝土搅拌设备	套	1	180m³/h	自动控制	
3	模具（含振动器、承轨台）	套	81	非标	承轨漕安装的直线度、平面度要求±0.5mm	
4	自动张拉系统	套	1	非标（600t）	自动实现张拉、放张，同步精度高，自动记录功能	
5	定长切筋机	台	1	非标	切割长度 75m，精度±5mm	
6	混凝土布料机	台	1	非标	变频调速、兼有刮平振动功能	
7	轨道板翻转装置	台	1	非标	翻转速度可调，并与前后工序连锁工作	
8	真空式吊具	台	2	非标（25t）	轨道板脱模用	
9	龙门吊	台	3	$Q=16t$，$H=12$、9m，$L=40m$	变频调速、配专用吊具	
10	温控仪	台	1	非标	确保混凝土试件温度自动跟踪轨道板芯部温度	
11	混凝土打磨机	台	1	非标（打磨能力 80～100 块/日，打磨精度 0.1mm）	五轴联动、激光自动测量、打磨工序全自动控制	
12	刷毛机	台	1	非标（刷毛深度 1～2mm）	使混凝土表面粗糙	
13	钢筋网片编制胎具	个	8	非标		
14	切割机	台	2	非标	切割预应力钢筋	
15	试验设备	项	1	成套		
16	定量油脂喷射机	台	1	非标（14g/次）	扣件系统装配	
17	变电站	台	1	1000kVA		

7. 质量控制

7.1 建立质量管理体系

轨道板厂负责人是产品质量保证的第一责任人。按 ISO 9001 标准建立质量管理体系，组建有效的管理机构，制订明确质量目标，明确各部门和各级岗位人员的职责。见图 7.1。

7.2 实施过程控制

1. 原材料和配件：对轨道板用水泥、砂石料、钢筋、外加剂、调高装置、接地扁钢、热收缩软管、塑料套管、绝缘卡子、预埋接地套座等主要原材料和配件，试验和检验部门按照相关标准要求严格进行进场检验，做到"不合格的不得进场，不合格的不得投入使用"，并加以标识或隔离处理，防止误用。

原材料和配件执行以下标准：

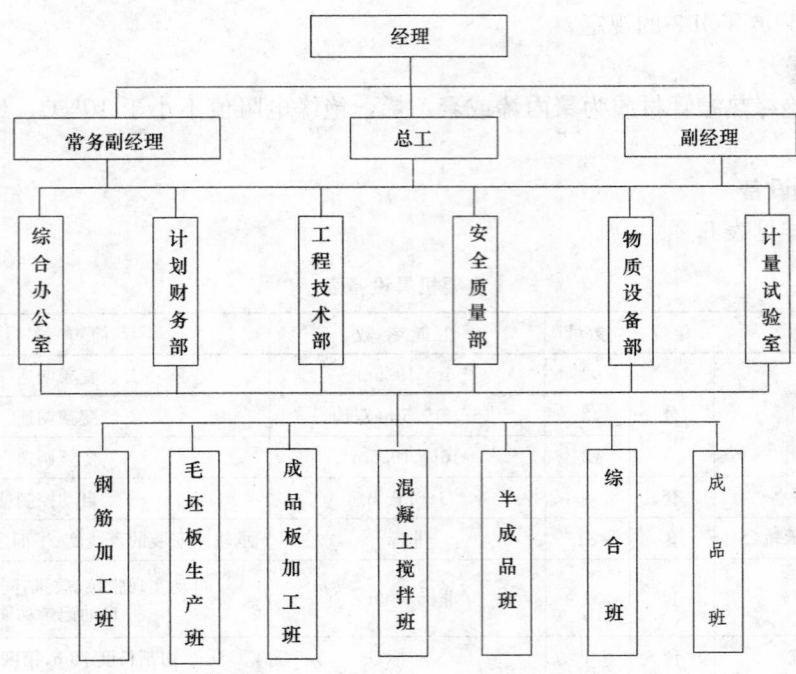

图 7.1　施工组织机构图

JGJ 52《普通混凝土用砂质量标准及检验方法》

JGJ 53《普通混凝土用碎石或卵石质量标准及检验方法》

GB 175《通用硅酸盐水泥》

GB/T 1345《水泥细度检验方法　筛析法》

GB/T 176《水泥化学分析方法》

JC/T 420《水泥原料中氯的化学分析方法》

GB/T 1346《水泥标准稠度用水量、凝结时间、安定性检验方法》

GB/T 17671《水泥胶砂强度检验方法（ISO法）》

GB 8074《水泥比表面积测定方法（勃氏法）》

GB 8076《混凝土外加剂》

GB 50119《混凝土外加剂应用技术规范》

JGJ 63《混凝土拌合用水标准》

TB/T 2922《铁路混凝土用骨料碱活性试验方法》

GB 5223《预应力混凝土用钢丝》

GB 700《碳素结构钢》

GB 1499《钢筋混凝土用热轧带肋钢筋》

GB/T 228《金属材料室温拉伸试验方法》

GB/T 14370《预应力筋用锚具、夹具和连接器》

DIN/EN 197 Teil 1　普通水泥的组成和合格的测定

DIN/EN 196 Teil 2　水泥的化学分析

DIN/EN 196 Teil 3　水泥凝结时间和稳定性的测定

DIN/EN 196 Teil 6　水泥研磨细度的测定

DIN/EN 196 Teil 21　水泥氯含量，二氧化碳含量以及碱含量的测定

DIN 1164　具有特别性能的水泥

DIN 933 Teil 2 　骨料粒径分布的测定

DIN 1367 Teil 1 　骨料抗盐冻性测定

DIN 933 Teil 4 　骨料颗粒形状的测定

DIN 1097 Teil 6 　骨料表观密度和吸水量的测定

DIN/EN 12620 　混凝土的骨料

DIN488 1986-06Teil3 　混凝土用钢材钢筋试验

2. 钢筋胎具：编制钢筋网片的胎具在投入使用前，质检员按设计图纸和标准规定进行检验，只有经检验合格才能投入使用，并在日常使用过程中定期进行检查，对超过误差范围的胎模及时进行返修，同时填写记录。

3. 模具：模具进场在台座内安装完成后，质检员按设计图纸和标准规定进行检验，只有经检验合格才能投入使用，在日常使用过程中，依据产品检验结果（数控磨床或全站仪检测数据），每月用电子水准仪对全部模具承轨槽的直线度和平面度进行精调，确保其偏差控制在允许的范围内，同时填写记录。

4. 混凝土：试验室依据标准要求进行混凝土拌和物性能及力学性能试验，提出施工配合比经总工程师批准后才能投入使用，并在实际施工中根据现场实际情况及时进行调整。执行标准如下所示：

科技基〔2005〕101号客运专线高性能混凝土暂行技术条件

GB/T 50081《普通混凝土力学性能试验方法标准》

GB/T 50080《普通混凝土拌合物性能试验方法标准》

TB/T 3054《铁路混凝土工程预防碱骨料反应技术条件》

DIN 4226 Teil 1《混凝土和砂浆的骨料的测定、普通骨料和高密度骨料》

DIN 1045-3《混凝土和钢筋混凝土、设计和建造》

DIN/EN 206 Teil 1《新拌混凝土的要求、性能、制作以及合格》

DIN/EN 12390 Teil 3《试件的抗压强度》

DIN/EN 12390 Teil 2《用于强度测试的试件制作和存储》

DIN/EN 12390 Teil 9《抗冻和抗盐冻的规范》

5. 预应力施工：自动张拉系统必须经校正合格后方可投入使用，张拉和防张操作应严格按照规定程序进行，确保张拉力和伸长量偏差控制在允许的范围内，并填写记录报监理工程师签署后，方可进入下道工序。

6. 轨道板承轨台磨削加工：数控模床操作人员要经过专业知识培训，熟练掌握机械性能、保养及操作程序，并经考核合格取得岗位操作证书；加工过程中严格执行操作规程；配备专职的检验人员进行旁站监督检查；在磨削加工过程中，定期用轨枕测量架和全站仪对打磨机进行校验，确保磨床的加工精度。

7. 计量器具：用于轨道板生产的计量器具如油压表、计量称等按标准要求进行检定，使计量器具保持在有效期使用。

7.3 实施"三检制"

每道工序完成后均应在自检、互检、专检合格的基础上报监理工程师检验并签字认可，方可进入下道工序。

7.4 进行全员培训

对从事对质量有重要影响的管理、执行和验证人员均经过相应的业务培训取得相应的资格，对新工人、转换岗人员均进行规定的岗前培训，保证施工中规范操作。

7.5 严格工序检验、出厂检验及不合格品控制

制定并贯彻实施纠正和预防措施，实行岗位经济责任制，实施奖惩激励机制，确保出厂产品的质量。

8. 安 全 措 施

贯彻"安全第一，预防为主"的安全生产方针，确保施工任务的顺利完成，结合该工程施工特点，依据《建筑施工安全检查标准》JGJ 59—99 规定，成立安全领导小组，建立健全并贯彻实施安全生产责任制及各项安全管理规章制度，坚持严格的岗前培训教育制度和特殊工种人员的持证上岗制度，严格安全监督检查、事故申报处理程序及工艺纪律和劳动纪律，加强职工队伍及施工现场的安全管理工作，加强安全防护及保卫工作，现场危险区域设置醒目的安全标识，电动机械设备设置安全防护罩，起重机运转必须定人定机，禁止超载工作，施工人员进入现场必须戴安全帽，实行安全否决权制度。

9. 环 保 措 施

9.1 水污染防治措施

9.1.1 轨道板打磨时的冷却及清洗用水通过采用水处理设备，不仅控制了污水的排放，而且实现了水的循环利用，正常生产情况下可实现年节水约 10 万 t。

9.1.2 生产台座间设置专用水池，用于储存混凝土料灌、混凝土灌注车清洗后的污水。此项污水经静置、沉淀后，再排放。

9.1.3 碎石清洗后的污水优先用于场区内回填工程。

9.1.4 所有水利设备选用节水型产品，杜绝耗能超标设备的使用。

9.2 灰尘污染防治措施

9.2.1 检验合格的砂石料在料场内用苫布覆盖，避免粉尘污染。

9.2.2 场区内主要道路硬化率大于 95％。

9.3 固体废物污染防治措施

9.3.1 清理模型的碎混凝土块等废弃物及时清理，并装运至指定垃圾箱，按规定堆放处置；

9.3.2 污水沉淀出的混凝土渣优先用于场区内基础回填工程。

10. 效 益 分 析

10.1 社会效益

该工法在消化、吸收及全面掌握博格技术的基础上形成，并在某些工艺环节上有所创新，具有较好的社会效益，对今后先张法无砟轨道板的预制施工具有重要的参考价值。

10.1.1 该工法填补了国内先张法无砟轨道板生产的空白，为无砟轨道技术再创新奠定了基础。

10.1.2 该工法体现了较高的机械化、自动化等特点，生产效率高，为顺利地完成我国第一条高等级的客运专线——京津城际轨道交通工程的建设提供了有效的保障。

10.1.3 该工法成功实现了 75m 长度范围内对 60 根预应力钢筋同步施加预应力，同步精度达到 2mm，同时实现了混凝土芯部温度的实时跟踪与控制，技术先进。

10.1.4 该工法用数控磨床磨削加工混凝土轨道板承轨台，生产出高精度轨道板，填补了国内该领域的空白。

10.1.5 该工法成功解决了轨道板内部钢筋间的绝缘问题，确保了轨道信号的顺利传输。

10.1.6 该工法所涉及的工艺装备全部实现了国产化，对提高铁路建设的装备技术水平、形成整套具有自主知识产权的无砟轨道技术、促进高速铁路的建设具有显著的社会效益。

10.1.7 该工法引进了国外先进技术和先进的管理模式，对推动国内混凝土制品制造行业的发展具有重要的现实意义。

10.2 经济效益

10.2.1 工装设备全部实现了国产化，其直接经济效益相当可观，仅 BZM-650 数控磨床一项设备即节约投资约 600 万元。

10.2.2 通过资源的优化配置，使一台自动张拉系统可以供多个台座使用，节约了设备成本。

10.2.3 轨道板打磨用水实现了循环使用，具有独创性，年节约用水经费约 40 万元。

10.2.4 桥式起重机、龙门吊等设备自带变频调速功能，使用中可以有效节约电力能源。

10.2.5 钢筋编架胎具工艺进行优化后，由一个台座编架时间需 11h 缩短到 6~7h，大幅提高了钢筋编架的工作效率。

10.2.6 81 套模型上安装的 729 台电机进行网络化控制，实现了振动工序的全自动化，提高了操作上的安全性，缩短操作时间两倍。

11. 应 用 实 例

该工法在北京至天津城际轨道交通站前工程轨道板预制施工中应用，圆满完成了京津城际轨道交通工程全线 34527 块轨道板制造加工任务。2005 年 11 月至 2007 年 10 月完成了由中铁六局承担的北京段（DK0＋900～DK50＋124）范围内 14910 块轨道板的预制任务，其中包括 14848 块标准板、34 块特殊板和 28 块补偿板。2005 年 12 月 1 日至 2007 年 9 月 26 日完成了由中铁十七局承担的天津段（DK50＋139～DK114＋145）范围内 19617 块轨道板预制任务，其中含标准板 19213 块，600～1500m 半径的曲线板 186 块，350～600m 半径的曲线板 173 块，补偿板 23 块和特殊板 22 块。

2008 年 8 月 1 日京津城际铁路开通运营，其运行时速达到 350km，实现了无砟轨道系统高精度、高平顺性、高稳定性的设计要求，同时标志着无砟轨道板的预制取得了较好的效果。

长大隧道内 CRTS I 型板式无砟轨道施工工法

GJEJGF151—2008

中铁八局集团有限公司　中铁五局（集团）有限公司

梅红　王智勇　吴海涛　龚斯昆　尹忠文

1. 前　　言

板式无砟轨道在国内为一新型轨道结构，自 20 世纪 90 年代开始应用试铺，前期在两座桥及一座隧道内进行了短距离铺设。随着国民经济的发展，大力发展客运专线无砟轨道已经成为铁路建设的一项重要任务，为此铁道部决定在遂渝线铺设我国首条无砟轨道试验段。系统地研究解决各种结构物上不同类型无砟轨道结构、无砟轨道对信号系统的适应性等关键技术，为在我国客运专线研究发展并推广具有自主创新的无砟轨道技术积累经验。

遂渝线无砟轨道综合试验段龙凤隧道长 5217m，设计采用板式无砟轨道，分框架型板式轨道、减振型板式轨道、预应力平板型板式轨道等三种轨道结构形式。首次针对中国现有轨道电路制式，对扣件系统及轨道结构采取了必要的绝缘措施，保证轨道电路的传输距离满足要求。

长大隧道内无砟轨道施工，存在施工空间小、物流组织困难、工序干扰大等难题，针对上述特点进行了长大隧道内板式无砟轨道施工技术、工艺及配套装备研究，"遂渝线长大隧道内板式无碴轨道综合施工技术"于 2005 年 12 月通过了四川省科学技术厅组织的专家鉴定，鉴定认为该项成果由我国自主研发，达到国际先进水平。我们将这项技术进一步总结完善形成本工法。

2. 工 法 特 点

2.1　施工中采用了 RHS6 乳化沥青生产设备、移动式 CAM1000 型砂浆搅拌机，K922 集装箱形移动闪光焊作业车等施工设备及 GRP3000 轨道检测系统，确保了工程质量，提高了施工效率。

2.2　底座钢筋网的绝缘处理和绝缘检测技术，确保了 ZPW-2000 轨道电路传输距离符合要求。

2.3　研发了轮胎式双向行驶运板车，解决了长大隧道内车辆无法调头的困难，提高了施工工效。

2.4　轨道板铺设、调整技术先进，易于操作，调整精度符合技术要求。

2.5　CA 砂浆配制、拌合及灌注技术，确保了 CA 砂浆各项技术指标符合技术要求。

2.6　整套施工工艺先进，施工组织科学合理，各工序衔接紧密，保证了工程的高标准、高精度、高质量按期完成。

2.7　针对乳化沥青、CA 砂浆废弃物的处理措施合理，符合环保要求。

3. 适 用 范 围

本工法适用于客运专线、新建铁路、城市轨道交通等线路的隧道内 CRTS I 板式无砟轨道施工。

4. 工 艺 原 理

本施工工法根据长大隧道施工空间小、运输距离长、工序干扰大等特点，重点确定板式无砟轨道施工中轨道板铺设及 CA 砂浆灌注的施工方式。通过工作面的逐步前移，完成底座混凝土施工。采用双向行驶轮胎式运板车运输轨道板到铺设现场，车下龙门吊吊装就位，三向千斤顶调整轨道板，移动式 CA 砂浆灌注车拌合、灌注 CA 砂浆，长钢轨推送列车推送钢轨入槽，移动式接触焊列车焊接长钢轨，移动式灌注小车施工充填式垫板精调线路，GRP3000 轨道检测系统检测轨道状态的综合施工技术。

4.1 轨道板预制生产工艺

针对长大区段铺设无砟轨道所需轨道板数量多，运输量大，工期紧，采用现场建轨道板生产场制造轨道板的施工方法。为适应中国 ZPW—2000 轨道电路的传输要求，在轨道板的制造中采用了绝缘处理和绝缘检测技术。

4.2 长大隧道测量技术

针对长大隧道板式无砟轨道施工测量要求精度高、测量环境差的情况，施工中配备高精度测量系统，采用往返导线测量，导线测量采用四等测量精度，水准测量采用二等水准测量。

4.3 底座及凸形挡台施工

为适应中国 ZPW—2000 轨道电路的传输要求，在混凝土底座的施工中采用了绝缘处理和绝缘检测技术，保证了无砟轨道满足轨道电路传输距离。

底座钢筋在隧道外的钢筋加工场加工，运到现场存放于水沟盖板上，现场绑扎钢筋网。

4.4 轨道板铺设调整工艺

针对长大隧道内轨道板运输车辆无法调头的情况，采用双向行驶的轮胎式专用运板车运输轨道板、车下龙门吊吊装轨道板就位。通过三向千斤配合全站仪、水准仪对轨道板方向及高低进行反复调整，保证了轨道板的安装精度。

4.5 乳化沥青生产工艺

由于市场上销售的乳化沥青无法满足 CA 砂浆拌合的要求，乳化沥青需单独研究，自行生产。根据 CA 砂浆性能的要求，施工采用多种乳化剂复合生产技术，及专用 RHS6 乳化沥青生产设备生产符合技术要求的乳化沥青。

4.6 CA 砂浆拌合、灌注技术

采用移动式 CAM1000 型砂浆搅拌机拌制 CA 砂浆。对 CA 砂浆的原材料进行严格检验、试验。采用灌注袋进行 CA 砂浆的灌注。

4.7 凸形挡台填充树脂灌注技术

CA 砂浆灌注完成后，采用小型搅拌机具灌注凸形挡台周围填充树脂。

4.8 无缝线路施工技术

采用长钢轨推送车直接将 100m 长轨条推送入槽，人工安装扣件，测量定位，保证扣件位置居中。K922 集装箱形移动闪光焊作业车焊接长钢轨，进行应力放散、锁定。

4.9 充填式垫板施工

轨道板准确定位、CA 砂浆灌注、无缝线路铺设完成后，进行轨道几何形位的精细调整。线路的高低、水平通过铁垫板下预制的调高垫板以及铁垫板上的充填式垫板进行调整。采用 GRP3000 轨道检测系统全面检测轨道状态。

5. 工艺流程及操作要点

5.1 工艺流程

长大隧道内 CRTS I 型板式无砟轨道施工工艺流程见图 5.1。

5.2 操作要点

5.2.1 隧底状态检查

板式无砟轨道施工前，复核隧道基底状态，隧道基底承载力不应低于 0.25MPa，仰拱回填混凝土强度不应低于 C25。仰拱基底不得有积水。

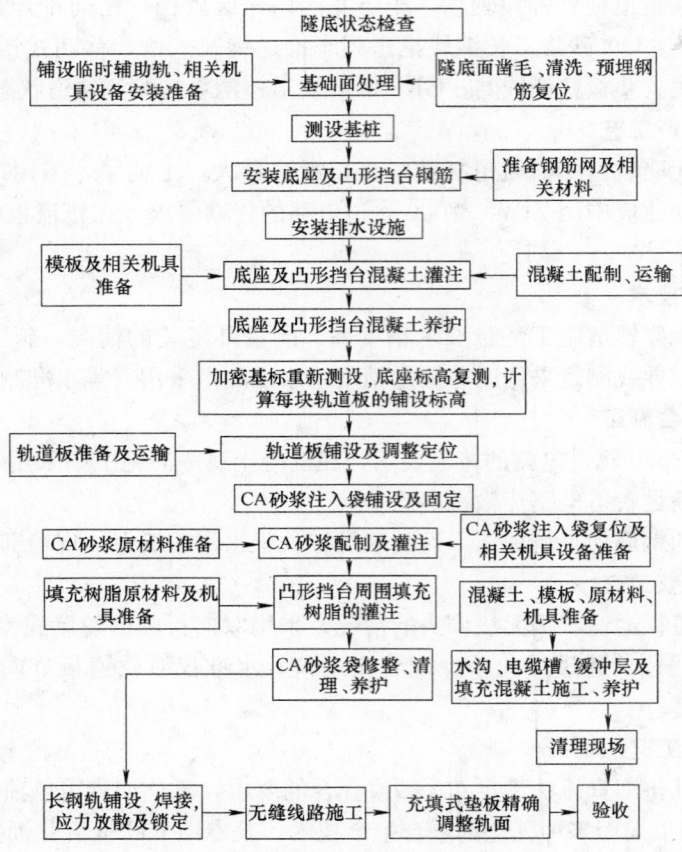

图 5.1　长大隧道内 CRTS Ⅰ 板式无砟轨道施工工艺流程

5.2.2　基础面处理

按设计要求将底座范围内隧底凿毛，清洗干净，并将预埋连接钢筋复位。

5.2.3　测设基桩

接收工程范围内的线路测量资料及基桩，按相关要求进行线路复测，布设无砟轨道施工测量控制网 CP Ⅲ。

1. 根据接收的线路测量资料对线路控制网进行复测，起闭于基础平面控制网 GPS（B）点，采用四等导线测量的方法进行。并对线路中心线进行贯通测量。

2. 按设计要求在隧道范围内埋设无砟轨道施工控制基桩。基桩分为控制基桩和加密基桩两种。控制基桩原则上：直线 100m 设一个，曲线 50m 设一个。对线路特殊地段、曲线控制点、线路变坡点、竖曲线起止点均应增设控制基桩。加密基桩设在凸形挡台中心，加密基桩间偏差应在相邻两控制基桩内调整。平面控制基桩和高程控制基桩宜设置在同一位置。

3. 无砟轨道施工控制网采用全站仪进行测量，起闭于 GPS（C）级点或四等导线点，建立完整、精准的平面基桩控制网。

4. 采用二等水准测量方法对隧道内的高程控制点进行系统复测，布设高程控制网。

5. 混凝土底座和凸形挡台施工完毕后，重新对基桩控制网进行复测，并在每个凸形挡台上设置加密基标。

6. 基桩允许误差

控制基桩：①方向允许误差为 $4''$；②高程允许误差为 $\pm 1mm$；③距离允许误差为直线 1/20000、曲线 1/10000。

加密基桩：①直线上偏离控制基桩方向误差为 $\pm 1mm$；②曲线上偏角法测量，在偏角方向线上允许误差为 $\pm 1mm$；③每相邻基桩间距离允许误差为 $\pm 2mm$；④每相邻基桩高程允许误差为 $\pm 1mm$。

7. 在曲线地段，由于凸形挡台、轨道板及混凝土底座中心线不在同一竖直线上，测量定位时要考虑偏角。

5.2.4 底座及凸形挡台施工

1. 绑扎底座钢筋骨架，并放好钢筋保护层垫块。将底座结构钢筋与预埋的基础连接钢筋、凸形挡台钢筋相连。钢筋交叉点采用绝缘套管及绝缘绑扎丝进行绑扎。

2. 按设计位置安装底座内的横向排水装置及线缆过轨管，并采取措施防止混凝土浇筑时堵塞管道。

3. 依据 CPⅢ 控制基桩进行立模，曲线地段混凝土底座施工时，外侧高度应满足曲线超高的设计要求，同时应考虑底座顶面合理的排水坡度。

4. 检查钢筋及模板状态，并检测钢筋绝缘性能，合格后及时灌注底座混凝土。

5. 在底座混凝土拆模后 24h，进行凸形挡台的施工。在混凝土未达到设计强度之前，严禁各种车辆在底座上通行。

6. 凸形挡台采用圆形钢模，并设有加强肋。挡台模型支立时采用精密测量的办法控制其位置，进行反复对中调平，使其距离的偏差±3mm，与线路中心线的偏差±1mm。

7. 凸形挡台混凝土用振动棒振捣密实，达到设计标高后，表面抹平，在凸形挡台上表面测设加密基标，为轨道板铺设提供坐标基准。

5.2.5 轨道板运输、吊装就位

1. 轨道板集中在预制场内生产，成品经双向行驶轮胎式轨道板运输车运输到铺设地点，龙门吊吊装就位。

2. 轮胎式轨道板运输车一次最大载重量为 4 块轨道板，吊装完成后，上紧加固螺栓及加固装置，防止轨道板运输过程中移位。

3. 清理底座混凝土顶面，不得有杂物和积水。并预先在两凸形挡台间的底座表面按设计位置放置支撑垫木，尺寸为 300mm×120mm×50mm。

4. 将 CA 砂浆灌注袋铺设就位，保证 CA 砂浆灌注袋位置居中、平展，曲线地段 CA 砂浆灌注袋进行必要的加固。支撑垫木处 CA 砂浆袋先进行折叠，待轨道板调整时抽出垫木，铺展 CA 砂浆灌注袋。

5. 轨道板运输到位后，龙门吊吊装轨道板，人工辅助就位。轨道板吊装应轻起轻落，防止碰损。

5.2.6 轨道板调整

1. 轨道板大致就位后，安装轨道板支撑装置，由三向千斤顶将轨道板顶起，抽出支撑垫木，铺展 CA 砂浆灌注袋。

2. 用钢板尺精确测量两相邻凸形挡台间的纵向距离，旋转三向千斤顶上的纵向调整装置，将轨道板调整至两凸形挡台的中央位置，使轨道板与两端凸形挡台之间的间隔相同。

3. 旋转三向千斤顶上的横向调整装置，使轨道板上中心线与凸形挡台上两轨道板铺设基标连线重合。

4. 利用水准仪测量轨道板上 4 个点的高低。测量位置在轨道板承轨槽位置。通过三向千斤顶顶升或下降使轨道板的标高达到设计要求。曲线地段轨道板高低的调整要满足线路设计超高的要求。

5. 曲线且处于线路纵坡地段的轨道板高程调整应兼顾四点进行调整，最高点按负偏差调整，最低点按正偏差调整，使每点的高差均在偏差允许范围内。

6. 按以上 2～5 步骤反复调整，直至符合技术要求。拧紧支撑螺栓，拆除三向千斤顶。

5.2.7 CA 砂浆配制、灌注

1. 乳化沥青生产

1) 乳化沥青研制

乳化沥青应具备良好的稳定性且与水泥、砂子拌合后具备一定的流动性，且乳化沥青应有较大的油水比。

通过调整乳化剂的用量及对乳化剂进行复配，检查乳化沥青的各项指标并与 CA 砂浆进行拌合试验，最终确定乳化沥青的生产配合比。

2）乳化沥青生产

采用 RHS6 乳化沥青生产设备进行生产，生产量可以达到 2t/h。生产场地设置沉淀、过滤池，处理乳化沥青生产过程中的废水及废弃物。

2. CA 砂浆配合比设计

进行 CA 砂浆拌合试验前，应选定水泥、砂、乳化沥青的比例，首先满足强度及弹性模量指标，然后通过水量的加减调整流动度，并通过乳化沥青内掺加表面活性剂调整流动度及可工作时间；通过消泡剂及引气剂的掺量调整空气含量；通过铝粉的掺量调整膨胀率；反复进行试验，根据影响性能的各种因素调整配合比，直至合格。

CA 砂浆基本配合比 （kg/m³）　　　　　　　　　　　表 5.2.7-1

配合比	水泥	砂	乳化沥青	水	混合料	消泡剂	引气剂	铝粉
1	375	650	500	105	2	2	4	0.06
2	400	700	500	115	2	3	4	0.06

3. 现场配合比的修正

在基本配合比的基础上，根据使用的搅拌机的拌合容量，求出现场配合比，其步骤如下：

将材料的用量按实际使用的搅拌机拌合容量进行换算。以相当于一批配料的水泥用量为基准求取其他各材料的用量，作为现场配合比，除水、铝粉外的其他材料都使用换算值；

添加水的用量以拌合初期的流动度为 18~22s 来决定；

铝粉的添加量由气温条件决定，按膨胀率为 1%~3% 来选取。一般情况下，其添加量为（水泥＋混合料）×（0.01%~0.02%），高温时的用量较低温时少。

测定使用砂的表面含水率和吸水率，要根据使用砂的表面含水率确定用砂量，并从砂和水两方面进行配合比修正。

4. CA 砂浆的拌合

CA 砂浆的拌合采用移动式 CAM1000 型砂浆搅拌机，其原材料的投入顺序参照如下进行：

乳化沥青→水（消泡剂）→细骨料（砂）→混合料→水泥（引气剂）→铝粉。

CA 砂浆现场配制时，应根据原材料及环境温度进行现场试验，确定适宜的搅拌速度与时间。搅拌机旋转速度与搅拌时间可参考表 5.2.7-2。

搅拌机的旋转速度与搅拌时间　　　　　　　　　　表 5.2.7-2

项　目	旋转速度（转/min）	搅拌时间（min）
沥青乳剂~细骨料	60~80	7
混合料~外加剂	110~120	
砂浆拌合	60~70	

5. 拌合注意事项

1）由于沥青乳剂和水泥一接触就会产生反应，为有效地利用砂浆可工作时间，将水泥最后分散投入；

2）在搅拌机的投料口用直径 6mm 的钢筋制成 10cm×10cm 的钢丝网，材料通过流槽送入搅拌机；

3）不得长时间在超过要求的高速旋转下搅拌，确认导入所规定的空气量后，立即改为低速搅拌，直至 CA 砂浆灌注完毕；

4）CA 砂浆运输时间长时，应在灌注前约 10min 放入铝粉，再高速旋转 1min。

6. 灌注

1）灌注过程中专人负责，技术人员复核轨道板标高并现场监督施工。

2）每块板由一侧的灌注孔进行灌注，灌注过程中应防止空气的进入。

3) 一块板下 CA 砂浆宜一次灌注完成。在纵坡及曲线地段，应由低处向高处灌注。

4) 灌注完成 24h，且 CA 砂浆强度达到 0.1MPa 时，拆除支撑螺栓。

5) CA 砂浆的配制、灌注宜在 5～30℃的外界气温范围内进行，超过该范围施工时，应采取措施。

5.2.8 凸形挡台周围填充树脂灌注

1. 施工准备

1) 清除挡台周围的杂物。

2) 在凸形挡台周围与轨道板下面之间的空隙内设置防树脂泄漏的发泡聚乙烯材料。

3) 支立模板，在其侧面粘贴胶带，利于脱模。

4) 将灌注区内的水分及油污擦干，并对轨道板端采取防护防止污染。

2. 拌和

1) 按规定的比例准确计量 A 剂和 B 剂，材料开封后，必须在使用期内使用。

2) 将 A、B 剂混合，用手持式电动搅拌机，将 A、B 剂搅拌均匀，搅拌时间约 2～3min。

3. 灌注

1) 凸形挡台周围树脂灌注自轨道板底开始，灌注至轨道板顶面下 10mm 处。

2) 将拌和后的混合液缓慢连续注入，防止带入空气，保证灌注密实。

3) 灌注过程随时检查模型情况，防止泄露。

4) 灌注过程中严禁掉入杂物及带入水分。

5) 废罐及废液妥善处理。

4. 脱模

灌注完成 6h 后拆除模板。检查灌注情况及灌注质量。

5.2.9 长钢轨铺设

1. 轨道板状态复测及扣件安装

1) 在完成轨道板安装及 CA 砂浆灌注后，及时进行轨道板标高及线路中线复测。

2) 铁垫板安装，是对轨道方向的初次调整。需量出铁垫板承轨槽中心线，并在铁垫板划线标记。铁垫板安装应拉线对中，保证钢轨推送时落槽顺利。在安装时，铁垫板中心线应与左右股钢轨中心线重合，然后安装垫板、平垫板、弹簧垫圈。

3) 铁垫板安装时应注意轨底坡方向及椭圆孔应居中。人工上紧套管锚固螺栓，扭力矩应保证钢轨就位时不会带动铁垫板，且轨向调整时易于松开螺栓。

4) 铁垫板安装应考虑线路平面曲线的布设，以不大于 20m 的弦测量拉线对中安装，选用铁线或铜线，禁止使用棉线。

2. 长钢轨推送

1) 从已铺轨道的末端开始，人工铺设一段 2m 左右的临时轨；

2) 把长钢轨推送车装在长钢轨运输列车（装有 100m 的长钢轨 24 根）的前端，用牵引动力平车推送到已铺钢轨的末端停好；

3) 放下引导小车，伸出活动节，插好插销，并在道床上支撑好；

4) 用长钢轨推送车上卷扬机的钢丝绳，到长钢轨运输列车的第一辆平车上拉钢轨，至推送装置，卸掉钢丝绳；

5) 推送装置通过引导小车上的托轨滚轮组，把钢轨向前推送到无砟轨道铁垫板的承轨槽上方，其间每隔 5m 放置小托滚轮；

6) 推送装置推送完钢轨后，机组后退 2m，人工拆除临时轨，放置小托滚轮，机组再后退 10m，放下钢轨；

7) 用拉轨器把钢轨拉到位，取出小托滚轮；

8) 与已铺好的轨道连接，安装钢轨夹轨器；

9）上扣件［在推送车前面上一小部分（10％），其余在牵引动力平车的后面上齐］；

10）铺完一对100m长的钢轨后，抬起引导小车，拔出插销，收回活动节，机组前进，开始进行下一个循环的工作。

5.2.10　工地钢轨焊接

1. 工地钢轨焊接工艺流程（图5.2.10-1）。

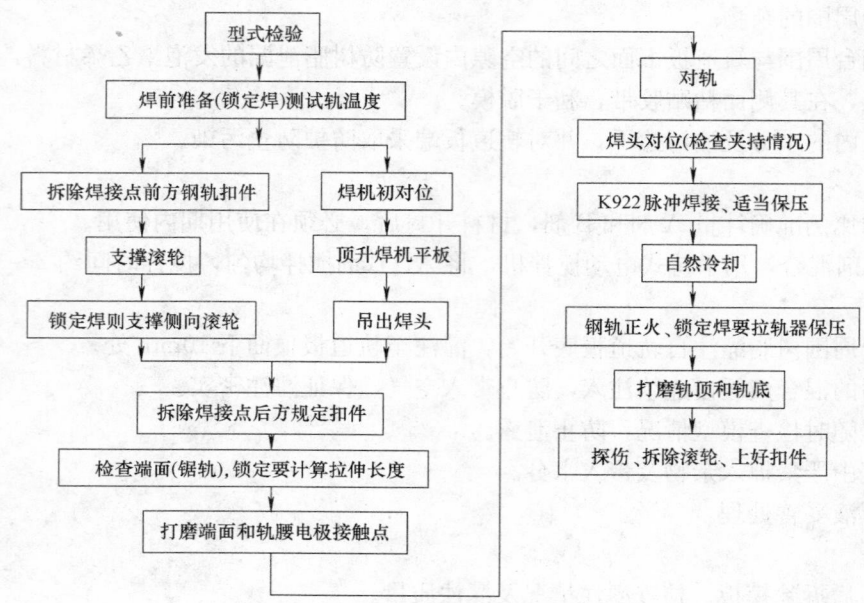

图5.2.10-1　工地钢轨焊接工艺流程

图5.2.10-2　集装箱型移动闪光焊作业车

2. 工地焊接采用K922集装箱型移动闪光焊作业车，按照焊接技术条件的要求，焊接生产前进行接头的落锤试验和型式检验，确定工艺参数。

3. 焊机对位。

4. 拆除待焊轨头前方长钢轨全长及轨头后方20m范围内的扣件及焊缝前后1.5m内的垫板，清除杂物，垫上薄铁板以防灼伤轨道板或道床。

5. 适当垫高待焊轨头后方的钢轨，以确保焊头轨顶平直度。

6. 待焊轨头前方长钢轨下每隔12.5m安放一个滚筒，以便于钢轨纵向移动。

7. 打磨两焊接轨轨端和焊机电极钳口轨腰接触区，呈现金属光泽。

8. 轨端对正、轨缝调整、平直度调整。

9. 焊机夹紧钢轨并自动对正，夹紧钢轨后，再次检查钢轨工作面有无错边和偏斜，修正后可以开始焊接。焊机自动焊接钢轨、顶锻并推瘤。

10. 焊缝正火（图5.2.10-3）。

1）当焊头温度降到500℃以下，进行正火热处理。

2）加热到规定温度后，用0.15～0.2MPa压力空气对焊缝及热影响区冷却2min，使焊缝机械性能提高。

3）风冷至焊头温度低于200℃。

11. 焊缝打磨

1）用手持砂轮机将轨头顶面、两侧面的残留焊瘤及毛边除尽，打磨后保证焊缝较钢轨母材高 0.6mm，并保持轨头原圆弧部分形状，避免打亏。

2）打磨过程中应注意：避免砂轮冲击钢轨和在钢轨上跳动，产生凹坑；打磨到焊瘤部位时，避免长时间打磨一个位置，否则，容易出现马氏体白层。

3）检测焊缝两侧各 500mm 范围内的平直度，并确定踏面和内侧工作面的磨削量。用精磨机（带自动测量装置）精磨，直至合格。

图 5.2.10-3　正火

12. 线路调整

由于轨道板安装及各种扣件生产制造等方面的误差，都会引起轨道方向、中心线、轨距、高低的偏差，因此钢轨扣件调整要求非常严格，不同于有砟轨道可通过养护整道来完成，而要求一次实现，一步调整到位。板式无砟轨道状态调整，应先确定一股钢轨的方向，用 20m 弦拉正矢以保证轨道的方向。

圆曲线段曲线正矢：$f_0 = 5000/R$。

缓和曲线段曲线正矢递增率：$\Delta f = 10 f_0/L_0$（mm）。

调整方法，利用铁垫板上椭圆孔进行调整，调整完一股钢轨后，再以此股钢轨为基准，确定另一股钢轨的状态。轨向的调整应由直线向曲线调整，这样调整即使出现不可预料的因素，也可以从直线向曲线圆顺。完全可以避免从曲线段开始调整到直线可能出现的折角。

反复进行调整，使轨道线形满足设计要求，用轨检小车复测无误后，按设计规定的扭力矩上紧套管螺栓，除非下次微调轨道方向，不得再次松开套管螺栓。

13. 应力放散及锁定

应力放散和线路锁定是将已经达到初期稳定状态的线路，重新松开扣件、打起钢轨、垫上滚筒、使钢轨自由伸缩状态或自由伸缩后再强制拉伸，放散掉钢轨内的附加应力和温度力，在钢轨处于设计锁定轨温时的"零"应力状态下，将线路锁定完成无缝线路的过程。

5.2.11　充填式垫板施工

1. 轨道状态调整

轨道板准确定位、CA 砂浆灌注、无缝线路铺设完成后，轨道几何形位的精细调整是保证板式轨道达到线路铺设精度的一个关键过程。轨道状态调整时，应先确定一股钢轨的方向和高低，再以此股钢轨为基准，确定另一股钢轨的状态。

线路的高低、水平通过铁垫板下预制的调高垫板以及铁垫板上的充填式垫板进行调整。充填式垫板位于铁垫板之上，轨下橡胶垫板之下，充填式垫板的充填厚度以 4～6mm 左右为宜，超出部分应在铁垫板下垫入预制的调高垫板。

在插入充填式垫板注入袋之前，必须在钢轨扣件节点之间的轨底下按一定间距插入调整垫块。垫块分基准垫块和微调垫块，调整时放在钢轨与板体顶面之间。垫块的尺寸根据钢轨类型、轨底与轨道板顶面的设计高度、轨底坡的大小确定。微调垫块的厚度规格可分为 0.5、1、2、4mm 等级。

为保证轨道状态调整达到铺设精度，在每块轨道板范围内，每股钢轨的轨底与板顶之间插入 2 个调整垫块。安装调整垫块时必须注意调整垫块轨底坡的方向、调整垫块前后的扣件必须按规定的扭矩拧紧。防止充填式垫板注入树脂时，有可能将钢轨抬起。调整垫块形状与安放位置如图 5.2.11-1 所示。

2. 注入袋的安装

1）安装注入袋的时间

充填式垫板注入袋必须在轨道状态精细调整（调整垫块安装复测无误）全部结束后安装，若在调

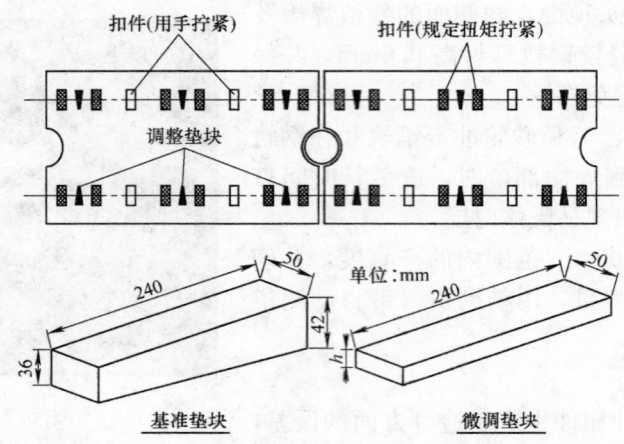

图 5.2.11-1 调整垫块安放位置及调整垫块示意图

整前安装，由于钢轨伸缩以及轨道状态调整作业引起钢轨移动，就可能引起注入袋的破损，直接影响注入袋内树脂的注入。

2）注入袋的安装方法

注入袋安装时无须区分上、下面，但根据具体的施工方法，注入袋的注入口应置于轨道的同一侧，按一致的注入方向安装。对于曲线超高区段，注入口应朝低的方向，从低侧注入。

3）注入袋的安装位置

充填式垫板注入袋四角封边处作出了定位印记，安装时应注意使定位印记与轨下胶垫对齐，保证位置准确。注入袋的形状及灌注口方向如图 5.2.11-2 所示。

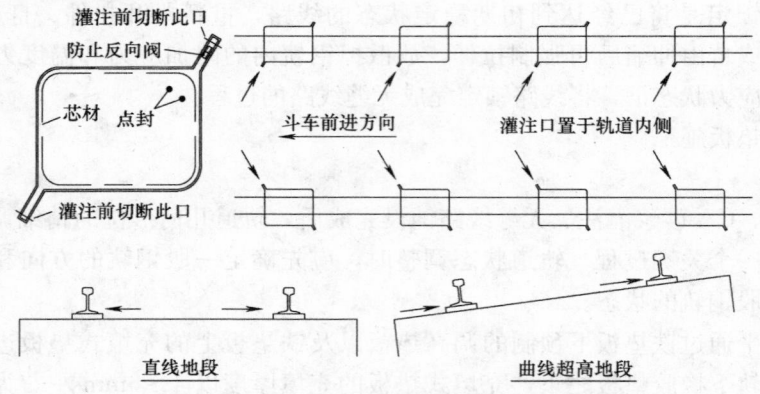

图 5.2.11-2 注入袋形状及灌注口方向示意图

3. 树脂材料的注入

1）采用机械注入，可以大量、连续地进行充填作业。

2）注入袋的注入口与排气口的剪断应在即将开始注入树脂之前进行，同时确认袋内无水分、无空气。

3）为防止树脂注入时，顶面顶起，注入的压力应严格控制，要求以 $1.5kg/cm^2$ 以下的压力缓慢注入。

4）树脂、固化剂一次的拌合量不宜太多，要根据相应的可工作时间确定。

5）在注入过程中，应对钢轨、扣件、轨道板表面进行防护，防止树脂污染轨道部件。

6）在确认树脂固化后，方可剪除注入口、排气口，且不得损伤垫板。

7）轨底与轨道板顶间设置的调整垫块应在充填式垫板允许可承载时间（10h）后撤出。

8）充填式垫板内所用的树脂、固化剂等为可燃物质，要注意防火。

5.3 劳动力组织

施工人员配置见表 5.3。

施工人员配置 表 5.3

序号	工种名称	数量	备注	序号	工种名称	数量	备注
1	施工负责人	8		9	龙门吊司机	2	
2	技术负责	8		10	钢筋工	10	
3	测量工程师	1		11	模板工人	15	
4	测量人员	5		12	混凝土工人	15	
5	试验人员	3		13	起重工人	8	
6	汽车司机	10		14	辅助工人	20	
7	混凝土罐车司机	6		合计		113	
8	汽车吊司机	2					

6 材料与设备

主要材料与设备见表 6-1、表 6-2。

主要材料 表 6-1

序号	名称	规格	备注	序号	名称	规格	备注
1	钢筋	HRB335		7	轨道板	4930	
4	混凝土	C25，C40		8	钢轨	60kg/m	
5	绝缘卡			9	扣件		
6	绝缘绑扎丝						

主要机具设备 表 6-2

序号	名称	规格	数量	备注
1	轮胎式运板车	LYC20	1	
2	龙门吊	10t	2	
3	载重汽车	25t	5	
4	载重汽车	10t	2	
5	汽车吊	10t	2	
6	混凝土运输车	6m³	6	
7	三项千斤顶	3t	20	
8	导热油炉	QZG-25	1	
9	乳化沥青生产设备	RHS6	1	
10	电子秤		1	
11	移动式 CA 砂浆拌合车	CMA1000	1	
12	长钢轨推送车		1	
13	移动闪光焊作业车	K922 集装箱型	1	
14	轨检小车	GRP3000	1	
15	混凝土输送泵		1	
16	全站仪	TCA2003，测角精度不低于 0.5″，测距精度不低于 1mm＋1ppm	1	
17	水准仪		1	

7. 质 量 控 制

长大隧道内 CRTS I 型板式无砟轨道施工质量应符合《客运专线无砟轨道铁路工程施工质量验收暂行标准》（铁建设［2007］85 号）的规定。

7.1 设专职质检工程师，在各工序施工过程中按照"自检"、"互检"、"专检"三个等级分别实施质量检测职能。

7.2 按照长大隧道内 CRTS I 型板式无砟轨道施工顺序，层层把关落实质量标准，上道工序不合格不得进入下道工序施工。

7.3 关键工序质量控制

1. 隧底检测与评估

隧道主体工程完工后，变形观测期一般不应少于 3 个月。观测数据不足或工后沉降评估不能满足设计要求时，应适当延长观测期。

板式无砟轨道施工前，应按《客运专线铁路无砟轨道铺设条件评估技术指南》（铁建设［2006］158 号）规定进行无砟轨道铺设条件评估，复核隧道基底状态。预测的隧道基础工后沉降值不应大于 15mm。隧道底板及仰拱填充层表面高程和横向坡度应符合设计要求，高程允许偏差为 ±15mm。坡面应平顺，确保水流畅通、不积水。隧道基底承载力不应低于 0.25MPa，仰拱回填混凝土强度不应低于 C25。

2. 测设基桩

配备高精度测量控制系统和专业测量人员，严格按《客运专线无砟轨道铁路工程测量暂行规定》（铁建设［2006］189 号）进行测量。

3. 底座及凸形挡台施工

1）钢筋骨架安装：钢筋原材料、加工、连接的检验应符合现行《铁路混凝土工程施工质量验收补充标准》（铁建设［2005］160 号）第 5.2.4、5.3.2 和 5.4.3 条的规定。绑扎钢筋骨架应采取绝缘措施，保证轨道电路的传输距离，钢筋的绑扎安装允许偏差应符合表 7.3-1 的规定，每施工段至少抽检 10 处。

钢筋的绑扎安装允许偏差 表 7.3-1

序 号	项 目	允许偏差(mm)
1	钢筋间距	±20
2	钢筋保护层厚度	+10 −5

2）模板：模板安装必须稳固牢靠，接缝严密，不得漏浆。模板与混凝土的接触面必须清理干净并涂刷隔离剂。浇筑混凝土前，模型内的积水和杂物应清理干净。底座模板安装允许偏差应符合表 7.3-2 的规定，凸形挡台模板安装允许偏差应符合表 7.3-3 的规定。

底座模板安装允许偏差及检验数量 表 7.3-2

序 号	项 目	允许偏差(mm)	检验数量
1	顶面高程	0 −5	每 5m 检查 1 处
2	宽度	±5	每 5m 检查 3 处
3	中线位置	2	每 5m 检查 3 处
4	伸缩缝位置	5	每条伸缩缝检查一次

3）混凝土：混凝土原材料、配合比设计、施工检验应符合现行《铁路混凝土工程施工质量验收补充标准》（铁建设［2005］160 号）的规定。模板拆除后，混凝土结构表面应密实、平整、颜色均匀，不得有露筋、蜂窝、孔洞、疏松、麻面和缺棱掉角等缺陷。底座外形尺寸允许偏差应符合表 7.3-4 的规定，凸形挡台外形尺寸允许偏差应符合表 7.3-5 的规定。

凸形挡台模板安装允许偏差 表 7.3-3

序　号	项　目	允许偏差(mm)	检验数量
1	圆形挡台模板的直径	±3	全部检查
2	半圆形挡台模板的半径	±2	
3	中线位置	2	
4	挡台中心间距	±2	
5	顶面高程	+4 0	

底座外形尺寸允许偏差 表 7.3-4

序　号	项　目	允许偏差	检验数量
1	顶面高程	+3mm −10mm	每 5m 各检查一次
2	宽度	±10mm	
3	中线位置	3mm	
4	平整度	10mm/3m	

凸形挡台外形尺寸允许偏差 表 7.3-5

序　号	项　目	允许偏差(mm)	检验数量
1	圆形挡台的直径	±3	全部检查
2	半圆形挡台的半径	±2	
3	中线位置	3	
4	挡台中心间距	±5	
5	顶面高程	+5 0	

4. 轨道板铺设

1) 轨道板的装卸运输应符合相关规定，吊装时应轻起轻落，严禁碰、撞、摔，轨道板装车层数应根据设备能力确定，但不应超过 4 层，并采取加固措施，避免轨道板碰损。

2) 轨道板进场应检验质量证明文件并按相关技术条件进行外观检查，符合要求方可进行铺设。

3) 轨道板与底座的间隙不得小于 40mm，减振型轨道板与底座间隙不得小于 35mm，轨道板与凸形挡台的间隙不得小于 30mm。轨道板经反复调整后位置允许偏差应符合表 7.3-6 的要求。

轨道板安装位置的允许偏差 表 7.3-6

序　号	项　目	允许偏差(mm)	检验数量
1	中线位置	2	每板检查 3 处(两端和中部)
2	支撑点处承轨面高程	±1	全部检查
3	与两端凸形挡台间隙之差	5	全部检查

5. CA 砂浆灌注

1) CA 砂浆原材料应符合相关技术条件规定，并按要求进行进场检验，符合要求后方可使用。

2) 浆配比应满足环境温度 $5℃ < t < 35℃$ 条件下的施工需要。配比基本稳定后，应进行砂浆的搅拌与灌注的适应性试验，试验应针对不同环境温度条件并结合实做培训需要反复多次进行，以充分掌握拌合车及砂浆在各种条件下的性能表现，并在此基础上形成每辆砂浆车在各种条件下的砂浆配比微调数据。

3) 砂浆配比确定后，应严格掌控所用原材料品牌、品质的稳定性，如乳化沥青、干料、减水剂、消泡剂等。水泥沥青砂浆的性能指标应符合说明表 7.3-7 的规定。

水泥沥青砂浆的性能指标要求　　　　　　　　　　　　　　表 7.3-7

序 号	性　能	单　位	指标要求		
1	抗压强度	MPa	1d	7d	28d
			0.1	0.7	1.8～2.5
2	弹性模量	MPa	100～300		
3	流动度	s	18～26		
4	可工作时间	分	不少于 60		
5	膨胀率	%	1～3		
6	材料分离度	%	小于 1		
7	含气量	%	8～12		
8	单位容积质量	kg/l	＞1.3		
9	砂浆温度	℃	5～40		
10	泛浆率	%	0		
11	抗冻性		300 次冻融循环试验后，相对动弹模量不得小于 60%，质量损失率不得大于 5%。		

4）轨道板下 CA 砂浆灌注应坚持"随调随灌"的原则组织，其施工应紧随轨道板调整完成之后进行。

5）砂浆灌注施工前应对精调完成的轨道板进行空间位置检查确认。

6）每次灌注施工前均应进行砂浆试拌合，测量其流动度、可工作时间、含气量、单位容重、砂浆温度等指标，以微调并确定砂浆配合比。各项指标合格后即可进行轨道板垫层灌注施工。每次灌注应按要求制作强度及弹性模量试件。

6. 凸形挡台树脂灌注

1）凸形挡台树脂的性能指标应符合设计及技术条件的要求。凸形挡台周围树脂的性能指标应符合表 7.3-8、表 7.3-9 的规定。

混合液的性能指标　　　　　　　　　　　　　　表 7.3-8

序 号	项 目	单 位	性能指标
1	材质		环氧树脂、聚氨酯和聚脂树脂
2	颜色		对照产品出厂标识确认
3	黏度	Pa·s	≤10
4	可使用时间	min	≥10(30℃)
			≥15(10℃)
5	固化收缩率	mm	≤10

固化物的性能指标　　　　　　　　　　　　　　表 7.3-9

序 号	项 目	单 位	性能指标
1	外观质量		表面无大的泡沫、气泡、褶皱、裂纹
2	视密度	g/cm³	≥1.05
3	抗压强度	MPa	≥7.5
4	弹性系数	kN/mm	10±2
5	疲劳性能		最大压缩量在 1.25mm 以下，外观无明显异常
6	剪切强度	MPa	≥1.96
7	粘结强度	MPa	≥0.49
8	Asker-C 表面硬度		＞50
9	耐腐蚀性		外观无异常，弹性系数变化率在 ±20% 以内
10	耐热老化性		

2）凸形挡台周围填充树脂宜低于轨道板顶面 5～10mm。

7. 轨道精调

1）充填式垫板内充填树脂及注入袋的主要性能指标应符合相关技术条件的规定。进场应按检查质量证明文件。

2）经轨检小车检测后，轨道静态平顺度铺设精度标准应符合表 7.3-10 的规定。

无砟轨道静态平顺度铺设精度标准表   表 7.3-10

幅值(mm)／项目／设计速度	高低	轨向	水平	轨距	扭曲 基长 6.25m
350≥V＞200km/h	2	2	1	±1	—
V＝200km/h	2	2	2	+1 −2	3

注：本表摘自《客运专线无砟轨道铁路施工质量验收暂行标准》。

8. 安 全 措 施

严格遵守国家有关安全生产的法律、法规和《铁路工程施工安全技术规程》TB 10401.1—2003 有关安全生产的规定，贯彻"安全第一、预防为主、综合治理"的方针。建立安全领导小组和安全生产管理网络，建立和落实各级安全生产责任制度。建立各项安全生产规章制度和安全操作规程，建立相应的内部考核制度，积极落实安全生产检查制度和事故整改制度。对施工全过程进行安全监控，及时发现和消除安全隐患，防止各类安全事故的发生。

在开工初期辨识评价危险源，评价重大危险源并制定管理方案，实施有效控制。对易发的安全事件制定应急预案并实施演练。

8.1 现场布置

8.1.1 设置安全标志，在施工现场周围配备、架立安全标志牌。

8.1.2 施工现场的布置应符合防火、防爆、防雷电等安全规定和文明施工的要求。

8.1.3 现场道路应平整、坚实、保持畅通；现场道路一侧或两侧遇有河沟、排水沟、深坑等情况时，应有防止行人、车辆等坠落的安全设施；危险地点应悬挂按照《安全色》GB 2893—2001 和《安全标志》GB 2894—1996 规定的标牌。夜间有人经过的坑洞应设红灯示警，现场道路应符合《工厂企业厂内铁路、道路运输安全规程》GB 4387—94 的规定，施工现场设置大幅安全宣传标语。

8.2 施工机械的安全控制措施

8.2.1 各种机械操作人员和车辆驾驶员，必须持有有效操作资格证，不准操作人员操作与操作证不相符的机械；不准将机械设备交给无操作证的人员操作，对机械操作人员要建立档案，专人管理。

8.2.2 操作人员必须按照本机说明书规定，严格按照工作前的检查制度和工作中注意观察及工作后的检查保养制度，做到工作前检查、工作中观察、工作后检查保养、认真填写机械运转记录。

8.2.3 驾驶室或操作室应保持整洁、严禁存放易燃、易爆物品，严禁酒后操作机械，严禁机械带病运转或超负荷运转。

8.2.4 机械设备在施工现场停放时，应选择安全的停放地点，夜间应有专人看管。

8.2.5 严禁对运转中的机械设备进行维修、保养调整等作业。

8.2.6 指挥施工机械的作业人员，必须在操作人员可以看到的安全地点，并用明确规定的指挥联络信号进行指挥，施工中严格检查落实。

8.2.7 使用钢丝绳的机械，在运转中严禁用手套或其他物件接触钢丝绳，用钢丝绳拖、拉机械或重物时，人员应远离钢丝绳。

8.2.8 起重作业应严格按照《建筑机械使用安全技术规程》JGJ 33—2001 和《建筑安装工人安全

技术操作规程》规定的要求执行。

8.2.9 定期组织机电设备、车辆安全大检查，对检查中查出的安全问题，按照"三不放过"的原则进行调查处理，制定防范措施，防止机械事故的发生。

8.3 施工用电安全制度

8.3.1 施工用电必须符合部颁标准和当地供电局的有关安全运行规程，严格按照《施工现场临时用电安全技术规范》JGJ 46—2005 的规定执行。施工用电设施设专人管理，并经培训合格持证上岗。

8.3.2 混凝土拌合站和电动设备集中使用的场所，由技术人员编制临时用电施工组织设计，经技术负责人审核，报主管部门批准后实施。

8.3.3 电缆线路采用"三相五线"接线方式，电气设备和电气线路必须绝缘良好。

8.3.4 各种型号的电动设备按使用说明书的规定接地或接零。传动部位按设计要求安装防护装置。维修、组装和拆卸电动设备时，断电挂牌，防止其他人私接电动开关发生伤亡事故。用电设备实行一机一闸一漏（漏电保护器）一箱。不得用一个开关直接控制二台及以上的用电设备。

8.3.5 现场的配电箱要坚固、完整、严密，有门、有锁，同一配电箱超过 3 个开关时，设总开关。熔丝及热元件，按技术规定严格选用，严禁用钢丝、铝丝、铜丝等非专用熔丝代替。

8.3.6 施工现场临时用电要定期进行检查，对检查不合格的线路、设备及时予以维修或更换，严禁带故障运行。

8.4 保证施工人员安全的技术措施

8.4.1 所有进入施工现场的人员必须戴安全帽，并按规定佩戴劳动保护用品或安全带等安全工具。

8.4.2 作业人员不得穿拖鞋、高跟鞋、硬底易滑鞋和裙子进入施工现场。

8.4.3 人员在作业中必须集中精力，严禁在作业中聊天、阅读、饮食、嬉闹及从事与工作无关的事情。

8.4.4 禁止串岗、擅离职守、班前严禁饮酒。

9. 环保措施

施工中应严格遵守国家相关环境保护的规定，做好环境保护、水土保持等工作。

9.1 主要措施

9.1.1 对施工中产生的废弃混凝土及水泥浆液必须按照规定集中统一处理，严禁随意排放污染环境。

9.1.2 铺设良好的管道排水、污系统，所有生活和生产中产生的废水均应经过过滤、沉淀等方式集中处理后排放。

9.1.3 严格按照使用要求检修和保养发动机，使用合格的燃料油，以提高发动机的燃烧和工作质量，减少发动机废气对环境的污染。

9.1.4 经常检查各种油液管路和接头，发现泄露、渗漏及时更换或维修。

9.1.5 对擦洗机械后的油液和更换下来的废润滑油、废液压油分类回收，利用。

9.2 CA 砂浆施工环境保护措施

CA 砂浆施工中应做好如下环境保护工作：

CA 沙浆灌注过程及灌注完成后，均会产生废弃的 CA 砂浆，由于 CA 砂浆内主要污染源为沥青及乳化剂，直接排放会造成环境污染，需进行处理后合理排放。

根据 CA 砂浆防水、弹性好的性能，及其洗涤水内含有表面活性剂的特点，CA 砂浆废弃物主要考虑重复利用。

10. 效 益 分 析

长大隧道内 CRTSⅠ型板式无砟轨道施工工法，结合我国首条无砟轨道综合试验段的施工，研究出符合中国国情的长大隧道内 CRTSⅠ型板式无砟轨道的施工工艺和施工设备。解决了长大隧道无砟轨道施工中，存在的物流组织困难、施工难度大等问题，确保了工程质量符合设计要求。本施工工法施工组织合理，工艺先进，机械化程度高，施工进度快，具有安全、环保、高质、高效的优点，对长大隧道内 CRTSⅠ型板式无砟轨道的施工具有较强的指导意义，为大力发展客运专线无砟轨道铁路建设提供了技术支持，具有很高的社会效益。

本工法在遂渝线综合试验段龙凤隧道（5.217km），石太客运专线石板山隧道（7.5km）、南梁隧道（11.6km）、太行山隧道（27.839km）内 CRTSⅠ型板式无砟轨道施工中应用，取得了很好的经济效益。

研制了轮胎式双向行驶运板车解决了长大隧道内车辆无法调头的难题，为安全、质量提供了有力的保障，每块板节约运输时间约 15min，提高了长大隧道内无砟轨道的施工效率，为长大隧道施工节约了工期 $[(5217+55600+15000+23200)]\div 5\times 15\div 480)=619$ 天，此项节约工费：$50\times 2000\times(619\div 30.5)=202.95$ 万元，节约管理成本：$10\times 3000\times(619\div 30.5)=60.89$ 万元。

研制了 RHS6 乳化沥青生产设备、移动式 CAM1000 型砂浆搅拌机，采用了 K922 集装箱型移动闪光焊作业车等施工设备，引进了 GRP3000 轨道检测系统，施工的机械化程度高，提高了综合施工工效，节约成本约 300 万元。

本工法的应用共为工程项目节约了 563.84 万元。

11. 工 程 实 例

遂渝线无砟轨道综合试验段是我国首条无砟轨道试验段。试验段从 2005 年 5 月开工到 2006 年 12 月全部工程完工，历时 18 月。"长大隧道内 CRTSⅠ型板式无砟轨道施工工法"在试验段内成功的应用，铺设隧道内板式无砟轨道 5.217km，通过运用本工法，使无砟轨道一次施工成型并达到高精度要求，轨道状态具有高平顺性、高稳定性。

"长大隧道内 CRTSⅠ型板式无砟轨道施工工法"也成功地应用在石太客运专线的三条特长山岭隧道内的 CRTSⅠ型板式无砟轨道施工中，工程 2007 年 12 月开工，2008 年 9 月顺利完工，不但保证了工期要求，而且施工质量完全符合技术标准要求。其中太行山隧道全长 27.839km，长度居亚洲铁路山岭隧道之首，在施工中应用本工法，从 2008 年 3 月到 2008 年 9 月共计 210d，施工了 CRTSⅠ型板式无砟轨道 55.6km。石板山隧道全长 7.5km，在施工中应用本工法，从 2008 年 3 月到 2008 年 9 月共计 213d，施工了 CRTSⅠ型板式无砟轨道 15km。南梁隧道全长 11.6km，在施工中应用本工法，从 2007 年 12 月到 2008 年 8 月共计 270d，施工了 CRTSⅠ型板式无砟轨道 23.2km。实践证明，本施工工法施工组织科学、合理，施工工艺先进，实用性强，高效、经济。

铁路客运专线 CRTS I 型双块式无砟轨道 CJT 型粗调机轨排粗调施工工法

GJEJGF152—2008

中铁五局（集团）有限公司　中铁二十三局集团有限公司
李树德　夏真荣　刘智军　钱振地

1. 前　　言

　　无砟轨道因其易于保证轨道的平顺性、维修量小等诸多优点，已成为当前 250km/h 以上的高速铁路、客运专线及快速铁路的首选轨道形式。双块式无砟轨道因适应性强、施工简便而被大量采用。正在施工的武广客运专线就主要采用了双块式无砟轨道。轨排粗调是无砟轨道施工控制中的一道重要工序，其调节的精度和速度对无砟轨道的施工质量和进度有着决定性的影响。

　　无砟轨道技术是一项引进的技术，其施工大都采用进口设备进行，但进口设备都很昂贵。由于我国铁路建设一般工期都较短，加之我国高速铁路、客运专线建设市场巨大，无砟轨道施工工装用量巨大，因此在施工中，大多数的施工单位都结合自身实际和工程特点，开展了大量的创新，目前常用的轨排粗调方法主要有采用进口设备进行的机械化作业和以起道机等简易设备配以大量人工的简易初调作业，前者设备投入大，不利于多开工作面，不能满足施工进度要求。后者则粗调效率低下、劳动强度高，且控制精度不易保证。

　　我局在武广客运专线的施工中，开发了 CJT 粗调机和配套的测量控制方法，经现场应用用取得了良好的效果，每天单个工作面可完成 200m 以上。该机已取得国家适用新型专利，经总结形成本工法。

2. 工 法 特 点

　　2.1 粗调设备结构简单、操作方便、初调速度快，适用范围广。

　　2.2 每组轨排（12.5m）分三个粗调单元，每个单元重量轻，移动方便。

　　2.3 每个粗调单元包括多点激光仪、专用轨距尺和支撑调节架，可对轨排的轨向、高程、超高进行调整并随时跟踪。

　　2.4 可在道床底层钢筋铺设完成后，再进行轨排的粗调。

　　2.5 设备购置费用和养护费用低，工效基本和进口设备相同。

3. 适 用 范 围

　　本工法适用于对 CRTS I 型双块式无砟轨道工具轨排的粗调，特别在桥面道床底层钢筋需铺设完毕后再进行轨排粗调的施工时更显优越性。

4. 工 艺 原 理

4.1　工艺原理

　　本工法粗调机由三个单元组成（图 4.1）。每个单元包括支撑架、多点激光仪及多功能轨距尺等。支撑架采用钢结构制作，两侧带有可钩挂轨排底部的挂钩，挂钩通过高度调节机构可实现升降运动；支撑架上设置有横向调节机构，可将挂在挂钩上的轨排进行横向移动；两挂钩之间还可相对转动，实现对轨排的超高调节。多点激光仪按 X、Y、Z 轴的正负方向发出激光束，其中竖向的激光束穿过多功能轨距尺的中心刻度窗，指向测放在基面上的轨道中心线，利用机械结构横向调节结构对轨排进轨道中线的调节，竖向激光束跟踪轨道中心线的偏差；发出的横向激光束与多功能轨距尺的高程尺共同使用，利用水准仪或测放在桥面防撞墙或隧道边墙上的高程参照线测算轨排高程，利用机械结构的高程调节结构实现轨排的高程调节，并跟踪轨排两根轨道的相对高程差，利用机械结构的超高调节结构对轨排超高调节。

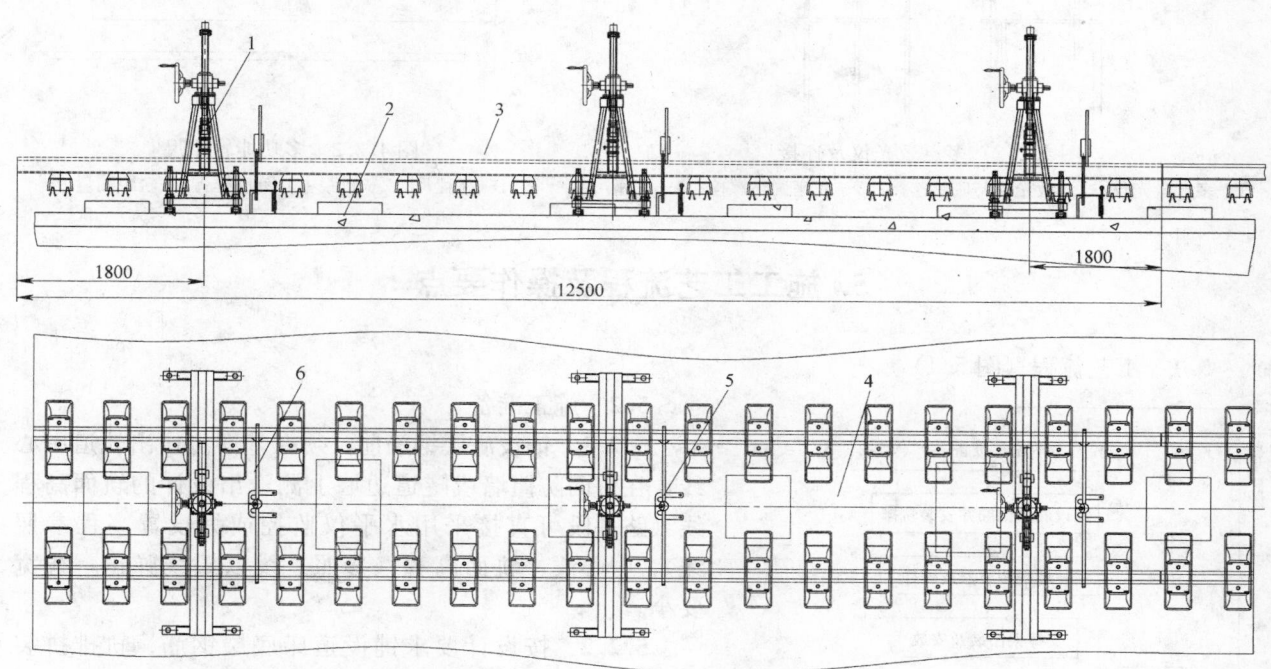

图 4.1　轨排粗调单元布置
1—支撑架；2—桥面保护层或路基、隧道支承层；3—工具轨排；4—无砟轨道线下工程；5—多点激光仪；6—多功能轨道尺

4.2　主要设备

4.2.1　支撑调节架

图 4.2.1 所示为支撑调节架的结构图，它由调节轨向的横向调节机构、高程调节机构、超高调节机构、门架、超高调节平衡架、轨排吊挂托架等组成，调节机构上各安装有调节手柄，旋转调节各个调节手柄，可实现升降、横向移动的调节，轨排吊挂托架用于钩挂工具轨，超高调节平衡架则是在调节轨排超高时用于产生超高的平衡杆件，门架由型钢焊接而成，超高、高程、横向调节器由螺旋机构构成。

4.2.2　多点激光仪

图 4.2.2 所示为多点激光仪的连接安装图，多点激光仪为外构件，通过控制开关可使激光仪同时打开相互垂直的 X、Y、Z 三个坐标方向的激光束，多点激光仪通过螺旋连接在自制的底座上，当铅直的激光束发生偏斜时，多点激光仪会发出报警，调节底座调整螺栓，可使多点激光仪发出的竖向激光束铅直。

4.2.3　多功能轨距尺

图 4.2.3 所示为多功能轨距尺图，它是在轨距尺的基础上增加高程刻度及轨距中心刻度及水平仪等形成，由高程尺、轨距中心刻度、轨距测量尺、气泡式水平仪等构成，其中高程尺也有刻度并通过铰接与轨距尺相连，可绕铰点转动。

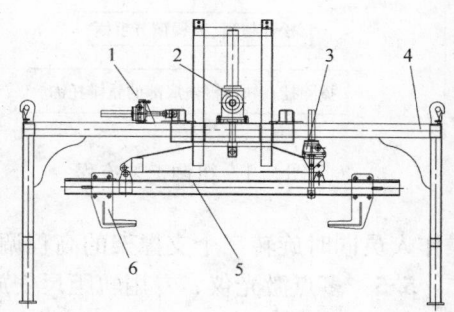

图 4.2.1　支撑调节架
1—横向调整机构；2—高程调节机构；
3—超高调节机构；4—门架；5—超
高调节平衡架；6—轨排吊挂托架

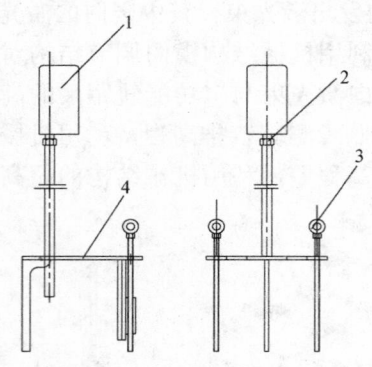 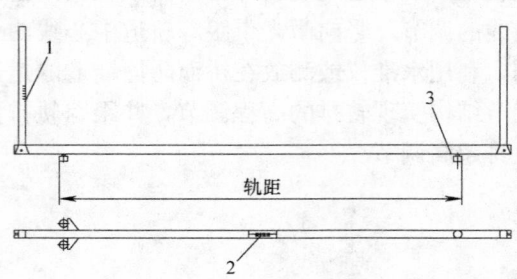

图 4.2.2　多点激光仪及连接
1—多点激光仪；2—激光仪与底座连接；3—底座调整螺栓；4—底座

图 4.2.3　多功能轨距尺
1—高程尺；2—轨距中心刻度框；3—轨距测量

5. 施工工艺流程及操作要点

5.1　工艺流程（图 5.1）

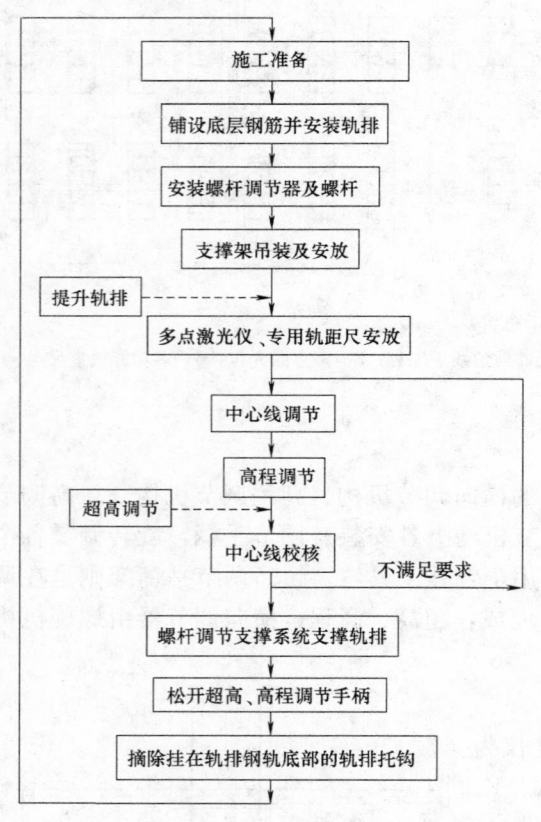

施工准备

铺设底层钢筋并安装轨排

安装螺杆调节器及螺杆

支撑架吊装及安放

提升轨排

多点激光仪、专用轨距尺安放

中心线调节

高程调节

超高调节

中心线校核　不满足要求

螺杆调节支撑系统支撑轨排

松开超高、高程调节手柄

摘除挂在轨排钢轨底部的轨排托钩

图 5.1　粗调工艺流程

5.2　施工准备

5.2.1　铺设底层钢筋前，须在基面测设出轨道中心线，在桥面防撞墙或隧道边墙上测设出设计的轨面高程线（路基段可直接采用水平仪监控或另设置高程参照线），中心线、轨面高程（参照）线以墨线弹出，线宽要小。

5.2.2　按设计要求铺设道床底层钢筋、轨排拼装就位。

5.2.3　按要求及规范安装轨排调节螺杆托盘。

5.2.4　检查支撑架的横向调节、高程调节及超高调节机构是否工作正常。

5.2.5　检查多点激光仪能否正常发出激光束，并按图 4.2.2 所示将多点激光仪安装在支座上。

5.2.6　检查多功能轨距尺是否正常。

5.2.7　架设水准仪。

5.3　支撑架吊装及安放

支撑架用 3t 龙门吊或 8t 汽车吊按图 4.1 所示吊至距轨排两端各 1.8m 左右及中间位置安放牢固，安放时支撑架超高调节在轨排内侧方向。

5.4　提升轨排

调节支撑架的高程调节手柄，使轨排吊挂托架整体下落，并将挂钩挂于轨排工具轨底部相应位置上，三个操作人员同时旋转三个支撑架的高程调节手柄，将轨排升起悬空。

5.5　多点激光仪、专用轨距尺安放

5.5.1　安装多点激光仪：按图 4.1 所示位置安放多点激光仪，安装时须注意避免在粗调过程中可能对多点激光仪产生的扰动，打开多点激光仪激光束，使垂直的激光束指向轨排中心线，同时调节底座调整螺栓，使竖向激光束铅直（竖向激光束不铅直时多点激光仪会自动报警）；

5.5.2　安装多功能轨距尺：按图 4.1 所示安放多功能轨距尺到轨排的轨道上，注意多功能轨距尺

须在多点激光仪发出的竖向激光束的下方并使该激光束穿过多功能轨距尺的轨距中心刻度窗,安放多功能轨距尺前须保持工具轨面及内侧面的清洁。

5.6 轨排中心线的调节

图 5.6 所示,观察粗调机的每个单元多点激光仪发出的竖向激光束偏离多功能轨距尺的轨距中心刻度中心线的方向及偏离值,分别调节每个单元支撑架上的横向调节手柄,使多功能轨距尺的中心刻度线移动并与对准轨道中线的竖向激光束重合。

5.7 高程调节

打开多功能轨距尺的两高程尺,并保持高程尺铅直,多点激光仪发出的横向激光束分别打在高程尺上,这时激光束应在两高程尺的同一刻度上,如果不在同一刻度上(或观察多功能轨距尺上的水平汽泡)须调节支撑架超高调节手柄,将轨排调整水平。使横向激光束同时打在多功能轨距尺的高程尺及预先测设的轨面高程(参照)线,用钢尺测量并记录轨面到高程尺上的激光束中心的高度值 H 及高程尺上刻度值 X_1,测出激光束中心与轨面高程(参照)线的高差值 Δh,则 $H-\Delta h$ 为所需调节高程值,调节支撑架高程调节手柄,记录高程尺上的激光束移动到的刻度值 X_2,计算 X_2-X_1,当 $H-\Delta h=X_2-X_1$ 时,则高程调节完毕,见表 5.7。

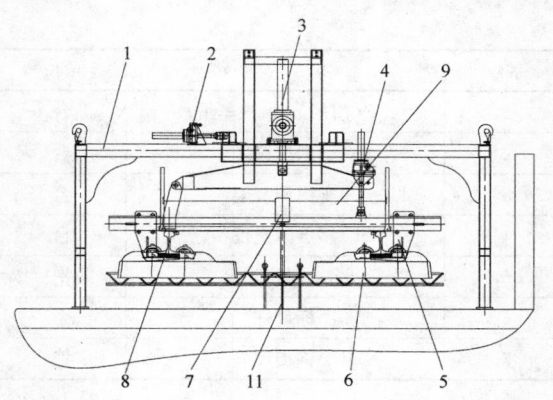

图 5.6 直线段粗调单元

1—支撑架门架;2—支撑架横向调节;3—支撑架高程调节;4—支撑架超高调节;5—轨排托钩;6—轨排;7—多点激光仪;8—多功能轨距;9—横向激光束;10—防撞墙或边墙;11—垂直激光束

高程调节记录表　　　　　　　　　　　　　　　　　　　　　表 5.7

	H	Δh	$H-\Delta h$	X_2	X_1	X_2-X_1
第一个单元						
第二个单元						
第三个单元						

当采用水准仪监测进行粗调时,直接观测轨排轨顶面高程,计算出与设计轨顶面高程的差值,反馈给调节人员,调节人员调节支撑架的高程调节手柄,调整轨面高程至设计要求高程。

5.8 超高调节

5.8.1 在超高段进行粗调时,桥面防撞墙或隧道内边墙的高程参照线应以外轨高程测设出,并按 5.1~5.7 步骤将轨面调平并达到外轨高程;

5.8.2 记录内、外轨高程尺读数,内侧记为 Y_{11},外侧记为 Y_{21},此时 $Y_{21}=Y_{11}$。调节支撑架超高调节手柄,保持外轨面不动,内轨面向下移,记录内、外轨高程尺读数,此时内侧为 Y_{12}、外侧为 Y_{22},当 $Y_{22}-Y_{12}$ 等于超高值时,超高调节完毕,如图 5.8.2 所示。

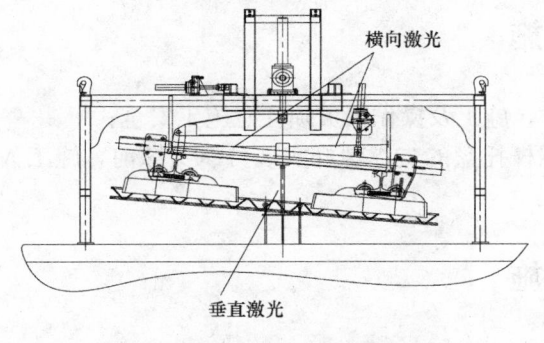

图 5.8.2 超高段粗调

5.9 中心线校核

检查轨距尺的中心刻度线是否与竖向激光束指向重合。如正常,则进行粗调下一工序;否则继续 5.6~5.8 步工作的调节,直到满足要求。

5.10 螺杆调节支撑系统支撑轨排:旋转螺杆托盘上安装的支撑螺杆使其可靠地支撑于支承层或保护层上。

5.11 摘除挂在轨排钢轨底部的轨排托钩:旋转支撑架上的高程调节手柄,使轨排托钩整体下落后向外移开轨排托钩,龙门吊吊支撑架至下一工作循环。

6. 材料与设备

本工法无需特别说明的材料，采用的机具设备见表 6。

机具设备表   表 6

序号	名　称	单位	数量	规　格	备　注
1	3t 门吊或 8t 汽车吊	台	1		
2	水准仪	台	1		
3	支撑调节架	台	3		
4	多点激光仪	台	3		
5	多功能轨距尺	把	3		带水平仪
6	标尺杆	个	1		
7	钢板尺	把	3	600mm	

7. 质量控制

7.1 轨排粗调需满足下述标准

7.1.1 《客运专线无砟轨道铁路工程施工技术指南》TZ 216—2007 第 7.5.7 中第 6 条"轨顶标高满足设计值，允许偏差 -10、0mm，逐点调整轨道至设计中心线位置，允许偏差 ±5mm，并用全站仪精确测量复合"。

7.1.2 《客运专线无砟轨道铁路工程施工质量验收暂行标准》铁建设［2007］85 号中相关要求。

7.1.3 《客运专线无砟轨道铁路工程测量暂行规定》铁建设［2006］189 号中相关仪器精度要求规定。

7.2 粗调操作中应注意控制以下几点

7.2.1 粗调单元须安放稳定、牢固。

7.2.2 多点激光仪安放须稳定，竖直激光束须保持铅直并始终对齐预先测设的轨道中心线。

7.2.3 多功能轨距尺须稳定地卡在轨排工具轨内，竖直激光束须穿过轨距尺中心刻度窗，轨距须在规范要求的范围内，超高调节时高程尺应调至竖直。

7.2.4 粗调单元各操作人员须听从指挥人员的指挥，不得随意调节各操作手柄。

7.2.5 粗调操作人员须经培训后方能进行粗调单元的操作。

7.2.6 粗调单元的安放应按要求进行，即：两端距轨排轨道端部 1.8m 处各一个，轨排中间一个，如安放位置处有轨枕，可向两端或中间微移错离该轨枕。

7.2.7 所使用的仪器设备须满足测量精度要求，仪器设备的标定须在有效期内。

8. 安全措施

8.1 施工人员须配戴安全帽，吊入或吊支撑调节架时，施工及操作人员须注意施工安全；

8.2 轨排离开支承层或保护层后，在未将轨排调节螺杆托盘的支撑螺杆实现可靠支撑前，施工人员不得将手或身体的部位伸入至轨排下方。

9. 环保措施

本工法所采用的调节设备支撑架为全机械式施工机械，为无动力、无污染、无排放物、无液压油的机械设备，因此对自然环境、生态环境没有任何污染影响。所采用的多点激光仪、多功能轨距尺等测量测量仪器也是对自然环境、生态环境没有任何污染影响的装备，对人体也没有任何的伤害。

10. 效 益 分 析

10.1 本工法可提高底层钢筋的绑扎速度，特别是桥面道床施工时工效提高明显；

10.2 每套粗调设备可节约投资达 400 万元人民币，在工期较紧，开设的工作面较多时，可节约的投资效果更加明显。

10.3 本工法施工进度快，单工作面日粗调能力为 150m，单工作面最高日粗调记录为 250m，单位施工成本低。

10.4 本工法设备较小，使用安全可靠，精度也易于保证。

11. 工 程 实 例

本工法于 2008 年 6 月开始于武广客运专线 DK1820＋029.65～DK1901＋261.72 段应用，已铺设无砟轨道近 100 单线公里开始，取得了良好的使用效果，施工精度完全达到设计要求，平均每天单工作面达到 150m 以上，最高达达到了 250m。

困难条件下75kg/m
SC381重载道岔施工工法

GJEJGF153—2008

中铁十九局集团有限公司　　中铁七局集团有限公司

佟胜铁　陈守昭　陆胜利　杨亮　邹维国　陈思

1. 前　　言

2005年，铁道部全路首次在大秦线使用75kg/m可动心（SC381）重载道岔。这种道岔因其稳定性强、消除"有害空间"提高了列车过岔速度而具有广泛的应用前景。但是，由于这种道岔的重量和长度远大于普通道岔，所以在封锁点内尤其是在场地狭窄等困难条件下将既有普通道岔更换为75kg/m可动心轨重载道岔，便成了工务工程中最具挑战性的一项作业。

大秦线行车密度大，运输任务重，给点时间较短，就地更换法无法保证时间；受供电线路影响，吊车更换法无法实施；基地组装、整组运输铺设受设备限制也无法实施。综合考虑各方面施工控制条件，最终采用预铺移设法换铺75kg/m可动心（SC381）重载道岔。

预铺移设法就是事先在线路外侧将新道岔组装成型，在封锁时间内，使用特制的带车轮的小车或其他滚动、滑行装置，将预先组装好的道岔横（纵）移至换铺位置，利用万能转向器调整就位。

中铁十九局集团公司在大秦线扩能改造工程中承担了延庆和茶坞两个站的改造任务，共计换铺75kg/m可动心（SC381）重载道岔9组，积累了一定的施工经验，总结的《困难条件下换铺75kg/m SC381提速道岔施工技术》于2009年2月18日通过中国铁建股份公司科技评审，专家组一直认为其施工技术达到国内领先水平，以此为题材的工法《困难条件下换铺75kg/m SC381重载道岔施工工法》获2007-2008年度铁路建设工程部级工法。

2. 工法特点

2.1 针对施工场地狭窄的特点，采用预铺移设法施工，旁位整体拼装、一次性移动就位，确保在天窗时间内完成75kg/m SC381可动心轨提速道岔换铺作业。

2.2 针对75kg/m SC381可动心轨重载道岔重量大的特点，采用万向器精调就位，保证了道岔铺装精度，提高了行车安全性。

3. 适用范围

本工法适用于各种类型重载道岔的换铺、新铺及移动施工，尤其在场地受限、时间紧迫等施工条件困难的情况下，收效更为明显。

4. 工艺原理

本工法选择预铺移设法，即道岔更换采用整组预铺拨入方案。施工前根据设计图纸，进行现场定位，在垂直道岔铺设位置的线路外侧，搭设预铺平台，进行道岔预铺，封锁命令下达后，立即进行既有旧道碴的清除工作，搭设横移钢轨滑道，然后利用小滑车、起道机配合横移就位。如果线路外侧没有场地，则需要另设置预铺场地，给点后先纵移，再横移就位。新道岔就位后进行调整、回填道碴，恢复道床，同时电务进行电气连接、调试，供电进行调网施工，检验确认无误后开通线路。

由于预铺移设法在封锁之前已完成大部分的组装工作，可减少在线路上的作业时间，因此需要的封锁时间短，对运输影响少，也可减少在线路上的作业人员。大秦线全线十余站同时改造，一旦封锁命令下达则全线同时停车，其时除了被封锁的地段外，无论是区间还是站内均停有列车，因此就地更换法、吊车更换法和基地组装整组运输法在此条件下均非首选方案。

5. 施工工艺流程及操作要点

5.1 施工工艺流程（图 5.1）

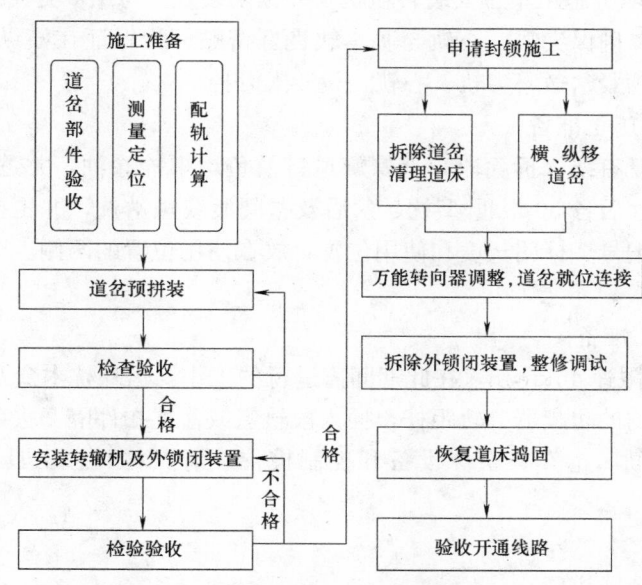

图 5.1 施工工艺流程图

5.2 操作要点

5.2.1 施工准备

1. 道岔部件检查验收：核对货运箱号，开箱检查各部件规格、数量、结构尺寸，清点岔枕数量及型号，设明显标识，对易伤件用软包装防护，保证搬运时不损伤部件。核对无误、防护到位后方可进行下步施工。

2. 道岔测量定位：根据既有线的情况，选择线路方向良好的一股线路作为基准方向，在道岔范围两端各 50m 选取 2 点，用经纬仪穿出一条直线，据此调整本股线路方向，从一端开始放各单开道岔的岔头、岔心、岔尾控制桩，并把岔头和岔尾桩用方尺横向引在相邻不动的线路的钢轨上，便于更换施工时控制道岔位置。

3. 配轨计算：75kg/m 可动心轨重载道岔全长为 43.2m，比既有的所有道岔都大，因此现场道岔定位后，进行配轨计算，精度精确到毫米，同时绘制钢轨布置图，为了减少更换施工时的拆铺工作量，尽可能在规范容许的范围内，少换铺道岔前后的钢轨。按照钢轨布置图进行现场配轨，并用油漆标示出铺设位置、左右股以及实际长度。

5.2.2 道岔预铺

1. 预铺道岔位置的选择：预拼道岔位置要进行现场勘察，根据地形、地貌、既有设备分布情况、轨料卸货地点，按道岔的长、宽确定预拼装方案。预拼道岔尽可能在更换道岔的位置的线路外侧，以减少施工工作量和缩短封锁时间，但在困难的地段，道岔纵移是不可避免的。

2. 搭设组装平台：平台采用木枕搭设，上下层木枕用把钉钉牢，最上层铺设两根同型号钢轨。搭设组装平台的要求是：搭设平稳，保证在同一平面，组装后道岔不侵入限界。其技术要求是：①重载道岔重量大，因此平台搭设必须平稳牢固。既要考虑能承受道岔重量，又要考虑起道机升降时局部受力和操作人员操作的安全与方便。②平台高度必须适宜，既要考虑道岔起落量不宜过大，又要考虑横移时的坡度和纵移时的方便。③平台必须平整，使预铺的整组道岔大平良好，并兼顾道岔横移时 8 根横向导轨的安装和拆卸。

3. 道岔的拼装：根据图纸要求，将道岔按编号顺序摆放，使直股外侧在一条直线上，并将垫板、滑床板、胶垫安装到位。道岔钢轨先由转辙部分向后顺序铺设，连接后安装扣件，当直股方向和导曲线支距达标后，拧紧直股和导曲线下股枕螺栓，在各部轨距符合标准后，再拧紧下股螺栓。按照设计要求进行铝热焊接和冻结绝缘接头连接施工。

4. 道岔预铺好后，由电务施工单位安装转辙机及外锁闭装置（每组 5 处）。因该型道岔为可动心轨辙叉，必须事先进行调试，确保尖轨、心轨与基本轨良好密贴。为保证在横纵移动道岔时可动心岔辙不变位移动，用专用锁具锁紧岔辙、尖轨、心轨，设专人盯控。

5.2.3 封锁线路前的施工准备

封锁线路前 2～3d 将既有线（拆除段）上螺旋道钉及鱼尾螺栓涂油，并逐个拧松螺帽再上紧。利用列车慢行时间更换道岔前后各 50 根Ⅲ型枕、岔后及岔间渡线短岔枕，并更换 30cm 厚道碴。锯好龙口处合龙轨，并预先钻眼编号、标明长度和使用位置，放在使用位置的两侧。

5.2.4 换铺施工

1. 封锁前 1h 慢行施工准备

封锁前 1h，施工地段限速 45km/h，在此期间需进行的工作：扒除枕木盒及枕木端头外的道碴至枕木底；按规定拆除旧道岔内的防爬器、轨距杆，插入段轨道或岔枕扣件隔 2 去 1，在接头夹板上去掉第 2 和第 5 个螺杆；检查滑轨、滑车、滚珠设备和控制桩位，清点材料、工具；检查各部位锁具锁固状态。

2. 封锁点内施工

（1）拆除既有道岔、清除道碴

人工拆除旧道岔，清筛道床，道床更换为Ⅰ级道碴，清碴深度不小于枕下 30cm，整平道床（道床平面高度应在封锁点前换碴时测定），做好岔区排水设施。旧料的堆放应不影响更换道碴和新道岔移动就位。

无缝线路自动闭塞的电气化铁路插入道岔，施工前应进行应力放散（应力放散工作可提前另行申请封锁点进行）。施工封锁点开始即先把回流线和短路线安装好，然后才能锯轨和拆除轨排等工作。

（2）道岔横纵移动

直接在道岔位置线路外侧预铺的道岔直接横移就位即可，不在铺设位置外侧预铺的道岔需要纵移再横移就位，具体如下：

① 横向移动：先在新道岔下布置好横向 50kg/m 钢轨 8 根，间距为 4.0～6.0m。每条滑道布设 2 台滑车。滑轨下钉设 40～50cm 的短木枕，以增加滑轨的稳固性。滑轨应平行放置，并与道岔直股垂直，用起道机抬起道岔并在道岔钢轨与滑轨间安放滑车，直接人工推行就位，注意每一根走行轨配备至少一个木楔，作制动用。

② 纵向移动：新道岔先横向移动到纵向走行轨后，用起道机抬起道岔，拆下横向走行轨，按好单轮或双轮小滑车，落下道岔，整组道岔人工推行至铺设位置（见图 5.2.4-1 道岔纵移），也可利用临线

图 5.2.4-1　道岔纵移

推行至铺设位置的垂直外侧，再同上进行横向移动就位。

纵向移动一般都需利用既有轨道，根据现场情况或利用临线或利用本线（利用邻线需在申请封锁命令时封锁该股道）。利用本线纵向移动至铺设位置一端时，由于此时的铺设位置是一个长度大于道岔总长、深度与轨道高度相同的巨大缺口，而道岔必须要移至这段缺口的上方才能下落就位，因此需要安装简易轨道以使道岔到达指定位置。为节省时间，简易轨道应在道岔到达之前安装完成，采用滑轨和枕木头搭设并以鱼尾板与两端轨道连接；待道岔沿简易轨道推行至设计位置后，用枕木头支起，抽出简易轨道；道岔纵移时使用的单轮或双轮小滑车是依靠道岔的重量压在道岔与走行轨道之间的，所以在行走过程中会发生偏移，尤其是纵移距离比较长或是行进速度较快时，易导致掉道事故，为避免此种事故发生，需要安排专人站在小滑车附近手持大锤，不断地敲击小滑车，使之始终处于正位行驶。

道岔纵移时，一般会使道岔直股与走行轨呈一定角度而不是完全平行，就是使道岔中心尽量靠近走行轨中线，但应以不刮碰沿途的接触网杆、信号机以及桥上栏杆等障碍物为宜。

③ 道岔下落就位：道岔到达位置后，先用起道机把道岔稍许抬起，将道岔支撑在短枕木剁上，然后撤除小车和临时轨道或横向导向轨，分层下落。为防止道岔突然塌落伤人，落道岔时专人统一指挥，使起道机必须缓慢的同起同落。

道岔下落后一般会与设计位置存在前后左右的错动偏差，由于 75kg/m 可动心轨道岔总重量高达 80 多吨，一旦落在实地再移动将十分困难。此时可采用万能转向装置加以调整。常用的万能转向装置一般有两种，第一种是品字形滚珠设备，每套滚珠移动设备由三部分组成：上钢板、品字形滚珠和下钢板，每组道岔配备 15 组，每组 2 套共 30 套滚珠设备。其作业流程为：施工前将上钢板绑挂在枕木端头底部——横（纵）移道岔大致就位——在对应的每块上钢板下方布设下钢板和滚珠——下落道岔至滚珠上——人力推动横（纵）向移动道岔至准确位置——用起道机顶起道岔——取下滚珠移动设备——落下道岔就位。见图 5.2.4-2 滚珠设备图。

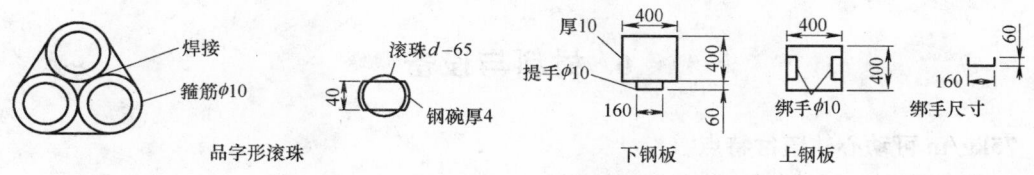

图 5.2.4-2　滚珠设备图（单位：mm）

第二种是由砂袋和抹了黄油的两块钢板组成，这种方法较为原始但具有同样的功效。具体做法是：编织袋内装半袋干砂放于落道岔时支撑用的枕木头附近的岔枕下，顶部放两块叠置的钢板，两块钢板之间事先抹上黄油，钢板厚度为 8~10mm，尺寸为 400×400（单位：mm）。每组道岔配备 15 组，每组 2 套。第二种方法的作业流程与第一种方法类似，黄油和品字形滚珠的功能相同，砂袋起到缓冲的作用，待道岔对正位置后，钩破编织袋掏出干砂道岔落实。

④ 道岔连接：道岔就位后，换铺 25m 引轨和岔间渡线合拢轨，连接相关线路与既有线连通。见图 5.2.4-3 道岔连接就位。

⑤ 整修调试及线路开通

整修调试：道岔连接后，为保证道岔前后平顺，引轨要用一根新轨过渡。两正线间的渡线一般用胶结绝缘轨、道岔前后用Ⅲ型混凝土枕过渡，两端各铺设 50 根，轨枕间距 600mm。组织人力回填道碴，用内燃（液压）道碴捣固机进行起道捣固，一般先捣固、整修转辙部分，为电务调试争取时间。拆除

图 5.2.4-3　道岔连接就位

锁具电务人员进行调试，局部发生变化时，用齿条起道机拨正。

线路开通：由建设、监护、施工、监理等单位组成联合质检组，对道岔各部几何尺寸、水平、高低、方向、长平等进行逐项检查，在达到《铁路工务安全规则》第2.1.7条关于放行列车条件有关规定后办理销点手续，开通后列车按阶梯提速运行，直到恢复正常速度。

5.3 劳力组织（表5.3）

劳动组织（更换一组道岔）　　　　　　　　　　　　　　　　表5.3

序号	名称	人数	工作内容	备注
1	施工总负责人	1	现场管理，人员、机械调度	
2	技术负责人	1	全面技术管理，施工监控、验收	
3	测量员	3	现场放样、测量	
4	安全员	10	现场防护、插换各种标牌、按拆回流线、测速	
5	机械司机	10	发电机、锯轨机、钻孔机操作，锯轨钻孔	
6	工班长	3	协助技术人员工作，负责现场人力及工具调配	
7	机修工	2	修理机械	
8	道碴班	100～150	拆除旧道岔、线路，扒道碴、回填道碴、恢复路容	视道床板结程度而定，一般不少于100人
9	移岔班	100～120	起、落、横、纵移道岔，安、拆滑轨、滑车	分20个压机组，每组5人，另外辅助20人
10	捣固班	20	内燃捣固机捣固道碴	
11	驻站联络员	1	登记、销点、与现场联络	
	合　计	251～321		

6. 材料与设备

6.1 75kg/m可动心轨道岔特点

6.1.1 平面尺寸及主要参数（图6.1.1）

75kg/m可动心轨重载道岔全长 $L=43200mm$，道岔前长 $a=16592mm$，道岔后长 $b=26608mm$，尖轨长 $L_0=14211mm$，基本轨前长 $q=2585mm$。轨距除尖轨尖端构造加宽2mm外，均为1435mm。单组道岔总重量82t。

道岔允许速度：直向90km/h，侧向45km/h。道岔允许轴重：25t。

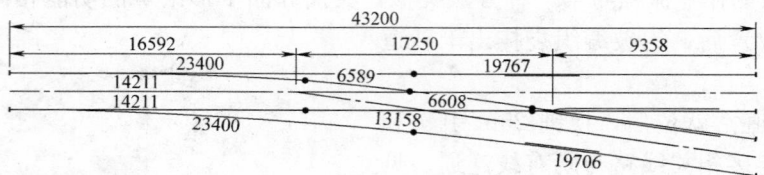

图6.1.1　75kg/m可动心轨道岔平面尺寸

6.1.2 主要结构特点

1. 尖轨采用60AT钢轨制造，尖端为藏尖式，跟部与导曲线钢轨焊接。

2. 尖轨分动，设一个牵引点、一个弹簧定位器、一个密贴检查器，并设外锁闭装置。第一牵引点设计动程为180mm，弹簧定位器动作中心设计动程为80mm，在正常铺设养护条件下尖轨理论总扳动力不大于6kN。

3. 可动心轨辙叉为钢轨组合式；翼轨采用60AT轨制造，前端与导曲线钢轨焊接，后端通过间隔铁分别与长心轨、叉跟短轨粘结；长短心轨用75kg/m钢轨制造，短心轨后端为能向前后滑动的斜接头；叉跟短轨采用 60AT 轨制造，尖端为藏尖式；长心轨及叉跟短轨后端与区间钢轨焊接。

4. 可动心轨设一个牵引点，牵引点安设外锁闭装置，牵引点、燕尾锁块中心设计动程为 110mm。在正常铺设养护情况下可动心轨理论转换力小于 2.940kN。

5. 为防止心轨侧磨，侧线设置护轨，护轨顶面高出基本轨 12mm，护轨垫板平行于枕木。

6. 扣件采用Ⅱ型弹条，除滑床板、辙跟垫板、辙叉垫板外，其余轨下均设置 7mm 厚橡胶垫板，铁垫板下设 5mm 厚塑料垫板，辙叉垫板下设 12mm 厚橡胶垫板。扣板设计安装号数：钢轨工作边一侧安装 4 号扣板；钢轨非工作边一侧安装 2 号扣板。

7. 道岔各钢轨件（可动心轨牵引点托架短轨除外）均采用淬火轨。

8. 道岔岔枕采用钢筋混凝土岔枕，共 88 根，其截面尺寸为底宽 300mm、顶宽 260mm、高 220mm，为了保证道岔前后线路的稳定及道床弹性的一致性，道岔前后 25m 内按 1667 根/km 铺设Ⅲ型混凝土枕。岔枕下道碴采用一级道碴，30cm 内为净碴。

6.2 施工机具配置（表 6.2）

施工主要机具设备表（一组道岔）   表 6.2

序号	机具设备名称	规格或型号	单位	数量	备 注
1	发电机	50kW	台	1	
2	起道机	齿条式	台	24	备用 4 台
3	内燃捣固机		台	2	
4	气割设备		组	2	
5	钻孔机		台	1	
6	钢轨切割机		台	1	
7	双轮滑车		个	15	单、双轮小滑车可单独使用，也可混合使用，每组道岔需要
8	单轮滑车		个	15	15～20 个，其他为备用
9	品字形滚珠		套	30	钢板 400×400，60 块
10	轨缝调整机		台	1	
11	道岔钩锁器		个		定直开曲或定曲开直时使用
12	撬棍		根	100	
13	回流线电缆		m	150	带卡子
14	油锯		台	1	锯木岔枕
15	滑道短钢轨	P50			横移：8m8 根，纵移：86m，每根小于 12.5m，含鱼尾板、螺栓
16	叉子		把	100	
17	尖镐		把	100	
18	耙子、铁锹、筐等				各 100 把
19	扳手	固定、活动	把	100	
20	大棕绳		m	200	拖拉道岔
21	枕木头		个	200	

7. 质 量 控 制

7.1 质量控制标准

采用预拼装移设法插铺重载道岔施工遵守现行的有关质量标准和要求，主要有：

《铁路轨道工程施工质量验收标准》TB 10413—2003

《铁路站场工程施工质量验收标准》TB 10423—2003

《铁路信号工程施工质量验收标准》TB 10419—2003

7.2 质量控制措施

7.2.1 道岔施工所用施工人员需要经过技术培训，并经考试合格方能上岗操作；道岔的来料验收、组装、连接、施工放样必须是有经验的专业技术人员及中高级线路工。

7.2.2 核对道岔坐标、型号、开向、枕型的各种资料、实物是否与设计相符，设计既有道岔编号是否与既有控制台相符。

7.2.3 既有线拆除地段清理道碴范围、深度必须要满足新道岔的几何尺寸和枕下300mm的深度要求，避免道岔落地后再落道。

7.2.4 装、运、卸辙叉、尖轨、岔枕等重要料时，应优先采用吊车作业，人工作业时，须先作好防摔碰措施，以防碰坏变形，堆码时设垫块防变形。

7.2.5 在整个施工过程中，设专人对道岔、线路、无缝线路轨道结构进行检查监控、测量施工轨温，记录线路状况，并与工务部门加强联系，为工务部门作应力放散提供依据。

7.2.6 横纵移滑轨均不得使用硬弯钢轨或较大磨损、掉块的钢轨；导轨方向目视顺直，轨距误差控制在10mm以内。

7.2.7 用于跨区间无缝线路时，及时检查限位器及跟端间隔铁螺栓扭矩是否达规定要求。

7.2.8 铺设初期，由于线路高低、方向等影响，尖轨、心轨可能产生飞边，需及时打磨。

7.2.9 检查叉根尖轨尖端与短心轨的密贴状态，不密贴时，用顶铁调整片调整使其间隙，不大于1mm。

7.2.10 注意观察滑床板及护轨垫板的弹片，若有折断成残余变形过大，及时更换。

7.2.11 保护侧股的护轨与可动心轨的查照间隔。

7.2.12 道岔采用道岔液压捣固机、插入式捣固棒、大型道岔捣固机等专用捣固设备捣固，一般不允许人工捣固。

7.2.13 道岔安装的各部尺寸偏差、方向轨距水平、捣固质量等必须由专业技术人员按照有关规定规则检查验收。

8. 安 全 措 施

8.1 施工准备

8.1.1 由项目安全总监会同施工负责人、技术负责人等相关人员制定施工安全总体措施，总体措施应在充分了解现场条件、线路条件、天气气候条件、铁道部铁路局各项管理规定以及本单位施工人员素质条件的基础上制定而成，明确施工内容作业流程的安全关键点，制定作业指导书、安全技术交底书及应急预案。

8.1.2 开好施工预备会、总结会，对施工人员进行安全教育，传达施工电报内容、影响范围、人员分工、安全措施、注意事项，未经安全教育者严禁上岗。

8.1.3 施工前2天要派持上岗证的驻站联络员到车站行车室，登记施工工作内容、影响范围及慢行条件等。

8.1.4 在既有线两侧预铺道岔时，线路两侧堆放的枕木、钢轨、工具、材料不得侵入行车限界，工具库、材料库要有专人24h看管。

8.1.5 严禁封锁命令下达前提前拆卸钢轨螺栓、或掏空枕木盒内的石碴或提前拆卸道岔处的螺栓。

8.2 人员防护

8.2.1 既有线施工必须按有关规定设置专职防护员，要选择视力、听力良好、身体健康并且经过培训，考试合格者上岗。严禁未经考试和考试不合格及临时工担当防护工作。

8.2.2 防护员要履行职责，站在不侵入限界、易于了望处，不与作业人员聊天并且及时发出避车下道的信号，要与作业人员同去同归。

8.2.3 防护员必须携带齐全防护用品，按规定携带对讲机等无线报警通信设备及红、黄旗各一面、喇叭一个。要保证无线通信设备性能良好并能正确使用。

8.2.4 防护员接到施工封锁的命令后要插好停车牌，展开红旗防护。施工结束，接到施工负责人通知确认无误后，收回红旗，撤掉停车牌开通，并按提速要求插好及更换限速牌。

8.2.5 施工现场要设置广播，及时通报列车的运行情况。邻线有列车通过时应拉绳防护，确保列车通过时的人身安全。

8.2.6 现场应配置医务人员、应急药品或救护车，现场饮用水及工作餐应保证新鲜无腐烂变质现象。

8.3 道岔施工

8.3.1 封闭线路更换道岔施工时，施工现场要服从调度命令，由施工负责人一人统一指挥，确认给点后才能封闭线路，电化区段打好回流线后才可拆除线路。

8.3.2 拆除的旧料不得随意堆放，必须抬到限界以外存放，放置地点不得影响电务、供电作业。

8.3.3 起落道岔的枕木垛，必须井字铺设，作业中不得简化程序，枕木头的长度不得小于 0.4m。

8.3.4 每个枕木垛必须备有木楔子，以备起落道岔时使用。起落道岔时，严禁在无其他支撑物做保护的情况下抽掉整个枕木头，要用木楔子随着道岔的起落而跟进。

8.3.5 必须由经过培训的人员担任压机手，起落道岔必须由道岔长一人指挥，禁止无关人员乱指挥。

8.3.6 起落道岔的过程中，在暂停起落时，起道机把要抽回，以免起道机滑机、放炮、压机把伤人。

8.3.7 铺设纵横向滑轨的支撑点必须牢固，以免因支撑点不牢，而造成滑轨倾斜，道岔塌架伤人。

8.3.8 撤出纵移道岔下的滑轨和枕木时，枕木垛必须牢固，滑轨要用大绳拉出，严禁作业人员到道岔下拽枕木，要采取作业人员在上面用撬棍拨的办法，待道岔外侧的作业人员能摸到枕木时再搬动。

8.3.9 道岔落位时，岔前、岔后的技术人员对位控制轨缝，手要保持一定的距离，以免挤伤。

8.4 完工后安全措施

8.4.1 施工完工开通前，要由专职安质人员和作业负责人共同对道岔的轨距、方向、水平、石碴回填捣固情况全面检查，达不到开通条件，严禁开通。

8.4.2 由施工负责人在施工要点登记本进行消点登记，请求调度员发布开通命令，并将开通命令及时通知现场作业人员。

8.4.3 要做好设备的平推整治工作，对新更换的道岔要加强巡视做好记录，发现问题及时处理，并加强对新道岔捣固后的调整工作，以减少道岔故障的发生。

9. 环 保 措 施

9.1 执行标准

环保、节能遵守国家行业标准，主要有：《铁路工程施工安全技术规程》TB 10401—2003。

9.2 环保措施

9.2.1 雨期施工时，现场应做好防排水设施。

9.2.2 拆除道岔或线路的铁件、钢轨、岔枕轨枕应及时运至指定地点堆码整齐，废弃的道碴应在点外回收堆放，不得随意散弃。

9.2.3 施工时尽量避免破坏路基边坡植被及路基排水设施，如有破坏应及时清理恢复。

9.2.4 站内桥上施工应在桥上栏杆加设防护网，避免废料掉到桥下。

9.2.5 设专人清理现场卫生，如施工人员现场用餐，餐后及时清理垃圾。

10. 效 益 分 析

10.1 经济效益

由于方案可行、操作性强，大秦铁路 2 亿 t 扩能改造施工顺利、正点、安全完成，节约设备租赁费 20 万元，节省劳务费 36 万元，节省既有线设备改迁、临时过渡费用 50 万元，取得了可观的经济效益。

10.2 技术经济分析

吊车更换法需配置轨道吊车，受电气化网线影响较大，需改移塔架，用时较长；基地组装、整组运输铺设法，对运输设备有特殊要求且需保证基地至现场线路空载，大秦线行车密度大，封锁点施工时区间均停有列车，不容易调配。本工法有效解决了上述问题，采用此技术换铺一组道岔只需 1.5h，比就地更换法换铺一组重载道岔提前了 2.5h，大大缩短了封锁时间，且对既有线运输影响较小，圆满完成了任务。

10.3 社会效益

本工法主要用于困难条件下既有线提速或扩能改造，铺设重载道岔速度快，所需封锁时间少，可整组道岔一次一步就位，施工方法简便，无须投入过多的新设备，对正线行车干扰小，能保证铁路运输的安全和正常运营，该技术行业领先，社会效益显著。

10.4 环境效益

采用本工法施工不需大型机械设备，无噪声、废气污染，施工范围影响较小，提高了环境质量，达到工完自净，环境效益明显。

11. 应 用 实 例

大秦线 2005 年共计 8 个车站同时封锁、同时改造，工务、电务、供电同时施工，改造时期内封锁时间一般均为每日 6∶00～9∶00（180min），其中工务施工时间为 140min，电务和供电为 40min。根据《施工计划登记表》确定的施工内容，工务在封锁点内一般需同时换铺两组 75kg/m 可动心轨道岔。

慢行条件：点前 1h 慢行 45km/h，开通后第一列 25km/h，第二列 45km/h，12h 后 60km/h 至下一个封锁点。

大秦线以重载、密行、高速三大策略实现高额运量，改造完成后以运行万吨和两万吨单元列车为主，列车追踪间隔压缩到 7min。改造同期，2005 年完成运量 2.03 亿 t，2006 年完成 3 亿 t，此次改造是我国铁路建设史上规模最大、任务最重的既有线改造工程之一。

11.1 延庆站改造

2005 年，延庆站因秦皇岛端咽喉区向区间外移，共计插入 75kg/m 可动心轨道岔 5 组，其中下行 3 组，上行 2 组。该段路基高度 14m，且通过 1 座 1～32m 铁路上跨立交桥。经现场调查后选择在轻车线 K263＋188 处路肩外侧搭设平台预铺 1 号、7 号和 9 号道岔，在站内 1、4 股道间 K262＋970 处预铺 3 号、5 号道岔（秦端咽喉区改造平面图见图 11.1，道岔横纵移基本情况见表 11.1）。我单位利用 5 个封锁点完成渡线改造，节约资金 59 万元。

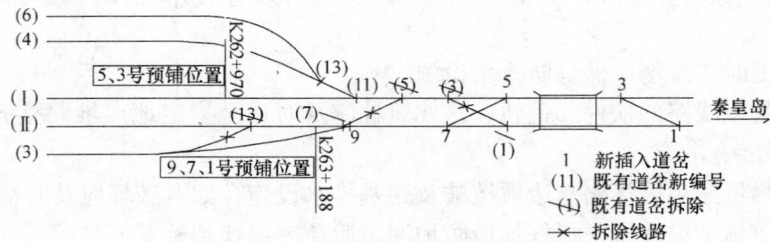

图 11.1 延庆站秦端咽喉区改造及道岔预铺平面示意图

秦端咽喉区道岔插入工程数量表　　　　　　　　　　表 11.1

序号	道岔编号	横移距离(m)	纵移距离(m)	岔头朝向	通过障碍	备注
1	1	5.1	403	区间	1 组道岔 1 座立交桥	
2	3	5.8	497	车站	2 组道岔 1 座立交桥	
3	5	5.8	397	区间	1 组道岔	
4	7	5.1	83.6	车站	1 组道岔	
5	9	5.1	0	区间	无	

11.2 茶坞站改造

2006 年，大秦线茶坞站站场改造共计换铺 75kg/m 可动心轨道岔 4 组（下行线），该段路基高度 7～9m，既有铁路已挂网电化。咽喉区左侧因变更增建 28 道正在施工路基土方，右侧为水塘，场地狭窄。经现场调查后选择在重车线与 5 道间 K329＋780 处预铺 17 号、19 号和 9 号、15 号道岔，在站内 6、8 股道间 LK262＋970 处预铺 3A 号、5 号和 3 号、7 号道岔（改造平面图见图 11.2，道岔横纵移基本情况见表 11.2）。联络线上插铺的 4 组道岔预铺在机车走行线上。在插铺道岔前，按设计先利用 4 个天窗点拨道并调整线路坡度；换铺道岔施工时按照铁路局要求优先安排Ⅲ、Ⅳ道道岔插铺工作内容，确保大秦正线开通，其次安排联络线道岔插铺工作内容。该工程节约资金 47 万元，并取得了良好的社会效益。

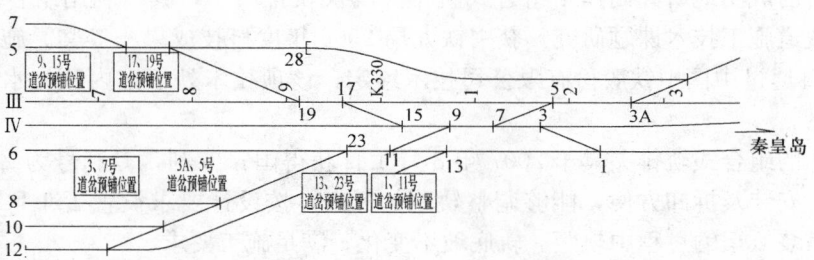

图 11.2　茶坞站秦端咽喉区改造及道岔预铺平面示意图

秦端咽喉区道岔插入工程数量表　　　　　　　　　　表 11.2

序号	道岔编号	横移距离(m)	纵移距离(m)	岔头朝向	通过障碍
1	3A	20	395.6	大同	为躲避接触网杆，先横移至Ⅳ道、再纵移
2	5	20	310.39	秦皇岛	为躲避接触网杆，先横移至Ⅳ道、再纵移
3	17	15	133.5	大同	
4	19	15	179.19	秦皇岛	为躲避接触网杆，先横移至Ⅳ道、再纵移

利用组合式轨排夹具铺设地铁整体道床轨道施工工法

GJEJGF154—2008

中铁九局集团有限公司
中铁十局集团有限公司
夏志华　尹洪生　马玉芝　王志山　孙延琳

1. 前　　言

随着高速铁路及城市轨道交通的蓬勃建设，整体道床的轨道工程得到了快速的发展，轨道工程整体道床在城市轨道中得到了广泛的应用，其施工技术要求和质量要求成为各施工单位攻克的难关。北京地铁奥运支线全线轨道设计均为整体道床，中铁九局集团有限公司北京地铁奥运支线项目经理部通过调查，借鉴经验，探索总结，在北京地铁奥运支线整体道床轨道（单线全长 10.37km）的施工中不断完善施工工法，在已完的轨道工程施工质量合格率 100%，取得了良好社会效益、经济效益及环保效益。

在施工中，自己成功地研究制作了组合式轨排夹具及轨排吊车，其《利用组合式地铁轨排夹具铺设地铁整体道床轨道施工技术课题研究》获中铁九局 2006 年度科技成果一等奖。施工关键技术已经于 2008 年 12 月 22 日通过中国中铁股份有限公司技术鉴定，该项技术处于国内领先水平，具有推广价值及良好的应用前景。

本工法所采用的组合式轨排夹具于 2007 年 8 月 1 日获得国家专利，专利号为 ZL200620091819.4。该夹具结构合理，安装及拆卸方便，能够调整轨距、标高，按设计要求设置了 1∶40 的轨底坡；并且能够保证轨排在吊装、运输过程中轨距、轨底坡不变化，满足施工要求。

2. 工 法 特 点

2.1　组合式轨排夹具结构简单，操作方便。

2.2　施工速度块，节约工期。

2.3　安全可靠，优质高效。

2.4　易于流水作业，可以减少施工临时用地。

2.5　环保节能。

3. 适 用 范 围

本工法适用于地铁和铁路整体道床轨道的铺设施工。

4. 工 艺 原 理

奥运支线轨道工程施工，采用"上承式短轨排架轨法"施工方式，由北端折返线向南端熊猫环岛（包括联络线）方向铺设。

首先在铺轨基地组装场地，利用组合式轨排夹具（已获专利）将钢轨、轨枕及扣件按设计要求组装成标准轨距的轨排，轨排长度 25m（即单根标准钢轨长度）。然后利用龙门吊车（10t）将轨排吊至铺轨竖井里，装上平板车，用轨道车将轨排运到铺设现场。在施工现场事先将底板砼凿好麻面并清理干净，铺设好钢筋网片及做好各纵向钢筋的焊接。安装好轨排吊车（5t）轨道。轨排吊车轨道用24kg/m钢轨铺设，24kg/m钢轨下用钢支墩将24kg/m钢轨支起，钢支墩下部通过底座与预埋于结构底板上的螺栓联结牢固，上部用螺栓及钢压板与钢轨联结牢固。然后将轨排吊车（5t）安装在轨排吊车轨道上接好电源。轨道车将轨排运到铺设现场后，利用轨排吊车将轨排卸到指定位置，根据加密基标，利用组合式轨排夹具将轨排按设计标高调好，利用横向支撑将轨排位置调正，并固定好，然后支立模板、浇筑混凝土（浇筑道床混凝土分两次进行，第一次浇筑道床中部2.6m宽混凝土及中间水沟部分混凝土，第二次浇筑两边道床混凝土）形成整体道床。待道床混凝土强度达到5MPa时，即可卸下固定、吊装卡具，进行混凝土养护。同时将卸下的组合式轨排夹具返回组装基地进行下一循环的施工作业。

5. 施工工艺流程图及操作要点

5.1 工艺流程图

工艺流程图见图5.1。

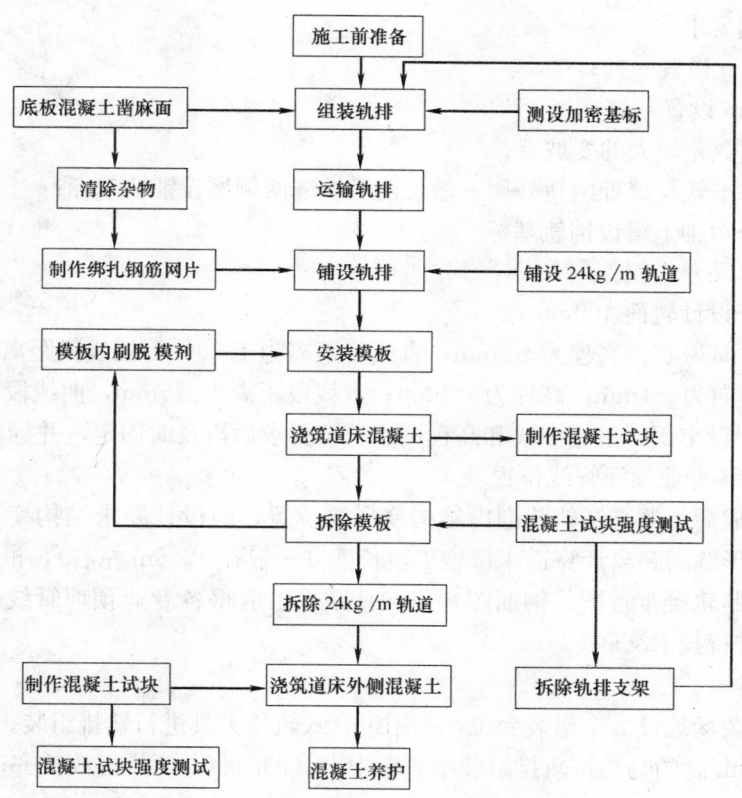

图5.1 地铁整体道床轨道铺设工艺流程图

5.2 操作要点

5.2.1 准备工作

1. 铺轨场地布置

铺轨场地布置根据设计确定的铺轨基地具体情况而定。首先确定龙门吊的走行路线及龙门吊的跨度，以便提前准备龙门吊。其次，根据龙门吊的走行路线确定轨排组装场地，便于龙门吊吊运轨排，轨排组装场地的大小根据工期要求确定的每天铺设轨排数量决定。再次，确定钢筋加工场地，钢筋加工场地应尽量靠近龙门吊，并以便于龙门吊吊运钢筋为原则，其场地大小满足铺轨进度要求即可。现场临时用电线路布设应考虑各种机械设备使用情况预先埋设于地面以下。

2. 机械及材料准备

铺轨用机械设备龙门吊（10t 轨排组装场地用）、轨排吊车（5t 洞内使用）、轨道车、平板车（20t）、切筋机等全部到场，并组装完毕。洞内结构底板凿好麻面，清理干净，铺设轨排吊车轨道（24kg/m 钢轨），将轨排吊车吊运到轨排吊车轨道上。龙门吊、轨排吊车、轨道车、平板车组装好后，请有关部门检查验收，合格后方可使用。

轨排卡具、横向支撑、钢支墩、钢模板根据计划全部进场，钢轨、短枕、扣件、钢筋根据工程进度计划批量进场。

3. 基标测量

基标是铺轨施工的依据，它既是轨道中心桩，又是标高桩，还是里程桩。基标测量分控制基标测量和加密基标测量。控制基标测量由甲方委托有资质的第三方测量单位完成，加密基标由施工单位完成。

1）对控制基标的要求

直线上每 120m、曲线上每 60m 设置一个基标点。曲线起止点、缓圆点、圆缓点、道岔起止点等各设置一个基标点。

2）对加密基标的要求

A. 直线地段每 6m 设置一处；

B. 曲线地段每 5m 设置一处；

C. 在坡道地段代数差较大的变坡点；

D. 单开道岔在基本轨轨缝处两轨外侧、辙叉前后轨缝两侧增设铺轨基标；

E. 交叉渡线的长短轴上增设铺轨基标。

3）基标设置要求及允许误差

A. 铺轨基标低于设计轨面 400mm；

B. 控制基标：方向为 6″；高程为 ±2mm；直线段距离为 1/5000，曲线段距离为 1/10000；

C. 加密基标：方向为 ±1mm；高程为 ±2mm；直线段距离为 ±5mm，曲线段距离为 ±3mm；

D. 基标标桩应埋设牢固，桩帽中线和高程调整符合要求后应及时固定，并标志清楚。

4. 调查变形缝及各专业预埋管线位置

加密基标测量完成后，调查铺轨范围内结构变形缝位置，因设计要求结构变形缝必须作道床施工缝，根据结构两个变形缝间距离计算道床每施工段长度（一般在 12.5m 左右），根据每施工段长度布置短枕及钢筋长度；绘制轨排布置图、钢筋图；与设计联系，取得各专业预埋管线图（各专业在道床里有管线预埋），然后进行技术交底。

5.2.2　组装轨排

在铺轨基地的组装场地设 2 个组装台位，利用组合式轨排夹具进行轨排组装。组装工艺顺序如下：

1. 将 10 个 400mm 高的马凳按轨排组装示意图中卡具的间距分两排摆放整齐；

2. 将钢轨吊放在马凳上；

3. 安装组合式轨排夹具，将夹具槽对准钢轨，使两股钢轨分别置于夹具槽入内；

4. 调整轨距为 1435mm（如设计有轨距加宽，应按加宽后的轨距调整），然后锁定卡具；

5. 在钢轨顶面画出短枕安装位置线；

6. 利用扣件专用扳手安装短枕、垫板、胶垫、弹条锁定扣件，安装时注意轨距垫 8 号在钢轨内侧，10 号在钢轨外侧（轨距为 1435mm 时）；

7. 组装短枕：组装前将短枕表面和尼龙套管内的杂物清理干净，将螺旋道钉套上弹簧垫圈后，涂上黄油，拧到尼龙套管内。扭矩控制：直线及曲线半径≥800m 地段为 150～200N·m，其余地段为 200～250N·m。

同时应注意根据供电专业相关设计图纸配置"安装接触轨用短轨枕"；

8. 试吊并检查轨距、轨底坡变化情况及卡具是否松动；

9. 将轨排吊至轨排存放场地。

5.2.3 吊装运输轨排

轨排吊运采用 10t 双钩龙门起重机 1 台，由轨排存放场地吊运至竖井进料口处已准备好的平板车上。轨排运输采用 24t 平板车 2 辆，装三排，上下三层共 75m 轨排，利用 1 台 160 型轨道车牵引进入施工现场。

5.2.4 轨排铺设

1. 轨排铺设程序

轨排铺设现场安装起重量 5t、跨度 3m 的轨排吊车 3 台。铺设前首先进行结构底板凿麻面、将结构底板清扫干净，其次，根据加密基标放线、打眼、预埋螺栓，安装轨排吊车支墩及轨道（24kg/m 钢轨），再次，按钢筋布置图铺设钢筋网片，然后再铺设轨排。

轨排铺设利用轨排吊车，将轨排从轨道平车上卸下，吊至指定地点后，将两节轨排用短鱼尾板和 U 形卡具将钢轨然后接头夹紧，钢轨接头侧面及顶面无错牙，利用组合式轨排夹具水平调整丝杠将轨排按设计标高调整好水平（注：丝杠安装时外套 ϕ50mm×400mm PVC 管一根，以便道床浇筑混凝土后顺利拆除卡具丝杠），再用横向调整支撑（反正扣）将轨排平面位置调正并固定牢固。横向调整支撑一端顶在结构墙壁上（马蹄形洞壁需打眼预埋短钢筋一根），另一端顶在轨排组装卡具的端部。最后复核轨面高程、中线、水平是否满足设计及验收标准要求。

2. 轨排铺设技术要求

1) 铺轨时要考虑到过轨预留预埋的要求，应及时与各专业取得联系，避免遗漏；

2) 曲线地段超高值按外轨抬高一半，内轨降低一半设置，超高顺坡率不大于 2‰；

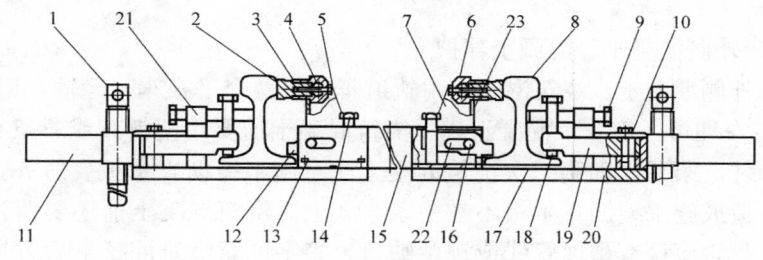

图 5.2.4　组合式轨排夹具结构图

1—高度调整螺栓；2—轨距调整轴；3—定位轴；4—转轴；5—锁紧螺栓或锁紧螺母；6—定位销；
7—轨距定位支座；8—钢轨；9—横向定位螺栓；10—转轴；11—调整支座；12—内夹具体；
13—螺栓；14—锁紧螺栓；15—夹具架；16—穿轴；17—斜铁；18—压紧螺栓；
19—外夹具体；20—底板；21—螺母；22—条形孔；23—定位挡板

3) 岔后附带曲线地段外股钢轨应适当抬高 3～4mm，但超高值不得大于 6mm，在圆曲线两端的缓和曲线或直线段顺坡，超高顺坡率不大于 3‰；

4) 正线及辅助线钢轨设 1:40 轨底坡，道岔内及道岔间距不足 50m 的地段不设轨底坡，道岔两端设轨底坡过渡；

5) 转辙机按装位置及预留沟槽、轨道绝缘接头的设置位置、类型、数量按信号专业图纸要求施工；

6) 轨排铺设如遇管线、横沟泵房、人防门等轨枕间距应进行过渡调整，最大值不宜大于 650mm；

7) 线路缓冲区设置 1 根 25m 的标准轨；

8) 缓冲区内及伸缩区接头的夹板螺栓扭力矩应达到 1000N·m 以上；

9) 钢轨型号为 60kg/m～25m，扣件为 DTⅥⅡ型扣件（按设计要求标准备料）；

10) 车站地段线路中心距边墙是变数，施工时应注意；

11) 线路与道岔相接的拢口钢轨长度在保证岔心里程不变的前提下，现场应根据实际情况丈量配轨。

5.2.5 安装模板、浇筑道床混凝土

道床混凝土等级为C30，施工时分两次浇筑。第一次浇筑道床中间部分2.6m，第二次浇筑道床两侧剩余混凝土。

在铺设轨排前，先对原结构底板进行凿麻面并清扫干净，然后绑扎钢筋，绑扎钢筋注意每段钢筋两端横向镀锌板及中间一根横向钢筋必须与纵向钢筋焊接牢固，钢筋经检查合格后再铺设轨排。

在铺设后的轨排经过精确调正水平、平面位置并固定好后，即进行支立中间排水沟及两侧模板。模板采用钢模板，分两种规格，一种规格是2000mm×220mm，用于巨形隧道及车站道床中间排水沟；另一种规格是3300mm×350mm，用于椭圆形隧道道床中间排水沟及道床两侧立模，模板用2.3mm钢板加工制作成，模板要有一定的强度和刚度以保证浇筑混凝土时不变形。支立模板要重点控制好中间排水沟模板，保证浇筑混凝土时模板不移位，拆模后排水沟宽度误差不超限，方向顺直。模板支好后对原底板洒水湿润，即可进行第一次道床混凝土灌注。

浇筑混凝土时如有混凝土污染扣件或结构边墙，必须及时清理干净，并做好各专业预埋管线的保护工作。道床混凝土面要按设计要求抹好排水坡，顶面要抹出光面。

混凝土要预先选择经甲方同意的商品混凝土厂家，混凝土到达现场后，测坍落度，并按规定预留混凝土试块。

冬期施工时，要预先做好冬期施工方案，严格按冬期施工方案准备好防寒物资，采取切实可行措施，做好道床混凝土的防寒保温工作，保证道床混凝土不受冻。

5.2.6 拆除模板、拆除24kg/m轨道

混凝土灌注后进行抹面和混凝土养护，待混凝土达到一定强度后（12～24h）拆除模板，拆除24kg/m轨道。

5.2.7 浇筑道床外侧混凝土、混凝土养护

几天后浇筑道床外侧混凝土。浇筑混凝土用轨道车（带两个平板车）运输，用混凝土罐装混凝土，混凝土罐容积1m³左右即可，需8个混凝土罐。浇筑混凝土前要用塑料布或彩条布将扣件盖好，防止浇筑混凝土时污染扣件。第一次和第二次浇筑混凝土注意施工缝沥青木板要对齐，且支撑牢固，防止浇筑混凝土时移位，造成施工缝沥青木板不在一条直线上。浇筑混凝土前还要请各专业施工单位及监理到现场检查，确认是否应该有预埋管线或预留缺口，签字同意浇筑混凝土后方可申请浇筑道床混凝土（根据轨道施工前各专业提供的预埋管线里程及施工进度情况，提前通知各专业做好预埋工作，避免因预埋管线不及时影响铺轨进度）。

5.3 劳动组织

劳动组织见表5.3

劳力组织表			表5.3
序 号	工 种	数量（人）	工作内容
1	组装轨排	6	安装轨枕扣件卡具
2	精调人员	8	调轨排高低、方向，加固轨排
3	凿毛人员	20	凿毛及清扫洞内杂物
4	钢筋加工	6	制作钢筋
5	绑扎钢筋	6	运钢筋、绑扎、焊接钢筋
6	模板人员	8	安拆、倒运模板
7	混凝土施工人员	20	混凝土运输、灌注、振捣、抹面、养护
8	龙门吊司机	8	操作龙门吊
9	轨道车司机	5	操作轨道车
10	信号工	3	信号指挥
11	电力工	2	供电作业
12	机械工	2	机械修理
合 计		94	

6. 材料与机械设备

轨道工程采用的 60kg/m 钢轨、弹性分开式 DTVI2 型扣件、钢筋混凝土短枕、钢筋等材料进场后必须先做见证试验，合格后方可使用。见表 6。

施工机械表 表 6

序 号	机械名称	数量	规 格
1	龙门起重机	1(台)	起重量 10t、跨度 30m
2	轨排吊车	3(台)	起重量 5t、跨度 3m
3	轨道车	1(台)	160 型
4	轨道平车	2(辆)	24t
5	轨道平车	2(辆)	5t
6	吊装卡具	2(套)	10t
7	吊装卡具	8(套)	5t
8	轨排组装卡具	200(套)	
9	轨排水平调整支撑	720(套)	
10	轨排横向调整支撑	720(套)	
11	移动式龙门吊轨道支墩	1200(套)	
12	24kg/m 钢轨	1200(m)	
13	混凝土运送料斗	18(个)	1m³
14	钢轨校直机	1(台)	
15	锯轨机	1(台)	
16	切筋机	1(台)	
17	振捣器	12	

机械进场前应进行全面的检测、检修和保养。轨道车、平板车到达现场后，要经铁路机车、车辆部门检测合格后才能使用；龙门吊、轨排吊车到场完成组装后经特种设备检测所检测合格后方可使用。轨道车、平板车、龙门吊、轨排吊车未经有关部门检测或检测不合格严禁使用。

7. 质 量 控 制

7.1 执行标准

7.1.1 执行标准

《轨道工程执行北京市地方标准》DB11/T 311.1—2005，《城市轨道交通工程质量验收标准 第 1 部分：土建工程》、《地下铁道工程施工及验收规范》GB 50299—1999 和《轨道工程质量验收标准》JQB-058—2005。

7.1.2 施工允许误差（表 7.1.2-1～表 7.1.2-4）

钢筋安装位置允许偏差 表 7.1.2-1

序 号	项 目		允许偏差(mm)
1	钢筋间距		20
2	钢筋保护层厚度	设计为 25～35mm 时	+5，−2
3		设计为 <25mm 时	+3，−1

道床板中线、外形尺寸允许偏差 表 7.1.2-2

序 号	项 目	允许偏差(mm)
1	道床板顶面宽度	±10
2	道床面与承轨台顶面相对高差	±5
3	道床板间伸缩缝宽度	±5
4	中线	2

无碴轨道静态几何尺寸允许偏差 表 7.1.2-3

序 号	检 验 项 目	允许偏差(mm)
1	轨距	±10
2	高低(10m 弦量)	4
3	水平	4
4	扭曲(6.25m 基长)	4
5	轨向(直线 10m 弦量)	4
6	轨道中线与设计中线差	10
7	线间距	±20
8	高程	±10
9	接头错台、错牙	1

曲线 20m 弦正矢允许偏差 表 7.1.2-4

曲线半径(m)	缓和曲线正矢与计算正矢差(mm)	圆曲线正矢连续差(mm)	圆曲线最大最小值差(mm)
≤650	3	6	9
>650	3	4	6

7.2 检验试验标准

钢筋按现行国家标准《钢筋混凝土用热轧带肋钢筋》GB 1499 的规定抽取试件做力学性能试验，钢筋按进场批次进行检验，每批不大于 60t，检验合格方可使用。

混凝土按浇筑混凝土 100m³ 做一组试件。

钢轨、轨枕、扣件及连接配件进场时，应对其规格、型号、外观进行检验，其质量应符合设计及产品标准的规定。查验产品合格证、质量证明文件。扣件的扣压力和疲劳强度应做抽检试验，同一厂家、同一批次每 100000 套抽检 2 套，不足 100000 套按 2 套抽检。

7.3 质量控制措施

7.3.1 总体质量控制措施

充分发挥质量管理体系功能，本工程建立以第一管理者为核心的质量自控体系，即以项目经理、总工程师、质量检查工程师、施工队长、班组长为核心的质量管理体系。以项目经理部安质部长、施工队专职质检员、班组自检员为核心的质量检查与监察体系，分别负责项目施工过程中的全面质量管理和工程质量的检查与监督工作。开工前对全体员工进行质量教育，提高施工人员的质量意识和责任感，使施工人员的质量意识化为自觉行动，确保工程质量。项目经理部成立 QC 小组，对施工中存在的质量问题进行专题研究，克服施工中的质量问题。加强技术培训，实行计算机网络计划技术，推行全面质量管理，强化 ISO 9000 系列标准，掌握规范标准，做好图纸交底、测量复核、推广新技术工艺。接受工程师监察，进行自检互检交接检，加强现场试验控制。熟悉经济法规，建立经济责任制，完善计量支付手续，制定质量奖罚措施，签定包保责任状。落实各项施工用料计划，按照质量管理体系要求选定合格厂家和产品，签订供货协议，并分期组织进场验收。产品按规定进行复试检验和试验，并报业主、设计及监理部门审批，确保工程材料质量和到货日期满足施工需要。按计划编写实施性施工组织设计和分项工程作业指导书，并对各工种施工人员进行技术交底。施工前与各结构工程承包商办理现场交接和施工技术交接，组织精测队对中线基桩和水平基桩进行全线复测。对所需原材料进行试验，对配合比进行选定。在施工过程中所使用的各种量具、仪器、仪表均经校验合格，并不得超期使用。

7.3.2 铺设底层钢筋网片质量控制措施

钢筋进场后，查验出场合格证，并按规定取样复试，合格后方可使用。绑扎钢筋先清理干净道床结构底板上的杂物，按钢筋布置图要求制作、摆放、绑扎钢筋。待班组自检、质量检查工程师和监理工程师检查合格后，方可进行下道工序施工。

7.3.3 轨排组装质量措施

轨排组装卡具要求必须精确，组装后其轨距及倾斜度应满足设计要求，并且要求在吊装、运输的过程中其倾斜度及轨距不得产生任何变形,在施工现场将轨排卸到指定位置后其标高能够任意调节、左右能够自由调整及固定。

7.3.4 轨排就位调整质量控制措施

轨排运输初步就位后,以施工标桩为依据,借助于直角道尺和万能道尺,利用液压起道机将轨排粗调就位后,在通过卡具外侧水平调整丝杠使轨道精确就位。在曲线半径小的地段,每隔2.5m加设一根轨距拉杆防止调整好的轨排外移。

7.3.5 浇筑道床混凝土质量控制措施

立模后应再次对线路状态进行测定,确认符合验收标准后,方可浇筑道床混凝土。

浇筑道床混凝土前,钢轨扣件要设防护罩防治污染。混凝土振捣时应加强短轨枕四周的捣。混凝土采用经甲方评定合格供应厂商,浇筑道床混凝土前,通知混凝土厂商要确保及时供应混凝土,不影响道床混凝土浇筑。混凝土浇筑后,应根据初凝时间对道床表面进行抹平、压光,使道床表面平整、纵、横坡平顺、线条清晰整齐。混凝土终凝后喷洒养护液或用水进行养护。整体道床完成后对轨道状态进行测量,作下记录,并把测量控制基标完整地保存,作为竣工资料和竣工测量依据。

8. 安 全 控 制

8.1 执行标准

严格执行《北京市建筑工程施工安全操作规程》DBJ 01—62—2002 和《建筑机械使用安全技术规程》JGJ 33—2001。

8.2 安全控制措施

8.2.1 安全保证体系

领导小成立由项目经理、项目副经理、项目总工、安全质量科长等组成的安全组,其中项目经理为第一责任人,项目副经理为安全生产的直接责任人,项目总工为安全技术负责人,安全质量科长为安全管理负责人,安全专职为安检工程师,负责日常的安全工作的落实,督促工人按有关安全规定进行生产。各作业队设专职安检员,各班组设兼职安全员。安全负责人均持证上岗。

安全领导小组,对项目经理部及各作业队负责人进行分工,从项目经理至施工班组层层明确安全岗位职责,制定相关规章制度,确保安全工作有章可循。

8.2.2 施工现场安全技术控制措施

1. 现场施工安全操作规程、细则,以及安全技术措施,分发至工班组,组织逐条学习、落实,抓好"安全五同时"(即:在计划、布置、检查、总结、评比生产工作的同时,计划、布置、检查、总结、评比安全工作)和"三级安全教育"。

2. 每一工序开工前,做出详细的施工方案和实施措施,报监理审批后,及时做好施工技术及安全工作的交底,并在施工过程中督促检查,严格执行特殊工种必须持证上岗制度。

3. 施工现场的布置应符合防火、防雷、防洪、防触电等安全规定及施工要求,施工现场的生产、生活用房、材料堆放场、修理间等按业主批准的总平面布置图统一布置。

现场道路平整、坚实、畅通,危险地点应悬挂按照有关规范规定的标牌,夜间有人经过的坑、洞设红灯示警,现场道路应符合有关规范规定,施工现场设置大幅安全宣传标语。

现场的生产、生活区要设足够的消防水源和消防设施网点,消防器材设专人管理,并组成一个20人的义务消防队,所有施工人员均要求熟悉并掌握消防设备的性能及使用方法。

4. 各类房屋、库房、料场等的消防安全距离符合公安部门的规定,室内不得堆放易燃品,现场的易燃杂物随时清除。

5. 氧气瓶不得沾染油脂,氧气瓶与乙炔瓶要隔离存放。

6. 施工现场临时用电,严格执行《施工现场临时用电安全技术规范》的有关规定。

7. 临时用电线路的安装、维修、拆除，均由经过培训并取得上岗证的专业电工完成，非电工不准进行电工作业。

8. 临时用电采用"三相五线"接线方式，电气设备和电气线路必须绝缘良好，场内架设的电力线路其悬挂高度和线间距离必须符合安全规定，并架在专用电杆上。

9. 变压器必须设接地保护装置，其接地电阻不得大于 4Ω，变压器设围栏，设门加锁，专人管理，并悬挂安全警示牌。

10. 室内配电柜、配电箱前要有绝缘垫，并安装漏电保护装置。各类电器开关和设备的金属外壳，均设接地或接零保护。

11. 防火、防雨配电箱，箱内不得存入杂物，并且要设门加锁，专人管理。

12. 移动的电气设备的供电线路使用橡胶电缆，穿过场内行车道时，穿管埋地敷设，破损电缆不得使用。

13. 检修电气设备时必须停电作业，电源箱或开关握柄上挂"有人操作，严禁合闸"的警示牌并设专人看管，必须带电作业时要经有关部门批准。

14. 现场架设的电力线路，不得使用裸导线，临时敷设的电线路，必须安设绝缘支撑物，不准悬挂于钢筋模板和脚手架上。

15. 施工现场使用的手持照明灯应为 36V 的安全电压。所有施工人员必须戴安全帽，特殊工种按规定带好防护用品。

8.2.3 主要施工项目安全技术措施

1. 坚持"安全第一，预防为主"的方针，严格贯彻执行国家、北京市发布的有关安全生产法律、法规。

2. 对于重点工点要做到技术方案的安全性的分析和防止事故的安全措施可靠性分析。

3. 施工安全防护员必须经过专业技术培训并考试合格，持证上岗。特殊工种作业人员必须持有效证件上岗作业。如使用季节劳务性普工必须经上级主管部门的安全培训合格，持证上岗。

4. 狠抓劳动人身安全，对于违章作业者从严处理。根据现场实际情况，各专业施工人员每日坚持班前安全提示，班中安全员例行检查，班后总结安全联防工作的制度。每次施工前要坚持向班组进行面对面的技术交底和准备工作检查。检查内容包括：劳力、机械、工具、通信器材以及施工防护人员。各种机械设备均应制定安全技术操作规程，操作人员要有设备操作证。

8.2.4 施工机械的安全控制措施

1. 施工现场实施机械安全管理及安装验收制度。使用的施工机械、机具和电气设备，在投入使用前，按规定的安全技术标准进行检测、验收，确认机械状况符合安全规定后方可投入使用。

2. 使用期间，指定专人负责维护、保养，严格执行工作前的检查制度和工作中注意观察及工作后的检查保养制度，保证机械设备的完好率和使用率。所有机械操作人员都必须经过培训合格后，持证上岗，不准操作与操作证不相符的机械，不准将机械设备交给无本机械操作证的人员操作，对机械操作人员要建立档案，专人管理。所有机械均应分别制定安全操作规程，并挂牌上墙。驾驶室或操作室应保持整洁，严禁存放易燃、易爆物品，严禁酒后操作机械，严禁机械带病运转或超负荷运转。

3. 机械设备在施工现场停放时，应选择安全的停放点，夜间有专人看管。用手柄启动的机械注意防止手柄倒转伤人，向机械加油时严禁烟火。严禁对运转中的机械设备进行维修、保养、调整等作业。

4. 指挥施工机械作业人员，必须站在可让人眺望的安全地点并应明确规定指挥联络信号。使用钢丝绳的机械，在运行中严禁用手套或其他物件接触钢丝绳。

5. 定期组织机电设备、车辆安全大检查，对检查中查出的安全问题，按照"四不放过"的原则进行调查处理，制定防范措施，防止机械事故的发生。

6. 施工现场使用的特种设备按上述施工机械的安全保证措施控制外，还要更加严格控制：

1）起重指挥、起重司索、起重司机、起重维修等特种设备作业人员必须持证上岗。

2）起重设备必须有制造合格证和安装合格证及当地政府出具的安全使用许可证。

3）严格执行设备操作规程和作业指导书。

9. 环 保 措 施

9.1 执行标准

9.1.1 整个施工过程中，全面运行 ISO 14001 环境保护体系标准，系统地采用和实施一系列环境保护管理手段。

9.1.2 《建设项目环境保护管理条例》

9.1.3 《中华人民共和国水污染防治法实施细则》

9.1.4 《建设项目竣工环境保护验收管理办法》

9.1.5 《中华人民共和国环境噪声污染防治法》

9.1.6 《关于有效控制城市扬尘污染的通知》

9.2 控制措施

9.2.1 在施工的全过程中，严格遵守国家和地方政府部门颁发的环境管理法律、法规和有关规定，根据客观存在的粉尘、污水、噪声和固体废物等环境因素，实施全过程污染预防控制，尽可能减少或防止不利的环境影响。

9.2.2 在现场设置沉淀池和循环池，确保废水不任意排放。

9.2.3 施工机具严禁随意抛弃，保持施工现场整洁，文明施工。

9.2.4 工程废弃物、生活垃圾等集中处理，并由环保部门运送至规定地点。

9.2.5 在环保部门规定的时间内施工，必要时设置隔声屏，降低施工噪声，减少对周边居民的噪声污染。

9.2.6 施工机械产生的废油料及润滑油等，必须集中收集进行处理，生产用油料必须严格保管，防止泄漏，污染土地。

10. 效 益 分 析

10.1 经济效益

本工法轨排吊车（起重量 5t）自己设计，自己制作。成本每台 8.5 万元，三台共计 25.5 万元。如购买需每台 18 万元，三台共计 54 万元。节约资金 28.5 万元。

10.2 社会效益

在施工中，自行成功地研究制作了组合式轨排夹具及轨排吊车成功应用于北京地铁奥运支线整体道床轨道（单线全长 10.37 公里）的施工中，轨道工程施工质量合格率 100%，取得了良好社会效益、经济效益及环保效益。该项技术的成功实施，推动了中铁九局整体道床铺设技术的进步，具有较深远的意义，为继续地铁施工奠定了坚实的基础。

10.3 环保效益

采用组合式轨排夹具及轨排吊车技术，大大地降低了人力、物力及机具设备的投入，降低了对环境的影响，环保又节能。

11. 应 用 实 例

北京地铁奥运支线是专为 2008 年奥运会建设的一条地铁线，呈南北走向，南起熊猫环岛站，北至奥运湖南岸，共四个车站，全部为地下线。全长 10.37km（包括联络线），分三个标段。轨道全部为整体道床。合同工期为 2006 年 11 月 1 日～2007 年 8 月 31 日。实际工期为 2006 年 11 月 11 日～2007 年 5 月 15 日。

　　地铁整体道床轨道铺设施工工法通过在北京地铁奥运支线三个标段的实践，工艺原理简单，流程合理，符合环保要求，适合整体道床轨道施工。所研制的组合式轨排夹具方便使用，操作简单，并且可以重复使用，方便整修，经济实用，完全能够满足施工需要，工程质量和安全有保证，施工进度可以保证每天 75～85m，最快可达到每天 100m。虽然由于土建施工未完影响轨道施工 76d，但是，最后工期比合同工期提前 108d，从而，使得后续的预冷热滑由原计划 2008 年 1 月 1 日提前至 2007 年 10 月 18 日，取得了很好的经济效果和社会效果。

　　本工法在地铁轨道的施工过程中发挥了优势，有力地保证了工程质量和工程进度，受到了业主的大力表扬。

客运专线综合环保贯通地线施工工法

GJEJGF155—2008

中铁二十五局集团有限公司

丁奋强　周祁陵　符望春　莫龙　吴鹤翔

1. 前　言

本工法由中铁二十五局集团有限公司应工程实际需要研发，最先运用于沪汉蓉通道武合铁路湖北段 DK212＋300 至 DK270＋000 综合环保贯通地线系统工程。武合铁路湖北有限责任公司接到铁道部工程设计鉴定中心铁鉴函［2006］887 号《关于新建铁路沪汉蓉通道合肥至武汉段综合接地系统 I 类变更设计的批复》后，于 2006 年 9 月，组织中铁二十五局集团、监理、物资供应厂家等开会决定于 2006 年 10 月 8 日开始选取两段 0.5km 路基（DK268＋750—DK269＋250，DK307＋000—DK307＋500）进行综合环保贯通地线实施试验。实施试验中，对环保地线和其他材料的型号进行了比较，不同接续技术的优劣进行比选，会同防腐措施的选用等情况，总结了一个上报铁道部的方案，得到铁道部批复后正式施工。经过近 2 年时间的工程实践，总结、提高、完善而研发形成工法。

本工法选用的高分子环保地线通过了铁道部产品质量监督检验中心通信信号检验站的对其电气性能、机械物理性能、环保性能、腐蚀速率等项目的检测，满足欧盟 RoHS 指令环保标准要求，对客运专线铁路沿线水土污染降到了最低。该工法的关键技术：手动 12t 自动解锁液压压接钳冷压接续技术和聚氯乙烯封灌接续盒防腐技术具有创新性，整体技术达到国内领先水平，2008 年获得中国铁道建筑总公司科技成果奖。客运专线综合环保贯通地线施工工法的开发应用，可以在以后进行类似环保贯通地线施工中得以实施和推广。

2. 工法特点

传统贯通地线施工方法一般都是直接将贯通地线与信号电缆同沟埋设，设备接地则与之通过设备箱盒的某个端子连接，通信、电力、接触网设备则也是各自单独接地。铁道部最新引入了客运专线综合环保贯通地线系统，将各种接地有机、合理地结合起来，处理好它们之间的相互影响，保证客运专线四电系统各设备之间实现等电位连接，减少不同系统、不同设备之间存在的电位差及可能造成的人身和设备的安全隐患。同时，该系统也可以避免四电各专业设备单设地线重复施工，可以减少对客运专线路基的稳定性等造成破坏。因此，本工法根据客运专线综合环保贯通地线系统特性而开发，具有操作简便、环保、节能的特点。

3. 适用范围

本工法适用于新建时速 200～350km 客运专线综合环保贯通地线施工。

4. 工艺原理

4.1　综合环保贯通地线系统由贯通地线、接地体、引接线、横向连接线和接地母排（或接地端子）组成。

4.2 选用铜当量为 35mm² （或 70mm² ）截面积的耐腐蚀、符合环保要求的贯通地线，在电气上全程贯通，并确保贯通地线在每一点的接地电阻小于 1Ω。

4.3 路基地段敷设的贯通地线作为路基地段的接地体。

4.4 桥、隧地段接地体包括接地钢筋、非预应力结构钢筋和锚杆等。

4.5 接地电阻值达不到要求时，设计增加单独的接地极。

5. 施工工艺流程及操作要点

5.1 施工工艺流程

施工工艺流程如图 5.1。

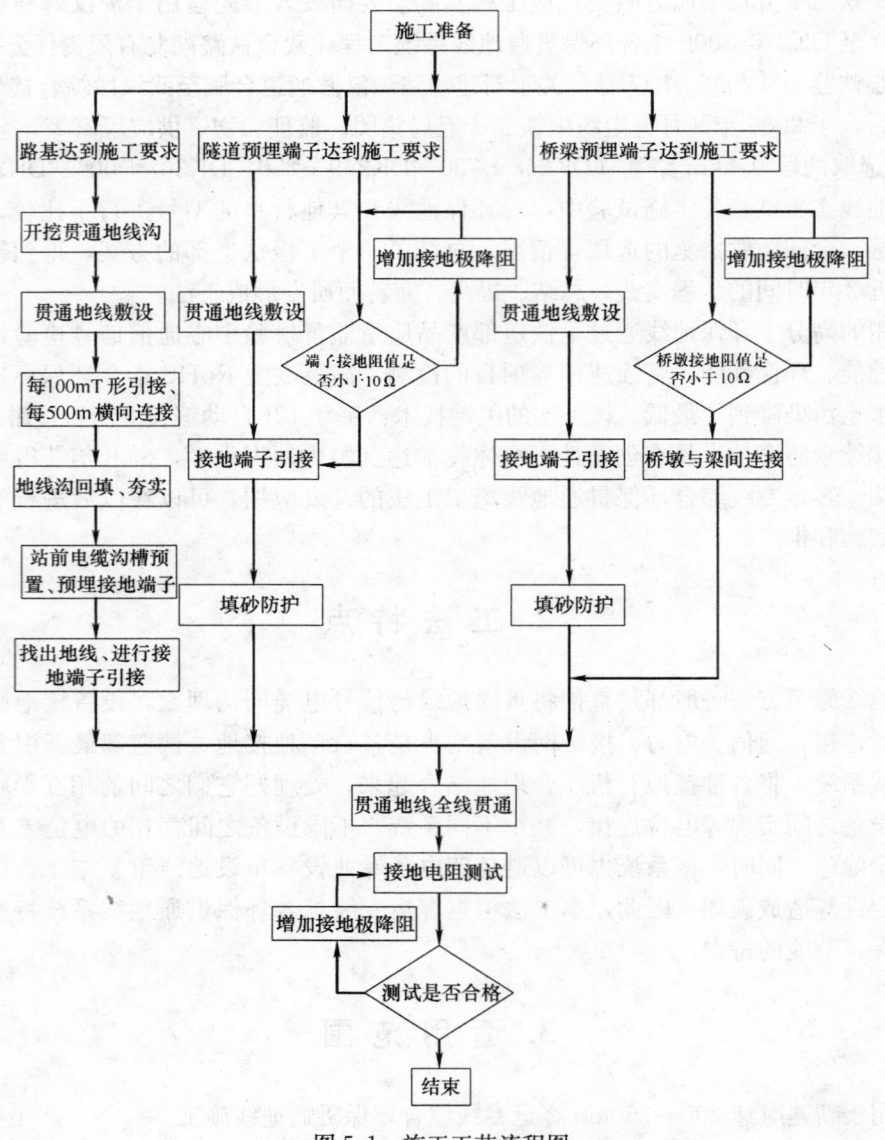

图 5.1 施工工艺流程图

5.2 施工准备

进场后应立即组织相关人员进行现场踏勘，了解现场施工材料供应和交通等施工条件，并写出调查报告，施工调查报告包括下列内容：

5.2.1 工程概况：包括工程环境、气候特征、工程地质、工程规模以及路基段、桥梁隧道段长度数量和特点；

5.2.2 工程的施工条件：包括施工运输、水源、供电、通信、场地布置等；

5.2.3 绘制施工平面总图。

5.3 路基段施工要点

5.3.1 开挖综合环保贯通地线沟槽。当路基施工到基床表层时，以路基中心为基准往两侧各6.5m处（按设计要求）放与线路平行的基线，沿撒上石灰的基线开挖一条宽100mm（可以适当加宽），深100~400mm的线槽，要求底部平整，沟内无石块和杂物（图5.3.1）。

要点：应密切关注路基工程的施工进度，确保路基地段贯通地线在路基填筑期间尽可能整段地按设计要求埋设。路堤及一般土质路堑地段埋设于通信信号电缆槽下、距基床底层顶面300~400mm处；石质路堑地段，将贯通地线埋设于电缆槽下约200mm的沟中并回填细粒土。车站内贯通地线支线段及联络线贯通地线，可敷设在电缆沟中。

5.3.2 综合环保地线敷设。贯通地线架盘敷设尽可能直，避免硬折、硬弯、打背扣，避免贯通地线与地面长距离拖磨，保持地线高分子护套层完好。

5.3.3 贯通地线接续。贯通地线接续分主

图5.3.1 路基段开挖的沟槽

干线的直通接续和每100m引接线、横向连接线的T形接续。均采用手动12t自动解锁液压钳压接接续方式。

1. 贯通地线直通接续。

先用棉纱将贯通地线端头1m范围的护套表面擦拭干净，再用钢锯将需要接续的两根贯通地线的端面锯平，从端头起分别量出30mm的长度剥去护套，露出铜绞线。选择适当的液压模具、铜质"C"形压接环，安装在压接钳内，将两根露出铜绞线的贯通地线错开放入铜质"C"形压接环内，然后用压接钳进行压接，使铜质"C"型压接环、两根贯通地线的铜绞线压成一体（如图5.3.3-1）。接续完成后将接头套入密封盒内，进线孔处用自粘热缩带缠紧，从密封盒上方灌入聚氯乙烯冷浇注剂进行整体密封处理，待聚氯乙烯冷浇注剂冷却后，盖上密封盒的盖子，接续完成（如图5.3.3-2）。

图5.3.3-1 直通接续

图5.3.3-2 灌注聚氯乙烯浇筑剂

2. 分支铜缆与贯通地线的"T"形接续

先用棉纱将贯通地线端头1m范围的护套表面擦拭干净，再用钢锯将需要接续的两根贯通地线的端面锯平，然后在接续处贯通地线剥30mm长度，同样引接线端头处也要剥出30mm长度。先将液压模具、铜质"C"形压接环安装在压接钳内，再将贯通地线和引接线的绞线错开放入铜质"C"形压接环

图 5.3.3-3　T 形接续后，准备灌注聚氯乙烯冷浇筑剂

中，然后用压接钳进行压接，使铜质"C"形压接环、贯通地线和引接线的铜绞线压成一体，并将引接线向外弯曲与贯通地线成 90°。接续完成后将接头套入密封盒内（图5.3.3-3），进线孔处用自粘热缩带缠紧，从密封盒上方灌入聚氯乙烯冷浇注剂进行整体密封处理，待聚氯乙烯冷浇注剂冷却后，盖上密封盒的盖子，接续完成。

3. 直通、T 形、接线端子的压接接续处，连接应紧固无松动现象。按技术要求进行密封、防腐处理，防腐处理层应密封、完整。

5.3.4　综合环保贯通地线每 100m 需进行约 7m 长引接端子线施工（图 5.3.4-1），施作边坡防护前，将引接线封好头埋盘设于边坡防护层下（图 5.3.4-2），并做好记录，在路基边坡明显处标注（图 5.3.4-3），以便电缆槽预制施工好后，方便引接至接地母排施工时查找。引接线应与贯通地线同材质、同截面。

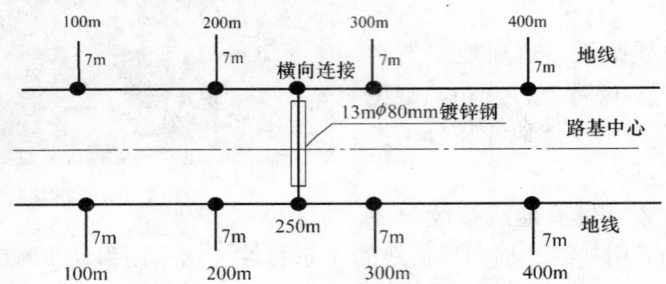

图 5.3.4-1　路基段施工平面示意图

图 5.3.4-2　引接线封好头后盘于防护层下

图 5.3.4-3　施工人员在边坡做引接线标记

5.3.5　纵向环保贯通地线间约每 500m 处的横向连接线连接。环保贯通地线横向连接过道（图5.3.5）采用 φ80 镀锌钢管护。横向连接线应与贯通地线同材质、同截面。

5.3.6　敷设完毕后用原介质回填（石质路基地段需先敷一层软土）并用小型夯机夯实，确保路基密实度（图 5.3.6）。

5.3.7　电缆沟槽施工时，两侧均按每间隔约 100m（预埋引接线地点）设置接地母排，接地母排直接灌注在电缆槽沟侧混凝土制品中。

5.3.8　将原先埋盘设于路基边坡防护层下的引接线从电缆沟槽底部泄水孔引至电缆沟槽内（图5.3.5）。压接铜端头，与接地母排相连（图 5.3.8-3）。铜端头制作程序及要点。

1. 开剥护套方法、压接方法同直通压接接续。
2. 将热缩套管套入引接线上。
3. 按铜端头内套长度剥去引接线端头的高分子护套。

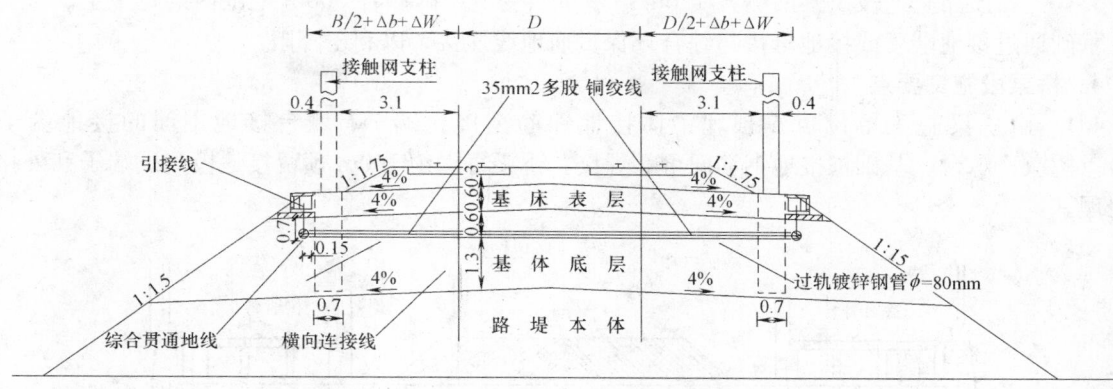

图 5.3.5 路基段断面示意图

图 5.3.6 施工人员用夯机进行夯实

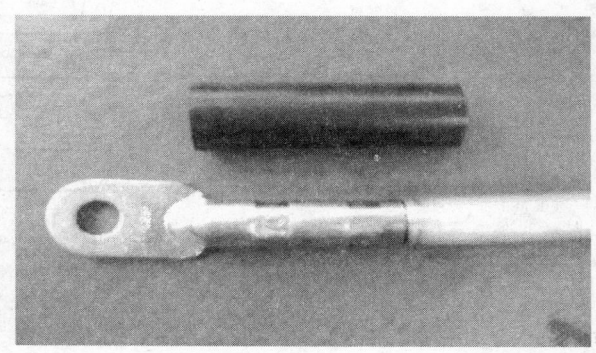

图 5.3.8-1 接线端子压接成型

4. 在绞线外均匀涂覆一层黑色导电胶。

5. 在液压压接钳上安装合适的压接模具，将铜接线端子套在绞线上，用压接钳在铜接线端子依次均匀压接 2 处（图 5.3.8-1），两处压接的角度在引接线横截面上相差 90°（操作时，第一次压接与地面平行，则第二次压接与地面垂直）。

6. 将事先套入的热缩套管移到铜接线端子和引接线交接处，用电子喷枪均匀加热热缩套管进行密封保护（图 5.3.8-2）。接线端子的压接接续处，连接应紧固无松动现象。

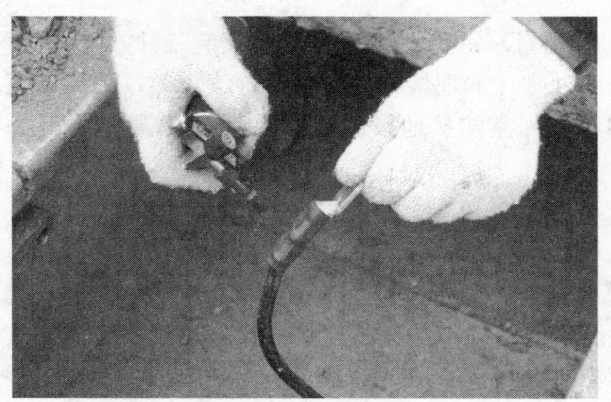

图 5.3.8-2 用电子喷枪均匀加热热缩套管

图 5.3.8-3 铜端头压接好后，用防盗螺栓
与接地母排相连

5.3.9 每一自然路基段作为一个整体，通过测试电缆槽内接地母排（或引接线）的接地电阻，确认电阻值是否满足小于 1Ω。

5.3.10 石质路堑地段及其两侧各 150m 以及牵引变电所两侧各 500m 范围内的每个上、下行接触网支柱基础通过接地端子或接地母排与综合环保贯通地线连接，以利于降阻。

5.4 桥梁段施工要点

5.4.1 由桥梁施工单位负责预埋梁体接地钢筋至接地端子、墩台接地钢筋的接地端子（图5.4.1）；桥墩、承台、基础桩接地钢筋间可靠焊接。桥梁每隔约 100m 预留接地极测试端子和外接接地极的处理。

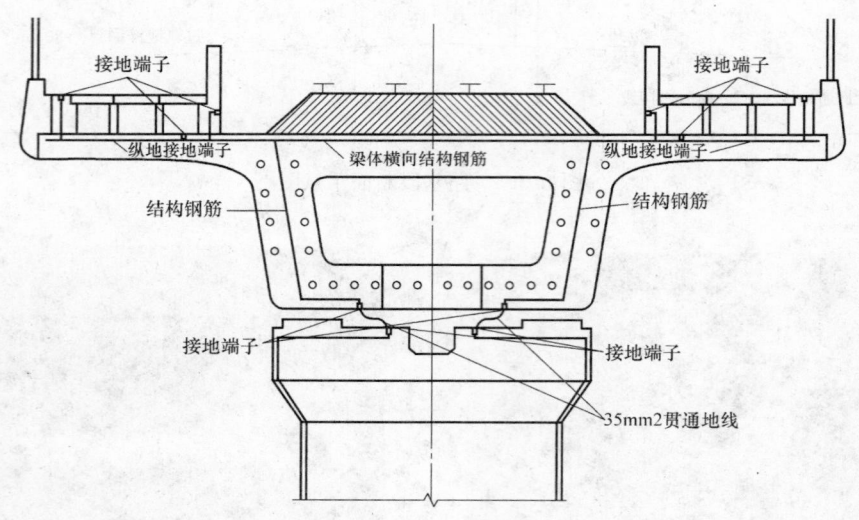

图 5.4.1　染端接地钢筋布置图

5.4.2 在桥面两侧电力电缆沟槽内敷设综合环保贯通地线，地线通过引接线与每处墩上电力电缆槽内预留的接地端子可靠连接，连接处均需进行防腐处理。

5.4.3 压接制作长约 5m 的两头带铜端头的连接线，进行墩与梁间的接地端子连接，将墩和梁间的钢筋进行可靠连接，形成整体。为提高工效，连接线可以根据实际测量出墩和梁间接地端子距离，确定长度预先集中制作，到现场只需按要求连接，并将连接线固定好。

5.4.4 如果单墩测试接地电阻阻值不能达到小于 10Ω 的要求，则需要增加接地极。接地极同接地钢筋采用热熔焊接技术，接地极选用长效环保、寿命 60 年以上的接地极，材质采用直径不小于 20mm 的不锈钢棒。

1. 接地极单独施工时可采用挖坑埋设、重锤或是用机械设备打入土壤中、钻孔安装三种方式。

2. 接地钢筋与接地极之间采用热熔焊连接然后防腐处理：清理熔接头，刷沥青漆 2 道，采用环氧树脂和玻璃纤维交替密封包扎，用一定量的降阻剂封填在裸露的接地极周围至接地极顶端 100mm 时止，用土填盖在电极周围并夯实。

3. 桥墩上标明接地标志，在埋设处设接地标桩。

5.5 隧道段施工要点

5.5.1 隧道施工单位根据设计图纸要求，在隧道内设置接地体（利用隧道初期支护中的锚杆、支护钢筋网等）。隧壁两侧接地体分别每 100m 在电力电缆沟内预埋与接地体连接的接地端子，并在该点通过钢筋与线路侧纵向钢筋相连，预埋接地母排，供隧道内四电设备接地（图5.5.1）。

5.5.2 测试隧道内接地端子及母排的接地阻值，阻值要求小于 10Ω。

5.5.3 在隧道两侧电力电缆槽内敷设综合贯通地线，制作引接线将贯通地线与接地端子通过 $\phi16$ 螺栓可靠连接。

5.5.4 在隧道两端各取一个已经与综合环保贯通地线连接上的接地端子测试，接地电阻值要求小于 1Ω。

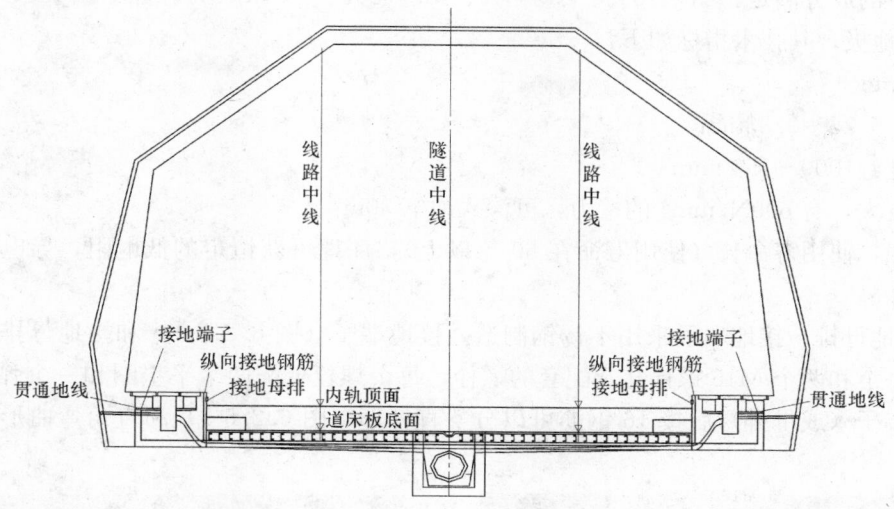

图 5.5.1　隧道综合接地断面示意图

综合环保贯通地线系统的实施过程是一个系统工程，按隐蔽和不可修复工程的要求，混凝土灌注前路基、桥梁及隧道各部的钢筋连接、接地端子埋设和接地极处理工序复杂，需要主动和各施工监理等单位加强沟通和联系，协调配合，确保工程顺利实施。

图 5.5.3　隧道电力电缆槽内的接地
端子及 T 形接续盒

6. 材料与设备

6.1　贯通地线选用铜当量为 35mm² 环保防腐型铜缆，特殊地段根据要求选用较大线径的 70mm² 铜缆。

用于贯通地线的环保防腐型铜缆技术性能指标见表 6.1。

用于贯通地线的环保防腐型铜缆技术性能指标　　　　　　　　　　　　　　　　表 6.1

序　号	名　　称	单　位	指　标	备　注
1	护套最大外径	mm	16.2	70mm²
			12.2	35mm²
2	绞线 20℃时线性电阻	Ω/km	≤0.265	70mm²
			≤0.530	35mm²
3	防腐层厚度	μm	≥2.5	
4	NSS 盐雾实验	h	≥1860	
5	腐蚀电流	nA	≤103	
6	防冻延伸率	%	≥15	
7	土壤环境限制值	mg/kg	三级标准	GB 15618—1995《土壤环境质量标准》

注：3、4、5 三项指标代表耐腐蚀年限可达 60 年。

6.2　其他主要材料的技术规格。

6.2.1　横向连接线：与贯通地线同材质，线径与所连接的贯通地线线径相同。

6.2.2　贯通地线引接线：与贯通地线同材质，线径与所连接的贯通地线线径相同。

6.2.3　接地母排、接地端子：采用不锈钢材质（V4A 级），符合《雷电防护》IEC 62305-3 的规定；不锈钢材料的成分满足：Cr≥16%、Ni≥5%、Mo≥2%、C≤0.08%，如 GB00Cr17Ni14Mo2。

6.2.4 接地极，其技术指标如下：

- 外径 20mm
- 铜厚度：0.25～0.33mm
- 单根长度：1000～1500mm
- 抗拉强度大，有 600N/mm² 的接力，可深入地下 30m

耐腐蚀性强，使用寿命长（使用寿命在 60 年以上），深埋可获恒定的低电阻，导电性能完全等于实心铜线。

6.2.5 接地母排、接地端子采用不锈钢制造。接地端子（图 6.2.5-1）和接地母排（图 6.2.5-2）的前方分别设一个和两个 M16 螺栓孔及配套的螺栓，每个螺栓上配两个平垫圈和一个弹簧垫圈。根据现场需求接地端子（或母排）后接 16 钢筋可以分 φ 直杆形（图 6.2.5-3）和直角弯曲形（图 6.2.5-4）10 两种。

图 6.2.5-1 接地端子

图 6.2.5-2 接地母排

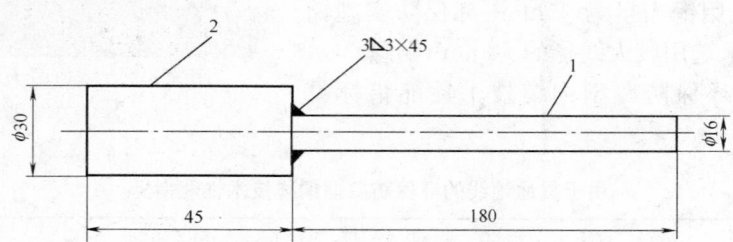

图 6.2.5-3 直杆接地端子

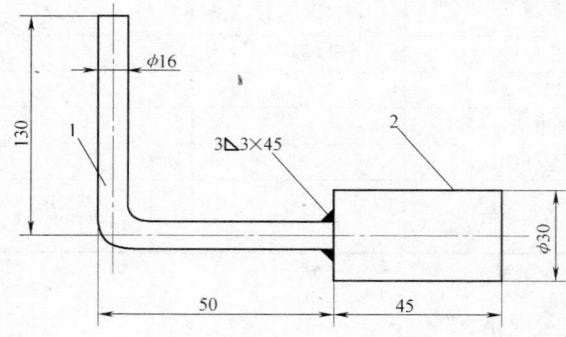

图 6.2.5-4 直角弯杆接地端子

6.3 主要工具设备（表 6.3）。

主要工具、设备表　　　　　　　　　　　　　　　表 6.3

序号	名　　称	型号规格	单位	数量	主 要 性 能
1	汽车	1.25t	台	1	性能良好
2	手动式液压压接钳	UB-412	台	2	输出压力 700bar/10000psi
3	夯实机	168F-2	台	3	冲击次数 600～700 次/min；冲击能量 56N·m
4	电子喷火枪	F-A1	套	1	自动电子打火，自由调整火焰大小
5	接地电阻测试仪	ZC29B-2	台	1	接地电阻测试

7. 质 量 控 制

7.1 强化以第一管理者为首的质量自检、自控体系，完善内部检查制度，配备专职质量管理人员。

7.2 严格所有材料进场的检验控制，从源头上杜绝质量隐患。各种厂供材料要有出厂合格证，并严格按照规范要求的批量或数量进行抽检并报验。

7.3 质检工程师接续质量检查

7.3.1 直通、T 形、接线端子的压接接续处，连接应紧固无松动现象。

7.3.2 直通、接线端子接头处连接应紧固无松动现象。

7.3.3 防腐处理层应密封、完整。

7.3.4 工程经质检工程师自检合格后，按规定格式填写工程检查证及附件，于隐蔽前通知监理工程师到现场进行检查，监理工程师在检查证上签字后，方可继续施工。

7.4 接地阻值数据测试原理及方法

7.4.1 土壤电阻率的测试方法（四电极法）

1. 四个测量电极直线定位，两个测量电极之间的距离 a 应等于或大于测量电极埋设深度 h 的 20 倍。测量电极采用直径不小于 1.5cm 的圆钢或不小于 25mm×25mm×4mm 的角钢，其长度均不小于 40cm。

2. 将接地电阻测试仪的 C_1、C_2 电流极和 P_1、P_2 电压极分别连接到四个测试电极上，如图 7.4.1 所示。

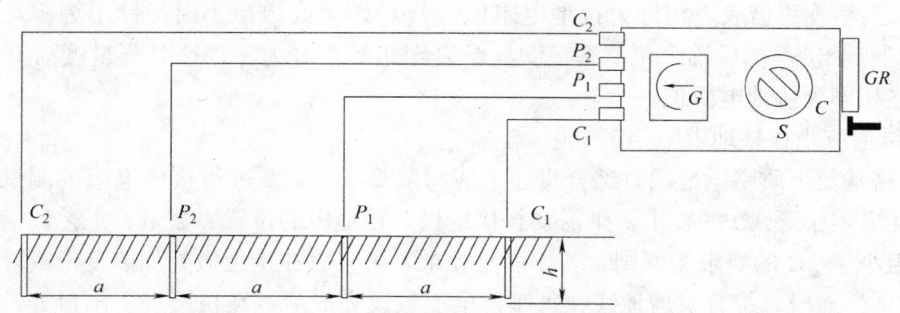

图 7.4.1　用 ZC-系列地阻仪测接地电阻率（直线布极）

3. 由接地电阻测试仪测试的测量值 R，得到被测场地的土壤电阻率：

$$\rho = 2\pi a R \qquad\qquad (7.4.1)$$

式中　ρ——土壤电阻率；

　　a——两极距离；

　　R——接地电阻测量仪测试的测量值 R。

4. 在有地下管道的地方，应把电极布置在与管道垂直的方向上，并且要求最近的测量电极（电流极）与地下管道之间的距离不小于极间距离。

5. 在土壤结构不均匀时，可以将被测场地分片，进行多处测量。

7.4.2 综合环保贯通地线接地电阻的测试方法

1. 综合环保贯通地线的接地电阻等于其在泄放电流时综合贯通地线上的电位与所泄放电流的比值。

2. 测试仪器采用 ZC 系列接地电阻测试仪。

3. 接地电阻值测试的准确性，与接地电阻测试仪测量电极布置的位置有直接关系，按测量电极的不同布置方式，有直线布极法（图 7.4.2-1）和三角形布极法（图 7.4.2-2）等。首选直线布极法，受测试场地限制时，选择三角形布极法。

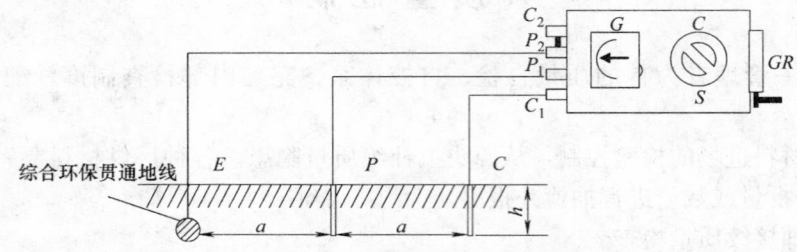

图 7.4.2-1 用 ZC-系列地阻仪测接地电阻（直线布极）

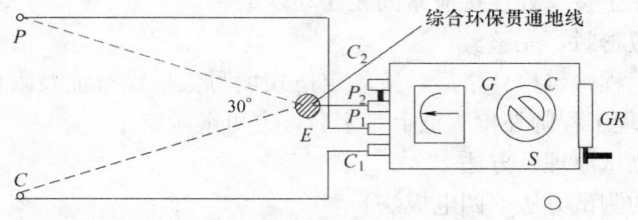

图 7.4.2-2 用 ZC-系列地阻仪测接地电阻（三角形布极，夹角 30°）

4. 当土壤电阻率不均匀时，为了得到较可信的测试结果，宜将电流极离被测接地装置的距离增大，同时电压及离被测综合贯通地线的距离也相应地增大。

5. 使用接地电阻测试仪进行接地电阻值测量时，应将接地电阻测试仪平放，调整 G 的指针至零位。然后将倍率调整旋钮 S 放在较高挡位，慢摇发电机 GR，同时转动测量度盘 C，使指针至零时测量度盘 C 示数乘以倍率调整旋钮倍数之积即为接地电阻值。若 C 转至读数最小而指针不为零，这时应将倍率调整旋钮 S 换到较小倍率挡后继续调整测量度盘 C 直至指针正好为零，这时测量度盘 C 示数乘以倍率调整旋钮倍数之积即为接地电阻值。

6. 所有测试值应当在接地电阻档案中记录。

7.4.3 在路基及土质路堑地段，综合贯通地线每隔 200m 需要进行接地电阻的测试，部分地段如果不能满足接地电阻小于 1Ω 的要求，则需要打接地极，接地极的位置、数量、工艺以满足综合贯通地线上的接地电阻小于 1Ω 的要求为原则，若不满足要求，可采取在接地极处加改良土或降阻剂。

7.4.4 在桥梁地段，综合贯通地线在每座桥梁上敷设完成后，在桥梁进、出口处，进行接地电阻的测试。如果不能满足接地电阻小于 1Ω 的要求，则需增加接地极，接地极的位置、数量、工艺以满足综合贯通地线上的接地电阻小于 1Ω 的要求为原则，若不满足要求，可采取在接地极处加改良土或降阻剂。

7.4.5 在隧道地段，综合环保贯通地线在每座隧道内敷设完成后，在隧道进、出口处，与两端已经贯通的地线连接后进行电阻的测试，如果不能满足接地电阻小于 1Ω 的要求，则需要在隧道两端的土壤中打接地极，接地极的位置、数量、工艺以满足综合环保贯通地线接地电阻阻值小于 1Ω 的要求为原则。若不满足要求，可采取在接地极处加改良土或降阻剂。

8. 安 全 措 施

8.1 按照《职业健康安全管理体系标准》GB/T 28001—2001 的要求建立项目安全生产保证体系。

8.2 认真学习和执行国务院有关劳动保护的法律、法规；铁道部有关劳动保护的条例规定；地方政府有关安全生产、文明施工的文件、通知。

8.3 深化安全教育，强化安全意识，牢记"安全第一"的宗旨。

8.3.1 制定现场切实可行的安全作业规章制度和安全措施。

8.3.2 施工人员上岗前进行安全教育和技术培训并持证上岗。

8.3.3 重点针对隧道内施工和桥梁上高空作业制定具体的安全技术交底，落实安全防护措施。

8.3.4 认真实施标准化作业，严格按安全操作规程进行施工。

8.3.5 严肃劳动纪律，杜绝违章指挥与违章操作，保证安全防护设施的投入。

9. 环 保 措 施

9.1 施工前结合实际制订切实可行环保措施，严格执行《环境保护控制程序》及有关规定。严格落实环境保护措施，对大气污染、水污染、噪声污染、固体废弃物污染进行控制，做到文明施工。

9.2 工地现场施工材料堆放整齐，工地生活设施清洁文明。加强废旧料、报废材料的集中回收和管理，减少污染，保护环境。

9.3 加强机械设备的维修保养和达标活动，减少机械废气、排烟对空气环境的污染。对汽油等易挥发品的存放要密闭，并尽量缩短开启时间。

9.4 施工现场已敷设级配碎石的路基部分开挖沟槽铺设彩条布，防止级配碎石与砂土混合，保证路基质量。

9.5 在施工操作地点和周围保持清洁整齐，做到活完脚下清，工完场地清，丢洒的砂浆、混凝土及时清除。

9.6 合理规划设置施工场地、施工便道，固定行车、行人路线，尽量少扰动地表，减少对地表植被的破坏。

9.7 选用环保贯通地线产品满足欧盟 RoHS 指令环保标准要求，可满足 60 年以上的长使用寿命，有效地保证客运专线路基稳定，不受重复施工破坏。

10. 效 益 分 析

10.1 综合环保贯通地线满足铁道部工管［2006］18 号《客运专线综合接地系统设计原则（暂行）》、铁运［2006］26 号《铁路信号设备雷电及电磁兼容综合防护实施指导意见》文件及相关国家标准、铁道部有关的行业标准、原则及技术条件规定。保证了高安全性，双重阴极保护措施，耐腐蚀年限可以达到 60 年，保证了贯通地线的高可靠性，使用年限长，达到了长期免维护，将对客运专线的线路影响减至最小，保持线路的稳定安全。

10.2 综合环保贯通地线沿线路两边全线贯通，约每 500m 保证横向连接，将桥梁隧道段条件恶劣，接地阻值很难降至 10Ω 以下的地段通过增加接地极、与电气化接触网基础相连等降阻措施，保证了电阻值达 1Ω 以下，确保各种电子设备的安全。四电设备只需要通过沿两侧每 100m 的接地端子或母排与之相连，便可得到合格的接地电阻，施工方便，免除了重复建设施工造成劳力和资源的浪费。

10.3 综合环保贯通地线通过了铁道部产品质量监督检验中心通信信号检验站的电气性能、机械物理性能、环保性能、腐蚀速率等项目的检测，满足欧盟 RoHS 指令环保标准要求。对客运专线铁路沿线水土污染降到了最低。

10.4 综合环保贯通地线系统采用本工法成功应用后总结的经验，可以在以后的类似工程施工中得以实施和推广。

11. 应 用 实 例

本工法最先应用于沪汉蓉通道武合铁路湖北段 DK212＋300 至 DK270＋000 综合环保贯通地线系统工程。该工程全长 57.7km，涵盖路基段长度 27.1km，桥梁段长度 12.5km，隧道段长度 18.1km。工程采用双侧敷设 35mm² 高分子环保贯通地线，每间隔约 100m 引出接地端子或母排（桥梁段每墩），站后四电专业可以根据需要方便地与接地端子或母排就近连接，取得合格接地电阻值，使用寿命预计 60 年。工程于 2006 年 10 月 8 日开工，2008 年 11 月竣工。工程质量一次成优，受到了建设、设计、监理等单位一致好评。

迁回通道法铁路信号设备过渡开通施工工法

GJEJGF156—2008

中铁十局集团有限公司

刘方清　王明义　许华蓉　林定权　覃继华

1. 前　　言

铁路信号设备是铁路运输必不可少的基本控制设施。铁路营业线的改造是我国基本建设的主要投资方向，铁路营业线的施工改造始终保持在较大规模。为了保证正常的铁路运输秩序，减少对国民经济的不利影响，营业线施工一般采用边运营边施工、分步过渡、逐步投产的建设运行模式。

中铁十局集团有限公司在铁路信号工程的过渡施工中采用迁回通道法进行施工，取得了成功，形成了迁回通道法铁路信号设备过渡施工工法。

2. 工 法 特 点

2.1　对信号工程进行分步改造，边施工，边运营，最大限度地保证营业线的运输秩序。

2.2　充分挖掘新旧设备的使用能力，降低过渡投入，节约资源。

2.3　施工方便，成本低廉，实用性强。

3. 适 用 范 围

广泛适用于增建双线、股道延长、扩股等车站改造工程中的多步次信号过渡施工。

4. 工 艺 原 理

在既有室内设备和新设室外设备之间建立迁回电通道，利用既有室内设备的控制冗余能力、新设室外设备以及线路的工程条件，实现对过渡改造工程中信号设备的控制；减少过渡施工中的工程成本投入。

5. 施工工艺流程及操作要点

5.1　施工工艺流程

迁回通道法铁路信号设备过渡开通施工工艺流程见图5.1。

5.2　操作要点

5.2.1　施工设计

施工设计主要是根据站场改造过渡方案和运输行车组织方案，确定过渡点设备的位置、规格、型号和设备控制制式，以及过渡点设备启用的时间顺序。既有设备能力调查，确定冗余使用方案。汇总各步次和各过渡设备的技术条件，根据冗余使用方案，确定施工技术方案。

1. 施工方案的制定原则

在充分保证运输生产需要的前提下，尽量减少过渡设备数量，合理布局过渡点设备的位置，尽量

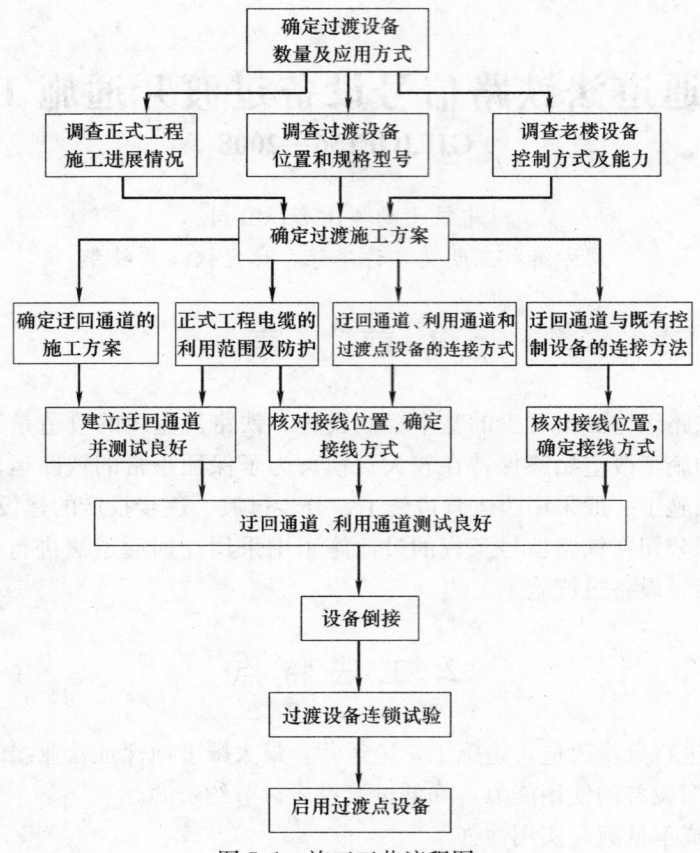

图 5.1　施工工艺流程图

减少过渡工作量。若需多期过渡，应系统考虑，充分考虑期次间的方便接续和准备时间。

根据整体过渡方案，确定过渡点设备的位置、规格、型号和设备控制制式，以及过渡点设备启用的时间顺序。

2. 技术调查

调查室内既有控制设备的冗余能力。调查室外设备的变化，分别就位置移动、删除和插入进行调查摸底。按照应用时间节点顺序，测算既有信号楼设备的安装容量和冗余能力，保证施工简便、安全可靠、方便维护。

3. 方案确定

1）会同运输、建设、设备维护等单位，按照车站总体施工方案、施工期间运输方案、《车站行车工作细则》的要求，周密研究确定施工技术方案；确保控制设备满足站场新过渡设备的控制条件，连锁有可靠保证；确保安全、满足行车要求、总体施工要求、方便设备应用和维修。

2）确定作为迁回通道使用的楼间连接电缆的技术要求和施工标准，保证其性能可靠、使用安全。

3）确定作为利用通道使用的正式工程电缆的适用范围、接续方式、标识形式和防护措施。

5.2.2　建立迁回通道

1. 根据技术方案，进行迁回通道电缆施工。

1）按要求敷设楼间电缆，电缆两端分别通过新老信号楼的电缆井引入至分线盘，预留电缆余量后在分线盘固定。

2）电缆剥皮、编号、对号，按照做好的配线表将电缆芯线通过穿线孔穿入相应配线端子位置，做好配线线环。

3）点前拆除电缆配线配线端子上的软线，线头用绝缘胶布包好，将楼间的连接电缆芯线和正式电缆芯线一同配在接线端子上；要点期间，老分线盘，拆除配线端子上的电缆芯线，线头用绝缘胶布包好，将楼间的连接电缆芯线和室内软线线一同配在接线端子上。

2. 对利用通道进行测试、连通和标识。

3. 过渡设备控制通道测试。全程测试迁回通道、利用通道、引出电缆至过渡设备端的电特性，检查全通道的机械防护强度和标识，保证满足使用要求。

5.2.3 设备倒装

1. 对室内外设备进行局部电路试验。

2. 确定设备倒接口的分布和每个倒接口的配线方式。

3. 根据行车调度命令，登记停用设备。按照施工技术方案，进行室内电路修改和室外设备倒接施工。

5.2.4 试验和过渡开通

以上施工完毕，利用既有控制台操作，对过渡设备进行连锁试验，并配合设备管理单位连锁工程师再次连锁试验，确认连锁无误，签字开通，启用过渡设备。

5.3 劳动力组织

劳动力组织情况见表5.3。

劳动力组织情况表 　　　　　　　　表5.3

序　号	单项工作	所需人数	备　注
1	管理人员	4	
2	技术人员	2	
3	调查准备	2	
4	电缆敷设并引入信号楼	14	
5	楼间过渡电缆测试配线	3	
6	过渡设备导通试验	4	
7	连锁试验	2	
8	驻站安全联络员	1	

6. 材料与设备

本工法无需特别说明的材料。为满足过渡施工需要，配备了足够的施工工器具。具体配备见表6。

主要设备表 　　　　　　　　表6

序号	工器具名称	设备型号	单位	设备数量	备注
1	汽油发电机	YMH-2	台	1	
2	轨道钻	JSJB-13	台	1	
3	万用表	MF-14	块	2	
4	手电钻		台	1	
5	对讲机		台	6	
6	电缆施工、配线工具	各型	套	2	
7	活扳手	各型	套	2	
8	兆欧表	ZC25-4	台	1	

7. 质 量 控 制

为确保施工质量，施工中必须严格执行《铁路信号施工规范》TB 10206—1999、《铁路信号工程施工质量验收标准》TB 10419—2003，严格按标准化作业，做到道道工序有标准、有检查，凡是检查都要有结论、有效果的验证。

7.1 临时敷设的楼间电缆，电气特性必须合格，机械特性良好，径路上无意外伤害因素。

7.2 过渡线路、设备必须全面测试合格，交维修单位的过渡竣工图完整无误，以保证正常维护。

7.3 设备连锁，须经设备管理单位连锁工程师专门试验签字。

7.4 电缆线路的永临结合部，须按正式方式接续，禁止箱盒外连接。

8. 安 全 措 施

营业线施工，必须牢固树立"安全第一、预防为主"的指导思想，以确保行车、人身和既有设施安全为目标，认真执行《铁路工程施工安全技术规程》TB 10401—2003 等各项施工安全规定，制定严密的安全防范措施，并全力抓好落实，强化施工过程控制。

8.1 严格执行既有线要点审批制度，在施工前规定期限内向运输部门提报施工计划，根据批准的施工计划，向车站值班员办理登记要点手续。

8.2 严格驻站联络员制度，使行车、施工信息畅通无阻，保证施工人员人身安全；同时做到设备问题早发现、早处理，减少对行车的影响。

8.3 做好交底工作，使施工人员明确作业计划和影响范围，提前做好预想预测，落实防范措施，确保使用中的电务设备性能良好、正常运行。

8.4 按安全逐级负责制的要求，健全各级安全组织，建立以项目经理负责的安全组织机构和保证体系，形成自上而下的安全管理网络，制定工作细则和规章制度，做到分工明确、责任清楚、措施具体、管理到位。

8.5 从业人员上岗前必须接受安全生产教育和培训，掌握本职工作所需的安全生产知识和技能，增强事故预防和应急处理能力，并经考试合格后方准上岗。

8.6 制定施工安全应急措施及预案，备齐应急处理的材料、工具、人员。

9. 环 保 措 施

室内施工，确保既有设备的正常使用，做到走线整齐、有序、美观，及时清理废料，保持施工场地清洁卫生。

室外施工，施工完毕做到场清料净，使场地恢复原有地形、地貌，不留垃圾。

10. 效 益 分 析

既有站信号设备改造，在工程开通时，站场设备一般都经多处过渡，分多次完成。如果采用传统过渡方法，需多处敷设电缆，且站场地形复杂，施工难度较大。使用该工法施工，电缆施工一次完成，无需新增过渡设备，同时多芯电缆代替多根少芯电缆，材料费用仅为 1/3 到 1/4。在保证过渡施工中的施工安全、工程质量、不晚点拖点等方面都具有其优越性。

11. 应 用 实 例

本方法在胶济电气化改造工程、徐州铁路枢纽电气化改造应急工程信号标段、京沪电气化改造电务工程等施工中都得到了广泛应用。

11.1 胶济电气化改造工程中的 ZH-13 标段信号工程，包括五站六区间，含济南站、济南东站、黄台站、历城站、平陵城站。于 2004 年 3 月开工，2005 年 4 月竣工。

　　在复杂的过渡施工中采用本方法能提高了施工生产的安全系数，节约了工时，减少了对行车运输的影响。

　　11.2　徐州铁路枢纽电气化改造应急工程信号标段工程包括：10 车场（站）3 区间，含徐州客站、Ⅰ场（下到场）、Ⅲ场（下发场）、Ⅳ场尾、Ⅴ场（上到场）、Ⅵ尾、Ⅶ场（上发场）、Ⅷ场（交换场）等。于 2005 年 8 月开工，2006 年 7 月竣工。

　　采用本方法后，经济效益明显。

　　11.3　京沪电气化改造电务工程中的德州至大河段信号工程，起自 K238＋000，止于 K422＋300，正线 184.3km，包括 21 个车站及其所属区间，有禹城、于官屯、黄河涯、平原、张庄、晏城北、盐城、焦斌、桑梓店、洛口、崮山、青杨等。2005 年 10 月 28 日开工，于 2006 年 6 月 30 日竣工。

　　在该工程中采用本方法后，提高了施工效率，降低了成本。

轨道交通 TETRA 系统施工调试工法

GJEJGF157—2008

中国铁路通信信号上海工程有限公司

李士寒　冯燕媛　王志麟　李春

1. 前　　言

TETRA 数字集群通信系统采用 TDMA 时分多址技术，是目前世界上应用最为广泛的数字集群系统之一，也是我国推荐引进的主要技术标准体系之一。TETRA 数字集群通信系统能够提供多种不同功能与业务，可以完成话音、电路数据、短数据信息、分组数据业务的通信和以上业务的直接模式（移动台对移动台）的通信。

与传统的模拟集群相比，TETRA 数字集群通信系统具有频率利用率高、通信质量好、安全保密性能高等诸多优势。由于 TETRA 数字集群通信系统良好的开放性和优良的调度功能，目前已替代模拟集群，成为轨道交通无线调度通信的主要制式。

轨道交通无线调度通信系统，是轨道交通的运输指挥系统，是提高运输效率、确保行车安全及应对突发事件的必要手段。随着我国轨道交通建设的高潮，TETRA 数字集群通信系统建设应用的要求也越来越广泛。

中国铁路通信信号上海工程有限公司承建了上海轨道交通 10 多条线的无线通信系统工程施工安装调试。在上海轨道交通 8 号线工程施工调试过程中，研究开发了本工法，并在 5 号线及 1、2 号线改造、9 号线、6 号线等多项后续工程中，不断应用并改进完善，取得了系统工程质量好，调试开通效率高的显著效果。

2. 工 法 特 点

2.1　方法科学先进

针对 TETRA 数字集群通信系统的技术特点，分集中调试、安装调试与动态调试三个步骤，使整个系统调试过程能够与施工安装过程相结合，科学有序；并开发利用空中接口层三信令进行系统服务质量调测的施工调试方法，技术先进。

2.2　质量控制严密高效

抓住无线通信场强覆盖的关键问题，采用 3 次场强覆盖调试和 2 阶段干扰调试技术，控制了由漏泄同轴电缆布放、基站设备安装及参数配置等造成的系统质量问题，并采用动态场强覆盖调试和 TETRA 数字集群通信系统服务质量调试技术，使整个调试过程质量控制严密高效。

2.3　调试工艺规范化、标准化、系统化

按 TETRA 数字集群的系统组成，制定基站、直放站、分布系统等各子系统的调试工序，调试工艺标准、规范、统一；并按施工调试进程，进行单机调试、基站直放站联调、系统调试等，使整个调试工艺系统、优质高效。

3. 适 用 范 围

本工法适用于由数字集群系统的基站、直放站、分布系统等组成的轨道交通无线调度通信系统。

4. 工 艺 原 理

根据 TETRA 数字集群通信系统的技术特点，分集中调试、安装调试与动态调试三个步骤进行施工调试。根据轨道交通链状组网的特点，在集中调试阶段采用基站、直放站集中联调法，模拟真实的组网情况，发现系统组网的隐性问题，提高工程质量；针对轨道交通无线场强分布的系统要求，分三阶段进行场强调试：漏泄同轴电缆布放后的初次场强测试和调整，设备加载后的场强调试，系统动态场强覆盖调试；另外，在城市轨道交通的地面线路及停车场部分，由于公网和其他专网覆盖比较密集，互相干扰影响较大，为了保证工程质量和提高施工效率，采用二阶段干扰分析调试方法：施工前期的干扰勘查和动态调试阶段的系统服务质量测试，最大程度降低干扰影响；在动态调试阶段，除进行场强及干扰调试、系统业务及功能试验外，还增加了采用空中接口层三（AI-3）信令测试技术进行 TET-RA 数字集群通信系统无线网络服务质量调试，确保轨道交通无线调度通信系统的安全可靠。

本工法的关键技术是：
1）基站、直放站集中联调技术；
2）三阶段场强覆盖调试技术；
3）二阶段干扰分析调试技术；
4）空中接口层三（AI-3）信令施工调试技术。

5. 工艺流程及操作要点

5.1 调试工艺流程

轨道交通 TETRA 无线调度通信系统调试工法流程图见图 5.1。

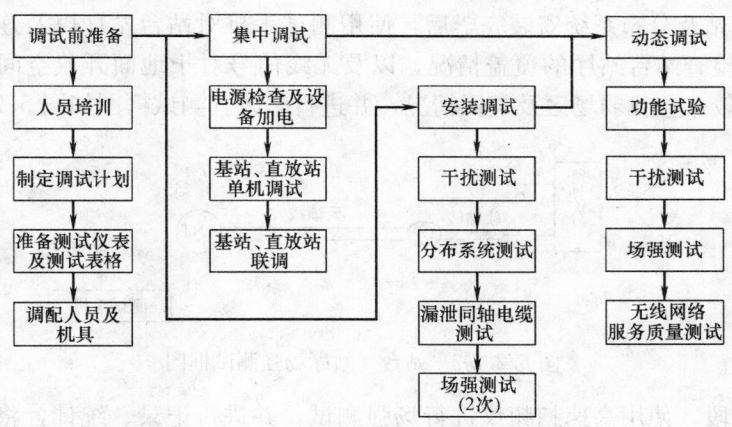

图 5.1 工艺流程图

5.2 操作要点

5.2.1 基站、直放站集中联调

在对基站和直放站单机调试完成后，通过基站、直放站集中联调法将基站与直放站按系统组网结构连接起来，模拟真实网络的组网情况（基站、直放站集中联调框图见图 5.2.1）。通过集中联调及早发现系统组网中的各种隐性问题，如上行接人功率过小、系统误码率大等。集中联调内容包括：下行输出功率、上下行功率平衡、系统

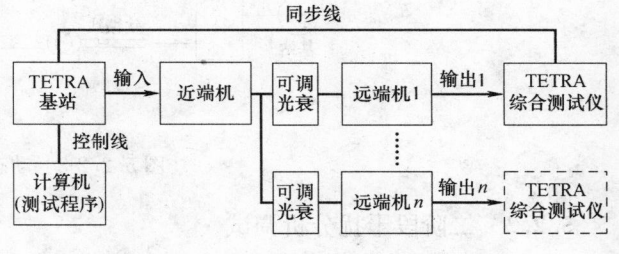

图 5.2.1 基站、直放站联调框图

误码率等。针对调试发现的问题，及时进行参数调整。调试中具体要求有如下几点：

1）应按照设计组网结构进行网络搭建，并对基站和直放站做好相应的标识。

2）可调光衰设置值为近端机与远端机之间的实际光缆线路衰减值，若无实际衰减值时可根据公式（5.2.1）进行估算：

$$a=a_0 \times L+1.4 \tag{5.2.1}$$

式中　a——光缆线路衰减（dB）；

　　a_0——每公里衰减值，1550 波长取值 0.22；1310 波长取值 0.36；

　　L——光缆线路长度（km）。

3）调试时基站与综合测试仪应使用 T1 测试信号。

4）调试时应采用由近至远的调试方法，先从离近端机最近的远端机 1 开始调试，然后逐个往后进行调试。

5）应根据设计要求调整每个远端机的输出功率，同时根据误码率进行上、下功率平衡调整。

5.2.2　三阶段场强覆盖调试

1. 在漏泄同轴电缆安装完毕后，使用信号源及测量接收机对区间线路进行场强测试。通过测试检查漏泄同轴电缆覆盖情况，并通过测试结果与设计值进行比较，查找弱场区，并进行整改，提高工作效率。测试框图如图 5.2.2-1。

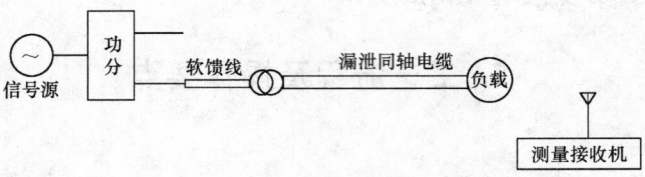

图 5.2.2-1　区间线路场强测试框图

2. 在基站、直放站及分布系统安装完毕后，使用测试手机对站台站厅以及连接地面的出入口进行场强测试。通过测试检查站台站厅的覆盖情况，以及无线信号对于地面开放空间的泄漏情况。对测试结果与设计值进行比较，查找弱场区及越区情况，并进行整改。测试框图如图 5.2.2-2。

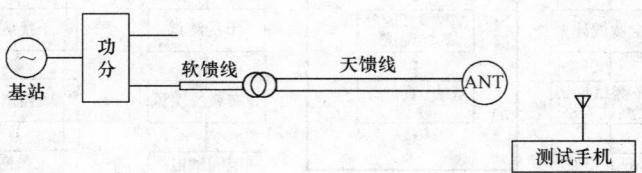

图 5.2.2-2　站台、站厅场强测试框图

3. 在动态调试阶段，使用高速扫频仪进行场强测试，并进行记录、统计，将所测试的场强值绘制成曲线。通过高速度的移动测试和高密度的连续测试，对轨道交通真实运行中的场强覆盖状态进行测试。测试框图如图 5.2.2-3。

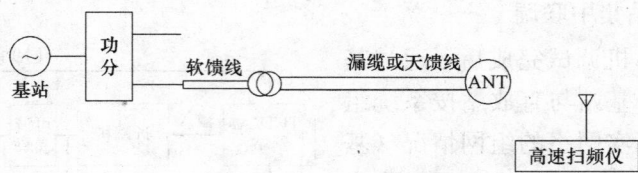

图 5.2.2-3　动态场强测试框图

5.2.3　二阶段干扰分析调试

在数字集群通信系统中干扰主要分为外部干扰和内部干扰，根据这两种干扰的不同特点，制定出

二阶段干扰测试法，进行针对性测试。

1. 在设备安装调试前，对轨道交通地面区间线路及停车场进行干扰测试。测试频点为系统所使用的频点及其邻频。测试框图如图5.2.3-1，测试项目包括同频干扰和邻频干扰。

2. 在动态调试阶段，使用干扰测试仪对轨道交通地面区间线路及停车场进行干扰测试。通过测试服务小区无线信号质量（C/I），对较差C/I值地区进行定位，判断干扰存在的原因，并进行排查。测试框图如图5.2.3-2。

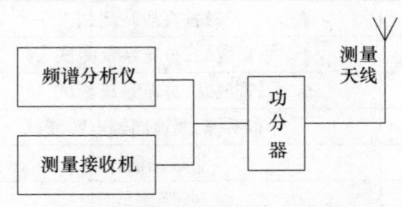

图 5.2.3-1　安装前干扰测试框图

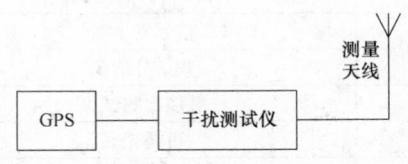

图 5.2.3-2　动态调试干扰测试框图

5.2.4　空中接口层三信令测试

通过对无线网络服务质量测试，真实反映系统的实际运行情况并且获取用户的主观感受，以量化的指标来体现整个网络的服务质量，从而在整体上确保轨道交通无线调度通信系统的安全可靠。在无线网络服务质量调试过程中，引入了空中接口层三信令的测试技术，以更加科学、准确的客观评估替代了人为的主观评估。同时由于空中接口层三信令测试技术采用计算机程序控制，因此可以将测试数据进行保存和回放，便于分析，同时可以大大减少调试的工作量，提高测试效率和精确性。

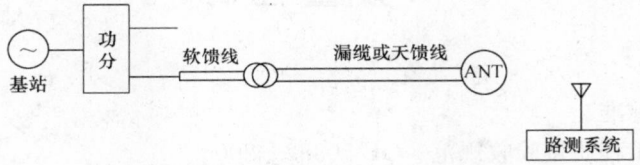

图 5.2.4-1　无线网络服务质量测试框图

在调试过程中使用路测系统对空中接口层三信令进行分析，对呼叫时延、语音质量、越区切换、系统入网时间、接通率、掉话率等进行自动分析统计。测试框图如图5.2.4-1。

以呼叫时延为例，通过自动计算机计算 U-SETUP 与 D-CONNECT 之间的时间间隔，统计呼叫建立时延。呼叫建立信令流程图如图5.2.4-2。

5.3　劳动组织

根据 TETRA 无线调度系统组网大小确定人员配备，在调试过程中，班组及人员设置如下：

1. 集中调试：配置1个3~4人的班组（设班长1人，由技术人员兼任），其中技术人员2~3人，熟练工人1人。

2. 安装调试：根据组网大小配置1~2个班组，每个班组为3~4人（设班长1人，由技术人员兼任），其中技术人员1~2人，熟练工人2人。

3. 动态测试：配置1个2~3人的班组（设班长1人，由技术人员兼任），全部为技术人员。

调试人员应经过专业的技术培训，充分掌握 TETRA 无线调度系统原理和调试技术；司机应持证上岗。

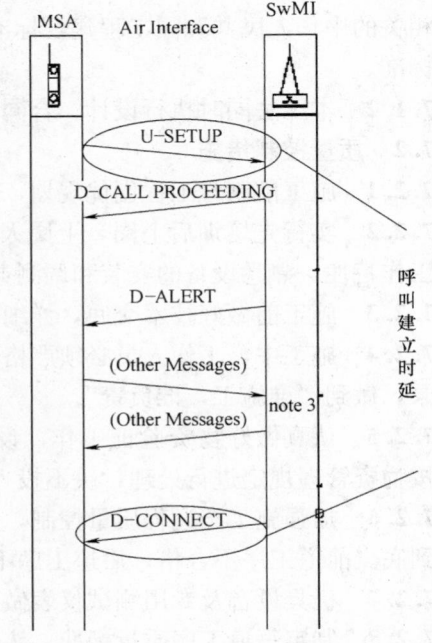

图 5.2.4-2　呼叫建立流程

6. 材料与设备

本工法无需特别说明的材料，采用的机具、仪表见表6。

主要使用机具、仪表   表6

序号	名　　称	单位	数量	主　要　用　途
1	TETRA综合测试仪	台	1	基站、直放站测试
2	信号发生器	台	1	直放站、分布系统测试
3	频谱分析仪	台	1	直放站、分布系统测试
4	驻波比测试仪	台	1	分布系统、漏泄同轴电缆测试
5	可调光衰	台	4	直放站测试
6	高速扫频仪	台	1	场强测试
7	路测系统	套	1	无线网络服务质量测试
8	基站控制线及测试软件	套	1	基站测试
9	路测系统数据线及测试软件	套	1	无线网络服务质量测试
10	数字万用表	只	2	电压测试
11	电脑	台	2	基站、无线网络服务质量测试
12	常用工具	套	1	

7. 质 量 控 制

7.1 质量控制标准

7.1.1 本工法执行标准

《城市轨道交通通信工程质量验收规范》GB 50382—2006

《数字集群通信工程设计暂行规定》YD/T 5034—2005

《数字集群通信设备安装工程验收暂行规定》YD/T 5035—2005

设备厂商提供的安装指导文件

相关的中华人民共和国工程建设标准强制性条文以及其他相应的国家施工及验收规范、质量检验评定标准。

7.1.2 本工法同时执行设计、合同技术要求等的规定。

7.2 质量控制措施

7.2.1 施工前制订工程创优规划，工程实施严格执行。

7.2.2 实行先培训后上岗，上岗人员应了解TETRA无线调度通信系统基本原理，掌握天线和馈线的工作特性，熟悉设备的安装和调测方法。

7.2.3 施工前做好技术交底，详细交代本工程的技术标准，操作工艺及质量要求。

7.2.4 施工中，工作人员必须严格遵守施工工艺规定，认真、及时、详细填写与本工序有关的质量记录，做到"谁施工，谁负责"。

7.2.5 认真做好物资验证工作，设备材料在安装使用前，要认真检查，做好记录，对不合格产品，按物资管理规定进行处理，决不投入使用。

7.2.6 加强施工全过程质量控制，严格执行质量"三检"制，把质量管理纳入岗位责任制，做到纵向到底。前道工序不合格，后道工序不允许继续进行。

7.2.7 机具设备及专用测试仪表做到专人使用、保养、管理，确保满足施工要求。

7.2.8 制定每道工序质量标准，认真做好各项工序的实时记录和测试报告，以客观、准确地反映施工实际情况。

8. 安 全 措 施

8.1 贯彻执行"安全第一、预防为主"的安全生产方针，保证轨道交通工程施工中的人身安全及行车安全。严格执行部颁标准《铁路工程施工安全技术规程》（TB 10401—2003）的有关规定，以及国家、地方相关安全生产管理规定。

8.2 建立施工安全生产保障体系，执行安全生产责任制。安装调试人员需定期进行安全教育。

8.3 安装调试工作开始前，要做好技术交底，明确施工安装、调试中的安全分工，进行统一指挥。

8.4 调试班组每天要进行班前点名，并针对当天的工作内容，明确安全注意事项及采取的安全技术措施，并将内容记入当天的工班日志。

8.5 每天检查运输车辆、机具设备的状况，确保机械设备、仪器仪表的安全使用。

8.6 外场施工时，登高作业人员必须具备国家安全部门颁发的岗位作业证。塔上作业人员必须使用安全保险带，天馈施工人员必须头戴安全帽。

8.7 机房施工时，应保证机房环境满足设计要求，并配备足够有效的消防器材。

8.8 系统调测前，要特别注意对电源电压、接地体、零地电压等的检查，确认符合要求。

8.9 调试过程中调试人员要服从调试组长的命令，不得误动设备及违反有关操作规程。

8.10 进行光设备调试时，要特别注意人眼不得对着输出光源看。

8.11 调试设备输出功率偏高时，宜事先在仪表与设备间加接衰减器，以免过载烧坏设备或仪表。

9. 环 保 措 施

9.1 施工调试前先对危险源及环境影响因素进行识别；TETRA 数字集群通信系统施工调试中的主要环境污染因子为电磁辐射及场强干扰。

9.2 通过对轨道交通站台站厅、地面开放空间的电磁环境进行测试，确保电磁辐射符合《电磁辐射防护规定》（GB 8702）的规定。

9.3 通过下列调整，在保证系统场强覆盖要求的前提下，保证对其他无线系统的干扰最小，并符合无线电管理委员会的要求：

1. 合理调整基站、直放站发射功率；
2. 调整发射天线半功率角、下倾角、高度、方位角等。

10. 效 益 分 析

本工法施工工艺具有规范化、标准化、系统化的特点，有利于提高工效，缩短工期，降低成本。

本工法针对 TETRA 数字集群通信系统的技术特点，提出了集中调试、安装调试与动态调试的三步骤调试程序，使整个系统调试过程能够与施工安装过程相结合，集中调试和安装调试可以根据施工进度和工期安排，同时或穿插进行，大大减少了调试时间。

本工法采用 3 次场强覆盖调试和 2 阶段干扰调试，控制了由漏泄同轴电缆布放、基站设备安装及系统参数配置等各个安装过程的质量，避免了系统调试中的徒劳和反复无序的工作量，大大降低了成本。

开发利用空中接口层三信令进行系统服务质量的施工调试，技术先进，测试精度更高，提高了施工调试的效率和质量。

以上海轨道交通 8 号线为例，无线调度通信系统采用 TETRA 数字集群系统，全线共设 TETRA 基站 7 处、直放站 24 处，漏缆线路长度为 22.4km。按照轨道交通国家定额计算，集群基站设备安装调试需 160.72 工日，直放站设备安装调试需 1400.64 工日，集群基站系统调测需 69 工日，直放站系统调测需 38.5 工日，漏缆调整测试需 67.2 工日，场强调测需 10 工日，全线无线系统调试与开通需 69.69 工日，这样整个系统调试共需 1815.75 工日。由于本工法的成功应用，集中调试所用工日为 15 工日，安装调试所用工日为 60 工日，动态调试所用工日为 15 工日，实际系统调试仅用了 90 个工日，所用工日仅为计划的二十分之一，且系统质量更稳定可靠。

城市轨道交通建设，是国家基础建设的重头。在国家拉动内需、加大基础建设的宏观经济调控政策的引导下，轨道交通建设的投资比例不断加大，建设高潮迭起。

采用本工法，能控制无线调度系统施工安装、调试、动态试验等全过程的质量，并优化施工安装调试流程、提高施工效率，对推动轨道交通建设、保障列车安全运行、发挥轨道交通线的建设功能，具有较大的作用，其社会效益和经济效益非常明显。

同时，本工法采用的三阶段场强覆盖调试、二阶段干扰分析调试和空中接口层三信令测试等关键技术，在保证轨道交通无线系统质量的同时，也有效控制了无线系统建设的环境污染问题——电磁辐射及场强干扰，其节环保效益也很明显。

11. 应 用 实 例

中国铁路通信信号上海工程有限公司承建了上海轨道交通 10 多条线的无线通信系统工程建设。在参与上海轨道交通 3 号线、4 号线无线调度系统的施工调试过程中，对 TETRA 系统网络服务质量评价进行了研究，成果获得了业内专家的认可。在 8 号线工程施工调试过程中，进一步开发了本工法，并在 5 号线、1 号线及北延伸、2 号线改造、3 号线北延伸、9 号线、6 号线等 10 多项后续工程中，不断应用并改进完善，取得了系统工程质量好，调试开通效率高的显著效果。

上海轨道交通 5 号线全线 17.2km、11 个车站、1 个停车场、1 个控制中心，其专用无线系统施工包括控制中心设备安装，基站、直放站安装，天馈线、漏缆敷设，以及系统调试等。上海轨道交通 5 号线专用无线系统工程正式开工时间为 2006 年 7 月 16 日，并于当年 12 月即行预验收，时间相当紧张。同时因为是对旧系统的改造，项目实施需要一边运营、一边改造，夜间施工、雨季施工，加上运营维护等各种干扰等，施工难度非常大。施工单位精心组织，并采用自主开发的"轨道交通 TETRA 系统施工调试工法"进行施工调试，保证了施工质量和工期要求，整个专用无线通信系统的功能、技术指标均达到了设计要求。

上海轨道交通 1 号线专用无线系统改造工程，是将前期工程（1 号线正线、1 号线北延伸、1 号线富锦路停车场）的模拟集群无线系统全部改造成 TETRA 数字集群系统，将调度指挥系统统一到一个平台上。包括新闸路控制中心、28 个车站、新龙华车辆段和富锦路停车场的基站、天馈线、光纤直放站、漏泄同轴电缆等敷设和设备安装、系统调试等，任务相当艰巨。由于采用本工法，施工方法科学、调试技术先进、质量控制有效，因此系统质量有了较大的提升，得到了业主和设计、监理等各方面的好评。

单拱暗挖车站上穿既有地铁线施工工法

GJEJGF158—2008

中国中铁股份有限公司

李开言 杜华林 王建军 王立川 马锁柱

1. 前 言

随着我国城市现代化水平的不断提高，地铁建设项目的数量和规模逐渐增大，地下空间的开发利用也向多元化、立体化方向发展，常会出现新建地铁隧道上穿或下穿既有地铁构建筑物这一新课题。当在既有地铁隧道上方或下方进行新建地铁施工时，对既有隧道的顶部或底部卸载会引起其结构的隆起、下沉变形。运营地铁构建筑物对其结构的变形要求极其严格，如何控制既有隧道的隆起变形便成为急需解决的问题，施工中采用合理的施工方法对变形的控制至关重要。

在北京地铁五号线建设中，依托06标东单站暗挖段上穿1号既有地铁线王府井~东单区间、05标崇文门车站暗挖段下穿2号线既有地铁北京站~崇文门区间、18标雍和宫~和平里北街区间隧道下穿2号线既有安定门~雍和宫区间，进行了《浅埋暗挖法近距离穿越既有地铁构筑物关键技术研究》科技攻关，取得了成功的技术成果，于2006年3月通过了北京市科学技术委员会的鉴定，并获得了2007年北京市科技进步二等奖。其中，东单站中部横跨长安街道路范围为单层一拱双柱暗挖结构

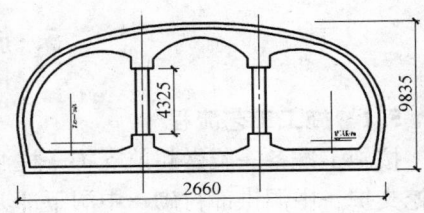

图1 单层一拱双柱车站结构标准断面图

（图1），采用"中柱法"及配套措施成功建成，现在此基础上总结形成工法。

2. 工 法 特 点

先进行拱部范围内大管棚超前支护；将单层单拱双柱暗挖车站按"中柱法"横向分成侧洞、柱洞、中洞五部分，每部分分为3层进行施工。在施工过程中对新建车站底部穿越既有隧道部位周边土体采取地层注浆、锚杆加固等系统性保护措施，可严格控制既有线隧道结构隆起变形，确保既有线隧道的绝对最大位移、变形曲率半径、相对弯曲变形控制在规定范围内，可严格控制施工地段的地表沉降和地层变位，确保变形值控制在规定范围内，能充分保证既有线的正常运营和既有线结构使用年限不受影响，对周围环境的不良影响极小。柱洞及施工分块见图2。

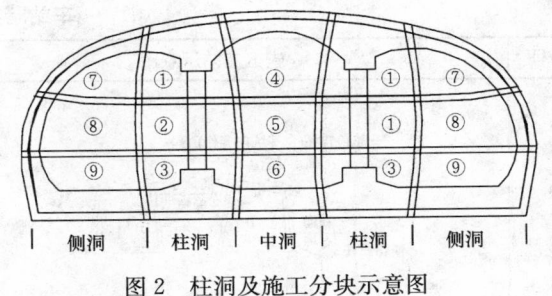

图2 柱洞及施工分块示意图

3. 适 用 范 围

适用于浅埋大跨单拱两柱暗挖结构上穿既有地铁、铁路线等地下工程施工，其他类似地下工程可供借鉴和参考。

4. 工 艺 原 理

在先进行超前支护的前提下，车站采用"中柱法"施工，将整个断面横向分为：侧洞、有柱的柱洞和中洞 5 部分，每部分分为 3 层进行施工。先自上而下对称施工柱洞初期支护，再由下而上施作柱洞二衬，建立起纵梁、中柱支撑体系。完成后施工两个柱洞之间的中洞初期支护和二衬，形成整个大中洞稳定体系，再对称自上而下施工两侧洞的初期支护，最后纵向分段自下而上对称施作侧洞二衬，完成结构闭合，使高跨比小的大断面结构被分解成高跨比合适的小断面。

施工中对新建车站底部穿越既有隧道部位周边土体进行注浆加固和设置预应力锚杆加固，采取减小单次卸载量、分阶段施加预应力锚杆等措施及时补偿部分卸载量。同时对既有线监控量测布点，24h 不间断远程进行电子监测，根据监测信息及时进行信息反馈和设计施工参数调整，结合施工二衬及时补偿卸载，以减小并控制既有线隧道的变形在一定范围内。形成加固、开挖、补偿、再加固、再开挖、再补偿的卸载模式，得以从改变新建暗挖车站底部和既有隧道周边土体性质、及时补偿部分卸载和降低地下水位等方面来增强既有隧道抗卸载纵向变形，有效控制既有隧道隆起。使工程结构施工中的地层变形和应力得到有效地控制，充分确保既有线运营的绝对安全。

5. 施工工艺流程及操作要点

5.1 施工工艺流程

按施工准备→施做超前支护→柱洞对称开挖支护→柱洞底纵梁、钢管柱及顶纵梁施工→中洞拱部开挖支护→中洞拱部衬砌→中洞下部开挖→中洞底板衬砌→侧洞对称开挖支护→侧洞对称衬砌→内部结构施工的施工工艺流程顺序进行，具体施工步序参见表 5.1。

5.2 操作要点

5.2.1 施工准备

1. 针对工程环境、技术难点和设计要求，进行技术研讨与方案论证、选择，进行施工方案最大可能的优化和细化。

2. 大管棚施作的机械设备选型及进场。

3. 通过两侧明挖基坑外降水井降低地下水位，保证开挖无水作业。

4. 有针对性给施工班组下达书面技术交底，并将技术传达到每个工人，同时进行现场交底。

车站暗挖段施工步序   表 5.1

序号	施工工艺示意图	文 字 说 明
1		第一步：施作超前支护，开挖中部两侧 1 号洞室，施作初期支护，两侧同号洞室宜对称同步开挖，注浆加固以下地层
2		第二、三步：采用台阶法前后开挖两侧 2、3 号洞室，施作初期支护，两侧同号洞室宜对称同步开挖，1、2、3 号洞室纵向间距 3～5m 左右

序号	施工工艺示意图	文 字 说 明
3		第四步：局部基底注浆加固并施工预应力锚杆,施做基底防水及底纵梁,架设钢管柱,施做相应顶部防水及顶纵梁;预设施工缝,设临时支撑固定
4		第五步：中洞上台阶Ⅰ部开挖,纵向紧跟施作拱顶初期支护,两侧临时中隔壁穿孔及时架设顶梁水平型钢支撑
5		第六步：中洞Ⅰ部纵向紧随下台阶开挖,视监测情况调整型钢支撑,分段凿除顶部两侧临时中隔壁并施作中拱顶板防水与二次衬砌;二衬宜采用满堂红碗扣式脚手架＋可调圆弧模板
6		第七步：继续开挖中洞中间Ⅱ部,施作初期支护
7		第八步：跟随开挖中洞下台阶Ⅲ部土体,穿洞架设临时钢支撑,开挖至基底及时封闭底部初期支护,Ⅱ、Ⅲ号洞室纵向间距3～5m左右
8		第九步：凿除两侧临时中隔壁,完成中洞底板防水层及二衬
9		第十步：中洞内衬形成稳定承重结构后,开始侧洞4号洞室对称开挖初支

序号	施工工艺示意图	文 字 说 明
10	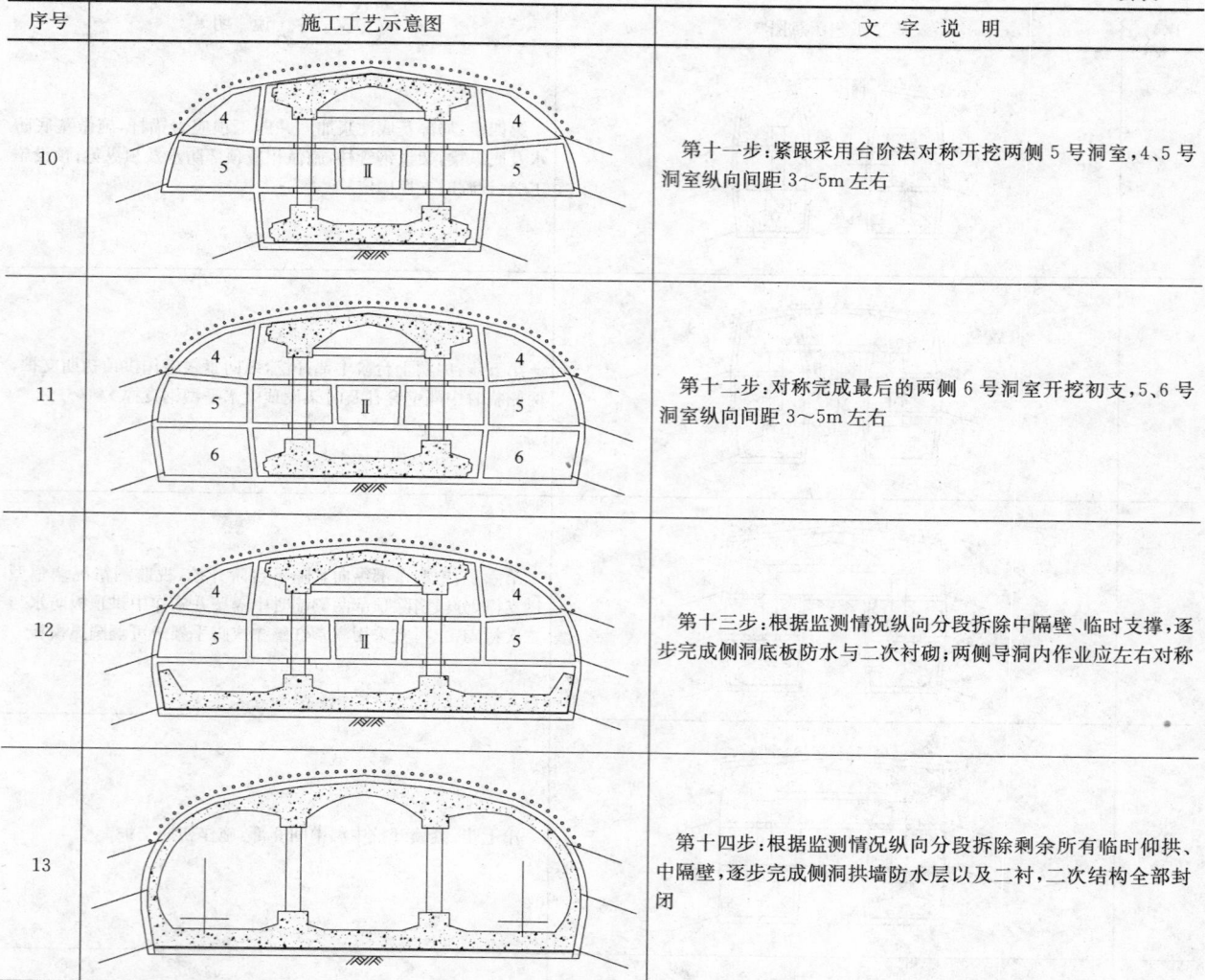	第十一步:紧跟采用台阶法对称开挖两侧5号洞室,4、5号洞室纵向间距3～5m左右
11		第十二步:对称完成最后的两侧6号洞室开挖初支,5、6号洞室纵向间距3～5m左右
12		第十三步:根据监测情况纵向分段拆除中隔壁、临时支撑,逐步完成侧洞底板防水与二次衬砌;两侧导洞内作业应左右对称
13		第十四步:根据监测情况纵向分段拆除剩余所有临时仰拱、中隔壁,逐步完成侧洞拱墙防水层以及二衬,二次结构全部封闭

5.2.2 超前支护

1. 大管棚施工

管棚采用"TT40型水平导向钻机钻 ϕ180 导向孔,然后采用 TT145 型夯管锤夯进 ϕ159 钢管"的方法施工。

2. 超前小导管施工

小导管头部加工成尖锥状,尾部焊箍,管壁上钻注浆孔(ϕ6mm),间距50cm,梅花形布置,离尾部60cm内不开孔,顶入长度不应小于管长的90%。

在初支喷混凝土后用风镐排设,均布在格栅钢架下且密贴,排设后与拱架主筋焊接。超前注浆采用水泥—水玻璃双液浆,注浆压力0.5～0.7MPa,注浆量及压力双控。

5.2.3 开挖支护

柱洞、中洞和侧洞开挖均采取台阶法开挖,分三层共十五部开挖初支,两侧同号洞室宜对称同步进行,每分部之间用临时中隔壁及仰拱分割。

1. 初期支护采用钢格栅＋连接筋＋C20网喷混凝土支护体系;临时支护采用工字钢＋纵向连接筋＋C20网喷混凝土支护体系;每洞室各层台阶长度3～5m左右。1部与3部掌子面保持6～10m距离。

2. 暗挖车站外轮廓拱墙径向外放10cm,循环进尺0.5m(每榀拱架的间距),严格按开挖外轮廓线开挖,避免超挖,禁止欠挖;拱部采用弧形导坑预留核心土人工开挖,为确保施工安全,要求开挖掌子面进行刷坡，不得陡于2∶1，及时用喷混凝土封闭掌子面，严禁垂直或甚至于反坡开挖。

3. 钢架安设：加工要达到连接板布置合理，尺寸与结构精准。安装架立前必须核对拱架的型号、方向和尺寸，禁止使用不合格拱架，并应清除底脚下的虚碴及其他杂物，超挖部分用混凝土或砖块垫实，必要时在拱脚设一暗梁，纵向连接筋加密，用喷混凝土喷实，严禁拱脚置于虚土上；架设中需要控制好间距、同步、标高、净空、垂直度，接点要对齐，螺栓要上齐、拧紧；由于开挖步序多，土体多次扰动，要求在每小洞室拱脚布设锁脚锚管，注浆加固，减少沉降。

4. 连接筋、钢筋网安设：纵向连接筋采用搭接焊接连接，要求焊缝长度符合要求，焊接饱满，无药皮，保证无漏焊、焊伤现象；纵向连接筋成一条直线，环向间距误差控制在3cm之内，与钢架主筋焊实；钢筋网片要求与钢架主筋点焊。

5. 喷射混凝土施工：喷射混凝土前，施工缝进行认真清理，保证底部无虚渣、积水；要求喷射混凝土密实，无空洞，不得出现脱落和露筋现象；钢架间喷射混凝土厚度满足设计要求，无大的起伏凹凸，表面平整圆顺，做到密实；喷射作业应分段、分片、分层，由下而上，依次进行，如有较大凹洼时，应先填平；分层喷射时，后一层喷射在前一层混凝土终凝后进行，若终凝1h后再进行喷射时，应先用风水清洗喷层表面；一次喷射厚度可根据喷射部位和设计厚度确定，拱部应为3～5cm，墙部为5～9cm。

6. 背后回填注浆：每洞室支护封闭3～5m后，即进行初支背后回填注浆，填充背后孔隙，抑制地表下沉；背后注浆管每断面布置3根，分别设于拱顶和两侧拱肩部位，纵向间距3m；注浆管采用φ42小导管，长度50cm，在喷射混凝土前预埋，并与格栅钢架焊接在一起，内端用牛皮纸包裹，外端露出支护表面10cm，用棉纱封堵加以保护，采用0.3～0.4MPa压力注（1∶1）水泥浆；对回填注浆后仍有漏水现象的区域，进行重新排管再注浆、多次注浆，直到渗漏水被堵住为止。

5.2.4 二次衬砌施工

1. 底纵梁衬砌

底纵梁分段（长7m左右）施工，采用酚醛板外背方木龙骨联合钢管支撑作为模板支撑体系。底纵梁混凝土为大体积混凝土，对商品混凝土采取双掺技术、控制水胶比，防止混凝土由于温度应力及约束条件而开裂。混凝土采取纵向分段竖向分层自下而上浇筑，严格控制分层厚度。由于钢筋较密，采用较大坍落度混凝土，用小直径振捣棒插入式振捣，在钢管柱底座附近小心振捣，避免对钢管底座的扰动。

2. 钢管柱施工

钢管柱的钢管采用工厂加工，钢管、钢筋笼现场吊装，混凝土使用商品混凝土。

钢管在工厂生产完成后，需对其进行探伤试验和垂直度、长度等各项常规检查。到现场吊装完成后，对钢管柱的位置进行严格的测量定位。钢管与底盘焊接完成后，需再次对焊缝进行探伤试验，并对其的垂直度严格把关，连接法兰采用抗剪高强螺栓，按照要求进行。最后浇筑混凝土，避免与管内壁产生空隙，采用微膨胀混凝土。

3. 顶纵梁衬砌

1）顶纵梁铺设防水板时，预留接头距要破除中隔壁500mm，边沿用双面胶带固定在防水垫层上，以防破除中壁混凝土时风镐碰破及割除格栅时烧伤防水板。

2）顶纵梁的钢筋预留接头应远离防水板并考虑冷挤压设备的操作空间。

3）由于顶纵梁截面较大，需提前破除相应部位临时仰拱的喷混凝土，不割除仰拱钢架，底部竖向脚手架座在已施工的底纵梁上，同时设置扫地杆和剪刀斜撑，确保整体刚度，以免失稳。

4）顶纵梁采取分段（长7m左右）施工，采用酚醛板外背方木龙骨联合碗扣式满堂脚手架形成模板支架系统。混凝土浇筑口设在端头板上部，同时在纵梁侧面上方间隔设置排气孔，采用高性能免振自密实混凝土。

4. 中洞扣拱衬砌

中洞扣拱采取纵向分段施工，将影响施工的临时支护分段拆除，采用组合可调圆弧钢模板＋碗扣式满堂红脚手架模板支撑体系，依据初期支护方向施工二次衬砌，纵向分段长度为 6～8m（一倍跨距左右），施工缝设在柱跨 1/3～1/4 跨度处。

5. 侧洞拱墙衬砌

侧洞开挖贯通后，逐段对称拆除中隔壁，每次拆除长度为一个衬砌循环的长度，严禁超前拆除。侧洞拱墙采用组合可调圆弧钢模板一次浇筑成型，纵向分段为 6～8m。

5.2.5 过既有线加固

为防止车站暗挖段在上穿既有线区间时，由于既有线上部卸荷而造成的区间隧道结构变形破坏，采用预注浆和锚杆对既有线进行地基加固。加固的范围为：①新建车站暗挖段横断面边缘一侧外延 6.49m 至另侧外延 6m；②沿新建车站纵向从到既有线隧道边缘前 6m 起至既有线隧道另一侧边缘后外延 6m；③加固深度为结构底部向下 9m。预注浆及预应力锚杆加固横断面范围见图 5.2.5。

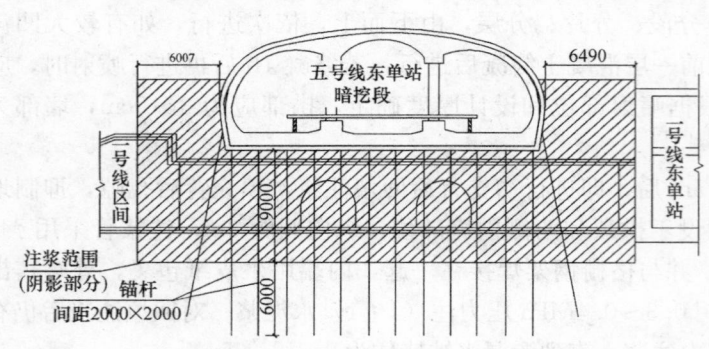

图 5.2.5　预注浆及预应力锚杆加固横断面范围示意图

1. 预注浆

在各个洞室的第 1 步开挖中，在洞内对下部土体进行注浆加固。预注浆参数可取孔间距 1.0m，梅花形布置，以达到整个地层空间才能注入浆体为目的。注浆材料选用抗压强度不低于 30MPa 的超细水泥浆，注浆压力 0.4～0.5MPa。

加固既有线注浆采用二重管无收缩双液注浆技术。二重管钻机钻杆具有成孔和双液注浆功能，确保钻孔和注浆连续、快速进行。钻孔时清水从端头混合器的端点送出，利于成孔；钻孔到所定深度，端点关闭进行横喷射切换，用注浆泵将双液浆同时压入外管和内管，并在端头混合器内混合进行横向喷射，使注浆液能浸透到地层中。注浆时采用电子监控手段实施定向、定量、定压注浆，使地层的空（孔）隙间充满浆液并固化，改变岩土层的性状。采取后退式注浆，后退幅度每步为 15～30cm，匀速后退，当压力突然上升或从孔壁溢浆时，应立即停止注浆，查明原因后采取调整注浆参数或移位等措施重新注浆。二重管钻机的钻杆兼作注浆管，为钢管 $\phi42$（或 $\phi33.5$），双重管，外管压入 A 液，内管压入 B 液。连接钻机和注浆泵的管材为高压胶管；止浆系统通过注入浓浆封堵钻杆和孔壁的间隙来实现。

2. 锚杆加固地层

锚杆间距呈梅花形布置，间距 2m×2m，锚杆长为 15m 及 10m 两种，贴近既有线区间采用长锚杆；主体结构边缘锚杆为斜向外侧下方设置（与垂直方向夹角为 10°），其余为垂直向下设置。杆体材料为 2ϕ32 特种螺纹钢（与锚具配套），全长为锚固段，锚杆轴向拉力设计值 230kN；锚杆注浆材料为水泥浆，其抗压强度不低于 30MPa。

锚具和连接锚杆杆体的受力部件，均承受 95％的杆体极限抗拉力；锚杆预应力锁定值取轴向拉力设计值的 0.6～0.8 倍；锚杆施工前，取两根锚杆进行钻孔、注浆、张拉锁定的试验性作业，考核施工工艺和施工设备的适应性，锚杆孔深不应小于设计长度，也不宜大于设计长度 1％，钢筋的接头应采用单面搭接焊，并排钢筋的连接采用分段点焊。

采用地质钻机钻设 ϕ100 孔至设计深度，后置入杆体，杆体连接在孔口进行，杆体上间隔设置定位器；及时采用软管后退式注入水泥浆，待浆液达设计强度后，采用穿心式千斤顶按设计预张力的 0→0.5σ→1.0σ（持荷 2min、锁定）程序进行。

5.2.6 远程监测

在暗挖车站施工期间，必须对既有地铁进行全天候实时监控量测，传统监测技术在高密度的行车区间内无法实施，且不能满足对大量数据采集、分析以及及时准确的反馈，因此采用远程自动化监测系统对既有线的结构和轨道变形进行每天24h监控量测。该系统由在量测部位安装的测量元件、数据传输线、监控室的终端计算机组成。监测项目如下：

1. 既有线结构变形监测

结构沉降监测采用静力水准仪。以新建车站下33m长的既有线隧道为重点监测区域，上、下行线共布设24个测点。以2个结构缝处为重点监测对象，在结构缝的两侧各布设1个测点。针对施工可能影响到变形缝之间的胀缩，采用测缝计进行测量，每道变形缝上布设2只测缝计。

2. 轨道变形监测

1）走行轨结构纵向变形监测：

本项观测为监测重点，因静力水准仪的精度在沉陷量传递中精度明显高于水平梁式倾斜仪，故轨道变形监测采用在地铁排水沟中布设静力水准系统的方法进行监测。以新建车站下33m长的既有线隧道为重点监测区域，上、下行线共布设16个沉降测点，该系统同时可监测走行轨结构变形缝处的不均匀沉降。

2）采用变位计监测走行轨水平间距的相对变形，配合沉降测点上、下行轨共布设6只。

3）采用梁式倾斜仪监测走行轨左右水平的相对变形，配合沉降测点上、下行轨共布设6只。

具体限值及频率如表5.2.6-1、表5.2.6-2。

地表及轨道变形预警值和标准值（单位：mm）　　　　　　　　　　表5.2.6-1

变形类别		上拱	平移	沉降差	道床开裂	隧道结构与道床脱离
预警值	每日	3	1	2	0.5	1
	累积	18	4	6	1	3
标准值	每日	4	2	3	0.5	2
	累积	20	6	10	1	5

监测项目汇总表　　　　　　　　　　表5.2.6-2

序号	监测项目	监测仪器	监测频率
1	既有线结构沉降监测	静力水准系统	施工关键期：1次/20min 一般施工状态：1次/2h
2	既有线结构变形缝沉降监测	静力水准系统	施工关键期：1次/20min 一般施工状态：1次/2h
3	既有线结构缝胀缩监测	测缝计	施工关键期：1次/20min 一般施工状态：1次/2h
4	走行轨结构纵向变形监测	静力水准系统	施工关键期：1次/20min 一般施工状态：1次/2h
5	走行轨结构左右水平变形监测	梁式倾斜仪	施工关键期：1次/20min 一般施工状态：1次/2h
6	走行轨水平距离变形监测	变位计	施工关键期：1次/20min 一般施工状态：1次/2h

5.3 劳动力组织

劳动力组织按开挖支护、二衬混凝土施工两个班组采用三班倒的形式，重点是组织开挖支护班，其余施工按进度情况调整。具体情况见表5.3。

劳动力配备计划表　　　　　　　　　　表5.3

序号	工种	人数	备注	序号	工种	人数	备注
1	开挖工	45	每班15人	7	电工	3	
2	注浆工	18	每班6人	8	焊工	16	
3	混凝土喷射手	6	跟班作业	9	钳工	4	
4	防水工	9		10	汽车司机	3	
5	钢筋工	9		11	杂工及其他工	12	
6	混凝土工	20		12	合计	145	

6. 材料与设备

本工法不涉及需特别说明的材料，所需的机械设备情况参见表6。

机械设备配备情况表　　　　　　　　　　　　表6

序号	机械名称	规格型号	额定功率或容量	数量	备注
1	装载机	ZL40B	2.0m³	1	
2	混凝土搅拌机	JZ350	0.5m³/盘	1	
3	双液注浆泵	KBY-50/70	11kW	3	
4	砂浆泵	VB-3	3m³/h	3	
5	提升井架			1	
6	输送泵	HBT60C	60m³/h	1	
7	电动空压机	LGD-2000/7	132kW	1	
8	内燃空压机	VY—12/7	75kW	1	
9	湿喷机	TK-961	5m³/h	4	
10	电动葫芦	CD10T×30m	10t	3	
11	隧道专用风机	SDFNo6.5	800m³/min	2	
12	水平导向钻机	TT40 型		1	
13	夯管锤	TT145 型		1	
14	风稿			15	
15	组合可调圆弧钢模板			100	自有专利产品

7. 质量控制

7.1 质量标准

7.1.1 隧道施工质量符合《地下铁道工程施工及验收规范》GB 50299—1999（2003 年版）相关要求。

7.1.2 各种卸载和加载活动对运营地铁隧道的影响限度必须符合以下要求：

1. 地铁结构设施绝对沉降量及水平位移量≤20mm；
2. 隧道变形曲线的曲率半径 $R≥15000$m；
3. 相对弯曲≤1/2500。

7.2 质量控制措施

7.2.1 控制好大管棚施工精度，避免伤及管线或侵入净空，施工误差控制在±15cm 之内。

7.2.2 根据施工地层条件经试验室试配确定注浆浆液，确保超前注浆、回填注浆、地面跟踪注浆质量。

7.2.3 各洞室开挖断面应符合设计要求，接近开挖轮廓时必须采用人工修整以控制超挖，同时控制开挖台阶长度，竖向相邻洞室台阶长度宜控制在 3～5m 左右，水平相邻洞室掌子面保持在 6～10m左右，两侧洞必须同步开挖，通过中洞临时支撑连成一体，以减少偏压。

7.2.4 钢格栅使用前进行试拼，架立间距和连接质量均须符合设计要求。喷射混凝土厚度、强度必须满足设计和规范要求，平均厚度应大于设计厚度，最小厚度不小于设计厚度的 90%。

7.2.5 施工过程中根据监控量测信息反馈及时进行设计和施工参数调整，确保监控量测数据不超过管理基准值，确保变形速率最大不超过 5mm/d。

8. 安全措施

8.1 对既有线结构进行现状评估和施工风险分析，针对重大风险因素制定施工控制指标和控制标准，实行分级管理。

8.2 施工前充分了解地质资料，复查地下管线及构造物，必要时采取措施予以保护；施工中随时掌握地质变化及地下管线和构造物位置情况，严格控制施工参数，确保既有设施安全；遇有特殊情况立即停止施工，及时处理。

8.3 大管棚施工严格控制导向钻机及夯管锤的施工参数，特别是夯击频率，避免挤土效应过大造成破坏性影响。

8.4 各洞室开挖坚持先护顶后开挖原则。合理确定注浆参数，保证注浆达到预期目的；开挖中严格控制洞室间的纵向间距和开挖循环进尺，及时封闭初期支护。

8.5 结构衬砌施工时，临时支护分段拆除，每次拆除长度为一个衬砌循环长度，严禁超前拆除。

8.6 采用高精度远程自动化监测系统对既有线结构和轨道变形进行24h监控量测，以掌握施工期间既有线的工作状态，保证既有线的正常安全运营。

8.7 制定施工现场安全管理制度并严格执行。

9. 环保措施

9.1 合理布置施工场地，生产、办公设施布置在征地红线以内，施工场地围挡及临时设施要考虑到同周围环境协调。

9.2 做好周边环境保护，制定可靠的管线、既有建（构）筑物保护措施和地下管线抢修预案，确保城市公共设施安全。

9.3 将施工场地及道路进行硬化，适时洒水；针对土、石、砂、水泥等材料运输和堆放进行遮盖，减少扬尘污染。

9.4 采用先进的环保机械施工；对空压机、电动葫芦等机械采取设隔声墙、隔声罩等消声措施，确保离开施工作业区边界30m处噪声小于70dB，撞击噪声最大不超过90dB。同时，尽可能避免夜间有造成环境噪声和振动污染的作业项目施工；重型运输车辆的运行时间避开噪声敏感时段；较高噪声、较高振动的施工作业尽量安排在环境噪声值较高的白天施工。

9.5 在工作场地内设置沉淀池，按环保标准要求对施工废水进行沉淀净化处理，加强施工环境的洒水降尘。

10. 效益分析

东单站近距上穿既有地铁1号线工程，具有开挖断面大、地层条件复杂、距离既有隧道结构近、既有线变形控制严、施工工期长、施工工序多等特点和难点，为北京地铁五号线工程中的特级风险源。

本工法成功采用"中柱法"施工上穿既有地铁线的单拱大跨暗挖地铁车站，保证了施工安全和工期，并保证了既有一号线地铁的结构和运营安全，为后续类似地铁网线交叉、穿越既有地铁工程的建设都具有借鉴和指导意义，具有广阔的推广应用前景和很好的环境、技术、社会等效益。

另外，本工法较侧洞法和中洞法来说，造价相对低，且结构安全保障系数更高；同时对施工工期保障度较高，保证了新线按期运营和既有线正常运营盈利，经济效益明显。

11. 应用实例

11.1 北京地铁五号线东单站

11.1.1 工程概况

东单站暗挖段位于东单十字路口，横穿长安街，从既有地铁1号线王～东区间隧道上部穿过，与既有线东单站呈"丁字形"布置。

暗挖段采用单层一拱双柱复合衬砌结构形式，长度为63.8m，开挖宽为23.660m，高9.835m，覆土厚度5.5m。

11.1.2 地质情况

暗挖部分穿越地层为回填土、粉土、黏质粉土、圆砾卵石层、中粗砂层。暗挖段顶板位于粉土层，底板位于卵石圆砾层，结构主体上半部分主要处于粉土层。卵石圆砾层厚 3m，其下为 9m 厚粉土层。

11.1.3 与既有线关系

暗挖段上穿既有线（1 号线）的王～东区间，与既有线顶部结构外表面相距 0.5m，使其在里程 K210+69.68～K210+93.34（包括区间人防段东端变形缝和既有东单站西端变形缝之间的双线区间隧道以及两条迂回风道）范围受到影响（图 11.1.3）。

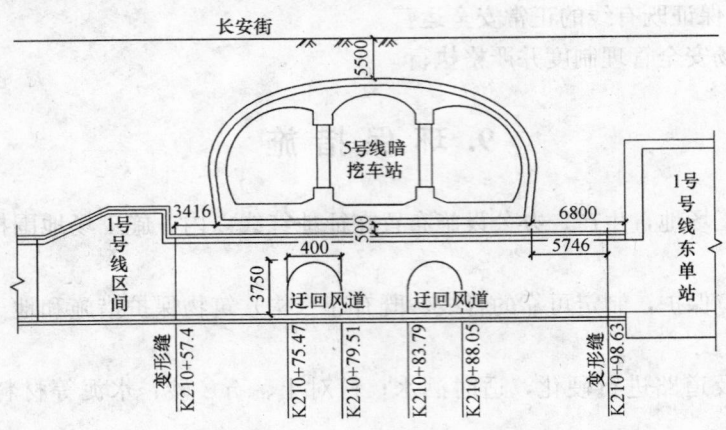

图 11.1.3 暗挖段与既有线关系图

11.1.4 设计参数

1. 超前大管棚

在暗挖车站横断面的拱部范围内，沿车站拱顶环向按 3 根/m 布置大管棚超前支护，管棚设计为 $\phi159\times8$ 无缝钢管。

2. 超前小导管

拱顶管棚间布置 $\phi32.5$ 热轧钢管，$\delta3.5mm$，长 2.5m，外插角 10°～12°，每榀打设一排，环向间距 30cm，根据地层注浆采用水泥或水泥水玻璃双液浆。

整个初期支护及混凝土衬砌设计参数情况参见表 11.1.4。

初期支护及混凝土衬砌设计参数表 表 11.1.4

项 目		材料及规格	尺 寸
初期支护	超前大管棚	$\phi159，L=65m$	环向 3 根/m(拱部 28m 范围)
	超前小导管	$\phi32\times3.5mm，L=2.5m$	纵向间距 0.5m，环向间距 0.3m
	喷射混凝土	C20	厚度 0.35m
	钢格栅	$\phi25$、$\phi22$、$\phi10$ 钢筋	纵向间距 0.5m
防水层		400g/m² 土工布＋2mm 厚 ECB	全包
二次衬砌	钢管柱	$\phi800\times12mm$	两排，纵向间距 7m
	钢管柱混凝土	C40	
	结构	C30、P8	

11.1.5 施工效果

北京地铁五号线东单站暗挖段从 2004 年 10 月开始开挖施工，2005 年 08 月结构完成。整个施工过程确保了既有线的正常运营和结构安全。隧道的最大隆起变形最终被控制在 8mm，完全满足要求，曲率半径、相对弯曲的指标也满足要求。

城铁钢弹簧浮置板道床施工工法
GJEJGF159—2008

中铁一局集团有限公司　中铁七局集团有限公司

樊斌　左书艺　曹德志　杨宏伟　李长白

1. 前　言

城市轨道交通工程穿越繁华市区街道、医院、学校、古建筑、歌剧院、居民区、摄影棚等地段，不可避免的产生振动和噪声。为了降低由于振动和噪声引起的扰民，在国内地铁轨道工程中采用了国内外多种新型减振轨道结构形式，其中钢弹簧浮置板是目前世界上减振效果和性能最理想的减振降噪结构形式，在城市轨道交通工程和市政建筑工程基础结构中广泛应用。

在 2001 年施工了国内首次运用于北京城铁十三号线西直门高架车站和东直门地下线的短枕式钢弹簧浮置板轨道工程，随后又于 2005 年施工了位于广州市珠江电影制片厂摄影棚下的广州市轨道交通三号线客大暗挖段的短枕式钢弹簧浮置板轨道工程和钢弹簧浮置板道床道岔工程。经过对北京城铁、广州地铁短枕式钢弹簧浮置板道床和钢弹簧浮置板道岔道床施工技术研究、总结和提高，形成工法。该施工技术所依托的《城市地铁新型轨道结构施工技术研究》科研项目先后获得中铁一局 2005 年度科学技术一等奖、2006 年度中国铁路工程总公司和陕西省科学技术二等奖，同时公司将钢弹簧浮置板道床道岔施工技术申报了国家发明专利。

2. 工 法 特 点

2.1 研发的一次性浇筑整体道床钢轨支撑架和钢弹簧浮置板穿孔基标精确定位测量系统，确保了施工轨道调整精度，实现了浮置板道床一次浇筑施工，同时为后期线路维修养护提供了便利。

2.2 自制的槽钢双吊架进行转辙器短岔枕调平，有效地解决了尖轨与滑床板的密贴调整。

2.3 采用此工法能够大幅度的提高工效，节约钢弹簧浮置板道床工程施工投资。

2.4 浮置板道床板块一次连续浇筑成型，精度要求高，施工难度大。

2.5 对隔振器的定位安装精度、隔离层的铺设工艺要求高，板内钢筋制作安装标准要求高；浮置板道床顶升过程中，需严格按设计要求顶升，控制好每次顶升的高度。

3. 适 用 范 围

本工法适用于城市轨道交通工程中穿越或毗邻重要建筑物地段（如穿越繁华市区街道、医院、学校、古建筑、歌剧院、居民区、摄影棚、精密仪器厂等地段），需要降噪、减振的区间线路和车站道岔区段的钢弹簧浮置板道床一次浇筑施工。该一次浇筑浮置板道床施工技术能够有效的确保钢弹簧浮置板道床的最终减振降噪功效，减振降噪达 30dB。该技术对城铁长枕埋入式钢弹簧浮置板道床、无枕式钢弹簧浮置板道床及橡胶复合浮置板道床轨道施工有参考价值。

4. 工 艺 原 理

基底处理完成后，测设铺轨基标，并根据铺轨基标点沿线路中线设置永久穿孔基标，随后铺设隔离层塑料薄膜，根据铺轨基标采用人工辅以小型机具现场组装工具轨轨排或道岔轨排，采用"钢轨支撑架法"架设轨排，并粗调轨排，然后按施工顺序依次完成隔振器外套筒安放、道床板钢筋的绑扎、立道床模板、设置道床排水系统、精调轨排、浇筑道床板混凝土，道床混凝土达到设计强度后，采用专用液压千斤顶顶升浮置板道床，安装隔振器并精调浮置板道床，完成浮置板道床施工。通过浮置板道床与隔振器钢弹簧形成质量—弹簧—隔振系统，达到减振降噪效果。

区间线路短枕式钢弹簧浮置板道床结构示意如图 4-1 所示。

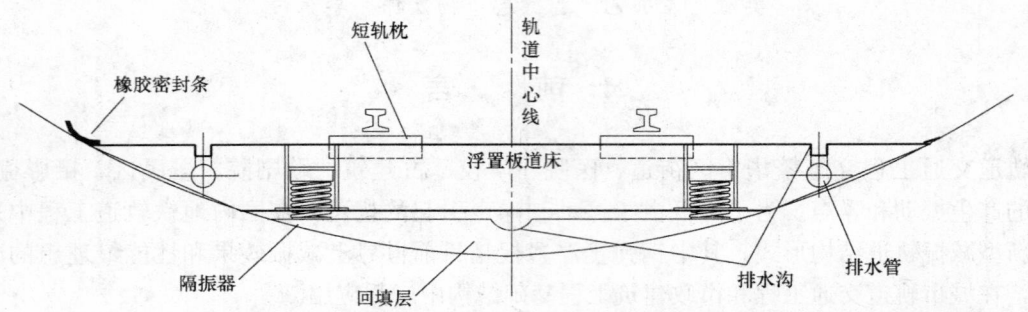

图 4-1　区间线路短枕式钢弹簧浮置板道床结构示意图

钢弹簧浮置板道床道岔结构示意如图 4-2 所示。

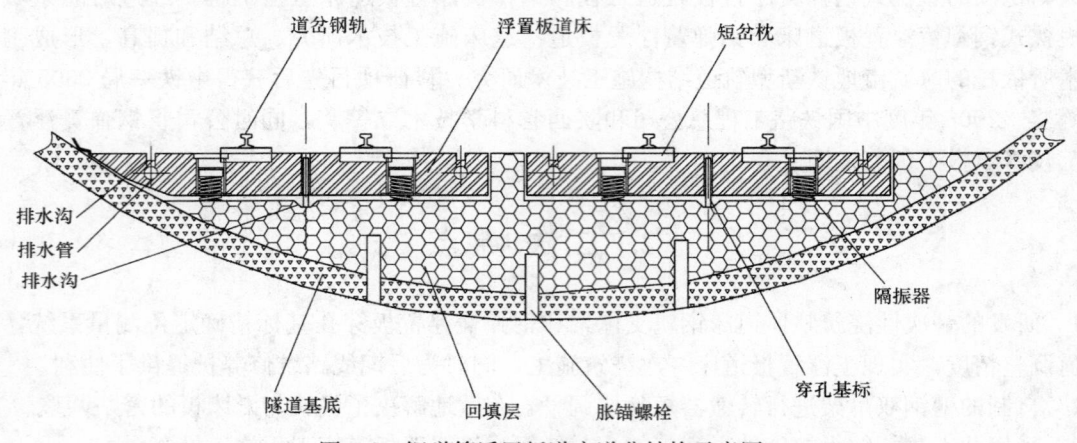

图 4-2　钢弹簧浮置板道床道岔结构示意图

5. 施工工艺流程及操作要点

5.1　工艺流程

钢弹簧浮置板道床施工基本工艺流程见图 5.1。

5.2　施工准备

组织现场调查和设计图纸会审，编制施工方案及技术交底。交接轨行区，复测导线点，并按测量规范要求设置控制基标。

对到场的钢轨、短轨枕、道岔、隔振器和剪力铰进货检验，现场清点验收复试，分类堆放。

高架桥地段通过轨道车或汽车配合吊车将钢轨、扣配件、短轨枕、钢筋、隔振器、工具运到施工现场，人工散布；地下线通过下料口将钢轨、扣配件、短轨枕、钢筋、隔振器、工具等吊放到隧道内，用轨道车或轨行铺轨龙门吊运到工作面。

5.3　劳动组织

劳动组织见表 5.3。

5.4 操作要点

5.4.1 基底处理、泵送混凝土回填隧道基底

1. 结构底板清理

施工前对土建单位移交的轨行区结构底板进行检查，清除积水和杂物，要求无浮浆、积水和渗漏。

2. 铺设回填层钢筋网（高架桥无此工序）

对隧道结构基底按设计要求进行全面凿毛处理，人工清理隧道底板，在隧道侧墙底部按设计位置和间距安设胀锚螺栓，锚入结构深度应符合设计要求，并与回填层钢筋网绑扎牢固，确保回填层与基础的有效连接。

按设计在基底混凝土上布设单层钢筋网，净保护层大于 50mm，遇水沟处做下弯处理。铺设回填层钢筋时，在整个回填层钢筋网下按照一定密度分布一定高度的钢筋支撑，以保证其按设计要求定位在回填层上。

将回填层混凝土表面高程线引到两侧边墙上，施工抹面时，拉弦线控制表面高程。

3. 回填层混凝土施工

为确保钢弹簧浮置板基础表面平整度符合后序施工精度要求，对于高架及车站结构底板需找平处理，隧道底部回填层混凝土由轨道专业完成。在风井口处设混凝土输送泵，架设泵管分次进行泵送回填，每次回填混凝土量控制在 200m³ 左右为宜。

底板设计有半圆形水沟，模板采用 PVC 管，沿径向一分为二。立模时在底板上设置钢筋头固定 PVC 管位置、高程。

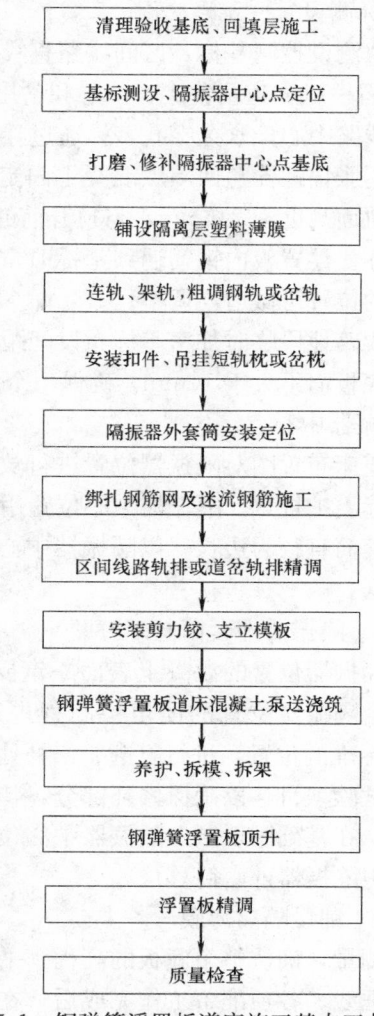

图 5.1　钢弹簧浮置板道床施工基本工艺流程

劳动力组织			表 5.3
序号	分　工	人数	说　明
1	现场负责人	1	现场施工管理及协调
2	技术人员	2	现场技术指导、交底及试验
3	测量工	6	基标测设
4	领工员	1	现场协调班组工作
5	安全员	1	现场安全管理
6	电工	1	现场电力设施维修
7	钢筋工	15	钢筋下料、搬运、绑扎、隔振器外套筒固定
8	线路工	8	轨排组装、粗调、细调、隔振器安装及浮置板顶升
9	模板工	6	模板装、拆，预埋管线、沟槽安装
10	混凝土工	15	混凝土浇筑、养护

按照纵横向间距不大于 3m 布置回填混凝土表面高程桩，抹面时严格按照设计高程位置弦线控制抹面高程、平整度。要求混凝土回填面高程允许偏差控制在 ±5mm 范围内。

5.4.2 基标测设、隔振器中心点定位

1. 基标测设

测量队测设控制基标，区间线路直线每 120m、曲线 60m 设置一桩，道岔区前后直线每 120m、曲线 60m 设置一桩，道岔岔尖、岔心和岔尾各设一桩，道岔控制基桩与线路控制基桩应贯通测设。控制基标设在线路中心，永久穿孔基标通过浮置板道床穿孔设置，其直径为 100mm 钢管，下部焊接在铁板上，铁板用胀锚螺栓与回填层混凝土固定，管内填入高强度砂浆，顶面埋入铜头可调式基标，基标顶面距设计轨面高度为 246mm，与顶升前的道床面平齐，外套管采用直径 150mmPVC 管，顶升时保护基标不被破坏。浮置板内钢筋遇到基标时弯曲避绕，且在基标周围安装螺纹钢筋加强。岔尖部基标为避开隔振器的位置可做适当调整。

区间线路地段临时加密基标布设间距为 24m，道岔地段布设间距为 6m，距线路中线 1.47m，基标顶面露出底板面不大于 10mm，确保每个浮置板道床板块至少有一个永久穿孔基标。

2. 隔振器中心点定位

根据道床布置图对隔振器位置进行放线定位，画出隔振器中心点和底座轮廓线，并沿线路的纵横向用油漆标出护桩点。隔振器中心位置用 1mm 电钻钻孔，防止基底打磨时破坏点位。打磨完成后，以隔振器外套筒直径为边长，以隔振器中心点位为基准，弹正方形墨线框，确保清晰，以此作为安装隔振器的依据。

5.4.3　隔振器外套筒基础打磨

安装隔振器位置的混凝土表面一定要平整，平整度要求为 $\pm 2mm/m^2$。隔振器中心位置测设完成后，对每个隔振器位置的回填层高程进行高精度测量，高程超出设计（0～－5）mm 和平整度超出 $2mm/m^2$ 标准的位置，进行打磨、修补处理。修补时采用高强灌浆材料，施工前制作试件，通过强度、耐水性等试验项目，以确保修补部分，特别是安装隔振器位置的强度、耐久性等指标满足要求。根据设计要求，在基础回填层上隔振器中心位置安设专用的横向限位装置，辅助隔振器外套筒定位，防止施工过程中隔振器外套筒移位。

5.4.4　铺设隔离薄膜

经过测量，确认整个底板的高程、平整度达到要求后，对整个底板进行最终一次清理，补齐隔振器位置边框线。各项准备工作完成后，在回填层顶面及侧墙铺设隔离薄膜，以隔离道床混凝土与结构混凝土。

1. 隔离薄膜采用 2mm 厚度的聚乙烯塑料薄膜，薄膜接缝处采用胶带牢固粘结。接缝应粘结牢固，不开胶、不漏浆。而且在后续的施工中工作人员在隔离层上的作业必须轻拿轻放，防止破坏。

2. 塑料隔离薄膜层铺设完成后，在有基标的位置割开薄膜，露出基标。在底板中心水沟上加盖 3mm 厚度的薄钢板，在盖好的钢板正面加焊 100mm 长度的钢筋头，与钢弹簧浮置板道床相连。

5.4.5　连轨、架设轨道、区间线路钢轨或道岔粗调

钢弹簧浮置板道床轨道架设采用专用的钢轨支撑架，将普通钢轨支撑架的两端承轨部分取下，改用法兰式的螺栓连接，将原 90mm 高度的型钢承轨部分，改为 25mm 厚度的钢板承轨。在支撑架丝杠全长范围内套上 $\phi60mm$、高度 796mm 的钢管，管内下部 300mm 范围内堵塞做底以加高丝杠，便于道床浇筑后支撑架丝杠顺利取出，实现浮置板道床一次浇筑施工。

1. 区间线路钢轨连接、架设和粗调

根据轨节铺设计划和隔振器平面布置图，人工散布轨枕、扣件、专用的钢轨支撑架、钢轨、隔振器外套筒等材料。散布、堆放材料时采取必要的保护措施，保护薄膜完好。

1）在钢轨上标出扣件的安装位置，采用支撑架架设钢轨。支撑架直线地段 3m 设置一个、曲线地段 2.5m 设置一个，遇到障碍时，间距适当调整。直线段支撑架垂直线路方向，曲线段支撑架垂直线路的切线方向放置。

2）参照基标对架设于支撑架上的钢轨进行粗调，初步调整其水平、高低、轨距，轨面高程按照低于设计轨面高程 40mm 预留。

2. 道岔岔轨连接、架设和粗调

道岔铺设采用散铺法进行。使用人工辅助小型机具，将道岔钢轨、扣配件、岔料、专用的钢轨支撑架等材料机具运输到位，现场组装道岔并粗调。散布、堆放材料时采取必要的保护措施，保护隔离层薄膜完好。

根据基标的位置，将道岔轨料倒运到位，用鱼尾板及连接螺栓将道岔各部连接起来，使之成为一个整体。用鱼尾板连接钢轨时要严格按照设计标准预留轨缝。

1) 待架道岔连接好后方可架轨，严禁单独架轨，防止倾覆，连轨和架设道岔应符合下列要求：

① 所有鱼尾螺栓、各部连接零件螺栓均应上紧，扭力矩一次达标。

② 每隔四个轨枕架设一个支撑架，在道岔前端，转辙部分前、中、后，导曲线部分前、中、后，辙叉部分前、中、后均应设置。

③ 安装钢轨支承架时，左右位置必须适中。道岔直线部分支承架要垂直线路中心线方向，曲线部分支承架要垂直切线方向，不得歪斜。

④ 钢轨支承架各处螺栓、丝杠必须拧紧，不得虚接。

⑤ 架轨前，在支撑架丝杠全长范围内套上 $\phi60mm$、高度 796mm 的钢管或 PVC 管，管内下部 300mm 范围内填塞砂浆做底以加高丝杠，便于道床浇筑后支撑架丝杠顺利取出。

⑥ 侧墙上做牢固的横向支撑，确保整组道岔横向稳定。

2) 根据道岔基标，对架设于支撑架上的道岔进行粗调，初步调整其水平、位置、轨距。道岔粗调主要有下列内容：

① 根据岔头、岔尾的控制基标及加密基标，确定并调整岔头、岔尾的位置，并保证岔头两股钢轨的方正。

② 调整外直股方向：根据基标，用 L 尺从岔头到岔尾依次调整道岔外直股的方向和高程，使其达到规范要求。

③ 在保持道岔外直股不动的前提下，通过调节钢轨支撑架上位于内直股处轨卡的水平螺栓及立柱，依次调整道岔内直股的轨距、水平，直至达到要求。

④ 调整曲上股支距：按照设计图纸，把支距尺放在规定的支距点上，在保持外直股不动的前提下，依次调节钢轨支撑架上位于曲上股处轨卡的水平螺栓，使曲上股各点支距达到要求。

⑤ 调整曲下股轨距：在保持曲上股位置不变的前提下，调节钢轨支撑架上位于曲下股处的轨卡水平螺栓，调整曲下股各点轨距。

5.4.6 安装扣件、吊挂混凝土枕

区间线路钢轨或道岔架设粗调后，根据铺轨图，在钢轨或岔轨上标出轨枕的位置，然后用专用工具，将铁垫板安装就位，通过螺旋道钉，将轨枕与铁垫板连接起来。

1. 在吊挂轨枕之前先在钢轨上按设计位置划出轨枕吊挂位置点，间距误差及方正误差应符合规范要求。

2. 上铁垫板时，要有专人负责对铁垫板安装质量进行检查，铁垫板与岔枕之间橡胶垫板不得错位出台。

3. 挂混凝土轨枕时，螺栓要拧紧，每条螺栓都要复紧，防止出现空吊板现象。

4. 破损和露筋的混凝土枕要及时修补或更换。

5. 扣件类型及规格号码应严格按照设计标准选用安装，扣件及铁垫板应密帖无歪斜。

6. 扣件组装要求正确、牢固，轨枕安装间距允许偏差为 ±10mm。

5.4.7 隔振器外套筒安装

套筒基底混凝土表面打磨完成后，安装隔振器套筒，根据平面布置图和隔振器底座矩形轮廓线，在隔离层薄膜上安装隔振器套筒。安装套筒前，在套筒底部与隔离层薄膜接触全部范围内涂刷硅胶。外套筒应安放在相邻短轨枕的间隙间。隔振器外套筒两吊耳垂直线路方向。外套筒定位完成后，用密封胶将周围再次密封，以保证外套筒的位置不易移动和浇筑道床混凝土时防止水泥浆渗入。

5.4.8 绑扎道床板钢筋

所有隔振器外套筒放置到位并固定后，根据设计要求绑扎钢筋。钢筋参照短轨枕、隔振器外套筒位置等间距进行布置，并分段施工，完成一段检查合格后再进行下一段。

1. 浮置板道床钢筋在铺轨基地加工，以浮置板板块为单位，将同一板块的钢筋一次加工，集中存放，并将同一块板中的同一类钢筋编号、做上明显标记。钢筋下料运输时，确保编号不得混乱。

2. 在绑扎钢筋前要检查塑料隔离层，对破坏处修补处理。

3. 浮置板道床钢筋复杂，敷设钢筋时，以板块为单位严格按照设计图纸进行，按自下而上的顺序，先底层、再中间层、面层、然后板块端部、最后绑扎特殊部位加固钢筋。由于单线隧道内的横向空间狭小，岔后较长的横向钢筋在架轨后就无法横穿，须在道岔钢轨架设以前将钢筋散布到位。钢筋经监理工程师隐检合格后，才能安装模板。

4. 浮置板道床排杂散电流的纵向钢筋的搭接处需焊接，搭接长度不小于钢筋直径的 10 倍，采用单面焊接，焊缝高度不应小于 6mm，每根排杂散电流纵向钢筋必须与所有排杂散电流横向钢筋焊接。

5. 在隔振器外套筒周围绑扎钢筋时，避免移动外套筒。为防止浇筑混凝土时外套筒浮起和移动，把外套管的吊耳和上部钢筋连在一起。

6. 在纵向钢筋中选两根与所有横向钢筋焊接，每 5m 在上下层钢筋中各选一根横向钢筋与所有交叉的纵向钢筋焊接，以保证整块板内的结构钢筋的电气连续。

7. 焊接钢筋时采取临时的防护措施（在焊接处塑料薄膜上铺设临时石棉板，并在塑料薄膜上洒水），以保证焊接飞溅物不烧穿下面铺设的隔离层薄膜。

8. 钢筋网的制作、焊接、绑扎方式必须符合施工规范及设计要求。在浮置板两端接缝处预留连接端子，连接端子铜排须与所有底层纵向钢筋和侧面纵向钢筋焊接

9. 钢筋间距及绑扎应符合设计要求。钢筋安装完毕经监理检查合格后，才能安装模板。

5.4.9 轨道精调

1. 区间线路轨道精调

用万能道尺、L 尺和 10m 弦，配合目测对轨道的轨距、水平、高低、方向等进行全面检查和精调，使之符合技术标准。轨面高程按低于设计轨面高程 40mm 预留。

2. 道岔精调

1）用万能道尺、L 尺和 10m 弦，配合目测对道岔的轨距、水平、高低、方向、轨缝、接头、尖轨与滑床板、尖轨与基本轨、转辙部分、辙叉及护轨等进行全面检查和精调，使之符合道岔技术标准。

2）依据基标，利用直角道尺测量轨道的高程，旋动钢轨支撑架的垂直丝杠和两侧斜撑丝杠，精确调整一股钢轨高程和方向，轨面高程按照低于设计轨面高程 40mm 预留。偏差控制在 ±2mm 范围内，再用万能道尺调整另一股的水平和方向，而后用基准块拉弦线检查轨道的轨向和高低，不达标的立即进行调整。

3）针对单开道岔转辙器部分扣件多、空间小、支撑架对尖轨与基本轨的分解拨移以及浇筑影响、轨距的测量干扰较大的实际情况，采用自制的槽钢双吊架进行转辙器短岔枕调平。通过这种方法既能保证道岔的技术状态，又能提高施工效率。

4）当转辙器部分曲直两基本轨的高程、方向、水平及轨距设定后，安装上拉杆及加长拉杆，即在基本轨直股 1435mm 轨距处设普通拉杆，尖轨刨切中点处布设长拉杆，组成梯形框架，以保证道岔尖轨处的几何尺寸得到有效的控制。连接部分除设拉杆保持轨距外，导曲线外股钢轨在适当位置设置短拉杆以保持支距，即按照导曲线不同点的支距值，布设不同规格的短拉杆来控制导曲线支距。

5）尖轨与滑床板密贴的调整：道岔尖轨与基本轨侧的密贴、尖轨底部与滑床板的密贴是道岔施工的重点和难点。由于转辙器部分的短枕受自重影响发生内倾，造成滑床板不在同一水平面，尖轨翘曲与基本轨不密贴。调整的方法为先将基本轨轨面、尖轨精调水平，在道岔范围内转辙器部分轨面上安

放自制的整体轨枕槽钢吊架，通过可调式吊杆悬挂短轨枕内侧螺母，在轨面上横向放置一通长铝合金水平尺，用钢板尺检查横向所有轨枕至铝合金平尺的相对高度，通过调节吊杆螺栓将所有短枕调整至同一水平位置，即使每块轨枕与轨面保持相对高度一致，并在同侧滑床板上拉通线检查所有滑床板是否在同一水平面，在相邻轨枕上搭放水平尺进行检查。清除滑床板上的残余物，安装牵引连杆，在滑床板上涂抹黄油，使尖轨在滑床板上受力，用塞尺检查尖轨与基本轨侧、尖轨底部与滑床板的密贴程度，调整至允许误差范围内，从而保证尖轨与基本轨、滑床板与尖轨底部的密贴。辙叉处铁垫板水平也按此法进行调整。

5.4.10 模板安装

浮置板道床混凝土侧面模板采用组合钢模板，板块之间采用 5mm 厚三合板中间包裹一层 20mm 泡沫板，剪力铰穿过板间模板与两端钢筋焊接定位，道床模板安装必须平顺，位置正确，并牢固不松动，允许偏差为：位置 ±5mm，垂直度 2mm；模板支立完成后，将道床混凝土表面线弹在模板上，侧面模板用横撑，底脚处用短钢筋头支顶，上部用对拉钢筋固定，严禁发生跑、涨模现象。

浮置板表面矩形双侧沟模板、道岔区转辙机坑、联结杆槽、方钢槽等，在浇筑混凝土前支立整体模板，并确保浮置板内道床钢筋有足够保护层，如果不能保证钢筋保护层厚度，需经设计同意后，适当挪动钢筋位置。

道床板内排水系统设置方式为：在设计板面水沟位置下方 300mm 处的道床内利用 ϕ75PVC 管与钢筋绑扎固定设置板内排水系统，每隔 5m 设置一个板面渗水收集管口，浇筑道床板混凝土时板面水沟同时成型。

道床模板支立好后，检查隔离层薄膜，对损坏的部位进行有效修补。模板安装完成后要报请监理组织隐检，认定符合要求后方可浇筑混凝土。

5.4.11 道床混凝土浇筑

浮置板道床混凝土采用商品混凝土，通过混凝土搅拌运输车运输至施工现场并直接泵送。泵送施工时，严格按照泵送操作规程进行：

1. 浮置板道床混凝土浇筑前，对钢轨、扣件采取防污措施，用编织袋或彩条布覆盖钢轨，用塑料袋罩住扣件。

2. 混凝土碎石的最大粒径应小于 25mm，水泥最小含量 270kg/m³，砂子最大粒径 4mm。根据泵送距离，确定泵送混凝土的坍落度。混凝土浇筑前要对每车混凝土进行坍落度试验，并确认混凝土配合比符合设计要求。

3. 高架桥地段，直接采用混凝土泵车泵送混凝土至浇筑作业面；隧道地段，在下料口设置拖式混凝土输送泵及管道，应尽可能减小管道弯曲程度，管道弯折处用胀锚螺栓、钢筋将其牢固固定，对泵管的连接进行多级、重点检查，确保连接牢固、密封，中间泵管用方木支垫、800mm 高钢筋架支撑，配备一台发电机和备用泵，安排机修人员值班，增加富余劳动力，对泵送过程中出现设备故障及时进行抢修和处理。

4. 混凝土泵启动后应对混凝土泵的料斗和管道注水润滑并检查管接头密封情况，经泵送水检查，确认混凝土泵和输送管内无异物、接头密封良好后再泵送与混凝土内除粗骨料外的其他成分相同配合比的水泥砂浆。润滑用的水泥砂浆应分散布料，不得浇筑在同一处。在混凝土泵送过程中，施工中断不宜超过 1h。

5. 随浇筑进程拆下的泵管须立即清理。用足够数量的棉纱在泵管全断面范围内通过两次，将泵管内壁擦拭干净。人工将清理完毕的泵管在不影响施工作业的位置集中堆放。

6. 混凝土浇筑时采用插入式振捣棒振捣，振动棒移动间距宜为 400mm 左右，振捣时间为 15～30s，20～30min 后，进行第二次复振。严禁振捣器触及钢轨支撑架及钢轨。振捣完成后道床混凝土表面要进行抹面处理，为防止产生收缩裂缝，须用木抹子磨平、搓毛 2 遍以上，从隧道两侧边墙上拉弦线，隧道跨度较大的断面现场辅助以水准仪，共同控制抹面高度。抹面允许偏差为平整度 3mm，高程

0、—5mm。道床混凝土表面不得出现反坡，以免影响排水。道床混凝土初凝前应再次进行抹面，并将钢轨、轨枕、扣件、支撑架等表面灰浆清理干净。

5.4.12 浮置板道床养生及拆模

混凝土浇筑完毕 12h 内，采用喷洒养护剂的方法进行养护，要保持混凝土处于湿润状态。混凝土强度达到 5MPa 以上后方可拆除模板。浮置板道床养生需至少 28d，达到设计强度的 100%，方可受力承重。

5.4.13 浮置板顶升、隔振器安装

用专用液压千斤顶分四次顶升浮置板道床，按照设计高程精确调整浮置板高度。

1. 首先，在浮置板板面上安设高程测点，测点密度根据板块长度、宽度均匀设置，每个测点代表 3～4 个隔振器。该测点在浮置板投入运营使用后，仍将起着观测板块水平状态变化情况的作用。测点采用铁质 ϕ12mm 铆钉制作，在板面上钻 ϕ12mm、深度 30mm 的孔后，将涂好 502 胶的铆钉安装到孔内。测点安装完成后，进行对应编号，并对全部测点的绝对高程进行精确测量。

2. 按照设计的隔振器内套筒类型，将隔振器内套筒散布在外套筒的附近。

3. 将浮置板范围包括隔振器外套筒内的积水（隔振器内套筒内的阻尼剂是严禁水浸泡的）、垃圾清理干净，使用橡胶密封条将板侧缝、端缝密封。在板端水沟接口处加设铁盖板。清理浮置板板块上穿孔基标周围的杂物，确保基标与浮置板之间的间隙不小于 10mm，并在基标上加设铁盖板。

4. 打开隔振器外套筒的盖板，将外套筒内隔离层沿外套筒内径切除，并清理干净。使用专用工具将隔振器内套筒依次安放入外套筒内。

5. 用专用液压千斤顶，第一次顶升至浮置板重量和弹簧力平衡（即浮置板处于脱离隧道仰拱的临界状态），前三次分别加入 16mm 厚度的三角形状铁片，第四次加入 5mm 厚度的三角形状铁片，经过四次顶升，顶升总高度将达到 40mm 左右。

6. 四次顶升完成后，按照测点编号对全部测点的绝对高程进行再次精确测量，将数据与顶升前比较，以 40mm 为基准，在超出或顶升高度不足的部位的隔振器内调整三角形状铁片的厚度，按照设计高程精确调整浮置板高度。经过数次反复调整，直至达到允许误差 ±1mm 的要求。

7. 顶升完成后，在 2/3 的隔振器内套筒上安装锁紧铁板，以达到辅助横向定位的作用。

8. 安装完隔振器并达到设计要求后，盖上外套筒盖板，以避免钢弹簧隔振器被破坏和杂物进入。

5.4.14 质量检查

施工完成后的钢弹簧浮置板道床允许偏差应满足下列要求：

1. 隔振器外套筒位置 ±3mm。

2. 剪力铰安装位置 ±5mm。

3. 浮置板的长度 ±12mm。

4. 浮置板的宽度（侧面需要支立模板的情况）±5mm。

5. 浮置板的高度 ±5mm。

6. 浮置板道床轨道的高程、中线及轨道内部几何尺寸允许偏差与线路其他地段轨道验收标准相同，执行《地下铁道工程施工及验收规范》（GB 50299）的有关规定。对不符合要求的进行精确调整，直至达到规范要求。

6. 材料与设备

6.1 道床施工测量设备和工具见表 6.1。

道床施工测量设备和工具

表 6.1

序号	设 备 名 称	规 格 型 号	数量	备 注
1	全站仪	Leica1800，1s″	1 台	
2	精密水准仪	Leica，NAM2，0.5mm	1 台	

序号	设备名称	规格型号	数量	备注
3	直角基标道尺	782.5mm/712.5mm	2/1把	
4	万能道尺	RTG-2	4把	
5	支距尺	ROG-2	1把	
6	钢卷尺	30m/5m	1/4把	
7	钢板尺	300mm/150mm	1/4把	分度值0.5mm
8	塞尺	0.1~2mm	2把	
9	方尺	误差2mm	2把	
10	道床坡度尺	$i=2\%$	1把	
11	道床平靠尺	3m	2把	铝合金
12	弦线	$\phi=0.2mm$	100m	
13	基准块	160mm×20mm×20mm	8个	铸钢

6.2 道床施工机具、设备见表6.2。

道床施工机具、设备 表6.2

序号	设备名称	规格型号	数量	备注
1	桁架式龙门架	Lp=17m,100kN	1台	洞外设备
2	轨道车	金鹰290	1辆	洞内设备
3	轨道平板	PD25	2辆	洞内设备
4	混凝土搅拌运输车	6m³	4辆	
5	混凝土泵车		1辆	
6	拖式混凝土输送泵	60m³/h	1台	
7	插入式电动捣固棒	65Hzϕ50	2个	
8	插入式电动捣固棒	65Hzϕ30	2个	
9	发电机组	120kW/h	1台	
10	钢轨支撑架	GUJ	50套	
11	道岔支撑架	DCJ	1整套	
12	槽钢吊架	3m×2m×150mm	2整套	
13	齿条压机	15t	6台	
14	吊轨卡		2个	
15	撬棍		12根	
16	活动扳手	375mm	10把	
17	十字套筒扳手	$\phi=42mm$	20把	
18	死扳手		20把	
19	手锤、钢凿、抹刀		10把	
20	吹风机		1台	
21	钢筋调直机	GJ$_4$-14	1台	
22	钢筋切断机	GQ40B	1台	
23	钢筋弯曲机	GW40B	1台	
24	专用液压千斤顶	顶升浮置板道床专用	2套	

7. 质 量 控 制

7.1 质量标准

钢弹簧浮置板道床施工执行《地下铁道工程施工及验收规范》GB 50299、《混凝土结构施工及验收规范》GB 50204 及《铁路轨道工程施工质量验收标准》TB 10413—2003 的相关规定。

7.2　质量保证措施

7.2.1　做好与土建施工单位主体结构交接工作，检查轨行区结构底板，确认无积水和渗漏和垃圾，并满足施工条件后予以接收。

7.2.2　健全质量保证体系，组织技术人员对浮置板道床设计图纸进行详细会审；全体作业人员开工前应通过安全、技术培训考核，特殊工种持证上岗；施工所需各种机具在开工前经过全面检修，确保状态良好；施工所需工程材料进场并检验合格。

7.2.3　严格按照《地下铁道、轻轨交通工程测量规范》GB 50308 和《地下铁道工程施工及验收规范》GB 50299 进行导线点复测和基标测设，并按相关检测程序进行报验，经检无误后再安排后序施工。

7.2.4　做好施工所需试验、检验项目和现场试验取样工作。

7.2.5　道岔运输前应将尖轨与基本轨绑扎牢固，以免尖轨翘曲变形。

7.2.6　加强施工现场的施工技术指导和质量监督检查，严格按设计标准施工。特别对隔振器中心基底定位、平整度控制、道岔滑床板水平和尖轨的密贴调整作为施工控制重点，派专人跟班指导和检测，不放过任何一道不合格工序。

7.2.7　道床钢筋网的绑扎及焊接方式符合施工规范及设计要求，在浮置板两端接缝处预留连接端子，连接端子铜排须与所有上、下层钢筋采用热焊法焊接。

7.2.8　道床模板安装尺寸按照图纸严格控制，模板在混凝土达到要求强度后才能拆除，模板要及时进行整理。

7.2.9　钢弹簧浮置板每个板块混凝土须一次性连续浇筑，以确保浮置板质量。为预防泵送混凝土施工时出现异常情况，施工前除加强对泵送机械进行检修和维护外，同时备用一台同性能的运转良好的混凝土泵送设备，确保施工中泵送混凝土的连续性。

7.2.10　道床浇筑前对道岔各部几何尺寸进行检查，并对松动螺栓进行复紧，避免出现空吊板。

7.2.11　浮置板道床顶升过程中，需严格按设计要求进行顶升，控制好每次顶升高度，严禁擅自加大每一次次的顶升高度，避免过度顶升超出板的变形能力而危及板的安全。

8.　安 全 措 施

8.1　成立安全组织机构，负责项目安全管理。对所有施工人员进行岗前安全、技术培训，杜绝施工人员未经培训无证上岗。

8.2　在每个工序实施前，由专职安检员、施工技术人员对作业人员进行安全技术、操作规程进行交底，坚持班前施工安全讲话制度。

8.3　施工现场及隧道施工地段照明良好，满足施工要求。

8.4　在工作区内设置安全标识牌、安全工序流程图、消防专用设施等。严禁在施工区域内吸烟；现场的易燃杂物，随时清除，严禁在有火种的场所或其近旁堆放。

8.5　进入施工场地的作业人员，必须戴安全帽，穿防滑鞋，并佩戴工作牌。

8.6　施工现场的临时用电，严格按照《施工现场临时用电安全技术规范》JGJ 46—88 的规定执行。

8.7　洞内施工空间受限，每个作业人员要注意自身安全，还必须关注周围的作业人员、工具设备。施工中各道工序应保持适当间隔，避免相互干扰的同时还要保证必要的衔接与配合。

8.8　转运道岔前应检查吊具、吊钩和钢丝绳有无损伤，并应捆扎牢固。

8.9　拨移尖轨时应站稳，要有统一指挥，防止挤伤手脚。

8.10　道岔施工完成后，及时在尖轨尖端与基本轨处安装钩锁器。

9. 环 保 措 施

9.1 施工噪声严格控制，白天小于 70dB，夜间小于 55dB。

9.2 施工垃圾严禁乱扔，要集中堆放，统一回收销毁。

9.3 施工现场扬尘及各类设备尾气排放应控制在国家及地方有关规定要求，做好隧道内通风。

9.4 整体道床一个作业面施工完毕后，应立即凿除漏浆、清理钢轨梁面施工垃圾，做到工完料清。

10. 效 益 分 析

10.1 利用本工法，采用实用、高效精确定位穿孔基标系统便于施工和运营维修养护，保证了浮置板道床轨道的施工精度，经建设单位检测减振、降造性能良好。

10.2 研发的分离式法兰连接钢轨支撑架，实现了钢弹簧浮置板道床一次浇筑施工，减少了施工工序，确保了道床整体质量。钢轨支撑架可以循环周转使用，节约了材料，节约了成本。

10.3 采用本工法后提高了工效，有效的缩短了施工工期。原计划综合完成区间线路浮置板道床 5m/日，实际综合完成区间线路浮置板道床 10m/日，工效提高 100%，人工费显著减少；原计划综合完成浮置板道床道岔 20 日/组，实际综合完成浮置板道床道岔 12 日/组，工效提高 40%，每组浮置板道床道岔施工减少约 18000 元工费。

11. 应 用 实 例

钢弹簧浮置板道床道岔施工技术新、精度要求高、施工难度极大，2001 年施工了北京城铁十三号线，西直门高架站 256m 和东直门地下段 240m 短枕式钢弹簧浮置板道床；2005 年施工了广州地铁三号线客村站—大塘站区间暗挖段处于珠江电影制片厂摄影棚下方短枕式钢弹簧浮置板道床，该段铺设钢弹簧浮置板共 25 块，总长度约 700m；同期在广州地铁三号线施工了 3 组 12 号钢弹簧浮置板道床道岔。

我公司在施工中依靠科技，大胆尝试，积极探索，组织广大工程技术人员学习、研究和大量试验，通过现场外模拟，采用此工法解决了施工中的大量难题，避免了人、财、物的浪费，大大提高了工效，节约了投资。采用此工法顺利按期保质的完成了以上三项工程钢弹簧浮置板道床的施工，并在施工中不断总结，积累了丰富的施工经验，掌握了钢弹簧浮置板道床轨道的施工技术，填补了城市轨道交通工程钢弹簧浮置板道床施工领域的空白，为我国今后的城市轨道交通工程减振浮置板道床施工积累了宝贵的施工经验。

双块式无砟轨道组合式轨道排架法施工工法
GJEJGF160—2008

中铁十九局集团有限公司　北京铁五院工程机械科技开发有限公司

孔祥仁　刘军　于进江　胡华军　于建军

1. 前　　言

　　修建高速铁路是缓解我国铁路运输压力的有效手段，具有提高我国南北物质、文化、信息、人力资源交流，消减东西贫富差距，方便国民出行，减低空气、噪声污染等积极作用。制约因素是我国高速铁路发展较晚，为满足无砟轨道高平顺、高精度技术指标，需围绕外国引进的机械设备而定。由于西方国家的技术垄断，大大提高了我国高速铁路的投入成本。为解决这一问题，中铁十九局集团有限公司联合北京铁五院工程机械科技开发有限公司，在学习借鉴相关单位引进使用国外设备的经验教训，观摩总结兄弟单位CRTSⅡ双块式无砟轨道成套机械化施工存在的问题的基础上，研制开发了双块式无砟轨道施工铺装机组设备和施工工艺，施工效率和施工精度均有很大提高，在施工实践的基础上，经整理、提炼，形成本工法。

2. 工法特点

　　2.1　本工法采用自主研发的双块式无砟轨道施工设备，使用设备种类少、设备操作简单、工序紧凑。

　　2.2　无砟轨道施工机械化作业程度较高，可实行流水化作业，作业速度快。

　　2.3　精度控制理想。施工精调后，轨面高程，轨向偏差均达到设计要求，主体结构质量基本达到零缺陷。

　　2.4　整套机械设备自主研发，并申请国家专利。与引进国外设备相比，投资额降低2000万以上，大大降低了无砟轨道的施工成本。

3. 适用范围

　　该套装备采用北京铁五院工程机械科技开发有限公司自主研发的技术进行研制，能够满足我国时速200km/h、250km/h、300km/h高速铁路双块式无砟轨道道床施工，并能在路基、桥梁、隧道内施工。

4. 工艺原理

　　利用组合式轨道排架将一组双块式轨枕按设计要求连接固定，形成工具轨、调整装置、轨枕、模板体系的完整体系，布设到施工线路上。依据CPⅢ控制测量网，测量组合式轨道排架轨道现状数据，对比线路设计参数得出轨道排架调整值，按调整值完成轨道排架的调整。当轨道排架达到施工精度要求后，浇筑混凝土，形成无砟道床。混凝土凝固后，拆除轨排架，进入下一个循环（图4）。

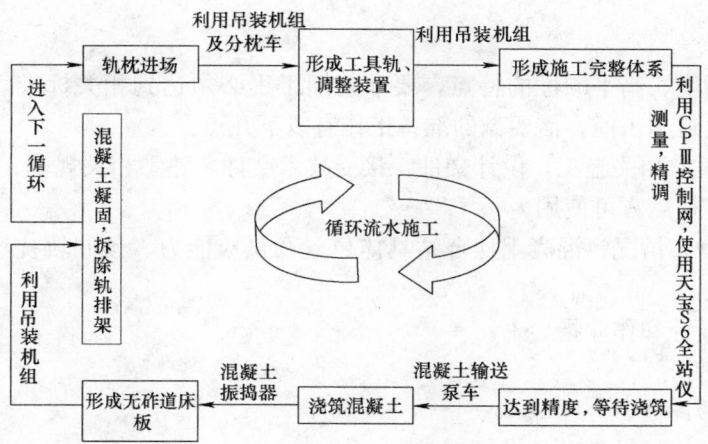

图 4　工艺原理图

5. 施工工艺流程及操作要点

5.1　工艺流程（图 5.1）

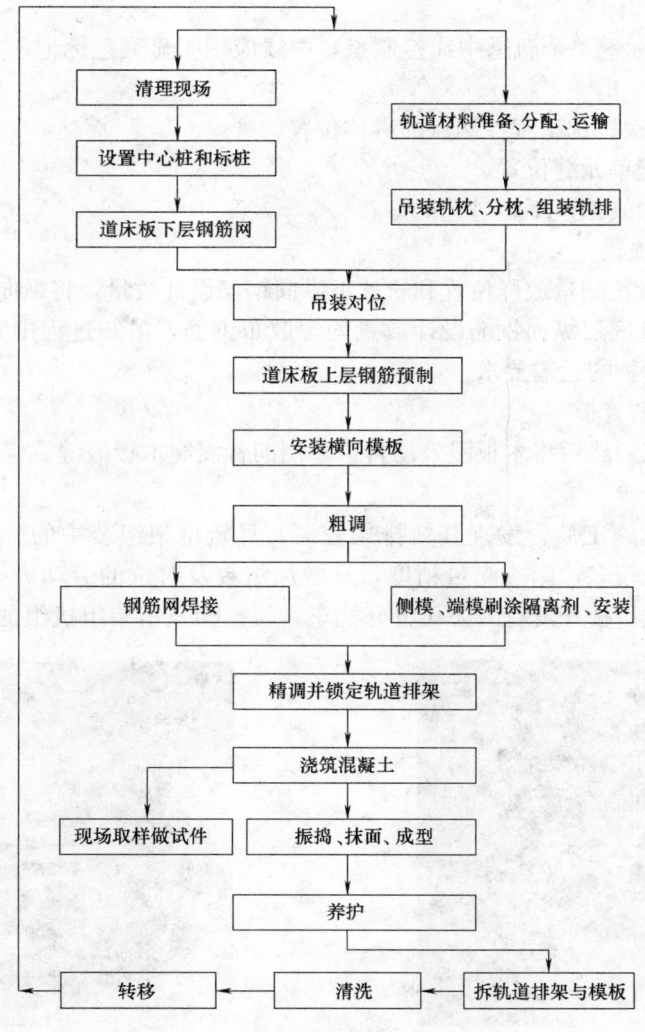

图 5.1　无砟轨道施工工艺流程

5.2 操作要点

5.2.1 施工准备

由于无砟轨道高精度、高平顺性的特点，要求前期工程必须达到相关标准，因此，在施工前必须做好准备工作。无砟轨道施工前，需要做的准备工作有以下几点：

1. 根据施工内容索取相关施工，设计文件，接受技术文件，熟悉相关规范、规程、标准、指南等，所有施工文件须经过审核后方可使用。

2. 做好施工道路分布情况，混凝土拌合站具体位置及供应能力、预制轨枕场生产位置、线下工程结构物分布等施工调查。

3. 编制施工组织设计和作业指导书。

4. CPⅢ控制网复测。

5. 结构物沉降变形评估。

6. 施工人员培训及机械设备准备。

7. 工艺性试验段施工。

8. 原材料进场检验与存放。

9. 施工交接。

10. 清除道床板范围内的下部结构表面浮渣、灰尘及杂物。

11. 工序质量标准：道床板下部无浮渣、灰尘及杂物。

5.2.2 设置中心桩和标桩

1. 每隔50m测设并标记一个轨道中线控制点，中线应用明显颜色标记，并记录控制点准确里程及坐标值。

2. 每隔30根标定一次轨枕里程控制点的具体位置。

3. 根据设计要求标记单元缝位置。

4. 工序质量标准：中线偏差不超过2mm。

5.2.3 道床钢筋网预置

1. 在路基和隧道地段按测量放样位置和轨枕下纵向钢筋设计数量，将纵向钢筋依次散铺到线路上。

2. 工序质量标准：按底层纵向钢筋设计数量均匀散布钢筋，吊卸过程中防止钢筋变形。维持物流道路的通畅，满足重型货物的运输要求。

5.2.4 安装伸缩缝沥青板

现场将沥青加热溶化，然后将木板浸入沥青中，用沥青浸制木板嵌缝。

5.2.5 组装排架

在观摩其他兄弟单位施工后，发现其轨排架较短，且轨排架组装中的分枕，放枕均为人力操作，造成施工中工具轨接头处较多，影响测量精度，且增加组装及对位的劳动力投入量，因此，中铁十九局集团与北京铁五院机械科技开发有限公司将分枕车，轨排架及吊装组机组的吊钩均改成9.375m。研

图 5.2.5-1 自动吊具

图 5.2.5-2 自动分枕车

制出自动装枕吊具（图5.2.5-1）、自动分枕车（图5.2.5-2），使得吊枕、分枕全部机械化，大大降低了劳动力及工人的劳动强度，大大提高了施工精度和施工效率。

1. 施工准备

利用普通物流平车一次运送15×3组轨枕从现场存储点运送到施工点，通过调车平转桥调头，倒退到移动式分枕平台前，轨道排架及扣件螺栓准备就位。

2. 卸枕

1号铺装机组利用专用吊具从物流平车上，一次卸枕15根，放置到移动式分枕平台上。

3. 分枕（图5.2.5-3）

移动式机械分枕平台将15根轨枕一次性拉开到设计宽度0.625m。

4. 轨排组装

1号铺装机组将空轨道排架吊放至移动式机械分枕平台上，轨道排架上各挂篮位置对应分枕完成的轨枕，安装扣件螺栓，将轨道排架和轨枕组装成轨排，用轨道尺进行检查。

图5.2.5-3　分枕

5.2.6　轨枕布设

利用吊装机将组装好的轨排架放置到预置好的钢筋网上。

要求：轨排架中心对准线路中线，且轨缝控制在1～2cm，相邻接轨排架的灰枕间距控制在0.625m±5mm的设计要求。

5.2.7　轨排粗调

全部钢筋安装完毕后，利用调整器对轨道进行初步调整。通过此调整，轨道架位置控制在中线偏差5mm，高程偏差+6～-4mm内。

5.2.8　钢筋网绑扎焊接

1. 钢筋绑扎

1）按设计要求进行钢筋绑扎。对纵向钢筋与横向钢筋及轨枕桁架上层钢筋交叉处以及上层纵向钢筋搭接范围的搭接点按设计要求设置绝缘卡，用尼龙自锁带绑扎。

2）绑扎过程中不得扰动粗调过的轨排。

3）路基上，纵向钢筋的搭接不得小于700mm，采用绝缘卡固定。

2. 接地焊接（图5.2.8）

纵横向接地钢筋采用L形焊接，单面焊接长度不小于200mm。在路基较短，没有设置接触网基础的情况下，路基段接地端子设置在靠近桥台处，通过接地钢缆与桥台处的接地端子连接，并入桥梁接地系统，但并入后形成的接地单元同样要求满足不大于100m的要求。

接地端子的焊接应在轨道精调完成后进行，端子表面应加保护膜，焊接时应保证其与模板密贴。

3. 钢筋绝缘检测

道床板钢筋绑扎并焊接完成后，应进行绝缘性能测试，检测采用欧姆表。非接地钢筋中，任意两根钢筋的电阻值不小于2MΩ。

5.2.9　安装模板

轨道初调工序结束后在最终线路精确调整之前，进行侧向模板安装，侧向安装按轨道排架支腿上的预留模板安装插口安装模板，横向模板安装必须准确放样，划线标注；模板和交叉加强配筋之间的距离不小于50mm；钢模板要牢固的固定在道床底板层混凝土上；纵横向模板均要涂刷隔离剂，同时检查钢筋保护层厚度是否符合设计要求，检查纵横向模板与下部结构顶面是否保持垂直、下部结构表面是否清洁、接头是否密封等项目，发现问题及时调整。

图 5.2.8　钢筋绑扎与接地焊接

安装要求：模板必须同轨道独立排列，不许有任何的连接，模板安装不得扰动已粗调完的轨排。几何偏差：±5mm。

5.2.10　轨道精调

这是一道关健工序，它对能否达到要求的最终轨道位置起着决定性的作用。由于采用 9.375m 轨排架后，支撑调整点较 6.25m 排架间距短，故轨向与轨面高低易调整，且精度高。在总结兄弟单位施工经验后，中铁十九局集团公司研究得出，在精调前将钢轨清理干净并涂油，大大提高了测量精度。

最终线形调整须在混凝土浇筑之前大约 1.5~2h 完成，调整长度比当班计划浇筑长度必须保持不少于 2 个轨道排架的距离。

调整中线：

采用专用开口扳手调节左右横向调整器，调整轨道中线。一次调整 2 组，左右各配 2 人同时作业。

调整高程：

用普通六角螺帽扳手，旋转竖向螺杆，调整轨道水平、超高。粗调后顶面标高应略低于设计顶面标高。调整螺杆时要缓慢进行，旋转 120° 为高程变化 1mm，调整后用手检查螺杆是否受力，如未受力则拧紧调整附近的螺杆（详见图 5.2.10）。

图 5.2.10　调节螺杆

调整方法：主要使用螺杆调整器和螺旋调整器配置轨道尺、精密水准仪和全站仪对轨道进行垂直和水平精确调整；根据测量显示数据，通过转动竖向螺杆，垂直调整轨道高程，通过转动螺旋调整器，调整水平高程，使轨道达到精度要求。

垂直调整：通过螺杆调整器进行垂直调整。在曲线地段，调整时产生位置和高度的冲突，因此必须在垂直及水平双方向同时进行调整。

水平调整：通过螺旋调整器进行水平调整。作用是基板的移动带动轨道骨架的移动。水平调整螺栓的旋转使用特殊丝杠同时进行。

调整中线采用双头调节扳手，调整高程，用普通六角螺帽扳手，调整轨道水平、超高。

5.2.11　浇筑混凝土

目前大部分在用的布料机在其浇筑混凝土时存在布料不均，尤其是混凝土中的粗骨料，影响混凝土浇筑质量，通车后容易留下安全隐患。中铁十九局集团有限公司联合北京铁五院工程机械科技开发有限公司研发出的无砟轨道混凝土浇筑布料机（图 5.2.11），有效改善了施工工艺，大大提高了无砟轨道施工的质量水准。

1. 作业程序

清洁湿润→轨排复测→混凝土输送→混凝土浇筑→浇筑车移位→抹面、养护。

2. 浇筑准备

浇筑前清理杂物，喷水湿润轨道下部结构，用防护罩覆盖轨枕、扣件，检查轨枕有无损伤，螺杆调节器是否出现悬空，隔离套是否装好。

3. 检查和确认轨排复测结果

浇筑混凝土前，如果轨道放置时间超过12h或环境温度变化超过15℃，或受外部条件影响，必须重新检查或调整。

4. 浇筑方法

采用泵送混凝土浇筑道床板，用插入式振捣棒捣固密实，混凝土只能从一侧泵入轨枕间隙，从每块道床板的一端向另一端浇筑，边浇

图 5.2.11　无砟轨道混凝土布料机

边扒平、边捣边找平压光。压光分两次，初凝前再压一次。新的 9.375m 轨排架支撑点增多，去掉了 6.25m 排架的纵向钢骨架，便于压光，保证道床表面光洁度，纵向排水坡满足设计要求。

5. 技术要求

按要求进行坍落度、含气量等指标检查；记录混凝土入模温度；道床板混凝土振捣密实后，表面应按设计设置横向排水坡，人工整平、抹光。

6. 注意事项

如果两次浇筑间隔时间过长，应按施工接头处理；下料时应及时振捣，防止骨料过多导致轨排上浮。振捣时应避免振捣器碰撞螺杆调节器、轨枕，注意捣固密实；及时抹面，清洁轨枕、扣件、钢轨。

5.2.12　抹面、成型

表层混凝土振捣完成后，及时修整、抹平混凝土裸露面。混凝土入模后半小时内用木抹完成粗平，1h后再用钢抹抹平。为防止混凝土表面失水产生细小裂纹，在混凝土入模 3～4h 后进行二次抹面，抹面时严禁洒水润面，并防止过度操作影响表层混凝土的质量。抹面过程中要注意加强对托盘下方、轨枕四周等部位的施工。

5.2.13　养护

1. 终凝前喷涂养护液或喷雾养护，终凝后覆盖和湿润养护。前 1～2d 内混凝土表面覆盖塑料膜，以后改为土工布。

2. 调节器螺杆：在混凝土初凝（或浇筑混凝土约1h后），将调整器螺杆松开1/4圈，约1mm，必须逆时针旋转调节器螺杆，放松螺杆时禁止顺时针旋转螺杆。

3. 松扣件：在混凝土终凝前（浇筑约2～4h），拧松全部扣件。

4. 松横向横板：在混凝土终凝前（浇筑约2～4h），提松横向模板和施工缝模板。

5. 调整器竖向螺杆孔的灌浆：在取出调整装置之后，遗留的空孔必须使用高强度等级的混凝土砂浆进行灌注，颗粒的最大尺寸不得超过1mm。

6. 混凝土的表面必须覆盖保湿材料，在湿润状态下保持至少2d。

7. 混凝土强度达到5MPa时，方能拆除轨道排架，在未达到设计强度70%前，严禁在道床上行车和碰撞轨枕。

8. 混凝土湿养护的最低期限详见表5.2.13。

混凝土道床板中裂缝宽度大于规定时，应按有关规定进行处理。混凝土终凝前，应避免与流动水相接触。

5.2.14　拆除轨道排架

1. 拆、洗模板：人工逐块拆除、清洗，给模板涂油，将各型模板分别归类、集中、分批储存在模板存放筐中。

不同混凝土湿养护的最低期限   表 5.2.13

混凝土类型	水胶比	湿度≥50%无风,无阳光直射		湿度<50%,有风,或阳光直射	
		日平均气温 t(℃)	潮湿养护期限(d)	日平均气温 t(℃)	潮湿养护期限(d)
胶凝材料中掺有矿物掺合料	≥0.45	5≤t<10	21	5≤t<10	28
		10≤t<20	14	10≤t<20	21
		20≤t	10	20≤t	14
	<0.45	5≤t<10	14	5≤t<10	21
		10≤t<20	10	10≤t<20	14
		20≤t	7	20≤t	10
胶凝材料中未掺矿物掺合料	≥0.45	5≤t<10	14	5≤t<10	21
		10≤t<20	10	10≤t<20	14
		20≤t	7	20≤t	10
	<0.45	5≤t<10	10	5≤t<10	14
		10≤t<20	7	10≤t<20	10
		20≤t	7	20≤t	7

2. 倒运模板：利用铺装机组倒运模板存放筐至施工前方。

5.2.15 轨道整理

1. 确定调整范围

用轨道精调小车检查轨道几何形位，若轨道几何形位超出允许范围，应对该地段的轨道名称、里程、轨枕号、调整的要求作详细说明。

2. 拆除弹条

当需要调整的轨道区段确定以后，应先拆除弹条。如果要将无缝线路应力放散，则必须拆除整根钢轨的弹条。若不允许无缝线路应力放散与轨道调整工作同时进行，则只能拆除需要调整区段约 20m 范围内的弹条。

3. 抬升钢轨

弹条拆除后，将钢轨抬升，准备安装调整部件。

4. 安装调整部件

将轨枕螺栓由套管转出，根据调整需要更换轨距挡板、轨下垫片和弹性垫板，并将弹条放置于轨距挡板的凹槽上。

5. 钢轨定位及安装弹条

将抬升的钢轨放置于轨枕上，按规定扭矩拧紧弹条扣件。

6. 调整后测量

轨道几何形位调整后应重新测量并提交测量报告。

5.3 劳力组织（表 5.3）

无砟轨道施工劳动力安排表   表 5.3

序号	工作内容	人数	工班调配	序号	工作内容	人数	工班调配
1	混凝土面处理	10	单班作业	10	混凝土养护	4	单班作业
2	道床板钢筋网绑扎	20	单班作业	11	现指指挥协调	2	两班倒值班
3	轨排架设与调整	20	两班倒作业	12	质量检查员	2	两班倒值班
4	模板安装与拆卸	20	单班作业	13	测量员	5	单班作业
5	龙门吊司机	4	两班倒作业	14	安全员	2	两班倒作业
6	汽车吊司机	2	两班倒作业	15	电工	2	两班倒作业
7	混凝土搅拌	10	两班倒作业	16	试验员	3	两班倒作业
8	混凝土运输	6	两班倒作业	17	材料员	2	两班倒值班
9	混凝土灌注	20	两班倒作业		合　计	134	

6. 材料与设备

6.1 施工设备配置条件

6.1.1 双线并行，线间距 4.6～5.0m，左、右线同时施工，物流通道为轨道下部基础，物流采用无轨方式运输。

6.1.2 主料物流时间控制：（按照温福铁路 112.5×2m/d 的作业效率）

1. 铺装阶段轨枕运输：4.5h（3×15 根/车）
2. 灌注阶段的混凝土运输：15h（6m³/车）
3. 其他轨料的运输按上述控制时间综合制定。

6.2 施工配套机组作业综合技术指标

6.2.1 施工作业程序：与引进技术相同，局部创新；

6.2.2 施工作业效率：定额 112.5×2m/d 单线延米；

6.2.3 施工轨道精度：满足设计及施工规范要求；

6.2.4 施工机械化程度：大于全部作业项目的 80%。

6.3 无砟轨道配套装备、机具

6.3.1 施工配套装备组成及作用（表 6.3.1）

施工配套装备组成及作用 　　　　　　　　　　　　　　　　　表 6.3.1

序号	装备名称	规格型号	单位	数量	装备作用
1	组合式轨道排架	9.375m	组	108	合成工具轨、轨枕、模版、调整系为一体，可有效地简化作业程序，为基础设备
2	自行式铺装机	10t/40kW	组	4	完成卸枕、组装(拆卸)轨排，自线铺轨等多项循环作业，为主要运输安装设备
3	多功能电控吊具		架	4	是与铺装机配套的吊装设备
4	移动式机械分枕组装平台	15根/次	台	2	轨枕不落地倒装，均分轨枕间距，为主要安装设备
5	混凝土布料机		台	2	使用泵送混凝土的工况下，进行混凝土浇筑，为备用设备

6.3.2 施工配套装备特点、功能（表 6.3.2）

6.3.3 施工使用的其他设备机具（表 6.3.3）

施工配套装备特点、功能 　　　　　　　　　　　　　　　　　表 6.3.2

序号	装备名称	装备特点、功能
1	组合式轨道排架	a. 在满足轨道排架整体刚度的条件下，采用单托梁结构，排架受力合理，以适应曲线半径作业时轨道的调整性能
		b. 采用标准的 60kg/m 的工具轨，与正线用轨一致
		c. 纵向模板采用多块组合，单块长度最大 1660mm，重量轻，便于安装倒运
		d. 工具轨的轨距、轨底坡通过托梁固定为 1435mm 和 1:40 斜度，无需另外调整
		e. 支撑螺杆设置在道床外侧，能够减少轨排队道床混凝土浇筑的影响，提高施工效率。施工后在道床板中不遗留螺栓孔，减少后期期孔洞封堵工序
		g. 轨道排架上设置了超高调整装置，保证支撑螺杆垂直支撑稳固。同时保证了在超高地段模版的安装能够垂直道床底面
2	自行式铺装机	a. 起重机具备高低两种起重速度，能满足在不同工况下安装和拆卸轨道排架
		b. 走行机构设有变频无级调速器，达到了起动无冲击，运行平稳，轨道排架对位准确的施工要求
		c. 两侧设置了走行轨装机构，能够实现自线轨道铺装、拆卸
		e. 能适应路基、桥梁、隧道等不同施工段
3	多功能电控吊具	具备轨排及混凝土吊装、轨枕装卸功能
4	移动式机械分枕组装平台	平台设有分枕和定位机构，用铺装机将一组 15 根轨枕，吊放在平台上，在由轨枕均分系统一次分移到位，与轨排组装匹配
5	混凝土布料机	采用转塔结构，大转臂可做 360 度回转，每次布料范围 6.25m(可根据现场情况自行改装调整)。在使用泵送混凝土的工况下，利用混凝土布料杆进行混凝土浇筑，便于现场施工

施工使用的其他设备机具 表 6.3.3

序号	机械设备名称	规格型号	单位	数量	备注
1	叉车	5t	台	2	
2	平板运枕车	10t	辆	4	
3	混凝土搅拌站	75L×2	台	4	
4	混凝土输送车	6～8m³	辆	8	
5	混凝土输送泵	60m³/h	台	2	
6	龙门吊走行轨	38kg/m	m	800	
7	进洞运输材料车		台	2	
8	上下班车		台	4	
9	洒水车		台	2	
10	清淤农用车		台	4	
11	空压机	2.5m³/min	台	4	底板凿毛用
12	轨检小车		台	2	德国进口
13	工具、扣件吊桶		个	8	自制
14	插入式振捣器		台	40	
15	精密水准仪		台	2	
16	全站仪		台	2	
17	手薄遥控复测全站仪		套	2	
18	电焊机	ZXG250	台	6	
19	钢筋切断机	GQ-40	台	2	
20	双头电动扳手	BS-Ⅱ	台	4	
21	养护喷洒设备		台	2	
22	钢轨钻孔机	ZGD-Ⅲ	台	2	
23	发电机	250kW	台	2	自备电源
24	钢筋对焊机	UN1-75	台	2	
25	钢筋调直机	GT4-10a	台	2	
26	钢筋弯曲机	GJ17-40	台	2	
27	砂轮机	MQ3235	台	4	

6.4 无砟轨道使用材料（见表 6.4）

每公里无砟轨道使用材料数量表 表 6.4

材料名称	型号	单位	每公里数量	备注
钢筋加工	φ20	t	121.42	
	φ16	t	59.15	
钢筋绑扎	16/16 交叉绝缘卡	个	11167	
	20/16 异形交叉绝缘卡	个	137465	
	20/10 异形交叉绝缘卡	个	5430	4%的损耗
	20/12 异形交叉绝缘卡	个	37177	
	20/20 平行绝缘卡	个	15562	
	塑料绝缘扎带	个	220587	10%损耗
混凝土	C40	m³	868.01	
铁垫板		个	3275	
平垫块		个	6397	
平垫圈		个	6397	
弹簧垫圈		个	6397	
T形螺栓	WJ-7	个	6397	
锚固螺栓		个	6397	
螺母		个	6397	
弹条		个	6397	
绝缘块		个	6397	
绝缘缓冲垫板		个	3199	
轨下垫板		个	3199	
木制伸缩板		m³	2.29	

7. 质量控制

7.1 执行标准

7.1.1 《客运专线无砟轨道铁路工程施工质量验收暂行标准》

7.1.2 《客运专线无砟轨道铁路工程施工技术指南》

7.2 质量保证措施

7.2.1 建立健全质量管理机构，完善质量管理体系。

7.2.2 建立健全岗位责任制度，做到责任到人。

7.2.3 对每道工序做好工前技术交底，记好施工日志。

7.2.4 制定内控标准，严于规范和验标要求，并且督促落实。

8. 安 全 措 施

8.1 建立健全安全管理机构，完善安全保证体系。

8.2 加强安全教育，提高安全员安全意识与知识水平。

8.3 建立健全岗位责任制度，责任到人，并记好日志。

8.4 高空作业，安全用电等每项都进行安全技术交底，并且督促落实。

9. 环 保 措 施

9.1 临时工程必须按照设计统一规划、业主要求和施工环保的要求进行实施。

9.2 对施工机械和运输车辆安装消声器并加强维修保养，降低噪声。

9.3 临时房屋尽量减少占地对植被的破环，搞好临时便道的排水与绿化。

9.4 工程完工后，及时拆除全部临时房屋和临时施工设备，恢复植被，还施工前的青山绿水。

10. 效 益 分 析

10.1 经济效益

10.1.1 同样的施工条件下，一套德国设备 2400 万元人民币，而该工法使用的新研发设备仅 500 万元，费用低廉。

10.1.2 温福铁路的霞浦隧道 13099m 的无砟轨道工程，日工程量定位 75 双延米，两个作业面，需要 77d 完成。使用本工法后，日工程量可完成 112.5 双延米，缩短到 53d。无砟轨道工区施工人员为 270 人，日开销每人 100 元，每天需 27000 元。仅仅工费就降低了 952000 元，在加之其他费用，可降低成本 200 万元。

10.2 社会效益

本工序设备种类少，设备操作简单，能循环作业，工序简单、进度快，可保质、快速完成施工任务，为我国无砟轨道高速铁路的按期开通提供了有力的保障。

10.3 环保效益

采取集中堆放，整体清理，指定处理的方式从根本上控制了施工对周边水资源的污染。无砟轨道与有砟轨道相比，使用寿命长，无需留有上砟作业的便道，减少了对地表、水资源的影响，防止了水污染、大气污染和水土流失；与其他设备相比，具备噪声低，振动低，抗污自净，防飞砟等功能。

11. 应 用 实 例

中铁十九局集团有限公司修建的温福铁路霞浦隧道全长 13099m，进口里程 DK155＋349，出口里程 DK167＋447，霞浦隧道内正线铺设 60kg/m 无螺栓孔新轨，采用 CRTS Ⅰ型（温福Ⅰ型）双块式无砟轨道，WJ-7A 型扣件（研线 0603A）。隧道内（单线）共设 2095 块标准道床板，每块标准道床板长度为 6.23m，施工方法采用双块式无砟轨道组合式轨道排架法施工，施工进度及施工质量均满足要求，而成本大幅下降。实践证明该工法所用设备少，操作简便，社会效益显著、经济效益较高，有广阔的应用推广前景。

大直径泥水平衡盾构抗剪型浆液同步注浆施工工法

GJEJGF161—2008

上海隧道工程股份有限公司

丁志诚　黄德中　郑宜枫　何国军　戴仕敏

1. 前　　言

随着国内城市化的发展，地下空间的开发已经显得日益重要，在城市地下空间的开发中将会采用越来越多的盾构机进行隧道施工。在大型泥水平衡盾构机施工中，采用同步注浆浆液对盾尾与管片之间的建筑空隙进行及时的填充，减少盾构推进对周边土体的扰动，即同步注浆施工工艺。目前国内常用的同步注浆浆液有惰性单液浆和速凝双液浆。惰性单液浆具有含水量高、抗液化程度低和填充效果差等特点。速凝双液浆形式具有注浆不均匀、注浆量过大和注浆效果难以控制等特点。在荷兰绿心隧道盾构掘进时采用单液同步注浆技术，使在饱和含水的砂质地层中的隧道上浮得到了有效控制，并把地表沉降降低到可接受范围内。由于单液同步注浆尚未在国内大直径泥水平衡盾构施工中应用，并且绿心隧道施工过程中使用的单液同步注浆是针对饱和含水的砂质地层，能否适用于上海软土地层施工，尚需进行进一步的研究。因此，针对上海特殊的软土地层，进行了适应于上海地质条件和盾构注浆设备的同步注浆单液浆液研究。设计了高重度、具有一定抗剪切性能的单液浆，在施工中对注浆工艺不断改进和研究，逐渐形成了一套科学、合理的"大直径泥水平衡盾构抗剪型浆液同步注浆施工工法"。相关的科研课题"泥水盾构同步注浆双液浆改单液浆研究和工程应用"在 2008 年 4 月通过了上海市建设和交通委员会组织的课题验收，成果总体水平达到国际先进。

2. 工 法 特 点

2.1　实现同步注浆浆液可运输性，减缓市区场地狭小的施工环境压力，对周边居民无影响，能满足城市地下施工的高环保要求。

2.2　高比重、高黏稠性、良好的抗剪切屈服强度的浆液在盾构推进过程中可对盾构机姿态进行调整。

2.3　比以往的同步注浆工法相比，减少对周边土体的扰动影响，确保建（构）筑物的安全。

2.4　浆液具有较高的保水润滑性能，在注浆过程中可减少堵管现象；施工较方便，浆液质量易控，无需勤洗管路。

2.5　成环隧道质量良好，管片表面干燥，没有明显的渗漏水现象。

2.6　隧道的稳定性得到很好的控制，后期隧道无明显变形。

3. 适 用 范 围

适用于大直径泥水平衡盾构施工中盾尾同步注浆作业（盾构直径一般大于 14m）。

4. 工 艺 原 理

整套设备包括浆液拌站系统、运输系统、注浆系统。同步注浆施工是盾构法隧道管片脱离盾尾时，向管片周围土体的建筑空隙注入具有一定流动性的浆液，使衬砌达到初期的稳定，随着时间的增加，浆液的性能指标不断提高，对控制隧道的沉浮性、抗渗性、耐久性和安全性起到重要作用。另外，本工法通过施工过程研究，增加壳体注浆施工工艺，可以对盾构机姿态进行调整，拓展了同步注浆施工内涵。

5. 施工工艺流程及操作要点

5.1 施工工艺流程

具体施工流程见图 5.1。

5.2 操作要点

5.2.1 浆液制备

1. 对同一批进场原材料进行检测，经检测符合标准方能投入施工。

2. 按设计配合比进行浆液拌制，严格对各注浆材料进行称量，称量系统须按国家规范进行定时计量。

3. 浆液在拌浆桶内搅拌时间 1min（强制搅拌）。

4. 浆液指标须达到规定要求方能进行运输。

5.2.2 浆液运输

在浆液运输和在盾构机车架上储存备用过程中必须在浆筒中增加搅拌装置，对浆液进行连续搅拌，保证浆液的性能指标。

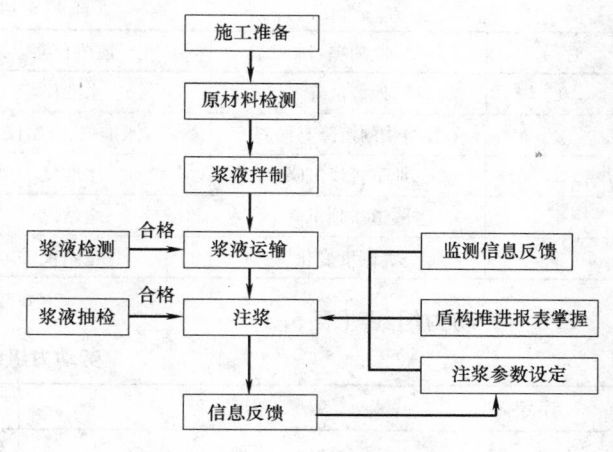

图 5.1 同步注浆施工流程图

5.2.3 注浆施工

1. 盾尾注浆部位

1）注浆压力控制

设定注浆压力为：注浆点静止土压力值、注浆管损失压力、注浆压力差三者之和。

通过大量的现场原位试验、物理模拟试验以及数值模拟分析等研究，并通过在工程中不断应用和优化的基础上，确定超大直径泥水盾构同步的注浆压力设定

$$P = P_1 + P_2 + P_3$$

式中　P_1——该注浆点静止土压力值（Bar）；

　　　P_2——注浆管损失压力（Bar）根据盾构机实际取值；

　　　P_3——注浆压力差，取 1Bar。

2）注浆量控制

实际的注浆总量控制在理论建筑空隙的 110%～130%。

抗剪型单液砂浆不具有初期强度，在注浆压力作用下具有很好的流动性，盾构壳体上部与下部注浆点的注浆量之比控制在 6∶4。

2. 壳体注浆部位

1）注浆压力控制

注浆压力控制按低于同盾尾注浆部位注浆压力 1～2Bar 控制。

2）注浆部位和注浆量控制

壳体注浆控制主要考虑盾构机姿态及其轴线发展趋势、盾构机与成型隧道相对位置和盾构机纠偏幅度，施工中注浆量、注浆分布及注浆压力必须与盾构推进速度、推进压力、纠偏程度等施工参数同

步结合起来，减小盾构推进对周边土体产生的扰动，通过合理地选择注浆点，设定注浆压力和注浆量。

3. 施工实际注浆总量

在实际施工中，注浆量控制在理论建筑空隙的 110%～130%。而在穿越建（构）筑物时可根据实际需要增加注浆量，达到理论建筑空隙的 130%～150%。在增加注浆量时，应注意注浆压力的控制，避免注浆压力过大。

5.2.4 监测技术与分析

及时掌握盾构施工成环隧道的变化情况，是确保隧道施工正常进行的重要保证。另外全过程监测隧道周边建（构）筑物的变化情况是确保工程建设安全的关键。定时对各主要工序施工阶段引起的动态沉降数据进行分析，并与计算值比较，及时反馈指导施工，主要的监测内容参见表5.2.4。

监测项目汇总表 表 5.2.4

序号	监测项目	监测仪器	监测频率	监测目的
1	地表沉降	水准仪	初期：2 次/d 中期：1 次/3d 后期：1 次/7d	掌握隧道对地表及周边环境的影响程度和范围
2	建筑物的沉降与倾斜	水准仪、全站仪		
3	地下管线沉降	水准仪		
4	隧道拱顶沉降	全站仪	1 次/7d	掌握隧道沉降情况
5	真圆度变化	全站仪	1 次/15d	了解隧道变形情况

5.3 劳动力组织（表 5.3）

劳动力组织情况表 表 5.3

序号	单项工程	所需人数	备 注
1	管理人员	4	包括行政和施工管理
2	技术人员	4	包括推进和浆液检测
3	浆液拌制	15	
4	浆液运输	12	
5	注浆施工	20	
6	清理工	15	
	合计	70	

6. 材料与设备

本工法采用的机具设备见表6。

机具设备表 表 6

序号	名称	数量	备 注
1	浆液系统	1 套	各配料衬量齐全
2	运输车辆	1 台	浆液运输作业
3	移动浆桶	3 个	运输浆液，自带搅拌系统
4	固定浆桶	2 个	储存浆液
5	注浆设备	3 台	
6	清洗装置	2 套	拌浆系统和注浆系统清洗
7	其他铺具	若干	—

7. 质 量 控 制

7.1 工程质量控制标准

7.1.1 浆液拌制原材料控制按表 7.1.1 执行。

原材料指标控制表　　　　　　　　表 7.1.1

材料名称	要　求
消石灰	氢氧化钙含量≥95％,320 目筛余物≤0.5％
粉煤灰	Ⅱ级,细度＜0.045mm 方孔筛筛余,百分比小于 20～45
细砂	以 100％通过 8 号筛孔,50pm 细粒成分≤20％为宜
膨润土	95％通过 200 目筛,膨胀率 18～20ml/g
水	生活用水
聚丙烯磺酸盐和聚山梨醇形成合成物	比重 1.06±0.01(20℃),减水率 20％～30％,水化控制能力＞20H,水解度＜30％

7.1.2 浆液性能指标控制按表 7.1.2 执行。

浆液性能指标表　　　　　　　　表 7.1.2

项　目	标　准	检测频率	检验方法
密度	＞1.80g/cm³		比重计
坍落度(新拌)	12～14cm		坍落度桶
坍落度(10～30H)	≥5cm		坍落度桶
屈服强度(10～30H)	800kPa	每 100 方	抗剪切屈服强度仪
压力失水(7'30",1bar)	＜15ml		压力失水仪
泌水性	＜5ml		压力泌水仪
抗压强度	90d,＞1.0MPa		压力试验机

7.2 质量保证措施

7.2.1 浆液拌浆质量控制

1. 注浆各岗位操作人员需经专门培训,熟悉有关操作要点。

2. 各材料进货需严格把关,拌浆必须称量准确。

3. 拌浆前须清除拌浆机内所有垃圾和水泥浆硬块。

4. 拌浆桶中搅拌时先后加入配比中粉煤灰、砂、膨润土、消石灰、外掺剂和水,外掺剂须均匀倒入拌浆桶。

5. 加料完毕后的拌浆时间不得少于 1min,期间搅拌机宜正反交替拌浆,不留死角。拌匀后的浆液坍落度值须在 12～14cm 范围内方可放入运浆车。

6. 浆液使用的消石灰、粉煤灰、膨润土须新鲜、干燥,不结块,外掺剂须储存在阴凉的地方。

7. 每 24h 随机抽取浆液进行浆液性能指标的测试。

8. 每班拌浆作业结束后,拌浆设备及送浆管路应冲洗干净,以防残留浆液板结。

7.2.2 注浆操作过程质量控制

1. 拌浆作业须与盾构推进同步进行,浆液注入量应同掘进速度相适应,每条隧道推进前期先摸索其注浆率,再作明确规定。

2. 作业人员须随时观察注浆工况,控制好注浆压力和方量并与盾构操作者保持联系,注浆量应根据盾壳间隙及地面情况而定,严格控制地面沉降。

3. 一旦发生意外故障,应立即通知当班班长,要求暂时停止盾构掘进,排除故障后方可复工。

4. 首次注浆前所有管道均须水润湿后方可压浆。

5. 注浆宜采用多点注浆，保证注浆均匀性。

6. 盾构推进正常情况下，注浆前每 24h 随机取样检测浆液的坍落度值。

7. 遇意外浆液超过 10h 不能被注入管片与土体的间隙，应随时检测浆液的塌落度值。

8. 如实填写盾构推进过程质量控制压浆记录表，并做好每班交接班工作。

8. 安 全 措 施

8.1 认真贯彻"安全第一，预防为主"的方针，根据国家有关规定、条例，结合施工单位实际情况和工程的具体特点，组成专职安全员和班组兼职安全员以及工地安全用电负责人参加的安全生产管理网络，执行安全生产责任制，明确各级人员的职责，抓好工程的安全生产。

8.2 建立完善的施工安全保证体系，加强施工作业中的安全检查，确保作业标准化、规范化。

8.3 施工现场按符合防火、防风、防雷、防洪、防触电等安全规定及安全施工要求进行布置，并完善各种安全标识。

8.4 施工现场的临时用电严格按照《施工现场临时用电安全技术规范》的有关规范规定执行。

8.5 经常保养施工机具，保证安全装置灵敏可靠。

8.6 吊装前必须仔细检查吊索具，吊装时应有专门起重人员指挥。

8.7 运输过程中，须注意交通安全。

9. 环 保 措 施

9.1 成立对应的施工环境卫生管理机构，在工程施工过程中严格遵守国家和地方政府下发的有关环境保护的法律、法规和规章，加强对工程材料、废水、建筑垃圾、弃渣的控制和治理。

9.2 将施工场地和作业限制在工程建设允许的范围内，合理布置，规范围挡，做到标牌清除、齐全，各种标识醒目，施工场地整洁文明。

9.3 设立专用排浆沟、集浆坑，对废浆、污水进行集中，认真做好无害化处理，从根本上防止施工废浆乱流。

9.4 定期清运沉淀泥砂，做好泥砂、弃渣及其他工程材料运输过程中的防散落与沿途污染措施。

10. 效 益 分 析

目前国内很多城市都面临着城市地下空间的进一步开发，对隧道的直径也要求越来越大。与我国以往的泥水盾构双液同步注浆工艺相比，在上中路越江隧道施工首次采用单液同步注浆工艺成功的基础上，上海长江隧道超大直径泥水加气盾构再次采用了该工艺施工，从施工工艺、隧道的稳定性和经济性来看，均显示出单液浆的优势，因此该浆液的研究成功，具有较高的社会效益和经济效益。随着将来越来越多大型隧道施工，所以采用抗剪型浆液进行同步注浆的施工方法将会具有广阔的市场。

11. 工 程 实 例

11.1 上海市上中路越江隧道工程

11.1.1 工程概况

2005 年正式推进的上中路越江隧道，位于黄浦江上的徐浦大桥和卢浦大桥之间，工程采用直径为 14.87m 的超大型泥水平衡盾构掘进机施工，是当时世界上直径最大的盾构法隧道之一。隧道双向全长约 2.8km，其中盾构掘进段长度为 2.5km，隧道建成后外径达到 14.5m，也是当今世界上第一条双层双向四车道的盾构法隧道之一。

11.1.2 施工情况

在本工程中同步注浆浆液主要开展了以下两方面的施工作业：

1. 壳体同步注浆，对盾构机姿态进行调整。

2. 盾尾同步注浆。

南线隧道自 2005 年 10 月出洞推进，至 2006 年 4 月完成 1.1km 隧道施工。

北线隧道自 2007 年 10 月出洞推进，至 2008 年 4 月贯通。

11.1.3 工程监测与结果评价

地表沉降监测结果显示，地表沉降可以控制在 +1～－4cm 范围内，盾构施工引起沉降量占沉降总量 50%。沉降槽断面在 2 倍盾构直径范围。

地下管线监测结果显示，最大沉降量控制在 －1cm 以内。

隧道管片表面干燥，没有明显的渗漏水现象；

成环隧道稳定得到良好的控制，隧道拱顶位移控制在 ±2cm；

有助于控制隧道沉浮，管片环间错台（踏步）在 3mm 内。

11.2 上海长江隧道工程

11.2.1 工程概况

本工程为上海浦东五好沟至长兴岛段的隧道工程，隧道南起浦东五好沟工作井，北至长兴岛上新开港工作井，全长约 7.5km。为双线隧道（东线、西线），采用盾构法施工，一次掘进完成。隧道外径 15000mm，内径 13700mm。工程采用直径 φ15430mm 的大型泥水平衡盾构掘进机进行掘进施工。

11.2.2 施工情况

东线自 2006 年 11 月出洞施工，2008 年 6 月进洞完成 7.5km 隧道施工。西线自 2007 年 4 月出洞施工，到 2008 年 7 月底已完成 7km 隧道推进。

11.2.3 工程监测与结果评价

地表沉降监测结果显示，地表沉降控制在 +1～－3cm 范围内。

隧道管片表面干燥，没有明显的渗漏水现象；

成环隧道稳定得到良好的控制，隧道拱顶位移控制在 ±2cm；

有助于控制隧道沉浮，管片环间错台（踏步）在 3mm 内。

11.3 上海耀华支路越江隧道工程

11.3.1 工程概况

上海耀华支路越江隧道是上海磁浮机场快线的越江节点工程，是世博会期间浦江两岸交通枢纽间的重要通道之一。隧道采用盾构法施工，盾构机外径 14880mm，隧道外径为 14500mm，内径为 13300mm，隧道断面为单洞双线，圆隧道长 2177.788m。

11.3.2 施工情况

耀华支路越江隧道工程自 2007 年 10 月出洞施工以来，由于受到居民环保担忧，工程一度停工，到 2008 年 7 月底已完成 600m 隧道推进。

11.3.3 工程监测与结果评价

地表沉降监测结果显示，地表沉降控制在 +1～－3cm 范围内。

隧道管片表面干燥，没有明显的渗漏水现象；

成环隧道稳定得到良好的控制，隧道拱顶位移控制在 ±2cm；

有助于控制隧道沉浮，管片环间错台（踏步）在 3mm 内。

地铁盾构隧道冰冻法进洞施工工法

GJEJGF162—2008

宏润建设集团股份有限公司

庄国强　张存才　林洋　辛庆坤

1. 前　言

为改善城市交通环境，轨道交通建设已成为众多大中城市在"十一五"期间的重要任务之一；地铁盾构施工风险的控制也成为城市建设安全控制的重点，其中盾构进洞施工是风险控制的关键节点。

宏润建设集团股份有限公司在上海、杭州、苏州、武汉等地区均参与了地铁工程建设，积累了丰

图1　盾构冰冻法进洞照片

富的盾构隧道施工经验，并参与编制上海市《地铁隧道工程盾构施工技术规范》。针对在南京、上海、杭州等全国大部分地区，盾构进洞常处于富含微承压水的砂性土层中施工，若采用常规深层搅拌桩、高压旋喷桩等工艺进行洞口地基加固，易发生流砂现象，甚至对已成隧道造成破坏，施工风险高等特点，宏润建设集团股份有限公司多次组织专家论证进洞方案，经过实践证明，采用地铁盾构隧道冰冻法进洞施工工艺，能安全、优质、高效的确保盾构进洞，并具有较好的经济效益与社会效益。本工法经上海科学技术情报研究所提供的科技查新报告说明，在国内具有创新性与先进性。本工法应用工程实例如下：

1.1　2008年4～7月，上海市轨道交通10号线外环路站～虹井路区间施工，上下行线均在虹井路端头井采用盐水冰冻加固，盾构顺利进洞。

1.2　2008年6～8月，上海市轨道交通10号线吴中路停车场～虹井路站区间施工，出段线在虹井路端头井采用盐水冰冻加固，盾构顺利进洞。

1.3　2008年6～9月，上海市轨道交通9号线大木桥路站～打浦桥站区间施工，上下行线均在打浦路站端头井采用盐水冰冻加固，盾构顺利进洞。见图1盾构冰冻法进洞照片。

2. 工 法 特 点

2.1　本工法适用范围广，适用于所有含水地层的地铁盾构进洞施工。

2.2　盾构进洞采用冰冻法地基加固与其他地层加固方法相比较，具有冻结加固体强度高、均匀性和封水性好，且与周围原有地下结构之间粘结紧密、冻结加固质量容易检测等优点，能有效控制盾构进洞施工风险，确保工程实施安全。

2.3　盾构进洞采用冰冻法地基加固施工方法灵活，场地要求小，加固形式多样；冻结加固体形状、深度、厚度、强度，可根据需要灵活设计和施工，不需要时加固体可迅速解冻，恢复地层原来特性。

2.4　盾构进洞采用冰冻法地基加固与其他地层加固方法相比较，施工时无污染排放物，机械设备噪声低、振动小，无扬尘，大大减小对环境的污染，有利于文明施工。

2.5 盾构冰冻法进洞施工安全可靠，可有效降低工程实施风险，从全局上节约工程造价，加快工程进度，确保在工期内顺利完成。

3. 适 用 范 围

本工法适用于所有含水地层的地铁盾构进洞施工，特别是在富含地下水的砂性土层中具有施工风险低、安全性好的优点；同时在施工场地窄小区域，无法进行深层搅拌桩施工，宜采用冰冻法进洞施工工艺。

4. 工 艺 原 理

地铁盾构隧道冰冻法进洞是利用人工制冷技术临时改变土层特性使之变成具有一定强度与隔水作用的冻土，在冻土帷幕的保护下进行盾构进洞施工的工艺。

人工制冷技术是利用氟里昂作制冷剂，通过氟里昂循环系统、盐水（$CaCl_2$ 溶液）循环系统和冷却水循环系统等三大循环系统完成地基冰冻加固。地基冰冻加固基本原理：地热通过冻结孔由低温盐水传给氟里昂循环系统，再由氟里昂循环系统传给冷却水循环系统，最后由冷却水循环系统排入大气。随着低温盐水在地层中的不断流动，周围含水地层与盐水发生热交换，形成以冻结管为中心的冻土圆柱，冻土圆柱不断扩展，最后相邻的冻结圆柱连为一体并形成具有一定厚度和强度的冻土墙或冻土帷幕。

通过测温孔温度验算，冻土墙应达到设计厚度和强度，然后凿除洞门。盾构抵达冻土墙，严格控制与切口平衡压力有关的施工参数，如出土量、推进速度、总推力、实际土压力围绕设定土压力波动的差值等。在盾构进入冻土墙加固区后，土压和总推力适当减小，推进速度放慢，进入加固区后推进速度控制在 1cm/min，尽量做到均衡施工，顺利进洞。推进过程中必须保持刀盘持续旋转，防止油路被冻结，使液压系统无法工作，导致盾构无法正常推进。

5. 施工工艺流程及操作要点

5.1 工艺流程

见图 5.1 冰冻法进洞施工工艺流程图。

5.2 操作要点

5.2.1 冻结参数确定

冻结参数主要指冻土墙强度、厚度、深度与宽度。一般情况下，地铁盾构冻土墙抗剪强度均取 1.6MPa、抗弯强度取 2.0MPa，深度范围为超出洞圈上下各 2m，宽度为超出洞圈两侧各 1.5m，冻土墙厚度由计算决定。

盾构进洞洞口冻土墙厚度设计参照日本和我国建筑结构静力计算公式，并考虑类似工程的施工经验。冻土墙受力计算按周边固定圆板考虑（见图 5.2.1 冻土墙厚度计算简图），冻土的相关参数取值，原则上应考虑较大的安全储备。冻土墙平均温度取 $-10℃$，抗剪强度均取 1.6MPa、抗弯强度取 2.0MPa，抗弯和抗剪安全系数均取 2.0。

1. 荷载计算

冻土墙外侧受土层侧压力作用。

$$P = k_0 \gamma h + q_n$$

式中 P——侧压力（包括地下水）；

γ——土体的平均重度；

h——隧道埋深；

k_0——土的侧向静止平衡压力系数，取 0.7；

q_n——超载（20kPa）。

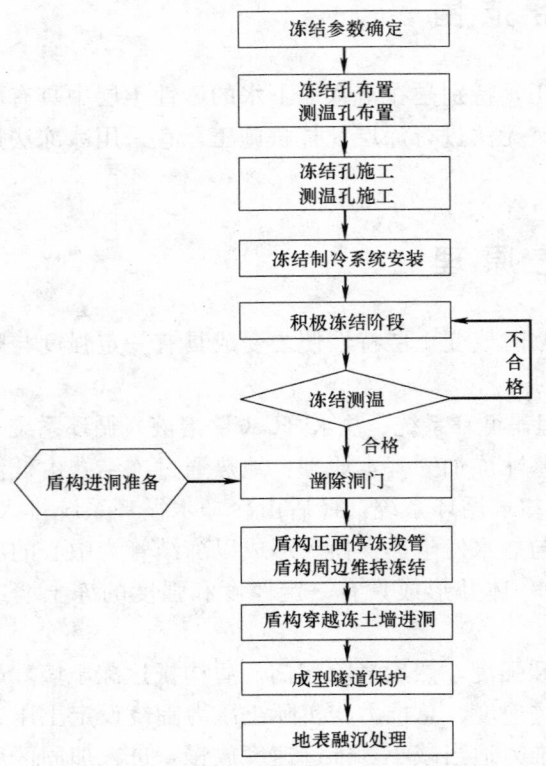

图 5.1　冰冻法进洞施工工艺流程图

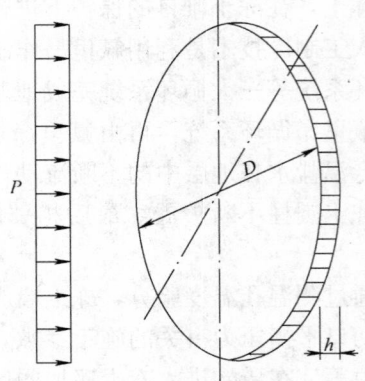

图 5.2.1　冻土墙厚度计算简图

2. 冻土墙厚度（取下述三个计算结果的最大值）

1）按日本关于加固体厚度 h 的计算公式为

$$h=\left[\frac{kBPD^2}{4\sigma}\right]^{1/2}$$

式中　σ——冻土抗弯强度（2.0MPa）；

P——荷载（MPa）；

D——开挖直径（6.7m）；

B——系数（1.2）；

k——安全系数（2.0）。

2）按我国建筑结构静力计算公式

$$h=\left[\frac{3(3+\mu)kPD^2}{32\sigma}\right]^{1/2}$$

式中　P——荷载（MPa）；

D——开挖直径（6.7m）；

μ——泊松比（0.3）；

σ——冻土抗弯强度（2.0MPa）；

h——冻土墙厚度（m）。

3）按工作井开洞口周边冻土墙承受的剪力最大计算公式

$$h=\frac{kPD}{4\tau}$$

式中　P——荷载（MPa）；

  D——开挖直径（6.7m）；

  k——安全系数（2.0）；

  τ——冻土抗剪强度（1.6MPa）；

  h——冻土墙厚度（m）。

5.2.2 冻结孔、测温孔布置

  冻结孔布置根据计算的冻土墙厚度决定，采用串并联方式布置，每2～3个孔串联成1组；冻结管常规采用$\phi108\times5$mm低碳钢无缝钢管，单孔盐水流量一般不小于6m³/h。由于地下连续墙混凝土的导热性好，冻土墙与地下连续墙之间不易冻结，所以要求冻结管布置尽量靠近地下连续墙，一般距地下墙300～400mm，开孔间距800mm；在地面打钻空间受地下连续墙导墙限制情况下，靠近地下连续墙的冻结孔可以适当向地下连续墙倾斜钻进。

  在盾构进洞阶段，盾构正面冻结管需拔除，为防止盾构进洞时水、砂涌入，在盾构进洞口底部增设8个水平加强冻结孔维持冻结，冻结孔深度均在垂直冻结孔中部。水平冻结孔预先与冻结器连接好，在垂直冻结管第一次拔管后即开始水平冻结管内盐水循环，以加强底部冻结区，确保盾构进洞的安全。为减少开孔时对结构的破坏和开孔时间，建议在施工工作井结构时在水平冻结孔位置上预留空洞，空洞直径为130mm。

  一般情况下，在每个进洞口地面布置4个测温孔，深度比冻结深度小0.5m；在每个洞口地下墙上布置2个测温孔，深度以孔底距离土层100mm为准。

  冻结孔、测温孔布置情况见图5.2.2-1～图5.2.2-3。

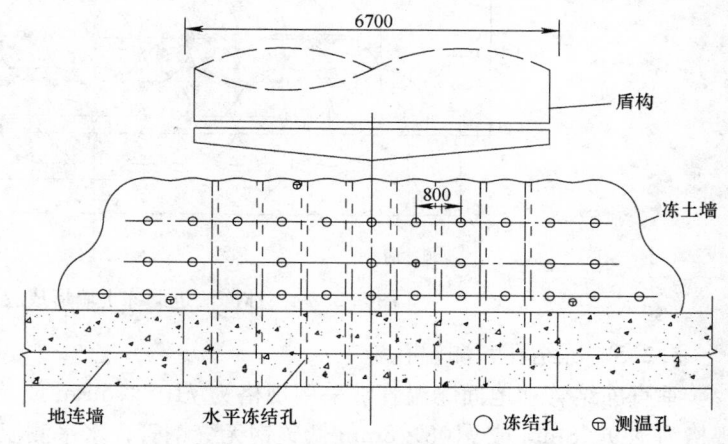

图 5.2.2-1　冰冻法进洞冻结孔平面布置图

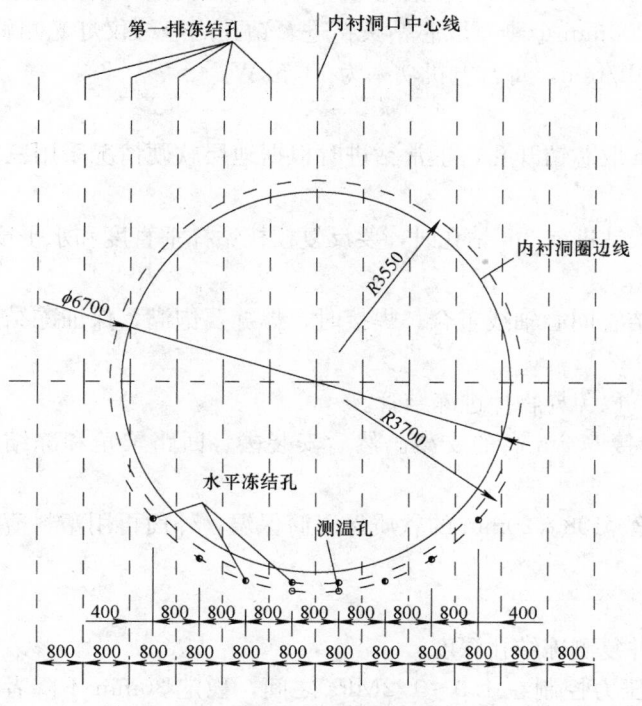

图 5.2.2-2　冰冻法进洞冻结孔正面布置图

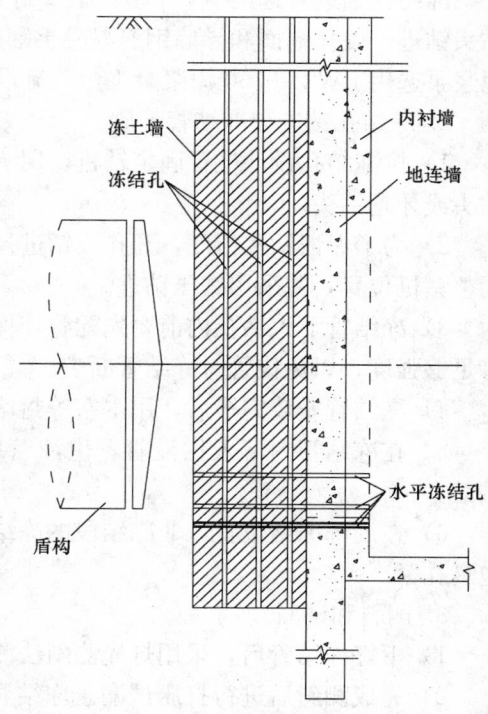

图 5.2.2-3　冰冻法进洞冻结孔侧面布置图

　　冻土墙形成按表 5.2.2 所列单排冻结孔冻土圆柱扩展速度经验值预计。如为密集布孔，内部冻结孔之间的冻结壁扩展速度可比表 5.2.2 给出的设计参考值增加 10％～30％。据此可以绘制冻土墙形成胶结圈图（图 5.2.2-4），计算出冻土墙交圈时间与不同冻结时间的冻土墙厚度。

单排冻结孔冻土圆柱扩展速度设计参考值　　　　　　　表 5.2.2

冻结时间 t(d)	20	30	40	50	60
冻结壁平均扩展速度 v_{dp}(mm/d)	34	28	24	22	20

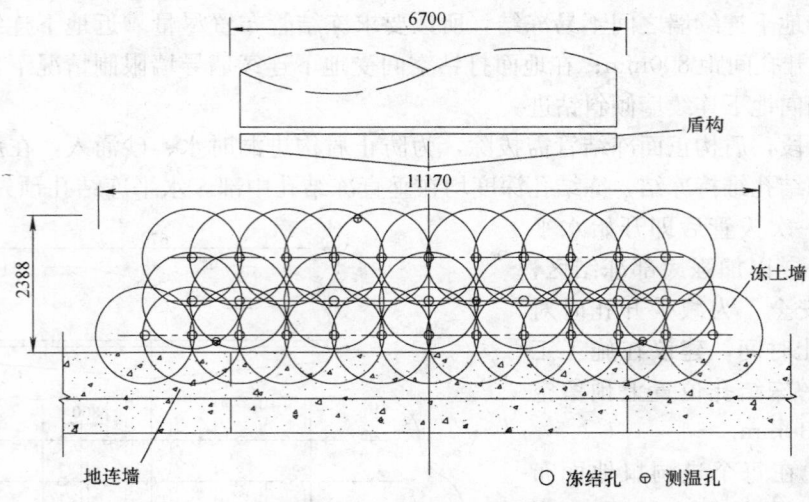

图 5.2.2-4　冰冻法进洞冻土墙形成胶结图（冻结 30d）

5.2.3　冻结孔、测温孔施工

　　垂直冻结管和地面测温管常采用规格为 $\phi108\times5$mm 或 $\phi127\times5$mm 低碳钢无缝钢管；水平冻结管规格为 $\phi89\times8$mm 或 $\phi108\times8$mm 低碳钢无缝钢管；水平测温管和供液管规格为 $\phi48\times3$mm 焊接钢管。

　　1. 打钻设备选型

　　冻结孔钻进可选用 XY-4 型钻机 2 台，电机功率为 22kW。土层用 $\phi190$mm 的三翼刮刀钻头或牙轮钻头钻进，硬化地面和导墙钢筋混凝土翻边用 $\phi200$mm 金刚石取芯钻头钻进。钻孔用经纬仪灯光测斜。泥浆泵选用 BW-200/50 泥浆泵 1 台，流量为 200L/min，每台电机功率为 14.5kW。

　　2. 冻结孔钻进与冻结管下放

　　1）按冻结孔设计位置固定钻机，用 $\phi200$mm 取芯钻开孔，正常钻进时根据地层软硬情况采用三翼钻头或牙轮钻头。

　　2）为了保证钻孔精度，开孔段钻进是关键。钻进前 5m 钻孔时，要反复校核钻杆垂直度和水平度，调整钻机位置，并采用减压钻进。

　　3）冻结管下入钻孔内前要先配管，保证冻结管同心轴线重合，焊接时，焊缝要饱满，保证冻结管有足够强度，以免拔管时冻结管断裂。

　　4）冻结管安装完毕后，用木塞等封堵管口，以免异物掉进冻结管。

　　5）在冻结管内下入供液管，供液管底端连接 0.3m 高的支架。然后安装去、回路羊角和冻结管端盖。

　　6）在局部冻结位置，非冻结段的冻结管外套 $\phi108\times20$mm 的软质保温筒保温，外面再用塑料薄膜包裹扎紧。

　　3. 测斜和试漏

　　1）下好冻结管后，采用灯光测斜法测斜，并复测冻结孔深度。

　　2）完成测斜后进行打压试漏。冻结管试漏压力控制在 1.0～1.2MPa 之间，稳定 30min 不降者为试漏合格。

4. 供液管与冻结器头部安装

1) 冻结管测斜与试漏合格后，在冻结管内下入供液管，供液管规格为 $\phi 48 \times 3mm$ 焊接钢管。供液管采用管箍或直接对焊连接。

2) 在供液管底端焊接 $\phi 12 \sim 18mm$ 钢筋棒，使供液管管口与孔底间隔 $0.2 \sim 0.3m$ 距离。

3) 安装去、回路羊角管和冻结管端盖。羊角管连接应避免急弯以减小盐水流动阻力。

5. 水平冻结孔施工

根据预留孔位，用开孔器（配金刚石取芯钻）按设计位置开孔，开孔直径 125mm，当开到 1500mm 时停止 125mm 孔的取芯钻进，安装孔口管，孔口管的安装方法为：首先将孔口处凿平，安装四个膨胀螺栓，而后在孔口管的鱼鳞扣上缠好麻丝或棉丝等密封物，将孔口管砸进去，用膨胀螺栓上紧，上紧后，再去掉螺母，装上 DN125 闸阀，再将闸阀打开，用开孔器从闸阀内开孔，开孔直径为 91mm，一直将混凝土墙开穿，这时，如地层内的水砂流量大，就及时关好闸门（见图 5.2.3 孔口密封装置示意图）。

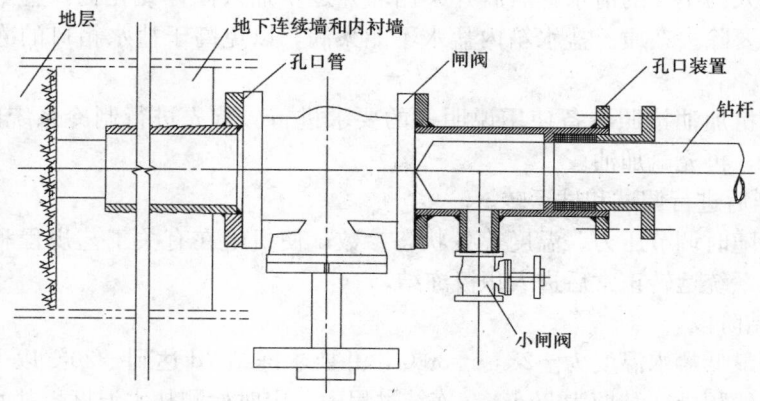

图 5.2.3　孔口密封装置示意图

5.2.4　冻结制冷系统安装

1. 冻结制冷设备选型与管路设计

1) 根据冻结需冷量计算和快速冻结的要求，决定冷冻机的型号和套数，可选用 W—YSLGF300 II 型、YSKF212.5 型等。

2) 选用 IS150-125-315 盐水循环泵一台，流量 $200m^3/h$，扬程 32m，电机功率 30kW。

3) 选用 IS125-100-250 冷却水循环泵 1 台，流量 $100m^3/h$，扬程 20m，电机功率 11kW。

4) 选用 DBNL3-50 型冷却塔 4 台，每台电机总功率 1.5kW。

5) 设盐水箱一个，容积 $3.4m^3$。

6) 盐水干管和集配液管均选用 $\phi 159 \times 5mm$ 钢管，集、配液管与羊角连接选用 1.5″高压胶管。

7) 在去、回路盐水管路上安装压力表、温度传感器和控制阀门。在盐水管出口安装流量计。盐水箱安装液面传感器。

8) 在配液圈与冻结器之间安装阀门，以便控制冻结器盐水流量。

9) 冻结器连接采用串并联方式，每组串联 $2 \sim 3$ 个冻结孔。

10) 冻结站冷却水新鲜用量为 $10m^3/h$。

11) 选用 N46 冷冻机油，R22 制冷剂。

12) 氯化钙溶液（盐水）比重为 $1.260 \sim 1.265$。

2. 冻结站布置与设备安装

站内设备主要包括配电柜、冷冻机组、盐水箱、盐水泵、清水泵、冷却塔及清水池等（见图 5.2.4 冻结站布置示意图）。设备安装按设备使用说明书的要求进行。

3. 管路连接、保温与测试仪表安装

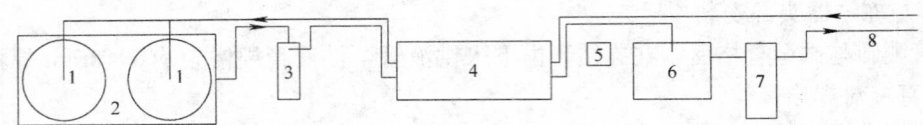

图 5.2.4　冻结站布置示意图

1—冷却塔；2—清水池；3—清水泵；4—冷冻机组；5—起动柜；6—盐水箱；7—盐水泵；8—盐水干管

盐水和冷却水管路铺在地面管架上，法兰连接。温度计、压力表和流量计安装要按有关规范进行。盐水管路经试漏、清洗后用聚苯乙烯泡沫塑料保温，保温层厚度为 50mm，保温层的外面用塑料薄膜包扎。集配液圈与冻结管的连接用耐高压胶管。

冷冻机组的蒸发器及低温管路用软质泡沫塑料保温材料保温，盐水箱和盐水干管用 50mm 厚的聚苯乙烯泡沫塑料保温。

4. 溶解氯化钙和机组充氟加油

先在盐水箱内注入约 1/4 的清水，然后开泵循环并逐步加入固体氯化钙，直至盐水浓度达到设计要求。溶解氯化钙时要除去杂质。盐水箱内盐水不能太满，以免高于盐水箱口的冻结管盐水回流时溢出盐水箱。

机组充氟和冷冻机加油按照设备使用说明书的要求进行。首先进行制冷系统的检漏和氮气冲洗，在确保系统无渗漏后，再充氟加油。

5. 设备安装完毕后进行调试和试运转。

在试运转时，要随时调节压力、温度等各状态参数，使机组在有关工艺规程和设计要求的技术参数条件下运行。冻结系统运转正常后进入积极冻结。

5.2.5　积极冻结阶段

设计积极冻结期最低盐水温度为 −28～−30℃，并要求冻结 7d 达到 −20℃以下，打开洞门时盐水温度达到最低值，一般积极冻结期为 30d；在冻结过程中，定时检测盐水温度、盐水流量和冻土墙扩展情况，必要时调整冻结系统运行参数（见图 5.2.5 积极冻结施工照）。

1. 积极冻结完成的标志是：

1）冻结孔完成相互搭接；

2）冻土墙完全成型，且实测冻土墙厚度达到设计要求；

3）是否达到设计要求，通过测温孔温度验算判断。

图 5.2.5　积极冻结施工照

2. 在积极冻结阶段，盾构施工应根据冻结施工情况调整施工要求如下：

1）盾构推进必须根据洞门冻结进度控制推进速度。

2）及时根据测量结果进行姿态调整，确保盾构以最佳姿态进入冻结区。

3）在靠近冻土墙前解除盾构连锁，确保刀盘 24h 连续转动，以防冻住。解除连锁工作由盾构安装调试单位负责完成，并现场指导盾构司机熟练掌握解锁后的盾构操作要领。

4）盾构逼近冻土墙时，班长及盾构司机应密切注意刀盘马达的油压显示，如有升压趋势，即可认为切口已至冻土墙边缘，此时应立即降低推进速度，同时适度调低密封舱压力。

5）提高盾构机的检查和保养频率，确保进洞阶段盾构机的正常运转。

6）在进洞前 10～20 环位置，在管片脱出盾尾后，间隔 1～2 环，连打三道环箍，防止进洞时水土流失。

5.2.6　冻结测温

完成积极冻结后，通过实测测温孔温度，计算验证冻土墙平均温度和厚度是否达到设计值，并检查冻土墙与地下连续墙界面温度应不高于−5℃。

为进一步确保进洞安全，在洞门上有分布的打若干探孔（见图5.2.6探孔布置图），以判断冻土与槽壁的胶结情况。各探孔按照布点位置采用风镐进行凿窝，窝直径400mm，窝深在200～400mm，凿窝打好后，用电锤打探孔穿透剩下槽壁进入冻土内，探孔进入冻土内深度控制在10～15cm，采用高精度的温度计或测温仪进行量测，各探孔实测温度必须低于−5℃。当通过探孔实测温度判断冻土墙与槽壁完全可靠胶结方可全部破壁。

5.2.7　盾构进洞准备

为确保盾构顺利进洞，在进洞前应做好各项准备及预防工作，如洞圈注浆球阀布设和止水装置安装、洞门凿除脚手架搭设、盾构进洞前姿态复核测量、安装洞门插板做好二次进洞准备及阻止泥砂的挡土板安装等。

1. 盾构进洞前姿态复核测量

在盾构进洞前40m，应精确做好轴线贯通测量工作，以后根据盾构推进的轴线偏差情况，每推10～15m，复核一次。最后10环的推进，盾构轴线与设计轴线的偏差，应尽可能控制在30mm内，使盾构以最佳姿态进洞。

2. 盾构基座安放与脚手架搭设

在盾构基座定位加固完成后，在洞圈上搭设稳固的脚手架，便于洞门凿除施工。见图5.2.7-1基座安装图。

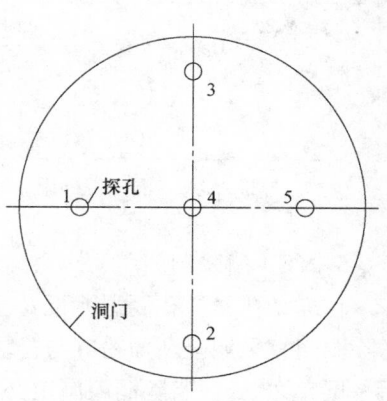

图5.2.6　探孔布置图

图5.2.7-1　基座安装图

3. 洞圈注浆球阀布设和止水装置安装（含插板）

为了防止盾构进洞时漏泥浆，及时压注液浆，在洞圈周围布设5～8个注浆球阀。洞圈止水装置安装结束后，当洞圈特殊环管片脱出盾尾后，立即用弧形钢板与其焊接成一个整体，完成洞门封堵。

为了防止盾构进洞时漏泥浆，及时在渗漏点压注液浆，在洞门圈上焊接螺杆，安装预先加工好的插板（见图5.2.7-2洞门插板图），在插板上预留5只1.5寸注浆球阀。当盾构支撑环脱出后即封闭插板进行注浆，实现二次进洞（或是二次以上进洞）。

4. 洞门圈上安装两道挡土板

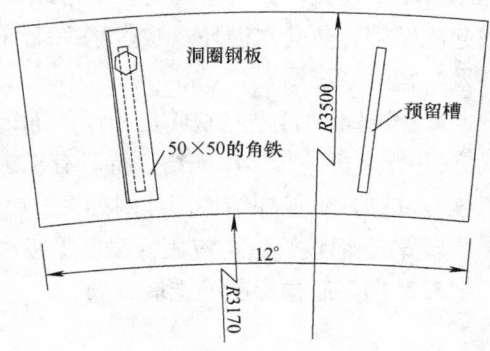

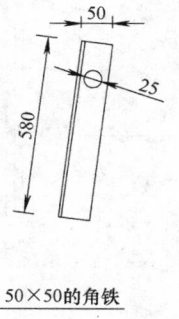

图5.2.7-2　洞门插板图

在洞门钢圈的内侧预先设置"泥砂阻止装置"，方法是在洞圈内焊接二道弹性钢板，在二道弹性钢板上割缝，钢板之间放入成环海绵。在洞门圈的外侧安装一道增强型挡土板（见图 5.2.7-3 洞门泥砂阻止装置图、图 5.2.7-4 泥砂阻止装置弹性钢板上割缝）。

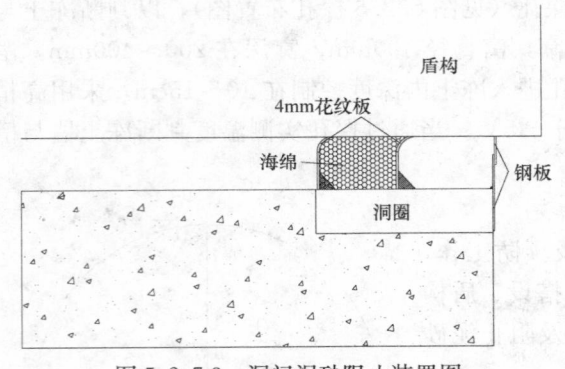

图 5.2.7-3　洞门泥砂阻止装置图

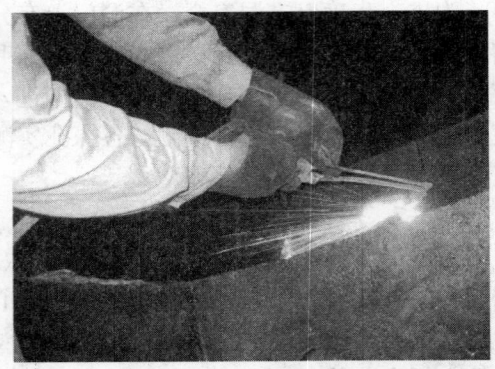

图 5.2.7-4　泥砂阻止装置弹性钢板上割缝

5.2.8　凿除洞门

在冻结孔、探孔测温判断冻土墙强度、厚度及与槽壁胶结情况符合要求后，方可破壁凿除洞门。凿除洞门宜采用全断面粉碎与分块相结合的方式开凿，一般分三层逐层进行，其中第一层宜 20cm，最后一层宜 20cm。凿除洞门施工必须准备充裕的施工力量，以最快的速度破除洞门混凝土。分层凿除过程中，若发现地连墙出现渗水点，要及时进行封堵，以防水土流失，影响冻土墙交圈；如未发现异常情况，可直接进入下一层破壁。

在洞门破壁过程中，应密切注意破地连墙时是否破坏冻结管，如一旦发现冻结管漏盐水，及时关闭该冻结器，并用焊接补好漏点。

5.2.9　盾构正面停冻拔管、盾构周边维持冻结

在盾构抵达冻土墙、凿除洞门完全凿除后，可停止与盾构机进洞冲突的正面冻结孔冻结，盾构机周边及水平冻结孔维持冻结，确保冻土墙参数满足进洞要求。正面已停止的冻结管应拔至盾构机顶面以上再维持冻结，拔管方法与步骤为：

1. 用一只 1m³ 左右的盐水箱储存盐水，在盐水箱中安装总功率为 100~150kW 电热管加热盐水。

2. 以每 2~3 组冻结孔为一批，利用流量为 50m³/h 以上盐水泵循环盐水，先用 40~50℃ 的盐水循环 10min 左右，待冻结管周围冻土融化 3~5cm 时，即可进行边循环边试拔。

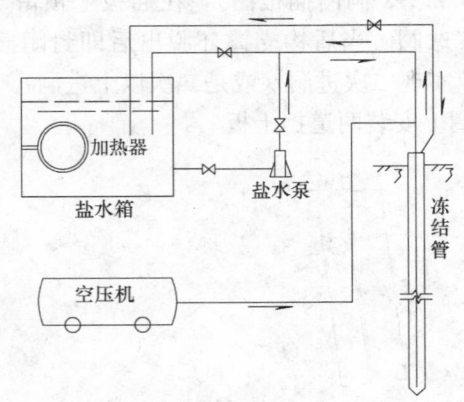

图 5.2.9　热盐水循环及吹盐水系统图

3. 冻结管拔起 0.5m 左右，便可停止循环热盐水，用压风将管内盐水排出，然后快速起拔冻结管。拔管时应注意冻结管与挂钩要成一线，冻结管不能整劲，拔管时要常转动冻结管；冻结管不能硬拔，如拔不动时，要继续循环热盐水解冻，直至拔起冻结管。热盐水循环及吹盐水系统（见图 5.2.9 热盐水循环及吹盐水系统图）。

4. 用起重机或卷扬机将已松动的冻结管拔离盾构上部外壳 0.3m，然后再进行二次冻结。待所有冻结管全部拔到位后，即可恢复冻结，确保冻结加固体的的可靠性。

5. 若全部拔管后，应用低强度等级水泥砂浆封孔。

5.2.10　盾构穿越冻土墙进洞

1. 准备工作

1）充分做好前期准备工作，确保连续施工。

2）解除盾构连锁，确保刀盘连续转动。

3）在洞门混凝土清理干净，且冻结孔已拔管并灌入盐水后，盾构立即尽快推进并拼装管片，尽量缩短进洞时间。

4）按一次进洞计划，做二次进洞准备，现场准备充分的二次、三次进洞设备、物资和人力。

5）进洞施工期间，安排技术、施工和安全人员进行全程监督，杜绝安全事故隐患，安排专人对洞口上的密封装置做跟踪观察，确保防水密封装置安全、牢靠。

2. 进洞段施工技术措施

1）严格控制盾构正面平衡压力

在进洞段盾构施工过程中，必须严格控制切口平衡土压力，使得盾构切口处的地层有微小的隆起量来平衡盾构背土时的地层沉降量。同时也必须严格控制与切口平衡压力有关的施工参数，如出土量、推进速度、总推力、实际土压力围绕设定土压力波动的差值等。防止超挖、欠挖尽量减少平衡压力的波动。在盾构进入加固区以后，土压和总推力适当减小，保证洞门的安全（见图 5.2.10 盾构进洞段施工控制照片）。

2）严格控制盾构推进速度

盾构进洞段施工时，推进速度应放慢，尽量做到均衡施工，减少对周围土体的扰动，避免在途中有较长时间耽搁。如果推得过快则刀盘开口断面对地层的挤压作用相对明显，在加固区前的推进速度在 2～3cm/min，进入加固区以后推进速度控制在 1cm/min。

3）严格控制盾构纠偏量

在确保盾构正面沉降控制良好的情况下，使盾构均衡匀速施工，盾构姿态变化不可过大。每环检查管片的超前量，隧道轴线和折角变化不能超过 0.3%。推进时不急纠、不猛纠，多注意观察管片与盾壳的间隙，相对区域油压的变化量随出土量和千斤顶行程逐渐变化。采用稳坡法、缓坡法推进，以减少盾构施工对地面的影响。在盾构进入加固区前应根据洞门中心调整好盾构进洞位置与姿态，避免在进入加固区以后再调整盾构姿态。

图 5.2.10 盾构进洞段施工控制照片

4）严格控制同步注浆量和浆液质量

严格控制同步注浆量和浆液质量，务必做到三点：保证每环注浆总量、保证每箱浆液要均匀合理地压注、浆液的配比和稠度必须符合质量标准。

通过同步注浆及时充填建筑空隙，减少施工过程中的土体变形。每环的压浆量一般为建筑空隙的 200%～250%，即每推进一环同步注浆量为 2.76～3.45m³。泵送出口处的压力应控制在 0.3MPa 左右，稠度控制在 9～11cm。

5）严格控制盾尾油脂压注

在同步注浆量充足的前提下，盾构机的盾尾密封功能就显得特别重要。为了顺利、安全的进洞，必须切实地做好盾尾油脂的压注工作。每班上班时，检查并保证储桶内有充足的油脂；推进时，油脂开关用自动档根据压力情况自动补压（同时配备专人观察，需要时人工压注），杜绝因人为欠压造成的漏浆、漏水现象。

6）防止管片被拉开加固措施

当二次进洞注浆注好后，盾尾将和管片脱开，在摩擦力的作用下管片容易受拉，使环缝拉开，故脱开时盾构机中上部千斤顶使用预先加工好的顶块撑牢后，盾构推进实现盾尾与管片的分离。分离后洞门圈焊接弧形板密封洞门，保证洞门安全。

7）打设降压井

如在出洞地基加固范围内存在微承压水和承压水，为防止在进洞过程中出现透水现象，应及时有效的采取补救措施，打设降压井降微承压水和承压水。

8）隧道内二次衬砌壁后注浆

在进洞段施工中，要进行二次壁后注浆，特别是在推进最后几环盾尾进入加固区，同步注浆无法进行时候。浆液采用双液浆（每 3 环压一环），每环 2～3m³（在实际压注中将根据各监测数据及压力进行适当的调整）。在管片脱出盾尾 5 环后，对管片的建筑空隙进行双液二次注浆。浆液通过管片的注浆孔注入地层，并在施工时采取推进和注浆联动的方式，注浆未达到要求，盾构暂停推进，以防止土体变形。壁后二次注浆根据监测情况随时调整，从而使进洞段地层变形量减至最小。二次注浆结束后，必须立即将闷头拧紧。

5.2.11 成型隧道保护

盾构进洞施工前后，应加强对成型隧道的保护工作，主要做好以下几点：

1. 及时、多次复紧最后 20 环管片纵、环向螺栓。

2. 在进洞过程中，用槽钢将最后 15 环管片连接成一体，防止盾构管片间出现张缝，整环管片共拉 5 道 12 号槽钢对拼（图 5.2.11 拉接部位放大图），通过拉接板与管片连接（拉接板固定在环向螺栓上）。

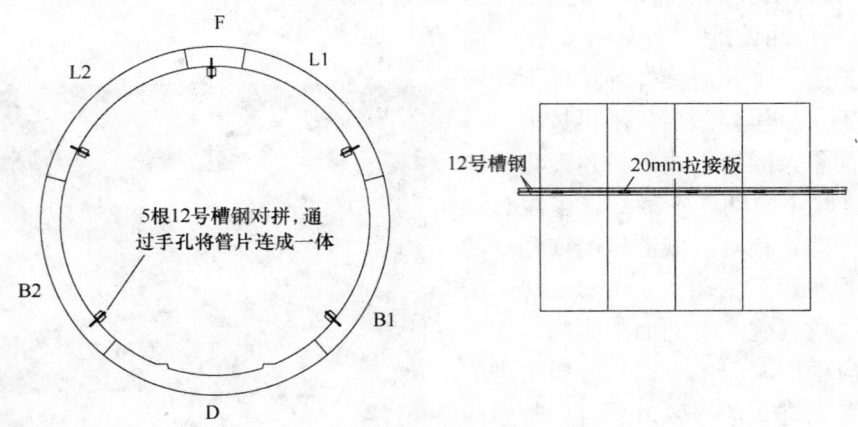

图 5.2.11　拉接部位放大图

3. 洞圈特殊环管片脱出盾尾后，立即用弧形钢板与其焊接成一个整体，并立即进行洞门注浆，用浆液充填管片和洞圈间隙，防止水土流失。并在洞口向内 15 环的 B 块上隔环安装 2 寸注浆球阀，并在现场配备两台注浆设备，作为融沉注浆及应急注浆之用。

4. 盾构进洞后在冻结孔内充填 1∶1 的水泥浆封孔。

5. 洞门注浆完成后，立即着手安排井接头施工。

6. 通过隧道内管片注浆孔完成融沉注浆，直至稳定。

5.2.12 地表融沉处理

地表融沉主要是冻土融化时排水固结引起的，滞后于冻土的融化，冻土融化时的沉降量与冻土厚度、冻土的特性有关。根据施工经验和土工试验，冻土融化后，其标高可能略低于原始地层的标高，为减少融沉量，采用局部冻结，减小冻土体积。地层融沉可采用从地面注浆和隧道内注浆相结合的方式来处理。隧道底部的冻土体可以应用倾斜冻结孔进行强制分两组化冻，利用隧道内管片上预留的注浆球阀进行注浆，从而控制隧道的沉降。顶部和两侧也从隧道内进行分层跟踪注浆处理。冻结管拔除后及时预埋注浆管，根据监测报表数据分析指导施工，适时注浆；隧道沉降控制措施主要利用隧道管片注浆孔进行适当的跟踪注浆，减小冻结对周围环境的影响。

6. 材料与设备

材料与设备见表 6-1～表 6-3。

主要设备表　　　　　　　　　　　　　　　　　　　　　　　表 6-1

序号	设备名称	数量	规格尺寸	主要性能	备注
一	打钻				
1	钻机	2 台	XY-4	22kW	
2	泥浆泵	2 台	BW-200/50	14.5kW	
3	除砂泵	1 台	自制		
4	测斜仪	1	经纬仪	最大测深 50m	
5	电焊机	3 台	ZX-400		
6	泥浆测定仪	1 台			
7	试压泵	1 台		最大泵压 2.5MPa	
8	孔口管	8 只	DN125		
9	闸阀	8 只	DN125		
二	冻结				
1	冷冻机	2 台	YSLGF300	电机功率 125kW	
2	冷却塔	2 台	DBNL3-100		
3	盐水泵	1 台	IS200-150-315	电机功率 30kW	
4	清水泵	1 台	IS125-150-250	电机功率 11kW	
5	流量计	2 台			
6	抽氟机	1 台			
7	测温仪	1 套			
8	盐水箱	1 个	自制		

主要材料表　　　　　　　　　　　　　　　　　　　　　　　表 6-2

序号	设备名称	数量	规格尺寸	主要性能	备注
1	无缝钢管	2320	$\phi108\times5$mm		冻结管
2	无缝钢管	20	$\phi102\times5.5$mm		接箍
3	无缝钢管	150	$\phi159\times7$mm		盐水干管
4	无缝钢管	50	$\phi133\times5$mm		水管
5	聚乙烯塑料管	2320	$\phi62\times5$mm		供液管
6	高压胶管	420	1.5″		冻结器与集配液管连接
7	焊管	100	1.5″		羊角器
8	钢板	36	4mm		水箱
9	三翼钻头	6	$\phi140$mm		
10	牙轮钻头	6	$\phi140$mm		
11	金刚石钻头	12	$\phi160$mm		
12	钻杆	30	$\phi75$mm		
13	氟里昂	600	R22		
14	冷冻机油	250	N40		
15	氯化钙	28	纯度 70%		

续表

序号	设备名称	数量	规格尺寸	主要性能	备注
16	重铬酸钠	30			
17	氢氧化纳	20			
18	截止阀	12	$\phi150$mm		
19	截止阀	2	$\phi100$mm		
20	截止阀	135	1.5″		
21	法兰	25	$\phi150$mm		
22	法兰	10	$\phi100$mm		
23	角钢	50	50mm×50mm		
24	方木	3			
25	螺栓、螺母	200			
26	保温材料	25			

劳动力组织表　　　　表 6-3

序号	岗位工种	人数	说明	序号	岗位工种	人数	说明
1	钻工	20		6	技术负责人	1	
2	冻结运转	7		7	施工员	1	
3	电工	1		8	质量员	1	
4	焊工	4		9	安全员	1	
5	勤杂工	2		10	材料员	1	

7. 质量控制

7.1 冻结孔布置孔位偏差不应大于 50mm。

7.2 冻结管下放深度不小于设计深度，不大于设计深度 0.5m。

7.3 冻结孔钻孔的偏斜率控制在 1‰以内。

7.4 工作井周边的冻结孔距围护墙的距离不大于 0.4m。

7.5 冻结管和测温管耐压不低于 1.0MPa。

7.6 冻结管拔除后，保证冻结孔的充填质量，以防沉降。

7.7 为了预防冻胀和融沉，设计选用标准制冷量较大的冷冻机组，在短时间内把盐水温度降到设计值，以加快冻土发展，提高冻土强度，减少冻胀和融沉量。

7.8 预计融沉量较大的部位可采取压浆充填，把融沉造成的危害降低到最低限度。

7.9 考虑到冻胀力对于结构造成的影响，积极冻结期内，通过测温孔监测冻土向外围发展情况，依据冻土发展状态调整盐水温度和盐水流量，必要时可采取间歇式冻结，控制冻土发展量；维持冻结期采取提高盐水温度，以减少冻胀和融沉。

7.10 在打第一个冻结孔时，分析主要地层钻进过程的参数变化情况，检查地质、水文情况，如有异常，及时采取针对性措施。

7.11 制订严格的冻结施工质量标准。控制冻结孔间距。如个别超标，应整体分析交圈情况，决定是否采用补孔措施。

7.12 不同的地质条件采用不同的钻进参数，严格控制钻进压力。

7.13 钻进过程中严格监测孔斜，施工前几个孔时要增加测斜频率。测斜后要及时绘制钻孔偏斜透视图，发现超偏及时纠正。

7.14 每个冻结器都要安装控制阀门，及时调整各个冻结器的流量。通过流量和温度测定，随时掌握冻结器的运行情况。

7.15 盾构在进洞之前，必须具备如下条件方可进洞（见表 7.15 盾构进洞条件）。

表 7.15

盾构进洞条件

序号	内　容	指　标
1	冻土墙厚度设计厚度	≥设计厚度
2	冻土的平均温度	≤−10℃
3	各探孔温度	≤−5℃
4	盐水温度	−28～−30℃
5	盐水去回路温度差	≤2℃

8. 安 全 措 施

8.1 在冻结施工期间，所有冻结施工设备必须检查验收合格后，方可使用。

8.2 在冻结施工期间，电缆线路应采用"三相五线"接线方式，电气设备和电气线路必须绝缘良好。

8.3 在盾构穿越冻土墙时，要连续作业，避免推进中途停顿。

8.4 在盾构进洞段施工期间，对地面及管线进行沉降监测，及时观察变形情况，采用先进的通讯手段，将监测数据及时、准确地反馈给各相关人员和盾构司机，使得盾构司机能够根据地面所反映的情况，进行正确判断，及时调整施工参数和压浆量。

8.5 当进洞发生渗漏时，应组织人员进行堵漏，通过压浆泵将聚氨酯压入，从而起到防水作用，再对土体压注双液浆，以起到加固土体的作用。同时在地面上根据沉降情况，进行压密注浆，确保地表的稳定。

8.6 相应的配备足够的材料，一旦发生意外，可在第一时间投入使用，具体的材料有：水泥、水玻璃、聚氨酯、砂、海绵等。

8.7 制定盾构进洞应急预案，并确保有效。

9. 环 保 措 施

9.1 在施工中严格遵照《中华人民共和国环境污染防治法》的有关规定。

9.2 以预防为主，加强宣传，合理布局，节约资源，争取最佳的经济效益和社会效益。

9.3 为了减少和避免对周围的干扰，采取有效措施，在冻结站周围进行隔声处理，使冻结站冷冻机的噪声控制在国家《施工场界噪声限值》的标准内。

9.4 为了创造良好的施工环境，必须对施工现场进行文明施工管理，围蔽工地。临设布置应方便生产和生活，临时房屋布置要符合防火安全和工地卫生的规定。

9.5 冰冻站拆除时，宜回收盐水，严禁任意排放污染环境。

9.6 拆除设备、管路应有技术措施，设备、容器应清洗、防腐后入库。

10. 效 益 分 析

通过多次工程实践证明，地铁盾构隧道冰冻法进洞施工工艺与传统地基加固进洞相比较，在工期、经济与社会效益、环保等方面具有以下优势：

10.1 工期

有利于缩短工期，提前具备进洞条件。传统水泥深层搅拌桩或高压旋喷桩等地基加固，从开始施工到加固体强度达到设计要求一般需要 45d，而冰冻法洞口地基加固从开始施工到加固体强度达到设计要求一般只需 35d，可以提前 10d。

10.2 经济与社会效益

传统水泥深层搅拌桩或高压旋喷桩等地基加固与冰冻法洞口地基加固费用相当，但在富含水的砂性地层或施工现场窄小地区，传统加固工艺无法有效确保加固质量或无法施工，在盾构进洞施工时可能发生流砂现象，导致发生工程事故；而冰冻法加固能有效达到设计加固要求，确保盾构顺利进洞，具有良好的经济效益与社会效益。

10.3 环保

本工法施工时，机械设备噪声低、振动小，无扬尘，无污染排放物，具备良好的环保优势；而传统盾构进洞地基加固由于采用大型机械施工与水泥加固材料，施工噪声大，有扬尘，并对地下水存在一定的污染，不符合环保要求。

10.4 与传统加固工法比较（表 10.4）

与传统加固工法比较表　　　　　　　　　　　　　　　　表 10.4

序号	进洞加固方法	适用范围	工法可代替情况	环境影响
1	旋喷桩	管线与周边构建筑物复杂	可用冰冻法代替	扬尘、噪声较大
2	搅拌桩＋旋喷桩	常规淤泥质土层	可用冰冻法或旋喷桩法代替	扬尘、噪声较大
3	降水	较浅的砂土层	可用冰冻法代替	噪声较大，周边环境沉降影响范围大
4	冰冻	各种复杂含水土层，特别是以上施工方法相对风险较大的环境。目前，以成功应用的主要有：深层含砂层（特别是承压水层）、管线与周边构建筑物等环境复杂处、施工场地狭小处、过深基坑（水平冻结）、加固范围内有障碍物，其他加固方法失效后局部不满足加固要求的补充加固	不可代替或用其他方法代替成功率较低；可用于其他工法加固失效后的抢险施工	无扬尘，噪声小沉降影响小且缓慢易于控制

11. 应 用 实 例

地铁盾构隧道冰冻法进洞施工工法于 2008 年 4～9 月分别应用于上海轨道交通 10 号线外环路站～虹井路站区间隧道工程、10 号线吴中路停车场～虹井路站区间隧道工程、9 号线大木桥路站～打浦桥站区间隧道工程。

11.1 上海轨道交通 10 号线外环路站～虹井路站区间隧道工程

11.1.1 工程概况

本工程地处上海市，工法应用时间：2008 年 4～7 月，应用效果良好，实物工作量：两台盾构进洞的冰冻加固。虹井路站地处青杉路两侧的虹井路上，呈南北走向，为地下二层车站，底板埋深约 16～21.08m。车站主体结构南端头井地下墙厚 1000mm，深度为 37m，基坑开挖深度为 21.08m（图 11.1.1）。

11.1.2 地质条件

进洞范围内土层为④1 灰色淤泥质黏土层和④2 灰色粉砂与⑤2 粉质黏土互层。

1. ④1 层具有含水量高、孔隙比大、强度低、渗透性差、灵敏度较高的特点，易产生流变现象，粉性土夹层则可能产生流砂现象；

2. ④2 层具有含水量较高、压缩性小、强度较高及渗透性好的特点，易发生塌方、流砂、涌土等不良地质现象，须配合必要的止水、降水措施；

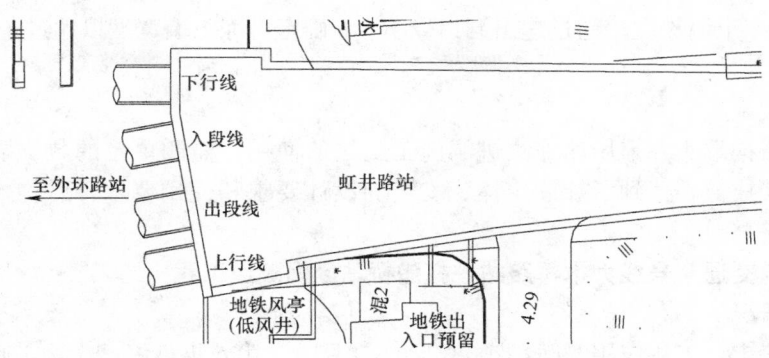

图 11.1.1　盾构进出洞口位置平面图

3. ④2 层和⑤2 层连通，⑤1⑥层缺失。地下水一直连通到⑦层，无隔水层。

11.1.3　冻结设计情况

1. 冻土墙厚度：参照日本和我国建筑结构静力计算公式设计，并考虑类似工程的施工经验，冻土墙厚度设为 2m。

2. 冻土墙深度：按超过进出洞口以下 2m 确定。

3. 冻土墙宽度：以超过进出洞口两侧各 1.5m 确定。

4. 冻结孔布置：布置三排共 31 个冻结孔。其中：第一排冻结孔距离地下墙 300mm，13 个，开孔间距 800mm；第二排冻结孔距离地下墙 900mm，7 个，中间开孔间距 1600mm，两端开孔间距 800mm；第三排冻结孔距离地下墙 1500mm，11 个，开孔间距 800mm。

11.1.4　应用效果

通过在本工程盾构端头井采用冰冻法进洞施工工法的使用，监测单位的数据显示，地表土体的隆起与融沉均未超出警戒值，达到了加固土体、安全的设计要求和使用要求，盾构顺利进洞，并得到了政府部门的一致好评和认可（图 11.1.4）。

11.2　上海轨道交通 10 号线吴中路停车场～虹井路站区间隧道工程

11.2.1　工程概况

本工程地处上海市，工法应用时间：2008 年 6～8 月，应用效果良好，实物工作量：一台盾构进洞的冰冻加固。工程自吴中路停车场北端头井过吴中路沿虹井路方向向北延伸，最终到达虹井路站南端头井，调头后推进至吴中路停车场，虹井路站南端头井进洞地基加固采用冰冻法进洞施工工法，见图 11.2.1 冰冻法施工照片。

11.2.2　冻结设计情况

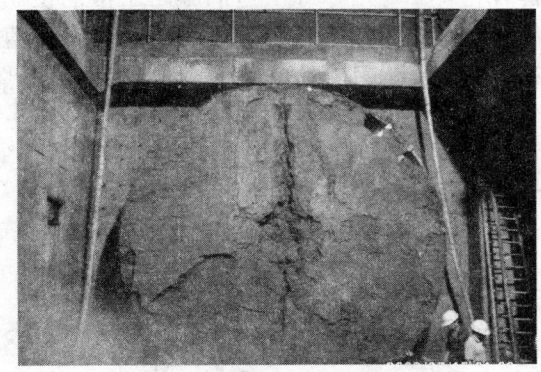

图 11.1.4　盾构进洞照片

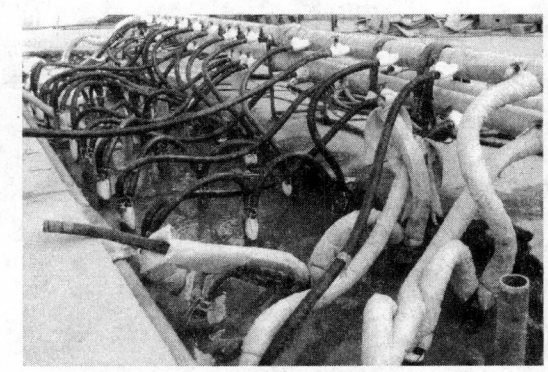

图 11.2.1　冰冻法施工照片

冻土墙厚度参照日本和我国建筑结构静力计算公式设计，并考虑类似工程的施工经验，据计算冻土墙厚度设为 2m；冻土墙深度按超过进出洞口以下 2m 确定；冻土墙宽度以超过进出洞口两侧各 1.5m 确定。

11.2.3 应用效果

通过在本工程盾构端头井采用冰冻法进洞施工工法的使用，监测单位的数据显示，地表土体的隆起与融沉均未超出警戒值，达到了加固土体、安全的设计要求和使用要求，盾构顺利出洞，得到了建设单位的一致好评。

11.3 上海轨道交通 9 号线大木桥路站～打浦桥站区间隧道工程

11.3.1 工程概况

本工程地处上海市，工法应用时间：2008 年 6～9 月，应用效果良好，实物工作量：两台盾构进洞的冰冻加固。工程包括大木桥路站～打浦桥站单圆双线区间盾构隧道及旁通道等土建工程，隧道采用装配式单层衬砌结构。区间采用两台 φ6340 土压平衡式盾构机由大木桥路站东端头井出洞，沿肇家浜路行走，途经瑞金南路、瑞金二路，最后盾构在打浦路站西端头井进洞，由于受地质条件和进洞场地条件限制，采用冻结法加固洞门区域。

11.3.2 地质条件

打浦路站进洞场区内土层主要涉及⑤1-1、⑤1-2、⑤3 层为灰色黏性土层，⑤2 灰色黏质粉土。其中：

1. 第⑤1-1、⑤1-2、⑤3 层为灰色黏性土层，软塑，其中⑤1-1 土质较均匀，高压缩性；⑤1-2、⑤3 层为中压缩性，⑤3 层局部夹较多粉土。第⑤2 层为粉性土，中压缩性，埋藏深度在 26.0～48.0m。

图 11.3.4 盾构进洞照片

2. 第⑤2 层为承压含水层，具有一定的承压水头，需注意上述粉性土和砂土中的承压水头对盾构掘进的影响。根据土层资料与类似工程施工经验，该土体内聚力小、承载力低，透水性强、无法自稳。

11.3.3 冻结设计情况

1. 冻土墙厚度：参照日本和我国建筑结构静力计算公式设计，并考虑类似工程的施工经验，据计算冻土墙厚度设为 2.2m；

2. 冻土墙深度：按超过进出洞口以下 2m 确定；

3. 冻土墙宽度：以超过进出洞口两侧各 1.5m 确定；

4. 冻结孔布置：共 41 个孔。其中第一排 15 个孔，孔间距 800mm；第二排 11 个，孔间距 1000mm；第三排 13 个，孔间距 800mm。

11.3.4 应用效果

通过在本工程盾构端头井采用冰冻法进洞施工工法的使用，监测单位的数据显示，地表土体的隆起与融沉均未超出警戒值，达到了加固土体、安全的设计要求和使用要求，盾构顺利进洞，得到了建设单位的一致好评（见图 11.3.4 盾构进洞照片）。

高地应力顺层偏压软岩地层条件下隧道施工工法

GJEJGF163—2008

中铁十四局集团有限公司

孙伟亮　张浚厚　张焕成　刘同江　杨孝成

1. 前　　言

在高地应力顺层偏压软岩地层条件下隧道施工时，隧道软弱围岩在高地应力和顺层偏压的共同作用下，发生收敛变形，造成初期支护开裂，喷混凝土翘起、空鼓，型钢钢架扭曲现象。收敛值超过预留变形量，将侵入二次衬砌限界，处理困难，不能保证结构质量；严重时，围岩失稳，发生坍塌事故，危及施工人员的人身安全，并给隧道运营安全埋下安全隐患。目前国内外尚未建立高地应力软岩地质条件下的，隧道控制软弱围岩大变形机理及处理对策的理论研究体系和施工处理体系；国内对偏压隧道的研究也主要局限于地形引起的偏压隧道，研究地质构造引起的偏压隧道的衬砌形式、地质偏压隧道衬砌结构应力分布特征也是一重大技术难题。

中铁十四局集团有限公司在施工过程中开展了技术攻关，取得了"高地应力顺层偏压软岩隧道综合施工技术"科研成果，于2007年11月4日通过山东省科技厅组织的专家鉴定，鉴定委员会一致认为：研究成果总体上达到国际先进水平，其中"高地应力顺层偏压软岩地层条件下长大隧道施工技术"达到了领先性的创新水平。该成果获得了2007年中铁十四局集团有限公司科技进步特等奖、2008年山东省科技进步奖二等奖、2008年度中国岩石力学与工程学会科学技术奖二等奖。《高地应力顺层偏压软岩地质条件下隧道施工法》就是在科研成果和施工技术总结的基础上形成的。由于本工法的实施，化解了施工风险，确保施工质量，提高了施工效率，节约了原材料，避免了经济损失，具有显著的社会经济效益和广泛的推广应用价值。本工法获2007年中铁十四局集团有限公司优秀工法一等奖、2008年山东省优秀工法。

2. 工 法 特 点

2.1 针对高地应力顺层偏压软岩大变形隧道的特点，制定了"超前支护、初支加强、合理变形、先放后抗、先柔后刚、刚柔并济、及时封闭、底部加强、改善结构、地质预报"的整治原则和总体方案，较好的解决了此类地质条件下隧道施工难题。

2.2 开发或改进实施了"三台阶五部开挖同时起爆法"、"支墩式栈桥抗干扰仰拱施工法"、"单洞双线上下行运输法"等方法，经系统融合形成了一套完整的施工工法。

2.3 根据隧道始终存在顺层偏压的特点和顺层岩层施工力学行为分析，确定地质顺层情况下岩石倾角对隧道稳定性的影响，采取了不均衡预留变形量技术，不对称支护措施，间隔空眼、微差爆破技术，以及左右侧不均衡装药爆破技术，减少了对围岩的扰动。

2.4 将超前地质预报工作纳入施工工序，采用以监控量测、地质素描为主，结合科研测试的综合地质预报方法。将地质预报信息及时反馈，利用监控量测指导施工，对围岩分级、钻爆参数、支护参数动态修正，确保了施工快速、安全。

3. 适 用 范 围

3.1 高地应力、顺层偏压、软岩地质条件下长大隧道施工，以及类似地质条件下的隧道施工。

3.2 开挖断面按单线铁路、开行双层集装箱列车（即高跨比较大）设计的隧道。

4. 工艺原理

根据隧道始终存在顺层偏压的特点采用 FLAC3D 岩土工程分析软件进行顺层岩层施工力学行为分析、数值模拟计算，确定地质顺层情况下岩石倾角对隧道稳定性的影响，高地应力顺层偏压软岩隧道开挖施工采用"三台阶五部开挖同时起爆法"，采取了不均衡预留变形量技术，不对称支护措施，间隔空眼、微差爆破技术，以及左右侧不均衡装药爆破技术，尽量减少对围岩的扰动。

为达到稳固围岩的目的，采用超前小导管预支护，开挖后及时封闭围岩、中空注浆锚杆加固地层；加强初期支护的刚度，采用型钢拱架支护，及时封闭成环；通过对支护结构安全分析，上台阶拱部内力呈现不对称，且是最容易发生破坏的部位，因此，施工时应加强拱部支护和监测，必要上台阶时增设临时仰拱。

在高地应力软岩大变形地段，初期支护结构因承受较大的形变压力，容易造成初期支护结构破坏，在设计和施工时可考虑将二次衬砌做为部分承载结构，通过合理安排支护结构施作时机，使初期支护和二次衬砌均有较高的安全度。及时浇筑仰拱、加大仰拱厚度，增大仰拱曲率，全幅仰拱施工，也有利于改善受力状况。改善隧道结构形状，加大边墙曲率，加大二次衬砌厚度，提高衬砌材料的强度和弹性模量。

全过程实施施工地质超前预报工作，通过监控量测和变形预测对设计、施工方案进行检验，从而实现动态施工，确保施工安全。

5. 施工工艺及操作要点

5.1 施工工艺流程（图 5.1）

施工准备→超前支护→隧道开挖支护→施做防水→隧道结构施工→综合超前地质预报。

5.2 操作要点

5.2.1 开挖施工

高地应力顺层偏压软岩隧道施工采用"三台阶五部开挖同时起爆法"。其特点是：适用于各种地质条件和地下水条件，根据围岩变化可通过调整循环进尺、支护参数、预留沉降量等措施，有效控制拱顶沉降、净空收敛；通过合理台阶高度划分，简易钻孔台架搭、拆方便、快速减少工序时间；三台阶顺序施工，出碴、锚杆施做、钢拱架架立等工序可平行作业，及时支护保证结构安全同时减少循环作业时间；适合各种断面形式，变化断面高度灵活。图 5.2.1-1 为该段采用的断面结构图之一，图 5.2.1-2 所示为三台阶五部开挖法施工顺序。

1. 改善隧道结构形状，加大边墙曲率，根据围岩实际和监控量测数据，采用受力结构最为合理的"鸭蛋"型断面。

2. 采用超前小导管支护，开挖后及时封闭围岩；加强初期支护的刚度，采用型钢拱架封闭成环；为达到稳固围岩的目的，系统锚杆采用中空注浆锚杆加固地层，锚杆长度应稍大于塑性区的厚度。

3. 加大预留变形量。为了防止喷层变形后侵入二次衬砌的净空，开挖时即加大预留变形量；根据隧道始终存在顺层偏压的特点，进行顺层岩层施工力学行为研究，采取了不均衡预留变形量技术。

4. 高地应力地段施工支护遵循施工支护采用"先柔后刚，先放后抗、刚柔并济"原则，初期支护能适应大变形的特点。根据隧道始终

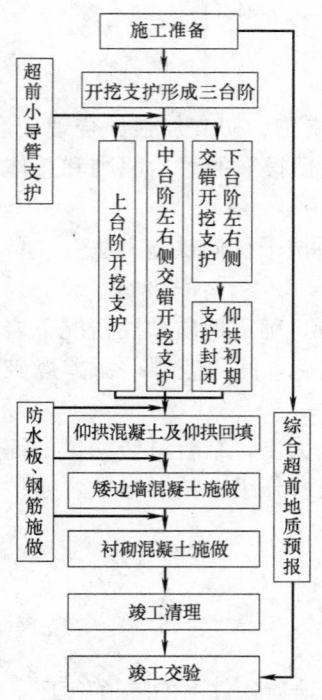

图 5.1　施工工艺流程图

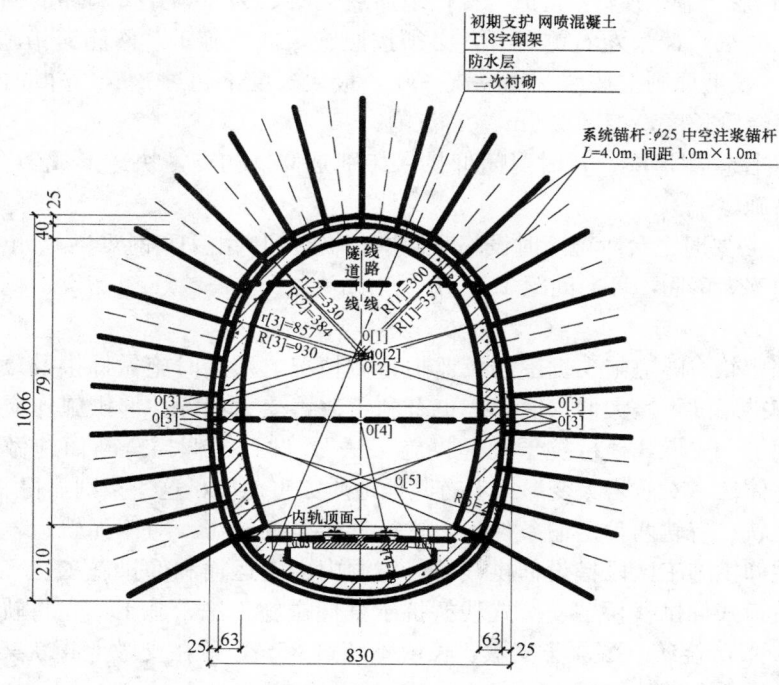

图 5.2.1-1　高地应力段 T1 断面结构图

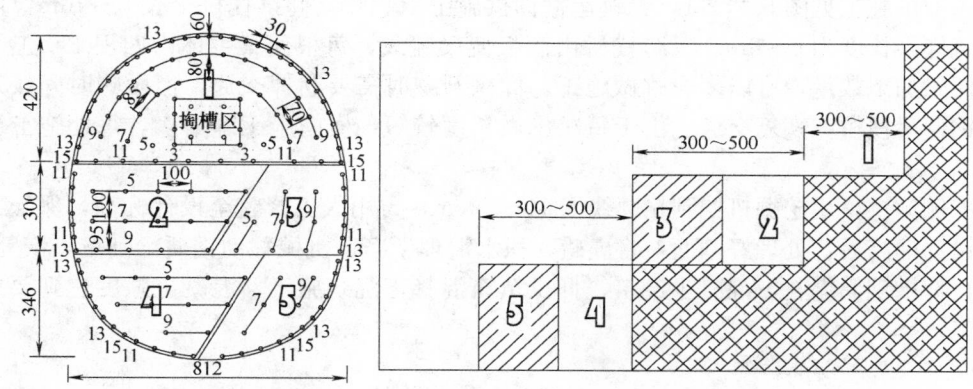

图 5.2.1-2　三台阶五部开挖法施工顺序示意图

存在顺层偏压的特点，采取不对称支护措施，在严格按设计施做支护措施的基础上，依据顺层岩层施工力学行为分析，对结构受力复杂部位进行初期支护的加强，加设长导管注浆、加密钢架纵向连接筋、设置多排双侧锁角锚管、加大喷射混凝土厚度等。

5. 根据围岩岩性，确定光面爆破周边眼间距、最小抵抗线、不耦合装药结构、起爆顺序、堵塞长度等爆破参数，确定主爆孔特别是掏槽眼的爆破参数。周边眼采用搭接法钻孔和间隔装药结构，严格控制每循环进尺及周边眼间距，周边眼间距控制在 20～25cm。五分部同时起爆，采用毫秒雷管微差控制爆破技术，严格控制段装药量和段延期时间，达到控制爆破振速的目的，最大限度的减小对周边围岩的扰动和破坏。

根据隧道始终存在顺层偏压的特点，进行顺层岩层施工力学行为研究和高地应力顺层偏压地层隧道施工力学行为研究，确定高地应力、地质顺层情况下岩石倾角对隧道稳定性的影响，从而确定不同倾角情况下、不同地应力条件下隧道的施工方法和施工关键控制技术。根据不同倾角下不同部位的受力状况，对不稳定或最不利部位采取间隔空眼、微差爆破技术，并采用了左右侧不均衡装药爆破技术，进行调整药量、钻孔深度、起爆顺序、动态最小抵抗线设置等，尽量减少对围岩的扰动。

6. 上台阶开挖开挖一榀钢拱架、支护一榀；地质变化时，必须减少每循环的掘进进尺；掌子面开挖（三台阶五部开挖方法）严禁左右侧对开，必须按照施工规范施工，两侧交错施工距离控制在 2～3m 范围内，台阶马口长度原则上按照一榀一支一喷，最大长度不超过 3m，并根据围岩情况及时调整增大错开距离；缩短台阶长度，控制在 5m 左右范围。

7. 根据围岩及监控量测情况，及时封闭仰拱、特别是仰拱初支，快速形成闭合环，是减小变形、提高围岩稳定性的措施之一。

8. 为控制变形，必要时上台阶施工时设临时仰拱，临时仰拱由 I18 钢架与 15cm 厚 C20 喷混凝土组成，其纵向连接采用 $\phi22$ 钢筋，环向间距 1m。

5.2.2　仰拱施工

高地应力顺层偏压软岩隧道施工据围岩及监控量测情况，须及时施做仰拱及矮边墙，以早日形成闭合环；另外加大仰拱厚度，增大仰拱曲率，也有利于改善受力状况。仰拱施作应优先选择各段一次成形，为此开发利用了"支墩式栈桥抗干扰仰拱施工法"，做到了仰拱全断面施做，避免了纵向施工缝，保证了仰拱的整体性，对软岩大变形或者有其他地质灾害地段，这一条则显得非常必要。

为此，隧道在无轨、有轨两种运输条件下，进行仰拱全幅施工：对于无轨运输，采用单跨钢便梁式仰拱栈桥施工，在仰拱施工区段搭设仰拱栈桥，使洞内出碴运输和仰拱施工互不影响；对于有轨运输，采用多跨支墩轨道式仰拱栈桥"支墩式栈桥抗干扰仰拱施工法"施工，先将轨道拨向一侧，开挖另一侧仰拱，每隔 3～5m 浇筑一混凝土支墩，长度不超过 25m，并在支墩上扣轨架设加强轨道，然后再开挖另外一侧，最后全幅灌注仰拱。

1. 无轨运输仰拱施工

无轨运输仰拱施工见图 5.2.2-1，无轨运输仰拱施工示意图，仰拱栈桥全长 8～10m，仰拱桥每移动一次，浇筑仰拱长度为 6～8m。每跨栈桥由两根便梁组成，每根便梁主体由四根 I30 工字钢并排焊接。根据钢便梁加工数量，可以多段跳做施工。仰拱开挖时需要断掉交通，但影响时间较短，开挖结束便可架设钢便梁栈桥，恢复交通。由于每次施做长度较短，横向施工缝增多，每处施工缝防水需做好防水措施。

先开挖一侧仰拱，用挖掘机挖到轮廓线上 10～20cm，再用人工修整至设计标高，保证开挖轮廓线圆顺。挖到设计标高后，处理好基面，将虚碴、积水清理干净；机械移动钢便梁到位，恢复交通运输；立模板，进行仰拱钢筋绑扎、混凝土浇筑、仰拱填充混凝土浇筑施工，混凝土强度达到要求后，进入下一循环施工。

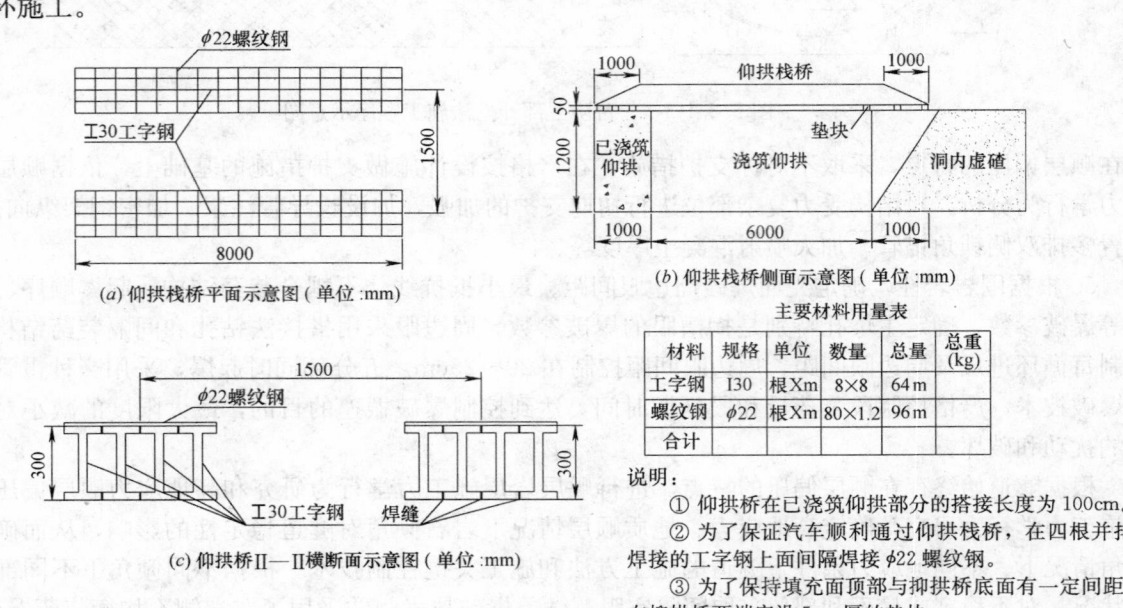

(a) 仰拱栈桥平面示意图（单位:mm）

(b) 仰拱栈桥侧面示意图（单位:mm）

(c) 仰拱桥Ⅱ—Ⅱ横断面示意图（单位:mm）

主要材料用量表

材料	规格	单位	数量	总量	总重(kg)
工字钢	I30	根Xm	8×8	64 m	
螺纹钢	$\phi22$	根Xm	80×1.2	96 m	
合计					

说明：
① 仰拱桥在已浇筑仰拱部分的搭接长度为 100cm。
② 为了保证汽车顺利通过仰拱栈桥，在四根并排焊接的工字钢上面间隔焊接 $\phi22$ 螺纹钢。
③ 为了保持填充面顶部与抑拱桥底面有一定间距。在抑拱桥两端安设 5cm 厚的垫块。

图 5.2.2-1　无轨运输抑拱施工示意图

2. 有轨运输仰拱施工

有轨运输仰拱施工见图 5.2.2-2 有轨运输仰拱施工示意图，采用多跨支墩轨道式仰拱栈桥进行全幅仰拱施工。开挖时左右分幅，不影响洞内轨道交通。设置支墩 6 个，支墩间距为 4.16m。仰拱支墩每施工一循环，浇筑仰拱长度为 25m。支墩栈桥由混凝土支墩、轨排、枕木及 P43 钢轨组成，轨排由三根 P43 钢轨扣接而成，并在其上铺设枕木及行车轨道，其强度、刚度能满足最不利荷载需要。仰拱混凝土浇筑为全幅浇筑，满足设计要求，不设纵缝，保证了仰拱整体质量。根据隧道围岩级别情况和轨道钢轨单根长度，可以调整每次仰拱施做长度，堡镇隧道实际仰拱施工中，采取了 12.5m、25m 等形式。每次仰拱作业循环时间与单跨钢便梁式仰拱栈桥法相比稍长。防水措施采用支墩预制时预留企口缝、安装止水条的方法处理。

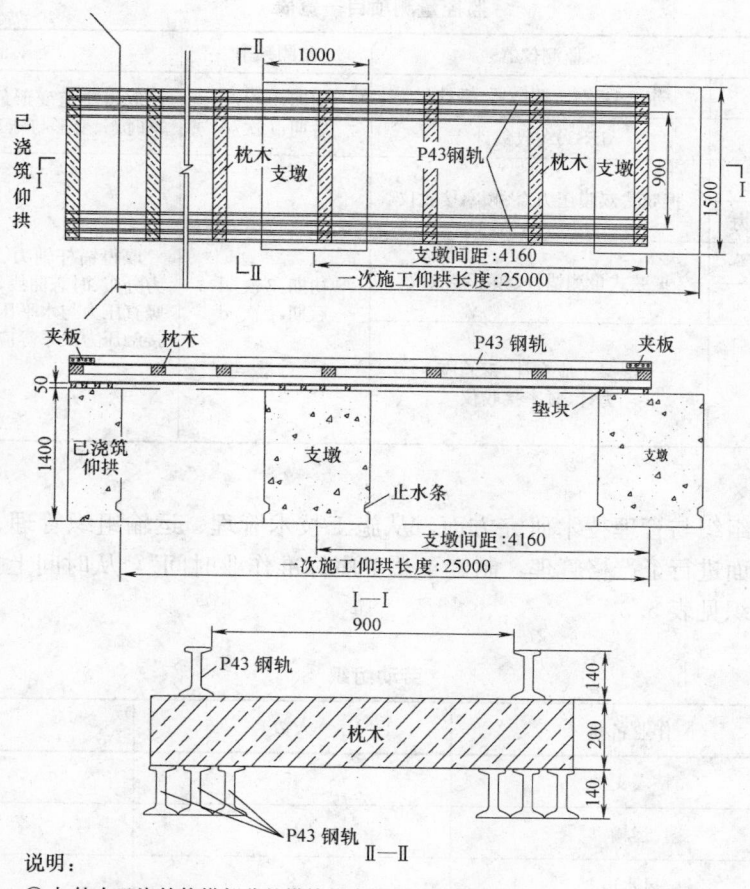

说明：
① 扣轨在已浇筑仰拱部分的搭接长度为 50cm。
② 为了保持填充面顶部与抑拱桥底面有一定间距，在支墩处安设 5cm 厚的垫块。

图 5.2.2-2　有轨运输支墩式栈桥抑拱施工示意图

5.2.3　二次衬砌

一般情况下在围岩量测稳定后施做二次衬砌，但软岩高地应力大变形是一个缓慢的蠕变过程，即便量测数据稳定，但地应力仍缓慢不断向支护施加。考虑高地应力和顺层偏压的共同作用，除了加大初期支护的刚度、强度和厚度外，还适当加大二次衬砌的强度和厚度，采取钢筋混凝土施工，提高材料的强度和弹性模量。根据量测和工程实际，发现地质异常，必要时采用跳衬的办法及时施做二次衬砌。

5.2.4　超前地质预报

1. 全过程实施施工地质超前预报工作

2. 超前地质预测预报的方法

采用以监控量测、地质素描为主，结合科研测试的综合地质预报方法。综合超前地质预报包括以下方法：掌子面地质素描、监控量测、应力应变测试以及常规地质综合分析等。通过掌子面素描确定节理面的走向和倾向，通过监控量测数据反分析地应力值，从而判定围岩的地质状况。

同时，利用右线平导开挖揭露的围岩地质情况，准确地预测左线隧道相应地段的工程地质及水文地质条件，在施工过程中采用相应的处理措施，确保施工安全。

3. 超前地质预测预报的重点

根据隧道地质资料，堡镇隧道的超前预报的重点是针对高地应力顺层偏压条件下的软弱围岩的力学性能，将超前地质预报工作纳入施工工序。地质预报信息及时反馈，利用监控量测指导施工，对围岩分级、钻爆参数、支护参数动态修正。主要的监测内容参见表5.2.4。

监控量测项目一览表   表 5.2.4

序号	监测项目	监测仪器	监测频率	监测目的
1	拱顶沉降	苏光 DSZ1＋测微器、钢挂尺	初期：2 次/d 后期：1 次/d	取得隧道变形最终估计值、时态曲线、速率时态、变形与施工步骤的关系等变形特征
2	净空收敛	JSS30A 收敛计		
3	围岩压力	振弦式双膜压力盒、频率接收仪	初期：2 次/d 后期：1 次/d	取得锚杆轴力、围岩压力、结构应力等应力分布、时态曲线，与施工步骤的关系，实测竖直压力与水平压力关系，围岩压力与二衬接触压力关系等应力特征
4	初支与二衬间压力			
5	围岩内部位移	振弦式量测锚杆、频率接收仪		
6	锚杆轴力			
7	初支钢筋应力	混凝土应变计、钢筋应力计、频率接收仪		
8	二衬钢筋应力			
9	混凝土应变			

5.3 劳动组织

堡镇隧道在施工组织与管理技术研究方面，从施工技术管理、运输组织管理、施工工序管理、施工工序优化组合等方面进行了严格管理，制定了"工序标准作业时间"，从时间上把各道工序量化，确定进度指标。劳动组织见表5.3。

劳动组织   表 5.3

序号	作业名称	人数	备 注
1	钻爆支护	45	
2	运输	15	
3	风水电	8	
4	拌合站	6	
5	衬砌	35	
6	监控量测	8	
8	管理人员	4	
9	技术,质检	8	
	合计	129	

6. 材料与设备

本工法无需特别说明的材料，采用的机具设备见表6。

主要机具设备配备 表6

序号	作业名称	设备名称	规格型号	主要性能参数	数量(台套)
1	钻爆	气腿凿岩机 钻爆简易台架 激光指向定位仪	TY28	$\phi34\sim42mm$ $L=3m$,二层, 500m	80 5 5
2	装扒运碴	挖掘装载机 挖掘机 装载机 梭式矿车 自卸汽车	ITC312H PC220-6,SK70SR 小松 WA320-3 SS16DB,SS14DB 斯泰尔,太脱拉	114kW,1m³ 114kW,2.0m³ 16m³,14m³	2 3 2 34 10
3	牵引作业	蓄电池机车	CDXT-12	粘重12t	24
4	衬砌	混凝土输送泵 衬砌模架 衬砌台车	HBT60D 液压自动走行	60m³/h $L=6m$ $L=12m$	5 2 5
5	支护	湿喷机 钻机 地质钻机 注浆泵	LM-200 PF-40A	双浆双压	10 2 2 1
6	通风	轴流风机 射流风机	SDA110BD-2FS55 SDS100K-4P-30	2×55 30	2 5

7. 质 量 控 制

7.1 工程质量控制标准

隧道施工质量执行《铁路隧道工程施工质量验收标准》,隧道开挖允许偏差按表 7.1-1 执行,钢架安装允许偏差按表 7.1-2 执行,超前小导管允许偏差按表 7.1-3 执行。

隧道开挖允许偏差表 表 7.1-1

序号	检查项目	允许偏差	检查频率	检验方法
1	中线	±10mm		全站仪
2	标高	±10mm		水准仪
3	超挖值	平均线性超挖小于 10cm,最大值小于 15cm	每循环	激光断面仪
4	开挖进尺	不大于 1m		钢尺
5	台阶长度	5~6m		钢尺
6	台阶错开长度	2~3m		钢尺

钢架间距允许偏差表 表 7.1-2

序号	检查项目	允许偏差	检查频率	检验方法
1	间距	±100mm		钢尺
2	横向偏位	±50mm		钢尺、全站仪
3	高程	±50mm	每榀钢架	水准仪
4	垂直度	±2°		钢尺
5	保护层厚度	−5mm		钢尺

超前小导管允许偏差表 表 7.1-3

项目	超前小导管外插角	孔间距	孔深	检查数量	检验方法
小导管	2°	±50mm	+50mm,0	每根	角度仪、尺量

7.2 质量保证措施

7.2.1 优化资源配置，健全质量管理体系，完善自控体系。明确了工程质量创优各方面、各层次的责任；在施工中采取责任到人、技术人员全过程检查等措施，进行严格监控。

7.2.2 根据工程施工进度计划及工程特点，成立技术攻关小组，并邀请专家解决各个时期的一些重大关键技术问题，确定包括钻爆参数、机械配套、运输轨道制式及结构要求、通风方式及主要参数选择、实施阶段性目标等重大方案问题。

7.2.3 隧道快速掘进，钻爆的技术是关键，我们通过不断完善总结，不断优化钻爆设计参数，提高了钻爆质量。

7.2.4 严格按"三台阶五步开挖同时起爆法"进行隧道开挖，采取不均衡预留变形量技术等措施。严格控制台阶长度。

7.2.5 结合高地应力顺层偏压地层隧道施工力学行为分析，加大初期支护的质量控制：仰拱、特别是仰拱初支及时封闭，全幅仰拱施工；超前支护和系统锚杆施做到位。

8. 安 全 措 施

8.1 认真贯彻"安全第一，预防为主，综合治理"的方针，坚持谁主管谁负责，管生产必须管安全的原则，科学组织，不断优化方案，严格施工过程控制。重点对光面爆破、初期支护、二次衬砌等进行控制。按设计及时进行支护封闭工作，对不同类别的围岩初期支护"宁强勿弱"，并及时进行二次衬砌，确保主体工程的安全。

8.2 成立地质预报监测领导小组，加强超前地质预报和监控量测工作。隧道掌子面地质情况和监控量测数据显示围岩异常变化时及时、准确向领导小组、设计单位反馈信息，调整钻爆、支护、衬砌参数，真正做到以围岩监控数据信息反馈指导施工，保证施工生产的安全顺利进行。

8.3 建立健全安全管理组织机构、安全保证体系，局指挥部成立了安全领导小组，各队配备专职安全员，工班设兼职安全员。建立了"横向到边，纵向到底"的各级各类人员部门安全责任体系，明确安全职责，并严格落实安全生产责任制，考核兑现，奖罚分明。

8.4 建立和完善各种安全管理制度、全面落实安全教育培训制度，根据项目的特点制定了安全生产责任制、安全教育培训制度、安全生产检查制度、安全技术交底制度等15项制度；指挥部根据项目施工组织进展情况制定了不同阶段的培训计划，施工过程中根据工序的开展需要组织施工人员培训，通过培训提高了工人的安全防范技能，强化了安全意识，使作业人员做到"三不伤害"，即不伤害自己，不伤害别人，不被别人伤害。

8.5 确定重大危险源，采取对策实施严控，严格落实安全生产检查制度，消除安全隐患。

9. 环 保 措 施

9.1 制定环境保护目标

本工程的环境保护目标是：

"两不破坏"—不破坏景观、不破坏生态。

"三不污染"—不造成水质污染、不造成空气污染、不造成噪声污染。

保护生态环境，防止水土流失，环境保护工作在施工时应做到全面规划，合理布局，化害为利，创造清洁适宜的施工和生活环境。

9.2 环境保护措施

9.2.1 设立环保机构，切实贯彻环保法规，严格执行国家及地方政府颁布的有关环境保护、水土保持的法规、方针、政策和法令，结合设计文件和工程实际，及时提出有关环保措施。

9.2.2 废弃物及时运至业主指定的位置进行填埋处理。

9.2.3 采用有效措施，消除施工污染，施工和生活废水采用沉淀池、化粪池等方式处理，清洗集料或含有油污的废水采用集油池的方式处理，不污染水源及耕地。施工地点防治噪声污染。施工便道经常洒水，防止车辆通过时尘土飞扬。

9.2.4 强化环保管理，健全环保管理机制，定期进行环保检查，及时处理违章事宜，并与当地的环保部门建立联系，接受社会及有关部门的监督。

9.2.5 加强环保教育，宣传有关环保政策，强化职工的环保意识，使保护环境成为参建职工的自觉行为。

9.2.6 以醒目的标志封闭施工区域，并在区界挂以醒目整洁的环保标牌。

9.2.7 保护生态。施工中注意保护自然生态，不得随意拆堵水利设施，保护好河渠，不污染水源。

10. 效 益 分 析

10.1 本工法的开展实施，化解和减少了隧道施工灾害险情，确保了施工安全；"支墩式栈桥抗干扰仰拱施工法"等实施有效地提高了施工质量，保证高地应力顺层偏压软岩地段施工安全。

10.2 "三台阶五步开挖同时起爆法"开挖方法、"单洞双线上下行运输法"运输系统、"工序标准作业时间管理"的实施，提高了施工效率，加快了施工进度。

10.3 化解了施工风险，确保施工质量，提高了施工效率，节约了原材料，避免了经济损失，产生的经济效益约 1300 万元。

11. 工 程 实 例

11.1 宜万铁路 9 标段堡镇隧道
本工法在中铁十四局集团有限公司施工的宜万铁路 9 标段堡镇隧道工程中直接应用。

11.1.1 工程概况
宜万铁路 9 标段，包括堡镇隧道进口左洞 5839m、右洞 5618m。堡镇隧道左线隧道全长 11563m，右线隧道全长 11595m，是全线第二长隧、七大控制工程之一。该隧道地应力高、岩体单轴抗压强度低，且隧道洞轴平行地层走向，顺层偏压显著，岩层倾向山体（倾向右侧），加之节理切割，边墙、拱脚存在不稳定结构体，在高地应力和顺层偏压的共同作用下易产生岩体内挤，形成较大的变形或出现较大规模的坍塌。隧道施工工期短，任务重，风险高，给施工安全、质量、技术、环境造成从未有过的艰难。

11.1.2 施工情况
通过对开挖方法、通风方式、机械设备配套技术及管理技术等方面的综合攻关，形成了高地应力顺层偏压软岩地层隧道快速施工技术及工法，在两个工作面条件下月平均施工速度达到 223m，刷新了同类工程安全无事故施工进度纪录。堡镇隧道右线平导提前 29d 达到合同分界里程，左线正洞隧道提前 4 个月施工达到分界里程，并经建设单位批准向前超打 200m，右线平导扩挖正洞提前 1 个月全部贯通。

11.1.3 应用效果
施工过程中通过科研攻关和工法实施，有效地化解了施工风险，战胜了长距离软岩高地应力大变形，突破了长距离顺层坍塌等困难，安全、质量、工期、环保水保、标准化工地、文明施工等全面实现预定目标。

11.2 沪蓉西高速公路龙潭隧道
本工法关键技术成果在中铁十四局集团有限公司施工的沪蓉西龙潭隧道工程中取得成功应用。

11.2.1　工程概况

沪蓉西高速公路龙潭隧道位于湖北省长阳县，全长 8693m，为目前全国第二长公路隧道。洞身 YK70+686～YK70+969 段，处于岩性接触带，岩性为奥陶系五峰组（03w）炭质页岩夹硅质页岩与页岩互层，软硬相间，完整性差，裂隙水较发育，围岩稳定性差。此段平均埋深 450m 左右，在隧道左线 ZK70+000（即右线 YK70+932）处进行了高地应力测试，测试成果表明：隧道区构造应力场最大应力水平应力值在 6.67～15.27MPa，最小应力 4.87～10.17MPa，属中高等地应力场区，最大主应力方向 105°～111°。大断面开挖易产生较大范围的坍塌，施工难度大、安全隐患突出。

11.2.2　施工情况

按照"先柔后刚，先放后抗、刚柔并济"原则，采用柔性支护与刚性支护相结合的双层支护措施施工，并通过有限差分程序 Flac3D 对该区段隧道开挖、支护施工过程进行数值模拟，进行力学检算，建立相应的力学模型，计算结果与现场监控数据相比较，从而验证了上述支护方式的合理性，施工中加强隧道围岩收敛量测，确保了工程质量和安全。

11.2.3　应用效果

本项目通过科研攻关、优化方案，有效地化解了施工风险，战胜了长距离软岩高地应力大变形，节约了材料和人工成本，产生的经济效益总额约 900 万元。本工程实践再次证明，"高地应力顺层偏压软岩地层条件下隧道施工工法"具有显著的经济社会效益和推广应用价值。

11.3　大丽铁路松桂 1 号隧道

本工法关键技术成果在中铁十四局集团有限公司大丽铁路松桂 1 号隧道工程中得到了成功应用。

11.3.1　工程概况

松桂 1 号隧道全长 2495m，所属地质地层为剥蚀中山地貌。上覆粉质黏土、块石土，下伏基岩为灰质角砾岩及页岩、砂岩夹泥岩及煤线。岩层层理产状紊乱，节理发育。灰质角砾岩与砂岩、页岩接触带及岩溶裂隙水发育。

11.3.2　施工情况

隧道开挖掘进按"三台阶五步开挖同时起爆法"施工，增设全环 0.6m/榀，I18 工字钢架及长 4m、1.8m/环，环向间距 0.4m，φ42 超前小导管加强支护；在每个钢架节点处增设 2 根 8m 长自进式中空锚杆锁脚。上台阶超前施工，高度控制不超过 3m，长度控制在 5～6m；三台阶单循环掘进进尺保持 0.8m。中、下台阶和上台阶同步掘进施工，保持距离，开挖后先初喷后支护，中、下台阶左右侧错开距离不小于 3m。下台阶掌子面后方大约 4m 设 φ500 钢管临时横撑；仰拱及时跟进，仰拱距离下导掌子面的距离控制在 4m。二衬与下导掌子面的距离控制在 15m 左右，10m 的衬砌台车成一次半模施作二衬，保持二衬与下导掌子面的距离。

11.3.3　应用效果

2008 年 7 月松桂 1 号隧道顺利贯通，本工法的应用有效解决了软岩大变形问题，隧道工程的衬砌内轮廓线顺滑清晰，混凝土表面平整，施工缝平顺，棱角线平直，色泽一致。化解了施工风险，确保施工质量，提高了施工效率，缩短了施工工期，节约了原材料和人工成本，避免了经济损失。依据财务报表和相关资料计算，应用本工法直接产生经济效益总额约 511.7 万元。取得了较好的经济效益和社会效益。

可移动仰拱栈桥在隧道施工中的应用工法

GJEJGF164—2008

中国水电建设集团路桥工程有限公司　中国水利水电第七工程局有限公司
杨忠　但东　杨愚　马先科　林茂

1. 前　言

隧道施工受空间限制，各道工序间相互影响，其中仰拱施工与掌子面开挖出渣进料间的干扰使隧道施工效率和安全都受到较大影响，特别是当施工工期紧张的情况下，干扰问题更加突出。

中国水电建设集团路桥工程有限公司承担的京沪高速铁路三标段为全线隧道分布比较集中的标段，其中西渴马一号隧道、金牛山隧道为全线最长的两座隧道，工期紧张。故针对开挖与仰拱作业相互干扰的问题开展科技攻关，开发研制了跨度达30m的可移动式仰拱栈桥，从2008年3月上旬开始到2008年6月中旬经多次现场使用和改进后，于金牛山、凤凰台、西渴马一号等隧道得到成功应用，实现了减少工序间施工干扰、加快施工进度、确保施工安全的目标。该科研项目的成果被京沪高速铁路公司评为2008年度科技进步一等奖。

现将移动栈桥在京沪高速铁路隧道施工中的应用总结为本工法。

2. 工 法 特 点

2.1　隧道施工工序间施工干扰小。采用该工法，掌子面开挖施工运输和仰拱施工之间的干扰基本消除，掌子面所施工出渣进料斗可以从栈桥上通过，不影响栈桥下部仰拱施工。

2.2　施工工效高。该仰拱栈桥易于拼装，施工中行走灵活，移动就位较方便，如果安排紧凑，其移动就位可以趁出渣进料的间隙进行，使不占用施工时间；同时，栈桥跨度大，栈桥下仰拱可分两段安排流水作业。施工效率有很大提高。

2.3　施工安全性高。采用型钢加工制作的仰拱栈桥，结构稳定，安全可靠；在栈桥一侧设置一条可以自动折叠人行通道，采用人员和设备分开通过的方式；桥下设置防护网，保证栈桥下施工作业人员安全。

3. 适 用 范 围

主要适用于采用全断面法、台阶法施工的隧道。特别是工期紧张的情况下，通过采用该工法实现仰拱与隧道开挖等工序间平行作业，可有效地缩短隧道施工工期；当隧道较长的情况下，还可降低施工成本。

4. 工 艺 原 理

通过在隧道施工中采用带有行走装置的仰拱栈桥跨越仰拱作业区段，来解决仰拱作业与隧道开挖出渣进料工序间的相互干扰，各种车辆设备和人员在栈桥上正常通行，栈桥下同时进行隧道的仰拱初期支护、衬砌、回填等工序的施工，从而实现隧道施工快速安全的推进。

栈桥结构参考国内外贝雷桥、钢桥成熟的设计技术，采用标准化的结构形式，将整个栈桥分成若干段，每段 9m 长、桥面 3.5m 宽；为满足移动要求，在栈桥两端设置移动行走机构，并设置限位预警装置；行走时，栈桥抬起、放下由液压系统执行机构完成。本移动栈桥主要由钢桥、行走装置、液压系统、电气系统、限位装置和告警系统等组成。其结构组成见图 4-1。

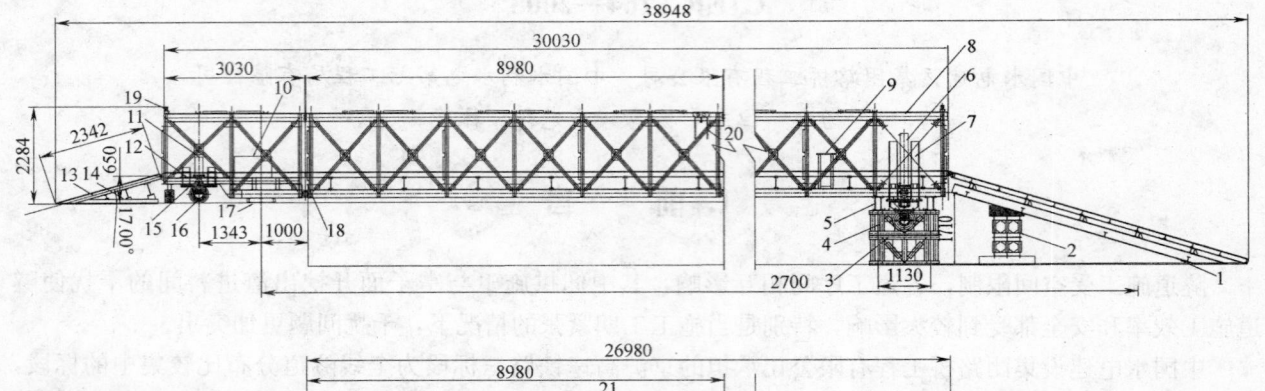

图 4-1　仰拱栈桥结构示意图

1—前引桥；2—前引桥支撑；3—前端桥支撑；4—前端行走转向装置；5—前端支撑横梁；6—前端液压缸；
7—前端导向承载装置；8—中间桥段；9—前端液压升降油缸操作台；10—液压站；11—后端液压缸；12—导向筒固定板；
13—后引桥；14—后端导向承载装置；15—后端导向承载装置；16—后端行走装置；17—后支脚；
18—雷达告警装置 P-02A；19—警示灯；20—手拉葫芦；21—侧边人行道

实物见图 4-2。

图 4-2　仰拱栈桥实物图片

5. 施工工艺流程及操作要点

5.1　施工工艺流程与工序总体安排

5.1.1　施工工艺流程图（图 5.1.1）

5.1.2　施工总体工序安排

1. 隧道开始开挖到一定长度可安排进行仰拱施工，先完成首段仰拱浇筑、回填。仰拱栈桥同时拼装并通过检验，此时即可将栈桥移动就位。若此时首段仰拱强度未达到 70%，栈桥后轮可设在原地面上（最好是基岩或经过处理的地面），其状态如图 5.1.2-1。

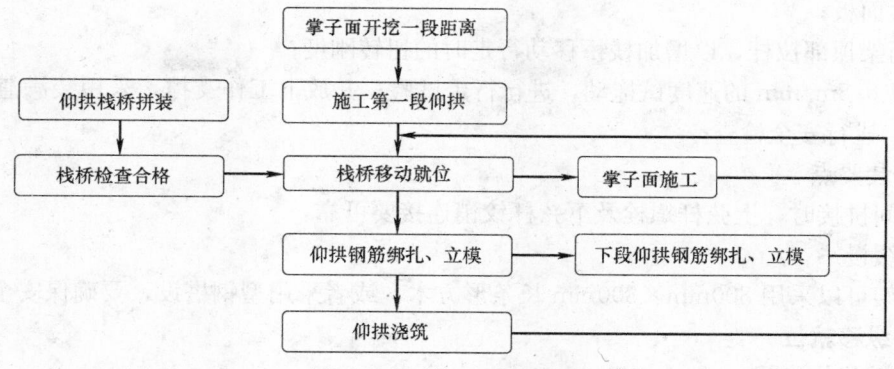

图 5.1.1 施工工艺流程图

若首段仰拱强度达到 70% 后，则可将栈桥后轮设于仰拱上，栈桥下可展开两段仰拱的施工。就位后的状态如图 5.1.2-2。

2. 仰拱栈桥移动就位后，即可依托栈桥在掌子面正常推进的情况下进行仰拱的施工。正常情况下，栈桥下可分为两段，按照基础处理、防水板安装、仰拱钢筋绑扎、仰拱浇筑填充进行流水施工安排。当完成栈桥下一段仰拱浇筑与填充，且强度上来后即可向前移动栈桥。如此循环推进。

3. 采用台阶法开挖时，台阶的开挖一般可以按照左右两幅分别进行开挖，这样可以实现栈桥施工紧跟台阶开挖。则栈桥须在隧洞内进行侧向动。

图 5.1.2-1 栈桥就位第一种工况

图 5.1.2-2 栈桥就位第二种工况

5.2 栈桥拼装

5.2.1 拼装流程

1. 场内初装时，搭建 800mm 高的安装支架；

2. 定位前端 9m 标准段桁架→连接主横梁（I28a）→连接底部拉杆→安装支撑梁（I32a）→安装左侧导向承载装置→安装前端油缸→安装右侧导向承载装置→连接端部支撑→安装前端车轮组；

3. 拼装中间 9m 标准段桁架→连接主横梁（I28a）→连接底部拉杆→安装中间支撑及手链起升装置；

4. 拼装后端 9m 标准段桁架→连接主横梁（I28a）→连接底部拉杆；

5. 拼装后端 3m 标准段桁架→联接主横梁（I14a）→连接底部拉杆→安装液压站→安装液压油缸→连接端部支撑→安装导向板→安装后端车轮组→安装后支脚；

6. 安装液压油路；

7. 安装电气系统；

8. 安装示警装置；

9. 顶升前后液压缸→放置前后工作支撑→收回前后液压缸，使桁架搁在工作支撑上；

10. 安装桥面板；

11. 安装桁架顶部拉杆，以增加栈桥移动行走时的扭转刚度；

12. 一般以 0.5m/min 的速度试拖动，进行行走试验；并放下工作支撑，采用装满渣料的自卸汽车在栈桥上通过，进行安全检查。

5.2.2 拼装要点

1. 桁架节间拼接时，上弦杆螺栓及下弦杆铰销连接要可靠。

2. 吊装要缓慢。

3. 安装支架可以采用 800mm×800mm 长条形方木，或者采用型钢搭设，要确保安全可靠。

5.3 栈桥纵移就位

5.3.1 移动就位步骤

1. 清理残渣：栈桥移动前，需清理桥面、桁架、前后引桥等上面的残渣。

2. 顶升油缸：操纵液压控制阀，同时顶升、锁定前后液压缸，使前后钢支墩离地，并尽量保持桥面水平。

3. 排除障碍：拆除前后引桥、钢支墩、桁架等底部所有障碍物；清除栈桥前部初期支护仰拱面上的残渣。同时在后引桥下方放置若干直径为 $\phi48$ 钢管；以减小其拖动时的摩擦阻力。

4. 提升引桥：铲车行使至前引桥前部，铲斗通过钢丝绳提起前引桥前端，使之绕栈桥上的铰节点偏转向上。

5. 拴紧钢绳：按图 5.3.1 所示中的牵引位置 1（栈桥前端双工字钢梁底部拴节点）、牵引位置 2（导向杆连接板前端拴节点）拴紧钢绳。

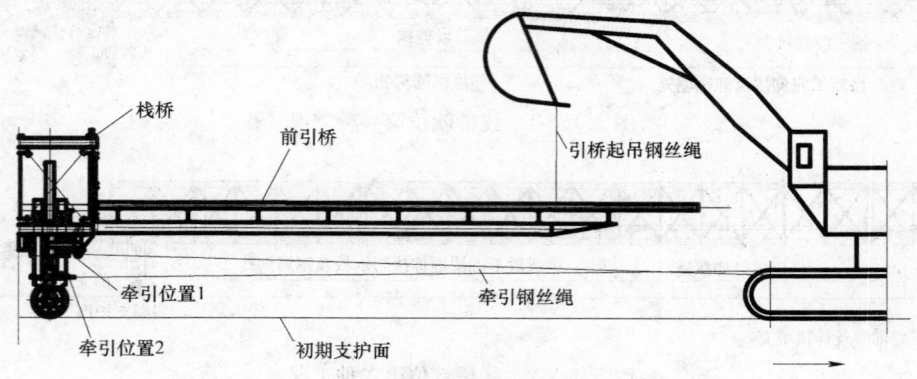

图 5.3.1　栈桥牵引示意图

6. 牵引行走：牵引铲车缓慢匀速行走（一般控制在 0.5m/min 左右）。

7. 驻桥支护：当栈桥前移满足施工要求时，牵引铲车停止行走；采用制动装置使栈桥完全停止后，放下前引桥，平整引桥端部、栈桥钢支墩的支撑面，并根据需要放置垫块，以保证栈桥工作时支撑可靠。

8. 收缩油缸：操纵液压控制阀，同时收缩、锁定前后液压缸，使前后钢支墩充分接触地面，要求保持桥面水平、支撑可靠。

9. 限位：使用限位装置进行限位，防止在使用过程中前行或者侧向移动。

10. 安全防护：重点检查栈桥接头、支撑、行走机构等重要部位状况，消除其移动过程中可能出现的安全隐患；并采取适当措施，保护好电气、液压系统。

5.3.2 栈桥纵移要点

1. 栈桥移动时，桁架顶部安装拉杆，以增加栈桥移动行走时的扭转刚度。

2. 牵引铲车启动要平稳，行走要缓慢。

3. 行走路面要相对平整，防止桥体过大振动、扭曲，而损坏结构。

4. 如果行走路面混凝土强度小，出现较大车轮碾压痕迹，应铺设一小段钢板或槽钢，通过倒换，使车轮落在钢板或槽钢上行走。

5.4 栈桥侧移就位

5.4.1 侧移操作流程

1. 缩回前液压缸，在前端支撑作用下前轮抬起离地；

2. 人工将前端车轮组旋转 90°；

3. 伸长前液压缸，使前端导向承载装置底板落入车轮组平衡梁上的两个上连接板间并定位，此时前端支撑梁（I32a）离开底部支撑平台；

4. 拉出前端底部支撑平台；

5. 侧向牵引前端车轮组平衡梁，实现侧向移位。

5.4.2 侧移工艺要点

1. 侧向移位时要注意平稳缓慢；

2. 路面要相对平整，防止桥体过大振动、扭曲，而损坏结构；

3. 由于后端车轮与初凝混凝土摩擦力较大，为防止破坏初凝混凝土面、减小轮组磨损、降低后轮滑转（移动）阻力，建议侧向移位时使后轮落在钢板上；

4. 侧向牵引力不能过大、过猛，牵引应缓慢。

5.5 栈桥工作要点

5.5.1 栈桥按汽—20 活载荷（30t）和自重设计验算，需防止过载。

5.5.2 栈桥前后支撑尽量放平，并与混凝土浇筑面或初期支护仰拱面接触牢固，以防止载重汽车通过时，对栈桥产生较大冲击载荷。

5.5.3 汽车上桥时速度要慢，在桥面上的行驶速度也要慢，尽可能避免在桥面上瞬间加、减速。

5.5.4 如果栈桥工作时振动较大，应查明原因，采取措施，减小振动，以延长其疲劳寿命。

5.5.5 加强日常维护和保养，包括：及时清理桥面上的残渣，油缸推杆防护、行走装置导向机构润滑等。

6. 材料与设备

本工法无需特别说明的材料，所使用的配套设备见表6。

仰拱栈桥安装运行设备表
表6

序号	机具名称	型号	备注
1	汽车吊	16t	拼装用
2	液压系统	一套	支撑转向系统
3	电动机	Y132M2-6	
4	反铲		移动动力

7. 质量控制

7.1 严格按照《钢结构工程施工质量验收规范》GB 50205—2001 等规范对仰拱栈桥进行检查验收。

7.2 对栈桥本身应从设计制造方面严格把关，所用材料应满足强度要求，各连接件本身强度与连接强度等应满足要求。制造完成后应对各部分严格检查达到要求后方可投入使用。

7.3 使用仰拱栈桥施工过程中，必须等待仰拱混凝土强度达到要求后方可将栈桥放置到仰拱混凝土上；移动须缓慢，避免移动对成品混凝土质量的损坏。

8. 安 全 措 施

8.1 严格按照使用过程中的工况要求进行栈桥的设计制造，从设计制造阶段确保栈桥使用的安全性。制造和拼装用各种原材料质量必须符合国家相关标准规定，制造完成后必须进行过车负载试验后方可正式使用。

8.2 用于仰拱及仰拱填充施工时的栈桥要安设牢固，结构稳定，以方便车辆顺利通过，避免施工干扰。

8.3 操作栈桥移动人员，必须经过培训并考核合格才能进行作业。

8.4 栈桥使用期间，定期对栈桥挠度等进行监测、评估、维护，确保使用过程中安全可靠。

8.5 现场电器设备采用"一机一闸一漏"制，线路上禁止带负荷接电或断电，并禁止带电操作。

8.6 定期按照施工设计及有关电气安全技术规程进行检查，确保栈桥施工用电安全。

8.7 栈桥移动过程中，下部禁止作业。

8.8 栈桥在使用过程中，经过栈桥人员必须从侧边人行道通过，避免交通事故。

8.9 施工作业地车辆通过栈桥行车速度不得大于 5km/h，并在栈桥上设置减速和警示标识。

8.10 在栈桥两侧桁架外侧布设安全防护网，防止石渣坠落伤到下方施工操作人员。

9. 环 保 措 施

栈桥道及施工现场要注意撒水防尘，定时清理仰拱栈桥上建筑垃圾，做好防护并尽量减少车辆通过时的尘渣对栈桥下仰拱施工人员的影响。

10. 效 益 分 析

10.1 通过该栈桥在隧道施工中的应用，掌子面所施工的工装料具可以从栈桥上部通过，减少了开挖施工和仰拱施工之间的干扰；同时，栈桥大跨度，为仰拱施工提供了流水作业工作面；栈桥本身安装方便快捷，行走较为灵活，机械化水平较高。这些都有利于加快隧道施工速度，解决进度问题，特别是当隧道较长，工期较紧张的情况下，对于保证进度的效益非常明显。

10.2 采用可移动仰拱栈桥与简易栈桥相比，虽然制造或购置费用使成本有所提高，但由于有效提高生产效率，加快了进度，特别是长隧道的情况下，会起到降低工程施工成本的作用。

10.3 移动栈桥由于减少了工序之间的干扰，如果隧道开挖与仰拱的施工无法同时进行，容易导致仰拱与掌子面距离超标，形成安全隐患。同时与简易栈桥相比结构安全性提高，并配置人行道使人机行走通道分离等特点有助于保证施工安全，避免了人员伤亡。安全效益明显。

10.4 对保证隧道施工质量有利。由于栈桥的使用，保证了仰拱一次性浇筑完成，对于保证仰拱施工质量有利。

11. 应 用 实 例

可移动仰拱栈桥自 2008 年 6 月 15 日开始正式应用于京沪高速铁路土建三标段，先后在金牛山隧道、凤凰台隧道、西渴马一号隧道等隧道施工中使用，效果良好。下面对本工法在这三个工程实例中的应用进行说明。

11.1 金牛山隧道

金牛山隧道里程为 DK465＋335—DK467＋240，全长 1905m，设 3‰ 和 12‰ 上坡。隧道最大埋深

35.37m,以Ⅲ、Ⅳ级围岩为主,共约1780m,主要采用台阶法施工。该隧道内轮廓均设计采用单洞双线断面,开挖断面约170m²,有效净空面积不小于100m²。同时要求:仰拱要求一次成型,仰拱与掌子面距离Ⅲ级围岩不少于90m、Ⅳ级围岩不少于50m。

11.2 凤凰台隧道

凤凰台隧道里程为DK455+980 DK457+148,全长1168m。隧道位于坡度为3.0‰的下坡。

该隧道区地层为太古界泰山群斜长片麻岩,片麻状构造,节理裂隙发育。该隧道位于中低山区,地形起伏较大,隧道最大埋深104.68m,山坡自然坡度约10°~20°,隧道进口植被较多,出口植被较少。该隧道有960m采用台阶法和70m采用三台阶法施工。隧道开挖断面及有关要求同金牛山隧道。

11.3 西渴马一号道

西渴马一号隧道进口里程DK420+395,出口里程DK423+207,全长2812m,进口位于济南市市中区西渴马村西南端,出口位于大刘庄北之低山斜坡上,地势起伏大,最大相对高度210m,隧道内处于12‰、5.5‰的上坡。隧道最大埋深201m,其中Ⅲ级围岩1775m、Ⅳ级围岩630m、Ⅴ级围岩407m。洞身DK421+375~DK421+600段为一山沟上游,隧道埋深相对较浅。

该隧道Ⅲ级、Ⅳ级围岩段采用台阶法施工。

11.4 应用情况

该三座隧道施工初期,都未采用栈桥进行仰拱的施工,要严格按照仰拱一次成型的要求施工,由于等待仰拱强度满足要求需要时间较长,工程进展受到很大的影响。后采取搭设简易移动栈桥进行仰拱的施工,但由于拆装麻烦及跨度较小,施工效率仍然不令人满意。同时,由于简易栈桥安全性低,使安全也难以保证。后针对这个问题,开展了科研攻关,研制了本工法所采用的可移动仰拱栈桥,并首先在金牛山隧道投入使用,通过实际使用及多次优化设计后,到2008年6月最后成型,并推广应用于凤凰台、金牛山等隧道。

11.5 效果评价

该工法在以上几个隧道先后应用取得了良好的效果。

由于切实地解决了工序间的干扰,掌子面开挖与仰拱浇筑、回填施工实现了平行施工,科学地安排,使得各施工工序间衔接紧凑,仰拱作业基本不占用循环时间,大大节约了施工时间。与采用简易栈桥的情况相比,由于仰拱栈桥移动的方便性以及由于跨度足够使仰拱施工各工序间能够安排流水作业,能为隧道每个开挖循环节省大约4个小时,大大地加快了工程进度。

在使用可移动仰拱栈桥以前,隧道开挖与仰拱施工间干扰较大,工序安排难度大,容易导致仰拱严重滞后,使仰拱与掌子面距离超标,形成安全隐患。一旦超标,只有马上停止掌子面开挖施工仰拱,仰拱跟进后又继续掌子面的开挖,施工进度和安全都受到非常大的影响。采用本工法后,隧道开挖与仰拱作业能正常推进,基本能够保证安全距离。

与简易栈桥相比,可移动仰拱栈桥的承载能力大,且设置了人行通道,桥下设防护网,能确保安全。

另外,采用本工法后,切实做到了仰拱一次成型,对保证仰拱施工质量有利。

总之,采用本工法后,在安全质量可控的情况下,切实提高了施工效率、保证了安全、提高了质量。特别是对于长隧道、工期紧张的情况下,其工期成本优势将得到更大的体现,是隧道施工机械化的趋势。

JQ900A型架桥机小解体穿越隧道施工工法

GJEJGF165—2008

中铁二十五局集团有限公司

李建新　邓汉权　朱广兵　葛斌　蔡文胜

1. 前　　言

随着我国高速铁路（客运专线）大吨位简支箱梁的广泛采用，架梁设备往往制造成庞然大物，导致无法穿越隧道架梁，使许多架桥机的适用范围受到限制。解决方法除了研制新型架桥机外，还必须攻克既有架桥机穿越隧道的难题。

合武铁路湖北段 WHZQ-1 标 DK226＋600～DK252＋600 区间架梁工程共有桥梁 16 座、箱梁 260 孔，其中 900t 双线整孔箱梁 167 孔，450t 组合箱梁 93 孔，组合箱梁分布在桥隧相连的大别山山区。故选择的运架设备既应满足架设 900t 整孔箱梁的要求，又应满足穿越隧道的要求。中铁二十五局集团有限公司采用运架分离式 JQ900A 型架桥机施工，通过研制新型驮架，采取对架桥机部分解体（即"小解体"）、增加临时支撑等措施，成功解决了该型架桥机穿越隧道架梁的技术难题，并形成了两项国家实用新型专利（申请号分别为 200820205680.0 和 200820205682.X）和一项科技成果。该科研成果于 2009 年 2 月 20 日经中国铁建股份有限公司组织的科技成果鉴定，达到国内领先水平。目前，该型架桥机广泛应用在我国高速铁路（客运专线）建设上，为便于推广应用，形成本工法。

2. 工法特点

2.1 通过部分解体实现了该型架桥机穿越隧道功能，扩展了架桥机适用范围，节约了设备投入。

2.2 研制的新型液压升降式驮架，通用性强，既可低位驮运架桥机穿越隧道，又可高位驮运架桥机组装及转运。

2.3 通过后移架桥机前支腿、增加临时支撑，巧妙地解决了困难地段恢复组装的难题，不需扩宽场地，不额外增加机具设备，降低了临时工程费用。

2.4 临时支撑结构简单，安全可靠，安装方便，可周转使用。

3. 适用范围

适用于该型架桥机穿越高速铁路（客运专线）双线电气化隧道架梁，同时要求隧道曲线半径不小于 5500m，穿越隧道后恢复组装场地长度不小于 56m。

4. 工艺原理

4.1 采用部分解体的方法，减小架桥机的宽度，使架桥机满足穿越隧道的限界要求，实现穿越隧道。

4.2 利用液压升降式驮架，降低架桥机的驮运高度，实现低位驮运架桥机穿越隧道功能，又可高位驮运架桥机组装及转运。

4.3 采用后移架桥机前支腿的方法，减小架桥机占用组装场地的长度。

4.4 利用临时支撑代替三号柱支撑架桥机，退出运梁车，腾出空间进行困难地段架桥机恢复组装。

2424

5. 施工工艺流程及操作要点

5.1 施工工艺流程（图 5.1）

5.2 操作要点

5.2.1 组装场地处理

调查架桥机穿越隧道后的组装场地（即隧道洞口至前方桥台的路基范围），根据场地长度处理如下：

1. 当组装场地长度大于 70m 时，架桥机为正常条件下恢复组装，对组装场地进行平整和验收，标示架桥机穿越隧道后的就位线。

2. 当组装场地长度在 56m 至 70m 之间时，架桥机为困难条件下恢复组装，同时标示临时支撑的位置，提前完成基础混凝土的浇筑。

3. 当组装场地长度小于 56m 时，架桥机不能恢复组装，采取减少桥梁孔跨或隧道施工长度的措施，延长组装场地长度至 56m 以上。

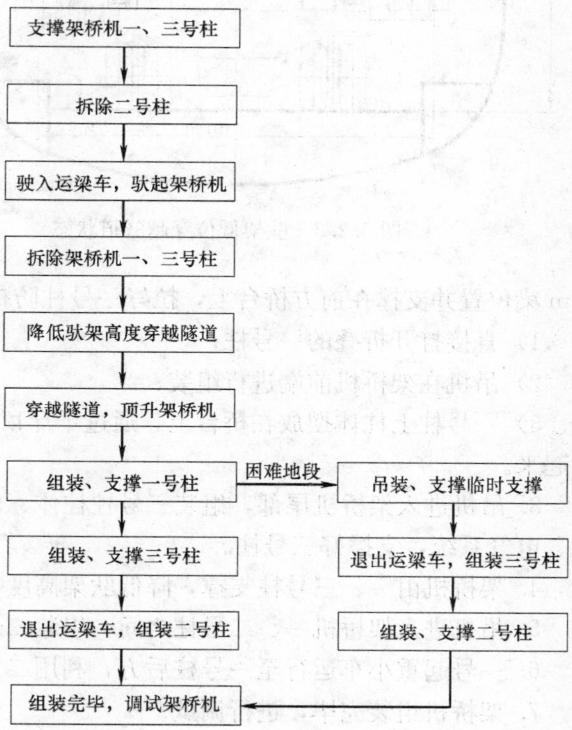

5.2.2 小解体

1. 架桥机架完穿越隧道前的最后一孔梁后，由一、三号柱支撑架桥机，用二号起重小车拆除二号柱下横梁，一、二号起重小车运行到驮运状态时的位置。

2. 吊机进入架桥机一、二号柱之间，拆除二号柱上横梁、曲梁、柱体。

3. 退出吊机，运梁车装好驮架，驶入架桥机中部，打开运梁车前后支腿，顶升驮架驮起架桥机。

4. 折叠一号柱，一号柱走行至驮运状态时的位置后捆绑固定；或用吊机在架桥机前端分上、下两部分拆除一号柱。

5. 拆除三号柱，用吊机在架桥机后端拆除三号柱的上横梁、曲梁、柱体和走行轮组。

6. 固定架桥机，降低驮架高度至穿越隧道状态，架桥机准备穿越隧道（图 5.2.2）。

7. 拆除的构件分类存放，待架桥机穿越隧道恢复组装时，由运输车按组装顺序运至前方工地。

支撑架桥机一、三号柱
↓
拆除二号柱
↓
驶入运梁车，驮起架桥机
↓
拆除架桥机一、三号柱
↓
降低驮架高度穿越隧道
↓
穿越隧道，顶升架桥机
↓
组装、支撑一号柱 —— 困难地段 —→ 吊装、支撑临时支撑
↓   ↓
组装、支撑三号柱   退出运梁车，组装三号柱
↓   ↓
退出运梁车，组装二号柱   组装、支撑二号柱
↓   ↓
组装完毕，调试架桥机 ←————————————

图 5.1 工艺流程

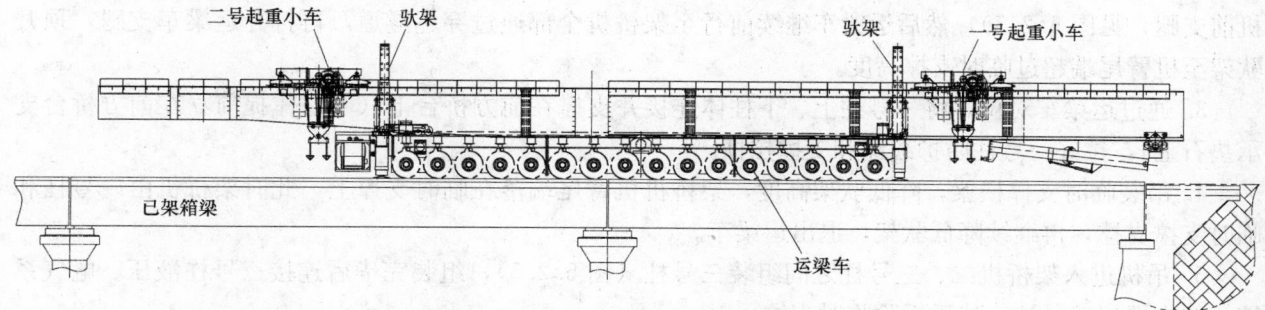

图 5.2.2 运梁车驮运架桥机穿越隧道状态

5.2.3 穿越隧道

1. 运梁车驮运架桥机穿越隧道须低速行驶，速度控制在 1km/h 以内为宜，运行过程中须做到统一

指挥、令行禁止。

2. 调整运梁车的同步支承系统和驮架高度，将架桥机调整到合适的高度，以增大架桥机与隧道之间的净空（图5.2.3）。

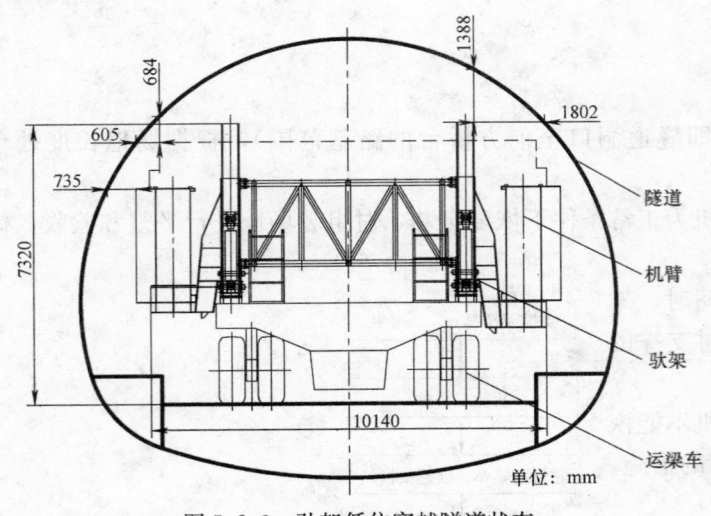

单位：mm

图5.2.3 驮架低位穿越隧道状态

3. 在隧道进出口及洞内标示路基中心线和运梁车外侧的行车线，引导运梁车驮运架桥机进出隧道。洞外引导线长度应不少于2个运梁车长度。

4. 隧道内要有充足的照明，在机臂前后端、起重小车、驮架等突出部位外侧安装防撞橡胶套，同时设专人监控，随时报告净空情况，由运梁车司机做出调整。

5.2.4　正常条件下恢复组装

1. 运梁车驮运架桥机通穿越隧道后，打开运梁车支腿，驮架顶升架桥机机臂至作业高度。

2. 组装一号柱，连接一号柱液压、电气系统。一号柱走行至机臂前端架设32m梁位置并支撑在前方桥台上，拉好一号柱防护缆绳和支撑拉杆。组装一号柱有三种方式：

1）直接打开折叠的一号柱；

2）吊机在架桥机前端进行组装；

3）一号柱上柱体摆放在桥台上，通过千斤顶抬升挂到机臂上，再与立在桥台支承垫石的下柱体连接起来。

3. 吊机进入架桥机尾部，组装三号柱柱体、曲梁、上横梁、走行轮组，组装完毕后连接三号柱液压、电气系统，支撑好三号柱。

4. 架桥机由一、三号柱支撑，降低驮架高度，退出运梁车。

5. 吊机进入架桥机一、二号柱之间，组装二号柱柱体、曲梁、上横梁。

6. 一号起重小车运行至一号柱后方，利用二号起重小车组装二号柱下横梁。

7. 架桥机组装完毕，进行调试。

5.2.5　困难地段恢复组装

1. 测量放线，浇筑临时支撑混凝土基础，达到强度后再吊装立柱及顶端作为分配梁的工字钢，横梁暂不吊装上去。

2. 运梁车驮运架桥机穿越隧道后，先将一号柱上柱体吊挂到机臂上架设24m梁位置（即后移架桥机前支腿，见图5.2.5），然后运梁车继续前行至架桥机全部通过穿越隧道，再打开运梁车支腿，顶升驮架至机臂尾端超过临时支撑高度。

3. 通过运梁车对位，将一号柱上、下柱体连接并支撑在前方桥台上（下柱体提前立在前方桥台支承垫石上），拉好一号柱防护缆绳和支撑拉杆。

4. 吊装临时支撑横梁，降低驮架高度，架桥机机臂尾端落在临时支撑上，此时架桥机由一号柱和临时支撑支撑，再继续降低驮架，退出运梁车。

5. 吊机进入架桥机二、三号柱之间组装三号柱（图5.2.5），组装完毕后连接三号柱液压、电气系统，并支撑好三号柱，然后拆除临时支撑。

6. 吊机进入架桥机一、二号柱之间，组装二号柱柱体、曲梁、上横梁。

7. 一号起重小车运行至一号柱后方，利用二号起重小车组装二号柱下横梁。

8. 架桥机组装完毕，进行调试。

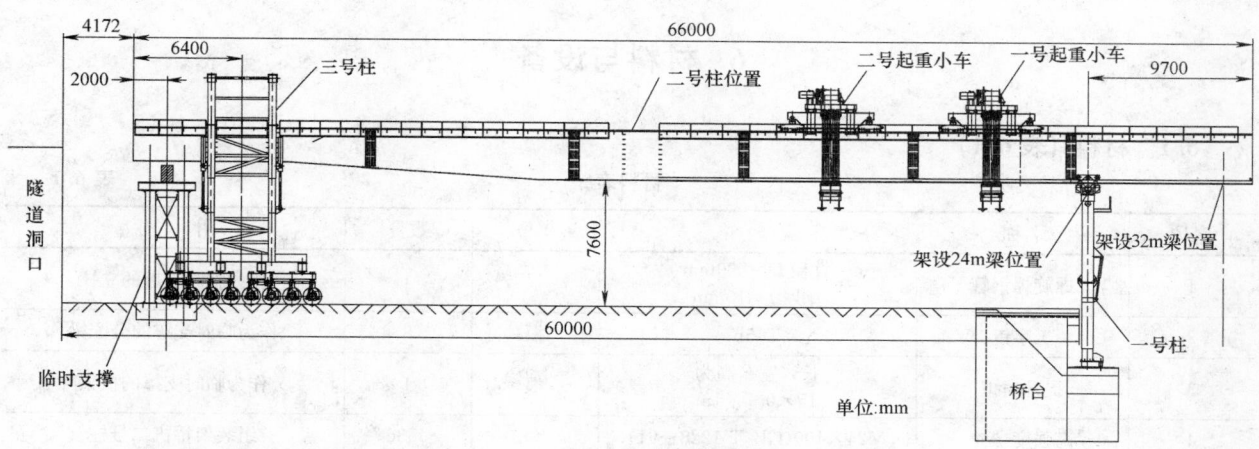

图 5.2.5　三号柱组装就位

5.2.6　液压升降式驮架

1. 驮架由立柱、支撑架、油缸、转换套构成，采用步履式伸缩机构调节驮架高度，既满足低位穿越隧道的要求（图 5.2.3），又满足高位组装和转运的需要（图 5.2.6）。

2. 驮架转换高低位驮运状态时，前后部驮架的支撑架部分须互换使用。

3. 装配时立柱四周的滑道和支撑架套管的内腔涂抹润滑黄油，整件装配好后要保证前后支撑架在油缸的顶推下沿立柱能自由的上下移动。

5.2.7　临时支撑

临时支撑要求结构简单、安全可靠、安装方便，不影响三号柱的吊装，跨度能通过小解体后的架桥机，高度满足支撑架桥机要求，可重复使用。其结构及主要技术指标如下（图 5.2.7）：

1）临时支撑位置设在距机臂尾端 2m 处（图5.2.5）；

2）基础采用 C20 钢筋混凝土，并预埋地脚锚栓固定立柱；

3）立柱部分采用 4 根直径 $D=529mm$、壁厚 $t=10mm$ 的螺旋焊钢管，2 根为一组（间距 2m），高度6m，跨度 13.5m；

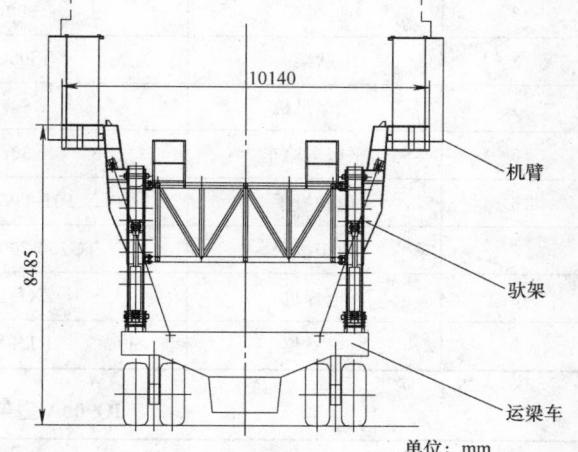

图 5.2.6　驮架高位组装及转运状态

4）每组钢管顶上的分配梁采用 4 根 3m 长的 45b 型工字钢；

5）横梁采用既有提升架桥机的"扁担"，长度 15m。

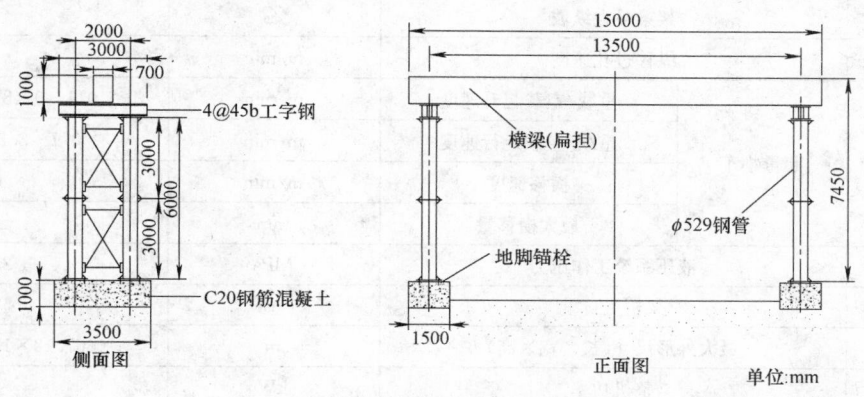

图 5.2.7　临时支撑布置

6. 材料与设备

6.1 材料（表 6.1）

材料表 表 6.1

序号	名称	规格	单位	数量	用途
1	螺旋焊钢管	直径 $D=529$mm 壁厚 $t=10$mm	根	4	作为临时支撑的立柱
2	工字钢	工45b	根	8	作为临时支撑的分配梁
3	提升扁担	长×宽×高为 $15×0.7×1$m	根	1	作为临时支撑的横梁
4	高强度螺栓	M24×100(GB/T 1228—91)	套	1536	组装架桥机二号柱
5	高强度螺栓	M24×85(GB/T 1228—91)	套	1200	组装架桥机三号柱

6.2 设备（表 6.2-1、表 6.2-2）

机具设备表 表 6.2-1

序号	名称	规格	单位	数量	用途
1	JQ900A 架桥机	详见表 6.2-2	台	1	架梁
2	运梁车	900t	台	1	运梁、喂梁，驮运架桥机
3	驮架	TJ900A	套	2	驮运架桥机
4	汽车吊机	80t	台	1	用于架桥机解体或组装
5	平板运输车	30t	台	1	用于结构件的运输
6	电动扳手	P1B-DV-36C	把	2	用于拆、装高强度螺栓
7	力矩扳手	TG750-2000N·m	把	3	用于紧固高强度螺栓
8	电焊机	ZX7-400	台	2	焊接
9	全站仪	PTS-V2	台	1	测量放线

JQ900A 型架桥机主要性能参数 表 6.2-2

序号	参数名称		单位	技术参数
1	额定起重量		t	900
2	架设箱梁跨度		m	32/24/20
3	架梁最小曲线半径		m	5500
4	架梁最大纵坡		‰	20
5	纵移过孔速度		m/min	0.3～3
6	起重小车	重载/空载起升速度	m/min	0.1～0.487/0.1～0.974
		重载/空载走行速度	m/min	0.1～2.21/0.1～5.0
		横移速度	m/min	0.2
		最大横移量	mm	±250
7	液压系统工作压力		MPa	21/25
8	架桥机自重		t	501.8
9	最大外形尺寸（长×宽×高）		m	67.13×17.4×12.638
10	整机功率		kW	280

7. 质 量 控 制

7.1 质量标准

本工法施工过程中执行下列规范和标准:《客运专线铁路隧道工程施工质量验收暂行标准》(铁建设 [2005] 160 号)、《客运专线铁路桥涵工程施工质量验收暂行标准》(铁建设 [2005] 160 号)、《铁路架桥机架梁暂行规程》(铁建设 [2006] 181 号)、《钢结构设计规范》GB 50017—2003、《钢结构工程施工质量验收规范》GB 50205—2001、《钢结构高强度螺栓连接的设计、施工及验收规范》JGJ 82—91、《工程机械装配通用技术》GB/T 5945—91。

7.2 质量控制措施

施工中,除严格执行上述标准外,强调采取如下措施:

7.2.1 拆卸、运输、组装过程中保持各结构件连接面的整洁,必要时对连接面进行包裹后运输。

7.2.2 拆卸下的摩擦板连接用高强度螺栓不允许重复使用且做好标识,更换新的高强度螺栓根据摩擦系数要求重新计算拧紧力矩。

7.2.3 拆卸时对液压管路接头进行密封处理,避免液压系统受污染,并对液压管路、电缆等进行标识和必要的捆扎。

7.2.4 临时支撑的基础须经检测满足承载力要求,钢结构部分要委托有资质的单位加工制造。

8. 安 全 措 施

8.1 作业人员必须经过安全教育和技术培训,熟悉作业流程,取得特种作业证,高空作业人员还要体检合格,方能上岗。

8.2 严格执行安全管理制度,落实岗位责任制。做好安全技术交底工作,做到工前交底、工中检查、工后讲评和班前检查、作业检查、班后检查。

8.3 强化现场安全管理,设专职安全员进行监督和检查。严禁高空抛物,作业工具放置稳妥,预防坠落伤人。

8.4 起重装吊前要仔细检查吊具是否损伤、钢丝绳是否捆绑牢固,并进行试吊,夜间吊装必须保证足够的照明。

8.5 严格执行设备操作规程,机具设备必须具备完整、有效的安全防护及保险装置,严禁在设备运转中检修,严禁设备带病作业。

8.6 作业过程中必须做到精力集中、统一指挥、令行禁止,严禁作业人员窜岗、擅离岗位或从事与工作无关的事情。

8.7 立柱安装后的垂直度须符合规范要求,并严禁冲撞临时支撑。

9. 环 保 措 施

9.1 结合工程实际制定环保措施,严格按照国家和地方的有关要求,防止水土流失,控制机械噪声,处理生活垃圾和工程弃碴。

9.2 加强废旧料、废材料的集中回收和管理,严禁现场焚烧任何废弃物及有毒废料(如废机油、废塑料等)。

9.3 加强机械设备的维修保养,对施工场地和运输道路经常洒水,减少机械噪声、废气、扬尘对空气的污染。在靠近村庄或营区,夜间不安排机械施工。

9.4 对汽油等易挥发品的存放要密闭,尽量缩短开启时间。存放油料的地面进行防渗处理。

9.5 保持施工现场清洁整齐，做到工完料清、场清，及时清除丢洒的材料、机具、工棚等。

10. 效 益 分 析

10.1 本工法已在合武铁路湖北段 WHZQ-1 标成功运用，累计穿越了 6 座隧道、完成了 5 次架桥机小解体及组装（其中 2 处为正常条件下恢复组装，3 处为困难地段恢复组装），与另购架桥机或扩宽隧道洞口段路堑方案相比，节省工程投资 150 余万元（表 10.1）。

困难地段技术经济对照表　　　　　　　　　　表 10.1

序号	比较项目	增加临时支撑	扩宽隧道洞口	另购架桥机
1	阎家河隧道	钢构件加工 8.1 万,利用隧道口矮边墙作为基础	54.0 万	仅设备进退场及组装、调试费用就达 200 万元
2	杨家坳隧道	混凝土基础 1.2 万元	38.6 万	
3	胡家泵隧道	混凝土基础 1.2 万元	68.3 万	
	经济性比较	10.5 万元	160.9 万元	200 万元

10.2 按照建设工期安排，架桥机每次穿越隧道并恢复架梁需 15d。通过采用本工法，每次穿越隧道的工期可控制在 7～10d 内，每次缩短工期 5d 以上，保障了工期目标的实现，获得了各方好评。

10.3 本工法可操作性强，安全可靠，不仅解决了该型架桥机穿越隧道的技术难题，提升架桥机的环境适应能力，还为架桥机穿越隧道架梁积累了宝贵的施工经验，对类似工程（如架桥机穿越系杆拱、提篮拱、连续梁拱、下承式钢桁梁、公跨铁立交、高压线等空间受限条件下架梁）的设计和施工具有重要参考价值，推广应用前景良好。

11. 工 程 实 例

11.1 工程概况

合武铁路湖北段 WHZQ-1 标 DK226＋600～DK252＋600 区间架梁工程共有桥梁 16 座、箱梁 260 孔，其中双线整孔箱梁 167 孔，组合箱梁 93 孔。组合箱梁分布在桥隧相连的大别山山区，架桥机共须 5 次小解体穿越 6 座隧道（表 11.1）。采用的 JQ900A 型架桥机长、宽、高为 67.13m×17.4m×12.638m（其中机臂长 66m），可架设 900t 双线整孔箱梁，但无法整机穿越隧道架梁。

工程实例表　　　　　　　　　　表 11.1

序号	名称	隧道长度(m)	曲线半径(m)	恢复组装场地长度(m)	处 理 措 施
1	阎家河隧道	188	直线	45	将出口处 17m 长的明洞暂缓施工,采用困难地段恢复组装
2	棋堂坳隧道	1703	9000	735	正常条件下恢复组装
3	杨家坳隧道	187	11000	62	采用困难地段恢复组装
4	鲍家冲隧道	2059	7000	—	第 4、5 隧道之间无桥梁
5	胡家泵隧道	241	7000	28	将前方桥梁第一孔 32m 梁改为现浇,采用困难地段恢复组装
6	乌米寨隧道	128	6000	224	正常条件下恢复组装

11.2 施工情况

根据架桥机须解体部分的重量，选择额定起重量为 80t 的吊机和额定载重量为 30t 的平板运输车。拆除架桥机一、二、三号柱后，架桥机宽度减至 10.89m；采用液压升降式驮架后，架桥机驮运高度降至 7.32m，使架桥机达到了穿越隧道的限界要求。

该型架桥机于 2007 年 11 月 3 日成功穿越第一座直线隧道——阎家河隧道，2008 年 2 月 27 日成功穿越长达 2059m 的鲍家冲隧道，2008 年 3 月 27 日成功穿越曲线半径为 6000m 的乌米寨隧道，于 2008 年 5 月 5 日全部完成了架梁任务。

11.3 应用效果

通过采用本工法，施工全过程处于安全、快速、优质的可控状态，不仅解决了 JQ900A 型架桥机困难地段恢复组装的难题，成功地完成了 5 次小解体穿越隧道，无任何安全事故发生，而且有效控制了工期和成本，将每次穿越隧道全过程缩短为 7～10d，圆满完成了架梁任务，获得各方的好评。

大断面黄土隧道弧形导坑法施工工法

GJEJGF166—2008

中铁二十三局集团有限公司

丁维军　赵永明　李治强　朱华平　黎龙强

1. 前　　言

　　随着我国高速铁路建设的进行，大断面铁路隧道施工全面展开，其特点是开挖断面大，因而施工难度大为增加，尤其是在湿陷性黄土地区，修建大断面客运专线隧道是隧道施工的一个难题。

　　大断面隧道的施工方法要根据断面形状、隧道长度、工期、地质、周围环境等条件综合确定，最关键的是要和隧道的地质相匹配。目前大断面隧道的施工方法主要有全断面法、弧形导坑法、CD法、CRD法和双侧壁导坑法等。

　　由中铁二十三局集团有限公司承建施工的郑西铁路客运专线有三座隧道，分别是凤凰岭隧道、高桥隧道及潼洛川隧道，均为大断面双线黄土隧道，隧道围岩多为砂质黄土和黏质黄土，Ⅳ级围岩开挖断面面积达 155.08m²，开挖断面宽度达 14.82m，开挖高度达 12.8m，设计施工方法有弧形导坑法、CD法、CRD法和双侧壁导坑法，施工过程中，在吸取郑西公司及各方专家的经验和局处有关专家的指导下，先在凤凰岭隧道Ⅳ级围岩地段（长 286.8m）采用弧形导坑法施工取得成功后，对潼洛川隧道Ⅳ级围岩段（长 3145m），采用弧形导坑法已施。施工过程中，在保证施工安全质量的前提下，平均月成洞可达 60m，在无水黏性老黄土地段，依据监控量测结果，及时调整施工参数，将"三台阶七步开挖法"调整为"两台阶四步开挖法"，取得单口月成洞达 78m 的高产纪录。该成果大大加快了施工生产进度，经济社会效益明显，其施工技术水平达到了国内先进水平，并在 2007 年被评为集团公司企业级工法、2008 年度铁道建筑总公司科技进步奖三等奖。

2. 工 法 特 点

　　2.1　综合新奥法与矿山法的施工特点，实施严格控制开挖步序和步长的多层台阶法开挖、及时封闭成环。

　　2.2　严格控制隧道沉降变形，确保变形值在规定范围内。

　　2.3　以型钢钢架、喷锚混凝土构成的支护结构安全可靠。

　　2.4　全过程监控量测，根据量测信息及时调整支护参数，使施工全过程处于受控状态。

　　2.5　采用四部开挖作业简便，不需要用特殊的机械设备，容易推广应用。

3. 适 用 范 围

　　适用于黄土隧道Ⅳ级围岩及以上地段，部分富含水的地下工程，需要严格控制洞体变形的大跨度隧道和类似地下工程。

4. 工 艺 原 理

　　弧形导坑法，分台阶开挖，分台阶支护，预留核心土，降低开挖高度减少对围岩的扰动，通过超前小导管，锚网喷支护系统，形成全断面支护封闭结构，控制围岩的变形（见图4 黄土隧道弧形导坑法施工工序图）。施工中以监控量测数据、数据处理，信息反馈指导施工。

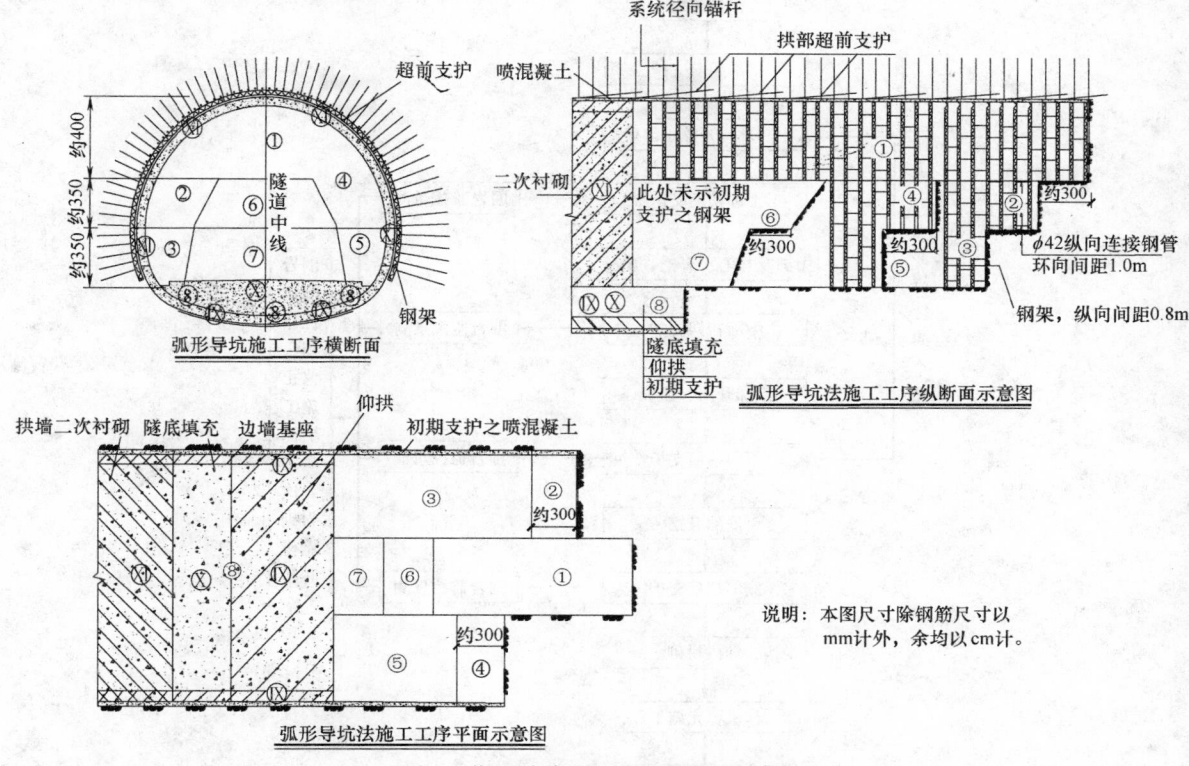

图4　黄土隧道弧形导坑法施工工序图

5. 工艺流程及操作要点

5.1　工艺流程（图5.1）

5.2　施工操作要点

5.2.1　拱部超前支护：施工超前小导管

在围岩土质含水量较大或有掉块时施工拱部超前小导管，避免开挖时超挖过大，防止掉块影响工人作业安全。

1. 在开挖支护前，对拱部周边按设计施作 $\phi 42mm$，$L=3.5m$，$\alpha=5°\sim10°$，超前小导管进行超前支护。小导管环与间距 $0.8m\times2$ 榀 $=1.6m$，搭接长度 $1.9m$。

2. 针对黄土隧道的特点，超前小导管施工采用 ZM-12T 型煤电钻钻孔，用 YT28 型风枪顶进超前小导管的施工方法，小导管插入孔内的长度不小于管长 90%。尾部与型钢钢架焊接固定，JYZ-2 型注浆泵进行注浆作业。超前小导管间距按设计要求一般为 40cm，围岩较差地段可缩小为 30cm，管内充填 M20 水泥砂浆。纵向搭接长度不小于 1.5m。

5.2.2　开挖

郑西铁路客运专线隧道Ⅳ级围岩段设计开挖断面尺寸为：$14.82m\times12.80m$（宽×高）包括预留变形量 10cm，开挖断面积 $155.08m^2$。采用弧形导坑预留核心土法进行开挖，将整个断面分成上、中、下以及底部四部分台阶错台开挖。其中上部超前中部 $3\sim5m$，中部超前下部 $3\sim5m$，下部超前底部 10m，逐级掘进开挖。

为方便机械作业，上部开挖高度控制在 4.5m 左右，中部台阶高度也控制在 3.5m 左右，下部台阶控制在 3.5m 左右（见图4 黄土隧道弧形导坑法施工工序图和图5.1 施工工艺流程图）。具体的开挖步

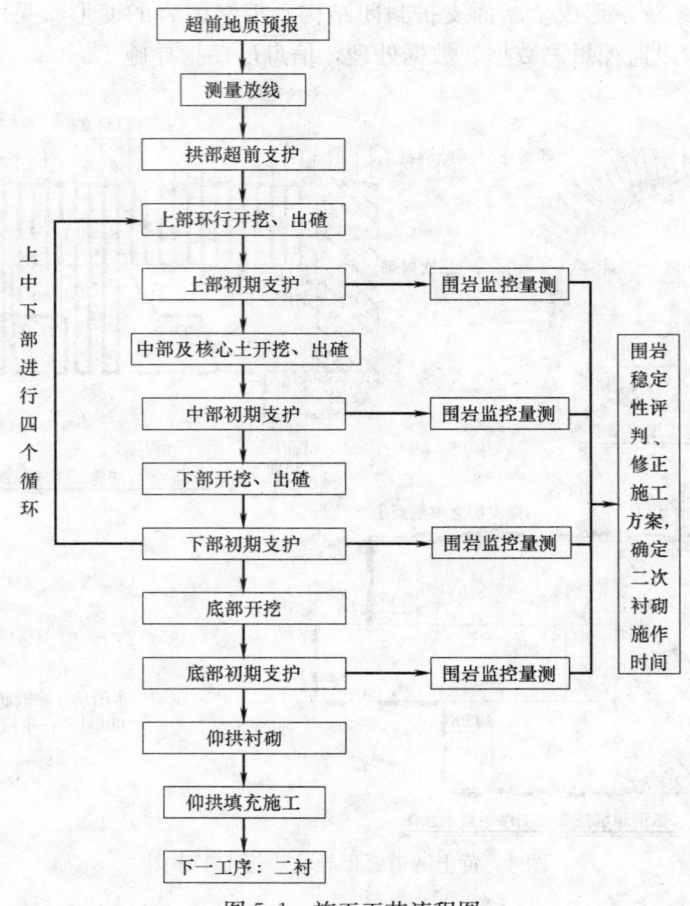

图 5.1　施工工艺流程图

骤为：

第一步：上部①环行开挖、出碴及上部初期支护

1. 利用上一循环架立的钢架施作隧道拱部 φ42 超前小导管。2. 机械开挖①部，人工配合整修。3. 施作①部初期支护，即初喷 4cm 厚混凝土和架立型钢钢架，钻设锁脚锚管。4. 钻设径向锚杆后复喷混凝土至设计厚度。

第二步：中部②开挖、出碴及中部②初期支护

1. 机械开挖②部，人工配合整修。2. 初喷 4cm 厚混凝土。3. 接长型钢钢架，并设锁脚锚管。4. 钻设径向锚杆后复喷混凝土至设计厚度。

第三步：下部③开挖、出碴及下部③初期支护

1. 在滞后于②部一段距离后，机械开挖③部，人工配合整修。2. 初喷 4cm 厚混凝土。3. 接长型钢钢架，钢架基础垫设槽钢或混凝土垫块并设锁脚锚管。4. 钻设径向锚杆后复喷混凝土至设计厚度。

第四步：中部④开挖、出碴及中部④初期支护

开挖④部，并施作导坑周边的初期支护，步骤及工序同②。

第五步：下部⑤开挖、出碴及下部⑤初期支护

在滞后于④部一段距离后，机械开挖⑤部，人工配合整修。步骤及工序同③。

第六步：预留核心土⑥、⑦开挖、出渣

根据监控量测结果分析，待初期支护收敛后，开挖⑥部，在滞后于⑥部一段距离后，机械开挖⑦部，人工配合整修。

第七步：底部⑧开挖、出渣及底部初期支护

开挖隧底剩余部分⑧部，施工隧底钢架及初期支护混凝土。

第八步：仰拱衬砌及仰拱填充施工

利用仰拱栈桥灌注Ⅸ部边墙基础与仰拱及Ⅹ部隧底填充混凝土（仰拱与填充应分次施作。仰拱每板分6m施工，在隧底初期支护施工完成后，绑扎仰拱钢筋，安装仰拱环向止水带、纵向止水带，浇筑仰拱混凝土。仰拱施工完后安装填充挡头板，浇筑填充混凝土。通过监控量测的数据证明：及时施作仰拱，围岩迅速趋于稳定，保证隧道安全施工。

第九步：下一工序：二衬

利用衬砌模板台车一次性灌注Ⅺ部衬砌（拱墙衬砌一次施作）。

根据断面尺寸，开挖采用1台PC220型挖掘机开挖作业，根据各部开挖尺寸，完全满足该挖掘机作业空间需要。

挖掘机开挖时在开挖轮廓线以内要预留30cm厚度采用人工持G8风镐或铁镐进行开挖修边，这样可最大限度的控制超欠挖。

根据黄土隧道弧形导坑预留核心土开挖方法的施工组织、隧道断面尺寸，各部进行开挖作业时，挖掘机和运输汽车可并行作业。空间受限时，采用装载机装碴，自卸汽车运输。

5.2.3 循环进尺

根据黄土隧道地质情况以及隧道工期要求，为确保施工安全，最大限度地利用围岩的自稳性，本着"短进尺、快循环"的原则，上、中部每循环进尺为0.8m，下部利用上部超前作业支护的时间一次进尺1.6m；如地质情况允许时，中、下部进尺可适当加大，但上部进尺要严格控制，以防止进尺过大会影响施工安全。底部在上部进行超前支护时进行开挖，一次开挖长度为3～6m。

5.2.4 监控量测

大断面黄土隧道施工中，监控量测是至关重要的，量测项目主要有洞内外观察、净空水平收敛量测、拱顶下沉量测以及浅埋隧道地表下沉量测四个必测项目。监控量测是为了能准确掌握隧道围岩地质变形、稳定情况，为隧道的开挖、支护提供可靠依据，提前做好不良地质段的施工加固措施。掌握围岩动态，对围岩稳定性提出评价，确定支护结构形式，支护参数和支护时间，了解结构的受力状态，评价结构的合理性和安全性。

监控量测测点布置、量测方法、量测频率见表5.2.4。

监控量测测点布置、量测方法、量测频率　　　　　　　　　表5.2.4

量测项目	测点布置	量测方法	量测频率
洞内外观察	1. 洞外观察包括地表情况、地表沉陷、边坡及仰坡的稳定、地表水渗透的观察；2. 洞内观察：a. 掌子面观察，b. 支护结构观察	1. 地质观察：在每次喷混凝土前进行，应绘制地质素描图，用以核对围岩类别及判断支护的稳定性；2. 检查喷射混凝土有无裂损及发展，锚杆有无松动，并做好相应记录	1次/d
净空水平收敛量测	每10～20m设置一量测断面，量测点拱脚和断面最宽处左右各两点	采用SWJ-Ⅳ收验计，开挖后3～6h且在下一循环开挖前进行初读数	$U \geqslant 5$mm/d 或距开挖面距离$(0～1)b$：2次/d； 5mm$\geqslant U \geqslant 0.2$mm/d 或距开挖面距离$(1～2)b$：1次/d； 0.2mm$\geqslant U$ 或距开挖面距离$\geqslant 2b$：1次/3d；5d后变为1次/7d。 （注：U为日变形量，b为隧道开挖宽度）
拱顶下沉量测	每10～20m设置一量测断面，量测点拱顶布设1点	喷射混凝土后迅速在测点处设固定桩，采用水准仪和收敛计钢尺进行量测，开挖后3～6h且在下一循环开挖前进行初读数	同净空水平收敛量测频率

续表

量测项目	测点布置	量测方法	量测频率
浅埋隧道地表下沉量测	同洞内净空水平收敛量测和拱顶下沉量测在同一断面，布点宽度范围为隧道开挖宽度＋2×（隧道埋深＋隧道开挖高度）×tg30°，从隧道中线向两边每5m设一观测点	采用水准仪观测，地表下沉量测在开挖面前方 $H+h$（隧道埋置深度＋隧道高度）处开始，直到开挖面后方约3～5倍隧道开挖宽度或该处衬砌结构封闭，下沉基本停止时为止	同洞内净空水平收敛量测等频率

监控量测结果分析及应用：

1. 量测最大位移值或根据回归方程求出的最终位移值超出规范允许相对位移值时，则需要采取措施，如加强支护，改变开挖方法，及时衬砌混凝土等。

2. 当变形速度大于 20mm/d 时，则需要加强支护，否则可能使围岩失稳，造成坍塌。

3. 周边位移速度小于 0.1～0.2mm/d 或当收敛量已达到总收敛量的 80％以上时，表明围岩基本稳定，可以施做二次衬砌。

5.2.5 二次衬砌

待围岩变形基本稳定后即可进行二次衬砌，二次衬砌采用自行式液压台车施工。

6. 材料与设备

采用弧形导坑法进行隧道施工，为提高黄土隧道施工的机械化程度，对于弧形导坑的台阶的开挖采用大型挖掘机配合大吨位自卸汽车进行挖装运，发挥大型机械的作业效率。

钻设锚杆孔采用 ZM-12T 型煤电钻或螺旋钻，既可解决在土质隧道施工采用有水钻孔设备软化围岩，又可解决在土质隧道施工中采用常规的冲击钻不易排碴、成孔困难的难题，能有效提高在土质隧道的成孔速度和安全性，另外还可以通过钻孔及时反映超前地质情况。

主要机具设备见表6。

主要机具设备表　　　　　　表6

序号	机械名称	型号	单位	数量	备注
1	挖掘机	PC220	台	1	
2	装载机	CLG856	台	1	
3	风镐	G8	台	9	
4	风枪	YT28	台	4	
5	钻机	ZM-12T	个	2	
6	混凝土湿喷机	TK500-5C	台	3	
7	混凝土输送泵	HBT-60	台	1	
8	混凝土搅拌站	JS750	台	1	
9	自卸汽车	三菱 8t	辆	4	
10	电动空压机	20m³/min	台	3	
11	钢筋调直机	GT4-10	台	1	
12	钢筋切断机	GQ40	台	1	
13	衬砌台车	定制	台	1	
14	射钉器	NS301	个	4	
15	混凝土输送车	6m³	辆	3	
16	热风焊枪	THRF	个	2	
17	交流电焊机	BX1-500	台	8	
18	注浆泵	JYZ-2	台	2	
19	收敛计	SWJ-Ⅳ	台	1	
20	全站仪	TOPCON	台	1	
21	水准仪	S3	台	2	
22	防水板热合机	TH-5M	台	1	

7. 质 量 控 制

7.1 质量控制标准采用:《客运专线铁路隧道工程施工技术指南》TZ 214—2005、《铁路混凝土工程施工技术指南》TZ 210—2005、《客运专线铁路隧道工程施工质量验收暂行标准》(铁建设〔2005〕160号)以及《京沪高速铁路测量暂行规定》等标准、规范进行控制。

7.2 具体控制措施

7.2.1 隧道测量控制

严格按照《京沪高速铁路测量暂行规定》进行控制,隧道开挖断面的中线和高程必须符合设计要求,隧道开挖应严格控制欠挖。利用先进的测量仪器和测量计算软件,精心组织,规范操作,确保隧道各贯通面的各项贯通误差在《京沪高速铁路测量暂行规定》的限差之内。

隧道横向贯通误差限差:100mm。

高程贯通限差:50mm。

1. 洞外平面控制测量

隧道开工前首先对设计单位提供的GPS控制点和高程控制点进行复测,并对隧道进行贯通测量,估算隧道贯通误差,将测量成果上报监理单位,经监理工程师批准后进行洞口投点及引线进洞的测量工作。

利用设计单位提供的GPS控制点,采用徕咔TMS隧道测量系统,建立四等导线控制网,并把隧道中线和横向轴线纳入控制网内以保证放样精度。

2. 洞外高程控制测量

采用高精度水准仪实施四等精密几何水准控制。

3. 洞内控制测量

因洞内控制网随掘进长度的增加而不断向前延伸。为满足精度要求和尽量减少测量工作量,洞内平面控制拟采用主控网、基本网和施工导线三级控制;洞内高程控制拟采用高精度水准仪实施四等水准控制。

洞内主控网:

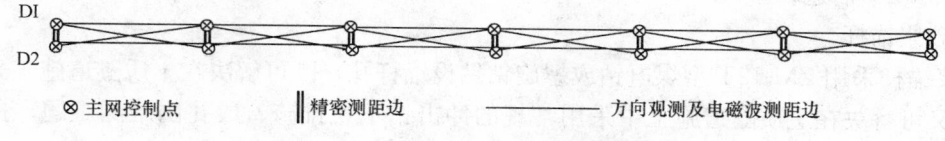

⊗ 主网控制点　　‖ 精密测距边　　—— 方向观测及电磁波测距边

图 7.2.1-1　洞内主控网布置示意图

布网:如图7.2.1-1所示,自D1和D2,向洞内布置边长约为1000m的重叠狭长菱形边角网。在菱形的重叠部分,施加长约5m的高精度(±0.1～0.3mm)因瓦线尺测距边,作为固定值,对控制网施加额外约束,以提高精度。控制点布置在隧道两侧,以利保护点位,且测量时尽量不影响隧道内的交通。

施测:施测时选用Leica TCA702全站仪施测。每点观测四个方向和四条边长,方向按全圆测回法观测。三联脚架法测量主控网的同时,用一根因瓦线尺测量联系短边。隧道掘进增加1000m,主控网向前推进一节。

洞内基本网:

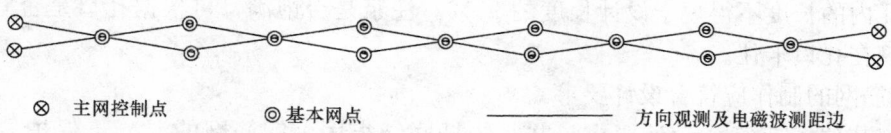

⊗ 主网控制点　　◎ 基本网点　　—— 方向观测及电磁波测距边

图 7.2.1-2　洞内基本网布置示意图

布网：如图 7.2.1-2 所示，自主控网点，向洞内布置边长为 150～200m 的狭长菱形导线网。基本控制网点沿隧道两侧和隧道中线布置，部分基本网点与主控网点重合，由主控网分段对基本网施加约束。

施测：利用 2″级全站仪，根据三联脚架法测量。隧道掘进增加 150～200m，基本网向前推进一节。

洞内施工导线：

自基本控制网点，向洞内布置边长约为 50～80m 长的单支导线，控制洞内开挖和衬砌施工。

7.2.2 喷射混凝土的强度必须符合设计要求。喷射混凝土的厚度和表面平整度应符合下列要求：a. 平均厚度大于设计厚度；b. 检查点数的 80％及以上大于设计厚度；c. 最小厚度不小于设计厚度 2/3；d. 表面平整度的允许偏差为 100mm。

对隧道初期支护喷射混凝土设计为喷射微纤维混凝土，喷射混凝土强度等级为 C25，聚丙烯纤维含量为 1.2kg/m³，喷射厚度：Ⅴ级围岩 35cm，Ⅳ级围岩 26cm。Ⅳ级围岩加强段 30cm。

Ⅳ级围岩喷射微纤维系统支护分两次进行支护，第一次在开挖后先素喷微纤维混凝土 5cm 封闭开挖面，在施作系统锚杆、型钢钢架、挂钢筋网后再复喷至设计厚度，并保证喷射混凝土覆盖钢架 5cm 以上 。另外，Ⅴ级围岩开挖中喷射混凝土厚度为 25cm。

7.2.3 锚杆质量控制

锚杆安装的数量、砂浆的强度等级应符合设计要求。锚杆安装允许偏差应符合下列规定：a. 锚杆孔的孔径应符合设计要求；b. 锚杆孔的深度应大于锚杆长度 10cm；c. 锚杆孔距允许偏差为 ±15cm；d. 锚杆插入长度不得小于设计长度的 95％，且应位于孔的中心。

1. 药包锚杆

本工程除湿陷性黄土Ⅴ级围岩段拱部不设系统锚杆外，其余地段均在拱部 120°范围内设药包锚杆。

药包施工工艺流程为：钻孔—清孔—插入药包、杆体。

钻孔采用煤电钻或螺旋钻；锚杆预先在洞外按设计要求加工制作，施工时锚杆钻孔位置及孔深必须精确，锚杆要除去油污、铁锈和杂质；药包要浸水湿润后填满锚杆孔并捣碎。药包随用随浸水，不得将浸水已硬化后的药包用于填充锚杆孔。

锚杆杆体插入时应注意旋转，使药包充分搅拌，锚杆打入后，安装垫板和紧固螺帽必须在水泥卷的强度达到 10MPa 后进行。

2. ϕ22 砂浆锚杆

ϕ22 砂浆锚杆采用 ZM-12T 型煤电钻或螺旋钻钻设锚杆孔，既可解决在土质隧道施工采用有水设备软化围岩，又可解决在土质隧道施工中采用常规的冲击钻不易排碴、成孔困难的难题，提高在黄土隧道的成孔速度和安全性。

针对黄土隧道特性，为增加砂浆锚杆的紧固效果，采用先注浆后插杆体法施工，孔径比杆径大 15mm，孔位允许偏差为 ±15mm；孔深大于杆体长度 10cm，钻孔方向应与初喷混凝土面垂直，孔钻好后用高压风冲洗干净，并用塞子塞紧孔口。

锚杆及胶粘剂材质符合设计要求，锚杆按设计要求尺寸截取，并整直、除锈和除油。

粘结砂浆拌合均匀，并调整其和易性，随拌随用，一次拌合的砂浆在初凝前用完；

先注浆后插杆时，注浆管应插到钻孔底，开始注浆后，徐徐均匀地将注浆管往外抽出，并始终保持注浆管口埋在砂浆内，以免浆中出现空洞；

注浆体积略大于需要体积，将注浆管全部抽出后，迅速插入杆体，用风枪送入杆体；

杆体插入孔内的长度不得短于设计长度的 95％。注浆是否饱满，可根据孔口是否有浆流出，杆体到位后要用木楔在孔口卡住。

7.2.4 钢筋网的制作应符合设计要求。

钢筋网的安装位置应符合设计要求，并与锚杆联结牢固。钢筋网的混凝土保护层厚度不得小于 3cm。钢筋网搭接长度应为 1～2 个网孔，允许偏差为 ±50mm。

并针对开挖断面的形状，确定场外制作或现场制作网片，若断面形状较规则，平整，采用场外制作网片，然后现场拼接；若断面形状不规则，起伏较大，则采用现场制作网片，现场拼接，与岩壁紧贴安装，预留保护层厚度。挂网利用简易台车进行。

7.2.5 钢架的结构尺寸应符合设计要求。

钢架安装不得侵入二次衬砌断面，底部不得有虚碴，相邻钢架及各节钢架间的连接应符合设计要求。钢架的混凝土保护层厚度不得小于4cm。表面覆盖层厚度不得小于3cm。

各节钢架成型后，要求尺寸准确，弧形圆顺，沿隧道周边轮廓误差不大于3cm。连接底板螺栓孔眼中间误差不超过±0.5cm；型钢钢架平放时，平面翘曲小于2cm。为保证各节钢架在全环封闭之前置于稳固的地基上，安装前清除各节钢架底脚下的虚碴及杂物。并在钢架基脚处设槽钢以增加基底承载力，同时每侧安设2根ϕ42锁脚锚管将其锁定，底部开挖完成后，底部初期支护及时跟进，将钢架全环封闭。

为防止钢架下沉，要加强对钢架的径向固定；加强对钢架的锁脚固定；加设钢架基础连接纵梁，扩大开挖底脚，防止钢架悬空；及时喷射微纤维混凝土进行覆盖；加强对钢架的应力和变形监测；防止施工过程中的碰撞和损坏等措施。

8. 安 全 措 施

8.1 隧道内用电拆接频繁，安装、维修或拆除临时用电工程，必须由专职电工完成，电工必须持证上岗，实行定期检查制度，并做好检查记录。

8.2 隧道内作业空间小，各种机械操作人员和车辆驾驶员，必须经过培训并考试取得操作合格证；不将机械设备交给无本机操作证的人员操作，对机械操作人员要建立档案，专人管理。

8.3 开挖人员到达工作面时，由值班人员先检查工作面是否处于安全状态。开挖采用机械配合人工进行，施工中要注意施工人员严禁在挖掘机大臂下活动，挖掘机开挖时要有专人指挥，以防止挖掘机司机视野受限，挖掘机臂碰撞初期支护表面。机械装碴时，断面满足装载机械安全运转，设置专人指挥，以免机械碰断电线或碰坏已做好的初期支护，确保安全。在洞口处设置缓行标志，必要时安排人员指挥交通。洞内的车辆、施工机械、模板台车等，在外缘设置低压红色闪光灯，组成限界显示设施。运输车辆在使用前详细检查，不带病工作。行驶车辆保持一定间距，洞内道路加强养护。洞内倒车与转向，做到开灯、鸣笛或有人指挥。

8.4 仰拱距掌子面的距离保持在30m以内，衬砌距掌子面距离保持在60m以内。

8.5 拱脚、墙脚的基底必须采用人工开挖，并不得有浮渣和虚土。

8.6 洞外储备一定数量的ϕ300钢管，必要时进行临时支撑，控制隧道沉降量及变形。

8.7 加强监控量测，及时反馈信息指导设计与施工，密切注意洞内围岩、地表状况，及时采取措施确保施工安全。

8.8 做好超前地质预报。

9. 环 保 措 施

9.1 在采用弧形导坑法进行隧道施工中，由于施工步骤多，应特别注意通风的环保措施。

9.1.1 压入式进风管口设在距洞口20m左右的位置，并做成烟囱式，防止污染空气再流入洞内。压入式通风管的出风口距工作面不大于15m。

9.1.2 通风机装有保险装置，发生故障时能自动停机。通风系统定期检测通风量、风速、风压，检查通风设备的供风能力和动力消耗并做好记录。

9.1.3 如通风设备出现事故或洞内通风受阻，所有人员撤离现场，在通风系统未恢复正常工作和经全面检查确认洞内已无有害气体之前，任何人均不得进入洞内。

9.1.4 施工场所的通风机械噪声不得超过 90dB，如有超出，第一，检查风机消声器的工作性能，第二，改装或增设消声器。

9.1.5 硬质风管安装顺直、严密；风管的连接采用密封法兰盘接头，橡胶垫板，拧紧，尽最大努力防漏降阻。

9.2 施工噪声、振动的控制

设备选型优先考虑低噪声产品，设备底座设置防振基础。采取措施或改进施工方法，使施工噪声、振动达到施工场界环境标准。

9.3 施工污水和环境卫生的控制

在洞口、预制场等有污水产生的生产设施位置设废水处理池，不将有害物质和未经处理的施工废水直接排放。并备有临时的污水汇集沉淀设施过滤施工排水；保护隧道施工区的环境卫生，定期清除垃圾，集运至当地环保部门指定的地点掩埋或焚烧处理；在施工区设置足够的临时卫生设施，定期清扫处理；施工现场设置的油料库，其库房地、墙面做防渗漏处理，指派专人负责油料的储存、使用、保管，防止油料跑、冒、滴、漏污染土质、水体。

10. 效 益 分 析

10.1 采用弧形导坑法施工，施工安全可靠，且节省了大量的水平、竖向、斜向的临时支撑钢架，每米节约型钢约 1.9t。

10.2 工程质量可靠，由于弧形导坑法开挖尽快成环，对围岩扰动小，初期支护稳固，与二次衬砌结合紧密。

10.3 采用弧形导坑法施工，施工循环时间短，可以加快工程进度，缩短工期，降低工程费用。

11. 应 用 实 例

中铁二十三局三公司承建的郑西铁路客运专线潼洛川隧道，全长 3817m，凤凰岭隧道出口，全长 386.8m，均为大断面双线黄土隧道，隧道围岩多为砂质黄土和黏质黄土，其中潼洛川隧道Ⅳ级围岩段长 3145m，凤凰岭隧道Ⅳ级围岩段长 286.8m。Ⅳ级围岩段开挖断面面积达 155.08m²，开挖断面宽度达 14.82m，开挖高度达 12.8m。针对如此大断面黄土隧道，采用弧形导坑法施工，坚持"管超前、严注浆、短进尺、强支护、勤量测、早封闭"的隧道施工原则，使围岩收敛和下沉得到很好控制，并创下了黄土、浅埋、双线铁路隧道施工，单口月成洞78m的高产纪录，目前凤凰岭隧道、潼洛川隧道已全部贯通，取得了较好的社会和经济效益。

复杂地层浅埋水下隧道土压平衡盾构施工工法

GJEJGF167—2008

中铁隧道股份有限公司　中铁十局集团有限公司

徐军哲　王明胜　章龙管　林定权

1. 前　　言

　　盾构施工以其安全、快速、高效在城市基础设施——城市地铁、市政公用管路等项目建设中得到越来越广泛的应用。随着城市地铁的高速发展，线路需要过江、过海，出现位于水下、面临浅埋复杂地质条件的隧道工程。如何采用正确的施工设备和方法来克服地层中的水压、减少施工扰动、防止地表沉降、避免发生涌水塌坍等灾害、确保工程安全优质快速建设，是目前地下工程需要进一步开发领先的技术之一。采用盾构国内外过去有一些成功的例子，但工程规模、环境条件和配套设备及工艺水平与无法和现在相比。

　　2003 年，中铁隧道股份有限公司在广州市轨道交通四号线大学城专线【小～新盾构区间】土建工程中遇到了盾构隧道需下穿宽度约 510m 的新造海，其地层为粉质黏土〈4-3〉、砂质黏性土〈5Z-1〉、〈5Z-2〉及全、强、中微风化混合岩〈6Z〉、〈7Z〉、〈8Z〉、〈9Z〉等多种地层。针对工程的众多技术难题开展了《水下隧道土压平衡盾构施工关键技术研究与应用》的科技攻关，通过努力顺利解决了各个技术难题，保证了盾构施工的连续、安全、快速，工程质量完全满足相关规范标准的要求，在施工生产中进行的质量管理成果《海瑞克盾构过江段管片上浮控制》获国家级三等 QC 成果奖、《小松盾构螺旋输送机脱困技术》获铁道部优秀 QC 成果奖，其科研成果获得了中国铁路工程总公司科技进步二等奖和中铁隧道集团科技进步一等奖，并在科技创新成果的基础上总结出工法。随后将工法技术在广州大学城供热供冷管道过江隧道工程和广州市轨道交通三号线珠江新城～客村区间（下穿珠江）隧道工程施工中进行了推广应用和提高。

2. 工 法 特 点

　　2.1　通过声纳探测对隧道上方江底的地表进行沉降监测，及时分析监测数据并反馈施工，可有效控制江底段的地表沉降，保证水域段盾构施工的安全和水面主航道的畅通。

　　2.2　将二次补充注浆作为一道施工工序，从根本上来保证施工质量和施工安全，能有效地控制管片上浮、防止出现喷碴和涌、突水现象。

　　2.3　采用 SLS-T 隧道自动导向系统和人工测量辅助进行盾构姿态监测，在盾构掘进过程中采用分区操作盾构推进油缸来适时调整控制盾构掘进方向，不仅测量精度高，且盾构掘进中的方向（姿态）始终控制在规范允许范围内，盾构隧道成型质量好。

　　2.4　根据地层软弱的不同，根据掘进断面上岩层软弱分布的不均，可通过敞开式掘进、土压平衡模式掘进和半敞开式模式掘进三种模式进行灵活转换，使盾构掘进不因地层的变化而中断。

　　2.5　江底带压作业技术较系统完整，可有效保证江底换刀的安全。

3. 适 用 范 围

　　浅埋、软硬不均等复杂地质条件下的水下土压平衡盾构隧道工程。

4. 工艺原理

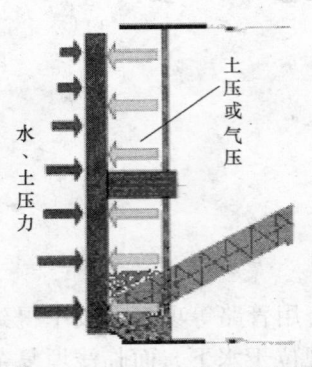

图 4.1 土压平衡盾构原理图

4.1 利用在土仓建立合适的土压或气压以平衡掌子面水土压力，保证掌子面的稳定。如图 4.1 所示。

4.2 采用保压泵碴装置或加注高分子聚合物进行碴土改良，以有效防止高压富水段出现喷碴或涌、突水现象。

4.3 通过超前加固地层、建立合适的气压来平衡掌子面水土压力，运用带压进仓作业技术进行水下段刀盘检查或刀具更换。

4.4 盾构推进一管片宽度后进行管片拼装衬砌，同时进行管片与岩层间的注浆填充和二次补充注浆，并将二次补充注浆作为一道施工工序，从根本上防止管片上浮，防止隧道内出现喷碴和涌、突水。

5. 施工工艺流程及操作要点

5.1 施工工艺流程（图 5.1）

5.2 操作要点

5.2.1 地质补充调查

由于地下工程在未开挖前存在许多未知因素，原地质勘探资料难免存在局部地段布孔不均或有个别探孔未钻到要求深度、岩土层取样偏少等问题，在原勘察阶段地质钻孔的基础上，结合工程实际，对施工重点部位和施工中存在隐患地段有针对性地进行加密补充地质钻探，进一步查明隧道范围内的岩土层分布情况、各岩土层物理力学性质及不良地质现象等，为设备性能配备提供可靠依据，供施工前制定主动有效、稳妥的技术措施。

1. 补充调查布孔原则

1）拟计划换刀的位置；

2）上软下硬地段硬岩范围及岩样分析；

3）了解水下地层隔水层厚度、查清软岩等不良地质情况；

4）每个钻孔深度超出隧道底板以下 4m；

5）所有钻孔考虑布设在线路两侧（距线路中线≥10m），避免在隧道断面范围内钻孔中出现残留钻杆、钻头和钻孔封堵不到位而形成水力通道等不良情况。

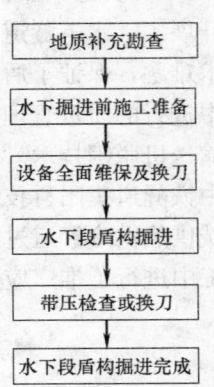

图 5.1 盾构掘进控制程序图

2. 控制要点

1）钻孔定位必须准确，钻机定位务必稳定、可靠，套管定位后，需对孔位坐标进行复核确认；

2）严格按规范要求控制钻孔垂直度，防止发生偏斜而临近或侵入隧道；

3）钻孔封堵必须到位，保证封堵效果，防止因此而形成水力通道，造成掘进施工困难或发生突水、涌泥事故。

5.2.2 水下段施工前的准备

1. 盾构选型及功能配备

为适应软土、硬岩和软硬混合地层及水下施工需要，土压平衡盾构需在以往盾构配备的基础上，完善和增加以下主要功能：

1）具有多种掘进模式：通常盾构具有敞开式、土压平衡式和半敞开式三种掘进模式，盾构本体的铰接密封、盾尾密封以及主轴承的密封最高可以承受 6bar 以下的压力，且各种掘进模式可以灵活转换。

2）刀盘、刀具设计合理：有合理的刀盘开口率和刀具布置，能有效降低结泥饼的机率；在刀盘上可以安装滚刀、切刀、刮刀和齿刀刀具，可以根据地层软硬不同进行互换，在硬岩地段采用单刃滚刀，在软岩地段可以更换为相应的齿刀。单刃滚刀最大破岩能力可达到200MPa。

3）碴土改良系统完备：除配备泡沫注入系统和膨润土及泥浆注入系统外，还应有泡沫加强剂（polymer）注入系统，当水压大于2bar时可以向土仓内注入泡沫加强剂，使泡沫的耐压强度能够达到3bar，从而达到更好的封、堵水和改良碴土性能的作用。

4）防喷涌功能可靠：改进了螺旋输送机螺旋叶片设计，并配备了保压泵碴装置（其最高工作碴土压力为4.5bar）。从而可在地下水压较高的情况下仍能很好地防喷、止水，保证盾构在江底段施工的安全可靠。

5）配备可靠的气压工作装置：即盾构配备可靠的人闸工作系统，包括双供气系统、双通信系统和可靠的操作装置，满足人员在带压情况下安全进入土仓工作的需要。

6）超前注浆加固系统：在盾构前部配有超前注浆孔，必要时可对盾构前方进行钻孔和注浆加固地层，同时可实现对切口环后部的封闭，保证带压作业安全。

2. 水下段施工前的准备

1）对设备进行适应性分析

通过在水下段前掘进施工情况，对设备在本工程各种地层的适应性进行总结、分析，并结合水下地层地质资料，进行详细的水下段掘进施工技术交底。

2）换刀位置选择及地层加固

有计划地合理选择换刀位置，如结合地质资料和江边联络通道施工的需要，将联络通道处作为换刀位置，提前对联络通道（换刀位置）范围的地层进行压密注浆加固。

3）设备全面检修

盾构到达换刀位置时，采用敞开式对铰接密封和盾尾密封装置进行认真的检查、维护；对刀盘进行全面系统检查和维护，将刀具全部更换为性能良好的新刀；对保压泵碴系统和保压系统（人仓）进行系统调试，熟悉其操作程序；对后配套各系统进行全面系统检修、维护等。

4）制定应急预案和应急演练

对水下段可能遇到的各种危险源进行分析、评价，制定详细的应急预案，提前进行带压进仓及突水、涌泥等应急演练。

5.2.3 盾构进入水下段掘进前的维修保养与刀具更换

1. 维保工作

针对土压平平衡盾构，重点保养部位主要是：

1）主驱动系统：主要是检测主驱动密封、旋转接头的泄漏情况、主轴承保压系统调节、主驱动马达振动和齿轮油检测。

2）推进系统：主要检测推进系统润滑情况、推进油缸位置调整、管片安装状态下压力测试。

3）保压泵碴系统：检测系统压力、管线固定情况、泵碴速度。

4）背衬注浆系统：主要检测盾尾注浆管是否通畅、注浆泵工作压力和泵速。

5）加泥系统：检测加泥泵工作压力、速度和润滑情况。

6）聚合物系统：检测聚合物泵的工作情况、管线加入聚合物的可能性。

7）人仓保压系统：检测 samsong 工作的可靠性和人仓保压功能和空气管路泄漏情况。

8）液压系统：检测油样和管线泄漏情况。

9）泡沫系统：检测管线的疏通情况。

2. 开仓换刀

根据水下段地质特点，为保证能顺利通过水下中风化地层到达拟定换刀位置，在水下隧道掘进前进行一次开仓换刀工作，全部更换为新刀具。

5.2.4 水下段盾构掘进施工

1. 掘进模式的选择：

1) 一般情况下，硬岩掘进时采用敞开式掘进模式，在掘进土质地层时采用土压平衡模式，在上软下硬地层地段采用半敞开式模式掘进。

2) 在保证不出现超挖、大的水土流失和提高掘进效率的前提下，可根据实际情况，在上述各地层中三种掘进模式可以随时进行转换。为减少刀盘、刀具磨损和有效提高掘进效率，敞开式掘进模式也可适用于地下水较小的上软下硬地层和自稳性较好的土质地层。同时，在富水地段的硬岩掘进过程中，为提高碴土的流动性，防止螺旋输送机被卡现象等出碴困难时，也采用半敞开式，以减少碴土中的含水量，确保掘进的快速、连续施工。

2. 掘进参数的确定：

1) 盾构进入水下段前，对铰接密封和盾尾密封装置进行认真的检查、维护，确保密封效果。

2) 进入水下段前对铰接密封进行调整，确保密封压板固定可先靠，调节密封调节螺栓，保证螺栓在同一高度，加强对铰接密封的润滑。

选取合理的土仓压力，保持掌子面的稳定，有效控制地表沉降，根据实际地质情况和设备性能，选择合理的掘进速度、刀盘转速，进行有效的碴土改良，减少刀盘、刀具磨损，防止刀盘前结泥饼和刀具的异常损坏，提高掘进的综合效率。

3) 在硬岩地段采用敞开式掘进模式下，掘进参数的确定主要是推力、刀盘转速的选择和为保护刀盘、刀具而采取的碴土改良措施，保证出碴顺畅。一般情况下掘进推力控制是通过控制刀具的贯入度来进行调整，并根据围岩的节理发育程度选择刀盘转速，以达到减少刀盘刀具磨损和非正常磨损的目的。

4) 在上软下硬和土质地层地段采用土压平衡式或半敞开式掘进模式时，掘进参数的确定关键是碴仓内的土（气）压的确定，要保证掌子面土体的稳定（即不发生超挖），在此基础上，通过控制推力、贯入度将刀盘扭矩控制在一定范围内，同时通过现场实际灵活调整螺旋输送机转速、刀盘转速、扭矩和推进速度等参数来进行保压和使此压力维持稳定。

一般情况下，在自稳性差的土质地层或上软下硬地层条件下，要保证开挖面稳定，理论上所要建立的土仓压力需要与上部水土体压力相平衡。在实际施工过程中，为减少刀盘、刀具磨损和避免刀盘前结泥饼、喷碴等现象，达到提高掘进效率的目的，在保证不出现超挖的情况下，掘进过程中所建的土仓压力稍低于理论压力值 0.1～0.3Bar；停机时土仓压力稍高于理论压力值 0.1～0.3Bar。

3. 建立碴土管理制度

1) 在掘进时加入足量的泡沫剂进行充分的碴土改良，每环泡沫剂加入量≥35L，保证碴土良好的流动性，避免刀盘前方形成泥饼；出碴过程中，由值班工程师对碴土状况进行监控，发现异常及时通知主司机调整掘进参数，确保碴土改良效果。

2) 对出碴量进行认真统计，每环出碴量不得多于理论出碴量（即刀盘开挖实方量的 150%），防止因出碴量过多造成刀盘前方地下水损失过大、地层失稳、坍塌。

3) 水压力高、碴土中含水量大时，向碴土中添加高分子聚合物进行碴土改良。高分子聚合物能增加水的稠度、吸收碴土中的水并改善碴土的结构，对于防止喷涌有一定效果。

加注聚合物的操作步骤为：储存筒内加注聚合物——检查管线——打开通往土仓的球阀——打开聚合物泵——调节流量和压力——进行聚合物加注操作。

4. 采取有效措施，确保密封防水效果

1) 在掘进过程中要严格控制盾构掘进方向和铰接油缸的行程差，以确保铰接密封效果。

2) 加强对尾刷密封油脂的注入检查，确保盾尾油脂传感器的正常工作，加强对油脂控制阀组的检测，保证盾尾油脂密封压力正常，确保尾刷密封的防渗漏效果。

5. 同步注浆及管片壁后二次补充注浆

在水下掘进时，因地层含水量大，水压力高，注浆时应遵循"同步注入、快速凝结、信息反馈、适当补充"的原则。注浆方式以同步注浆为主，注浆浆液为水泥砂浆，水泥砂浆的凝结时间应≤6h，每环注浆量≥6m³。对注浆后的管片抽样打孔检查管片背后注浆的情况，发现注浆不饱满，则及时进行补充注浆。

将后部二次补充注浆作为一道工序严格执行，在过地质钻孔地段，为避免因后部地下水与刀盘连通，造成同步注浆料被冲走，为保证管片壁后回填质量和保证管片稳定，每隔三环采用双液浆对后部来水进行封堵，有效防止因富水、高水压条件下的管片上浮现象。

6. 备用保压泵碴装置

在水量较大的地段掘进时采用保压泵碴装置出碴，以达到稳定土仓压力，防喷涌的目的。由于保压泵碴系统只能泵送直径 50mm 以下的碴土，且要求螺旋输送机达到喷涌状态。启动系统前先将与螺旋输送机连接的闸阀打开，泵的换向阀处于中位。确定水箱内充满水，以保护油缸。确定螺旋输送机的第一道仓门打开。检查管线是否牢固。

操作步骤：启动泵站——打开液压阀组——调节泵碴速度启动系统——当泵碴系统工作一定时间后停止泵碴操作——关闭螺旋输送机第一道仓门——启动皮带机——打开第二道仓门——将较大有碴土颗粒由皮带机输送至碴车——关闭第二道仓门——停止皮带机——打开第一道仓门——调节泵碴速度启动系统从而完成一个循环。

7. 施工监测

在盾构施工过程中，为及时发现盾构施工引起的地层沉降和位移，需要进行施工监测。监测信息反馈指导施工，施工过程中根据监测信息及时采取适当的技术措施，以控制地表变形，确保江底和江堤的安全。

1）建立验潮站或潮位观测点

在盾构进入水下段施工前 1 个月，在岸边建立验潮站或潮位观测点。验潮站或潮位观测点负责每天 24h 不间断观测新造海潮位变化情况，根据潮位变形情况绘制出潮位变形分析图，通过对每天的潮位变化情况的分析，找出潮位变化的规律，作为盾构过水下段掘进施工的一项重要依据。

在盾构掘进通过水下段的过程中，在验潮站或潮位观测点安排专人全天候对潮位进行观察，潮位变化情况每半小时向盾构主控室报告，掘进过程中根据潮位变化情况及时调整土仓压力等掘进参数，以控制地表变形，保证水下段的施工安全。

2）江底变形监测

采用声纳法进行江底变形的监测。建立一个由测深仪、RBN/DGPS 信标机（或徕咔全站仪）和计算机组成的测量自动采集系统。观测前在江底埋设观测点，每次观测保证在观测点上，并且在平潮期间进行。

测深前应对测深仪进行检测对比，检测项目包括：电源检测、电压检测、转速检测、零线校正、停航比测校正、行驶比测校正。测深时要将测深地区、测深仪型号、测深时间、定位点号记录清楚。

测量船采用熟悉该地区水下情况的本地船舶，并配备对讲机保证随时可与岸上进行联络，测量船上应配备完善的应急救援设施，以保证监测过程中的安全。

声纳法江底变形监测在盾构进入水下段施工前 1 个月施测一次，作为江底河床地形的初始值。在盾构进行水下段掘进过程中根据实际情况适时进行（一般在开仓前进行），并与初始值相对比，结合掘进过程中的出碴统计资料和保压情况，综合判断掌子面的稳定情况和是否与江底连通，作为是否进行带压进仓检查的一项重要依据。

3）洞内管片监测

在水下段内隧道水量大、水压高，脱出盾尾的管片所受的上浮力较大，如果掘进过程中控制不当，易发生管片上浮。为及时发现管片的上浮情况，对安装后的管片进行监测，监测频率为 2 环/次或 3 次/d（停机时），监测结果及时反馈指导施工。

5.2.5 水下带压进仓更换刀具

在地层自稳能力弱，赋水且水压较大，不能正常进仓换刀时，同时因受刀盘限制，也无法进行地层加固，需采用带压进仓作业，其工艺流程见图 5.2.5。

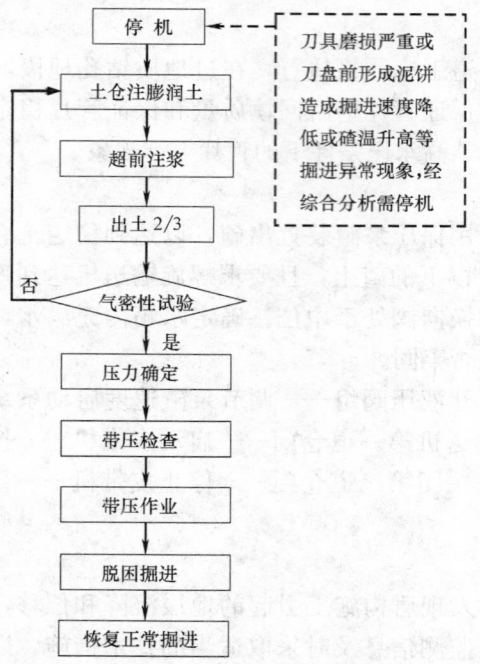

图 5.2.5　带压进仓作业流程图

1. 超前地层加固

为确保刀盘前方周围地层的气密性和有效封堵刀盘后部来水，带压作业前需利用设备自带的超前注浆孔对刀盘前周围地层进行注浆加固，同时在施工过程中注意以下几点：

注浆管采用自加工的小导管，小导管按作业允许空间分节加工，通过设备自带的超前注浆孔分节打入地层，每节段间采用丝扣连接；每个孔注浆完成并等浆体初凝后，及时抽出注浆管。注浆浆液宜选用水泥-水玻璃扩散性好、凝结时间合理的双液浆，以达到充分加固地层和有效封堵刀盘后部来水（主要是对切口环及以后部位的封堵）的目的，提高掌子面地层在拟定压力范围的自稳能力和气密性。选择合适的注浆压力和终止压力，同时注意土舱压力变化，一方面保证地层的加固效果，另一方面不能因注浆压力过高导致浆液通过盾尾刷和铰接密封进入盾体内（以注浆压力瞬间值不大于盾尾和铰接密封的额定压力值为标准）。

2. 气密性试验及出土

为了确保带压进仓作业安全顺利进行，进仓前先进行土舱压气试验、测定土舱渗水量和人员舱气密性试验等工作。

气密性试验合格，在超前注浆工作全部完成并达到需要的强度后，即可进行刀盘前和土舱内的碴土输出，在出碴过程中，边出碴边补充气压，并随时注意土舱压力变化，使土舱压力不小于停机前掘进时的土舱压力，直至出碴至土舱碴土面低于入仓口部以下，并保留部分碴土，防止发生螺旋输送机漏气。

3. 带压进仓检查

首先由专业工程技术人员带压进仓实地判断掌子面的地质情况和刀盘刀具磨损情况，即对掌子面的地质情况和稳定性进行检查、相关资料收集和确认，对刀盘、刀具磨损情况进行检查和记录，确定换刀方案和带压换刀前的各项准备工作。

4. 带压进仓作业

根据技术部门制定的工作方案，施工人员在专业操仓和救生人员的配合下换下旧刀、处理断螺栓，再人工凿出新刀安装所需的空间位置，对原已磨损刀具轨迹上的突出岩石进行人工凿除后换上新刀。

1）减压方案的确定

工程技术人员首先根据进仓检查情况和当前位置处的水土压力确定工作气压值，专业医务人员根据工作气压值、工作量大小、人员身体素质确定安全、稳妥的减压方案。

2）加压程序

首先由进舱人员把作业所需刀具、工具等放入人员舱，尽量把在一个作业组所需用的物品全部运入人员舱，以免出现作业中断的情况。加压时的压力梯度为 0.3bar，在每一压力梯度要作一短暂停留，加压速度主要以带压进仓作业人员不发生身体的适应性进行控制，并随时注意观察和了解仓内人员的身体反应情况，当有任何一人有不良反应时应立即停止加压，按既定的减压方案启动减压、出仓程序，将不良反应的人员进行更换，重新开始加压。

正常情况下，整个加压过程一般需时约为 15～20min。

3）更换刀具

刀具更换的原则是先易后难，螺栓拆除采用风动扳手，螺栓紧固采用扭矩扳手，确保刀具安装质量。

4）减压出仓

一般情况下，每组有效带压作业时间为 3h 左右（在带压情况下作业人体很容易疲劳），工作结束后按既定的减压方案进行减压、出仓，下一组人员进仓。减压过程根据带压作业时间长短进行控制，一般需时 1.5～2.0h。

5. 完成收尾工作恢复推进

换刀工作完成后，作业人员要将土舱内所有的铁制工具拿出仓外，机电技术人员要对所有的刀具安装质量进行检查，确认无误后关闭土舱门恢复推进。

5.3 劳动组织

5.3.1 掘进循环时间安排

盾构区间的施工采用连续生产的施工原则，即每周 7 个工作日。盾构掘进施工作业分为昼夜 2 班，每班 9 小时，设 3 个作业班组，每个班每周轮流休息 2 个工作日，维修保养穿插在掘进施工过程中进行。

5.3.2 劳动力组织

人员配置根据施工需要进行动态调整，盾构正常施工时掘进班的劳动力组织见表 5.3.2。

掘进施工劳动力组织安排（每班） 表 5.3.2

岗位职别	人数	职责	备注
生产经理*	1	生产总体负责	
土木工程师	1	负责有关技术参数优化、工序安排	由值班经理负责
机械工程师	1	负责盾构操作、故障、评估	由值班经理负责
班长	1	负责工班的人工组织与协调	
盾构司机	2	盾构的操作与工作状态记录	
地面工人*	7	浆液配置、吊机司机、管片吊装	吊机司机 8h/班
井下工人	9	同步注浆(2)、管片拼装(2)、机车司机(2)、调车员(2)、养路工(1)	
电工	1	洞内照明、电路、电器维护	
维修工	1	设备故障排除与检查	
总计	24		带*为兼左右线施工

6. 材料与设备

6.1 材料

掘进衬砌每环所需主要材料参见表 6.1。

主要材料表（每环）   表 6.1

序号	材料名称	型号规格	单位	数量	备注
1	普通硅酸盐水泥	P.O32.5	t	0.80	
2	混凝土预制管片	C50P10	环	1	
3	膨润土		t	0.2	
4	粉煤灰	Ⅱ级	t	2.4	
5	细砂		t	1.2	

6.2 设备

所需主要机具设备参见表 6.2。

主要机具设备表   表 6.2

序号	设备名称	规格型号	单位	数量
1	土压平衡盾构		台	1
2	龙门吊	45t	台	1
3	龙门吊	15t	台	1
4	灌浆泵	HB-80	台	1
5	空压机	P-0.8MPa，Q-6m³/min	台	1
6	电瓶车	45t	台	4
7	拌浆机	WJG-80	台	1
8	压入式通风机	34kW	台	1
9	高压清洗机		台	1

7. 质 量 控 制

7.1 严格控制盾构施工参数，控制好土仓压力和出土量，严禁超挖，以控制地表沉降，防止坍塌、涌水，确保隧道的线型误差控制在规范之内。

7.2 该段注浆浆液为水泥砂浆，要求在砂浆拌制时必须严格按施工配比进行配料、拌制，不得在储浆罐内有砂浆的情况下清洗管路，在隧道内不得向砂浆内加水。同步注浆严格控制注浆压力和注浆量。

7.3 掘进过程中，现场施工人员必须认真关注掘进参数的变化情况，及时反映施工过程中发现的异常情况。

7.4 做好掘进过程中的巡查工作，特别是铰结密封、盾尾密封、碴土状态、管片破损等情况。

7.5 严格控制管片安装质量，做好管片姿态监测工作，盾构主司机也必须积极做好掘进时盾构姿态调整，根据管片姿态变化情况采取有效措施，确保管片姿态满足设计要求。

8. 安 全 措 施

8.1 当有 50‰的大坡度时，为确保有轨运输安全，按规定列车编组方式进行编组，每循环两列编组列车进行出碴和材料供应，施工中要有严格的防止溜车措施，机车停机时要打好阻辙器，严禁作业人员进入机车运行的轨线范围内。

8.2 及时抽出洞内 V 形坡底部的积水，确保机车运行安全。

8.3 带压进仓作业时严格按操作规程控制升压减压时间，保证带压进仓作业安全，备用内燃空压机以备在压力不足时启用。

8.4 管片拼装进行时，非操作人员不得进入管片拼装区域，管片拼装人员也不得站立在管片拼装机上，管片拼装机操作司机在操作过程中随时关注管片拼装区域内人员情况。

8.5 施工过程中不得使用管片拼装机进行非管片拼装的拉、推、顶操作，避免损坏设备。

8.6 壁后注浆过程中严格控制注浆压力，防止因注浆压力过高造成管片破损甚至脱落砸伤施工人员；注浆停止后要经常清洗注浆管路，以免发生堵管，甚至爆管。

8.7 对工程危险源进行分析、评价，制定详细的应急预案，提前进行带压进仓、溜车及突水、涌泥等应急演练，并定期进行安全培训，洞内外及沿途储备足够的应急物资。

9. 环保措施

9.1 编制可行性环保措施和方案，制定相关环保制度，明确各级环保责任人的职责，在工程施工过程中严格遵守国家和地方政府下发的有关环境保护的法律、法规和规章制度。

9.2 在工作场地内设置污水处理池，对施工污水、废浆等进行沉淀净化，加强对施工燃油、工程材料、设备、废水、生产生活垃圾、弃渣、施工噪声的控制和治理，使各项环保指标满足规定要求。

9.3 土、石、砂、水泥等材料运输做好遮盖，并定点堆放；施工场地布置合理，围挡规范统一，做到标牌清楚、齐全，各种标识醒目，施工场地整洁文明；施工中做好交通环境疏导，充分满足便民要求。

9.4 对施工中遇到的各种管线，先探明后施工，并做好地下管线抢修预案。加强监控量测，有效控制地表沉降。

9.5 为有效避免对环境造成污染，优先选用环保型材料和先进的环保机械。

9.6 施工运输牵引设备采用高效能电瓶车，不仅可有效改善洞内施工环境、减少废气污染，并大大减轻了隧道通风压力，取得良好的减排节能效果。

10. 效益分析

1. 立足于盾构施工，完善了带压进仓技术，并多次成功实施了海底带压进仓换刀，为盾构施工在复杂环境条件下的应用难题提供了成功、有效的解决途径，极大丰富了我国盾构施工领域的工程技术。

2. 成功实施了海底水平加固、施工刀盘修复洞室进行刀盘修复工作。采用当前配备最完善的多掘进模式的复合式盾构，成功实现使用两台不同厂家、不同型号的复合式土压平衡盾构穿越软硬不均复合地层、水深大、水压高、510m宽的新造海；针对大坡度段施工，选用合理的配套设备，完善并严格过程管理，使该工程取得了安全质量无事故，荣获广州市安全文明施工样板工地。

3. 在广州地铁四号线小新工地，完善与健全了盾构状态监测和故障预报站，采用现代先进的设备状态监测和故障预报手段，对设备状况进行实时监控，有效提高了设备利用率。

4. 实施带压进仓作业，比通过海面实施加固不但每次可节约工期约30d（主要是办理封航手续难度大、耗时长，办理时一次性手续费为10万元，施工期间其负责的警戒费用至少为1.5万元/d），也可减少施工辅助措施费用约10万元。综合节约成本估价约400万元。

5. 盾构掘进方向控制及管片拼装质量良好，区间隧道防水达到一级防水标准，根据其他标段了解的情况，按同比条件考虑，不但可节约堵漏直接费用约20万元，而且工期提前约1个月时间，综合节约成本估价约100万元。

6. 水下带压作业技术的完善和成功应用，在进行选线设计时，可减少线路的平纵面设计受特殊地层因素的限制，可大大减少工程投资，经济效益和社会效益显著；在盾构施工过程中，应用带压进仓技术，可成功处理施工过程中当遇到无法采用常规方式进行刀盘检查或需进行刀具更换等作业时的施工难题，提高了盾构对复杂地层的适应性，可大大降低工程成本投入，经济效益和社会效益显著。

7. 工程施工中，航道畅通、地层变形小，周围环境和设施得到良好保护，环境效益明显。

11. 应 用 实 例

实例 1：广州市轨道交通四号线大学城专线【小谷围～新造盾构区间】

广州市轨道交通四号线大学城专线【小谷围～新造盾构区间】工程位于整条线路的最南部，线路从新造站北端的明挖始发井向北经过曾边村、新广公路、下穿 510m 宽新造海、新造北岸、练溪村，最后到达小谷围站南端的吊出井。工程全长 1718m，其中盾构隧道全长 3015.6m（右线 1417.3m，左线 1598.3m）。线路从新造站北端的明挖始发井向北经过曾边村、新广公路、下穿 510m 宽新造海（里程 DK22＋365～DK22＋875，一般水深 5～15.0m，最深 17.0m，河床底隧道最小覆土厚度 8.37m）到达小谷围岛。

该工程采用两台不同厂家的土压平衡盾构施工，盾构隧道下穿宽度约 510m 的新造海，水下盾构隧道断面范围内地层复杂，其地层为粉质黏土〈4-3〉、砂质黏性土〈5Z-1〉、〈5Z-2〉及全、强、中微风化混合岩〈6Z〉、〈7Z〉、〈8Z〉、〈9Z〉等多种地层。具有隧道埋深浅，且洞身范围内地层软硬不均，盾构在过江、过海工程掘进过程中所受的水压力大等特点。开发并运用的本工法成功实现使用两台不同厂家、不同型号的复合式土压平衡盾构穿越软硬不均地层、深水浅埋地层，开创性地多次成功实施了水下带压进仓换刀和水下水平加固、开挖临时洞室进行刀盘修复。工法中采用带压进仓施工工艺成功处理了施工过程中遇到的无法采用常规方式进行刀盘检查或需进行刀具更换等作业时的施工难题，提高了盾构对复杂地层的适应性，为盾构施工在复杂环境条件下的应用提供了有效的解决途径，对拓展盾构施工领域、加快盾构工程施工进度、提高盾构工程施工质量具有非常重要的意义。本工程取得了安全、质量无事故，工程竣工验收质量等级被评为优良，荣获广州市安全文明施工样板工地。

本工程于 2003 年 8 月 8 日开工，2005 年 11 月 27 日按期顺利竣工，施工质量完全满足相关标准、规范的要求，使浅埋隧道盾构快速施工成为盾构施工的一项成熟的施工措施和手段，工程荣获广州市安全文明施工样板工地。

实例 2：广州大学城供热供冷管道过江隧道工程

广州大学城供热供冷管道过江隧道工程为单线隧道，是广东省第一条穿越珠江的综合管线隧道，全长 529m，江底段长约 450m，其中珠江底北岸端 160m 硬岩段采用矿山法施工，其余段采用盾构法施工。隧道设计净空为 ϕ5.4m 圆形断面，管片衬砌，采用 ϕ6.28m 复合式土压平衡盾构掘进。盾构掘进段隧道洞身地质较复杂，包括中～微风化下古生界混合基岩、32m 断裂破碎带及较软弱的全强风化混合岩和残积土层。按照 200 年一遇洪水水位算，最大江水深度为 18m。

为保证本工程盾构掘进施工的顺利和管片拼装施工质量，在施工过程中，推广应用广州地铁四号线小新区间盾构工程"复杂地层浅埋水下隧道土压平衡盾构施工工法"，并结合施工实际情况，合理选择掘进模式和掘进施工参数。现场值班工程师、主司机及掘进班班长及时了解掌握施工过程中出现的问题，并做好施工记录、及时分析、制定对策，顺利通过了连续全断面硬岩段、断裂破碎带和上软下硬地层段，达到了安全、快速、优质的施工效果，使本工法的应用范围和技术含量进一步扩大和提高。

本工程开工日期为 2004 年 5 月 29 日，竣工日期为 2005 年 12 月 31 日。在整个施工过程中，由于施工组织得当，施工技术方案完善，施工过程安全、连续，未发生异常事故，平均日进尺 4.5m，最高日进尺为 5.1m。盾构推进并拼装管片平均日进度为 12m，隧道开挖超欠挖控制良好，监控量测结果符合规范要求，管片拼装质量良好，背后回填密实，隧道无渗漏水情况，完工后的隧道顺利通过验收，受到一致好评。

实例 3：广州市轨道交通三号线珠江新城～客村区间

广州市轨道交通三号线珠客区间珠赤段珠江新城站至赤岗塔站右线线路总长 1291.921m，其中分布有 2 个联络通道。线路平面共有 2 个曲线段，线路以直线出珠江新城站后，以半径为 1000m 的左转曲线穿过临江大道、由北向南穿越珠江航道，珠江航道被海心沙岛分隔成为两条江面，其中北珠江面宽度 80m，水深 5.74m 左右；北珠江段从地质详勘和补勘资料看，洞身及洞顶地层基本稳定，地下水基本是岩层裂隙水，江底洞顶埋深为 15m，洞深地质以〈8〉、〈9〉地层为主，单轴极限抗压强度 f_c＝15～20MPa，洞顶岩层厚度平均 14m，为红层中风化带及泥质粉砂岩。隧道设计为管片衬砌，采用 ϕ6.28m 的土压平衡盾构掘进。

盾构机通过北珠江河堤后，进入北珠江，为安全、快速、连续通过北珠江进入海心沙，在施工过程中推广应用广州地铁四号线小新区间盾构工程"复杂地层浅埋水下隧道土压平衡盾构施工工法"，使过江段施工顺利完成。通过对掘进模式的灵活调整和土仓压力的严格控制，减少喷渣情况发生，提高了掘进速度。过江段施工盾构机掘进参数为：总推力小于 1500t，刀盘扭矩控制在 140～210bar，刀盘转速为 1.6～2.0 转/min，掘进速度为 20～35mm/min 左右，即一环的掘进时间约在 45～75min 之内。过江过程中，由于地下水较丰富，盾构机掘进姿态水平偏差偏离设计隧道中心线在 30mm 以内，垂直偏差控制在了－20 至－50mm 之间，铰接油缸行程差长度在 30mm 以内，掘进过程中盾构姿态变化不大，通过密切注意管片与盾壳的间隙，减少了对盾尾密封效果的影响。并根据盾尾尾刷的密封效果，加大了加注密封油脂量，每环约在 50kg 以上，基本保证了盾尾密封的防渗漏效果。

过江段施工（共 70 环）安全完成历时 12.5d，其中正常掘进工序时间为 209h，计 8.7d；由于非正常原因停机时间为 91h，计 3.8d；减去非正常原因停机时间，平均日进度为 8 环。通过此过江段的掘进施工，"复杂地层浅埋水下隧道土压平衡盾构施工工法"的应用更加成熟、完善，工程施工进度指标、工程质量达到预期目标，取得了良好的效果。

通透肋式拱梁傍山隧道施工工法

GJEJGF168—2008

中铁十局集团有限公司　中国科学院武汉岩土力学研究院

张春和　韩光明　张维超　林定权　陈善雄

1. 前　言

黄塔（桃）高速公路第九标段龙瀑隧道位于安徽黄山风景区，为减少周边环境的破坏，保护黄山景区的秀丽风景，龙瀑隧道采用半明半暗通透肋式拱梁异型结构，其结构新颖，为国内首创。

中铁十局集团联合科研监测单位开展科技攻关，提出了预留岩拱侧导洞分步开挖方案，通过现场施工工艺试验，形成了一整套通透肋式拱梁隧道施工方法，在黄塔（桃）高速公路龙瀑隧道施工中取得了良好的效果，经总结形成工法。

2. 工法特点

2.1　采用通透肋式拱梁异形傍山隧道，最大程度地避免山体切坡和植被破坏，无需安装通风采光系统，节能环保，行车视觉效果良好。

2.2　采用横向管棚注浆技术对隧道拱顶山坡进行加固，有效保证了隧道开挖松弛区域围岩稳定性，保证了洞身开挖施工安全。

2.3　主洞开挖采用预留岩拱分步开挖方式，充分利用拱形岩柱的自身承载力形成临时支撑结构，避免了浅埋隧道开挖过程中拱顶岩层容易出现塌方、冒顶等工程安全问题。

2.4　关键结构肋式拱梁在主洞开挖后围岩变形趋于稳定的条件下，与内侧拱圈二次衬砌、拱顶地梁整体浇筑，很好地保证了该异型隧道的整体刚度。

2.5　工艺先进，成本低，安全、质量有保证，经济社会效益显著。

3. 适用范围

适用于山区公路浅埋傍山半明半暗隧道施工。

4. 工艺原理

通透肋式拱梁隧道为半明半暗异形结构，暗洞侧采用主动变形控制技术，重点加固拱顶山坡岩体，减小坡体变形，降低隧道结构偏压应力；明洞侧采用肋式拱梁结构与通长布置的拱顶地梁、桩基承台以及抗滑桩形成封闭的承力体系，保证异形隧道整体刚度。

5. 施工工艺流程及操作要点

5.1　施工工艺流程

通透肋式拱梁隧道施工工艺流程：拱顶山坡横向管棚加固→临时边坡开挖与防护→抗滑桩开挖与浇筑→桩基、承台和防撞墙浇筑→架设外侧临时钢拱架→超前小导管支护→侧导洞开挖→注浆锚杆支护→初期支护→架设临时钢支撑→拱形岩柱体开挖→仰拱开挖与浇筑→整体模筑内侧二次衬砌、拱顶地梁、防落石挡块、肋式拱梁→下一个施工循环。如图 5.1 所示：

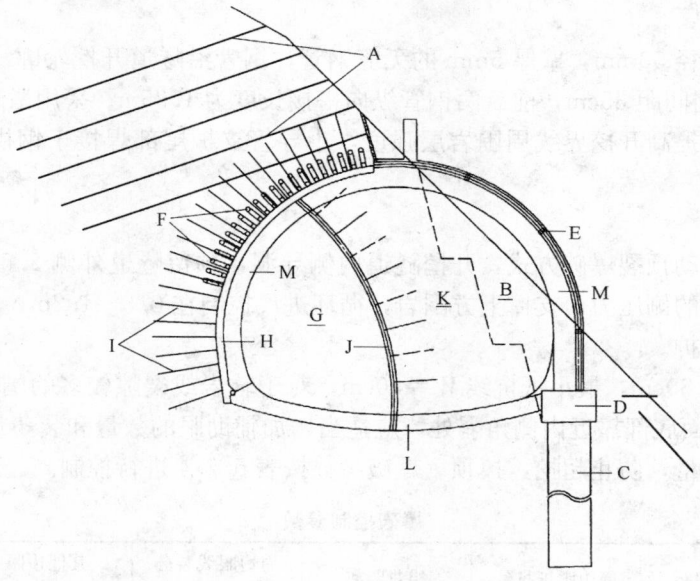

图 5.1 通透肋式拱梁隧道施工流程示意图

A—拱顶山坡横向管棚加固；B—临时边坡开挖与防护；C—抗滑桩开挖与浇筑；D—桩基承台和防撞墙浇筑；
E—架设钢拱架；F—超前小导管支护；G—侧导洞开挖；H—初期支护；I—注浆锚杆支护；
J—架设临时钢支撑；K—拱形岩柱体开挖；L—仰拱开挖与浇筑；M—整体模筑内侧
拱圈二次衬砌、拱顶地梁、防落石挡块、肋式拱梁

5.2 操作要点

5.2.1 拱顶山坡横向管棚加固

隧道开挖前，沿线路走向的拱顶山坡面上布置 5～6 排横向管棚，间距为 2m×2m，呈梅花形布置，每根管棚以水平向下倾斜 0～25°的角度钻入，钻孔轴线与线路走向正交，管棚采用外径 108～138mm、壁厚 6～8mm 的热轧无缝钢管，长度为 15～20m，管壁四周钻 2 排直径 20mm 的压浆孔，钢管打入围岩后，插入钢筋笼再灌注水泥砂浆，钢筋笼由 4 根直径 20mm 的钢筋组成，并焊接在外径 42mm 壁厚 4mm 的无缝钢管上，水泥砂浆通过注浆孔充填钢管与岩层之间的缝隙及围岩内部裂隙，共同起到加固拱顶边坡岩层的作用。注浆参数：水泥浆采用 0.4：1。分次注浆以保证管棚内浆液充填饱满。

5.2.2 临时边坡开挖与防护

采用松动爆破或预裂爆破，配合机械开挖抗滑桩承台边线周围的山坡面，形成操作平台，并采用 15cm 厚喷射混凝土和 5m 长的砂浆锚杆进行临时边坡防护。

5.2.3 抗滑桩、承台和防撞墙施工

隧道外侧为通透肋式拱梁结构，承受不对称偏压荷载，为提高基础承受偏压荷载能力，在外侧边坡施作抗滑桩、承台和防撞墙，基桩对应于每个肋梁位置。抗滑桩采用人工开挖成孔，相邻桩孔以跳槽交叉开挖方式进行施工，桩顶部位设置 2 排直径 25mm、长 7m 的锚杆，提高桩基的水平承载力。

5.2.4 隧道施工

1. 洞口护拱施工

为确保安全进出洞，保证洞室开挖围岩的稳定，隧道进出洞口均采用管棚支护，护拱长 2.0m，由 5 榀I20a 工字钢组成，沿边坡一侧安装 ϕ108×6mm 管棚作为超前支护，环向间距 40cm，每根长 20m，再注入水泥浆固结围岩。

2. 架设外侧临时钢拱架

钢拱架采用I20a 工字钢，纵向间距 0.6m，并设置直径为 22mm 的纵向连接钢筋，环向间距为

1.0m，钢拱架底端通过预埋钢垫板与桩基承台相连，顶端焊接定位锚杆与岩层紧密连接。临时钢拱架需待二衬混凝土达到设计强度方可拆除，临时拱架撑拆除后其受力将全部转换到肋梁上。

3. 超前小导管支护

超前小导管采用外径 50mm，壁厚 5mm 的无缝钢管，钢管沿隧道开挖轮廓线布置，外倾角为 5°～8°，管长为 5.0m，环向间距 35cm，前后两钢管纵向搭接长度为 1.35m。采用凿岩机钻孔将小导管打入岩层后，压注水泥浆以提高开挖界线周围岩层强度，小导管支护尾部焊接于钢拱架腹部以形成整体支护结构。

4. 侧导洞开挖

采用机械开挖和松动预裂爆破方式，开挖隧道内侧导洞，预留隧道外侧 2.5～3.5m 厚的拱形岩柱体，可以有效减少边坡的侧压力，支撑上方围岩，循环进尺控制在 0.6～1.2m，1～2 榀型钢拱架间距，开挖后及时进行喷锚支护。

周边眼间距控制在 30cm，最小抵抗线 $W=50cm$，对于软岩或裂隙较多的围岩，相对距 E/W 应适当减小取 0.6。开挖断面底部靠近内侧角隅处，应适当增加辅助眼的数量和装药量，消除爆破死角，断面顶部应适当减少装药量，防止超挖、掉顶。爆破参数按表 5.2.4 进行控制。

爆破控制参数 表 5.2.4

围堰级别	周边眼间距 E(cm)	周边眼抵抗线 W(cm)	相对距离 E/W	周边眼线装药集中度 q	其他边眼线装药集中度 q	单位岩石爆破炸药消耗量 K(kg/m³)
V级	30	50	0.6	0.1	0.2～0.3	0.5

5. 注浆锚杆支护

沿隧道开挖轮廓线布置注浆锚杆，锚杆采用直径为 22～25mm 的中空注浆锚杆，长度为 4～6m，环向间距为 60cm，纵向间距 100cm，系统锚杆采用专用接头连接，同一断面接头数不应超过 50%，通过压力注浆使未胶结的围岩形成一定厚度的承载圈以提高自身承载能力。

6. 初期支护

初期支护层采用 25～30cm 厚的喷射混凝土，布设直径 8mm、间距 20cm 的钢筋网，并辅以钢支撑支护。

7. 架设导洞临时钢支撑

预留岩拱内侧设置临时钢支撑，钢支撑采用I20工字钢、纵向间距 0.6m，并在岩拱中布设 2～3m 长的注浆锚杆，防止爆破开挖过程中岩拱出现突然崩塌。

8. 拱型岩柱体开挖

临时钢支撑和支护锚杆施工完成后，分台阶逐步开挖预留岩拱，每个施工循环中，拱形岩柱体开挖为 10～12m。再将导洞内侧钢支撑与隧道外侧临时钢拱架连接共同支护边坡岩体。对隧道拱部边坡局部破碎围岩，为保证开挖后拱顶的稳定，在拱部超前管棚之间增加局部随机系统锚杆。

9. 仰拱开挖与浇筑

仰拱开挖后，在靠近边坡侧仰拱底部安设 $\phi25$ 中空注浆锚杆，$L=6.0m$，减少拱脚内移。仰拱整幅开挖支护后及时浇筑，封闭围岩。

10. 整体模筑

根据隧道施工监测结果，在初期支护围岩变形趋于稳定条件下，采用整体式台车全断面整体模筑内侧拱圈二次衬砌、拱顶地梁、防落石挡块、肋式拱梁。

二次衬砌浇筑采用模板台车泵送混凝土整体浇筑，肋梁采用定型钢模板，肋梁模板侧模和外模通过螺栓与二衬台车面板固定。暗洞二衬、肋梁及拱顶地梁要一次浇筑成型，首尾两档二衬应保证两根拱肋同时一次成型，其余每档均含一根拱肋，且肋梁位于衬砌中间部位，保证肋梁受力均衡。每档二衬浇筑长度在 6～8m。

二衬浇筑口设在拱顶,混凝土通过模板流入底部。先浇筑肋梁,混凝土一次浇筑至拱顶,再浇筑边坡内侧二次衬砌,最后施工拱顶地梁和挡墙,二衬拆模应在混凝土强度达到设计强度的70%以上时方可拆除。

5.2.5 监控量测

通透肋式拱梁异型隧道施工与监测密不可分,根据本项目隧道设计的具体情况,通过多点位移计来监控边坡变化情况;采用应变计、压力盒、钢筋计等进行隧道结构应力、应变量测;采用全站仪进行隧道地表下沉变形量测。

5.3 劳动力组织

为保证边坡岩体的稳定,二衬紧跟掌子面施工,超前开挖长度控制在12m以内,开挖、仰拱、二衬等不能拉开距离形成流水作业,每循环成洞时间须16~18d,劳动力组织较特殊,需科学安排各工序,合理组织施工。劳动力组织情况见表5.3。

劳动力组织情况   表5.3

序　号	工　作　内　容	所需人数	备　注
1	技术和管理人员	4	
2	管棚施工	5	
3	挖孔桩	10	
4	开挖	10	
5	初期支护	6	
6	二次衬砌	6	
7	钢筋工	5	
8	机械操作人员	5	
9	普工	14	
10	合计	65	

6. 材料与设备

本工法无需特别说明的材料,采用的主要机具设备见表6。

主要机具设备表   表6

序号	设备名称	设备型号	单位	数量	用途
1	挖掘机	神钢220	台	1	出渣
2	自卸汽车	15t	台	2	运渣
3	混凝土输送泵	HBT60A	台	1	浇注二衬
4	气腿式凿岩机	YT-28	台	5	开挖
5	混凝土湿喷机	SSP	台	1	喷射混凝土
6	钢筋加工机具		套	1	钢筋加工
7	电动空压机	4L-40/8	台	1	开挖
8	衬砌台车	8.1m	台	1	施工二衬
9	管棚机	YG-50	台	1	管棚钻孔
10	压浆机	KBY-50/70	台	1	注浆
11	多点位移计		个	6	边坡监测
12	压力盒		个	25	应力监测
13	应变计		个	25	应力监测
14	钢筋计		个	25	应力监测
15	全站仪	GTS-701	台	1	监测地表下沉

7. 质 量 控 制

7.1 工程质量控制标准
《公路桥涵施工技术规范》JTJ 041—2000；
《公路工程质量检验评定标准》JTGF 80/1—2004。

7.2 质量保证措施
7.2.1 健全质量保证体系，加强质量教育，提高全体职工的质量意识。

7.2.2 做好生产班组的自检、互检和交接检工作，施工中实行工序交接制度。

7.2.3 加强现场指导和过程控制，对隐蔽工程施工必须有现场技术人员旁站并做好原始记录。开展 QC 小组活动，组织专项专题技术攻关。

7.2.4 由于通透肋式拱梁异形隧道结构上的不对称性，在二衬浇筑过程中存在明显的不对称荷载，为此采取下列措施进行加固台车：

1. 在衬砌台车与两侧边墙之间支撑 4～5 根 ϕ108 钢管，将边坡侧二衬混凝土偏压水平传递到外侧防撞墙上；

2. 台车两侧模板底部和仰拱上预埋钢筋焊接，以防台车上浮。

7.2.5 每次放炮出渣后，仔细检查围岩的超欠挖和掌子面是否凹凸严重，并结合现场监控量测数据，以便及时调整爆破参数。

7.2.6 边坡管棚施工，要求做好成孔验收纪录和注浆记录。

8. 安 全 措 施

8.1 严格执行国家现行的安全生产法规，建立安全保证体系，执行安全生产责任制。

8.2 隧道设专职安全员，每天进行现场巡视，及时排除险情。

8.3 施工用电由专职电工负责，线路设置必须符合规范要求。

8.4 制定各种安全应急预案，并配备一定数量的应急材料。

8.5 隧道工程施工中的安全作业尚应符合《爆破安全规程》的有关要求。

9. 环 保 措 施

9.1 施工边坡管棚时尽量保护好边坡植被，管棚注浆过程中严禁浆液流入边坡。

9.2 隧道洞口施工采用"早进晚出"的施工原则，尽量少破坏洞口处的边仰坡，保持原始地貌。

9.3 对拱部边坡处的树木，采用局部增加砂浆锚杆加固岩体，以保护边坡上的树木。

9.4 隧道拱顶挡墙和边坡间采用浆砌片石，上部覆盖土体并植草，以恢复坡体自然美观。

10. 效 益 分 析

10.1 经济效益
首次在安徽省山区高速公路建设中全面推广了通透肋式拱梁隧道建设方案，该方案为山区陡坡地段傍山道路工程提供了一种安全、环保、节能的建设方案，既提升了道路建设品质，又兼顾安全与环保的协调，同时降低了建设成本，与路堑大开挖相比，节约投资近 260 万元，取得了明显的经济效益。

10.2 社会效益
本工程原设计为高路堑深挖方案，挖方量约为 $4\times10^4 m^3$，挖方最高达 40m，对环境破坏较大。变更为隧道方案可以最大限度地减少对周边环境的破坏，减少了边坡挖方量约 $3 \times 104m^3$，保护洞口植被约 $2600m^2$。同时隧道结构新颖，具有美观的特点，为风景秀丽的黄山，精心打造"生态路、旅游路、文化路"做出了成功的典范。

11. 应 用 实 例

11.1 黄塔（桃）高速公路龙瀑隧道

龙瀑隧道位于安徽省黄塔（桃）高速公路 ZSK23＋300～ZSK23＋380 处，全长 80m，采用半明半暗通透肋式拱梁异型结构，由 14 根桩基、14 根肋梁和坡面 226 根长 15m、18m 管棚等构成。

施工期间，严格执行设计规范要求，合理组织各工序的施工和衔接，施工过程密切联系科研监测单位提供的监测数据，做到动态施工，通过监控量测数据显示，隧道自身结构和边坡均处于安全、稳定状态。由于本隧道工作面的特殊性，洞内只有一个工作面可施工，不能形成流水作业，每循环二衬时间需 16～18d。该隧道于 2006 年 11 月开工，2008 年 6 月竣工。

通过对通透肋式拱梁异形隧道——龙瀑隧道的施工，真正意义上实现了生态自然环保，值得推广应用，意义深远。

11.2 六武高速公路姚湾隧道、南岭隧道

六安至武汉高速公路采用全线双向四车道全封闭高速公路标准建设，设计行车速度每小时 100 公里，全线共设置交通立交桥 4 处，特大桥 3 座、大中小桥 74 座、涵洞 158 道、隧道 15 座，全线桥隧长度 38.6 公里。计划工期 4 年，2009 年建成通车。

安徽段 K0＋000～YK31＋185、ZK31＋190 31.165～新开岭隧道入口，包含金寨互通、仙花服务区、姚湾隧道、南岭隧道，其中姚湾隧道和南岭隧道采用通透肋式拱梁异形结构，降低了施工成本和施工难度，加快了施工进度，取得了显著的经济、社会效益。

大跨度分岔隧道施工工法

GJEJGF169—2008

中国中铁股份有限公司

王立平　李宣高　谢文利　孙玉国　刘旭升

1. 前　　言

八字岭隧道是沪蓉西高速公路的控制工程，其大部分地段间距为30m左右的上下行分离式结构，其中左洞长3525m，右洞长3548m。隧道出口采用了分岔式设计。分岔段全长365m，其中明洞段长10.8m，四车道大拱段长58.6m，连拱段长120.7m，小间距段长174.9m（图1）。大拱段开挖断面最大跨度24.7m，最大高度12m；连拱段和小间距段开挖跨度约12.6m，开挖高度约8.2m；中隔墙设计最薄处只有1.4m，中间岩柱厚度为2.5～11.8m。各段围岩主要为灰岩、白云岩、页岩、泥岩、砂岩等，按照公路规范分类多为Ⅲ类和Ⅳ类围岩，不良地质灾害主要有岩溶突水、突泥，断层破碎带等。本工法主要内容为隧道的分岔段施工。

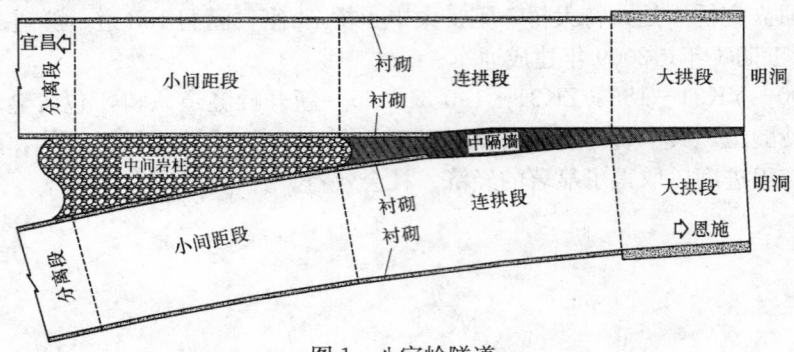

图1　八字岭隧道

针对八字岭隧道分岔部分的结构特点，施工方与科研、设计单位合作，在建设全过程中开展技术创新，不断优化施工方案，在确保施工安全、质量的前提下，实现了四车道大跨度拱段开挖支护月进度30.8m、二次衬砌月进度25m和连拱段及小间距段开挖支护月进度92.4m、单台车二次衬砌月进度167m的成绩。

2. 工 法 特 点

2.1　在正台阶法与多部开挖法组合的基础上，大拱段开挖方法具有开挖分部少、工序干扰小的特点，并为机械化作业提供了有效空间；利用中导坑先施工连拱段的中隔墙法，既可以探明前方地质情况，又可以在中隔墙的支撑作用下减小开挖跨距，保证施工安全。

2.2　采用信息化施工技术，根据分岔隧道各段施工中围岩变化特征，增设必要的支护类型和相应的参数。洞口段采用超前长管棚注浆提高了围岩的稳定性，大拱段初期支护采用预应力锚杆加固局部薄弱部位增设高强度锚杆，减小了洞室周边岩体的相对变形；连拱段和小间距段左、右洞采用合理间距交错施工，缓解相互影响，避免了爆破的不良效应。

2.3　以相关的理论研究为基础，现场监测数据分析为依据，在满足结构受力要求的前提下，优化了中间岩柱和中隔墙的厚度，取消了大拱的中隔墙及内衬结构。这不但减少了隧道本身的施工成本，而且还为减少位于隧道出口的桥梁宽度及其投资提供了条件，同时还加快了施工进度。

3. 适用范围

特别适用于Ⅲ-Ⅵ类围岩条件下的分岔隧道，对其他隧道和类似地下工程也有一定指导作用。

4. 工艺原理

4.1 应用三维断裂损伤有限元方法和三维显式差分法（FLAC³D）以及小比例尺模型试验进行模拟计算和分析，通过与现场监控量测数据对比分析，取得分岔隧道三维围岩的稳定性变化及支护结构内力分布规律，总体趋势为拟定开挖方案、确定爆破数据、优化中间岩柱、中隔墙的厚度及确定衬砌施工方案等主要工序奠定了基础，提高了施工的科学性和安全性。

4.2 通过建立系统完整的监测、信息反馈和随机分析机制，有效地掌握了围岩稳定性变化特征和初期支护的支护能力等信息，实施全过程信息化和动态管理。

5. 施工工艺流程及操作要点

5.1 施工工艺流程

工程施工按下述安排分阶段进行：施工准备→洞口开挖及防护→大拱段开挖及初支→连拱段开挖及初支→小间距段开挖及初支→各段衬砌隧道结构施工。

5.2 操作要点

5.2.1 洞口开挖及防护

分岔隧道洞口施工基本与一般隧道的施工程序、方法相同。但由于分岔隧道洞口的跨度及净空很大，风化松散边坡的刷方面积、刷方量相应地很大。为确保开挖时边坡和围岩稳定及施工安全，防护方案采取超前管棚注浆；开挖方法采取"以挖掘机为主，辅以人工风镐进行，需爆破时采用浅孔微震爆破，严格控制装药量"，避免围岩受到过大扰动；施工顺序是先作山坡截水沟，然后对边坡从高到底边开挖、边锚喷防护。待套拱、管棚作完后再开挖进洞。施工工艺流程见下面的图5.2.1。

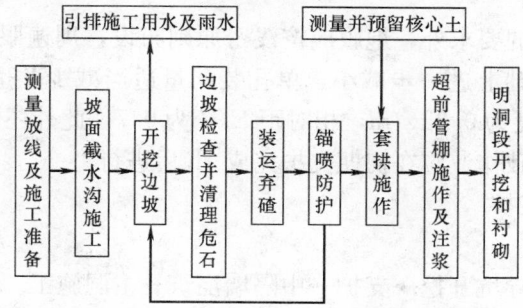

图 5.2.1 施工工艺流程图

5.2.2 大跨度拱段施工

1. 施工工艺流程

经过理论研究和现场实测数据验证充分论证，取消了原设计方案要求作的中墙及装饰用内衬结构（图中短虚线部分）。开挖分区见图5.2.2，工艺流程为：

①开挖上半断面；　　　　　　　　Ⅴ施作下半断面左侧壁初期支护；

Ⅱ施作上半断面初期支护；　　　　⑥开挖下半断面右侧壁；

③开挖下半断面中槽；　　　　　　Ⅶ施作下半断面右侧壁初期支护；

④开挖下半断面左侧壁；　　　　　Ⅷ全断面施作二次衬砌。

2. 初期支护

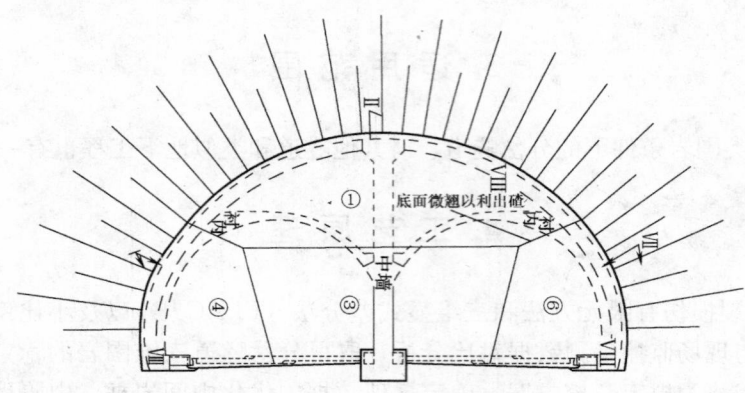

图 5.2.2　大拱段施工工艺流程图

支护方案采用预应力锚杆、全长粘结砂浆锚杆与钢拱架、钢筋网喷射混凝土系统，支护参数见表 5.2.2。

预应力锚杆材料 $\phi25$ 的 20Mnsi Ⅱ级钢筋制造，围岩较完整地段施加 30～50kN 的预应力，其他地段施加 80～100kN 的预应力。施工时采用配套钻头成孔，彻底清孔后将安装有涨壳锚头或环氧树脂锚头的杆体及注浆管插入（若采用环氧树脂锚头，在锚头后杆体宜包裹 40～70cm 药卷）。预应力可采用一次性注浆完毕达到要求后施加或分段注浆后施加，注浆材料采用水泥砂浆，锚孔注浆要饱满。初期支护应紧跟开挖面尽早封闭成环，注意清理拱脚处松碴或局部软土，必要时可采取扩大拱脚、增设锁脚锚杆等措施，确保钢拱架结构基础牢靠。

大拱段支护参数　　　　　　　　　　　　　　　　　　　　　　　　　表 5.2.2

围岩类别	初 期 支 护				二次衬砌 (C25 钢筋混凝土)
	锚杆	钢筋网	钢拱架	喷射混凝土	
Ⅲ类和Ⅳ类	$\phi25$ 预应力锚杆，$L=6m$；$\phi22$ 全长粘结砂浆锚杆，$L=3.5m$，间距 $2\times1m$（环×纵）	双层 $\phi8$ 钢筋网	20b 工字钢（间距 100cm）	C20 喷射混凝土（厚 25cm）	外衬拱部厚 80cm（取消常规的内衬结构）

3. 开挖施工

采用钻爆法施工，除通常的要求外，炮眼应按浅密原则布设，周遍眼间距为 40cm；爆破参数应在一般中硬岩光面爆破参数的基础上进一步减小，单孔装药量适当减少并适当布设空眼，装药不偶合系数宜为 1.5，周边眼装药集中度为 0.2kg/m，相对距 E/V 为 0.7。此外还应采取增加雷管的段数，加强炮孔堵塞等综合减振措施。爆破作业应在初期支护完成 4h 后进行。

5.2.3　连拱段开挖及初支护

1. 施工流程

连拱段施工的流程为：中导坑开挖→支护→中隔墙浇筑→主洞施工。

按照研究拟定的指导性施工方案，在确保施工安全的前提下，优化中间岩柱、中隔墙的厚度，并在其两侧各预留 30cm 厚度，以便与主洞二衬整体浇筑，可减少施工缝，有利于衬砌防水。

2. 主洞施工工艺流程

主洞施工工艺流程如下，开挖见图 5.2.3（假设先从右洞开始）：

①开挖右侧主洞上半断面；　　　　　　　⑤开挖左侧主洞上半断面；

Ⅱ右侧主洞上半断面初期支护　　　　　　Ⅵ左侧主洞上半断面初期支护；

③拆除中导坑右侧支护　　　　　　　　　⑦拆除中导坑左侧支护

开挖右侧主洞下半断面　　　　　　　　　开挖左侧主洞下半断面

Ⅳ右侧主洞下半断面初期支护；　　　　　Ⅷ左侧主洞下半断面初期支护

Ⅸ浇筑主洞二次衬砌

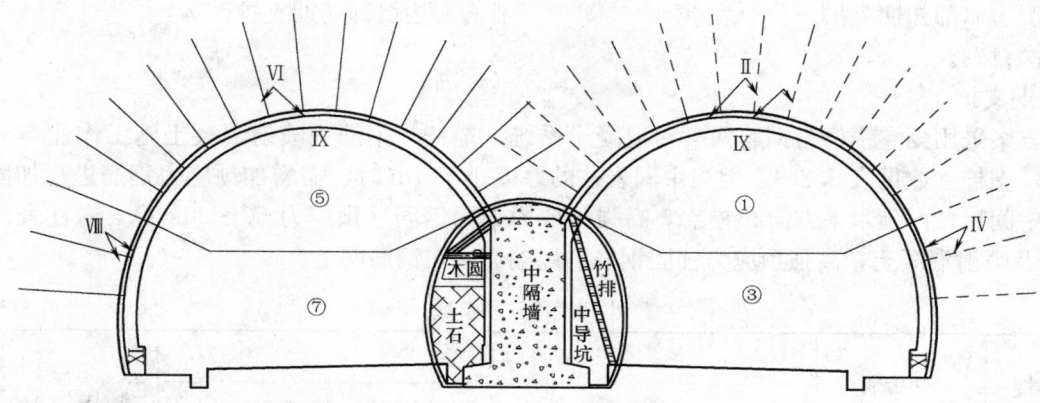

图 5.2.3　主洞施工工艺流程

3. 初期支护

支护方案采用药卷锚杆与钢筋网喷射混凝土系统，锚杆与钢筋网喷射混凝土施工作业与一般隧道基本相同，支护参数见表 5.2.3。

连拱段支护参数　　　　表 5.2.3

围岩类别	初期支护			二次衬砌 （C25 素混凝土）
	锚杆	钢筋网	喷射混凝土	
Ⅲ类和Ⅳ类	φ22 药卷锚杆，$L=3m$，间距 1.2m×1m（环×纵）	单层 φ8 钢筋网	C20 喷射混凝土（厚 15cm）	拱部 40cm

4. 开挖施工

开挖和衬砌施工工艺与大跨度拱段相同，但左右线隧道主洞要交错开挖，其开挖掌子面应保持 20m 以上的距离；局部软弱围岩地段可据监测信息采取增加工字钢拱架或钢筋格栅等措施；中隔墙顶部与中导坑之间的空隙用 C20 喷射混凝土喷填密实；开挖本侧主洞时要采取中隔墙防护性措施，办法是在本侧主洞与中隔墙之间用竹排防护，防止爆破飞石损伤中隔墙；另一侧主洞与中隔墙之间下部须用土石回填挤实，上部用原木牢固支撑，以防止中隔墙两侧拱脚处推力不均衡而影响中隔墙的稳定。

5.2.4　小间距段开挖及初期支护

1. 施工工艺流程

采用"台阶法"进行施工，工艺流程如下（假设先从左洞开始），开挖见图 5.2.4。

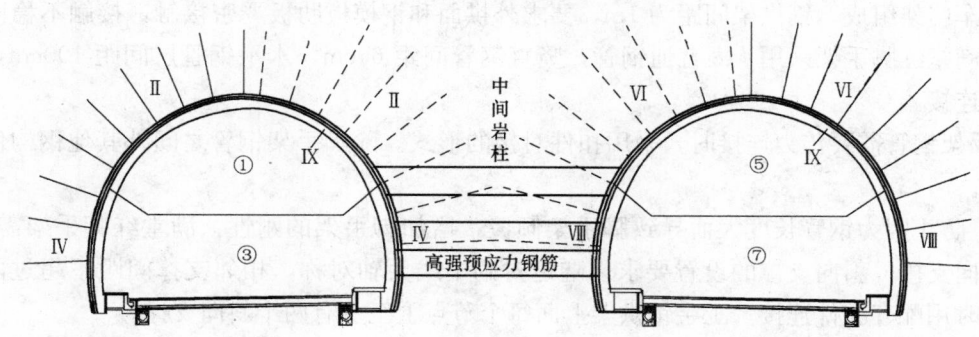

图 5.2.4　小间距段施工工艺流程图

①开挖左洞上半断面；　　　　　　　　　　⑤开挖右洞上半断面；
Ⅱ左洞拱部初期支护；　　　　　　　　　　Ⅵ右洞初期支护；
③开挖左洞下半断面；　　　　　　　　　　⑦开挖右洞下半断面；

Ⅳ左洞边墙部初期支护；　　　　　　　　　　　Ⅷ右洞边墙部初期支护；

Ⅸ二次衬砌。

2. 初期支护

支护方案采用药卷锚杆与钢筋网喷射混凝土系统，锚杆与钢筋网喷射混凝土施工作业与一般隧道基本相同，支护参数见表 5.2.4。但当中间岩柱的厚度小于 4m 时，需增加预应力钢筋进行加固，具体办法是在中间岩柱内延水平方向布置 $\phi25$ 高强预应力锚固钢筋（预应力 50～80kN），岩柱表面设双层 $\phi8$ 钢筋网及喷射混凝土，高强预应力锚固钢筋的尾端焊接在钢筋网上。

小间距段支护参数　　　　　　　　　　　　　　表 5.2.4

围岩类别	支护条件	初 期 支 护			二次衬砌（C25 素混凝土）
		锚杆	钢筋网	喷射混凝土	
Ⅲ类和Ⅳ类	中间岩柱的厚度＜4m	$\phi22$ 药卷锚杆（$L=3m$）；$\phi25$ 高强预应力钢筋	单双层 $\phi8$ 钢筋网	C20 喷射混凝土（厚 15cm）	拱部 40cm
	中间岩柱的厚度≥4m	$\phi22$ 药卷锚杆，$L=3m$，间距 1.2× 1m(环×纵)	单层 $\phi8$ 钢筋网	C20 喷射混凝土（厚 15cm）	拱部 40cm

3. 开挖施工

采用钻爆法施工，开挖和衬砌施工工艺与大跨度拱段相同，但左右线隧道主洞要交错开挖，其开挖掌子面应保持 20m 以上的距离；局部软弱围岩地段可据监测信息采取增加工字钢拱架或钢筋格栅等措施；左右线隧道主洞交错开挖，掌子面应保持 30m 以上的距离。

5.2.5　隧道结构施工

1. 连拱段及小间距段隧道衬砌采用根据不同断面类型定制的整体式衬砌台车，主要工艺流程与普通隧道相同，不赘述。本工法中主要介绍大拱段隧道二次衬砌结构施工。

2. 主要流程

处理初期支护表面→铺设防水板→支立二衬模板→二衬浇筑→二衬脱模养护→装修工程（防火涂料）。

3. 支立二衬模板

1）大跨度拱段二次衬砌，因其施工长度不足 60m，将衬砌台车门架和脚手架结合起来制成简易实用的模板。以衬砌台车门架（兼作过车通道）为中间骨架，其上部和两侧为 $\phi48$ 钢管脚手架。

2）衬砌模板采用 8×1000×1200 钢板，支撑结构由 Ⅰ25a 工字钢制作的钢拱架、满堂红钢管脚手架、衬砌台车门架组成。钢拱架间距为 1m，要求外拱面和钢模板肋板严密接触，接触不稳固的地方用楔子楔紧；满堂红脚手架采用 $\phi48$ 普通钢管，竖直钢管间距 60cm，水平钢管层间距 100cm，钢管间采用配套扣件连接。

3）脚手架钢管需要传力连接时，采用扣件对接的形式。除脚手架钢管之间外其他钢构件均采用焊接形式连接。

4）为了防止因为钢管长度大而导致脚手架倾覆，增加脚手架的刚性，满堂红脚手架需辅以斜撑、径向撑等斜向支撑。斜向支撑的设置要求以隧道衬砌中线为轴对称，相邻支撑间距不超过两跨，各支撑之间交叉时用配套扣件连接。工字钢拱架上面每个节点上至少有两个斜向支撑。

5）工字钢拱架与脚手架的连接方式见图 5.2.5-1 中 A 大样图，脚手架与衬砌台车门架的连接方式见图 5.2.5-1 中 B 大样图，斜向支撑与地面连接方式见图 5.2.5-1 中 C 大样图。

6）二次衬砌施工台架总长 15m，衬砌完成一侧留 3m，衬砌未施工一侧留 6m 以提高台架整体刚性，同时也为封挡堵头模板提供了平台。

具体支模方法见图 5.2.5-1 及图 5.2.5-2。

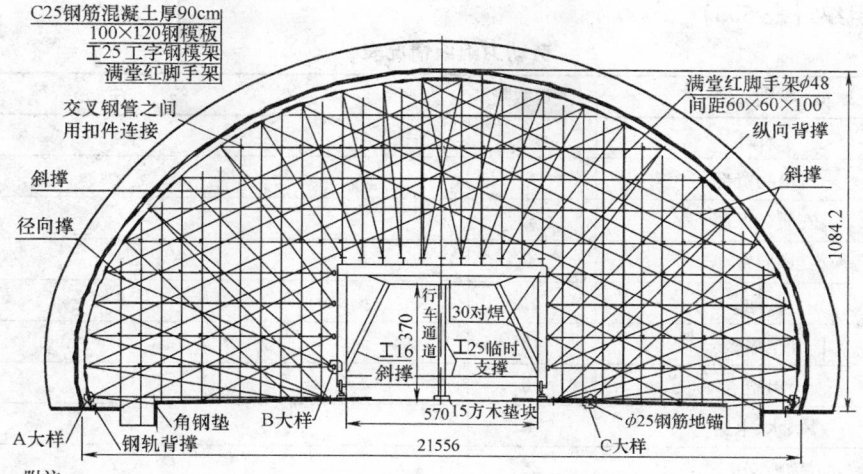

图 5.2.5-1　大拱二衬支模示意图

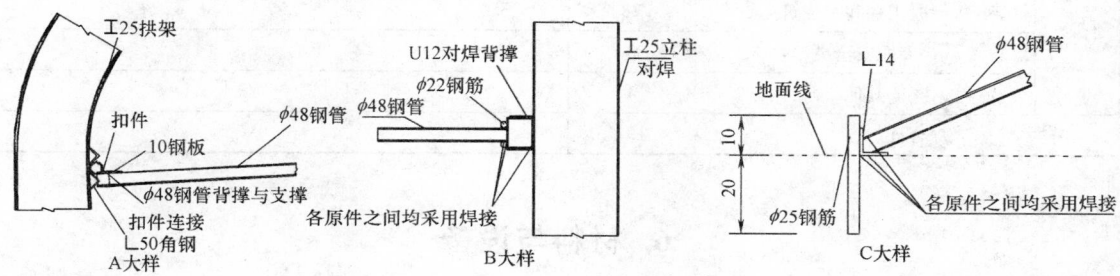

图 5.2.5-2　大拱二衬支模细部大样图

5.2.6　监控量测工作

鉴于本工程施工工艺原理和施工方法特征，决定了施工全过程中必须提供数量充分且可信度高的现场监控量测数据作验证。本项目的主要的监控量测项目及量测方法如表 5.2.6 所示。

监控量测项目及量测方法　　　　　　　　表 5.2.6

序号	项目名称	方法及工具	布　　置	量测间隔时间(d)			
				1～15	16～30	30～90	大于 90
1	地质和支护状态观察	岩性、结构面产状及支护裂缝观察或描述，地质罗盘及规尺等	开挖后及初期支护后进行	每次爆破后进行			
2	锚杆内力量测	锚杆测力计	每 10m 一个断面，每个断面至少做三根锚杆	—	—	—	—
3	围岩体内位移（洞内设点）	多点位移计	每 15m 一个断面，每断面 7 个测点	每天1～2次	每两天1次	每周1～2次	每月1～3次
4	围岩与初期支护间压力	压力盒	每代表性地段一个断面，每断面 20 个测点				
5	钢支撑内力量测	应变计	每 10 榀钢支撑一对测力计				
6	水平收敛及拱顶下沉量测	收敛计、水准仪	每 15～30m 一个断面				
7	支护、衬砌内应力、表面应力及裂缝量测	应变计、应力计、测缝计及表面应力解除法	每代表性地段一个断面，每断面 11 个测点				

5.3 劳动力组织（表5.3）

劳动力组织情况表 表5.3

序号	人员类别		人员数量	备 注
1	职能管理部室	工程部	10	
2		机电物资部	4	
3		安质环保部	4	
4		试验室	4	
5		其他	11	
6	作业班组	开挖爆破	48	
7		出碴	16	
8		风、水、电路	4	
9		锚喷支护	26	
10		钢筋	9	
11		防排水施工	10	
12		二衬立模、脱模及养护	16	
13		混凝土拌和及浇筑	28	
14		专职安全员	3	
15		其他	4	
16	合计		197	

6. 材料与设备

6.1 材料

本工法所涉及的大部分材料规格基本属于土木建筑工程的常见材料，其主要技术指标执行相关国家标准，两种材料规格见表6.1。

材料表 表6.1

序号	材料名称	规格	主要技术指标		备 注
1	20MnsiⅡ级钢筋	φ25	杆体抗拉强度		大拱段预应力锚杆
2	共挤防窜流复合防水板	EVA/ECB	断裂拉伸强度	≥60N/cm	与止水条、止水带配合使用
			断裂延伸率	≥400%	
			抗渗透性	0.3MPa,30min 无渗漏	
			加热收缩量	<4mm	
3	其他		执行相关国家标准		常见材料

6.2 主要设备（表6.2）

主要设备表 表6.2

序 号	设备名称	设备型号	主要参数	数量（台、套）
1	发电机组	IFC6352-4LA4	200kW	2
2	凿岩机	YT28	50mm	24
3	空压机	4L-20/8	20m³/min	7
4	挖掘机	PC300-6	1.2m³	1
5	挖掘机	PC400	1.6m³	1
6	装载机	ZL50(ZL50D)	3m³	2(1)

序　号	设备名称	设备型号	主要参数	数量(台、套)
7	自卸汽车	CWB520HDL(FV415J)	15t	6(4)
8	自卸汽车	CA3160	8t	2
9	钢筋切割机	MYG-25	2kW	5
10	钢筋弯曲机	GW40	3kW	5
11	电焊机	BX1-300-5L	22kV·A	4
12	混凝土湿喷机	ZSP-6	6m³/h	2
13	注浆泵	RG-70D/90S	70L/min	2
14	混凝土拌合楼	HZS60	60m³/h	2
15	混凝土运输罐车	JC6Y	6m³	8
16	衬砌台车	SZSM	10m	2
17	洒水车	YGJ5170GSSJN	8000L	1
18	混凝土摊铺机	RCG	0.5～13.3m	1
19	混凝土输送泵	HBT60	60m³/h	2
20	地质雷达	pulseEKKO PRO	5000V	1
21	全站仪	GTS-701	3mm+2ppmD;1″	1
22	激光断面仪	LS1100	0.2～50m	1
23	数字化水准仪	S-1	0.001mm	1
24	隧道收敛计	SWJ-Ⅳ	0.01mm	1
25	监测读数仪	GK-403-1-220	±5Hz	1
26	混凝土及钢筋应变计	GHB-3	0.7με/Hz	2
27	电阻应变仪	Wavebook/512	信号 16	1

7. 质 量 控 制

7.1　关键项目的质量要求（表 7.1）

关键项目的质量要求　　　　　　　　　　　　　　　　表 7.1

分项名称	检查项目	规定值或允许偏差	检查方法和频率
洞身开挖	拱部超挖(mm)	平均 150,最大 250	水准仪或断面仪:每 20m 一个断面
	两侧边墙(mm)	+100,-0	尺量:每 20m 检查一处
	隧底超挖(mm)	平均 100	水准仪:每 20m 检查 3 处
锚杆	锚杆数量(根)	不少于设计	按分项工程统计
	锚杆拔力(kN)	28d 拔力平均值≥设计值; 最小拔力≥0.9 设计值	按锚杆数 1‰且不少于 3 根做拔力试验
钢筋网	网格尺寸(mm)	±10	尺量:每 50m² 检查 2 个网眼
钢支撑	安装间距(mm)	50	尺量:每榀检查
喷射混凝土	混凝土强度(MPa)	在合格标准内	按《公路工程质量检验评定标准》 JTGF 80/1—2004 附录 E 检查
	喷层厚度(mm)	平均厚度≥设计厚度;检查点的 60%≥设计 厚度;最小厚度≥0.5 设计厚度,且≥50	凿孔或雷达检测仪:每 10m 检查一个断面, 每个断面从拱顶中线起每 3m 检查 1 点
	空洞检查	无空洞,无杂物	凿孔或雷达检测仪:每 10m 检查一个断面, 每个断面从拱顶中线起每 3m 检查 1 点

7.2 质量保证的措施

7.2.1 洞身开挖

1. 做好光面爆破，严格控制超欠挖，特别是拱脚和墙脚以上 1m 内严禁欠挖。为此，要提高测量布眼、打眼的精度，特别是周边眼的精度。

2. 为了保证二次衬砌的厚度，开挖轮廓要预留支撑沉落量及变形量（约 5cm 左右），并利用量测反馈信息及时调整。

7.2.2 锚杆支护

1. 锚杆应垂直于开挖轮廓线布设。对沉积岩，锚杆应尽量垂直于岩层面。

2. 锚杆垫板应紧贴围岩，围岩不平整时要用 M10 砂浆填平。

7.2.3 钢筋网布设

1. 钢筋网随受喷面的起伏铺设，与受喷面的间隙不要大于 3cm，钢筋应该有不小于 1cm 的保护层。

2. 双层钢筋网的第二层应在第一层被混凝土覆盖后铺设。

3. 钢筋网与锚杆或其他固定装置应连接牢固，喷射混凝土时不得晃动。

7.2.4 钢支撑支立

1. 钢支撑应尽可能多的与锚杆露头或钢筋网焊接，其纵向须用钢筋连接，拱脚基础应牢固。

2. 钢支撑与围岩之间不得回填片石，而应用喷射混凝土填实。

7.2.5 喷射混凝土

1. 喷射混凝土之前，应检查开挖断面的质量，处理好超欠挖，对渗漏水孔洞、缝隙应采取引排或堵水措施。还应当用高压风管将岩壁面的粉尘和杂物冲洗干净以保证粘结力。

2. 每班对喷射混凝土的配合比及拌合均匀性检查不得少于两次。喷射混凝土材料计量允许误差为：水泥与速凝剂不大于 2%；砂与石料各不大于 5%。

3. 喷射混凝土的混合料应随拌随用，并采用强制搅拌机在短时间内完成，严禁受潮。

4. 喷射作业应分段、分片由下而上顺序分层进行，每段长度不宜超过 6m，初喷厚度不得小于 4～6cm，后一层喷射应在前一层混凝土终凝后进行。

5. 喷射混凝土终凝 2h 后，应喷水养护，养护时间不得少于 7d。

7.2.6 防排水及二次衬砌的质量保证措施

1. 防水板铺设前，喷混凝土层表面不得有锚杆头或钢筋头外露；喷层表面漏水时应及时引排。

2. 防水板焊缝应密实饱满，不得有气泡、空隙。防水层表面粉尘应清除并洒水湿润。

3. 止水带与衬砌端头模板应正交。

4. 混凝土应分层灌注，每层灌注的高度、次序和方向应根据搅拌能力、运输距离、灌注速度、洞内气温和振捣等因素确定。

8. 安 全 措 施

8.1 业主对本项目同意科研立项，运用超前地质预报和监控量测等技术手段指导整个施工过程，达到确保安全的目标。超前地质预报采用地质素描、超前探孔和 TSP2003 等设备，预报方法与一般相似。

8.2 针对分岔隧道所有工序、特别是开挖、爆破施工难度大、安全隐患多的特点，在正式开工前组织职工对整个施工过程可能出现的危险源进行了预测和辨识，形成《危险源辨识与风险评价表》和《重大危险源清单》，同时针对危险源制定相应的预防控制措施和应急预案。

8.3 成立安全生产领导小组，明确各成员的岗位职责。设三名专职安全员 24h 轮留值班，及时发现并消除安全隐患。安全管理人员有权对任何班组和个人的安全违规行为按规定实施处罚。

8.4 每月组织两次安全检查和安全教育。技术交底的时候同时进行安全交底，认清分岔隧道的特点和不安全性。举行安全知识竞赛，提高职工的安全意识和安全知识水平。

8.5 严格奖罚制度。对安全管理和安全成绩优异者进行奖励，对违规违章者进行批评教育和处罚并按月清算兑现。

8.6 对重要安全处所要采取针对性的措施，炸药库配齐配足各项安全防护、割礼、报警和防雷设施。

8.7 足额发放劳保用品，定期进行体检，确保劳动者的职业健康安全。

9. 环 保 措 施

9.1 开工前组织职工对施工过程中可能出现的环境污染源进行了识别，形成了《环境因素识别、评价登记表》、《重要环境因素清单》，同时针对每种污染源制定了相应的预防控制措施和应急预案。然后结合国家有关环境保护的法律、法规，由安质环保部组织各部门、班组分阶段进行学习。

9.2 施工、临建场地要尽量减少对土地及其草木资源的占用。

9.3 用符合标准的弃碴加工用作片石、碎石和砂子，减少了弃碴场的征地面积以及弃碴对植被和水环境的污染，实现了资源的重复利用和节约。对不再使用的弃碴场覆盖40cm厚的种植土并及时进行植被恢复。

9.4 为了防止油污染，生活污水、施工污水经沉淀池、隔油池集中处理达标后再进行排放。达标排放的废水用排水沟和跌水沟将引至坡底，防止对边坡造成冲刷。

9.5 生活和生产垃圾要集中存放、及时妥善处理。

9.6 用洒水车对洞内、便道、拌合场和弃碴场经常洒水，确保湿润，以便减少大气扬尘污染以及防止职工受到的粉尘危害。

9.7 要施工文明建设，工地实行封闭性管理；职工须佩戴上岗证出入现场，隧道进出口设门卫检查。施工场地并安排专人清扫；材料分类堆放整齐；各种标牌醒目齐全。

10. 效 益 分 析

10.1 本工法通过减少了开挖分部的部数，采用了大断面开挖，提高了施工速度。不但减少了工序及其相互干扰，创造了较大空间来组织机械化作业。

10.2 施工中经充分的监测数据论证，将分岔隧道连拱段的中隔墙厚度大幅减小到了0.8m，同时完全取消了大拱段施工的中隔墙及装饰性内衬结构，开创了公路隧道24m大跨无中间支撑结构的先例，仅对58.6m长的大拱段来计算，就减少了钢筋混凝土1746m³，减少投资139万元。同时，由于连带减少了邻近隧道的桥梁宽度，也节约了项目投资，具有巨大的经济效益。

10.3 八字岭隧道分岔段属西部交通建设科技项目，《分岔式隧道设计施工关键技术研究》课题组由中国中铁股份有限公司、中国交通部第二勘察设计研究院、山东大学和中国科学院武汉岩土力学研究所联合组成。科研成果于2007年12月21日通过由中科院院士孙钧主持的验收，关键技术"整体上达到国际先进水平"，部分内容已纳入《公路隧道设计细则》。本工法为以后的类似项目建设提供了可靠的决策依据和经验，也具有一定的社会效益。

11. 应 用 实 例

11.1 湖北沪蓉西高速公路八字岭隧道
本工法依托该隧道的施工经验总结成。施工中一直处于安全、优质、快速和可控状态。
11.1.1 爆破振动控制方面

经多点位移计检测，其读数显示围岩变形主要集中在接近洞周的较浅范围，围岩内部最大相对位移为 4mm，发生在 30m 深处；药卷锚杆或砂浆锚杆受力约为 30～40MPa，最大应力一般发生在锚杆体中部。以上数据反映爆破振动控制较好，围岩松动变形不大，开挖爆破方案安全可靠。

11.1.2 初期支护方面

经科研检测，围岩与初期支护间的压力在 0.3MPa 左右，钢支撑内力在 130MPa 左右；围岩周边位移最终收敛值一般在 -1～-4mm，个别点最大为 -9.184mm；拱顶最终下沉值一般在 1～3mm，最大为 5.27mm。两种监测值都比较小，说明变形收敛、沉降速度平缓。以上监测数据反映出所采取的较大断面初期支护、开挖方案安全可靠，质量良好，也为大跨度拱段取消中墙及装饰性内衬结构提供了依据。

11.1.3 连拱段中隔墙受力一般稳定在 3～5MPa，且受力均匀合理，无明显偏压现象，说明中隔墙施工方案及适当减少中隔墙厚度是可行的。

11.1.4 施工进度

八子岭隧道分岔段从 2004 年 8 月 20 日正式开工，2004 年 9 月 16 日完成洞口刷坡、超前长管棚注浆，2005 年 7 月 5 日完成整个分岔段的施工，施工速度满足了业主的要求。

11.2 其他应用实例

除八字岭隧道以外，湖北沪蓉西高速公路后来建设的漆树槽隧道、庙垭隧道全面推广应用了本工法，科学地指导了这两座隧道的设计与施工，为这两座分岔隧道施工的安全、质量、进度和效益方面达到最佳的综合平衡起到了重要作用。

滨海地区软土地质网格式水冲法
双排大口径顶管施工工法

GJEJGF170—2008

中铁十六局集团有限公司　中铁二十四局集团有限公司

苏江智　张传安　包宇　谢沛祥　郭武

1. 前　言

滨海地区软土地质网格式双排大口径顶管同时顶进施工工法，是利用带网格式顶铁采用高压水枪喷射水流将泥土从工作面前壁冲刷下来的一种掘进方式，并采用同时顶进施工方法来完成滨海地区软土地质双排大口径顶管施工，该工法作为沿海城市地下给排水管道施工的一个有效的方法，其施工简便、施工进度快、噪声及振动小、对周围环境影响小、占地少，工程综合成本低。中铁十六局集团第二工程有限公司在天津开发区西区第四系全新统陆相层、海相层的人工填土层、粉质黏土地层中用网格式水冲法建造双排直径 2.8m、长 2m×130m 的顶管获得成功，取得了显著的经济效益和社会效益。在该工程完工后经对其施工技术完善总结形成本工法。《软土地质网格式水冲法双排大口径顶管同时顶进施工技术》成果于 2007 年 11 月 27 日顺利通过了中国铁道建筑总公司组织的科技成果评审，与会专家们一致认为该成果经济、社会效益明显，为今后类似工程施工提供了经验，综合技术达到了国内领先水平。该工法获 2006～2007 年度集团公司级工法一等奖、2007～2008 年度中国铁道建筑总公司工法二等奖。

2. 工　法　特　点

2.1 施工设备简单，缩短工期，提高工效，节约成本。

2.2 针对滨海地区软土地质情况，采用该方法开挖部分只有工作坑和接收坑，顶进过程挖除管道断面内的土，比开槽大开挖土量少很多，而且安全，对交通影响很小。

2.3 利用网格式水冲法水力挖掘掘进和水利运输挖掘的废土，提高了顶进速度。

2.4 注浆材料选择钠膨润土悬浮液，大大减小顶进阻力。

2.5 适用用于相互平行的双排顶管同时顶进施工，施工工艺简单，作业化标准化、程序化，便于施工控制和管理。

3. 适　用　范　围

本工法适用于滨海地区粉质黏土层、黏土、粉质黏土、淤泥和壤土砂等强黏性土壤，即能在水流中松解的土壤的地质中，施工场地复杂，周边地区水源较丰富，直径大于 2m 的大口径双排甚至多排管道地下顶进工程。

4. 工　艺　原　理

4.1　水力施工原理

水力工作原理（图 4.1）分为水力挖掘和水力运输。水力挖掘是指通过喷射水流将泥土从工作面前壁上冲刷下来的一种掘进方法。水力运输是利用泥浆泵将顶管内冲刷下来的泥水抽吸至地上。

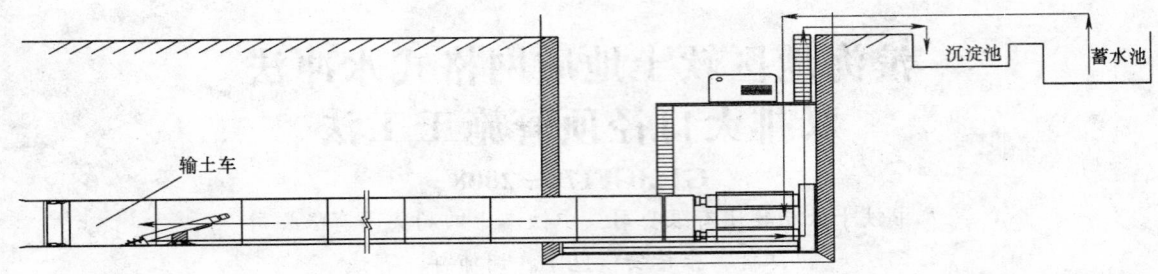

图 4.1　工作原理图

4.2　双排同时顶进施工原理

双排平行前后同步顶进错位纵距确定后，双排顶管同时同步顶进的施工方法。

5.　施工工艺流程及操作要点

5.1　工艺流程（图 5.1）

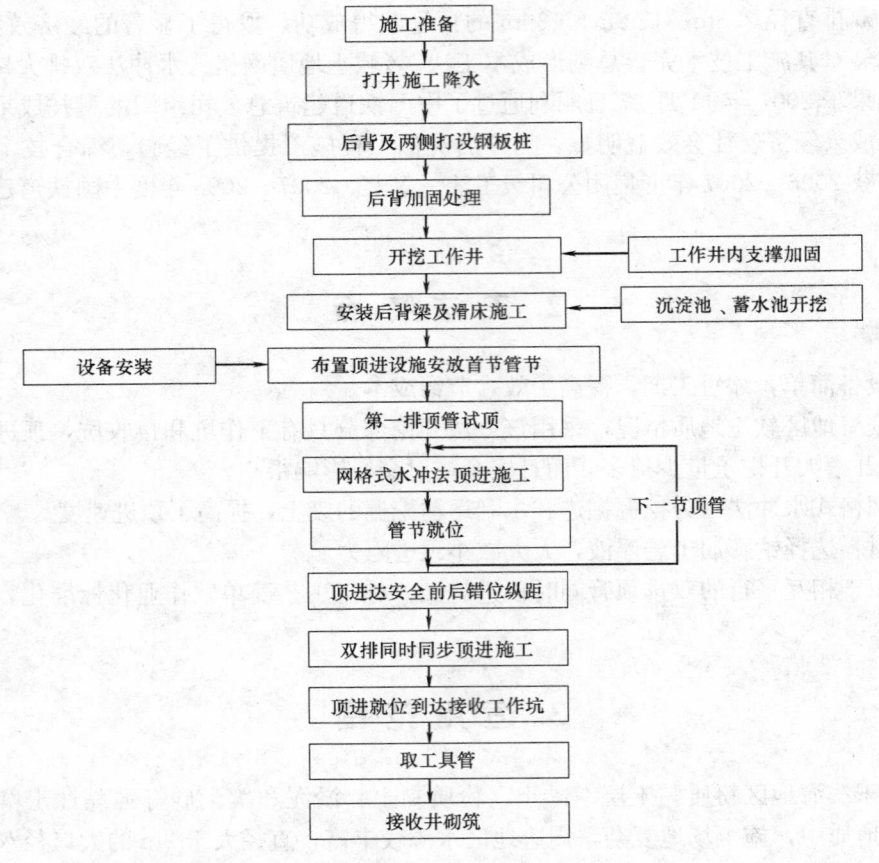

图 5.1　工艺流程图

5.2　操作要点

5.2.1　施工降水

滨海地区地属冲积平原区，地势较平坦。该区域地基土属第四系全新统陆相层、海相层，地下水属潜水类型，主要由大气降水补给，以蒸发方式排泄，地下水位随季节的变化略有波动，地下水位埋深 0.6～1.5m，地下水位一般年变幅在 0.5～1.00m 左右。所以施工降水是顺利施工的必要保证，降水的效果直接影响着工程安全、质量和进度。

施工降水一般采用轻型井点和集水坑排水的方式，轻型井点涌水量计算公式：

$$Q = 1.336K \frac{(2H-S)S}{\lg R - \lg r} \tag{5.2.1}$$

式中　Q——总涌水量；

　　　K——渗透系数（m/d）；

　　　S——井中水位下降值；

　　　H——含水层厚度（m）；

　　　R——抽水影响半径（m），$R = 1.95S\sqrt{HK}$；

　　　r——水井的半径。

根据总涌水量（Q）和单根井点的最大出水量（q），可求出井点数：$n = 1.1Q/q$。井点数确定后，便可根据井点系统布置方式，求出井距和选择抽水设备。

5.2.2　开挖工作井

工作井是顶管向前顶进并受主顶油缸反作用力的构筑物。工作井一般为矩形和圆形，当上下游管道为折线时，一般采用圆形工作井。顶进工作井一般有钢筋混凝土沉井、地下连续墙、钢板桩、混凝土砌块、钢瓦楞板拼装等多种方法构筑，其中钢板桩为较为常用的构筑方法。以钢板桩构筑为例，施工前首先要对工作井及顶管安全性进行设计和验算：确定各类设计参数（工作井深度、土的内摩擦角和容重）、确定支撑层数和间距、入土深度计算、地基强度验算、顶力计算、后靠背稳定性验算，平行双排管的安全性验算。

5.2.3　顶力的计算

顶管的顶力是顶管施工中管道四周受土体摩擦所产生的摩擦阻力，影响阻力的大小受多种因素影响，其中最大的因素是施工误差引起的管道轴线弯曲。在不考虑此因素的情况下，顶力理论计算公式一般为：

$$P = f\gamma D_1 \left[\frac{\pi}{2}H + \frac{\pi K_1}{2}\left(H + \frac{D_1}{2}\right) + \frac{\omega}{\gamma D_1} \right]L + P_F \tag{5.2.3-1}$$

式中　P——计算的总顶力；

　　　f——顶进时，管道表面与其周围土层之间的摩擦系数；

　　　γ——管道所处土层的重力密度（kN/m³）；

　　　D_1——管道的外径（m）；

　　　H——管道顶部以上覆盖土层的厚度（m）；

　　　K_1——等于 $tg^2(45° - \psi/2)$，其中 ψ 为管道所处土层的内摩擦角（°）；

　　　ω——管道单位长度的自重（kN/m）；

　　　L——管道的计算顶进长度（m）；

　　　P_F——顶进时，工具管的迎面阻力（kN）。

双排平行管道的相互影响是一个十分复杂的动态三维过程，受多种因素的制约，包括相邻管道推近时附加荷载的增加，管道推过时土体的弹性恢复。附加荷载不仅与土体物理参数有关，而且与管道施工参数关系密切。正面推力过大会使相邻管道产生纵向变形，甚至引起裂缝。而正面推力不足则会引起相邻管道侧压力系数减少，导致相邻管道内弯矩增大。因此，双排顶管中心距与管顶扰动宽度的关系决定了顶管的安全性，当工具管顶扰动宽度小于或等于两孔中心距即为安全：

$$B_e = D\{[1 + \sin(45° - \psi/2)]/\cos(45° - \psi/2)\} \leqslant L \tag{5.2.3-2}$$

式中　B_e——管顶土体扰动宽度（m）；

　　　D——工具管的等效外径（m），对于土压平衡式顶管：$D = D_0$；

　　　ψ——土的内摩擦角（°）；

　　　D_0——工具管外径（m）。

双排平行前后同步顶进错位纵距的确定，可以减少两管相互干扰和影响及管间土体的扰动。在施工过程中，顶管正面对土体的施力状况按（45°＋ψ/2）向前方 360°扩散，考虑前方管因纠偏所引起对侧向土体的扰动因素，以及工具管无注浆孔，其侧壁摩擦剪力对侧向土体的扰动因素，取 γ 系数来解决，则：双排管前后最小纵距为：

$$L_{\min}＝\gamma\times(d＋H) \tag{5.2.3-3}$$

$$d＝D/2\times[(P_p/P_0)^{1/2}]\times\text{ctg}(45°＋\psi/2) \tag{5.2.3-4}$$

式中 　H——前方工具管管长，如果工具管后三节做刚性联结，则 H 应为工具管长与后三节混凝土管长度之和（m）；

　　　　γ——由土质性质决定的系数，一般取 1.5~2.0；

　　　　D——工具管外径（m）；

　P_p、P_0——土的被动土压力、静止土压力（kPa）；

　　$L_{\min}$——双排管前后纵距的最小值（m）。

5.2.4 管材预制

钢筋混凝土管按施工工艺一般分为离心管、悬辊管、立式振动管及振动挤压管四大类，接口形式有平口式、承插口式、企口式、双插口式和钢承口式多种形式，一般大口径顶管或曲线顶管采用钢承口式。主要性能指标为裂缝荷载、破坏荷载和内水压力。

管材制作过程中需增设注浆孔，一般大口径管每个断面设 4 个 D25 注浆孔（90°布置）。为了缓冲管子所受的推力，在管接口部位设置缓冲木衬（常用质地中软的松木胶合板，厚度在 12mm 为宜），木衬安装一般采用氯丁胶粘贴固定。

5.2.5 顶进设备

顶管的主要设备有掘进机、千斤顶、基坑导轨、顶铁、后靠背、注浆设备、起重设备、进水系统、出土系统等。顶管掘进机有多种形式，分为敞开式掘进机、土压平衡掘进机、泥水平衡掘进机、岩盘掘进机等，不同的土层、水文地质、施工环境、工程特点选用不同的机型，几种掘进机性能比较如表 5.2.5。根据本项目的特点及经济适用性等情况，选用了上海产的敞开式掘进机。千斤顶根据管材口径和顶力大小进行选型和布设的，一般对称布置。基坑导轨一般采用工字钢，导轨的高程、坡度、方向一定要符合设计要求，安装后再轨前、轨中和轨尾检查 6~8 个点，允许误差：高≤3mm，低 2mm。稳定第一节管后测量加载后的变化，并给予校正。注浆设备一般置于基坑顶部。起重设备主要有轨道式龙门吊和起重机，当工期较短，顶程不长，一般采用吊车；如场地好，顶程长，最好选择龙门行车，可节约成本，降低噪声污染。

顶近掘进机的性能比较表　　　　　　　　　　　　　　　　表 5.2.5

地质条件	掘进机种	敞开式掘进机	多刀盘土压平衡掘进机		单刀盘土压平衡掘进机		刀盘可伸缩式泥水平衡掘进机		偏心破碎泥水平衡掘进机		岩盘掘进机
淤泥质黏土	掘进速度	慢	一般	适用	较快	适用	快	适用	快	适用	快
	耗电量	小	较大		一般		较大		较大		较大
	劳动力	较少	一般		一般		多		多		多
	环境影响	小	小		小		大		大		大
砂性土	掘进速度		一般	适用	较快	适用	快	适用	快	适用	快
	耗电量	不适用	较大		一般		较大		较大		较大
	劳动力		一般		一般		多		多		多
	环境影响		小		小		大		大		大
黄土	掘进速度	慢	不适用		较快	适用	较快	适用	不适用		快
	耗电量	小			一般		较大				较大
	劳动力	较少			一般		多				多
	环境影响	小			小		大				大

续表

地质条件	掘进机种	敞开式掘进机		多刀盘土压平衡掘进机	单刀盘土压平衡掘进机		刀盘可伸缩式泥水平衡掘进机	偏心破碎泥水平衡掘进机		岩盘掘进机	
强风化岩	掘进速度	适用	慢	不适用	适用	较快	不适用	适用	快	适用	快
	耗电量		小			一般			较大		较大
	劳动力		较少			一般			多		多
	环境影响		小			小			大		大
岩石	掘进速度	如含水量小适用	慢	不适用	不适用		不适用	不适用		适用	快
	耗电量		小								大
	劳动力		大								多
	环境影响		小								小

5.2.6 顶进

1. 测量控制

1）线形控制

用极坐标法，根据设计给出的坐标和顶进轴线斜坡和平坡交界的坐标，以及实际接收井中心的坐标，分别计算出他们的方位角。然后采用导线法，将控制点定在工作井上。顶管顶进时，在机头中心设置一个光靶，根据光靶反映的读数，即可知道目前机头的方位。

2）制定严格的放样复核制度，并做好原始记录。顶进前必须遵守严格的放样复测制度，坚持三级复测：施工组测量员→项目经理部→监理工程师，确保测量万无一失。

3）布设在工作井后方的仪座必须避免顶进时移位和变形，必须定时复测并及时调整。

4）顶进纠偏必须勤测量、多微调，纠偏角度应保持在 $10'\sim20'$ 不得大于 $1°$。并设置偏差警戒线。

5）初始推进阶段，方向主要是主顶油缸控制，因此，一方面要减慢主顶推进速度，另一方面要不断调整油缸编组和机头纠偏。

6）开始顶进前必须制定坡度计划，对每 1m、每节管的位置、高程需事先计算，确保顶进时正确，以最终符合设计坡度要求和质量标准为原则。

2. 顶管出洞

顶进前对所有设备进行全面检查，液压、电气、压浆、照明、通信、通风等操作系统是否能正常进行工作，各种仪表、阀门、传感器是否正确显示，然后进行联动调试，确认没有故障后方可准备出洞。

顶管出洞是指在工作井安放就位的掘进机和第一节管从井中破封门进入土中的阶段。待顶管设备全部安装调试完毕后，准备推进前，应采取如下措施：

1）将工具管推进至出洞口 1m 处停止。然后在工作井洞口处安装橡胶止水圈外。

2）为防止掘进机出洞时产生叩头现象，在洞口止水圈下部用混凝土浇筑一个弧形托块；把纠偏油缸全部收紧，在底部安装延伸导轨，并将前 3 节钢混凝土管与机头做成可调节钢性连接，连成一整体，后续管道出洞时，同样采取此法，逐节下去，直至不会叩头为止。

3）推进工具管，直至洞止水圈能其作用为止，静候 3~4h，测出静止土压力，结合理论资料，定出推进土压力控制系数。

4）继续推进工具管，在安装第一节管前，应设置适当的止退装置，以免在主顶缩回后，由于正面土压力的作用将工具管弹回。

5）另外为了减小机头及管子出洞时的阻力，在进行沉井洞口封门施工时设置注浆管，以供正常顶管施工时注入触变泥浆，从而减小管子与土体之间的摩阻力。

3. 掘进及出土

掘进采用网格式水冲法挖掘方式，每个工作面采用两个高压水枪喷射水流使土从工作面前壁冲刷下来，当网格全部切入土层后开始冲碎土块，在工具管后第二节处设置挡水坝，利用泥浆泵将坝内泥浆抽送至地面。

进水应使用清水，在地下水位以下的粉砂层中的进水压力宜为 0.4～0.6MPa；在黏性土层中，进压力宜为 0.7～0.9MPa。

4. 纠偏控制

在顶进过程中，机头也会发生偏转，这种偏转往往会涉及到整条已顶进的管道。这种偏转主要是由于遇硬软不均匀土层，形成偏差，采取纠偏造成的，纠偏越频繁，这种偏转越大。主要措施有：利用主顶油油缸进行纠偏；在工具管设置纠偏千斤顶，使用人工手调小千斤顶随时进行纠偏；在顶管机外壁上，焊上纠偏定位板。

5. 沉降控制

在推进过程中，引起建筑物沉降的主要原因，是推进土压力控制不稳定和管道内漏水，造成顶进区域内及其周围土体沉降。为防止类似的情况发生，必须做到以下几个方面：

1）地面监测，优化掘进机参数

在掘进机的轴线上方，每隔 2m 设一个沉降控制监测点，在顶进时精心组织地表监测，通过测得地表沉降资料与相对应的掘进机主参数（包括推进速度、土压力值）。进行比较，从而优化掘进机参数指导以后的推进施工，控制地表沉降，也就是控制建筑物沉降的措施。

2）注浆稳定措施

除了进行沉降监测以外，还必须尽可能将膨润土泥浆套随工具管向前移动，形成连续的环状浆套，要选择触变性能良好的膨润土制浆材料。

3）在顶进结束后，立即用纯水泥浆置换膨润土浆，以更好的控制管道的沉降。

4）沿途重要建（构）筑物，在开始顶进前，在有效范围内采用制作树根桩的方法进行保护。

6. 注浆减阻

顶管施工中，顶力控制的关键是最大限度地降低顶进阻力，影响顶进阻力的因素有管道表面的光洁度、管道顶进轴线控制、土压力等，在保证管道表面光滑和测量线位控制的同时，减阻的方式有打蜡和注浆，而最有效的方法是在管道与土之间注入支撑介质即注浆。注浆使管周外壁形成泥浆润滑套，从而降低了顶进时的摩阻力，在注浆过程时做到以下几点：

1）保证顶进管不透水性，在管道上侧均匀刷冷沥青油，既能保持管道密封也能起到防腐的作用。

2）选择优质的触变泥浆材料，触变泥浆材料主要分为两种，钠膨润土和钙膨润土，在膨润土含量相同的情况下，钠膨润土比钙膨润土性能更好，所以如适用钠膨润土，在配制浆液时要加入一定的纯碱而完成钠离子置换。对膨润土取样测试。主要指标为造浆率、失水量和动塑比。

3）在管子上预埋压浆孔，压浆孔的设置要有利于浆套的形成。

4）膨润土的贮藏及浆液配制、搅拌、膨胀时间，听取供货商的建议但都必须按照规范进行，使用前必须先进行试验。一般性能见表 5.2.6。

膨润土的性能表 表 5.2.6

膨润土	纯碱	掺加药剂	漏斗黏度	视黏度 CP	失水量 mL	终应力	比重	稳定性
8%	4‰	Cmc、PHP	1'19"2	21	12.6	80	1.048	0～0.001

表 5.2.6 只是一般情况下的配比，在施工前要详尽地掌握土层的颗粒分布，按基本粒径确定膨润土悬浮液的混合比，并经常进行检验。配置浆液要注意，要有足够的搅拌时间，膨润土完全充分的溶解，在搅拌时不要让空气进入水和膨润土的混合料中，另高温可使膨胀时间缩短，低温则使膨胀时间延长。

5）压浆从工具管后第二节管道开始压入，压浆方式要以同步注浆为主，补浆为辅。在顶进过程中，要经常检查各推进段的浆液形成情况，要始终保持补压从后向前的方向。

6）注浆设备和管路要可靠，具有足够的耐压和良好的密封性能。在注浆孔中设置一个单向阀，使浆液管外的土不能倒灌而堵塞注浆孔，从而影响注浆效果。

7）注浆工艺由专人负责，质量员定期检查，保证在全部顶进管路上和全部顶进时间内都有浆液压入。

8）注浆泵选择脉动小的螺杆泵，流量与顶进速度相应配合。

9）随着顶管线路的增长，为使全程注浆压力不致相差过大，在中间还将增设压浆站以保持压力。

10）计算出土压力，确定膨润土悬浮液的压入压力，要严格控制注浆压力，已防止浆体流到工具管前端进入管内。

11）顶进完成后，将注浆孔用水泥砂浆封闭严密。

7. 进洞

1）当工具管距接收井还有 30m 左右时，应加强轴线复测力度，将工具管确切位置测放于接收井内，从而确保安全进洞。

2）对洞口土体进行加固。

3）继续推进，直至推进至设计要求尺寸为止，将工具管与后混凝土管脱离。

4）吊起工具管，将井内杂物清理完毕，然后将管外壁与予留孔之间间隙用水泥砂浆填充密实，以免造成土体塌方及第一节管沉降。

6. 材料与设备

机具设备见表 6。

机具设备量表　　　　　　　　　　　　　　　　　　表 6

序　号	设备名称	规　格	数　量	备　注
1	掘进机	敞开式	2	
2	主顶油缸	200t	14	其中 2 台备用
3	油泵	ZB10-500	2	其中 1 台备用
4	起重机	50t	1	
5	发电机	120kW	1	
6	触变泥浆搅拌桶		1	
7	注浆泵	1-1B	1	
8	交流电焊机	BX-300F	1	
9	泥浆泵		3	其中 1 台备用
10	潜水泵		6	其中 2 台备用
11	全站仪	索佳 2000E	1	
12	激光经纬仪	JDJ-2	1	
13	水准仪	DX		

7. 质量控制

顶进不偏移，管节不错口，管底坡度无倒落水。顶管接口套环应对正管缝与管端外周，紧贴，管端垫板粘牢，不脱落。管节不裂，不渗水，管内不得有泥土、建筑垃圾等杂物。

钢筋混凝土管最大偏角 0.5°；

管线轴线偏差不得大于±50mm；

标高偏差不得大于＋40，－50mm；

相邻管节错口≤15mm 无碎裂；

内腰箍不渗漏，橡胶止水圈不脱出；

接口抗渗试验应达 0.11MPa；

顶管在纠偏过程中，应勤测量，多微调，每项纠偏角度应保持 $10'\sim20'$，不得大于 1°；

在管道顶进过程中，地面隆起的最大权限值为＋40mm，地面沉陷的最大极限值为－60mm。

8. 安 全 措 施

8.1 严格执行国家颁发的《建筑安装工程安全技术规程》对施工现场安全的有关规定，建立应急预案机制。

8.2 工作井边要设稳固围栏，以防落物。

8.3 管道内的电力电缆应悬挂固定，严禁随地布设。

8.4 及时检查各操作员的操作程序，严禁违章操作。

8.5 做好基坑支护变形观测及沉降观测。

8.6 在管道施工过程中，应采取专用和多功能测试仪器对管道内的空气进行检测，实行"三班制"作业，正常情况下每班检测一次，并做好记录。当检测的结果超出上述两个极限中的任意一项，就应立即采取措施，加强通风和跟踪检测，保证管道内有足够的新鲜空气，新鲜空气不低于每人每小时 $25m^3$ 至 $30m^3$。

8.7 夜间施工必须配备足够的照明，顶管机及管道内照明采用安全电压，开关应防雨且安装牢固，并设有漏电保护器。

8.8 建立意外情况立即报告制度。即当意外情况发生时，当班人员必须采用任何可采用有效通信方式，尽快地与地面指挥中心取得联系，以便及时采取行之有效的措施。

9. 环 保 措 施

施工过程中对周围建筑物（包括国家文物）的保护及对工程弃碴、污水排放、机械噪声控制和生活垃圾处理，均应按照国家环保部门的环保要求执行，各项控制指标均不超过规定的允许值。主要采取如下措施：

9.1 环境保护教育。认真学习国家和地方环境保护的各项法律、法规和标准，在开工前对全体职工进行宣传、教育增强全员环保意识。

9.2 施工现场环境美化。工地应落实门前三包环境责任制，不在工地门前围栏外侧公用场地堆放材料、水泥、垃圾等。对门前屋后凡可进行绿化的地点均临时种植花草树木。

9.3 保护公共设施及文物。施工中有责任确保城市公共设施的安全。在土方开挖过程中，如发现有文物迹象，应局部或全部停工，采取有效的保护措施。

9.4 粉尘控制。做到施工场地硬化，要定期向地面的洒水，减少灰尘对周围环境的污染。禁止在施工现场焚烧有毒、有害和有恶臭气味的物质。装卸有粉尘的材料时，应洒水湿润或在仓库内进行。拆除临时设施时，及时洒水处理，降低扬尘污染。

9.5 噪声控制。距居民区较近的施工现场，对主要噪声源如大型吊车、泥浆泵等采用有效的吸声、隔声材料做成封闭隔声屏蔽，使其对居民干扰降至规定标准；在机械设备采购时，尽量采用低噪声设备。在夜间施工时，严禁大声喧哗，装卸物料及码放时轻拿轻放。夜间施工光源如铲车、汽车灯光及施工照明灯不直接对居民房，并采取有效措施避免直接照射。

9.6 预防水污染的措施。工程开工前，根据现场市政排水设施布设情况和施工现场临建情况将排水设计方案上报市政排水主管部门同意，并向市政排水主管部门申领施工临时排水许可证。工地排水实行雨水、污水分流制度，且所有排放的污水，应符合国家规定的《污水排入城市下水道水质标准》和《污水综合排放标准》。

10. 效 益 分 析

10.1 设备简单，投入人员少，降低了成本，缩短了工期。原设计 2D2800 采用钢板桩支撑明开槽

2m×100m，管道埋深 8.2m，设计变更顶管后，工期由 60d 缩短为 30d，投入施工人员由 50 人减少为 30 人，节约成本至少 100 万元。

10.2 采用计算好的控制方法采用双排直径为 2.8m 的顶管同时顶进施工加快了顶进速度，同时不受雨期施工的影响，每天的施工进度均能保持在 13～14m。

10.3 因采用水力掘进和水力运输，有效的控制地表的沉降，采用顶管施工避免了明挖给附近 20m 处的高压铁塔、景观河渠带来的倾覆的危险。且在穿越道路、铁路、河渠的管道施工中，减少了降水和封锁交通，对环境影响很小，其无形的企业社会效益显著。

11. 工程实例

中铁十六局集团第二工程有限公司承建的天津开发区西区东北组团能源区及部分支路道路排水 B 标，是天津市经济技术开发区西区新开发建设的重点工程，其中的 φ2800 管道是整个西区雨水管网进入泵站的最终连接管线，该管线为双排（管间净距 1.3m）2m×130m 平行管道，埋深约 9m，距离高压铁塔、景观河渠仅 20m、两侧均有高压电线杆，且穿越两道河渠、开发区西区地属沿海冲积平原区，地势较平坦，该工程区域地基土属第四系全新统陆相层、海相层。地基土按成因几年代分为三层：人工填土层、粉质黏土，粉质黏土层属高—中压缩性土，根据上述情况，通过与设计和业主协商变更明挖为顶管施工工艺进行施工，针对这类大口径的顶管，考虑到环渤海地区的土质情况、业主对工期的要求、施工的安全质量、经济效益等，我们采用上海朝华工程建设发展有限公司的敞开式掘进机及钠膨润土悬浮液减阻润滑材料，采用网格式水冲法双排管道同时顶进技术。采用本工法成功地克服了滨海地质对顶管施工及双排顶管施工相互影响的不利影响，圆满的完成了该顶管施工任务。

混合花岗岩固结灌浆施工工法

GJEJGF171—2008

中铁十四局集团有限公司

刘红旗　王其升　苏斌　崔树鹏　高士亮

1. 前　　言

水工隧洞若承受高水头压力或强尾水冲刷，一般要对隧洞围岩实施注浆加固，提高围岩整体性和抗渗性。对裂隙狭小的混合花岗岩实施灌浆加固，达到设计抗渗标准和耐久性要求，在技术上存在较大的难度。

泰安抽水蓄能电站是山东省第一座抽水蓄能电站，设计水头 200m，总装机容量 1000MW，设计抗压和耐久性要求高。隧洞岩体加固工程主要包括 1 号、2 号尾水隧洞，固结灌浆孔共 3647 个，计18175m。中铁十四局集团有限公司联合山东大学开展科技创新，取得了包括"混合花岗岩固结灌浆施工技术"的"泰安抽水蓄能电站工程岩土体稳定性控制与信息化施工关键技术研究"科技成果，达到了国际先进水平，于 2006 年 10 月 28 日通过了山东省科技厅的鉴定，获得了中国施工企业管理协会科学技术创新成果一等奖。同时，形成了混合花岗岩固结灌浆施工工法。

本工法推广应用于沪蓉西高速公路龙潭隧道施工及宜万铁路关口垭 1 号和关口垭 2 号隧道施工，由于技术工艺成熟可靠，对围岩加固处理效果好，社会和经济效益显著，推广应用前景良好。

2. 工 法 特 点

2.1　采用 1.5MPa 灌浆压力等级，对裂隙狭小的混合花岗岩进行灌浆加固，效果可靠。

2.2　采用 GJY4 灌浆自动记录仪记录灌浆时的瞬间压力和瞬间流速，能精确控制灌浆质量。

2.3　采用双阀回浆为特点的小循环灌浆管路，灌浆压力稳定。

3. 适 用 范 围

适用于混合花岗岩地质条件下，存在狭小裂隙和完整性较差的隧洞围岩的固结灌浆施工。

4. 工 艺 原 理

固结灌浆主要是对岩体的孔隙及其存在的裂隙实施压力灌浆，水泥浆液在压力推动下注入到地质缺陷部位，如断层破碎带、软弱夹层、裂隙密集带，在浆液固化后，起到增加岩体完整性，提高岩体弹性模量，增强围岩抗渗性，达到防渗抗压的目的。

隧洞固结灌浆施工注浆管路采用双阀回浆的小循环灌浆管路布置连接（图 4-1），压力剧增时能及时回浆，保证注浆压力平稳。注浆塞采用机械膨胀式单塞（图 4-2），通过螺纹松紧实现塞子的缩涨，能可靠止浆保压。GJY4 灌浆自动记录仪记录灌浆时的瞬间压力和瞬间流速，以便即时调整控制注浆参数。

采取分序灌浆方法，环间叠加挤密，增强注浆效果。钻灌分序（图 4-3）按环间分序，环内加密的

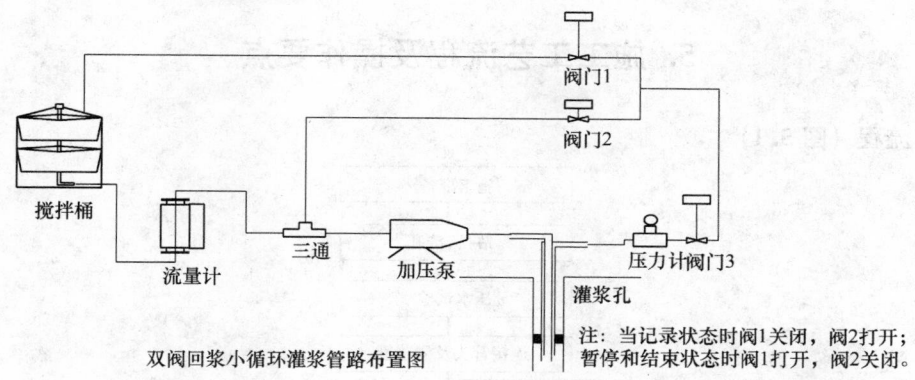

双阀回浆小循环灌浆管路布置图

注：当记录状态时阀1关闭，阀2打开；暂停和结束状态时阀1打开，阀2关闭。

图 4-1　双阀回浆小循环灌浆管路布置图

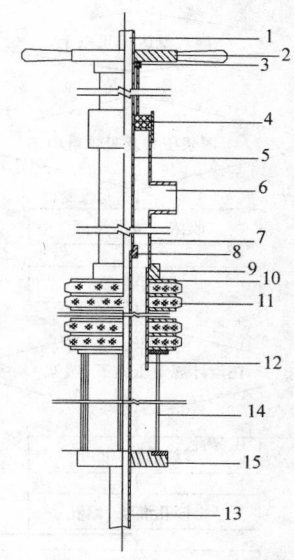

图 4-2　基岩灌浆塞（压缩膨胀式单塞）

1—进浆管 $\phi25.4mm$；2—手柄；3—轴承；4—密封盘根；5—内管 $\phi25.4mm$；
6—回浆管 $\phi25.4mm$；7—外管 $\phi25.4mm$；8—变径 $\phi5.4\sim19.1mm$；
9—变经 $\phi51\sim31.8mm$；10—铁垫；11—胶球；12—塞外管 $\phi31.8mm$；
13—塞内管 $\phi19.1mm$；14—灯笼架；15—左旋

原则分为两序进行。先钻灌Ⅰ序环的奇数孔，再钻灌Ⅱ序环的奇数孔，然后钻灌Ⅰ序环的偶数孔，最后钻灌Ⅱ序环的偶数孔。

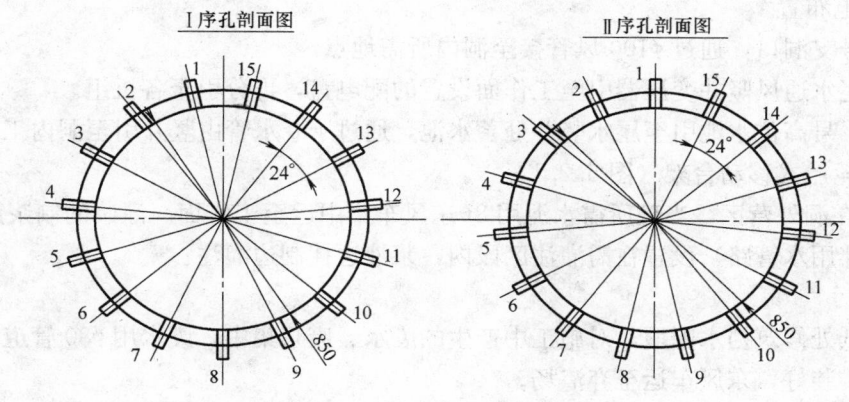

图 4-3　钻灌分序图

5. 施工工艺流程及操作要点

5.1 工艺流程（图 5.1）

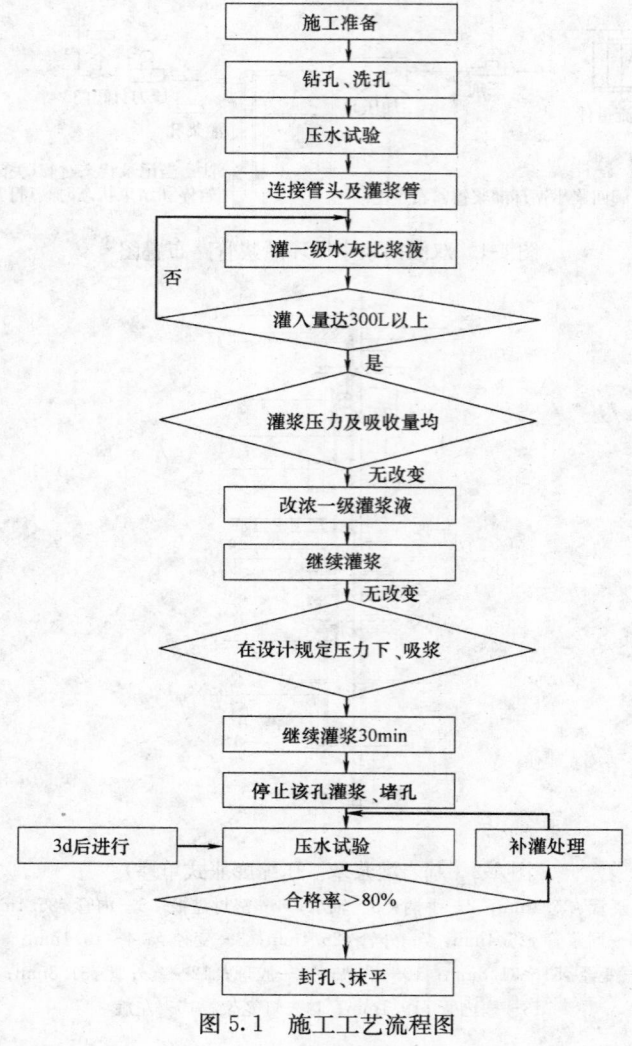

图 5.1 施工工艺流程图

5.2 主要工序施工方法

5.2.1 施工准备

1. 风、水、电布置

空压机在 4 号支洞口，通过 φ100 风管接至洞内所需地点。

电缆线路由尾水通风竖井变压器引至工作面设置的配电盘，再分引至各机组。

施工用水自 1 号高位水池引至尾水竖井处蓄水池，通过 φ50 水管由竖井引至洞内工作面。

2. 安装自制轮胎式移动台架（图 5.2.1）。

3. 水泥库设在洞外营区，当班所需水泥用 8t 东风车集中运至工作面。灌浆的制浆系统（包括搅拌机、注浆机、搅拌用水管路）设置在需灌注区段内，浆液边拌制边灌注。

4. 排水、排污

在灌浆区段低处修筑挡水围堰，对施工中产生的废水、废浆集中，废水用 φ80 管道引至 4 号支洞抽排。废浆用水泥袋装好，东风车运至弃渣场。

5.2.2 钻孔

隧洞固结灌浆孔采用 YT26 气腿式手风钻钻孔，开孔孔径为 $\phi60$mm，进尺 1m 后，孔径改为 $\phi42$mm，总孔深为 5m。

5.2.3　灌浆材料和灌浆压力

1. 灌浆材料：采用纯水泥浆灌注，水泥采用盖泽牌 P.O32.5 水泥，用前对其初、终凝时间，比重，细度，颗粒组成，标准稠度，强度及安定性进行检验。

2. 灌浆压力：设计图纸规定尾$_1$1＋395.071—1＋409.365（尾$_2$1＋368.114—1＋382.408）固结灌浆压力为 0.6MPa，其余段为 1.5MPa。

5.2.4　钻孔冲洗

固结灌浆前对钻孔进行冲洗，冲洗至回清水后再延续 10min 以上为止，冲洗压力控制在灌浆压力的 80% 以内。

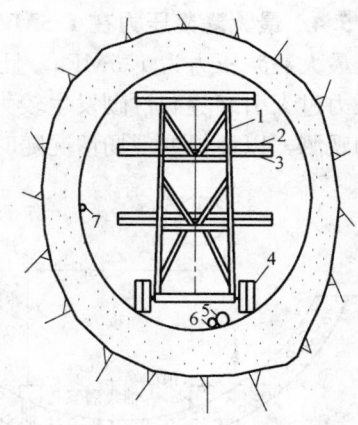

图 5.2.1　轮胎式移动台架
1—钢架；2—木板；3—方木；4—胶胎轮；5—风管；6—水管；7—电缆线

5.2.5　压水试验

固结灌浆孔的压水试验应在裂隙冲洗后进行，压水试验采用单点法，试验孔数不少于总孔数的 5%。压力为灌浆压力的 80%，在稳定压力下每 5min 测读一次压入流量，连续四次读数中最大值与最小值之差小于最终值的 10%，或最大值与最小值之差小于 1L/min，本段试验即可结束，取最终值为计算值。

5.2.6　灌浆

固结灌浆采用孔内循环法，射浆管距孔底为 20cm。全孔一次灌注，Ⅰ序孔一泵一孔灌注，Ⅱ序孔吸浆量小的，同一环内的高度大致相同的灌浆孔 2 孔并联灌浆。

浆液水灰比选用 2∶1、1∶1、0.8∶1、0.6∶1 四个比级。开灌水灰比为 2∶1。浆液比重及含灰量、含水量明细表见表 5.2.6。

浆液比重及含灰量、含水量明细表　　　　　　　　　　　　　表 5.2.6

设计水灰比		5∶1	3∶1	2∶1	1∶1	0.8∶1	0.6∶1	0.5∶1
P.O32.5	设计比重	1.127	1.204	1.291	1.512	1.603	1.733	1.823
普通水泥	每 kg 浆液含灰量	0.187	0.301	0.430	0.756	0.891	1.083	1.216
比重为 3.16	每 kg 浆液含水量	0.939	0.903	0.861	0.756	0.713	0.651	0.608

浆液变换标准：灌浆浆液由稀至浓逐级变换，当灌浆压力保持不变，注入率持续减少，或注入率不变而压力持续升高时，不得改变水灰比，当某级浆液注入量已达 300L 以上，或灌浆时间已达 30min，而灌浆压力和注入率均无改变或改变不显著时，改浓一级水灰比，当注入率大于 30L/min 时，可根据具体情况越级变浓。

结束标准：在设计灌浆压力下如灌浆段的吸浆量小于 1L/min，持续灌注 30min，灌浆工作即可结束。每段灌浆结束后，灌浆塞应留在灌浆孔内，待灌浆塞的背压降到零，方可取出。

5.2.7　封孔

灌浆结束后，将钻孔内的积水和污物用高压风排除，拱顶倒孔或有涌水孔采用封孔器进行全段封孔灌浆，浆液浓度 0.6∶1，灌浆压力 1.5MPa，并带压闭孔，闭浆 24h 以上。其余孔采用"导管灌浆封孔法"封孔，即将 $\phi25$ 导管插入灌浆孔中，距孔底 5cm，注入 0.6∶1 水泥浓浆封填饱满，孔口压抹齐平。

5.3　固结灌浆设计说明

根据开挖揭示的地质条件及地质雷达地震波探测和洞内钻探验证结果，确定 1 号尾水隧洞固结灌浆范围：尾$_1$0＋520—0＋532，尾$_1$0＋700—0＋721，尾$_1$0＋730—0＋745，尾$_1$0＋820—0＋865，尾$_1$1＋030—1＋090，尾$_1$1＋130—1＋157，尾$_1$1＋230—1＋242，尾$_1$1＋254—1＋409.4。2 号尾水隧洞固结灌浆范围尾$_2$0＋670—0＋712，尾$_2$0＋730—0＋772，尾$_2$1＋050—1＋071，尾$_2$1＋110—1＋146。其中尾$_2$1＋227—1＋382.408 尾$_1$1＋395.071—1＋409.365（尾$_2$1＋368.114—1＋382.408）固结灌浆压力为 0.6MPa，其余段为 1.5MPa。固结灌浆孔深 5m，排距 3m，每环 15 孔，排与排之间梅花型布置。

5.4 最大灌浆压力在 1.5MPa 情况下，采取的安全质量技术措施

最大灌浆压力为 1.5MPa，且裂隙狭小，密集，对衬砌混凝土抗抬动极为不利，为避免灌浆过程中因压力过大引起隧洞衬砌发生较大位移而遭破坏，造成安全、质量问题，在灌浆过程中要对衬砌进行抬动观测，以便根据现场情况随时调整灌浆参数。抬动观测变形（参见图 5.4）步骤为：

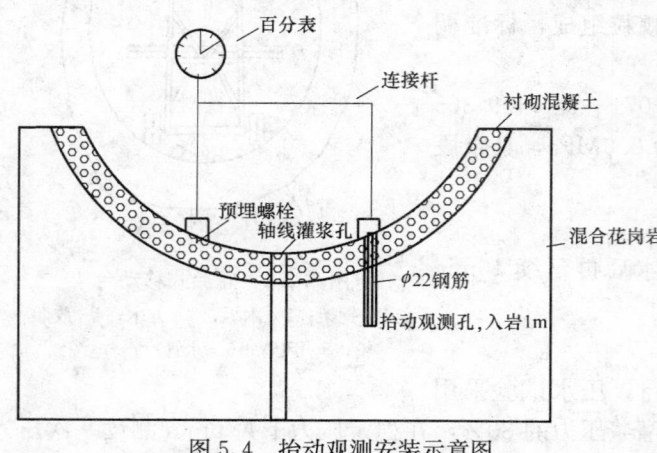

图 5.4 抬动观测安装示意图

5.4.1 每在灌浆区域设置一处观测点，在灌浆孔一侧设抬动观测孔，入岩 1m，孔内预埋 ϕ22 钢筋，高出孔口 3～5cm，孔内水泥砂浆填充密实。两侧安装抬动观测装置，变形量由百分表测得。

5.4.2 调整百分表测点和基点，读记百分表初始值。

5.4.3 测记环境温度。

5.4.4 观测与灌浆同步进行，观测时间间隔，灌浆开始阶段为 5min，灌浆压力基本稳定后可延长至 10min，直至灌浆结束。

5.4.5 观测记录内容，包括工程名称、环号、观测点编号、百分表编号、观测日期及时间、百分表读数、环境温度等。

5.4.6 当抬动变形速率超过极限值（0.2mm）时，应立即降低灌浆压力，同时记录相应灌浆参数。

5.5 特殊情况处理

5.5.1 中断处理：灌浆必须连续进行，若遇断电、机械故障等原因中断超过 30min 时，应立即冲洗钻孔；如冲洗无效，则应重新扫孔灌浆。

恢复灌浆，应使用最稀浆液，如吸浆量与中断前相近似，即可恢复中断前的水灰比；如吸浆量较中断前减少较多，且在较短时间内停止吸浆，则需补孔重灌。

5.5.2 串孔处理：如被串孔正在钻进，应立即停钻；如串浆量不大，在被串孔内采取冲洗措施；串浆量大时，与被串孔同灌，如条件不允许，可先将被串孔塞住，灌浆结束立即将被串孔扫孔补灌；串浆量大，且无条件同时灌浆时，可用灌浆塞塞于被串孔串浆部位上方 1～2m 处，对灌浆孔继续进行灌浆。灌浆结束后，应立即将被串孔内的灌浆塞取出，并扫孔洗净，待后再灌。

5.5.3 在围岩吸浆量大，灌浆难于结束时，采用限流、间歇灌浆或灌注水泥砂浆。

5.6 劳动力组织（表 5.6）

劳动力组织情况表　　　　　　　　　　　　　　　　　　　　表 5.6

序　号	工　种	人　数	工　作　内　容
1	工班长	1	工作安排、施工管理
2	风枪工	3	钻孔
3	技术员	1	观察自动记录仪
4	灌浆工	3	看压力表、泵、加灰
5	杂工	4	辅助施工

6. 材料与设备

6.1 本工法所用的主要材料见表 6.1。

主要材料表　　　　　　　　　　　　　　　　　　　　　　表 6.1

序　号	材料名称	规　格	备　注
1	水泥	P.O32.5	
2	水		饮用水
3	砂	中粗	围岩吸浆量大时

6.2 采用的主要机具与设备见表6.2。

机具设备表 表6.2

序号	机具名称	型号	数量	用途
1	电动空压机	L20/8	1	风枪供风
2	手风钻	YT26	6	钻孔
3	注浆泵	SNS-150/3.5A	1	注浆
4	灌浆自动记录仪	GJY4	1	灌浆过程监控
5	高压水泵	DAZ-100×6	4	洞内供水
6	污水泵	80QW-45-28	4	排污
7	搅拌机	500L	2	制浆
8	东风自卸车	8t	1	运输水泥
9	施工台架	自制	2	钻孔、灌浆

7. 质量控制

7.1 固结灌浆施工质量执行《水工建筑物水泥灌浆施工技术规范》第四章4.3节及附录A的规定。

7.2 质量检测

固结灌浆质量一般采用压水试验检查，压水试验检查在该部位灌浆结束3～7d后进行，检查孔的数量不少于灌浆孔总数的5%。孔段合格率大于80%，不合格孔段的透水率不超过设计规定值的50%，且不集中，灌浆质量为合格。

尾水隧洞固结灌浆共布设检查孔200个，1号尾水洞 $q_{max}=0.188Lu<0.4Lu$，$q_{min}=0<0.4Lu$，$q_均=0.0181Lu<0.4Lu$，2号尾水洞 $q_{max}=0.123Lu<0.4Lu$，$q_{min}=0<0.4Lu$，$q_均=0.0208Lu<0.4Lu$，检查结果全部达到设计要求。

7.3 质量保证措施

7.3.1 灌注前，首先组织施工人员按施工组织设计制定的灌浆施工工艺、施工机械性能等特点和施工条件，进行班组技术交底，并组织岗前培训。

7.3.2 专职质检员在灌浆过程中跟班作业，对灌浆过程中出现的问题及时处理，并上报现场技术主管。

7.3.3 施工过程严格执行三检制度，每道工序均严格进行自检，合格后报验。

8. 安全措施

施工安全执行《水利水电建筑安装安全技术工作规程》，另采取以下具体安全措施。

8.1 灌注前，首先组织施工人员进行班组安全交底。

8.2 电线、给排水管、灌浆管布置要整齐划一，符合安全规定。

8.3 对灌浆连接管路加强巡视，发现堵管要及时处理，避免爆管伤人。

8.4 开动注浆泵前应仔细检查动力端零部件的坚固情况，柱塞与拉杆的连接应牢固；检查各运动件配合间隙是否正常；检查减速机构离合是否灵活可靠；检查液力端进排系统是否被杂物堵塞；检查球阀座的关系，应升降自如、关闭严密；检查进、排胶管各部分密封是否严密。

8.5 注浆泵在工作中要注意经常检查各运动件的润滑情况，在使用时各箱体内的润滑油温度在30～50℃之间，最高不得超过60℃。注意各运动件是否有异常声响出现，一旦出现立即检查，给予排除。

8.6 注浆泵停机时应注意当砂浆灌注完后，先用水泥浆冲洗管道中的砂浆，再用清水洗30min，否则砂子会沉于浆室及管道之中，影响泵的再次使用。

8.7 高空作业必须佩戴安全带。

9. 环保措施

环境保护执行国家《环境保护法》，按照ISO 14001标准建立环境管理体系并实施。另采取以下具体环保措施：

9.1 施工区段，每隔 50～100m 设围堰，将施工产生废水集中抽至 4 号支洞口集水池，集中进行处理，经业主认可后，沿沟渠排放。

9.2 每班组灌浆完毕，及时将废弃浆液清理收集，运至洞外指定地点。

9.3 钻孔施工隔段进行，减少噪声叠加；钻孔人员佩戴防尘面罩和耳塞，灌浆作业人员佩戴眼睛防护罩；严禁干钻，并派专人对施工区域定期洒水降尘。

9.4 灌浆作业结束后，进行现场清理，做到工完场清。

10. 效 益 分 析

泰安抽水蓄能电站尾水隧洞混合花岗岩固结灌浆采用 1.5MPa 灌浆压力对裂隙狭小的混合花岗岩进行灌浆加固；GJY4 灌浆自动记录仪记录灌浆时的瞬间压力和瞬间流速，全面、精确地控制灌浆质量；注浆管路采用双阀回浆的小循环灌浆管路布置连接，各类仪器线路安装准确。加固处理效果较好，且进度较快，推广应用前景广阔。在施工中不断总结优化施工方案，熟练掌握了固结灌浆施工工艺，工期比计划工期提前 129d，节约了人工及机械等费用共计人民币 42.9 万元。本工法在沪蓉西高速龙潭隧道固结灌浆施工中得到成功应用，节省资金近 70 万元。在宜万铁路关口垭隧道灌浆施工中得到成功应用，节约成本约 50 万元。

11. 工 程 实 例

11.1 泰安抽水蓄能电站位于山东省泰安市西郊的泰山西南麓，距泰安市 5km，京沪铁路和 104 国道从工程区通过。电站安装 4 台单机容量为 250MW 的可逆式机组，总装机容量为 1000MW，是山东省第一座抽水蓄能电站，为山东省电网的调峰起到极其重要的作用，是山东省重点工程之一。电站尾水隧洞段围岩为 II-III 类，以 III 类为主，断层破碎带及裂隙密集带、蚀变带为 IV-V 类。沿线围岩为混合花岗岩及后期侵入的岩脉，岩石弱风化—新鲜，结构面较发育—发育。岩脉与围岩接触一般较好，局部差，脉体具片理化。沿线断层、岩脉、裂隙密集带等结构面为相互切割的不利组合，在局部洞段形成稳定性差的岩块。固结灌浆施工自 2004 年 3 月 2 日开工，2005 年 2 月 27 日竣工。在施工中采用本工法对围岩进行了固结灌浆处理，增强了围岩的整体性、提高了围岩的弹性模量和抗压强度。两条尾水隧洞固结灌浆共布孔 3647 个，计 18715m。总耗灰 28.666t。I 序孔单位注灰量 3.62kg/m，II 序孔单位注灰量 1.11kg/m，注入量较小，但有明显递减趋势。

固结灌浆效果用压水试验检查，共布设检查孔 200 个，1 号尾水洞 $q_{max}=0.188Lu<0.4Lu$，$q_{min}=0<0.4Lu$，$q_{均}=0.0181Lu<0.4Lu$，2 号尾水洞 $q_{max}=0.123Lu<0.4Lu$，$q_{min}=0<0.4Lu$，$q_{均}=0.0208Lu<0.4Lu$，检查结果全部达到设计要求。

11.2 中铁十四局集团有限公司施工的沪蓉西龙潭隧道，位于湖北省长阳县，设计为上下行分离式隧道，全长 8693m，洞身 YK70+686～YK70+969 段，处于岩性接触带，节理裂隙发育，松动圈大，完整性差。该工程 2004 年 8 月开始施工，于 2008 年 12 月左右洞均顺利贯通。在岩性接触带应用本工法进行围岩加固，选择合理的灌浆技术参数，加固处理效果较好，增强了围岩的整体性、提高了围岩的弹性模量和抗压强度，且进度较快，确保了工程质量和安全，取得了较好的经济效益和社会效益。

11.3 中铁十四局集团有限公司施工的宜万铁路关口垭一号、二号隧道，位于湖北省长阳县，长度分别为 436m 和 609m，设计为 I 级铁路单线隧道，隧道处于岩性接触带，强～弱风化，节理裂隙发育，岩体破碎。该工程 2004 年 12 月开始施工，于 2006 年 6 月顺利贯通。在岩性接触带应用本工法进行围岩加固，选择合理的灌浆技术参数，加固处理效果较好，增强了围岩的整体性、提高了围岩的弹性模量和抗压强度，且进度较快，确保了工程质量和安全，取得了较好的经济效益和社会效益。

站场咽喉区顶进超大框构桥及拆除旧桥施工工法

GJEJGF172—2008

中铁九局集团有限公司
东北金城建设股份有限公司
于建军　夏志华　许庆君　柳成荫　李华伟

1. 前　　言

框构桥顶进施工技术经常应用于铁路平交道口改立交和既有铁路桥改造的工程。其工艺是首先预制框构，然后利用人工或机械将框构桥前端土层破碎，再将弃土通过出土通道运出地面。借助于设置在框构桥后端的千斤顶与后背墙的作用反力将框构向前推进，直到框构桥达到设计位置。具有不影响交通、临时占地面积小、环境污染小，对施工区域附近居民的生活、工作和出行影响小等优点。

沈阳市南五马路公铁立交桥改造工程地处交通要道，上有既有线铁路线路 7 条，并且关系到旧桥拆除和新桥顶进要同步协调进行。一方面，新桥中孔两框构桥顶进就位精度要求较高，是此次工程的关键技术环节；另一方面，框构桥自重达 13000t，加上线路加固及施工材料的重量 125t，共重 13125t，是目前国内顶进法施工中非常大的框构桥；同时铁路线路行车封锁时间有限。鉴于上述施工难度，技术人员多次深入现场调查研究、借鉴同类工程施工经验、并进行引进完善创新，形成了站场咽喉区顶进超大框构桥及拆除旧桥施工技术，成功解决了顶进吨位超大、精度要求高的施工技术难题。《站场咽喉区顶进超大框构桥及拆除旧桥施工技术》获中铁九局 2005 年度科技成果一等奖，QC 质量攻关小组获国家级优秀 QC 小组，其关键技术已经于 2006 年 3 月 4 日通过中国铁路工程总公司的鉴定，该项技术处于国内先进水平，具有推广价值及良好的应用前景。

中铁九局应用该项技术顺利地完成南五马路站场咽喉区顶进超大框构桥及拆除旧桥工程，并形成工法。由于施工方法得当，技术先进，框构桥精确就位，取得了显著的社会效益和经济效益。

2. 工 法 特 点

2.1 施工方法简便易行、投资少，成本低。

2.2 对铁路既有线行车影响小、临时占地少。

2.3 在城市施工时不封道，对城市交通、群众生活干扰少。

2.4 有效防止桥上结构物变形、下沉而造成的损坏，确保铁路行车的安全可靠。

2.5 施工扬尘少、噪声低，文明环保。

3. 适 用 范 围

适用于铁路、公路交通繁忙地区的整体大吨位框构桥顶进施工。

4. 工 艺 原 理

4.1 采取不间断测量，严格控制一次出土量和一次顶进长度；依照"随偏随纠，在顶进过程中纠偏，一次纠偏量不过大"的原则；并运用在桥前端设置船头坡，工作坑底板预留仰坡等措施，确保整体大吨位框构桥精确就位。

4.2 旧桥拆除结合新桥顶进协调进行，施工中应用 DSM-10V 液压金刚石绳锯新技术结合人工对线下旧桥进行节段切割破碎。在确保铁路行车安全的同时，使顶进速度得到保证。

5. 施工工艺流程及操作要点

5.1 施工工艺流程

整体大吨位大跨度框构桥顶进施工工艺流程见图5.1。

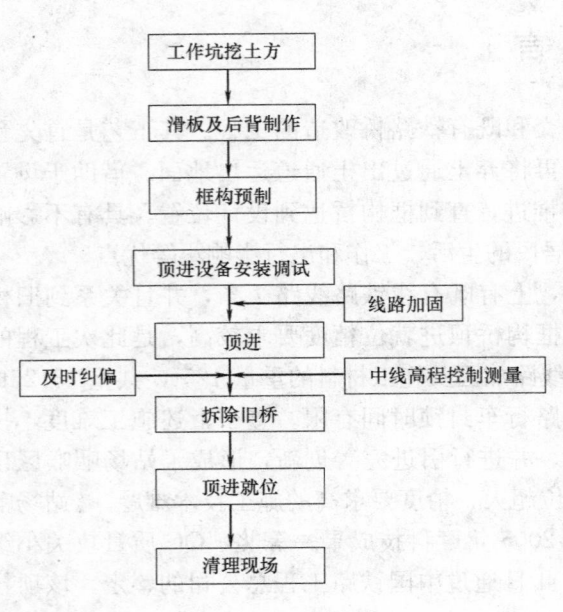

图 5.1 工艺流程图

5.2 施工操作要点

5.2.1 工作坑挖土方

工作坑按施工图纸尺寸进行开挖施工。工作坑采用挖掘机挖土，自卸汽车运输。

5.2.2 滑板及后背制作

1. 滑板及后背均按施工图纸尺寸制作。滑板制作前，先平整基底，滑板表面用砂浆找平。滑板顶面干燥后，先浇一层柴油，然后浇一层石蜡油。浇洒时，在底板长度方向每米挂一道钢丝，作为石蜡油厚度的浇洒标准，钢丝拆除后的槽痕，用喷灯烤熔平整。

2. 后背采用重力式后背，混凝土后背梁与滑板一起浇筑。后背梁后侧设浆砌片石，浆砌片石后侧为夯填土，形状尺寸依照设计图。框构桥顶进就位后，浆砌片石和后背梁需拆除。

5.2.3 框构桥预制

在滑板润滑隔离层上分三次浇筑钢筋混凝土框构箱身，首先要做好测量定位工作，保证框构箱身中心线、工作坑滑板中心线和顶进桥位中心线三者在一条直线上。

第一次浇筑底板，第二次浇筑边墙和中墙，第三次浇筑顶板。框构、滑板、后背梁见图5.2.3。

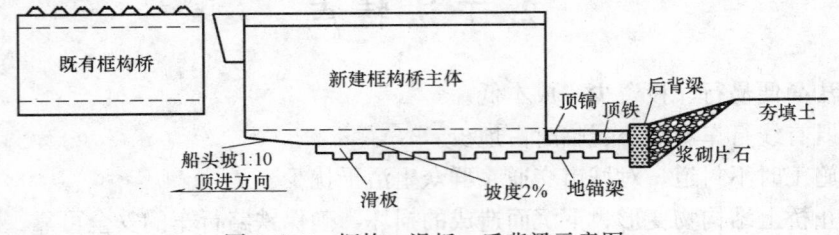

图 5.2.3 框构、滑板、后背梁示意图

5.2.4 顶进设备安装调试

选用 QYS 系列双作用液压千斤顶作为顶进设备。使用 QYS 系列双作用液压千斤顶要注意将工作油过滤干净，严禁混入水和其他液体。进入油缸的油液需经 $30\mu m$ 精度的过滤网过滤。千斤顶工作时油温控制在 $-20\sim+80$℃ 范围内。使用完毕后，将活塞擦干净。安装时，应将负荷作用在活塞杆中心线上，避免偏心负载工作。QYS 系列双作用液压千斤顶主要技术参数见表5.2.4。

顶进设备使用后，必需进行保养检修，直至达到最佳使用状态，使用前进行调试，严禁设备带病使用。使用中不间断观察传力系统是否平直，以防失稳。全部系统经严格确认合格后方可使用，顶进时必须设置应急卸荷装置，框构内与地面监控人员联系方法必须及时准确。保证顶进设备时刻处在最佳使用状态，每次顶进必须确认系统正常。

名称型号	推力/拉力 t	行程(mm)	公称压力(MPa)	缸径(mm)	活塞杆直径(mm)	外行尺寸(mm)			重量(kg)
						最小长度	宽度	高度	
QYS	400/200	500	50	320	220	955	420	520	780
		700				1155			1000
		1000				1455			1250
		1200				1655			1400

QYS系列双作用液压千斤顶主要技术参数　　　表5.2.4

5.2.5 线路加固

大跨度框构桥线路加固，采用纵、横抬梁，3—5—3扣轨法。纵横抬梁均采用550mmC形工字钢。横抬梁与纵抬梁采用850mmU形螺栓连接。扣轨采用510mmU形螺栓与枕木连接。扣轨长度视框构桥跨度而定，一般两侧各伸出10m。

1. 为防止线路横向移动，沿线路横向每2m设一道3t手拉葫芦，固定在线路和框构桥上预埋件ϕ30∩形拉环间，在框构顶进时随时拉紧葫芦，从而保证线路方向不变，线路加固见图5.2.5。

图5.2.5　线路加固图

2. 施工时封锁该条线路，派专人防护，严格按照既有线施工有关文件要求进行，严禁违规施工。

3. 保养线路工作。保持线路水平，在横梁和枕木间保留一定的调整余量，用木板垫塞。当线路方向不良时，可将槽钢下木楔打紧后，松开附近几个吊轨螺栓及方向不良范围内横向支撑，用起道机拨道，随时上紧松动的螺栓，加强观察，发现异状及时修整。

4. 框构顶进就位后，应按需要备足道碴和工具，安排抽出横抬梁顺序，撤一根横抬梁，即补充道碴捣固，全部完毕后，维修达到标准即恢复列车正常运行，解除慢行。

5. 线路加固开始至恢复线路正常期间列车限速45km/h行驶。

5.2.6 框构主体顶进

1. 顶进施工前按式（5.2.6）估算最大顶力

$$P_{max}=K[N_1 f_1+(N_1+N_2)f_2+2Ef_3+RA)]$$　　　　(5.2.6)

式中　P_{max}——最大顶力，kN；

N_1——作用在框构顶上的荷载（包括线路加固材料重量），kN；

f_1——框架顶的摩擦系数，经试验确定。无试验资料时，可以采用以下数值：涂石蜡为0.17～0.34；涂滑石粉可以取0.30；涂机油调制的滑石粉可以取为0.20；

N_2——地道桥自重，kN；

f_2——底板与地基土间摩擦系数，按土的性质而定，无试验资料时可以采用0.70～0.80；

E——作用在两侧墙上的土压力，由于两侧土受超挖松动，可以按主动土压力计算；

f_3——侧面摩擦系数，视土性质而定，无试验资料时亦可以用0.7～0.8；

R——钢刃脚正面阻力，视刃脚构造、挖土方法、土的性质经试验确定。无试验资料时可采用：砂黏土为500～550kPa；卵石土为1500～1700kPa；

A——钢刃脚正面积，m²；

K——预留系数，可以用1.2。

根据计算选用顶进设备，安装布设千斤顶。

2. 纠偏措施

框构顶进过程中发现中心偏移时，要依照"随偏随纠，在顶进过程中纠偏，一次纠偏量不能过大"的原则进行纠偏。

框构顶进过程中发现水平偏移时，前端左右两侧刃脚前，可在一侧超挖。另一侧少挖土或不挖土来调整方向。如箱身前端向右偏，既在左侧刃脚前超挖20～50cm，右侧保持刃脚吃土20cm，用顶进中的两侧刃脚阻力增减差别而达到纠偏的目的。

框构顶进过程中发现"抬头"时，检查底刃脚安装是否向上翘起过大，侧刃脚是否向里翘起过大，可以适当调整刃脚的角度，来纠正箱身"抬头"现象；侧挖土不够宽，也易造成箱身"抬头"，故可在两侧适当多挖；箱身"抬头"量不大，可把开挖面挖到与箱底面平。如"抬头"量较大，则在底刃脚前超挖20～30cm，宽度与箱身相同，同时使上刃脚不吃土，在顶进中逐步调整，在未达到设计高程时，酌情停止超挖以免又造成箱身"扎头"。

框构顶进过程中发现"扎头"时，适当增加抬头力矩，即增加上刃脚的阻力，使上刃脚中刃脚多吃土，侧刃脚稍加吃土量，底刃脚前不得超挖，逐步顶进调整；挖土时，开挖面基底保持在箱身底面以上8～10cm，利用船头坡将高出部分土壤压入箱底，纠正"扎头"；调整刃脚角度，边刃脚增加向里翘的角度、底刃脚增加向上翘的角度；如基底土壤松软时，可换铺20～30cm厚的卵石、碎石、混凝土碎块或混凝土板、灌注素混凝土、打入短木桩、挖孔灌注白灰柱桩、砂桩等方法加固地基，增加承载力，从而纠正"扎头"；用增加箱身后端平衡重的办法，改变箱身前端土壤受力状态，达到纠正"扎头"的目的。注意增加重量后的逐步卸载问题，否则会出现"抬头"现象。

为防止框构中心发生偏移，注意顶进系统的合理使用，执行不间断测量，并且严格控制一次出土数量。

3. 顶进中可能出现过载问题及预防

在顶进过程中由于各种不平衡因素，如地层变化、出土控制不当、顶进设备故障等不确定因素的出现，使框构偏移超标、阻力增大。随着顶力急剧增加，可能造成框构物破裂或后背破坏，为防止产生过载而发生事故，在设备中安装过载保护装置，当顶力超过设定值时，千斤顶自动停止工作，待查明原因，故障解除后方可继续顶进。

4. 施工测量

顶进过程中，用测量仪器不间断控制高程和水平，框构每前进一顶程，既对框构中线和高程进行观测，及时采取相应对策纠偏并做好记录。

5.2.7 拆除旧桥

沈阳市南五马路公铁立交桥旧桥结构形式复杂，为两孔钢混结合连续梁，桥梁墩台为钢筋混凝土结构，下部为扩大基础。采用机械辅助人工配合的方法对旧桥进行拆除。每次拆除的长度根据节段上部线路，既有旧桥的节段分配情况而定。其工序为：拆除—挖运—顶进，循序进行。为了使顶进速度得到保证，还要保证未被拆除部分的墩台的稳定和完整性，采用了金刚石绳锯切割法新技术，对旧桥进行节段切割破碎。旧桥拆除节段分解见图5.2.7。

5.2.8 DSM-10V 液压金刚石绳锯的选用

金刚石绳锯切割和拆除大面积的坚固钢筋混凝土时，功能强大，使用灵活。切割通过主动轮带动金刚石绳锯绕着工作表面高速运动完成。绳锯机是液压驱动，不存在噪声和振动问题，可排除粉尘。主要优点为：不受切割物大小限制，能切割和拆除大型混凝土建筑；可任意方向切割；与静态爆破相比，快速的切割可缩短工期；与振捣破碎相比，解决了施工振动、噪声和灰尘及其他环境污染问题。远距离操作控制可实现水下、危险作业区等特定环境下一般设备、技术难以完成的切割。DSM-10V 液压金刚石绳锯相关技术参数见表5.2.8。

南五马路立交桥旧桥拆除节段分解图

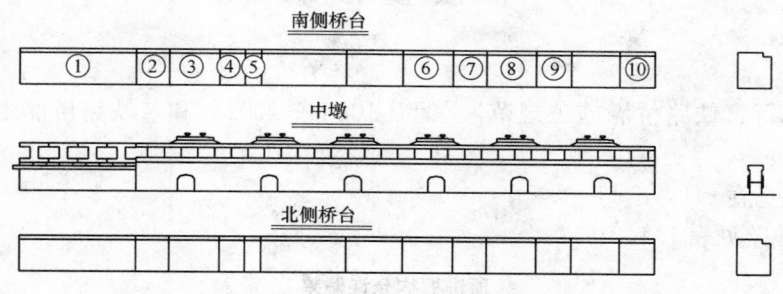

图 5.2.7 旧桥拆除节段分解图

DSM-10V 液压金刚石绳锯相关技术参数 　　　　表 5.2.8

型号	使用压力	最大油量	通用绳直径	主轮外径	最大拉力	最大输送速度	最高转速	有效冲程	组装重量	配用机型
DSM-10V	20.6 MPa	55 L/min	10 mm	600 mm	1.6 kN	1700 mm/min	799 rpm	1160 mm	140kg	E-1100R

5.2.9 顶进就位

框构前进后，使千斤顶活塞恢复原位，在空档处，安放顶铁，以待下次开镐，如此反复循环，直至桥体就位。

5.3 劳动组织

劳动组织见表5.3。

劳动组织 　　　　表 5.3

序 号	工程项目	工 种	人 数	备 注
1	工作坑挖土及顶进出土	挖掘机司机	3	铲车、自卸车配合
2	框构顶进	操作技工	6	
3	旧桥拆除	操作技工	8	金刚石绳锯、破碎锤、空压机、风镐
4	控制轴线方向、水平高程	测工	3	经纬仪、水准仪
5	配合机械作业	力工	18	倒运顶铁、防护等

注：顶进作业中 24h 中分为 3 个班次，表中为每班必须配置人数。

6. 材料与机具设备

本工法无需特别说明的材料，所需主要机械设备见表6。

机具设备 　　　　表 6

序 号	机具名称	规 格	数 量	用 途
1	挖掘机	0.8m³	2 台	挖土
2	千斤顶	400t	44 台	框构顶进
3	千斤顶	200t	40 台	框构顶进
4	金刚石绳锯	DSM-10A	1 套	节段破碎旧桥
5	破碎锤		3 台	破碎旧桥节段破碎后的大块物
6	空压机	9m³	1 台	破碎旧桥节段破碎后的大块物
7	风镐		6 台	破碎旧桥节段破碎后的大块物
8	铲车	ZL50	1 台	装运弃土及破碎物
9	自卸式汽车	15t	15 台	运输弃土及破碎物
10	轨距拉杆	改制后	40 根	线路加固
11	经纬仪	J2	1 台	控制轴线方向
12	水准仪	S3	1 台	控制水平高程

7. 质 量 控 制

7.1 执行标准

7.1.1 严格执行《铁路桥涵施工规范》（TB 10203—2002）和《铁路桥涵工程质量验收标准》（TB 10415—2003）。

7.1.2 允许偏差值

顶进框构允许偏差见表7.1.2。

顶进框构允许偏差　　　　　　　　　　　　　　　　　表7.1.2

序　号	项　目	允许偏差(mm)	序　号	项　目	允许偏差(mm)
1	结构宽度	±50	3	顶进后中线偏差	±200
2	结构轴线长度	±50	4	顶进后高程偏差	+150，−200

7.2 质量控制措施

7.2.1 建立质量责任制度，将质量与效益挂钩，健全质量管理机构和质量保证体系。加强专业技能培训，人员必须经考核合格后持证上岗。

7.2.2 顶进设备维修保养：泵站、油路、控制台等顶进系统必须经常调试检修，保持状态良好。操作人员精神集中，发现异常，立即关停设备，进行检查。

7.2.3 顶进设备布置：液压系统的动力机构、高压油泵、油箱及其他辅助装置，安装在框构的中部，使液压基本一致，千斤顶按桥中轴线对称布置。

7.2.4 顶进设备的安装和调试

当框构混凝土预制完毕和后背建成后，即可进行顶进设备安装。千斤顶的布置应以顶进合力中心为轴对称布置，置于箱身尾部底板预设的钢板托盘上。千斤顶按桥中轴线对称布置见图7.2.4。

图7.2.4　千斤顶按桥中轴线对称布置图

设置液压系统的油管时，油管内径应按流量决定，但回油管路主油管的内径不得小于10mm，分油管的内径不得小于6mm；油脂过滤，油管清洗干净，油路布置合理，密封良好，便于调整与控制，不妨碍施工操作；液压系统的各部件，应进行单体试验，合格后方可安装，全部安装后必须进行试运转，详细检查油路，千斤顶及操纵箱达到要求方可使用；在顶进过程中，当液压系统发生故障时，严禁在工作情况下进行检查和调整，以防伤人。

设置液压系统的油管时，油管内径应按流量决定，但回油管路主油管的内径不得小于10mm，分油管的内径不得小于6mm；油脂过滤，油管清洗干净，油路布置合理，密封良好，便于调整与控制，不妨碍施工操作；液压系统的各部件，应进行单体试验，合格后方可安装，全部安装后必须进行试运转，详细检查油路，千斤顶及操纵箱达到要求方可使用；在顶进过程中，当液压系统发生故障时，严禁在工作情况下进行检查和调整，以防伤人。

调试，通过试运转，全面检查各部件、元件是否可靠，千斤顶有无异常，管路有否泄露，电路、油管有无故障，按系统、元部件逐一检查，存在问题及时调整处理，确认液压系统可靠，电器操纵灵敏准确，便可进行试顶作业。

7.2.5　顶进作业前工作检查

主体结构混凝土必须达到设计强度。线路加固、后背及顶进设备情况。现场照明、液压系统安装及试验情况。现场测量记录人员的组织和仪器装置情况。

7.2.6　在正式顶进前进行试顶，在各关键部位及观测处均有专业人员负责，随时注意变化情况。开泵后每当油压升高 5～10MPa（50～100kbf/cm²）时须停泵观察，发现异状，及时处理。

千斤顶活塞开始伸出，顶柱（顶铁）压紧后应即停顶，经检查各部位情况无异常现象可再开泵，直至箱身起动并记录箱身启动顶力。试顶完成后还要进行一次全面的检查，各部位情况均属良好便可正式的顶进作业。

7.2.7　顶进作业

顶入前框构主体结构、后背各部几何尺寸、线路加固进行检查验收，混凝土强度符合设计要求，统一作业指挥信号，做好观测准备。

顶入作业宜连续进行，不得长期停顿，以防地下水渗出，造成路基坍塌。

每次顶进前应细致检查顶进的液压系统、传力系统及后背的变化情况，发现问题及时处理。

挖土与顶进循环交替进行，每前进一个顶程，即切换油路，并将千斤顶活塞复原，补放或更换顶铁（柱）。在全部顶进过程中，桥身每前进一个顶程，对箱身中线和高程进行观测，发现偏差及时采取措施纠正。顶进时必须在列车运行间隔进行，严禁在列车通过桥址线路时顶进。顶进期间必须配备专门人员和机具材料，负责对线路进行观察、整治变形及养护，确保行车安全。当箱身顶进入土后，应组织三班作业，保持不间断的顶进作业直至就位。

交接班时，必须对各部位进行检查，并做好交接班记录和顶进记录。

8. 安 全 措 施

8.1　执行标准

8.1.1　《铁路工程施工安全技术规程》。

8.1.2　《铁路运输安全保护条例》。

8.1.3　《建筑施工安全检查标准》（JGJ 59—99）等标准和法规。

8.2　安全措施

8.2.1　所有进入施工现场的人员，必须佩戴安全帽，禁止非施工人员进入施工现场。

8.2.2　顶进过程中，当液压系统发生故障时，严禁在工作情况下进行检查和调整，以防伤人。

8.2.3　顶进时顶柱和后背上不准站人，以防顶柱弓起崩人和后背意外伤人。

8.2.4　列车通过时严禁顶进和挖土，以免影响行车安全。作业人员要离开工作坑开挖面4m以外。当挖土或开挖过程中发生塌方时应迅速对线路抢修加固，对行车线作有效的防护后方可重新施工。

8.2.5　派专人对加固线路进行24h监护，随时检查和维修加固设备，诸如U螺栓有无裂纹，螺帽有无松动，设备有无侵限等，发现问题及时处理，确保行车的绝对安全。

8.2.6　发生故障或较长时间不顶时，严禁挖土。

8.2.7　顶进过程中严禁超挖，发现未知缆线要及时通知现场负责人及时排迁。

8.2.8　挖运土方和顶进作业应循环交替进行，每前进一顶程，即应切换油路，并将顶进千斤顶活塞拉回复原，补放小顶铁，换长顶铁安装横梁。

8.2.9　施工注意事项

1. 顶进框构施工前，根据框构所处位置、地层性质、框构自重、地下水位标高、顶进距离等因素进行顶力和后背结构计算，合理制定顶进方案和技术措施，防止施工中发生地层坍塌和隆起、摩擦阻力超过顶力发生"死机"、框构严重偏移等工程安全和质量事故。

2. 当框构穿越铁路、公路及房屋建筑时，须采取相应的防护措施，顶进时，随时监测，保证铁路、公路、房屋建筑等状态良好和行车、行人的安全。

3. 所有施工设备和机具使用时均须由专职人员负责进行检查、必要的试验和维修保养，确保状态良好。各技术工种必须经过培训并经考核取得合格证后，方可持证上岗工作，杜绝违章作业。

9. 环 保 措 施

9.1 执行标准

9.1.1 整个施工过程中，全面运行 ISO 14001 环境保护体系标准，系统地采用和实施一系列环境保护管理手段。

9.1.2 《建设项目环境保护管理条例》

9.1.3 《中华人民共和国水污染防治法实施细则》

9.1.4 《建设项目竣工环境保护验收管理办法》

9.1.5 《关于加强铁路噪声污染防治的通知》

9.1.6 《关于有效控制城市扬尘污染的通知》

9.2 控制措施

9.2.1 严格遵守国家和地方政府部门颁发的环境管理法律、法规和有关规定，根据客观存在的粉尘、污水、噪声和固体废物等环境因素，实施全过程污染预防控制，尽可能减少或防止不利的环境影响。

9.2.2 将施工场地和作业限制在工程建设允许范围内，合理布置、规范围挡，做到标牌清楚、齐全，各种标识醒目，施工场地整洁文明。

9.2.3 对容易产生噪声的设备采取合理布局，加强设备润滑和维护保养工作，并严格执行相应作业指导书和设备检点规程，同时尽可能避免夜间施工，以减轻噪声对周围生活环境和居民的影响。

9.2.4 固体废弃物按不同性质和类别分开存放，主要分为危险、不可回收利用固体废弃物、可回收利用固体废弃物、生活和办公垃圾等。

9.2.5 弃土要运送至指定地点，防止对周围环境进行破坏和污染。

9.2.6 施工机械产生的废油料及润滑油等，必须集中收集进行处理，生产用油料必须严格保管，防止泄漏，污染土地。

10. 效 益 分 析

10.1 环保效益

工程建设时，周围的居民及企事业单位能正常生活及工作，交通运输正常运行，特别是应用金刚石绳锯拆除旧桥减少了噪声污染和扬尘对周围环境的污染。为同类工程施工提供了丰富的施工经验和技术指标，新颖的工法推动了顶进框构桥施工的技术进步，取得了很好的社会效益和环保效益。

10.2 社会效益

本工法创新了一次顶进框构桥吨位重、跨度大、顶程远、穿越线路多、顶进精确度高、金刚石绳锯切割拆除旧桥技术新等多项顶进框构桥的记录。施工质量优良，确保了铁路及公路的行车安全和畅通，创新了穿越多条铁路行车线下顶进单体超大框构桥的先例。提高了企业的知名度，在东北地区产生了巨大的社会影响，树立了良好的社会形象，为振兴东北老工业基地、繁荣沈阳经济做出了重要贡献。

10.3 经济效益

沈阳市南五马路公铁立交桥改造工程，即沈阳至山海关南线 K1＋044m 处，由于施工方法简便易行、临时占地少、保证交通运输的顺利进行、有利于文明施工，节约了大量工程拆迁和地面场地占用等费用。同时，应用DSM-10V液压金刚石绳锯技术拆除旧桥，有利地缩短工期，降低工程成本，提前计划工期5天完成，共节约37.5万元。其中，人工费0.9万元，材料费1万元，机使费35.6万元。机使费包括挖掘机9.2万元，破碎锤16.8万元，装载机3.2万元，金刚石绳锯2.4万元，吊车费用4.0万元。

施工中，质量、安全、进度、成本等方面均得到有效的控制，节约了工程成本，缩短了工期，实现了"节能减排"，取得很好的经济效益。

11. 应 用 实 例

沈阳市南五马路公铁立交桥改造工程。

11.1　工程概况

该工程位于沈阳站南1km处，连通和平区南五马路与铁西区建设大路，桥上有沈山线、长大线等七条线路。既有桥为四孔，中间两孔桥梁形式为钢混结合连续梁，两边孔桥梁形式为钢筋混凝土框构桥。新桥全长61.16m，净跨54.5m，其中2号桥为双孔连续框构，自重达13000t，顶进施工的顶程56m，是当前中国最大的单体顶进施工框构桥，旧桥拆除和新桥顶进同步协调进行。

11.2　施工情况及结果评价

中铁九局采用44台400t油镐顶进框构桥，顶进速度为12h/m，用金刚石绳锯切割及节段破碎拆除旧桥同时顶进新桥，成功地顶进了2号框构桥，顶进就位后位置偏差满足规范要求，中线实际偏差为70mm，高程实际偏差为+50mm，框构通过地区地面沉降在设计允许范围内。施工质量优良，确保了铁路及公路的行车安全和畅通，在东北地区产生了巨大的社会影响，受到业主多次大力表扬。

Y 形沉管灌注桩软基处理施工工法

GJEJGF173—2008

中铁九局集团有限公司　中铁十局集团有限公司

周文明　于建军　丁飞鹏　林定权　邵波

1. 前　　言

　　软基处理是沿海码头、高等级公路、机场等工程中一个较为突出的问题,尤其是高等级公路桥头对路堤沉降的要求非常高,桥头差异沉降引起的桥头跳车是高速公路建设中的一个老大难问题。Y 型沉管灌注桩作为软基处理的新型技术,是将国外先进的 Y 型桩设计理念和国内的灌注桩工艺相结合具有中国特色的原创技术。在杭州至上海浦东高速公路工程施工中,为寻求更好的软基处理方法和技术,主要对 Y 型沉管灌注桩的施工方法、检测方法、适用条件、质量控制及注意事项等进行深入研究,形成了 Y 型沉管灌注桩软基处理施工技术。实践证明该技术对提高加固后的桥头部分地基承载力效果显著,有效解决了高速公路软土路段桥头跳车问题。"杭浦高速公路 Y 型桩软基处理技术研究"获中铁九局 2005 年度科技成果一等奖。其关键技术已经于 2009 年 4 月 16 日通过辽宁省建设厅科技处的评审,该项技术达到国内先进水平,具有推广价值及良好的应用前景。

　　通过本工程实践,总结经验,形成该工法。该工法的应用提高了工程质量,降低了工程成本,缩短了工期,技术先进,取得了明显的经济效益和社会效益。

2. 工 法 特 点

2.1　工序衔接紧凑,进度快,可有效降低工程成本。

2.2　施工快捷、噪声小、材料消耗低,利于节能减排。

2.3　大幅提高桩基的承载能力,利于提高工程质量。

3. 适 用 范 围

　　适用于地基承载力不足的工程,尤其在软土层较厚并且填土较高的桥头、涵洞、通道等路段工程具有更大的优势。Y 型沉管灌注桩处理的软基段落无需进行等超载预压即可进行下一道工序,所以对于工程量大、工期紧的工程特别适用。

4. 工 艺 原 理

　　Y 型沉管灌注桩与其他抗压桩一样,作用在于穿过软弱的土层,把上部结构的荷载传递到更坚硬或更密实的土层或岩基上。Y 型沉管灌注桩主要作用是提高地基承载力,其支撑力是由桩侧摩阻力和桩端阻力两部分组成。在轴向压力作用下,桩身将发生轴向弹性压缩,同时桩顶荷载通过桩身传到桩底,桩底下土层也将发生压缩,这两部分之和就是桩顶的轴向位移。置于土中的桩与其侧面土紧密接触,桩相对于土向下位移,产生土对桩向上作用的侧向摩阻力。桩顶荷载沿桩身向下传递过程中,必须不断克服这种摩阻力,这样桩身截面轴向力就随着深度逐渐减小,传至桩底截面的轴向力就等于桩顶荷载减去全部桩侧摩阻力,它与桩底支撑力即桩端阻力的大小相等,方向相反。

浇筑完桩帽混凝土后，铺设土工格栅，利用土工格栅良好的延展性和整体抗剪性，均匀的纵、横向抗拉性，高抗疲劳性和耐腐蚀性的特点，增加地基的稳定力矩，提高软基的整体稳定性，加快地基的填筑速度，缩短施工工期。

5. 施工工艺流程和操作要点

5.1 施工工艺流程

施工工艺流程见图 5.1。

5.2 操作要点

主要操作要点为环形密封安装、静压沉管成孔、轻振提拔桩管、逐斗分级加料、连续转间歇振动，高频振荡防裂。同一桩点 Y 型沉管桩的施工顺序为：先长桩后短桩，由区块中心向四周推移，减少挤土效应，若实际挤土现象严重，则间隔施工。

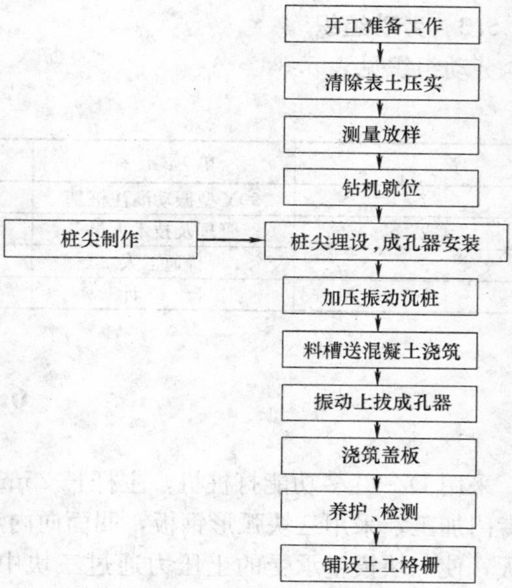

5.2.1 平整场地

施工前严格进行场地平整，做到排水通畅，清除桩位处地上地下障碍物，场地低洼时应回填素土，不应回填粒径大于 30cm 的石块及树根等有机物。

5.2.2 桩位放样

根据设计图纸放出 Y 型桩中心点，位置偏差应小于2cm。场地两侧距边界外 5m 处设放两条基准线，随时校测场地内桩位中心点的位置因桩施工而造成的偏差。

5.2.3 桩尖制作

桩尖质量及形状是 Y 型沉管灌注桩施工技术的关键。桩尖分为尖头和平底两种，按照设计要求在预制场内集中进行桩尖制作。预制时，带尖头的桩尖需将模具翻转尖头朝上脱模养护，平底桩尖不需翻转，可就地脱模。施工时根据具体情况选择合适的桩尖。

5.2.4 设备安装

成孔器安装是桩机在沉桩前的最后一道关键性技术，安装时控制底套筒环形空隙的密封性。调整桩机的水平度及垂直度，桩机水平度控制在 1% 以内，垂直度控制在 0.5% 以内。钻机平正、稳固就位，埋好桩尖，使成孔器的内外钢管底端分别顶住桩尖的内外台阶支承面，铺纤维性布料作为密封性材料，成孔器的垂直度小于 1%，桩管中心与桩中心偏差不大于 20mm。检查合格后，进行各单机的通电试验。

图 5.1 的流程框：

- 开工准备工作
- 清除表土压实
- 测量放样
- 钻机就位
- 桩尖制作 → 桩尖埋设，成孔器安装
- 加压振动沉桩
- 料槽送混凝土浇筑
- 振动上拔成孔器
- 浇筑盖板
- 养护、检测
- 铺设土工格栅

图 5.1 Y 型沉管灌注桩施工工艺流程图

5.2.5 成孔

成孔器安装完毕，钻机就位对中后，振动锤激振下沉。根据少扰动土层、低混凝土灌压的原则，采取先将桩管振动穿透表层硬土后改为静压沉管，在桩架抬起后再振动沉管至设计高程。成孔后进行孔深检查，做好记录。

5.2.6 灌注混凝土

1. 灌注桩身混凝土之前，根据施工经验及地质报告预估充盈系数，计算投料体积，制定分批投料计划。

2. 坍落度控制在 13～15cm，拔管速度控制在 1.5～2m/min 顺利成桩，充盈系数应大于 1.0，小于 1.25。

3. 混凝土灌入后振动拔管，拔起 7～8m 后连续振动改为间歇振动。拔管采取加一斗料拔一段管，保持管内混凝土面不高过既有地面 2.5～3m。

4. 减少混凝土灌注间隔时间，桩管灌满混凝土之后，先振 5～10s，再拔管，每拔 0.5～1.0m 停拔振动 5～10s，如此反复。

5. 地层变化地段降低振动拔管速度，一般应控制在 1.0m/min 以下。保持管内混凝土面始终不低于地面或高于地下水位 1.0～1.5m 以上，至桩顶 2.0m 左右时一次拔管到地面。

6. 桩顶实际浇注面高出设计要求 50cm，混凝土浇筑完成后，去掉浮浆层并清理桩头至设计高度，详细记录灌注混凝土量。

7. 在桩身混凝土灌注 14d 后，挖出内孔中渣土，凿除泥浆层，铺筑盖板垫层，检验合格后按设计要求进行盖板施工。

8. Y 型桩处理范围内还有其他结构物施工时，可适当移动与结构物有冲突的 Y 型桩，预留出位置。

5.3 劳动组织

劳动组织见表 5.3。

劳动组织情况表　　　　　　　　　　　　　　　　　　　表 5.3

序　号	单 项 工 程	所需人数	工 作 内 容	备　注
1	90Y 型振动灌注桩基	1	成孔及灌注	
2	管理及技术人员	3	指挥及测量	
3	普通工人	7	机械操作及灌注混凝土	
	合　　计	11		

6. 材料与设备

采用 DZ-90 多功能打桩机，主杆长 25m，配 DZ-90Y 振动锤。沉管用 Y 型模管按设计要求由机械厂专门加工，采用三块弧形钢板，凹面向内和三条角钢组成一个 Y 形空腔，三个角内纵向设置三条中隔板，使三块模壁承受的土压力通过三块中隔板彼此平衡、部分抵消。本工法无需特别说明的材料，主要机具设备见表 6。

主要机具设备表　　　　　　　　　　　　　　　　　　　表 6

序　号	设 备 名 称	设 备 型 号	数　量	工 作 内 容
1	打桩机	DZ-多功能	1 台	成孔
2	振动锤	DZ-90Y	1 台	成孔
3	桩模		1 套	成孔、灌注
4	混凝土拌合机	JZC500	1 座	提供混凝土
5	混凝土运输车	JC8	4 量	运输混凝土
6	吊车	25T	1 台	灌注混凝土

7. 质量控制

7.1 执行标准

执行现行的《公路工程质量检验评定标准》JTGF 80/1—2004。Y 型桩质量检验评定标准按表 7.1 执行。

7.2 检验及试验方法

成桩应进行小应变测试和桩承载力试验，小应变抽查频率不小于总数的 10%，单桩承载力试验不少于总数的 0.2%，并不少于 3 根，试验组数不宜少于 2 组，当总数较少，按 0.2% 抽检不足 6 根时，按 6 根（2 组）抽检。

Y型桩质量检验评定标准　　　　　　　　　　　　　　表 7.1

序　号	检查项目		规定值或允许偏差	检查方法和频率	权　值
1	混凝土强度(MPa)		在合格标准内	按评定标准附录 D	3
2	断面尺寸(mm)		不小于设计	用尺量:每桩测量	3
3	孔深(mm)		不小于设计	用水准仪测桩顶面高程后反算:每桩检查	3
4	桩位(mm)	外缘桩	不大于 0.1d	全站仪或经纬仪:抽查 20%	2
		中间桩	不大于 0.2d		
5	倾斜度		1%	查施工记录	1

采用单桩承载力试验对管桩施工质量进行检测,单桩承载力极限值随着桩长的变化而变化,见表 7.2。

单桩承载力极限值取值表　　　　　　　　　　　　　　表 7.2

桩长(m)	≤8	12	16	20	24	≥28
承载力值(kN)	250	350	500	650	800	950

利用静力压桩机或十字横梁作反力平衡装置进行桩的静载试验,采用快速荷载法加载。千斤顶加载反力装置根据现场实际条件采用如下方法:2 片 I24 工字钢十字摆放形成主梁,下放油压千斤顶以及测量仪表等,用钢筋将工字钢固定在相临 4 锚桩的桩帽预埋件上,形成反力测试架。反力横梁装置能提供的反力应不小于预估最大试验荷载的 2 倍。

工程验收进行的抽样检测的试验桩最大加载量不应小于单桩竖向抗压承载力设计值的 1.6 倍。Y型沉管灌注桩在成桩后到进行试验的间歇时间不应少于桩周土体强度恢复或桩身与土体的结合基本趋于稳定的时间,持力层为黏性土时不少于 28d。

7.3　质量控制措施

7.3.1　保障体系

建立健全项目质量保证体系,严格按照程序施工,质检体系见图 7.3.1。

7.3.2　材料保障

材料进场严格遵照检验制度,没有进场材料报验单的材料不得使用,所有材料均要有产品出厂合格证。

7.3.3　工艺保障

1. 施工前应做好排水边沟,以排出振动过程中产生的地下水。

2. 桩位测量放样应准确无误,留出其他结构物的位置。

3. 桩尖顶部混凝土标高控制应考虑桩帽高度,使总桩长满足设计要求,并使桩帽顶部高度控制在原地面以下。

4. 导管料斗口不能太低,应高于地面 5~10cm。

5. 试验检测设备应置放于施工现场,以便随时进行检测。

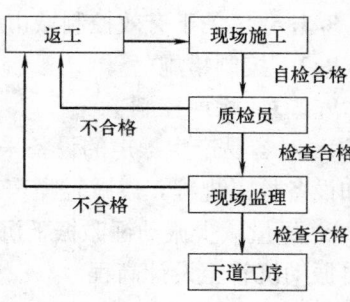

图 7.3.1　质检体系图

6. Y形桩帽施工时,严格控制与桩体的同心度,避免偏心使桩顶端混凝土遭到破坏,导致承载力不够。

7. 采用高频振荡打桩机及调整施工顺序方法,控制桩机产生振动波和挤土效应对初凝的邻桩素混凝土产生破坏作用,避免桩体出现裂缝。

8. 安 全 措 施

8.1　执行标准

《公路工程安全生产许可达标规范》与《现场安全技术操作规范》及国家标准强制性条文。

8.2 安全控制措施

8.2.1 施工前，对邻近施工范围内的原有建筑物、地下管线等进行检查，对有影响的工程，应采取有效的加固措施或隔振措施，确保施工安全。

8.2.2 机具进场要注意危桥、陡坡、陷地和防止碰撞电杆、房屋等，以免造成事故。

8.2.3 打桩机行走道路应平整坚实，必要时铺设道碴，经压路机碾压密实。工作场地四周挖排水沟以利排水，确保移动桩机时的安全。

8.2.4 施工前，全面检查机械设备，检查合格后进行试运转，严禁带病作业。机械操作必须遵守安全技术操作要求，由专人操作，并加强机械的维护保养，保证机械各项设备和部件、零件的正常使用。

8.2.5 吊装就位时，起吊要慢，拉住溜绳，防止桩头冲击桩架，撞坏桩身；加强检查，发现不安全情况，及时处理。

8.2.6 在打桩过程中，遇有地面隆起或下陷时，应随时对机架及路轨调平或垫平。

8.2.7 在施工操作时，机械司机要精力集中，服从指挥信号，不得随便离开岗位，应经常注意机械运转情况，发现异常情况及时纠正。

8.2.8 建立完善的施工安全保证体系，加强施工作业中的安全检查，确保作业标准化、规范化。

9. 环 保 措 施

9.1 执行标准

9.1.1 整个施工过程中，全面运行 ISO 14001 环境保护体系标准，系统地采用和实施一系列环境保护管理手段。

9.1.2 《建设项目环境保护管理条例》

9.1.3 《中华人民共和国水污染防治法实施细则》

9.1.4 《建设项目竣工环境保护验收管理办法》

9.1.5 《关于加强铁路噪声污染防治的通知》

9.1.6 《关于有效控制城市扬尘污染的通知》

9.2 控制措施

9.2.1 噪声控制

1. 对容易产生噪声的设备采取合理布局，加强设备润滑和维护保养工作，严格执行相应作业指导书和设备检点规程，以减轻噪声对周围生活环境的影响。

2. 尽量减少振动锤激振下沉时间，采取先将桩管振动穿透表层硬土后改为静压沉管，在桩架抬起后再振动沉管至设计高程。

3. 加强对机动车的现场管理，保持技术性能良好；加强对司机的环保意识教育，尽量减少噪声污染。

9.2.2 扬尘、固体废弃物控制

水泥宜采用袋装水泥，装卸过程中严禁抛、摔。采用散装水泥时，应采取罐储，容器出料口安装套筒减缓出料速度，套筒长度视具体情况以不出现落差为准。

1. 对施工道路及有可能产生扬尘的作业区采取经常洒水，保持尘土不上扬。

2. 固体废弃物按性质和类别分开存放，主要分为危险、不可回收利用固体废弃物、可回收利用固体废弃物、生活和办公垃圾等。

9.2.3 水污染控制

1. 控制泥浆、水泥浆排放，严禁直接排放到附近河流中。

2. 提倡节约用水，减少水资源的浪费和生活废水的产生。

9.2.4 地下、地上管线和建筑物等保护

1. 施工前对打桩范围内地上、地下管线进行全面排查，明确所有管线的走向、埋设深度或架设高度，并作好记录。

2. 打桩附近有建筑物，应采取在建筑物四周挖设防振沟等措施，防止施工时造成建筑物的振裂。

10. 效益分析

理论和实践证明，Y型沉管灌注桩具有很好的性能价格比，本工法正是基于此展开了工法开发。工法从工艺、设备等多方面研究，避免了施工生产的大量场地占用，消除了对居民生活区的严重影响，施工产生的振动、噪声、粉尘等有害物质也得到有效的控制。工法的开发与形成，为以后各个领域的软基处理工程提供了可靠的技术指标和决策依据，新型的工法技术将促进软基施工技术进步，环境效益和社会效益突出。

本工法与同类工程的工法相比较，具有场地易于布置、工程进度快、提高工程质量、降低工程成本、干扰因素少，能够保障周围既有设施的完好无损，同时减少了大量工程拆迁、农田土地占用等，有利于文明施工和"节能减排"。工法的形成和应用得到实践的检验，形成了较好的经济效益和社会影响。

11. 应用实例

杭州至上海浦东高速公路八合同段软基处理。

11.1 工程概况

八合同段位于嘉兴市海宁境内，起点桩号 K43＋000m，终点桩号 K54＋748m，全长 11.748km。项目沿线经过区域为杭嘉湖冲湖积平原亚区，南临钱塘江和杭州湾。地势平坦，河网密布，地势呈西高东低，大部分路段为软土路段。

本合同段软土路基共有 8.367km。桥头部分软基处理采用 Y 型沉管灌注桩，工程数量为 98256m，根数 8767 根，处理路段长度为 876m。

11.2 Y型沉管灌注桩布设方式和截面设计

Y 型沉管灌注桩布设分二级，靠近桥台伸缩缝侧为第一级，远离的为第二级。第一级间距为 2m，共 19 列；第二级间距为 2.5m，共 6 列。从第二级第一列 Y 型沉管灌注桩处理深度开始递减，递减值为 1～3m 不等。具体布设方法见图 11.2-1。图中符号 L_1、L_2 为桥头路段分级处理长度，S_1、S_2 为分级处理间距；桩在平面上呈平行四边形布置；D 为分级处理深度。

Y 型沉管灌注桩采用混凝土强度等级为 C25，桩截面见图 11.2-2，断面面积为 0.116m²，周长为1.723m，盖板采用圆形，混凝土强度等级 C25，直径为 1.2m，厚度 0.35m。

11.3 施工情况

工程施工中，Y 型桩处理的桥头路段施工不受路基施工进度的影响，施工独立性比较强，材料和机械进场迅速。Y 型桩处理的桥头路段在路基填土高度达到设计标高后进行桥台钻孔桩的施工，没有制约桥台处现浇梁或桥台处空心板梁工程进度。对于临近居民区以及鱼塘的位置，采取了回填素土和小粒径石块、整平夯实等方法，按照环形密封安装、静压沉管成孔、轻振提拔桩管、逐斗分级加料、连续转间歇振动，高频振荡防裂的工法要点组织施工，有效地解决了桩基易倾斜、桩头处露浆、桩位偏斜、沉管堵塞、桩身夹层、桩体裂缝等问题。通过采用有力措施，有效地控制住了工程施工质量和进度。

该区段于 2004 年 11 月 20 日开工，2005 年 12 月 20 日竣工。

11.4 工程监测与结果评价

采用 Y 型沉管灌注桩软基处理施工工法后，保证了施工区域范围内民房的安全稳定，及时监测各

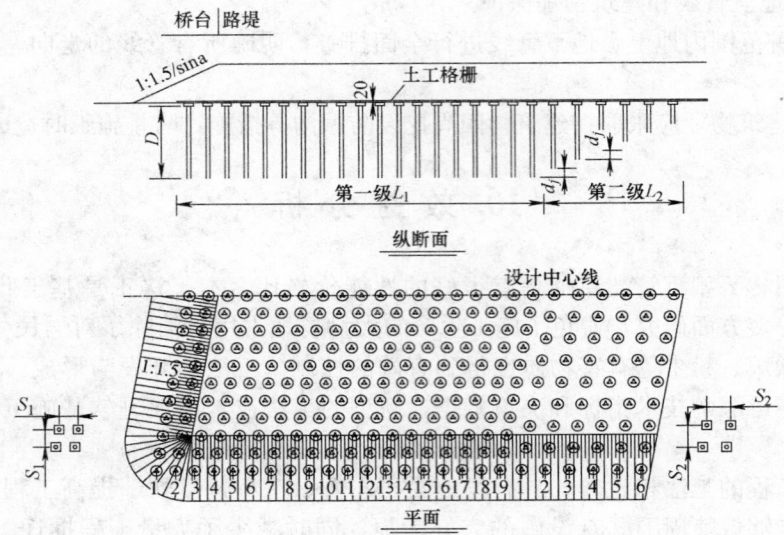

图 11.2-1　Y 型沉管灌注桩典型布置图

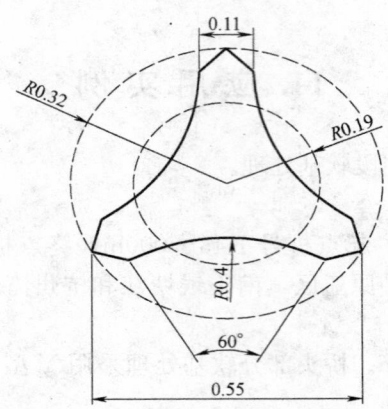

图 11.2-2　Y 型沉管灌注桩截面图

主要工序施工阶段引起的沉降动态数值，铁道部第四勘测设计院和施工单位监测组对地基处理沉降、民房偏斜进行了全过程监控量测。

地基沉降监测结果显示，最大沉降量为 18mm，发生在鱼塘回填区域，改进的施工工艺有效地控制了地基沉降。民房基础沉降监测结果显示，最大沉降量为 12mm，平均沉降为 8mm，倾斜度为 0.04%。

施工全过程处于有效可控状态，工程质量、安全、进度、成本得到了可靠保障。工程质量优良率达 97% 以上，无安全生产事故发生，得到各方面的好评。

大断面圆弧底节段梁短线预制工法

GJEJGF174—2008

上海建工（集团）总公司　中交第三航务工程局有限公司

范庆国　刘平　陆云　马建荣　潘志伟　廖玉珍

1. 前　言

在城市中建设高架道路，是改善城市道路拥堵情况的重要手段。高架道路现浇混凝土梁采用满堂支架的方法进行施工，对交通和周边环境影响大，如采用单跨 T 梁和箱梁，因需使用大吨位吊车和运梁设备，也会影响交通。而采用预制节段梁高空拼装法施工，能较好地解决施工对环境造成的影响。

节段梁短线预制工法能将整根单跨梁分成若干个安装小单元，便于构件的运输，减少对道路交通的影响。在上海沪闵高架二期工程中，主线采用了梁底面为弧形的后张预应力节段梁结构，最大的节段长 3m、宽 25m、重 130t。上海建工（集团）总公司开发了"大型节段梁拼装法和钢箱梁滑移法在城市高架桥的应用技术"，获得了可三维方向移动调整的起重装置、用于预应力体外索转向器成型的芯模两项实用新型专利，整体研究成果达到国际先进水平，并获 2004 年上海市科技进步二等奖。上海建工特编制了大断面圆弧底节段梁短线预制工法，并取得了良好的效果。

2. 工 法 特 点

与整跨预制节段梁的长线法相比，短线法拥有以下特点：

2.1 对生产场地要求低。

2.2 流水生产，提高效率。

2.3 采用蒸汽养护，强度发展快。

2.4 构件制作难度降低，线形控制难度提高。

3. 适 用 范 围

适用于预制生产场地较小、批量生产和便于搬运的大体量节段梁的生产。

4. 工 艺 原 理

短线预制工法是将整跨梁划分为若干小段，制模时一端为固定端模，另一端以已完成相邻节段梁为模板，浇捣混凝土完成节段梁生产。

5. 施工工艺流程及操作要点

5.1　施工工艺流程

施工工艺流程图见图 5.1。

501

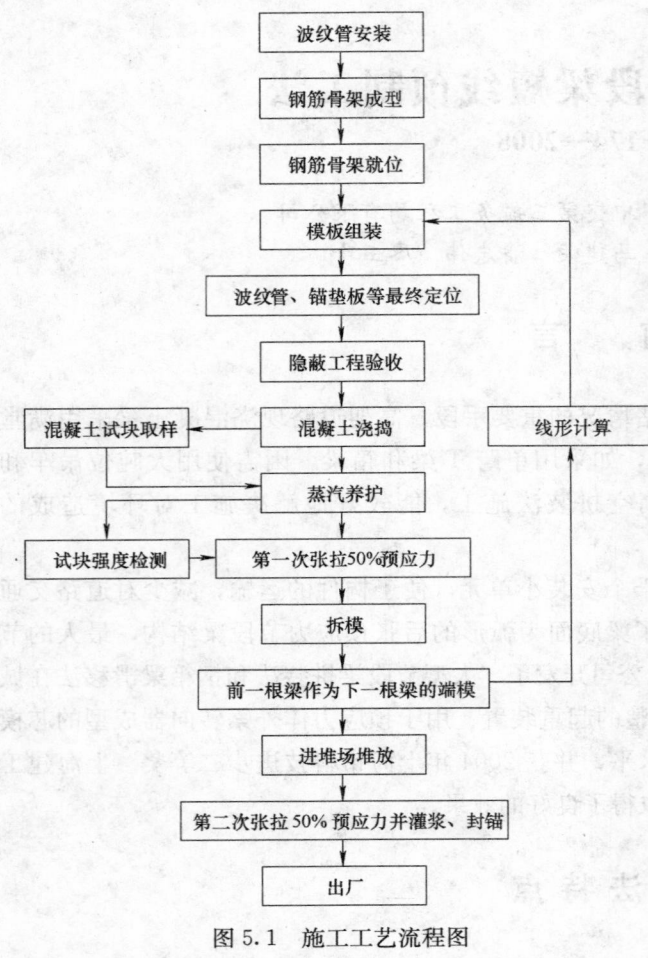

波纹管安装

钢筋骨架成型

钢筋骨架就位

模板组装

波纹管、锚垫板等最终定位

隐蔽工程验收

混凝土试块取样 ← 混凝土浇捣 　线形计算

蒸汽养护

试块强度检测 → 第一次张拉50%预应力

拆模

前一根梁作为下一根梁的端模

进堆场堆放

第二次张拉50%预应力并灌浆、封锚

出厂

图 5.1　施工工艺流程图

5.2　操作要点

5.2.1　钢筋骨架施工应符合下列规定

1. 钢筋骨架宜采用工装架整体焊接和绑扎相结合的成型工艺。工装架主体宜采用固定式，上下和左右采用可拆卸的定位杆。钢筋在工装架上精确定位并绑扎。在钢筋骨架制作基本成型后进行波纹管定位及波纹管绑扎，波纹管之间的连接接头管的长度不应小于200mm，并应采用密封胶带封口（钢筋骨架定位工装架见图5.2.1-1）。

2. 钢筋骨架吊运时宜采取多点起吊，每个吊点的吊索通过花兰螺栓调整长短，使每个吊点受力均匀，起吊时，骨架整体水平提升（钢筋骨架吊运示意图见图5.2.1-2）。

5.2.2　模板工程施工应符合下列规定

1. 采用钢模、混凝土模、木模组合与固定模活动模相结合的模板体系（节段梁模具示意图见图5.2.2）。

2. 节段梁弧形底模分为三段，二端为固定钢模，生产过程不再作大的移位，但可微调；中间段为活动钢模，安装于可以活动的移梁小车上；一端为固定钢模，与操作平台结合，固定于模位基础之上，另一端为节段梁梁体构成的混凝土端模，位于移梁小车之上，借助移梁小车进行组模、脱模。

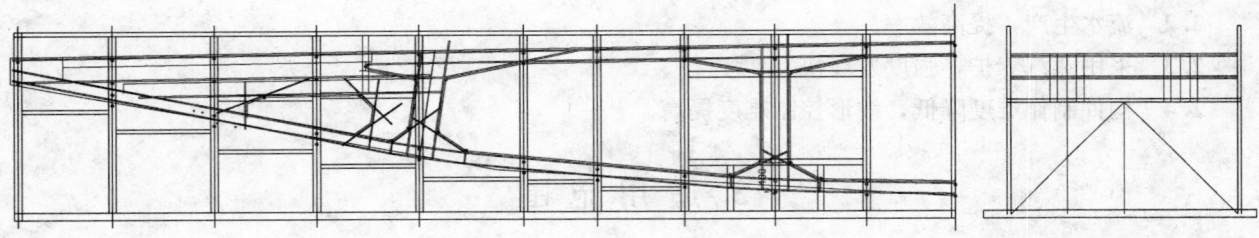

图 5.2.1-1　钢筋骨架定位工装架

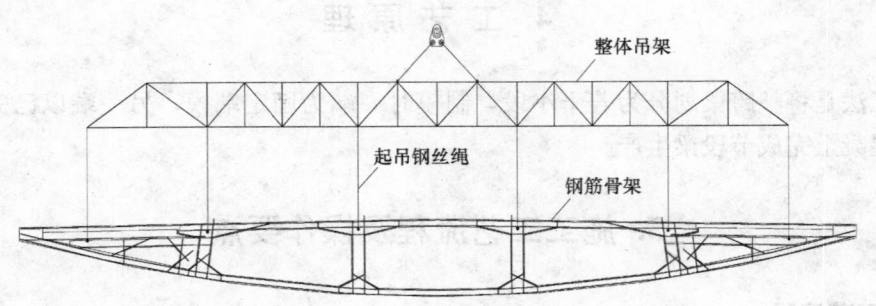

整体吊架

起吊钢丝绳

钢筋骨架

图 5.2.1-2　钢筋骨架吊运示意图

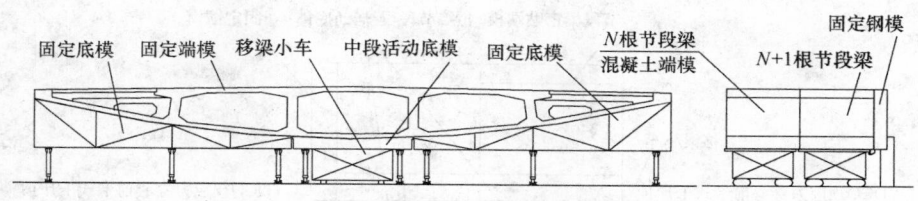

图 5.2.2　节段梁模具示意图

3. 侧模为钢模，以铰接形式固定于操作平台两侧。预留箱形孔的内模，以钢模为主，可以移动装拆，少量非标孔采用木模。

4. 制模时，需预先计算线形，控制预起拱高度，并消除由于挠度和混凝土收缩徐变引起的误差。严格控制浇筑节段的长度与其匹配相邻节段间相对线形的准确性。浇筑节段的侧模应按照两端的截面尺寸进行调整。

5.2.3　混凝土工程施工应符合下列规定

1. 混凝土配置

1）节段梁属薄壁结构，截面复杂，需要高流动性、高强度混凝土；

2）在配合比设计中，选用不同品种外加剂，选用五种不同水泥用量，外掺料用矿粉与粉煤灰双掺与单掺矿粉两种配合比进行试配。设计坍落度为 140±30mm；

3）试配混凝土采用蒸汽养护的方法，按下列程序进行：

静停（2h）——升温——恒温（55±2℃，7h）——降温（3h）——结束

4）根据试配结果择优选用最终的混凝土配合比。在混凝土配合比确定后，从生产过程中的混凝土中进行随机抽测。

2. 混凝土浇捣

1）混凝土应分层分段浇捣，从下向上分为底板、肋板、面板三层浇捣，宽度方向由中部向两侧浇捣；分层浇筑厚度不得大于 300mm。

2）节段梁底板是结构外露部分，宜采取在底板加装附着式振动器的振捣措施。在边喂料边振动的过程中，必须在箱底中部安排专人辅助铺料。振捣肋板时，应在肋与底交角的底板处局部加装 800mm 宽的临时盖板，肋板振捣完毕，底板抹面时，再拆除临时盖板。对腹板及顶板的混凝土，可采用插入式振捣器进行振捣。

3. 节段梁养护

1）宜采用低温蒸养，恒温温度不宜大于 60℃；

2）蒸养方法与试配混凝土时相同，蒸养静停是从混凝土全部浇捣完毕起算，升温速度不得大于 15℃/h；环境气温小于 15℃时，需适当增加升温时间，降温速度不宜大于 10℃/h；

3）在原模位上加罩油布进行节段梁构件简易蒸汽养护，全过程采用自动控制，安装专用蒸养自动控制仪，选用铜电阻作为传感元件，电磁蒸汽阀作为执行装置进行控制；

4）在节段梁法向两侧蒸养罩内设置 6 只 0～100℃压力式温度计，对温度的均匀性进行监控，由测温人员进行测温记录，记录时间间隔为：升温阶段 30min，恒温阶段 60min；

5）应经常检查分汽缸压力，将其控制在 0.5±0.1MPa 范围。

5.2.4　节段梁脱模应符合下列规定

1. 节段梁脱模时混凝土强度应达到设计等级 75% 以上；

2. 生产流水顺序要求第一节生产的构件，在第二节生产以后必须吊离模位；

3. 节段梁脱模应采用三维液压移动小车（移梁小车），移梁小车设有专用轨道，利用生产线上预应力单根张拉设备，通过钢绞线牵引移梁小车。钢绞线的一端固定在移梁小车牵引环上，另一端穿过 YDCQ 预应力穿心前卡式千斤顶牵引移梁小车运动（千斤顶牵引工艺示意图见图 5.2.4）。

5.2.5　采用体外预应力筋应符合下列规定

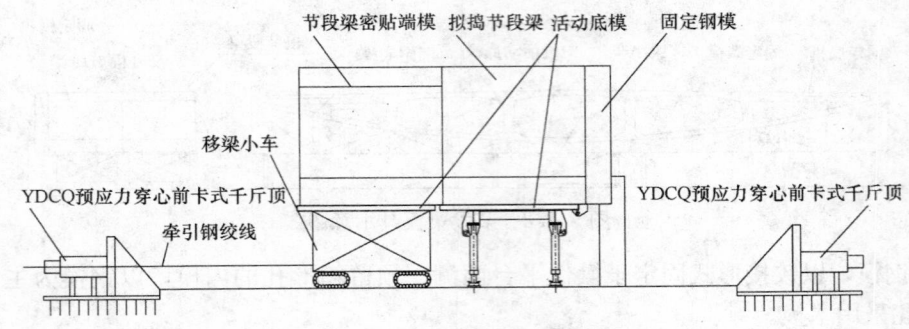

图 5.2.4　千斤顶牵引工艺示意图

1. 预埋锚垫板、转向块、预留孔以及减小摩阻的垫板应定位准确。

2. 穿预应力筋时应梳理顺直，保持各钢绞线间相对平行，不得有缠绕、扭麻花现象。

3. 预应力筋张拉力和延伸量应满足设计图纸和《公路桥涵施工技术规范》（JTJ 041）的要求。要求两端张拉的钢束应同时张拉，两端的延伸量差值不宜大于 30mm。

4. 张拉端外露的钢绞线必须按设计要求进行防护处理。

5. 预应力体外索转向装置可采用转向器尼龙材料芯模。

5.2.6　变形调整应符合下列规定

1. 节段梁混凝土达到蒸养强度后，应先对节段梁横向进行低于设计应力的张拉，提高节段梁的整体横向刚度；

2. 在预应力张拉调整的基础上，对还没有消除的变形，在左右两悬挑端底部运用 4 只 25t 螺杆式千斤顶进行调整。

5.2.7　生产过程中的测量控制应符合下列规定

1. 节段梁生产线上应设置节段梁生产模位，各模位上应设置测量平台和测量柱，建立轴线（节段梁长度方向）和法线（节段梁宽度方向）的基准线以及高程水准点；

2. 为了确保整个测量网络的位置固定不变，应在测量平台另一端的测量柱上设置固定基准线，并对测量平台的测量仪器安装位置进行强制对中处理，确保轴线和法线不因测量仪器重复安装而偏离设定的位置。

3. 通过计算确定线形和预起拱高度，并以此指导测量控制。

6. 材料与设备

本工法无需特别说明的材料，采用的机具设备见表 6。

机具设备表　　　　　　　　　　　　　　　　　　　　　表 6

序　号	设备名称	单　位	数　量	用　途
1	钢筋车间设备	套	1	生产钢筋
2	混凝土搅拌站	套	1	生产混凝土
3	龙门吊	台	2	吊装
4	三维液压移动小车	台	2	移动梁架
5	YDCQ 预应力穿心前卡式千斤顶	台	4	预应力张拉
6	混凝土运输车	辆	2	混凝土运输、浇筑
7	附着式振动器	个	8	混凝土体外振捣
8	插入式振动器	个	4	混凝土插入振捣
9	专用蒸养自动控制仪	套	1	蒸汽养护

续表

序 号	设备名称	单 位	数 量	用 途
10	压力式温度计	只	6	测温
11	水准仪	台	1	测量
12	经纬仪	台	1	测量
13	25t螺杆式千斤顶	台	4	变形调整
14	180t运梁机	台	1	吊运

7. 质量控制

7.1 工程质量控制标准

7.1.1 节段模板制作及安装质量执行《公路桥涵施工技术规范》(JTJ 041)。模板制作及安装允许偏差要符合模板施工质量标准,见表7.1.1。

模板施工质量标准　　　　表 7.1.1

序号	项 目		规定值或允许偏差(mm)	检验频率		检验方法
				范围	点数	
1	相邻两板表面高低差		2	每个节段	4	用尺量
2	表面平整度		2		6	用2m直尺检验
3	垂直度		0.15%H且≤3		2	用垂线检验
4	模内尺寸	长度	−3.0		3	用尺量
		宽度	−2.5		2	
		高度	−2.0		4	
5	轴线偏移量		2		2	用经纬仪测量,纵横各计1点
6	预埋件	剪力键 位置	2	每个预埋件	10	用尺量
		剪力键 平面高差	2		10	用水准仪测量
		支座板、锚垫板等预埋钢板 位置	4		1	用尺量
		支座板、锚垫板等预埋钢板 平面高差	2		1	用水准仪测量
		螺栓、锚筋等 位置	3		1	用尺量
		螺栓、锚筋等 外露尺寸	±10		1	用尺量
7	吊孔 位置		2	每个预留孔洞	1	用尺量
	预应力筋孔道位置		5		1	用尺量

7.1.2 节段梁预制施工质量参照《公路桥涵施工技术规范》、《钢筋混凝土工程施工及验收规范》。节段梁预制允许偏差要符合节段梁预制施工质量标准,见表7.1.2。

7.2 质量保证措施

7.2.1 节段梁钢筋骨架应符合下列规定:

1. 钢筋骨架成笼接点2/3采用绑扎,1/3采用电焊,即在三维方向均要求绑扎2点,电焊1点;

2. 为避免烧伤钢筋,保证钢筋笼结构质量,应采用ϕ2.5焊条小电流焊接,同时应注意保护波纹管;

3. 钢筋骨架成笼后,应按@1000间距,将底面、端面、侧面的垫块垫好。

7.2.2 节段梁拆模前的测量应符合下列规定:

1. 先进行轴线和法线测量,并在测量标志上规定要求打点和划线;

2. 再进行基准高程测量,对新浇捣的节段梁顶面各高程测点测量,并建立测点标高数据库;

节段梁预制施工质量标准 表 7.1.2

序号	项 目		规定值或允许偏差(mm)	检验频率		检验方法
				范围	点数	
1	混凝土抗压强度		不低于设计强度			查试验报告
2	外表面平整度		2		6	用 2m 直尺检验
3	垂直度		0.15%H 且≤3		2	用垂线检验
4	长度		0,−2		3	用尺量
5	断面尺寸	长度	−2,5		3	用尺量
		宽度	±5		2	
		高度	±3		4	
6	轴线偏移量	纵(横)轴线	4	每个节段	2	用经纬仪测量,纵横各计 1 点
		横隔梁轴线	4		2	
7	平面侧向弯曲		L/1000 且≤10		2	沿全长用尺量
8	预埋件	支座板、锚垫板等预埋钢板 位置	10		1	用尺量
		平面高差	5		1	用水准仪测量
		螺栓、锚筋等 位置	2		1	用尺量
		外露尺寸	±10		1	用尺量
9	吊孔 位置		1	每个预留孔洞	1	用尺量
	预应力筋孔道位置	位置	8		1	用尺量
		孔径	2		1	用内卡尺量

3. 梁缝宽原始数据测量：用 0～300 游标卡尺量 N 和 $N+1$ 二根节段梁上密贴处的缝宽标志 W_1～W_2 和 E_1～E_2 测点之间距离；

4. 所有量测点数据均应作确切的记录。

7.2.3 节段梁组装模具时测量应符合下列规定：

1. 法向用经纬仪测量固定端模的内边线；如位置有偏移，应配合生产车间调整。

2. 轴向用经纬仪测量密贴的 N 根节段梁顶面轴向中线测点，调整其与经纬仪定位的模位中线偏差小于 1.0mm。如果超差，利用底模法向微调螺杆进行调节，使偏差小于 1.0mm。然后测读并记录轴线实际偏差值。轴线偏移均应控制在 0～1.0mm 范围之内。

3. 用水准仪测量作为端模的 N 根密贴节段梁顶板各高程测点标高，按测量数据库调整各测点标高，使其与拆模前各测点标高一致，同一高程测点前后两次测读的标高误差应小于 ±1.0mm。如果超差，应用移梁小车千斤顶或底模调节螺杆将标高调正到误差范围之内，并测读记录各测点实际标高。复位后控制标高差应在 0.30～0.90mm 范围。

8. 安 全 措 施

施工安全可参照《施工现场临时用电安全技术规范》、《建筑机械使用安全技术规程》、《建筑设计防火规范》和《建筑施工安全检查标准》的有关规定执行。应建立完善的施工安全管理组织和施工安全保证体系，加强施工中的安全检查，确保作业标准化。

9. 环 保 措 施

9.1 应建立完善的环境保护组织和保障体系，严格遵守国家和地方政府下发的有关环境保护的法律、法规和规章制度，加强对施工废弃物的管理，并接受有关部门的监督。

9.2 施工现场布置应合理、围挡规范、标牌清楚、标识醒目、场地整洁，道路硬地化，车辆进出冲洗，防止尘土飞扬。

10. 效 益 分 析

本工法自行设计与制作的模具与同类型的进口模具相比较可节约 450 万元。与长线法相比，本工法所要求的生产场地小，流水生产模式可节省在模板方面的支出，同时提高节段梁构件的制作精度，蒸汽养护方法可节省部分工期，具有相当高的经济效益和社会效益。

11. 应 用 实 例

11.1 沪闵高架二期工程

上海"十五"期间基础设施建设的重点项目之一，该工程北起柳州南路，外接外环线莘庄立交，全长 5.4km。这段高架道路工程设计采用视觉效果较好的梁底面为弧形的后张预应力节段箱梁结构，节段梁在工厂预制，运抵现场进行无支架逐节拼装。在 37 种型号节段梁中，最大的长 3m、宽 25m、重 130t。在该项工程中，节段梁预制工作量为：8m 节段梁 250 件 3347.40m³，25m 节段梁 136 件 5457.60m³，共计节段梁 386 件 8805.00m³。采用"短线法"啮合浇注工艺和外形精确控制法的宽幅弧形节段箱梁的预制加工技术，能有效地控制节段梁在加工成型过程中的外形尺寸精度。

11.2 广州地铁四号线

广州市轨道交通南北向主干线，是国内首条采用节段梁预制拼装施工工艺的高架桥梁。由上海建工基础公司承建的广州地铁四号线 9 标段，全长 2369.4m，节段拼装共 81 跨，跨径 30～40m，节段宽度 11m，节段高度 1.8m，最重节段为 50t。工程于 2005 年 1 月开工，2006 年 12 月竣工。

上海建工（集团）总公司凭借公司的技术优势和节段梁预制拼装方面的施工经验，勇于创新，精心管理，在节段梁预制、运输、拼装等各个环节克服了许多困难，确保了施工质量和安装线形，保证了施工进度，保证了施工安全，圆满完成了施工任务。

11.3 上海长江隧桥

目前世界上最大的桥隧结合工程，施工难度大。工程全长 1920m，双幅桥共设 64 跨，跨径为 60m。箱梁顶板宽 16.95m，底板宽 7.0m，梁中心高为 3.6m，梁段吊装重量从 91.3t 至 160t 不等，单跨总重量在 2028t。节段箱梁从 2006 年 10 月开始预制，于 2007 年 6 月开始拼装，至 2008 年 6 月全线结构合龙，总施工工期为 21 个月。

通过长江隧桥工程建设，为节段梁预制技术、安装技术、线形控制等领域积累了大量有价值的施工资料和施工经验，同时推动了节段拼装架桥机的设计和研制、体外预应力施工技术、节段拼装胶粘剂等新材料和新设备的广泛应用，为将来城市高架桥梁的建设开辟了新的思路，因此它具有很大的推广意义。

大断面预制节段梁拼装工法
GJEJGF175—2008

上海建工（集团）总公司
范庆国　刘平　金仁兴　陈礼忠

1. 前　　言

在城市中建设高架道路，增加车辆通行的区域，是改善城市道路拥堵，保持道路畅通，使大量车辆从地面平面交通引向空间立体交通的好办法。在高架道路施工期间，使用满堂式支架施工会加重施工期间周边道路通行的负担。采用预制节段梁高空拼装施工方法是减小施工期间负面环境影响的最佳方法之一。

沪闵高架道路二期工程位于上海市西南地区，北起柳州南路，南与外环莘庄立交桥相接，全长5.4km。为了减少施工对交通的影响，上海建工（集团）总公司结合工程实际，开发了大断面预制节段梁高空拼装工法，采用了架桥机全断面逐跨节段拼装、先简支后连续的施工工艺，取得了良好的效果，整体研究成果达到国际先进水平，"大型节段梁拼装法和钢箱梁滑移法在城市高架桥的应用技术"2004年获上海市科技进步二等奖，同时获得了节段梁拼接面体内预应力索孔道的密封装置、高架桥梁架设施工工艺两项专利。上海建工（集团）总公司编制了大断面预制节段梁高空拼装工法，通过工程应用，实现了减少交通障碍条件下城市高架道路施工的目标，经济效益和社会效益显著。

2. 工 法 特 点

2.1 节段梁构件预制工厂化，现场的下部结构可以同步施工，缩短施工工期。
2.2 节段梁利用架桥机空中拼装，对地面影响范围较小，确保道路正常通行。
2.3 整个操作过程机械化程度高，减少了大量材料、设备和劳动力的投入。

3. 适 用 范 围

本工法适用于交通繁忙、不方便采用满堂式支架施工的高架道路的施工，在水上和山沟上进行节段梁拼装更有优势。

4. 工 艺 原 理

高架桥上部结构为预应力连续箱梁结构，施工时采用先简支后连续的方法，即在墩顶处预留湿接缝，每跨节段箱梁拼装完成后先张拉正弯矩预应力并支承在临时支座上，然后浇筑湿接缝混凝土，张拉负弯矩预应力与相邻跨箱梁形成连续梁结构。

5. 施工工艺流程及操作要点

5.1　施工工艺流程
节段梁高空拼装工艺流程图参图 5.1。

5.2 操作要点

5.2.1 节段梁拼装

1. 拼装工艺

节段梁拼装采用上行式架桥机桥下喂梁的施工方法，先将节段梁直接运输至安装跨的架桥机主桁架下方，再逐一悬挂所有的节段梁然后开始拼装。

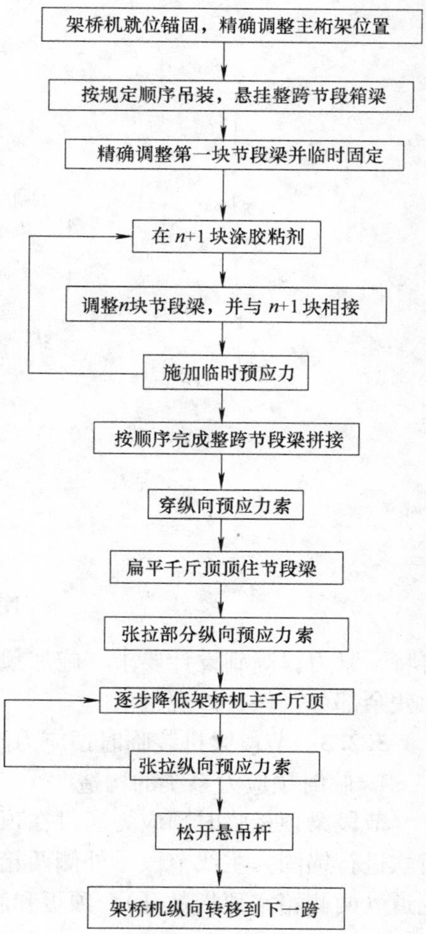

2. 架桥机的调整

架桥机移到位，通过前后支腿支撑在桥墩上。通过自动移动装置调整主桁架纵向方位使其达到正确位置，锁好保险销并将主桁架由滚轮转移至垫块上。用横梁上的液压油缸左右移动主桁架，使两榀主桁架的中心线与桥轴线重合。通过架桥机大横梁处的主千斤顶调整架桥机两根主桁架的高度，使之达到要求的标高、纵坡。

3. 节段梁的吊挂

预制节段梁需被运输至该跨架桥机的下方进行吊装。在节段吊装前，应先安装辅助吊架。用起重小车吊装节段梁，并将整跨节段梁按次序吊装悬挂于主桁架上，其中第一、二块之间留300mm间隙，其余留100mm间隙。

4. 起始块定位

第一块节段是整跨节段梁的基准，必须精确定位并与前一跨梁临时固定。通过起重小车上的横向水平千斤顶调整起重小车的横向位置来调整起始块的轴线。纵横坡通过吊具上的千斤顶来调整。标高由小车的吊升高度调整。

5. 节段梁的拼装

起始块定位完成后，开始逐块拼装。将悬吊的节段梁转移至起重小车上，在拼接面上涂刷胶粘剂，调整好待拼块的纵横坡进行对接。安装临时预应力系统，对称张拉。临时预应力张拉完成后，拧紧吊杆上的螺母，起重小车松钩，准备下一块节段梁的拼装。

6. 临时支座安装

整跨节段梁拼装完成后，在连续端墩顶安装临时支座。临时支座顶面与节段梁底混凝土接触密贴，底板与墩顶预埋件焊接牢固。连续端湿接缝施工、负弯矩索张拉完成后割除。

7. 预应力张拉及架桥机卸载

临时支座安装完成后，开始张拉永久预应力（正弯矩索）和进行架桥机载荷转换。预应力的张拉应分阶段对称进行，每一阶段张拉完成后降低一次主千斤顶。预应力张拉完毕后，整个跨度的荷载都支撑在临时支座上，整跨节段梁形成简支结构。

5.2.2 环氧胶粘剂使用工艺

1. 环氧胶粘剂使用工艺流程见图 5.2.2。

2. 胶粘剂涂层厚度控制

将胶粘剂快速分散到涂刷工人的盛器内，然后用设定厚度的 1.0～1.6mm 齿型刮板挂平。必须对预应力孔道口做好防护，严禁胶粘剂进入预应力孔道。如有残留物，应在固化前及时用回丝擦净。预应力孔道防护用的材料要有较好的压缩性以保证拼缝质量。根据预制件预拼接或端面平整度预估按单面 1～3mm 控制，涂刷环氧胶粘剂。涂胶粘剂时可以用齿型刮板控制胶粘剂层厚度，且需略大于空隙尺寸。

3. 施加临时预紧力

胶粘剂涂刷完毕后，即施加临时预紧力，使粘接面承受 0.3MPa 的压力，待胶粘剂基本固化后，

图 5.1 节段梁高空拼装工艺流程图

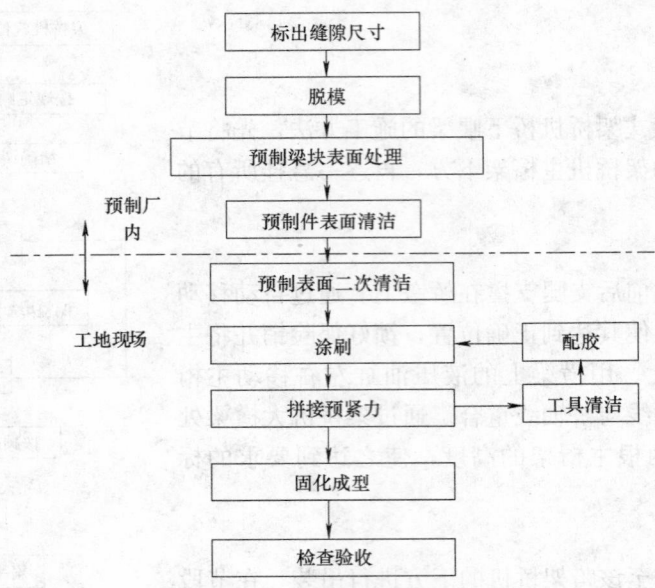

图 5.2.2　环氧胶粘剂使用工艺流程图

再将预紧力提高到设计要求（施加预紧力过程中允许有适量环氧树脂从拼接面缝隙中挤出），并及时清除残余部分，保护外观整洁。

5.2.3　节段梁拼装临时预应力施工技术

1. 临时预应力系统的构造

节段梁顶板临时预应力通过在顶板上设置钢齿坎锚固，底板临时预应力通过在底板上设置混凝土齿坎进行锚固，主线节段梁外侧两箱室临时预应力直接锚固在混凝土肋板上，肋板上预留临时预应力孔道（两侧箱室顶板敞开）。顶板和底板临时预应力构造见图 5.2.3。

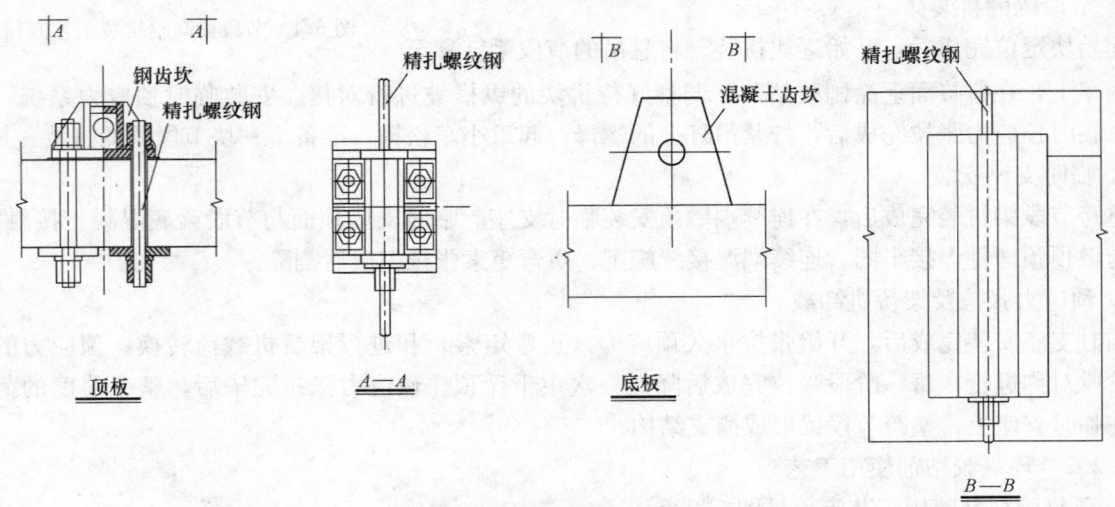

图 5.2.3　临时预应力构造图

2. 临时预应力系统的安装及张拉

钢齿坎采用 4 根 M20 高强螺栓通过节段梁顶板上预留孔锚固在顶板上。涂好胶粘剂的节段梁对拼基本完成后，穿精扎螺纹钢准备张拉。张拉设备采用 4 台 YC60 穿心式千斤顶，顶板和底板各两台，对称张拉。

5.2.4　预应力张拉与卸载控制

通过施加纵向预应力，逐步实现结构恒载由架桥机向主梁传递。通过计算综合确定混凝土梁体分批张拉数量、梁体分批落架数据、节段悬吊吊杆的分批退出程序，辅之以现场监测数据，进行施工控制，以保证混凝土梁体的应力值符合设计要求，吊杆能正常工作与分批逐步退出，梁体自重荷载分批安全地转移到支撑上。

5.2.5　节段梁拼装中的测量控制

在待安装节段顶面预埋轴线控制点、法线控制点、标高控制点。必须精确定位起始节段。起始块的测量控制包括起始块的轴线、标高、里程的控制：

1. 利用起重小车带动节段梁起始块沿主桁架纵向移动，使其里程达到设计要求。

2. 采用全站仪进行节段梁顶纵横轴线的定位。起始块的轴线偏差应小于2mm。

3. 利用节段梁顶面上预埋的标高控制点来进行标高监测。

6. 材料与设备

6.1　材料

对本工法施工影响较大的环氧胶粘剂的技术性能要求见表6.1。

环氧胶粘剂的技术性能要求　　　　　　　　　　　表6.1

初步固化时间	>60mi	7d剪切强度	>12MPa
24h抗强度	>40MPa	7d抗压模量	>6.2GPa
7d抗压强度	>60MPa		

6.2　设备

机具设备表见表6.2。

机具设备表　　　　　　　　　　　表6.2

序号	设备名称	设备型号	单位	数量	用途
1	300t汽车吊		台	2	架桥机安装
2	上行式1600t架桥机		台	1	节段梁吊装拼接
3	自行式平板车	Nicolas	辆	1	节段梁运输
4	穿心式千斤顶	YC60	台	4	预应力张拉
5	经纬仪		台	1	轴线测量
6	水准仪		台	1	标高测量
7	全站仪		台	1	精确测量定位

7. 质 量 控 制

7.1　工程质量控制标准

7.1.1　节段梁拼装施工质量控制标准参照《公路桥涵施工技术规范》（JTJ 041）的规定执行。节段梁拼装允许偏差见表7.1.1节段梁拼装施工质量标准。

节段梁拼装施工质量标准　　　　　　　　　　　表7.1.1

序号	项目	规定值或允许偏差（mm）	检验频率 范围	检验频率 点数	检验方法
1	轴线偏移量	10	每跨	5	用经纬仪检查
2	相邻节段间接缝	5（顶面）	每条接缝	2	用尺量
		3（底面）	每条接缝	2	

续表

序号	项　目	规定值或允许偏差（mm）	检验频率		检验方法
			范　围	点　数	
3	支座偏位	5	每跨	8	用尺量
4	接缝宽度	≤3	每条接缝	3	用尺量
5	梁长	−20～10	每跨	3	用尺量

7.2　质量保证措施

7.2.1　节段梁拼缝质量控制应符合下列规定：

1. 在节段梁的拼装过程中，控制由于节段梁断面存在杂物、临时预应力张拉不到位、胶粘剂涂抹厚度不够、拼装过程中发生碰撞等因素而产生的缝隙；

2. 主线拼装时，临时预应力张拉完成后起重小车松钩前，要拧紧吊杆上下两个螺母；

3. 拼接时严禁通过调整缝宽来调整节段梁的线形。

7.2.2　环氧胶粘剂施工质量控制应符合下列规定：

1. 在预制节段梁出厂之前，应清洁粘结面的污垢、灰尘，尤其必须完全清洗油脂；

2. 雨天不能施工；

3. 控制好自开始搅拌至涂刷结束的总时间（有效作业时间）；

4. 每次进行粘结作业时必须有专人如实记录搅拌开始时间、涂刷开始时间、涂刷结束时间、当时气温、混凝土表面温度。

8. 施 工 安 全

8.1　施工安全控制标准按《建筑施工高处作业安全技术规范》、《施工现场临时用电安全技术规范》和《建筑机械使用安全技术规程》的规定执行。

8.2　职业健康安全保障应符合下列规定：

1. 架桥机操作时应按照《架桥机安全操作规程》（TB/T 2661）的规定执行。

2. 使用环氧胶粘剂施工时，工人应穿工作服、戴护目镜和橡皮手套，以防止胶粘剂和皮肤直接接触；如果皮肤碰到胶粘剂，应立即用回丝蘸丙酮擦洗，如果胶粘剂溅到眼睛，立即用大量清水冲洗并送医院诊疗。

3. 进行预应力张拉时，操作人员不得正对千斤顶站立，防止夹片或千斤顶弹出伤人。通过预应力张拉使结构恒载由架桥机向主梁传递时，应严格根据卸载计算结果调整吊杆受力，避免出现架桥机两端吊杆因受力超出极限承载力而断裂的事故。

9. 环 保 措 施

9.1　成立环境保护的组织体系和保障体系，严格遵守国家和地方政府有关环境保护的法律、法规和规章制度，加强对施工废弃物的管理，做好交通疏导，接受城市交通管理，随时接受相关单位检查监督。

9.2　为了防止胶粘剂在操作中滴落到施工作业面下方地面道路通行的车辆上，在作业层下方应布置防护密目网，并随着工程进展逐步移动。

9.3　应采取消声措施降低施工噪声至允许值以下，同时尽量避免夜间施工。

9.4　施工现场布置合理、围挡规范、标牌清楚、标识醒目、场地整洁。

10. 效 益 分 析

与支架现浇的施工方法相比，节段梁拼装施工周期短，场地占用较小，对交通影响小，劳动力成本较低，施工现场管理容易等都显示了节段拼装工艺的优越性。现场施工产生的振动、噪声、粉尘等污染也得到了最大限度的降低，环境效益明显。

11. 工 程 实 例

11.1 沪闵高架二期工程

上海"十五"期间基础设施建设的重点项目之一，该工程北起柳州南路，外接外环线莘庄立交，全长 5.4km。这段高架道路工程设计采用视觉效果较好的梁底面为弧形的后张预应力节段箱梁结构，节段梁截面是 25m 宽和 8m 两种，其中 25m 宽梁重达 130t，在国内外较少见。为了减少施工期间对交通的影响，上海建工（集团）总公司在部分路段采用了工厂预制节段梁、现场进行无支架逐节高空拼装的施工工艺。

大断面节段梁拼装施工在沪闵高架二期工程中取得了成功，由开始的 10d 架设一跨缩短到 7d 以内假设一跨，施工进度快。工厂化预制的节段质量易得到保证，适应现场拼装匹配要求，节段总体尺寸偏差均较小，完全能够控制在规范范围内，混凝土外观观感质量较好，外形曲线优美。节段拼装施工全过程处于安全、优质、稳定、快速的可控状态，工程质量优良率在 97% 以上，无安全生产事故和质量问题发生，得到了各方的一致好评。

11.2 广州地铁四号线

广州市轨道交通南北向主干线，是国内首条采用节段梁预制拼装施工工艺的高架桥梁。由上海建工基础公司承建的广州地铁四号线 9 标段，全长 2369.4m，节段拼装共 81 跨，跨径 30~40m，节段宽度 11m，节段高度 1.8m，最重节段为 50t。工程于 2005 年 1 月开工，2006 年 12 月竣工。

上海建工（集团）总公司凭借公司的技术优势和节段梁预制拼装方面的施工经验，勇于创新，精心管理，在节段梁预制、运输、拼装等各个环节克服了许多困难，确保了施工质量和安装线形，保证了施工进度，保证了施工安全，圆满完成了施工任务。

11.3 上海长江隧桥

目前世界上最大的桥隧结合工程，施工难度大。由上海建工（集团）总公司承建的长江隧桥 B6 标段浅水区非通航孔 60m 连续梁是采用节段预制拼装施工工艺的大型工程。工程全长 1920m，双幅桥共设 64 跨，跨径为 60m。箱梁顶板宽 16.95m，底板宽 7.0m，梁中心高为 3.6m，梁段吊装重量从 91.3t 至 160t 不等，单跨总重量在 2028t。节段箱梁从 2006 年 10 月开始预制，于 2007 年 6 月开始拼装，至 2008 年 6 月全线结构合龙，总施工工期为 21 个月。

通过长江隧桥工程建设，为节段梁预制技术、安装技术、线形控制等领域积累了大量有价值的施工资料和施工经验，同时推动了节段拼装架桥机的设计和研制、体外预应力施工技术、节段拼装胶粘剂等新材料和新设备的广泛应用，为将来城市高架桥梁的建设开辟了新的思路，因此它具有很大的推广意义。

简支梁转换为连续梁的后浇隐盖梁施工工法

GJEJGF176—2008

宏润建设集团股份有限公司　华丰建设股份有限公司

欧祝明　林定雄　胡震敏　葛海峰　华锦耀

1. 前　　言

随着全国城市化进程的加速，市政桥梁建设大量展开，桥梁施工工艺逐步向"优质、安全、高效、文明施工"的方向发展。为适应城市桥梁建设新趋势，一种采用后浇隐盖梁将桥墩两侧预制板梁连接成整体，实现简支板梁转换为连续板梁的新型桥梁施工工艺已经逐步推广应用。通过后浇隐盖梁实现上部结构预制板梁的连续，施工方法简单，建设速度快，便于现场文明施工；由于结构实现连续，进一步改善板梁结构受力，提高桥梁刚度，有利于控制裂缝和节省投资，具有良好的经济效益与社会效益。

宏润建设集团股份有限公司和华丰建设股份有限公司通过多个工程的施工实践，并获得了成功，最后总结形成相应施工工法，并申请"简支梁转换为连续梁的后浇隐盖梁施工工法"发明专利，专利申请号为200910048036.6。本工法关键技术经上海市科学技术委员会成果鉴定，已达到国内领先水平；经上海科学技术情报研究所提供的科技查新报告说明，在国内具有创新性与先进性（图1浇制完成的隐盖梁照片）。

隐盖梁

图1　浇制完成的隐盖梁照片

2. 工 法 特 点

本工法与传统的现浇连续梁施工工法或预制简支板梁施工工法相比较，在工程质量、施工进度、施工安全保证等方面具有以下特点：

2.1　与现浇结构相比较，采用预制板梁标准化工厂生产，有利于质量的提高与控制；通过后浇隐盖梁实现简支板梁转换为连续板梁，有利于省去满堂支架地基处理、支架搭设和预压等工序，现场作业量少，便于管理；同时节省大量不可再生资源和减少对环境的污染。

2.2 与现浇结构相比较，桥梁下部结构施工与上部结构板梁预制可同期进行，有利于缩短施工建设周期，加快工程进度，便于现场管理。

2.3 与现浇结构相比较，本工法结构设计简单、受力明确，支架数量少，稳定性可靠，安全性能好，有利于施工安全控制。

2.4 与简支结构相比较，通过后浇隐盖梁实现简支转连续，有利于改善结构受力状态，提高桥梁的整体刚度而有效控制裂缝。

2.5 与传统明盖梁简支结构相比较，采用后浇隐盖梁施工工艺，有效提高了桥下净空高度，可降低桥面设计标高，缩短桥长，降低桥头填筑高度，达到节省投资的目的。

3. 适 用 范 围

适用于桥梁建设工程中，设计采用后浇隐盖梁实现简支转连续的各类桥梁施工；尤其适用于城市交通要道的桥梁建设工程。

4. 工 艺 原 理

本工法施工关键技术主要包括组合支架及模板设计、板梁安装、隐盖梁结构施工、预应力施工四大部分。

4.1 组合支架及模板设计：依据预制板梁重量，现浇隐盖梁长度、截面大小、重量，施工荷载以及支架底部的承台平面尺寸，进行组合支架及模板的设计，并按施工时的最不利荷载组合进行计算。

4.2 板梁安装：根据预制板梁的跨度、重量，吊装场地的情况、吊车性能参数选用适当规格的吊机进行板梁安装，梁板安装顺序由桥梁中心线向两侧对称进行。

4.3 隐盖梁结构施工：隐盖梁结构施工是本工法实现两侧板梁简支转换成连续的关键。在板梁安装就位调整后，按设计要求安装隐盖梁支座、底模和隐盖梁钢筋绑扎、连接。两侧板梁简支转连续主要通过板梁梁端预留纵向钢筋焊接的连接，并增设板梁附加抗剪箍筋，以及布设盖梁横向预应力等。经检查合格后，安装隐盖梁两端封头板，进行隐盖梁混凝土浇筑施工（见图4.3 后浇隐盖梁剖面图）。

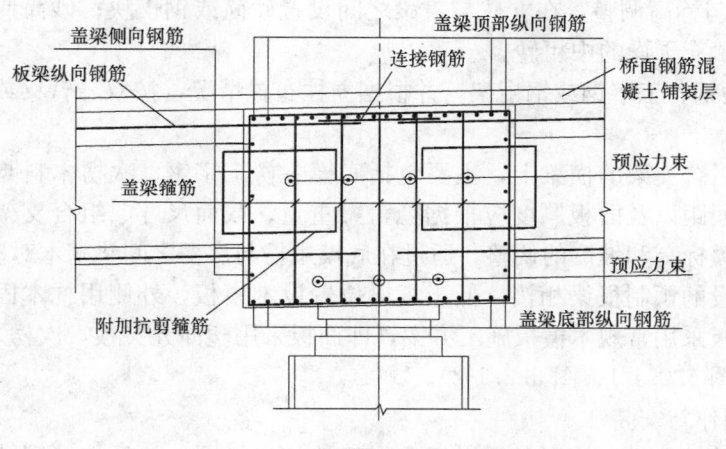

图4.3 后浇隐盖梁剖面图

4.4 预应力施工：隐盖梁混凝土强度达到设计强度的80％后，进行盖梁预应力筋的张拉、压浆、封锚，拆除隐盖梁模板和组合支架，实现简支梁转换成连续梁的结构体系转换。

5. 施工工艺流程及操作要点

5.1 施工工艺流程（图 5.1）

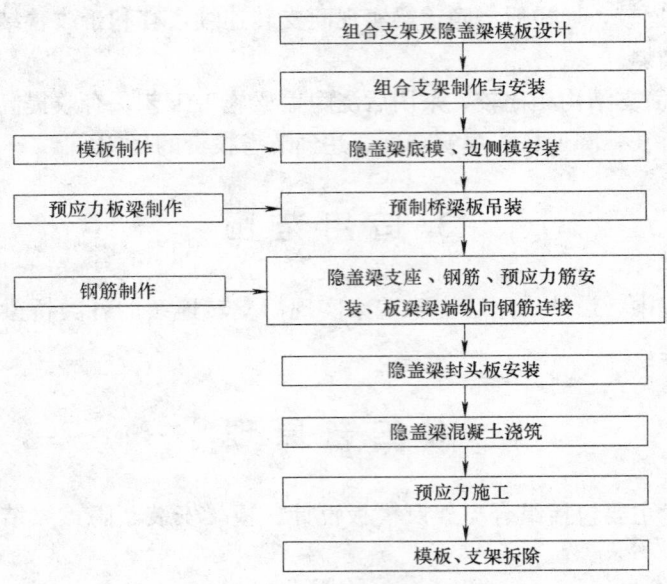

图 5.1 施工工艺流程图

5.2 施工操作要点

5.2.1 组合支架及隐盖梁模板设计

组合支架设计时，设计荷载包括待安装的板梁自重、隐盖梁自重、支架结构自重及相应施工荷载等。组合支架设计时，分为基础、立柱、砂筒、承重横梁四大部件，四大部件根据荷载分布情况分别设计验算：

1. 一般情况下，组合支架基础利用桥梁承台，通过在承台上预埋钢板实现与立柱的连接，以满足上部荷载承重要求。

2. 立柱采用型钢或钢管柱，按压弯杆件进行设计；为加强组合支架的整体稳定性，各立杆间设置水平连杆和剪刀撑。

3. 为便于支架落模与标高调整，在立柱与盖梁之间设置砂筒或钢楔块；砂筒或钢楔块尺寸应满足横梁落架要求，砂筒内填充干燥的中粗砂。

4. 横梁可采用 H 型钢、工字钢或钢桁架，并根据立柱布置情况，按双悬臂梁或多跨连续梁进行强度、刚度和稳定性验算。

隐盖梁底模设置在组合支架的横梁上，主要包括底模主楞工字钢、次楞木料与面板。主楞工字钢型号、布置间距，次楞间距以及面板厚度应根据隐盖梁重量、截面尺寸、组合支架间距、施工荷载等进行设计计算。对于底模标高和坡度的调整，通过在底模主楞与次楞之间垫塞木对楔来实现微调。

隐盖梁两侧与已架设的预制板梁相接，低于板梁位置设木模板，外侧用枕木固定。隐盖梁两端部应设置现浇端模板；模板采用常规木模板施工方案，即面板采用塑面九夹板，次楞木料，主楞双拼 ϕ48 钢管，对拉螺杆固定（图 5.2.1-1、图 5.2.1-2）。

5.2.2 组合支架制作与安装

组合支架经详细设计计算后，绘制各桥墩组合支架的施工详图，然后按《钢结构施工质量验收规范》GB 50205—2001 进行现场加工制作。加工制作各部件的材质、规格必须按设计要求选用，不可任意替换。

组合支架安装前，先清理出承台面的预埋钢板，复核其平面位置和标高，并放出十字中心线，然

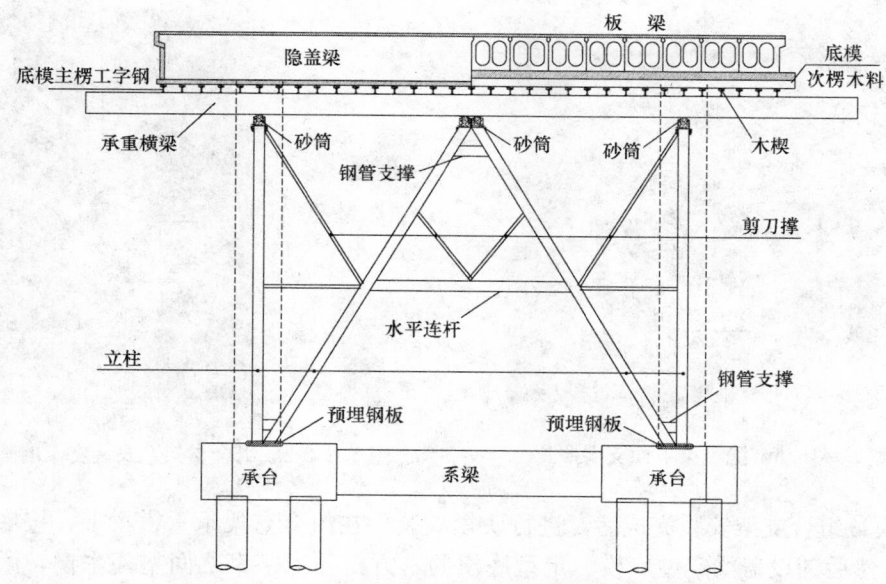

图 5.2.1-1 组合支架立面图（平行隐盖梁轴线方向）

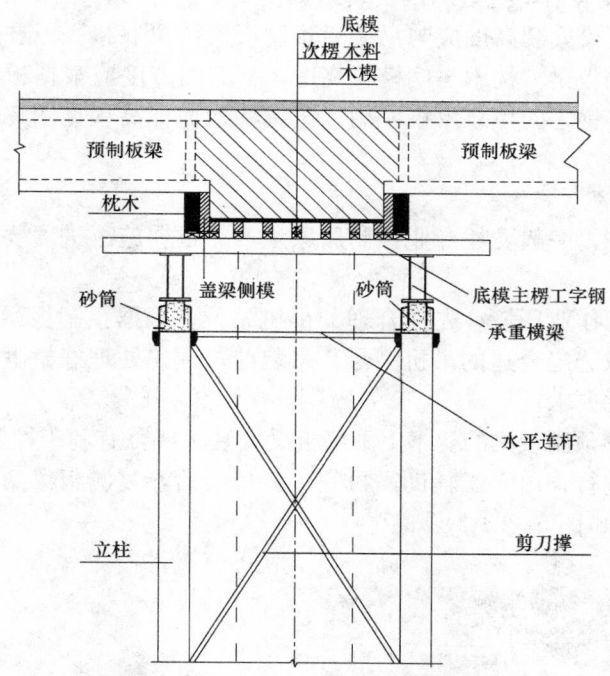

图 5.2.1-2 组合支架侧面图（垂直隐盖梁轴线方向）

后用吊机分别安装桥墩两侧的支架立柱（立柱长度可根据组合支架高度进行调整）。立柱就位后，立即与预埋钢板进行完全熔透角焊缝焊接固定，并加设立柱间的水平连杆、剪刀撑，以满足结构稳定性要求。

立柱施工完成后，应复测立柱顶标高，在立柱顶部放置砂筒，砂筒最小可落量应大于 10cm。在架设横梁前，调整砂筒标高，确保放置在砂筒顶部的双拼 H 型钢横梁标高符合施工要求（图 5.2.2-1、图 5.2.2-2）。

5.2.3 隐盖梁底模、边侧模安装

盖梁木模板部分应分段制作成整宽的定型模板，标上编号，便于重复周转使用。模板安装前，应先测放隐盖梁轴线与标高；模板采用吊车垂直运输，人工安装。

图 5.2.2-1　桥宽 $B=16.5$m 隐盖梁下面支架照片　　　图 5.2.2-2　组合支架及安装支架的临时脚手架照片

1. 安装底模：组合支架安装完成后，进行底模安装。在组合支架承重横梁上，按底模计算间距铺设主楞工字钢，然后铺设盖梁定型底模。定型底模的木方楞与工字钢之间垫塞木楔，微调底模面标高和平整度，达到要求后，用圆钉固定木楔。

2. 侧模安装：在底模安装后，进行侧模安装，侧模安装后才可吊装板梁。在底模上弹出盖梁的边线，安装盖梁两侧侧模；侧模安装高度应与吊装后预制板梁的梁底接平。在侧模外侧，设置枕木固定侧模，枕木也用于搁置预制板梁。枕木与侧模等高度，其截面宽度应根据板梁荷载和木材受压的力学性能计算确定。枕木与工字钢之间填塞木楔，用以微调枕木面标高（见图 5.2.3 隐盖梁模板及梁端操作平台施工照片）。

5.2.4　预制桥梁板吊装

预应力空心板梁的预制，一般委托专业预制厂家生产。根据施工进度要求，预制板梁分阶段运输至现场吊装架设。

吊装前，踏勘现场施工作业环境，先择合理的吊机站位；根据预制板梁吊装重量、吊装高度、作业半径和吊机工作性能参数选定合适的吊机型号。吊装前，预先处理好桥下场地，使其满足吊车运行和起吊时的承载力和稳定性要求。

吊装前，应在临时搁置预制板梁的枕木上画好板梁安装边线，有利于控制板梁准确就位。吊装时，由桥梁中心线向两侧对称进行，由人工辅助吊机完成。吊装后，复测板梁两端标高，以便于隐盖梁支承点标高调整（图 5.2.4-1、图 5.2.4-2）。

图 5.2.3　隐盖梁模板及梁端操作平台施工照片　　　图 5.2.4-1　预制板梁吊装中照片

5.2.5 隐盖梁钢筋、预应力筋、支座安装及板梁梁端纵向钢筋连接

钢筋和预应力筋在现场加工制作，由吊车垂直运输到盖梁底模上绑扎安装。首先在底模上弹好桥梁支座十字中心线，安装桥梁支座。在不影响波纹管安装和预应力穿束的条件下，先绑扎盖梁底层钢筋、侧面钢筋骨架，接着将两侧板梁主筋采用同级别的钢筋单面焊连接，搭接长度、焊缝等级满足规范要求；然后安装波纹管和盖梁预应力束，最后连接盖梁顶层钢筋骨架。盖梁钢筋必须采用焊接连接，焊接长度、质量符合设计与相关规范要求，确保盖梁与简支梁的连接可靠（图 5.2.5-1～图5.2.5-3）。

图 5.2.4-2　预制板梁吊装就位照片

图 5.2.5-1　预制板梁钢筋未连接前隐盖梁模板支架照片

图 5.2.5-2　隐盖梁钢筋骨架照片

图 5.2.5-3　隐盖梁和桥面铺装钢筋照片

5.2.6 隐盖梁封头板安装

待隐盖梁支座、钢筋、预应力束安装后，才能进行隐盖梁封头板的安装。先在隐盖梁纵向箍筋上绑扎混凝土保护层垫块，封头板紧贴垫块安装，并采用ϕ18mm 对拉螺杆通过双拼ϕ48 钢管主楞固定封头板。

5.2.7 隐盖梁混凝土浇筑、养护

在盖梁钢筋绑扎前，简支板梁端头应进行凿毛处理，确保与新浇混凝土的连接可靠。在混凝土浇筑前，简支梁端混凝土应充分湿润，但模板内不可有积水。商品混凝土按设计要求采用微膨胀混凝土，进行配合比设计，混凝土浇筑在当日较低温度下进行；振捣时由于盖梁内钢筋、预应力管道密集，需加强振捣，保证混凝土密实，同时应防止预应力管道漏浆；混凝土浇筑完成后，采用覆盖薄膜养护 7d。

5.2.8 预应力施工

预应力筋须待混凝土强度达到设计强度的 80% 后方可张拉。预应力张拉采用张拉力与伸长值双控，

图 5.2.8 预应力施工照片

以应力控制为主，应变为副，采用对称张拉原则，张拉程序：$0 \rightarrow$ 初应力（$0.1\sigma_k$）$\rightarrow$ 控制应力 σ_k（$0.75f_{PtK}$）$\rightarrow$ 持荷 2min $\rightarrow$ 锚固。张拉时，预应力束实际伸长量与设计值偏差以 ±6％ 为控制标准。预应力筋的张拉、锚定、注浆、封锚严格按《混凝土结构工程施工质量验收规范》GB 50204—2002 进行施工（见图 5.2.8 预应力施工照片）。

5.2.9 模板和支架拆除

预应力施工完成后，方可拆除隐盖梁模板及支架。盖梁模板采用吊车辅助人工拆除，先拆除盖梁两端封头板，后拆盖梁侧模与底模。拆底模前，先同步匀速泻除砂筒内的干砂，使底模与隐盖梁脱开，再拔除木楔上的钢钉，敲下木楔块，让底模和枕木全落到工字钢主楞上，最后用吊车将定型底模板、主楞工字钢吊离组合支架。

组合支架采用人工辅助吊车拆除，拆除的顺序依次为：承重横梁、砂筒、立柱间的水平连杆和稳定斜杆、立柱。

6. 材料与设备

主要材料与设备见表 6-1。

主要材料和设备 表 6-1

名　称	型号规格	单　位	数　量	用　途
组合支架	设计确定	t	2 套	组合支架
工字钢		t	模板设计定	盖梁底模主楞
木料	5×10	m³	模板设计定	盖梁底模次楞
木对楔			模板设计定	调节底模面板标高和平整度
枕木			模板设计定	固定侧模
塑面九夹板	厚 16mm	m²	模板设计定	盖梁模板材料
经纬仪	J2-J0	台	1	测量放样
水准仪	S3	台	1	测量放样
电弧焊机	Bx-300	台	1	支架拼装与安装
手工割枪	G01-30	台	1	钢材下料与支架拆卸
钢筋成套加工机械		套	2	钢筋制作
木工成套加工机械		套	2	加工模板
千斤顶	WC250	台	3	预应力施工
混凝土泵车		辆	1	混凝土浇筑
混凝土运输车		m³	6	混凝土运输
运梁车	200t	辆	2	板梁运输
汽车吊	25t	台	1	组合支架各部件装拆
汽车吊	50t	台	2	预制板梁吊装

劳动力组织见表 6-2。

劳动力组织

表 6-2

序号	工 种	任 务	人数(人)	备 注
1	木工	搭拆内外模板及预埋	4	
2	钢筋工	加工制作绑扎钢筋	6	
3	混凝土工	浇捣混凝土、养护	3	
4	电焊工	组合支架、钢筋、对拉螺杆焊接	6	
5	汽车吊操作工	组合支架、板梁吊运	2	视工程大小和
6	起重工	组合支架安装	4	工期要求调整
7	预应力工	预应力张拉、锚固等工作	4	
8	测量工	测量放线、高程控制	2	
9	普工	配合施工	5	

7. 质 量 控 制

7.1 组合支架必须按国家标准《钢结构设计规范》GB 50017—2003 进行认真设计；其制作、拼装和安装质量应符合《钢结构施工质量验收规范》GB 50205—2001 的规定。

7.2 隐盖梁结构工程施工前，必须编制专项施工方案，按国家现行有关规范进行模板、支架设计，进行施工技术交底。结构工程的施工质量应符合《混凝土结构工程施工质量验收规范》GB 50204—2002 的规定。

7.3 施工测量采用后道工序复测方法，提高精度，避免误差。测量仪器须按规定校正和检测，始终处于有效期内。

7.4 组合支架和盖梁模板安装、拆除施工中，桥墩应用适宜物料包裹保护，避免混凝土表面损伤。

7.5 组合支架组装后应进行预压，预压荷载为设计荷载的 1.1 倍，以检验支架的安全性和变形量。

7.6 盖梁底模的木楔完成微调后，应采用圆钉固定，以免滑脱造成梁底混凝土变形。盖梁封头板处对拉杆件应有足够的强度和刚度防止爆模和变形。

7.7 隐盖梁落模前，预制板梁不得上任何附加荷载，以免板梁与盖梁接缝处产生裂缝。

7.8 预应力波纹管连接必须严密、牢固，穿索时要缓慢、小心，避免损坏波纹管，安装就位后，应利用盖梁钢筋骨架焊定位钢筋固定波纹管。盖梁振捣时避免碰撞波纹管，并不断来回抽动预应力筋，以免堵管。

7.9 拆模时，避免强行拆除模板，以免损伤混凝土外观质量。拆卸的模板不得随意抛落地面，应及时整理堆放，以便于重复周转使用。

7.10 拆组合支架时，应保护各构件不变形，以备后续施工重复利用。

8. 安 全 措 施

8.1 施工前应编制《安全生产保证计划》和《施工应急预案》，对施工管理人员和操作人员进行安全技术交底和安全教育、培训。

8.2 电工、电焊工、吊车司机、吊装指挥、起重安装工等特殊工种人员必须是经培训考试合格，取得专业技术等级证书的有一定工作经验的专业技术工人。

8.3 施工用电的安全设施必须完善，安全措施必须到位。严禁非电气专业人员操作电气，专业电气人员应严格遵守安全用电操作规程。

8.4 双机抬吊前，应先试吊无误后才可正式吊装。在抬吊前必须核实吊重不得超过双机额定起重量的 75％，任一台吊机的负荷重不得超过其额定起重量的 80％。保证两台吊机起重臂有适当的间距，密切配合严防吊装过程中由于超载或失重酿成的事故。

8.5 吊具与吊索均应严密检查。当钢丝绳严重锈蚀并有断股的或钢丝绳磨损和断丝超过国家规定的标准应禁止使用；在允许范围内的，必须按 0.8～0.95 折减系数计算钢丝绳破断拉力。吊具必须符合国家规定的材质标准。

8.6 吊装区域应设置临时围挡，安排警卫人员看守。现场施工人员都必须戴安全帽，高空作业人员必须系挂安全带，穿绝缘鞋，禁止光脚或穿拖鞋。

8.7 吊装作业时，吊车司机与吊装指挥员要高度集中注意力，密切配合；构件应有人工辅助绳索牵引，以免空中转动和晃动，便于安全就位；起重臂下严禁站人或人员通过。

8.8 门式桁架吊装就位后，在做好可靠的临时固定前，不得脱开吊钩；预制板梁安装上架后，不得用作施工平台，应利用盖梁两头搭设的施工操作平台工作。

8.9 拆卸盖梁模板和组合支架时，严禁高处投掷，应由吊绳、葫芦或吊车下放物件。

9. 环 保 措 施

9.1 施工中严格遵守《中华人民共和国环境污染防治法》，制订预防环境污染的施工措施，及时治理施工中出现的污染环境现象；

9.2 施工沿线铺筑施工便道，便道足以承载施工所需车辆的安全运行，便道外侧修筑排水沟收集地面积水集中排入邻近河沟或湖塘，以利便道路基稳定，避免场地泥泞，减少扬尘污染；

9.3 在施工区域的进出口设置车辆冲洗台，对驶出施工区域的车辆冲刷干净后才可以进入城市道路或公路；

9.4 临时生产加工区的场地应平整、硬化、排水畅道，材料、构配件分类堆放整齐，标识明确，下班收工时清扫场地，废弃物集中堆放，及时外运；

9.5 材料、构配件运至安装现场，分别选择有利吊装施工的位置，整齐堆放、做好标识；

9.6 组合支架和盖梁模板拆卸后，清理干净，修正完好，分类对号，整齐堆放。

10. 效 益 分 析

简支梁转换为连续梁的后浇隐盖梁施工工法主要适用于当前工期要求紧、文明施工与外观质量要求高的城市桥梁建设，经过多个工程实践，取得了良好的社会效益和经济效益。

10.1 经济效益

10.1.1 与传统现浇箱梁满堂支架施工相比较，本工法具备用钢量少、模板数量少等优点，节约了相应施工造价。

10.1.2 与传统简支板梁施工相比较，通过后浇隐盖梁实现简支转连续，有利于改善结构受力，可降低简支梁高，减少自重，节省钢筋混凝土材料，明显提高经济效益。

10.1.3 与传统简支板梁采用明盖梁相比较，减少了盖梁施工工序，并节省了相关盖梁施工费用。

10.2 社会效益

10.2.1 与传统现浇箱梁施工相比较，本工法的应用可使上部结构板梁在下部工程施工的同时进行预制，成批生产，有利于质量控制，减少投资成本，并有利于缩短施工建设周期，加快工程进度。

10.2.2 与传统简支板梁施工相比较，采用后浇隐盖梁施工工艺，有效提高了桥下净空高度，体现了社会效益。

10.3 环保节能效益

10.3.1 与传统现浇箱梁施工相比较，本工法的应用避免了地基处理的环境污染影响，并减少了地基处理费用。

10.3.2 与传统现浇箱梁施工相比较，本工法的应用大大减少了混凝土浇筑过程中的噪音污染，降低了施工过程中的扬尘污染。

11. 应用实例

11.1 宁波市东外环-江南公路互通立交工程位于宁波市，从 2008 年 2 月开始施工，应用效果良好。本立交工程为双直接定向加双苜蓿匝道的三层全互通式立交，其中东外环主线跨线桥和 WS、NW、SE、EN 匝道桥及 WN、ES 匝道和第四、五联，桥梁结构采用简支变连续结构梁和后浇隐盖梁的形式。

组合支架采用"钢管支柱＋型钢横梁"结构。支柱以承台面为支承面，钢管之上横向设置桩帽梁，再架设双拼 56a 号工字钢大梁，大梁以上分别设置纵向 16 号工字钢分配梁和横向 22 号工字钢及枕木（作梁板的临时支座用）。详见图 11.1 组合支架施工照片。

11.2 宁波市庆丰桥江北引桥及接线道路工程，桥梁基础为钻孔灌注桩，下部结构为承台、立柱，桥梁上部结构全部采用简支变连续梁和后浇隐盖梁的形式，形成连续梁结构后施工防撞墙和桥面铺装。

该工程从 2007 年 2 月开始施工，于 2008 年 12 月结束。该工程结束后，安全质量工期都满足业主要求。

11.3 上海浦东上南路上穿线立交工程，桥梁基础为钻孔灌注桩，下部结构为承台、立柱，桥梁上部结构全部采用简支变连续梁和后浇隐盖梁的形式，形成连续梁结构后施工防撞墙和桥面铺装（图 11.3）。

该工程从 2004 年 6 月开始施工，于 2005 年 10 月结束。该工程结束后，安全质量工期都满足业主要求。

图 11.1 组合支架施工照片

图 11.3 浦东上南路上穿线立交隐盖梁照片

高架桥斜柱锚绳拉杆支模施工工法

GJEJGF177—2008

中达建设集团股份有限公司

庞堂喜　李振宁　史志远　应颂勇

1. 前　　言

随着城市经济建设的飞速发展，城市的交通流量迅速增长，人们开始把城市交通开始向空中和地下立体拓展，在大城市、特大城市的交通建设中，高架、轻轨一体化工程必将越来越多，在这种类型的工程设计中，常采用双斜柱门架式框架结构形式。目前施工高架道路的桥墩斜柱多数沿用常规方法，即在狭窄的场地中支设落地式满堂钢管脚手支撑架及模板，这不仅增加了城市道路交通的拥挤程度，且易发生失稳、整体坍塌等事故，对城市景观也造成了污染，而"锚绳拉杆支模"施工工法则是克服上述缺点的一种支模新方法。

通过上海市共和新路高架轻轨一体化工程和上海 A5 嘉金高速公路跨线桥工程、黄家花园路跨越 A11 公路立交桥工程桥墩斜柱施工实践证明，它具有质量可控性强、降低成本、缩短工期的优点。

针对该工法成立的上海市政项目 QC 小组攻关成果《高架斜柱"锚绳拉杆支模"施工新法》，获得全国工程建设优秀 QC 成果；该技术论文《高架道路桥墩的锚绳-拉杆支模新法》，发表在 2002 年第 5 期《浙江建筑》杂志上；应用本工法施工的上海市共和新路高架工程获得 2005 年度国家市政工程"金奖"、2006 年度国家优质工程"银奖"和"詹天佑"奖。通过浙江省科技信息研究院查新，鉴定结论为：在国内检索范围内未见有高架桥斜柱锚绳拉杆支模施工工法的报道，证明了该工法的新颖性。

2. 工 法 特 点

2.1　按照传统的施工方法，是在斜柱每侧用钢管搭设落地承重排架，且有钢管用量大、施工成本高、现场排架林立、影响城市景观和临时交通等缺点及不足。本工法利用三道拉杆与斜柱模两侧拉结，承受斜柱水平分力，代替落地承重排架，不仅节省了钢管租赁和搭拆费用，又缩短了工期，具有良好的经济效益。

2.2　如采用落地排架支撑，钢管底座全部落在柱墩承台挖填范围内，持力层受荷载后，土体压缩所产生的沉降不会因混凝土浇筑完成而终止。当混凝土进入终凝期，如果支架继续沉降，柱根将会产生裂缝。而采用本工法，当混凝土浇筑完成后，拉杆和模板变形即处于稳定状态，柱根不会出现裂缝。

2.3　本工法简便易行，可操作性强，模板采用定型钢模板，可以大大加快施工进度。

3. 适 用 范 围

对于桥墩为对称式框架斜柱结构的高架道路，其斜柱的模板施工，均适用于本工法。

4. 工 艺 原 理

对下部结构以上斜立柱的受力状态进行分析，斜立柱与直立柱的区别在于其重心外偏，斜立柱在混凝土和模板等荷载的共同作用下，对斜柱根部产生倾覆力矩，在倾覆力矩作用下将会导致斜立柱模板绕柱根往外旋转。如人为地加上一个反力矩以平衡倾覆力矩，即可保持斜柱模板系统的稳定（图4-1）。此反力矩通过水平向的钢筋拉杆和剪刀式锚绳来实现，巧妙地平衡掉左、右侧斜立柱的外倾力矩。斜立柱的混凝土和模板重量（竖向荷载）则通过斜柱根的施工缝传至已脱模的下部结构上（图4-2）。

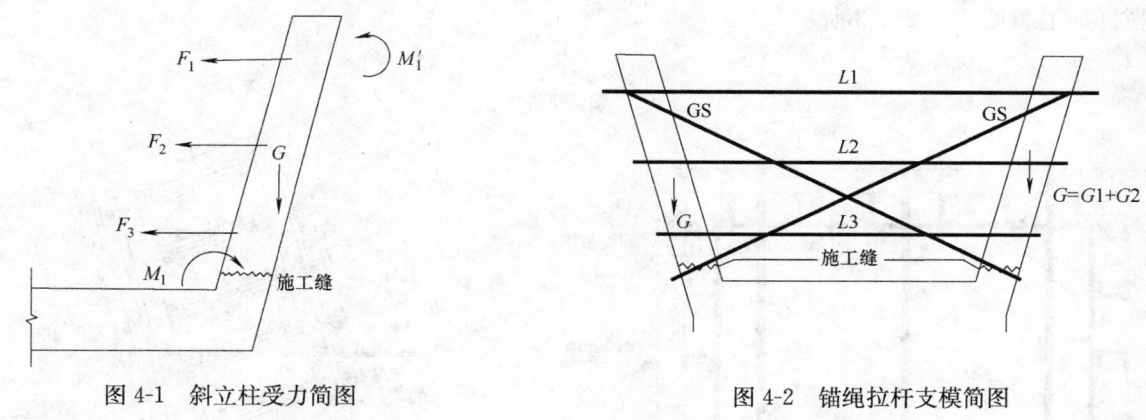

图 4-1　斜立柱受力简图　　　　　　　图 4-2　锚绳拉杆支模简图

5. 施工工艺流程及操作要点

5.1　施工工艺流程（图5.1）

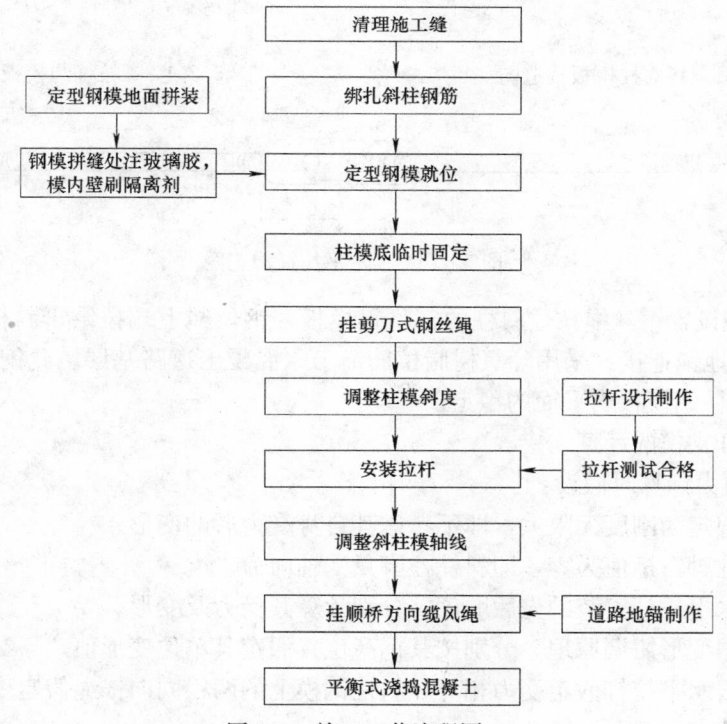

图 5.1　施工工艺流程图

5.2　设计及施工要点

5.2.1　锚绳拉杆支模的构造设计

1. 施工斜立柱时，采用定型钢模板，在厚3mm的钢板外设纵向槽钢立檩，外围为横向槽钢箍，槽钢选型由计算确定，槽钢箍连接对拉螺栓 ϕ12@500 的伞形帽，水平拉杆外端处再用竖向槽钢 [16 和水平向槽钢 2 [20 加强。斜立柱模板构造如图 5.2.1-1 所示，拉杆与模板螺栓连接的节点详图如图5.2.1-2所示。

2. 剪刀式钢丝绳 GS 每侧一道，上端锚于柱的槽钢箍上，下端拉锚于下横梁和斜柱脚的节点，通过匹配等效承载力的手动葫芦调紧，以临时固定斜柱钢模板，并克服在浇筑混凝土过程中因两柱浇筑速度的不同步而发生的不平衡力。

3. 沿斜立柱竖向设 3 道水平拉杆，上道、中道和下道各为 2 根圆钢筋，钢筋直径由计算确定。每杆中央设置花篮螺栓（丝长 200mm）调紧。水平拉杆位置示意图见图 4-2 锚绳拉杆支模简图所示，水平拉杆加工图见图 5.2.1-3 所示。

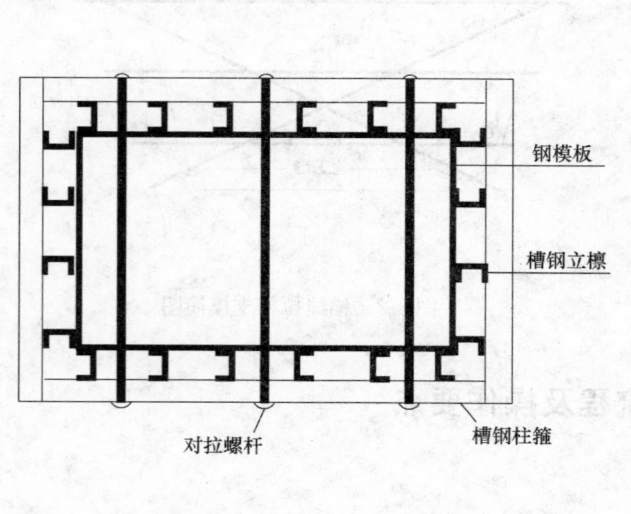

图 5.2.1-1　斜立柱模板构造图　　　　图 5.2.1-2　拉杆与模板螺栓连接的节点详图

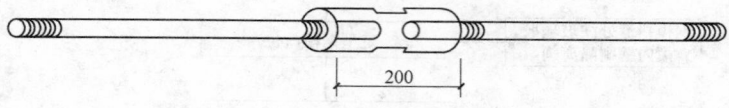

图 5.2.1-3　水平拉杆加工图

4. 沿桥墩的两侧设置钢丝绳拉住斜柱的定型钢模板，钢丝绳上端拉结于斜柱钢模的上端，钢丝绳下端与 3 根 φ32 钢筋地锚连接，采用环氧树脂植筋锚于原混凝土道路基层。此钢丝绳与斜柱平面成 45°左右夹角，可保证斜柱钢模板出平面的稳定。

5.2.2　锚绳拉杆支模的计算

1. 锚绳和拉杆内力计算时假设：

1) 斜柱钢模板假定为刚度无限大，即不考虑其自身受力后的变形。

2) 施工时斜柱柱脚弯矩值为零，即斜柱柱脚只受轴向力。

3) 按照锚绳和水平拉杆安装的先后顺序，分别计算其受力及变形。

4) 水平拉杆根据变形协调原理，分别按其标高位置假定其单位变形值。

5) 同标高的两根水平拉杆假定受力相等，斜柱钢模上的两根同向锚绳假定受力相等。

2. 荷载和参数值：

1) 钢筋混凝土斜立柱容重 $\gamma_1 = 26\text{kN/m}^3$。

2) 斜柱钢模容重 $\gamma_2 = 12\text{kN/m}$。

3) 钢材弹性模量 $E = 206 \times 10^3\,\text{N/mm}^2$。

4) 钢筋抗拉强度设计值 $f_y = 215\text{N/mm}^2$。

5) 锚绳、拉杆抗拉安全系数 $K_1 = 3.5$。

3. 锚绳（钢丝绳）计算：

1）在平衡钢模板自重的计算时，设钢丝绳拉力为 P_1，对斜柱根取矩为零，解方程式得单根钢丝绳承受拉力为 P_1。

2）平衡混凝土浇筑高差的计算时，设钢丝绳拉力 P_2，斜柱混凝土重 G 按混凝土浇筑高差一半考虑，对斜柱根部取矩为零，解方程式得单根钢丝绳承受拉力 P_2。

3）按最不利情况组合内力时，单根钢丝绳承受拉力 $P_S = P_1 + P_2$。

4）选择钢丝绳型号时取安全系数 $K_1 = 3.5$，根据单根钢丝绳承受拉力 P_s 选择合适的钢丝绳及手动葫芦。

4. 水平拉杆强度和变形计算：

三道水平拉杆、斜柱钢模及混凝土自重组成超静定结构，根据上述计算假定，运用结构计算软件，计算的各水平拉杆的内力，按抗拉安全系数 K 确定水平拉杆的直径，并对水平拉杆变形进行验算。

5. 钢模立檩槽钢[16 按压弯构件验算，斜柱模板箍槽钢[8 按受弯构件验算。

5.2.3 施工要点

1）清理施工缝：在施工缝施工时，应在已硬化的混凝土表面上，清除水泥薄膜和松动的石子以及软弱的混凝土层，同时还应加以凿毛，用水冲洗干净并充分湿润，一般不宜少于 24h，残留在混凝土表面的积水应予清除。并在施工缝处铺一层水泥浆或与混凝土内成分相同的水泥砂浆。

2）绑扎斜柱钢筋：按图纸要求间距，计算好每根柱箍筋数量，先将箍筋套在下层伸出的搭接筋上，然后绑扎柱子钢筋，主筋立筋方向尽量与设计角度保持一致，在搭接长度内，绑扣不少于 3 个，绑扣要向柱中心。柱子主筋绑扎应注意绑扎接头的搭接长度、接头面积百分率应符合设计及相关规范要求。箍筋与主筋要垂直，箍筋转角处与主筋交点均要绑扎，主筋与箍筋非转角部分的相交点成梅花交错绑扎。箍筋的弯钩叠合处应沿柱子竖筋交错布置，并绑扎牢固。最后再次调整斜柱钢筋笼角度与设计角度基本相符，并临时固定。

3）定型钢模地面拼装：按设计、计算的定型钢模板各参数在地面上拼装、焊接并编号，就近堆放在地面上，以备施工斜柱混凝土时吊装就位。已加工好的定型钢模板拼接缝处满注玻璃胶，并在模板内壁满刷隔离剂。在吊装使用前应采用塑料膜等将其覆盖保护，以防止对模板的污染。

4）定型钢模的就位与临时固定：定型钢模采用汽车吊吊装就位，套入斜柱钢筋笼，实施吊装前应编制合理、可行的吊装单项施工方案经各相关单位审批通过后，严格按吊装方案实施吊装，就位后在定型钢模底部用穿梢临时固定。

5）挂剪刀式钢丝绳并调整斜度：一侧斜柱钢模就位后即挂钢丝绳，钢丝绳下端固定在另一侧斜柱底座处的预埋件上，上端与刚就位的定型钢模上部固定牢固。待另侧斜柱钢模就位后同上述方法再挂另一根钢丝绳，形成剪刀式钢丝绳临时固定住两侧的定型钢模，挂完双侧斜柱钢模的钢丝绳后，采用手动葫芦初步调整斜拉钢模在平面的斜度。

6）拉杆制作与测试：按设计计算确实圆钢规格、长度，并在两侧套丝，注意两根拉杆对接的一侧分别套正反丝，套丝长度不小于 200mm，再用花篮螺栓连接。拉杆制作好应取样对拉杆抗拉强度进行检验，检验合格后方可使用。

7）安装拉杆：自上而下，安装水平拉杆，并且通过拧紧拉杆两端螺帽，以拉杆变形量的理论计算为依据，控制上拉杆预缩量，将斜拉钢模上口微调至小于标准偏差值，同时穿紧每只斜柱钢模的对拉螺栓。

8）调整柱模板的轴线位置、挂桥向缆风绳：通过松紧双面锚绳（钢丝绳），使斜柱钢模调整到轴线位置，随后顺桥向挂缆风绳，并调整斜拉钢模的出平面轴线位置。其地锚为 3ϕ32，植筋锚固于原混凝土路面基层下。

9）平衡式浇捣斜柱混凝土：斜柱混凝土自重是产生外倾力的主要荷载，为保证整个支模系统的平衡，左、右侧斜柱应同时浇筑混凝土，协调并控制其高差不超过 1m。混凝土浇筑、振捣、养护严格按相关工艺流程操作。

6. 材料与设备

6.1 材料

定型钢模板、槽钢、钢丝绳、钢筋拉杆。

6.2 设备

本工法采用的机具设备见表 6.2。

常用设备表　　　　　　　　　　　　　　　　　　　　　　表 6.2

序　号	机具名称	规格型号	数　量	备　注
1	汽车吊	25t	1	
2	电焊机	300	2	
3	气割设备	通用	1	
4	专用扳手	通用	4	
5	经纬仪	DZ2	2	
6	水平仪	S3	1	
7	对讲机	通用	4	
8	手动葫芦	3t	2	
9	力矩扳手		3	
10	其他工具		若干	

7. 质量控制

7.1 根据斜柱形式和特点及现场施工条件，对模板进行设计，通过计算确定模板组装形式，纵横龙骨规格、数量、排列尺寸，柱箍选用的形式及间距，梁板支撑间距，模板连接节点大样等。验算模板和支撑的强度、刚度及稳定性，绘制模板设计图。

7.2 模板拼装场地应夯实平整，条件许可时应设拼装操作平台，模板拼装后进行编号，并涂刷隔离剂，分规格堆放。

7.3 测量放样好轴线、模板边线、水平控制标高，模板底口做好水泥砂浆结合层，检查顺桥方向缆风绳用的地锚是否已预埋好。

7.4 拉杆的制作要确保质量，应由专门厂家定做，以符合拉杆的设计承载能力。

7.5 吊装模板时轻起轻放，不准碰撞，以防止模板变形，拆模时不得用大锤硬砸或撬棍硬撬，以免损伤混凝土表面和楞角，拆下的钢模板，如发现模板不平时或肋边损坏变形应及时修理。

7.6 在浇筑混凝土前，应先计算混凝土总量和每层混凝土用量，并按照两边斜柱对称下料。如果混凝土下落高度超过 2m 要使用串筒，防止下落的混凝土离析。认真做好混凝土的振捣，防止欠振、漏振、避免过振，操作时必须严格做到快插慢拔，将振动棒上下略做抽动。振动棒插入振捣至混凝土面不再下降、无气泡、表面泛浆但隐见粗骨料为止。在振捣过程中严禁振捣器碰到钢模板。在混凝土的入仓和振捣过程中混凝土浆不可避免地要溅到模板上，并且有可能形成初凝，仓内操作人员如不清理，则会使先后不同时间入仓的混凝土发生离散，混凝土脱模后，由于溅点凝结不牢而脱落，形成麻面现象，而影响混凝土外观质量。为此，要求操作人员随着浇筑高度的上升，位置的变化，不断用干净的粗毛巾抹去溅点，以保持模板表面的清洁。

7.7 为防止柱根产生预弯距，模板必须保留到上横梁混凝土浇筑完毕，并达到设计强度要求后，方可拆除。

7.8 混凝土拆模后应注意做好成品保护工作，防止施工机械、工具碰撞墩柱和盖梁等施工成品。

8. 安 全 措 施

8.1 制定项目的安全生产责任制，工地现场设专人负责有关模板安装和混凝土浇筑施工的安全。

8.2 在施工前，按照施工技术方案，由技术负责人对相关人员进行模板安装和混凝土浇筑过程的技术交底。

8.3 在整个施工过程中，由安全负责人定期对全体施工人员进行具体施工要求安全交底和安全检查。

8.4 安装和拆除钢模板时，当作业高度在 2m 及以上时，尚应遵守高处作业有关规定，搭设脚手架或工作平台，并设置防护栏杆或安全网。

8.5 汽车吊进场后，要严格进行设备检查，检查合格后方可使用。吊装前，应检查索具、卡环等是否符合要求，专人指挥，在施工过程中要经常检查。

8.6 吊装钢模板作业前，要设置好警戒区域，拉好警戒线。

8.7 专职指挥人员应配备指挥旗、指挥哨、对讲机等工具。指挥时再在能够照顾全面工作的地点，所发信号统一明确清楚，吊车司机与指挥密切配合，指挥人员发出信号不明确或有险情时，应暂停操作。

8.8 柱模就位，即柱模套入斜柱钢筋骨架后，立即挂好钢丝绳，起临时固定作用，确认固定牢固后才可脱离吊钩，待另侧斜柱钢模就位后再挂剪刀式钢丝绳。

8.9 模板拆除采用整体拆除时，先拆除短边模，再拆除长边模，先挂好吊绳或倒链，然后拆卸连接件；拆模时，要用手锤敲击板体，使之与混凝土脱离，再吊运到指定地点堆放整齐。

9. 环 保 措 施

9.1 施工现场主要道路进行混凝土硬化处理。

9.2 垃圾及时清理，垃圾站全封闭或严密覆盖。

9.3 水泥、砂、土等材料运输时严密覆盖。

9.4 钢模板运至现场后，应当使用起重机械提升，摆放在指定地点。如人工摆放应轻拿轻放，严禁野蛮卸车，将施工噪声降到最低限度。

9.5 钢模板使用隔离剂时，要防止隔离剂的泄漏，其容器和涂刷工具应妥善保管，不得乱扔，要单独存放和处置，减少化学气体的排放。

9.6 施工安排在 6：00～22：00 间进行，若工艺原因需连续施工，必须经过建设管理部门批准。

9.7 办公区及生活区，因地制宜适当种植花木，美化环境。

9.8 施工区域和非施工区域分隔开。

9.9 建筑材料按现场平面布置图堆放整齐，标识规范。

10. 效 益 分 析

本工法免去了传统工艺中繁锁的钢管支撑搭设，可以节省钢管底座地基处理、钢管扣件租赁、法兰制作和搭拆钢管排架的人工费等费用，而增加的材料钢丝绳和拉杆，价格又是极其低廉的。另外，施工期间占地较少，对路面的交通影响小，所以本工法具有良好的经济和社会效益。

11. 应 用 实 例

11.1 上海共和新路高架轻轨一体化工程

11.1.1 工程概况

上海共和新路高架轻轨一体化工程，始于中山北路，终于泰和路，全长 7km，是国内第一条集高架道路和轻轨交通一体化的城市空中交通干线。

图 11.1.1-1 上海共和新路高架轻轨一体化工程

本标段 12.3 标主线 661m（含桥墩 22 座），匝道 488m（含桥墩 18 座），另含建筑面积 5485m² 的车站一座，均为桩基础。桥向为预应力"T"形梁板，跨度 29～32m，基础为 φ600PHC 高强预应力管桩，桩长 55～58m，持力层为⑥层硬塑状的粉质黏土。桥墩设计为对称式框架结构，由矩形桩承台、上下立柱、上下横梁组成。下立柱高 5.40～7.60m，上立柱高 7.00～7.80m，立柱截面为 1300mm×2000mm，配主筋 32φ28～42φ28，混凝土强度等级 C40，为泵送商品混凝土，下立柱垂直桩承台，上立柱外倾斜率 1：3。混凝土桥墩的水平施工缝设置在基础承台顶、下横梁底面、下横梁顶面上 0.5m、上横梁底面，即分为四段施工，第一段由基础承台顶至下横梁底面下 1.20m，第二段至下横梁顶面上 0.50m，第三段至上横梁底，第四段为上横梁。对称式框架桥墩均采用商品混凝土泵送浇捣方案，预应力"T"形桥面板采用预制吊装方案。

11.1.2 支模方案

1. 按常规支模方案，该桥墩需 126 根 φ48 钢管支撑，最高处超过 16m，占地面积大，工人高空作业操作繁琐，地基承受复合荷载后钢管立撑将产生沉降。由于设计中不考虑上立柱承受施工荷载，并强调施工过程中上柱的柱根始终保持零弯矩，因此该承重的钢管支撑架必须保留到上横梁混凝土浇筑完毕，并达到设计强度。根据当时气温条件，每只桥墩钢管支撑架的占用期约在 50d 以上，占用了大量的周转材料，导致施工成本上升，因此最终考虑采用锚绳拉杆支模方法。

图 11.1.1-2 上海共和新路高架斜柱

2. 定型组合钢模板采用在厚 3mm 的钢板外设纵向槽钢立檩[16@400，外围为横向槽钢箍[8@500，槽钢箍连接对拉螺栓 12@500 的伞形帽，水平拉杆外端处再用竖向槽钢[16 和水平向槽钢 2[20 加强。

3. 沿斜立柱竖向设 3 道水平拉杆，上道为 2φ32 钢筋，中道和下道各为 2φ25 钢筋，每杆中央设置花篮螺栓（长 200mm）调紧。

11.1.3 实践结果

1. 拉杆伸长值：

按上述理论计算，左、右侧斜柱钢模上口净距在浇筑混凝土后应增大到 5.2mm，实际测量结果为 10mm，因考虑了拉杆的伸长设置了拉杆的预缩量，结构尺寸未超出规范允许范围，但超出计算值

4.8mm。其原因为：

1）未浇筑斜柱混凝土前，由于拉杆跨度大不可能被拉直。

2）拉杆各处的垫板缝隙受到拉力后被压缩贴紧。

3）斜柱钢模的立檩受荷后产生少量弯曲变形。

因此在施工中，除根据计算控制拉杆的预缩量外，还可以根据实际情况适当增加预缩量。

2. 经济效益：

锚绳拉杆法支模和常规的满堂落地式模板支撑相比，在地基处理、承重支架材料及人工费等方面合计每一桥墩可降低成本 6371 元，总计该标段工程降低成本 25 万余元。

成本对比表　　　　　　　　　　　　　　　　　　　　　　　　　表 11.1.3

工序项目	成本（元）　　方案	排架支模法	锚绳拉杆法
地基处理	100 厚墙石垫层	2.28m³，计 320 元	无
	150 厚 C20 混凝土	4.42m³，计 1574 元	
材料费（租金）	φ48 钢管	17200kg，租金 4567 元	无
	扣件	4525 个，租金 4335 元	
	法兰制作	2434kg，成本摊销 4385 元	
	拉杆制作	无	成本摊销 650 元
人工费	支架	20 工日，计 800 元	4 工日，计 160 元
	支模	30 工日，计 1200 元	
合计		17181 元	810 元

11.1.4 施工照片（图 11.1.4）

11.2 上海 A5 嘉金高速公路跨线桥工程

11.2.1 工程概况

上海 A5 嘉金高速公路是上海高速公路网中南北向连接嘉定、青浦、松江、金山四个区的主要快速通道，新建的跨线桥是 A5 嘉金高速公路一期一标一座跨越莘砖公路的主线大桥。

本桥柱墩形式为对称式框架斜柱，上为下承式钢管混凝土系杆拱桥，系杆拱桥分上下行两桥。单桥宽 17.6m，跨径为 37.88m。见图 11.2.1。

图 11.1.4　上海共和新路高架轻轨一体化工程施工

图 11.2.1　上海 A5 嘉金高速公路跨线桥工程

11.2.2　支模方案

1. 柱墩形式为对称式框架斜柱，可以减少路面的占用量，减缓路面交通拥堵（图 11.2.2）。

图 11.2.2　上海 A5 嘉金高速公路跨线桥桥墩

2. 定型组合钢模板采用在厚 3mm 的钢板外设纵向槽钢立檩[16@300，外围为横向槽钢箍[8@400，槽钢箍连接对拉螺栓 18@300 的伞形帽，水平拉杆外端处再用竖向槽钢[16 和水平向槽钢 2[20 加强。

3. 沿斜立柱竖向设 6 道水平拉杆，上道为 5ϕ32 钢筋，其他各道为 5ϕ25 钢筋，每杆中央设置花篮螺栓（长 200mm）调紧。

11.2.3　实践结果

1. 拉杆伸长值：

因合理考虑了拉杆伸长的理论计算值和各种因素，并设置了拉杆的预缩量，最后经实测左、右侧斜柱钢模上口净距在浇筑混凝土后应增大 8.5mm，结构尺寸未超出规范允许范围。

2. 经济效益：

经成本核算，该工程因采用锚绳拉杆法支模，共计节省成本 5 万余元。

11.3　黄家花园路跨越 A11 公路立交桥工程

黄家花园路跨越 A11 公路立交桥工程位于上海市江桥镇，是黄家花园路跨越 A11 高速公路的立交桥一标段工程，该桥桥墩为对称式框架斜柱结构，共 12 只，上部为下承式钢管混凝土系杆拱桥，系杆拱桥分上下行两桥，主梁为箱梁。单桥宽 18m，跨径为 42.5m。经成本核算，该工程因采用锚绳拉杆法支模，共计节省成本 9 万余元。

库区深水裸岩嵌岩桩的浮式平台"栽桩"工法

GJEJGF178—2008

浙江省交通工程建设集团有限公司　中铁大桥局股份有限公司

王深建　冯康言　强家宽　郭煜　刘晓阳

1. 前　言

近年来，我国跨越深水湖泊、库区的大型桥梁越来越多。部分深水湖泊、库区的水底为岩石，覆盖层很薄接近裸岩状态，岩面呈倾斜状态，在这种复杂水文、地理、地质条件下，桩基施工难度大。其主要的施工技术难题：一是钢护筒的定位和埋设，要求定位准确，埋设稳定可靠；二是钻机、钻头的选用和泥浆、沉渣处理。

浙江省淳安县千岛湖库区的千岛湖大桥、小金山大桥，桥址位于库区最大水深约 60m 的区域，桩基最大直径 3.2m，覆盖层薄且岩石湖床面倾斜，在同类桥梁施工中堪称世界罕见。浙江省交通工程建设集团有限公司和中铁大桥局股份有限公司共同研究开发了库区深水裸岩嵌岩桩的浮式平台"栽桩"工艺技术，并应用于千岛湖大桥、小金山大桥的施工中，取得了很好的效果。现将深水裸岩嵌岩桩的浮式平台"栽桩"工艺技术等总结编制成工法。该工法的关键技术经浙江省建设厅组织的专家组审核、鉴定，达到国内领先水平。该工法在 2008 年经浙江省建设厅组织的专家委员会审定、批准为省级工法。浙江省淳安县小金山大桥《浮式平台精确定位钢护筒的探索》QC 成果获浙江省优秀 QC 小组二等奖。该工法涉及的钢护筒简易弧形定型器、钢护筒圆度校正器、钢护筒拼接操作台，已申请国家实用新型专利，现已受理，申请号分别为：① 200820302905.4；②200820302912.4；③ 200820302907.3。

2. 工 法 特 点

2.1　采用浮式平台作为水上施工平台，拼装方便、平面位置平稳、灵活可调。

2.2　采用"栽桩"工艺，成功地解决了深水倾斜裸岩面上护筒埋设的难题。

2.3　采用冲击反循环成孔和钢护筒泥浆循环方法，有效地解决了泥浆、钻渣排放问题。

2.4　施工设备简单、操作简便，施工进度快、成本较低、成孔质量好。

3. 适 用 范 围

适用于水流相对平稳、波浪较小且施工期间水位变化不是很大的深水湖泊、库区中的深水裸岩地基嵌岩桩施工。

4. 工 艺 原 理

利用多用途浮箱搭设浮式平台，以此作为水上施工平台，在平台上用冲击钻在基岩上冲孔，必要时辅以水下爆破，形成定位孔，逐节接长钢护筒并沉放到定位孔内，准确调整钢护筒平面位置和垂直度后，在定位孔内，钢护筒外四周灌注水下混凝土，将钢护筒固定牢固（简称"栽桩"），施工工艺原理可见图 4。完成"栽桩"后，用冲击钻钻孔，以气举反循环方法排渣清孔，进行嵌岩桩施工。

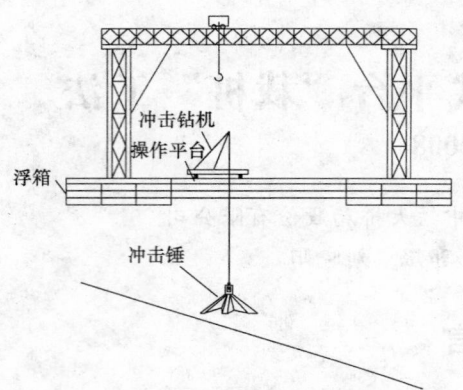

第一步：拼装浮式平台，准确定位后搭设操作平台，安放钻机。

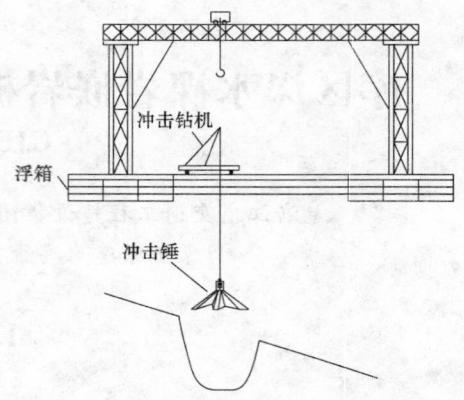

第二步：在设计位置(爆破)冲击定位孔至设计护筒底标高。

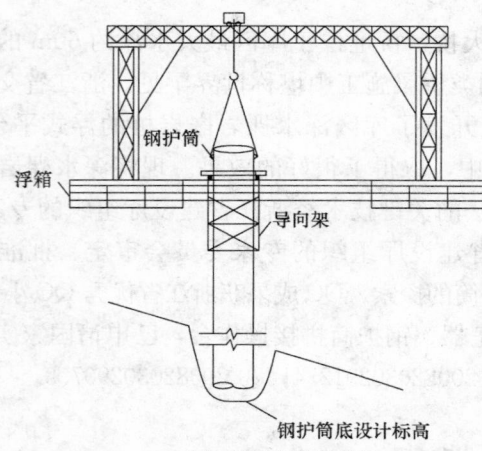

第三步：接长、下沉钢护筒至设计底标高。

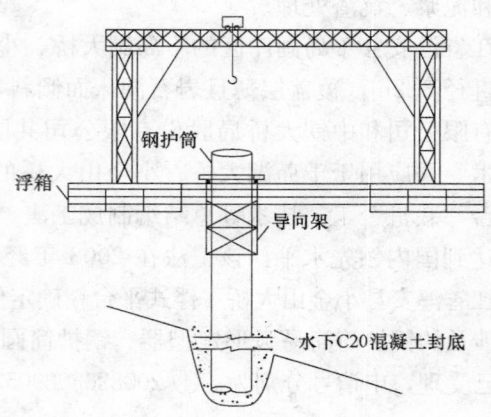

第四步：下沉钢护筒外套箱，浇筑封底混凝土，对钢护筒底脚进行固结。

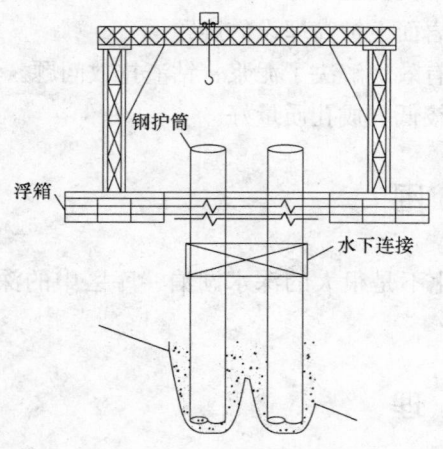

第五步：重复1～4步骤将其余三根钢护筒沉放到位并分别用水下混凝土封底，然后由潜水员下水对钢护筒中上部进行连接。

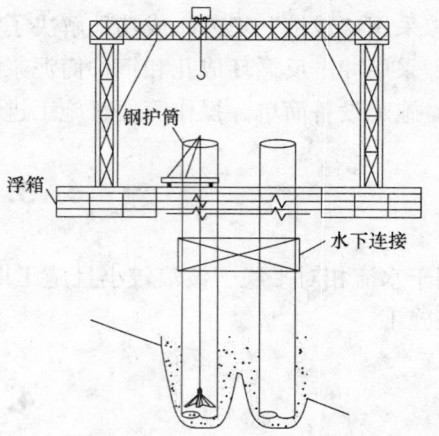

第六步：在护筒内采用冲击钻继续冲孔，最终成孔、清孔、沉放钢筋笼、二次清孔、灌注水下混凝土完成桩基施工。

图4　施工工艺原理

5. 施工工艺流程及操作要点

5.1 施工工艺流程

施工工艺流程见图 5.1。

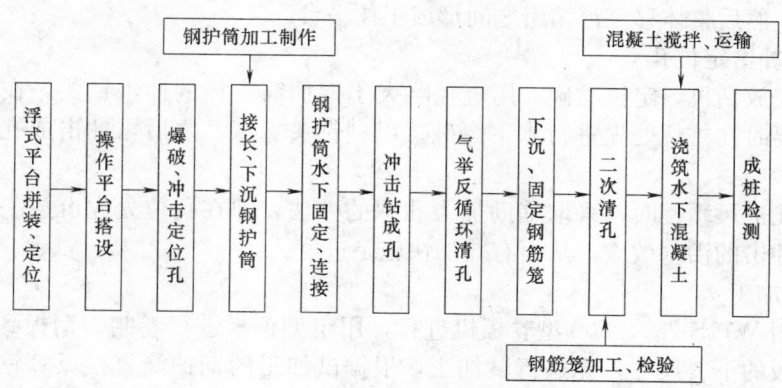

图 5.1 施工工艺流程图

5.2 操作要点

5.2.1 浮式平台拼装、定位

浮式平台利用多用途浮箱组拼而成。应按照施工荷载最不利情况对承载力和抗倾覆能力等进行验算。

多用途浮箱为密封箱体结构,拼装平台时,通过水的浮力克服其自身重力,在水上完成浮式平台的拼装。浮箱底部采用丙丁钩连接形式,甲板横向连接采用单双耳加单销铰接连接形式,连接牢固可靠(图 5.2.1-1)。整个浮式平台由两组浮箱组成,每组浮箱为 9 只,两组之间保持一定距离作为钻孔施工空间。

图 5.2.1-1 平台拼装

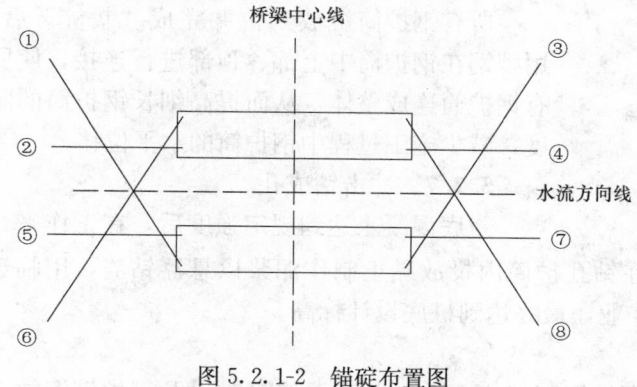

图 5.2.1-2 锚碇布置图

平台拼装完成后,在其上拼装龙门吊,龙门吊进行专门设计和验算,可采用钢管立柱和贝雷架承重梁的结构形式。首先起吊立柱钢管并与平台焊接固定,钢管之间利用型钢连接成桁架,再将已拼装好的贝雷架承重梁整体起吊安装在立柱上,承重梁用型钢斜撑进行加强。

平台及龙门吊拼装完成后,在浮式平台的四角设置卷扬机作为锚机,浮式平台浮运至桩位附近后,用全站仪跟踪测量,分别调整平台四角锚机,使平台准确定位(图 5.2.1-2)。

受波浪、水位涨落及风力的影响，浮式平台会经常偏位。因此，要在浮式平台上设置测点，每天进行观测，发现偏位及时进行调整。

5.2.2 操作平台搭设

工作平台设在两组浮箱之间，其功能是配合龙门吊接长、沉放钢护筒，同时也是桩基施工平台。

工作平台利用型钢制作成桁架形式，能满足承载钢护筒全重和施工设备重量。工作平台承重桁架先在浮箱组上焊接，然后整体移至浮箱组之间形成工作平台。

5.2.3 爆破、冲击定位孔

在工作平台上安放钻机，定位准确，用直径略大于钢护筒直径的冲击钻头，在设计桩位处进行定位孔冲击作业。必要时在桩位处先进行水下爆破，以利钻头着床，之后再冲击成孔，直至达到钢护筒设计底标高。

若岩石坚硬冲孔进尺缓慢时，采取辅助加大孔深的办法，即在孔位处先沉放一个外护筒，人为增加孔深，增大钻头冲击的活塞效应，从而有效加快施工进度。

5.2.4 钢护筒加工

钢护筒制作使用 W11S-25×2500 型卷板机进行，用定型钢板进行卷制。钢板到场后，按照钢护筒设计尺寸计算出钢板的下料尺寸，先进行试加工，根据试加工的钢护筒直径反算钢板的延展率，再对钢板下料尺寸进行调整，保证钢护筒加工尺寸准确一致。钢板下料采用 30 型半自动切割机进行划线切割，以保证下料尺寸准确。

钢护筒制作完成后，使用螺旋撑杆调整钢护筒的圆度，使钢护筒的几何尺寸达到设计要求，在沉放钢护筒时再拆除撑杆，避免护筒在存放、吊运过程中发生几何变形。

5.2.5 接长、下沉钢护筒

完成一定批量的钢护筒后，即可进行钢护筒的接长、下沉。钢护筒接长前，要预先在加工场地进行试拼接，确定最佳拼接点并做好标记，以保证钢护筒拼接后的顺直度，之后将第一节钢护筒吊起后插入导向架，在护筒顶口焊接倒三角牛腿，将钢护筒临时搁置在操作平台上，将第二节钢护筒吊起进行接长，完成焊接后割除第一节钢护筒顶口牛腿，将接好的钢护筒下沉，重复以上过程，直至完成钢护筒的拼接。

钢护筒拼接完成后，将整个钢护筒吊起，使用全站仪测量定位，将护筒准确沉放至设计平面位置，再采用 JJX-3D 高精度测斜仪进行竖直度检测。

5.2.6 钢护筒水下固定、连接

钢护筒准确沉放到位后，先由潜水员进行水下勘察，掌握钢护筒底部情况，再用稍大于混凝土浇筑导管直径的测球，测量钢护筒外壁与岩石之间的空隙情况，选定导管放置的合理位置。

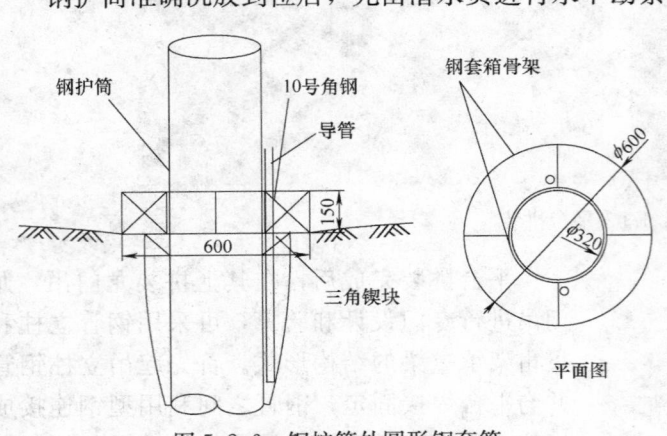

图 5.2.6 钢护筒外圆形钢套箱

为保证钢护筒的埋置深度，确保钢护筒的稳固性，在钢护筒外设置圆形钢套箱（图5.2.6），增加封底混凝土厚度，加大与岩石地基的接触面积，进而提高钢护筒的稳固性。

所有钢护筒沉放到位并完成"栽桩"后，用型钢在钢护筒中上部、顶部进行连接，使所有钢护筒连成整体，从而提高细长钢护筒的刚度，减少施工过程中钢护筒的水平位移。

5.2.7 冲击钻成孔

封底混凝土达到规定强度后，在工作平台之上安放钻机，将钢护筒之间用钢管相互连通，在钻孔护筒内投放黏土制作泥浆以悬浮钻渣，用临近护筒作为泥浆交换池，然后以常规方法进行冲孔作业，最终达到桩底设计标高。

5.2.8 气举反循环清孔

钢护筒沉放前，钻渣可通过锤头在孔内的活塞作用直接排至孔外，孔深较深时以及钢护筒沉放完

成后，钻渣不能自行排出，则利用气举反循环的方式进行吸渣和清孔。

5.2.9 钢筋笼加工、检验

钢筋笼的加工在岸上场地分节加工制作，采用内撑十字形定位架确定钢筋笼直径，在内撑架上划线标定钢筋笼主筋位置，以确保主筋位置准确、间距均匀。

钢筋笼每完成一节后，检查钢筋尺寸、接头焊接质量。经检验合格的钢筋笼用浮吊运至桩位处进行沉放。

5.2.10 下沉、固定钢筋笼

钢筋笼接长采用冷挤压套筒机械连接，逐节接长后下沉，沉放到设计标高后在钢护筒内壁焊接钢牛耳固定钢筋笼，防止钢筋笼在混凝土浇筑过程中发生偏位或上浮。

5.2.11 二次清孔

钢筋笼沉放到位并固定后，采用气举反循环进行二次清孔，目的是清除钢筋笼沉放期间产生的孔底沉渣和杂物。

5.2.12 混凝土搅拌、运输

混凝土的搅拌采用水上搅拌系统，即在小型浮式平台上安装搅拌机及配料、上料设备，浇筑时将搅拌台拖运至待浇桩位附近直接泵送入孔。

5.2.13 浇筑水下混凝土

灌注水下混凝土采用直升导管法，导管在使用前先对其进行预拼和充水试验，充水试验时的压力不小于灌注混凝土时导管壁可能承受的最大压力的1.5倍。经试验合格后在导管外壁进行编号，按编号顺序安装导管，并安装初灌斗。混凝土灌注时，在初灌斗颈部设置阀门，初灌斗灌满混凝土后开启阀门，混凝土与浮球下落挤出导管内的水，使混凝土顺利通过导管灌入桩底，并把导管下口埋在混凝土内，以保证后续浇筑混凝土的质量。再连续浇筑剩余混凝土完成整根桩基。

5.2.14 成桩检测

桩基混凝土浇筑完成后，及时清理桩顶浮浆，检查桩基声测管是否通畅，待桩基混凝土达到养生期后，进行超声波检测。

5.3 劳动力组织

劳动力组织　　　　　　　　　　　　　　　　　　　　　　　　　　表5.3

序　号	工　程	人　数	责任范围
1	项目经理	1人	施工现场总负责
2	技术负责人	1人	施工技术、质量等现场总负责
3	专职质检员	2人	负责现场质量控制检查、施工记录、数据整理等
4	测量员	3人	负责现场施工放样
5	试验员	3人	负责试验及检测工作
6	安全员	1人	负责现场安全管理
7	钻机工	8人	负责钻孔工作
8	起重工	15人	负责现场起重工作
9	浇捣工	1人	负责现场浇捣工作
10	电焊工	24人	负责现场电焊工作
11	潜水员	4人	负责水下电焊及水下检测工作
12	钢筋工	12人	负责现场钢筋加工工作

6. 材料与设备

6.1 工程材料

主要工程材料见表6.1。

主要工程材料 表 6.1

序号	材料名称	规格	序号	材料名称	规格
1	钢筋	Ⅰ、Ⅱ级	4	碎石	5～16mm、10～25mm
2	水泥	P.O 42.5	5	粉煤灰	Ⅱ级
3	黄砂	细度模数2.47	6	钢板	厚26mm

6.2 工程机械设备

工程机械设备见表6.2-1深水裸岩嵌岩桩主要施工机械设备和表6.2-2深水裸岩嵌岩桩主要施工试验设备。

深水裸岩嵌岩桩主要施工机械设备 表 6.2-1

设备名称	单位	型号	数量	设备名称	单位	型号	数量
多用途浮箱	台	12m×3m×1.5m	36	卷板机	台	W11S-25×2500	2
龙门吊	台	起吊能力150t	2	电焊机	台	BX-500	15
浮吊	台	起吊能力15t	1	移动式切割机	台	30型	2
机动舟	台	400马力	1	卷扬机	台	5T	8
冲击钻机	台	JK-2000	10	空压机	台	10m³	2
搅拌机	台	750L	3	混凝土输送泵	台	HBT-60	3

深水裸岩嵌岩桩主要施工试验设备 表 6.2-2

设备名称	型号规格	数量	设备名称	型号规格	数量
万能材料试验机	WE-600B	1台	案秤	AGT-10	1台
压力试验机	NYL-2000型	1台	磅秤	TGT-100型	1台
水泥胶砂搅拌机	JJ-5	1台	烘箱	101-3	1台
水泥胶砂振实台	ZT-96	1台	标准石子筛	0.075～53mm	2套
水泥抗折机	DKZ-5000	1台	顶击式振筛机	STSJ-3	1台
水泥负压筛析仪	SF-150B	1台	针、片状规准仪		1台
水泥净浆搅拌机	NJ-160A	1台	容积筒	1～30L	各1
水泥标准稠度仪		1台	骨料压碎值仪	EP-33071	1台
电子天平	ACS-6kg	2台	混凝土搅拌机	60L	1台
电子天平	ACS-15kg	1台	混凝土振动台	1m²	1台
电子天平	ACS-30kg	2台	饱和面干试模	38mm×69mm×73mm	1个
高精度测斜仪	JJX-3D	1台	坍落度筒	30cm	3个
电子天平	SL-5001	1台	混凝土弹性试模	150mm×150mm×300mm	2个

7. 质 量 控 制

7.1 质量控制要求

7.1.1 工法执行《公路桥涵施工技术规范》（JTJ 041—2000）。

7.2 质量控制措施

7.2.1 浮式平台定位控制

浮式平台作为施工基准操作平台，必须保证平面位置的准确性。测量组每天上午、下午分别对平台进行观测，设置调锚作业组，专门负责平台位置调整。

7.2.2 钢护筒加工质量控制

钢板下料、坡口切割均采用半自动切割机划线切割，管节椭圆度较大时，采用螺旋撑杆进行校正，保证护筒几何尺寸准确一致。钢护筒焊缝采用超声波无损探伤检测，检测频率为100%。

7.2.3 钢护筒沉放质量控制

1. 钢护筒拼接前对加工好的半成品进行预拼，沉放钢护筒前派潜水员下水探清孔底及孔周情况，将孔底清理干净，确保无影响钢护筒下沉和后续钻孔施工的大块石等。

2. 沉放钢护筒前调平导向架。同时通过高精度测斜仪，持续监测钢护筒竖直度。

3. 钢护筒定位采用拉线定圆心，全站仪连续监测，确保护筒中心位置偏差控制在 5cm 之内。

7.2.4 桩基混凝土灌注

1. 桩基混凝土灌注前，先对导管进行充水试验，确保混凝土灌注时导管密封不漏水。

2. 采用大掺量粉煤灰配制混凝土，避免桩基混凝土产生大量的水化热。

8. 安 全 措 施

8.1 浮式平台周围设置防护栏杆，栏杆四周备若干救生圈，施工人员佩戴安全帽、穿救生衣，穿平底防滑软底鞋。

8.2 定期检查浮式平台各连接部位以及锚碇和锚缆，确保平台的稳定性。

8.3 吊装作业由专人指挥，指挥信号明确、清晰。

8.4 定期检查龙门吊、平台、吊具等连接是否符合设计要求，钢丝绳有无断丝现象，是否满足起重能力。

8.5 钢护筒起吊离地后，用麻绳拉住，防止在空中晃动或打转。

8.6 与气象、水文部门保持密切联系，及时了解、掌握气象和水文情况，遇有大风天气应检查和加固浮式平台的锚缆等设施，风力大于五级时停止吊装作业。

8.7 沉放钢护筒期间，在通航口上、下游均设置醒目施工导航标志，以使来往船舶航行安全，同时，沉放钢护筒要避开船只过往高峰期，并设置醒目的减速标志，减少船只对平台的涌浪影响。

9. 环 保 措 施

9.1 设置固定机修点，确保无废油进入库区。

9.2 设置固定废弃物堆放点，工程废料集中处理。

9.3 安排专门运输船只，将钻渣和泥浆运出库区，确保不污染库区水环境。

10. 效 益 分 析

本工法与传统栈桥平台施工桩基础工法相比（大型船舶无法进入千岛湖库区，不予以考虑），经济效益明显，以浙江省淳安县小金山大桥为例，经济效益对比分析见表 10。采用本工法还可加快施工进度，与传统方法相比，小金山大桥桩基础施工提前 19d 完成。

"栽桩"工法经济效益分析对比表　　　　　　　　　　　　　　　　　　　　表 10

工序/项目	传统工艺	"栽桩"	效 益 对 比	
施工平台	栈桥、平台	浮式平台	节约 117 万左右	浮式平台机动灵活
冲孔	泥浆船	连通护筒	节约 171 万左右	利用护筒成本低、设备简单
护筒沉放	振动下沉	栽植	节约 133 万左右	岩石坚硬，护筒振动下沉难
进度	采用"栽桩"工法，桩基施工比业主要求的时间提前了 19d			

采用本工法埋设、沉放的所有钢护筒位置准确、稳定性好。桩基础各项指标均满足施工规范要求，经检测，均为 I 类桩。工程质量效益显著。

该工法可为今后的类似工程施工提供参考依据，既节约资源，也减少从头摸索施工的费用。同时，给国内设计界提供了类似桥梁桩基成功实例以及桥梁选型的设计依据，进一步推动了同类型桥梁技术进步和应用。因此，该工法社会效益也较为明显。

11. 应 用 实 例

工程实例一

浙江省淳安县千岛湖大桥工程由中铁大桥局股份有限公司承建，开工于 2002 年 11 月 15 日，完工于 2005 年 9 月 15 日。全桥共 16 个墩台，其中水中墩共 14 个，均采用高桩承台钻孔桩基础。1～8 号墩水深 45～55m，采用钻孔孔径 ϕ2.4m 的嵌岩锚固钢管混凝土桩，单根钢管最大重量 61t，河床覆盖层均较薄，采用"栽桩"施工工法，工程质量优良，得到了业内人士的一致好评。

工程实例二

杭州淳开公路小金山大桥工程由浙江省交通工程建设集团有限公司承建，开工于 2006 年 1 月 1 日，完工于 2007 年 12 月 22 日。该大桥主墩桩位水深约 60m，裸岩，桩基处坡度陡，岩面倾角最大达 55°，采用 ϕ3.2m（嵌岩部分 2.9m）的嵌岩锚固混凝土桩，嵌岩深度达 20m，进入微风化岩层约 7m，主墩桩基最大长度 74.05m，单根钢护筒吊重达 131t。工程质量优良，钻孔桩经检测均为 I 类桩，受到了监理、业主、设计单位的一致好评。

底板可拆除式单壁钢套箱围堰施工工法

GJEJGF179—2008

山东省路桥集团有限公司　山东省公路建设（集团）有限公司

赵根生　徐景岩　周茂祥　周焕涛　王传波

1. 前　　言

桥梁下部结构深水施工目前多采用沉井、无底钢套箱围堰或有底钢套箱围堰法。沉井下放工序繁琐，受地质情况影响较大，材料用量大；无底钢套箱围堰主要适用于埋置不深的水中基础；有底钢套箱围堰工艺操作简单，节约工期，部分材料能够回收利用，目前应用较为广泛。

青岛海湾大桥第三合同段为北方第一座海上互通立交，共有深水施工承台197座，解决传统钢套箱施工材料浪费、减少水下施工操作就成了摆在施工人员面前的一项重大技术难题。

山东省路桥集团有限公司联合山东省公路建设（集团）有限公司开展了技术创新，取得了"底板可拆除式单壁钢套箱围堰研制"这一国内领先的新成果，于2008年通过了山东省交通厅的鉴定，2008年12月"单壁钢吊箱"获得了实用新型专利，专利号为ZL200820018048.5。同时，形成了底板可拆除式单壁钢套箱围堰施工工法。由于在桥梁下部结构深水施工中技术先进，减少了材料浪费，避免了水下施工操作，故有明显的社会效益和经济效益。

2. 工法特点

2.1 底板仅在侧板外侧设置吊点，封底混凝土范围内不设吊点，底板构件分块制作，不用焊接，拆除简便，底板构件可周转使用。

2.2 侧板间水下部分采用工字钢扣接，避免了水下作业，降低了施工难度。

2.3 封底混凝土内预埋钢带，抽水后将钢带焊接到护筒上，与封底混凝土共同受力，减小了封底混凝土厚度。

2.4 分块拼装，单片重量轻，操作简便，不需要大型的机械设备。

3. 适用范围

铁路、公路桥的圆形、方形深水承台施工，承台平面尺寸最大为12.4m，潮水水位最低时钢套箱下节顶部露出水面1~2m，套箱下放到位后底板距海床最小高度为0.2m。

4. 工艺原理

底板可拆除式单壁钢套箱围堰包括底板、侧板、内支撑、吊挂系统四大部分。

套箱上节侧板的作用主要是挡水，相互之间采用法兰连接。套箱下节侧板竖向连接水上部分（低潮位可以退出来的部分）采用法兰连接，水下部分采用型钢扣接，避免了水下操作。上下节侧板之间法兰连接。

底板型钢构件分块制作，分层拼装，各层之间不用焊接。底板和侧板的连接长螺杆侧利用φ28圆钢套丝连接，螺帽提前焊接在底板上，螺杆水上安装、拆除；吊杆侧侧板利用吊杆（精轧螺纹）固定在底板上。吊杆下端通过焊接在底板横梁上的连接器和底板形成整体。

使用底板可拆除式单壁钢套箱围堰可完成承台的水下混凝土封底、钢筋绑扎、模板支立、承台混凝土浇筑、养护、海工混凝土表面防腐及墩身的全部工作，能安全、快速、优质地完成承台施工。

5. 施工工艺流程及操作要点

5.1 施工工艺流程

护筒刷洗→套箱底板安装→套箱侧板安装→套箱下放→封底混凝土施工→承台、墩身施工→套箱拆除、修整、周转。

5.2 套箱结构

根据使用功能，套箱分为底板、侧板、内支撑、吊挂系统四大部分。

5.2.1 底板（图 5.2-1）

套箱底板由面板和纵横梁组成，纵梁为I$_{10}$工字钢构件，横梁为 4 组 I$_{45a}$ 双肢工字钢构件，面板为 4mm 钢板。底板在护筒位置处开孔，对于底板和护筒间的空隙采用胶皮结合钢板进行堵漏。面板之间焊接连接。底板面板直接铺放在下部型钢框架上，利用和侧板连接时的螺栓孔位及侧板压力进行限位固定。纵梁分块焊接，直接铺放在横梁上；底板吊杆侧采用 L100×10 的角钢进行加强，加强角钢焊接在底板面板上和侧板角钢相扣，角钢之间加垫 10mm 的橡塑板；非吊杆侧采用 L160×100×10 的角钢加强，在加强角钢上开孔，间距 50cm，将螺帽焊接在角钢下面，利用 φ28 圆钢套丝，采用长螺杆连接底板和侧板，螺杆的拆除水上进行。

底板拆除时，解除吊杆，水上拆除螺杆，则底板纵横梁和面板自动分离，吊出纵横梁构件，周转使用。

图 5.2.1 套箱底板分层图

图 5.2.2 侧板扣接细部图

5.2.2 侧板（图 5.2.2）

侧板为单壁结构，分为 4m（下节）、3m（上节）两节，整块制作。

套箱侧板之间采用螺栓连接，缝间设置 10mm 橡塑板以防漏水，吊杆侧侧板和底板连接采用 L100×10 角钢相扣，进行限位。套箱侧板横向分节及竖向拼缝水上部分均采用螺栓连接，竖向拼缝水下部分通过侧板外侧横肋工字钢进行扣接，减少了模板拆除时水下操作工作。

为了保持套箱内外水头一致，结合桥位区潮水情况及封堵的实施，在套箱吊杆侧侧板上对称开 2 个直径 10cm 的圆孔。

钢套箱下放入水后受流水力的作用，套箱会发生漂移，为便于调整套箱位置，确保顺利下放，在套箱侧板内壁与钢护筒之间设三层导向系统，每层 4 个导向。导向系统由导向钢板、定位器（短型钢及调位千斤顶组成。导向钢板的作用是控制下放套箱的平面位置。调位时用调位千斤顶进行。定位主要利用钢护筒的稳定性将下放到位的钢套箱通过定位器与钢护筒连成整体达到钢套箱的定位。

5.2.3 套箱内支撑

内支撑为水平八字撑,共二层,设在套箱侧板的内侧,为双肢工20a工字钢,端部通过连接板与侧板栓接。

5.2.4 套箱吊挂系统

吊挂系统(图5.2.4)由贝雷梁、吊杆梁、平台横梁、吊杆及钢护筒组成,吊挂系统的作用是承担套箱自重及封底混凝土的重量,同时利用吊杆对侧板进行限位,增强模板的整体稳定性。

该套箱设计共设置12根吊杆,4根作为套箱拼装下放时临时支撑,位于套箱内部;下放到位后,进行拆除,转换到外部8根承重吊杆。吊杆下端通过焊接在横梁上的螺帽固定到底板横梁上,上端固定到吊挂系统的吊杆梁上。吊杆的作用是将套箱自重、封底混凝土的重量传给吊杆梁。在施工过程中,对吊杆要充分保护好,禁止碰撞,以免影响施工的安全。

图5.2.4 吊挂系统示意图

在套箱入水下放前,在底板上沿护筒一周各焊接6根钢带,在封底混凝土达到90%以上强度进行抽水后,将钢带焊接到护筒上,增加了封底混凝土和护筒间的黏结力,封底混凝土厚度由1.6m减小到1.0m。

5.3 操作要点

套箱施工工艺见图5.3。

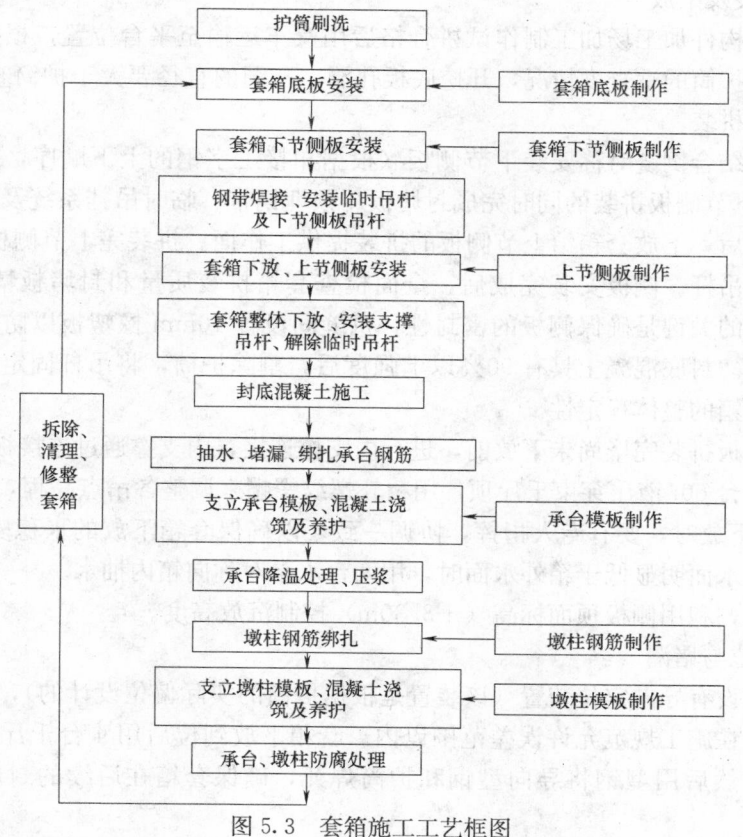

图5.3 套箱施工工艺框图

底板可拆除式单壁钢套箱围堰是为深水承台施工而设计的围护结构，其功能是用于完成承台施工，为墩柱施工提供工作平台，其操作要点主要有以下几点：

5.3.1 施工准备

1. 试验室建设

套箱施工前，标准试验室必须建设完毕，工程所需的主要试验仪器、设备均安装到位并进行标定，试验室人员全部到位，试验资质审批完毕，开工前的各项试验工作均须完成（水泥及砂石料等原材试验完毕，满足施工要求，配合比试验完成）。

2. 工程测量

结合工程的实际情况，在桩基施工完毕后用全站仪测出各护筒的中心坐标及护筒垂直度，计算出拼装位置处及下放到位位置处护筒的具体偏位，根据偏位数据进行套箱底板面板开孔。

3. 施工现场准备

首先拆除钻孔平台，用特制大型筒刷刷洗护筒，筒刷采用 16mm 钢板卷制，直径比护筒直径大 30cm，高度 150cm。用废旧钢丝绳设三排，利用吊机吊起筒刷对封底混凝土部位作重点刷除，以确保封底混凝土与护筒之间的粘结效果。护筒刷洗干净后，在拼装位置处对护筒进行开孔，穿拼装工字钢。

4. 劳动力组织（表 5.3.1）

劳动力组织　　　　　　　　　　　　　　　　　　　　　　　表 5.3.1

工　种	单　位	数　量	职　责
钢结构加工、拼装工人	名	35	钢结构加工及拼装拆除
混凝土工人	名	10	混凝土浇筑、养护
起重指挥	名	2	指挥吊运施工材料
技术员	名	4	现场技术、质量管理
起重机驾驶员	名	4	驾驶吊机

5.3.2 套箱拼装及下放

底板：底板在钢构件加工场加工制作试拼合格后用汽车运输至平台位置，根据现场实测的护筒平面位置，并充分考虑护筒的垂直度情况，开挖底板孔洞，孔洞的直径要大于护筒直径 20cm。底板型钢构件分块制作，现场拼装。

侧板：利用吊机结合捯链对称安装下节侧板（根据扣接工字钢的上下顺序，按照先下后上的原则拼装下节侧板）。在下节侧板拼装的同时完成封堵板、预埋钢带、临时吊挂系统及外侧下节吊挂系统的安装。吊挂系统就绪后，下放套箱给上节侧板的拼装提供工作面。拼装完上节侧板后，连接外侧吊杆，转换体系，拆除临时吊杆。侧板安装完成后，全面检查套箱拼装质量和封堵板情况，确认无遗漏后，套箱下放。安装侧板的关键是确保侧板的密封性，拼缝间设置 10mm 橡塑板以防漏水。每块侧板焊缝均进行煤油渗透试验。封底混凝土具有 90％以上强度后，割除护筒，将吊杆固定在下节套箱侧板横肋的支撑梁上，保证套箱的整体稳定性。

内支撑：套箱侧板拼装完毕尚未下放前，进行内支撑连接，内支撑通过连接板栓接在侧板上。

套箱下放利用 4 台 60t 液压穿束千斤顶，用精轧螺纹螺帽来调整各吊点高程，每次升降高度严格控制在 150mm 以内。下放时，要有专人指挥，协调一致，以确保套箱下放的平稳安全，避免扭曲变形。套箱下放过程中箱内水面明显低于箱外水面时，用两台水泵对称向箱内抽水。

套箱下放到位后，利用侧板顶面标高（＋3.30m）控制沉放高度。

5.3.3 套箱定位与堵漏

由于在套箱侧板设有导向定位装置（该装置是根据护筒的实际偏位设计的），因此，套箱下放到位后其平面位置偏差均在施工规范允许误差范围以内。套箱下放到位后用 4 台千斤顶对 8 根吊杆进行调整，使其受力均匀，然后用型钢将导向型钢和护筒焊死，确保套箱在后续的封底施工中不产生平面位移。

护筒开口封堵板用橡胶板，将橡胶板用螺栓固定在圆形压板上，利用橡胶板包紧护筒以达到封堵的目的。套箱下放到位并精确定位后，由潜水员下水检查，以确保封堵效果。

5.3.4 灌注封底混凝土

在灌注封底混凝土前，要及时搭建临时施工平台，以便于施工人员进行施工。

封底混凝土的作用：一是利用封底混凝土与护筒之间的黏结力作为平衡结构重量的主体；二是防水渗漏；三是抵抗水浮力在套箱底部形成的弯曲应力；四是作为承台的承重底模。

封底混凝土采用一次封底法，待混凝土达到设计强度的90%以上后，进行箱内抽水，抽水时应限制抽水速度，密切观察套箱状况，确保安全。抽水后，套箱侧板拼缝处可能会有个别漏水处，要用棉纱或棉絮进行封堵处理。

图5.3.4 封底施工示意图

封底混凝土浇筑是套箱施工成败的一大关键，主要难点是水下混凝土浇筑面积大，而且水位较深。在套箱混凝土封底中，采用一根导管进行灌注。为了保证混凝土质量，在施工中采取以下几点措施：

1. 套箱下放前，用自行研制的大型圆筒形钢丝刷清除封底混凝土高度范围护筒表面氧化层及附着物，确保封底混凝土与钢护筒间黏结力；套箱定位后至水封前，每天测量其平面位置，确保套箱稳定。

2. 水封前潜水员逐一对4根护筒四周进行认真检查，以确保封底时底板不漏混凝土。

3. 提高封底混凝土坍落度，将混凝土坍落度控制在18～20cm，另外掺加粉煤灰和高效缓凝型减水剂，提高混凝土的流动性，延长混凝土的初凝时间。

为保证封底混凝土厚度一致，在导管上设置附着式振动器，测量封底混凝土顶面发现混凝土堆积时开动振动器，找平顶面。振动过程中要控制好振动时间，确保混凝土良好结合。由于侧板上对称开了两个连通孔，整个浇筑过程中套箱内外水头一致，底板基本不受扰动，保证了封底混凝土和套箱的良好粘结。封底混凝土浇筑过程中在混凝土顶面内预留两个30cm的沙桶（对角放置），以便抽水阶段的施工。

5.3.5 承台墩柱施工

1. 封底混凝土达到90%以上强度后，首先抽出套箱内积水，焊接预埋钢带，然后割除护筒，凿出桩头，进行桩基检测。桩基检测合格后，进行声测管压浆，整平封底混凝土顶面，绑扎承台钢筋、墩身预埋筋及降温管，支立承台模板进行混凝土浇筑及养护。混凝土达到初凝后降温管通水降温，温控完成后，降温管压入水泥浆封堵。

2. 在承台混凝土达到5MPa以上强度时，绑扎墩柱钢筋及支座垫石预埋筋，支立墩柱模板，进行混凝土浇筑及养护。拆除墩柱模板，达到龄期及相关要求后进行承台墩柱防腐处理。

5.3.6 套箱拆除

下部结构施工进行套箱拆除。套箱的拆除分三部进行：上节侧板的拆除（含内支撑拆除）、下节侧板的拆除、底板的拆除。

1. 上节侧板的拆除

上节侧板拆除时，首先拆除内撑，然后分块依次拆除上节侧板。

2. 下节侧板的拆除

下节侧板拆除时，按照型钢的扣接顺序进行拆除，即先拆除长螺杆侧侧板，再拆除吊杆侧侧板。拆除前先安装限位装置，防止侧板倾覆损伤承台成品，然后安装临时工作平台。

长螺杆侧侧板利用 φ28 圆钢套丝和底板加强角钢（L160×100×10 角钢下焊接螺帽，间距 50cm）连接，在套丝的上端焊接螺帽，将侧板和底板形成整体。拆除时，在工作平台上利用扳手解除连接，利用吊机吊出该侧侧板。

吊杆侧侧板利用吊杆（精轧螺纹）固定在底板上。吊杆下端通过焊接在底板横梁上的连接器和底板形成整体，横向利用焊接在底板面板上的角钢进行限位，上端利用连接器及加强横梁支撑在侧板上。拆除时首先利用手动千斤顶对吊杆施加预应力，待连接器松动后利用扳手解除吊杆和底板横梁的连接，然后抽出吊杆，利用吊机吊出侧板。

侧板拆除过程中，通过预设的钢丝绳卡扣固定底板，防止沉入水中。

3. 底板的拆除

侧板拆除后，底板自动分离为三层结构：面板、纵梁（I10 工字钢）、横梁（4 组双肢I45a 工字钢）。面板由于和封堵板栓接在一起，无法周转。纵梁及横梁利用事先预设的钢丝绳卡扣依次吊出，拆除过程中应注意拆除顺序。

套箱拆除完毕，清理、整修后转入下一墩台进行施工。

6. 材料与设备

本工法无需特别说明的材料，采用的机具设备见表 6。

机具设备表　　表 6

机械、设备名称	型号产地国	功率/吨位/容积	单位	数量
混凝土拌合站	HSL80	80m³/h	套	1
混凝土拌合站	HSL60	60m³/h	套	1
混凝土搅拌运输车	MR-60S、日本	8m³	辆	10
混凝土拖式泵车	HBT-80	80m³/h	台	2
穿束千斤顶	YDC-1100		台	8
电动油泵	ZB4-50		台	8
履带吊机	50T		台	2
汽车起重机	QY-25		台	2
钢筋弯曲机	GW-40、济南		台	4
钢筋切割机	GC-40、济南		台	4
交流电焊机	BX1-400		台	10

7. 质量控制

7.1 工程质量控制标准

7.1.1 套箱施工允许偏差表按表 7.1.1 执行。

套箱施工允许偏差表　　表 7.1.1

序　号	项　目	质量标准	检查方法
1	钢套箱几何尺寸	+5mm	钢尺测量
2	钢套箱轴线偏位	30mm	全站仪、钢尺测量
3	止水效果	无水痕	目测
4	底板拆除	拆出型钢、参与周转	目测

7.1.2 封底混凝土施工执行标准为《公路桥涵施工技术规范》JTJ 041—2000。

7.2 质量保证措施

7.2.1 拼装过程中要注意拼装顺序及相互间连接方式，便于使用后拆除。

7.2.2 拼装完成后，在封底前应检查密封情况，确保封底混凝土不流失。

7.2.3 严格控制封底混凝土性能，按照水下混凝土灌注程序进行封底。

8. 安 全 措 施

8.1 认真贯彻"安全第一，预防为主"的方针，根据国家有关规定、条例，结合施工单位实际情况和工程的具体特点，组成专职安全员和班组兼职安全员以及工地安全用电负责人参加的安全生产管理网络，执行安全生产责任制，明确各级人员的职责，抓好工程的安全生产。

8.2 施工现场按符合防火、防风、防雷、防洪、防触电等安全规定及安全施工要求进行布置，并完善布置各种安全标识。

8.3 氧气瓶与乙炔瓶隔离存放，严格保证氧气瓶不沾染油脂、乙炔发生器有防止回火的安全装置。

8.4 施工现场的临时用电严格按照《施工现场临时用电安全技术规范》的有关规范规定执行。

8.5 本工法施工用的主要起重设备为轮胎式汽车吊、履带式起重机，施工过程中严格执行起重操作规程，禁止大风超过七级时进行海上作业。

8.6 建立完善的施工安全保证体系，加强施工作业中的安全检查，确保作业标准化、规范化。

9. 环 保 措 施

9.1 成立对应的施工环境卫生管理机构，在工程施工过程中严格遵守国家和地方政府下发的有关环境保护的法律、法规和规章，加强对施工燃油、工程材料、设备、废水、生产生活垃圾、弃渣的控制和治理，遵守有防火及废弃物处理的规章制度，做好交通环境疏导，充分满足便民要求，认真接受城市交通管理，随时接受相关单位的监督检查。

9.2 现场文明施工

9.2.1 加工及拼装时各种材料整齐堆放，并按有关规定进行标示。

9.2.2 施工现场必须做到挂牌施工和管理人员佩卡上岗。

9.2.3 对于驻地生活污水及施工过程产生的污水，预先设置污水汇集设施，沉淀处理达到排放标准后再行排放。海上作业时尽量将污水及其他废弃物集中起来，在上岸时再按标准另行处理。

9.2.4 施工前，对场内钢筋模板加工区、拌合区进行硬化，对场内主要车辆行走便道进行硬化，防止扬尘；施工过程中，采取洒水降尘措施，控制扬尘。工程船舶在进场前及正常施工中要进行行前检测以达到排污标准。

10. 效 益 分 析

10.1 经济效益分析
制造成本：

10.1.1 一套钢套箱钢结构加工件 52t×6875 元/t＝357500 元。

10.1.2 千斤顶设备：4 套×8000 元/套＝32000 元。

10.1.3 其他工料机费用：18000 元

制造成本＝钢结构加工费（357500 元）＋液压设备购置费（32000元）＋其他工料机费用（18000元）＋研制费（6800元）＝414300 元。

每套钢套箱底板节约钢材 8.5t、封底混凝土 32.8 方（整个红岛互通立交钢套箱共 197 套次），按目前价格计算，197 套钢套箱底板可节约材料费、加工费及安装费 1260 万元。

10.2 社会效益分析

10.2.1 传统钢套箱底板不拆除，材料浪费严重，封底混凝土厚度过大，护筒和护筒间的黏结力可控性差，本项目设计的底板可拆除式单壁钢套箱围堰每套次节约钢材 8.5t、封底混凝土 32.8 方。

10.2.2 传统钢套箱分块之间均采用螺栓连接，拆除比较麻烦，本项目设计的底板可拆除式单壁钢套箱围堰采用螺栓连接与型钢扣接相结合避免了水下施工。

10.2.3 传统钢套箱吊杆位于套箱内部，吊杆在封底后需要割除，而该项目套箱设计吊杆位于套箱外部，下放时利用临时吊杆，在保证拼装时间的同时不存在吊杆消耗。

10.2.4 钢套箱进行水下混凝土封底后，套箱内始终处于干燥状态，承台、墩身养护过程中海水未与海工混凝土过早接触，保证了海工混凝土的防腐性能，对提高大桥使用寿命具有重要意义。

10.2.5 钢材在国内购买、加工，促进了国内钢铁产业的发展，对提高社会就业率起到一定作用。

11. 应 用 实 例

11.1 青岛海湾大桥十合同段位于青岛市黄岛岸侧，起迄点桩号为：K30＋650.00～K33＋200.00。主要工程内容为 104 个花瓶式墩身，104 座方形分离式承台，桩径 150cm 钻孔灌注桩 416 根，102 孔 50m 预应力混凝土等截面连续箱梁，结构形式为 9 联 4×50m＋3 联 5m×50m。青岛海湾大桥第十合同段承台施工自 2007 年 5 月到 2008 年 6 月共投入了 12 套底板可拆除式单壁钢套箱围堰，全部达到预计挡水效果及设计周转次数。

11.2 青岛海湾大桥第二合同段起迄桩号为：K10＋310～K14＋150（右幅），K10＋310～K14＋030（左幅）。桥梁全长 3840m（右幅），3720m（左幅）。施工内容为：沧口航道桥（600m）＋非通航孔桥下部（54×60m）（右幅）和沧口航道桥（600m）＋非通航孔桥下部（54×60m）（左幅）。工程总标价为 58491 万元。承台为带圆倒角的矩形承台，共 106 座；花瓶式墩身 106 个。该合同段自 2007 年 9 月至 2008 年 6 月共投入底板可拆除式单壁钢套箱围堰 4 套，全部达到预计挡水效果及设计周转次数。

11.3 青岛海湾大桥第三合同段工程范围包括红岛互通立交、红岛连接线、红岛收费站及被交公路（泉大公路）改建，主要工程为红岛互通立交和红岛连接线工程，红岛互通立交位于本项目海上桥梁与红岛连接线相交处，包含红岛互通主线桥和 A、B、C、D 四座匝道桥，主线桥范围左右幅共计 18 联，承台共计 73 个。匝道桥范围（A 匝道共计 4 联，承台共计 17 个；B 匝道共计 9 联，承台共计 31 个；C 匝道共计 11 联，承台共计 33 个；D 匝道共计 4 联，承台共计 15 个）。红岛连接线共计 5 联，承台共计 28 个。桥梁下部为钻孔桩基础，高桩承台。

青岛海湾大桥第三合同段承台施工自 2007 年 9 月到 2008 年 6 月共投入了 41 套底板可拆除式单壁钢套箱围堰，全部达到预计挡水效果及设计周转次数。

蓄水预压桥梁模板支架施工工法
GJEJGF180—2008

山东聊建金柱建设集团有限公司

赵西久　韩金涛　贾志臣　齐建忠　么传杰

1. 前　　言

随着我国建筑事业的不断发展，桥梁工程的施工技术水平也在不断的提高，现浇连续梁结构是当今桥梁采用的一种主要结构形式，其施工工艺是采用满堂支架进行支模，绑扎钢筋，然后浇筑混凝土，达到强度后施加预应力。由于现浇桥梁构件截面尺寸较大，模板支架的安全与稳定性非常重要，支架受力后的变形量成为结构施工中必须考虑的因素。由于当前计算沉降量的计算公式均是近似的，精度有限，我们通常采用事前预压的方法来消除非弹性变形，得出弹性变形较准确的数值。目前，我们通常采用的预压方法，一般有砂袋法、千斤顶法或用其他材料预压法，这几种方法虽然起到了预压的目的，但是操作起来比较麻烦，需占用相当长的工期和费用。聊城大学东西校区连接桥工程，全长816.24m，跨越了两河一路，施工条件复杂，由山东聊建金柱建设集团承建，本工程如果采用传统的预压方法施工，不仅会占用相当长的工期和费用，而且不具备现场可操作性，我们根据现场实际情况，首次采用了蓄水预压方法，通过应用，发现这种预压方法不仅能达到了预压支架的目的，而且节省了大量的费用，操作起来简便易行，应用非常成功，本工法获2007年山东省省级工法和聊城市科学技术成果奖，2008年获聊城市科技技术进步三等奖。

2. 工 法 特 点

2.1　采用此工法施工，操作简便易行，能降低人工消耗。

2.2　预压材料能就地取材，不战用施工场地，所用预压材料费用低。

2.3　利用小型抽水设备代替大型吊装机械，节约机械费用。

2.4　一次支模两次使用，既缩短了工期，又节约了成本。

2.5　预压过程更接近实际加载壮态，受力更加合理。

2.6　此工法不受地形条件的限制，有很强的可操作性。

2.7　施工安全，减少了风险因素。

3. 适 用 范 围

本工法适用于现浇桥梁模板支架的预压施工中，也可应用于荷载较大，需要事前预压的其他部位。

4. 工 艺 原 理

4.1　采用此工法施工的关键是把以往固体预压材料变为液体预压材料，充分利用了液体的流动性来降低施工中材料的搬运费及其他费用。

4.2　根据构件形状尺寸和施工过程中荷载大小及设计要求，计算预压用水量、设计蓄水箱的尺寸，然后进行组装，贴膜，注水预压。

4.3 蓄水箱的设计：

4.3.1 本工程每跨（长度 25m）为一个预压单元，经计算预压重量为 360t。

4.3.2 箱梁模板组装形状如图 4.3.2 所示。

箱梁的每跨底面积为：

$$S=b \times l=8 \times 25=200m^2 \qquad (4.3.2)$$

式中　b——箱梁底宽（m）；

　　　l——箱梁的跨度（m）。

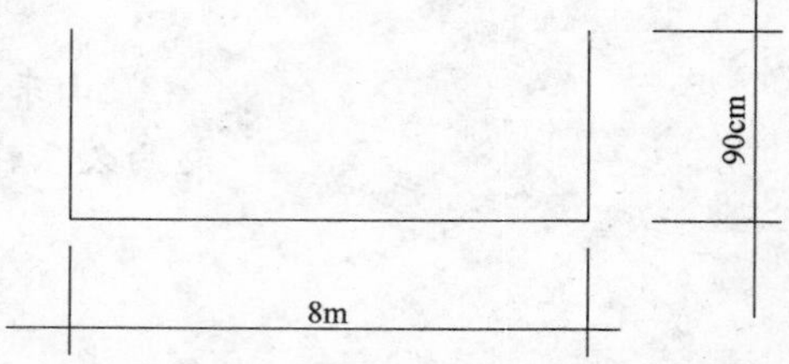

4.3.3 蓄水箱的高度为：

$$H=G/SP=360/200 \times 1000kg/m^2 \qquad (4.3.3)$$
$$=1.8m$$

式中　H——水箱高度（m）；

　　　G——预压重量（t）；

　　　S——水箱底面积（m²）；

　　　P——预压材料密度（kg/m³）。

图 4.3.2　箱梁模板组装形状

由计算可知水箱侧壁的高度应不小于 1.8m，本工程在原模板基础上加高 90cm 就可以满足要求（如果考虑桥梁自身的坡度，应保证跨中满足要求）。

4.3.4 水箱侧压力计算：

1. 根据流体力学静压力计算公式：

$$P=Pgh=1000 \times 9.8 \times 1.8m \qquad (4.3.4\text{-}1)$$
$$=17.64kPa$$

式中　P——水箱侧压力（kPa）；

　　　h——蓄水高度（m）；

　　　g——9.8N/kg。

2. 泵送混凝土模板侧压力计算；

混凝土浇筑时采用汽车泵，浇筑速度为 10m/h。

$$P_m=4.6v^{1/4}=4.6 \times 10^{1/4}=8.18kPa \qquad (4.3.4\text{-}2)$$

式中　P_m——模板侧压力（kPa）；

　　　v——混凝土浇筑速度（10m/h）。

可见蓄水箱的侧压力比混凝土浇筑时的侧压力大的多，应加强侧壁的加固支撑。

5. 施工工艺流程及操作要点

5.1　施工工艺流程

安装箱梁模板→经计算后形成蓄水箱→水箱内侧铺设柔软衬垫材料→铺设防水层→注水预压→按设计要求和规范观察沉降量→抽水卸载→拆掉加高模板→调整沉降量进行下步施工。

5.2　操作要点

5.2.1 首先根据工程实际情况制定预压方案，结合箱梁模板的形状组装蓄水箱，根据蓄水箱的高度，经计算后制定模板加固方案，侧模加固要保证模板不变形，预压时禁止出现涨模现象，要保护好防水贴膜材料不破坏，严禁出现水箱渗漏。

5.2.2 拼装水箱应保证接缝平整，衬垫材料严密，转角部位衬做成圆弧形，避免应力集中损坏防水层。

5.2.3 贴膜材料要用韧性较好的整体聚乙稀防水塑料膜（厚度大于 0.2mm），贴膜要与水箱形状尺寸吻合，注水后，贴膜材料不能受力。

5.2.4 注水时，要分级进行，要有专人观察注水状态和加固情况。

5.2.5 注水完成后，按设计要求观测支架预压变形情况，做好观测记录。

5.2.6 达到预压时间后，可拆除增加的模板及防水层，调整沉降量后进行下部工序的施工。

5.3 劳动力组织（表5.3）

劳动力组织情况表　　　　　　　　　　表5.3

序　号	人　员	数　量	备　注
1	管理人员	1名	协调施工
2	技术人员	1名	方案落实
3	模板施工	20名	组装水箱
4	铺膜	10名	铺贴内膜
5	注水观察人员	2名	记录预压数据

6. 材料与设备

本工法使用的防水材料为优质塑料膜（厚度大于0.2mm）和柔软衬垫材料，机具设备为5.5kW潜水泵和配套水带，电锯、电刨等配套机械。

7. 质量控制

7.1 质量控制标准

标准执行《公路桥涵施工技术规范》JTJ 041—2000和设计图纸的有关技术要求，达到支架预压的目的。

预压的标准要求见表7.1。

预压的标准要求　　　　　　　　　　表7.1

序　号	项　目	要　求	检查方法
1	水箱内壁平整度	±2mm	尺量
2	水重量	达到设计要求	计算
3	防水铺贴	平整且与水箱吻合	观察
4	水箱加固	注水后不变形	观察

7.2 质量保证措施

7.2.1 水箱拼装要保证严密平整，内侧严禁出现铁钉及其他尖锐物品。

7.2.2 贴膜材料要保证质量，韧性好，不破损，厚度大于0.2mm。

7.2.3 注水时，要有专人观察记录支架的变形情况。

7.2.4 每道工序要经技术员检查无误后方可进行注水预压。

8. 安全措施

8.1 认真贯彻"安全第一，预防为主"的方针，做好安全教育，明确安全职责，抓好工程的安全生产。

8.2 现场操作工人佩戴好防护用品。

8.3 施工现场按防火、防风、防触电规定进行安全布置，并完善安全标识。

8.4 施工现场用电严格按照《施工现场临时用电安全技术规范》的有关规范规定执行。

8.5 加载完成后，上表面覆盖，防止雨水的进入。

8.6 加卸载时分级进行，要防止水流入支架基础内，以致于浸泡地基。

9. 环 保 措 施

9.1 严格遵守国家和地方政府下发的有关环境保护的法律法规和规章；遵守防火及废弃物处理的规章制度，做好交通环境疏导，充分满足便民要求，认真接受城市交通管理，随时接受相关单位的监督检查。

9.2 危险部位设立明显的警示标识，施工现场要做到整洁文明。

9.3 对施工中出现的尾料，废料要及时整理，定期处理。

9.4 严格岗位责任制，严禁预压时出现水溢流现象。

9.5 对施工场地经常的进行撒水湿润，防止尘土飞扬污染周围环境。

10. 效 益 分 析

10.1 本工法用水来代替砂袋预压材料，从材料成本上得到大大的节约。

10.2 本工法的应用，不需要投入大型吊装机械，而只需小型潜水泵即可，机械费用得到很大的节约。

10.3 本工法操作安全，大大减少了施工中的不安全因素。

10.4 本工法操作简便，工作效率高，不仅节约人工投入，而且加快了施工工期。

10.5 本工法在复杂地形条件下更能发挥其优越性。

10.6 本工法不占用施工场地，能够保护施工周围环境。

10.7 对一个预压单元采用两种预压方法预压，进行工期、费用对比，见表10.7

工期费用对比表   表 10.7

砂袋预压	①吊装费用:5000元 ②人工费:1100元 ③材料损耗:1200元 ④从预压到支完底模时间:10d	合计费用	7300 元
		工期	10d
蓄水预压	①投入防水材料费:350元 ②人工费:850元 ③电费:100元 ④从预压到支完底模时间:4d	合计费用	1300 元
		工期	4d

可见，每个预压单元可节约成本 6000 元，提前工期 6d。

11. 应 用 实 例

聊城大学东西校区连接桥工程：

11.1 工程概况

本工程为聊城大学东西校区之间的连接桥，全长 816.24m，预应力混凝土连续梁结构，2006 年 6 月开工，2007 年 8 月竣工，本工程跨越了两条河流和一条城市主干道，施工场地地形条件非常复杂。

11.2 施工情况

本工程首先在地形较平坦的施工段采用了传统的砂袋预压法，投入了大量的机械费、人工费、且施工时间较长，如果在随后的地形复杂的施工段继续使用这种方法，将会有许多操作困难，且会投入费用更大，占用时间更长，我们根据现场实际情况，改变了传统预压工艺，充分利用了现场资源，创造了蓄水预压方法，大大提高了工作效率，减少了费用投入，降低了废料污染，保护了周围环境。

11.3 工程监测及评定

采用蓄水预压工法施工后，桥梁模板支架得到了设计和规范要求的同荷载试压，消除了其非弹性变形，为所施工的桥梁构件提供了可靠的保证，施工全过程处于安全，快速，优质的可控状态，在复杂的施工条件下提前了工期，节约了成本，工程质量被评为优良工程，受到了社会各界的一致好评。

11.4　本工程预压图示见图11.4。

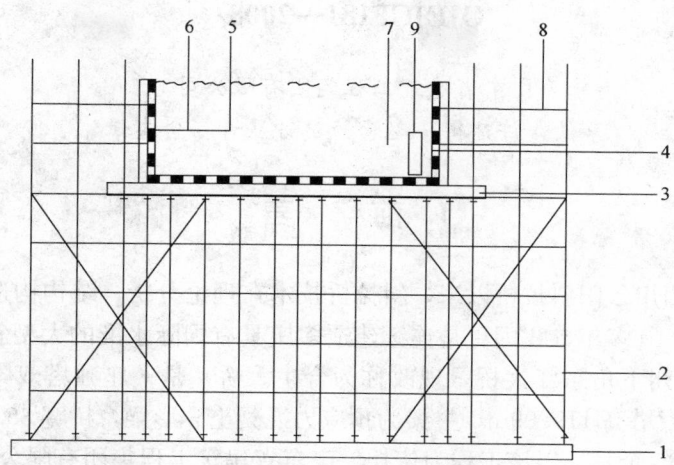

图 11.4　蓄水预压模板支架剖面图

1—地基；2—模板支架；3—模板木方；4—箱梁模板；5—防水材料；

6—衬垫材料；7—预压水；8—模板加固支撑；9—潜水泵

预应力混凝土斜拉桥塔梁同步施工工法

GJEJGF181—2008

广东省建筑工程集团有限公司

李钦 许建得 赵资钦 钟显奇 仓志强

1. 前　言

我国自 1975 年建成四川云阳斜拉桥以来，斜拉桥技术在理论分析、结构构造和施工工艺各个方面都发展很快，尤其是在近 10 多年，我国更是连续建造多座具有国际水准的大型斜拉桥。广东省建筑工程集团有限公司承建的惠州下角东江大桥（现改称为合生大桥）是一座独塔双索面的斜拉桥，主桥跨度 180m＋101m＋45m，索塔高 119.09m，主梁为预应力混凝土 π 形梁，桥宽 35.5m。工程于 2005 年 7 月 12 日开工，合同工期 30 个月。以该工程为依托，广东省建筑工程集团有限公司与工程设计、监理、监测等单位共同就塔梁同步施工技术、特大型牵索挂篮技术、塔柱结构模型试验、施工监控技术四个方面展开技术攻关和研究，为工程的顺利完成提供技术支撑和保障。该工程已于 2008 年 4 月 28 日完成了主梁结构合拢。"斜拉桥塔梁同步施工及特大型牵索挂篮关键技术的研究与应用"获 2008 年广东省建工集团科技进步一等奖，其中的（索）塔（主）梁同步施工技术将传统的先完成索塔后施工主梁的方法调整为部分索塔与主梁同步施工，确保证了该项目在合同工期内完成。

为了推广应用该项技术，现将该技术进行总结提炼，并形成工法。该工法的全称为"主梁悬臂浇筑的预应力混凝土斜拉桥索塔与主梁同步施工工法"。

该工法于 2008 年 12 月 25 日通过了广东省省级工法的评审，主要评审意见如下：1）该工法的关键技术"斜拉桥塔梁同步施工技术"填补了我国斜拉桥塔梁同步施工的空白，促进了我国斜拉桥施工技术的进步，社会、经济效益显著，具有重大的推广应用价值。本项成果在总体上达到了国际先进水平。2）该工法具有先进性、创新性和实用性，成功应用在广东省惠州市下角东江大桥工程中，简化了施工工艺，缩短了工期，所使用的可变总体拼装挂篮，重荷比低，可重复利用，提高了工程质量、结构耐久性和绿色施工水平，达到了节能环保的目的，取得了显著的社会效益和经济效益。3）该工法的主要技术创新点在于首次采用索塔和主梁同步施工的方法，有效提高塔柱在施工期间的刚度，减少变形，提高抗风抗裂性能，还加快了施工进度，是斜拉桥施工领域一项显著的技术创新，并形成了一套有效的施工工艺及控制方法。另一方面，优化了前支点牵索挂篮的结构，使 35.5m 宽的挂篮重荷比仅为0.38，并设计为可变总体拼装模式，适合于不同宽度的同类桥梁施工，提高了可重复使用性。为国内首创。4）该工法技术先进可靠，经济合理，既保证施工质量又节约成本，达到了节能、降耗、环保的效果，促进了我国斜拉桥施工技术的进步，具有广泛的应用前景。同意评为省级工法，推荐申报国家级工法。

2. 工 法 特 点

2.1　降低了施工期间"裸塔"的高度，同时增大了索塔封顶后的结构刚度和重量，这都有效地减弱了索塔的风振响应，可减少甚至取消减振设备（如调谐质量阻尼器 TMD），达到降低成本，缩短工期的效果。

2.2　部分索塔和主梁的同步施工，挂篮吊装、堆载预压等工序的提前插入，都加快了进度，缩短了工期。

2.3 创新的塔梁同步施工技术，促进了施工过程仿真计算、索塔线型控制技术的进步。

2.4 施工工期的缩短以及部分抗风振响应设备的减少、索塔根部防抗裂措施的减少，均可使工程造价降低，提高经济性。

3. 适 用 范 围

该工法适用于主梁悬臂浇筑的预应力混凝土斜拉桥，尤其适用于索塔无上横梁、"裸塔"高度大，以及工期紧迫的斜拉桥。

4. 工 艺 原 理

索塔结构自下而上一般分为非挂索（锚固）区、挂索（锚固）区、塔冠区三个部分。常规的施工顺序是首先完成索塔的三个区的结构，塔顶的减弱风振响应的设备安装完成，并同期完成主梁的0号块结构，然后才进行挂篮的安装、堆载预压、以及依次序进行主梁的1号块、2号块、……结构施工，并且同期进行相应块的斜拉索的挂设和张拉，直至主梁合拢以及所有斜拉索张挂完成。

塔梁同步施工的方法是将挂篮安装、堆载预压以及其后的主梁结构分块施工和相应块斜拉索的挂设和张拉提前至与索塔的挂索区结构同时施工，即在非挂索区完成后，在挂索区结构继续向上逐个节段施工的同时，开始施工主梁的1号块、2号块、……结构，并挂设和张拉相应块的斜拉索。其中主梁某一块结构的斜拉索挂设前，与该块对应的索塔端挂索的节段结构应达到规定的强度。

为保证施工过程的结构安全，必须进行塔梁同步施工的仿真计算。采用有限元程序，将全桥离散为一定数量的杆单元，建立空间结构模型，并考虑每个梁段的施工分作7个阶段（挂篮前移定位、第一次张拉斜拉索、安装钢筋及浇筑1/2混凝土、第二次张拉斜拉索、浇筑剩余1/2混凝土、张拉预应力钢筋、转换体系及第三次张拉斜拉索）加上调索等共划分一定量的施工阶段，对斜拉桥进行施工阶段的分析和成桥阶段的分析，得到各施工状态下以及成桥状态下状态变量的理论数据：主梁标高、索塔偏位、索力以及控制截面应力应变，另外还得到施工控制数据理论值：安装索力和立模标高。

另外，施工的全过程都须进行施工监控。建立与仿真计算同样的结构离散有限元模型，建模时输入设计参数，后面根据实测数据与理论计算数据的对比分析，对参数作识别与修正。将修正后的参数重新输入，进行下一轮的理论计算，并将此时理论计算得到的数据以施工控制指令的形式用以指导施工。施工监控的主要内容有：线型、索塔偏位、墩柱沉降、索力、混凝土应力、温度场。

5. 施工工艺流程及操作要点

5.1 该工法的施工工艺流程（图5.1）

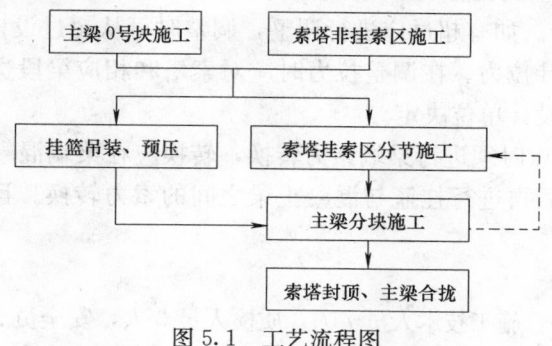

图5.1 工艺流程图

5.2　操作要点

5.2.1　索塔：

1. 依据结构特点，施工一般采用整体搭架分节立模浇筑法、滑升模板法、装配式预应力混凝土预制块件逐节吊装法。

2. 塔底和桥墩为铰接的索塔，施工过程中（在安装和浇筑塔身时）应将塔身按设计位置临时固定、不使动摇，以保证安装质量；塔、墩固结的索塔采用固定支架施工方案的，支架宜在墩上搭设；塔、梁固结的索塔，支架宜在梁上搭设。

3. 搭设的支架与浇筑的索塔间应留出活动空隙，以免支架阻碍索塔的摆动。

4. 支架与操作平台应有足够的强度和刚度，并应设置安全护栏。支架还应有足够的抗风稳定性，一般宜间隔 5m 高度与索塔连接。支架顶端应有防雷击装置。

5. 安设锚箱中的斜拉索管道时，应设置稳固的钢筋骨架固定管道，防止其在浇筑混凝土时移位。在管道测量定位时，应考虑斜拉索因自重下垂而导致其端部角位移时的方向、位置、标高的变化。

6. 塔身浇筑混凝土时应注意掌握均匀分层，由跨中向两端的原则。每次浇筑的混凝土均应在混凝土的初凝时间内完成，并注意及时加强养护。

7. 施工应特别注意严格遵守有关高空作业安全技术规定。

5.2.2　挂篮悬臂浇筑主梁

1. 挂篮应经试拼装，发现问题及时处理，然后在桥上组装，后再按设计荷载进行预压，测定挂篮的弹性挠度，并消除其非弹性挠度。

2. 箱形截面混凝土当采用两次浇筑时，各梁段的施工缝要错开。

3. 浇筑梁段混凝土时，应根据挂篮前端的弹性挠度，各阶段梁的弹塑性变形设置预留高，其抛高值可通过几次实测调整使之与实际下降值基本一致。

4. 当梁段混凝土浇筑完成后应及时进行清孔工作，并在混凝土达到设计强度后，立即进行预应力钢材的张拉和压浆。

5.2.3　斜拉索

1. 各斜拉索的安装、张拉顺序以及张拉力的调整次数应按设计规定办理。张拉应按设计规定的张拉力控制，以延伸值作为校核。张拉时必须同时进行梁段高程和索塔变位的观测并与设计变位值比较。如果标高与张拉力有矛盾时，一般以标高为主进行控制，但当实际张拉力与设计张拉力相差过大（一般误差控制在 10％以内），应查明原因，并与设计单位协商，采用适当方法进行控制调整。

2. 索塔顺桥向两侧和横桥向两侧对称的缆索应同步张拉。同步张拉的缆索，张拉中不同步拉力的相对差值，不得超过设计规定。若设计无规定，则不得大于张拉力的 10％，不同步拉力使塔端产生的顺桥向偏移值不得大于 $H/1500$（H 为桥面起算的索塔高度）。两侧不对称的缆索或设计拉力不同的缆索，应按设计规定的拉力，分阶段同步张拉。

3. 斜拉索张拉完成后，应测验各缆索的张拉力值，每组及每索的拉力误差均应控制在 10％（如设计有规定则按设计规定办理）。如有超过应进行调整，调整时可从超过设计拉力值最大或最小的缆索开始调整（放松或拉紧）到设计拉力。在调整拉力时应对索塔和相应梁段进行位移观测。各斜拉索的拉力调整值和调整顺序应会同设计单位决定。

4. 当锚索作为挂篮前支点时须进行梁端索力转换，转换应在梁端混凝土达到设计强度的 90％后才可以进行预应力张拉，张拉后再进行挂篮与混凝土梁之间的索力转换。且索力转换时应随拉随紧梁上牵头螺帽。

5.3　劳动力组织

索塔、主梁施工人员配备：施工技术人员 7 人，质检人员 3 人，安全员 2 人，测量人员 5 人，试验工 4 人，木工（模板工）20 人，钢筋工 20 人，混凝土工 20 人，钳工 8 人，电工 4 人，起重工 4 人，电焊工 16 人，架子工 20 人，机修工 4 人，普工 30 人，汽车吊司机 2 人，塔吊司机 2 人，电梯司机 2 人（表 5.3）。

主要人员表　　　　　　　　　　　　　　　　表 5.3

施工部位	工　种	数　量	工　种	数　量
索塔、主梁施工人员	施工技术人员	7人	质检人员	3人
	安全员	2人	测量人员	5人
	试验工	4人	模板工	20人
	钢筋工	20人	混凝土工	20人
	钳工	8人	电工	4人
	起重工	4人	电焊工	16人
	架子工	20人	机修工	4人
	普工	30人	汽车吊司机	2人
	塔吊司机	2人	电梯司机	2人
斜拉索张拉和挂设的人员	技术管理人员	3人	起重工	4人
	机修工	1人	电工	1人
	焊工	1人	张拉操作工	1人
	普工	10人		

斜拉索张拉和挂设的人员配备：技术管理人员 3 人，起重工 4 人，机修工 1 人，电工 1 人，焊工 1 人，张拉操作工 1 人/张拉端×同步张拉端个数，普工 10 人。

6. 材料与设备

6.1　施工设备（表 6.1）

塔吊 1 台，用于索塔施工。

施工用载人电梯 1 台，用于索塔施工。

混凝土输送泵 2 台，用于索塔、主梁结构混凝土施工。

汽车吊（30t、25t、16t 等）若干台，用于索塔、主梁结构施工或挂索等。

高压水泵 1 台，用于索塔、主梁结构施工与养护。

电焊机、钢筋弯曲机、钢筋切断机等若干台，用于索塔结构、主梁结构施工。

穿心式千斤顶（YCW—400B、YCW—500B、YCW—650B、YDC240Q—200 等），数量以满足同步张拉要求为准，主要用于斜拉索张拉。

手摇千斤顶若干，用于挂篮前支点滑块调整。

高压油泵（ZB—500、ZB10/320—4/800 等），数量以满足挂篮前支点滑块调整、塔端张拉、挤压锚为准。

驳船 1 艘，用于拖装斜拉索。

适用本工程主要机械设备表　　　　　　　　　　　　表 6.1

序号	机械设备名称	规格型号	单　位	数　量	备　注
1	塔吊	QTZ160	1	台	索塔施工
		QTZ63	1	台	索塔施工
2	挂篮	自行设计	1	套	主梁施工
3	穿心千斤顶	YDC240Q-200	1	台	软牵钢绞线抗拉试验
		YCW-400B	4	台	挂篮前支点滑块调整
		YCW-500B	4	台	塔端张拉
		YCW-650B	4	台	塔端张拉
4	手摇千斤顶	5t	4	台	挂篮前支点滑块调整
5	高压油泵	ZB-500	4	台	挂篮前支点滑块调整
		ZB10/320-4/800	4	台	塔端张拉

7. 质量标准

应遵照的主要国家、行业标准：《建筑工程施工质量评价标准》GB/T 50375—2006、《混凝土结构工程施工质量验收规范》GB 50204—2001、《组合钢模板技术规范》GB 50214—2001、《建筑工程预应力施工规程》CECS180：2005、《预应力筋用锚具、夹具和连接器应用技术规程》JGJ 85—2002、《公路斜拉桥设计规范》JTJ 027—96、《公路桥涵施工技术规范》JTJ 041—2000。

8. 安全措施

操作人员进行钢筋加工、预应力施工、用电和使用起重设备、施工电梯、液压设备时应严格遵守国家颁发的《建设工程施工现场供用电安全规范》GB 50194—93、《建筑机械使用安全技术规程》JGJ 33—2001、《施工现场临时用电安全技术规程》JGJ 46—2005、《建筑施工高处作业安全技术规范》JGJ 80—91。

9. 环保措施

9.1 遵照国家《建设项目环境保护管理条例》和建设管理部门的有关规定，预防和消除施工造成的环境污染，做到控制排污、控制扬尘、降低噪声及减少废气污染。

9.2 控制排污

（1）废水、污水经处理后进入排污系统。

（2）施工垃圾按规定的运输方法定点堆放、处理。

（3）施工照明灯的悬挂高度和方向要考虑不影响交通及附近居民的休息。

（4）施工设备及剩余材料应合理放置，保持现场整洁。

（5）施工机械加强保养，防止漏油，机械运转中产生的油污水或维修机械的油污水，经处理后达标排放。

9.3 降低施工噪声：选用低噪声设备，采取消声措施，同时合理安排施工作业时间，以防噪声扰民。控制施工噪声使其符合《建筑施工场界噪声限值》GB 12523—90、《城市区域环境震动标准》GB 10070—88 的规定。

9.4 减小振动：施工作业所产生的振动不影响周围建筑物的安全、不危害居民的身体健康。

9.5 控制扬尘：

（1）施工场地内随时洒水或采取其他抑尘措施。对易于引起粉尘的细料或松散料进行遮盖或适当洒水润湿，运输时用遮盖物覆盖；

（2）施工场地满铺水泥混凝土硬化，经常洒水，防止扬尘；

（3）装运建筑材料、土石方、建筑垃圾、弃土、弃渣的车辆，采用遮盖措施，保证运输途中不污染道路和环境。

10. 效益分析

本工法可取得显著的经济效益和社会效益。

10.1 经济效益：与常规施工方法相比，每个索塔采用塔梁同步施工技术可节省工期约 4 个月，施工单位节约管理费：4×50＝200 万元，节省各类进场机械台班费：4×30＝120 万元。节省抗风振设备费：80 万元。

每个索塔产生的直接经济效益约 400 万元。若一座桥梁有多个索塔，则经济效益更明显。

10.2 社会效益：塔梁同步施工技术的应用成功，是斜拉桥施工技术的科技创新，并对同类工程有很好的借鉴作用；通过采用塔梁同步施工技术可使通车时间提前，社会效益显而易见。

11. 应用实例

该工法已成功地用于广东惠州下角东江大桥（图 11）。

惠州市下角东江大桥位于惠州大桥下游约 500m 处，横跨东江，南接鳄湖路（下角物资大楼处），北连三新南路。

大桥总长 1560m，主桥全长 606m，布置为：（南岸）辅跨535m＋主跨[180m＋146(101＋45)m]＋（北岸）辅跨335m。主跨为单塔双索面预应力混凝土斜拉桥结构，直塔高 119.09m，桥宽 35.5m。

图 11　惠州下角东江大桥效果图

11.1　主梁结构形式（图 11.1-1、图 11.1-2）

主梁截面主要采用预应力混凝土 π 形断面，为双向预应力混凝土结构。标准段主梁宽度 35.5m，梁肋外设 3.1m 悬臂板，斜拉索中心线处的梁高为 2.3m，顶面设 1.5% 的横坡。主梁桥面板厚 0.32m。斜拉索按扇形布置，塔上竖向间距 1.8m，梁上水平间距 6.0m/节段。

主梁纵向共划分为 44 个节段，分索塔区 0 号段、标准梁段、边跨支架现浇段（含压重段）、主跨支架现浇段和主、边跨合拢段。

主梁 1 号、1'～13 号、13'号节段采用牵索式挂篮双悬臂平衡浇筑施工，14～26 号节段采用牵索式挂篮单悬臂浇筑施工。

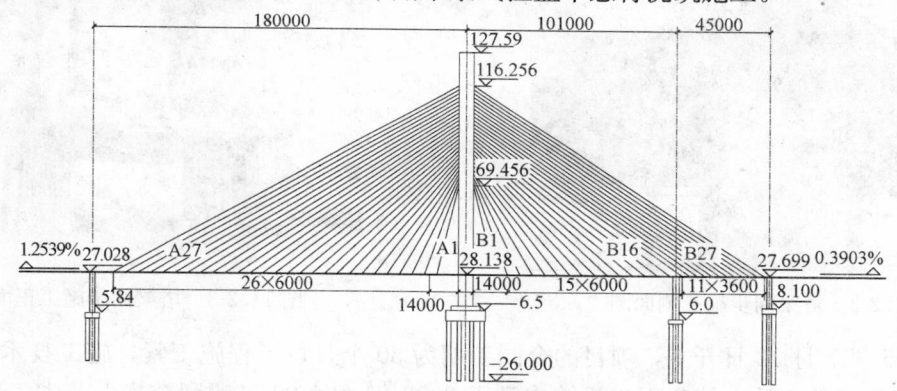

图 11.1-1　惠州市下角东江大桥主桥段总体布置图

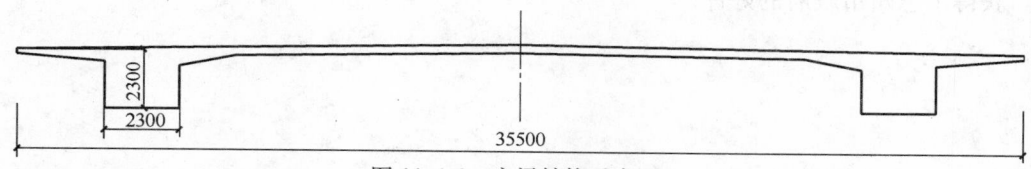

图 11.1-2　主梁结构示意图

11.2　索塔结构形式（图 11.2-1～图 11.2-3）

索塔采用由直塔柱和斜塔柱组成的无上横梁的异形混凝土索塔，横桥向为仿天鹅造型。索塔底面高程 8.5m，塔顶高程 127.59m，总高度 119.09m。

索塔由直塔柱、斜塔柱和下横梁三部分组成。直塔柱为互相平行的竖直双柱，净距 23m。下横梁连接直塔柱和斜塔柱，横桥向形成框架，为预应力混凝土构件。

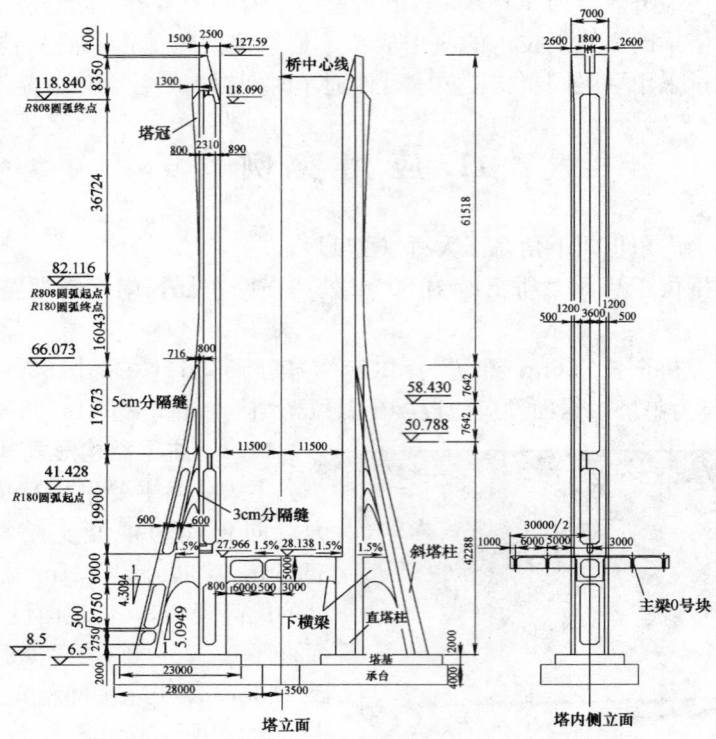

图 11.2-1　索塔一般构造图

图 11.2-2　塔梁同步施工侧面图

图 11.2-3　塔梁同步施工正面图

　　工程于 2005 年 7 月 12 日开工，项目的合同工期为 30 个月，工程施工紧，施工技术难度大，为此采用了塔梁同步施工的工法，该工程主梁结构已于 2008 年 4 月 28 日顺利合拢，节省工期 160d。施工质量优良，获得了惠州市政府的好评。

复合止水帷幕沉井施工工法

GJEJGF182—2008

深圳市市政工程总公司

高俊合　洪鼎　苏军　郭伟　邓彬

1. 前　　言

工作井及接收井是顶管施工必须的设施。工作（接收）井的施工方法通常以带水作业沉井工法为主。但对于富水深厚砂层等特殊地质条件，带水作业往往无法实现。这就要求，在沉井前，在其周边施工止水帷幕，而一般的单一止水帷幕很难保证效果。

针对以上问题。结合湛江市霞山污水管网工程开展了科研攻关，取得了《复杂填海地层中长距离玻璃钢夹砂管顶管施工关键技术》这一科研成果，该成果于 2008 年 11 月 21 日，经广东省建设厅组织的专家鉴定，达到国际先进水平。同时，形成了"富水流砂层中长距离玻璃钢夹砂管泥水平衡顶管施工工法"、"复合止水帷幕逆作井施工工法"、"复合止水帷幕沉井施工工法"等 3 个工法。

该工法先后在湛江市霞山污水管网工程等中得到成功应用，取得了显著的经济效益、社会效益和环保效益。

2. 工法特点

2.1　适用于地下水位高、土质软弱、深厚流砂层，及有硬夹层的地质条件。

2.2　造价低。

2.3　对道路、建（构）筑物、地下管线等周边环境影响小。

3. 适用范围

适用于对井周边地面下沉要求严格的地区（如城区），且地下水位高、土质软弱、深厚流砂层，及有硬夹层的地质条件时，顶管工作（接收）井或其他市政工程的竖井施工。

4. 工艺原理

先在待施工的井周边施工复合止水帷幕（如搅拌桩＋旋喷桩＋搅拌桩），再采用施工沉井，即开挖土方、绑扎钢筋、支模、浇筑混凝土，直至到底，再浇筑底板。

5. 施工工艺流程及操作要点

5.1　工艺流程

本工法施工工艺流程如图 5.1。

5.2　操作要点

5.2.1　深层水泥搅拌桩施工

1. 成桩工艺

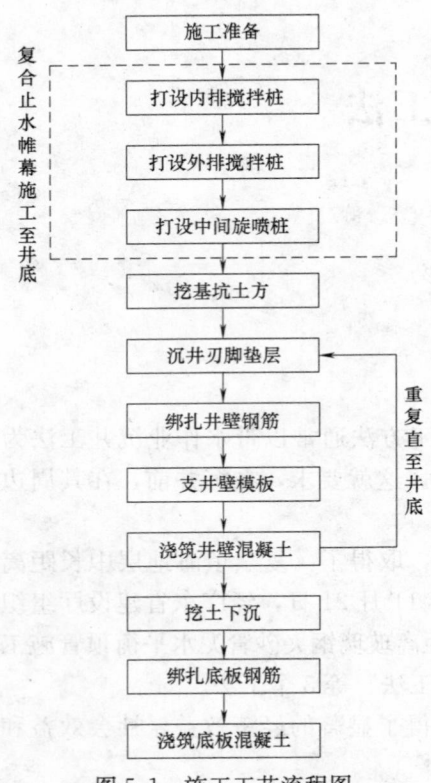

复合止水帷幕施工至井底

施工准备

打设内排搅拌桩

打设外排搅拌桩

打设中间旋喷桩

挖基坑土方

沉井刃脚垫层

绑扎井壁钢筋

支井壁模板

浇筑井壁混凝土

挖土下沉

绑扎底板钢筋

浇筑底板混凝土

重复直至井底

图 5.1　施工工艺流程图

1）搅拌桩机：PH-5 系列深层搅拌桩机及相应的辅助设备（灰浆泵、灰浆搅拌机等）。

2）制备水泥浆：按设计确定的配合比拌制水泥浆，待压浆前将水泥浆倒入骨料斗。

3）预搅下沉：待搅拌机的冷却水循环正常后，启动搅拌机电机，放松起重机钢丝绳，使搅拌机沿导架搅拌切土下沉，下沉的速度可由电机的电流监测表控制，工作电流不应大于 40A。

4）提升喷浆搅拌，搅拌机下沉到达设计深度后，开启灰浆泵将水泥浆压入地基中，边喷边旋转，同时严格按照设计确定的提升速度提升搅拌机。

5）重复上、下搅拌，搅拌机提升至设计加固深度的顶面标高时，骨料斗中的水泥浆应正好排空，为使软土和水泥浆搅拌均匀，再次将搅拌机边旋转边沉入土中，至设计加固深度后再将搅拌机提出出地面，搅拌过程同时喷水泥浆。

6）清洗，向骨料斗注入适量热水，开启灰浆泵、清洗全部管线中的残存水泥浆，直到基本干净，并将粘附在搅拌头上的杂物清洗干净。

7）移位，重复上述 1）～7）步骤，再进行下一根桩的施工。

2. 施工质量保证措施

为保证施工质量，在施工中严格按设计要求和有关施工规范、规程进行。从原材料进场开始至搅拌桩施工结束的每一道工序都严把质量关。搅拌桩施工中尤其要抓好以下方面：

1）施工前现场地面应予平整，必须清除地上地下一切障碍物。

2）开机前必须调试，检查桩机运转和输料管畅通情况。

3）施工时，设计停浆（灰）面应高出操作面标高 0.5m，在开挖时应将该施工质量较差段挖去。

4）保证垂直度：设备就位后，必须平整，确保施工过程中不发生倾斜、移动。要注意保证机架和钻杆的垂直度，其垂直度偏差不得大于 1%。施工中采用吊锤观测钻杆的两个方向垂直度和用平水尺测量机架的调平情况，如发现偏差过大，及时调整。

5）桩机桩位必须对中，对中偏差不得大于 2cm；桩径偏差不得大于 4%。

6）水泥浆不得离析。制备好的水泥浆不得有离析现象，停置时间不得超过 2h。若停置时间过长，不得使用。

7）施工前确定搅拌机械的灰浆泵输浆量、灰浆经输浆管到达搅拌机喷浆口的时间。用流量泵控制输浆速度，使注浆泵出口压力保持在 0.4～0.6MPa，并使搅拌提升速度与输浆速度同步进行。

8）严格按设计确定的参数控制喷浆量和搅拌提升速度。为保证施工质量、提高工作效率和减少水泥浪费，应尽量连续工作。输浆阶段必须保证足够的输浆压力，连续供浆。一旦因故停浆，为防止断桩和缺浆，应将搅拌头下沉到停浆点 0.5m 以下，待恢复供浆后再喷浆搅拌；如停工 40min 以上，必须立即进行全面清洗，防止水泥在设备和管道中结块，影响施工。

9）严格控制搅拌时的下沉和提升速度，以保证加固范围内每一深度得以充分搅拌，确保桩身强度和均匀性。

10）深层搅拌施工中采用少量多次喷浆的方法，保证四次搅拌，搅拌过程中均喷水泥浆。

11）施工中，如因地下障碍物等原因使钻杆无法钻进时，应及时通知监理、设计人员，以便及时采取补桩措施，以保证施工质量。

12）严格按照设计的水灰比配制浆液，配制好的浆液必须过滤。

水灰比控制：根据水泥用量计算每槽用水量，在储水罐上做好标志，在施工中严格做好计量工作。制备好的浆液不得离析，泵送必须连续，拌制浆液的罐数固化剂和外加剂的用量以及泵送浆液时间等应有专人记录。

13）施工记录必须详尽完善：施工记录必须有专人负责，深度记录误差不得大于 10cm，时间记录误差不得大于 10s。施工中发生的问题和处理情况，均须如实记录，以便汇总分析。

14）施工中应经常检查施工用电及机械情况，发现问题及时修理。

5.2.2 高压旋喷桩

根据工程地质资料，如有回填建筑垃圾及块石的地层，采用施工单排三重管高压旋喷桩作为止水帷幕较合理。施工中为了保证成桩质量及满足止水效果，采取跳桩施工。施工参数如下：成桩直径≥800mm，钻孔深度超过结构物底标高并进入黏土不透水层，要求水压≥25MPa、气压≥0.6MPa、浆压≥0.5MPa；成桩搭接≥20cm。

1. 旋喷桩施工基本原理

三重管高压旋喷桩成桩的基本原理是：使用输送水气浆三种介质的三重注浆管在以高压泵等高压产生装置，以大于 25MPa 的高压水喷射流对桩孔周围土体进行切割，并以环绕 0.6MPa 左右的圆筒状气流共同喷射冲切土体，使土体形成较大的空隙，然后以 0.55MPa 左右的水泥浆液进行填充。喷嘴做摆动旋转的提升运动，最后便在土中凝固形成与设计相符的固结体。

2. 三重管旋喷桩施工顺序如下：

孔位放点→地质钻机就位钻孔→钻至设计深度→台车移位至成孔位置→放入三管至设计深度同时送水、气、浆→旋喷提升或摆喷提升→成桩、移机拔管→回灌浆→下一孔操作

1）钻机就位：将钻机移至设计的孔位上，使其钻杆轴线垂直对准钻孔中心位置。

2）钻孔：利用 XY—1 型地质钻机以泥浆循环护壁钻进，孔径 φ130mm。孔位偏差不大于 5cm，对实际孔深、孔位和每个钻孔内的地下障碍物如与工程地质报告不符等情况均应详细记录。

3）成孔后、移开钻机，台车就位，将三重管插入钻孔至设计深度，在插入喷管前先检查高压水与空气喷射情况以及各部位密封是否可靠，然后插入孔内，如因塌孔可清水下管。

4）制浆旋喷成桩：插入三重管的同时在浆池内制浆，浆液为 32.5 级普通硅酸盐水泥，水灰比按 1：1 并掺入 1%～2%的水玻璃同水泥一起搅拌成浆。试喷射，下三管前，先做高压水射水试验，等水压力符合要求即可进行下一道工序施工。旋喷过程中，冒浆量应小于 25%。若冒浆量过大，可采取加快提升速度及减少送浆量解决。相邻两桩施工时间间隔不小于 48h，间距不小于 2m，因此本工程采用跳孔施工，即三序孔施工。

5.2.3 沉井施工

1. 基坑开挖

经监理工程师认可的基坑开挖边线确定后，即可进行挖土工序的施工。挖土采用 1m³ 的单斗挖掘机，并与人工配合操作。基坑底面的浮泥应清除干净并保持平整和干燥，在底部四周设置排水沟与集水井相通，集水井内汇集的雨水及地下水及时用水泵抽除，防止积水而影响刃脚垫层的施工。

2. 刃脚垫层施工

刃脚垫层采用砂垫层和混凝土垫层共同受力。

砂垫层厚度 H 可采用如下计算公式计算：

$$N/B + \gamma_{\text{砂}}H \leqslant [\sigma] \tag{5.2.3-1}$$

砂垫层采用加水分层夯实的办法施工，夯实工具为平板式振动器。

混凝土垫层厚度可按下式计算公式计算：

$$h = (G_0/R - b)/2 \tag{5.2.3-2}$$

混凝土垫层表面应用水平仪进行校平，使之表面保持在同一水平面上。

3. 立井筒内模和支架

井筒模板采用组合钢模与局部木模互相搭配，以保证内模的密封性。

刃脚踏脚部分的内模采用砖砌结构，宽度与刃脚同宽。井身内模支架采用空心钢管支撑。钢管支架必须架设稳固，如有必要，可采用对顶支架，增加内模的稳定性。

4. 钢筋绑扎

钢筋绑扎完成后，应上报监理工程师进行隐蔽验收。隐蔽验收合格后，方可进行立外模。

5. 立外模和支架

钢筋绑扎验收后，应进行架立外模和支架。井壁内外模用穿心螺栓固定，穿心螺栓采用 $\phi16$ 的圆钢，中间设置止水片，两端设置铁片控制井壁厚度尺寸，圆钢两端头上铰成螺纹，用定制钢螺帽固定，拆模时拆去钢螺帽，割去外露部分，再用同标号防水砂浆二度抹平，确保不会渗水。外模支架必须稳、牢、强，保证在浇捣混凝土时，模板不变形，不跑模。

6. 浇筑混凝土

井身浇捣混凝土可分若干段浇捣，一次下沉。也可分段浇筑，分段下沉。先浇捣刃脚部分，再浇筑井体的 1/2 部分，最后浇筑剩余部分。采用分段浇捣混凝土时，严格按规范要求做好施工缝。施工缝做成凸缝，并在后浇时将连接处的混凝土凿毛，并用水清洗干净，浇捣时先用 1:2 的水泥砂浆坐浆，然后轻倒第一层混凝土并振捣密实，以免形成蜂窝，影响沉井的质量。在混凝土浇捣过程中，还应做好混凝土的试块工作，保证质保资料的完善。在井身较短及条件许可的情况下，也可根据情况作一次浇筑。

7. 养护及拆模

混凝土浇捣完成后应及时养护，一般采用覆盖浇水法养护。在养护过程中，对混凝土表面需浇水湿润，严禁用水泵喷射而破坏混凝土。养护时应确保混凝土表面不会发白，至少养护 7d 以上。养护期内，不得在混凝土表面加压、冲击及污染。

在拆模时，应注意时间和顺序。拆模时间控制在混凝土浇捣后的 1～2d 内进行，过早或过晚的拆模对混凝土的养护都是不利的；拆模顺序一般是先上后下，小心谨慎，以免对混凝土表面造成破坏。对于分段浇捣混凝土部位，应保留最后一排模板，利于向上接模。混凝土浇捣完成后应及时养护，养护方法可采用自然养护和塑料膜覆盖。

8. 凿除垫层、挖土下沉

沉井下沉需待混凝土强度达到设计要求后，方可开始挖土下沉。下沉时，应先凿除刃脚下的踏脚部分。

9. 混凝土垫层及砖砌内模

挖土工具采用反斗式挖机挖土吊出井外。沉井挖土顺序应中间稍低于四周，沉井内的挖土高差控制在 1m 以内，禁止深锅底挖土，防止沉井突沉造成沉井倾斜的危险。

另外，井壁外的灌砂必须均匀充实，使沉井下沉时四周摩阻力相近，均匀下沉。沉井下沉时，应防止倾斜，发现问题及时纠偏，若沉井下沉有困难时应另外想办法，不准大量挖深，造成突沉。

沉井挖土采用三班制进行连续作业，中途不停顿，确保沉井连续、安全地下沉就位。

当刃脚距离设计标高在 1.5m 时，沉井下沉速度应逐渐放缓，挖土高差控制在 50cm 内，当沉井接近标高时，应预先做好止沉措施。止沉措施可采用在刃脚四周间隔挖出设计标高的槽，填入方木，并应注意抛高系数，禁止超沉和超挖。

10. 沉降观察

沉井在下沉过程中，必须随时测定沉井标高，确保均匀下沉，并做好沉井下沉记录。

沉井下沉至设计标高（包括抛高）后，应先清除表面浮泥等杂物，超挖的土方必须用碎石夹砂填实，不得用土填，井内不得有积水，并确保井点的正常工作，不允许发生停泵，同时加强对水位的观测，保证降水要求，地下水位必须距离垫层 50cm 以下。

底板与刃脚的接触面，必须将表面混凝土全部凿毛并露出石子，便于新老混凝土的结合。

当沉井在 8h 内的累计下沉量不大于 10mm 时，方可铺设碎石层及浇捣 C20 素混凝土底板垫层。

在铺筑碎石层时，应确保井底内无积水、无流砂、无翻浆等现象。碎石层应做到平整，无坑塘，必要时应用水平仪抄平，保证碎石层的水平。

碎石层铺筑完成后，即可在其上浇捣素混凝土垫层。在铺筑素混凝土垫层后，应保证表面平整，无地下水上冒现象。

11. 绑扎底板钢筋、浇捣底板混凝土

在素混凝土垫层完成后，就可在其上绑扎底板钢筋。钢筋在绑扎时，应保证刃脚钢筋与底板钢筋的连接、上下两层钢筋的间距，并将刃脚混凝土的表面凿毛露出石子，便于刃脚混凝土与底板混凝土的结合。

底板混凝土浇捣完成后应及时养护，确保其表面不会露白，并应防止阳光及温差的剧烈变化，以免底板出现收缩裂缝，影响沉井的施工质量和使用功能。

5.3 劳动力组织

劳动力组织见表 5.3。

劳动力组织情况表 　　　　表 5.3

序号	单项工程	所需人数	备注	序号	单项工程	所需人数	备注
1	搅拌桩	8		4	钢筋加工绑扎	6	
2	旋喷桩	8		5	模板支设	6	
3	挖土	12					

6. 材料与设备

6.1 材料

6.1.1 水泥、砂、石、外加剂、掺合料、钢筋等应符合国家现行标准。

6.1.2 混凝土的坍落度、强度应符合设计和施工要求。

6.2 机具设备（表 6.2）

机具设备表 　　　　表 6.2

序号	设备名称	设备型号	单位	数量	用途
1	深层搅拌桩机	PH-5	单位	1	施工内外排搅拌桩
2	高喷台车	SGP-3A 型	台	1	
3	高压水泵	SD3-3 型	台	1	
4	钻机	XXY-100 型	台	1	施工旋喷桩
5	卧式搅拌机	WJG-80 型	台	1	
6	注浆泵	BW-150 型	台	1	
7	卷扬机		台	1	挖土
8	钢筋弯曲机		台	1	钢筋加工
9	钢筋切割机		台	1	钢筋加工
10	电焊机		台	1	钢筋加工
11	混凝土搅拌机		台	1	

7. 质 量 控 制

7.1 搅拌桩、旋喷桩施工质量应满足《建筑基坑支护技术规程》JGJ 120 的要求。

7.2 现浇混凝土应符合《混凝土结构工程施工质量验收规范》GB 50204 的要求。

8. 安 全 措 施

8.1 高空作业应当满足《建筑施工高处作业安全技术规程》JGJ 80 的要求。

8.2 特种作业人员应当持证上岗。

8.3 现场临时用电应符合《施工现场临时用电安全技术规范》JGJ 46—2005 的要求。

9. 环 保 措 施

9.1 现场设置泥浆池，存储搅拌桩和旋喷桩产生的废浆和泥浆。

9.2 避免安排在夜间进行，减少噪声扰民。

10. 效 益 分 析

复合止水帷幕沉井解决了对井周边地面下沉要求严格的地区（如城区），且地下水位高、土质软弱、深厚流砂层条件下，普通沉井无法下沉的困难。对周边道路等影响很小，尽管比普通的沉井工法增加了止水帷幕，但该止水帷幕不仅起到止水作用，还可起到挡土作用，可降低沉井的配筋，总体造价与普通沉井相当。但解决了普通沉井无法解决的问题，具有显著的经济效益和社会效益。

11. 应 用 实 例

湛江市霞山污水管网工程干管工程

该标段管道设计总长约 3.4km，工程全部位于 20 世纪 80 年代填海造地建成的老城区。管道设计穿越霞山城区区间道路、公园及老居民区，建筑物密度稠密，道路以下各种管线密布。地质条件极其复杂：

1. 地下水位高、存在承压水、存在动水，且受涨落潮影响明显，湛江地处陆相沉积与海相沉积交接重叠区，地质变化大，地质断面突变大，地下水非常丰富，地下静水位一般都在地表以下 1.5～2.0m，具有承压水，并受涨落潮的直接影响。

2. 富水砂层。工程所经过区域为第四纪地层发育层区，厚度达数百米，地质稳定较好，上游段地表层为回填土（20 世纪 80 年代初回填），主要为回填海砂；下层为淤泥且厚度不等，中下游段管底以下均为中砂、黏土、粉质黏土层。部分管段其管底以下有较厚淤泥层。

该标段工程 12 个工作井和 11 个接收井使用了"复合止水帷幕沉井工法"，施工时间为 2004 年 9 月～2008 年 10 月。该工程已顺利完工，施工质量完全符合相关规范要求。

长大体积钢箱梁整体浮运、转向、安装施工工法

GJEJGF183—2008

重庆建工集团有限责任公司　重庆交通建设（集团）有限责任公司
赵晓彬　张天许　刘宗建　杨寿忠　朱光华

1. 前　　言

桥梁施工技术正朝着工厂化、机械化方向发展，大跨径桥梁中广泛使用的钢箱梁上部结构，多采取分节段悬臂拼装方法施工，2006 年由重庆桥梁工程有限责任公司建成通车的同类型桥梁世界第一跨连续刚构桥—重庆长江大桥复线桥（主跨 330m），中跨合拢段为钢箱梁，长 103m、宽 19m、高 5m、重 1325t，在工厂制作成整体后，采用了整体浮运、转向、安装施工技术，填补了国内空白，丰富了大跨径桥梁上部主梁的施工技术，大大减少了现场的接缝，保证了钢箱梁的整体性及质量，在此基础上，形成本工法，该工程荣获中国市政工程金杯奖，重庆市科技进步二等奖。

2. 工 法 特 点

2.1　钢箱梁在工厂整体制造，大幅减少了施工现场的接缝，使钢箱梁的整体性得到提高，从而保证了钢箱梁的质量。

2.2　对长大体积钢箱梁，采用浮运到位的方法与其他运输方法相比安全性高、可操作性强、造价低、工期短。

2.3　通过可靠的水上锚碇系统，将庞大的钢箱梁在水流中平面转向 90°，实现了误差不超过 1m 的既定目标，定位精度高。

2.4　钢箱梁吊装中，采取了消除箱梁底面出水时较大瞬间真空吸力的有效措施，克服了钢箱梁出水对吊装系统的不利影响。

2.5　钢箱梁的吊装支架结合桥梁上部主梁施工统一考虑，利用悬臂节段施工的挂篮，作为钢箱梁吊装支架的主体结构既加快了施工进度又节约了施工费用。

2.6　采用计算机控制的连续提升液压千斤顶通过钢绞线垂直提升钢箱梁，在提升过程中既可达到各吊点同步提升，使受力均匀，又可实现对各千斤顶的单独控制，确保了吊装的安全，通过提升千斤顶四周安装的微调千斤顶，实现了 ±1mm 的安装精度。

3. 适 用 范 围

本工法适用于具有通航条件的江河湖海上修建的桥梁长大体积钢箱梁主梁的运输及安装施工。

4. 工 艺 原 理

4.1　浮运原理

长大节段钢箱梁在工厂制作拼装焊接成整体后，敷设"船首"及"船尾"使箱梁内部密封，形成一艘无动力的"船"，经过密水检查，再由工厂专有的下水滑道滑入水自浮。在具有足够动力推轮的顶推下，经过水上浮运，"船"到达指定位置，然后通过预先设置的水上锚碇系统连接拉缆停泊。

4.2 转向定位原理

通过可靠的水上锚碇系统设置的拉缆，将"船"的一端临时固定，以此作圆心，另一端在水上锚碇系统相关拉缆逐步放张下，逐步沿临时固定端转动，使"船"从顺河向转动 90°成顺桥向，然后通过各向拉缆逐渐微调使"船"平移到桥位处准确的起吊位置。

4.3 吊装原理

在桥上部悬臂端设置吊架，安装起吊工具，采用计算机控制的连续提升液压千斤顶通过钢绞线对钢箱梁进行同步提升出水。使用 1 台计算机控制系统，两岸的两台油泵则通过一条数据电缆连接，由一个操作员监测和控制所有千斤顶和液压泵站。在每一行程中，系统可以对行程自动检测和调节，确保各千斤顶的同步性满足设计要求。

为了消除钢箱梁出水时较大的真空吸力，起吊时使钢箱梁沿横轴线倾斜成 3°～5°，待整个钢箱梁出水后，再逐步调整，保持同步水平提升。提升到位前切除钢箱梁的"船首"及"船尾"，到达安装位置后，先精确对位一端，连接高强螺栓，再精确对位另一端，临时连接，根据合拢温度要求在合适的温度范围内完成合拢处钢箱梁的焊接连接。

5. 施工工艺流程及操作要点

5.1 施工工艺流程（图 5.1）

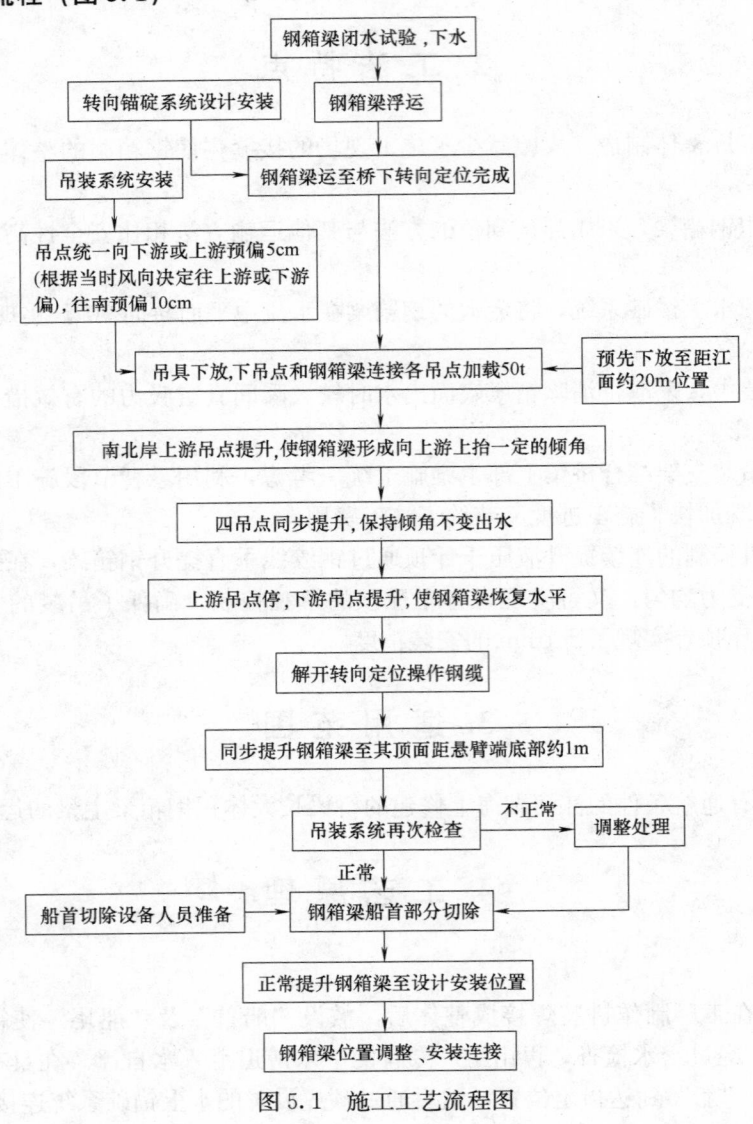

图 5.1 施工工艺流程图

5.2 操作要点

5.2.1 钢箱梁浮运

根据钢箱梁的不同航速，航运时可能出现的流速等计算出航行阻力，选用适当的推轮，满足钢箱梁浮运的要求。

根据浮运线路航道的不同特点，制定针对性的浮运方案，对宽谷型河床，航道顺直宽阔，水流平缓，采用推轮硬顶钢箱梁浮运，对宽度窄、曲率半径小的弯、窄、浅水急流的天然形航道，水流速度达3m/s，采用硬顶傍挂队形组合方案，即推轮首硬顶一条甲板驳空驳，钢箱梁在其左侧傍挂。硬顶傍挂船队中，空驳船首超出钢箱梁首部5m，其空驳首部锚泊设备完全可以解决船队在自然航道中的锚泊问题。

5.2.2 钢箱梁转向

（1）根据现场两岸地形条件，设置钢箱梁转向定位锚碇系统，选择锚点位置，选用滑车组及卷扬机。

（2）根据钢箱梁转向时不同位置时的水动力载荷，计算锚碇系统各拉缆的受力，进行拉缆钢丝绳直径和卷扬机大小的选用及滑车组地锚等的设计。

（3）检测施工日期现场的水文情况，测定施工区域的水位和截面流速分布。转向时正桥下方截面的平均流速应小于等于3.0m/s。

（4）推轮将钢箱梁推运到转向定位起始位置，抛锚系泊，使钢箱梁停在指定位置上。

（5）将锚碇系统的钢丝绳连接在钢箱梁转向耳片上，并收至初始缆长。

（6）解开推轮与钢箱梁的捆绑缆索，推轮起锚驶离。

（7）按照计算的缆长和缆长增量放、收缆索。

钢箱梁纵轴与横轴的夹角从0°逐次旋转到90°。

两缆的收放动作应该作到协调一致。操作过程中，监测缆索长度。

（8）操作过程中，随时监测钢箱梁位置，监测缆索缆长，监测主受力缆索的张力。

（9）主受力缆索应加张力过载保护装置。当其张力大于设计张力时，相应绞车自动松缆卸载。

（10）钢箱梁转90°到达横江位置后，可挂上另一端纵桥向缆索，通过此缆调节箱体位置准确到位，操作原则是先松后收协同动作，见图5.2.2。

（11）测量箱体位置，准备挂起吊钢缆。

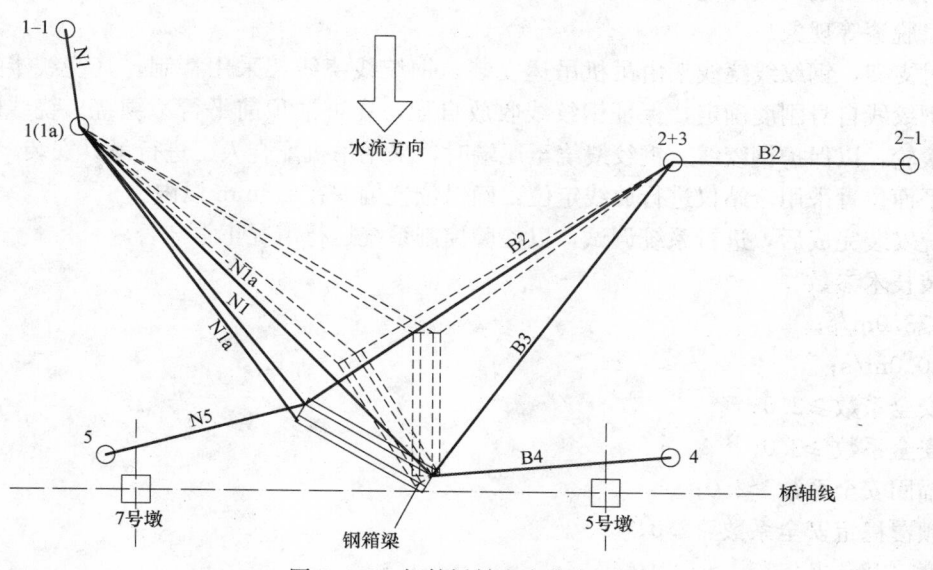

图5.2.2 钢箱梁转向定位布置图

5.2.3 钢箱梁吊装

（1）吊装系统

钢箱梁提升支架的设计与主梁施工结合考虑，使其经过细微改造，便可组装为钢箱梁提升支架，钢箱梁提升支架为悬臂受力状态，后端锚固于已浇梁体，要求支架使用前经过不小于 1.25 倍吊装荷载的超载试验，其抗倾安全系数大于 2。

钢箱梁采用抬吊，如采用卷扬机起吊，其吊装精度得不到保证，多台卷扬机的协同性也难以控制，而采用网络连接的连续千斤顶则可使钢箱梁同步提升，通过设置水平和纵向微调千斤顶，使安装精度满足要求。吊装设备在使用前均需经过其额定能力 125％的超载试验和其工作压力下的超压试验。

采用网络技术将提升千斤顶连接起来，在提升作业时，使用 1 台计算机控制系统，两岸的两台油泵则通过一条数据电缆连接，由一个操作员监测和控制所有千斤顶和液压泵站。监测系统可以实时连续监测每个千斤顶的荷载和行程。在每一行程中，系统可以对行程自动检测和调节，确保各千斤顶的同步性满足设计要求。在千斤顶系统运行之前，操作员将每一千斤顶的期望荷载值以及其允许变化幅度输入控制系统。提升过程中，控制系统可以实时连续显示各千斤顶的受力信息。如果某个千斤顶受力值在其荷载允许变化幅度之外，整个系统将自动停止工作。如果发生这种情况，可以首先对包括被吊构件在内的整个吊装系统进行检查。待查出超载原因之后，控制系统操作员可以对超载千斤顶进行单个调节，直至其达到力的同步性要求范围为止。然后，再继续进行提升作业。在作业中，因行程同步性可以自动调节得到满足，力的同步性因此也自动得以满足。

提升钢绞线应采用专用新钢绞线，不得重复使用，要求钢绞线使用安全系数不小于 3。

提升支架的后锚系统根据情况可采用钢绞线或精轧螺纹或其他抗拉构件，要求后锚系统可承拉力为吊装重量的 2 倍。后锚系统安装好后，应对后锚施加预拉力。

（2）吊装系统安装

提升支架采用吊机安装，为使提升支架安装位置准确，前支墩采用锚板和螺栓定位，以预留槽二次浇筑的方法施工。锚板及预埋螺栓精确定位后，采用同强度等级混凝土进行预留槽混凝土浇筑，并保证振捣密实（图 5.2.3-1）。

提升支架定位采用全站仪，安装误差在 ±3mm 以内。

提升支架箱梁下后锚梁较长，设置吊装横梁用吊机起吊安装。

钢绞线切割选择在桥面或空旷地面上，并设定安全区域，场地内不准车辆进入，同时对场地内的地线进行隔离，严禁钢绞线导电，防止钢绞线被电焊打伤。钢绞线切割完成后，认真检查，不得有硬弯折、散股、脱漆等现象。

搭建临时支架，钢绞线绕线架由吊机吊运安装，钢绞线绕线架采用特制，其绕线半径根据绕线长度、重量及钢绞线自身刚度确定，保证钢绞线收放自如，在进油顶前平行不缠绕。绕线时地面铺设木枋、木板或滚轮，以保护钢绞线。钢绞线绕至尾端时，采用吊机配合人工进行吊具安装。

千斤顶平面位置采用全站仪进行放线定位，确保位置偏差在 ±3mm 以内。

吊装系统安装完成后，进行系统调试，以检验控制系统运行情况正常与否。

（3）吊装技术参数

水流速≤3.0m/s；

风速≤20.0m/s；

千斤顶安全系数≥2.0；

钢绞线安全系数≥3.0；

吊架后锚固安全系数≥2.0；

吊架抗倾覆稳定安全系数≥2.0；

提升速度：28m/h；

提升高度：60m；

微调范围：

纵向微调范围±150mm；　　横向微调范围±100mm；

上下微调范围±50mm；　　微调精度：±1mm；

（4）试验

钢绞线和千斤顶在发货之前厂家均要进行试验，在工地必须对钢绞线进行抽检；提升千斤顶及油泵必须进行标定。吊装支架为主要承力构件，因而对其的试验非常重要。

1）试验构件

试验的目的是确认钢箱梁吊装系统具有足够的结构强度及安全性。首先，该系统中的每个构件应进行符合标准的设计和试验。

需进行荷载试验构件：提升支架、后锚系统。

2）实施方案

提升支架在宽阔地带安装模拟成吊装时的受力状态，利用千斤顶施加外力，从而引入所要求的模拟弯矩和剪力。

在施力过程中，采用仪器观测主梁前端、后锚系统的变形情况，并作记录。详细填写提升支架试验记录表格。

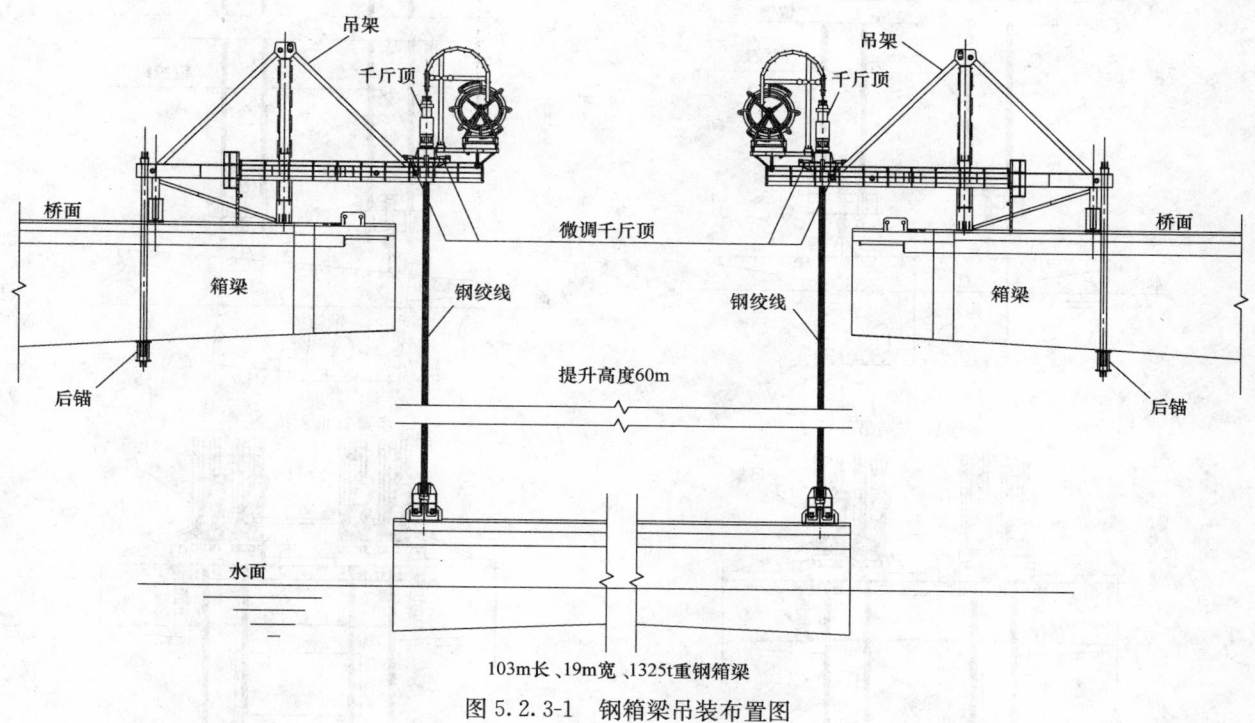

图 5.2.3-1　钢箱梁吊装布置图

（5）吊装出水

检查 3d 内的风速预报情况。一般起吊作业要求 3d 内 10m 高处 3s 阵风速度不超过 20m/s。若在高于此风速的条件下提升，应对整个系统进一步进行动力检算。

钢箱梁转向定位完成后，要求其定位精度在±1m 以内。

将千斤顶的吊具下放至钢箱梁吊点处，与钢箱梁上的吊耳销接。

各千斤顶逐渐加载至初始力，对吊点、吊具以及吊架等各构件进行检查。

在这一阶段，由于水流作用力与钢箱梁锚索不在同一高度，钢箱梁将有所倾斜。在这一阶段提升过程中，其倾斜度将保持不变；利用计算机控制系统，对钢箱梁低端进行同步提升，直到钢箱梁水平为止。

利用计算机控制系统对钢箱梁进行同步提升，直到各千斤顶达到其理论荷载的 80％ 为止，停止并对吊点、吊具以及吊架等各构件进行检查。

通过提升上游侧吊点，完成钢箱梁水中旋转抬头 5°；

　　各吊点同步提升，直到钢箱梁底部离开水面约 1m 为止，停止并对吊点、吊具以及吊架等各构件进行检查，完成钢箱梁出水运动；

　　通过提升下游侧吊点，完成钢箱梁恢复水平运动。

　　检查起吊系统正常后，解除钢箱梁上的锚绳，所有人员离开钢箱梁，准备将钢箱梁继续提升至设计高度（图 5.2.3-2）。

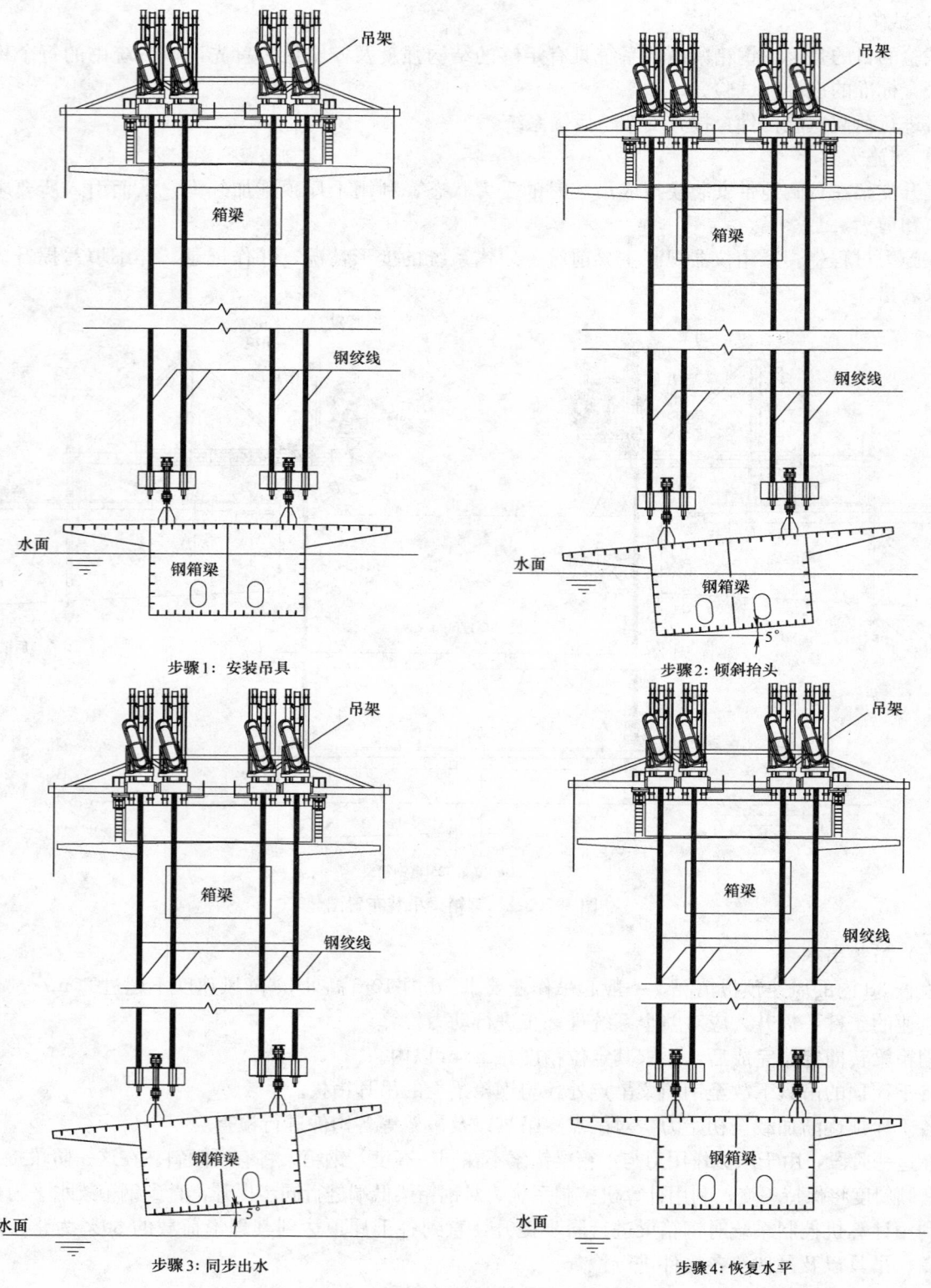

图 5.2.3-2　钢箱梁出水步骤图

（6）钢箱梁提升

将计算机控制系统设成自动提升模式，自动同步提升钢箱梁，直到其顶部距接头悬臂端底部约 1m 高度处停止。

对钢箱梁"船首"及"船尾"进行切除，利用吊机吊至桥面。

利用位于千斤顶支承梁下的液压水平调位系统，沿纵向调节钢箱梁位置，直到沿桥轴方向居中为止。

将计算机控制系统设成自动提升模式，自动同步提升钢箱梁，直到其顶部比两侧接头悬臂端顶部高出 5～10mm。

利用位于千斤顶支承梁下的液压水平调位系统，沿纵向和横向顶推千斤顶，直到钢箱梁与钢混凝土接头悬臂端的纵向和横向匹配精度达到要求为止。

将计算机控制系统设成下放微控模式，下放钢箱梁，直到钢箱梁与钢混凝土接头悬臂端的竖向匹配精度达到要求为止。由于在下放微控模式，下放速度仅为 0.5mm/s，竖向调位精度可达±1mm。

通过吊装系统的微调功能及相应的辅助措施，先精确对接一端接头，用高强度螺栓进行连接，而后精确对位另一侧接口，另一侧的接口设嵌补段作为合拢时的调节口即合拢接口，合拢接口高强度螺栓连接后，在设计合拢温度下进行两岸接口的焊接，两岸接口在焊接时，要求两岸接口处的所有高强度螺栓都已全部终拧，保证接缝的无应力焊接。

待接缝连接强度可以承担钢箱梁的自重时，逐渐释放钢绞线千斤顶荷载，使用汽车吊将吊装系统拆除。

6. 材料与设备

材料与设备见表 6。

材料与设备   表 6

序号	名　称	规格、型号	数量	备　注
1	锚碇系统钢丝绳 浮运系结钢丝绳	$\phi44,\phi60,\phi22,\phi32,6\times37S+IWR$, 1870MPa,GB/T 8918—1996	若干	一端 2m 琵琶头，一端压管套环接头
2	换向轮用锚桩套环(N1)		若干	特制
3	换向轮用卸扣(N1)		若干	选用标准件
4	推轮	1942kW	2 艘	浮运推轮
5	驳船	1500t	1 艘	
6	吊装支架		2 套	
7	千斤顶	DL-S418	8 台	
8	液压泵站	DL-L114/4/D	2 台	
9	提升钢绞线	$\phi18mm$	192 根	
10	汽车吊	40t	2 台	支架安拆
11	电脑		2 台	
12	摄像头		4 个	
13	测量设备		1 套	

7. 质量控制

7.1 严格执行《公路桥涵施工技术规范》、《钢结构安装与验收规程》。

7.2 钢箱梁转向定位时水流速不超过 3m/s，吊装时风速不超过 20m/s。

7.3 钢箱梁水中定位误差不大于 1m。

7.4 钢箱梁安装定位误差纵、横、竖向不大于±1mm。

7.5 高强螺栓扭矩不超过 10%。

7.6 连接焊缝尺寸及外观符合规范要求，超声波及射线探伤检查符合规范要求。

8. 安 全 措 施

8.1 水上安全

实行特种船队的特别管理。由技术工作组派人负责现场组织、指挥和监督工作，传递现场信息，形成有效的现场组织保证。

具体落实在特种船队中，拖轮船长是船队中的行政领导和航行总指挥，全面负责船舶航行组织和船舶安全工作。特种船队指派的指导船长主要行使辅助船长实施具体操作方案和应急、险段，弯曲窄槽段的航行安全措施的职责，有航行的建议权。驳船驾长负责驳船及其在船设备的管理，检查工作，是驳船安全管理责任人。

船舶进入弯曲航道、危险段前，船长必须监航或亲自操作，值班驾驶员必须严格遵守正规了望的规定，严格执行报标、报关、报航向的三报制度，防止看错浮标，走错航道，上坪搁浅。在航行中，船舶要及早与下行船舶保持不间断联系，严禁贪旺走扣、满腮出角，防止船队打张。

通过桥区安全保障：船舶通过大桥前，必须提前向大桥监督站报告船队队形和过桥时间，并主动询问桥区水流、气象、水深、航标标专配布新信息，严格遵守长江大桥三线区规定，船长亲自操作过桥，大副上船艏了望，随时注意掌握桥区水流变化对操作的影响。

船上及钢箱梁上作业人员必须穿戴救生衣，钢箱梁四周需设置护栏。

8.2 高空安全

参加高空作业人员在施工前进行体检，如有不宜登高的病症（高血压、心脏病等）以及其他不宜高空作业的人员，均不得从事高空作业；

高空作业人员不得穿拖鞋或硬底鞋，所需的材料事先准备充分，并装在工具袋内；

高空作业梯子不得缺档或垫高，用于箱体外的型钢吊架四周均应设置围栏并外挂安全网进行防护；

高空人员与地面联系设专人负责，或配有通信设备。

8.3 设备安全

8.3.1 各吊点提升负载的监控

通过安装在各提升油缸上的压力传感器，将各点油压信号传输至主控计算机上，通过油压监控该点的负载是否在允许的范围内。

8.3.2 结构空中姿态的监控

通过安装在箱梁上的各长行程传感器，测量各点的高度和距离，监控各提升点的高差是否在允许的范围内。

8.3.3 提升设备工作状态的监控

监控各种传感器的读数和状态（包括压力、激光测距仪读数、长行程传感器、锚具状态等），实时分析提升设备工作是否正常。

8.3.4 液压缸主密封圈失效

若液压缸主密封圈失效，油压将突然降低，千斤顶将自动收缸。当活塞回缩时，钢绞线的荷载将自动从上锚块传至下锚块，荷载由下锚块安全承受。这时，可以对密封圈予以替换。计算机控制系统实时连续监测所有千斤顶的行程和受力状态，若出现以上问题，整个系统将自动停止。

8.3.5 液压油管或其接头损坏

若液压油管或其接头损坏，与该油管或接头相连接的千斤顶的油压将降低。在千斤顶中安装有安全阀，即使油压降低，该阀可以阻止千斤顶中的液压油外流，千斤顶仍可以安全承受荷载。将损坏的油管或接头处理好后，进行作业。控制系统实时连续监测所有千斤顶的行程和受力状态，若某个千斤顶停止伸缸，整个系统将自动停止。若此时安全阀也出现问题，油压将降低，其安全工作原理同上。

8.3.6 液压泵站故障

液压泵站可因柴油机出现故障、泵损坏或突然无液压油等而不能正常工作。在液压泵站可能出现问题中，最严重的情况是液压泵站停止向千斤顶供油。这时，液压缸油压降低。这和油管损坏导致的问题类似，其安全工作原理同上。

9. 环保措施

9.1 施工废水按有关要求处理，不直接排入河流。

9.2 施工的废油采取隔油池等有效措施加以处理，不得超标排放。

9.3 对工人进行环保教育，不得随地乱扔垃圾。

9.4 对于施工中废弃的零碎配件、边角料、包装袋、包装箱等及时收集清理并搞好现场卫生。

9.5 适当控制噪声叠加，尽量避免噪声机械集中作业。

10. 效益分析

10.1 经济效益显著

10.1.1 钢箱梁整体运输可行方案有二个：浮运方案和驳运方案。由于没有现成可用来装载长大体积钢箱梁的驳船，必须设计并建造一艘甲板驳，在驳船上建造和固定好钢箱梁后一起下水，用推轮顶推驳船将钢箱梁运往目的地。

驳运方案的钢材耗量达到 900t，远多于浮运方案。浮运方案的投入费用较驳运方案节约费用 540 万以上。

10.1.2 本工法利用施工挂篮改造成吊架，较新制吊架工期提前 15d 拼装完成。相应节约人工费、材料费和塔吊费等见表 10.1.2。

较新制吊架经济效益计算表 表 10.1.2

人工费（比新制吊架提前 15d 拼装完成）	15 日×80 人×2×55 元/人·日＝132000 元	132000
材料费（新制吊架）	300t×6000 元/t＝1800000 元	1800000
塔吊费（节约 15d）	2 台×15 台班费×2×850 元/台班 51000 元	51000
40t 汽车吊费（节约 15d）	2 台×15 台班费×2500 元/台班＝75000 元	75000
卷扬机费（节约 15d）	4 台×15 台班费×120 元/台班＝7200 元	7200
8t 自卸汽车费（节约 15d）	2 台×15 台班费×650 元/台班＝19500 元	19500
合计		2084700

重庆长江大桥复线桥长大体积钢箱梁采用整体浮运、转向和安装工法并在实施过程中利用了施工挂篮作为吊架，总计节约费用 750 万元。

10.2 社会效益

10.2.1 长大体积钢箱梁整体制造、浮运、转向和吊装比钢箱梁采用分节段悬拼能取得较好的社会经济效益：

1）工期大为缩短，节约工期 3 个月以上，不仅节约施工成本，而且提前通车获得了更大的社会效益。

2）人员高空作业量大幅减少，减少了发生施工安全事故的风险。

3）对通航的影响很小，仅吊装的当天封航 1d。

10.2.2 重庆长江大桥复线桥长大体积钢箱梁整体浮运、转向和安装成功，国内外均作了大幅报道，美国土木工程杂志也刊登文章作了详细介绍，使我国的造桥技术再一次在世界上引起瞩目。

10.2.3 重庆长江大桥复线桥建成之后，重庆出版社、人民交通出版社先后出版了《重庆石板坡长江大桥复线桥工程》及《特大跨连续刚构桥研究与实践－重庆长江大桥复线桥》两本专著，为同类型桥的施工探索出有益的经验。为我国的桥梁技术的发展作出了较大贡献。

11. 工 程 实 例

重庆长江大桥复线桥为连续刚构桥，布置形式为 86.5m＋4×138m＋330m＋132.5m。330m 的主跨为世界同类桥梁之首。主跨跨中合拢段采用钢箱梁，长 108m，其中 103m 为整体安装段，重 1325t。钢箱梁委托武昌造船厂加工，2006 年 5 月 1 日下水，历经 15d，行程 1300km，于 5 月 15 日安全浮运到重庆，钢箱梁从 2006 年 5 月 26 日早上 6 点开始转向定位，晚上 8 点转向到位，于 27 日晚上 9 点吊装到位。中间穿插了测量、割除定位缆绳、割除船首等工作，吊装过程非常顺利，吊装中的快慢及启动、暂停以及微调过程均通过在现场的指挥员给电脑控制员下达指令，避免了多人操作带来的不利后果，8 台油顶基本保持同步，钢箱梁上升过程平稳，安全，未发生任何安全事故。

在钢箱梁吊装过程中及安装成功后，中央电视台及重庆各报刊杂志均以大量篇幅进行了报道，热烈祝贺重庆长江大桥复线桥钢箱梁吊装成功；中央电视台 1 套《科技博览》栏目以"神奇第一跨"为标题，对钢箱梁吊装全程进行了跟踪报道，并于 2006 年 6 月 20～22 日连续 3 天的下午 4：00 进行播出。

既有铁路钢桁梁换架施工工法

GJEJGF184—2008

中铁五局（集团）有限公司

李扬威　　刘中天

1. 前　　言

在以往钢梁换架施工中，一般有两种传统施工方法，一种是浮运换架法，采取浮运组装钢梁后顶升换梁法进行钢梁换架，但这种方法需租用大型船舶、浮吊及大吨位顶升设备进行施工，且必须在河道水深、河流宽度满足大型船舶、浮吊进入的情况下方可实施；另一种是拖拉换架法，在加宽的路基上进行新梁拼装及旧梁拆除，新梁在加宽的路基上拼装后先纵移再横移就位，旧梁先横移再纵移到加宽的路基上拆除，但这种方法由于新旧钢梁在膺架上纵移，对膺架强度要求较高，增加了膺架及其基础的工作量。

在进行武襄线改造施工时，唐白河大桥2孔64m单线钢梁需要更换为2孔64m双线钢梁。中铁五局（集团）有限公司通过广泛的调研，深入的理论分析与检算，周密的施工组织，成功地采用了膺架法换架施工方法，对既有武襄线唐白河2m×64m钢桁梁进行了换架施工，安全、高效、优质地完成了施工任务，解决了传统的拖拉换架既有线钢桁梁施工中临时工程量大、线路封锁时间长的难题。结合工程开展研究的科技项目《既有铁路钢梁膺架法换架施工技术》通过中国中铁股份有限公司评审，专家评价综合技术达到国内领先水平，经济和社会效益显著，经总结形成本工法。

2. 工 法 特 点

2.1 利用常备制式构件搭设膺架，在膺架上拼装新钢梁，通过横移滑道进行横移换架，技术先进，操作简便，施工安全可控。

2.2 采用本工法能有效缩短既有线线路封锁时间，经济和社会效益显著。

2.3 移梁滑道采用型钢、钢轨、聚四氟乙烯板组成，移梁千斤顶通过特制件安装在移梁下滑道及钢梁上，通过千斤顶顶推实现钢梁横移，操作方便，安全可靠。

2.4 与浮运换架法相比，本工法实施不受河道水深浅、河流宽度窄等条件的限制，具有较为广阔的适用范围。

2.5 与拖拉换架法相比，本工法减小了路基加宽及纵移工作量，避免了新旧钢梁在膺架上纵移，可有效降低膺架及其基础的工程量。

3. 适 用 范 围

本工法适用于既有铁路钢梁换架施工，对于新线钢梁架设如地形条件可以搭设膺架时，可按本工法在孔位直接在膺架上进行钢梁拼装后落梁就位。

4. 工 艺 原 理

本工法的工艺原理是：在既有钢梁上下游设置拼拆梁膺架，在拼梁膺架上拼装新钢梁，在拼梁膺架、桥墩、拆梁膺架上搭设移梁滑道，封锁区间，将新旧钢梁同时向拆梁膺架一侧横移，新钢梁横移到位后落梁就位，既有钢梁摆放在拆梁膺架上拆除，见图4。

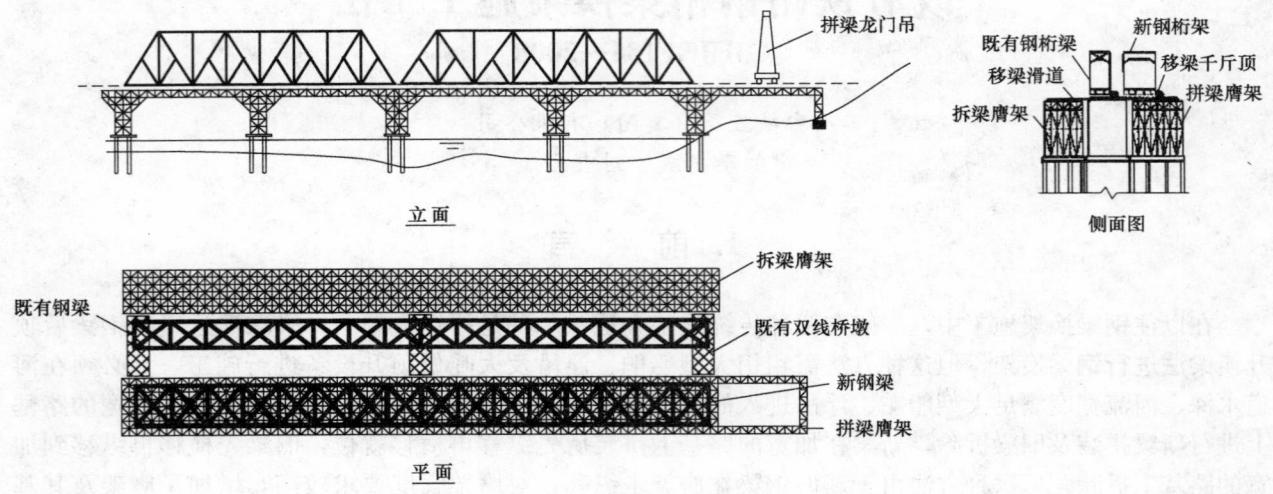

图 4　钢梁换架总布置示意图

5. 施工工艺流程及操作要点

钢梁换架施工工艺流程见图5。

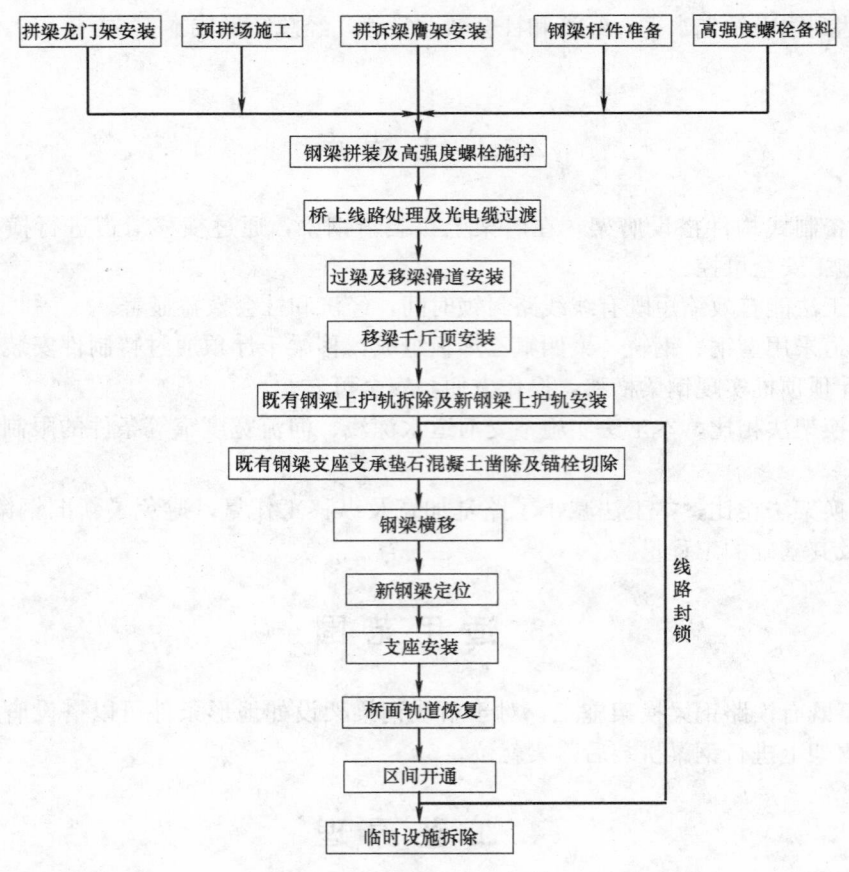

图 5　钢梁换架施工工艺流程图

5.1 钢梁杆件的运输及存放

钢梁在桥梁制造工厂制造并经预拼合格后,利用火车及汽车将杆件运输至施工地点存放到指定位置。杆件存放后,主要杆件必须以钢梁拼装期间汽车吊能顺利将全部杆件转移至膺架上为原则,其他小型杆件(人力能搬动)则全部进库房存放,拼装时取用。

5.2 拼拆梁膺架安装、拆除

膺架支墩采用万能杆件拼装,梁部采用万能杆件或拆装梁、军用梁等杆件组拼。杆件的拼装利用扒杆及杆件拼装吊机进行。组拼膺架的杆件进行清理后,利用汽车吊、运输船等将杆件转移至拼装点进行拼装,或直接从所拼装的膺架上运输至拼装点进行拼装。拼装吊机安装位置随膺架拼装进度移动,以方便杆件拼装为原则。膺架的拼装顺序按膺架全长范围先拼装宽2m的引梁后,再向上下游将引梁加宽,形成膺架。膺架拆除步骤同拼装步骤相反,拆除时先将膺架全长范围纵向中部2m以外杆件拆除后,在拆除剩余的膺架杆件。膺架拆除杆件通过膺架及运输船运输至岸上,经分类整理后退场。

5.3 钢梁拼装及高强度螺栓施拧

钢梁的拼装采用膺架法施工按杆件进场的检查验收、高强度螺栓试验、杆件预拼、杆件拼装、质量检查等程序进行。钢梁杆件利用拼梁龙门吊吊装(拼梁龙门吊参数为:跨度14m、额定起重梁5t、起吊小车吊钩最低吊点低于走行轨12m)。为保证高强度螺栓施拧施工质量,兼顾工程进度,采用风动扳手初拧,电动扳手终拧,扭矩值的检查采用百分表扳手进行。由于钢梁拼装及高强度螺栓施拧均为常规施工,本工法中不作详细叙述。

5.4 桥上线路处理及光电缆过渡

联合桥上设备管理单位对桥上线路进行处理,在钢梁两端设置普通钢轨接头,以保证钢梁横移就位后桥上线路能及时恢复。将既有桥上所布置的光缆、电缆等进行过渡,保证移梁期间区间通信、信号、电力等畅通。

5.5 过梁及移梁滑道安装

移梁前,将移梁范围内除既有钢梁支座位置的移梁滑道全部安装就位,区间封锁后,顶起钢梁,拆除既有支座,安装支座处移梁滑道并与已安装的滑道连接成整体。

移梁滑道分上滑道和下滑道,下滑道固定在过梁上,过梁通过螺栓同膺架万能杆件相连,上滑道安装在端横梁下翼板及支座座板上,滑道结构见图5.5。

移梁上滑道由调整杂枕、钢板及聚四氟乙烯板组成,调整杂枕安装在钢梁横梁与钢板之间,厚度为半个下弦杆高度。钢板同聚四氟乙烯板及钢梁横梁之间采用沉头螺栓固定,固定时利用横梁上既有高强度螺栓孔将上滑道直接安装在横梁或支座座板上。

移梁下滑道由3根P50钢轨并列放置组成,钢轨在轨腰钻孔后利用长螺栓及特制杆件将3根钢轨连接成一个整体。下滑道安放在过梁上,利用Ⅱ型弹条扣件同过梁杆件相连,下滑道过梁利用螺栓同膺架相连,以确保移梁横向力全部传递到膺架上。

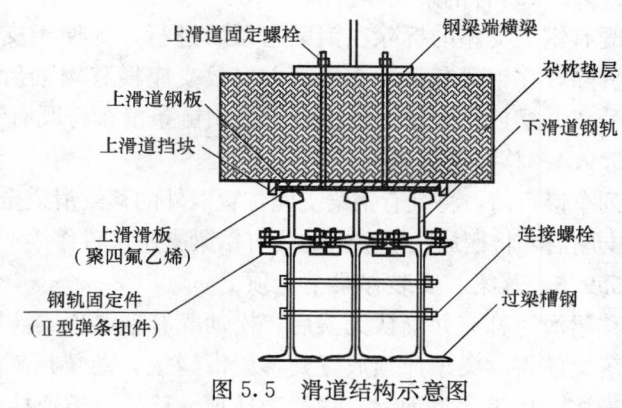

图5.5 滑道结构示意图

过梁采用6根槽钢并列组成,目的为确保移梁时钢梁重力能顺利的传递到膺架及桥墩上,过梁槽钢采用特制长螺栓利用其腹板上螺栓孔连接成一个整体。

5.6 移梁千斤顶安装

移梁千斤顶(移梁千斤顶主要参数:行程1000mm、顶梁速度1m/min、顶力30t)通过特制件安装在移梁下滑道及钢梁上,由于移梁时移梁反力需传递到下滑道钢轨上,为此需制作特制件将移梁千斤顶同移梁滑道相连，保证移梁时千斤顶反力能全部传递到移梁滑道上。钢梁移梁作用点为主桁端节点，见图5.6。

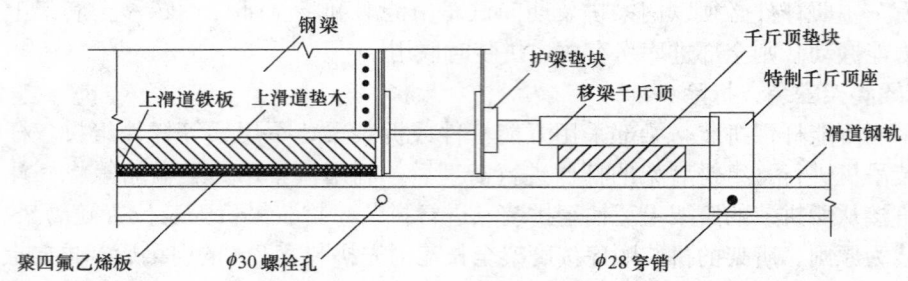

图 5.6　移梁千斤顶安装示意图

5.7　既有钢梁上护轨拆除及新钢梁上护轨安装

移梁前申请慢行点，慢行期间，将既有钢梁上护轨拆除安装到新钢梁上，护轨安装长度应短于钢梁，钢梁与混凝土梁结合部位的护轨待新钢梁就位后安装就位。

5.8　既有钢梁支座锚栓一侧支承垫石混凝土凿除及锚栓切除

为缩短区间封锁时间，需在封锁前将既有钢梁支座锚栓全部切除，为此，在区间封锁前一段时间内申请列车60km/h慢行进行支座锚栓一侧混凝土凿除，凿除深度及宽度应满足切除锚栓需要。

5.9　钢梁横移

区间封锁后，按下列步骤进行钢梁横移工作：

5.9.1　拆除桥上线路

桥面施工人员根据钢梁横移要求，将钢梁与两端的混凝土梁结合部位钢轨拆除，所拆除的钢轨根据新钢梁横移就位后的钢轨铺设情况，将移梁后需铺设的钢轨及配扣件放置在钢梁两端的混凝土梁上，其余需拆除的钢轨则先随既有钢梁横移，在拆除既有钢梁时一并拆除。

5.9.2　既有钢梁顶梁

桥上线路拆除后，利用已安放就位的顶梁液压千斤顶将既有钢梁顶起，顶梁时要根据既有钢梁支座拆除及移梁滑道安装要求，将既有钢梁起顶到要求高度。

5.9.3　既有钢梁支座拆除

既有钢梁支座的拆除在钢梁起顶后进行，为便于支座与桥墩分离、移位，钢梁起顶时，其上摆螺栓不拆除，在钢梁起顶，支座下方安放支座横移辊轴后，落梁、拆除上摆螺栓再顶梁，使支座同既有钢梁分离并摆放在辊轴上移出后，使用链条滑车将既有钢梁支座悬挂在钢梁上随梁一同横移。

5.9.4　移梁滑道补充

列车慢行前，将既有钢梁支座位置以外的移梁滑道全部安装就位，线路封锁起顶既有钢梁，拆除既有钢梁支座后，将摆放在桥墩上的既有钢梁支座位置移梁下滑道安装就位并同已安装的移梁下滑道连接。

5.9.5　落梁、安装移梁千斤顶

移梁滑道补充并确认无误后，松动既有钢梁顶梁液压千斤顶，将既有钢梁放置到移梁滑道上。

落梁前将移梁千斤顶放置到移梁滑道上，落梁后对其进行位置调整，安装移梁千斤顶与下滑道及钢梁连接件插销，将钢梁、移梁千斤顶、移梁滑道连接成整体。

5.9.6　钢梁横移

开动液压油缸，进行钢梁横移，钢梁的横移采用两孔新梁及两孔既有梁同时横移。移梁时要统一指挥，每孔梁移梁千斤顶顶梁速度保持一致。移梁前在每条滑道一侧布置钢梁横移标尺，移梁过程中每条滑道安排一人监控钢梁横移速度，并随时向施工负责人报告移动速度，如遇到同孔梁速度相差过大，要停止速度较快一端移梁，待较慢的一端跟上后再同时横移。

既有钢梁横移就位后摆放在膺架上，新钢梁移梁至横向中线距离设计位置50mm时要进行第一次确认，到距离设计位置20mm时要进行第二次确认，经两次确认无误后，方可横移就位，防止过移情

况发生。新钢梁就位后，拆除移梁千斤顶。

5.9.7 移梁滑道的拆除

钢梁横移就位后，安装起顶液压千斤顶，顶起钢梁，拆除支座位置移梁滑道。滑道的拆除采用人工进行，拆除时，需顶起钢梁，在滑道不受力后将其平移至桥墩不影响落梁的位置上。

为缩短封锁时间，落梁前仅将影响钢梁落梁就位部分（支座位置）的滑道拆除，其余位置滑道在钢梁就位，线路恢复行车后拆除。

5.10 新钢梁定位

落梁后，调平各个支点，对钢梁进行一次精确测量，并根据钢梁制造时的标准温度、钢梁出厂时的实际制造误差以及各桥墩中心线的施工误差、梁端间隙等综合考虑，确定出固定支座的精确里程及位置。在钢梁落到距支座表面1～2cm时再全面复查一次平面位置，达到要求则落梁定位。

5.11 支座安装

由于支座安装后需立即开通线路，支座同桥墩间的调平采用干硬砂浆进行，支座安装时，必须根据支座定位时的温度认真设置活动支座相错量。

支座锚栓孔利用专用早强混凝土或早强细石混凝土灌注。

5.12 桥面轨道恢复

落梁后，桥面施工人员同时进行桥面轨道恢复。桥面轨的恢复仅需将钢梁同其两端混凝土梁间拆除的钢轨（含护轨）安装就位即可。钢轨铺设后，经检查达到放行列车条件后放行列车。

5.13 区间开通后工作

钢梁横移就位恢复行车后，利用区间行车天窗点进行钢梁安装。新钢梁需在移梁后安装下弦活动检查吊栏、人行道、枕间步行板、上弦检查梯等附属设施，并将过渡的光缆、电缆等按设计重新布置到钢梁上，钢梁上的临时线路按设计标准铺设成正式线路。

6. 材料与设备

钢梁换架所使用的材料与设备见表6。

2孔64m钢梁换架材料设备配置表 表6

序号	名称	规格	单位	数量	备注
1	膺架基础施工设备		套	1	根据膺架基础形式确定
2	汽车吊	25t	台	1	
3	载重汽车	20t	台	2	杆件运输
4	拼梁龙门吊	10t	台	1	
5	发电机	120kW	台	2	备用1台
6	电动扳手		台	6	
7	风动扳手	B30	台	10	
8	移梁千斤顶	50t/40t	台	7/4	50t千斤顶备用3台
9	顶梁千斤顶	100/200t	台	20/10	各备用4台
10	经纬仪		台	1	
11	水准仪		台	1	
12	滑道槽钢	40号	m	1056	
13	滑道轨	P50	m	528	
14	聚四氟乙烯板	8mm	kg	200	

7. 质 量 控 制

7.1 钢梁杆件倒运到施工场地后，要对其外形尺寸、焊缝、摩擦面喷漆质量、涂装等作认真检查，不合格品严禁使用。

7.2 存放杆件时，杆件下方用素枕垫平垫牢，采用两个支点支垫时两端悬出长度为杆件的 1/5，多层堆码时，各层间垫块应在同一垂直线上。

7.3 堆放杆件时，主桁弦杆、竖杆、斜杆应将主桁面内的钣竖立，纵横梁将腹钣竖立，大节点钣竖立放置。

7.4 拼装前，对即将拼装杆件的摩擦面进行认真清理，用刮刀、铜丝刷、汽油、棕刷等除去摩擦面上的油污、灰尘等，检查各栓孔，用三角刮刀清除栓孔飞边。

7.5 使用冲钉前，应将普通冲钉及定位冲钉中一种作明显标志，使用时定位冲钉用于同一杆件栓群周边四角点栓孔上。

7.6 拼装时，所上冲钉应不得少于眼孔的 30%，其余孔眼布置螺栓，冲钉和螺栓应均匀对称安放，螺栓初拧后方可松钩。所用冲钉用螺栓替换时，应边退出冲钉边上螺栓，不得一次退出所有冲钉。

7.7 高强度螺栓施拧时，应从节点中部向四周进行或从刚度大的位置向刚度小的位置进行，初拧值应控制在终拧值 30%~70%。

7.8 高强度螺栓施拧过程中，间隔 2~3h 检查一次扭矩值，如该值同规定值不一致时要及时调整。百分表扳手的标定应定期进行。

7.9 钢梁表面油污、灰尘、锈迹等清除干净后方可喷涂油漆。气温低于 5℃，湿度大于 80%时不得涂装。

7.10 安装上滑道、移梁油缸时，要利用杂木板，钢板等保护钢梁，防止移梁过程中对钢梁造成伤害。

7.11 移梁过程中，各移梁点速度应一致，保证桥梁受横向力基本均匀，确保钢梁杆件不因移梁遭受损坏。

8. 安 全 措 施

8.1 施工前，由建设单位组织运营、设计、施工等部门召开协调会，协调及解决行车与施工中的安全问题。

8.2 安排施工方案必须以保证行车安全为前提，做到标准化作业，现场人员必须戴牌上岗，施工人员必须着工作服，戴安全帽，高空作业人员配带安全带。换梁工地未按规定设置防护，不准开工。

8.3 施工前，由施工总指挥组织有关人员认真学习《铁路架桥机架梁暂行规定》（铁建设（2006）181 号）、《铁路工程施工安全技术规程》（TB 10401.1—2003）、《铁路技术管理规程》、武汉铁路局《行车组织规则》和铁道部、武汉局下发的有关营业线上施工的规定，明确标准，落实责任，并进行安全、技术教育和详细的技术交底，明确各自职责，确保施工中行车、人身安全，各部门相应对参加施工人员进行施工前安全、技术教育，未经教育的不准参加施工。

8.4 工地负责人在施工开工前，必须按规定申报施工计划、方案，经上级批准后，方可开工。各项施工，要严格执行"三级施工控制命令票"制度。并按武汉局《行车组织规则》规定于施工前一日 8 时与车站值班员办理施工请求书，经车站值班员签认后方可施工。

8.5 施工防护员须经考试合格后的铁路职工担任。驻站防护员要严格按照施工命令，认真做好运统—46 登记，及时预报、确报各次列车，不间断地同工地联系；工地防护员严格执行防护规定，按规定设置防护标志，保证防护信号及备品齐全有效。

8.6 通信联络设备电源要充足、齐全，做到使用性能良好，各施工负责人及防护员须配备对讲机，随时联系。

8.7 封锁区间施工时，如因特殊情况不能按时开通线路或不能按正常速度放行列车时，应提前通知车站值班员，要求延长时间。

8.8 施工前，必须对基础及膺架杆件受力进行全面检算，保证在钢梁换架最不利荷载情况下，膺架面有足够的工作面，膺架基础又不会下沉、移位，膺架杆件不会变形、螺栓不会剪断。

8.9 移梁滑道要根据梁重、支点位置等进行受力检算，移梁前，利用移梁滑道将拼梁膺架、拆梁膺架、桥墩连接成一个整体，以保证移梁稳定。

8.10 过梁、移梁滑道安放位置必须正确、平稳、牢固，保证移梁期间滑道不产生横向移动松弛。

8.11 移梁时，必须统一指挥，各移梁千斤顶要同步进行移梁工作，安全巡视人员、桥墩及桥面工作人员要随时观察钢梁移动状况，发现异常及时通报并停止移梁，待处理后再进行桥梁横移。移梁期间，驻站联络员、防护员等要提前到位，以保证列车行车安全及施工人员安全。

8.12 配备水上救生设施，发生异常情况时及时进行处理。

8.13 移梁前需将梁上、桥墩上不使用材料机具转移到地面存放，移梁使用的工具材料不使用时要妥善保存，防止其高空坠落伤人。

8.14 为确保移梁安全，正点开通线路，对施工人员应反复进行移梁方案培训，现场要进行移梁指挥、通信演练及防护应急演练。

8.15 认真编制应急预案并逐项落实，以应对突发事件。

9. 环保措施

9.1 施工现场的噪声、空气质量、水质和固体废物以及其他污染物的管理应符合国家和当地法规，并应加强检查和监控。

9.2 施工范围两侧应设置排水沟，污水须经处理后才能排入河道，防止生产、生活污水、机械废液对环境造成污染

9.3 加强设备保养，保证设备处于良好状态，降低机械噪声。合理安排机械作业时间，最大限度减少噪声的叠加效应。采取措施防止机械、车辆停放、维修以及油品存放时油品泄漏。

9.4 工程施工完成后，及时进行施工现场清理，拆除废弃临时设施，多余材料及建筑垃圾清运出现场，作到工完场清。

10. 效益分析

我公司汉丹线唐白河大桥 2 孔 64m 下承式栓焊梁换架采用了该方法，通过方案优化，采用直接在膺架上拼装钢梁后横移就位，同设计院施工图上提供的建议方案相比较，在临时工程上，减少填方 12000m³、现浇 200 号混凝土面层厚 25cm 石灰土基层 15cm 计 21580m²、浆砌片石 2100m³、钢轨后背桩安拆 70t、纵移滑道 434m、膺架万能杆件按拆 1300 余 t、特制杆件制安拆 180 余 t。经测算，采用该工法进行换架，比膺架拖拉换架降低施工费用 201 万余元，为提高单位经济效益起到了十分重要的作用。

11. 应用实例

汉丹线唐白河大桥为 7～32m 简支预应力混凝土 T 梁＋2 孔 64m 下承式钢梁＋1～32m 简支预应力混凝土 T 梁，全桥长 402.3m，建于 1961 年，右线为既有线，左线预留，线间距为 4.0m。既有桥主跨

2 孔 64m 下承式钢梁为单线钢梁，每孔梁重 250.6t。既有桥墩采用圆端形双线桥墩，基础为沉井基础。桥上线路位于直线平坡上，木枕明桥面，60kg/m 钢轨普通无缝线路。

汉丹线改造后需拆除单线钢梁，架设 2 孔 64m 双线下承式栓焊梁，采用了膺架法换架施工。2006 年 6 月 9 日开始膺架基础施工，8 月 2 日开始拼拆梁膺架拼装，12 月 16 日开始钢梁拼装，2007 年 3 月 31 日完成钢梁主体拼装，5 月 16 日完成换梁前全部准备工作，6 月 26 日完成换梁（封锁时间为 6：30～14：25，共计耗时 475min），11 月 30 日完成既有钢梁、拼拆梁膺架及钢管桩基础拆除。

钢梁换架后，经检测，钢梁拱度、轮廓尺寸等各项指标均达到设计要求，验收合格。

模板支撑体系蓄水预压施工工法

GJEJGF185—2008

正太集团有限公司（青海分公司） 扬州市第五建筑安装工程有限公司（青海分公司）

孟向惠 何益民 蒋存根 顾凯 夏马喜

1. 前 言

泰州市纬六路南官河大桥为下承式混凝土系杆拱桥，拱桥跨径为 60m，总长为 115m，桥梁宽度为 34m，主桥现浇支架按设计要求需进行预压，传统模板支撑体系预压荷载采用砂袋、土袋、橡胶水囊 等，而本工程因施工现场狭小，周围均为农田及村庄居住区，如按常规施工方法，取砂、取土困难，如购买橡胶水囊，又将增加工程造价，为此本工程中进行了新的尝试，利用蓄水法代替传统方法进行贝雷架模板支撑体系预压，一方面检验支撑系统的承载能力，收集支架、地基的变形数据，观察地基的承载力是否满足要求，另一方面可减少或消除贝雷架的构造变形，以保证浇筑出的梁身不发生过大的挠度变形和开裂，取得了成功，并以此工程为例编制了本施工工法。

2. 工 法 特 点

本工法具有功效高、劳动强度低、受力均匀、场地文明整洁、降低工程造价、减少高空作业量等优点。

3. 适 用 范 围

在交通、水利、市政、工业与民用建筑等工程中，对变形要求较高，浇筑混凝土之前需要对模板支撑体系进行预压等部位均可采用此工法。

4. 工 艺 原 理

本工法实施的关键在于利用木模板支成临时水池在贝雷架上蓄水，利用水的自重消除贝雷架非弹性变形和基础受力后的绝大部分沉降，检验支撑系统的承载能力，同时可以利用试验数据来估计预拱度值，工艺的核心在于充分利用现有材料和设备，降低了工程的造价。

5. 施工工艺流程及操作要点

5.1 预压施工工艺流程

施工准备 → 支模 → 充水加压 → 沉降观测 → 放水减压 → 拆模

5.2 操作要点

5.2.1 技术准备

1. 经计算（以泰州市纬六路南官河大桥为例，桥梁剖面示意图见 5.2.1-1）

$$V 梁 = 175 m^3$$

桥梁荷重为：438t。

钢筋自重：175 m³×2.6kN/m³＝455kN

预压总重 483.5t

2. 根据加载原则

$$蓄水高度 h＝483.5/(2×60)＝4m$$

水作用于模板的最大侧压力，按下列公式计算：

$$F＝\gamma H＝10kN/m^3×4＝40kN/m^2$$

3. 荷载验算

1) 利用木模板支成临时水池进行蓄水，模板的背部支撑由两层龙骨组成，直接支撑模板的内龙骨为 50×100 木方，间距为 400mm，用以支撑内层龙骨的为主龙骨，采用 2 根 φ48×3.5 钢管，间距为 500mm，组装模板时，在模板顶部和底部用 φ48×3.5 和 φ22 钢筋组合进行拉结，水平间距为 1200mm。

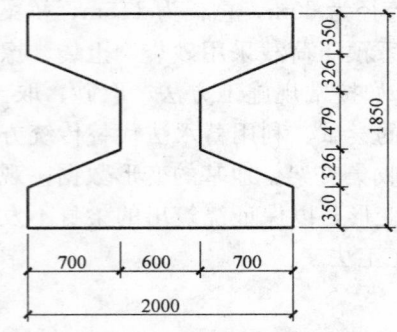

图 5.2.1-1　桥梁剖面示意图

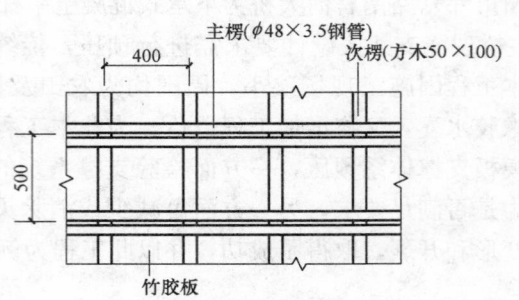

图 5.2.1-2　蓄水池模板支撑示意图

2) 荷载验算

模板的计算参照《建筑施工手册》第四版、《建筑施工计算手册》江正荣著、《建筑结构荷载规范》GB 50009—2001、《混凝土结构设计规范》GB 50010—2002、《钢结构设计规范》GB 50017—2003 等规范。

计算中采用水作用于模板的最大侧压力 $F＝40kN/m^2$。

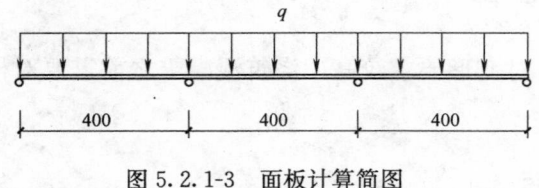

图 5.2.1-3　面板计算简图

（1）模板面板的计算

面板为受弯结构，需要验算其抗弯强度和刚度，强度验算及挠度验算主要考虑水的侧压力，计算的原则是按照龙骨的间距和模板面的大小，按支撑在内楞上的三跨连续梁计算。

① 抗弯强度验算

跨中弯矩计算公式如下：

$$M＝0.1ql^2$$

式中　M——面板计算最大弯距（N·mm）；

　　　l——计算跨度（内楞间距）：$l＝400mm$；

　　　q——作用在模板上的侧压力线荷载，它包括：

水侧压力设计值 $q1$：1.2×40×0.5×0.90＝21.6kN/m，其中 0.90 为按《施工手册》取的临时结构折减系数。

面板的最大弯距：$M＝0.1×21.6×400×400＝3.46×10^5 N·mm$；

按以下公式进行面板抗弯强度验算：

$$\sigma＝\frac{M}{W}<f$$

式中　σ——面板承受的应力（N/mm²）；

　　　M——面板计算最大弯距（N·mm）；

　　　W——面板的截面抵抗矩：

$$W = \frac{bh^2}{6}$$

式中　　b——面板截面宽度；

　　　　h——面板截面厚度；

$$W = 500 \times 18.0 \times 18.0/6 = 2.70 \times 10^4 \text{mm}^3;$$

　　　　f——面板截面的抗弯强度设计值（N/mm²）；$f = 15\text{N/mm}^2$；

　　面板截面的最大应力计算值：

$$\sigma = M/W = 3.46 \times 10^5 / 2.70 \times 10^4 = 12.8 \text{N/mm}^2;$$

　　面板截面的最大应力计算值 $\sigma = 12.8\text{N/mm}^2$ 小于面板截面的抗弯强度设计值 $[f] = 15\text{N/mm}^2$，满足要求。

　　② 抗剪强度验算

　　计算公式如下：

$$V = 0.6ql$$

式中　　V——面板计算最大剪力（N）；

　　　　l——计算跨度（竖楞间距）：$l = 400\text{mm}$；

　　　　q——作用在模板上的侧压力线荷载，它包括：

　　蓄水侧压力设计值 q：$1.2 \times 40 \times 0.50 \times 0.90 = 21.6\text{kN/m}$；

　　面板的最大剪力：$V = 0.6 \times 21.6 \times 400 = 5184\text{N}$。

　　截面抗剪强度必须满足：

$$\tau = \frac{3V}{2bh_n} \leqslant f_v$$

式中　　τ——面板截面的最大受剪应力（N/mm²）；

　　　　V——面板计算最大剪力（N）：$V = 5184\text{N}$；

　　　　b——构件的截面宽度（mm）：$b = 500\text{mm}$；

　　　　h_n——面板厚度（mm）：$h_n = 18\text{mm}$；

　　　　f_v——面板抗剪强度设计值（N/mm²）：$f_v = 15\text{N/mm}^2$。

　　面板截面的最大受剪应力计算值：

$$T = 3 \times 5184/(2 \times 500 \times 18) = 0.864 \text{N/mm}^2;$$

　　面板截面抗剪强度设计值：$[f_v] = 2\text{N/mm}^2$；

　　面板截面的最大受剪应力计算值 $T = 0.864\text{N/mm}^2$ 小于面板截面抗剪强度设计值 $[T] = 2\text{N/mm}^2$，满足要求。

　　③ 挠度验算

　　挠度计算公式如下：

$$\omega = \frac{0.677ql^4}{100EI} \leqslant [\omega] = l/250$$

式中　　q——作用在模板上的侧压力线荷载：$q = 40 \times 0.50 = 20\text{N/mm}$；

　　　　l——计算跨度（内楞间距）：$l = 400\text{mm}$；

　　　　E——面板的弹性模量：$E = 10400\text{N/mm}^2$；

　　　　I——面板的截面惯性矩：

$$I = 50 \times 1.8 \times 1.8 \times 1.8/12 = 24.30 \text{cm}^4;$$

　　面板的最大允许挠度值：$[\omega] = 1.6\text{mm}$；

　　面板的最大挠度计算值：

$$\omega = 0.677 \times 20 \times 400^4/(100 \times 10400 \times 2.43 \times 10^5) = 1.372\text{mm};$$

　　面板的最大挠度计算值：$\omega = 1.372\text{mm}$ 小于等于面板的最大允许挠度值 $[\omega] = 1.600\text{mm}$，满足要求。

　　（2）模板内楞的计算

内楞直接承受模板传递的荷载，按照均布荷载作用下的三跨连续梁计算。

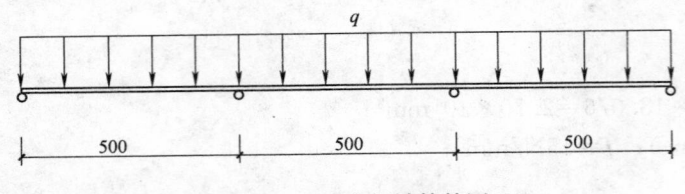

图 5.2.1-4　内楞计算简图

本工程中，内龙骨采用木楞，宽度 50mm，高度 100mm，截面惯性矩 I 和截面抵抗矩 W 分别为：

$W = 50 \times 100 \times 100/6 = 83.33 \text{cm}^3$；

$I = 50 \times 100 \times 100 \times 100/12 = 416.67 \text{cm}^4$；

① 内楞的抗弯强度验算

内楞跨中最大弯矩按下式计算：

$$M = 0.1ql^2$$

式中　M——内楞跨中计算最大弯距（N·mm）；

　　　l——计算跨度（外楞间距）：$l = 500$mm；

　　　q——作用在内楞上的线荷载，它包括：

蓄水侧压力设计值 $q1$：$1.2 \times 40 \times 0.4 \times 0.9 = 17.28$kN/m；

$$q = 17.28/2 = 8.64 \text{kN/m}$$；

内楞的最大弯距：$M = 0.1 \times 8.64 \times 500 \times 500 = 2.16 \times 10^5$N·mm；

内楞的抗弯强度应满足下式：

$$\sigma = \frac{M}{W} < f$$

式中　σ——内楞承受的应力（N/mm²）；

　　　M——内楞计算最大弯距（N·mm）；

　　　W——内楞的截面抵抗矩（mm³），$W = 8.33 \times 10^4$；

　　　f——内楞的抗弯强度设计值（N/mm²）；$f = 13$N/mm²；

内楞的最大应力计算值：$\sigma = 2.16 \times 10^5 / 8.33 \times 10^4 = 2.59$N/mm²；

内楞的抗弯强度设计值：$[f] = 13$N/mm²；

内楞的最大应力计算值 $\sigma = 2.59$N/mm² 小于内楞的抗弯强度设计值 $[f] = 13$N/mm²，满足要求。

② 内楞的抗剪强度验算

最大剪力按均布荷载作用下的三跨连续梁计算，公式如下：

$$V = 0.6ql$$

式中　V——内楞承受的最大剪力；

　　　l——计算跨度（外楞间距）：$l = 500$mm；

　　　q——作用在内楞上的线荷载，它包括：

侧压力设计值 $q1$：$1.2 \times 40 \times 0.40 \times 0.9 = 17.28$kN/m；

$$q = 17.28/2 = 8.64 \text{kN/m}$$；

内楞的最大剪力：$V = 0.6 \times 8.64 \times 500 = 2592$N；

截面抗剪强度必须满足下式：

$$\tau = \frac{3V}{2bh_n} \leqslant f_v$$

式中　τ——内楞的截面的最大受剪应力（N/mm²）；

　　　V——内楞计算最大剪力（N）：$V = 2592$N；

　　　b——内楞的截面宽度（mm）：$b = 50$mm；

　　　h_n——内楞的截面高度（mm）：$h_n = 100$mm；

　　　f_v——内楞的抗剪强度设计值（N/mm²）：$\tau = 1.5$N/mm²；

内楞截面的受剪应力计算值：$f_v = 3 \times 2592/(2 \times 50 \times 100) = 0.78$N/mm²；

内楞截面的抗剪强度设计值：$[f_v] = 1.5$N/mm²；

内楞截面的受剪应力计算值 $\tau = 0.78 \text{N/mm}^2$ 小于内楞截面的抗剪强度设计值 $[f_v] = 1.5 \text{N/mm}^2$，满足要求。

③ 内楞的挠度验算

挠度验算公式如下：

$$\omega = \frac{0.677 q l^4}{100 EI} \leqslant [\omega] = l/250$$

式中　ω——内楞的最大挠度（mm）；

　　　q——作用在内楞上的线荷载（kN/m）：$q = 40 \times 0.40/2 = 8 \text{kN/m}$；

　　　l——计算跨度（外楞间距）：$l = 500 \text{mm}$；

　　　E——内楞弹性模量（N/mm²）：$E = 9500 \text{N/mm}^2$；

　　　I——内楞截面惯性矩（mm⁴），$I = 4.17 \times 10^6$；

内楞的最大挠度计算值：

$$\omega = 0.677 \times 8 \times 500^4 / (100 \times 9500 \times 4.17 \times 10^6) = 0.086 \text{mm}；$$

内楞的最大容许挠度值：$[\omega] = 2 \text{mm}$；

内楞的最大挠度计算值 $\omega = 0.086 \text{mm}$ 小于内楞的最大容许挠度值 $[\omega] = 2 \text{mm}$，满足要求。

（3）模板外楞的计算

外楞承受内楞传递的荷载，按照集中荷载作用下的三跨连续梁计算。

外龙骨采用钢楞，截面惯性矩 I 和截面抵抗矩 W 分别为：

截面类型为圆钢管 48×3.5；

外钢楞截面抵抗矩 $W = 5.08 \text{cm}^3$；

外钢楞截面惯性矩 $I = 12.19 \text{cm}^4$；

① 外楞抗弯强度验算

外楞跨中弯矩计算公式：

$$M = 0.175 Pl$$

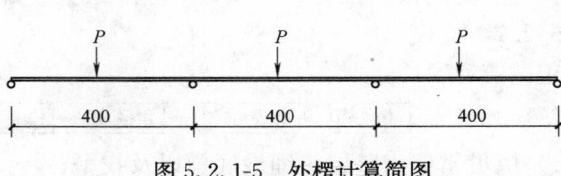

图 5.2.1-5　外楞计算简图

其中，作用在外楞的荷载：$P = 1.2 \times 40 \times 0.40 \times 0.50/2 = 4.8 \text{kN}$；

外楞计算跨度：$l = 400 \text{mm}$；

外楞最大弯矩：$M = 0.175 \times 4800 \times 400 = 3.36 \times 10^5 \text{N/mm}$；

强度验算公式：

$$\sigma = \frac{M}{W} < f$$

式中　σ——外楞的最大应力计算值（N/mm²）；

　　　M——外楞的最大弯距（N·mm）；$M = 3.36 \times 10^5 \text{N/mm}$；

　　　W——外楞的净截面抵抗矩；$W = 5.08 \times 10^3 \text{mm}^3$；

　　　f——外楞的强度设计值（N/mm²），$[f] = 205 \text{N/mm}^2$；

$$\sigma = 3.36 \times 10^5 / 5.08 \times 10^3 = 63 \text{N/mm}^2；$$

外楞的抗弯强度设计值：$[f] = 205 \text{N/mm}^2$；

外楞的最大应力计算值 $\sigma = 63 \text{N/mm}^2$ 小于外楞的抗弯强度设计值 $[f] = 205 \text{N/mm}^2$，满足要求。

② 外楞的挠度验算

根据《建筑施工计算手册》，刚度验算采用荷载标准值。

挠度验算公式如下：

$$\omega = \frac{1.146 P l 3}{100 EI} \leqslant [\omega] = l/400$$

式中　ω——外楞最大挠度（mm）；

　　　P——内楞作用在支座上的荷载（kN/m）：$P = 40 \times 0.40 \times 0.50/2 = 4 \text{kN/m}$；

　　　　l——计算跨度（水平螺栓间距）：$l=400$mm；

　　　　E——外楞弹性模量（N/mm²）：$E=210000$N/mm²；

　　　　I——外楞截面惯性矩（mm⁴），$I=1.22\times10^5$；

外楞的最大挠度计算值：

$$\omega=1.146\times8\times100/2\times400^3/(100\times210000\times1.22\times10^5)=0.115\text{mm}$$

外楞的最大容许挠度值：$[\omega]=1.6$mm；

外楞的最大挠度计算值 $\omega=0.115$mm 小于外楞的最大容许挠度值 $[\omega]=1.6$mm，满足要求。

（4）$\phi48\times3.5$ 和 $\phi22$ 钢筋组合拉杆计算

计算公式如下：

$$N<[N]=f_1\times A_1+f_2\times A_2$$

式中　N——拉杆所受的拉力；

　　　　f_1——$\phi48\times3.5$ 抗拉强度设计值，取 0.205kN/mm²；

　　　　A_1——$\phi48\times3.5$ 有效截面积（mm²），取 489mm²；

　　　　f_2——$\phi22$ 钢筋抗拉强度设计值，取 0.3kN/mm²；

　　　　A_2——$\phi22$ 钢筋有效截面积（mm²），取 380.1mm²；

拉杆所受的最大拉力：$N=40\times1.2\times4=192$kN。

拉杆最大容许拉力值：$[N]=f_1\times A_1+f_2\times A_2=214.3$kN；

拉杆所受的最大拉力 $N=192$kN 小于最大容许拉力值 $[N]=214.3$kN，满足要求。

5.2.2　支模

工艺流程

铺底模 → 搭设排架 → 立侧模 → 校正侧模 → 拧紧拉杆 → 铺塑料薄膜 → 预检

1）以贝雷架为基层，铺设底模以及找平；

2）弹出中心线及轴线检查线；

3）在两侧搭设侧向刚度较大的排架作为侧模支撑，同时加强排架斜向支撑，以排架为依托先立一面侧板，立竖挡、模挡。立另一侧模板，支斜撑，在顶部用线锤吊直，拉线找平、调整就位后立即拧紧螺栓撑牢钉实。模板在未装对拉螺栓前，板面要向后倾斜一定角度并撑牢，以防倒塌；

4）在模板两侧加斜撑及水平撑（图5.2.2）；

5）蓄水池防漏处理，在蓄水池内铺设一层塑料薄膜。

5.2.3　充水加压及沉降观测

1. 沉降观测点布置示意图如图5.2.3。

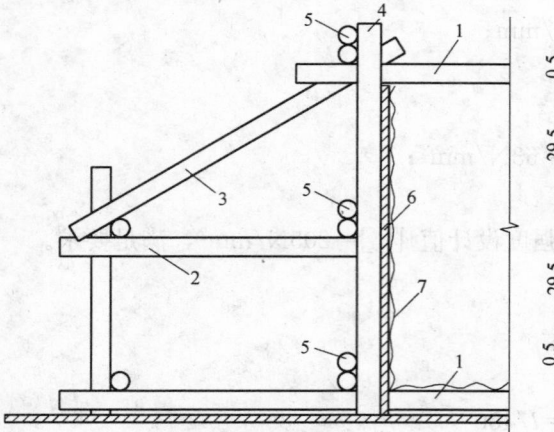
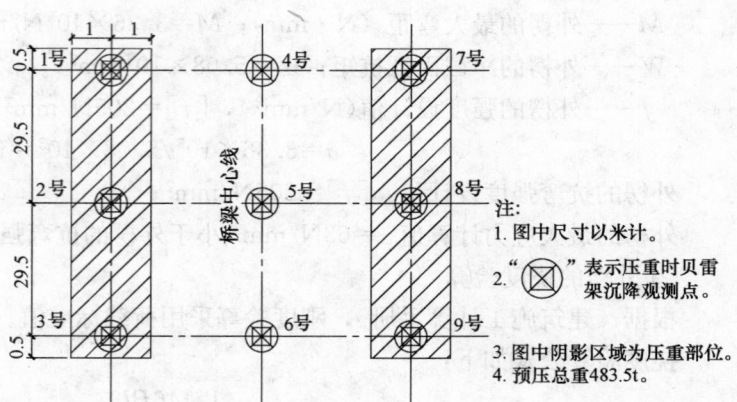

图 5.2.2　模板两侧支撑示意图　　　　　　　图 5.2.3　沉降观测点布置示意图

1—拉杆；2—水平撑；3—斜撑；4—竖挡；

　5—模挡；6—侧模板；7—塑料薄膜

2. 沉降观测（表5.2.3）

支架共设9个测点（测点布置见图5.2.3），沉降观测贯穿整个充水预压过程，按荷载总重的0→25%→50%→100%→50%→25%→0进行加载及卸载，荷载施加至100%后，前三个小时每小时观测一次，以后每3h观测一次，并测量各测点数据；压重24h后，再次测量各测点数据，并在卸载后全面测得各个测点的回弹量。

5.2.4 拆模

拆除模板顺序与安装模板顺序相反，首先拆下对拉螺栓，使模板向两侧倾斜，两侧模板脱开。

沉降观测记录（单位：mm） 表5.2.3

观测点＼加载比例（沉降量）	加载25%	加载50%	加载100%	100%1h后	100%2h后	100%3h后	100%6h后	100%9h后	100%12h后	100%15h后	100%18h后	100%21h后	100%24h后	卸载50%	卸载25%	卸载0%
1																
2																
3																
4																
5																
6																
7																
8																
9																

6. 材料与设备

6.1 本工法主要材料一览表（表6.1）

主要材料一览表 表6.1

序号	名称	单位	数量	序号	名称	单位	数量
1	$\phi48\times3.5$钢管	m	3000	3	50×100木方	m	1256
2	竹胶板	m²	496	4	塑料薄膜	m²	650

6.2 设备一览表（表6.2）

设备一览表 表6.2

序号	名称	型号	数量	序号	名称	型号	数量
1	水泵	HZX-60A 13kW	4	2	百分表		9

7. 质量控制

7.1 模板安装验收标准见表7.1。

模板安装验收标准 表7.1

项次	项目	允许偏差（mm）	检查方法
1	轴线位置	2	钢尺检查
2	底模上表面标高	±2	水准仪检查
3	表面平整度	3	2m靠尺和塞尺检查
4	表面垂直度	3	经纬仪或吊线、钢尺检查
5	相邻两板表面高低差	2	钢尺检查
6	拼缝宽度	2	尺量检查

7.2 本工法所用的材料必须认真检查选取，不得使用不符合质量要求的材料。

7.3 模板安装、拆除前，由施工技术人员负责组织操作工人进行技术交底。

7.4 模板安装前，应弹出轴线、边线控制线，以便于模板安装和施工。

7.5 先将一侧模板安装就位，然后清扫槽内杂物，再安另一侧模板，两侧模板同时校正垂直后支撑固定，调整斜支撑使模板垂直后，拧紧穿墙螺栓。

7.6 模板安装完后，检查螺栓是否紧固，模板拼缝及下口是否严密。

7.7 在加压前应对模杈及支撑系统进行验收，在加压时对模板及支架进行观察和维护，发生异常情况时，及时报告并处理。

7.8 拆模时应按规定及施工顺序清理，运送至指定位置堆放，堆放时应平放，如须竖放，应有可靠的安全措施。不发生拖掷、撞击、脚踩等损坏模板的行为。

8. 安 全 措 施

8.1 所有施工人员必须戴好安全帽，高处作业人员必须系好安全带。

8.2 现场试压人员及机具由负责人统一指挥，设备、机具由专人操作，并派专人定期维护。

8.3 严禁闲杂人员进入试压区。

8.4 预压前必须派专人检查支架各节是否连接牢固可靠。

8.5 发现异常情况，应立即停止作业；经检查分析处理后方可继续进行。

8.6 预压时监理、施工单位必须同时监测。

9. 环 保 措 施

9.1 建立环保工作自我监控体系，采取有效措施控制人为噪声、粉尘的污染和采取技术措施控制污水、烟尘、噪声污染，并尽量选用低噪声设备和工艺代替高噪声设备与工艺，降低对周边环境的影响。

9.2 每天派专职人员清扫冲洗施工道路，保持场内外道路整洁、无杂物灰尘，确保离开工地的车辆上不能将粘有的泥土、碎片等类似物体带到公共道路上。

10. 效 益 分 析

根据纬陆路南官河大桥分析，如采用传统砂袋，则需要 $483.5 \times 1000 \div 50 \times 2 = 19340$ 只，压载所用的砂需从外地购入，此方法成本高，效率低，劳动强度大。如采用本工法，主要压载材料为水，无需购买，可循环使用，且加载速度快，节省大量劳动力，其余采用的材料，如钢管、竹胶板、木方、对拉杆等，此类材料可周转使用，不额外增加工程造价，据初步统计，在本工程中节约工程成本 3 万元。

11. 应 用 实 例

11.1 工程名称：泰州市纬六路南官河大桥

工程地点：泰州市纬六路

开竣工日期：2007.5～2008.5

工程简介：南官河大桥为下承式混凝土系杆拱桥，桥梁跨径布置为 25m（简支桥梁）＋60m（系杆拱桥）＋25m（简支桥梁），总长为 115.7m，桥梁宽度为 34m。

11.2 工程名称：遵化 112 线城区南延改建工程大桥

工程地点：遵化 112 线城南

开竣工日期：2007.8～2008.8

工程简介：8 孔 30m 矮塔斜拉桥，全长 240m，宽 28.5m。

11.3 工程名称：泰州市烟草公司物流配送中心

工程地点：泰州市

开竣工日期：2007.9～2008.8

建筑面积：31788m²

工程简介：高支模部位采用模板支撑体系蓄水预压施工技术。

铁路客运专线 900t 级简支箱梁运输架设施工工法

GJEJGF186—2008

中铁大桥局股份有限公司　中铁五局（集团）有限公司

马涛　张继新　高培成　孟莎　熊伟

1. 前　　言

客运专线铁路列车设计时速在 250km 以上，为保证高速行驶列车的平稳性，并尽量少占用土地资源，客运专线铁路建设中以桥代路的现象十分普遍，京津城际铁路的桥梁即占路线全长的 90% 以上。我国的相关研究证明：在桩基础条件下，以跨度 32m 的简支箱梁桥最为经济；最佳的施工方案是采用整孔箱梁预制架设，该方案是在铁路沿线选择合适的位置建造箱梁预制场，在预制场内采用流水线作业，生产出整孔铁路箱梁，在满足一定的存放期要求后，由大型运梁车将箱梁运输至桥位，以架桥机提升安装。整孔箱梁预制架设可缩短建设周期、降低成本、提高桥梁质量，其关键技术涉及 900t 级的运梁车及架桥机的研制和应用。

2002 年，中铁大桥局集团公司与铁道部签订了《高速铁路 900 吨级箱梁运架设备—JQ900 型下导梁架桥机技术设计》合同。2004 年 11 月，JQ900 型下导梁架桥机样机开始试制，2005 年 11 月，样机通过铁道部组织的出厂评定。

2006 年，中铁大桥局集团公司与铁道部签订了《客运专线 900 吨级运梁车（MBEC900C 型）研制》合同。2006 年 11 月，MBEC900C 型运梁车通过铁道部科技司组织的技术评审，2007 年 5 月，样机通过铁道部组织的出厂评定。

"客运专线大吨位整体箱梁运架关键技术与设备"，荣获 2007 年度中国中铁股份有限公司科技进步特等奖；"下导梁式架桥机及其架梁方法"，获得 2007 年度湖北省科技进步二等奖；"下导梁式架桥机"于 2006 年 6 月获得国家实用新型专利授权，专利号为 ZL20042011574.8；"下导梁架桥机及其架设方法"于 2007 年 4 月获得国家发明专利授权，专利号 ZL200410061179.8。

自 2006 年始，JQ900 型下导梁架桥机和 MBEC900C 型运梁车先后投入使用，在京津城际铁路、温福铁路、武广铁路、合武铁路等多条客运专线铁路的施工中，均有优异表现。在此基础上，对客运专线铁路箱梁的运输和架设施工及管理进行总结，形成本工法。

2. 工 法 特 点

本工法采用 MBEC900C 型运梁车运输箱梁，采用 JQ900 型下导梁架桥机完成箱梁架设，并用运梁车驮运架桥机转换施工场地。因此这两套设备的特点也决定了本工法的特点。

2.1　MBEC900C 型运梁车的特点

2.1.1　运梁车具备支承均衡、轮压均衡、调平、方向控制、无级调速等功能。

2.1.2　运梁车自重轻（225t），是目前市场上同类车辆中自重最小的。

2.1.3　运梁车的控制系统先进，实现了对全部车轮组的独立转向控制，使车辆具备了直行、全轮转向、八字转向、斜线行驶、驻车制动等功能，具备自动驾驶导航功能。

2.1.4　运梁车的走行系统工作效率高，可在大范围调节走行速度，并可防止超速失控。

2.1.5　运梁车多组转向系统均独立工作，互不影响。

2.1.6　运梁车转向系统工作速度快，转向响应及纠偏动作更加快捷。

2.1.7 悬挂系统的多个悬挂点组配成三套独立系统，每套独立系统均可检测系统工作参数。系统配置故障保护装置。

2.1.8 运梁车的传动效率高，空车行驶速度达到 11km/h。

2.1.9 自动导航控制系统的自动纠偏精度达到±80mm。

2.1.10 全轮独立转向的转向角度达±43°，使车辆最小转弯半径缩小，机动能力提高。

2.1.11 运梁车多数部件采用国产件，在降低了成本的同时，提高了车辆的维修性能，售后服务保障更好。

2.2 JQ900 型下导梁架桥机的特点

2.2.1 架桥机定点架梁，兼顾箱梁运输功能，其机构、结构更加简单，起重系统无需走行，架梁施工荷载小且均衡，整机自重轻、重心低、稳定性好。

2.2.2 架桥机的变跨和调头操作简单，将其支腿自行换位安装即可。

2.2.3 平曲线段桥梁施工时，对下导梁进行横向微调。

2.2.4 下导梁墩顶低位自行纵移过孔，架桥机沿下导梁通道台车驮运过孔，快捷、简便、安全可靠。

2.2.5 下导梁桥头首孔自行进入架梁工位，桥尾末孔自行脱离架梁工位，架桥机可方便的架设首末孔箱梁。

2.2.6 架桥机起升系统可纵横向微调，保证了箱梁架设的精确定位。

2.2.7 液控系统采用先进的 PLC 计算机控制技术，通过触摸屏实时监控和操作，形成自动检测、控制、监管相结合的一体化系统。

3. 适 用 范 围

本工法适用于铁路 32m（24m 及 20m）跨单、双线预制简支箱梁的运输及架设，也可应用于相应跨度的公路简支梁。

4. 工 艺 原 理

4.1 MBEC900C 型运梁车构造

运梁车主要由车架结构、悬挂结构、回转支承、轮系及轮胎、转向机构、司机室等组成，见图 4.1。

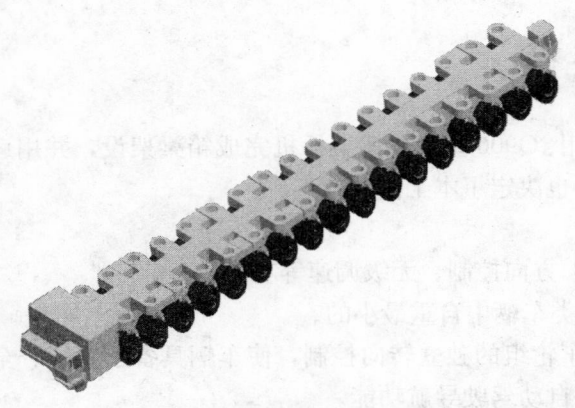

图 4.1 MBEC900C 型轮式运梁车

运梁车以车架为主体，在车架两侧各伸出 17 个"牛腿"，以安装转向机构、悬挂、驱动桥和从动桥；在车架一端安装动力装置、驾驶室，另一端安装驾驶室；气、液、微、电等系统管路附在车架两侧面；车顶面设置箱梁支座。

全车采用 17 根轴线、34 个轮对。其中有 6 轴、12 个轮对具有驱动功能，分别布置在第 3、4、6、7、9、11 根轴线上；其余的 11 轴线上的 22 个轮对为从动轮对。

4.1.1 车架结构

车架是承载的主要部件，为单箱梁、分段结构，边侧的钢横梁与中间纵梁连接在一起，可以最大限度地保证梁在运输和转向过程中的平稳、安全，保持混凝土箱梁位置不变。纵梁上面设有 8 个支座，以适应安放不同的长度箱梁，如 32m、24m、20m 梁等。

为保证运梁车在运行时箱梁不受扭，整个运梁车轮系采用三区结构并将支撑油缸的油路相连，即形成三点支撑，对应箱梁支撑点。

4.1.2 悬挂结构

液压悬挂总成由转向架、摇臂、支承油缸、回转轴承、转向机构、车桥、轮边减速箱、油马达和工程轮胎等部分组成。通过回转轴承和车架连接，实现转向、高度调节等功能。

4.1.3 回转支承

液压悬挂通过大直径回转轴承与车架连接，大直径回转轴承既能满足两部分之间作相对回转运动，又是重要的动力元件，能同时承受轴向力、径向力和倾覆力矩。

全车选用国际先进的四点接触球式结构—单排球式刚转轴承。

4.1.4 轮系及轮胎

采用工程车专用子午线大直径轮胎，规格为 23.5R25。

4.1.5 转向机构

转向机构采用全轮独立转向机构，全车 34 套悬挂可根据驾驶员选定的"转向模式"进行工作。各悬挂轮轴均可按设定的转向轨迹进行转动，实现无滑移行驶，不仅可延长轮胎使用周期，而且使整机运行非常机动、灵活。本车采用"液压—微电—机械"传动来实现此项技术。

4.1.6 司机室

在运梁车前部和后部的正面分别有一个控制室。

4.2 JQ900 型下导梁架桥机构造

架桥机由主梁、前支腿、中支腿、后支腿、起重天车、活动油缸吊点、纵移天车、运架梁机台车、随机电站、下导梁等组成，见图 4.2。

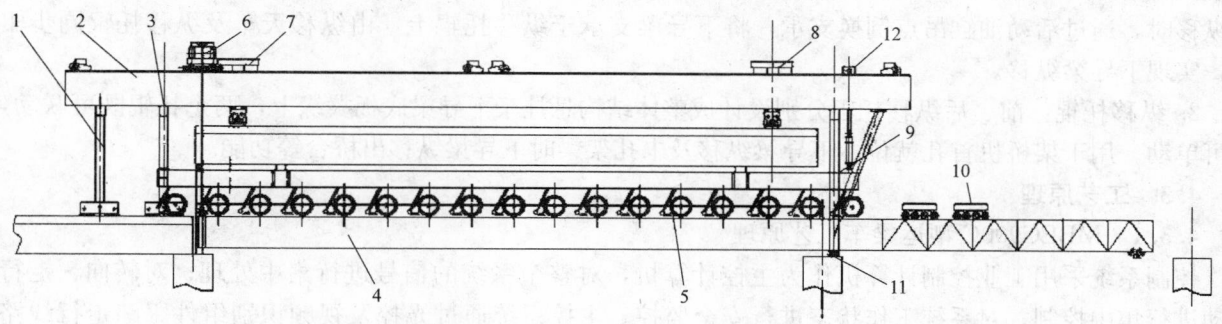

图 4.2 JQ900 型下导梁架桥机结构示意图

1—后支腿；2—主梁；3—中支腿；4—下导梁；5—运梁车；6—纵移天车；7—后起重小车；
8—前起重小车；9—前支腿；10—运架梁机台车；11—纵移托辊；12—活动油缸吊点

4.2.1 主梁为两片平行的箱形梁构成的简支梁，两片箱形梁之间通过各支腿横梁及中间连接梁连接成整体受力结构。由于吊点相对固定，且离支腿较近，弯矩较小，所以结构比较简单、轻巧。根据架梁跨度的需要，主梁底面设置有中支腿铰支座连接法兰，通过调整中支腿及起重天车的纵向位置可分别适应 32m 梁和 24m、20m 梁的架设。

4.2.2 前支腿为刚性固定支腿为矩形封闭结构，与主梁刚性连接。支腿通过垫梁直接支撑在墩帽两侧的垫石上，除首孔外，不需要在墩顶设置预埋件。由于刚性前支腿跨距比较大，增加了架桥机横向整体稳定性和安全性。根据前支腿支承垫石高度变化情况，将前支腿设计成分段结构，通过拆换支腿分段，可适应桥台处梁的架设。

4.2.3 中支腿为可开启式柔性支腿，支腿横梁与主梁纵向铰接。在桥架平面内支腿横梁与主梁采用活动铰支座连接、支腿平面内中支腿横梁与中支腿本体采用固定铰接形式连接，从而使中支腿形成刚性门架活动铰承载结构，避免了桥架纵向水平力的产生。喂梁时，中支腿通过拆去内侧销轴、液压机构控制支腿绕外侧销轴旋转实现启、闭。架梁机走行时，通过液压机构将前、中支腿支承点倒换，支承固定在前、后运架梁机台车上。

4.2.4 后支腿为弯月形门架式刚性支腿，与主梁刚性连接。为方便双线单箱梁通过，后支腿设计成弯月型结构，与中支腿平行布置。喂梁时，通过操作后支腿底部升降油缸使架梁机升高，中支腿随之脱离桥面，便可实现中支腿启、闭动作，以便实现喂梁作业。

4.2.5 起重天车由起重横梁、定滑轮组、动滑轮组、卷扬机和液压纵、横移机构组成。前起重天车吊点相对固定，后起重天车吊点可通过纵移满足不同跨度的架设要求，起重卷扬机分别单独设置在前、后定滑轮组的前、后侧，不仅解决了排绳问题，同时也降低了整机高度。起升系统通过设置平衡轮将超静定的四吊点提升转换为静定的三吊点提升，确保了梁体受载均匀和起升机构的安全。

4.2.6 运架梁机台车由前、后两组相同的台车组成，用作驮运架梁机过孔。下导梁纵移过孔时，运架梁机台车必须锚固于下导梁指定位置。

4.2.7 随机电站为架梁机提供动力，安装于架梁机主梁前端，作为架梁机上的随机设备之一。

4.2.8 纵移天车：安装于主梁顶面，呈龙门式结构，能跨越主梁顶面所有设备和结构，实现全行程纵向行走，其两侧吊点油缸中心距大于混凝土箱梁总宽度，便于架梁时吊起下导梁过孔。

4.2.9 活动油缸吊点：安装于架梁机主梁顶面前端，呈龙门式结构，纵移行程为 5m，能满足架桥机首孔就位和末孔架梁时提升下导梁之用。

4.2.10 下导梁

1. 下导梁结构：下导梁结构为两片平行的箱梁通过横向连接构件连接而成的整体受力结构。两片箱形下导梁中心距 4.1m，两片下导梁的上平面有轨距为 4100mm 的两条钢轨，用作运架梁机台车驮运架梁机时的运行轨道。每片箱梁的下平面铺有两条方钢轨，轨距为 1486mm，用于下导梁的纵移。下导梁纵移时，通过活动油缸吊点倒换支承，将下导梁支承于纵移托辊上，由纵移天车及纵移托辊同步驱动，实现下导梁纵移。

2. 纵移托辊：前、后纵移托辊分别设计成整体结构悬挂于下导梁底板翼缘上，两个托辊既可联动，也可单动。用于架桥机首孔就位、下导梁纵移及末孔架梁时下导梁纵移出桥台等功能。

4.3 工艺原理

4.3.1 MBEC900C 型运梁车工艺原理

控制系统采用工业控制计算机作为主控计算机，对整个系统的信号进行集中处理；对转向、走行驱动进行集中控制；对系统工作状态进行安全监控。主控系统通过光控及视频识别组件跟踪走行线路标志线，实现自动导航。

32 个轮组分别设置独立的转向执行机构和转向角度检测元件。使运梁车具有全轮转向、前轴固定转向、后轴固定转向、斜线走行、停车制动转向等手动操作控制方式及自动跟踪转向方式。

12 个主动轮组分别由两台液压马达驱动走行。走行驱动按电液比例方式控制（无级变速），通过悬挂机构的压力监控空载/重载状态的限定走行速度。

运梁车主梁底部两端各安装一组红外线发射、接收装置。根据运梁车和标志线相对位置，导航检测装置输出相应的位置跟踪代码，主控系统导航控制单元根据跟踪代码，按内置的跟踪管理程序，输出控制信号，调整运梁车走行方向、速度或执行停车保护。

主控系统对所有相关状态参数（信号）进行分析，对出现液压驱动马达超速（主动轮组打滑）、自动导航方位偏差过大、质疑司机疲劳（未正常操作防疲劳驾驶按钮）、设备运行异常等影响安全作业情况，发出警示声、光信号，或执行自动停车保护。

4.3.2 JQ900 型下导梁架桥机工艺原理

利用下导梁作运梁通道，架梁机的中支腿展翼，后支腿、前支腿承载，轮胎式运梁车将混凝土箱梁运送至架梁机腹腔内；中支腿处于收翼状态，待前支腿、中支腿承载后，后支腿卸载，起重天车将混凝土箱梁提离运梁车；运梁车退出，利用纵移天车将下导梁纵移一跨让出被架混凝土箱梁梁体空间，架梁机将混凝土箱梁直接落放至墩顶上进行安装。

JQ900 型下导梁架桥机结构设计原则：结构简单、受力明确，控制先进，操作简便，功能齐备、安全可靠。

5. 施工工艺流程及操作要点

5.1 工艺流程（图5.1）
5.2 操作要点
5.2.1 运梁车工作程序

1. 驶入轨道

用同步支承模式开动运梁车。选择 4 个手动转向程序中的一个，依靠轨道上的行车导引线，以爬行速度将运梁车定位。两个线传感器必须对齐导引线的一边。一旦线传感器与导引线对齐，转向程序轨迹跟踪将自动控制运梁车的转向。

2. 装载

根据混凝土梁的实际长度调整后部弹性支座的位置。通过架桥机将混凝土梁固定在运梁车的弹性支座上。

3. 运输

运输过程由控制室 1 控制。使用转向程序轨迹跟踪，将已装载的运梁车驶至架桥位置。

选择手动转向程序前，必须先操作旋转开关启用相应程序，荷载行驶时，控制系统自动将车速预置为慢速行驶。遇下列情况，运梁车将自动停车：

1) 行驶过程中偏离行车导引线过远；
2) 没有划出行车导引线或者导引线过宽、过窄；
3) 至少有一个线传感器未向控制系统发射信号。

4. 卸载

卸载过程由控制室 1 和无线遥控装置共同控制。将运梁车停在架桥机前。以爬行速度通过架桥机支腿，行驶到架桥机下方。把运梁车停在架桥机下、合适吊梁的位置。卸载工作由架桥机完成。

5. 倒车

以爬行速度驶离架桥机。倒车由控制室 2 控制。运梁车在转向程序轨迹跟踪的引导下空驶回装载地。空载时，可以选择快速行驶或者慢速行驶。

5.2.2 架桥机工作程序

1. 运架设备桥头就位

运梁车整体驮运架梁机和下导梁至桥头，并与架梁机起升系统配合，将下导梁搁置在桥头，见图5.2.2-1。

2. 下导梁就位、运梁车到达待架桥位

架桥机前支腿支承在桥墩中心，架桥机由前、后支腿支承，起重天车提升下导梁，落放下导梁，见图 5.2.2-2。

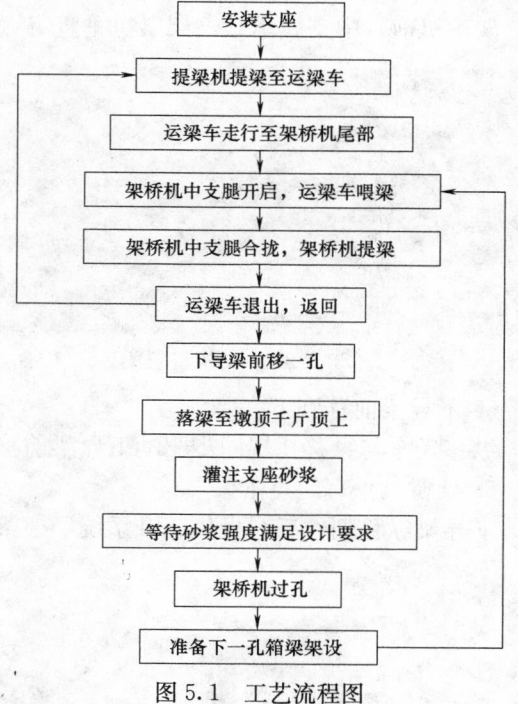

安装支座
↓
提梁机提梁至运梁车
↓
运梁车走行至架桥机尾部
↓
架桥机中支腿开启，运梁车喂梁
↓
架桥机中支腿合拢，架桥机提梁
↓
运梁车退出，返回
↓
下导梁前移一孔
↓
落梁至墩顶千斤顶上
↓
灌注支座砂浆
↓
等待砂浆强度满足设计要求
↓
架桥机过孔
↓
准备下一孔箱梁架设

图 5.1 工艺流程图

图 5.2.2-1　运架设备桥头就位

图 5.2.2-2　下导梁就位、运梁车到达待架桥位

3. 架桥机喂梁

前、后支腿支承架梁机、中支腿展开，运梁车将箱梁运到架梁机下方，见图 5.2.2-3。

4. 架桥机提梁，运梁车退出

架桥机前、中支腿承载，架梁机垂直定点提起箱梁，运梁车退出，见图 5.2.2-4。

图 5.2.2-3　架桥机喂梁

图 5.2.2-4　架桥机提梁、运梁车退出

5. 下导梁前移到下一跨

纵移天车与纵移托辊同步驱动下导梁前移一跨，让出待架梁位，见图 5.2.2-5。

6. 架桥机垂直定点落梁

下导梁纵移到位后，操作起升系统，架梁机垂直定点落梁安装混凝土箱梁，见图 5.2.2-6。

图 5.2.2-5　下导梁前移到下一跨

图 5.2.2-6　架桥机垂直定点落梁

7. 次末孔梁架设

运梁车将箱梁运至架梁机下方，架梁机提梁后，运梁车退出，纵移天车与前吊点共同将下导梁向上提起，越过前方桥台并前移一跨，让出待架梁位，起升系统落梁安装，见图 5.2.2-7。

8. 架桥机过桥台

前后运架梁机台车共同驮运架梁机，沿高位下导梁前移一跨，见图 5.2.2-8。

9. 末孔梁架设

架梁机纵移就位，解开下导梁前端连接，利用起重天车降落下导梁至墩顶。运梁车运箱梁至架梁机下方，架梁机将梁提起，运梁车退出，见图 5.2.2-9。

图 5.2.2-7　次末孔梁架设　　　　　　　　　图 5.2.2-8　架桥机过桥台

纵移天车与前吊点共同提起下导梁后节段与前节段对接，下导梁整体高位前移过桥台，让出待架梁位，架梁机落梁安装，见图 5.2.2-10。

图 5.2.2-9　末孔梁架设 1　　　　　　　　　图 5.2.2-10　末孔梁架设 2

10. 架桥机整机驮运转场

起升系统提升下导梁，运梁车运行至下导梁下方，安装三角支架，运梁车升高驮运架梁机和下导梁至下一工地架梁，见图 5.2.2-11。

图 5.2.2-11　架桥机整机驮运转场

6. 材料与设备

箱梁架设施工主要设备详见表 6。

表 6

箱梁架设施工主要设备表

序号	名　　称	单位	数量	规格	备　　注
1	轮轨式提梁机	台	2	5000kN	提梁、拆装架桥机及运梁车
2	下导梁架桥机	台	1	JQ900 型	变跨可架设同高度32m及24m梁
3	运梁车	台	1	MBEC900 型	运输箱梁

序号	名　称	单位	数量	规格	备　注
4	千斤顶	台	6	5000kN	架梁支点,其中2台备用
5	液压油泵	台	1	ZD-500	
6	砂浆搅拌机	台	2	JW180	容量180L,转速65r/min
7	变压器	台	1	315kVA	供应提梁机施工用电
8	发电机	台	1	300kW	提梁机备用电源
9	发电机	台	1	30kW	桥面照明及加热拌合用水
10	全站仪	台	1		复核及放线
11	水准仪	台	1		检查支座底板标高

7. 质 量 控 制

7.1 质量标准

7.1.1 《客运专线桥梁盆式橡胶支座暂行技术条件》。

7.1.2 《客运专线预应力混凝土预制梁暂行技术条件》。

7.1.3 《客运专线铁路桥涵工程施工质量验收暂行标准》。

7.2、施工质量控制标准见表7.2

施工质量控制标准　　　　　　　　　　　　　　　　　　　　表7.2

内　容	单位	技术条件及验标要求	铺设无砟轨道特殊要求
桥面高程偏差	mm	0,-20	≤7
纵向偏差	mm	≤20	
横向偏差	mm	≤15	
相邻两梁顶相对高差	mm	≤10	≤3mm
同一梁端两支座高差	mm	≤1	
支座砂浆厚度	mm	20～30	
四个支点反力	kN	不超过四点反力平均值±5%	

7.3 质量控制

7.3.1 严格验收、测量放线程序,确保箱梁准确就位。

墩身、垫石、箱梁的复核,主要验收墩距、垫石的强度、实际标高、平整度、支座十字线、预留孔十字线、梁长和梁高,进行标高匹配计算。以墩距和梁长合理调节梁缝宽度,避免梁缝宽度误差的积累;以梁高和垫石平整度、标高调整支座砂浆厚度;以支座十字线、预留孔十字线调整箱梁的纵横向偏差。

7.3.2 改进临时支点的设置方法,确保箱梁受力合理。

架设过程中为保证四个支点均匀受力,避免"三条腿"现象导致梁体结构受扭,需要采取如下措施:

1. 将墩顶用作四个临时支点的千斤顶,按每端油缸两两并联工作,两端均衡给油进行顶升,以保持四个支点反力符合相关技术条件中"每支点反力不超过四个反力平均值±5%"的要求。

2. 箱梁标高调整到位后,马上锁定千斤顶,以免油缸回油,造成梁面标高降低,支座砂浆强度未达20MPa前受力。

7.3.3 严格灌注砂浆配比和工艺程序,确保支座灌浆质量。

灌注前根据当时气温、风力及间隔时间,估计对预留孔、砂浆面的洒水量,保证灌浆时接触面无积水、保持湿润；开始搅拌时，先用水对搅拌机及灌浆软管进行充分湿润。准确估算所需砂浆量，软管深入支座与垫石空隙，以重力方式从支座中心向四周注浆，直至模板与支座底板周边间隙观察到砂浆全部灌满为止。

7.3.4　及时制作同条件养护砂浆试件，确保运梁车驮梁过孔结构安全。

每孔梁制取 70.7mm 立方体强度 2h 同条件养护试件、28d 标养试件、56d 标养试件各 2 组（每组 6 个试块），40mm×40mm×160mm 抗折 24h 标养试件 2 组（每组 3 个试块）。2h 同条件试件用于控制砂浆实际强度达到 20MPa 的时间，满足重载过孔要求。

8. 安 全 措 施

箱梁架设施工系高空作业，应严格遵守"桥梁施工安全技术规则"，并注意以下几点：

8.1　制定安全操作奖惩制度，认真执行。

8.2　参与箱梁架设施工的人员均应经过培训及安全、技术交底，熟悉架桥机的施工流程、关键环节、安全措施，严格执行架梁的施工工艺和操作规程。

8.3　风力超过 6 级时，不得进行架桥机的过孔；风力超过 8 级时，应停止架桥机作业。

8.4　要加强箱梁架设施工所用的主要大型设备（架桥机、运梁车）的定期检查和保养工作。

8.5　配备消防器材，严防火灾。

8.6　注意用电安全。照明用电采用安全电压；机械的动力电源设安全保护装置。经常检查清理，消除漏电、短路隐患。

9. 环 保 措 施

9.1　应贯彻落实国家关于环境保护的专项法律法规，有针对性的制定专项环保方案，加强宣传教育，切实执行。

9.2　建立健全针对性的环保工作体系，落实责任制，配备专人进行管理。

9.3　执行公司的《职业健康安全和环境保护体系》。

9.4　施工环保、水土保持目标。

9.4.1　施工用水和生活用水做到达标排放，施工噪声符合环保要求。

9.4.2　确保施工区域内无重大管线事故。

9.4.3　严格控制地面变形量，确保建筑物、堤坝等的安全。

9.4.4　搞好水土保持，防止水土流失。

9.5　施工环保方案。

9.5.1　对施工现场生产、生活用水的排放进行控制，建好生产区和生活区排水沟等设施；分块设置过滤池和沉淀池，所有生活用水和生产用水均经过过滤、沉淀后方可达标排放。

9.5.2　加强机械管理，执行《建筑施工场界噪声限值》GB 12523—90 标准，减少施工过程中的噪声。

9.5.3　采取有效措施妥善保护施工及生活区域外的绿化草地、植物、花木及道路等公共设施。避免泥浆、油污、生活垃圾、有毒及化学物质对其造成污染，严禁随意攀折树木、花草，踩踏草地，违者将按有关规定对其进行处罚。

9.5.4　加强职工的环保知识教育，树立全员环保意识。

10. 效 益 分 析

运架设备运架整孔预制箱梁具有缩短桥梁建设周期，降低桥梁施工成本，推行桥梁施工整体化、标准化，提高桥梁质量的特点。

轮胎搬运机，轮胎运梁车，架桥机等专用设备程序清晰明了。动作简便，易于操作，安全可靠，速度快。相对于国外设计的步履式架桥机和运架一体式架桥机而言，JQ900型下导梁架桥机在运架模式、运梁方式、过孔方式、转场方式等方面，具备其他设备不可比拟的优点，而且还在诸多功能细节上进行技术创新，解决了首、末孔梁架设等多项引进设备难以解决的难题，JQ900型下导梁架桥机属国内首创，填补了我国客运专线运架设备的空白，技术性能达到国际同类产品的先进水平。

根据配置的不同，每台JQ900型下导梁架桥机单价约为1200万元，获得的盈利约有100万元，经济效益较为显著。

11. 应用实例

京津城际铁路建设中中铁大桥局股份有限公司承担了3号梁场305孔（其中32m简支箱梁276孔，24m简支箱梁29孔）、7号梁场124孔（其中32m简支箱梁89孔、24m简支箱梁26孔、20m简支箱梁9孔）后张法预应力混凝土双线简支箱梁的架设任务。2006年首台JQ900型下导梁架桥机、MEBC900C运梁车投入京津城际项目使用，到2007年底成功完成了429片箱梁的架设任务；

该运架设备承担了武广客运专线Ⅱ、Ⅲ标的1330片箱梁架设任务。为了满足武广客运专线施工进度要求，准备了3套JQ900型下导梁架桥机、MEBC900C运梁车，目前已架设694片，在正常条件下，日架2片箱梁，各架梁队都有过12h架设3片箱梁的纪录。

该运架设备还承担了新建温福铁路宁德特大桥的箱梁架设238片的任务。还承担了合武铁路WHZQ-2标工地的187片双线箱梁和523片6000kN单线箱梁的架设任务。

通过这些桥的箱梁架设的实际应用，证明了JQ900型下导梁架桥机的性能优良，操作方便，完全能满足我国高速铁路架梁的技术要求。MEBC900C运梁车功能先进，自动化程度高，实况运行平稳、安全。

目前国内高速铁路正在如火如荼的进行，在建的高速铁路已达到9条，累计里程达到几千公里。这还仅仅是起步阶段，将来城际高速建设必将掀起高潮，对JQ900型下导梁架桥机和MEBC900C运梁车的需求量会更大，该运架设备有着巨大的市场潜力。

步履式架桥机架设铁路客运专线 32m/900t 级整孔箱梁施工工法

GJEJGF187—2008

中铁二局股份有限公司　中铁九局集团有限公司

李华月　王强　于建军

1. 前　言

合（合肥）—宁（南京）铁路客运专线，位于沪汉蓉快速通道的东段，是国家规划的"四纵四横"铁路快速客运网的重要组成部分，线路全长166km，是我国第一批开工建设的铁路客运专线之一。目前我国新建时速200km以上铁路客运专线桥梁大量采用简支箱梁，并主要采用现场预制、架桥机架设的施工工艺和方法。32m双线整孔箱梁的体积大、梁重796t，桥面宽13m，整孔箱梁的预制、架设在我国铁路史上尚属首次。在施工、运输及架设等方面均缺乏成熟的经验。

中铁二局股份有限公司根据合宁铁路结构设计和施工环境的特点，确定了龙门起重机提梁上桥、运梁车运输、步履式架桥机架设的总体方案，并联合中铁科工集团有限公司、郑州江河起重机械设备有限公司共同研制出450t龙门起重机、900t轮胎式运梁车、900t步履式架桥机，并成功摸索出一套运、架工艺。该成果国内领先，并于2007年4月3日通过铁道部科技司、建设司评审。同时，形成步履式架桥机架设铁路客运专线32m/900t级整孔箱梁施工工法。该工法设备设计合理，配套选型正确，性能稳定。目前在多条铁路客运专线建设中应用，有明显的社会效益和经济效益。

2. 工艺特点

2.1 采用2台450t龙门起重机起吊箱梁上桥，装梁快速、便捷；并可方便的用于运梁车和架桥机的组拼、解体；

2.2 900t轮胎式运梁车桥面运梁对路基、墩台和已架设的箱梁无影响。机动灵活，对坡道及弯道适应性强，作业半径大，同时满足驮运架桥机通过路基段、桥梁进行桥间转移；

2.3 900t步履式架桥机整机结构合理，架梁及过孔程序简便，通过调节前支腿的高度，可以比较容易架设整座桥梁的最后一孔箱梁；整机自重轻，作用于箱梁及墩台上的支反力满足现有桥梁设计要求；

2.4 设备操作系统采用智能电子遥控装置，载荷自动均衡，提梁、运梁运行平稳；运架安全可靠、作业效率高；整套设备配套性能好，操作简便，人工劳动强度低。

3. 适用范围

本工法适用于桥梁曲线半径大于2500m，纵坡小于2‰的32m/900t级以下整孔箱梁运输架设施工。

4. 工艺原理

箱梁的运输和架设包括提升上桥、桥面运输、逐孔架设以及架桥机过孔等四个方面，采用两台MQ450t/36m门式起重机联动作业将箱梁起吊至高位，经横移后将箱梁落放到桥面运梁车上。再由YL900轮胎式运梁车将箱梁运到前方架梁现场，通过成宽式支撑的JQ900A架桥机三号柱通道，到达距架桥机二号柱中心 1.8m 处。在架桥机、运梁车做好各项准备工作后联动完成喂梁、拖梁作业，通过架桥机的两台起重小车的纵横移调整箱梁位置，最后落梁到墩顶支座上。

5. 施工工艺流程及操作要点

5.1 施工工艺流程

5.1.1 箱梁垂直提升上桥施工工艺流程

在架梁起点处采用大跨度轨行式龙门吊提升箱梁上桥施工工艺流程见图 5.1.1。

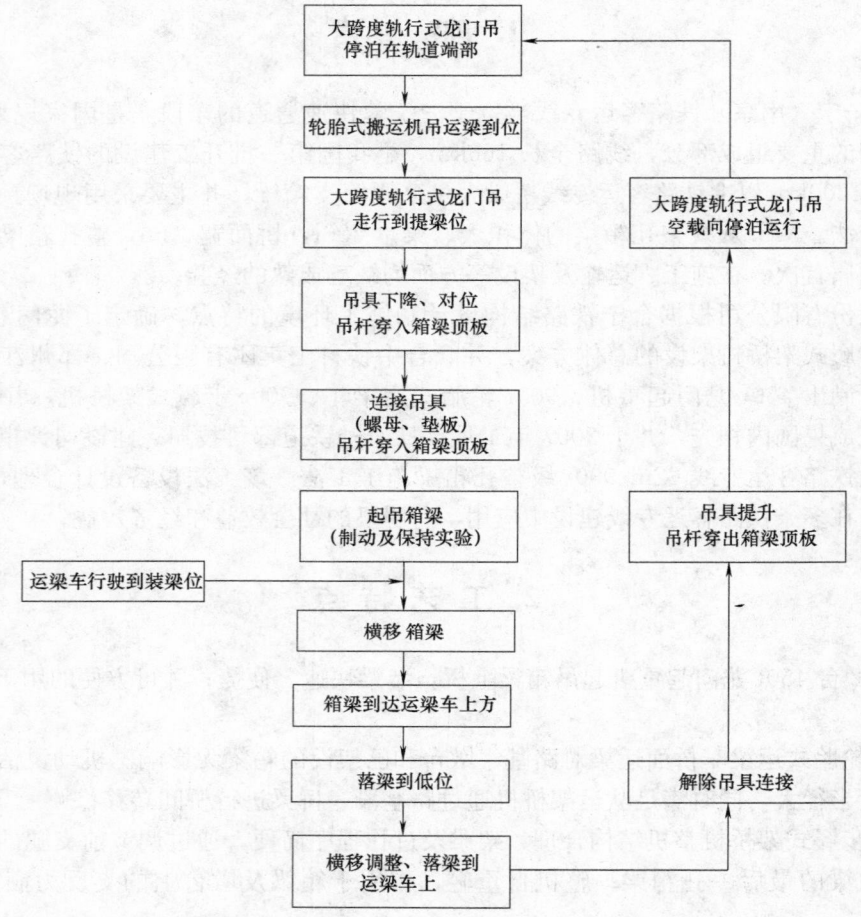

图 5.1.1 箱梁垂直提升上桥施工工艺流程图

5.1.2 箱梁桥面运输施工工艺流程

采用 YL900t 轮胎式运梁车沿桥面运输箱梁施工工艺流程见图 5.1.2。

5.1.3 架桥机架梁及架桥机过孔施工工艺流程

架桥机架梁工艺流程图见图 5.1.3-1。

架桥机过孔工艺流程图见图 5.1.3-2。

5.2 施工操作要点

5.2.1 箱梁提升上桥施工操作要点

1. 作业准备

1）2 台 450t 大跨度轨行式龙门吊退至轨道端头，让出搬运机吊运梁通道。

2）搬运机从预制场运输 1 片箱梁到提梁区存梁台座，空机返回。

3）安装箱梁正式支座。

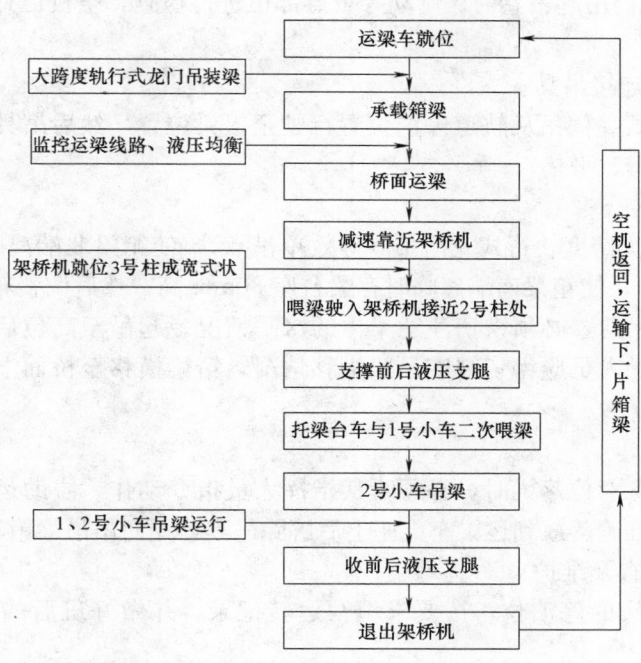

图 5.1.2　箱梁桥面运输施工工艺流程

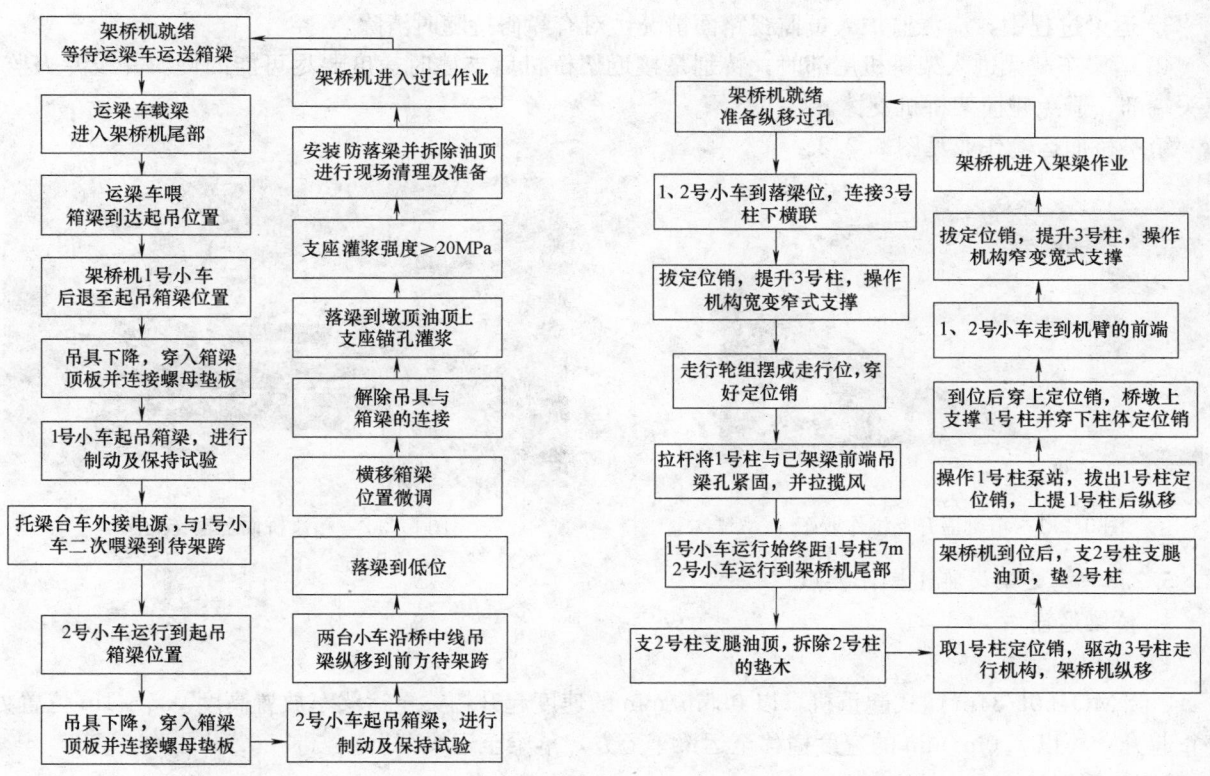

图 5.1.3-1　架桥机架梁工艺流程图　　　　　图 5.1.3-2　架桥机过孔工艺流程图

4）桥面运梁设备（YL900t 轮胎式运梁车）已架箱梁顶面运行到装梁位置。

5）对大跨度轨行式龙门吊起吊卷筒、制动等重点部位进行检查，空机运行各项动作检查有无异常问题，避免带病作业。

2. 龙门吊运行就位、连接吊具

2 台 450t 大跨度轨行式龙门吊从轨道停泊位置行驶至提梁位置，然后吊具下降并穿入箱梁，连接吊具（吊杆、调整块、螺母、平垫）。

3. 起吊、横移箱梁

先单起有铰销的 A 台大跨度轨行式龙门吊（等效单吊点），使箱梁北端离临时存梁台座 80mm 高，再单起 B 台（固定双吊点），使箱梁南端离临时存梁台座 80mm 高，然后调整箱梁至水平状态，采用双机联动模式起吊箱梁。起吊后，必须密切注意梁体的水平情况。起吊至高位后，采用双机联动模式横移箱梁，吊梁桁车运行监护人员应密切观察吊梁横移情况，箱梁横移至桥面上方后，指挥人员应到运梁车车体上观察和指挥。

4. 落梁就位、解除吊具

横移到运梁车上方准备对位落梁时，必须听从指挥人员指令动作，协助运梁车落梁人员做相应的横向调整。待确认箱梁已准确落放到运梁车支座上后解除吊具，龙门吊吊梁桁车退回提梁位置。

5. 移位待梁、班后检查及维护

龙门吊走行至轨道端头的停泊位，按要求填写运转记录，并做好班后的检查及必要的维护保养工作。

箱梁提升上桥施工作业见图 5.2.1。

5.2.2 箱梁桥面运输施工操作要点

1. 运梁车装梁时，必须密切监视边梁支座、承载横梁支座接触情况，避免碰损。

2. 运梁过程中，应派监护人员监视桥梁伸缩缝、湿接缝过桥钢板搭接是否良好。

3. 运梁过程中，应派监护人员监视路面情况，对有障碍持随时清除。

4. 运梁车载梁进入架桥机尾部时，特别是接近架桥机后支撑时速度要尽可能的慢，并设专人监护车头端部，避免碰撞架桥机支撑。

箱梁桥面运输作业见图 5.2.2。

图 5.2.1　箱梁提升上桥作业图　　　　　　图 5.2.2　箱梁桥面运输作业图

5.2.3 箱梁架设施工操作要点

1. 桥梁运输

1）箱梁吊装

2 台 MQ450t/34m 门式起重机，以 0.5m/min 的速度起升箱梁至运梁车放置高度 0.5~1m 位置处，停止起升；再以 2.0m/min 的速度横移至运梁车上方，落梁至运梁车上。

2）箱梁运输

运梁机走行时两侧设专人监护，避免由于走行方位误差过大造成就位困难及倾覆危险。

2. 架桥机纵移过孔就位

1）架桥机由宽式变窄式：一、二号小车走行到落梁位，连接三号柱下横联，操作三号柱的液压系统，拔出三号柱柱体定位销，提升三号柱，操作折叠机构由宽式变窄式，走行轮组内摆至走行位置，穿好柱体定位销成窄式支撑（图 5.2.3-1）。

2）架桥机纵移：二号小车退到机臂尾部，用刚性横联将 1 号柱与已架设箱梁吊梁孔张紧并用手动葫芦做好一号柱保险张拉，拆除二号柱支撑垫木，取去一号柱定位销，驱动三号柱走行机构纵移架桥机（图 5.2.3-2）。

3）支撑二号柱：架桥机纵移到位后，垫好二号柱支撑垫木，一号小车退到机臂尾部准备纵移一号柱（图 5.2.3-3）。

4）一号柱纵移：操作一号柱液压系统，拔出一号柱下升降油缸定位销，将一号柱下柱身上提，纵移一号柱，走到一号柱机臂上定位销座穿定位销，在桥墩上支撑一号柱并穿定位销，拧好一号柱附助螺旋支腿（图 5.2.3-4）。

5）架桥机窄式变宽式：一、二号小车走行到机臂前端，操作三号柱的液压系统，拔出三号柱升降的定位销，提升三号柱，操作折叠机构使走行轮组外摆至宽式支撑并穿好定位销，打开三号柱下横联（图 5.2.3-5）。

6）准备吊梁：一、二号小车走行到后机臂取梁位置，让一号小车距二号柱中心 2.8m 处等待吊梁（图 5.2.3-6）。

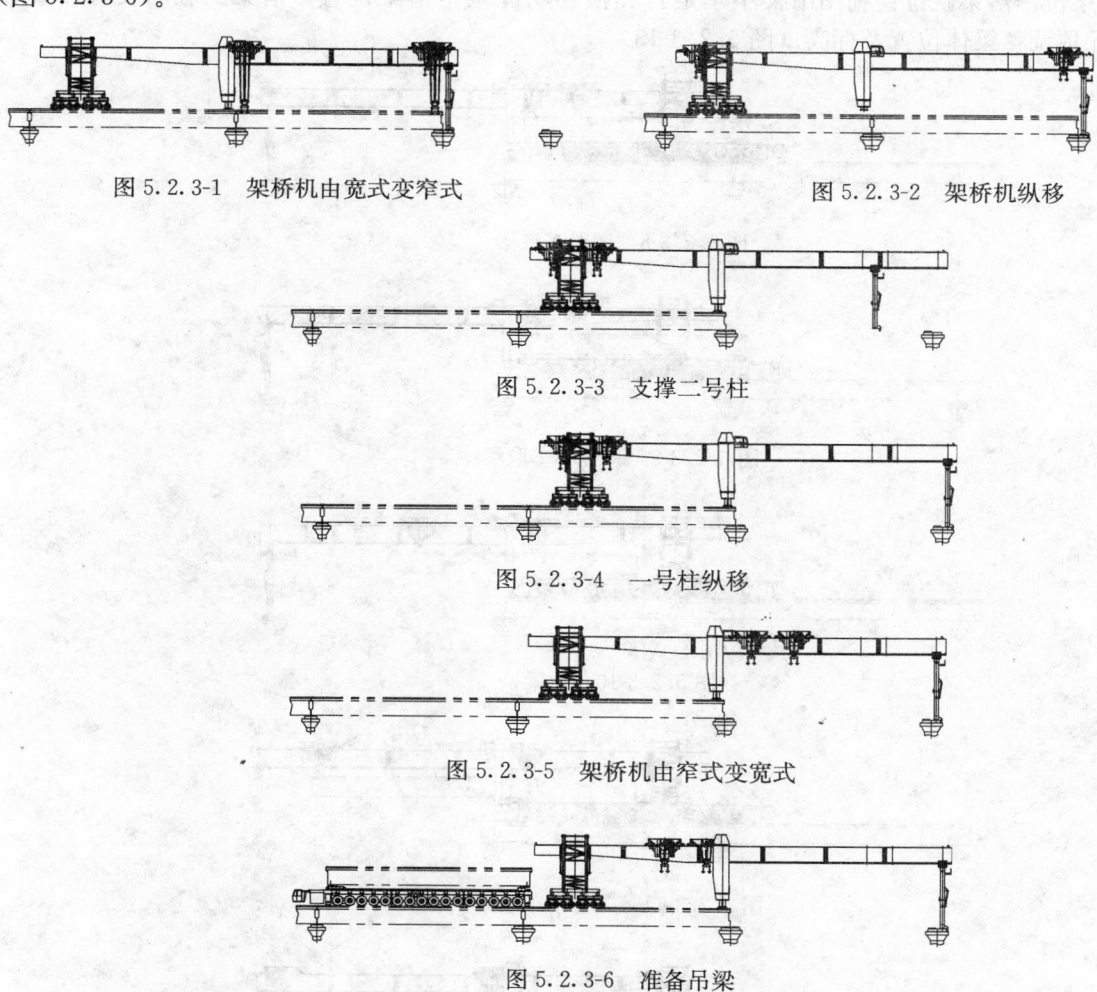

图 5.2.3-1　架桥机由宽式变窄式　　　　　图 5.2.3-2　架桥机纵移

图 5.2.3-3　支撑二号柱

图 5.2.3-4　一号柱纵移

图 5.2.3-5　架桥机由窄式变宽式

图 5.2.3-6　准备吊梁

架桥机纵移作业见图 5.2.3-7。

3. 喂梁

1）三号柱窄式变宽式，调整均衡油缸并支撑到桥面上，拆除三号柱的下横联，转动 90°，让出喂

图 5.2.3-7 架桥机纵移作业图

梁通道。

2）运梁车继续前行至 1 号小车吊梁位，运梁车停车，支起运梁车前机组液压辅助支腿受力（图 5.2.3-8）。

4. 吊梁纵移

1）一号小车取梁：将一号小车运行到待架梁的前吊梁孔，安装吊架起吊箱梁（图 5.2.3-9）。

2）拖梁：一号小车吊起箱梁，使箱梁底面离开运梁车支承面 100mm，一号吊梁小车与运梁台车同步运行，将梁拖到二号小车取梁位（图 5.2.3-10）。

3）二号小车取梁，运梁车退出：将二号小车运行到待架梁的后吊梁孔，安装吊架起吊箱梁，运梁车从三号柱下部退出，到梁场装运下一孔箱梁（图 5.2.3-11）。

4）落梁：一、二号小车走行到位后降低梁体的高度，箱梁底面距支座上平面 1.5m 停止，安装支座板预埋螺栓（图 5.2.3-12）。

5）调整梁位，落梁就位：利用吊梁小车走行和横移功能调整落梁位置，落梁到临时支撑千斤顶上，通过千斤顶调整梁体位置及标高（图 5.2.3-13）。

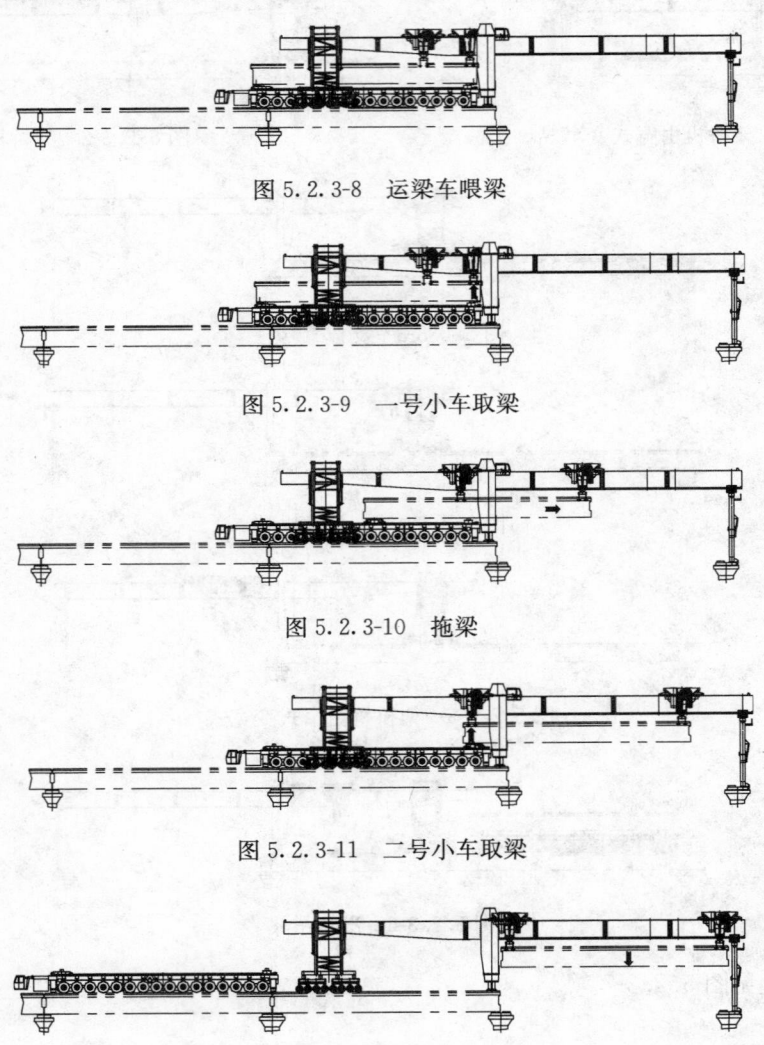

图 5.2.3-8 运梁车喂梁

图 5.2.3-9 一号小车取梁

图 5.2.3-10 拖梁

图 5.2.3-11 二号小车取梁

图 5.2.3-12 落梁

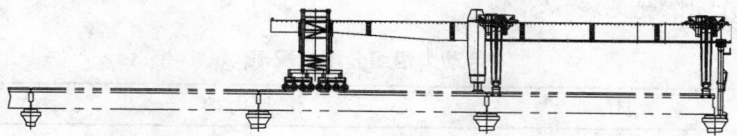

图 5.2.3-13 调整梁位，落梁就位

箱梁架设作业见图 5.2.3-14。

图 5.2.3-14 箱梁架设作业图

5. 架设最后一跨箱梁

架桥机架设倒数第二孔梁与架设中间梁的作业程序完全一样。架设最后一孔梁时，架桥机纵移到位后，先拆除一号柱折叠柱间的连接螺栓，收缩折叠油缸，收起折叠柱，然后一号柱走行过孔到前方桥台。伸出一号柱基本柱上的伸缩柱，支撑到桥台上；然后将三号柱由窄式支撑变换为宽式支撑，起重小车运行至取梁位置，架桥机即完成纵移作业，处于待架梁状态（图 5.2.3-15、图 5.2.3-16）。

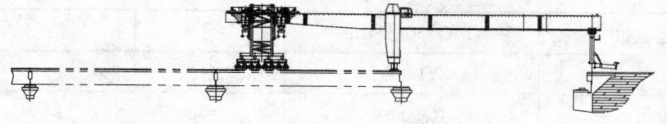

图 5.2.3-15 架桥机纵移到位

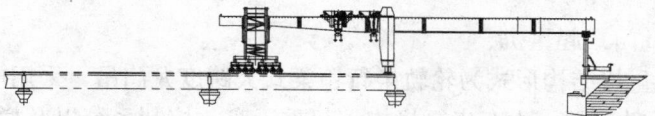

图 5.2.3-16 架桥机处待架末孔梁

架设末孔箱梁作业见图 5.2.3-17。

5.3 劳动力组织

5.3.1 按照特种设备作业的要求，指挥和操作人员必须具有国家认可的装吊和操作资格证书。班组人员均须经过岗位和技术培训，经考试合格才能上岗作业。

5.3.2 450t 龙门吊按照每天运输 3 片箱梁作业，工作约 8～10h 考虑，配置一班作业人员。

5.3.3 YL900t 轮胎式运梁车按照每天运输 2 片箱梁作业，工作约 8～10h 考虑，配置一班作业人员。

5.3.4 JQ900A 架桥机按照每天架设 2 片箱梁作业，工作约 8～10h 考虑，架桥机配置一班作

图 5.2.3-17 架设末孔箱梁作业图

业人员。劳动力组织分配情况见表5.3.4。

劳动力组织分配情况表　　　　　　　　　　　　　表5.3.4

名序	作业项目	作业内容	人员数量
提梁	支座安装	支座卸车、转运、安装	6
	箱梁垂直上升	指挥、监护、操作	6
运梁	箱梁运输	负责指挥、监护走行线路、设备操作	5
架梁	指挥架梁作业	负责具体安排、指挥架梁作业	1
	负责施工技术	施工测量、控制	3
	负责机械技术	专职机械工程师	2
	安全监督	现场安全管理	1
	架桥机操作	设备操作、监护作业，发电司机等	12
	辅助工人	吊具拆装、灌浆、支腿锚固等	16
合计			52

6. 材料与设备

6.1　主要机具设备表

本工法无需特别说明的材料，采用主要机具设备见表6.1。

主要机具设备表　　　　　　　　　　　　　表6.1

顺号	设备名称	规格型号	单位	数量	用途
1	450t龙门起重机	MQ450t/34m	台	2	吊箱梁至运梁车
2	900t运梁车	YL900	台	1	运输箱梁
3	900t架桥机	JQ900A	台	1	架设箱梁

6.2　主要设备简介

6.2.1　MQ450/36m门式起重机

MQ450/36m门式起重机结构形式为轮轨走行箱梁式大跨度龙门吊，采用电力驱动。其主要结构包括：主梁、固定支腿、活动支腿、大车走行机构、起重天车、控制系统以及栏杆、梯子、走道等组成。MQ450/36m门式起重机结构总体方案见图6.2.1-1。

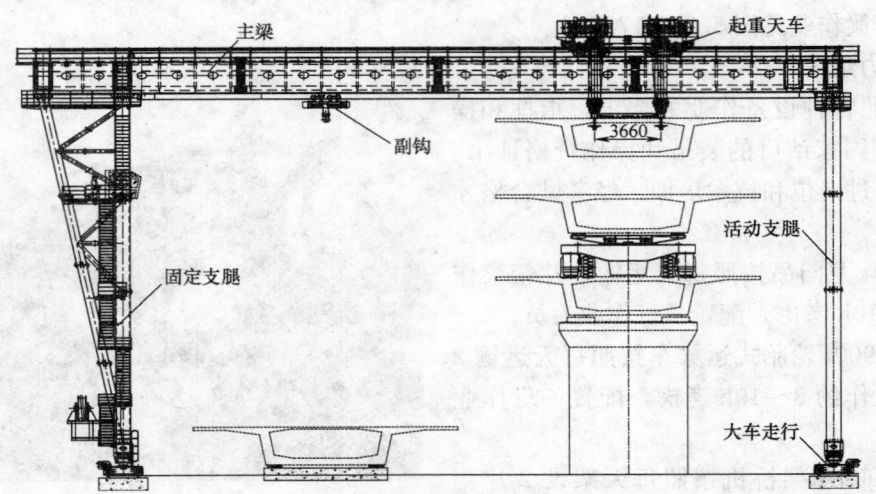

图6.2.1-1　MQ450/36m门式起重机结构总体方案

1. MQ450/36m 门式起重机主要技术参数（表 6.2.1）

MQ450/36m 门式起重机主要技术参数表（单台）　　　　　　　　表 6.2.1

序　号	参 数 名 称	技 术 参 数
1	额定起重量	450t
2	跨度	36m
3	适应的坡度	10‰
4	最大起升高度	28m
5	最大轮压	32t
6	最大输出电流方式	200A
7	梁起吊方式	"三吊点"起吊
8	整机配电功率	156kW
9	重量	280t
10	外形尺寸	14m×38.65m×17.3m
11	桁车起升速度	0～1(空载)m/min、0～0.5(重载)m/min
12	桁车运行速度	0～4(空载)m/min、0～2(重载)m/min
13	大车走行速度	0～10(空载)m/min、0～5(重载)m/min
14	桁车运行速度	0～4(空载)m/min、0～2(重载)m/min

2. 设备关键技术

综合考虑门式起重机转移箱梁、双层存梁、组装解体运架设备、能够在 8 级风载下正常工作等因素，MQ450/36m 门式起重机在结构选型和技术参数确定时，重点对以下关键技术进行了研究：

1）结构模块化设计。主要承载结构、走行机构和起升机构均采用模块化组装体系，本工程施工完毕后可以重新使用到龙门吊、架桥机等施工设备上。

2）变频电机驱动技术。由于变频调速驱动方式技术成熟、工作可靠，因此在门式起重机的整机运行、起吊、横移等部位都采用了变频器——变频电机驱动。为满足空载和轻载整机运行要求，门式起重机纵向走行方向上对称布置 4 组驱动轮和 4 组从动轮。考虑到安全因素，运行和横移电机均带制动功能，采用断电制动。

3）自动均衡的"三吊点"起吊技术。为了平稳提升箱梁，除了起吊卷筒运行的同步性，还必须考虑在特殊情况下吊点不平衡时对梁体产生的弯扭影响，除了通过 PLC 程序自动监测和调整两侧起吊卷筒的不同步差值外，在吊具设计中考虑了结构和自由度的合理设计，使得梁体在起吊或是置放时其吊点或支点能够自行地进行微量调整，以消除不利工况对梁体的影响。为此，门式起重机 A 设计为柔性吊具，梁体可以通过 A 台吊具上的铰点自动调节，相当于转化为可以微量调节的一点，门式起重机 B 设计为刚性吊具，相当于固定的两个吊点。双机联动吊梁时，形成受力合理、自动均衡的"三吊点"起吊体系，保证箱梁和吊具结构不受附加弯扭作用造成损坏。

4）门式起重机组装技术。MQ450/36m 门式起重机跨度 36m 有效起升高 28m，属于特大型龙门吊。其安装工艺复杂、工程量大、危险性高，特别是主梁自重达 120t，尺寸庞大、吊装位置高，其整体拼装精度、整体起吊后与刚柔性支腿的对位控制十分困难，因此制定安全、周密、科学的安装方案并有效实施十分重要。

5）配套齐全的安全装置。MQ450/36m 门式起重机安全系统包括起吊卷筒夹盘制动器、高度限位器、速度编码器、超速度开关、限位开关、载荷测量装置、急停按钮以及程序保护等，通过科学的设计和采用各种安全监控装置确保吊梁作业安全。

6）遥控操作及 PLC 程序控制技术。采用 PLC 程序控制系统，操纵信号联线实现双机联动。

3. 门式起重机轨道基础设计

根据 MQ450/36m 门式起重机各工况对轨道结构的受力要求和所处区域地质情况，门式起重机轨道基础采用 4m 宽钢筋混凝土扩大基础，基础高 40cm，基底作压实处理，轨道基础布置情况见图 6.2.1-2。

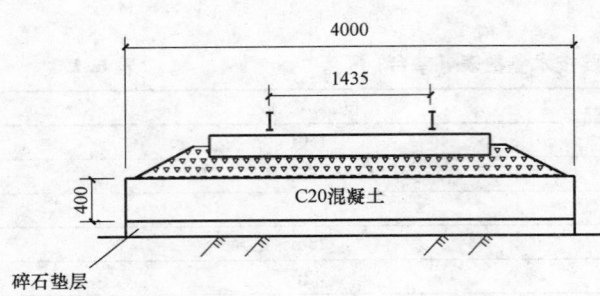
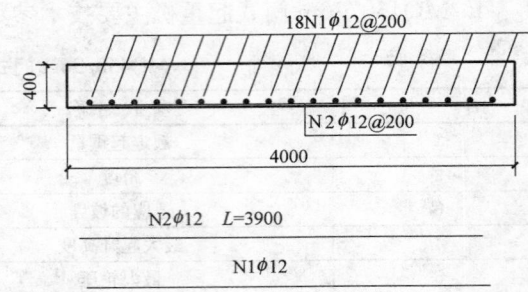

图 6.2.1-2　门式起重机轨道基础图

6.2.2　运梁车

YL900 型轮胎式运梁车由主梁、走行轮组、转向机构、托梁台车、动力系统、液压系统、电气系统及制动系统等组成。轮胎式运梁车结构总体方案见图 6.2.2。

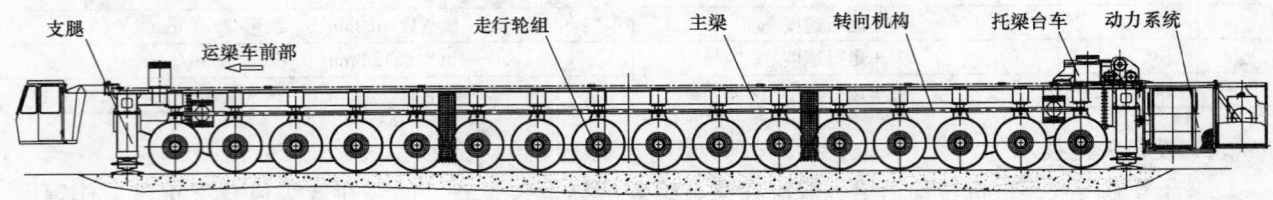

图 6.2.2　YL900 轮胎式运梁车结构总体方案图

1. YL900 轮胎式运梁车主要技术参数（表 6.2.2）

YL900 轮胎式运梁车主要技术参数表　　　表 6.2.2

序　号	参数名称	技术参数	序　号	参数名称	技术参数
1	运载能力	900t	8	充气压力	8bar
2	空载运行速度	0～8km/h	9	接地比压	0.6MPa
3	重载运行速度	0～4km/h	10	轴间距	1900mm
4	适应最大坡道	4%	11	轮胎	64 个
5	最小转弯半径	R60m	12	整机功率	2×447kW
6	空载高度	3662mm	13	整机自重	253t
7	重载高度	3552mm			

2. 设备关键技术

1）PLC 集中控制技术。采用 PLC 集中控制系统，通过角度传感器、方向传感器及电液伺服系统实现同步运行和方向自动控制，采用手动控制，人工监控，实现行驶方向调节，保证运梁车不偏离安全的行驶路线。

2）多轮组、液压载荷均衡技术。采用 64 个轮子及配套的液压系统和载荷均衡系统，自动调整轮组压强，保证载荷均匀分布在各轮组上，而且当障碍物出现时，该系统也能保证轮组载荷再均匀分布，避免局部超载，始终保持前后车轮组的平衡，并能降低工作中产生的对结构、动力机组和驾驶室的振动。

3）"二次纵移"技术。通过"二次纵移"运梁就位，大大缩短了架桥机的长度；前后车组设置辅助支腿系统，确保二次纵移时前运梁车组前端轮胎不超载，保持前方运梁车组的稳定和平衡。

4）"三支点"体系设计。前承重横梁上的两个支座直接固定于横梁顶面，托梁台车上的两个支座底部设置有互通式液压油缸，等效转化为 1 个支点，形成稳定的"三支点"系统，保证所运箱梁承受附加弯扭作用。

6.2.3 架桥机

JQ900A 型箱梁架桥机为龙门式双主梁三支腿结构（见图 6.2.3-1）。主要由一、二号起重小车、机臂、一号柱、二号柱、三号柱、液压系统和电气控制系统等组成。它具有遥控操作、自重轻、安全可靠性好、架梁效率高、整机自力过孔等特点。

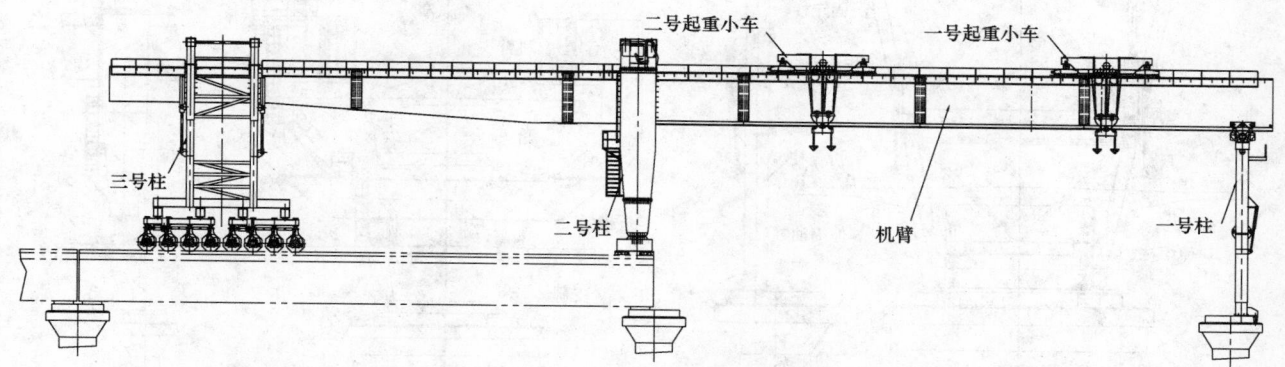

图 6.2.3-1　JQ900A 型架桥机整机结构图

1. JQ900A 架桥机主要技术参数（表 6.2.3）

JQ900A 架桥机主要技术参数表　　　　表 6.2.3

序号	参 数 名 称	技 术 参 数
1	额定起重量	900t
2	适应线路纵坡	20‰
3	最小工作曲线半径	5500m
4	吊具底面至桥面净空	7.5m
5	吊点数	4 个
6	整机配电功率	280kW
7	驱动方式	液压驱动
8	梁起吊方式	"三吊点"起吊
9	单件最大重量	16.5t
10	架桥机纵移	0.1～3.0m/min
11	重量	498t
12	桁车起升速度	0.1～0.96(空载)m/min、0.1～0.48(重载)m/min
13	桁车运行速度	0.1～4.78(空载)m/min、0.1～2.21(重载)m/min

2. 设备关键技术

1）变截面、合理节段式机臂设计原则。机臂作为架桥机的主承重结构，其设计的关键技术点是：

变截面设计原则。机臂的受力工况和有限元分析计算，机臂设计成形变截面形式，以尽可能的优化结构、降低重量。

合理节段长度设计原则。架桥机机臂全长 66m，在设计单节段长度时，既要做到尽量减少节段数量，以达到降低组装工作量和安装风险，易于保证机臂在全长范围内的精度要求，又要满足公路运输、吊装部件尺寸和重量限制的要求。单机臂分为 6 个节段，很好的解决了上述矛盾。

2）双层式可折叠式 1 号柱。1 号柱作为架桥机前端的支撑，主要作用是架桥机纵移时提供滚动支撑，架梁时与机臂铰接，成为柔性支腿，设计的关键点技术是：

托挂轮组设计。为了保证前支撑与机臂之间能够做相对运动，前支撑设计采用托挂轮组与机臂作滚动连接，即机臂纵移时压在托轮上，支撑纵移时吊在挂轮上。为了保证运行的平稳及受力合理，托挂轮组采用均衡梁＋多轮组设计，这样不会因 1 号柱底部旁弯力矩局给机臂支点造成损坏变形。

双层式设计（图 6.2.3-2）。正常过孔工况，架桥机前支腿支撑在待架跨墩顶上；架设末跨工况，前支腿需要支撑在桥梁或桥台顶面上。

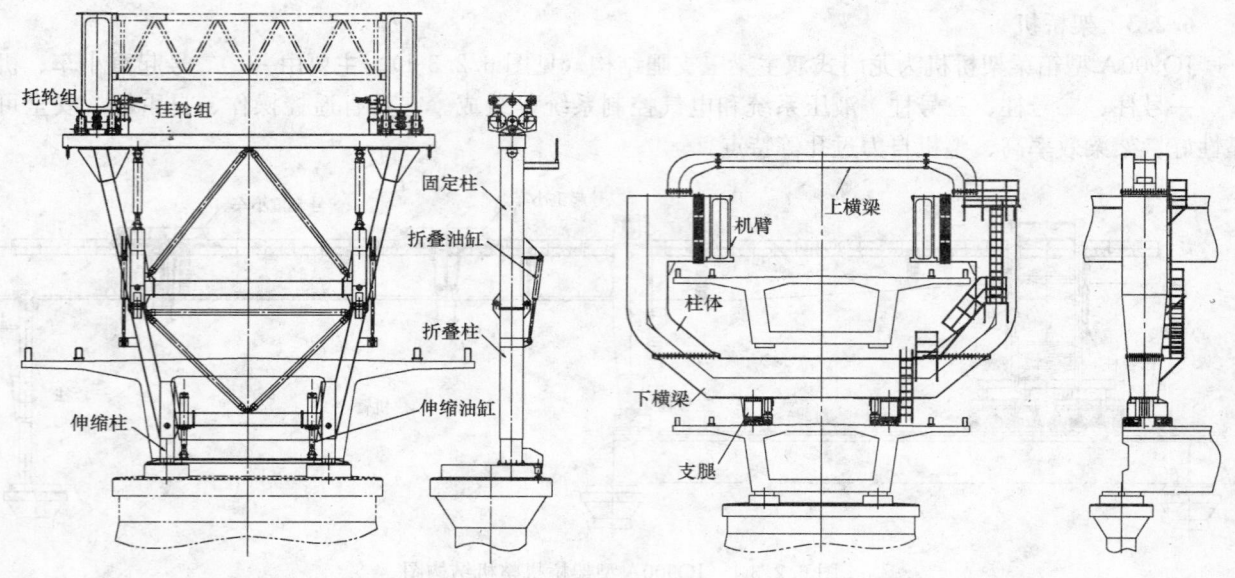

图 6.2.3-2　双层可折叠 1 号柱　　　　　　　图 6.2.3-3　二号柱结构图

由于二者之间存在高度差，故采用双层框架结构设计以满足两种不同工况的需要。正常过孔工况上下两层框架采用螺栓固定连接（联接面旁边设有回转销轴），架设末跨工况只需拆除螺栓、利用折叠油缸将下层框架绕回转销轴向上收折即可。前支腿上下双层框架底部均设置有 2 个液压油缸，用于支撑并顶升机臂。

3）"O"形结构、横向调整整机 2 号柱（图 6.2.3-3）。2 号柱作为架桥机中部支撑，与机臂固结，形成刚性支腿，可横向调整整位置，为了满足运梁车驮运架桥机的需要，下横梁设计成可拆卸式。设计的关键技术点是：

"O"形结构。二号柱"O"形门架结构位于机臂中部，与机臂固结，提高与计梁的连联刚性，是"龙门架"结构中的刚性支腿。二号柱的下横梁设有四个液压升降支腿，满足纵移时换步和架梁作业时稳定支撑要求。

横向调整整机。两支腿下设有横移机构，通过横移油缸推动二号柱带动机臂摆头，从而横向调整架桥机位置，适应曲线架梁需要。

4）门架结构、两种支撑工况 3 号柱（图 6.2.3-4）。架桥机纵移驱动支柱，为满足运梁车喂梁通过及架桥机纵移驱动要求，设计成门架结构。设计的关键技术点是：

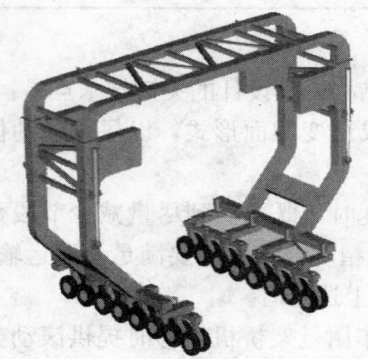

图 6.2.3-4　三号柱构造图

两种支撑工况。升降柱、折叠机构使三号柱有两种支撑工位——宽式支撑和窄式支撑。运梁车喂梁作业时，架桥机三号柱提升支腿并外摆走行轮组形成宽式支撑，运梁车可以载梁从三号柱内部通过，完成喂梁作业，并在箱梁被完全吊离运梁车顶面后自由退出；架桥机走行时，架桥机三号柱提升支腿并内摆走行轮组形成窄式支撑，使走行轮组并支撑在箱梁腹板上方，箱梁受力合理。

转向机构。架桥机走行曲线半径很大，转向作业不频繁，走行轮组结构布置采用偏转走行轮组式的转向形式。在三号柱走行轮组上设置转向机构，推动架桥机机臂沿一号柱托轮组前移。三号柱的 16 个走行轮组分成四组，每组间的四个走行轮组通过连杆相连，由一个转向油缸推动实现转向，有相同的转向角度，走行时轮组横向偏移量控制在±30mm 内。

走行轮组（图 6.2.3-5）。走行轮组通过不同路况时，液压悬挂油缸能对走行轮轴作竖向补偿，同时走行轮轴可以横向适量摆动，以适应路面有横坡的情况，并使各走行轮受载均衡。

5）起重小车。起重小车作为沿架桥机机臂顶端轨道运行的大型桥式起吊装置，其主要作用是起吊、纵移和横移箱梁。设计的关键技术点是：

凹式结构架、移运器承重走行降低整机高度。以往的设计起重小车架都是设计直梁，起升构构安置在直梁上，而本机起重小车架设计成凹梁，并将起升机构放置的凹面内，降低整机高度；采用移运器代替走行轮，使接触面增加，对钢轨的受力点也分散，降低整机高度，稳定性提高。

排绳器与卷扬机形成闭环控制。JQ900A 型架桥机起重小车卷扬机构采用主动排绳器排绳，排绳器由变频电机、链轮、链条、丝杆、螺母、导向杆、支座和导向滚轮等组成传动机构。是一个随动系统，与卷扬机形成闭环控制。卷扬机转

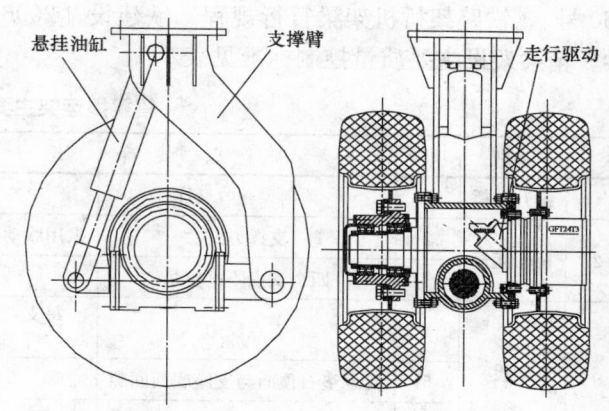

图 6.2.3-5　三号柱走行轮组

一圈，排绳器的导向滚轮横向移动一个钢丝绳直径距离。导向滚轮走到一端，钢丝绳在卷筒上缠绕完一层，通过接近开关使导向滚轮反向运动，开始第二层钢丝绳的缠绕。

双制动。高速轴采用液压推杆制动器作为常规运行制动，低速级采用液压盘式制动器作为紧急制动，确保吊梁作业安全可靠。

6）无线局域网、互锁、屏幕与遥控统一进行方式。架桥机设计采用无线局域网、互锁、屏幕与遥控统一进行方式相结合的操作方式。

无线局域网。JQ900A 型架桥机电气系统硬件架构为无线局域网，是架桥机的控制核心。由一号柱、二号柱、三号柱、一号起重小车、二号起重小车、运梁车等六个子系统组成。比如起小车与主控室之间没有控制线，需是通过天线发送的信号，通过局域网来控制，减少复杂的控制线路。

互锁。架桥机只能进行单一的指令，不能同时执行两个指令。如起重小车走行工况时，三号柱就不能提升。

屏幕与遥控统一。操作通过屏幕及遥控器统一进行，主屏幕将实时同步显示系统关键点数据及电气系统本身各部分的工作状态。JQ900A 型箱梁架桥机操作界面采用了屏幕化菜单操作方式，由操作面板和菜单操作组成。触摸屏界面上的工况选择完成以后，实际上的启停操作主要是由工作遥控器完成，但司机室操作人员可根据显示界面提供的信息随时无缝插入，在不停机的情况下接过控制权，改由司机室操作。

7）安全装置。由于架梁作业危险性高、事故危害大，故设计时应考虑完善的安全防护装置，包括人员防护、设备防护和重大危险防护等。

人员防护。所有需要操作和维护人员到达的区域，均设置带护圈的爬梯、走道、操作平台和扶手护栏。针对待架跨墩顶人员作业范围狭窄、易高处坠落的情况，在架桥机 1 号柱处设置了三面合围的防护栏杆。

设备防护。包括设备动作防护和设备损坏防护两部分。前者包括电气连锁机构、速度测量装置、控制位置的行程开关等，主要目的是防止误动作、保证动作灵活、安全、可靠；后者包括防撞限位开关、限位块、载荷测量装置、液压系统安全与溢流装置等，主要目的是防止设备因意外碰撞、超载、失灵等造成设备的损坏。

重大危险防护。包括紧急制动操作按钮（急停遥控器、安在二号柱和操作室控制柜上）、起升卷筒法兰盘液压紧急制动装置、风速测量装置等。

7. 质 量 控 制

7.1　质量控制标准

施工中各项的技术标准应满足《客运专线铁路桥涵工程施工质量验收暂行标准》铁建设〔2005〕

160号、《铁路架桥机架梁暂行规程》铁建设［2006］181号和箱梁设计图的要求。箱梁提升、桥面运梁、箱梁架设主要质量控制标准见表7.1。

箱梁提运架主要质量控制标准　　　　　　　　　　　　　　　表7.1

类号	类别	项号	项　点	质量标准	检测方式及部位
1	提升上桥	1	预制梁验收交库	合格	查箱梁制造证书
2	桥面运输	2	支撑方式	采用联动液压装置或三点平面支撑	查运梁车结构
		3	四个支点不平整量	≤2mm	采用水平仪观测
3	架设	4	支点反力	每支点反力与四个支点反力的平均值相差不超过±5%	观测油表读数
		5	支承垫石顶面与支座底面间隙	20～30mm	测量支承垫石顶面与支座底面间隙
		6	与相邻梁端桥面高差	≤10mm	测量桥面高差
4	过孔	7	注浆材料的强度	≥20.0MPa	抽取一组立方体试块进行抗压强度试验

7.2　质量控制技术措施

7.2.1　建立各级技术人员的岗位责任制，逐级签订技术包保责任状，做到分工明确，责任到人，严格遵守基建施工程序，坚决执行施工规范。

7.2.2　在施工前，组织有关人员认真学习新技术、新工艺、新材料、新设备、新测试方法的技术要点，并认真进行技术交底，确保在施工中正确应用，提高工程质量。

7.2.3　设专职质检工程师，在施工过程中自下而上，按照"跟踪检测"、"复检"、"抽检"三个等级分别实施质量检测职能。

7.2.4　架桥机经过检查、验收、试吊签证，箱梁在运架过程中不允许出现裂缝。

7.2.5　架梁前必须复核检查桥墩里程、支座垫石高程、支座中心线及预埋件等，待架箱梁梁型与设计梁型一致。

7.2.6　对900t箱梁提、运、架设备严格执行日检、周检和巡检制度，定期进行维护保养，及时对出现故障的设备进行有效的维修，杜绝设备带病运行。避免由于设备运行状况不良造成对箱梁的损害，特别是对箱梁吊点部位的受力情况和设备的吊具应重点监测。

8. 安 全 措 施

8.1　建立安全领导小组和安全生产管理网络，建立和落实各级安全生产责任制，

8.2　建立各项安全生产规章制度和安全操作规程，建立相应的内部考核制度，积极落实安全生产检查制度和事故整改制度。

8.3　加强安全学习。对安全用电知识、设备安全技术操作规程等相关知识进行培训。

8.4　加强作业安全的管理力度，制定专项安全管理制度。

8.5　定时、定员组织对项目安全工作进行全面检查，检查和评比相结合，严格奖惩制度。

8.6　设安全可靠的内外围栏、醒目的安全警告标志牌、安全标语。

8.7　由于架梁作业属高空作业，因此人员必须拴系安全带；施工现场必须挂安全网。

8.8　尽量避免上下层交叉作业，不得已时采取适当的安全防护措施。

8.9　加强风速监控，一般情况下遇有六级以上大风，停止一切高空和装吊作业。

9. 环 保 措 施

9.1　水土保持措施。为保证地表径流的排泄，工程施工不要切割、阻挡地表径流的畅通，不得强行改变径流的方向或改沟、改河。临时用地范围的裸露地表植草或种植树木绿化。

9.2 防止噪声污染措施。针对施工过程中产生的噪声，对动植物和人体损害均较大，为了保护环境，应尽量减少噪声污染，避免夜间作业。对机械设备产生的超分贝噪声利用消声设备减噪。

9.3 防止水污染措施。施工营地生活废水就近排入不外流的地表水体，严禁将生活污水直接排放至江河中，对于含沙量大且浑浊的施工生产废水，采用沉砂池处理后再排放，含油废水经隔油池处理后排放，防止油污染地表和水体。

9.4 维护生态平衡系统，避免人为恶化环境措施。加强生态环境保护的宣传工作，使全体参建员工充分认识对环境保护的重要性和必要性，加强环保意识。制定详细的环境保护措施，建立严格的检查制度，避免人为恶化环境。保护好铁路沿线的植被、水环境、大气环境、自然生态环境、土壤结构、自然保护区、野生动植物，维护生态平衡系统。

9.5 地表植被的保护。合理规划施工便道、施工场地，固定行车路线、便道宽度，限制施工人员的活动范围，尽量少扰动地表、少破坏地表植被。

9.6 生产生活垃圾处理及油料管理。严禁将生活污水直接排放至江河中，含油废水经隔油池处理后排放，防止油污染地表和水体。生活污水经化粪池处理后排放。

9.7 施工营地设置集中垃圾收集地，设专人管理，经无害化处理后排放，定期填埋，严禁就地焚烧。对营地生活垃圾（包括施工废弃物）集中装运至指定垃圾处理场处理。对不能处理的垃圾拉到设有处理设施的厂处理。

9.8 油和废油的管理：机械维修、油料存放地面应硬化，减少油品的跑、冒、滴、漏，所有油罐要有明显的标志，在不使用时要密封；严禁随意倾倒含油废水，应集中处理。

9.9 生态环境保护措施。征地拆迁范围内的野生植物，根据《中华人民共和国野生动植物保护条例》向有关部门申报，根据野生植物行政主管部门的意见采取措施，合理保护植物资源。保护施工沿线的古树和其他珍稀树种，防止对古树造成损伤。

10. 效 益 分 析

中铁二局合宁铁路全椒制梁场采用 JQ900A 架桥机、YL900 运梁车、MQ450t 龙门起重机完成箱梁起吊、运输、架梁作业，经济及社会效益显著，主要体现如下：

10.1 经济效益

客运专线（高速铁路）900t 级箱梁运架施工方法在我国铁路是首次使用，难以与普通铁路的 160t 级的桥梁运架施工方法进行比较。与架设同等箱梁的下导梁式架桥机比较，具有以下经济效益：

10.1.1 该架桥机的结构方式在过跨时，与下导梁式架桥机比较，辅助工作量少，施工人员的劳动强度低，不需借用任何辅助设备、材料实现过跨工序。

10.1.2 该架桥机的结构方式在桥间转移时，与下导梁式架桥机比较，桥间转移时不需借用任何设备，辅助工作量少，每次靠自身功能就可进行桥间转移。

10.1.3 充分运用 MQ450 龙门起重机有效的净空高度，完成架桥机机臂以下的拼装，减少架桥机拼装的辅助工作量，节约架桥机拼装的时间及费用。

采用 JQ900A 架桥机、YL900 运梁车、MQ450t 龙门起重机完成箱梁起吊、运输、架梁作业，辅助工作量少，施工人员的劳动强度低，工效高，经济效益性好。

中铁二局合宁项目部箱梁预制和运输架设共计 441 孔，其中 32m 箱梁 117 孔（其中包括 32m 先张箱梁 3 孔），24m 箱梁 324 孔，32m 箱梁制造和运输架设平均价为 69.23 万元，24m 箱梁制造及运输架设平均价为 52.60 万元，施工产值合计 25142 万元。

10.2 社会效益

本工法关键技术已申请了以下 6 项专利：步履式箱梁架桥机（ZL200520098024.1）；基于可编程自动控制器的排绳装置以及排绳方法（200810000030.7）；大吨位轮胎式运梁车（ZL200720081894.7）；

一种箱梁预制液压内模（ZL200720080496.3）；大吨位整孔箱梁运输及架设施工方法（200710050067.6）；600t支座重力式灌浆施工方法（200710049644.X）；箱梁钢筋集中预扎和整体吊装施工方法（200710050890.7）。

10.2.1 解决了我国铁路客运专线（高速铁路）900t级箱梁运架施工的难题，开创了铁路架梁史的新篇章，人性化设计，设备机械化程度高、操作简单、方便，安全可靠度高，充分简化了传统的架梁程序，减少了劳动力的投入，降低工程造价、缩短工程工期，提高铁路桥梁工程建设速度。

10.2.2 全路客运专线率先实现900t级箱梁起吊、运输、架设，众多铁道部专家和同行来现场观摩学习，为国内客运专线箱梁预制提供了典范，社会效益显著。

11. 应 用 实 例

11.1 新建铁路西安南京线合肥至南京工程32m/900t级预应力混凝土箱梁运架施工

11.1.1 工程概况

新建铁路西安南京线合肥至南京段，位于沪汉蓉快速通道的东段，是国家规划的"四纵四横"快速客运网的重要组成部分，线路全长166km，是我国第一批开工建设的客运专线之一。该线时速250km 32m/900t级运架设备关键技术研究，在我国铁路史上尚属首次。中铁二局合宁项目部承担着该段442孔（其中32m梁118孔，24m梁324孔）预制预应力混凝土简支箱梁的制造架设任务，并承担了9孔箱梁的试验研究任务，合同金额约2.5亿元，合同工期为2005年7月20日至2007年4月30日。梁场建于合宁线全椒货场，赵店河、襄滁河两座特大桥之间。

11.1.2 施工情况

研制的首套"900t级箱梁运架设备"于2006年3月19日在成功架设了国内第一孔900t级32m双线箱梁。2007年4月3日安全高效完成了本项目442孔梁运架任务。2007年4月3日通过了部科技司、建设司共同组织的专家评审。

11.1.3 工程结果评价

本工法在中铁二局合宁项目部32m、24m混凝土箱梁运架施工中得到了成功运用。整个箱梁运架过程处于安全、稳定、高效、优质的可控状态。在合宁客运专线箱梁架设中创造了15小时架设3孔24m双线箱梁的业绩，验证了该工法先进性和安全可靠性，工程质量优良率98%以上，多次在铁道部质量信誉评价获好名次，无安全事故发生，得到了各方好评。

11.2 武广客运专线XJDI标段箱梁运输和架设工程，共架设箱梁207孔。采用本工法，安全、高效、优质地完成了架设任务，为武广客运专线施工工期提供了有力保障。

11.3 中铁二局京津城际轨道交通工程项目采用本工法进行箱梁的架设施工，从2006年8月起至2007年8月，安全、优质、高效地完成了806孔箱梁的架设。

11.4 中铁二局哈大客运专线项目采用本工法进行箱梁的架设施工，从2008年7月起至2009年1月，安全、优质、高效地完成了467孔箱梁的架设。

截至2009年1月，中铁二局所有的三套"900t级箱梁运架设备"（三套设备分别于2006年3月、2006年8月、2006年10月投入使用）分别在合宁客运专线、京津城际轨道交通、武广客运专线和哈大客运专线工程中共架设900t级双线箱梁约1817孔。

该套设备总体设计合理，配套选型正确，制造优良，性能稳定，经济及社会效益显著，已在我国高速铁路或客运专线的桥梁修建工程中发挥了非常重要的作用。截至目前，国内共有7台JQ900A型架桥机、9台YL900型运梁车投入使用，另外还有在JQ900A型架桥机基础上衍生开发的3台JQ900B型架桥机和1台JQ900C型架桥机亦在使用中。因此，随着我国高速铁路或客运专线建设高潮的到来，"32m/900t整孔箱梁运输和架设工法"必将具有更加美好的推广应用前景。

铁路客运专线900t架桥机及13.4m宽箱梁过隧道施工工法

GJEJGF188—2008

中铁二十一局集团有限公司　中铁二十二局集团有限公司

律百军　兰岚　邓建波　李成玉　徐涛　秦培文

1. 前　言

铁路客运专线后张法900t双线箱梁制运架施工,是近年来随着客运专线的快速发展新兴的一种技术。客运专线的施工中,不可避免的要在山区及丘陵地区有较多隧道分布,甚至桥隧相连的情况下施工,由于铁路客运专线箱梁体积大、自重大,整孔箱梁桥面宽度分别为13.0m和13.4m,无法直接通过隧道实施运架。为节约投资不能简单的采用多建梁场或大量现浇施工,因此过隧道割翼箱梁施工技术的应用解决了这一难题。

福厦铁路是设计时速250km的客运专线,由于福厦线处于丘陵地区隧道较多。由中铁二十一局集团有限公司施工的Ⅲ标段共有106孔整孔箱梁和468孔过隧割翼箱梁。中铁二十一局集团有限公司积极开展科技创新,取得了900t过隧道割翼箱梁制运架这一具有国内领先水平的科技成果。同时总结形成本工法。

由于过隧道割翼箱梁的预制、运架施工技术,在隧道分布均匀、桥隧相连工况下,应用效果明显,技术先进,有明显的社会效益和经济效益。其主要关键技术于2008年12月由甘肃省科技厅、建设厅组织进行科技成果鉴定并通过,经鉴定本项技术达到国内领先水平。

2. 工 法 特 点

2.1　过隧箱梁钢筋采用整体绑扎,取消顶板钢筋绑扎台位,采用底腹板钢筋绑扎台位中设置内胎架,使制梁场布局紧凑,大大节省场地,从而减少土地的使用,减少农田的占用和植被的破坏;使钢筋绑扎迅速、位置准确最大程度上的保证结构的力学设计。

2.2　采用钢筋笼整体吊装技术,减少吊装入模后连接安装时间,极大程度上减少钢筋绑扎台位、制梁台座、外侧模、底模的占用时间,加快了周转,缩短了制梁周期,从而在相同规模下,提升了制梁场的生产能力。

2.3　施工中采用整体固定外模,底、侧模连接成整体,每次拆模时底模、侧模均不移动,直接提出箱梁即可。内模为整体抽拉式,通过液压系统收缩,整体滑入滑出,不需要每次使用时再拼装和吊装,钢筋笼就位后,液压整体式内模通过轨道整体滑入钢筋笼内腔,通过油缸使内模支撑到位,再吊装端模就位。使箱梁模板能够快速组装和拆除,减少内外模板拼装过程中造成的误差并加快周转。提高了箱梁机械自动化程度,解决了内模拆卸难的问题。减少了每次混凝土灌注后模板的拆除和拼装工作量,使制梁台座与模板加快了周转。而且有效的保证了平整度、跨度、全长、腹板斜度、宽度等箱梁的外观质量。

2.4　高性能混凝土耐久性与工作性能的匹配,使混凝土从拌合到入模的工艺,在采用搅拌运输车运至输送泵通过布料机浇筑的方式下,混凝土的含气量、初凝时间、坍落度损失均能满足技术条件的要求;而且气泡最少,使之保证了梁体的外观质量;提高了梁体混凝土早期强度,缩短了预张拉与初张拉的时间,加快了制梁台座的周转,提升了生产能力。

2.5　过隧割翼箱梁切割翼板通过在外侧模上设置栏口板来实现。栏口挡板的设计应用,使在预制过隧箱梁时，使用可反复周转使用的抽拔橡胶扁管成孔，避免采用一次性投入的波纹管，降低了生产成本；减小了施工难度，有效地避免了波纹管破裂造成预应力孔道堵塞的隐患；保证了预应力孔道位置准确与孔道通畅。

2.6　栏口板的设计与应用，栏口板分为上、下两部分，下部固定挡板的共用很好的解决了在集中生产同一种线间距箱梁时集中利用一种类型的挡板。

2.7　使用过隧架桥机的主要制动、支腿的翻转及提升、下导梁的行走及制动均采用了可靠的液压系统，大大提高了箱梁架设施工的机械化程度，使桥间转场与过隧道转场时间大幅度缩短，提高了劳动生产率，降低了劳动强度，改善了工人的劳动条件。

2.8　过隧箱梁的现浇翼缘板施工，使之与运架能同步施工，不必等到全部过隧箱梁运架完毕后再行施工缩短了项目的建设周期；不需损坏已在场内施工完毕的桥面防水层和保护层，保证箱梁耐久性；无需在桥面及桥梁其他部位埋设预埋件，而影响到桥梁的使用寿命；支架模板便于安拆、投入少、安全高效，能够广泛适用于跨江河、高架桥等特殊桥梁的作业；模板采用滑模技术在同一座桥上施工时减少模板安拆、吊装工作量，实现了流水作业。

3. 适 用 范 围

本工法适用于一般地区及山区、丘陵地区的铁路客运专线，隧道分布均匀、桥隧相连路段的 32m/24m/20m 双线箱梁预制及架设施工。

4. 工 艺 原 理

4.1　过隧道割翼箱梁的钢筋笼施工采用集中加工制作、在预设的内、外胎架上整体绑扎后抬吊入模。依据钢筋的间距、规格在胎架上留出槽口，使各种型号不同层次的弯折钢筋准确就位；根据预应力孔道的纵、横坐标在胎架上标出制孔胶管定位网的位置，使其穿入位置准确无误。绑扎完成后整体抬吊入模。

4.2　模板采用整体固定外模，底、侧模连接成整体，每次拆模时底模、侧模均不移动，直接提出箱梁即可。内模为整体抽拉式，通过液压系统收缩，整体滑入滑出，不需要每次使用时再拼装和吊装，钢筋笼就位后，液压整体式内模通过轨道整体滑入钢筋笼内腔，通过油缸使内模支撑到位，再吊装端模就位。

4.3　过隧割翼箱梁在场内预制挡碴墙以内的部分，切割翼板通过在外侧模上设置栏口板来实现。横向预应力孔道采用抽拔橡胶扁管成孔。用螺栓将栏口板固定于外侧模的翼板底面，并将栏口板面板切割出相应宽度的槽口，固定预留钢筋及抽拔橡胶扁管使其位置准确、便于安拆。

4.4　灌注完混凝土后养护到初张，移梁存放，最后在存梁台座上完成终张拉、灌浆、封端等与整孔箱梁相同。

4.5　过隧割翼箱梁的架设利用专用过隧架桥机进行架设。

4.6　翼缘板现浇施工采用托架与滑模技术。原理是利用箱梁既有的通风孔，在翼板下方安装三角桁架，在桁架上安装可滑动的托架，托架上设可升降的螺旋托板调节模板，使之不在梁体任何部位埋设埋件，而且可以与运架同步施工。

5. 施工工艺流程及操作要点

5.1　施工流程（图5.1）

5.2　过隧箱梁预制工艺流程（图5.2）

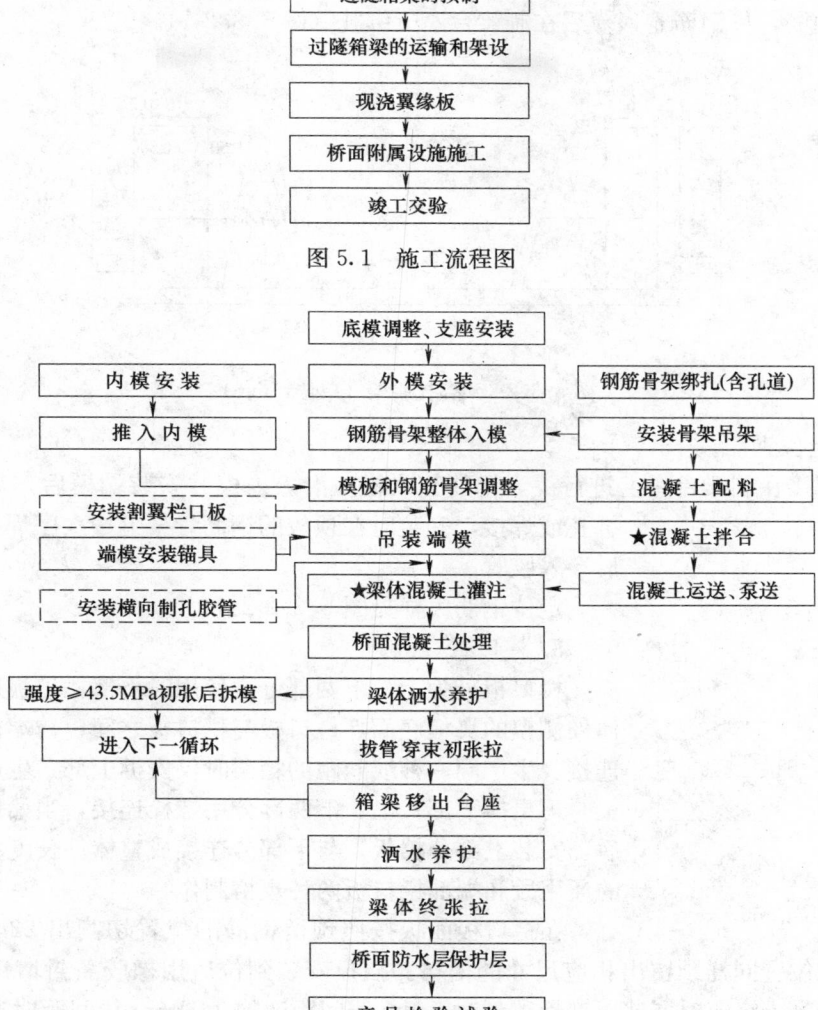

图 5.1 施工流程图

图 5.2 过隧箱梁预制工艺流程图

5.3 过隧箱梁预制操作要点

5.3.1 底模及外侧模安装、固定好后，除周转后对变形、位置错动做微量调整外不需反复拼装，只需在钢筋笼入模前，确定支座预埋钢板与防落梁预埋钢板的位置，中线、平整度、同一支座板的四角高差与四个支座板的相对高差等；内模为液压整体式。内模的安装采用整体拉入的方式进行，即利用台座端部滑道，将内模滑到已绑扎好的整体钢筋骨架内腔规定的位置固定好。

5.3.2 整体钢筋绑扎

1. 梁体钢筋。

梁体钢筋采取整体绑扎的方法。先进行底板和腹板钢筋的绑扎，然后进行顶板钢筋的绑扎。梁体钢筋与预应力钢筋相碰时，可适当移动或适当弯折。所有预留孔处均设有螺旋筋，且吊装孔及桥面泄水孔除环状筋外还设有井字形加强钢筋，绑扎钢筋时应特别注意。吊点附近腹板钢筋及倒角钢筋绑扎时要准确定位。吊点处新增设的附加钢筋必须保证位置的准确及相应的数量。桥面泄水孔处的钢筋可以适当移动。梁体钢筋绑扎时应注意预留孔的位置，及预应力管道的位置。除预应力筋管道外，预留孔分别有吊装孔、桥面泄水孔、梁底泄水孔、以及腹板通风孔。其相互关系应按以下原则操作，通风孔位置与预应力管道相冲突，必须保证预应力管道的位置，而移动通风孔的位置；吊装孔与梁体钢筋相冲突，要保证吊装孔的位置需适当移动梁体钢筋；当桥面泄水孔、底板泄水孔与梁体钢筋相冲突时，可适当调节泄水孔的位置。

挡碴墙预留钢筋，待钢筋笼入模后在制梁台座上绑扎（图 5.3.2-1）。

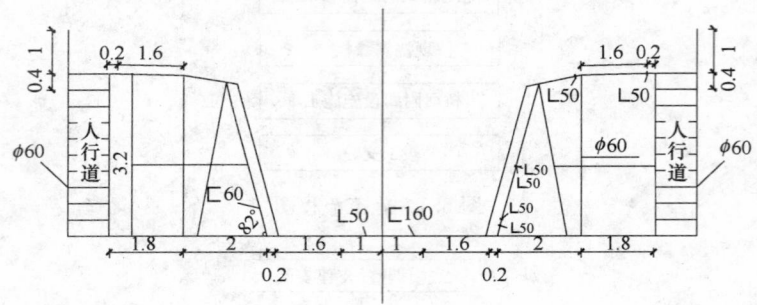

图 5.3.2-1　绑扎胎架（单位：mm）

2. 横向胶管定位钢筋。

定位钢筋的焊接在制梁台座上进行。当钢筋笼入模，滑入内模并安装端模后，与挡碴墙钢筋一同绑扎或焊接，安装时在顶板的钢筋骨架上按次序焊接就位，焊接完成后穿入胶管。

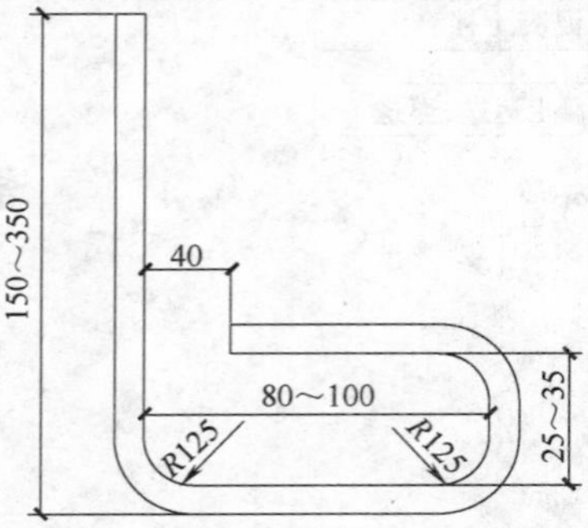

定位钢筋大样见图 5.3.2-2：

3. 栏口板。

栏口板分为上、下两部分，使用时下部栏口板通过螺栓固定于整体外侧模的翼板底面，栏口板与栏口板之间，与端模板之间均用螺栓连接。生产同一种线间距的箱梁时仅安拆上部，生产不同线间距的箱梁时再更换下部；上、下两部分用螺栓连接，当梁体钢筋笼吊装到位后，安装上部分挡板，与下部分连接成整体。长度方向分别按照中部的通用段和端部栏口板两种规格制作。

图 5.3.2-2　定位钢筋
大样图（单位：mm）

在栏口板面板按照预留钢筋的位置切割出 22mm 宽的槽口；在横向预应力孔道的位置同样预留出相应尺寸的槽口。挡板安装到位后用橡胶条封堵钢筋与挡板之间的空隙，以免梁体混凝土浇筑时漏浆；变换梁型时 5.0m 线间距变换为 4.6m 线间距时通过在上部分挡板底部增加高度 34mm 的相应型号角钢即可（纵向割翼端部截面高度：4.6m 线间距高 0.442m，线间距 5.0m 高 0.408m），其角钢和挡板之间采用螺栓连接。详见图 5.3.2-3。

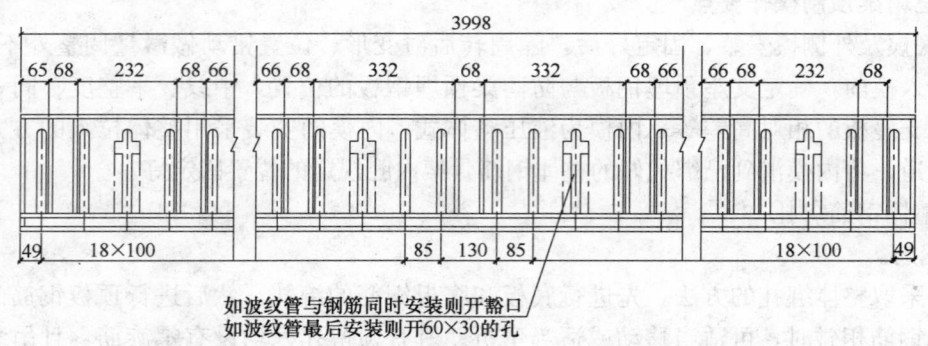

图 5.3.2-3　割翼箱梁栏口板（单位：mm）

4. 横向预应力孔道。

横向预应力孔道采用橡胶抽拔扁管成孔。在实际施工中胶管的尺寸应略微放大，外径宜为 70mm×22mm 和 80mm×22mm 的高强橡胶扁管。使用时在胶管内穿入 2 根 $\phi5$ 钢丝作芯筋增加胶管刚度，每个孔道采用 2 根 7.8m 橡胶管从钢筋笼两侧人工穿入，在中心处对接，避免胶管接头错位。

胶管定位钢筋根据胶管的尺寸设计。其加工制作采用专用胎卡具，定位钢筋先在胎卡具上弯制成型,然后运至制梁台座处,按编号与顶板分布钢筋按顺序焊接在固定位置;在接触网支柱处预留的横向预应力筋有竖弯,不同位置的纵坐标是变化的,孔道定位钢筋加工根据不同的长度,编号下料。下料槽钢切口加设挡板,固定于胎架上,控制下料长度,钢筋顺长度方向允许误差±10mm,弯起位置误差为±10mm。

5. 预留孔洞及预埋件。

梁体上的孔洞和预埋件的预留要充分考虑与后续翼缘板现浇方案相结合。后浇翼缘板采用托架方案。主要利用桥梁腹板上的通风孔和桥面上的泄水孔来安装支架和模板,因此除设计应有的预埋件之外,在割翼梁预制浇筑时不应增加任何预埋件。同时为使支架连续,需在距梁端 1.3m 处增设一个通风孔。由于纵向预应力管道的干扰,其位置较其他通风孔低 20cm。

腹板通风孔间距 2m,若通风孔与预应力管道位置干扰时,可适当移动通风孔位置。通风孔采用专用模具,固定在外模上,使每孔梁浇筑后其通风孔位置、大小均一致。模具在混凝土初凝时及时松动拔出。

桥面预埋钢筋:施工时需留设挡碴墙预埋钢筋、电缆槽竖墙预埋钢筋、接触网支柱基础预埋钢筋、不需留设翼板部分梁端伸缩缝预埋件,待翼缘板浇筑时再与相应位置的翼板钢筋一同绑扎,安装时严格按设计图纸施工确保其位置准确无误。

6. 钢筋加工、梁体混凝土拌合、运输、灌注、梁体养护、张拉、移梁、孔道压浆、封端以及防水层与保护层施工与整孔箱梁相同,此处不再赘述。

5.4 过隧箱梁架设工艺流程 (图 5.4)

5.5 过隧箱梁架设操作要点

5.5.1 运梁车驮运架桥机转场至桥头就位

运梁车驮运架桥机至桥头按中线停靠→支立架桥机辅助支腿及 C 形支腿→运梁车整车下降→C 形支腿恢复架桥状态并支立可靠→利用后吊具和架桥机前走行支腿共同提升下导梁至指定高度→运梁车退出→下导梁前后托滚分别纵移到指定位置→利用后吊具和架桥机前走行支腿共同下落下导梁至路基和桥台上→拆除后吊具,利用前走行支腿油缸和 C 形支腿油缸同步顶升架桥机至架桥状态的高度。

5.5.2 架桥机下导梁第一次过孔

下导梁通过托滚前移至指定位置→下翻转下导梁前支腿,并后移至 32m 梁销孔位置→下导梁继续前行至前一跨桥墩指定位置→支立好下导梁前支腿,确保水平并稳固可靠→完成下导梁第一次过孔。

5.5.3 主机过孔

安装主机前支腿的加长段→安装主机 C 形支腿的联系梁→铺设 C 形支腿的钢轨→C 形腿走行轮组平稳的落放在钢轨上→利用主机前走行支腿油缸顶升主机,用销钉固定→调整下导梁达到水平→驱动 C 形支腿走行系统,使主机纵移至前一桥墩的指定位置→支立主机前支腿完成主机过孔。

5.5.4 下导梁二次过孔达到喂梁状态

下导梁后支腿支承受力→后托滚前移至指定位置→回收下导梁后支腿油缸→拆除主机前走行支腿销钉→利用其油缸提升下导梁,使下导梁前支腿升起→收回下导梁支腿油缸,使下导梁落于托滚上→利用托滚使下导梁再次向前移过孔→下导梁前支腿向后移至指定位置并连接可靠→下导梁继续前移,使前支腿支立在桥墩上→主机前走行支腿油缸回收,使下导梁前支腿支撑到位达到喂梁状态。

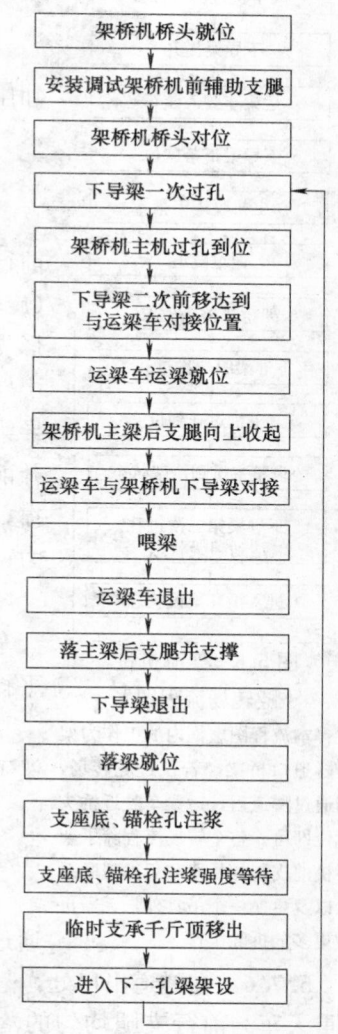

图 5.4 过隧箱梁运架工艺流程图

5.5.5 喂梁作业

运梁车驮梁行驶至桥头与架桥机对接→驮梁小车驮运箱梁行走至下导梁上→主机后支腿落下并支立稳固，起重天车提起箱梁→驮梁小车退出至运梁车→解除运梁车与架桥机的可靠连接→完成喂梁作业。

5.5.6 落梁

运梁车返回梁场装梁→主机前走行支腿油缸提升下导梁，使下导梁前支腿脱离支承面→下导梁后撤→解除下导梁前支腿与下导梁可靠连接，达到可滑移状态并前行→下导梁继续后撤至指定位置→支立下导梁后支腿使后托滚后移至指定位置→前托滚调高装置调高下导梁前段高度，使之顺利退出主机前走行支腿→回收下导梁后支腿油缸，下导梁前支腿行走至下导梁端头并向上翻转→下导梁继续后撤直至完全退出落梁范围→落梁。

5.5.7 支立千斤顶

待梁体下落至指定高度，静停 10～20min，在桥墩上支好千斤顶，按照计算高程顶升油缸到位。

5.5.8 支座锚固

操作人员严密监视落梁情况，指挥架桥机操作手调整梁体位置及前后高度，并使锚锭钢棒能顺利落入锚栓孔内，同时使梁体与线路坡度一致，静停 3～5min，确认中线无误后，梁体落至千斤顶上；解除架桥机吊具，并提升吊具至指定高度；操作人员支立好模板，润湿混凝土表面采用重力式灌浆，支座下自流平砂浆厚度控制在 2.0～3.0cm 为宜。

5.5.9 千斤顶卸压，架桥机进入下一孔箱梁架设的循环工作

待灌浆浆完成 2h 后，实测自流平砂浆试块强度达到 20MPa 后，千斤顶卸压，完成此孔箱梁架设，进入下一孔箱梁架设。

5.6 架桥机过隧转场流程 （图 5.6）

5.7 架桥机过隧转场操作要点

5.7.1 架桥机架设完隧道口最后一孔箱梁后，下导梁由后伸缩支腿和前行支腿支撑，处于正常架梁位置；伸出架桥机后支腿油缸，使其完全受力（旋转支腿不受力）；打开 C 形支腿上的横梁，拆除 C 形支腿定位销；旋转 C 形支腿，使其贴靠架桥机主梁并固定。

调整 C 形支腿走行轮组，收回 C 形支腿油缸，使走行轮组受力；移动下导梁前托滚到指定位置；伸出前行支腿油缸，使下导梁落实在前托滚上；拆开前支腿与斜支撑的连接销，收回前支腿螺旋支撑，折起前支腿及其斜支撑；拆除后支腿横梁，折起后支腿，缓慢回收前行支腿油缸，使临时支撑受力；后起重天车配专用吊具吊住下导梁。

5.7.2 靠临时支撑和 C 形支腿支撑架桥机，用前行支腿油缸和后起重天车缓慢、同步提起下导梁，运梁车驶入，下导梁提升过程中保持与底面的平行。

5.7.3 将后托滚前移至架桥机前支腿处，运梁车降至低位，驶入下导梁下部后，顶升车架油缸，使下导梁落实在运梁车上并锚固好。

5.7.4 同步回收 C 形支腿和前行支腿的油缸，使架桥机落在下导梁上，注意是架桥机保持与地面平行。

5.7.5 运梁车走行前，提升车架 100mm，使 C 形支腿离开地面，即可通过隧道。

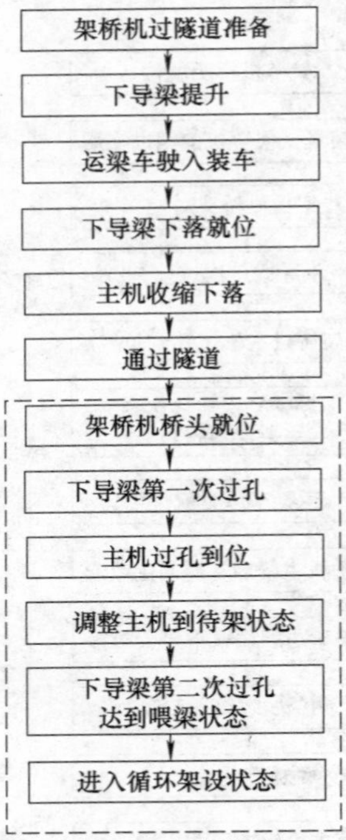

图 5.6 架桥机过隧转场流程图

注：本流程图虚框内的工作为架设隧道口桥梁，若仅过隧转场，则通过隧道后，运梁车驶近桥头就位即可。整个转场流程除了架桥机前支腿加长段和后支腿联系梁以及更换一个吊具外，无需再做更多的拆除工作。

5.7.6 在隧道出口处，落下 C 形支腿和临时支腿，支撑起架桥机；运梁车降至低位缓慢退出；后起重天车与前行支腿均匀的落下导梁；移动前托滚到指定位置，移动后托滚到指定位置，完成桥头就位。

5.7.7 导梁前移至指定位置，导梁前支腿向下翻转，并后移至指定位置；支起下导梁后伸缩支腿并将后托滚移到指定位置；收回下导梁后伸缩支腿，下导梁继续前移至前方桥墩上，调整前后托滚使下导梁中心与线路中心重合，并使前支腿支撑受力，完成下导梁第一次过孔。

5.7.8 伸出下导梁后伸缩支腿油缸，解除临时支撑受力；架桥机主机过孔至下导梁前端固定位置，锚固前行支腿与下导梁，完成主机过孔。

5.7.9 用 C 形支腿和前行支腿的油缸升起架桥机；落下架桥机前支腿，并连接其斜支撑，伸出前支腿螺旋顶，使其受力，解除前行支腿受力；落下主机后支腿，安装好联系梁，撑起后支腿油缸，使其受力；旋转 C 形支腿至工作位置后固定，调整走行轮组，落入轨道，完成主机调整。

5.7.10 后托滚前移，收起导梁后支腿，使托滚受力，收起导梁前支腿油缸，导梁由前行支腿悬挂，导梁第二次过孔到位，伸出导梁后支腿油缸使其受力，机械支撑并锁定；导梁前支腿后移至桥墩，机械支撑并锁定，达到待架状态。

5.8 现浇翼缘板工艺流程（图5.8）

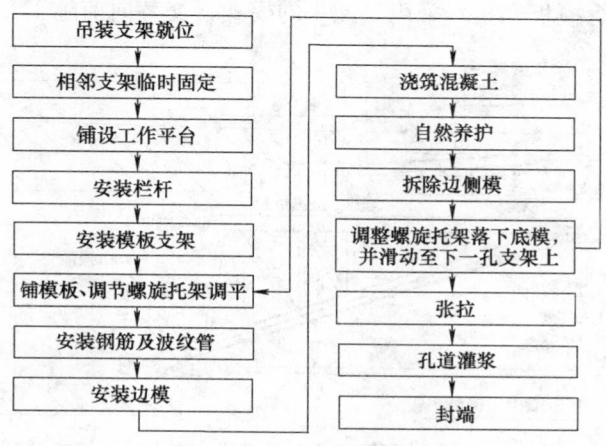

图 5.8 现浇翼缘板工艺流程图

5.9 现浇翼缘板操作要点

5.9.1 现浇翼缘板采用三角桁架支撑模板体系，支架为三角形桁架。利用桥梁本身的通风孔通过调节螺杆和限位铁固定支架，三角桁架间距 2m 沿桥长布置；桁架采用型钢焊接；调节机构采用螺杆及螺旋托板等；模板采用钢模板。

5.9.2 腹板通风孔设计直径 100mm 间距 2m。翼缘板现浇支架安装在桥梁腹板上的通风孔上，同时为使支架连续，在制梁时在距梁端 1.3m 的腹板处增设一个通风孔，使相邻两孔梁间的支架间距为 2.7m，由于纵向预应力管道的干扰，其位置较其他通风孔低 0.2m。

5.9.3 三角桁架：桁架上弦螺杆穿入箱梁的通风孔，外侧焊接钢板固定位置，内侧采用活动钢板作为限位挡铁，用螺母上紧，内外与梁体的接触面均用橡胶垫保护。三角桁架的下弦端部焊接一块端板顶住腹板，端板外加设橡胶垫以保护梁体混凝土和防止滑动；腹杆采用角钢。

5.9.4 横向支撑与轨道：支架之间用交叉的角钢做水平支撑，用以固定支架自由端的相对位置；每榀支架上根据箱梁翼板底部的坡度变化安装可调节的模板支撑架；桁架顶端的栏杆立柱与桁架焊接牢固，栏杆距翼缘板边模 600mm；模板支撑架上可直接安装模板；每榀支架上安装两处轨道，通过支架上的限位挡块使各段走行轨道位置固定、连接平顺，使模板支撑架及模板在脱模后可通过走行轨滑至下一孔梁的托架上。

5.9.5 模板支撑架与模板：均采用 2m 分块，模板支撑架底部安装走行小轮，顶部焊接螺旋托架套管，模板通过插入套管中的螺旋托架调节升降，实现模板的调整就位和脱模，模板支撑及模板就位后可每 2 块或 3 块用螺栓连接在一起。螺旋托架见图 5.9.5。

5.9.6 首孔支架及模板安装流程（图 5.9.6）

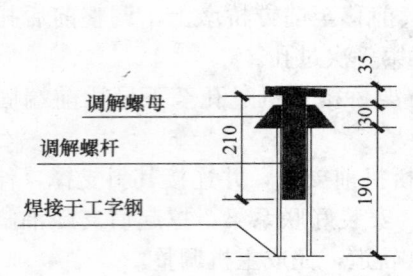
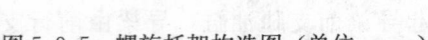
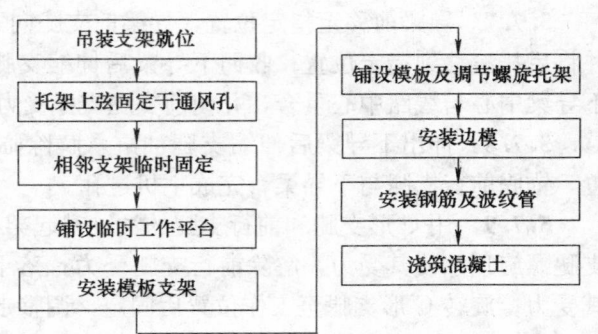

图 5.9.5　螺旋托架构造图（单位：mm）　　　　图 5.9.6　首孔支架及模板安装流程

5.9.7　在每座桥安装首孔梁时，按照上述流程进行，同时安装第二孔梁的支架，在第一孔箱梁翼缘板浇筑完成后，只需松开螺旋托架使模板脱离后，人工即可拖至第二孔梁已安装好的支架上，实际施工中，采用支架和模板（含模板支架）采用二配一的模式，交替向前施工。安装示意见图 5.9.7。

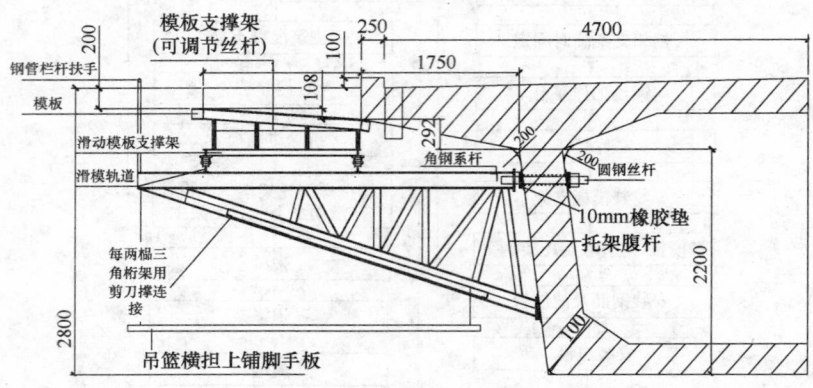

图 5.9.7　支架和模板安装示意图（单位：mm）

5.9.8　支架与模板的安装说明

1. 首先将所用的支架与模板，运至桥位，堆码在箱梁面板两侧；在待吊装位置安装便移式升降机；升降机后端采用 2 根钢丝绳固定于挡碴墙预留钢筋上，紧线器锁死，并用卡环锁紧钢筋作为保险措施。

2. 吊装时，在三角支架上弦插入通风孔的圆钢端部系一根钢丝绳，当支架架移动到通风孔附近时，安装人员从箱内用钢筋钩将钢丝绳通过通风孔拉入箱内，挂在固定于另一侧通风孔的紧线器上，采用紧线器收紧钢丝绳，同时便移式升降机调整支架高度，使圆钢穿入通风孔，安装人员在箱内上好坡度调节块合螺母。

3. 宜采用单点起吊，支架头尾系绳或用长杆控制方向；每孔梁的模板与支架宜采用 2 组作业人员配备 2 台便移式升降机，在箱梁两侧同时安装，从一端向另一端推进。每组配置 5 人，2 人在箱内负责收紧拉线、安装垫块与螺帽，3 人于桥面实施吊装并控制托架方向，对位穿入通风孔。

4. 待两个三角形托架安装就位后，即可铺设木板或脚手板，并依次安装剪刀撑、模板走行轨道、吊篮以及防护栏杆等辅助构件。

5. 三角支架安装完成后，即可安装模板支撑架（先在模板支撑架上上好走行轮），待支撑架就位后，分别在套筒内放置调节螺杆承托，并旋至最低高度，就位后再将翼板底模安装在调节螺杆承托上；操作人员在吊篮中分别调整调节螺杆承托至设计高度，并将每两块模板用螺栓连接起来。最后安装翼板端模和边模。

5.9.9　横向预应力孔道

现浇翼缘板的预应力孔道采用波纹管成孔。待横向钢筋焊接完成后即穿入钢绞线，套上波纹管同样用定位钢筋固定后，再绑扎纵向钢筋。此时应注意在锚穴模具下面的混凝土无钢筋布置，尤其是接触网支柱部分，为避免拆模时损坏，应增设钢筋网片予以加强。

5.9.10　翼缘板在浇筑前，在新旧混凝土结合处凿毛处理，并涂以介面剂。其他关于钢筋的加工与绑扎、混凝土灌注、张拉、孔道灌浆、封端等常规施工工艺不再赘述。

6. 材料与设备

6.1　主要材料

主要材料见表 6.1。

主要材料表　　　　　　　　　　　　　　　　　　　　表 6.1

材料名称	规格	使用部位	适用质量标准	备注
HPB235 钢筋		梁体、现浇翼缘板	《钢筋混凝土用热轧光圆钢筋》GB 13013—91	
HRB335 钢筋		梁体、现浇翼缘板	《钢筋混凝土用热轧带肋钢筋》GB 1499—1998	碳当量不大于 0.5%
耐久性混凝土	C50	梁体、现浇翼缘板	《客运专线高性能混凝土暂行技术条件》科技基 [2005]101 号	
钢绞线	1×7—1860 公称直径为 15.2mm	梁体、现浇翼缘板	《预应力混凝土用钢绞线》GB/T 5224—2003	
低碱普通硅酸盐水泥	42.5	梁体、现浇翼缘板	《硅酸盐水泥、普通硅酸盐水泥》GB 175—1999	
磨细粉煤灰	I 级	梁体、现浇翼缘板	《用于水泥和混凝土中的粉煤灰》GB/T 1596—2005	
磨细矿渣粉	S95 级	梁体、现浇翼缘板	《高强高性能混凝土用矿物外加剂》GB/T 18736—2002	
无收缩无腐蚀灌浆剂		纵、横向孔道灌浆	《后张预应力管道灌浆材料技术条件》	
高效减水剂	聚羧酸类	梁体、现浇翼缘板	《混凝土外加剂》GTB 8076	须经铁道部鉴定或评审，并经铁道部产品质量监督检验中心检验合格
锚具	M15-9、M15-10、M15-12	梁体纵向预应力	《预应力筋用锚具、夹具和连接器》GB/T 14370	应通过省、部级鉴定
锚具	BM15-3 BM15-4	横向预应力	《预应力筋用锚具、夹具和连接器》GB/T 14370	应通过省、部级鉴定
聚丙烯纤维网	20～30mm	桥面保护层	《纤维混凝土结构技术规程》CECS38：2004	
高聚物改性沥青防水层	4.5mm 0.8mm	桥面防水层	《铁路混凝土桥梁桥面 TQF-I 型防水层技术条件》TB/T 2965—1999	
聚氨酯防水涂料		桥面防水层	《聚氨酯防水涂料》GB/T 12590—2003	

6.2　机具设备

主要设备见表 6.2。

机具设备表　　　　　　　　　　　　　　　　　　　　表 6.2

设备名称	规格	单位	数量	用途
一、生产设备				
混凝土拌合站	150m³/h	座	2	混凝土拌合
混凝土输送泵	HBT80	台	5	混凝土输送
布料机	HG24	台	5	混凝土灌注
插入式振捣器	ZH30	个	20	混凝土灌注
插入式振捣器	ZH50	个	20	混凝土灌注
混凝土整平提浆机	委托制作	台	2	振捣、整平桥面混凝土

设备名称	规　格	单　位	数　量	用　途
附着式振捣器	ZW5,1.5kW	个	80	见模板设计
高频振动器控制台	GFZ150,12kW	台	10	集中控制附着式振动器
轮轨式移梁机	41.6m-900t	台	1	移梁、吊梁、装梁
龙门吊机	12m/43m-50t	台	3	吊钢筋笼、立拆模
龙门吊机	7m/16m-10t	台	2	钢筋装运
混凝土输送车	8m³	辆	5	运送混凝土（备用）
装载机	ZL50	台	3	上粗细骨料
汽车吊	25t	台	2	卸料
蒸汽锅炉	4t/h	台	1	蒸养
电焊机	ZX-500	台	12	预埋件及钢筋笼制作
对焊机	UN1-100	台	12	钢筋加工
弯曲机	GJ7-40(3kW)	台	16	钢筋加工
切断机	GQ40A(3kW)	台	24	钢筋加工
钢筋调直机		台	2	钢筋加工
高压油泵	ZB4-500	台	8	张拉
张拉千斤顶	YCW350	台	16	张拉
真空压浆机	UB3C(2～6MPa)	套	2	压浆
灰浆搅拌机	JW180	台	2	灰浆搅拌
混凝土养护测温系统		套	6	测温
发电机	250kW	台	1	备用电源
发电机	500kW	台	1	备用电源
变压器	500kVA	台	3	梁场电源
变压器	315kVA	台	1	梁场电源
慢速卷扬机	5t	台	10	拔胶管、钢筋调制
地磅电子衡	100t	台	1	材料计量
二、工装设备				
过隧箱梁外侧模、端模、内模、底模	委托设计制造	套	10	梁体成型
封端模板	委托设计制造	套	11	封端
内模拼装/存放台位	委托设计制造	座	10	拼装内模、整修
钢筋绑扎外胎架	自制	座	6	钢筋成型
钢筋绑扎内胎架	自制	套	2	钢筋成型
钢筋笼吊架	自制	个	2	钢筋笼吊装
张拉专用台车	自制	台	8	运输、移动油泵、千斤顶
压浆专用台车	自制	台	3	运输、移动压浆机
三、运架设备				
900t 运梁车	TLC900	台	2	运梁
900t 过隧式架桥机		台	1	架梁
测力千斤顶	ZLD200	台	6	架梁

7. 质 量 控 制

7.1 成品质量要求

7.1.1 预制梁成品的保护层厚度不小于 30mm，保证率在 90％以上（抽样总数不小于 600 点）。

7.1.2 预制梁的外观、尺寸偏差及其他质量要求应符合表 7.1.2-1、表 7.1.2-2 的要求。

预制梁产品外观、尺寸偏差   表 7.1.2-1

序号	项目		要 求	备 注
1	梁体及封端混凝土外观		平整密实，整洁，不露筋，无空洞，无石子堆垒，桥面流水畅通	对空洞、蜂窝、漏浆、硬伤掉角等缺陷，需修整并养护到规定强度。蜂窝深度不大于 5mm，长度不大于 10mm，不多于 5 个/m²
2	梁体表面裂纹		桥面保护层、挡碴墙、端隔墙、遮板、封端等，不允许有宽度大于 0.2mm 的表面裂纹，其他部位梁体表面不允许有裂纹	
3	产品外形尺寸	桥梁全长	±20mm	检查桥面及底板两侧
		桥梁跨度	±20mm	
		桥面及挡碴墙内侧宽度	±10mm	检查 L/4、跨中、3L/4 和梁两端
		腹板厚度	±10mm、−5mm	检查 L/4、跨中、3L/4
		底板宽度	±5mm	检查 L/4、跨中、3L/4 和梁两端
		桥面外侧偏离设计位置	≤10mm	从支座螺栓中心防线，引向桥面
		梁高	+10mm −5mm	检查两端
		梁体上拱度	±L/3000	终张拉/放张后 30d 时
		顶、底板厚	+10mm，0	检查最大误差处
		挡碴墙厚度	±5mm	
		表面倾斜偏差	≤3mm/m	检查两端，抽查腹板
		梁面平整度偏差	≤3mm/m	检查 L/4、跨中、3L/4 和梁两端
		保护层厚度	在 90%保证率下不小于 35mm（抽样总数不小于 600 点，并按不同部位分别统计）	梁跨中、梁两端的顶板顶底面、底板顶底面、两腹板内外侧面、梁两端面、挡碴墙侧面和顶面各 20 点
		底板顶面不平整度	≤10mm/m	检查 L/4、跨中、3L/4 和梁两端

质量要求   表 7.1.2-2

1	电缆槽竖墙、伸缩装置预留钢筋	齐全设置、位置正确
	接触网支架座钢筋	齐全设置、位置正确
	泄水管、管盖	完全完整，安装牢固，位置正确
	桥牌	标志正确，安装牢固
2	防水层	按本标准中有关规定
3	施工原始记录、制造技术证明书	完整正确，签章齐全

7.2 模板质量控制

7.2.1 模板安装前应先检查模板的外形尺寸，平整度是否符合规定，每次使用前均应涂刷隔离剂。模板拼成整体后用宽胶带粘贴各个接缝处以防止漏浆。第二次循环及以后每次循环均应认真清理模板表面，粘贴胶带。

7.2.2 端模安装前检查板面是否平整光洁，有无凸凹变形及残余粘浆，端孔道应清除干净，安装锚板的孔眼应通畅，并按规定涂刷隔离剂。模板修理：脱下的模型均要仔细清理，清除模型表面所粘的水泥浆，必要时还要打磨。模型要认真检查对损坏处应进行修理更换受损附件。检查侧模与台座的密封胶条，清除残浆必要时更换的胶条确保密封性能。端模锚穴处的密封圈应清理干净。内模的所有接缝均要清理干净，如发生超标的还应进行打磨。

7.2.3 模板安装尺寸允许偏差见表 7.2.3。

7.3 混凝土质量控制

7.3.1 技术指标：梁体混凝土、水泥浆强度等级不得低于设计强度，弹性模量不低于设计值；混凝土抗冻性试件在冻融循环次数 200 次后，重量损失不应超过 5%、相对动弹性模量不低于 60%；抗渗

模板安装尺寸允许偏差 表 7.2.3

序　号	项　目	允许偏差
1	总长	±10mm
2	底板板宽	+5mm　0
3	底摸板中心线与设计位置偏差	≤2mm
4	桥面板中心线与设计位置偏差	≤10mm
5	腹板中心线与设计位置偏差	≤10mm
6	模板倾斜度偏差	≤3‰
7	底模不平整度	≤2mm/m
8	桥面板宽	±10mm
9	腹板厚度	+10mm　0
10	底板厚度	+10mm　0
11	顶板厚度	+10mm　0

等级不小于 P20；抗氯离子渗透性不大于 1200C，当处于含氯盐环境时，氯离子渗透电量不大于 1000C；护筋性：钢筋不出现锈蚀。

7.3.2 首先保证原材料品质，按批次检验，减小质量波动的影响，满足混凝土的耐久性以及施工工艺对工作性的要求。

7.3.3 混凝土拌合保证计量准确；采用二次投料工艺，先投入细骨料，水泥和矿物掺合料拌合均匀，再加外加剂和所用的水搅拌待砂浆充分拌匀后，最后加入粗骨料并继续搅拌至均匀为止，总搅拌时间不少于 2min，但不大于 3min。

7.3.4 混凝土拌合物的入模温度应在 5～30℃之间，在高气温或低气温天气下应按以下方法控制：当昼夜平均气温高于 30℃时：混凝土的拌合应改在晚上或夜间。水泥进入搅拌机的温度不宜大于 40℃，应对砂石料喷水降温。尽量缩短搅拌时间，经常测定混凝土的坍落度，调整配合比，根据气温适当增加坍落度。适当缩短搅拌时间。

7.3.5 灌筑混凝土前、应再次对模板、钢筋、预埋件、保护层垫块等进行检查、确认无误方灌筑混凝土。灌注前应将两端露出的胶管向外拔一下、以使孔道顺畅。混凝土入模前、应在灌注现场测定混凝土的温度、坍落度、含气量、水胶比及泌水率等工作性能，符合要求后方可浇筑。混凝土的含气量 2%～4%。模板温度控制在 5～35℃之间。

7.3.6 灌注完毕后做好养护。

7.4　钢筋质量控制

7.4.1 钢筋半成品按规格型号进行编号，分类存放，并挂牌标识，并防雨、防污染。

7.4.2 各类预埋钢板如与梁体钢筋冲突，可以适当移动梁体钢筋；综合接地钢筋，如与支座钢筋及梁体钢筋相碰时应移动接地钢筋。接地端子要包裹保护，以防掉入杂物。

7.4.3 预应力筋孔道定位钢筋宜用光圆钢筋。焊接工作中应在样板上进行，并按坐标编号。

7.4.4 混凝土保护层厚度，使用高性能混凝土垫块。注意绑扎丝头均应弯向钢筋内侧，不得侵入保护层内。

7.4.5 底板、面板、翼板、腹板等处，均可焊接 W 形或矩形骨架作为纵横向架立筋，以确保钢筋整体性和牢固性，见表 7.4.5-1、表 7.4.5-2。其他常规的质量控制方法就不在赘述。

钢筋骨架制作及安装 表 7.4.5-1

序　号	项　目	允许偏差
1	受力钢筋顺长度方向的净尺寸	±10mm
2	弯起钢筋的位置	±20mm
3	钢筋内边距离尺寸差	±3mm

钢筋绑扎允许偏差   表 7.4.5-2

序 号	项 目	允 许 偏 差
1	板面主筋间距及位置偏差（拼装后检查）	≤15mm
2	底板钢筋间距及位置偏差	≤8mm
3	箍筋间距及位置偏差	≤15mm
4	腹板箍筋的不垂直度（偏离垂直位置）	≤15mm
5	混凝土保护层厚度与设计值偏差	+5mm
6	其他钢筋偏移量	≤20mm
7	橡胶管在任何方向与设计位置的偏差	距跨中 4m 范围≤4m 其余≤6mm

7.5 运架质量控制

7.5.1 支座安装

1. 在支座安装前，工地应检查支座连接状况是否正常，但注意不得松动上、下支座连接螺栓。

2. 梁体吊装前，先安装支座，上支座板与梁底预埋板间不得有空隙。

3. 支座安装前梁体中心线允许偏差应符合表 7.5.1。

支座安装允许偏差表   表 7.5.1

序号	项 目		允许偏差（mm）	检验方法
1	墩台纵向错动量	一般高度墩台	20	
		高度 30m 以上墩台	15	
2	墩台横向错动量	一般高度墩台	15	
		高度 30m 以上墩台	10	
3	同端支座中心横向距离	偏差与桥梁设计中心线对称时	+30，−10	测量检查
		偏差与桥梁设计中心线不对称时	+15，−10	
4	同一梁端支座高程		1	
5	梁体中心线与设计位置误差		不超过 3mm	
6	支座底面中心线与墩台支承垫石顶面十字线误差		不超过 3mm	
7	固定支座上下支座板及中线的纵横错动量			
8	活动支座中线的纵横错动量（按设计气温定位后）		3	

4. 桥梁四支点相对之差≤2mm。起吊、落梁过程中尽可能水平，起吊时纵向坡度不得大于 2%。

5. 采用 900t 提梁机、运梁车、架桥机等装梁、运梁、架梁的专用设备，起重天车提吊方式采用四点起吊三点平衡技术，确保梁体受力均匀。

6. 箱梁吊点保证平整；起吊平稳、匀速，确保跨越高度；缓慢落梁时按规定放好橡胶垫板或千斤顶。

7. 中高速行走时，到位先减速再制动，临时驻车停止工作时，做好制动防溜。

8. 指挥人员注意观察，指挥信号明确，操作者听从指挥；严格遵守各运架设备的操作规程及使用说明书的相关规定。

8. 安 全 措 施

8.1 安全管理措施

8.1.1 建立以梁场经理为安全生产第一责任人的安全生产领导机构，建立健全安全管理网络，成立安全管理检查办公室，配备专职安全员，指定各作业车间班组安全员，建立起行之有效的安全体系。

8.1.2 制定《安全生产责任制》为主的各项安全生产规章制度，为确保正常生产，文明施工目标的实现和安全生产责任制的实施，梁场实行全员、全面、全过程的管理，以确保施工安全目标实现。

8.1.3 梁场各部门都应在各自不同的工作岗位上认真贯彻"安全第一，预防为主"的方针，执行国家有关安全生产的政策、法规和上级有关规定，按计划定期对安全工作进行检查、总结、评比、考核。

8.1.4 加强职工安全教育、技术培训，做到安全教育制度化、经常化使各级领导、管理人员、操作人员真正认识到安全生产的重要性，必要性，做到懂得安全生产，文明施工。自觉的遵守各项安全法令、规章制度，提高安全文明施工管理水平和安全技术操作水平。

8.1.5 加强劳动安全检查监察力度，建立和完善"两违、两纪"考核机制，做到发现隐患立即整改，发现违章立即制止和处理。

8.2 安全技术措施

8.2.1 科学合理地编制施工组织设计、施工方案、作业方法。每个分项工程都制定完善的安全生产操作规程，并进行安全技术交底；编制施工组织设计的同时，制订相应的安全技术措施并加以落实。

8.2.2 对所有机械设备定期进行全面检查，班前进行机械部分和电器电缆的检查，不能带病或超负荷运转；对所有仪器仪表、计量设备定期校验。

8.2.3 起重与运架安全。

1. 必须经专门安全技术培训，考试合格持证上岗，严禁酒后作业。

2. 作业前必须检查作业环境、吊索具、防护用品，非工作人员不得进入吊装区域或架桥现场。

3. 架桥现场或吊装区域设警戒标志，并派人监护。

4. 大雨、大雾、大雪及风力六级以上（含六级）等恶劣天气，必须停止架桥或露天起重作业。

5. 严格执行"十不吊"的原则。即"被吊物重量超过机械性能允许范围；信号不清；吊物下方有人；吊物上站人；埋在地下物；斜拉斜牵物；散物捆绑。必须执行安全技术交底，听从统一指挥。

6. 对沿线的干扰物、路基障碍物及时清理，确保运梁车行走通畅；在已架设桥面上行走时，严格按照梁体中心标线行车，不得有突然加速和制动等危险操作。

7. 通过隧道时，监视人员在探照灯的充分照明下，严格监控割翼箱梁通过隧道两旁的预留空隙，不得出现预留钢筋抵触隧道的任何部位。

8. 在运梁车行驶过程中，驾驶员应严格控制重载情况下不大于 3km/h 的速度，空载不大于 5km/h 的速度平稳前行。随车人员随时对行走轮组和发电机组的工作状况进行监控。

9. 架桥作业人员必须配戴齐安全帽、安全带等必备防护用具；桥面上设防护栏杆。

10. 配备专业检修人员，每班工作前仔细对架桥机和运梁车走行部分、电控系统、液压系统、转向操作系统、制动系统、箱梁支承系统、托梁系统、动力系统等进行全面检查；还应对架桥机主桁架、吊梁小车、后翻腿支腿、前后支腿、前行支腿、下导梁、液压系统、电气系统、主桁架与下导梁连接螺栓、钢丝绳、卷扬机等进行全面检查，发现问题及时处理，并定期对运梁车、架桥机进行维护、检修。

9. 环保措施

做好环境保护，保证生态平衡，尽量减少或避免施工时环境的破坏。

9.1 严格遵守国家和当地政府有关环境保护的法律、法规和规章。

9.2 梁场成立环境保护领导小组，设立专（兼）职人员，检查监察施工现场日常环保工作。

9.3 大气粉尘控制：施工垃圾设封闭式围挡存放，或采用容器外运。严禁随意临空撒散。垃圾及时清运，适量洒水减少扬尘。

9.4 水泥砂石等粉细散状材料，存放时应严密遮盖卸运时要采取有效措施，减少扬尘。

9.5 场区道路及作业场地地面硬化处理，防止车辆来往道路扬尘。

9.6 水污染控制：混凝土、砂浆搅拌作业现场，施工污水排放要入沟槽，设沉淀池，排入规定的排放系统，防止污染环境。

9.7 现场存放油料，做好防渗处理，储存和使用都采取措施，防止跑、冒、涌、漏污染水体。

9.8 梁场出入车辆要控制轮胎带泥土出场，设清洗设备，防止车辆上路造成污染。

9.9 严格控制噪声污染，选用环保型的低噪声的排放的施工机械，或改进施工工艺，切实履行施工不扰民的承诺。

10. 效 益 分 析

10.1 本工法采用的整体快速绑扎及整体吊装技术，使钢筋绑扎迅速、位置准确，缩短了钢筋绑扎与吊装入模的时间，加快了制梁进度；采用工具式箱梁模板便于快速组装和拆除，且减小了内外模板拼装过程中造成的误差，加快了模板周转，保证了箱梁的质量；过隧割翼箱梁栏口挡板的设计与应用，使用可反复周转的抽拔橡胶扁管成孔，避免采用一次性投入的波纹管，降低了生产成本，保证了预应力孔道的施工质量；过隧箱梁翼缘板现浇施工的托架与滑模技术，在不损坏桥面防水层和保护层、不需在桥面及桥梁其他部位埋设预埋件的前提下，使现浇翼缘板箱梁架设得以同步施工，实现了流水作业，缩短了项目的建设周期，保证了箱梁耐久性。

10.2 经济效益分析：高性能混凝土耐久性与工作性能的匹配研究，在保证了耐久性的前提下，提高了梁体混凝土早期强度，缩短了从灌注到初张拉的时间，加快了制梁台座的周转，提升了生产能力，将台座周转周期由 6d 缩短至 5d，因此每 10 孔梁能够缩短工期 1d，每缩短 1d 可节约管理费 1.63 万元、设备台班费 5.04 万元，经测算，此项可节省工期 58d，节约成本 386.86 万元。

过隧箱梁翼缘板现浇施工的托架与滑模技术，在不损坏桥面防水层和保护层、不需在桥面及桥梁其他部位埋设预埋件的前提下，使现浇翼缘板和箱梁架设得以同步施工，实现了流水作业。影响工期的箱梁架设与翼缘板现浇的割翼箱梁的数量为 468 孔，若按照依次施工的方案须在福州方向架设完成后再开始进行翼缘板现浇施工，完成 468 孔现浇翼缘板的时间，按照每天完成 4 孔的速度，也需 117d，但同步施工可在架梁完成 15d 后结束翼缘板施工，缩短了项目的施工周期 102d，并且保证了箱梁耐久性。每缩短一天可节约梁场管理费 1.63 万元，项目部管理费 1.9 万元，合计 3.54 万元，此项节约成本 361.08 万元。因此仅管理费用就节约 747.94 万元。

10.3 社会效益：在福厦线建设中，通过探索和实践中形成的本工法，为良好的完成施工任务提供了有力的技术保证，并在今后的客运专线建设中将发挥更重要的作用。

处于丘陵或山区的客运专线隧道较多，为节约投资不能简单的采用多建梁场或大量现浇施工，因此过隧道割翼箱梁应用会越来越广泛。本项施工技术加快了箱梁的生产进度，提高了生产能力，节约了成本，缩短了项目施工周期。可有效减少制梁场建设用地；保护当地水文地质环境，或同时减少了耕地的占用和土地复垦费用的投资；同时使工程质量得到了更加有力的保障；缩短了项目建设周期，使项目早建成、早运营，早创效益。本项目结合过隧箱梁的预制、运架、现浇翼缘板施工，研究总结其施工技术，为今后在丘陵或山区进行客运专线箱型梁的施工方面积累了宝贵经验。

本工法结合工程实际，可操作性强，极具推广价值，并且产生了良好的经济和社会效益，对类似工程的施工具有很强的指导意义。为山区和丘陵地区修建客运专线提供了一条有效途径。对加快山区的铁路建设，发展经济有着重要的意义。

11. 应 用 实 例

本工法所介绍的施工技术应用于福厦铁路客运专线Ⅲ标段工程的施工，中铁二十一局集团有限公司福厦铁路客运专线晋江制梁场于 2006 年 10 月 5 日开工建设，2007 年 5 月 2 日生产出第一孔整孔箱梁，2007 年 12 月生产出第一孔过隧道割翼箱梁，同时于 2007 年 10 月 15 日顺利通过了铁道部质量认证，2007 年 12 月 18 日成功运架首孔箱梁，2008 年 5 月 1 日过隧道架设首孔割翼箱梁，2008 年 10 月 5 日完成第一孔现浇翼缘板施工，到目前已顺利完成梅溪、头甲、锦堂、晋江、董埔等 5 座特大桥，东星、白莲寺、后圳岸、后坝、高洋等 5 座大桥的过隧割翼箱梁的架设与现浇翼缘板施工，安全、质量、进度得到了监理和业主的一致好评。见表 11。

效果对比表　　　　　　　　　　　　　　　　　　　　　　　　　　　　表 11

序号	项目指标	其他同类技术	采用此类技术
1	生产周期	以往所采用的配合比，在同样采用 165kg PO42.5 普硅水泥的情况下（自然养护），混凝土强度达到 43.5MPa 的时间为 5d，加上拆模及初张拉并移梁共计需 6d 时间，才能使台位周转一次	缩短为 5d。整体外模的使用使之快速组装和拆除，减少内外模板拼装过程中造成的误差并加快周转。减少了每次灌注后模板的拆除和拼装工作量，提高了工作效率使台座与模板加快了周转
2	桥梁外观	同样的振捣条件下（插入式振捣器为主，附着式振动器为辅），每孔梁气泡含量较多，且超过 0.5mm 的气泡较多，偶尔露骨。容易漏浆产生错台	极少情况发现气泡，而且气泡多小于 0.5mm。整体外模的使用而且有效的保证了平整度、跨度、全长、腹板斜度、宽度等箱梁的外观质量
3	桥梁耐久性	现浇翼缘板采用的支架与模板体系大多需在桥面、腹板等处埋设需焊接的预埋件；防水层或需要切割留空，或需要留到现场施工增大成本	无需埋设任何埋件；防水层与保护层场内集中施工；不会再施工翼缘板时被破坏
4	工期	若施工翼缘板，必须等单方向桥梁运架完成后再依次进行施工若赶工期则需加大人员、设备、资金的投入	可跟运架同步施工；正常投入所需人员、设备即能满足进度要求
5	建场用地	采用钢筋骨架分体绑扎，需分别设置顶板钢筋绑扎台位和底、腹板钢筋绑扎台位，并随生产规模设置多组	采用钢筋骨架整体绑扎，仅需设 1 个整体绑扎台位，节省钢筋绑扎台位用地约 40%。同时减少耕地、植被的破坏和复垦的面积
6	投资及其他	整孔箱梁面宽 13.0～13.4m，无法通过隧道架设，若采用现浇施工，对投资、建设周期、质量、安全等方面均有不利影响，增建梁场对建设投资、施工单位成本、土地使用、环境保护等方面产生不利影响	适于山区或丘陵地带修建客运专线，既不用多建梁场，也不需采用现浇方案施工，对投资、建设周期、质量、安全、施工单位成本、土地使用、环境保护等方面均有利
7	质量	经常产生漏浆、跑位，成本较高	栏口挡板的设计应用使在预制过隧箱梁时，使用抽拔橡胶扁管成孔，避免采用波纹管，降低了成本；减小了施工难度，有效地避免了波纹管破裂造成预应力孔道堵塞的隐患。保证了其位置准确性